U0250757

消防技术标准规范汇编

（2015年版）

上　册

本社　编

中国计划出版社

北　京

图书在版编目（CIP）数据

消防技术标准规范汇编：2015 年版/中国计划出版社编.
—5 版.—北京：中国计划出版社，2015.4（2018.9 重印）
ISBN 978-7-5182-0107-5

Ⅰ.①消…　Ⅱ.①中…　Ⅲ.①消防—规范—汇编—中国
—2015　Ⅳ.①TU998.1-65

中国版本图书馆 CIP 数据核字（2015）第 045511 号

消防技术标准规范汇编（2015 年版）
本社　编

中国计划出版社出版发行
网址：www.jhpress.com
地址：北京市西城区木樨地北里甲 11 号国宏大厦 C 座 3 层
邮政编码：100038　电话：（010）63906433（发行部）
三河富华印刷包装有限公司印刷

880mm×1230mm　1/16　126 印张　6659 千字
2015 年 4 月第 5 版　2018 年 9 月第 5 次印刷
印数 21001—22500 册

ISBN 978-7-5182-0107-5
定价：320.00 元（上、下册）

前　言

《消防技术标准规范汇编》是我社拳头产品，它的出版极大地方便了设计、施工、验收人员执行国家消防技术标准规范，深受市场欢迎。"汇编"自1993年首版以来已历经三次修订，至2007年已出版四版。

近年来，国务院有关部委陆续对一些消防技术标准进行了修订，同时又有一批新的标准颁布施行，原《消防技术标准规范汇编》（2007年版）已不能适应和满足广大读者的使用要求。针对这种情况，我们在2007年版"汇编"的基础上，重新编辑了这本《消防技术标准规范汇编》（2015年版）。

《消防技术标准规范汇编》（2015年版）共收入国家现行标准66个。在2007年版"汇编"的基础上作了如下修订：（1）收入了21个替代标准，其中，《建筑设计防火规范》GB 50016—2014代替了《建筑设计防火规范》GB 50016—2006和《高层民用建筑设计防火规范》GB 50045—95（2005年版），《泡沫灭火系统设计规范》GB 50151—2010代替了《低倍数泡沫灭火系统设计规范》GB 50151—92（2000年版）和《高倍数、中倍数泡沫灭火系统设计规范》GB 50196—93（2002年版）；（2）收入最新局部修订标准2个；（3）收入新标准19个。以上修订保证了新汇编本的权威性、可靠性和实用性。

《消防技术标准规范汇编》（2015年版）除了可供消防相关人员使用外，还可作为注册消防工程师资格考试考生备考的配套参考用书。

目　录

中华人民共和国国家标准

建筑设计防火规范

Code for fire protection design of buildings

GB 50016-2014

（2018 年版）

主编部门：中华人民共和国公安部
批准部门：中华人民共和国住房和城乡建设部
施行日期：2 0 1 5 年 5 月 1 日

中华人民共和国住房和城乡建设部公告

2018 第 35 号

住房城乡建设部关于发布国家标准
《建筑设计防火规范》局部修订的公告

现批准国家标准《建筑设计防火规范》GB 50016—2014 局部修订的条文，自 2018 年 10 月 1 日起实施。其中，第 5.1.3A、5.4.4（1、2、3、4）、5.4.4B、5.5.8、5.5.13、5.5.15、5.5.17、6.2.2、6.7.4A、7.3.1、7.3.5（2、3、4）、8.2.1、8.3.4、8.4.1、10.1.5、10.3.2、11.0.4、11.0.7（2、3、4）条（款）为强制性条文，必须严格执行。经此次修改的原条文同时废止。

局部修订条文及具体内容在住房城乡建设部门户网站（www.mohurd.gov.cn）公开，并将刊登在近期出版的《工程建设标准化》刊物上。

中华人民共和国住房和城乡建设部
2018 年 3 月 30 日

局部修订说明

本规范此次局部修订工作是依据住房城乡建设部《关于印发 2018 年工程建设规范和标准编制及相关工作计划的通知》（建标函〔2017〕306 号），由公安部天津消防研究所会同有关单位共同完成。

此次局部修订工作，按照住房城乡建设部有关标准编写规定及国家有关消防法规规定的原则修订完善了老年人照料设施建筑设计的基本防火技术要求，主要内容包括：

1. 明确了老年人照料设施的范围。

2. 明确了老年人照料设施的允许建筑高度或层数及组合建造时的分隔要求。

3. 明确了老年人生活用房、公共活动用房等的设置要求。

4. 适当强化了老年人照料设施的安全疏散、避难与消防设施设置要求。

此次局部修订共 27 条，分别为第 5.1.1、5.1.3A、5.1.8、5.3.1A、5.4.4、5.4.4A、5.4.4B、5.5.8、5.5.13、5.5.13A、5.5.14、5.5.15、5.5.17、5.5.24A、6.2.2、6.7.4A、7.3.1、7.3.5、8.2.1、8.2.4、8.3.4、8.4.1、10.1.5、10.2.7、10.3.2、11.0.4、11.0.7 条。其中新增 7 条。

本规范条文下划线部分为修订的内容，以黑体字标志的条文为强制性条文，必须严格执行。

本次局部修订的主编单位、参编单位、主要起草人和主要审查人：

主 编 单 位：公安部天津消防研究所

参 编 单 位：公安部四川消防研究所
中国建筑标准设计研究院有限公司
哈尔滨工业大学
广东省公安消防总队
福建省公安消防总队
湖北省公安消防总队

主要起草人：倪照鹏　刘激扬　王宗存　沈　纹　吴和俊
张　磊　胡　锐　张梅红　黄　韬　张敏洁
郭　景　黄德祥　卫大可

主要审查人：周　畅　王　栋　李树丛　江　刚　朱显泽
车学娅　邸　威　刘文利　徐宏庆　庄孙毅
赵良羚

中华人民共和国住房和城乡建设部公告

第 517 号

住房城乡建设部关于发布国家标准
《建筑设计防火规范》的公告

现批准《建筑设计防火规范》为国家标准，编号为 GB 50016—2014，自 2015 年 5 月 1 日起实施。其中，第 3.2.2、3.2.3、3.2.4、3.2.7、3.2.9、3.2.15、3.3.1、3.3.2、3.3.4、3.3.5、3.3.6（2）、3.8、3.3.9、3.4.1、3.4.2、3.4.4、3.4.9、3.5.1、3.5.2、3.6.2、3.6.6、3.6.8、3.6.11、3.6.12、3.7.2、3.7.3、3.7.6、3.8.2、3.8.3、3.8.7、4.1.2、4.1.3、4.2.1、4.2.2、4.2.3、4.2.5（3、4、5、6）、4.3.1、4.3.2、4.3.3、4.3.8、4.4.1、4.4.2、4.4.5、5.1.3、5.1.4、5.2.2、5.2.6、5.3.1、5.3.2、5.3.4、5.3.5、5.4.2、5.4.3、5.4.4（1、2、3、4）、5.4.5、5.4.6、5.4.9（1、4、5、6）、5.4.10（1、2）、5.4.11、5.4.12、5.4.13（2、3、4、5、6）、5.4.15（1、2）、5.4.17（1、2、3、4、5）、5.5.8、5.5.13、5.5.15、5.5.16（1）、5.5.17、5.5.18、5.5.21（1、2、3、4）、5.5.23、5.5.24、5.5.25、5.5.26、5.5.29、5.5.30、5.5.31、6.1.1、6.1.2、6.1.5、6.1.7、6.2.2、6.2.4、6.2.5、6.2.6、6.2.7、6.2.9（1、2、3）、6.3.5、6.4.1（2、3、4、5、6）、6.4.2、6.4.3（1、3、4、5、6）、6.4.4、6.4.5、6.4.10、6.4.11、6.6.2、6.7.2、6.7.4、6.7.5、6.7.6、7.1.2、7.1.3、7.1.8（1、2、3）、7.2.1、7.2.2（1、2、3）、7.2.3、7.2.4、7.3.1、7.3.2、7.3.5（2、3、4）、7.3.6、8.1.2、8.1.3、8.1.6、8.1.7（1、3、4）、8.1.8、8.2.1、8.3.1、8.3.2、8.3.3、8.3.4、8.3.5、8.3.7、8.3.8、8.3.9、8.3.10、8.4.1、8.4.3、8.5.1、8.5.2、8.5.3、8.5.4、9.1.2、9.1.3、9.1.4、9.2.2、9.2.3、9.3.2、9.3.5、9.3.8、9.3.9、9.3.11、9.3.16、10.1.1、10.1.2、10.1.5、10.1.6、10.1.8、10.1.10（1、2）、10.2.1、10.2.4、10.3.1、10.3.2、10.3.3、11.0.3、11.0.4、11.0.7（2、3、4）、11.0.9、11.0.10、12.1.3、12.1.4、12.3.1、12.5.1、12.5.4 条（款）为强制性条文，必须严格执行。原《建筑设计防火规范》GB 50016—2006 和《高层民用建筑设计防火规范》GB 50045—95 同时废止。

本规范由我部标准定额研究所组织中国计划出版社出版发行。

中华人民共和国住房和城乡建设部
2014 年 8 月 27 日

前　　言

本规范是根据住房城乡建设部《关于印发〈2007 年工程建设标准规范制订、修订计划(第一批)〉的通知》(建标〔2007〕125 号)和《关于调整〈建筑设计防火规范〉、〈高层民用建筑设计防火规范〉修订项目计划的函》(建标〔2009〕94 号),由公安部天津消防研究所、四川消防研究所会同有关单位,在《建筑设计防火规范》GB 50016—2006 和《高层民用建筑设计防火规范》GB 50045—95(2005 年版)的基础上,经整合修订而成。

本规范在修订过程中,遵循国家有关基本建设的方针政策,贯彻"预防为主,防消结合"的消防工作方针,深刻吸取近年来我国重特大火灾事故教训,认真总结国内外建筑防火设计实践经验和消防科技成果,深入调研工程建设发展中出现的新情况、新问题和规范执行过程中遇到的疑难问题,认真研究借鉴发达国家经验,开展了大量课题研究、技术研讨和必要的试验,广泛征求了有关设计、生产、建设、科研、教学和消防监督等单位意见,最后经审查定稿。

本规范共分 12 章和 3 个附录,主要内容有:生产和储存的火灾危险性分类、高层建筑的分类要求,厂房、仓库、住宅建筑和公共建筑等工业与民用建筑的建筑耐火等级分级及其建筑构件的耐火极限、平面布置、防火分区、防火分隔、建筑防火构造、防火间距和消防设施设置的基本要求,工业建筑防爆的基本措施与要求;工业与民用建筑的疏散距离、疏散宽度、疏散楼梯设置形式、应急照明和疏散指示标志以及安全出口和疏散门设置的基本要求;甲、乙、丙类液体、气体储罐(区)和可燃材料堆场的防火间距、成组布置和储量的基本要求;木结构建筑和城市交通隧道工程防火设计的基本要求;满足灭火救援要求设置的救援场地、消防车道、消防电梯等设施的基本要求;建筑供暖、通风、空气调节和电气等方面的防火要求以及消防用电设备的电源与配电线路等基本要求。

与《建筑设计防火规范》GB 50016—2006 和《高层民用建筑设计防火规范》GB 50045—95(2005 年版)相比,本规范主要有以下变化:

1. 合并了《建筑设计防火规范》和《高层民用建筑设计防火规范》,调整了两项标准间不协调的要求。将住宅建筑统一按照建筑高度进行分类。

2. 增加了灭火救援设施和木结构建筑两章,完善了有关灭火救援的要求,系统规定了木结构建筑的防火要求。

3. 补充了建筑保温系统的防火要求。

4. 对消防设施的设置作出明确规定并完善了有关内容;有关消防给水系统、室内外消火栓系统和防烟排烟系统设计的要求分别由相应的国家标准作出规定。

5. 适当提高了高层住宅建筑和建筑高度大于 100m 的高层民用建筑的防火要求。

6. 补充了有顶商业步行街两侧的建筑利用该步行街进行安全疏散时的防火要求;调整、补充了建材、家具、灯饰商店营业厅和展览厅的设计疏散人员密度。

7. 补充了地下仓库、物流建筑、大型可燃气体储罐(区)、液氨储罐、液化天然气储罐的防火要求,调整了液氧储罐等的防火间距。

8. 完善了防止建筑火灾竖向或水平蔓延的相关要求。

本规范中以黑体字标志的条文为强制性条文,必须严格执行。

本规范由住房城乡建设部负责管理和对强制性条文的解释,公安部负责日常管理,公安部消防局组织天津消防研究所、四川消防研究所负责具体技术内容的解释。

鉴于本规范是一项综合性的防火技术标准,政策性和技术性强,涉及面广,希望各单位结合工程实践和科学研究认真总结经验,注意积累资料,在执行过程中如有意见、建议和问题,请径寄公安部消防局(地址:北京市西城区广安门南街 70 号,邮政编码:100054),以便今后修订时参考和组织公安部天津消防研究所、四川消防研究所作出解释。

本规范主编单位、参编单位、主要起草人和主要审查人:

主 编 单 位:公安部天津消防研究所
　　　　　　　公安部四川消防研究所
参 编 单 位:中国建筑科学研究院
　　　　　　　中国建筑东北设计研究院有限公司
　　　　　　　中国中元国际工程有限公司
　　　　　　　中国市政工程华北设计研究院
　　　　　　　中国中轻国际工程有限公司
　　　　　　　中国寰球化学工程公司
　　　　　　　中国建筑设计研究院
　　　　　　　公安部沈阳消防研究所
　　　　　　　北京市建筑设计研究院
　　　　　　　天津市建筑设计院
　　　　　　　清华大学建筑设计研究院
　　　　　　　东北电力设计院
　　　　　　　华东建筑设计研究院有限公司
　　　　　　　上海隧道工程轨道交通设计研究院
　　　　　　　北京市公安消防总队
　　　　　　　上海市公安消防总队
　　　　　　　天津市公安消防总队
　　　　　　　四川省公安消防总队
　　　　　　　陕西省公安消防总队
　　　　　　　辽宁省公安消防总队
　　　　　　　福建省公安消防总队

主要起草人:杜兰萍　马　恒　倪照鹏　卢国建　沈　纹
　　　　　　　王宗存　黄德祥　邱培芳　张　磊　王　炯
　　　　　　　杜　霞　王金元　高建民　郑晋丽　周　详
　　　　　　　宋晓勇　赵克伟　晁海鸥　李引擎　曾　杰
　　　　　　　刘祖玲　郭树林　丁宏军　沈友弟　陈云玉
　　　　　　　谢树俊　郑　实　刘建华　黄晓家　李向东
　　　　　　　张凤新　宋孝春　寇九贵　郑铁一

主要审查人:方汝清　张耀泽　赵　锂　刘跃红　张树平
　　　　　　　张福麟　何任飞　金鸿祥　王庆生　吴　华
　　　　　　　潘一平　苏　丹　夏卫平　江　刚　党　杰
　　　　　　　郭　景　范　珑　杨西伟　胡小媛　朱冬青
　　　　　　　龙卫国　黄小坤

目　次

1 总 则

1.0.1 为了预防建筑火灾,减少火灾危害,保护人身和财产安全,制定本规范。

1.0.2 本规范适用于下列新建、扩建和改建的建筑:

    1 厂房;

    2 仓库;

    3 民用建筑;

    4 甲、乙、丙类液体储罐(区);

    5 可燃、助燃气体储罐(区);

    6 可燃材料堆场;

    7 城市交通隧道。

    人民防空工程、石油和天然气工程、石油化工工程和火力发电厂与变电站等的建筑防火设计,当有专门的国家标准时,宜从其规定。

1.0.3 本规范不适用于火药、炸药及其制品厂房(仓库)、花炮厂房(仓库)的建筑防火设计。

1.0.4 同一建筑内设置多种使用功能场所时,不同使用功能场所之间应进行防火分隔,该建筑及其各功能场所的防火设计应根据本规范的相关规定确定。

1.0.5 建筑防火设计应遵循国家的有关方针政策,针对建筑及其火灾特点,从全局出发,统筹兼顾,做到安全适用、技术先进、经济合理。

1.0.6 建筑高度大于 250m 的建筑,除应符合本规范的要求外,尚应结合实际情况采取更加严格的防火措施,其防火设计应提交国家消防主管部门组织专题研究、论证。

1.0.7 建筑防火设计除应符合本规范的规定外,尚应符合国家现行有关标准的规定。

2 术语、符号

2.1 术 语

2.1.1 高层建筑　high-rise building

    建筑高度大于 27m 的住宅建筑和建筑高度大于 24m 的非单层厂房、仓库和其他民用建筑。

注:建筑高度的计算应符合本规范附录 A 的规定。

2.1.2 裙房　podium

    在高层建筑主体投影范围外,与建筑主体相连且建筑高度不大于 24m 的附属建筑。

2.1.3 重要公共建筑　important public building

    发生火灾可能造成重大人员伤亡、财产损失和严重社会影响的公共建筑。

2.1.4 商业服务网点　commercial facilities

    设置在住宅建筑的首层或首层及二层,每个分隔单元建筑面积不大于 300m² 的商店、邮政所、储蓄所、理发店等小型营业性用房。

2.1.5 高架仓库　high rack storage

    货架高度大于 7m 且采用机械化操作或自动化控制的货架仓库。

2.1.6 半地下室　semi-basement

    房间地面低于室外设计地面的平均高度大于该房间平均净高 1/3,且不大于 1/2 者。

2.1.7 地下室　basement

    房间地面低于室外设计地面的平均高度大于该房间平均净高 1/2 者。

2.1.8 明火地点　open flame location

    室内外有外露火焰或赤热表面的固定地点(民用建筑内的灶具、电磁炉等除外)。

2.1.9 散发火花地点　sparking site

    有飞火的烟囱或进行室外砂轮、电焊、气焊、气割等作业的固定地点。

2.1.10 耐火极限　fire resistance rating

    在标准耐火试验条件下,建筑构件、配件或结构从受到火的作用时起,至失去承载能力、完整性或隔热性时止所用时间,用小时表示。

2.1.11 防火隔墙　fire partition wall

    建筑内防止火灾蔓延至相邻区域且耐火极限不低于规定要求的不燃性墙体。

2.1.12 防火墙　fire wall

    防止火灾蔓延至相邻建筑或相邻水平防火分区且耐火极限不低于 3.00h 的不燃性墙体。

2.1.13 避难层(间)　refuge floor(room)

    建筑内用于人员暂时躲避火灾及其烟气危害的楼层(房间)。

2.1.14 安全出口　safety exit

    供人员安全疏散用的楼梯间和室外楼梯的出入口或直通室内外安全区域的出口。

2.1.15 封闭楼梯间　enclosed staircase

    在楼梯间入口处设置门,以防止火灾的烟和热气进入的楼梯间。

2.1.16 防烟楼梯间　smoke-proof staircase

    在楼梯间入口处设置防烟的前室、开敞式阳台或凹廊(统称前室)等设施,且通向前室和楼梯间的门均为防火门,以防止火灾的烟和热气进入的楼梯间。

2.1.17 避难走道 exit passageway

采取防烟措施且两侧设置耐火极限不低于 3.00h 的防火隔墙,用于人员安全通行至室外的走道。

2.1.18 闪点 flash point

在规定的试验条件下,可燃性液体或固体表面产生的蒸气与空气形成的混合物,遇火源能够闪燃的液体和固体的最低温度(采用闭杯法测定)。

2.1.19 爆炸下限 lower explosion limit

可燃的蒸气、气体或粉尘与空气组成的混合物,遇火源即能发生爆炸的最低浓度。

2.1.20 沸溢性油品 boil-over oil

含水并在燃烧时可产生热波作用的油品。

2.1.21 防火间距 fire separation distance

防止着火建筑在一定时间内引燃相邻建筑,便于消防扑救的间隔距离。

注:防火间距的计算方法应符合本规范附录 B 的规定。

2.1.22 防火分区 fire compartment

在建筑内部采用防火墙、楼板及其他防火分隔设施分隔而成,能在一定时间内防止火灾向同一建筑的其余部分蔓延的局部空间。

2.1.23 充实水柱 full water spout

从水枪喷嘴起至射流 90% 的水柱水量穿过直径 380mm 圆孔处的一段射流长度。

2.2 符 号

A——泄压面积;

C——泄压比;

D——储罐的直径;

DN——管道的公称直径;

ΔH——建筑高差;

L——隧道的封闭段长度;

N——人数;

n——座位数;

K——爆炸特征指数;

V——建筑物、堆场的体积,储罐、瓶组的容积或容量;

W——可燃材料堆场或粮食筒仓、席穴囤、土圆仓的储量。

3 厂房和仓库

3.1 火灾危险性分类

3.1.1 生产的火灾危险性应根据生产中使用或产生的物质性质及其数量等因素划分,可分为甲、乙、丙、丁、戊类,并应符合表 3.1.1 的规定。

表 3.1.1 生产的火灾危险性分类

生产的火灾危险性类别	使用或产生下列物质生产的火灾危险性特征
甲	1.闪点小于 28℃的液体; 2.爆炸下限小于 10%的气体; 3.常温下能自行分解或在空气中氧化能导致迅速自燃或爆炸的物质; 4.常温下受到水或空气中水蒸气的作用,能产生可燃气体并引起燃烧或爆炸的物质; 5.遇酸、受热、撞击、摩擦、催化以及遇有机物或硫黄等易燃的无机物,极易引起燃烧或爆炸的强氧化剂; 6.受撞击、摩擦或与氧化剂、有机物接触时能引起燃烧或爆炸的物质; 7.在密闭设备内操作温度不小于物质本身自燃点的生产

续表 3.1.1

生产的火灾危险性类别	使用或产生下列物质生产的火灾危险性特征
乙	1.闪点不小于 28℃,但小于 60℃的液体; 2.爆炸下限不小于 10%的气体; 3.不属于甲类的氧化剂; 4.不属于甲类的易燃固体; 5.助燃气体; 6.能与空气形成爆炸性混合物的浮游状态的粉尘、纤维、闪点不小于 60℃的液体雾滴
丙	1.闪点不小于 60℃的液体; 2.可燃固体
丁	1.对不燃烧物质进行加工,并在高温或熔化状态下经常产生强辐射热、火花或火焰的生产; 2.利用气体、液体、固体作为燃料或将气体、液体进行燃烧作其他用的各种生产; 3.常温下使用或加工难燃烧物质的生产
戊	常温下使用或加工不燃烧物质的生产

3.1.2 同一座厂房或厂房的任一防火分区内有不同火灾危险性生产时,厂房或防火分区内的生产火灾危险性类别应按火灾危险性较大的部分确定;当生产过程中使用或产生易燃、可燃物的量较少,不足以构成爆炸或火灾危险时,可按实际情况确定;当符合下述条件之一时,可按火灾危险性较小的部分确定:

1 火灾危险性较大的生产部分占本层或本防火分区建筑

面积的比例小于5%或丁、戊类厂房内的油漆工段小于10%，且发生火灾事故时不足以蔓延至其他部位或火灾危险性较大的生产部分采取了有效的防火措施；

2　丁、戊类厂房内的油漆工段，当采用封闭喷漆工艺，封闭喷漆空间内保持负压、油漆工段设置可燃气体探测报警系统或自动抑爆系统，且油漆工段占所在防火分区建筑面积的比例不大于20%。

3.1.3　储存物品的火灾危险性应根据储存物品的性质和储存物品中的可燃物数量等因素划分，可分为甲、乙、丙、丁、戊类，并应符合表3.1.3的规定。

表3.1.3　储存物品的火灾危险性分类

储存物品的火灾危险性类别	储存物品的火灾危险性特征
甲	1.闪点小于28℃的液体； 2.爆炸下限小于10%的气体，受到水或空气中水蒸气的作用能产生爆炸下限小于10%气体的固体物质； 3.常温下能自行分解或在空气中氧化能导致迅速自燃或爆炸的物质； 4.常温下受水或空气中水蒸气的作用，能产生可燃气体并引起燃烧或爆炸的物质； 5.遇酸、受热、撞击、摩擦以及遇有机物或硫黄等易燃的无机物，极易引起燃烧或爆炸的强氧化剂； 6.受撞击、摩擦或与氧化剂、有机物接触时能引起燃烧或爆炸的物质

续表3.1.3

储存物品的火灾危险性类别	储存物品的火灾危险性特征
乙	1.闪点不小于28℃，但小于60℃的液体； 2.爆炸下限不小于10%的气体； 3.不属于甲类的氧化剂； 4.不属于甲类的易燃固体； 5.助燃气体； 6.常温下与空气接触能缓慢氧化，积热不散引起自燃的物品
丙	1.闪点不小于60℃的液体； 2.可燃固体
丁	难燃烧物品
戊	不燃烧物品

3.1.4　同一座仓库或仓库的任一防火分区内储存不同火灾危险性物品时，仓库或防火分区的火灾危险性应按火灾危险性最大的物品确定。

3.1.5　丁、戊类储存物品仓库的火灾危险性，当可燃包装重量大于物品本身重量1/4或可燃包装体积大于物品本身体积的1/2时，应按丙类确定。

3.2　厂房和仓库的耐火等级

3.2.1　厂房和仓库的耐火等级可分为一、二、三、四级，相应建筑构件的燃烧性能和耐火极限，除本规范另有规定外，不应低于表3.2.1的规定。

表3.2.1　不同耐火等级厂房和仓库建筑构件的燃烧性能和耐火极限(h)

构件名称		耐火等级			
		一级	二级	三级	四级
墙	防火墙	不燃性 3.00	不燃性 3.00	不燃性 3.00	不燃性 3.00
	承重墙	不燃性 3.00	不燃性 2.50	不燃性 2.00	难燃性 0.50
	楼梯间和前室的墙 电梯井的墙	不燃性 2.00	不燃性 2.00	不燃性 1.50	难燃性 0.50
	疏散走道 两侧的隔墙	不燃性 1.00	不燃性 1.00	不燃性 0.50	难燃性 0.25
	非承重外墙 房间隔墙	不燃性 0.75	不燃性 0.50	难燃性 0.50	难燃性 0.25
柱		不燃性 3.00	不燃性 2.50	不燃性 2.00	难燃性 0.50
梁		不燃性 2.00	不燃性 1.50	不燃性 1.00	难燃性 0.50
楼板		不燃性 1.50	不燃性 1.00	不燃性 0.75	难燃性 0.50
屋顶承重构件		不燃性 1.50	不燃性 1.00	难燃性 0.50	可燃性

续表3.2.1

构件名称	耐火等级			
	一级	二级	三级	四级
疏散楼梯	不燃性 1.50	不燃性 1.00	不燃性 0.75	可燃性
吊顶(包括吊顶搁栅)	不燃性 0.25	难燃性 0.25	难燃性 0.15	可燃性

注：二级耐火等级建筑内采用不燃材料的吊顶，其耐火极限不限。

3.2.2　高层厂房，甲、乙类厂房的耐火等级不应低于二级，建筑面积不大于300m²的独立甲、乙类单层厂房可采用三级耐火等级的建筑。

3.2.3　单、多层丙类厂房和多层丁、戊类厂房的耐火等级不应低于三级。

使用或产生丙类液体的厂房和有火花、赤热表面、明火的丁类厂房，其耐火等级均不应低于二级，当为建筑面积不大于500m²的单层丙类厂房或建筑面积不大于1000m²的单层丁类厂房时，可采用三级耐火等级的建筑。

3.2.4　使用或储存特殊贵重的机器、仪表、仪器等设备或物品的建筑，其耐火等级不应低于二级。

3.2.5　锅炉房的耐火等级不应低于二级，当为燃煤锅炉房且锅炉的总蒸发量不大于4t/h时，可采用三级耐火等级的建筑。

3.2.6　油浸变压器室、高压配电装置室的耐火等级不应低于二级，其他防火设计应符合现行国家标准《火力发电厂与变电站设计防火规范》GB 50229等标准的规定。

3.2.7　高架仓库、高层仓库、甲类仓库、多层乙类仓库和储存可燃液体的多层丙类仓库，其耐火等级不应低于二级。

单层乙类仓库,单层丙类仓库,储存可燃固体的多层丙类仓库和多层丁、戊类仓库,其耐火等级不应低于三级。

3.2.8 粮食筒仓的耐火等级不应低于二级;二级耐火等级的粮食筒仓可采用钢板仓。

粮食平房仓的耐火等级不应低于三级;二级耐火等级的散装粮食平房仓可采用无防火保护的金属承重构件。

3.2.9 甲、乙类厂房和甲、乙、丙类仓库内的防火墙,其耐火极限不应低于4.00h。

3.2.10 一、二级耐火等级单层厂房(仓库)的柱,其耐火极限分别不应低于2.50h和2.00h。

3.2.11 采用自动喷水灭火系统全保护的一级耐火等级单、多层厂房(仓库)的屋顶承重构件,其耐火极限不应低于1.00h。

3.2.12 除甲、乙类仓库和高层仓库外,一、二级耐火等级建筑的非承重外墙,当采用不燃性墙体时,其耐火极限不应低于0.25h;当采用难燃性墙体时,不应低于0.50h。

4层及4层以下的一、二级耐火等级丁、戊类地上厂房(仓库)的非承重外墙,当采用不燃性墙体时,其耐火极限不限。

3.2.13 二级耐火等级厂房(仓库)内的房间隔墙,当采用难燃性墙体时,其耐火极限应提高0.25h。

3.2.14 二级耐火等级多层厂房和多层仓库内采用预应力钢筋混凝土的楼板,其耐火极限不应低于0.75h。

3.2.15 一、二级耐火等级厂房(仓库)的上人平屋顶,其屋面板的耐火极限分别不应低于1.50h和1.00h。

3.2.16 一、二级耐火等级厂房(仓库)的屋面板应采用不燃材料。

屋面防水层宜采用不燃、难燃材料,当采用可燃防水材料且铺设在可燃、难燃保温材料上时,防水材料或可燃、难燃保温材料应采用不燃材料作防护层。

3.2.17 建筑中的非承重外墙、房间隔墙和屋面板,当确需采用金属夹芯板材时,其芯材应为不燃材料,且耐火极限应符合本规范有关规定。

3.2.18 除本规范另有规定外,以木柱承重且墙体采用不燃材料的厂房(仓库),其耐火等级可按四级确定。

3.2.19 预制钢筋混凝土构件的节点外露部位,应采取防火保护措施,且节点的耐火极限不应低于相应构件的耐火极限。

3.3 厂房和仓库的层数、面积和平面布置

3.3.1 除本规范另有规定外,厂房的层数和每个防火分区的最大允许建筑面积应符合表3.3.1的规定。

表3.3.1 厂房的层数和每个防火分区的最大允许建筑面积

生产的火灾危险性类别	厂房的耐火等级	最多允许层数	每个防火分区的最大允许建筑面积(m²)			
			单层厂房	多层厂房	高层厂房	地下或半地下厂房(包括地下或半地下室)
甲	一级	宜采用单层	4000	3000	—	—
	二级		3000	2000	—	—
乙	一级	不限	5000	4000	2000	—
	二级	6	4000	3000	1500	—

续表3.3.1

生产的火灾危险性类别	厂房的耐火等级	最多允许层数	每个防火分区的最大允许建筑面积(m²)			
			单层厂房	多层厂房	高层厂房	地下或半地下厂房(包括地下或半地下室)
丙	一级	不限	不限	6000	3000	500
	二级	不限	8000	4000	2000	500
	三级	2	3000	2000	—	—
丁	一、二级	不限	不限	不限	4000	1000
	三级	3	4000	2000	—	—
	四级	1	1000	—	—	—
戊	一、二级	不限	不限	不限	6000	1000
	三级	3	5000	3000	—	—
	四级	1	1500	—	—	—

注:1 防火分区之间应采用防火墙分隔。除甲类厂房外的一、二级耐火等级厂房,当其防火分区的建筑面积大于本表规定,且设置防火墙确有困难时,可采用防火卷帘或防火分隔水幕分隔。采用防火卷帘时,应符合本规范第6.5.3条的规定;采用防火分隔水幕时,应符合现行国家标准《自动喷水灭火系统设计规范》GB 50084的规定。

2 除麻纺厂外,一级耐火等级的多层纺织厂房和二级耐火等级的单、多层纺织厂房,其每个防火分区的最大允许建筑面积可按本表的规定增加0.5倍,但厂房内的原棉开包、清花车间与厂房内其他部位之间均应采用耐火极限不低于2.50h的防火隔墙分隔,需要开设门、窗、洞口时,应设置甲级防火门、窗。

3 一、二级耐火等级的单、多层造纸生产联合厂房,其每个防火分区的最大允许建筑面积可按本表的规定增加1.5倍。一、二级耐火等级的湿式造纸联合厂房,当纸机烘缸罩内设置自动灭火系统,完成工段设置有效灭火设施保护时,其每个防火分区的最大允许建筑面积可按工艺要求确定。

4 一、二级耐火等级的谷物筒仓工作塔,当每层工作人数不超过2人时,其层数不限。

5 一、二级耐火等级卷烟生产联合厂房内的原料、备料及成组配方、制丝、储丝和卷接包、辅料周转、成品暂存、二氧化碳膨胀烟丝等生产用房应划分独立的防火分隔单元,当工艺条件许可时,应采用防火墙进行分隔。其中制丝、储丝和卷接包车间可划分为一个防火分区,且每个防火分区的最大允许建筑面积可按工艺要求确定,但制丝、储丝及卷接包车间之间应采用耐火极限不低于2.00h的防火隔墙和1.00h的楼板进行分隔。厂房内各水平和竖向防火分隔之间的开口应采取防止火灾蔓延的措施。

6 厂房内的操作平台、检修平台,当使用人数少于10人时,平台的面积可不计入所在防火分区的建筑面积内。

7 "—"表示不允许。

3.3.2 除本规范另有规定外,仓库的层数和面积应符合表3.3.2的规定。

表 3.3.2 仓库的层数和面积

储存物品的火灾危险性类别		仓库的耐火等级	最多允许层数	每座仓库的最大允许占地面积和每个防火分区的最大允许建筑面积(m²)						
				单层仓库		多层仓库		高层仓库		地下或半地下仓库(包括地下或半地下室)
				每座仓库	防火分区	每座仓库	防火分区	每座仓库	防火分区	防火分区
甲	3、4项	一级	1	180	60	—	—	—	—	—
	1、2、5、6项	一、二级	1	750	250	—	—	—	—	—
乙	1、3、4项	一、二级	3	2000	500	900	300	—	—	—
		三级	1	500	250	—	—	—	—	—
	2、5、6项	一、二级	5	2800	700	1500	500	—	—	—
		三级	1	900	300	—	—	—	—	—
丙	1项	一、二级	5	4000	1000	2800	700	—	—	150
		三级	1	1200	400	—	—	—	—	—
	2项	一、二级	不限	6000	1500	4800	1200	4000	1000	300
		三级	3	2100	700	1200	400	—	—	—

续表 3.3.2

储存物品的火灾危险性类别	仓库的耐火等级	最多允许层数	每座仓库的最大允许占地面积和每个防火分区的最大允许建筑面积(m²)						
			单层仓库		多层仓库		高层仓库		地下或半地下仓库(包括地下或半地下室)
			每座仓库	防火分区	每座仓库	防火分区	每座仓库	防火分区	防火分区
丁	一、二级	不限	不限	3000	不限	1500	4800	1200	500
	三级	3	3000	1000	1500	500	—	—	—
	四级	1	2100	700	—	—	—	—	—
戊	一、二级	不限	不限	不限	不限	2000	6000	1500	1000
	三级	3	3000	1000	2100	700	—	—	—
	四级	1	2100	700	—	—	—	—	—

注:1 仓库内的防火分区之间必须采用防火墙分隔,甲、乙类仓库内防火分区之间的防火墙不应开设门、窗、洞口;地下或半地下仓库(包括地下或半地下室)的最大允许占地面积,不应大于相应类别地上仓库的最大允许占地面积。

2 石油库区内的桶装油品仓库应符合现行国家标准《石油库设计规范》GB 50074 的规定。

3 一、二级耐火等级的煤均化库,每个防火分区的最大允许建筑面积不应大于 12000m²。

4 独立建造的硝酸铵仓库、电石仓库、聚乙烯等高分子制品仓库、尿素仓库、

配煤仓库、造纸厂的独立成品仓库,当建筑的耐火等级不低于二级时,每座仓库的最大允许占地面积和每个防火分区的最大允许建筑面积可按本表的规定增加 1.0 倍。

5 一、二级耐火等级粮食平房仓的最大允许占地面积不应大于 12000m²,每个防火分区的最大允许建筑面积不应大于 3000m²;三级耐火等级粮食平房仓的最大允许占地面积不应大于 3000m²,每个防火分区的最大允许建筑面积不应大于 1000m²。

6 一、二级耐火等级且占地面积不大于 2000m² 的单层棉花库房,其防火分区的最大允许建筑面积不应大于 2000m²。

7 一、二级耐火等级冷库的最大允许占地面积和防火分区的最大允许建筑面积,应符合现行国家标准《冷库设计规范》GB 50072 的规定。

8 "—"表示不允许。

3.3.3 厂房内设置自动灭火系统时,每个防火分区的最大允许建筑面积可按本规范第 3.3.1 条的规定增加 1.0 倍。当丁、戊类的地上厂房内设置自动灭火系统时,每个防火分区的最大允许建筑面积不限。厂房内局部设置自动灭火系统时,其防火分区的增加面积可按该局部面积的 1.0 倍计算。

仓库内设置自动灭火系统时,除冷库的防火分区外,每座仓库的最大允许占地面积和每个防火分区的最大允许建筑面积可按本规范第 3.3.2 条的规定增加 1.0 倍。

3.3.4 甲、乙类生产场所(仓库)不应设置在地下或半地下。

3.3.5 员工宿舍严禁设置在厂房内。

办公室、休息室等不应设置在甲、乙类厂房内,确需贴邻本厂房时,其耐火等级不应低于二级,并应采用耐火极限不低于 3.00h 的防爆墙与厂房分隔,且应设置独立的安全出口。

办公室、休息室设置在丙类厂房内时,应采用耐火极限不低于 2.50h 的防火隔墙和 1.00h 的楼板与其他部位分隔,并应至少设置 1 个独立的安全出口。如隔墙上需开设相互连通的门时,应采用乙级防火门。

3.3.6 厂房内设置中间仓库时,应符合下列规定:

1 甲、乙类中间仓库应靠外墙布置,其储量不宜超过 1 昼夜的需要量;

2 甲、乙、丙类中间仓库应采用防火墙和耐火极限不低于 1.50h 的不燃性楼板与其他部位分隔;

3 丁、戊类中间仓库应采用耐火极限不低于 2.00h 的防火隔墙和 1.00h 的楼板与其他部位分隔;

4 仓库的耐火等级和面积应符合本规范第 3.3.2 条和第 3.3.3 条的规定。

3.3.7 厂房内的丙类液体中间储罐应设置在单独房间内,其容量不应大于 5m³。设置中间储罐的房间,应采用耐火极限不低于 3.00h 的防火隔墙和 1.50h 的楼板与其他部位分隔,房间门应采用甲级防火门。

3.3.8 变、配电站不应设置在甲、乙类厂房内或贴邻,且不应设置在爆炸性气体、粉尘环境的危险区域内。供甲、乙类厂房专用的 10kV 及以下的变、配电站,当采用无门、窗、洞口的防火墙分隔时,可一面贴邻,并应符合现行国家标准《爆炸危险环境电力装置设计规范》GB 50058 等标准的规定。

乙类厂房的配电站确需在防火墙上开窗时,应采用甲级防火窗。

3.3.9 员工宿舍严禁设置在仓库内。

办公室、休息室等严禁设置在甲、乙类仓库内,也不应贴邻。

办公室、休息室设置在丙、丁类仓库内时,应采用耐火极限不低于 2.50h 的防火隔墙和 1.00h 的楼板与其他部位分隔,并

应设置独立的安全出口。隔墙上需开设相互连通的门时,应采用乙级防火门。

3.3.10 物流建筑的防火设计应符合下列规定:

1 当建筑功能以分拣、加工等作业为主时,应按本规范有关厂房的规定确定,其中仓储部分应按中间仓库确定。

2 当建筑功能以仓储为主或建筑难以区分主要功能时,应按本规范有关仓库的规定确定,但当分拣等作业区采用防火墙与储存区完全分隔时,作业区和储存区的防火要求可分别按本规范有关厂房和仓库的规定确定。其中,当分拣等作业区采用防火墙与储存区完全分隔且符合下列条件时,除自动化控制的丙类高架仓库外,储存区的防火分区最大允许建筑面积和储存区部分建筑的最大允许占地面积,可按本规范表3.3.2(不含注)的规定增加3.0倍:

1)储存除可燃液体、棉、麻、丝、毛及其他纺织品、泡沫塑料等物品外的丙类物品且建筑的耐火等级不低于一级;

2)储存丁、戊类物品且建筑的耐火等级不低于二级;

3)建筑内全部设置自动水灭火系统和火灾自动报警系统。

3.3.11 甲、乙类厂房(仓库)内不应设置铁路线。

需要出入蒸汽机车和内燃机车的丙、丁、戊类厂房(仓库),其屋顶应采用不燃材料或采取其他防火措施。

3.4 厂房的防火间距

3.4.1 除本规范另有规定外,厂房之间及与乙、丙、丁、戊类仓库、民用建筑等的防火间距不应小于表3.4.1的规定,与甲类仓库的防火间距应符合本规范第3.5.1条的规定。

表3.4.1 厂房之间及与乙、丙、丁、戊类仓库、民用建筑等的防火间距(m)

名称		甲类厂房	乙类厂房(仓库)			丙、丁、戊类厂房(仓库)				民用建筑				
		单、多层	单、多层		高层	单、多层			高层	裙房,单、多层			高层	
		一、二级	一、二级	三级	一、二级	一、二级	三级	四级	一、二级	一、二级	三级	四级	一类	二类
甲类厂房	单、多层 一、二级	12	12	14	13	12	14	16	13	25	25	25	25	25
乙类厂房	单、多层 一、二级	12	10	12	13	10	12	14	13	25	25	25	25	25
	单、多层 三级	14	12	14	15	12	14	16	15	25	25	25	25	25
	高层 一、二级	13	13	15	13	13	15	17	13	25	25	25	25	25
丙类厂房	单、多层 一、二级	12	10	12	13	10	12	14	13	10	12	14	20	15
	单、多层 三级	14	12	14	15	12	14	16	15	12	14	16	25	20
	单、多层 四级	16	14	16	17	14	16	18	17	14	16	18		
	高层 一、二级	13	13	15	13	13	15	17	13	13	15	17	20	15
丁、戊类厂房	单、多层 一、二级	12	10	12	13	10	12	14	13	10	12	14	15	13
	单、多层 三级	14	12	14	15	12	14	16	15	12	14	16	18	15
	单、多层 四级	16	14	16	17	14	16	18	17	14	16	18		
	高层 一、二级	13	13	15	13	13	15	17	13	13	15	17	15	13
室外变、配电站 变压器总油量(t)	≥5,≤10	25	25			12	15	20	12	15	20	25	20	20
	>10,≤50	25	25			15	20	25	15	20	25	30	25	25
	>50	25	25			20	25	30	20	25	30	35	30	30

续表3.4.1

注:1 乙类厂房与重要公共建筑的防火间距不宜小于50m;与明火或散发火花地点,不宜小于30m。单、多层戊类厂房之间及与戊类仓库的防火间距可按本表规定减少2m,与民用建筑的防火间距可将戊类厂房等同民用建筑按本规范第5.2.2条的规定执行。为丙、丁、戊类厂房服务而单独设置的生活用房应按民用建筑确定,与所属厂房间距不应小于6m。确需相邻布置时,应符合本表注2、3的规定。

2 两座厂房相邻较高一面外墙为防火墙,或相邻两座建筑中相邻任一侧外墙为防火墙且屋顶的耐火极限不低于1.00h时,其防火间距不限。两座丙、丁、戊类厂房相邻两面的外墙均为不燃性墙体,当无外露的可燃性屋檐,每面外墙上的门、窗、洞口面积之和不大于该外墙面积的5%,且门、窗、洞口不正对开设时,其防火间距可按本表的规定减少25%。甲类厂房之间及与乙、丙、丁、戊类厂房(仓库)不应小于4m。

3 两座一、二级耐火等级的厂房,当相邻较低一面外墙为防火墙且较低一座厂房的屋顶无天窗,屋顶的耐火极限不低于1.00h,或相邻较高一面外墙的门、窗等开口部位设置甲级防火门、窗或防火分隔水幕或本规范第6.5.3条规定的防火卷帘时,甲、乙类厂房之间的防火间距不应小于6m;丙、丁、戊类厂房之间的防火间距不应小于4m。

4 发电厂内的主变压器,其油量可按单台确定。

5 耐火等级低于四级的既有厂房,其耐火等级可按四级确定。

6 当丙、丁、戊类厂房与丙、丁、戊类仓库相邻时,应符合本表注2、3的规定。

3.4.2 甲类厂房与重要公共建筑的防火间距不应小于50m，与明火或散发火花地点的防火间距不应小于30m。

3.4.3 散发可燃气体、可燃气气的甲类厂房与铁路、道路等的防火间距不应小于表3.4.3的规定，但甲类厂房所属厂内铁路装卸线当有安全措施时，防火间距不受表3.4.3规定的限制。

表3.4.3 散发可燃气体、可燃蒸气的甲类厂房
与铁路、道路等的防火间距(m)

名称	厂外铁路线中心线	厂内铁路线中心线	厂外道路路边	厂内道路路边	
				主要	次要
甲类厂房	30	20	15	10	5

3.4.4 高层厂房与甲、乙、丙类液体储罐，可燃、助燃气体储罐，液化石油气储罐，可燃材料堆场(除煤和焦炭场外)的防火间距，应符合本规范第4章的规定，且不应小于13m。

3.4.5 丙、丁、戊类厂房与民用建筑的耐火等级均为一、二级时，丙、丁、戊类厂房与民用建筑的防火间距可适当减小，但应符合下列规定：

　　1 当较高一面外墙为无门、窗、洞口的防火墙，或比相邻较低一座建筑屋面高15m及以下范围内的外墙为无门、窗、洞口的防火墙时，其防火间距不限；

　　2 相邻较低一面外墙为防火墙，且屋顶无天窗或洞口、屋顶的耐火极限不低于1.00h，或相邻较高一面外墙为防火墙，且墙上开口部位采取了防火措施，其防火间距可适当减小，但不应小于4m。

3.4.6 厂房外附设化学易燃物品的设备，其外壁与相邻厂房室外附设设备的外壁或相邻厂房外墙的防火间距，不应小于本规范第3.4.1条的规定。用不燃材料制作的室外设备，可按一、二级耐火等级建筑确定。

　　总容量不大于15m³的丙类液体储罐，当直埋于厂房外墙外，且面向储罐一面4.0m范围内的外墙为防火墙时，其防火间距不限。

3.4.7 同一座"U"形或"山"形厂房中相邻两翼之间的防火间距，不宜小于本规范第3.4.1条的规定，但当厂房的占地面积小于本规范第3.3.1条规定的每个防火分区最大允许建筑面积时，其防火间距可为6m。

3.4.8 除高层厂房和甲类厂房外，其他类别的数座厂房占地面积之和小于本规范第3.3.1条规定的防火分区最大允许建筑面积(按其中较小者确定，但防火分区的最大允许建筑面积不限者，不应大于10000㎡)时，可成组布置。当厂房建筑高度不大于7m时，组内厂房之间的防火间距不应小于4m；当厂房建筑高度大于7m时，组内厂房之间的防火间距不应小于6m。

　　组与组或组与相邻建筑的防火间距，应根据相邻两座中耐火等级较低的建筑，按本规范第3.4.1条的规定确定。

3.4.9 一级汽车加油站、一级汽车加气站和一级汽车加油加气合建站不应布置在城市建成区内。

3.4.10 汽车加油、加气站和加油加气合建站的分级，汽车加油、加气站和加油加气合建站及其加油(气)机、储油(气)罐等与站外明火或散发火花地点、建筑、铁路、道路的防火间距以及站内各建筑或设施之间的防火间距，应符合现行国家标准《汽车加油加气站设计与施工规范》GB 50156的规定。

3.4.11 电力系统电压为35kV~500kV且每台变压器容量不

小于10MV·A的室外变、配电站以及工业企业的变压器总油量大于5t的室外降压变电站，与其他建筑的防火间距不应小于本规范第3.4.1条和第3.5.1条的规定。

3.4.12 厂区围墙与厂区内建筑的间距不宜小于5m，围墙两侧建筑的间距应满足相应建筑的防火间距要求。

3.5 仓库的防火间距

3.5.1 甲类仓库之间及与其他建筑、明火或散发火花地点、铁路、道路等的防火间距不应小于表3.5.1的规定。

表3.5.1 甲类仓库之间及与其他建筑、明火或散发火花
地点、铁路、道路等的防火间距(m)

名　　称	甲类仓库(储量,t)			
	甲类储存物品第3、4项		甲类储存物品第1、2、5、6项	
	≤5	>5	≤10	>10
高层民用建筑、重要公共建筑	50			
裙房、其他民用建筑、明火或散发火花地点	30	40	25	30
甲类仓库	20	20	20	20
厂房和乙、丙、丁、戊类仓库 一、二级	15	20	12	15
三级	20	25	15	20
四级	25	30	20	25

续表3.5.1

名　　称	甲类仓库(储量,t)			
	甲类储存物品第3、4项		甲类储存物品第1、2、5、6项	
	≤5	>5	≤10	>10
电力系统电压为35kV~500kV且每台变压器容量不小于10MV·A的室外变、配电站,工业企业的变压器总油量大于5t的室外降压变电站	30	40	25	30
厂外铁路线中心线	40			
厂内铁路线中心线	30			
厂外道路路边	20			
厂内道路路边 主要	10			
次要	5			

注：甲类仓库之间的防火间距，当第3、4项物品储量不大于2t，第1、2、5、6项物品储量不大于5t时，不应小于12m。甲类仓库与高层仓库的防火间距不应小于13m。

3.5.2 除本规范另有规定外，乙、丙、丁、戊类仓库之间及与民用建筑的防火间距，不应小于表3.5.2的规定。

表 3.5.2 乙、丙、丁、戊类仓库之间及与民用建筑的防火间距(m)

名 称		乙类仓库			丙类仓库				丁、戊类仓库			
		单、多层		高层	单、多层			高层	单、多层			高层
		一、二级	三级	一、二级	一、二级	三级	四级	一、二级	一、二级	三级	四级	一、二级
乙、丙、丁、戊类仓库	单、多层 一、二级	10	12	13	10	12	14	13	10	12	14	13
	单、多层 三级	12	14	15	12	14	16	15	12	14	16	15
	单、多层 四级	14	16	17	14	16	18	17	14	16	18	17
	高层 一、二级	13	15	13	13	15	17	13	13	15	17	13
民用建筑	裙房、单、多层 一、二级	25			10	12	14	13	10	12	14	13
	裙房、单、多层 三级				12	14	16	15	12	14	16	15
	裙房、单、多层 四级				14	16	18	17	14	16	18	17
	高层 一类	50			20	25	25	20	15	18	18	15
	高层 二类				15	20	20	15	15	18	18	13

注:1　单、多层戊类仓库之间的防火间距,可按本表的规定减少 2m。

　　2　两座仓库的相邻外墙均为防火墙时,防火间距可以减小,但丙类仓库,不应小于 6m;丁、戊类仓库,不应小于 4m。两座仓库相邻较高一面外墙为防火墙,或相邻两座高度相同的一、二级耐火等级建筑中相邻任一侧外墙为防火墙且屋顶的耐火极限不低于 1.00h,且总占地面积不大于本规范第 3.3.2 条一座仓库的最大允许占地面积规定时,其防火间距不限。

　　3　除乙类第 6 项物品外的乙类仓库,与民用建筑的防火间距不宜小于 25m,与重要公共建筑的防火间距不应小于 50m,与铁路、道路等的防火间距不宜小于表 3.5.1 中甲类仓库与铁路、道路等的防火间距。

3.5.3 丁、戊类仓库与民用建筑的耐火等级均为一、二级时,仓库与民用建筑的防火间距可适当减小,但应符合下列规定:

　　1 当较高一面外墙为无门、窗、洞口的防火墙,或比相邻较低一座建筑屋面高 15m 及以下范围内的外墙为无门、窗、洞口的防火墙时,其防火间距不限;

　　2 相邻较低一面外墙为防火墙,且屋顶无天窗或洞口、屋顶耐火极限不低于 1.00h,或相邻较高一面外墙为防火墙,且墙上开口部位采取了防火措施,其防火间距可适当减小,但不应小于 4m。

3.5.4 粮食筒仓与其他建筑、粮食筒仓组之间的防火间距,不应小于表 3.5.4 的规定。

表 3.5.4 粮食筒仓与其他建筑、粮食筒仓组之间的防火间距(m)

名称	粮食总储量 W(t)	粮食立筒仓			粮食浅圆仓		其他建筑		
		W≤40000	40000<W≤50000	W>50000	W≤50000	W>50000	一、二级	三级	四级
粮食立筒仓	500<W≤10000	15					10	15	20
	10000<W≤40000	20			20	25	20	25	25
	40000<W≤50000	20			20	25	20	25	30
	W>50000	25					25	30	—

续表 3.5.4

名称	粮食总储量 W(t)	粮食立筒仓			粮食浅圆仓		其他建筑		
		W≤40000	40000<W≤50000	W>50000	W≤50000	W>50000	一、二级	三级	四级
粮食浅圆仓	W≤50000	20	20	25	20	25	20	25	—
	W>50000	25					25	30	—

注:1　当粮食立筒仓、粮食浅圆仓与工作塔、接收塔、发放站为一个完整工艺单元的组群时,组内各建筑之间的防火间距不受本表限制。

　　2　粮食浅圆仓组内每个独立仓的储量不应大于 10000t。

3.5.5 库区围墙与库区内建筑的间距不宜小于 5m,围墙两侧建筑的间距应满足相应建筑的防火间距要求。

3.6　厂房和仓库的防爆

3.6.1 有爆炸危险的甲、乙类厂房宜独立设置,并宜采用敞开或半敞开式。其承重结构宜采用钢筋混凝土或钢框架、排架结构。

3.6.2 有爆炸危险的厂房或厂房内有爆炸危险的部位应设置泄压设施。

3.6.3 泄压设施宜采用轻质屋面板、轻质墙体和易于泄压的门、窗等,应采用安全玻璃等在爆炸时不产生尖锐碎片的材料。

　　泄压设施的设置应避开人员密集场所和主要交通道路,并宜靠近有爆炸危险的部位。

　　作为泄压设施的轻质屋面板和墙体的质量不宜大于 60kg/m²。

　　屋顶上的泄压设施应采取防冰雪积聚措施。

3.6.4 厂房的泄压面积宜按下式计算,但当厂房的长径比大于 3 时,宜将建筑划分为长径比不大于 3 的多个计算段,各计算段中的公共截面不得作为泄压面积:

$$A = 10CV^{\frac{2}{3}} \qquad (3.6.4)$$

式中:A——泄压面积(m^2);

　　　　V——厂房的容积(m^3);

　　　　C——泄压比,可按表 3.6.4 选取(m^2/m^3)。

表 3.6.4 厂房内爆炸性危险物质的类别与泄压比规定值(m^2/m^3)

厂房内爆炸性危险物质的类别	C 值
氨、粮食、纸、皮革、铅、铬、铜等 $K_尘 < 10MPa \cdot m \cdot s^{-1}$ 的粉尘	≥0.030
木屑、炭屑、煤粉、锑、锡等 $10MPa \cdot m \cdot s^{-1} \leq K_尘 \leq 30MPa \cdot m \cdot s^{-1}$ 的粉尘	≥0.055
丙酮、汽油、甲醇、液化石油气、甲烷、喷漆间或干燥室、苯酚树脂、铝、镁、锆等 $K_尘 > 30MPa \cdot m \cdot s^{-1}$ 的粉尘	≥0.110
乙烯	≥0.160
乙炔	≥0.200
氢	≥0.250

注:1　长径比为建筑平面几何外形尺寸中的最长尺寸与其横截面周长的积和 4.0 倍的建筑横截面积之比。

　　2　$K_尘$ 是指粉尘爆炸指数。

3.6.5 散发较空气轻的可燃气体、可燃蒸气的甲类厂房,宜采用轻质屋面板作为泄压面积。顶棚应尽量平整、无死角,厂房上部空间应通风良好。

3.6.6 散发较空气重的可燃气体、可燃蒸气的甲类厂房和有粉尘、纤维爆炸危险的乙类厂房,应符合下列规定:

1 应采用不发火花的地面。采用绝缘材料作整体面层时，应采取防静电措施。

2 散发可燃粉尘、纤维的厂房，其内表面应平整、光滑，并易于清扫。

3 厂房内不宜设置地沟，确需设置时，其盖板应严密，地沟应采取防止可燃气体、可燃蒸气和粉尘、纤维在地沟积聚的有效措施，且应在与相邻厂房连通处采用防火材料密封。

3.6.7 有爆炸危险的甲、乙类生产部位，宜布置在单层厂房靠外墙的泄压设施或多层厂房顶层靠外墙的泄压设施附近。

有爆炸危险的设备宜避开厂房的梁、柱等主要承重构件布置。

3.6.8 有爆炸危险的甲、乙类厂房的总控制室应独立设置。

3.6.9 有爆炸危险的甲、乙类厂房的分控制室宜独立设置，当贴邻外墙设置时，应采用耐火极限不低于 3.00h 的防火隔墙与其他部位分隔。

3.6.10 有爆炸危险区域内的楼梯间、室外楼梯或有爆炸危险的区域与相邻区域连通处，应设置门斗等防护措施。门斗的隔墙应为耐火极限不应低于 2.00h 的防火隔墙，门应采用甲级防火门并应与楼梯间的门错位设置。

3.6.11 使用和生产甲、乙、丙类液体的厂房，其管、沟不应与相邻厂房的管、沟相通，下水道应设置隔油设施。

3.6.12 甲、乙、丙类液体仓库应设置防止液体流散的设施。遇湿会发生燃烧爆炸的物品仓库应采取防止水浸渍的措施。

3.6.13 有粉尘爆炸危险的筒仓，其顶部盖板应设置必要的泄压设施。

粮食筒仓工作塔和上通廊的泄压面积应按本规范第 3.6.4 条的规定计算确定。有粉尘爆炸危险的其他粮食储存设施应采取防爆措施。

3.6.14 有爆炸危险的仓库或仓库内有爆炸危险的部位，宜按本节规定采取防爆措施、设置泄压设施。

3.7 厂房的安全疏散

3.7.1 厂房的安全出口应分散布置。每个防火分区或一个防火分区的每个楼层，其相邻 2 个安全出口最近边缘之间的水平距离不应小于 5m。

3.7.2 厂房内每个防火分区或一个防火分区内的每个楼层，其安全出口的数量应经计算确定，且不应少于 2 个；当符合下列条件时，可设置 1 个安全出口：

1 甲类厂房，每层建筑面积不大于 100m²，且同一时间的作业人数不超过 5 人；

2 乙类厂房，每层建筑面积不大于 150m²，且同一时间的作业人数不超过 10 人；

3 丙类厂房，每层建筑面积不大于 250m²，且同一时间的作业人数不超过 20 人；

4 丁、戊类厂房，每层建筑面积不大于 400m²，且同一时间的作业人数不超过 30 人；

5 地下或半地下厂房（包括地下或半地下室），每层建筑面积不大于 50m²，且同一时间的作业人数不超过 15 人。

3.7.3 地下或半地下厂房（包括地下或半地下室），当有多个防火分区相邻布置，并采用防火墙分隔时，每个防火分区可利用防火墙上通向相邻防火分区的甲级防火门作为第二安全出口，但每个防火分区必须至少有 1 个直通室外的独立安全出口。

3.7.4 厂房内任一点至最近安全出口的直线距离不应大于表 3.7.4 的规定。

表 3.7.4 厂房内任一点至最近安全出口的直线距离(m)

生产的火灾危险性类别	耐火等级	单层厂房	多层厂房	高层厂房	地下或半地下厂房（包括地下或半地下室）
甲	一、二级	30	25	—	—
乙	一、二级	75	50	30	—
丙	一、二级	80	60	40	30
	三级	60	40	—	—
丁	一、二级	不限	不限	50	45
	三级	60	50	—	—
	四级	50	—	—	—
戊	一、二级	不限	不限	75	60
	三级	100	75	—	—
	四级	60	—	—	—

3.7.5 厂房内疏散楼梯、走道、门的各自总净宽度，应根据疏散人数按每 100 人的最小疏散净宽度不小于表 3.7.5 的规定计算确定。但疏散楼梯的最小净宽度不宜小于 1.10m，疏散走道的最小净宽度不宜小于 1.40m，门的最小净宽度不宜小于 0.90m。当每层疏散人数不相等时，疏散楼梯的总净宽度应分层计算，下层楼梯总宽度应按该层及以上疏散人数最多一层的疏散人数计算。

表 3.7.5 厂房内疏散楼梯、走道和门的每 100 人最小疏散净宽度

厂房层数（层）	1～2	3	≥4
最小疏散净宽度(m/百人)	0.60	0.80	1.00

首层外门的总净宽度应按该层及以上疏散人数最多一层的疏散人数计算，且该门的最小净宽度不应小于 1.20m。

3.7.6 高层厂房和甲、乙、丙类多层厂房的疏散楼梯应采用封闭楼梯间或室外楼梯。建筑高度大于 32m 且任一层人数超过 10 人的厂房，应采用防烟楼梯间或室外楼梯。

3.8 仓库的安全疏散

3.8.1 仓库的安全出口应分散布置。每个防火分区或一个防火分区的每个楼层，其相邻 2 个安全出口最近边缘之间的水平距离不应小于 5m。

3.8.2 每座仓库的安全出口不应少于 2 个，当一座仓库的占地面积不大于 300m² 时，可设置 1 个安全出口。仓库内每个防火分区通向疏散走道、楼梯或室外的出口不宜少于 2 个，当防火分区的建筑面积不大于 100m² 时，可设置 1 个出口。通向疏散走道或楼梯的门应为乙级防火门。

3.8.3 地下或半地下仓库（包括地下或半地下室）的安全出口不应少于 2 个；当建筑面积不大于 100m² 时，可设置 1 个安全出口。

地下或半地下仓库（包括地下或半地下室），当有多个防火分区相邻布置并采用防火墙分隔时，每个防火分区可利用防火墙上通向相邻防火分区的甲级防火门作为第二安全出口，但每个防火分区必须至少有 1 个直通室外的安全出口。

3.8.4 冷库、粮食筒仓、金库的安全疏散设计应分别符合现行国家标准《冷库设计规范》GB 50072 和《粮食钢板筒仓设计规范》GB 50322 等标准的规定。

3.8.5 粮食筒仓上层面积小于 1000m²，且作业人数不超过 2 人时，可设置 1 个安全出口。

3.8.6 仓库、筒仓中符合本规范第 6.4.5 条规定的室外金属梯，可作为疏散楼梯，但筒仓室外楼梯平台的耐火极限不应低于 0.25h。

3.8.7 高层仓库的疏散楼梯应采用封闭楼梯间。

3.8.8 除一、二级耐火等级的多层戊类仓库外,其他仓库内供垂直运输物品的提升设施宜设置在仓库外,确需设置在仓库内时,应设置在井壁的耐火极限不低于2.00h的井筒内。室内外提升设施通向仓库的入口应设置乙级防火门或符合本规范第6.5.3条规定的防火卷帘。

4 甲、乙、丙类液体、气体储罐(区)和可燃材料堆场

4.1 一般规定

4.1.1 甲、乙、丙类液体储罐区,液化石油气储罐区,可燃、助燃气体储罐区和可燃材料堆场等,应布置在城市(区域)的边缘或相对独立的安全地带,并宜布置在城市(区域)全年最小频率风向的上风侧。

甲、乙、丙类液体储罐(区)宜布置在地势较低的地带。当布置在地势较高的地带时,应采取安全防护设施。

液化石油气储罐(区)宜布置在地势平坦、开阔等不易积存液化石油气的地带。

4.1.2 桶装、瓶装甲类液体不应露天存放。

4.1.3 液化石油气储罐组或储罐区的四周应设置高度不小于1.0m的不燃性实体防护墙。

4.1.4 甲、乙、丙类液体储罐区,液化石油气储罐区,可燃、助燃气体储罐区和可燃材料堆场,应与装卸区、辅助生产区及办公区分开布置。

4.1.5 甲、乙、丙类液体储罐,液化石油气储罐,可燃、助燃气体储罐和可燃材料堆垛,与架空电力线的最近水平距离应符合本规范第10.2.1条的规定。

4.2 甲、乙、丙类液体储罐(区)的防火间距

4.2.1 甲、乙、丙类液体储罐(区)和乙、丙类液体桶装堆场与其他建筑的防火间距,不应小于表4.2.1的规定。

表4.2.1 甲、乙、丙类液体储罐(区)和乙、丙类液体桶装堆场与其他建筑的防火间距(m)

类别	一个罐区或堆场的总容量 V(m³)	建筑物				室外变、配电站
		一、二级		三级	四级	
		高层民用建筑	裙房,其他建筑			
甲、乙类液体储罐(区)	1≤V<50	40	12	15	20	30
	50≤V<200	50	15	20	25	35
	200≤V<1000	60	20	25	30	40
	1000≤V<5000	70	25	30	40	50
丙类液体储罐(区)	5≤V<250	40	12	15	20	24
	250≤V<1000	50	15	20	25	28
	1000≤V<5000	60	20	25	30	32
	5000≤V<25000	70	25	30	40	40

注:1 当甲、乙类液体储罐和丙类液体储罐布置在同一储罐区时,罐区的总容量可按1m³甲、乙类液体相当于5m³丙类液体折算。

2 储罐防火堤外侧基脚线至相邻建筑的距离不应小于10m。

3 甲、乙、丙类液体的固定顶储罐区或半露天堆场,乙、丙类液体桶装堆场与甲类厂房(仓库)、民用建筑的防火间距,应按本表的规定增加25%,且甲、乙类液体的固定顶储罐区或半露天堆场,乙、丙类液体桶装堆场与甲类厂房(仓库)、裙房、单、多层民用建筑的防火间距不应小于25m,与明火或散发火花地点的防火间距应按本表有关四级耐火等级建筑物的规定增加25%。

4 浮顶储罐区或闪点大于120℃的液体储罐区与其他建筑的防火间距,可按本表的规定减少25%。

5 当数个储罐区布置在同一库区内时,储罐区之间的防火间距不应小于本表相应容量的储罐区与四级耐火等级建筑物防火间距的较大值。

6 直埋地下的甲、乙、丙类液体卧式罐,当单罐容量不大于50m³,总容量不大于200m³时,与建筑物的防火间距可按本表规定减少50%。

7 室外变、配电站指电力系统电压为35kV～500kV且每台变压器容量不小于10MV·A的室外变、配电站和工业企业的变压器总油量大于5t的室外降压变电站。

4.2.2 甲、乙、丙类液体储罐之间的防火间距不应小于表4.2.2的规定。

表4.2.2 甲、乙、丙类液体储罐之间的防火间距(m)

类别			固定顶储罐			浮顶储罐或设置充氮保护设备的储罐	卧式储罐
			地上式	半地下式	地下式		
甲、乙类液体储罐	单罐容量 V(m³)	V≤1000	0.75D	0.5D	0.4D	0.4D	≥0.8m
		V>1000	0.6D				
丙类液体储罐		不限	0.4D	不限	不限	—	

注:1 D为相邻较大立式储罐的直径(m);矩形储罐的直径为长边与短边之和的一半。

2 不同液体、不同形式储罐之间的防火间距不应小于本表规定的较大值。

3 两排卧式储罐之间的防火间距不应小于3m。

4 当单罐容量不大于1000m³且采用固定冷却系统时,甲、乙类液体的地上式固定顶储罐之间的防火间距不应小于0.6D。

5 地上式储罐同时设置液下喷射泡沫灭火系统、固定冷却水系统和扑救防火堤内液体火灾的泡沫灭火设施时,储罐之间的防火间距可适当减小,但不应小于0.4D。

6 闪点大于120℃的液体,当单罐容量大于1000m³时,储罐之间的防火间距不应小于5m;当单罐容量不大于1000m³时,储罐之间的防火间距不应小于2m。

4.2.3 甲、乙、丙类液体储罐成组布置时，应符合下列规定：

1 组内储罐的单罐容量和总容量不应大于表4.2.3的规定。

表4.2.3 甲、乙、丙类液体储罐分组布置的最大容量

类　别	单罐最大容量（m³）	一组罐最大容量（m³）
甲、乙类液体	200	1000
丙类液体	500	3000

2 组内储罐的布置不应超过两排。甲、乙类液体立式储罐之间的防火间距不应小于2m，卧式储罐之间的防火间距不应小于0.8m；丙类液体储罐之间的防火间距不限。

3 储罐组之间的防火间距应根据组内储罐的形式和总容量折算为相同类别的标准单罐，按本规范第4.2.2条的规定确定。

4.2.4 甲、乙、丙类液体的地上式、半地下式储罐区，其每个防火堤内宜布置火灾危险性类别相同或相近的储罐。沸溢性油品储罐不应与非沸溢性油品储罐布置在同一防火堤内。地上式、半地下式储罐不应与地下式储罐布置在同一防火堤内。

4.2.5 甲、乙、丙类液体的地上式、半地下式储罐或储罐组，其四周应设置不燃性防火堤。防火堤的设置应符合下列规定：

1 防火堤内的储罐布置不宜超过2排，单罐容量不大于1000m³且闪点大于120℃的液体储罐不宜超过4排。

2 防火堤的有效容量不应小于其中最大储罐的容量。对于浮顶罐，防火堤的有效容量可为其中最大储罐容量的一半。

3 防火堤内侧基脚线至立式储罐外壁的水平距离不应小于罐壁高度的一半。防火堤内侧基脚线至卧式储罐的水平距离不应小于3m。

4 防火堤的设计高度应比计算高度高出0.2m，且应为1.0m～2.2m，在防火堤的适当位置应设置便于灭火救援人员进出防火堤的踏步。

5 沸溢性油品的地上式、半地下式储罐，每个储罐均应设置一个防火堤或防火隔堤。

6 含油污水排水管应在防火堤的出口处设置水封设施，雨水排水管应设置阀门等封闭、隔离装置。

4.2.6 甲类液体半露天堆场，乙、丙类液体桶装堆场和闪点大于120℃的液体储罐（区），当采取了防止液体流散的设施时，可不设置防火堤。

4.2.7 甲、乙、丙类液体储罐与其泵房、装卸鹤管的防火间距不应小于表4.2.7的规定。

表4.2.7 甲、乙、丙类液体储罐与其泵房、装卸鹤管的防火间距（m）

液体类别和储罐形式		泵房	铁路或汽车装卸鹤管
甲、乙类液体储罐	拱顶罐	15	20
	浮顶罐	12	15
丙类液体储罐		10	12

注：1 总容量不大于1000m³的甲、乙类液体储罐和总容量不大于5000m³的丙类液体储罐，其防火间距可按本表的规定减少25%。
　　2 泵房、装卸鹤管与储罐防火堤外侧基脚线的距离不应小于5m。

4.2.8 甲、乙、丙类液体装卸鹤管与建筑物、厂内铁路线的防火间距不应小于表4.2.8的规定。

表4.2.8 甲、乙、丙类液体装卸鹤管与建筑物、厂内铁路线的防火间距（m）

名　称	建筑物			厂内铁路线	泵房
	一、二级	三级	四级		
甲、乙类液体装卸鹤管	14	16	18	20	8
丙类液体装卸鹤管	10	12	14	10	

注：装卸鹤管与其直接装卸用的甲、乙、丙类液体装卸铁路线的防火间距不限。

4.2.9 甲、乙、丙类液体储罐与铁路、道路的防火间距不应小于表4.2.9的规定。

表4.2.9 甲、乙、丙类液体储罐与铁路、道路的防火间距（m）

名　称	厂外铁路线中心线	厂内铁路线中心线	厂外道路路边	厂内道路路边	
				主要	次要
甲、乙类液体储罐	35	25	20	15	10
丙类液体储罐	30	20	15	10	5

4.2.10 零位罐与所属铁路装卸线的距离不应小于6m。

4.2.11 石油库的储罐（区）与建筑的防火间距，石油库内的储罐布置和防火间距以及储罐与泵房、装卸鹤管等库内建筑的防火间距，应符合现行国家标准《石油库设计规范》GB 50074的规定。

4.3 可燃、助燃气体储罐（区）的防火间距

4.3.1 可燃气体储罐与建筑物、储罐、堆场等的防火间距应符合下列规定：

1 湿式可燃气体储罐与建筑物、储罐、堆场等的防火间距不应小于表4.3.1的规定。

表4.3.1 湿式可燃气体储罐与建筑物、储罐、堆场等的防火间距（m）

名　称		湿式可燃气体储罐（总容积V，m³）				
		V＜1000	1000≤V＜10000	10000≤V＜50000	50000≤V＜100000	100000≤V＜300000
甲类仓库 甲、乙、丙类液体储罐 可燃材料堆场 室外变、配电站 明火或散发火花的地点		20	25	30	35	40
高层民用建筑		25	30	35	40	45
裙房，单、多层民用建筑		18	20	25	30	35
其他建筑	一、二级	12	15	20	25	30
	三级	15	20	25	30	35
	四级	20	25	30	35	40

注：固定容积可燃气体储罐的总容积按储罐几何容积（m³）和设计储存压力（绝对压力，10⁵Pa）的乘积计算。

2 固定容积的可燃气体储罐与建筑物、储罐、堆场等的防火间距不应小于表4.3.1的规定。

3 干式可燃气体储罐与建筑物、储罐、堆场等的防火间距：当可燃气体的密度比空气大时，应按表4.3.1的规定增加25%；当可燃气体的密度比空气小时，可按表4.3.1的规定确定。

4 湿式或干式可燃气体储罐的水封井、油泵房和电梯间等附属设施与该储罐的防火间距，可按工艺要求布置。

5 容积不大于20m³的可燃气体储罐与其使用厂房的防火间距不限。

4.3.2 可燃气体储罐（区）之间的防火间距应符合下列规定：

1 湿式可燃气体储罐或干式可燃气体储罐之间及湿式与干式可燃气体储罐的防火间距，不应小于相邻较大罐直径的1/2。

2 固定容积的可燃气体储罐之间的防火间距不应小于相邻较大罐直径的2/3。

3 固定容积的可燃气体储罐与湿式或干式可燃气体储罐的防火间距，不应小于相邻较大罐直径的1/2。

4 数个固定容积的可燃气体储罐的总容积大于200000m³时，应分组布置。卧式储罐组之间的防火间距不应小于相邻较大罐长度的一半；球形储罐组之间的防火间距不应小于相邻较大罐直径，且不应小于20m。

4.3.3 氧气储罐与建筑物、储罐、堆场等的防火间距应符合下列规定：

1 湿式氧气储罐与建筑物、储罐、堆场等的防火间距不应小于表4.3.3的规定。

表4.3.3 湿式氧气储罐与建筑物、储罐、堆场等的防火间距(m)

名　　称	湿式氧气储罐（总容积 V，m³）		
	V≤1000	1000<V≤50000	V>50000
明火或散发火花地点	25	30	35
甲、乙、丙类液体储罐，可燃材料堆场，甲类仓库，室外变、配电站	20	25	30

续表4.3.3

名　　称		湿式氧气储罐（总容积 V，m³）		
		V≤1000	1000<V≤50000	V>50000
民用建筑		18	20	25
其他建筑	一、二级	10	12	14
	三级	12	14	16
	四级	14	16	18

注：固定容积氧气储罐的总容积按储罐几何容积（m³）和设计储存压力（绝对压力，10⁵Pa）的乘积计算。

2 氧气储罐之间的防火间距不应小于相邻较大罐直径的1/2。

3 氧气储罐与可燃气体储罐的防火间距不应小于相邻较大罐的直径。

4 固定容积的氧气储罐与建筑物、储罐、堆场等的防火间距不应小于表4.3.3的规定。

5 氧气储罐与其制氧厂房的防火间距可按工艺布置要求确定。

6 容积不大于50m³的氧气储罐与其使用厂房的防火间距不限。

注：1m³液氧折合标准状态下800m³气态氧。

4.3.4 液氧储罐与建筑物、储罐、堆场等的防火间距应符合本规范第4.3.3条相应容积湿式氧气储罐防火间距的规定。液氧储罐与其泵房的间距不宜小于3m。总容积小于或等于3m³的液氧储罐与其使用建筑的防火间距应符合下列规定：

1 当设置在独立的一、二级耐火等级的专用建筑物内时，其防火间距不应小于10m；

2 当设置在独立的一、二级耐火等级的专用建筑物内，且面向使用建筑物一侧采用无门窗洞口的防火墙隔开时，其防火间距不限；

3 当低温储存的液氧储罐采取了防火措施时，其防火间距不应小于5m。

医疗卫生机构中的医用液氧储罐气源站的液氧储罐应符合下列规定：

1 单罐容积不应大于5m³，总容积不宜大于20m³；

2 相邻储罐之间的距离不应小于最大储罐直径的0.75倍；

3 医用液氧储罐与医疗卫生机构外建筑的防火间距应符合本规范第4.3.3条的规定，与医疗卫生机构内建筑的防火间距应符合现行国家标准《医用气体工程技术规范》GB 50751的规定。

4.3.5 液氧储罐周围5m范围内不应有可燃物和沥青路面。

4.3.6 可燃、助燃气体储罐与铁路、道路的防火间距不应小于表4.3.6的规定。

表4.3.6 可燃、助燃气体储罐与铁路、道路的防火间距(m)

名　　称	厂外铁路线中心线	厂内铁路线中心线	厂外道路路边	厂内道路路边	
				主要	次要
可燃、助燃气体储罐	25	20	15	10	5

4.3.7 液氢、液氨储罐与建筑物、储罐、堆场等的防火间距可按本规范第4.4.1条相应容积液化石油气储罐防火间距的规定减少25%确定。

4.3.8 液化天然气气化站的液化天然气储罐（区）与站外建筑等的防火间距不应小于表4.3.8的规定，与表4.3.8未规定的其他建筑的防火间距，应符合现行国家标准《城镇燃气设计规范》GB 50028的规定。

表4.3.8 液化天然气气化站的液化天然气储罐（区）与站外建筑等的防火间距(m)

名　　称	液化天然气储罐（区）（总容积 V，m³）							集中放散装置的天然气放散总管
	V≤10	10<V≤30	30<V≤50	50<V≤200	200<V≤500	500<V≤1000	1000<V≤2000	
单罐容积 V（m³）	V≤10	V≤30	V≤50	V≤200	V≤500	V≤1000	V≤2000	
居住区、村镇和重要公共建筑（最外侧建筑物的外墙）	30	35	45	50	70	90	110	45
工业企业（最外侧建筑物的外墙）	22	25	27	30	35	40	50	20
明火或散发火花地点，室外变、配电站	30	35	45	50	55	60	70	30

名 称		液化天然气储罐(区)(总容积 V, m³)							集中放散装置的天然气放散总管
		V≤10	10<V≤30	30<V≤50	50<V≤200	200<V≤500	500<V≤1000	1000<V≤2000	
单罐容积 V(m³)		V≤10	V≤30	V≤50	V≤200	V≤500	V≤1000	V≤2000	
其他民用建筑,甲、乙类液体储罐,甲、乙类仓库,甲、乙类厂房,秸秆、芦苇、打包废纸等材料堆场		27	32	40	45	50	55	65	25
丙类液体储罐,可燃气体储罐,丙、丁类厂房,丙、丁类仓库		25	27	32	35	40	45	55	20
公路(路边)	高速,Ⅰ、Ⅱ级,城市快速	20			25				15
	其他	15			20				10

名 称		液化天然气储罐(区)(总容积 V, m³)							集中放散装置的天然气放散总管
		V≤10	10<V≤30	30<V≤50	50<V≤200	200<V≤500	500<V≤1000	1000<V≤2000	
单罐容积 V(m³)		V≤10	V≤30	V≤50	V≤200	V≤500	V≤1000	V≤2000	
架空电力线(中心线)		1.5 倍杆高					1.5 倍杆高,但 35kV 及以上架空电力线不应小于 40m		2.0 倍杆高
架空通信线(中心线)	Ⅰ、Ⅱ级	1.5 倍杆高		30		40			1.5 倍杆高
	其他	1.5 倍杆高							
铁路(中心线)	国家线	40	50	60	70		80		40
	企业专用线	25		30		35			30

注:居住区、村镇指 1000 人或 300 户及以上者;当少于 1000 人或 300 户时,相应防火间距应按本表有关其他民用建筑的要求确定。

4.4 液化石油气储罐(区)的防火间距

4.4.1 液化石油气供应基地的全压式和半冷冻式储罐(区),与明火或散发火花地点和基地外建筑等的防火间距不应小于表 4.4.1 的规定,与表 4.4.1 未规定的其他建筑的防火间距应符合现行国家标准《城镇燃气设计规范》GB 50028 的规定。

表 4.4.1　液化石油气供应基地的全压式和半冷冻式储罐(区)与明火或散发火花地点和基地外建筑等的防火间距(m)

名 称		液化石油气储罐(区)(总容积 V, m³)						
		30<V≤50	50<V≤200	200<V≤500	500<V≤1000	1000<V≤2500	2500<V≤5000	5000<V≤10000
单罐容积 V(m³)		V≤20	V≤50	V≤100	V≤200	V≤400	V≤1000	V>1000
居住区、村镇和重要公共建筑(最外侧建筑物的外墙)		45	50	70	90	110	130	150
工业企业(最外侧建筑物的外墙)		27	30	35	40	50	60	75
明火或散发火花地点,室外变、配电站		45	50	55	60	70	80	120
其他民用建筑,甲、乙类液体储罐,甲、乙类仓库,甲、乙类厂房,秸秆、芦苇、打包废纸等材料堆场		40	45	50	55	65	75	100

名 称		液化石油气储罐(区)(总容积 V, m³)						
		30<V≤50	50<V≤200	200<V≤500	500<V≤1000	1000<V≤2500	2500<V≤5000	5000<V≤10000
丙类液体储罐,可燃气体储罐,丙、丁类厂房,丙、丁类仓库		32	35	40	45	55	65	80
助燃气体储罐,木材等材料堆场		27	30	35	40	50	60	75
其他建筑	一、二级	18	20	22	25	30	40	50
	三级	22	25	27	30	40	50	60
	四级	27	30	35	40	50	60	75
公路(路边)	高速,Ⅰ、Ⅱ级	20			25			30
	Ⅲ、Ⅳ级	15		20				25
架空电力线(中心线)		应符合本规范第 10.2.1 条的规定						
架空通信线(中心线)	Ⅰ、Ⅱ级	30			40			
	Ⅲ、Ⅳ级	1.5 倍杆高						
铁路(中心线)	国家线	60		70		80		100
	企业专用线	25		30		35		40

名　称	一个堆场的总储量	建筑物		
		一、二级	三级	四级
棉、麻、毛、化纤、百货 W(t)	10≤W<500	10	15	20
	500≤W<1000	15	20	25
	1000≤W<5000	20	25	30
秸秆、芦苇、打包废纸等 W(t)	10≤W<5000	15	20	25
	5000≤W<10000	20	25	30
	W≥10000	25	30	40
木材等 V(m³)	50≤V<1000	10	15	20
	1000≤V<10000	15	20	25
	V≥10000	20	25	30
煤和焦炭 W(t)	100≤W<5000	6	8	10
	W≥5000	8	10	12

注:露天、半露天秸秆、芦苇、打包废纸等材料堆场,与甲类厂房(仓库)、民用建筑的防火间距应根据建筑物的耐火等级分别按本表的规定增加25%且不应小于25m;与室外变、配电站的防火间距不应小于50m,与明火或散发火花地点的防火间距应按本表四级耐火等级建筑物的相应规定增加25%。

当一个木材堆场的总储量大于25000m³或一个秸秆、芦苇、打包废纸等材料堆场的总储量大于20000t时,宜分设堆场。各堆场之间的防火间距不应小于相邻较大堆场与四级耐火等级建筑物的防火间距。

不同性质物品堆场之间的防火间距,不应小于本表相应储量堆场与四级耐火等级建筑物防火间距的较大值。

4.5.2 露天、半露天可燃材料堆场与甲、乙、丙类液体储罐的防火间距,不应小于本规范表4.2.1和表4.5.1中相应储量堆场与四级耐火等级建筑物防火间距的较大值。

4.5.3 露天、半露天秸秆、芦苇、打包废纸等材料堆场与铁路、道路的防火间距不应小于表4.5.3的规定,其他可燃材料堆场与铁路、道路的防火间距可根据材料的火灾危险性按类比原则确定。

表 4.5.3　露天、半露天可燃材料堆场与铁路、道路的防火间距(m)

名称	厂外铁路线中心线	厂内铁路线中心线	厂外道路路边	厂内道路路边	
				主要	次要
秸秆、芦苇、打包废纸等材料堆场	30	20	15	10	5

注:1　防火间距应按本表储罐区的总容积或单罐容积的较大者确定。

　　2　当地下液化石油气储罐的单罐容积不大于50m³,总容积不大于400m³时,其防火间距可按本表的规定减少50%。

　　3　居住区、村镇指1000人或300户及以上者;当少于1000人或300户时,相应防火间距应按本表有关其他民用建筑的要求确定。

4.4.2 液化石油气储罐之间的防火间距不应小于相邻较大罐的直径。

　　数个储罐的总容积大于3000m³时,应分组布置,组内储罐宜采用单排布置。组与组相邻储罐之间的防火间距不应小于20m。

4.4.3 液化石油气储罐与所属泵房的防火间距不应小于15m。当泵房面向储罐一侧的外墙采用无门、窗、洞口的防火墙时,防火间距可减至6m。液化石油气泵露天设置在储罐区内时,储罐与泵的防火间距不限。

4.4.4 全冷冻式液化石油气储罐、液化石油气气化站、混气站的储罐与周围建筑的防火间距,应符合现行国家标准《城镇燃气设计规范》GB 50028的规定。

　　工业企业内总容积不大于10m³的液化石油气气化站、混气站的储罐,当设置在专用的独立建筑内时,建筑外墙与相邻厂房及其附属设备的防火间距可按甲类厂房有关防火间距的规定确定。当露天设置时,与建筑物、储罐、堆场等的防火间距应符合现行国家标准《城镇燃气设计规范》GB 50028的规定。

4.4.5 Ⅰ、Ⅱ级瓶装液化石油气供应站瓶库与站外建筑等的防火间距不应小于表4.4.5的规定。瓶装液化石油气供应站的分级及总存瓶容积不大于1m³的瓶装供应站瓶库的设置,应符合现行国家标准《城镇燃气设计规范》GB 50028的规定。

表 4.4.5　Ⅰ、Ⅱ级瓶装液化石油气供应站瓶库与
站外建筑等的防火间距(m)

名　称		Ⅰ级		Ⅱ级	
瓶库的总存瓶容积 V(m³)		6<V≤10	10<V≤20	1<V≤3	3<V≤6
明火或散发火花地点		30	35	20	25
重要公共建筑		20	25	12	15
其他民用建筑		10	15	6	8
主要道路路边		10	10	6	8
次要道路路边		5	5	5	5

注:总存瓶容积应按实瓶个数与单瓶几何容积的乘积计算。

4.4.6 Ⅰ级瓶装液化石油气供应站的四周宜设置不燃性实体围墙,但面向出入口一侧可设置不燃性非实体围墙。

　　Ⅱ级瓶装液化石油气供应站的四周宜设置不燃性实体围墙,或下部实体部分高度不低于0.6m的围墙。

4.5　可燃材料堆场的防火间距

4.5.1 露天、半露天可燃材料堆场与建筑物的防火间距不应小于表4.5.1的规定。

表 4.5.1　露天、半露天可燃材料堆场与建筑物的防火间距(m)

名　称	一个堆场的总储量	建筑物		
		一、二级	三级	四级
粮食席穴囤 W(t)	10≤W<5000	15	20	25
	5000≤W<20000	20	25	30
粮食土圆仓 W(t)	500≤W<10000	10	15	20
	10000≤W<20000	15	20	25

5 民 用 建 筑

5.1 建筑分类和耐火等级

5.1.1 民用建筑根据其建筑高度和层数可分为单、多层民用建筑和高层民用建筑。高层民用建筑根据其建筑高度、使用功能和楼层的建筑面积可分为一类和二类。民用建筑的分类应符合表5.1.1的规定。

表 5.1.1 民用建筑的分类

名称	高层民用建筑		单、多层民用建筑
	一类	二类	
住宅建筑	建筑高度大于54m的住宅建筑（包括设置商业服务网点的住宅建筑）	建筑高度大于27m，但不大于54m的住宅建筑（包括设置商业服务网点的住宅建筑）	建筑高度不大于27m的住宅建筑（包括设置商业服务网点的住宅建筑）
公共建筑	1.建筑高度大于50m的公共建筑； 2.建筑高度24m以上部分任一楼层建筑面积大于1000m²的商店、展览、电信、邮政、财贸金融建筑和其他多种功能组合的建筑； 3.医疗建筑、重要公共建筑、独立建造的老年人照料设施；	除一类高层公共建筑外的其他高层公共建筑	1.建筑高度大于24m的单层公共建筑； 2.建筑高度不大于24m的其他公共建筑

续表 5.1.1

名称	高层民用建筑		单、多层民用建筑
	一类	二类	
公共建筑	4.省级及以上的广播电视和防灾指挥调度建筑、网局级和省级电力调度建筑； 5.藏书超过100万册的图书馆、书库	除一类高层公共建筑外的其他高层公共建筑	1.建筑高度大于24m的单层公共建筑； 2.建筑高度不大于24m的其他公共建筑

注：1 表中未列入的建筑，其类别应根据本表类比确定。
　　2 除本规范另有规定外，宿舍、公寓等非住宅类居住建筑的防火要求，应符合本规范有关公共建筑的规定。
　　3 除本规范另有规定外，裙房的防火要求应符合本规范有关高层民用建筑的规定。

5.1.2 民用建筑的耐火等级可分为一、二、三、四级。除本规范另有规定外，不同耐火等级建筑相应构件的燃烧性能和耐火极限不应低于表5.1.2的规定。

表 5.1.2 不同耐火等级建筑相应构件的燃烧性能和耐火极限(h)

构件名称		耐火等级			
		一级	二级	三级	四级
墙	防火墙	不燃性 3.00	不燃性 3.00	不燃性 3.00	不燃性 3.00
	承重墙	不燃性 3.00	不燃性 2.50	不燃性 2.00	难燃性 0.50
	非承重外墙	不燃性 1.00	不燃性 1.00	不燃性 0.50	可燃性

续表 5.1.2

构件名称		耐火等级			
		一级	二级	三级	四级
墙	楼梯间和前室的墙 电梯井的墙 住宅建筑单元之间的墙和分户墙	不燃性 2.00	不燃性 2.00	不燃性 1.50	难燃性 0.50
	疏散走道两侧的隔墙	不燃性 1.00	不燃性 1.00	不燃性 0.50	难燃性 0.25
	房间隔墙	不燃性 0.75	不燃性 0.50	难燃性 0.50	难燃性 0.25
柱		不燃性 3.00	不燃性 2.50	不燃性 2.00	难燃性 0.50
梁		不燃性 2.00	不燃性 1.50	不燃性 1.00	难燃性 0.50
楼板		不燃性 1.50	不燃性 1.00	不燃性 0.50	可燃性
屋顶承重构件		不燃性 1.50	不燃性 1.00	难燃性 0.50	可燃性

续表 5.1.2

构件名称	耐火等级			
	一级	二级	三级	四级
疏散楼梯	不燃性 1.50	不燃性 1.00	不燃性 0.50	可燃性
吊顶(包括吊顶搁栅)	不燃性 0.25	难燃性 0.25	难燃性 0.15	可燃性

注：1 除本规范另有规定外，以木柱承重且墙体采用不燃材料的建筑，其耐火等级应按四级确定。
　　2 住宅建筑构件的耐火极限和燃烧性能可按现行国家标准《住宅建筑规范》GB 50368 的规定执行。

5.1.3 民用建筑的耐火等级应根据其建筑高度、使用功能、重要性和火灾扑救难度等确定，并应符合下列规定：

　　1 地下或半地下建筑(室)和一类高层建筑的耐火等级不应低于一级；

　　2 单、多层重要公共建筑和二类高层建筑的耐火等级不应低于二级。

5.1.3A 除木结构建筑外，老年人照料设施的耐火等级不应低于三级。

5.1.4 建筑高度大于100m的民用建筑，其楼板的耐火极限不应低于2.00h。

　　一、二级耐火等级建筑的上人平屋顶，其屋面板的耐火极限分别不应低于1.50h和1.00h。

5.1.5 一、二级耐火等级建筑的屋面板应采用不燃材料。

　　屋面防水层宜采用不燃、难燃材料，当采用可燃防水材料且铺设在可燃、难燃保温材料上时，防水材料或可燃、难燃保温材料应采用不燃材料作防护层。

5.1.6 二级耐火等级建筑内采用难燃性墙体的房间隔墙,其耐火极限不应低于0.75h;当房间的建筑面积不大于100m²时,房间隔墙可采用耐火极限不低于0.50h的难燃性墙体或耐火极限不低于0.30h的不燃性墙体。

二级耐火等级多层住宅建筑内采用预应力钢筋混凝土的楼板,其耐火极限不应低于0.75h。

5.1.7 建筑中的非承重外墙、房间隔墙和屋面板,当确需采用金属夹芯板材时,其芯材应为不燃材料,且耐火极限应符合本规范有关规定。

5.1.8 二级耐火等级建筑内采用不燃材料的吊顶,其耐火极限不限。

三级耐火等级的医疗建筑、中小学校的教学建筑、老年人照料设施及托儿所、幼儿园的儿童用房和儿童游乐厅等儿童活动场所的吊顶,应采用不燃材料;当采用难燃材料时,其耐火极限不应低于0.25h。

二、三级耐火等级建筑内门厅、走道的吊顶应采用不燃材料。

5.1.9 建筑内预制钢筋混凝土构件的节点外露部位,应采取防火保护措施,且节点的耐火极限不应低于相应构件的耐火极限。

5.2 总平面布局

5.2.1 在总平面布局中,应合理确定建筑的位置、防火间距、消防车道和消防水源等,不宜将民用建筑布置在甲、乙类厂(库)房,甲、乙、丙类液体储罐,可燃气体储罐和可燃材料堆场的附近。

5.2.2 民用建筑之间的防火间距不应小于表5.2.2的规定,与其他建筑的防火间距,除应符合本节规定外,尚应符合本规范其他章的有关规定。

表5.2.2 民用建筑之间的防火间距(m)

建筑类别		高层民用建筑	裙房和其他民用建筑		
		一、二级	一、二级	三级	四级
高层民用建筑	一、二级	13	9	11	14
裙房和其他民用建筑	一、二级	9	6	7	9
	三级	11	7	8	10
	四级	14	9	10	12

注:1 相邻两座单、多层建筑,当相邻外墙为不燃性墙体且无外露的可燃性屋檐,每面外墙上无防火保护的门、窗、洞口不正对开设且该门、窗、洞口的面积之和不大于外墙面积的5%时,其防火间距可按本表的规定减少25%。

2 两座建筑相邻较高一面外墙为防火墙,或高出相邻较低一座一、二级耐火等级建筑的屋面15m及以下范围内的外墙为防火墙时,其防火间距不限。

3 相邻两座高度相同的一、二级耐火等级建筑中相邻任一侧外墙为防火墙,屋顶的耐火极限不低于1.00h时,其防火间距不限。

4 相邻两座建筑中较低一座建筑的耐火等级不低于二级,相邻较低一面外墙为防火墙且屋顶无天窗,屋顶的耐火极限不低于1.00h时,其防火间距不应小于3.5m;对于高层建筑,不应小于4m。

5 相邻两座建筑中较低一座建筑的耐火等级不低于二级且屋顶无天窗,相邻较高一面外墙高出较低一座建筑的屋面15m及以下范围内的开口部位设置甲级防火门、窗,或设置符合现行国家标准《自动喷水灭火系统设计规范》GB 50084规定的防火分隔水幕或本规范第6.5.3条规定的防火卷帘时,其防火间距不应小于3.5m;对于高层建筑,不应小于4m。

6 相邻建筑通过连廊、天桥或底部的建筑物连接时,其间距不应小于本表的规定。

7 耐火等级低于四级的既有建筑,其耐火等级可按四级确定。

5.2.3 民用建筑与单独建造的变电站的防火间距应符合本规范第3.4.1条有关室外变、配电站的规定,但与单独建造的终端变电站的防火间距,可根据变电站的耐火等级按本规范第5.2.2条有关民用建筑的规定确定。

民用建筑与10kV及以下的预装式变电站的防火间距不应小于3m。

民用建筑与燃油、燃气或燃煤锅炉房的防火间距应符合本规范第3.4.1条有关丁类厂房的规定,但与单台蒸汽锅炉的蒸发量不大于4t/h或单台热水锅炉的额定热功率不大于2.8MW的燃煤锅炉房的防火间距,可根据锅炉房的耐火等级按本规范第5.2.2条有关民用建筑的规定确定。

5.2.4 除高层民用建筑外,数座一、二级耐火等级的住宅建筑或办公建筑,当建筑物的占地面积总和不大于2500m²时,可成组布置,但组内建筑物之间的间距不宜小于4m。组与组或组与相邻建筑物的防火间距不应小于本规范第5.2.2条的规定。

5.2.5 民用建筑与燃气调压站、液化石油气气化站或混合站、城市液化石油气供应站瓶库等的防火间距,应符合现行国家标准《城镇燃气设计规范》GB 50028的规定。

5.2.6 建筑高度大于100m的民用建筑与相邻建筑的防火间距,当符合本规范第3.4.5条、第3.5.3条、第4.2.1条和第5.2.2条允许减小的条件时,仍不应减小。

5.3 防火分区和层数

5.3.1 除本规范另有规定外,不同耐火等级建筑的允许建筑高度或层数、防火分区最大允许建筑面积应符合表5.3.1的规定。

表5.3.1 不同耐火等级建筑的允许建筑高度或
层数、防火分区最大允许建筑面积

名称	耐火等级	允许建筑高度或层数	防火分区的最大允许建筑面积(m²)	备注
高层民用建筑	一、二级	按本规范第5.1.1条确定	1500	对于体育馆、剧场的观众厅,防火分区的最大允许建筑面积可适当增加

续表5.3.1

名称	耐火等级	允许建筑高度或层数	防火分区的最大允许建筑面积(m²)	备注
单、多层民用建筑	一、二级	按本规范第5.1.1条确定	2500	对于体育馆、剧场的观众厅,防火分区的最大允许建筑面积可适当增加
	三级	5层	1200	
	四级	2层	600	
地下或半地下建筑(室)	一级	—	500	设备用房的防火分区最大允许建筑面积不应大于1000m²

注:1 表中规定的防火分区最大允许建筑面积,当建筑内设置自动灭火系统时,可按本表的规定增加1.0倍;局部设置时,防火分区的增加面积可按该局部面积的1.0倍计算。

2 裙房与高层建筑主体之间设置防火墙时,裙房的防火分区可按单、多层建筑的要求确定。

5.3.1A 独立建造的一、二级耐火等级老年人照料设施的建筑高度不宜大于32m,不应大于54m;独立建造的三级耐火等级老年人照料设施,不应超过2层。

5.3.2 建筑内设置自动扶梯、敞开楼梯等上、下层相连通的开口时,其防火分区的建筑面积应按上、下层相连通的建筑面积叠加计算;当叠加计算后的建筑面积大于本规范第5.3.1条的规定时,应划分防火分区。

建筑内设置中庭时,其防火分区的建筑面积应按上、下层相连通的建筑面积叠加计算;当叠加计算后的建筑面积大于本规范第5.3.1条的规定时,应符合下列规定:

1 与周围连通空间应进行防火分隔:采用防火隔墙时,其耐火极限不应低于 1.00h;采用防火玻璃墙时,其耐火隔热性和耐火完整性不应低于 1.00h,采用耐火完整性不低于 1.00h 的非隔热性防火玻璃墙时,应设置自动喷水灭火系统进行保护;采用防火卷帘时,其耐火极限不应低于 3.00h,并应符合本规范第 6.5.3 条的规定;与中庭相连通的门、窗,应采用火灾时能自行关闭的甲级防火门、窗;

2 高层建筑内的中庭回廊应设置自动喷水灭火系统和火灾自动报警系统;

3 中庭应设置排烟设施;

4 中庭内不应布置可燃物。

5.3.3 防火分区之间应采用防火墙分隔,确有困难时,可采用防火卷帘等防火分隔设施分隔。采用防火卷帘分隔时,应符合本规范第 6.5.3 条的规定。

5.3.4 一、二级耐火等级建筑内的商店营业厅、展览厅,当设置自动灭火系统和火灾自动报警系统并采用不燃或难燃装修材料时,其每个防火分区的最大允许建筑面积应符合下列规定:

1 设置在高层建筑内时,不应大于 4000m²;

2 设置在单层建筑或仅设置在多层建筑的首层内时,不应大于 10000m²;

3 设置在地下或半地下时,不应大于 2000m²。

5.3.5 总建筑面积大于 20000m² 的地下或半地下商店,应采用无门、窗、洞口的防火墙、耐火极限不低于 2.00h 的楼板分隔为多个建筑面积不大于 20000m² 的区域。相邻区域确需局部连通时,应采用下沉式广场等室外开敞空间、防火隔间、避难走道、防烟楼梯间等方式进行连通,并应符合下列规定:

1 下沉式广场等室外开敞空间应能防止相邻区域的火灾蔓延和便于安全疏散,并应符合本规范第 6.4.12 条的规定;

2 防火隔间的墙应为耐火极限不低于 3.00h 的防火隔墙,并应符合本规范第 6.4.13 条的规定;

3 避难走道应符合本规范第 6.4.14 条的规定;

4 防烟楼梯间的门应采用甲级防火门。

5.3.6 餐饮、商店等商业设施通过有顶棚的步行街连接,且步行街两侧的建筑需利用步行街进行安全疏散,应符合下列规定:

1 步行街两侧建筑的耐火等级不应低于二级。

2 步行街两侧建筑相对面的最近距离均不应小于本规范对相应高度建筑的防火间距要求且不应小于 9m。步行街的端部在各层均不宜封闭,确需封闭时,应在外墙上设置可开启的门窗,且可开启门窗的面积不应小于该部位外墙面积的一半。步行街的长度不宜大于 300m。

3 步行街两侧建筑的商铺之间应设置耐火极限不低于 2.00h 的防火隔墙,每间商铺的建筑面积不宜大于 300m²。

4 步行街两侧建筑的商铺,其面向步行街一侧的围护构件的耐火极限不应低于 1.00h,并宜采用实体墙,其门、窗应采用乙级防火门、窗;当采用防火玻璃墙(包括门、窗)时,其耐火隔热性和耐火完整性不应低于 1.00h;当采用耐火完整性不低于 1.00h 的非隔热性防火玻璃墙(包括门、窗)时,应设置闭式自动喷水灭火系统进行保护。相邻商铺之间面向步行街一侧应设置宽度不小于 1.0m、耐火极限不低于 1.00h 的实体墙。

当步行街两侧的建筑为多个楼层时,每层面向步行街一侧的商铺均应设置防止火灾竖向蔓延的措施,并应符合本规范第 6.2.5 条的规定;设置回廊或挑檐时,其出挑宽度不应小于 1.2m;步行街两侧的商铺在上部各层需设置回廊和连接天桥时,应保证步行街上部各层楼板的开口面积不应小于步行街地面面积的 37%,且开口宜均匀布置。

5 步行街两侧建筑内的疏散楼梯应靠外墙设置并宜直通室外,确有困难时,可在首层直接通至步行街;首层商铺的疏散门可直接通至步行街,步行街内任一点到达最近室外安全地点的步行距离不应大于 60m。步行街两侧建筑二层及以上各层商铺的疏散门至该层最近疏散楼梯口或其他安全出口的直线距离不应大于 37.5m。

6 步行街的顶棚材料应采用不燃或难燃材料,其承重结构的耐火极限不应低于 1.00h。步行街内不应布置可燃物。

7 步行街的顶棚下檐距地面的高度不应小于 6.0m,顶棚应设置自然排烟设施并宜采用常开式的排烟口,且自然排烟口的有效面积不应小于步行街地面面积的 25%。常闭式自然排烟设施应能在火灾时手动和自动开启。

8 步行街两侧建筑的商铺外应每隔 30m 设置 DN65 的消火栓,并应配备消防软管卷盘或消防水龙,商铺内应设置自动喷水灭火系统和火灾自动报警系统;每层回廊均应设置自动喷水灭火系统。步行街内宜设置自动跟踪定位射流灭火系统。

9 步行街两侧建筑的商铺内外均应设置疏散照明、灯光疏散指示标志和消防应急广播系统。

5.4 平面布置

5.4.1 民用建筑的平面布置应结合建筑的耐火等级、火灾危险性、使用功能和安全疏散等因素合理布置。

5.4.2 除为满足民用建筑使用功能所设置的附属库房外,民用建筑内不应设置生产车间和其他库房。

经营、存放和使用甲、乙类火灾危险性物品的商店、作坊和储藏间,严禁附设在民用建筑内。

5.4.3 商店建筑、展览建筑采用三级耐火等级建筑时,不应超过 2 层;采用四级耐火等级建筑时,应为单层。营业厅、展览厅设置在三级耐火等级的建筑内时,应布置在首层或二层;设置在四级耐火等级的建筑内时,应布置在首层。

营业厅、展览厅不应设置在地下三层及以下楼层。地下或半地下营业厅、展览厅不应经营、储存和展示甲、乙类火灾危险性物品。

5.4.4 托儿所、幼儿园的儿童用房和儿童游乐厅等儿童活动场所宜设置在独立的建筑内,且不应设置在地下或半地下;当采用一、二级耐火等级的建筑时,不应超过 3 层;采用三级耐火等级的建筑时,不应超过 2 层;采用四级耐火等级的建筑时,应为单层;确需设置在其他民用建筑内时,应符合下列规定:

1 设置在一、二级耐火等级的建筑内时,应布置在首层、二层或三层;

2 设置在三级耐火等级的建筑内时,应布置在首层或二层;

3 设置在四级耐火等级的建筑内时,应布置在首层;

4 设置在高层建筑内时,应设置独立的安全出口和疏散楼梯;

5 设置在单、多层建筑内时,宜设置独立的安全出口和疏散楼梯。

5.4.4A 老年人照料设施宜独立设置。当老年人照料设施与其他建筑上、下组合时,老年人照料设施宜设置在建筑的下部,并应符合下列规定:

1 老年人照料设施部分的建筑层数、建筑高度或所在楼层位置的高度应符合本规范第 5.3.1A 条的规定;

2 老年人照料设施部分应与其他场所进行防火分隔,防火分隔应符合本规范第 6.2.2 条的规定。

5.4.4B 当老年人照料设施中的老年人公共活动用房、康复与医疗用房设置在地下、半地下时,应设置在地下一层,每间用房的建筑面积不应大于 200m² 且使用人数不应大于 30 人。

老年人照料设施中的老年人公共活动用房、康复与医疗用房设置在地上四层及以上时,每间用房的建筑面积不应大于 200m² 且使用人数不应大于 30 人。

5.4.5 医院和疗养院的住院部分不应设置在地下或半地下。

医院和疗养院的住院部分采用三级耐火等级建筑时,不应超过2层;采用四级耐火等级建筑时,应为单层;设置在三级耐火等级的建筑内时,应布置在首层或二层;设置在四级耐火等级的建筑内时,应布置在首层。

医院和疗养院的病房楼内相邻护理单元之间应采用耐火极限不低于2.00h的防火隔墙分隔,隔墙上的门应采用乙级防火门,设置在走道上的防火门应采用常开防火门。

5.4.6 教学建筑、食堂、菜市场采用三级耐火等级建筑时,不应超过2层;采用四级耐火等级建筑时,应为单层;设置在三级耐火等级的建筑内时,应布置在首层或二层;设置在四级耐火等级的建筑内时,应布置在首层。

5.4.7 剧场、电影院、礼堂宜设置在独立的建筑内;采用三级耐火等级建筑时,不应超过2层;确需设置在其他民用建筑内时,至少应设置1个独立的安全出口和疏散楼梯,并应符合下列规定:

1 应采用耐火极限不低于2.00h的防火隔墙和甲级防火门与其他区域分隔。

2 设置在一、二级耐火等级的建筑内时,观众厅宜布置在首层、二层或三层;确需布置在四层及以上楼层时,一个厅、室的疏散门不应少于2个,且每个观众厅的建筑面积不宜大于400m²。

3 设置在三级耐火等级的建筑内时,不应布置在三层及以上楼层。

4 设置在地下或半地下时,宜设置在地下一层,不应设置在地下三层及以下楼层。

5 设置在高层建筑内时,应设置火灾自动报警系统及自动喷水灭火系统等自动灭火系统。

5.4.8 建筑内的会议厅、多功能厅等人员密集的场所,宜布置在首层、二层或三层。设置在三级耐火等级的建筑内时,不应布置在三层及以上楼层。确需布置在一、二级耐火等级的其他楼层时,应符合下列规定:

1 一个厅、室的疏散门不应少于2个,且建筑面积不宜大于400m²;

2 设置在地下或半地下时,宜设置在地下一层,不应设置在地下三层及以下楼层;

3 设置在高层建筑内时,应设置火灾自动报警系统和自动喷水灭火系统等自动灭火系统。

5.4.9 歌舞厅、录像厅、夜总会、卡拉OK厅(含具有卡拉OK功能的餐厅)、游艺厅(含电子游艺厅)、桑拿浴室(不包括洗浴部分)、网吧等歌舞娱乐放映游艺场所(不含剧场、电影院)的布置应符合下列规定:

1 不应布置在地下二层及以下楼层;

2 宜布置在一、二级耐火等级建筑内的首层、二层或三层的靠外墙部位;

3 不宜布置在袋形走道的两侧或尽端;

4 确需布置在地下一层时,地下一层的地面与室外出入口地坪的高差不应大于10m;

5 确需布置在地下或四层及以上楼层时,一个厅、室的建筑面积不应大于200m²;

6 厅、室之间及与建筑的其他部位之间,应采用耐火极限不低于2.00h的防火隔墙和1.00h的不燃性楼板分隔,设置在厅、室墙上的门和该场所与建筑内其他部位相通的门均应采用乙级防火门。

5.4.10 除商业服务网点外,住宅建筑与其他使用功能的建筑合建时,应符合下列规定:

1 住宅部分与非住宅部分之间,应采用耐火极限不低于2.00h且无门、窗、洞口的防火隔墙和1.50h的不燃性楼板完全分隔;当为高层建筑时,应采用无门、窗、洞口的防火墙和耐火极限不低于2.00h的不燃性楼板完全分隔。建筑外墙上、下层开口之间的防火措施应符合本规范第6.2.5条的规定。

2 住宅部分与非住宅部分的安全出口和疏散楼梯应分别独立设置;为住宅部分服务的地上车库应设置独立的疏散楼梯或安全出口,地下车库的疏散楼梯应按本规范第6.4.4条的规定进行分隔。

3 住宅部分和非住宅部分的安全疏散、防火分区和室内消防设施配置,可根据各自的建筑高度分别按照本规范有关住宅建筑和公共建筑的规定执行;该建筑的其他防火设计应根据建筑的总高度和建筑规模按本规范有关公共建筑的规定执行。

5.4.11 设置商业服务网点的住宅建筑,其居住部分与商业服务网点之间应采用耐火极限不低于2.00h且无门、窗、洞口的防火隔墙和1.50h的不燃性楼板完全分隔,住宅部分和商业服务网点部分的安全出口和疏散楼梯应分别独立设置。

商业服务网点中每个分隔单元之间应采用耐火极限不低于2.00h且无门、窗、洞口的防火隔墙相互分隔,当每个分隔单元任一层建筑面积大于200m²时,该层应设置2个安全出口或疏散门。每个分隔单元内的任一点至最近直通室外的出口的直线距离不应大于本规范表5.5.17中有关多层其他建筑位于袋形走道两侧或尽端的疏散门至最近安全出口的最大直线距离。

注:室内楼梯的距离可按其水平投影长度的1.50倍计算。

5.4.12 燃油或燃气锅炉、油浸变压器、充有可燃油的高压电容器和多油开关等,宜设置在建筑外的专用房间内;确需贴邻民用建筑布置时,应采用防火墙与所贴邻的建筑分隔,且不应贴邻人员密集场所,该专用房间的耐火等级不应低于二级;确需布置在民用建筑内时,不应布置在人员密集场所的上一层、下一层或贴邻,并应符合下列规定:

1 燃油或燃气锅炉房、变压器室应设置在首层或地下一层的靠外墙部位,但常(负)压燃油或燃气锅炉可设置在地下二层或屋顶上。设置在屋顶上的常(负)压燃气锅炉,距离通向屋面的安全出口不应小于6m。

采用相对密度(与空气密度的比值)不小于0.75的可燃气体为燃料的锅炉,不得设置在地下或半地下。

2 锅炉房、变压器室的疏散门均应直通室外或安全出口。

3 锅炉房、变压器室等与其他部位之间应采用耐火极限不低于2.00h的防火隔墙和1.50h的不燃性楼板分隔。在隔墙和楼板上不应开设洞口,确需在隔墙上设置门、窗时,应采用甲级防火门、窗。

4 锅炉房内设置储油间时,其总储存量不应大于1m³,且储油间应采用耐火极限不低于3.00h的防火隔墙与锅炉间分隔;确需在防火隔墙上设置门时,应采用甲级防火门。

5 变压器室之间、变压器与配电室之间,应设置耐火极限不低于2.00h的防火隔墙。

6 油浸变压器、多油开关室、高压电容器室,应设置防止油品流散的设施。油浸变压器下面应设置能储存变压器全部油量的事故储油设施。

7 应设置火灾报警装置。

8 应设置与锅炉、变压器、电容器和多油开关等的容量及建筑规模相适应的灭火设施,当建筑内其他部位设置自动喷水灭火系统时,应设置自动喷水灭火系统。

9 锅炉的容量应符合现行国家标准《锅炉房设计规范》GB 50041的规定。油浸变压器的总容量不应大于1260kV·A,单台容量不应大于630kV·A。

10 燃气锅炉房应设置爆炸泄压设施。燃油或燃气锅炉房应设置独立的通风系统,并应符合本规范第9章的规定。

5.4.13 布置在民用建筑内的柴油发电机房应符合下列规定:

1 宜布置在首层或地下一、二层。

2 不应布置在人员密集场所的上一层、下一层或贴邻。

3 应采用耐火极限不低于2.00h的防火隔墙和1.50h的不燃性楼板与其他部位分隔,门应采用甲级防火门。

4 机房内设置储油间时,其总储存量不应大于1m³,储油间应采用耐火极限不低于3.00h的防火隔墙与发电机间分隔;确需在防火隔墙上开门时,应设置甲级防火门。

5 应设置火灾报警装置。

6 应设置与柴油发电机容量和建筑规模相适应的灭火设施,当建筑内其他部位设置自动喷水灭火系统时,机房内应设置自动喷水灭火系统。

5.4.14 供建筑内使用的丙类液体燃料,其储罐应布置在建筑外,并应符合下列规定:

1 当总容量不大于15 m³,且直埋于建筑附近、面向油罐一面4.0 m范围内的建筑外墙为防火墙时,储罐与建筑的防火间距不限;

2 当总容量大于15m³时,储罐的布置应符合本规范第4.2节的规定;

3 当设置中间罐时,中间罐的容量不应大于1m³,并应设置在一、二级耐火等级的单独房间内,房间门应采用甲级防火门。

5.4.15 设置在建筑内的锅炉、柴油发电机,其燃料供给管道应符合下列规定:

1 在进入建筑物前和设备间内的管道上均应设置自动和手动切断阀;

2 储油间的油箱应密闭且应设置通向室外的通气管,通气管应设置带阻火器的呼吸阀,油箱的下部应设置防止油品流散的设施;

3 燃气供给管道的敷设应符合现行国家标准《城镇燃气设计规范》GB 50028的规定。

5.4.16 高层民用建筑内使用可燃气体燃料时,应采用管道供气。使用可燃气体的房间或部位宜靠外墙设置,并应符合现行国家标准《城镇燃气设计规范》GB 50028的规定。

5.4.17 建筑采用瓶装液化石油气瓶组供气时,应符合下列规定:

1 应设置独立的瓶组间;

2 瓶组间不应与住宅建筑、重要公共建筑和其他高层公共建筑贴邻,液化石油气气瓶的总容积不大于1m³的瓶组间与所服务的其他建筑贴邻时,应采用自然气化方式供气;

3 液化石油气瓶的总容积大于1m³、不大于4m³的独立瓶组间,与所服务建筑的防火间距应符合本规范表5.4.17的规定;

表5.4.17 液化石油气气瓶的独立瓶组间与
所服务建筑的防火间距(m)

名　　称	液化石油气气瓶的独立瓶组间的总容积V(m³)	
	V≤2	2<V≤4
明火或散发火花地点	25	30
重要公共建筑、一类高层民用建筑	15	20
裙房和其他民用建筑	8	10
道路(路边) 主要	10	
道路(路边) 次要	5	

注:气瓶总容积应按配置气瓶个数与单瓶几何容积的乘积计算。

4 在瓶组间的总出气管道上应设置紧急事故自动切断阀;

5 瓶组间应设置可燃气体浓度报警装置;

6 其他防火要求应符合现行国家标准《城镇燃气设计规范》GB 50028的规定。

5.5 安全疏散和避难

Ⅰ 一般要求

5.5.1 民用建筑应根据其建筑高度、规模、使用功能和耐火等级等因素合理设置安全疏散和避难设施。安全出口和疏散门的位置、数量、宽度及疏散楼梯间的形式,应满足人员安全疏散的要求。

5.5.2 建筑内的安全出口和疏散门应分散布置,且建筑内每个防火分区或一个防火分区的每个楼层、每个住宅单元每层相邻两个安全出口以及每个房间相邻两个疏散门最近边缘之间的水平距离不应小于5m。

5.5.3 建筑的楼梯间宜通至屋面,通向屋面的门或窗应向外开启。

5.5.4 自动扶梯和电梯不应计作安全疏散设施。

5.5.5 除人员密集场所外,建筑面积不大于500m²、使用人数不超过30人且埋深不大于10m的地下或半地下建筑(室),当需要设置2个安全出口时,其中一个安全出口可利用直通室外的金属竖向梯。

除歌舞娱乐放映游艺场所外,防火分区建筑面积不大于200m²的地下或半地下设备间、防火分区建筑面积不大于50m²且经常停留人数不超过15人的其他地下或半地下建筑(室),可设置1个安全出口或1部疏散楼梯。

除本规范另有规定外,建筑面积不大于200m²的地下或半地下设备间、建筑面积不大于50m²且经常停留人数不超过15人的其他地下或半地下房间,可设置1个疏散门。

5.5.6 直通建筑内附设汽车库的电梯,应在汽车库部分设置电梯候梯厅,并应采用耐火极限不低于2.00h的防火隔墙和乙级防火门与汽车库分隔。

5.5.7 高层建筑直通室外的安全出口上方,应设置挑出宽度不小于1.0m的防护挑檐。

Ⅱ 公共建筑

5.5.8 公共建筑内每个防火分区或一个防火分区的每个楼层,其安全出口的数量应经计算确定,且不应少于2个。设置1个安全出口或1部疏散楼梯的公共建筑应符合下列条件之一:

1 除托儿所、幼儿园外,建筑面积不大于200m²且人数不超过50人的单层公共建筑或多层公共建筑的首层;

2 除医疗建筑,老年人照料设施,托儿所、幼儿园的儿童用房,儿童游乐厅等儿童活动场所和歌舞娱乐放映游艺场所等外,符合表5.5.8规定的公共建筑。

表5.5.8 设置1部疏散楼梯的公共建筑

耐火等级	最多层数	每层最大建筑面积(m²)	人　数
一、二级	3层	200	第二、三层的人数之和不超过50人
三级	3层	200	第二、三层的人数之和不超过25人
四级	2层	200	第二层人数不超过15人

5.5.9 一、二级耐火等级公共建筑内的安全出口全部直通室外确有困难的防火分区,可利用通向相邻防火分区的甲级防火门作为安全出口,但应符合下列要求:

1 利用通向相邻防火分区的甲级防火门作为安全出口时,应采用防火墙与相邻防火分区进行分隔;

2 建筑面积大于1000m²的防火分区,直通室外的安全出口不应少于2个;建筑面积不大于1000m²的防火分区,直通室外的安全出口不应少于1个;

3 该防火分区通向相邻防火分区的疏散净宽度不应大于其按本规范第5.5.21条规定计算所需疏散总净宽度的30%，建筑各层直通室外的安全出口总净宽度不应小于按照本规范第5.5.21条规定计算所需疏散总净宽度。

5.5.10 高层公共建筑的疏散楼梯，当分散设置确有困难且从任一疏散门至最近疏散楼梯间入口的距离不大于10m时，可采用剪刀楼梯间，但应符合下列规定：

1 楼梯间应为防烟楼梯间；

2 梯段之间应设置耐火极限不低于1.00h的防火隔墙；

3 楼梯间的前室应分别设置。

5.5.11 设置不少于2部疏散楼梯的一、二级耐火等级多层公共建筑，如顶层局部升高，当高出部分的层数不超过2层、人数之和不超过50人且每层建筑面积不大于200m²时，高出部分可设置1部疏散楼梯，但至少应另外设置1个直通建筑主体上人平屋面的安全出口，且上人屋面应符合人员安全疏散的要求。

5.5.12 一类高层公共建筑和建筑高度大于32m的二类高层公共建筑，其疏散楼梯应采用防烟楼梯间。

裙房和建筑高度不大于32m的二类高层公共建筑，其疏散楼梯应采用封闭楼梯间。

注：当裙房与高层建筑主体之间设置防火墙时，裙房的疏散楼梯可按本规范有关单、多层建筑的要求确定。

5.5.13 下列多层公共建筑的疏散楼梯，除与敞开式外廊直接相连的楼梯间外，均应采用封闭楼梯间：

1 医疗建筑、旅馆及类似使用功能的建筑；

2 设置歌舞娱乐放映游艺场所的建筑；

3 商店、图书馆、展览建筑、会议中心及类似使用功能的建筑；

4 6层及以上的其他建筑。

5.5.13A 老年人照料设施的疏散楼梯或疏散楼梯间宜与敞开式外廊直接连通，不能与敞开式外廊直接连通的室内疏散楼梯应采用封闭楼梯间。建筑高度大于24m的老年人照料设施，其室内疏散楼梯应采用防烟楼梯间。

建筑高度大于32m的老年人照料设施，宜在32m以上部分增设能连通老年人居室和公共活动场所的连廊，各层连廊应直接与疏散楼梯、安全出口或室外避难场地连通。

5.5.14 公共建筑内的客、货电梯宜设置电梯候梯厅，不宜直接设置在营业厅、展览厅、多功能厅等场所内。老年人照料设施内的非消防电梯应采取防烟措施，当火灾情况下需用于辅助人员疏散时，该电梯及其设置应符合本规范有关消防电梯及其设置要求。

5.5.15 公共建筑内房间的疏散门数量应经计算确定且不应少于2个。除托儿所、幼儿园、老年人照料设施、医疗建筑、教学建筑内位于走道尽端的房间外，符合下列条件之一的房间可设置1个疏散门：

1 位于两个安全出口之间或袋形走道两侧的房间，对于托儿所、幼儿园、老年人照料设施，建筑面积不大于50m²；对于医疗建筑、教学建筑，建筑面积不大于75m²；对于其他建筑或场所，建筑面积不大于120m²。

2 位于走道尽端的房间，建筑面积小于50m²且疏散门的净宽度不小于0.90m，或由房间内任一点至疏散门的直线距离不大于15m、建筑面积不大于200m²且疏散门的净宽度不小于1.40m。

3 歌舞娱乐放映游艺场所内建筑面积不大于50m²且经常停留人数不超过15人的厅、室。

5.5.16 剧场、电影院、礼堂和体育馆的观众厅或多功能厅，其疏散门的数量应经计算确定且不应少于2个，并应符合下列规定：

1 对于剧场、电影院、礼堂的观众厅或多功能厅，每个疏散门的平均疏散人数不应超过250人；当容纳人数超过2000人时，其超过2000人的部分，每个疏散门的平均疏散人数不超过400人。

2 对于体育馆的观众厅，每个疏散门的平均疏散人数不宜超过400人～700人。

5.5.17 公共建筑的安全疏散距离应符合下列规定：

1 直通疏散走道的房间疏散门至最近安全出口的直线距离不应大于表5.5.17的规定。

表5.5.17 直通疏散走道的房间疏散门至最近安全出口的直线距离(m)

名　　称		位于两个安全出口之间的疏散门			位于袋形走道两侧或尽端的疏散门		
		一、二级	三级	四级	一、二级	三级	四级
托儿所、幼儿园老年人照料设施		25	20	15	20	15	10
歌舞娱乐放映游艺场所		25	20	15	9	—	—
医疗建筑	单、多层	35	30	25	20	15	10
	高层 病房部分	24	—	—	12	—	—
	高层 其他部分	30	—	—	15	—	—
教学建筑	单、多层	35	30	25	22	20	10
	高层	30	—	—	15	—	—
高层旅馆、展览建筑		30	—	—	15	—	—
其他建筑	单、多层	40	35	25	22	20	15
	高层	40	—	—	20	—	—

注：1 建筑内开向敞开式外廊的房间疏散门至最近安全出口的直线距离可按本表的规定增加5m。

　　2 直通疏散走道的房间疏散门至最近敞开楼梯间的直线距离，当房间位于两个楼梯间之间时，应按本表的规定减少5m；当房间位于袋形走道两侧或尽端时，应按本表的规定减少2m。

　　3 建筑物内全部设置自动喷水灭火系统时，其安全疏散距离可按本表的规定增加25%。

2 楼梯间应在首层直通室外，确有困难时，可在首层采用扩大的封闭楼梯间或防烟楼梯间前室。当层数不超过4层且未采用扩大的封闭楼梯间或防烟楼梯间前室时，可将直通室外的门设置在离楼梯间不大于15m处。

3 房间内任一点至房间直通疏散走道的疏散门的直线距离，不应大于表5.5.17规定的袋形走道两侧或尽端的疏散门至最近安全出口的直线距离。

4 一、二级耐火等级建筑内疏散门或安全出口不少于2个的观众厅、展览厅、多功能厅、餐厅、营业厅等，其室内任一点至最近疏散门或安全出口的直线距离不应大于30m；当疏散门不能直通室外地面或疏散楼梯间时，应采用长度不大于10m的疏散走道通至最近的安全出口。当该场所设置自动喷水灭火系统时，室内任一点至最近安全出口的安全疏散距离可分别增加25%。

5.5.18 除本规范另有规定外，公共建筑内疏散门和安全出口的净宽度不应小于0.90m，疏散走道和疏散楼梯的净宽度不应小于1.10m。

高层公共建筑内楼梯间的首层疏散门、首层疏散外门、疏散走道和疏散楼梯的最小净宽度应符合表5.5.18的规定。

表5.5.18 高层公共建筑内楼梯间的首层疏散门、首层疏散外门、疏散走道和疏散楼梯的最小净宽度(m)

建筑类别	楼梯间的首层疏散门、首层疏散外门	走　道		疏散楼梯
		单面布房	双面布房	
高层医疗建筑	1.30	1.40	1.50	1.30
其他高层公共建筑	1.20	1.30	1.40	1.20

5.5.19 人员密集的公共场所、观众厅的疏散门不应设置门槛，其净宽度不应小于1.40m，且紧靠门口内外各1.40m范围内不应设置踏步。

人员密集的公共场所的室外疏散通道的净宽度不应小于3.00m，并应直接通向宽敞地带。

5.5.20 剧场、电影院、礼堂、体育馆等场所的疏散走道、疏散楼梯、疏散门、安全出口的各自总净宽度，应符合下列规定：

1 观众厅内疏散走道的净宽度应按每100人不小于0.60m计算，且不应小于1.00m；边走道的净宽度不宜小于0.80m。

布置疏散走道时，横走道之间的座位排数不宜超过20排；纵走道之间的座位数：剧场、电影院、礼堂等，每排不宜超过22个；体育馆，每排不宜超过26个；前后排座椅的排距不小于0.90m时，可增加1.0倍，但不得超过50个；仅一侧有纵走道时，座位数应减少一半。

2 剧场、电影院、礼堂等场所供观众疏散的所有内门、外门、楼梯和走道的各自总净宽度，应根据疏散人数按每100人的最小疏散净宽度不小于表5.5.20-1的规定计算确定。

表5.5.20-1 剧场、电影院、礼堂等场所每100人所需最小疏散净宽度(m/百人)

观众厅座位数(座)			≤2500	≤1200
耐火等级			一、二级	三级
疏散部位	门和走道	平坡地面	0.65	0.85
		阶梯地面	0.75	1.00
	楼梯		0.75	1.00

3 体育馆供观众疏散的所有内门、外门、楼梯和走道的各自总净宽度，应根据疏散人数按每100人的最小疏散净宽度不小于表5.5.20-2的规定计算确定。

表5.5.20-2 体育馆每100人所需最小疏散净宽度(m/百人)

观众厅座位数范围(座)		3000~5000	5001~10000	10001~20000
疏散部位	门和走道	平坡地面	0.43	0.37	0.32
		阶梯地面	0.50	0.43	0.37
	楼梯		0.50	0.43	0.37

注：本表中对应较大座位数范围按规定计算的疏散总净宽度，不应小于对应相邻较小座位数范围按其最多座位数计算的疏散总净宽度。对于观众厅座位数少于3000个的体育馆，计算供观众疏散的所有内门、外门、楼梯和走道的各自总净宽度时，每100人的最小疏散净宽度不小于表5.5.20-1的规定。

4 有等场需要的入场门不应作为观众厅的疏散门。

5.5.21 除剧场、电影院、礼堂、体育馆外的其他公共建筑，其房间疏散门、安全出口、疏散走道和疏散楼梯的各自总净宽度，应符合下列规定：

1 每层的房间疏散门、安全出口、疏散走道和疏散楼梯的各自总净宽度，应根据疏散人数按每100人的最小疏散净宽度不小于表5.5.21-1的规定计算确定。当每层疏散人数不等时，疏散楼梯的总净宽度可分层计算，地上建筑内下层楼梯的总净宽度应按该层及以上疏散人数最多一层的人数计算；地下建筑内上层楼梯的总净宽度应按该层及以下疏散人数最多一层的人数计算。

表5.5.21-1 每层的房间疏散门、安全出口、疏散走道和疏散楼梯的每100人最小疏散净宽度(m/百人)

建筑层数		建筑的耐火等级		
		一、二级	三级	四级
地上楼层	1层~2层	0.65	0.75	1.00
	3层	0.75	1.00	—
	≥4层	1.00	1.25	—
地下楼层	与地面出入口地面的高差 $\Delta H \leq 10m$	0.75	—	—
	与地面出入口地面的高差 $\Delta H > 10m$	1.00	—	—

2 地下或半地下人员密集的厅、室和歌舞娱乐放映游艺场所，其房间疏散门、安全出口、疏散走道和疏散楼梯的各自总净宽度，应根据疏散人数按每100人不小于1.00m计算确定。

3 首层外门的总净宽度应按该建筑疏散人数最多一层的人数计算确定，不供其他楼层人员疏散的外门，可按本层的疏散人数计算确定。

4 歌舞娱乐放映游艺场所中录像厅的疏散人数，应根据厅、室的建筑面积按不小于1.0人/m²计算；其他歌舞娱乐放映游艺场所的疏散人数，应根据厅、室的建筑面积按不小于0.5人/m²计算。

5 有固定座位的场所，其疏散人数可按实际座位数的1.1倍计算。

6 展览厅的疏散人数应根据展览厅的建筑面积和人员密度计算，展览厅内的人员密度不宜小于0.75人/m²。

7 商店的疏散人数应按每层营业厅的建筑面积乘以表5.5.21-2规定的人员密度计算。对于建材商店、家具和灯饰展示建筑，其人员密度可按表5.5.21-2规定值的30%确定。

表5.5.21-2 商店营业厅内的人员密度(人/m²)

楼层位置	地下第二层	地下第一层	地上第一、二层	地上第三层	地上第四层及以上各层
人员密度	0.56	0.60	0.43~0.60	0.39~0.54	0.30~0.42

5.5.22 人员密集的公共建筑不宜在窗口、阳台等部位设置封闭的金属栅栏，确需设置时，应能从内部易于开启；窗口、阳台等部位宜根据其高度设置适用的辅助疏散逃生设施。

5.5.23 建筑高度大于100m的公共建筑，应设置避难层(间)。避难层(间)应符合下列规定：

1 第一个避难层(间)的楼地面至灭火救援场地地面的高度不应大于50m，两个避难层(间)之间的高度不宜大于50m。

2 通向避难层(间)的疏散楼梯应在避难层分隔、同层错位或上下层断开。

3 避难层(间)的净面积应能满足设计避难人数避难的要求，并宜按5.0人/m²计算。

4 避难层可兼作设备层。设备管道宜集中布置，其中的易燃、可燃液体或气体管道应集中布置，设备管道区应采用耐火极限不低于3.00h的防火隔墙与避难区分隔。管道井和设备间应采用耐火极限不低于2.00h的防火隔墙与避难区分隔，管道井和设备间的门不应直接开向避难区；确需直接开向避难区时，与避难层区出入口的距离不应小于5m，且应采用甲级防火门。

避难间内不应设置易燃、可燃液体或气体管道，不应开设除外窗、疏散门之外的其他开口。

5 避难层应设置消防电梯出口。

6　应设置消火栓和消防软管卷盘。

　　7　应设置消防专线电话和应急广播。

　　8　在避难层(间)进入楼梯间的入口处和疏散楼梯通向避难层(间)的出口处,应设置明显的指示标志。

　　9　应设置直接对外的可开启窗口或独立的机械防烟设施,外窗应采用乙级防火窗。

5.5.24　高层病房楼应在二层及以上的病房楼层和洁净手术部设置避难间。避难间应符合下列规定:

　　1　避难间服务的护理单元不应超过2个,其净面积应按每个护理单元不小于25.0m²确定。

　　2　避难间兼作其他用途时,应保证人员的避难安全,且不得减少可供避难的净面积。

　　3　应靠近楼梯间,并应采用耐火极限不低于2.00h的防火隔墙和甲级防火门与其他部位分隔。

　　4　应设置消防专线电话和消防应急广播。

　　5　避难间的入口处应设置明显的指示标志。

　　6　应设置直接对外的可开启窗口或独立的机械防烟设施,外窗应采用乙级防火窗。

5.5.24A　3层及3层以上总建筑面积大于3000m²(包括设置在其他建筑内三层及以上楼层)的老年人照料设施,应在二层及以上各层老年人照料设施部分的每座疏散楼梯间的相邻部位设置1间避难间;当老年人照料设施设置与疏散楼梯或安全出口直接连通的开敞式外廊、与疏散走道直接连通且符合人员避难要求的室外平台等时,可不设置避难间。避难间内可供避难的净面积不应小于12m²,避难间可利用疏散楼梯间的前室或消防电梯的前室,其他要求应符合本规范第5.5.24条的规定。

　　供失能老年人使用且层数大于2层的老年人照料设施,应按核定使用人数配备简易防毒面具。

Ⅲ　住宅建筑

5.5.25　住宅建筑安全出口的设置应符合下列规定:

　　1　建筑高度不大于27m的建筑,当每个单元任一层的建筑面积大于650m²,或任一户门至最近安全出口的距离大于15m时,每个单元每层的安全出口不应少于2个;

　　2　建筑高度大于27m、不大于54m的建筑,当每个单元任一层的建筑面积大于650m²,或任一户门至最近安全出口的距离大于10m时,每个单元每层的安全出口不应少于2个;

　　3　建筑高度大于54m的建筑,每个单元每层的安全出口不应少于2个。

5.5.26　建筑高度大于27m,但不大于54m的住宅建筑,每个单元设置一座疏散楼梯时,疏散楼梯应通至屋面,且单元之间的疏散楼梯应能通过屋面连通,户门应采用乙级防火门。当不能通至屋面或不能通过屋面连通时,应设置2个安全出口。

5.5.27　住宅建筑的疏散楼梯设置应符合下列规定:

　　1　建筑高度不大于21m的住宅建筑可采用敞开楼梯间;与电梯井相邻布置的疏散楼梯应采用封闭楼梯间,当户门采用乙级防火门时,仍可采用敞开楼梯间。

　　2　建筑高度大于21m、不大于33m的住宅建筑应采用封闭楼梯间;当户门采用乙级防火门时,可采用敞开楼梯间。

　　3　建筑高度大于33m的住宅建筑应采用防烟楼梯间。户门不宜直接开向前室,确有困难时,每层开向同一前室的户门不应大于3樘且应采用乙级防火门。

5.5.28　住宅单元的疏散楼梯,当分散设置确有困难且任一户门至最近疏散楼梯间入口的距离不大于10m时,可采用剪刀楼梯间,但应符合下列规定:

　　1　应采用防烟楼梯间。

　　2　梯段之间应设置耐火极限不低于1.00h的防火隔墙。

　　3　楼梯间的前室不宜共用;共用时,前室的使用面积不应小于6.0m²。

　　4　楼梯间的前室或共用前室不宜与消防电梯的前室合用;楼梯间的共用前室与消防电梯的前室合用时,合用前室的使用面积不应小于12.0m²,且短边不应小于2.4m。

5.5.29　住宅建筑的安全疏散距离应符合下列规定:

　　1　直通疏散走道的户门至最近安全出口的直线距离不应大于表5.5.29的规定。

表5.5.29　住宅建筑直通疏散走道的户门至最近安全出口的直线距离(m)

住宅建筑类别	位于两个安全出口之间的户门			位于袋形走道两侧或尽端的户门		
	一、二级	三级	四级	一、二级	三级	四级
单、多层	40	35	25	22	20	15
高层	40	—	—	20	—	—

注:1　开向敞开式外廊的户门至最近安全出口的最大直线距离可按本表的规定增加5m。

　　2　直通疏散走道的户门至最近敞开楼梯间的直线距离,当户门位于两个楼梯间之间时,应按本表的规定减少5m;当户门位于袋形走道两侧或尽端时,应按本表的规定减少2m。

　　3　住宅建筑内全部设置自动喷水灭火系统时,其安全疏散距离可按本表的规定增加25%。

　　4　跃廊式住宅的户门至最近安全出口的距离,应从户门算起,小楼梯的一段距离可按其水平投影长度的1.50倍计算。

　　2　楼梯间应在首层直通室外,或在首层采用扩大的封闭楼梯间或防烟楼梯间前室。层数不超过4层时,可将直通室外的门设置在离楼梯间不大于15m处。

　　3　户内任一点至直通疏散走道的户门的直线距离不应大于表5.5.29规定的袋形走道两侧或尽端的疏散门至最近安全出口的最大直线距离。

注:跃层式住宅,户内楼梯的距离可按其梯段水平投影长度的1.50倍计算。

5.5.30　住宅建筑的户门、安全出口、疏散走道和疏散楼梯的各自总净宽度应经计算确定,且户门和安全出口的净宽度不应小于0.90m,疏散走道、疏散楼梯和首层疏散外门的净宽度不应小于1.10m。建筑高度不大于18m的住宅中一边设置栏杆的疏散楼梯,其净宽度不应小于1.0m。

5.5.31　建筑高度大于100m的住宅建筑应设置避难层,避难层的设置应符合本规范第5.5.23条有关避难层的要求。

5.5.32　建筑高度大于54m的住宅建筑,每户应有一间房间符合下列规定:

　　1　应靠外墙设置,并应设置可开启外窗;

　　2　内、外墙体的耐火极限不应低于1.00h,该房间的门宜采用乙级防火门,外窗的耐火完整性不宜低于1.00h。

6 建筑构造

6.1 防火墙

6.1.1 防火墙应直接设置在建筑的基础或框架、梁等承重结构上,框架、梁等承重结构的耐火极限不应低于防火墙的耐火极限。

防火墙应从楼地面基层隔断至梁、楼板或屋面板的底面基层。当高层厂房(仓库)屋顶承重结构和屋面板的耐火极限低于1.00h,其他建筑屋顶承重结构和屋面板的耐火极限低于0.50h时,防火墙应高出屋面0.5m以上。

6.1.2 防火墙横截面中心线水平距离天窗端面小于4.0m,且天窗端面为可燃性墙体时,应采取防止火势蔓延的措施。

6.1.3 建筑外墙为难燃性或可燃性墙体时,防火墙应凸出墙的外表面0.4m以上,且防火墙两侧的外墙均应为宽度均不小于2.0m的不燃性墙体,其耐火极限不应低于外墙的耐火极限。

建筑外墙为不燃性墙体时,防火墙可不凸出墙的外表面,紧靠防火墙两侧的门、窗、洞口之间最近边缘的水平距离不应小于2.0m;采取设置乙级防火窗等防止火灾水平蔓延的措施时,该距离不限。

6.1.4 建筑内的防火墙不宜设置在转角处,确需设置时,内转角两侧墙上的门、窗、洞口之间最近边缘的水平距离不应小于4.0m;采取设置乙级防火窗等防止火灾水平蔓延的措施时,该距离不限。

6.1.5 防火墙上不应开设门、窗、洞口,确需开设时,应设置不可开启或火灾时能自动关闭的甲级防火门、窗。

可燃气体和甲、乙、丙类液体的管道严禁穿过防火墙。防火墙内不应设置排气道。

6.1.6 除本规范第6.1.5条规定外的其他管道不宜穿过防火墙,确需穿过时,应采用防火封堵材料将墙与管道之间的空隙紧密填实,穿过防火墙处的管道保温材料,应采用不燃材料;当管道为难燃及可燃材料时,应在防火墙两侧的管道上采取防火措施。

6.1.7 防火墙的构造应能在防火墙任意一侧的屋架、梁、楼板等受到火灾的影响而破坏时,不会导致防火墙倒塌。

6.2 建筑构件和管道井

6.2.1 剧场等建筑的舞台与观众厅之间的隔墙应采用耐火极限不低于3.00h的防火隔墙。

舞台上部与观众厅闷顶之间的隔墙可采用耐火极限不低于1.50h的防火隔墙,隔墙上的门应采用乙级防火门。

舞台下部的灯光操作室和可燃物储藏室应采用耐火极限不低于2.00h的防火隔墙与其他部位分隔。

电影放映室、卷片室应采用耐火极限不低于1.50h的防火隔墙与其他部位分隔,观察孔和放映孔应采取防火分隔措施。

6.2.2 医疗建筑内的手术室或手术部、产房、重症监护室、贵重精密医疗装备用房、储藏间、实验室、胶片室等,附设在建筑内的托儿所、幼儿园的儿童用房和儿童游乐厅等儿童活动场所、老年人照料设施,应采用耐火极限不低于2.00h的防火隔墙和1.00h的楼板与其他场所或部位分隔,墙上必须设置的门、窗应采用乙级防火门、窗。

6.2.3 建筑内的下列部位应采用耐火极限不低于2.00h的防火隔墙与其他部位分隔,墙上的门、窗应采用乙级防火门、窗,确有困难时,可采用防火卷帘,但应符合本规范第6.5.3条的规定:

    1 甲、乙类生产部位和建筑内使用丙类液体的部位;

    2 厂房内有明火和高温的部位;

    3 甲、乙、丙类厂房(仓库)内布置有不同火灾危险性类别的房间;

    4 民用建筑内的附属库房,剧场后台的辅助用房;

    5 除居住建筑中套内的厨房外,宿舍、公寓建筑中的公共厨房和其他建筑内的厨房;

    6 附设在住宅建筑内的机动车库。

6.2.4 建筑内的防火隔墙应从楼地面基层隔断至梁、楼板或屋面板的底面基层。住宅分户墙和单元之间的墙应隔断至梁、楼板或屋面板的底面基层,屋面板的耐火极限不应低于0.50h。

6.2.5 除本规范另有规定外,建筑外墙上、下层开口之间应设置高度不小于1.2m的实体墙或挑出宽度不小于1.0m、长度不小于开口宽度的防火挑檐;当室内设置自动喷水灭火系统时,上、下层开口之间的实体墙高度不应小于0.8m。当上、下层开口之间设置实体墙确有困难时,可设置防火玻璃墙,但高层建筑的防火玻璃墙的耐火完整性不应低于1.00h,多层建筑的防火玻璃墙的耐火完整性不应低于0.50h。外窗的耐火完整性不应低于防火玻璃墙的耐火完整性要求。

住宅建筑外墙上相邻户开口之间的墙体宽度不应小于1.0m;小于1.0m时,应在开口之间设置突出外墙不小于0.6m的隔板。

实体墙、防火挑檐和隔板的耐火极限和燃烧性能,均不应低于相应耐火等级建筑外墙的要求。

6.2.6 建筑幕墙应在每层楼板外沿处采取符合本规范第6.2.5条规定的防火措施,幕墙与每层楼板、隔墙处的缝隙应采用防火封堵材料封堵。

6.2.7 附设在建筑内的消防控制室、灭火设备室、消防水泵房和通风空气调节机房、变配电室等,应采用耐火极限不低于2.00h的防火隔墙和1.50h的楼板与其他部位分隔。

设置在丁、戊类厂房内的通风机房,应采用耐火极限不低于1.00h的防火隔墙和0.50h的楼板与其他部位分隔。

通风、空气调节机房和变配电室开向建筑内的门应采用甲级防火门,消防控制室和其他设备房开向建筑内的门应采用乙级防火门。

6.2.8 冷库、低温环境生产场所采用泡沫塑料等可燃材料作墙体内的绝热层时,宜采用不燃绝热材料在每层楼板处做水平防火分隔。防火分隔部位的耐火极限不应低于楼板的耐火极限。冷库阁楼层和墙体的可燃绝热层宜采用不燃性墙体分隔。

冷库、低温环境生产场所采用泡沫塑料作内绝热层时,绝热层的燃烧性能不应低于B₁级,且绝热层的表面应采用不燃材料做防护层。

冷库的库房与加工车间贴邻建造时,应采用防火墙分隔,当确需开设相互连通的开口时,应采取防火隔间等措施进行分隔,隔间两侧的门应为甲级防火门。当冷库的氨压缩机房与加工车间贴邻时,应采用不开门窗洞口的防火墙分隔。

6.2.9 建筑内的电梯井等竖井应符合下列规定:

    1 电梯井应独立设置,井内严禁敷设可燃气体和甲、乙、丙类液体管道,不应敷设与电梯无关的电缆、电线等。电梯井的井壁除设置电梯门、安全逃生门和通气孔洞外,不应设置其他开口。

2 电缆井、管道井、排烟道、排气道、垃圾道等竖向井道，应分别独立设置。井壁的耐火极限不应低于 1.00h，井壁上的检查门应采用丙级防火门。

3 建筑内的电缆井、管道井应在每层楼板处采用不低于楼板耐火极限的不燃材料或防火封堵材料封堵。

建筑内的电缆井、管道井与房间、走道等相连通的孔隙应采用防火封堵材料封堵。

4 建筑内的垃圾道宜靠外墙设置，垃圾道的排气口应直接开向室外，垃圾斗应采用不燃材料制作，并应能自行关闭。

5 电梯层门的耐火极限不应低于 1.00h，并应符合现行国家标准《电梯层门耐火试验 完整性、隔热性和热通量测定法》GB/T 27903 规定的完整性和隔热性要求。

6.2.10 户外电致发光广告牌不应直接设置在有可燃、难燃材料的墙体上。

户外广告牌的设置不应遮挡建筑的外窗，不应影响外部灭火救援行动。

6.3 屋顶、闷顶和建筑缝隙

6.3.1 在三、四级耐火等级建筑的闷顶内采用可燃材料作绝热层时，屋顶不应采用冷摊瓦。

闷顶内的非金属烟囱周围 0.5m、金属烟囱 0.7m 范围内，应采用不燃材料作绝热层。

6.3.2 层数超过 2 层的三级耐火等级建筑内的闷顶，应在每个防火隔断范围内设置老虎窗，且老虎窗的间距不宜大于 50m。

6.3.3 内有可燃物的闷顶，应在每个防火隔断范围内设置净宽度和净高度均不小于 0.7m 的闷顶入口；对于公共建筑，每个防火隔断范围内的闷顶入口不宜少于 2 个。闷顶入口宜布置在走廊中靠近楼梯间的部位。

6.3.4 变形缝内的填充材料和变形缝的构造基层应采用不燃材料。

电线、电缆、可燃气体和甲、乙、丙类液体的管道不宜穿过建筑内的变形缝，确需穿过时，应在穿过处加设不燃材料制作的套管或采取其他防变形措施，并应采用防火封堵材料封堵。

6.3.5 防烟、排烟、供暖、通风和空气调节系统中的管道及建筑内的其他管道，在穿越防火隔墙、楼板和防火墙处的孔隙应采用防火封堵材料封堵。

风管穿过防火隔墙、楼板和防火墙时，穿越处风管上的防火阀、排烟防火阀两侧各 2.0m 范围内的风管应采用耐火风管或风管外壁应采取防火保护措施，且耐火极限不应低于该防火分隔体的耐火极限。

6.3.6 建筑内受高温或火焰作用易变形的管道，在贯穿楼板部位和穿越防火隔墙的两侧宜采取阻火措施。

6.3.7 建筑屋顶上的开口与邻近建筑或设施之间，应采取防止火灾蔓延的措施。

6.4 疏散楼梯间和疏散楼梯等

6.4.1 疏散楼梯间应符合下列规定：

1 楼梯间应能天然采光和自然通风，并宜靠外墙设置。靠外墙设置时，楼梯间、前室及合用前室外墙上的窗口与两侧门、窗、洞口最近边缘的水平距离不应小于 1.0m。

2 楼梯间内不应设置烧水间、可燃材料储藏室、垃圾道。

3 楼梯间内不应有影响疏散的凸出物或其他障碍物。

4 封闭楼梯间、防烟楼梯间及其前室，不应设置卷帘。

5 楼梯间内不应设置甲、乙、丙类液体管道。

6 封闭楼梯间、防烟楼梯间及其前室内禁止穿过或设置可燃气体管道。敞开楼梯间内不应设置可燃气体管道，当住宅建筑的敞开楼梯间内确需设置可燃气体管道和可燃气体计量表时，应采用金属管和设置切断气源的阀门。

6.4.2 封闭楼梯间除应符合本规范第 6.4.1 条的规定外，尚应符合下列规定：

1 不能自然通风或自然通风不能满足要求时，应设置机械加压送风系统或采用防烟楼梯间。

2 除楼梯间的出入口和外窗外，楼梯间的墙上不应开设其他门、窗、洞口。

3 高层建筑、人员密集的公共建筑、人员密集的多层丙类厂房、甲、乙类厂房，其封闭楼梯间的门应采用乙级防火门，并应向疏散方向开启；其他建筑，可采用双向弹簧门。

4 楼梯间的首层可将走道和门厅等包括在楼梯间内形成扩大的封闭楼梯间，但应采用乙级防火门等与其他走道和房间分隔。

6.4.3 防烟楼梯间除应符合本规范第 6.4.1 条的规定外，尚应符合下列规定：

1 应设置防烟设施。

2 前室可与消防电梯间前室合用。

3 前室的使用面积：公共建筑、高层厂房（仓库），不应小于 6.0m²；住宅建筑，不应小于 4.5m²。

与消防电梯前室合用时，合用前室的使用面积：公共建筑、高层厂房（仓库），不应小于 10.0m²；住宅建筑，不应小于 6.0m²。

4 疏散走道通向前室以及前室通向楼梯间的门应采用乙级防火门。

5 除住宅建筑的楼梯间前室外，防烟楼梯间和前室内的墙不应开设除疏散门和送风口外的其他门、窗、洞口。

6 楼梯间的首层可将走道和门厅等包括在楼梯间前室内形成扩大的前室，但应采用乙级防火门等与其他走道和房间分隔。

6.4.4 除通向避难层错位的疏散楼梯外，建筑内的疏散楼梯间在各层的平面位置不应改变。

除住宅建筑套内的自用楼梯外，地下或半地下建筑（室）的疏散楼梯间，应符合下列规定：

1 室内地面与室外出入口地坪高差大于 10m 或 3 层及以上的地下、半地下建筑（室），其疏散楼梯应采用防烟楼梯间；其他地下或半地下建筑（室），其疏散楼梯应采用封闭楼梯间。

2 应在首层采用耐火极限不低于 2.00h 的防火隔墙与其他部位分隔并直通室外，确需在隔墙上开门时，应采用乙级防火门。

3 建筑的地下或半地下部分与地上部分不应共用楼梯间，确需共用楼梯间时，应在首层采用耐火极限不低于 2.00h 的防火隔墙和乙级防火门将地下或半地下部分与地上部分的连通部位完全分隔，并应设置明显的标志。

6.4.5 室外疏散楼梯应符合下列规定：

1 栏杆扶手的高度不应小于 1.10m，楼梯的净宽度不应小于 0.90m。

2 倾斜角度不应大于 45°。

3 梯段和平台均应采用不燃材料制作。平台的耐火极限不应低于 1.00h，梯段的耐火极限不应低于 0.25h。

4 通向室外楼梯的门应采用乙级防火门，并应向外开启。

5 除疏散门外，楼梯周围 **2m** 内的墙面上不应设置门、窗、洞口。疏散门不应正对梯段。

6.4.6 用作丁、戊类厂房内第二安全出口的楼梯可采用金属梯，但其净宽度不应小于 0.90m，倾斜角度不应大于 45°。

丁、戊类高层厂房，当每层工作平台上的人数不超过 2 人且各层工作平台上同时工作的人数总和不超过 10 人时，其疏散楼梯可采用敞开楼梯或利用净宽度不小于 0.90m、倾斜角度不大于 60°的金属梯。

6.4.7 疏散用楼梯和疏散通道上的阶梯不宜采用螺旋楼梯和扇形踏步；确需采用时，踏步上、下两级所形成的平面角度不应大于 10°，且每级离扶手 250mm 处的踏步深度不应小于 220mm。

6.4.8 建筑内的公共疏散楼梯，其两梯段及扶手间的水平净距不宜小于 150mm。

6.4.9 高度大于 10m 的三级耐火等级建筑应设置通至屋顶的室外消防梯。室外消防梯不应面对老虎窗，宽度不应小于 0.6m，且宜从离地面 3.0m 高处设置。

6.4.10 疏散走道在防火分区处应设置常开甲级防火门。

6.4.11 建筑内的疏散门应符合下列规定：

1 民用建筑和厂房的疏散门，应采用向疏散方向开启的平开门，不应采用推拉门、卷帘门、吊门、转门和折叠门。除甲、乙类生产车间外，人数不超过 60 人且每樘门的平均疏散人数不超过 30 人的房间，其疏散门的开启方向不限。

2 仓库的疏散门应采用向疏散方向开启的平开门，但丙、丁、戊类仓库首层靠墙的外侧可采用推拉门或卷帘门。

3 开向疏散楼梯或疏散楼梯间的门，当其完全开启时，不应减少楼梯平台的有效宽度。

4 人员密集场所内平时需要控制人员随意出入的疏散门和设置门禁系统的住宅、宿舍、公寓建筑的外门，应保证火灾时不需使用钥匙等任何工具即能从内部易于打开，并应在显著位置设置具有使用提示的标识。

6.4.12 用于防火分隔的下沉式广场等室外开敞空间，应符合下列规定：

1 分隔后的不同区域通向下沉式广场等室外开敞空间的开口最近边缘之间的水平距离不应小于 13m。室外开敞空间除用于人员疏散外不得用于其他商业或可能导致火灾蔓延的用途，其中用于疏散的净面积不应小于 169m²。

2 下沉式广场等室外开敞空间内应设置不少于 1 部直通地面的疏散楼梯。当连接下沉广场的防火分区需利用下沉广场进行疏散时，疏散楼梯的总净宽度不应小于任一防火分区通向室外开敞空间的设计疏散净宽度。

3 确需设置防风雨篷时，防风雨篷不应完全封闭，四周开口部位应均匀布置，开口的面积不应小于该空间地面面积的 25％，开口高度不应小于 1.0m；开口设置百叶时，百叶的有效排烟面积可按百叶通风口面积的 60％计算。

6.4.13 防火隔间的设置应符合下列规定：

1 防火隔间的建筑面积不应小于 6.0m²；

2 防火隔间的门应采用甲级防火门；

3 不同防火分区通向防火隔间的门不应计入安全出口，门的最小间距不应小于 4m；

4 防火隔间内部装修材料的燃烧性能应为 A 级；

5 不应用于除人员通行外的其他用途。

6.4.14 避难走道的设置应符合下列规定：

1 避难走道防火隔墙的耐火极限不应低于 3.00h，楼板的耐火极限不应低于 1.50h。

2 避难走道直通地面的出口不应少于 2 个，并应设置在

不同方向；当避难走道仅与一个防火分区相通且该防火分区至少有 1 个直通室外的安全出口时，可设置 1 个直通地面的出口。任一防火分区通向避难走道的门至该避难走道最近直通地面的出口的距离不应大于 60m。

3 避难走道的净宽度不应小于任一防火分区通向该避难走道的设计疏散净宽度。

4 避难走道内部装修材料的燃烧性能应为 A 级。

5 防火分区至避难走道入口处应设置防烟前室，前室的使用面积不应小于 6.0m²，开向前室的门应采用甲级防火门，前室开向避难走道的门应采用乙级防火门。

6 避难走道内应设置消火栓、消防应急照明、应急广播和消防专线电话。

6.5 防火门、窗和防火卷帘

6.5.1 防火门的设置应符合下列规定：

1 设置在建筑内经常有人通行处的防火门宜采用常开防火门。常开防火门应能在火灾时自行关闭，并应具有信号反馈的功能。

2 除允许设置常开防火门的位置外，其他位置的防火门均应采用常闭防火门。常闭防火门应在其明显位置设置"保持防火门关闭"等提示标识。

3 除管井检修门和住宅的户门外，防火门应具有自行关闭功能。双扇防火门应具有按顺序自行关闭的功能。

4 除本规范第 6.4.11 条第 4 款的规定外，防火门应能在其内外两侧手动开启。

5 设置在建筑变形缝附近时，防火门应设置在楼层较多的一侧，并应保证防火门开启时门扇不跨越变形缝。

6 防火门关闭后应具有防烟性能。

7 甲、乙、丙级防火门应符合现行国家标准《防火门》GB 12955 的规定。

6.5.2 设置在防火墙、防火隔墙上的防火窗，应采用不可开启的窗扇或具有火灾时能自行关闭的功能。

防火窗应符合现行国家标准《防火窗》GB 16809 的有关规定。

6.5.3 防火分隔部位设置防火卷帘时，应符合下列规定：

1 除中庭外，当防火分隔部位的宽度不大于 30m 时，防火卷帘的宽度不应大于 10m；当防火分隔部位的宽度大于 30m 时，防火卷帘的宽度不应大于该部位宽度的 1/3，且不应大于 20m。

2 防火卷帘应具有火灾时靠自重自动关闭功能。

3 除本规范另有规定外，防火卷帘的耐火极限不应低于本规范对所设置部位墙体的耐火极限要求。

当防火卷帘的耐火极限符合现行国家标准《门和卷帘的耐火试验方法》GB/T 7633 有关耐火完整性和耐火隔热性的判定条件时，可不设置自动喷水灭火系统保护。

当防火卷帘的耐火极限仅符合现行国家标准《门和卷帘的耐火试验方法》GB/T 7633 有关耐火完整性的判定条件时，应设置自动喷水灭火系统保护。自动喷水灭火系统的设计应符合现行国家标准《自动喷水灭火系统设计规范》GB 50084 的规定，但火灾延续时间不应小于该防火卷帘的耐火极限。

4 防火卷帘应具有防烟性能，与楼板、梁、墙、柱之间的空隙应采用防火封堵材料封堵。

5 需在火灾时自动降落的防火卷帘，应具有信号反馈的功能。

6 其他要求，应符合现行国家标准《防火卷帘》GB 14102 的规定。

6.6 天桥、栈桥和管沟

6.6.1 天桥、跨越房屋的栈桥以及供输送可燃材料、可燃气体和甲、乙、丙类液体的栈桥，均应采用不燃材料。

6.6.2 输送有火灾、爆炸危险物质的栈桥不应兼作疏散通道。

6.6.3 封闭天桥、栈桥与建筑物连接处的门洞以及敷设甲、乙、丙类液体管道的封闭管沟（廊），均宜采取防止火灾蔓延的措施。

6.6.4 连接两座建筑物的天桥、连廊，应采取防止火灾在两座建筑间蔓延的措施。当仅供通行的天桥、连廊采用不燃材料，且建筑物通向天桥、连廊的出口符合安全出口的要求时，该出口可作为安全出口。

6.7 建筑保温和外墙装饰

6.7.1 建筑的内、外保温系统，宜采用燃烧性能为 A 级的保温材料，不宜采用 B₂ 级保温材料，严禁采用 B₃ 级保温材料；设置保温系统的基层墙体或屋面板的耐火极限应符合本规范的有关规定。

6.7.2 建筑外墙采用内保温系统时，保温系统应符合下列规定：

1 对于人员密集场所，用火、燃油、燃气等具有火灾危险性的场所以及各类建筑内的疏散楼梯间、避难走道、避难间、避难层等场所或部位，应采用燃烧性能为 A 级的保温材料。

2 对于其他场所，应采用低烟、低毒且燃烧性能不低于 B₁ 级的保温材料。

3 保温系统应采用不燃材料做防护层。采用燃烧性能为 B₁ 级的保温材料时，防护层的厚度不应小于 10mm。

6.7.3 建筑外墙采用保温材料与两侧墙体构成无空腔复合保温结构体时，该结构体的耐火极限应符合本规范的有关规定；当保温材料的燃烧性能为 B₁、B₂ 级时，保温材料两侧的墙体应采用不燃材料且厚度均不应小于 50mm。

6.7.4 设置人员密集场所的建筑，其外墙外保温材料的燃烧性能应为 A 级。

6.7.4A 除本规范第 6.7.3 条规定的情况外，下列老年人照料设施的内、外墙体和屋面保温材料应采用燃烧性能为 A 级的保温材料：

1 独立建造的老年人照料设施；

2 与其他建筑组合建造且老年人照料设施部分的总建筑面积大于 500m² 的老年人照料设施。

6.7.5 与基层墙体、装饰层之间无空腔的建筑外墙外保温系统，其保温材料应符合下列规定：

1 住宅建筑：

1）建筑高度大于 100m 时，保温材料的燃烧性能应为 A 级；

2）建筑高度大于 27m，但不大于 100m 时，保温材料的燃烧性能不应低于 B₁ 级；

3）建筑高度不大于 27m 时，保温材料的燃烧性能不应低于 B₂ 级。

2 除住宅建筑和设置人员密集场所的建筑外，其他建筑：

1）建筑高度大于 50m 时，保温材料的燃烧性能应为 A 级；

2）建筑高度大于 24m，但不大于 50m 时，保温材料的燃烧性能不应低于 B₁ 级；

3）建筑高度不大于 24m 时，保温材料的燃烧性能不应低于 B₂ 级。

6.7.6 除设置人员密集场所的建筑外，与基层墙体、装饰层之间有空腔的建筑外墙外保温系统，其保温材料应符合下列规定：

1 建筑高度大于 24m 时，保温材料的燃烧性能应为 A 级；

2 建筑高度不大于 24m 时，保温材料的燃烧性能不应低于 B₁ 级。

6.7.7 除本规范第 6.7.3 条规定的情况外，当建筑的外墙外保温系统按本节规定采用燃烧性能为 B₁、B₂ 级的保温材料时，应符合下列规定：

1 除采用 B₁ 级保温材料且建筑高度不大于 24m 的公共建筑或采用 B₁ 级保温材料且建筑高度不大于 27m 的住宅建筑外，建筑外墙上门、窗的耐火完整性不应低于 0.50h。

2 应在保温系统中每层设置水平防火隔离带。防火隔离带应采用燃烧性能为 A 级的材料，防火隔离带的高度不应小于 300mm。

6.7.8 建筑的外墙外保温系统应采用不燃材料在其表面设置防护层，防护层应将保温材料完全包覆。除本规范第 6.7.3 条规定的情况外，当按本节规定采用 B₁、B₂ 级保温材料时，防护层厚度首层不应小于 15mm，其他层不应小于 5mm。

6.7.9 建筑外墙外保温系统与基层墙体、装饰层之间的空腔，应在每层楼板处采用防火封堵材料封堵。

6.7.10 建筑的屋面外保温系统，当屋面板的耐火极限不低于 1.00h 时，保温材料的燃烧性能不应低于 B₂ 级；当屋面板的耐火极限低于 1.00h 时，不应低于 B₁ 级。采用 B₁、B₂ 级保温材料的外保温系统应采用不燃材料作防护层，防护层的厚度不应小于 10mm。

当建筑的屋面和外墙外保温系统均采用 B₁、B₂ 级保温材料时，屋面与外墙之间应采用宽度不小于 500mm 的不燃材料设置防火隔离带进行分隔。

6.7.11 电气线路不应穿越或敷设在燃烧性能为 B₁ 或 B₂ 级的保温材料中；确需穿越或敷设时，应采取穿金属管并在金属管周围采用不燃隔热材料进行防火隔离等防火保护措施。设置开关、插座等电器配件的部位周围应采取不燃隔热材料进行防火隔离等防火保护措施。

6.7.12 建筑外墙的装饰层应采用燃烧性能为 A 级的材料，但建筑高度不大于 50m 时，可采用 B₁ 级材料。

7 灭火救援设施

7.1 消防车道

7.1.1 街区内的道路应考虑消防车的通行,道路中心线间的距离不宜大于160m。

当建筑物沿街道部分的长度大于150m或总长度大于220m时,应设置穿过建筑物的消防车道。确有困难时,应设置环形消防车道。

7.1.2 高层民用建筑,超过3000个座位的体育馆,超过2000个座位的会堂,占地面积大于3000m²的商店建筑、展览建筑等单、多层公共建筑应设置环形消防车道,确有困难时,可沿建筑的两个长边设置消防车道;对于高层住宅建筑和山坡地或河道边临空建造的高层民用建筑,可沿建筑的一个长边设置消防车道,但该长边所在建筑立面应为消防车登高操作面。

7.1.3 工厂、仓库区内应设置消防车道。

高层厂房,占地面积大于3000m²的甲、乙、丙类厂房和占地面积大于1500m²的乙、丙类仓库,应设置环形消防车道,确有困难时,应沿建筑物的两个长边设置消防车道。

7.1.4 有封闭内院或天井的建筑物,当内院或天井的短边长度大于24m时,宜设置进入内院或天井的消防车道;当该建筑物沿街时,应设置连通街道和内院的人行通道(可利用楼梯间),其间距不宜大于80m。

7.1.5 在穿过建筑物或进入建筑物内院的消防车道两侧,不应设置影响消防车通行或人员安全疏散的设施。

7.1.6 可燃材料露天堆场区,液化石油气储罐区,甲、乙、丙类液体储罐区和可燃气体储罐区,应设置消防车道。消防车道的设置应符合下列规定:

1 储量大于表7.1.6规定的堆场、储罐区,宜设置环形消防车道。

表7.1.6 堆场或储罐区的储量

名称	棉、麻、毛、化纤(t)	秸秆、芦苇(t)	木材(m³)	甲、乙、丙类液体储罐(m³)	液化石油气储罐(m³)	可燃气体储罐(m³)
储量	1000	5000	5000	1500	500	30000

2 占地面积大于30000m²的可燃材料堆场,应设置与环形消防车道相通的中间消防车道,消防车道的间距不宜大于150m。液化石油气储罐区,甲、乙、丙类液体储罐区和可燃气体储罐区内的环形消防车道之间宜设置连通的消防车道。

3 消防车道的边缘距离可燃材料堆垛不应小于5m。

7.1.7 供消防车取水的天然水源和消防水池应设置消防车道。消防车道的边缘距离取水点不宜大于2m。

7.1.8 消防车道应符合下列要求:

1 车道的净宽度和净空高度均不应小于4.0m;

2 转弯半径应满足消防车转弯的要求;

3 消防车道与建筑之间不应设置妨碍消防车操作的树木、架空管线等障碍物;

4 消防车道靠建筑外墙一侧的边缘距离建筑外墙不宜小于5m;

5 消防车道的坡度不宜大于8%。

7.1.9 环形消防车道至少应有两处与其他车道连通。尽头式消防车道应设置回车道或回车场,回车场的面积不应小于12m×

12m;对于高层建筑,不宜小于15m×15m;供重型消防车使用时,不宜小于18m×18m。

消防车道的路面、救援操作场地、消防车道和救援操作场地下面的管道和暗沟等,应能承受重型消防车的压力。

消防车道可利用城乡、厂区道路等,但该道路应满足消防车通行、转弯和停靠的要求。

7.1.10 消防车道不宜与铁路正线平交,确需平交时,应设置备用车道,且两车道的间距不应小于一列火车的长度。

7.2 救援场地和入口

7.2.1 高层建筑应至少沿一个长边或周边长度的1/4且不小于一个长边长度的底边连续布置消防车登高操作场地,该范围内的裙房进深不应大于4m。

建筑高度不大于50m的建筑,连续布置消防车登高操作场地确有困难时,可间隔布置,但间隔距离不宜大于30m,且消防车登高操作场地的总长度仍应符合上述规定。

7.2.2 消防车登高操作场地应符合下列规定:

1 场地与厂房、仓库、民用建筑之间不应设置妨碍消防车操作的树木、架空管线等障碍物和车库出入口。

2 场地的长度和宽度分别不应小于15m和10m。对于建筑高度大于50m的建筑,场地的长度和宽度分别不应小于20m和10m。

3 场地及其下面的建筑结构、管道和暗沟等,应能承受重型消防车的压力。

4 场地应与消防车道连通,场地靠建筑外墙一侧的边缘距离建筑外墙不宜小于5m,且不应大于10m,场地的坡度不宜大于3%。

7.2.3 建筑物与消防车登高操作场地相对应的范围内,应设置直通室外的楼梯或直通楼梯间的入口。

7.2.4 厂房、仓库、公共建筑的外墙应在每层的适当位置设置可供消防救援人员进入的窗口。

7.2.5 供消防救援人员进入的窗口的净高度和净宽度均不应小于1.0m,下沿距室内地面不宜大于1.2m,间距不宜大于20m且每个防火分区不应少于2个,设置位置应与消防车登高操作场地相对应。窗口的玻璃应易于破碎,并应设置可在室外易于识别的明显标志。

7.3 消防电梯

7.3.1 下列建筑应设置消防电梯:

1 建筑高度大于33m的住宅建筑;

2 一类高层公共建筑和建筑高度大于32m的二类高层公共建筑、5层及以上且总建筑面积大于3000m²(包括设置在其他建筑内五层及以上楼层)的老年人照料设施;

3 设置消防电梯的建筑的地下或半地下室,埋深大于10m且总建筑面积大于3000m²的其他地下或半地下建筑(室)。

7.3.2 消防电梯应分别设置在不同防火分区内,且每个防火分区不应少于1台。

7.3.3 建筑高度大于32m且设置电梯的高层厂房(仓库),每个防火分区内宜设置1台消防电梯,但符合下列条件的建筑可不设置消防电梯:

1 建筑高度大于32m且设置电梯,任一层工作平台上的人数不超过2人的高层塔架;

2 局部建筑高度大于32m,且局部高出部分的每层建筑面积不大于50m²的丁、戊类厂房。

7.3.4 符合消防电梯要求的客梯或货梯可兼作消防电梯。

7.3.5 除设置在仓库连廊、冷库穿堂或谷物筒仓工作塔内的消防电梯外，消防电梯应设置前室，并应符合下列规定：

　　1 前室宜靠外墙设置，并应在首层直通室外或经过长度不大于 30m 的通道通向室外；

　　2 前室的使用面积不应小于 6.0m²，前室的短边不应小于 2.4m；与防烟楼梯间合用的前室，其使用面积尚应符合本规范第 5.5.28 条和第 6.4.3 条的规定；

　　3 除前室的出入口、前室内设置的正压送风口和本规范第 5.5.27 条规定的户门外，前室内不应开设其他门、窗、洞口；

　　4 前室或合用前室的门应采用乙级防火门，不应设置卷帘。

7.3.6 消防电梯井、机房与相邻电梯井、机房之间应设置耐火极限不低于 2.00h 的防火隔墙，隔墙上的门应采用甲级防火门。

7.3.7 消防电梯的井底应设置排水设施，排水井的容量不应小于 2m³，排水泵的排水量不应小于 10L/s。消防电梯间前室的门口宜设置挡水设施。

7.3.8 消防电梯应符合下列规定：

　　1 应能每层停靠；

　　2 电梯的载重量不应小于 800kg；

　　3 电梯从首层至顶层的运行时间不宜大于 60s；

　　4 电梯的动力与控制电缆、电线、控制面板应采取防水措施；

　　5 在首层的消防电梯入口处应设置供消防队员专用的操作按钮；

　　6 电梯轿厢的内部装修应采用不燃材料；

　　7 电梯轿厢内部应设置专用消防对讲电话。

7.4　直升机停机坪

7.4.1 建筑高度大于 100m 且标准层建筑面积大于 2000m² 的公共建筑，宜在屋顶设置直升机停机坪或供直升机救助的设施。

7.4.2 直升机停机坪应符合下列规定：

　　1 设置在屋顶平台上时，距离设备机房、电梯机房、水箱间、共用天线等突出物不应小于 5m；

　　2 建筑通向停机坪的出口不应少于 2 个，每个出口的宽度不宜小于 0.90m；

　　3 四周应设置航空障碍灯，并应设置应急照明；

　　4 在停机坪的适当位置应设置消火栓；

　　5 其他要求应符合国家现行航空管理有关标准的规定。

8　消防设施的设置

8.1　一般规定

8.1.1 消防给水和消防设施的设置应根据建筑的用途及其重要性、火灾危险性、火灾特性和环境条件等因素综合确定。

8.1.2 城镇（包括居住区、商业区、开发区、工业区等）应沿可通行消防车的街道设置市政消火栓系统。

　　民用建筑、厂房、仓库、储罐（区）和堆场周围应设置室外消火栓系统。

　　用于消防救援和消防车停靠的屋面上，应设置室外消火栓系统。

　　注：耐火等级不低于二级且建筑体积不大于 3000m³ 的戊类厂房，居住区人数不超过 500 人且建筑层数不超过两层的居住区，可不设置室外消火栓系统。

8.1.3 自动喷水灭火系统、水喷雾灭火系统、泡沫灭火系统和固定消防炮灭火系统等系统以及下列建筑的室内消火栓给水系统应设置消防水泵接合器：

　　1 超过 5 层的公共建筑；

　　2 超过 4 层的厂房或仓库；

　　3 其他高层建筑；

　　4 超过 2 层或建筑面积大于 10000m² 的地下建筑（室）。

8.1.4 甲、乙、丙类液体储罐（区）内的储罐应设置移动水枪或固定水冷却设施。高度大于 15m 或单罐容积大于 2000m³ 的甲、乙、丙类液体地上储罐，宜采用固定水冷却设施。

8.1.5 总容积大于 50m³ 或单罐容积大于 20m³ 的液化石油气储罐（区）应设置固定水冷却设施，埋地的液化石油气储罐可不设置固定喷水冷却装置。总容积不大于 50m³ 或单罐容积不大于 20m³ 的液化石油气储罐（区），应设置移动式水枪。

8.1.6 消防水泵房的设置应符合下列规定：

　　1 单独建造的消防水泵房，其耐火等级不应低于二级；

　　2 附设在建筑内的消防水泵房，不应设置在地下三层及以下或室内地面与室外出入口地坪高差大于 10m 的地下楼层；

　　3 疏散门应直通室外或安全出口。

8.1.7 设置火灾自动报警系统和需要联动控制的消防设备的建筑（群）应设置消防控制室。消防控制室的设置应符合下列规定：

　　1 单独建造的消防控制室，其耐火等级不应低于二级；

　　2 附设在建筑内的消防控制室，宜设置在建筑内首层或地下一层，并宜布置在靠外墙部位；

　　3 不应设置在电磁场干扰较强及其他可能影响消防控制设备正常工作的房间附近；

　　4 疏散门应直通室外或安全出口；

　　5 消防控制室内的设备构成及其对建筑消防设施的控制与显示功能以及向远程监控系统传输相关信息的功能，应符合现行国家标准《火灾自动报警系统设计规范》GB 50116 和《消防控制室通用技术要求》GB 25506 的规定。

8.1.8 消防水泵房和消防控制室应采取防水淹的技术措施。

8.1.9 设置在建筑内的防排烟风机应设置在不同的专用机房内，有关防火分隔措施应符合本规范第 6.2.7 条的规定。

8.1.10 高层住宅建筑的公共部位和公共建筑内应设置灭火器，其他住宅建筑的公共部位宜设置灭火器。

厂房、仓库、储罐(区)和堆场,应设置灭火器。

8.1.11 建筑外墙设置有玻璃幕墙或采用火灾时可能脱落的墙体装饰材料或构造时,供灭火救援用的水泵接合器、室外消火栓等室外消防设施,应设置在距离建筑外墙相对安全的位置或采取安全防护措施。

8.1.12 设置在建筑室内外供人员操作或使用的消防设施,均应设置区别于环境的明显标志。

8.1.13 有关消防系统及设施的设计,应符合现行国家标准《消防给水及消火栓系统技术规范》GB 50974、《自动喷水灭火系统设计规范》GB 50084、《火灾自动报警系统设计规范》GB 50116等标准的规定。

8.2 室内消火栓系统

8.2.1 下列建筑或场所应设置室内消火栓系统:

1 建筑占地面积大于300m²的厂房和仓库;

2 高层公共建筑和建筑高度大于21m的住宅建筑;

注:建筑高度不大于27m的住宅建筑,设置室内消火栓系统确有困难时,可只设置干式消防竖管和不带消火栓箱的DN65的室内消火栓。

3 体积大于5000m³的车站、码头、机场的候车(船、机)建筑、展览建筑、商店建筑、旅馆建筑、医疗建筑、老年人照料设施和图书馆建筑等单、多层建筑;

4 特等、甲等剧场,超过800个座位的其他等级的剧场和电影院等以及超过1200个座位的礼堂、体育馆等单、多层建筑;

5 建筑高度大于15m或体积大于10000m³的办公建筑、教学建筑和其他单、多层民用建筑。

8.2.2 本规范第8.2.1条未规定的建筑或场所和符合本规范第8.2.1条规定的下列建筑或场所,可不设置室内消火栓系统,但宜设置消防软管卷盘或轻便消防水龙:

1 耐火等级为一、二级且可燃物较少的单、多层丁、戊类厂房(仓库)。

2 耐火等级为三、四级且建筑体积不大于3000m³的丁类厂房;耐火等级为三、四级且建筑体积不大于5000m³的戊类厂房(仓库)。

3 粮食仓库、金库、远离城镇且无人值班的独立建筑。

4 存有与水接触能引起燃烧爆炸的物品的建筑。

5 室内无生产、生活给水管道,室外消防用水取自储水池且建筑体积不大于5000m³的其他建筑。

8.2.3 国家级文物保护单位的重点砖木或木结构的古建筑,宜设置室内消火栓系统。

8.2.4 人员密集的公共建筑、建筑高度大于100m的建筑和建筑面积大于200m²的商业服务网点内应设置消防软管卷盘或轻便消防水龙。高层住宅建筑的户内宜配置轻便消防水龙。

老年人照料设施内应设置与室内供水系统直接连接的消防软管卷盘,消防软管卷盘的设置间距不应大于30.0m。

8.3 自动灭火系统

8.3.1 除本规范另有规定和不宜用水保护或灭火的场所外,下列厂房或生产部位应设置自动灭火系统,并宜采用自动喷水灭火系统:

1 不小于50000纱锭的棉纺厂的开包、清花车间,不小于5000锭的麻纺厂的分级、梳麻车间,火柴厂的烤梗、筛选部位;

2 占地面积大于1500m²或总建筑面积大于3000m²的

单、多层制鞋、制衣、玩具及电子等类似生产的厂房;

3 占地面积大于1500m²的木器厂房;

4 泡沫塑料厂的预发、成型、切片、压花部位;

5 高层乙、丙类厂房;

6 建筑面积大于500m²的地下或半地下丙类厂房。

8.3.2 除本规范另有规定和不宜用水保护或灭火的仓库外,下列仓库应设置自动灭火系统,并宜采用自动喷水灭火系统:

1 每座占地面积大于1000m²的棉、毛、丝、麻、化纤、毛皮及其制品的仓库;

注:单层占地面积不大于2000m²的棉花库房,可不设置自动喷水灭火系统。

2 每座占地面积大于600m²的火柴仓库;

3 邮政建筑内建筑面积大于500m²的空邮袋库;

4 可燃、难燃物品的高架仓库和高层仓库;

5 设计温度高于0℃的高架冷库,设计温度高于0℃且每个防火分区建筑面积大于1500m²的非高架冷库;

6 总建筑面积大于500m²的可燃物品地下仓库;

7 每座占地面积大于1500m²或总建筑面积大于3000m²的其他单层或多层丙类物品仓库。

8.3.3 除本规范另有规定和不宜用水保护或灭火的场所外,下列高层民用建筑或场所应设置自动灭火系统,并宜采用自动喷水灭火系统:

1 一类高层公共建筑(除游泳池、溜冰场外)及其地下、半地下室;

2 二类高层公共建筑及其地下、半地下室的公共活动用房、走道、办公室和旅馆的客房、可燃物品库房、自动扶梯底部;

3 高层民用建筑内的歌舞娱乐放映游艺场所;

4 建筑高度大于100m的住宅建筑。

8.3.4 除本规范另有规定和不适用水保护或灭火的场所外,下列单、多层民用建筑或场所应设置自动灭火系统,并宜采用自动喷水灭火系统:

1 特等、甲等剧场,超过1500个座位的其他等级的剧场,超过2000个座位的会堂或礼堂,超过3000个座位的体育馆,超过5000人的体育场的室内人员休息室与器材间等;

2 任一层建筑面积大于1500m²或总建筑面积大于3000m²的展览、商店、餐饮和旅馆建筑以及医院中同样建筑规模的病房楼、门诊楼和手术部;

3 设置送回风道(管)的集中空气调节系统且总建筑面积大于3000m²的办公建筑等;

4 藏书量超过50万册的图书馆;

5 大、中型幼儿园,老年人照料设施;

6 总建筑面积大于500m²的地下或半地下商店;

7 设置在地下或半地下或地上四层及以上楼层的歌舞娱乐放映游艺场所(除游泳场所外),设置在首层、二层和三层且任一层建筑面积大于300m²的地上歌舞娱乐放映游艺场所(除游泳场所外)。

8.3.5 根据本规范要求难以设置自动喷水灭火系统的展览厅、观众厅等人员密集的场所和丙类生产车间、库房等高大空间场所,应设置其他自动灭火系统,并宜采用固定消防炮等灭火系统。

8.3.6 下列部位宜设置水幕系统:

1 特等、甲等剧场,超过1500个座位的其他等级的剧场、超过2000个座位的会堂或礼堂和高层民用建筑内超过800个座位的剧场或礼堂的舞台口及上述场所内与舞台相连的侧台、后台的洞口;

2 应设置防火墙等防火分隔物而无法设置的局部开口部位;

3 需要防护冷却的防火卷帘或防火幕的上部。

注:舞台口也可采用防火幕进行分隔,侧台、后台的较小洞口宜设置乙级防火门、窗。

8.3.7 下列建筑或部位应设置雨淋自动喷水灭火系统:

1 火柴厂的氯酸钾压碾厂房,建筑面积大于 100m² 且生产或使用硝化棉、喷漆棉、火胶棉、赛璐珞胶片、硝化纤维的厂房;

2 乒乓球厂的轧坯、切片、磨球、分球检验部位;

3 建筑面积大于 60m² 或储存量大于 2t 的硝化棉、喷漆棉、火胶棉、赛璐珞胶片、硝化纤维的仓库;

4 日装瓶数量大于 3000 瓶的液化石油气储配站的灌瓶间、实瓶库;

5 特等、甲等剧场、超过 1500 个座位的其他等级剧场和超过 2000 个座位的会堂或礼堂的舞台葡萄架下部;

6 建筑面积不小于 400m² 的演播室,建筑面积不小于 500m² 的电影摄影棚。

8.3.8 下列场所应设置自动灭火系统,并宜采用水喷雾灭火系统:

1 单台容量在 40MV·A 及以上的厂矿企业油浸变压器,单台容量在 90MV·A 及以上的电厂油浸变压器,单台容量在 125MV·A 及以上的独立变电站油浸变压器;

2 飞机发动机试验台的试车部位;

3 充可燃油并设置在高层民用建筑内的高压电容器和多油开关室。

注:设置在室内的油浸变压器、充可燃油的高压电容器和多油开关室,可采用细水雾灭火系统。

8.3.9 下列场所应设置自动灭火系统,并宜采用气体灭火系统:

1 国家、省级或人口超过 100 万的城市广播电视发射塔内的微波机房、分米波机房、米波机房、变配电室和不间断电源(UPS)室;

2 国际电信局、大区中心、省中心和一万路以上的地区中心内的长途程控交换机房、控制室和信令转接点室;

3 两万线以上的市话汇接局和六万门以上的市话端局内的程控交换机房、控制室和信令转接点室;

4 中央及省级公安、防灾和网局级及以上的电力等调度指挥中心内的通信机房和控制室;

5 A、B 级电子信息系统机房内的主机房和基本工作间的已记录磁(纸)介质库;

6 中央和省级广播电视中心内建筑面积不小于 120m² 的音像制品库房;

7 国家、省级或藏书量超过 100 万册的图书馆内的特藏库;中央和省级档案馆内的珍藏库和非纸质档案库;大、中型博物馆内的珍品库房;一级纸绢质文物的陈列室;

8 其他特殊重要设备室。

注:1 本条第 1、4、5、8 款规定的部位,可采用细水雾灭火系统。

2 当有备用主机和备用已记录磁(纸)介质,且设置在不同建筑内或同一建筑内的不同防火分区内时,本条第 5 款规定的部位可采用预作用自动喷水灭火系统。

8.3.10 甲、乙、丙类液体储罐的灭火系统设置应符合下列规定:

1 单罐容量大于 1000m³ 的固定顶罐应设置固定式泡沫灭火系统;

2 罐壁高度小于 7m 或容量不大于 200m³ 的储罐可采用移动式泡沫灭火系统;

3 其他储罐宜采用半固定式泡沫灭火系统;

4 石油库、石油化工、石油天然气工程中甲、乙、丙类液体储罐的灭火系统设置,应符合现行国家标准《石油库设计规范》GB 50074 等标准的规定。

8.3.11 餐厅建筑面积大于 1000m² 的餐馆或食堂,其烹饪操作间的排油烟罩及烹饪部位应设置自动灭火装置,并应在燃气或燃油管道上设置与自动灭火装置联动的自动切断装置。

食品工业加工场所内有明火作业或高温食用油的食品加工部位宜设置自动灭火装置。

8.4 火灾自动报警系统

8.4.1 下列建筑或场所应设置火灾自动报警系统:

1 任一层建筑面积大于 1500m² 或总建筑面积大于 3000m² 的制鞋、制衣、玩具、电子等类似用途的厂房;

2 每座占地面积大于 1000m² 的棉、毛、丝、麻、化纤及其制品的仓库,占地面积大于 500m² 或总建筑面积大于 1000m² 的卷烟仓库;

3 任一层建筑面积大于 1500m² 或总建筑面积大于 3000m² 的商店、展览、财贸金融、客运和货运等类似用途的建筑,总建筑面积大于 500m² 的地下或半地下商店;

4 图书或文物的珍藏库,每座藏书超过 50 万册的图书馆,重要的档案馆;

5 地市级及以上广播电视建筑、邮政建筑、电信建筑,城市或区域性电力、交通和防灾等指挥调度建筑;

6 特等、甲等剧场,座位数超过 1500 个的其他等级的剧场或电影院,座位数超过 2000 个的会堂或礼堂,座位数超过 3000 个的体育馆;

7 大、中型幼儿园的儿童用房等场所,老年人照料设施,任一层建筑面积大于 1500m² 或总建筑面积大于 3000m² 的疗养院的病房楼、旅馆建筑和其他儿童活动场所,不少于 200 床位的医院门诊楼、病房楼和手术部等;

8 歌舞娱乐放映游艺场所;

9 净高大于 2.6m 且可燃物较多的技术夹层,净高大于 0.8m 且有可燃物的闷顶或吊顶内;

10 电子信息系统的主机房及其控制室、记录介质库,特殊贵重或火灾危险性大的机器、仪表、仪器设备室、贵重物品库房;

11 二类高层公共建筑内建筑面积大于 50m² 的可燃物品库房和建筑面积大于 500m² 的营业厅;

12 其他一类高层公共建筑;

13 设置机械排烟、防烟系统,雨淋或预作用自动喷水灭火系统,固定消防水炮灭火系统、气体灭火系统等需与火灾自动报警系统联锁动作的场所或部位。

注:老年人照料设施中的老年人用房及其公共走道,均应设置火灾探测器和声警报装置或消防广播。

8.4.2 建筑高度大于 100m 的住宅建筑,应设置火灾自动报警系统。

建筑高度大于 54m 但不大于 100m 的住宅建筑,其公共部位应设置火灾自动报警系统,套内宜设置火灾探测器。

建筑高度不大于 54m 的高层住宅建筑,其公共部位宜设置火灾自动报警系统。当设置需联动控制的消防设施时,公共部位应设置火灾自动报警系统。

高层住宅建筑的公共部位应设置具有语音功能的火灾声警报装置或应急广播。

8.4.3 建筑内可能散发可燃气体、可燃蒸气的场所应设置可燃气体报警装置。

8.5 防烟和排烟设施

8.5.1 建筑的下列场所或部位应设置防烟设施：

1 防烟楼梯间及其前室；

2 消防电梯间前室或合用前室；

3 避难走道的前室、避难层（间）。

建筑高度不大于50m的公共建筑、厂房、仓库和建筑高度不大于100m的住宅建筑，当其防烟楼梯间的前室或合用前室符合下列条件之一时，楼梯间可不设置防烟系统：

1 前室或合用前室采用敞开的阳台、凹廊；

2 前室或合用前室具有不同朝向的可开启外窗，且可开启外窗的面积满足自然排烟口的面积要求。

8.5.2 厂房或仓库的下列场所或部位应设置排烟设施：

1 人员或可燃物较多的丙类生产场所，丙类厂房内建筑面积大于300m²且经常有人停留或可燃物较多的地上房间；

2 建筑面积大于5000m²的丁类生产车间；

3 占地面积大于1000m²的丙类仓库；

4 高度大于32m的高层厂房（仓库）内长度大于20m的疏散走道，其他厂房（仓库）内长度大于40m的疏散走道。

8.5.3 民用建筑的下列场所或部位应设置排烟设施：

1 设置在一、二、三层且房间建筑面积大于100m²的歌舞娱乐放映游艺场所，设置在四层及以上楼层、地下或半地下的歌舞娱乐放映游艺场所；

2 中庭；

3 公共建筑内建筑面积大于100m²且经常有人停留的地上房间；

4 公共建筑内建筑面积大于300m²且可燃物较多的地上房间；

5 建筑内长度大于20m的疏散走道。

8.5.4 地下或半地下建筑（室）、地上建筑内的无窗房间，当总建筑面积大于200m²或一个房间建筑面积大于50m²，且经常有人停留或可燃物较多时，应设置排烟设施。

9 供暖、通风和空气调节

9.1 一般规定

9.1.1 供暖、通风和空气调节系统应采取防火措施。

9.1.2 甲、乙类厂房内的空气不应循环使用。

丙类厂房内含有燃烧或爆炸危险粉尘、纤维的空气，在循环使用前应经净化处理，并应使空气中的含尘浓度低于其爆炸下限的25%。

9.1.3 为甲、乙类厂房服务的送风设备与排风设备应分别布置在不同通风机房内，且排风设备不应和其他房间的送、排风设备布置在同一通风机房内。

9.1.4 民用建筑内空气中含有容易起火或爆炸危险物质的房间，应设置自然通风或独立的机械通风设施，且其空气不应循环使用。

9.1.5 当空气中含有比空气轻的可燃气体时，水平排风管全长应顺气流方向向上坡度敷设。

9.1.6 可燃气体管道和甲、乙、丙类液体管道不应穿过通风机房和通风管道，且不应紧贴通风管道的外壁敷设。

9.2 供暖

9.2.1 在散发可燃粉尘、纤维的厂房内，散热器表面平均温度不应超过82.5℃。输煤廊的散热器表面平均温度不应超过130℃。

9.2.2 甲、乙类厂房（仓库）内严禁采用明火和电热散热器供暖。

9.2.3 下列厂房应采用不循环使用的热风供暖：

1 生产过程中散发的可燃气体、蒸气、粉尘或纤维与供暖管道、散热器表面接触能引起燃烧的厂房；

2 生产过程中散发的粉尘受到水、水蒸气的作用能引起自燃、爆炸或产生爆炸性气体的厂房。

9.2.4 供暖管道不应穿过存在与供暖管道接触能引起燃烧或爆炸的气体、蒸气或粉尘的房间，确需穿过时，应采用不燃材料隔热。

9.2.5 供暖管道与可燃物之间应保持一定距离，并应符合下列规定：

1 当供暖管道的表面温度大于100℃时，不应小于100mm或采用不燃材料隔热；

2 当供暖管道的表面温度不大于100℃时，不应小于50mm或采用不燃材料隔热。

9.2.6 建筑内供暖管道和设备的绝热材料应符合下列规定：

1 对于甲、乙类厂房（仓库），应采用不燃材料；

2 对于其他建筑，宜采用不燃材料，不得采用可燃材料。

9.3 通风和空气调节

9.3.1 通风和空气调节系统，横向宜按防火分区设置，竖向不宜超过5层。当管道设置防止回流设施或防火阀时，管道布置可不受此限制。竖向风管应设置在管井内。

9.3.2 厂房内有爆炸危险场所的排风管道，严禁穿过防火墙和有爆炸危险的房间隔墙。

9.3.3 甲、乙、丙类厂房内的送、排风管道宜分层设置。当水平或竖向送风管在进入生产车间处设置防火阀时，各层的水平或竖向送风管可合用一个送风系统。

9.3.4 空气中含有易燃、易爆危险物质的房间,其送、排风系统应采用防爆型的通风设备。当送风机布置在单独分隔的通风机房内且送风干管上设置防止回流设施时,可采用普通型的通风设备。

9.3.5 含有燃烧和爆炸危险粉尘的空气,在进入排风机前应采用不产生火花的除尘器进行处理。对于遇水可能形成爆炸的粉尘,严禁采用湿式除尘器。

9.3.6 处理有爆炸危险粉尘的除尘器、排风机的设置应与其他普通型的风机、除尘器分开设置,并宜按单一粉尘分组布置。

9.3.7 净化有爆炸危险粉尘的干式除尘器和过滤器宜布置在厂房外的独立建筑内,建筑外墙与所属厂房的防火间距不应小于10m。

具备连续清灰功能,或具有定期清灰功能且风量不大于15000m³/h、集尘斗的储尘量小于60kg的干式除尘器和过滤器,可布置在厂房内的单独房间内,但应采用耐火极限不低于3.00h的防火隔墙和1.50h的楼板与其他部位分隔。

9.3.8 净化或输送有爆炸危险粉尘和碎屑的除尘器、过滤器或管道,均应设置泄压装置。

净化有爆炸危险粉尘的干式除尘器和过滤器应布置在系统的负压段上。

9.3.9 排除有燃烧或爆炸危险气体、蒸气和粉尘的排风系统,应符合下列规定:

  1 排风系统应设置导除静电的接地装置;

  2 排风设备不应布置在地下或半地下建筑(室)内;

  3 排风管应采用金属管道,并应直接通向室外安全地点,不应暗设。

9.3.10 排除和输送温度超过80℃的空气或其他气体以及易燃碎屑的管道,与可燃或难燃物体之间的间隙不应小于150mm,或采用厚度不小于50mm的不燃材料隔热;当管道上下布置时,表面温度较高者应布置在上面。

9.3.11 通风、空气调节系统的风管在下列部位应设置公称动作温度为70℃的防火阀:

  1 穿越防火分区处;

  2 穿越通风、空气调节机房的房间隔墙和楼板处;

  3 穿越重要或火灾危险性大的场所的房间隔墙和楼板处;

  4 穿越防火分隔处的变形缝两侧;

  5 竖向风管与每层水平风管交接处的水平管段上。

注:当建筑内每个防火分区的通风、空气调节系统均独立设置时,水平风管与竖向总管的交接处可不设置防火阀。

9.3.12 公共建筑的浴室、卫生间和厨房的竖向排风管,应采取防止回流措施并宜在支管上设置公称动作温度为70℃的防火阀。

公共建筑内厨房的排油烟管道宜按防火分区设置,且在与竖向排风管连接的支管处应设置公称动作温度为150℃的防火阀。

9.3.13 防火阀的设置应符合下列规定:

  1 防火阀宜靠近防火分隔处设置;

  2 防火阀暗装时,应在安装部位设置方便维护的检修口;

  3 在防火阀两侧各2.0m范围内的风管及其绝热材料应采用不燃材料;

  4 防火阀应符合现行国家标准《建筑通风和排烟系统用防火阀门》GB 15930 的规定。

9.3.14 除下列情况外,通风、空气调节系统的风管应采用不燃材料:

  1 接触腐蚀性介质的风管和柔性接头可采用难燃材料;

  2 体育馆、展览馆、候机(车、船)建筑(厅)等大空间建筑,单、多层办公建筑和丙、丁、戊类厂房内通风、空气调节系统的风管,当不跨越防火分区且在穿越房间隔墙处设置防火阀时,可采用难燃材料。

9.3.15 设备和风管的绝热材料、用于加湿器的加湿材料、消声材料及其粘结剂,宜采用不燃材料,确有困难时,可采用难燃材料。

风管内设置电加热器时,电加热器的开关应与风机的启停联锁控制。电加热器前后各0.8m范围内的风管和穿过有高温、火源等易起火房间的风管,均应采用不燃材料。

9.3.16 燃油或燃气锅炉房应设置自然通风或机械通风设施。燃气锅炉房应选用防爆型的事故排风机。当采取机械通风时,机械通风设施应设置导除静电的接地装置,通风量应符合下列规定:

  1 燃油锅炉房的正常通风量应按换气次数不少于3次/h确定,事故排风量应按换气次数不少于6次/h确定;

  2 燃气锅炉房的正常通风量应按换气次数不少于6次/h确定,事故排风量应按换气次数不少于12次/h确定。

10 电 气

10.1 消防电源及其配电

10.1.1 下列建筑物的消防用电应按一级负荷供电:

  1 建筑高度大于50m的乙、丙类厂房和丙类仓库;

  2 一类高层民用建筑。

10.1.2 下列建筑物、储罐(区)和堆场的消防用电应按二级负荷供电:

  1 室外消防用水量大于30L/s的厂房(仓库);

  2 室外消防用水量大于35L/s的可燃材料堆场、可燃气体储罐(区)和甲、乙类液体储罐(区);

  3 粮食仓库及粮食简仓;

  4 二类高层民用建筑;

  5 座位数超过1500个的电影院、剧场,座位数超过3000个的体育馆,任一层建筑面积大于3000m²的商店和展览建筑,省(市)级及以上的广播电视、电信和财贸金融建筑,室外消防用水量大于25L/s的其他公共建筑。

10.1.3 除本规范第10.1.1条和第10.1.2条外的建筑物、储罐(区)和堆场等的消防用电,可按三级负荷供电。

10.1.4 消防用电按一、二级负荷供电的建筑,当采用自备发电设备作备用电源时,自备发电设备应设置自动和手动启动装置。当采用自动启动方式时,应能保证在30s内供电。

不同级别负荷的供电电源应符合现行国家标准《供配电系统设计规范》GB 50052 的规定。

10.1.5 建筑内消防应急照明和灯光疏散指示标志的备用电源的连续供电时间应符合下列规定：

1 建筑高度大于 100m 的民用建筑，不应小于 1.50h；

2 医疗建筑、老年人照料设施、总建筑面积大于 100000m² 的公共建筑和总建筑面积大于 20000m² 的地下、半地下建筑，不应少于 1.00h；

3 其他建筑，不应少于 0.50h。

10.1.6 消防用电设备应采用专用的供电回路，当建筑内的生产、生活用电被切断时，应仍能保证消防用电。

备用消防电源的供电时间和容量，应满足该建筑火灾延续时间内各消防用电设备的要求。

10.1.7 消防配电干线宜按防火分区划分，消防配电支线不宜穿越防火分区。

10.1.8 消防控制室、消防水泵房、防烟和排烟风机房的消防用电设备及消防电梯等的供电，应在其配电线路的最末一级配电箱处设置自动切换装置。

10.1.9 按一、二级负荷供电的消防设备，其配电箱应独立设置；按三级负荷供电的消防设备，其配电箱宜独立设置。

消防配电设备应设置明显标志。

10.1.10 消防配电线路应满足火灾时连续供电的需要，其敷设应符合下列规定：

1 明敷时（包括敷设在吊顶内），应穿金属导管或采用封闭式金属槽盒保护，金属导管或封闭式金属槽盒应采取防火保护措施；当采用阻燃或耐火电缆并敷设在电缆井、沟内时，可不穿金属导管或采用封闭式金属槽盒保护；当采用矿物绝缘类不燃性电缆时，可直接明敷。

2 暗敷时，应穿管并应敷设在不燃性结构内且保护层厚度不应小于 30mm。

3 消防配电线路宜与其他配电线路分开敷设在不同的电缆井、沟内；确有困难需敷设在同一电缆井、沟内时，应分别布置在电缆井、沟的两侧，且消防配电线路应采用矿物绝缘类不燃性电缆。

10.2 电力线路及电器装置

10.2.1 架空电力线与甲、乙类厂房（仓库），可燃材料堆垛，甲、乙、丙类液体储罐，液化石油气储罐，可燃、助燃气体储罐的最近水平距离应符合表 10.2.1 的规定。

35kV 及以上架空电力线与单罐容积大于 200m³ 或总容积大于 1000m³ 液化石油气储罐（区）的最近水平距离不应小于 40m。

表 10.2.1 架空电力线与甲、乙类厂房（仓库）、
可燃材料堆垛等的最近水平距离（m）

名　　称	架空电力线
甲、乙类厂房（仓库），可燃材料堆垛，甲、乙类液体储罐，液化石油气储罐，可燃、助燃气体储罐	电杆（塔）高度的 1.5 倍
直埋地下的甲、乙类液体储罐和可燃气体储罐	电杆（塔）高度的 0.75 倍
丙类液体储罐	电杆（塔）高度的 1.2 倍
直埋地下的丙类液体储罐	电杆（塔）高度的 0.6 倍

10.2.2 电力电缆不应和输送甲、乙、丙类液体管道、可燃气体管道、热力管道敷设在同一管沟内。

10.2.3 配电线路不得穿越通风管道内腔或直接敷设在通风管道外壁上，穿金属导管保护的配电线路可紧贴通风管道外壁敷设。

配电线路敷设在有可燃物的闷顶、吊顶内时，应采取穿金

属导管、采用封闭式金属槽盒等防火保护措施。

10.2.4 开关、插座和照明灯具靠近可燃物时，应采取隔热、散热等防火措施。

卤钨灯和额定功率不小于 100W 的白炽灯泡的吸顶灯、槽灯、嵌入式灯，其引入线应采用瓷管、矿棉等不燃材料作隔热保护。

额定功率不小于 60W 的白炽灯、卤钨灯、高压钠灯、金属卤化物灯、荧光高压汞灯（包括电感镇流器）等，不应直接安装在可燃物体上或采取其他防火措施。

10.2.5 可燃材料仓库内宜使用低温照明灯具，并应对灯具的发热部件采取隔热等防火措施，不应使用卤钨灯等高温照明灯具。

配电箱及开关应设置在仓库外。

10.2.6 爆炸危险环境电力装置的设计应符合现行国家标准《爆炸危险环境电力装置设计规范》GB 50058 的规定。

10.2.7 老年人照料设施的非消防用电负荷应设置电气火灾监控系统。下列建筑或场所的非消防用电负荷宜设置电气火灾监控系统：

1 建筑高度大于 50m 的乙、丙类厂房和丙类仓库，室外消防用水量大于 30L/s 的厂房（仓库）；

2 一类高层民用建筑；

3 座位数超过 1500 个的电影院、剧场，座位数超过 3000 个的体育馆，任一层建筑面积大于 3000m² 的商店和展览建筑，省（市）级及以上的广播电视、电信和财贸金融建筑，室外消防用水量大于 25L/s 的其他公共建筑；

4 国家级文物保护单位的重点砖木或木结构的古建筑。

10.3 消防应急照明和疏散指示标志

10.3.1 除建筑高度小于 27m 的住宅建筑外，民用建筑、厂房和丙类仓库的下列部位应设置疏散照明：

1 封闭楼梯间、防烟楼梯间及其前室、消防电梯间的前室或合用前室、避难走道、避难层（间）；

2 观众厅、展览厅、多功能厅和建筑面积大于 200m² 的营业厅、餐厅、演播室等人员密集的场所；

3 建筑面积大于 100m² 的地下或半地下公共活动场所；

4 公共建筑内的疏散走道；

5 人员密集的厂房内的生产场所及疏散走道。

10.3.2 建筑内疏散照明的地面最低水平照度应符合下列规定：

1 对于疏散走道，不应低于 1.0 lx。

2 对于人员密集场所、避难层（间），不应低于 3.0 lx；对于老年人照料设施、病房楼或手术部的避难间，不应低于 10.0 lx。

3 对于楼梯间、前室或合用前室、避难走道，不应低于 5.0 lx；对于人员密集场所、老年人照料设施、病房楼或手术部内的楼梯间、前室或合用前室、避难走道，不应低于 10.0 lx。

10.3.3 消防控制室、消防水泵房、自备发电机房、配电室、防排烟机房以及发生火灾时仍需正常工作的消防设备房应设置备用照明，其作业面的最低照度不应低于正常照明的照度。

10.3.4 疏散照明灯具应设置在出口的顶部、墙面的上部或顶棚上；备用照明灯具应设置在墙面的上部或顶棚上。

10.3.5 公共建筑、建筑高度大于 54m 的住宅建筑、高层厂房（库房）和甲、乙、丙类单、多层厂房，应设置灯光疏散指示标志，并应符合下列规定：

1 应设置在安全出口和人员密集的场所的疏散门的正上方。

2 应设置在疏散走道及其转角处距地面高度 1.0m 以下

的墙面或地面上。灯光疏散指示标志的间距不应大于20m；对于袋形走道，不应大于10m；在走道转角区，不应大于1.0m。

10.3.6 下列建筑或场所应在疏散走道和主要疏散路径的地面上增设能保持视觉连续的灯光疏散指示标志或蓄光疏散指示标志：

 1 总建筑面积大于8000m²的展览建筑；

 2 总建筑面积大于5000m²的地上商店；

 3 总建筑面积大于500m²的地下或半地下商店；

 4 歌舞娱乐放映游艺场所；

 5 座位数超过1500个的电影院、剧场，座位数超过3000个的体育馆、会堂或礼堂；

 6 车站、码头建筑和民用机场航站楼中建筑面积大于3000m²的候车、候船厅和航站楼的公共区。

10.3.7 建筑内设置的消防疏散指示标志和消防应急照明灯具，除应符合本规范的规定外，还应符合现行国家标准《消防安全标志》GB 13495 和《消防应急照明和疏散指示系统》GB 17945 的规定。

11 木结构建筑

11.0.1 木结构建筑的防火设计可按本章的规定执行。建筑构件的燃烧性能和耐火极限应符合表11.0.1的规定。

表11.0.1 木结构建筑构件的燃烧性能和耐火极限

构件名称	燃烧性能和耐火极限(h)	
防火墙	不燃性	3.00
承重墙，住宅建筑单元之间的墙和分户墙，楼梯间的墙	难燃性	1.00
电梯井的墙	不燃性	1.00
非承重外墙，疏散走道两侧的隔墙	难燃性	0.75
房间隔墙	难燃性	0.50
承重柱	可燃性	1.00
梁	可燃性	1.00
楼板	难燃性	0.75
屋顶承重构件	可燃性	0.50
疏散楼梯	难燃性	0.50
吊顶	难燃性	0.15

注：1 除本规范另有规定外，当同一座木结构建筑存在不同高度的屋顶时，较低部分的屋顶承重构件和屋面不应采用可燃性构件，采用难燃性屋顶承重构件时，其耐火极限不应低于0.75h。

 2 轻型木结构建筑的屋顶，除防水层、保温层及屋面板外，其他部分均应视为屋顶承重构件，且不应采用可燃性构件，耐火极限不应低于0.50h。

 3 当建筑的层数不超过2层、防火墙间的建筑面积小于600m²且防火墙间的建筑长度小于60m时，建筑构件的燃烧性能和耐火极限可按本规范有关四级耐火等级建筑的要求确定。

11.0.2 建筑采用木骨架组合墙体时，应符合下列规定：

 1 建筑高度不大于18m的住宅建筑、建筑高度不大于24m的办公建筑和丁、戊类厂房(库房)的房间隔墙和非承重外墙可采用木骨架组合墙体，其他建筑的非承重外墙不得采用木骨架组合墙体；

 2 墙体填充材料的燃烧性能应为A级；

 3 木骨架组合墙体的燃烧性能和耐火极限应符合表11.0.2的规定，其他要求应符合现行国家标准《木骨架组合墙体技术规范》GB/T 50361 的规定。

表11.0.2 木骨架组合墙体的燃烧性能和耐火极限(h)

构件名称	建筑物的耐火等级或类型				
	一级	二级	三级	木结构建筑	四级
非承重外墙	不允许	难燃性1.25	难燃性0.75	难燃性0.75	无要求
房间隔墙	难燃性1.00	难燃性0.75	难燃性0.50	难燃性0.50	难燃性0.25

11.0.3 甲、乙、丙类厂房(库房)不应采用木结构建筑或木结构组合建筑。丁、戊类厂房(库房)和民用建筑，当采用木结构建筑或木结构组合建筑时，其允许层数和允许建筑高度应符合表11.0.3-1的规定，木结构建筑中防火墙间的允许建筑长度和每层最大允许建筑面积应符合表11.0.3-2的规定。

表11.0.3-1 木结构建筑或木结构组合建筑的允许层数和允许建筑高度

木结构建筑的形式	普通木结构建筑	轻型木结构建筑	胶合木结构建筑	木结构组合建筑
允许层数(层)	2	3	1	3	7
允许建筑高度(m)	10	10	不限	15	24

表11.0.3-2 木结构建筑中防火墙间的允许建筑长度和每层最大允许建筑面积

层数(层)	防火墙间的允许建筑长度(m)	防火墙间的每层最大允许建筑面积(m²)
1	100	1800
2	80	900
3	60	600

注：1 当设置自动喷水灭火系统时，防火墙间的允许建筑长度和每层最大允许建筑面积可按本表的规定增加1.0倍，对于丁、戊类地上厂房，防火墙间的每层最大允许建筑面积不限。

 2 体育馆等较大空间建筑，其建筑高度和建筑面积可适当增加。

11.0.4 老年人照料设施，托儿所、幼儿园的儿童用房和活动场所设置在木结构建筑内时，应布置在首层或二层。

 商店、体育馆和丁、戊类厂房(库房)应采用单层木结构建筑。

11.0.5 除住宅建筑外，建筑内发电机间、配电间、锅炉间的设置及其防火要求，应符合本规范第5.4.12条～第5.4.15条和第6.2.3条～第6.2.6条的规定。

11.0.6 设置在木结构住宅建筑内的机动车库、发电机间、配电间、锅炉间，应采用耐火极限不低于2.00h的防火隔墙和1.00h的不燃性楼板与其他部位分隔，不宜开设与室内相通的门、窗、洞口，确需开设时，可开设一樘不直通卧室的单扇乙级防火门。机动车库的建筑面积不宜大于60m²。

11.0.7 民用木结构建筑的安全疏散设计应符合下列规定：

 1 建筑的安全出口和房间疏散门的设置，应符合本规范第5.5节的规定。当木结构建筑的每层建筑面积小于200m²且第二层和第三层的人数之和不超过25人时，可设置1部疏散楼梯。

2 房间直通疏散走道的疏散门至最近安全出口的直线距离不应大于表 11.0.7-1 的规定。

表 11.0.7-1　房间直通疏散走道的疏散门至最近安全出口的直线距离(m)

名　称	位于两个安全出口之间的疏散门	位于袋形走道两侧或尽端的疏散门
托儿所、幼儿园、老年人照料设施	15	10
歌舞娱乐放映游艺场所	15	6
医院和疗养院建筑、教学建筑	25	12
其他民用建筑	30	15

3 房间内任一点至该房间直通疏散走道的疏散门的直线距离,不应大于表 11.0.7-1 中有关袋形走道两侧或尽端的疏散门至最近安全出口的直线距离。

4 建筑内疏散走道、安全出口、疏散楼梯和房间疏散门的净宽度,应根据疏散人数按每 100 人的最小疏散净宽度不小于表 11.0.7-2 的规定计算确定。

表 11.0.7-2　疏散走道、安全出口、疏散楼梯和房间疏散门
每 100 人的最小疏散净宽度(m/百人)

层　数	地上 1 层～2 层	地上 3 层
每 100 人的疏散净宽度	0.75	1.00

11.0.8　丁、戊类木结构厂房内任意一点至最近安全出口的疏散距离分别不应大于 50m 和 60m,其他安全疏散要求应符合本规范第 3.7 节的规定。

11.0.9　管道、电气线路敷设在墙体内或穿过楼板、墙体时,应采取防火保护措施,与墙体、楼板之间的缝隙应采用防火封堵材料填塞密实。

住宅建筑内厨房的明火或高温部位及排油烟管道等,应采用防火隔热措施。

11.0.10　民用木结构建筑之间及其与其他民用建筑的防火间距不应小于表 11.0.10 的规定。

民用木结构建筑与厂房(仓库)等建筑的防火间距、木结构厂房(仓库)之间及其与其他民用建筑的防火间距,应符合本规范第 3、4 章有关四级耐火等级建筑的规定。

表 11.0.10　民用木结构建筑之间及其与其他民用建筑的防火间距(m)

建筑耐火等级或类别	一、二级	三级	木结构建筑	四级
木结构建筑	8	9	10	11

注：1　两座木结构建筑之间或木结构建筑与其他民用建筑之间,外墙均无任何门、窗、洞口时,防火间距可为 4m;外墙上的门、窗、洞口不正对且开口面积之和不大于外墙面积的 10% 时,防火间距可按本表的规定减少 25%。

　　2　当相邻建筑外墙有一面为防火墙,或建筑物之间设置防火墙且墙体截断不燃性屋面或高出难燃性、可燃性屋面不低于 0.5m 时,防火间距不限。

11.0.11　木结构墙体、楼板及封闭吊顶或屋顶下的密闭空间内应采取防火分隔措施,且水平分隔长度或宽度均不应大于 20m,建筑面积不应大于 300m²,墙体的竖向分隔高度不应大于 3m。

轻型木结构建筑的每层楼梯梁处应采取防火分隔措施。

11.0.12　木结构建筑与钢结构、钢筋混凝土结构或砌体结构等其他结构类型组合建造时,应符合下列规定:

1　竖向组合建造时,木结构部分的层数不应超过 3 层并应设置在建筑的上部,木结构部分与其他结构部分宜采用耐火极限不低于 1.00h 的不燃性楼板分隔。

水平组合建造时,木结构部分与其他结构部分宜采用防火墙分隔。

2　当木结构部分与其他结构部分之间按上款规定进行了防火分隔时,木结构部分和其他部分的防火设计,可分别执行本规范对木结构建筑和其他结构建筑的规定;其他情况,建筑

的防火设计应执行本规范有关木结构建筑的规定。

3　室内消防给水应根据建筑的总高度、体积或层数和用途按本规范第 8 章和国家现行有关标准的规定确定,室外消防给水应按本规范有关四级耐火等级建筑的规定确定。

11.0.13　总建筑面积大于 1500m² 的木结构公共建筑应设置火灾自动报警系统,木结构住宅建筑内应设置火灾探测与报警装置。

11.0.14　木结构建筑的其他防火设计应执行本规范有关四级耐火等级建筑的规定,防火构造要求除应符合本规范的规定外,尚应符合现行国家标准《木结构设计规范》GB 50005 等标准的规定。

12　城市交通隧道

12.1　一　般　规　定

12.1.1　城市交通隧道(以下简称隧道)的防火设计应综合考虑隧道内的交通组成、隧道的用途、自然条件、长度等因素。

12.1.2　单孔和双孔隧道应按其封闭段长度和交通情况分为一、二、三、四类,并应符合表 12.1.2 的规定。

表 12.1.2　单孔和双孔隧道分类

用途	一类	二类	三类	四类
	隧道封闭段长度 L(m)			
可通行危险化学品等机动车	L>1500	500<L≤1500	L≤500	—
仅限通行非危险化学品等机动车	L>3000	1500<L≤3000	500<L≤1500	L≤500
仅限人行或通行非机动车	—	—	L>1500	L≤1500

12.1.3　隧道承重结构体的耐火极限应符合下列规定:

1　一、二类隧道和通行机动车的三类隧道,其承重结构体耐火极限的测定应符合本规范附录 C 的规定;对于一、二类隧道,火灾升温曲线应采用本规范附录 C 第 C.0.1 条规定的 RABT 标准升温曲线,耐火极限分别不应低于 2.00h 和 1.50h;对于通行机动车的三类隧道,火灾升温曲线采用本规范附录 C 第 C.0.1 条规定的 HC 标准升温曲线,耐火极限不应低于 2.00h。

2　其他类别隧道承重结构体耐火极限的测定应符合现行国

家标准《建筑构件耐火试验方法 第1部分:通用要求》GB/T 9978.1 的规定;对于三类隧道,耐火极限不应低于 **2.00h**;对于四类隧道,耐火极限不限。

12.1.4 隧道内的地下设备用房、风井和消防救援出入口的耐火等级应为一级,地面的重要设备用房、运营管理中心及其他地面附属用房的耐火等级不应低于二级。

12.1.5 除嵌缝材料外,隧道的内部装修应采用不燃材料。

12.1.6 通行机动车的双孔隧道,其车行横通道或车行疏散通道的设置应符合下列规定:

　　1 水底隧道宜设置车行横通道或车行疏散通道。车行横通道的间隔和隧道通向车行疏散通道入口的间隔宜为 1000m～1500m。

　　2 非水底隧道应设置车行横通道或车行疏散通道。车行横通道的间隔和隧道通向车行疏散通道入口的间隔不宜大于 1000m。

　　3 车行横通道应沿垂直隧道长度方向布置,并应通向相邻隧道;车行疏散通道应沿隧道长度方向布置在双孔中间,并应直通隧道外。

　　4 车行横通道和车行疏散通道的净宽度不应小于 4.0m,净高度不应小于 4.5m。

　　5 隧道与车行横通道或车行疏散通道的连通处,应采取防火分隔措施。

12.1.7 双孔隧道应设置人行横通道或人行疏散通道,并应符合下列规定:

　　1 人行横通道的间隔和隧道通向人行疏散通道入口的间隔,宜为 250m～300m。

　　2 人行疏散横通道应沿垂直双孔隧道长度方向布置,并应通向相邻隧道。人行疏散通道应沿隧道长度方向布置在双孔中间,并应直通隧道外。

　　3 人行横通道可利用车行横通道。

　　4 人行横通道或人行疏散通道的净宽度不应小于 1.2m,净高度不应小于 2.1m。

　　5 隧道与人行横通道或人行疏散通道的连通处,应采取防火分隔措施,门应采用乙级防火门。

12.1.8 单孔隧道宜设置直通室外的人员疏散出口或独立避难所等避难设施。

12.1.9 隧道内的变电站、管廊、专用疏散通道、通风机房及其他辅助用房等,应采取耐火极限不低于 2.00h 的防火隔墙和乙级防火门等分隔措施与车行隧道分隔。

12.1.10 隧道内地下设备用房的每个防火分区的最大允许建筑面积不应大于 1500m²,每个防火分区的安全出口数量不应少于 2 个,与车道或其他防火分区相通的出口可作为第二安全出口,但必须至少设置 1 个直通室外的安全出口;建筑面积不大于 500m² 且无人值守的设备用房可设置 1 个直通室外的安全出口。

12.2 消防给水和灭火设施

12.2.1 在进行城市交通的规划和设计时,应同时设计消防给水系统。四类隧道和行人或通行非机动车辆的三类隧道,可不设置消防给水系统。

12.2.2 消防给水系统的设置应符合下列规定:

　　1 消防水源和供水管网应符合国家现行有关标准的规定。

　　2 消防用水量应按隧道的火灾延续时间和隧道全线同一时间发生一次火灾计算确定。一、二类隧道的火灾延续时间不应小于 3.0h;三类隧道,不应小于 2.0h。

　　3 隧道内的消防用水量应按同时开启所有灭火设施的用水量之和计算。

　　4 隧道内宜设置独立的消防给水系统。严寒和寒冷地区的消防给水管道及室外消火栓应采取防冻措施;当采用干式给水系统时,应在管网的最高部位设置自动排气阀,管道的充水时间不宜大于 90s。

　　5 隧道内的消火栓用水量不应小于 20L/s,隧道外的消火栓用水量不应小于 30L/s。对于长度小于 1000m 的三类隧道,隧道内、外的消火栓用水量可分别为 10L/s 和 20L/s。

　　6 管道内的消防供水压力应保证用水量达到最大时,最不利点处的水枪充实水柱不小于 10.0m。消火栓栓口处的出水压力大于 0.5MPa 时,应设置减压设施。

　　7 在隧道出入口处应设置消防水泵接合器和室外消火栓。

　　8 隧道内消火栓的间距不应大于 50m,消火栓的栓口距地面高度宜为 1.1m。

　　9 设置消防水泵供水设施的隧道,应在消火栓箱内设置消防水泵启动按钮。

　　10 应在隧道单侧设置室内消火栓箱,消火栓箱内应配置 1 支喷嘴口径 19mm 的水枪、1 盘长 25m,直径 65mm 的水带,并宜配置消防软管卷盘。

12.2.3 隧道内应设置排水设施。排水设施应考虑排除渗水、雨水、隧道清洗等水量及灭火时的消防用水量,并应采取防止事故时可燃液体或有害液体沿隧道漫流的措施。

12.2.4 隧道内应设置 ABC 类灭火器,并应符合下列规定:

　　1 通行机动车的一、二类隧道和通行机动车并设置 3 条及以上车道的三类隧道,在隧道两侧均应设置灭火器,每个设置点不应少于 4 具;

　　2 其他隧道,可在隧道一侧设置灭火器,每个设置点不应少于 2 具;

　　3 灭火器设置点的间距不应大于 100m。

12.3 通风和排烟系统

12.3.1 通行机动车的一、二、三类隧道应设置排烟设施。

12.3.2 隧道内机械排烟系统的设置应符合下列规定:

　　1 长度大于 3000m 的隧道,宜采用纵向分段排烟方式或重点排烟方式;

　　2 长度不大于 3000m 的单洞单向交通隧道,宜采用纵向排烟方式;

　　3 单洞双向交通隧道,宜采用重点排烟方式。

12.3.3 机械排烟系统与隧道的通风系统宜分开设置。合用时,合用的通风系统应具备在火灾时快速转换的功能,并应符合机械排烟系统的要求。

12.3.4 隧道内设置的机械排烟系统应符合下列规定:

　　1 采用全横向和半横向通风方式时,可通过排风管道排烟。

　　2 采用纵向排烟方式时,应能迅速组织气流、有效排烟,其排烟风速应根据隧道内的最不利火灾规模确定,且纵向气流的速度不应小于 2m/s,并应大于临界风速。

　　3 排烟风机和烟气流经的风阀、消声器、软接等辅助设备,应能承受设计的隧道火灾烟气排放温度,并应能在 250℃ 下连续正常运行不小于 1.0h。排烟管道的耐火极限不应低于 1.00h。

12.3.5 隧道的避难设施内应设置独立的机械加压送风系统,其送风的余压值应为 30Pa～50Pa。

12.3.6 隧道内用于火灾排烟的射流风机,应至少备用一组。

12.4 火灾自动报警系统

12.4.1 隧道入口外100m～150m处,应设置隧道内发生火灾时能提示车辆禁入隧道的警报信号装置。

12.4.2 一、二类隧道应设置火灾自动报警系统,通行机动车的三类隧道宜设置火灾自动报警系统。火灾自动报警系统的设置应符合下列规定:

1 应设置火灾自动探测装置;

2 隧道出入口和隧道内每隔100m～150m处,应设置报警电话和报警按钮;

3 应设置火灾应急广播或应每隔100m～150m处设置发光警报装置。

12.4.3 隧道用电缆通道和主要设备用房内应设置火灾自动报警系统。

12.4.4 对于可能产生屏蔽的隧道,应设置无线通信等保证灭火时通信联络畅通的设施。

12.4.5 封闭段长度超过1000m的隧道宜设置消防控制室,消防控制室的建筑防火要求应符合本规范第8.1.7条和第8.1.8条的规定。

隧道内火灾自动报警系统的设计应符合现行国家标准《火灾自动报警系统设计规范》GB 50116的规定。

12.5 供电及其他

12.5.1 一、二类隧道的消防用电应按一级负荷要求供电;三类隧道的消防用电应按二级负荷要求供电。

12.5.2 隧道的消防电源及其供电、配电线路等的其他要求应符合本规范第10.1节的规定。

12.5.3 隧道两侧、人行横通道和人行疏散通道上应设置疏散照明和疏散指示标志,其设置高度不宜大于1.5m。

一、二类隧道内疏散照明和疏散指示标志的连续供电时间不应小于1.5h;其他隧道,不应小于1.0h。其他要求可按本规范第10章的规定确定。

12.5.4 隧道内严禁设置可燃气体管道;电缆线槽应与其他管道分开敷设。当设置10kV及以上的高压电缆时,应采用耐火极限不低于2.00h的防火分隔体与其他区域分隔。

12.5.5 隧道内设置的各类消防设施均应采取与隧道内环境条件相适应的保护措施,并应设置明显的发光指示标志。

附录A 建筑高度和建筑层数的计算方法

A.0.1 建筑高度的计算应符合下列规定:

1 建筑屋面为坡屋面时,建筑高度应为建筑室外设计地面至其檐口与屋脊的平均高度。

2 建筑屋面为平屋面(包括有女儿墙的平屋面)时,建筑高度应为建筑室外设计地面至其屋面面层的高度。

3 同一座建筑有多种形式的屋面时,建筑高度应按上述方法分别计算后,取其中最大值。

4 对于台阶式地坪,当位于不同高程地坪上的同一建筑之间有防火墙分隔,各自有符合规范规定的安全出口,且可沿建筑的两个长边设置贯通式或尽头式消防车道时,可分别计算各自的建筑高度。否则,应按其中建筑高度最大者确定该建筑的建筑高度。

5 局部突出屋顶的瞭望塔、冷却塔、水箱间、微波天线间或设施、电梯机房、排风和排烟机房以及楼梯出口小间等辅助用房占屋面面积不大于1/4者,可不计入建筑高度。

6 对于住宅建筑,设置在底部且室内高度不大于2.2m的自行车库、储藏室、敞开空间,室内外高差或建筑的地下或半地下室的顶板面高出室外设计地面的高度不大于1.5m的部分,可不计入建筑高度。

A.0.2 建筑层数应按建筑的自然层数计算,下列空间可不计入建筑层数:

1 室内顶板面高出室外设计地面的高度不大于1.5m的地下或半地下室;

2 设置在建筑底部且室内高度不大于2.2m的自行车库、储藏室、敞开空间;

3 建筑屋顶上突出的局部设备用房、出屋面的楼梯间等。

附录 B 防火间距的计算方法

B.0.1 建筑物之间的防火间距应按相邻建筑外墙的最近水平距离计算,当外墙有凸出的可燃或难燃构件时,应从其凸出部分外缘算起。

建筑物与储罐、堆场的防火间距,应为建筑外墙至储罐外壁或堆场中相邻堆垛外缘的最近水平距离。

B.0.2 储罐之间的防火间距应为相邻两储罐外壁的最近水平距离。

储罐与堆场的防火间距应为储罐外壁至堆场中相邻堆垛外缘的最近水平距离。

B.0.3 堆场之间的防火间距应为两堆场中相邻堆垛外缘的最近水平距离。

B.0.4 变压器之间的防火间距应为相邻变压器外壁的最近水平距离。

变压器与建筑物、储罐或堆场的防火间距,应为变压器外壁至建筑外墙、储罐外壁或相邻堆垛外缘的最近水平距离。

B.0.5 建筑物、储罐或堆场与道路、铁路的防火间距,应为建筑外墙、储罐外壁或相邻堆垛外缘距道路最近一侧路边或铁路中心线的最小水平距离。

附录 C 隧道内承重结构体的耐火极限试验升温曲线和相应的判定标准

C.0.1 RABT 和 HC 标准升温曲线应符合现行国家标准《建筑构件耐火试验可供选择和附加的试验程序》GB/T 26784 的规定。

C.0.2 耐火极限判定标准应符合下列规定:

1 当采用 HC 标准升温曲线测试时,耐火极限的判定标准为:受火后,当距离混凝土底表面 25mm 处钢筋的温度超过 250℃,或者混凝土表面的温度超过 380℃时,则判定为达到耐火极限。

2 当采用 RABT 标准升温曲线测试时,耐火极限的判定标准为:受火后,当距离混凝土底表面 25mm 处钢筋的温度超过 300℃,或者混凝土表面的温度超过 380℃时,则判定为达到耐火极限。

中华人民共和国国家标准

建筑设计防火规范

GB 50016-2014
(2018 年版)

条 文 说 明

1 总 则

1.0.1 本条规定了制定本规范的目的。

在建筑设计中,采用必要的技术措施和方法来预防建筑火灾和减少建筑火灾危害、保护人身和财产安全,是建筑设计的基本消防安全目标。在设计中,设计师既要根据建筑物的使用功能、空间与平面特征和使用人员的特点,采取提高本质安全的工艺防火措施和控制火源的措施,防止发生火灾,也要合理确定建筑物的平面布局、耐火等级和构件的耐火极限,进行必要的防火分隔,设置合理的安全疏散设施与有效的灭火、报警与防排烟等设施,以控制和扑灭火灾,实现保护人身安全,减少火灾危害的目的。

1.0.2 本规范所规定的建筑设计的防火技术要求,适用于各类厂房、仓库及其辅助设施等工业建筑,公共建筑、居住建筑等民用建筑,储罐或储罐区、各类可燃材料堆场和城市交通隧道工程。

其中,城市交通隧道工程是指在城市建成区内建设的机动车和非机动车交通隧道及其辅助建筑。根据国家标准《城市规划基本术语标准》GB/T 50280—1998,城市建成区简称"建成区",是指城市行政区内实际已成片开发建设、市政公用设施和公共设施基本具备的地区。

对于人民防空、石油和天然气、石油化工、酒厂、纺织、钢铁、冶金、煤化工和电力等工程,专业性较强、有些要求比较特殊,特别是其中的工艺防火和生产过程中的本质安全要求部分与一般工业或民用建筑有所不同。本规范只对上述建筑或工程的普遍性防火设计作了原则要求,但难以更详尽地确定这些工程的某些特殊防火要求,因此设计中的相关防火要求可以按照这些工程的专项防火规范执行。

1.0.3 对于火药、炸药及其制品厂房(仓库)、花炮厂房(仓库),由于这些建筑内的物质可以引起剧烈的化学爆炸,防火要求特殊,有关建筑设计中的防火要求在现行国家标准《民用爆破器材工程设计安全规范》GB 50089、《烟花爆竹工厂设计安全规范》GB 50161 等规范中有专门规定,本规范的适用范围不包括这些建筑或工程。

1.0.4 本条规定了在同一建筑内设置多种使用功能场所时的防火设计原则。

当在同一建筑物内设置两种或两种以上使用功能的场所时,如住宅与商店的上下组合建造,幼儿园、托儿所与办公建筑或电影院、剧场与商业设施合建等,不同使用功能区或场所之间需要进行防火分隔,以保证火灾不会相互蔓延,相关防火分隔要求要符合本规范及国家其他有关标准的规定。当同一建筑内,可能会存在多种用途的房间或场所,如办公建筑内设置的会议室、餐厅、锅炉房等,属于同一使用功能。

1.0.5 本条规定要求设计师在确定建筑设计的防火要求时,须遵循国家有关安全、环保、节能、节地、节水、节材等经济技术政策和工程建设的基本要求,贯彻"预防为主,防消结合"的消防工作方针,从全局出发,针对不同建筑及其使用功能的特点和防火、灭火需要,结合具体工程及当地的地理环境等自然条件、人文背景、经济技术发展水平和消防救援力量等实际情况进行综合考虑。在设计中,不仅要积极采用先进、成熟的防火技术和措施,更要正确处理好生产或建筑功能要求与消防安全的关系。

1.0.6 高层建筑火灾具有火势蔓延快、疏散困难、扑救难度大的特点,高层建筑的设计,在防火上应立足于自防、自救,建筑高度超过250m的建筑更是如此。我国近年来建筑高度超过250m的建筑越来越多,尽管本规范对高层建筑以及超高层建筑作了相关规定,但为了进一步增强建筑高度超过250m的高层建筑的防火性能,本条规定要通过专题论证的方式,在本规范现有规定的基础上提出更严格的防火措施,有关论证的程序和组织要符合国家有关规定。有关更严格的防火措施,可以考虑提高建筑主要构件的耐火性能、加强防火分隔、增加疏散设施、提高消防设施的可靠性和有效性、配置适应超高层建筑的消防救援装备,设置适用于满足超高层建筑的灭火救援场地、消防站等。

1.0.7 本规范虽涉及面广,但也很难把各类建筑、设备的防火内容和性能要求、试验方法等全部包括其中,仅对普遍性的建筑防火问题和建筑的基本消防安全需求作了规定。设计采用的产品、材料要符合国家有关产品和材料标准的规定,采取的防火技术和措施还要符合国家其他有关工程建设技术标准的规定。

2 术语、符号

2.1 术 语

2.1.1 明确了高层建筑的含义,确定了高层民用建筑和高层工业建筑的划分标准。建筑的高度、体积和占地面积等直接影响到建筑内的人员疏散、灭火救援的难易程度和火灾的后果。本规范在确定高层及单、多层建筑的高度划分标准时,既考虑到上述因素和实际工程情况,也与现行国家标准保持一致。

本规范以建筑高度为27m作为划分单、多层住宅建筑与高层住宅建筑的标准,便于对不同建筑高度的住宅建筑区别对待,有利于处理好消防安全和消防投入的关系。

对于除住宅外的其他民用建筑(包括宿舍、公寓、公共建筑)以及厂房、仓库等工业建筑,高层与单、多层建筑的划分标准是24m。但对于有些单层建筑,如体育馆、高大的单层厂房等,由于具有相对方便的疏散和扑救条件,虽建筑高度大于24m,仍不划分为高层建筑。

有关建筑高度的确定方法,本规范附录A作了详细规定,涉及本规范有关建筑高度的计算,应按照该附录的规定进行。

2.1.2 裙房的特点是其结构与高层建筑主体直接相连,作为高层建筑主体的附属建筑而构成同一座建筑。为便于规定,本规范规定裙房为建筑中建筑高度小于或等于24m且位于与其相连的高层建筑主体对地面的正投影之外的这部分建筑;其他情况的高层建筑的附属建筑,不能按裙房考虑。

2.1.3 对于重要公共建筑,不同地区的情况不尽相同,难以定量规定。本条根据我国的国情和多年的火灾情况,从发生火灾可能产生的后果和影响作了定性规定。一般包括党政机关办公楼,人员密集的大型公共建筑或集会场所,较大规模的中小学校教学楼、宿舍楼,重要的通信、调度和指挥建筑,广播电视建筑,医院以及城市集中供水设施、主要的电力设施等涉及城市或区域生命线的支持性建筑或工程。

2.1.4 本条术语解释中的"建筑面积"是指设置在住宅建筑首层或一层及二层,且相互完全分隔后的每个小型商业用房的总建筑面积。比如,一个上、下两层室内直接相通的商业服务网点,该"建筑面积"为该商业服务网点一层和二层商业用房的建筑面积之和。

商业服务网点包括百货店、副食店、粮店、邮政所、储蓄所、理发店、洗衣店、药店、洗车店、餐饮店等小型营业性用房。

2.1.8 本条术语解释中将民用建筑内的灶具、电磁炉等与其他室内外外露火焰或赤热表面区别对待,主要是因其使用时间相对集中、短暂,并具有间隔性,同时又易于封闭或切断。

2.1.10 本条术语解释中的"标准耐火试验条件"是指符合国家标准规定的耐火试验条件。对于升温条件,不同使用性质和功能的建筑,火灾类型可能不同,因而在建筑构件的标准耐火性能测定过程中,受火条件也有所不同,需要根据实际的火灾类型确定不同标准的升温条件。目前,我国对于以纤维类火灾为主的建筑构件耐火试验主要参照ISO 834标准规定的时间-温度标准曲线进行试验;对于石油化工建筑、通行大型车辆的隧道等以烃类为主的场所,结构的耐火极限需采用碳氢时间-温度曲线等相适应的升温曲线进行试验测定。对于不同类型的建筑构件,耐火极限的判定标准也不一样,比如非承重墙体,其耐火极限测定主要考察该墙体在试验条件下的完整性能和隔热性能;而柱的耐火极限测定则主要考察其在试验条件下的承载力和稳定性能。因此,对于不同的建筑结构或构、配件,耐火极限的判定标准和所代表的含义也不完全一致,详见现行国家标准《建筑构件耐火试验方法》系列 GB/T 9978.1～GB/T 9978.9。

2.1.14 本条术语解释中的"室内安全区域"包括符合规范规定的避难层、避难走道等,"室外安全区域"包括室外地面、符合疏散要求并具有直接到达地面设施的上人屋面、平台以及符合本规范第 6.6.4 条要求的天桥、连廊等。尽管本规范将避难走道视为室内安全区,但其安全性能仍有别于室外地面,因此设计的安全出口要直接通向室外,尽量避免通过避难走道再疏散到室外地面。

2.1.18 本条术语解释中的"规定的试验条件"为按照现行国家有关闪点测试方法标准,如现行国家标准《闪点的测定 宾斯基-马丁闭口杯法》GB/T 261 等标准中规定的试验条件。

2.1.19 可燃蒸气和可燃气体的爆炸下限为可燃蒸气或可燃气体与其空气混合气体的体积百分比。

2.1.20 对于沸溢性油品,不仅油品要具有一定含水率,且必须具有热波作用,才能使油品液面燃烧产生的热量从液面逐渐向液下传递。当液下的温度高于 100℃ 时,热量传递过程中遇油品所含水后便可引起水的汽化,使水的体积膨胀,从而引起油品沸溢。常见的沸溢性油品有原油、渣油和重油等。

2.1.21 防火间距是不同建筑间的空间间隔,既是防止火灾在建筑之间发生蔓延的间隔,也是保证灭火救援行动既方便又安全的空间。有关防火间距的计算方法,见本规范附录 B。

3 厂房和仓库

3.1 火灾危险性分类

本规范根据物质的火灾危险特性,定性或定量地规定了生产和储存建筑的火灾危险性分类原则,石油化工、石油天然气、医药等有关行业还可根据实际情况进一步细化。

3.1.1 本条规定了生产的火灾危险性分类原则。

(1)表 3.1.1 中生产中使用的物质主要指所用物质为生产的主要组成部分或原材料,用量相对较多或需对其进行加工等。

(2)划分甲、乙、丙类液体闪点的基准。

为了比较切合实际地确定划分液体物质的闪点标准,本规范 1987 年版编制组曾对 596 种易燃、可燃液体的闪点进行了统计和分析,情况如下:

1)常见易燃液体的闪点多数小于 28℃;

2)国产煤油的闪点在 28℃～40℃ 之间;

3)国产 16 种规格的柴油闪点大多数为 60℃～90℃(其中仅"-35#"柴油为 50℃);

4)闪点在 60℃～120℃ 的 73 个品种的可燃液体,绝大多数火灾危险性不大;

5)常见的煤焦油闪点为 65℃～100℃。

据此认为:凡是在常温环境下遇火源能引起闪燃的液体属于易燃液体,可列入甲类火灾危险性范围。我国南方城市的最热月平均气温在 28℃ 左右,而厂房的设计温度在冬季一般采用 12℃～25℃。

根据上述情况,将甲类火灾危险性的液体闪点标准确定为小于 28℃;乙类,为大于或等于 28℃ 至小于 60℃;丙类,为大于或等于 60℃。

(3)火灾危险性分类中可燃气体爆炸下限的确定基准。

由于绝大多数可燃气体的爆炸下限均小于 10%,一旦设备泄漏,在空气中很容易达到爆炸浓度,所以将爆炸下限小于 10% 的气体划为甲类;少数气体的爆炸下限大于 10%,在空气中较难达到爆炸浓度,所以将爆炸下限大于或等于 10% 的气体划为乙类。但任何一种可燃气体的火灾危险性,不仅与其爆炸下限有关,而且与其爆炸极限范围值、点火能量、混合气体的相对湿度等有关,在实际设计时要加注意。

(4)火灾危险性分类中应注意的几个问题。

1)生产的火灾危险性分类,一般要分析整个生产过程中的每个环节是否有引起火灾的可能性。生产的火灾危险性分类一般要按其中最危险的物质确定,通常可根据生产中使用的全部原材料的性质、生产中操作条件的变化是否会改变物质的性质、生产中产生的全部中间产物的性质、生产的最终产品及其副产品的性质和生产过程中的自然通风、气温、湿度等环境条件等因素分析确定。当然,要同时兼顾生产的实际使用量或产出量。

在实际中,一些产品可能有若干种不同工艺的生产方法,其中使用的原材料和生产条件也可能不尽相同,因而不同生产方法所具有的火灾危险性也可能有所差异,分类时要注意区别对待。

2)甲类火灾危险性的生产特性。

"甲类"第 1 项和第 2 项参见前述说明。

"甲类"第 3 项:生产中的物质在常温下可以逐渐分解,释放出大量的可燃气体并且迅速放热引起燃烧,或者物质与空气接触后能发生猛烈的氧化作用,同时放出大量的热。温度越高,氧化反应速度越快,产生的热越多,使温度升高越快,如此互为因果而引起燃烧或爆炸,如硝化棉、赛璐珞、黄磷等的生产。

"甲类"第 4 项:生产中的物质遇水或空气中的水蒸气会发生剧烈的反应,产生氢气或其他可燃气体,同时产生热量引起燃烧或爆炸。该类物质遇酸或氧化剂也能发生剧烈反应,发生燃烧爆炸的火灾危险性比遇水或水蒸气时更大,如金属钾、钠、氧化钠、氢化钙、碳化钙、磷化钙等的生产。

"甲类"第 5 项:生产中的物质有较强的氧化性。有些过氧化物中含有过氧基(—O—O—),性质极不稳定,易放出氧原子,具有强烈的氧化性,促使其他物质迅速氧化,放出大量的热量而发生燃烧爆炸。该类物质对于酸、碱、热、撞击、摩擦、催化或与易燃品、还原剂等接触后能迅速分解,极易发生燃烧或爆炸,如氯酸钠、氯酸钾、过氧化氢、过氧化钠等的生产。

"甲类"第 6 项:生产中的物质燃点较低、易燃烧,受热、撞击、摩擦或与氧化剂接触能引起剧烈燃烧或爆炸,燃烧速度快,燃烧产物毒性大,如赤磷、三硫化二磷等的生产。

"甲类"第 7 项:生产中操作温度较高,物质被加热到自燃点以上。此类生产必须是在密闭设备内进行,因设备内没有助燃气体,所以设备内的物质不能燃烧。但是,一旦设备或管道泄漏,即使没有其他火源,该类物质也会在空气中立即着火燃烧。这类生产在化工、炼油、生物制药等企业中常见,火灾的事故也不少,应引起重视。

3)乙类火灾危险性的生产特性。

"乙类"第 1 项和第 2 项参见前述说明。

"乙类"第 3 项中所指的不属于甲类的氧化剂是二级氧化剂,即非强氧化剂。特性是:比甲类第 5 项的性质稳定些,生产过程中的物质遇热、还原剂、酸、碱等也能分解产生高热,遇其他氧化剂也能分解发生燃烧甚至爆炸,如过二硫酸钠、高碘酸、重铬酸钠、过醋酸等的生产。

"乙类"第4项:生产中的物质燃点较低、较易燃烧或爆炸,燃烧性能比甲类易燃固体差,燃烧速度较慢,但可能放出有毒气体,如硫黄、樟脑或松香等的生产。

"乙类"第5项:生产中的助燃气体本身不能燃烧(如氧气),但在有火源的情况下,如遇可燃物会加速燃烧,甚至有些含碳的难燃或不燃固体也会迅速燃烧。

"乙类"第6项:生产中可燃物质的粉尘、纤维、雾滴悬浮在空气中与空气混合,当达到一定浓度时,遇火源立即引起爆炸。这些细小的可燃物质表面附着包围了氧气,当温度升高时,便加速了它的氧化反应,反应中放出的热促使其燃烧。这些细小的可燃物质比原来块状固体或较大量的液体具有较低的自燃点,在适当的条件下,着火后以爆炸的速度燃烧。另外,铝、锌等有些金属在块状时并不燃烧,但在粉尘状态时则能够爆炸燃烧。

研究表明,可燃液体的雾滴也可以引起爆炸。因而,将"丙类液体的雾滴"的火灾危险性列入乙类。有关信息可参见《石油化工生产防火手册》《可燃性气体和蒸汽的安全技术参数手册》和《爆炸事故分析》等资料。

4)丙类火灾危险性的生产特性。

"丙类"第1项参见前述说明。可熔化的可燃固体应视为丙类液体,如石蜡、沥青等。

"丙类"第2项:生产中物质的燃点较高,在空气中受到火焰或高温作用时能够着火或微燃,当火源移走后仍能持续燃烧或微燃,如对木料、棉花加工、橡胶等的加工和生产。

5)丁类火灾危险性的生产特性。

"丁类"第1项:生产中被加工的物质不燃烧,且建筑物内可燃物很少,或生产中虽有赤热表面、火花、火焰也不易引起火灾,如炼钢、炼铁、热轧或制造玻璃制品等的生产。

"丁类"第2项:虽然利用气体、液体或固体为原料进行燃烧,是明火生产,但均在固定设备内燃烧,不易造成事故。虽然也有一些爆炸事故,但一般多属于物理性爆炸,如锅炉、石灰焙烧、高炉车间等的生产。

"丁类"第3项:生产中使用或加工的物质(原料、成品)在空气中受到火焰或高温作用时难着火、难微燃、难碳化,当火源移走后燃烧或微燃立即停止。厂房内为常温环境,设备通常处于敞开状态。这类生产一般为热压成型的生产,如难燃的铝塑材料、酚醛泡沫塑料加工等的生产。

6)戊类火灾危险性的生产特性。

生产中使用或加工的液体或固体物质在空气中受到火烧时,不着火、不微燃、不碳化,不会因使用的原料或成品引起火灾,且厂房内为常温环境,如制砖、石棉加工、机械装配等的生产。

(5)生产的火灾危险性分类受众多因素的影响,设计还需要根据生产工艺、生产过程中使用的原材料以及产品及其副产品的火灾危险性以及生产时的实际环境条件等情况确定。为便于使用,表1列举了部分常见生产的火灾危险性分类。

表1　生产的火灾危险性分类举例

生产的火灾危险性类别	举　例
甲类	1.闪点小于28℃的油品和有机溶剂的提炼、回收或洗涤部位及其泵房,橡胶制品的涂胶和胶浆部位,二硫化碳的粗馏、精馏工段及其应用部位,青霉素提炼部位,原料药厂的非纳西汀车间的烃化、回收及电感

生产的火灾危险性类别	举　例
甲类	精馏部位、皂素车间的抽提、结晶及过滤部位,冰片精制部位,农药厂乐果厂房,敌敌畏的合成厂房、磺化法糖精厂房,氯乙醇厂房,环氧乙烷、环氧丙烷工段,苯酚厂房的磺化、蒸馏部位,焦化厂吡啶工段,胶片厂片基车间,汽油加铅室,甲醇、乙醇、丙酮、丁醇、异丙醇、醋酸乙酯、苯等的合成或精制厂房,集成电路工厂的化学清洗间(使用闪点小于28℃的液体),植物油加工厂的浸出车间;白酒液态法酿酒车间、酒精蒸馏塔,酒精度为38度及以上的勾兑车间、灌装车间、酒泵房;白兰地蒸馏车间、勾兑车间、灌装车间、酒泵房; 2.乙炔站、氢气站,石油气体分馏(或分离)厂房,氯乙烯厂房,乙烯聚合厂房,天然气、石油伴生气、矿井气、水煤气或焦炉煤气的净化(如脱硫)厂房压缩机室及鼓风机室,液化石油气灌瓶间,丁二烯及其聚合厂房,醋酸乙烯厂房,电解水或电解食盐厂房,环己酮厂房,乙基苯和苯乙烯厂房,化肥厂的氢氮气压缩厂房,半导体材料厂使用氢气的拉晶间,硅烷热分解室; 3.硝化棉厂房及其应用部位,赛璐珞厂房,黄磷制备厂房及其应用部位,三乙基铝厂房,染化厂某些能自行分解的重氮化合物生产,甲胺厂房,丙烯腈厂房; 4.金属钠、钾加工厂房及其应用部位,聚乙烯厂房的一氧二乙基铝部位,三氯化磷厂房,多晶硅车间三氯氢硅部位,五氧化二磷厂房; 5.氯酸钠、氯酸钾厂房及其应用部位,过氧化氢厂房,过氧化钠、过氧化钾厂房,次氯酸钙厂房; 6.赤磷制备厂房及其应用部位,五硫化二磷厂房及其应用部位; 7.洗涤剂厂房石蜡裂解部位,冰醋酸裂解厂房

生产的火灾危险性类别	举　例
乙类	1.闪点大于或等于28℃至小于60℃的油品和有机溶剂的提炼、回收、洗涤部位及其泵房,松节油或松香蒸馏厂房及其应用部位,醋酸酐精馏厂房,己内酰胺厂房,甲酚厂房,氯丙醇厂房,樟脑油提取部位,环氧氯丙烷厂房,松针油精制部位,煤油灌桶间; 2.一氧化碳压缩机室及净化部位,发生炉煤气或鼓风炉煤气净化部位,氢压缩机房; 3.发烟硫酸或发烟硝酸浓缩部位,高锰酸钾厂房,重铬酸钠(红矾钠)厂房; 4.樟脑或松香提炼厂房,硫黄回收厂房,焦化厂精萘厂房; 5.氧气站,空分厂房; 6.铝粉或镁粉厂房,金属制品抛光部位,煤粉厂房、面粉厂的碾磨部位,活性炭制造及再生厂房,谷物简仓的工作塔,亚麻厂的除尘器室和过滤器室
丙类	1.闪点大于或等于60℃的油品和有机液体的提炼、回收工段及其抽送泵房,香料厂的松油醇部位和乙酸松脂酯部位,苯甲酸厂房,苯乙酮厂房,焦化厂焦油厂房,甘油、桐油的制备厂房,油浸变压器室,机器或变压油灌桶间,润滑油再生部位,配电室(每台装油量大于60kg的设备),沥青加工厂房,植物油加工厂的精炼部位; 2.煤、焦炭、油母页岩的筛分、转运工段和栈桥或储仓,木工厂房,竹、藤加工厂房,橡胶制品的压延、成型和硫化厂房,针织品厂房,纺织、印染、化纤生产的干燥部位,服装加工厂房,棉花加工和打包厂房,造纸厂备料、干燥车间,印染厂成品厂房,麻纺厂粗加工车间,谷物加工厂房,卷烟厂的切丝、卷制、包装车间,印刷厂的印刷车间,毛涤厂选毛车间,电视机、收音机装配厂房,显像管厂装配工段装配线,磁带装配厂房,集成电路工厂的氧化扩散间、光刻间,泡沫塑料厂的发泡、成型、印片压花部位,饲料加工厂房,畜(禽)屠宰、分割及加工车间,鱼加工车间

生产的火灾危险性类别	举 例
丁类	1.金属冶炼、锻造、铆焊、热轧、铸造、热处理厂房; 2.锅炉房,玻璃原料熔化厂房,灯丝烧拉部位,保温瓶胆厂房,陶瓷制品的烘干、烧成厂房,蒸汽机车库,石灰焙烧厂房,电石炉部位,耐火材料烧成部位,转炉厂房,硫酸车间焙烧部位,电极煅烧工段,配电室(每台装油量小于等于60kg的设备); 3.难燃铝塑料材料的加工厂房,酚醛泡沫塑料的加工厂房,印染厂的漂炼部位,化纤厂后加工润湿部位
戊类	制砖车间,石棉加工车间,卷扬机室,不燃液体的泵房和阀门室,不燃液体的净化处理工段,除镁合金外的金属冷加工车间,电动车库,钙镁磷肥车间(焙烧炉部位外),造纸厂或化学纤维厂的浆粕蒸煮工段,仪表、器械或车辆装配车间,氟利昂厂房,水泥厂的轮窑厂房,加气混凝土厂的材料准备、构件制作厂房

3.1.2 本条规定了同一座厂房或厂房中同一个防火分区内存在不同火灾危险性的生产时,该建筑或区域火灾危险性的确定原则。

(1)在一座厂房中或一个防火分区内存在甲、乙类等多种火灾危险性生产时,如果甲类生产着火后,可燃物质足以构成爆炸或燃烧危险,则该建筑物中的生产类别应按甲类划分;如果该厂房面积很大,其中甲类生产所占用的面积比例小,并采取了相应的工艺保护和防火防爆分隔措施将甲类生产部位与其他区域完全隔开,即使发生火灾也不会蔓延到其他区域时,该厂房可按火灾危险性较小者确定。如:在一座汽车总装厂房中,喷漆工段占总装厂房的面积比例不足10%,并将喷漆工段采用防火分隔和自动灭火设施保护时,厂房的生产火灾危险性仍可划分为戊类。近年来,喷漆工艺有了很大的改进和提高,并采取了一些行之有效的防护措施,生产过程中的火灾危害减少。本条同时考虑了国内现有工业建筑中同类厂房喷漆工段所占面积的比例,规定了在同时满足本文规定的三个条件时,其面积比例最大可为20%。

另外,有的生产过程中虽然使用或产生易燃、可燃物质,但是数量少,当气体全部逸出或可燃液体全部气化也不会在同一时间内使厂房内任何部位的混合气体处于爆炸极限范围内,或即使局部存在爆炸危险、可燃物全部燃烧也不可能使建筑物着火而造成灾害。如:机械修配厂或修理车间,虽然使用少量的汽油等甲类溶剂清洗零件,但不会因此而发生爆炸。所以,该厂房的火灾危险性仍可划分为戊类。又如,某场所内同时具有甲、乙类和丙、丁类火灾危险性的生产或物质,当其中产生或使用的甲、乙类物质的量很小,不足以导致爆炸时,该场所的火灾危险性类别可以按照其他占主要部分的丙类或丁类火灾危险性确定。

(2)一般情况下可不按物质危险特性确定生产火灾危险性类别的最大允许量,参见表2。

表 2 可不按物质危险特性确定生产火灾危险性类别的最大允许量

火灾危险性类别		火灾危险性的特性	物质名称举例	最大允许量	
				与房间容积的比值	总量
甲类	1	闪点小于28℃的液体	汽油、丙酮、乙醚	0.004L/m³	100L
	2	爆炸下限小于10%的气体	乙炔、氢、甲烷、乙烯、硫化氢	1L/m³	25m³(标准状态)
	3	常温下能自行分解导致迅速自燃爆炸的物质	硝化棉、硝化纤维胶片、喷漆棉、火胶棉、赛璐珞棉	0.003kg/m³	10kg
	4	在空气中氧化即导致迅速自燃的物质	黄磷	0.006kg/m³	20kg

火灾危险性类别		火灾危险性的特性	物质名称举例	最大允许量	
				与房间容积的比值	总量
甲类	4	常温下受到水和空气中水蒸气的作用能产生可燃气体并能燃烧或爆炸的物质	金属钾、钠、锂	0.002kg/m³	5kg
	5	遇酸、受热、撞击、摩擦、催化以及遇有机物或硫黄等易燃的无机物能引起爆炸的强氧化剂	硝酸胍、高氯酸铵	0.006kg/m³	20kg
	5	遇酸、受热、撞击、摩擦、催化以及遇有机物或硫黄等极易分解引起燃烧的强氧化剂	氯酸钾、氯酸钠、过氧化钠	0.015kg/m³	50kg
	6	与氧化剂、有机物接触时能引起燃烧或爆炸的物质	赤磷、五硫化磷	0.015kg/m³	50kg
	7	受到水或空气中水蒸气的作用能产生爆炸下限小于10%的气体的固体物质	电石	0.075kg/m³	100kg

火灾危险性类别		火灾危险性的特性	物质名称举例	最大允许量	
				与房间容积的比值	总量
乙类	1	闪点大于等于28℃至60℃的液体	煤油、松节油	0.02L/m³	200L
	2	爆炸下限大于等于10%的气体	氨	5L/m³(标准状态)	50m³(标准状态)
	3	助燃气体	氧、氟	5L/m³(标准状态)	50m³(标准状态)
	3	不属于甲类的氧化剂	硝酸、硝酸铜、铬酸、发烟硫酸、铬酸钾	0.025kg/m³	80kg
	4	不属于甲类的化学易燃危险固体	赛璐珞板、硝化纤维色片、镁粉、铝粉	0.015kg/m³	50kg
			硫黄、生松香	0.075kg/m³	100kg

表2列出了部分生产中常见的甲、乙类火灾危险性物品的最大允许量。本表仅供使用本条文时参考。现将其计算方法和数值确定的原则及应用本表应注意的事项说明如下:

1)厂房或实验室内单位容积的最大允许量。

单位容积的最大允许量是实验室或非甲、乙类厂房内使用甲、乙类火灾危险性物品的两个控制指标之一。实验室或非甲、乙类厂房内使用甲、乙类火灾危险性物品的总量同其室内容积之比应小于此值。即：

$$\frac{甲、乙类物品的总量(kg)}{厂房或实验室的容积(m^3)} < 单位容积的最大允许量 \quad (1)$$

下面按气、液、固态甲、乙类危险物品分别说明该数值的确定。

①气态甲、乙类火灾危险性物品。

一般，可燃气体浓度探测报警装置的报警控制值采用该可燃气体爆炸下限的25％。因此，当室内使用的可燃气体同空气所形成的混合性气体不大于爆炸下限的5％时，可不按甲、乙类火灾危险性划分。本条采用5％这个数值还考虑到，在一个面积或容积较大的场所内，可能存在可燃气体扩散不均匀，会形成局部高浓度而引发爆炸的危险。

由于实际生产中使用或产生的甲、乙类可燃气体的种类较多，在本表中不可能一一列出。对于爆炸下限小于10％的甲类可燃气体，空间内单位容积的最大允许量采用几种甲类可燃气体计算结果的平均值（如乙炔的计算结果为0.75L/m³，甲烷的计算结果为2.5L/m³），取1L/m³。对于爆炸下限大于或等于10％的乙类可燃气体，空间内单位容积的最大允许量取5L/m³。

②液态甲、乙类火灾危险性物品。

在室内少量使用易燃、易爆甲、乙类火灾危险性物品，要考虑这些物品全部挥发并弥漫在整个室内空间后，同空气的混合比是否低于其爆炸下限的5％。如低于该值，可以不确定为甲、乙类火灾危险性。某种甲、乙类火灾危险性液体单位体积（L）全部挥发后的气体体积，参考美国消防协会《美国防火手册》（Fire Protection Handbook，NFPA），可以按下式进行计算：

$$V = 830.93\frac{B}{M} \quad (2)$$

式中：V——气体体积（L）；

B——液体的相对密度；

M——挥发性气体的相对密度。

③固态（包括粉状）甲、乙类火灾危险性物品。

对于金属钾、金属钠、黄磷、赤磷、赛璐珞板等固态甲、乙类火灾危险性物品和镁粉、铝粉等乙类火灾危险性物品的单位容积的最大允许量，参照了国外有关消防法规的规定。

2）厂房或实验室等室内空间最多允许存放的总量。

对于容积较大的空间，单凭空间内"单位容积的最大允许量"一个指标来控制是不够的。有时，尽管这些空间内单位容积的最大允许量不大于规定，也可能会相对集中放置较大量的甲、乙类火灾危险性物品，而这些物品着火后常难以控制。

3）在应用本条进行计算时，如空间内存在两种或两种以上火灾危险性的物品，原则上要以其中火灾危险性较大、两项控制指标要求较严格的物品为基础进行计算。

3.1.3 本条规定了储存物品的火灾危险性分类原则。

（1）本规范将生产和储存物品的火灾危险性分类分别列出，是因为生产和储存物品的火灾危险性既有相同之处，又有所区别。如甲、乙、丙类液体在高温、高压生产过程中，实际使用时的温度往往高于液体本身的自燃点，当设备或管道损坏时，液体喷出就会着火。有些生产的原料、成品的火灾危险性较低，但当生产条件发生变化或经化学反应后产生了中间产物，则可能增加火灾危险性。例如，可燃粉尘静止时的火灾危险性较小，但在生产过程中，粉尘悬浮在空气中并与空气形成

爆炸性混合物，遇火源则可能爆炸着火，而这类物品在储存时就不存在这种情况。与此相反，桐油织物及其制品，如堆放在通风不良地点，受到一定温度作用时，则会缓慢氧化、积热不散而自燃着火，因而在储存时其火灾危险性较大，而在生产过程中则不存在此种情形。

储存物品的分类方法主要依据物品本身的火灾危险性，参照本规范生产的火灾危险性分类，并吸取仓库储存管理经验和参考我国的《危险货物运输规则》。

1）甲类储存物品的划分，主要依据我国《危险货物运输规则》中确定的Ⅰ级易燃固体、Ⅰ级易燃液体、Ⅰ级氧化剂、Ⅰ级自燃物品、Ⅰ级遇水燃烧物品和可燃气体的特性。这类物品易燃、易爆，燃烧时会产生大量有害气体。有的遇水发生剧烈反应，产生氢气或其他可燃气体，遇火燃烧爆炸；有的具有强烈的氧化性能，遇有机物或无机物极易燃烧爆炸；有的因受热、撞击、催化或气体膨胀而可能发生爆炸，或与空气混合容易达到爆炸浓度，遇火而发生爆炸。

2）乙类储存物品的划分，主要依据我国《危险货物运输规则》中确定的Ⅱ级易燃固体、Ⅱ级易燃烧物质、Ⅱ级氧化剂、助燃气体、Ⅱ级自燃物品的特性。

3）丙、丁、戊类储存物品的划分，主要依据有关仓库调查和储存管理情况。

丙类储存物品包括可燃固体物质和闪点大于或等于60℃的可燃液体，特性是液体闪点较高、不易挥发。可燃固体在空气中受到火焰和高温作用时能发生燃烧，即使移走火源，仍能继续燃烧。

对于粒径大于或等于2mm的工业成型硫黄（如球状、颗粒状、团状、锭状或片状），根据公安部天津消防研究所与中国石化工程建设公司等单位共同开展的"散装硫黄储存与消防关键技术研究"成果，其火灾危险性为丙类固体。

丁类储存物品指难燃物品，其特性是在空气中受到火焰或高温作用时，难着火、难燃烧或微燃，移走火源，燃烧即可停止。

戊类储存物品指不会燃烧的物品，其特性是在空气中受到火焰或高温作用时，不着火、不微燃、不碳化。

（2）表3列举了一些常见储存物品的火灾危险性分类，供设计参考。

表3　储存物品的火灾危险性分类举例

火灾危险性类别	举　　例
甲类	1. 己烷、戊烷、环戊烷、石脑油、二硫化碳、苯、甲苯、甲醇、乙醚、蚁酸甲酯、醋酸甲酯、硝酸乙酯、汽油、丙酮、丙烯、酒精度为38度及以上的白酒。 2. 乙炔、氢、甲烷、环氧乙烷、水煤气、液化石油气、乙烯、丙烯、丁二烯、硫化氢、氯乙烯、电石、碳化铝。 3. 硝化棉、硝化纤维胶片、喷漆棉、火胶棉、赛璐珞棉、黄磷。 4. 金属钾、钠、锂、钙、锶、氢化锂、氢化钠、四氢化锂铝。 5. 氯酸钾、氯酸钠、过氧化钾、过氧化钠、硝酸铵。 6. 赤磷、五硫化二磷、三硫化二磷。
乙类	1. 煤油、松节油、丁烯醇、异戊醇、丁醚、醋酸丁酯、硝酸戊酯、乙酰丙酮、环己胺、溶剂油、冰醋酸、樟脑油、蚁酸。 2. 氨气、一氧化碳。 3. 硝酸铜、铬酸、亚硝酸钾、重铬酸钠、铬酸钾、硝酸、硝酸钴、发烟硫酸、漂白粉。 4. 硫黄、镁粉、铝粉、赛璐珞板（片）、樟脑、萘、生松香、硝化纤维漆布、硝化纤维色片。 5. 氧气、氟气、液氯。 6. 漆布及其制品、油布及其制品、油纸及其制品、油绸及其制品。

火灾危险性类别	举例
丙类	1. 动物油、植物油、沥青、蜡、润滑油、机油、重油，闪点大于等于60℃的柴油、蒽醌、白兰地成品库； 2. 化学、人造纤维及其织物，纸张、棉、毛、丝、麻及其织物，谷物、面粉，粒度大于或等于2mm的工业成型硫黄，天然橡胶及其制品，竹、木及其制品，中药材，电视机、收录机等电子产品，计算机房已录数据的磁盘储存间，冷库中的鱼、肉间
丁类	自熄性塑料及其制品，酚醛泡沫塑料及其制品，水泥刨花板
戊类	钢材、铝材、玻璃及其制品、搪瓷制品、陶瓷制品，不燃气体，玻璃棉、岩棉、陶瓷棉、硅酸铝纤维、矿棉，石膏及其无纸制品，水泥、石、膨胀珍珠岩

3.1.4 本条规定了同一座仓库或其中同一防火分区内存在多种火灾危险性的物质时，确定该建筑或区域火灾危险性的原则。

一个防火分区内存放多种可燃物时，火灾危险性分类原则应按其中火灾危险性大的确定。当数种火灾危险性不同的物品存放在一起时，建筑的耐火等级、允许层数和允许面积均要求按最危险者的要求确定。如：同一座仓库存放有甲、乙、丙三类物品，仓库就需要按甲类储存物品仓库的要求设计。

此外，甲、乙类物品和一般物品以及容易相互发生化学反应或者灭火方法不同的物品，必须分间、分库储存，并在醒目处标明储存物品的名称，性质和灭火方法。因此，为了有利于安全和便于管理，同一座仓库或其中同一个防火分区内，要尽量储存一种物品。如有困难需将数种物品存放在一座仓库或同一个防火分区内时，存储过程中要采取分区域布置，但性质相互抵触或灭火方法不同的物品不允许存放在一起。

3.1.5 丁、戊类物品本身虽属难燃烧或不燃烧物质，但有很多物品的包装是可燃的木箱、纸盒、泡沫塑料等。据调查，有些仓库内的可燃包装物，多者有 $100kg/m^2 \sim 300kg/m^2$，少者也有 $30kg/m^2 \sim 50kg/m^2$。因此，这两类仓库，除考虑物品本身的燃烧性能外，还要考虑可燃包装的数量，在防火要求上应较丁、戊类仓库严格。

在执行本条时，要注意有些包装物与被包装物品的重量比虽然小于 1/4，但包装物（如泡沫塑料等）的单位体积重量较小，极易燃烧且初期燃烧速率较快、释热量大，如果仍然按照丁、戊类仓库来确定则可能出现与实际火灾危险性不符的情况。因此，针对这种情况，当可燃包装体积大于物品本身体积的 1/2 时，要相应提高该库房的火灾危险性类别。

3.2 厂房和仓库的耐火等级

3.2.1 本条规定了厂房和仓库的耐火等级分级及相应建筑构件的燃烧性能和耐火极限。

（1）本规范第3.2.1条表3.2.1中有关建筑构件的燃烧性能和耐火极限的确定，参考了苏联、日本、美国等国建筑规范和相关消防标准的规定，详见表4～表6。

表4　苏联建筑物的耐火等级分类及其构件的燃烧性能和耐火极限

建筑的耐火等级	建筑构件耐火极限(h)和沿该构件火焰传播的最大极限(h/cm)								
	墙壁				支柱	楼梯平台、楼梯梁、踏步和梯段	平板、铺面(其中包括有保温层的)和其他楼板自承重结构	屋顶构件	
	自承重楼梯间	自承重	外部非承重的(其中包括由悬吊板构成)	内部非承重的(隔离的)				平板、铺面(其中包括有保温层的)和大梁	梁、门式刚架、横梁、框架
I	2.5/0	1.25/0	0.5/0	0.5/0	2.5/0	1/0	0.5/0	0.5/0	0.5/0
II	2/0	1/0	0.25/0	0.25/0	2/0	1/0	0.75/0	0.25/0	0.25/0
III	2/0	1/0	0.25/0.5 /40	0.5/40	2/0	1/0	0.75/25	H.H	H.H
III_a	1/40	0.5/40	0.25/40	0.25/40	2/0	1/0	0.25/25	0.25/25	0.25/25
III_6	1/40	0.5/40	0.25/0.5 /40	0.25/40	0.25/40	0.25	0.75/25	0.25/0.5 /25(40)	0.75/25(40)
IV	0.5/40	0.25/40	0.25/40	0.25/40	0.5/40	0.25/40	0.25/40	H.H	H.H
IV_a	0.5/40	0.25/40	0.25/40	0.25/40	0.25/40	0.25 H.H	H.H	0.25/40	0.25/40
V	没有标准化								

注：1　译自1985年苏联《防火标准》CHиП2.01.02。
2　在括号中给出了竖直结构段和倾斜结构段的火焰传播极限。
3　缩写"H.H"表示指标没有标准化。

表5　日本建筑标准法规中有关建筑构件耐火结构方面的规定(h)

建筑的层数(从上部层数开始)	房盖	梁	楼板	柱	承重外墙	承重间隔墙
(2~4)层以内	0.5	1	1	1	1	1
(5~14)层	0.5	2	2	2	2	2
15层以上	0.5	3	2	3	3	2

注：译自2001年版日本《建筑基准法施行令》第107条。

表6　美国消防协会标准《建筑结构类型标准》NFPA220（1996年版）中关于Ⅰ型～Ⅴ型结构的耐火极限(h)

名称	Ⅰ型			Ⅱ型		Ⅲ型		Ⅳ型	Ⅴ型	
	443	332	222	111	000	211	200	2HH	111	000
外承重墙：										
支撑多于一层、柱或其他承重墙	4	3	2	1	0	2	2	2	1	0
只支撑一层	4	3	2	1	0	2	2	2	1	0
只支撑一个屋顶	4	3	2	1	0	1	1	1	1	0
内承重墙：										
支撑多于一层、柱或其他承重墙	4	3	2	1	0	1	0	2	1	0
只支撑一层	3	2	1	1	0	1	0	1	1	0
只支撑一个屋顶	3	2	1	1	0	1	0	1	1	0
柱：										
支撑多于一层、柱或其他承重墙	4	3	2	1	0	1	0	H	1	0
只支撑一层	3	2	1	1	0	1	0	H	1	0
只支撑一个屋顶	3	2	1	1	0	1	0	H	1	0

名　　称	Ⅰ型	Ⅱ型				Ⅲ型		Ⅳ型	Ⅴ型	
	443	332	222	111	000	211	200	2HH	111	000
梁、梁构桁架的腹杆、拱顶和桁架										
支撑多于一层、柱或其他承重墙	4	3	2	1	0	1	0	H	1	0
只支撑一层	3	2	2	1	0	1	0	H	1	0
只支撑屋顶	3	2	2	1	0	1	0	H	1	0
楼面结构	3	2	2	1	0	1	0	H	1	0
屋顶结构	2	1.5	1	1	0	1	0	H	1	0
非承重外墙	0	0	0	0	0	0	0	0	0	0

注:1 ▨ 表示这些构件允许采用经批准的可燃材料。

　　2 "H"表示大型木构件。

(2)柱的受力和受火条件更苛刻,耐火极限至少不应低于承重墙的要求。但这种规定未充分考虑设计区域内的火灾荷载情况和空间的通风条件等因素,设计需以此规定为最低要求,根据工程的具体情况确定合理的耐火极限,而不能仅为片面满足规范规定。

(3)由于同一类构件在不同施工工艺和不同截面、不同组分、不同受力条件以及不同升温曲线等情况下的耐火极限是不一样的。本条文说明附录中给出了一些构件的耐火极限试验数据,设计时,对于与表中所列情况完全一样的构件可以直接采用。但实际构件的构造、截面尺寸和构成材料等往往与附录中所列试验数据不同,对于该构件的耐火极限需要通过试验测定,当难以通过试验确定时,一般应根据理论计算和试验测试验证相结合的方法进行确定。

3.2.2 本条为强制性条文。由于高层厂房和甲、乙类厂房的火灾危险性大,火灾后果严重,应有较高的耐火等级,故确定为强制性条文。但是,发生火灾后对周围建筑的危害较小且建筑面积小于或等于300m²的甲、乙类厂房,可以采用三级耐火等级建筑。

3.2.3 本条为强制性条文。使用或产生丙类液体的厂房及丁类生产中的某些工段,如炼钢炉出钢水喷出钢火花,从加热炉内取出赤热的钢件进行锻打,钢件在热处理油池中进行淬火处理,使油池内油温升高,都容易发生火灾。对于三级耐火等级建筑,如屋顶承重构件采用木构件或钢构件,难以承受经常的高温烘烤。这些厂房虽属丙、丁类生产,也要严格控制,除建筑面积较小并采取了防火分隔措施外,均须采用一、二级耐火等级的建筑。

对于使用或产生丙类液体、建筑面积小于或等于500m²的单层丙类厂房和生产过程中有火花、赤热表面或明火,但建筑面积小于或等于1000m²的单层丁类厂房,仍可以采用三级耐火等级的建筑。

3.2.4 本条为强制性条文。特殊贵重的设备或物品,为价格昂贵、稀缺设备、物品或影响生产全局或正常生活秩序的重要设施、设备,其所在建筑应具有较高的耐火性能,故确定为强制性条文。特殊贵重的设备或物品主要有:

(1)价格昂贵、损失大的设备。

(2)影响工厂或地区生产全局或影响城市生命线供给的关键设施,如热电厂、燃气供给站、水厂、发电厂、化工厂等的主控室,失火后影响大、损失大、修复时间长,也应认为是"特殊贵重"的设备。

(3)特殊贵重物品,如货币、金银、邮票、重要文物、资料、档案库及价值较高的其他物品。

3.2.5 锅炉房属于使用明火的丁类厂房。燃油、燃气锅炉房的火灾危险性大于燃煤锅炉房,火灾事故也比燃煤的多,且损失严重的火灾中绝大多数是三级耐火等级的建筑,故本条规定锅炉房应采用一、二级耐火等级建筑。

每小时总蒸发量不大于4t的燃煤锅炉房,一般为规模不大的企业或非采暖地区的工厂,专为厂房生产用汽而设置的、规模较小的锅炉房,建筑面积一般为350m²～400m²,故这些建筑可采用三级耐火等级。

3.2.6 油浸变压器是一种多油电器设备。油浸变压器易因油温过高而着火或产生电弧使油剧烈气化,使变压器外壳爆裂酿成火灾事故。实际运行中的变压器存在燃烧或爆裂的可能,需提高其建筑的防火要求。对于干式或非燃液体的变压器,因其火灾危险性小,不易发生爆炸,故未作限制。

3.2.7 本条为强制性条文。高层仓库具有储存物资集中、价值高、火灾危险性大、灭火和物资抢救困难等特点。甲、乙类物品仓库起火后,燃速快、火势猛烈,其中有不少物品还会发生爆炸,危险性高、危害大。因此,对高层仓库、甲类仓库和乙类仓库的耐火等级要求高。

高架仓库是货架高度超过7m的机械化操作或自动化控制的货架仓库,其共同特点是货架密集、货架间距小、货物存放高度高、储存物品数量大和疏散扑救困难。为了保障火灾时不会很快倒塌,并为扑救赢得时间,尽量减少火灾损失,故要求其耐火等级不低于二级。

3.2.8 粮食库中储存的粮食属于丙类储存物品,火灾的表现以阴燃和产生大量热量为主。对于大型粮食储备库和筒仓,目前主要采用钢结构和钢筋混凝土结构,而粮食库的高度较低,粮食火灾对结构的危害作用与其他物质的作用有所区别,因此,规定二级耐火等级的粮食库可采用全钢或半钢结构。其他有关防火设计要求,除本规范规定外,更详细的要求执行现行国家标准《粮食平房仓设计规范》GB 50320和《粮食钢板筒仓设计规范》GB 50322。

3.2.9 本条为强制性条文。甲、乙类厂房和甲、乙、丙类仓库,一旦着火,其燃烧时间较长和(或)燃烧过程中释放的热量巨大,有必要适当提高防火墙的耐火极限。

3.2.11 钢结构在高温条件下存在强度降低和蠕变现象。对建筑用钢而言,在260℃以下强度不变,260℃～280℃开始下降;达到400℃时,屈服现象消失,强度明显降低;达到450℃～500℃时,钢材内部再结晶使强度快速下降;随着温度的进一步升高,钢结构的承载力将会丧失。蠕变在较低温度时也会发生,但温度越高蠕变越明显。近年来,未采取有效防火保护措施的钢结构建筑在火灾中,出现大面积垮塌,造成建筑使用人员和消防救援人员伤亡的事故时有发生。这些火灾事故教训表明,钢结构若不采取有效的防火保护措施,耐火性能较差,因此,在规范修订时取消了钢结构等金属结构构件可以不采取防火保护措施的有关规定。

钢结构或其他金属结构的防火保护措施,一般包括无机耐火材料包覆和防火涂料喷涂等方式,考虑到砖石、砂浆、防火板等无机耐火材料包覆的可靠性更好,应优先采用。对这些部位的金属结构的防火保护,要求能够达到本规范第3.2.1条规定的相应耐火等级建筑对该结构的耐火极限要求。

3.2.12 本条规定了非承重外墙采用不同燃烧性能材料时的要求。

近年来,采用聚苯乙烯、聚氨酯材料作为芯材的金属夹芯板材的建筑发生火灾时,极易蔓延且难以扑救,为了吸取火灾事故教训,此次修订了非承重外墙采用难燃性轻质复合墙体的要求,其中,金属夹芯板材的规定见第3.2.17条,其他难燃性轻质复合墙体,如砂浆面钢丝夹芯板、钢龙骨水泥刨花板、钢龙骨石棉水泥板等,仍按本条执行。

采用金属板、砂浆面钢丝夹芯板、钢龙骨水泥刨花板、钢龙骨石棉水泥板等板材作非承重外墙,具有投资较省、施工期限短的优点,工程应用较多。该类板材难以达到本规范第3.2.1条表3.2.1中相应构件的要求,如金属板的耐火极限约为15min;夹芯材料为非泡沫塑料的难燃性墙体,耐火极限约为30min,考虑到该类板材的耐火性能相对较高且多用于工业建筑中主要起保温隔热和防风、防雨作用,本条对该类板材的使用范围及燃烧性能分别作了规定。

3.2.13 目前,国内外均开发了大量新型建筑材料,且已用于各类建筑中。为规范这些材料的使用,同时又满足人员疏散与扑救的需要,本着燃烧性能与耐火极限协调平衡的原则,在降低构件燃烧性能的同时适当提高其耐火极限,但一级耐火等级的建筑,多为性质重要或火灾危险性较大或为了满足其他某些要求(如防火分区建筑面积)的建筑,因此本条仅允许适当调整二级耐火等级建筑的房间隔墙的耐火极限。

3.2.15 本条为强制性条文。建筑物的上人平屋顶,可用于火灾时的临时避难场所,符合要求的上人平屋面可作为建筑的室外安全地点。为确保安全,参照相应耐火等级楼板的耐火极限,对一、二级耐火等级建筑物上人平屋顶的屋面板作了规定。在此情况下,相应屋顶承重构件的耐火极限也不能低于屋面板的耐火极限。

3.2.16 本条对一、二级耐火等级建筑的屋面板要求采用不燃材料,如钢筋混凝土屋面板或其他不燃屋面板;对于三、四级耐火等级建筑的屋面板的耐火性能未作规定,但要尽量采用不燃、难燃材料,以防止火灾通过屋顶蔓延。当采用金属夹芯板材时,有关要求见第3.2.17条。

为降低屋顶的火灾荷载,其防水材料要尽量采用不燃、难燃材料,但考虑到现有防水材料多为沥青、高分子等可燃材料,有必要根据防水材料铺设的构造做法采取相应的防火保护措施。该类防水材料厚度一般为3mm~5mm,火灾荷载相对较小,如果铺设在不燃材料表面,可不做防护层。当铺设在难燃、可燃保温材料上时,需采用不燃材料作防护层,防护层可位于防水材料上部或防水材料与可燃、难燃保温材料之间,从而使得可燃、难燃保温材料不裸露。

3.2.17 近年来,采用聚苯乙烯、聚氨酯作为芯材的金属夹芯板材的建筑火灾多发,短时间内即造成大面积蔓延,产生大量有毒烟气,导致金属夹芯板材的垮塌和掉落,不仅影响人员安全疏散,不利于灭火救援,而且造成了使用人员及消防救援人员的伤亡。为了吸取火灾事故教训,此次修订提高了金属夹芯板材芯材燃烧性能的要求,即对于按本规范允许采用的难燃性和可燃性非承重外墙、房间隔墙及屋面板,当采用金属夹芯板材时,要采用不燃夹芯材料。

按本规范的有关规定,建筑构件需要满足相应的燃烧性能和耐火极限要求,因此,当采用金属夹芯板材时,要注意以下几点:

(1)建筑中的防火墙、承重墙、楼梯间的墙、疏散走道隔墙、电梯井的墙以及楼板等构件,本规范要求具有较高的燃烧性能和耐火极限,而不燃金属夹芯板材的耐火极限受其夹芯材料的容重、填塞的密实度、金属板的厚度及其构造等影响,不同生产商的金属夹芯板材的耐火极限差异较大且通常均较低,难以满足相应建筑构件的耐火性能、结构承载力及其自身稳定性能的要求,因此不能采用金属夹芯板材。

(2)对于非承重外墙、房间隔墙,当建筑的耐火等级为一、二级时,按本规范要求,其燃烧性能为不燃,且耐火极限分别为不低于0.75h和0.50h,因此也不宜采用金属夹芯板材。当确需采用时,夹芯材料应为A级,且要符合本规范对相应构件的耐火极限要求;当建筑的耐火等级为三、四级时,金属夹芯板材的芯材也要A级,并符合本规范对相应构件的耐火极限要求。

(3)对于屋面板,当确需采用金属夹芯板材时,其夹芯材料的燃烧性能等级也要为A级;对于上人屋面板,由于夹芯板材受其自身构造和承载力的限制,无法达到本规范相应耐火极限要求,因此,此类屋面也不能采用金属夹芯板材。

3.2.19 预制钢筋混凝土结构构件的节点和明露的钢支承构件部位,一般是构件的防火薄弱环节和结构的重要受力点,要求采取防火保护措施,使该节点的耐火极限不低于本规范第3.2.1条表3.2.1中相应构件的规定,如对于梁柱的节点,其耐火极限就要与柱的耐火极限一致。

3.3 厂房和仓库的层数、面积和平面布置

3.3.1 本条为强制性条文。根据不同的生产火灾危险性类别,正确选择厂房的耐火等级,合理确定厂房的层数和建筑面积,可以有效防止火灾蔓延扩大,减少损失。在设计厂房时,要综合考虑安全与节约的关系,合理确定其层数和建筑面积。

甲类生产具有易燃、易爆的特性,容易发生火灾和爆炸,疏散和救援困难,如层数多则更难扑救,严重者对结构有严重破坏。因此,本条对甲类厂房层数及防火分区面积提出了较严格的规定。

为适应生产发展需要建设大面积厂房和布置连续生产线工艺时,防火分区采用防火墙分隔有时比较困难。对此,除甲类厂房外,规范允许采用防火分隔水幕或防火卷帘等进行分隔,有关要求参见本规范第6章和现行国家标准《自动喷水灭火系统设计规范》GB 50084的规定。

对于传统的干式造纸厂房,其火灾危险性较大,仍需符合本规范表3.3.1的规定,不能按本条表3.3.1注3的规定调整。

厂房内的操作平台、检修平台主要布置在高大的生产装置周围,在车间内多为局部或全部镂空,面积较小,操作人员或检修人员较少,且主要为生产服务的工艺设备而设置,这些平台可不计入防火分区的建筑面积。

3.3.2 本条为强制性条文。仓库物资储存比较集中,可燃物数量多,灭火救援难度大,一旦着火,往往整个仓库或防火分区就被全部烧毁,造成严重经济损失,因此要严格控制其防火分区的大小。本条根据不同储存物品的火灾危险性类别,确定了仓库的耐火等级、层数和建筑面积的相互关系。

本条强调仓库内防火分区之间的水平分隔必须采用防火墙进行分隔,不能用其他分隔方式替代,这是根据仓库内可能的火灾强度和火灾延续时间,为提高防火墙分隔的可靠性确定的。特别是甲、乙类物品,着火后蔓延快、火势猛烈,其中有不少物品还会发生爆炸,危害大。要求甲、乙类仓库内的防火分区之间采用不开设门窗洞口的防火墙分隔,且甲类仓库应采用单层结构。这样做有利于控制火势蔓延,便于扑救,减少灾害。对于丙、丁、戊类仓库,在实际使用中确因物流等使用需要开口的部位,需采用与防火墙等效的措施进行分隔,如甲级防火门、防火卷帘,开口部位的宽度一般控制在不大于6.0m,高度最好控制在4.0m以下,以保证该部位分隔的有效性。

设置在地下、半地下的仓库，火灾时室内气温高，烟气浓度比较高和热分解产物成分复杂、毒性大，而且威胁上部仓库的安全，所以要求相对较严。本条规定甲、乙类仓库不应附设在建筑物的地下室和半地下室内；对于单独建设的甲、乙类仓库，甲、乙类物品也不应储存在该建筑的地下、半地下。随着地下空间的开发利用，地下仓库的规模也越来越大，火灾危险性及灭火救援难度随之增加。针对该种情况，本次修订明确了地下、半地下仓库或仓库的地下、半地下室的占地面积要求。

根据国家建设粮食储备库的需要以及仓房式粮食仓库发生火灾的概率确实很小这一实际情况，对粮食平房仓的最大允许占地面积和防火分区的最大允许建筑面积及建筑的耐火等级确定均作了一定扩大。对于粮食中转库以及袋装粮库，由于操作频繁、可燃因素较多、火灾危险性较大等，仍应按规范第3.3.2条表3.3.2的规定执行。

对于冷库，根据现行国家标准《冷库设计规范》GB 50072—2010的规定，每座冷库面积要求见表7。

表7 冷库建筑的耐火等级、层数和面积（m²）

冷藏间耐火等级	最多允许层数	冷藏间的最大允许占地面积和防火分区的最大允许建筑面积			
		单层、多层冷库		高层冷库	
		冷藏间占地	防火分区	冷藏间占地	防火分区
一、二级	不限	7000	3500	5000	2500
三级	3	1200	400	—	—

注：1 当设置地下室时，只允许设置一层地下室，且地下冷藏间占地面积不应大于地上冷藏间的最大允许占地面积，防火分区不应大于1500m²。
　　2 本表中"—"表示不允许建高层建筑。

此次修订还根据公安部消防局和原建设部标准定额司针对中央直属棉花储备库库房建筑设计防火问题的有关论证会议纪要，补充了棉花库房防火分区建筑面积的有关要求。

3.3.3 自动灭火系统能及时控制和扑灭防火分区内的初起火，有效地控制火势蔓延。运行维护良好的自动灭火设施，能较大地提高厂房和仓库的消防安全性。因此，本条规定厂房和仓库内设置自动灭火系统后，防火分区的建筑面积及仓库的占地面积可以按表3.3.1和表3.3.2的规定增加。但对于冷库，由于冷库内每个防火分区的建筑面积已根据本规范的要求进行了较大调整，故在防火分区内设置了自动灭火系统后，其建筑面积不能再按本规范的有关要求增加。

一般，在防火分区内设置自动灭火系统时，需要整个防火分区全部设置。但有时在一个防火分区内，有些部位的火灾危险性较低，可以不需要设置自动灭火设施，而有些部位的火灾危险性较高，需要局部设置。对于这种情况，防火分区内所增加的面积只能按该设置自动灭火系统的局部区域建筑面积的一倍计入防火分区的总建筑面积内，但局部区域包括所增加的面积均要同时设置自动灭火系统。为防止系统失效导致火灾的蔓延，还需在该防火分区内采用防火隔墙与未设置自动灭火系统的部分分隔。

3.3.4 本条为强制性条文。本条规定的目的在于减少爆炸的危害和便于救援。

3.3.5 本条为强制性条文。住宿与生产、储存、经营合用场所（俗称"三合一"建筑）在我国造成过多起重特大火灾，教训深刻。甲、乙类生产过程中发生的爆炸，冲击波有很大的摧毁力，用普通的砖墙很难抗御，即使原来墙体耐火极限很高，也会因墙体破坏失去防护作用。为保证人身安全，要

求有爆炸危险的厂房内不应设置休息室、办公室等，确因条件限制需要设置时，应采用能够抵御相应爆炸作用的墙体分隔。

防爆墙为在墙体任意一侧受到爆炸冲击波作用并达到设计压力时，能够保持设计所要求的防护性能的实体墙体。防爆墙的通常做法有：钢筋混凝土墙、砖墙配筋和夹砂钢木板。防爆墙的设计，应根据生产部位可能产生的爆炸超压值、泄压面积大小、爆炸的概率，结合工艺和建筑中采取的其他防爆措施与建造成本等情况综合考虑进行。

在丙类厂房内设置用于管理、控制或调度生产的办公房间以及工人的中间临时休息室，要采用规定的耐火构件与生产部分隔开，并设置不经过生产区域的疏散楼梯、疏散门等直通厂房外，为方便沟通而设置的、与生产区域相通的门要采用乙级防火门。

3.3.6 本条第2款为强制性条款。甲、乙、丙类仓库的火灾危险性和危害性大，故厂房内的这类中间仓库要采用防火墙进行分隔，甲、乙类仓库还需考虑墙体的防爆要求，保证发生火灾或爆炸时，不会危及生产区。

条文中的"中间仓库"是指为满足日常连续生产需要，在厂房内存放从仓库或上道工序的厂房（或车间）取得的原材料、半成品、辅助材料的场所。中间仓库不仅要求靠外墙设置，有条件时，中间仓库还要尽量设置直通室外的出口。

对于甲、乙类物品中间仓库，由于工厂规模、产品不同，一昼夜需用量的绝对值有大有小，难以规定一个具体的限量数据，本条规定中间仓库的储量要尽量控制在一昼夜的需用量内。当需用量较少的厂房，如有的手表厂用于清洗的汽油，每昼夜需用量只有20kg，可适当调整到存放（1～2）昼夜的用量；如一昼夜需用量较大，则要严格控制为一昼夜用量。

对于丙、丁、戊类物品中间仓库，为减小库房火灾对建筑的危害，火灾危险性较大的物品库房要尽量设置在建筑的上部。在厂房内设置的仓库，耐火等级和面积应符合本规范第3.3.2条表3.3.2的规定，且中间仓库与所服务车间的建筑面积之和不应大于该类厂房有关一个防火分区的最大允许建筑面积。例如：在一级耐火等级的丙类多层厂房内设置丙类2项物品库房，厂房每个防火分区的最大允许建筑面积为6000m²，每座仓库的最大允许占地面积为4800m²，每个防火分区的最大允许建筑面积为1200m²，则该中间仓库与所服务车间的防火分区最大允许建筑面积之和不应大于6000m²，但对厂房占地面积不作限制，其中，用于中间库房的最大允许建筑面积一般不能大于1200m²；当设置自动灭火系统时，仓库的占地面积和防火分区的建筑面积可按本规范第3.3.3条的规定增加。

在厂房内设置中间仓库时，生产车间和中间仓库的耐火等级应当一致，且该耐火等级要按仓库和厂房两者中要求较高者确定。对于丙类仓库，需要采用防火墙和耐火极限不低于1.50h的不燃性楼板与生产作业部位隔开。

3.3.7 本条要求主要为防止液体流散或储存丙类液体的储罐受外部火的影响。条文中的"容量不应大于5m³"是指每个设置丙类液体储罐的单独房间内储罐的容量。

3.3.8 本条为强制性条文。本条规定了变、配电站与甲、乙类厂房之间的防火分隔要求。

（1）运行中的变压器存在燃烧或爆裂的可能，易导致相邻的甲、乙类厂房发生更大的次生灾害，故需考虑采用独立的建筑并在相互间保持足够的防火间距。如果生产上确有需要，可以设置一个专为甲类或乙类厂房服务的10kV及10kV以下的变电站、配电站，在厂房的一面外墙贴邻建造，并用无门窗洞口

的防火墙隔开。条文中的"专用",是指该变电站、配电站仅向与其贴邻的厂房供电,而不向其他厂房供电。

对于乙类厂房的配电站,如氨压缩机房的配电站,为观察设备、仪表运转情况而需要设观察窗时,允许在配电站的防火墙上设置采用不燃材料制作并且不能开启的防火窗。

(2)除执行本条的规定外,其他防爆、防火要求,见本规范第3.6节、第9、10章和现行国家标准《爆炸危险环境电力装置设计规范》GB 50058的相关规定。

3.3.9 本条为强制性条文。从使用功能上,办公、休息等类似场所应属民用建筑范畴,但为生产和管理方便,直接为仓库服务的办公管理用房、工作人员临时休息用房、控制室等可以根据所服务场所的火灾危险性类别设置。相关说明参见第3.3.5条的条文说明。

3.3.10 本条规定了同一座建筑内同时具有物品储存与物品装卸、分拣、包装等生产性功能或其中某种功能为主时的防火技术要求。物流建筑的类型主要有作业型、存储型和综合型,不同类型物流建筑的防火要求也要有所区别。

对于作业型的物流建筑,由于其主要功能为分拣、加工等生产性质的活动,故其防火分区要根据其生产加工的火灾危险性按本规范对相应的火灾危险性类别厂房的规定进行划分。其中的仓储部分要根据本规范第3.3.6条有关中间仓库的要求确定其防火分区大小。

对于以仓储为主或分拣加工作业与仓储难以分清哪个功能为主的物流建筑,则可以将加工作业部分采用防火墙分隔后分别按照加工和仓储的要求确定。其中仓储部分可以按本条第2款的要求和条件确定其防火分区。由于这类建筑处理的货物主要为可燃、难燃固体,且因流转和功能需要,所需装卸、分拣、储存等作业面积大,且多为机械化操作,与传统的仓库相比,在存储周期、运行和管理等方面均存在一定差异,故对丙类2项可燃物品和丁、戊类物品储存区相关建筑面积进行了部分调整。但对于甲、乙类物品,棉、麻、丝、毛及其他纺织品、泡沫塑料和自动化控制的高架仓库等,考虑到其火灾危险性和灭火救援难度等,有关建筑面积仍应按照本规范第3.3.2条的规定执行。

本条中的"泡沫塑料"是指泡沫塑料制品或单纯的泡沫塑料成品,不包括用作包装的泡沫塑料。采用泡沫塑料包装时,仓库的火灾危险性按本规范第3.1.5条规定确定。

3.4 厂房的防火间距

本规范第3.4节和第3.5节中规定的有关防火间距均为建筑间的最小间距要求,有条件时,设计师要根据建筑的体量、火灾危险性和实际条件等因素,尽可能加大建筑间的防火间距。

影响防火间距的因素较多,条件各异。在确定建筑间的防火间距时,综合考虑了灭火救援需要、防止火势向邻近建筑蔓延扩大、节约用地等因素以及灭火救援力量、火灾实例和灭火救援的经验教训。

在确定防火间距时,主要考虑飞火、热对流和热辐射等的作用。其中,火灾的热辐射作用是主要方式。热辐射强度与灭火救援力量、火灾延续时间、可燃物的性质和数量、相对外墙开口面积的大小、建筑物的长度和高度以及气象条件等有关。对于周围存在露天可燃物堆放场所时,还应考虑飞火的影响。飞火与风力、火焰高度有关,在大风情况下,从火场飞出的"火团"可达数十米至数百米。

3.4.1 本条为强制性条文。建筑间的防火间距是重要的建筑防火措施,本条确定了厂房之间,厂房与乙、丙、丁、戊类仓库、厂房与民用建筑及其他建筑物的基本防火间距。各类火灾危险性的厂房与甲类仓库的防火间距,在本规范第3.5.1条中作了规定,本条不再重复。

(1)由于厂房生产类别、高度不同,不同火灾危险性类别的厂房之间的防火间距也有所区别。对于受用地限制,在执行本条有关防火间距的规定有困难时,允许采取可以有效防止火灾在建筑物之间蔓延的等效措施后减小其间距。

(2)本规范第3.4.1条及其注1所指"民用建筑",包括设置在厂区内独立建造的办公、实验研究、食堂、浴室等不具有生产或仓储功能的建筑。为厂房生产服务而专设的辅助生活用房,有的与厂房组合建造在同一座建筑内,有的为满足通风采光需要,将生活用房与厂房分开布置。为方便生产工作联系和节约用地,丙、丁、戊类厂房与所属的辅助生活用房的防火间距可减小为6m。生活用房是指车间办公室、工人更衣休息室、浴室(不包括锅炉房)、就餐室(不包括厨房)等。

考虑到戊类厂房的火灾危险性较小,对戊类厂房之间及其与戊类仓库的防火间距作了调整,但戊类厂房与其他生产类别的厂房或仓库的防火间距,仍需执行本规范第3.4.1条、第3.5.1条和第3.5.2条的规定。

(3)在本规范第3.4.1条表3.4.1中,按变压器总油量将防火间距分为三档。每台额定容量为5MV·A的35kV铝线电力变压器,存油量为2.52t,2台的总油量为5.04t;每台额定容量为10MV·A时,油量为4.3t,2台的总油量为8.6t。每台额定容量为10MV·A的110kV双卷铝线电力变压器,存油量为5.05t,两台的总油量为10.1t。表中第一档总油量定为5t~10t,基本相当于设置2台5MV·A~10MV·A变压器的规模。但由于变压器的电压、制造厂家、外形尺寸的不同,同样容量的变压器,油量也不尽相同,故分档仍以总油量多少来区分。

3.4.2 本条为强制性条文。甲类厂房的火灾危险性大,且以爆炸火灾为主,破坏性大,故将其与重要公共建筑和明火或散发火花地点的防火间距作为强制性要求。

尽管本条规定了甲类厂房与重要公共建筑、明火或散发火花地点的防火间距,但甲类厂房涉及行业较多,凡有专门规范且规定的间距大于本规定的,要按这些专项标准的规定执行,如乙炔站、氧气站和氢氧站等与其他建筑的防火间距,还应符合现行国家标准《氧气站设计规范》GB 50030、《乙炔站设计规范》GB 50031和《氢气站设计规范》GB 50177等的规定。

有关甲类厂房与架空电力线的最小水平距离要求,执行本规范第10.2.1条的规定,与甲、乙、丙类液体储罐、可燃气体和助燃气体储罐、液化石油气储罐和可燃材料堆场的防火间距,执行本规范第4章的有关规定。

3.4.3 明火或散发火花地点以及会散发火星等火源的铁路、公路,位于散发可燃气体、可燃蒸气的甲类厂房附近时,均存在引发爆炸的危险,因此二者要保持足够的距离。综合各类明火或散发火花地点的火源情况,规定明火或散发火花地点与散发可燃气体、可燃蒸气的甲类厂房防火间距不小于30m。

甲类厂房与铁路的防火间距,主要考虑机车飞火对厂房的影响和发生火灾或爆炸时,对铁路正常运行的影响。内燃机车当燃油雾化不好时,排气管仍会喷火星,因此应与蒸汽机车一样要求,不能减小其间距。当厂外铁路与国家铁路干线相邻时,防火间距除执行本条规定外,尚应符合有关专业规范的规定,如《铁路工程设计防火规范》TB 10063等。

专为某一甲类厂房运送物料而设计的铁路装卸线,当有安全措施时,此装卸线与厂房的间距可不受20m间距的限制。如机车进入装卸线时,关闭机车灰箱、设置阻火罩、车厢顶进并在装甲类物品的车辆之间停放隔离车辆等阻止机车火星散发和防止影响厂房安全的措施,均可认为是安全措施。

厂外道路,如道路已成型不会再扩宽,则按现有道路的最近路边算起;如有扩宽计划,则要按其规划路的路边算起。厂内主要道路,一般为连接厂内主要建筑或功能区的道路,车流量较大。次要道路,则反之。

3.4.4 本条为强制性条文。本条规定了高层厂房与各类储罐、堆场的防火间距。

高层厂房与甲、乙、丙类液体储罐的防火间距应按本规范第4.2.1条的规定执行,与甲、乙、丙类液体装卸鹤管的防火间距应按本规范第4.2.8条的规定执行,与湿式可燃气体储罐或罐区的防火间距应按本规范表4.3.1的规定执行,与湿式氧气储罐或罐区的防火间距应按本规范表4.3.3的规定执行,与液化天然气储罐的防火间距应按本规范表4.3.8的规定执行,与液化石油气储罐的间距按本规范表4.4.1的规定执行,与可燃材料堆场的防火间距应按本规范表4.5.1的规定执行。高层厂房、仓库与上述储罐、堆场的防火间距,凡小于13m者,仍应按13m确定。

3.4.5 本条根据上面几条说明的情况和本规范第3.4.1条、第5.2.2条规定的防火间距,考虑建筑及其灭火救援需要,规定了厂房与民用建筑物的防火间距可适当减小的条件。

3.4.6 本条主要规定了厂房外设置化学易燃物品的设备时,与相邻厂房、设备的防火间距确定方法,如图1。装有化学易燃物品的室外设备,当采用不燃材料制作的设备时,设备本身可按相当于一、二级耐火等级的建筑考虑。室外设备的外壁与相邻厂房室外设备的防火间距,不应小于10m;与相邻厂房外墙的防火间距,不应小于本规范第3.4.1条~第3.4.4条的规定,即室外设备内装有甲类物品时,与相邻厂房的间距不小于12m;装有乙类物品时,与相邻厂房的间距不小于10m。

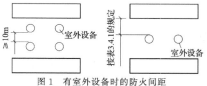

图1 有室外设备时的防火间距

化学易燃物品的室外设备与所属厂房的间距,主要按工艺要求确定,本规范不作要求。

小型可燃液体中间罐常放在厂房外墙附近,为安全起见,要求可能受到火灾作用的部分外墙采用防火墙,并提倡将储罐直接埋地设置。条文"面向储罐一面4.0m范围内的外墙为防火墙"中"4.0m范围"的含义是指储罐两端和上下部各4m范围,见图2。

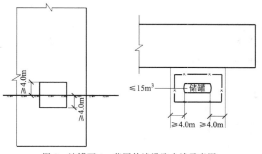

图2 油罐面4m范围外墙设防火墙示意图

3.4.7 对于图3所示的"山形"、"凵形"等类似形状的厂房,建筑的两翼相当于两座厂房。本条规定了建筑两翼之间的防火间距(L),主要为便于灭火救援和控制火势蔓延。但整个厂房的占地面积不大于本规范第3.3.1条规定的一个防火分区允许最大建筑面积时,该间距L可以减小到6m。

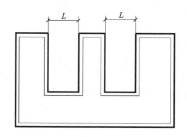

图3 山形厂房

3.4.8 对于成组布置的厂房,组与组或组与相邻厂房的防火间距,应符合本规范第3.4.1条的有关规定。而高层厂房扑救困难,甲类厂房火灾危险性大,不允许成组布置。

(1)厂房建设过程中有时受场地限制或因建设用地紧张,当数座厂房占地面积之和不大于第3.3.1条规定的防火分区最大允许建筑面积时,可以成组布置;面积不限者,按不大于10000m²考虑。

如图4所示:假设有3座二级耐火等级的单层丙、丁、戊厂房,其中丙类火灾危险性最高,二级耐火等级的单层丙类厂房的防火分区最大允许建筑面积为8000m²,则3座厂房面积之和应控制在8000m²以内;若丁类厂房高度大于7m,则丁类厂房与丙、戊类厂房间距不应小于6m;若丙、戊类厂房高度均不大于7m,则丙、戊类厂房间距不应小于4m。

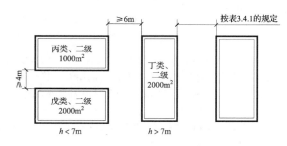

图4 成组厂房布置示意图

(2)组内厂房之间规定4m的最小间距,主要考虑消防车通行需要,也是考虑灭火救援的需要。当厂房高度为7m时,假定消防员手提水枪往上成60°角,就需要4m的水平间距才能喷射到7m的高度,故以高度7m为划分的界线,当大于7m时,则应至少需要6m的水平间距。

3.4.9 本条为强制性条文。汽油、液化石油气和天然气均属甲类物品,火灾或爆炸危险性较大,而城市建成区建筑物和人员均较密集,为保证安全,减少损失,本规范对在城市建成区建设的加油站和加气站的规模作了必要的限制。

3.4.10 现行国家标准《汽车加油加气站设计与施工规范》GB 50156对加气站、加油站及其附属建筑物之间和加气站、加油站与其他建筑物的防火间距,均有详细要求。考虑到规范本身的体系和方便执行,为避免重复和矛盾,本规范未再规定。

3.4.11 室外变、配电站是各类企业、工厂的动力中心,电气设备在运行中可能产生电火花,存在燃烧或爆裂的危险。一旦发生燃烧或爆炸,不但本身遭到破坏,而且会使一个企业或由变、配电站供电的所有企业、工厂的生产停顿。为保护保证生产的重点设施,室外变、配电站与其他建筑、堆场、储罐的防火间距要求比一般厂房严格些。

室外变、配电站区域内的变压器与主控室、配电室、值班室的防火间距主要根据工艺要求确定,与变、配电站内其他附属建筑(不包括产生明火或散发火花的建筑)的防火间距,执行本规范第3.4.1条及其他有关规定。变压器可以按一、二级耐火等级建筑考虑。

3.4.12 厂房与本厂区围墙的间距不宜小于5m,是考虑本厂区与相邻地块建筑物之间的最小防火间距要求。厂房之间的最小防火间距是10m,每方各留出一半即为5m,也符合一条消防车道的通行宽度要求。具体执行时,尚应结合工程实际情况合理确定,故条文中用了"不宜"的措辞。

如靠近相邻单位,本厂拟建甲类厂房和仓库,甲、乙、丙类液体储罐,可燃气体储罐、液体石油气储罐等火灾危险性较大的建构筑物时,应使两相邻单位的建构筑物之间的防火间距符合本规范相关条文的规定。故本条文又规定了在不宜小于5m的前提下,还应满足围墙两侧建筑物之间的防火间距要求。

当围墙外是空地,相邻地块拟建建筑物类别尚不明了时,可按上述建构筑物与一、二级厂房应有防火间距的一半确定与本厂围墙的距离,其余部分由相邻地块的产权方考虑。例如,甲类厂房与一、二级厂房的防火间距为12m,则与本厂区围墙的间距需预先留足6m。

工厂建设如因用地紧张,在满足与相邻不同产权的建筑物之间的防火间距或设置了防火墙等防止火灾蔓延的措施时,丙、丁、戊类厂房可不受围墙5m间距的限制。例如,厂区围墙外隔有城市道路,街区的建筑红线宽度已能满足防火间距的需要,厂房与本厂区围墙的间距可以不限。甲、乙类厂房和仓库及火灾危险性较大的储罐、堆场不能沿围墙建设,仍要执行5m间距的规定。

3.5 仓库的防火间距

3.5.1 本条为强制性条文。甲类仓库火灾危险性大,发生火灾后对周边建筑的影响范围广,有关防火间距要严格控制。本条规定除要考虑在确定厂房的防火间距时的因素外,还考虑了以下情况:

(1)硝化棉、硝化纤维胶片、喷漆棉、火胶棉、赛璐珞和金属钾、钠、锂、氢化锂、氢化钠等甲类物品,发生爆炸或火灾后,燃速快、燃烧猛烈、危害范围广。甲类物品仓库着火时的影响范围取决于所存放物品数量、性质和仓库规模等,其中储存量大小是决定其危险性的主要因素。如某座存放硝酸纤维废影片仓库,共存放影片约10t,爆炸着火后,周围30m~70m范围内的建筑物和其他可燃物均被引燃。

(2)对于高层民用建筑、重要公共建筑,由于建筑受到火灾或爆炸作用的后果较严重,相关要求应比对其他建筑的防火间距要求要严些。

(3)甲类仓库与铁路线的防火间距,主要考虑蒸汽机车飞火对仓库的影响。甲类仓库与道路的防火间距,主要考虑道路的通行情况、汽车和拖拉机排气管飞火的影响等因素。一般汽车和拖拉机的排气管飞火距离远者为8m~10m,近者为3m~4m。考虑到车辆流量大且不便管理等因素,与厂外道路的间距要求较厂内道路要大些。根据表3.5.1,储存甲类物品第1、2、5、6项的甲类仓库与一、二级耐火等级乙、丙、丁、戊类仓库的防火间距最小为12m。但考虑到高层仓库的火灾危险性较大,表3.5.1的注将该甲类仓库与乙、丙、丁、戊类高层仓库的防火间距从12m增加到13m。

3.5.2 本条为强制性条文。本条规定了除甲类仓库外的其他单层、多层和高层仓库之间的防火间距,明确了乙、丙、丁、戊类仓库与民用建筑的防火间距。主要考虑了满足灭火救援、防止初期火灾(一般为20min内)向邻近建筑蔓延扩大以及节约用地等因素:

(1)防止初期火灾蔓延扩大,主要考虑"热辐射"强度的影响。

(2)考虑在二、三级风情况下仓库火灾的影响。

(3)不少乙类物品不仅火灾危险性大,燃速快、燃烧猛烈,而且有爆炸危险,乙类储存物品的火灾危险性虽较甲类的低,但发生爆炸时的影响仍很大。为有所区别,故规定与民用建筑和重要公共建筑的防火间距分别不小于25m、50m。实际上,乙类火灾危险性的物品发生火灾后的危害与甲类物品相差不大,因此设计应尽可能与甲类仓库的要求一致,并在规范规定的基础上通过合理布局等来确保和增大相关间距。

乙类6项物品,主要是桐油漆布及其制品、油纸油绸及其制品、浸油的豆饼、浸油金属屑等。这些物品在常温下与空气接触能够缓慢氧化,如果积蓄的热量不能散发出来,就会引起自燃,但燃速不快,也不爆燃,故这些仓库与民用建筑的防火间距可不增大。

本条注2中的"总占地面积"为相邻两座仓库的占地面积之和。

3.5.3 本条为满足工程建设需要,除本规范第3.5.2条的注外,还规定了其他可以减少建筑间防火间距的条件,这些条件应能有效减小火灾的作用或防止火灾的相互蔓延。

3.5.4 本条规定的粮食筒仓与其他建筑的防火间距,为单个粮食筒仓与除表3.5.4注1以外的建筑的防火间距。粮食筒仓组与组的防火间距为粮食筒仓群与仓群,即多个且成组布置的筒仓群之间的防火间距。每个筒仓组应只共用一套粮食收发放系统或工作塔。

3.5.5 对于库区围墙与库区内各类建筑的间距,据调查,一些地方为了解决两个相邻不同业主用地合理留出空地问题,通常做到了仓库与本用地的围墙距离不小于5m,并且要满足围墙两侧建筑物之间的防火间距要求。后者的要求是,如相邻不同业主的用地上的建筑物距围墙为5m,而要求围墙两侧建筑物之间的防火间距为15m时,则另一侧建筑距围墙的距离还必须保证10m,其余类推。

3.6 厂房和仓库的防爆

3.6.1 有爆炸危险的厂房设置足够的泄压面积,可大大减轻爆炸时的破坏强度,避免因主体结构遭受破坏而造成人员重大伤亡和经济损失。因此,要求有爆炸危险的厂房的围护结构有相适应的泄压面积,厂房的承重结构和重要部位的分隔墙体应具备足够的抗爆性能。

采用框架或排架结构形式的建筑,便于在外墙面开设大面积的门窗洞口或采用轻质墙体作为泄压面积,能为厂房设计成敞开或半敞开式的建筑形式提供有利条件。此外,框架和排架的结构整体性强,较之砖墙承重结构的抗爆性能好。规定有爆炸危险的厂房尽量采用敞开、半敞开式厂房,并且采用钢筋混凝土柱、钢柱承重的框架和排架结构,能够起到良好的泄压和抗爆效果。

3.6.2 本条为强制性条文。一般,等量的同一爆炸介质在密闭的小空间内和在开敞的空间内爆炸,爆炸压强差别较大。在密闭的空间内,爆炸破坏力将大很多,因此相对封闭的有爆炸危险性厂房需要考虑设置必要的泄压设施。

3.6.3 为在发生爆炸后快速泄压和避免爆炸产生二次危害,

泄压设施的设计应考虑以下主要因素：

（1）泄压设施需采用轻质屋盖、轻质墙体和易于泄压的门窗，设计尽量采用轻质屋盖。

易于泄压的门窗、轻质墙体、轻质屋盖，是指门窗的单位质量轻、玻璃受压易破碎、墙体屋盖材料容重较小、门窗选用的小五金断面较小、构造节点连接受到爆炸力作用易断裂或脱落等。比如，用于泄压的门窗可采用楔形木块固定，门窗上用的金属百页、插销等的断面可稍小，门窗向外开启。这样，一旦发生爆炸，因室内压力大，原关着的门窗上的小五金可能因冲击波而被破坏，门窗则可自动打开或自行脱落，达到泄压的目的。

降低泄压面积构配件的单位质量，也可减小承重结构和不作为泄压面积的围护构件所承受的超压，从而减小爆炸所引起的破坏。本条参照美国消防协会《防爆泄压指南》NFPA68和德国工程师协会标准的要求，结合我国不同地区的气候条件差异较大等实际情况，规定泄压面积构配件的单位质量不应大于60kg/m²，但这一规定仍比《防爆泄压指南》NFPA68要求的12.5kg/m²，最大为 39.0kg/m² 和德国工程师协会要求的10.0kg/m²高很多。因此，设计要尽可能采用容重更轻的材料作为泄压面积的构配件。

（2）在选择泄压面积的构配件材料时，除要求容重轻外，最好具有在爆炸时易破裂成非尖锐碎片的特性，便于泄压和减少对人的危害。同时，泄压面设置最好靠近易发生爆炸的部位，保证迅速泄压。对于爆炸时易形成尖锐碎片而四面喷射的材料，不能布置在公共走道或贵重设备的正面或附近，以减小对人员和设备的伤害。

有爆炸危险的甲、乙类厂房爆炸后，用于泄压的门窗、轻质墙体、轻质屋盖将被摧毁，高压气流夹杂大量的爆炸物碎片从泄压面喷出，对周围的人员、车辆和设备等均具有一定破坏性，因此泄压面积应避免面向人员密集场所和主要交通道路。

（3）对于我国北方和西北、东北等严寒或寒冷地区，由于积雪和冰冻时间长，易增加屋面上泄压面积的单位面积荷载而使其产生较大静力惯性，导致泄压受到影响，因而设计要考虑采取适当措施防止积雪。

总之，设计应采取措施，尽量减少泄压面积的单位质量（即重力惯性）和连接强度。

3.6.4 本条规定参照了美国消防协会标准《爆炸泄压指南》NFPA 68 的相关规定和公安部天津消防研究所的有关研究试验成果。在过去的工程设计中，存在依照规范设计并满足规范要求，而可能不能有效泄压的情况，本条规定的计算方法能在一定程度上解决该问题。有关爆炸危险等级的分级参照了美国和日本的相关规定，见表8和表9；表中未规定的，需通过试验测定。

表8 厂房爆炸危险等级与泄压比值表（美国）

厂房爆炸危险等级	泄压比值（m²/m³）
弱级（颗粒粉尘）	0.0332
中级（煤粉、合成树脂、锌粉）	0.0650
强级（在干燥室内漆料、溶剂的蒸汽、铝粉、镁粉等）	0.2200
特级（丙酮、天然汽油、甲醇、乙炔、氢）	尽可能大

表9 厂房爆炸危险等级与泄压比值表（日本）

厂房爆炸危险等级	泄压比值（m²/m³）
弱级（谷物、纸、皮革、铅、铬、铜等粉末醋酸蒸气）	0.0334
中级（木屑、炭屑、煤粉、锑、锡等粉尘，乙烯树脂粉尘，尿素，合成树脂粉尘）	0.0667
强级（油漆干燥或热处理室，醋酸纤维，苯酚树脂粉尘，铝、镁、锆等粉尘）	0.2000
特级（丙酮、汽油、甲醇、乙炔、氢）	>0.2

长径比过大的空间，会因爆炸压力在传递过程中不断叠加而产生较高的压力。以粉尘为例，如空间过长，则在爆炸后期，未燃烧的粉尘－空气混合物受到压缩，初始压力上升，燃气泄放流动会产生紊流，使燃速增大，产生较高的爆炸压力。因此，有可燃气体或可燃粉尘爆炸危险性的建筑物的长径比要避免过大，以防止爆炸时产生较大超压，保证所设计的泄压面积能有效作用。

3.6.5 在生产过程中，散发比空气轻的可燃气体、可燃蒸气的甲类厂房上部容易积聚可燃气体，条件合适时可能引发爆炸，故在厂房上部采取泄压措施较合适，并以采用轻质屋盖效果较好。采用轻质屋盖泄压，具有爆炸时屋盖被掀掉而不影响房屋的梁、柱承重构件，可设置较大泄压面积等优点。

当爆炸介质比空气轻时，为防止气流向上在死角处积聚而不易排除，导致气体达到爆炸浓度，规定顶棚应尽量平整，避免死角，厂房上部空间要求通风良好。

3.6.6 本条为强制性条文。生产过程中，甲、乙类厂房内散发的较空气重的可燃气体、可燃蒸气、可燃粉尘或纤维等可燃物质，会在建筑的下部空间靠近地面或地沟、洼地等处积聚。为防止地面因摩擦打出火花引发爆炸，要避免车间地面、墙面因为凹凸不平积聚粉尘。本条规定主要为防止在建筑内形成引发爆炸的条件。

3.6.7 本条规定主要为尽量减小爆炸产生的破坏性作用。单层厂房中如某一部分为有爆炸危险的甲、乙类生产，为防止或减少爆炸对其他生产部分的破坏、减少人员伤亡，要求甲、乙类生产部位靠建筑的外墙布置，以便直接向外墙泄压。多层厂房中某一部分或某一层为有爆炸危险的甲、乙类生产时，为避免因该生产设置在建筑的下部及其中间楼层，爆炸时导致结构破坏严重而影响上层建筑结构的安全，要求这些甲、乙类生产部位尽量设置在建筑的最上一层靠外墙的部位。

3.6.8 本条为强制性条文。总控制室设备仪表较多、价值较高，是某一工厂或生产过程的重要指挥、控制、调度与数据交换、储存场所。为了保障人员、设备仪表的安全和生产的连续性，要求这些场所与有爆炸危险的甲、乙类厂房分开，单独建造。

3.6.9 本条规定基于工程实际，考虑有些分控制室常常和其厂房紧邻，甚至设在其中，有的要求能直接观察厂房中的设备运行情况，如分开设则要增加控制系统，增加建筑用地和造价，还给生产管理带来不便。因此，当分控制室受条件限制需与厂房贴邻建造时，须靠外墙设置，以尽可能减少其所受危害。

对于不同生产工艺或不同生产车间，甲、乙类厂房内各部位的实际火灾危险性均可能存在较大差异。对于贴邻建造且可能受到爆炸作用的分控制室，除分隔墙体的耐火性能要求外，还需要考虑其抗爆要求，即墙体还需采用抗爆墙。

3.6.10 在有爆炸危险的甲、乙类厂房或场所中，有爆炸危险的区域与相邻的其他有爆炸危险或无爆炸危险的生产区域因生产工艺需要连通时，要尽量在外墙上开门，利用外廊或阳台联系或在防火墙上做门斗，门斗的两个门错开设置。考虑到对疏散楼梯的保护，设置在有爆炸危险场所内的疏散楼梯也要考虑设置门斗，以此缓冲爆炸冲击波的作用，降低爆炸对疏散楼梯间的影响。此外，门斗还可以限制爆炸性可燃气体、可燃蒸气混合物的扩散。

3.6.11 本条为强制性条文。使用和生产甲、乙、丙类液体的厂房，发生事故时易造成液体在地面流淌或滴漏至地下管沟里，若遇火源即会引起燃烧或爆炸，可能影响地下管沟行经的区域，危害范围大。甲、乙、丙类液体流入下水道也易造成火灾或爆炸。为避免殃及相邻厂房，规定管、沟不应与相邻厂房相通,下水道需设隔油设施。

但是,对于水溶性可燃、易燃液体,采用常规的隔油设施不能有效防止可燃液体蔓延与流散,而应根据具体生产情况采取相应的排放处理措施。

3.6.12 本条为强制性条文。甲、乙、丙类液体,如汽油、苯、甲苯、甲醇、乙醇、丙酮、煤油、柴油、重油等,一般采用桶装存放在仓库内。此类库房一旦着火,特别是上述桶装液体发生爆炸,容易在库内地面流淌,设置防止液体流散的设施,能防止其流散到仓库外,避免造成火势扩大蔓延。防止液体流散的基本做法有两种:一是在桶装仓库门洞处修筑漫坡,一般高为150mm~300mm;二是在仓库门口砌筑高度为150mm~300mm的门槛,再在门槛两边填沙土形成漫坡,便于装卸。

金属钾、钠、锂、钙、锶,氢化锂等遇水会发生燃烧爆炸的物品的仓库,要求设置防止水浸渍的设施,如使室内地面高出室外地面、仓库屋面严密遮盖,防止渗漏雨水,装卸这类物品的仓库栈台有防雨水的遮挡等措施。

3.6.13 谷物粉尘爆炸事故屡有发生,破坏严重,损失很大。谷物粉尘爆炸必须具备一定浓度、助燃剂(如氧气)和火源三个条件。表10列举了一些谷物粉尘的爆炸特性。

表10　粮食粉尘爆炸特性

物质名称	最低着火温度(℃)	最低爆炸浓度(g/m³)	最大爆炸压力(kg/cm²)
谷物粉尘	430	55	6.68
面粉粉尘	380	50	6.68
小麦粉尘	380	70	7.38
大豆粉尘	520	35	7.03
咖啡粉尘	360	85	2.66
麦芽粉尘	400	55	6.75
米粉尘	440	45	6.68

粮食筒仓在作业过程中,特别是在卸料期间易发生爆炸,由于筒壁设计通常较牢固,并且一旦受到破坏对周围建筑的危害也大,故在筒仓的顶部设置泄压面积,十分必要。本条未规定泄压面积与粮食筒仓容积比值的具体数值,主要由于国内这方面的试验研究尚不充分,还未获得成熟可靠的设计数据。根据筒仓爆炸案例分析和国内某些粮食筒仓设计的实例,推荐采用0.008~0.010。

3.6.14 在生产、运输和储存可燃气体的场所,经常由于泄漏和其他事故,在建筑物或装置中产生可燃气体或液体蒸汽与空气的混合物。当场所内存在点火源且混合物的浓度合适时,则可能引发灾难性爆炸事故。为尽量减少事故的破坏程度,在建筑物或装置上预先开设具有一定面积且采用低强度材料做成的爆炸泄压设施是有效措施之一。在发生爆炸时,这些泄压设施可使建筑物或装置内由于可燃气体在密闭空间中燃烧而产生的压力能够迅速泄放,从而避免建筑物或储存装置受到严重损害。

在实际生产和储存过程中,还有许多因素影响到燃烧爆炸的发生与强度,这些很难在本规范中一一明确,特别是仓库的防爆与泄压,还有赖于专门标准进行专项研究确定。为此,本条对存在爆炸危险的仓库作了原则规定,设计需根据其实际情况考虑防爆措施和相应的泄压措施。

3.7　厂房的安全疏散

3.7.1 本条规定了厂房安全出口布置的原则要求。

建筑物内的任一楼层或任一防火分区着火时,其中一个或多个安全出口被烟火阻挡,仍要保证有其他出口可供安全疏散和救援使用。在有的国家还要求同一房间或防火分区内的出口布置的位置,应能使同一房间或同一防火分区内最远点与其

相邻2个出口中心点连线的夹角不应小于45°,以确保相邻出口用于疏散时安全可靠。本条规定了5m这一最小水平间距,设计应根据具体情况和保证人员有不同方向的疏散路径这一原则合理布置。

3.7.2 本条为强制性条文。本条规定了厂房地上部分安全出口设置数量的一般要求,所规定的安全出口数量既是对一座厂房而言,也是对厂房内任一个防火分区或某一使用房间的安全出口数量要求。

要求厂房每个防火分区至少应有2个安全出口,可提高火灾时人员疏散通道和出口的可靠性。但对所有建筑,不论面积大小、人数多少均要求设置2个出口,有时会有一定困难,也不符合实际情况。因此,对面积小、人员少的厂房分别按其火灾危险性分档,规定了允许设置1个安全出口的条件:对火灾危险性大的厂房,可燃物多、火势蔓延较快,要求严格些;对火灾危险性小的,要求低些。

3.7.3 本条为强制性条文。本条规定的地下、半地下厂房为独立建造的地下、半地下厂房和布置在其他建筑的地下、半地下生产场所以及生产性建筑的地下、半地下室。

地下、半地下生产场所难以直接天然采光和自然通风,排烟困难,疏散只能通过楼梯间进行。为保证安全,避免出现出口被堵住无法疏散的情况,要求至少需设置2个安全出口。考虑到建筑面积较大的地下、半地下生产场所,如果要求每个防火分区均需设置至少2个直通室外的出口,可能有很大困难,所以规定至少要有1个直通室外的独立安全出口,另一个可通向相邻防火分区,但是该防火分区须采用防火墙与相邻防火分区分隔,以保证人员进入另一个防火分区内后有足够安全的条件进行疏散。

3.7.4 本条规定了不同火灾危险性类别厂房内的最大疏散距离。本条规定的疏散距离均为直线距离,即室内最远点至最近安全出口的直线距离,未考虑因布置设备而产生的阻挡,但有通道连接或墙体遮挡时,要按其中的折线距离计算。

通常,在火灾条件下人员能安全走出安全出口,即可认为到达安全地点。考虑单层、多层、高层厂房的疏散难易程度不同,不同火灾危险性类别厂房发生火灾的可能性及火灾后的蔓延和危害不同,分别作了不同的规定。将甲类厂房的最大疏散距离定为30m,25m,是以人的正常水平疏散速度为1m/s确定的。乙、丙类厂房较甲类厂房火灾危险性小,火灾蔓延速度也慢些,故乙类厂房的最大疏散距离参照国外规范定为75m。丙类厂房中工作人员较多,人员密度一般为2人/m²,疏散速度取办公室内的水平疏散速度(60m/min)和学校教学楼的水平疏散速度(22m/min)的平均速度(60m/min＋22m/min)÷2＝41m/min。当疏散距离为80m时,疏散时间需要2min。丁、戊类厂房一般面积大,空间大,火灾危险性小,人员的可用安全疏散时间较长。因此,对一、二级耐火等级的丁、戊类厂房的安全疏散距离未作规定;三级耐火等级的戊类厂房,因建筑耐火等级低,安全疏散距离限在100m。四级耐火等级的戊类厂房耐火等级更低,可和丙类、丁类生产的三级耐火等级厂房相同,将其安全疏散距离定在60m。

实际火灾环境往往比较复杂,厂房内的物品和设备布置以及人在火灾条件下的心理和生理因素都对疏散有直接影响,设计师应根据不同的生产工艺和环境,充分考虑人员的疏散需要来确定疏散距离以及厂房的布置与选型,尽量均匀布置安全出口,缩短疏散距离,特别是实际步行距离。

3.7.5 本条规定了厂房的百人疏散宽度计算指标、疏散总净宽度和最小净宽度要求。

厂房的疏散走道、楼梯、门的总净宽度计算,参照了国外有

关规范的要求,结合我国有关门窗的模数规定,将门洞的最小宽度定为 1.0m,则门的净宽在 0.9m 左右,故规定门的最小净宽度不小于 0.9m。走道的最小净宽度与人员密集的场所疏散门的最小净宽度相同,取不小于 1.4m。

为保证建筑中下部楼层的楼梯宽度不小于上部楼层的楼梯宽度,下层楼梯、楼梯出口和入口的宽度要按照这一层上部各层中设计疏散人数最多一层的人数计算;上层的楼梯和楼梯出入口的宽度可以分别计算。存在地下室时,则地下部分上一层楼梯、楼梯出口和入口的宽度要按照这一层下部各层中设计疏散人数最多一层的人数计算。

3.7.6 本条为强制性条文。本条规定了各类厂房疏散楼梯的设置形式。

高层厂房和甲、乙、丙类厂房火灾危险性较大,高层建筑发生火灾时,普通客(货)用电梯无防烟、防火等措施,火灾时不能用于人员疏散使用,楼梯是人员的主要疏散通道,要保证疏散楼梯在火灾时的安全,不能被烟或火侵袭。对于高度较高的建筑,敞开式楼梯间具有烟囱效应,会使烟气很快通过楼梯间向上扩散蔓延,危及人员的疏散安全。同时,高温烟气的流动也大大加快了火势蔓延,故作本条规定。

厂房与民用建筑相比,一般层高较高,四、五层的厂房,建筑高度即可达 24m,而楼梯的习惯做法是敞开式。同时考虑到有的厂房虽高,但人员不多,厂房建筑可燃装修少,故对设置防烟楼梯间的条件作了调整,即如果厂房的建筑高度低于 32m,人数不足 10 人或只有 10 人时,可以采用封闭楼梯间。

3.8 仓库的安全疏散

3.8.1 本条的有关说明见第 3.7.1 条条文说明。

3.8.2 本条为强制性条文。本条规定为地上仓库安全出口设置的基本要求,所规定的安全出口数量既是对一座仓库而言,也是对仓库内任一个防火分区或某一使用房间的安全出口数量要求。

要求仓库每个防火分区至少应有 2 个安全出口,可提高火灾时人员疏散通道和出口的可靠性。考虑到仓库本身人员数量较少,若不论面积大小均要求设置 2 个出口,有时会有一定困难,也不符合实际情况。因此,对面积小的仓库规定了允许设置 1 个安全出口的条件。

3.8.3 本条为强制性条文。本条规定为地下、半地下仓库安全出口设置的基本要求。本条规定的地下、半地下仓库,包括独立建造的地下、半地下仓库和布置在其他建筑的地下、半地下仓库。

地下、半地下仓库难以直接天然采光和自然通风,排烟困难,疏散只能通过楼梯间进行。为保证安全,避免出现出口被堵无法疏散的情况,要求至少需设置 2 个安全出口。考虑到建筑面积较大的地下、半地下仓库,如果要求每个防火分区均需设置至少 2 个直通室外的出口,可能有很大困难,所以规定至少要有 1 个直通室外的独立安全出口,另一个可通向相邻防火分区,但是该防火分区须采用防火墙与相邻防火分区分隔,以保证人员进入另一个防火分区内后有足够安全的条件进行疏散。

3.8.4 对于粮食钢板筒仓、冷库、金库等场所,平时库内无人,需要进入的人员也很少,且均为熟悉环境的工作人员,粮库、金库还有严格的保安管理措施与要求,因此这些场所可以按照国家相应标准或规定的要求设置安全出口。

3.8.7 本条为强制性条文。高层仓库内虽经常停留人数不多,但垂直疏散距离较长,如采用敞开式楼梯间不利于疏散和救援,也不利于控制烟火向上蔓延。

3.8.8 本条规定了垂直运输物品的提升设施的防火要求,以防止火势向上蔓延。

多层仓库内供垂直运输物品的升降机(包括货梯),有些紧贴仓库外墙设置在仓库外,这样设置既利于平时使用,又有利于安全疏散;也有些将升降机(货梯)设置在仓库内,但未设置在升降机竖井内,是敞开的。这样的设置很容易使火焰通过升降机的楼板孔洞向上蔓延,设计中应避免这样的不安全做法。但戊类仓库的可燃物少、火灾危险性小,升降机可以设在仓库内。

其他类别仓库内的火灾荷载相对较大,强度大、火灾延续时间可能较长,为避免因门的破坏而导致火灾蔓延扩大,井筒防火分隔处的洞口应采用乙级防火门或其他防火分隔物。

4 甲、乙、丙类液体、气体储罐(区)和可燃材料堆场

4.1 一般规定

4.1.1 本条结合我国城市的发展需要,规定了甲、乙、丙类液体储罐区,液化石油气储罐区,可燃、助燃气体储罐区,可燃材料堆场等的平面布局要求,以有利于保障城市、居住区的安全。

本规范中的可燃材料露天堆场,包括秸秆、芦苇、烟叶、草药、麻、甘蔗渣、木材、纸浆原料、煤炭等的堆场。这些场所一旦发生火灾,灭火难度大、危害范围大。在实际选址时,应尽量将这些场所布置在城市全年最小频率风向的上风侧;确有困难时,也要尽量选择在本地区或本单位全年最小频率风向的上风侧,以便防止飞火殃及其他建筑物或可燃物堆垛等。

甲、乙、丙类液体储罐或储罐区要尽量布置在地势较低的地带,当受条件限制不得不布置在地势较高的地带时,需采取加强防火堤或另外增设防护墙等可靠的防护措施;液化石油气储罐区因液化石油气的相对密度较大、气化体积大、爆炸极限低等特性,要尽量远离居住区、工业企业和建有剧场、电影院、体育馆、学校、医院等重要公共建筑的区域,单独布置在通风良好的区域。

本条规定的这些场所,着火后燃烧速度快、辐射热强、难以扑救,火灾延续时间往往较长,有的还存在爆炸危险,危及范围较大,扑救和冷却用水量较大。因而,在选址时还要充分考虑消防水源的来源和保障程度。

4.1.2 本条为强制性条文。本条规定主要针对闪点较低的甲类液体，这类液体对温度敏感，特别要预防夏季高温炎热气候条件下因露天存放而发生超压爆炸、着火。

4.1.3 本条为强制性条文。液化石油气泄漏时的气化体积大、扩散范围大，并易积聚引发较严重的灾害。除在选址要综合考虑外，还需考虑采取尽量避免和减少储罐爆炸或泄漏对周围建筑物产生危害的措施。

设置防护墙可以防止储罐漏液外流危及其他建筑物。防护墙高度不大于 1.0m，对通风影响较小，不会窝气。美国、苏联的有关规范均对罐区设置防护墙有相应要求。日本各液化石油气罐区以及每个储罐也均设置防火堤。因此，本条要求液化石油气罐区设置不小于 1.0m 高的防护墙，但储罐距防护墙的距离，卧式储罐按其长度的一半，球形储罐按其直径的一半考虑为宜。

液化石油气储罐与周围建筑物的防火间距，应符合本规范第 4.4 节和现行国家标准《城镇燃气设计规范》GB 50028 的有关规定。

4.1.4 装卸设施设置在储罐区内或距离储罐区较近，当储罐发生泄漏、有汽车出入或进行装卸作业时，存在爆燃引发火灾的危险。这些场所在设计时应首先考虑按功能进行分区，储罐与其装卸设施及辅助管理设施分开布置，以便采取隔离措施和实施管理。

4.2 甲、乙、丙类液体储罐（区）的防火间距

本节规定主要针对工业企业内以及独立建设的甲、乙、丙类液体储罐（区）。为便于规范执行和标准间的协调，有关专业石油库的储罐布置及储罐与库内外建筑物的防火间距，应执行现行国家标准《石油库设计规范》GB 50074 的有关规定。

4.2.1 本条为强制性条文。本条规定了甲、乙、丙类液体储罐和乙、丙类液体桶装堆场与建筑物的防火间距。

(1) 甲、乙、丙类液体储罐和乙、丙类液体桶装堆场的最大总容量，是根据工厂企业附属可燃液体库和其他甲、乙、丙类液体储罐及仓库等的容量确定的。

本规范中表 4.2.1 规定的防火间距主要根据火灾实例、基本满足灭火扑救要求和现行的一些实际做法提出的。一个 30m³ 的地上卧式油罐爆炸着火，能震碎相距 15m 范围的门窗玻璃，辐射热可引燃相距 12m 的可燃物。根据扑救油罐实践经验，油罐（池）着火时燃烧猛烈、辐射热强，小罐着火至少应有 12m～15m 的距离，较大罐着火至少应有 15m～20m 的距离，才能满足灭火需要。

(2) 对于可能同时存放甲、乙、丙类液体的一个储罐区，在确定储罐区之间的防火间距时，要先将不同类别的可燃液体折算成同一类液体的容量（可折算成甲、乙类液体，也可折算成丙类液体）后，按本规范表 4.2.1 的规定确定。

(3) 关于表 4.2.1 注的说明。

注 3：因甲、乙、丙类液体的固定顶储罐区、半露天堆场和乙、丙类液体桶装堆场与甲类厂房和仓库以及民用建筑发生火灾时，相互影响较大，相应的防火间距应分别按表 4.2.1 中规定的数值增加 25%。上述储罐、堆场发生溢溢或破裂使油品外泄时，遇到点火源会引发火灾，故增加了与明火或散发火花地点的防火间距，即在本表对四级耐火等级建筑要求的基础上增加 25%。

注 4：浮顶储罐的罐区或闪点大于 120℃ 的液体储罐区火灾危险性相对较小，故规定可按表 4.2.1 中规定的数值减少 25%，对于高层建筑及其裙房尽量不减少。

注 5：数个储罐区布置在同一库区内时，罐区与罐区应视为两座不同的建、构筑物，防火间距原则上应按两个不同库区对待。但为节约土地资源，并考虑到灭火救援需要及同一库区的管理等因素，规定按不小于表 4.2.1 中相应容量的储罐区与四级耐火等级建筑的防火间距之较大值考虑。

注 6：直埋式地下甲、乙、丙类液体储罐较地上式储罐安全，故规定相应的防火间距可按表 4.2.1 中规定的数值减少 50%。但为保证安全，单罐容积不应大于 50m³，总容积不应大于 200m³。

4.2.2 本条为强制性条文。甲、乙、丙类液体储罐之间的防火间距，除考虑安装、检修的间距外，还要考虑避免火灾相互蔓延和便于灭火救援。

目前国内大多数专业油库和工业企业内油库的地上储罐之间的距离多为相邻储罐的一个 D（D—储罐的直径）或大于一个 D，也有些小于一个 D（$0.7D$～$0.9D$）。当其中一个储罐着火时，该距离能在一定程度上减少对相邻储罐的威胁。当采用水枪冷却油罐时，水枪喷水的仰角通常为 $45°$～$60°$，$0.60D$～$0.75D$ 的距离基本可行。当油罐上的固定或半固定泡沫管线被破坏时，消防员需向着火罐上挂泡沫钩管，该距离能满足其操作要求。考虑到设置充氮保护设备的液体储罐比较安全，故规定其间距与浮顶储罐一样。

关于表 4.2.2 注的说明：

注 2：主要明确不同火灾危险性的液体（甲类、乙类、丙类）、不同形式的储罐（立式罐、卧式罐；地上罐、半地下罐、地下罐等）布置在一起时，防火间距应按其中较大者确定，以利安全。对于矩形储罐，其当量直径为长边 A 与短边 B 之和的一半。设当量直径为 D，则：

$$D=\frac{A+B}{2} \qquad (3)$$

注 3：主要考虑一排卧式储罐中的某个罐着火，不会导致火灾很快蔓延到另一排卧式储罐，并为灭火操作创造条件。

注 4：单罐容积小于 1000m³ 的甲、乙类液体地上固定顶油罐，罐容相对较小，采用固定冷却水设备后，可有效地降低燃烧辐射热对相邻罐的影响；同时，消防员还在火场采用水枪进行冷却，故油罐之间的防火间距可适当减少。

注 5：储罐设置液下喷射泡沫灭火设备后，不需用泡沫钩管（枪）；如设置固定消防冷却水设备，通常不需用水枪进行冷却。在防火堤内如设置泡沫灭火设备（如固定泡沫产生器等），能及时扑灭流散液体火。故这些储罐间的防火间距可适当减小，但尽量不小于 $0.4D$。

4.2.3 本条为强制性条文。本条是对小型甲、乙、丙类液体储罐成组布置时的规定，目的在于既保证一定消防安全，又节约用地、节约输油管线，方便操作管理。当容量大于本条规定时，应执行本规范的其他规定。

据调查，有的专业油库和企业内的小型甲、乙、丙类液体库，将容量较小油罐成组布置。实践证明，小容量的储罐发生火灾时，一般情况下易于控制和扑救，不像大罐那样需要较大的操作场地。

为防止火势蔓延扩大、有利灭火救援、减少火灾损失，组内储罐的布置不应多于两排。组内储罐之间的距离主要考虑安装、检修的需要。储罐组与组之间的距离可按储罐的形式（地上式、半地下式、地下式等）和总容量相同的标准单罐确定。如：一组甲、乙类液体固定顶地上式储罐总容量为 950m³，其中 100m³ 单罐 2 个，150m³ 单罐 5 个，则组与组的防火间距按不小于

或等于1000m³的单罐0.75D确定。

4.2.4 把火灾危险性相同或接近的甲、乙、丙类液体地上、半地下储罐布置在一个防火分隔范围内,既有利于统一考虑消防设计,储罐之间也能互相调配管线布置,又可节省输送管线和消防管线,便于管理。

将沸溢性油品与非沸溢性油品,地上液体储罐与地下、半地下液体储罐分别布置在不同防火堤内,可有效防止沸溢性油品储罐着火后因突沸现象导致火灾蔓延,或者地下储罐发生火灾威胁地上、半地下储罐,避免危及非沸溢性油品储罐,从而减小扑灭难度和损失。本条规定遵循了不同火灾危险性的储罐分别分区布置的原则。

4.2.5 本条第3、4、5、6款为强制性条款。实践证明,防火堤能将燃烧的流散液体限制在防火堤内,给灭火救援创造有利条件。在甲、乙、丙类液体储罐区设置防火堤,是防止储罐内的液体因罐体破坏或突沸导致外溢流散而使火灾蔓延扩大,减少火灾损失的有效措施。苏联、美国、英国、日本等国家有关规范都明确规定,甲、乙、丙类液体储罐区应设置防火堤,并规定了防火堤内的储罐布置、总容量和具体做法。本条规定既总结了国内的成功经验,也参考了国外的类似规定与做法。有关防火堤的其他技术要求,还可参见国家标准《储罐区防火堤设计规范》GB 50351—2005。

1 防火堤内的储罐布置不宜大于两排,主要考虑储罐失火时便于扑救,如布置大于两排,当中间一排储罐发生火灾时,将对两边储罐造成威胁,必然会给扑救带来较大困难。

对于单罐容量不大于1000m³且闪点大于120℃的液体储罐,储罐体形较小、高度较低,若中间一行储罐发生火灾是可以进行扑救的,同时还可节省用地,故规定可不大于4排。

2 防火堤内的储罐发生爆炸时,储罐内的油品常不会全部流出,规定防火堤的有效容积不应小于其中较大储罐的容积。浮顶储罐发生爆炸的概率较低,故取其中最大储罐容量的一半。

3、4 这两款规定主要考虑储罐爆炸着火后,油品因罐体破裂而大量外流时,能防止流散到防火堤外,并要能避免液体静压力冲击防火堤。

5 沸溢性油品储罐要求每个储罐设置一个防火堤或防火隔堤,以防止发生因液体沸溢,四处流散而威胁相邻储罐。

6 含油污水管道应设置水封装置以防止油品流至污水管道而造成安全隐患。雨水管道应设置阀门等隔离装置,主要为防止储罐破裂时液体流向防火堤之外。

4.2.6 闪点大于120℃的液体储罐或储罐区以及桶装、瓶装的乙、丙类液体堆场,甲类液体半露天堆场(有盖无墙的棚房),由于液体储罐爆裂可能性小,或即使桶装液体爆裂,外溢的液体量也较少,因此当采取了有效防止液体流散的设施时,可以不设置防火堤。实际工程中,一般采用设置黏土、砖石等不燃材料的简易围堤和事故油池等方法来防止液体流散。

4.2.7 据调查,目前国内一些甲、乙类液体储罐与泵房的距离一般在14m～20m之间,与铁路装卸栈桥一般在18m～23m之间。

发生火灾时,储罐对泵房等的影响与罐容和所存可燃液体的量有关,泵房等对储罐的影响相对较小。但从引发的火灾情况看,往往是两者相互作用的结果。因此,从保障安全、便于灭火救援出发,储罐与泵房和铁路、汽车装卸设备要求保持一定的

防火间距,前者宜为10m～15m。无论是铁路还是汽车的装卸鹤管,其火灾危险性基本一致,故将有关防火间距统一,将后者定为12m～20m。

4.2.8 本条规定主要为减小装卸鹤管与建筑物、铁路线之间的相互影响。根据对国内一些储罐区的调查,装卸鹤管与建筑物的距离一般为14m～18m。对丙类液体鹤管与建筑的距离,则据其火灾危险性作了一定调整。

4.2.9 甲、乙、丙类液体储罐与铁路走行线的距离,主要考虑蒸汽机车飞火对储罐的威胁,而飞火的控制距离难以准确确定,但机车的飞火通常能量较小,一定距离后即会快速衰减,故将最小间距控制在20m,对甲、乙类储罐与厂外铁路走行线的间距,考虑到这些物质的可燃蒸气的点火能相对较低,故规定大一些。

与道路的距离是据汽车和拖拉机排气管飞火对储罐的威胁确定的。据调查,机动车辆的飞火的影响范围远者为8m～10m,近者为3m～4m,故与厂内次要道路定为5m和10m,与主要道路和厂外道路的间距则需适当增大些。

4.2.10 零位储罐罐容小,是铁路槽车向储罐卸油作业时的缓冲罐。零位罐置于低处,铁路槽车内的油品借助液位高程自流进零位罐,然后利用油泵送入储罐。

4.3 可燃、助燃气体储罐(区)的防火间距

4.3.1 本条为强制性条文。本条是对可燃气体储罐与其他建筑防火间距的基本规定。可燃气体储罐指盛装氢气、甲烷、乙烯、氨气、天然气、油田伴生气、水煤气、半水煤气、发生炉煤气、高炉煤气、焦炉煤气、伍德炉煤气、矿井煤气等可燃气体的储罐。

可燃气体储罐分低压和高压两种。低压可燃气体储罐的几何容积是可变的,分湿式和干式两种。湿式可燃气体储罐的设计压力通常小于4kPa,干式可燃气体储罐的设计压力通常小于8kPa。高压可燃气体储罐的几何容积是固定的,外形有卧式圆筒形和球形两种。卧式储气罐容积较小,通常不大于120m³。球型储气罐容积较大,最大容积可达10000m³。这类储罐的设计压力通常为1.0MPa～1.6MPa。目前国内湿式可燃气储罐单罐容积档次有:小于1000m³、1000m³、5000m³、10000m³、20000m³、30000m³、50000m³、100000m³、150000m³、200000m³;干式可燃气体储罐单罐容积档次有:小于1000m³、1000m³、5000m³、10000m³、20000m³、30000m³、50000m³、80000m³、170000m³、300000m³。

表中储罐总容积小于或等于1000m³者,一般为小氮肥厂、小化工厂和其他小型工业企业的可燃气体储罐。储罐总容积为1000m³～10000m³者,多是小城市的煤气储配站、中型氮肥厂、化工厂和其他中小型工业企业的可燃气体储罐。储罐总容积大于或等于10000m³至小于50000m³者,为中小城市的煤气储配站、大型氮肥厂、化工厂和其他大中型工业企业的可燃气体储罐。储罐总容积大于或等于50000m³至小于100000m³者,为大中城市的煤气储配站、焦化厂、钢铁厂和其他大型工业企业的可燃气体储罐。

近10年,国内各钢铁企业为节能减排,对钢厂产生的副产煤气进行了回收利用。为充分利用钢厂的副产煤气,调节煤气发生与消耗间的不平衡性,保证煤气的稳定供给,钢铁企业均设置了煤气储罐。由于产能增加,国内多家钢铁企业的煤气储罐容量已大于100000m³,部分钢铁企业大型煤气储罐现状见表11。

表 11　国内部分钢铁企业大型煤气储罐现状

序号	储存介质	柜型	容积 ($\times 10^4$ m³)	座数	规格（高×直径）(m×m)	储气压力 (kPa)
宝山钢铁股份公司宝钢分公司						
1	高炉煤气	可隆型	15	2		8.0
2	焦炉煤气	POC 型	30	1	121×64.6	6.3
3	焦炉煤气	POP 型	12	1		6.3
4	转炉煤气	POC 型	8	4	41×58	3.0
鞍山钢铁股份有限公司鞍山工厂						
1	高炉煤气	POC 型	30	2	121×64.6	10
2	焦炉煤气	POP 型	16.5	1		6.3
3	转炉煤气	POC 型	8	2	41×58	3
武汉钢铁公司						
1	高炉煤气	POC 型	15		99×51.2	9.5
2	高炉煤气	POC 型	30			10
3	焦炉煤气	POP 型	12	1		6.3
4	转炉煤气	PRC 型	8	2	41×58	3
5	转炉煤气	PRC 型	5	1		3

据调查，国内目前最大的煤气储罐容积为 300000m³，最高压力为 10kPa。为适应我国储气罐单罐容积趋向大型化的需要，本次修订增加了第五档，即 100000m³～300000m³，明确了该档储罐与建筑物、储罐、堆场的防火间距要求。

表 4.3.1 注：固定容积的可燃气体储罐设计压力较高，易漏气，火灾危险性较大，防火间距要先按其实际几何容积（m³）与设计压力（绝对压力，10^5 Pa）乘积折算出总容积，再按表 4.3.1 的规定确定。

本条有关间距的主要确定依据：

（1）湿式储气罐内可燃气体的密度多数比空气轻，泄漏时易向上扩散，发生火灾时易扑救。根据有关分析，湿式可燃气体储罐一般不会发生爆炸，即使发生爆炸一般也不会发生二次或连续爆炸。爆炸原因大多为在检修时因处理不当或违章焊接引起。湿式储气罐或堆场等发生火灾爆炸时，相互危及范围一般在 20m～40m，近者约 10m，远者 100m～200m，碎片飞出可能伤人或砸坏建筑物。

（2）考虑施工安装的需要，大、中型可燃气体储罐施工安装所需的距离一般为 20m～25m。根据储气罐扑救实践，人员与罐体之间至少保持 15m～20m 的间距。

（3）现行国家标准《城镇燃气设计规范》GB 50028、《钢铁冶金企业设计防火规范》GB 50414 对不同容积可燃气体储罐与建筑物、储罐、堆场的防火间距均有要求。《城镇燃气设计规范》中表格第五档为"大于 200000m³"，没有规定储罐容积上限，这主要是因为考虑到安全性、经济性等方面的因素，城镇中的燃气储罐容积不会太大，一般不大于 200000m³。大型的可燃气体储罐主要集中在钢铁等企业中。本规范在确定 100000m³～300000m³ 可燃气体储罐与建筑物、储罐、堆场的防火间距要求时，主要是基于辐射热计算、国内部分钢铁企业现状与需求和此类储罐的实际火灾危险性。

（4）干式储气罐的活塞和罐体间靠油或橡胶夹布密封，当密封部分漏气时，可燃气体泄漏到活塞上部空间，经排气孔排

至大气中。当可燃气体密度大于空气时，不易向罐顶外部扩散，比空气小时，则易扩散，故前者防火间距应按表 4.3.1 增加 25%，后者可按表 4.3.1 的规定执行。

（5）小于 20m³ 的储罐，可燃气体总量及其火灾危险性较小，与其使用燃气厂房的防火间距可不限。

（6）湿式可燃气体储罐的燃气进出口阀门室、水封井和干式可燃气体储罐的阀门室、水封井、密封油循环泵和电梯间，均是储罐不宜分离的附属设施。为节省用地，便于运行管理，这些设施间可按工艺要求布置，防火间距不限。

4.3.2　本条为强制性条文。可燃气体储罐或储罐区之间的防火间距，是发生火灾时减少相互间的影响和便于灭火救援和施工、安装、检修所需的距离。鉴于干式可燃气体储罐与湿式可燃气体储罐火灾危险性基本相同且罐体高度均较高，故储罐之间的距离均规定不应小于相邻较大罐直径的一半。固定容积的可燃气体储罐设计压力较高、火灾危险性较湿式和干式可燃气体储罐大，卧式和球形储罐虽形式不同，但其火灾危险性基本相同，故均规定为不应小于相邻较大罐的 2/3。

固定容积的可燃气体储罐与湿式或干式可燃气体储罐的防火间距，不应小于相邻较大罐的半径，主要考虑在一般情况下后者的直径大于前者，本条规定可以满足灭火救援和施工安装、检修需要。

我国在实施天然气"西气东输"工程中，已建成一批大型天然气球形储罐，当设计压力为 1.0MPa～1.6MPa 时，容积相当于 50000m³～80000m³、100000m³～160000m³。据此，与燃气管理和燃气规范归口单位共同调研，并对其实际火灾危险性进行研究后，将储罐分组布置的规定调整为"数个固定容积的可燃气体储罐总容积大于 200000m³（相当于设计压力为 1.0MPa 时的 10000m³ 球形储罐 2 台）时，应分组布置"。由于本规范只涉及储罐平面布置的规定，未全面、系统地规定其他相关消防安全技术要求。设计时，不能片面考虑储罐区的总容量与间距的关系，而需根据现行国家标准《城镇燃气设计规范》GB 50028 等标准的规定进行综合分析，确定合理和安全可靠的技术措施。

4.3.3　本条为强制性条文。氧气为助燃气体，其火灾危险性属乙类，通常储存于钢罐内。氧气储罐与民用建筑、甲、乙、丙类液体储罐、可燃材料堆场的防火间距，主要考虑这些建筑在火灾时的相互影响和灭火救援的需要；与制氧厂房的防火间距可按现行国家标准《氧气站设计规范》GB 50030 的有关规定，根据工艺要求确定。确定防火间距时，将氧气罐视为一、二级耐火等级建筑，与储罐外的其他建筑物的防火间距原则按厂房之间的防火间距考虑。

氧气储罐之间的防火间距不小于相邻较大储罐的半径，则是灭火救援和施工、检修的需要；与可燃气体储罐之间的防火间距不应小于相邻较大罐的直径，主要考虑可燃气体储罐发生爆炸时对相邻氧气储罐的影响和灭火救援的需要。

本条表 4.3.3 中总容积小于或等于 1000m³ 的湿式氧气储罐，一般为小型企业和一些使用氧气的事业单位的氧气储罐；总容积为 1000m³～50000m³ 者，主要为大型机械工厂和中、小型钢铁企业的氧气储罐；总容积大于 50000m³ 者，为大型钢铁企业的氧气储罐。

4.3.4　确定液氧储罐与其他建筑物、储罐或堆场的防火间距时，要将液氧的储罐容积按 1m³ 液氧折算成 800m³ 标准状态的氧气后进行。如某厂有 1 个 100m³ 的液氧储罐，则先将其折算成 800×100＝80000（m³）的氧气，再按本规范第

4.3.3条第三档(V＞50000m³)的规定确定液氧储罐的防火间距。

液氧储罐与泵房的间隔不宜小于3m的规定，与国外有关规范规定和国内有关工程的实际做法一致。根据分析医用液氧储罐的火灾危险性及其多年运行经验，为适应医用标准调整要求和医院建设需求，将医用液氧储罐的单罐容积和总容积分别调整为5m³和20m³。医用液氧储罐与医疗卫生机构内建筑的防火间距，国家标准《医用气体工程技术规范》GB 50751—2012已有明确规定。医用液氧储罐与医疗卫生机构外建筑的防火间距，仍要符合本规范第4.3.3条的规定。

4.3.5 当液氧储罐泄漏的液氧气化后，与稻草、木材、刨花、纸屑等可燃物以及溶化的沥青接触时，遇到火源容易引起猛烈的燃烧，致使火势扩大和蔓延，故规定其周围一定范围内不应存在可燃物。

4.3.6 可燃、助燃气体储罐发生火灾时，对铁路、道路威胁较甲、乙、丙类液体储罐小，故防火间距的规定较本规范表4.2.9的要求小些。

4.3.7 液氢的闪点为－50℃，爆炸极限范围为4.0%～75.0%，密度比水轻(沸点时0.07g/cm³)。液氢发生泄漏后会因其密度比空气重(在－25℃时，相对密度1.04)而使气化的气体沉积在地面上，当温度升高后才扩散，并在空气中形成爆炸性混合气体，遇到点火源即会发生爆炸而产生火球。氢气是最轻的气体，燃烧速度最快(测试管的管径D=25.4mm，引燃温度400℃，火焰传播速度为4.85m/s，在化学反应浓度下着火能量为1.5×10⁻⁵J)。

液氢为甲类火灾危险性物质，燃烧、爆炸的猛烈程度和破坏力等均较气态液氢大。参考国外规范，本条规定液氢储罐与建筑物和甲、乙、丙类液体储罐和堆场等的防火间距，按本规范对液化石油气储罐的有关防火间距，即表4.4.1规定的防火间距减小25%。

液氨为乙类火灾危险性物质，与氟、氯等能发生剧烈反应。氨与空气混合到一定比例时，遇明火能引起爆炸，其爆炸极限范围为15.5%～25%。氨具有较高的体积膨胀系数，超装的液氨气瓶极易发生爆炸。为适应工程建设需要，对比液氨和液氢的火灾危险性，参照液氢的有关规定，明确了液氨储罐与建筑物、储罐、堆场的防火间距。

4.3.8 本条为强制性条文。液化天然气是以甲烷为主要组分的烃类混合物，液化天然气的自燃点、爆炸极限均比液化石油气的高。当液化天然气的温度高于－112℃时，液化天然气的蒸气比空气轻，易向高处扩散，而液化石油气蒸气比空气重，易在低处聚集而引发火灾或爆炸，以上特点使液化天然气在运输、储存和使用上比液化石油气要安全。

表4.3.8中规定的液化天然气储罐和集中放散装置的天然气放散总管与站外建、构筑物的防火间距，总结了我国液化天然气气化站的建设与运行管理经验。

4.4 液化石油气储罐(区)的防火间距

4.4.1 本条为强制性条文。液化石油气是以丙烷、丙烯、丁烷、丁烯等低碳氢化合物为主要成分的混合物，闪点低于－45℃，爆炸极限范围为2%～9%，为火灾和爆炸危险性高的甲类火灾危险性物质。液化石油气通常以液态形式常温储存，饱和蒸气压随环境温度变化而变化，一般在0.2MPa～1.2MPa。1m³液态液化石油气可气化成250m³～300m³的气态液化石油气，与空气混合形成3000m³～15000m³的爆炸性混合气体。

液化石油气着火能量很低(3×10⁻⁴J～4×10⁻⁴J)，电话、步话机、手电筒开关时产生的火花即可成为爆炸、燃烧的点火源，火焰扑灭后易复燃。液态液化石油气的密度为水的一半(0.5t/m³～0.6t/m³)，发生火灾后用水难以扑灭；气态液化石油气的比重比空气重一倍(2.0kg/m³～2.5kg/m³)，泄漏后易在低洼或通风不良处窝存而形成爆炸性混合气体。此外，液化石油气储罐破裂时，罐内压力急剧下降，罐内液态液化石油气会立即气化成大量气体，并向上空喷出形成蘑菇云，继而降至地面向四周扩散，与空气混合形成爆炸性气体。一旦被引燃即发生爆炸，继之大火以火球形式返回罐区形成火海，致使储罐发生连续性爆炸。因此，一旦液化石油气储罐发生泄漏，危险性高，危害极大。

表4.4.1将液化石油气储罐和储罐区分为7档，按单罐和罐区不同容积规定了防火间距。第一档主要为工业企业、事业等单位和居住小区内的气化站、混气站和小型灌装站的容积规模。第二档为中小城市调峰气源厂和大中型工业企业的气化站和混气站的容积规模。第三、四、五档为大中型灌瓶站，大、中城市调峰气源厂的容积规模。第六、七档主要为特大型灌瓶站，大、中型储配站、储存站和石油化工厂的储罐区。为更好地控制液化石油气储罐的火灾危害，本次修订时，经与国家标准《液化石油气厂站设计规范》编制组协商，将其最大总容积限制在10000m³。

表4.4.1注2的说明：埋地液化石油气储罐运行压力较低，且压力稳定，通常不大于0.6MPa，比地上储罐安全，故参考国内外有关规范其防火间距减一半。为了安全起见，限制了单罐容积和储罐区的总容积。

有关防火间距规定的主要确定依据：

(1)根据液化石油气爆炸实例，当储罐发生液化石油气泄漏后，与空气混合并遇到点火源发生爆炸后，危及范围与单罐和罐区的总容积、破坏程度、泄漏量大小、地理位置、气象、风速以及消防设施和扑救情况等因素有关。当储罐和罐区容积较小，泄漏量不大时，爆炸和火灾的波及范围，近者20m～30m，远者50m～60m。当储罐和罐区容积较大，泄漏量很大时，爆炸和火灾的波及范围通常在100m～300m，有资料记载，最远可达1500m。

(2)参考了美国消防协会《国家燃气规范》NFPA 59—2008规定的非冷冻液化石油气储罐与建筑物的防火间距(见表12)、英国石油学会《液化石油气安全规范》规定的炼油厂及大型企业的压力储罐与其他建筑物的防火间距(见表13)和日本液化石油气设备协会《一般标准》JLPA 001:2002的规定(见表14)。

表12　非冷冻液化石油气储罐与建筑物的防火间距

储罐充水容积(美加仑)(m³)	储罐距重要建筑物，或不与液化气体装置相连的建筑，或可用于建筑的相邻地界红线(ft)(m)
2001～30000(7.6～114)	50(15)
30001～70000(114～265)	75(23)
70001～90000(265～341)	100(30)
90001～120000(341～454)	125(38)
120001～200000(454～757)	200(61)
200001～1000000(747～3785)	300(91)
≥1000001(≥3785)	400(122)

注：储罐与用气厂房的间距可按上表减少50%，但不得低于50ft(15m)。表中数字后括号内的数值是按公制单位换算值。1美加仑=3.79×10⁻³m³。

表13 炼油厂和大型企业压力储罐与其他建筑物的防火间距

名称(英加仑)(m³)	间距(ft)(m)	备注
至其他企业的厂界或固定火源，当储罐水容积＜30000(136.2)	50(15.24)	
30000～125000(136.2～567.50)	75(22.86)	
＞125000(＞567.5)	100(30.48)	
有火灾危险性的建筑物，如灌装间、仓库等	50(15.24)	
甲、乙级储罐	50(15.24)	自甲、乙类油品的储罐的围堤顶部算起
至低温冷冻液化石油气储罐	最大低温罐直径，但不小于100(30.48)	
压力液化石油气储罐之间	相邻储罐直径之和的1/4	

注:1英加仑=4.5×10⁻³m³。表中括号内的数值为按公制单位换算值。

表14 日本不同区域储罐储量的限制

用地区域	一般居住区	商业区	准工业区	工业区或工业专用区
储存量(t)	3.5	7.0	35	不限

日本液化石油气设备协会《一般标准》JLPA 001:2002的规定:第一种居住用地范围内,不允许设置液化石油气储罐;其他用地区域,设置储罐容量有严格限制。在此基础上,规定了地上储罐与第一种保护对象(学校、医院、托幼院、文物古迹、博物馆、车站候车室、百货大楼、酒店、旅馆等)的距离按下式计算确定:

$$L = 0.12\sqrt{X+10000} \qquad (4)$$

式中:L——储罐与保护对象的防火间距(m);

X——液化石油气的总储量(kg)。

在日本,液化石油气站储罐的平均容积很小,当按上式计算大于30m时,可取不小于30m。当采用地下储罐或采取水喷淋、防火墙等安全措施时,其防火间距可以按该规范的有关规定减小距离。对于液化石油气储罐与站内建筑物的防火间距,日本的规定也很小:与明火、耐火等级较低的建筑物的间距不应小于8m,与非明火建筑、站内围墙的间距不应小于3.0m。

(3)总结了原规范执行情况,考虑了当前我国液化石油气行业设备制造安装、安全设施装备和管理的水平等现状。液化石油气单罐容积大于1000m³和罐区总容积大于5000m³的储存站,属特大型储存站,万一发生火灾或爆炸,其危及的范围也大,故有必要加大其防火间距要求。

4.4.2 本条为强制性条文。对于液化石油气储罐之间的防火间距,要考虑当一个储罐发生火灾时,能减少对相邻储罐的威胁,同时要便于施工安装、检修和运行管理。多个储罐的布置要求,主要考虑要减少发生火灾时的相互影响,并便于灭火救援,保证至少有一只消防水枪的充实水柱能达到任一储罐的任何部位。

4.4.3 对于液化石油气储罐与所属泵房的距离要求,主要考虑泵房的火灾不要引发储罐爆炸着火,也是扑灭泵房火灾所需的最小安全距离。为满足液化石油气泵房正常运行,当泵房面向储罐一侧的外墙采用无门窗洞口的防火墙时,防火间距可适当调整。液化石油气泵露天设置时,对防火是有利的,为更好地满足工艺需要,对其与储罐的距离可

不限。

4.4.4 有关全冷冻式液化石油气储罐和液化石油气气化站、混气站的储罐与重要公共建筑和其他民用建筑、道路等的防火间距,为保证安全,便于使用,与现行国家标准《城镇燃气设计规范》GB 50028 管理组协商后,将有关防火间距在《城镇燃气设计规范》中作详细规定,本规范不再规定。

总容积不大于10m³的储罐,当设置在专用的独立建筑物内时,通常设置2个。单罐容积小,又设置在建筑物内,火灾危险性较小。故规定该建筑外墙与相邻厂房及其附属设备的防火间距,可以按甲类厂房的防火间距执行。

4.4.5 本条为强制性条文。本条规定了液化石油气瓶装供应站的基本防火间距。

目前,我国各城市液化石油气瓶装供应站的供应规模大都在5000户～7000户,少数在10000户左右,个别站也有大于10000户的。根据各地运行经验,考虑方便用户、维修服务等因素,供气规模以5000户～10000户为主。该供气规模日售瓶量按15kg钢瓶计,为170瓶～350瓶左右。瓶库通常应按1.5天～2天的售瓶量存瓶,才能保证正常供应,需储存250瓶～700瓶,相当于容积为4m³～20m³的液化石油气。

表4.4.5对液化石油气站的瓶库与站外建、构筑物的防火间距,按总存储容积分四档规定了不同的防火间距。与站外建、构筑物防火间距,考虑了液化石油气钢瓶单瓶容积较小,总存瓶量也严格限制最多不大于20m³,火灾危险性较液化石油气储罐小等因素。

表4.4.5注中的总存瓶容积按实瓶个数与单瓶几何容积的乘积计算,具体计算可按下式进行:

$$V = N \cdot V \cdot 10^{-3} \qquad (5)$$

式中:V——总存瓶容积(m³);

N——实瓶个数;

V——单瓶几何容积,15kg钢瓶为35.5L,50kg钢瓶为112L。

4.4.6 液化石油气瓶装供应站的四周,要尽量采用不燃材料构筑实体围墙,即无孔洞、花格的墙体。这不但有利于安全,而且可减少和防止瓶库发生爆炸时对周围区域的破坏。液化石油气瓶装供应站通常设置在居民区内,考虑与环境协调,面向出入口(一般为居民区道路)一侧可采用不燃材料构筑非实体的围墙,如装饰型花格围墙,但面向该侧的瓶装供应站建筑外墙不能设置泄压口。

4.5 可燃材料堆场的防火间距

4.5.1 据调查,粮食囤垛堆场目前仍在使用,总储量较大且多利用稻草、竹竿等可燃物材料建造,容易引发火灾。本条根据过去粮食囤垛的火灾情况,对粮食囤垛的防火间距作了规定,并将粮食囤垛堆场的最大储量定为20000t。根据我国部分地区粮食收储情况和火灾形势,2013年国家有关部门和单位也组织对粮食席穴囤、简易罩棚等粮食存放场所的防火,制定了更详细的规定。

对于棉花堆场,尽管国家近几年建设了大量棉花储备库,但仍有不少地区采用露天或半露天堆放的方式储存,且储量较大,每个棉花堆垛储量大都在5000t左右。麻、毛、化纤和百货等火灾危险性类同,故将每个堆场最大储量限制在5000t以内。棉、麻、毛、百货等露天或半露天堆场与建筑物的防火间距,主要根据案例和现有堆场管理实际情况,并考虑避免和减少火灾时的损失。秸秆、芦苇、亚麻等的总储量较大,且在一些

行业,如造纸厂或纸浆厂,储量更大。

从这些材料堆场发生火灾的情况看,火灾具有延续时间长、辐射热大、扑救难度较大、灭火时间长、用水量大的特点,往往损失巨大。根据以上情况,为了有效地防止火灾蔓延扩大,有利于灭火救援,将可燃材料堆场至建筑物的最小间距定为15m～40m。

对于木材堆场,采用统堆方式较多,往往堆垛高、储量大,有必要对每个堆垛储量和防火间距加以限制。但为节约用地,规定当一个木材堆场的总储量如大于25000m³或一个秸秆可燃材料堆场的总储量大于20000t时,宜分设堆场,且各堆场之间的防火间距按不小于相邻较大堆场与四级建筑的间距确定。

关于表4.5.1注的说明:

(1)甲类厂房、甲类仓库发生火灾时,较其他类别建筑的火灾对可燃材料堆场的威胁大,故规定其防火间距按表4.5.1的规定增加25％且不应小于25m。

电力系统电压为35kV～500kV且每台变压器容量在10MV·A以上的室外变、配电站,以及工业企业的变压器总油量大于5t的室外总降压变电站对堆场威胁也较大,故规定有关防火间距不应小于50m。

(2)为防止明火或散发火花地点的飞火引发可燃材料堆场火灾,露天、半露天可燃材料堆场与明火或散发火花地点的防火间距,应按本表四级建筑的规定增加25％。

4.5.2 甲、乙、丙类液体储罐一旦发生火灾,威胁较大、辐射强度大,故规定有关防火间距不应小于表4.2.1和表4.5.1中相应储量与四级建筑防火间距的较大值。

4.5.3 可燃材料堆场着火时影响范围较大,一般在20m～40m之间。汽车和拖拉机的排气管飞火距离远者一般为8m～10m,近者为3m～4m。露天、半露天堆场与铁路线的防火间距,主要考虑蒸汽机车飞火对堆场的影响;与道路的防火间距,主要考虑道路的通行情况、汽车和拖拉机排气管飞火的影响以及堆场的火灾危险性。

5 民 用 建 筑

5.1 建筑分类和耐火等级

5.1.1 本条对民用建筑根据其建筑高度、功能、火灾危险性和扑救难易程度等进行了分类。以该分类为基础,本规范分别在耐火等级、防火间距、防火分区、安全疏散、灭火设施等方面对民用建筑的防火设计提出了不同的要求,以实现保障建筑消防安全与保证工程建设和提高投资效益的统一。

(1)对民用建筑进行分类是一个较为复杂的问题,现行国家标准《民用建筑设计通则》GB 50352将民用建筑分为居住建筑和公共建筑两大类,其中居住建筑包括住宅建筑、宿舍建筑等。在防火方面,除住宅建筑外,其他类型居住建筑的火灾危险性与公共建筑接近,其防火要求需按公共建筑的有关规定执行。因此,本规范将民用建筑分为住宅建筑和公共建筑两大类,并进一步按照建筑高度分为高层民用建筑和单层、多层民用建筑。

(2)对于住宅建筑,本规范以27m作为区分多层和高层住宅建筑的标准;对于高层住宅建筑,以54m划分为一类和二类。该划分方式主要为了与原国家标准《建筑设计防火规范》GB 50016—2006和《高层民用建筑设计防火规范》GB 50045—1995中按9层及18层的划分标准相一致。

对于公共建筑,本规范以24m作为区分多层和高层公共建筑的标准。在高层建筑中将性质重要、火灾危险性大、疏散和扑救难度大的建筑定为一类。例如,将高层医疗建筑、高层老年人照料设施划为一类,主要考虑了建筑中有不少人员行动不便、疏散困难,建筑内发生火灾易致人员伤亡。

本规范条文中的"老年人照料设施"是指现行行业标准《老年人照料设施建筑设计标准》JGJ 450—2018中床位总数(可容纳老年人总数)大于或等于20床(人),为老年人提供集中照料服务的公共建筑,包括老年人全日照料设施和老年人日间照料设施。其他专供老年人使用的、非集中照料的设施或场所,如老年大学、老年活动中心等不属于老年人照料设施。

本规范条文中的"老年人照料设施"包括3种形式,即独立建造的、与其他建筑组合建造的和设置在其他建筑内的老年人照料设施。

本条表5.1.1中的"独立建造的老年人照料设施",包括与其他建筑贴邻建造的老年人照料设施;对于与其他建筑上下组合建造或设置在其他建筑内的老年人照料设施,其防火设计要求应根据该建筑的主要用途确定其建筑分类。其他专供老年人使用的、非集中照料的设施或场所,其防火设计要求按本规范有关公共建筑的规定确定;对于非住宅类老年人居住建筑,按本规范有关老年人照料设施的规定确定。

表中"一类"第2项中的"其他多种功能组合",指公共建筑中具有两种或两种以上的公共使用功能,不包括住宅与公共建筑组合建造的情况。比如,住宅建筑的下部设置商业服务网点时,该建筑仍为住宅建筑;住宅建筑下部设置有商业或其他功能的裙房时,该建筑不同部分的防火设计可按本规范第5.4.10条的规定进行。条文中"建筑高度24m以上部分任一楼层建筑面积大于1000m²"的"建筑高度24m以上部分任一楼层"是指该层楼板的标高大于24m。

(3)本条中建筑高度大于24m的单层公共建筑,在实际工程中情况往往比较复杂,可能存在单层和多层组合建造的情况,难以确定是按单、多层建筑还是高层建筑进行防火设计。

在防火设计时要根据建筑各使用功能的层数和建筑高度综合确定。如某体育馆建筑主体为单层，建筑高度30.6m，座位区下部设置4层辅助用房，第四层顶板标高22.7m，该体育馆可不按高层建筑进行防火设计。

（4）由于实际建筑的功能和用途千差万别，称呼也多种多样，在实际工作中，对于未明确列入表5.1.1中的建筑，可以比照其功能和火灾危险性进行分类。

（5）由于裙房与高层建筑主体是一个整体，为保证安全，除规范对裙房另有规定外，裙房的防火设计要求应与高层建筑主体的一致，如高层建筑主体的耐火等级为一级时，裙房的耐火等级也不应低于一级，防火分区划分、消防设施设置等也要与高层建筑主体一致等。表5.1.1注3"除本规范另有规定外"是指，当裙房与高层建筑主体之间采用防火墙分隔时，可以按本规范第5.3.1条、第5.5.12条的规定确定裙房的防火分区及安全疏散要求等。

宿舍、公寓不同于住宅建筑，其防火设计要按照公共建筑的要求确定。具体设计时，要根据建筑的实际用途来确定其是按照本规范有关公共建筑的一般要求，还是按照有关旅馆建筑的要求进行防火设计。比如，用作宿舍的学生公寓或职工公寓，就可以按照公共建筑的一般要求确定其防火设计要求；而酒店式公寓的用途及其火灾危险性与旅馆建筑类似，其防火要求就需要根据本规范有关旅馆建筑的要求确定。

5.1.2 民用建筑的耐火等级分级是为了便于根据建筑自身结构的防火性能来确定该建筑的其他防火要求。相反，根据这个分级及其对应建筑构件的耐火性能，也可以用于确定既有建筑的耐火等级。

（1）据统计，我国住宅建筑在全部建筑中所占比例较高，住宅内的火灾荷载及引发火灾的因素也在不断变化，并呈增加趋势。住宅建筑的公共消防设施管理比较困难，如能将火灾控制在住宅建筑中的套内，则可有效减少火灾的危害和损失。因此，本规范在适当提高住宅建筑的套与套之间或单元与单元之间的防火分隔性能基础上，确定了建筑内的消防设施配置等其他相关设防要求。表5.1.2有关住宅建筑单元之间和套之间墙体的耐火极限的规定，是在房间隔墙耐火极限要求的基础上提高到重要设备间隔墙的耐火极限。

（2）建筑整体的耐火性能是保证建筑结构在火灾时不发生较大破坏的根本，而单一建筑结构构件的燃烧性能和耐火极限是确定建筑整体耐火性能的基础。故表5.1.2规定了各构件的燃烧性能和耐火极限。

（3）表5.1.2中有关构件燃烧性能和耐火极限的规定是对构件耐火性能的基本要求。建筑的形式多样、功能不一，火灾荷载及其分布与火灾类型等在不同的建筑中均有较大差异。对此，本章有关条款作了一定调整，但仍不一定能完全满足某些特殊建筑的设计要求。因此，对一些特殊建筑，还需根据建筑的空间高度、室内的火灾荷载和火灾类型、结构承载情况和室内外灭火设施设置等，经理论分析和实验验证后按照国家有关规定经论证后确定。

（4）表5.1.2中的注2主要为与现行国家标准《住宅建筑规范》GB 50368有关三、四级耐火等级住宅建筑构件的耐火极限的规定协调。根据注2的规定，按照本规范和《住宅建筑规范》GB 50368进行防火设计均可。《住宅建筑规范》GB 50368：四级耐火等级的住宅建筑允许建造3层，三级耐火等级的住宅建筑允许建造9层，但其构件的燃烧性能和耐火极限比本规范的相应耐火等级的要求有所提高。

5.1.3 本条为强制性条文。本条规定了一些性质重要、火灾扑救难度大、火灾危险性大的民用建筑的最低耐火等级要求。

1 地下、半地下建筑(室)发生火灾后，热量不易散失，温度高、烟雾大，燃烧时间长，疏散和扑救难度大，故对其耐火等级要求高。一类高层民用建筑发生火灾，疏散和扑救都很困难，容易造成人员伤亡或财产损失。因此，要求达到一级耐火等级。

本条及本规范所指"地下、半地下建筑"，包括附建在建筑中的地下室、半地下室和单独建造的地下、半地下建筑。

2 重要公共建筑对某一地区的政治、经济和生产活动以及居民的正常生活有重大影响，需尽量减小火灾对建筑结构的危害，以便灾后尽快恢复使用功能，故规定重要公共建筑应采用一、二级耐火等级。

5.1.3A 新增条文。本条为强制性条文。老年人照料设施中的大部分人员年老体弱，行动不便，要求老年人照料设施具有较高的耐火等级，有利于火灾扑救和人员疏散。但考虑到我国各地实际和利用既有建筑改造等情况，当采用三级耐火等级的建筑时，要根据本规范第5.3.1A条的要求控制其建筑总层数。

5.1.4 本条为强制性条文。近年来，高层民用建筑在我国呈快速发展之势，建筑高度大于100m的建筑越来越多，火灾也呈多发态势，火灾后果严重。各国对高层建筑的防火要求不同，建筑高度分段也不同，如我国规范按24m、32m、50m、100m和250m，新加坡规范按24m和60m，英国规范按18m、30m和60m，美国规范按23m、37m、49m和128m等分别进行规定。

构件耐火性能、安全疏散和消防救援等均与建筑高度有关，对于建筑高度大于100m的建筑，其主要承重构件的耐火极限要求对比情况见表15。从表15可以看出，我国规范中有关柱、梁、承重墙等承重构件的耐火极限要求与其他国家的规定比较接近，但楼板的耐火极限相对偏低。由于此类高层建筑火灾的扑救难度巨大，火灾延续时间可能较长，为保证超高层建筑的防火安全，将其楼板的耐火极限从1.50h提高到2.00h。

表15 各国对建筑高度大于100m的建筑主要承重构件耐火极限的要求(h)

名称	中国	美国	英国	法国
柱	3.00	3.00	2.00	2.00
承重墙	3.00	3.00	2.00	2.00
梁	2.00	2.00	2.00	2.00
楼板	1.50	2.00	2.00	2.00

上人屋面的耐火极限除应考虑其整体性外，还应考虑应急避难人员在屋面上停留时的实际需要。对于一、二级耐火等级建筑物的上人屋面板，耐火极限应与相应耐火等级建筑楼板的耐火极限一致。

5.1.5 对于屋顶要求一、二级耐火等级建筑的屋面板采用不燃材料，以防止火灾蔓延。考虑到防水层材料本身的性能和安全要求，结合防水层、保温层的构造情况，对防水层的燃烧性能及防火保护做法作了规定，有关说明见本规范第3.2.16条条文说明。

5.1.6 为使一些新材料、新型建筑构件能得到推广应用，同时又能不降低建筑的整体防火性能，保障人员疏散安全和控制火灾蔓延，本条规定当降低房间隔墙的燃烧性能要求时，耐火极限应相应提高。

设计应注意尽量采用发烟量低、烟气毒性低的材料，对于人员密集场所以及重要的公共建筑，需严格控制使用。

5.1.7 本条对民用建筑内采用金属夹芯板的芯材燃烧性能和耐火极限作了规定，有关说明见本规范第3.2.17条的条文说明。

5.1.8 本条规定主要为防止吊顶因受火作用塌落而影响人员疏散，同时避免火灾通过吊顶蔓延。

5.1.9 对于装配式钢筋混凝土结构，其节点缝隙和明露钢支承构件部位一般是构件的防火薄弱环节，容易被忽视，而这些部位却是保证结构整体承载力的关键部位，要求采取防火保护措施。在经过防火保护处理后，该节点的耐火极限要不低于本章对该节点部位连接构件中要求耐火极限最高者。

5.2 总平面布局

5.2.1 为确保建筑总平面布局的消防安全,本条提出了在建筑设计阶段要合理进行总平面布置,要避免在甲、乙类厂房和仓库,可燃液体和可燃气体储罐以及可燃材料堆场的附近布置民用建筑,以从根本上防止和减少火灾危险性大的建筑发生火灾时对民用建筑的影响。

5.2.2 本条为强制性条文。本条综合考虑灭火救援需要,防止火势向邻近建筑蔓延以及节约用地等因素,规定了民用建筑之间的防火间距要求。

(1)根据建筑的实际情形,将一、二级耐火等级多层建筑之间的防火间距定为6m。考虑到扑救高层建筑需要使用曲臂车、云梯登高消防车等车辆,为满足消防车辆通行、停靠、操作的需要,结合实践经验,规定一、二级耐火等级高层建筑之间的防火间距不应小于13m。其他三、四级耐火等级的民用建筑之间的防火间距,因耐火等级低,受热辐射作用时易着火而致火势蔓延,其防火间距在一、二级耐火等级建筑的要求基础上有所增加。

(2)表5.2.2注1:主要考虑到了有的建筑物防火间距不足,而全部不开设门窗洞口又有困难的情况。因此,允许每一面外墙开设门窗洞口面积之和不大于该外墙全部面积的5%时,防火间距可缩小25%。考虑到门窗洞口的面积仍然较大,故要求门窗洞口应错开,不应正对,以防止火灾通过开口蔓延到对面建筑。

(3)表5.2.2注2~注5:考虑到建筑在改建和扩建过程中,不可避免地会遇到一些诸如用地限制等具体困难,对两座建筑物之间的防火间距作了有条件的调整。当两座建筑,较高一面的外墙为防火墙,或超出高度较多时,应主要考虑较低一面对较高一面的影响。当两座建筑高度相同时,如果贴邻建造,防火墙的构造应符合本规范第6.1.1条的规定。当较低一座建筑的耐火等级不低于二级,较低一面的外墙为防火墙,且屋顶承重构件和屋面板的耐火极限不低于1.00h,防火间距允许减少到3.5m,但如果相邻建筑中有一座为高层建筑或两座均为高层建筑时,该间距允许减少到4m。火灾通常都是从下向上蔓延,考虑较低的建筑物着火时,火势容易蔓延到较高的建筑物,有必要采取防火墙和耐火屋盖,故规定屋顶承重构件和屋面板的耐火极限不应低于1.00h。

两座相邻建筑,当较高建筑高出较低建筑的部位着火时,对较低建筑的影响较小,而相邻建筑正对部位着火时,则容易相互影响。故要求较高建筑在一定高度范围内通过设置防火门、窗或卷帘和水幕等防火分隔设施,来满足防火间距调整的要求。有关防火分隔水幕和防护冷却水幕的设计要求应符合现行国家标准《自动喷水灭火系统设计规范》GB 50084的规定。

最小防火间距确定为3.5m,主要为保证消防车通行的最小宽度;对于相邻建筑中存在高层建筑的情况,则要增加4m。

本条注4和注5中的"高层建筑",是指在相邻的两座建筑中有一座为高层民用建筑或相邻两座建筑均为高层民用建筑。

(4)表5.2.2注6:对于通过裙房、连廊或天桥连接的建筑物,需将该相邻建筑视为不同的建筑来确定防火间距。对于回字形、U型、L型建筑等,两个不同防火分区的相对外墙之间也要有一定的间距,一般不小于6m,以防止火灾蔓延到不同分区内。本注中的"底部的建筑物",主要指如高层建筑通过裙房连成一体的多座高层建筑主体的情形,在这种情况下,尽管在下部的建筑是一体的,但上部建筑之间的防火间距,仍需按两座不同建筑的要求确定。

(5)表5.2.2注7:当确定新建建筑与耐火等级低于四级的既有建筑的防火间距时,可将该既有建筑的耐火等级视为四级。

后确定防火间距。

5.2.3 民用建筑所属单独建造的终端变电站,通常是指10kV降压至380V的最末一级变电站。这些变电站的变压器大致在630kV·A~1000kV·A之间,可以按照民用建筑的有关防火间距执行。但单独建造的其他变电站,则应将其视为丙类厂房来确定有关防火间距。对于预装式变电站,有干式和湿式两种,其电压一般在10kV或10kV以下。这种装置内部结构紧凑、用金属外壳罩住,使用过程中的安全性能较高。因此,此类型的变压器与邻近建筑的防火间距,比照一、二级耐火等级建筑间的防火间距减少一半,确定为3m。规模较大的油浸式箱式变压器的火灾危险性较大,仍应按本规范第3.4节的有关规定执行。

锅炉房可视为丁类厂房。在民用建筑中使用的单台蒸发量在4t/h以下或额定功率小于或等于2.8MW的燃煤锅炉房,由于火灾危险性较小,将这样的锅炉房视为民用建筑确定相应的防火间距。大于上述规模时,与工业用锅炉基本相当,要求将锅炉房按丁类厂房的有关防火间距执行。至于燃油、燃气锅炉房,因火灾危险性较燃煤锅炉房大,还涉及燃料储罐等问题,故也要提高要求,将其视为厂房来确定有关防火间距。

5.2.4 本条主要为了解决城市用地紧张,方便小型多层建筑的布局与建设问题。

除住宅建筑成组布置外,占地面积不大的其他类型的多层民用建筑,如办公楼、教学楼等成组布置的也不少。本条主要针对住宅建筑、办公楼使用功能单一的建筑,当数座建筑占地面积总和不大于防火分区最大允许建筑面积时,可以把它视为一座建筑。允许占地面积在2500m²内的建筑成组布置时,考虑到必要的消防车通行和防止火灾蔓延等,要求组内建筑之间的间距尽量不小于4m。组与组、组与周围相邻建筑的间距,仍应按本规范第5.2.2条等有关民用建筑防火间距的要求确定。

5.2.5 对于民用建筑与燃气调压站、液化石油气气化站、混气站和城市液化石油气供应站瓶库等的防火间距,经协商,在现行国家标准《城镇燃气设计规范》GB 50028中进行规定,本规范未再作要求。

5.2.6 本条为强制性条文。对于建筑高度大于100m的民用建筑,由于灭火救援和人员疏散均需建筑周边有相对开阔的场地,因此,建筑高度大于100m的民用建筑与相邻建筑的防火间距,即使按照本规范有关要求可以减小,也不能减小。

5.3 防火分区和层数

5.3.1 本条为强制性条文。防火分区的作用在于发生火灾时,将火势控制在一定的范围内。建筑设计中应合理划分防火分区,以有利于灭火救援、减少火灾损失。

国外有关标准均对建筑的防火分区最大允许建筑面积有相应规定。例如法国高层建筑防火规范规定,I类高层办公建筑每个防火分区的最大允许建筑面积为750m²;德国标准规定高层住宅每隔30m应设置一道防火墙,其他高层建筑每隔40m应设置一道防火墙;日本建筑规范规定每个防火分区的最大允许建筑面积:十层以下部分1500m²,十一层以上部分,根据吊顶、墙体材料的燃烧性能及防火门情况,分别规定为100m²、200m²、500m²;美国规范规定每个防火分区的最大建筑面积为1400m²;苏联的防火标准规定,非单元式住宅的每个防火分区的最大建筑面积为500m²(地下室与此相同)。虽然各国划定防火分区的建筑面积各异,但都是要求在设计中将建筑物的平面和空间以防火墙和防火门、窗等以及楼板分成若干防火区域,以便控制火灾蔓延。

(1)表5.3.1参照国外有关标准、规范资料,根据我国目前的经济水平以及灭火救援能力和建筑防火实际情况,规定了防火分区的最大允许建筑面积。

当裙房与高层建筑主体之间设置了防火墙，且相互间的疏散和灭火设施设置均相对独立时，裙房与高层建筑主体之间的火灾相互影响能受到较好的控制，故裙房的防火分区可以按照建筑高度不大于24m的建筑的要求确定。如果裙房与高层建筑主体间未采取上述措施时，裙房的防火分区要按照高层建筑主体的要求确定。

（2）对于住宅建筑，一般每个住宅单元每层的建筑面积不大于一个防火分区的允许建筑面积，当超过时，仍需要按照本规范要求划分防火分区。塔式和通廊式住宅建筑，当每层的建筑面积大于一个防火分区的允许建筑面积时，也需要按照本规范要求划分防火分区。

（3）设置在地下的设备用房主要为水、暖、电等保障用房，火灾危险性相对较小，且平时只有巡检人员，故将其防火分区允许建筑面积规定为1000m²。

（4）表5.3.1注1中有关设置自动灭火系统的防火分区建筑面积可以增加的规定，参考了美国、英国、澳大利亚、加拿大等国家的有关规范规定，也考虑了主动防火与被动防火之间的平衡。注1中所指局部设置自动灭火系统时，防火分区的增加面积可按该局部面积的一倍计算，应为建筑内某一局部位置与其他部位有防火分隔又需增加防火分区的面积时，可通过设置自动灭火系统的方式提高其消防安全水平的方式来实现，但局部区域包括所增加的面积，均要同时设置自动灭火系统。

（5）体育馆、剧场的观众厅等由于使用需要，往往要求较大面积和较高的空间，建筑也多以单层或2层为主，防火分区的建筑面积可适当增加。但这涉及建筑的综合防火设计问题，设计不能单纯考虑防火分区。因此，为确保这类建筑的防火安全最大限度地提高建筑的消防安全水平，当此类建筑内防火分区的建筑面积为满足功能要求而需要扩大时，要采取相关防火措施，按照国家相关规定和程序进行充分论证。

（6）表5.3.1中"防火分区的最大允许建筑面积"，为每个楼层采用防火墙和楼板分隔的建筑面积，当有未封闭的开口连接多个楼层时，防火分区的建筑面积需将这些相连通的面积叠加计算。防火分区的建筑面积包括各类楼梯间的建筑面积。

5.3.1A　新增条文。本条规定是针对独立建造的老年人照料设施。对于设置在其他建筑内的老年人照料设施或与其他建筑上下组合建造的老年人照料设施，其设置高度和层数也应符合本条的规定，即老年人照料设施部分所在位置的建筑高度或楼层要符合本条的规定。

有关老年人照料设施的建筑高度或层数的要求，既考虑了我国救援能力的有效救援高度，也考虑了老年人照料设施中大部分使用人员行为能力弱的特点。当前，我国消防救援能力的有效救援高度主要为32m和52m，这种状况短时间内难以改变。老年人照料设施中的大部分人员不仅在疏散时需要他人协助，而且随着建筑高度的增加，竖向疏散人数增加，人员疏散更加困难，疏散时间延长等，不利于确保老年人及时安全逃生。当确需建设建筑高度大于54m的建筑时，要在本规范规定的基础上采取更严格的针对性防火技术措施，按照国家有关规定经专项论证确定。

耐火等级低的建筑，其火灾蔓延至整座建筑较快，人员的有效疏散时间和火灾扑救时间短，而老年人行动又较迟缓，故要求此类建筑不应超过2层。

**5.3.2　**本条为强制性条文。建筑内连通上下楼层的开口破坏了防火分区的完整性，会导致火灾在多个区域和楼层蔓延发展。这样的开口主要有：自动扶梯、中庭、敞开楼梯等。中庭等共享空间，贯通数个楼层，甚至从首层直通到顶层，四周与建筑

物各楼层的廊道、营业厅、展览厅或窗口直接连通；自动扶梯、敞开楼梯也是连通上下两层或数个楼层。火灾时，这些开口是火势竖向蔓延的主要通道，火势和烟气会从开口部位侵入上下楼层，对人员疏散和火灾控制带来困难。因此，应对这些相连通的空间采取可靠的防火分隔措施，以防止火灾通过连通空间迅速向上蔓延。

对于本规范允许采用敞开楼梯间的建筑，如5层或5层以下的教学建筑、普通办公建筑等，该敞开楼梯间可以不按上、下层相连通的开口考虑。

对于中庭，考虑到建筑内部形态多样，结合建筑功能需求和防火安全要求，本条对几种不同的防火分隔物提出了一些具体要求。在采取了能防止火灾和烟气蔓延的措施后，一般将中庭单独作为一个独立的防火单元。对于中庭部分的防火分隔物，推荐采用实体墙，有困难时可采用防火玻璃墙，但防火玻璃墙的耐火完整性和耐火隔热性要达到1.00h。当仅采用耐火完整性达到要求的防火玻璃墙时，要设置自动喷水灭火系统对防火玻璃进行保护。自动喷水灭火系统可采用闭式系统，也可采用冷却水幕系统。尽管规范未排除采取防火卷帘的方式，但考虑到防火卷帘在实际应用中存在可靠性不够高等问题，故规范对其耐火极限提出了更高要求。

本条同时要求有耐火完整性和耐火隔热性的防火玻璃墙，其耐火性能采用国家标准《镶玻璃构件耐火试验方法》GB/T 12513中对隔热性镶玻璃构件的试验方法和判定标准进行测定。只有耐火完整性要求的防火玻璃墙，其耐火性能可采用国家标准《镶玻璃构件耐火试验方法》GB/T 12513中对非隔热性镶玻璃构件的试验方法和判定标准进行测定。

设计时应注意，与中庭相通的过厅、通道等处应设置防火门，对于平时需保持开启状态的防火门，应设置自动释放装置使门在火灾时可自行关闭。

本条中，中庭与周围相连通空间的分隔方式，可以多样，部位也可以根据实际情况确定，但要确保能防止中庭周围空间的火灾和烟气通过中庭迅速蔓延。

**5.3.3　**防火分区之间的分隔是建筑内防止火灾在分区之间蔓延的关键防线，因此要采用防火墙进行分隔。如果因使用功能需要不能采用防火墙分隔时，可以采用防火卷帘、防火分隔水幕、防火玻璃或防火门进行分隔，但要认真研究其与防火墙的等效性。因此，要严格控制采用非防火墙进行分隔的开口大小。对此，加拿大建筑规范规定不应大于20m²。我国目前在建筑中大量采用大面积、大跨度的防火卷帘替代防火墙进行水平防火分隔的做法，存在较大消防安全隐患，需引起重视。有关采用防火卷帘进行分隔时的开口宽度要求，见本规范第6.5.3条。

**5.3.4　**本条为强制性条文。本条本身是根据现实情况对商店营业厅、展览建筑的展览厅的防火分区大小所做调整。

当营业厅、展览厅仅设置在多层建筑（包括与高层建筑主体采用防火墙分隔的裙房）的首层，其他楼层用于火灾危险性较营业厅或展览厅小的其他用途，或所在建筑本身为单层建筑时，考虑到人员安全疏散和灭火救援均具有较好的条件，且营业厅和展览厅需与其他功能区域划分为不同的防火分区，分开设置各自的疏散设施，将防火分区的建筑面积调整为10000m²。需要注意的是，这些场所的防火分区的面积尽管增大了，但疏散距离仍应满足本规范第5.5.17条的规定。

当营业厅、展览厅同时设置在多层建筑的首层及其他楼层时，考虑到涉及多个楼层的疏散和火灾蔓延危险，防火分区仍应按照本规范第5.3.1条的规定确定。

当营业厅内设置餐饮场所时，防火分区的建筑面积需要按照民用建筑的其他功能的防火分区要求划分，并要与其他商业

营业厅进行防火分隔。

本条规定了允许营业厅、展览厅防火分区可以扩大的条件，即设置自动灭火系统、火灾自动报警系统，采用不燃或难燃装修材料。该条件与本规范第 8 章的规定和国家标准《建筑内部装修设计防火规范》GB 50222 有关降低装修材料燃烧性能的要求无关，即当按本条要求进行设计时，这些场所不仅要设置自动灭火系统和火灾自动报警系统，装修材料要求采用不燃或难燃材料，且不能低于《建筑内部装修设计防火规范》GB 50222 的要求，而且不能再按照该规范的规定降低材料的燃烧性能。

5.3.5 本条为强制性条文。为最大限度地减少火灾的危害，并参照国外有关标准，结合我国商场内的人员密度和管理等多方面实际情况，对地下商店总建筑面积大于 20000m² 时，提出了比较严格的防火分隔规定，以解决目前实际工程中存在地下商店规模越建越大，并大量采用防火卷帘作防火分隔，以致数万平方米的地下商店连成一片，不利于安全疏散和扑救的问题。本条所指的总建筑面积包括营业面积、储存面积及其他配套服务面积。

同时，考虑到使用的需要，可以采取规范提出的措施进行局部连通。当然，实际中不限于这些措施，也可采用其他等效方式。

5.3.6 本条确定的有顶棚的商业步行街，其主要特征为：零售、餐饮和娱乐等中小型商业设施或商铺通过有顶棚的步行街连接，步行街两端均有开放的出入口并具有良好的自然通风或排烟条件，步行街两侧均为建筑面积较小的商铺，一般不大于 300m²。有顶棚的商业步行街与商业建筑内中庭的主要区别在于：步行街如果没有顶棚，则步行街两侧的建筑就成为相对独立的多座不同建筑，而中庭则不能。此外，步行街两侧的建筑不会因步行街上部设置了顶棚而明显增大火灾蔓延的危险，也不会导致火灾烟气在该空间内明显积聚。因此，其防火设计有别于建筑内的中庭。

为阻止步行街两侧商铺发生的火灾在步行街内沿水平方向或竖直方向蔓延，预防步行街自身空间内发生火灾，确保步行街的顶棚在人员疏散过程中不会垮塌，本条参照两座相邻建筑的要求规定了步行街两侧建筑的耐火等级、两侧商铺之间的距离和商铺围护结构的耐火极限、步行街端部的开口宽度、步行街顶棚材料的燃烧性能以及防止火灾竖向蔓延的要求等。

规范要求步行街的端部各层要尽量不封闭；如需要封闭，则每层均要设置开口或窗口与外界直接连通，不能设置商铺或采用其他方式封闭。因此，要使在端部外墙上开设的门窗洞口的开口面积不小于这一楼层外墙面积的一半，确保其具有良好的自然通风条件。至于要求步行街的长度尽量控制在 300m 以内，主要为防止火灾一旦失控导致过火面积过大；另外，灭火救援时，消防人员必须进入建筑内，但火灾中的烟气大、能见度低，敷设水带距离长也不利于有效供水和消防人员安全进出，故控制这一长度有利于火灾扑救和保证救援人员安全。

与步行街相连的商业设施内一旦发生火灾，要采取措施尽量把火灾控制在着火房间内，限制火势向步行街蔓延。主要措施有：商业设施面向步行街一侧的墙体和门要具有一定的耐火极限，商业设施相互之间采用防火隔墙或防火墙分隔，设置火灾自动报警系统和自动喷水灭火系统。

本条规定的同时要求有耐火完整性和耐火隔热性的防火玻璃墙（包括门、窗），其耐火性能采用国家标准《镶玻璃构件耐火试验方法》GB/T 12513 中对隔热性镶玻璃构件的试验方法和判定标准进行测定。只有耐火完整性要求的防火玻璃墙（包括门、窗），其耐火性能可采用国家标准《镶玻璃构件耐火试验

方法》GB/T 12513 中对非隔热性镶玻璃构件的试验方法和判定标准进行测定。

为确保室内步行街可以作为安全疏散区，该区域内的排烟十分重要。这首先要确保步行街各层楼板上的开口要尽量大，除设置必要的廊道和步行街两侧的连接天桥外，不可以设置其他设施或楼板。本规范总结实际工程建设情况，并为满足防止烟气在各层积聚蔓延的需要，确定了步行街上部各层楼板上的开口率不小于 37%。此外，为确保排烟的可靠性，要求该步行街上部采用自然排烟方式进行排烟；为保证有效排烟，要求在顶棚上设置的自然排烟设施，要尽量采用常开的排烟口，当采用平时需要关闭的常闭式排烟口时，既要设置能在火灾时与火灾自动报警系统联动自动开启的装置，还要设置能人工手动开启的装置。本条确定的自然排烟口的有效开口面积与本规范第 6.4.12 条的规定是一致的。当顶棚上采用自然排烟，而回廊区域采用机械排烟时，要合理设计排烟设施的控制顺序，以保证排烟效果。同时，要尽量加大步行街上部可开启的自然排烟口的面积，如高侧窗或自动开启排烟窗等。

尽管步行街满足规定条件时，步行街两侧商业设施内的人员可以通至步行街进行疏散，但步行街毕竟不是室外的安全区域。因此，比照位于两个安全出口之间的房间的疏散距离，并考虑步行街的空间高度相对较高的特点，规定了通过步行街到达室外安全区域的步行距离。同时，设计时要尽可能将两侧建筑中的安全出口设置在靠外墙部位，使人员不必经过步行街而直接疏散至室外。

5.4 平面布置

5.4.1 民用建筑的功能多样，往往有多种用途或功能的空间布置在同一座建筑内。不同使用功能空间的火灾危险性及人员疏散要求也各不相同，通常要按照本规范第 1.0.4 条的原则进行分隔；当相互间的火灾危险性差别较大时，各自的疏散设施也需尽量分开设置，如商业经营与居住部分。即使一座单一功能的建筑内也可能存在多种用途的场所，这些用途间的火灾危险性也可能各不一样。通过合理组合布置建筑内不同用途的房间以及疏散走道、疏散楼梯间等，可以将火灾危险性大的空间相对集中并方便划分为不同的防火分区，或将这样的空间布置在对建筑结构、人员疏散影响较小的部位等，以尽量降低火灾的危害。设计需结合本规范的防火要求、建筑的功能需要等因素，科学布置不同功能或用途的空间。

5.4.2 本条为强制性条文。民用建筑功能复杂，人员密集，如果内部布置生产车间及库房，一旦发生火灾，极易造成重大人员伤亡和财产损失。因此，本条规定不应在民用建筑内布置生产车间、库房。

民用建筑由于使用功能要求，可以布置部分附属库房。此类附属库房是指直接为民用建筑使用功能服务，在整座建筑中所占面积比例较小，且内部采取了一定防火分隔措施的库房，如建筑中的自用物品暂存库房、档案室和资料室等。

如在民用建筑中存放或销售易燃、易爆物品，发生火灾或爆炸时，后果较严重。因此，对存放或销售这些物品的建筑的设置位置要严格控制，一般采用独立的单层建筑。本条主要规定这些用途的场所不应与其他用途的民用建筑合建，如设置在商业服务网点内、办公楼的下部等，不包括独立设置并经营、存放或使用此类物品的建筑。

5.4.3 本条为强制性条文。本条规定主要为保证人员疏散安全和便于火灾扑救。甲、乙类火灾危险性物品，极易燃烧、难以扑救，故严格规定营业厅、展览厅不得经营、展示，仓库不得储存此类物品。

5.4.4 本条第1～4款为强制性条款。

儿童的行为能力均较弱，需要其他人协助进行疏散，故将本条规定作为强制性条文。本条中有关布置楼层和安全出口或疏散楼梯的设置要求，均为便于火灾时快速疏散人员。

有关儿童活动场所的防火设计要求在我国现行行业标准《托儿所、幼儿园建筑设计规范》JGJ 39中也有部分规定。

本条规定中的"儿童活动场所"主要指设置在建筑内的儿童游乐厅、儿童乐园、儿童培训班、早教中心等类似用途的场所。这些场所与其他功能的场所混合建造时，不利于火灾时儿童疏散和灭火救援，应严格控制。托儿所、幼儿园或老年人活动场所等设置在高层建筑内时，一旦发生火灾，疏散更加困难，要进一步提高疏散的可靠性，避免与其他楼层和场所的疏散人员混合，故规范要求这些场所的安全出口和疏散楼梯要完全独立于其他场所，不与其他场所内的疏散人员共用，而仅供托儿所、幼儿园等的人员疏散用。

5.4.4A 新增条文。为有利于火灾时老年人的安全疏散，降低因多种不同功能的场所混合设置所增加的火灾危险，老年人照料设施要尽量独立建造。

与其他建筑组合建造时，不仅要求符合本规范第1.0.4条、第5.4.2条的规定，而且要相同功能集中布置。对于与其他建筑贴邻建造的老年人照料设施，因按独立建造的老年人照料设施考虑，因此要采用防火墙相互分隔，并要满足消防车道和救援场地的相关设置要求。对于与其他建筑上、下组合的老年人照料设施，除要按规定进行分隔外，对于新建和扩建建筑，应该有条件将安全出口全部独立设置；对于部分改建建筑，受建筑内上、下使用功能和平面布置等条件的限制时，要尽量将老年人照料设施部分的疏散楼梯或安全出口独立设置。

5.4.4B 新增条文。本条为强制性条文。本条老年人照料设施中的老年人公共活动用房指用于老年人集中休闲、娱乐、健身等用途的房间，如公共休息室、阅览或网络室、棋牌室、书画室、健身房、教室、公共餐厅等，老年人生活用房指用于老年人起居、住宿、洗漱等用途的房间，康复与医疗用房指用于老年人诊疗与护理、康复治疗等用途的房间或场所。

要求建筑面积大于200m²或使用人数大于30人的老年人公共活动用房设置在建筑的一、二、三层，可以方便聚集的人员在火灾时快速疏散，且不影响其他楼层的人员向地面进行疏散。

5.4.5 本条为强制性条文。病房楼内的大多数人员行为能力受限，比办公楼等公共建筑的火灾危险性高。根据近些年的医院火灾情况，在按照规范要求划分防火分区后，病房楼的每个防火分区还需结合护理单元根据面积大小和疏散路线做进一步的防火分隔，以便将火灾控制在更小的区域内，并有效地减小烟气的危害，为人员疏散与灭火救援提供更好的条件。

病房楼内每个护理单元的建筑面积，不同地区、不同类型的医院差别较大，一般每个护理单元的护理床位数为40床～60床，建筑面积约1200m²～1500m²，个别达2000m²，包括护士站、重症监护室和活动间等。因此，本条要求按护理单元再做防火分隔，没有按建筑面积进行规定。

5.4.6 本条为强制性条文。学校、食堂、菜市场等建筑，均系人员密集场所、人员组成复杂，故建筑耐火等级较低时，其层数不宜过多，以利人员安全疏散。这些建筑原则上不应采用四级耐火等级的建筑，但我国地域广大，部分经济欠发达地区以及建筑面积小的此类建筑，允许采用四级耐火等级的单层建筑。

5.4.7 剧院、电影院和礼堂均为人员密集场所，人群组成复杂，安全疏散需要重点考虑。当设置在其他建筑内时，考虑到这些场所在使用时，人员通常集中精力于观演等某件事情中，对周围火灾可能难以及时知情，在疏散时与其他场所的人员也可能混合。因此，要采用防火隔墙将这些场所与其他场所分隔，疏散楼梯尽量独立设置，不能完全独立设置时，也至少要保证一部疏散楼梯，仅供该场所使用，不与其他用途的场所或楼层共用。

5.4.8 在民用建筑内设置的会议厅（包括宴会厅）等人员密集的厅、室，有的设在接近建筑的首层或较低的楼层，有的设在建筑的上部或顶层。设置在上部或顶层的，会给灭火救援和人员安全疏散带来很大困难。因此，本条规定会议厅等人员密集的厅、室尽可能布置在建筑的首层、二层或三层，使人员能在短时间内安全疏散完毕，尽量不与其他疏散人群交叉。

5.4.9 本条第1、4、5、6款为强制性条款。本规范所指歌舞娱乐放映游艺场所为歌厅、舞厅、录像厅、夜总会、卡拉OK厅和具有卡拉OK功能的餐厅或包房、各类游艺厅、桑拿浴室的休息室和具有桑拿服务功能的客房、网吧等场所，不包括电影院和剧场的观众厅。

本条中的"厅、室"，是指歌舞娱乐放映游艺场所中相互分隔的独立房间，如卡拉OK的每间包房、桑拿浴的每间按摩房或休息室，这些房间是独立的防火分隔单元，即需采用耐火极限不低于2.00h的墙体和1.00h的楼板与其他单元或场所分隔，疏散门为耐火极限不低于乙级的防火门。单元之间或与其他场所之间的分隔构件上无任何门窗洞口，每个厅室的最大建筑面积限定在200m²，即使设置自动喷水灭火系统，面积也不能增加，以便将火灾限制在该房间内。

当前，有些采用上述分隔方式将多个小面积房间组合在一起且建筑面积小于200m²，并看作一个厅室的做法，不符合本条规定的要求。

5.4.10 本条第1、2款为强制性条款。本条规定为防止其他部分的火灾和烟气蔓延至住宅部分。

住宅建筑的火灾危险性与其他功能的建筑有较大差别，一般需独立建造。当将住宅与其他功能场所空间组合在同一座建筑内时，需在水平与竖向采取防火分隔措施与住宅部分分隔，并使各自的疏散设施相互独立，互不连通。在水平方向，一般应采用无门窗洞口的防火墙分隔；在竖向，一般采用楼板分隔并在建筑立面开口位置的上下楼层分隔处采用防火挑檐、窗间墙等防止火灾蔓延。

防火挑檐是防止火灾通过建筑外部在建筑的上、下层间蔓延的构造，需要满足一定的耐火性能要求。有关建筑的防火挑檐和上下层窗间墙的要求，见本规范第6.2.5条。

本条中的"建筑的总高度"，为建筑中住宅部分与住宅外的其他使用功能部分组合后的最大高度。"各自的建筑高度"，对于建筑中其他使用功能部分，其高度为室外设计地面至其最上一层顶板或屋面面层的高度；住宅部分的高度为可供住宅部分的人员疏散和满足消防车停靠与灭火救援的室外设计地面（包括屋面、平台）至住宅部分屋面面层的高度。有关建筑高度的具体计算方法见本规范的附录A。

本条第3款确定的设计原则为：住宅部分的安全疏散楼梯、安全出口和疏散门的布置与设置要求，室内消火栓系统、火灾自动报警系统等的设置，可以根据住宅部分的建筑高度，按照本规范有关住宅建筑的要求确定，但住宅部分疏散楼梯间内防烟与排烟系统的设置应根据该建筑的总高度确定；非住宅部分的安全疏散楼梯、安全出口和疏散门的布置与设置要求，防火分区划分，室内消火栓系统、自动灭火系统、火灾自动报警系统和防排烟系统等的设置，可以根据非住宅部分的建筑高度，按照本规范有关公共建筑的要求确定。该建筑与邻近建筑的防火间距、消防车道和救援场地的布置、室外消防给水系统设置、室外消防用水量计算、消防电源的负荷等级确定等，需要根据该建筑的总高度和本规范第5.1.1条有关建筑的分类要求，按照公共建筑的要求确定。

5.4.11 本条为强制性条文。本条结合商业服务网点的火灾危险性，确定了设置商业服务网点的住宅建筑中各自部分的防火要求，有关防火分隔的做法参见第5.4.10条的说明。设有商业服务网点的住宅建筑仍可按照住宅建筑定性来进行防火设计，住宅部分的设计要求要根据该建筑的总高度来确定。

对于单层的商业服务网点，当建筑面积大于200m²时，需设置2个安全出口。对于2层的商业服务网点，当首层的建筑面积大于200m²时，首层需设置2个安全出口，二层可通过1部楼梯到达首层。当二层的建筑面积大于200m²时，二层需设置2部楼梯，首层需设置2个安全出口；当二层设置1部楼梯时，二层需增设1个通向公共疏散走道的疏散门且疏散走道可通过公共楼梯到达室外，首层可设置1个安全出口。

商业服务网点每个分隔单元的建筑面积不大于300m²，为避免进深过大，不利于人员安全疏散，本条规定了单元内的疏散距离，如对于一、二级耐火等级的情况，单元内的疏散距离不大于22m。当商业服务网点为2层时，该疏散距离为二层任一点到达室内楼梯，经楼梯到达首层，然后到室外的距离之和，其中室内楼梯的距离按其水平投影长度的1.50倍计算。

5.4.12 本条为强制性条文。本条规定了民用燃油、燃气锅炉房，油浸变压器室，充有可燃油的高压电容器，多油开关等的平面布置要求。

（1）我国目前生产的锅炉，其工作压力较高（一般为1kg/cm²～13kg/cm²），蒸发量较大（1t/h～30t/h），如安全保护设备失灵或操作不慎等原因都有导致发生爆炸的可能，特别是燃油、燃气的锅炉，容易发生燃烧爆炸，设计要尽量单独设置。

由于建筑所需锅炉的蒸发量越来越大，而锅炉在运行过程中又存在较大火灾危险，发生火灾后的危害也较大，因而应严格控制。对此，原国家劳动部制定的《蒸汽锅炉安全技术监察规程》和《热水锅炉安全技术监察规程》对锅炉的蒸发量和蒸汽压力规定：设在多层或高层建筑的半地下室或首层的锅炉房，每台蒸汽锅炉的额定蒸发量必须小于10t/h，额定蒸汽压力必须小于1.6MPa；设在多层或高层建筑的地下室、中间楼层或顶层的锅炉房，每台蒸汽锅炉的额定蒸发量不应大于4t/h，额定蒸汽压力不应大于1.6MPa，必须采用油或气体做燃料或电加热的锅炉；设在多层或高层建筑的地下室、半地下室、首层或顶层的锅炉房，热水锅炉的额定出口热水温度不应大于95℃并有超温报警装置，用时必须装设可靠的点火程序控制和熄火保护装置。在现行国家标准《锅炉房设计规范》GB 50041中也有较详细的规定。

充有可燃油的高压电容器、多油开关等，具有较大的火灾危险性，但干式或其他无可燃液体的变压器火灾危险性小，不易发生爆炸，故本条文未作限制。但干式变压器工作时易升温，温度升高易着火，故应在专用房间内做好室内通风排烟，并应有可靠的降温散热措施。

（2）燃油、燃气锅炉房，油浸变压器室，充有可燃油的高压电容器、多油开关等受条件限制不得不布置在其他建筑内时，需采取相应的防火安全措施。锅炉具有爆炸危险，不允许设置在居住建筑和公共建筑中人员密集场所的上面、下面或贴邻。

目前，多数手烧锅炉已被快装锅炉代替，并且逐步被燃气锅炉替代。在实际中，快装锅炉的火灾后果更严重，不应布置在地下室、半地下室等对建筑危害严重且不易扑救的部位。对于燃气锅炉，由于燃气的火灾危险性大，为防止燃气积聚在室

内而产生火灾或爆炸隐患，故规定相对密度（与空气密度的比值）大于或等于0.75的燃气不得设置在地下及半地下建筑（室）内。

油浸变压器由于存有大量可燃油品，发生故障产生电弧时，将使变压器内的绝缘油迅速发生热分解，析出氢气、甲烷、乙烯等可燃气体，压力骤增，造成外壳爆裂而大量喷油，或者析出的可燃气体与空气混合形成爆炸性混合物，在电弧或火花的作用下极易引起燃烧爆炸。变压器爆裂后，火势将随高温变压器油的流淌而蔓延，容易形成大范围的火灾。

（3）本条第8款规定了锅炉、变压器、电容器和多油开关等房间设置灭火设施的要求，对于容量大、规模大的多层建筑以及高层建筑，需设置自动灭火系统。对于按照规范要求设置自动喷水灭火系统的建筑，建筑内设置的燃油、燃气锅炉房等房间也要相应地设置自动喷水灭火系统。对于未设置自动喷水灭火系统的建筑，可以设置推车式ABC干粉灭火器或气体灭火器，如规模较大，则可设置水喷雾、细水雾或气体灭火系统等。

本条中的"直通室外"，是指疏散门不经过其他用途的房间或空间直接开向室外或疏散门靠近室外出口，只经过一条距离较短的疏散走道直接到达室外。

（4）本条中的"人员密集场所"，既包括我国《消防法》定义的人员密集场所，也包括会议厅等人员密集的场所。

5.4.13 本条第2、3、4、5、6款为强制性条款。柴油发电机是建筑内的备用电源，柴油发电机房需要具有较高的防火性能，使之能在应急情况下保证发电。同时，柴油发电机本身及其储油设施也具有一定的火灾危险性。因此，应将柴油发电机房与其他部位进行良好的防火分隔，还要设置必要的灭火和报警设施。对于柴油发电机房内的灭火设施，应根据发电机组的大小、数量、用途等实际情况确定，有关灭火设施选型参见第5.4.12条的说明。

柴油储油间和室外储油罐的进出油路管道的防火设计应符合本规范第5.4.14条、第5.4.15条的规定。由于部分柴油的闪点可能低于60°，因此，需要设置在建筑内的柴油设备或柴油储罐，柴油的闪点不应低于60°。

5.4.14 目前，民用建筑中使用柴油等可燃液体的用量越来越大，且设置此类燃料的锅炉、直燃机、发电机的建筑也越来越多。因此，有必要在规范中予以明确。为满足使用需要，规定允许储存量小于或等于15m³的储罐靠建筑外墙就近布置。否则，应按照本规范第4.2节的有关规定进行设计。

5.4.15 本条第1、2款为强制性条款。建筑内的可燃液体、可燃气体发生火灾时应首先切断其燃料供给，才能有效防止火势扩大，控制油品流散和可燃气体扩散。

5.4.16 鉴于可燃气体的火灾危险性大和高层建筑运输不便，运输中也会导致危险因素增加，如用电梯运输气瓶，一旦可燃气体漏入电梯井，容易发生爆炸等事故，故要求高层民用建筑内使用可燃气体作燃料的部位，应采用管道集中供气。

燃气灶、开水器等燃气设备或其他使用可燃气体的房间，当设备管道损坏或操作有误时，往往漏出大量可燃气体，达到爆炸浓度时，遇到明火就会引起燃烧爆炸，为了便于泄压和降低爆炸对建筑其他部位的影响，这些房间宜靠外墙设置。

燃气供给管道的敷设及应急切断阀的设置，在国家标准《城镇燃气设计规范》GB 50028中已有规定，设计应执行该规范的要求。

5.4.17 本条第1、2、3、4、5款为强制性条款。本条规定主要针对建筑或单位自用，如宾馆、饭店等建筑设置的集中瓶装液

化石油气储瓶间,其容量一般在10瓶以上,有的达30瓶～40瓶(50kg/瓶)。本条是在总结各地实践经验和参考国外资料、规定的基础上,与现行国家标准《城镇燃气设计规范》GB 50028协商后确定的。对于本条未做规定的其他要求,应符合现行国家标准《城镇燃气设计规范》GB 50028的规定。

在总出气管上设置紧急事故自动切断阀,有利于防止发生更大的事故。在液化石油气储瓶间内设置可燃气体浓度报警装置,采用防爆型电器,可有效预防因接头或阀门密封不严漏气而发生爆炸。

5.5 安全疏散和避难

Ⅰ 一般要求

5.5.1 建筑的安全疏散和避难设施主要包括疏散门、疏散走道、安全出口或疏散楼梯(包括室外楼梯)、避难走道、避难间或避难层、疏散指示标志和应急照明,有时还要考虑疏散诱导广播等。

安全出口和疏散门的位置、数量、宽度,疏散楼梯的形式和疏散距离,避难区域的防火保护措施,对于满足人员安全疏散至关重要。而这些与建筑的高度、楼层或一个防火分区、房间的大小及内部布置、室内空间高度和可燃物的数量、类型等关系密切。设计时应区别对待,充分考虑区域内使用人员的特性,结合上述因素合理确定相应的疏散和避难设施,为人员疏散和避难提供安全的条件。

5.5.2 对于安全出口和疏散门的布置,一般要使人员在建筑着火后能有多个不同方向的疏散路线可供选择和疏散,要尽量将疏散出口均匀分散布置在平面上的不同方位。如果两个疏散出口之间距离太近,在火灾中实际上只能起到1个出口的作用,因此,国外有关标准还规定同一房间最近2个疏散出口与室内最远点的夹角不应小于45°。这在工程设计时要注意把握。对于面积较小的房间或防火分区,符合一定条件时,可以设置1个出口,有关要求见本规范第5.5.8条和5.5.15条等条文的规定。

相邻出口的间距是根据我国实际情况并参考国外有关标准确定的。目前,在一些建筑设计中存在安全出口不合理的现象,降低了火灾时出口的有效疏散能力。英国、新加坡、澳大利亚等国家的建筑规范对相邻出口的间距均有较严格的规定。如法国《公共建筑物安全防火规范》规定:2个疏散门之间相距不应小于5m;澳大利亚《澳大利亚建筑规范》规定:公众聚集场所内2个疏散门之间的距离不应小于9m。

5.5.3 将建筑的疏散楼梯通至屋顶,可使人员多一条疏散路径,有利于人员及时避难和逃生。因此,有条件时,如屋面为平屋面或具有连通相邻两楼梯间的屋面通道,均要尽量将楼梯间通至屋面。楼梯间通屋面的门要易于开启,同时门也要向外开启,以利于人员的安全疏散。特别是住宅建筑,当只有1部疏散楼梯时,如楼梯间未通至屋面,人员在火灾时一般就只有竖向一个方向疏散路径,这会对人员的疏散安全造成较大危害。

5.5.4 本条规定要求在计算民用建筑的安全出口数量和疏散宽度时,不能将建筑中设置的自动扶梯和电梯的数量和宽度计算在内。

建筑内的自动扶梯处于敞开空间,火灾时容易受到烟气的侵袭,且梯段坡度和踏步高度与疏散楼梯的要求有较大差异,难以满足人员安全疏散的需要,故设计不能考虑其疏散能力。对此,美国《生命安全规范》NFPA 101也规定:自动扶梯与自动人行道不应视作规范中规定的安全疏散通道。

对于普通电梯,火灾时动力将被切断,且普通电梯不防烟、不防火、不防水,若火灾时作为人员的安全疏散设施是不安全的。世界上大多数国家,在电梯的警示牌中几乎都规定电梯在火灾情况下不能使用,火灾时人员疏散只能使用楼梯,电梯不能用作疏散设施。另外,从国内外已有的研究成果看,利用电梯进行应急疏散是一个十分复杂的问题,不仅涉及建筑和设备本身的设计问题,而且涉及火灾时的应急管理和电梯的安全使用问题,不同应用场所之间有很大差异,必须分别进行专门考虑和处理。

消防电梯在火灾时如供人员疏散使用,需要配套多种管理措施,目前只能由专业消防救援人员控制使用,且一旦进入应急控制程序,电梯的楼层呼唤按钮将不起作用,因此消防电梯也不能计入建筑的安全出口。

5.5.5 本条是对地下、半地下建筑或建筑内的地下、半地下室可设置一个安全出口或疏散门的通用条文。除本条规定外的其他情况,地下、半地下建筑或地下、半地下室的安全出口或疏散楼梯,其中一个防火分区的安全出口以及一个房间的疏散门,均不应少于2个。

考虑到设置在地下、半地下的设备间使用人员较少,平常只有检修、巡查人员,因此本条规定,当其建筑面积不大于200m²时,可设置1个安全出口或疏散门。

5.5.6 受用地限制,在建筑内布置汽车库的情况越来越普遍,但设置在汽车库内与建筑其他部分相连通的电梯、楼梯间等竖井也为火灾和烟气的竖向蔓延提供了条件。因此,需采取设置带防火门的电梯候梯厅、封闭楼梯间或防烟楼梯间等措施将汽车库与楼梯间和电梯竖井进行分隔,以阻止火灾和烟气蔓延。对于地下部分疏散楼梯间的形式,本规范第6.4.4条已有规定,但设置在建筑的地上或地下汽车库内、与其他部分相通且不用作疏散用的楼梯间,也要按照防止火灾上下蔓延的要求,采用封闭楼梯间或防烟楼梯间。

5.5.7 本条规定的防护挑檐,主要为防止建筑上部坠落物对人体产生伤害,保护从首层出口疏散出来的人员安全。防护挑檐可利用防火挑檐,与防火挑檐不同的是,防护挑檐只需满足人员在疏散和灭火救援过程中的人身防护要求,一般设置在建筑首层出入口门的上方,不需具备与防火挑檐一样的耐火性能。

Ⅱ 公共建筑

5.5.8 本条为强制性条文。本条规定了公共建筑设置安全出口的基本要求,包括地下建筑和半地下建筑或建筑的地下室。

由于在实际执行规范时,普遍认为安全出口和疏散门不易分清楚。为此,本规范在不同条文做了区分。疏散门是房间直接通向疏散走道的房门、直接开向疏散楼梯间的门(如住宅的户门)或室外的门,不包括套间内的隔间门或住宅套内的房间门;安全出口是直接通向室外的房门或直接通向室外疏散楼梯、室内的疏散楼梯间及其他安全区的出口,是疏散门的一个特例。

本条中的医疗建筑不包括无治疗功能的休养性质的疗养院,这类疗养院要按照旅馆建筑的要求确定。

根据本规范在执行过程中的反馈意见,此次修订将可设置一部疏散楼梯的公共建筑的每层最大建筑面积和第二、三层的人数之和,比照可设置一个安全出口的单层建筑和可设置一个疏散门的房间的条件进行了调整。

5.5.9 本条规定了建筑内的防火分区利用相邻防火分区进行疏散时的基本要求。

(1)建筑内划分防火分区后,提高了建筑的防火性能。当其中一个防火分区发生火灾时,不致快速蔓延至更大的区域,使得非着火的防火分区在某种程度上能起到临时安全区的作用。因此，当人员需要通过相邻防火分区疏散时，相邻两个防火分区之间要严格采用防火墙分隔，不能采用防火卷帘、防火分隔水幕等措施替代。

（2）本条要求是针对某一楼层内中少数防火分区内的部分安全出口，因平面布置受限不能直接通向室外的情形。某一楼层内个别防火分区直通室外的安全出口的疏散宽度不足或其中局部区域的安全疏散距离过长时，可将通向相邻防火分区的甲级防火门作为安全出口，但不能大于该防火分区所需总疏散净宽度的30%。显然，当人员从着火区进入非着火的防火分区后，将会增加该区域的人员疏散时间，因此，设计除需保证相邻防火分区的疏散宽度符合规范要求外，还需要增加该防火分区的疏散宽度以满足增加人员的安全疏散需要，使整个楼层的总疏散宽度不减少。

此外，为保证安全出口的布置和疏散宽度的分布更加合理，规定了一定面积的防火分区最少应具备的直通室外的安全出口数量。计算时，不能将利用通向相邻防火分区的安全出口宽度计算在楼层的总疏散宽度内。

（3）考虑到三、四级耐火等级的建筑，不仅建筑规模小、建筑耐火性能低，而且火灾蔓延也快，故本规范不允许三、四级耐火等级的建筑借用相邻防火分区进行疏散。

5.5.10 本条规定是对于楼层面积比较小的高层公共建筑，在难以按本规范要求间隔5m设置2个安全出口时的变通措施。本条规定房间疏散门到安全出口的距离小于10m，主要为限制楼层的面积。

由于剪刀楼梯是垂直方向的两个疏散通道，两梯段之间如没有隔墙，则两条通道处在同一空间内。如果其中一个楼梯间进烟，会使这两个楼梯间的安全都受到影响。为此，不同楼梯之间应设置分隔墙，且分别设置前室，使之成为各自独立的空间。

5.5.11 本条规定是参照公共建筑设置一个疏散楼梯的条件确定的。据调查，有些办公、教学或科研等公共建筑，往往要在屋顶部分局部高出1层～2层，用作会议室、报告厅等。

5.5.12 本条为强制性条文。本规定是要保障人员疏散的安全，使疏散楼梯能在火灾时防火，不积聚烟气。高层建筑中的疏散楼梯如果不能可靠封闭，火灾时存在烟囱效应，使烟气在短时间里就能经过楼梯向上部扩散，并蔓延至整幢建筑物，威胁疏散人员的安全。随着烟气的流动也大大地加快了火势的蔓延。因此，高层建筑内疏散楼梯间的安全性要求较多层建筑高。

5.5.13 本条为强制性条文。对于多层建筑，在我国华东、华南和西南部分地区，采用敞开式外廊的集体宿舍、教学、办公等建筑，其中与敞开式外廊相连通的楼梯间，由于具有较好的防止烟气进入的条件，可以不设置封闭楼梯间。

本条规定需要设置封闭楼梯间的建筑，无论其楼层面积多大均要考虑采用封闭楼梯间，而与该建筑通过楼梯间连通的楼层的总建筑面积是否大于一个防火分区的最大允许建筑面积无关。

对应设置封闭楼梯间的建筑，其底层楼梯间可以适当扩大封闭范围。所谓扩大封闭楼梯间，就是将楼梯间的封闭范围扩大，如图5所示。因为一般公共建筑首层入口处的楼梯往往比较宽大开敞，而且和门厅的空间合为一体，使得楼梯间的封闭范围变大。对于不需采用封闭楼梯间的公共建筑，其首层门厅内的主楼梯如不计入疏散设计需要总宽度之内，可不设置楼梯间。

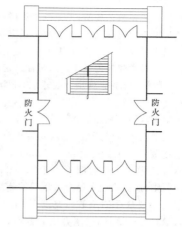

图5　扩大封闭楼梯间示意图

由于剧场、电影院、礼堂、体育馆属于人员密集场所，楼梯间的人流量较大，使用者大都不熟悉内部环境，且这类建筑多为单层，因此规定中未规定剧场、电影院、礼堂、体育馆的室内疏散楼梯应采用封闭楼梯间。但当这些场所与其他功能空间组合在同一座建筑内时，则其疏散楼梯的设置形式应按其中要求最高者确定，或按该建筑的主要功能确定。如电影院设置在多层商店建筑内，则需要按多层商店建筑的要求设置封闭楼梯间。

本条第1、3款中的"类似使用功能的建筑"是指设置有本款前述用途场所的建筑或建筑的使用功能与前述建筑或场所类似。

5.5.13A 新增条文。疏散楼梯或疏散楼梯间与敞开式外廊相连通，具有较好的防止烟气进入的条件，有利于老年人的安全疏散。封闭楼梯间或防烟楼梯间可为人员疏散提供较安全的疏散环境，有更长的时间可供老年人安全疏散。老年人照料设施要尽量设置与疏散或避难场所直接连通的室外走廊，为老年人在火灾时提供更多的安全疏散路径。对于需要封闭的外走廊，则要具备在火灾时可以与火灾报警系统或其他方式联动自动开启外窗的功能。

当老年人照料设施设置在其他建筑内或与其他建筑组合建造时，本条中"建筑高度大于24m的老年人照料设施"，包括老年人照料设施部分的全部或部分楼层的楼地面距离该建筑室外设计地面大于24m的老年人照料设施。

建筑高度的增加会显著影响老年人照料设施内人员的疏散和外部的消防救援，对于建筑高度大于32m的老年人照料设施，要求在室内疏散走道满足人员安全疏散要求的情况下，在外墙部位再增设能连通老年人居室和公共活动场所的连廊，以提供更好的疏散、救援条件。

5.5.14 建筑内的客货电梯一般不具备防烟、防火、防水性能，电梯井在火灾时可能会成为加速火势蔓延扩大的通道，而营业厅、展览厅、多功能厅等场所是人员密集、可燃物质较多的空间，火势蔓延、烟气填充速度较快。因此，应尽量避免将电梯井直接设置在这些空间内，要尽量设置电梯或设置在公共走道内，并设置候梯厅，以减小火灾和烟气的影响。

5.5.15 本条为强制性条文。疏散门的设置原则与安全出口的设置原则基本一致，但由于房间大小与防火分区的大小差别较大，因而具体的设置要求有所区别。

本条第1款规定可设置1个疏散门的房间的建筑面积，是根据托儿所、幼儿园的活动室和中小学校的教室的面积要求确定的。袋形走道，是只有一个疏散方向的走道，因而位于袋形走道两侧的房间，不利于人员的安全疏散，但与位于走道尽端的房间仍有所区别。

对于歌舞娱乐放映游艺场所,无论位于袋形走道或两个安全出口之间还是位于走道尽端,不符合本条规定条件的房间均需设置2个及以上的疏散门。对于托儿所、幼儿园、老年人照料设施、医疗建筑、教学建筑内位于走道尽端的房间,需要设置2个及以上的疏散门;当不能满足此要求时,不能将此类用途的房间布置在走道的尽端。

5.5.16 本条第1款为强制性条款。

本条有关疏散门数量的规定,是以人员从一、二级耐火等级建筑的观众厅疏散出去的时间不大于2min,从三级耐火等级建筑的观众厅疏散出去的时间不大于1.5min为原则确定的。根据这一原则,规范规定了每个疏散门的疏散人数。据调查,剧场、电影院等观众厅的疏散门宽度多在1.65m以上,即可通过3股疏散人流。这样,一座容纳人数不大于2000人的剧场或电影院,如果池座和楼座的每股人流通过能力按40人/min计算(池座平坡地面按43人/min,楼座阶梯地面按37人/min),则250人需要的疏散时间为250/(3×40)=2.08(min),与规定的控制疏散时间基本吻合。同理,如果剧场或电影院的容纳人数大于2000人,则大于2000人的部分,每个疏散门的平均人数按不大于400人考虑。这样,对于整个观众厅,每个疏散门的平均疏散人数就会大于250人,此时如果按照疏散门的通行能力,计算出的疏散时间超过2min,则要增加每个疏散门的宽度。在这里,设计仍要注意掌握和合理确定每个疏散门的人流通行股数和控制疏散时间的协调关系。如一座容纳人数为2400人的剧场,按规定需要的疏散门数量为:2000/250+400/400=9(个),则每个疏散门的平均疏散人数为:2400/9≈267(人),按2min控制疏散时间计算出每个疏散门所需通过的人流股数为:267/(2×40)≈3.3(股)。此时,一般宜按4股通行能力来考虑设计疏散门的宽度,即采用4×0.55=2.2(m)较为合适。

实际工程设计可根据每个疏散门平均负担的疏散人数,按上述办法对每个疏散门的宽度进行必要的校核和调整。

体育馆建筑的耐火等级均为一、二级,观众厅内人员的疏散时间依据不同容量按3min～4min控制,观众厅每个疏散门的平均疏散人数要求一般不能大于400人～700人。如一座一、二级耐火等级、容量为8600人的体育馆,如果观众厅设计14个疏散门,则每个疏散门的平均疏散人数为8600/14≈614(人)。假设每个疏散门的宽度为2.2m(即4股人流所需宽度),则通过每个疏散门需要的疏散时间为614/(4×37)≈4.15(min),大于3.5min,不符合规范要求。因此,应考虑增加疏散门的数量或加大疏散门的宽度。如果采取增加出口的数量的办法,将疏散门增加到18个,则每个疏散门的平均疏散人数为8600/18≈478(人)。通过每个疏散门需要的疏散时间则缩短为478/(4×37)≈3.23(min),不大于3.5min,符合要求。

体育馆的疏散设计,要注意将观众厅疏散门的数量与观众席位的连续排数和每排的连续座位数联系起来综合考虑。如图6所示,一个观众席位区,观众通过两侧的2个出口进行疏散,其中共有可供4股人流通行的疏散走道。若规定出观众厅的疏散时间为3.5min,则该席位区最多容纳的观众席位数为4×37×3.5=518(人)。在这种情况下,疏散门的宽度就不应小于2.2m;而观众席位区的连续排数如定为20排,则每一排的连续座位就不宜大于518/20≈26(个)。如果一定要增加连续座位数,就必须相应加大疏散走道和疏散门的宽度。否则,就会违反"来去相等"的设计原则。

图6 席位区示意图

体育馆的室内空间体积比较大,火灾时的火场温度上升速度和烟雾浓度增加速度,要比在剧场、电影院、礼堂等的观众厅内的发展速度慢。因此,可供人员安全疏散的时间也较长。此外,体育馆观众厅内部装修用的可燃材料较剧场、电影院、礼堂的观众厅少,其火灾危险性也较这些场所小。但体育馆观众厅内的容纳人数较剧场、电影院、礼堂的观众厅要多很多,往往是后者的几倍,甚至十几倍。在疏散设计上,由于受座位排列和走道布置等技术和经济因素的制约,使得体育馆观众厅每个疏散门平均负担的疏散人数要比剧场和电影院的多。此外,体育馆观众厅的面积比较大,观众厅内最远处的座位至最近疏散门的距离,一般也都比剧场、电影院的要大。体育馆观众厅的地面形式多为阶梯地面,导致人员行走速度也较慢,这些必然会增加人员所需的安全疏散时间。因此,体育馆如果按剧场、电影院、礼堂的规定进行设计,困难会比较大,并且容纳人数越多、规模越大越困难,这在本规范确定相应的疏散设计要求时,做了区别。其他防火要求还应符合国家现行行业标准《体育建筑设计规范》JGJ 31的规定。

5.5.17 本条为强制性条文。本条规定了公共建筑内安全疏散距离的基本要求。安全疏散距离是控制安全疏散设计的基本要素,疏散距离越短,人员的疏散过程越安全。该距离的确定既要考虑人员疏散的安全,也要兼顾建筑功能和平面布置的要求,对不同火灾危险性场所和不同耐火等级建筑有所区别。

(1)建筑的外廊敞开时,其通风排烟、采光、降温等方面的情况较好,对安全疏散有利。本条表5.5.17注1对设有敞开式外廊的建筑的有关疏散距离要求作了调整。

注3考虑到设置自动喷水灭火系统的建筑,其安全性能有所提高,也对这些建筑或场所内的疏散距离作了调整,可按规定增加25%。

本表的注是针对各种情况对表中规定值的调整,对于一座全部设置自动喷水灭火系统的建筑,且符合注1或注2的要求时,其疏散距离是按照注3的规定增加后,再进行增减。如一设有敞开式外廊的多层办公楼,当未设置自动喷水灭火系统时,其位于两个安全出口之间的房间疏散门至最近安全出口的疏散距离为40+5=45(m);当设有自动喷水灭火系统时,该疏散距离可为40×(1+25%)+5=55(m)。

(2)对于建筑首层为火灾危险性小的大厅,该大厅与周围办公、辅助商业等其他区域进行了防火分隔时,可以在首层将该大厅扩大为楼梯间的一部分。考虑到建筑层数不大于4层的建筑内部垂直疏散距离相对较短,当楼层数不大于4层时,楼梯间到达首层后可通过15m的疏散走道到达直通室外的安全出口。

(3)有关建筑内观众厅、营业厅、展览厅等的内部最大疏散距离要求,参照了国外有关标准规定,并考虑了我国的实际情况。如美国相关建筑规范规定,在集会场所的大空间中从房间最远点至安全出口的步行距离为61m,设置自动喷水灭火系统后可增加25%。英国建筑规范规定,在开敞办公室、商店和商业用房中,如有多个疏散方向时,从最远点至安全出口的直线距离不应大于30m,直线行走距离不应大于45m。我国台湾地区的建筑技术规则规定:戏院、电影院、演艺场、歌厅、集会堂、观览场以及其他类似用途的建筑物,自楼面居室之任一点至楼梯口之步行距离不应大于30m。

本条中的"观众厅、展览厅、多功能厅、餐厅、营业厅等"场所,包括开敞式办公区、会议报告厅、宴会厅、观演建筑的序厅、体育建筑的入场等候与休息厅等,不包括用作舞厅和娱乐场所的多功能厅。

本条第4款中有关设置自动灭火系统时的疏散距离,当需采用疏散走道连接营业厅等场所的安全出口时,可以按室内最远点至最近疏散门的距离、该疏散走道的长度分别增加25%。条文中的"该场所"包括连接的疏散走道。如:当某营业厅需采用疏散走道连接至安全出口,且该疏散走道的长度为10m时,该场所内任一点至最近安全出口的疏散距离可为30×(1+25%)+10×(1+25%)=50(m),即营业厅内任一点至其最近出口的距离可为37.5m,连接走道的长度可以为12.5m,但不可以将连接走道上增加的长度用到营业厅内。

5.5.18 本条为强制性条文。本条根据人员疏散的基本需要,确定了民用建筑中疏散门、安全出口与疏散走道和疏散楼梯的最小净宽度。按本规范其他条文规定计算出的总疏散宽度,在确定不同位置的门洞宽度或梯段宽度时,需要仔细分配其宽度并根据通过的人流股数进行校核和调整,尽量均匀设置并满足本条的要求。

设计应注意门宽与走道、楼梯宽度的匹配。一般,走道的宽度均较宽,因此,当门宽为计算宽度时,楼梯的宽度不应小于门的宽度;当以楼梯的宽度为计算宽度时,门的宽度不应小于楼梯的宽度。此外,下层的楼梯或门的宽度不应小于上层的宽度;对于地下、半地下,则上层的楼梯或门的宽度不应小于下层的宽度。

5.5.19 观众厅等人员比较集中且数量多的场所,疏散时在门口附近往往会发生拥堵现象,如果设计采用带门槛的疏散门等,紧急情况下人流往外拥挤时很容易被绊倒,影响人员安全疏散,甚至造成伤亡。本条中"人员密集的公共场所"主要指营业厅、观众厅、礼堂、电影院、剧院和体育场馆的观众厅,公共娱乐场所中出入大厅、舞厅、候机(车、船)厅及医院的门诊大厅等面积较大、同一时间聚集人数较多的场所。本条规定的疏散门为进出上述这些场所的门,包括直接对外的安全出口或通向楼梯间的门。

本条规定的紧靠门口内外各1.40m范围内不应设置踏步,主要指正对门的内外1.40m范围,门两侧1.40m范围内尽量不要设置台阶,对于剧场、电影院等的观众厅,尽量采用坡道。

人员密集的公共场所的室外疏散小巷,主要针对礼堂、体育馆、电影院、剧场、学校教学楼、大中型商场等同一时间有大量人员需要疏散的建筑或场所。一旦大量人员离开建筑物后,如没有一个较开阔的地带,人员还是不能尽快疏散,可能会导致后续人流更加集中和恐慌而发生意外。因此,规定该小巷的宽度不应小于3.00m,但这是规定的最小宽度,设计要因地制宜地,尽量加大。为保证人流快速疏散,不发生阻滞现象,该疏散小巷应直接通向更宽阔的地带。对于那些主要出入口临街的剧场、电影院和体育馆等公共建筑,其主体建筑应后退红线一定的距离,以保证有较大的疏散缓冲及消防救援场地。

5.5.20 为便于人员快速疏散,不会在走道上发生拥挤,本条规定了剧场、电影院、礼堂、体育馆等观众厅内座位的布置和疏散通道、疏散门的布置基本要求。

(1)关于剧场、电影院、礼堂、体育馆等观众厅内疏散走道及座位的布置。

观众厅内疏散走道的宽度按疏散1股人流需要0.55m考虑,同时并排行走2股人流需要1.1m的宽度,但观众厅内座椅的高度均在行人的身体下部,座椅不妨碍人体最宽处的通过,故1.00m宽度基本能保证2股人流通行需要。观众厅内设置边走道不但对疏散有利,并且还能起到协调安全出口或疏散门和疏散走道通行能力的作用,从而充分发挥安全出口或疏散门的作用。

对于剧场、电影院、礼堂等观众厅中两条纵走道之间的最大连续排数和连续座位数,在工程设计中应与疏散走道和安全出口或疏散门的设计宽度联系起来考虑,合理确定。

对于体育馆观众厅中纵走道之间的座位数可增加到26个,主要是因为体育馆观众厅内的总容纳人数和每个席位分区内所包容的座位数都比剧场、电影院的多,发生火灾后的危险性也较影剧院的观众厅要小些,采用与剧场等相同的规定数据既不现实也不客观,但也不能因此而任意加大每个席位分区中的连续排数、连续座位数,而要与观众厅内的疏散走道和安全出口或疏散门的设计相呼应、相协调。

本条规定的连续20排和每排连续26个座位,是基于人员出观众厅的控制疏散时间按不大于3.5min和每个安全出口或疏散门的宽度按2.2m考虑的。疏散走道之间布置座位连续20排、每排连续26个作为一个席位分区的包容座位数为20×26=520(人),通过能容4股人流宽度的走道和2.20m宽的安全(疏散)出口出去所需要的时间为520/(4×37)≈3.51(min),基本符合规范的要求。对于体育馆观众厅平面中呈梯形或扇形布置的席位区,其纵走道之间的座位数,按最多一排和最少一排的平均座位数计算。

另外,在本条中"前后排座椅的排距不小于0.9m时,可增加1.0倍,但不得大于50个"的规定,设计也应按上述原理妥善处理。本条限制观众席位仅一侧布置有纵走道时的座位数,是为防止延误疏散时间。

(2)关于剧场、电影院、礼堂等公共建筑的安全疏散宽度。

本条第2款规定的疏散宽度指标是根据人员疏散出观众厅的疏散时间,按一、二级耐火等级建筑控制为2min、三级耐火等级建筑控制为1.5min这一原则确定的。

$$百人指标=\frac{单股人流宽度×100}{疏散时间×每分钟每股人流通过人数} \quad (6)$$

据此,按照疏散净宽度指标公式计算出一、二级耐火等级建筑的观众厅中每100人所需疏散宽度为:

门和平坡地面:$B=100×0.55/(2×43)≈0.64$(m)

取0.65m;

阶梯地面和楼梯:$B=100×0.55/(2×37)≈0.74$(m)

取0.75m。

三级耐火等级建筑的观众厅中每100人所需要的疏散宽度为:

门和平坡地面:$B=100×0.55/(1.5×43)≈0.85$(m)

取0.85m;

阶梯地面和楼梯:$B=100×0.55/(1.5×37)≈0.99$(m)

取1.00m。

根据本条第2款规定的疏散宽度指标计算所得安全出口或疏散门的总宽度,为实际需要设计的最小宽度。在确定安全出口或疏散门的设计宽度时,还应按每个安全出口或疏散门的疏散时间进行校核和调整,其理由参见第5.5.16条的条文说明。本款的适用规模为:对于一、二级耐火等级的建筑,容纳人数不大于2500人;对于三级耐火等级的建筑,容纳人数不大于1200人。

此外,对于容量较大的会堂等,其观众厅内部会设置多层楼座,且楼座部分的观众人数往往占整个观众厅容纳总人数的一半多,这和一般剧场、电影院、礼堂的池座人数比例相反,而楼座部分又都以阶梯式地面为主,其疏散情况与体育馆的情况有些类似。尽管本条对此没有明确规定,设计也可以根据工程的具体情况,按照体育馆的相应规定确定。

(3)关于体育馆的安全疏散宽度。

国内各大、中城市已建成的体育馆,其容量多在3000人以上。考虑到剧场、电影院的观众厅与体育馆的观众厅之间在容量和室内空间方面的差异,在规范中分别规定了其疏散宽度指标,并在规定容量的适用范围时拉开档次,防止出现交叉或不一致现象,故将体育馆观众厅的最小人数容量定为3000人。

对于体育馆观众厅的人数容量,表5.5.20-2中规定的疏散宽度指标,按照观众厅容量的大小分为三档:(3000～5000)人、(5001～10000)人和(10001～20000)人。每个档次中所规定的百人疏散宽度指标(m),是根据人员出观众厅的疏散时间分别控制在3min、3.5min、4min来确定的。根据计算公式:

计算出一、二级耐火等级建筑观众厅中每100人所需要的疏散宽度分别为:

平坡地面:$B_1=0.55×100/(3×43)≈0.426(m)$
　　　　　取0.43m;
　　　　$B_2=0.55×100/(3.5×43)≈0.365(m)$
　　　　　取0.37m;
　　　　$B_3=0.55×100/(4×43)≈0.320(m)$
　　　　　取0.32m。

阶梯地面:$B_1=0.55×100/(3×37)≈0.495(m)$
　　　　　取0.50m;
　　　　$B_2=0.55×100/(3.5×37)≈0.425(m)$
　　　　　取0.43m;
　　　　$B_3=0.55×100/(4×37)≈0.372(m)$
　　　　　取0.37m。

本款将观众厅的最高容纳人数规定为20000人,当实际工程大于该规模时,需要按照疏散时间确定其座位数、疏散门和走道宽度的布置,但每个座位区的座位数仍应符合本规范要求。根据规定的疏散宽度指标计算得到的安全出口或疏散门总宽度,为实际需要设计的概算宽度,确定安全出口或疏散门的设计宽度时,还需对每个安全出口或疏散门的宽度进行核算和调整。如,一座二级耐火等级、容量为10000人的体育馆,按上述规定疏散宽度指标计算的安全出口或疏散总宽度为$10000×0.43/100=43(m)$。如果设计16个安全出口或疏散门,则每个出口的平均疏散人数为625人,每个出口的平均宽度为$43/16≈2.68(m)$。如果每个出口的宽度采用2.68m,则能通过4股人流,核算其疏散时间为$625/(4×37)≈4.22(min)>3.5min$,不符合规范要求。如果将每个出口的设计宽度调整为2.75m,则能够通过5股人流,疏散时间为:$625/(5×37)≈3.38(min)<3.5min$,符合规范要求。但推算出的每百人宽度指标为$16×2.75×100/10000=0.44(m)$,比原百人疏散宽度指标高2%。

本条表5.5.20-2的"注",明确了采用指标进行计算和选定疏散宽度时的原则:即容量大的观众厅,计算出的需要宽度不应小于根据容量小的观众厅计算出的需要宽度。否则,应采用较大宽度。如:一座容量为5400人的体育馆,按规定指标计算出来的疏散宽度为$54×0.43=23.22(m)$,而一座

容量为5000人的体育馆,按规定指标计算出来的疏散宽度则为$50×0.50=25(m)$,在这种情况下就应采用25m作为疏散宽度。另外,考虑到容量小于3000人的体育馆,其疏散宽度计算方法原规范未在条文中明确,此次修订时在表5.5.20-2中做了补充。

(4)体育馆观众厅内纵横走道的布置是疏散设计中的一个重要内容,在工程设计中应注意:

1)观众席位中的纵走道担负着把全部观众疏散到安全出口或疏散门的重要功能。在观众席位中不设置横走道时,观众厅内通向安全出口或疏散门的纵走道的设计总宽度应与观众厅安全出口或疏散门的设计总宽度相等。观众席位中的横走道可以起到调剂安全出口或疏散门人流密度和加大出口疏散流通能力的作用。一般容量大于6000人或每个安全出口或疏散门设计的通过人流股数大于4股时,在观众席位中要尽量设置横走道。

2)经过观众席中的纵、横走道通向安全出口或疏散门的设计人流股数与安全出口或疏散门设计的通行股数,应符合"来去相等"的原则。如安全出口或疏散门设计的宽度为2.2m,则经过纵、横走道通向安全出口或疏散门的人流股数不能大于4股;否则,就会造成出口处堵塞,延误疏散时间。反之,如果经纵、横走道通向安全出口或疏散门的人流股数少于安全出口或疏散门的设计通行人流股数,则不能充分发挥安全出口或疏散门的作用,在一定程度上造成浪费。

(5)设计还要注意以下两个方面:

1)安全出口或疏散门的数量应密切联系控制疏散时间。

疏散设计确定的安全出口或疏散门的总宽度,要大于根据控制疏散时间而规定出的宽度指标,即计算得到的所需疏散总宽度。同时,安全出口或疏散门的数量,要满足每个安全出口或疏散门平均疏散人数的规定要求,并且根据此疏散人数计算得到的疏散时间要小于控制疏散时间(建筑中可用的疏散时间)的规定要求。

2)安全出口或疏散门的数量应与安全出口或疏散门的设计宽度协调。

安全出口或疏散门的数量与安全出口或疏散门的宽度之间有着相互协调、相互配合的密切关系,并且也是严格控制疏散时间,合理执行疏散宽度指标需充分注意和精心设计的一个重要环节。在确定观众厅安全出口或疏散门的宽度时,要认真考虑通过人流股数的多少,如单股人流的宽度为0.55m,2股人流的宽度为1.1m,3股人流的宽度为1.65m,以更好地发挥安全出口或疏散门的疏散功能。

5.5.21 本条第1、2、3、4款为强制性条款。疏散人数的确定是建筑疏散设计的基础参数之一,不能准确计算建筑内的疏散人数,就无法合理确定建筑中各区域疏散门或安全出口和建筑内疏散楼梯所需要的有效宽度,更不能确定设计的疏散设施是否满足建筑内的人员安全疏散需要。

1 在实际中,建筑各层的用途可能各不相同,即使相同用途在每层上的使用人数也可能有所差异。如果整栋建筑物的楼梯按人数最多的一层计算,除非人数最多的一层是在顶层,否则不尽合理,也不经济。对此,各层楼梯的总宽度可按该层或该层以上人数最多的一层分段计算确定,下层楼梯的总宽度按该层以上各层疏散人数最多一层的疏散人数计算。如:一座二级耐火等级的6层民用建筑,第四层的使用人数最多为400人,第五层、第六层每层的人数均为200人。计算该建筑的疏散楼梯总宽度时,根据楼梯宽度指标1.00m/百人的规定,第四层和第四层以下每层楼梯的总宽度为4.0m;第五层和第六层每层楼梯的总宽度可为2.0m。

2 本款中的人员密集的厅、室和歌舞娱乐放映游艺场所，由于设置在地下、半地下，考虑到其疏散条件较差，火灾烟气发展较快的特点，提高了百人疏散宽度指标要求。本款中"人员密集的厅、室"，包括商店营业厅、证券营业厅等。

4 对于歌舞娱乐放映游艺场所，在计算疏散人数时，可以不计算该场所内疏散走道、卫生间等辅助用房的建筑面积，而可以只根据该场所内具有娱乐功能的各厅、室的建筑面积确定，内部服务和管理人员的数量可根据核定人数确定。

6 对于展览厅内的疏散人数，本规定为最小人员密度设计值，设计要根据当地实际情况，采用更大的密度。

7 对于商店建筑的疏散人数，国家行业标准《商店建筑设计规范》JGJ 48 中有关条文的规定还不甚明确，导致出现多种计算方法，有的甚至是错误的。本规范在研究国内外有关资料和规范，并广泛征求意见的基础上，明确了确定商店营业厅疏散人数时的计算面积与其建筑面积的定量关系为 (0.5～0.7):1，据此确定了商店营业厅的人员密度设计值。从国内大量建筑工程实例的计算统计看，均在该比例范围内。但商店建筑内经营的商品类别差异较大，且不同地区或同一地区的不同地段，地上与地下商店等在实际使用过程中的人流和人员密度相差较大，因此执行过程中应对工程所处位置的情况作充分分析，再依据本条规定选取合理的数值进行设计。

本条所指"营业厅的建筑面积"，既包括营业厅内展示货架、柜台、走道等顾客参与购物的场所，也包括营业厅内的卫生间、楼梯间、自动扶梯等的建筑面积。对于进行了严格的防火分隔，并且疏散时无需进入营业厅内的仓储、设备房、工具间、办公室等，可不计入营业厅的建筑面积。

有关家具、建材商店和灯饰展示建筑的人员密度调查表明，该类建筑与百货商店、超市等相比，人员密度较小，高峰时刻的人员密度在 0.01 人/m² ～0.034 人/m² 之间。考虑到地区差异及开业庆典和节假日等因素，确定家具、建材商店和灯饰展示建筑的人员密度为表 5.5.21-2 规定值的 30%。

据表 5.5.21-2 确定人员密度值时，应考虑商店的建筑规模，当建筑规模较小(比如营业厅的建筑面积小于 3000m²)时宜取上限值，当建筑规模较大时，可取下限值。当一座商店建筑内设置有多种商业用途时，考虑到不同用途区域可能会随经营状况或经营者的变化而变化，尽管部分区域可能用于家具、建材经销等类似用途，但人员密度仍需要按照该建筑的主要商业用途来确定，不能再按照上述方法折减。

5.5.22 本条规定是在吸取有关火灾教训的基础上，为方便灭火救援和人员逃生的要求确定的，主要针对多层建筑或高层建筑的下部楼层。

本条要求设置的辅助疏散设施包括逃生袋、救生绳、缓降绳、折叠式人孔梯、滑梯等，设置位置要便于人员使用且安全可靠，但并不一定要在每一个窗口或阳台设置。

5.5.23 本条为强制性条文。建筑高度大于100m的建筑，使用人员多、竖向疏散距离长，因而人员的疏散时间长。

根据目前国内主战举高消防车——50m 高云梯车的操作要求，规定从首层到第一个避难层之间的高度不应大于 50m，以便火灾时不能经楼梯疏散而要停留在避难层的人员可采用云梯车救援下来。根据普通人爬楼梯的体力消耗情况，结合各种机电设备及管道等的布置和使用管理要求，将两个避难层之间的高度确定为不大于50m较为适宜。

火灾时需要集聚在避难层的人员密度较大，为不至于过分拥挤，结合我国的人体特征，规定避难层的使用面积按平均每平方米容纳不大于 5 人确定。

第 2 款对通向避难层楼梯间的设置方式作出了规定，"疏散楼梯应在避难层分隔、同层错位或上下层断开"的做法，是为了使需要避难的人员不错过避难层(间)。其中，"同层错位和上下层断开"的方式是强制避难的做法，此时人员均须经避难层方能上下；"疏散楼梯在避难层分隔"的方式，可以使人员选择继续通过疏散楼梯疏散还是前往避难区域避难。当建筑内的避难人数较少而不需将整个楼层用作避难层时，除火灾危险性小的设备用房外，不能用于其他使用功能，并应采用防火墙将该楼层分隔成不同的区域。从非避难区进入避难区的部位，要采取措施防止非避难区的火灾和烟气进入避难区，如设置防烟前室。

一座建筑是设置避难层还是避难间，主要根据该建筑的不同高度段内需要避难的人数及其所需避难面积确定，避难间的分隔及疏散等要求同避难层。

5.5.24 本条为强制性条文。本条规定是为了满足高层病房楼和手术室中难以在火灾时及时疏散的人员的避难需要和保证其避难安全。本条是参考美国、英国等国对医疗建筑避难区域或使用轮椅等行动不便人员避难的规定，结合我国相关实际情况确定的。

每个护理单元的床位数一般是 40 床～60 床，建筑面积为 1200m²～1500m²，按 3 人间病房、疏散着火房间和相邻房间的患者共 9 人，每个床位按 2m² 计算，共需要 18m²，加上消防员和医护人员、家属所占用面积，规定避难间面积不小于 25m²。

避难间可以利用平时使用的房间，如每层的监护室，也可以利用电梯前室。病房楼按最少 3 部病床梯对面布置，其电梯前室面积一般为 24m²～30m²。但合用前室不适合用作避难间，以防止病床影响人员通过楼梯疏散。

5.5.24A 新增条文。为满足老年人照料设施中难以在火灾时及时疏散的老年人的避难需要，根据我国老年人照料设施中人员及其管理的实际情况，对照医疗建筑避难间设置的要求，做了本条规定。

对于老年人照料设施只设置在其他建筑内三层及以上楼层，而一、二层没有老年人照料设施的情况，避难间可以只设置在有老年人照料设施的楼层上相应疏散楼梯间附近。

避难间可以利用平时使用的公共就餐室或休息室等房间，一般从该房间要能避免再经过走道等火灾时的非安全区进入疏散楼梯或楼梯间的前室；避难间的门可直接开向前室或疏散楼梯间。当避难间利用疏散楼梯间的前室或消防电梯的前室时，该前室的使用面积不应小于 12m²，不需另外增加 12m² 避难面积。但考虑到救援与上下疏散的人流交织情况，疏散楼梯间与消防电梯的合用前室不适合兼作避难间。避难间的净宽度要能满足方便救援中移动担架(床)等的要求，净面积大小还要根据该房间所服务区域的老年人实际身体状况等确定。美国相关标准对避难面积的要求为：一般健康人员，0.28m²/人；一般病人或体弱者，0.6m²/人；带轮椅的人员的避难面积为 1.4m²/人；利用活动床转送的人员的避难面积为 2.8m²/人。考虑到火灾的随机性，要求每座楼梯间附近均应设置避难间。建筑的首层人员由于能方便地直接到达室外地面，故可以不要求设置避难间。

本条中老年人照料设施的总建筑面积，当老年人照料设施独立建造时，为该老年人照料设施单体的总建筑面积；当老年人照料设施设置在其他建筑或与其他建筑组合建造时，为其中老年人照料设施部分的总建筑面积。

考虑到失能老年人的自身条件,供该类人员使用的超过 2 层的老年人照料设施要按核定使用人数配备简易防毒面具,以提供必要的个人防护措施,降低火灾产生的烟气对失能老年人的危害。

Ⅲ　住　宅　建　筑

5.5.25　本条为强制性条文。本条规定了住宅建筑安全出口设置的基本要求。考虑到当前住宅建筑形式趋于多样化,条文未明确住宅建筑的具体类型,只根据住宅建筑单元每层的建筑面积和户门到安全出口的距离,分别规定了不同建筑高度住宅建筑安全出口的设置要求。

54m 以上的住宅建筑,由于建筑高度高,人员相对较多,一旦发生火灾,烟和火易竖向蔓延,且蔓延速度快,而人员疏散路径长,疏散困难。故同时要求此类建筑每个单元每层设置不少于两个安全出口,以利人员安全疏散。

5.5.26　本条为强制性条文。将建筑的疏散楼梯通至屋顶,可使人员通过相邻单元的楼梯进行疏散,使之多一条疏散路径,以利于人员能及时逃生。由于本规范已强制要求建筑高度大于 54m 的住宅建筑,每个单元应设置 2 个安全出口,而建筑高度大于 27m,但小于等于 54m 的住宅建筑,当每个单元任一层的建筑面积不大于 650m²,且任一户门至最近安全出口的距离不大于 10m,每个单元可以设置 1 个安全出口时,可以通过将楼梯间通至屋面并在屋面将各单元连通来满足 2 个不同疏散方向的要求,便于人员疏散;对于只有 1 个单元的住宅建筑,可将疏散楼梯仅通至屋顶。此外,由于此类建筑高度较高,即使疏散楼梯能通至屋顶,也不等同于 2 部疏散楼梯。为提高疏散楼梯的安全性,本条还对户门的防火性能提出了要求。

5.5.27　电梯井是烟火竖向蔓延的通道,火灾和高温烟气可借助该竖井蔓延到建筑中的其他楼层,会给人员安全疏散和火灾的控制与扑救带来更大困难。因此,疏散楼梯的位置要尽量远离电梯井或将疏散楼梯设置为封闭楼梯间。

对于建筑高度低于 33m 的住宅建筑,考虑到其竖向疏散距离较短,如每层每户通向楼梯间的门具有一定的耐火性能,能一定程度降低烟火进入楼梯间的危险,因此,可以不设封闭楼梯间。

楼梯间是火灾时人员在建筑内竖向疏散的唯一通道,不具备防火性能的户门不应直接开向楼梯间,特别是高层住宅建筑的户门不应直接开向楼梯间的前室。

5.5.28　有关说明参见本规范第 5.5.10 条的说明。楼梯间的防烟前室,要尽可能分别设置,以提高其防火安全性。

防烟前室不共用时,其面积等要求还需符合本规范第 6.4.3 条的规定。当剪刀楼梯间共用前室时,进入剪刀楼梯间前室的入口应该位于不同方位,不能通过同一个入口进入共用前室,入口之间的距离仍要不小于 5m;在首层的对外出口,要尽量分开设置在不同方向。当首层的公共区无可燃物且首层的户门不直接开向前室时,剪刀梯在首层的对外出口可以共用,但宽度需满足人员疏散的要求。

5.5.29　本条为强制性条文。本条规定了住宅建筑安全疏散距离的基本要求,有关说明参见本规范第 5.5.17 条的条文说明。

跃廊式住宅用与楼梯、电梯连接的户外走廊将多个住户组合在一起,而跃层式住宅则在套内有多个楼层,户与户之间主要通过本单元的楼梯或电梯组合在一起。跃层式住宅建筑的户外疏散路径较跃廊式住宅短,但套内的疏散距离则要长。因此,在考虑疏散距离时,跃层式住宅要将人员在此楼梯上的行

走时间折算到水平走道上的时间,故采用小楼梯水平投影的 1.5 倍计算。为简化规定,对于跃层式住宅户内的小楼梯,户内楼梯的距离由原来规定按楼梯梯段总长度的水平投影尺寸计算修改为按其梯段水平投影长度的 1.5 倍计算。

5.5.30　本条为强制性条文。本条说明参见本规范第 5.5.18 条的条文说明。住宅建筑相对于公共建筑,同一空间内或楼层的使用人数较少,一般情况下 1.1m 的最小净宽可以满足大多数住宅建筑的使用功能需要,但在设计疏散走道、安全出口和疏散楼梯以及户门时仍应进行核算。

5.5.31　本条为强制性条文。有关说明参见本规范第 5.5.23 条的条文说明。

5.5.32　对于大于 54m 但不大于 100m 的住宅建筑,尽管规范不强制要求设置避难层(间),但此类建筑较高,为增强此类建筑户内的安全性能,规范对户内的一个房间提出了要求。

本条规定有耐火完整性要求的外窗,其耐火性能可按照现行国家标准《镶玻璃构件耐火试验方法》GB/T 12513 中对非隔热性镶玻璃构件的试验方法和判定标准进行测定。

6　建　筑　构　造

6.1　防　火　墙

6.1.1　本条为强制性条文。防火墙是分隔水平防火分区或防止建筑间火灾蔓延的重要分隔构件,对于减少火灾损失发挥着重要作用。

防火墙能在火灾初期和灭火过程中,将火灾有效地限制在一定空间内,阻断火灾在防火墙一侧而不蔓延到另一侧。国外相关建筑规范对于建筑内部及建筑物之间的防火墙设置十分重视,均有较严格的规定。如美国消防协会标准《防火墙与防火隔墙标准》NFPA 221 对此有专门规定,并被美国有关建筑规范引用为强制性要求。

实际上,防火墙应从建筑基础部分就应与建筑物完全断开,独立建造。但目前在各类建筑物中设置的防火墙,大部分是建造在建筑框架上或与建筑框架相连接。要保证防火墙在火灾时真正发挥作用,就应保证防火墙的结构安全且从上至下均应处在同一轴线位置,相应框架的耐火极限要与防火墙的耐火极限相适应。由于过去没有明确设置防火墙的框架或承重结构的耐火极限要求,使得实际工程中建筑框架的耐火极限可能低于防火墙的耐火极限,从而难以很好地实现防止火灾蔓延扩大的目标。

为阻止火势通过屋面蔓延,要求防火墙截断屋顶承重结构,并根据实际情况确定突出屋面与否。对于不同用途、建筑高度以及建筑的屋顶耐火极限的建筑,应有所区别。当高层厂房和高层仓库屋顶承重结构和屋面板的耐火极限大于或等于

1.00h,其他建筑屋顶承重结构和屋面板的耐火极限大于或等于0.50h时,由于屋顶具有较好的耐火性能,其防火墙可不高出屋面。

本条中的数值是根据我国有关火灾的实际调查和参考国外有关标准确定的。不同国家有关防火墙高出屋面高度的要求,见表16。设计应结合工程具体情况,尽可能采用比本规范规定较大的数值。

表16 不同国家有关防火墙高出屋面高度的要求

屋面构造	防火墙高出屋面的尺寸(mm)			
	中国	日本	美国	苏联
不燃性屋面	500	500	450~900	300
可燃性屋面	500	500	450~900	600

6.1.2 本条为强制性条文。设置防火墙就是为了防止火灾不能从防火墙任意一侧蔓延到另外一侧。通常屋顶是不开口的,一旦开口则有可能成为火灾蔓延的通道,因而也需要进行有效的防护。否则,防火墙的作用将被削弱,甚至失效。防火墙横截面中心线水平距离天窗端面不小于4.0m,能在一定程度上阻止火势蔓延,但设计还是要尽可能加大该距离,或设置不可开启窗扇的乙级防火窗或火灾时可自动关闭的乙级防火窗等,以防止火灾蔓延。

6.1.3 对于难燃或可燃外墙,为阻止火势通过外墙横向蔓延,要求防火墙凸出外墙一定宽度,且应在防火墙两侧每侧各不小于2.0m范围内的外墙和屋面采用不燃性的墙体,并不得开设孔洞。不燃性外墙具有一定耐火极限且不会被引燃,允许防火墙不凸出外墙。

防火墙两侧的门窗洞口最近的水平距离规定不应小于2.0m。根据火场调查,2.0m的间距能在一定程度上阻止火势蔓延,但也存在个别蔓延现象。

6.1.4 火灾事故表明,防火墙设在建筑物的转角处且防火墙两侧开设门窗等洞口时,如门窗洞口采取防火措施,则能有效防止火势蔓延。设置不可开启窗扇的乙级防火窗、火灾时可自动关闭的乙级防火窗、防火卷帘或防火分隔水幕等,均可视为能防止火灾水平蔓延的措施。

6.1.5 本条为强制性条文。

(1)对于因防火间距不足而需设置的防火墙,不应开设门窗洞口。必须设置的开口要符合本规范有关防火间距的规定。用于防火分区或建筑内其他防火分隔用途的防火墙,如因工艺或使用等要求必须在防火墙上开口时,须严格控制开口大小并采取在开口部位设置防火门窗等能有效防止火灾蔓延的防火措施。根据国外有关标准,在防火墙上设置的防火门,耐火极限一般都应与相应防火墙的耐火极限一致,但各国有关防火门的标准略有差异,因此我国要求采用甲级防火门。其他洞口,包括观察窗、工艺口等,由于大小不一,所设置的防火设施也各异,如防火窗、防火卷帘、防火阀、防火分隔水幕等。但无论何种设施,均应能在火灾时封闭开口,有效阻止火势蔓延。

(2)本条规定在于保证防火墙防火分隔的可靠性。可燃气体和可燃液体管道穿越防火墙,很容易将火灾从防火墙的一侧引到另外一侧。排气管道内的气体一般为燃烧的余气,温度较高,将排气管道设置在防火墙内不仅对防火墙本身的稳定性有影响,而且排气时长时间聚集的热量有可能引燃防火墙两侧的可燃物。此外,在布置输送氧气、煤气、乙炔等可燃气体和汽油、苯、甲醇、乙醇、煤油、柴油等甲、乙、丙类液体的管道时,还要充分考虑这些管道发生可燃气体或蒸气逸漏对防火墙本身安全以及防火墙两侧空间的危害。

6.1.6 本条规定在于防止建筑物内的高温烟气和火势穿过防火墙上的开口和孔隙等蔓延扩散,以保证防火分区的防火安

全。如水管、输送无火灾危险的液体管道等因条件限制必须穿过防火墙时,要用弹性较好的不燃材料或防火封堵材料将管道周围的缝隙紧密填塞。对于采用塑料等遇高温或火焰易收缩变形或烧蚀的材质的管道,要采取措施使该类管道在受火后能被封闭,如设置热膨胀型阻火圈或者设置在具有耐火性能的管道井内等,以防止火势和烟气穿过防火分隔体。有关防火封堵措施,在中国工程建设标准化协会标准《建筑防火封堵应用技术规程》CECS 154:2003中有详细要求。

6.1.7 本条为强制性条文。本条规定了防火墙构造的本质要求,是确保防火墙自身结构安全的基本规定。防火墙的构造应该使其能在火灾中保持足够的稳定性能,以发挥隔烟阻火作用,不会因高温或邻近结构破坏而引起防火墙的倒塌,致使火势蔓延。耐火等级较低一侧的建筑结构或其中燃烧性能和耐火极限较低的结构,在火灾中易发生垮塌,从而可能以侧向力或下拉力作用于防火墙,设计应考虑这一因素。此外,在建筑物室内外建造的独立防火墙,也要考虑其高度与厚度的关系以及墙体的内部加固构造,使防火墙具有足够的稳固性与抗力。

6.2 建筑构件和管道井

6.2.1 本条规定了剧场、影院等建筑的舞台与观众厅的防火分隔要求。

剧场等建筑的舞台及后台部分,常使用或存放着大量幕布、布景、道具,可燃装修和用电设备多。另外,由于演出需要,人为着火因素也较多,如烟火效果及演员在台上吸烟表演等,也容易引发火灾。着火后,舞台部位的火势往往发展迅速,难以及时控制。剧场等建筑舞台下面的灯光操纵室和存放道具、布景的储藏室,可燃物较多,也是该场所防火设计的重点控制部位。

电影放映室主要放映以硝酸纤维片等易燃材料的影片,极易发生燃烧,或断片时使用易燃液体丙酮接片子而导致火灾,且室内电气设备又比较多。因此,该部位要与其他部位进行有效分隔。对于放映数字电影的放映室,当室内可燃物较少时,其观察孔和放映孔也可不采取防火分隔措施。

剧场、电影院内的其他建筑防火构造措施与规定,还应符合国家现行标准《剧场建筑设计规范》JGJ 57和《电影院建筑设计规范》JGJ 58的要求。

6.2.2 本条为强制性条文。本条规定为对建筑内一些需要重点防火保护的特殊场所的防火分隔要求。本条中规定的防火分隔墙体和楼板的耐火极限是根据二级耐火等级建筑的相应要求确定的。

(1)医疗建筑内存在一些性质重要或发生火灾时不能马上撤离的部位,如产房、手术室、重症病房、贵重的精密医疗装备用房等,以及可燃物多或火灾危险性较大,容易发生火灾的场所,如药房、储藏间、实验室、胶片室等。因此,需要加强对这些房间的防火分隔,以减小火灾危害。对于医院洁净手术部,还应符合国家现行有关标准《医院洁净手术部建筑技术规范》GB 50333和《综合医院建筑设计规范》GB 51039的有关要求。

(2)托儿所、幼儿园的婴幼儿、老年人照料设施内的老弱者等人员行为能力较弱,容易在火灾时造成伤亡,当设置在其他建筑内时,要与其他部位分隔。其他防火要求还应符合国家现行有关标准的要求,如《托儿所、幼儿园建筑设计规范》JGJ 39等。

6.2.3 本条规定了属于易燃、易爆且容易发生火灾或高温、明火生产部位的防火分隔要求。

厨房火灾危险性较大，主要原因有电气设备过载老化、燃气泄漏或油烟机、排油烟管道着火等。因此，本条对厨房的防火分隔提出了要求。本条中的"厨房"包括公共建筑和工厂中的厨房、宿舍和公寓等居住建筑中的公共厨房，不包括住宅、宿舍、公寓等居住建筑中套内设置的供家庭或住宿人员自用的厨房。

当厂房或仓库内有工艺要求必须将不同火灾危险性的生产布置在一起时，除属于丁、戊类火灾危险性的生产与储存场所外，厂房或仓库中甲、乙、丙类火灾危险性的生产或储存物品一般要分开设置，并采用具有一定耐火极限的墙体分隔，以降低不同火灾危险性场所之间的相互影响。如车间内的变电所、变压器、可燃或易燃液体或气体储存间、人员休息室或车间管理与调度室、仓库内不同火灾危险性的物品存放区等，有的在本规范第3.3.5条～第3.3.8条和第6.2.7条等条文中也有规定。

6.2.4 本条为强制性条文。本条为保证防火隔墙的有效性，对其构造做法作了规定。为有效控制火势和烟气蔓延，特别是烟气对人员安全的威胁，旅馆、公共娱乐场所等人员密集场所内的防火隔墙，应注意将隔墙从地面或楼面砌至上一层楼板或屋面板底部。楼板与隔墙之间的缝隙、穿越墙体的管道及其缝隙、开口等应按照本规范有关规定采取防火措施。

在单元式住宅中，分户墙是主要的防火分隔墙体，户与户之间进行较严格的分隔，保证火灾不相互蔓延，也是确保住宅建筑防火安全的重要措施。要求单元之间的墙应无门窗洞口，单元之间的墙砌至屋面板底部，可使该隔墙真正起到防火隔断作用，从而把火灾限制在着火的一户内或一个单元之内。

6.2.5 本条为强制性条文。建筑外立面开口之间如未采取必要的防火分隔措施，易导致火灾通过开口部位相互蔓延，为此，本条规定了外立面开口之间的防火措施。

目前，建筑中采用落地窗、上、下层之间不设置实体墙的现象比较普遍，一旦发生火灾，易导致火灾通过外墙上的开口在水平和竖直方向上蔓延。本条结合有关火灾案例，规定了建筑外墙上在上、下层开口之间的墙体高度或防火挑檐的挑出宽度，以及住宅建筑相邻套在外墙上的开口之间的墙体的水平宽度，以防止火势通过建筑外窗蔓延。关于上下层开口之间实体墙的高度计算，当下部外窗的上沿以上为上一层的梁时，该梁的高度可计入上、下层开口间的墙体高度。

当上、下层开口之间的墙体采用实体墙确有困难时，允许采用防火玻璃墙，但防火玻璃墙和外窗的耐火完整性都要能达到规范规定的耐火完整性要求，其耐火完整性按照现行国家标准《镶玻璃构件耐火试验方法》GB/T 12513中对非隔热性镶玻璃构件的试验方法和判定标准进行测定。

国家标准《建筑用安全玻璃 第1部分:防火玻璃》GB 15763.1—2009将防火玻璃按照耐火性能分为A、C两类，其中A类防火玻璃能够同时满足标准有关耐火完整性和耐火隔热性的要求，C类防火玻璃仅能满足耐火完整性的要求。火势通过窗口蔓延时需经过外部卷吸后作用到窗玻璃上，且火焰需突破着火房间的窗户经窗外再蔓延至其他房间，满足耐火完整性的C类防火玻璃，可基本防止火势通过窗口蔓延。

住宅内着火后，在窗户开启或窗户玻璃破碎的情况下，火焰将从窗户蔓出并向上卷吸，因此着火房间的同层相邻房间受火的影响要小于着火房间的上一层房间。此外，当火焰在环境风的作用下偏向一侧时，住宅户与户之间突出外墙的隔板可以起到很好的阻火隔热作用，效果要优于外窗之间设置的墙体。

根据火灾模拟分析，当住宅户与户之间设置突出外墙不小于0.6m的隔板或在外窗之间设置宽度不小于1.0m的不燃性墙体时，能够阻止火势向相邻住户蔓延。

6.2.6 本条为强制性条文。采用幕墙的建筑，主要因大部分幕墙存在空腔结构，这些空腔上下贯通，在火灾时会产生烟囱效应，如不采取一定分隔措施，会加剧火势在水平和竖向的迅速蔓延，导致建筑整体着火，难以实施扑救。幕墙与周边防火分隔构件之间的缝隙、与楼板或者隔墙外沿之间的缝隙、与相邻的实体墙洞口之间的缝隙等的填充材料常用玻璃棉、硅酸铝棉等不燃材料。实际工程中，存在受震动和温差影响易脱落、开裂等问题，故规定幕墙与每层楼板、隔墙处的缝隙，要采用具有一定弹性和防火性能的材料填塞密实。这种材料可以是不燃材料，也可以是难燃材料。如采用难燃材料，应保证其在火焰或高温作用下能发生膨胀变形，并具有一定的耐火性能。

设置幕墙的建筑，其上、下层外墙上开口之间的墙体或防火挑檐仍要符合本规范第6.2.5条的要求。

6.2.7 本条为强制性条文。本条规定了建筑内设置的消防控制室、消防设备房等重要设备房的防火分隔要求。

设置在其他建筑内的消防控制室、固定灭火系统的设备室等要保证该建筑发生火灾时，不会受到火灾的威胁，确保消防设施正常工作。通风、空调机房是通风管道汇集的地方，是火势蔓延的主要部位之一。基于上述考虑，本条规定这些房间要与其他部位进行防火分隔，但考虑到丁、戊类生产的火灾危险性较小，对这两类厂房中的通风机房分隔构件的耐火极限要求有所降低。

6.2.8 冷库的墙体保温采用难燃或可燃材料较多，面积大、数量多，且冷库内所存物品有些还是可燃的，包装材料也多是可燃的。冷库火灾主要由聚苯乙烯硬泡沫、软木易燃物质等隔热材料和可燃制冷剂等引起。因此，有些国家对冷库采用可燃塑料作隔热材料有较严格的限制，在规范中确定小于150m²的冷库才允许用可燃材料隔热层。为了防止隔热层造成火势蔓延扩大，规定应作水平防火分隔，且该水平分隔体应具备与分隔部位相应构件相当的耐火极限。其他有关分隔和构造要求还应符合现行国家标准《冷库设计规范》GB 50072的规定。

近年来冷库及低温环境生产场所已发生多起火灾，火灾案例表明，当建筑采用泡沫塑料作内绝热层时，裸露的泡沫材料易被引燃，火灾时蔓延速度快且产生大量的有毒烟气，因此，吸取火灾事故教训，加强冷库及人工制冷降温厂房的防火措施很有必要。本条不仅对泡沫材料的燃烧性能作了限制，而且要求采用不燃材料做防护层。

氨压缩机房属于乙类火灾危险性场所，当冷库的氨压缩机房确需与加工车间贴邻时，要采用不开门窗洞口的防火墙分隔，以降低氨压缩机房发生事故时对加工车间的影响。同时，冷库也要与加工车间采取可靠的防火分隔措施。

6.2.9 本条第1、2、3款为强制性条款。由于建筑内的竖井上下贯通一旦发生火灾，易沿竖井竖向蔓延，因此，要求采取防火措施。

电梯井的耐火极限要求，见本规范第3.2.1条和第5.1.2条的规定。电梯层门是设置在电梯层站入口的封闭门，即梯井门。电梯层门的耐火极限应按照现行国家标准《电梯层门耐火试验》GB/T 27903的规定进行测试，并符合相应的判定标准。

建筑中的管道井、电缆井等竖向管井是烟火竖向蔓延的通道，需采取在每层楼板处用相当于楼板耐火极限的不燃材料等防火措施分隔。实际工程中，每层分隔对于检修影响不大，却能提高建筑的消防安全性。因此，要求这些竖井要在每层进行防火分隔。

本条中的"安全逃生门"是指根据电梯相关标准要求，对于电梯不停靠的楼层，每隔11m需要设置的可开启的电梯安全逃生门。

6.2.10 直接设置在有可燃、难燃材料的墙体上的户外电致发光广告牌，容易因供电线路和电器原因使墙体或可燃广告牌着火而引发火灾，并能导致火势沿建筑外立面蔓延。户外广告牌遮挡建筑外窗，也不利于火灾时建筑的排烟和人员的应急逃生以及外部灭火救援。

本条中的"可燃、难燃材料的墙体"，主要指设置广告牌所在部位的墙体本身是由可燃或难燃材料构成，或该部位的墙体表面设置有由难燃或可燃的保温材料构成的外保温层或外装饰层。

6.3 屋顶、闷顶和建筑缝隙

6.3.1~6.3.3 冷摊瓦屋顶具有较好的透气性，瓦片间相互叠压而有缝隙，可直接铺在挂瓦条上，也可铺在处理后的屋面上起装饰作用，我国南方和西南地区的坡屋顶建筑应用较多。第6.3.1条规定主要为防止火星通过冷摊瓦的缝隙落在闷顶内引燃可燃物而酿成火灾。

闷顶着火后，闷顶内温度比较高，烟气弥漫，消防员进入闷顶侦察火情、灭火救援相当困难。为尽早发现火情、避免发展成为较大火灾，有必要设置老虎窗。设置老虎窗的闷顶着火后，火焰、烟和热空气可以从老虎窗排出，不至于向两旁扩散到整个闷顶，有助于把火势局限在老虎窗附近范围内，并便于消防员侦察火情和灭火。楼梯是消防员进入建筑进行灭火的主要通道，闷顶入口设在楼梯间附近，便于消防员快速侦察火情和灭火。

闷顶为屋盖与吊顶之间的封闭空间，一般起隔热作用，常见于坡屋顶建筑。闷顶火灾一般阴燃时间较长，因空间相对封闭且不上人，火灾不易被发现，待发现之后火已着大，难以扑救。阴燃开始后，由于闷顶内空气供应不充足，燃烧不完全，如果让未完全燃烧的气体积热、积聚在闷顶内，一旦吊顶突然局部塌落，氧气充分供应就会引起局部轰燃。因此，这些建筑要设置必要的闷顶入口。但有的建筑物，其屋架、吊顶和其他屋顶构件为不燃材料，闷顶内又无可燃物，像这样的闷顶，可以不设置闷顶入口。

第6.3.3条中的"每个防火隔断范围"，主要指住宅单元或其他采用防火隔墙分隔成较小空间（墙体隔断闷顶）的建筑区域。教学、办公、旅馆等公共建筑，每个防火隔断范围面积较大，一般为1000m²，最大可达2000m²以上，因此要求设置不小于2个闷顶入口。

6.3.4 建筑变形缝是在建筑长度较长的建筑中或建筑中有较大高差部分之间，为防止温度变化、沉降不均匀或地震等引起的建筑变形而影响建筑结构安全和使用功能，将建筑结构断开为若干部分所形成的缝隙。特别是高层建筑的变形缝，因抗震等需要留得较宽，在火灾中具有很强的拔火作用，会使火灾通过变形缝内的可燃填充材料蔓延，烟气也会通过变形缝等竖向结构缝隙扩散到全楼。因此，要求变形缝内的填充材料、变形缝在外墙上的连接与封堵构造处理和在楼板位置的连接与封盖的构造基层采用不燃烧材料。有关构造参见图7。该构造由铝合金型材、铝合金板（或不锈钢板）、橡胶嵌条及各种专用胶条组成。配合止水带、阻火带，还可以满足防水、防火、保温等要求。

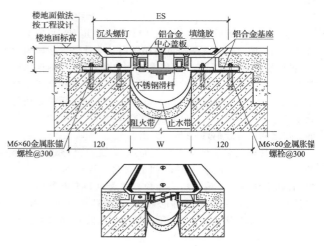

图7 变形缝构造示意图

据调查，有些高层建筑的变形缝内还敷设电缆或填充泡沫塑料等，这是不妥当的。为了消除变形缝的火灾危险因素，保证建筑物的安全，本条规定变形缝内不应敷设电缆、可燃气体管道和甲、乙、丙类液体管道等。在建筑使用过程中，变形缝两侧的建筑可能发生位移等现象，故应避免将一些易引发火灾或爆炸的管线布置其中。当需要穿越变形缝时，应采用穿刚性管等方法，管线与套管之间的缝隙应采用不燃材料、防火材料或耐火材料紧密填塞。本条规定主要为防止因建筑变形破坏管线而引发火灾并使烟气通过变形缝扩散。

因建筑内的孔洞或防火分隔处的缝隙未封堵或封堵不当导致人员死亡的火灾，在国内外均发生过。国际标准化组织标准及欧美等国家的建筑规范均对此有明确的要求。这方面的防火处理容易被忽视，但却是建筑消防安全体系中的有机组成部分，设计中应予重视。

6.3.5 本条为强制性条文。穿越墙体、楼板的风管或排烟管道设置防火阀、排烟防火阀，就是要防止烟气和火势蔓延到不同的区域。在阀门之间的管道采取防火保护措施，可保证管道不会因受热变形而破坏整个分隔的有效性和完整性。

6.3.6 目前，在一些建筑，特别是民用建筑中，越来越多地采用硬聚氯乙烯管道。这类管道遇高温和火焰容易导致楼板或墙体出现孔洞。为防止烟气或火势蔓延，要求采取一定的防火措施，如在管道的贯穿部位采用防火套箍和防火封堵等。本条和本规范第6.1.6条、第6.2.6条、第6.2.9条所述防火封堵材料，均要符合国家现行标准《防火膨胀密封件》GB 16807和《防火封堵材料》GB 23864等的要求。

6.3.7 本条规定主要是为防止通过屋顶开口造成火灾蔓延。当建筑的辅助建筑屋顶有开口时，如果该开口与主体之间距离过小，火灾就能通过该开口蔓延到上部建筑。因此，要采取一定的防火保护措施，如将开口布置在距离建筑高度较高部分较远的地方，一般不宜小于6m，或采取设置防火采光顶、邻近开口一侧的建筑外墙采用防火墙等措施。

6.4 疏散楼梯间和疏散楼梯等

6.4.1 本条第2～6款为强制性条款。本条规定为疏散楼梯间的通用防火要求。

1 疏散楼梯间是人员竖向疏散的安全通道，也是消防员进入建筑进行灭火救援的主要路径。因此，疏散楼梯间应保证人员在楼梯间内疏散时能有较好的光线，有天然采光条件的要首先采用天然采光，以尽量提高楼梯间内照明的可靠性。当然,即使采用天然采光的楼梯间,仍需要设置疏散照明。

建筑发生火灾后,楼梯间任一侧的火灾及其烟气可能会通过楼梯间外墙上的开口蔓延至楼梯间内。本款要求楼梯间窗口(包括楼梯间的前室或合用前室外墙上的开口)与两侧的门窗洞口之间要保持必要的距离,主要为确保疏散楼梯间内不被烟火侵袭。无论楼梯间与门窗洞口是处于同一立面位置还是处于转角处等不同立面位置,该距离都是外墙上的开口与楼梯间开口之间的最近距离,含折线距离。

疏散楼梯间要尽量采用自然通风,以提高排除进入楼梯间内烟气的可靠性,确保楼梯间的安全。楼梯间靠外墙设置,有利于楼梯间直接天然采光和自然通风。不能利用天然采光和自然通风的疏散楼梯间,需按本规范第6.4.2条、第6.4.3条的要求设置封闭楼梯间或防烟楼梯间,并采取防烟措施。

2 为避免楼梯间内发生火灾或防止火灾通过楼梯间蔓延,规定楼梯间内不应附设烧水间、可燃材料储藏室、非封闭的电梯井、可燃气体管道,甲、乙、丙类液体管道等。

3 人员在紧急疏散时容易在楼梯出入口及楼梯间内发生拥挤现象,楼梯间的设计要尽量减少布置凸出墙体的物体,以保证不会减少楼梯间的有效疏散宽度。楼梯间的宽度设计还需考虑采取措施,以保证人行宽度不宜过宽,防止人群疏散时失稳跌倒而导致踩踏等意外。澳大利亚建筑规范规定:当阶梯式走道的宽度大于4m时,应在每2m宽度处设置栏杆扶手。

4 虽然防火卷帘在耐火极限上可达到防火要求,但卷帘密闭性不好,防烟效果不理想,加之联动设施、固定槽或卷轴电机等部件如果不能正常发挥作用,防烟楼梯间或封闭楼梯间的防烟措施将形同虚设。此外,卷帘在关闭时也不利于人员逃生。因此,封闭楼梯间、防烟楼梯间及其前室不应设置卷帘。

5 楼梯间是保证人员安全疏散的重要通道,输送甲、乙、丙液体等物质的管道不应设置在楼梯间内。

6 布置在楼梯间内的天然气、液化石油气等燃气管道,因楼梯间相对封闭,容易因管道维护管理不到位或碰撞等其他原因发生泄漏而导致严重后果。因此,燃气管道及其相关控制阀门等不能布置在楼梯间内。但为方便管理,各地正在推行住宅建筑中的水表、电表、气表等出户设置。为适应这一要求,本条规定允许可燃气体管道进入住宅建筑未封闭的楼梯间,但为防止管道意外损伤发生泄漏,要求采用金属管。为防止燃气因该部分管道破坏而引发较大火灾,应在计量表前或管道进入建筑物前安装紧急切断阀,并且该阀门应具备可手动操作关断气源的装置,有条件时可设置自动切断管路的装置。另外,管道的布置与安装位置,应注意避免人员通过楼梯间时与管道发生碰撞。有关设计还应符合现行国家标准《城镇燃气设计规范》GB 50028的规定。其他建筑的楼梯间内,不允许敷设可燃气体管道或设置可燃气体计量表。

6.4.2 本条为强制性条文。本条规定为封闭楼梯间的专门防火要求,除本条规定外的其他要求,要符合本规范第6.4.1条的通用要求。

通向封闭楼梯间的门,正常情况下需采用乙级防火门。在实际使用过程中,楼梯间出入口的门常因采用常闭防火门而致闭门器经常损坏,使门无法在火灾时自动关闭。因此,对于有人员经常出入的楼梯间门,要尽量采用常开防火门。对于自然通风或自然排烟口不能符合现行国家相关防排烟系统设计标准的封闭楼梯间,可以采用设置防烟前室或直接在楼梯间内加

压送风的方式实现防烟目的。

有些建筑,在首层设置有大堂,楼梯间在首层的出口难以直接对外,往往需要将大堂或首层的一部分包括在楼梯间内而形成扩大的封闭楼梯间。在采用扩大封闭楼梯间时,要注意扩大区域与周围空间采取防火措施分隔。垃圾道、管道井等的检查门等,不能直接开向楼梯间内。

6.4.3 本条第1、3、4、5、6款为强制性条款。本条规定为防烟楼梯间的专门防火要求,除本条规定外的其他要求,要符合本规范第6.4.1条的通用要求。

防烟楼梯间是具有防烟前室等防烟设施的楼梯间。前室应具有可靠的防烟性能,使防烟楼梯间具有比封闭楼梯间更好的防烟、防火能力,防火可靠性更高。前室不仅起防烟作用,而且可作为疏散人群进入楼梯间的缓冲空间,同时也可以供灭火救援人员进行进攻前的整装和灭火准备工作。设计要注意使前室的大小与楼层中疏散进入楼梯间的人数相适应。条文中的前室或合用前室的面积,为可供人员使用的净面积。

本条及本规范中的"前室",包括开敞式的阳台、凹廊等类似空间。当采用开敞式阳台或凹廊等防烟空间作为前室时,阳台或凹廊等的使用面积也要满足前室的有关要求。防烟楼梯间在首层直通室外时,其首层可不设置前室。对于防烟楼梯间在首层难以直通室外,可以采用在首层将火灾危险性低的门厅扩大到楼梯间的前室内,形成扩大的防烟楼梯间前室。对于住宅建筑,由于平面布置难以将电缆井和管道井的检查门开设在其他位置时,可以设置在前室或合用前室内,但检查门应采用丙级防火门。其他建筑的防烟楼梯间的前室或合用前室内,不允许开设除疏散门以外的其他开口和管道井的检查门。

6.4.4 本条为强制性条文。为保证人员疏散畅通、快捷、安全,除通向避难层且需错位的疏散楼梯和建筑的地下室与地上楼层的疏散楼梯外,其他疏散楼梯在各层不能改变平面位置或断开。相应的规定在国外有关标准中也有类似要求,如美国《统一建筑规范》规定:地下室的出口楼梯应直通建筑外部,不应经过首层;法国《公共建筑物安全防火规范》规定:地上与地下疏散楼梯应断开。

对于楼梯间在地下层与地上层连接处,如不进行有效分隔,容易造成地下楼层的火灾蔓延到建筑的地上部分。因此,为防止烟气和火焰蔓延到建筑的上部楼层,同时避免建筑上部的疏散人员误入地下楼层,要求在首层楼梯间通向地下室、半地下室的入口处采用防火分隔构件将地上部分的疏散楼梯与地下、半地下部分的疏散楼梯分隔开,并设置明显的疏散指示标志。当地上、地下楼梯间确因条件限制难以直通室外时,可以在首层通过与地上疏散楼梯共用的门厅直通室外。

对于地上建筑,当疏散设施不能使用时,紧急情况下还可以通过阳台以及其他的外墙开口逃生,而地下建筑只能通过疏散楼梯垂直向上疏散。因此,设计要确保人员进入疏散楼梯间后的安全,要采用封闭楼梯间或防烟楼梯间。

根据执行规范过程中出现的问题和火灾时的照明条件,设计要采用灯光疏散指示标志。

6.4.5 本条为强制性条文。本条规定主要为防止因楼梯倾斜度过大、楼梯过窄或栏杆扶手过低导致不安全,同时防止火焰从门内窜出而将楼梯烧坏,影响人员疏散。室外楼梯可作为防烟楼梯间或封闭楼梯间使用,但主要还是辅助用于人员的应急逃生和消防员直接从室外进入建筑物,到达着火层进行灭火救援。对于某些建筑,由于楼层使用面积紧张,也可采用室外疏

散楼梯进行疏散。

在布置室外楼梯平台时，要避免疏散门开启后，因门扇占用楼梯平台而减少其有效疏散宽度。也不应将疏散门正对梯段开设，以避免疏散时人员发生意外，影响疏散。同时，要避免建筑外墙在疏散楼梯的平台、梯段的附近开设外窗。

6.4.6 丁、戊类厂房的火灾危险性较小，即使发生火灾，也比较容易控制，危害也小，故对相应疏散楼梯的防火要求作了适当调整。金属梯同样要考虑防滑、防跌落等措施。室外疏散楼梯的栏杆高度、楼梯宽度和坡度等设计均要考虑人员应急疏散的安全。

6.4.7 疏散楼梯或可作疏散用的楼梯和疏散通道上的阶梯踏步，其深度、高度和形式均要有利于人员快速、安全疏散，能较好地防止人员在紧急情况下出现摔倒等意外。弧形楼梯、螺旋梯及楼梯斜踏步在内侧坡度陡、每级扇步深度小，不利于快速疏散。美国《生命安全规范》NFPA 101 对于采用螺旋梯进行疏散有较严格的规定：使用人数不大于 5 人，楼梯宽度不小于660mm，阶梯高度不大于 241mm，最小净空高度为 1980mm，距最窄边 305mm 处的踏步深度不小于 191mm 且所有踏步均一致。

6.4.8 本条规定主要考虑火灾时消防员进入建筑后，能利用楼梯间内两梯段及扶手之间的空隙向上吊挂水带，快速展开救援作业，减少水头损失。根据实际操作和平时使用安全需要，规定公共疏散楼梯梯段之间空隙的宽度不小于 150mm。对于住宅建筑，也要尽可能满足此要求。

6.4.9 由于三、四级耐火等级的建筑屋顶可采用难燃性或可燃性屋顶承重构件和屋面，设置室外消防梯可方便消防员直接上到屋顶采取截断火势、开展有效灭火等行动。本条主要是根据这些建筑的特性及其灭火需要确定的。实际上，建筑设计要尽可能为方便消防员灭火救援提供一些设施，如室外消防梯、进入建筑的专门通道或路径，特别是地下、半地下建筑（室）和一些消防装备还相对落后的地区。

为尽量减小消防员进入建筑时与建筑内疏散人群的冲突，设计应充分考虑消防员进入建筑物内的需要。室外消防梯可以方便消防员登上屋顶或由窗口进入楼层，以接近火源、控制火势、及时灭火。在英国和我国香港地区的相关建筑规范中，要求为消防员进入建筑物设置有防火保护的专门通道或入口。

消防员赴火场进行灭火救援时均会配备单杠梯或挂钩梯。本条规定主要为避免闷顶着火时因老虎窗向外喷烟火而妨碍消防员登上屋顶，同时防止闲杂人员攀爬，又能满足灭火救援需要。

6.4.10 本条为强制性条文。在火灾时，建筑内可供人员安全进入楼梯间的时间比较短，一般为几分钟。而疏散走道是人员在楼层疏散过程中的一个重要环节，且也是人员汇集的场所，要尽量使人员的疏散行动通畅不受阻。因此，在疏散走道上不应设置卷帘、门等其他设施，但在防火分区处设置的防火门，则需要采用常开的方式以满足人员快速疏散、火灾时自动关闭起到阻火挡烟的作用。

6.4.11 本条为强制性条文。本条规定了安全出口和疏散出口上的门的设置形式、开启方向等基本要求，要求在人员疏散过程中不会因为疏散门而出现阻滞或无法疏散的情况。

疏散楼梯间、电梯间或防烟楼梯间的前室或合用前室的门，应采用平开门。侧拉门、卷帘门、旋转门或电动门，包括帘中门，在人群紧急疏散情况下无法保证安全、快速疏散，不允许作为疏散门。防火分区处的疏散门要求能够防火、防烟并能便于人员疏散通行，满足较高的防火性能，要采用甲级

防火门。

疏散门为设置在建筑内各房间直接通向疏散走道的门或安全出口上的门。为避免在着火时由于人群惊慌、拥挤而压紧内开门扇，使门无法开启，要求疏散门应向疏散方向开启。对于使用人员较少且人员对环境及门的开启形式熟悉的场所，疏散门的开启方向可以不限。公共建筑中一些平时很少使用的疏散门，可能需要处于锁闭状态，但无论如何，设计均要考虑采取措施使疏散门能在火灾时从内部方便打开，且在打开后能自行关闭。

本条规定参照了美、英等国的相关规定，如美国消防协会标准《生命安全规范》NFPA 101 规定：距楼梯或电动扶梯的底部或顶部 3m 范围内不应设置旋转门。设置旋转门的墙上应设侧铰式双向弹簧门，且两扇门的间距应小于 3m。通向室外的电控门和感应门均应设计成一旦断电，即能自动开启或手动开启。英国建筑规范规定：门厅或出口处的门，如果着火时使用该门疏散的人数大于 60 人，则疏散门合理、实用、可行的开启方向应朝向疏散方向。对火灾危险性高的工业建筑，人数低于 60 人时，也应要求门朝疏散方向开启。

考虑到仓库内的人员一般较少且门洞较大，故规定门设置在墙体的外侧时允许采用推拉门或卷帘门，但不允许设置在仓库外墙的内侧，以防止因货物倒塌等原因压住或阻碍而无法开启。对于甲、乙类仓库，因火灾时的火焰温度高、火灾蔓延迅速，甚至会引起爆炸，故强调甲、乙类仓库不应采用侧拉门或卷帘门。

6.4.12～6.4.14 这 3 条规定了本规范第 5.3.5 条规定的防火分隔方式的技术要求。

（1）下沉式广场等室外开敞空间能有效防止烟气积聚；足够宽度的室外空间，可以有效阻止火灾的蔓延。根据本规范第 5.3.5 条的规定，下沉式广场主要用于将大型地下商店分隔为多个相互相对独立的区域，一旦某个区域着火且不能有效控制时，该空间要能防止火灾蔓延至采用该下沉式广场分隔的其他区域。故该区域内不能布置任何经营性商业设施或其他可能导致火灾蔓延的设施或物体。在下沉式广场等开敞空间上部设置防风雨篷等设施，不利于烟气迅速排出。但考虑到国内不同地区的气候差异，确需设置防风雨篷时，应能保证火灾烟气快速地自然排放，有条件时要尽可能根据本规定加大雨篷的敞开面积或自动排烟窗的开口面积，并均匀布置开口或排烟窗。

为保证人员逃生需要，下沉广场等区域内需设置至少 1 部疏散楼梯直达地面。当该开敞空间兼作人员疏散用途时，该区域通向地面的疏散楼梯要均匀布置，使人员的疏散距离尽量短，疏散楼梯的总净宽度，原则上不能小于各防火分区通向该区域的所有安全出口的净宽度之和。但考虑到该区域内可用于人员停留的面积较大，具有较好的人员缓冲条件，故规定疏散楼梯的总净宽度不应小于通向该区域的疏散总净宽度最大一个防火分区的疏散宽度。条文规定的"169m²"，是有效分隔火灾的开敞区域的最小面积，即最小长度×宽度，13m×13m。对于兼作人员疏散用的开敞空间，是该区域内可用于人员行走、停留并直接通向地面的面积，不包括水池等景观所占用的面积。

按本规范第 5.3.5 条要求设置的下沉式广场等室外开敞空间，为确保 20000m² 防火分隔的安全性，不大于 20000m² 的不同区域通向该开敞空间的开口之间的最小水平间距不能小于 13m；不大于 20000m² 的同一区域中不同防火分区外墙上开口之间的最小水平间距，可以按照本规范第 6.1.3 条、第 6.1.4 条的有关规定确定。

(2)防火隔间只能用于相邻两个独立使用场所的人员相互通行，内部不应布置任何经营性商业设施。防火隔间的面积参照防烟楼梯间前室的面积作了规定。该防火隔间上设置的甲级防火门，在计算防火分区的安全出口数量和疏散宽度时，不能计入数量和宽度。

(3)避难走道主要用于解决大型建筑中疏散距离过长，或难以按照规范要求设置直通室外的安全出口等问题。避难走道和防烟楼梯间的作用类似，疏散时人员只要进入避难走道，就可视为进入相对安全的区域。为确保人员疏散的安全，当避难走道服务于多个防火分区时，规定避难走道直通地面的出口不少于2个，并设置在不同的方向；当避难走道只与一个防火分区相连时，直通地面的出口虽然不强制要求设置2个，但有条件时应尽量在不同方向设置出口。避难走道的宽度要求，参见本条下沉式广场的有关说明。

6.5 防火门、窗和防火卷帘

6.5.1 本条为对建筑内防火门的通用设置要求，其他要求见本规范的有关条文的规定，有关防火门的性能要求还应符合国家标准《防火门》GB 12955 的要求。

(1)为便于针对不同情况采取不同的防火措施，规定了防火门的耐火极限和开启方式等。建筑内设置的防火门，既要能保持建筑防火分隔的完整性，又要能方便人员疏散和开启，应保证门的防火、防烟性能符合现行国家标准《防火门》GB 12955 的有关规定和人员的疏散需要。

建筑内设置防火门的部位，一般为火灾危险性大或性质重要房间的门以及防火墙、楼梯间及前室上的门等。因此，防火门的开启方式、开启方向等均要保证在紧急情况下人员能快捷开启，不会导致阻塞。

(2)为避免烟气或火势通过门洞窜入疏散通道内，保证疏散通道在一定时间内的相对安全，防火门在平时要尽量保持关闭状态；为方便平时经常有人通行而需要保持常开的防火门，要采取措施使之能在着火时以及人员疏散后能自行关闭，如设置与报警系统联动的控制装置和闭门器等。

(3)建筑变形缝处防火门的设置要求，主要为保证分区间的相互独立。

(4)在现实中，防火门因密封条在未达到规定的温度时不会膨胀，不能有效阻止烟气侵入，这对宾馆、住宅、公寓、医院住院部等场所在发生火灾后的人员安全带来隐患。故本条要求防火门在正常使用状态下关闭后具备防烟性能。

6.5.2 防火窗一般均设置在防火间距不足部位的建筑外墙上的开口处或屋顶天窗部位、建筑内的防火墙或防火隔墙上需要进行观察和监控活动等的开口部位、需要防止火灾竖向蔓延的外墙开口部位。因此，应将防火窗的窗扇设计成不能开启的窗扇，否则，防火窗应在火灾时能自行关闭。

6.5.3 本条为对设置在防火墙、防火隔墙以及建筑外墙开口上的防火卷帘的通用要求。

(1)防火卷帘主要用于需要进行防火分隔的墙体，特别是防火墙、防火隔墙上因生产、使用等需要开设较大开口而又无法设置防火门时的防火分隔。在实际使用过程中，防火卷帘存在着防烟效果差、可靠性低等问题以及在部分工程中存在大面积使用防火卷帘的现象，导致建筑内的防火分隔可靠性差，易造成火灾蔓延扩大。因此，设计中不仅要尽量减少防火卷帘的使用，而且要仔细研究不同类型防火卷帘在工程中运行的可靠性。本条所指防火分隔部位的宽度是指某一防火分隔区域与相邻防火分隔区域两两之间需要进行分隔的部位的总宽度。如某一防火分隔区域为 B，与相邻的防火分隔区域 A 有 1 条边

L1 相邻，则 B 区的防火分隔部位的总宽度为 L1；与相邻的防火分隔区域 A 有 2 条边 L1、L2 相邻，则 B 区的防火分隔部位的总宽度为 L1 与 L2 之和；与相邻的防火分隔区域 A 和 C 分别有 1 条边 L1、L2 相邻，则 B 区的防火分隔部位的总宽度可以分别按 L1 和 L2 计算，而不需要叠加。

(2)根据国家标准《门和卷帘的耐火试验方法》GB 7633 的规定，防火卷帘的耐火极限判定条件有按卷帘的背火面温升和背火面辐射热两种。为避免使用混乱，按不同试验测试判定条件，规定了卷帘在用于防火分隔时的不同耐火要求。在采用防火卷帘进行防火分隔时，应认真考虑分隔空间的宽度、高度及其在火灾情况下高温烟气对卷帘面、卷轴及电机的影响。采用多樘防火卷帘分隔一处开口时，还要考虑采取必要的控制措施，保证这些卷帘能同时动作和同步下落。

(3)由于有关标准未规定防火卷帘的烟密闭性能，故根据防火卷帘在实际建筑中的使用情况，本条还规定了防火卷帘周围的缝隙应做好严格的防火防烟封堵，防止烟气和火势通过卷帘周围的空隙传播蔓延。

(4)有关防火卷帘的耐火时间，由于设置部位不同，所处防火分隔部位的耐火极限要求不同，如在防火墙上设置或需设置防火墙的部位设置防火卷帘，则卷帘的耐火极限就需要至少达到 3.00h；如是在耐火极限要求为 2.00h 的防火隔墙处设置，则卷帘的耐火极限就不能低于 2.00h。如采用防火冷却水幕保护防火卷帘时，水幕系统的火灾延续时间也需按上述方法确定。

6.6 天桥、栈桥和管沟

6.6.1 天桥系指连接不同建筑物、主要供人员通行的架空桥。栈桥系指主要供输送物料的架空桥。天桥、越过建筑物的栈桥以及供输送煤粉、粮食、石油、各种可燃气体（如煤气、氢气、乙炔气、甲烷气、天然气等）的栈桥，应考虑采用钢筋混凝土结构、钢结构或其他不燃材料制作的结构，栈桥不允许采用木质结构等可燃、难燃结构。

6.6.2 本条为强制性条文。栈桥一般距地面较高，长度较长，如本身就具有较大火灾危险，人员利用栈桥进行疏散，一旦遇险很难避险和施救，存在很大安全隐患。

6.6.3 要求在天桥、栈桥与建筑物的连接处设置防火隔断的措施，主要为防止火势经由建筑物之间的天桥、栈桥蔓延。特别是甲、乙、丙类液体管道的封闭管沟（廊），如果没有防止液体流散的设施，一旦管道破裂着火，可能造成严重后果。这些管沟要尽量采用干净的沙子填塞或分段封堵等措施。

6.6.4 实际工程中，有些建筑采用天桥、连廊等将几座建筑物连接起来，以方便使用。采用这种方式连接的建筑，一般仍需分别按独立的建筑考虑，有关要求见本规范表 5.2.2 注 6。这种连接方式虽方便了相邻建筑间的联系和交通，但也可能成为火灾蔓延的通道，因此需要采取必要的防火措施，以防止火灾蔓延和保证用于疏散时的安全。此外，用于安全疏散的天桥、连廊等，不应用于其他使用用途，也不应设置可燃物，只能用于人员通行等。

设计需注意研究天桥、连廊周围是否有危及其安全的情况，如位于天桥、连廊下方相邻部位开设的门窗洞口，应积极采取相应的防护措施，同时应考虑天桥两端门的开启方向和能够计入疏散总宽度的门宽。

6.7 建筑保温和外墙装饰

6.7.1 本条规定了建筑内外保温系统中保温材料的燃烧性能的基本要求。不同建筑，其燃烧性能要求有所差别。

A 级材料属于不燃材料,火灾危险性很低,不会导致火焰蔓延。因此,在建筑的内、外保温系统中,要尽量选用 A 级保温材料。

B₂ 级保温材料属于普通可燃材料,在点火源功率较大或有较强热辐射时,容易燃烧且火焰传播速度较快,有较大的火灾危险。如果必须要采用 B₂ 级保温材料,需采取严格的构造措施进行保护。同时,在施工过程中也要注意采取相应的防火措施,如分别堆放、远离焊接区域、上墙后立即做构造保护等。

B₃ 级保温材料属于易燃材料,很容易被低能量的火源或电焊渣等点燃,而且火焰传播速度极为迅速,无论是在施工,还是在使用过程中,其火灾危险性都非常高。因此,在建筑的内、外保温系统中严禁采用 B₃ 级保温材料。

具有必要耐火性能的建筑外围护结构,是防止火势蔓延的重要屏障。耐火性能差的屋顶和墙体,容易被外部高温作用而受到破坏或引燃建筑内部的可燃物,导致火势扩大。本条规定的基层墙体或屋面板的耐火极限,即为本规范第 3.2 节和第 5.1 节对建筑外墙和屋面板的耐火极限要求,不考虑外保温系统的影响。

6.7.2 本条为强制性条文。对于建筑外墙的内保温系统,保温材料设置在建筑外墙的室内侧,如果采用可燃、难燃保温材料,遇热或燃烧分解产生的烟气和毒性较大,对于人员安全带来较大威胁。因此,本规范规定在人员密集场所,不能采用这种材料做保温材料;其他场所,要严格控制使用,要尽量采用低烟、低毒的材料。

6.7.3 建筑外墙采用保温材料与两侧墙体无空腔的复合保温结构体系时,由两侧保护层和中间保温层共同组成的墙体的耐火极限应符合本规范的有关规定。当采用 B₁、B₂ 级保温材料时,保温材料两侧的保护层需采用不燃材料,保护层厚度要等于或大于 50mm。

本条所规定的保温体系主要指夹芯保温等系统,保温层处于结构构件内部,与保温层两侧的墙体和结构受力体系共同作为建筑外墙使用,但要求保温层与两侧的墙体及结构受力体系之间不存在空隙或空腔。该类保温体系的墙体同时兼有墙体保温和建筑外墙体的功能。

本条中的"结构体",指保温层及其两侧的保护层和结构受力体系一体所构成的外墙。

6.7.4 本条为强制性条文。有机保温材料在我国建筑外保温应用中占据主导地位,但由于有机保温材料的可燃性,使得外墙外保温系统火灾屡屡发生,并造成了严重后果。国外一些国家对外保温系统使用的有机保温材料的燃烧性能进行了较严格的规定。对于人员密集场所,火灾容易导致人员群死群伤,故本条要求设有人员密集场所的建筑,其外墙外保温材料应采用 A 级材料。

6.7.4A 新增条文,本条为强制性条文。我国已有不少建筑外保温火灾造成了严重后果,且此类火灾呈多发态势。燃烧性能为 A 级的材料属于不燃材料,火灾危险性低,不会导致火焰蔓延,能较好地防止火灾通过建筑的外立面和屋面蔓延。其他燃烧性能的保温材料不仅易燃烧、易蔓延,且烟气毒性大。因此,老年人照料设施的内、外保温系统要选用 A 级保温材料。

当老年人照料设施部分的建筑面积较小时,考虑到其规模较小及其对建筑其他部位的影响,仍可以按本节的规定采用相应的保温材料。

6.7.5 本条为强制性条文。本条规定的外墙外保温系统,主要指类似薄抹灰外保温系统,即保温材料与基层墙体及保护层、装饰层之间均无空腔的保温系统,该空腔不包括采用粘贴方式施工时在保温材料与墙体找平层之间形成的空隙。结合我国现状,本规范对此保温系统的保温材料进行了必要的限制。

与住宅建筑相比,公共建筑等往往具有更高的火灾危险性,因此结合我国现状,对于除人员密集场所外的其他非住宅类建筑或场所,根据其建筑高度,对外墙外保温系统保温材料的燃烧性能等级做出了更为严格的限制和要求。

6.7.6 本条为强制性条文。本条规定的保温体系,主要指在类似建筑幕墙与建筑基层墙体间存在空腔的外墙外保温系统。这类系统一旦被引燃,因烟囱效应而造成火势快速发展,迅速蔓延,且难以从外部进行扑救。因此要严格限制其保温材料的燃烧性能,同时,在空腔处采取相应的防火封堵措施。

6.7.7～6.7.9 这三条主要针对采用难燃或可燃保温材料的外保温系统以及有保温材料的幕墙系统,对其防火构造措施提出相应要求,以增强外保温系统整体的防火性能。

第 6.7.7 条第 1 款是指采用 B₂ 级保温材料的建筑,以及采用 B₁ 级保温材料且建筑高度大于 24m 的公共建筑或采用 B₁ 级保温材料且建筑高度大于 27m 的住宅建筑。有耐火完整性要求的窗,其耐火完整性按照现行国家标准《镶玻璃构件耐火试验方法》GB/T 12513 中对非隔热性镶玻璃构件的试验方法和判定标准进行测定。有耐火完整性要求的门,其耐火完整性按照国家标准《门和卷帘的耐火试验方法》GB/T 7633 的有关规定进行测定。

6.7.10 由于屋面保温材料的火灾危害较建筑外墙的要小,且当保温层覆盖在具有较高耐火极限的屋面板上时,对建筑内部的影响不大,故对其保温材料的燃烧性能要求较外墙的要求要低些。但为限制火势通过外墙向下蔓延,要求屋面与建筑外墙的交接部位应做好防火隔离处理,具体分隔位置可以根据实际情况确定。

6.7.11 电线因使用年限长、绝缘老化或过负荷运行发热等均能引发火灾,因此不应在可燃保温材料中直接敷设,而需采取穿金属导管保护等防火措施。同时,开关、插座等电器配件也可能会因为过载、短路等发热引发火灾,因此,规定安装开关、插座等电器配件的周围应采取可靠的防火措施,不应直接安装在难燃或可燃的保温材料中。

6.7.12 近些年,由于在建筑外墙上采用可燃性装饰材料导致外墙面发生火灾的事故屡次发生,这类火灾往往会从外立面蔓延至多个楼层,造成了严重的火灾危害。因此,本条根据不同的建筑高度及外墙外保温系统的构造情况,对建筑外墙使用的装饰材料的燃烧性能作了必要限制,但该装饰材料不包括建筑外墙表面的饰面涂料。

7 灭火救援设施

7.1 消防车道

7.1.1 对于总长度和沿街的长度过长的沿街建筑,特别是U形或L形的建筑,如果不对其长度进行限制,会给灭火救援和内部人员的疏散带来不便,延误灭火时机。为满足灭火救援和人员疏散要求,本条对这些建筑的总长度作了必要的限制,而未限制U形、L形建筑物的两翼长度。由于我国市政消火栓的保护半径在150m左右,按规定一般设在城市道路两旁,故将消防车道的间距定为160m。本条规定对于区域规划也具有一定指导作用。

在住宅小区的建设和管理中,存在小区内道路宽度、承载能力或净空不能满足消防车通行需要的情况,给灭火救援带来不便。为此,小区的道路设计要考虑消防车的通行需要。

计算建筑长度时,其内折线或内凹曲线,可按突出点间的直线距离确定;外折线或突出曲线,应按实际长度确定。

7.1.2 本条为强制性条文。沿建筑物设置环形消防车道或沿建筑物的两个长边设置消防车道,有利于在不同风向条件下快速调整灭火救援场地和实施灭火。对于大型建筑,更有利于众多消防车辆到场后展开救援行动和调度。本条规定要求建筑物周围具有能满足基本灭火需要的消防车道。

对于一些超大体量或超长建筑物,一般均有较大的间距和开阔地带。这些建筑只要在平面布局上能保证灭火救援需要,在设置穿过建筑物的消防车道的确困难时,也可设置环行消防车道。但根据灭火救援实际,建筑物的进深最好控制在50m以内。少数高层建筑,受山地或河道等地理条件限制时,允许沿建筑的一个长边设置消防车道,但需结合消防车登高操作场地设置。

7.1.3 本条为强制性条文。工厂或仓库区内不同功能的建筑通常采用道路连接,但有些道路并不能满足消防车的通行和停靠要求,故要求设置专门的消防车道以便灭火救援。这些消防车道可以结合厂区或库区内的其他道路设置,或利用厂区、库区内的机动车通行道路。

高层建筑、较大型的工厂和仓库往往一次火灾延续时间较长,在实际灭火中用水量大、消防车辆投入多,如果没有环形车道或平坦空地等,会造成消防车辆堵塞,难以靠近灭火救援现场。因此,该类建筑的平面布局和消防车道设计要考虑保证消防车通行、灭火展开和调度的需要。

7.1.4 本条规定主要为满足消防车在火灾时方便进入内院展开救援操作及回车需要。

本条所指"街道"为城市中可通行机动车、行人和非机动车,一般设置有路灯、供水和供气、供电管网等其他市政公用设施的道路,在道路两侧一般建有建筑物。天井是由建筑或围墙四面围合的露天空地,与内院类似,只是面积大小有所区别。

7.1.5 本条规定旨在保证消防车快速通行和疏散人员的安全,防止建筑物在通道两侧的外墙上设置影响消防车通行的设施或开设出口,导致人员在火灾时大量进入该通道,影响消防车通行。在穿过建筑物或进入建筑物内院的消防车道两侧,影响人员安全疏散或消防车通行的设施主要有:与车道连接的车辆进出口、栅栏、开向车道的窗扇、疏散门、货物装卸口等。

7.1.6 在甲、乙、丙类液体储罐区和可燃气体储罐区内设置的消防车道,如设置位置合理、道路宽阔、路面坡度小,具有足够的车辆转弯或回转场地,则可大大方便消防车的通行和灭火救

援行动。

将露天、半露天可燃物堆场通过设置道路进行分区并使车道与堆垛间保持一定距离,既可较好地防止火灾蔓延,又可较好地减小高强辐射热对消防车和消防员的作用,便于车辆调度,有利于展开灭火行动。

7.1.7 由于消防车的吸水高度一般不大于6m,吸水管长度也有一定限制,而多数天然水源与市政道路的距离难以满足消防车快速就近取水的要求,消防水池的设置有时也受地形限制难以在建筑物附近就近设置或难以设置在可通行消防车的道路附近。因此,对于这些情况,均要设置可接近水源的专门消防车道,方便消防车应急取水供应火场。

7.1.8 本条第1、2、3款为强制性条款。本条为保证消防车道满足消防车通行和扑救建筑火灾的需要,根据目前国内在役各种消防车辆的外形尺寸,按照单车道并考虑消防车快速通行的需要,确定了消防车道的最小净宽度、净空高度,并对转弯半径提出了要求。对于需要通行特种消防车辆的建筑物、道路桥梁,还应根据消防车的实际情况增加消防车道的净宽度与净空高度。由于当前在城市或某些区域内的消防车道,大多数需要利用城市道路或居住小区内的公共道路,而消防车的转弯半径一般均较大,通常为9m~12m。因此,无论是专用消防车道还是兼作消防车道的其他道路或公路,均应满足消防车的转弯半径要求,该转弯半径可以结合当地消防车的配置情况和区域内的建筑物建设与规划情况综合考虑确定。

本条确定的道路坡度是满足消防车安全行驶的坡度,不是供消防车停靠和展开灭火行动的场地坡度。

根据实际灭火情况,除高层建筑需要设置灭火救援操作场地外,一般建筑均可直接利用消防车道展开灭火救援行动,因此,消防车道与建筑间要保持足够的距离和净空,避免高大树木、架空高压电力线、架空管廊等影响灭火救援作业。

7.1.9 目前,我国普通消防车的转弯半径为9m,登高车的转弯半径为12m,一些特种车辆的转弯半径为16m~20m。本条规定回车场地不应小于12m×12m,是根据一般消防车的最小转弯半径而确定的,对于重型消防车的回车场则还要根据实际情况增大。如,有些重型消防车和特种消防车,由于车身长度和最小转弯半径已有12m左右,就需设置更大面积的回车场才能满足使用要求;少数消防车的车身全长为15.7m,而15m×15m的回车场可能也满足不了使用要求。因此,设计还需根据当地的具体建设情况确定回车场的大小,但最小不应小于12m×12m,供重型消防车使用时不宜小于18m×18m。

在设置消防车道和灭火救援操作场地时,如果考虑不周,也会发生路面或场地的设计承受荷载过小,道路下面管道埋深过浅,沟渠选用轻型盖板等情况,从而不能承受重型消防车的通行荷载。特别是,有些情况需要利用裙房屋顶或高架桥等作为灭火救援场地或消防车通行时,更要认真核算相应的设计承载力。表17为各种消防车的满载(不包括消防员)总重,可供设计消防车道时参考。

表17 各种消防车的满载总重量(kg)

名称	型号	满载重量	名称	型号	满载重量
水罐车	SG65、SG65A	17286	泡沫车	CPP181	2900
	SHX5350、GXFSG160	35300		PM35GD	11000
	CG60	17000		PM50ZD	12500
	SG120	26000	供水车	GS140ZP	26325
	SG40	13320		GS150ZP	31500

名称	型号	满载重量	名称	型号	满载重量
水罐车	SG55	14500	供水车	GS150P	14100
	SG60	14100		东风 144	5500
	SG170	31200		GS70	13315
	SG35ZP	9365	干粉车	GF30	1800
	SG80	19000		GF60	2600
	SG85	18525	干粉-泡沫联用消防车	PF45	17286
	SG70	13260		PF110	2600
	SP30	9210	登高平台车举高喷射消防车抢险救援车	CDZ53	33000
	EQ144	5000		CDZ40	2630
	SG36	9700		CDZ32	2700
	EQ153A-F	5500		CDZ20	9600
	SG110	26450		CJQ25	11095
	SG35GD	11000		SHX5110TTXFQJ73	14500
	SH5140GXFSG55GD	4000	消防通讯指挥车	CX10	3230
泡沫车	PM40ZP	11500		FXZ25	2160
	PM55	14100		FXZ25A	2470
	PM60ZP	1900		FXZ10	2200
	PM80、PM85	18525	火场供给消防车	XXFZM10	3864
	PM120	26000		XXFZM12	5300
	PM35ZP	9210		TQXZ20	5020
	PM55GD	14500		QXZ16	4095
	PP30	9410	供水车	GS1802P	31500
	EQ140	3000			

7.1.10　建筑灭火有效与否，与报警时间、专业消防队的第一出动和到场时间关系较大。本条规定主要为避免延误消防车奔赴火场的时间。据成都铁路局提供的数据，目前一列火车的长度一般不大于 900m，新型 16 车编组的和谐号动车，长度不超过 402m。对于存在通行特殊超长火车的地方，需根据铁路部门提供的数据确定。

7.2　救援场地和入口

7.2.1　本条为强制性条文。本条规定是为满足扑救建筑火灾和救助高层建筑中遇困人员需要的基本要求。对于高层建筑，特别是布置有裙房的高层建筑，要认真考虑合理布置，确保登高消防车能够靠近高层建筑主体，便于登高消防车开展灭火救援。

由于建筑场地受多方面因素限制，设计要在本条确定的基本要求的基础上，尽量利用建筑周围地面，使建筑周边具有更多的救援场地，特别是在建筑物的长边方向。

7.2.2　本条第 1、2、3 款为强制性条款。本条总结和吸取了相关实战的经验、教训，根据实战需要规定了消防车登高操作场地的基本要求。实践中，有的建筑没有设计供消防车停靠、消防员登高操作和灭火救援的场地，从而延误战机。

对于建筑高度超过 100m 的建筑，需考虑大型消防车辆灭火救援作业的需求。如对于举升高度 112m、车长 19m，展开支腿跨度 8m、车重 75t 的消防车，一般情况下，灭火救援场地的平面尺寸不小于 20m×10m，场地的承载力不小于 10kg/cm²，转弯半径不小于 18m。

一般举高消防车停留、展开操作的场地的坡度不宜大于 3%，坡地等特殊情况，允许采用 5% 的坡度。当建筑屋顶或高架桥等兼做消防车登高操作场地时，屋顶或高架桥等的承载能力要符合消防车满载时的停靠要求。

7.2.3　本条为强制性条文。为使消防员能尽快安全到达着火层，在建筑与消防车登高操作场地相对应的范围内设置直通室外的楼梯或直通楼梯间的入口十分必要，特别是高层建筑和地下建筑。

灭火救援时，消防员一般要通过建筑物直通室外的楼梯间或出入口，从楼梯间进入着火层对该层及其上、下部楼层进行内攻灭火和搜索救人。对于埋深较深或地下面积大的地下建筑，还有必要结合消防电梯的设置，在设计中考虑设置供专业消防人员出入火场的专用出入口。

7.2.4　本条为强制性条文。本条是根据近些年我国建筑发展和实际灭火中总结的经验教训确定的。

过去，绝大部分建筑均开设有外窗。而现在，不仅仓库、洁净厂房无外窗或外窗开设少，而且一些大型公共建筑，如商场、商业综合体、设置玻璃幕墙或金属幕墙的建筑等，在外墙上均很少设置可直接开向室外并可供人员进入的外窗。而在实际火灾事故中，大部分建筑的火灾在消防队到达时均已发展到比较大的规模，从楼梯间进入有时难以直接接近火源，但灭火时只有将灭火剂直接作用于火源或燃烧的可燃物，才能有效灭火。因此，在建筑的外墙设置可供专业消防人员使用的入口，对于方便消防员灭火救援十分必要。救援窗口的设置既要结合楼层走道在外墙上的开口，还要结合避难层、避难间以及救援场地，在外墙上选择合适的位置进行设置。

7.2.5　本条确定的救援口大小是满足一个消防员背负基本救援装备进入建筑的基本尺寸。为方便实际使用，不仅该开口的大小要在本条规定的基础上适当增大，而且其位置、标识设置也要便于消防员快速识别和利用。

7.3　消防电梯

7.3.1　本条为强制性条文。本条确定了应设置消防电梯的建筑范围。

对于高层建筑，消防电梯能节省消防员的体力，使消防员能快速接近着火区域，提高战斗力和灭火效果。根据在正常情况下对消防员的测试结果，消防员从楼梯攀登的有利登高高度一般不大于 23m，否则，人体的体力消耗很大。对于地下建筑，受排烟、通风条件较差，受当前装备的限制，消防员通过楼梯进入地下的困难较大，设置消防电梯，有利于满足灭火作战和火场救援的需要。

本条第 3 款中"设置消防电梯的建筑的地下或半地下室"应设置消防电梯，主要指当建筑的上部设置了消防电梯且建筑有地下室时，该消防电梯应延伸到地下部分；除此之外，地下部分是否设置消防电梯应根据其埋深和总建筑面积来确定。

老年人照料设施设置消防电梯，有利于快速组织灭火行动和对行动不便的老年人展开救援。本条中老年人照料设施的总建筑面积，见本规范第 5.5.24A 条的条文说明。本条设置消防电梯层数的确定，主要根据消防员负荷登高与救援的体力需求以及老年人照料设施中使用人员的特性确定的。

7.3.2　本条为强制性条文。建筑内的防火分区具有较高的防火性能。一般，在火灾初期，较易将火灾控制在着火的一个防火分区内，消防员利用着火区内的消防电梯就可以进入着火区直接接近火源实施灭火和搜索等其他行动。对于有多个防火分区的楼层，即使一个防火分区的消防电梯受阻难以安全使用时，还可利用相邻防火分区的消防电梯。因此，每个防火分区应至少设置一部消防电梯。

7.3.3　本条规定建筑高度大于 32m 且设置电梯的高层厂房

（仓库）应设消防电梯，且尽量每个防火分区均设置。对于高层塔架或局部区域较高的厂房，由于面积和火灾危险性小，也可以考虑不设置消防电梯。

7.3.5 本条第2～4款为强制性条款。在消防电梯间（井）前设置具有防烟性能的前室，对于保证消防电梯的安全运行和消防员的行动安全十分重要。

消防电梯为火灾时相对安全的竖向通道，其前室靠外墙设置既安全，又便于天然采光和自然排烟，电梯出口在首层也可直接通向室外。一些受平面布置限制不能直接通向室外的电梯出口，可以采用受防火保护的通道，不经过任何其他房间通向室外。该通道要具有防烟性能。

本条根据为满足一个消防战斗班配备装备后使用电梯以及救助老年人、病人等人员的需要，规定了消防电梯前室的面积及尺寸。

7.3.6 本条为强制性条文。本条规定为确保消防电梯的可靠运行和防火安全。

在实际工程中，为有效利用建筑面积，方便建筑布置及电梯的管理和维护，往往多台电梯设置在同一部位，电梯梯井相互毗邻。一旦其中某部电梯或电梯井出现火情，可能因相互间的分隔不充分而影响其他电梯特别是消防电梯的安全使用。因此，参照本规范对消防电梯井井壁的耐火性能要求，规定消防电梯的梯井、机房要采用耐火极限不低于2.00h的防火隔墙与其他电梯的梯井、机房进行分隔。在机房上必须开设的开口部位应设置甲级防火门。

7.3.7 火灾时，应确保消防电梯能够可靠、正常运行。建筑内发生火灾后，一旦自动喷水灭火系统动作或消防队进入建筑展开灭火行动，均会有大量水在楼层上积聚、流散。因此，要确保消防电梯在灭火过程中能保持正常运行，消防电梯井内外就要考虑设置排水和挡水设施，并设置可靠的电源和供电线路。

7.3.8 本条是为满足一个消防战斗班配备装备后使用电梯的需要所作的规定。消防电梯每层停靠，包括地下室各层，着火时，要首先停靠在首层，以便于展开消防救援。对于医院建筑等类似功能的建筑，消防电梯轿厢内的净面积尚需考虑病人、残障人员等的救援以及方便对外联络的需要。

7.4 直升机停机坪

7.4.1 对于高层建筑，特别是建筑高度超过100m的高层建筑，人员疏散及消防救援难度大，设置屋顶直升机停机坪，可为消防救援提供条件。屋顶直升机停机坪的设置要尽量结合城市消防站建设和规划布局。当设置屋顶直升机停机坪确有困难时，可设置能保证直升机安全悬停与救援的设施。

7.4.2 为确保直升机安全起降，本条规定了设置屋顶停机坪时对屋顶的基本要求。有关直升机停机坪和屋顶承重等其他技术要求，见行业标准《民用直升机场飞行场地技术标准》MH 5013—2008和《军用永备直升机机场场道工程建设标准》GJB 3502—1998。

8 消防设施的设置

本章规定了建筑设置消防给水、灭火、火灾自动报警、防烟与排烟系统和配置灭火器的基本范围。由于我国幅员辽阔、各地经济发展水平差异较大，气候、地理、人文等自然环境和文化背景各异、建筑的用途也千差万别，难以在本章中一一规定相应的设施配置要求。因此，除本规范规定外，设计还应从保障建筑及其使用人员的安全、减少火灾损失出发，根据有关专业建筑设计标准或专项防火标准的规定以及建筑的实际火灾危险性，综合确定配置适用的灭火、火灾报警和防排烟设施等消防设施与灭火器材。

8.1 一般规定

8.1.1 本条规定为建筑消防给水设计和消防设施配置设计的基本原则。

建筑的消防给水和其他主动消防设施设计，应充分考虑建筑的类型及火灾危险性、建筑高度、使用人员的数量与特性、发生火灾可能产生的危害和影响、建筑的周边环境条件和需配置的消防设施的适用性，使之早报警、快速灭火，及时排烟，从而保障人员及建筑的消防安全。本规范对有些场所设置主动消防设施的类别虽有规定，但并不限制应用更好、更有效或更经济合理的其他消防设施。对于某些新技术、新设备的应用，应根据国家有关规定在使用前提出相应的使用和设计方案与报告并进行必要的论证或试验，以切实保证这些技术、方法、设备或材料在消防安全方面的可行性与应用的可靠性。

8.1.2 本条为强制性条文。建筑室外消火栓系统包括水源、水泵接合器、室外消火栓、供水管网和相应的控制阀门等。室外消火栓是设置在建筑物外消防给水管网上的供水设施，也是消防队到场后需要使用的基本消防设施之一，主要供消防车从市政给水管网或室外消防给水管网取水向建筑室内消防给水系统供水，也可以经加压后直接连接水带、水枪出水灭火。本条规定了应设置室外消火栓系统的建筑。当建筑物的耐火等级为一、二级且建筑体积较小，或建筑物内无可燃物或可燃物较少时，灭火用水量较小，可直接依靠消防车所带水量实施灭火，而不需设置室外消火栓系统。

为保证消防车在灭火时能便于从市政管网中取水，要沿城镇中可供消防车通行的街道设置市政消火栓系统，以保证市政基础消防设施能满足灭火需要。这里的街道是在城市或镇范围内，全路或大部分地段两侧建有或规划有建筑物，一般设有人行道和各种市政公用设施的道路，不包括城市快速路、高架路、隧道等。

8.1.3 本条为强制性条文。水泵接合器是建筑室外消防给水系统的组成部分，主要用于连接消防车，向室内消火栓给水系统、自动喷水或水喷雾等水灭火系统或设施供水。在建筑外墙上或建筑外墙附近设置水泵接合器，能更有效地利用建筑内的消防设施，节省消防员登高扑救、铺设水带的时间。因此，原则上，设置室内消防给水系统或设置自动喷水、水喷雾灭火系统、泡沫雨淋灭火系统等系统的建筑，都需要设置水泵接合器。但考虑到一些层数不多的建筑，如小型公共建筑和多层住宅建筑，也可在灭火时在建筑内铺设水带采用消防车直接供水，而不需设置水泵接合器。

8.1.4、8.1.5　这两条规定了可燃液体储罐或罐区和可燃气体储罐或罐区设置冷却水系统的范围,有关要求还要符合相应专项标准的规定。

8.1.6　本条为强制性条文。消防水泵房需保证泵房内部设备在火灾情况下仍能正常工作,设备和需进入房间进行操作的人员不会受到火灾的威胁。本条规定是为了便于操作人员在火灾时进入泵房,并保证泵房不会受到外部火灾的影响。

本条规定中"疏散门应直通室外",要求进出泵房的人员不需要经过其他房间或使用空间而可以直接到达建筑外,开设在建筑首层门厅大门附近的疏散门可以视为直通室外;"疏散门应直通安全出口",要求泵房的门通过疏散走道直接连通到进入疏散楼梯(间)或直通室外的门,不需要经过其他空间。

有关消防水泵房的防火分隔要求,见本规范第6.2.7条。

8.1.7　本条第1、3、4款为强制性条款。消防控制室是建筑物内防火、灭火设施的显示、控制中心,必须确保控制室具有足够的防火性能,设置的位置能便于安全进出。

对于自动消防设施设置较多的建筑,设置消防控制室可以方便采用集中控制方式管理、监视和控制建筑内自动消防设施的运行状况,确保建筑消防设施的可靠运行。消防控制室的疏散门设置说明,见本规范第8.1.6条的条文说明。有关消防控制室内应具备的显示、控制和远程监控功能,在国家标准《消防控制室通用技术要求》GB 25506中有详细规定,有关消防控制室内相关消防控制设备的构成和功能、电源要求、联动控制功能等的要求,在国家标准《火灾自动报警系统设计规范》GB 50116中也有详细规定,设计应符合这些标准的相应要求。

8.1.8　本条为强制性条文。本条是根据近年来一些重特大火灾事故的教训确定的。在实际火灾中,有不少消防水泵房和消防控制室因被淹或进水而无法使用,严重影响自动消防设施的灭火、控火效果,影响灭火救援行动。因此,既要通过合理确定这些房间的布置楼层和位置,也要采取门槛、排水措施等方法防止灭火或自动喷水等灭火设施动作后的水积聚而致消防控制设备或消防水泵、消防电源与配电装置等被淹。

8.1.9　设置在建筑内的防烟风机和排烟风机的机房要与通风空气调节系统风机的机房分别设置,且防烟风机和排烟风机的机房应独立设置。当确有困难时,排烟风机可与其他通风空气调节系统风机的机房合用,但用于排烟补风的送风风机不应与排烟风机机房合用,并应符合相关国家标准的要求。防烟风机和排烟风机的机房均需采用耐火极限不小于2.00h的隔墙和耐火极限不小于1.50h的楼板与其他部位隔开。

8.1.10　灭火器是扑救建筑初起火较方便、经济、有效的消防器材。人员发现火情后,首先应考虑采用灭火器等器材进行处置与扑救。灭火器的配置要根据建筑物内可燃物的燃烧特性和火灾危险性、不同场所中工作人员的特点、建筑的内外环境条件等因素,按照现行国家标准《建筑灭火器配置设计规范》GB 50140和其他有关专项标准的规定进行设计。

8.1.11　本条是根据近年来的一些火灾事故,特别是高层建筑火灾的教训确定的。本条规定主要为防止建筑幕墙在火灾时可能因墙体材料脱落而危及消防员的安全。

建筑幕墙常采用玻璃、石材和金属等材料。当幕墙受到火烧或受热时,易破碎或变形、爆裂,甚至造成大面积的破碎、脱落。供消防员使用的水泵接合器、消火栓等室外消防设施的设置位置,要根据建筑幕墙的位置、高度确定。当需离开建筑外墙一定距离时,一般不小于5m,当受平面布置条件限制时,可采取设置防护挑檐、防护棚等其他防坠落物砸伤的防护措施。

8.1.12　本条规定的消防设施包括室外消火栓、阀门和消防水泵接合器等室外消防设施、室内消火栓箱、消防设施中的操作与控制阀门、灭火器配置箱、消防给水管道、自动灭火系统的手动按钮、报警按钮、排烟设施的手动按钮、消防设备室、消防控制室等。

8.1.13　本章对于建筑室内外消火栓系统、自动喷水灭火系统、水喷雾灭火系统、气体灭火系统、泡沫灭火系统、细水雾灭火系统、火灾自动报警系统和防烟与排烟系统以及建筑灭火器等系统、设施的设置场所和部位作了规定,这些消防系统及设施的具体设计,还要按照国家现行有关标准的要求进行,有关系统标准主要包括《消防给水及消火栓系统技术规范》GB 50974、《自动喷水灭火系统设计规范》GB 50084、《气体灭火系统设计规范》GB 50370、《泡沫灭火系统设计规范》GB 50151、《水喷雾灭火系统设计规范》GB 50219、《细水雾灭火系统设计规范》GB 50898、《火灾自动报警系统设计规范》GB 50116、《建筑灭火器配置设计规范》GB 50140等。

8.2　室内消火栓系统

8.2.1　本条为强制性条文。室内消火栓是控制建筑内初期火灾的主要灭火、控火设备,一般需要专业人员或受过训练的人员才能较好地使用和发挥作用。

本条所规定的室内消火栓系统的设置范围,在实际设计中不应仅限于这些建筑或场所,还应按照有关专项标准的要求确定。对于在本条规定规模以下的建筑或场所,可根据各地实际情况确定设置与否。

对于27m以下的住宅建筑,主要通过加强被动防火措施和依靠外部扑救来防止火势扩大和灭火。住宅建筑的室内消火栓可以根据地区气候、水源等情况设置干式消防竖管或湿式室内消火栓系统。干式消防竖管平时无水,着火后由消防车通过设置在首层外墙上的接口向室内干式消防竖管输水,消防员自带水龙带驳接室内消防给水竖管的消火栓口进行取水灭火。如能设置湿式室内消火栓系统,则要尽量采用湿式系统。当住宅建筑中的楼梯间位置不靠外墙时,应采用管道与干式消防竖管连接。干式竖管的管径宜采用80mm,消火栓口径应采用65mm。

8.2.2　一、二级耐火等级的单层、多层丁、戊类厂房(仓库)内,可燃物较少,即使着火,发展蔓延较慢,不易造成较大面积的火灾,一般可以依靠灭火器、消防软管卷盘等灭火器材或外部消防救援进行灭火。但由于丁、戊类厂房的范围较大,有些丁类厂房内也可能有较多可燃物,例如有淬火槽;丁、戊类仓库内也可能有较多可燃物,例如有较多的可燃包装材料,木箱包装机器、纸箱包装灯泡等,这些场所需要设置室内消火栓系统。

对于粮食仓库,库房内通常被粮食充满,将室内消火栓系统设置在建筑内往往难以发挥作用,一般需设置在建筑外。因此,其室内消火栓系统可与建筑的室外消火栓系统合用,而不设置室内消火栓系统。

建筑物内存有与水接触能引起爆炸的物质,即与水能起强烈化学反应发生爆炸燃烧的物质(例如:电石、钾、钠等物质)时,不应在该部位设置消防给水设备,而应采取其他灭火设施或防火保护措施。但实验楼、科研楼内存有少数该类物质时,仍应设置室内消火栓。

远离城镇且无人值班的独立建筑,如卫星接收基站、变电站等可不设置室内消火栓系统。

8.2.3 国家级文物保护单位的重点砖木或木结构古建筑,可以根据具体情况尽量考虑设置室内消火栓系统。对于不能设置室内消火栓的,可采取防火喷涂保护,严格控制用电、用火等其他防火措施。

8.2.4 消防软管卷盘和轻便消防水龙是控制建筑物内固体可燃物初起火的有效器材,用水量小、配备和使用方便,适用于非专业人员使用。本条结合建筑的规模和使用功能,确定了设置消防软管卷盘和轻便消防水龙的范围,以方便建筑内的人员扑灭初起火时使用。

轻便消防水龙为在自来水供水管路上使用的由专用消防接口、水带及水枪组成的一种小型轻便的喷水灭火设备,有关要求见公共安全标准《轻便消防水龙》GA 180。

8.3 自动灭火系统

自动喷水、水喷雾、七氟丙烷、二氧化碳、泡沫、干粉、细水雾、固定水炮灭火系统等及其他自动灭火装置,对于扑救和控制建筑物内的初起火,减少损失、保障人身安全,具有十分明显的作用,在各类建筑内应用广泛。但由于建筑功能及其内部空间用途千差万别,本规范难以对各类建筑及其内部的各类场所一一作出规定。设计应按照有关专项标准的要求,或根据不同灭火系统的特点及其适用范围、系统选型和设置场所的相关要求,经技术、经济等多方面比较后确定。

本节中各条的规定均有三个层次,一是这些场所应设置自动灭火系统。二是推荐了一种较适合该类场所的灭火系统类型,正常情况下应采用该类系统,但并不排斥采用其他适用的系统类型或灭火装置。如在有的场所空间很大,只有部分设备是主要的火灾危险源并需要灭火保护,或建筑内只有少数面积较小的场所内的设备需要保护时,可对该局部火灾危险性大的设备采用火探管、气溶胶、超细干粉等小型自动灭火装置进行局部保护,而不必采用大型自动灭火系统保护整个空间的方法。三是在选用某一系统的何种灭火方式时,应根据该场所的特点和条件、系统的特性以及国家相关政策确定。在选择灭火系统时,应考虑在一座建筑物内尽量采用同一种或同一类型的灭火系统,以便维护管理,简化系统设计。

此外,本规范未规定设置自动灭火系统的场所,并不排斥或限制根据工程实际情况以及建筑的整体消防安全需要而设置相应的自动灭火系统或设施。

8.3.1~8.3.4 这4条均为强制性条文。自动喷水灭火系统适用于扑救绝大多数建筑内的初起火,应用广泛。根据我国当前的条件,条文规定了应设置自动灭火系统,并宜采用自动喷水灭火系统的建筑或场所,规定中有的明确了具体的设置部位,有的是规定了建筑。对于按建筑规定的,要求该建筑内凡具有可燃物且适用设置自动喷水灭火系统的部位或场所,均需设置自动喷水灭火系统。

这4条所规定的这些建筑或场所具有火灾危险性大、发生火灾可能导致经济损失大、社会影响大或人员伤亡大的特点。自动灭火系统的设置原则是重点部位、重点场所,重点防护;不同分区,措施可以不同;总体上要能保证整座建筑物的消防安全,特别要考虑所设置的部位或场所在设置灭火系统后应能防止一个防火分区内的火灾蔓延到另一个防火分区中去。

(1)邮政建筑既有办公,也有邮件处理和邮袋存放功能,在

设计中一般按丙类厂房考虑,并按照不同功能实行较严格的防火分区或分隔。对于邮件处理车间,可在处理好竖向连通部位的防火分隔条件下,不设置自动喷水灭火系统,但其中的重要部位仍要尽量采用其他对邮件及邮件处理设备无较大损害的灭火剂及其灭火系统保护。

(2)木器厂房主要指以木材为原料生产、加工各类木质板材、家具、构配件、工艺品、模具等成品、半成品的车间。

(3)高层建筑的火灾危险性较高、扑救难度大,设置自动灭火系统可提高其自防、自救能力。

对于建筑高度大于100m的住宅建筑,需要在住宅建筑的公共部位、套内各房间设置自动喷水灭火系统。

对于医院内手术部的自动喷水灭火系统设置,可以根据国家标准《医院洁净手术部建筑技术规范》GB 50333的规定,不在手术室内设置洒水喷头。

(4)建筑内采用送回风管道的集中空气调节系统具有较大的火灾蔓延传播危险。旅馆、商店、展览建筑使用人员较多,有的室内装修还采用了较多难燃或可燃材料,大多设置有集中空气调节系统。这些场所人员的流动性大,对环境不太熟悉且功能复杂,有的建筑内的使用人员还可能较长时间处于休息、睡眠状态。可燃装修材料的烟生成量及其毒性分解物较多、火源控制较复杂且易传播火灾及其烟气。有固定座位的场所,人员疏散相对较困难,所需疏散时间可能较长。

(5)第8.3.4条第7款中的"建筑面积"是指歌舞娱乐放映游艺场所任一层的建筑面积。每个厅、室的防火要求应符合本规范第5章的有关规定。

(6)老年人照料设施设置自动喷水灭火系统,可以有效降低该类场所的火灾危害。根据现行国家标准《自动喷水灭火系统设计规范》GB 50084,室内最大净空高度不超过8m,保护区域总建筑面积不超过1000m² 及火灾危险等级不超过中危险级Ⅰ级的民用建筑,可以采用局部应用自动喷水灭火系统。因此,当受条件限制难以设置普通自动喷水灭火系统,又符合上述规范要求的老年人照料设施,可以采用局部应用自动喷水灭火系统。

8.3.5 本条为强制性条文。对于以可燃固体燃烧物为主的高大空间,根据本规范第8.3.1条~第8.3.4条的规定需要设置自动灭火系统,但采用自动喷水灭火系统、气体灭火系统、泡沫灭火系统等都不合适,此类场所可以采用固定消防炮或自动跟踪定位射流等类型的灭火系统进行保护。

固定消防炮灭火系统可以远程控制并自动搜索火源、对准着火点、自动喷洒水或其他灭火剂进行灭火,可与火灾自动报警系统联动,既可手动控制,也可实现自动操作,适用于扑救大空间内的早期火灾。对于设置自动喷水灭火系统不能有效发挥早期响应和灭火作用的场所,采用与火灾探测器联动的固定消防炮或自动跟踪定位射流灭火系统比快速响应喷头更能及时扑救早期火灾。

消防炮水量集中,流速快、冲量大,水流可以直接接触燃烧物而作用到火焰根部,将火焰剥离燃烧物使燃烧中止,能有效扑救高大空间内蔓延较快或火灾荷载大的火灾。固定消防炮灭火系统的设计应符合现行国家标准《固定消防炮灭火系统设计规范》GB 50338的有关规定。

8.3.6 水幕系统是现行国家标准《自动喷水灭火系统设计规范》GB 50084规定的系统之一。根据水幕系统的工作特性,该系统可以用于防止火灾通过建筑开口部位蔓延,或辅助其他防火分隔物实施有效分隔。水幕系统主要用于因生产工艺需要或使用功能需要而无法设置防火墙等的开口部位,也可用于辅助防火卷帘和防火幕作防火分隔。

本条第1、2款规定的开口部位所设置的水幕系统主要用于防火分隔,第3款规定部位设置的水幕系统主要用于防护冷却。水幕系统的火灾延续时间需要根据不同部位设置防火隔墙或防火墙时所需耐火极限确定,系统设计应符合现行国家标准《自动喷水灭火系统设计规范》GB 50084的规定。

8.3.7 本条为强制性条文。雨淋系统是自动喷水灭火系统之一,主要用于扑救燃烧猛烈、蔓延快的大面积火灾。雨淋系统应有足够的供水速度,保证灭火效果,其设计应符合现行国家标准《自动喷水灭火系统设计规范》GB 50084的规定。

本条规定应设置雨淋系统的场所均为发生火灾蔓延快,需尽快控制的高火灾危险场所:

(1)火灾危险性大、着火后燃烧速度快或可能发生爆炸性燃烧的厂房或部位。

(2)易燃物品仓库,当面积较大或储存量较大时,发生火灾后影响面较大,如面积大于60m²硝化棉等仓库。

(3)可燃物较多且空间较大、火灾易迅速蔓延扩大的演播室、电影摄影棚等场所。

(4)乒乓球的主要原料是赛璐珞,在生产过程中还采用甲类液体溶剂,乒乓球厂的轧坯、切片、磨球、分球检验部位具有火灾危险性大且着火后燃烧强烈、蔓延快等特点。

8.3.8 本条为强制性条文。水喷雾灭火系统喷出的水滴粒径一般在1mm以下,喷出的水雾能吸收大量的热量,具有良好的降温作用,同时水在热作用下会迅速变成水蒸气,并包裹保护对象,起到部分窒息灭火的作用。水喷雾灭火系统对于重质油品具有良好的灭火效果。

1 变压器油的闪点一般都在120℃以上,适用采用水喷雾灭火系统保护。对于缺水或严寒、寒冷地区、无法采用水喷雾灭火系统的电力变压器和设置在室内的电力变压器,可以采用二氧化碳等气体灭火系统。另外,对于变压器,目前还有一些有效的其他灭火系统可以采用,如自动喷水-泡沫联用系统、细水雾灭火系统等。

2 飞机发动机试验台的火灾危险源为燃料油和润滑油,设置自动灭火系统主要用于保护飞机发动机和试车台架。该部位的灭火系统设计应全面考虑,一般可采用水喷雾灭火系统,也可以采用气体灭火系统、泡沫灭火系统、细水雾灭火系统等。

8.3.9 本条为强制性条文。本条规定的气体灭火系统主要包括高低压二氧化碳、七氟丙烷、三氟甲烷、氮气、IG541、IG55等灭火系统。气体灭火剂不导电、一般不造成二次污染,是扑救电子设备、精密仪器设备、贵重仪器和档案图书等纸质、绢质或磁介质材料信息载体的良好灭火剂。气体灭火系统在密闭的空间里有良好的灭火效果,但系统投资较高,故本规范只要求在一些重要的机房、贵重设备室、珍藏室、档案库内设置。

(1)电子信息系统机房的主机房,按照现行国家标准《电子信息系统机房设计规范》GB 50174的规定确定。根据《电子信息系统机房设计规范》GB 50174—2008的规定,A、B级电子信息系统机房的分级为:电子信息系统运行中断将造成重大的经济损失或公共场所秩序严重混乱的机房为A级机房,电子信息系统运行中断将造成较大的经济损失或公共场所秩序混乱的机房为B级机房。图书馆的特藏库,按照现行国家标准《图书馆建筑设计规范》JGJ 38的规定确定。档案馆的珍藏库,按照国家现行标准《档案馆建筑设计规范》JGJ 25的规定确定。大、中型博物馆按照国家现行标准《博物馆建筑设计规范》JGJ 66的规定确定。

(2)特殊重要设备,主要指设置在重要部位和场所中,发生火灾后将严重影响生产和生活的关键设备。如化工厂中的中央控制室和单台容量300MW机组及以上容量的发电厂的电子设备间、控制室、计算机房及继电器室等。高层民用建筑内火灾危险性大,发生火灾后对生产、生活产生严重影响的配电室等,也属于特殊重要设备室。

(3)从近几年二氧化碳灭火系统的使用情况看,该系统应设置在不经常有人停留的场所。

8.3.10 本条为强制性条文。可燃液体储罐火灾事故较多,且一旦初起火未得到有效控制,往往后期灭火效果不佳。设置固定或半固定式灭火系统,可对储罐火灾起到较好的控火和灭火作用。

低倍数泡沫主要通过泡沫的遮断作用,将燃烧液体与空气隔离实现灭火。中倍数泡沫灭火取决于泡沫的发泡倍数和使用方式,当以较低的倍数用于扑救甲、乙、丙类液体流淌火时,灭火机理与低倍数泡沫相同;当以较高的倍数用于全淹没方式灭火时,其灭火机理与高倍数泡沫相同。高倍数泡沫主要通过密集状态的大量高倍数泡沫封闭区域,阻断新空气的流入实现窒息灭火。

低倍数泡沫灭火系统被广泛用于生产、加工、储存、运输和使用甲、乙、丙类液体的场所。甲、乙、丙类可燃液体储罐主要采用泡沫灭火系统保护。中倍数泡沫灭火系统可用于保护小型油罐和其他一些类似场所。高倍数泡沫可用于大空间和人员进入有危险以及用水难以灭火或灭火后水渍损失大的场所,如大型易燃液体仓库、橡胶轮胎库、纸张和卷烟仓库、电缆沟及地下建筑(汽车库)等。有关泡沫灭火系统的设计与选型应执行现行国家标准《泡沫灭火系统设计规范》GB 50151等的有关规定。

8.3.11 据统计,厨房火灾是常见的建筑火灾之一。厨房火灾主要发生在灶台操作部位及其排烟道。从试验情况看,厨房的炉灶或排烟道部位一旦着火,发展迅速且常规灭火设施扑救易发生复燃;烟道内的火扑救又比较困难。根据国外近40年的应用历史,在该部位采用自动灭火装置灭火,效果理想。

目前,国内外相关产品在国内市场均有销售,不同产品之间的性能差异较大。因此,设计应注意选用能自动探测与自动灭火动作且灭火前能自动切断燃料供应、具有防复燃功能且灭火效能(一般应以保护面积为参考指标)较高的产品,且必须在排烟管道内设置喷头。有关装置的设计、安装可执行中国工程建设标准化协会标准《厨房设备灭火装置技术规程》CECS 233的规定。

本条规定的餐馆根据国家现行标准《饮食建筑设计规范》JGJ 64的规定确定,餐厅为餐馆、食堂中的就餐部分,"建筑面积大于1000m²"为餐厅总的营业面积。

8.4 火灾自动报警系统

8.4.1 本条为强制性条文。火灾自动报警系统能起到早期发现和通报警信息,及时通知人员进行疏散、灭火的作用,应用广泛。本条规定的设置范围,主要为同一时间停留人数较多,发生火灾容易造成人员伤亡需及时疏散的场所或建筑;可燃物较多,火灾蔓延迅速,扑救困难的场所或建筑;以及不易及时发现火灾且性质重要的场所或建筑。该规定是对国内火灾自动报警系统工程实践经验的总结,并考虑了我国经济发展水平。本条所规定的场所,如未明确具体部位,除个别火灾危险性小的部位,如卫生间、泳池、水泵房等外,需要在该建筑内全部设置火灾自动报警系统。

1 制鞋、制衣、玩具、电子等类似火灾危险性的厂房主要考虑了该类建筑面积大、同一时间内人员密度较大、可燃物多。

3 商店和展览建筑中的营业、展览厅和娱乐场所等场所，为人员较密集、可燃物较多、容易发生火灾，需要早报警、早疏散、早扑救的场所。

4 重要的档案馆，主要指国家现行标准《档案馆设计规范》JGJ 25 规定的国家档案馆。其他专业档案馆，可视具体情况比照本规定确定。

5 对于地市级以下的电力、交通和防灾调度指挥、广播电视、电信和邮政建筑，可视建筑的规模、高度和重要性等具体情况确定。

6 剧场和电影院的级别，按国家现行标准《剧场建筑设计规范》JGJ 57 和《电影院建筑设计规范》JGJ 58 确定。

10 根据现行国家标准《电子信息系统机房设计规范》GB 50174 的规定，电子信息系统的主机房为主要用于电子信息处理、存储、交换和传输设备的安装和运行的建筑空间，包括服务器机房、网络机房、存储机房等功能区域。

13 建筑中有需要与火灾自动报警系统联动的设施主要有：机械排烟系统、机械防烟系统、水幕系统、雨淋系统、预作用系统、水喷雾灭火系统、气体灭火系统、防火卷帘、常开防火门、自动排烟窗等。

为使老年人照料设施中的人员能及时获知火灾信息，及早探测火情，要求在老年人照料设施中的老年人居室、公共活动用房等老年人用房中设置相应的火灾报警和警报装置。当老年人照料设施单体的总建筑面积小于 500m² 时，也可以采用独立式烟感火灾探测报警器。独立式烟感探测器适用于受条件限制难以按标准设置火灾自动报警系统的场所，如规模较小的建筑或既有建筑改造等。独立式烟感探测器可通过电池或者生活用电直接供电，安装使用方便，能够探测火灾时产生的烟雾，及时发出报警，可以实现独立探测、独立报警。本条中的"老年人照料设施中的老年人用房"，是指现行行业标准《老年人照料设施建筑设计标准》JGJ 450—2018 规定的老年人生活用房、老年人公共活动用房、康复与医疗用房。

8.4.2 为使住宅建筑中的住户能够尽早知晓火灾发生情况，及时疏散，按照安全可靠、经济适用的原则，本条对不同建筑高度的住宅建筑如何设置火灾自动报警系统作出了具体规定。

8.4.3 本条为强制性条文。本条规定应设置可燃气体探测报警装置的场所，包括工业生产、储存、公共建筑中可能散发可燃蒸气或气体，并存在爆炸危险的场所与部位，也包括丙、丁类厂房、仓库中存储或使用燃气加工的部位，以及公共建筑中的燃气锅炉房等场所，不包括住宅建筑内的厨房。

8.5 防烟和排烟设施

火灾烟气中所含一氧化碳、二氧化碳、氟化氢、氯化氢等多种有毒成分，以及高温缺氧等都会对人体造成极大的危害。及时排除烟气，对保证人员安全疏散，控制烟气蔓延，便于扑救火灾具有重要作用。对于一座建筑，当其中某部位着火时，应采取有效的排烟措施排除可燃物燃烧产生的烟气和热量，使该局部空间形成相对负压区；对非着火部位及疏散通道等应采取防烟措施，以阻止烟气侵入，以利人员的疏散和灭火救援。因此，在建筑内设置排烟设施十分必要。

8.5.1 本条为强制性条文。建筑物内的防烟楼梯间、消防电梯间前室或合用前室、避难区域等，都是建筑物着火时的安全疏散、救援通道。火灾时，可通过开启外窗等自然排烟设施将烟气排出，亦可采用机械加压送风的防烟设施，使烟气不致侵入疏散通道或疏散安全区内。

对于建筑高度小于或等于 50m 的公共建筑、工业建筑和

建筑高度小于或等于 100m 的住宅建筑，由于这些建筑受风压作用影响较小，可利用建筑本身的采光通风，基本起到防止烟气进一步进入安全区域的作用。

当采用凹廊、阳台作为防烟楼梯间的前室或合用前室，或者防烟楼梯间前室或合用前室具有两个不同朝向的可开启外窗且有满足需要的可开启窗面积时，可以认为该前室或合用前室的自然通风能及时排除漏入前室或合用前室的烟气，并可防止烟气进入防烟楼梯间。

8.5.2 本条为强制性条文。事实证明，丙类仓库和丙类厂房的火灾往往会产生大量浓烟，不仅加速了火灾的蔓延，而且增加了灭火救援和人员疏散的难度。在建筑内采取排烟措施，尽快排除火灾过程中产生的烟气和热量，对于提高灭火救援的效果、保证人员疏散安全具有十分重要的作用。

厂房和仓库内的排烟设施可结合自然通风、天然采光等要求设置，并在车间内火灾危险性相对较高部位局部考虑加强排烟措施。尽管丁类生产车间的火灾危险性较小，但建筑面积较大的车间仍可能存在火灾危险性大的局部区域，如空调生产与组装车间、汽车部件加工和组装车间等，且车间进深大、烟气难以依靠外墙的开口进行排除，因此应考虑设置机械排烟设施或在厂房中间适当部位设置自然排烟口。

有爆炸危险的甲、乙类厂房（仓库），主要考虑加强正常通风和事故通风等预防发生爆炸的技术措施。因此，本规范未明确要求该类建筑设置排烟设施。

8.5.3 本条为强制性条文。为吸取娱乐场所的火灾教训，本条规定建筑中的歌舞娱乐放映游艺场所应当设置排烟设施。

中庭在建筑中往往贯通数层，在火灾时会产生一定的烟囱效应，能使火势和烟气迅速蔓延，易在较短时间内使烟气充填或弥散到整个中庭，并通过中庭扩散到相连通的邻近空间。设计需结合中庭和相连通空间的特点、火灾荷载的大小和火灾的燃烧特性等，采取有效的防烟、排烟措施。中庭烟控的基本方法包括减少烟气产生和控制烟气运动两方面。设置机械排烟设施，能使烟气有序运动和排出建筑物，使各楼层的烟气层维持在一定的高度以上，为人员赢得必要的逃生时间。

根据试验观测，人在浓烟中低头掩鼻的最大行走距离为20m～30m。为此，本条规定建筑内长度大于 20m 的疏散走道应设排烟设施。

8.5.4 本条为强制性条文。地下、半地下建筑（室）不同于地上建筑，地下空间的对流条件、自然采光和自然通风条件差，可燃物在燃烧过程中缺乏充足的空气补充，可燃物燃烧慢、产烟量大、温升快、能见度降低很快，不仅增加人员的恐慌心理，而且对安全疏散和灭火救援十分不利。因此，地下空间的防排烟设置要求比地上空间严格。

地上建筑中无窗房间的通风与自然排烟条件与地下建筑类似，因此其相关要求也与地下建筑的要求一致。

9 供暖、通风和空气调节

9.1 一般规定

9.1.1 本条规定为采暖、通风和空气调节系统应考虑防火安全措施的原则要求,相关专项标准可根据具体情况确定更详细的相应技术措施。

9.1.2 本条为强制性条文。甲、乙类厂房,有的存在甲、乙类挥发性可燃蒸气,有的在生产使用过程中会产生可燃气体,在特定条件下易积聚而与空气混合形成具有爆炸危险的混合气体。甲、乙类厂房内的空气如循环使用,尽管可减少一定能耗,但火灾危险性可能持续增大。因此,甲、乙类厂房要具备良好的通风条件,将室内空气及时排出到室外,而不循环使用。同时,需向车间内送入新鲜空气,但排风设备在通风机房内存在泄漏可燃气体的可能,因此应符合本规范第9.1.3条的规定。

丙类厂房中有的工段存在可燃纤维(如纺织厂、亚麻厂)和粉尘,易造成火灾的蔓延,除及时清扫外,若要循环使用空气,要在通风机前设滤尘器对空气进行净化后才能循环使用。某些火灾危险性相对较低的场所,正常条件下不具有火灾与爆炸危险,但只要条件适宜仍可能发生火灾。因此,规定空气的含尘浓度要求低于含燃烧或爆炸危险粉尘、纤维的爆炸下限的25%。此规定参考了国内外有关标准对类似场所的要求。

9.1.3 本条为强制性条文。本条规定主要为防止空气中的可燃气体再被送入甲、乙类厂房内或将可燃气体送到其他生产类别的车间内形成爆炸气氛而导致爆炸事故。因此,为甲、乙类车间服务的排风设备,不能与送风设备布置在同一通风机房内,也不能与为其他车间服务的送、排风设备布置在同一通风机房内。

9.1.4 本条为强制性条文。本条要求民用建筑内存放容易着火或爆炸物质(例如,容易放出氢气的蓄电池、使用甲类液体的小型零配件等)的房间所设置的排风设备要采用独立的排风系统,主要为避免将这些容易着火或爆炸的物质通过通风系统送入该建筑内的其他房间。因此,将这些房间的排风系统所排出的气体直接排到室外安全地点,是经济、有效的安全方法。

此外,在有爆炸危险场所使用的通风设备,要根据该场所的防爆等级和国家有关标准要求选用相应防爆性能的防爆设备。

9.1.5 本条规定主要为排除比空气轻的可燃气体混合物。将水平排风管沿着排风气流向上设置坡度,有利于比空气轻的气体混合物顺气流方向自然排出,特别是在通风机停机时,能更好地防止在管道内局部存积而形成有爆炸危险的高浓度混合气体。

9.1.6 火灾事故表明,通风系统中的通风管道可能成为建筑火灾和烟气蔓延的通道。本条规定主要为避免这两类管道相互影响,防止火灾和烟气经由通风管道蔓延。

9.2 供 暖

9.2.1 本条规定主要为防止散发可燃粉尘、纤维的厂房和输煤廊内的供暖散热器表面温度过高,导致可燃粉尘、纤维与采暖设备接触引起自燃。

目前,我国供暖的热媒温度范围一般为:130℃～70℃、

110℃～70℃和95℃～70℃,散热器表面的平均温度分别为:100℃、90℃和82.5℃。若热媒温度为130℃或110℃,对于有些易燃物质,例如,赛璐珞(自燃点为125℃)、三硫化二磷(自燃点为100℃)、松香(自燃点为130℃),有可能与采暖的设备和管道的热表面接触引起自燃,还有部分粉尘积聚厚度大于5mm时,也会因融化或焦化而引发火灾,如树脂、小麦、淀粉、糊精粉等。本条规定散热器表面的平均温度不应高于82.5℃,相当于供水温度95℃、回水温度70℃,这时散热器入口处的最高温度为95℃,与自燃点最低的100℃相差5℃,具有一定的安全余量。

对于输煤廊,如果热煤温度低,容易发生供暖系统冻结事故,考虑到输煤廊内煤粉在稍高温度时不易引起自燃,故将该场所内散热器的表面温度放宽到130℃。

9.2.2 本条为强制性条文。甲、乙类生产厂房内遇明火发生的火灾,后果十分严重。为吸取教训,规定甲、乙类厂房(仓库)内严禁采用明火和电热散热器供暖。

9.2.3 本条为强制性条文。本条规定应采用不循环使用热风供暖的场所,均为具有爆炸危险性的厂房,主要有:

(1)生产过程中散发的可燃气体、蒸气、粉尘、纤维与采暖管道、散热器表面接触,虽然供暖温度不高,也可能引起燃烧的厂房,如二硫化碳气体、黄磷蒸气及其粉尘等。

(2)生产过程中散发的粉尘受到水、水蒸气的作用,能引起自燃和爆炸的厂房,如生产和加工钾、钠、钙等物质的厂房。

(3)生产过程中散发的粉尘受到水、水蒸气的作用,能产生爆炸性气体的厂房,如电石、碳化铝、氢化钾、氢化钠、硼氢化钠等放出的可燃气体等。

9.2.4、9.2.5 供暖管道长期与可燃物体接触,在特定条件下会引起可燃物体蓄热、分解或炭化而着火,需采取必要的隔热防火措施。一般,可将供暖管道与可燃物保持一定的距离。

本条规定的距离,在有条件时应尽可能加大。若保持一定距离有困难时,可采用不燃材料对供暖管道进行隔热处理,如外包覆绝热性能好的不燃烧材料等。

9.2.6 本条规定旨在防止火势沿着管道的绝热材料蔓延到相邻房间或整个防火区域。在设计中,除首先考虑采用不燃材料外,当采用难燃材料时,还要注意选用热分解毒性小的绝热材料。

9.3 通风和空气调节

9.3.1 由于火灾中的热烟气扩散速度较快,在布置通风和空气调节系统的管道时,要采取措施阻止火灾的横向蔓延,防止和控制火灾的竖向蔓延,使建筑的防火体系完整。本条结合工程设计实际和建筑布置需要,规定通风和空气调节系统的布置,横向尽量按每个防火分区设置,竖向一般不大于5层。通风管道在穿越防火分隔处设置防火阀,可以有效地控制火灾蔓延,在此条件下,通风管道横向或竖向均可以不分区或按楼层分段布置。在住宅建筑中的厨房、厕所的垂直排风管道上,多见用防止回流设施防止火势蔓延,在公共建筑的卫生间和多个排风系统的排风机房里需同时设防火阀和防止回流设施。

本规范要求建筑内管道井的井壁应采用耐火极限不低于1.00h的防火隔墙,故穿过楼层的竖向风管也要求设在管井内或者采用耐火极限不低于1.00h的耐火管道。

住宅建筑中的排风管道内采取的防止回流方法,可参见图8所示的做法。具体做法有:

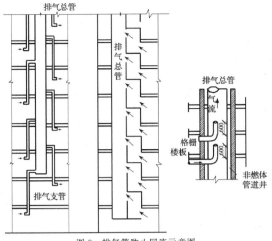

图 8 排气管防止回流示意图

(1)增加各层垂直排风支管的高度,使各层排风支管穿越2层楼板;

(2)把排风竖管分成大小两个管道,竖向干管直通屋面,排风支管分层与竖向干管连通;

(3)将排风支管顺气流方向插入竖向风道,且支管到支管出口的高度不小于600mm;

(4)在支管上安装止回阀。

9.3.2　本条为强制性条文。对于有爆炸危险的车间或厂房,容易通过通风管道蔓延到建筑的其他部分,本条对排风管道穿越防火墙和有爆炸危险的部位作了严格限制,以保证防火墙等防火分隔物的完整性,并防止通过排风管道将有爆炸危险场所的火灾或爆炸波引入其他场所。

9.3.3　在火灾危险性较大的甲、乙、丙类厂房内,送排风管要尽量考虑分层设置。当进入生产车间或厂房的水平或垂直风管设置了防火阀时,可以阻止火灾从着火层向相邻层蔓延,因而各层的水平或垂直送风管可以共用一个系统。

9.3.4　在风机停机时,一般会出现空气从风管倒流到风机的现象。当空气中含有易燃或易爆炸物质且风机未做防爆处理时,这些物质会随之带到风机内,并因风机产生的火花而引起爆炸,故风机要采取防爆措施。一般可采用有色金属制造的风机叶片和防爆的电动机。

若通风机设置在单独隔开的通风机房内,在送风干管内设置止回阀,即顺气流方向开启的单向阀,能防止危险物质倒流到风机内,且通风机房发生火灾后也不致蔓延至其他房间,因此可采用普通的通风设备。

9.3.5　本条为强制性条文。含有燃烧和爆炸危险粉尘的空气不能进入排风机或在进入排风机前对其进行净化。采用不产生火花的除尘器,主要为防止除尘器工作过程中产生火花引起粉尘、碎屑燃烧或爆炸。

空气中可燃粉尘的含量控制在爆炸下限的25%以下,通常是可防止可燃粉尘形成局部高浓度、满足安全要求的数值。美国消防协会(NFPA)《防火手册》指出:可燃蒸气和气体的警告响应浓度为其爆炸下限的20%;当浓度达到爆炸下限的50%时,要停止操作并进行惰化。国内大部分文献和标准也均采用物质爆炸下限的25%为警告值。

9.3.6　根据火灾爆炸案例,有爆炸危险粉尘的排风机、除尘器采取分区、分组布置是必要的。一个系统对应一种粉尘,便于粉尘回收;不同性质的粉尘在一个系统中,有引起化学反应的可能。如硫黄与过氧化铅、氯酸盐混合物能发生爆炸,炭黑混入氧化剂自燃会降低到100℃。因此,本条强调在布置除尘器和排风机时,要尽量按单一粉尘分组布置。

9.3.7　从国内一些用于净化有爆炸危险粉尘的干式除尘器和过滤器发生爆炸的危害情况看,这些设备如果条件允许布置在厂房之外的独立建筑内,并与所属厂房保持一定的防火间距,对于防止发生爆炸和减少爆炸危害十分有利。

9.3.8　本条为强制性条文。试验和爆炸案例分析均表明,用于排除有爆炸危险的粉尘、碎屑的除尘器、过滤器和管道,如果设置泄压装置,对于减轻爆炸的冲击波破坏较为有效。泄压面积大小则需根据有爆炸危险的粉尘、纤维的危险程度,经计算确定。

要求除尘器和过滤器布置在负压段上,主要为缩短含尘管道的长度,减少管道内的积尘,避免因干式除尘器布置在系统的正压段上漏风而引起火灾。

9.3.9　本条为强制性条文。含可燃气体、蒸气和粉尘场所的排风系统,通过设置导除静电接地的装置,可以减少因静电引发爆炸的可能性。地下、半地下场所易积聚有爆炸危险的蒸气和粉尘等物质,因此对上述场所进行排风的设备不能设置在地下、半地下。

本条第3款规定主要为便于检查维修和排除危险,消除安全隐患。为安全考虑,排气口要尽量远离明火和人员通过或停留的地方。

9.3.10　温度超过80℃的气体管道与可燃或难燃物体长期接触,易引起火灾;容易起火的碎屑也可能在管道内发生火灾,并易引燃邻近的可燃、难燃物体。因此,要求与可燃、难燃物体之间保持一定间隙或应用导热性差的不燃隔热材料进行隔热。

9.3.11　本条为强制性条文。通风和空气调节系统的风管是建筑内部火灾蔓延的途径之一,要采取措施防止火势穿过防火墙和不燃性防火分隔物等位置蔓延。通风、空气调节系统的风管上应设防火阀的部位主要有:

1　防火分区等防火分隔处,主要防止火灾在防火分区或不同防火单元之间蔓延。在某些情况下,必须穿越防火墙或防火隔墙时,需在穿越处设置防火阀,此防火阀一般依靠感烟火灾探测器控制动作,用电讯号通过电磁铁等装置关闭,同时它还具有温度熔断器自动关闭以及手动关闭的功能。

2、3　风管穿越通风、空气调节机房或其他防火隔墙和楼板处。主要防止机房的火灾通过风管蔓延到建筑内的其他房间,或者防止建筑内的火灾通过风管蔓延到机房。此外,为防止火灾蔓延至重要的会议室、贵宾休息室、多功能厅等性质重要的房间或有贵重物品、设备的房间以及易燃物品实验室或易燃物品库房等火灾危险性大的房间,规定风管穿越这些房间的隔墙和楼板处应设置防火阀。

4　在穿越变形缝的两侧风管上。在该部位两侧风管上各设一个防火阀,主要为使防火阀在一定时间里达到耐火完整性和耐火稳定性要求,有效地起到隔烟阻火作用,参见图9。

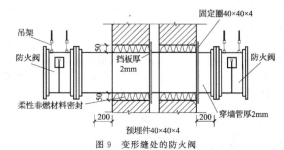

图 9　变形缝处的防火阀

5　竖向风管与每层水平风管交接处的水平管段上。主要为防止火势竖向蔓延。

有关防火阀的分类,参见表18。

表18　防火阀、排烟防火阀的基本分类

类别	名称	性能及用途
防火类	防火阀	采用70℃温度熔断器自动关闭(防火),可输出联动讯号。用于通风空调系统风管内,防止火势沿风管蔓延
	防烟防火阀	靠感烟火灾探测器控制动作,用电讯号通过电磁铁关闭(防烟),还可采用70℃温度熔断器自动关闭(防火)。用于通风空调系统风管内,防止烟火蔓延
	防火调节阀	70℃时自动关闭,手动复位,0°~90°无级调节,可以输出关闭电讯号
防烟类	加压送风口	靠感烟火灾探测器控制,电讯号开启,也可手动(或远距离缆绳)开启,可设70℃温度熔断器重新关闭装置,输出电讯号联动送风机开启。用于加压送风系统的风口,防止外部烟气进入
排烟类	排烟阀	电讯号开启或手动开启,输出开启电讯号联动排烟机开启,用于排烟系统风管上
	排烟防火阀	电讯号开启,手动开启,输出动作电讯号,用于排烟风机吸入口管道或排烟支管上。采用280℃温度熔断器重新关闭
	排烟口	电讯号开启,手动(或远距离缆绳)开启,输出电讯号联动排烟机,用于排烟房间的顶棚或墙壁上。采用280℃重新关闭装置

9.3.12 为防止火势通过建筑内的浴室、卫生间、厨房的垂直排风管道(自然排风或机械排风)蔓延,要求这些部位的垂直排风管采取防回流措施并尽量在其支管上设置防火阀。

由于厨房中平时操作排出的废气温度较高,若在垂直排风管上设置70℃时动作的防火阀,将会影响平时厨房操作中的排风。根据厨房操作需要和厨房常见火灾发生时的温度,本条规定公共建筑厨房的排油烟管道的支管与垂直排风管连接处要设150℃时动作的防火阀,同时,排油烟管道尽量按防火分区设置。

9.3.13 本条规定了防火阀的主要性能和具体设置要求。

(1)为使防火阀能自行严密关闭,防火阀关闭的方向应与通风和空调的管道内气流方向相一致。采用感温元件控制的防火阀,其动作温度高于通风系统在正常工作的最高温度(45℃)时,宜取70℃。现行国家标准《建筑通风和排烟系统用防火阀门》GB 15930规定防火阀的公称动作温度应为70℃。

(2)为使防火阀能及时关闭,控制防火阀关闭的易熔片或其他感温元件应设在容易感温的部位。设置防火阀的通风管要求具备一定强度,设置防火阀处要设置单独的支吊架,以防止管段变形。在暗装时,需在安装部位设置方便检修的检修口,参见图10。

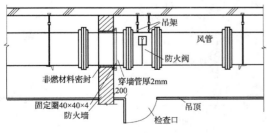

图10　防火阀检修口设置示意图

(3)为保证防火阀能在火灾条件下发挥预期作用,穿过防火墙两侧各2.0m范围内的风管绝热材料需采用不燃材料且具备足够的刚性和抗变形能力,穿越处的空隙要用不燃材料或防火封堵材料严密填实。

9.3.14 国内外均有不少因通风、空调系统风管可燃而致火灾蔓延,造成重大的人员和财产损失的案例,故本条规定通风、空调系统的风管应采用不燃材料制作。

本条规定参考了国外有关标准,考虑了我国有关防火分隔的具体要求及应用实例,如一些大空间民用或工业生产场所。设计要注意控制材料的燃烧性能及其发烟性能和热解产物的毒性。

9.3.15 加湿器的加湿材料常为可燃材料,这给类似设备留下了一定火灾隐患。因此,风管和设备的绝热材料、用于加湿器的加湿材料、消声材料及其黏结剂,应采用不燃材料。在采用不燃材料确有困难时,允许有条件地采用难燃材料。

为防止通风机已停而电加热器继续加热引起过热而着火,电加热器的开关与风机的开关应进行联锁,风机停止运转,电加热器的电源亦应自动切断。同时,电加热器前后各800mm的风管采用不燃材料进行绝热,穿过有火源及容易着火的房间的风管也应采用不燃绝热材料。

目前,不燃绝热材料、消声材料有超细玻璃棉、玻璃纤维、岩棉、矿渣棉等。难燃材料有自熄性聚氨酯泡沫塑料、自熄性聚苯乙烯泡沫塑料等。

9.3.16 本条为强制性条文。本条所指锅炉房包括燃油、燃气的热水、蒸汽锅炉房和直燃型溴化锂冷(热)水机组的机房。

燃油、燃气锅炉房在使用过程中存在逸漏或挥发的可燃性气体,要在这些房间内通过自然通风或机械通风方式保持良好的通风条件,使逸漏或挥发的可燃性气体与空气混合气体的浓度不能达到其爆炸下限值的25%。

燃油锅炉所用油的闪点温度一般高于60℃,油泵房内的温度一般不会高于60℃,不存在爆炸危险。机房的通风量可按泄漏量计算或按换气次数计算,具体设计要求参见现行国家标准《锅炉房设计规范》GB 50041—2008第15.3节有关燃油、燃气锅炉房的通风要求。

10 电 气

10.1 消防电源及其配电

10.1.1 本条为强制性条文。消防用电的可靠性是保证建筑消防设施可靠运行的基本保证。本条根据建筑扑救难度和建筑的功能及其重要性以及建筑发生火灾后可能的危害与损失、消防设施的用电情况,确定了建筑中的消防用电设备要求按一级负荷进行供电的建筑范围。

本规范中的"消防用电"包括消防控制室照明、消防水泵、消防电梯、防烟排烟设施、火灾探测与报警系统、自动灭火系统或装置、疏散照明、疏散指示标志和电动的防火门窗、卷帘、阀门等设施、设备在正常和应急情况下的用电。

10.1.2 本条为强制性条文。本条规定了需按二级负荷要求对消防用电设备供电的建筑范围,有关说明参见第10.1.1条的条文说明。

10.1.4 消防用电设备的用电负荷分级可参见现行国家标准《供配电系统设计规范》GB 50052的规定。此外,为尽快让自备发电设备发挥作用,对备用电源的设置及其启动作了要求。根据目前我国的供电技术条件,规定其采用自动启动方式时,启动时间不应大于30s。

(1)根据国家标准《供配电系统设计规范》GB 50052的要求,一级负荷供电应由两个电源供电,且应满足下述条件:

1)当一个电源发生故障时,另一个电源不应同时受到破坏;

2)一级负荷中特别重要的负荷,除由两个电源供电外,尚应增设应急电源,并严禁将其他负荷接入应急供电系统。应急电源可以是独立于正常电源的发电机组、供电网中独立于正常电源的专用的馈电线路、蓄电池或干电池。

(2)结合目前我国经济和技术条件、不同地区的供电状况以及消防用电设备的具体情况,具备下列条件之一的供电,可视为一级负荷:

1)电源来自两个不同发电厂;

2)电源来自两个区域变电站(电压一般在35kV及以上);

3)电源来自一个区域变电站,另一个设置自备发电设备。

建筑的电源分正常电源和备用电源两种。正常电源一般是直接取自城市低压输电网,电压等级为380V/220V。当城市有两路高压(10kV级)供电时,其中一路可作为备用电源;当城市只有一路供电时,可采用自备柴油发电机作为备用电源。国外一般使用自备发电机设备和蓄电池作消防备用电源。

(3)二级负荷的供电系统,要尽可能采用两回线路供电。在负荷较小或地区供电条件困难时,二级负荷可以采用一回6kV及以上专用的架空线路或电缆供电。当采用架空线时,可为一回架空线供电;当采用电缆线路,应采用两根电缆组成的线路供电,其每根电缆应能承受100%的二级负荷。

(4)三级负荷供电是建筑供电的最基本要求,有条件的建筑要尽量通过设置两台终端变压器来保证建筑的消防用电。

10.1.5 本条为强制性条文。疏散照明和疏散指示标志是保证建筑中人员疏散安全的重要保障条件,应急备用照明主要用于建筑中消防控制室、重要控制室等一些特别重要岗位的照明。在火灾时,在一定时间内持续保障这些照明,十分必要和重要。

本规范中的"消防应急照明"是指火灾时的疏散照明和备用照明。对于疏散照明备用电源的连续供电时间,试验和火灾证明,单、多层建筑和部分高层建筑着火时,人员一般能在10min以内疏散完毕。本条规定的连续供电时间,考虑了一定安全系数以及实际人员疏散状况和个别人员疏散困难等情况。对于建筑高度大于100m的民用建筑、医院等场所和大型公共建筑等,由于疏散人员体质弱、人员较多或疏散距离较长等,会出现疏散时间较长的情况,故对这些场所的连续供电时间要求有所提高。

为保证应急照明和疏散指示标志用电的安全可靠,设计要尽可能采用集中供电方式。应急备用电源无论采用何种方式,均需在主电源断电后能立即自动投入,并保持持续供电,功率能满足所有应急用电照明和疏散指示标志在设计供电时间内连续供电的要求。

10.1.6 本条为强制性条文。本条旨在保证消防用电设备供电的可靠性。实践中,尽管电源可靠,但如果消防设备的配电线路不可靠,仍不能保证消防用电设备供电可靠性,因此要求消防用电设备采用专用的供电回路,确保生产、生活用电被切断时,仍能保证消防供电。

如果生产、生活用电与消防用电的配电线路采用同一回路,火灾时,可能因电气线路短路或切断生产、生活用电,导致消防用电设备不能运行,因此,消防用电设备均应采用专用的供电回路。同时,消防电源宜直接取自建筑内设置的配电室的母线或低压电缆进线,且低压配电系统主接线方案应合理,以保证当切断生产、生活电源时,消防电源不受影响。

对于建筑的低压配电系统主接线方案,目前在国内建筑电气工程中采用的设计方案有不分组设计和分组设计两种。对于不分组方案,常见消防负荷采用专用母线段,但消防负荷与非消防负荷共用同一进线断路器或消防负荷与非消防负荷共用同一进线断路器和同一低压母线段。这种方案主接线简单、造价较低,但这种方案使消防负荷受非消防负荷故障的影响较大;对于分组设计方案,消防供电电源是从建筑的变电站低压侧封闭母线处将消防电源分出,形成各自独立的系统,这种方案主接线相对复杂,造价较高,但这种方案使消防负荷受非消防负荷故障的影响较小。图11给出了几种接线方案的示意做法。

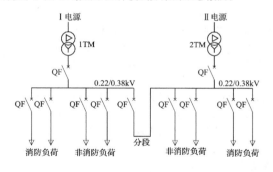

负荷不分组设计方案(一)

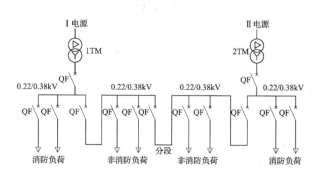

负荷不分组设计方案(二)

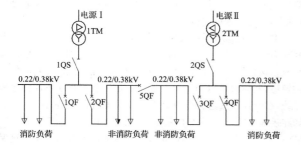

负荷分组设计方案（一）

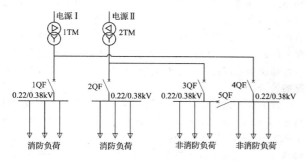

负荷分组设计方案（二）

图11 消防用电设备电源在变压器低压出线端设置单独主断路器示意

当采用柴油发电机作为消防设备的备用电源时,要尽量设计独立的供电回路,使电源能直接与消防用电设备连接,参见图12。

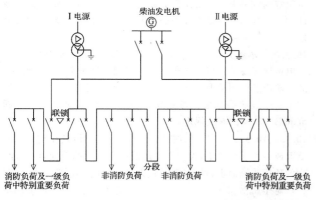

图12 柴油发电机作为消防设备的备用电源的配电系统分组方案

本条规定的"供电回路",是指从低压总配电室或分配电室至消防设备或消防设备室(如消防水泵房、消防控制室、消防电梯机房等)最末级配电箱的配电线路。

对于消防设备的备用电源,通常有三种:①独立于工作电源的市电回路,②柴油发电机,③应急供电电源(EPS)。这些备用电源的供电时间和容量,均要求满足各消防用电设备设计持续运行时间最长者的要求。

10.1.8 本条为强制性条文。本条要求也是保证消防用电供电可靠性的一项重要措施。

本条规定的最末一级配电箱:对于消防控制室、消防水泵房、防烟和排烟风机房的消防用电设备及消防电梯等,为上述消防设备或消防设备室处的最末级配电箱;对于其他消防用电,如消防应急照明和疏散指示标志等,为这些用电设备所在防火分区的配电箱。

10.1.9 本条规定旨在保证消防用电设备配电箱的防火安全

和使用的可靠性。

火场的温度往往很高,如果安装在建筑中的消防设备的配电箱和控制箱无防火保护措施,当箱体内温度达到200℃及以上时,箱内电器元件的外壳就会变形跳闸,不能保证消防供电。对消防设备的配电箱和控制箱应采取防火隔离措施,可以较好地确保火灾时配电箱和控制箱不会因为自身防护不好而影响消防设备正常运行。

通常的防火保护措施有:将配电箱和控制箱安装在符合防火要求的配电间或控制间内;采用内衬岩棉对箱体进行防火保护。

10.1.10 本条第1、2款为强制性条款。消防配电线路的敷设是否安全,直接关系到消防用电设备在火灾时能否正常运行,因此,本条对消防配电线路的敷设提出了强制性要求。

工程中,电气线路的敷设方式主要有明敷和暗敷两种方式。对于明敷方式,由于线路暴露在外,火灾时容易受火焰或高温的作用而损毁,因此,规范要求线路明敷时要穿金属导管或金属线槽并采取保护措施。保护措施一般可采取包覆防火材料或涂刷防火涂料。

对于阻燃或耐火电缆,由于其具有较好的阻燃和耐火性能,故当敷设在电缆井、沟内时,可不穿金属导管或封闭式金属槽盒。"阻燃电缆"和"耐火电缆"为符合国家现行标准《阻燃及耐火电缆:塑料绝缘阻燃及耐火电缆分级和要求》GA 306.1~2的电缆。

矿物绝缘类不燃性电缆由铜芯、矿物质绝缘材料、铜等金属护套组成,除具有良好的导电性能、机械物理性能、耐火性能外,还具有良好的不燃性,这种电缆在火灾条件下不仅能够保证火灾延续时间内的消防供电,还不会延燃、不产生烟雾,故规范允许这类电缆可以直接明敷。

暗敷设时,配电线路穿金属导管并敷设在保护层厚度达到30mm以上的结构内,是考虑到这种敷设方式比较安全、经济,且试验表明,这种敷设能保证线路在火灾中继续供电,故规范对暗敷时的厚度作出相关规定。

10.2 电力线路及电器装置

10.2.1 本条为强制性条文。本条规定的甲、乙类厂房,甲、乙类仓库,可燃材料堆垛,甲、乙、丙类液体储罐,液化石油气储罐和可燃、助燃气体储罐,均为容易引发火灾且难以扑救的场所和建筑。本条确定的这些场所或建筑与电力架空线的最近水平距离,主要考虑了架空电力线在倒杆断线时的危害范围。

据调查,架空电力线倒杆断线现象多发生在刮大风特别是刮台风时。据21起倒杆、断线事故统计,倒杆后偏移距离在1m以内的6起,2m~4m的4起,半杆高的4起,一杆高的4起,1.5倍杆高的2起,2倍杆高的1起。对于采用塔架方式架设电线时,由于顶部用于稳定部分较高,该杆高可按最高一路调设线路的吊杆距地高度计算。

储存丙类液体的储罐,液体的闪点不低于60℃,在常温下挥发可燃蒸气少,蒸气扩散达到燃烧爆炸范围的可能性更小。对此,可按不少于1.2倍电杆(塔)高的距离确定。

对于容积大的液化石油气单罐,实践证明,保持与高压架空电力线1.5倍杆(塔)高的水平距离,难以保障安全。因此,本条规定35kV以上的高压电力架空线与单罐容积大于200m³液化石油气储罐或总容积大于1000 m³的液化石油气储罐区的最小水平间距,当根据表10.2.1的规定按电杆或电塔高度的1.5倍计算后,距离小于40m时,仍需要按照

40m确定。

对于地下直埋的储罐，无论储存的可燃液体或可燃气体的物性如何，均因这种储存方式有较高的安全性、不易大面积散发可燃蒸气或气体，该储罐与架空电力线路的距离可在相应规定距离的基础上减小一半。

10.2.2 在厂矿企业特别是大、中型工厂中，将电力电缆与输送原油、苯、甲醇、乙醇、液化石油气、天然气、乙炔气、煤气等各类可燃气体、液体管道敷设在同一管沟内的现象较常见。由于上述液体或气体管道渗漏、电缆绝缘老化、线路出现破损、产生短路等原因，可能引发火灾或爆炸事故。

对于架空的开敞管廊，电力电缆的敷设应按相关专业规范的规定执行。一般可布置同一管廊中，但要根据甲、乙、丙类液体或可燃气体的性质，尽量与输送管道分开布置在管廊的两侧或不同标高层中。

10.2.3 低压配电线路因使用时间长绝缘老化，产生短路着火或因接触电阻大而发热不散。因此，规定了配电线路不应敷设在金属风管内，但采用穿金属导管保护的配电线路，可以紧贴风管外壁敷设。过去发生在有可燃物的闷顶（吊顶与屋盖或上部楼板之间的空间）或吊顶内的电气火灾，大多因未采取穿金属导管保护，电线使用年限长、绝缘老化，产生漏电着火或电线过负荷运行发热着火等情况而引起。

10.2.4 本条为强制性条文。本条规定主要为预防和减少因照明器表面的高温部位靠近可燃物所引发的火灾。卤钨灯（包括碘钨灯和溴钨灯）的石英玻璃表面温度很高，如1000W的灯管温度高达500℃～800℃，很容易烤燃与其靠近的纸、布、木构件等可燃物。吸顶灯、槽灯、嵌入式灯等采用功率不小于100W的白炽灯泡的照明灯具和不小于60W的白炽灯、卤钨灯、荧光高压汞灯、高压钠灯、金属卤灯光源等灯具，使用时间较长时，引入线及灯泡的温度会上升，甚至到100℃以上。本条规定旨在防止高温灯泡引燃可燃物，而要求采用瓷管、石棉、玻璃丝等不燃烧材料将这些灯具的引入线与可燃物隔开。根据试验，不同功率的白炽灯的表面温度及其烤燃可燃物的时间、温度，见表19。

表19 白炽灯泡将可燃物烤至着火的时间、温度

灯泡功率（W）	摆放形式	可燃物	烤至着火的时间（min）	烤至着火的温度（℃）	备注
75	卧式	稻草	2	360～367	埋入
100	卧式	稻草	12	342～360	紧贴
100	垂式	稻草	50	炭化	紧贴
100	卧式	稻草	2	360	埋入
100	垂式	棉絮被套	13	360～367	紧贴
100	卧式	乱纸	8	333～360	埋入
200	卧式	稻草	8	367	紧贴
200	卧式	乱稻草	4	342	紧贴
200	卧式	稻草	1	360	埋入
200	垂式	玉米秸	15	365	埋入
200	垂式	纸张	12	333	紧贴
200	垂式	多层报纸	125	333～360	紧贴
200	垂式	松木箱	57	398	紧贴
200	垂式	棉被	5	367	紧贴

10.2.5 本条是根据仓库防火安全管理的需要而作的规定。

10.2.7 本条规定了有条件时需要设置电气火灾监控系统的建筑范围，电气火灾监控系统的设计要求见现行国家标准《火灾自动报警系统设计规范》GB 50116。为提高老年人照料设施预防火灾的能力，要求此类场所的非消防用电负荷设置电气火灾监控系统。

电气过载、短路等一直是我国建筑火灾的主要原因。电气火灾隐患形成和存留时间长，且不易发现，一旦引发火灾往往造成很大损失。根据有关统计资料，我国的电气火灾大部分是由电气线路直接或间接引起的。

电气火灾监控系统类型较多，本条规定主要指剩余电流电气火灾监控系统，一般由电流互感器、漏电探测器、漏电报警器组成。该系统能监控电气线路的故障和异常状态，发现电气火灾隐患，及时报警以消除这些隐患。由于我国存在不同的接地系统，在设置剩余电流电气火灾监控系统时，应注意区别对待。如在接地型式为TN-C的系统中，就要将其改造为TN-C-S、TN-S或局部TT系统后，才可以安装使用报警式剩余电流保护装置。

10.3 消防应急照明和疏散指示标志

10.3.1 本条为强制性条文。设置疏散照明可以使人们在正常照明电源被切断后，仍能以较快的速度逃生，是保证和有效引导人员疏散的设施。本条规定了建筑内应设置疏散照明的部位，这些部位主要为人员安全疏散必须经过的重要节点部位和建筑内人员相对集中、人员疏散时易出现拥堵情况的场所。

对于本规范未明确规定的场所或部位，设计师应根据实际情况，从有利于人员安全疏散需要出发考虑设置疏散照明，如生产车间、仓库、重要办公楼中的会议室等。

10.3.2 本条为强制性条文。本条规定的区域均为疏散过程中的重要过渡区或视作室内的安全区，适当提高疏散应急照明的照度值，可以大大提高人员的疏散速度和安全疏散条件，有效减少人员伤亡。

本条规定设置消防疏散照明场所的照度值，考虑了我国各类建筑中暴露出来的一些影响人员疏散的问题，参考了美国、英国等国家的相关标准，但仍较这些国家的标准要求低。因此，有条件的，要尽量增加该照明的照度，从而提高疏散的安全性。

10.3.3 本条为强制性条文。消防控制室、消防水泵房、自备发电机房等是要在建筑发生火灾时继续保持正常工作的部位，故消防应急照明的照度值仍应保证正常照明的照度要求。这些场所一般照明标准值参见现行国家标准《建筑照明设计标准》GB 50034的有关规定。

10.3.4、10.3.5 应急照明的设置位置一般有：设在楼梯间的墙面或休息平台板下，设在走道的墙面或顶棚的下面，设在厅、堂的顶棚或墙面上，设在楼梯口、太平门的门口上部。

对于疏散指示标志的安装位置，是根据国内外的建筑实践和火灾中人的行为习惯提出的。具体设计还可结合实际情况，在规范规定的范围内合理选定安装位置，比如也可设置在地面上等。总之，所设置的标志要便于人们辨认，并符合一般人行走时目视前方的习惯，能起诱导作用，但要防止被烟气遮挡，如设在顶棚下的疏散标志应考虑距离顶棚一定高度。

目前，在一些场所设置的标志存在不符合现行国家标准《消防安全标志》GB 13495规定的现象，如将"疏散门"标成"安全出口"，"安全出口"标成"非常口"或"疏散口"等，还有的疏散指示方向混乱等。因此，有必要明确建筑中这些标志的设置要求。

对于疏散指示标志的间距，设计还要根据标志的大小和发光方式以及便于人员在较低照度条件清楚识别的原则进一步缩小。

10.3.6 本条要求展览建筑、商店、歌舞娱乐放映游艺场所、电影院、剧场和体育馆等大空间或人员密集场所的建筑设计，应在这些场所内部疏散走道和主要疏散路线的地面上增设能保持视觉连续的疏散指示标志。该标志是辅助疏散指示标志，不能作为主要的疏散指示标志。

合理设置疏散指示标志，能更好地帮助人员快速、安全地进行疏散。对于空间较大的场所，人们在火灾时依靠疏散照明的照度难以看清较大范围的情况，依靠行走路线上的疏散指示标志，可以及时识别疏散位置和方向，缩短到达安全出口的时间。

11 木结构建筑

11.0.1 本条规定木结构建筑可以按本章进行防火设计，其构件燃烧性能和耐火极限、层数和防火分区面积，以及防火间距等都要满足要求，否则应按本规范相应耐火等级建筑的要求进行防火设计。

（1）表 11.0.1 中有关电梯井的墙、非承重外墙、疏散走道两侧的隔墙、承重柱、梁、楼板、屋顶承重构件及吊顶的燃烧性能和耐火极限的要求，主要依据我国对承重柱、梁、楼板等主要木结构构件的耐火试验数据，并参考国外建筑规范的有关规定，结合我国对材料燃烧性能和构件耐火极限的试验要求而确定。在确定木结构构件的燃烧性能和耐火极限时，考虑了现代木结构建筑的特点、我国建筑耐火等级分级、不同耐火等级建筑构件的燃烧性能和耐火极限及与现行国家相关标准的协调，力求做到科学、合理、可行。

（2）电梯井内一般设有电线电缆，同时也可能成为火灾竖向蔓延的通道，具有较大的火灾危险性，但木结构建筑的楼层通常较低，即使与其他结构类型组合建造的木结构建筑，其建筑高度也不大于 24m。因此，在表 11.0.1 中，将电梯井的墙体确定为不燃性墙体，并比照本规范对木结构建筑中承重墙的耐火极限要求确定了其耐火极限，即不应低于 1.00h。

（3）木结构建筑中的梁和柱，主要采用胶合木或重型木构件，属于可燃材料。国内外进行的大量相关耐火试验表明，胶合木或重型木构件受火作用时，会在木材表面形成一定厚度的

炭化层，并可因此降低木材内部的烧蚀速度，且炭化速率在标准耐火试验条件下基本保持不变。因此，设计可以根据不同种木材的炭化速率、构件的设计耐火极限和设计荷载来确定梁和柱的设计截面尺寸，只要该截面尺寸预留了在实际火灾时间内可能被烧蚀的部分，承载力就可满足设计要求。此外，为便于在工程中尽可能地体现胶合木或原木的美感，本条规定允许梁和柱采用不经防火处理的木构件。

（4）当同一座木结构建筑由不同高度部分的结构组成时，考虑到较低部分的结构发生火灾时，火焰会向较高部分的外墙蔓延；或者较高部分的结构发生火灾时，飞火可能掉落到较低部分的屋顶，存在火灾从外向内蔓延的可能，故要求较低部分的屋顶承重构件和屋面不能采用可燃材料。

（5）轻型木结构屋顶承重构件的截面尺寸一般较小，耐火时间较短。为了确保轻型木结构建筑屋顶承重构件的防火安全，本条要求将屋顶承重构件的燃烧性能提高到难燃。在工程中，一般采用在结构外包覆耐火石膏板等防火保护方法来实现。

（6）为便于设计，在本条条文说明附录中列出了木结构建筑主要构件达到规定燃烧性能和耐火极限的构造方法，这些数据源自公安部天津消防研究所对木结构墙体、楼板、吊顶和胶合木梁、柱的耐火试验结果。需要说明的是，本条文说明附录中所列楼板中的定向刨花板和外墙外侧的定向刨花板（胶合板）的厚度，可根据实际结构受力经计算确定。设计时，对于与附录中所列情况完全一样的构件可以直接采用；如果存在较大变化，则需按照理论计算和试验测试验证相结合的方法确定所设计木构件的耐火极限。

（7）表注 3 的规定主要为与本规范第 5.1.2 条和第 5.3.1 条的要求协调一致。

11.0.2 本条在国家标准《木骨架组合墙体技术规范》GB/T 50361—2005 第 4.5.3 条、第 5.6.1 条、第 5.6.2 条规定的基础上作了调整。木骨架组合墙体由木骨架外覆石膏板或其他耐火板材、内填充岩棉等隔音、绝热材料构成。根据试验结果，木骨架组合墙体只能满足难燃性墙体的相关性能，所以本条限制了采用该类墙体的建筑的使用功能和建筑高度。

具有一定耐火性能的非承重外墙可有效防止火灾在建筑间的相互蔓延或通过外墙上下蔓延。为防止火势通过木骨架组合墙体内部进行蔓延，本条要求其墙体填充材料的燃烧性能要不能低于 A 级，即采用不燃性绝热和隔音材料。

对于木骨架墙体应用中的更详细要求，见现行国家标准《木骨架组合墙体技术规范》GB/T 50361。

11.0.3 本条为强制性条文。控制木结构建筑的应用范围、高度、层数和防火分区大小，是控制其火灾危害的重要手段。本条参考国外相关标准规定，根据我国实际情况规定丁、戊类厂房（库房）和民用建筑可采用木结构建筑或木结构组合建筑，而甲、乙、丙类厂房（库房）则不允许。

（1）从木结构建筑构件的耐火性能看，木结构建筑的耐火等级介于三级和四级之间。本规范规定四级耐火等级的建筑只允许建造 2 层。在本章规定的木结构建筑中，构件的耐火性能优于四级耐火等级的建筑，因此规定木结构建筑的最多允许层数为 3 层。此外，本规范第 11.0.4 条对商店、体育馆以及丁、戊类厂房（库房）还规定其层数只能为单层。表 11.0.3-1、表 11.0.3-2 规定的数值是在消化吸收国外有关规范和协调我国相关标准规定的基础上确定的。

表 11.0.3-2 中"防火墙间的每层最大允许建筑面积"，指位于两道防火墙之间的一个楼层的建筑面积。如果建筑只有 1 层，则该防火墙间的建筑面积可允许 1800m²；如果建筑需要

建造 3 层,则两道防火墙之间的每个楼层的建筑面积最大只允许 600m²,使 3 个楼层的建筑面积之和不能大于单层时的最大允许建筑面积,即 1800m²。这一规定主要考虑到支撑楼板的柱、梁和竖向的分隔构件——楼板的燃烧性能较低,不能达到不燃的要求,因而,某一层着火后有可能导致位于两座防火墙之间的这 3 层楼均被烧毁。

(2)由于体育场馆等高大空间建筑,室内空间高度高、建筑面积大,一般难以全部采用木结构构件,主要为大跨度的梁和高大的柱可能采用胶合木结构,其他部分还需采用混凝土结构等具有较好耐火性能的传统建筑结构,故对此类建筑做了调整。为确保建筑的防火安全,建筑的高度和面积的扩大的程度以及因扩大后需要采取的防火措施等,应该按照国家规定程序进行论证和评审来确定。

11.0.4 本条为强制性条文。本条规定是比照本规范第 5.4.3 条和第 5.4.4 条有关三级和四级耐火等级建筑的要求确定的。

本条对于木结构的商店、体育馆和丁、戊类厂房(仓库),要求其只能采用单层的建筑,并宜采用胶合木结构,同时,建筑高度仍要符合第 11.0.3 条的要求。商店、体育馆和丁、戊类厂(库)房等,因使用功能需要,往往要求较大的面积和较高的空间,胶合木具有较好的耐火承载力,用作柱和梁具有一定优势,无论外观与日常维护,还是实际防火性能均较钢材要好。

11.0.5、11.0.6 这两条规定了建筑内火灾危险性较大部位的防火分隔要求,对因使用需要等而开设的门、窗或洞口,要求采取相应的防火保护措施,以限制火灾在建筑内蔓延。

条文中规定的车库,为小型住宅建筑中的自用车库。根据我国的实际情况,没有限制停放机动车的数量,而是通过限制建筑面积来控制附属车库的大小和可能带来的火灾危险。

11.0.7 本条第 2、3、4 款为强制性条款。本条是结合木结构建筑的整体耐火性能及其楼层的允许建筑面积,按照民用建筑安全疏散设计的原则,比照本规范第 5 章的有关规定确定的。表 11.0.7-1 中的数据取值略小于三级耐火等级建筑的对应值。

11.0.8 根据本规范第 11.0.4 条的规定,丁、戊类木结构厂房建筑只能建造一层,根据本规范第 3.7 节的规定,四级耐火等级的单层丁、戊类厂房内任一点到最近安全出口的疏散距离分别不应大于 50m 和 60m。因此,尽管木结构建筑的耐火等级要稍高于四级耐火等级,但鉴于该距离较大,为保证人员安全,本条仍采用与本规范第 3.7.4 条规定相同的疏散距离。

11.0.9 本条为强制性条文。木结构建筑,特别是轻型木结构体系的建筑,其墙体、楼板和木骨架组合墙体内的龙骨均为木材。在其中敷设或穿过电线、电缆时,因电气原因导致发热或火灾时不易被发现,存在较大安全隐患,因此规定相关电线、电缆均需采取如穿金属导管保护。建筑内的明火部位或厨房内的灶台、热加工部位、烟道或排油烟管道等高温作业或温度较高的排气管道、易着火的油烟管道,均需避免与这些墙体直接接触,要在其周围采用导热性差的不燃材料隔热等防火保护或隔热措施,以降低其火灾危险性。

有关防火封堵要求,见本规范第 6.3.4 条和第 6.3.5 条的条文说明。

11.0.10 本条为强制性条文。木结构建筑之间及木结构建

筑与其他结构类型建筑的防火间距,是在分析了国内外相关建筑规范基础上,根据木结构和其他结构类型建筑的耐火性能确定的。

试验证明,发生火灾的建筑对相邻建筑的影响与该建筑物外墙的耐火极限和外墙上的门、窗或洞口的开口比例有直接关系。美国《国际建筑规范》(2012 年版)对建筑物类型及其耐火性能和防火间距的规定见表 20,对外墙上不同开口比例的建筑间的防火间距的规定见表 21。

表 20 建筑物类型及其耐火极限和防火间距的规定

防火间距(m)	耐火极限(h)		
	高危险性:H 类建筑	中等危险性:F—1 类厂房、M 类商业建筑、S—1 类仓库	低危险性的建筑:其他厂房、仓库、居住建筑和商业建筑
0~3	3	2	1
3~9	2 或 3	1 或 2	1
9~18	1 或 2	0 或 1	0 或 1
18 以上	0	0	0

表 21 外墙上不同开口比例的建筑间的防火间距

开口分类	防火间距 L(m)						
	0<L ≤2	2<L ≤3	3<L ≤6	6<L ≤9	9<L ≤12	12<L ≤15	15<L ≤18	18<L
无防火保护,无自动喷水灭火系统	不允许	不允许	10%	15%	25%	45%	70%	不限制

续表 21

开口分类	防火间距 L(m)						
	0<L ≤2	2<L ≤3	3<L ≤6	6<L ≤9	9<L ≤12	12<L ≤15	15<L ≤18	18<L
无防火保护,有自动喷水灭火系统	不允许	15%	25%	45%	75%	不限制	不限制	不限制
有防火保护	不允许	15%	25%	45%	75%	不限制	不限制	不限制

目前,木结构建筑的允许建造规模均较小。根据加拿大国家建筑研究院的相关试验结果,如果相邻两建筑的外墙均无洞口,并且外墙的耐火极限均不低于 1.00h 时,防火间距减少至 4m 后仍能够在足够时间内有效阻止火灾的相互蔓延。考虑到有些建筑完全不开门、窗比较困难,比照本规范第 5 章的规定,当每一面外墙开孔不大于 10% 时,允许防火间距按照表 11.0.10 的规定减少 25%。

11.0.11 木结构建筑,特别是轻型木结构建筑中的框架构件和面板之间存在许多空腔。对墙体、楼板及封闭吊顶或屋顶下的密闭空间采取防火分隔措施,可阻止因构件内某处着火所产生的火焰、高温气体以及烟气在这些空腔内蔓延。根据加拿大《国家建筑规范》(2010 年版),常采用厚度不小于 38mm 的实木锯材,厚度不小于 12mm 的石膏板或厚度不小于 0.38mm 的钢挡板进行防火分隔。

在轻型木结构建筑中设置水平防火分隔,主要用于限制火焰和烟气在水平构件内蔓延。水平防火构造的设置,一般要根据空间的长度、宽度和面积来确定。常见的做法是,将这些空

间按照每一空间的面积不大于300m²,长度或宽度不大于20m的要求划分为较小的防火分隔空间。

当顶棚材料安装在龙骨上时,一般需在双向龙骨形成的空间内增加水平防火分隔构件。采用实木锯材或工字搁栅的楼板和屋顶盖,搁栅之间的支撑通常可用作水平防火分隔构件,但当空间的长度或宽度大于20m时,沿搁栅平行方向还需要增加防火分隔构件。

墙体竖向的防火分隔,主要用于阻挡火焰和烟气通过构件上的开孔或墙体内的空腔在不同构件之间蔓延。多数轻型木结构墙体的防火分隔,主要采用墙体的顶梁板和底梁板来实现。

对于弧型转角吊顶、下沉式吊顶和局部下沉式吊顶,在构件的竖向空腔与横向空腔的交汇处,需要采取防火分隔构造措施。在其他大多数情况下,这种防火分隔可采用墙体的顶梁板、楼板中的端部桁架以及端部支撑来实现。

水平密闭空腔与竖向密闭空腔的连接交汇处、轻型木结构建筑的梁与楼板交接的最后一级踏步处,一般也需要采取类似的防火分隔措施。

11.0.12 本条规定了木结构与钢结构、钢筋混凝土结构或砌体结构等其他结构类型组合建造时的防火设计要求。

对于竖向组合建造的形式,火灾通常都是从下往上蔓延,当建筑物下部着火时,火焰会蔓延到上层的木结构部分;但有时火灾也能从上部蔓延到下部,故有必要在木结构与其他结构之间采取竖向防火分隔措施。本条规定要求:当下部建筑为钢筋混凝土结构或其他不燃性结构时,建筑的总楼层数可大于3层,但无论与哪种不燃性结构竖向组合建造,木结构部分的层数均不能多于3层。

对于水平组合建造的形式,采用防火墙将木结构部分与其他结构部分分隔开,能更好地防止火势从建筑物的一侧蔓延至另一侧。如果未做分隔,就要将组合建筑整体按照木结构建筑的要求确定相关防火要求。

11.0.13 木结构建筑内可燃材料较多,且空间一般较小,火灾发展相对较快。为能及早报警,通知人员尽早疏散和采取灭火行动,特别是有人住宿的场所和用于儿童或老年人活动的场所,要求一定规模的此类建筑设置火灾自动报警系统。木结构住宅建筑的火灾自动报警系统,一般采用家用火灾报警装置。

12　城市交通隧道

国内外发生的隧道火灾均表明,隧道特殊的火灾环境对人员逃生和灭火救援是一个严重的挑战,而且火灾在短时间内就能对隧道设施造成很大的破坏。由于隧道设置逃生出口困难,救援条件恶劣,要求对隧道采取与地面建筑不同的防火措施。

由于国家对地下铁道的防火设计要求已有标准,而管线隧道、电缆隧道的情况与城市交通隧道有一定差异,本章主要根据国内外隧道情况和相关标准,确定了城市交通隧道的通用防火技术要求。

12.1　一般规定

12.1.1　隧道的用途及交通组成、通风情况决定了隧道可燃物数量与种类、火灾的可能规模及其增长过程和火灾延续时间,影响隧道发生火灾时可能逃生的人员数量及其疏散设施的布置;隧道的环境条件和隧道长度等决定了消防救援和人员的逃生难易程度及隧道的防烟、排烟和通风方案;隧道的通风与排烟等因素又对隧道中的人员逃生和灭火救援影响很大。因此,隧道设计应综合考虑各种因素和条件后,合理确定防火要求。

12.1.2　交通隧道的火灾危险性主要在于:①现代隧道的长度日益增加,导致排烟和逃生、救援困难;②不仅车载量更大,而且需通行运输危险材料的车辆,有时受条件限制还需采用单孔双向行车道,导致火灾规模增大,对隧道结构的破坏作用大;③车流量日益增长,导致发生火灾的可能性增加。本规范在进行隧道分类时,参考了日本《道路隧道紧急情况用设施设置基准及说明》和我国行业标准《公路隧道交通工程设计规范》JTG/T D71等标准,并适当做了简化,考虑的主要因素为隧道长度和通行车辆类型。

12.1.3　本条为强制性条文。隧道结构一旦受到破坏,特别是发生坍塌时,其修复难度非常大,花费也大。同时,火灾条件下的隧道结构安全,是保证火灾时灭火救援和火灾后隧道尽快修复使用的重要条件。不同隧道可能的火灾规模与持续时间有所差异。目前,各国以建筑构件为对象的标准耐火试验,均以《建筑构件耐火试验》ISO 834的标准升温曲线(纤维质类)为基础,如《建筑材料及构件耐火试验　第20部分　建筑构件耐火性能试验方法一般规定》BS 476:Part 20、《建筑材料及构件耐火性能》DIN 4102、《建筑材料及构件耐火试验方法》AS 1530和《建筑构件耐火试验方法》GB 9978等。该标准升温曲线以常规工业与民用建筑物内可燃物的燃烧特性为基础,模拟了地面开放空间火灾的发展状况,但这一模型不适用于石油化工工程中的有些火灾,也不适用于常见的隧道火灾。

隧道火灾是以碳氢火灾为主的混合火灾。碳氢(HC)标准升温曲线的特点是所模拟的火灾在发展初期带有爆燃—热冲击现象,温度在最初5min之内可达到930℃左右,20min后稳定在1080℃左右。这种升温曲线模拟了火灾在特定环境或高潜热值燃料燃烧的发展过程,在国际石化工业领域和隧道工程防火中得到了普遍应用。过去,国内外开展了大量研究来确定可能发生在隧道以及其他地下建筑中的火灾类型,特别是1990年前后欧洲开展的Eureka研究计划。根据这些研究的成果,发展了一系列不同火灾类型的升温曲线。其中,法国提出了改进的碳氢标准升温曲线、德国提出了RABT曲线、荷兰交通部与TNO实验室提出了RWS标准升温曲线,我国则以碳氢升温曲线为主。在RABT曲线中,温度在5min之内就能快速升高到1200℃,在1200℃处持续90min,随后的30min内温度快速下降。这种升温曲线能比较真实地模拟隧道内大型车辆火灾的发展过程:在相对封闭的隧道空间内因热量难以扩散而导致火灾初期升温快、有较强的热冲击,随后由于缺氧状态和灭火作用而快速降温。

此外,试验研究表明,混凝土结构受热后会由于内部产生高压水蒸气而导致表层受压,使混凝土发生爆裂。结构荷载压力和混凝土含水率越高,发生爆裂的可能性也越大。当混凝土的质量含水率大于3%时,受高温作用后肯定会发生爆裂现象。当充分干燥的混凝土长时间暴露在高温下时,混凝土内各种材料的结合水将会蒸发,从而使混凝土失去结合力而发生爆裂,最终会一层一层地穿透整个隧道的混凝土拱顶结构。这种爆裂破坏会影响人员逃生,使增强钢筋因暴露于高温中失去强度而致结构破坏,甚至导致结构垮塌。

为满足隧道防火设计需要,在本规范附录C中增加了有关隧道结构耐火试验方法的有关要求。

12.1.4 本条为强制性条文。服务于隧道的重要设备用房,主要包括隧道的通风与排烟机房、变电站、消防设备房。其他地面附属用房,主要包括收费站、道口检查亭、管理用房等。隧道内及地面保障隧道日常运行的各类设备用房、管理用房等基础设施以及消防救援专用口、临时避难间,在火灾情况下担负着灭火救援的重要作用,需确保这些用房的防火安全。

12.1.5 隧道内发生火灾时的烟气控制和减小火灾烟气对人的毒性作用是隧道防火面临的主要问题,要严格控制装修材料的燃烧性能及其发烟量,特别是可能产生大量毒性气体的材料。

12.1.6 本条主要规定了不同隧道车行横通道或车行疏散通道的设置要求。

(1)当隧道发生火灾时,下风向的车辆可继续向前方出口行驶,上风向的车辆则需要利用隧道辅助设施进行疏散。隧道内的车辆疏散一般可采用两种方式,一是在双孔隧道之间设置车行横通道,另一种是在双孔中间设置专用车行疏散通道。前者工程量小、造价较低,在工程中得到普遍应用;后者可靠性更好、安全性高,但因造价高,在工程中应用不多。双孔隧道之间的车行横通道、专用车行疏散通道不仅可用于隧道内车辆疏散,还可用于巡查、维修、救援及车辆转换行驶方向。

车行横通道间隔及隧道通向车行疏散通道的入口间隔,在本次修订时进行了适当调整,水底隧道由原规定的500m~1500m调整为1000m~1500m,非水底隧道由原规定的200m~500m调整为不宜大于1000m。主要考虑到两方面因素:一方面,受地质条件多样性的影响,城市隧道的施工方法较多,而穿越江、河、湖泊等水底隧道常采用盾构法、沉管法施工,在隧道两管间设置车行横通道的工程风险非常大,可实施性不强;另一方面,城市隧道灭火救援响应快、隧道内消防设施齐全,而且越来越多的城市隧道设计有多处进、出口匝道,事故时,车辆可利用匝道进行疏散。

此外,本条规定还参考了国内、外相关规范,如国家行业标准《公路隧道设计规范》JTG D70—2004和《欧洲道路隧道安全》(European Commission Directorate General for En-

ergy and Transport)等标准或技术文件。《公路隧道设计规范》JTG D70—2004规定,山岭公路隧道的车行横通道间隔:车行横通道的设置间距可取750m,并不得大于1000m;长1000m~1500m的隧道宜设置1处,中、短隧道可不设;《欧洲道路隧道安全》规定,双管隧道之间车行横通道的间距为1500m;奥地利RVS9.281/9.282规定,车行横向连接通道的间距为1000m。综上所述,本次修订适当加大了车行横通道的间隔。

(2)《公路隧道设计规范》JTG D70—2004对山岭公路隧道车行横通道的断面建筑限界规定,如图13所示。城市交通隧道对通行车辆种类有严格的规定,如有些隧道只允许通行小型机动车、有些隧道禁止通行大、中型货车、有些是客货混用隧道。横通道的断面建筑限界应与隧道通行车辆种类相适应,仅通行小型机动车或禁止通行大型货车的隧道横通道的断面建筑限界可适当降低。

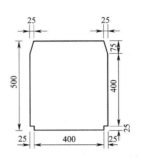

图13 车行横通道的断面建筑限界(cm)

(3)隧道与车行横通道或车行疏散通道的连通处采取防火分隔措施,是为防止火灾向相邻隧道或车行疏散通道蔓延。防火分隔措施可采用耐火极限与相应结构耐火极限一致的防火门,防火门还要具有良好的密闭防烟性能。

12.1.7 本条规定了双孔隧道设置人行横通道或人行疏散通道的要求。

在隧道设计中,可以采用多种逃生避难形式,如横通道、地下管廊、疏散专用道等。采用人行横通道和人行疏散通道进行疏散与逃生,是目前隧道中应用较为普遍的形式。人行横通道是垂直于两孔隧道长度方向设置、连接相邻两孔隧道的通道,当两孔隧道中某一条隧道发生火灾时,该隧道内的人员可以通过人行横通道疏散至相邻隧道。人行疏散通道是设在两孔隧道中间或隧道路面下方、直通隧道外的通道,当隧道发生火灾时,隧道内的人员进入该通道进行逃生。人行横通道与人行疏散通道相比,造价相对较低,且可以利用隧道内车行横通道。设置人行横通道和人行疏散通道时,需符合以下原则:

(1)人行横通道的间隔和隧道向人行疏散通道的入口间隔,要能有效保证隧道内的人员在较短时间内进入人行横通道或人行疏散通道。

根据荷兰及欧洲的一系列模拟实验,250m为隧道内的人员在初期火灾烟雾浓度未造成更大影响情况下的最大逃生距离。行业标准《公路隧道设计规范》JTG D70—2004规定了山岭公路隧道的人行横通道间隔:人行横通道的设置间距可取250m,并不大于500m。美国消防协会《公路隧道、桥梁及其他限行公路标准》NFPA 502(2011年版)规定:隧道应有应急出口,且间距不应大于300m;当隧道采用耐火极限为2.00h以上的结构分隔,或隧道为双孔时,两孔间的横通道可以替代应急出口,且间距不应大于200m。其他一些国家对人行横通道的规定见表22。

表 22 国外有关设计准则中道路隧道横向人行通道间距推荐值

国家	出版物/号	年份	横向人行通道间距(m)	备注
奥地利	RVS 9.281/9.282	1989	500	通道间距最大允许至1km 未设通风的隧道或隧道纵坡大于3%的隧道内,通道间距250m
德国	RABT	1984	350	根据最新的RABT曲线,通道间距将调整至300m
挪威	Road Tunnels		250	—
瑞士	Tunnel Task Force	2000	300	—

(2)人行横通道或人行疏散通道的尺寸要能保证人员的应急通行。

本次修订对人行横通道的净尺寸进行了适当调整,由原来的净宽度不应小于2.0m、净高度不应小于2.2m分别调整为净宽度不应小于1.2m,净高度不应小于2.1m。原规定主要参照行业标准《公路隧道设计规范》JTG D70—2004对山岭公路人行隧道横通道的断面建筑限界规定。城市隧道由于地质条件的复杂性和施工方法的多样性,相当多的城市隧道采用盾构法施工,设置宽度不小于2.0m的人行横通道难度很大、工程风险高。本次修订的人行横通道宽度,参考了美国消防协会《公路隧道、桥梁及其他限行公路标准》NFPA 502(2011年版)的相关规定(人行横通道的净宽不小于1.12m),同时,结合我国人体特征,考虑了满足2股人流通行及消防员带装备通行的需求。

另外,人行横通道的宽度加大后也不利于对疏散通道实施正压送风。

综合以上因素,本次修订时适当调整了人行横通道的尺寸,使之既满足人员疏散和消防员通行的要求,又能降低施工风险。

(3)隧道与人行横通道或人行疏散通道的连通处所进行的防火分隔,应能防止火灾和烟气影响人员安全疏散。

目前较为普遍的做法是,在隧道与人行横通道或人行疏散通道的连通处设置防火门。美国消防协会《公路隧道、桥梁及其他限行公路标准》NFPA 502(2011年版)规定,人行横通道与隧道连通处门的耐火极限应达到1.5h。

12.1.8 避难设施不仅可为逃生人员提供保护,还可用作消防员暂时躲避烟雾和热气的场所。在中、长隧道设计中,设置人员的安全避难场所是一项重要内容。避难场所的设置要充分考虑通道的设置、隔间及空间的分配以及相应的辅助设施的要求。对于较长的单孔隧道和水底隧道,采用人行疏散通道或人行横通道存在一定难度时,可以考虑其他形式的人员疏散或避难,如设置直通室外的疏散出口、独立的避难场所、路面下的专用疏散通道等。

12.1.9 隧道内的变电站、管廊、专用疏散通道、通风机房等是保障隧道日常运行和应急救援的重要设施,有的本身还具有一定的火灾危险性。因此,在设计中要采取一定的防火分隔措施与车行隧道分隔。其分隔要求可参照本规范第6章有关建筑物内重要房间的分隔要求确定。

12.1.10 本条规定了地下设备用房的防火分区划分和安全出口设置要求。考虑到隧道的一些专用设备,如风机房、风道等占地面积较大,安全出口难以开设,且机房无人值守,只有少数人员巡检的实际情况,规定了单个防火分区的最大允许建筑面积不大于1500m²以及无人值守的设备用房可设1个安全出口的条件。

12.2 消防给水和灭火设施

12.2.1、12.2.2 这两条条文参照国内外相关标准的要求,规定了隧道的消防给水及其管道、设备等的一般设计要求。四类隧道和通行人员或非机动车辆的三类隧道,通常隧道长度较短或火灾危险性较小,可以利用城市公共消防系统或者灭火器进行灭火、控火,而不需单独设置消防给水系统。

隧道的火灾延续时间,与隧道内的通风情况和实际的交通状况关系密切,有时延续较长时间。本条尽管规定了一个基本的火灾延续时间,但有条件的,还是要根据隧道通行车辆及其长度,特别是一类隧道,尽量采用更长的设计火灾延续时间,以保证有较充分的灭火用水储备量。

在洞口附近设置的水泵接合器,对于城市隧道的灭火救援而言,十分重要。水泵接合器的设置位置,既要便于消防车向隧道内的管网供水,还要不影响附近的其他救援行动。

12.2.3 本条规定的隧道排水,其目的在于排除灭火过程中产生的大量积水,避免隧道内积聚雨水、渗水、灭火产生的废水而导致可燃液体流散,增加疏散与救援的困难,防止运输可燃液体或有害液体车辆逸漏但未燃烧的液体,因缺乏有组织的排水措施而漫流进入其他设备沟、疏散通道、重要设备房等区域内而引发火灾事故。

12.2.4 引发隧道内火灾的主要部位有:行驶车辆的油箱、驾驶室、行李或货物和客车的旅客座位等,火灾类型一般为A、B类混合,部分火灾可能因隧道内的电气设备、配电线路引起。因此,在隧道内要合理配置能扑灭ABC类火灾的灭火器。

本条有关数值的确定,参考了国家标准《建筑灭火器配置设计规范》GB 50140—2005,美国消防协会、日本建设省的有关标准和国外有关隧道的研究报告。对于交通量大或者车道较多的隧道,为保证人身安全和快速处置初起火,有必要在隧道两侧设置灭火器。四类隧道一般为火灾危险性较小或长度较短的隧道,即使发生火灾,人员疏散和扑救也较容易。因此,消防设施的设置以配备适用的灭火器为主。

12.3 通风和排烟系统

根据对隧道的火灾事故分析,由一氧化碳导致的人员死亡和因直接烧伤、爆炸及其他有毒气体引起的人员死亡约各占一半。通常,采用通风、防排烟措施控制烟气产物及烟气运动可以改善火灾环境,并降低火场温度以及热烟气和热分解产物的浓度,改善视线。但是,机械通风会通过不同途径对不同类型和规模的火灾产生影响,在某些情况下反而会加剧火势发展和蔓延。实验表明:在低速通风时,对小轿车的火灾影响不大;可以降低小型油池(约10m²)火的热释放速率,但会加强通风控制型的大型油池(约100m²)火的热释放速率;在纵向机械通风条件下,载重货车火的热释放速率可以达到自然通风条件下的数倍。因此,隧道内的通风排烟系统设计,要针对不同隧道环境确定合适的通风排烟方式和排烟量。

12.3.1 本条为强制性条文。隧道的空间特性,导致其一旦发生火灾,热烟排除非常困难,往往会因高温而使结构发生破坏,烟气积聚而导致灭火、疏散困难且火灾延续时间很长。因此,隧道内发生火灾时的排烟是隧道防火设计的重要内容。本条规定了需设置排烟设施的隧道,四类隧道因长度较短、发生火灾的概率较低或火灾危险性较小,可不设置排烟设施。

12.3.2～12.3.5 隧道排烟方式分为自然排烟和机械排烟。自然排烟，是利用短隧道的洞口或在隧道沿途顶部开设的通风口(例如，隧道敷设在路中绿化带下的情形)以及烟气自身浮力进行排烟的方式。采用自然排烟时，应注意错位布置上、下行隧道开设的自然排烟口或上、下行隧道的洞口，防止非着火隧道汽车行驶形成的活塞风将邻近隧道排出的烟气"倒吸"入非着火隧道，造成烟气蔓延。

(1)隧道的机械排烟模式分为纵向排烟和横向排烟方式以及由这两种基本排烟模式派生的各种组合排烟模式。排烟模式应根据隧道种类、疏散方式，并结合隧道正常工况的通风方式确定，并将烟气控制在较小范围之内，以保证人员疏散路径满足逃生环境要求，同时为灭火救援创造条件。

(2)火灾时，迫使隧道内的烟气沿隧道纵深方向流动的排烟形式为纵向排烟模式，是适用于单向交通隧道的一种最常用烟气控制方式。该模式可通过悬挂在隧道内的射流风机或其他射流装置、风井送排风设施等及其组合方式实现。纵向通风排烟，且气流方向与车行方向一致时，以火源点为界，火源点下游为烟气区、上游为非烟气区，人员往气流上游方向疏散。由于高温烟气沿坡度向上扩散速度很快，当在坡道上发生火灾，并采用纵向排烟控制烟流，排烟气流逆坡向时，必须使纵向气流的流速高于临界风速。试验证明，纵向排烟控制烟气的效果较好。国际道路协会(PIARC)的相关报告以及美国纪念隧道试验(1993年～1995年)均表明，对于火灾功率低于100MW的火灾、隧道坡度不高于4%时，3m/s的气流速度可以控制烟气回流。

近年来，大于3km的长大城市隧道越来越多，若整个隧道长度不进行分段通风，会造成火灾及烟气在隧道中的影响范围非常大，不利于消防救援以及灾后的修复。因此，本规范规定大于3km的长大隧道宜采用纵向分段排烟或重点排烟方式，以控制烟气的影响范围。

纵向排烟方式不适用于双向交通的隧道，因在此情况下采用纵向排烟方式会使火源一侧、不能驶离隧道的车辆处于烟气中。

(3)重点排烟是横向排烟方式的一种特殊情况，即在隧道纵向设置专用排烟风道，并设置一定数量的排烟口，火灾时只开启火源附近或火源所在设计排烟区的排烟口，直接从火源附近将烟气快速有效地排出行车道空间，并从两端洞口自然补风，隧道内可形成一定的纵向风速。该排烟方式适用于双向交通隧道或经常发生交通阻塞的隧道。

隧道试验表明，全横向或半横向排烟系统对发生火灾的位置比较敏感，控烟效果不很理想。因此，对于双向通行的隧道，尽量采用重点排烟方式。重点排烟的排烟量应根据火灾规模、隧道空间形状等确定，排烟量不应小于火灾的产烟量。隧道中重点排烟的排烟量目前还没有公认的数值，表23是国际道路协会(PIARC)推荐的排烟量。

表23 国际道路协会推荐的排烟量

车辆类型	等同燃烧汽油盘面积(m²)	火灾规模(MW)	排烟量(m³/s)
小客车	2	5	20
公交/货车	8	20	60
油罐车	30～100	100	100～200

(4)流经风机的烟气温度与隧道的火灾规模和风机距火源点的距离有关，火源小、距离远，隧道结构的冷却作用大，烟气温度也相应较低。通常位于排风道末端的排烟风机，排出的气体为位于火源附近的高温烟气与周围冷空气的混合气体，该气

体在沿隧道和土建风道流动过程中得到了进一步冷却。澳大利亚某隧道、美国纪念隧道以及我国在上海进行的隧道试验均表明：即使火源距排烟风机较近，由于隧道的冷却作用，在排烟风机位置的烟气温度仍然低于250℃。因此，规定排烟风机要能耐受250℃的高温基本可以满足隧道排烟的要求。当设计火灾规模很大、风机离火源点很近时，排烟风机的耐高温设计要求可根据工程实际情况确定。本条的相关温度规定值为最低要求。

(5)排烟设备的有效工作时间，是保证隧道内人员逃生和灭火救援环境的基本时间。人员撤离时间与隧道内的实际人数、逃生路径及环境有关。目前，已经有多种计算机模拟软件可以对建筑物中的人员疏散时间进行预测，设备的耐高温时间可在此基础上确定。本规范规定的排烟风机的耐高温时间还参考了欧洲有关隧道的设计要求和试验研究成果。

(6)第12.3.5条中避难场所内有关防烟的要求，参照了建筑内防烟楼梯间和避难走道的有关规定。

12.3.6 隧道内用于通风和排烟的射流风机悬挂于隧道车行道的上部，火灾时可能直接暴露于高温下。此外，隧道内的排烟风机设置是要根据其有效作用范围来确定，风机间有一定的间隔。采用射流风机进行排烟的隧道，设计需考虑到正好在火源附近的射流风机由于温度过高而导致失效的情况，保证有一定的冗余配置。

12.4 火灾自动报警系统

12.4.1 隧道内发生火灾时，隧道外行驶的车辆往往还按正常速度驶入隧道，对隧道内的情况多处于不知情的状态，故规定本条要求，以警示并阻止后续车辆进入隧道。

12.4.2 为早期发现、及早通知隧道内的人员与车辆进行疏散和避让，向相关管理人员报警以采取救援行动，尽可能在初期将火扑灭，要求在隧道内设置合适的火灾报警系统。火灾报警装置的设置需根据隧道类别分别考虑，并至少具备手动或自动报警功能。对于长大隧道，应设置火灾自动报警系统，并要求具备报警联络电话、声光显示报警功能。由于隧道内的环境特殊，较工业与民用建筑物内的条件恶劣，如风速大、空气污染程度高等，因此火灾探测与报警装置的选择要充分考虑这些不利因素。

12.4.3 隧道内的主要设备用房和电缆通道，因平时无人值守，着火后人员很难及时发现，因此也需设置必要的探测与报警系统，并使其火警信号能传送到监控室。

12.4.4 隧道内一般具有一定的电磁屏蔽效应，可能导致通信中断或无法进行无线联络。为保障灭火救援的通信联络畅通，在可能出现屏蔽的隧道内需采取措施使无线通信信号，特别是要保证城市公安消防机构的无线通信网络信号能进入隧道。

12.4.5 为保证能及时处理火警，要求长大隧道均应设置消防控制室。消防控制室的设置可以与其他监控室合用，其他要求应符合本规范第8章及现行国家标准《火灾自动报警系统设计规范》GB 50116有关消防控制室的要求。隧道内的火灾自动报警系统及其控制设备组成、功能、设备布置以及火灾探测器、应急广播、消防专用电话等的设计要求，均需符合现行国家标准《火灾自动报警系统设计规范》GB 50116的规定。

12.5 供电及其他

12.5.1 本条为强制性条文。消防用电的可靠性是保证消防

设施可靠运行的基本保证。本条根据不同隧道火灾的扑救难度和发生火灾后可能的危害与损失、消防设施的用电情况,确定了隧道中消防用电的供电负荷要求。

12.5.2、12.5.3 隧道火灾的延续时间一般较长,火场环境条件恶劣、温度高,对消防用电设备、电源、供电、配电及其配电线路等的设计,要求较一般工业与民用建筑高。本条所规定的消防应急照明的延续供电时间,较一般工业与民用建筑的要求长,设计要采取有效的防火保护措施,确保消防配电线路不受高温作用而中断供电。

一、二类隧道和三类隧道内消防应急照明灯具和疏散指示标志的连续供电时间,由原来的 3.0h 和 1.5h 分别调整为 1.5h 和 1.0 h。这主要基于两方面的原因:一方面,根据隧道建设和运营经验,火灾时隧道内司乘人员的疏散时间多为 15min～60min,如应急照明灯具和疏散指示标志的时间过长,会造成 UPS 电源设备数量庞大、维护成本高;另一方面,欧洲一些国家对隧道防火的研究时间长,经验丰富,这些国家的隧道规范和地铁隧道技术文件对应急照明时间的相关要求多数在 1.0h 之内。因此,本次修订缩短了隧道内消防应急照明灯具和疏散指示标志的连续供电时间。

12.5.4 本条为强制性条文。本条规定目的在于控制隧道内的灾害源,降低火灾危险,防止隧道着火时因高压线路、燃气管线等加剧火势的发展而影响安全疏散与抢险救援等行动。考虑到城市空间资源紧张,少数情况下不可避免存在高压电缆敷设需搭载隧道穿越江、河、湖泊等的情况,要求采取一定防火措施后允许借道敷设,以保障输电线路和隧道的安全。

12.5.5 隧道内的环境较恶劣,风速高、空气污染程度高,隧道内所设置的相关消防设施要能耐受隧道内的恶劣环境影响,防止发生霉变、腐蚀、短路、变质等情况,确保设施有效。此外,也要在消防设施上或旁边设置可发光的标志,便于人员在火灾条件下快速识别和寻找。

附录　各类建筑构件的燃烧性能和耐火极限

附表 1　各类非木结构构件的燃烧性能和耐火极限

序号	构件名称		构件厚度或截面最小尺寸(mm)	耐火极限(h)	燃烧性能
一	承重墙				
1	普通黏土砖、硅酸盐砖、混凝土、钢筋混凝土实体墙		120	2.50	不燃性
			180	3.50	不燃性
			240	5.50	不燃性
			370	10.50	不燃性
2	加气混凝土砌块墙		100	2.00	不燃性
3	轻质混凝土砌块、天然石料的墙		120	1.50	不燃性
			240	3.50	不燃性
			370	5.50	不燃性
二	非承重墙				
1	普通黏土砖墙	1. 不包括双面抹灰	60	1.50	不燃性
			120	3.00	不燃性
		2. 包括双面抹灰(15mm 厚)	150	4.50	不燃性
			180	5.00	不燃性
			240	8.00	不燃性

续附表 1

序号	构件名称		构件厚度或截面最小尺寸(mm)	耐火极限(h)	燃烧性能
2	七孔黏土砖墙(不包括墙中空 120mm)	1. 不包括双面抹灰	120	8.00	不燃性
		2. 包括双面抹灰	140	9.00	不燃性
3	粉煤灰硅酸盐砌块墙		200	4.00	不燃性
4	轻质混凝土墙	1. 加气混凝土砌块墙	75	2.50	不燃性
			100	6.00	不燃性
			200	8.00	不燃性
		2. 钢筋加气混凝土垂直墙板墙	150	3.00	不燃性
		3. 粉煤灰加气混凝土砌块墙	100	3.40	不燃性
		4. 充气混凝土砌块墙	150	7.50	不燃性
5	空心条板隔墙	1. 菱苦土珍珠岩圆孔	80	1.30	不燃性
		2. 炭化石灰圆孔	90	1.75	不燃性
6	钢筋混凝土大板墙(C20)		60	1.00	不燃性
			120	2.60	不燃性

序号	构件名称		构件厚度或截面最小尺寸(mm)	耐火极限(h)	燃烧性能
7	轻质复合隔墙	1. 菱苦土板夹纸蜂窝隔墙,构造(mm):2.5+50(纸蜂窝)+25	77.5	0.33	难燃性
		2. 水泥刨花复合板隔墙(内空层60mm)	80	0.75	难燃性
		3. 水泥刨花板龙骨水泥隔墙,构造(mm):12+86(空)+12	110	0.50	难燃性
		4. 石棉水泥龙骨石棉水泥板隔墙,构造(mm):5+80(空)+60	145	0.45	不燃性
8	石膏空心条板隔墙	1. 石膏珍珠岩空心条板,膨胀珍珠岩的容重为(50~80)kg/m³	60	1.50	不燃性
		2. 石膏珍珠岩空心条板,膨胀珍珠岩的容重为(60~120)kg/m³	60	1.20	不燃性
		3. 石膏珍珠岩塑料网空心条板,膨胀珍珠岩的容重为(60~120)kg/m³	60	1.30	不燃性
		4. 石膏珍珠岩双层空心条板,构造(mm):60+50(空)+60 膨胀珍珠岩的容重为(50~80)kg/m³	170 170	3.75 3.75	不燃性 不燃性
		膨胀珍珠岩的容重为(60~120)kg/m³	60	1.50	不燃性

序号	构件名称		构件厚度或截面最小尺寸(mm)	耐火极限(h)	燃烧性能
10	木龙骨两面钉表右侧材料的隔墙	1. 石膏板,构造(mm):12+50(空)+12	74	0.30	难燃性
		2. 纸面玻璃纤维石膏板,构造(mm):10+55(空)+10	75	0.60	难燃性
		3. 纸面纤维石膏板,构造(mm):10+55(空)+10	75	0.60	难燃性
		4. 钢丝网(板)抹灰,构造(mm):15+50(空)+15	80	0.85	难燃性
		5. 板条抹灰,构造(mm):15+50(空)+15	80	0.85	难燃性
		6. 水泥刨花板,构造(mm):15+50(空)+15	80	0.30	难燃性
		7. 板条抹1:4石棉水泥隔热灰浆,构造(mm):20+50(空)+20	90	1.25	难燃性
		8. 苇箔抹灰,构造(mm):15+70+15	100	0.85	难燃性

序号	构件名称		构件厚度或截面最小尺寸(mm)	耐火极限(h)	燃烧性能
8	石膏空心条板隔墙	5. 石膏硅酸盐空心条板	90	2.25	不燃性
		6. 石膏粉煤灰空心条板	60	1.28	不燃性
		7. 增强石膏空心墙板	90	2.50	不燃性
9	石膏龙骨两面钉表右侧材料的隔墙	1. 纤维石膏板,构造(mm): 10+64(空)+10	84	1.35	不燃性
		8.5+103(填矿棉,容重为100kg/m³)+8.5	120	1.00	不燃性
		10+90(填矿棉,容重为100kg/m³)+10	110	1.00	不燃性
		2. 纸面石膏板,构造(mm): 11+68(填矿棉,容重为100kg/m³)+11	90	0.75	不燃性
		12+80(空)+12	104	0.33	不燃性
		11+28(空)+11+65(空)+11+28(空)+11	165	1.50	不燃性
		9+12+128(空)+12+9	170	1.20	不燃性
		25+134(空)+12+9	180	1.50	不燃性
		12+80(空)+12+12+80(空)+12	208	1.00	不燃性

序号	构件名称		构件厚度或截面最小尺寸(mm)	耐火极限(h)	燃烧性能
11	钢龙骨两面钉表右侧材料的隔墙	1. 纸面石膏板,构造: 20mm+46mm(空)+12mm	78	0.33	不燃性
		2×12mm+70mm(空)+2×12mm	118	1.20	不燃性
		2×12mm+70mm(空)+3×12mm	130	1.25	不燃性
		2×12mm+75mm(填岩棉,容重为100kg/m³)+2×12mm	123	1.50	不燃性
		12mm+75mm(填50mm玻璃棉)+12mm	99	0.50	不燃性
		2×12mm+75mm(填50mm玻璃棉)+2×12mm	123	1.00	不燃性
		3×12mm+75mm(填50mm玻璃棉)+3×12mm	147	1.50	不燃性
		12mm+75mm(空)+12mm	99	0.52	不燃性
		12mm+75mm(其中5.0%厚岩棉)+12mm	99	0.90	不燃性
		15mm+9.5mm+75mm+15mm	123	1.50	不燃性
		2. 复合纸面石膏板,构造(mm): 10+55(空)+10	75	0.60	不燃性
		15+75(空)+1.5+9.5(双层板受火)	101	1.10	不燃性

序号	构件名称	构件厚度或截面最小尺寸(mm)	耐火极限(h)	燃烧性能
11	钢龙骨两面钉表右侧材料的隔墙	3.耐火纸面石膏板,构造: 12mm+75mm(其中5.0%厚岩棉)+12mm	99	1.05	不燃性
		2×12mm+75mm+2×12mm	123	1.10	不燃性
		2×15mm+100mm(其中8.0%厚岩棉)+15mm	145	1.50	不燃性
		4.双层石膏板,板内掺纸纤维,构造: 2×12mm+75mm(空)+2×12mm	123	1.10	不燃性
		5.单层石膏板,构造(mm): 12+75(空)+12	99	0.50	不燃性
		12+75(填50mm厚岩棉,容重100kg/m³)+12	99	1.20	不燃性
		6.双层石膏板,构造: 18mm+70mm(空)+18mm	106	1.35	不燃性
		2×12mm+75mm(空)+2×12mm	123	1.35	不燃性
		2×12mm+75mm(填岩棉,容重100kg/m³)+2×12mm	123	2.10	不燃性

序号	构件名称	构件厚度或截面最小尺寸(mm)	耐火极限(h)	燃烧性能
11	钢龙骨两面钉表右侧材料的隔墙	9.布面石膏板,构造: 12mm+75mm(空)+12mm	99	0.40	难燃性
		12mm+75mm(填玻璃棉)+12mm	99	0.50	难燃性
		2×12mm+75mm(空)+2×12mm	123	1.00	难燃性
		2×12mm+75mm(填玻璃棉)+2×12mm	123	1.20	难燃性
		10.矽酸钙板(氧化镁板)填岩棉,岩棉容重为180 kg/m³,构造: 8mm+75mm+8mm	91	1.50	不燃性
		10mm+75mm+10mm	95	2.00	不燃性
		11.硅酸钙板填岩棉,岩棉容重为100 kg/m³,构造: 8mm+75mm+8mm	91	1.00	不燃性
		2×8mm+75mm+2×8mm	107	2.00	不燃性
		9mm+100mm+9mm	118	1.75	不燃性
		10mm+100mm+10mm	120	2.00	不燃性

序号	构件名称	构件厚度或截面最小尺寸(mm)	耐火极限(h)	燃烧性能
11	钢龙骨两面钉表右侧材料的隔墙	7.防火石膏板,板内掺玻璃纤维,岩棉容重为60kg/m³,构造: 2×12mm+75mm(空)+2×12mm	123	1.35	不燃性
		2×12mm+75mm(填40mm岩棉)+2×12mm	123	1.60	不燃性
		12mm+75mm(填50mm岩棉)+12mm	99	1.20	不燃性
		3×12mm+75mm(填50mm岩棉)+3×12mm	147	2.00	不燃性
		4×12mm+75mm(填50mm岩棉)+4×12mm	171	3.00	不燃性
		8.单层玻镁砂光防火板,硅酸铝纤维棉容重为180kg/m³,构造: 8mm+75mm(填硅酸铝纤维棉)+8mm	91	1.50	不燃性
		10mm+75mm(填硅酸铝纤维棉)+10mm	95	2.00	不燃性

序号	构件名称	构件厚度或截面最小尺寸(mm)	耐火极限(h)	燃烧性能
12	轻钢龙骨两面钉表右侧材料的隔墙	1.耐火纸面石膏板,构造: 3×12mm+100mm(岩棉)+2×12mm	160	2.00	不燃性
		3×15mm+100mm(50mm厚岩棉)+2×12mm	169	2.95	不燃性
		3×15mm+100mm(80mm厚岩棉)+2×15mm	175	2.82	不燃性
		3×15mm+150mm(100mm厚岩棉)+3×15mm	240	4.00	不燃性
		9.5mm+3×12mm+100mm(空)+100mm(80mm厚岩棉)+2×12mm+9.5mm+12mm	291	3.00	不燃性
		2.水泥纤维复合硅酸钙板,构造(mm): 4(水泥纤维板)+52(水泥聚苯乙烯粒)+4(水泥纤维板)	60	1.20	不燃性
		20(水泥纤维板)+60(岩棉)+20(水泥纤维板)	100	2.10	不燃性
		4(水泥纤维板)+92(岩棉)+4(水泥纤维板)	100	2.00	不燃性

序号	构件名称		构件厚度或截面最小尺寸(mm)	耐火极限(h)	燃烧性能
12	轻钢龙骨两面钉表右侧材料的隔墙	3.单层双面夹矿棉硅酸钙板	100 90 140	1.50 1.00 2.00	不燃性 不燃性 不燃性
		4.双层双面夹矿棉硅酸钙板 钢龙骨水泥刨花板,构造(mm):12+76(空)+12	100	0.45	难燃性
		钢龙骨石棉水泥板,构造(mm):12+75(空)+6	93	0.30	难燃性
13	两面用强度等级32.5#硅酸盐水泥,1:3水泥砂浆的抹面的隔墙	1.钢丝网架矿棉或聚苯乙烯夹芯板隔墙,构造(mm): 25(砂浆)+50(矿棉)+25(砂浆)	100	2.00	不燃性
		25(砂浆)+50(聚苯乙烯)+25(砂浆)	100	1.07	难燃性
		2.钢丝网聚苯乙烯泡沫塑料复合板隔墙,构造(mm): 23(砂浆)+54(聚苯乙烯)+23(砂浆)	100	1.30	难燃性
		3.钢丝网塑夹芯板(内填自熄性聚苯乙烯泡沫)隔墙	76	1.20	难燃性

序号	构件名称	构件厚度或截面最小尺寸(mm)	耐火极限(h)	燃烧性能
16	混凝土砌块墙 1.轻集料小型空心砌块	330×140 330×190	1.98 1.25	不燃性 不燃性
	2.轻集料(陶粒)混凝土砌块	330×240 330×290	2.92 4.00	不燃性 不燃性
	3.轻集料小型空心砌块(实体墙体)	330×190	4.00	不燃性
	4.普通混凝土承重空心砌块	330×140 330×190 330×290	1.65 1.93 4.00	不燃性 不燃性 不燃性
17	纤维增强硅酸钙板轻质复合隔墙	50~100	2.00	不燃性
18	纤维增强水泥加压平板墙	50~100	2.00	不燃性
19	1.水泥聚苯乙烯粒子复合板(纤维复合)墙	60	1.20	不燃性
	2.水泥纤维加压板墙	100	2.00	不燃性
20	采用纤维水泥加轻质粗细充骨料混合浇注,振动滚压成型玻璃纤维增强水泥空心板隔墙	60	1.50	不燃性

序号	构件名称		构件厚度或截面最小尺寸(mm)	耐火极限(h)	燃烧性能
13	两面用强度等级32.5#硅酸盐水泥,1:3水泥砂浆的抹面的隔墙	4.钢丝网架石膏复合墙板,构造(mm):15(石膏板)+50(硅酸盐水泥)+50(岩棉)+50(硅酸盐水泥)+15(石膏板)	180	4.00	不燃性
		5.钢丝网岩棉夹芯复合板	110	2.00	不燃性
		6.钢丝网架水泥聚苯乙烯夹芯板隔墙,构造(mm):35(砂浆)+50(聚苯乙烯)+35(砂浆)	120	1.00	难燃性
14	增强石膏轻质板墙 增强石膏轻质内墙板(带孔)		60 90	1.28 2.50	不燃性 不燃性
15	空心轻质板墙	1.孔径38,表面为10mm水泥砂浆	100	2.00	不燃性
		2.62mm孔空心板拼装,两侧抹灰19mm(砂:碳:水泥比为5:1:1)	100	2.00	不燃性

序号	构件名称	构件厚度或截面最小尺寸(mm)	耐火极限(h)	燃烧性能
21	金属岩棉夹芯板隔墙,构造:双面单层彩钢板,中间填充岩棉(容重为100kg/m³)	50 80 100 120 150 200	0.30 0.50 0.80 1.00 1.50 2.00	不燃性 不燃性 不燃性 不燃性 不燃性 不燃性
22	轻质条板隔墙,构造:双面单层4mm硅钙板,中间填充聚苯混凝土	90 100 120	1.00 1.20 1.50	不燃性 不燃性 不燃性
23	轻集料混凝土条板隔墙	90 120	1.50 2.00	不燃性 不燃性
24	灌浆水泥板隔墙,构造(mm)	6+75(中灌聚苯混凝土)+6 9+75(中灌聚苯混凝土)+9 9+100(中灌聚苯混凝土)+9 12+150(中灌聚苯混凝土)+12	87 2.00 93 2.50 118 3.00 174 4.00	不燃性 不燃性 不燃性 不燃性

序号	构件名称		构件厚度或截面最小尺寸(mm)	耐火极限(h)	燃烧性能
25	双面单层彩钢面玻镁夹芯板隔墙	1.内衬一层 5mm 玻镁板,中空	50	0.30	不燃性
		2.内衬一层 10mm 玻镁板,中空	50	0.50	不燃性
		3.内衬一层 12mm 玻镁板,中空	50	0.60	不燃性
		4.内衬一层 5mm 玻镁板,中填容重为100kg/m³的岩棉	50	0.90	不燃性
		5.内衬一层 10mm 玻镁板,中填铝蜂窝	50	0.60	不燃性
		6.内衬一层 12mm 玻镁板,中填铝蜂窝	50	0.70	不燃性
26	双面单层彩钢面石膏复合板隔墙	1.内衬一层 12mm 石膏板,中填纸蜂窝	50	0.70	难燃性
		2.内衬一层 12mm 石膏板,中填岩棉(120kg/m³)	50	1.00	不燃性
			100	1.50	不燃性
		3.内衬一层 12mm 石膏板,中空	75	0.70	不燃性
			100	0.90	不燃性

序号	构件名称		构件厚度或截面最小尺寸(mm)	耐火极限(h)	燃烧性能
27	钢框架间填充墙、混凝土墙,当钢框架为	1.用金属网抹灰保护,其厚度为:25mm	—	0.75	不燃性
		2.用砖砌面或混凝土保护,其厚度为:60mm	—	2.00	不燃性
		120mm	—	4.00	不燃性
三	柱				
1	钢筋混凝土柱		180×240	1.20	不燃性
			200×200	1.40	不燃性
			200×300	2.50	不燃性
			240×240	2.00	不燃性
			300×300	3.00	不燃性
			200×400	2.70	不燃性
			200×500	3.00	不燃性
			300×500	3.50	不燃性
			370×370	5.00	不燃性
2	普通黏土砖柱		370×370	5.00	不燃性
3	钢筋混凝土圆柱		直径 300	3.00	不燃性
			直径 450	4.00	不燃性

序号	构件名称		构件厚度或截面最小尺寸(mm)	耐火极限(h)	燃烧性能
4	有保护层的钢柱,保护层	1.金属网抹 M5 砂浆,厚度(mm):25	—	0.80	不燃性
		50	—	1.30	不燃性
		2.加气混凝土,厚度(mm):40	—	1.00	不燃性
		50	—	1.40	不燃性
		70	—	2.00	不燃性
		80	—	2.33	不燃性
		3.C20 混凝土,厚度(mm):25	—	0.80	不燃性
		50	—	2.00	不燃性
		100	—	2.85	不燃性
		4.普通黏土砖,厚度(mm):120	—	2.85	不燃性
		5.陶粒混凝土,厚度(mm):80	—	3.00	不燃性
		6.薄涂型钢结构防火涂料,厚度(mm):5.5	—	1.00	不燃性
		7.0	—	1.50	不燃性

序号	构件名称		构件厚度或截面最小尺寸(mm)	耐火极限(h)	燃烧性能
4	有保护层的钢柱,保护层	7.厚涂型钢结构防火涂料,厚度(mm):15	—	1.00	不燃性
		20	—	1.50	不燃性
		30	—	2.00	不燃性
		40	—	2.50	不燃性
		50	—	3.00	不燃性
5	有保护层的钢管混凝土圆柱(λ≤60),保护层	金属网抹 M5 砂浆,厚度(mm):25		1.00	不燃性
		35		1.50	不燃性
		45	D=200	2.00	不燃性
		60		2.50	不燃性
		70		3.00	不燃性
		金属网抹 M5 砂浆,厚度(mm):20		1.00	不燃性
		30		1.50	不燃性
		35	D=600	2.00	不燃性
		45		2.50	不燃性
		50		3.00	不燃性
		金属网抹 M5 砂浆,厚度(mm):18		1.00	不燃性
		26		1.50	不燃性
		32	D=1000	2.00	不燃性
		40		2.50	不燃性
		45		3.00	不燃性

序号	构 件 名 称	构件厚度或截面最小尺寸(mm)	耐火极限(h)	燃烧性能
5	有保护层的钢管混凝土圆柱(λ≤60),保护层	金属网抹 M5 砂浆,厚度(mm):15 / 25 / 30 / 36 / 40	D≥1400	1.00 / 1.50 / 2.00 / 2.50 / 3.00	不燃性 / 不燃性 / 不燃性 / 不燃性 / 不燃性
		厚涂型钢结构防火涂料,厚度(mm):8 / 10 / 14 / 16 / 20	D=200	1.00 / 1.50 / 2.00 / 2.50 / 3.00	不燃性 / 不燃性 / 不燃性 / 不燃性 / 不燃性
		厚涂型钢结构防火涂料,厚度(mm):7 / 9 / 12 / 14 / 16	D=600	1.00 / 1.50 / 2.00 / 2.50 / 3.00	不燃性 / 不燃性 / 不燃性 / 不燃性 / 不燃性
		厚涂型钢结构防火涂料,厚度(mm):6 / 8 / 10 / 12 / 14	D=1000	1.00 / 1.50 / 2.00 / 2.50 / 3.00	不燃性 / 不燃性 / 不燃性 / 不燃性 / 不燃性

续附表1

序号	构 件 名 称	构件厚度或截面最小尺寸(mm)	耐火极限(h)	燃烧性能
6	有保护层的钢管混凝土方柱、矩形柱(λ≤60),保护层	金属网抹 M5 砂浆,厚度(mm):25 / 35 / 45 / 55 / 65	B=1000	1.00 / 1.50 / 2.00 / 2.50 / 3.00	不燃性 / 不燃性 / 不燃性 / 不燃性 / 不燃性
		金属网抹 M5 砂浆,厚度(mm):20 / 30 / 40 / 45 / 55	B≥1400	1.00 / 1.50 / 2.00 / 2.50 / 3.00	不燃性 / 不燃性 / 不燃性 / 不燃性 / 不燃性
		厚涂型钢结构防火涂料,厚度(mm):8 / 10 / 14 / 18 / 25	B=200	1.00 / 1.50 / 2.00 / 2.50 / 3.00	不燃性 / 不燃性 / 不燃性 / 不燃性 / 不燃性
		厚涂型钢结构防火涂料,厚度(mm):6 / 8 / 10 / 12 / 15	B=600	1.00 / 1.50 / 2.00 / 2.50 / 3.00	不燃性 / 不燃性 / 不燃性 / 不燃性 / 不燃性

续附表1

序号	构 件 名 称	构件厚度或截面最小尺寸(mm)	耐火极限(h)	燃烧性能
5	有保护层的钢管混凝土圆柱(λ≤60),保护层	厚涂型钢结构防火涂料,厚度(mm):5 / 7 / 9 / 10 / 12	D≥1400	1.00 / 1.50 / 2.00 / 2.50 / 3.00	不燃性 / 不燃性 / 不燃性 / 不燃性 / 不燃性
6	有保护层的钢管混凝土方柱、矩形柱(λ≤60),保护层	金属网抹 M5 砂浆,厚度(mm):40 / 55 / 70 / 80 / 90	B=200	1.00 / 1.50 / 2.00 / 2.50 / 3.00	不燃性 / 不燃性 / 不燃性 / 不燃性 / 不燃性
		金属网抹 M5 砂浆,厚度(mm):30 / 40 / 55 / 65 / 70	B=600	1.00 / 1.50 / 2.00 / 2.50 / 3.00	不燃性 / 不燃性 / 不燃性 / 不燃性 / 不燃性

续附表1

序号	构 件 名 称	构件厚度或截面最小尺寸(mm)	耐火极限(h)	燃烧性能
6	有保护层的钢管混凝土方柱、矩形柱(λ≤60),保护层	厚涂型钢结构防火涂料,厚度(mm):5 / 6 / 8 / 10 / 12	B=1000	1.00 / 1.50 / 2.00 / 2.50 / 3.00	不燃性 / 不燃性 / 不燃性 / 不燃性 / 不燃性
		厚涂型钢结构防火涂料,厚度(mm):4 / 5 / 6 / 8 / 10	B=1400	1.00 / 1.50 / 2.00 / 2.50 / 3.00	不燃性 / 不燃性 / 不燃性 / 不燃性 / 不燃性
四	梁			
	简支的钢筋混凝土梁	1.非预应力钢筋,保护层厚度(mm):10 / 20 / 25 / 30 / 40 / 50	— / — / — / — / — / —	1.20 / 1.75 / 2.00 / 2.30 / 2.90 / 3.50	不燃性 / 不燃性 / 不燃性 / 不燃性 / 不燃性 / 不燃性

序号	构件名称		构件厚度或截面最小尺寸(mm)	耐火极限(h)	燃烧性能
	简支的钢筋混凝土梁	2.预应力钢筋或高强度钢丝,保护层厚度(mm):25	—	1.00	不燃性
		30	—	1.20	不燃性
		40	—	1.50	不燃性
		50	—	2.00	不燃性
		3.有保护层的钢梁:15mm厚LG防火隔热涂料保护层	—	1.50	不燃性
		20mm厚LY防火隔热涂料保护层	—	2.30	不燃性
五	楼板和屋顶承重构件				
1	非预应力简支钢筋混凝土圆孔空心楼板,保护层厚度(mm):10		—	0.90	不燃性
	20		—	1.25	不燃性
	30		—	1.50	不燃性
2	预应力简支钢筋混凝土圆孔空心楼板,保护层厚度(mm):10		—	0.40	不燃性
	20		—	0.70	不燃性
	30		—	0.85	不燃性

序号	构件名称		构件厚度或截面最小尺寸(mm)	耐火极限(h)	燃烧性能
4	现浇的整体式梁板,保护层厚度(mm):10		120	2.50	不燃性
	20		120	2.65	不燃性
5	钢丝网抹灰粉刷的钢梁,保护层厚度(mm):10		—	0.50	不燃性
	20		—	1.00	不燃性
	30		—	1.25	不燃性
6	屋面板	1.钢筋加气混凝土屋面板,保护层厚度10mm	—	1.25	不燃性
		2.钢筋充气混凝土屋面板,保护层厚度10mm	—	1.60	不燃性
		3.钢筋混凝土方孔屋面板,保护层厚度10mm	—	1.20	不燃性
		4.预应力钢筋混凝土槽形屋面板,保护层厚度10mm	—	0.50	不燃性
		5.预应力钢筋混凝土槽瓦,保护层厚度10mm	—	0.50	不燃性
		6.轻型纤维石膏板屋面板	—	0.60	不燃性

序号	构件名称	构件厚度或截面最小尺寸(mm)	耐火极限(h)	燃烧性能
3	四边简支的钢筋混凝土楼板,保护层厚度(mm):10	70	1.40	不燃性
	15	80	1.45	不燃性
	20	80	1.50	不燃性
	30	90	1.85	不燃性
	现浇的整体式梁板,保护层厚度(mm):10	80	1.40	不燃性
	15	80	1.45	不燃性
	20	80	1.50	不燃性
	现浇的整体式梁板,保护层厚度(mm):10	90	1.75	不燃性
	20	90	1.85	不燃性
4	现浇的整体式梁板,保护层厚度(mm):10	100	2.00	不燃性
	15	100	2.00	不燃性
	20	100	2.10	不燃性
	30	100	2.15	不燃性
	现浇的整体式梁板,保护层厚度(mm):10	110	2.25	不燃性
	15	110	2.30	不燃性
	20	110	2.30	不燃性
	30	110	2.40	不燃性

序号	构件名称		构件厚度或截面最小尺寸(mm)	耐火极限(h)	燃烧性能
六	吊顶				
1	木吊顶搁栅	1.钢丝网抹灰	15	0.25	难燃性
		2.板条抹灰	15	0.25	难燃性
		3.1:4水泥石棉浆钢丝网抹灰	20	0.50	难燃性
		4.1:4水泥石棉浆板条抹灰	20	0.50	难燃性
		5.钉氧化镁锯末复合板	13	0.25	难燃性
		6.钉石膏装饰板	10	0.25	难燃性
		7.钉平面石膏板	12	0.30	难燃性
		8.钉纸面石膏板	9.5	0.25	难燃性
		9.钉双层石膏板(各厚8mm)	16	0.45	难燃性
		10.钉珍珠岩复合石膏板(穿孔板和吸音板各厚15mm)	30	0.30	难燃性
		11.钉矿棉吸音板	—	0.15	难燃性
		12.钉硬质木屑板	10	0.20	难燃性
2	钢吊顶搁栅	1.钢丝网(板)抹灰	15	0.25	不燃性
		2.钉石棉板	10	0.85	不燃性
		3.钉双层石膏板	10	0.30	不燃性
		4.挂石棉型硅酸钙板	10	0.30	不燃性

序号	构件名称		构件厚度或截面最小尺寸(mm)	耐火极限(h)	燃烧性能
2	钢吊顶搁栅	5.两侧挂 0.5mm 厚薄钢板,内填容重为 100kg/m³ 的陶瓷棉复合板	40	0.40	不燃性
3		双面单层彩钢面岩棉夹芯板吊顶,中间填容重为 120kg/m³ 的岩棉	50 100	0.30 0.50	不燃性 不燃性
4	钢龙骨单面钉表右侧材料	1.防火板,填容重为 100kg/m³ 的岩棉,构造: 9mm+75mm(岩棉) 12mm+100mm(岩棉) 2×9mm+100mm(岩棉)	84 112 118	0.50 0.75 0.90	不燃性 不燃性 不燃性
		2.纸面石膏板,构造: 12mm+2mm填缝料+60mm(空) 12mm+1mm填缝料+12mm+1mm填缝料+60mm(空)	74 86	0.10 0.40	不燃性 不燃性
		3.防火纸面石膏板,构造: 12mm+50mm(填 60kg/m³ 的岩棉) 15mm+1mm填缝料+15mm+1mm填缝料+60mm(空)	62 92	0.20 0.50	不燃性 不燃性

序号	构件名称		构件厚度或截面最小尺寸(mm)	耐火极限(h)	燃烧性能
3	钢质防火门	钢质门框、钢质面板、钢质骨架。迎/背火面一面或两面设防火板,或不设防火板。门扇内填充珍珠岩或氧化镁、氧化镁			
		丙级	40~50	0.50	不燃性
		乙级	45~70	1.00	不燃性
		甲级	50~90	1.50	不燃性
八	防火窗				
1	钢质防火窗	窗框钢质,窗扇钢质,窗框填充水泥砂浆,窗扇内填充珍珠岩,或氧化镁、氧化镁,或防火板。复合防火玻璃	25~30 30~38	1.00 1.50	不燃性 不燃性
2	木质防火窗	窗框、窗扇均为木质,或均为防火板和木质复合。窗框无填充材料,窗扇迎/背火面外设防火板和木质面板,或为阻燃实木。复合防火玻璃	25~30 30~38	1.00 1.50	难燃性 难燃性
3	钢木复合防火窗	窗框钢质,窗扇木质,窗框填充采用水泥砂浆、窗扇迎背火面外设防火板和木质面板,或为阻燃实木。复合防火玻璃	25~30 30~38	1.00 1.50	难燃性 难燃性

序号	构件名称		构件厚度或截面最小尺寸(mm)	耐火极限(h)	燃烧性能
七	防火门				
1	木质防火门:木质面板或木质面板内设防火板	1.门扇内填充珍珠岩 2.门扇内填充氧化镁、氧化镁			
		丙级	40~50	0.50	难燃性
		乙级	45~50	1.00	难燃性
		甲级	50~90	1.50	难燃性
2	钢木质防火门	1.木质面板 1)钢质或钢木质复合门框、木质骨架,迎/背火面一面或两面设防火板,或不设防火板。门扇内填充珍珠岩,或氧化镁、氧化镁 2)木质门框、木质骨架,迎/背火面一面或两面设防火板或钢板。门扇内填充珍珠岩,或氧化镁、氧化镁 2.钢质面板 钢质或钢木质复合门框、钢质或木质骨架,迎/背火面一面或两面设防火板,或不设防火板。门扇内填充珍珠岩,或氧化镁、氧化镁			
		丙级	40~50	0.50	难燃性
		乙级	45~50	1.00	难燃性
		甲级	50~90	1.50	难燃性

序号	构件名称	构件厚度或截面最小尺寸(mm)	耐火极限(h)	燃烧性能
九	防火卷帘			
	1.钢质普通型防火卷帘(帘板为单层)		1.50~3.00	不燃性
	2.钢质复合型防火卷帘(帘板为双层)		2.00~4.00	不燃性
	3.无机复合防火卷帘(采用多种无机材料复合而成)		3.00~4.00	不燃性
	4.无机复合轻质防火卷帘(双层,不需水幕保护)		4.00	不燃性

注:1 λ 为钢管混凝土构件长细比,对于圆钢管混凝土,λ=4L/D;对于方、矩形钢管混凝土,λ=2√3L/B;L 为构件的计算长度。

2 对于矩形钢管混凝土柱,B 为截面短边边长。

3 钢管混凝土柱的耐火极限为根据福州大学土木建筑工程学院提供的理论计算值,未经逐个试验验证。

4 确定墙的耐火极限不考虑墙上有无洞孔。

5 墙的总厚度包括抹灰粉刷层。

6 中间尺寸的构件,其耐火极限建议经试验确定,亦可按插入法计算。

7 计算保护层时,应包括抹灰粉刷层在内。

8 现浇的无梁楼板按简支板的数据采用。

9 无防火保护层的钢梁、钢柱、钢楼板和钢屋架,其耐火极限可按 0.25h 确定。

10 人孔盖板的耐火极限可参照防火门确定。

11 防火门和防火窗中的"木质"均为经阻燃处理。

附表2　各类木结构构件的燃烧性能和耐火极限

构　件　名　称	截面图和结构厚度或截面最小尺寸(mm)	耐火极限(h)	燃烧性能
木龙骨两侧钉石膏板的承重内墙	厚度120 1. 15mm 耐火石膏板 2. 木龙骨:截面尺寸40mm×90mm 3. 填充岩棉或玻璃棉 4. 15mm 耐火石膏板 木龙骨的间距为400mm 或600mm	1.00	难燃性
木龙骨两侧钉石膏板的承重内墙	厚度170 1. 15mm 耐火石膏板 2. 木龙骨:截面尺寸40mm×140mm 3. 填充岩棉或玻璃棉 4. 15mm 耐火石膏板 木龙骨的间距为400mm 或600mm	1.00	难燃性

续附表2

构　件　名　称	截面图和结构厚度或截面最小尺寸(mm)	耐火极限(h)	燃烧性能
木龙骨两侧钉石膏板的非承重内墙	厚度245 1. 双层 15mm 耐火石膏板 2. 双排木龙骨,木龙骨截面尺寸40mm×90mm 3. 填充岩棉或玻璃棉 4. 双层 15mm 耐火石膏板 木龙骨的间距为400mm 或600mm	2.00	难燃性
木龙骨两侧钉石膏板的非承重内墙	厚度200 1. 双层 15mm 耐火石膏板 2. 双排木龙骨交错放置在 40mm×140mm 的底梁板上,木龙骨截面尺寸40mm×90mm 3. 填充岩棉或玻璃棉 4. 双层 15mm 耐火石膏板 木龙骨的间距为400mm 或600mm	2.00	难燃性

续附表2

构　件　名　称	截面图和结构厚度或截面最小尺寸(mm)	耐火极限(h)	燃烧性能
木龙骨两侧钉石膏板＋定向刨花板的承重外墙	厚度120 1. 15mm 耐火石膏板 2. 木龙骨:截面尺寸40mm×90mm 3. 填充岩棉或玻璃棉 4. 15mm 定向刨花板 木龙骨的间距为400mm 或600mm 曝火面	1.00	难燃性
木龙骨两侧钉石膏板＋定向刨花板的承重外墙	厚度170 1. 15mm 耐火石膏板 2. 木龙骨:截面尺寸40mm×140mm 3. 填充岩棉或玻璃棉 4. 15mm 定向刨花板 木龙骨的间距为400mm 或600mm 曝火面	1.00	难燃性

续附表2

构　件　名　称	截面图和结构厚度或截面最小尺寸(mm)	耐火极限(h)	燃烧性能
木龙骨两侧钉石膏板的非承重内墙	厚度138 1. 双层 12mm 耐火石膏板 2. 木龙骨:截面尺寸40mm×90mm 3. 填充岩棉或玻璃棉 4. 双层 12mm 耐火石膏板 木龙骨的间距为400mm 或600mm	1.00	难燃性
木龙骨两侧钉石膏板的非承重内墙	厚度114 1. 12mm 耐火石膏板 2. 木龙骨:截面尺寸40mm×90mm 3. 填充岩棉或玻璃棉 4. 12mm 耐火石膏板 木龙骨的间距为400mm 或600mm	0.75	难燃性

构件名称		截面图和结构厚度或截面最小尺寸(mm)	耐火极限(h)	燃烧性能
非承重墙	木龙骨两侧钉石膏板的非承重内墙	1. 15mm普通石膏板 2. 木龙骨:截面尺寸40mm×90mm 3. 填充岩棉或玻璃棉 4. 15mm普通石膏板 木龙骨的间距为400mm或600mm	厚度120	0.50	难燃性
	木龙骨两侧钉石膏板或定向刨花板的非承重外墙	1. 12mm耐火石膏板 2. 木龙骨:截面尺寸40mm×90mm 3. 填充岩棉或玻璃棉 4. 12mm定向刨花板 木龙骨的间距为400mm或600mm	厚度114 曝火面	0.75	难燃性

构件名称		截面图和结构厚度或截面最小尺寸(mm)	耐火极限(h)	燃烧性能
柱	支持屋顶和楼板的胶合木柱(四面曝火): 1. 横截面尺寸:200mm×280mm		1.00	可燃性
	支持屋顶和楼板的胶合木柱(四面曝火): 2. 横截面尺寸:272mm×352mm 横截面尺寸在200mm×280mm的基础上每个曝火面厚度各增加36mm		1.00	可燃性
梁	支持屋顶和楼板的胶合木梁(三面曝火): 1. 横截面尺寸:200mm×400mm		1.00	可燃性
	支持屋顶和楼板的胶合木梁(三面曝火): 2. 横截面尺寸:272mm×436mm 截面尺寸在200mm×400mm的基础上每个曝火面厚度各增加36mm		1.00	可燃性

构件名称		截面图和结构厚度或截面最小尺寸(mm)	耐火极限(h)	燃烧性能
非承重墙	木龙骨两侧钉石膏板或定向刨花板的非承重外墙	1. 15mm耐火石膏板 2. 木龙骨:截面尺寸40mm×90mm 3. 填充岩棉或玻璃棉 4. 15mm耐火石膏板 木龙骨的间距为400mm或600mm	厚度120 曝火面	1.25	难燃性
		1. 12mm耐火石膏板 2. 木龙骨:截面尺寸40mm×140mm 3. 填充岩棉或玻璃棉 4. 12mm定向刨花板 木龙骨的间距为400mm或600mm	厚度164 曝火面	0.75	难燃性
		1. 15mm耐火石膏板 2. 木龙骨:截面尺寸40mm×140mm 3. 填充岩棉或玻璃棉 4. 15mm耐火石膏板 木龙骨的间距为400mm或600mm	厚度170 曝火面	1.25	难燃性

构件名称		截面图和结构厚度或截面最小尺寸(mm)	耐火极限(h)	燃烧性能
楼板	1. 楼面板为18mm定向刨花板或胶合板 2. 楼板搁栅40mm×235mm 3. 填充岩棉或玻璃棉 4. 顶棚为双层12mm耐火石膏板 采用实木搁栅或工字木搁栅,间距400mm或600mm	厚度277	1.00	难燃性
屋顶承重构件	1. 屋顶椽条或轻型木桁架 2. 填充保温材料 3. 顶棚为12mm耐火石膏板 木桁架的间距为400mm或600mm	椽檩屋顶截面 轻型木桁架屋顶截面	0.50	难燃性
吊顶	1. 实木楼盖结构40mm×235mm 2. 木板条30mm×50mm(间距为400mm) 3. 顶棚为12mm耐火石膏板	独立吊顶,厚度42mm。总厚度277mm	0.25	难燃性

中华人民共和国国家标准

城 镇 燃 气 设 计 规 范

Code for design of city gas engineering

GB 50028 - 2006

主编部门：中华人民共和国建设部
批准部门：中华人民共和国建设部
施行日期：２００６年１１月１日

中华人民共和国建设部
公 告

第 451 号

建设部关于发布国家标准
《城镇燃气设计规范》的公告

现批准《城镇燃气设计规范》为国家标准，编号为 GB 50028－2006，自 2006 年 11 月 1 日起实施。其中，第 3.2.1（1）、3.2.2、3.2.3、4.2.11（3）、4.2.12、4.2.13、4.3.15、4.3.23、4.3.26、4.3.27（8、10、11、12）、4.4.13、4.4.17、4.4.18（4）、4.5.13、5.1.4、5.3.4、5.3.6（7）、5.4.2（1、3）、5.11.8、5.12.5、5.12.17、5.14.1、5.14.2、5.14.3、5.14.4、6.1.6、6.3.1、6.3.2、6.3.3、6.3.8、6.3.11（2、4）、6.3.13、6.3.15（1、3）、6.4.4（2）、6.4.11、6.4.12、6.4.13、6.5.3、6.5.4、6.5.5（2、3、4）、6.5.7（5）、6.5.12（2、3、6）、6.5.13、6.5.19（1、2）、6.5.20、6.5.22、6.6.2（6）、6.6.3、6.6.10（2、5、7）、6.7.1、7.1.2、7.2.2、7.2.4、7.2.5、7.2.9、7.2.16、7.2.21、7.4.1（1）、7.4.3、7.5.1、7.5.3、7.5.4、7.6.1、7.6.4、7.6.8、8.2.2、8.2.9、8.2.11、8.3.7、8.3.8、8.3.9、8.3.10、8.3.12、8.3.14、8.3.15、8.3.19（1、2、4、6）、8.3.26、8.4.3、8.4.4、8.4.6、8.4.10、8.4.12、8.4.15、8.4.20、8.5.2、8.5.3、8.5.4、8.6.4、8.7.4、8.8.1、8.8.3、8.8.4、8.8.5、8.8.11（1、2、3）、8.8.12、8.9.1、8.10.2、8.10.4、8.10.8、8.11.1、8.11.3、9.2.4、9.2.5、9.2.10、9.3.2、9.4.2、9.4.13、9.4.16、9.5.5、9.6.3、10.2.1、10.2.7（3）、10.2.14（1）、10.2.21（2、3、4）、10.2.23、10.2.24、10.2.26、10.3.2（2）、10.4.2、10.4.4（4）、10.5.3（1、3、5）、10.5.7、10.6.2、10.6.6、10.6.7、10.7.1、10.7.3、10.7.6（1）条（款）为强制性条文，必须严格执行。原《城镇燃气设计规范》GB 50028－93 同时废止。

本规范由建设部标准定额研究所组织中国建筑工业出版社出版发行。

中华人民共和国建设部
2006 年 7 月 12 日

前　言

根据建设部《关于印发"2000至2001年度工程建设国家标准制订、修订计划"的通知》(建标〔2001〕87号)要求,由中国市政工程华北设计研究院会同有关单位共同对《城镇燃气设计规范》GB 50028-93进行了修订。在修订过程中,编制组根据国家有关政策,结合我国城镇燃气的实际情况,进行了广泛的调查研究,认真总结了我国城镇燃气工程建设和规范执行十年来的经验,吸收了国际上发达国家的先进规范成果,开展了必要的专题研究和技术研讨,并广泛征求了全国有关单位的意见,最后由建设部会同有关部门审查定稿。

本规范共分10章和6个附录,其主要内容包括:总则、术语、用气量和燃气质量、制气、净化、燃气输配系统、压缩天然气供应、液化石油气供应、液化天然气供应和燃气的应用等。

本次修订的主要内容是:

1. 增加第2章术语,将原规范中"名词解释"改为"术语",并作了补充与完善。

2. 第3章用气量和燃气质量中,取消了居民生活和商业用户用气量指标;增加了采暖用气量的计算原则。补充了天然气的质量要求、液化石油气与空气的混合气质量安全指标和燃气加臭的标准。

3. 第4、5章制气和净化中,增加了两段煤气(水煤气)发生炉制气、轻油制气、流化床水煤气、天然气改制、一氧化碳变换和煤气脱水,并对主要生产场所火灾及爆炸危险分类等级等条文进行了修订。

4. 第6章燃气输配系统中,提高了城镇燃气管道压力至4.0MPa,吸收了美、英等发达国家的先进标准成果,增加了高压燃气管道敷设、管道结构设计和新型管材,补充了地上燃气管道敷设,门站、储配站设计和调压站设置形式、管道水力计算等。

5. 增加第7章压缩天然气供应,主要包括压缩天然气加气站、储配站、瓶组供气站及配套设施要求。

6. 第8章液化石油气供应,对液化石油气供应基地和混气站、气化站、瓶组气化站及瓶装供应站等补充了有关内容。

7. 增加第9章液化天然气供应,主要包括气化站储罐与站外建、构筑物的防火间距,站内总平面布置防火间距及配套设施等要求。

8. 第10章燃气的应用中,增加了新型管材,燃气管道和燃气用具在地下室、半地下室和地上密闭房间内的敷设,室内燃气管道的暗设以及燃气的安全监控设施等要求。

本规范由建设部负责管理和对强制性条文的解释,由中国市政工程华北设计研究院负责日常管理工作和具体技术内容的解释。

本规范在执行过程中,希望各单位结合工程实践,注意总结经验,积累资料,如发现对本规范需要修改和补充,请将意见和有关资料函寄:中国市政工程华北设计研究院　城镇燃气设计规范国家标准管理组(地址:天津市气象台路,邮政编码:300074),以便今后修订时参考。

本规范主编单位、参编单位及主要起草人:

主 编 单 位:中国市政工程华北设计研究院

参 编 单 位:上海燃气工程设计研究有限公司
　　　　　　香港中华煤气有限公司
　　　　　　北京市煤气热力工程设计院有限公司
　　　　　　沈阳市城市煤气设计研究院
　　　　　　成都市煤气公司
　　　　　　苏州科技学院
　　　　　　国际铜业协会(中国)

新奥燃气控股有限公司
深圳市燃气工程设计有限公司
天津市煤气工程设计院
北京市燃气工程设计公司
长春市燃气热力设计研究院
珠海市煤气集团有限公司
新兴铸管股份有限公司
亚大塑料制品有限公司
华创天元实业发展有限责任公司
佛山市日丰企业有限公司
北京中油翔科科技有限公司
上海飞奥燃气设备有限公司
宁波志清集团有限公司
宁波市华涛不锈钢管材料有限公司
华北石油钢管厂
沈阳光正工业有限公司
天津新科成套仪表有限公司
乐泰(中国)有限公司

主要起草人:金石坚　李颜强　徐　良　冯长海　王昌遒
　　　　　　高　勇　陈云玉　顾　军　沈余生　孙欣华
　　　　　　李建勋　邵　山　曹开朗　王　启　李猷嘉
　　　　　　贾秋明　刘松林　应援农　沈仲棠　曹永根
　　　　　　杨永慧　吴　珊　樊金光　周也路　刘　正
　　　　　　郑海燕　田大栓　张　琳　王广柱　韩建平
　　　　　　徐　静　刘　军　吴国奇　李绍海　王　华
　　　　　　牛铭昌　张力平　边树奎　苏国荣　陈志清
　　　　　　缪德伟　王晓香　孟　光　孙建勋　沈伟康

目　　次

1 总　则

1.0.1 为使城镇燃气工程设计符合安全生产、保证供应、经济合理和保护环境的要求，制定本规范。

1.0.2 本规范适用于向城市、乡镇或居民点供给居民生活、商业、工业企业生产、采暖通风和空调等各类用户作燃料用的新建、扩建或改建的城镇燃气工程设计。

> 注：1 本规范不适用于城镇燃气门站以前的长距离输气管道工程。
> 2 本规范不适用于工业企业自建供生产工艺用且燃气质量不符合本规范质量要求的燃气工程设计，但自建生产工艺用且燃气质量符合本规范要求的燃气工程设计，可按本规范执行。
> 工业企业内部自供燃气给居民使用时，供居民使用的燃气质量和工程设计应按本规范执行。
> 3 本规范不适用于海洋和内河轮船、铁路车辆、汽车等运输工具上的燃气装置设计。

1.0.3 城镇燃气工程设计，应在不断总结生产、建设和科学实验的基础上，积极采用行之有效的新工艺、新技术、新材料和新设备，做到技术先进，经济合理。

1.0.4 城镇燃气工程规划设计应遵循我国的能源政策，根据城镇总体规划进行设计，并应与城镇的能源规划、环保规划、消防规划等相结合。

1.0.5 城镇燃气工程设计，除应遵守本规范外，尚应符合国家现行的有关标准的规定。

2 术　语

2.0.1 城镇燃气　city gas

从城市、乡镇或居民点中的地区性气源点，通过输配系统供给居民生活、商业、工业企业生产、采暖通风和空调等各类用户公用性质的，且符合本规范燃气质量要求的可燃气体。城镇燃气一般包括天然气、液化石油气和人工煤气。

2.0.2 人工煤气　manufactured gas

以固体、液体或气体（包括煤、重油、轻油、液体石油气、天然气等）为原料经转化制得的，且符合现行国家标准《人工煤气》GB 13612 质量要求的可燃气体。人工煤气又简称为煤气。

2.0.3 居民生活用气　gas for domestic use

用于居民家庭炊事及制备热水等的燃气。

2.0.4 商业用气　gas for commercial use

用于商业用户（含公共建筑用户）生产和生活的燃气。

2.0.5 基准气　reference gas

代表某种燃气的标准气体。

2.0.6 加臭剂　odorant

一种具有强烈气味的有机化合物或混合物。当以很低的浓度加入燃气中，使燃气有一种特殊的、令人不愉快的警示性臭味，以便泄漏的燃气在达到其爆炸下限 20% 或达到对人体允许的有害浓度时，即被察觉。

2.0.7 直立炉　vertical retort

指武德式连续式直立炭化炉的简称。

2.0.8 自由膨胀序数　crucible swelling number

是表示煤的粘结性的指标。

2.0.9 葛金指数　Gray-King index

是表示煤的结焦性的指标。

2.0.10 罗加指数　Roga index

是表示煤的粘结能力的指标。

2.0.11 煤的化学反应性　chemical reactivity of coal

是表示在一定温度下，煤与二氧化碳相互作用，将二氧化碳还原成一氧化碳的反应能力的指标，是我国评价气化用煤的质量指标之一。

2.0.12 煤的热稳定性　thermal stability of coal

是指煤块在高温作用下（燃烧或气化）保持原来粒度的性质（即对热的稳定程度）的指标，是我国评价块煤质量指标之一。

2.0.13 气焦　gas coke

是焦炭的一种，其质量低于冶金焦或铸造焦，直立炉所生产的焦一般称为气焦，当焦炉大量配入气煤时，所产生的低质的焦炭也是气焦。

2.0.14 电气滤清器（电捕焦油器）　electric filter

用高压直流电除去煤气中焦油和灰尘的设备。

2.0.15 调峰气　peak shaving gas

为了平衡用气量高峰，供作调峰手段使用的辅助性气源和储气。

2.0.16 计算月　design month

指一年中逐月平均的日用气量中出现最大值的月份。

2.0.17 月高峰系数　maximum uneven factor of monthly consumption

计算月的平均日用气量和年的日平均用气量之比。

2.0.18 日高峰系数　maximum uneven factor of daily consumption

计算月中的日最大用气量和该月日平均用气量之比。

2.0.19 小时高峰系数　maximum uneven factor of hourly consumption

计算月中最大用气量日的小时最大用气量和该日平均小时用气量之比。

2.0.20 低压储气罐　low pressure gasholder

工作压力（表压）在 10kPa 以下，依靠容积变化储存燃气的储气罐。分为湿式储气罐和干式储气罐两种。

2.0.21 高压储气罐　high pressure gasholder

工作压力（表压）大于 0.4MPa，依靠压力变化储存燃气的储气罐。又称为固定容积储气罐。

2.0.22 调压装置　regulator device

将较高燃气压力降至所需的较低压力调压单元总称。包括调压器及其附属设备。

2.0.23 调压站　regulator station

将调压装置放置于专用的调压建筑物或构筑物中，承担用气压力的调节。包括调压装置及调压室的建筑物或构筑物等。

2.0.24 调压箱（调压柜）　regulator box

将调压装置放置于专用箱体，设于用气建筑物附近，承担用气压力的调节。包括调压装置和箱体。悬挂式和地下式箱称为调压箱，落地式箱称为调压柜。

2.0.25 重要的公共建筑　important public building

指性质重要、人员密集，发生火灾后损失大、影响大、伤亡大的公共建筑物。如省市级以上的机关办公楼、电子计算机中心、通信中心以及体育馆、影剧院、百货大楼等。

2.0.26 用气建筑的毗连建筑物　building adjacent to building supplied with gas

指与用气建筑物紧密相连又不属于同一个建筑结构整体的建筑物。

2.0.27 单独用户　individual user

指主要有一个专用用气点的用气单位，如一个锅炉房、一个食堂或一个车间等。

2.0.28 压缩天然气　compressed natural gas（CNG）

指压缩到压力大于或等于 10MPa 且不大于 25MPa 的气态天

然气。

2.0.29 压缩天然气加气站　CNG fuelling station

由高、中压输气管道或气田的集气处理站等引入天然气，经净化、计量、压缩并向气瓶车或气瓶组充装压缩天然气的站场。

2.0.30 压缩天然气气瓶车　CNG cylinders truck transportation

由多个压缩天然气瓶组合并固定在汽车挂车底盘上，具有压缩天然气加（卸）气系统和安全防护及安全放散等的设施。

2.0.31 压缩天然气瓶组　multiple CNG cylinder installations

具有压缩天然气加（卸）气系统和安全防护及安全放散等设施，固定在瓶筐上的多个压缩天然气瓶组合。

2.0.32 压缩天然气储配站　CNG stored and distributed station

具有将槽车、槽船运输的压缩天然气进行卸气、加热、调压、储存、计量、加臭，并送入城镇燃气输配管道功能的站场。

2.0.33 压缩天然气瓶组供应站　station for CNG multiple cylinder installations

采用压缩天然气气瓶组作为储气设施，具有将压缩天然气卸气、调压、计量和加臭，并入城镇燃气输配管道功能的设施。

2.0.34 液化石油气供应基地　liquefied petroleum gases（LPG）supply base

城镇液化石油气储存站、储配站和灌装站的统称。

2.0.35 液化石油气储存站　LPG stored station

储存液化石油气，并将其输送给灌装站、气化站和混气站的液化石油气储存站场。

2.0.36 液化石油气灌装站　LPG filling station

进行液化石油气灌装作业的站场。

2.0.37 液化石油气储配站　LPG stored and delivered station

兼有液化石油气储存和灌装站两者全部功能的站场。

2.0.38 液化石油气气化站　LPG vaporizing station

配置储存和气化装置，将液态液化石油气转换为气态液化石油气，并向用户供气的生产设施。

2.0.39 液化石油气混气站　LPG-air (other fuel gas) mixing station

配置储存、气化和混气装置，将液态液化石油气转换为气态液化石油气后，与空气或其他可燃气体按一定比例混合配制成混合气，向用户供气的生产设施。

2.0.40 液化石油气-空气混合气　LPG-air mixture

将气态液化石油气与空气按一定比例混合配制成符合城镇燃气质量要求的燃气。

2.0.41 全压力式储罐　fully pressurized storage tank

在常温和较高压力下盛装液化石油气的储罐。

2.0.42 半冷冻式储罐　semi-refrigerated storage tank

在较低温度和较低压力下盛装液化石油气的储罐。

2.0.43 全冷冻式储罐　fully refrigerated storage tank

在低温和常压下盛装液化石油气的储罐。

2.0.44 瓶组气化站　vaporizing station of multiple cylinder installations

配置2个以上15kg、2个或2个以上50kg气瓶，采用自然或强制气化方式将液态液化石油气转换为气态液化石油气后，向用户供气的生产设施。

2.0.45 液化石油气瓶装供应站　bottled LPG delivered station

经营和储存液化石油气气瓶的场所。

2.0.46 液化天然气　liquefied natural gas（LNG）

液化状况下的无色流体，其主要组分为甲烷。

2.0.47 液化天然气气化站　LNG vaporizing station

具有将槽车或槽船运输的液化天然气进行卸气、储存、气化、调压、计量和加臭，并送入城镇燃气输配管道功能的站场。又称为液化天然气卫星站（LNG satellite plant）。

2.0.48 引入管　service pipe

室外配气支管与用户室内燃气进口管总阀门（当无总阀门时，指距室内地面1m高处）之间的管道。

2.0.49 管道暗埋　piping embedment

管道直接埋设在墙体、地面内。

2.0.50 管道暗封　piping concealment

管道敷设在管道井、吊顶、管沟、装饰层内。

2.0.51 钎焊　capillary joining

钎焊是一个接合金属的过程，在焊接时作为填充金属（钎料）是熔化的有色金属，它通过毛细管作用被吸入要被连接的两个部件表面之间的狭小空间中，钎焊可分为硬钎焊和软钎焊。

3 用气量和燃气质量

3.1 用 气 量

3.1.1 设计用气量应根据当地供气原则和条件确定，包括下列各种用气量：

1 居民生活用气量；

2 商业用气量；

3 工业企业生产用气量；

4 采暖通风和空调用气量；

5 燃气汽车用气量；

6 其他气量。

注：当电站采用城镇燃气发电或供热时，尚应包括电站用气量。

3.1.2 各种用户的燃气设计用气量，应根据燃气发展规划和用气量指标确定。

3.1.3 居民生活和商业的用气量指标，应根据当地居民生活和商业用气量的统计数据分析确定。

3.1.4 工业企业生产的用气量，可根据实际燃料消耗量折算，或按同行业的用气量指标分析确定。

3.1.5 采暖通风和空调用气量指标，可按国家现行标准《城市热力网设计规范》CJJ 34 或当地建筑物耗热量指标确定。

3.1.6 燃气汽车用气量指标，应根据当地燃气汽车种类、车型和使用量的统计数据分析确定。当缺乏用气量的实际统计资料时，可按已有燃气汽车城镇的用气量指标分析确定。

3.2 燃 气 质 量

3.2.1 城镇燃气质量指标应符合下列要求：

1 城镇燃气（应按基准气分类）的发热量和组分的波动应

符合城镇燃气互换的要求；

2 城镇燃气偏离基准气的波动范围宜按现行的国家标准《城市燃气分类》GB/T 13611 的规定采用，并应适当留有余地。

3.2.2 采用不同种类的燃气做城镇燃气除应符合第 3.2.1 条外，还应分别符合下列第 1～4 款的规定。

1 天然气的质量指标应符合下列规定：

　　1）天然气发热量、总硫和硫化氢含量、水露点指标应符合现行国家标准《天然气》GB 17820 的一类气或二类气的规定；

　　2）在天然气交接点的压力和温度条件下：

　　　　天然气的烃露点应比最低环境温度低 5℃；

　　　　天然气中不应有固态、液态或胶状物质。

2 液化石油气质量指标应符合现行国家标准《油气田液化石油气》GB 9052.1 或《液化石油气》GB 11174 的规定；

3 人工煤气质量指标应符合现行国家标准《人工煤气》GB 13612 的规定；

4 液化石油气与空气的混合气做主气源时，液化石油气的体积分数应高于其爆炸上限的 2 倍，且混合气的露点温度应低于管道外壁温度 5℃。硫化氢含量不应大于 20mg/m³。

3.2.3 城镇燃气应具有可以察觉的臭味，燃气中加臭剂的最小量应符合下列规定：

1 无毒燃气泄漏到空气中，达到爆炸下限的 20% 时，应能察觉；

2 有毒燃气泄漏到空气中，达到对人体允许的有害浓度时，应能察觉；

对于以一氧化碳为有毒成分的燃气，空气中一氧化碳含量达到 0.02%（体积分数）时，应能察觉。

3.2.4 城镇燃气加臭剂应符合下列要求：

1 加臭剂和燃气混合在一起后应具有特殊的臭味；

2 加臭剂不应对人体、管道或与其接触的材料有害；

3 加臭剂的燃烧产物不应对人体呼吸有害，并不应腐蚀或伤害与此燃烧产物经常接触的材料；

4 加臭剂溶解于水的程度不应大于 2.5%（质量分数）；

5 加臭剂应有在空气中应能察觉的加臭剂含量指标。

4　制　气

4.1　一般规定

4.1.1 本章适用于煤的干馏制气、煤的气化制气与重、轻油催化裂解制气及天然气改制等工程设计。

4.1.2 各制气炉型和台数的选择，应根据制气原料的品种，供气规模及各种产品的市场需要，按不同炉型的特点，经技术经济比较后确定。

4.1.3 制气车间主要生产场所爆炸和火灾危险区域等级划分应符合本规范附录 A 的规定。

4.1.4 制气车间的"三废"处理要求除应符合本章有关规定外，还应符合国家现行有关标准的规定。

4.1.5 各类制气炉型及其辅助设施的场地布置除应符合本章有关规定外，还应符合现行国家标准《工业企业总平面设计规范》GB 50187 的规定。

4.2　煤的干馏制气

4.2.1 煤的干馏炉装炉煤的质量指标，应符合下列要求：

1 直立炉：

挥发分（干基）	＞25%；
坩埚膨胀序数	1½～4；
葛金指数	F～G_1；
灰分（干基）	＜25%；
粒度	＜50mm（其中小于 10mm 的含量应小于 75%）。

注：1　生产铁合金焦时，应选用低灰分、弱粘结的块煤。

灰分（干基）	＜10%；
粒度	15～50mm；
热稳定性（TS）	＞60%。

　　2　生产电石焦时，应采用灰分小于 10% 的煤种，粒度要求与直立炉装炉煤粒度相同。

　　3　当装炉煤质量不符合上述要求时，应做工业性的单炉试验。

2 焦炉：

挥发分（干基）	24%～32%；
胶质层指数（Y）	13～20mm；
焦块最终收缩度（X）	28～33mm；
粘结指数	58～72；
水分	＜10%；
灰分（干基）	≤11%；
硫分（干基）	＜1%；
粒度（＜3mm 的含量）	75%～80%。

注：1　指标仅给出范围，最终指标应按配煤试验结果确定。

　　2　采用焦炉炼制气焦时，其灰分（干基）可小于 16%。

　　3　采用焦炉炼制冶金焦或铸造焦时，应按焦炭的质量要求决定配煤的质量指标。

4.2.2 采用直立炉制气的煤准备流程应设破碎和配煤装置。

采用焦炉制气的煤准备宜采取先配煤后粉碎流程。

4.2.3 原料煤的装卸和倒运应采用机械化运输设备。卸煤设备的能力，应按日用煤量、供煤不均衡程度和供煤协议的卸煤时间确定。

4.2.4 储煤场地的操作容量应根据来煤方式不同，宜按 10～40d 的用煤量确定。其操作容量系数，宜取 65%～70%。

4.2.5 配煤槽和粉碎机室的设计，应符合下列要求：

1 配煤槽总容量，应根据日用煤量和允许的检修时间等因素确定；

2 配煤槽的个数，应根据采用的煤种数和配煤比等因素确定；

3 在粉碎装置前，必须设置电磁分离器；

4 粉碎机室必须设置除尘装置和其他防尘措施，室内含尘量应小于 10mg/m³；

排入室外大气中的粉尘最高允许浓度标准为 150mg/m³；

5 粉碎机应采用隔声、消声、吸声、减振以及综合控制噪声等措施，生产车间及作业场所的噪声 A 声级不得超过 90dB。

4.2.6 煤准备流程的各胶带运输机及其相连的运转设备之间，应设连锁集中控制装置。

4.2.7 每座直立炉顶层的储煤仓总容量，宜按 36h 用煤量计算。辅助煤箱的总容量，应按 2h 用煤量计算。储焦仓的总容量，宜按一次加满四门炭化室的装焦量计算。

焦炉的储煤塔，宜按两座焦炉共用一个储煤塔设计，其总容量应按 12～16h 用煤量计算。

4.2.8 煤干馏的主要产品的产率指标，可按表 4.2.8 采用。

表 4.2.8 煤干馏的主要产品的产率指标

主要产品名称	直立炉	焦炉
煤气	350～380m³/t	320～340m³/t
全焦	71%～74%	72%～76%
焦油	3.3%～3.7%	3.2%～3.7%
硫铵	0.9%	1.0%
粗苯	0.8%	1.0%

注：1 直立炉煤气其低热值为 16.3MJ/m³；

2 焦炉煤气其低热值为 17.9MJ/m³；

3 直立炉水分按 7%的煤计；

4 焦炉按干煤计。

4.2.9 焦炉的加热煤气系统，宜采用复热式。

4.2.10 煤干馏炉的加热煤气，宜采用发生炉（含两段发生炉）或高炉煤气。

发生炉煤气热值应符合现行国家标准《发生炉煤气站设计规范》GB 50195 的规定。

煤干馏炉的耗热量指标，宜按表 4.2.10 选用。

表 4.2.10 煤干馏炉的耗热量指标 [kJ/kg（煤）]

加热煤气种类	焦炉	直立炉	适用范围
焦炉煤气	2340	—	作为计算
发生炉煤气	2640	3010	生产消耗用
焦炉煤气	2570		作为计算
发生炉煤气	2850		加热系统设备用

注：1 直立炉的指标系按炭化室长度为 2.1m 炉型所耗发生炉热煤气计算。

焦炉的指标系按炭化室有效容积大于 20m³ 炉型所耗冷煤气计算。

2 水分按 7%的煤计。

4.2.11 加热煤气管道的设计应符合下列要求：

1 当焦炉采用发生炉煤气加热时，加热煤气管道上宜设置混入回炉煤气装置；当焦炉采用回炉煤气加热时，加热煤气管道上宜设置煤气预热器；

2 应设置压力自动调节装置和流量计；

3 必须设置低压报警信号装置，其取压点应设在压力自动调节装置的蝶阀前的总管上。管道末端应设爆破膜；

4 应设置蒸汽清扫和水封装置；

5 加热煤气的总管的敷设，宜采用架空方式。

4.2.12 直立炉、焦炉桥管上必须设置低压氨水喷洒装置。直立炉的荒煤气管或焦炉集气管上必须设置煤气放散管，放散管出口应设点火燃烧装置。

焦炉上升管盖及桥管与水封阀承插处应采用水封装置。

4.2.13 炉顶荒煤气管，应设压力自动调节装置。调节阀前必须设置氨水喷洒设施。调节蝶阀与煤气鼓风机室应有联系信号和自控装置。

4.2.14 直立炉顶捣炉与炉底放焦之间应有联系信号。焦炉的推焦车、拦焦车、熄焦车的电机车之间宜设置可靠的连锁装置以及熄焦车控制推焦杆的事故刹车装置。

4.2.15 焦炉宜设上升管隔热装置和高压氨水消烟加煤装置。

4.2.16 氨水喷洒系统的设计，应符合下列要求：

1 低压氨水的喷洒压力，不应低于 0.15MPa。氨水的总耗用量指标应按直立炉 4m³/t（煤）、焦炉 6～8m³/t（煤）选用；

2 直立炉的氨水总管，应布置成环形；

3 低压氨水应设事故用水管；

4 焦炉消烟装煤用高压氨水的总耗用量为低压氨水总耗用量的 3.4%～3.6%，其喷洒压力应按 1.5～2.7MPa 设计。

注：1 直立炉水分按 7%的煤计；

2 焦炉按干煤计。

4.2.17 直立炉废热锅炉的设置应符合下列规定：

1 每座直立炉的废热锅炉，应设置在废气总管附近；

2 废热锅炉的废气进口温度，宜取 800～900℃，废气出口温度宜取 200℃；

3 废热锅炉宜设置 1 台备用；

4 废热锅炉应有清灰与检修的空间；

5 废热锅炉的引风机应采取防振措施。

4.2.18 直立炉排焦和熄焦系统的设计应符合下列要求：

1 直立炉应采用连续的水熄焦，熄焦水的总管，应布置成环形。熄焦水应循环使用，其用水量宜按 3～4m³/t（水分为 7%的煤）计算；

2 排焦传动装置应采用调速电机控制；

3 排焦箱的容量，宜按 4h 的排焦量计算；

采用弱粘结性煤时，排焦箱上应设排焦控制器；

4 排焦门的启闭，宜采用机械化装置；

5 排出的焦炭运出车间以前，应有大于 80s 的沥水时间。

4.2.19 焦炉可采用湿法熄焦和干法熄焦两种方式。当采用湿法熄焦时应设自动控制装置，在熄焦塔内应设置捕尘装置。

熄焦水应循环使用，其用水量宜按 2m³/t（干煤）计算。熄焦时间宜为 90～120s。

粉焦沉淀池的有效容积应保证熄焦水有足够的沉淀时间。清除粉焦沉淀池内的粉焦应采用机械化设施。

大型焦化厂有条件的应采用干法熄焦装置。

4.2.20 当熄焦使用生化尾水时，其水质应符合下列要求：

酚≤0.5mg/L；

CN⁻≤0.5mg/L；

COD$_{cr}$≈350mg/L。

4.2.21 焦炉的焦台设计宜符合下列要求：

1 每两座焦炉宜设置 1 个焦台；

2 焦台的宽度，宜为炭化室高度的 2 倍；

3 焦台上焦炭的停留时间，不宜小于 30min；

4 焦台的水平倾角，宜为 28°。

4.2.22 焦炭处理系统，宜设置筛焦楼及其储焦场地或储焦设施。

筛焦楼内应设除尘通风设施。

焦炭筛分设施，宜按筛分后的粒度大于 40mm、40～25mm、25～10mm 和小于 10mm，共 4 级设计。

注：生产冶金、铸造焦时，焦炭筛分设施宜增加大于 60mm 或 80mm 的一级。生产铁合金焦时，焦炭筛分设施宜增加 10～5mm 和小于 5mm 两级。

4.2.23 筛焦楼内储焦仓总容量的确定，应符合下列要求：

1 直立炉的储焦仓，宜按 10～12h 产焦量计算；

2 焦炉的储焦仓，宜按 6～8h 产焦量计算。

4.2.24 储焦场的地面，应做人工地坪并应设排水设施。

4.2.25 独立炼焦制气厂储焦场的操作容量宜按焦炭销售运输方式不同采用 15～20d 产焦量。

4.2.26 自产的中、小块气焦，宜用于生产发生炉煤气。自产的大块气焦，宜用于生产水煤气。

4.3 煤的气化制气

4.3.1 本节适用于下列炉型的煤的气化制气：

1 煤气发生炉；两段煤气发生炉；

2 水煤气发生炉；两段水煤气发生炉；

3 流化床水煤气炉。

注：1 煤气发生炉、两段煤气发生炉为连续气化炉；水煤气发生炉、两段水煤气发生炉、流化床水煤气炉为循环气化炉。

2 鲁奇高压气化炉暂不包括在本规范内。

4.3.2 煤的气化制气宜作为人工煤气气源厂的辅助（加热）和掺混用气源。当作为城市的主气源时，必须采取有效措施，使煤气组分中一氧化碳含量和煤气热值等达到现行国家标准《人工煤气》GB 13612 质量标准。

4.3.3 气化用煤的主要质量指标宜符合表 4.3.3 的规定。

表 4.3.3 气化用煤主要质量指标

指标项目	煤气发生炉	两段煤气发生炉	水煤气发生炉	两段水煤气发生炉	流化床水煤气炉
粒度（mm）					
1 无烟煤	6～13，13～25，25～50	—	25～100	—	0～13 其中1以下<10%，大于13<15%
2 烟煤	—	20～40，25～50，30～60	—	20～40，25～50，30～60	
3 焦炭	6～10，10～25，25～40	—	25～100	—	
质量指标	—				
1 灰分（干基）	<35%（气焦）<42%（无烟煤）	<25%（烟煤）	<33%（气焦）<42%（无烟煤）	25%（烟煤）	<35%（各煤）
2 热稳定性（TS）+6	>60%	>60%	>60%	>60%	>45%
3 抗碎强度（粒度大于25mm）	>60%	>60%	>60%	>60%	

续表 4.3.3

指标项目	煤气发生炉	两段煤气发生炉	水煤气发生炉	两段水煤气发生炉	流化床水煤气炉
质量指标	—				
4 灰熔点（ST）	>1200℃（冷煤气）>1250℃（热煤气）	>1250℃	>1300℃	>1250℃	>1200℃
5 全硫（干基）	<1%	<1%	<1%	<1%	<1%
6 挥发分（干基）	—	>20%	>9%	>20%	
7 罗加指数（R.I）	≤20		≤20		<45
8 自由膨胀序数（F.S.I）	≤2		≤2		
9 煤的化学反应性（a）					>30%（1000℃时）

注：1 发生炉入炉的无烟煤或焦炭，粒度可放宽选用相邻两级。

2 两段煤气发生炉、两段水煤气发生炉用煤粒度限使用其中的一级。

4.3.4 煤场的储煤量，应根据煤源远近、供应的不均衡性和交通运输方式等条件确定，宜采用 10～30d 的用煤量；当作为辅助、调峰气源使用本厂焦炭时，宜小于 1d 的用焦量。

4.3.5 当气化炉按三班制时，储煤斗的有效储量应符合表 4.3.5 的要求。

表 4.3.5 储煤斗的有效储量

备煤系统工作班制	储煤斗的有效储量
一班工作	20～22h 气化炉用煤量
二班工作	14～16h 气化炉用煤量

注：1 备煤系统不宜按三班工作。

2 用煤量应按设计产量计算。

4.3.6 煤气化后的灰渣宜采用机械化处理措施并进行综合利用。

4.3.7 煤气化煤气低热值应符合下列规定：

1 煤气发生炉，不应小于 5MJ/m³。

2 两段发生炉，上段煤气不应小于 6.7MJ/m³；下段煤气不应大于 5.44MJ/m³。

3 水煤气发生炉，不应小于 10MJ/m³。

4 两段水煤气发生炉，上段煤气不应小于 13.5MJ/m³；下段煤气不应大于 10.8MJ/m³。

5 流化床水煤气炉，宜为 9.4～11.3MJ/m³。

4.3.8 气化炉吨煤产气率指标，应根据选用的煤气发生炉型、煤种、粒度等因素综合考虑后确定。对曾用于气化的煤种，应采用其平均产气率指标；对未曾用于气化的煤种，应根据其气化试验报告的产气率确定。当缺乏条件时，可按表 4.3.8 选用。

表 4.3.8 气化炉煤气产气率指标

原料	产气率（m³/t）（干基）					灰分含量
	煤气发生炉	两段煤气发生炉	水煤气发生炉	两段水煤气发生炉	流化床水煤气炉	
无烟煤	3000～3400	—	1500～1700	—	900～1000	15%～25%
烟煤	—	2600～3000	—	800～1100		18%～25%
焦炭	3100～3400	—	1500～1650	—		13%～21%
气焦	2600～3000	—	1300～1500	—		25%～35%

4.3.9 气化炉组工作台数每 1～4 台宜另设一台备用。

4.3.10 水煤气发生炉、两段水煤气发生炉，每 3 台宜编为 1 组；流化床水煤气炉每 2 台宜编为 1 组；合用一套煤气冷却系统和废气处理及鼓风设备。

4.3.11 循环气化炉的空气鼓风机的选择，应符合本规范第 4.4.9 条的要求。

4.3.12 循环气化炉的煤气缓冲罐宜采用直立式低压储气罐，其容积宜为 0.5～1 倍煤气小时产气量。

4.3.13 循环气化炉的蒸汽系统中应设置蒸汽蓄能器，并宜设有备用的蒸汽系统。

4.3.14 煤气排送机和空气鼓风机的并联工作台数不宜超过 3 台，并应另设一台备用。

4.3.15 作为加热和掺混用的气化炉冷煤气温度宜小于 35℃，其灰尘及液态焦油等杂质含量应小于 20mg/m³；气化炉热煤气至用气设备前温度不应小于 350℃，其灰尘含量应小于 300mg/m³。

4.3.16 采用无烟煤或焦炭作原料的气化炉，煤气系统中的电气滤清器应设有冲洗装置或能连续形成水膜的湿式装置。

4.3.17 煤气的冷却宜采用直接冷却。

冷却用水和洗涤用水应采用封闭循环系统。

冷循环水进口温度不宜大于 28℃，热循环水进口温度不宜小于 55℃。

4.3.18 废热锅炉和生产蒸汽的水夹套，其给水水质应符合现行的国家标准《工业锅炉水质标准》GB 1576 中关于锅壳锅炉水质标准的规定。

4.3.19 当水夹套中水温小于或等于 100℃时，给水水质应符合现行的国家标准《工业锅炉水质标准》GB 1576 中关于热水锅炉水质标准的规定。

4.3.20 煤气净化设备、废热锅炉及管道应设放散管和吹扫管接头，其位置应能使设备内的介质吹净；当净化设备相联处无隔断装置时，可仅在较高的设备上装设放散管。

设备和煤气管道放散管的接管上，应设取样嘴。

4.3.21 放散管管口高度应符合下列要求：

1 高出管道和设备及其走台 4m，并距地面高度不小于 10m；

2 厂房内或距厂房 10m 以内的煤气管道和设备上的放散管管口，应高出厂房顶 4m；

4.3.22 煤气系统中应设置可靠的隔断煤气装置，并应设置相应的操作平台。

4.3.23 在电气滤清器上必须装有爆破阀。洗涤塔上宜设有爆破阀，其装设位置应符合下列要求：

1 装在设备薄弱处或易受爆破气浪直接冲击的位置；

2 离操作面的净空高度小于2m时，应设有防护措施；

3 爆破阀的泄压口不应正对建筑物的门或窗。

4.3.24 厂区煤气管道与空气管道应架空敷设。热煤气管道上应设有清灰装置。

4.3.25 空气总管末端应设有爆破膜。煤气排送机前的低压煤气总管上，应设爆破阀或泄压水封。

4.3.26 煤气设备水封的高度，不应小于表4.3.26的规定。

表4.3.26 煤气设备水封有效高度

最大工作压力（Pa）	水封的有效高度（mm）
<3000	最大工作压力（以Pa表示）×0.1+150，但不得小于250
3000～10000	最大工作压力（以Pa表示）×0.1×1.5
>10000	最大工作压力（以Pa表示）×0.1+500

注：发生炉煤气钟罩阀的放散水封的有效高度应等于煤气发生炉出口最大工作压力（以Pa表示）乘0.1加50mm。

4.3.27 生产系统的仪表和自动控制装置的设置应符合下列规定：

1 宜设置空气、蒸汽、给水和煤气等介质的计量装置；

2 宜设置气化炉进口空气压力检测仪表；

3 宜设置循环气化炉鼓风机的压力、温度测量仪表；

4 宜设置连续气化炉进口饱和空气温度及其自动调节；

5 宜设置气化炉进口蒸汽和出口煤气的温度及压力检测仪表；

6 宜设置两段炉上段出口煤气温度自动调节；

7 应设置汽包水位自动调节；

8 应设置循环气化炉的缓冲气罐的高、低位限位器分别与自动控制机和煤气排送机连锁装置，并应设报警装置；

9 应设置循环气化炉的高压水罐压力与自动控制机连锁装置，并应设报警装置；

10 应设置连续气化炉的煤气排送机（或热煤气直接用户如直立炉的引风机）与空气总管压力或空气鼓风机连锁装置，并应设报警装置；

11 应设置当煤气中含氧量大于1%（体积）或电气滤清器的绝缘箱温度低于规定值、或电气滤清器出口煤气压力下降到规定值时，能立即切断高压电源装置，并应设报警装置；

12 应设置连续气化炉的低压煤气总管压力与煤气排送机连锁装置，并应设报警装置；

13 应设置气化炉的加煤的自动控制、除灰加煤的相互连锁及报警装置；

14 循环气化系统应设置自动程序控制装置。

4.4 重油低压间歇循环催化裂解制气

4.4.1 重油制气用原料油的质量，宜符合下列要求：

碳氢比　　　　（C/H）<7.5；

残炭　　　　　<12%；

开口闪点　　　>120℃；

密度　　　　　900～970kg/m³。

4.4.2 原料重油的储存量，宜按15～20d的用油量计算，原料重油的储罐数量不应少于2个。

4.4.3 重油低压间歇制气应采用催化裂解工艺，其炉型宜采用三筒炉。

4.4.4 重油低压间歇催化裂解制气工艺主要设计参数宜符合下列要求：

1 反应器液体空间速度：0.60～0.65m³/（m³·h）；

2 反应器内催化剂层高度：0.6～0.7m；

3 燃烧室热强度：5000～7000MJ/（m³·h）；

4 加热油用量占总用油量比例：小于16%；

5 过程蒸汽量与制气油量之比值：1.0～1.2（质量比）；

6 循环时间：8min；

7 每吨重油的催化裂解产品产率可按下列指标采用：

煤气：1100～1200m³（低热值按21MJ/m³计）；

粗苯：6%～8%；

焦油：15%左右；

8 选用含镍量为3%～7%的镍系催化剂。

4.4.5 重油间歇循环催化裂解装置的烟气系统应设置废热回收和除尘设备。

4.4.6 重油间歇循环催化裂解装置的蒸汽系统应设置蒸汽蓄能器。

4.4.7 每2台重油制气炉应编为1组，合用1套冷却系统和鼓风设备。

冷却系统和鼓风设备的能力应按1台炉的瞬时流量计算。

4.4.8 煤气冷却宜采用间接式冷却设备或直接—间接·直接三段冷却流程。冷却后的燃气温度不应大于35℃，冷却水应循环使用。

4.4.9 空气鼓风机的选择，应符合下列要求：

1 风量应按空气瞬时最大用量确定；

2 风压应按油制气炉加热期的空气废气系统阻力和废气出口压力之和确定；

3 每1～2组应设置1台备用的空气鼓风机；

4 空气鼓风机应有减振和消声措施。

4.4.10 油泵的选择，应符合下列要求：

1 流量应按瞬时最大用量确定；

2 压力应按输油系统的阻力和喷嘴的要求压力之和确定；

3 每1～3台油泵应另设1台备用。

4.4.11 输油系统应设置中间油罐，其容量宜按1d的用油量确定。

4.4.12 煤气系统应设置缓冲罐，其容量宜按0.5～1.0h的产气量确定。缓冲气罐的水槽，应设置集油、排油装置。

4.4.13 在炉体与空气系统连接管上应采取防止炉内燃气窜入空气管道的措施，并应设防爆装置。

4.4.14 油制气炉宜露天布置。主烟囱和副烟囱高出油制气炉炉顶高度不应小于4m。

4.4.15 控制室不应与空气鼓风机室布置在同一建筑物内。控制室应布置在油制气区夏季最大频率风向的上风侧。

4.4.16 油水分离池应布置在油制气区夏季最小频率风向的上风侧。对油水分离池及焦油沟，应采取减少挥发性气体散发的措施。

4.4.17 重油制气厂应设污水处理装置，污水排放应符合现行国家标准《污水综合排放标准》GB 8978的规定。

4.4.18 自动控制装置的程序控制系统设计，应符合下列要求：

1 能手动和自动切换操作；

2 能调节循环周期和阶段百分比；

3 设置循环中各阶段比例和阀门动作的指示信号；

4 主要阀门应设置检查和连锁装置，在发生故障时应有显示和报警信号，并能恢复到安全状态。

4.4.19 自动控制装置的传动系统设计，应符合下列要求：

1 传动系统的形式应根据程序控制系统的形式和本地区具体条件确定；

2 应设置储能设备；

3 传动系统的控制阀、自动阀和其他附件的选用或设计，应能适应工艺生产的特点。

4.5 轻油低压间歇循环催化裂解制气

4.5.1 轻油制气用的原料为轻质石脑油，质量宜符合下列要求：

1 相对密度（20℃）0.65～0.69；

2 初馏点＞30℃；终馏点＜130℃；

3 直链烷烃＞80％（体积分数），芳香烃＜5％（体积分数），烯烃＜1％（体积分数）；

4 总硫含量$1×10^{-4}$（质量分数），铅含量$1×10^{-7}$（质量分数）；

5 碳氢比（质量）5～5.4；

6 高热值47.3～48.1MJ/kg。

4.5.2 原料石脑油储存应采用内浮顶式油罐，储罐数量不应少于2个，原料油的储存量宜按15～20d的用油量计算。

4.5.3 轻油低压间歇循环催化裂解制气装置宜采用双筒炉和顺流式流程。加热室宜设置两个主火焰监视器，燃烧室应采取防止爆燃的措施。

4.5.4 轻油低压间歇循环催化裂解制气工艺主要设计参数宜符合下列要求：

1 反应器液体空间速度：0.6～0.9m^3/（m^3·h）；

2 反应器内催化剂高度：0.8～1.0m；

3 加热油用量与制气用油量比例，小于29/100；

4 过程蒸汽量与制气油量之比值为1.5～1.6（质量比）；有CO变换时比值增加为1.8～2.2（质量比）；

5 循环时间：2～5min；

6 每吨轻油的催化裂解煤气产率：
2400～2500m^3（低热值按15.32～14.70MJ/m^3计）；

7 催化剂采用镍系催化剂。

4.5.5 制气工艺宜采用CO变换方案，两台制气炉合用一台变换设备。

4.5.6 轻油制气增热流程宜采用轻质石脑油热增热方案，增热程度宜限制在比燃气烃露点低5℃。

4.5.7 轻油制气炉应设置废热回收设备，进行CO变换时应另设废热回收设备。

4.5.8 轻油制气炉应设置蒸汽蓄能器，不宜设置生产用汽锅炉。

4.5.9 每2台轻油制气炉应编为一组，合用一套冷却系统和鼓风设备。

冷却系统和鼓风设备的能力应按瞬时最大流量计算。

4.5.10 煤气冷却宜采用直接式冷却设备。冷却后的燃气温度不宜大于35℃，冷却水应循环使用。

4.5.11 空气鼓风机的选择，应符合本规范第4.4.9条的要求，宜选用自产蒸汽来驱动透平风机，空气鼓风机入口宜设空气过滤装置。

4.5.12 原料泵的选择，应符合本规范第4.4.10条的要求，宜设置断流保护装置及连锁。

4.5.13 轻油制气炉宜设置防爆装置，在炉体与空气系统连接管上应采用防止炉内燃气窜入空气管道的措施，并应设防爆装置。

4.5.14 轻油制气炉应露天布置。

烟囱高出制气炉顶高度不应小于4m。

4.5.15 控制室不应与空气鼓风机布置在同一建筑物内。

4.5.16 轻油制气厂可不设工业废水处理装置。

4.5.17 自动控制装置的程序控制系统设计，应符合本规范第4.4.18条的要求，宜采用全冗余，且宜设置手动紧急停车装置。

4.5.18 自动控制装置的传动系统设计，应符合本规范第4.4.19条的要求。

4.6 液化石油气低压间歇循环催化裂解制气

4.6.1 液化石油气制气用的原料，宜符合本规范第3.2.2条第2款的规定，其中不饱和烃含量应小于15％（体积分数）。

4.6.2 原料液化石油气储存宜采用高压球罐，球罐数量不应小于2个，储存量宜按15～20d的用气量计算。

4.6.3 液化石油气低压间歇循环催化裂解制气工艺主要设计参数宜符合下列要求：

1 反应器液体空间速度：0.6～0.9m^3/（m^3·h）；

2 反应器内催化剂高度：0.8～1.0m；

3 加热油用量与制气用油量比例：小于29/100；

4 过程蒸汽量与制气油量之比为1.5～1.6（质量比），有CO变换时比值增加为1.8～2.2（质量比）；

5 循环时间：2～5min；

6 每吨液化石油气的催化裂解煤气产率：
2400～2500m^3（低热值按15.32～14.70MJ/m^3计算）；

7 催化剂采用镍系催化剂。

4.6.4 液化石油气宜采用液态进料，开关阀宜设置在喷枪前端。

4.6.5 制气工艺中CO变换工艺的设计应符合本规范第4.5.5条的要求。

4.6.6 制气炉后应设置废热回收设备，选择CO变换时，在制气后和变换后均应设置废热回收设备。

4.6.7 液化石油气制气炉应设置蒸汽蓄能器，不宜设置生产用汽锅炉。

4.6.8 冷却系统和鼓风设备的设计应符合本规范第4.5.9条的要求。

煤气冷却设备的设计应符合本规范第4.5.10条的要求。

空气鼓风机的选择，应符合本规范第4.5.11条的要求。

4.6.9 原料泵的选择，应符合本规范第4.5.12条的要求。

4.6.10 炉子系统防爆设施的设计，应符合本规范第4.5.13条的要求。

4.6.11 制气炉的露天布置应符合本规范第4.5.14条的要求。

4.6.12 控制室不应与空气鼓风机室布置在同一建筑物内。

4.6.13 液化石油气催化裂解制气厂可不设工业废水处理装置。

4.6.14 自动控制装置的程序控制系统设计，应符合本规范第4.4.18条的要求。

4.6.15 自动控制装置的传动系统设计应符合本规范第4.4.19条的要求。

4.7 天然气低压间歇循环催化改制制气

4.7.1 天然气改制制气用的天然气质量，应符合现行国家标准《天然气》GB 17820二类气的技术指标。

4.7.2 在各个循环操作阶段，天然气进炉总管压力的波动值宜小于0.01MPa。

4.7.3 天然气低压间歇循环催化改制制气装置宜采用双筒炉和顺流式流程。

4.7.4 天然气低压间歇循环催化改制制气工艺主要设计参数宜符合下列要求：

1 反应器内改制用天然气空间速度：500～600m^3/（m^3·h）；

2 反应器内催化剂高度：0.8～1.2m；

3 加热用天然气用量与制气用天然气量比例：小于29/100；

4 过程蒸汽量与改制用天然气量之比值：1.5～1.6（质量比）；

5 循环时间：2～5min；

6 每千立方米天然气的催化改制煤气产率：
改制炉出口煤气：2650～2540m^3（高热值按12.56～13.06MJ/m^3计）。

4.7.5 天然气改制煤气增热流程宜采用天然气掺混方案，增热程度应根据煤气热值、华白指数和燃烧势的要求确定。

4.7.6 天然气改制炉应设置废热回收设备。

4.7.7 天然气改制炉应设置蒸汽蓄热器，不宜设置生产用汽锅炉。

4.7.8 冷却系统和鼓风设备的设计应符合本规范第4.5.9条的要求。

天然气改制流程中的冷却设备的设计应符合本规范第4.5.10条的要求。

空气鼓风机的选择，应符合本规范第4.5.11条的要求。

4.7.9 天然气改制炉宜设置防爆装置，并应符合本规范第4.5.13条的要求。

4.7.10 天然气改制炉的露天布置应符合本规范第4.5.14条的要求。

4.7.11 控制室不应与空气鼓风机布置在同一建筑物内。

4.7.12 天然气改制厂可不设工业废水处理装置。

4.7.13 自动控制装置的程序控制系统设计应符合本规范第4.4.18条的要求。

4.7.14 自动控制装置的传动系统设计，应符合本规范第4.4.19条的要求。

4.8 调 峰

4.8.1 气源厂应具有调峰能力，调峰气量应与外部调峰能力相配合，并应根据燃气输配要求确定。

在选定主气源炉型时，应留有一定余量的产气能力以满足用气高峰负荷需要。

4.8.2 调峰装置必须具有快开、快停能力，调度灵活，投产后质量稳定。

4.8.3 气源厂的原料和产品的储量应满足用气高峰负荷的需要。

4.8.4 气源厂设计时，各类管线的口径应考虑用气高峰时的处理量和通过量。混合前、后的出厂煤气，均应设置煤气计量装置。

4.8.5 气源厂应设置调度室。

4.8.6 季节性调峰出厂燃气组分宜符合现行国家标准《城市燃气分类》GB/T 13611的规定。

5 净 化

5.1 一般规定

5.1.1 本章适用于煤干馏制气的净化工艺设计。煤炭气化制气及重油裂解制气的净化工艺设计可参照采用。

5.1.2 煤气净化工艺的选择，应根据煤气的种类、用途、处理量和煤气中杂质的含量，并结合当地条件和煤气掺混情况等因素，经技术经济方案比较后确定。

煤气净化主要有煤气冷凝冷却、煤气排送、焦油雾脱除、氨脱除、粗苯吸收、萘最终脱除、硫化氢及氰化氢脱除、一氧化碳变换及煤气脱水等工艺。各工段的排列顺序根据不同的工艺需要确定。

5.1.3 煤气净化设备的能力，应按小时最大煤气处理量和其相应的杂质含量确定。

5.1.4 煤气净化装置的设计，应做到当净化设备检修和清洗时，出厂煤气中杂质含量仍能符合现行的国家标准《人工煤气》GB 13612的规定。

5.1.5 煤气净化工艺设计，应与化工产品回收设计相结合。

5.1.6 煤气净化车间主要生产场所爆炸和火灾危险区域等级应符合本规范附录B的规定。

5.1.7 煤气净化工艺的设计应充分考虑废水、废气、废渣及噪声的处理，符合国家现行有关标准的规定，并应防止对环境造成二次污染。

5.1.8 煤气净化车间应提高计算机自动监测控制系统水平，降低劳动强度。

5.2 煤气的冷凝冷却

5.2.1 煤气的冷凝冷却宜采用间接式冷凝冷却工艺。也可采用先间接式冷凝冷却，后直接式冷凝冷却工艺。

5.2.2 间接式冷凝冷却工艺的设计，宜符合下列要求：

1 煤气经冷凝冷却后的温度，当采用半直接法回收氨以制取硫铵时，宜低于35℃；当采用洗苯法回收氨时，宜低于25℃；

2 冷却水宜循环使用，对水质宜进行稳定处理；

3 初冷器台数的设置原则，当其中1台检修时，其余各台仍能满足煤气冷凝冷却的要求；

4 采用轻质焦油除去管壁上的萘。

5.2.3 直接式冷凝冷却工艺的设计，宜符合下列要求：

1 煤气经冷却后的温度，低于35℃；

2 开始生产及补充用冷却水的总硬度，小于0.02mmol/L；

3 洗涤水循环使用。

5.2.4 焦油氨水分离系统的工艺设计，应符合下列要求：

1 煤气的冷凝冷却为直接式冷凝冷却工艺时，初冷器排出的焦油氨水和荒煤气管排出的焦油氨水，宜采用分别澄清分离系统；

2 煤气的冷凝冷却为间接式冷凝冷却工艺时，初冷器排出的焦油氨水和荒煤气管排出的焦油氨水的处理：当脱氨为硫酸吸收法时，可采用混合澄清分离系统；当脱氨为水洗涤法时，可采用分别澄清分离系统；

3 剩余氨水应除油后再进行溶剂萃取脱酚和蒸氨；

4 焦油氨水分离系统的排放气应设置处理装置。

5.3 煤气排送

5.3.1 煤气鼓风机的选择，应符合下列要求：

1 风量应按小时最大煤气处理量确定；

2 风压应按煤气系统的最大阻力和煤气罐的最高压力的总和确定；

3 煤气鼓风机的并联工作台数不宜超过3台。每1～3台，宜另设1台备用。

5.3.2 离心式鼓风机宜设置调速装置。

5.3.3 煤气循环管的设置，应符合下列要求：

1 当采用离心式鼓风机时，必须在鼓风机的出口煤气总管至初冷器前的煤气总管间设置大循环管。数台风机并联时，宜在鼓风机的进出口煤气总管间，设置小循环管；

注：当设有调速装置，且风机转速的变化能适应输气量的变化时可不设小循环管。

2 当采用容积式鼓风机时，每台鼓风机进出口的煤气管道上，必须设置旁通管。数台风机并联时，应在风机出口的煤气总管至初冷器前的煤气总管间设置大循环管，并应在风机的进出口煤气总管间设置小循环管。

5.3.4 用电动机带动的煤气鼓风机，其供电系统应符合现行的国家标准《供配电系统设计规范》GB 50052的"二级负荷"设计的规定；电动机应采取防爆措施。

5.3.5 离心式鼓风机应设有必要的连锁和信号装置。

5.3.6 鼓风机的布置，应符合下列要求：

1 鼓风机房安装高度，应能保证进口煤气管道内冷凝液排出通畅。当采用离心式鼓风机时，鼓风机进口煤气的冷凝液排出口与水封槽满流口中心高差不应小于2.5m（以水柱表示）。

2 鼓风机机组之间和鼓风机与墙之间的通道宽度，应根据鼓风机的型号、操作和检修的需要等因素确定。

3 鼓风机机组的安装位置，应能使鼓风机前阻力最小，并使各台初冷器阻力均匀。

4 鼓风机房宜设置起重设备。

5 鼓风机应设置单独的仪表操作间；仪表操作间可毗邻鼓风机房的外墙设置，但应用耐火极限不低于3h的非燃烧体实墙隔开，并应设置能观察鼓风机运转的隔声耐火玻璃窗。

6 离心鼓风机用的油站宜布置在底层，楼板面上留出检修孔或安装孔。油站的安装高度应满足鼓风机主油泵的吸油高度。鼓风机应设置事故供油装置。

7 鼓风机房应设煤气泄漏报警及事故通风设备。

8 鼓风机房应做不发火花地面。

5.4 焦油雾的脱除

5.4.1 煤气中焦油雾的脱除设备，宜采用电捕焦油器。电捕焦油器不得少于 2 台，并应并联设置。

5.4.2 电捕焦油器设计，应符合下列要求：

1 电捕焦油器应设置泄爆装置、放散管和蒸汽管，负压回收流程可不设泄爆装置；

2 电捕焦油器宜设有煤气含氧量的自动测量仪；

3 当干馏煤气中含氧量大于 1%（体积分数）时应进行自动报警，当含氧量达到 2% 或电捕焦油器的绝缘箱温度低于规定值时，应有能立即切断电源的措施。

5.5 硫酸吸收法氨的脱除

5.5.1 采用硫酸吸收进行氨的脱除和回收时，宜采用半直接法。当采用饱和器时，其设计应符合下列要求：

1 煤气预热器的煤气出口温度，宜为 60～80℃；

2 煤气在饱和器环形断面内的流速，应为 0.7～0.9m/s；

3 饱和器出口煤气中含氨量应小于 30mg/m³；

4 循环母液的小时流量，不应小于饱和器内母液容积的 3 倍；

5 氨水中的酚宜回收。酚的回收可在蒸氨工艺之前进行；蒸氨后废氨水中含氨量，应小于 300mg/L。

5.5.2 硫铵工段布置应符合下列要求：

1 硫铵工段可由硫铵、吡啶、蒸氨和酸碱储槽等组成，其布置应考虑运输方便；

2 硫铵工段应设置现场分析台；

3 吡啶操作室应与硫铵操作室分开布置，可用楼梯间隔开；

4 蒸氨设备宜露天布置并布置在吡啶装置一侧。

5.5.3 饱和器机组布置宜符合下列要求：

1 饱和器中心与主厂房外墙的距离，应根据饱和器直径确定，并宜符合表 5.5.3-1 的规定；

2 饱和器中心间的最小距离，应根据饱和器直径确定，并宜符合表 5.5.3-2 的规定；

表 5.5.3-1 饱和器中心与主厂房外墙的距离

饱和器直径（mm）	6250	5500	4500	3000	2000
饱和器中心与主厂房外墙距离（m）	>12	>10	7～10		

表 5.5.3-2 饱和器中心间的最小距离

饱和器直径（mm）	6250	5500	4500	3000
饱和器中心距（m）	12	10	9	7

3 饱和器锥形底与防腐地坪的垂直距离应大于 400mm；

4 泵宜露天布置。

5.5.4 离心干燥系统设备的布置宜符合下列要求：

1 硫铵操作室的楼层标高，应满足下列要求：

　　1）由结晶槽至离心机母液能顺利自流；

　　2）离心机分离出母液能自流入饱和器。

2 2 台连续式离心机的中心距不宜小于 4m。

5.5.5 蒸氨和吡啶系统的设计应符合下列要求：

1 吡啶生产应负压操作；

2 各溶液的流向应保证自流。

5.5.6 硫铵系统设备的选用和设置应符合下列要求：

1 饱和器机组必须设置备品，其备品率为 50%～100%；

2 硫铵系统宜设置 2 个母液储槽；

3 硫铵结晶的分离应采用耐腐蚀的连续离心机，并应设置备品；

4 硫铵系统必须设置粉尘捕集器。

5.5.7 设备和管道中硫酸浓度小于 75% 时，应采取防腐蚀措施。

5.5.8 离心机室的墙裙、各操作室的地面、饱和器机组母液储槽的周围地坪和可能接触腐蚀性介质的地方，均应采取防腐蚀措施。

5.5.9 对酸焦油、废酸液等应分别处理。

5.6 水洗涤法氨的脱除

5.6.1 煤气进入洗氨塔前，应脱除焦油雾和萘。进入洗氨塔的煤气含萘量应小于 500mg/m³。

5.6.2 洗氨塔出口煤气含氨量，应小于 100mg/m³。

5.6.3 洗氨塔出口煤气温度，宜为 25～27℃。

5.6.4 新洗涤水的温度应低于 25℃；总硬度不宜大于 0.02mmol/L。

5.6.5 水洗涤法脱氨的设计宜符合下列要求：

1 洗涤塔不得少于 2 台，并应串联设置；

2 两相邻塔间净距不宜小于 2.5m；当塔径超过 5m 时，塔间净距宜取塔径的一半；当采用多段循环洗涤塔时，塔间净距不宜小于 4m；

3 洗涤泵房与塔群间净距不宜小于 5m；

4 蒸氨和黄血盐系统除泵、离心机和碱、铁刨花、黄血盐等储存库外，其余均宜露天布置；

5 当采用废氨水洗氨时，废氨水冷却器宜设置在洗涤部分。

5.6.6 富氨水必须妥善处理，不得造成二次污染。

5.7 煤气最终冷却

5.7.1 煤气最终冷却宜采用间接式冷却。

5.7.2 煤气经最终冷却后，其温度宜低于 27℃。

5.7.3 当煤气最终冷却采用横管式间接式冷却时，其设计应符合下列要求：

1 煤气在管间宜自上向下流动，冷却水在管内宜自下向上流动。在煤气侧宜有清除管壁上萘的设施；

2 横管内冷却水可分为两段，其下段水入口温度，宜低于 20℃；

3 冷却器煤气出口处宜设捕雾装置。

5.8 粗苯的吸收

5.8.1 煤气中粗苯的吸收，宜采用溶剂常压吸收法。

5.8.2 吸收粗苯用的洗油，宜采用焦油洗油。

5.8.3 洗油循环量，应按煤气中粗苯含量和洗油的种类等因素确定。循环洗油中含萘量宜小于 5%。

5.8.4 采用不同类型的洗苯塔，应符合下列要求：

1 当采用木格填料塔时，不应少于 2 台，并应串联设置；

2 当采用钢板网填料塔或塑料填料塔时，宜采用 2 台并宜串联设置；

3 当煤气流量比较稳定时，可采用筛板塔。

5.8.5 洗苯塔的设计参数，应符合下列要求：

1 木格填料塔：煤气在木格间有效截面的流速，宜取 1.6～1.8m/s；吸收面积宜按 1.0～1.1m²/（m³·h）（煤气）计算；

2 钢板网填料塔：煤气的空塔流速，宜取 0.9～1.1m/s；吸收面积宜按 0.6～0.7m²/（m³·h）（煤气）计算；

3 筛板塔：煤气的空塔流速，宜取 1.2～2.5m/s。每块湿板的阻力，宜取 200Pa。

5.8.6 系统必须设置相应的粗苯蒸馏装置。

5.8.7 所有粗苯储槽的放散管皆应装设呼吸阀。

5.9 萘的最终脱除

5.9.1 萘的最终脱除，宜采用溶剂常压吸收法。

5.9.2 洗萘用的溶剂宜采用直馏轻柴油或低萘焦油洗油。

5.9.3 最终洗萘塔，宜采用填料塔，可不设备用。

5.9.4 最终洗萘塔，宜分为两段。第一段可采用循环溶剂喷淋；第二段采用新鲜溶剂喷淋，并设定时定量控制装置。

5.9.5 当进入最终洗萘塔的煤气中含萘量小于 400mg/m³ 和温度低于 30℃时，最终洗萘塔的设计参数宜符合下列要求：

　　1 煤气的空塔流速 0.65～0.75m/s；

　　2 吸收面积按大于 0.35m²/（m³·h）（煤气）计算。

5.10 湿法脱硫

5.10.1 以煤或重油为原料所产生的人工煤气的脱硫脱氰宜采用氧化再生法。

5.10.2 氧化再生法的脱硫液，应选用硫容量大、副反应小、再生性能好、无毒和原料来源比较方便的脱硫液。

5.10.3 当采用氧化再生法脱硫时，煤气进入脱硫装置前，应脱除油雾。

　　当采用氨型的氧化再生法脱硫时，脱硫装置应设在氨的脱除装置之前。

5.10.4 当采用蒽醌二磺酸钠法常压脱硫时，其吸收部分的设计应符合下列要求：

　　1 脱硫液的硫容量，应根据煤气中硫化氢的含量，并按照相似条件下的运行经验或试验资料确定；

　　注：当无资料时，可取 0.2～0.25kg（硫）/m³（溶液）。

　　2 脱硫塔宜采用木格填料塔或塑料填料塔；

　　3 煤气在木格填料塔内空塔流速，宜取 0.5m/s；

　　4 脱硫液在反应槽内停留时间，宜取 8～10min；

　　5 脱硫塔台数的设置原则，应在操作塔检修时，出厂煤气中硫化氢含量仍能符合现行的国家标准《人工煤气》GB 13612 的规定。

5.10.5 蒽醌二磺酸钠法常压脱硫再生设备，宜采用高塔式或喷射再生槽式。

　　1 当采用高塔式再生设备时，其设计应符合下列要求：

　　　　1）再生塔吹风强度宜取 100～130m³/（m²·h）。空气耗量可按 9～13m³/kg（硫）计算；

　　　　2）脱硫液在再生塔内停留时间，宜取 25～30min；

　　　　3）再生塔液位调节器的升降控制器，宜设在硫泡沫槽处；

　　　　4）宜设置专用的空气压缩机。入塔的空气应除油。

　　2 当采用喷射再生设备时，其设计宜符合下列要求：

　　　　1）再生槽吹风强度，宜取 80～145m³/（m²·h）；空气耗量可按 3.5～4m³/m³（溶液）计算；

　　　　2）脱硫液在再生槽内停留时间，宜取 6～10min。

5.10.6 脱硫液加热器的设置位置，应符合下列要求：

　　1 当采用高塔式再生时，加热器宜位于富液泵与再生塔之间。

　　2 当采用喷射再生槽时，加热器宜位于贫液泵与脱硫塔之间。

5.10.7 蒽醌二磺酸钠法常压脱硫中硫磺回收部分的设计，应符合下列要求：

　　1 硫泡沫槽不应少于 2 台，并轮流使用。硫泡沫槽内应设有搅拌装置和蒸汽加热装置；

　　2 硫磺成品种类的选择，应根据煤气种类、硫磺产量并结合当地条件确定；

　　3 当生产熔融硫时，可采用硫膏在熔硫釜中脱水工艺。熔硫釜宜采用夹套罐式蒸汽加热。

　　硫渣和废液应分别回收集中处理，并应设废气净化装置。

5.10.8 事故槽的容量，应按系统中存液量大的单台设备容量设计。

5.10.9 煤气脱硫脱氰溶液系统中副产品回收设备的设置，应按煤气种类及脱硫副反应的特点进行设计。

5.11 常压氧化铁法脱硫

5.11.1 脱硫剂可选择成型脱硫剂、也可选用藻铁矿、钢厂赤泥、铸铁屑或与铸铁屑有同样性能的铁屑。

　　藻铁矿脱硫剂中活性氧化铁含量宜大于 15%。当采用铸铁屑或铁屑时，必须经氧化处理。

　　配制脱硫剂用的疏松剂宜采用木屑。

5.11.2 常压氧化铁法脱硫设备可采用箱式或塔式。

5.11.3 当采用箱式常压氧化铁法时，其设计应符合下列要求：

　　1 当煤气通过脱硫设备时，流速宜取 7～11mm/s；当进口煤气中硫化氢含量小于 1.0g/m³ 时，其流速可适当提高；

　　2 煤气与脱硫剂的接触时间，宜取 130～200s；

　　3 每层脱硫剂的厚度，宜取 0.3～0.8m；

　　4 氧化铁法脱硫剂需用量不应小于下式的计算值：

$$V = \frac{1637 \sqrt{C_s}}{f \cdot \rho} \qquad (5.11.3)$$

式中　V——每小时 1000m³ 煤气所需脱硫剂的容积（m³）；

　　　　C_s——煤气中硫化氢含量（体积分数）；

　　　　f——新脱硫剂中活性氧化铁含量，可取 15%～18%；

　　　　ρ——新脱硫剂密度（t/m³）。当采用藻铁矿或铸铁屑脱硫剂时，可取 0.8～0.9。

　　5 常压氧化铁法脱硫设备的操作设计温度，可取 25～35℃。每个脱硫设备应设置蒸汽注入装置。寒冷地区的脱硫设备，应有保温措施；

　　6 每组脱硫箱（或塔），宜设一个备用。连通每个脱硫箱间的煤气管道的布置，应能依次向后轮环输气。

5.11.4 脱硫箱宜采用高架式。

5.11.5 箱式和塔式脱硫装置，其脱硫剂的装卸，应采用机械设备。

5.11.6 常压氧化铁法脱硫设备，应设有煤气安全泄压装置。

5.11.7 常压氧化铁法脱硫工段应有配制和堆放脱硫剂的场地；场地应采用混凝土地坪。

5.11.8 脱硫剂采用箱内再生时，掺空气后煤气中含氧量应由煤气中硫化氢含量确定。但出箱时煤气中含氧量应小于 2%（体积分数）。

5.12 一氧化碳的变换

5.12.1 本节适用于城镇煤气制气厂中对两段炉煤气、水煤气、半水煤气、发生炉煤气及其混合气体等人工煤气降低煤气中一氧化碳含量的工艺设计。

5.12.2 煤气一氧化碳变换可根据气质情况选择全部变换或部分变换工艺。

5.12.3 煤气的一氧化碳变换工艺宜采用常压变换工艺流程，根据煤气工艺生产情况也可采用加压变换工艺流程。

5.12.4 用于进行一氧化碳变换的煤气应为经过净化处理后的煤气。

5.12.5 用于进行一氧化碳变换的煤气，应进行煤气含氧量监测，煤气中含氧量（体积分数）不应大于 0.5%。当煤气中含氧量达 0.5%～1.0%时应减量生产，当含氧量大于 1%时应停车置换。

5.12.6 变换炉的设计应力求做到触媒能得到最有效的利用，结构简单、阻力小、热损失小、蒸汽耗量低。

5.12.7 一氧化碳变换反应宜采用中温变换，中温变换反应温度宜为 380～520℃。

5.12.8 一氧化碳变换工艺的主要设计参数宜符合下列要求：

　　1 饱和塔入塔热水与出塔煤气的温度差宜为：3～5℃；

　　2 出饱和塔煤气的饱和度宜为：70%～90%；

3 饱和塔进、出水温度宜为：85～65℃；

4 热水塔进、出水温度宜为：65～80℃；

5 触媒层温度宜为：350～500℃；

6 进变换炉蒸汽与煤气比宜为：0.8～1.1（体积分数）；

7 变换炉进口煤气温度宜为：320～400℃；

8 进变换炉煤气中氧气含量应≤0.5%；

9 饱和塔、热水塔循环水杂质含量应≤5×10⁻⁴；

10 一氧化碳变换系统总阻力宜≤0.02MPa；

11 一氧化碳变换率宜为：85%～95%。

5.12.9 常压变换系统中热水塔应叠放在饱和塔之上。

5.12.10 一氧化碳变换工艺所用热水应采用封闭循环系统。

5.12.11 一氧化碳变换系统宜设预腐蚀器除酸。

5.12.12 循环水量应保证完成最大限度地传递热量，应满足喷淋密度的要求，并应使设备结构和运行费用经济合理。

5.12.13 一氧化碳变换炉、热水循环泵及冷却水泵宜设置为一开一备。

5.12.14 变换炉内触媒宜分为三段装填。

5.12.15 一氧化碳变换工艺过程中所产生的热量应进行回收。

5.12.16 一氧化碳变换工艺生产过程应设置必要的自动监控系统。

5.12.17 一氧化碳变换炉应设置超温报警及连锁控制。

5.13 煤气脱水

5.13.1 煤气脱水宜采用冷冻法进行脱水。

5.13.2 煤气脱水工段宜设在压送工段后。

5.13.3 煤气脱水宜采用间接换热工艺。

5.13.4 工艺过程中的冷量应进行充分回收。

5.13.5 煤气脱水后的露点温度应低于最冷月地面下 1m 处平均地温 3～5℃。

5.13.6 换热器的结构设计应易于清理内部杂质。

5.13.7 制冷机组应选用变频机组。

5.13.8 煤气冷凝水应集中处理。

5.14 放散和液封

5.14.1 严禁在厂房内放散煤气和有害气体。

5.14.2 设备和管道上的放散管管口高度应符合下列要求：

1 当放散管直径大于150mm时，放散管管口应高出厂房顶面、煤气管道、设备和走台 4m 以上；

2 当放散管直径小于或等于150mm时，放散管管口应高出厂房顶面、煤气管道、设备和走台 2.5m 以上。

5.14.3 煤气系统中液封槽液封高度应符合下列要求：

1 煤气鼓风机出口处，应为鼓风机全压（以 Pa 表示）乘 0.1 加 500mm；

2 硫铵工段满流槽内的液封高度和水封槽内液封高度应满足煤气鼓风机全压（以 Pa 表示）乘 0.1 要求；

3 其余处均应为最大操作压力（以 Pa 表示）乘 0.1 加 500mm。

5.14.4 煤气系统液封槽的补水口严禁与供水管道直接相接。

6 燃气输配系统

6.1 一般规定

6.1.1 本章适用于压力不大于 4.0MPa（表压）的城镇燃气（不包括液态燃气）室外输配工程的设计。

6.1.2 城镇燃气输配系统一般由门站、燃气管网、储气设施、调压设施、管理设施、监控系统等组成。城镇燃气输配系统设计，应符合城镇燃气总体规划。在可行性研究的基础上，做到远、近期结合，以近期为主，并经技术经济比较后确定合理的方案。

6.1.3 城镇燃气输配系统压力级制的选择，以及门站、储配站、调压站、燃气干管的布置，应根据燃气供应来源、用户的用气量及其分布、地形地貌、管材设备供应条件、施工和运行等因素，经过多方案比较，择优选取技术经济合理、安全可靠的方案。

城镇燃气干管的布置，应根据用户用量及其分布，全面规划，并宜按逐步形成环状管网供气进行设计。

6.1.4 采用天然气作气源时，城镇燃气逐月、逐日的用气不均匀性的平衡，应由气源方（即供气方）统筹调度解决。

需气方对城镇燃气用户应做好用气量的预测，在各类用户全年的综合用气负荷资料的基础上，制定逐月、逐日用气量计划。

6.1.5 在平衡城镇燃气逐月、逐日的用气不均匀性基础上，平衡城镇燃气逐小时的用气不均匀性，城镇燃气输配系统尚应具有合理的调峰供气措施，并应符合下列要求：

1 城镇燃气输配系统的调峰气总容量，应根据计算月平均日用气总量、气源的可调量大小、供气和用气不均匀情况和运行经验等因素综合确定。

2 确定城镇燃气输配系统的调峰气总容量时，应充分利用气源的可调量（如主气源的可调节供气能力和输气干线的调峰能力等）。采用天然气做气源时，平衡小时的用气不均所需调峰气量宜由供气方解决，不足时由城镇燃气输配系统解决。

3 储气方式的选择应因地制宜，经方案比较，择优选取技术经济合理、安全可靠的方案。对来气压力较高的天然气输配系统宜采用管道储气的方式。

6.1.6 城镇燃气管道的设计压力（P）分为 7 级，并应符合表 6.1.6 的要求。

表 6.1.6 城镇燃气管道设计压力（表压）分级

名　称		压力（MPa）
高压燃气管道	A	2.5<P≤4.0
	B	1.6<P≤2.5
次高压燃气管道	A	0.8<P≤1.6
	B	0.4<P≤0.8
中压燃气管道	A	0.2<P≤0.4
	B	0.01≤P≤0.2
低压燃气管道		P<0.01

6.1.7 燃气输配系统各种压力级别的燃气管道之间应通过调压装置相连。当有可能超过最大允许工作压力时，应设置防止管道超压的安全保护设备。

6.2 燃气管道计算流量和水力计算

6.2.1 城镇燃气管道的计算流量，应按计算月的小时最大用气量计算。该小时最大用气量应根据所有用户燃气用气量的变化叠加后确定。

独立居民小区和庭院燃气支管的计算流量宜按本规范第 10.2.9 条规定执行。

6.2.2 居民生活和商业用户燃气小时计算流量（0℃和 101.325kPa），宜按下式计算：

$$Q_h = \frac{1}{n} Q_a \qquad (6.2.2\text{-}1)$$

$$n = \frac{365 \times 24}{K_m K_d K_h} \qquad (6.2.2\text{-}2)$$

式中 Q_h——燃气小时计算流量（m³/h）；

Q_a——年燃气用量（m³/a）；

n——年燃气最大负荷利用小时数（h）；

K_m——月高峰系数，计算月的日平均用气量和年的日平均用气量之比；

K_d——日高峰系数，计算月中的日最大用气量和该月日平均用气量之比；

K_h——小时高峰系数，计算月中最大用气量日的小时最大用气量和该日小时平均用气量之比。

6.2.3 居民生活和商业用户用气的高峰系数，应根据该城镇各类用户燃气用量（或燃料用量）的变化情况，编制成月、日、小时用气负荷资料，经分析研究确定。

工业企业和燃气汽车用户燃气小时计算流量，宜按每个独立用户生产的特点和燃气用量（或燃料用量）的变化情况，编制成月、日、小时用气负荷资料确定。

6.2.4 采暖通风和空调所需燃气小时计算流量，可按国家现行的标准《城市热力网设计规范》CJJ 34 有关热负荷规定并考虑燃气采暖通风和空调的热效率折算确定。

6.2.5 低压燃气管道单位长度的摩擦阻力损失应按下式计算：

$$\frac{\Delta P}{l} = 6.26 \times 10^7 \lambda \frac{Q^2}{d^5} \rho \frac{T}{T_0} \qquad (6.2.5)$$

式中 ΔP——燃气管道摩擦阻力损失（Pa）；

λ——燃气管道摩擦阻力系数，宜按式（6.2.6-2）和附录C第C.0.1条第1、2款计算；

l——燃气管道的计算长度（m）；

Q——燃气管道的计算流量（m³/h）；

d——管道内径（mm）；

ρ——燃气的密度（kg/m³）；

T——设计中所采用的燃气温度（K）；

T_0——273.15（K）。

6.2.6 高压、次高压和中压燃气管道的单位长度摩擦阻力损失，应按式（6.2.6-1）计算：

$$\frac{P_1^2 - P_2^2}{L} = 1.27 \times 10^{10} \lambda \frac{Q^2}{d^5} \rho \frac{T}{T_0} Z \qquad (6.2.6\text{-}1)$$

$$\frac{1}{\sqrt{\lambda}} = -2\lg \left[\frac{K}{3.7d} + \frac{2.51}{Re\sqrt{\lambda}} \right] \qquad (6.2.6\text{-}2)$$

式中 P_1——燃气管道起点的压力（绝对压力，kPa）；

P_2——燃气管道终点的压力（绝对压力，kPa）；

Z——压缩因子，当燃气压力小于1.2MPa（表压）时，Z取1；

L——燃气管道的计算长度（km）；

λ——燃气管道摩擦阻力系数，宜按式（6.2.6-2）计算；

K——管壁内表面的当量绝对粗糙度（mm）；

Re——雷诺数（无量纲）。

注：当燃气管道的摩擦阻力系数采用手算时，宜采用附录C公式。

6.2.7 室外燃气管道的局部阻力损失可按燃气管道摩擦阻力损失的5%～10%进行计算。

6.2.8 城镇燃气低压管道从调压站到最远燃具管道允许阻力损失，可按下式计算：

$$\Delta P_d = 0.75 P_n + 150 \qquad (6.2.8)$$

式中 ΔP_d——从调压站到最远燃具的管道允许阻力损失（Pa）；

P_n——低压燃具的额定压力（Pa）。

注：ΔP_d含室内燃气管道允许阻力损失，室内燃气管道允许阻力损失应按本规范第10.2.11条确定。

6.3 压力不大于1.6MPa的室外燃气管道

6.3.1 中压和低压燃气管道宜采用聚乙烯管、机械接口球墨铸铁管、钢管或钢骨架聚乙烯塑料复合管，并应符合下列要求：

1 聚乙烯燃气管道应符合现行的国家标准《燃气用埋地聚乙烯管材》GB 15558.1 和《燃气用埋地聚乙烯管件》GB 15558.2的规定；

2 机械接口球墨铸铁管道应符合现行的国家标准《水及燃气管道用球墨铸铁管、管件和附件》GB/T 13295 的规定；

3 钢管采用焊接钢管、镀锌钢管或无缝钢管时，应分别符合现行的国家标准《低压流体输送用焊接钢管》GB/T 3091、《输送流体用无缝钢管》GB/T 8163 的规定；

4 钢骨架聚乙烯塑料复合管道应符合国家现行标准《燃气用钢骨架聚乙烯塑料复合管》CJ/T 125 和《燃气用钢骨架聚乙烯塑料复合管件》CJ/T 126 的规定。

6.3.2 次高压燃气管道应采用钢管。其管材和附件应符合本规范第6.4.4条的要求。地下次高压B燃气管道也可采用钢号Q235B焊接钢管，并应符合现行的国家标准《低压流体输送用焊接钢管》GB/T 3091 的规定。

次高压钢质燃气管道直管段设计壁厚应按式（6.4.6）计算确定。最小公称壁厚不应小于表6.3.2的规定。

表6.3.2 钢质燃气管道最小公称壁厚

钢管公称直径 DN（mm）	公称壁厚（mm）
DN100～150	4.0
DN200～300	4.8
DN350～450	5.2
DN500～550	6.4
DN600～700	7.1
DN750～900	7.9
DN950～1000	8.7
DN1050	9.5

6.3.3 地下燃气管道不得从建筑物和大型构筑物（不包括架空的建筑物和大型构筑物）的下面穿越。

地下燃气管道与建筑物、构筑物或相邻管道之间的水平和垂直净距，不应小于表6.3.3-1和表6.3.3-2的规定。

表6.3.3-1 地下燃气管道与建筑物、构筑物
或相邻管道之间的水平净距（m）

项 目		地下燃气管道压力（MPa）				
		低压 <0.01	中压 B ≤0.2	中压 A ≤0.4	次高压 B 0.8	次高压 A 1.6
建筑物	基础	0.7	1.0	1.5	—	—
	外墙面（出地面处）	—	—	—	5.0	13.5
给水管		0.5	0.5	0.5	1.0	1.5
污水、雨水排水管		1.0	1.2	1.2	1.5	2.0
电力电缆（含电车电缆）	直埋	0.5	0.5	0.5	1.0	1.5
	在导管内	1.0	1.0	1.0	1.0	1.5
通信电缆	直埋	0.5	0.5	0.5	1.0	1.5
	在导管内	1.0	1.0	1.0	1.0	1.5
其他燃气管道	DN≤300mm	0.4	0.4	0.4	0.4	0.4
	DN>300mm	0.5	0.5	0.5	0.5	0.5
热力管	直埋	1.0	1.0	1.0	1.5	2.0
	在管沟内（至外壁）	1.0	1.5	1.5	2.0	4.0
电杆（塔）的基础	≤35kV	1.0	1.0	1.0	1.0	1.0
	>35kV	2.0	2.0	2.0	5.0	5.0
通信照明电杆（至电杆中心）		1.0	1.0	1.0	1.0	1.0
铁路路堤坡脚		5.0	5.0	5.0	5.0	5.0
有轨电车钢轨		2.0	2.0	2.0	2.0	2.0
街树（至树中心）		0.75	0.75	0.75	1.2	1.2

表 6.3.3-2　地下燃气管道与构筑物或相邻管道之间垂直净距（m）

项　目		地下燃气管道（当有套管时，以套管计）
给水管、排水管或其他燃气管道		0.15
热力管、热力管的管沟底（或顶）		0.15
电　缆	直　埋	0.50
	在导管内	0.15
铁路（轨底）		1.20
有轨电车（轨底）		1.00

注：1　当次高压燃气管道压力与表中数不相同时，可采用直线方程内插法确定水平净距。

　　2　如受地形限制不能满足表 6.3.3-1 和表 6.3.3-2 时，经与有关部门协商，采取有效的安全防护措施后，表 6.3.3-1 和表 6.3.3-2 规定的净距，均可适当缩小，但低压管道不应影响建（构）筑物和相邻管道基础的稳固性，中压管道距建筑物基础不应小于 0.5m 且距建筑物外墙面不应小于 1m，次高压燃气管道距建筑物外墙面不应小于 3.0m。其中当对次高压 A 燃气管道采取有效的安全防护措施或当管道壁厚不小于 9.5mm 时，管道距建筑物外墙面不应小于 6.5m；当壁厚不小于 11.9mm 时，管道距建筑物外墙面不应小于 3.0m。

　　3　表 6.3.3-1 和表 6.3.3-2 规定除地下燃气管道与热力管的净距不适于聚乙烯燃气管道和钢骨架聚乙烯塑料复合管外，其他规定均适用于聚乙烯燃气管道和钢骨架聚乙烯塑料复合管。聚乙烯燃气管道与热力管的净距应按国家现行标准《聚乙烯燃气管道工程技术规程》CJJ 63 执行。

　　4　地下燃气管道与电杆（塔）基础之间的水平净距，还应满足本规范表 6.7.5 地下燃气管道与交流电力线接地体的净距规定。

6.3.4　地下燃气管道埋设的最小覆土厚度（路面至管顶）应符合下列要求：

　　1　埋设在机动车道下时，不得小于 0.9m；

　　2　埋设在非机动车道（含人行道）下时，不得小于 0.6m；

　　3　埋设在机动车不可能到达的地方时，不得小于 0.3m；

　　4　埋设在水田下时，不得小于 0.8m。

　　注：当不能满足上述规定时，应采取有效的安全防护措施。

6.3.5　输送湿燃气的燃气管道，应埋设在土壤冰冻线以下。

　　燃气管道坡向凝水缸的坡度不宜小于 0.003。

6.3.6　地下燃气管道的基础宜为原土层。凡可能引起管道不均匀沉降的地段，其基础应进行处理。

6.3.7　地下燃气管道不得在堆积易燃、易爆材料和具有腐蚀性液体的场地下面穿越，并不宜与其他管道或电缆同沟敷设。当需要同沟敷设时，必须采取有效的安全防护措施。

6.3.8　地下燃气管道从排水管（沟）、热力管沟、隧道及其他各种用途沟槽内穿过时，应将燃气管道敷设于套管内。套管伸出构筑物外壁不应小于表 6.3.3-1 中燃气管道与该构筑物的水平净距。套管两端应采用柔性的防腐、防水材料密封。

6.3.9　燃气管道穿越铁路、高速公路、电车轨道或城镇主要干道时应符合下列要求：

　　1　穿越铁路或高速公路的燃气管道，应加套管。

　　　　注：当燃气管道采用定向钻穿越并取得铁路或高速公路部门同意时，可不加套管。

　　2　穿越铁路的燃气管道的套管，应符合下列要求：

　　　　1）套管埋设的深度：铁路轨底至套管顶不应小于 1.20m，并应符合铁路管理部门的要求；

　　　　2）套管宜采用钢管或钢筋混凝土管；

　　　　3）套管内径应比燃气管道外径大 100mm 以上；

　　　　4）套管两端与燃气管的间隙应采用柔性的防腐、防水材料密封，其一端应装设检漏管；

　　　　5）套管端部距路堤坡脚外的距离不应小于 2.0m。

　　3　燃气管道穿越电车轨道或城镇主要干道时宜敷设在套管或管沟内；穿越高速公路的燃气管道的套管、穿越电车轨道或城镇主要干道的燃气管道的套管或管沟，应符合下列要求：

　　　　1）套管内径应比燃气管道外径大 100mm 以上，套管或管沟两端应密封，在重要地段的套管或管沟端部宜安装检漏管；

　　　　2）套管或管沟端部距电车道边轨不应小于 2.0m；距道

路边缘不应小于 1.0m。

　　4　燃气管道宜垂直穿越铁路、高速公路、电车轨道或城镇主要干道。

6.3.10　燃气管道通过河流时，可采用穿越河底或采用管桥跨越的形式。当条件许可时，可利用道路桥梁跨越河流，并应符合下列要求：

　　1　随桥梁跨越河流的燃气管道，其管道的输送压力不应大于 0.4MPa。

　　2　当燃气管道随桥梁敷设或采用管桥跨越河流时，必须采取安全防护措施。

　　3　燃气管道随桥梁敷设，宜采取下列安全防护措施：

　　　　1）敷设于桥梁上的燃气管道应采用加厚的无缝钢管或焊接钢管，尽量减少焊缝，对焊缝进行 100% 无损探伤；

　　　　2）跨越通航河流的燃气管道管底标高，应符合通航净空的要求，管架外侧应设置护桩；

　　　　3）在确定管道位置时，与随桥敷设的其他管道的间距应符合现行国家标准《工业企业煤气安全规程》GB 6222 支架敷管的有关规定；

　　　　4）管道应设置必要的补偿和减振措施；

　　　　5）对管道应做较高等级的防腐保护；对于采用阴极保护的埋地钢管与随桥管道之间应设置绝缘装置；

　　　　6）跨越河流的燃气管道的支座（架）应采用不燃烧材料制作。

6.3.11　燃气管道穿越河底时，应符合下列要求：

　　1　燃气管道宜采用钢管；

　　2　燃气管道至河床的覆土厚度，应根据水流冲刷条件及规划河床确定。对不通航河流不应小于 0.5m；对通航的河流不应小于 1.0m，还应考虑疏浚和投锚深度；

　　3　稳管措施应根据计算确定；

　　4　在埋设燃气管道位置的河流两岸上、下游应设立标志。

6.3.12　穿越或跨越重要河流的燃气管道，在河流两岸均应设置阀门。

6.3.13　在次高压、中压燃气干管上，应设置分段阀门，并应在阀门两侧设置放散管。在燃气支管的起点处，应设置阀门。

6.3.14　地下燃气管道上的检测管、凝水缸的排水管、水封阀和阀门，均应设置护罩或护井。

6.3.15　室外架空的燃气管道，可沿建筑物外墙或支柱敷设，并应符合下列要求：

　　1　中压和低压燃气管道，可沿建筑耐火等级不低于二级的住宅或公共建筑的外墙敷设；

　　次高压 B、中压和低压燃气管道，可沿建筑耐火等级不低于二级的丁、戊类生产厂房的外墙敷设。

　　2　沿建筑物外墙的燃气管道距住宅或公共建筑物中不应敷设燃气管道的房间门、窗洞口的净距：中压管道不应小于 0.5m，低压管道不应小于 0.3m。燃气管道距生产厂房建筑物门、窗洞口的净距不限。

　　3　架空燃气管道与铁路、道路、其他管线交叉时的垂直净距不应小于表 6.3.15 的规定。

表 6.3.15　架空燃气管道与铁路、道路、其他管线交叉时的垂直净距

建筑物和管线名称	最小垂直净距（m）	
	燃气管道下	燃气管道上
铁路轨顶	6.0	—
城市道路路面	5.5	—
厂区道路路面	5.0	—
人行道路路面	2.2	—

续表 6.3.15

建筑物和管线名称		最小垂直净距（m）	
		燃气管道下	燃气管道上
架空电力线，电压	3kV 以下	—	1.5
	3～10kV	—	3.0
	35～66kV	—	4.0
其他管道，管径	≤300mm	同管道直径，但不小于 0.10	同左
	>300mm	0.30	0.30

注：1 厂区内部的燃气管道，在保证安全的情况下，管底至道路路面的垂直净距可取 4.5m；管底至铁路轨顶的垂直净距，可取 5.5m。在车辆和人行道以外的地区，可在从地面到管底高度不小于 0.35m 的低支柱上敷设燃气管道。

2 电气机车铁路除外。

3 架空电力线与燃气管道的交叉垂直净距尚应考虑导线的最大垂度。

4 输送湿燃气的管道应采取排水措施，在寒冷地区还应采取保温措施。燃气管道坡向凝水缸的坡度不宜小于 0.003。

5 工业企业内燃气管道沿支柱敷设时，尚应符合现行的国家标准《工业企业煤气安全规程》GB 6222 的规定。

6.4 压力大于 1.6MPa 的室外燃气管道

6.4.1 本节适用于压力大于 1.6MPa（表压）但不大于 4.0MPa（表压）的城镇燃气（不包括液态燃气）室外管道工程的设计。

6.4.2 城镇燃气管道通过的地区，应按沿线建筑物的密集程度划分为四个管道地区等级，并依据管道地区等级作出相应的管道设计。

6.4.3 城镇燃气管道地区等级的划分应符合下列规定：

1 沿管道中心线两侧各 200m 范围内，任意划分为 1.6km 长并能包括最多供人居住的独立建筑物数量的地段，作为地区分级单元。

注：在多单元住宅建筑物内，每个独立住宅单元按一个供人居住的独立建筑物计算。

2 管道地区等级应根据地区分级单元内建筑物的密集程度划分，并应符合下列规定：

1）一级地区：有 12 个或 12 个以下供人居住的独立建筑物。

2）二级地区：有 12 个以上，80 个以下供人居住的独立建筑物。

3）三级地区：介于二级和四级之间的中间地区。有 80 个或 80 个以上供人居住的独立建筑物但不够四级地区条件的地区、工业区或距人员聚集的室外场所 90m 内铺设管线的区域。

4）四级地区：4 层或 4 层以上建筑物（不计地下室层数）普遍且占多数、交通频繁、地下设施多的城市中心城区（或镇的中心区域等）。

3 二、三、四级地区的长度应按下列规定调整：

1）四级地区垂直于管道的边界线距最近地上 4 层或 4 层以上建筑物不应小于 200m。

2）二、三级地区垂直于管道的边界线距该级地区最近建筑物不应小于 200m。

4 确定城镇燃气管道地区等级，宜按城市规划为该地区的今后发展留有余地。

6.4.4 高压燃气管道采用的钢管和管道附件材料应符合下列要求：

1 燃气管道所用钢管、管道附件材料的选择，应根据管道的使用条件（设计压力、温度、介质特性、使用地区等）、材料的焊接性能等因素，经技术经济比较后确定。

2 燃气管道选用的钢管，应符合现行国家标准《石油天然气工业 输送钢管交货技术条件 第 1 部分：A 级钢管》GB/T 9711.1（L175 级钢管除外）、《石油天然气工业 输送钢管交货

技术条件 第 2 部分：B 级钢管》GB/T 9711.2 和《输送流体用无缝钢管》GB/T 8163 的规定，或符合不低于上述三项标准相应技术要求的其他钢管标准。三级和四级地区高压燃气管道材料钢级不应低于 L245。

3 燃气管道所采用的钢管和管道附件应根据选用的材料、管径、壁厚、介质特性、使用温度及施工环境温度等因素，对材料提出冲击试验和（或）落锤撕裂试验要求。

4 当管道附件与管道采用焊接连接时，两者材质应相同或相近。

5 管道附件中所用的锻件，应符合国家现行标准《压力容器用碳素钢和低合金钢锻件》JB 4726、《低温压力容器用低合金钢锻件》JB 4727 的有关规定。

6 管道附件不得采用螺旋焊缝钢管制作，严禁采用铸铁制作。

6.4.5 燃气管道强度设计应根据管段所处地区等级和运行条件，按可能同时出现的永久荷载和可变荷载的组合进行设计。当管道位于地震设防烈度 7 度及 7 度以上地区时，应考虑管道所承受的地震荷载。

6.4.6 钢质燃气管道直管段计算壁厚应按式（6.4.6）计算，计算所得到的厚度应按钢管标准规格向上选取钢管的公称壁厚。最小公称壁厚不应小于表 6.3.2 的规定。

$$\delta = \frac{PD}{2\sigma_s \phi F} \qquad (6.4.6)$$

式中 δ——钢管计算壁厚（mm）；

P——设计压力（MPa）；

D——钢管外径（mm）；

σ_s——钢管的最低屈服强度（MPa）；

F——强度设计系数，按表 6.4.8 和表 6.4.9 选取；

ϕ——焊缝系数。当采用符合第 6.4.4 条第 2 款规定的钢管标准时取 1.0。

6.4.7 对于采用经冷加工后又经加热处理的钢管，当加热温度高于 320℃（焊接除外）或采用经过冷加工或热处理的钢管煨弯成弯管时，则在计算该钢管或弯管壁厚时，其屈服强度应取该管材最低屈服强度（σ_s）的 75%。

6.4.8 城镇燃气管道的强度设计系数（F）应符合表 6.4.8 的规定。

表 6.4.8 城镇燃气管道的强度设计系数

地区等级	强度设计系数（F）
一级地区	0.72
二级地区	0.60
三级地区	0.40
四级地区	0.30

6.4.9 穿越铁路、公路和人员聚集场所的管道以及门站、储配站、调压站内管道的强度设计系数，应符合表 6.4.9 的规定。

表 6.4.9 穿越铁路、公路和人员聚集场所的管道以及门站、储配站、调压站内管道的强度设计系数（F）

管道及管段	地区等级			
	一	二	三	四
有套管穿越Ⅲ、Ⅳ级公路的管道	0.72	0.6		
无套管穿越Ⅲ、Ⅳ级公路的管道	0.6	0.5		
有套管穿越Ⅰ、Ⅱ级公路、高速公路、铁路的管道	0.6	0.6		
门站、储配站、调压站内管道及其上、下游各 200m 管道，截断阀室管道及其上、下游各 50m 管道（其距离从站和阀室边界线起算）	0.5	0.5	0.4	0.3
人员聚集场所的管道	0.4	0.4		

6.4.10 下列计算或要求应符合现行国家标准《输气管道工程设计规范》GB 50251 的相应规定：

1 受约束的埋地直管段轴向应力计算和轴向应力与环向应力组合的当量应力校核；

2 受内压和温差共同作用下弯头的组合应力计算；

3 管道附件与没有轴向约束的直管段连接时的热膨胀强度校核；

4 弯头和弯管的管壁厚度计算；

5 燃气管道径向稳定校核。

6.4.11 一级或二级地区地下燃气管道与建筑物之间的水平净距不应小于表 6.4.11 的规定。

表 6.4.11 一级或二级地区地下燃气管道
与建筑物之间的水平净距（m）

燃气管道公称直径 DN (mm)	地下燃气管道压力（MPa）		
	1.61	2.50	4.00
900<DN≤1050	53	60	70
750<DN≤900	40	47	57
600<DN≤750	31	37	45
450<DN≤600	24	28	35
300<DN≤450	19	23	28
150<DN≤300	14	18	22
DN≤150	11	13	15

注：1 当燃气管道强度设计系数不大于 0.4 时，一级或二级地区地下燃气管道与建筑物之间的水平净距可按表 6.4.12 确定。
　　2 水平净距是指管道外壁到建筑物出地面处外墙面的距离。建筑物是指平常有人的建筑物。
　　3 当燃气管道压力与表中数不相同时，可采用直线方程内插法确定水平净距。

6.4.12 三级地区地下燃气管道与建筑物之间的水平净距不应小于表 6.4.12 的规定。

表 6.4.12 三级地区地下燃气管道与建筑物之间的水平净距（m）

燃气管道公称直径和壁厚 δ (mm)	地下燃气管道压力（MPa）		
	1.61	2.50	4.00
A 所有管径 δ<9.5	13.5	15.0	17.0
B 所有管径 9.5≤δ≤11.9	6.5	7.5	9.0
C 所有管径 δ≥11.9	3.0	5.0	8.0

注：1 当对燃气管道采取有效的保护措施时，δ<9.5mm 燃气管道也可采用表中 B 行的水平净距。
　　2 水平净距是指管道外壁到建筑物出地面处外墙面的距离。建筑物是指平常有人的建筑物。
　　3 当燃气管道压力与表中数不相同时，可采用直线方程内插法确定水平净距。

6.4.13 高压地下燃气管道与构筑物或相邻管道之间的水平和垂直净距，不应小于表 6.3.3-1 和表 6.3.3-2 次高压 A 的规定。但高压 A 和高压 B 地下燃气管道与铁路路堤坡脚的水平净距分别不应小于 8m 和 6m；与有轨电车钢轨的水平净距分别不应小于 4m 和 3m。

注：当达不到本条净距要求时，采取有效的防护措施后，净距可适当缩小。

6.4.14 四级地区地下燃气管道输配压力不宜大于 1.6MPa（表压）。其设计应遵守本规范 6.3 节的有关规定。

四级地区地下燃气管道输配压力不应大于 4.0MPa（表压）。

6.4.15 高压燃气管道的布置应符合下列要求：

1 高压燃气管道不宜进入四级地区；当受条件限制需要进入或通过四级地区时，应遵守下列规定：

　　1）高压 A 地下燃气管道与建筑物外墙面之间的水平净距不应小于 30m（当管壁厚度 δ≥9.5mm 或对燃气管道采取有效的保护措施时，不应小于 15m）；

　　2）高压 B 地下燃气管道与建筑物外墙面之间的水平净距不应小于 16m（当管壁厚度 δ≥9.5mm 或对燃气管道采取有效的保护措施时，不应小于 10m）；

　　3）管道分段阀门应采用遥控或自动控制。

2 高压燃气管道不应通过军事设施、易燃易爆仓库、国家重点文物保护单位的安全保护区、飞机场、火车站、海（河）港码头。当受条件限制管道必须在本款所列区域内通过时，必须采取安全防护措施。

3 高压燃气管道宜采用埋地方式敷设。当个别地段需要采用架空敷设时，必须采取安全防护措施。

6.4.16 当管道安全评估中危险性分析证明，可能发生事故的次数和结果合理时，可采用与表 6.4.11、表 6.4.12 和 6.4.15 条不同的净距和采用与表 6.4.8、表 6.4.9 不同的强度设计系数（F）。

6.4.17 焊接支管连接口的补强应符合下列规定：

1 补强的结构形式可采用增加主管道或支管道壁厚或同时增加主、支管道壁厚、或三通、或拔制扳边式接口的整体补强形式，也可采用补强圈补强的局部补强形式。

2 当支管道公称直径大于或等于 1/2 主管道公称直径时，应采用三通。

3 支管道的公称直径小于或等于 50mm 时，可不作补强计算。

4 开孔削弱部分按等面积补强，其结构和数值计算应符合现行国家标准《输气管道工程设计规范》GB 50251 的相应规定。其焊接结构还应符合下述规定：

　　1）主管道和支管道的连接焊缝应保证全焊透，其角焊缝腰高应大于或等于 1/3 的支管道壁厚，且不小于 6mm；

　　2）补强圈的形状应与主管道相符，并与主管道紧密贴合。焊接和热处理时补强圈上应开一排气孔，管道使用期间应将排气孔堵死，补强圈宜按国家现行标准《补强圈》JB/T 4736 选用。

6.4.18 燃气管道附件的设计和选用应符合下列规定：

1 管件的设计和选用应符合国家现行标准《钢制对焊无缝管件》GB 12459、《钢板制对焊管件》GB/T 13401、《钢制法兰管件》GB/T 17185、《钢制对焊管件》SY/T 0510 和《钢制弯管》SY/T 5257 等有关标准的规定。

2 管法兰的选用应符合国家现行标准《钢制管法兰》GB/T 9112～GB/T 9124、《大直径碳钢法兰》GB/T 13402 或《钢制法兰、垫片、紧固件》HG 20592～HG 20635 的规定。法兰、垫片和紧固件应考虑介质特性配套选用。

3 绝缘法兰、绝缘接头的设计应符合国家现行标准《绝缘法兰设计技术规定》SY/T 0516 的规定。

4 非标钢制异径接头、凸形封头和平封头的设计，可参照现行国家标准《钢制压力容器》GB 150 的有关规定。

5 除对焊管件之外的焊接预制单体（如集气管、清管器接收筒等），若其所用材料、焊缝及检验不同于本规范所列要求时，可参照现行国家标准《钢制压力容器》GB 150 进行设计、制造和检验。

6 管道与管件的管端焊接接头形式宜符合现行国家标准《输气管道工程设计规范》GB 50251 的有关规定。

7 用于改变管道走向的弯头、弯管应符合现行国家标准《输气管道工程设计规范》GB 50251 的有关规定，且弯曲后的弯管其外侧减薄处厚度应不小于按式（6.4.6）计算得到的计算厚度。

6.4.19 燃气管道阀门的设置应符合下列要求：

1 在高压燃气干管上，应设置分段阀门；分段阀门的最大间距：以四级地区为主的管段不应大于 8km；以三级地区为主的管段不应大于 13km；以二级地区为主的管段不应大于 24km；以一级地区为主的管段不应大于 32km。

2 在高压燃气支管的起点处，应设置阀门。

3 燃气管道阀门的选用应符合国家现行有关标准，并应选择适用于燃气介质的阀门。

4 在防火区内关键部位使用的阀门，应具有耐火性能。需要通过清管器或电子检管器的阀门，应选用全通径阀门。

6.4.20 高压燃气管道及管件设计应考虑日后清管或电子检管的需要，并宜预留安装电子检管器收发装置的位置。

6.4.21 埋地管线的锚固件应符合下列要求：

1 埋地管线上弯管或迂回管处产生的纵向力，必须由弯管处的锚固件、土壤摩阻或管子中的纵向应力加以抵消。

2 若弯管处不用锚固件，则靠近推力起源点处的管子接头处应设计成能承受纵向拉力。若接头未采取此种措施，则应加装适用的拉杆或拉条。

6.4.22 高压燃气管道的地基、埋设的最小覆土厚度、穿越铁路和电车轨道、穿越高速公路和城镇主要干道、通过河流的形式和要求等应符合本规范6.3节的有关规定。

6.4.23 市区外地下高压燃气管道沿线应设置里程桩、转角桩、交叉和警示牌等永久性标志。

市区内地下高压燃气管道应设立管位警示标志。在距管顶不小于500mm处应埋设警示带。

6.5 门站和储配站

6.5.1 本节适用于城镇燃气输配系统中，接受气源来气并进行净化、加臭、储存、控制供气压力、气量分配、计量和气质检测的门站和储配站的工程设计。

6.5.2 门站和储配站站址选择应符合下列要求：

1 站址应符合城镇总体规划的要求；

2 站址应具有适宜的地形、工程地质、供电、给水排水和通信等条件；

3 门站和储配站应少占农田、节约用地并注意与城镇景观等协调；

4 门站站址应结合长输管线位置确定；

5 根据输配系统具体情况，储配站与门站可合建；

6 储配站内的储气罐与站外的建、构筑物的防火间距应符合现行国家标准《建筑设计防火规范》GB 50016的有关规定。站内露天燃气工艺装置与站外建、构筑物的防火间距应符合甲类生产厂房与厂外建、构筑物的防火间距的要求。

6.5.3 储配站内的储气罐与站内的建、构筑物的防火间距应符合表6.5.3的规定。

表6.5.3 储气罐与站内的建、构筑物的防火间距（m）

储气罐总容积（m³）	≤1000	>1000~ ≤10000	>10000~ ≤50000	>50000~ ≤200000	>200000
明火、散发火花地点	20	25	30	35	40
调压室、压缩机室、计量室	10	12	15	20	25
控制室、变配电室、汽车库等辅助建筑	12	15	20	25	30
机修间、燃气锅炉房	15	20	25	30	35
办公、生活建筑	18	20	25	30	35
消防泵房、消防水池取水口	20				
站内道路（路边）	10	10	10	10	10
围墙	15	15	15	15	18

注：1 低压湿式储气罐与站内的建、构筑物的防火间距，应按本表确定；
    2 低压干式储气罐与站内的建、构筑物的防火间距，当可燃气体的密度比空气大时，应按本表增加25%；比空气小或等于时，可按本表确定；
    3 固定容积储气罐与站内的建、构筑物的防火间距应按本表的规定执行。总容积按其几何容积（m³）和设计压力（绝对压力，10²kPa）的乘积计算；
    4 低压湿式或干式储气罐的水封室、油泵房和电梯间等附属设施与该储气罐的间距按工艺要求确定；
    5 露天燃气工艺装置与储气罐的间距按工艺要求确定。

6.5.4 储气罐或罐区之间的防火间距，应符合下列要求：

1 湿式储气罐之间、干式储气罐之间、湿式储气罐与干式

储气罐之间的防火间距，不应小于相邻较大罐的半径；

2 固定容积储气罐之间的防火间距，不应小于相邻较大罐直径的2/3；

3 固定容积储气罐与低压湿式或干式储气罐之间的防火间距，不应小于相邻较大罐的半径；

4 数个固定容积储气罐的总容积大于200000m³时，应分组布置。组与组之间的防火间距：卧式储气罐，不应小于相邻较大罐长度的一半；球形储气罐，不应小于相邻较大罐的直径，且不应小于20.0m；

5 储气罐与液化石油气罐之间防火间距应符合现行国家标准《建筑设计防火规范》GB 50016的有关规定。

6.5.5 门站和储配站总平面布置应符合下列要求：

1 总平面应分区布置，即分为生产区（包括储罐区、调压计量区、加压区等）和辅助区。

2 站内的各建构筑物之间以及与站外建构筑物之间的防火间距应符合现行国家标准《建筑设计防火规范》GB 50016的有关规定。站内建筑物的耐火等级不应低于现行国家标准《建筑设计防火规范》GB 50016"二级"的规定。

3 站内露天工艺装置区边缘明火或散发火花地点不应小于20m，距办公、生活建筑不应小于18m，距围墙不应小于10m。与站内生产建筑的间距按工艺要求确定。

4 储配站生产区应设置环形消防车通道，消防车通道宽度不应小于3.5m。

6.5.6 当燃气无臭味或臭味不足时，门站或储配站内应设置加臭装置。加臭量应符合本规范第3.2.3条的有关规定。

6.5.7 门站和储配站的工艺设计应符合下列要求：

1 功能应满足输配系统输气调度和调峰的要求；

2 站内应根据输配系统调度要求分组设置计量和调压装置，装置前应设过滤器，门站进站总管上宜设置分离器；

3 调压装置应根据燃气流量、压力降等工艺条件确定设置加热装置；

4 站内计量调压装置和加压设备应根据工作环境要求露天或在厂房内布置，在寒冷或风沙地区宜采用全封闭式厂房；

5 进出站管线应设置切断阀门和绝缘法兰；

6 储配站内进罐管线上宜设置控制进罐压力和流量的调节装置；

7 当长输管道采用清管工艺时，其清管器的接收装置宜设置在门站内；

8 站内管道上应根据系统要求设置安全保护及放散装置；

9 站内设备、仪表、管道等安装的水平间距和标高均应便于观察、操作和维修。

6.5.8 站内宜设置自动化控制系统，并宜作为输配系统的数据采集监控系统的远端站。

6.5.9 站内燃气计量和气质的检验应符合下列要求：

1 站内设置的计量仪表应符合表6.5.9的规定；

2 宜设置测定燃气组分、发热量、密度、湿度和各项有害杂质含量的仪表。

表6.5.9 站内设置的计量仪表

进、出站参数	功　能		
	指示	记录	累计
流量	+	+	+
压力	+	+	—
温度	+	+	—

注：表中"+"表示应设置。

6.5.10 燃气储存设施的设计应符合下列要求：

1 储配站所建储罐容积应根据输配系统所需储气总容量、管网系统的调度平衡和气体混配要求确定；

2 储配站的储气方式及储罐形式应根据燃气进站压力、供气规模、输配管网压力等因素，经技术经济比较后确定；

3 确定储罐单体或单组容积时，应考虑储罐检修期间供气系统的调度平衡；

4 储罐区宜设有排水设施。

6.5.11 低压储气罐的工艺设计，应符合下列要求：

1 低压储气罐宜分别设置燃气进、出气管，各管应设置关闭性能良好的切断装置，并宜设置水封阀，水封阀的有效高度应取设计工作压力（以 Pa 表示）乘 0.1 加 500mm。燃气进、出气管的设计应能适应气罐地基沉降引起的变形；

2 低压储气罐应设储气量指示器。储气量指示器应具有显示储量及可调节的高低限位声、光报警装置；

3 储气罐高度超越当地有关的规定时应设高度障碍标志；

4 湿式储气罐的水封高度应经过计算后确定；

5 寒冷地区湿式储气罐的水封应设有防冻措施；

6 干式储气罐密封系统，必须能够可靠地连续运行；

7 干式储气罐应设置紧急放散装置；

8 干式储气罐应配有检修通道。稀油密封干式储气罐外部应设置检修电梯。

6.5.12 高压储气罐工艺设计，应符合下列要求：

1 高压储气罐宜分别设置燃气进、出气管，不需要起混气作用的高压储气罐，其进、出气管也可合为一条；燃气进、出气管的设计宜进行柔性计算；

2 高压储气罐应分别设置安全阀、放散管和排污管；

3 高压储气罐应设置压力检测装置；

4 高压储气罐宜减少接管开孔数量；

5 高压储气罐宜设置检修排空装置；

6 当高压储气罐罐区设置检修用集中放散装置时，集中放散装置的放散管与站外建、构筑物的防火间距不应小于表6.5.12-1的规定；集中放散装置的放散管与站内建、构筑物的防火间距不应小于表6.5.12-2的规定；放散管管口高度应高出距其 25m 内的建构筑物 2m 以上，且不得小于 10m；

7 集中放散装置宜设置在站内全年最小频率风向的上风侧。

表6.5.12-1 集中放散装置的放散管与站外建、构筑物的防火间距

项　　　目		防火间距（m）
明火、散发火花地点		30
民用建筑		25
甲、乙类液体储罐，易燃材料堆场		25
室外变、配电站		30
甲、乙类物品库房，甲、乙类生产厂房		25
其他厂房		20
铁路（中心线）		40
公路、道路（路边）	高速，Ⅰ、Ⅱ级，城市快速	15
	其他	10
架空电力线（中心线）	>380V	2.0 倍杆高
	≤380V	1.5 倍杆高
架空通信线（中心线）	国家Ⅰ、Ⅱ级	1.5 倍杆高
	其他	1.5 倍杆高

表6.5.12-2 集中放散装置的放散管与站内建、构筑物的防火间距

项　　　目	防火间距（m）
明火、散发火花地点	30
办公、生活建筑	25
可燃气体储气罐	20
室外变、配电站	30
调压室、压缩机室、计量室及工艺装置区	20
控制室、配电室、汽车库、机修间和其他辅助建筑	25
燃气锅炉房	25
消防泵房、消防水池取水口	20
站内道路（路边）	2
围墙	2

6.5.13 站内工艺管道应采用钢管。燃气管道设计压力大于 0.4MPa 时，其管材性能应分别符合现行国家标准《石油天然气工业输送钢管交货技术条件》GB/T 9711、《输送流体用无缝钢管》GB/T 8163 的规定；设计压力不大于 0.4MPa 时，其管材性能应符合现行国家标准《低压流体输送用焊接钢管》GB/T 3091 的规定。

阀门等管道附件的压力级别不应小于管道设计压力。

6.5.14 燃气加压设备的选型应符合下列要求：

1 储配站燃气加压设备应结合输配系统总体设计采用的工艺流程、设计负荷、排气压力及调度要求确定；

2 加压设备应根据吸排气压力、排气量选择机型。所选用的设备应便于操作维护，安全可靠，并符合节能、高效、低振和低噪声的要求；

3 加压设备的排气能力应按厂方提供的实测值为依据。站内加压设备的形式应一致，加压设备的规格应满足运行调度要求，并不宜多于两种。

储配站内装机总台数不宜过多。每 1~5 台压缩机宜另设 1 台备用。

6.5.15 压缩机室的工艺设计应符合下列要求：

1 压缩机宜按独立机组配置进、出气管及阀门、旁通、冷却器、安全放散、供油和供水等各项辅助设施；

2 压缩机的进、出气管道宜采用地下直埋或管沟敷设，并宜采取减振降噪措施；

3 管道设计应设有能满足投产置换，正常生产维修和安全保护所必需的附属设备；

4 压缩机及其附属设备的布置应符合下列要求：

　1）压缩机宜采取单排布置；

　2）压缩机之间及压缩机与墙壁之间的净距不宜小于 1.5m；

　3）重要通道的宽度不宜小于 2m；

　4）机组的联轴器及皮带传动装置应采取安全防护措施；

　5）高出地面 2m 以上的检修部位应设置移动或可拆卸式的维修平台或扶梯；

　6）维修平台及地坑周围应设防护栏杆；

5 压缩机室宜根据设备情况设置检修用起吊设备；

6 当压缩机采用燃气为动力时，其设计应符合现行国家标准《输气管道工程设计规范》GB 50251 和《石油天然气工程设计防火规范》GB 50183 的有关规定；

7 压缩机组前必须设有紧急停车按钮。

6.5.16 压缩机的控制室宜设在主厂房一侧的中部或主厂房的一端。控制室与压缩机室之间应设有能观察各台设备运转的隔声耐火玻璃窗。

6.5.17 储配站控制室内的二次检测仪表及操作调节装置宜按表6.5.17规定设置。

表6.5.17 储配站控制室内二次检测仪表及调节装置

参数名称		现场显示	控 制 室		
			显示	记录或累计	报警连锁
压缩机室进气管压力		—	+	—	+
压缩机室出气管压力		—	+	+	—
机组	吸气压力	+	+	—	—
	吸气温度	+	+	—	—
	排气压力	+	+	—	+
	排气温度	+	—	—	—
压缩机室	供电电压	—	+	—	—
	电流	—	+	—	—
	功率因数	—	+	—	—
	功率	—	+	—	—
机组	电压	+	+	—	—
	电流	+	+	—	—
	功率因数	+	+	—	—
	功率	+	+	—	—
压缩机室	供水温度	+	+	—	—
	供水压力	+	+	—	+
机组	供水温度	+	—	—	—
	回水温度	+	—	—	—
	水流状态	+	—	—	+
润滑油	供油压力	+	+	—	+
	供油温度	+	+	—	—
	回油温度	+	+	—	—
电机防爆通风系统排风压力		—	+	—	+

注：表中"＋"表示应设置。

6.5.18 压缩机室、调压计量室等具有爆炸危险的生产用房应符合现行国家标准《建筑设计防火规范》GB 50016 的"甲类生产厂房"设计的规定。

6.5.19 门站和储配站内的消防设施设计应符合现行国家标准《建筑设计防火规范》GB 50016 的规定，并符合下列要求：

1 储配站在同一时间内的火灾次数应按一次考虑。储罐区的消防用水量不应小于表 6.5.19 的规定。

表 6.5.19 储罐区的消防用水量

储罐容积（m³）	>500~≤10000	>10000~≤50000	>50000~≤100000	>100000~≤200000	>200000
消防用水量（L/s）	15	20	25	30	35

注：固定容积的可燃气体储罐以组为单位，总容积按其几何容积（m³）和设计压力（绝对压力，10²kPa）的乘积计算。

2 当设置消防水池时，消防水池的容量应按火灾延续时间 3h 计算确定。当火灾情况下能保证连续向消防水池补水时，其容量可减去火灾延续时间内的补水量。

3 储配站内消防给水管网应采用环形管网，其给水干管不应少于 2 条。当其中一条发生故障时，其余的进水管应能满足消防用水总量的供给要求。

4 站内室外消火栓宜选用地上式消火栓。

5 门站的工艺装置区可不设消防给水系统。

6 门站和储配站内建筑物灭火器的配置应符合现行国家标准《建筑灭火器配置设计规范》GB 50140 的有关规定。储配站内储罐区应配置干粉灭火器，配置数量按储罐台数每台设置 2 个；每组相对独立的调压计量等工艺装置区应配置干粉灭火器，数量不少于 2 个。

注：1 干粉灭火器指 8kg 手提式干粉灭火器。
　　2 根据场所危险程度可设置部分 35kg 手推式干粉灭火器。

6.5.20 门站和储配站供电系统设计应符合现行国家标准《供配电系统设计规范》GB 50052 的"二级负荷"的规定。

6.5.21 门站和储配站电气防爆设计符合下列要求：

1 站内爆炸危险场所的电力装置设计应符合现行国家标准《爆炸和火灾危险环境电力装置设计规范》GB 50058 的规定。

2 其爆炸危险区域等级和范围的划分宜符合本规范附录 D 的规定。

3 站内爆炸危险厂房和装置区内应装设燃气浓度检测报警装置。

6.5.22 储气罐和压缩机室、调压计量室等具有爆炸危险的生产用房应有防雷接地设施，其设计应符合现行国家标准《建筑物防雷设计规范》GB 50057 的"第二类防雷建筑物"的规定。

6.5.23 门站和储配站的静电接地设计应符合国家现行标准《化工企业静电接地设计规程》HGJ 28 的规定。

6.5.24 门站和储配站边界的噪声应符合现行国家标准《工业企业厂界噪声标准》GB 12348 的规定。

6.6 调压站与调压装置

6.6.1 本节适用于城镇燃气输配系统中不同压力级别管道之间连接的调压站、调压箱（或柜）和调压装置的设计。

6.6.2 调压装置的设置应符合下列要求：

1 自然条件和周围环境许可时，宜设置在露天，但应设置围墙、护栏或车挡；

2 设置在地上单独的调压箱（悬挂式）内时，对居民和商业用户燃气进口压力不应大于 0.4MPa；对工业用户（包括锅炉房）燃气进口压力不应大于 0.8MPa；

3 设置在地上单独的调压柜（落地式）内时，对居民、商业用户和工业用户（包括锅炉房）燃气进口压力不宜大于 1.6MPa；

4 设置在地上单独的建筑物内时，应符合本规范第 6.6.12 条的要求；

5 当受到地上条件限制，且调压装置进口压力不大于 0.4MPa 时，可设置在地下单独的建筑物内或地下单独的箱体内，并应分别符合本规范第 6.6.14 条和第 6.6.5 条的要求；

6 液化石油气和相对密度大于 0.75 燃气的调压装置不得设于地下室、半地下室内和地下单独的箱体内。

6.6.3 调压站（含调压柜）与其他建筑物、构筑物的水平净距应符合表 6.6.3 的规定。

表 6.6.3 调压站（含调压柜）与其他建筑物、构筑物水平净距（m）

设置形式	调压装置入口燃气压力级制	建筑物外墙面	重要公共建筑、一类高层民用建筑	铁路（中心线）	城镇道路	公共电力变配电柜
地上单独建筑	高压（A）	18.0	30.0	25.0	5.0	6.0
	高压（B）	13.0	25.0	20.0	4.0	6.0
	次高压（A）	9.0	18.0	15.0	3.0	4.0
	次高压（B）	6.0	12.0	10.0	3.0	4.0
	中压（A）	6.0	12.0	10.0	2.0	4.0
	中压（B）	6.0	12.0	10.0	2.0	4.0
调压柜	次高压（A）	7.0	14.0	12.0	2.0	4.0
	次高压（B）	4.0	8.0	8.0	2.0	4.0
	中压（A）	4.0	8.0	8.0	1.0	4.0
	中压（B）	4.0	8.0	8.0	1.0	4.0
地下单独建筑	中压（A）	3.0	6.0	6.0	—	6.0
	中压（B）	3.0	6.0	6.0	—	6.0
地下调压箱	中压（A）	3.0	6.0	—	—	3.0
	中压（B）	3.0	6.0	—	—	3.0

注：1 当调压装置露天设置时，则指距离装置的边缘；
　　2 当调压装置（含重要公共建筑）的某外墙为无门、窗洞口的实体墙，且建筑物耐火等级不低于二级时，燃气进口压力级别为中压 A 或中压 B 的调压柜一侧或两侧（非平行）可贴邻上述外墙设置；
　　3 当达不到上表净距要求时，采取有效措施，可适当缩小净距。

6.6.4 地上调压箱和调压柜的设置应符合下列要求：

1 调压箱（悬挂式）

1）调压箱的箱底距地坪的高度宜为 1.0~1.2m，可安装在用气建筑物的外墙壁上或悬挂于专用的支架上；当安装在用气建筑物的外墙上时，调压器进出口管径不宜大于 DN50；

2）调压箱到建筑物的门、窗或其他通向室内的孔槽的水平净距应符合下列规定：

当调压器进口燃气压力不大于 0.4MPa 时，不应小于 1.5m；

当调压器进口燃气压力大于 0.4MPa 时，不应小于 3.0m；

调压箱不应安装在建筑物的窗下和阳台下的墙上；不应安装在室内通风机进风口墙上；

3）安装调压箱的墙体应为永久性的实体墙，其建筑物耐火等级不应低于二级；

4）调压箱上应有自然通风孔。

2 调压柜（落地式）

1）调压柜应单独设置在牢固的基础上，柜底距地坪高度宜为 0.30m；

2）距其他建筑物、构筑物的水平净距应符合表 6.6.3 的规定；

3）体积大于 1.5m³ 的调压柜应有爆炸泄压口，爆炸泄压口不应小于上盖或最大柜壁面积的 50%（以较大者为准）；爆炸泄压口宜设在上盖上；通风口面积可包括在计算爆炸泄压口面积内；

4）调压柜上应有自然通风口，其设置应符合下列要求：

当燃气相对密度大于 0.75 时，应在柜体上、下各设 1% 柜底面积通风口；调压柜四周应设护栏；

当燃气相对密度不大于 0.75 时，可仅在柜体上部设 4% 柜底面积通风口；调压柜四周宜设护栏。

3 调压箱（或柜）的安装位置应能满足调压器安全装置的安装要求。

4 调压箱（或柜）的安装位置应使调压箱（或柜）不被碰撞，在开箱（或柜）作业时不影响交通。

6.6.5 地下调压箱的设置应符合下列要求：

1 地下调压箱不宜设置在城镇道路下，距其他建筑物、构筑物的水平净距应符合本规范表 6.6.3 的规定；

2 地下调压箱上应有自然通风口，其设置应符合本规范第 6.6.4 条第 2 款 4）项规定；

3 安装地下调压箱的位置应能满足调压器安全装置的安装要求；

4 地下调压箱设计应方便检修；

5 地下调压箱应有防腐保护。

6.6.6 单独用户的专用调压装置除按本规范第 6.6.2 和 6.6.3 条设置外，尚可按下列形式设置，但应符合下列要求：

1 当商业用户调压装置进口压力不大于 0.4MPa，或工业用户（包括锅炉）调压装置进口压力不大于 0.8MPa 时，可设置在用气建筑物专用单层毗连建筑物内：

　　1）该建筑物与相邻建筑应用无门窗和洞口的防火墙隔开，与其他建筑物、构筑物水平净距应符合本规范表 6.6.3 的规定；

　　2）该建筑物耐火等级不应低于二级，并应具有轻型结构屋顶爆破泄压口及向外开启的门窗；

　　3）地面应采用撞击时不会产生火花的材料；

　　4）室内通风换气次数每小时不应小于 2 次；

　　5）室内电气、照明装置应符合现行的国家标准《爆炸和火灾危险环境电力装置设计规范》GB 50058 的"1 区"设计的规定。

2 当调压装置进口压力不大于 0.2MPa 时，可设置在公共建筑的顶层房间内：

　　1）房间应靠建筑外墙，不应布置在人员密集房间的上面或贴邻，并满足本条第 1 款 2）、3）、5）项要求；

　　2）房间内应设有连续通风装置，并能保证通风换气次数每小时不小于 3 次；

　　3）房间内应设置燃气浓度检测监控仪表及声、光报警装置。该装置应与通风设施和紧急切断阀连锁，并将信号引入该建筑物监控室；

　　4）调压装置应设有超压自动切断保护装置；

　　5）室外进口管道应设有阀门，并能在地面操作；

　　6）调压装置与燃气管道应采用钢管焊接和法兰连接。

3 当调压装置进口压力不大于 0.4MPa，且调压器进出口管径不大于 DN100 时，可设置在用气建筑物的平屋顶上，但应符合下列条件：

　　1）应在屋顶承重结构受力允许的条件下，且该建筑物耐火等级不应低于二级；

　　2）建筑物应有通向屋顶的楼梯；

　　3）调压箱、柜（或露天调压装置）与建筑物烟囱的水平净距不应小于 5m。

4 当调压装置进口压力不大于 0.4MPa 时，可设置在生产车间、锅炉房和其他工业生产用气房间内，或当调压装置进口压力不大于 0.8MPa 时，可设置在独立、单层建筑的生产车间或锅炉房内，但应符合下列条件：

　　1）应满足本条第 1 款 2）、4）项要求；

　　2）调压器进出口管径不应大于 DN80；

　　3）调压装置宜设不燃烧体护栏；

　　4）调压装置除在室内设进口阀门外，还应在室外引入管上设置阀门。

　　注：当调压器进出口管径大于 DN80 时，应将调压装置设置在用气建筑物的专用单层房间内，其设计应符合本条第 1 款的要求。

6.6.7 调压箱（柜）或调压站的噪声应符合现行国家标准《城市区域环境噪声标准》GB 3096 的规定。

6.6.8 设置调压器场所的环境温度应符合下列要求：

1 当输送干燃气时，无采暖的调压器的环境温度应能保证调压器的活动部件正常工作；

2 当输送湿燃气时，无防冻措施的调压器的环境温度应大于 0℃；当输送液化石油气时，其环境温度应大于液化石油气的露点。

6.6.9 调压器的选择应符合下列要求：

1 调压器应能满足进口燃气的最高、最低压力的要求；

2 调压器的压力差，应根据调压器前燃气管道的最低设计压力与调压器后燃气管道的设计压力之差值确定；

3 调压器的计算流量，应按该调压器所承担的管网小时最大输送量的 1.2 倍确定。

6.6.10 调压站（或调压箱或调压柜）的工艺设计应符合下列要求：

1 连接未成环低压管网的区域调压站和供连续生产使用的用户调压装置宜设置备用调压器，其他情况下的调压器可不设备用。

　　调压器的燃气进、出口管道之间应设旁通管，用户调压箱（悬挂式）可不设旁通管。

2 高压和次高压燃气调压站室外进、出口管道上必须设置阀门；

　　中压燃气调压站室外进口管道上，应设置阀门。

3 调压站室外进、出口管道上阀门距调压站的距离：

　　当为地上单独建筑时，不宜小于 10m，当为毗连建筑物时，不宜小于 5m；

　　当为调压柜时，不宜小于 5m；

　　当为露天调压装置时，不宜小于 10m；

　　当通向调压站的支管阀门距调压站小于 100m 时，室外支管阀门与调压站进口阀门可合为一个。

4 在调压器燃气入口处应安装过滤器。

5 在调压器燃气入口（或出口）处，应设防止燃气出口压力过高的安全保护装置（当调压器本身带有安全保护装置时可不设）。

6 调压器的安全保护装置宜选用人工复位型。安全保护（放散或切断）装置必须设定启动压力值并具有足够的能力。启动压力应根据工艺要求确定，当工艺无特殊要求时应符合下列要求：

　　1）当调压器出口为低压时，启动压力应使与低压管道直接相连的燃气用具处于安全工作压力以内；

　　2）当调压器出口压力小于 0.08MPa 时，启动压力不应超过出口工作压力上限的 50%；

　　3）当调压器出口压力等于或大于 0.08MPa，但不大于 0.4MPa 时，启动压力不应超过出口工作压力上限 0.04MPa；

　　4）当调压器出口压力大于 0.4MPa 时，启动压力不应超过出口工作压力上限的 10%。

7 调压站放散管管口应高出其屋檐 1.0m 以上。

　　调压柜的安全放散管管口距地面的高度不应小于 4m；设置在建筑物墙上的调压箱的安全放散管管口应高出该建筑物屋檐 1.0m；

　　地下调压站和地下调压箱的安全放散管管口也应按地上调压柜安全放散管管口的规定设置。

　　注：清洗管道吹扫用的放散管、指挥器的放散管与安全水封放散管属于同一工作压力时，允许将它们连接在同一放散管上。

8 调压站内调压器及过滤器前后均应设置指示式压力表，调压器后应设置自动记录式压力仪表。

6.6.11 地上调压站内调压器的布置应符合下列要求：

1 调压器的水平安装高度应便于维护检修；

2 平行布置 2 台以上调压器时，相邻调压器外缘净距、调压器与墙面之间的净距和室内主要通道的宽度均宜大于 0.8m。

6.6.12 地上调压站的建筑物设计应符合下列要求：

1 建筑物耐火等级不应低于二级；

2 调压室与毗连房间之间应用实体隔墙隔开，其设计应符合下列要求：

1）隔墙厚度不应小于 24cm，且应两面抹灰；

2）隔墙内不得设置烟道和通风设备，调压室的其他墙壁也不得设有烟道；

3）隔墙有管道通过时，应采用填料密封或将墙洞用混凝土等材料填实；

3 调压室及其他有漏气危险的房间，应采取自然通风措施，换气次数每小时不应小于 2 次；

4 城镇无人值守的燃气调压室电气防爆等级应符合现行国家标准《爆炸和火灾危险环境电力装置设计规范》GB 50058 "1 区"设计的规定（见附录图 D-7）；

5 调压室内的地面应采用撞击时不会产生火花的材料；

6 调压室应有泄压措施，并应符合现行国家标准《建筑设计防火规范》GB 50016 的有关规定；

7 调压室的门、窗应向外开启，窗应设防护栏和防护网；

8 重要调压站宜设保护围墙；

9 设于空旷地带的调压站或采用高架遥测天线的调压站应单独设置避雷装置，其接地电阻值应小于 10Ω。

6.6.13 燃气调压站采暖应根据气象条件、燃气性质、控制测量仪表结构和人员工作的需要等因素确定。当需要采暖时严禁在调压室内用明火采暖，但可采用集中供热或在调压站内设置燃气、电气采暖系统，其设计应符合下列要求：

1 燃气采暖锅炉可设在与调压器室毗连的房间内；

调压器室的门、窗与锅炉室的门、窗不应设置在建筑的同一侧；

2 采暖系统宜采用热水循环式；

采暖锅炉烟囱排烟温度严禁大于 300℃；烟囱出口与燃气安全放散管出口的水平距离应大于 5m；

3 燃气采暖锅炉应有熄火保护装置或设专人值班管理；

4 采用防爆式电气采暖装置时，可对调压器室或单体设备用电加热采暖。电采暖设备的外壳温度不得大于 115℃。电采暖设备应与调压设备绝缘。

6.6.14 地下调压站的建筑物设计应符合下列要求：

1 室内净高不应低于 2m；

2 宜采用混凝土整体浇筑结构；

3 必须采取防水措施；在寒冷地区应采取防寒措施；

4 调压室顶盖上必须设置两个呈对角位置的人孔，孔盖应能防止地表水浸入；

5 室内地面应采用撞击时不产生火花的材料，并应在一侧人孔下的地坪设置集水坑；

6 调压室顶盖应采用混凝土整体浇筑。

6.6.15 当调压站内、外燃气管道为绝缘连接时，调压器及其附属设备必须接地，接地电阻应小于 100Ω。

6.7 钢质燃气管道和储罐的防腐

6.7.1 钢质燃气管道和储罐必须进行外防腐。其防腐设计应符合国家现行标准《城镇燃气埋地钢质管道腐蚀控制技术规程》CJJ 95 和《钢质管道及储罐腐蚀控制工程设计规范》SY 0007 的有关规定。

6.7.2 地下燃气管道防腐设计，必须考虑土壤电阻率。对高、中压输气干管宜沿燃气管道途经地段选点测定其土壤电阻率。应根据土壤的腐蚀性、管道的重要程度及所经地段的地质、环境条件确定其防腐等级。

6.7.3 地下燃气管道的外防腐涂层的种类，根据工程的具体情况，可选用石油沥青、聚乙烯防腐胶带、环氧煤沥青、聚乙烯防腐层、氯磺化聚乙烯、环氧粉末喷涂等。当选用上述涂层时，应符合国家现行有关标准的规定。

6.7.4 采用涂层保护埋地敷设的钢质燃气干管应同时采用阴极保护。

市区外埋地敷设的燃气干管，当采用阴极保护时，宜采用强制电流方式，并应符合国家现行标准《埋地钢质管道强制电流阴极保护设计规范》SY/T 0036 的有关规定。

市区内埋地敷设的燃气干管，当采用阴极保护时，宜采用牺牲阳极法，并应符合国家现行标准《埋地钢质管道牺牲阳极阴极保护设计规范》SY/T 0019 的有关规定。

6.7.5 地下燃气管道与交流电力线接地体的净距不应小于表 6.7.5 的规定。

表 6.7.5　地下燃气管道与交流电力线接地体的净距（m）

电压等级（kV）	10	35	110	220
铁塔或电杆接地体	1	3	5	10
电站或变电所接地体	5	10	15	30

6.8 监控及数据采集

6.8.1 城市燃气输配系统，宜设置监控及数据采集系统。

6.8.2 监控及数据采集系统应采用电子计算机系统为基础的装备和技术。

6.8.3 监控及数据采集系统应采用分级结构。

6.8.4 监控及数据采集系统应设主站、远端站。主站应设在燃气企业调度服务部门，并宜与城市公用数据库连接。远端站宜设置在区域调压站、专用调压站、管网压力监测点、储配站、门站和气源厂等。

6.8.5 根据监控及数据采集系统拓扑结构设计的需求，在等级系统中可在主站与远端站之间设置通信或其他功能的分级站。

6.8.6 监控及数据采集系统的信息传输介质及方式应根据当地通信系统条件、系统规模和特点、地理环境，经全面的技术经济比较后确定。信息传输宜采用城市公共数据通信网络。

6.8.7 监控及数据采集系统所选用的设备、器件、材料和仪表应选用通用性产品。

6.8.8 监控及数据采集系统的布线和接口设计应符合国家现行有关标准的规定，并具有通用性、兼容性和可扩性。

6.8.9 监控及数据采集系统的硬件和软件应有较高可靠性，并应设置系统自身诊断功能，关键设备应采用冗余技术。

6.8.10 监控及数据采集系统宜配备实时瞬态模拟软件，软件应满足系统进行调度优化、泄漏检测定位、工况预测、存量分析、负荷预测及调度员培训等功能。

6.8.11 监控及数据采集系统远端站应具有数据采集和通信功能，并对需要进行控制或调节的对象点，应有对选定的参数或操作进行控制或调节功能。

6.8.12 主站系统设计应具有良好的人机对话功能，宜满足及时调整参数或处理紧急情况的需要。

6.8.13 远端站数据采集等工作信息的类型和数量应按实际需要予以合理地确定。

6.8.14 设置监控和数据采集设备的建筑应符合现行国家标准《计算站场地技术要求》GB 2887 和《电子计算机机房设计规范》GB 50174 以及《计算机机房用活动地板技术条件》GB 6550 的有关规定。

6.8.15 监控及数据采集系统的主站机房，应设置可靠性较高的不间断电源设备及其备用设备。

6.8.16 远端站的防爆、防护应符合所在地点防爆、防护的相关要求。

7 压缩天然气供应

7.1 一般规定

7.1.1 本章适用于下列工作压力不大于 25.0MPa（表压）的城镇压缩天然气供应工程设计：

1 压缩天然气加气站；
2 压缩天然气储配站；
3 压缩天然气瓶组供气站。

7.1.2 压缩天然气的质量应符合现行国家标准《车用压缩天然气》GB 18047 的规定。

7.1.3 压缩天然气可采用汽车载运气瓶组或气瓶车运输，也可采用船载运输。

7.2 压缩天然气加气站

7.2.1 压缩天然气加气站站址选择应符合下列要求：

1 压缩天然气加气站宜靠近气源，并应具有适宜的交通、供电、给水排水、通信及工程地质条件；

2 在城镇区域内建设的压缩天然气加气站站址应符合城镇总体规划的要求。

7.2.2 压缩天然气加气站与天然气储配站合建时，站内的天然气储罐与气瓶车固定车位的防火间距不应小于表 7.2.2 的规定。

7.2.3 压缩天然气加气站与天然气储配站的合建站，当天然气储罐区设置检修用集中放散装置时，集中放散装置的放散管与站内、外建、构筑物的防火间距不应小于本规范第 6.5.12 条的规定。集中放散装置的放散管与气瓶车固定车位的防火间距不应小于 20m。

表 7.2.2　天然气储罐与气瓶车固定车位的防火间距 （m）

储罐总容积（m³）		≤50000	>50000
气瓶车固定车位最大储气容积（m³）	≤10000	12.0	15.0
	>10000～30000	15.0	20.0

注：1 储罐总容积按本规范表 6.5.3 注 3 计算；

2 气瓶车在固定车位最大储气总容积（m³）为在固定车位储气的各气瓶车总几何容积（m³）与其最高储气压力（绝对压力 10²kPa）乘积之和，并除以压缩因子。

3 天然气储罐与气瓶车固定车位的防火间距，除符合本表规定外，还不应小于较大罐直径。

7.2.4 气瓶车固定车位与站外建、构筑物的防火间距不应小于表 7.2.4 的规定。

表 7.2.4　气瓶车固定车位与站外建、构筑物的防火间距 （m）

项　目		气瓶车在固定车位最大储气总容积（m³）	
		>4500～≤10000	>10000～≤30000
明火、散发火花地点，室外变、配电站		25.0	30.0
重要公共建筑		50.0	60.0
民用建筑		25.0	30.0
甲、乙、丙类液体储罐，易燃材料堆场，甲类物品库房		25.0	30.0
其他建筑	一、二级	15.0	20.0
	三级	20.0	25.0
	四级	25.0	30.0
铁路（中心线）		40.0	
公路、道路（路边）	高速、Ⅰ、Ⅱ级，城市快速	20.0	
	其他	15.0	
架空电力线（中心线）		1.5 倍杆高	
架空通信线（中心线）	Ⅰ、Ⅱ级	20.0	
	其他	1.5 倍杆高	

注：1 气瓶车在固定车位最大储气总容积按本规范表 7.2.2 注 2 计算。

2 气瓶车在固定车位储气总几何容积不大于 18m³，且最大储气总容积不大于 4500m³ 时，应符合现行国家标准《汽车加油加气站设计与施工规范》GB 50156 的规定。

7.2.5 气瓶车固定车位与站内建、构筑物的防火间距不应小于表 7.2.5 的规定。

表 7.2.5　气瓶车固定车位与站内建、构筑物的防火间距 （m）

名　称		气瓶车在固定车位最大储气总容积（m³）	
		>4500～≤10000	>10000～≤30000
明火、散发火花地点		25.0	30.0
压缩机室、调压室、计量室		10.0	12.0
变、配电室、仪表室、燃气热水炉室、值班室、门卫		15.0	20.0
办公、生活建筑		20.0	25.0
消防泵房、消防水池取水口		20.0	
站内道路（路边）	主　要	10.0	
	次　要	5.0	
围　墙		6.0	10.0

注：1 气瓶车在固定车位最大储气总容积按本规范表 7.2.2 注 2 计算。

2 变、配电室、仪表室、燃气热水炉室、值班室、门卫等用房的建筑耐火等级不应低于现行国家标准《建筑设计防火规范》GB 50016 中"二级"规定。

3 露天的燃气工艺装置与气瓶车固定车位的间距可按工艺要求确定。

4 气瓶车在固定车位储气总几何容积不大于 18m³，且最大储气总容积不大于 4500m³ 时，应符合现行国家标准《汽车加油加气站设计与施工规范》GB 50156 的规定。

7.2.6 站内应设置气瓶车固定车位，每个气瓶车的固定车位宽度不应小于 4.5m，长度宜为气瓶车长度，在固定车位场地上应标有各车位明显的边界线，每台车位宜对应 1 个加气嘴，在固定车位前应留有足够的回车场地。

7.2.7 气瓶车停靠在固定车位处，并应采取固定措施，在充气作业中严禁移动。

7.2.8 气瓶车在固定车位最大储气总容积不应大于 30000m³。

7.2.9 加气柱宜设在固定车位附近，距固定车位 2～3m。加气柱距站内天然气储罐不应小于 12m，距围墙不应小于 6m，距压缩机室、调压室、计量室不应小于 6m，距燃气热水炉室不应小于 12m。

7.2.10 压缩天然气加气站的设计规模应根据用户的需求量与天然气气源的稳定供气能力确定。

7.2.11 当进站天然气硫化氢含量超过本规范第 7.1.2 条的规定时，应进行脱硫。当进站天然气水量超过本规范第 7.1.2 条规定时，应进行脱水。

天然气脱硫和脱水装置设计应符合现行国家标准《汽车加油加气站设计与施工规范》GB 50156 的有关规定。

7.2.12 进入压缩机的天然气含尘量不应大于 5mg/m³，微尘直径应小于 10μm；当天然气含尘量和微尘直径超过规定值时，应进行除尘净化。进入压缩机的天然气质量还应符合选用的压缩机的有关要求。

7.2.13 在压缩机前应设置缓冲罐，天然气在缓冲罐内停留的时间不宜小于 10s。

7.2.14 压缩天然气加气站总平面应分区布置，即分为生产区和辅助区。压缩天然气加气站宜设 2 个对外出入口。

7.2.15 进压缩天然气加气站的天然气管道上应设切断阀；当气源为城市高、中压输配管道时，还应在切断阀后设安全阀。切断阀和安全阀符合下列要求：

1 切断阀应设置在事故情况下便于操作的安全地点；

2 安全阀应为全启封闭式弹簧安全阀，其开启压力应为站外天然气输配管道最高工作压力；

3 安全阀采用集中放散时，应符合本规范第 6.5.12 条第 6 款的规定。

7.2.16 压缩天然气系统的设计压力应根据工艺条件确定，且不应小于该系统最高工作压力的 1.1 倍。

向压缩天然气储配站和压缩天然气瓶组供气站运送压缩天然气的气瓶车和气瓶组，在充装温度为 20℃时，充装压力不应大于 20.0MPa（表压）。

7.2.17 天然气压缩机应根据进站天然气压力、脱水工艺及设计规模进行选型，型号宜选择一致，并应有备用机组。压缩机排气压力不应大于 25.0MPa（表压）；多台并联运行的压缩机单台排气量，应按公称容积流量的 80%～85% 进行计算。

7.2.18 压缩机动力宜选用电动机，也可选用天然气发动机。

7.2.19 天然气压缩机应根据环境和气候条件露天设置或设置于单层建筑物内，也可采用橇装设备。压缩机宜单排布置，压缩机室主要通道宽度不宜小于 1.5m。

7.2.20 压缩机前总管中天然气流速不宜大于 15m/s。

7.2.21 压缩机进口管道上应设置手动和电动（或气动）控制阀门。压缩机出口管道上应设置安全阀、止回阀和手动切断阀。出口安全阀的泄放能力不应小于压缩机的安全泄放量；安全阀放散管管口应高出建筑物 2m 以上，且距地面不应小于 5m。

7.2.22 从压缩机轴承等处泄漏的天然气，应汇总后由管道引至室外放散，放散管管口的设置应符合本规范第 7.2.21 条的规定。

7.2.23 压缩机组的运行管理宜采用计算机控制装置。

7.2.24 压缩机应设有自动和手动停车装置，各级排气温度大于限定值时，应报警并人工停车。在发生下列情况之一时，应报警并自动停车：

  1 各级吸、排气压力不符合规定值；

  2 冷却水（或风冷鼓风机）压力和温度不符合规定值；

  3 润滑油压力、温度和油箱液位不符合规定值；

  4 压缩机电机过载。

7.2.25 压缩机卸载排气宜通过缓冲罐回收，并引入进站天然气管道内。

7.2.26 从压缩机排出的冷凝液处理应符合如下规定：

  1 严禁直接排入下水道。

  2 采用压缩机前脱水工艺时，应在每台压缩机前排出冷凝液的管道上设置压力平衡阀和止回阀。冷凝液汇入总管后，应引至室外储罐，储罐的设计压力应为冷凝系统最高工作压力的 1.2 倍。

  3 采用压缩机后脱水或中段脱水工艺时，应设置在压缩机运行中能自动排出冷凝液的设施。冷凝液汇总后引至室外密闭水封塔，释放气放散管管口的设置应符合本规范第 7.2.21 条的规定；塔底冷凝水应集中处理。

7.2.27 从冷却器、分离器等排出的冷凝液，应按本章第 7.2.26 条第 3 款的要求处理。

7.2.28 压缩天然气加气站检测和控制调节装置宜按表 7.2.28 规定设置。

表 7.2.28 压缩天然气加气站检测和控制调节装置

参　数　名　称		现场显示	控　制　室		
			显示	记录或累计	报警连锁
天然气进站压力		+	+	+	—
天然气进站流量		—	+	+	—
压缩机室	调压器出口压力	+	+	—	—
	过滤器出口压力	+	+	—	—
	压缩机吸气总管压力	+	+	—	—
	压缩机排气总管压力	+	+	—	—
	冷却水：供水压力	+	+	—	+
	供水温度	+	+	—	+
	回水温度	+	+	—	+
	润滑油：供油压力	+	+	—	+
	供油温度	+	+	—	—
	回油温度	+	+	—	—
	供电：电压	+	+	—	—
	电流	—	+	—	—
	功率因数	—	+	—	—
	功率	—	+	+	—

续表 7.2.28

参　数　名　称		现场显示	控　制　室		
			显示	记录或累计	报警连锁
压缩机组	压缩机各级：吸气、排气压力	+	+	—	+
	排气温度	+	+	—	+（手动）
	冷却水：供水压力	+	+	—	+
	供水温度	+	+	—	+
	回水温度	+	+	—	+
	润滑油：供油压力	+	+	—	+
	供油温度	+	+	—	—
	回油温度	+	+	—	—
脱水装置	出口总管压力	+	+	+	—
	加热用气：压力	+	+	—	—
	温度	+	+	+	—
	排气温度	+	+	—	—

注：表中"+"表示应设置。

7.2.29 压缩天然气加气站天然气系统的设计，应符合本规范第 6.5 节的有关规定。

7.3 压缩天然气储配站

7.3.1 压缩天然气储配站站址选择应符合下列要求：

  1 符合城镇总体规划的要求；

  2 应具有适宜的地形、工程地质、交通、供电、给水排水及通信条件；

  3 少占农田、节约用地并注意与城市景观协调。

7.3.2 压缩天然气储配站的设计规模应根据城镇各类天然气用户的总用气量和供应本站的压缩天然气加气站供气能力及气瓶车运输条件等确定。

7.3.3 压缩天然气储配站的天然气总储气量应根据气源、运输和气候等条件确定，但不应小于本站计算月平均日供气量的 1.5 倍。

压缩天然气储配站的天然气总储气量包括停靠在站内固定车位的压缩天然气气瓶车的总储气量。当储配站天然气总储气量大于 30000m³ 时，除采用气瓶车储气外应建天然气储罐等其他储气设施。

注：有补充或替代气源时，可按工艺条件确定。

7.3.4 压缩天然气储配站内天然气储罐与站外建、构筑物的防火间距应符合现行国家标准《建筑设计防火规范》GB 50016 的规定。站内露天天然气工艺装置与站外建、构筑物的防火间距按甲类生产厂房与厂外建、构筑物的防火间距执行。

7.3.5 压缩天然气储配站内天然气储罐与站内建、构筑物的防火间距应符合本规范第 6.5.3 条的规定。

7.3.6 天然气储罐或罐区之间的防火间距应符合本规范第 6.5.4 条的规定。

7.3.7 当天然气储罐区设置检修用集中放散装置时，集中放散装置的放散管与站内、外建、构筑物的防火间距应符合本规范第 7.2.3 条的规定。

7.3.8 气瓶车固定车位与站外建、构筑物的防火间距应符合本规范第 7.2.4 条的规定。

7.3.9 气瓶车固定车位与站内建、构筑物的防火间距应符合本规范第 7.2.5 条的规定。

7.3.10 气瓶车固定车位的设置和气瓶车的停靠应符合本规范第 7.2.6 条和 7.2.7 条的规定。卸气柱的设置应符合本规范第 7.2.9 条有关加气柱的规定。

7.3.11 压缩天然气储配站总平面应分区布置，即分为生产区和辅助区。压缩天然气储配站宜设 2 个对外出入口。

7.3.12 当压缩天然气储配站与液化石油气混气站合建时，站内天然气储罐及固定车位与液化石油气储罐的防火间距应符合现行国家标准《建筑设计防火规范》GB 50016 的规定。

7.3.13 压缩天然气系统的设计压力应符合本章第7.2.16条的规定。

7.3.14 压缩天然气应根据工艺要求分级调压，并应符合下列要求：

    1 在一级调压器进口管道上应设置快速切断阀。

    2 调压系统应根据工艺要求设置自动切断和安全放散装置。

    3 在压缩天然气调压过程中，应根据工艺条件确定对调压器前压缩天然气进行加热，加热量应能保证设备、管道及附件正常运行。加热介质管道或设备应设超压泄放装置。

    4 在一级调压器进口管道上宜设置过滤器。

    5 各级调压器系统安全阀的安全放散管宜汇总至集中放散管，集中放散管管口的设置应符合本规范第7.2.21条的规定。

7.3.15 通过城市天然气输配管道向各类用户供应的天然气无臭味或臭味不足时，应在压缩天然气储配站内进行加臭，加臭量应符合本规范第3.2.3条的规定。

7.3.16 压缩天然气储配站的天然气系统，应符合本规范第6.5节的有关规定。

7.4 压缩天然气瓶组供气站

7.4.1 瓶组供气站的规模应符合下列要求：

    1 气瓶组最大储气总容积不应大于1000m³，气瓶组总几何容积不应大于4m³。

    2 气瓶组储气总容积应按1.5倍计算月平均日供气量确定。

    注：气瓶组最大储气总容积为各气瓶组总几何容积（m³）与其最高储气压力（绝对压力10²kPa）乘积之和，并除以压缩因子。

7.4.2 压缩天然气瓶组供气站宜设置在供气小区边缘，供气规模不宜大于1000户。

7.4.3 气瓶组应在站内固定地点设置。气瓶组及天然气放散管管口、调压装置至明火散发火花的地点和建、构筑物的防火间距不应小于表7.4.3的规定。

表7.4.3 气瓶组及天然气放散管管口、调压装置至明火散发火花的地点和建、构筑物的防火间距（m）

项目 \ 名称		气瓶组	天然气放散管管口	调压装置
明火、散发火花地点		25	25	25
民用建筑、燃气热水炉间		18	18	12
重要公共建筑、一类高层民用建筑		30	30	24
道路（路边）	主 要	10	10	10
	次 要	5	5	5

注：本表以外的其他建、构筑物的防火间距应符合国家现行标准《汽车用燃气加气站技术规范》CJJ 84中天然气加气站三级站的规定。

7.4.4 气瓶组可与调压计量装置设置在一起。

7.4.5 气瓶组的气瓶应符合国家有关现行标准的规定。

7.4.6 气瓶组供气站的调压应符合本规范第7.3节的有关规定。

7.5 管道及附件

7.5.1 压缩天然气管道应采用高压无缝钢管，其技术性能应符合现行国家标准《高压锅炉用无缝钢管》GB 5310、流体输送用《不锈钢无缝钢管》GB/T 14976或《化肥设备用高压无缝钢管》GB 6479的规定。

7.5.2 钢管外径大于28mm时压缩天然气管道宜采用焊接连接，管道与设备、阀门的连接宜采用法兰连接；小于或等于28mm的压缩天然气管道及其与设备、阀门的连接可采用双卡套接头、法兰或锥管螺纹连接。双卡套接头应符合现行国家标准《卡套管接头技术条件》GB 3765的规定。管接头的复合密封材料和垫片应适应天然气的要求。

7.5.3 压缩天然气系统的管道、管件、设备与阀门的设计压力或压力级别不应小于系统的设计压力，其材质应与天然气介质相适应。

7.5.4 压缩天然气加气柱和卸气柱的加气、卸气软管应采用耐

天然气腐蚀的气体承压软管；软管的长度不应大于6.0m，有效作用半径不应小于2.5m。

7.5.5 室外压缩天然气管道宜采用埋地敷设，其管顶距地面的埋深不应小于0.6m，冰冻地区应敷设在冰冻线以下。当管道采用支架敷设时，应符合本规范第6.3.15条的规定。埋地管道防腐设计应符合本规范第6.7节的规定。

7.5.6 室内压缩天然气管道宜采用管沟敷设。管底与管沟底的净距不应小于0.2m。管沟应用干砂填充，并应设活动门与通风口。室外管沟盖板应按通行重载汽车负荷设计。

7.5.7 站内天然气管道的设计，应符合本规范第6.5.13条的有关规定。

7.6 建筑物和生产辅助设施

7.6.1 压缩天然气加气站、压缩天然气储配站和压缩天然气瓶组供气站的生产厂房及其他附属建筑物的耐火等级不应低于二级。

7.6.2 在地震烈度为7度或7度以上地区建设的压缩天然气加气站、压缩天然气储配站和压缩天然气瓶组供气站的建、构筑物抗震设计，应符合现行国家标准《构筑物抗震设计规范》GB 50191和《建筑物抗震设计规范》GB 50011的有关规定。

7.6.3 站内具有爆炸危险的封闭式建筑应采取良好的通风措施；在非采暖地区宜采用敞开式或半敞开式建筑。

7.6.4 压缩天然气加气站、压缩天然气储配站在同一时间内的火灾次数应按一次考虑，消防用水量按储气区及气瓶车固定车位（总储气容积按储气罐区储气总容积与气瓶车在固定车位最大储气容积之和计算）的一次消防用水量确定。

7.6.5 压缩天然气加气站、压缩天然气储配站内的消防设施设计应符合现行国家标准《建筑设计防火规范》GB 50016的规定，并应符合本规范第6.5.19条第1、2、3、6款的要求。

7.6.6 压缩天然气加气站、压缩天然气储配站的废油水、洗罐水等应回收集中处理。

7.6.7 压缩天然气加气站的供电系统设计应符合现行国家标准《供配电系统设计规范》GB 50052"三级负荷"的规定。但站内消防水泵用电应为"二级负荷"。

7.6.8 压缩天然气储配站的供电系统设计应符合现行国家标准《供配电系统设计规范》GB 50052"二级负荷"的规定。

7.6.9 压缩天然气加气站、压缩天然气储配站和压缩天然气瓶组供气站站内爆炸危险场所和生产用房的电气防爆、防雷和静电接地设计及站边界的噪声控制应符合本规范第6.5.21条至第6.5.24条的规定。

7.6.10 压缩天然气加气站、压缩天然气储配站和压缩天然气瓶组供气站应设置燃气浓度检测报警系统。

    燃气浓度检测报警器的报警浓度应取天然气爆炸下限的20%（体积分数）。

    燃气浓度检测报警器及其报警装置的选用和安装，应符合国家现行标准《石油化工企业可燃气体和有毒气体检测报警设计规范》SH 3063的规定。

8 液化石油气供应

8.1 一般规定

8.1.1 本章适用于下列液化石油气供应工程设计：

1 液态液化石油气运输工程；

2 液化石油气供应基地（包括：储存站、储配站和灌装站）；

3 液化石油气气化站、混气站、瓶组气化站；

4 瓶装液化石油气供应站；

5 液化石油气用户。

8.1.2 本章不适用于下列液化石油气工程和装置设计：

1 炼油厂、石油化工厂、油气田、天然气气体处理装置的液化石油气加工、储存、灌装和运输工程；

2 液化石油气全冷冻式储存、灌装和运输工程（液化石油气供应基地的全冷冻式储罐与基地外建、构筑物的防火间距除外）；

3 海洋和内河的液化石油气运输；

4 轮船、铁路车辆和汽车上使用的液化石油气装置。

8.2 液态液化石油气运输

8.2.1 液态液化石油气由生产厂或供应基地至接收站可采用管道、铁路槽车、汽车槽车或槽船运输。运输方式的选择应经技术经济比较后确定。条件接近时，宜优先采用管道输送。

8.2.2 液态液化石油气输送管道应按设计压力（P）分为3级，并应符合表8.2.2的规定。

8.2.3 输送液态液化石油气管道的设计压力应高于管道系统起点的最高工作压力。管道系统起点最高工作压力可按下式计算：

表8.2.2 液态液化石油气输送管道设计压力（表压）分级

管道级别	设计压力（MPa）
Ⅰ 级	$P>4.0$
Ⅱ 级	$1.6<P\leqslant4.0$
Ⅲ 级	$P\leqslant1.6$

$$P_q = H + P_s \qquad (8.2.3)$$

式中 P_q——管道系统起点最高工作压力（MPa）；

H——所需泵的扬程（MPa）；

P_s——始端储罐最高工作温度下的液化石油气饱和蒸气压力（MPa）。

8.2.4 液态液化石油气采用管道输送时，泵的扬程应大于公式（8.2.4）的计算值。

$$H_j = \Delta P_Z + \Delta P_Y + \Delta H \qquad (8.2.4)$$

式中 H_j——泵的计算扬程（MPa）；

ΔP_Z——管道总阻力损失，可取1.05～1.10倍管道摩擦阻力损失（MPa）；

ΔP_Y——管道终点进罐余压，可取0.2～0.3（MPa）；

ΔH——管道终、起点高程差引起的附加压力（MPa）。

注：液态液化石油气在管道输送过程中，沿途任何一点的压力都必须高于其输送温度下的饱和蒸气压力。

8.2.5 液态液化石油气管道摩擦阻力损失，应按下式计算：

$$\Delta P = 10^{-6}\lambda\frac{Lu^2\rho}{2d} \qquad (8.2.5)$$

式中 ΔP——管道摩擦阻力损失（MPa）；

L——管道计算长度（m）；

u——液态液化石油气在管道中的平均流速（m/s）；

d——管道内径（m）；

ρ——平均输送温度下的液态液化石油气密度（kg/m³）；

λ——管道的摩擦阻力系数，宜按本规范第6.2.6条中公式（6.2.6-2）计算。

注：平均输送温度可取管道中心埋深处，最冷月的平均地温。

8.2.6 液态液化石油气在管道内的平均流速，应经技术经济比较后确定，可取0.8～1.4m/s，最大不应超过3m/s。

8.2.7 液态液化石油气输送管线不得穿越居住区、村镇和公共建筑群等人员集聚的地区。

8.2.8 液态液化石油气管道宜采用埋地敷设，其埋设深度应在土壤冰冻线以下，且应符合本规范第6.3.4条的有关规定。

8.2.9 地下液态液化石油气管道与建、构筑物或相邻管道之间的水平净距和垂直净距不应小于表8.2.9-1和表8.2.9-2的规定。

表8.2.9-1 地下液态液化石油气管道与建、构筑物或相邻管道之间的水平净距（m）

项 目		管道级别 Ⅰ级	Ⅱ级	Ⅲ级
特殊建、构筑物（军事设施、易燃易爆物品仓库、国家重点文物保护单位、飞机场、火车站和码头等）		100		
居民区、村镇、重要公共建筑		50	40	25
一般建、构筑物		25	15	10
给水管		1.5	1.5	1.5
污水、雨水排水管		2	2	2
热力管	直埋	2	2	2
	在管沟内（至外壁）	4	4	4
其他燃料管道		2	2	2
埋地电缆	电力线（中心线）	2	2	2
	通信线（中心线）	2	2	2
电杆（塔）的基础	≤35kV	2	2	2
	>35kV	5	5	5

续表8.2.9-1

项 目		管道级别 Ⅰ级	Ⅱ级	Ⅲ级
通信照明电杆（至电杆中心）		2	2	2
公路、道路（路边）	高速、Ⅰ、Ⅱ级、城市快速	10	10	10
	其他	5	5	5
铁路（中心线）	国家线	25	25	25
	企业专用线	10	10	10
树木（至树中心）		2	2	2

注：1 当因客观条件达不到本表规定时，可按本规范第6.4节的有关规定降低管道强度设计系数，增加管道壁厚和采取有效的安全保护措施后，水平净距可适当减小；

2 特殊建、构筑物的水平净距应从其划定的边界线算起；

3 当地下液态液化石油气管道或相邻地下管道中的防腐采用外加电流阴极保护时，两相邻地下管道（缆线）之间的水平净距尚应符合国家现行标准《钢质管道及储罐腐蚀控制工程设计规范》SY 0007的有关规定。

表8.2.9-2 地下液态液化石油气管道与构筑物或地下管道之间的垂直净距（m）

项 目		地下液态液化石油气管道（当有套管时，以套管计）
给水管，污水、雨水排水管（沟）		0.20
热力管、热力管的管沟底（或顶）		0.20
其他燃料管道		0.20
通信线、电力线	直埋	0.50
	在导管内	0.25
铁路（轨底）		1.20
有轨电车（轨底）		1.00
公路、道路（路面）		0.90

注：1 地下液态液化石油气管道与排水管（沟）或其他有沟的管道交叉时，交叉处应加套管；

2 地下液态液化石油气管道与铁路、高速公路、Ⅰ级或Ⅱ级公路交叉时，尚应符合本规范第6.3.9条的有关规定。

8.2.10 液态液化石油气输送管道通过的地区，应按其沿线建筑密集程度划分为4个地区等级，地区等级的划分和管道强度设计系数选取、管道及其附件的设计应符合本规范第6.4节的有关规定。

8.2.11 在下列地点液态液化石油气输送管道应设置阀门：

1 起、终点和分支点；

2 穿越铁路国家线、高速公路、Ⅰ级或Ⅱ级公路、城市快速路和大型河流两侧；

3 管道沿线每隔约5000m处。

注：管道分段阀门之间应设置放散管，其放散管管口距地面不应小于2.5m。

8.2.12 液态液化石油气管道上的阀门不宜设置在地下阀门井内。如确需设置，井内应填满干砂。

8.2.13 液态液化石油气输送管道采用地上敷设时，除应符合本节管道埋地敷设的有关规定外，尚应采取有效的安全措施。地上管道两端应设置阀门。两阀门之间应设置管道安全阀，其放散管管口距地面不应小于2.5m。

8.2.14 地下液态液化石油气管道的防腐应符合本规范第6.7节的有关规定。

8.2.15 液态液化石油气输送管线沿途应设置里程桩、转角桩、交叉桩和警示牌等永久性标志。

8.2.16 液化石油气铁路槽车和汽车槽车应符合国家现行标准《液化气体铁路槽车技术条件》GB 10478和《液化石油气汽车槽车技术条件》HG/T 3143的规定。

8.3 液化石油气供应基地

8.3.1 液化石油气供应基地按其功能可分为储存站、储配站和灌装站。

8.3.2 液化石油气供应基地的规模应以城镇燃气专业规划为依据，按其供应用户类别、户数和用气量指标等因素确定。

8.3.3 液化石油气供应基地的储罐设计总容量宜根据其规模、气源情况、运输方式和运距等因素确定。

8.3.4 液化石油气供应基地储罐设计总容量超过3000m³时，宜将储罐分别设置在储存站和灌装站。灌装站的储罐设计容量宜取1周左右的计算月平均日供应量，其余为储存站的储罐设计容量。

储罐设计总容量小于3000m³时，可将储罐全部设置在储配站。

8.3.5 液化石油气供应基地的布局应符合城市总体规划的要求，且应远离城市居住区、村镇、学校、影剧院、体育馆等人员集聚的场所。

8.3.6 液化石油气供应基地的站址宜选择在所在地区全年最小频率风向的上风侧，且应是地势平坦、开阔、不易积存液化石油气的地段。同时，应避开地震带、地基沉陷和废弃矿井等地段。

8.3.7 液化石油气供应基地的全压力式储罐与基地外建、构筑物、堆场的防火间距不应小于表8.3.7的规定。

半冷冻式储罐与基地外建、构筑物的防火间距可按表8.3.7的规定执行。

表8.3.7 液化石油气供应基地的全压力式储罐与基地外建、构筑物、堆场的防火间距（m）

项目	总容积（m³） ≤50 单罐容积（m³）≤20	>50~200 >20~50	>200~500 >50~100	>500~1000 >100~200	>1000~2500 >200~400	>2500~5000 >400~1000	>5000 —
居住区、村镇和学校、影剧院、体育馆等重要公共建筑（最外侧建、构筑物外墙）	45	50	70	90	110	130	150
工业企业（最外侧建、构筑物外墙）	27	30	35	40	50	60	75

续表8.3.7

项目	总容积（m³） ≤50 单罐容积（m³）≤20	>50~200 >20~50	>200~500 >50~100	>500~1000 >100~200	>1000~2500 >200~400	>2500~5000 >400~1000	>5000 —
明火、散发火花地点和室外变、配电站	45	50	55	60	70	80	120
民用建筑，甲、乙类液体储罐，甲、乙类生产厂房，甲、乙类物品仓库，稻草等易燃材料堆场	40	45	50	55	65	75	100
丙类液体储罐，可燃气体储罐，丙、丁类生产厂房，丙、丁类物品仓库	32	35	40	45	55	65	80
助燃气体储罐、木材等可燃材料堆场	27	30	35	40	50	60	75
其他建筑 一、二级	18	20	22	25	30	40	50
其他建筑 三级	22	25	27	30	40	50	60
其他建筑 四级	27	30	35	40	50	60	75
铁路（中心线） 国家线	60	70		80		100	
铁路（中心线） 企业专用线	25	30		35		40	
公路、道路（路边） 高速，Ⅰ、Ⅱ级，城市快速	20		25				30
公路、道路（路边） 其他	15		20				25
架空电力线（中心线）	1.5倍杆高			1.5倍杆高，但35kV以上架空电力线不应小于40			

续表8.3.7

项目	总容积（m³） ≤50 单罐容积（m³）≤20	>50~200 >20~50	>200~500 >50~100	>500~1000 >100~200	>1000~2500 >200~400	>2500~5000 >400~1000	>5000 —
架空通信线（中心线） Ⅰ、Ⅱ级	30		40				
架空通信线（中心线） 其他	1.5倍杆高						

注：1 防火间距应按本表储罐总容积或单罐容积较大者确定，间距的计算应以储罐外壁为准。

2 居住区、村镇系指1000人或300户以上者，以下者按本表民用建筑执行。

3 当地下储罐单罐容积小于或等于50m³，且总容积小于或等于400m³时，其防火间距可按本表减少50%。

4 与本表规定以外的其他建、构筑物的防火间距，应按现行国家标准《建筑设计防火规范》GB 50016执行。

8.3.8 液化石油气供应基地的全冷冻式储罐与基地外建、构筑物、堆场的防火间距不应小于表8.3.8的规定。

表8.3.8 液化石油气供应基地的全冷冻式储罐与基地外建、构筑物、堆场的防火间距（m）

项目	间距
明火、散发火花地点和室外变配电站	120
居住区、村镇和学校、影剧院、体育场等重要公共建筑（最外侧建、构筑物外墙）	150
工业企业（最外侧建、构筑物外墙）	75
甲、乙类液体储罐，甲、乙类生产厂房，甲、乙类物品仓库，稻草等易燃材料堆场	100
丙类液体储罐，可燃气体储罐，丙、丁类生产厂房，丙、丁类物品仓库	80
助燃气体储罐、可燃材料堆场	75
民用建筑	100

续表 8.3.8

项目		间距
其他建筑 耐火等级	一级、二级	50
	三级	60
	四级	75
铁路（中心线）	国家线	100
	企业专用线	40
公路、道路（路边）	高速、I、II级、城市快速	30
	其他	25
架空电力线（中心线）		1.5倍杆高，但35kV以上架空电力线应大于40
架空通信线（中心线）	I、II级	40
	其他	1.5倍杆高

注：1　本表所指的储罐为单罐容积大于5000m³，且设有防液堤的全冷冻式液化石油气储罐。当单罐容积等于或小于5000m³时，其防火间距可按本规范表8.3.7条中总容积相对应的全压力式液化石油气储罐的规定执行；

2　居住区、村镇系指1000人或300户以上者，以下者按本表民用建筑执行；

3　与本表规定以外的其他建、构筑物的防火间距，应按现行国家标准《建筑设计防火规范》GB50016执行；

4　间距的计算应以储罐外壁为准。

8.3.9　液化石油气供应基地的储罐与基地内建、构筑物的防火间距应符合下列规定：

1　全压力式储罐的防火间距不应小于表8.3.9的规定；

2　半冷冻式储罐的防火间距可按表8.3.9的规定执行；

3　全冷冻式储罐与基地内道路和围墙的防火间距可按表8.3.9的规定执行。

表 8.3.9　液化石油气供应基地的全压力式储罐与基地内建、构筑物的防火间距（m）

总容积(m³) / 单罐容积(m³) / 项目	≤50 / ≤20	>50~200 / 50	>200~500 / 100	>500~1000 / 200	>1000~2500 / 400	>2500~5000 / 1000	>5000 / —
明火、散发火花地点	45	50	55	60	70	80	120

续表 8.3.9

总容积(m³) / 单罐容积(m³) / 项目	≤50 / ≤20	>50~200 / 50	>200~500 / 100	>500~1000 / 200	>1000~2500 / 400	>2500~5000 / 1000	>5000 / —
办公、生活建筑	25	30	35	40	50	60	75
灌瓶间、瓶库、压缩机室、仪表间、值班室	18	20	22	25	30	35	40
汽车槽车库、汽车槽车装卸台柱（装卸口）及其计量室、门卫	18	20	22	25	30	30	40
铁路槽车装卸线（中心线）	—	20	20	20	20	20	30
空压机室、变配电室、柴油发电机房、新瓶库、真空泵房、库房	18	20	22	25	30	35	40
汽车库、机修间	25	30	35	35	40	40	50
消防泵房、消防水池（罐）取水口	40	40	40	40	50	50	60
站内道路（路边） 主要	10	15	15	15	20	20	20
站内道路（路边） 次要	5	10	10	10	15	15	15
围墙	15	20	20	20	25	25	25

注：1　防火间距应按本表总容积或单罐容积较大者确定；间距的计算应以储罐外壁为准。

2　地下储罐单罐容积小于或等于50m³时，且总容积小于或等于400m³时，其防火间距可按本表减少50%；

3　与本表规定以外的其他建、构筑物的防火间距按现行国家标准《建筑设计防火规范》GB 50016执行。

8.3.10　全冷冻式液化石油气储罐与全压力式液化石油气储罐不得设置在同一罐区内，两类储罐之间的防火间距不应小于相邻较

8.3.11　液化石油气供应基地总平面必须分区布置，即分为生产区（包括储罐区和灌装区）和辅助区；

生产区宜布置在站区全年最小频率风向的上风侧或上侧风侧；

灌瓶间的气瓶装卸平台前应有较宽敞的汽车回车场地。

8.3.12　液化石油气供应基地的生产区应设置高度不低于2m的不燃烧体实体围墙。辅助区可设置不燃烧体非实体围墙。

8.3.13　液化石油气供应基地的生产区应设置环形消防车道。消防车道宽度不应小于4m。当储罐总容积小于500m³时，可设置尽头式消防车道和面积不应小于12m×12m的回车场。

8.3.14　液化石油气供应基地的生产区和辅助区至少应各设置1个对外出入口。当液化石油气储罐总容积超过1000m³时，生产区应设置2个对外出入口，其间距不应小于50m。

对外出入口宽度不应小于4m。

8.3.15　液化石油气供应基地的生产区内严禁设置地下和半地下建、构筑物（寒冷地区的地下式消火栓和储罐区的排水管、沟除外）。

生产区内的地下管（缆）沟必须填满干砂。

8.3.16　基地内铁路引入线和铁路槽车装卸线的设计应符合现行国家标准《工业企业标准轨距铁路设计规范》GBJ 12的有关规定。

供应基地内的铁路槽车装卸线应设计成直线，其终点距铁路槽车端部不应小于20m，并应设置具有明显标志的车档。

8.3.17　铁路槽车装卸栈桥应采用不燃烧材料建造，其长度可取铁路槽车装卸车位数与车身长度的乘积，宽度不宜小于1.2m，两端应设置宽度不小于0.8m的斜梯。

8.3.18　铁路槽车装卸栈桥上的液化石油气装卸鹤管应设置便于操作的机械吊装设施。

8.3.19　全压力式液化石油气储罐不应少于2台，其储罐区的布置应符合下列要求：

1　地上储罐之间的净距不应小于相邻较大罐的直径；

2　数个储罐的总容积超过3000m³时，应分组布置。组与组之间相邻储罐的净距不应小于20m；

3　组内储罐宜采用单排布置；

4　储罐组四周应设置高度为1m的不燃烧体实体防护墙；

5　储罐与防护墙的净距：球形储罐不宜小于其半径，卧式储罐不宜小于其直径，操作侧不宜小于3.0m；

6　防护墙内储罐超过4台时，至少应设置2个过梯，且应分开布置。

8.3.20　地上储罐应设置钢梯平台，其设计宜符合下列要求：

1　卧式储罐组宜设置联合钢梯平台。当组内储罐超过4台时，宜设置2个斜梯；

2　球形储罐组宜设置联合钢梯平台。

8.3.21　地下储罐宜设置在钢筋混凝土槽内，槽内应填充干砂。储罐罐顶与槽盖内壁净距不宜小于0.4m；各储罐之间宜设置隔墙，储罐与隔墙和槽壁之间的净距不宜小于0.9m。

8.3.22　液化石油气储罐与所属泵房的间距不应小于15m。当泵房面向储罐一侧的外墙采用无门窗洞口的防火墙时，其间距可减少至6m。液化石油气泵露天设置在储罐区内时，泵与储罐之间的距离不限。

8.3.23　液态液化石油气泵的安装高度应保证不使其发生气蚀，并采取防止振动的措施。

8.3.24　液态液化石油气泵进、出口管段上阀门及附件的设置应符合下列要求：

1　泵进、出口管应设置操作阀和放气阀；

2　泵进口管应设置过滤器；

3　泵出口管应设置止回阀，并宜设置液相安全回流阀。

8.3.25　灌瓶间和瓶库与站外建、构筑物之间的防火间距，应按现行国家标准《建筑设计防火规范》GB 50016中甲类储存物品

仓库的规定执行。

8.3.26 灌瓶间和瓶库与站内建、构筑物的防火间距不应小于表8.3.26的规定。

表8.3.26 灌瓶间和瓶库与站内建、构筑物的防火间距 (m)

项目 \ 总存瓶量 (t)	≤10	>10~≤30	>30
明火、散发火花地点	25	30	40
办公、生活建筑	20	25	30
铁路槽车装卸线（中心线）	20	25	30
汽车槽车库、汽车槽车装卸台柱（装卸口）、汽车衡及其计量室、门卫	15	18	20
压缩机室、仪表间、值班室	12	15	18
空压机室、变配电室、柴油发电机房	15	18	20
机修间、汽车库	25	30	40
新瓶库、真空泵房、备件库等非明火建筑	12	15	18
消防泵房、消防水池（罐）取水口	25		30
站内道路（路边） 主 要		10	
站内道路（路边） 次 要		5	
围墙	10		15

注：1 总存瓶量应按实瓶存放个数和单瓶充装质量的乘积计算；
　　2 瓶库与灌瓶间之间的距离不限；
　　3 计算月平均日灌瓶量小于700瓶的灌瓶站，其压缩机室与灌瓶间可合建成一幢建筑物，但其间应采用无门、窗洞口的防火墙隔开；
　　4 当计算月平均日灌瓶量小于700瓶时，汽车槽车装卸柱可附设在灌瓶间或压缩机室山墙的一侧，山墙应是无门、窗洞口的防火墙。

8.3.27 灌瓶间内气瓶存放量宜取1~2d的计算月平均日供应量。当总存瓶量（实瓶）超过3000瓶时，宜另外设置瓶库。灌瓶间和瓶库内的气瓶应按实瓶区、空瓶区分组布置。

8.3.28 采用自动化、半自动化灌装和机械化运瓶的灌瓶作业线上应设置灌瓶质量复检装置，且应设置检漏装置或采取检漏措施。
采用手动灌瓶作业时，应设置检斤秤，并应采取检漏措施。

8.3.29 储配站和灌装站应设置残液倒空和回收装置。

8.3.30 供应基地内液化石油气压缩机设置台数不宜少于2台。

8.3.31 液化石油气压缩机进、出口管道上阀门及附件的设置应符合下列要求：
　　1 进、出口应设置阀门；
　　2 进口应设置过滤器；
　　3 出口应设置止回阀和安全阀；
　　4 进、出口管之间应设置旁通管及旁通阀。

8.3.32 液化石油气压缩机室的布置宜符合下列要求：
　　1 压缩机机组间的净距不宜小于1.5m；
　　2 机组操作侧与内墙的净距不宜小于2.0m；其余各侧与内墙的净距不宜小于1.2m；
　　3 气相阀门组宜设置在与储罐、设备及管道连接方便和便于操作的地点。

8.3.33 液化石油气汽车槽车库与汽车槽车装卸台柱之间的距离不应小于6m。
当邻向装卸台柱一侧的汽车槽车库山墙采用无门、窗洞口的防火墙时，其间距不限。

8.3.34 汽车槽车装卸台柱的装卸接头应采用与汽车槽车配套的快装接头，其接头与装卸管之间应设置阀门。装卸管上宜设置拉断阀。

8.3.35 液化石油气储配站和灌装站宜配置备用气瓶，其数量可取总供应户数的2%左右。

8.3.36 新瓶库和真空泵房应设置在辅助区。新瓶和检修后的气瓶首次灌瓶前应将其抽至80kPa真空度以上。

8.3.37 使用液化石油气或残液做燃料的锅炉房，其附属储罐设计总容积不大于10m³时，可设置在独立的储罐室内，并应符合下列规定：
　　1 储罐室与锅炉房之间的防火间距不应小于12m，且面向锅炉房一侧的外墙应采用无门、窗洞口的防火墙；
　　2 储罐室与站内其他建、构筑物之间的防火间距不应小

于15m。
　　3 储罐室内储罐的布置可按本规范第8.4.10条第1款的规定执行。

8.3.38 设置非直火式气化器的气化间可与储罐室毗连，但其间应采用无门、窗洞口的防火墙。

8.4 气化站和混气站

8.4.1 液化石油气气化站和混气站的储罐设计总容量应符合下列要求：
　　1 由液化石油气生产厂供气时，其储罐设计总容量宜根据供气规模、气源情况、运输方式和运距等因素确定；
　　2 由液化石油气供应基地供气时，其储罐设计总容量可按计算月平均日3d左右的用气量计算确定。

8.4.2 气化站和混气站站址的选择宜按本规范第8.3.6条的规定执行。

8.4.3 气化站和混气站的液化石油气储罐与站外建、构筑物的防火间距应符合下列要求：
　　1 总容积等于或小于50m³且单罐容积等于或小于20m³的储罐与站外建、构筑物的防火间距不应小于表8.4.3的规定。
　　2 总容积大于50m³或单罐容积大于20m³的储罐与站外建、构筑物的防火间距不应小于本规范第8.3.7条的规定。

表8.4.3 气化站和混气站的液化石油气储罐与
站外建、构筑物的防火间距 (m)

项目 \ 总容积(m³)	≤10	>10~≤30	>30~≤50
单罐容积(m³)	—	—	≤20
居民区、村镇和学校、影剧院、体育馆等重要公共建筑，一类高层民用建筑（最外侧建、构筑物外墙）	30	35	45

续表8.4.3

项目 \ 总容积(m³)	≤10	>10~≤30	>30~≤50
单罐容积(m³)	—	—	≤20
工业企业（最外侧建、构筑物外墙）	22	25	27
明火、散发火花地点和室外变配电站	30	35	45
民用建筑，甲、乙类液体储罐，甲、乙类生产厂房，甲、乙类物品库房，稻草等易燃材料堆场	27	32	40
丙类液体储罐，可燃气体储罐，丙、丁类生产厂房，丙、丁类物品库房	25	27	32
助燃气体储罐、木材等可燃材料堆场	22	25	27
其他建筑 耐火等级 一、二级	12	15	18
其他建筑 耐火等级 三级	18	20	22
其他建筑 耐火等级 四级	22	25	27
铁路（中心线） 国家线	40	50	60
铁路（中心线） 企业专用线		25	
公路、道路（路边） 高速，Ⅰ、Ⅱ级，城市快速		20	
公路、道路（路边） 其他		15	
架空电力线（中心线）		1.5倍杆高	
架空通信线（中心线）		1.5倍杆高	

注：1 防火间距应按本表总容积或单罐容积较大者确定；间距的计算应以储罐外壁为准。
　　2 居住区、村镇系指1000人或300户以上者，以下者按本表民用建筑执行。
　　3 当采用地下储罐时，其防火间距可按本表减少50%；
　　4 与本表规定以外的其他建、构筑物的防火间距应按现行国家标准《建筑设计防火规范》GB 50016执行。
　　5 气化装置气化能力不大于150kg/h的瓶组气化混气站的瓶组间、气化混气间与建、构筑物的防火间距可按本规范第8.5.3条执行。

8.4.4 气化站和混气站的液化石油气储罐与站内建、构筑物的

防火间距不应小于表 8.4.4 的规定。

表 8.4.4　气化站和混气站的液化石油气储罐与.
站内建、构筑物的防火间距(m)

项目 \ 总容积(m³)	≤10	>10~≤30	>30~≤50	>50~≤200	>200~≤500	>500~≤1000	>1000
单罐容积(m³)	—	—	≤20	≤50	≤100	≤200	—
明火、散发火花地点	30	35	45	50	55	60	70
办公、生活建筑	18	20	25	30	35	40	50
气化间、混气间、压缩机室、仪表间、值班室	12	15	18	20	22	25	30
汽车槽车库、汽车槽车装卸台柱(装卸口)、汽车衡及其计量室、门卫		15	18	20	22	25	30
铁路槽车装卸线(中心线)				20			
燃气热水炉间、空压机室、变配电室、柴油发电机房、库房		15	18	20	22	25	30
汽车库、机修间		25		30		35	40
消防泵房、消防水池(罐)取水口		30		40			50
站内道路(路边) 主要		10			15		
站内道路(路边) 次要		5			10		
围墙		15			20		

注：1　防火间距应按本表总容积或单罐容积较大者确定，间距的计算应以储罐外壁为准；
　　2　地下储罐单罐容积小于或等于50m³，且总容积小于或等于400m³时，其防火间距可按本表减少50%；
　　3　与本表规定以外的其他建、构筑物的防火间距应按现行国家标准《建筑设计防火规范》GB 50016 执行；
　　4　燃气热水炉间是室内设置微正压室燃式燃气热水炉的建筑。当设置其他燃烧方式的燃气热水炉时，其防火间距不应小于30m；
　　5　与空温式气化器的防火间距，从地上储罐区的防护墙或地下储罐室外侧算起不应小于4m。

8.4.5　液化石油气气化站和混气站总平面应按功能分区进行布置，即分为生产区(储罐区、气化、混气区)和辅助区。

生产区宜布置在站区全年最小频率风向的上风侧或上侧风侧。

8.4.6　液化石油气气化站和混气站的生产区应设置高度不低于2m的不燃烧体实体围墙。

辅助区可设置不燃烧体非实体围墙。

储罐总容积等于或小于50m³的气化站和混气站，其生产区与辅助区之间可不设置分区隔墙。

8.4.7　液化石油气气化站和混气站内消防车道、对外出入口的设置应符合本规范第8.3.13条和第8.3.14条的规定。

8.4.8　液化石油气气化站和混气站内铁路引入线、铁路槽车卸线和铁路槽车装卸栈桥的设计应符合本规范第 8.3.16~8.3.18条的规定。

8.4.9　气化站和混气站的液化石油气储罐不应少于2台。液化石油气储罐和储罐区的布置应符合本规范第8.3.19~8.3.21条的规定。

8.4.10　工业企业内液化石油气气化站的储罐总容积不大于10m³时，可设置在独立建筑物内，并应符合下列要求：

　　1　储罐之间及储罐与外墙的净距，均不应小于相邻较大罐的半径，且不应小于1m；

　　2　储罐室与相邻厂房之间的防火间距不应小于表8.4.10的规定；

　　3　储罐室与相邻厂房的室外设备之间的防火间距不应小于12m；

　　4　设置非直火式气化器的气化间可与储罐室毗连，但应采用无门、窗洞口的防火墙隔开。

表 8.4.10　总容积不大于10m³的储罐室与相邻厂房之间的防火间距

相邻厂房的耐火等级	一、二级	三级	四级
防火间距(m)	12	14	16

8.4.11　气化间、混气间与站外建、构筑物之间的防火间距应符合现行国家标准《建筑设计防火规范》GB 50016 中甲类厂房的规定。

8.4.12　气化间、混气间与站内建、构筑物的防火间距不应小于表 8.4.12 的规定。

表 8.4.12　气化间、混气间与站内建、构筑物的防火间距

项　目	防火间距(m)
明火、散发火花地点	25
办公、生活建筑	18
铁路槽车装卸线(中心线)	20
汽车槽车库、汽车槽车装卸台柱(装卸口)、汽车衡及其计量室、门卫	15
压缩机室、仪表间、值班室	12
空压机室、燃气热水炉间、变配电室、柴油发电机房、库房	15
汽车库、机修间	20
消防泵房、消防水池(罐)取水口	25
站内道路(路边) 主　要	10
站内道路(路边) 次　要	5
围墙	10

注：1　空温式气化器的防火间距可按本表规定执行；
　　2　压缩机室可与气化间、混气间合建成一幢建筑物，但其间应采用无门、窗洞口的防火墙隔开；
　　3　燃气热水炉间的门不得面向气化间、混气间。柴油发电机伸向室外的排烟管管口不得面向具有火灾爆炸危险的建、构筑物一侧；
　　4　燃气热水炉间是指室内设置微正压室燃式燃气热水炉的建筑。当采用其他燃烧方式的热水炉时，其防火间距不应小于25m。

8.4.13　液化石油气储罐总容积等于或小于100m³的气化站、混气站，其汽车槽车装卸柱可设置在压缩机室山墙一侧，其山墙应是无门、窗洞口的防火墙。

8.4.14　液化石油气汽车槽车库和汽车槽车装卸台柱之间的防火间距可按本规范第8.3.33条执行。

8.4.15　燃气热水炉间与压缩机室、汽车槽车库和汽车槽车装卸台柱之间的防火间距不应小于15m。

8.4.16　气化、混气装置的总供气能力应根据高峰小时用气量确定。

当设有足够的储气设施时，其总供气能力可根据计算月最大日平均小时用气量确定。

8.4.17　气化、混气装置配置台数不应少于2台，且至少应有1台备用。

8.4.18　气化间、混气间可合建成一幢建筑物。气化、混气装置亦可设置在同一房间内。

　　1　气化间的布置宜符合下列要求：

　　　　1)　气化器之间的净距不宜小于0.8m；

　　　　2)　气化器操作侧与内墙之间的净距不宜小于1.2m；

　　　　3)　气化器其余各侧与内墙的净距不宜小于0.8m。

　　2　混气间的布置宜符合下列要求：

　　　　1)　混合器之间的净距不宜小于0.8m；

　　　　2)　混合器操作侧与内墙之间的净距不宜小于1.2m；

　　　　3)　混合器其余各侧与内墙的净距不宜小于0.8m。

　　3　调压、计量装置可设置在气化间或混气间内。

8.4.19　液化石油气可与空气或其他可燃气体混合配制成所需的混合气。混气系统的工艺设计应符合下列要求：

　　1　液化石油气与空气的混合气体中，液化石油气的体积百分含量必须高于其爆炸上限的2倍。

　　2　混合气作为城镇燃气主气源时，燃气质量应符合本规范第3.2节的规定；作为调峰气源、补充气源和代用其他气源时，应与主气源或代用气源具有良好的燃烧互换性。

3 混气系统中应设置当参与混合的任何一种气体突然中断或液化石油气体积百分含量接近爆炸上限的 2 倍时，能自动报警并切断气源的安全连锁装置。

4 混气装置的出口总管上应设置检测混合气热值的取样管。其热值仪宜与混气装置连锁，并应实时调节其混气比例。

8.4.20 热值仪应靠近取样点设置在混气间内的专用隔间或附属房间内，并应符合下列要求：

1 热值仪间应设有直接通向室外的门，且与混气间之间的隔墙应是无门、窗洞口的防火墙；

2 采取可靠的通风措施，使其室内可燃气体浓度低于其爆炸下限的 20%；

3 热值仪间与混气间门、窗之间的距离不应小于 6m；

4 热值仪间的室内地面应比室外地面高出 0.6m。

8.4.21 采用管道供应气态液化石油气或液化石油气与其他气体的混合气时，其露点应比管道外壁温度低 5℃ 以上。

8.5 瓶组气化站

8.5.1 瓶组气化站气瓶的配置数量宜符合下列要求：

1 采用强制气化方式供气时，瓶组气瓶的配置数量可按 1~2d 的计算月最大日用气量确定。

2 采用自然气化方式供气时，瓶组宜使用瓶组和备用瓶组组成。使用瓶组的气瓶配置数量应根据高峰用气时间内平均小时用气量、高峰用气持续时间和高峰用气时间内单瓶小时自然气化能力计算确定。

备用瓶组的气瓶配置数量宜与使用瓶组的气瓶配置数量相同。当供气户数较少时，备用瓶组可采用临时供气瓶组代替。

8.5.2 当采用自然气化方式供气，且瓶组气化站配置气瓶的总容积小于 1m³ 时，瓶组间可设置在与建筑物（住宅、重要公共建筑和高层民用建筑除外）外墙毗连的单层专用房间内，并应符合下列要求：

1 建筑物耐火等级不应低于二级；

2 应通风良好，并设有直通室外的门；

3 与其他房间相邻的墙为无门、窗洞口的防火墙；

4 应配置燃气浓度检测报警器；

5 室温不应高于 45℃，且不应低于 0℃。

注：当瓶组间独立设置，且面向相邻建筑的外墙为无门、窗洞口的防火墙时，其防火间距不限。

8.5.3 当瓶组气化站配置气瓶的总容积超过 1m³ 时，应将其设置在高度不低于 2.2m 的独立瓶间内。

独立瓶间与建、构筑物的防火间距不应小于表 8.5.3 的规定。

表 8.5.3 独立瓶间与建、构筑物的防火间距（m）

气瓶总容积（m³） 项目		≤2	>2~≤4
明火、散发火花地点		25	30
民用建筑		8	10
重要公共建筑、一类高层民用建筑		15	20
道路（路边）	主要	10	
	次要	5	

注：1 气瓶总容积应按配置气瓶个数和单瓶几何容积的乘积计算。
　　2 当瓶组间的气瓶容积大于 4m³ 时，宜采用储罐，其防火间距按本规范第 8.4.3 和第 8.4.4 条的有关规定执行。
　　3 瓶组间、气化间与值班室的防火间距不限。当两者毗连时，应采用无门、窗洞口的防火墙隔开。

8.5.4 瓶组气化站的瓶组间不得设置在地下室和半地下室内。

8.5.5 瓶组气化站的气化间宜与瓶组间合建一幢建筑，两者间的隔墙不得开门窗洞口，且隔墙耐火极限不应低于 3h。瓶组间、气化

间与建、构筑物的防火间距应按本规范第 8.5.3 条的规定执行。

8.5.6 设置在露天的空温式气化器与瓶组间的防火间距不限，与明火、散发火花地点和其他建、构筑物的防火间距可按本规范第 8.5.3 条气瓶总容积小于或等于 2m³ 一档的规定执行。

8.5.7 瓶组气化站的四周宜设置非实体围墙，其底部实体部分高度不应低于 0.6m。围墙应采用不燃烧材料。

8.5.8 气化装置的总供气能力应根据高峰小时用气量确定。气化装置的配置台数不应少于 2 台，且应有 1 台备用。

8.6 瓶装液化石油气供应站

8.6.1 瓶装液化石油气供应站应按其气瓶总容积 V 分为三级，并应符合表 8.6.1 的规定。

表 8.6.1 瓶装液化石油气供应站的分级

名　称	气瓶总容积（m³）
Ⅰ级站	6<V≤20
Ⅱ级站	1<V≤6
Ⅲ级站	V≤1

注：气瓶总容积按实瓶个数和单瓶几何容积的乘积计算。

8.6.2 Ⅰ、Ⅱ级液化石油气瓶装供应站的瓶库宜采用敞开或半敞开式建筑。瓶库内的气瓶应分区存放，即分为实瓶区和空瓶区。

8.6.3 Ⅰ级瓶装供应站出入口一侧的围墙可设置高度不低于 2m 的不燃烧体非实体围墙，其底部实体部分高度不应低于 0.6m，其余各侧应设置高度不低于 2m 的不燃烧体实体围墙。

Ⅱ级瓶装液化石油气供应站的四周宜设置非实体围墙，其底部实体部分高度不应低于 0.6m。围墙应采用不燃烧材料。

8.6.4 Ⅰ、Ⅱ级瓶装供应站的瓶库与站外建、构筑物的防火间距不应小于表 8.6.4 的规定。

表 8.6.4 Ⅰ、Ⅱ级瓶装供应站的瓶库与站外建、构筑物的防火间距（m）

名　称 气瓶总容积（m³） 项目		Ⅰ级站		Ⅱ级站	
		>10~ ≤20	>6~ ≤10	>3~ ≤6	>1~ ≤3
明火、散发火花地点		35	30	25	20
民用建筑		15	10	8	6
重要公共建筑、一类高层民用建筑		25	20	15	12
道路（路边）	主要	10		8	
	次要	5		5	

注：气瓶总容积按实瓶个数与单瓶几何容积的乘积计算。

8.6.5 Ⅰ级瓶装液化石油气供应站的瓶库与修理间或生活、办公用房的防火间距不应小于 10m。

管理室可与瓶库的空瓶区侧毗连，但应采用无门、窗洞口的防火墙隔开。

8.6.6 Ⅱ级瓶装液化石油气供应站由瓶库和营业室组成。两者宜合建成一幢建筑，其间应采用无门、窗洞口的防火墙隔开。

8.6.7 Ⅲ级瓶装液化石油气供应站可将瓶库设置在与建筑物（住宅、重要公共建筑和高层民用建筑除外）外墙毗连的单层专用房间，并应符合下列要求：

1 房间的设置应符合本规范第 8.5.2 条的规定；

2 室内地面的面层应是撞击时不发生火花的面层；

3 相邻房间应是非明火、散发火花地点；

4 照明灯具和开关应采用防爆型；

5 配置燃气浓度检测报警器；

6 至少应配置 8kg 干粉灭火器 2 具；

7 与道路的防火间距应符合本规范第 8.6.4 条中Ⅱ级瓶装供应站的规定；

8 非营业时间瓶库内存有液化石油气瓶时，应有人值班。

8.7 用户

8.7.1 居民用户使用的液化石油气气瓶应设置在符合本规范第10.4节规定的非居住房间内,且室温不应高于45℃。

8.7.2 居民用户室内液化石油气气瓶的布置应符合下列要求:

1 气瓶不得设置在地下室、半地下室或通风不良的场所;

2 气瓶与燃具的净距不应小于0.5m;

3 气瓶与散热器的净距不应小于1m,当散热器设置隔热板时,可减少到0.5m。

8.7.3 单户居民用户使用的气瓶设置在室外时,宜设置在贴邻建筑物外墙的专用小室内。

8.7.4 商业用户使用的气瓶组严禁与燃气燃烧器具布置在同一房间内。瓶组间的设置应符合本规范第8.5节的有关规定。

8.8 管道及附件、储罐、容器和检测仪表

8.8.1 液态液化石油气管道和设计压力大于0.4MPa的气态液化石油气管道应采用钢号10、20的无缝钢管,并应符合现行国家标准《输送流体用无缝钢管》GB/T 8163的规定,或符合不低于上述标准相应技术要求的其他钢管标准的规定。

设计压力不大于0.4MPa的气态液化石油气、气态液化石油气与其他气体的混合气管道可采用钢号Q235B的焊接钢管,并应符合现行国家标准《低压流体输送用焊接钢管》GB/T 3091的规定。

8.8.2 液化石油气站内管道宜采用焊接连接。管道与储罐、容器、设备及阀门可采用法兰或螺纹连接。

8.8.3 液态液化石油气输送管道和站内液化石油气储罐、容器、设备、管道上配置的阀门及附件的公称压力(等级)应高于其设计压力。

8.8.4 液化石油气储罐、容器、设备和管道上严禁采用灰口铸铁阀门及附件,在寒冷地区应采用钢质阀门及附件。

注:1 设计压力不大于0.4MPa的气态液化石油气、气态液化石油气与其他气体的混合气管道上设置的阀门和附件除外。

2 寒冷地区系指最冷月平均最低气温小于或等于-10℃的地区。

8.8.5 液化石油气管道系统上采用耐油胶管时,最高允许工作压力不应小于6.4MPa。

8.8.6 站内室外液化石油气管道宜采用单排低支架敷设,其管底与地面的净距宜为0.3m。

跨越道路采用支架敷设时,其管底与地面的净距不应小于4.5m。

管道埋地敷设时,应符合本规范第8.2.8条的规定。

8.8.7 液化石油气储罐、容器及附件材料的选择和设计应符合现行国家标准《钢制压力容器》GB150、《钢制球形容器》GB 12337和国家现行《压力容器安全技术监察规程》的规定。

8.8.8 液化石油气储罐的设计压力和设计温度应符合国家现行《压力容器安全技术监察规程》的规定。

8.8.9 液化石油气储罐最大设计允许充装质量应按下式计算:

$$G = 0.9\rho V_h \qquad (8.8.9)$$

式中　G——最大设计允许充装质量(kg);

ρ——40℃时液态液化石油气密度(kg/m³);

V_h——储罐的几何容积(m³)。

注:采用地下储罐时,液化石油气密度可按当地最高地温计算。

8.8.10 液化石油气储罐第一道管法兰、垫片和紧固件的配置应符合国家现行《压力容器安全技术监察规程》的规定。

8.8.11 液化石油气储罐接管上安全阀件的配置应符合下列要求:

1 必须设置安全阀和检修用的放散管;

2 液相进口管必须设置止回阀;

3 储罐容积大于或等于50m³时,其液相出口管和气相管必须设置紧急切断阀;储罐容积大于20m³,但小于50m³时,

宜设置紧急切断阀;

4 排污管应设置两道阀门,其间应采用短管连接。并应采取防冻措施。

8.8.12 液化石油气储罐安全阀的设置应符合下列要求:

1 必须选用弹簧封闭全启式,其开启压力不应大于储罐设计压力。安全阀的最小排气截面积的计算应符合国家现行《压力容器安全技术监察规程》的规定。

2 容积为100m³或100m³以上的储罐应设置2个或2个以上安全阀。

3 安全阀应设置放散管,其管径不应小于安全阀的出口管径;

地上储罐安全阀放散管管口应高出储罐操作平台2m以上,且应高出地面5m以上;

地下储罐安全阀放散管管口应高出地面2.5m以上。

4 安全阀与储罐之间应装设阀门,且阀口应全开,并应铅封或锁定。

注:当储罐设置2个或2个以上安全阀时,其中1个安全阀的开启压力应按本条第1款的规定执行,其余安全阀的开启压力可适当提高,但不得超过储罐设计压力的1.05倍。

8.8.13 储罐检修用放散管的管口高度应符合本规范第8.8.12条第3款的规定。

8.8.14 液化石油气气液分离器、缓冲罐和气化器可设置弹簧封闭式安全阀。

安全阀应设置放散管。当上述容器设置在露天时,其管口高度应符合本规范第8.8.12条第3款的规定。设置在室内时,其管口应高出屋面2m以上。

8.8.15 液化石油气储罐仪表的设置应符合下列要求:

1 必须设置就地指示的液位计、压力表;

2 就地指示液位计宜采用能直接观测储罐全液位的液位计;

3 容积大于100m³的储罐,应设置远传显示的液位计和压力表,且应设置液位上、下限报警装置和压力上限报警装置;

4 宜设置温度计。

8.8.16 液化石油气气液分离器和容积式气化器等应设置直观式液位计和压力表。

8.8.17 液化石油气泵、压缩机、气化、混气和调压、计量装置的进、出口应设置压力表。

8.8.18 爆炸危险场所应设置燃气浓度检测报警器,报警器应设在值班室或仪表间等有值班人员的场所。检测报警系统的设计应符合国家现行标准《石油化工企业可燃气体和有毒气体检测报警设计规范》SH 3063的有关规定。

瓶组气化站和瓶装液化石油气供应站可采用手提式燃气浓度检测报警器。

报警器的报警浓度值应取其可燃气体爆炸下限的20%。

8.8.19 地下液化石油气储罐外壁除采用防腐层保护外,尚应采用牺牲阳极保护。地下液化石油气储罐牺牲阳极保护设计应符合国家现行标准《埋地钢质管道牺牲阳极阴极保护设计规范》SY/T 0019的规定。

8.9 建、构筑物的防火、防爆和抗震

8.9.1 具有爆炸危险的建、构筑物的防火、防爆设计应符合下列要求:

1 建筑物耐火等级不应低于二级;

2 门、窗应向外开;

3 封闭式建筑应采取泄压措施,其设计应符合现行国家标准《建筑设计防火规范》GB 50016的有关规定;

4 地面面层应采用撞击时不产生火花的材料,其技术要求应符合现行国家标准《建筑地面工程施工质量验收规范》GB 50209的规定。

8.9.2 具有爆炸危险的封闭式建筑应采取良好的通风措施。事故通风量每小时换气不应少于12次。

当采用自然通风时，其通风口总面积按每平方米房屋地面面积不应少于300cm²计算确定。通风口不应少于2个，并应靠近地面设置。

8.9.3 非采暖地区的灌瓶间及附属瓶库、汽车槽车库、瓶装供应站的瓶库等宜采用敞开或半敞开式建筑。

8.9.4 具有爆炸危险的建筑，其承重结构应采用钢筋混凝土或钢框架、排架结构。钢框架和钢排架应采用防火保护层。

8.9.5 液化石油气储罐应牢固地设置在基础上。

卧式储罐的支座应采用钢筋混凝土支座。球形储罐的钢支柱应采用不燃烧隔热材料保护层，其耐火极限不应低于2h。

8.9.6 在地震烈度为7度和7度以上的地区建设液化石油气站时，其建、构筑物的抗震设计应符合现行国家标准《建筑抗震设计规范》GB 50011 和《构筑物抗震设计规范》GB 50191 的规定。

8.10 消防给水、排水和灭火器材

8.10.1 液化石油气供应基地、气化站和混气站在同一时间内的火灾次数应按一次考虑，其消防用水量应按储罐区一次最大小时消防用水量确定。

8.10.2 液化石油气储罐区消防用水量应按其储罐固定喷水冷却装置和水枪用水量之和计算，并应符合下列要求：

1 储罐总容积大于50m³或单罐容积大于20m³的液化石油气储罐、储罐区和设置在储罐室内的小型储罐应设置固定喷水冷却装置。固定喷水冷却装置的用水量应按储罐的保护面积与冷却水供水强度的乘积计算确定。着火储罐的保护面积按其全表面积计算；距着火储罐直径（卧式储罐按其直径和长度之和的一半）1.5倍范围内（范围的计算应以储罐的最外侧为准）的储罐按其全表面积的一半计算；

冷却水供水强度不应小于0.15L/（s·m²）。

2 水枪用水量不应小于表8.10.2的规定。

3 地下液化石油气储罐可不设置固定喷水冷却装置，其消防用水量应按水枪用水量确定。

表8.10.2 水枪用水量

总容积（m³）	≤500	>500～≤2500	>2500
单罐容积（m³）	≤100	≤400	>400
水枪用水量（L/s）	20	30	45

注：1 水枪用水量应按本表储罐总容积或单罐容积较大者确定。

2 储罐总容积小于或等于50m³，且单罐容积小于或等于20m³的储罐或储罐区，可单独设置固定喷水冷却装置或移动式水枪，其消防用水量应按水枪用水量计算。

8.10.3 液化石油气供应基地、气化站和混气站的消防给水系统应包括：消防水池（罐或其他水源）、消防水泵房、给水管网、地上式消火栓和储罐固定喷水冷却装置等。

消防给水管网应布置成环状，向环状管网供水的干管不应少于两根。当其中一根发生故障时，其余干管仍能供给消防总用水量。

8.10.4 消防水池的容量应按火灾连续时间6h所需最大消防用水量计算确定。当储罐总容积小于或等于220m³，且单罐容积小于或等于50m³的储罐或储罐区，其消防水池的容量可按火灾连续时间3h所需最大消防用水量计算确定。当火灾情况下能保证连续向消防水池补水时，其容量可减去火灾连续时间内的补水量。

8.10.5 消防水泵房的设计应符合现行国家标准《建筑设计防火规范》GB 50016 的有关规定。

8.10.6 液化石油气球形储罐固定喷水冷却装置宜采用喷雾头。卧式储罐固定喷水冷却装置宜采用喷淋管。储罐固定喷水冷却装置的喷雾头或喷淋管的管孔布置，应保证喷水冷却时将储罐表面全覆盖（含液位计、阀门等重要部位）。

液化石油气储罐固定喷水冷却装置的设计和喷雾头的布置应符合现行国家标准《水喷雾灭火系统设计规范》GB 50219 的

规定。

8.10.7 储罐固定喷水冷却装置出口的供水压力不应小于0.2MPa。水枪出口的供水压力：对球形储罐不应小于0.35MPa，对卧式储罐不应小于0.25MPa。

8.10.8 液化石油气供应基地、气化站和混气站生产区的排水系统应采取防止液化石油气排入其他地下管道或低洼部位的措施。

8.10.9 液化石油气站内干粉灭火器的配置除应符合表8.10.9的规定外，还应符合现行国家标准《建筑灭火器配置设计规范》GB 50140 的规定。

表8.10.9 干粉灭火器的配置数量

场所	配置数量
铁路槽车装卸栈桥	按槽车位数，每车位设置8kg、2具，每个设置点不宜超过5具
储罐区、地下储罐组	按储罐台数，每台设置8kg、2具，每个设置点不宜超过5具
储罐室	按储罐台数，每台设置8kg、2具
汽车槽车装卸台柱（装卸口）	8kg不应少于2具
灌瓶间及附属瓶库、压缩机室、烃泵房、汽车槽车库、气化间、混气间、调压计量间、瓶组间和瓶装供应站的瓶库等爆炸危险性建筑	按建筑面积，每50m²设置8kg、1具，且每个房间不应少于2具，每个设置点不宜超过5具
其他建筑（变配电室、仪表间等）	按建筑面积，每80m²设置8kg、1具，且每个房间不应少于2具

注：1 表中8kg指手提式干粉型灭火器的药剂充装量。

2 根据场所具体情况可设置部分35kg手推式干粉灭火器。

8.11 电 气

8.11.1 液化石油气供应基地内消防水泵和液化石油气气化站、混气站的供电系统设计应符合现行国家标准《供配电系统设计规范》GB 50052 "二级负荷"的规定。

8.11.2 液化石油气供应基地、气化站、混气站、瓶装供应站等爆炸危险场所的电力装置设计应符合现行国家标准《爆炸和火灾危险环境电力装置设计规范》GB 50058 的规定，其用电场所爆炸危险区域等级和范围的划分宜符合本规范附录E的规定。

8.11.3 液化石油气供应基地、气化站、混气站、瓶装供应站等具有爆炸危险的建、构筑物的防雷设计应符合现行国家标准《建筑物防雷设计规范》GB 50057 中"第二类防雷建筑物"的有关规定。

8.11.4 液化石油气供应基地、气化站、混气站、瓶装供应站等静电接地设计应符合国家现行标准《化工企业静电接地设计规程》HGJ 28 的规定。

8.12 通 信 和 绿 化

8.12.1 液化石油气供应基地、气化站、混气站内至少应设置1台直通外线的电话。

年供应量大于10000t的液化石油气供应基地和供应居民50000户以上的气化站、混气站内宜设置电话机组。

8.12.2 在具有爆炸危险场所使用的电话应采用防爆型。

8.12.3 液化石油气供应基地、气化站、混气站内的绿化应符合下列要求：

1 生产区内严禁种植易造成液化石油气积存的植物；

2 生产区四周和局部地区可种植不易造成液化石油气积存的植物；

3 生产区围墙2m以外可种植乔木；

4 辅助区可种植各类植物。

9 液化天然气供应

9.1 一般规定

9.1.1 本章适用于液化天然气总储存容积不大于 2000m³ 的城镇液化天然气供应站工程设计。

9.1.2 本章不适用于下列液化天然气工程和装置设计：

1 液化天然气终端接收基地；

2 油气田的液化天然气供应站和天然气液化工厂（站）；

3 轮船、铁路车辆和汽车等运输工具上的液化天然气装置。

9.2 液化天然气气化站

9.2.1 液化天然气气化站的规模应符合城镇总体规划的要求，根据供应用户类别、数量和用气量指标等因素确定。

9.2.2 液化天然气气化站的储罐设计总容积应根据其规模、气源情况、运输方式和运距等因素确定。

9.2.3 液化天然气气化站站址选择应符合下列要求：

1 站址应符合城镇总体规划的要求。

2 站址应避开地震带、地基沉陷、废弃矿井等地段。

9.2.4 液化天然气气化站的液化天然气储罐、集中放散装置的天然气放散总管与站外建、构筑物的防火间距不应小于表 9.2.4 的规定。

9.2.5 液化天然气气化站的液化天然气储罐、集中放散装置的天然气放散总管与站内建、构筑物的防火间距不应小于表 9.2.5 的规定。

表 9.2.4 液化天然气气化站的液化天然气储罐、天然气放散总管与站外建、构筑物的防火间距（m）

名称 \ 项目	储罐总容积(m³) ≤10	>10 ~30	>30 ~50	>50 ~200	>200 ~500	>500 ~1000	>1000 ~2000	集中放散装置的天然气放散总管
居住区、村镇和影剧院、体育馆、学校等重要公共建筑（最外侧建、构筑物外墙）	30	35	45	50	70	90	110	45
工业企业（最外侧建、构筑物外墙）	22	25	27	30	35	40	50	20
明火、散发火花地点和室外变、配电站	30	35	45	50	60	70		30
民用建筑、甲、乙类液体储罐、甲、乙类生产厂房、甲、乙类物品仓库、稻草等易燃材料堆场	27	32	40	45	50	55	65	25
丙类液体储罐、可燃气体储罐、丙、丁类生产厂房、丙、丁类物品仓库	25	27	32	35	40	45	55	20
铁路（中心线）国家线	40	50	60	70		80		40
铁路（中心线）企业专用线	25		30		35			30
公路、道路（路边）高速，I、II级、城市快速	20			25				15
公路、道路（路边）其他	15			20				10
架空电力线（中心线）	1.5 倍杆高						1.5倍杆高，但35kV以上架空电力线不应小于40m	2.0 倍杆高
架空通信线（中心线）I、II级	1.5倍杆高	30		40				1.5倍杆高
架空通信线（中心线）其他	1.5 倍杆高							

注：1 居住区、村镇系指 1000 人或 300 户以上者，以下者按本表民用建筑执行。

2 与本表规定以外的其他建、构筑物的防火间距应按现行国家标准《建筑设计防火规范》GB 50016 执行。

3 间距的计算应以储罐的最外侧为准。

表 9.2.5 液化天然气气化站的液化天然气储罐、天然气放散总管与站内建、构筑物的防火间距（m）

名称 \ 项目	储罐总容积(m³) ≤10	>10 ~30	>30 ~50	>50 ~200	>200 ~500	>500 ~1000	>1000 ~2000	集中放散装置的天然气放散总管
明火、散发火花地点	30	35	45	50	55	60	70	30
办公、生活建筑	18	20	25	30	35	40	50	25
变配电室、仪表间、值班室、汽车槽车库、汽车衡及其计量室、空压机室汽车槽车装卸台柱（装卸口）、钢瓶灌装台	15	18	20	22	25	30		25
汽车库、机修间、燃气热水炉间	25		30		35	40		25
天然气（气态）储罐	20	24	26	28	30	31	32	20
液化石油气全压力式储罐	24	28	32	34	36	38		25
消防泵房、消防水池取水口	30		40			50		20
站内道路（路边）主要	10			15				≤2
站内道路（路边）次要	5			10				
围墙	15		20			25		2
集中放散装置的天然气放散总管	25							—

注：1 自然蒸发气的储罐（BOG 罐）与液化天然气储罐的间距按工艺要求确定；

2 与本表规定以外的其他建、构筑物的防火间距应按现行国家标准《建筑设计防火规范》GB 50016 执行；

3 间距的计算应以储罐的最外侧为准。

9.2.6 站内兼有灌装液化天然气钢瓶功能时，站区内设置储存液化天然气钢瓶（实瓶）的总容积不应大于 2m³。

9.2.7 液化天然气气化站内总平面应分区布置，即分为生产区（包括储罐区、气化及调压等装置区）和辅助区。

生产区宜布置在站区全年最小频率风向的上风侧或上侧风侧。

液化天然气气化站应设置高度不低于 2m 的不燃烧体实体围墙。

9.2.8 液化天然气气化站生产区应设置消防车道，车道宽度不应小于 3.5m。当储罐总容积小于 500m³ 时，可设置尽头式消防车道和面积不应小于 12m×12m 的回车场。

9.2.9 液化天然气气化站的生产区和辅助区至少应各设 1 个对外出入口。当液化天然气储罐总容积超过 1000m³ 时，生产区应设置 2 个对外出入口，其间距不应小于 30m。

9.2.10 液化天然气储罐和储罐区的布置应符合下列要求：

1 储罐之间的净距不应小于相邻储罐直径之和的 1/4，且不应小于 1.5m；储罐组内的储罐不应超过两排；

2 储罐组四周必须设置周边封闭的不燃烧体实体防护墙，防护墙的设计应保证在接触液化天然气时不应被破坏；

3 防护墙内的有效容积（V）应符合下列规定：

1）对因低温或因防护墙内一储罐泄漏着火而可能引起防护墙内其他储罐泄漏，当储罐采取了防止措施时，V 不应小于防护墙内最大储罐的容积；

2）当储罐未采取防止措施时，V 不应小于防护墙内所有储罐的总容积；

4 防护墙内不应设置其他可燃液体储罐；

5 严禁在储罐区防护墙内设置液化天然气钢瓶灌装口；

6 容积大于 0.15m³ 的液化天然气储罐（或容器）不应设置在建筑物内。任何容积的液化天然气容器均不应永久地安装在建筑物内。

9.2.11 气化器、低温泵设置应符合下列要求：

1 环境气化器和热流媒体为不燃烧体的远程间接加热气化器、天然气气体加热器可设置在储罐区内，与站外建、构筑物的防火间距应符合现行国家标准《建筑设计防火规范》GB 50016 中甲类厂房的规定。

2 气化器的布置应满足操作维修的要求。

3 对于输送液体温度低于-29℃的泵，设计中应有预冷措施。

9.2.12 液化天然气集中放散装置的汇集总管，应经加热将放散物加热成比空气轻的气体后方可排入放散总管；放散总管管口高度应高出距其25m内的建、构筑物2m以上，且距地面不得小于10m。

9.2.13 液化天然气气化后向城镇管网供应的天然气应进行加臭，加臭量应符合本规范第3.2.3条的规定。

9.3 液化天然气瓶组气化站

9.3.1 液化天然气瓶组气化站采用气瓶组作为储存及供气设施，应符合下列要求：

1 气瓶组总容积不应大于4m³。

2 单个气瓶容积宜采用175L钢瓶，最大容积不应大于410L，灌装量不应大于其容积的90%。

3 气瓶组储气容积宜按1.5倍计算月最大日供气量确定。

9.3.2 气瓶组应在站内固定地点露天（可设置罩棚）设置。气瓶组与建、构筑物的防火间距不应小于表9.3.2的规定。

表9.3.2 气瓶组与建、构筑物的防火间距（m）

气瓶总容积（m³） 项 目	≤2	>2～≤4
明火、散发火花地点	25	30
民用建筑	12	15
重要公共建筑、一类高层民用建筑	24	30
道路（路边） 主 要	10	10
次 要	5	5

注：气瓶总容积应按配置气瓶个数与单瓶几何容积的乘积计算。单个气瓶容积不应大于410L。

9.3.3 设置在露天（或罩棚下）的空温式气化器与气瓶组的间距应满足操作的要求，与明火、散发火花地点或其他建、构筑物的防火间距应符合本规范第9.3.2条气瓶总容积小于或等于2m³一档的规定。

9.3.4 气化装置的总供气能力应根据高峰小时用气量确定。气化装置的配置台数不应少于2台，且应有1台备用。

9.3.5 瓶组气化站的四周宜设置高度不低于2m的不燃烧体实体围墙。

9.4 管道及附件、储罐、容器、气化器、气体加热器和检测仪表

9.4.1 液化天然气储罐、设备的设计温度应按-168℃计算，当采用液氮等低温介质进行置换时，应按置换介质的最低温度计算。

9.4.2 对于使用温度低于-20℃的管道应采用奥氏体不锈钢无缝钢管，其技术性能应符合现行的国家标准《流体输送用不锈钢无缝钢管》GB/T 14976的规定。

9.4.3 管道宜采用焊接连接。公称直径不大于50mm的管道与储罐、容器、设备及阀门可采用法兰、螺纹连接；公称直径大于50mm的管道与储罐、容器、设备及阀门连接应采用法兰或焊接连接；法兰连接采用的螺栓、弹性垫片等紧固件应确保连接的紧密度。阀门应能适用于液化天然气介质，液相管道应采用加长阀杆和能在线检修结构的阀门（液化天然气钢瓶自带的阀门除外），连接宜采用焊接。

9.4.4 管道应根据设计条件进行柔性计算，柔性计算的范围和方法应符合现行国家标准《工业金属管道设计规范》GB 50316的规定。

9.4.5 管道宜采用自然补偿的方式，不宜采用补偿器进行补偿。

9.4.6 管道的保温材料应采用不燃烧材料，该材料应具有良好

的防潮性和耐候性。

9.4.7 液态天然气管道上的两个切断阀之间必须设置安全阀，放散气体宜集中放散。

9.4.8 液化天然气卸车口的进液管道应设置止回阀。液化天然气卸车软管应采用奥氏体不锈钢波纹软管，其设计爆裂压力不应小于系统最高工作压力的5倍。

9.4.9 液化天然气储罐和容器本体及附件的材料选择和设计应符合现行国家标准《钢制压力容器》GB 150、《低温绝热压力容器》GB 18442和国家现行《压力容器安全技术监察规程》的规定。

9.4.10 液化天然气储罐必须设置安全阀，安全阀的开启压力及阀口总通过面积应符合国家现行《压力容器安全技术监察规程》的规定。

9.4.11 液化天然气储罐安全阀的设置应符合下列要求：

1 必须选用奥氏体不锈钢弹簧封闭全启式；

2 单罐容积为100m³或100m³以上的储罐应设置2个或2个以上安全阀；

3 安全阀应设置放散管，其管径不小于安全阀出口的管径。放散管宜集中放散；

4 安全阀与储罐之间应设置切断阀。

9.4.12 储罐应设置放散管，其设置要求应符合本规范第9.2.12条的规定。

9.4.13 储罐进出液管必须设置紧急切断阀，并与储罐液位控制连锁。

9.4.14 液化天然气储罐仪表的设置，应符合下列要求：

1 应设置两个液位计，并应设置液位上、下限报警和连锁装置。

注：容积小于3.8m³的储罐和容器，可设置一个液位计（或固定长度液位管）。

2 应设置压力表，并应在有值班人员的场所设置高压报警显示器，取压点应位于储罐最高液位以上。

3 采用真空绝热的储罐，真空层应设置真空表接口。

9.4.15 液化天然气气化器的液体进口管道上宜设置紧急切断阀，该阀门应与天然气出口的测温装置连锁。

9.4.16 液化天然气气化器或其出口管道上必须设置安全阀，安全阀的泄放能力应满足下列要求：

1 环境气化器的安全阀泄放能力必须满足在1.1倍的设计压力下，泄放量不小于气化器设计额定流量的1.5倍。

2 加热气化器的安全阀泄放能力必须满足在1.1倍的设计压力下，泄放量不小于气化器设计额定流量的1.1倍。

9.4.17 液化天然气气化器和天然气体加热器的天然气出口应设置测温装置并应与相关阀门连锁；热媒的进口应设置能遥控和就地控制的阀门。

9.4.18 对于有可能受到土壤冻结或冻胀影响的储罐基础和设备基础，必须设置温度监测系统并应采取有效保护措施。

9.4.19 储罐区、气化装置区域或有可能发生液化天然气泄漏的区域内应设置低温检测报警装置和相关的连锁装置，报警显示器应设置在值班室或仪表室等有值班人员的场所。

9.4.20 爆炸危险场所应设置燃气浓度检测报警器。报警浓度应取爆炸下限的20%，报警显示器应设置在值班室或仪表室等有值班人员的场所。

9.4.21 液化天然气气化站内应设置事故切断系统，事故发生时，应切断或关闭液化天然气或可燃气体来源，还应关闭正在运行可能使事故扩大的设备。

液化天然气气化站内设置的事故切断系统应具有手动、自动或手动自动同时启动的性能，手动启动器应设置在事故时方便到达的地方，并与所保护设备的间距不小于15m。手动启动器应具有明显的功能标志。

9.5 消防给水、排水和灭火器材

9.5.1 液化天然气气化站在同一时间内的火灾次数应按一次考虑，其消防水量应按储罐一次消防用水量确定。

液化天然气储罐消防用水量应按其储罐固定喷淋装置和水枪用水量之和计算，其设计应符合下列要求：

1 总容积超过 50m³ 或单罐容积超过 20m³ 的液化天然气储罐或储罐区应设置固定喷淋装置。喷淋装置的供水强度不应小于 0.15L/（s·m²）。着火储罐的保护面积按其全表面积计算，距着火储罐直径（卧式储罐按其直径和长度之和的一半）1.5 倍范围内（范围的计算应以储罐的最外侧为准）的储罐按其表面积的一半计算。

2 水枪宜采用带架水枪。水枪用水量不应小于表 9.5.1 的规定。

表 9.5.1　水枪用水量

总容积（m³）	≤200	>200
单罐容积（m³）	≤50	>50
水枪用水量（L/s）	20	30

注：1　水枪用水量应按本表总容积和单罐容积较大者确定。
　　2　总容积小于 50m³ 且单罐容积小于等于 20m³ 的液化天然气储罐或储罐区，可单独设置固定喷淋装置或移动水枪，其消防水量应按水枪用水量计算。

9.5.2 液化天然气立式储罐固定喷淋装置应在罐体上部和罐顶均匀分布。

9.5.3 消防水池的容量应按火灾连续时间 6h 计算确定。但总容积小于 220m³ 且单罐容积小于或等于 50m³ 的储罐或储罐区，消防水池的容量应按火灾连续时间 3h 计算确定。当火灾情况下能保证连续向消防水池补水时，其容量可减去火灾连续时间内的补水量。

9.5.4 液化天然气气化站的消防给水系统中的消防泵房，给水管网和供水压力要求等设计应符合本规范第 8.10 节的有关规定。

9.5.5 **液化天然气气化站生产区防护墙内的排水系统应采取防止液化天然气流入下水道或其他以顶盖密封的沟渠中的措施。**

9.5.6 站内具有火灾和爆炸危险的建、构筑物、液化天然气储罐和工艺装置区应设置小型干粉灭火器，其设置数量除应符合表 9.5.6 的规定外，还应符合现行国家标准《建筑灭火器配置设计规范》GB 50140 的规定。

表 9.5.6　干粉灭火器的配置数量

场　所	配 置 数 量
储罐区	按储罐台数，每台储罐设置 8kg 和 35kg 各 1 具
汽车槽车装卸台（柱、装卸口）	按槽车车位数，每个车位设置 8kg、2 具
气瓶灌装台	设置 8kg 不少于 2 具
气瓶组（≤4m³）	设置 8kg 不少于 2 具
工艺装置区	按区域面积，每 50m² 设置 8kg、1 具，且每个区域不少于 2 具

注：8kg 和 35kg 分别指手提式和手推式干粉型灭火器的药剂充装量。

9.6　土建和生产辅助设施

9.6.1 液化天然气气化站建、构筑物的防火、防爆和抗震设计，应符合本规范第 8.9 节的有关规定。

9.6.2 设有液化天然气工艺设备的建、构筑物应有良好的通风措施。通风量按房屋全部容积每小时换气次数不应小于 6 次。在蒸发气体比空气重的地方，应在蒸发气体聚集最低部位设置通风口。

9.6.3 液化天然气气化站的供电系统设计应符合现行国家标准《供配电系统设计规范》GB 50052 "二级负荷" 的规定。

9.6.4 液化天然气气化站爆炸危险场所的电力装置设计应符合现行国家标准《爆炸和火灾危险环境电力装置设计规范》GB 50058 的有关规定。

9.6.5 液化天然气气化站的防雷和静电接地设计，应符合本规范第 8.11 节的有关规定。

10　燃 气 的 应 用

10.1　一 般 规 定

10.1.1 本章适用于城镇居民、商业和工业企业用户内部的燃气系统设计。

10.1.2 燃气调压器、燃气表、燃烧器具等，应根据使用燃气类别及其特性、安装条件、工作压力和用户要求等因素选择。

10.1.3 燃气应用设备铭牌上规定的燃气必须与当地供应的燃气相一致。

10.2　室内燃气管道

10.2.1 用户室内燃气管道的最高压力不应大于表 10.2.1 的规定。

表 10.2.1　用户室内燃气管道的最高压力（表压 MPa）

燃　气　用　户		最　高　压　力
工业用户	独立、单层建筑	0.8
	其他	0.4
商业用户		0.4
居民用户（中压进户）		0.2
居民用户（低压进户）		<0.01

注：1　液化石油气管道的最高压力不应大于 0.14MPa；
　　2　管道井内的燃气管道的最高压力不应大于 0.2MPa；
　　3　室内燃气管道压力大于 0.8MPa 的特殊用户设计应按有关专业规范执行。

10.2.2 燃气供应压力应根据用户设备燃烧器的额定压力及其允许的压力波动范围确定。

民用低压用气设备的燃烧器的额定压力宜按表 10.2.2 采用。

表 10.2.2　民用低压用气设备燃烧器的额定压力（表压 kPa）

燃气 燃烧器	人工煤气	天然气		液化石油气
		矿井气	天然气、油田伴生气、 液化石油气混空气	
民用燃具	1.0	1.0	2.0	2.8 或 5.0

10.2.3 室内燃气管道宜选用钢管，也可选用铜管、不锈钢管、铝塑复合管和连接用软管，并应分别符合第 10.2.4～10.2.8 条的规定。

10.2.4 室内燃气管道选用钢管时应符合下列规定：

1 钢管的选用应符合下列规定：

　1）低压燃气管道应选用热镀锌钢管（热浸镀锌），其质量应符合现行国家标准《低压流体输送用焊接钢管》GB/T 3091 的规定；

　2）中压和次高压燃气管道宜选用无缝钢管，其质量应符合现行国家标准《输送流体用无缝钢管》GB/T 8163 的规定；燃气管道的压力小于或等于 0.4MPa 时，可选用本款第 1）项规定的焊接钢管。

2 钢管的壁厚应符合下列规定：

　1）选用符合 GB/T 3091 标准的焊接钢管时，低压宜采用普通管，中压应采用加厚管；

　2）选用无缝钢管时，其壁厚不得小于 3mm，用于引入管时不得小于 3.5mm；

　3）当屋面上的燃气管道和高层建筑沿外墙架设的燃气管道，在避雷保护范围以外时，采用焊接钢管或无缝钢管时其管道壁厚均不得小于 4mm。

3 钢管螺纹连接时应符合下列规定：

　1）室内低压燃气管道（地下室、半地下室等部位除外）、室外压力小于或等于 0.2MPa 的燃气管道，可采用螺纹连接；

　　管道公称直径大于 DN100 时不宜选用螺纹连接。

　2）管件选择应符合下列要求：

　　管道公称压力 PN≤0.01MPa 时，可选用可锻铸铁螺纹管件；

　　管道公称压力 PN≤0.2MPa 时，应选用钢或铜合金螺纹管件；

　3）管道公称压力 PN≤0.2MPa 时，应采用现行国家标准《55°密封螺纹 第 2 部分：圆锥内螺纹与圆锥外螺纹》GB/T 7306.2 规定的螺纹（锥/锥）连接。

　4）密封填料，宜采用聚四氟乙烯生料带、尼龙密封绳等性能良好的填料。

4 钢管焊接或法兰连接可用于中低压燃气管道（阀门、仪表处除外），并应符合有关标准的规定。

10.2.5 室内燃气管道选用铜管时应符合下列规定：

1 铜管的质量应符合现行国家标准《无缝铜水管和铜气管》GB/T 18033 的规定。

2 铜管道应采用硬钎焊连接，宜采用不低于 1.8% 的银（铜—磷基）焊料（低银铜磷钎料）。铜管接头和焊接工艺可按现行国家标准《铜管接头》GB/T 11618 的规定执行。

铜管道不得采用对焊、螺纹或软钎焊（熔点小于 500℃）连接。

3 埋入建筑物地板和墙中的铜管应是覆塑铜管或带有专用涂层的铜管，其质量应符合有关标准的规定。

4 燃气中硫化氢含量小于或等于 7mg/m³ 时，中低压燃气管道可采用现行国家标准《无缝铜水管和铜气管》GB/T 18033 中表 3-1 规定的 A 型管或 B 型管。

5 燃气中硫化氢含量大于 7mg/m³ 而小于 20mg/m³ 时，中压燃气管道应选用带耐腐蚀内衬的铜管；无耐腐蚀内衬的铜管只允许在室内的低压燃气管道中采用；铜管类型可按本条第 4 款的规定执行。

6 铜管必须有防外部损坏的保护措施。

10.2.6 室内燃气管道选用不锈钢管时应符合下列规定：

1 薄壁不锈钢管：

　1）薄壁不锈钢管的壁厚不得小于 0.6mm（DN15 及以上），其质量应符合现行国家标准《流体输送用不锈钢焊接钢管》GB/T 12771 的规定；

　2）薄壁不锈钢管的连接方式，应采用承插氩弧焊式管件连接或卡套式管件机械连接，并宜优先选用承插氩弧焊式管件连接。承插氩弧焊式管件和卡套式管件应符合有关标准的规定。

2 不锈钢波纹管：

　1）不锈钢波纹管的壁厚不得小于 0.2mm，其质量应符合国家现行标准《燃气用不锈钢波纹软管》CJ/T 197 的规定；

　2）不锈钢波纹管应采用卡套式管件机械连接，卡套式管件应符合有关标准的规定。

3 薄壁不锈钢管和不锈钢波纹管必须有防外部损坏的保护措施。

10.2.7 室内燃气管道选用铝塑复合管时应符合下列规定：

1 铝塑复合管的质量应符合现行国家标准《铝塑复合压力管 第 1 部分：铝管搭接焊式铝塑管》GB/T 18997.1 或《铝塑复合压力管 第 2 部分：铝管对接焊式铝塑管》GB/T 18997.2 的规定。

2 铝塑复合管应采用卡套式管件或承插式管件机械连接，承插式管件应符合国家现行标准《承插式管接头》CJ/T 110 的规定，卡套式管件应符合国家现行标准《卡套式管接头》CJ/T 111 和《铝塑复合管用卡压式管件》CJ/T 190 的规定。

3 铝塑复合管安装时必须对铝塑复合管材进行防机械损伤、防紫外线（UV）伤害及防热保护，并应符合下列规定：

　1）环境温度不应高于 60℃；

　2）工作压力应小于 10kPa；

　3）在户内的计量装置（燃气表）后安装。

10.2.8 室内燃气管道采用软管时，应符合下列规定：

1 燃气用具连接部位、实验室用具或移动式用具等处可采用软管连接。

2 中压燃气管道上应采用符合现行国家标准《波纹金属软管通用技术条件》GB/T 14525、《液化石油气（LPG）用橡胶软管和软管组合件 散装运输用》GB/T 10546 或同等性能以上的软管。

3 低压燃气管道上应采用符合国家现行标准《家用煤气软管》HG 2486 或国家现行标准《燃气用不锈钢波纹软管》CJ/T 197 规定的软管。

4 软管最高允许工作压力不应小于管道设计压力的 4 倍。

5 软管与家用燃具连接时，其长度不应超过 2m，并不得有接口。

6 软管与移动式的工业燃具连接时，其长度不应超过 30m，接口不应超过 2 个。

7 软管与管道、燃具的连接处应采用压紧螺帽（锁母）或管卡（喉箍）固定。在软管的上游与硬管的连接处应设阀门。

8 橡胶软管不得穿墙、顶棚、地面、窗和门。

10.2.9 室内燃气管道的计算流量应按下列要求确定：

1 居民生活用燃气计算流量可按下式计算：

$$Q_h = \sum kNQ_n \tag{10.2.9}$$

式中　Q_h——燃气管道的计算流量（m³/h）；

　　　　k——燃具同时工作系数，居民生活用燃具可按附录 F 确定；

　　　　N——同种燃具或成组燃具的数目；

　　　　Q_n——燃具的额定流量（m³/h）。

2 商业用和工业企业生产用燃气计算流量应按所有用气设

备的额定流量并根据设备的实际使用情况确定。

10.2.10 商业和工业用户调压装置及居民楼栋调压装置的设置形式应符合本规范第6.6.2条和第6.6.6条的规定。

10.2.11 当由调压站供应低压燃气时，室内低压燃气管道允许的阻力损失，应根据建筑物和室外管道等情况，经技术经济比较后确定。

10.2.12 室内燃气管道的阻力损失，可按本规范第6.2.5条和第6.2.6条的规定计算。

室内燃气管道的局部阻力损失宜按实际情况计算。

10.2.13 计算低压燃气管道阻力损失时，对地形高差大或高层建筑立管应考虑因高程差而引起的燃气附加压力。燃气的附加压力可按下式计算：

$$\Delta H = 9.8 \times (\rho_k - \rho_m) \times h \qquad (10.2.13)$$

式中 ΔH ——燃气的附加压力（Pa）；

ρ_k ——空气的密度（kg/m³）；

ρ_m ——燃气的密度（kg/m³）；

h ——燃气管道终、起点的高程差（m）。

10.2.14 燃气引入管敷设位置应符合下列规定：

1 燃气引入管不得敷设在卧室、卫生间、易燃或易爆品的仓库、有腐蚀性介质的房间、发电间、配电间、变电室、不使用燃气的空调机房、通风机房、计算机房、电缆沟、暖气沟、烟道和进风道、垃圾道等地方。

2 住宅燃气引入管宜设在厨房、外走廊、与厨房相连的阳台内（寒冷地区输送湿燃气时阳台应封闭）等便于检修的非居住房间内。当确有困难，可从楼梯间引入（高层建筑除外），但应采用金属管道且引入管阀门宜设在室外。

3 商业和工业企业的燃气引入管宜设在使用燃气的房间或燃气表间内。

4 燃气引入管宜沿外墙地面上穿墙引入。室外露明管段的上端弯曲处应加不小于 DN15 清扫用三通和丝堵，并做防腐处理。寒冷地区输送湿燃气时应保温。

引入管可埋地穿过建筑物外墙或基础引入室内。当引入管穿过墙或基础进入建筑物后应在短距离内出室内地面，不得在室内地面下水平敷设。

10.2.15 燃气引入管穿墙与其他管道的平行净距应满足安装和维修的需要，当与地下管沟或下水道距离较近时，应采取有效的防护措施。

10.2.16 燃气引入管穿过建筑物基础、墙或管沟时，均应设置在套管中，并应考虑沉降的影响，必要时应采取补偿措施。

套管与基础、墙或管沟等之间的间隙应填实，其厚度应为被穿过结构的整个厚度。

套管与燃气引入管之间的间隙应采用柔性防腐、防水材料密封。

10.2.17 建筑物设计沉降量大于50mm时，可对燃气引入管采取如下补偿措施：

1 加大引入管穿墙处的预留洞尺寸。

2 引入管穿墙前水平或垂直弯曲2次以上。

3 引入管穿墙前设置金属柔性管或波纹补偿器。

10.2.18 燃气引入管的最小公称直径应符合下列要求：

1 输送人工煤气和矿井气不应小于25mm；

2 输送天然气不应小于20mm；

3 输送气态液化石油气不应小于15mm。

10.2.19 燃气引入管阀门宜设在建筑物内，对重要用户还应在室外另设阀门。

10.2.20 输送湿燃气的引入管，埋设深度应在土壤冰冻线以下，并宜有不小于0.01坡向室外管道的坡度。

10.2.21 地下室、半地下室、设备层和地上密闭房间敷设燃气管道时，应符合下列要求：

1 净高不宜小于2.2m。

2 **应有良好的通风设施，房间换气次数不得小于3次/h；**

并应有独立的事故机械通风设施，其换气次数不应小于 **6 次/h**。

3 **应有固定的防爆照明设备。**

4 **应采用非燃烧体实体墙与电话间、变配电室、修理间、储藏室、卧室、休息室隔开。**

5 应按本规范第10.8节规定设置燃气监控设施。

6 燃气管道应符合本规范第10.2.23条要求。

7 当燃气管道与其他管道平行敷设时，应敷设在其他管道的外侧。

8 地下室内燃气管道末端应设放散管，并应引出地上。放散管的出口位置应保证吹扫放散时的安全和卫生要求。

注：地上密闭房间包括地上无窗或窗仅用作采光的密闭房间等。

10.2.22 液化石油气管道和烹调用液化石油气燃烧设备不应设置在地下室、半地下室内。当需要设置在地下一层、半地下室时，应针对具体条件采取有效的安全措施，并进行专题技术论证。

10.2.23 敷设在地下室、半地下室、设备层和地上密闭房间以及竖井、住宅汽车库（不使用燃气，并能设置钢套管的除外）的燃气管道应符合下列要求：

1 管材、管件及阀门、阀件的公称压力应按提高一个压力等级进行设计；

2 管道应采用钢号为10、20的无缝钢管或具有同等及同等以上性能的其他金属管材；

3 除阀门、仪表等部位和采用加厚管的低压管道外，均应焊接和法兰连接；应尽量减少焊缝数量，钢管道的固定焊口应进行100%射线照相检验，活动焊口应进行10%射线照相检验，其质量不得低于现行国家标准《现场设备、工业管道焊接工程施工及验收规范》GB 50236-98中的Ⅲ级；其他金属管材的焊接质量应符合相关标准的规定。

10.2.24 燃气水平管和立管不得穿过易燃易爆品仓库、配电间、变电室、电缆沟、烟道、进风道和电梯井等。

10.2.25 燃气水平干管宜明设，当建筑设计有特殊美观要求时可敷设在能安全操作、通风良好和检修方便的吊顶内，管道应符合本规范第10.2.23条的要求；当吊顶内设有可能产生明火的电气设备或空调回风管时，燃气干管宜设在与吊顶底平的独立密封∩型管槽内，管槽底采用可卸式活动百叶或带孔板。

燃气水平干管不宜穿过建筑物的沉降缝。

10.2.26 燃气立管不得敷设在卧室或卫生间内。立管穿过通风不良的吊顶时应设在套管内。

10.2.27 燃气立管宜明设，当设在便于安装和检修的管道竖井内时，应符合下列要求：

1 燃气立管可与空气、惰性气体、上下水、热力管道等设在一个公用竖井内，但不得与电线、电气设备或氧气管、进风管、回风管、排气管、排烟管、垃圾道等共用一个竖井；

2 竖井内的燃气管道应符合本规范第10.2.23条的要求，并尽量不设或少设阀门等附件。竖井内的燃气管道的最高压力不得大于0.2MPa；燃气管道应涂黄色防腐识别漆；

3 竖井应每隔2～3层做相当于楼板耐火极限的不燃烧体进行防火分隔，且应设法保证平时竖井内自然通风和火灾时防止产生"烟囱"作用的措施；

4 每隔4～5层设一燃气浓度检测报警器，上、下两个报警器的高度差不应大于20m；

5 管道竖井的墙体应为耐火极限不低于1.0h的不燃烧体，井壁上的检查门应采用丙级防火门。

10.2.28 高层建筑的燃气立管应有承受自重和热伸缩推力的固定支架和活动支架。

10.2.29 燃气水平干管和高层建筑立管应考虑工作环境温度下的极限变形，当自然补偿不能满足要求时，应设置补偿器；补偿器宜采用Ⅱ形或波纹管形，不得采用填料型。补偿量计算温差可按下列条件选取：

1 有空气调节的建筑物内取20℃；

2 无空气调节的建筑物内取 40℃；

3 沿外墙和屋面敷设时可取 70℃。

10.2.30 燃气支管宜明设。燃气支管不宜穿过起居室（厅）。敷设在起居室（厅）、走道内的燃气管道不宜有接头。

当穿过卫生间、阁楼或壁柜时，燃气管道应采用焊接连接（金属软管不得有接头），并应设在钢套管内。

10.2.31 住宅内暗埋的燃气支管应符合下列要求：

1 暗埋部分不宜有接头，且不应有机械接头。暗埋部分宜有涂层或覆塑等防腐蚀措施。

2 暗埋的管道应与其他金属管道或部件绝缘，暗埋的柔性管道宜采用钢盖板保护。

3 暗埋管必须在气密性试验合格后覆盖。

4 覆盖层厚度不应小于 10mm。

5 覆盖层面上应有明显标志，标明管道位置，或采取其他安全保护措施。

10.2.32 住宅内暗封的燃气支管应符合下列要求：

1 暗封管应设在不受外力冲击和暖气烘烤的部位。

2 暗封部位应可拆卸，检修方便，并应通风良好。

10.2.33 商业和工业企业室内暗设燃气支管应符合下列要求：

1 可暗埋在楼层地板内；

2 可暗封在管沟内，管沟应设活动盖板，并填充干砂；

3 燃气管道不得暗封在可以渗入腐蚀性介质的管沟中；

4 当暗封燃气管道的管沟与其他管沟相交时，管沟之间应密封，燃气管道应设套管。

10.2.34 民用建筑室内燃气水平干管，不得暗埋在地下土层或地面混凝土层内。

工业和实验室的室内燃气管道可暗埋在混凝土地面中，其燃气管道的引入和引出处应设钢套管。钢套管应伸出地面 5～10cm。钢套管两端应采用柔性的防水材料密封；管道应有防腐绝缘层。

10.2.35 燃气管道不应敷设在潮湿或有腐蚀性介质的房间内。当确需敷设时，必须采取防腐蚀措施。

输送湿燃气的燃气管道敷设在气温低于 0℃ 的房间或输送气相液化石油气管道处的环境温度低于其露点温度时，其管道应采取保温措施。

10.2.36 室内燃气管道与电气设备、相邻管道之间的净距不应小于表 10.2.36 的规定。

表 10.2.36 室内燃气管道与电气设备、相邻管道之间的净距

管道和设备		与燃气管道的净距（cm）	
		平行敷设	交叉敷设
电气设备	明装的绝缘电线或电缆	25	10（注）
	暗装或管内绝缘电线	5（从所做的槽或管子的边缘算起）	1
	电压小于 1000V 的裸露电线	100	100
	配电盘或配电箱、电表	30	不允许
	电插座、电源开关	15	不允许
相邻管道		保证燃气管道、相邻管道的安装和维修	2

注：1 当明装电线加绝缘套管且套管的两端各伸出燃气管道 10cm 时，套管与燃气管道的交叉净距可降至 1cm。

2 当布置确有困难，在采取有效措施后，可适当减小净距。

10.2.37 沿墙、柱、楼板和加热设备构件上明设的燃气管道应采用管支架、管卡或吊卡固定。

管支架、管卡、吊卡等固定件的安装不应妨碍管道的自由膨胀和收缩。

10.2.38 室内燃气管道穿过承重墙、地板或楼板时必须加钢套管，套管内管道不得有接头，套管与承重墙、地板或楼板之间的间隙应填实，套管与燃气管道之间的间隙应采用柔性防腐、防水材料密封。

10.2.39 工业企业用气车间、锅炉房以及大中型用气设备的燃气管道上应设放散管，放散管管口应高出屋脊（或平屋顶）1m 以上或设置在地面上安全处，并应采取防止雨雪进入管道和放散物进入房间的措施。

当建筑物位于防雷区之外时，放散管的引线应接地，接地电阻应小于 10Ω。

10.2.40 室内燃气管道的下列部位应设置阀门：

1 燃气引入管；

2 调压器前和燃气表前；

3 燃气用具前；

4 测压计前；

5 放散管起点。

10.2.41 室内燃气管道阀门宜采用球阀。

10.2.42 输送干燃气的室内燃气管道可不设置坡度。输送湿燃气（包括气相液化石油气）的管道，其敷设坡度不宜小于 0.003。

燃气表前后的湿燃气水平支管应分别坡向立管和燃具。

10.3 燃气计量

10.3.1 燃气用户应单独设置燃气表。

燃气表应根据燃气的工作压力、温度、流量和允许的压力降（阻力损失）等条件选择。

10.3.2 用户燃气表的安装位置，应符合下列要求：

1 宜安装在不燃或难燃结构的室内通风良好和便于查表、检修的地方。

2 严禁安装在下列场所：

1）卧室、卫生间及更衣室内；

2）有电源、电器开关及其他电器设备的管道井内，或有可能滞留泄漏燃气的隐蔽场所；

3）环境温度高于 45℃ 的地方；

4）经常潮湿的地方；

5）堆放易燃易爆、易腐蚀或有放射性物质等危险的地方；

6）有变、配电等电器设备的地方；

7）有明显振动影响的地方；

8）高层建筑中的避难层及安全疏散楼梯间内。

3 燃气表的环境温度，当使用人工煤气和天然气时，应高于 0℃；当使用液化石油气时，应高于其露点 5℃ 以上。

4 住宅内燃气表可安装在厨房内，当有条件时也可设置在户门外。

住宅内高位安装燃气表时，表底距地面不宜小于 1.4m；当燃气表装在燃气灶具上方时，燃气表与燃气灶的水平净距不得小于 30cm；低位安装时，表底距地面不得小于 10cm。

5 商业和工业企业的燃气表宜集中布置在单独房间内，当设有专用调压室时可与调压器同室布置。

10.3.3 燃气表保护装置的设置应符合下列要求：

1 当输送燃气过程中可能产生尘粒时，宜在燃气表前设置过滤器；

2 当使用加氧的富氧燃烧器或使用鼓风机向燃烧器供给空气时，应在燃气表后设置止回阀或泄压装置。

10.4 居民生活用气

10.4.1 居民生活的各类用气设备应采用低压燃气，用气设备前（灶前）的燃气压力应在 $0.75\sim1.5P_n$ 的范围内（P_n 为燃具的额定压力）。

10.4.2 居民生活用气设备严禁设置在卧室内。

10.4.3 住宅厨房内宜设置排气装置和燃气浓度检测报警器。

10.4.4 家用燃气灶的设置应符合下列要求：

1 燃气灶应安装在有自然通风和自然采光的厨房内。利用卧室的套间（厅）或利用与卧室连接的走廊作厨房时，厨房应设

门并与卧室隔开。

2 安装燃气灶的房间净高不宜低于 2.2m。

3 燃气灶与墙面的距离不得小于 10cm。当墙面为可燃或难燃材料时，应加防火隔热板。

燃气灶的灶面边缘和烤箱的侧壁距木质家具的净距不得小于 20cm，当达不到时，应加防火隔热板。

4 放置燃气灶的灶台应采用不燃烧材料，当采用难燃材料时，应加防火隔热板。

5 厨房为地上暗厨房（无直通室外的门或窗）时，应选用带有自动熄火保护装置的燃气灶，并应设置燃气浓度检测报警器、自动切断阀和机械通风设施，燃气浓度检测报警器应与自动切断阀和机械通风设施连锁。

10.4.5 家用燃气热水器的设置应符合下列要求：

1 燃气热水器应安装在通风良好的非居住房间、过道或阳台内；

2 有外墙的卫生间内，可安装密闭式热水器，但不得安装其他类型热水器；

3 装有半密闭式热水器的房间，房间门或墙的下部应设有效截面积不小于 0.02m² 的格栅，或在门与地面之间留有不小于 30mm 的间隙；

4 房间净高宜大于 2.4m；

5 可燃或难燃烧的墙壁和地板上安装热水器时，应采取有效的防火隔热措施；

6 热水器的给排气筒宜采用金属管道连接。

10.4.6 单户住宅采暖和制冷系统采用燃气时，应符合下列要求：

1 应有熄火保护装置和排烟设施；

2 应设置在通风良好的走廊、阳台或其他非居住房间内；

3 设置在可燃或难燃烧的地板和墙壁上时，应采取有效的防火隔热措施。

10.4.7 居民生活用燃具的安装应符合国家现行标准《家用燃气燃烧器具安装及验收规程》CJJ12 的规定。

10.4.8 居民生活用燃具在选用时，应符合现行国家标准《燃气燃烧器具安全技术条件》GB16914 的规定。

10.5 商业用气

10.5.1 商业用气设备宜采用低压燃气设备。

10.5.2 商业用气设备应安装在通风良好的专用房间内；商业用气设备不得安装在易燃易爆物品的堆存处，亦不应设置在兼做卧室的警卫室、值班室、人防工程等处。

10.5.3 商业用气设备设置在地下室、半地下室（液化石油气除外）或地上密闭房间内时，应符合下列要求：

1 燃气引入管应设手动快速切断阀和紧急自动切断阀；停电时紧急自动切断阀必须处于关闭状态；

2 用气设备应有熄火保护装置；

3 用气房间应设置燃气浓度检测报警器，并由管理室集中监视和控制；

4 宜设烟气一氧化碳浓度检测报警器；

5 应设置独立的机械送排风系统；通风量应满足下列要求：

　1）正常工作时，换气次数不应小于 6 次/h；事故通风时，换气次数不应小于 12 次/h；不工作时换气次数不应小于 3 次/h；

　2）当燃烧所需的空气由室内吸取时，应满足燃烧所需的空气量；

　3）应满足排除房间热力设备散失的多余热量所需的空气量。

10.5.4 商业用气设备的布置应符合下列要求：

1 用气设备之间及用气设备与对面墙之间的净距应满足操作和检修的要求；

2 用气设备与可燃或难燃的墙壁、地板和家具之间应采取

有效的防火隔热措施。

10.5.5 商业用气设备的安装应符合下列要求：

1 大锅灶和中餐炒菜灶应有排烟设施，大锅灶的炉膛或烟道处应设爆破门；

2 大型用气设备的泄爆装置，应符合本规范第 10.6.6 条的规定。

10.5.6 商业用户中燃气锅炉和燃气直燃型吸收式冷（温）水机组的设置应符合下列要求：

1 宜设置在独立的专用房间内；

2 设置在建筑物内时，燃气锅炉房宜布置在建筑物的首层，不应布置在地下二层及二层以下；燃气常压锅炉和燃气直燃机可设置在地下二层；

3 燃气锅炉房和燃气直燃机不应设置在人员密集场所的上一层、下一层或贴邻的房间内及主要疏散口的两旁；不应与锅炉和燃气直燃机无关的甲、乙类及使用可燃液体的丙类危险建筑贴邻；

4 燃气相对密度（空气等于 1）大于或等于 0.75 的燃气锅炉和燃气直燃机，不得设置在建筑物地下室和半地下室；

5 宜设置专用调压站或调压装置，燃气经调压后供应机组使用。

10.5.7 商业用户中燃气锅炉和燃气直燃型吸收式冷（温）水机组的安全技术措施应符合下列要求：

1 燃烧器应是具有多种安全保护自动控制功能的机电一体化的燃具；

2 应有可靠的排烟设施和通风设施；

3 应设置火灾自动报警系统和自动灭火系统；

4 设置在地下室、半地下室或地上密闭房间时应符合本规范第 10.5.3 条和 10.2.21 条的规定。

10.5.8 当需要将燃气应用设备设置在靠近车辆的通道处时，应设置护栏或车挡。

10.5.9 屋顶上设置燃气设备时应符合下列要求：

1 燃气设备应能适用当地气候条件。设备连接件、螺栓、螺母等应耐腐蚀；

2 屋顶应能承受设备的的荷载；

3 操作面应有 1.8m 宽的操作距离和 1.1m 高的护栏；

4 应有防雷和静电接地措施。

10.6 工业企业生产用气

10.6.1 工业企业生产用气设备的燃气用量，应按下列原则确定：

1 定型燃气加热设备，应根据设备铭牌标定的用气量或标定热负荷，采用经当地燃气热值折算的用气量；

2 非定型燃气加热设备应根据热平衡计算确定；或参照同类型用气设备的用气量确定；

3 使用其他燃料的加热设备需要改用燃气时，可根据原燃料实际消耗量计算确定。

10.6.2 当城镇供气管道压力不能满足用气设备要求，需要安装加压设备时，应符合下列要求：

1 在城镇低压和中压 B 供气管道上严禁直接安装加压设备。

2 在城镇低压和中压 B 供气管道上间接安装加压设备时应符合下列规定：

　1）加压设备前必须设低压储气罐。其容积应保证加压时不影响地区管网的压力工况；储气罐容积应按生产量较大者确定；

　2）储气罐的起升压力应小于城镇供气管道的最低压力；

　3）储气罐进出口管道上应设切断阀，加压设备应设旁通阀和出口止回阀；由城镇低压管道供气时，储罐进口处的管道上应设止回阀；

　4）储气罐应设上、下限位的报警装置和储量下限位与

加压设备停机和自动切断阀连锁。

3 当城镇供气管道压力为中压 A 时，应有进口压力过低保护装置。

10.6.3 工业企业生产用气设备的燃烧器选择，应根据加热工艺要求、用气设备类型、燃气供给压力及附属设施的条件等因素，经技术经济比较后确定。

10.6.4 工业企业生产用气设备的烟气余热宜加以利用。

10.6.5 工业企业生产用气设备应有下列装置：

1 每台用气设备应有观察孔或火焰监测装置，并宜设置自动点火装置和熄火保护装置；

2 用气设备上应有热工检测仪表，加热工艺需要和条件允许时，应设置燃烧过程的自动调节装置。

10.6.6 工业企业生产用气设备燃烧装置的安全设施应符合下列要求：

1 燃气管道上应安装低压和超压报警以及紧急自动切断阀；

2 烟道和封闭式炉膛，均应设置泄爆装置，泄爆装置的泄压口应设在安全处；

3 鼓风机和空气管道应设静电接地装置。接地电阻不应大于 100Ω；

4 用气设备的燃气总阀门与燃烧器阀门之间，应设置放散管。

10.6.7 燃气燃烧需要带压空气和氧气时，应有防止空气和氧气回到燃气管路和回火的安全措施，并应符合下列要求：

1 燃气管路上应设背压式调压器，空气和氧气管路上应设泄压阀。

2 在燃气、空气或氧气的混气管路与燃烧器之间应设阻火器；混气管路的最高压力不应大于 0.07MPa。

3 使用氧气时，其安装应符合有关标准的规定。

10.6.8 阀门设置应符合下列规定：

1 各用气车间的进口和燃气设备前的燃气管道上均应单独设置阀门，阀门安装高度不宜超过 1.7m；燃气管道阀门与用气设备阀门之间应设放散管；

2 每个燃烧器的燃气接管上，必须单独设置有启闭标记的燃气阀门；

3 每个机械鼓风的燃烧器，在风管上必须设置有启闭标记的阀门；

4 大型或并联装置的鼓风机，其出口必须设置阀门；

5 放散管、取样管、测压管前必须设置阀门。

10.6.9 工业企业生产用气设备应安装在通风良好的专用房间内。当特殊情况需要设置在地下室、半地下室或通风不良的场所时，应符合本规范第 10.2.21 条和第 10.5.3 条的规定。

10.7 燃烧烟气的排除

10.7.1 燃气燃烧所产生的烟气必须排出室外。设有直排式燃具的室内容积热负荷指标超过 207W/m³ 时，必须设置有效的排气装置将烟气排至室外。

注：有直通洞口（哑口）的毗邻房间的容积也可一并作为室内容积计算。

10.7.2 家用燃具排气装置的选择应符合下列要求：

1 灶具和热水器（或采暖炉）应分别采用竖向烟道进行排气。

2 住宅采用自然换气时，排气装置应按国家现行标准《家用燃气燃烧器具安装及验收规程》CJJ 12-99 中 A.0.1 的规定选择。

3 住宅采用机械换气时，排气装置应按国家现行标准《家用燃气燃烧器具安装及验收规程》CJJ 12-99 中 A.0.3 的规定选择。

10.7.3 浴室用燃气热水器的给排气口应直接通向室外，其排气系统与浴室必须有防止烟气泄漏的措施。

10.7.4 商业用户厨房中的燃具上方应设排气扇或排气罩。

10.7.5 燃气用气设备的排烟设施应符合下列要求：

1 不得与使用固体燃料的设备共用一套排烟设施；

2 每台用气设备宜采用单独烟道；当多台设备合用一个总烟道时，应保证排烟时互不影响；

3 在容易积聚烟气的地方，应设置泄爆装置；

4 应设有防止倒风的装置；

5 从设备顶部排烟或设置排烟罩排烟时，其上部应有不小于 0.3m 的垂直烟道方可接水平烟道；

6 有防倒风排烟罩的用气设备不得设置烟道闸板；无防倒风排烟罩的用气设备，在至总烟道的每个支管上应设置闸板，闸板上应有直径大于 15mm 的孔；

7 安装在低于 0℃ 房间的金属烟道应做保温。

10.7.6 水平烟道的设置应符合下列要求：

1 水平烟道不得通过卧室；

2 居民用气设备的水平烟道长度不宜超过 5m，弯头不宜超过 4 个（强制排烟式除外）；

商业用户用气设备的水平烟道长度不宜超过 6m；

工业企业生产用气设备的水平烟道长度，应根据现场情况和烟囱抽力确定；

3 水平烟道应有大于或等于 0.01 坡向用气设备的坡度；

4 多台设备合用一个水平烟道时，应顺烟气流动方向设置导向装置；

5 用气设备的烟道距难燃或不燃顶棚或墙的净距不应小于 5cm；距燃烧材料的顶棚或墙的净距不应小于 25cm。

注：当有防火保护时，其距离可适当减小。

10.7.7 烟囱的设置应符合下列要求：

1 住宅建筑的各层烟气排出可合用一个烟囱，但应有防止串烟的措施；多台燃具共用烟囱的烟气进口处，在燃具停用时的静压值应小于或等于零；

2 当用气设备的烟囱伸出室外时，其高度应符合下列要求：

1） 当烟囱离屋脊小于 1.5m 时（水平距离），应高出屋脊 0.6m；

2） 当烟囱离屋脊 1.5～3.0m 时（水平距离），烟囱可与屋脊等高；

3） 当烟囱离屋脊的距离大于 3.0m 时（水平距离），烟囱应在屋脊水平线下 10°的直线上；

4） 在任何情况下，烟囱应高出屋面 0.6m；

5） 当烟囱的位置临近高层建筑时，烟囱应高出沿高层建筑物 45°的阴影线；

3 烟囱出口的排烟温度应高于烟气露点 15℃ 以上；

4 烟囱出口应有防止雨雪进入和防倒风的装置。

10.7.8 用气设备排烟设施的烟道抽力（余压）应符合下列要求：

1 热负荷 30kW 以下的用气设备，烟道的抽力（余压）不应小于 3Pa；

2 热负荷 30kW 以上的用气设备，烟道的抽力（余压）不应小于 10Pa；

3 工业企业生产用气工业炉窑的烟道抽力，不应小于烟气系统总阻力的 1.2 倍。

10.7.9 排气装置的出口位置应符合下列规定：

1 建筑物内半密闭自然排气式燃具的竖向烟囱出口应符合本规范第 10.7.7 条第 2 款的规定。

2 建筑物壁装的密闭式燃具的给气口距上部窗口和下部地面的距离不得小于 0.3m。

3 建筑物壁装的半密闭强制排气式燃具的排气口距门窗洞口和地面的距离应符合下列要求：

1） 排气口在窗的下部和门的侧部时，距相邻卧室的窗和门的距离不得小于 1.2m，距地面的距离不得小于 0.3m。

2） 排气口在相邻卧室的窗的上部时，距窗的距离不得小于 0.3m。

　　3）排气口在机械（强制）进风口的上部，且水平距离小于 3.0m 时，距机械进风口的垂直距离不得小于 0.9m。

10.7.10 高海拔地区安装的排气系统的最大排气能力，应按在海平面使用时的额定热负荷确定，高海拔地区安装的排气系统的最小排气能力，应按实际热负荷（海拔的减小额定值）确定。

10.8 燃气的监控设施及防雷、防静电

10.8.1 在下列场所应设置燃气浓度检测报警器：

　　1 建筑物内专用的封闭式燃气调压、计量间；

　　2 地下室、半地下室和地上密闭的用气房间；

　　3 燃气管道竖井；

　　4 地下室、半地下室引入管穿墙处；

　　5 有燃气管道的管道层。

10.8.2 燃气浓度检测报警器的设置应符合下列要求：

　　1 当检测比空气轻的燃气时，检测报警器与燃具或阀门的水平距离不得大于 8m，安装高度应距顶棚 0.3m 以内，且不得设在燃具上方。

　　2 当检测比空气重的燃气时，检测报警器与燃具或阀门的水平距离不得大于 4m，安装高度应距地面 0.3m 以内。

　　3 燃气浓度检测报警器的报警浓度应按国家现行标准《家用燃气泄漏报警器》CJ 3057 的规定确定。

　　4 燃气浓度检测报警器宜与排风扇等排气设备连锁。

　　5 燃气浓度检测报警器宜集中管理监视。

　　6 报警器系统应有备用电源。

10.8.3 在下列场所宜设置燃气紧急自动切断阀：

　　1 地下室、半地下室和地上密闭的用气房间；

　　2 一类高层民用建筑；

　　3 燃气用量大、人员密集、流动人口多的商业建筑；

　　4 重要的公共建筑；

　　5 有燃气管道的管道层。

10.8.4 燃气紧急自动切断阀的设置应符合下列要求：

　　1 紧急自动切断阀应设在用气场所的燃气入口管、干管或总管上；

　　2 紧急自动切断阀宜设在室外；

　　3 紧急自动切断阀前应设手动切断阀；

　　4 紧急自动切断阀宜采用自动关闭、现场人工开启型。

10.8.5 燃气管道及设备的防雷、防静电设计应符合下列要求：

　　1 进出建筑物的燃气管道的进出口处，室外的屋面管、立管、放散管、引入管和燃气设备等处均应有防雷、防静电接地设施；

　　2 防雷接地设施的设计应符合现行国家标准《建筑物防雷设计规范》GB 50057 的规定；

　　3 防静电接地设施的设计应符合国家现行标准《化工企业静电接地设计规程》HGJ 28 的规定。

10.8.6 燃气应用设备的电气系统应符合下列规定：

　　1 燃气应用设备和建筑物电线、包括地线之间的电气连接应符合有关国家电气规范的规定。

　　2 电点火、燃烧器控制器和电气通风装置的设计，在电源中断情况下或电源重新恢复时，不应使燃气应用设备出现不安全工作状况。

　　3 自动操作的主燃气控制阀、自动点火器、室温恒温器、极限控制器或其他电气装置（这些都是和燃气应用设备一起使用的）使用的电路应符合随设备供给的接线图的规定。

　　4 使用电气控制器的所有燃气应用设备，应当让控制器连接到永久带电的电路上，不得使用照明开关控制的电路。

附录 A　制气车间主要生产场所爆炸和火灾危险区域等级

表 A　制气车间主要生产场所爆炸和火灾危险区域等级

项目及名称	场所及装置		生产类别	耐火等级	易燃或可燃物质释放源、级别	等级		说明
						室内	室外	
备煤及焦处理	受煤、煤场（棚）		丙	二	固体状可燃物	22区	23区	
	破碎机、粉碎机室		乙	二	煤尘	22区		
	配煤室、煤库、焦炉煤塔顶		丙	二	煤尘	22区		
	胶带通廊、转运站（煤、焦）、水煤气独立煤斗室		丙	二	煤尘、焦尘	22区		
	煤、焦试样室、焦台		丙	二	焦尘、固状可燃物	22区	23区	
	筛焦楼、储焦仓		丙	二	焦尘	22区		
	制气主厂房储煤层	封闭建筑且有煤气漏入	乙	二	煤气、二级	2区		包括直立炉、水煤气、发生炉等顶上的储煤层
		敞开、半敞开建筑或无煤气漏入	乙	二	煤尘	22区		
焦炉	焦炉地下室、煤气水封室、封闭煤气预热器室		甲	二	煤气、二级	1区		通风不好
	焦炉分烟道走廊、炉端台底层		甲	二	煤气、二级	无		通风良好，可使煤气浓度不超过爆炸下限值的10%

续表 A

项目及名称	场所及装置	生产类别	耐火等级	易燃或可燃物质释放源、级别	等级		说明
					室内	室外	
焦炉	煤塔底层计器室	甲	二	煤气、二级	1区		变送器在室内
	炉间台底层	甲	二	煤气、二级	2区		
直立炉	直立炉顶部操作层	甲	二	煤气、二级	1区		
	其他空间及其他操作层	甲	二	煤气、二级	2区		
水煤气炉、两段水煤气炉、流化床水煤气炉	煤气生产厂房	甲	二	煤气、二级	1区		
	煤气排送机间	甲	二	煤气、二级	1区		
	煤气管道排水器间	甲	二	煤气、二级	1区		
	煤气计量器室	甲	二	煤气、二级	1区		
	室外设备	甲	二	煤气、二级		2区	
发生炉、两段发生炉	煤气生产厂房	乙	二	煤气、二级	无		
	煤气排送机间	乙	二	煤气、二级	2区		
	煤气管道排水器间	乙	二	煤气、二级	2区		
	煤气计量器室	乙	二	煤气、二级	2区		
	室外设备			煤气、二级		2区	
重油制气	重油制气排送机房	乙	二	煤气、二级	2区		
	重油泵房	丙	二	重油	21区		
	重油制气室外设备			煤气、二级		2区	
轻油制气	轻油制气排送机房	乙	二	轻油蒸气、二级	2区		天然气改制，可参照执行。当采用LPG为原料时，还必须执行本规范第8章中相应的安全条文
	轻油泵房、轻油中间储罐		二	轻油蒸气、二级	1区	2区	
	轻油制气室外设备			煤气、二级		2区	

2—43

项目及名称	场所及装置	生产类别	耐火等级	易燃或可燃物质释放源、级别	等级 室内	等级 室外	说明
缓冲气罐	地上罐体			煤气、二级		2区	
	煤气进出口阀门室				1区		

注：1 发生炉煤气相对密度大于 0.75，其他煤气相对密度均小于 0.75。
　　2 焦炉为一利用可燃气体加热的高温设备，其辅助土建部分的建筑物可化为单元，对其爆炸和火灾危险等级进行划分。
　　3 直立炉、水煤气炉等建筑物高度满足不了甲类要求，仍按工艺要求设计。
　　4 从释放源向周围辐射爆炸危险区域的界限应按现行国家标准《爆炸和火灾危险环境电力装置设计规范》GB 50058 执行。

生产场所或装置名称	区域等级
稀氨水（＜8％）储槽、稀氨水泵房、硫铵厂房、硫铵包装设施及仓库、酸碱泵房、磷铵溶液泵房	非危险区

注：1 所有室外区域不应整体划分某级危险区，应按现行国家标准《爆炸和火灾危险环境电力装置设计规范》GB 50058，以释放源和释放半径划分爆炸危险区域。本表中所列室外区域的危险区域等级均指释放半径内的爆炸危险区域等级，未被划入的区域则均为非危险区。
　　2 当本表中所列 21 区和非危险区被划入 2 区的释放源释放半径内时，则此区应划为 2 区。

附录 B　煤气净化车间主要生产场所爆炸和火灾危险区域等级

表 B-1　煤气净化车间主要生产场所生产类别

生产场所或装置名称	生产类别
煤气鼓风机室室内、粗苯（轻苯）泵房、溶剂脱酚的溶剂泵房、吡啶装置室内	甲
1 初冷器、电捕焦油器、硫铵饱和器、终冷、洗氨、洗苯、脱硫、终脱萘、脱水、一氧化碳变换等室外煤气区； 2 粗苯蒸馏装置、吡啶装置、溶剂脱酚装置等的室外区域； 3 冷凝泵房、洗苯洗萘泵房； 4 无水氨（液氨）泵房、无水氨装置的室外区域； 5 硫磺的熔融、结片、包装区及仓库	乙
化验室和鼓风机冷凝的焦油罐区	丙

表 B-2　煤气净化车间主要生产场所爆炸和火灾危险区域等级

生产场所或装置名称	区域等级
煤气鼓风机室室内、粗苯（轻苯）泵房、溶剂脱酚的溶剂泵房、吡啶装置室内、干法脱硫箱室内	1区
1 初冷器、电捕焦油器、硫铵饱和器、终冷、洗氨、洗苯、脱硫、终脱萘、脱水、一氧化碳变换等室外煤气区； 2 粗苯蒸馏装置、吡啶装置、溶剂脱酚装置等的室外区域； 3 无水氨（液氨）泵房、无水氨装置的室外区域； 4 浓氨水（≥8％）泵房、浓氨水生产装置的室外区域； 5 粗苯储槽、轻苯储槽	2区
脱硫剂再生装置	10区
硫磺仓库	11区
焦油氨水分离装置及焦油储槽、焦油洗涤泵房、洗苯洗萘泵房、洗油储槽、轻柴油储槽、化验室	21区

附录 C　燃气管道摩擦阻力计算

C.0.1 低压燃气管道：

根据燃气在管道中不同的运动状态，其单位长度的摩擦阻力损失采用下列各式计算：

1 层流状态：$Re \leqslant 2100$　$\lambda = 64/Re$

$$\frac{\Delta P}{l} = 1.13 \times 10^{10} \frac{Q}{d^4} \nu \rho \frac{T}{T_0} \quad (C.0.1-1)$$

2 临界状态：$Re = 2100 \sim 3500$

$$\lambda = 0.03 + \frac{Re - 2100}{65Re - 10^5}$$

$$\frac{\Delta P}{l} = 1.9 \times 10^6 \left(1 + \frac{11.8Q - 7 \times 10^4 d\nu}{23Q - 10^5 d\nu}\right) \frac{Q^2}{d^5} \rho \frac{T}{T_0}$$

$$(C.0.1-2)$$

3 湍流状态：$Re > 3500$

1）钢管：

$$\lambda = 0.11 \left(\frac{K}{d} + \frac{68}{Re}\right)^{0.25}$$

$$\frac{\Delta P}{l} = 6.9 \times 10^6 \left(\frac{K}{d} + 192.2 \frac{d\nu}{Q}\right)^{0.25} \frac{Q^2}{d^5} \rho \frac{T}{T_0} \quad (C.0.1-3)$$

2）铸铁管：

$$\lambda = 0.102236 \left(\frac{1}{d} + 5158 \frac{d\nu}{Q}\right)^{0.284}$$

$$\frac{\Delta P}{l} = 6.4 \times 10^6 \left(\frac{1}{d} + 5158 \frac{d\nu}{Q}\right)^{0.284} \frac{Q^2}{d^5} \rho \frac{T}{T_0}$$

$$(C.0.1-4)$$

式中　Re——雷诺数；

ΔP——燃气管道摩擦阻力损失（Pa）；

λ——燃气管道的摩擦阻力系数；

l——燃气管道的计算长度（m）；

Q——燃气管道的计算流量（m³/h）；

d——管道内径（mm）；

ρ——燃气的密度（kg/m³）；

T——设计中所采用的燃气温度（K）；

T_0——273.15（K）；

ν——0℃和101.325kPa时燃气的运动黏度（m²/s）；

K——管壁内表面的当量绝对粗糙度，对钢管：输送天然气和气态液化石油气时取0.1mm；输送人工煤气时取0.15mm。

C.0.2 次高压和中压燃气管道：

根据燃气管道不同材质，其单位长度摩擦阻力损失采用下列各式计算：

1 钢管：

$$\lambda = 0.11\left(\frac{K}{d} + \frac{68}{Re}\right)^{0.25}$$

$$\frac{P_1^2 - P_2^2}{L} = 1.4 \times 10^9 \left(\frac{K}{d} + 192.2\frac{d\nu}{Q}\right)^{0.25} \frac{Q^2}{d^5} \rho \frac{T}{T_0}$$

(C.0.2-1)

2 铸铁管：

$$\lambda = 0.102236\left(\frac{1}{d} + 5158\frac{d\nu}{Q}\right)^{0.284}$$

$$\frac{P_1^2 - P_2^2}{L} = 1.3 \times 10^9 \left(\frac{1}{d} + 5158\frac{d\nu}{Q}\right)^{0.284} \frac{Q^2}{d^5} \rho \frac{T}{T_0}$$

(C.0.2-2)

式中 L——燃气管道的计算长度（km）。

C.0.3 高压燃气管道的单位长度摩擦阻力损失，宜按现行的国家标准《输气管道工程设计规范》GB 50251有关规定计算。

注：除附录C所列公式外，其他计算燃气管道摩擦阻力系数（λ）的公式，当其计算结果接近本规范式（6.2.6-2）时，也可采用。

附录D 燃气输配系统生产区域用电场所的 爆炸危险区域等级和范围划分

D.0.1 本附录适用于运行介质相对密度小于或等于0.75的燃气。相对密度大于0.75的燃气爆炸危险区域等级和范围的划分宜符合本规范附录E的有关规定。

D.0.2 燃气输配系统生产区域用电场所的爆炸危险区域等级和范围划分应符合下列规定：

1 燃气输配系统生产区域所有场所的释放源属第二级释放源。存在第二级释放源的场所可划为2区，少数通风不良的场所可划为1区。其区域的划分宜符合以下典型示例的规定：

1）露天设置的固定容积储气罐的爆炸危险区域等级和范围划分见图D-1。

以储罐安全放散阀放散管管口为中心，当管口高度 h

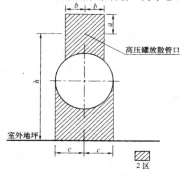

图D-1 露天设置的固定容积储气罐的
爆炸危险区域等级和范围划分

距地坪大于4.5m时，半径 b 为3m，顶部距管口 a 为5m（当管口高度 h 距地坪小于等于4.5m时，半径 b 为5m，顶部距管口 a 为7.5m）以及管口到地坪以上的范围为2区。

储罐底部至地坪以上的范围（半径 c 不小于4.5m）为2区。

2）露天设置的低压储气罐的爆炸危险区域等级和范围划分见图D-2（a）和D-2（b）。

干式储气罐内部活塞或橡胶密封膜以上的空间为1区。

储气罐外部罐壁外4.5m内，罐顶（以放散管管口计）以上7.5m内的范围为2区。

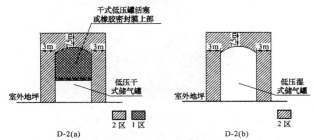

图D-2 露天设置的低压储气罐的爆炸危险区域等级和范围划分

3）低压储气罐进出气管阀门间的爆炸危险区域等级和范围划分见图D-3。

阀门间内部的空间为1区。

阀门间外壁4.5m内，屋顶（以放散管管口计）7.5m内的范围为2区。

4）通风良好的压缩机室、调压室、计量室等生产用房的爆炸危险区域等级和范围划分见图D-4。

建筑物内部及建筑物外壁4.5m内，屋顶（以放散管管口计）以上7.5m内的范围为2区。

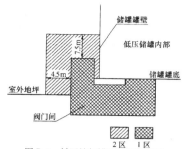

图 D-3 低压储气罐进出气管阀门
间的爆炸危险区域等级和范围划分

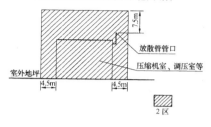

图 D-4 通风良好的压缩机室、调压室、计量室等
生产用房的爆炸危险区域等级和范围划分

5）露天设置的工艺装置区的爆炸危险区域等级和范围的划分见图 D-5。

工艺装置区边缘外 4.5m 内，放散管管口（或最高的装置）以上 7.5m 内范围为 2 区。

6）地下调压室和地下阀室的爆炸危险区域等级和范围划分见图 D-6。

地下调压室和地下阀室内部的空间为 1 区。

7）城镇无人值守的燃气调压室的爆炸危险区域等级和范围划分见图 D-7。

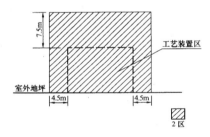

图 D-5 露天设置的工艺装置区的爆炸
危险区域等级和范围划分

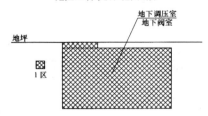

图 D-6 地下调压室和地下阀室的爆炸
危险区域等级和范围划分

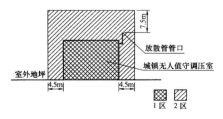

图 D-7 城镇无人值守的燃气调压室的
爆炸危险区域等级和范围划分

调压室内部的空间为 1 区。调压室建筑物外壁 4.5m 内，屋顶（以放散管管口计）以上 7.5m 内的范围为 2 区。

2 下列用电场所可划分为非爆炸危险区域：

1）没有释放源，且不可能有可燃气体侵入的区域；

2）可燃气体可能出现的最高浓度不超过爆炸下限的 10% 的区域；

3）在生产过程中使用明火的设备的附近区域，如燃气锅炉房等；

4）站内露天设置的地上管道区域。但设阀门处应按具体情况确定。

附录 E 液化石油气站用电场所爆炸危险区域等级和范围划分

E. 0. 1 液化石油气站生产区用电场所的爆炸危险区域等级和范围划分宜符合下列规定：

1 液化石油气站内灌瓶间的气瓶灌装嘴、铁路槽车和汽车槽车装卸口的释放源属第一级释放，其余爆炸危险场所的释放源属第二级释放。

2 液化石油气站生产区各用电场所爆炸危险区域的等级，宜根据释放源级别和通风等条件划分。

1）根据释放源的级别划分区域等级。存在第一级释放源的区域可划为 1 区，存在第二级释放源的区域可划为 2 区。

2）根据通风等条件调整区域等级。当通风条件良好时，可降低爆炸危险区域等级；当通风不良时，宜提高爆炸危险区域等级。有障碍物、凹坑和死角处，宜局部提高爆炸危险区域等级。

3 液化石油气站用电场所爆炸危险区域等级和范围划分宜符合第 E. 0. 2 条～第 E. 0. 6 条典型示例的规定。

注：爆炸危险性建筑的通风，其空气流量能使可燃气体很快稀释到爆炸下限的 20% 以下时，可定为通风良好。

E. 0. 2 通风良好的液化石油气灌瓶间、实瓶库、压缩机室、烃泵房、气化间、混气间等生产性建筑的爆炸危险区域等级和范围划分见图 E. 0. 2，并宜符合下列规定：

1 以释放源为中心，半径为 15m，地面以上高度 7.5m 和半径为 7.5m，顶部与释放源距离为 7.5m 的范围划为 2 区；

2 在 2 区范围内，地面以下的沟、坑等低洼处划为 1 区。

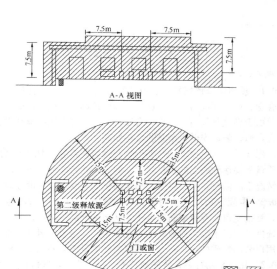

图 E.0.2 通风良好的生产性建筑
爆炸危险区域等级和范围划分

E.0.3 露天设置的地上液化石油气储罐或储罐区的爆炸危险区域等级和范围的划分见图 E.0.3，并宜符合下列规定：

　　1　以储罐安全阀放散管管口为中心，半径为 4.5m，以及至地面以上的范围内和储罐区防护墙以内，防护墙顶部以下的空间划为 2 区；

　　2　在 2 区范围内，地面以下的沟、坑等低洼处划为 1 区；

　　3　当烃泵露天设置在储罐区时，以烃泵为中心，半径为 4.5m 以及至地面以上范围内划为 2 区。

　　注：地下储罐组的爆炸危险区域等级和范围可参照本条规定划分。

E.0.4 铁路槽车和汽车槽车装卸口处爆炸危险区域等级和范围

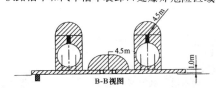

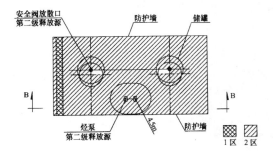

图 E.0.3 地上液化石油气储罐
区爆炸危险区域等级和范围划分

划分见图 E.0.4，并宜符合下列规定：

　　1　以装卸口为中心，半径为 1.5m 的空间和爆炸危险区域以内地面以下的沟、坑等低洼处划为 1 区；

　　2　以装卸口为中心，半径为 4.5m，1 区以外以及地面以上的范围内划分为 2 区。

E.0.5 无释放源的建筑与有第二级释放源的建筑相邻，并采用不燃烧体实体墙隔开时，其爆炸危险区域和范围划分见图 E.0.5，宜符合下列规定：

　　1　以释放源为中心，按本附录第 E.0.2 条规定的范围内划分为 2 区；

　　2　与爆炸危险建筑相邻，并采用不燃烧体实体墙隔开的无

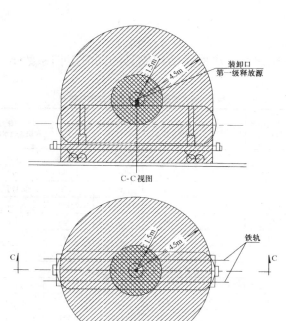

图 E.0.4 槽车装卸口处爆炸危险
区域等级和范围划分

释放源建筑，其门、窗位于爆炸危险区域内时划为 2 区；

　　3　门、窗位于爆炸危险区域以外时划为非爆炸危险区域。

E.0.6 下列电场所可划为非爆炸危险区域：

　　1　没有释放源，且不可能有液化石油气或液化石油气和其他气体的混合气侵入的区域；

　　2　液化石油气或液化石油气和其他气体的混合气可能出现

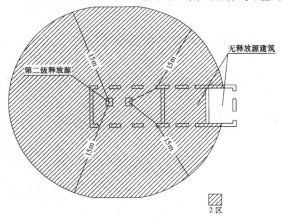

图 E.0.5 与具有第二级释放源的建筑物相邻，并采用不
燃烧体实体墙隔开时，其爆炸危险区域和范围划分

的最高浓度不超过其爆炸下限 10％的区域；

　　3　在生产过程中使用明火的设备或炽热表面温度超过区域内可燃气体着火温度的设备附近区域。如锅炉房、热水炉间等；

　　4　液化石油气站生产区以外露天设置的液化石油气和液化石油气与其他气体的混合气管道，但其阀门处视具体情况确定。

2

附录 F 居民生活用燃具的同时工作系数 K

表 F 居民生活用燃具的同时工作系数 K

同类型燃具数目 N	燃气双眼灶	燃气双眼灶和快速热水器	同类型燃具数目 N	燃气双眼灶	燃气双眼灶和快速热水器
1	1.000	1.000	40	0.390	0.180
2	1.000	0.560	50	0.380	0.178
3	0.850	0.440	60	0.370	0.176
4	0.750	0.380	70	0.360	0.174
5	0.680	0.350	80	0.350	0.172
6	0.64	0.310	90	0.345	0.171
7	0.600	0.290	100	0.340	0.170
8	0.580	0.270	200	0.310	0.160
9	0.560	0.260	300	0.300	0.150
10	0.540	0.250	400	0.290	0.140
15	0.480	0.220	500	0.280	0.138
20	0.450	0.210	700	0.260	0.134
25	0.430	0.200	1000	0.250	0.130
30	0.400	0.190	2000	0.240	0.120

注: 1 表中"燃气双眼灶"是指一户居民装设一个双眼灶的同时工作系数;当每一户居民装设两个单眼灶时,也可参照本表计算。

2 表中"燃气双眼灶和快速热水器"是指一户居民装设一个双眼灶和一个快速热水器的同时工作系数。

3 分散采暖系统的采暖装置的同时工作系数可参照国家现行标准《家用燃气燃烧器具安装及验收规程》CJJ 12-99 中表 3.3.6-2 的规定确定。

中华人民共和国国家标准

城 镇 燃 气 设 计 规 范

GB 50028-2006

条 文 说 明

1 总 则

1.0.1 提出使城镇燃气工程设计符合安全生产、保证供应、经济合理、保护环境的要求,这是结合城镇燃气特点提出的。

由于燃气是公用的,它具有压力,又具有易燃易爆和有毒等特性,所以强调安全生产是非常必要的。

保证供应这个要求是与安全生产密切联系的。要求城镇燃气在质量上要达到一定的质量指标,同时,在量的方面要能满足任何情况下的需要,做到持续、稳定的供气,满足用户的要求。

1.0.2 本规范适用范围明确为"城镇燃气工程"。所谓城镇燃气,是指城市、乡镇或居民点中,从地区性的气源点,通过输配系统供给居民生活、商业、工业企业生产、采暖通风和空调等各类用户公用性质的,且符合本规范燃气质量要求的气体燃料。

1.0.3 积极采用行之有效的新技术、新工艺、新材料和新设备,早日改变城镇燃气落后面貌,把我国建设成为社会主义的现代化强国,需要在设计方面加以强调,故作此项规定。

1.0.4 城镇燃气工程牵涉到城市能源、环保、消防等的全面布局,城镇燃气管道、设备建设后,也不应轻易更换,应有一个经过全面系统考虑过的城镇燃气规划作指导,使当前建设不致于盲目进行,避免今后的不合理或浪费。因而提出应遵循能源政策,根据城镇总体规划进行设计,并应与城镇能源规划、环保规划、消防规划等相结合。

2 术 语

本章所列术语,其定义及范围,仅适用于本规范。

3 用气量和燃气质量

3.1 用 气 量

3.1.1 供气原则是一项与很多重大设计原则有关联的复杂问题，它不仅涉及到国家的能源政策，而且和当地具体情况、条件切切有关。从我国已有煤气供应的城市来看，例如在供给工业和民用用气的比例上就有很大的不同。工业和民用用气的比例是受城市发展包括燃料资源分配、环境保护和市场经济等多因素影响形成的，不能简单作出统一的规定。故本规范对供气原则不作硬性规定。在确定气量分配时，一般应优先发展民用用气，同时也要发展一部分工业用气，两者要兼顾，这样做有利于提高气源厂的效益、减少储气容积，减轻高峰负荷，增加售气收费，有利于节假日负荷的调度平衡等。那种把城镇燃气单纯地看成是民用用气的是片面的。

采暖通风和空调用气量，在气源充足的条件下，可酌情纳入。燃气汽车用气量仅指以天然气和液化石油气为气源时才考虑纳入。

其他气量中主要包括了两部分内容：一部分是管网的漏损量；另一部分是因发展过程中出现没有预见到的新情况而超出了原计算的设计供气量。其他气量中的前一部分是有规律可循的，可以从调查统计资料中得出参考性的指标数据；后一部分则当前还难掌握其规律，暂不能作出规定。

3.1.3 居民生活和商业的用气量指标，应根据当地居民生活和商业用气量的统计数据分析确定。这样做更加切合当地的实际情况，由于燃气已普及，故一般均具备了统计的条件。对居民用户调查时：

1 要区分用户有无集中采暖设备。有集中采暖设备的用户一般比无集中采暖设备用户的用气量要高一些，这是因为无集中采暖设备的用户在采暖期采用煤火炉采暖兼烧水、做饭，因而减少了燃气用量。一般每年差 10%～20%，这种差别在采暖期比较长的城市表现得尤为明显；

2 一般瓶装液化石油气居民用户比管道供燃气的居民用户用气量指标要低 10%～15%；

3 根据调研表明，居民用户用气量指标增加是非常缓慢的，个别还有下降的情况，平均每年的增长率小于 1%，因而在取用气量指标时，不必对今后发展考虑过多而加大用气量指标。

3.2 燃 气 质 量

3.2.1 城镇燃气是供给城镇居民生活、商业、工业企业生产、采暖通风和空调等做燃料用的，在燃气的输配、储存和应用的过程中，为了保证城镇燃气系统和用户的安全，减少腐蚀、堵塞和损失，减少对环境的污染和保障系统的经济合理性，要求城镇燃气具有一定的质量指标并保持其质量的相对稳定是非常重要的基础条件。

为保证燃气用具在其允许的适应范围内工作，并提高燃气的标准化水平，便于用户对各种不同燃具的选用和维修，便于燃气用具产品的国内外流通等，各地供应的城镇燃气（应按基准气分类）的发热量和组分应相对稳定，偏离基准气的波动范围不应超过燃气用具适应性的允许范围，也就是要符合城镇燃气互换的要求。具体波动范围，根据燃气类别宜按现行的国家标准《城市燃气分类》GB/T 13611 的规定采用并适当留有余地。

现行的国家标准《城市燃气分类》GB/T 13611，详见表 1（华白数按燃气高发热量计算）。

以常见的天然气 10T 和 12T 为例（相当于国际联盟标准的 L 类和 H 类），其成分主要由甲烷和少量惰性气体组成，燃烧特性比较类似，一般可用单一参数（华白数）判定其互换性。表 1 中所列华白数的范围是指 GB/T 13611-92 规定的最大允许波动

范围，但作为商品天然气供给作城镇燃气时，应适当留有余地，参考英国规定，是留有 3%～5% 的余量，则 10T 和 12T 作城镇燃气商品气时华白数波动范围如表 2，可作为确定商品气波动范围的参考。

表 1 GB/T 13611-92 城市燃气的分类（干，0℃，101.3kPa）

类别		华白数 W，MJ/m³（kcal/m³）		燃烧势 CP	
		标准	范围	标准	范围
人工煤气	5R	22.7（5430）	21.1（5050）～24.3（5810）	94	55～96
	6R	27.1（6470）	25.2（6017）～29.0（6923）	108	63～110
	7R	32.7（7800）	30.4（7254）～34.9（8346）	121	72～128
天然气	4T	18.0（4300）	16.7（3999）～19.3（4601）	25	22～57
	6T	26.4（6300）	24.5（5859）～28.2（6741）	29	25～65
	10T	43.8（10451）	41.2（9832）～47.3（11291）	33	31～34
	12T	53.5（12768）	48.1（11495）～57.8（13796）	40	36～88
	13T	56.5（13500）	54.3（12960）～58.8（14040）	41	40～94
液化石油气	19Y	81.2（19387）	76.9（18379）～92.7（22152）	48	42～49
	20Y	84.2（20113）	76.9（18379）～92.7（22152）	46	42～49
	22Y	92.7（22152）	76.9（18379）～92.7（22152）	42	42～49

注：6T 为液化石油气混空气，燃烧特性接近天然气。

表 2 10T 和 12T 天然气华白数波动范围（MJ/m³）

类别	标准（基准气）	GB/T 13611-92 范围	城镇燃气商品气范围
10T	43.8	41.2～47.3 -5.94%～+8%	42.49～45.99 -3%～+5%
12T	53.5	48.1～57.8 -10.1%～+8%	50.83～56.18 -5%～+5%

3.2.2 本条对作为城镇燃气且已有产品标准的燃气引用了现行的国家标准，并根据城镇燃气要求作了适当补充；对目前尚无产品标准的燃气提出了质量安全指标要求。

1 天然气的质量技术指标国家现行标准《天然气》GB 17820-1999 的一类气或二类气的规定，详见表 3。

表 3 天然气的技术指标

项　　目	一类	二类	三类	试验方法
高位发热量，MJ/m³		>31.4		GB/T 11062
总硫（以硫计），mg/m³	≤100	≤200	≤460	GB/T 11061
硫化氢，mg/m³	≤6	≤20	≤460	GB/T 11060.1
二氧化碳，%（体积分数）		≤3.0		GB/T 13610
水露点，℃		在天然气交接点的压力和温度条件下，天然气的水露点应比最低环境温度低5℃		GB/T 17283

注：1 标准中气体体积的标准参比条件是 101.325kPa，20℃；

　　2 取样方法按 GB/T 13609。

本规范历史上对燃气中硫化氢的要求为小于或等于 20mg/m³，因而符合二类气的要求是允许的；但考虑到今后户内燃气管的暗装等要求，进一步降低 H₂S 含量以减少腐蚀，也是适宜的。故在此提出应符合一类气或二类气的规定；应补充说明的是：一类或二类天然气对二氧化碳的要求为小于或等于 3%（体积分数），作为燃料用的城镇燃气对这一指标要求是不高的，其含量应根据天然气的类别而定，例如对 10T 天然气，二氧化碳加氮等惰性气体之和不应大于 14%，故本款对惰性气体含量未作硬性规定。对于含惰性气体较多、发热量较低的天然气，供需双方可在协议中另行规定。

3 人工煤气的质量技术指标中关于通过电捕焦油器时氧含量指标和规模较小的人工煤气工程煤气发热量等需要适当放宽的问题，于正在进行修订中的《人工煤气》GB 13621 标准中表达，故本规范在此采用引用该标准。

4 采用液化石油气与空气的混合气做主气源时，液化石油气的体积分数应高于其爆炸上限的 2 倍（例如液化石油气爆炸上限如按 10% 计，则液化石油气与空气的混合气做主气源时，液

化石油气的体积分数应高于20%），以保证安全，这是根据原苏联建筑法规的规定制定的。

3.2.3 本条规定了燃气具有臭味的必要及其标准。

1 关于空气-燃气中臭味"应能察觉"的含义

"应能察觉"与空气中的臭味强度和人的嗅觉能力有关。臭味的强度等级国际上燃气行业一般采用 Sales 等级，是按嗅觉的下列浓度分级的：

0 级——没有臭味；

0.5 级——极微小的臭味（可感点的开端）；

1 级——弱臭味；

2 级——臭味一般，可由一个身体健康状况正常且嗅觉能力一般的人识别，相当于报警或安全浓度；

3 级——臭味强；

4 级——臭味非常强；

5 级——最强烈的臭味，是感觉的最高极限。超过这一级，嗅觉上臭味不再有增强的感觉。

"应能察觉"的含义是指嗅觉能力一般的正常人，在空气-燃气混合物臭味强度达到 2 级时，应能察觉空气中存在燃气。

2 对无毒燃气加臭剂的最小用量标准

美国和西欧等国，对无毒燃气（如天然气、气态液化石油气）的加臭剂用量，均规定在无毒燃气泄漏到空气中，达到爆炸下限的20%时，应能察觉。故本规范也采用这个规定。在确定加臭剂用量时，还应结合当地燃气的具体情况和采用加臭剂种类等因素，有条件时，宜通过试验确定。

据国外资料介绍，空气中的四氢噻吩（THT）为 0.08mg/m³ 时，可达到臭味强度 2 级的报警浓度。以爆炸下限为 5% 的天然气为例，则 5%×20%＝1%，相当于在天然气中应加 THT 8mg/m³，这是一个理论值。实际加入量应考虑管道长度、材质、腐蚀情况和天然气成分等因素，取理论值的 2～3 倍。以下是国外几个国家天然气加臭剂量的有关规定：

1）比利时　加臭剂为四氢噻吩(THT)　　18～20mg/m³

2）法国　加臭剂为四氢噻吩（THT）

低热值天然气　　20mg/m³

高热值天然气　　25mg/m³

当燃气中硫醇总量大于 5mg/m³ 时，可以不加臭。

3）德国　加臭剂为四氢噻吩（THT）　17.5mg/m³

加臭剂为硫醇（TBH）　　4～9mg/m³

4）荷兰　加臭剂为四氢噻吩（THT）　　18mg/m³

据资料介绍，北京市天然气公司、齐齐哈尔市天然气公司也采用四氢噻吩（THT）作为加臭剂，加入量北京为 18mg/m³，齐齐哈尔为 16～20mg/m³。

根据上述国内外加臭剂用量情况，对于爆炸下限为 5% 的天然气，取加臭剂用量不宜小于 20mg/m³。并以此作为推论，当不具备试验条件时，对于几种常见的无毒燃气，在空气中达到爆炸下限的20%时应能察觉的加臭用量，不宜小于表 4 的规定，可做确定加臭剂用量的参考。

表 4　几种常见的无毒燃气的加臭剂用量

燃气种类	加臭剂用量（mg/m³）
天然气（天然气在空气中的爆炸下限为 5%）	20
液化石油气（C₃ 和 C₄ 各占一半）	50
液化石油气与空气的混合气（液化石油气：空气＝50：50；液化石油气成分为 C₃ 和 C₄ 各占一半）	25

注：1　本表加臭剂按四氢噻吩计。

2　当燃气成分与本表比例不同时，可根据燃气在空气中的爆炸下限，对比爆炸下限为 5% 的天然气的加臭剂用量，按反比计算出燃气所需加臭剂用量。

3 对有毒燃气加臭剂的最少用量标准

有毒燃气一般指含 CO 的可燃气体。CO 对人体毒性极大，一旦漏入空气中，尚未达到爆炸下限20%时，人体早就中毒，

故对有毒燃气，应按在空气中达到对人体允许的有害浓度之时应能察觉来确定加臭剂用量。关于人体允许的有害浓度的含义，根据"一氧化碳对人体影响"的研究，其影响取决于空气中 CO 含量、吸气持续时间和呼吸的强度。为了防止中毒死亡，必须采取措施保证在人体血液中决不能使碳氧血红蛋白浓度达到 65%，因此，在相当长的时间内吸入的空气中 CO 浓度不能达到 0.1%。当然这个标准是一个极限程度，空气中 CO 浓度也不应升高到足以使人产生严重症状才发现，因而空气中 CO 报警标准的选取应比 0.1% 低很多，以确保留有安全余量。

含有 CO 的燃气漏入室内，室内空气中 CO 浓度的增长是逐步累计的，但其增长开始时快而后逐步缓变，最后室内空气中 CO 浓度趋向于一个最大值 X，并可用下式表示：

$$X = \frac{V \cdot K}{I} \% \tag{1}$$

式中　V——漏出的燃气体积（m³/h）；

K——燃气中 CO 含量（%）（体积分数）；

I——房间的容积（m³）。

此式是在时间 $t \to \infty$，自然换气次数 $n=1$ 的条件下导出的。

对应于每一个最大值 X，有一个人体血液中碳氧血红蛋白浓度值，其关系详见表 5。

表 5　空气中不同的 CO 含量与血液中最大的碳氧血红蛋白浓度的关系

空气中 CO 含量 X（%）（体积分数）	血液中最大的碳氧血红蛋白浓度（%）	对人影响
0.100	67	致命界限
0.050	50	严重症状
0.025	33	较重症状
0.018	25	中等症状
0.010	17	轻度症状

德、法和英等发达国家，对有毒燃气的加臭剂用量，均规定为在空气中一氧化碳含量达到 0.025%（体积分数）时，臭味强度应达到 2 级，以便嗅觉能力一般的正常人能察觉空气中存在燃气。

从表 5 可以看到，采用空气中 CO 含量 0.025% 为标准，达到平衡时人体血液中碳氧血红蛋白最高只能到 33%，对人一般只能产生头痛、视力模糊、恶心等，不会产生严重症状。据此可理解为，空气中 CO 含量 0.025% 作为燃气加臭理论的"允许的有害浓度"标准，在实际操作运行中，还应留有安全余量，本规范推荐采用 0.02%。

一般含有 CO 的人工煤气未经深度净化时，本身就有臭味，是否应补充加臭，有条件时，宜通过试验确定。

3.2.4 本条 1～4 款对加臭剂的要求是按美国联邦法规第 49 号 192 部分和美国联邦标准 ANSI/ASME　B31.8 规定等效采用的。其中"加臭剂不应对人体有害"是指按本规范第 3.2.3 条要求加入微量加臭剂到燃气中后不应对人体有害。

4 制 气

4.1 一般规定

4.1.1 本章节内容属人工制气气源,其工艺是成熟的,运行安全可靠,所采用的炉型有焦炉、直立炉、煤气发生炉、两段煤气发生炉、水煤气发生炉、两段水煤气发生炉、流化床水煤气炉与三筒式重油裂解炉、二筒式轻油裂解炉等。国内外虽还有新的工艺、新的炉型,但由于在国内城镇燃气方面尚未普遍应用,因此未在本规范中编写此类内容。

4.1.2 本条文规定了炉型选择原则。

目前我国人工制气厂有大、中、小规模 70 余家,大都由上述某单一炉型或多种炉型互相配合组成。其中小气源厂制气规模为 $10\times10^4\sim5\times10^5\,m^3/d$,有的大型气源厂制气规模达到 $5\times10^5\sim10\times10^5\,m^3/d$ 以上。

各制气炉型的选择,主要应根据制气原料的品种:如取得合格的炼焦煤,且冶金有销路,则选择焦炉作制气炉型;当取得气煤或肥气煤时,则采用直立炉作为制气炉型,副产气焦,一般作为煤气发生炉、水煤气发生炉的原料生产低热值煤气供直立炉加热和调峰用;其他炉型选择条件,可详见本章有关条文。

焦炉及煤气发生炉的工艺设计,除本章内结合城镇燃气设计特点重点列出的条文以外,还可参照《炼焦工艺设计技术规定》YB 9069-96 及《发生炉煤气站设计规范》GB 50195-94。

4.1.3 附录 A 是根据《建筑设计防火规范》GBJ 16-97、《爆炸和火灾危险环境电力装置设计规范》GB 50058-92 和制气生产工艺特殊要求编制的。

4.2 煤的干馏制气

4.2.1 本条提出了煤干馏炉煤的质量要求。

1 直立炉装炉煤的坩埚膨胀序数,葛金指数等指标规定的理由:

因直立炉是连续干馏制气炉型,它的装炉煤要求与焦炉有所不同。装炉煤的粘结性和结焦性的化验指标习惯上均采用国际上通用的指标。在坩埚膨胀序数和葛金指数方面,从我国各直立炉煤气厂几十年的生产经验来看,装炉煤的坩埚膨胀序数以在 "$1\frac{1}{2}\sim4$" 之间为好,特别是 "$3\sim4$" 时更适用于直立炉的生产。此时煤斤行速正常、操作顺利,生产的焦炭块度大小适当。其中块度为 $25\sim50mm$ 的焦炭较多。但煤的粘结性和结焦性所表达的内容还有所不同,故还必须得到煤的葛金指数。葛金指数中 A、B、C 型表明是不粘结或粘结性差的,所产焦块松碎。这种煤装入炉内将使生产操作不正常,容易脱煤,甚至造成炉子爆炸的恶性事故。某煤气厂就因此发生过事故,死伤数人。其主要原因就是煤不合要求(当时使用的主要煤种是阜新煤,其坩埚膨胀序数为 $1\frac{1}{2}$,葛金指数为 B,颗粒小于 10mm 的煤占重量的 80% 以上)。因此,对连续式直立炉的装炉煤的质量指标作本条规定。葛金指数必须在 $F\sim G_1$ 的范围,以保证直立炉的安全生产。

经过十余年的运行管理与科学研究,通过排焦机械装置的改进,可以扩大直立炉使用的煤种,生产焦炭新品种。鞍山热能研究所与大连煤气公司、大同矿务局与杨树浦煤气厂在不同时间,不同地点相继对弱粘结性的大同煤块在直立炉中作了多次成功的试验,炼制出合格的高质量铁合金焦。因此对炼制铁合金焦时的直立炉装炉煤质安全指标在注中明确煤种可选用弱粘结煤,但煤的粒度应为 $15\sim50mm$ 块煤。灰分含量应小于 10%,并具有热稳定性大于 60% 的煤种。目前大同矿务局连续直立式炭化炉,

采用大同煤块炼制优质铁合金焦,运行良好。

直立炉的装炉煤粒度定为小于 50mm,是防止过大的煤块堵塞辅助煤箱上的煤阀进口。

2 焦炉装炉煤的各项主要指标是由其中各单种煤的性质及配比决定的。目前我国炼焦工业的配煤大多数立足本省、本区域的煤炭资源,在满足生产工艺要求的范围内,要求充分利用我国储量较多,具有一定粘结性的高挥发量煤(如肥气煤)进行配煤,因此冶金工业中炼焦煤的挥发分(干基)已达到了 24%~31%,胶质层指数(Y)在 14~20mm。(详:《炼焦工艺设计技术规定》YB 9069)。

对于城市煤气厂,为了不与冶金炼焦争原料,装炉煤的气、肥气煤种的配入量要多一些,一般到 70%~80%。很多炼焦制气厂装炉煤挥发分高达 32%~34%,而胶质指数(Y)甚至低到 13mm。

结合上述因素,在制定本条时,考虑到冶金,城建等各方面的炼焦工业,对装炉煤挥发分规定为 "24%~32%" 及胶质层指数(Y)规定为 13~20mm。

配煤粘结指数(G)的提出,是由于单用胶质层指数(Y)这项指标有其局限性,即对瘦煤和肥煤的试验条件不易掌握,因此就必须采用我国煤炭学会正式选定的烟煤粘结指数 G 与 Y 值共同决定炼焦用煤的粘结性。焦炉用煤的灰分、硫分、粒度等指标均是为了保证焦炭的质量。

灰分指标对冶金工业和煤气厂(站)都很重要,炼焦原煤灰分越高,焦炭的灰分越大,则高炉焦比增加,致使高炉利用系数和生产效率降低。焦炭的灰分过高,焦炭的强度也会下降,耐磨性变坏,关系到高炉生产能力,所以规定装炉煤的灰分含量小于或等于 11%(对 1000~4000m³ 高炉应为 9%~10%,对大于 4000m³ 高炉应小于或等于 9%)。用于水煤气、发生炉作气化原料的焦炭,由于所产焦为气焦,原料煤中的灰分可放宽到 16%。

原料煤中 60%~70% 的硫残留在焦炭中,焦炭硫含量高,在高炉炼铁时,易使生铁变脆,降低生铁质量。所以规定煤中硫含量应小于 1%(对 1000~4000m³ 高炉应为 0.6%~0.8%,对大于 4000m³ 高炉应小于 0.6%)。原料煤的粒度,决定装炉煤的堆积密度,装炉煤的堆积密度越大,焦炭的质量越好,但原料煤粉碎得过细或过粗都会使煤的堆积密度变化。因此本条文根据实际生产经验总结规定炼焦装炉煤粒度小于 3mm 的含量为 75%~80%。各级别高炉对焦炭质量要求见表 6(重庆钢铁设计院编制的"炼铁工艺设计技术规定")。

表 6　各级别高炉对焦炭质量要求

炉容级别 (m³) 焦炭质量	300	750	1200	2000	2500~3000	>4000
焦炭强度 M40(%)	≥74	≥75	≥76	≥78	≥80	≥82
M10(%)	≤9	≤9	≤8.5	≤8	≤8	≤7
焦炭灰分(%)	≤14	≤13	≤13	≤13	≤13	≤12
焦炭硫分(%)	≤0.7	≤0.7	≤0.7	≤0.7	≤0.7	≤0.6
焦炭粒度(mm)	75~15	75~15	75~20	75~20	75~20	75~25
>75mm(%)	≤10	≤10	≤10	≤10	≤10	≤10

装炉煤的各质量指标的测定应按国家煤炭试验标准方法进行(见表 7)。

表 7　装炉煤质量指标的测定方法

序号	质量指标	国家煤炭试验标准	标准号
1	水分、灰分、挥发分	煤的工业分析方法	GB 212
2	坩埚膨胀序数 (F、S、I)	烟煤自由膨胀序数(亦称坩埚膨胀)测定方法	GB 5448
3	葛金指数	煤的葛金低温干馏试验方法	GB 1341
4	胶质层指数(Y)焦块最终收缩度(X)	烟煤胶质层指数测定方法	GB 479
5	粘结指数(G)	烟煤粘结指数测定方法	GB 5447

序号	质量指标	国家煤炭试验标准	标准号
6	全硫 (St. d)	煤中全硫的测定方法	GB 214
7	热稳定性 (TS+6)	煤的热稳定性测定方法	GB 1573
8	抗碎强度 (>25mm)	煤的抗碎强度测定方法	GB 15459
9	灰熔点 (ST)	煤灰熔融性的测定方法	GB 219
10	罗加指数 (RI)	烟煤罗加指数测定方法	GB 5449
11	煤的化学反应性 (a)	煤对二氧化碳化学反应性的测定方法	GB 220
12	粒度分级	煤炭粒度分级	GB 189

4.2.2 直立炉对所使用装炉煤的粒度大小及其级配含量有一定要求，目的在于保证生产。直立炉使用煤粒度最低标准为：粒度小于 50mm，粒度小于 10mm 的含量小于 75%。所以在煤准备流程中应设破碎装置。

直立炉一般采用单种煤干馏制气，当煤种供应不稳定时，不得不采用一些粘结性差的煤，为了安全生产，必须配以强粘结性的煤种；有时为适应高峰供气的需要，也可适当增加一定配比的挥发物含量大于 30% 的煤种。因此直立炉车间应设置配煤装置。例：葛金指数为 0 的统煤，可配以 1:1G₃ 的煤种或配以 1:2G₂ 的煤种，使混配后的混合煤葛金指数接近 F～G₁。

对焦炉制气用煤的准备，工艺流程基本上有两种，其根本区别在于是先配煤后粉碎（混合粉碎），还是先粉碎后配煤（分级粉碎），就相互比较而言各有特点。先配后粉碎工艺流程是我国目前普遍采用的一种流程，具有过程简单、布置紧凑、使用设备少、操作方便、劳动定员少，投资和操作费用低等优点。但不能根据不同煤种进行不同的粉碎细度处理，因此这种流程只适用于煤质较好，且均匀的煤种。当煤料粘结性较差，且煤质不均时宜采用先粉碎后配煤的工艺流程，也就是将组成炼焦煤料各单种煤先根据其性质（不同硬度）进行不同细度的分别粉碎，再按规定的比例配合、混匀，这对提高配煤的准确度、多配弱粘结性煤和改善焦炭质量有好处。因此目前国内有些焦化厂采用了这种流程。但该流程较复杂，基建投资也较多，配煤成本高。对于城市煤气厂，目前大量使用的是气煤，所得焦炭一般符合气化焦的质量指标，生产的煤气的质量不会因配煤工艺不同而异，因此煤准备宜采用先配煤后粉碎的流程。由于炼焦进厂煤料为洗精煤，粒度较小，无需设置破碎煤的装置。

4.2.3 原料煤的装卸和倒运作业量很大，如果不实行机械化作业，势必占用大量的劳动力并带来经营费用高、占地面积大、煤料损失多、积压车辆等问题。因此，无论大、中、小煤气厂原料煤受煤、卸煤、储存、倒运均应采用机械化设备，使机械化程序达到 80%～90% 以上。机械化程度可按下式评定：

$$\theta = \left(1 - \frac{n_1}{n_2}\right) \times 100\% \qquad (2)$$

式中 θ——机械化程度（%）；

n_1——采用某种机械化设备后，作业实需定员（人）；

n_2——全部人工作业时需要的定员（人）。

4.2.4 本条文规定了储煤场场地确定原则。

1 影响储煤量大小的因素是很多的，与工厂的性质和规模，距供煤基地的远近、运输情况，使用的煤种数等因素都有关系。其中以运输方式为主要因素。因此储煤场操作容量：当由铁路来煤时，宜采用 10～20d 的用煤量；当由水路来煤时，宜采用 15～30d 的用煤量；当采用公路来煤时，宜采用 30～40d 的用煤量。

2 煤堆高度的确定，直接影响储煤场地的大小，应根据机械设备工作高度确定，目前煤场各种机械设备一般堆煤高度如下：

推煤机	7～9m
履带抓斗、起重机	7m
扒煤机	7～9m
桥式抓斗起重机	一般 7～9m
门式抓斗起重机	一般 7～9m
装卸桥	9m
斗轮堆取料机	10～12m

由于机械设备在不断革新，设计时应按厂家提供的堆煤高度技术参数为准。

3 储煤场操作容量系数

储煤场操作容量系数即储煤场的操作容量（即有效容量）和总容量之比。储煤场的机械装备水平直接影响其操作容量系数的大小。根据某些机械化储煤场，来煤供应比较及时的情况下的实际生产数据分析，储煤场操作容量系数一般可按 0.65～0.7 进行选用。

根据操作容量、堆煤高度和操作容量系数可以大致确定煤场的储煤面积和总面积：

$$F_H = \frac{W}{K H_m r_0} \qquad (3)$$

式中 F_H——煤场的储煤面积（m²）；

W——操作容量（t）；

H_m——实际可能的最大堆煤高度（m）；

K——与堆煤形状有关的系数：梯形断面的煤堆 $K = 0.75～0.8$；三角形断面的煤堆 $K = 0.45$；

r_0——煤的堆积密度（t/m³）。

煤场的总面积 F（m²）可按下式计算

$$F = \frac{F_H}{0.65～0.7} \qquad (4)$$

4.2.5 本条规定了关于配煤槽和粉碎机室的设计要求。

1 配煤槽设计容量的正确合理，对于稳定生产和提高配煤质量都有很大的好处。如容量过小，就使得配煤前的机械设备的允许检修时间过短，适应不了生产上的需要，甚至影响正常生产，所以应根据煤气厂具体条件来确定。

2 配煤槽个数如果少了就不能适应生产上的需要，也不能保证配煤的合理和准确。如果个数太多并无必要且增加投资和土建工程量。因此，各厂应根据本身具体条件按照所用的煤种数目、配煤比以及清扫倒换等因素来决定配煤槽个数。

3 煤料中常混有或大或小的铁器，如铁块、铁棒、钢丝之类，这类东西如不除去，影响粉碎机的操作，熔蚀炉墙，损害炉体，故必须设置电磁分离器。

4 粉碎机运转时粉尘大，从安全和工业卫生要求必须有除尘装置。

5 粉碎机运转时噪声较大，从职工卫生和环境的要求，必须采取综合控制噪声的措施，按《工业企业噪声控制设计规范》GBJ 87 要求设计。

4.2.6 煤准备系统中各工段生产过程的连续性是很强的，全部设备的启动或停止都必须按一定的顺序和方向来操作。在生产中各机械设备均有出现故障或损坏的可能。当某一设备发生故障时就破坏了整个工艺生产的连续性，进而损坏设备，故作本条规定以防这一恶性事故的发生。应设置带有模拟操作盘的连锁集中控制装置。

4.2.7 直立炉的储煤仓位于炉体的顶层，其形状受到工艺条件的限制及相互布置上的约束而设计为方形。这就造成了下煤时出现"死角"现象，实际下煤的数量只有全仓容量的 1/2～2/3（现也有在煤仓底部的中间增加锥形的改进设计）。直立炉的上煤设备检修时间一般为 8h。综合以上两项因素，储煤仓总容量按 36h 用量设计一般均能满足了。某地新建直立炉储煤按 32h 设计，一般情况下操作正常，但当原料煤中水分较大不易下煤时操作就较为紧张。所以在本条中推荐储煤仓总容量按 36h 用煤量计算。

规定辅助煤箱的总容量按 2h 用煤量计算。这就是说，每生产 1h 只用去箱内存煤量的一半，保证还余下一半煤量可起密封作用，用以在炉顶微正压的条件下防止炉内煤气外窜，并保证直立炉的安全正常操作。

直立炉正常操作中每日需轮换两门炭化室停产烧空炉,以便烧去炉内石墨(俗称烧煤垢),保证下料通畅。烧垢后需先加焦,然后才能加煤投入连续生产。另外,在直立炉的全年生产过程中,往往在供气量减少时安排停产检修,在这种情况下,为了适应开工投产的需要,故规定"储焦仓总容量按一次加满四门炭化室的装焦量计算"。

对于焦炉储煤塔总容量的设计规定,基本上是依据鞍山焦耐院多年来从设计到生产实践的经验总结。炭化室有效容积大于20m³焦炉总容量一般都是按16h用煤量计算的,有的按12h用煤量计算。焦炉储煤塔容量的大小与备煤系统的机械化水平有很大的关系,因此规定储煤塔的容量均按12~16h用量计算,主要是为了保证备煤系统中的设备有足够的允许检修时间。

4.2.8 煤干馏制气产品产率的影响因素很多,有条件时应作煤种配煤试验来确定。但在考虑设计方案而缺乏实测数据时可采用条文中的规定。

因为煤气厂要求的主要产品是煤气,气煤配入量一般较多,配煤中挥发分也相应增加,因而单位煤发生量一般比焦化厂要大。根据多年操作实践证明,配煤挥发分与煤气发生量之间有如下关系:

根据一些焦化厂的生产统计数据证明:当配煤挥发分在"28%~30%"时,煤气发生量平均值为"345m³/t"。但南方一些煤气厂和焦化厂操作条件有所不同,即使在配煤情况相近时,煤气发生量也不相同,因此只能规定其波动范围(见表8)。

表8 焦炉煤气的产率

挥发分(V_f,%)	27	28	29	30
煤气生产量(m³/t)	324	326	348	360

全焦产率随配煤挥发分增加相应要减少,焦炭中剩余挥发分的多少也影响全焦率的大小。在正常情况下,全焦率的波动范围较小,实际全焦率大于理论全焦率,其差值称为校正系数"a"。煤料的初次产物(荒煤气)遇到灼热的焦炭裂解时会生成石墨沉积于焦炭表面;挥发分越高,其裂解机会越多,"a"值也就越大。

全焦率计算公式:

$$B_焦 = \frac{100 - V_{干煤}}{100 - V_{干焦}} \times 100 + a \quad (5)$$

$$a = 47.1 - 0.58 \frac{100 - V_{干煤}}{100 - V_{干焦}} \times 100 \quad (6)$$

式中 $B_焦$——全焦率(%);

$V_{干煤}$——配煤的挥发分(干基)(%);

$V_{干焦}$——焦炭中的挥发分(干基)(%)。

本规范所定全焦率指标就是根据此公式计算的。

此公式经焦化厂验证,实际全焦率与理论计算值是比较接近的。生产统计所得校正系数"a"相差不超过1%。

直立炉所产的煤气及气焦的产率与挥发分、水分、灰分、煤的粒度及操作条件有关,条文中所规定各项指标也都是根据历年生产统计资料制定的。

4.2.9 焦炉的结构有单热式和复热式两种。焦炉的加热煤气耗用量一般要达到自身产气量的45%~60%。如果利用其他热值较低的煤气来代替供加热用的优质回炉煤气,不但能提高出厂焦炉气的产量达1倍左右,而且也有利于焦炉的调火操作。各地煤气公司就是采用这种办法。此外,城市煤气的供应在1年中是不均衡的。在南方地区一般是寒季半年里供气量较大。此时焦炉可用热值低的煤气加热;而在暑季的半年里供气量较小,此时又可用回炉煤气加热。所以针对煤气厂的条件来看以采用复热式的炉型较为合适。

4.2.10 本条规定了加热煤气耗热量指标。

当采用热值较低的煤气作为煤干馏炉的加热煤气以顶替回炉煤气时,以使用机械发生炉(含两段机械发生炉或高炉)煤气最

为相宜,因为它具有燃烧火焰长,可用自产的中小块气焦(弱粘结烟煤)来生产等项优点。上海、长春、昆明、天津、北京、南京等煤气公司加热煤气都是采用机械发生炉(或两段机械发生炉)煤气。

煤干馏炉的加热煤气的耗热量指标是一项综合性的指标。焦炉的耗热量指标是按鞍山焦耐院多年来的经验总结资料制定的。对炭化室有效容积大于20m³的焦炉。用焦炉煤气加热时规定耗热量指标为2340kJ/kg。而根据实测数据,当焦炉的均匀系数和安定系数均在0.95以上时,3个月平均耗热量为2260kJ/kg;当全年的均匀系数和安定系数均在0.90以上时,耗热量为2350kJ/kg。这说明本条规定的指标是符合实际情况的。

根据国务院国办[2003]10号文件及国家经贸委第14号令的精神:今后所建焦炉炭化室高度应在4m以上(折合容积大于20m³)。因此炭化室容积约为10m³和小于6m³的焦炉耗热量指标不再编入本条正文中。故在此条文说明中保留,以供现有焦炉生产、改建时参考(见表9)。

表9 焦炉耗热量指标[kJ/kg(煤)]

加热煤气种类	炭化室有效容积(m³)		适用范围
	约10	<6	
焦炉煤气	2600	2930	作为计算生产消耗用
发生炉煤气	2930	3260	作为计算生产消耗用
焦炉煤气	2850	3180	作为计算加热系统设备用
发生炉煤气	3140	3470	作为计算加热系统设备用

直立炉的加热使用机械发生炉热煤气,由于热煤气难于测定煤气流量,在制定本条规定时只能根据生产上使用发生炉所耗的原料量的实际数据(每吨煤经干馏需要耗用180~210kg的焦),经换算耗热量为2590~3010kJ/kg。考虑影响耗热量的因素较多,故指标按上限值规定为3010kJ/kg。

上面所提到的耗热量是作为计算生产消耗时使用的指标。在设计加热系统时,还需稍留余地,应考虑增加一定的富裕量。根据鞍山焦耐院的总结资料,作为生产消耗指标与作为加热系统计算指标的耗热量之间相差为210~250kJ/kg。本条规定的加热系统计算用的耗热量指标就是根据这一数据制定的。

4.2.11 本条规定了加热煤气管道的设计要求。

1 要求发生炉煤气加热的管道上设置混入回炉煤气的装置,其目的是稳定加热煤气的热值,防止炉温波动。在回炉煤气加热总管上装设预热器,其目的是以防止煤气中的焦油、萘冷凝下来堵塞管件,并使入炉煤气温度稳定。

2 在加热煤气系统中设压力自动调节装置是为了保证煤气压力的稳定,从而使进入炉内的煤气流量维持不变,以满足加热的要求。

3 整个加热管道中必须经常保持正压状态,避免由于出现负压而窜入空气,引起爆炸事故。因此必须规定在加热煤气管道上设煤气的低压报警信号装置,并在管道末端设置爆破膜,以减少爆破时损坏程度。

5 加热煤气管道一般都是采用架空方式,这主要是考虑到便于排出冷凝物和清扫管道。

4.2.12 直立炉、焦炉桥管设置低压氨水喷洒,主要是使氨水蒸发,吸收荒煤气显热,大幅度降低煤气温度。

直立炉荒煤气或焦炉集气管上设置煤气放散管是由于直立炉与焦炉均为砖砌结构,不能承受较高的煤气压力,炉顶压力要求基本上为±0大气压,防止砖缝由于炉内煤气压力过高而受到破坏,导致泄漏而缩短炉体寿命并影响煤气产率和质量。制气厂的生产工艺过程极为复杂,各种因素也较多,如偶尔逢电气故障、设备事故、管道堵塞时,干馏炉生产的煤气无法确保安全畅通地送出,而制气设备仍在连续不断地生产;同时,产气量无法瞬时压缩减产,因此必须采取紧急放散以策安全。放散出来的煤气为防止污染环境,必须燃烧后排出。放散管出口应设点火装置。

4.2.13 本条规定了干馏炉顶荒煤气管的设计要求。

1 荒煤气管上设压力自动调节装置的主要理由如下：

　　1) 煤干馏炉的荒煤气的导出流量是不均匀的，其中焦炉的气量波动更大，需要设该项装置以稳定压力；否则将影响焦炉及净化回收设备的正常生产。

　　2) 正常操作时要求炭化室始终保持微正压，同时还要求尽量降低炉顶空间的压力，使荒煤气尽快导出。这样才能达到减轻煤气二次裂解，减少石墨沉积，提高煤气质量和增加化工产品的产量和质量等目的，因此需要设置压力调节装置。

　　3) 为了维持炉体的严密性也需要设置压力调节装置以保持炉内的一定压力。否则空气窜入炉内，造成炉体漏损严重、裂纹增加，将大大降低炉体寿命。

2 因为煤气中含有大量焦油，为了保证调节蝶阀动作灵活就要防止阀上粘结焦油，因此必须采取氨水喷洒措施。

3 由于煤气产量不够稳定，煤气总管蝶阀或调节阀的自动控制调节是很重要的安全措施。尤其是当排送机室、鼓风机室或调节阀失常时，必须加强联系并密切注意，相互配合。当调节阀用人工控制调节时，更应加强信号联系。

4.2.14 捣炉与放焦的时间，在同一碳化炉上应绝对错开。捣炉或放焦时，炉顶或炉底的压力必须保持正常。任何一操作都会影响炉顶或炉底的压力，当炉顶与炉底压力不正常，偶尔空气渗入时，煤气与空气混合成爆炸性混合气遇火源发生爆炸，从而使操作人员受到伤害。因此捣炉与放焦之间应有联系信号，应避免在一个炉子上同时操作。

焦炉的推焦车、拦焦车、熄焦车在出焦过程中有密切的配合关系，因此在该设备中设计有连锁、控制装置，以防发生误操作。

4.2.15 设置隔热装置是为了减少上升管散发出来的热量，便于操作工人的测温和调火。

首钢、鞍钢为了改善焦炉的生产环境污染和节约能源，从1981年开始使用以高压氨水代替高压蒸汽进行消烟装煤生产以来，各地焦炉相继采用这项技术，已有20多年的历史了，对减少焦炉冒烟，降低初冷的负荷和冷凝酚水量取得了行之有效的结果，并经受了长时间的考验。

4.2.16 焦炉氨水耗量指标，多年来经过实践是适用的。总结各类焦炉生产情况该指标为6~8m³/t（煤），焦炉当采用双集气管时取大值，单集气管时取小值。

直立炉的氨水耗量主要是总结了实际生产数据。指标定为"4m³/t（煤）"比焦炉低，这是因为直立炉系中温干馏，荒煤气出口温度较低的原因。

高压氨水的耗量一般为低压氨水总耗量的1/30（即3.4%~3.6%）左右。这个数据是一个生产消耗定额，是以一个炭化室每吨干煤所需要的量。当选择高压氨水泵的小时流量时应考虑氨水喷嘴的孔径及焦炉加煤和平煤所需的时间。高压氨水压力应随焦炉炭化室容积不同而不同，这次规范修改是根据1999年焦化行业协会，与会专家一致认为4.3m以下焦炉高压氨水压力1.8~2.5MPa，6m以下焦炉高压氨水压力为1.8~2.7MPa，完全可以满足焦炉的无烟装置操作，结合焦耐设计院近几年设计高压氨水多采用2.2MPa，压力过高影响焦油、氨水质量（煤粉含量高）的意见，因此对高压氨水压力调整为1.5~2.7MPa。每个工程设计在决定高压氨水泵压力时还应考虑焦炉氨水喷嘴安装位置的几何标高。氨水喷嘴的构造形式以及管线阻力等因素。

该条文中所规定的高压氨水的压力和流量指标均以当前几种常用的喷嘴为依据。如果喷嘴形式有较大变化，若设计时将高、低压氨水合用一个喷嘴，那么喷嘴的设计性能既要满足高压氨水喷射消烟除尘要求，又要保证低压氨水喷洒冷却的效果。

低压氨水应设事故用水，其理由是一旦氨水供应出问题，不致影响桥管中荒煤气的降温。事故用水一般是由生产所要求设置的清水管来供应的。为了避免氨水倒流进清水管系统腐蚀管件，该两管不应直接连接。

直立炉氨水总管以环网形连通安装，可避免管道末端氨水压力降得太多使流量减少。

4.2.17 废热锅炉的设置地点与锅炉的出力有很大关系。同样形式的两台废热锅炉由于安装高度不一样，结果在产气量上有明显差别（见表10）。

表10　废热锅炉产气量的比较

放置地点	废气进口温度、产气量		蒸气压力	引风机功率
	℃	t/h	(MPa)	(kW)
+14m 标高处	900	6~7	0.637	23
±0m 标高处	800	5~6	0.558	55

注：废气总管标高为+8.5m处。

废热锅炉有卧式、立式、水管式与火管式、高压与低压等种类。采用火管式废热锅炉时，应留有足够的周围场地与清灰的措施，有利于清灰。

在定期检修或抢修期间，检修动力机械设备、各种类型的泵、调换火管等工作要求周围必须留有富裕的场地，便于吊装，有利于改善工作环境，并缩短检修周期。一般每一台废热锅炉的安全运行期为6个月，82英寸30门直立炉附属废热锅炉的每小时蒸汽产量可达6t左右。

采用钢结构时，结构必须牢固，在运行中不应有振动，防止机械设备损坏，影响使用寿命或造成环境噪声。

4.2.18 本条规定了直立炉熄焦系统的设计要求。

1 本款规定主要是保证熄焦水能够连续（排焦是连续的）均衡供应。从三废处理角度出发，熄焦水中含酚水应循环使用，以减少外排的含酚污水量。

2 排焦传动装置采用调速电机控制，可达到无级变速，有利于准确地控制煤斗行速。

3 当焦炭运输设备一旦发生故障而停止运转进行抢修1~2h时，还能保持直立炉的生产正常进行。因此，排焦箱容量须按4h排焦量计算。

采用弱粘结性块煤时，为防止炉底排焦轴失控，造成脱煤、行速不均匀甚至造成爆炸的事故，炉底排焦箱内必须设置排焦控制器。现国内外已在W-D连续直立炉的排焦箱内推广应用。

4 为了减轻劳动强度、减少定员，人工放焦应改成液压机械排焦。为此，本款规定排焦门的启闭宜采用机械化设备，这是必要和可能的。

5 熄焦过程是在排焦箱内不断地利用循环水进行喷淋，每2h放焦一次，焦内含水量一般在15%左右。当焦中含水分过高、含屑过多时，筛焦设备在分筛统焦过程中就会遇到困难，不易按级别分筛完善，不利于气化生产的原料要求与保证出售商品焦的质量。因此，不论采取什么运输方式，在运输过程中应有一段沥水的过程，以便逐步减少统焦中的水分，一般应考虑80s的沥水时间，从而有利于分筛。80s系某厂三组炭化炉自放焦、吊焦至筛焦的实测沥水时间的平均值。

4.2.19 湿法熄焦是目前焦化工业普遍采用的方法。载有赤热焦炭的熄焦车开进熄焦塔内，熄焦水泵自动（靠电机车压合极限开关或采用无触点的接近开关）喷水熄焦。并能按熄焦时间自动停止。熄焦时散发出含尘蒸汽是污染源，因此熄焦塔内应设置捕尘装置，效果尚好。熄焦用水量与熄焦时间是长期实践总结出的生产指标，可作为熄焦水泵选择的依据。

熄焦后的水经过沉淀池将粉焦沉淀下来，澄清后的水继续循环使用。因此沉淀池的长、宽尺寸应能满足粉焦的完全沉降，以及考虑粉焦抓斗在池内操作，以降低工人体力劳动强度。

提出大型焦化厂应采用干法熄焦。由于大型焦炉产量高，如100万t/a规模的焦化厂每小时出焦量114t，并根据宝钢干熄焦生产经验，1t红焦可产生压力4.6MPa，温度为450℃的中压蒸汽0.45t，是节能、改善焦炭质量和环境保护的有效措施；但由于基建投资高，资金回收期长，所以只有大型焦化厂采用。

4.2.20 在熄焦过程中蒸发的水量为0.4m³/t干煤，最好是由清水进行补充，但为了减少生产污水的外排量，可以使用生化处理后符合指标要求的生化尾水补充。

4.2.21 焦台设计各项数据是根据鞍山焦耐院对放焦过程的研究资料，以及该院对各厂的生产实践归纳出来的经验和数据而做出的。经测定及生产经验得知，运焦皮带能承受的温度一般是 70～80℃，因此要求焦炭在焦台上须停留 30min 以上，以保证焦炭温度由 100～130℃降至 70～80℃。

4.2.22 熄焦后的焦炭是多级粒度的混合焦，根据用户的需要须设筛焦楼，将混合焦粒度分级。综合冶金、化工、机械等行业的需要，焦炭筛分的设施按直接筛分后焦炭粒度大于 40mm、40～25mm、25～10mm 和小于 10mm，共 4 级设计。为满足铁合金的需要，有些焦化厂还将小于 10mm 级的焦炭筛分为 10～5mm和小于 5mm 两级，前者可用于铁合金。也有焦化厂为了供铸造使用，将大于 60～80mm 筛出。（详见《冶金焦炭质量标准》GB 1996，《铸造焦炭质量标准》GB 8729）。有利于经济效益和综合利用。

城市煤气厂生产的焦炭必须要有储存场地以保证正常的生产。对于采用直立炉的制气厂，厂内一般都设置配套的水煤气炉和发生炉设施。故中、小块以及大块焦都直接由本厂自用，经常存放在储焦场地上的仅为低谷生产任务时的大块焦和一部分中、小块焦。因此储焦场地的容量为"按 3～4d"产焦量计算就够了。

采用炭化室有效容积大于 20m³ 焦炉的制气厂焦炭总产量中很大部分是供给某一固定钢铁企业用户。一般是按计划定期定量地采用铁路运输方式由制气厂向钢铁企业直接输送焦炭。

筛分设备在运行时，振动扬尘很大，从安全和工业卫生要求必须有除尘通风设施。

4.2.23 在筛焦楼内设有储焦仓，对于直立炉的储焦仓容量规定按 10～12h 产焦量确定。这是根据目前生产厂的生产实践经验提出的。80 门直立炉二座筛焦楼，其储焦仓容量约为 11h 产焦量，从历年生产情况看已能满足要求。

焦炉的储焦仓容量按 6～8h 产焦量的规定，基本上是按照鞍山焦耐院历年来对各厂的生产总结资料确定的。生产实践证明不会影响焦炉的正常操作。

4.2.24 储焦场地应平整光洁，对倒运焦炭有利。

4.2.25 独立炼焦制气厂在铁路或公路运输周转不开的情况下，才需要将必须落地的焦炭存放在储焦场内。储焦场的操作容量，当铁路运输时，宜采用 15d 产焦量；当采用公路运输时，宜采用 20d 产焦量。

4.2.26 直立炉的气焦用于制气时一般可采用两种工艺：一为生产发生炉煤气，二为生产水煤气。发生炉的原料要求使用中、小块气焦，既有利于加焦，又有利于气化，另外成本也较低，因此将自产气焦制作发生炉煤气是较为合理的。水煤气的原料要求一般是大块焦。用它生产的水煤气成本高，作为城市煤气的主气源是不经济和不安全的。所以规定这部分生产的水煤气只供作为调峰掺混气，以适应不经常的短期高峰用气的要求。

注：大块焦为 40～60mm，中、小块焦为 25～40mm 和 25～10mm。

4.3 煤的气化制气

4.3.1 煤的气化制气的炉型，本次规范修编由原有煤气发生炉、水煤气发生炉 2 种炉型基础上，又增加了两段煤气发生炉、两段水煤气发生炉和流化床水煤气炉等 3 种炉型，共 5 种炉型。

1 两段煤气发生炉和两段水煤气发生炉的特点是在煤气发生炉或水煤气发生炉的上部，增设了一个干馏段，这就可以广泛使用弱粘性烟煤，所产气，不但比常规的发生炉煤气、水煤气的发热量高，而且可以回收煤中的焦油。1980 年以来两段煤气发生炉，在我国的机械、建材、冶金、轻工、城建等行业作为工业加热能源广泛地被采用。粗略的统计有近千台套，两段水煤气发生炉已被采用作为城镇燃气的主气源（如：秦皇岛市、阜新市、威海市、保定市、白银市、汉阳市、安亭县等），但该煤气

供居民用 CO 指标不合格，应采取有效措施降低 CO 含量。

这两种炉型，国内开始采用时，是从波兰、意大利、法国、奥地利等国引进技术，（国外属 20 世纪 40 年代技术）后通过中国市政工程华北设计研究院、机械部设计总院、北京轻工设计院等单位消化吸收，按照中国的国情设计出整套设备和工艺图纸，一些设备厂家也成功地按图制造出合格的产品，满足了国内市场的需要。取得了各种生产数据，达到预想的结果。所以该工艺在技术上是成熟的，在运行时是安全可靠的。

2 流化床水煤气炉，是我国自行研制的一种炉型，是由江苏理工大学（江苏大学）研究发明：1985 年承担国家计委节能局"沸腾床粉煤制气技术研究"课题（节科 8507 号）建立 φ500mm 小型试验装置，1989 年通过机电部组织的部级鉴定（机械委（88）教民 005 号）；1989 年又提出流化床间歇制气工艺，并通过 φ200mm 实验装置的小试，1990 年在镇江市灯头厂建立 φ400mm 的流化床水煤气试验示范站，日产气 3000m³，为工业化提供了可靠的技术数据及放大经验，并获国家发明专利（专利号 ZL90105680.4）。1996 年郑州永泰能源新设备有限公司从江苏理工大学购置粉煤流化床水煤气炉发明专利的实施权，经过开发 1998 年完成 φ1.6m 气化炉的工业装置成套设备，并建成郑州金城煤气站 3×φ1.6m 炉，日供煤气量 48000m³，向金城房地产公司居民小区供气，经过生产运行，气化炉的各技术指标达到设计要求。同年由国家经贸委委托河南省经贸委组织中国工程院院士岑可法教授等 12 位专家对"常压流化床水煤气炉"进行了新产品（新技术）鉴定（鉴定验收证号、豫经贸科鉴字 1999/039）；河南省南阳市建设 5×φ1.6m 气化炉煤制气厂，日产煤气10 万 m³（采用沼气、LPG 增热），1999 年 9 月向市区供气。该产品被国家经贸委、国经贸技术（1999）759 号文列为 1999 年度国家重点新产品。

郑州永泰能源新设备有限公司，在此基础上又进行多项改进，并放大成 φ2.5m 炉，逐步推广到工业用气领域。

近年来上海沃和拓新科技有限公司购买了该技术实施权从事流化床水煤气站工程建设。目前采用该技术的厂家有：文登开润曲轴有限公司、南阳市沼气公司、鲁西化工；正在兴建的有高平铸管厂、二汽襄樊基地第二动力分厂、贵州毕节市、新余恒新化工、兴义市等。

总的说来该炉型号以粉煤作原料，采用鼓泡型流化床技术，根据水煤气制气工艺原理，制取中热值煤气，工艺流程短、产品单一。经过开发、制造、建设、运行、取得了可靠成熟的经验，可作为我国利用粉煤制气的城市（或工业）煤气气源。

2002 年国家科学技术部批准江苏大学为《国家科技成果重点推广计划》项目"常压循环流化床水煤气炉"的技术依托单位[项目编号 2002EC000198]。

4.3.2 煤的气化制气，所产煤气一般是热值较低，煤气组分中一氧化碳含量较高，如要作为城市煤气主气源，前者涉及煤气输配的经济性，后者与煤气使用安全强制性要求指标（CO 含量应小于 20%）相抵触，因此提出必须采取有效措施使气质达到现行国家标准《人工煤气》GB 13612 的要求。

4.3.3 气化用煤的主要质量指标的要求是根据《煤炭粒度分级》GB 189、《发生炉煤气站设计规范》GB 50195、《常压固定床煤气发生炉用煤质量标准》GB 9143 以及现有煤气站实际生产数据总结而编制的。

1 根据气化原理，要求气化炉内料层的透气性均匀，为此选用的粒度应相差不太悬殊，所以在条文中发生炉煤气燃料粒度不得超过两级。

当发生炉、水煤气作为煤气厂辅助气源时，从煤气厂整体经济利益考虑并结合两种气化炉对粒度的实际要求，粒度 25mm以上的焦炭用于水煤气炉，而不用于发生炉。当煤气厂自身所产焦炭或气焦，其粒度能平衡时发生炉也可使用大于 25mm 的焦炭或气焦。其粒度的上、下限可放宽选用相邻两级。

煤的质量指标：

灰分：《固定床煤气发生炉用煤质量标准》GB 9143 规定，发生炉用煤中含灰分的要求小于 24%。由于煤气厂采用直立炉作气源时，要求煤中含灰分小于 25%，制成半焦后，其灰分上升至 33%。从煤气厂总体经济利益出发，这种高灰分半焦应由厂内自身平衡，做水煤气炉和发生炉的原料。由于中块以上的焦供水煤气炉，小块焦供发生炉，条文中规定水煤气炉用焦含灰分小于 33%；发生炉用焦含灰分小于 35%。

灰熔点（ST）：在煤气厂中，发生炉热煤气的主要用途是作直立炉的加热燃料气，加热火道中的调节砖温度约 1200℃，热煤气中含尘量较高，当灰熔点低于 1250℃，灰渣在调节砖上熔融，造成操作困难。所以在条文中规定，当发生炉生产热煤气时，灰熔点（ST）应大于 1250℃。

2 两段煤气（水煤气）发生炉如果炉内煤块大小相差悬殊，会使大块中挥发分干馏不透，影响了干馏和气化效果，因此条文中规定用煤粒度限使用其中的一级。所使用的煤种主要是弱粘结性烟煤，为了提高煤气热值，并扩大煤源，条文中规定干基挥发分大于、等于 20%。煤中干基灰分定为小于、等于 25%，其理由是两段炉干馏段内半焦产率约为 75%～80%，则进入气化段的半焦灰分不致高于 33%。

煤的自由膨胀序数（F.S.I）和罗加指标（R.I）代表烟煤的粘结性指标（GB 5447，GB 5449），两个指标起互补作用。本条文规定的指标数值对保证炉子的安全生产有很大的意义，如果指标过高，煤熔融的粘结性（膨胀量）超过干馏段的锥度，则煤层与炉壁粘附导致不能均匀下降，此时必须采取打钎操作，这样不但造成煤层不规则的大幅度下降，而且钎杆多次打击炉壁，而使炉膛损坏。我国两段炉大都使用大同煤、阜新煤、神府煤等（F.S.I）均小于 2，（R.I）小于 20。

两段炉使用弱粘结性烟煤，其热稳定性优于无烟煤，因此仍采用一段炉对煤种热稳定性指标大于 60%。

两段炉加煤时，煤的落差较一段炉小，但两段炉标高较高，煤提升高度大，因此对用煤抗碎强度的规定不应低于一般炉的 60% 的要求。

根据我国煤炭资源情况提出煤灰熔融性软化温度大于、等于 1250℃，是能达到的，满足了两段炉生产的要求，不会产生结渣现象。

3 流化床水煤气炉对煤的粒度要求，最好是采用粒度（1～13mm）均匀的煤。目前实际供应的末煤小于 13mm 或小于 25mm 的较多，为了防止煤气的带出物过多，使灰渣含碳量降低，对 1mm 以下，大于 13mm 以上煤分别规定为小于 10% 和小于 15% 的要求。当使用烟煤作原料时，要求罗加指数小于 45，以防流化床气化时产生煤干馏粘结。流化床气化，气化速度比固定床煤气化反应时间短，速度要高得多，故提出要求煤的化学反应性（a）大于 30%。

4 各气化用煤的含硫量均控制在 1% 以内，是当前我国的环境保护政策的要求，高硫煤不准使用。

5 气化用煤的各质量指标的测定应按国家煤炭试验标准方法进行（详见表 7）。

4.3.5 本条文是按气化炉为三班连续运行规定的，否则，煤斗中有效储量相应减少。

按《发生炉煤气站设计规范》GB 50195 规定，运煤系统为一班制工作时，储煤斗的有效储量为气化炉 18～20h 耗煤量；运煤系统为两班制工作时，储煤斗的有效储量为气化炉 12～14h 耗煤量；而本条文的有效储煤量的上、下限分别增加 2h。因为在煤气厂中干馏、气化和锅炉等四大炉的上煤系统基本是共用的，在运煤系统前端运输带出故障修复后，四大炉需要依次供煤，排在最后供煤系统的气化炉，煤斗容量应当适当增大。

备煤系统不宜按三班工作的理由是为了留有设备的充裕的检修时间。

4.3.7 各种煤气化炉煤气低热值指标的规定与炉型、工艺特点、煤的质量（气化用煤主要质量指标见表 4.3.3）操作条件都有

关。本条文提出的指标在正常操作条件下，一般是可以达到的，如果用户有较高的要求，可采用热值增富方法（如富氧气化或掺入 LPG 等）。

4.3.8 气化炉吨煤产气率指标与选用的炉型有关，如 W-G 型炉比 D 型炉产气量要高，煤的质量与气化率也有密切的关系，如大同煤的气化率较高。煤的粒度大小与均匀性也直接影响气化炉的产气率。所以，本条文写明要把各种因素综合加以考虑。对已用于煤气站气化的煤种，应采用平均产气率指标（指在正常、稳定生产条件下所达到的指标）。对未曾用于气化的煤种，要根据气化试验报告的产气率确定。本条文提出的产气率指标是在缺乏上述条件时，供设计人员参考。表 4.3.8 中的数据，由中国市政工程华北设计研究院、中元国际工程设计研究院、郑州永泰能源新设备有限公司等单位提供。

4.3.9 本条文规定气化炉每 1～4 台以下宜另设一台备用，主要是城市煤气厂供气不允许间断，设备的完好率要求高。根据城市煤气厂（设有煤干馏炉、水煤气、发生炉）气化炉的检修率一般在 25% 左右，对于流化床水煤气炉，该设备无转动机械部件，检修、开停方便，其设备备用率，目前尚无实践总结资料，故本条文暂按固定床气化炉情况确定。

4.3.10 对水煤气发生炉、两段水煤气发生炉，以 3 台编为一组再备用 1 台最佳，因为鼓风阶段约占 1/3 时间。3 台炉共用 1 台鼓风机比较合理。而流化床水煤气的鼓风（或制气）阶段约为 1/2 时间，因此建议 2 台编为一组。由于这些气化炉均属于间歇式制气采用上述编制方法，可以保持气量均衡，这样可以合用一套煤气冷却和废气处理及鼓风设备，对于节约投资，方便管理，都有好处，实践证明是经济合理的。

目前流化床水煤气鼓风气温度较高，在高温阀门国内尚未解决前，其废热锅炉与气化炉应按一对一布置，便于生产切换。

4.3.12 一般循环制气炉的缓冲气罐，由于气量变化频繁，罐的上下位置移动大，若采用小型螺旋气罐易于卡轨，很多煤气厂均有反映，不得不改为直立式低压储气罐。该罐的容积定为 0.5～1 倍煤气小时产气量，完全满足需要。

4.3.13 循环制气炉因系间歇制气，作为气化剂的蒸汽也是间歇供应的，但锅炉是连续生产的。而气化炉使用蒸汽是间歇的，故应设置蒸汽蓄能器，作为蒸汽的缓冲容器。由于蒸汽蓄能器不设备用，其系统中配套装置与仪表一旦破坏，就无法向煤气炉供应蒸汽。因此，煤气站宜另设一套备用的蒸汽系统，以保证正常生产。

4.3.14 由于并联工作台数过多，其不稳定因素增加，且造成阻力损失，本条文规定并联工作台数不宜超过 3 台。

4.3.15 在煤气厂中，水煤气一般作为掺混气，掺混量约 1/3。与干馏气掺混后经过脱硫才能供居民使用，而干法脱硫的最佳操作温度为 25～30℃，极限温度为 45℃。在煤气厂内干馏煤气在干法脱硫箱前将煤气冷却至 25℃ 左右，与 35℃ 的水煤气混合后的温度约 28.3℃，仍在脱硫最佳操作温度的范围内。

在煤气厂中发生炉冷煤气除作干馏气的掺混气外，主要作焦炉的加热气。如果发生炉煤气的温度增高，将影响煤气排送机的输送能力和煤气热量的利用，最终将影响焦炉加热火道的温度，造成燃料的浪费，故规定冷煤气温度不宜超过 35℃。

热煤气在煤气厂中用作直立炉的加热气，发生炉燃料多采用直立炉的半焦，焦油含量少，故规定热煤气不低于 350℃（近年来，煤气厂发生炉煤气站多选用 W-G 型炉，其出口温度约 300～400℃）。

煤气厂中发生炉冷煤气作为焦炉加热，并通过焦炉的蓄热室进行预热，为防止蓄热室被堵塞，故该煤气中的灰尘和焦油雾，应小于 20mg/m³。

煤气厂的热煤气一般供直立炉加热，而热煤气目前只能作到一级除尘（旋风除尘器除尘），所以煤气中含尘量仍很高，约 300mg/m³。因此，在设计煤气管道时沿管道应设置灰斗和清灰口，以便清除灰尘。

4.3.16 煤气厂中的发生炉煤气站一般采用无烟煤或本厂所产焦

炭、半焦作原料，所得焦油流动性极差。当煤气通过电气滤清器时，焦油及灰尘沉降在沉淀极上结成岩石状物，不易流动，很难清理。所以本条文规定发生炉煤气站中电气滤清器应采用有冲洗装置或能连续形成水膜的湿式装置。如上海浦东煤气厂的气化炉以焦炭为原料，采用这种形式的电气滤清器已运转多年，电气滤清器本身无焦油灰尘沉淀积块，管道无堵塞现象。

4.3.17 煤气厂中，煤气站基本采用焦炭和半焦为原料，所产焦油流动性极差，如用间接冷却器冷却，焦油和灰尘沉积在间冷器的管壁上，使冷却效果大大降低，且这种沉积物坚如岩石，很难清除，故本条规定煤气的冷却与洗涤宜采用直接式。

按本规范第4.3.15规定冷煤气温度不应高于35℃。因此，作为煤气站最终冷却的冷循环水，其进口温度不宜高于28℃，这个条件对煤气厂来说是做得到的，因为煤气厂主气源的冷却系统基本设有制冷设备，适当增加制冷设备容量在夏季煤气站的冷循环水进口水温即可满足不高于28℃的要求。

热循环水主要供竖管净化冷却煤气用，水温高时，水的蒸发系数大，热水在煤气中蒸发，吸热达到降温作用，再有水中焦油黏度小，水系统堵塞的机会少，而且其表面张力小，较易润湿灰尘，便于除尘。故规定热循环水温度不应低于55℃。热循环水系统除了由冷循环水补充的部分冷水及自然冷却降温外，没有冷却设备，在正常情况下，热平衡的温度均不小于55℃。

4.3.21 放散管管口的高度应考虑放散时排出的煤气对放散操作的工人及周围人员影响，防止中毒事故的发生。因此，规定必须高出煤气管道和设备及走台4m，并离地面不小于10m。

本条文还规定厂内或距离厂房10m以内的煤气管道和设备上的放散管管口必须高出厂房顶部4m，这也是考虑在煤气放散时，屋面上的人员不致因排出的煤气中毒，煤气也不会从建筑物天窗、侧窗侵入室内。

4.3.22 为适应煤气净化设备和煤气排送机检修的需要，应在系统中设置可靠的隔断煤气措施，以防止煤气漏入检修设备而发生中毒事故，所以在条文中作出了这方面的规定。

4.3.23 电气滤清器内易产生火花，操作上稍有不慎即有爆炸危险，根据《发生炉煤气设计规范》GB 50195编制组所调查的65个电气滤清器均设有爆破阀，生产工厂也确认电气滤清器的爆破阀在爆炸时起到了保护设备或减轻设备损伤的作用。所以本条文规定电气滤清器必须装设爆破阀。《发生炉煤气设计规范》GB 50195编制组调查中，多数工厂单级洗涤塔设有爆破阀，但在某些工厂发生了几起由于误操作或动火时不按规定造成严重爆炸事件，故条文中规定"宜设有爆破阀"以防止误操作时发生爆炸事故。

4.3.24 本条文规定厂区煤气管道与空气管道应架空敷设，其理由如下：

1 水煤气与发生炉煤气一氧化碳含量很高，前者高达37%，后者约23%～27%，毒性大且地下敷设漏气不易察觉，容易引起中毒事故。

2 水煤气与发生炉煤气中杂质含量较高，冷煤气的凝结水量较大，地下敷设不便于清理、试压和维修，容易引起管道堵塞，影响生产。

3 地下敷设基本费用较高，而维护检修的费用更高。

因此，厂区煤气管道和空气管道采用架空敷设既安全又经济，在技术上完全能够做到。

由于热煤气除采用旋风除尘器外，无其他更有效的除尘设备，而旋风除尘器的效率约70%。当产量降低时，除尘器的效率更低，因此旋风除尘器后的热煤气管道沿线应设有清灰装置，以便定时清除沿线积灰，保证管道畅通。

4.3.25 爆破膜作为空气管道爆炸时泄压之用，其安装位置应在空气流动方向管道末端，因为管末端是薄弱环节，爆破时所受冲击力较大。

关于煤气排送机前的低压煤气总管是否要设置爆破阀或泄压水封的问题，根据《发生炉煤气设计规范》GB 50195编制组调

查：因停电或停制气时，易有空气渗漏至低压煤气管内形成爆炸性混合气体，故本条文提出应设爆破阀和泄压水封。

4.3.26 根据我国煤气站几十年的经验，本条文规定的水封高度是能达到安全生产要求的。

热煤气站使用的湿式盘阀水封高度有低于本规范表4.3.26中第一项的规定，这种盘阀之所以允许采用，有下列几种原因：

1 由于大量的热煤气经过湿式盘阀，要考虑清理焦油渣的方便；为了经常掏除数量较多的渣，水封不能太高；

2 热煤气站煤气的压力比较稳定，一般不产生负压，水封安全高度低一些，也不致进入空气引起爆炸；

3 湿式盘阀只能装在室外，不允许装在室内，以防止炉出口压力过高时水封被突破，大量煤气逸出引起事故。

这种盘阀的有效水封高度不受表4.3.26的限制，但应等于最大工作压力（以Pa表示）乘0.1加50mm水柱。由于这种盘阀只能在室外安装，允许降低其水封高度，并限于在热煤气系统中使用，所以在本条文中加注。

4.3.27 本条规定了设置仪表和自动控制的要求。

1 设置空气、蒸汽、给水和煤气等介质计量装置，是经济运行和核算成本所必须的。

4 饱和空气温度是发生炉气化的重要参数，采用自动调节，可以保证饱和空气温度的稳定，使其能控制在±0.5℃范围内，从而保证了煤气的质量。特别是在煤气负荷变化较大时，有利于炉子的正常运行。

6 两段炉上段出口煤气温度，一般控制在120℃左右。控制方式是调节两段炉下段出口煤气量。

7 汽包水位自动调节，是防止汽包满水和缺水的事故发生。

8 气化炉缓冲柜位于气化装置与煤气排送机之间，缓冲柜到高限位时，如不停止自动控制机运转将有顶翻缓冲柜的危险。所以本条文规定煤气缓冲柜的高位限位器应与自动控制机连锁。当煤气缓冲柜下降到低限位时，如果不停止煤气排送机的运转将发生抽空缓冲柜的事故。因此规定循环气化炉缓冲柜的低位限位器与煤气排送机连锁。

9 循环制气煤气站高压水泵出口设有高压水罐，目的是保持稳定的压力，供自动控制机正常工作，但当压力下降到规定值时，便无法开启和关闭有关水压阀门，将导致危险事故发生。因此规定高压水罐的压力应与自动控制机连锁。

10 空气总管压力过低或空气鼓风机停车，必须自动停止煤气排送机，以保证煤气站内整个气体系统正压安全运行。所以两者之间设计连锁装置。

11 电气滤清器内易产生火花，操作上稍有不慎即有爆炸危险，因此为防止在电气滤清器内形成负压从外面吸入空气引起爆炸事故，特规定该设备出口煤气压力下降至规定值（小于50Pa）、或气化煤气含氧量达到1%时即能自动立即切断电源；对于设备绝缘箱温度值的限制是因为煤气温度达到露点时，会析出水分，附着在瓷瓶表面，致使瓷瓶耐压性能降低、易发生击穿事故。所以一般规定绝缘保温箱的温度不应低于煤气入口温度加25℃（《工业企业煤气安全规程》GB 6222），否则立即切断电源。

12 低压煤气总管压力过低，必须自动停止煤气排送机，以保证煤气系统正压安全运行，压力的设计值和允许值应根据工艺系统的具体要求确定。

13 气化炉自动加煤一般依据炉内煤位高度、炉出口煤气温度及炉内火层情况，设置自动加煤机构，保持炉内的煤层稳定。气化炉出灰都是自动的，但在某一质量的煤种的条件下，在正常生产时煤、灰量之比是一定的。因此自动加煤机构和自动出灰机构一定要互相协调连锁。

14 本条是为循环制气的要求而编制的。循环气化炉（水煤气发生炉、两段水煤气发生炉、流化床水煤气炉）的生产过程：水煤气炉是"吹风—吹净—制气—吹净"（每个循环约420s），流化床水煤气是"吹风—制气—吹风"（每个循环约150s）周而

复始进行，在各阶段中有几十个阀门都要循环动作，这就需要设置程序控制器指挥自动控制机的传动系统按预先所规定的次序自动操作运行。

4.4 重油低压间歇循环催化裂解制气

4.4.1 本条规定了重油的质量要求。

我国虽然规定了商品重油的各种牌号及质量标准，但实际供应的重油质量不稳定，有时甚至是几种不同油品的混合物。为了满足工艺生产的要求，本条文中针对作为裂解原料的重油规定了几项必要的质量指标要求。

对条文的规定分别说明如下：

1 碳氢比（C/H）指标：绝大多数厂所用重油的 C/H 指标都在 7.5 以下，C/H 越低，产气率越高，越适合作为制气原料。根据上述情况，作出"C/H 宜小于 7.5"的规定。

2 残炭指标：残炭量的大小决定积炭量的多少，如果积炭量多就会降低催化剂的效果，并提高焦油产品中游离碳的含量，造成处理上的困难。一般说来残碳值比较低的重油适宜于造气。故对残炭的上限值有所限制，规定了"小于 12%"的指标要求。

4.4.2 确定原料油储存量的因素较多，总的来说要根据原料油的供应情况、运输方式、运距以及用油的不均衡性等条件进行综合分析后确定。

炼油厂的检修期一般为 15d 左右，在这一期间制气厂的原料用油只能由自己的储存能力来解决。储存能力的大小既要考虑满足生产需要，又要考虑占地与基建投资的节约。综合以上因素，确定为："一般按 15～20d 的用油量计算"。

4.4.3 本条规定了工艺和炉型的选择要求。

重油催化裂解制气工艺所生产的油制气组分与煤干馏取的城市燃气组分较为接近，可适应目前使用的煤干馏气灶具。且由于催化裂解制气的产气量较大，粗苯质量较好，所以经济效果也是比较好的。另外，副产焦油含水较低，这对综合利用提供了有利条件。因此用于城市燃气的生产应采用催化裂解制气工艺。

采用催化裂解制气工艺时，要求催化床温度均匀，上下层温度差应在 ±100℃ 范围内，不宜再大；同时要求催化剂表面尽量少积炭，以防止局部温度升高；也不允许温度低的蒸汽直接与催化剂接触。以上这些要求是一般单、双筒炉难以达到的，而三筒炉则容易满足。

4.4.4 本条规定了重油低压间歇循环催化裂解制气工艺主要设计参数。

1 反应器的液体空间速度。

反应器液体空间速度的选取对确定炉体的大小有着直接关系。催化裂解炉实际液体空间速度与工艺计算选用的液体空间速度一般相差不大，根据国内几个厂的实际液体空间速度的数据，规定催化裂解制气的液体空间速度为 $0.6 \sim 0.65 \text{m}^3/(\text{m}^3 \cdot \text{h})$。

4 关于加热油用量占总用油量的比例。加热油量占总用油量的比例与炉子大小有关，也与操作管理水平有关。现有厂的加热油量占总用油量的实际比例为 15%～16%。

5 过程蒸汽量与制气油之比值。

重油裂解主要产物为燃气和焦油，它受到裂解温度、液体空间速度和过程蒸汽量等较多条件和因素的综合影响，如处理不好就会增加积炭。因此不能孤立地确定水蒸气与油量之比值，它要受裂解温度、液体空间速度和催化床厚度等具体条件的约束，应综合考虑燃气热值和产气率的相互关系，随着过程蒸汽量与油量之比值的增加将会提高裂解炉的得热，同时对煤气的组成也有很大的影响。采用过程蒸汽的目的是促进炉内产生水煤气反应，同时要控制油在炉内停留时间以保证正常生产。

据国外资料报道：日本北港厂建的 13.2 万 $\text{m}^3/(\text{d} \cdot \text{台})$ 蓄热式裂解炉，从平衡含氢物质的计算中推算出过程蒸汽中水蒸气分解率仅为 23%，可说明在一般情况下，过程蒸汽在炉内之作用和控制油在炉内停留时间二者间的数量关系；根据日本冈崎建树所作的"油催化裂解实验的曲线"中可看出随着水蒸气和油比例

的增加而气化率直线增加，热值直线下降，而总热量则以缓慢的二次曲线的坡度增加。其中：H_2 增加最明显；CO 的增加极少；CO_2 几乎不变；CH_4 和重烃类的组分有降低。说明了水蒸气和碳反应生成的 H_2 和 CO 都不多，主要是热分解促进了 H_2 的生成。所以过多的水蒸气对炉内温度、油的停留时间都不利。一般蒸汽与油的比值应为 1.0～1.2 范围，实际多取 1.1～1.2 较为适宜。

7 关于每吨重油催化裂解产品产率。煤气产率要根据产品气的热值确定。产品气的热值高，煤气产率低，相反，产品气的热值低，煤气产率就高，一般煤气低热值按 21MJ/m³ 时，煤气产率约为 1100～1200m³。

8 我国有催化剂的专业性生产厂，其含镍量可根据重油裂解制气工艺要求而不同。目前使用的催化剂含镍量为 3%～7%。

4.4.5 重油制气炉在加热期产生的燃烧废气温度较高，对余热应加以利用。对于 1 台 10 万 m³/d 的油制气装置，废气温度如按 550℃ 计，每小时大约可生产 2.3t 蒸汽（饱和蒸汽压力为 0.4MPa）。鼓风期产生的燃烧废气中含有的热量大约相当于燃烧时所用加热油量热量的 80%。如 2 台油制气炉设 1 台废热锅炉，则其产生的蒸汽可满足过程蒸汽需要量的一半，因此这部分相当可观的热量应该予以回收和利用。

因重油制气炉生产过程中会散出大量的尘粒（炭粒）污染周围环境，根据环境保护的要求应设置除尘装置。重油制气装置在不同操作阶段排放出不同性质的废气。在一加热、二加热和烧炭阶段中，烟囱排出的是燃烧废气，其中除了有二氧化碳外，还夹带着大量的烟尘炭粒。通过旋风除尘和水膜除尘设备或其他有效的除尘设备后，使含尘量小于 1g/m³，再通过 30m 以上的烟囱排放以符合环保要求。

4.4.6 重油循环催化裂解装置生产是间歇的，生产过程中蒸汽的需要也是间歇的，而且瞬时用汽量较大，而锅炉则是连续生产的，因此应设蒸汽蓄能器作为蒸汽的缓冲容器。

4.4.7 油制气炉的生产系间歇式制气，为了保持产气均衡、节约投资、管理方便，所以规定每 2 台炉编为一组，合用一套煤气冷却系统和动力设备，这种布置已经在实践中证明是经济合理的。

4.4.8 重油制气的冷却在开发初期一直选用煤气直接式冷却的方法。直接式冷却对焦油和萘的洗涤、冷凝都是有利的，可以洗下大量焦油和萘，减少净化系统的负荷及管道堵塞现象。考虑到污染的防治，设计中改用了间接冷却方法，效果较好，减少了大量的污水，同时也消除了水冷却过程中的二次污染现象，至于采用间冷工艺后引起管道堵塞问题，可以采取措施解决。如北京 751 厂的运行经验，在设备上用加热循环水喷淋，冬季进行定期的蒸汽吹扫，没有发生因堵塞而停止运行。如上海吴淞制气厂在 1992年 60 万 m³/d 重油制气工程中，兼顾了直冷和间冷的优点，采用了直冷—间冷—直冷流程，取得了很好的效果。

4.4.9 本条规定了空气鼓风机的选择。

空气鼓风机的风压应按空气、燃烧废气通过反应器、蒸汽蓄热器、废热锅炉等设备的阻力损失和炉子出口压力之和来确定。也就是应按加热期系统的全部阻力确定。

4.4.11 本条规定是根据现有各厂的实际情况确定的。一般规模的厂原料油系统除设置总的储油罐外，均设中间油罐。原料油经中间油罐升温至 80℃，再经预热器进入炉内，这样既保证了入炉前油温符合要求，也节省了加热用的蒸汽量。对于规模小的输油系统也有个别不设中间油罐，而直接从总储油罐处将重油加热到入炉要求的温度。

4.4.12 设置缓冲气罐的主要目的是为了保证煤气排送机安全正常运转，起到稳定煤气压力的作用，有利于整个生产系统的操作。缓冲气罐的容积各厂不一，其容量相当于 20min 到 1h 产气量的范围。根据各地调查，从历年生产经验来看，该罐不是用作储存煤气，而是仅作缓冲用的，因此容量不应太大。一般按 0.5～1.0h 产气量计算只能满足生产要求。

据沈阳、上海等厂的实际生产情况，都发现进入缓冲气罐的煤气杂质较多，有大量的油（包括轻、重油）沉积在气罐底部，故应设集油、排油装置。

4.4.14 油制气炉的操作人员经常都在仪表控制室内进行工作，很少在炉体部分直接操作，因此没有必要将炉体设备安设在厂房内。采取露天设置后的主要问题是解决自控传送介质的防冻问题，例如在严寒地区若采用水压控制系统时，就必须同时考虑水的防冻措施（如加入防冻剂等）。

国内现有的油制气炉一般都布置在露天，根据近年来的生产实践均感到在厂房内的操作条件较差，尤其是夏季，厂房很热，焦油蒸气的气味很大，同时还增加了不少投资。因此除有特殊要求外，炉体设备不建厂房，所以本条规定："宜露天布置"。

4.4.15 本条规定"控制室不应与空气鼓风机室布置在同一建筑物内"。这是由于空气鼓风机的振动和噪声很大，对仪表的正常运行及使用寿命都有影响，对操作人员的身体健康也有影响。有的厂空气鼓风机室设在控制室的楼下，振动和噪声的影响很大。上海吴淞煤气制气公司、北京751厂的空气鼓风机室是单独设置的，与控制室不在同一建筑物内，就减少了这种影响，效果较好。

条文中规定了"控制室应布置在油制气区夏季最大频率风向的上风侧"，主要是防止油制气炉生产时排出的烟尘、焦油蒸气等影响控制室的仪表和控制装置。

4.4.16 焦油分离池经常散发焦油蒸气，气味很大，而且在分离池附近还进行外运焦油、掏焦油渣作业，使周围环境很脏。故规定"应布置在油制气区夏季最小频率风向的上风侧"，以尽量减少对相邻设置的污染和影响。

4.4.17 重油制气污水主要来自制气生产过程中燃气洗涤、冷却设备中冷凝下来的污水和燃气冷却系统循环水经补充后的排放污水，每台10万m³/d制气炉的污水排放量估计在30～35t/h，其水质为：pH：7.5，COD 1000～2000mg/L，BOD 200～500mg/L，油类250～600mg/L，挥发酚10～65mg/L，CN 10～40mg/L，硫化物5～40mg/L，NH₃ 40mg/L，可见重油制气厂应设污水处理装置，污水经处理达到国家现行标准《污水综合排放标准》GB 8978的规定。

4.4.18 本条规定了自动控制装置程序控制系统设计的技术要求。

各种程序控制系统具有不同的特点，各地的具体条件也互不相同，不宜于统一规定采用程序控制系统的形式，因此本条仅规定工艺对程序控制系统的基本技术要求。

1 油制气炉生产过程是"加热—吹扫—制气—吹扫—加热……"周而复始进行的，在各阶段中许多阀门都要循环动作，就需要设置程序控制器自动操作运行。又因在生产过程中有时需要单独进入某一操作阶段（如升温、烧炭等），故程序控制器还应能手动操作。

2 生产操作上要求能够根据运行条件灵活调节每一循环时间和每阶段百分比分配。例如催化裂解制气的每一循环时间可在6～8min内调节；每循环中各阶段时间的分配可在一定范围内调节。

3 重油制气工艺过程在按照预定的程序自动或手动连续进行操作，为保证生产过程的安全，还需要对操作完成的正确性进行检查。故规定了"应设置循环中各阶段比例和阀门动作的指示信号"。

4 主要阀门如空气阀、油阀、煤气阀等应设置"检查和连锁装置"，以达到防止因阀门误动作而造成爆炸和其他意外事故，在控制系统的设计上还规定了"在发生故障时应有显示和报警信号，并能恢复到安全状态"，使操作人员能及时处理故障。

4.4.19 本条规定了设计自控装置的传动系统设计技术要求。

1 国内现采用的传动系统有气压、水压、油压式几种，各有其优缺点，在设计前应考虑所建的地区、炉子大小、厂地条件、程序控制器形式等综合条件合理选择。

2 在传动系统中设置储能设备，既是安全上的技术措施，又是节省动能的手段。储能设备是传送介质管理系统的缓冲机构，其中储备一部分能量以适应在启闭大容量装置的阀门时压力急剧变化的需要，满足大负荷容量，减少传动泵功率。当传动泵发生故障或停电时，储能设备还可以起到应急的动力能源作用，使油制气炉处于安全状态。

3 由于重油制气炉是间歇循环生产的，生产过程中的流量瞬时变化大、阀门换向频繁，因此传动系统中采用的控制阀、工作缸、自动阀和附件等应和这种特点相适应，使生产过程能顺利进行。

4.5 轻油低压间歇循环催化裂解制气

4.5.1 生产煤气所用的石脑油随装置和催化剂而异，一般性质为相对密度0.65～0.69，含硫量小于10⁻⁴，终馏点低于130℃，石蜡烃含量高于80%，芳香烃含量低于5%，采用这种性质的原料，其目的在于气化后：①燃气中含硫少，不需要净化装置；②不会生成焦油等副产品，所以不需要处理设备；③无烟尘及污水公害，不需要设置污水处理装置；④气化效率高。

原料油中石蜡烃多，产物中焦油和炭发生成量就少，而气体生成量就多，而且生成气中烃类多而氢气少，一般热值也高，当原料油中环状化合物多时，产物中焦油和炭发生成量就多，气体生成量就少，而且气体含氢量多，烃类少，热值就低。原料中烯烃、芳香烃的增加会形成积炭，这些都可能导致催化剂失活。

根据国内外生产实践，本规范推荐如条文所列的对轻质石脑油的各种要求。从目前国外进口的轻质石脑油看，一般能满足上述要求，国产石脑油目前没有能满足此要求的品牌油，一般终馏点高于130℃，但在140℃以内尚能顺利操作，超过140℃时要谨慎操作。

4.5.2 内浮顶罐是在固定顶油罐和浮顶罐的基础上发展起来的。为了减少油品损耗和保持油品的性质，内浮顶罐的顶部采用拱顶与浮顶的结合，外部为拱顶，内部为浮顶。内部浮顶可减少油品的蒸发损耗，使蒸发损失小。而外部拱顶又可避免雨水、尘土等异物从环形空间进入罐内污染油品。轻油制气原料油为终馏点小于130℃的轻质石脑油，属易挥发烃类，故选用内浮顶罐储存轻油。

确定原料油储存量的因素较多，总的来说要根据原料油的供应情况、运输方式、运距以及用油的不均衡性等条件进行分析后确定。如采用国外进口油，要根据来船大小和来船周期考虑，采用国产油则要考虑运距大小、运输方式和炼油厂的检修周期，经综合分析，一般认为按15～20d的用油量储存，南京轻油制气厂设计考虑采用国外进油时按20d储存量。

4.5.3 轻油间歇循环催化裂解制气装置是顺流式反应装置，它不同于重油逆流反应装置，当使用重质原料时，由于制气阶段沉积在催化剂层的炭多，利用这些炭可以补偿热量，相比之下，采用石脑油为原料因沉积在催化剂层的炭很少，气体中也无液态产物，故对保持蓄热式装置的反应温度反而不利，因此采用能对吸热量最大的催化剂层进行直接加热的顺流式装置。同时裂化石脑油时，相对重油裂解而言，需要热量较少，生产能力和蒸汽用量就会大，高温气流的显热很大，鼓风阶段的空气相对用量却不多，用大量的高温气流显热去预热少量空气是不经济的，所以不设空气蓄热器，只需两简炉，有的甚至采用单简炉。

南京和大连进口装置的加热室均为一个火焰监视器，投产后发现其监视范围窄，后增加了一个火焰监视器，使操作可靠性增加。

4.5.4 本条文规定了轻油间歇循环催化裂解制气工艺主要设计参数：

1 反应器液体空间速度

推荐的液体空间速度为0.6～0.9m³/（m³·h）。这个数据和炉型、催化剂、循环时间均有关，一般说UGI-CCR炉直径较小，循环时间短，其液体空间速度可取高值，而Onia-Gagi炉直径较大，循环时间长，其液体空间速度可取低值。

3 关于加热油用量与制气油用量的比例

由于用于加热的轻油在燃烧时和重油制气中燃烧的重油相比，燃烧热量和效率相差不大，而用于气化的轻油却比重油制气中的气化原料重油的可用量却大得多，因而加热用油量与制气用油量的比例要比重油制气的这个参数高一些，根据国外介绍的材料和南京投产后的实际情况，推荐设计值为29/100。

4 过程蒸汽量与制气油量比值

由于原料质量好，轻油制气比重油制气可用碳量大，因而过程蒸汽量与制气油量之比值要大于重油制气的比值1.1～1.2。一般过程蒸汽和轻油的重量比应高于1.5，低于1.5时会析出炭并吸附在催化剂气孔上，造成氧化铝载体碎裂，当炭和氧化铝的膨胀系数相差10%即会产生这种现象。根据南京轻油制气厂实际数据，提出此比值宜取1.5～1.6。

5 循环时间

循环时间2～5min是针对不同的轻油制气炉型操作的一个范围，对于UGI-C.C.R炉炉子直径较小，采用的循环时间短，一般在2～3min之间调节，南京轻油制气厂采用这种炉型，其循环时间为2min，它的特点是炉温波动较小，生成的燃气组成比较均匀。而Onia-Gagi炉，炉子设计直径较大，采用的循环时间较长，一般在4～5min之间调节，香港马头角轻油制气厂采用Onia-Gagi炉，其循环时间为5min，一个周期内炉温波动较大，产生的气体组成前后差别较大，但完全能满足燃料气质要求，使阀门等设备的机械磨损可以降低。

4.5.5 石油系原料的气化装置，不管是连续式还是间歇式，生成的气体中均含有15%～20%的一氧化碳，根据我国城市燃气对人工制气质量的规定，要求气体中CO含量宜小于10%，对于CO含量多的燃气发生装置，要求设立CO变换装置，我国大连煤气厂采用的LPG改质装置上设置了CO变换装置，使出口燃气中CO含量小于5%。

CO变换设备设置时，应考虑CO变换器能维持正常化学反应工况，如果炉子为调峰操作，时开时停，则CO变换效果不会太理想。

4.5.6 本条文对轻油制气采用石脑油增热时推荐的增热方式以及对燃气烃露点的限制。

所谓烃露点就是将饱和蒸汽加压或降低温度时发生液化并开始产生液滴的温度。用石脑油增热后的气体，将这种气体冷却或置于较低外界气温，在达到某温度时，气体中的一部分石脑油就液化，这个温度就称为露点。

城市燃气管道一般埋地铺设，并铺于冰冻线以下，为此规定石脑油增热程度限制在比燃气烃露点温度低5℃，使燃气在管道中不致发生结露。

4.5.7 轻油制气炉采用顺流式流程，由制气炉出来的700～750℃高温烟气或燃气均通过同一台废热锅炉回收余热，在加热期，将烟气温度降至250℃，烟气通过30m高烟囱排至大气，在制气期，将燃气温度也降至250℃后进入后冷却系统。以1台25万m³/d的轻油制气装置为例，每小时可生产8.5t蒸汽（压力以1.6MPa表压计），它可以经过蒸汽过热器过热至320℃后进入蒸汽透平，驱动空气鼓风机后汇入低压蒸汽缓冲罐，作制气炉制气用汽或吹扫用汽，也可以不经蒸汽透平，产生较低压力的蒸汽汇入低压蒸汽缓冲罐后使用。

如果采用CO变换流程，其余热回收要分成两部分，需要设置2个废热锅炉，一个在CO变换器前，称为主废热锅炉，用于全部烟气和部分燃气的余热回收；另一个在CO变换器后，用于全部燃气的余热回收，经燃气部分旁通进入CO变换器的温度为330℃，由于CO变换为放热反应，燃气离开CO变换器进入变换废热锅炉的温度为420℃，经二次余热回收后以1台17.5万m³/d的装置为例，每小时可生产6t蒸汽。

4.5.8 轻油制气装置的生产属间歇循环性质，生产过程中使用蒸汽也是间歇的，而且瞬时用汽量较大，故需要设置蒸汽蓄能器作为缓冲储能以保持输出的蒸汽压力比较稳定。

轻油制气流程中烟气和燃气均通过同一台废热锅炉回收余热，产汽基本连续，蒸汽完全可能自给，除满足自给的蒸汽需要量外还可以有少量外供，因此轻油制气厂可以不设置生产用汽锅炉房。开工时的蒸汽可以采用外来蒸汽供应方式，也可以先加热废热锅炉自产供给。

4.5.9 本条文关于2台炉子编组的说明参照重油低压间歇循环催化裂解4.4.7条文说明。

4.5.10 轻油制气不同于重油制气，轻油制气所得到的为洁净燃气，燃气中无炭黑、无焦油、无萘，因而燃气的冷却宜采用直接式冷却设备，一是效果好，二是对环保有利，洗涤后的废水可以直接排放，三是投资省，冷却设备可以采用空塔或填料塔。

4.5.14 轻油制气炉的操作人员经常都在仪表控制室内进行工作，很少在炉体部分直接操作，因此没有必要将炉体设备安设在厂房内。由于以轻油为原料，其属易燃易爆物质，构成甲类火灾危险性区域，为此本条文规定"轻油制气炉应露天布置"。

4.5.15 本条文控制室与鼓风机布置关系的说明参照重油低压间歇循环催化裂解制气4.4.15条文中关于"控制室不应与空气鼓风机布置在同一建筑物内"的说明。

4.5.16 轻油制气炉出来的气体经余热回收后进入水封式洗涤塔中，采用循环水冷却。根据工业循环水加入部分新鲜水起调节作用的要求，以50万m³/d产气量为例，经水量平衡后，每天约需排放多余的水500t，其排放水的水质根据国内外资料其数据如下：pH6～8，BOD 20mg/L，COD 10～100mg/L，重金属：无，颜色：清，油脂：无，悬浮物小于30mg/L，硫化物1mg/L，从上述可见，直接排放的废水已基本上达到我国污水排放一级标准，可见，轻油制气厂可不设污水处理装置。我国南京轻油制气厂、大连LPG改质厂均没有设置工业废水处理装置，香港马头角轻油制气厂也没有设置工业废水处理装置。

4.6 液化石油气低压间歇循环催化裂解制气

4.6.1 本条规定了制气用液化石油气的质量要求。

液化石油气制气用原料的不饱和烃含量要求小于15%是基于不饱和烃量的增加会形成积炭，将会导致催化剂失活。理想的液化石油气原料是C_3和C_4烷烃，不饱和烃含量15%是根据大连实际操作经验的上限。

4.6.3 本条规定了液化石油气低压间歇循环催化裂解制气工艺主要设计参数。

4 轻油或液化石油气间歇循环催化裂解制气工艺流程中若采用CO变换方案时，根据反应平衡的要求，提高水蒸气量，CO变换率上升。为此，过程蒸汽量与制气油量的比例将从1.5～1.6（重量比）上升为1.8～2.2，过量的增加没有必要，不但浪费蒸汽，还将增加后系统的冷却负荷。

4.7 天然气低压间歇循环催化改制制气

4.7.2 本条文主要对天然气进炉压力的波动作出规定，进炉压力一般在0.15MPa，其波动值应小于7%，以维持炉子的稳定操作，可采用增加炉前天然气的管道的直径和管道长度的方法，也可以采用储罐稳压的方法，但一般以前者方法可取。

4.7.4 本条文规定了天然气低压间歇循环催化改制制气工艺主要设计参数。

1 反应器改制用天然气催化床空间速度，其推荐值为500～600m³/(m³·h)，这个数据和炉型、催化剂、循环时间均有关，UGI-CCR炉炉子直径小，循环时间短，其气体空间速度可取高值，而Onia-Gagi炉炉子直径较大，循环时间长，其气体空间速度可取低值。

4 过程蒸汽量与改制用天然气量之比值

由于天然气为洁净原料，可用碳量大，因而过程蒸汽量与改制用天然气量之比值和轻油制气类似，一般过程蒸汽和改制用天然气的重量比应高于 1.5，低于 1.5 时会析出碳，并吸附在催化剂气孔上，使催化剂能力降低甚至破坏催化剂。根据上海吴淞煤气制气有限公司的实际操作，提出此比值取 1.5～1.6。

5 净 化

5.1 一般规定

5.1.1 本章内容是为了满足本规范第 3.2.2 条规定的人工煤气质量要求，所需进行的净化工艺设计内容而作出的相应规定，并不包括天然气或液化石油气等属于外部气源的净化工艺设计内容。

5.1.2 本章增加了一氧化碳变换及煤气脱水工艺，考虑到一氧化碳变换过程的主要目的是降低煤气中的有毒气体一氧化碳的含量，而煤气脱水的主要目的是为除去煤气中的水分，都属于净化煤气的工艺过程，因此将一氧化碳变换及煤气脱水工艺加入到煤气净化工艺中。

5.1.4 本章对煤气初冷器、电捕焦油器、硫铵饱和器等主要设备的有关备用设计问题都已分别作了具体规定。但是对于泵、机及槽等一般设备则没有一一作出有关备用的规定，以避免过于繁琐。净化设备的类型繁多，并且各种设备都需有清洗、检修等问题，所以本规定要求"应"指的是在设计中对净化设备的能力和台数要本着经济合理的原则适当考虑"留有余地"，也允许必要时可以利用另一台的短时间超负荷、强化操作来做到出厂煤气的杂质含量仍能符合《人工煤气》GB 13612 的规定要求。

5.1.5 煤气的净化是将煤气中的焦油雾、氨、萘、硫化氢等主要杂质脱除至允许含量以下，以保证外供煤气的质量符合指标要求，在此同时还生成一些化工产品，这些产品的生成是与煤气净化相辅相成的，所以煤气净化有时也通称为"净化与回收"。

事实上，在有些净化工艺过程中，往往因未考虑回收副反应所生成的化工产品而使正常的运行难以维持，因此煤气净化设计必须与化工产品回收设计相结合。这里所指的化工产品实质上包括两种：一种是净化过程中直接生成的化工产品如硫铵、焦油等；另一种是由于副反应所生成的化工产品如硫代硫酸钠、硫氰酸钠等。

5.1.6 本条所列之爆炸和火灾区域等级是根据《爆炸和火灾危险环境电力装置设计规范》GB 50058 并按该篇原则结合煤气净化各部分情况确定。

附录表 B-1 中鼓风机室室内、粗苯（轻苯）泵房、溶剂脱酚的溶剂泵房、吡啶装置室内应划为甲类生产场所，详见《建筑设计防火规范》GBJ 16 附录三。初冷器、电捕焦油器、硫铵饱和器、终冷、洗氨、洗苯、脱硫、终脱萘等煤气区和粗苯蒸馏装置、吡啶装置、溶剂脱酚装置的室外区域均为敞开的建构筑物，通风良好，虽然处理的介质为易燃易爆介质，但塔器、管道等密封性好，不易泄漏。按照《建筑设计防火规范》GBJ 16 生产的火灾危险性分类注①，应划为乙类生产场所。

附录表 B-2 煤气净化车间主要生产场所爆炸和火灾危险区域等级。

当粗苯洗涤泵房、氨水泵房未被划入以煤气为释放源划分为 2 区内时，应划为非危险区；当粗苯洗涤泵房、氨水泵房被划入以煤气为释放源划分的 2 区内时，则应划为 2 区。

理由：洗苯富油的闪点为 45～60℃，洗苯的操作温度低于 30℃；氨气的爆炸极限为 15.7%～27.4%，与氨水相平衡的气相中氨气的浓度达不到此爆炸极限，都不符合《爆炸和火灾危险环境电力装置设计规范》GB 50058 中第 2.1.1 条中的条件，所以富油和氨水都不应作为释放源划分危险区，因此当粗苯洗涤泵房、氨水泵房未被划入以煤气为释放源划分的 2 区内时，应划为非危险区。当粗苯洗涤泵房、氨水泵房被划入以煤气为释放源划分的 2 区内时，则应划为 2 区。此外，根据《爆炸和火灾危险环境电力装置设计规范》GB 50058，所有室外区域不应整体划为某类危险区，应以释放源和释放半径划分危险区，这是比较科学准确的，且与国际接轨。

《焦化安全规程》GB 12710 是在《爆炸和火灾危险环境电力装置设计规范》GB 50058 之前根据老规范制定的，此时仅以区域划分爆炸和火灾危险类别，没有释放源的划分概念。在 GB 50058 制定后，GB 12710 中的爆炸和火灾危险区域的划分有些内容不符合 GB 50058 中的规定，因此《焦化安全规程》中的有些内容未被引用到本规范中。

5.1.7 一些老的，简单的净化工艺往往只考虑以煤气净化达标为目的，对于那些从煤气中回收下来的废水、废渣和在煤气净化过程中所产生的废水、废渣、废气及噪声往往没有进行进一步的处理，因而对环境造成二次污染。随着我国对环境保护要求的提高，在净化工艺设计中应对煤气净化生产工艺过程产生的三废及噪声进行防治处理，并满足现行国家有关的环境保护的规范、标准的要求。

5.1.8 目前工业自动化水平已发展得越来越快，提高煤气净化工艺的自动化监控水平，是提高生产效率，改善劳动条件，降低成本，保障安全生产的重要措施。

5.2 煤气的冷凝冷却

5.2.1 煤干馏气的冷凝冷却工艺形式，在我国少数制气厂、焦化厂（如镇江焦化厂、南沙河焦化厂、上海吴淞炼焦制气厂等）曾经采用直接冷凝冷却工艺。这些工厂处理的煤气量一般较少（多为 5000m³/h），故煤气中氨的脱除采用水洗涤法。

水洗涤法直接冷却煤气工艺的优点是，洗涤水在冷却煤气的同时，还起到冲刷煤气中萘的作用，其缺点是，制取的浓氨水销售不畅，增加了废气和废水的处理负荷。所以，煤干馏气的冷凝冷却一般推荐间接冷凝冷却工艺。

高于 50℃ 的粗煤气宜采用间接冷却，此阶段放出的热量主要是为水蒸汽冷凝热，传热效率高，萘不会凝结造成设备堵塞。当粗煤气低于 50℃ 时，水汽量减少，间冷传热效率低，萘易凝结，此阶段宜采用直接冷却。日本川铁千叶工场首创了"间-直混冷工艺";1979年石家庄焦化厂建成了间直混冷的试验装置。上海宝山钢铁厂焦化分厂的焦炉煤气就依据上述原理采用间冷和直冷相结合的初冷工艺。煤气进入横管式间接冷却器被冷却到50～55℃，再进入直冷空喷塔冷却到25～35℃。在直冷空喷塔内向上流动的煤气与分两段喷洒下来的氨水焦油混合液密切接触而得到冷却。循环液经沉淀析出除去固体杂质后，并用螺旋板换热器冷却到25℃左右，再送到直冷空喷塔上、中两段喷洒。由于采用闭路液流系统，故减少了环境的污染。

5.2.2 为了保证煤气净化设备的正常操作和减轻煤气鼓风机的负荷，要求在冷却煤气时尽可能多地把萘、焦油等杂质冷凝下来并从系统中排出。为了达到这一目的就需对初冷器后煤气温度有一定的限制，一般控制在20～25℃为好。如石家庄东风焦化厂因为采取了严格控制初冷器出口温度为（20±2）℃范围之内的措施，进入各净化设备之前煤气中萘含量就很少，保证了净化设备的正常运行，见表11。

表 11　某焦化厂各净化设备后煤气中萘含量

取样点	萘含量（mg/m³）	温度（℃）	备　　注
鼓风机后	1088	>25（煤气）	
2洗氨塔后	651		
终冷塔后	353	18～21	终冷水上温度（15℃）

1 冷却后煤气的温度。当氨的脱除是采用硫酸吸收法时，一般来说煤气处理量往往较大（大于或等于10000m³/h）。在这种情况下，若要求初冷器出口煤气温度太低（25℃），则需要大量低温水（23～24t/1000m³ 干煤气），这是十分困难的（尤其对南方地区）。再则煤气在进入饱和器之前还需通过预热器把煤气加热到70～80℃。故在工艺允许范围内初冷器出口煤气温度可适当提高。

当氨的脱除是采用水洗涤法时，一般来说煤气处理量往往较少（一般 ≤5000m³/h），需要的冷却水量不太多，故欲得相应量的低温水而把煤气冷却到25℃是有可能的。再如若初冷时不把煤气冷却到25℃，则当洗氨时也仍须把煤气冷却到25℃左右，而这样做是十分不合理的（因煤气中萘和焦油会将洗氨塔堵塞）。故要求初冷器出口煤气温度应小于25℃。

初冷器的冷却水出口温度。为了防止初冷器内水垢生成，又要照顾到对冷却水的暂时硬度不宜要求过分严格（否则导致水的软化处理投资过高），因此需要控制初冷器出口水的温度。排水温度与水的硬度有关。见表12。

表 12　排水温度与水硬度关系

碳酸盐硬度（mmol/L（me/L）	排水温度（℃）
≤2.5（5）	45
3（6）	40
3.5（7）	35
5（10）	30

在实际操作中一般控制小于50℃。在设计时应权衡冷却水的暂时硬度大小及通过水量这两项因素，选取一经济合理的参数，而不宜做硬性的规定。

2 本款制定原则是根据节约用水角度出发的。我国许多制气厂、焦化厂的初冷器冷却水是采用循环使用。例如大连煤气公司、鞍钢化工总厂、南京梅山焦化厂等均采用凉水架降温，循环使用皆有一定效果。但我国地域广大，各地气象条件不一，尤其南方气温高，湿度大，凉水架降温作用较差。

在冷却水循环使用过程中，由于蒸发浓缩水中可溶解性的钙盐、镁盐等盐类和悬浮物的浓度会逐渐增大，容易导致换热设备和管路的内壁结垢或腐蚀，甚至菌藻类生物的生长。为了消除换热设备和管路内壁结垢堵塞或减弱腐蚀被损坏，延长设备使用寿命，提高水的循环利用率，国内外大多在循环水中投加药剂进行水质的稳定处理。

不同地区的水质不尽相同，因此在循环水中投加的药品品种

和数量亦不相同，可选用的阻垢缓蚀的药剂举例如下：

1）有机磷酸盐：如氨基三甲叉磷酸盐（ATMP），羟基乙叉磷酸盐（HEDP），能与成垢离子 Ca²⁺、Mg²⁺等形成稳定的化合物或络合物，这样提高了钙、镁离子在水中的溶解度，促使产生一些易被水冲掉的非结晶颗粒，抑制 CaCO₃、MgCO₃ 等晶格的生长，从而阻止了垢物的生成；

2）聚磷酸盐：如六偏磷酸钠，添入循环水中，既有阻垢作用也有缓蚀作用；

3）聚羧酸类：如聚丙烯酸钠（TS-604）添入循环水中也有阻垢作用和缓蚀作用。

循环水中投加阻垢缓蚀的药剂，一般是复合配制的。

在设计中，如初冷器的循环冷却水系统中，一般有加药装置，配好的药剂由泵送入冷却器的出水管中，加药后的冷却水再流入吸水池内，再循环水泵抽入初冷器中循环使用。

循环冷却水中添加适宜的药剂，都有良好的阻垢和缓腐蚀作用。例如平顶山焦化厂对初冷器循环水的稳定处理进行了标定总结：循环水量1050m³/h，加药运行阶段用的药剂为羟基乙叉磷酸盐（HEDP）、聚丙烯酸钠（TS-604）及六偏磷酸钠等，运行取得了良好的效果，阻垢率达99%，腐蚀速度小于0.01mm/年，循环水利用率为97%，达到国内外同类循环水处理技术的先进水平。又如，上海宝钢焦化厂循环冷却水采用了水质稳定的处理技术，投产数年后，初冷器水管内壁几乎光亮如初，获得了显著的阻垢和缓蚀效果。

5.2.3 本条规定了直接冷凝冷却工艺的设计要求。

1 冷却后煤气的温度。洗涤水与煤气直接接触过程中，除起冷却煤气的作用外，还同时能起到洗萘与洗焦油雾的作用。如果把煤气冷却到同一温度时，直接式冷凝冷却工艺的洗萘、洗焦油雾的效果比间接式冷凝冷却工艺的效果好。如在脱氨工艺都是水洗涤法时，在基本保证煤气净化设备的正常操作前提下，可以允许直接式初冷塔出口煤气温度比间接式初冷器出口煤气温度高10℃左右，间冷和直冷在初冷后煤气中萘含量基本相当。

2 含有氨的煤气在直接与水接触过程中，氨会促使水中的碳酸盐发生反应，加速水垢的生成而容易堵塞初冷塔。故对水的硬度应加以规定，但又不宜要求太高。所以本条规定的洗涤水的硬度指标采用了锅炉水的标准，即《工业锅炉水质标准》GB 1576规定的不大于 0.03mmol/L。

3 本款是执行现行国家标准《室外给水设计规范》和《室外排水设计规范》的有关规定。

5.2.4 本条规定了焦油氨水分离系统的设计要求。

1、2 当采用水洗涤法脱氨时，为了保证剩余氨水中氨的浓度，不论初冷方式采用直接式或间接式冷凝冷却工艺，对初冷器排出的焦油氨水均应单独进行处理，而不宜与从荒煤气管排出的焦油氨水合并在一起处理，其原因有二：

1）当初冷工艺是间接式时，其冷凝液中氨浓度为6～7g/L，而当与荒煤气管排出的焦油氨水混合后则氨的浓度降为 1.5～2.5g/L（本溪钢铁公司焦化厂分析数据）。

2）当初冷工艺为直接式时，出初冷塔的洗涤水温度小于60℃，为了保证集气管喷淋氨水温度大于75℃，则两者也不宜掺混。所以规定宜"分别澄清分离"。

采用硫酸吸收法脱氨时，初冷工艺一般采用间接式冷凝冷却工艺，则初冷器排出的焦油氨水与荒煤气管排出的焦油氨水可采用先混合后分离系统。其原因是，间接式初冷器排出的焦油氨水冷凝液较少，且含有（NH₄）₂S、NH₄CN、（NH₄）₂CO₃ 等挥发氨盐，而荒煤气管排出的焦油氨水冷凝液中含有 NH₄Cl、NH₄CNS、（NH₄）₂S₂O₃ 等固定氨盐，其浓度为30～40g/L。若将两者分别分离则焦油中固定氨盐浓度较大，必将引起焦油在进一步加工时严重腐蚀设备。如将两者先混合后分离，则可以保持焦油中固定氨盐浓度为2～5g/L左右，在焦油进一步加工时，

对设备内腐蚀程度可以大大减轻。

3 含油剩余氨水进行溶剂萃取脱酚容易乳化溶剂，增加萃取脱酚的溶剂消耗。含油剩余氨水进入蒸氨塔蒸氨，容易堵塞蒸氨塔内的塔板或填料。剩余氨水除油的方法，一般为澄清分离法或过滤法。剩余氨水澄清分离法除油需要较长的停留时间，需要建造大容积澄清槽，投资额和占地面积较大，而且氨水中的轻油和乳化油也不能用澄清法除去。许多煤气厂都采用焦炭过滤器过滤剩余氨水，除油效果较好但至少需半年调换焦炭一次，此项工作既脏又累。

4 焦油氨水分离系统的澄清槽、分离槽、储槽等都会散发有害气体（如氰化氢、硫化氢、轻质吡啶等等）而污染大气、妨碍职工身体健康。为此，应将焦油氨水分离系统的槽体封闭，把所有的放散集中，使放散进入洗涤塔处理，洗涤塔后用引风机使之负压操作，洗涤水掺入工业污水进行生化处理。上海宝钢焦化厂的焦油氨水分离系统的排放气处理装置的运行状况良好。

5.3 煤气排送

5.3.1 本条规定了煤气鼓风机的选择原则。

1 当若干台鼓风机并联运行时，其风量因受并联影响而有所减少，在实际操作中，两台容积式鼓风机并联时的流量损失约为10%，两台离心式鼓风机并联时的流量损失则大于10%。

鼓风机并联时流量损失值取决于下列三个因素：

1）管路系统阻力（管路特性曲线）；

2）鼓风机本身特性（风机特性曲线）；

3）并联风机台数。

所以在设计时应从经济角度出发，一般将流量损失控制在20%内较为合理。

3 关于备用鼓风机的设置。大型焦化厂中，煤气的排送一般采用离心式鼓风机，每2台鼓风机组成一输气系统，其中1台备用。煤制气厂采用容积式鼓风机，往往是每2～4台组成一输气系统（内设1台备用）。考虑到各厂规模大小不同，对煤气鼓风机备用要求也不同，故本条规定台数的幅度较大。

5.3.2 本条规定了离心式鼓风机宜设置调速装置的要求。

上海市浦东煤气厂和大连市第二煤气厂的冷凝鼓风工段，在离心式鼓风机上配置了调速装置。生产实践表明，不仅能使风机便于启动、噪声低、运转稳定可靠，而且不用"煤气小循环管"即能适应煤气产量的变化，节约大量的电能。调速装置的应用可延长鼓风机的检修周期，又便于煤气生产的调度，因此有明显的综合效益。

调速装置一般可采用液力偶合器。

5.3.3 本条规定了煤气循环管的设置要求。由于输送的煤气种类不同，鼓风机构造不同，所要求设置循环管的形式也不相同。

1 离心式鼓风机在其转速一定的情况下，煤气的输送量与其总压头有关。对应于鼓风机的最高运行压力，煤气输送量有一临界值，输送量大于临界值，则鼓风机的运行处于稳定操作范围；输送量小于临界值，则鼓风机操作将出现"喘振"现象。

另外，为了保证煤干馏制气炉炉顶吸气管内压力稳定，可以采用鼓风机煤气进口管阀门的开度调节，也可用鼓风机进出口总管之间的循环管（小循环器）来调节，但此法只适宜在循环量少时使用。

目前大连煤气公司选用D250-42离心式鼓风机，配置了调速装置，调速范围1～5，所以本条注规定只有在风机转速变化能适应流量变化时，才可不设小循环管。

当煤干馏制气炉刚开工投产或者因故需要延长结焦时间时的煤气发生量较少，为了保证鼓风机操作的稳定，同时又不使煤气温上升过高，通常采用煤气"大循环"的方法调节，即将鼓风机压出的一部分煤气返回送至初冷器前的煤气总管道中。虽然这种调节方法将增加鼓风机能量的无效消耗，还会增加初冷器处理负荷和冷却水用量，但是能保证循环煤气温度保持在鼓风机允许的温度范围之内，各厂（例如南京煤气厂、青岛煤气厂等）的实际

经验说明了这个"大循环管道"设置的必要性。

2 当冷凝鼓风工段的煤气处理量较小时，一般可选用容积式鼓风机。

5.3.4 本规范将"用电动机带动的煤气鼓风机的供电系统设计"由"一级负荷"调整为"二级负荷"，主要考虑按一级负荷设计实施起来难度往往很大，而且按照《供配电系统设计规范》GB 50052关于电力负荷分级规定，用电动机带动的煤气鼓风机其供电系统对供电可靠性要求程度及中断供电后可能会造成的影响进行分级，其供电负荷等级应确定为二级负荷。

二级负荷的供电系统要求应满足《供配电系统设计规范》GB 50052的有关规定。

人工煤气厂中除发生炉煤气工段之外，皆属"甲类生产"，所以带动鼓风机的电动机应采取防爆措施。如鼓风机的排送煤气量大，无防爆电机可配备时，国内目前采用主电机配置通风系统来解决。

5.3.5 离心式鼓风机机组运行要求的电气连锁及信号系统如下：

1 鼓风机的主电机与电动油泵连锁。当电动油泵启动，油压达到正常稳定后，主电机才能开始合闸启动；当主电机达到额定转数主油泵正常工作后，电动油泵停车，主电机停车时，电动油泵自启运转；

2 机组的轴承温度达到65℃时，发出声、光预告信号；轴承温度达到75℃时，发出声光紧急信号，鼓风机主电机自动停车；

3 轴承润滑系统主进油管油压低于0.06MPa时，发出声光预告信号，电动油泵自启运转；当主进油管油压至鼓风机机组润滑系统规定的最低允许油压时，发出声、光紧急信号，鼓风机的主电机自动停车。鼓风机转子的轴向位移达到规定允许的低限值时，发出声、光预告信号；当达到规定允许的高限值时，发出声光紧急信号，鼓风机主电机自动停车；

4 润滑油油箱中的油位下降到比低位线高100mm时，发出声、光信号；

5 鼓风机的主电机与其通风机连锁。当通风机正常运转后，进风压力达到规定值时，主电机再合闸启动；

6 鼓风机主电机通风系统。当进口风压降至400Pa或出口风压降至200Pa时发出声、光信号。

5.3.6 本条规定了鼓风机房的布置要求。

1 规定对鼓风机机组安装高度要求，是对鼓风机正常运转的必要措施。如果冷凝液不能畅通外排时，会引起机内液量增多，从而会破坏鼓风机的正常操作，产生严重事故。《煤气设计手册》规定，当采用离心鼓风机时，煤气管底部标高在3m以上，机前煤气吸入管阀门后的冷凝液排出口与水封槽满流口中心高差应大于2.5m，就是考虑到鼓风机的最大吸力，防止水封液被吸入煤气管和鼓风机内所需要的高度差；

2 鼓风机机组之间和鼓风机与墙之间的距离，应根据操作和检查的需要确定，一般设计尺寸见表13。

表13 鼓风机之间距离

鼓风机型号	D1250-22	D750-23	D250-23	D60×4.8-120/3500
机组中心距（m）	12	8	8	
厂房跨距（m）	15	12	12	9

5 规定"应设置单独的仪表操作间"是为了改善工人操作条件和保持一个比较安静的生产操作环境，便于与外界联系工作。在以往设计中，凡仪表间与鼓风机房设在同一房间内且无隔墙分开的，鼓风机运转时，其噪声大大超过人的听力保护标准及语言干扰标准，长期在这样的环境中操作对工人健康和工作均不利。

按照《建筑设计防火规范》要求，压缩机室与控制室之间应设耐火极限不低于3h的非燃烧墙。但是为了便于观察设备运转应设有生产必需的隔声玻璃窗。本条文与《工业企业煤气安全规

程》GB 6222 第 5.2.1 条要求是一致的。

5.4 焦油雾的脱除

5.4.1 煤气中的焦油雾在冷凝冷却过程中，除大部进入冷凝液中外，尚有一部分焦油雾以焦油气泡或粒径 $1\sim7\mu m$ 的焦油雾滴悬浮于煤气气流中。为保证后续净化系统的正常运行，在冷凝鼓风工段设计中，应选用电捕焦油器清除煤气中的焦油雾。

电捕焦油器按沉淀极的结构形式分为管式、同心圆（环板）式和板式三种。我国通常采用的是前两种电捕焦油器。

虽然可以采用机捕焦油器捕除煤气中的焦油雾，但效率不甚理想，目前国内新建煤气厂中已不采用。

本条文规定"电捕焦油器不得少于 2 台"，是为了当其中 1 台检修时仍能保证有效地脱除焦油雾的要求。

各厂实践证明，设有 3 台及 3 台以上并联的电捕焦油器时，在实际操作中可以不设置备品。电捕焦油器具有操作弹性较大的特点。例如，煤气在板式电捕焦油器内流速为 $0.4\sim1m/s$，停留时间为 $3\sim6s$；煤气在板式电捕焦油器内流速为 $1\sim1.5m/s$，停留时间为 $2\sim4s$；故只要在设计时充分运用这一特点，虽然不设备品仍能维持正常生产。

5.4.2 不同煤气的爆炸极限各不相同，我们通常所说的爆炸极限是指煤气在空气中的体积百分比，而煤气中的含氧量是指氧气在煤气中的体积百分比。由于煤气中的氧气主要是由于煤气生产操作过程中吸入或掺进了空气造成的，因此可考虑把煤气中的氧含量理解为是掺入了一定量的空气，这样就可计算出煤气中氧的体积百分比或空气的体积百分比为多少时达到爆炸极限。各种人工煤气的爆炸极限范围见表 14。

由表 14 可看出，各种燃气的爆炸上限最大为 70%，这时空气所占比例即为 30%，则氧含量大于 6%，这样越过置换终止点的 20% 的安全系数时，此时氧含量可达 4.8%，因此生产中要求氧含量指标小于 1% 是有点过于保守了。

表 14 各种人工煤气爆炸极限表（体积百分比）

序号	名 称	煤气空气混合物中煤气（体积百分比）		煤气空气混合物中空气（体积百分比）		煤气空气混合物中氧气（体积百分比）	
		上限	下限	上限	下限	上限	下限
1	焦炉煤气	35.8	4.5	64.2	95.5	13.5	20.1
2	直立炉煤气	40.9	4.9	59.1	95.1	12.4	20.0
3	发生炉煤气	67.5	21.5	32.5	79.5	6.8	16.5
4	水煤气	70.4	6.2	29.6	93.8	6.2	19.7
5	油制气	42.9	4.7	57.1	95.3	12.0	20.0

从表 14 可看出：正常生产情况下，煤气中的空气量不可能达到如此高浓度，没有必要控制煤气中氧含量一定要低于 1%。实际生产过程中由于控制煤气中含氧量小于 1% 很难进行操作，许多企业采用含氧量小于或等于 1% 切断电源的控制，经常发生断电停车，影响后续工段的正常生产。国内大部分企业都反映很难将电捕焦油器含氧量控制在小于或等于 1%，一般控制在 2%～4%，同时国内国际经过几十年的实际生产运行，没有发生电捕焦油器爆炸的情况。国外一些国家将煤气中含氧量设定为 4%，个别企业甚至达到 6%。因此采用控制煤气中含氧量小于或等于 2%（体积分数）并经上海吴淞煤气厂实践证明是很安全的，从爆炸极限角度分析是完全可行的。

5.5 硫酸吸收法氨的脱除

5.5.1 塔式硫酸吸收法脱除煤气中的氨，这种装置在我国已有多家工厂在运行。如上海宝山钢铁总厂焦化分厂、天津第二煤气厂等。不过，半直接法采用饱和器生产硫酸铵已是我国各煤气厂、焦化厂普遍采用的成熟工艺，这不仅回收煤气中的氨，而且也回收煤气冷凝水中的氨，所以本规范目前仍推荐这一工艺。

1 确定进入饱和器前的煤气温度的指标为"60～80℃"。这是根据饱和器内水平衡的要求，总结了各厂实践经验而确定的。

《煤气设计手册》及《焦化设计参考资料》的数据均为"60～70℃"。这一指标与蒸氨塔气分缩器出气温度的控制有关。

3 凡采用硫酸铵工艺的，饱和器出口煤气含氨量都能达到小于 30mg/m³ 的要求，例如沈阳煤气二厂、上海杨树浦煤气厂、鞍钢化工总厂等。

4 母液循环量是影响饱和器内母液搅拌的一个重要因素，特别是当气量不稳定时尤其突出。在以往设计中采用的小时母液循环量一般为饱和器内母液量的 2 倍，实践证明这是不能满足生产要求的，会引起饱和器内酸度不均、硫铵颗粒小、饱和器底部结晶、结块等现象，故目前各厂在生产实践中逐步增大了母液循环量，例如上海杨树浦煤气厂将母液循环量由 2 倍改为 3 倍，丹东煤气公司为 5 倍，均取得良好效果。但随着母液循环量的增大，动力消耗也相应增大，所以应在满足生产基础上选择一个适当值，一般来说规定循环量为饱和器内母液量 3 倍已能满足生产的要求。

5 煤气厂一般对含酚浓度高的废水多采取溶剂萃取法回收酚，效果较为理想。故条文规定"氨水中的酚宜回收"。

先回收酚后蒸氨的生产流程有下列优点：
1）可避免在蒸氨过程中挥发酚的损失，减少氨类产品受酚的污染；
2）氨水中轻质焦油进入脱酚溶剂中，能减轻轻质焦油对蒸氨塔的堵塞。但也有认为这项工艺的蒸汽消耗量稍大；氨用于提取吡啶对吡啶质量有影响。因此条文规定"酚的回收宜在蒸氨之前进行"。

废氨水中含氨量的规定是按照既要尽可能多回收氨，又要合理使用蒸汽，而且还应能达到此项指标的要求等项原则而制定的。表 15 列举各厂蒸氨后的废氨水中含氨量。

5.5.2 本条规定了硫铵工段的工艺布置要求。

3 吡啶生产虽然属于硫铵工段的一个组成部分，但不宜由硫铵的泵工和卸料工来兼任，宜由专职的吡啶生产工人进行操作，并切实加强防毒、防泄漏、防火工作，设单独操作室为宜。

表 15 废氨水中含氨量

脱氨工艺	厂 名	蒸氨塔塔型	原料氨水含氨（%）	废氨水含氨（%）
硫铵	北京焦化厂	泡罩	0.08～0.09	0.02
	上海杨树浦煤气厂	瓷环	0.3	0.03
	上海焦化厂	浮阀	0.1～0.15	<0.01
	梅山焦化厂	瓷环	0.18	0.005
	鞍钢化工总厂二回收	泡罩	0.126～0.1398	0.01～0.012
	鞍钢化工总厂三回收	泡罩	0.21～0.238	0.008～0.01
	鞍钢化工总厂四回收	泡罩	0.086～0.156	0.019～0.014
水洗氨	桥西焦化厂	泡罩	0.82	0.03
	东风焦化厂一回收	栅板	0.5	0.007
	东风焦化厂二回收	栅板	0.3	0.0435
	东风焦化厂一回收	泡罩	0.795	0.0097

4 蒸氨塔的位置应尽量靠近吡啶装置，方便吡啶生产操作。

5.5.3 本条规定了饱和器机组的布置。

1、2 规定饱和器与主厂房的距离和饱和器中心距之间的距离，考虑到检修设备应留有一定的回转余地。

3 规定锥形底与防腐地坪的垂直距离，以便于饱和器底部敷设保温层。冲洗地坪时，尽可能避免溅湿饱和器底部。

4 为防止硫酸和硫铵母液的输送泵在故障或检修时，流散或溅出的液体腐蚀建筑物或构筑物，故硫铵工段的泵类宜集中布置在露天。对于寒冷地区则可将泵机组设置在泵房内。

5.5.4 本条规定了离心干燥系统设备的布置要求。

2 规定 2 台连续式离心机的中心距是考虑到结晶槽的安装距离，并能使结晶料浆直接通畅地进入离心机，同时也保证了设备的检修和安装所需的空间。

5.5.5 吡啶蒸气有毒，含硫化氢、氰化氢等有毒气体，故吡啶系统皆应在负压下进行操作。中和器内吸力保持 500～2000Pa 为宜。其方法可将轻吡啶设备的放散管集中在一起接到鼓风机前的负压煤气管道上，即可达到轻吡啶设备的负压状态。

5.5.6 本条规定了硫铵系统的设备要求。

1 饱和器机组包括饱和器、满流槽、除酸器、母液循环泵、结晶液泵、硫酸泵、结晶槽、离心分离机等。由于皆易损坏，为在检修时能维持正常生产，故都需要设置备品。以各厂的实践经验来看，二组中一组生产一组备用，或三组中二组生产一组备用是可行的。而结晶液泵和母液循环泵的管线设计安装中，也可互为通用。

2 硫铵工段设置的两个母液储槽，一个是为满流槽溢流接受母液用的；另一个是必须能容纳一个饱和器机组的全部母液，作为待抢修饱和器抽出母液储存用。

3 规定了硫铵结晶的分离方法。

4 国内已普遍采用沸腾床干燥硫酸铵结晶，效果良好，上海市杨树浦煤气厂、上海市浦东煤气厂和上海焦化厂都建有这种装置。

硫铵工段的沸腾干燥系统都配备有结晶粉尘的收集和热风洗涤装置，运行效果较好。

5.5.7 从上海市杨树浦煤气厂和上海焦化厂的生产实践来看，紫铜管、防酸玻璃钢制成的满流槽、中央管、泡沸伞和结晶槽的耐腐蚀效果较好；用普通不锈钢的泵管和连续式离心机的筛网，损坏较快。92％以上的浓硫酸用硅钢翼片泵和碳钢管其使用寿命较长。

5.5.8 上海杨树浦煤气厂硫铵厂房改造时，以花岗岩石块用耐酸胶泥勾缝做成室内外地坪，防腐涂料做成室内墙面，防腐蚀效果良好。

5.5.9 硫铵工段的酸焦油尚无妥善处理方法，一般当燃料使用。包钢焦化厂硫铵工段的酸焦油，曾经配入精苯工段的酸焦油中，作为橡胶的胶粘剂。

废酸液是指饱和器机组周围的漏失酸液和洗刷设备、地坪的含酸废水，流经地沟汇总在地下槽里，作为补充循环母液的水分而重复使用。在国外某些炼油制气厂里，连雨水也汇总经过沉淀处理除去杂质，如有害物质的含量超过排放标准，则也要掺入有害物质浓度较高的废水中去活性污泥处理。因此硫铵工段的含氨并呈酸性的废水不能任意排放。

5.6 水洗涤法氨的脱除

5.6.1 煤气中焦油雾和萘是使洗氨塔堵塞的主要因素。例如石家庄东风焦化厂、首钢焦化厂等洗氨塔木格填料曾经被焦油等杂质堵塞，每年都需清扫一次，而且清扫不易彻底。而长春煤气公司在洗氨塔前设置了电捕焦油器，故木格填料连续操作两年多还未发生堵塞现象。为了保证木格塔的洗氨除萘效果，故规定"煤气进入洗氨塔前，应脱除焦油雾和萘"。

按本规范规定脱除焦油雾最好是采用电捕焦油器，但也有不采用电捕焦油器脱焦油的。例如唐山焦化厂和石家庄原桥西焦化厂等厂未设置电捕焦油器时期，是利用低温水使初冷器出口煤气温度降低到25℃以下，使大量焦油和萘在初冷器中被冲洗下来，再通过机械脱焦油器脱焦油，这样处理也能保证正常操作。脱除萘是水洗萘或油洗萘。一般规模小的生产厂均采用水洗萘，这样可与洗氨水合在一起，减少一个油洗系统。水中的萘还需人工捞出，但操作环境很差，对环境污染较大；规模较大的生产厂一般采用油洗萘流程，在这方面莱芜焦化厂、攀钢焦化厂等均有成功的经验，油洗萘后煤气中萘含量均能达到本条要求的"小于500mg/m³"的指标。还需说明的是：当采用洗萘时应在终冷洗氨塔中同时洗萘和洗氨，以达到小于500mg/m³的指标。

5.6.2 这是因为煤气中的氨在洗苯塔会少量地溶入洗油中，容易使洗油老化。当溶解有氨的富油升温蒸馏时，氨将析出腐蚀粗苯蒸馏设备。所以要求尽量减少进入洗苯塔煤气中的含氨量，以保证最大程度地减轻氨对粗苯蒸馏设备的腐蚀和洗油的老化。

为此，在洗氨塔的最后一段要设置净化段，用软水进一步洗涤粗煤气中的氨。

5.6.3 本条规定"洗氨塔出口煤气温度，宜为25～27℃"的根据如下：

1 与煤气初冷器煤气出口温度相适应，从而避免大量萘的析出而堵塞木格填料；

2 便于煤气中氨能充分地被洗涤水吸收下来。塔后煤气温度若高于27℃，则会使煤气中含氨量增加，以使粗苯吸收工段的蒸馏部分设备腐蚀。

5.6.4 本条规定了洗涤水的水质要求。

在一定的洗涤水量条件下水温低些对氨吸收有利，这是早经理论与实践证实的一条经验。从上海吴淞炼焦制气厂的生产实践表明：随着水温从21℃上升到33～35℃则洗氨塔后煤气中含氨量从"50～120mg/m³上升为250～500mg/m³"。详见表16。

表16 洗涤水温度与塔后煤气中含氨量关系

冷却水种类	冷却后废水温度（℃）	2号终冷洗氨塔后煤气温度（℃）	煤气中含氨量（g/m³）		
			1号终冷洗氨塔前	1号终冷洗氨塔后	2号终冷洗氨塔后
深井水（21℃）	21～23	23～25	1～2	0.15～0.5	0.05～0.12
制冷水（23～25℃）	25～28	28～30	2.5～5	0.3～0.7	0.3～0.4
黄浦江水（33～35℃）	35～38	38～40	2.5～5	0.45～1.5	0.25～0.5

临汾钢铁厂的《氨洗涤工艺总结》中指出，"只有控制洗涤水温度在25℃左右时，才能依靠调节水量来保证塔后煤气中含氨量小于30mg/m³，从降温水获得的可能性来说也是以25℃为宜，否则成本太高"。

过去对洗涤水中硬度指标无明确规定，但从实践中了解到，含氨煤气会促使洗涤水生成水垢，堵塞管道和塔填料，故有些工厂（例如临汾钢铁厂）采用软化水作为洗涤水，经过长期运转未发现有水垢堵塞现象，确定水的软化程度需从技术和经济两个方面来考虑，目前很难得出确切的结论。因为洗涤水是循环使用的，所以补充水量不大，故对小型煤气厂来说，为了节约软化设备投资，采取从锅炉房中获得如此少量的软化水是可能的。因此本条规定对软化水指标即按锅炉用水最低一级标准，即《工业锅炉水质标准》GB 1576中水总硬度不大于0.03mmol/L。

5.6.5 本条规定了水洗涤法脱氨的设计要求。

1 规定了洗氨塔的设置不得少于2台，并应串联设置，这是为了当其中一台清扫时，其余各台仍能起洗氨作用，从而保证了后面工序能顺利进行。

5.6.6 当采用水洗涤法回收煤气中的氨时，有的厂将全部洗涤水进行蒸馏（如莱芜焦化厂、上海吴淞煤气厂等）。这种流程中原料富氨水中含氨量可达5g/L左右。也有的厂将部分洗氨水蒸馏回收氨，而将净化段之洗涤水直接排放（如以前的桥西焦化厂、攀钢焦化厂等），这种流程中原料富氨水中含氨量可达8～10g/L，也有少数煤气厂由于氨产量少没有加工成化肥（如以前的北京751厂、大连煤气一厂等），曾将洗氨水直接排放。煤气的洗氨水中，含有大量的氨、氰、硫、酚和COD等成分，严重污染环境，故必须经过处理，达到排放标准后才能外排。

在洗氨的同时，煤气中的氰化物也同时被洗下来，如上海吴淞煤气厂的洗氨水中含氰化物250～400mg/L；石家庄东风焦化厂一回收工段的洗氨水含氰化物约300mg/L，二回收工段的洗氨水含氰化物200～600mg/L，鉴于目前从氨水中回收黄血盐的工艺已经成熟，故在本条中明确规定"不得造成二次污染"。

5.7 煤气最终冷却

5.7.1 由于采用直接式冷却煤气的工艺进行煤气的最终冷却将产生一定量的废水、废气，特别是用水直接冷却煤气时，水会将煤气中的氰化氢等有毒气体洗涤下来，而在水循环换热的过程中这些有毒气体将挥发出来散布到空气中造成二次污染，这种煤气最终冷却工艺已逐步淘汰，目前国内新建的项目已不考虑采用直接式冷却工艺，许多已建的直接式冷却工艺也逐步改为间接式冷却工艺，因此本规范不再采用直接式冷却工艺。

5.7.2 终冷器出口煤气温度的高低，是决定煤气中萘在终冷器内净化和粗苯在洗涤塔内被吸收的效果的极重要因素。苯的脱除与煤气出终冷器的温度有关。其温度越低，终冷后煤气中苯含量就越少。而对粗苯而言，煤气温度越高，吸收效率越差。由于吸苯洗油温度与煤气温度差是一定值，在表17洗油温度与吸苯效率关系中反映了终冷后煤气温度高低对吸苯效率的影响。

表17　洗油温度与吸苯效率的关系

洗油温度（℃）	20	25	30	35	40	45
吸苯效率 η（%）	96.4	95.15	93.96	87.7	83.7	69.6

当然终冷后温度太低（如低于15℃）也会导致洗油性质变化，而使吸苯效率降低，且温度低会影响横管式冷却器内喷洒的轻质焦油冷凝液的流动性。

现在规定的"宜低于27℃"是参照上海吴淞炼焦制气厂在出塔煤气温度为25～27℃时洗苯塔运行良好，塔后煤气中萘含量小于400mg/m³而定的。

5.7.3 本条规定了煤气最终冷却采用横管式间接冷却的设计要求。

1 采用煤气自上而下流动使煤气与冷凝液同向流动便于冷凝液排出，条文中所列"在煤气侧宜有清除管壁上萘的设施"。目前国内设计及使用的有轻质焦油喷洒来脱除管壁上萘，但考虑喷洒焦油后会有焦油雾进入洗苯工段，故也可采用喷富油来脱除管壁上萘的措施。

2 冷却水可分两段，上段可用凉水架冷却水，下段需用低温水目的是减少低温水的消耗量。

3 冷却器煤气出口设捕雾装置可将喷洒液的雾状液滴及随煤气冷却后在煤气中未被冲刷下去的杂质捕集，一些厂选用旋流板捕雾器效果较好。

5.8　粗苯的吸收

5.8.1 对于煤气中粗苯的吸收，国内外有固体吸附法、溶剂常压吸收法及溶剂压力吸收法。

溶剂压力吸收法吸收效率较高、设备较小，但是国内的煤气净化系统一般均为常压，若再为提高效率增加压力在经济上就不合理了。固体吸附国内有活性炭法，此法适用于小规模而且脱除苯后净化度较高的单位，此法成本较高。

5.8.2 洗苯用洗油目前可以采用焦油洗油和石油洗油两种。我国绝大多数煤气厂、焦化厂是采用焦油洗油，该法十分成熟；有少数厂使用石油洗油。例如北京751厂，但洗苯效果不理想而且再生困难。过去我国煤气厂大量发展仅依赖于焦化厂生产的洗油，出现了洗油供不应求的状况。故在本条中用"宜"表示对没有焦油洗油来源的厂留有余地。

5.8.3 本条规定了洗油循环量和其质量要求。

在相同的吸收温度条件下，影响循环洗油量的主要因素有以下两项：一是煤气中粗苯含量，其二是洗油种类。循环洗油量大小与上述两方面的因素有关。一般情况下对煤干馏气焦油洗油循环量取为1.6～1.8L/m³（煤气），石油洗油2.1～2.2L/m³（煤气），油制气（催化裂解）为2L/m³（煤气）。

"循环洗油中含萘量宜小于5%"是为了使洗苯塔后煤气含萘量可以达到"小于400mg/m³"的指标要求，从而减少了最终除萘塔轻柴油的喷淋量。

从平衡关系资料可知，当操作温度为30℃、洗油中含萘为5%时，焦油洗油洗萘则与之相平衡的煤气含萘量为150～200mg/m³，石油洗油则为200～250mg/m³。当然实际操作与平衡状态是有一定差距的，但400mg/m³还是能达到。国内各厂中已采用循环

洗油含萘小于5%者均能使煤气含萘量小于400mg/m³。

5.8.4 本条规定了洗苯塔形式的选择。

1 木格填料塔是吸苯的传统设备，它操作稳定，弹性大，因而为我国大多数制气厂、焦化厂所采用。但木格填料塔设备庞大，需要消耗大量的木材，多年来有一些工厂先后采用筛板塔、钢板网塔、塑料填料塔成功地代替了木格填料塔。木格填料塔的木格清洗、检修时间较长，一般应设置不小于2台且应串联设置。

2 钢板网填料塔在国内一些厂经过一段时间使用有了一定的经验。塑料填料塔以聚丙烯花形填料为主的填料塔，近年来逐渐得到广泛的应用。该两种填料塔都具有操作稳定、设备小、节约木材之优点。但该设备要求进塔煤气中焦油雾的含量少，否则会造成填料塔堵塞，需要经常清扫。为考虑1台检修时能继续洗苯宜设2台串联使用。当1台检修时另1台可强化操作。

3 筛板塔比木格填料塔及钢板网填料塔有节约木材、钢材之优点。清扫容易，检修方便，但要求煤气流量比较稳定，而且塔的阻力大（约为4000Pa），在煤气鼓风机压头计算时应予以考虑。

5.8.5 本条规定了洗苯塔的设计参数要求。

1 所列木格填料塔的各项设计参数是长期操作经验积累数据所得，比较可靠。

2 钢板网填料塔设计参数是经"吸苯用钢板网填料塔经验交流座谈会"上，9个使用工厂和设计单位共同确定的。

3 本条所列数据是近年来筛板塔设计及实践操作经验的总结，一般认为是合适的。各厂筛板塔的空塔流速见表18。

表18　各厂筛板塔的煤气空塔流速表

厂　名	空塔流速（m/s）
大连煤气公司一厂	1
吉林电石厂	2～2.5
沈阳煤气公司二厂	1.3
本规范推荐值	1.2～2.5

5.8.6 粗苯蒸馏装置是获得符合质量要求的循环洗油和回收粗苯必不可少的装置，它与吸苯装置有机结合成一体不可分割。因此本系统必须设置相应的粗苯蒸馏装置，其具体设计参数应遵守有关专业设计规范的规定。

5.9　萘的最终脱除

5.9.1 萘的最终脱除方法，一般采用的是溶剂常压吸收法。此外也可用低温冷却法，即使煤气温度降低脱除其中的萘，低温冷却法由于生产费用较高，国内尚未推广。

5.9.2 最终洗涤用油在实际应用中以直馏轻柴油为好。一般新鲜的直馏轻柴油无萘，吸收效果较好。而且在使用过程中不易聚合生成胶状物质防止堵塞设备及管道。近年来有些直立炉干馏气厂考虑直馏轻柴油的货源以及价格问题，经比较效益较差。因此也有用直立炉的焦油蒸馏制取低萘洗油作为最终洗萘用油。此法脱萘效果较无萘直馏轻柴油差，但也可以使用，故本规范规定，宜用直馏轻柴油或低萘焦油洗油。

直馏轻柴油之型号使用厂所在地区之寒冷程度，一般选用0号或−10号直馏轻柴油。

5.9.3 最终除萘塔可不设备品，因为进入最终除萘塔时的煤气其杂质已很少，一般不易堵塔，而且在操作制度上，每年冬季当洗苯塔操作良好时，可以允许最终除萘塔暂时停止生产，进行清扫而不影响煤气净化效果。当最终除萘为独立工段时，一般将单塔改为双塔，此时，最终除萘可一塔检修另外一塔操作。

5.9.4 轻柴油喷淋方式在国外采用塔中部循环，塔顶定时、定量喷淋，国内有的厂仅有塔顶定时喷淋不设中部循环，也有的厂设中部循环，顶部定时、定量喷淋甚至将洗塔变换为两个串联的塔，前塔用轻柴油循环喷淋，后塔用塔顶定时、定量喷淋。

塔顶定时、定量喷淋是在洗油喷淋量较少，又能保证填料湿润均匀而采取的措施。一般电器对泵启动采取定时控制装置。

5.9.5 本条规定了最终除萘塔设计参数和指标要求。

上海吴淞炼焦制气厂控制进入最终除萘塔煤气中含萘量（即出洗苯塔煤气中含萘量）小于 $400mg/m^3$，以便在可能条件下达到降低轻柴油耗量的目的，上海焦化厂也采用类似的做法。因为目前吸萘后的轻柴油出路尚未很好解决，而以低价出售做燃料之用，经济亏损较大。日本一般是把吸萘后的轻柴油做裂化原料，而我国尚未应用。所以当吸萘后的轻柴油尚无良好出路之前，设计时应贯彻尽可能降低进入最终除萘塔前煤气中的含萘量的原则。

最终除萘塔的设计参数是按上海吴淞炼焦制气厂实践操作经验总结得出的。

5.10 湿 法 脱 硫

5.10.1 常用的湿法脱硫有直接氧化法、化学吸收法和物理吸收法。由于煤或重油为原料的制气厂一般操作压力为常压，而化学吸收法和物理吸收法在压力下操作适宜，因此本规范规定宜采用氧化再生脱硫工艺。当采用鲁奇炉等压力下制气工艺时可采用物理或化学吸收法脱硫工艺。

5.10.2 目前国内直接氧化法脱硫方法较多，因此本规范作了一般原则性规定，希望脱硫液硫容量大、副反应小、再生性能好、原料来源方便以及脱硫液无毒等。

目前国内使用较多的直接氧化法是改良蒽醌（改良 A.D.A）法、栲胶法、苦味酸法及萘醌法等在一些厂也有较广泛的应用。

5.10.3 焦油雾的带入会使脱硫液及产品受污染并且使填料表面积降低，因此无论哪一种脱硫方法都希望将焦油雾除去。

直接氧化法有氨型和钠型两种，当采用氨型（如氨型的苦味酸法及萘醌法）时必须充分利用煤气中的氨，因此必须设在氨脱除之前。

原规范本条规定采用蒽醌二磺酸钠法常压脱硫时煤气进入脱硫装置前应脱除苯类，本条不用明确规定。由于仅仅是油煤气未经脱苯进入蒽醌法脱硫装置内含有部分轻油带入脱硫液中使脱硫液产生恶臭。但大多数的煤气厂该现象不明显，所以国内有一些厂已将蒽醌二磺酸钠法常压脱硫放在吸苯之前。

5.10.4 本条规定了蒽醌二磺酸钠法常压脱硫吸收部分的设计要求：

1 硫容量是设计脱硫液循环量的主要依据。影响硫容量的因素不仅是硫化氢的浓度、脱硫效率、还有脱硫液的成分和操作控制条件等。

上海及四川几个厂的不同煤气及不同气量的硫容量数据约为 $0.17\sim0.26kg/m^3$（溶液）。设计过程中如有条件在设计前根据运行情况进行试验，则应按试验资料确定硫容量进行计算选型。如果没有条件进行试验则应从实际出发，其硫容量可根据煤气中硫化氢含量按照相似条件下的运行经验数据，在 $0.2\sim0.25kg/m^3$（溶液）中选取。

2 国内蒽醌法脱硫的脱硫塔普遍采用木格填料塔，个别厂采用旋流板塔、喷射塔以及空塔等。木格填料塔具有操作稳定、弹性大之优点，但需要消耗大量木材。为此有些厂采用竹格以及其他材料来代替木格。在上海宝山钢铁公司和天津第二煤气厂所采用的萘醌法和苦味酸法脱硫中脱硫塔填料均采用了塑料填料，因此本条文只提"宜采用填料塔"，这就不排除今后新型塔的选用。

3 空塔速度采用 $0.5m/s$，经实践证明是合理指标。

4 反应槽内停留时间的长短是影响到脱硫液中氢硫化物的含量能否全部转化为硫的一个关键。国内各制气厂均认为槽内停留时间不宜太短。表19是各厂蒽醌法脱硫液在反应槽内的停留时间。

表 19 脱硫液在反应槽内停留时间

厂 名	上海杨树浦煤气厂	上海吴淞炼焦制气厂	四川化工厂	衢州化工厂	上海焦化厂
停留时间（min）	8	10~12	3.9~11	6~10	10

按国外资料报道，对于不同硫容量和反应时间消耗氢硫化物的百分比见图1。

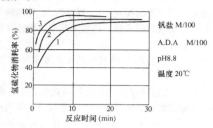

图 1 不同硫容量和反应时间消耗氢硫化物的百分比图
硫容量：1—$0.33kg/m^3$；2—$0.25kg/m^3$；3—$0.20kg/m^3$

因此规定采用"在反应槽内的停留时间一般取 $8\sim10min$"。

5 原规范中考虑木格清洗时间较长，规定宜设置1台备用塔，本条中没写此项。考虑常压木格填料塔都比较庞大，木材用量也大，因此基建投资费用较高，平时闲置1台备品的必要性应在设计中予以考虑。是设置1台备用塔还是设计中做成2塔同时生产，在检修时一个塔加大喷淋强化操作，由设计统一考虑。因此本条文中未加规定。

5.10.5 喷射再生槽在国内已有大量使用。但高塔式再生在国内使用时间较长，为较成熟可靠之设备。故本规范对两者均加以肯定。

1 条文中规定采用 $9\sim13m^3/kg$（硫）的空气用量指标，来源于目前国内几个设计院所采用的经验数据。

空气在再生塔内的吹风强度定为 $100\sim130m^3/（m^2\cdot h）$ 是参考"南京化工公司化工研究院合成氨气体净化调查组"在总结对鲁南、安阳、宣化、盘锦、本溪等地化肥厂的蒽醌法脱硫实地调查后所确定的。

由表20可见"再生塔内的停留时间，一般取 $25\sim30min$"是可行的。

表 20 脱硫液在再生塔内的停留时间统计表

厂 名	上海杨树浦煤气厂	上海吴淞炼焦制气厂	四川化工厂	衢州化工厂	上海焦化厂
停留时间（min）	24	25~30	36	29~42	32

"宜设置专用的空气压缩机"是根据大多数煤气厂和焦化厂的操作经验制定的。湿法脱硫工段如果没有专用的空气压缩机而与其他工段合用时，则容易出现空气压力的波动，引起再生塔内液面不稳定现象，因而硫泡沫可能进入脱硫塔内。例如南化公司合成氨气体净化组有下列报告记载："安阳、宣化等化肥厂其压缩空气要供仪表、变换、触媒等部门使用，因此进入再生塔的空气很不稳定，再生的硫不能及时排出，大量沉积于循环槽及脱硫塔内造成堵塔"。在编制规范的普查中，很多煤气厂都反映发生过类似情况。

规定"入塔的空气应除油"的理由在于避免油质带入脱硫液与硫粘合后堵塞脱硫塔内的木格填料，所以一般都设有除油器。如采用无油润滑的空气压缩机就没有设置除油装置的必要了。

2 蒽醌二磺酸法常压脱硫再生部分的设计中对喷射再生设备的选用已逐渐增多，本条所列举数据是根据广西大学以及广西、浙江的化肥厂使用经验汇总的。喷射再生槽在制气厂、焦化厂已被普遍采用，经实际使用效果良好。

5.10.6 脱硫液的加热器除与脱硫系统的反应温度有关以外还取决于系统中水平衡的需要。

在以往采用高塔再生时该加热器宜设于富液泵与再生塔之间。而再生塔与脱硫塔之间的溶液靠液体之高差，由再生塔自流入脱硫塔，若在此间设加热器，一则设置的位置不好放置（在较高的平台上），二则由于自流速度较小使其传热效率较低。

当采用喷射再生槽时该加热器可以设于贫脱硫液泵与脱硫塔

之间或富液泵与喷射再生槽之间，由于喷射再生槽目前大多是自吸空气型，则要求泵出口压力比脱硫液泵出口压力高。在富液泵后设加热器还应增加泵的扬程，故不经济。另外加热器设于富液管道系统较设于贫液管道上容易堵塞加热器，因此加热器宜设于贫脱硫液泵与脱硫塔之间。

5.10.7 本条规定了蒽醌二磺酸钠法常压脱硫回收部分的设计要求。

1 设置两台硫泡沫槽的目的是可以轮流使用，即使在硫泡沫槽中修、大修的时候，也不致影响蒽醌脱硫正常运行；

2 煤干馏气、水煤气、油煤气等硫化氢含量各不相同，处理气量也有多少，所以不宜对生产粉硫或融熔硫作硬性规定。在气量少且硫化氢含量低的地方以及如机械发生炉煤气中所含焦油在前工序较难脱除，因此不宜生产融熔硫。

3 多年来上海焦化厂等厂采用了取消真空过滤器而硫膏的脱水工作在熔硫釜中进行，先脱水后将水在压力下排放并半连续加料最后再熔硫，这样在不增加能耗情况下可简化一个工序，提高设备利用率。

由于对废液硫渣的处理方法很多，因此在本条中仅规定"硫渣和废液应分别回收并应废气净化装置"。

5.10.9 各种煤气含氰化氢、氧等杂质浓度不同，并且操作温度也不相同，所以副反应的生成速度不同。有的必须设置回收硫代硫酸钠、硫氰酸钠等副产品的设备，以保持脱硫液中杂质含量不致过高而影响脱硫效果和正常操作。有的副反应速度缓慢，则可不设置回收副产品的装置。

在设置中对硫代硫酸钠，硫氰酸钠等副产品的加工深度应是以保护煤气厂或焦化厂的脱硫液为主，一般加工到粗制产品即可，至于进一步的加工或精制品应随市场情况因地制宜确定。

5.11 常压氧化铁法脱硫

5.11.1 常压氧化铁法脱硫（下简称干法脱硫）常用的脱硫剂有藻铁矿（来自伊春、蓟县、怀柔等地）、氧化铸铁屑、钢厂赤泥等等。

天然矿如藻铁矿由于不同地区及矿井，其活性氧化铁的含量是有差异的，脱硫效果不同，钢厂赤泥也随着不同的钢厂其活性也有差异，再则脱硫工场与矿或钢厂地理位置不同，有交通运输等各种问题。因此干法脱硫剂的选择强调要根据当地条件，因地制宜选用。

氧化铸铁屑是较常用的脱硫剂，有的厂认为氧化后的钢屑也有较好的脱硫性能。氧化后的铸铁屑一般控制在 Fe_2O_3/FeO 大于 1.5 作为氧化合格的指标。条文只原则的提出"当采用铸铁屑或铁屑时，必须经过氧化处理"。

由于不同的脱硫剂或即使相同品种的脱硫剂产地不同，脱硫剂的品位也会有较大的差异。因此本条只原则规定脱硫剂中活性氧化铁重量含量应大于 15%。

疏松剂可用木屑，小木块、稻糠等等，由于考虑表面积的大小以及吸水性能，本条规定为"宜采用木屑"。

关于其他新型高效脱硫剂暂不列入规范。

5.11.2 常压氧化铁法脱硫设备目前大多采用箱式脱硫设备。而箱式脱硫设备中又以铸铁箱比钢板箱使用得多。目前国内个别厂使用塔式脱硫设备，该设备在装、卸脱硫剂时机械化程度较高脱硫效率较高，随着新型、高效脱硫剂的使用，塔式脱硫设备正逐渐得到推广。因此本条定为"可采用箱式和塔式两种"。

5.11.3 本条规定了采用箱式常压氧化铁法的设计要求。

1 煤气通过干法脱硫箱的气速，本条规定宜取 7～11mm/s，参考了美国的数据 $u=7$～16mm/s，英国的数据 $u=7mm/s$，日本的数据 $u=6.6mm/s$ 而定的。

当处理的煤气中硫化氢含量低于 1g/m³ 时，如仍采用 7～11mm/s 就过于保守了，事实上无论国内与国外的实践证明，当硫化氢含量较低时可以适当提高流速而不影响脱硫效率，如日本吸 4 个煤气厂箱内流速分别为 16.2mm/s、28.6mm/s、

37.7mm/s、47.4mm/s，上海杨树浦煤气厂箱内流速为 20.5mm/s（见表21）。

表21　几个进箱硫化氢含量低的生产实况表

厂名 干箱	甲煤气厂	乙煤气厂	日本(1)厂	日本(2)厂	日本(3)厂	日本(4)厂
长×宽(m²) 高(m)	148.8 2.13	2.5×3.5 3.0	13.0×8.0 4.0	15.0×11.0 4.1	15.0×11.0 4.1	6.0×7.0 4.0
使用箱数	二组分8箱	3(一箱备用)	2	3	2	4
气流方式	每组串联	串联	串联	并联	串联	串联
每箱内脱硫剂(m³)	208	17.55	208	330	396	100
每箱脱硫剂层数	2	5	2	2	4	8
每层脱硫剂厚度(mm)	700	400	1000	1000	600	300
处理煤气种类	直立炉煤气水煤气油煤气	立箱炉气	发生炉煤气	发生炉煤气及油煤气	煤煤气	发生炉煤气
处理量(m³/h)	22000	2400	14100	22000及7000	17000	7170
煤气在箱内流速(mm/s)	20.5	76.5	37.7	16.2	28.6	47.4
接触时间(s)	272	79	106	123	168	200
进口H₂S(g/m³)	0.3~0.5	0.8~1.4	0.147	0.509	0.5	0.13
出口H₂S(g/m³)	<0.008	<0.02	<0.02	<0.02	<0.04	0.0

2 煤气与脱硫剂的接触时间，本规定为宜取 130～200s，这是参考了国内外一些厂的数据综合的。如原苏联为 130～200s，日本四个厂为 106～200s，国内一些厂最小的为 45.5s，最多的为 382s，一般为 130～200s 之间的脱硫效率都较高（见表22）。

表22　脱硫箱内气速和接触时间实况表

厂　名	进口H₂S (g/m³)	出口H₂S (g/m³)	箱内气速 (mm/s)	接触时间 (s)
上海吴淞炼焦制气厂	0.02~1.0	<0.008	13	115
上海焦化厂	0.3	0.01	7.4	324
北京751厂①	0.8~1.4	<0.02	76.5	79
大连煤气二厂②	2.0~4.0	0.02	8.6	210
鞍山煤气公司化工厂	4.0	0.02	6.3	382
沈阳煤气二厂	2.2	0.008~0.48	9.8	1.33
鞍山煤气公司铁西厂	4.0	0.2~0.3	62.5	103
大连煤气厂②	0.4~1.0	0.2~0.8	13.1	92.5

注：① 使用天然活性铁泥。
　　② 使用颜料厂的下脚铁泥。其余各厂都使用人工氧化铁脱硫剂。

3 每层脱硫剂厚度

日本《都市煤气工业》介绍脱硫剂厚度为 0.3～1.0m，但根据北京、鞍山、沈阳、大连、丹东、上海等煤气公司的实况，多数使用脱硫剂高度在 0.4～0.7m 之间，所以将这一指标制定为"0.3～0.8m"之间。

4 干法脱硫剂量的计算公式

干法脱硫剂量的计算公式较多，可供参考的有如下四个公式：

1）米特公式：

一组四个脱硫箱，每箱内脱硫剂 3′6″～4′，每个箱最小截面积是：

当 H₂S 量 500~700 格令/100 立方英尺时为

0.5 平方英尺/（1000 立方英尺·d）

当 H₂S 量小于 200 格令/100 立方英尺时为

0.4 平方英尺/（1000 立方英尺·d）

注：1 格令/100 立方英尺=22.9mg/m³

2）爱佛里公式

$$R = \frac{每小时煤气通过量（立方英尺）}{一个干箱内的氧化铁脱硫剂量（立方英尺）} \quad (7)$$

R=25~30（箱式）

R>30（塔式）

3）斯蒂尔公式：

$$A = \frac{GS}{3000(D+C)} \quad (8)$$

式中　A——煤气经过一组串联箱中任一箱内截面积（平方英尺）；

　　　G——需要脱硫的最大煤气量（标准立方英尺/时）；

　　　S——进口煤气中 H₂S 含量的校正系数；

　　　当煤气中 H₂S 含量为 4.5~23g/m³ 时 S 值为 480~720；

　　　D——气体通过干箱组的氧化铁脱硫剂总深度（英尺）；

　　　C——系数，对 2、3、4 个箱时分别为 4、8、10。

4）密尔本公式：

$$V = \frac{1673\sqrt{C_s}}{f\rho} \quad (9)$$

式中　V——每小时处理 1000m³ 煤气所需脱硫剂（m³）；

　　　C_s——煤气中 H₂S 含量（体积%）；

　　　f——新脱硫剂中活性三氧化二铁重量含量（%）；

　　　ρ——新脱硫剂的密度（t/m³）。

以上四个公式比较，米特和爱佛里公式较粗糙，而且不考虑煤气中 H₂S 含量的变化，故不宜推荐，斯蒂尔公式虽在 S 校正系数中考虑了 H₂S 的变化，但 S 值仅是 H₂S 在 4.5~23g/m³ 间才适用，对干法脱硫箱常用的低 H₂S 值时就不能适用了，经过一系列公式演算和实际情况对照认为密尔本公式较为适宜。

按《焦炉气及其他可燃气体的脱硫》一书说明，密尔本公式只适用于 H₂S 含量小于 0.8% 体积比（相当于 12g/m³ 左右）这符合一般人工煤气的范围。

5　脱硫箱的设计温度。根据一般资料介绍，干箱的煤气出口温度宜在 28~30℃，温度过低时将使硫化反应速度缓慢，煤气中的水分大量冷凝造成脱硫剂过湿，煤气与氧化铁接触不良，脱硫效率明显下降。这里规定了"25~35℃"的操作温度，即说明在设计时对于寒冷地区的干箱需要考虑保温。至于应采取哪些保温措施则需视具体情况决定，不作硬性规定。

规定"每个干箱宜设计蒸汽注入装置"是在必要时可以增加脱硫剂的水分和保持脱硫反应温度，有利于提高和保持脱硫效率。

6　规定每组干法脱硫设备宜设置一个备用箱是从实际出发的，考虑到我国幅员辽阔，生产条件各不相同。干法脱硫剂的配制、再生的时间也各不相同，为保证顺利生产，应设置备用箱，以做换箱时替代用。

条文中规定了连接每个脱硫箱间的煤气管道的布置应能依次向后轮换输气。向后轮换输气是指 Ⅰ、Ⅱ、Ⅲ、Ⅳ→Ⅳ、Ⅰ、Ⅱ、Ⅲ→Ⅲ、Ⅳ、Ⅰ、Ⅱ→Ⅱ、Ⅲ、Ⅳ、Ⅰ（Ⅰ、Ⅱ、Ⅲ、Ⅳ代表干箱之号）。

煤气换向依次向后轮换输气之优点：

1）保证在第 Ⅰ、Ⅱ 箱内保持足够的反应条件；

2）煤气将渐渐冷却，由于后面箱中氧仍能发挥作用使硫化铁良好再生；

3）可有效避免脱硫剂着火的危险。

上海杨树浦煤气厂、北京 751 厂等均是向后轮换输气的，操作情况良好。

当采用赤泥时，虽然赤泥干法脱硫剂具有含活性氧化铁量较

藻铁矿高，通过脱硫剂的气速可以较藻铁矿大，与脱硫剂的接触时间可以缩短以及通过脱硫剂的阻力降比藻铁矿的小等优点，但由于该脱硫剂在国内使用的不少厂仅仅停留在能较好替换原藻铁矿等，而该脱硫剂对一些生产参数尚需做进一步的工作。本规定赤泥脱硫剂仍可按公式（5.11.3）设计。但由于其密度为 0.3~0.5t/m³ 会造成计算后需用脱硫剂体积增加，这与实际情况有差异，因此在设计中可取脱硫剂厚度的上限、停留时间的下限从而提高箱内气速。

5.11.4　干法脱硫箱有高架式、半地下式及地下式等形式。高架式便于脱硫剂的卸料也可用机械设备较半地下式及地下式均优越。本条规定宜采用高架式。

5.11.5　塔式的干法脱硫设备同样宜用机械设备装卸，从而减少劳动强度和改善工人劳动环境。

5.11.6　为安全生产，干法脱硫箱应有安全泄压装置，其安装位置为：

1　在箱前或箱后的煤气管道上安装水封筒；

2　在箱的顶盖上设泄压安全阀。

5.11.7　干法脱硫工段应有配制、堆放脱硫剂的场地。除此之外该场地还应考虑脱硫剂再生时翻晒用的场地。一般该场地宜为干箱总面积的 2~3 倍。

5.11.8　当采用脱硫剂箱内再生时，根据煤气中硫化氢的含量来确定煤气中氧的增加量，但从安全角度出发，一般出箱煤气中含氧量不应大于 2%（体积分数）。

5.12　一氧化碳的变换

5.12.1　一氧化碳与水蒸气在催化剂的作用下发生变换反应生成氢和二氧化碳的过程很早就用于合成氨工业，以后并用于制氢。在合成甲醇等生产中用来调整水煤气中一氧化碳和氢的比例，以满足工艺上的要求。多年来各国为了降低城市煤气中的一氧化碳的含量，也采用了一氧化碳变换装置，在降低城市煤气的毒性方面得到了广泛的应用，并取得了良好的效果。煤气中一氧化碳与水蒸气的变换反应可用下式表示：

$$CO + H_2O = CO_2 + H_2 + 热量$$

5.12.2　全部变换工艺是指将全部煤气引入一氧化碳变换工段进行处理，而部分变换工艺是将一部分煤气引入一氧化碳变换工段进行一氧化碳变换处理，选择全部变换或部分变换工艺主要根据煤气中一氧化碳的含量确定，无论采用哪种工艺，其目的都是为降低煤气中一氧化碳的含量，使其达到规范规定的浓度标准。根据不同的催化剂的工艺条件，煤气中的一氧化碳含量可以降低至 2%~4% 或 0.2%~0.4%。由于一氧化碳变换工艺是一个耗能降热值的工艺过程，因此可以选择将一部分煤气进行一氧化碳变换后与未进行一氧化碳变换的人工煤气进行掺混，使煤气中一氧化碳含量达到标准要求，采取部分变换工艺的主要目的是为了减少能耗，降低成本，减少煤气热值的降低。

5.12.3　一氧化碳变换工艺有常压和加压两种工艺流程，选择何种工艺流程主要是根据煤气生产工艺来确定，当制气工艺为常压生产工艺时，一氧化碳变换工艺宜采用常压变换流程，当制气工艺为加压气化工艺时宜考虑采用加压变换流程。

5.12.4　人工煤气中各种杂质较多，如不进行脱除硫化氢、焦油等净化处理，将会造成变换炉中的触媒污染和中毒，影响变换效果。触媒是一氧化碳变换反应的催化剂，它对硫化氢较为敏感，如果煤气中硫化氢含量过高将会造成触媒中毒；如果煤气中焦油含量高，将会污染触媒的表面，从而降低反应效率。

5.12.5　由于一氧化碳变换的反应温度较高，最高可达 520℃ 以上，接近或高于煤气的理论着火温度（例如氢的着火温度为 400℃，一氧化碳的着火温度为 605℃，甲烷的着火温度为 540℃），因此在有氧的情况下就会首先引起煤气中的氢气发生燃烧，进而引燃煤气，如果局部达到爆炸极限还会引起爆炸。严格控制氧含量的目的主要是为安全生产考虑。

5.12.9　一氧化碳常压变换工艺流程中，热水塔通常都被叠装在

饱和塔之上,热水靠自身位差经水加热器进入饱和塔,饱和塔的出水由水泵压回热水塔。

而在一氧化碳加压变换的工艺流程中,饱和塔叠装于热水塔之上,饱和塔出水自流入热水塔,加热后的热水用泵压入水加热器后再进入饱和塔。

5.12.10 一氧化碳变换工段热水用量较大,设计时应充分考虑节水、节能及环境保护的需要,采用封闭循环系统减少用水量,节省动力消耗,减少污水排放。

5.12.12 变换系统中设置了饱和热水塔,利用水为媒介将变换气的余热传递给煤气。因此在饱和塔与热水塔之间循环使用的水量必须保证能最大限度地传递热量。若水量太小则不能保证将变换气的热量最大限度地吸收下来,或最大限度地把热量传给煤气。在满足喷淋密度的情况下还要控制循环水量不能过大,水量偏大时,饱和塔推动力大,对饱和塔有利,而热水塔推动力小,对热水塔不利。同样水量偏小时,饱和塔推动力小对饱和塔不利,热水塔推动力大对热水塔有利,但两种情况都不利于生产,因此必须选择一合适水量,使饱和塔和热水塔都在合理范围之内。

对于填料塔,每 1000m³ 煤气约需循环水量 15m³,对于穿流式波纹塔,常压变换操作下循环热水流量是气体重量的 13~15 倍。在加压变换操作下每 1000m³ 煤气需循环水量 10m³。

5.12.14 一氧化碳变换反应是放热反应,随着反应的进行,变换气的温度不断升高,它将使反应温度偏离最适宜的反应温度,甚至损坏催化剂,因此在设计中应采用分段变换的方法,在反应中间移走部分热量,使反应尽可能在接近最适宜的温度下进行。变换炉中的催化剂一般可设置 2~3 层,故通常称之为两段变换或三段变换。在变换炉上部的第一段一般是在较高的温度下进行近乎绝热的变换反应,然后对一段变换气进行中间冷却,再进入第二、三段,在较低温度下进行变换反应。这样既提高了反应速度也提高了催化剂的利用率。

5.13 煤气脱水

5.13.1 煤气脱水可以采用冷冻法、吸附法、化学反应等方法进行,目前国内外在人工煤气生产领域中,普遍采用冷冻法脱除煤气中的水分。采用吸附法脱水需要增加相当多的吸附剂;采用化学方法脱水需要增加化学反应剂。冷冻法脱水有工艺流程简单、成本低、无污染、处理量大等特点。

5.13.2 煤气脱水工段一般情况下都设在压送工段后,主要有三个方面原因:一是考虑脱水工段的换热设备多,因此系统阻力损失较大,放在压送工段后可以满足系统阻力要求;二是脱水效果好,煤气压力提高后其所含水分的饱和蒸汽分压相应提高,有利于冷冻脱水;三是煤气加压后体积变小,使煤气脱水设备的体积都相应的减小。

5.13.5 煤气脱水的技术指标主要是控制煤气的露点温度,脱水的目的是为了降低煤气的露点温度,当环境温度高于煤气的露点温度时,煤气不会有水析出。当环境温度低于煤气的露点温度时煤气中的水分就会部分冷凝出来。由于煤气输送过程中,用于输送煤气的中、低压管网的平均覆土深度一般为地下 1m 左右,根据多年的生产运行情况看,在环境温度比煤气露点温度高 3~5℃时,煤气中的水分不会析出,因此将煤气的露点温度控制在低于最冷月地下平均地温 3℃以上时就能保证煤气在输送过程中管道中不会有水析出。

5.13.6 由于煤气中的焦油、灰尘、萘等杂质在生产操作过程中会析出,粘结在换热设备的内壁上,从而影响换热效率,特别是冷却煤气的换热器。由于是采用冷水间接冷却煤气的工艺,当煤气中的萘遇冷时会在换热器的管壁析出,煤焦油及灰尘也会在管壁上逐渐地粘结,影响换热效果,因此需要定期清理这些换热器。国内现有清洗换热器的方法是用蒸汽吹扫,同时也采用人工清理的方式将换热器内的污垢除去。所以在进行换热器的结构设计时应考虑其内部结构便于清理及拆装。

5.13.7 冷冻法煤气脱水工段的主要动力消耗是制冷机组的电力消耗,由于城镇煤气供应量具有高、低峰值,选用变频制冷机组可以适应这种高低峰变化要求,并大大节省动力消耗,降低生产成本。

5.14 放散和液封

5.14.2 设备和管道上的放散管管口高度应考虑放散出有害气体对操作人员有危害及对环境有污染。《工业企业煤气安全规程》GB 6222 中第 4.3.1.2 条中规定放散管管口高度必须高出煤气管道、设备和走台 4m 并且离地面不小于 10m。本规定考虑对一些小管径的放散管高出 4m 后其稳定性较差,因此本规定中按管径给予分类,公称直径大于 150mm 的放散管定为高出 4m,不大于 150mm 的放散管按惯例设计定为 2.5m 而 GB 6222 规定离地不小于 10m,所以在本规定中就不作硬性规定,应视现场具体情况而定,原则是考虑人员及环境的安全。

5.14.3 煤气系统中液封槽高度在《工业企业煤气安全规程》GB 6222 中第 4.2.2.1 条规定水封的有效高度为煤气计算压力加 500mm。本规定中根据气源厂各工段情况做出的具体规定,其中第 2 款硫铵工段由于满流槽中是酸液,其密度大,液封高度相应较小,而且酸液漏出会造成腐蚀。因此该液封高度按习惯做法定为鼓风机的全压。

5.14.4 煤气系统液封槽、溶解槽等需补水的容器,在设计时都应注意其补水口严禁与供水管道直接相连,防止在操作失误、设备失灵或特殊情况下造成倒流,污染供水系统。

煤气厂供水系统被污染在国内已经发生过。由于煤气厂内许多化学物质皆为有毒物质,一旦发生水质污染,极易造成严重后果。

6 燃气输配系统

6.1 一般规定

6.1.1 城镇燃气管道压力范围是根据长输高压天然气的到来和参考国外城市煤气经验制定的。

据西气东输长输管道压力工况,压缩机出口压力为 10.0MPa,压缩机进口压力为 8.0MPa,这样从输气干线引支线到城市门站,在门站前能达到 6.0MPa 左右,为城镇提供了压力高的气源。提高输配管道压力,对节约管材,减少能量损失有好处;但从分配和使用的角度看,降低管道压力有利于安全。为了适应天然气用气量显著增长和节约投资、减少能量损失的需要,提高城市输配干管压力是必然趋势;但面对人口密集的城市过多提高压力也不适宜,适当地提高压力以适应输配燃气的要求,又能从安全上得到保障,使二者能很好地结合起来应是要点。参考和借鉴发达国家和地区的经验是一途径。一些发达国家和地区的城市有关长输管道和城市燃气输配管道压力情况如表 23。

表 23 燃气输配管道压力(MPa)

城市名称	长输管道	地区或外环高压管道	市 区次高压管道	中压管道	低压管道
洛杉矶	5.93~7.17	3.17	1.38	0.138~0.41	0.0020
温哥华	6.62	3.45	1.20	0.41	0.0028 或 0.0069 或 0.0138
多伦多	9.65	1.90~4.48	1.20	0.41	0.0017
香港	—	3.50	A. 0.40~0.70 B. 0.24~0.40	0.0075~0.24	0.0075 或 0.0020

城市名称	长输管道	地区或外环高压管道	市区次高压管道	中压管道	低压管道
悉 尼	4.50～6.35	3.45	1.05	0.21	0.0075
纽 约	5.50～7.00	2.80		0.10～0.40	0.0020
巴 黎	6.80（一环以外整个法兰西岛地区）	4.00（巴黎城区向外10～15km的一环）	0.4～1.9	A.≤0.40 B.≤0.04 （老区）	0.0020
莫斯科	5.5	2.0	0.3～1.2	A.0.1～0.3 B.0.005～0.1	≤0.0050
东 京	7.0	4.0	1.0～2.0	A.0.3～1.0 B.0.01～0.3	<0.0100

从上述九个特大城市看，门站后高压输气管道一般成环状或支状分布在市区外围，其压力为2.0～4.48MPa不等，一般不需敷设压力大于4.0MPa的管道，由此可见，门站后城市高压输气管道的压力为4.0MPa已能满足特大城市的供气要求，故本规范把门站后燃气管道压力适用范围定为不大于4.0MPa。

但不是说城镇中不允许敷设压力大于4.0MPa的管道。对于大城市如经论证在工艺上确实需要且在技术、设备和管理上有保证，在门站后也可敷设压力大于4.0MPa的管道，另外门站前肯定会需要和敷设压力大于4.0MPa的管道。城镇敷设压力大于4.0MPa的管道设计宜按《输气管道工程设计规范》GB 50251并参照本规范高压A（4.0MPa）管道的有关规定执行。

6.1.3 "城镇燃气干管的布置，宜按逐步形成环状管网供气进行设计"，这是为保证可靠供应的要求，否则在管道检修和新用户接管安装时，影响用户用气的面就太大了。城镇燃气都是逐步发展的，故在条文中只提"逐步形成"，而不是要求每一期工程都必须完成环状管网；但是要求每一期工程设计都宜在一项最后"形成干线环状管网"的总体规划指导下进行，以便最后形成干线环状管网。

6.1.4、6.1.5 城镇各类用户的用气量是不均匀的，随月、日、小时而变化，平衡这种变化，需要有调峰措施（调度供气措施）。以往城镇燃气公司一般统管气源、输配和应用，平衡用气的不均匀性由当地燃气公司统筹调度解决。在天然气来到之后，城镇燃气属于整个天然气系统的下游（需气方），长输管道为中游，天然气开采净化为上游（中游和上游可合称为城镇燃气的供气方）。上、中、下游有着密切的联系，应作为一个系统工程对待，调峰问题作为整个系统中的问题，需从全局来解决，以求得天然气系统的优化，达到经济合理的目的。

6.1.4条所述逐月、逐日的用气不均匀性，主要表现在采暖和节假日等日用气量的大幅度增长，其日用量可为平常的2～3倍，平衡这样大的变化，除了改变天然气田采气外，国外一般采用天然气地下储气库和液化天然气储库。液化天然气受经济规模限制，我国一般在沿海液化天然气进口地附近才有可能采用；而天然气地下库受地质条件限制也不可能在每个城市兴建，由于受用气城市分布和地质条件因素影响，本条规定应由供气方统筹调度解决（在天然气地下库规划分区基础上）。

为了做好对逐月、逐日的用气量不均匀性的平衡，城镇燃气部门（需气方），应经调查研究和资料积累，在完成各类用户全年综合用气负荷资料（含计划中缓冲用户安排）的基础上，制定逐月、逐日用气量计划并应提前与供气方签订合同，据国外经验这个合同在实施中可根据近期变化进行调整，地下储气库和天然气气井可以用来平衡逐日用气量的变化，如果地下储气库距城市近，还可以用来平衡逐小时用气量的变化，这些做法经国外的实践表明是可行的。

6.1.5条所述平衡逐小时的用气量不均匀性，采用天然气做气源时，一般要考虑利用长距离输气干管的储气条件和地下储气库的利用条件、输气干管向城镇小时供气量的允许调节幅度和安排等，本规范规定宜由供气方解决，在发挥长距离输气

干管和地下储气库等设施的调节作用基础上，不足时由城镇燃气部门解决。

储气方式多种多样，本条强调应因地制宜，经方案比较确定。高压罐的储气方式在很多发达国家（包括以前采用高压罐较多的原苏联）已不再建于天然气工程，应引起我们的重视。

6.1.6 本条规定了城镇燃气管道按设计压力的分级

1 根据现行的国家标准《管道和管路附件的公称压力和试验压力》GB 1048，将高压管道分为 $2.5<P\leq4.0$MPa；和 $1.6<P\leq2.5$MPa两档，以便于设计选用。

2 把低压管道的压力由小于或等于0.005MPa提高到小于0.01MPa。这是考虑为今后提高低压管道供气系统的经济性和为高层建筑低压管道供气解决高程差的附加压头问题提供方便。

低压管道压力提高到小于0.01MPa在发达国家和地区是成熟技术，发达国家和地区低压燃气管道采用小于0.01MPa的有：比利时、加拿大、丹麦、西德、匈牙利、瑞典、日本等；采用0.0070～0.0075MPa有英国、澳大利亚、中国香港等。由于管道压力比原先低压管道压力提高不多，故仍可在室内采用钢管丝扣连接；此系统需要在用户燃气表前设置低—低压调压器，用户燃具前压力被稳定在较佳压力下，也有利于提高热效率和减少污染。

3 城镇燃气输配系统压力级制选择应在本条所规定的范围内进行，这里应说明的是：

1）不是必须全部用上述压力级制，例如：

一种压力的单级低压系统；

二种压力的：中压B—低压两级系统；中压A—低压两级系统；

三种压力的：次高压B—中压A—低压系统；次高压A—中压A—低压系统；

四种或四种以上压力的多级系统等都是可以采用的。各种不同的系统有其各自的适用对象，我们不能笼统地说哪种系统好或坏，而只能说针对某一具体城镇，选用哪种系统更好一些。

2）也不是说在设计中所确定的压力上限值必须等于本条所规定的上限值。一般在某一个压力级范围内还应做进一步的分析与比较。例如中压B的取值可以在0.010～0.2MPa中选择，这应根据当地情况做技术经济比较后才能确定。

6.2 燃气管道计算流量和水力计算

6.2.1 为了满足用户小时最大用气量的需要，城镇燃气管道的计算流量，应按计算月的小时最大用气量计算。即对居民生活和商业用户宜按第6.2.2条计算，对工业用户和燃气汽车用户宜按第6.2.3条计算。

对庭院燃气支管和独立的居民点，由于所接用具的种类和数量一般为已知，此时燃气管道的计算流量宜按本规范第10.2.9条规定计算，这样更加符合实际情况。

6.2.4 燃气作为建筑物采暖通风和空调的能源时，其热负荷与采用热水（或蒸汽）供热的热负荷是基本一致的，故可采用《城市热力网设计规范》CJJ 34中有关热负荷的规定，但生活热水的热负荷不计在内，因为生活热水的热负荷在燃气供应中已计入用户的用气量指标中。

6.2.5、6.2.6 本条以柯列勃洛克公式替代原来的阿里特苏里公式。柯氏公式是至今为世界各国在众多专业领域中广泛采用的一个经典公式，它是普朗特半经验理论发展到工程应用阶段的产物，有较扎实的理论和实验基础，在规范的正文中作这样的改变，符合中国加入WTO以后技术上和国际接轨的需要，符合今后广泛开展国际合作的需要。

柯列勃洛克公式是个隐函数公式，其计算上产生的困难，在计算机技术得到广泛应用的今天已经不难解决，但考虑到使用部门的实际情况，给出一些形式简单便于计算的显函数公式仍是需

要的，在附录C中列出了原规范中的阿里特苏里公式，阿氏公式和柯式公式比较偏差值在5%以内，可以认为其计算结果是基本一致的。

公式中的当量粗糙度 K，反映管道材质、制管工艺、施工焊接、输送气体的质量、管材存放年限和条件等诸多因素使摩阻系数值增大的影响，因此采用旧钢管的 K 值。

对于我国使用的焊接钢管，其新钢管当量粗糙度多数国家认定为 $K=0.045mm$ 左右，1990年的燃气设计规范专题报告中，引用了二组新钢管实测数据，计算结果与 $K=0.045mm$ 十分接近。在实际工程设计中参照其他国家规范对天然气管道采用当量粗糙度的情况，取 $K=0.1mm$ 较合适。取 $K=0.1mm$ 比新钢管取 $K=0.045mm$，其 λ 值平均增大 10.24%。

考虑到人工煤气气质条件，比天然气容易造成污塞和腐蚀，根据1990年的燃气设计规范专题报告中的二组旧钢管实测数据，反推当量粗糙度 K 为 $0.14\sim0.18mm$。

本规范对人工煤气使用钢管时取 $K=0.15mm$，它比新钢管 $K=0.045mm$，λ 值平均增大 18.58%。

6.2.8 本条所述的低压燃气管道是指和用户燃具直接相接的低压燃气管道（其中间不经调压器）。我国目前大多采用区域调压站，出口燃气压力保持不变，由低压分配管网供应到户就是这种情况。

1 国内几个有代表性城市低压燃气管道计算压力降的情况见表24。燃具额定压力 P_n 为 800Pa 时，燃具前的最低压力为600Pa，约为 P_n 的 600/800=75%。低压管道总压力降取值：北京较低、沈阳较高、上海居中。这有种种原因，如北京为1958年开始建设的，对今后的发展留有较大余地；又如沈阳是沿用旧的管网，由于用户的不断增加，要求不断提高输气能力，不得不把调压站出口压力向上提，这是迫不得已采取的一种措施；上海市的情况界于上述两城市之间，其压力降为900Pa，约为 P_n 的 1.0 倍。

表24 几个城市低压管道压力降（Pa）

城市 \ 项目	北京（人工煤气）	上海（人工煤气）	沈阳（人工煤气）	天津（天然气）
燃具的额定压力 P_n	800	900	800	2000
调压站出口压力	1100~1200	1500	1800~2000	3150
燃具前最低压力	600	600	600	1500
低压管道总压力降 ΔP	550	900	1300	1650
其中：干管	150	500	1000	1100
支管	200	200	100	300
户内管	100	80	80	100
煤气表	100	120	120	150

2 原苏联建筑法规《燃气供应、室内外燃气设备设计规范》对低压燃气管道的计算压力降规定如表25，其总压力降约为燃具额定压力的90%。

表25 低压燃气管道的计算压力降（Pa）

所用燃气种类及燃具额定压力	从调压站到最远燃具的总压力降	管道中包括	
		街区	庭院和室内
天然气、油田气、液化石油气与空气的混合气以及其他热值为 $33.5\sim41.8MJ/m^3$ 的燃气，民用燃气燃具前额定压力为2000Pa时	1800	1200	600
同上述燃气民用燃气燃具前额定压力为1300Pa时	1150	800	350
低热值为 $14.65\sim18.8MJ/m^3$ 的人工煤气与混合气，民用燃气燃具前额定压力为1300Pa时	1150	800	350

3 从我国有关部门对居民用的人工煤气、天然气、液化石油气燃具所做的测定表明，当燃具前压力波动为 $0.5P_n\sim1.5P_n$ 时，燃烧器的性能达到燃气质量标准的要求，燃具的这种性能

在我国的《家用燃气灶具标准》GB 16410 中已有明确规定。

但不少代表提出，在实际使用中不宜把燃具长期置于 $0.5P_n$ 下工作，因为这样不合乎中国人炒菜的要求，且使做饭时间加长，参照表24的情况，可见取 $0.75P_n$ 是可行的。这样一个压力相当于燃气灶热负荷比额定热负荷仅降低了13.4%，是能基本满足用户使用要求的，而且这只是对距调压站最远用户而言，在一年中也仅仅是在计算月的高峰时出现，对广大用户不会产生影响。

综上所述燃气灶具前的实际压力允许波动范围取为 $0.75P_n\sim1.5P_n$ 是比较合适的。

4 因低压燃气管道的计算压力降必须根据民用燃气灶具压力允许的波动范围来确定，则有 $1.5P_n-0.75P_n=0.75P_n$。

按最不利情况即当用气量最小时，靠近调压站的最近用户处有可能达到压力的最大值，但由调压站到此用户之间最小仍有约 150Pa 的阻力（包括煤气表阻力和干、支管阻力），故低压燃气管道（包括室内和室外）总的计算压力降最少还可加大的 150Pa，故 $\Delta P_d=0.75P_n+150$。

5 根据本条规定，低压管道压力情况如表26。

表26 低压燃气管道压力数值表（Pa）

燃气种类	人工煤气		天然气
燃气灶额定压力 P_n	800	1000	2000
燃气灶前最大压力 P_{max}	1200	1500	3000
燃气灶前最小压力 P_{min}	600	750	1500
调压站出口最大压力	1350	1650	3150
低压燃气管道总的计算压力降（包括室内和室外）	750	900	1650

6 应当补充说明的是，本条所给出的只是低压燃气管道的总压力降，至于其在街区干管、庭院管和室内管中的分配，还应根据情况进行技术经济分析比较后确定。作为参考，现将原苏联建筑法规推荐的数值列如表27。

表27 《原苏联建筑法规》规定的低压燃气管道压力降分配表（Pa）

燃气种类及燃具额定压力	总压力降 ΔP	街区	单层建筑		多层建筑	
			庭院	室内	庭院	室内
人工煤气1300	1150	800	200	150	100	250
天然气2000	1800	1200	350	250	250	350

对我国的一般情况参照原苏联建筑法规，列出的数值如表28可供参考。

表28 低压燃气管道压力降分配参考表（Pa）

燃气种类及燃具额定压力	总压力降 ΔP	街区	单层建筑		多层建筑	
			庭院	室内	庭院	室内
人工煤气1000	900	500	200	200	100	300
天然气2000	1650	1050	300	300	200	400

6.3 压力不大于 1.6MPa 的室外燃气管道

6.3.1 中、低压燃气管道因内压较低，其可选用的管材比较广泛，其中聚乙烯管由于质轻、施工方便、使用寿命长而被广泛使用在天然气输送上。机械接口球墨铸铁管是近年来开发并得到广泛应用的一种管材，它替代了灰口铸铁管，这种管材由于在铸铁熔炼时在铁水中加入少量球化剂，使铸铁中石墨球化，使其比灰口铸铁管具有较高的抗拉、抗压强度，其冲击性能为灰口铸铁管10倍以上。钢骨架聚乙烯塑料复合管是近年我国新开发的一种新型管材，其结构为内外两层聚乙烯层，中间夹以钢丝缠绕的骨架，其刚度较纯聚乙烯管好，但开孔接新管比较麻烦，故只作输气干管使用。根据目前产品标准的压力适应范围和工程实践，本规范将上述三种管材均列于中、低压燃气管道之列。

6.3.2 次高压燃气管道一般在城镇中心城区或其附近地区埋设，此类地区人口密度相对较大，房屋建筑密集，而次高压燃气管道输送的是易燃、易爆气体且管道中积聚了大量的弹性压缩能，一旦发生破裂，材料的裂纹扩展速度极快，且不易止裂，其断裂长

度也很长，后果严重。因此必须采用具有良好的抗脆性破坏能力和良好的焊接性能的钢管，以保证输气管道的安全。

对次高压燃气管道的管材和管件，应符合本规范第6.4.4条的要求（即高压燃气管材和管件的要求）。但对于埋入地下的次高压B燃气管道，其环境温度在0℃以上，据了解在竣工和运行的城镇燃气管道中，有不少地下次高压燃气管道（设计压力0.4～1.6MPa）采用了钢号Q235B的《低压流体输送用焊接钢管》，并已有多年使用的历史。考虑到城镇燃气管道位于人口密度较大的地区，为保障安全在设计中对压力不大于0.8MPa的地下次高压B燃气管道采用钢号Q235B的《低压流体输送用焊接钢管》也是适宜的。（经对钢管制造厂调研，Q235A材料成分不稳定，故不宜采用）。

最小公称壁厚是考虑满足管道在搬运和挖沟过程中所需的刚度和强度要求，这是参照钢管标准和有关国内外标准确定的，并且该厚度能满足在输送压力0.8MPa，强度系数不大于0.3时的计算厚度要求。例如在设计压力为0.8MPa，选用L245级钢管时，对应DN100～1050最小公称壁厚的强度设计系数0.05～0.19。详见表29。

表29　L245级钢管、设计压力 P 为 0.8MPa、1.6MPa 对应的强度设计系数 F

DN（D）	δ_{min}	$F\left(=\dfrac{PD}{2\sigma_s\delta_{min}}\right)$	
		P＝0.8MPa	P＝1.6MPa
100（114.3）	4.0	0.05	0.10
150（168.3）		0.07	0.14
200（219.1）	4.8	0.07	0.14
300（323.9）		0.11	0.22
350（355.6）		0.11	0.22
400（406.4）	5.2	0.13	0.26
450（457）		0.14	0.28

续表29

DN（D）	δ_{min}	$F\left(=\dfrac{PD}{2\sigma_s\delta_{min}}\right)$	
		P＝0.8MPa	P＝1.6MPa
500（508）	6.4	0.13	0.26
550（559）		0.14	0.28
600（610）	7.1	0.14	0.28
700（711）		0.16	0.32
750（762）	7.9	0.16	0.32
900（914）		0.19	0.38
950（965）	8.7	0.18	0.36
1000（1016）		0.19	0.38
1050（1067）	9.5	0.18	0.36

注：如果选用L210级钢管，强度设计系数 F′为表中 F 值乘 1.167。

6.3.3 本条规定了敷设地下燃气管道的净距要求。

地下燃气管道在城市道路中的敷设位置是根据当地远、近期规划综合确定的，厂区内煤气管道的敷设也应根据类似的原则，按工厂的规划和其他工种管线布置确定。另外，敷设地下燃气管道还受许多因素限制，例如：施工、检修条件、原有道路宽度与路面的种类、周围已建和拟建的各类地下管线设施情况、所用管材、管接口形式以及所输送的燃气压力等。在敷设燃气管道时需要综合考虑，正确处理以上所提供的要求和条件。本条规定的水平净距和垂直净距是在参考各地燃气公司和有关其他地下管线规范以及实践经验后，在保证施工和检修时互不影响及适当考虑燃气输送压力影响的情况下而确定的，基本沿用原规范数据，现补充说明如下：

1 与建筑物及地下构筑物的净距

长期实践经验与燃气管道漏气中毒事故的统计资料表明，压力不高的燃气管道漏气中毒事故的发生在一定范围内并不与燃气管道与建筑物的净距有必然关系，采用加大管道与房屋的净距的

办法并不能完全避免事故的发生，相反会增加设计时管位选择的困难或使工程费用增加（如迁移其他管道或绕道等方法来达到规定的要求）。实践经验证明，地下燃气管道的安全运行与提高工程施工质量、加强管理密切相关。考虑到中、低压管道是市区中敷设最多的管道，故本次修订中将原规定的中压管道与建筑物净距予以适当减小，在吸收了香港的经验并采取有效的防护措施后，把次高、中、低压管道与建筑物外墙面净距，分别降至应不小于3m、1m（距建筑物基础0.5m）和不影响基础的稳固性。有效的防护措施是指：

　　1）增加管壁厚度，钢管可按表6.3.2酌情增加，但次高压A管道与建筑物外墙面为3m时，管壁厚度不应小于11.9mm；对于聚乙烯管、球墨铸铁管和钢骨架聚乙烯塑料复合管可不采取增加厚度的办法；

　　2）提高防腐等级；

　　3）减少接口数量；

　　4）加强检验（100%无损探伤）等。

以上措施根据管材种类不同可酌情采用。

本条原规范是指到建筑物基础的净距，考虑到基础在管道设计时不便掌握，且次高压管道到建筑物净距要求较大，不会碰到建筑物基础，为方便管道布置，故改为到建筑物外墙面；中、低压管道净距要求较小，有可能碰到建筑物的基础，故规定仍指到建筑物基础的净距。

应该说明的是，本规范规定的至建筑物净距综合了南北各地情况，低压管取至建筑物基础的净距为0.7m，对于北方地区，考虑到在开挖管沟时不至于对建筑物基础产生影响，应根据管道埋深适当加大与建筑物基础的净距。并不是要求一律按表6.3.3-1水平净距进行设计，在条件许可时（如在比较宽敞的道路上敷设燃气管道）宜加大管道到建筑物基础的净距。

2 地下燃气管道与相邻构筑物或管道之间的水平净距与垂直净距

　　1）水平净距：基本上是采用原规范规定，与现行的国家标准《城市工程管线综合规划规范》GB 50289－98基本相同。

　　2）垂直净距：与现行的国家标准《城市工程管线综合规划规范》GB 50289－98完全一致。

6.3.4 对埋深的规定是为了避免因埋设过浅使管道受到过大的集中轮压作用，造成设计浪费或出现超出管道负荷能力而损坏。

按我国铸铁管的技术标准进行验算，条文中所规定的覆土深度，对于一般管径的铸铁管，其强度都是能适应的。如上海地区在车行道下最小覆土深度为0.8m的铸铁管，经长期的实践运行考验，情况良好。此次修编中将埋在车行道下的最小覆土深度由0.8m改为0.9m，主要是考虑到今后车行道上的荷载将会有所增加。对埋设在庭院内地下燃气管道的深度同埋设在非车行道下的燃气管道深度早先的规定是均不能小于0.6m。但在我国土壤冰冻线较浅的南方地区，埋设在街坊内泥土下的小口径管道（指口径50mm以下的）的覆土厚度一般为0.30m，这个深度同时也满足砌筑排水明沟的要求，参照中南地区、上海市煤气公司与四川省城市煤气设计施工规程，在修订中增加了对埋设在机动车不可到达地方的地下燃气管道覆土厚度为0.3m的规定，以节约工程投资。"机动车道"或"非机动车道"分别是指机动车能或不能通行的道路，这对于城市道路是容易区分的，对于居民住宅区内道路，按如下区分掌握：如果是机动车以正常行驶速度通行的主要道路则属于机动车道；住宅区内由上述主要道路到住宅楼门之间的次要道路，机动车只是缓行进入或停放的，可视为非机动车道。目前国内外有关燃气管道埋设深度的规定如表30所示。

6.3.5 规定燃气管道敷设于冻土层以下，是防止燃气中冷凝液被冻结堵塞管道，影响正常供应。但在燃气中有些是干气，如长输的天然气等，故只限于湿气时才须敷设在冻土层以下。但管道敷设在地下水位高于输气管道敷设高度的地区时，无论是对湿气

表30 国内外燃气管道的埋设深度（至管顶）(m)

地点	条件		埋设深度	最大冻土深度	备注
北京	主干道 干线		≥1.20	0.85	北京市《地下煤气管道设计施工验收技术规定》
	支线		≥1.00		
	非车行道		≥0.80		
上海	机动车道		1.00	0.06	上海市标准《城市煤气、天然气管道工程技术规程》DGJ 08-10
	车行道		0.80		
	人行道		0.60		
	街坊		0.60		
	引入管		0.30		
大连			≥1.00	0.93	《煤气管道安全技术操作规程》
鞍山			1.40	1.08	
沈阳	*DN*250mm 以下		≥1.20		
	*DN*250mm 以上		≥1.00		
长春			1.80	1.69	
哈尔滨	向阳面		1.80	1.97	
	向阴面		2.30		
中南地区	车行道		≥0.80		《城市煤气管道工程设计、施工、验收规程》（城市煤气协会中南分会）
	非车行道		≥0.60		
	水田下		≥0.60		
	街坊泥土路		≥0.40		
四川省	车行道	直埋	0.80		《城市煤气输配及应用工程设计、安装、验收技术规程》
		套管	0.60		
	非车行道		0.60		
	郊区旱地		0.60		
	郊区水田		0.80		
	庭院		0.40		

续表30

地点	条件	埋设深度	最大冻土深度	备注
美国	一级地区	0.762/0.457		美国联邦法规 49-192《气体管输最低安全标准》
	二、三、四级地区（正常土质/岩石）	0.914/0.610		
日本	干管	1.20		道路施行法第12条及本支管指针（设计篇）；供给管、内管指针（设计篇）
	特殊情况	0.60		
	供气管：			
	车行道	>0.60		
	非车行道	>0.30		
原苏联	高级路面	≥0.80		《燃气供应建筑法规》CHⅡⅡ-37
	非高级路面	≥0.90		
	运输车辆不通行之地	0.60		
原东德	一般	0.8～1.0		DINZ 470
	采取特别防护措施	0.6		

还是干气，都应考虑地下水从管道不严密处或施工时灌入的可能，故为防止地下水在管内积聚也应敷设有坡度，使水容易排除。

为了排除管内燃气冷凝水，要求管道保持一定的坡度。国内外有关燃气管道坡度的规定如表31，地下燃气管道的坡度国内外一般所采用的数值大部分都不小于0.003。但在很多旧城市中的地下管一般都比较密集，往往有时无法按规定坡度敷设，在这种情况下允许局部管段坡度采取小于0.003的数值，故本条规范用词为"不宜"。

表31 国内外室外地下燃气管道的坡度

地点	管别	坡度	备注
北京	干管、支管	>0.0030	北京市《地下煤气管道设计施工验收技术规定》
	干管、支管（特殊情况下）	>0.0015	

续表31

地点	管别	坡度	备注
上海	中压管	≥0.003	上海市标准《城市煤气、天然气管道工程技术规程》DGJ 08-10
	低压管	≥0.005	
	引入管	≥0.010	
沈阳	干管、支管	0.003～0.005	
长春	干管	>0.003	
大连	干管、支管：逆气流方向	>0.003	《煤气管道安全技术操作规程》
	顺气流方向	>0.002	
	引入管	>0.010	
天津		>0.003	天津市《煤气化工程管道安装技术规定》
中南地区		>0.003	《城市煤气管道工程设计、施工、验收规程》（城市煤气协会中南分会）
四川省		>0.003	《城市煤气输配及应用工程设计、安装、验收技术规程》
英国	配气干管	0.003	《配气干管规程》IGE/TD/3
	支管	0.005	《煤气支管规程》IGE/TD/4
日本		0.001～0.003	本支管指针（设计篇）
原苏联	室外地下煤气管道	≥0.002	《燃气供应建筑法规》CHⅡ2.04.08

6.3.7 地下燃气管道在堆积易燃、易爆材料和具有腐蚀性液体的场地下面通过时，不但增加管道负荷和容易遭受侵蚀，而且当发生事故时相互影响，易引起次生灾害。

燃气管道与其他管道或电缆同沟敷设时，如燃气管道漏气易引起燃烧或爆炸，此时将影响同沟敷设的其他管道或电缆使其受到损坏；又如电缆漏电时，使燃气管道带电，易产生人身安全事故。故对燃气管道说来不宜采取和其他管道或电缆同沟敷设；而把同沟敷设的做法视为特殊情况，必须提出充足的理由并采取良好的通风和防爆等防护措施才允许采用。

6.3.8 地下燃气管道不宜穿过地下构筑物，以免相互产生不利影响。当需要穿过时，穿过构筑物内的地下燃气管应敷设在套管内，并将套管两端密封，其一是为了防止燃气管被损或腐蚀而造成泄漏的气体沿沟槽向四周扩散，影响周围安全；其二若周围泥土流入安装后的套管内后，不但会导致路面沉陷，而且燃气管的防腐层也会受到损伤。

关于套管伸出构筑物外壁的长度原规范规定为不小于0.1m，考虑到套管与构筑物的交接处形成薄弱环节，并且由于伸出构筑物外壁长度较短，构筑物在维修或改建时容易影响燃气管道的安全，且对套管与构筑物之间采取防水渗漏措施的操作较困难，故修订时将套管伸出构筑物外壁的长度由原来的0.1m改为表6.3.3-1燃气管道与该构筑物的水平净距，其目的是为了更好地保护套管内的燃气管道和避免相互影响。

6.3.9 本条规定了燃气管道穿越铁路、高速公路、电车轨道或城镇主要干道时敷设要求。

套管内径裕量的确定应考虑所穿入的燃气管根数及其防腐层的防护带或导轮的外径、管道的坡度、可能出现的偏弯以及套管材料与顶管方法等因素。套管内径比燃气管道外径大100mm以上的规定系参照：①加拿大燃气管线系统规程中套管口径的规定：燃气管外径小于168.3mm时，套管内径应大于燃气管外径50mm以上；燃气管外径大于或等于168.3mm时，套管内径应大于燃气管外径75mm以上；②原苏联建筑法规关于套管直径应比燃气管道直径大100mm以上的规定；③我国西南地区的《城市煤气输配及应用工程设计、安装、验收技术规定》中关于套管内径应大于输气管外径100mm的规定等，是结合施工经验而定的。

燃气管道不应在高速公路下平行敷设，但横穿高速公路是允许的，应将燃气管道敷设在套管中，这在国外也常采用。

套管端部距铁路堤坡脚的距离要求是结合各地经验并参照"石油天然气管道保护条例第五章第二节第4条"的规定编制。

6.3.10 燃气管道通过河流时，目前采用的有穿越河底、敷设在桥梁上或采用管桥跨越等三种形式。一般情况下，北方地区由于气温较低，采用穿越河底者较多，其优点是不需保温与经常维修，缺点是施工费用高，损坏时修理困难。南方地区则采用敷设在桥梁上或采用管桥跨越形式者较多，例如上海市煤气和天然气管道通过河流采用敷设于桥梁上的方式很多。南京、广州、湘潭和四川亦有很多燃气管道采用敷设于桥梁上，其输气压力为0.1～1.6MPa。上述敷设于桥梁上的燃气管道在长期（有的已达百年）的运行过程中没有出现什么问题。利用桥梁敷设形式的优点是工程费用低，便于检查和维修。

上述敷设在桥梁上通过河流的方式实践表明有着较大的优点，但与《城市桥梁设计准则》原规定燃气管道不得敷设于桥梁上有矛盾。为此2001年6月5日由建设部标准定额研究所召开有建设部城市建设研究院、《城镇燃气设计规范》主编单位中国市政工程华北设计研究院和《城市桥梁设计准则》主编单位上海市政工程设计研究院，以及北京市政工程设计研究院、部分城市煤气公司、市政工程设计和管理部门等参加的协调会，与会专家经过讨论达成如下共识，一致认为"两个标准的局部修订协调应遵循以下三个原则：①安全适用、技术先进、经济合理；②必须符合国家有关法律、法规的规定；③必须采取具体的安全防护措施。确定条文改为：当条件许可，允许利用道路桥梁跨越河流时，必须采取安全防护措施。并限定燃气管道输送压力不应大于0.4MPa"。

本条文是按上述协调会结论和会后协调修订的，并补充了安全防护措施规定。

6.3.11 原规范规定燃气管道穿越河底时，燃气管道至规划河底的覆土深度只提出应根据水流冲刷条件确定并不小于0.5m，但水流冲刷条件的提法不具体又很难界定，此次修订增加了对通航河流及不通航河流分别规定了不同的覆土深度，目的是不使管道裸露于河床上。另外根据有关河、港监督部门的意见，以往有些过河管道埋于河底，因未满足疏浚和投锚深度要求，往往受到破坏，故规定"对通航的河流还应考虑疏浚和投锚深度"。

6.3.12 对于穿越和跨越重要河流的燃气管道，从船舶运行与水流冲刷的条件看，要预计到它受到损坏的可能性，且损坏之后修复时间较长，而重要河流必然担负着运输等项重大任务，不能允许受到燃气管道破坏时的影响，为了当一旦燃气管道破坏时便于采取紧急措施，故规定在河流两侧均应设置阀门。

6.3.13 本条规定了阀门的布置要求。

在次高压、中压燃气干管上设置分段阀门，是为了便于在维修或接新管操作或事故时切断气源，其位置应根据具体情况而定，一般要掌握当两个相邻阀门关闭后受它影响而停气的用户数不应太多。

将阀门设置在支管上的起点处，当切断该支管供应气时，不致影响干管停气；当新支管与干管连接时，在新支管上的起点处所设置的阀门，也可起到减少干管停气时间的作用。

在低压燃气管道上，切断燃气可以采用橡胶球阻塞等临时措施，故装设阀门的作用不大，且装设阀门增加投资、增加产生漏气的机会和日常维修工作。故对低压管道是否设置阀门不作硬性规定。

6.3.14 地下管道的检测管、凝水缸的排水管均设在燃气管道上方，且在车行道部分的燃气管经常遭受车辆的重压，由于检测和排水管口径较小，如不进行有效保护，容易受损，因此应在其上方设置护罩。并且管口在护罩内也便于检测和排水时的操作。

水封阀和阀门由于在检修和更换时人员往往要至地下操作，设置护井可方便维修人员操作。

6.3.15 燃气管道沿建筑物外墙敷设的规定，是参照苏联建筑法规《燃气供应》СНиП2.04.08-87确定。其中"不应敷设燃气管

道的房间"见本规范第10.2.14条。

与铁路、道路和其他管线交叉时的最小垂直净距是按《工业企业煤气安全规程》GB 6222和上海市的规定而定；与架空电力线最小垂直净距是按《66kV及以下架空电力线路设计规范》GB 50061-97的规定而定。

6.4 压力大于1.6MPa的室外燃气管道

6.4.2、6.4.3 我国城镇燃气管道的输送压力均不高，本规范原规定的压力范围为小于或等于1.6MPa，保证管道安全除对管道强度、严密性有一定要求外，主要是控制管道与周围建筑物的距离，在实践中管道选线有时遇到困难。随着长输天然气的到来，输气压力必然提高，如果单纯保证距离则难以实施。在规范的修订中，吸收和引用了国外发达国家和我国GB 50251规范的成果，采取以控制管道自身的安全性主动预防事故的发生为主，但考虑到城市人员密集，交通频繁，地下设施多等特殊环境以及我国的实际情况，规定了适当控制管道与周围建筑物的距离（详见本规范第6.4.11和6.4.12条说明），一旦发生事故时使恶性事故减少或将损失控制在较小的范围内。

控制管道自身的安全性，如美国联邦法规49号192部分《气体管输最低安全标准》、美国国家标准ANSI/ASME B31.8和英国气体工程师学会标准IGE/TD/1等，采用控制管道及构件的强度和严密性，从管材设备选用、管道设计、施工、生产、维护到更新改造的全过程都要保障好，是一个质量保障体系的系统工程。其中保障管道自身安全的最重要设计方法，是在确定管壁厚度时按管道所在地区不同级别，采用不同的强度设计系数（计算采用的许用应力值取钢管最小屈服强度的系数）。因此，管道位置的地区等级如何划分，各级地区采用多大的强度设计系数，就是问题要点。

管道地区等级的划分方法英国、美国有所不同，但大同小异。美国联邦法规和美国国家标准ANSI/ASME B31.8是按不同的独立建筑物（居民户）密度将输气管道沿线划分为四个地区等级，其划分方法是以管道中心线两侧各220码（约200m）范围内，任意划分为1英里（约1.6km）长并能包括最多供人居住独立建筑物（居民户）数量的地段，以此计算出该地段的独立建筑物（居民户）密度，据此确定管道地区等级；我国国家标准《输气管道工程设计规范》GB 50251的划分方法与美国法规和ANSI/ASME B31.8标准相同，但分段长度为2km；英国气体工程师学会标准IGE/TD/1是按不同的居民人数密度将输气管道沿线划分为三个地区等级，其划分方法是以管道中心线两侧各4倍管道距建筑物的水平净距（根据压力和管径查图）范围内，任意划分为1英里（约1.6km）长并能包括最多数量居民的地段，以此计算出该地段每公顷面积上的居民密度，并据此确定管道地区等级。从以上划分方法看，美国法规和标准划分合理，简单清晰，容易操作，故本规范管道地区等级的划分方法采用美国法规规定。

几个国家和地区管道地区分级标准和强度设计系数F详见表32。

表32　管道地区分级标准和强度设计系数F

标准及使用地	一级地区	二级地区	三级地区	四级地区
美国联邦法规49-192和标准ANSI/ASME B31.8	户数≤10 F=0.72	10<户数<46 F=0.6	户数≥46 F=0.5	4层或4层以上建筑占多数的地区 F=0.4
英国气体工程师学会IGE/TD/I标准（第四版）	户数<54 [注] F≤0.72		中间地区 F=0.3	人口密度大，多层建筑多，交通频繁和地下设施多的城市或镇的中心区 管道压力≤1.6MPa

标准及使用地	一级地区	二级地区	三级地区	四级地区
法国燃料气管线安全规程	户数≤4 F=0.73	4<户数<40 F=0.6	户数≥40 F=0.4	
我国《输气管道工程设计规范》GB 50251	户数≤12[注] F=0.72	12<户数<80[注] F=0.6	户数≥80[注] F=0.5	4层或4层以上建筑普遍集中、交通频繁、地下设施多的地区 F=0.4
香港中华煤气公司	户数<54[注] F≤0.72		中间地区 F=0.3	本岛区管道压力≤0.7MPa
多伦多燃气公司			多伦多市市区 F=0.3	
洛杉矶南加州燃气公司	没有人住的地区 F=0.72		低层建筑(≤3层)为主的地区 F=0.5	多层建筑为主的地区 F=0.4
本规范采用值	户数≤12 F=0.72	12<户数<80 F=0.6	户数≥80的中间地区 F=0.4	4层或4层以上建筑普遍且占多数、交通频繁、地下设施多的城市中心城区(或镇的中心区域等)。F=0.3

注:为了便于对比,我们均按美国标准要求计算,即折算为沿管道两边宽各200m,长1600m面积内(64×10⁴m²)的户数计算(多单元住宅中,每一个独立单元按1户计算,每1户按3人计算)。表中的"户数"在各标准中表达略有不同,有"居民户数"、"居住建筑物数"和"供人居住的独立建筑物数"等。

从表32可知,各标准对各级地区范围密度指数和描述是不尽相同的。在第6.4.3条第2款地区等级的划分中:

1、2 项从美国、英国、法国和我国GB 50251标准看,一级和二级地区的范围密度指数相差不大,(其中GB 50251的二级地区密度指数相比国外标准差别稍大一些,这是编制该规范时根据我国农村实际情况确定的)。本规范根据上述情况,对一级和二级地区的范围密度指数取与GB 50251相同。

3 三级地区是介于二级和四级之间的中间地区。指供人居住的建筑物户数在80或80以上,但又不够划分为四级地区的任一地区分级单元。

另外,根据美国标准ANSI/ASME B31.8,工业区应划为三级地区;根据美国联邦法规49-192,对距人员聚集的室外场所100码(约91m)范围也应定为三级地区;本规范均等效采用(取为90m),人员聚集的室外场所是指运动场、娱乐场、室外剧场或其他公共聚集场所等。

4 根据英国标准IGE/TD/1(第四版)对燃气管道的T级地区(相当于本规范的四级地区)规定为"人口密度大,多层建筑多,交通频繁和地下服务设施多的城市或镇的中心区域"。并规定燃气管道的压力不大于1.6MPa,强度设计系数F一般不大于0.3等,更加符合城镇的实际情况和有利于安全,因而本规范对四级地区的规定采用英国标准。其中"多层建筑多"的含义明确为4层或4层以上建筑物(不计地下室层数)普遍且占多数;"城市或镇的中心区域"的含义明确为"城市中心城区(或镇的中心区域等)"。从而将4层或4层以上建筑物普遍且占多数的地区分为:城市的中心城区(或镇的中心区域等)和城市管辖的(或镇管辖的)其他地区两种情况,区别对待。在此需要进一步说明的是:

1)管道经过城市的中心城区(或镇的中心区域等)且4层或4层以上建筑物普遍且占多数同时具备才被划入管道的四级地区。

2)此处除指明包括镇的中心区域在内外,凡是与镇相同或比镇大的新城、卫星城的中心区域等是否属于管道的四级地区,也应根据四级地区的地区等级划分原则确定。

3)对于城市的非中心城区(或镇的非中心区域等)地上4层或4层以上建筑物普遍且占多数的燃气管道地区,应划入管道的三级地区,其强度设计系数F=0.4,这与《输气管道设计规范》GB 50251中的燃气管道四级地区强度系数F是相同的。

4)城市的中心城区(不包括郊区)的范围宜按城市规划并应由当地城市规划部门确定。据了解:例如:上海市的中心城区规划在外环道路以内(不包括外环道路红线内)。又如:杭州市的中心城区规划在距外环道路内侧最少100m以内。

5)"4层或4层以上建筑物普遍且占多数"可按任一地区分级单元中燃气管道任一单侧4层或4层以上建筑物普遍且占多数,即够此项条件掌握。建筑物层数的计算除不计地下室层数外,顶层为平常没有人的美观装饰观赏间、水箱间等时可不计算在建筑物层数内。

第6.4.3条第4款,关于今后发展留有余地问题,其中心含义是在确定地区等级划分时,应适当考虑地区今后发展的可能性,如果在设计一条新管道时,看到这种将来的发展足以改变该地区的等级,则这种可能性应在设计时予以考虑。至于这种将来的发展考虑多远,是远期、中期或近期规划,应根据具体项目和条件确定,不作统一规定。

6.4.4 本条款是对高压燃气管道的材料提出的要求。

2 钢管标准《石油天然气工业输送钢管交货技术条件第1部分:A级钢管》GB/T 9711.1中L175级钢管有三种与相应制造工艺对应的钢管:无缝钢管、连续炉焊钢管和电阻焊钢管。其中连续炉焊钢管因其焊缝不进行无损检测,其焊缝系数仅为0.6,并考虑到175级钢管强度较低,不适用于高压燃气管道,因此规定高压燃气管道材料不应选用GB/T 9711.1标准中的L175级钢管。为便于管材的设计选用,将该条款规定的标准钢管的最低屈服强度列于表33。

表33 钢管的最低屈服强度

钢级或钢号				最低屈服强度[①]
GB/T 9711.1	GB/T 9711.2	ANSI/API5L[②]	GB/T 8163	$\sigma_s(R_{t0.5})$,(MPa)
L210		A		210
L245	L245…	B		245
L290	L290…	X42		290
L320		X46		320
L360	L360…	X52		360
L390		X56		390
L415	L415…	X60		415
L450	L450…	X65		450
L485	L485…	X70		485
L555	L555…	X80		555
			10	205
			20	245
			Q295	295(S>16时,285)[③]
			Q345	325(S>16时,315)

注:①GB/T9711.1、GB/T9711.2标准中,最低屈服强度即为规定总伸长应力$R_{t0.5}$。

②在此列出与GB/T 9711.1、GB/T 9711.2对应的ANSI/API5L类似钢级,引自标准GB/T 9711.1、GB/T 9711.2标准的附录。

③S为钢管的公称壁厚。

3 材料的冲击试验和落锤撕裂试验是检验材料韧性的试验。冲击试验和落锤撕裂试验可按照《石油天然气工业输送钢管交货技术条件第1部分:A级钢管》GB/T 9711.1标准中的附录D补充要求SR3和SR4或《石油天然气工业输送钢管交货技术条件第2部分:B级钢管》GB/T 9711.2标准中的相应要求进行。GB/T 9711.2标准将韧性试验作为规定性要求,GB/T 9711.1将其作为补充要求(由订货协议确定),GB/T 8163未提这方面要求。试验温度应考虑管道使用时和压力试验（如果用气体）时预测的最低金属温度，如果该温度低于标准中的试验温度（GB/T 9711.1 为 10℃，GB/T 9711.2 为 0℃），则试验温度应取该较低温度。

6.4.5 管道的抗震计算可参照国家现行标准《输油（气）钢质管道抗震设计规范》SY/T 0450。

6.4.6 直管段的计算壁厚公式与《输气和配气管线系统》AS-MEB31.8、《输气管道工程设计规范》GB 50251 等规范中的壁厚计算式是一致的。该公式是采用弹性失效准则，以最大剪应力理论推导得出的壁厚计算公式。因城镇燃气温度范围对管材强度没有影响，故不考虑温度折减系数。在确定管道公称壁厚时，一般不必考虑壁厚附加量。对于钢管标准允许的壁厚负公差，在确定强度设计系数时给予了适当考虑并加了裕量；对于腐蚀裕量，因本规范中对外壁防腐设计提出了要求，因此对外壁腐蚀裕量不必考虑，对于内壁腐蚀裕量可视介质含水分多少和燃气质量酌情考虑。

6.4.7 经冷加工的管子又经热处理加热到一定温度后，将丧失其应变强化性能，按国内外有关规范和资料，其屈服强度降低约 25%，因此在进行该类管道壁厚计算或允许最高压力计算时应予以考虑。条文中冷加工是指为使管子符合标准规定的最低屈服度而采取的冷加工（如冷扩径等），即指利用了冷加工过程所提高强度的情况。管子揻弯的加热温度一般为 800～1000℃，对于热处理状态管子，热弯过程会使其强度有不同程度的损失，根据 ASME B31.8 及一些热弯管机械性能数据，强度降低比率按 25% 考虑。

6.4.8 强度设计系数 F，根据管道所在地区等级不同而不同。并根据各国国情（如地理环境、人口等）其取值也有所不同。几个国家管道地区分级标准和强度设计系数 F 的取值情况详见表 32。

1 从美国、英国、法国和我国 GB 50251 标准看，对一级和二级地区的强度设计系数的取值基本相同，本规范也取为 0.72 和 0.60，与上述标准相同。

2 对三级地区，英国标准比法国、美国和我国 GB 50251 标准控制严，其强度设计系数依次分别为 0.3、0.4、0.5、0.5。考虑到对于城市的非中心城区（或镇的非中心区域等）地上 4 层或 4 层以上建筑物普遍且占多数的燃气管道地区，已划入管道的三级地区；对于城市的中心城区（或镇的中心区域等）三级和四级地区的分界线主要是以 4 层或 4 层以上建筑是否普遍且占多数为标准，而我国每户平均住房面积比发达国家要低很多，同样建筑面积的一幢 4 层楼房，我国的住户数应比发达国家多，而其他小于或等于 3 层的低层建筑，在发达国家大多是独门独户，我国则属多单元住宅居多，因而当我国采用发达国家这一分界线标准时，不少划入三级地区的地段实际户数已相当于进入发达国家四级地区规定的户数范围（地区分级主要与户数有关，但为了统计和判断方便又常以住宅单元建筑物数为尺度）；参考英国、法国、美国标准和多伦多、香港等地的规定，本规范对三级地区强度设计系数取为 0.4。

3 对四级地区英国标准比法国、美国和我国 GB 50251 标准控制更严，这是由于英国标准提出四级地区是指城市或镇的中心区域且多层建筑多的地区（本规范已采用），同时又规定燃气管道压力不应超过 1.6MPa（最近该标准第四版已由 0.7MPa 改为 1.6MPa）。由于管道敷设有最小壁厚的规定，按 L245 级钢管和设计压力 1.6MPa 时反算强度设计系数约为 0.10～0.38，一般比其他标准 0.4 低很多。香港采用英国标准，多伦多燃气公司市区燃气管道强度设计系数采用 0.3。我国是一个人口众多的大国，城市人口（特别是四级地区）普遍比较密集，多层和高层建筑较多，交通频繁，地下设施多，高压燃气管道一旦破坏，对周围危害很大，为了提高安全度，保障安全，故要适当降低强度设计系数，参考英国标准和多伦多燃气公司规定，本规范对四级地区取为 0.3。

6.4.9 本条根据美国联邦法规 49-192 和我国 GB 50251 标准并结合第 6.4.8 条规定确定。

6.4.11、6.4.12 关于地下燃气管道到建筑物的水平净距。

控制管道自身安全是从积极的方面预防事故的发生，在系统各个环节都按要求做到的条件下可以保障管道的安全。但实际上管道难以做到绝对不会出现事故，从国内和国外的实践看也是如此，造成事故的主要原因是：外力作用下的损坏，管材、设备及焊接缺陷，管道腐蚀，操作失误及其他原因。外力作用下的损坏常常和法制不健全、管理不严有关，解决尚难到位；管材、设备和施工中的缺陷以及操作中的失误应该避免，但也很难杜绝；管道长期埋于地下，目前城镇燃气行业对管内、外的腐蚀情况缺乏有效的检测手段和先进设备，管道在使用后的质量得不到有效及时的监控，时间一长就会给安全带来隐患；而城市又是人群集聚之地，交通频繁、地下设施复杂，燃气管道压力越来越高，一旦破坏、危害甚大。因此，适当控制高压燃气管道与建筑物的距离，是当发生事故时将损失控制在较小范围，减少人员伤亡的一种有效手段。在条件允许时要积极去实施，在条件不允许时也可采取增加安全措施适当减少距离，为了处理好这一问题，结合国情，在本规范第 6.4.11 条、6.4.12 条等效采用了英国气体工程师学会 IGE/TD/1《高压燃气输送钢管》标准的成果。

1 从表 6.4.11 可见，由于高压燃气管道的弹性压缩能量主要与压力和管径有关，因而管道到建筑物的水平净距根据压力和管径确定。

2 三级地区房屋建筑密度逐渐变大，采用表 6.4.11 的水平净距有困难，此时强度设计系数应取 0.4（IGE/TD/1 标准取 0.3），即可采用表 6.4.12（此时在一、二区也可采用）。其中：

1）采取行之有效的保护措施，表 6.4.12 中 A 行管壁厚度小于 9.5mm 的燃气管道可采用 B 行的水平净距。据 IGE/TD/1 标准介绍，"行之有效的保护措施"是指沿燃气管道的上方设置加强钢筋混凝土板（板应有足够宽度以防侧面侵入）或增加管壁厚度等措施，可以减少管道被破坏，或当管壁厚度达到 9.5mm 以上后可取得同样效果。因此在这种条件下，可缩小高压燃气管道到建筑物的水平净距。对于采用 B 行的水平净距有困难的局部地段，可将管壁厚度进一步加厚至不小于 11.9mm 后可采用 C 行的水平净距。

2）据英国气体工程师学会人员介绍：经实验证明，在三级地区允许采用的挖土机，不会对强度设计系数不大于 0.3（本规范取为 0.4）管壁厚度不小于 11.9mm 的钢管造成破坏，因此采用强度设计系数不大于 0.3（本规范为 0.4）管壁厚度不小于 11.9mm 的钢管（管道材料钢级不低于 L245），基本上不需要安全距离，高压燃气管道到建筑物 3m 的最小要求，是考虑挖土机的操作规定和日常维修管道的需要以及避免以后建筑物拆建对管道的影响。如果采用更高强度的钢管，原则上可以减少管壁的厚度（采用比 11.9mm 小），但采用前，应反复对它防御挖土机破坏管道的能力作出验证。

6.4.14、6.4.15 这两条对不同压力级别燃气管道的宏观布局作了规定，以便创造条件减少事故及危害。规定四级地区地下燃气管道输配压力不宜大于 1.6MPa，高压燃气管道不宜进入四级地区，不应从军事设施、易燃易爆仓库、国家重点文物保证区、机场、火车站、码头通过等，都是从有利于安全上着眼。但以上要求在受到条件限制时也难以实施（例如有要求燃气压力为高压 A 的用户就在四级地区，不得不从此通过，否则就不能供气或非常不合理等）。故本规范对管道位置布局只是提倡但不作硬性限制，对这些个别情况应从管道的设计、施工、检验、运行管理上加强安全防护措施，例如采用优质钢管、强度设计系数不大于 0.3、防腐等级提高、分段阀门采用遥控或自动控制、管道到建筑物的距离予以适当控制、严格施工检验、管道投产后对管道的运行状况和质量监控检查相对多一些等。

"四级地区地下燃气管道输配压力不应大于 4.0MPa（表压）"这一规定，在一般情况下应予以控制，但对于大城市，如经论证在工艺上确实需要且在技术、设备和管理上有保证，并经城市建设主管部门批准，压力大于 4.0MPa 的燃气管道也可进入四级地区，其设计宜按《输气管道工程设计规范》GB 50251 并参照本规范 4.0MPa 燃气管道的有关规定执行（有关规定主要指：管道强度设计系数、管道距建筑物的距离等）。

第 6.4.15 条中高压 A 燃气管道到建筑物的水平净距 30m 是参考温哥华、多伦多市的规定确定的。几个城市高压燃气管道到建筑物的净距见表 34。

表 34　几个城市高压燃气管道到建筑物的水平净距

城　市	管道压力、管径与建筑物的水平净距	备　注
温哥华	管道输气压力 3.45MPa 至建筑物净距约为 30m（100 英尺）	经过市区
多伦多	管道输气压力小于或等于 4.48MPa 至建筑物净距约为 30m（100 英尺）	经过市区
洛杉矶	管道输气压力小于或等于 3.17MPa 至建筑物净距约为 6~9m（20~30 英尺）	洛杉矶市区 90% 以上为三级地区（估计）
香港	管道输气压力 3.5MPa，采用 AP15LX42 钢材，管径 DN700，壁厚 12.7mm。至建筑物净距最小为 3m	在三级或三级以下地区敷设，不进入居民点和四级地区

本条中所述"对燃气管道采取行之有效的保护措施"，是指沿燃气管道的上方设置加强钢筋混凝土板（板应有足够宽度以防侧面侵入）或增加管壁厚度等措施。

6.4.16　在特殊情况下突破规范的设计今后可能会遇到，本条等效采用英国 IGE/ TD/1 标准，对安全评估予以提倡，以利于我国在这方面制度和机构的建设。承担机构应具有高压燃气管道评估的资质，并由国家有关部门授权。

6.4.18　管道附件的国家标准目前还不全，为便于设计选用，列入了有关行业标准。

6.4.19　本条对高压燃气管道阀门的设置提出了要求。

1　分段阀门的最大间距是等效采用美国联邦法规 49 - 192 的规定。

6.4.20　对于管道清管装置工程设计中已普遍采用。而电子检管目前国内很少见。电子检管现在发达国家中日益普遍，已被证实为一有效的管道状况检查方法，且无需挖掘或中断燃气供应。对暂不装设电子检管装置的高压燃气管道，宜预留安装电子检管器收发装置的位置。

6.5　门站和储配站

6.5.1　本节规定了门站和储配站的设计要求。

在城镇输配系统中，门站和储配站根据燃气性质、供气压力、系统要求等因素，一般具有接收气源来气，控制供气压力、气量分配、计量等功能。当接收长输管线来气并控制供气压力、计量时，称之为门站。当具有储存燃气功能并控制供气压力时，称之为储配站。两者在设计上有许多共同的相似之处，为使规范简洁起见，本次修改将原规范第 5.4 节和 5.5 节合并。

站内若设有除尘、脱萘、脱硫、脱水等净化装置，液化石油气储存，增热等设施时，应符合本规范其他章节相应的规定。

6.5.2　门站和储配站站址的选择应征得规划部门的同意并批准。在选址时，如果对站址的工程地质条件以及与邻近地区景观协调等问题注意不够，往往增大了工程投资又破坏了城市的景观。

6　国家标准《建筑设计防火规范》GB 50016 规定了有关要求。

6.5.3　为了使本规范的适用性和针对性更强，制定了表 6.5.3。此表的规定与《建筑设计防火规范》的规定是基本一致的。表中的储罐容积是指公称容积。

6.5.4　本条的规定与《建筑设计防火规范》的规定是一致的。

5　《建筑设计防火规范》GB 50016 规定了有关要求。

6.5.5　本条规定了站区总图布置的相关要求。

6.5.7　本条规定了门站和储配站的工艺设计要求。

3　调压装置流量和压差较大时，由于节流吸热效应，导致气体温度降低较多，常常引起管壁外结露或结冰，严重时冻坏装置，故规定应考虑是否设置加热装置。

7　本条系指门站作为长输管道的末站时，将清管的接收装置与门站相结合时布置紧凑，有利于集中管理，是比较合理的，故予以推荐。但如果在长输管道到城镇的边上，由长输管道部门在城镇边上又设有调压计量站时，则清管器的接收装置就应设在长输管道部门的调压计量站，而不应设在城镇的门站。

8　当放散点较多且放散量较大时，可设置集中放散装置。

6.5.10　本条规定了燃气储存设施的设计要求。

2　鉴于储罐造价较高而各型储罐造价差异也较大，因此在确定储气方式及储罐型式时应进行技术经济比较。

3　各种储罐的技术指标随单体容积增加而显著改善。在确定各期工程建罐的单体容积时，应考虑储罐停止运行（检修）时供气系统的调度平衡，以防止片面追求增加储罐单体容积。

4　罐区排水设施是指储罐地基下沉后应能防止罐区积水。

6.5.11　本条规定了低压储气罐的工艺设计要求。

2　为预防出现低压储气罐顶部塌陷而提出此要求。

4　湿式储气罐水封高度一般规定应大于最大工作压力（以 Pa 表示）的 1.5 倍，但实际证明这一数值不能满足运行要求，故本规范提出应经计算确定。

7　干式储气罐由于无法在罐顶直接放散，故要求另设紧急放散装置。

8　为方便干式储气罐检修，规定了此条要求。

6.5.12　本条规定了高压储气罐的工艺设计要求。

1　由于进、出气管受温度、储罐沉降、地震影响较大，故规定宜进行柔性计算。

4　高压储罐开孔影响罐体整体性能。

5　高压储罐检修时，由于工艺所限，罐内余气较多，故规定本条要求。可采用引射器等设备尽量排空罐内余气。

6　大型球罐（3000m³ 以上）检修时罐内余气较多，为排除罐内余气，可设置集中放散装置。表 6.5.12-1 中的"路边"对公路是指用地界，对城市道路是指道路红线。

6.5.14　本条规定了燃气加压设备选型的要求。

3　规定压缩机组设置备用是为了保证安全和正常供气。"每 1~5 台燃气压缩机组宜另设 1 台备用"。这是根据北京、上海、天津与沈阳等地的备用机组的设置情况而规定的。如北京东郊储配站第一压缩车间的 8 台压缩机组中有 2 台备用；天津千米桥储配站设计的 14 台压缩机组中有 3 台备用；上海水电路储配站的 6 台压缩机中有 1 台备用等。从多年实际运行经验来看，上述各地备用数量是能适应生产要求的。

6.5.15　本条规定了压缩机室的工艺设计要求。

1、3　系针对工艺管道施工设计有时缺少投产置换及停产维修时必需的管口及管件而作出此规定。

4　规定"压缩机宜采取单排布置"，这样机组之间相互干扰少，管理维修方便，通风也较好。但考虑新建、扩建时压缩机室的用地条件不尽相同，故规定"宜"。

6.5.16　按照《建筑设计防火规范》GB 50016 要求，压缩机室与控制室之间应设耐火极限不低于 3h 的非燃烧墙。但是为了便于观察设备运转应设有生产必需的隔声玻璃窗。本条文与《工业企业煤气安全规程》GB 6222 - 86 第 5.2.1 条要求是一致的。

6.5.19　1 此款与《建筑设计防火规范》GB 50016 的规定是一致的。

储配站内设置的燃气气体储罐类型一般按压力分为两大类，即常压罐（压力小于 10kPa）和压力罐（压力通常为 0.5~1.6MPa）。常压罐按密封形式可分为湿式和干式储气罐，其储气几何容积是变化的，储气压力变化很小。压力罐的储气容积是固定的，其储气量随储气压力变化而变化。

从燃气介质的性质来看，与液态液化石油气有较大的差别。气体储罐为单相介质储存，过程无相变。火灾时，着火部位对储罐内的介质影响较小，其温度、压力不会有较大的变化。从实际使用情况看，气体储罐无大事故发生。因此，气体储罐可以不设置固定水喷淋冷却装置。

由于储罐的类型和规格较多，消防保护范围也不尽相同，表6.5.19的消防用水量，系指消火栓给水系统的用水量，是基本安全的用水量。

6.5.20 原规范规定门站储配站为"一级负荷"主要是为了提高供气的安全可靠性。实际操作中，要达到"一级负荷"（应由两个电源供电，当一个电源发生故障时，另一个电源不应同时受到损坏）的电源要求十分困难，投资很大。"二级负荷"（由两回线路供电）的电源要求从供电可靠性上完全满足燃气供气安全的需要，当采用两回线路供电有困难时，可另设燃气或燃油发电机等自备电源，且可以大大节省投资，可操作性强。

6.5.21 本条是在《爆炸和火灾危险环境电力装置设计规范》GB 50058的基础上，结合燃气输配工程的特点和工程实践编制的。根据GB 50058的有关内容，本次修订将原规范部分爆炸危险环境属"1区"的区域改为"2区"。由于爆炸危险环境区域的确定影响因素很多，设计时应根据具体情况加以分析确定。

6.6 调压站与调压装置

6.6.2 调压装置的设置形式多种式样，设计时应根据当地具体情况，因地制宜地选择采用，本条对调压装置的设置形式（不包括单独用户的专用调压装置设置形式）及其条件作了一般规定。调压装置宜设在地上，以利于安全和运行、维护。其中：

1 在自然条件和周围环境条件许可时，宜设在露天。这是较安全和经济的形式。对于大、中型站其优点较多。

2、3 在环境条件较差时，设在箱子内是一种较经济适用的形式。分为调压箱（悬挂式）和调压柜（落地式）两种。对于中、小型站优点较多。具体做法见第6.6.4条。

4 设在地上单独的建筑物内是我国以往用得较多的一种形式（与采用人工煤气需防冻有关）。

5、6 当受到地上条件限制燃气相对密度不大于0.75，且压力不高时才可设置在地下，这是一种迫不得已才采用的形式。但相对密度大于0.75时，泄漏的燃气易集聚，故不得设于地下室、半地下室和地下箱内。

6.6.3 本条调压站（含调压柜）与其他建、构筑物水平净距的规定，是参考了荷兰天然气调压站建设经验和规定，并结合我国实践，对原规范进行了补充和调整。表6.6.3中所列净距适用于按规范建设与改造的城镇，对于无法达到该表要求又必须建设的调压站（含调压柜），本规范留有余地，提出采取有效措施，可适当缩小净距。有效措施是指：有效的通风，换气次数每小时不小于3次；加设燃气泄漏报警器；有足够的防爆泄压面积（泄爆方向有必要时还应加设隔爆墙）；严格控制火源等。各地可根据具体情况与有关部门协调解决。表6.6.3中的"一类高层民用建筑"详见现行国家标准《高层民用建筑设计防火规范》GB 50045-95第3.0.1条（2005年版）。

6.6.4 本条是调压箱和调压柜的设置要求。其中体积大于1.5m³ 调压柜爆炸泄压口的面积要求，是等效采用英国气体工程师学会标准IGE/TD/10和香港中华煤气公司的规定，当爆炸时能使柜内压力不超过3.5kPa，并不会对柜内任何部分（含仪表）造成损坏。

调压柜自然通风口的面积要求，是等效采用荷兰天然气调压站（含调压柜）的建设经验和规定。

6.6.6 "单独用户的专用调压装置"系指该调压装置主要供给一个专用用气点（如一个锅炉房、一个食堂或一个车间等），并由该用气点兼管调压装置，经常有人照看，且一般用气量较小，

可以设置在用气建筑物的毗连建筑物内或设置在生产车间、锅炉房及其他生产用气厂房内。对于公共建筑也可设在建筑物的顶层内，这些做法在国内外都有成熟的经验，修订时根据国内的实践经验，补充了设在用气建筑物的平屋顶上的形式。

6.6.8 我国最早使用调压器（箱）的省份都在南方，其环境温度影响较小。北方省份使用调压箱时，则环境温度的影响是不可低估的。对于输送干燃气应主要考虑环境温度，介质温度对调压器皮膜及活动部件的影响；而对于输送湿燃气，应防止冷凝水的结冻；对于输送气态液化石油气，应防止液化石油气的冷凝。

6.6.10 本条规定了调压站（或调压箱或调压柜）的工艺设计要求。

1 调压站的工艺设计主要应考虑该调压站在确保安全的条件下能保证对用户的供气。有些城市的区域调压站不分情况均设置备用调压器，这就加大了一次性建设投资。而有些城市低压管网不成环，其调压器也不设旁通管，一旦发生故障只能停止供气，更是不可取的。对于低压管网不成环的区域调压站和连续生产使用的用户调压装置宜设置备用调压器，比之旁通管更安全、可靠。

2、3 调压器的附属设备较多，其中较重要的是阀门，各地对于调压站外设不设阀门有所争议。本条根据多数意见并参考国外规范，对高压和次高压室外燃气管道使用"必须"用语，而对中压室外进口燃气管道使用"应"的用语给予强调。并对阀门设置距离提出要求，以便在出现事故时能在室外安全操作阀门。

6 调压站的超压保护装置种类很多，目前国内主要采用安全水封阀，适用于放散量少的情况，一旦放散量较多时对环境的污染及周围建筑的火灾危险性是不容忽视的，一些管理部门反映，在超压放散的同时，低压管道压力仍然有可能超过5000Pa，造成一些燃气表损坏漏气事故，说明放散并不绝对安全，设计宜考虑使用能快速切断的安全阀门或其他防止超压的设备。调压的安全保护装置提倡选用人工复位型，在人工复位后应对调压器后的管道设备进行检查，防止发生意外事故。

本款对安全保护装置（切断或放散）的启动压力规定，是等效采用美国联邦法规49-192《气体管输最低安全标准》的规定。

6.6.12 本条规定了地上式调压站的建筑物设计要求。

3 关于地上式调压站的通风换气次数，曾有过不同规定。北京最初定为每小时6次，但冬季感到通风面积太大，操作人员自动将进风孔堵上；后改为3次，但仍然认为偏大。上海地上调压室内通风换气次数为2次，他们认为是能够满足运行要求的，冬季最冷的时候，调压器皮膜虽稍感有些僵硬，但未影响使用。《原苏联建筑法规》对地上调压室内通风换气定为每小时3次。

原上海市煤气公司曾用"臭敏检漏仪"对调压站室内煤气（人工煤气）浓度进行测定，在正常情况下（通风换气为每小时2次），地上调压站室内空气中的煤气含量是极少的，详见表35。

综上所述，对地上式调压站室内通风换气次数规定为每小时不应小于2次。

表35 上海市部分调压站室内煤气浓度的测定记录（体积分数）

煤气浓度	时间	刚打开时	5min后	10min后	15min后	调压站形式
调压站地址						
宜川四村		0	0	0	0	地上式
大陆机器厂光复西路		0	0	0	0	地上式
横滨路、四川北路		0.2/1000	0	0	0	地上式
常熟路、淮海中路		80/1000	18/1000	12/1000	4/1000	地下式
江西中路、武昌路		2.4/1000	2/1000	2/1000	1.4/1000	地下式

6.6.13 我国北方城镇燃气调压站采暖问题不易解决，所以本条规定了使用燃气锅炉进行自给燃气式的采暖要求，以期在无法采用集中供热时用此办法解决实际问题，对于中、低调压站，宜采

用中压燃烧器作自给燃气式采暖锅炉的燃烧器,可以防止调压器故障引起停止供热事故。

调压器室与锅炉室门、窗开口不应设置在建筑物的同一侧;烟囱出口与燃气安全放散管出口的水平距离应大于5m;这些都是防止发生事故的措施,应予以保证。

6.6.14 本条给出地下式调压站的建筑要求。设计中还应提出调压器进、出口管道与建筑本身之间的密封要求,以防地下水渗漏事故。

6.6.15 当调压站内外燃气管道为绝缘连接时,室内静电无法排除,极易产生火花引起事故,因此必须妥善接地。

6.7 钢质燃气管道和储罐的防腐

6.7.1 金属的腐蚀是一种普遍存在的自然现象,它给人类造成的损失和危害是十分巨大的。据国家科委腐蚀科学学科组对200多个企业的调查表明,腐蚀损失平均值占总产值的3.97%。某市一条φ325输气干管,输送混合气(天然气与发生炉煤气),使用仅4年曾3次爆管,从爆管的部位看查,管内壁下部严重腐蚀,腐蚀麻坑直径5~14mm,深度达2mm,严重的腐蚀是引起爆管的直接原因。

设法减缓和防止腐蚀的发生是保证安全生产的根本措施之一,对于城镇燃气输配系统的管线、储罐、场站设备等都需要采用优质的防腐材料和先进的防腐技术加以保护。对于内壁腐蚀防治的根本措施是将燃气净化或选择耐腐蚀的材料以及在气体中加入缓蚀剂;对于净化后的燃气,则主要考虑外壁腐蚀的防护。本条明确规定了对钢质燃气管道和储罐必须进行外防腐,其防腐设计应符合《城镇燃气埋地钢质管道腐蚀控制技术规程》CJJ 95和《钢质管道及储罐腐蚀控制工程设计规范》SY 0007的规定。

6.7.2 关于土壤的腐蚀性,我国还没有一种统一的方法和标准来划分。目前国内外对土壤的研究和统计指出,土壤电阻率、透气性、湿度、酸度、盐分、氧化还原电位等都是影响土壤腐蚀性的因素,而这些因素又是相互联系和互相影响的,但又很难找出它们之间直接的、定量的相关性。所以,目前许多国家和我国也基本上采用土壤电阻率对土壤的腐蚀性进行分级,表36列出的分级标准可供参考。

表36 土壤腐蚀等级划分参考表

国别 \ 等级 \ 电阻率 (Ω/m)	极强	强	中	弱	极弱
美国	<20	20~45	45~60	60~100	
原苏联	<5	5~10	10~20	20~100	>100
中国		<20	20~50	>50	

注:中国数据摘自SY 0007规范。

土壤电阻率和土壤的地质、有机质含量、含水量、含盐量等有密切关系,它是表示土壤导电能力大小的重要指标。测定土壤电阻率从而确定土壤腐蚀性等级,这为选择防腐蚀涂层的种类和结构提供了依据。

6.7.3 随着科学技术的发展,地下金属管道防腐材料已从初期单一的沥青材料发展成为以有机高分子聚合物为基础的多品种、多规格的材料系列,各种防腐蚀涂层都具有自身的特点及使用条件,各类新型材料也具有很大的竞争力。条文中提出的外防腐涂层的种类,在国内应用较普遍。因它们具有技术成熟、性能较稳定,材料来源广、施工方便,防腐效果好等优点,设计人员可视工程具体情况选用。另外也可采用其他行之有效的防腐措施。

6.7.4 地下燃气管道的外防腐涂层一般采用绝缘层防腐,但防腐层难免由于不同的原因而造成局部损坏,对于防腐层已被损坏了的管道,防止电化学腐蚀则显得更为重要。美国、日本等国都明确规定了采用绝缘防腐涂层的同时必须采用阴极保护。石油、天然气长输管道也规定了同时采用阴极保护。实践证明,采取这一措施都取得了较好的防护效果。阴极保护法已被推广使用。

阴极保护的选择受多种因素的制约,外加电流阴极保护和牺牲阳极保护法各自又具有不同的特性和使用条件。从我国当前的实际情况考虑,长输管道采用外加电流阴极保护技术上是比较成熟的,也积累了不少的实践经验;而对于城镇燃气管道系统,由于地下管道密集,外加电流阴极保护对其他金属管道构筑物干扰大、互相影响,技术处理较难,易造成自身受益,他家受害的局面。而牺牲阳极保护法的主要优点在于此管道与其他不需要保护的金属管道或构筑物之间没有通电性,互相影响小,因此提出城市市区内埋地敷设的燃气干管宜选用牺牲阳极保护。

6.7.5 接地体是埋入地中并直接与大地接触的金属导体。它是电力装置接地设计主要内容之一,是电力装置安全措施之一。其埋设地位置和深度、形式不仅关系到电力装置本身的安全问题,而且对地下金属构筑物都有较大的影响,地下钢质管道必将受其影响,交流输电线路正常运行时,对与它平行敷设的管道将产生干扰电压。据资料介绍,对管道的每10V交流干扰电压引起的腐蚀,相当于0.5V的直流电造成的腐蚀。在高压配电系统中,甚至可产生高达几十伏的干扰电压。另外,交流电力线发生故障时,对附近地下金属管道也可产生高压感应电压,虽是瞬间发生,也会威胁人身安全,也可击穿管道的防腐涂层,故对此作了这一规定。

6.8 监控及数据采集

6.8.1 城市燃气输配系统的自动化控制水平,已成为城市燃气现代化的主要标志。为了实现城市燃气输配系统的自动化运行,提高管理水平,城市燃气输配系统有必要建设先进的控制系统。

6.8.2 电子计算机的技术发展很快。作为城市燃气输配系统的自动化控制系统,必须跟上技术进步的步伐,与同期的电子技术水平同步。

6.8.4 监控及数据采集(SCADA)系统一般由主站(MTU)和远端站(RTU)组成,远端站一般由微处理机(单板机或单片机)加上必要的存储器和输入/输出接口等外围设备构成,完成数据采集或控制调节功能,有数据通信能力。所以,远端站是一种前端功能单元,应该按照气源点、储配站、调压站或管网监测点的不同参数测、控或调节需要确定其硬件和软件设计。主站一般由微型计算机(主机)系统为基础构成,特别对图像显示部分的功能应有新扩展,以使主站适合于管理监视的要求。在一些情况下,主机配有专用键盘更便于操作和控制。主站还需有打印机设备输出定时记录报表、事件记录和键盘操作命令记录,提供完善的管理信息。

6.8.5 SCADA系统的构成(拓扑结构)与系统规模、城镇地理特征、系统功能要求、通信条件有很密切的关系,同时也与软件的设计互相关联。SCADA系统中的MTU与RTU结点的联系可看成计算机网络,但是其特点是在RTU之间可以不需要互相通信,只要求各RTU能与MTU进行通信联系。在某些情况下,尤其是系统规模很大时在MTU与RTU之间增设中间层次的分级站,减少MTU的连接通道,节省通信线路投资。

6.8.6 信息传输是监控和数据采集系统的重要组成部分。信息传输可以采用有线及无线通信方式。由于国内城市公用数据网络的建设发展很快,且租用价格呈下降趋势,所以充分利用已有资源来建设监控和数据采集系统是可取的。

6.8.8 达到标准化的要求有利于通用性和兼容性,也是质量的一个重要方面。标准化的要求指对印刷电路板、接插件、总线标准、输入/输出信号、通信协议、变送器仪表等等逻辑的或物理的技术特性,凡属有标准可循的都要做到标准化。

6.8.9 SCADA是一种连续运转的管理技术系统。借助于它,城镇燃气供应企业的调度部门和运行管理人员得以了解整个输配系统的工艺。因此,可靠性是第一位的要求,这要求SCADA系统从设计、设备器件、安装、调试各环节都达到高质量,提高系统的可靠性。从设计环节看,提高可靠性要从硬件设计和软件设计两方面都采取相应措施。硬件设计的可靠性可以通过对关键部件设备(如主机、通信系统、CRT操作接口,调节或控制单元、各极电源）采取双重化（一台运转一台备用），故障自诊断，自动备用方式（通过监视单元 Watch Dog Unit）控制等实现。此外，提高系统的抗干扰能力也属于提高系统可靠性的范畴。在设计中应该分析干扰的种类、来源和传播途径，采取多种办法降低计算机系统所处环境的干扰电屏。如采用隔离、屏蔽、改善接地方式和地点等，改进通信电缆的敷设方法等。在软件设计方面也要采取措施提高程序的可靠性。在软件中增加数字滤波也有利于提高计算机控制系统的抗干扰能力。

6.8.10 系统的应用软件水平是系统功能水平高低的主要标志。采用实时瞬态模拟软件可以实时反映系统运行工况，进行调度优化，并根据分析和预测结果对系统采取相应的调度控制措施。

6.8.11 SCADA 系统中每一个 RTU 的最基本功能要求是数据采集和与主站之间的通信。对某些端点应根据工艺和管理的需要增加其他功能，如对调压站可以增设在远端站建立对调压器的调节和控制回路，对压缩车间运行进行监视或设置由远端站进行的控制和调节。

随着 SCADA 技术应用的推广及设计、运行经验的积累，SCADA 的功能设计可以逐渐丰富和完善。

从参数方面看，对燃气输配系统最重要的是压力与流量。在某些场合需要考虑温度、浓度以及火灾或人员侵入报警信号。具体哪些参数列入 SCADA 的范围，要因工程而异。

6.8.12 一般的 SCADA 系统都应有通过键盘 CRT 进行人机对话的功能。在需经由主站控制键盘对远端的调节控制单元组态或参数设置或紧急情况进行处理和人工干预时，系统应从硬件及软件设计上满足这些功能要求。

7 压缩天然气供应

7.1 一般规定

7.1.1 本条规定了压缩天然气供应工程设计的适用范围。

压缩天然气供应是城镇天然气供应的一种方式。目前我国天然气输气干线密度较小，许多城市还不具备由输气干线供给天然气的条件，对于一些距气源（气田或天然气输气干线等）不太远（一般在 200km 以内），用气量较少的城镇，可以采用气瓶车（气瓶组）运输天然气到城镇供给居民生活、商业、工业及采暖通风和空调等各类用户作燃料使用，并在城镇区域内建设城镇天然气输配管道或工业企业供气管道。在选择压缩天然气供应方式时，应与城市其他燃气供应方式进行技术经济比较后确定。

1 本条提出的工作压力限值（25.0MPa）是指天然气压缩后系统、气瓶车（气瓶组）加气系统及卸气系统（至一级调压器前）的压力限值。

2 压缩天然气加气站的主要供应对象是城镇的压缩天然气储配站和压缩天然气瓶组供气站；与汽车用天然气加气母站不同，它可以远离城市而且供气规模较大，可以同时供应数个城镇的用气。压缩天然气加气站也可兼有向汽车用天然气加气子站供气的能力。

对每次只向 1 辆气瓶车加气，在加气完毕后气瓶车即离站外运的压缩天然气加气站，可按现行国家标准《汽车加油加气站设计与施工规范》GB 50156 执行。

7.1.2 压缩天然气采用气瓶车（气瓶组）运输，必须考虑硫化物在高压下对钢瓶的应力腐蚀，则应严格控制天然气中硫化氢和水分含量。压缩天然气需在储配站中下调为城镇天然气管道的输送压力（一般为中低压系统），调压过程是节流降压吸热过程，

为防止温度过低影响设备、设施及管道和附件的使用，保证安全运行，则应对天然气进行加热，也应控制天然气中不饱和烃类含量。所以规定了压缩天然气的质量应符合《车用压缩天然气》GB 18047 的规定。

7.2 压缩天然气加气站

7.2.1 本条规定对压缩天然气加气站站址的基本要求：

1 必须有稳定、可靠的气源条件，宜尽量靠近气源。

交通、供电、给水排水及工程地质等条件不仅影响建设投资，而且对运行管理和供气成本也有较大影响，是选择站址应考虑的条件，与用户（各城镇的压缩天然气储配站和压缩天然气瓶组供气站等）间的交通条件尤为重要。

2 压缩天然气加气站多与油气田集气处理站、天然气输气干线的分输站和城市天然气门站、储配站毗邻。在城镇区域内建设压缩天然气加气站应符合城市总体规划的要求，并应经城市规划主管部门批准。

7.2.2 气瓶车固定车位应在场地上标志明显的边界线；在总平面布置中确定气瓶车固定车位的位置时，天然气储罐与气瓶车固定车位防火间距应从气瓶车固定车位外边界线计算。

7.2.4 气瓶车在压缩天然气加气站内加气用时较长，以及因运输调度的需要，实车（已加完气的气瓶车）可能在站内较长时间停留，从全站安全管理考虑，应将停靠在固定车位的实车在安全防火方面视同储罐对待。气瓶车固定车位与站内外建、构筑物的防火间距，应从固定车位外边界线计算。为保证安全运行和管理，气瓶车在固定车位的最大储气总容积不应大于 30000m³。

气瓶车固定车位储气总几何容积不大于 18m³（最大储气总容积不大于 4500m³）符合国家标准《汽车加油加气站设计与施工规范》GB 50156 中压缩天然气储气设施总容积小于等于 18m³ 的规定，应执行其有关规定。

7.2.6 为保证停靠在固定车位的气瓶车之间有足够的间距，各固定车位的宽度不应小于 4.5m。为操作方便和控制加气软管的长度，每个固定车位对应设置 1 个加气嘴是适宜的。

气瓶车进站后需要在固定车位前的回车场地上进行调整，需倒车进入其固定车位，要求在固定车位前有较宽敞的回车场地。

7.2.7 气瓶车在固定车位停靠对中后，可采用车带固定支柱等设施进行固定，固定设施必须牢固可靠，在充装作业中严禁移动以确保充装安全。

7.2.8 控制气瓶车在固定车位的最大储气总容积，即控制气瓶车在充装完毕后的实车停靠数量（气瓶车一般充装量为 4500m³/辆），是安全管理的需要。

7.2.9 加气软管的长度不大于 6m，根据气瓶车加气操作要求，气瓶车与加气柱间距 2～3m 为宜。

7.2.10 天然气压缩站的供应对象是周边的城镇用户，确定其设计规模应进行用户用气量的调查。

7.2.11 进站天然气含硫超过标准则应在进入压缩机前进行脱硫，可以保护压缩机。进站天然气中含有游离水应脱除。

天然气脱硫、脱水装置的设计在国家现行标准《汽车加油加气站设计与施工规范》GB 50156 作了规定。

7.2.12 控制进入压缩机天然气的含尘量、微尘直径是保护压缩机，减少对活塞、缸体等磨损的措施。

7.2.13 为保证压缩机的平稳运行在压缩机前设置缓冲罐，并应保证天然气在缓冲罐内有足够的停留时间。

7.2.14 压缩天然气系统运行压力高，气瓶数量多、接头多，其发生天然气泄漏的概率较高，为便于运行管理和安全管理，在压缩站采用生产区和辅助区分区布置是必要的。压缩站宜设 2 个对外出入口可便于车辆运行、消防和安全疏散。

7.2.15 在进站天然气管道上设置切断阀，并且对于以城市高、中压输配管道为气源时，还应在切断阀后设安全阀；是在事故状态下的一种保护措施，避免事故扩大。

1 切断阀的安全地点应在事故情况便于操作，又要离开事

故多发区，并且能快速切断气源。

2 安全阀的开启压力应不大于来气的城市高、中压输配管道的最高工作压力，以避免天然气压缩系统高压的天然气进入城市高中压输配管道后，造成管道压力升高而危及附近用户的使用安全。

7.2.16 压缩天然气系统包括系统中所有的设备、管道、阀门及附件的设计压力不应小于系统设计压力。系统中设有的安全阀开启压力不应大于系统的设计压力。这是与国内外有关标准的规定相一致的。

在压缩天然气储配站及瓶组供气站内停靠的气瓶车或气瓶组，具备运输、储存和供气功能，在站内停留时间较长，在炎热季节气瓶车或组受日晒或环境温度影响，将导致气瓶内压缩天然气压力升高。为控制储存、供气系统压缩天然气的工作压力小于25.0MPa，则应控制气瓶车或气瓶组的充装压力。一般地区充装温度为20℃时，充装压力不应大于20.0MPa。对高温地区或充装压力较高的情况，应考虑在固定车位或气瓶组停放区加罩棚等措施。

7.2.17 本条规定了压缩机的选型要求。选用型号相同的压缩机便于运行管理和维护及检修。根据运行经验，多台并联压缩机的总排气量为各单机台称排气量总和的80%～85%。设置备用机组是保证不间断供气的措施。

7.2.18 有供电条件的压缩天然气加气站，压缩机动力选择电动机可以节省投资，运行操作及维护都比较方便；对没有供电条件的压缩站也可选用天然气发动机。

7.2.20 控制压缩机进口管道中天然气的流速是保证压缩机平稳工作、减少振动的措施。

7.2.21 本条规定了压缩机进、出口管道设置阀门等保护措施要求。

1 进口管道设置手动阀和电动控制阀门（电磁阀），控制阀门可以与压缩机的电气开关连锁。

2 在出口管道上设置止回阀可以避免邻机运行干扰，设置安全阀对压缩机实施超压保护。

3 安全阀放散管口的设置必须符合要求，应避免天然气窜入压缩机室和邻近建筑物。

7.2.22 由压缩机轴承等处泄漏的天然气量很少，不宜引到压缩机入口等处，以保证运行的安全。

7.2.23 压缩机组采用计算机集中控制，可以提高机组运行的安全可靠程度及运行管理水平。

7.2.24 本条规定了压缩机的控制及保护措施。

1 受运行和环境温度的影响而发生排气温度大于限定值（冷却水温度达不到规定值）时，压缩机应报警并人工停车，操作及管理人员应根据实际发生的情况进行处理。

2 如果发生各级吸、排气压力不符合规定值、冷却水（或风冷鼓风机）压力或温度不符合规定值、润滑油的压力和温度及油箱液位不符合规定值、电动机过载等情况应视为紧急情况，应报警及自动停车，以便采取紧急措施。

7.2.25 压缩机停车后应卸载，然后方可启动。压缩卸载排气量较多，为使卸载天然气安全回收，天然气应通过缓冲罐等处理后，再引入压缩机进口管道。

7.2.26 本条规定了对压缩机排出的冷凝液处理要求。

1 压缩机排出的冷凝液中含有压缩后易液化的天然气中的C_3、C_4等组分，若直接排入下水道会造成危害。

2 采用压缩机前脱水时，压缩机排出的冷凝液中可能含有较多的C_3、C_4等组分，应引至室外储罐进行分离回收。

3 采用压缩机后脱水或中段脱水时，压缩机排出的冷凝液中含有的C_3、C_4等组分较少，应引至室外密封水塔，经露天储槽放掉冷凝液中溶解的可燃气体（释放气）后，方可集中处理。

7.2.27 从冷却器、分离器等排出的冷凝液，溶解少量的可燃气体，可引至室外密封水塔，经露天储槽放掉溶解的可燃气体后，方可排放冷凝液。

7.2.28 为防止误操作，预防事故发生，本条规定了天然气压缩站检测和控制装置的要求。一些重要参数除设置就地显示外，宜在控制室设置二次仪表和自动、手动控制开关。

7.3 压缩天然气储配站

7.3.1 压缩天然气储配站选址时应符合城镇总体规划的要求，并应经当地规划主管部门批准。为了靠近用户，储配站一般离城镇中心区域较近，选址应考虑环保及城镇景观的要求。

7.3.2 压缩天然气储配站首先应落实气源（压缩天然气加气站）的供气能力，对气瓶车的运输道路应作实地考察、调研（可以用其他车辆运输作参考），并在对用户用气情况的调研基础上，进行技术经济分析确定设计规模。

7.3.3 压缩天然气储配站应有必要的天然气储存量，以保证在特殊的气候和交通条件（如：洪水、暴雨、冰雪、道路及气源距离等）下造成气瓶车运输中断的紧急情况时，可以连续稳定的向用户供气。一般地区的储配站至少应备有相当于其计算月平均日供气量的1.5倍储气量。对有补充、替代气源（如：液化石油气混空气等）及气候与交通条件特殊的情况，应按实际情况确定储气能力。

压缩天然气储配站通常是由停靠在站内固定车位的气瓶车供气，气瓶车经卸气、调压等工艺将天然气通过城镇天然气输配管道供各类用户。气瓶车在站内是一种转换型的供气设施，一车气用完后转由另一车供气。未供气的气瓶车则起储存作用。因此压缩天然气储配站的天然气总储气量包括停靠在站内固定车位气瓶车压缩天然气的储量和站内天然气储罐的储量。气瓶车在站内应采取转换式的供气、储气方式，避免气瓶车在站内储气时间（停靠时间）过长，应转换使用（运输、供气、储存按管理顺序转换）。气瓶车是一种活动式的储气设施，储气量过大，停靠在固定车位的气瓶车数量过多会给安全管理、运行管理带来不便，增加事故发生概率；根据我国已投产和在建的压缩天然气储配站实际情况调研，确定气瓶车在固定车位的最大储气能力不大于30000m³是比较适宜的。

当储配站天然气总储量大于30000m³时，除可采用气瓶车储气外，应设置天然气储罐等其他储气设施。

7.3.4 现行国家标准《建筑设计防火规范》GB 50016规定了有关要求。

7.3.11 压缩天然气储配站有高压运行的压缩天然气系统，气瓶车运输频繁，其总平面布置应分为生产区和辅助区，宜设2个对外出入口。

7.3.12 一些规模较大的压缩天然气储配站选用液化石油气混空气设置作为替代气源，以减少天然气储气量，也有的压缩天然气储配站是在原液化石油气混气站、储配站站址内扩建的，这种合建站内天然气储罐（包括气瓶车固定车位）与液化石油气储罐的防火间距应符合现行国家标准《建筑设计防火规范》GB 50016的有关规定。

7.3.14 本条规定了压缩天然气调压工艺要求。

1 在一级调压器进口管道上设置快速切断阀，是在事故状态下快速切断气源（气瓶车）的保护措施，其安装地点应便于操作。

2 为保证调压系统安全、稳定运行，保护设备、管道及附件，必须严格控制各级调压器的出口压力，在出现调压器出口压力异常，并达到规定值（切断压力值）时，紧急切断阀应切断调压器进口。调压器出口压力过低时，也应有切断措施。

各级调压器后管道上设置的安全放散阀是对调压器出口压力异常的紧急状况的第二级保护设施。安全放散阀是在调压出口压力达到紧急切断压力值后，紧急切断阀的切断功能失效而出口压力继续升高时，达到安全阀开启力值，安全放散天然气，以保护调压系统。所以安全放散阀的开启压力高于该级调压器紧急切断压力。

3 对压差较大、流量较大的压缩天然气调压过程，吸热量需求很大，会造成系统运行温度过低，危及设备、管道、阀门及附件，所以必须加热天然气。在加热介质管道或设备设超压泄放装置是为了在发生压缩天然气泄漏时，保护加热介质管道和设备。

7.4 压缩天然气瓶组供气站

7.4.1 压缩天然气瓶组供气站一般设置在用气用户附近，为保证安全管理和安全运行，应限制其储气量和供应规模。

7.4.4 压缩天然气瓶组供气站的气瓶组储气量小，且调压、计量、加臭装置为气瓶组的附属设施，可设置在一起。

天然气放散管为气瓶组及调压设施的附属装置，应设置在气瓶组及调压装置处。

7.5 管道及附件

7.5.1 压缩天然气管道的材质是由压缩天然气系统的压力和环境温度确定的，必须按规定选用。

7.5.2 本条规定是根据压缩天然气系统的最高工作力可达25.0MPa，其设计压力不应小于25.0MPa，根据卡套式锥管螺纹管接头的使用范围，对公称压力为40.0MPa时为DN28；公称压力为25.0MPa时为DN42，在本规范中考虑压缩天然气的性质以及压缩天然气系统在本章中的设计压力规定范围，所以限定外径小于或等于28mm的钢管采用卡套连接是比较安全的、可靠的。

7.5.4 本条对充气、卸气软管的选用作了规定，是安全使用的需要。

7.5.6 本条规定了采用双卡套接头连接和室内的压缩天然气管道宜采用管沟敷设，是为了便于维护、检修。

7.6 建筑物和生产辅助设施

7.6.1 压缩天然气加气站、压缩天然气储配站和压缩天然气瓶组供气站站内建筑物的耐火等级均不应低于现行国家标准《建筑设计防火规范》GB 50016中"二级"的规定，是由于站内生产介质天然气的性质确定的，可以在事故状态下降低火灾的危害性和次生灾害。

7.6.3 敞开式、半敞开式厂房有利于天然气的扩散、消防及人员的撤离。

7.6.4 本条与现行国家标准《建筑设计防火规范》GB 50016的有关规定是一致的，气瓶车在加气站、储配站起储存天然气作用，在计算消防用水量时应按天然气储罐对待。在站内气瓶车及储罐均储存的是气体燃气，气体储罐可以不设固定水喷淋装置。对每次只向1辆气瓶车加气，在加气完毕后气瓶车即离站外运的压缩天然气加气站，可执行现行国家标准《汽车加油加气站设计与施工规范》GB 50156的规定。

7.6.6 废油水、洗罐水应回收集中处理，是环保和安全的要求，集中处理可以节省投资。

7.6.7 压缩天然气加气站的生产用电可以暂时中断，依靠其用户——各城镇的压缩天然气储配站或瓶组供气站的储气量保证稳定和不间断供应，因此其用电负荷属于现行国家标准《供配电系统设计规范》GB 50052"三级"负荷。但该站消防水泵用电负荷为"二级"负荷，应采用两回线路供电，有困难时可自备燃气或燃油发电机等，既满足要求，又可节约投资。

7.6.8 压缩天然气储配站不能间断供应，生产用电负荷及消防水泵用电负荷均属现行国家标准《供配电系统设计规范》GB 50052"二级"负荷。

7.6.10 设置可燃气体检测及报警装置，可以及时发现非正常的超量泄漏，以便操作和管理人员及时处理。

8 液化石油气供应

8.1 一般规定

8.1.1 规定了本章的适用范围。这里要说明的是新建工程应严格执行本章规定，扩建和改建工程执行本章规定确有困难时，可采取有效的安全措施，并与当地有关主管部门协商后，可适当降低要求。

8.1.2 规定了本章不适用的液化石油气工程和装置设计，其原因是：

1 炼油厂、石油化工厂、油田、天然气气体处理装置的液化石油气加工、储存、灌装和运输是指这些企业内部的工艺过程，应遵循有关专业规范。

2 世界各发达国家对液化石油气常温压力储存和低温常压储存分别称全压力式储存和全冷冻式储存，故本次规范修订采用国际通用命名。

液化石油气全冷冻式储存在国外早就使用，且有成熟的设计、施工和管理经验。我国虽在深圳、太仓、张家港和汕头等地已建成液化石油气全冷冻式储存基地，但尚缺乏设计经验，故暂未列入本规范。由于各地有关部门对全冷冻式储罐与基地外建、构筑物之间的防火间距希望作明确规定，故仅将这部分的规定纳入本规范。

3 目前在广州、珠海、深圳等东南部沿海和长江中下游等地区，采用全压力式槽船运输液化石油气，并积累一定运行经验，但属水上运输和码头装卸作业，其设计应执行有关专业规范。

4 在轮船、铁路车辆和汽车上使用的液化石油气装置设计，应执行有关专业规范。

8.2 液态液化石油气运输

8.2.1 液化石油气由生产厂或供应基地至接收站（指储存站、储配站、灌装站、气化站和混气站）可采用管道、铁路槽车、汽车槽车和槽船运输。在进行液化石油气接收站方案设计和初步设计时，运输方式的选择是首先要解决的问题之一。运输方式主要根据接收站的规模、运距、交通条件等因素，经过基建投资和常年运行管理费用等方面的技术经济比较后确定。当条件接近时，宜优先采用管道输送。

1 管道输送：这种运输方式一次投资较大、管材用量多（金属耗量大），但运行安全、管理简单、运行费用低。适用于运输量大的液化石油气接收站，也适用于虽运输量不大，但靠近气源的接收站。

2 铁路槽车运输：这种运输方式的运输能力较大、费用较低。当接收站距铁路线较近、具有较好接轨条件时，可选用。而当距铁路线较远、接轨投资较大、运距较远、编组次数多，加之铁路槽车检修频繁、费用高，则应慎重选用。

3 汽车槽车运输：这种运输方式虽然运量小，常年费用较高，但灵活性较大，便于调度，通常广泛用于各类中、小型液化石油气站。同时也可作为大中型液化石油气供应基地的辅助运输工具。

在实际工程中液化石油气供应基地通常采用两种运输方式，即以一种运输方式为主，另一种运输方式为辅。中小型液化石油气灌装站和气化站、混气站采用汽车槽车运输为宜。

8.2.2 液态液化石油气管道按设计压力 P（表压）分为：小于或等于1.6MPa、大于1.6～4.0MPa和大于4.0MPa三级，其根据有二：

1 符合目前我国各类管道压力级别划分；

2 符合目前我国液化石油气输送管道设计压力级别的现状。

8.2.3 原规定输送液态液化石油气管道的设计压力应按管道系

统起点最高工作压力确定不妥。在设计时应按公式（8.2.3）计算管道系统起点最高工作压力后，再圆整成相应压力作为管道设计压力，故改为管道设计压力应高于管道系统起点的最高工作压力。

8.2.4 液态液化石油气采用管道输送时，泵的扬程应大于按公式（8.2.4）的计算扬程。关于该公式说明如下：

1 管道总阻力损失包括摩擦阻力损失和局部阻力损失。在实际工作中可不详细计算每个阀门及附件的局部阻力损失，而根据设计经验取5%～10%的摩擦阻力损失。当管道较长时取较小值，管道较短时取较大值。

2 管道终点进罐余压是指液态液化石油气进入接收站储罐前的剩余压力（高于罐内饱和蒸气压力的差值）。为保证一定的进罐速度，根据运行经验取0.2～0.3MPa。

3 计算管道终、起点高程差引起的附加压头是为了保证液态液化石油气进罐压力。

"注"中规定管道沿线任何一点压力都必须高于其输送温度下的饱和蒸气压力，是为了防止液态液化石油气在输送过程发生气化而降低管道输送能力。

8.2.5 液态液化石油气管道摩擦阻力损失计算公式中的摩擦阻力系数λ值宜按本规范第6.2.6条中公式（6.2.6-2）计算。手算时，可按本规范附录C中第C.0.2给定的λ公式计算。

8.2.6 液态液化石油气在管道中的平均流速取0.8～1.4m/s，是经济流速。

管道内最大流速不应超过3m/s是安全流速，以确保液态液化石油气在管道内流动过程中所产生的静电有足够的时间导出，防止静电电荷集聚和电位增高。

国内外有关规范规定的烃类液体在管道内的最大流速如下：

美国《烃类气体和液体的管道设计》规定为2.3～2.4m/s；

原苏联建筑法规《煤气供应、室内外燃气设备设计规范》规定最大流速不应超过3m/s。

《输油管道工程设计规范》GB 50253中规定与本规范相同。

《石油化工厂生产中静电危害及其预防止》规定油品管道最大允许流速为3.5～4m/s。

据此，本规范规定液态液化石油气在管道中的最大允许流速不应超过3m/s。

8.2.7 液态液化石油气输送管道不得穿越居住区、村镇和公共建筑群等人员集聚的地区，主要考虑公共安全问题。因为液态液化石油气输送管道工作压力较高，一旦发生断裂引起大量液化石油气泄漏，其危险性较一般燃气管道危险性和破坏性大得多。因此在国内外这类管线都不得穿越居住区、村镇和公共建筑群等人员集聚的地区。

8.2.8 本条推荐液态液化石油气输送管道采用埋地敷设，且应埋设在冰冻线以下。

因为管道沿线环境情况比较复杂，埋地敷设相对安全。同时，液态液化石油气能溶解少量水分，在输送过程中，当温度降低时其溶解水将析出，为防止析出水结冻而堵塞管道，应将其埋设在冰冻线以下。此外，还要考虑防止外部动荷载破坏管道，故应符合本规范第6.3.4条规定的管道最小覆土深度。

8.2.9 本条表8.2.9-1和8.2.9-2按不同压力级别，分三个档次分别规定了地下液态液化石油气管道与建、构筑物和相邻管道之间的水平和垂直净距，其依据如下：

1 关于地下液态液化石油气管道与建、构筑物或相邻管道之间的水平净距。

1）国内现状。我国一些城市敷设的地下液态液化石油气管道与建、构筑物的水平净距见表37。

表37 我国一些城市地下液态液化石油气管道与建、构筑物的水平净距（m）

名称 \ 城市	北京	天津	南京	武汉	宁波
一般建、构筑物	15	15	25	15	25

续表37

名称 \ 城市	北京	天津	南京	武汉	宁波
铁路干线	15	25	25	25	10
铁路支线	10	20	10	10	10
公路	10	10	10	10	10
高压架空电力线	1～1.5倍杆高	10	10	10	—
低压架空电力线	2	2	—	1	—
埋地电缆	2	2.5	—	1	—
其他管线	2	1	—	2.5	—
树木	2	1.5	—	1.5	—

2）现行国家标准《输油管道工程设计规范》GB 50253的规定见表38。

表38 液态液化石油气管道与建、构筑物的间距

项 目		间距（m）
军工厂、军事设施、易燃易爆仓库、国家重点文物保护单位		200
城镇居民点、公共建筑		75
架空电力线		1倍杆高，且≥10
国家铁路线（中心线）	干线	25
	支线（单线）	10
公路	高速、Ⅰ、Ⅱ级	10
	Ⅲ、Ⅳ级	5

3）在美国和英国等发达国家敷设输气管道时，按建筑物密度划定地区等级，以此确定管道结构和试压方法。计算管道壁厚时，则按地区等级采取不同强度设计系数（F）求出所需的壁厚以此保证安全。美国标准对管道安全间距无明确规定。

4）考虑管道断裂后大量液化石油气泄漏到大气中，遇到点火源发生爆炸并引起火灾时，其辐射热对人的影响。火焰热辐射对人的影响主要与泄漏量、地形、风向和风速等因素有关。一般情况下，火焰辐射热强度可视为半球形分布，随距离的增加其强度减弱。当辐射热强度为22000kJ/(h·m²)时，人在3s后感觉到灼痛。为了安全不应使人受到大于16000kJ/(h·m²)的辐射热强度，故应让人有足够的时间跑到安全地点。计算表明，当安全距离为15m时，相当于每小时有1.5t液态液化石油气从管道泄漏，全部气化而着火，这是相当大的事故。因此，液态液化石油气管道与居住区、村镇、重要公共建筑之间的防火间距规定要大些，而与有人活动的一般建、构筑物的防火间距规定的小些。

5）与给水排水、热力及其他燃料管道的水平净距不小于1.5m和2m（根据《热力网设计规范》CJJ 34设在管沟内时为4m），主要考虑施工和检修时互不干扰和防止液化石油气进入管沟的危害，同时也考虑设置阀门井的需要。

6）与埋地电力线之间的水平净距主要考虑施工和检修时互不干扰。

对架空电力线主要考虑不影响电杆（塔）的基础，故与小于或等于35kV和大于35kV的电杆基础分别不小于2m和5m。

7）与公路和铁路线的水平间距是参照《中华人民共和国公路管理条例》和国家现行标准《铁路工程设计防火规范》TB 10063等有关规范确定的。

8）与树木的水平净距主要考虑管道施工时尽可能不伤及树木根系，因液化石油气管道直径较小，故规定

不应小于2m。

表8.2.9-1注1采取行之有效的保护措施见本规范第6.4.12条条文说明。

注3 考虑两相邻地下管道中有采用外加电流阴极保护时，为避免对其相邻管道的影响，故两者的水平和垂直净距尚应符合国家现行标准《钢质管道及储罐腐蚀控制工程设计规范》SY 0007的有关规定。

2 地下液态液化石油气管道与构筑物或相邻管道之间的垂直净距。

  1) 与给水排水、热力及其他燃料管道交叉时的垂直净距不小于0.2m，主要考虑管道沉降的影响。

  2) 与电力线、通信线交叉时的垂直净距均规定不小于0.5m和0.25m（在导管内）是参照国家现行标准《城市电力规划规范》GB 50293的有关规定确定的。

  3) 与铁路交叉时，管道距轨底垂直净距不小于1.2m是考虑避免列车动荷载的影响。

  4) 与公路交叉时，管道与路面的垂直净距不小于0.9m是考虑避免汽车动荷载的影响。

8.2.10 本条是新增加的，主要参照本规范第6.4节和现行国家标准《输油管道工程设计规范》GB 50253的有关规定，以保证管道自身安全性为基本出发点确定的。

8.2.11 液态液化石油气输送管道阀门设置数量不宜过多。阀门的设置主要根据管段长度、各管段位置的重要性和检修的需要，并考虑发生事故时能及时将有关管段切断。

管路沿线每隔5000m左右设置一个阀门，是根据国内现状确定的。

8.2.12 液态液化石油气管道上的阀门不宜设置在地下阀门井内，是为了防止发生泄漏时，窝存液化石油气。若设置在阀门井内时，井内应填满灰砂。

8.2.13 液态液化石油气输送管道采用地上敷设较地下敷设危险性大些，一般情况下不推荐采用地上敷设。当采用地上敷设时，除应符合本规范第8.2节管道地下敷设时的有关规定外，尚应采取行之有效的安全措施。如：采用较高级的管道材料，提高焊缝无损探伤的抽查率、加强日常检查和维护等。同时规定了两端应设置阀门。

两阀门之间设置管道安全阀是为了防止因太阳辐射热使其压力升高造成管道破裂。管道安全阀应从管顶接出。

8.2.15 增加本条的规定是为了便于日常巡线和维护管理。

8.2.16 本条规定设计时选用的铁路槽车和汽车槽车性能应符合条文中相应技术条件的要求，以保证槽车的安全运行。

8.3 液化石油气供应基地

8.3.1 使用液化石油气供应基地这一用语，其目的为便于本节条文编写。

液化石油气供应基地按其功能可分为储存站、储配站和灌装站。各站功能如下：

储存站 即液化石油气储存基地，其主要功能是储存液化石油气，同时进行灌装槽车作业，并将其转输给灌装站、气化站和混气站。

灌装站 即液化石油气灌瓶基地，其主要功能是进行灌瓶作业，并将其送至瓶装供应站或用户。同时，也可灌装汽车槽车，并将其送至气化站和混气站。

储配站 兼有储存站和灌装站的全部功能，是储存站和灌装站的统称。

8.3.2 对液化石油气供应基地规模的确定做了原则性规定。其中居民用户液化石油气用气指标应根据当地居民用气量指标统计资料确定。当缺乏这方面资料时，可根据当地居民生活水平、生活习惯、气候条件、燃料价格等因素并参考类似城市居民用气量指标确定。

我国一些城市居民用户液化石油气实际用气量指标见表39。

表39 我国一些城市居民用户液化石油气实际用气量指标

城市名称	北京	天津	上海	沈阳	长春	桂林	青岛	南京	济南	杭州
每户用气量指标 kg/(户·月)	9.6～10.76	9.65～10.8	13～14	10.5～11	10.4～11.5	10.23～10.3	10.0	15～17	10.5	10.0
每人用气量指标 kg/(人·月)	2.4～2.69	2.4～2.69	3.25～3.5	2.6～2.75	2.6～3.25	2.55～3.07	2.50	3.75～4.25	2.6	2.50

根据上表并考虑生活水平逐渐提高的趋势，北方地区可取15kg/(月·户)，南方地区可取20kg/(月·户)。

8.3.3 关于液化石油气供应基地储罐设计总容量仅作了原则性的规定。主要考虑如下：

1 20世纪80年代以来，我国各大、中城市建成的液化石油气储配站储罐容积多为35～60d的用气量。

近年来我国液化石油气供销已实现市场经济模式运作，因此，其供应基地的储罐设计总容量不宜过大，应根据建站所在地区的具体情况确定。

2 2000年我国液化石油气年产量为870万t，进口液化石油气约570万t，年总消耗量达1440万t，基本满足市场需要。

3 目前我国已建成一批液化石油气全冷冻式储存基地（一级站），在我国东南沿海、长江中下游和内地等地区已有大型全压力式储存站（二级站）近百座。总储存能力可满足国内市场需要。

8.3.4 液化石油气供应基地储罐设计总容量分配问题

本条规定了液化石油气供应基地储罐设计总容量超过3000m³时，宜将储罐分别设置在储存站和灌装站，主要是考虑城市安全问题。

灌装站的储罐设计总容量宜取一周左右计算月平均日供应量，其余为储存站的储罐设计总容量，主要依据如下：

1 国内外液化石油气火灾和爆炸事故实例表明，其单罐容积和总容积越大，发生事故所殃及的范围和造成的损失越大。

2 世界各液化石油气发达国家，如：美国、日本、原苏联、法国、西班牙等国的液化石油气分为三级储存，即一、二、三级储存基地。一级储存基地是国家或地区级的储存基地，通常采用全冷冻式储罐或地下储库储存，其储量达数万吨级以上。二级储存量基地其储存量次之，通常采用全压力式储存，单罐容积和总容积较大。三级储存基地即灌装站，其储存量和单罐容积较小，储罐总容量一般为1～3d的计算月平均日供应量。

3 我国一些大城市，如：北京、天津、南京、杭州、武汉、济南、石家庄等地采用二级储存，即分为储存站和灌装站两级储存。

一些城市液化石油气储存量及分储情况见表40。

表40 一些城市液化石油气储存量及分储情况表

城 市		北京	天津	南京	杭州	济南	石家庄
总计	储罐总容量 (m³)	17680	9992	7680	2398	约4000	5020
	总储存天数 (d)	21.8	52.4	36.4	70	43.9	77
储存站	储罐总容量 (m³)	15600	7600	5600	2000	3200	4000
	储存天数 (d)	17.3	37.2	24.4	59	36	56
灌装站	储罐总容量 (m³)	2080	2392	2080	398	约800	1020
	储存天数 (d)	4.5	15.2	12	11	约7.9	11

注：本表为1987年统计资料。

从上表可见，灌装站储罐设计容量定为计算月平均日供气量的一周左右是符合我国国情的。

8.3.5 因为液化石油气供应基地是城市公用设施重要组成部分之一，故其布局应符合城市总体规划的要求。

液化石油气供应基地的站址应远离居住区、村镇、学校、影剧院、体育馆等人员集中的地区是为了保证公共安全，以防止万一发生像墨西哥和我国吉林那样的恶性事故给人们带来巨大的生命财产损失和长期精神上的恐惧。

8.3.6 本条规定了液化石油气供应基地选址的基本原则

1 站址推荐选择在所在地区全年最小频率风向的上风侧，主要考虑站内储罐或设备泄漏而发生事故时，避免和减少对保护对象的危害；

2 站址应是地势平坦、开阔、不易积存液化石油气的地带，而不应选择在地势低洼，地形复杂，易积存液化石油气的地带，以防止一旦液化石油气泄漏，因积存而造成事故隐患。同时也考虑减少土石方工程量，节省投资；

3 避开地震带、地基沉陷和废弃矿井等地段是为防止万一发生自然灾害而造成巨大损失。

8.3.7 本条规定了液化石油气供应基地全压力式储罐与站外建、构筑物的防火间距。

条文中表8.3.7按储罐总容积和单罐容积大小分为七个档次，分别规定不同的防火间距要求。

第一、二档指小型灌装站；

第三、四档指中型灌装站；

第五、六档指大型储存站、灌装站和储配站；

第七档指特大型储存站。

表8.3.7规定的防火间距主要依据如下：

1 根据国内外液化石油气爆炸和火灾事故实例。当储罐、容器或管道破裂引起大量液化石油气泄漏与空气混合遇到点火源发生爆炸和火灾时，殃及范围和造成的损失与单罐容积、总容积、破坏程度、泄漏量大小、地理位置、气温、风向、风速等条件，以及安全消防设施和扑救等因素有关。

当储罐容积较大，且发生破裂时，其爆炸和火灾事故的殃及范围通常在100～300m甚至更远（根据资料记载最远可达1500m）。

当储罐容积较小，泄漏量不大时，其爆炸和火灾事故的殃及范围近者为20～30m，远者可达50～60m。

在此应说明，像我国吉林和墨西哥那样的恶性事故不作为本条编制依据，因为这类事故仅靠防火间距确保安全既不经济，也不可行。

2 国内有关规范

1）本规范在修订过程中曾与现行国家标准《建筑设计防火规范》GB 50016国家标准管理组多次协调。两规范规定的储罐与站外建、构筑物之间的防火间距协调一致。

2）国内其他有关规范规定的液化石油气储罐与站外建、构筑物之间的防火间距见表41。

表41 国内有关规范规定的储罐与站外建、构筑物的防火间距（m）

规范名称 项目		《石油化工企业设计防火规范》GB 50160	《原油和天然气工程设计防火规范》GB 50183				
		液化烃罐组	液化石油气和天然气凝液厂、站、库（m³）				
储罐容积			≤200	201～1000	1001～2500	2501～5000	>5000
居住区、公共福利设施、村庄		120	50	60	80	100	120
相邻工厂（围墙）		120	50	60	80	100	120
国家铁路线（中心线）		55	40	50	50	60	60
厂外企业铁路线（中心线）		45	35	40	45	50	55
国家或工业区铁路编组站（铁路中心线或建筑物）		55					
厂外公路（路边）		25	20	25	25	30	30
变配电站（围墙）		80	50	50	70	70	80
架空电力线（中心线）	35kV 以下	1.5倍杆高	1.5倍杆高				
	35kV 以上		1.5倍杆高，且≥30	40			

续表41

规范名称 项目		《石油化工企业设计防火规范》GB 50160	《原油和天然气工程设计防火规范》GB 50183				
		液化烃罐组	液化石油气和天然气凝液厂、站、库（m³）				
储罐容积			≤200	201～1000	1001～2500	2501～5000	>5000
架空通信线（中心线）	Ⅰ、Ⅱ级	50	40				
	其他	—	1.5倍杆高				
通航江、河、海岸边		25					

注：1 居住区、公共福利设施和村庄在GB 50183中指100人以上。

2 变配电站一栏GB 50183指35kV及以上的变电所，且单台变压器在10000kV·A及以上者；单台变压器容量小于10000kV·A者可减少25%。

3 国外有关规范

1）美国有关规范的规定

美国国家消防协会《液化石油气规范》NFPA58（1998年版）规定的储罐（单罐容积）与重要建筑、建筑群的防火间距见表42。

表42 美国消防协会《液化石油气规范》NFPA58（1998年版）规定的全压力式储罐与重要公共建筑、建筑群的防火间距

间距 英尺（m） 每个储罐的水容积 加仑（m³）	安装形式	
	覆土储罐或地下储罐	地上储罐
<125（0.5）	—	—
125～250（>0.5～1.0）	10（3）	10（3）
251～500（>1.0～1.9）	10（3）	10（3）
501～2000（>1.9～7.6）	10（3）	25（7.6）
2001～30000（>7.6～114）	50（15）	50（15）
30001～70000（>114～265）	50（15）	75（23）

续表42

间距 英尺（m） 每个储罐的水容积 加仑（m³）	安装形式	
	覆土储罐或地下储罐	地上储罐
70001～90000（>265～341）	50（15）	100（30）
90001～120000（>341～454）	50（15）	125（38）
120001～200000（>454～757）	50（15）	200（61）
200001～1000000（>757～3785）	50（15）	300（91）
>1000000（>3785）	50（15）	400（122）

美国国家消防协会《公用供气站内液化石油气储存和装卸标准》NFPA59（1998年版）规定的全压力式储罐与液化石油气站无关的重要建筑、建筑群或可以用于建设的相邻地产之间的距离与NFPA58的规定基本相同，故不另列表。

美国石油协会《LPG设备的设计与制造》API2510（1995年版）规定的全压力式储罐（单罐容积）与建、构筑物的防火间距见表43。

表43 美国石油协会《LPG设备设计和制造》API 2510（1995年版）规定的全压力式储罐与建、构筑物的防火间距

每个储罐的水容量 加仑（m³）	与可能开发的相邻地界线 英尺（m）
2000～30000（7.6～114）	50（15）
30001～70000（>114～265）	75（23）
70001～90000（>265～341）	100（30）
90001～120000（>341～454）	125（38）
>120001（>454）	200（61）

注：1 与储罐无关建筑的水平间距100英尺（30m）。

2 与火炬或其他外露火焰装置的水平间距100英尺（30m）。

3 与架空电力线和变电站的水平间距50英尺（15m）。

4 与船运水路、码头和桥墩的水平间距100英尺（30m）。

美国以上三个标准中的储罐均指单罐，当其水容积在12000加仑（45.4m³）或以上时，规定一组储罐台数不应超过6台，组间距不应小于50英尺（15m）。当设置固定水炮时，可减至25英尺（7.6m）。当设置水喷雾系统或绝热屏障时，一组储罐不应超过9台，组间距不应小于25英尺（7.6m）。

    2）澳大利亚标准《LPG－储存和装卸》AS1596－1989规定的地上储罐与建、构筑物的防火间距见表44。

表44 澳大利亚标准《LPG－储存和装卸》AS 1596－1989规定的地上储罐与建、构筑物的防火间距

储罐储存能力 （m³）	与公共场所或铁路线的最小距离 （m）	与保护场所的最小间距 （m）
20	9	15
50	10	18
100	11	20
200	12	25
500	22	45
750	30	60
1000	40	75
2000	50	100
3000	60	120
4000 及以上	65	130

注：1 保护场所包括以下任何一种场所：

住宅、礼拜堂、公共建筑、学校、医院、剧院以及人们习惯聚集的任何建筑物；

工厂、办公楼、商店、库房以及雇员工作的建筑物；

可燃物存放地，其类型和数量足以在发生火灾时产生巨大的辐射热而危及液化石油气储罐；位于固定泊锚设施的船舶。

2 公共场所指不属于私人财产的任何为公众开放的场所，包括街道和公路。

    3）《日本液化石油气安全规则》和《JLPA001 一般标准》（1992年）规定。

第一类居住区（指居民稠密区）严禁设置液化石油气储罐，其他区域对储罐容量作了如表45的规定。

表45 液化石油气储罐设置容量的限制表

所在区域	一般居住区	商业区	准工业区	工业区或工业专用用地
储罐容量（t）	3.5	7.0	35	不限

液化石油气储罐与站外一级保护对象或二级保护对象之间的防火间距分别按公式（10）、（11）计算确定。

$$L_1 = 0.12\sqrt{x+10000} \qquad (10)$$
$$L_4 = 0.08\sqrt{x+10000} \qquad (11)$$

式中　L_1——储罐与一级保护对象的防火间距（m）；当按此式计算结果超过30m时，取不小于30m；

L_4——储罐与二级保护对象的防火间距（m）；当按此式计算结果超过20m时，取不小于20m；

x——储罐总容量（kg）。

注：1 一级保护对象指居民区、学校、医院、影剧院、托幼保育院、残疾人康复中心、博物院、车站、机场、商店等公共建筑及设施。

2 二级保护对象指一级保护对象以外的供居住用建筑物。

当储罐与保护对象不能满足上述公式计算得出的防火间距时，可按《JLPA001 一般标准》中的规定，采用埋地、防火墙或水喷雾装置加防火墙等安全措施后，按该标准中规定的相应的公式计算确定。

此外，当单罐容量超过20t时，与保护对象的防火间距不应小于50m，且不应小于按公式 $x=0.480\sqrt[3]{328\times10^3\times W}$ ［式中：W 为储存能力（t）的平方根］计算得出的间距值。例如：当储存能力为1000t时，其防火间距不应小于104m。可见日本对单罐容积超过20t时，其防火间距要求较大，主要是考虑公共安全。

4 原规范执行情况和局部修订情况

原规范（1993年版）规定的全压力式液化石油气储罐与基地外建、构筑物之间的防火间距是根据20世纪80年代国内情况制订的。原规范1993年颁布以来大都反映表6.3.7中第一、二项规定的防火间距偏大，选址比较困难。据此本规范国家标准管理组根据当时我国液化石油气行业水平，参考国外有关规范，会同有关部门认真讨论，在1998年进行了局部修订，将储罐与居住区、村镇和学校、影剧院、体育馆等重要公共建筑的防火间距，按罐容大小改定为60～200m；将储罐与工业区的防火间距改定为50～180m。并于1998年10月1日起局部修订（1998年版）颁布实施。

5 本次修订情况

20世纪90年代以来在我国东南沿海和长江中下游地区先后建成数十座大型液化石油气全压力式储存基地。这些基地的建成带动了我国液化石油气行业的发展，其技术和装备、施工安装、运行管理和员工素质等均有较大提高。有些方面接近或达到世界先进水平。据此，本次修订本着逐步与先进国家同类规范接轨的原则，在1998年局部修订的基础上对原规范第6.3.7条作了修订：

    1）与居住区、村镇和学校、影剧院、体育馆等重要公共建筑的防火间距，按储罐总容积和单罐容积大小由60～200m减少至45～150m。

      本项中，学校、影剧院和体育馆（场）人员流动量大，且集中，故其防火间距应从围墙算起。

    2）将工业区改为工业企业，其防火间距从50～180m减少至27～75m。必须注意，当液化石油气储罐与相邻的建、构筑物不属于本表所列建、构筑物时，方按工业企业的防火间距执行。

    3）本表第3项至第7项是新增加的。根据各项建、构筑物危险性大小和万一发生事故时，与液化石油气储罐之间的相互影响程度，其防火间距与现行国家标准《建筑设计防火规范》GB 50016的规定协调一致。

    4）架空电力线的防火间距做了调整后，与《建筑设计防火规范》的规定一致。

    5）与Ⅰ、Ⅱ级架空通信线的防火间距不变，增加了与其他级架空通信线的防火间距不应小于1.5倍杆高的规定。

表8.3.7中注2 居住区和村镇指1000人或300户以上者是参照现行国家标准《城市居住区规划设计规范》GB 50180规定的居住区分级控制规模中组团一级为1000～3000人和300～700户的下限确定的。

注3 地下液化石油气储罐因其地温比较稳定，故罐内液化石油气饱和蒸气压力较地上储罐稳定，且较低，相对安全些。参照美国、日本和原苏联等国家有关规范，并与公安部七局及《建筑设计防火规范》国家管理组多次协商，规定其单罐容积小于或等于50m³，且总容积小于或等于400m³时，防火间距可按表8.3.7减少50%。

8.3.8 规定了液化石油气供应基地全冷冻式储罐与基地外建、构筑物的防火间距。主要依据如下。

    1 国外有关规范

    1）美国、日本和德国等国家标准规定的液化石油气储罐与站外建、构筑物的防火间距与储存规模、单罐容积、安装形式等因素有关，而与储存方式无关，故全冷冻式或全压力式储罐与建、构筑物的防火间距规定相同。

    2）美国消防协会标准NFPA58-1998、NFPA59-1998均规定，按单罐容积大小分档提出不同的防火间距要求。例如：单罐容积大于1000000加仑（3785m³）时，不论采用哪种储存方式，与重要建筑物、可燃易燃液体储罐和可以进行建设的相邻地产界线的距离均不小于122m。

美国石油协会标准API2510-1995规定单罐容积大于454m³时，其防火间距不应小于61m。如果相邻地界有住宅、公共建筑、集会广场或工业用地时，应采用较大距离或增加安全防护措施。

　　3）日本《石油密集区域灾害防止法》规定，大型综合油气基地与人口密集区域（学校、医院、剧场、影院、重要文化遗产建筑、日流动人口2万以上车站、建筑面积2000m²以上的商店、酒店等）的安全距离不小于150m；与上述区域以外的居民居住建筑的安全距离不小于80m。

《日本液化石油气安全规则》规定大于或等于990t的全冷冻式储罐与第一种保护对象的防火间距不应小于120m，与第二种保护对象不应小于80m。

　　4）德国TRB810规定有防液堤的全冷冻式液化石油气单罐容积大于3785m³时与建筑物距离不小于60m。

2　国内情况

近年来为适应我国液化石油气市场需要先后在深圳、太仓、汕头和张家港等地区已建成一批大型全冷冻式液化石油气储存基地。这些基地的建设大都引进国外技术，与基地外建、构筑物之间的防火间距是参照国外有关规范和《建筑设计防火规范》，并结合当地情况与安全主管部门协商确定的。

3　全冷冻式液化石油气储罐是借助罐壁保冷、可靠的制冷系统和自动化安全保护措施保证安全运行。这种储存方式是比较安全的，目前未曾发生重大事故。

我国已建成的全冷冻式液化石油气供应基地虽然积累了一定的设计、施工和运行管理经验，但根据我国国情表8.3.8中第1～3项的防火间距取与本规范第8.3.7条罐容大于5000m³一档规定相同，略大于国外有关规范的规定。

表8.3.8中第4项以后的各项的防火间距主要是参照本规范第8.3.7条罐容大于5000m³一档和《建筑设计防火规范》中的有关规定确定的。

表8.3.8注1　本表所指的储罐为单罐容积大于5000m³的全冷冻式储罐。根据有关部门的统计资料，目前我国每年进口液化石油气约600万t，预测以后逐年将以10%的速度增加。从技术、安全和经济等方面考虑，这种储存基地的建设应以大型为主，故对单罐容积大于5000m³储罐与站外建、构筑物的防火间距作了具体规定。当单罐容积小于或等于5000m³时，其防火间距按本规范表8.3.7中总容积相对应档的全压力式液化石油气储罐的规定执行。

注2　说明同8.3.7条注2。

8.3.9　本条规定的液化石油气供应基地全压力式储罐与站内建、构筑物的防火间距主要依据与本规范第8.3.7条类同，并本着内外有别的原则确定其防火间距，即与站内建、构筑物的间距较与站外小些。本条规定自颁布以来，工程建设实践证明基本是可行的。在本条修订过程中与《建筑设计防火规范》国家标准管理组进行了认真协调。同时对原规范按建、构筑物功能和危险类别进行排序，并对防火间距做了适当调整。

8.3.10　全冷冻式和全压力式液化石油气储罐不得设置在同一储罐区内，主要防止其中一种形式储罐发生事故时殃及另一种形式储罐。特别是当全压力式储罐发生火灾时导致全冷冻式储罐的保冷绝热层遭到破坏，是十分危险的。各国有关规范均如此规定。

关于两者防火间距　美国石油协会标准API2510-95规定不应小于相邻较大储罐直径的3/4，且不应小于30m。《日本石油密集区域灾害防止法》规定不应小于35m。据此，本条规定取较大值，即两者间距不应小于相邻较大罐的直径，且不应小于35m。

8.3.11　本条规定了液化石油气供应基地的总平面布置基本要求。

　　1　液化石油气供应基地必须分区布置。首先将其分为生产区和辅助区，其次按功能和工艺路线分小区布置。主要考虑：有利按本规范规定的防火间距大小顺序进行总图布置，节约用地；便于安全管理和生产管理；储罐区布置在边侧有利发展等。

　　2　生产区宜布置在站区全年最小频率风向上风侧或上侧风侧，主要考虑液化石油气泄漏和发生事故时减少对辅助区的影响，故有条件时推荐按本款规定执行。

　　3　灌瓶间的气瓶装卸台前应留有较宽敞的汽车回车场地是为了便于运瓶汽车回车的需要。场地宽度根据日灌瓶量和运瓶车往返的频繁程度确定，一般不宜小于30m。大型灌瓶站应宽敞一些，小型灌站可窄一些。

8.3.12　液化石油气供应基地的生产区和生产区与辅助区之间应设置高度不低于2m的不燃烧体实体围墙，主要是考虑安全防范的需要。

辅助区的其他各侧围墙改为可设置不燃烧体非实体墙，因为辅助区没有爆炸危险性建、构筑物，同时有利辅助区进行绿化和美化。

8.3.13　关于消防车道设置的规定是根据液化石油气储罐总容量大小区分的。储罐总容积大于500m³时，生产区应设置环形消防车道。小于500m³时，可设置尽头式消防车道和面积不小于12m×12m的回车场，这是消防扑救的基本要求。

8.3.14　液化石油气供应基地出入口设置的规定，除生产需要外还考虑发生火灾时保证消防车畅通。

8.3.15　因为气态液化石油气密度约为空气的2倍，故生产区内严禁设置地下、半地下建、构筑物，以防积存液化石油气酿成事故隐患。

同时，规定生产区内设置地下管沟时，必须填满干砂。

8.3.18　铁路槽车装卸栈桥上的液化石油气装卸鹤管应设置便于操作的机械吊装设施，主要考虑防止进行装卸作业时由于鹤管回弹而打伤操作人员和减轻劳动强度。

8.3.19　全压力式液化石油气储罐不应少于2台的规定是新增加的，主要考虑储罐检修时不影响供气，及发生事故时，适应倒罐的要求。

本条同时规定了地上液化石油气储罐和储罐区的布置要求。

　　1　储罐之间的净距主要是考虑施工安装、检修和运行管理的需要，故规定不应小于相邻较大罐的直径。

　　2　数个储罐总容积超过3000m³时应分组布置。

国外有关规范对一组储罐的台数作了规定。如美国NFPA58-1998、NFPA59-1998和API2510-1995规定单罐容积大于或等于12000加仑（45.4m³）时，一组储罐不应多于6台，增加安全消防措施后可设置9台，主要考虑组内储罐台数太多事故概率大，且管路系统复杂，维修管理麻烦，也不经济。本条虽对组内储罐台数未作规定，但设计时一组储罐台数不宜过多。

组与组之间的距离不应小于20m，主要考虑发生事故时便于扑救和减少对相邻储罐组的殃及。

　　3　组内储罐宜采用单排布置，主要防止储罐一旦破裂时对邻排储罐造成严重威胁，乃至破坏而造成二次事故。

国外有关规范不允许储罐轴向面对建、构筑物布置，值得我们设计时借鉴。

　　4　储罐组四周应设置高度为1m的不燃烧体实体防护墙是防止储罐或管道发生破坏时，液态液化石油气外溢而造成更大的事故。吉林事故的实例证明了设置防护墙的必要性。此外，防护墙高度为1m不会使储罐区因通风不良而窝气。

8.3.21　地下储罐设置方式有：直埋式、储槽式（填砂、充水或机械通风）和覆盖式（采用混凝土或其他材料将储罐覆盖）等。在我国多采用储槽式，即将地下储罐置于钢筋混凝土槽内，并填充干砂，比较安全、切实可行，故推荐这种设置方式。

储罐罐顶与槽盖内壁间距不宜小于0.4m，主要考虑使其液温（罐内压力）比较稳定。

储罐与隔墙或槽壁之间的净距不宜小于0.9m主要是考虑安

装和检修的需要。

此外，尚应注意在进行钢筋混凝土槽设计和施工时，应采取防水和防漂浮的措施。

8.3.22 本条规定与《建筑设计防火规范》一致。

当液化石油气泵设置在泵房时，应能防止不发生气蚀，保证正常运行。

当液化石油气泵露天设置在储罐区内时，宜采用屏蔽泵。

8.3.23 正确地确定液化石油气泵安装高度（以储罐最低液位为准，其安装高度为负值）是防止泵运行时发生汽蚀，保证其正常运行的基本条件，故设计时应予以重视。

1 为便于设计时参考，给出离心式烃泵安装高度计算公式。

$$H_b \geqslant \frac{102 \times 10^3}{\rho} \sum \Delta P + \Delta h + \frac{u^2}{2g} \qquad (12)$$

式中 H_b——储罐最低液面与泵中心线的高程差（m）；

$\sum \Delta P$——储罐出口至泵入口管段的总阻力损失（MPa）；

Δh——泵的允许气蚀余量（m）；

u——液态液化石油气在泵入口管道中的平均流速，可取小于1.2（m/s）；

g——重力加速度（m/s²）；

ρ——液态液化石油气的密度（kg/m³）。

2 容积式泵（滑片泵）的安装要求根据产品样本确定。当样本未给出安装要求时，储罐最低液位与泵中心线的高程差可取不小于0.6m，烃泵吸入管段的水平长度可取不大于3.6m，且应尽量减少阀门和管件数量，并尽量避免管道采用向上竖向弯曲。

8.3.26 本条防火间距的编制依据与第8.3.9条类同。

因为灌瓶间和瓶库内储存一定数量实瓶，参照《建筑设计防火规范》中甲类库房和厂房与建筑物防火间距的规定，按其总存瓶量分为≤10t、>10～30t和>30t（分别相当于储存15kg实瓶为≤700瓶、>700瓶～≤2100瓶和>2100瓶）三个档次分别提出不同的防火间距要求。同时，对原规范按建、构筑物功能、危险类别调整排序，并对防火间距进行了局部调整后列于表8.3.26。

1 因为生活、办公用房与明火、散发火花地点不属同类性质场所，故将其单列在第2项，其防火间距为20～30m，比原规定减少5～10m。

2 汽车槽车库、汽车槽车装卸台（柱）、汽车衡及其计量室关系密切均列入第4项，其防火间距改为15～20m。

3 空压机室、变配电室列于第6项，并增加了柴油发电机房，其防火间距调整为15～20m。

4 因机修间、汽车库有时有明火作业列于第7项，其防火间距规定同本表第1项。

5 其余各项不变。

表8.3.26中注2 瓶库系灌瓶间的附属建筑，考虑便于配置机械化运瓶设施和瓶车装卸气瓶作业，故其间距不限。

注3 为减少占地面积和投资，计算月平均日灌瓶量小于700瓶的中、小型灌装站的压缩机室可与灌瓶间合建成一幢建筑物，为保证安全，防止和减少发生事故时相互影响，两者之间采用防火墙隔开。

注4 计算月平均日灌瓶量小于700瓶的中、小型灌装站（供应量小于3000t/a，供应居民小于10000户），1～2d一辆汽车槽车送液化石油气即可满足供气需要。为减少占地面积和节约投资可将汽车槽车装卸柱附设在灌瓶间或压缩机室山墙的一侧。为保证安全，其山墙应是无门、窗洞口的防火墙。

8.3.27 灌瓶间内气瓶存放量（实瓶）是根据各地燃气公司实际运行情况确定的。一些灌装站的实际气瓶存放情况见表46。

从上表可以看出，存瓶量取1～2d的计算月平均日灌瓶量是可以保证连续供气的。

灌瓶间和瓶库内气瓶应按实瓶区和空瓶区分组布置，主要考虑便于有序管理和充分利用其有效的建筑面积。

表46 一些灌装站气瓶实际储存情况

站名	津二灌瓶站	宁第一灌瓶厂	沪国权路灌瓶站	沈灌瓶站	汉灌瓶站	长春站
平均日灌瓶量（个/d）	约3000	7000～8000	1300～1400	1500	1500～1600	1500
储存瓶数（个）	3000～4000	8000	6000～7000	1000	4000	4500
储存天数（d）	>1	约1	约4	0.67	2.7	约3

8.3.28 本条规定是为了保证液化石油气的灌瓶质量，即灌装量应保证在允许误差范围内和瓶体各部位不应漏气。

8.3.33 液化石油气汽车槽车库和汽车槽车装卸台（柱）属同一性质的建、构筑物，且两者关系密切，故规定其间距不应小于6m。当邻向装卸台（柱）一侧的汽车槽车库外墙采用无门、窗洞口的防火墙时，其间距不限，可节约用地。

8.3.34 汽车槽车装卸台（柱）的快装接头与装卸管之间应设置阀门是为了减少装卸车完毕后液化石油气排放量。

推荐在汽车槽车装卸柱的装卸管上设置拉断阀是防止万一发生误操作将其管道拉断而引起大量液化石油气泄漏。

8.3.35 液化石油气储配站、灌装站备用新瓶数量可取总供应户数的2%左右，是根据各站实际运行经验确定的。

8.3.36 新瓶和检修后的气瓶首次灌瓶前将其抽至80.0kPa真空度以上，可保证灌装完毕后，其瓶内气相空间的氧气含量控制在4%以下，以防止燃气用具首次点火时发生爆鸣声。

8.3.37 本条规定主要考虑有3点：

1 限制储罐总容积不大于10m³，为减少发生事故时造成损失。

2 设置在储罐室内以减少液化石油气泄漏时向锅炉房一侧扩散。

3 储罐室与锅炉房的防火间距不应小于12m，是根据《建筑设计防火规范》中甲类厂房的防火间距确定的。面向锅炉房一侧的储罐室外墙应采用无门、窗洞口的防火墙是安全防火措施。

8.3.38 设置非直火式气化器的气化间可与储罐室毗连，可减少送至锅炉房的气态液化石油气管道长度，防止再液化。为保证安全，还规定气化间与储罐室之间采用无门、窗洞口的防火墙隔开。

8.4 气化站和混气站

8.4.1 气化站和混气站储罐设计总容量根据液化石油气来源的不同做了原则性规定。

为保证安全供气和节约投资。由生产厂供应时，其储存时间长些，储罐容积较大；由供应基地供气时其储存时间短些，储罐容积较小。

8.4.2 气化站和混气站站址选择原则宜按本规范第8.3.6条执行。这是选址的基本要求。

8.4.3 本条是新增加的。因为近年来随着我国城市现代化建设发展的需要，气化站和混气站建站数量渐多，规模也有所增大，有些站的供气规模已达供应居民（10～20）万户，同时还供应商业和小型工业用户等。本条编制依据与第8.3.7条类同。

1 表8.4.3将储罐总容积小于或等于50m³，且单罐容积小于或等于20m³的储罐共分三档，分别提出不同的防火间距要求。这类气化站和混气站属小型站，相当于供应居民10000户以下，为节约投资和便于生产管理宜靠近供气负荷区选址建站。

2 储罐总容积大于50m³或单罐容积大于20m³的储罐，与站外建、构筑物之间的防火间距按本规范第8.3.7条的规定执行，根据储罐确定是合理的。

8.4.4 本条是在原规范的基础上按储罐总容积和单罐容积扩展后分七档，分别提出不同的防火间距要求。

第一至三档指小型气化站和混气站,相当于供应居民 10000 户以下;

第四、五档指中型气化站和混气站,相当于供应居民 10000～50000 户;

第六、七档指大型气化站和混气站相当于供应居民 50000 户以上;

本条表 8.4.4 规定的防火间距与第 8.3.9 条基本类同,其编制依据亦类同。

表 8.4.4 注 4 中燃气热水炉是指微正压室燃式燃气热水炉。这种燃气热水炉燃烧所需空气完全由鼓风机送入燃烧室,其燃烧过程是全封闭的,在微正压下燃烧无外露火焰,其燃烧过程实现自动化,并配有安全连锁装置,故该燃气热水炉间可不视为明火、散发火花地点,其防火间距按罐容不同分别规定为 15～30m。当采用其他燃烧方式的燃气热水炉时,该建筑视为明火、散发火花地点,其防火间距不应小于 30m。

注 5 是新增加的。空温式气化器通常露天就近储罐区(组)设置,两者的距离主要考虑安装和检修需要,并参考国外有关规范确定的。

8.4.5 本条规定与第 8.3.11 条的规定基本一致。

8.4.6 本条规定与第 8.3.12 条的规定基本一致,但对储罐总容积等于或小于 50m³ 的小型气化站和混气站,为节约用地,其生产区和辅助区之间可不设置分区隔墙。

8.4.10 工业企业内液化石油气气化站的储罐总容积不大于 10m³ 时,可将其设置在独立建筑物内是为了保证安全,并节约用地。同时,对室内储罐布置和与其他建筑物的防火间距作了具体规定。

1 室内储罐布置主要考虑安装、运行和检修的需要。

2、3 储罐室与相邻厂房和相邻厂房室外设备之间的防火间距分别不应小于表 8.4.10 和 12m 的规定是按《建筑设计防火规范》中甲类厂房的防火间距规定确定的。

4 气化间可与储罐室毗连是考虑工艺要求和节省投资。但设置直火式气化器的气化间不得与储罐室毗连是防止一旦储罐泄漏而发生事故。

8.4.11 本条是新增加的。主要考虑执行本规范时的可操作性。

8.4.12 本条是在原规范基础上修订的。具体内容和防火间距的规定与表 8.4.4 中储罐总容积小于或等于 10m³ 一档的规定基本相同,个别项目低于前表的规定。

注 1 空温式气化器气化方式属降压强制气化,其气化压力较低,虽设置在露天,其防火间距按表 8.4.12 的规定执行是可行的。

注 2 压缩机室与气化间和混气间属同一性质建筑,将其合建可节省投资、节约用地和便于管理。

注 3 燃气热水炉间的门不得面向气化间、混气间是从安全角度考虑,以防止气化间、混气间有可燃气体泄漏时,窜入燃气热水炉间。柴油发电机伸向室外的排气管管口不得面向具有爆炸危险性建筑物一侧,是为了防止排放的废气带火花时对其构成威胁。

注 4 见本规范表 8.4.4 注 4 说明。

8.4.13 储罐总容积小于或等于 100m³ 的气化站和混气站,日用气量较小,一般 2～3d 来一次汽车槽车向站内卸液化石油气,故允许将其装卸柱设置在压缩机室的山墙一侧。山墙采用无门、窗洞口的防火墙是为保证安全运行。

8.4.15 本条是新增加的。燃气热水炉间与压缩机室、汽车槽车库和装卸台(柱)的防火间距规定不应小于 15m,与本规范表 8.4.12 气化间和混气间与燃气热水炉间的防火间距规定相同。

8.4.16 本条是在原规范的基础上修订的。

1 气化、混气装置的总供气能力应根据高峰小时用气量确定,并合理地配置气化、混气装置台数和单台装置供气能力,以适应用气负荷变化需要。

2 当设有足够的储气设施时,可根据计算月最大日平均小时用气量确定总供气能力以减少装置配置台数和单台装置供气能力。

8.4.18 气化间和混气间关系密切将其合建成一幢建筑,节省投资和用地,且便于工艺布置和运行管理。

8.4.19 本条是对液化石油气混气系统工艺设计提出的基本要求。

1 液化石油气与空气的混合气体中,液化石油气的体积百分含量必须高于其爆炸上限的 2.0 倍,是安全性指标,这是根据原苏联建筑法规的规定确定的。

2 混合气作为调峰气源、补充气源和代用其他气源时,应与主气源或代用气源具有良好的燃烧互换性是为了保证燃气用具具有良好的燃烧性能和卫生要求。

3 本款规定是保证混气系统安全运行的重要安全措施。

4 本款是新增加的。规定在混气装置出口总管上设置混合气热值取样管,并推荐采用热值仪与混气装置连锁,实时调节混气比和热值,以保证燃器具稳定燃烧。

8.4.20 本条是新增加的。

热值仪应靠近取样点设置在混气间内的专用隔间或附属房间内是根据运行经验和仪表性能要求确定的,以减少信号滞后。此外,因为热值仪带有常明火,为保证安全运行对热值仪间的安全防火设计要求作了具体规定。

8.4.21 本条规定是为了防止液态液化石油气和液化石油气与其他气体的混合气在管内输送过程中产生再液化而堵塞管道或发生事故。

8.5 瓶组气化站

8.5.1 本条是在原规范基础上修订的。修订后分别对两种气化方式的瓶组气化站气瓶的配置数量作了相应的规定。

1 采用强制气化方式时,主要考虑自气瓶组向气化器供气只是部分气瓶运行,其余气瓶备用。根据运行经验,气瓶数量按 1～2d 的计算月最大日用气量配置可以保证连续向用户供气。

2 采用自然气化方式时,在用气时间内使用瓶组的气瓶,吸收环境大气热量而自然气化向用户供气。使用瓶组气瓶通常是同时运行的。为保证连续向用户供气,故推荐备用瓶组的气瓶配置数量与使用瓶组相同。当供气户数较少时,根据具体情况可采用临时供气瓶组代替备用瓶组,以保证在更换气瓶时正常向用户供气。

采用自然气化方式时,其使用瓶组、备用瓶组(或临时供气瓶组)气瓶配置数量参照日本有关资料和我国实际情况给出下列计算方法,供设计时参考。

1)使用瓶组的气瓶配置数量可按公式(13)计算确定。

$$N_s = \frac{Q_f}{\omega} + N_y \qquad (13)$$

式中 N_s——使用瓶组的气瓶配置数量(个);

Q_f——高峰用气时间内平均小时用气量。可参照本规范第 10.2.9 条公式计算或根据统计资料得出高峰月高峰日小时用气量变化表,确定高峰用气持续时间和高峰用气时间内平均小时用气量(kg/h);

ω——高峰用气持续时间内单瓶小时自然气化能力。此值与液化石油气组分,环境温度和高峰用气持续时间等因素有关。不带和带有自动切换装置的 50kg 气瓶组单瓶自然气化能力可参照表 47 和 48 确定(kg/h);

N_y——相当于 1d 左右计算月平均日用气量所需气瓶数量(个)。

2)备用瓶组气瓶配置数量 N_b 和使用瓶组气瓶配置数量 N_s 相同,即:

$$N_b = N_s \qquad (14)$$

表47　不带自动切换装置的50kg气瓶组单瓶自然气化能力

高峰用气持续时间（h）	1		2		3		4	
气温（℃）	5	0	5	0	5	0	5	0
高峰小时单瓶气化能力（kg/h）	1.14	0.45	0.79	0.39	0.67	0.34	0.62	0.32
非高峰小时单瓶气化能力（kg/h）	0.26	0.26	0.26	0.26	0.26	0.26	0.26	0.26

表48　带有自动切换装置的50kg气瓶组单瓶自然气化能力

高峰用气持续时间（h）	1		2		3		4	
气温（℃）	5	0	5	0	5	0	5	0
高峰小时单瓶气化能力（kg/h）	2.29	1.37	1.50	0.99	1.30	0.88	1.18	0.79
非高峰小时单瓶气化能力（kg/h）	0.41	0.41	0.41	0.41	0.41	0.41	0.41	0.41

3）当采用临时瓶组代替备用瓶组供气时，其气瓶配置数量可根据更换使用瓶组所需要的时间、高峰用气时间内平均小时用气量和临时供气时间内单瓶小时自然气化能力计算确定。

临时供气瓶组的气瓶配置数量可按公式（15）计算确定。

$$N_L = \frac{Q_f}{\omega_L} \qquad (15)$$

式中　N_L——临时供气瓶组的气瓶配置数量（个）；

　　　　Q_f——同公式（13）；

　　　　ω_L——更换瓶时，临时供气瓶组的单瓶自然气化能力，可参照表49确定（kg/h）。

4）总气瓶配置数量

①瓶组供应系统的总气瓶配置数量按公式（16）计算。

$$N_Z = N_s + N_b = 2N_s \qquad (16)$$

式中　N_Z——总气瓶配置数量（个）；

　　　　其余符号同前。

②采用临时供气瓶组代替备用瓶组时，其瓶组供应系统总气瓶配置数量按公式（17）计算。

$$N_Z = N_s + N_L \qquad (17)$$

式中　N_L——临时供气瓶组的气瓶配置数量（个）；

　　　　其余符号同前。

表49　临时供气的50kg气瓶组单瓶自然气化能力（kg/h）

更换气瓶时间	2d			1d			1h			30min		
气温（℃）	5	0	-5	5	0	-5	5	0	-5	5	0	-5
高峰用气持续时间4h	1.8	1.0	0.2	2.5	1.7	0.9	—	—	—	—	—	—
高峰用气持续时间3h	2.3	1.3	0.3	3.0	2.0	1.0	8.0	6.8	4.8	14.8	11.8	8.7
高峰用气持续时间2h	3.3	2.1	1.0	4.1	2.9	1.7	—	—	—	—	—	—
高峰用气持续时间1h	6.4	4.4	2.5	7.1	5.1	4.2	—	—	—	—	—	—

8.5.2　采用自然气化方式供气，且瓶组气化站的气瓶总容积不超过1m³（相当于8个50kg气瓶）时，允许将其设置在与建筑物（重要公共建筑和高层民用建筑除外）外墙毗连的单层专用房间内。为了保证安全运行，同时提出相应的安全防火设计要求。

本条"注"是新增加的。根据工程实践，当瓶间独立设置，且面向相邻建筑物的外墙采用无门、窗洞口的防火墙时，其防火间距不限，是合理的。

8.5.3　当瓶组气化站的气瓶总容积超过1m³时，对瓶间的设置提出了较高的要求，即应将其设置在独立房间内。同时，规定其房间高度不应低于2.2m。

表8.5.3对瓶间与建、构筑物的防火间距两档提出不同要求，其依据与本规范第8.6.4条的依据类同，但较其同档瓶库的防火间距的规定略大些。

注2　当瓶组间的气瓶总容积大于4m³时，气瓶数量较多，其连接支管和管件过多，漏气概率大，操作管理也不方便，故超过此容积时，推荐采用储罐。

注3　瓶组间和气化间与值班室的间距不限，可省投资、节约用地和便于管理。但当两者毗连时，应采用无门、窗洞口的防火墙隔开，且值班室内的用电设备应采用防爆型。

8.5.4　本条是新加的。明确规定瓶组气化站的气瓶不得设置在地下和半地下室内，以防因泄漏、窝气而发生事故。

8.5.5　瓶组气化站采用强制气方式供气时，其气化间和瓶组间属同一性质的建筑，考虑接管方便，利于管理和节省投资，故推荐两者合建成一幢建筑物，但其间应设置不开门、窗洞口的隔墙。隔墙的耐火极限不应低于3h，是按《建筑设计防火规范》GB 50016确定。

8.5.6　本条是新增加的。目前有些地区采用空温式气化器，并将其设置在室外，为接管方便，宜靠近瓶组间。参照国外规范的有关规定，两者防火间距不限。空温式气化器的气化温度和气化压力均较低，故与明火、散发火花地点和建、构筑物的防火间距可按本规范第8.5.3条气瓶总容积小于或等于2m³一档的规定执行。

8.5.7　对瓶组气化站，考虑安全防护和管理需要，并兼顾与小区景观协调，故推荐其四周设置非实体围墙，但其底部实体部分高度不应低于0.6m。围墙应采用不燃烧材料砌筑，上部可采用不燃烧体装饰墙或金属栅栏。

8.6　瓶装液化石油气供应站

8.6.1　本条原规定的瓶装液化石油气供应站的供应范围（规模）和服务半径较大，用户换气不够方便，与站外建、构筑物的防火间距要求较大，建设用地多，站址选择比较困难。新建瓶装供应站选址只有纳入城市总体规划或居住区详规，才能得以实现。近年来随着市场经济的发展，这种服务半径较大的供应方式已不能满足市场需要。因此，在全国各城镇，特别是东南沿海和经济发达地区纷纷涌现了存瓶量较小和设施简陋的各种形式售瓶商店（代客充气服务站、分销店、代销店等）。这类商店在一些大中城市已达数百家之多。例如：在广东省除广州市原有5座瓶装供应站外，其余各城市多采用售瓶商店的方式向客户供气。长沙市有各类售瓶商店达500多家，天津市有200多家。这类售瓶商店虽然对活跃市场、方便用户起到积极作用，但因无序发展，环境比较复杂，设施比较简陋，规范经营者较少，不同程度上存在事故隐患，威胁自身和环境安全。为了规范市场，有序管理，更好地为客户服务，一些城市燃气行业管理部门多次提出，为解决瓶装液化石油气供应站选址困难，为适应市场需要，建议采用多元化的供应方式，瓶装液化石油气采用物流配送方式供应各类客户用气。物流配送供应方式是以电话、电脑等工具作交易平台，由配送中心、配送站、分销（代销）点、流动配送车辆等组成配送服务网络，实行现代化经营，可安全优质地为客户服务。并对原规范进行修订。

考虑燃气行业管理部门的上述意见，为适应市场经济发展的需要和体现规范可操作性的原则，故将瓶装液化石油气供应站按其供应范围（规模）和气瓶总容积分为：Ⅰ、Ⅱ、Ⅲ级站。

1　Ⅰ级站相当于原规范的瓶装供应站，其供应范围（规模）一般为5000～7000户，少数为10000户左右。这类供应站大都设置在城市居民区附近，考虑经营管理、气瓶和燃器具维修、方便客户换气和环境安全等，其供应范围不宜过大，以5000～10000户较合适，气瓶总容积不宜超过20m³（相当于15kg气瓶560瓶左右）。

2　Ⅱ级站供应范围宜为1000～5000户，相当于现行国家标准《城市居住区规划设计规范》GB 50180规定的1～2个组团的范围。该站可向Ⅲ级站分发气瓶，也可直接供应客户。气瓶总容积不宜超过6m³（相当于15kg气瓶170瓶左右）。

3 Ⅲ级站供应范围不宜超过 1000 户，因为这类站数量多，所处环境复杂，故限制气瓶总容积不得超过 1m³（相当于 15kg 气瓶 28 瓶）。

8.6.2 液化石油气气瓶严禁露天存放，是为防止因受太阳辐射热致使其压力升高而发生气瓶爆炸事故。

Ⅰ、Ⅱ瓶装供应站的瓶库推荐采用敞开和半敞开式建筑，主要考虑利于通风和有足够的防爆泄压面积。

8.6.3 Ⅰ级瓶装供应站的瓶库一般距面向出入口一侧居住区的建筑相对远一些，考虑与周围环境协调，故面向出入口一侧可设置高度不低于 2m 的不燃烧体非实体围墙，且其底部实体部分高度不应低于 0.6m，其余各侧应设置高度不低于 2m 的不燃烧体实体围墙。

Ⅱ级瓶装供应站瓶库内的存瓶较少，故其四周设置非实体围墙即可，但其底部实体部分高度不应低于 0.6m。围墙应采用不燃烧材料。主要考虑与居住区景观协调。

8.6.4 Ⅰ、Ⅱ瓶装供应站的瓶库与站外建、构筑物之间的防火间距按其级别和气瓶总容积分为四档，提出不同的防火间距要求。

Ⅰ级瓶装供应瓶库内气瓶的危险性较同容积的储罐危险性小些，故其防火间距较本规范第 8.4.3 条和第 8.4.4 条气化站、混气站中第一、二档储罐规定的防火间距小些。

同理，Ⅱ级瓶装供应站瓶库的防火间距较本规范第 8.5.3 条同容积瓶组间规定的防火间距小些。

8.6.5 Ⅰ级瓶装供应站内一般配置修理间，以便进行气瓶和燃器具等简单维修作业，生活、办公建筑的室内时有炊事用火，故瓶库与两者的间距不应小于 10m。

营业室可与瓶库的空瓶区一侧毗连以便于管理，其间采用防火墙隔开是考虑安全问题。

8.6.6 Ⅱ级瓶装供应站由瓶库和营业室组成。站内不宜进行气瓶和燃器具维修作业。推荐两者连成一幢建筑，有利选址，节省用地和投资。

8.6.7 Ⅲ级瓶装供应站俗称售瓶点或售瓶商店。这种站随市场需要，其数量较多，为规范管理，保证安全供气，故采用积极引导的思路，对其设置条件和应采取的安全措施给予明确规定。

8.7 用 户

8.7.1 居民使用的瓶装液化石油气供应系统由气瓶、调压器、管道及燃器具等组成。

设置气瓶的非居住房间室温不应超过 45℃，主要是为保证安全用气，以防止因气瓶内液化石油气饱和蒸气压升高时，超过调压器进口最高允许工作压力而发生事故。

8.7.2 居民使用的气瓶设置在室内时，对其布置提出的要求主要考虑保证安全用气。

8.7.3 单户居民使用的气瓶设置在室外时，推荐设置在贴邻建筑物外墙的专用小室内，主要是针对别墅规定的。小室应采用不燃烧材料建造。

8.7.4 商业用户使用的 50kg 液化石油气气瓶组，严禁与燃器具布置在同一房间内是防止事故发生的基本措施。同时，规定了根据气瓶组的气瓶总容积大小按本规范第 8.5 节的有关规定进行瓶组间的设置。

8.8 管道及附件、储罐、容器和检测仪表

8.8.1 本条规定了液化石油气管道材料应根据输送介质状态和设计压力选择，其技术性能应符合相应的现行国家标准和其他有关标准的规定。

8.8.3 液态液化石油气输送管道和站内液化石油气储罐、容器、设备、管道上配置的阀门和附件的公称压力（等级）应高于其设计压力是根据《压力容器安全技术监察规程》和《工业金属管道设计规范》GB 50316 的有关规定，以及液化石油气行业多年的工程实践经验确定的。

8.8.4 根据各地运行经验，参照《压力容器安全技术监察规程》和国外有关规范，本条规定液化石油气储罐、容器、设备和管道上严禁采用灰口铸铁阀门及附件。在寒冷地区应采用钢质阀门及附件，主要是防止因低温脆断引起液化石油气泄漏而酿成爆炸和火灾事故。

8.8.5 本条规定用于液化石油气管道系统上采用耐油胶管时，其公称工作压力不应小于 6.4MPa 是参照国外有关规范和国内实践确定的。

8.8.6 本条对站区室外液化石油气管道敷设的方式提出基本要求。

站区室外管道推荐采用单排低支架敷设，其管底与地面净距取 0.3m 左右。这种敷设方式主要是便于管道施工安装、检修和运行管理，同时也节省投资。

管道跨越道路采用支架敷设时，其管底与地面净距不应小于 4.5m，是根据消防车的高度确定的。

8.8.9 液化石油气储罐最大允许充装质量是保证其安全运行的最重要参数。参照国家现行《压力容器安全技术监察规程》、美国国家消防协会标准 NFPA58-1998、NFPA59-1998 和《日本 JLPA001 一般标准》等有关规范的规定，并根据我国液化石油气站的运行经验，本条采用《日本 JLPA001 一般标准》相同的规定。

液化石油气储罐最大允许充装质量应按公式 $G=0.9\rho V_h$ 计算确定。

式中：系数 0.9 的含义是指液温为 40℃时，储罐最大允许体积充装率为 90%。液化石油气储罐在此规定值下运行，可保证罐内留有足够的剩余空间（气相空间），以防止过量灌装。同时，按本规范第 8.8.12 条规定确定的安全阀开启压力值，可保证其放散前，罐内尚有 3%～5% 的气相空间。0.9 是保证储罐正常运行的重要安全系数。

ρ 是指 40℃时液态液化石油气的密度。该密度应按其组分计算确定。当组分不清时，按丙烷计算。组分变化时，按最不利组分计算。

8.8.10 根据国家现行《压力容器安全技术监察规程》第 37 条的规定，设计盛装液化石油气的储存容器，应参照行业标准 HG20592～20635 的规定，选取压力等级高于设计压力的管法兰、垫片和紧固件。液化石油气储罐接管使用法兰连接的第一个法兰密封面，应采用高颈对焊法兰，金属缠绕垫片（带外环）和高强度螺栓组合。

8.8.11 本条对液化石油气储罐接管上安全阀件的配置作了具体规定，以保证储罐安全运行。

容积大于或等于 50m³ 储罐液相出口管和气相管上必须设置紧急切断阀，同时还应设置能手动切断的装置。

排污管阀门处应防水冻结，并应严格遵守排污操作规程，防止因关不住排污阀门而产生事故。

8.8.12 本条规定了液化石油气储罐安全阀的设置要求。

1 安全阀的结构形式必须选用弹簧封闭全启式。选用封闭式，可防止气体向周围低空排放。选用全启式，其排放量较大。安全阀的开启压力不应高于储罐设计压力是根据《压力容器安全技术监察规程》的规定确定的。

2 容积为 100m³ 和 100m³ 以上的储罐容积较大，故规定设置 2 个或 2 个以上安全阀。此时，其中一个安全阀的开启压力按本条第 1 款的规定取值，其余可略高些，但不得超过设计压力的 1.05 倍。

3 为保证安全阀放散时气流畅通，规定其放散管径不应小于安全阀的出口直径。地上储罐放散管口应高出操作平台 2m 和地面 5m 以上，地下储罐应高出地面 2.5m 以上，是为了防止气体排放时，操作人员受到伤害。

4 美国标准 NFPA58 规定液化石油气储罐与安全阀之间不允许安装阀门，国家现行标准《压力容器安全技术监察规程》规定不宜设置阀门，但考虑目前国产安全阀开启后回座有时不能保

证全关闭，且规定安全阀每年至少进行一次校验，故本款规定储罐与安全阀之间应设置阀门。同时规定储罐运行期间该阀门应全开，且应采用铅封或锁定（或拆除手柄）。

8.8.15 本条规定了液化石油气储罐上仪表的设置要求。

在液化石油气储罐测量参数中，首要的是液位，其次是压力，再次是液温。因此其仪表设置根据储罐容积的大小作了相应的规定。

储罐不分容积大小均必须设置就地指示的液位计、压力表。

单罐容积大于 100m³ 的储罐除设置前述的就地指示仪表外，尚应设置远传显示液位计、压力表和相应的报警装置。

同时，推荐就地指示液位计采用能直接观测储罐全液位的液位计。因为这种液位计最直观，比较可靠，适于我国国情。

8.8.18 液化石油气站内具有爆炸危险的场所应设置可燃气体浓度检测报警器。检测器设置在现场，报警器应设置在有值班人员的场所。报警器的报警浓度应取液化石油气爆炸下限的 20%。此值是参考国内外有关规范确定的。"20%"是安全警戒值，以警告操作人员迅速采取排险措施。瓶装供应站和瓶组气化站等小型液化石油气站危险性小些，也可采用手提式可燃气体浓度检测报警器。

8.9 建、构筑物的防火、防爆和抗震

8.9.1 为防止和减少具有爆炸危险的建、构筑物发生火灾和爆炸事故时造成重大损失，本条对其耐火等级、泄压措施、门窗和地面做法等防火、防爆设计提出了基本要求。

8.9.2 具有爆炸危险的封闭式建筑物应采取良好的通风措施。设计可根据建筑物具体情况确定通风方式。采用强制通风时，事故通风能力是按现行国家标准《采暖通风和空气调节设计规范》GB 50019 的有关规定确定的。采用自然通风时，通风口的面积和布置是参照日本规范确定的，其通风次数相当于 3 次/h。

8.9.3 本条所列建筑物在非采暖地区推荐采用敞开式或半敞开式建筑，主要是考虑利于通风。同时也加大了建筑物的泄压比。

8.9.4 对具有爆炸危险的建筑，其承重结构形式的规定是参照现行国家标准《建筑设计防火规范》GB 50016 有关规定确定的，以防止发生事故时建筑倒塌。

8.9.5 根据调查资料，有的液化石油气站将储罐置于砖砌或枕木等制作的支座上，没有良好的紧固措施，一旦发生地震或其他灾害十分危险，故本条规定储罐应牢固地设置在基础上。

对卧式储罐应采用钢筋混凝土支座。

球形储罐的钢支柱应采用不燃烧隔热材料保护层，其耐火极限不应低于 2h，以防止储罐直接受火过早失去支撑能力而倒塌。耐火极限不低于 2h 是参照美国规范 NFPA58-98 的规定确定的。

8.10 消防给水、排水和灭火器材

8.10.1 本条是根据现行国家标准《建筑设计防火规范》中有关规定确定的。

8.10.2 液化石油气储罐和储罐区是站内最危险的设备和区域，一旦发生事故其后果不堪设想。液化石油气储罐区一旦发生火灾时，最有效的办法之一是向着火和相邻储罐喷水冷却，使其温度、压力不致升高。具体办法是利用固定喷水冷却装置对着火储罐和相邻储罐喷水将其全覆盖进行降温保护，同时利用水枪进行辅助灭火和保护，故其总用水量应按储罐固定喷水冷却装置和水枪用水量之和计算，具体说明如下。

1 本款规定的液化石油气储罐固定喷水冷却装置的设置范围及其用水量的计算方法，（保护面积和冷却水供水强度）与《建筑设计防火规范》GB 50016 的规定一致。

液化石油气储罐区的消防用水量具体计算方法如下。

$$Q = Q_1 + Q_2 \qquad (18)$$

式中 Q——储罐区消防用水量（m³/h）；

Q_1——储罐固定喷水冷却装置用水量（m³/h），按公式（19）计算；

Q_2——水枪用水量（m³/h）。

$$Q_1 = 3.6F \cdot q + 1.8 \sum_{i=1}^{n} F_i \cdot q \qquad (19)$$

式中 F——着火罐的全表面积（m²）；

F_i——距着火罐直径（卧式罐按直径和长度之和的一半）1.5 倍范围内各储罐中任一储罐全表面积（m²）；

q——储罐固定喷水冷却装置的供水强度，取 0.15L/（s·m²）。

2 水枪用水量按不同罐容分档规定，与《建筑设计防火规范》的规定一致。

本款注 2 储罐总容积小于或等于 50m³，且单罐容积小于或等于 20m³ 的储罐或储罐区，其危险性小些，故可设置固定喷水冷却装置或移动式水枪，其消防水量按表 8.10.2 规定的水枪用水量计算。

3 本款是新增加的。因为地下储罐发生火灾时，其罐体不会直接受火，故可不设置固定水喷淋装置，其消防水量按水枪用水量确定。

8.10.4 消防水池（罐）容量的确定与《建筑设计防火规范》的规定一致。

8.10.6 因为固定喷水冷却装置采用喷雾头，对其储罐冷却效果较好，故对球形储罐推荐采用。卧式储罐的喷水冷却装置可采用喷淋管。

储罐固定喷水冷却装置的喷雾头或喷淋管孔的布置应保证喷水冷却时，将其储罐表面全覆盖，这是对其设计的基本要求。同时，对储罐液位计、阀门等重要部位也应采取喷水保护。

8.10.7 储罐固定喷水冷却装置出口的供水压力不应小于 0.2MPa 是根据现行国家标准《水喷雾灭火系统设计规范》GB 50219 规定确定的。水枪供水压力是根据国内外有关规范确定的。

8.10.9 液化石油气站内具有火灾和爆炸危险的建、构筑物应设置干粉灭火器，其配置数量和规格根据场所的危险情况和现行国家标准《建筑灭火器配置设计规范》GB 50140 的有关规定确定。因为液化石油气火灾爆炸危险性大，初期发生火灾如不及时扑救，将使火势扩大而造成巨大损失。故本条规定的干粉灭火器的配置数量和规格较《建筑灭火器配置设计规范》的规定大一些。

8.11 电 气

8.11.1 本条规定了液化石油气供应基地、气化站和混气站的用电负荷等级。

液化石油气供应基地停电时，不会影响供气区域内用户正常用气，其供电系统用电负荷等级为"三级"即可。但消防水泵用电，应为"二级"负荷，以保证火灾时正常运行。

液化石油气气化站和混气站是采用管道向各类用户供气，为保证用户安全用气，不允许停电，并应保证消防用电需要，故规定其用电负荷等级为"二级"。

8.11.2 本条中的附录 E 是根据现行国家标准《爆炸和火灾环境电力装置设计规范》GB 50058，并考虑液化石油气站内运行介质特性、工艺过程特征、运行经验和释放源情况等因素进行释放源等级划分。在划分释放源等级后，根据其级别和通风等条件再进行爆炸危险区域等级和范围的划分。

爆炸危险区域范围的划分与诸多因素有关，如：可燃气体的泄放量、释放速度、浓度、爆炸下限、闪点、相对密度、通风情况、有无障碍物等。因此，具体爆炸危险区域范围划分的规定在世界各国还是一个长期没有得到妥善解决的问题。目前美国电工委员会（IEC）对爆炸危险区域范围的划分仅做原则性规定。GB 50058 规定的具体尺寸是推荐性的等效采用了国际上广泛采用的美国石油学会 API-RP-500 和美国国家消防协会（NF-

PA）的有关规定。本规范在此也作了推荐性的规定。具体设计时，需要结合液化石油气站用电场所的实际情况妥善地进行爆炸危险区域范围的划分和相应的设计才能保证安全，切忌生搬硬套。

9 液化天然气供应

9.1 一般规定

9.1.1 本条规定了本章适用范围。

液化天然气（LNG）气化站（又称LNG卫星站），是城镇液化天然气供应的主要站场，是一种小型LNG的接收、储存、气化站，LNG来自天然气液化工厂或LNG终端接收基地或LNG储配站，一般通过专用汽车槽车或专用气瓶运来，在气化站内设有储罐（或气瓶）、装卸装置、泵、气化器、加臭装置等，气化后的天然气可用做中小城镇或小区、或大型工业、商业用户的主气源，也可用做城镇调节用气不均匀的调峰气源。

规定液化天然气总储存量不大于2000m³，主要考虑国内目前液化天然气生产基地数量和地理位置的实际情况以及安全性、现有的液化天然气气化站的储存天数较长（一般在7d内）等因素而确定的，该总储存量可以满足一般中小城镇的需要。

9.1.2 由于本章不适用的工程和装置设计，在规模上和使用环境、性质上均与本规范有较大差异，因此应遵守其他有关的相应规范。

9.2 液化天然气气化站

9.2.4 本条规定了液化天然气气化站的液化天然气储罐、天然气放散总管与站外建、构筑物的防火间距。

1 液化天然气是以甲烷为主要组分的烃类混合物，从液化石油气（LPG）与液化天然气的主要特性对比（见表50）中可见，LNG的自燃点、爆炸极限均比LPG高；当高于−112℃时，LNG蒸气比空气轻，易于向高处扩散；而LPG蒸气比空气重，易于在低处集聚而引发事故；以上特点使LNG在运输、储存和

使用上比LPG要安全些。

从燃烧发出的热量大小看，可以反映出对周围辐射热影响的大小。同样1m³的LNG或LPG（以商品丙烷为例）变化为气体后，燃烧所产生的热量LNG比LPG要小一些，对周围辐射热影响也小些，采用表50数据经计算燃烧所产生的热量如下：

液化天然气 $35900 \times 600 = 2154 \times 10^4 kJ$
商品丙烷气 $93244 \times 271 = 2527 \times 10^4 kJ$

表50 液化石油气与液化天然气的主要特性对比

项 目	液化石油气（商品丙烷）	液化天然气
在1大气压力下初始沸腾点（℃）	−42	−162
15.6℃时，每立方米液体变成蒸气后的体积（m³）	271	约600
蒸气在空气中的爆炸极限（%）	2.15～9.60	5.00～15.00
自燃点（℃）	493	650
蒸气的低发热值（kJ/m³）	93244	约35900
蒸气的相对密度（空气为1）	15.6℃时为1.50	纯甲烷在高于−112℃时比15.6℃时的空气轻
蒸气压力（表压kPa）	37.8℃时不大于1430	在常温下放置，液态储罐的蒸气压力将不断增加
15.6℃时，每立方米液体的质量（kg/m³）	504	430～470

2 综上所述，在防火间距和消防设施上对于小型LNG气化站的要求可比LPG气化站降低一些，但考虑到LNG气化站在我国尚处于初期发展阶段，采用与LPG气化站基本相同的防火间距和消防设施也是适宜的。

表9.2.4中LNG储罐与站外建、构筑物的防火间距，是参考我国LPG气化站的实践经验和本规范LPG气化站的有关规定编制的。

3 表9.2.4中集中放散装置的天然气放散总管与站外建、构筑物的防火间距，是参照本规范天然气门站、储配站的集中放散装置放散管的有关规定编制的。

9.2.5 本条规定了液化天然气气化站的液化天然气储罐、天然气放散总管与站内建、构筑物的防火间距。

1 本条的编制依据与第9.2.4条类同。

美国消防协会《液化天然气生产、储存和装卸标准》NF-PA59A（2001年版）规定的液化天然气储罐拦蓄区与建筑物和建筑红线的间距见表51。

表51 拦蓄区到建筑物和建筑红线的间距

储罐水容量（m³）	从拦蓄区或储罐排水系统边缘到建筑物和建筑红线最小距离（m）	储罐之间最小距离（m）
<0.5	0	0
0.5～1.9	3	1
1.9～7.6	4.6	1.5
7.6～56.8	7.6	1.5
56.8～114	15	1.5
114～265	23	相邻罐直径之和的1/4但不小于1.5m
>265	0.7倍罐直径，但不小于30m	不小于1.5m

表9.2.5中LNG储罐与站内建、构筑物的防火间距，是参考我国LPG气化站的实践经验、本规范LPG气化站的有关规定和NFPA59A的有关规定编制的。

2 表9.2.5中集中放散装置的天然气放散总管与站内建、构筑物的防火间距，是参照本规范天然气门站、储配站的集中放散装置放散管的有关规定编制的。

9.2.10 本条规定了液化天然气储罐和储罐区的布置要求。

1 储罐之间的净距要求是参照 NFPA59A（见表 51）编制的。

2～4 款是参照 NFPA59A（2001 年版）编制的，其中第 3 款的"防护墙内的有效容积"是指防护墙内的容积减去积雪、其他储罐和设备等占有的容积和裕量。

5 是保障储罐区安全的需要。

6 是参照 NFPA57《液化天然气车（船）载燃料系统规范》（1999 年版）的规定编制的。容器容积太大，遇有紧急情况时，在建筑物内不便于搬运。而长期放置在建筑物内的装有液化天然气的容器，将会使容器压力不断上升或经安全阀排放天然气，造成事故或浪费能源、污染环境。

9.2.11 本条规定了气化器、低温泵的设置要求。

1 参照 NFPA59A 标准，气化器分为加热、环境和工艺等三类。

　　1）加热气化器是指从燃料的燃烧、电能或废热取热的气化器。又分为整体加热气化器（热源与气化换热器为一体）和远程加热气化器（热源与气化换热器分离，通过中间热媒流体作传热介质）两种。

　　2）环境气化器是指从天然热源（如大气、海水或地热水）取热的气化器。本规范中将从大气取热的气化器称为空温式气化器。

　　3）工艺气化器是指从另一个热力或化学过程取热，或储备或利用 LNG 冷量的气化器。

2 环境气化器、远程加热气化器（当采用的热媒流体为不燃烧流体时），可设置在储罐区内，是参照 NFPA57（1999 年版）的规定编制的。

设在储罐区的天然气气体加热器也应具备上述环境式或远程加热气化器（当采用的热媒流体为不燃烧流体时）的结构条件。

9.2.12 液化天然气集中放散装置的汇集总管，应经加热将放散物天然气加热成比空气轻的气体后方可放散，是使天然气易于向上空扩散的安全措施，放散总管距其 25m 内的建、构筑物的高度要求是参照本规范天然气门站、储配站的放散总管的高度规定编制的。

天然气的放散是迫不得已采取的措施，对于储罐经常出现的 LNG 自然蒸发气（BOG 气）应经储罐收集后接到向外供应天然气的管道上，供用户使用。

9.3 液化天然气瓶组气化站

9.3.1 液化天然气瓶组气化站供应规模的确定主要依据如下：

液化天然气瓶组气化站主要供应城镇小区，气瓶组总容积 4m³ 可以满足 2000～2500 户居民的使用要求，同时从安全角度考虑供应规模不宜过大。

为便于装卸、运输、搬运和安装，单个气瓶容积宜采用 175L，最大不应大于 410L，是根据实践和国内产品规格编制的。

9.3.2 本条编制依据与第 9.2.4 条类同。

LNG 气瓶组与建、构筑物的防火间距是参考本规范中液化石油气瓶组间至建、构筑物的防火间距编制的，但考虑到液化石油气的最大气瓶为 50kg（容积 118L），而 LNG 气瓶最大为 410L，因而对气瓶组至民用建筑或重要公共建筑的防火间距规定，LNG 气瓶组比液化石油气气瓶间要大一些。

关于液化天然气气瓶上的安全阀是否要汇集后集中放散的问题，目前存在不同做法，只要是能保证系统的安全运行，可由设计人员根据实际情况确定，本规范不作硬性统一的规定。当需要设放散管时，放散口应引到安全地点。

9.4 管道及附件、储罐、容器、气化器、
气体加热器和检测仪表

9.4.1 本条规定了液化天然气储罐和设备的设计温度，是参照 NFPA59A 标准编制的。

9.4.3 本条规定了液化天然气管道连接和附件的设计要求，是

参照 NFPA59A 标准编制的。

9.4.7 液态天然气管道上两个切断阀之间设置安全阀是为了防止因受热使其压力升高而造成管道破裂。

9.4.8 本条规定了液化天然气卸车软管和附件的设计要求，是参照 NFPA59A 标准编制的。

9.4.14 本条规定了液化天然气储罐仪表设置的设计要求，是参照 NFPA59A 标准编制的。

9.4.15 本条规定了气化器的液体进口紧急切断阀的设计要求，是参照 NFPA59A 标准编制的。

9.4.16 本条规定了气化器安全阀的设计要求，是参照 NFPA59A 标准编制的。安全阀可以设在气化器上，也可设在紧接气化器的出口管道上。

9.4.17～9.4.19 此三条规定是参照 NFPA59A 标准编制的。

9.4.21 本条规定了液化天然气气化站紧急关闭系统的设计要求，是参照 NFPA59A 标准编制的。

9.5 消防给水、排水和灭火器材

9.5.1～9.5.4 此四条规定了液化天然气气化站消防给水的设计要求。

1 根据欧洲标准《液化天然气设施与设备 陆上设施的设计》BSEN1473-1997 的有关说明，在液化天然气气化站内消防水有着与其他消防系统不同的用途，水既不能控制也不能熄灭液化天然气液池火灾，水在液化天然气中只会加速液化天然气的气化，进而增加其燃烧速度，对火灾的控制只会产生相反的结果。在液化天然气气化站内消防水大量用于冷却受到火灾热辐射的储罐和设备或可能以其他方式加剧液化天然气火灾的任何被火灾吞灭的结构，以减少火灾升级和降低设备的危险。

2 条文制定的原则是根据 NFPA58 和 NFPA59A 中有关消防系统的制订原则而确定的。根据 NFPA58 和 NFPA59A 的有关液化石油气和液化天然气站区的消防系统设计要求是基本一致的情况，因此编制的液化天然气气化站的消防系统设计的要求和本规范中的液化石油气供应的消防系统设计有关要求基本一致。

9.5.5 本条规定是参照 NFPA59A 标准编制的。

9.5.6 液化天然气气化站内具有火灾和爆炸危险的建、构筑物、液化天然气储罐和工艺装置设置小型干粉灭火器，对初期扑灭失火避免火势扩大，具有重要作用，故应设置。根据《建筑灭火器配置设计规范》GB 50140 的规定，站内液化天然气储罐或工艺装置区应按严重危险级配置灭火器材。

9.6 土建和生产辅助设施

9.6.2 本条规定了液化天然气工艺设备的建、构筑物的通风设计要求，是参照 NFPA59A 标准编制的。

9.6.3 液化天然气气化站承担向城镇或小区大量用户或大型用户等供气的重要任务，电力的保证是气化站正常运行的必备条件，其用电负荷及其供配电系统设计应符合《供配电系统设计规范》GB 50052 "二级"负荷的有关规定。

10 燃气的应用

10.1 一般规定

10.1.1 燃气系统设计指的是工艺设计。对于土建、公用设备等项设计还应按其他标准、规范执行。

10.2 室内燃气管道

10.2.1 本条规定了室内燃气管道的最高压力，主要参照原苏联和美国的规范编制的。

1 原苏联《燃气供应标准》（1991年版）5.29条规定：安装在厂房内或住宅及非生产性公共建筑外墙上的组合式调压器的燃气进口压力不应超过下列规定：

住宅和非生产性公共建筑——0.3MPa；

工业（包括锅炉房）和农业企业——1.2MPa。

2 美国规范 ASME B31.8 输气和配气系统第845.243条对送给家庭、小商业和小工业用户的燃气压力做了如下限定：

用户调压器的进口压力应小于或等于60磅/平方英寸（0.41MPa），如超压时应自动关闭并人工复位；

用户调压器的进口压力小于或等于125磅/平方英寸（0.86MPa）时，除调压器外还应设置一个超压向室外放空的泄压阀，或在上游设辅助调压器，使通到用户的燃气压力不超过最大安全值。

3 我国燃气中压进户的情况。

四川、北京、天津等有高、中压燃气供应的城市中，有一部分锅炉房和工业车间内燃气的供应压力已达到0.4MPa，然后由专用调压器调至0.1MPa以下供用气设备使用。

北京、成都、深圳等市早已开展了中压进户的工作，详见表52。

表52 我国部分城市中压进户的使用情况表

地 点	燃气种类	厨房内调压器入口压力（MPa）	使用时间（年）
北京	人工煤气	0.1	20以上
成都	天然气	0.2	20以上
深圳	液化石油气	0.07	20以上

4 国外中压进户表前调压的入户压力在第十五届世界煤气会议上曾有过报导，其入户的允许压力值详见表53。

表53 国外中压进户的燃气压力值

国 别	户内表前最高允许压力（MPa）	国 别	户内表前最高允许压力（MPa）
美国	0.05	法国	0.4
英国	0.2	比利时	0.5

5 中压进厨房的限定压力为0.2MPa，主要是根据我国深圳等地多年运行经验和参照国外情况制定的，为保证运行安全，故将进厨房的燃气压力限定为0.2MPa。

6 本条的表注1为等同美国国家燃气规范 ANSIZ 223.1 - 1999 规定。

10.2.2 本条规定了用气设备燃烧器的燃气额定压力。

1 燃气额定压力是燃烧器设计的重要参数。为了逐步实现设备的标准化、系列化，首先应对燃气额定压力进行规定。

2 一个城市低压管网压力是一定的，它同时供应几种燃烧方式的燃烧器（如引射式、机械鼓风的混合式、扩散式等），当低压管网的压力能满足引射式燃烧器的要求时，则更能满足另外两种燃烧器的要求（另外两种燃烧器对压力要求不太严格），故对所有低压燃烧器的额定压力以满足引射式燃烧器为准而作了统一的规定，这样就为低压管网压力确定创造了有利条件。

3 国内低压燃气燃烧器的额定压力值如下：

人工煤气：1.0kPa；天然气：2.0kPa；液化石油气：

2.8kPa（工业和商业可取5.0kPa）。

4 国外民用低压燃气燃烧器的额定压力值如下：

1）人工煤气：日本1.0kPa（煤气用具检验标准）；原苏联1.3kPa（《建筑法规》-1977）；美国1.5kPa（ASAZ21.1.1-1964）。

2）天然气：法国2.0kPa（法国气体燃料用具的鉴定）；原苏联2.0kPa（《建筑法规》-1977）；美国1.75kPa（ASAZ21.1.1-1964）。

3）液化石油气：原苏联3.0kPa（《建筑法规》-1977）；日本2.8kPa（日本JIS）；美国2.75kPa（ASAZ21.1.1）。

10.2.3 本条将原规范应采用镀锌钢管，改为宜采用钢管。对规范规定的其他管材，在有限制条件下可采用。

10.2.4 对钢管螺纹连接的规定的依据如下：

1 管道螺纹连接适用压力上限定为0.2MPa是参照澳大利亚标准，但澳大利亚在此压力下，一般用于室外调压器之前，我国螺纹标准编制说明中也指出，采用圆锥内螺纹与圆锥外螺纹（锥/锥）连接时，可适用更高的介质压力。但考虑到室内管量大、面广、管件质量难保证、缺乏经常性维护、与用户安全关系密切等，故本规范对压力小于或等于0.2MPa时只限在室外采用，室内螺纹连接只用于低压。

2 美国国家燃气规范 ANSIZ223.1 - 1999，对室内燃气管螺纹规定采用（锥/锥）连接，最高压力可用于0.034MPa。

我国国产螺纹管件一般为锥管螺纹。故本规范对室内燃气管螺纹规定采用（锥/锥）连接。

10.2.5 本条规定了铜管用做燃气管的使用条件。

1 城镇燃气中硫化氢含量的限定：

GB 17820 - 1999《天然气》标准附录 A 规定，金属材料无腐蚀的含量为小于或等于 $6mg/m^3$（湿燃气）。

美国《燃气规范》ANSIZ 223.1 - 1999 规定，对铜材允许的含量为小于或等于 $7mg/m^3$（湿燃气）。

原苏联《燃气规范》和我国《天然气》标准规定，对钢材允许的含量为小于或等于 $20mg/m^3$（湿燃气）。

本规范对铜管采用的是小于或等于 $7mg/m^3$ 的要求。

2 几个国家户内常用的铜管类型和壁厚见表54。据此本规范对燃气用铜管选用为 A 型或 B 型。

3 我国已有铜管国家标准，上海、佛山等城市使用铜管用于燃气已有4～5年，明装和暗埋的均有，但以暗埋敷设的为主。

表54 几个国家户内常用的铜管类型及壁厚

通径（mm）	中 国			澳大利亚				美 国
	类型、壁厚（mm）			类型、壁厚（mm）				壁厚（mm）
	A	B	C	A	B	C	D	
5	1.0	0.8	0.6	0.91	0.71			
6	1.0	0.8	0.6	0.91	0.71			
8	1.0	0.8	0.6	0.91	0.71			
10	1.2	0.8	0.6	1.02	0.91	0.71		
15	1.2	1.0	0.7	1.02	0.91	0.71		1.06
—	1.2	1.0	0.8	1.22	1.02	0.91		1.07
20	1.5	1.2	0.8	1.42	1.02	0.91		1.14
25	1.5	1.2	0.8	1.63	1.22	0.91		1.27
32	2.0	1.5	1.2	1.63	1.22		0.91	1.40
40	2.0	1.5	1.2	1.63	1.22		0.91	1.52

注：1 澳大利亚燃气安装标准 AS5601 - 2000/AG601 - 2000，规定燃气用户选用的铜管应为 A 型或 B 型。

2 美国联邦法规 49 - 192（2000），规定了如上表所列燃气用户铜管的最小壁厚。

3 我国现行国家标准《天然气》GB17820 - 1999 附录 A 中规定：燃气中 H₂S ≤6mg/m³ 时，对金属无腐蚀；H₂S≤20mg/m³ 时，对钢材无明显腐蚀。

4 根据美国西南研究院（SWRI）和天然气研究院（GRI），关于"天然气成分对铜腐蚀作用的试验评估"（1993年3月）：

1）试验分析表明，天然气中硫化氢、氧气和水的浓度在规定范围内（水：112mg/m³，硫化氢：5.72～

22.88mg/m³，总硫：229～458mg/m³，二氧化碳2.0%～3.0%，氧气：0.5%～1.0%），铜管20年的最大的穿透值为0.23mm，一般铜管的壁厚为0.90mm以上，所以铜管不会因腐蚀而穿透。

2）试验表明，天然气中硫化氢、氧气和水的浓度在规定范围内，腐蚀产物可能在铜管内形成，并可能脱落阻塞下游设备的喷嘴；可通过设过滤器除去腐蚀产物的碎片，以减少设备的堵塞；也可选用内壁衬锡的铜管，以防止铜管的内腐蚀。

10.2.6 对不锈钢管规定的根据如下：

1 薄壁不锈钢管的壁厚不得小于0.6mm（DN15及以上），按GB/T 12771标准，一般DN15及以上（外径≥13mm）管子的壁厚≥0.6mm，而外径8～12mm管子壁厚为0.3～0.5mm，比波纹管壁厚大。

管道连接方式一般可分以下六大类：螺纹连接、法兰连接、焊接连接、承插连接、粘结连接、机械连接（如胀接、压接、卡压、卡套等）。螺纹连接等前四种属传统的应用面较普遍的连接方式。粘结连接具有局限性。机械连接一般指较灵活的、现场可组装的，即安装较简便的连接方式。

薄壁不锈钢管采用承插氩弧焊式管件属无泄漏接头连接，与卡压、卡套等机械连接相比较具有明显优点，故推荐选用。

2 不锈钢波纹管的壁厚不得小于0.2mm，是目前国内产品的一般要求。

3 薄壁不锈钢管和不锈钢波纹管必须有防外部损坏的保护措施，是参照美国、荷兰和欧洲燃气规范编制的。

10.2.7 本条规定了铝塑复合管用做燃气管的使用条件。

1 目前国外用于燃气的铝塑复合管的国家有荷兰（NPR3378-10，2001）和澳大利亚（AS5601-2004等，本条规定的根据主要来源于澳大利亚燃气安装标准（2004年版），该标准规定有铝塑管不允许暴露在60℃以上的温度下，最高使用压力为70kPa等要求。

2 防阳光直射（防紫外线），防机械损伤等是对聚乙烯管的一般要求，由于铝塑复合管的内、外均为聚乙烯，因而也应有此要求。欧洲（BSEN1775-1998）、美国法规49-192（2000）、荷兰（NPR3378-10，2001）等国外《燃气规范》对室内用的PE和PE/Al/PE等塑料管材均有上述规定要求。

3 铝塑复合管我国已有国家标准，长春、福州等城市使用铝塑复合管用于燃气已有7～8年，主要采用明装且限用于住宅单元内的燃气表后。考虑到铝塑复合管不耐火及塑料老化问题，故本规范限制只允许在户内燃气表后采用。

10.2.9 关于居民生活使用的燃具同时工作系数（简称"系数"），是由上海煤气公司综合了上海、北京、沈阳、成都等地区的测定资料，经过整理、计算、验证后推荐的数据，详见附录F。由于"系数"的测定验证仅限于四个城市，就我国广大地区而言，尚有一定的局限性，故条文用词采用"可"。

10.2.11 低压燃气管道的计算总压力降可按本规范第6.2.8条确定，至于其在街区干管、庭院管和室内管中的分配，应根据建筑物等情况经技术经济比较后确定。当调压站供应压力不大于5kPa的低压燃气时，对我国一般情况，参照原苏联《建筑法规》并作适当调整，推荐表55作为室内低压燃气管道压力损失控制值，可供设计时参考。

表55　室内低压燃气管道允许的阻力损失参考表

燃　气　种　类	从建筑物引入管至管道末端阻力损失(Pa)	
	单　层	多　层
人工煤气、矿井气	200	300
天然气、油田伴生气、液化石油气混空气	300	400
液化石油气	400	500

注：1　阻力损失包括计量装置的损失。
　　2　当由楼幢调压箱供应低压燃气时，室内低压燃气管道允许的阻力损失，也可按本规范第6.2.8条计算确定。

推荐表55中室内燃气管道允许的阻力损失的参考值理由如下：

1 原苏联的住宅中一般不设置燃气计量装置。

1）原苏联《室内燃气设备设计标准》（建筑法规Ⅱ）-62规定：当有使用气体燃料的采暖用具（炉子、小型采暖炉、壁炉）时，居住建筑的住宅中才设燃气表。

2）原苏联《建筑法规》-77规定：室内压降的分配没提到燃气表的压力降。

3）原苏联《建筑法规》-77规定：为了计量供给工业企业、公用生活企业和锅炉房的燃气流量应规定设置流量计（注：住宅计量没有规定）。

2 家用膜式燃气表的阻力损失。

1）在原TJ 28-78《城市煤气设计规范》规定：低压计量装置的压力损失：当流量等于或小于3m³/h时，不应大于120Pa；当流量大于3m³/h，等于或小于100m³/h时，不应大于200Pa；当流量大于100m³/h时，应根据所选的表型确定。

2）在GB/T 6968-1997《膜式煤气表》的表5中规定：煤气表的最大流量值Q_{max}为1～10m³/h时，总压力损失最大值为200Pa。

3）综上所述，家用燃气表的阻力损失一般为：流量小于或等于3m³/h时，阻力损失可取120Pa；大于3m³/h而小于或等于10m³/h，或在1.5倍额定流量下使用时，阻力损失可取200Pa。

3 室内燃气管道阻力损失的参考值。

因原苏联住宅厨房内不设置煤气表，故供气系统的阻力损失值不能等同采用原苏联《建筑法规》中的数值（详见本规范条文说明表27），故作适当调整（见表55和表28）。

10.2.14 本条规定的目的是为了保证用气的安全和便于维修管理。

1 人工煤气引入管管段内，往往容易被萘、焦油和管道内腐蚀铁锈所堵塞，检修时要在引入管阀门处进行人工疏通管道的工作，需要带气作业。此外阀门本身也需要经常维修保养。因此，凡是检修人员不便进入的房间和处所都不能敷设燃气引入管。

2 规定燃气引入管应设在厨房或走廊等便于检修的非居住房间内的根据是：

原苏联1977年《建筑法规》第8.21条规定：住房内燃气立管规定设在厨房、楼梯间或走廊内；

我国的实际情况也是将燃气引入管设在厨房、楼梯间或走廊内。

10.2.16 规定燃气引入管"穿过建筑物基础、墙或管沟时，应设置在套管中"，前者是防止当房屋沉降时压坏燃气管道，以及在管道大修时便于抽换管道；后者是防止燃气管道漏气时沿管沟扩散而发生事故。

对于高层建筑等沉降量较大的地方，仅采取将燃气管道设在套管中的措施是不够的，还应采取补偿措施，例如，在穿过基础的地方采用柔性接管或波纹补偿器等更有效的措施，用以防止燃气管道损坏。

10.2.18 燃气引入管的最小公称直径规定理由如下：

1 当输送人工煤气或矿井气时，我国多数燃气公司根据多年生产实践经验，规定最小公称直径为DN25。国外有关资料如英国、美国、法国等国家也规定了最小公称直径为DN25。为了防止造成浪费，又要防止管道堵塞，根据国内外情况，将输送人工煤气或矿井气的引入管最小公称直径定为DN25。

2 当输送天然气或液化石油气时，因这类燃气中杂质较少，管道不易堵塞，且燃气热值高，因此引入管的管径不需过大。故将引入管的最小公称直径规定为：天然气DN20，液化石油气DN15。

10.2.19 本条规定了引入管阀门布置的要求。

规定"对重要用户应在室外另设置阀门"。这是为了万一在用气房间发生事故时，能在室外比较安全地带迅速切断燃气，有利于保证用户的安全。重要用户一般均系：国家重要机关、宾馆、大会堂、大型火车站和其他重要建筑物等，具体设计时还应听取当地主管部门的意见予以确定。

10.2.21 本条规定了地下室、半地下室、设备层和地上密闭房间敷设燃气管道时应具备的安全条件。

10.2.22 地下室和半地下室一般通风较差，比空气重的液化石油气泄漏后容易集聚达到爆炸极限并发生事故，故规定上述地点不应设置液化石油气管道和设备。当确需设置在上述地点时，参考美国、日本和我国深圳市的经验，建议采用下述安全措施，经专题技术论证并经建设、消防主管部门批准后方可实施。

1 只限地下一层靠外墙部位使用的厨房烹调设备采用，其装机热负荷不应大于 0.75MW（58.6kg/h 的液化石油气）；

2 应使用低压管道液化石油气，引入管上应紧急自动切断阀，停电时应处于关闭状态；

3 应有防止燃气向厨房相邻房间泄漏的措施；

4 应设置独立的机械送排风系统，通风换气次数：正常工作不应小于 6 次/h，事故通风时不应小于 12 次/h；

5 厨房及液化石油气管道经过的场所应设置燃气浓度检测报警器，并由管理室集中监视；

6 厨房靠外墙处应有外窗并经过竖井直通室外，外窗应为轻质泄压型；

7 电气设备应采用防爆型；

8 燃气管道敷设应符合本规范第 10.2.21、10.2.23 条规定等。

10.2.23 本条规定了在地下室、管道井等危险部位敷设燃气管道时的具体安全措施。

1 管道提高一个压力等级的含义是指：低压提高到 0.1MPa；中压 B 提高到 0.4MPa；中压 A 提高到 0.6MPa。

3 管道焊缝射线照相检验，主要是根据现行国家标准《工业金属管道工程施工及验收规范》GB 50235－1997 中 7.4.3.1 条的规定和我国燃气管道焊接的实际情况确定的。

10.2.25 室内燃气管道一般均应明设，这是为了便于检修、检漏并保证使用安全；同时明设作法也较节约。在特殊情况下（例如考虑美观要求而不允许设明管或明管有可能受特殊环境影响而遭受损坏时）允许暗设，但必须便于安装和检修，并达到通风良好的条件（通风换气次数大于 2 次/h），例如装在具有百页盖板的管槽内等。

燃气管道暗设在建筑物的吊顶或密封的Ⅱ形管槽内，为上海市推荐做法及规定。

室内水平干管尽量不穿建筑物的沉降缝，但有时不可避免，故规定为不宜。穿过时应采取防护措施。

10.2.27 本条规定了燃气管道井的安全措施。燃气管道与下水管等设在同一竖井内为国内、以及澳大利亚住宅管道井的普遍做法，多年运行没发生什么问题。管道井防火、通风措施是根据国内管道井的普遍做法。主要是根据国家《建筑设计防火规范》、美国《燃气规范》和国内实际做法规定的。

10.2.28 高层建筑立管的自重和热胀冷缩产生的推力，在管道固定支架和活动支架设计、管道补偿等设计上是必须要考虑的，否则燃气管道可能出现变形、折断等安全问题。

10.2.29 室内燃气管道在设计时必须考虑工作环境温度下的极限变形，否则会使管道热胀冷缩造成扭曲、断裂，一般可以用室内管道的安装条件做自然补偿，当自然条件不能调节时，必须采用补偿器补偿；室内管道宜采用波纹补偿器；因波纹补偿器安装方便，调节安装误差的幅度大，造型也轻巧美观。

补偿量计算温度为国内设计计算时的推荐数据。

10.2.31 本条规定了住宅内暗埋燃气管道的安全要求，为澳大利亚、荷兰等国外标准规定和我国上海等地的习惯做法。

机械接头指胀接、压接、卡压、卡套等连接方式用的接头，管螺纹连接未列入机械连接中。

10.2.32 住宅内暗封的燃气管道指隐蔽在柜橱、吊顶、管沟等部位的燃气管道。

10.2.33 为了使商业和工业企业室内暗设的燃气管便于安装和检修，并能延长使用年限达到安全可靠的目的，条文提出了敷设方式及措施。

10.2.34 民用建筑室内水平干管不应埋设在地下和地面混凝土层内主要是为防腐蚀和便于检修。工业和实验室用的燃气管道可埋设在混凝土地面中为参照原苏联《建筑法规》的规定。

10.2.36 本条规定电表、电插座、电源开关与燃气管道的净距为我国上海、香港等地的实践经验，其他为原苏联《建筑法规》的规定。

10.2.38 为了防止当房屋沉降时损坏燃气管道及管道大修时便于抽换管道，以及因室内温度变化燃气管道随温度变化而有伸缩的情况，条文规定燃气管道穿过承重墙、地板或楼板时"必须"安装在套管中。

10.2.39 设置放散管的目的是为工业企业车间、锅炉房以及大中型用气设备首次使用或长时间不用又再次使用时，用来吹扫积存的燃气管道中的空气、杂质。当停炉时，如果总阀门关闭不严，漏到管道中的燃气可以通过放散管放散出去，以免燃气进入炉膛和烟道发生事故。

原苏联《建筑法规》规定：放散管应当服务于从离开引入地点最远的燃气管段开始引至最后一个阀门（按燃气流动方向）前面的每一机组的支管为止。具有相同的燃气压力的燃气管道的放散管可以连接起来。放散管的直径不应小于 20mm。放散管应设有为了能够确定放散程度而用的带有转心门或旋塞的取样管。

放散管要高出屋脊 1m 以上或地面上安全处设置是为了防止由放散管放散出来的燃气进入屋内。使燃气能尽快飘散在大气中。

为了防止雨水进入放散管，管口要加防雨帽或将管道成一个向下的弯。对于设在屋脊为不耐火材料、周围建筑物密集、容易窝风地区的放散管，管口距屋脊应更高，以便燃气尽快扩散于大气中。

因为放散管是建筑物的最高点，若处在防雷区之外时，容易遭到雷击而引起火灾或燃气爆炸。所以放散管必须设接地引线。根据《中华人民共和国爆炸危险场所电气安全规程》的规定，确定引线接地电阻应小于 10Ω。

10.2.40 燃气阀门是重要的安全切断装置，燃气设备停用或检修时必须关断阀门，本条规定的部位应设置阀门是目前国内外的普遍做法。

10.2.41 选用能快速切断的球阀做室内燃气管道的切断装置是目前国内的普遍做法，安全性较好。

10.3 燃气计量

10.3.1 为减少浪费，合理使用燃气，搞好成本核算，各类用户按户计量是不可缺少的措施。目前，已充分认识到这一点，改变了过去按人收费和一表多户按户收费等不正常现象。

燃气表应按燃气的最大工作压力和允许的压力降（阻力损失）等条件选择为参照美国《燃气规范》的规定。

10.3.2 本条规定了用户燃气表安装设计要求。

1 "通风良好"是燃气表的保养和用气安全所需的条件，各地煤气公司对要求"通风良好"均作了规定。如果使用差压式流量计则仅对二次仪表有通风良好的要求。

2 禁止安装燃气表的房间、处所的规定是根据上海市煤气公司的实践经验和规定提出的，这主要是为了安全。因为燃气表安装在卫生间内，外壳容易受环境腐蚀影响；安装在卧室则当表内发生故障时既不便于检修，又极易发生事故；在危险品和易燃物品堆存处安装煤气表，一旦出现漏气时更增加了易燃、易爆品的危险性，万一发生事故时必然加剧事故的灾情，故规定为"严禁安装"。

3 目前输配管道内燃气一般都含有水分。燃气经过燃气表时还有散热降温作用。如环境温度低于燃气露点温度或低于0℃时，燃气表内会出现冷凝或冻结现象，从而影响计量装置的正常运转，故各地燃气公司对环境温度均有规定。

4 煤气表一般装在灶具的上方，煤气表与灶具、热水器等燃烧设备的水平净距应大于30cm是参照北京、上海等地标准的规定制定的。

规定当有条件时燃气表也可设置在户门外，设置在门外楼梯间等部位应考虑漏气、着火后对消防疏散的影响，要有安全措施，如设表前切断阀、对燃气表的保护和加强自然通风等。

5 商业和工业企业用气的计量装置，目前多数用户都是安装在毗邻的或隔开的调压站或单独的房间内，并设有测压、旁通等设施，计量装置本身体积也较大，故占地较大，为了管理方便，宜布置在单独房间内。

10.3.3 本条规定设置计量保护装置的技术条件。

1 输送过程中产生的尘埃来自没有保护层的钢管遇到燃气中的氧、水分、硫化氢等杂质而分别形成的氧化铁或硫化铁。四川省成都市和重庆市的天然气站或计量装置前安装过滤器来除去硫化铁及其他固体尘粒取得了实际效果。天津市因所用石油伴生气中杂质较少，其计量装置前没有装设过滤器。东北各地则普遍发现黑铁管内壁和计量装置内均有严重积垢和腐蚀现象，但没有定性定量分析资料，从外表观察积垢实物，估计是焦油、萘、硫化铁、氧化铁等的混合物。

原苏联 ГОСТ5364《家用燃气表技术要求》规定"表内应有护网防杂质进入机构"；英国标准没有规定；我国各地生产的燃气表也不附带过滤器。

我们认为并非所有的计量装置都需要安装过滤器，不必把它作为计量装置的固定附件，而应根据输送燃气的具体情况和当地实践经验来决定是否需要安装。

2 对于机械鼓风助燃的用气设备，当燃气或空气因故突然降低压力时或者误操作时，均会出现燃气、空气窜混现象，导致燃烧器回火产生爆炸事故，造成燃气表、调压器、鼓风机等设备损坏。设置泄压装置是为了防止一旦发生爆炸时，不至于损坏设备。

上海彭浦机器厂曾发生过加热炉爆炸事故，由于设了止回阀而保护了阀前的调压器。沈阳压力开关厂和华光灯泡厂原来在计量装置后未装防爆膜，曾发生过因回火爆炸而损坏燃气表的事故；在增加防爆膜后，当再次回火发生爆炸时则未造成损失。燃气压力较高时宜设止回阀，压力较低时宜设防爆膜。

10.4 居民生活用气

10.4.1 目前国内的居民生活用气设备，如燃气灶、热水器、采暖器等都使用5kPa以下的低压燃气，主要是为了安全，即使中压进户（中压燃气进入厨房）也是通过调压器降至低压后再进入计量装置和用气设备的。

10.4.2 居民生活用气设备严禁安装在卧室内的理由：

1 原苏联《建筑法规》规定：居住建筑物内的燃气灶具应装在厨房内。采暖用容积式热水器和小型燃气采暖锅炉必须设在非居住房间内；

2 燃气红外线采暖器和火道（炕、墙）式燃气采暖装置在我国一些地区的卧室使用后，都曾发生过多起人身中毒和爆炸事故。

根据国内、国外情况，故规定燃气用具严禁在卧室内安装。

10.4.3 为保证室内的卫生条件，当设置在室内的直排式燃具，其容积热负荷指标不超过本规范第10.7.1条规定的207W/m³时，也宜设置排气扇、吸油烟机等机械排烟设施；为保证室内的用气安全，非密闭的一般用气房间也宜设置可燃气体浓度检测报警器。

10.4.4 燃气灶安装位置的规定理由如下：

1 在通风良好的厨房中安装燃气灶是普遍的安装形式，当

条件不具备时，也可安装在其他单独的房间内，如卧室的套间、走廊等处，为了安全和卫生，故规定要有门与卧室隔开。

2 一般新住宅的净高为2.4～2.8m，为了照顾已有建筑并考虑到燃烧产生的废气层能够略高于成年人头部，以减少对人的危害，故规定燃气灶安装房间的净高不宜低于2.2m；当低于2.2m时，应限制室内燃气灶眼数量，并应采取措施保证室内较好的通风条件。

3 燃气灶或烤箱灶侧壁距木质家具的净距不小于20cm，比原苏联标准大5cm，主要是因我国灶具的热负荷比原苏联大，烤箱的温度（t＝280℃）也比国外高，有可能造成烤箱外壁温度较高。另外，我国使用的锅型也较大，考虑到安全和使用的方便而作了上述规定。

10.4.5 燃气热水器安装位置的规定理由如下：

1 通风良好条件一般应采用机械换气的措施来解决，设置在阳台时应有防冻、防风雨的措施。

2 规定除密闭式热水器外其他类型热水器严禁安装在卫生间内，主要是防止因倒烟和缺氧而产生事故，国内外均有这方面的安全事故，故作此规定。

密闭式热水器燃烧需要的空气来自室外，燃烧后的烟气排至室外，在使用过程中不影响室内的卫生条件，故可以安装在卫生间内。

3 安装半密闭式热水器的房间的门或墙的下部设有不小于0.02m²的格栅或在门与地面之间留有不小于30mm的间隙，是参照原苏联规范的规定，目的在于增加房间的通风，以保证燃烧所需空气的供给。

4 房间净高宜大于2.4m是8L/min以上大型快速热水器在墙上安装时的需要高度。

5 大量使用的快速热水器都安装在墙上，不耐火的墙壁应采取有效的隔热措施。容积式热水器安装时也有同样的要求。

10.4.6 住宅单户分散采暖系统，由于使用时间长，通风换气条件一般较差，故规定应具备熄火保护和排烟设施等条件。

10.5 商业用气

10.5.1 商业用气设备宜采用低压燃气设备。对于在地下室、半地下室等危险部位使用时，应尽量选用低压燃气设备，否则应经有关部门批准方可选用中压燃气设备。

10.5.2 本条规定的通风良好的专用房间主要是考虑安全而规定的。

10.5.3 本条对地下室等危险部位使用燃气时的安全技术要求进行了规定，主要依据我国上海、深圳等城市的经验。

10.5.5 大锅灶热负荷较大，所以都设有炉膛和烟道，为保证安全，在这些容易聚集燃气的部位应设爆破门。

10.5.6、10.5.7 对商业用户中燃气锅炉和燃气直燃型吸收式冷（温）水机组的设置作了规定，主要依据《建筑设计防火规范》GB 50016、《高层民用建筑设计防火规范》GB 50045和我国上海等地的实际运行经验。

10.6 工业企业生产用气

10.6.1 用气设备的燃气用量是燃气应用设计的重要资料，由于影响工业燃气用量的因素很多，现在所掌握的统计分析资料还达不到提出指标数据的程度，故本条只作出定性规定。

非定型用气设备的燃气用量，应由设计单位收集资料，通过分析确定计算依据，然后通过详细的热平衡计算确定。当资料数据不全，进行热平衡计算有困难时，可参照同类型用气设备的用气指标确定。

在实际生产中，影响炉子（用气设备）用气量的因素很多，如炉子的生产量、燃气及其助燃用空气的预热温度、燃烧过剩空气系数及燃烧效果的好坏、烟气的排放温度等。燃气用量指标是在一定的设备和生产条件下总结的经验数据，因此在选择运用各类经验耗热指标时，要注意分析对比，条件不同时要加以修正。

原有加热设备使用"其他燃料"，主要指的是使用固体和液体燃料的加热设备改烧气体燃料（城市燃气）的问题。在确定燃气用量时，不但要考虑不同热值因素的折算，还要考虑不同热效率因素的折算。

10.6.2 关于在供气管网上直接安装升压装置的情况在实际中已存在，由于安装升压装置的用户用气量大，影响了供气管网的稳定，尤其是对低压和中压B管网影响较大，造成其他用户燃气压力波动范围加大，降低了灶具燃烧的稳定性，增加了不安全因素。因此，条文规定"严禁"在低压和中压B供气管道上"直接"安装加压设备，并主要根据上海等地的经验规定了当用户用气压力需要升压时必须采取的相应措施，以确保供气管网安全稳定供气。

10.6.4 为了提高加热设备的燃烧温度、改善燃烧性能、节约燃气用量、提高炉子热效率，其有效的办法之一是搞好余热利用。

废热中余热的利用形式主要是预热助燃用的空气，当加热温度要求在1400℃以上时，助燃用空气必须预热，否则不能达到所要求的温度。如有些高温焙烧窑，当把助燃用的空气预热到1200℃时窑温可达到1800℃。

根据上海的经验和一些资料介绍，采用余热利用装置后，一般可节省燃气10%～40%。当不便于预热助燃用空气时，也宜设置废热锅炉来回收废热。

10.6.5 规定了工业用气设备的一般工艺要求。

1 用气设备应有观察孔或火焰监测装置，并宜设置自动点火装置和熄火保护装置是对用气设备的一般技术要求。

由于工业用气设备用气量大、燃烧器的数量多，且因受安装条件的限制，使人工点火和观火比较困难；通过调查不少用气设备由于在点火阶段的误操作而发生爆炸事故。当用气设备装有自动点火和熄火保护装置后，对设备的点火和熄火起到安全监测作用，从而保证了设备的安全、正常运转。

2 用气设备的热工检测仪表是加热工艺应有的，不论是手动控制的还是自动控制的用气设备都应有热工检测仪表，包括有检测下述各方面的仪表：

1）燃气、空气（或氧气）的压力、温度、流量直观式仪表；

2）炉腔（燃烧室）的温度、压力直观式仪表；

3）燃烧产物成分检测仪表（测定烟气中CO、CO_2、O_2含量）；

4）排放烟气的温度、压力直观式仪表；

5）被加热对象的温度、压力直观式仪表。

上述五个方面的热工检测仪表并不要求全部安装，而应根据不同加热工艺的具体要求确定；但对其中检测燃气、空气的压力和炉腔（燃烧室）温度、排烟温度等两个方面应有直观的指示仪表。

用气设备是否设燃烧过程的自动调节，应根据加热工艺需要和条件的可能确定。燃烧过程的自动调节主要是指对燃烧温度和燃烧气氛的调节。当加热工艺要求要有稳定的加热温度和燃烧气氛，只允许有很小的波动范围，而靠手动控制不能满足要求时，应设燃烧过程的自动调节。当加热工艺对燃烧后的炉气压力有要求时，还可设置炉气压力的自动调节装置。

10.6.6 规定了工业生产用气设备应设置的安全设施。

1 使用机械鼓风助燃的用气设备，在燃气总管上应设置紧急自动切断阀，一般是一台或几台设备装一个紧急自动切断阀，其目的是防止当燃气或空气压力降低（如突然停电）时，燃气和空气窜混而发生回火事故。

2 用气设备的防爆设施主要是根据各单位的实践经验而制定的。从调查中，各单位均认为用气设备的水平烟道应设置爆破门或起防爆作用的检查人孔。过去有些单位没有设置或设置了之后泄压面积不够，曾出现过炸坏烟道、烟囱的事故。

锅炉、间歇式加热等封闭式的用气设备，其炉腔应设置爆破门，而非封闭式的用气设备，如果炉门和进出料口能满足防爆要求时则可不另设爆破门。

关于爆破门的泄压面积按什么标准确定，现在还缺乏这方面的充分依据。例如北京、上海等地习惯作法，均按每1m³烟道或炉腔的体积其泄压面积不小于250cm²设计。又如原苏联某《安全规程》中规定："每个锅炉，燃烧室、烟道及水平烟道都应设爆破门"。"设计单位改装采暖锅炉时，一般采用爆破门的总面积为每1m³的燃烧室、主烟道或水平烟道的体积不小于250cm²"。

根据以上情况，本条规定用气设备的烟道和封闭式炉腔应设爆破门，爆破门的泄压面积指标，暂不作规定。

3 鼓风机和空气管道静电接地主要是防止当燃气泄漏窜入鼓风机和空气管道后静电引起的爆炸事故。

4 设置放散管的目的是在用气设备首次使用或长时间不用再次使用时，用来吹扫积存在燃气管道中的空气。另外，当停炉时，总阀门关闭不严漏出的燃气可利用放散管放出，以免进入炉腔和烟道而引发事故。

10.6.7 本条参照美国《燃气规范》的规定，根据有关技术资料说明如下：

1 背压式调压器（例如我国上海劳动阀门二厂等生产的GQT型大气压调压器）其工作原理如下：

在大气压调压器结构中，膜片、阀杆、阀瓣系统的自重为调压弹簧的反作用力所平衡，阀门通常保持"闭"的状态。即使当进口侧有气体压力输入时，阀门仍不致开启，出口侧压力保持零的状态。

当外部压力由控制孔进入上部隔膜室，致使压力升高时，或当下游气路中混合器动作抽吸管路中气体，下部隔膜室压力形成负压时，由于主隔膜存在上下压差，阀门向下开启，燃气由出口侧输出。并可使燃气与空气保持恒定的混合比。

此种调压器结构合理，灵敏度高，可在气路中组成吸气式、均压式、溢流式等多种用途，是自动控制出口压力、气体流量的机械式自动控制器，对提高燃气热效率、节约能源、简化燃烧装置的操作管理均有很好作用。其安装要求参见该产品说明书。

2 混气管路中的阻火器及其压力的限制：

1）防回火的阻火器，其阻火网的孔径必须在回火的临界孔径之内。

2）混合管路中的压力不得大于0.07MPa，其目的主要是当发生回火时，降低破坏力；另外，混气压力大于一般喷嘴的临界压力（0.08MPa左右）已无使用意义。

10.7 燃烧烟气的排除

10.7.1 本条规定的室内容积热负荷指标是参照美国《燃气规范》ANSI 223.1-1999的规定。

有效的排气装置一般指排气扇、排油烟机等机械排烟设施。

10.7.2 规定住宅内排气装置的选择原则。

1 烟气应尽量通过住宅的竖向烟道排至室外；20m以下高度的住宅可选用自然排气的独立烟道或共用烟道，灶具和热水器（或采暖炉）的烟道应分开设置；20m以上的高层住宅可选用机械抽气（屋顶风机）的负压共用烟道，但不均匀抽气问题还有待解决。

2 排烟设施应符合《家用燃气燃烧器具安装及验收规程》CJJ 12-99的规定。

10.7.5 为保证燃烧设备安全、正常使用而对排烟设备作了具体规定。

1 使用固体燃料时，加热设备的排烟设施一般没有防爆装置，停止使用时也可能有明火存在，所以它和用气设备不得共用一套排烟设施，以免相互影响发生事故。

2 多台设备合用一个烟道时，为防止排烟时的互相影响，一般都设置单独的闸板（带防倒风排烟罩者除外），不用时关闭。另外，每台设备的分烟道与总烟道连接位置，以及它们之间的水平和垂直距离将影响排烟，这是设计时一定要考虑的。

3 防倒风排烟罩：在现行国家标准《家用燃气快速热水器》GB 6932－2001 中 3.22 中的名称为"防倒风排气罩"，其定义为：装在热水器烟气出口处，用于减少倒风对燃器燃烧性能影响的装置。

10.7.6～10.7.8 根据原苏联《建筑法规》、《燃气在城乡中的应用》等标准和资料确定的。

10.7.9 参照美国《燃气规范》ANSIZ 223.1－1999 和我国香港《住宅式气体热水炉装置规定》2001 年的规定编制。

10.7.10 参照美国《燃气规范》ANSIZ 223.1－1999 的规定编制。

10.8 燃气的监控设施及防雷、防静电

10.8.1 本条规定了在地上密闭房间、地下室、燃气管道竖井等通风不良场所应设置燃气浓度检测报警器，以策安全。

10.8.2 规定了燃气浓度检测报警器的安装要求，是参照《燃气燃烧器具安全技术通则》GB 16914－97 和日本《燃具安装标准》的规定。

10.8.3 本条规定用燃气的危险部位和重要部位宜设紧急自动切断阀。

国内目前使用紧急自动切断阀的经验表明，该产品易出现误动作或不动作，国内深圳市已有将其拆除或停用的情况，故不作强行设置的规定。

10.8.5 本条规定了燃气管道和设备的防雷、防静电要求。目前高层建筑的室外立管、屋面管、以及燃气引入管等部位均要求有防雷、防静电接地，工业企业用的燃气、空气（氧气）混气设备也要求有静电接地。故规定燃气应用设计时要考虑防雷、防静电的安全接地问题，其工艺设计应严格按照防雷、防静电的有关规范执行。

10.8.6 本条是参照美国《燃气规范》ANSIZ 223.1－1999 的规定。

中华人民共和国国家标准

氧气站设计规范

Code for design of oxygen station

GB 50030-2013

主编部门：中 国 机 械 工 业 联 合 会
批准部门：中华人民共和国住房和城乡建设部
施行日期：2 0 1 4 年 7 月 1 日

中华人民共和国住房和城乡建设部公告

第 262 号

住房城乡建设部关于发布国家标准
《氧气站设计规范》的公告

现批准《氧气站设计规范》为国家标准，编号为
GB 50030—2013，自 2014 年 7 月 1 日起实施。其中第 1.0.3、
3.0.2（2）、3.0.4、3.0.5、3.0.6、3.0.9、3.0.10、4.0.8、
4.0.16、4.0.23（1、2）、6.0.12、6.0.13、7.0.3、7.0.4、
7.0.5、7.0.8、7.0.11、8.0.2、8.0.7、8.0.8、10.0.1、
10.0.4、11.0.2（1、2）、11.0.3（1、2、3、4）、11.0.4（1）、
11.0.5、11.0.7、11.0.12（1）、11.0.17 条（款）为强制性条
文，必须严格执行。原国家标准《氧气站设计规范》
GB 50030—91同时废止。

本规范由我部标准定额研究所组织中国计划出版社出版
发行。

中华人民共和国住房和城乡建设部
2013 年 12 月 19 日

前　言

本规范是根据原建设部《关于印发〈2005 年工程建设标准规范制订、修订计划(第二批)〉的通知》(建标〔2005〕124 号)的要求,由中国中元国际工程有限公司和中国电子工程设计院会同有关单位共同修订而成。

本规范修订过程中进行了深入调查研究,认真总结了实践经验,(参考了有关国际标准和国外先进标准,)并广泛征求有关方面的意见,经审查定稿。

本规范共分 11 章和 4 个附录,主要内容包括总则,术语,氧气站的布置,工艺系统,工艺设备,工艺布置,建筑和结构,电气和仪表,给水、排水和消防,采暖和通风,氧气管道等。

本规范的修订,将适用范围从单机产氧量不大于 $300m^3/h$、采用低温法生产氧、氮等空气分离产品的氧气站设计,扩大为采用低温法和常温法生产氧、氮等空气分离产品的各种规模的氧气站。据此对各章节的内容进行了相应的调整、修改。

本规范中以黑体字标志的条文为强制性条文,必须严格执行。

本规范由住房和城乡建设部负责管理和对强制性条文的解释,由中国机械工业联合会负责日常管理,由中国中元国际工程公司负责具体技术内容的解释。在执行过程中,请各单位结合工程实践,认真总结经验,并将意见和建议寄至中国中元国际工程有限公司(地址:北京市西三环北路 5 号,邮政编码:100089,传真:010—68732907),以供今后修订时参考。

本规范组织单位、主编单位、参编单位、参加单位、主要起草人和主要审查人:

组 织 单 位:中国机械工业勘察设计协会

主 编 单 位:中国中元国际工程有限公司
　　　　　　中国电子工程设计院
参 编 单 位:中冶南方工程公司
　　　　　　中国船舶第九设计研究院工程有限公司
　　　　　　世源科技工程有限公司
参 加 单 位:杭州制氧机集团有限公司
　　　　　　四川空分设备集团有限责任公司
　　　　　　开封空分集团有限公司
　　　　　　上海华西化工科技有限公司
　　　　　　启东海鹰机电集团公司
主要起草人:舒世安　陈霖新　杨涌源　王天龙　丁伟同
　　　　　　邓　文　徐　辉　江绍辉　刘建虎　董益波
　　　　　　邵浮峰　廖国期　王　娟
主要审查人:付鑫泉　田国庆　张洪雁　朱朔元　王宗存
　　　　　　曹培忠　弓国志　曹　本　张志义　濮春干
　　　　　　张　磊　杨　斌

目　　次

1 总　则

1.0.1 为使氧气站的工程设计做到技术先进，经济合理，综合利用，节约能源，保护环境，确保安全生产，制定本规范。

1.0.2 本规范适用于下列新建、改建、扩建的氧气站及其管道工程设计：

    1 采用低温空气分离法生产氧、氮、氩等气态、液态产品的氧气站设计；

    2 采用常温空气分离法生产氧、氮、氩等气态产品的氧气站的设计；

    3 氧、氮、氩等空气分离液态产品气化站房的设计；

    4 氧、氮、氩等空气分离气态产品的汇流排间设计。

1.0.3 氧气站内各类房间的火灾危险性类别及最低耐火等级，应符合本规范附录A的规定。

1.0.4 氧气站设计除应符合本规范外，尚应符合国家现行有关标准的规定。

2 术　语

2.0.1 氧气站　oxygen station

采用低温法或常温法制取和供应氧、氮、氩等空气分离产品，按工艺要求设置的制氧站房、灌氧站房或压氧站房、室外工艺设备以及其他有关建筑物和构筑物的统称。

2.0.2 制氧站房　oxygen produce station

布置制取氧气和其他空气分离产品工艺设备的主要及辅助生产间的建筑物。

2.0.3 灌氧站房　oxygen pouring station

布置压缩、充灌并贮存输送氧气、氮气、氩气和其他空气分离产品工艺设备的主要及辅助生产间的建筑物。

2.0.4 氧气压缩机间　oxygen compression station

布置压缩、输送氧气和其他空气分离产品工艺设备的主要及辅助生产间的建筑物。

2.0.5 稀有气体间　rare gas room

布置稀有气体净化、提纯工艺设备的主要及辅助生产间的建筑物。

2.0.6 气化站房　gasification station

布置空气分离液态产品的储罐、气化设备为主的建筑物。

2.0.7 汇流排间　manifold room

布置输送氧、氮、氩等气体，供给用户的汇流排或气瓶集装格，并可存放一定气瓶的建筑物。

2.0.8 实瓶　full cylinder

在一定充灌压力下的气瓶，一般指水容积为40L、工作压力为12MPa～15MPa的气体钢瓶。

2.0.9 空瓶　empty cylinder

无内压或有一定残余压力的气体钢瓶。

2.0.10 钢瓶集装格　the bundle of gas cylinders

以专用框架固定，采用集气管将多只气体钢瓶接口并联组合的气体钢瓶组单元。

2.0.11 厂区管道　production area pipeline

氧气站各主要生产建筑物之间以及氧气站接至各用户之间的管道。

2.0.12 车间管道　workshop pipeline

氧气站主要生产间建筑物内部以及气体用户车间建筑物内部的管道。

2.0.13 含湿气体　wet gas

在管路输送压力、温度下，水含量达饱和或未达饱和状态的气体。

2.0.14 压力调节阀组　valve group for pressure regulating

根据工艺或使用要求，用于调节输送气体压力的调节阀及其前后、旁通切断阀、过滤器、仪表和控制系统的组合。

2.0.15 低温法空气分离装置（低温法空气分离系统）　cryogenic air separation unit

采用深冷技术进行空气分离，制取氧、氮、氩等空气分离产品的装置，集精馏塔、换热器、吸附器、低温液体泵等设备，并包括系统中的各类阀门、仪表等的总称。

2.0.16 常温法空气分离装置（常温法空气分离系统）　normal temperature air separation unit

在常温状态，采用变压吸附法或膜法进行空气分离制取氧气或氮气的装置，一般由吸附器组或膜组件、控制阀、仪表等组成。

2.0.17 空气净化装置　air purification equipment

去除空气中的机械杂质、水分、二氧化碳、乙炔等碳氢化合物的过滤器、吸附器、洗涤器、可逆换热器等的总称。

3 氧气站的布置

3.0.1 氧气站的布置，应按下列要求经技术经济综合比较后择优确定：

    1 宜远离易产生空气污染的生产车间，布置在空气洁净的地区，并在有害气体和固体尘粒散发源的全年最小频率风向的下风侧，空气质量应符合本规范第3.0.2条的规定；

    2 宜靠近最大用户处；

    3 宜有扩建的可能性；

    4 宜有较好的自然通风和采光；

    5 有噪声和振动机组的氧气站的有关建筑，与对噪声和振动防护要求的其他建筑之间的防护间距应符合现行国家标准《工业企业总平面设计规范》GB 50187的有关规定。

3.0.2 低温法空气分离设备的原料空气吸风口与散发乙炔、碳氢化合物等有害气体发生源之间的距离应符合下列规定：

    1 空气分离设备吸风口与乙炔、碳氢化合物等发生源之间的最小水平间距应符合表3.0.2-1的规定；

表3.0.2-1 吸风口与乙炔、碳氢化合物等发生源之间的最小水平间距

乙炔、碳氢化合物等发生源		水平间距(m)	
乙炔发生器型式	乙炔站(厂)安装容量(m³/h)	空气分离塔内设有液空吸附器	空气分离塔前设有分子筛吸附净化装置
水入电石式	≤10	100	50
	10～30	200	
	≥30	300	
电石入水式	≤30	100	50
	30～90	200	
	≥90	300	

乙炔、碳氢化合物等发生源	水平间距（m）	
乙炔发生器型式	乙炔站（厂）安装容量（m³/h）	空气分离塔内设有液空吸附器	空气分离塔前设有分子筛吸附净化装置
电石、炼焦、炼油、聚乙烯及其衍生物、液化石油气生产		500	100
乙烯、合成氨、硝酸、煤气、硫化物生产		300	300
炼钢（高炉、平炉、电炉、转炉）、轧钢、型钢浇铸生产		200	50
大批量金属切割、焊接生产（如金属结构车间）		200	50

注：水平间距应按吸风口与乙炔、碳氢化合物等发生源相邻外壁或边缘的最近距离计算。

2 当空气分离设备吸风口的原料空气吸风口与乙炔、碳氢化合物等发生源之间的最小水平间距不能满足表3.0.2-1的规定时，吸风口处空气中乙炔、碳氢化合物等杂质的允许含量不得大于表3.0.2-2的规定。

表 3.0.2-2 吸风口处空气中乙炔、碳氢化合物等杂质的允许含量

序号	烃类名称	允许极限含量（mg/m³）	
		空气分离塔内设有液空吸附器	空气分离塔前设置分子筛吸附净化装置
1	乙炔	0.25	2.5
2	炔衍生物	0.01	0.5
3	C_5、C_6饱和不饱和烃类杂质总计	0.05	2
4	C_3、C_4饱和不饱和烃类杂质总计	0.3	2
5	C_2饱和和不饱和烃类杂质及丙烷总计	10	10
6	硫化碳 CS_2	0.03	
7	氧化亚氮 N_2O	0.7	
8	二氧化碳	700	
9	甲烷	8	
10	粉尘	30	

注：序号1～5的"允许极限含量（mg/m³）"指的是"允许极限碳含量（mg/m³）"。

3.0.3 低温法空气分离设备吸风口的高度，宜高出制氧站房或其毗连的较高建筑的屋檐，且不宜小于1m。

3.0.4 氧气站火灾危险性为乙类的建筑物及氧气贮罐与其他各类建筑物、构筑物之间的防火间距不应小于表3.0.4的规定。

表 3.0.4 氧气站火灾危险性为乙类的建筑物及氧气贮罐与其他各类建筑物、构筑物之间的防火间距

建筑物、构筑物		氧气站的火灾危险性为乙类的建筑物	氧气贮罐总容积（m³）		
			≤1000	1000～50000	>50000
其他各类建筑物耐火等级	一、二级	10	10	12	14
	三级	12	12	14	16
	四级	14	14	16	18
民用建筑		25	18	20	25
明火或散发火花地点		25	25	30	35
重要公共建筑		50		50	
室外变、配电站（35kV～500kV且每台变压器为10000kV·A以上）以及总油量超过5t的总降压站		25	20	25	30
厂外铁路线中心线		25		25	
厂内铁路线中心线（氧气站专用线除外）		20		20	
厂外道路（路边）		15		15	
厂内道路（路边）	主要	10		10	
	次要	5		5	
电力架空线		1.5倍电杆高度		1.5倍电杆高度	

注：固定容积氧气贮罐的总容积按几何容量（m³）和设计压力（绝对压力为10⁵Pa）的乘积计算。液氧贮罐以1m³液氧折合800m³标准状态气氧计算，按本表氧气贮罐相应贮量的规定确定防火间距。

3.0.5 氧气站的火灾危险性为乙类的建筑物，与火灾危险性为甲类的建筑物之间的最小防火间距，应按本规范表3.0.4对其他各类建筑物之间规定的间距增加2m。

3.0.6 湿式氧气贮罐与可燃液体贮罐（液化石油气储罐除外）、可燃材料堆场之间的最小防火间距，应符合表3.0.4对室外变、配电站之间规定的间距。氧气站和氧气贮罐与液化石油气储罐之间的防火间距，应符合现行国家标准《城镇燃气设计规范》GB 50028的有关规定。

3.0.7 氧气站火灾危险性为乙类的建筑物与相邻建筑物或构筑物的防火间距，应按其与相邻建筑物或构筑物的外墙、外壁、外缘的最近距离计算。两座生产建筑物相邻较高一面的外墙为无门、窗、洞的防火墙时，其防火间距不限。

3.0.8 氧气贮罐、氮气、惰性气体贮罐、室外布置的工艺设备与其制氧站房等火灾危险性为乙类的建筑物的间距，可按工艺布置要求确定。容积小于或等于50m³的氧气贮罐与其使用厂房的防火间距不限。

3.0.9 氧气贮罐之间的防火间距不应小于相邻较大罐的半径。氧气贮罐与可燃气体贮罐之间的防火间距不应小于相邻较大罐的直径。

3.0.10 制氧站房、灌氧站房、氧气压缩机间宜布置成独立建筑物，但可与不低于其耐火等级的除火灾危险性属甲、乙类的生产车间，以及无明火或散发火花作业的其他生产车间毗连建造，其毗连的墙应为无门、窗、洞的防火墙，并应设不少于一个直通室外的安全出口。

3.0.11 输氧量不超过60m³/h的氧气汇流排间、氧气压力调节阀组的阀门室可设在不低于三级耐火等级的用户厂房内靠外墙处，并应采用耐火极限不低于2.0h的不燃烧体隔墙和丙级防火门，与厂房的其他部分隔开。

3.0.12 输氧量超过60m³/h的氧气汇流排间、氧气压力调节阀组的阀门室宜布置成独立建筑物，当与用户厂房毗连时，其毗连的厂房的耐火等级不应低于二级，并应采用耐火极限不低于2.0h的不燃烧体无门、窗、洞的隔墙与该厂房隔开。

3.0.13 氧气汇流排间可与同一使用目的的可燃气体供气装置或供气站毗连建造在耐火等级不低于二级的同一建筑物中，但应以无门、窗、洞的防火墙相互隔开。

3.0.14 液氧贮罐和输送设备的液体接口下方周围5m范围内不应有可燃物，不应铺设沥青路面，在机动输送液氧设备下方的不燃材料地面不应小于车辆的全长。

3.0.15 氧气站的乙类生产场所不得设置在地下室或半地下室。

3.0.16 液氧贮罐、低温液体贮槽宜室外布置，它与各类建筑物、构筑物的防火间距应符合表3.0.4的规定，当液氧贮罐的容积不超过3m³时，与所有使用建筑的防火间距可减为10m。当液氧贮罐、低温液体贮槽确需室内布置时，宜设置在单独的房间内，且液氧贮罐的总几何容积不得超过10m³，并应符合下列规定：

1 当设置在独立的一、二级耐火等级的专用建筑物内，且与使用建筑一侧为无门、窗、洞的防火墙时，其防火间距不应小于6m；

2 当设置在一、二级耐火等级的贮罐间内，且一面贴邻使用建筑物外墙时，应采用无门、窗、洞的耐火极限不低于2.0h的不燃烧体墙分隔，并应设直通室外的出口。

3.0.17 液氧贮罐和汽化器的周围宜设围墙或栅栏，并应设明显的禁火标志。

3.0.18 低温液体的贮运及使用安全应符合现行行业标准《低温液体贮运设备 使用安全规则》JB 6898的有关规定。

4 工 艺 系 统

4.0.1 氧气站设计时,应充分调查研究所在地区的气体供应状况,经综合分析比较后,宜采用能量消耗低和经济适用的区域集中供气方式和气体供应系统。应按下列因素进行综合分析比较:
1 供应系统的设备与建造费用;
2 气体制造及输送过程的能量消耗;
3 气体生产成本;
4 运输及其他费用。

4.0.2 氧气站工艺系统选择时,应经技术经济比较后,择优采用空气分离系统和配置节能型设备。

4.0.3 氧气站工艺系统的类型应根据下列因素选择:
1 氧气站的规模;
2 用户对气体产品纯度、压力、杂质含量的要求;
3 用户对气体、液体产品品种的要求;
4 电力和其他能源供应条件;
5 用户对投资、能耗控制的要求;
6 用户对建设进度、占地、操作、维护、管理的要求。

4.0.4 低温法空气分离系统的设备配置应符合下列规定:
1 原料空气过滤器的过滤精度应按空气压缩机类型确定。当采用离心式压缩机时,其原料空气过滤器的过滤精度当悬浮粒子的粒径小于 $0.5\mu m$ 时,应大于或等于 99%;粒径小于 $2\mu m$ 时,应大于或等于 99.8%。
2 根据工艺流程和冷箱出口氧、氮产品的压力要求,全低压空气分离设备的原料空气压力不宜大于 1.0MPa。
3 除空气压缩机设有后冷却器或纯化器采用变压吸附工艺可不设空气预冷装置外,宜设置空气预冷装置。
4 空气纯化装置应采用分子筛吸附器,其纯化后的原料空气中的二氧化碳含量宜小于 1.0×10^{-6},水分含量宜小于 2.6×10^{-6},氧化亚氮脱除率宜大于 80%。
5 空气分离装置内采用膜式主冷凝蒸发器时,宜设置液空或液氧吸附器。

4.0.5 低温法空气分离系统采用内压缩流程时,宜设置空气增压机或循环氮气压缩机。

4.0.6 利用大、中型低温法空气分离设备制取氩气宜采用全精馏制氩方法。

4.0.7 大型低温法空气分离设备氖、氦、氪、氙等稀有气体提取装置的设置应符合下列规定:
1 应根据用户需求;
2 稀有气体提取及其提纯宜集中进行;
3 提取的品种、纯度应依据技术经济比较确定。

4.0.8 离心式空气压缩机应设下列保护系统:
1 防喘振保护系统;
2 安全放散系统;
3 轴承温度、轴振动和轴位移测量、报警与停车系统;
4 入口导叶可调系统。

4.0.9 单一氧或氮的制取,其氧纯度低于 95% 或氮气纯度低于 99.99% 时,宜采用常温变压吸附空气分离系统;吸附剂的再生解吸宜采用常压解吸或真空解吸。

4.0.10 单一富氧或氮气的制取,其氮气产量不超过 $3000m^3/h$ 且低于 99.0% 时,宜采用常温空气膜法制取氧、氮系统;膜法空气分离系统应由原料空气压缩机、缓冲罐、膜分离组件和产品增压设备等组成。

4.0.11 低温法空气分离系统的流程,用氧压力大于 4MPa 或液体产品需求大的用户应采用内压缩流程;用氧压力小于或等于 4MPa 或液体产品需求量小的用户宜采用外压缩流程。

4.0.12 氧气和氮气压缩机应按气体流量和排气压力选用活塞式或离心式压缩机。单台压缩机能力大于 $6000m^3/h$ 时,宜采用离心式压缩机。

4.0.13 活塞式氧气压缩机应采用气缸无油润滑压缩机;当采用气缸水润滑压缩机时,应设置软水供给系统,并应设置断水报警、停车装置。

4.0.14 活塞式氧气和氮气压缩机前应设缓冲罐。活塞式氧气、氮气压缩机后,应根据用户气体用量变化情况设置压力贮罐。

4.0.15 离心式氮气压缩机的保护系统的设置应符合本规范第 4.0.8 条的规定。

4.0.16 离心式氧气压缩机的设置应符合下列规定:
1 应设置符合本规范第 4.0.8 条规定的保护系统;
2 应设置氮气或干燥空气试车系统、氮气轴封系统;
3 应设置自动快速充氮灭火系统。

4.0.17 氧气站内各类压缩机进出口管道应采取隔声、消声措施;若压缩机的噪声超标时,应设隔声罩。低温法空气分离设备的纯化装置和常温空气分离设备的吸附器的放散管均应设置消声器。

4.0.18 低温液体加压用的低温液体泵应设置入口过滤器、轴封气和加温气体入口,以及低温液体泵出口设压力报警装置、轴承温度过高报警装置。

4.0.19 低温液体产品采用水浴式汽化器时,应设置水温调节装置和出口气体温度过低报警装置。

4.0.20 常温空气分离设备和小型低温法空气分离设备生产的空气分离产品宜采用压力气体贮罐贮存;大、中型低温法空气分离设备生产的空气分离产品,以及贮存量较大的空气分离产品宜采用低温液体贮罐贮存,亦可根据用户自身的需求,采用压力气体贮罐贮存。

4.0.21 氧气、氮气、氩气钢瓶的灌装应符合下列规定:
1 气态气体的灌装宜采用高压气体压缩机和充装台或钢瓶集装格灌装;
2 液态气体的灌装宜采用低温液体泵—汽化器—充装台灌装;
3 充装台前的气体管道上应设有紧急切断阀、安全阀、放空阀。

4.0.22 氧气站内的气体充装台和钢瓶集装格除了灌装气体外,亦可在增设气体压力调节装置后作为气体汇流排输送氧气、氮气到用户点使用。

4.0.23 氧气、氮气、氩气充装台的设置应符合下列规定:
1 氧气、氮气、氩气充装台应设有超压泄放用安全阀;
2 氧气、氮气、氩气充装台应设有吹扫放空阀,放空管应接至室外安全处;
3 应设有分组切断阀、防错装接头等;
4 应设有灌装气体压力和钢瓶内余气压力的测试仪表。

4.0.24 氧气站中氧气、氮气设备和管道中有冷凝水时,应经各自的专用疏水装置排至室外。

4.0.25 医院医用氧供应应符合下列规定:
1 医用氧气品质应符合现行国家标准《医用及航空呼吸用氧》GB 8982 的有关规定;
2 应根据医用氧气数量和所在地的氧气供应状况,经综合比较选择氧气汇流排、液态氧或自设常温变压吸附制氧装置生产氧气;当采用常温变压吸附制氧装置制取氧气时,应符合现行行业标准《医用分子筛制氧设备通用技术规范》YY/T 0298 的有关规定;
3 医用氧供应系统的总管应设可遥控的紧急切断阀。

3

5 工 艺 设 备

5.0.1 氧气站的设计容量应根据用户的用气特点以及气体用量平衡表的昼夜小时平均用量，或工作班的小时平均用量之和，经技术经济比较后确定。氧气站空气分离设备的设计容量应计入当地海拔高度的影响。

5.0.2 氧气站空气分离设备的型号、台数、备用机组的选用应根据用户对空气分离气体产品的要求，经技术经济比较后确定，并应符合下列规定：

1 空气分离设备台数宜按大容量、少机组、统一型号的原则确定。

2 产品气体压缩机的设计压力应满足用户气体产品的使用压力，并应与产品气体压力贮罐的设计压力一致。

3 氧气站可不设置备用空气分离设备，当供气中断会造成用户较大损失时，宜设置备用空气压缩机、氧气压缩机，亦可采用其他方法调节供气。

5.0.3 氧气站气态产品贮罐容量的选择应符合下列规定：

1 调节产气量和用气量之间的不平衡宜采用气体压力贮罐。压力贮罐的设计贮气量应按空气分离设备小时产气量和用户的气体用量曲线以及设计压力和释放压力确定。

2 小型氧气站常压气态产品量和用气量之间的不平衡宜采用贮气囊，其贮气量应按产气量与用气量之间的不平衡性确定。

5.0.4 氧气站低温液体贮罐容量的选择应根据下列要求经技术经济比较后确定：

1 液体产品的用途及需求量；

2 液体产品槽车运输费用、运输距离和液体贮罐性能；

3 当液体产品仅用于空气分离设备检修时的备用气源时，其容量应按空气分离设备检修所需时间内的用气量确定。

5.0.5 氧气站的原料空气压缩机的排气压力应按空气分离设备要求确定。当所在企业压缩空气站的空气压缩机的排气压力与空气分离设备的原料空气压缩机排气压力一致时，空气压缩机可互为备用。

5.0.6 各类气体输送用压缩机的设置应符合下列规定：

1 压缩机型号、台数应按进气、排气参数和平均小时用气量选择；

2 压缩机后的气体压力贮罐容量应根据用气量变化情况确定；

3 同一品种气体、同一排气压力的压缩机宜采用同一型号，并能调节压缩机能力；

4 当采用的活塞式压缩机需要连续运行时应设备用。

5.0.7 灌装用气体压缩机的型号、排气量、台数应根据灌装介质、瓶装气体用量、充装容器的规格、数量、充装时间等条件确定，可不设备用。

5.0.8 高纯氧气、氮气、氩气的灌瓶压缩机宜采用膜式压缩机或无润滑压缩机。高纯气体灌装站房宜设有钢瓶气体置换、加热干燥和抽真空等钢瓶处理装置。

5.0.9 灌装用充装台不应少于两组，其中一组充装时，另一组倒换钢瓶。每组钢瓶的数量应按充装用气体压缩机的排气量和充装时间确定。

5.0.10 供气用汇流排的设置不应少于两组，其中一组供气时，另一组为倒换钢瓶用。每组钢瓶的数量应按用户最大小时用气量和供气时间确定。

5.0.11 各种气体钢瓶的数量应按钢瓶周转情况确定，当确定有困难时，宜按用户一昼夜用气瓶数的3倍确定。

5.0.12 制氧站房应设检修起重设备，其起吊能力应按检修设备

最重部件确定。手动或电动方式按起吊重量大小和检修频率确定。

钢瓶集装格的气体灌装厂房宜采用起重设备或电瓶车运输。

5.0.13 氧气站应按安全生产以及对空气分离产品质量的要求，设置在线分析和离线分析仪器。

5.0.14 氧气站宜设置废液收集装置。

6 工 艺 布 置

6.0.1 常温法空气分离系统和氧产量大于 1500m³/h 的低温法空气分离系统，除压缩机外宜采用室外布置。室外布置的装置、控制阀组等应采取防雨、防冻措施。

6.0.2 设有低温法空气分离装置的氧气站宜将原料空气压缩机和离心式氧气压缩机等集中布置在主厂房内。主厂房宜采用独立建筑，其层数、层高应按压缩机及其辅助设备特点、起重设施等确定。

6.0.3 氧气站内原料空气压缩机的布置应符合下列规定：

1 应按站房规模、压缩机及其辅助设备特点进行布置，宜采用单层布置；

2 离心式空气压缩机吸气过滤器的布置应方便定期清扫、更换；

3 当氧气站的原料空气压缩机与压缩空气站的空气压缩机互为备用时，宜布置在同一压缩机间内。

6.0.4 氧气压缩机的布置应符合下列规定：

1 活塞式氧气压缩机超过2台时，宜布置在单独的氧气压缩机间内；

2 当采用离心式氧气压缩机时，宜设防护墙或罩；宜与其他压缩机布置在同一压缩机间内；

3 氧气压缩机间应设有直接通向室外的安全出口。

6.0.5 灌氧站房的布置应符合下列规定：

1 氧气实瓶的贮量，每个防火分区不得超过1700瓶，防火分区的设置应符合现行国家标准《建筑设计防火规范》GB 50016 的有关规定。

2 当氧气实瓶的贮量超过 3400 瓶时,宜将制氧站房或液氧气化站与灌氧站房分别设置在独立的建筑物内。

3 每个灌瓶间、实瓶间、空瓶间均应设有直接通向室外的安全出口。

6.0.6 独立氧气瓶库的气瓶贮量应根据氧气灌装量、气瓶周转量和运输条件等因素确定。独立氧气瓶库的最大贮量不应超过表6.0.6的规定。

表6.0.6 独立氧气瓶库的最大贮量(个)

建筑物的耐火等级	每座库房	每个防火分区
一、二级	13600	3400
三级	4500	1500

6.0.7 在使用氧气的建筑或厂房内,氧气汇流排间的氧气实瓶贮量不宜超过24h的用氧量。

6.0.8 氧气站生产的多种空气分离产品需灌瓶和贮存时,应分别设置每种产品的灌瓶间、实瓶间和空瓶间。

6.0.9 氧气贮气囊宜布置在单独的房间内。当贮气囊总容量小于或等于100m³时,可布置在制氧间内,但贮气囊不得设置在氧气压缩机的顶部。贮气囊与设备的水平距离不应小于3m,并应设有安全和防火围护措施。

6.0.10 氧气站内的设备布置应紧凑合理、便于安装维修和操作,并应符合下列规定:

1 设备之间的净距不宜小于1.5m;设备与墙之间的净距不宜小于1m,且净距满足设备的零部件抽出检修的要求;其净距不宜小于抽出零部件的最大尺寸加0.5m;

2 设备与其附属设备之间的净距以及水泵等小型设备的布置间距可根据工艺需要适当减小;

3 设备双排布置时,两排之间的净距不宜小于2m。

6.0.11 气体灌装设施的布置应符合下列规定:

1 灌瓶间、空瓶间和实瓶间的通道净宽度应根据气瓶运输方式确定,但不宜小于1.5m;采用集装格钢瓶组时,不宜小于2.0m;

2 空瓶间、实瓶间应设置钢瓶装卸平台。平台宽度宜为2m,高度应按气瓶运输工具确定,宜高出室外地坪0.4m～1.1m;

3 灌瓶间、空瓶间和实瓶间均应设有防止瓶倒的措施。

6.0.12 采用氢气进行空气分离产品纯化时,应符合下列规定:

1 加氢催化反应炉应布置在靠外墙的单独房间内,并不得与其他房间直接相通;

2 氢气实瓶应存放在靠外墙的单独房间内,不得与其他房间直接相通。并应符合现行国家标准《氢气站设计规范》GB 50177的有关规定;

3 氢气瓶的贮放量不得超过60瓶。

6.0.13 氧气站的氧气、氮气等放散管和液氧、液氮等排放管均应引至室外安全处,放散管口距地面不得低于4.5m。

6.0.14 氧气压力调节阀组宜单独设置在专用调压阀室内。

6.0.15 氧气站内同时设有氮气压缩机和氧气压缩机时,可共同设置在同一房间内。

6.0.16 压缩机和电动机之间当采用联轴器或皮带传动时,应采取安全防护措施。

6.0.17 输送液氧的多级离心液氧泵宜单独设置在专用液氧泵间内,亦可设置防护墙或罩进行隔离。

6.0.18 氧气站内的各种气体压缩机应根据其振动特性、允许振幅等要求,除合理进行设备及管道布置外,应采取防振、隔振措施。

6.0.19 氧气站内设有各种气体压缩机的房间或作业场所应根据压缩机类型、规格或制造厂家提供的噪声声压等级,并应符合现行国家标准《工业企业噪声控制设计规范》GB 50087的有关规定确定采取相应的噪声控制措施。

7 建筑和结构

7.0.1 氧气站的生产性站房宜为单层建筑物。

7.0.2 氧气站的主要生产间的屋架下弦高度,应按设备的高度和设备检修时的起吊高度以及起重吊钩的极限高度确定,但不宜小于4.0m,灌瓶间、汇流排间等的屋架下弦高度不宜小于3.5m。

7.0.3 当制氧站房或液氧系统设施和灌氧站房布置在同一建筑物内时,应采用耐火极限不低于2.0h的不燃烧体隔墙和乙级防火门进行分隔,并应通过走廊相通。

7.0.4 氧气贮气囊间、氧气压缩机间、氧气灌瓶间、氧气实瓶间、氧气贮罐间、液氧贮罐间、氧气汇流排间、氧气调压阀间等房间相互之间应采用耐火极限不低于2.0h的不燃烧体隔墙和乙级防火门窗进行分隔。

7.0.5 氧气压缩机间、氧气灌瓶间、氧气贮气囊间、氧气实瓶间、氧气贮罐间、液氧贮罐间、氧气汇流排间、氧气调压阀间等与其他毗连房间之间应采用耐火极限不低于2.0h的不燃烧体隔墙和乙级防火门窗进行分隔。

7.0.6 氧气站的主要生产间,其围护结构上的门窗应向外开启,并不得采用木质等可燃材料制作。

7.0.7 灌瓶间、实瓶间、汇流排间和贮气囊间的窗玻璃宜采用磨砂玻璃或涂白漆等措施,防止阳光直接照射。

7.0.8 灌瓶间的充灌台应设置高度不小于2m,厚度大于或等于200mm的钢筋混凝土防护墙。气瓶装卸平台应设置大于平台宽度的雨篷,雨篷和支撑应采用不燃烧体。

7.0.9 灌瓶间、汇流排间、空瓶间、实瓶间的地坪应平整、耐磨和防滑。

7.0.10 低温法空气分离设备的冷箱基础应采取防冻措施。

大型平底圆柱形液态气体贮槽采用珠光砂绝热时,应采用高架式基础,其基础顶部应采用泡沫玻璃隔热,厚度宜为1000mm。

7.0.11 氧气站内的氢气瓶间应设置在靠外墙,且有直接通向室外的安全出口的专用房间内,氢气瓶间与相邻的房间应采用不低于2.0h耐火极限的无门、窗、洞的不燃烧体墙体分隔;氢气瓶间设计应符合现行国家标准《氢气站设计规范》GB 50177的有关规定。

8 电气和仪表

8.0.1 氧气站的供电负荷分级应符合现行国家标准《供配电系统设计规范》GB 50052 的有关规定，除中断供气将造成较大损失者外，宜为三级负荷。

8.0.2 有爆炸危险、火灾危险的房间或区域内的电气设施应符合现行国家标准《爆炸和火灾危险环境电力装置设计规范》GB 50058 的有关规定。催化反应炉部分和氢气瓶间应为 1 区爆炸危险区；离心式氧气压缩机间、液氧系统设施、氧气调压阀组间应为 21 区火灾危险区，氧气灌瓶间、氧气贮罐间、氧气贮气囊间等应为 22 区火灾危险区。

8.0.3 氧气站的照明除中断供气将造成较大损失者外，可不设继续工作用的事故照明，仪表集中处宜设局部照明。

8.0.4 设有高压油开关的房间内，其贮油量不应大于 25kg。

8.0.5 空气分离产品压缩机间与灌瓶间、贮气囊或气体贮罐间之间宜设置联系信号。灌瓶间应设置压缩机紧急停车按钮。

8.0.6 氧气站应设置成本核算所需的用电、用水等计量仪表，以及输出空气分离产品的计量、遥测、记录仪表。

8.0.7 与氧气接触的仪表必须无油脂。

8.0.8 积聚液氧、液体空气的各类设备、氧气压缩机、氧气灌充台和氧气管道应设导除静电的接地装置，接地电阻不应大于 10Ω。

8.0.9 氧气站和露天布置的氧气贮罐、液氧贮罐等的防雷设计应符合现行国家标准《建筑物防雷设计规范》GB 50057 的有关规定。

8.0.10 氧气站应根据气体生产、储存、输送和灌装的需要设置下列分析仪器：

 1 原料空气纯化装置出口二氧化碳含量连续在线分析；

 2 空气分离装置主冷凝蒸发器液氧中乙炔、碳氢化合物含量连续在线分析；

 3 空气分离装置出口空气分离产品的纯度分析；

 4 高纯空气分离产品中杂质含量分析；

 5 制氧间、氧气压缩机间、氧气贮罐间、氧气灌瓶间等的空气中氧含量定期检测；

 6 制氮间、氮气压缩机间、氮气贮罐间、氮气灌瓶间等的空气中氧含量定期检测。

8.0.11 氧气站内，除各类设备配备的各种测量和控制装置外，尚应装设下列参数测量和控制装置：

 1 站房出口各种空气分离产品的压力测试和调节；

 2 输送用气体压缩机的进气、排气压力测量和纯度检测、流量调节装置；

 3 气体贮罐压力遥测、记录；

 4 制气设备出口压力、温度遥测、记录；

 5 各单体设备运行状态显示、记录。

8.0.12 氧气站内宜设置下列报警连锁控制装置：

 1 原料空气纯化装置出口二氧化碳超标报警；

 2 空气分离装置主冷凝蒸发器液氧中乙炔、碳氢化合物超标报警；

 3 空气分离装置出口产品纯度不合格报警；

 4 压缩机润滑油系统，设置油压过高、过低与油温过高的报警和连锁控制；

 5 灌瓶压缩机间与灌瓶间应设置联系信号报警和连锁控制装置。

9 给水、排水和消防

9.0.1 氧气站的生产用水，除不能中断生产用气外，宜采用一路供水。

9.0.2 压缩机等设备用冷却水应循环使用，其水压宜为 0.15MPa～0.50MPa；循环冷却水水质应符合现行国家标准《工业循环冷却水处理设计规范》GB 50050 的有关规定。

9.0.3 氧气站设备的给水和排水系统应能放尽存水。

压缩机的循环冷却水的管道上应装设水流观察装置或排水漏斗，并宜装设断水报警装置。

9.0.4 氧气站的消防用水设施应符合现行国家标准《建筑设计防火规范》GB 50016 的有关规定。

9.0.5 制氧间、氧气贮罐间、液氧储罐间、氢气瓶间等有火灾危险、爆炸危险的房间，其灭火器的配置类型、规格、数量及其位置应符合现行国家标准《建筑灭火器配置设计规范》GB 50140 的有关规定。

10 采暖和通风

10.0.1 制氧站房、灌氧站房、氧气压缩机间、氧气储罐间、液氧储罐间、氢气瓶间、液氧系统和氧气汇流排间等严禁采用明火或电加热散热器采暖。

10.0.2 采用集中采暖时，室内采暖计算温度应符合下列规定：

 1 气体贮罐间、低温液体贮罐间等不宜低于 5℃；

 2 空瓶间、实瓶间不宜低于 10℃；

 3 办公室、生活间等生产辅助房间应符合现行国家标准《采暖通风与空气调节设计规范》GB 50019 的有关规定；

 4 除上述各房间外的生产房间不宜低于 15℃。

10.0.3 气体贮罐间、贮气囊间、低温液体贮罐间、实瓶间、空瓶间、灌瓶间的散热器应采取局部隔热措施。

10.0.4 催化反应炉部分、氢气瓶间、氮气压缩机间、氮气压力调节阀间、惰性气体贮气罐间和液体贮罐间等的自然通风换气次数，每小时不应少于 3 次；事故换气应采用机械通风，其换气次数不应少于 12 次。排风中有氢气的氢气瓶间等的事故排风机的选型应符合现行国家标准《氢气站设计规范》GB 50177 的有关规定。

10.0.5 氧气站的集中控制室宜采用分体式空调机组降温。

11 氧 气 管 道

11.0.1 氧气管道宜采用架空敷设。当架空敷设有困难时,可采用不通行地沟敷设或直接埋地敷设。

11.0.2 厂区管道架空敷设时,应符合下列规定:

    1 氧气管道应敷设在不燃烧体的支架上;

    2 除氧气管道专用的导电线路外,其他导电线路不得与氧气管道敷设在同一支架上;

    3 当沿建筑物的外墙或屋顶上敷设时,该建筑物应为一、二级耐火等级,并应是与氧气生产或使用有关的车间建筑物;

    4 氧气管道、管架与建筑物、构筑物、铁路、道路等之间的最小净距应符合本规范附录 B 的规定;

    5 氧气管道与其他气体、液体管道共架敷设时,宜布置在其他管道外侧,并宜布置在燃油管道的上面。各种管线之间的最小净距应符合本规范附录 C 的规定;

    6 氧气管道上设有阀门时,应设置操作平台;

    7 寒冷地区的含湿气体管道应采取防护措施。

11.0.3 厂区管道直接埋地敷设或采用不通行地沟敷设时,应符合下列规定:

    1 氧气管道严禁埋设在不使用氧气的建筑物、构筑物或露天堆场下面或穿过烟道;

    2 氧气管道采用不通行地沟敷设时,沟上应设防止可燃物料、火花和雨水侵入的不燃烧体盖板;严禁氧气管道与油品管道、腐蚀性介质管道和各种导电线路敷设在同一地沟内,并不得与该类管线地沟相通;

    3 直接埋地或不通行地沟敷设的氧气管道上不应装设阀门或法兰连接点,当必须设阀门时,应设独立阀门井;

    4 氧气管道不应与燃气管道同沟敷设,当氧气管道与同一使用目的燃气管道同沟敷设时,沟内应填满沙子,并严禁与其他地沟直接相通;

    5 埋地深度应根据地面上的荷载决定。管顶距地面不宜小于 0.7m;含湿气体管道应敷设在冻土层以下,并应在最低点设排水装置。管道穿过铁路和道路时应设套管,其交叉角不宜小于 45°;

    6 氧气管道与建筑物、构筑物及其他埋地管线之间的最小净距应符合本规范附录 D 的规定;

    7 直接埋地管道应根据埋设地带土壤的腐蚀等级采取相应的防腐蚀措施;

    8 当氧气管道与其他不燃气体或水管同沟敷设时,氧气管道应布置在上面,地沟应能排除积水。

11.0.4 车间内氧气管道的敷设应符合下列规定:

    1 氧气管道不得穿过生活间、办公室;

    2 车间内氧气管道宜沿墙、柱或专设的支架架空敷设,其高度应不妨碍交通和便于检修;

    3 氧气管道与其他管线共架敷设时,应符合本规范第 11.0.2 条第 5 款的规定;

    4 当不能架空敷设时,可采用不通行地沟敷设,但应符合本规范第 11.0.3 条第 2 款~第 4 款和第 8 款的规定;

    5 进入用户车间的氧气主管应在车间入口处装设切断阀、压力表,并宜在适当位置设放散管;

    6 氧气管道的放散管应引至室外,并应高出附近操作面 4m 以上的无明火场所;

    7 氧气管道不得穿过高温作业及火焰区域。当必须穿过时,应在该管段增设隔热措施,其管壁温度不应超过 70℃;

    8 穿过墙壁、楼板的氧气管道应敷设在套管内;套管内不得

有焊缝,管子与套管间的间隙应采用不燃烧的软质材料填实;

    9 氧气管道不应穿过不使用氧气的房间。当必须通过不使用氧气的房间时,其在房间内的管段上不得设有阀门、法兰和螺纹连接,并应采取防止氧气泄漏的措施;

    10 供切割、焊接用氧的管道与切割、焊接工具或设备用软管连接时,供氧嘴头及切断阀应设置在用不燃烧材料制作的保护箱内。

11.0.5 **通往氧气压缩机的氧气管道以及装有压力、流量调节阀的氧气管道上,应在靠近机器入口处或压力、流量调节阀的上游侧装设过滤器,过滤器的材料应为不锈钢、镍铜合金、铜、铜基合金。**

11.0.6 氮气和氩气与各类其他管道、建筑物、构筑物等之间的间距宜符合现行国家标准《压缩空气站设计规范》GB 50029 的有关规定。

11.0.7 **氧气、氮气、氩气管道敷设在通行地沟或半通行地沟时,必须设有可靠的通风安全措施。**

11.0.8 氧气管道的管径应按下列条件计算确定:

    1 计算流量应采用该管系最低工作压力、最高工作温度时的实际流量;

    2 流速应为工作压力下的管内氧气实际流速,氧气管道内的最高流速不得超过表 11.0.8 的规定。

表 11.0.8 氧气管道内的最高流速

设计压力(MPa)	管材	最高允许流速(m/s)
≤0.1	—	按管道系统允许压力降确定
>0.1,且≤1.0	碳钢	20
	不锈钢	30
>1.0,且≤3.0	碳钢	15
	不锈钢	25
>3.0,且≤10.0	不锈钢	4.5
>10.0,且≤20.0	不锈钢	4.5
	铜基合金	6

11.0.9 氧气管道材质选用应符合表 11.0.9 的规定。

表 11.0.9 氧气管道材质选用

设计压力(MPa)		使用场所		液态氧气管道	焊接钢管 现行国家标准《低压流体输送用焊接钢管》GB 3091	不锈钢焊接钢管 现行国家标准《输送流体用不锈钢焊接钢管》GB 12771 奥氏体不锈钢无缝钢管	钢板卷焊管
>10.0	氧气充装台、汇流排		一般场所		×	×	×
3.0~10.0	阀后 5 倍(并不小于 1.5m)范围	阀组前、后各 5 倍外径(各不小于 1.5m)范围	压力调节阀前、后,氧气放散阀后,湿氧输送	车间内部、氧气放散阀后,湿氧输送	一般场所	×	×	×
0.6~3.0	阀后 5 倍(并不小于 1.5m)范围	阀组前、后各 5 倍外径(各不小于 1.5m)范围	压力调节阀前、后,氧气放散阀后,湿氧输送	车间内部、氧气放散阀后,湿氧输送	一般场所	×	√	×
≤0.6	分配主管上阀门频繁操作区域后,放散阀后		一般场所		√	√	√

表（管材执行标准对照表，续）

管材	奥氏体不锈钢无缝钢管	执行标准
无缝钢管	√	现行国家标准《输送流体用无缝钢管》GB/T 8163、现行国家标准《高压锅炉用无缝钢管》GB 5310、现行行业标准《低中压锅炉用无缝钢管》GB 3087
不锈钢板卷焊管	√	现行行业标准《石油化工钢管尺寸系列》SH 3405
不锈钢无缝钢管	√	现行国家标准《输送流体用不锈钢无缝钢管》GB/T 14976
铜及铜合金拉制管	√	现行国家标准《铜及铜合金拉制管》GB/T 1527
铜及铜合金挤制管	√	现行行业标准《铜及铜合金挤制管》YS/T 662

续表 11.0.9

管材	设计压力(MPa) 使用场所			
	≤0.6	0.6~3.0	3.0~10.0	>10.0
镍及镍基合金	分配主管上阀门、频繁操作后、区域内、放散阀后 一般场所	阀径(并不小于1.5m)范围、阀组前后、压力调节、5倍外径(各不小于1.5m) 一般场所 / 车间内、氧气、内部、湿氧、散阀后、输送	阀后5倍(并不小于1.5m)范围、压力调节、阀组前后、5倍外径(各不小于1.5m) 一般场所 / 车间内、氧气、内部、湿氧、散阀后、输送	氧气、充装台、汇流排 一般场所 / 液态氧气管道

注:1 "√"表示允许采用,"×"表示不允许采用。
2 碳钢钢板卷焊管只宜用于工作压力小于0.1MPa,且管径超过现有焊接钢管、无缝钢管产品管径的情况下。车间入口处所。
3 表中碳钢指宜用于管架卷焊管门,供一个系统的支管等件下。
4 不锈钢板卷焊管,内壁磨缝抛光条件下,允许使用在压力不大于高于5MPa的一般场所。
5 工作压力大于3.0MPa的铜的含量超过55%(重量)的铜合金管不包括铝铜合金。
6 铜基合金:铜的含量不少于50%(重量)的紫铜、黄铜(含锌铜合金)、青铜(含铝、硅、锡、铝等的铜合金)、白铜(含镍的铜合金)等的总称。
7 镍基合金:通常镍的含量不少于50%(重量)的镍、镍合金(蒙乃尔400、蒙乃尔500、镍铬(因科镍合金600和因科镍合金625)等的总称。镍铬(哈司特镍合金C-275、镍铬X-750)、镍基合金(蒙乃尔K-400和蒙乃尔K-500)、镍铬(因科镍合金600和因科镍合金625)等的总称。

11.0.10 氧气管道的阀门应符合下列规定:

1 设计压力大于0.1MPa的氧气管道上,不得采用闸阀;

2 设计压力大于或等于1.0MPa且公称直径大于或等于150mm的氧气管道上的手动阀门,宜设旁通阀;

3 设计压力大于1.0MPa,公称直径大于或等于150mm的氧气管道上经常操作的阀门,宜采用气动阀门;

4 阀门材料选用应符合表11.0.10的规定。

表 11.0.10 阀门材料选用

设计压力 P(MPa)	材　料
<0.6	阀体、阀盖采用可锻铸铁、球墨铸铁或铸钢,阀杆采用碳钢或不锈钢,阀瓣采用不锈钢
0.6~10	阀体、阀盖采用铸钢、铜合金或不锈钢与铜基合金组合、镍及镍基合金
>10	采用铜基合金、镍及镍基合金

注:1 设计压力大于或等于0.1MPa管道上的压力或流量调节阀的材料,应采用不锈钢或铜基合金或以上两种材料的组合。
2 阀门的密封填料宜采用聚四氟乙烯或柔性石墨材料。

11.0.11 氧气管道上的法兰、紧固件应按国家现行标准选用,氧气管道法兰用垫片应符合表11.0.11的规定。

表 11.0.11 氧气管道法兰用垫片

设计压力 P(MPa)	垫　片
<0.6	聚四氟乙烯垫片、柔性石墨复合垫片
0.6~3.0	缠绕式垫片、聚四氟乙烯垫片、柔性石墨复合垫片
3.0~10.0	缠绕式垫片、退火软化铜垫片、镍及镍基合金垫片
>10.0	退火软化铜垫片、镍及镍基合金片

11.0.12 氧气管道上的弯头应符合下列规定:

1 氧气管道严禁采用折皱弯头;

2 采用冷弯或热弯弯制碳钢弯头时,弯曲半径不应小于公称直径的5倍;

3 采用标准的对焊无缝碳钢弯头时,应采用长半径弯头;

4 采用铜镍合金、铜或铜基合金无缝弯头时,可采用短半径弯头;

5 设计压力小于或等于0.1MPa的卷焊钢管可采用斜接弯头,斜接弯头制作和使用应符合现行国家标准《工业金属管道设计规范》GB 50316的有关规定。

11.0.13 氧气管道的异径接头、分岔头应符合下列规定:

1 异径接头宜采用标准的钢制对焊无缝异径头。当焊接制作时,变径部分长度不应小于两端管外径差值的3倍,其内壁应平滑,无锐边、毛刺及焊瘤;

2 分岔头宜采用标准的钢制对焊无缝三通。当焊接制作时,应按设计图纸预制,并加工到无锐边、突出部及焊瘤。不得在安装时开孔插接。

11.0.14 输送含湿气体或需做水压试验的管道应设不小于0.003的坡度,并在管道最低点设排水装置。

11.0.15 氧气管道因温度变化产生的应力宜采用自然补偿。

11.0.16 氧气管道的连接应采用焊接,但与设备、阀门连接处可采用法兰或螺纹连接。螺纹连接处应采用聚四氟乙烯带作为填料,不得采用涂铅红的麻或棉丝,或其他含油脂的材料。

11.0.17 氧气管道应设置导除静电的接地装置,并应符合下列规定:

1 厂区架空或地沟敷设管道,在分岔处或无分支管道每隔80m~100m处,以及与架空电力电缆交叉处应设接地装置;

2 进、出车间或用户建筑物处应设接地装置;

3 直接埋地敷设管道应在埋地之前及出地后各接地一次;

4 车间或用户建筑物内部管道应与建筑物的静电接地干线相连接;

5 每对法兰或螺纹接头间应设跨接导线,电阻值应小于0.03Ω。

11.0.18 氧气管道的弯头、分岔头不得紧接安装在阀门的出口侧,其间宜设长度不小于5倍管道公称直径且不应小于1.5m的直管段。

11.0.19 氧气管道施工验收应符合下列规定：

1 氧气管道、阀门及管件应无裂缝、鳞皮、夹渣等。接触氧气的表面必须彻底去除毛刺、焊瘤、焊渣、粘砂、铁锈和其他可燃物等，保持内壁光滑清洁。管道内、外表面除锈应进行到出现本色为止；

2 管道、阀门、管件、仪表、垫片及与氧气直接接触的其他附件的脱脂应符合现行行业标准《脱脂工程施工及验收规范》HG 20202或施工设计文件的规定。脱脂合格后的氧气管道应封闭管口，并宜充入干燥氮气；

3 碳钢材质的氧气管道的焊接应采用氩弧焊打底。不锈钢管道的焊接应采用氩弧焊；

4 氧气管道焊缝质量应采用射线照相检验。对液氧管道及氧气管道设计压力大于 4.0MPa 时，应进行 100% 的射线照相检验，其质量等级不得低于 Ⅱ 级；氧气管道设计压力 1.0MPa～4.0MPa 时，可抽样检验。抽检比例固定焊口宜为 40%，转动焊口宜为 15%，其质量等级不得低于 Ⅱ 级；氧气管道设计压力小于 1.0MPa 时，抽检比例不得低于 5%，其质量等级不得低于 Ⅲ 级；

5 氧气管道的试验介质及试验压力应符合表 11.0.19 的规定；

表 11.0.19　氧气管道的试验介质及试验压力

管道设计压力 P	强度试验		严密性试验	
	试验介质	试验压力(MPa)	试验介质	试验压力(MPa)
<0.1	空气或氮气	0.1	空气或氮气	1.0P
0.1～4.0		1.15P		1.0P
>4.0	水	1.5P		1.0P

注：1　空气或氮气必须是无油脂和干燥的。
　　2　水应为无油和干净的。对于奥氏体不锈钢管，试验水中的氯离子含量不得超过 25×10^{-6}。
　　3　以气体介质做强度试验时，应制订有效的安全措施，并经有关安全部门批准后进行。
　　4　P 为管道设计压力。

6 强度及严密性试验的检验应符合下列规定：

1）用空气或氮气做强度试验时，当达到试验压力且稳压 5min 后，应无变形，无泄漏。用水做强度试验时，当达到试验压力且稳压 10min 后，应无变形，无泄漏。

2）严密性试验达到试验压力后持续 24h，室内及地沟管道的平均小时泄漏率不应超过 0.25%；室外管道的平均小时泄漏率不应超过 0.5%。平均小时泄漏率应按下列公式计算：

当管道公称直径小于 300mm 时：

$$A = \left[1 - \frac{(273 + t_1)P_2}{(273 + t_2)P_1}\right] \times \frac{100}{24} \qquad (11.0.19\text{-}1)$$

当管道公称直径大于或等于 300mm 时：

$$A = \left[1 - \frac{(273 + t_1)P_2}{(273 + t_2)P_1}\right] \times \frac{100}{24} \times \frac{D_N}{300} \qquad (11.0.19\text{-}2)$$

式中：A——平均小时泄漏率；
　　$P_1、P_2$——试验开始、终了时的绝对压力(MPa)；
　　$t_1、t_2$——试验开始、终了时的温度(℃)；
　　D_N——管道公称直径(mm)。

11.0.20 严密性试验合格的管道应采用无油、干燥的空气或氮气以不小于 20m/s，且不低于氧气设计流速的速度吹扫，直至出口无铁锈、焊渣及其他杂物为止。

11.0.21 输送高纯氧气的管道，其管材、阀门、附件等的选择应按现行国家标准《洁净厂房设计规范》GB 50073 的有关规定执行。

附录 A　氧气站内各类房间的火灾危险性类别及最低耐火等级

表 A　氧气站内各类房间的火灾危险性类别及最低耐火等级

站房/房间名称	火灾危险性类别	最低耐火等级
制氧站房、制氧间、气化站房	乙类	二级
液氧系统设施	乙类	二级
液氮、液氩系统设施	戊类	四级
氧气调节阀组的调压阀室	乙类	二级
氧气灌瓶站房	乙类	二级
氧气压缩机间	乙类	二级
氮气、氩气灌瓶间	戊类	四级
氮气、氩气压缩机间	戊类	四级
氩气净化间等(加氢催化)	甲类	二级
氧气汇流排间、氧气贮罐间	乙类	二级
氮气、氩气汇流排间、氮气贮罐间	戊类	三、四级
水泵间、水处理间、维修间	戊类	三、四级
润滑油间	丙类	二级
氧气站专用变配电站	丙类	二级
油浸变压器室	丙类	二级

注：1　液氧系统设施包括液氧贮罐、液氧泵、汽化器和阀门室；
　　2　氧气灌瓶站房包括氧气灌瓶间，氧气空、实瓶间以及相应辅助生产间；
　　3　氮气、氩气灌瓶间包括氮气和氩气空、实瓶间以及相应辅助生产间；
　　4　氧气贮罐间包括气态氧压力贮罐或液氧贮罐；
　　5　氮气贮罐间包括气态氮压力贮罐或液氮贮罐。

附录 B　厂区架空氧气管道、管架与建筑物、构筑物、铁路、道路等之间的最小净距

表 B　厂区架空氧气管道、管架与建筑物、构筑物、铁路、道路等之间的最小净距(m)

名称	水平净距	垂直净距
建筑物有门窗的墙壁外边或突出部分外边	3.0	—
建筑物无门窗的墙壁外边或突出部分外边	1.5	—
非电气化铁路钢轨	3.0	5.5
电气化铁路钢轨	3.0	6.6
道路	1.0	5.0
人行道	0.5	2.5
厂区围墙(中心线)	1.0	—
照明、电信杆柱中心	1.0	—
熔化金属地点和明火地点	10.0	—

注：1　表中水平距离：管架从最外边线算起；道路为城市型时，自路面边缘算起；道路为公路型时，自路肩边缘算起；铁路自轨外侧或按建筑限界算起；人行道自外沿算起。
　　2　表中垂直距离：管线自防护设施的外缘算起；管架自最低部分算起；铁路自轨面算起；道路自路拱顶算起，人行道自路面算起。
　　3　当有大件运输要求或在检修期间有大型起吊设施通过的道路，其最小垂直净距应根据需要确定。
　　4　表中与建筑物的最小水平净距的规定，不适用于沿氧气生产车间或氧气用户车间建筑物外墙敷设的管道。
　　5　与架空电力线路的距离应符合现行国家标准《66kV 及以下架空电力线路设计规范》GB 50061 的有关规定。

附录 C 厂区及车间架空氧气管道与其他架空管线之间的最小净距

表 C 厂区及车间架空氧气管道与其他架空管线之间的最小净距(m)

名　称	平行净距	交叉净距
给水管、排水管	0.25	0.10
热力管	0.25	0.10
不燃气体管	0.25	0.10
燃气管、燃油管	0.50	0.25
滑触线	1.50	0.50
裸导线	1.00	0.50
绝缘导线或电缆	0.50	0.30
穿有导线的电缆管	0.50	0.10
插接式母线、悬挂式干线	1.50	0.50
非防爆开关、插座、配电箱	1.50	1.50

注：1 氧气管道与同一使用目的的燃气管道平行敷设时，最小平行净距可减小到0.25m。

　　2 氧气管道的阀门及管件接头与燃气、燃油管道上的阀门及管件接头，应沿管道轴线方向错开一定距离；当必须设置在一处时，则应当适当扩大管道之间的净距。

　　3 电气设备与氧气的引出口不能满足上述距离要求时，可将两者安装在同一柱子的相对侧面；当为空腹柱子时，应在柱子上装设不燃烧气体隔板局部隔开。

　　4 公称直径小于或等于80mm的氧气管道，与不燃介质管道的最小平行净距可小于0.25m，但不得小于0.15m。

　　5 与滑触线的净距系指氧气管在其下方时的要求，此时在氧气管及滑触线之间宜设隔离网。

附录 D 厂区地下氧气管道与建筑物、构筑物及其他地下管线之间的最小净距

表 D 厂区地下氧气管道与建筑物、构筑物等及其他地下管线之间的最小净距(m)

名　称		水平净距	垂直净距
有地下室的建筑物基础或通行沟道的外沿	氧气压力(MPa) ≤1.6	3.00	—
	>1.6	5.00	—
无地下室的建筑物基础外沿	≤1.6	2.50	—
	>1.6	3.00	—
铁路钢轨		2.50	1.20
排水沟外沿(开口型号)		0.80	—
道路		0.80	0.50
照明电线、电力、电信杆柱	照明电线	0.80	—
	电力(220V、380V)、电信	1.50	—
	高压电力、电信	2.00	—
管架基础外沿		0.80	—
围墙基础外沿		1.00	—
乔木中心		1.50	—
灌木中心		1.00	—
给水管	公称直径(mm) <75	0.8	0.15
	75~150	1.00	0.15
	200~400	1.20	0.15
	>400	1.50	0.15
排水管	≤800	0.80	0.15
	>800,且≤1500	1.00	0.15
	>1500	1.20	0.15

续表 D

名　称		水平净距	垂直净距
热力管或不通行地沟外沿		1.50	0.25
燃气管(乙炔等)		1.50	0.25
煤气管	煤气压力(MPa) ≤0.005	1.00	0.25
	0.005~0.15	1.20	0.25
	0.15~0.3	1.50	0.25
	0.3~0.8	2.00	0.25
不燃气体管(压缩空气等)		1.50	0.15
电力电缆	电压(kV) <1	0.80	0.50
	1~10	0.80	0.50
	>10,且≤35	1.00	0.50
电信电缆	直埋电缆	0.8	0.50
	电缆管道	1.00	0.15
	电缆沟	1.50	0.25

注：1 氧气管道与同一使用目的的燃气管道在同一水平敷设时，管道间水平净距可减少到0.25m，但在从沟底起直至管顶以上300mm高的范围内，应用松散的土或砂填实后再回填土。

　　2 氧气管道与穿管的电缆交叉时，交叉净距可减少到0.25m。

　　3 本表建筑物基础的最小水平距离是指埋地管道与同一标高或其上的基础最外侧的最小水平净距。

　　4 敷设在铁路及不便开挖的道路下面的管段，其加设的套管两端伸出铁路路基或道路路边不应小于1m；路基或路边有排水沟时，应延伸出水沟沟边1m。套管内的管道应无焊缝。

　　5 表中水平净距：管线均自管壁、沟壁或防护设施的外沿或最外一根电缆算起；道路为城市型时，自路面边缘算起；道路为公路型时，自路肩边缘算起；铁路自轨外侧算起。

　　6 表中管道、电缆和电缆沟最小垂直净距的规定，均指下面管道或管沟外顶与上面管道管底或管沟基础底之间的距离。铁路钢轨和道路垂直净距的规定，铁路自轨底算至管顶，道路自路面结构层底算至管顶。

中华人民共和国国家标准

氧气站设计规范

GB 50030－2013

条 文 说 明

1 总　　则

1.0.1 本条是本规范的宗旨。以空气为原料采用不同的分离方法制取氧气、氮气、氩气的氧气站需消耗较多的电力，所以氧气站的工程设计应十分重视降低电能消耗，节约能源。采用空气分离方法获得的氧气、氮气、氩气等气体，随着科学技术的发展已广泛应用于冶金、石油化工、电子、轻工、建材、医疗等行业，而且各行业产品生产的要求不同，有的气体使用数量巨大，有的需要多品种气体供应，有的对气体纯度及其杂质含量需严格控制。氧气是助燃气体，其气体密度略高于空气，氧气存在于有可燃物质的环境中，一旦遇有火源极易引发着火燃烧。因此在氧气站的工程设计中必须坚持综合利用，节约能源，确保安全生产，做到技术先进，经济合理的基本原则。

1.0.2 本条将原规范的适用范围从单机产氧量不大于 300m³/h 扩大至各种规模的氧气站，从只采用低温法扩大到低温法、常温法等。

（1）随着科学技术、生产技术的发展，低温法空气分离设备的单机氧气产量已达 10 万 m³/h～12 万 m³/h，并且空气分离生产流程不断更新和完善，工作压力与单位产品能耗不断降低，其中小型空气分离设备的生产流程已从高压流程逐步转变为中压流程、全低压流程；从单一的气体产品发展到可以同时生产气态和液态产品或全液态产品。现今，低温法空气分离设备已逐步趋于完善，大、中、小型空气分离设备都实现了全低压流程，单位制氧的电能消耗：大型空气分离设备已达到 0.38kW·h/m³～0.40kW·h/m³，小型空气分离设备为 0.6kW·h/m³～0.7kW·h/m³；氧提取率可达 99％，氩提取率为 80％～90％。我国的低温法空气分离设备制造厂家已可生产单机制氧量 60000m³/h 的大型空气分离设备。

我国常温变压吸附制氧（氮）装置的开发研究起步于 20 世纪 80 年代后期，由于此类装置具有占地面积较小、工艺流程简单、启动时间短和操作、调节容易等优点得到各行各业的关注，尤其受到中、小型氧（氮）气用户的青睐。经过十余年的努力，我国变压吸附制氧（氮）装置的制造和应用取得了可喜的进步，一些公司近年研制成功的真空变压吸附制氧装置已在冶金、化工、有色金属等行业使用，最大装置的氧气产量达 35000m³/h（折合纯氧），制氧装置的产品氧气纯度根据不同使用要求，可在氧含量为 40％～95％之间选择，宜小于或等于 95％，制取的氮气纯度可达 99.99％。真空变压吸附制氧装置一般在常压状态下运行，并按用户的使用要求另行增压，单位氧气电能消耗不超过 0.4kW·h/m³，并已具备 40000m³/h 制氧装置的制造能力。

（2）各行各业对氧气、氮气、氩气等气体的需求数量越来越大，气体品种越来越多；现今，各地区交通运输大大改善、更为便捷，人们期望的集中供气、区域性供气方式发展迅速，尤其是珠江三角洲、长江三角洲、环渤海地区，甚至在我国中部、西部的一些大中城市都相继实现集中供气、区域性供气；在这些地区的一些钢铁、石油化工企业的大、中型空气分离设备都增设了液态氧（氮、氩）、气态氧（氮、氩）产品气体灌装和运输设备，供应本地区，甚至远距离供应各行业的用气需求。

1.0.3 制订本条的依据是现行国家标准《建筑设计防火规范》GB 50016 中的有关规定，使用或生产或储存助燃气体的"生产的火灾危险性分类"为乙类。由于氧气站内设有各类房间、场所，为准确地实施本规范，在本规范附录 A 中按上述规定分别列出各类房间、场所的火灾危险类别。本条为强制性条文。

3 氧气站的布置

3.0.1 制氧工艺的原料是空气，空气的洁净度关系到制氧装置的安全和产品质量，如石油化工厂的氧气站，由于化工产品生产车间在生产过程中不可避免地要排放各类对氧气生产有害的组分如碳氢化物、一氧化碳等，使低温法空气分离装置的冷凝蒸发器中的碳氢化合物积聚，引起着火事故的发生，因此氧气站宜设在远离易产生空气污染的生产车间。

本条第 3 款"空气质量应符合规定"是指氧气站所处场所的空气质量不得超过本规范第 3.0.2 条的规定，若氧气站周围有污染物排放，应进行实地检测后确定。

3.0.2 本条规定了低温法空气分离设备的原料空气吸气口与散发有害物质污染源之间的安全距离，其中表 3.0.2-1 的规定与原规范基本相同，但根据近年工业产品生产的需要，氧气应用范围日益广泛，鉴于目前氧气站建设的实际情况，在表中增加聚乙烯及其衍生物生产装置、煤气化装置的最小间距的规定，并对相关数据进行调整。

对吸气口原料空气中杂质允许含量进行了修改和补充，现将表 3.0.2-2 中相关规定的修改依据表述如下：

（1）关于原料空气中乙炔的允许含量。乙炔在低温法空气分离设备中的液态空气、液态氧气中的积聚将可能引发装置的燃爆，为此国内外都对控制空气分离装置吸气口处原料空气中乙炔的允许含量十分重视，表 1 是有关标准和制造厂家的数据。

表 1　国内外有关标准和制造厂家对低温法空气分离
装置吸气口处空气中乙炔的允许含量

欧洲工业气体协会 EIGA(10⁻⁶)	《深度冷冻法生产氧气及相关气体安全技术规程》GB 16912—2008(10⁻⁶)	中国石化总公司(10⁻⁶)	美国空气产品公司(10⁻⁶)	林德公司(10⁻⁶)	杭氧公司(10⁻⁶)
0.3	0.5	0.5	1.0	1.0	0.5

从表 1 可见，近年来国内外对低温法空气分离装置吸气口空气中乙炔的允许含量均控制在 $0.3 \times 10^{-6} \sim 1.0 \times 10^{-6}$ 或 0.32mg/m³～1.07mg/m³，鉴于上述情况，为确保安全运行，将原规范中规定的空气分离塔内没有液空吸附器的限值从 5.0×10^{-6}（0.5mg/m³）修订为 2.5×10^{-6}（0.25mg/m³），空气分离塔前设置分子筛吸附净化装置的限值从 5mg/m³ 改为 2.5mg/m³。

（2）关于原料空气中的氧化氮的允许含量。近年来，国内外的一些标准、制造厂家对低温阀空气分离装置吸气口处空气中氧化氮的允许含量的规定见表 2。

表 2　国内外有关标准和制造厂家对低温法空气分离装置
吸气口处空气中氧化氮的允许含量

项目	欧洲工业气体协会 EIGA(10⁻⁶)	《深度冷冻法生产氧气及相关气体安全技术规程》GB 16912—2008(10⁻⁶)	中国石化总公司(10⁻⁶)	美国空气产品公司(10⁻⁶)	林德公司(10⁻⁶)
NO_x	0.1	NO_2:1.25mg/m³	1.0	0.05	—
N_2O	0.35～0.5	0.35	—	0.1	0.1

低温法空气分离装置的主冷凝器，尤其是采用液膜冷凝蒸发器时，出现干蒸发的可能性增加，将会使氧化亚氮呈固态析出，堵塞主冷凝器液氧通道，致使碳氢化合物积聚而引起爆炸事故的发生。1997 年 12 月，国外曾有一台氧产量 80000m³/h 的低温法制氧机发生了大爆炸，事故分析认为采用液膜冷凝蒸发器和氧化亚

氮析出是引发此次爆炸的主要原因。参照欧洲工业气体协会等对氧化亚氮的允许含量的限值，本次修订中增加了氧化亚氮的允许含量为 $0.7mg/m^3$ 的规定。

（3）本次修订中，对低温法空气分离设备吸气口空气质量要求增加了甲烷、粉尘允许含量的规定。在石化企业、煤制气和天然气运营、使用企业，都会有含甲烷气体的排放，而甲烷在纯化装置的分子筛吸附器中通常是不能吸附去除的，因此在欧洲工业气体协会和一些制造厂家的标准中均对甲烷允许含量进行了规定，其范围在 $3\times10^{-6}\sim10\times10^{-6}$，故本次修订增加了甲烷允许含量为 8×10^{-6} 的规定。

吸气口空气中的粉尘允许含量参照现行国家标准《深度冷冻法生产氧气及相关气体安全技术规程》GB 16912 中的规定：吸气口处空气中的含尘量不应大于 $30mg/m^3$。另调查表明，一些国内外公司对此的规定是：吸气口处原料空气中粉尘含量为 $25mg/m^3\sim30mg/m^3$。故本次修订对吸气口处空气中粉尘的允许含量作了 $30mg/m^3$ 的规定。

由于有关低温法空气分离设备的原料空气吸入口允许含量的规定均涉及氧气站的运行安全，故本条第 2 款为强制性条款。

3.0.3 据调查了解，国内中小型氧气站中低温法空气分离设备吸风管高度一般均高出制氧站房或毗连建筑的屋檐 1m 以上，且大多高出地面 4m 以上。对于采用离心式空气压缩机的大中型氧气站的吸风口高度，由于采用自吸式过滤装置，其吸风口高度与自吸式过滤装置的外形尺寸有关，一般也在 4m 左右。

3.0.4 本条为强制性条文。氧气站等的乙类建筑物、构筑物与各类建筑物、构筑物之间的防火间距，按照现行国家标准《建筑设计防火规范》GB 50016 的有关规定，对原规范作了相应修改。

氧气贮罐与民用建筑的防火间距，修改为 18m、20m、25m；氧气贮罐与室外变、配电站的防火间距，修改为 20m、25m、30m。

3.0.5 本条为强制性条文。本条是根据建筑物火灾危险性等级越高，防火间距越大的原则规定的，与现行国家标准《建筑设计防火规范》GB 50016—2006 中的第 3.4.1 条的规定一致。

3.0.6 本条为强制性条文。湿式氧气贮罐与可燃液体贮罐、可燃材料堆场之间的最小防火间距参照 2005 年版美国消防标准《便携式容器装、瓶装及罐装压缩气体及低温流体的储存、使用、输送标准》NFPA 55 中的有关规定作了规定，并与现行国家标准《建筑设计防火规范》GB 50016—2006 中的表 4.3.3 的规定一致。

氧气贮罐与液化石油气贮罐之间的防火间距，考虑到不仅应按单罐容积，还应按容积规定不同的防火间距，所以修改为应符合现行国家标准《城镇燃气设计规范》GB 50028 的有关规定。

3.0.9 本条为强制性条文。储罐与储罐之间的防火间距的确定，主要考虑当其中一个储罐发生火灾或爆炸事故时危及其他储罐和消防扑救的需要。这一规定与现行国家标准《建筑设计防火规范》GB 50016 进行了协调。

3.0.10 本条为强制性条文。本条与原规范的要求基本相同，随着科学技术的发展，各种类型的明火或散发火花作业的车间难于简单表述，为避免实施中的局限性，删除了"铸工车间、锻压车间、热处理车间等"的表述。

3.0.11、3.0.12 条文中增加了对氧气压力调节阀组的阀门室的规定，这是由于近年来一些工业企业采用管道输送氧气供各类生产设备使用时，为调节或控制氧气压力，通常在使用氧气的厂房内设有阀门室，此类阀门室的防火安全要求与氧气汇流排间十分相似，所以本次修订中作了规定。删除了原规范"高度为 2.5m"的规定，但要求该隔墙均采用耐火极限不低于 2.0h 的防火墙，以提高安全性能。

3.0.13 本条是在原条文基础上修订的，由于氧气已不仅是用于焊接、切割的工业气体，而是在各行各业的用途十分广泛，为此将原条文中"乙炔站或乙炔汇流排间"改为可燃气体供气装置或供气站，但不包括液化石油气的使用场所。

3.0.14 本条是本次修订增加的条文，制订的依据是：

（1）现行国家标准《建筑设计防火规范》GB 50016—2006 中第 4.3.5 条（强制性条文）规定："液氧储罐周围 5.0m 范围内不应有可燃物和设置沥青路面"。

（2）在美国消防标准《便携式和固定式容器装、瓶装及罐装压缩气及低温流体的储存、使用、输送标准》NFPA 55 中的有关规定是：液氧贮存时，贮罐和供应设备的液体接口下方地面应为不燃材料表面，该不燃表面应在液氧可能泄漏处为中心至少 1.0m 直径范围内；在机动供应设备下方的不燃表面至少等于车辆全长，并在竖轴方向至少为 2.5m 的距离；以上区域若有坡度，应该考虑液氧可能溢流到相邻的燃料处；若地面有膨胀缝，填缝材料应为不燃材料。

3.0.15 本条是参照现行国家标准《建筑设计防火规范》GB 50016—2006 中第 3.3.7 条的规定制订的："甲、乙类生产场所不应设置在地下或半地下。甲、乙类仓库不应设置在地下或半地下。"

3.0.16 本条是原规范条文的修订条文。近年来，液氧应用日益广泛，正受到各行各业的关注。由于使用目的不同，液氧耗量或贮量变化很大，且其建筑物类型多种多样，单层、多层、高层建筑均有可能使用液态氧气。据调查表明，现在液氧贮罐的设置场所或安装形式多样，对于室外布置的液氧贮罐在本规范第 3.0.4 条已有规定，但为了适应各种使用场所的需要，又能确保使用安全，依据原规范的规定和现行国家标准《建筑设计防火规范》GB 50016 和《高层民用建筑设计防火规范》GB 50045 中的有关规定，对液氧贮罐的设置以及与各类建筑物、构筑物之间的防火间距进行了修订。

4 工 艺 系 统

4.0.1 氧气、氮气、氩气的区域性供应是一种"专业化生产，社会化供应"的供气方式，是发达国家普遍采用的气体供应方式。它具有节约能源、安全、占地面积少、设备利用率高、单位投资成本低等优点。我国区域性供应起步于 20 世纪 90 年代，目前仍在不断发展过程中。在选择管道输送、钢瓶输送或液体槽车输送方式时，应综合比较分析以下各项因素：设备投资与基建费用，以建设费用最小为好；气体生产成本，包括设备折旧、人员工资、单位能耗成本等；能耗，包括气体制造与输送过程中的能源消耗，运输及其他费用。综合分析比较后，应该选用能量消耗较少，生产成本和运输成本两者之和中最小者为最优供气方式，同时考虑道路运输条件及管道敷设可能等因素。我国自改革开放以来，尤其是近十多年来，随着经济发展、交通运输条件的大大改进和企业管理理念的转变，现今我国"长三角"、"珠三角"、"环渤海"地区和中部、西部的一些中心城市已经或正在开始采用区域性氧气、氮气集中供应方式，据调查研究表明，区域性氧气、氮气集中供应通常有下面几种方式：

（1）现场制气装置（厂）供气，它是由气体供应公司在较大型的用气企业或邻近处建设制氧站（厂），以管道输送向用户企业供气和向所在地区以液态气体或钢瓶气供气。这种方式在钢铁、石化、电子等企业已有较多的采用，社会经济效益显著，受到使用企业欢迎、赞誉。

（2）管道供气，集中供气中心可以是现场制气装置（厂），也可能是区域或城市的集中供气厂，将所生产的氧气、氮气通过管道输送至用气企业，这种方式要受到输送距离增加、投资增大的制约，并且用气量较小的企业，若输送距离较大时其经济性较差，一般只适用大、中型用气单位。

(3)气态钢瓶气或集装格供气，在集中供气中心将气态氧、氮以15MPa压力充入钢瓶或集装格钢瓶内，运至用户降压使用，由于气体加压和钢瓶重量较大，使生产、运输成本增高，只适用于一定运输距离的小型用气单位。

(4)液态产品输送，在集中供气中心生产的液态氧、氮由槽车运至用户的液态储罐，汽化后供用气车间使用，这种方式适用于运输距离为200km～300km的中、小型气体用户。

每种供气方式各有优势，实际采用时应根据每个用气单位的所在地区的具体条件、用气品种和规模、能量消耗、经济性等进行技术经济比较后选择经济合理和能量消耗低的供气方式。为此作了本条规定。

4.0.2 随着科学技术的发展，现今低温法的空气分离系统、设备已日趋完善，大、中、小型低温法空气分离设备都实现了全低压流程。单位氧气制取的电耗，大型空气分离设备已达到0.38kW·h/m³～0.40kW·h/m³，小型空气分离设备为0.6kW·h/m³～0.7kW·h/m³；氧提取率达到99%以上，氩提取率可达80%～90%。目前国际上在建的最大低温法空气分离设备的氧气产量已达4000t/d或116000m³/h。我国低温法空气分离设备的生产技术水平与国外的差距正在逐渐缩小，国产60000m³/h制氧能力的空气分离设备已投入运行。

常温变压吸附制取氧、氮是利用分子筛对氧、氮的选择吸附能力和吸附容量随压力变化而变化的特性，实现对空气中氧、氮组分的分离。自20世纪70年代美国联碳公司和德国AG公司先后开发研制成功变压吸附制氧、氮设备，在提高分离效率，降低能耗，研制新型分子筛，完善工艺流程和研制长寿命程控切换阀等方面均取得很大进展。我国变压吸附制氧、氮设备已经取得很大发展，已可生产制氧能力达40000m³/h的制氧装置，研制成功的真空变压吸附制氧装置的单位氧气电能消耗也可达到不超过0.4kW·h/m³。由于空气分离方法不同、规模不同、制取产品气纯度不同、工艺流程不同，其能源消耗量也是不同的，建设投资、运行费用也会有差异，因此在进行氧气站工艺系统、工艺设备选择时，应认真进行综合分析比较后优选能量消耗少的空气分离系统和配置节能型设备。

4.0.3 由于本次修订将适用范围从低温法空气分离拓宽到低温法和常温法空气分离，规模由氧气产量300m³/h以下扩大到任意规模，因此氧气站的工艺系统有了更多的选择，可以是低温法或常温法，常温法中有变压吸附和膜分离，低温法中有内压缩流程和外压缩流程等。每种工艺和流程的产品品种、产量、纯度和能耗不同，且各自具有不同的特点和适用于不同的用户。本条列出了在选用氧气站工艺系统时应考虑的六个方面的主要因素，这些因素是相互关联不可分割的，如当用户用氧规模大于10000m³/h，产品品种多，氧气纯度大于95%或同时需要液体产品时，应选用低温法空气分离工艺；当仅需要氧气或氮气单一产品，且氧气纯度小于95%或规模较小时，可选用常温变压吸附工艺；当用氧压力大于4MPa又需要液体产品多时，可选用低温法的内压缩流程；当用氧压力小于3MPa，而电价较高时，可采用低温法的外压缩流程；等等。总之，应根据具体项目的要求，具体条件进行技术经济比较后，选用合适的氧气站的工艺系统。

4.0.4 本条对低温法空气分离系统的设备配置及其技术要求作出了规定。

(1)低温法空气分离设备是将空气液化后利用各组分的沸点差进行精馏分离的，因此原料空气必须加压以提供液化分离所需的功能，所以本条第1款、第2款对原料空气压缩机及其空气过滤器的要求进行了规定。据了解，全低压流程空压机的出口压力大多为0.55MPa～0.8MPa；用于煤气化联合循环的空气分离设备，当要利用燃气轮机的多余空气时，有时将原料空气压缩机的出口压力提高到1.0MPa，同时也提高了产品出冷箱的压力，所以本规

范规定"原料空气压力不宜大于1.0MPa"。对于离心式压缩机，为确保高速叶片的正常运行，要求严格控制过滤精度，目前大多采用自洁式空气过滤器，它与布袋式过滤器相比，具有过滤效率高、维护方便，可保证压缩机连续运转三年以上的优点。

(2)预冷装置是利用污氮的冷量冷却加压后的原料空气，冷却降温后的空气饱和水含量下降，同时提高了分子筛和活性氧化铝对水分和二氧化碳的吸附容量，两者都导致分子筛和活性氧化铝数量减少，并降低了再生能耗。但是当原料空压机设有后冷却器或分子筛吸附器再生采用变压吸附工艺时，为节省投资和减少带水危险，也可不设预冷系统，国内外都有此类工程实例。

(3)分子筛吸附器可以是单层床或双层床，单层床仅设13X分子筛，双层床是分子筛加活性氧化铝。13X分子筛可以同时吸附水分、二氧化碳和大部分碳氢化合物，活性氧化铝可以吸附水分，将它设在分子筛前可以减少13X数量和再生温度。根据国内外厂商技术资料和工程实例，原料空气经纯化器纯化后，二氧化碳含量小于或等于1.0×10⁻⁶，水分含量为露点−70℃，由于13X的吸附顺序是先水分后二氧化碳，故通常只测量出口空气的二氧化碳含量，只要二氧化碳含量小于1.0×10⁻⁶，露点均可小于−70℃。

1997年5月和12月，曾先后发生了设有膜式主冷凝蒸发器的空气分离设备的爆炸事故，经过各国空气分离公司专家的调研分析达成共识：爆炸事故是由于原料空气中的氧化亚氮引起。氧化亚氮沸点高、挥发度低、溶解度小，与水分、二氧化氮一样属于易堵塞组分，一旦在主冷凝蒸发器中由于某种原因使氧化亚氮以固体状态析出后，极易形成"干蒸发"或"死端沸腾"，而造成碳氢化合物的聚集，从而引发安全问题。这种风险在膜式主冷凝蒸发器中尤为突出。根据有关资料介绍，13X分子筛对氧化亚氮的脱除率可达85%～90%，如需进一步清除，应在13X分子筛上部增设专用分子筛，因此本条规定氧化亚氮脱除率宜高于80%。

(4)采用分子筛常温净化的低温法空气分离设备中，通常不设液氧或液空吸附器，但当采用了膜式主冷凝蒸发器，或环境条件不好，或主冷液氧流动性差时，需设置液氧或液空吸附器，以防止碳氢化合物聚集。

4.0.5 内压缩流程设置空气增压机或循环氮压机是为了在主换热器中蒸发经液氧泵加压的液氧，由于氮气比空气冷凝温度低，汽化潜热小，故循环氮压机的流量和压力要高于空气增压机的流量和压力，其吸入压力也低于空气增压机，使其能耗高于空气增压机10%以上。故循环氮压机仅适用于有高压氮用户的场合，这样可以共用一台氮压机。循环氮气不参与精馏，只用于吸收和传递冷量，这种流程多用于化工企业。为了简化工艺流程，对于压力较低的内压缩流程，也有采用提高原料空气压力的方式，所以本条规定"宜设置空气增压机或循环氮气压缩机"。

4.0.6 大、中型空气分离设备应根据用户需求，决定是否提取氩气。粗氩脱氧有两种方法：一是先在粗氩塔脱氧至2%～3%，然后常温加氢脱氧至1×10⁻⁶～2×10⁻⁶；二是采用规整填料塔，在粗氩塔内一次脱氧至1×10⁻⁶～2×10⁻⁶，即全精馏制氩。后者工艺简单安全，但粗氩塔高度增加，在有氢源的情况下，投资可能高于加氢脱氧，随着填料价格的下降，两种方法的价格差在缩小，本规范从操作维护与安全考虑，作了宜采用全精馏制氩方法制取氩气的规定。

4.0.7 本条制订了大型低温法空气分离设备稀有气体的提取装置的设置原则。

1 根据用户需求设置，因为氖、氦、氪、氙稀有气体主要用于电光源、激光、空间技术、电子工业、核反应堆、低温工程、医疗等方面，这是随着尖端科学的发展而发展的。

2 稀有气体应集中提取，因为在空气中稀有气体的数量是极其微小的，氖、氦、氪、氙在空气中的含量分别为18.2×10⁻⁶、5.24×10⁻⁶、1.4×10⁻⁶、0.086×10⁻⁶。

一台氧产量为 60000m³/h 的低温法空气分离设备在 70%～86% 提取率的情况下,其稀有气体的产量仅为:氪 3.67m³/h,氖 1.04m³/h,氙 0.0283m³/h,氦 0.022m³/h。因此,只有在大型空气分离设备上提取稀有气体才是经济的,而且最好是几台大型空气分离设备的稀有气体粗制气集中起来进行提纯精制才更能体现其规模效应。

3 每种稀有气体有其不同的用途,同一种气体又分纯与高纯不同等级,各个等级的纯度和杂质含量不同,在确定品种和等级时要根据其用途和生产工艺等具体条件经技术经济比较确定。

4.0.8 本条根据氧气站生产的稳定、安全运行的要求,对离心式空气压缩机规定了主要保护措施。

1 防喘振保护系统。喘振是离心式压缩机最危险、最容易发生的操作事故,它伴随着尖叫和气流在出口处来回振荡而产生强烈振动,引起机器损坏。喘振发生在低流量、高压力的工况,要使压缩机避免喘振,应测量出其喘振线,并确保压缩机在喘振线以下运行,即防喘振保护系统。

2 离心式空气压缩机较好的能力调节范围是 70%～105%,当空气分离设备气体产量减少到 70% 以下时,必须启动安全放散系统,否则压力升高将会使压缩机运行进入喘振区,引发事故的发生,因此离心式空气压缩机应有安全放散系统。

3 离心式压缩机是高速运转机械,为了不在油压、油温、动平衡和轴向力等超标时轴承参数发生异常,降低使用寿命,损坏机器,为此应设置轴承温度、轴振动和轴位移测量、报警和停车系统。

4 离心式空气压缩机入口可调导叶是目前唯一可在效率不变情况下改变流量的方法,其调节范围是 70%～105%,由于原料空气压缩机的能耗占提取氧能耗的 98% 以上,设置入口导叶能力可调系统,可在空气分离设备减少气体产量时保持单位制氧电耗不变。所以本规范规定离心式空压机应设置入口导叶可调系统。

鉴于本条的规定涉及氧气站的核心设备的安全稳定运行和实现节能的主要保护措施,所以本条为强制性条文。

4.0.9 本条是对常温变压吸附空气分离系统的设置作出的有关规定。

(1)实践表明,常温变压吸附空气分离系统只适用于单一产品(氧或氮)的制取,这是由它的制取工艺决定的,由于氩与氧的分离系数相近,只依赖变压吸附难以分离,最高氧纯度为 95.5%,其余为氩,一般氧纯度为 93% 以下,氮气纯度一般为 99% 以下。制取 99%～99.99% 纯度的氮气,其能耗取大。若需 99.99% 以上的纯度时,需设纯化装置才能达到。

(2)常温变压吸附空气分离设备中吸附剂的再生解吸是实现空气分离和获得合格产品气体的关键阶段,目前我国的制造厂家生产的常温变压吸附空气分离装置中吸附剂的再生解吸都采用常压解吸或真空解吸。

4.0.10 常温空气膜法分离是 20 世纪 80 年代兴起的新技术,它是利用氧和氮在中空纤维中的不同渗透率实现氧与氮的分离。氮的渗透率大于氧,作为透过气(产品气)从敞开端流出,氧作为尾气从封闭端排出,产品氮纯度为 90%～99%,氧纯度为 30%～45%。膜分离的优点是工艺与结构简单、体积小、产气速度比较快(约需 3 分钟)、操作与维护方便。

4.0.11 低温法空气分离设备的产品加压方法有产品气体压缩机加压(外压缩流程)和在冷箱内采用液体泵加压(内压缩流程)两种,内压缩流程和外压缩流程都属于成熟的工艺,各有优缺点,应根据不同用户的不同需求进行比较选择。

通常内压缩流程适合用氧压力大于 4MPa,且有多种用氮压力的化工企业,或液体产品要求较多的用户。外压缩流程适合用氧压力小于或等于 4MPa,液体产品需求不大的钢铁企业。随着内压缩流程工艺的不断改进,它的用户还在扩大。

4.0.12 离心式压缩机和活塞式压缩机适用的压力和流量范围不同,离心式压缩机适用于大流量、低压力,活塞式压缩机适用于小

流量、高压力。氧、氮产品气压缩机根据流量和压力的不同要求,可选择离心式压缩机或活塞式压缩机,由于离心式压缩机的体积小、重量轻、运动部件少、运行稳定、可不设备用,所以本条规定单台压缩机排气能力大于 6000m³/h 时,宜采用离心式压缩机。

4.0.13 氧气忌油,气缸应采用无油润滑,同时还应防止十字头的润滑油通过活塞杆带入气缸,无油润滑还能保持氧气的干燥和不受污染,所以本条规定采用气缸无油润滑活塞式氧气压缩机。

当气缸采用水润滑时,为确保软水的不间断供应,以免断水后排气温度升高而引发事故,所以本条规定:应设置软水供给系统,并应设置断水报警、停车装置。

4.0.14 活塞式氧气和氮气压缩机机前缓冲罐的作用是为了解决压缩机间断吸气引起的压力波动,解决空气分离设备产量变化时压缩机能力调节上的滞后。缓冲罐的容积取决于活塞式压缩机一级缸容积和压缩机的能力调节范围。

活塞式氧气和氮气压缩机机后气体压力贮罐用于解决压缩机输出量和用户气体用量之间的不平衡,它的容积按产气量和用户用量曲线确定,所以本条规定应根据用户气体用量变化情况确定。

4.0.16 本条规定设置的氮气或干燥空气试车系统是为了防止检修时因装配不当和有异物或油进入,一旦直接用氧气试车而引发着火事故。

氮气轴封系统是为了防止在轴封处氧气泄漏或润滑油进入而引发着火事故。自动快速充氮灭火系统是用于一旦有着火迹象如排气温度升高时,快速充入氮气,以达到灭火的目的。

本条规定涉及离心式氧气压缩机的安全稳定运行和防止着火事故的发生,以及即时扑灭可能发生的氧气着火事故,故本条为强制性条文。

4.0.17 氧气站的噪声源主要是由气体动力噪声、机械噪声和电动机噪声构成。气体动力噪声来源于各种类型的气体压缩机和各种形式的压缩气体放散管,其中活塞式压缩机的气缸周期性吸气、排气使管道中气体发生压力波动、气柱振动产生噪声,因其转数低,其噪声频谱呈低频特性;离心式压缩机是由气体涡流和摩擦产生噪声,其噪声频谱呈中、高频特性。压缩气体从压缩机或压力管道放空时,由于气体压力骤减,以很高的速度排入大气,将在放散管口产生强烈的涡流噪声,其频率和声压级都较高,可达 110dB(A)～130dB(A)。在氧气站内压缩气体放散管噪声声级较高,且放散频度较多的是低温法空气分离设备的纯化器及常温空气分离设备的吸附器的放散管,所以本条规定均应设置消声器。

4.0.19 水浴式汽化器是用蒸汽加热水,用热水加热汽化低温液体。采用水温调节装置保持热水温度恒定,从而使出口气体温度恒定。为了防止调节失灵时出口气体温度过低造成碳钢管道结霜甚至冻坏,设计上应设有出口气体温度过低报警,这一温度通常设定为 15℃。

4.0.20 氧气站产品气体储存系统有压力气体贮罐贮存与低温液体贮罐贮存。压力气体贮罐贮存依靠贮存压力和最低释放压力之差贮存气体,其贮量有限,一般为 10 倍～20 倍贮罐水容积;低温液体贮存由于液态气体汽化后体积较大,因而贮存量较大,低温液体贮存的单位贮存量投资低于压力气体贮罐;但生产低温液体产品的能耗较高。因此选择时应根据下列因素进行综合比较后确定:

(1)由于常温法空气分离设备不生产液体产品,小型低温法空气分离设备由于产量小,通常也不提取液体产品。所以低温液体贮存只适用于大、中型低温法空气分离系统。

(2)大、中型低温法空气分离设备可同时生产氧气、氮气、氩气,也能同时提取液氧、液氮、液氩产品,也可以生产或提取其中的 1 种或 2 种产品,一般应根据市场需求和建设单位自身的需求,确定空气分离产品的品种和气态产品或液态产品的贮存量。

(3)贮气量应根据空气分离设备产气量和用户用气量之间的不平衡曲线计算确定。经计算的贮存量不大时,可用压力气体贮

罐解决,贮存量较大时宜设低温液体贮罐。

若氧气站要考虑空气分离设备检修时的气体供应,由于贮气量较大,一般应设低温液体贮罐。

4.0.21 本条第 3 款规定"充装台前的气体管道上应设有紧急切断阀、安全阀、放空阀"是为了当充灌钢瓶发生超压甚至着火事故时,可以立即切断充灌气源,以防事故扩大。

4.0.22 据了解,目前实际运行的一些中小型氧气站中为满足用户对空气分离产品气体各种压力的需要或空气分离设备检修时的不间断供气,在有的站房中将气体充装台或充装钢瓶集装格既作为充灌台,也作为气体汇流排输送气体使用,但为了满足用户对气体流量和供气压力的要求,应增设压力调节装置等。

4.0.23 本条第 1 款和第 2 款为强制性条款,规定了为确保气体充装台安全稳定运行和避免气体灌装间内排放气体的积聚引发着火和人员窒息事故应配置的设施、附件和管道,其中第 1 款的超压泄放用安全阀是确保避免充装超压的安全措施;第 2 款规定气体充装台应设有吹扫放空阀,通常是利用装置上某个充灌阀门配置放空连接管道将吹扫气体排至室外,防止充装过程排放时室内积聚氧气或其他窒息性气体,引起事故的发生。

4.0.24 规定本条的目的是防止氧气、氮气随冷凝水的排放在室内积聚或经排水沟窜入其他房间引发着火或人员窒息事故。

4.0.25 据调查,目前我国的各类医院集中供氧时,大多采用三种方式,一是氧气由钢瓶经汇流排,减压后供应;二是外购液氧,从液氧贮罐经汽化器汽化、稳压后供应;三是设置常温变压吸附制氧装置,生产医用氧气供应。医用氧气品质在现行国家标准《医用及航空呼吸用氧》GB 8982 中作了规定。目前我国一些医疗单位已应用常温变压吸附制氧设备多年,积累了使用经验,并在一些制造工厂有定型产品出售,所以本规范规定了采用常温法变压吸附制氧装置制取医用氧气时,应该符合现行行业标准《医用分子筛制氧设备通用技术规范》YY/T 0298 的有关规定。

由于氧气是典型的氧化性气体,具有激烈的氧化助燃作用,为防止使用氧气的建筑(房间)一旦出现火情时,可能扩大人身、财产损失,所以本条第 3 款规定在氧气供应总管上应设可遥控的紧急切断阀,以便在使用氧气的建筑内一旦出现火情后,可根据要求即时切断建筑物内的氧气输入。

5 工艺设备

5.0.1 确定氧气站的设计容量的主要依据是氧气、氮气平衡表,该平衡表上应列出各用户的小时平均用量(或工作班的小时平均用量)和小时最大用量。根据氧气站供应范围的各类用户昼夜小时平均用量或工作班的小时平均用量之和确定设备能力。空气分离设备的运行时间一般可根据具体项目的气体使用特点和使用负荷等因素确定,在使用低温法空气分离设备时,除了停车检修、吹扫启动等所需时间外,一般均采用昼夜连续生产气体,但是许多气体用户昼夜各个时段的气体消耗量是不均匀的、间断的;为减少空气分离设备所生产气体的放空浪费,一般在氧气站内或用户处设置贮气系统,此时按气体用户的昼夜小时平均用量确定低温法空气分离设备的生产能力;若气体用户的工作班的气体耗量大,贮气系统不易解决产气量和耗气量不均衡时,则应按用户工作班的小时平均用量之和确定。这里应当指出的是:采取贮气手段或气体放空方式选择空气分离设备生产能力时,均应结合具体项目特点、相关费用和设备、系统建设费用进行综合分析比较,选择经济适用、节约能源的合理方案。

采用常温变压吸附法空气分离设备时,由于此类设备具有开停车时间短、生产能力可调且方便等特点,其设计容量(生产能力)的选择一般可按工作班的小时平均用量之和或气体用户的用气设备的最大小时用量之和乘以同时使用系数确定。

空气分离设备设计容量选用时,应根据用户所在地区的气象条件进行必要的修正,当在高原地区建站时,应按空气分离设备要求的加工空气质量流量和压力对原料空气压缩机提出要求,以弥补高原地区由于气压降低所减少的空气质量流量和排气压力。

5.0.2 空气分离设备的型号、台数、备用机组的选择应根据用户所需产品气体的品种(气态或液态氮、氧、氩等)、耗量、使用参数以及使用特点等要求,结合空气分离设备的性能、参数经技术经济比较后确定。

1 采取大容量、少机组、统一型号的原则,这是为了减少投资,降低能耗,方便维修。为提高设备利用率,空气分离设备一般不设备用,但设备检修时将会影响供气,所以应考虑一台设备检修时的气体供应,据了解,目前通常采用与用户配合检修,尽量减少供气量或设置低温液体贮罐等措施增加建设投资。

2 产品气体贮罐是用来解决产量和用量在一段时间内的不平衡,其贮气量大小与设计压力和最低释放压力之差成正比。因此外供气体产品压力、气体压缩机的设计压力应与贮罐的设计压力保持一致,才能保证产品气体贮罐必需的贮气量。

3 空气分离设备检修周期通常都高于用户的检修周期,因此可不设置备用空气分离设备。但当供气中断会造成较大损失时,为确保供气,可对空气分离设备中易出现维修、更换易损件需求的活塞式压缩机等动设备设置备用。

5.0.3 在选择调节产气量和用气量之间的不平衡方式时,本条取消了原规范中的"湿式气体贮罐",这是由于它的投资和占地都较大,同时还使干燥氧气增湿,目前已很少使用。压力气体贮罐的单位体积贮气量与贮罐的设计压力和最低释放压力之差成正比,为此作了本条的规定。

5.0.4 氧气站低温液体贮罐容量选择时应考虑的因素有:液体产品的用途和需求量,即用户所需的液态产品品种(氧、氮、氩)及其使用量和外销的品种、数量,根据这些用量计算液体容积,再除以液体贮罐的充满率(90%～95%),即为液体贮罐容积。只有当用途不明,计算有困难时可按单台空气分离设备的一天最大液态氧气或氮气或氩气的产量进行计算。当液态产品需外供时,应在充分了解市场需求后,根据液体产品的运输方式、运输能力、运输费用、运输距离和液态气体贮罐的性能、价格等因素进行技术经济分析比较后,确定选择液态气体贮罐的容积、数量。

当液体贮罐只用于满足一台空气分离设备检修时的气体供应时,通常是按空气分离设备检修时氧气站所需小时供应气体耗量乘以检修时间,再换算成液态体积确定;大、中型空气分离设备检修时,所需供气量通常较大,此液态气体贮量在非检修时间可以用于满足其他用途。

5.0.5 国内外大型氧气站不乏将多台原料空压机并联使用的例子,也有将氧气站的原料空压机与压缩空气站的空气压缩机并联使用、互为备用的实例。因此,当形式、品质、排气压力一致时,将氧气站的原料空气压缩机和压缩空气站的空气压缩机互为备用在原理和实践上都是可行的。

5.0.6 根据用户要求,当空气分离设备生产的产品气体的压力不能满足要求或为了供气系统的安全、稳定运行需提高供气压力时,常常在氧气站的各类气体(如氮气、氧气等)供气系统中需设置输送气体用压缩机。为确保用户对供气量、供气压力的稳定、可靠要求,并考虑到各类气体用气设备的不均衡使用,一般都在压缩机后设置压力气体贮罐,用以均衡、吸收用气设备的用量变化和压缩机排气量与用气量的不一致性。

气体压缩机的型号、台数一般是根据压缩气体的品种、进口压力、温度和排气压力以及用户的小时平均用气量等数据经计算后确定;当采用离心式气体压缩机时,由于检修周期长、运行安全可靠,一般均可不设备用;但若采用活塞式气体压缩机,由于需要定期进行维护检修,连续使用时应设备用机组,以确保连续、稳定供气。

为使各类气体经压缩后并网运行稳定和维护管理方便,一般宜将同一类气体(氧气、氮气)压缩机采用同一型号,并且根据用气量的变化自动调节压缩机的能力,目前离心式压缩机一般采用进口导叶调节,有的活塞式气体压缩机采用部分顶开进气阀的方式进行调节。

5.0.7 由于瓶装气体主要用于外销,所以灌装用气体压缩机一般不设备用。据调查,各氧气站大多这样设置,但专业性的以外销为主的气体(厂),为确保外供钢瓶气体,一般设有备用机组。

5.0.8 为防止高纯气体灌装压缩过程中被污染,所以高纯气体的压缩加压采用膜式压缩机是首选产品,因为它是通过油压推动金属膜,造成气腔体积变化而升压,对气体而言是一个不与润滑油等接触的完全封闭的系统。当灌装气体量较大时,可选用无润滑活塞式压缩机。

高纯气体的钢瓶处理包括冲洗、置换、红外线加热干燥、抽真空等,其目的是要把钢瓶内的各种杂质气体尽可能地置换、干燥、抽吸干净,确保灌装的高纯气体不被污染、降低纯度。

5.0.11 氧气站各种气体钢瓶的数量应按其周转情况确定,它与气体用户和灌装站房的距离、生产与使用情况、管理水平等有关。如气体钢瓶在用户和灌装站房停留时间较短、距离较近,则可减少钢瓶数,反之要增加钢瓶数。"一昼夜用气瓶数的3倍"是目前工程设计中沿用的经验值。

5.0.12 氧气站的设备体积和重量一般都较大,目前各行各业的氧气站大多设置检修起重设备,用于设备检修或安装,一般是根据起重设备的重量和检修频率确定采用电动或手动方式。通常在设置大、中型空气分离设备的氧气站采用电动方式,最大件重量只有一吨左右的小型空气分离设备的氧气站宜采用手动方式。

5.0.13 设置在线和离线分析仪是安全生产和保证质量的需要,分析仪的种类取决于气体产品品种和气体品质、纯度,通常应具备的分析仪有:分子筛吸附器出口空气中的二氧化碳含量分析,分子筛再生加热器出口气体中的水分分析,各种气体产品的纯度分析,液氧中碳氢化合物含量分析等。

6 工艺布置

6.0.1 近年来,我国常温法空气分离设备、低温法空气分离设备发展迅速,我国制造的低温法空气分离设备的最大产氧量达60000m³/h,以变压吸附法制取氧(氮)气的常温法空气分离设备最大产氧量达35000m³/h(氧纯度最高达95%,其余为氩)。在冶金、石油化工、煤化工、机械、电子等行业根据用气规模、用气品质的不同要求,广泛采用低温法或常温法空气分离设备,据了解,由于变压吸附法制取氧(氮)的常温空气分离系统,除压缩机外基本上均为压力容器、阀门等,所以目前基本上采用室外布置,以减少建造费用;产氧量超过1500m³/h的低温法空气分离设备,大部分是将冷箱、压力容器及其相关管路及其附件、阀门室外布置,以减少建造费用。为此,作了本条的规定。据调查了解,由于我国幅员辽阔,气象条件差异较大,所以在寒冷地区的空气分离设备、空气净化设备,甚至冷箱也采用室内布置;而在南方冬季温度较高的地区也有将压缩机室外布置的,为此本条对室外布置的装置、控制阀组等规定采取防雨、防冻措施。

6.0.2 据调研资料表明,近年来我国建造的大型低温法空气分离设备的氧气站基本上是将冷箱等非运动设备采用室外露天布置;有的大型低温空气分离设备将局部运动机械设置防雨措施后,也采用除原料空气压缩机和氧气、氮气等压缩机外的设备均在室外露天布置;这些大型低温法空气分离设备都是将原料空气压缩机和氧气、氮气等压缩机集中布置在主厂房内,主厂房通常为独立建筑;主厂房的建筑物有单层布置或二层布置,一般是按压缩机及其配置的各级冷却器等辅助设备的具体情况确定。

6.0.3 制订本条的理由是:

1 氧气站的原料空气压缩机有活塞式、螺杆式和离心式等类型,根据氧气站规模的不同选用不同形式的空压机,但是不论采用哪种形式的空压机,站房布置大多采用单层布置,只有当空气压缩机及其冷却器的结构要求二层布置时,才采用压缩机本体布置在二层楼面,冷却器等辅助设备布置在底层,据了解,目前包括大型离心式压缩机在内的各种规格的螺杆、离心式压缩机一般均采用压缩机本体与冷却器等辅助设备一体化的结构,因此氧气站宜采用单层布置的形式。

2 目前,离心式空气压缩机的吸气过滤器一般均采用自洁式过滤装置,该装置是由若干个过滤筒或过滤组件构成,少则数十个多则数百个,过滤筒或过滤组件需定期更换,体积较大,一般均布置在氧气站旁的室外地面,也有布置在屋面上的(主要用于排气量较小的离心式空压机),不论哪种方式布置都应满足定期清洗、更换的要求。

3 近年来,低温法或常温法空气分离设备所需的原料空气压力均小于1.0MPa,大部分都在0.6MPa~0.8MPa范围,此压力等级与一些行业产品生产所需压缩空气站的供气压力基本相同,为提高气体供应的稳定性,一些工业企业将两类不同用途的空气压缩机布置在一个压缩机间内,并将压缩机的压缩空气干管相连。

6.0.4 制订本条的依据是:

(1)调研资料表明:氧气压缩机间运行中燃烧着火的事故时有发生,其中活塞式氧气压缩机发生事故较多。如某公司的氧气压缩机间内设置4台活塞式氧气压缩机,其中1台100m³/h的氧气压缩机着火燃烧,火星吹至7m以外引发室外氧气气囊燃烧,幸运的是其他三台氧气压缩机未开机运行,未引发更严重的事故,但也造成了很大经济损失。为此本条第1款和第3款作出了对活塞式氧气压缩机等的设置规定;并要求氧气压缩机间应设有至少1个直接通向室外的安全出口,有利于作业人员在发生着火事故时,即时离开现场,到达安全地带。

（2）现行国家标准《深度冷冻法生产氧气和相关气体安全技术规程》GB 16912—2008 中规定："透平氧压机和用于输配的多级离心液氧泵，应设防护墙（罩）与周围隔离。"其作用是一旦上述设备发生着火燃烧等事故时，避免伤及操作人员。为此本条第 2 款规定为"宜设防护墙或罩"。

6.0.5 制订本条的理由是：

1 现行国家标准《建筑设计防火规范》GB 50016—2006 第 3.3.2 条中对乙类（5）项单层库房采用一、二级耐火等级时 1 个防火分区面积规定为 700m²，按 80% 计为 560m²，而每个水容积为 40L 的气瓶占地面积约 0.16m²，折合成气瓶的实瓶贮量约为 1700 瓶［560/（2×0.16）≈1700 瓶］，所以本条规定氧气实瓶数量超过 1700 瓶时，应分别设在 2 个以上的防火分区内，如一个灌氧站房内需贮放 4000 个氧气实瓶，则该站房应设 3 个防火分区，各防火分区之间应以防火墙分隔，防火墙等的设置应符合现行国家标准《建筑设计防火规范》GB 50016 的规定。

2 目前在已建的氧气站中制氧厂房、灌瓶站房有合建的，也有分别设置的，两种方式各有优劣，大、中型氧气站采用分建的较多，小型站房为了布置紧凑、减少占地，又可方便维护管理，采用合建方式较多。若仅从消防要求出发，只要按规范要求做好每个防火分区的平面布置和设置相应消防设施，多个防火分区或者制氧站房与灌瓶站房合建布置应该是可行的，但考虑到运行管理和原规范的规定，故本款推荐氧气实瓶的贮量超过 3400 瓶时，宜分别设置。

6.0.7 制订本条规定是参照现行国家标准《建筑设计防火规范》GB 50016—2006 第 3.3.9 条的规定："厂房内设置甲、乙类中间仓库时，其储量不宜超过一昼夜的需要量。"氧气汇流排间属于乙类生产火灾危险等级，所以作出本条规定。

6.0.8 本条仍沿用原规范的要求。

6.0.9 本条规定基本沿用原规范的要求，取消了原条文中的"当确需在氧气压缩机顶部布置时，必须有防火围护措施"的内容。

6.0.10 本条规定了氧气站内设备布置的原则要求。由于站房的设计规模不同、设备类型不同、室内外布置的不同等因素，因此设备布置的基本原则是紧凑合理、便于安装维修和操作，达到减少建筑面积、节约投资的要求。条文中规定的设备之间的净距、设备与墙之间的净距、设备与其附属设备之间的净距的要求，都是按下限进行规定的；在氧气站的具体工程设计时，应结合具体条件和设备状况合理地选择。

6.0.11 本条第 1 款规定的灌瓶间、实瓶间、空瓶间内通道宽度是目前在各企业实际采用的数值；第 2 款平台的高度应按气瓶运输工具在此规定范围内确定；第 3 款沿用原规范的条文，未作修订，这些规定也是符合现在各企业的实际情况的。

6.0.12 本条为强制性条文。空气分离产品中氩气等的纯化目前已很少采用加氢纯化的工艺，但是在一些中小型的氧气站中此种工艺仍有采用，为了使这类站房的设计建造有法可依，本条基本上保留原规范中的相关规定。鉴于现行国家标准《氢气站设计规范》GB 50177 中对氢气瓶存放等房间的安全措施已有相关规定，所以应符合该规范的有关规定。

6.0.13 本条为强制性条文。据调研表明，由于氧气、氮气放散管包括安全阀的放散管或液氧、液氮排放口或紧急排放口设置不当，有多次着火燃烧事故或窒息造成人员伤亡的事故，所以本条进行了严格的规定。

6.0.14 本条的制订是参照现行国家标准《深度冷冻法生产氧气及相关气体安全技术规程》GB 16912 中有关氧气压力调节阀组应设置在独立阀门室的规定和目前大多氧气压力调节阀组设在独立阀门室的实际情况作出的规定。

6.0.15 为减少氧气站内的房间分隔和建筑面积，方便维护管理，本条规定当站内同时设有氮气压缩机、氧气压缩机时，可将两类压缩机设在同一房间内。

6.0.17 本条是参照现行国家标准《深度冷冻法生产氧气和相关气体安全技术规程》GB 16912 中的有关规定制订的。

6.0.18 由于各类气体压缩机的形式、排气量和排气压力以及结构不同，其振动特性、允许振幅要求均不相同，所以本条只作原则性规定，具体工程项目设计时应按所选用的气体压缩机的类型、规格、性能参数和相关要求，合理进行设备和管道布置，并确定是否采取或采取何种防振、隔振措施。

6.0.19 氧气站内的噪声主要是机械噪声、电动机噪声和气体动力噪声，它们在氧气站内按工艺布置的不同分布在各个房间或室内外的作业场所。机械噪声主要是压缩机等运转设备的轴承、齿轮传动，活塞连杆、十字头以及管路上的止回阀等运动部件产生的摩擦声、冲击声和各种形式的不平衡惯性力引起的振动噪声。电动机噪声是由电机风扇的气流噪声，定子与转子之间磁场脉动引起的电磁噪声以及轴承高速运动产生的机械噪声组成，电动机噪声一般为 80dB（A）～95dB（A）。

氧气站的噪声治理是工程设计时应十分重视的内容之一，设有气体压缩机的房间或室内外作业场所是氧气站内的主要噪声源，目前在氧气站内采用的治理措施主要是采选用先进的工艺和低噪声的压缩机等设备，并在土建设计、工艺布置、设备构造等方面，认真采取必要的消声、隔声、吸声措施，使氧气站的生产区、控制室、厂界等处的噪声控制在国家标准规定的范围。

7 建筑和结构

7.0.2 由于氧气站内广泛采用螺杆式、活塞式和离心式压缩机用于原料空气或氧气、氮气等产品气的压缩，在确定氧气站等建筑物的屋架下弦高度时，应根据各种压缩机或设置在车间内的纯化器等设备的高度和设备检修时的起吊要求确定，为此作了本条条文的修改，并将"从立式压缩机气缸中抽出活塞的高度……"取消。

7.0.3～7.0.5 这几条均为强制性条文，其条文内容与原规范相似，根据现行国家标准《建筑设计防火规范》GB 50016—2006 中第 7.2.3 条的规定将隔墙的耐火极限规定为 2.0h，隔墙上的门窗规定为乙级防火门窗。

7.0.6 本条在原规范基础上增加了氧气站的主要生产车间的门窗不得采用木质等可燃材料制作的规定。这是考虑氧气的助燃性质，为了防止和减少燃烧着火的概率。

7.0.8 根据调查了解，目前国内各类气体灌瓶间的充灌台都设一定高度和厚度的防护墙，并将气瓶和控制阀分别设置在防护墙两侧，以确保作业人员在一旦发生"气瓶爆破"时的人身安全。为此本条为强制性条文。

7.0.10 根据氧气站中低温法空气分离设备的冷箱基础和液态气体贮槽基础的设计、建造实践表明，鉴于氧气特性和冷箱基础可能遭遇低温状况的特点，通常按空气分离设备容量大小的不同采用具有防火、防冻的材料和构造，如采用珠光砂混凝土等工程材料和在冷箱基础中设置通风孔等方式，以利于与周围环境的通风换气；而液态气体贮罐（槽）一般采用高架式基础，考虑到该基础顶部可能遭遇低温状况的要求，一般采用泡沫玻璃隔热层，其厚度约为 1000mm。

7.0.11 氧气站内的氢气瓶间是用于贮存氩气等气体净化加氢用氢气钢瓶,由于氢气瓶间为甲类生产危险等级,参照现行国家标准《建筑设计防火规范》GB 50016中的有关规定作出氢气瓶间的安全出口、与相邻房间的分隔等的规定;氢气瓶间还应设有如防爆、通风、气体报警等方面的安全措施,为此本条规定还应符合现行国家标准《氢气站设计规范》GB 50177的有关规定。本条为强制性条文。

8 电气和仪表

8.0.2 本条为强制性条文,明确界定了氧气站内有爆炸危险、火灾危险的房间或区域的级别。据调查,氧气站内的气体净化用催化反应炉有两种设置方式,一种是设在气体净化专用房间内,另一种方式是设置在氧气站的主厂房或冷箱等近处,若为第一种方式则该专用房间应按1区设防,第二种方式则应按现行国家标准《爆炸和火灾危险环境电力装置设计规范》GB 50058的规定在催化反应炉周边一定范围内按1区设防;氢气瓶间应按1区设防。

离心式氧气压缩机间、液氧储配区、氧气调压阀组间发生火灾事故的可能性较大,危险程度高,事故后果严重,参照现行国家标准《深度冷冻法生产氧气及相关气体安全技术规程》GB 16912—2008中的"透平氧压机防护墙内、液氧储配区和氧气调压阀组间属21区火灾危险区"作出本条的规定。

8.0.3、8.0.4 条文与原规范基本相同。在氧气站内的制氧间和设有氧气压缩机的主厂房以及所有可能有氧气泄漏事故发生的房间内,为防止、减少因高压油开关发生事故时爆炸、火灾的扩大,所以本条规定制氧间、主厂房等房间高压油开关的贮油量不应大于25kg。

8.0.6 气体制造的能量消耗较大,且为气体产品成本中的主要部分,其中主要是耗电、耗水等,为加强能源管理、节能减排和成本核算,氧气站中应设置用电量、用水量和站内各种气体、蒸汽用量的计量;应设置各种空气分离产品流量的计量,包括液态产品、气态产品。以上各种计量仪表应有瞬时和累计的显示、记录功能,以便进行逐时、逐日、逐月和各年度的能量消耗和产出的分析、评价,从而寻求和制订节能降耗的措施,进而做到降低成本、提高经济

效益。

8.0.7 氧气与油脂接触后,若遇上火源,会引起燃烧事故,故与氧气接触的仪表必须无油脂。本条为强制性条文。

8.0.8 本条是原规范条文的内容,设置导除静电的接地装置是一项防止引起着火的重要安全措施,所以规定为强制性条文。

8.0.10 根据氧气站的设计、建造和实际运行的实践表明,氧气等气体产品生产、储存、输送和灌装中的气体检测分析至关重要,它涉及安全生产、气体产品质量和经济效益,日益受到氧气站的工程设计、设备制造、使用企业和安检部门的重视,为此作了本条的规定。

(1)为确保低温法空气分离装置的安全运行,应装设连续在线监测、记录主冷凝蒸发器液氧中乙炔、碳氢化合物含量的检测仪器。氧气站的一些事故表明,低温法空气分离装置运行中冷凝蒸发器液氧中乙炔、碳氢化合物含量超标是主要原因,因此在氧气站工程设计或制造厂的设备设计中都设有上述杂质含量的连续监测分析仪器并有显示记录功能。

(2)空气产品的纯度分析、杂质含量分析是确保产品质量及其稳定性的主要依据,根据氧气站的规模、产品质量控制要求,通常设有连续在线监测和定期检测(人工或仪器),二者相结合以验证分析数据的可行度和可靠性。

(3)为保护运行维护人员的健康,防止窒息事故的发生,应对设有氮气制取、压缩、储存、灌装的房间内的空气中含氧量进行定期检测,避免因氮气泄漏造成空气中含氧量降低。据有关卫生劳保方面资料介绍,空气中含氧量低于20%时,人们会感觉不适,含氧量降至18%时,人们就会呼吸困难,因此为确保运行人员的健康、安全,避免窒息事故的发生,规定在这些房间应设置氧浓度定期检测。

在氧气制取、压缩、储存、灌装的房间内由于氧气泄漏造成含氧量的升高,也会发生操作人员的窒息事故和易于燃烧的着火事故,所以也应对以上这些房间内的含氧量定期进行检测。

8.0.11 为了氧气站的安全、经济运行,确保产品气体质量和降低能量消耗,除了站内的气体制取、储存、压缩等类设备配备有必要的测量和控制装置外,氧气站的集中控制室还应装设出站气体压力测试及压力调节;制气设备出口压力、温度遥测、记录;气体压缩机进气、排气压力测量和纯度检测,必要时还应设流量调节;气体储罐压力遥测、记录以及各单体设备的运行状态显示、记录等。以上各项测量、调节、记录等均设自动控制装置,一般宜以计算机系统进行监测。

8.0.12 本条第1款～第3款的规定可与第8.0.10条的分析仪器相结合,根据检测分析的数据,设置相应的原料空气纯化装置出口二氧化碳和主冷凝蒸发器液氧中乙炔、碳氢化合物的超标报警,以便即时采取措施,避免事故的发生。第4款是确保压缩机正常运行的必要条件。第5款的规定是由于灌瓶压缩机间与灌瓶间布置时,常常不可能紧贴布置,为使实际运行的联络和避免气体的大量排空,甚至引发事故,作了本款的规定。

9　给水、排水和消防

9.0.2　为节约用水,氧气站内除压缩机用冷却水应循环使用外,其他设备用水如变压吸附装置真空泵用冷却水等,即使用量较小也应采用循环的使用方式,为此本条修改为"压缩机等设备用冷却水应采用循环使用";为适应氧气站规模不同的变化,循环冷却水系统的水压扩大为 0.15MPa~0.50MPa。

9.0.3　本条与原规范的条文相近,为提高压缩机安全运行的可靠性,增加了压缩机冷却循环水宜装设断水报警装置,一旦冷却水压力降低至规定限值时应发出报警信号,直至连锁停止压缩机运转,保护压缩机不会因冷却水中断造成损坏事故等。

10　采暖和通风

10.0.1　本条为强制性条文。氧气站中的大部分房间均为乙类或甲类生产危险性建筑物,故本条参照现行国家标准《建筑设计防火规范》GB 50016—2006 中有关"甲、乙类厂房和甲、乙类仓库内严禁采用明火和电热散热器采暖"的规定而制订。

10.0.4　本条为强制性条文,是原规范条文的修改条文,在条文中明确规定事故通风换气应采用机械通风的方式,换气次数不应小于 12 次。由于催化反应炉部分、氢气瓶间的机械通风机排出的"气体"可能达到或超过了氢气爆炸下限的混合气体,所以应按现行国家标准《氢气站设计规范》GB 50177 的有关规定进行事故排风机的选型。

10.0.5　鉴于氧气站集中控制系统一般均采用计算机监控,为保持控制室内的室温不会有较大波动,通常均采用分体式空调机降温,为此作了本条的规定。

11　氧　气　管　道

11.0.1　为便于焊接、安装、操作及维护,氧气管道一般都采用架空敷设。由于氧气密度大于空气,易于积聚在低洼处,只有在下列情况,如小管径管道、建造架空支架困难或难以架空通过时,可采用不通行地沟或直接埋地敷设。

11.0.2　制订本条的依据是:

1　为了防止氧气管道火灾事故扩大,所以规定支架应采用不燃烧体材料制作。本款为强制性条款。

2　为了防止氧气管道发生火灾,应避免电火花的产生,所以规定除氧气管道本身需用的,如自动控制的导线可与氧气管道同一支架敷设外,其他导电线路不应同一支架敷设。本款为强制性条款。

3　氧气管道有火灾危险,所以本条规定,只允许沿氧气生产车间(如制氧、压氧、氧灌装车间等)及使用氧气的车间建筑物墙外或屋顶上敷设,不允许沿其他建筑物敷设,本次修订维持原条文内容。

4　本次修订仅对附录 B 中个别最小垂直净距,参照现行国家标准《工业企业总平面设计规范》GB 50187 的有关规定作了补充和调整。

5　原规范中架空氧气管道与其他管线共架敷设及彼此之间净距要求的规定是可行的。本次修订时,根据现行国家标准《深度冷冻法生产氧气及相关气体安全技术规程》GB 16912 的要求,在附录 C 中增加了表注 4、表注 5 的内容。

6　为便于架空氧气管道上的阀门操作,本款按目前实际工程中装设有操作平台的状况作出了规定。

7　为防止含湿氧气管道在寒冷地区结冻堵塞,应采取防护措施,如采用管道保温,若有条件最好是加设干燥装置,脱除水分后再经管道输送等。

11.0.3　本条制订的依据是:

1　本款为强制性条款,主要是从氧气一旦泄漏具有火灾危险的角度作出的规定,在进行氧气管道布置时,应严格遵守。

2　本款为强制性条款,氧气管道采用不通行地沟敷设时,沟上应采用不燃烧体材料制作的盖板,该盖板应具有防止火花、油料等可燃物落入地沟,当在室外时,应防止雨水侵入。氧气管道在地沟内敷设时,万一泄漏,氧气将沉积在沟内(氧气的密度大于空气),如果与油品管道、导电线路同沟敷设,极易引起火灾危险。腐蚀性介质一旦泄漏,易引发氧气管道泄漏,所以作了十分严格的规定。

3　管路中的阀门或法兰连接点是容易发生泄漏的地方,而泄漏的氧气易积聚在低洼处,如操作人员吸烟或动火检修时都会引起火灾危险,所以直埋或不通行地沟敷设的氧气管道不应装设阀门或法兰连接点。当必须设阀门时,应设不能下人的阀门操作井。本款为强制性条款。

4　氧气管道与同一使用目的的燃气管道如乙炔气等同地沟敷设时,为防止气体泄漏在沟内积聚形成燃烧爆炸性气体,故应将沟内填满沙子,不让气体有积聚的空间,本款为强制性条款。

5　本款是原规范的修改条文,将原附录中"应设套管"的规定放到了条文中。

6　埋地氧气管道与建筑物、道路及其他埋地管线之间的间距与现行国家标准《工业企业总平面设计规范》GB 50187 是一致的。

7　管道的防腐蚀等级应根据土壤的腐蚀性等级确定。参照有关国家现行标准的要求,表 3 给出了土壤腐蚀性等级及防护等级。

表3 土壤腐蚀等级及防腐蚀等级

土壤的腐蚀性等级	土壤的腐蚀性质				防腐蚀等级
	土壤的电阻率（Ω·m）	含盐率（质量）(%)	含水率（质量）(%)	电流密度（mA/cm²）	
特高	0～5	＞0.75	12～25	0.3	特加强级
高	5～10	0.1～0.75	10～12	0.08～0.3	加强级
较高	10～20	0.05～0.1	5～10	0.025～0.08	加强级
中	20～100	0.01～0.05	5	0.001～0.025	普通级
低	＞100	＜0.01	＜5	＜0.001	普通级

8 氧气管道相对不燃气体管或水管损坏概率较大，一旦损坏，危险性也大，布置在上面便于进行检修。

11.0.4 本条制订的依据是：

1 本款为强制性条款。由于生活间、办公室内的人员没有相关氧气安全意识，一旦穿越氧气管道发生泄漏后，易引发着火事故，造成人员、财产损伤，为此作出"不得穿过"的规定。

2 为了便于操作维修，避免或减少泄漏时的不安全性，车间内氧气管道一般都采用架空敷设。

5 若车间内发生事故时，为即时切断氧气源，本款规定应在用户车间入口处装设切断阀，并设放散管。

6 为避免氧气管道放散的氧气在室内或操作面积聚，引起着火事故，所以本款规定氧气放散管应引至室外等，并强调引至无明火的安全场所。

7 若氧气管道通过高温作业及火焰区域，一旦处理不当，造成氧气泄漏时，可能引发着火事故，所以作了"不得穿过"的规定。为了防止受热使气体温度、压力及热膨胀等偏离原设计条件，所以要求在该管段增设隔热措施。

8 管道穿过墙壁或楼板时，为使管道不受外力作用并能自由伸缩，应敷设在套管内。作出套管内不得有焊缝的规定，既便于检查焊缝质量或氧气泄漏情况，也可防止因焊缝处泄漏，不能即时发现而引发着火事故。为防止氧气从墙壁或楼板的一侧漏入另一侧，引起意外危险，应将管子与套管间的间隙用不燃烧的软质材料填实。

9 不使用氧气的房间，氧气管道不应穿过，但有时确难避免，所以本规范规定，若必须穿过不使用氧气的房间时，氧气管不得设有阀门、法兰或螺纹连接的接口，并应采取防止氧气泄漏的措施。这些措施包括设置外套管防止氧气漏入房间，设有氧气浓度报警和通风设施及时排除泄漏氧气等。

10 当通过管道往切割、焊接用户供氧时，将每个供氧嘴头（连接软管用的管嘴）及其切断阀设在金属保护箱内，只允许由经过批准的操作工或检修工使用或维修。这样可以防止其他人任意动用导致发生火灾或其他危险，也可防止被油脂污染或撞碰损伤。金属保护箱应有能自然通风的孔隙，防止氧气在箱内积聚。

11.0.5 本条为强制性条文。调查资料表明，铁锈等杂物常常是氧气系统引发燃烧事故的主要因素。为了防止管道中铁锈、焊渣或其他可燃物质进入氧气压缩机引起磨损或摩擦燃烧事故，在氧压机一级吸氧管道上应装设过滤器；在装有流量调节阀、压力调节阀的管道上，由于氧气通过这些阀门时，流速很高，当管道中有铁锈等杂物时，将伴随气流对内壁产生剧烈冲击和摩擦从而导致燃烧，因此在这类阀门的上游侧也应装设过滤器。过滤器的壳体、滤芯等的材质不能采用可燃、难燃材料，只能采用本条规定的材料，一般过滤器壳体采用不锈钢或铜基合金，过滤器的滤芯应采用镍铜合金、铜或铜基合金。

11.0.7 本条为强制性条文。氧气密度比空气大，泄漏后积聚在不通风地沟或半通风地沟中，容易引发火灾；氮气和氩气均是窒息性气体，泄漏积聚后对维修人员的安全是严重威胁。

11.0.8 氧气在管道中的允许流速，本次修订是根据现行国家标准《深度冷冻法生产氧气及相关气体安全技术规程》GB 16912 和欧洲工业气体协会（EUROPEAN INDUSTRIAL GASES ASSO-CIATION）《氧气管道系统》（OXYGEN PIPELINE SYSTEMS）IGC DOC 13/02/E 作出的规定。

11.0.9 根据近年来国内外的实践，对氧气管道材质选用本次修订作了较大修改，主要修改内容如下：

（1）工作压力的划分由原规范中"≤1.6、＞1.6～≤3.0、≥10MPa"三个压力区间修改为"≤0.6、0.6～3.0、3.0～10.0、＞10.0"及"液态氧气管道"五个区间。补充了原规范缺失的3.0MPa～10.0MPa压力范围及液氧管道的材质要求。

（2）参照现行国家标准《深度冷冻法生产氧气及相关气体安全技术规程》GB 16912 中有关氧气管道材质选用表的规定而修订。

（3）管道材质标准按照最新标准取代了淘汰标准。

11.0.10 国内实践中多次发生闸阀类阀门手动开关时，氧气流速突然改变，使管道内的铁锈等颗粒冲撞、摩擦激发能量而引燃、引爆的事故。为避免此类事故发生，在压力大于 0.1MPa 的氧气管道上不得采用闸阀。

在欧洲工业气体协会的《氧气管道系统》IGC DOC 13/02/E 中，要求在手动作业的隔离阀设旁通阀，在隔离阀打开前以旁通阀平衡前后压力，避免快速增压和高速、紊流现象的发生，为此本条第 2 款依据现行国家标准《深度冷冻法生产氧气及相关气体安全技术规程》GB 16912 的相关规定作出了规定。

氧气阀门材质要求与原规范基本一致，压力分级与现行国家标准《深度冷冻法生产氧气及相关气体安全技术规程》GB 16912 中的规定协调一致，并增加采用镍及镍基合金的规定。

11.0.11 氧气管道法兰用垫片除了应满足压力、温度条件外，还要防止垫片老化或被气流冲刷裂成碎粒落入管内，随气流撞击管壁引起火灾。橡胶石棉板结构成分中没有阻燃材料，且在气流冲刷下易破碎，其碎片在压力氧中属可燃、易燃危险引燃物料；金属包覆垫片也以与上述理由相似的原因在本次修订中予以去除，在氧气管道中不得使用。依据现行国家标准《深度冷冻法生产氧气机相关气体安全技术规程》GB 16912 中有关氧气管道法兰用垫片的相关规定，增加了采用柔性石墨复合垫片、镍及镍基合金垫片的规定。

11.0.12 氧气管道中的弯头在许多资料中都提到它的危险性。诸如，在弯头部位气体偏流，产生很高的流速，当气体中有铁锈及可燃杂质时，将产生剧烈的摩擦、撞击导致燃烧；在弯头处由于气流的冲刷，使弯曲部管壁减薄并产生铁粉引起燃烧；折皱弯头会打乱层状气流，形成潜在危险。为此本条第 1 款规定：氧气管道严禁采用折皱弯头，并为强制性条款。

氧气管道上弯头的选用按目前国内外的实践情况分析，原规范的要求基本是合适的，本次修订中取消了有关焊接弯头采用的规定，改为设计压力不大于 0.1MPa 的卷焊钢管可采用斜接弯头来代替，并增加了铜镍合金、铜或铜基合金无缝弯头的规定。

11.0.13 本条规定了氧气管道异径接头、分岔头的选用。

1 异径接头是流速急剧变化的部分，希望变径部分断面要逐渐收缩并有平滑的内壁。目前国内已能订购钢制对焊无缝和钢制有缝对焊异径接头，制作质量能保证。如必须现场焊接制作时，则应按设计图纸的要求加工焊接，变径部分长度不宜小于两端直径差值的 3 倍。

2 管道的分岔头和弯头一样具有容易引起着火燃烧的危险。目前国内钢制对焊无缝等径或异径三通已商品化。如不能取得时，则宜将分岔头作为管件按设计图纸要求在工厂或现场预制并进行精细加工，做到接口处圆滑，无锐边、突出部及焊瘤，焊缝打磨平滑，不得在现场临时开孔插接。

11.0.14 输送湿气体或要做水压试验的管道，设有不小于 0.003 的坡度，有利于排除管内积水。

11.0.15 为了适应氧气管道因使用温度与安装温度的温差和温差变化引起的膨胀和收缩，应当考虑其热（冷）补偿问题。补偿方法宜采用自然补偿。

11.0.16 氧气管道的连接应采用焊接连接，以防止产生泄漏，只有在与设备、阀门等连接处，方可采用法兰或螺纹连接。为防止氧气接触油脂类物质，本条规定螺纹连接处应采用聚四氟乙烯作为填料，目前从国外、国内氧气管道的敷设情况来看，几乎全是采用这种方式，并被认为是严密性好又安全的方法。

11.0.17 氧气管道的静电接地，目的是消除由于管内气流摩擦等产生的静电。氧气系统中的静电聚集是引发着火燃烧的重要因素，为确保安全稳定运行，本条为强制性条文。

11.0.18 氧气管道的阀门出口处气流状态急剧变化，希望有一个直管段以改善流动状态，以便不产生涡流。本条参照现行国家标准《深度冷冻法生产氧气及相关气体安全技术规程》GB 16912 中的有关规定，制订了"宜设长度不小于 5 倍管道公称径且不小于1.5m 的直管段"的规定。

11.0.19 氧气管道能否确保安全运行，除了正确的设计和操作外，很大程度上取决于施工和安装的水平和质量。氧气管道与一般工业管道相比有它的特点，对施工有些特定的要求，目前国内现行国家标准《工业金属管道工程施工规范》GB 50235 和《现场设备、工业管道焊接工程施工规范》GB 50236 是针对所有各种工业管道施工验收作出的基本规定，对氧气管道来说，需作局部的补充。本条就是根据国内外经验提出的补充要求。

1 氧气管道中如有铁锈，焊渣等杂物时，被高速气流带动与管壁产生摩擦，容易发生燃烧着火危险，特别是管内壁有毛刺或焊瘤等突出物时，更增加了碰撞起火的危险，故提出本款的要求。

2 氧气与油脂接触后，极易引起着火燃烧事故，所以管道、阀门、管件等凡与氧气接触的部分都应严格脱脂。脱脂剂在我国长期以来是采用四氯化碳，这是一种易挥发的有毒有机液体，容易引起工作人员中毒，现在国家已明令禁止使用。脱脂要求可按本条所列规范或施工设计文件要求执行。根据国内氧气管道安装的现实情况，有些管道、阀门及管件等虽然经过除锈、脱脂并经检验合格，但在安装过程中，没有采取必要的措施来保持它们的洁净状态，而是任意放置在露天，因而不能有效防止油脂污染或有可燃物等杂质进入，待到管道安装完毕再来检查、清除就很困难。本条规定脱脂合格后的氧气管道应封闭管口，并宜充入干燥氮气。

3 碳钢管道焊缝采用氩弧焊打底，不锈钢管道采用氩弧焊，是保证焊接质量，防止焊渣进入管道内的一项重要措施。国内氧气管道建设工程中已普遍采用。

4 本款对原规范条文进行了修改。根据氧气管道特点，规定了氧气管道不同压力等级的焊缝射线照相检验的比例及其合格等级。

5 氧气管道强度试验和严密性试验是检验管道施工安装最终质量的重要手段。一般管道的强度试验是做水压试验，但实践经验说明，氧气管道水压试验后，除去水分很困难，易使管道内壁产生锈蚀，影响安全运行。据调查，我国大多数建设工程已采用气压强度试验代替水压强度试验。依据现行国家标准《深度冷冻法生产氧气及相关气体安全技术规程》GB 16912 中的相关规定，在本款中规定小于或等于 4.0MPa 的氧气管道采用空气或氮气做气压强度试验，试验压力见表12.0.19；对压力大于 4.0MPa 的氧气管道，为了安全，采用水压强度试验，试验压力取 1.5 倍设计压力。管道的严密性试验均采用气压试验，试验压力按设计压力进行。在做强度试验时，特别是气压强度试验时，应制订严密的安全措施，并经有关安全部门批准后方可进行。

11.0.20 管道的吹扫可根据具体情况分段进行，吹扫气体流速不应小于 20m/s，且不低于氧气设计流速。吹扫检查可在气体排出口用蒙有白布或涂有白漆的靶板检查，以靶板上无铁锈、尘土、水分及其他脏物为合格。

中华人民共和国国家标准

乙 炔 站 设 计 规 范

Norm of acetylene plant design

GB 50031－91

主编部门：中华人民共和国机械电子工业部
批准部门：中 华 人 民 共 和 国 建 设 部
施行日期：1 9 9 2 年 7 月 1 日

关于发布国家标准《氧气站设计规范》、
《乙炔站设计规范》的通知

建标〔1991〕816号

根据国家计委计综〔1986〕250号文的通知要求，由机械电子工业部会同有关部门共同修订的《氧气站设计规范》、《乙炔站设计规范》，已经有关部门会审。现批准《氧气站设计规范》GB 50030—91和《乙炔站设计规范》GB 50031—91为国家标准，自1992年7月1日起施行。原《氧气站设计规范》TJ 30—78和《乙炔站设计规范》TJ 31—78同时废止。

本规范由机械电子工业部负责管理，具体解释等工作由机械电子工业部设计研究总院负责。出版发行由建设部标准定额研究所负责组织。

中华人民共和国建设部
1991年11月15日

4

修 订 说 明

本规范是根据国家计委计综[1986]250号通知的要求,由机械电子工业部负责主编,具体由机械电子工业部设计研究院会同有关单位共同对《乙炔站设计规范》TJ 31—78(试行)修订而成。

在修订过程中,规范组进行了广泛的调查研究,认真总结了原规范执行以来的经验,吸取了部分科研成果,广泛征求了全国有关单位的意见,最后由我部会同有关部门审查定稿。

本规范共分九章和五个附录,这次修订的主要内容有:总则,乙炔站的布置,工艺设备的选择,工艺布置,建筑和结构,电气和热工测量仪表,给水、排水和环境保护,采暖和通风,管道等。

本规范执行过程中,如发现需要修改或补充之处,请将意见和有关资料寄送机械电子工业部设计研究院(北京王府井大街277号),并抄送机械电子工业部,以便今后修订时参考。

机械电子工业部
1990 年 10 月

目 次

第一章 总 则

第1.0.1条 为使乙炔站(含乙炔汇流排间)的设计,遵循国家基本建设的方针政策,坚持综合利用,节约能源,保护环境,做到安全第一,技术先进,经济合理,特制定本规范。

第1.0.2条 本规范适用于下列新建、改建、扩建的工程:

一、利用电石生产乙炔的乙炔站的设计;

二、乙炔汇流排间的设计;

三、厂区和车间乙炔管道的设计。

本规范不适用于生产化工原料气的乙炔站和乙炔管道的设计。

第1.0.3条 扩建或改建的乙炔站、乙炔汇流排间和乙炔管道的设计,必须充分利用原有的建筑物、构筑物、设备和管道。

第1.0.4条 乙炔站的制气站房、灌瓶站房、电石渣处理站房、电石库和电石破碎、电石渣坑,以及乙炔瓶库、丙酮库、乙炔汇流排间的生产火灾危险性类别,应为"甲"类。

第1.0.5条 乙炔站、乙炔汇流排间、乙炔管道的设计,除应符合本规范的规定外,并应符合现行的有关国家标准、规范的规定。

第二章 乙炔站的布置

第2.0.1条 乙炔站、乙炔汇流排间的布置,应根据下列要求,经技术经济方案比较后确定:

一、乙炔站严禁布置在易被水淹没的地点;

二、不应布置在人员密集区和主要交通要道处;

三、气态乙炔站、乙炔汇流排间宜靠近乙炔主要用户处;

四、应有良好的自然通风;

五、应有近期扩建的可能性。

第2.0.2条 乙炔站应布置在氧气站空分设备吸风口处全年最小频率风向的上风侧。

乙炔站与氧气站的间距,应按现行的国家标准《氧气站设计规范》的规定执行。

第2.0.3条 电石库与其他建、构筑物之间的防火间距,应按现行的国家标准《建筑设计防火规范》的规定执行。

电石库与制气站房相邻较高一面的外墙为防火墙时,其防火间距可适当缩小,但不应小于6m。

第2.0.4条 总容积不超过5m³的固定容积式贮罐,或总容积不超过20m³的湿式贮罐的外壁,与制气站房或灌瓶站房之间的间距,不宜小于5m。

第2.0.5条 总安装容量或总输气量不超过10m³/h的气态乙炔站或乙炔汇流排间,可与耐火等级不低于二级的其他生产厂房毗连建造,但应符合下列要求:

一、毗连的墙应为无门、窗、洞的防火墙;在靠近气态乙炔站或乙炔汇流排间的生产厂房外墙上的门、窗、洞边缘,与气态乙炔站或乙炔汇流排外墙上的门、窗、洞边缘、电石渣坑边缘和室外乙

炔设备外壁之间的距离,不应小于4m。

二、气态乙炔站或乙炔汇流排间与生产厂房相毗连的防火墙上,严禁穿过任何管线。

第2.0.6条 独立的乙炔瓶库与其他建筑物和屋外变、配电站之间的防火间距,不应小于表2.0.6的规定。

独立的乙炔瓶库与其他建筑物之间的防火间距 表2.0.6

独立的乙炔瓶库乙炔实瓶贮量(个)	防火间距(m)			
	各类耐火等级的其他建筑物			民用建筑,屋外变、配电站
	一、二级	三级	四级	
≤1500	12	15	20	25
>1500	15	20	25	30

第2.0.7条 气态乙炔站或乙炔汇流排间可与氧气汇流排间布置在耐火等级不低于二级的同一座建筑物内,但应以无门、窗、洞的防火墙隔开。

第2.0.8条 电石库、乙炔瓶库可以与氧气瓶库、可燃或易燃物品仓库布置在同一座建筑物内,但应以无门、窗、洞的防火墙隔开。

第2.0.9条 乙炔站应设置围墙或栅栏。围墙或栅栏至乙炔站有爆炸危险的建筑物、电石渣坑的边缘和室外乙炔设备的净距,不应小于下列规定:

一、实体围墙(高度不应低于2.5m)为3.5m;

二、空花围墙或栅栏为5m。

注:气态乙炔站与其他生产厂房毗连时,如布置有困难,以上的净距可适当缩小。

第三章 工艺设备的选择

第3.0.1条 乙炔站的设计容量,应按下列原则确定:

一、气态乙炔站的设计容量,应根据用户的最大小时消耗量,并乘以同时使用系数确定。

二、溶解乙炔站的设计容量,应根据用户的昼夜消耗量和溶解乙炔站的昼夜生产时间确定。溶解乙炔站宜为两班生产。

第3.0.2条 乙炔发生器及其主要工艺附属设备,严禁使用非专业生产设计单位的产品。

在一个乙炔站内宜选用同一型号的乙炔发生器,并不宜超过4台。

第3.0.3条 乙炔压缩机的型号和台数,应根据乙炔的输送方式和乙炔站的设计容量确定,但不宜少于2台。

第3.0.4条 低压乙炔发生器和乙炔压缩机之间,应设置湿式贮罐,其有效容积不应小于压缩机10min的排气量。

在无压缩机的情况下,低压乙炔发生器与乙炔用户之间,也应设置湿式贮罐,其有效容积应根据用户的乙炔负荷情况确定。

第3.0.5条 乙炔瓶的数量,不宜少于用户一昼夜用气瓶数的5倍计算。

第3.0.6条 乙炔净化或干燥设备的设置,应根据乙炔质量的要求确定。

乙炔压缩机与乙炔充灌台之间,必须设置干燥装置。

第3.0.7条 除采用强制冷却工艺的充灌台外,乙炔充灌台和乙炔汇流排的设计,应符合下列要求:

一、充灌台可由三组充灌排组成,每组充灌排连接的气瓶数,应按下式计算:

$$N=\frac{Q}{v} \qquad (3.0.7)$$

式中　N——连接气瓶数(个);

　　　Q——压缩机排气量(m³/h);

　　　v——充灌容积流速(m³/h·瓶)。间断充灌不宜超过0.8m³/h·瓶;一次充灌不宜超过0.6m³/h·瓶。

二、乙炔汇流排气瓶的输气容积流速,不应超过2m³/h·瓶。

第3.0.8条 乙炔站或乙炔汇流排间工艺流程内的下列部位,应设置安全装置:

一、多台乙炔发生器的汇气总管与每台乙炔发生器之间,必须设置安全水封;

二、接至厂区或用户的乙炔输气总管上,必须设置安全水封或阻火器;

三、电石入水式低压乙炔发生器,应有防真空措施;

四、高压干燥装置出口管路处,应设置阻火器;

五、高压乙炔放回低压贮罐或低压设备的管路上,应设置阻火器;

六、乙炔充灌台或乙炔汇流排各部位的阻火器和阀件等的设置,应按现行的标准《溶解乙炔设备技术条件》中的有关规定执行;

七、乙炔汇流排通向用户的输气总管上,应设置安全水封或阻火器。

第3.0.9条 乙炔的放散或排放应引至室外,引出管管口应高出屋脊,且不得小于1m。

第3.0.10条 乙炔设备的排污管,应接至室外。

第3.0.11条 电石入水式乙炔发生器,必须设有含氧量不超过3%的氮气或二氧化碳吹扫装置。

第四章　工　艺　布　置

第4.0.1条 乙炔发生器、乙炔压缩机等设备,必须采用适用于乙炔dⅡcT₂(B4b)级的防爆型电气设备或仪表。当受条件限制,需采用不适用于乙炔的或非防爆型电气设备或仪表时,应将其布置在单独的电气设备间内或室外。

电气设备间与发生器间或乙炔压缩机间之间,应以无门、窗、洞的非燃烧体墙隔开;当工艺需要时,可设窥视窗,但应符合本规范第5.0.9条的要求。

电动机传动轴的穿墙部分,应设置非燃烧材料的密封装置或用气体正压密封装置。

布置在室外的电气设备,应有防雨雪的措施。

第4.0.2条 乙炔贮罐应布置在室外。当总容积不超过5m³的固定容积式贮罐或总容积不超过20m³的湿式贮罐,可布置在室内单独的房间内。

在寒冷地区,贮罐的水槽和排水管,应采取防冻措施。

第4.0.3条 乙炔站的乙炔实瓶贮量,不宜超过三昼夜的灌瓶量。

乙炔汇流排间的乙炔实瓶贮量,不应超过一昼夜的生产需用量。

第4.0.4条 乙炔实瓶贮量不超过500个时,灌瓶站房和制气站房可设在同一座建筑物内,但应以防火墙隔开。

灌瓶站房的空瓶间和实瓶间的总面积,不应超过200m²。

灌瓶站房的乙炔实瓶贮量超过500个时,灌瓶站房和制气站房应为两座独立的建筑物。

灌瓶站房中实瓶的最大贮量,不应超过1000个,并且空瓶间和实瓶间的总面积,不应超过400m²。

第4.0.5条 独立的乙炔瓶库的气瓶贮量,应根据生产需要量、气瓶周转和运输等条件确定,但实瓶库或空瓶、实瓶库的气瓶贮量不应超过3000个,且其中应以防火墙分隔;每个隔间的气瓶贮量不应超过1000个。

第4.0.6条 空瓶间和实瓶间应分别设置,灌瓶间或汇流排间可通过门洞与空瓶间的实瓶间相通,各自应设独立的出入口。

当实瓶数量不超过60个时,空瓶、实瓶和汇流排可布置在同一房间内,但空、实瓶应分别存放;空瓶、实瓶与汇流排之间的净距不宜小于2m。

第4.0.7条 灌瓶间、汇流排间、空瓶间和实瓶间,应有防止倒瓶的措施。

第4.0.8条 乙炔站的设备或乙炔汇流排的布置,应紧凑合理,便于安装、维修和操作,并应符合下列要求:

一、设备与设备之间的净距不宜小于1.5m;设备与墙之间的净距不宜小于1m,但水环式乙炔压缩机、水泵、水封等小型设备的布置间距可适当缩小。

二、灌瓶乙炔压缩机双排布置时,两排之间的通道净宽度和发生器间的主要通道净宽度不宜小于2m。

三、乙炔汇流排应直线布置,不得拐角布置;双排布置时,其净距不宜小于2m。

注:电动机隔墙传动灌瓶乙炔压缩机时,其与墙之间的净距,按工艺需要确定。

第4.0.9条 灌瓶间、空瓶间和实瓶间的通道净宽度,应根据气瓶的运输方式确定,但不宜小于1.5m。

第4.0.10条 制气站房内的中间电石库的电石贮量,不应超过三昼夜的设计消耗量,且不应超过5t。

第4.0.11条 在乙炔瓶充灌丙酮处,丙酮的存放量,不应超过一个包装桶的量。

第4.0.12条 气瓶修理间应为单独的房间,除与空瓶间直接相通外,不应与其他房间直接相通。

第4.0.13条 溶解乙炔站应设化验室,化验室应为单独的房间。

第4.0.14条 空瓶间、实瓶间、电石库和乙炔汇流排间应设置气瓶或电石桶的装卸平台。平台的高度应根据气瓶或电石桶的运输工具确定,宜高出室外地坪0.4～1.1m;平台的宽度不宜超过3m。

灌瓶间、空瓶间、实瓶间、汇流排间和装卸平台的地坪,应采取相同的标高。

中间电石库的地坪,应比发生器间的地坪高出0.1m。

电石库的室内地坪,应比装卸平台的台面高出0.05m。

电石库如不设装卸平台时,室内地坪应比室外地坪高出0.25m。

第4.0.15条 有爆炸危险的房间和乙炔发生器的操作平台,应有安全出口。

第4.0.16条 电石库、中间电石库,严禁敷设蒸汽、凝结水和给水、排水等管道。

第4.0.17条 灌瓶乙炔压缩机间应有检修用的起重措施。

第五章 建筑和结构

第 5.0.1 条 乙炔站有爆炸危险的生产间,应为单层建筑物;当工艺需要时,其发生器间可设计成多层建筑物。

第 5.0.2 条 固定式乙炔发生器及其辅助设备或灌瓶乙炔压缩机及其辅助设备,应布置在单独的房间内。

第 5.0.3 条 电石破碎与电石库毗连建造时,其毗连处的墙应为无门、窗、洞的防火墙;当工艺要求设门时,可设能自动关闭的甲级防火门。

第 5.0.4 条 乙炔站、乙炔汇流排间的主要生产间的屋架下弦高度,不宜小于 4m。

第 5.0.5 条 除电石等库房外,有爆炸危险的生产间应设置泄压面积,泄压面积与厂房容积的比值,应符合现行的国家标准《建筑设计防火规范》的要求,且宜为 0.22。泄压设施宜采用轻质屋盖或屋盖上开口作为泄压面积。

第 5.0.6 条 有爆炸危险的生产间,宜采用钢筋混凝土柱、有防火保护层的钢柱承重的框架或排架结构,并宜采用敞开式的建筑。围护结构的门、窗,应向外开启。顶棚应尽量平整,避免死角。

第 5.0.7 条 有电石粉尘房间的内表面,应平整、光滑。

第 5.0.8 条 有爆炸危险生产间之间的隔墙,其耐火极限不应低于 1.5h。门为丙级防火门。

第 5.0.9 条 无爆炸危险的生产间或房间、办公室、休息室等,宜独立设置。当贴邻站房布置时,应采用一、二级耐火等级建筑,且与有爆炸危险生产间之间,应采用耐火极限不低于 3h 的无门、窗、洞的非燃烧体墙隔开,并设独立的出入口。当需连通时,应设乙级防火门的双门斗,通过走道相通。

有爆炸危险的生产间与值班室之间的窥视窗,应采用耐火极限不低于 0.9h 的密闭玻璃窗。

第 5.0.10 条 有爆炸危险的生产间与无爆炸危险的生产间或房间的隔墙上,有管道穿过时,应在穿墙处用非燃烧材料填塞。

第 5.0.11 条 灌瓶间、汇流排间和实瓶间的窗玻璃,宜采取涂白漆等措施。

第 5.0.12 条 装卸平台应设置大于平台宽度的雨篷。雨篷和支撑应为非燃烧体。

第六章 电气和热工测量仪表

第 6.0.1 条 乙炔站的供电,按现行的国家标准《工业与民用供电系统设计规范》规定的负荷分级,除不能中断生产用气者外,可为三级负荷。

第 6.0.2 条 有爆炸危险的生产间的爆炸危险性的分区,应符合现行的国家标准《爆炸和火灾危险环境电力装置设计规范》的要求,并应符合下列规定:

一、发生器间、乙炔压缩机间、灌瓶间、电石渣坑、丙酮库、乙炔汇流排间、空瓶间、实瓶间、贮罐间、电石库、中间电石库、电石渣泵间、乙炔瓶库、露天设置的贮罐、电石渣处理间、净化器间,应为 1 区。

二、气瓶修理间、干渣堆场,应为 2 区。

三、机修间、电气设备间、化验室、澄清水泵间、生活间,应为非爆炸危险区。

第 6.0.3 条 乙炔压缩机、电石破碎机、爆炸危险场所通风机等设备,当采用皮带传动时,皮带应有导除静电的措施。

乙炔设备、乙炔管、乙炔汇流排应有导除静电的接地装置,接地电阻不应大于 10Ω。

第 6.0.4 条 凡与乙炔接触的计器、测温筒、自动控制设备等,严禁选用含铜量 70% 以上的铜合金,以及银、汞、锌、镉及其合金材料制造的产品。

第 6.0.5 条 湿式贮罐的钟罩,应设置上、下限位的控制信号和压缩机的联锁装置。信号的位置,应便于操作人员观察。

第 6.0.6 条 乙炔站、乙炔汇流排间的照明,除不能中断生产用气者外,可不设置继续工作用的事故照明。

第 6.0.7 条 乙炔站、乙炔汇流排间和露天设置的贮罐的防雷,应按现行的国家标准《建筑物防雷设计规范》的规定执行。

第 6.0.8 条 乙炔站的 1 区爆炸危险区,应设乙炔可燃气体测爆仪,并与通风机联锁。

第 6.0.9 条 乙炔站应设集中式或分散式气体流量计。

第七章 给水、排水和环境保护

第7.0.1条 乙炔站给水的水压,应经常保持高出设备最高用水水压。乙炔压缩机冷却水的水质,应符合现行的国家标准《压缩空气站设计规范》的要求。

第7.0.2条 发生器间、乙炔压缩机间的给水总管上,应装设压力表。当每台发生器、水环式乙炔压缩机直接由自来水供水时,在给水管上应装设止回阀。在充灌台上应设置喷淋气瓶的冷却水管,并应设置紧急喷淋水管装置。

第7.0.3条 电石渣澄清水、冷却水应循环使用。电石渣应综合利用,严禁排入江、河、湖、海、农田、工厂区和城市排水管(沟)。

第7.0.4条 发生器间内发生器的排渣,宜采用排渣管或有盖板的排渣沟。

第7.0.5条 电石渣坑宜为开敞式,并严禁做成渗坑。

第7.0.6条 电石入水式乙炔发生器的加料口,应设有防止扬尘的措施,电石破碎处及放料口应设有除尘设备。室内有害物质的浓度,应符合现行的国家标准《工业企业设计卫生标准》规定的要求。除尘器排放口的排放量以及乙炔净化剂废料的处理,应符合现行的国家标准《工业"三废"排放试行标准》规定的要求。

第7.0.7条 对有噪声的生产厂房及作业场所,应按现行的国家标准《工业企业噪声控制设计规范》的规定采取噪声控制措施,并应符合该设计规范的要求。

第八章 采暖和通风

第8.0.1条 有爆炸危险的生产间,严禁明火采暖。电石库、中间电石库不应采暖。

第8.0.2条 集中采暖时,室内的采暖计算温度应符合下列规定:

一、发生器间、乙炔压缩机间、灌瓶间、电石渣处理间、汇流排间等生产间为+15℃;

二、空瓶间、实瓶间为+10℃;

三、贮罐间、电气设备间、通风机间为+5℃;

四、值班室、办公室、生活间、化验室,应按现行的国家标准《工业企业设计卫生标准》的规定执行。

第8.0.3条 发生器间、电石渣处理间应选用易于清除灰尘的散热器。

第8.0.4条 灌瓶间、空瓶间、实瓶间、汇流排间的散热器,应采取隔热措施。

第8.0.5条 有爆炸危险生产间的自然通风换气次数,每小时不应小于3次;事故通风换气次数每小时不应小于7次。

第8.0.6条 通风帽应设有防止雨、雪侵入的措施。电石库、中间电石库的通风帽,还应有防止凝结水滴落的措施。

第九章 乙炔管道

第9.0.1条 乙炔在管子中的最大流速,宜符合下列规定:

一、厂区和车间乙炔管道,乙炔的工作压力为0.02～0.15MPa时,其最大流速为8m/s;

二、乙炔站内的乙炔管道,乙炔的工作压力为2.5MPa及以下时,其最大流速为4m/s。

第9.0.2条 乙炔管道的管材、管径和管壁厚度,应符合下列要求:

一、低压乙炔管道,工作压力不超过0.02MPa,宜采用无缝钢管(YB231)A₃材质或焊接钢管(GB3091;GB3092)。

二、中压乙炔管道,工作压力为0.02～0.15MPa,应采用无缝钢管(YB231)A₃材质;管内径不应超过80mm;管壁厚度不应小于表9.0.2-1的规定。

三、乙炔工作压力为0.15～2.5MPa的高压乙炔管道,应采用无缝钢管(YB231;YB529,20号钢以正火状态供货),管内径不应超过20mm;管壁厚度不应小于表9.0.2-2的规定。

注:本条引用的标准,当进行全面修订时,应按修订后的现行标准执行。

中压乙炔管道无缝钢管管壁的最小厚度　　表9.0.2-1

管外径(mm)	≤ϕ22	ϕ28～32	ϕ38～45	ϕ57	ϕ73～76	ϕ89
最小壁厚(mm)	2	2.5	3	3.5	4	4.5

注:乙炔管道直接埋地敷设时,应考虑土壤对管壁的腐蚀影响,其管壁厚度应增加不小于0.5mm的腐蚀裕度。

高压乙炔管道无缝钢管管壁的最小厚度　　表9.0.2-2

管外径(mm)	≤ϕ10	ϕ12～16	ϕ18～20	ϕ22	ϕ25～28	ϕ32
最小壁厚(mm)	2	3	4	4.5	5	6

第9.0.3条 在管内径大于50mm的中压乙炔管道上,不应有盲板或死端头,并不应选用闸阀。

第9.0.4条 乙炔管道的阀门、附件的选用和管道的连接,应符合下列要求:

一、阀门和附件应采用钢、可锻铸铁或球墨铸铁材料制造的,或采用含铜量不超过70%的铜合金材料的产品。

二、阀门和附件的公称压力,应符合下列规定:

1. 乙炔的工作压力为0.02MPa及以下时,宜采用0.6MPa;

2. 乙炔的工作压力为0.02MPa以上至0.15MPa,管内径不大于50mm时,宜采用1.6MPa;管内径为65～80mm时,宜采用2.5MPa;

3. 乙炔的工作压力为0.15MPa以上至2.5MPa时,不应小于25MPa。

三、管道的连接,宜采用焊接和高压卡套接头,但与设备、阀门和附件的连接处,可采用法兰或螺纹连接。

第9.0.5条 乙炔管道应有导除静电的接地装置;厂区管道可在管道分岔处、无分支管道每80～100m处以及进出车间建筑物处应设接地装置;直接埋地管道,可在埋地之前及出地后各接地一次;车间内部管道,可与本车间的静电干线相连接。接地电阻值应符合本规范第6.0.3条的规定。

当每对法兰或螺纹接头间电阻值超过0.03Ω时,应有跨接导线。

对有阴极保护的管道,不应作接地。

第9.0.6条 含湿乙炔管道的坡度,不宜小于0.003;在管道最低处应有排水装置。在干式回火防止器之前,宜有过滤和排水装置。

第9.0.7条 乙炔管道,应设热补偿。架空乙炔管道靠近热源敷设时,宜采取隔热措施;管壁温度严禁超过70℃。

第9.0.8条 乙炔管道严禁穿过生活间、办公室。厂区和车间的乙炔管道,不应穿过不使用乙炔的建筑物和房间。

第9.0.9条 架空乙炔管道可与不燃气体管道(不包括氯气管道)、压力不超过 1.3MPa 的蒸汽管道、热水管道、给水管道和同一使用目的的氧气管道共架敷设。

乙炔管道与其他管道之间的净距,应按本规范附录二的规定执行;分层布置时,乙炔管道应布置在最上层,其固定支架不应固定在其他管道上。

第9.0.10条 乙炔站和车间的乙炔管道敷设时,应符合下列要求:

一、乙炔管道应沿墙或柱子架空敷设,其高度应不妨碍交通和便于检修;与其他管道之间的最小净距,应按本规范附录二的规定执行。当不能架空时,可单独或与同一使用目的的氧气管道共同敷设在非燃烧体盖板的不通行地沟内,但地沟内必须全部填满砂子,并严禁与其他沟道相通。

二、每个焊炬、割炬或淬火炬,应设单独的岗位回火防止器。回火防止器设保护箱时,必须采用通风良好的保护箱。

三、压力为 0.02MPa 以上至 0.15MPa 的车间乙炔管道进口处,应设中央回火防止器。

四、乙炔管道穿过墙壁或楼板处,应敷设在套管内,套管内的管段不应有焊缝。管道与套管之间,应用石棉绳和防水材料填塞。

第9.0.11条 厂区的乙炔管道架空敷设时,应符合下列要求:

一、应敷设在非燃烧体的支架上;当与乙炔生产或使用有关的车间建筑物,其耐火等级为一、二级时,可沿建筑物的外墙或屋顶上敷设。

二、含湿乙炔管道,在寒冷地区可能造成管道冻塞时,应采取防冻措施。

三、不应与导电线路(不包括乙炔管道专用的导电线路)敷设在同一支架上。

四、乙炔管道、管架与建筑物、构筑物、铁路、道路之间的最小净距,应按本规范附录一的规定执行。

第9.0.12条 厂区乙炔管道地下敷设时,应直接埋地敷设,并应符合下列要求:

一、埋地敷设深度应根据地面荷载决定;管顶距地面不宜小于 0.7m;穿过铁路和道路时,其交叉角不宜小于 45°。

二、含湿乙炔管道应敷设在冰冻线以下。

三、在从沟底起直至管顶以上 300mm 范围内,用松散的土填平捣实或用砂填满,然后再回填土。

四、阀门和附件宜直接埋地,当设检查井时,应单独设置,并严禁其他管道直接通过。

五、管道、阀门和附件的外表面,应有防腐措施。

六、严禁通过下列地点:

1. 烟道、通风地沟和直接靠近高于 50℃ 的热表面;

2. 建筑物、构筑物和露天堆场的下面。

七、与建筑物、构筑物、其他管线之间的最小净距应按本规范附录三的规定执行。

第9.0.13条 管道设计对施工及验收的规定,应按现行的国家标准《工业管道工程施工及验收规范——金属管道篇》及《现场设备、工业管道焊接工程施工及验收规范》的有关规定执行,但乙炔管道强度试验和气密性试验应符合现行的标准《溶解乙炔设备技术条件》的规定。

附录一　厂区架空乙炔管道、管架与建筑物、构筑物、铁路、道路等之间的最小净距

厂区架空乙炔管道、管架与建筑物、构筑物、铁路、道路等之间的最小净距　　附表 1.1

名　称	最小水平净距(m)	最小垂直净距(m)
建筑物有门窗的墙壁外边或突出部分外边	3.0	—
建筑物无门窗的墙壁外边或突出部分外边	1.5	—
非电气化铁路	3.0	6.0
电气化铁路	3.0	
道路	1.0	4.5
人行道	0.5	2.5
厂区围墙(中心线)	1.0	
照明、电信杆柱中心	1.0	
熔化金属地点和明火地点	10.0	

注:①表中水平距离,管架从最外边线算起;道路为城市型时,自路面边缘算起;为公路型时,自路肩边缘算起;铁路自轨外侧或按建筑界限算起;人行道自外沿算起。

②表中垂直距离,管线自防护设施的外缘算起;管架自最低部分算起;铁路自轨面算起;道路自路拱顶算起;人行道自路面算起。

③与架空电力线路的距离应符合现行的国家标准《工业与民用 35kV 及以上架空电力线路设计规范》的规定。

④当有大件运输要求或在检修期间有大型起吊设施通过的道路时,最小垂直净距,应根据需要确定。

⑤表中建筑物水平净距的规定,不适用于沿与乙炔生产或使用有关的车间建筑物外墙外敷设的管道。

⑥架空管线、管架跨越电气化铁路的最小垂直净距,应符合现行的有关标准规范规定。

附录二　厂区及车间架空乙炔管道与其他架空管线之间最小净距

厂区及车间架空乙炔管道与其他架空管线之间最小净距　　附表 2.1

管线名称	最小并行净距(m)	最小交叉净距(m)
给水管、排水管	0.25	0.25
热力管(蒸汽压力不超过 1.3MPa)	0.25	0.25
不燃气体管	0.25	0.25
燃气管、燃油管和氧气管	0.50	0.25
滑触线	3.00	0.50
裸导线	2.00	0.50
绝缘导线和电路	1.00	0.50
穿有导线的电线管	1.00	0.25
插接式母线、悬挂式干线	3.00	1.00
非防爆型开关、插座、配电箱等	3.00	3.00

注:①乙炔管道与同一使用目的的氧气管道并行敷设时,其最小并行净距,可减少到0.25m。

②电气设备与乙炔的岗位回火防止器引出口不能保持上述距离时,允许两者安装在同一柱子的相对侧面,如为空腹柱子时,应在柱子上装设非燃烧体隔板,局部隔开。

③乙炔管道在电气设备上面通过时,本表非防爆型开关、插座、配电箱等的最小净距可减少到1.5m。

④在滑触线下面采取防火花措施时,本表滑触线的最小并行净距可减少到1.5m。

附录三 厂区地下乙炔管道与建筑物、构筑物等及其他地下管线之间最小净距

厂区地下乙炔管道与建筑物、构筑物等及其他地下管线之间最小净距 附表 3.1

名　称	最小水平净距(m)	最小垂直净距(m)
有地下室及生产火灾危险性为甲类的建筑物基础或通行沟道的外沿	2.5	
无地下室的建筑物基础外沿	1.5	
铁路钢轨	2.5	1.2
排水沟外沿	0.8	
道路	0.8	0.5
照明电线、电力电信杆柱：		
照明电线	0.8	
电力(220V;380V)电信	1.5	
高压电力电信	1.9	
管架基础外沿	1.0	
围墙基础外沿	1.0	
乔木中心	1.5	
灌木中心	1.0	
给水管：		
直径<75mm	0.8	0.25
直径75~150mm	1.0	0.25
直径200~400mm	1.2	0.25
直径>400mm	1.5	0.25
排水管：		
直径<800mm	0.8	0.25
直径800~1500mm	1.0	0.25
直径>1500mm	1.2	0.25
热力管	1.5	0.25
氧气管	1.5	0.25

续附表 3.1

名　称	最小水平净距(m)	最小垂直净距(m)
煤气管：		
煤气压力≤0.005MPa	1.0	0.25
>0.005~0.15MPa	1.0	0.25
>0.15~0.3MPa	1.2	0.25
>0.3~0.8MPa	1.5	0.25
压缩空气等不燃气体管	1.5	0.15
电力电缆：		
电压<1kV	0.8	0.50
1~10kV	0.8	0.50
>10~35kV	1.0	0.50
电信电缆：		
直埋电缆	0.8	0.50
电缆管道	1.0	0.15
电缆沟	1.5	0.25

注：①乙炔管道与同一使用目的的氧气管道或其他不燃气体管道(不包括氯气管道)同一水平敷设时,管道之间不平净距可减少到0.25m,但应在从沟底起直至管顶以上300mm范围内,用松散的土或砂填实后再回填土。

②本表第1、2项水平净距是指埋地管道与同标高或其以上的基础最外侧的最小水平净距。

③敷设在铁路和不便开挖的道路下面的管段应加设套管,套管的两端伸出铁路路基或道路路边不应小于1m;铁路路基或道路路边有排水沟时,应延伸出排水沟沟边1m。套管内的管段应尽量减少焊缝。

④表列水平净距:管线均自管壁、沟壁或防护设施的外沿或最外一根电缆算起;道路为城市型时,自路面边缘算起;为公路型时,自路肩边缘算起;铁路自轨外侧算起。

⑤本表管道、信电电缆、电缆沟的垂直净距,是指下面管道或管沟的外顶与上面管道的管底或管沟基础底之间的净距;本表铁路钢轨和道路的垂直净距,铁路自轨底算至管顶;道路自路面结构层底算至管顶。

附录四 名词解释

名词解释 附表 4.1

本规范用词	解　释
乙炔站	在站区范围内根据不同情况组合有制气站房、灌瓶站房、电石库和其他有关辅助建筑物和构筑物等的统称,并是乙炔厂的同义词
气态乙炔站	用管道输送气态乙炔的乙炔站
溶解乙炔站	生产瓶装乙炔的乙炔站
制气站房	以制取乙炔为主的,包括有发生器间、中间电石库、水环式乙炔压缩机间、电气设备间等的建筑物
灌瓶站房	以压缩、充灌乙炔、贮存乙炔瓶为主的建筑物
乙炔汇流排间	以布置输送乙炔给用户的乙炔汇流排或乙炔集装瓶或集装车为主的建筑物,其中可存放适当数量的乙炔瓶
电石渣处理站房	以布置电石渣浆脱水工艺设备(压滤机)为主,包括有关辅助生产间的建筑物
爆炸危险区域	爆炸性混合物出现的或预期可能出现的数量达到足以要求对电气设备的结构、安装和使用采取预防措施的区域
有爆炸危险的生产间	即主要生产间。属于这类生产间的有:发生器间、乙炔压缩机间、贮罐间、灌瓶间、空瓶间、实瓶间、中间电石库、电石库及电石破碎、乙炔瓶库、气瓶修理间、电石渣处理间、丙酮库、乙炔汇流排间等
无爆炸危险的生产间	指机修间、电气设备间、化验室、澄清水泵间等
低压乙炔	压力等于或小于0.02MPa的乙炔
中压乙炔	压力大于0.02MPa,小于或等于0.15MPa的乙炔
高压乙炔	压力大于0.15MPa,小于或等于2.5MPa的乙炔
含湿乙炔	具有一定相对湿度,且在输送过程中能达到饱和并析出水分的乙炔
检查井(附件室、窨井)	为检查、操作阀门、附件等用的井

续附表 4.1

本规范用词	解　释
气瓶	为空瓶和实瓶的统称。用于贮存运送乙炔气的容器,其水容积一般按40L计
空瓶	充填有多孔性材料和丙酮,但无压力或有残余乙炔压力的气瓶
实瓶	充填有多孔性材料和丙酮,并充灌有一定压力的气瓶,一般为1.5MPa(15℃)
厂区管道	位于乙炔站各主要生产间建筑物之间以及乙炔站、乙炔汇流排间通到各用户车间之间的管道
车间管道	位于乙炔站、乙炔汇流排间主要生产间建筑物内部以及用户车间建筑物内部管道的泛称,当指明为用户车间内部管道时,则不包括前者

附加说明

本规范主编单位、参编单位和
主要起草人名单

主 编 单 位: 机械电子工业部设计研究院
参 编 单 位: 冶金工业部北京钢铁设计研究总院
　　　　　　中国船舶工业总公司第九设计研究院
　　　　　　机械电子工业部第十设计研究院
主要起草人: 薛君玉　罗　让　谭易和　谢伏初
　　　　　　杨子馨

中华人民共和国国家标准

乙 炔 站 设 计 规 范

GB 50031 - 91

条 文 说 明

前　　言

根据国家计委计综〔1986〕250 号通知的要求,由机械电子工业部会同有关单位共同编制的《乙炔站设计规范》GB 50031—91,经建设部 1991 年 11 月 15 日以建标〔1991〕816 号文批准发布。

为便于广大设计、施工、科研、学校等有关单位人员在使用本规范时能正确理解和执行条文规定,《乙炔站设计规范》(修订)组根据国家计委关于编制标准、规范条文说明的统一要求,按《乙炔站设计规范》的章、节、条顺序,编制了《乙炔站设计规范条文说明》,供国内各有关部门和单位参考。在使用中如发现本条文说明有欠妥之处,请将意见直接函寄机械电子工业部设计研究院(地址:北京王府井大街 277 号)。

本《条文说明》仅供国内有关部门和单位执行本规范时使用,不得外传和翻印。

1991 年 11 月

第一章　总　　则

第 1.0.1 条　本条在于说明制定本规范的目的和重要性,明确乙炔站等设计时必须认真贯彻各项方针政策,认真采取防火技术措施,使设计做到安全可靠、技术先进、经济合理、保护环境,对保证安全生产、保护职工的安全和健康、保卫社会主义财产、促进社会主义建设有着很重要的意义。

第 1.0.5 条　乙炔站设计规范虽属专业性较强的规范,但它与其他设计标准和规范的关系密切,有的部分还要按照有关标准和规范的规定执行。例如,在乙炔站、乙炔汇流排间布置时,乙炔站乙炔汇流排间与其他建筑物、铁路、道路、明火或散发火花的地点等等之间的防火间距,要按照《建筑设计防火规范》的规定执行。又如,在土建公用设计方面,本规范仅就乙炔站对土建公用设计的主要特点和设计要求作了规定,具体的设计原则和专业方面的设计规定要根据各有关专业设计规范、标准的规定执行。因此,设计时除应符合本规范的规定外,还应符合现行的有关国家设计标准、规范的规定。

第二章 乙炔站的布置

第2.0.1条 本条在于说明，在工厂总平面布置中确定乙炔站和电石库（包括站区外设置的独立的电石库等）的位置时的一些基本原则，在一般情况下，均应按此考虑。

一、在工厂厂区内的地势比较低洼的地方，容易积水，特别是在多雨地区，应注意不要把乙炔站和电石库布置在这些地方，因为中间电石库、电石库都存有电石，电石遇水或受潮能产生乙炔。

二、乙炔站和电石库、乙炔汇流排间易发生燃烧和爆炸，因此建议在布置时应远离人员密集区、重要的民用建筑和交通要道处，避免爆炸时产生较大的人员伤亡，造成政治影响和经济损失。

三、乙炔站、乙炔汇流排间靠近主要用户，其主要优点是能缩短厂区乙炔管道，减少管道的压力降，保证供气。

第2.0.4条 乙炔属可燃气体，其贮罐与建筑物、堆场、渣坑、铁路、道路、屋外变配电站、民用建筑等之间的防火间距，应按《建筑设计防火规范》的规定执行。但对规定"容积不超过20m^3的可燃气体贮罐与所属厂房的防火间距不限"。在调查中，各地乙炔站工作人员认为这个规定不太适当，普遍认为仍然要有一定限制，要求贮罐至少不能影响乙炔站的采光、通风要求，不影响安装检修。

调查中有7个室外布置的、容量等于小于20m^3的湿式贮罐，其罐中心与乙炔站房的间距如表2.0.4。

从上表分析，序号1、4两站的间距偏小，希望远一些好，且实际情况多数在5m以上。因此，我们提出乙炔贮罐的外壁与乙炔站房的制气站房外墙之间的间距不宜小于5m的规定。

贮罐的中心与乙炔站房外墙的间距 表2.0.4

序号	厂名	贮罐的容积（m^3）	罐中心与乙炔站房外墙的间距（m）	工厂的反映意见
1	上海某造船厂	20	3.0	距离太近，要求有10m
2	上海某厂	20	7.0	
3	上海某造船厂	20	11.5	
4	沈阳某厂	20	4.0	距离小，但受站区面积限制
5	杭州某厂	15	8.0	
6	成都某厂	2×5	5.0	
7	某汽车厂	20	12.0	

对固定容积式乙炔贮罐容量的限额问题，在《建筑设计防火规范》中规定"容积不超过20m^3的可燃气体贮罐……"不仅指湿式，同时也指固定式。但在本规范中把固定容积式乙炔贮罐的容量限制在5m^3以下主要是由于：①乙炔为易燃易爆气体，万一空气侵入或其他原因极易引起爆炸。尤其是固定容积式贮罐一般用于中压乙炔，其爆炸的威力比低压贮罐大，所以应尽可能把容量缩小；②苏联1958年乙炔站设计规范把5m^3的固定容积式乙炔贮罐与20m^3湿式乙炔贮罐同等对待；③目前国内采用的固定容积式乙炔贮罐的容量在1~2m^3左右。因此，我们结合国内情况。也参照苏联的设计规范，把它定为5m^3。

第2.0.5条 苏联乙炔站设计规范（1958年版）和国内一些设计单位编制的乙炔站设计参考资料都有这条的规定，但乙炔站的总安装容量规定为不超过20m^3/h，在调查的一些工厂中毗连生产厂房建造的乙炔站大部分也在规定的范围内。如哈尔滨某机械厂、沈阳某机器厂、大连某厂、上海某容器厂、昆明某厂、云南某机器厂等乙炔站没有超过20m^3/h，个别的如上海某厂、上海某机械厂则达30m^3/h。我们认为允许乙炔站毗连生产厂房建造有利于中小型工厂，特别是县办工厂布置乙炔站。但是，1975年10月在苏州地区吴县的扩大院审会上提出总安装容量应减小到不超过

10m^3/h，因乙炔站经常发生燃烧爆炸事故，尤其毗连生产厂房的乙炔站，因其容量较小，有的是由所属乙炔用户负责管理，其规章制度要比独立的乙炔站松弛，事故比较多。如果乙炔站的生产容量太大，乙炔发生器的数量过多时，发生燃烧爆炸事故的可能性要多，危害性也要严重些；要防止乙炔站的规模增大，发生器的台数较多时，过多地影响相毗邻生产厂房的通风、采光等。根据扩大院审会的意见，将乙炔站的总安装容量改为不超过10m^3/h。

乙炔站在生产过程中经常散发乙炔气，在毗连的墙上有门、窗、洞时，乙炔气有可能进入生产厂房内的全部或局部地带形成乙炔空气混合气体。所以在本条中规定毗连的墙应为无门、窗、洞的防火墙。生产厂房外墙上无门、窗、洞的墙确定的原则为：

一、当乙炔站无室外乙炔设备时，制气站房从有门、窗、洞的外墙算起4m范围以内；

二、当乙炔站室外有乙炔设备时，应由乙炔设备的外壁算起4m范围以内；

三、当室外渣坑外边缘超过乙炔站的外墙或室外乙炔设备外壁时，从渣坑外边缘算起4m范围以内。以上理由包括乙炔汇流排间。

第2.0.6条 独立的乙炔瓶库系指：

一、工业企业内无乙炔站，所需乙炔是由外单位协作供应瓶装乙炔而设置的瓶库；

二、有溶解乙炔站的工业企业里为贮存乙炔气瓶而设置的独立性的瓶库。表中乙炔实瓶的贮量是根据《建筑设计防火规范》的规定换算得来的。每瓶乙炔气的重量按6kg计，1500瓶相当于9t乙炔，本规范即以1500个实瓶分档确定瓶库与其他建筑物之间的防火间距。在表中没有列出的项目（如铁路、道路、明火地点等），应按《建筑设计防火规范》的规定执行。

按《建筑设计防火规范》的规定，"屋外变、配电站，是指电力系统电压为35~500kV且每台变压器的容量在10000kVA以上的屋外变、配电站，以及工业企业的变压器总油量超过5t的屋外总降压变电站。"在此范围以外的变、配电站按工业与民用供电系统设计规范的规定执行。

第2.0.7条 在各设计院编制的乙炔站设计参考资料和苏联、美国等国家的乙炔站设计规范中，都有乙炔站或乙炔汇流排间和氧气汇流排间可布置在同一座建筑物内的规定，其规模没有限制。但我们分析，这个规定一般只适用于中小型或容量不大的企业。例如：某机修厂的乙炔站（一台10m^3/h乙炔发生器）和氧气汇流排间（2×5瓶组）就是合建成一个建筑物。在原三机部、七机部的工厂里也有这种组合的型式，其规模：乙炔站生产量一般为3~5m^3/h，氧气汇流排间为1×5~2×5瓶组之间，有的还附有氧气瓶贮存间。在征求规范的意见中反映，乙炔站或乙炔汇流排间的建筑物内增加了氧气汇流排间，又增加了站房的危险性，应独立设置，不应毗连于其他生产厂房，生产规模也不应搞得太大。事实上规模大时，就会搞各自的独立的建筑，以策安全。为此，为适应中小型企业的需要，减少一些小型的独立的甲类生产建筑物，本规范仍保留了这条规定。

第2.0.8条 工厂用氧气是由外单位协作供应或该厂氧气站全为氧气瓶供氧的条件下，为了减少一些甲、乙类贮存物品的独立仓库，规定电石库或独立的乙炔瓶库可以与氧气瓶库布置在同一座仓库内，如有必要时也可以与其他可燃、易燃物品布置在同一座仓库内。

根据《建筑设计防火规范》中规定，电石库和乙炔瓶库属甲类物品仓库，应采用一、二级耐火等级的建筑；氧气瓶库属乙类物品仓库，应采用不低于三级耐火等级的建筑。当两者组合成一个库房时，应按其中火灾危险性最大的物品确定。故在本条的情况时应采用耐火等级不低于二级的建筑。如其他可燃、易燃物品与电石库或独立的乙炔瓶库组合成一座仓库时，也应按上述原则确定仓库的建筑耐火等级。

由于电石、乙炔和氧气等属于不同性质的物品，在着火燃烧时所采取的灭火方法又有不同，并考虑到防火、安全和在事故时不致相互影响，所以各种物品应分开贮存，库房彼此之间应用无门、窗、洞的防火墙隔开，以便于在火灾爆炸事故时可以扑救，减少损失。

至于仓库的最大允许层数及其贮存量，应按其中火灾危险性最大的物品确定，并应符合《建筑设计防火规范》中对仓库的要求。

第2.0.9条 乙炔站是有火灾和爆炸危险的场所，也是工厂中比较重要的动力站房之一，是工厂重点安全保卫的场所之一。从调查的63个乙炔站中，有40个设有围墙，占总数的63.5%。工厂普遍反映，为防止非乙炔站人员随便出入乙炔站，预防事故的发生，保证生产安全，乙炔站都应设置围墙，至少应设置栅栏。所以作了本规定。

第三章 工艺设备的选择

第3.0.2条 乙炔站由于乙炔发生器及其主要工艺附属设备结构不当、机构失灵而引起的事故为数较多。国外不少国家对乙炔发生器的设计与制造规定应由有关部门审查合格后才准使用（在国际上有国际乙炔协会，美国、瑞典、德国、苏联……等国都有专门机构管理）。

鉴于我国目前已有专业生产设计单位负责此项工作，为安全慎重起见，本规范规定应选用专业生产设计单位的产品。

为了防止设备的误操作，并便于设备的检修和减少备品备件的品种，宜选用同类型的乙炔发生器。鉴于选用的台数过多，不仅会增加设备投资，增加占地面积，又会增加操作次数和劳动量，从而增加了不安全因素。因此在规范中建议"……不宜超过4台"。

第3.0.3条 选用乙炔压缩机时，应根据乙炔的输送方式确定。用管道输送中压乙炔时，由于干乙炔大容量气相压缩时，容易产生分解爆炸，因此应选用水环式乙炔压缩机，使水与气态乙炔同时进入中压乙炔压缩机进行压缩。这样有2个好处：①乙炔的压缩热被水吸收，使压缩时的乙炔气温不易升高；②乙炔被水湿润后，不易发生分解爆炸，这样就较安全。为了使压缩后的乙炔与水分离，在压缩机后，应增设一个气水分离器。如需把乙炔加压到高压，把乙炔充灌入瓶时，应选用乙炔专用的压缩机。

压缩机的选用台数应根据工厂的负荷情况确定。由于乙炔站的供气会直接影响全厂气焊、切割的生产，为了提高供气的可靠性，在规范中规定"……不宜少于2台"。

第3.0.4条 本条为选用贮罐的原则。当低压乙炔发生器生产的乙炔采用乙炔压缩机增压时，由于发生器的发气速度很不稳

定，一般发气速度都较慢，如与压缩机直接连接时，容易使低压乙炔管道和乙炔发生器本体产生负压，引起空气渗入而发生爆炸，因此必须在乙炔压缩机之前，设置平衡容器（即贮罐），平衡容器的乙炔贮量根据国内一些工厂的讨论意见，本规范规定，不应小于压缩机10min的排气量。

在无压缩机的情况下，贮罐的容积则应根据各使用工厂的实际负荷情况决定。

第3.0.5条 在1974年11月全国溶解乙炔站经验交流会上，曾对国内6个主要工厂拥有气瓶的数量作了统计，如表3.0.5。

与会单位建议在规范中，把应备气瓶数量规定为一昼夜用气瓶数的8倍计算。根据分析，尽管乙炔瓶的周转速度没有氧气瓶那么快，但根据上海某化工厂的经验，如能组织好生产，加快气瓶的周转也完全是可能的。因此参照上海某化工厂的经验，又与氧气站有所区别，在本规范中规定为："一般按用户一昼夜用气瓶数的5倍计算"（洛阳某厂除用户手中的400个气瓶外，周转量也仅为昼夜消耗量的2.3倍）。

各厂拥有气瓶的数量　　　　　　　　表3.0.5

厂　名	每日充瓶数（个）	全厂共有气瓶数（个）	折合天数（天）	备　注
太原某厂	20	210	10.5	
沈阳某厂	50	450	9.0	
某汽车厂	90～100	800	8～9	
洛阳某厂	30	470	15.7	用户手中经常保持400瓶
		气焊用瓶		
上海某厂	80	1000	12.5	每个灯塔一个瓶
上海某化工厂	600	3000	5	有些用户每日更换瓶库瓶数为250个
南京某所	50	1500		

第3.0.6条 乙炔的质量可随各厂工艺的要求而定。作为航标灯用的乙炔和高压锅炉焊接所需的乙炔，对乙炔中的磷化氢和硫化氢都有严格的要求（苏联ГОСТ 5457—50对溶解乙炔杂质的含量规定为：$PH_3 < 0.02\%$，$H_2S < 0.05\%$）。我国对溶解乙炔的杂质含量也已作出了规定，因此在乙炔站生产流程中就必须设置乙炔净化设备（净化标准可按各工艺需要决定），有些工厂需要连续供气时，净化设备应设置2套交替使用。

水分进入乙炔瓶会降低丙酮吸收乙炔的能力。因此，乙炔在充灌之前应设置干燥器对乙炔进行干燥。对乙炔气中允许最高含水量的问题在1974年11月全国溶解乙炔站经验交流会上曾作了讨论，一致认为，不应超过$1.0g/m^3$。因此在实际设计中应尽可能采用高效率、低消耗的干燥剂，目前不少工厂都采用无水氯化钙对乙炔进行干燥，其优点是水分容易控制，与乙炔又不会发生化学反应。据文献介绍：苛性碱与加压乙炔会发生化学反应生成爆炸物质，因此在选用乙炔干燥剂时，不应采用苛性碱。

第3.0.7条 规范中所规定的乙炔灌瓶台的设置原则和计算方法是按国内目前各厂常用的方式推荐的。充灌时的容积流速是根据1974年11月全国溶解乙炔站经验交流会讨论推荐的数据。

汇流排乙炔瓶的输气容积流速，为了保证安全使用，不致引起静电火花等危险，所以不应超过$1.5～2.0m^3/h \cdot$瓶。

第3.0.9条 放散乙炔的放散管，其排放口如距屋檐太低，由于风的影响往往会使排放的乙炔倒灌到站房里就有造成站房爆炸的危险，因此在规范中规定需要高出屋脊1m及以上。

第3.0.10条 由于乙炔设备的油水分离器、干燥器在排污时，乙炔会随污一起排出，为了防止乙炔在站内积聚，本条规定应将排污管接至室外排放。

第3.0.11条 根据国内乙炔站事故调查报告分析，乙炔站约有55%的事故出于电石入水式乙炔发生器加料时，空气侵入电石加料斗形成乙炔空气混合气遇到电石撞击加料斗壁发生的火花而

产生爆炸。目前国内外大部分工厂都已增设了冲氮(或二氧化碳)装置,在加电石前先把料斗中的乙炔置换掉,这样就较安全,我们总结了各厂的经验,把它列入了规范。

对水入电石式乙炔发生器,根据国内外产品的情况,由于结构的限制,一般容量都较小(在 10m³/h 以下),在国内虽也有个别工厂(如洛阳某厂)设置冲氮装置,但并不普遍,根据操作师傅反映,只要在加料前把发气室用水吹扫干净,同时也起到降温作用,安全是可以保证的,因此在本条文中,就不作具体规定。

乙炔站内用作吹扫或作为气动装置气源用的氮气或二氧化碳气中允许最高含氧量,各国的标准并不统一,经核算,对一个大气压的纯乙炔,如含氧量为3%的氮或二氧化碳气吹扫,当乙炔被稀释 C_2H_2:N_2(CO_2)=1:1 时,混合气体中氧含量将下降到 1.5%(按体积计),这样就比较安全,何况一般在操作时,基本上都能将乙炔置换掉,安全就更有保证。这个数字在 1974 年 11 月的全国溶解乙炔站经验交流会上曾作过讨论,与会同志都认为较合适。

第四章 工艺布置

第 4.0.1 条 根据现行的国家标准《爆炸和火灾危险环境电力装置设计规范》的规定所作的具体规定。

第 4.0.2 条 乙炔贮罐燃烧爆炸时的威力及其危害性较大。如某机修厂乙炔站的室外布置的一个中压乙炔贮罐,在 1973 年下半年发生爆炸,罐体的铁片飞出 1 公里多,靠近贮罐一侧的乙炔站的砖墙被炸裂;又如武汉某车辆厂设置在发生器间内的一个 5m³ 湿式贮罐,在 1965 年的一次爆炸时,其钟罩飞上打断屋顶的一根工字钢梁,冲出石棉瓦的屋顶,然后又落到屋顶上,站房的玻璃震坏,此后新做了一个 30m³ 的贮罐安装在单独的房间内。在所调查的乙炔站均反映,因乙炔生产中乙炔的气量经常有波动或有超压现象,湿式贮罐就有可能跑气,如为室内布置时会增加室内空气中的乙炔浓度。中压乙炔气罐的压力较高,爆炸时威力更大,室内设置的危害性也较大。同时乙炔贮罐设在室内还要增加站房面积,增加站房的造价。因此,根据我国的气象条件,并从安全生产方面着想,对不论容量大小的湿式或固定容积式乙炔贮罐规定均应室外布置,而对于总容量 20m³ 以下的湿式贮罐或 5m³ 以下的固定容积式贮罐,如采取防冻措施比较困难时,本规范提出了一定的灵活性,可以布置在单独的房间内。

第 4.0.3 条 在溶解乙炔站中设置的实瓶间只是作为生产过程中充灌好的实瓶的中间周转时的贮存手段,而不是作为较长时间的贮存手段用的。其贮存瓶数应从生产需要,不增加站房内的不安全性等因素考虑。本规定是在 1977 年 6 月部审会上出席会议的几个溶解乙炔站的代表和规范组等有关方面按照国内的生产水平和实际情况共同协商确定的。

第 4.0.4 条 乙炔气体属甲类火灾危险性物品。《建筑设计防火规范》修订组的意见:"当溶解乙炔站的实瓶间必须与制气站房合并时,实瓶间应视为中间周转,不能视为贮存手段,实瓶的贮量和实瓶间的面积应有所限制,建议空、实瓶间的总面积不应超过 250m²(相当于独立瓶库的一个防火墙隔间的面积),并应尽量减小其面积,增加其安全生产的因素"。根据上述意见,并结合我国目前溶解乙炔站的情况,空、实瓶间的允许面积确定为 200m²,而每个气瓶的占地面积(包括通道面积)以 0.2m² 计算。这样,在 200m² 面积中可以贮存 1000 个气瓶。因此,本规范以 500 个实瓶作为制气站房与灌瓶站房合建或分建的界限线。在确定空瓶的贮存数量和占地面积时应与实瓶相同。

灌瓶站房中实瓶的最大贮量不应超过 1000 个是根据与《建筑设计防火规范》修订组协商意见(按《建筑设计防火规范》规定,250m²×0.8÷0.2m²/瓶=1000 瓶)确定的。实瓶间的面积是按 250m² 乘 0.8 的系数折合成 200m² 确定的。空瓶间的允许占地面积和空瓶的最大贮量与实瓶相同。

第 4.0.5 条 按《建筑设计防火规范》的规定精神制定的。

第 4.0.6 条 空瓶间和实瓶间分开设置不仅有利于气瓶的管理,防止气瓶混淆。也可防止气瓶发生爆炸事故时互相影响。

灌瓶间或汇流排间与空、实瓶间之间的气瓶运输来往频繁,如彼此间设置门,在工作时间内门也是常开的,门的用处不大。在溶解乙炔站的布置现状也没有设置门的,反映也无必要。所以规定灌瓶间可通过门洞与空瓶间和实瓶间相通。

按美国防火标准 NFPA 51—1983 年第 2.3.1 条规定,在建筑物内贮存的燃气气瓶,除正在使用或接近准备使用者外,乙炔及非液化气体的贮存量不应超过 2500ft³(70m³)。

按美国 NFPA 50A—1978 年表 1 规定,氢系统总容量不超过 15000ft³ 可设在专用房间内,15000ft³ 相当于 425m³,换算成 15MPa 的气瓶约 71 瓶。

按《氢气使用安全技术规程》第 2.2 条规定,当氢气实瓶数量不超过 60 瓶可与耐火等级不低于二级的用氢厂房毗连。

按本《乙炔站设计规范》第 2.0.5 条规定,总安装容量或输气量不超过 10m³/h 的气态乙炔站或乙炔汇流排,可与耐火等级不低于二级的其他生产厂房毗连建造,若一天 24h 连续生产乙炔气总量为 240m³,相当 60 瓶乙炔。

第 4.0.8 条 规定乙炔汇流排应直线布置,主要考虑高压乙炔易发生分解爆炸,其入射波动压 $P=11(P_w+0.1)-0.1$(表压);拐角布置时,其管段将承受反射波动压 $P=20(P_w+0.1)-0.1$(表压),为此,应避免拐角布置方式。

注:P_w 为乙炔最高工作压力(MPa)。

第 4.0.10 条 中间电石库的电石贮存量,按照过去各设计院编制的乙炔站设计参考资料和苏联乙炔站设计规范都是规定乙炔站一昼夜的电石消耗量,并不应超过 3t。但是普遍认为这一规定存在着安全与生产之间的矛盾。调查中发现部分乙炔站的实际贮存量超过了上述规定,如上海某厂、大连某厂的乙炔站中间电石库可贮存 20t 电石,成了变相的电石库。一些厂认为中间电石库的贮量不宜过大,好几天的用量都放在中间电石库不安全,原规定的贮量还是可以的,如电石库布置在乙炔站区域内时,中间电石库的电石贮量更可以减少;也有的厂认为原规定的数量偏小,尤其是中、大型乙炔站,如贮量不超过 3t,则电石搬运频繁,在一天内有可能运几次电石,如遇下雨天有可能出现电石供不应求的情况,因此要求有 2~6d 的消耗量,并不要有 3t 的限制。设计规范组的京、津、沪、杭调查专题小结"关于乙炔站房布置问题"一文中也指出:对生产量大的乙炔站,中间电石库的电石贮量在 1~2 昼夜耗量为宜,生产量小的乙炔站可适当增加(参见氧、乙炔站设计规范参考资料汇编第 1 期)。

中间电石库一般与发生器间相连通,电石有受潮遇水产生乙炔引起燃烧爆炸的可能,如天津工程机械厂的一个打开了盖的电石桶曾有过燃烧事故,上海某厂的一个空电石桶曾发生过爆炸事故等。

我们考虑到中间电石库是设在乙炔站的制气站房中,又是与发生器间毗连,中间电石库的电石贮量从安全方面看是愈少愈好,从生产操作方便看是愈多愈好,但必须看到生产必须安全,安全是为了生产,不能为了生产而不顾安全。电石是危险物品,中间电石库不应成为贮存手段,其贮量应有所限制,应尽量减少,在发生事故时便于抢救和减少损失。

综合既要利于生产,又要重视安全的意见,并经1977年6月本设计规范部审会议审查,对中间电石库的电石贮量规定为:"不应超过三昼夜的设计消耗量。并不应超过5t"。即使按三昼夜计算出来的电石消耗量超过5t时,也只能贮存5t。

第4.0.11条 丙酮按火灾危险性分类属甲类物品,极易蒸发与空气组成爆炸性气体。苏联的乙炔站设计规范规定:在乙炔站内存放丙酮不应超过25kg。鉴于我国市场上供应的丙酮,一般为160kg一桶,乙炔站从仓库领用丙酮时也是以桶为单位。为便于生产,又策安全,规范中规定"不应超过一桶(包装桶)",适当地放宽了苏联的规定。

第4.0.14条 气瓶或电石桶的装卸平台的高度主要是根据气瓶或电石桶的运输工具确定,一般是以电瓶车或载重汽车的车厢底板离地面的高度即0.4～1.1m确定的。平台宽度原规定为不宜小于2m,经实践后证明,应适当放宽些为宜,故现规定适当放宽为不宜超过3m。

中间电石库与发生器间之间一般是一墙之隔,且有门相通,为了防止发生器间的水(尤其是在冲洗地坪时)流入中间电石库,中间电石库的地坪应比发生器间的地坪高一些。在苏联的乙炔站设计规范(1958年版)第50条规定应高出0.15m,我国过去多数是采用这一数据的,但据乙炔站工人反映,地坪高低过大,行走不便,一般在0.05～0.10m为宜,故本规范规定应高出发生器间的地坪0.10m。

电石库的地坪,应比室外装卸平台面高出0.05m是防止平台面的雨水流入电石库内。

当电石库不设装卸平台时,为适当提高电石库的干燥度,减少地面的潮湿,故规定室内地坪应比室外地坪高出0.25m。

第4.0.15条 有火灾爆炸危险的生产房间和库房,一般发生火灾爆炸的机会较多,在万一发生事故时应能使操作人员迅速离开现场到达安全地带,因此,这些房间和库房应有安全出口。

电石入水式乙炔发生器,为了便于加料和维修要设置操作平台。部分的乙炔站制气站房是搞成多层建筑物,在操作平台或各层楼板面上也应设置安全出口,以便一旦有事故时能迅速向外疏散。某乙炔站为三层钢筋混凝土框架结构,有一次在三层的加料间加料时电动葫芦打出火花,引起乙炔混合气爆炸,瞬时烧成大火,门、窗被炸坏,出口被火焰阻挡,工人只得从附近的临时过桥上冲出,幸免伤亡,事故后该站房加了一个室外金属梯。辽宁某化工厂的乙炔站曾因乙炔发生器加料口着火,由于该操作层上没有安全出口,工人不能及时疏散造成烧伤事故,在事故后该厂在操作层加了一个安全出口,并做了一个供事故用滑梯(也有的是滑杆)。所以安全出口必须有,其位置要适中,要靠近有火灾爆炸危险的地点。

第4.0.16条 蒸汽、凝结水、给水、排水等液体介质的管道,即使没有管接头、阀门等配件的管段,但管道在使用一段时期后有可能出现被腐蚀、损坏,引起漏水、漏气,或管道的外表面可能结露等情况。电石遇水(汽)能产生乙炔,与空气混合能形成爆炸性混合气体,天津某厂因暖气片漏水掉入电石桶内,致使电石气化生成乙炔气,引起了燃烧事故。

为了减少电石库、电石破碎、中间电石库由于水(汽)或潮湿空气引起燃烧爆炸事故,这些房间应保持干燥,要防水,严禁敷设蒸汽、凝结水、给水、排水等管道,在苏联、美国的标准中,也有如此明确的规定。

第五章 建筑和结构

第5.0.1条 乙炔站有爆炸危险的生产间和电石库,在其生产过程中能散发可燃的乙炔和电石粉尘,电石在常温下受到水或空气中水蒸气的作用能产生乙炔,乙炔气的性质属易燃易爆物品,容易发生火灾爆炸事故,燃烧扩散又快,发生事故时较难疏散和抢救,造成的伤亡和损失也较大。如为多层厂房,发生事故时更难疏散和抢救。因此,对于这类甲类生产厂房的设计必须从严要求,能搞一层的就不要搞多层建筑。根据以防为主,以消为辅的原则,对乙炔站限制厂房的层数采用一、二级耐火等级的厂房,选用合格的生产设备,遵守合理的规章制度,以减少火灾和爆炸的发生,是保障人民生命财产安全的重要措施。因此,在本条中规定有爆炸危险的生产间应设在单层建筑物内。对于电石库、独立的乙炔瓶库等甲类物品库房,根据《建筑设计防火规范》的规定,应为单层建筑,所以根本不能搞多层建筑的库房。

但是,对于发生器间根据工艺需要设置操作平台或多层楼层的问题,目前国内生产和使用的中压乙炔发生器(如Q₃-3、Q₄-5、Q₄-10型)的乙炔站都是单层建筑,从生产上分析也无必要搞多层建筑;而低压乙炔发生器的乙炔站除化工厂均为多层建筑外,一般是单层建筑物,发生器间多数是设有加电石或维护检修乙炔发生器用的平台,这种操作平台不是整个的楼层结构,并不构成影响发生器间的通风,防爆所需要的特殊要求。至于如上钢某厂、广州某厂、黄浦某厂的发生器间设置成三层建筑,成都机车厂为二层建筑的情况,根据《建筑设计防火规范》的规定是允许的。但是必须提出,在设计时应在第二、三层的楼板上设置必要的泄爆孔和通风孔,防止乙炔积聚形成爆炸性混合气体的"死角",减少爆炸事故的发生和损失。

第5.0.2条 在各设计院编制的乙炔站设计参考资料中,苏联、美国等国家的设计规范或设计标准中都有这样的规定。国内各工厂的实际情况也大都如此。

固定式乙炔发生器及其水封等辅助设备,包括目前生产的Q₃-3型中压乙炔发生器在内,应布置在单独的房间内是为了能够对乙炔发生器加强操作管理,安全生产,减少事故的发生。

灌瓶乙炔压缩机的工作压力较高(达2.5MPa),发生事故时的危害性要比水环式乙炔压缩机大。当灌瓶乙炔压缩机设置在单独房间内时,如有事故对其他房间的影响可以缩小。我国70年代有11个溶解乙炔站(投产的有9个站),其中有9个站的灌瓶乙炔压缩机是设在单独的房间内,有1个站是与水环式乙炔压缩机共间,还有1个站是某厂乙炔站的7m³/h灌瓶乙炔压缩机,原来是安装在灌瓶间内,但经过一段时间的运行后工人对这种布置总有不安全感,所以在乙炔压缩机的部位增加了隔墙,成为单独的房间(此站为苏联设计的。苏联1958年乙炔站设计规范第95条的规定:乙炔站中的压缩机应安装在单独的房间内,在压缩机间内也可放置干燥器、油水分离器和平衡器。此条的注:总生产量在7m³/h以下的乙炔压缩机也可设置在灌瓶间内)。因此,在总结我国的生产实际和参照苏联的规定,确定灌瓶乙炔压缩机及其辅助设备应布置在单独房间内。

第5.0.3条 电石破碎时会产生大量电石粉尘,会污染室内空气,电石粉尘如遇潮湿空气或水分又会生成乙炔气,增加空气中的乙炔浓度。如果电石破碎设在制气站房内将增加制气站房的不安全,所以电石破碎不宜设在制气站房内。当电石破碎毗连电石库时,可以缩短电石在电石库与电石破碎之间的运输距离,有利于安全生产和操作管理。

如60年代建造的上海某化工厂、广州某厂聚氯乙烯车间乙炔站,70年代建设的上海某船厂、原唐山某车辆厂乙炔站的电石破碎机安装在电石仓库内，破碎的电石直接装桶，供乙炔发生器使用。

又中国船舶工业总公司第九设计研究院从70年代初开始，设计某造船厂、某船厂、某厂（湛江）、上海某钢铁厂等10余个乙炔站的电石破碎，在征得当地消防部门的同意，电石破碎与电石仓库采用防火门相通，实践证明这种布置减少电石桶迂回运输，利于实现机械化输送，减少工人劳动强度，经过几十年运行，未发生燃烧事故，安全可靠（首要条件加强通风、防止乙炔积聚）。

第5.0.4条 ①Q₄-5、Q₄-10型中压乙炔发生器贮气桶内胆检修时，用手动葫芦从筒体内吊出，需要一定的起吊高度。②乙炔发生器间要求一定数量泄压面积，泄压面一般采用轻质屋面，其材质多数为轻质石棉瓦。夏季时因太阳辐射热，室内温度较高，影响工人操作，根据上海地区经验，适当增加房高以减少辐射热量，降低室温。③《氢气使用安全技术规程》第2.4条规定，供氢站屋架下弦的高度不宜小于4m。

第5.0.5条 根据《建筑设计防火规范》规定"有爆炸危险的甲、乙类生产厂房，应设置必要的泄压面积，泄压面积与厂房体积的比值（m²/m³）一般采用0.05～0.22。爆炸介质的爆炸下限较低或爆炸压力较强以及体积较小的厂房，应尽量加大比值。"

当空气-乙炔混合气的含量爆炸下限较低（2.3%乙炔），爆炸的压力较强（在乙炔含量为12.7%时），最大爆炸压力可达1MPa，乙炔站的厂房容积一般都较小，因此应该尽量加大比值。美国资料为＞0.22m²/m³，日本资料为＞0.2m²/m³。由于我国的乙炔-空气混合物爆炸试验，目前还不能提供出具体数据，因此只能沿用已经国家批准的《建筑设计防火规范》的要求。

对电石仓库是否需要设置泄压面积问题，《建筑设计防火规范》没有提出具体要求，经向《建筑设计防火规范》管理组了解，认为仓库内人员较少，生产设备少，发生爆炸的几率也较小，一旦发生爆炸，危害性也较小，因此在《建筑设计防火规范》中对仓库就没有具体规定。

第5.0.6条 空气-乙炔混合气体点燃爆炸的同时即形成热膨胀波，对房屋内壁产生推力，对房屋有破坏性，为了便于泄压及人员的疏散，本规范规定：有爆炸危险生产间的围护结构的门、窗应向外开启。

第5.0.7条 本条系根据《建筑设计防火规范》的规定精神制定的。

第5.0.8条 对有火灾和爆炸危险生产间之间的间隔墙按照《建筑设计防火规范》的要求应采用耐火极限不低于1.5h的非燃烧体或难燃烧体墙隔开，隔墙上的门《建筑设计防火规范》规定应用能自动关闭的防火门，但乙炔站的火灾往往与爆炸分不开，一旦发生火灾还未使室温到防火门融栓融解温度时，爆炸波即已形成并已开始泄压，火焰也已熄灭（根据一机部第一设计院的试验报告，乙炔-空气混合气体自点燃到熄火一般都在50ms以内），因此自动关闭的防火门的作用不大，现规定采用最低一级的非自动关闭的防火门（即0.6h的非燃烧体或难燃烧体门）。上述意见已得到《建筑设计防火规范》管理组的同意。

耐火极限不低于0.6h的非燃烧体或难燃烧体门，根据《建筑设计防火规范》规定系指薄壁型钢骨架，外包薄钢板，厚6.0cm（其耐火极限为0.6h)的门。

第5.0.9条 本条文是根据《建筑设计防火规范》的要求制定的，"供甲、乙类生产车间用的办公室、休息室等如贴邻车间设置，应用耐火极限不低于3.0h的非燃烧体墙隔开。"对墙上开门的问题，在《建筑设计防火规范》上没有明确规定。鉴于在乙炔站站房的习惯布置中有此类布置，为了确保值班室、生活室的安全，参照化工部门的习惯做法，规定了"应经由……双门斗通过走道相通。"对隔墙上门的耐火极限问题经与《建筑设计防火规范》管理组同志研究，为了与"有爆炸危险生产间的隔墙上的门的耐火极限不低于0.6h"有所区别，应适当提高，现规范中规定为0.9h。

对有爆炸危险房间与值班室之间的窥视窗的耐火极限问题，

也参照隔墙上的门的耐火极限规定。

耐火极限不低于0.9h的门，根据《建筑设计防火规范》规定是指：木骨架、内填矿棉、外包镀锌铁皮、厚5.0cm的门。

耐火极限不低于0.9h的窗，根据《建筑设计防火规范》规定系指单层的钢窗或钢筋混凝土窗，装有用铁销销牢并用角铁加固窗扇，装有铅丝玻璃的窗。

第5.0.10条 有爆炸危险与非爆炸危险区之间有水管、暖气管和电线管穿过时，为了防止乙炔气从有爆炸危险的房间渗入无爆炸危险的房间，在穿墙处应用非燃烧材料填塞。

第5.0.11条 灌瓶间、实瓶间、独立的乙炔瓶库和乙炔汇流排间贮存装满乙炔的气瓶，如受太阳光直射引起气瓶内气体升温会导致气瓶的爆炸。在苏联规范中规定应设置高窗或用毛玻璃以防止阳光直射。根据我国几十年的生产实践，防止阳光直射，不仅可用以上二种方法，还可在窗外设置遮阳篷……何况我国天气较苏联为热，需要较大的通风面积，采用高窗很不合理。因此在本规范文中，不作具体规定，只提出了目的和要求，这样更有利于采取适合当地情况的措施。

第5.0.12条 根据一些工厂反映，装卸平台上，如不设置雨篷，下雨下雪以后平台上装卸条件较差，再加上冬天结冰搬运气瓶电石极易发生事故，因此应设置雨篷。由于乙炔瓶库、电石库均为甲类生产，雨篷及支撑均需用非燃烧材料制成，雨篷的宽度为了能更好地防止雨雪渗入，应大于平台宽度。

第六章　电气和热工测量仪表

第6.0.2条 本条是根据《爆炸和火灾危险环境电力装置设计规范》的规定并结合乙炔站各生产间的生产、通风等情况综合考虑的。

一、属1区的爆炸危险生产间，电力规范规定：在正常运行时可能出现爆炸性气体环境的区。乙炔站的连续生产和输送过程中，在正常运行情况时，以下各生产间有可能形成爆炸性气体环境。

1.发生器间、净化器间。按一般资料介绍，设备和管道附件等的乙炔泄漏量约为设备生产能力的百分之一；乙炔发生器排渣时从渣水中释放出来的乙炔量约为设备生产能力的1%～1.8%，即使后者都排放于室内（实际上是散于排渣口到渣坑），总的泄漏量为设备生产能力的2%～2.8%。在保证室内每小时3次换气量时，室内的乙炔浓度相当于爆炸下限2.3%的1/2。

根据14个工厂乙炔站发生器间的容积，假设以下不同的泄漏量做理论计算，当泄漏量为设备生产能力的20%时，室内空气中的乙炔浓度最高为1.9%，一般为0.40%～0.98%，均低于乙炔空气混合气的爆炸下限，详见表6.0.2-1。

上海市卫生防疫站对上海某化工厂和上海某厂乙炔站的发生器加料口处的实测，在正常操作运行情况下，其空气中乙炔浓度为：

| 燎原化工厂 | 1192.3mg/m³ | 即0.1% |
| 上海某厂 | 600mg/m³ | 即0.05% |

通过现场调查和函调得知，乙炔站的大部分事故为工艺设备的误操作，设备维修不及时，室内通风不良（尤其是冬天门窗关闭

表 6.0.2-1 发生器间在3次换气量时空气中乙炔的浓度计算

厂名	台数和容积(台×m³/h)	厂房面积×高(m²×m)	在3次换气量下，在不同泄漏量时，空气中乙炔的浓度(%)				
			1	2	10	20	100
北京某队	1×10	18×4=72	0.046	0.092	0.46	0.92	4.60
天津某机械厂	2×10	54×4.5=243	0.0275	0.055	0.275	0.55	2.75
上海某厂	2×10	36×4=144	0.046	0.092	0.46	0.92	4.60
上海某厂	3×10	82.6×4=330.4	0.03	0.06	0.30	0.60	3.00
华东某机械厂	3×10	30×3.5=105	0.095	0.19	0.95	1.90	9.50
上海某修造厂	3×10	72×3.5=252	0.025	0.05	0.25	0.50	2.50
抚顺某机厂	2×10	74×4=288	0.023	0.046	0.23	0.46	2.30
沪东某厂	3×35	131×7.5=982.5	0.036	0.072	0.36	0.72	3.60
江南某厂	3×35	96×7.5=720	0.049	0.098	0.49	0.98	4.90
上海某厂	3×20	80×7.5=600	0.033	0.066	0.33	0.66	3.33
上钢某厂	4×35	108×10.5=1134	0.041	0.082	0.41	0.82	4.10
杭州某厂	3×35	72×7.5=540	0.046	0.092	0.46	0.92	4.60
北京某车辆厂	2×35	84×7.5=630	0.048	0.096	0.48	0.96	4.80
沈阳某车辆工厂	4×35	147×8.4=1234.8	0.038	0.076	0.38	0.76	3.80

时)……不正常情况下所引起的设备爆炸和空间的爆炸事故，例如北京某厂由于乙炔发生器的发气量太快，造成系统超压，乙炔气从安全阀排入室内，同时由于天气寒冷，门窗关闭，通风不良，以致室内形成了空气乙炔爆炸性混合气体，结果引起了室内空间爆炸事故。

2.电石库和中间电石库。电石库内存放桶装电石，电石桶虽有封盖，但不严密，或因搬运而松动，容易造成桶内电石潮解。如上海某厂、嘉兴某机修厂等由于上述原因发生过多次的电石桶爆炸事故。另一方面，库内存在电石粉末，这些电石粉末与湿空气接触易潮解，生成乙炔气。在实地调查和函调中，虽尚未发现由此而发生空间爆炸事故，但其危险性依然存在。

中间电石库与电石库一样，但不同者一桶或几桶开了盖待用和一部分用完的空桶中存在有电石粉末。天津某机械厂、上海某厂等发生过电石桶或空电石桶燃烧或爆炸事故。

3.电石破碎。有两种形式：一为人工破碎，一为机械破碎，都是敞开于室内操作，并且扬尘量大，迸发火花，电石粉尘散发于室内吸潮产生乙炔，如通风不良，危险性较大。

4.压缩机间。压缩机系统的运行处于高压之中，如操作不当，维修不力时，其漏气量及其危险性将比低压系统为大。例如，某拖拉机厂的乙炔站就由于对压缩机的高压部分检修时的误操作，使设备爆炸，压缩机间的砖墙和屋顶受破坏。

5.灌瓶间、空瓶间、实瓶间、独立的乙炔瓶库和乙炔汇流排间。灌瓶工作是高压运行。尤其是灌瓶台上的气阀和气瓶上的瓶阀在长期使用且操作频繁，漏气是不可避免，因而室内空气中的乙炔浓度一般也较高。乙炔汇流排间与灌瓶间相似。

空瓶间和实瓶间按国内溶解乙炔站的情况均与灌瓶间共设于同一建筑物内，虽有隔墙隔开，但都有较宽大的门洞相通，室内气氛互为影响，工作条件基本相同。独立的乙炔瓶库气瓶的贮存量较多，瓶阀的漏气量也多，在不正常的情况下，其危险性也较大。

以上各间，尤其在冬季当门窗关闭，通风不良，气瓶头大量漏气时，室内空气中的乙炔就可能达到爆炸的浓度。

6.贮罐间。湿式贮罐的密封是靠水封起作用，正常情况运行时乙炔的漏气量少，当用户的乙炔量减少，而乙炔发生器在继续发气，以致供求平衡受到破坏时，系统的压力会升高，水封被冲破而溢气于室内，可能使室内乙炔达到爆炸的浓度。因此，国内许多工厂为确保安全生产而采取加料、发气与输出管道系统的联锁装置，控制乙炔外溢或将湿式贮罐设于室外。

7.露天设备的贮罐、电石渣坑。根据《爆炸和火灾危险环境电力装置设计规范》的规定，爆炸危险属1区的范围，一般为贮罐等以外3m(垂直和水平)以内的空间。

二、属2区的爆炸危险生产间，是在正常情况下不可能出现爆炸性气体环境，或即使出现也仅可能是短时存在的区，例如：气瓶修理间、干渣堆场。

因为气瓶的修理是间断的，瓶数有限，故放散于室内的乙炔气是有限的。另一方面与气瓶修理设备的配置和修理的程序有关。据工厂提供的操作程序是：一般在修瓶之前将气瓶内的余气(瓶内余压为0.05~0.4MPa，气量为0.4~1.4m³/40L·瓶)回收，然后在修瓶前的一二天打开瓶阀置于室外放空，最后才拿到室内修理。表6.0.2-2为国内几个溶解乙炔站气瓶修理间的概况。

干渣堆场是由于电石渣内残留有乙炔气之故。

三、非爆炸危险区。

1.化验室的任务主要是化验乙炔气的成分和电石的气化率等，化验时仅取少量样品，在正常情况下化验室内也仅有微量的乙炔存在，在室内不能形成爆炸性混合气体。

2.其余的房间作为非爆炸危险区，主要是本身没有或不致形成爆炸性气氛，这是与其他环境有本质的差别，但为了防止受其他有爆炸危险环境气氛的影响，在整体布置时与1区、2区爆炸危险环境应保持一定的距离或采取措施与之隔开。

表 6.0.2-2 国内几个溶解乙炔站气瓶修理间的概况

厂名	修瓶间 长×宽×高(m³)	每年修瓶量(个)	每班最大修瓶数(个)	小时最大修瓶数(个)	修瓶前瓶内处理 余气如何处理	放入室内的气量(m³/瓶)	室内乙炔浓度(三次通风)(%)
沈阳某厂	3×6×5=90	400	20	7	回贮气罐压力至0.05MPa	0.3	0.8
太原某厂	3×6×5=90	200	10	2	高压回气，抽真空	0.1	0.08
洛阳某厂	7×4×4.5=126	300	15~60	5~6	回贮气罐压力至0.07MPa	0.3~0.4	0.6
南京某所	2×(3×6×4.5)=162	600	20	2	尚无回收设备，余气0.05~0.3MPa放散室外或室内	0.2~0.3	0.123
吴瓶某厂	60×8=480	300	5~6	4	回贮气罐压力至0.01MPa	0.1	0.03

4

第6.0.3条 摩擦产生静电电压的高低与皮带传动的线速度等有关,速度大电压高。灌瓶乙炔压缩机为皮带传动时,产生静电电压约在40~50kV之间,放电能量的大小与放电电容、电压和皮带的材质及其表面的质量有关。当放电能量达到0.02mj时,就可引起乙炔空气混合气的爆炸。如沈阳某厂,由于没有采取导电措施,经常可见静电火花,但由于静电火花的能量较小,未能引起爆炸事故。为了安全生产,导除静电的聚积是必要的。例如,加设电刷或在皮带上涂特殊的油膏以增加皮带的导电性能,消除静电的积聚。当采用革制皮带时,其油膏配料为:液体鱼胶100CC,甘油80CC,炭黑82g,2%的氢氧化铵20CC;当采用皮带或胶带时,其油膏配料为:100份重的甘油,40份重的炭黑。

静电接地的目的,在于消除设备及管路内由于流体摩擦产生的静电积聚,至于接地电阻值,各国各家无一致规定,现参照国内以往的要求取10Ω。

第6.0.4条 乙炔是一种具有弱酸性的气体,它与铜盐、银盐、水银盐等作用后产生爆炸性的乙炔化合沉淀物,特别是含有水和氨的乙炔在长时间与紫铜作用后生成了具有强烈而易爆的乙炔铜,从东北某厂的试验可知,干燥的乙炔铜只要轻轻地摩擦就能引起爆炸。

目前在采用铜合金的零件、计器、阀门等时各国的标准也不同。如日本在1972年11月出版的乙炔危害预防规范第3.3-1之四中规定含铜量不大于62%;美国在1971年《乙炔充瓶工厂防火标准》NFPANo51A—1971之10,1~2规定含铜量不大于65%;苏联规定为不大于70%。国内所用铜合金的含铜量一般均未超过70%,上海某焊接厂在乙炔发生器中采用的为59%。从各厂多年生产实践中也未发生由于采用的零件、计器等的含铜量高而造成事故,故本规范仍然规定其上限不超过70%的含铜量。

第6.0.5条 本条是保证安全生产的措施。湿式贮罐不论安装在室外或室内,都应设置控制信号和联锁装置。例如设置表示贮罐内乙炔量的标尺,在标尺的上下两端设置限位开关。联锁装置是当贮罐的钟罩下降到离水位一定距离时能停止乙炔压缩机的工作,防止贮罐被乙炔压缩机抽瘪,而当钟罩上升到上限高度时能停止向乙炔发生器加电石,防止贮罐的钟罩被鼓破,乙炔冲破水封槽向外溢出,以保证安全生产。

第6.0.8条 乙炔站的1区爆炸危险区,因自然通风条件差或乙炔容易积聚的地方,如北京地区尽季采暖,门窗紧闭,室内通风差,在这种情况下,局部地点可能达到爆炸浓度下限,因此适宜装置乙炔可燃气体测爆仪,并与通风机联锁,加强通风换气,使乙炔低于爆炸浓度下限,确保设备、人员安全。

第七章 给水、排水和环境保护

第7.0.1条 根据一些工厂(例如北京某焊轨队,天津某机械厂,上海某厂)乙炔站师傅们反映,如供水管网水质得不到保证,在用水高峰负荷时水压往往低于乙炔发生器的乙炔压力,使乙炔倒流至水网内,造成用水地区的燃烧事故。为了防止乙炔倒流,确保用水地区的安全(又防止水质污染),本条规定:"乙炔站给水水压应经常保持高出设备最高用水水压。"

对灌瓶用乙炔压缩机冷却用水的水质要求,《压缩空气设计规范》修订组对空气压缩机冷却水的水质做了不少试验工作,总结了国内外的实践经验,本规范就不再另行规定。

第7.0.2条 为了便于经常检查发生器间、乙炔压缩机间的给水水压,本规范规定在上述给水总管上应装设压力表。

为防止正在生产运行的乙炔发生器、水环式乙炔压缩机中的乙炔,通过水管引灌到其他各处和未运行的乙炔发生器或乙炔压缩机内,与空气混合形成具有爆炸危险的混合气体,因此,在本规范中规定"在每台乙炔发生器、水环式乙炔压缩机的给水管上应装设止回阀。"

炎热地区(炎热地区的含义可根据现行的国家标准《采暖通风与空气调节设计规范》的规定划分)环境温度较高,不仅充灌压力高、充灌时间长,也不安全。根据国外和国内一些工厂的实践,在规范中规定充灌台上应设置喷淋气瓶用的冷却水管,以便充瓶时喷水,吸收乙炔的溶解热以保证生产的安全。

为防止气瓶充灌时因漏气发火而可能引起周围其他充灌气瓶的加热起火爆炸灾害事故,特规定充灌台上应设置紧急喷淋水管装置。

第7.0.3条 根据大连某造船厂乙炔站师傅反映,该站电石渣(及澄清水)原排入海中,造成海水污染并影响鱼类生存,经大连市卫生部门通知,现已不再向海内排放。天津某厂等乙炔站也反映:该站原将电石渣直接排入排水管道内,不仅造成排水道淤塞,有一次因乙炔积聚造成了排水管道的爆炸,因此在规范中作了"电石渣应综合利用,严禁排入江、河、湖、海、农田和工厂区及城市排水管(沟)。澄清水应循环使用。"等规定。

第7.0.4条 根据工人师傅反映和一些工厂(例如上海某厂等)的测定,乙炔发生器排渣时有大量乙炔随渣排出,为了减少乙炔泄到站内并产生积聚,本规范推荐在站内的一段排渣管(沟)采用管道或加盖。

第7.0.5条 由于电石渣水中含有各种有害杂质,且硫化物、氰化物和碱度等一些杂质的含量,一般都超过了国家标准规定的数值,为保护地下水源不受污染,根据《中华人民共和国环境保护法(试行)》、《建设项目环境保护设计规定》及《工业"三废"排放试行标准》等规定,严禁采用渗井、渗坑、裂隙或漫流等手段排放有害工业废水。

第7.0.6条 由于电石入水式乙炔发生器加料时,电石破碎时以及放料时,在乙炔发生器加料口、电石破碎处及放料口均有大量电石粉尘飞扬。

例如,上海第一钢铁厂于1986年12月6日测定如下:

在乙炔发生器加料口(距加料口约2m,无除尘设备)和电石破碎处(距破碎机料口约3m,有除尘设备)以及电石破碎机放料口(距放料口约2m,无除尘设备)空气中电石粉尘的平均含量分别为13.5、8.5、225mg/m³。

又例如,上海某造船厂于1986年12月22日测定如下:

在乙炔发生器加料口(有除尘设备)和电石破碎经布袋除尘器后管道内(单级除尘)空气中电石粉尘的平均含量分别为4.5、4.8mg/m³,而国家现行有关规范规定如下:

《工业"三废"排放试行标准》规定废气排出口有害物质排放量（或浓度）不得超过如下规定：生产性粉尘第一类为100mg/m³；第二类为150mg/m³。

《工业企业设计卫生标准》规定车间空气中有害物质的最高容许浓度如下：

生产性粉尘其他类为10mg/m³。

由上述比较可见，当无除尘设备时，废气排出口有害物质的排放量及车间空气中有害物质的最高容许浓度均超过标准，而有除尘设备时，则室内有害物质浓度及废气排出口有害物质浓度均可符合现行有关标准的要求。

第7.0.7条 乙炔站内产生噪声的常用设备主要有：电磁振动加料器、水环式乙炔压缩机、颚式破碎机、活塞式乙炔压缩机等。

常用设备噪声的声级如下：

A声级(dB)

1. 颚式破碎机　　　　　　　　　104
2. Z₂—0.67/25型活塞式　　　　72.5[按技术条件为
　　乙炔压缩机　　　　　　　　　≤85dB(A)]
3. 电磁振动加料器
4. 水环式压缩机
5. 2V0.42—1.33/1.5　　　　　　82
　　乙炔压缩机

国家标准《工业企业噪声控制设计规范》规定为：

工业企业厂区内各类地点的噪声A声级，按照地点类别的不同，规定生产车间及作业场所(工人每天连续接触噪声8h)不得超过90dB。

对于工人每天接触不足8h的场合，可根据实际接触噪声的时间，按接触时间减半，噪声限制值增加3dB(A)的原则确定其噪声限制值。

由此可见乙炔站内个别设备产生的噪声超过标准。

第八章　采暖和通风

第8.0.1条 本条中规定的严禁明火采暖区内的各间也包括值班室、生活间、电气设备间等正常介质场所，这是根据现行的国家标准《建筑设计防火规范》规定的，此区间内有明火是危险的。如秦皇岛某厂的乙炔站用火墙采暖，由于火墙产生裂缝而引起发生器间内的乙炔空气混合气的爆炸；又如无锡北郊某厂聚氯乙烯车间由于设备检修时的疏忽大意，使聚乙烯漏入正常介质场所(休息室)因吸烟而引起爆炸事故。因此为了生产安全，这类房间与明火保持一定距离是必要的。

根据现行的国家标准《建筑设计防火规范》的规定，对于散发有机粉尘、可燃粉尘、可燃纤维的厂房，对采暖热媒的温度是有限制的，即热水采暖不应超过130℃，蒸汽采暖不应超过110℃，而乙炔站内各房间散发的主要是电石粉尘，属不可燃性粉尘，故乙炔站对采暖热媒的温度不作特殊的要求。

电石库、中间电石库和电石破碎间不采暖，一方面，主要考虑工业企业内集中采暖均以蒸汽或热水为热媒，采暖设备万一漏水而与电石化合会产生乙炔。另一方面，电石库除了搬运电石外，其余时间无人出入，且电石不怕冻；中间电石库为中转场所，人员仅1~2人，也不是专职工人，由发生器工兼，停留时间也很短；电石破碎间的工作时间也不长，因此为安全起见，规定不采暖。

第8.0.2条 集中采暖指由锅炉房集中供热的采暖，对于采用火炉、火盆、电炉等分散热媒采暖不属于集中采暖的范围。对于非集中采暖地区的工业企业，不受本条的限制。

乙炔站各房间采暖温度确定的原则如下：

一、乙炔压缩机间、灌瓶间、乙炔汇流排间等为高压生产系统。

为保证生产的正常进行，在冬季必须保证室内有一定的温度，乙炔的水结晶体才不至于析出而堵塞管道。乙炔水结晶体析出时，其压力与温度的关系如表8.0.2。

乙炔水结晶体在平衡状态时温度与压力的关系　　表8.0.2

压力(MPa)	1	1.5	2	2.5	3.2	在任何压力下都不出现结晶体
温度(℃)	5.5	9	12	13.5	15	16以上

灌瓶乙炔压缩机的工作压力为2.5MPa(即生产系统的最高工作压力)，故本条规定15℃为采暖温度的要求，在生产上是安全的。

对于中、低压气态乙炔站生产系统的各房间，如发生器间，主要是考虑操作人员在此工作，为改善劳动条件，采暖温度也同样规定为15℃。

二、此项房间的工作人员不多，停留时间短，但由于实瓶间、空瓶间共处于同一建筑物内，虽有墙隔开，但彼此之间有较大的门洞相通。为了保持灌瓶间的温度稳定，提高了空瓶间、实瓶间的采暖温度，以减少与灌瓶间之间的温度差是必要的。

三、此项各房间没有专职人员，其工作由其他工种兼管。由于人员少，停留时间短，其室内温度以不影响设备的正常运行即可，如贮气罐间的采暖温度仅为防止湿式贮罐水封不冻结和保护设备考虑的。

第8.0.3条 根据现行的国家标准《采暖通风与空气调节设计规范》的规定：对于放散大量粉尘或防尘要求较高的车间，应采用易于清除粉尘的散热器。乙炔站发生器间散发的主要是电石粉尘，可不受此限制，但为了不影响散热器的散热效果和防止在非采暖季节或雨季潮湿减少室内乙炔的散发源，本规范作了此规定。

第8.0.4条 本条规定的目的是防止气瓶的局部受热，使瓶内乙炔的压力升高发生事故。根据有关资料介绍，如气瓶温度升高到56℃时，瓶内的丙酮沸腾，乙炔从丙酮中大量释出，瓶内的乙炔压力急剧升高。如当温度升高到100℃时，瓶内压力为20MPa；当温度升高到200℃时，瓶内压力增到28MPa。乙炔瓶的水压试验压力仅为6MPa。为此，气瓶的受热温度一般不超过40℃。

第8.0.5条 沈阳某机械厂的乙炔水封间，因为没有通风设施，并且门窗关闭，使漏出的乙炔积聚而发生爆炸。又如北京某厂的乙炔发生器间，由于天冷门窗关闭，通风不良而引起爆炸事故。为此，对于乙炔站有爆炸危险的房间进行全面通风是保证安全生产的重要措施之一。本条提出的通风量的要求主要是考虑泄漏于室内的乙炔能及时地排放至室外，使室内不致形成爆炸性混合气体，保证安全生产。

乙炔生产系统中乙炔的泄漏量、室内的换气次数与室内乙炔浓度的情况见第6.0.2条说明。

乙炔的泄漏量为设备生产能力的10%~20%(在正常情况下仅为1%~2%)时，按3次通风量考虑，室内乙炔浓度仅为爆炸下限2.3%的1/4~1/2或更低。同时考虑要有一定的安全系数，即在室内外温度差小、风速低时，仍能保证室内有良好的通风。对于不同厂房由于泄漏量不同，可采用3次或更多次的通风，如发生器间和灌瓶间可提高通风换气次数，使之更好地保证生产的安全性。

第九章 乙炔管道

第9.0.1条 乙炔管道的流速需要加以限制，以防止发生静电火花而引起乙炔的爆炸。引爆乙炔所需能量的大小与乙炔的压力有关。不同压力下，乙炔的允许流速也可不同。一般是压力愈高允许流速愈小。根据苏联1970年出版《乙炔生产》一书称：乙炔在0.5MPa时，引爆能量为0.018mj；当管道输送0.5MPa以下的乙炔时，由于静电而引起的危险，实际上是没有的，但是为了安全起见，不论初压多大，都应防止静电的产生和积聚，对0.5MPa以上的则更应注意。

有关乙炔在管道内的流速，苏联1959年在《乙炔站》一书中表35的规定见表9.0.1。

乙炔在管道内的流速 表9.0.1

管道名称	压力范围(MPa)	允许流速(m/s)
外线管道	0.01 到 0.15	8
	0.01 以下	4
站内管道	0.01 到 0.15	4
	0.01 以下	2

表中站内乙炔管道的流速，所以比站外的低，是考虑到防止渣水从发生器带出。

本规范规定的最大乙炔管径不超过$\phi80$mm，对中压乙炔在管内的流速修改为不宜>8m/s。

对高压乙炔在管内的流速修改为不宜>4m/s（原规定为"不应"），这主要考虑限制管径必须严加限制流速其次，允许稍有选择。根据是结合当前国内外一些实际情况而定，诸如瑞典AGA公司的高压乙炔管道的流速经核算为6～10m/s。

根据苏联《乙炔站》一书规定：高压乙炔管道的管径，不得超过20mm，流速为2～4m/s。

厂区及车间的乙炔管道（即外线管道）的上限流速8m/s是指车间管道末端（即压力最低处）的最高实际流速。鉴于乙炔在管内流动时有摩擦损失和因厂区管道暴晒或冬季伴随保温使乙炔升温，致使乙炔体积增大、流速增高，因此在厂区管道内的乙炔流速，就应取得低一些，另外在设计时，还应考虑到扩建和用户的增加，所以在设计时，不要采取上限流速，使管道的输送能力留有余量。

第9.0.2～9.0.4条

一、乙炔压力等级的划分：

低压≤0.02MPa；中压>0.02～≤0.15MPa；高压>0.15～2.5MPa。欧洲国家在1978年以后均统一为以上的压力等级，其他大多数国家均按以上等级划分，由于在0.02MPa以下的乙炔，不易产生分解，故定此压力作为低压等级。

各国乙炔压力分等如下：

苏联1978年标准≤0.02（低压）>0.02～0.15MPa（中压）>0.15MPa（高压）（ГОСТ 5190—78）。

德国TRAC—82标准≤0.02MPa（低压）>0.02～0.15MPa（中压）>0.15MPa（高压），欧洲其他国家也相同。

二、乙炔气是一种易燃易爆的气体，它不但与空气或氧混合可产生氧化爆炸，而且纯乙炔在一定条件下，其自身还能产生分解爆炸。而爆炸又可分为爆燃和爆轰。爆燃的爆压一般可达其初压13倍左右（绝对压力），而爆轰的爆压可达其初压的几十倍，其反射压力更高，所以乙炔管道的管材选择，要考虑到其耐爆的强度。

苏联1950年出版《乙炔生产规范》第167条规定"除安装在乙炔站内的管道外，所有的乙炔管道都应用无缝钢管制造……"。第168条规定："高压管道应用不锈钢管"。

1951年苏联氧气工厂设计院《工厂焊接加工金属用的乙炔和氧气管道安装暂行技术规范》中第4条也规定："车间之间和主要车间的乙炔管道采取10号钢或20号钢的无缝钢管（按ГОСТ 301—50）和采用瓦斯管（按ГОСТ 3262—46），通向焊接台和切割台的管道分支管用$\phi\frac{1}{2}''$瓦斯管制造。"

在1954年苏联《各企业氧-乙炔制造及金属火焰加工的工业卫生及技术安全条件》第260条规定："所有乙炔管不论干管或车间的中压乙炔管都应用ГОСТ 301—50的无缝钢管制造，其壁厚不小于4mm，而地下管道不小于5mm"。

1961年我国公安部七局编写的《乙炔站防火措施（草案）》第24条曾规定："乙炔管道应采用无缝钢管，工作压力超过0.15MPa的乙炔管，最好采用不锈钢管，0.01MPa以下的乙炔管如采用无缝钢管有困难，可用有缝钢管"。

我国在1956年国家建委颁发的《建筑安装工程施工及验收暂行技术规范》中，外部管道工程第9条规定"氧气和乙炔管道，一律使用无缝钢管"。

在这次编制《乙炔站设计规范》中，还参阅了美国和日本等国的资料（参见本规范组编《参考资料汇编》1974年第2期和第4期），并调查了我国国内乙炔管道的实际使用情况，除有个别乙炔站内的乙炔管道，用不锈钢管和部分低压乙炔管道用有缝钢管（即焊接钢管）外，其余高、中、低压乙炔管道均采用无缝钢管，管子强度高、完整性好、不易破裂和漏气，使用情况是较满意的。所以在这次规范中，推荐采用A₃号钢或20号钢的无缝钢管（YB 231—70）。

但是在无缝钢管供应困难的情况下，部分低压乙炔的管道或不大于$\phi\frac{1}{2}''$的支管，也可以采用焊接，但不要镀锌的焊接钢管（俗名白铁管），因锌与乙炔接触后起化学作用可生成易引爆的乙炔盐类物质。对管壁的厚度应考虑到有承爆的足够厚度。

三、中压乙炔管道的管径限制和管壁厚度。中压乙炔管道的管径，苏联、东欧和日本都限制为不超过50mm。如苏联《乙炔生产》一书和（日）数森敏郎著《高压瓦斯技术便览》一书，都是根据吕玛斯克（Rimarski）的试验结果（见表9.0.2-1）确定的。

这个试验结果引出乙炔分解爆炸的临界管径公式如下：

①爆燃分解的临界直径 $D_1 = 157P^{-1.82}$。

②爆轰分解的临界直径 $D_2 = 240P^{-1.82}$。

乙炔管管径对分解爆炸的影响 表9.0.2-1

管径(mm)	有无爆炸
50	乙炔压力在0.2MPa绝对压力下没有爆炸
100、200、300、400	乙炔压力在0.14～0.16MPa绝对压力下产生爆炸
430、450	乙炔压力在0.13MPa绝对压力下没有爆炸

注：这个试验是用30m长管子，水平放置，3根0.15mm的铂丝通过15A的电流点火，使管内的纯乙炔爆炸。

根据此公式计算，当乙炔压力 $P = 0.2$MPa绝对压力，$D_1 = 44.5$mm，$D_2 = 68$mm，因此他们认为乙炔管道其内径在50mm以内时，不会产生爆轰，只能产生爆燃，其最大爆压为乙炔初压的11～13倍，以此作为设计乙炔管道强度的计算依据，并以此爆压为静压考虑。而对爆轰则不予考虑，认为若根据爆轰的爆压来计算管子的壁厚是没有经济价值的。所以苏、日将乙炔管道内径的临界值定为50mm。

从美国等一些国家的有关资料看，乙炔管径并不以$\phi50$mm加以限制，而是在水压试验时，根据乙炔的初压，规定了不同的水压试验的压力。如1972年美国《国家防火标准》（氧、乙炔部分）。

从以上可知，国外对乙炔管道的管径选择并不是一致的。关键在于乙炔在管内爆炸的特性，我们认为Rimarski的试验是一个方面，仅是管内的纯乙炔由于热能引爆的情况。而我们使用乙炔是与氧混合燃烧做焊接、切割及金属的火焰加工，这就有一个回火的问题。回火时可能先使氧、乙炔混合气在管内首先爆炸，再引起

表 9.0.2-2

中压乙炔管道爆炸试验最大爆炸压力数据表

公称管径 (mm)	管子外径 (mm)	管壁厚度 (mm)	氧、乙炔混合气爆炸压力(MPa)				纯乙炔阶式分解爆炸压力(MPa)			
			试验编号	入射压力	试验编号	反射压力	试验编号	入射压力	试验编号	反射压力
32	38	4	74245	11.9	74245	18.9	74255	9.0	74256	33.4
50	57	4	74238	12.5	74238	27.7	77176	11.7	77131	39.0*
65	76	4	74216	15.0	74281	32.6	74297	11.7	76044	174.8*
80	89	4	77157	20.4	74267	31.4	77335	17.4	77333	86.2
100	108	5	74269	15.6	74271	38.1	74288	9.9	74288	114.4*

注:上表中入射压力是30m试验管的当中部位所测得的爆压。反射压力是试验管末端测得的压力。数据上有"*"者为用BPR—10型50.0MPa的探头测端乘上与YY1泵头对比系数后得的数值(BPR—10型50.0MPa的探头有敏点)。

管内后面的纯乙炔二次爆炸——即所谓的阶式爆炸,这种情况就与 Rimarski 的试验不一样了。为了掌握乙炔管道的阶式爆炸的特性,我们专门组成了一个"乙炔管道爆炸试验小组",从 1974 年、1976 年到 1977 年 3 年的试验中,对管径为 D_N·32、50、65、80 及 100mm 5 种管子共作乙炔管道阶式纯乙炔分解爆炸 172 次,氧、乙炔混合气爆炸 465 次(数据见 1978 年 6 月一机部第一设计院"乙炔管道爆炸试验数据记录录"),取得数据 1138 个。

其中,当乙炔初压为 0.15MPa 表压时,其最大爆炸压力如表 9.0.2-2。

为了掌握在快载(正压作用时间 $t_表$=10—25ms)情况下,钢管的破裂极限强度与水压试验时的破裂极限强度的差别,我们又分别作了试验,管材全用 25# 钢和 DN80 无缝钢管,管壁厚度为 t(mm)时,试验结果分别如下(见表 9.0.2-3、表 9.0.2-4)。

薄壁管爆破试验结果　　　　表 9.0.2-3

试验编号	薄壁管号	壁厚 t(mm)	P_H(爆压)(MPa)	爆破情况	备　注
77149	4c	0.58	15.0	未破但有塑性变形	1. 一共做了 8 次试验,这是其中的 2 次结果　2. 经计算 σ_b 动 = 2100 N/mm²
77213	4d	0.64	16.8	破	

钢管水压试验破裂结果　　　　表 9.0.2-4

薄壁管号	壁厚 t(mm)	$P_静$(MPa)	σ_b(N/mm²)	备　注
1A	1.06	7.0	283	1. 试验钢管的 σ_b 的平均值为 310N/mm²　2. 25# 钢的 σ_b = 400 N/mm²
4C	1.6	13.5	337	

从上面结果可知,爆压是一个冲击载荷,不能以爆压直接当静

载来计算,而应用等效静载的方法来计算,根据上列试验数据计算出等效静载总系数 f=0.67,因此在乙炔管内爆压冲击载荷作用下,钢管的安全壁厚 t 可按下式求之:

$$t = \frac{P_H D}{2\sigma_b} \times f \times A + c_1 \text{(mm)}$$

式中　P_H——冲击载荷作用的压力峰值(MPa);
　　　D——管内径(mm);
　　　A——安全系数;
　　　c_1——裕量(mm);
　　　σ_b——管子材料的强度极限(N/mm²);
　　　f——等效静载总系数=0.67。

式中 P_H 可取氧、乙炔混合气爆炸的入射压力(即爆压),见表 9.0.2-2。

从试验的总数据中,可看出一般正常的反射压力,氧、乙炔混合气爆炸时为入射压力的 2～3 倍,纯乙炔阶式分解爆炸时为入射压力的 3～4 倍,但纯乙炔阶式分解爆炸的反射压力有时出现特高压,甚至是入射压力的 10 多倍,所以反射压力不稳定,而且反射压力仅在管中的死端点上产生。所以用仅在死端点上产生的高反射压力来作为整个管道强度的计算数据是不合理的,而是应避免有死端点,不让高的反射压力产生。从试验的数据看,大管径的爆炸压力比小管径的爆炸压力要大些。反射压力衰减也比较快,例如特高反射压力在死端点出现时,在离死端点 13cm 处测得其压力已衰减与正常反射压力相近了。试验管本身(薄壁管除外)虽经数百次的试验,承受了爆炸压力,并无破裂飞片的情况,只有 D_N=65 和 D_N=80 管子,当承受特高反射压力时,有几次管端的焊缝被爆裂(因为在现场用气焊焊的,质量较差)。所以我们认为 φ50 以上的乙炔管道应避免有死端点或盲板,而对乙炔管道的焊缝一定要保证优质。这样 P_H 取氧、乙炔混合气的爆压是比较合理的。

式中乙炔管径 D 的限制。从我们试验中看,由于乙炔管道是供乙炔焰加工金属,存在着回火情况,而回火首先是氧、乙炔混合气的氧化爆炸,并可能再引起管内纯乙炔的分解爆炸,这些爆炸一般均为爆燃,但也可造成爆轰,例如在我们的试验中,多发生为爆轰,所以当管中乙炔产生阶式分解爆炸,一般均为爆轰,所以我们认为管子只要有足够的强度,能承受管内乙炔爆轰的冲击载荷就行。在这种情况下,临界管径 φ50mm 的限制不是绝对的,因为在我们的试验中,事实是经常出现爆轰。当然管径愈大爆轰压力比小管的更大些,所以大管的管子强度要求就更高些,即壁厚要厚些,这就要取一个比较经济合理的界限,由于我们的试验条件的限制,φ108×5 的无缝钢管的数据不多,又考虑到供氧、乙炔焰于金属加工和乙炔的需要量,在现阶段暂取为不超过 φ80 的乙炔管道,是安全经济合理的。

式中安全系数 A 可取 2.5。因为公式中是以材料的强度极限来计算的。另外,在薄壁管的爆破试验中,如试验编号 77140、77143、77149 及 77150 次中,虽管壁没有破裂,但也产生了塑性变形,所以为了防止塑性变形应该有一安全系数。在试验中也可看出,30m 试验管子,虽经数百次爆炸试验,但基本完好。所以安全系数采用 2.5 是足够安全的。

式中管子壁厚裕度 c_1 是只考虑计算出的安全管壁厚度,在选择常用无缝钢管时的余量,这个余量在小管时较大,大管较小,约在 0.45～2mm 之间,因此当此管道架空敷设时,尚可作为腐蚀裕度,而当此管道埋地敷设时,作为腐蚀裕度就不够了,尤其是 φ50 以上的管子,所以应该根据土壤的腐蚀性增加管子的耐腐蚀的裕度,对于小管也至少加 0.5mm。所以本规范中所列的管子壁厚是最小壁厚。

四、中压乙炔管道上用的阀门附件,如 φ50mm 及其以下,以前选用旋塞(P_N=1.0MPa)和截止阀(P_N=1.6MPa)使用情况较好,所以本规范未予变动,但现在中压乙炔管道的管径放大到 φ65 和 φ80 后,阀门的公称压力如何选用,我们试验组也专门作了试

4

验，试验是将阀门安装在 30m 长试验管的终端，首先用 3000V 高频振荡点火器点燃氧、乙炔混合气，产生氧化爆炸后使管内 0.15MPa 的纯乙炔产生阶式分解爆炸，阀门的型号为 φ80 的 J41T—16 和 J41T—25 两种，试验结果如表 9.0.4 所示。

阀门耐爆强度试验数据 表 9.0.4

试验编号	阀门型号	初压(MPa)	端点反射压力(MPa)	炸破情况
77221	J41T—16	0.145/0.145	43.2 *	炸破
77222	J41T—16	0.15/0.08	24.0 *	未破、冒火
77314	J41T—16	0.15/0.15	32.9	炸破
77335	J41T—25	0.125/0.15	48.8 *	冒火、未破
77337	J41T—25	0.15/0.15	33.6 *	无损
77339	J41T—25	0.12/0.15	26.8 *	冒火

注：①有"＊"者为 BPR—10，50MPa 的探头测出后乘以对比系数 4 的数据。第 77314 次的数据为 YD 型晶体探头测得的数据。
②初压栏中分子为氧化爆炸的初压，分母为纯乙炔爆炸的初压。

从上表中可以看出 $D_N=80$ 的 $P_N=1.6$MPa 的灰铸铁截止阀（J41T—16）被炸破两次，而 $P_N=2.5$MPa 的可锻铸铁截止阀（J41T—25）虽经 3 次爆炸，并无损伤，所以根据这种情况，规范定为 $D_N=65$ 和 $D_N=80$ 的阀门应采用 $P_N=2.5$MPa 的可锻铸铁阀门。

为了使盲板效应低一些和密闭性好，在乙炔管道上，不应采用水道上用的闸阀。

五、高压乙炔管道的管径限制和管壁厚度。苏联标准最大管径限制为 20mm，国外乙炔站设计中实际采用的高压管基本近于 20mm，如瑞典 AGA 公司采用的最大高压管径为 18mm，美国 REXARC 公司采用的为 3/4″，本规范等效采用为 20mm。

高压乙炔管道的壁厚是根据德国 TRAC 法规及瑞典 AGA 公司等的资料的规定，即高压乙炔管道应能承受乙炔分解爆炸时的压力，实际管道水压试验压力采用为 30MPa。

管壁厚度是经如下计算后采用的，即：

$$壁厚 S=S_Y+c=\frac{P \cdot W_s}{2[\sigma]+P}+c$$

式中　S_Y——管壁厚度（mm）；
　　　P——乙炔分解爆炸压力（MPa）（实际为水压试验压力为 30MPa）；
　　　W_s——管内径（mm）；
　　　$[\sigma]$——许用应力（N/mm²）；
　　　c——腐蚀裕度（mm），$c=0.11S_Y+1$。

10 号钢管材额定许用应力 $[\sigma]=120$N/mm²。

则 $S=\dfrac{30W_s}{2\times120+30}+c=\dfrac{3}{27}W_s+c=0.11W_s+c$

六、高压乙炔管道上用的阀门附件，根据德国 TRAC 法规，瑞典 AGA 公司以及美国 NFPA 法规都采用较高压力等级的阀件，因此根据承受强度试验压力为 30MPa 的基础上，本规范将高压管道的阀门附件的压力等级修改为 25MPa（公称压力）。

第 9.0.5 条　乙炔管道的静电接地，目的是消除管内由于气流摩擦产生的静电聚集。接地装置的做法，是参照 1983 年《化工企业静电接地设计技术规定》（CD90A3—83）提出的。

根据现行的国家标准《工业管道工程施工及验收规范—金属管道篇》（本说明中以下简称"施工规范"）第五章第十二节要求，提出法兰或螺纹接头间应有跨接导线要求。

第 9.0.6 条　排水坡度的作用主要是在气流不流动或很慢流动时，使气体中析出的水分能沿管壁流入集水器，防止管内积水造成水塞。日本和国内的一些设计院（例如上海某设计院）有把管道设计成无坡度的，所以国内外的作法也不一样。管道的排水坡度，以前一般顺波 0.003，逆坡 0.005，在实际施工时都很难准确。乙炔管道直径较小，横断面不大，设有坡度为好。对坡度的要求，为了

方便施工，宜在 0.003 以上。

第 9.0.7 条　当架空乙炔管道必须靠近热源，敷设在温度超过 70℃ 的地方时，应采取隔热措施。以前苏联的规定也不统一，如 1951 年苏联国立氧气工厂设计院《工厂焊接加工金属用乙炔和氧气管道安装暂行技术规范》中第 66 条规定："乙炔管道应与没有设防的火焰、烧红的物体和其他热源有一定的距离，以便使管壁的温度不超过 35℃"。在我国南方，厂区架空的乙炔管道，由于太阳辐射热的照晒，管壁温度就可到达 60℃ 左右，而且还不是局部的，所以不适合我国具体情况。1958 年苏联《乙炔管道的试验及装置规定》一书第 7 条要求"乙炔管道可与低压蒸汽管（温度到 150℃）伴随一道保温"。两者也不一致。日本"高压气体协会志"第 21 卷第 6 号（1957 年 8 月）一期中转介了德国乙炔管理规则（3）第 11 条规定，着火源（2），明火（例无罩的灯火、焊接、切割一类的火焰、炉子）灼热的东西及 225℃ 以上的热物体（注：相当于乙炔着火温度 335℃ 的 2/3）是被禁止的。"当然乙炔在管中输送时，温度愈低愈安全，局部温度升高，不但降低了爆炸下限，而且增加了流速，对安全不利。最理想情况是乙炔管道在出站前先冷却到 35℃，并一直保持此温度。但根据实际情况，夏天暴晒，冬天保温都达不到这个要求。我们参考了 1974 年全国溶解乙炔站经验交流会纪要规定："中压乙炔发生器（水入电石式）内乙炔温度不应大于 90℃，乙炔压缩机各级排气温度不应超过 90℃。"为了安全起见，我们规定管壁严禁超过 70℃，否则应采取隔热措施。

根据上述情况，乙炔管道一年之内温差还是变动不小的，所以应考虑热补偿的问题。

第 9.0.8 条　乙炔为易燃易爆气体，在空气中只要含有 2.3%～80.7% 的乙炔气，只要有一个很小的火花（0.02mj 的能量）就会引爆，而且爆炸的威力很大，所以要特别注意。从我们调查了解的事故中（见《氧、乙炔站设计规范参考资料汇编》第 11 期《乙炔站包括瓶及管道爆炸事故及其分析专辑》），由于乙炔管漏泄乙炔，流入室内引起爆炸的事故还是比较多的，而且还非常严重，甚至有的还造成人身事故。如某重机厂铸钢清理车间生活间（设在厂房的披屋内），由于其地面下的乙炔管道漏出乙炔，充满室内，在检修翻改时，焊渣落下引起爆炸，当场死去 8 人。所以一定要严格要求，严禁乙炔管道穿过生活间或办公室，并不应通过不使用乙炔的建筑物和房间。

第 9.0.9 条　架空敷设的乙炔管道，包括厂区及车间内的，除单独敷设外，允许与其他哪些管道共架的问题，在苏联规范中既不统一，也不明确。1951 年苏联国立氧气工厂设计院《工厂焊接加工金属用的乙炔和氧气管道安装暂行技术规范》中第 12 条："乙炔管道在线路平面上，不能与其他管网和电缆一起敷设，其目的在于防止修理其中一条管道时，不致引起其他管道的损坏。"某机部某设计院当时的苏联专家写的《氧气站、乙炔站设计标准》，对乙炔管道敷设在车间内。要求氧、乙炔管道各有单独的支架；在厂区允许氧、乙炔管与其他管道共柱，而氧、乙炔管要敷设在其他管道之上，并有单独的托架。这与后来 1970 年苏联《乙炔生产》一书中厂区的乙炔管道可单独或与其他气体管道共一栈桥（支柱）敷设是一致的。在《乙炔生产》一书中提出，"乙炔管道应布置在支柱顶层，与氧、氢等有爆炸和易燃气体或有腐蚀的液体管道应分别设置，与蒸汽和热力管道可敷设在同一栈桥上，但必须避免乙炔的局部过热。"上述各标准规范说法不完全统一。乙炔管道有其爆炸的特性，应从这个主要矛盾考虑其共架问题，例如氯气与乙炔气混合，则非常容易引起爆炸，所以禁止一起敷设。为了防止检修其他管道时，焊渣火花落在乙炔管道上发生危险，所以规定乙炔管道在其他管道上面敷设，并规定了与其他管道应有 250mm 的净距。除氯气以外的不燃气体管道，压力 1.3MPa 以下的蒸汽管和热水管道、给水管道以及同一使用目的的氧气管道，无论是车间内或厂区的，可以共架敷设。有些工厂已是这样用了多年无问题，如沈阳某机器厂焊接车间的乙炔管与热水管和压缩空气管共架。沈阳某厂

厂区氧、乙炔管道平行共架也用得很好。哈尔滨某厂焊接车间内给水、蒸汽、凝结水、氧气、乙炔管和压缩空气管都上下共架，并无问题。所以，只要保证了净距，有单独的支座也保证了其牢固性，车间与厂区在上述条件下是可以共架的。但除上述条件以外的管线，厂区与车间也有不同之处，这体现在附录的距离中，可参见附录一、二、三。

第9.0.10条 乙炔站和使用乙炔的车间内的乙炔管道：

一、沿墙或柱子架空敷设，以前对其高度的要求不统一，有的规定不小于2m，有的为2.2m或2.5m。本规范只提出乙炔管道不应妨碍交通和维修的要求。与其他管道之间的净距可参照附录二。

如不能架空时，可单独或与供同一使用目的的氧气管道敷设在用非燃烧材料制成的不通行地沟内。盖板严禁用木制。为了防止氧、乙炔泄漏在地沟内聚集发生爆炸，所以在沟内必须填满砂子，砂子一定要填满到与盖板相接触，不要有空隙。而且地沟严禁与其他地沟、沟道相通，尤其是排水道等，因为乙炔漏入上述沟道往往引起严重爆炸事故（事故情况见本规范组编制的《氧、乙炔站设计规范参考资料汇编》第11期《乙炔站包括乙炔瓶、管道爆炸事故及其分析专辑》）。

二、岗位回火防止器应是每个焊割炬配置一个，以保证一个枪回火时，不影响或尽量减少影响别的使用点，以达到正常生产。尤其是有些用气点多，如船厂，往往一个用气点，甚至有20或40多个接头，这种情况宜将此用气点先装一个中央水封，而后每个接头上装一个回火防止器，以保证安全。

岗位回火防止器是否需要设保护箱的问题，看法是不一致的。因保护箱如通风不良，有时反而会出事故。但设有通风良好的保护箱，优点有：①防止上面掉下的焊接火花。②防止机械撞击。③防止非焊工乱开乙炔阀门。④在露天安装时防止雨雪和太阳暴晒等。尤其在室外的岗位回火防止器，更有需要。因此根据安装的具体地点在设计时考虑，规范中未作具体规定。

三、车间的乙炔管道进口处装设的中央回火防止器，以前按苏联规定为：当车间内有10个用气点以上时才装设。当然用气点愈多，回火爆炸的机会也愈多，但对每一把焊割炬来说，都有回火引爆的可能。例如上海某修造厂，1974年8月31日锻工车间一焊枪回火引起本车间3个岗位水封和另一船体车间内的4个岗位水封的防爆膜破裂，乙炔管道也有一小段 $\phi 1\frac{1}{4}''$ 管炸裂，其他工厂也有类似情况发生。这就说明，若有中央回火防止器，则事故就可以限制在车间内，这样对减少损失和恢复生产都有好处。反之如厂区乙炔管道有了事故，车间入口若有中央回火防止器就可不影响到该车间内。这在美国C·E·P·1973年4月号"乙炔爆炸分解事故"一文中介绍联碳公司在西弗吉尼亚州的一个化工厂的一次厂区乙炔管道大爆炸中也得到了证明。由于车间双向中央回火防止器的作用，免得影响到各车间，很快就恢复了生产。因此这对减少损失，迅速恢复生产都是有好处的，所以本规范规定：车间入口均应设有乙炔中央回火防止器。而这种中央回火防止器最好设计为两个方向都起止火作用的。

四、乙炔及其他管道穿过墙或楼板时，一般都应敷设在套管内，尤其对乙炔管道更应注意。在管道穿过墙壁或楼板时，不要使乙炔管道受到外加应力的作用，和严格防止乙炔漏入到其他房间。所以乙炔管道与套管之间，应用柔性的非燃烧材料填塞，既能防止乙炔管道不受外力影响，又能提高密闭性。

埋地乙炔管道穿墙基或地坪时，在乙炔管道与套管之间要填以防水材料，以防渗水和漏气进入室内。

第9.0.11条 厂区乙炔管道架空敷设时：

一、对乙炔管道的支架，均应用非燃烧材料制作。乙炔管道有火灾危险，与国家标准《工业企业总平面设计规范》编制组协调后规定：只允许沿与乙炔生产或使用有关的车间建筑物外墙或屋顶上敷设，不允许沿其他建筑物敷设。

二、厂区架空敷设的含湿的乙炔管道，应不让其水分因冬季寒冷而冻塞，影响生产。防冻措施可依据具体情况而定，一般较寒冷的地区可采取保温措施。至于东北严寒地区甚至还要采取热力管伴随保温，苏联在1958年《对于金属火焰加工的乙炔生产》中第10条"乙炔管道可与低压蒸汽管道（温度不超过150℃）伴随一道保温。"并要求低压蒸汽管与乙炔管不要直接接触，其中留有间隙再一道保温。但对乙炔用温度近150℃的蒸汽管伴随保温是不够安全的，因蒸汽温度不易控制，容易造成乙炔过热。所以必要时必须用不超过70℃的热水管伴随保温或用干燥法将乙炔干燥后再输送比较安全。

三、为了防止乙炔管道上带电（感应电或短路）产生火花引起爆炸，电线一律不应与乙炔管道敷设在一起（乙炔管道专用的除外），应该分开支架敷设，其距离可参见附录一。

四、参照附录一。

第9.0.12条 厂区管道地下敷设分地沟敷设和直接埋地敷设两种，因为地沟敷设不够安全又不经济，所以本规范不推荐地沟敷设。本条的要求主要是对直接埋地而言。

一、管顶距地面的距离有的不小于0.6m（日本），有0.7m或0.8m的。我国在没有载重车辆经过的地方采用0.7m，实践也没有问题。所以在规范中采用一般不小于0.7m。如有重载的地面应进行负荷计算后再决定埋设深度。

二、乙炔管道敷设在冰冻层内时，应有防冻措施。同时还应考虑因地层温度变化会增加管道和附件的应力，而应考虑热补偿措施。

三、乙炔管道直接埋地敷设时，为了便于检漏，从沟底到管子上部高300mm的范围内不准回填冰土块、破砖乱瓦和石头等，避免形成空洞，积聚乙炔爆炸气，形成隐患。为了便于检漏，装设漏气检查点，所以沟内只能用松散的土或砂填平捣实直至管顶以上300mm后才可再一次回填。

四、阀门和附件宜直接埋地，是避免乙炔气漏入检查井内发生人身事故。如有必要设置检查井时，则应单独设置，并严禁其他管道直接穿过，以免乙炔气漏入到其他管内或沿其他管外沿窜出，以保证安全。

五、土壤腐蚀等级分为五种，根据土壤最低比电阻（或电阻率）欧姆米来区分，苏联的分级方法如表9.0.12-1（我国现分为低、中、高三级）。

土壤腐蚀的分级　　　　　表9.0.12-1

土壤腐蚀等级	低	中	较高	高	特高
土壤最低比电阻（欧姆米）	>100	100～20	20～10	10～5	<5

不同土壤腐蚀等级选用不同类型的防腐绝缘层，见表9.0.12-2。

防腐绝缘层的选用　　　　　表9.0.12-2

土壤腐蚀等级	低和中（低）	较高和高（中）	特高（高）
防腐绝缘层类型	普通	强	特强

除上述情况下，还应考虑管道周围环境的情况（如杂散电流等）对管道的腐蚀。防腐绝缘层的材料和要求可参阅设计手册或标准图。

六、乙炔管道严禁通过烟道、通入地沟，是防止乙炔气漏入其中引起事故；靠近高于50℃的热表面，不但使乙炔升温非常危险，而且防腐层也会被破坏。所以必须禁止乙炔管道敷设在这些地方。

在建筑物、构筑物和露天堆场下敷设乙炔管也是非常危险的，乙炔管漏气后不便及时修理，一旦有了火灾更是互相影响，所以必须预先避免。

4

附录一～附录三

附录一～附录三的内容是与国家标准《工业企业总平面设计规范》编制组相互协调落实后制定的。

中华人民共和国国家标准

农 村 防 火 规 范

Code for fire protection and prevention of rural area

GB 50039 - 2010

主编部门：中 华 人 民 共 和 国 公 安 部
批准部门：中华人民共和国住房和城乡建设部
施行日期：２ ０ １ １ 年 ６ 月 １ 日

中华人民共和国住房和城乡建设部公告

第 748 号

关于发布国家标准
《农村防火规范》的公告

现批准《农村防火规范》为国家标准，编号为 GB 50039—
2011，自 2011 年 6 月 1 日起实施。其中，第 1. 0. 4、3. 0. 2、
3. 0. 4、3. 0. 9、3. 0. 13、5. 0. 5、5. 0. 11、5. 0. 13、6. 1. 12、6. 2. 1
(2)、6. 2. 2(3)、6. 3. 2(1,4)、6. 4. 1、6. 4. 2、6. 4. 3 条(款)为强
制性条文，必须严格执行。原《村镇建筑设计防火规范》GBJ 39—
90 同时废止。

本规范由我部标准定额研究所组织中国计划出版社出版发
行。

中华人民共和国住房和城乡建设部
二〇一〇年八月十八日

5

前　言

根据原建设部《关于印发〈二〇〇五年工程建设国家标准制订、修订计划(第一批)〉的通知》(建标〔2005〕84号)的要求,由山西省公安消防总队会同中国建筑设计研究院、公安部天津消防研究所、太原理工大学建筑设计研究院、贵州省公安消防总队、江苏省公安消防总队、黑龙江省公安消防总队等单位对国家标准《村镇建筑设计防火规范》GBJ 39—90进行了全面修订。

在本规范的修订编制过程中,规范编制组依据国家有关法律、法规、技术规范和标准,总结了我国农村防火工作经验、消防科学技术研究成果和农村火灾事故教训,结合农村消防工作实际和经济发展现状,对农村消防规划、建筑耐火等级、火灾危险源控制、消防设施、合用场所消防安全技术要求、消防常识宣传教育的主要内容等作出了规定,与原规范的章节结构和具体内容相比都有了非常大的变化,是指导农村防火的综合性技术规范,故将规范的名称改为《农村防火规范》。在此基础上广泛征求了有关科研、设计、生产、消防监督、高等院校等部门和单位的意见,最后经有关部门和专家共同审查定稿。

本规范共分6章和2个附录,其主要内容为:总则、术语、规划布局、建筑物、消防设施、火灾危险源控制等。

本规范中以黑体字标志的条文为强制性条文,必须严格执行。

本规范由住房和城乡建设部负责管理和对强制性条文的解释,公安部负责日常管理,山西省公安消防总队负责具体技术内容的解释。请各单位在执行本规范过程中,认真总结经验、注意积累资料,并随时将有关意见和建议寄山西省公安消防总队(地址:山西省太原市桃园南路59号,邮编030001),以便今后修订时参考。

本规范主编单位、参编单位和主要起草人、主要审查人:

主编单位: 山西省公安消防总队

参编单位: 中国建筑设计研究院
公安部天津消防研究所
太原理工大学建筑设计研究院
贵州省公安消防总队
江苏省公安消防总队
黑龙江省公安消防总队

主要起草人: 李济成　马　恒　李彦军　张耀泽　沈　纹
郭益民　朱耀武　倪照鹏　朱　江　武丽珍
李立志　高　昇　李锦成　冯婧钰　王　宁
朱培仁　阚　强　任世英　徐　彤

主要审查人: 李引擎　赵永代　高建民　申立新　罗　翔
董新民　王晓艳　汤　杰　郭国旗　鲁性旭
何蜀伟　费卫东　张静岩

目　次

5

1 总　则

1.0.1　为了预防农村火灾的发生,减少火灾危害,保护人身和财产安全,制定本规范。

1.0.2　本规范适用于下列范围:

　　1　农村消防规划;

　　2　农村新建、扩建和改建建筑的防火设计;

　　3　农村既有建筑的防火改造;

　　4　农村消防安全管理。

　　除本规范规定外,农村的厂房、仓库、公共建筑和建筑高度超过15m的居住建筑的防火设计应执行现行国家标准《建筑设计防火规范》GB 50016等的规定。

1.0.3　农村的消防规划、建筑防火设计、既有建筑的防火改造和消防安全管理,应结合当地经济发展状况、民族习俗、村庄规模、地理环境、建筑性质等,采取相应的消防安全措施,做到安全可靠、经济合理、有利生产、方便生活。

1.0.4　农村的消防规划应根据其区划类别,分别纳入镇总体规划、镇详细规划、乡规划和村庄规划,并应与其他基础设施统一规划、同步实施。

1.0.5　村民委员会等基层组织应建立相应的消防安全组织,确定消防安全管理人,制定防火安全制度,进行消防安全检查,开展消防宣传教育,落实消防安全责任,配备必要的消防力量和消防器材装备。

1.0.6　农村的消防规划、建筑防火设计、既有建筑的防火改造和消防安全管理,除应符合本规范的规定外,尚应符合国家现行标准的规定。

2 术　语

2.0.1　农村　rural area

　　县级及县级以上人民政府驻地的城市、镇规划区以外的镇、乡、村庄的统称。

2.0.2　村庄　village

　　农村居民生活和生产的聚居点。

2.0.3　消防点　firefighting spot

　　设置在农村的集中放置消防车辆、器材,并配有专职、义务或志愿消防队员的固定场所。

2.0.4　住宿与生产、储存、经营合用场所　the place combined with habitation,production,storage and business

　　住宿与生产、储存、经营等一种或几种用途混合设置在同一连通空间内的场所,俗称"三合一"。

3 规划布局

3.0.1　农村建筑应根据建筑的使用性质及火灾危险性、周边环境、生活习惯、气候条件、经济发展水平等因素合理布局。

3.0.2　甲、乙、丙类生产、储存场所应布置在相对独立的安全区域,并应布置在集中居住区全年最小频率风向的上风侧。

　　可燃气体和可燃液体的充装站、供应站、调压站和汽车加油加气站等应根据当地的环境条件和风向等因素合理布置,与其他建(构)筑物等的防火间距应符合国家现行有关标准的要求。

3.0.3　生产区内的厂房与仓库宜分开布置。

3.0.4　甲、乙、丙类生产、储存场所不应布置在学校、幼儿园、托儿所、影剧院、体育馆、医院、养老院、居住区等附近。

3.0.5　集市、庙会等活动区域应规划布置在不妨碍消防车辆通行的地段,该地段应与火灾危险性大的场所保持足够的防火间距,并应符合消防安全要求。

3.0.6　集贸市场、厂房、仓库以及变压器、变电所(站)之间与居住建筑的防火间距应符合现行国家标准《建筑设计防火规范》GB 50016等的要求。

3.0.7　居住区和生产区距林区边缘的距离不宜小于300m,或应采取防止火灾蔓延的其他措施。

3.0.8　柴草、饲料等可燃物堆垛设置应符合下列要求:

　　1　宜设置在相对独立的安全区域或村庄边缘;

　　2　较大堆垛宜设置在全年最小频率风向的上风侧;

　　3　不应设置在电气线路下方;

　　4　与建筑、变配电站、铁路、道路、架空电力线路等的防火间距宜符合现行国家标准《建筑设计防火规范》GB 50016的要求;

　　5　村民院落内堆放的少量柴草、饲料等与建筑之间应采取防火隔离措施。

3.0.9　既有的厂(库)房和堆场、储罐等,不满足消防安全要求的,应采取隔离、改造、搬迁或改变使用性质等防火保护措施。

3.0.10　既有的耐火等级低、相互毗连、消防通道狭窄不畅、消防水源不足的建筑群,应采取改善用火和用电条件、提高耐火性能、设置防火分隔、开辟消防通道、增设消防水源等措施。

3.0.11　村庄内的道路宜考虑消防车的通行需要,供消防车通行的道路应符合下列要求:

　　1　宜纵横相连,间距不宜大于160m;

　　2　车道的净宽、净空高度不宜小于4m;

　　3　满足配置车型的转弯半径;

　　4　能承受消防车的压力;

　　5　尽头式车道满足配置车型回车要求。

3.0.12　村庄之间以及与其他城镇连通的公路应满足消防车通行的要求,并应符合3.0.11条的有关规定。

3.0.13　消防车道应保持畅通,供消防车通行的道路严禁设置隔离桩、栏杆等障碍设施,不得堆放土石、柴草等影响消防车通行的障碍物。

3.0.14　学校、村民集中活动场地(室)、主要路口等场所应设置普及消防安全常识的固定消防宣传点;易燃易爆等重点防火区域应设置防火安全警示标志。消防安全常识宣传教育的主要内容宜采用附录B。

4 建 筑 物

4.0.1 农村建筑的耐火等级不宜低于一、二级,建筑耐火等级的划分应符合现行国家标准《建筑设计防火规范》GB 50016 的规定。

4.0.2 三、四级耐火等级建筑之间的相邻外墙宜采用不燃烧实体墙,相连建筑的分户墙应采用不燃烧实体墙。建筑的屋顶宜采用不燃材料,当采用可燃材料时,不燃烧体分户墙应高出屋顶不小于0.5m。

4.0.3 住宿与生产、储存、经营合用场所应符合本规范附录 A 的相关规定。

4.0.4 一、二级耐火等级建筑之间或与其他耐火等级建筑之间的防火间距不宜小于4m,当符合下列要求时,其防火间距可相应减小:

　　1 相邻的两座一、二级耐火等级的建筑,当较高一座建筑的相邻外墙为防火墙且屋顶不设置天窗、屋顶承重构件及屋面板的耐火极限不低于1.00h 时,防火间距不限;

　　2 相邻的两座一、二级耐火等级的建筑,当较低一座建筑的相邻外墙为防火墙且屋顶不设置天窗、屋顶承重构件及屋面板的耐火极限不低于1.00h 时,防火间距不限;

　　3 当建筑相邻外墙上的门窗洞口面积之和小于等于该外墙面积的10%且不正对开设时,建筑之间的防火间距可减少为2m。

4.0.5 三、四级耐火等级建筑之间的防火间距不宜小于6m。当建筑相邻外墙为不燃烧体,墙上的门窗洞口面积之和小于等于该外墙面积的10%且不正对开设时,建筑之间的防火间距可为4m。

4.0.6 既有建筑密集区的防火间距不满足要求时,应采取下列措施:

　　1 耐火等级较高的建筑密集区,占地面积不应超过5000m²;当超过时,应在密集区内设置宽度不小于6m的防火隔离带进行防火分隔;

　　2 耐火等级较低的建筑密集区,占地面积不应超过3000m²;当超过时,应在密集区内设置宽度不小于10m的防火隔离带进行防火分隔。

4.0.7 存放柴草等材料和农具、农用物资的库房,宜独立建造;与其他用途房间合建时,应采用不燃烧实体墙隔开。

4.0.8 建筑物的其他防火要求应符合现行国家标准《建筑设计防火规范》GB 50016 等的相关要求。

5 消 防 设 施

5.0.1 农村应根据规模、区域条件、经济发展状况及火灾危险性等因素设置消防站和消防点。

5.0.2 消防站的建设和装备配备可按有关消防站建设标准执行。

5.0.3 消防点的设置应满足以下要求:

　　1 有固定的地点和房屋建筑,并有明显标识;

　　2 配备消防车、手抬机动泵、水枪、水带、灭火器、破拆工具等全部或部分消防装备;

　　3 设置火警电话和值班人员;

　　4 有专职、义务或志愿消防队员;

　　5 寒冷地区采取保温措施。

5.0.4 农村应充分利用满足一定灭火要求的农用车、洒水车、灌溉机动泵等农用设施作为消防装备的补充。

5.0.5 农村应设置消防水源。消防水源应由给水管网、天然水源或消防水池供给。

5.0.6 具备给水管网条件的农村,应设室外消防给水系统。消防给水系统宜与生产、生活给水系统合用,并应满足消防供水的要求。

　　不具备给水管网条件或室外消防给水系统不符合消防供水要求的农村,应建设消防水池或利用天然水源。

5.0.7 室外消防给水管道和室外消火栓的设置应符合下列要求:

　　1 当村庄在消防站(点)的保护范围内时,室外消火栓栓口的压力不应低于0.1MPa;当村庄不在消防站(点)保护范围内时,室外消火栓应满足其保护半径内建筑最不利点灭火的压力和流量的要求;

　　2 消防给水管道的管径不宜小于100mm;

　　3 消防给水管道的埋设深度应根据气候条件、外部荷载、管材性能等因素确定;

　　4 室外消火栓间距不宜大于120m;三、四级耐火等级建筑较多的农村,室外消火栓间距不宜大于60m;

　　5 寒冷地区的室外消火栓应采取防冻措施,或采用地下消火栓、消防水鹤或将室外消火栓设在室内;

　　6 室外消火栓应沿道路设置,并宜靠近十字路口,与房屋外墙距离不宜小于2m。

5.0.8 江河、湖泊、水塘、水井、水窖等天然水源作为消防水源时,应符合下列要求:

　　1 能保证枯水期和冬季的消防用水;

　　2 应防止被可燃液体污染;

　　3 有取水码头及通向取水码头的消防车道;

　　4 供消防车取水的天然水源,最低水位时吸水高度不应超过6.0m。

5.0.9 消防水池应符合下列要求:

　　1 容量不宜小于100m³。建筑耐火等级较低的村庄,消防水池的容量不宜小于200m³;

　　2 应采取保证消防用水不作它用的技术措施;

　　3 宜建在地势较高处。供消防车或机动消防泵取水的消防水池应设取水口,且不宜少于2处;水池池底距设计地面的高度不应超过6.0m;

　　4 保护半径不宜大于150m;

　　5 设有2个及以上消防水池时,宜分散布置;

　　6 寒冷和严寒地区的消防水池应采取防冻措施。

5.0.10 缺水地区宜设置雨水收集池等储存消防用水的蓄水设施。

5.0.11 农村应根据给水管网、消防水池或天然水源等消防水源

的形式,配备相应的消防车、机动消防泵、水带、水枪等消防设施。

5.0.12 机动消防泵应储存不小于3.0h的燃油总用量,每台泵至少应配置总长不小于150m的水带和2支水枪。

5.0.13 农村应设火灾报警电话。农村消防站与城市消防指挥中心、供水、供电、供气等部门应有可靠的通信联络方式。

5.0.14 农村未设消防站(点)时,应根据实际需要配备必要的灭火器、消防斧、消防钩、消防梯、消防安全绳等消防器材。

5.0.15 公共消防设施、消防装备不足或者不适应实际需要的,应当增建、改建、配置或者进行技术改造。

6 火灾危险源控制

6.1 用 火

6.1.1 设置在居住建筑内的厨房宜符合下列规定:

1 靠外墙设置;

2 与建筑内的其他部位采取防火分隔措施;

3 墙面采用不燃材料;

4 顶棚和屋面采用不燃或难燃材料。

6.1.2 用于炊事和采暖的灶台、烟道、烟囱、火炕等应采用不燃材料建造或制作。与可燃物体相邻部位的壁厚不应小于240mm。

烟囱穿过可燃或难燃屋顶时,排烟口应高出屋面不小于500mm,并应在顶棚至屋面层范围内采用不燃烧材料砌抹严密。

烟道直接在外墙上开设排烟口时,外墙应为不燃烧体且排烟口应突出外墙至少250mm。

6.1.3 烟囱穿过可燃保温层、防水层时,在其周围500mm范围内应采用不燃材料做隔热层,严禁在阁顶内开设烟囱清扫孔。

6.1.4 多层居住建筑内的浴室、卫生间和厨房的垂直排风管,应采取防回流措施或在支管上设置防火阀。

6.1.5 柴草、饲料等可燃物堆垛较多、耐火等级较低的连片建筑或靠近林区的村庄,其建筑的烟囱上采取防止火星外逸的有效措施。

6.1.6 燃煤、燃柴炉灶周围1.0m范围内不应堆放柴草等可燃物。

6.1.7 燃气灶具的设置应符合下列要求:

1 燃气灶具宜安装在有自然通风和自然采光的厨房内,并应与卧室分隔;

2 燃气灶具的灶面边缘和烤箱的侧壁距木质家具的净距离不应小于0.5m,或采取有效的防火隔热措施;

3 放置燃气灶具的灶台应采用不燃材料或加防火隔热板;

4 无自然通风的厨房,应选用带自动熄灭保护装置的燃气灶具,并应设置可燃气体探测报警器和与其连锁的自动切断阀和机械通风设施;

5 燃气灶具与燃气管道的连接胶管应采用耐油燃气专用胶管,长度不应大于2m,安装应牢固,中间不应有接头,且应定期更换。

6.1.8 既有厨房不满足第6.1.1条的规定时,炉灶设置应符合下列要求:

1 与炉灶相邻的墙面应做不燃化处理,或与可燃材料墙壁的距离不小于1.0m;

2 灶台周围1.0m范围内应采用不燃地面或设置厚度不小于120mm的不燃烧材料隔热层;

3 炉灶正上方1.5m范围内不应有可燃物。

6.1.9 火炉、火炕(墙)、烟道应当定期检修、疏通。炉灶与火炕通过烟道相连通时,烟道部分应采用不燃材料。

6.1.10 明火使用完毕后应及时清理余火,余烬与炉灰等宜用水浇灭或处理后倒在安全地带。炉灰宜集中存放于室外相对封闭且避风的地方,应设置不燃材料围挡。

6.1.11 使用蜡烛、油灯、蚊香时,应放置在不燃材料的基座上,距周围可燃物的距离不应小于0.5m。

6.1.12 燃放烟花爆竹、吸烟、动用明火应当远离易燃易爆危险品存放地和柴草、饲草、农作物等可燃物堆放地。

6.1.13 五级及以上大风天气,不得在室外吸烟和动用明火。

6.2 用 电

6.2.1 电气线路的选型与敷设应符合下列要求:

1 导线的选型应与使用场所的环境条件相适应,其耐压等级、安全载流量和机械强度等应满足相关规范要求;

2 架空电力线路不应跨越易燃易爆危险品仓库、有爆炸危险的场所、可燃液体储罐、可燃、助燃气体储罐和易燃、可燃材料堆场等,与这些场所的间距不应小于电杆高度的1.5倍;1kV及1kV以上的架空电力线路不应跨越可燃屋面的建筑;

3 室内电气线路的敷设应避开潮湿部位和炉灶、烟囱等高温部位,并不应直接敷设在可燃物上;当必须敷设在可燃物上或在有可燃物的吊顶内敷设时,应穿金属管、阻燃套管保护或采用阻燃电缆;

4 导线与导线、导线与电气设备的连接应牢固可靠;

5 严禁乱拉乱接电气线路,严禁在电气线路上搭、挂物品。

6.2.2 用电设备的使用应符合下列要求:

1 用电设备不应过载使用;

2 配电箱、电表箱采用不燃烧材料制作;可能产生电火花的电源开关、断路器等应采取防止火花飞溅的防护措施;

3 严禁使用铜丝、铁丝等代替保险丝,且不得随意增加保险丝的截面积;

4 电热炉、电暖器、电饭锅、电熨斗、电热毯等电热设备使用期间应有人看护,使用后应及时切断电源;停电后应拔掉电源插头,关闭通电设备;

5 用电设备使用期间,应留意观察设备温度,超温时应及时采取断电等措施;

6 用电设备长时间不使用时,应采取将插头从电源插座上拔出等断电措施。

6.2.3 照明灯具的使用应符合下列要求:

1 照明灯具表面的高温部位应与可燃物保持安全距离,当靠近可燃物时,应采取隔热、散热等防火保护措施;

2 卤钨灯和额定功率超过100W的白炽灯泡的吸顶灯、槽

灯、嵌入式灯,其引入线应采用瓷管、矿棉等不燃材料作隔热保护;

3 卤钨灯、高压钠灯、金属卤灯光源、荧光高压汞灯、超过60W的白炽灯等高温灯具及镇流器不应直接安装在可燃装修材料或可燃构件上。

6.3 用　气

6.3.1 沼气的使用应符合下列要求:

1 沼气池周围宜设围挡设施,并应设明显的标志,顶部应采取防止重物撞击或汽车压行的措施;

2 沼气池盖上的可燃保温材料应采取防火措施,在大型沼气池盖上和储气缸上,应设置泄压装置;

3 沼气池进料口、出料口及池盖与明火散发点的距离不应小于25m;

4 当采用点火方式测试沼气时,应在沼气炉上点火试气,严禁在输气管或沼气池上点火试气;

5 沼气池检修时,应保持通风良好,并严禁在池内使用明火或可能产生火花的器具;

6 水柱压力计"U"型管上端应连接一段开口管并伸至室外高处;

7 沼气输气主管道应采用不燃材料,各连接部位应严密紧固,输气管应定期检查,并应及时排除漏气点。

6.3.2 瓶装液化石油气的使用应符合下列要求:

1 **严禁在地下室存放和使用;**

2 液化石油气钢瓶不应接近火源、热源,应防止日光直射,与灶具之间的安全距离不应小于0.5m;

3 液化石油气钢瓶不应与化学危险物品混放;

4 **严禁使用超量罐装的液化石油气钢瓶,严禁敲打、倒置、碰撞钢瓶,严禁随意倾倒残液和私自灌气,**存放和使用液化石油气钢瓶的房间应通风良好。

6.3.3 管道燃气的使用应符合下列要求:

1 燃气管道的设计、敷设应符合现行国家标准《城镇燃气设计规范》GB 50028的要求,并应由专业人员设计、安装、维护;

2 进入建筑物内的燃气管道应采用镀锌钢管,严禁采用塑料管道,管道上应设置切断阀,穿墙处应加设保护套管;

3 燃气管道不应设在卧室内。燃气计量表具宜安装在通风良好的部位,严禁安装在卧室、浴室等场所;

4 使用燃气场所应通风良好,发生火灾应立即关闭阀门,切断气源。

6.4 用油(可燃液体)

6.4.1 汽油、煤油、柴油、酒精等可燃液体不应存放在居室内,且应远离火源、热源。

6.4.2 **使用油类等可燃液体燃料的炉灶、取暖炉等设备必须在熄火降温后充装燃料。**

6.4.3 **严禁对盛装或盛装过可燃液体且未采取安全置换措施的存储容器进行电焊等明火作业。**

6.4.4 使用汽油等有机溶剂清洗作业时,应采取防静电、防撞击等防止产生火花的措施。

6.4.5 严禁使用玻璃瓶、塑料桶等易碎或易产生静电的非金属容器盛装汽油、煤油、酒精等甲、乙类液体。

6.4.6 室内的燃油管道应采用金属管道并设有事故切断阀,严禁采用塑料管道。

6.4.7 含有有机溶剂的化妆品、充有可燃液体的打火机等应远离火源、热源。

6.4.8 销售、使用可燃液体的场所应采取防静电和防止火花发生的措施。

附录A　住宿与生产、储存、经营合用场所防火要求

A.1　基本规定

A.1.1 住宿与生产、储存、经营合用场所(以下简称"合用场所")严禁设置在下列建筑内:

1 有甲、乙类火灾危险性的生产、储存、经营的建筑;

2 建筑耐火等级为三级及三级以下的建筑;

3 厂房和仓库;

4 建筑面积大于2500 m²的商场市场等公共建筑;

5 地下建筑。

A.1.2 符合下列情形之一的合用场所应采用不开门窗洞口的防火墙和耐火极限不低于1.50h的楼板将住宿部分与非住宿部分完全分隔,住宿与非住宿部分应分别设置独立的疏散设施;当难以完全分隔时,不应设置人员住宿:

1 合用场所的建筑高度大于15m;

2 合用场所的建筑面积大于2000m²;

3 合用场所住宿人数超过20人。

A.1.3 除A.1.2条以外的其他合用场所,应执行A.1.2条的规定;当有困难时,应符合下列规定:

1 住宿与非住宿部分应设置火灾自动报警系统或独立式感烟火灾探测报警器;

2 住宿与非住宿部分之间应进行防火分隔;当无法分隔时,合用场所应设置自动喷水灭火系统或自动喷水局部应用系统;

3 住宿与非住宿部分应设置独立的疏散设施;当确有困难时,应设置独立的辅助疏散设施。

A.1.4 合用场所的疏散门应采用向疏散方向开启的平开门,并应确保人员在火灾时易于从内部打开。

A.1.5 合用场所使用的疏散楼梯宜通至屋顶平台。

A.1.6 合用场所中应配置灭火器、消防应急照明,并宜配备轻便消防水龙。

A.1.7 层数不超过2层、建筑面积不超过300m²,且住宿少于5人的小型合用场所,当执行本标准关于防火分隔措施和自动喷水灭火系统的规定确有困难时,宜设置独立式感烟火灾探测报警器;人员住宿宜设置在首层,并直通出口。

A.1.8 合用场所内的安全出口和辅助疏散出口的宽度应满足人员安全疏散的需要。

A.2　防火分隔措施

A.2.1 A.1.3条中的防火分隔措施应采用耐火极限不低于2h的不燃烧体墙和耐火极限不低于1.5h的楼板,当墙上确需开门时,应为常闭乙级防火门。

当采用室内封闭楼梯间时,封闭楼梯间的门应采用常闭乙级防火门,且封闭楼梯间首层应直通室外或采用扩大封闭楼梯间直通室外。

A.2.2 住宿内部隔墙应采用不燃烧体,并应砌筑至楼板底部。

A.2.3 两个合用场所之间或者合用场所与其他场所之间应采用不开门窗洞口的防火墙和耐火极限不低于1.5h的楼板进行防火分隔。

A.3　辅助疏散设施

A.3.1 室外金属梯、配备逃生避难设施的阳台和外窗,可作为合用场所的辅助疏散设施。逃生避难设施的设置应符合有关建筑逃生避难设施配置标准。

A.3.2 合用场所的外窗或阳台不应设置金属栅栏,当必须设置

时,应能从内部易于开启。

A.3.3 用于辅助疏散的外窗,其窗口高度不宜小于1.0m,宽度不宜小于0.8m,窗台下沿距室内地面高度不应大于1.2m。

A.4 自动灭火和火灾自动报警

A.4.1 合用场所自动喷水灭火系统和自动喷水局部应用系统的设置应符合现行国家标准《自动喷水灭火系统设计规范》GB 50084的规定。

A.4.2 合用场所火灾自动报警系统和独立式感烟火灾探测报警器的设置应符合现行国家标准《火灾自动报警系统设计规范》GB 50116和《独立式感烟火灾探测报警器》GB 20517的规定。

A.4.3 火灾探测报警器应安装在疏散走道、住房、具有火灾危险性的房间、疏散楼梯的顶部。

A.4.4 设置非独立式感烟火灾探测报警器的场所,应设置应急广播扬声器或火灾警报装置。

A.4.5 独立式感烟火灾探测报警器、应急广播扬声器或火灾警报装置的播放声压级应高于背景噪声的15db,且应确保住宿部分的人员能听到火灾警报音响信号。

A.4.6 使用电池供电的独立式感烟火灾探测报警器,必须定期更换电池。

A.5 其他要求

A.5.1 合用场所火源控制应符合本规范的有关要求。

A.5.2 灭火器的配置应符合现行国家标准《建筑灭火器配置设计规范》GB 50140的规定。消防应急照明的设置应符合现行国家标准《建筑设计防火规范》GB 50016的规定。

A.5.3 合用场所的内部装修材料应符合现行国家标准《建筑内部装修设计防火规范》GB 50222和《建筑内部装修防火施工及验收规范》GB 50354的规定。

A.5.4 室外广告牌、遮阳棚等应采用不燃或难燃材料制作,且不应影响房间内的采光、排风、辅助疏散设施的使用、消防车的通行以及灭火救援行动。

A.5.5 合用场所集中的地区,当市政消防供水不能满足要求时,应充分利用天然水源或设置室外消防水池,消防水池容量不应小于200m³。

A.5.6 合用场所集中的地区,应建立专、兼职消防队伍,并应配备相应的灭火车辆装备和救援器材。

A.5.7 合用场所的消防安全除符合本标准外,尚应符合国家现行有关标准的规定。

附录B 消防安全常识

B.1 火灾预防

B.1.1 应教育小孩不要玩火,不要玩弄电器和燃气设备。

B.1.2 不应乱扔烟头和火柴梗,丢弃前应熄灭。

B.1.3 不应躺在床上或沙发上吸烟。

B.1.4 不应在禁放区及楼道、阳台、柴草垛旁等地燃放烟花爆竹。

B.1.5 大风天严禁在室外动用明火。

B.1.6 使用蜡烛、油灯、蚊香时应放置在不燃材料的基座上和不燃材料制作的防护罩内。

B.1.7 电暖气和火炉等产生高温或明火的设备附近不应放置可燃物。

B.1.8 不得乱拉乱接电线,严禁用铜丝、铁丝等代替保险丝,不得随意增加保险丝的截面积。

B.1.9 严禁在电气线路上搭、挂物品。

B.1.10 使用电熨斗、电热炉、电暖器、电饭锅、电热毯时应有人看护,使用后应及时切断电源;停电后应拔掉电源插头,关断通电设备。

B.1.11 用电设备长时间不使用时,应切断电源。

B.1.12 照明灯具与窗帘等可燃物之间应保持安全距离。

B.1.13 燃气炉灶使用时应有人看管,防止溢锅、干锅等引起火灾或爆炸。

B.1.14 严禁超量充装液化气钢瓶,液化气瓶应远离火源、热源,严禁随意倾倒液化气残液。

B.1.15 严禁在地下室存放和使用液化气。

B.1.16 严禁携带易燃易爆危险品乘坐公共交通工具。

B.1.17 发现燃气泄漏,应及时关断气源阀门,打开门窗通风,不应开关电气设备和动用明火。

B.2 初起火灾扑救

B.2.1 发现火灾,必须立即报警并采取措施迅速灭火,火警电话119。

B.2.2 拨打火警电话时,应讲清着火场所的详细地址、起火部位、着火物质、火势大小、是否有人员被困、报警人姓名及电话号码,并派人到路口迎候消防车。

B.2.3 扑救初起火灾,应根据情况及时利用灭火器、消火栓或用盆、桶盛水等方法灭火。

B.2.4 电气设备或电气线路着火,宜先断电,后灭火。

B.2.5 燃气失火,应关闭燃气阀门、切断气源,迅速灭火。

B.2.6 油锅着火,应盖上锅盖,窒息灭火。

B.2.7 身上着火,应就地打滚,压灭火苗。

B.3 逃生自救

B.3.1 疏散走道、楼梯和安全出口应保持畅通。

B.3.2 外窗或阳台不应设置金属栅栏,当必须设置时,不应影响逃生和灭火救援,应能从内部易于开启。

B.3.3 进入宾馆、饭店、商场、医院、歌舞厅等公共场所时,应了解和熟悉疏散路线、安全出口与周围环境。

B.3.4 遇火灾时不应乘坐电梯,应通过疏散楼梯逃生。

B.3.5 受到火灾威胁时,不应留恋财物,可用浸湿的衣物、被褥等披围身体,迅速向安全出口疏散。

B.3.6 穿过浓烟逃生时,宜用湿毛巾捂住口鼻,低姿行走。

B.3.7 逃生线路受阻时,应保持镇静,及时发出求救信号并积极采取自救措施,等待救援。

B.3.8 房间内起火逃生时,应随即关闭房间门。

B.3.9 房间外起火难以逃生时,应立即关闭房间门,用毛巾、被单等织物将门缝等开口部位严密封堵,并在房门上浇水冷却,打开外窗,等待救援。

中华人民共和国国家标准

农 村 防 火 规 范

GB 50039-2010

条 文 说 明

1 总　　则

1.0.1 本条规定了制定本规范的目的。

近年来,我国农村消防工作快速发展,但消防安全形势依然严峻,火灾起数、损失和人员伤亡居高不下,村庄消防安全问题突出。1997 年～2006 年的 10 年间,全国农村平均每年发生火灾 6.9 万起,死亡 1531 人,受伤 2001 人,直接财产损失 6.3 亿元,该 4 项数字分别占城乡年均火灾总数 57.7%、62.1%、55.6%和 58.7%。

农村防火要认真贯彻"预防为主,防消结合"的消防工作方针,预防农村火灾的发生,减少火灾危害,保护人身和财产安全是制定本规范的目的。

1.0.2 本条规定了本规范的适用范围。

鉴于当前我国农村经济相对落后的现状和农村消防安全的实际,有效预防农村火灾的发生,应综合采取编制和落实消防规划、进行必要的防火分隔、科学设定建筑的耐火等级、有效控制火灾危险源、合理设置消防设施等综合性的消防安全措施。本规范不只是一部建筑设计防火规范,而是一部涉及农村消防规划、建筑防火设计、既有建筑防火改造、消防安全管理等内容的指导农村防火的综合性技术规范。

在农村建设的厂房、仓库、公共建筑建筑高度超过 15m 的居住建筑,由于其火灾危险性较大,在保证消防资金投入、落实消防安全技术措施等方面具有可行性,除本规范规定外,应按现行国家标准《建筑设计防火规范》GB 50016 等有关规范执行。

1.0.3 本条规定了农村防火的基本原则。

我国地域辽阔,大部分地区农村经济还相对落后,各地区农村建筑情况差异较大,在农村采取的建筑防火措施,应结合当地农村火灾特点和经济发展现状,充分考虑民族习俗、生活习惯、人文、地理环境、气候条件、建筑特点等多种因素,力求可操作性要强。正确处理好生产、生活与消防安全的关系,防火措施与消防投入的关系,按照科学合理、区别对待,有利于农村建筑多样化发展的原则实施农村防火措施。

本规范是农村防火的基本要求,在条件许可的地区,应积极提倡和鼓励采用先进的科学技术,应用先进的防火技术措施和消防装备设施,增强农村防火工作的科学性。

各地可以根据本规范的精神,结合当地实际制定相应的防火技术细则。

1.0.4 农村的消防规划应当包括消防安全布局、消防站(点)、消防供水、消防通信、消防车通道、消防装备和消防力量等内容。

经济比较发达、城市化进程较快的地区和城市郊区的农村,要提前谋划,适度超前开展消防规划。

1.0.5 本条规定了村民委员会等基层组织在做好农村消防工作中的职责。

1.0.6 本规范涉及面广,只能对农村的一般防火措施作出规定,在农村防火中,除执行本规范的规定外,尚应符合国家现行的有关法律、法规和标准的规定。

2 术　语

由于我国的有关法规和技术规范对"农村"没有明确的定义，其地域范围也不明确，结合本规范所指导的范围给出了农村的概念。

村庄在我国的各地有不同的称谓，例如村屯、村寨等。

住宿与生产、储存、经营场所俗称"三合一"建筑。该同一建筑空间可以是一独立建筑或一建筑中的一部分。

3　规划布局

3.0.1 农村消防安全布局是指农村总体布局中应当考虑的消防安全要求，应坚持从实际出发，综合考虑地理环境、生活习惯、气候条件、经济发展水平和建筑的耐火等级、结构形式、使用性质及其火灾危险性等因素合理布局，既有利于生产和方便生活，保持地方特色，又能保证消防安全。

3.0.2～3.0.4 农村规划和建设的甲、乙、丙类生产、储存场所，可燃气体和液体的充装站、供应站、调压站，汽车加油加气站等场所发生火灾的危险性大，一旦失火易造成严重后果。其布置要考虑风向等因素设置在合理位置，与其他建筑之间的防火间距执行现行国家标准《建筑设计防火规范》GB 50016、《汽车加油加气站设计与施工规范》GB 50156 等的要求，与居住、医疗、教育、集会、娱乐、市场等建筑之间的防火间距不应小于50m。

这里的汽车加油加气站是泛指加油站、加气站或加油加气合用站。

3.0.5 举办集市或庙会具有一定的火灾危险性，应规划专门的区域，该区域应设置在合理的位置，建设必要的安全出口、消防水源，配置消防设施和器材并保证完好有效，保持疏散通道、安全出口、消防车通道畅通。举办单位应当明确消防安全责任，确定消防安全管理人员，制定灭火和应急疏散预案并组织演练。

3.0.6 集贸市场、厂房、仓库以及变压器、变电所（站）等建（构）筑物之间以及这些建（构）筑物与农村居住等建筑之间要充分考虑其火灾危险性，满足防火间距的要求。

3.0.7 该条主要是根据国内外林区火灾的经验教训总结得出的。实践证明，防止山火进村和村火进山，在低火险气候条件下，300m的距离是有效的，如图1所示。

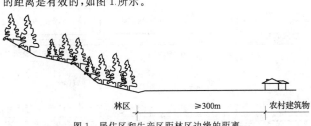

图1　居住区和生产区距林区边缘的距离

3.0.8 据统计，农村的粮食、棉花、木材、柴草等堆场发生的火灾占农村火灾总数的29.4%，柴草、饲草垛起火后燃烧快、火势猛、蔓延迅速、扑救困难，为了保障安全，作出了本条要求。较大堆垛宜设置在全年最小频率风向的上风侧，主要是考虑堆垛发生火灾时减小对居民区的火灾蔓延，保证居民安全；村民院落内堆放的少量柴草、饲料等与建筑之间应留出适当的防火间距，或采取必要防火隔离措施。

可燃物堆垛设置示意图如图2所示。

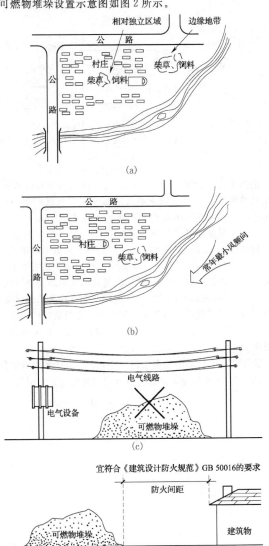

图2　可燃物堆垛设置示意图

3.0.9、3.0.10 规定了对既有建（构）筑物的改造要求。

消防法规定"城乡消防安全布局不符合消防安全要求的，应当调整、完善"。对农村既有的厂（库）房和堆场、储罐等，应对其火灾危险性进行分析评估，不满足消防安全要求时应采取相应的防火保护措施。

3.0.11～3.0.13 规定了消防车道设置的有关要求，如图3所示。

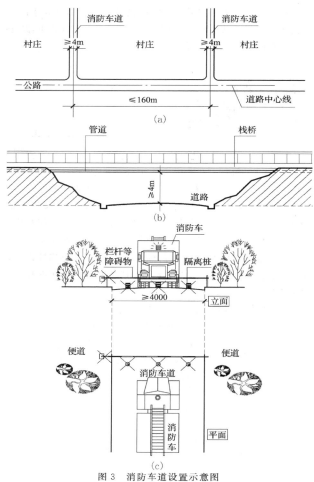

图 3　消防车道设置示意图

消防车道下的管道和暗沟等，应能承受消防车辆的满载轮压。尽头式消防车道应设有回车场或回车道。回车场面积不应小于12m×12m，供大型车辆使用的回车场不应小于15m×15m，对特大型消防车辆使用的回车场不应小于18m×18m。

村庄之间以及与其他城镇连通的公路应满足消防车通行的要求，其设置要求应符合第3.0.11条第2款～第5款的要求。

3.0.14　为加强农村消防安全管理，提高村民消防安全素质，农村宜在学校、村民聚集的公共活动场地或举办群众活动的活动室、主要路口等场所设置普及消防安全常识的固定消防宣传标语、标牌、宣传栏或张贴宣传图画等形式对公众宣传防火、灭火和应急逃生等常识。

为了使农村的消防安全常识宣传具有针对性和切合农村火灾防范的实际，消防安全常识宣传教育的主要内容宜采用附录B。

4　建　筑　物

4.0.1　我国农村地域辽阔，各地的经济、文化、民俗、环境、气候等情况不同，建筑的结构、形式有较大差异，但应积极倡导建造一、二级耐火等级的建筑，严格控制建造四级耐火等级的建筑，建筑构件应尽量采用不燃烧体或难燃烧体。

4.0.2　为了防止建筑火灾在不同的户之间相互蔓延，规定了三、四级耐火等级建筑之间的相邻外墙、相连建筑的分户墙的设置要求，如图4所示。

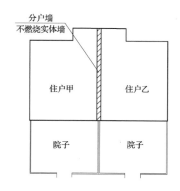

图 4　相连的三、四级耐火等级建筑分户墙示意图

4.0.3　住宿与生产、储存、经营合用场所（俗称"三合一"建筑）发生人员伤亡的火灾事故较多，考虑到规范的体例结构，将住宿与生产、储存、经营合用场所消防安全技术要求列入本规范附录A。

4.0.4、4.0.5　规定了不同耐火等级建筑之间的防火间距。农村建筑体量较小，根据限制火灾蔓延的实际需要，兼顾节约用地，参照现行国家标准《建筑设计防火规范》GB 50016规定建筑之间的防火间距要求，在采取了规范规定的措施或等效的防止火灾蔓延的有关措施情况下，其防火间距可相应减小，如图5所示。

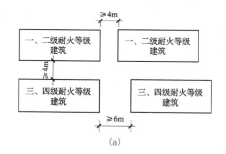

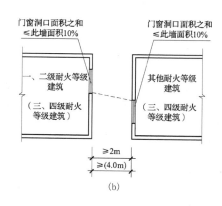

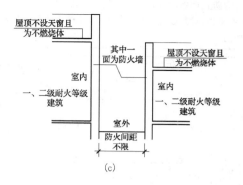

图 5 不同耐火等级建筑之间的防火间距示意图

4.0.6 我国的村庄绝大部分是自然发展形成的,考虑到其历史现状,对既有的农村建筑防火措施应该区别对待,在采取防止火灾蔓延措施的基础上,重点要加强用火用电等的管理。多年来,我国农村的许多地区对既有的建筑密集区采取将大寨化小寨,对耐火等级较低的建筑群按不超过 30 户、耐火等级较高的建筑群按不超过 50 户连片的村民建筑开辟防火隔离带或设防火墙等措施进行分隔。这主要是参照了由公安部、劳动部、国家统计局公布自 1997 年 1 月 1 日起施行的原《火灾统计管理规定》中,受灾 50 户以上火灾为特大火灾,受灾 30 户以上为重大火灾的规定,为有效防止农村重特大火灾事故的发生所采取的措施。

本条中的占地面积 5000 m²、3000m² 的规定是按照我国农村平均每户宅基地的占地面积为 100 m² 考虑的。尽管 2007 年公安部下发了"关于调整火灾等级标准的通知"公消〔2007〕234 号文件,对火灾等级标准进行了调整,但各地在执行原《火灾统计管理规定》中,在预防火灾事故中积累了许多的经验,仍参照原来的火灾等级划分中的数据作了本条规定。

4.0.7、4.0.8 规定了村民农用库房建造的最基本要求和建筑物的安全疏散、建筑构造等其他防火要求尚应符合现行国家标准《建筑设计防火规范》GB 50016 等相关规定。

5 消 防 设 施

5.0.1 本条对农村消防站、点的设置范围作了原则性的规定。

5.0.2 消防站的建设可按有关消防站建设标准确定建设用地面积、设置站房,配备消防车辆、消防器材、消防通信等设施。

5.0.3 本条规定了消防点设置的最低标准。

配置小型消防车、手抬机动消防泵及其他灭火器具与破拆工具等设备既经济又便于操作,在初期火灾扑救中取得了较好的效果,值得在我国农村地区大力推广。

由于我国农村的消防给水普遍不足,因此,在农村的消防站、点根据实际需要配置一定数量的灭火器,当居民区或其他场所发生火灾时,由消防车或其他车辆运送到火灾现场,进行火灾扑救工作还是必要的。

5.0.4 农村应提倡充分利用已有的农机设备,进行必要的改造,实现一机多能,用于灭火救援。

5.0.5 本条规定了农村消防水源的种类。

水是有效、实用、廉价的主要灭火剂。在我国,有些地区天然水源十分丰富,有的地区常年干旱,水资源十分缺乏。因此,消防水源的选择应根据当地实际情况确定。

5.0.6 对具备给水管网条件的农村,应设室外消防给水管网;不具备给水管网条件时可利用天然水源作为消防水源;给水管网或天然水源不能满足消防用水时,应设置消防水池作为消防水源。

消防给水与生产、生活用水合用管网时,当生产、生活用水达到最大秒流量时,应仍能供应全部消防用水量。

5.0.7 本条规定了室外消防给水管网和室外消火栓的设置要求。

农村室外消防给水宜采用高压或临时高压给水系统。有条件利用地势建高位消防水池的,可利用自然高差形成高压给水系统。

对设有消防站(点)或在消防站(点)保护范围内的农村的消防给水系统可采用低压给水系统,其压力应满足给消防车加水的压力要求,即不应低于 0.1MPa。

对三、四级耐火等级建筑密集或消防车无法到达的农村,室外消火栓的主要功能是用来扑救初期火灾,可直接由消火栓接上水带水枪灭火,室外消火栓起室内消火栓作用,间距不宜大于 60m。

消防水鹤是一种快速加水的消防产品,能为扑救火灾及时提供水源。消防水鹤能在各种气候条件下,尤其是北方寒冷地区,有效地给消防车供水。

消火栓沿道路布置,目的是使消防队在救火时使用方便,十字路口设置消火栓效果更好。农村建筑一般层数不高,火灾跌落物不多,消防车可以靠近着火建筑进行灭火和救援,但与建筑的距离不应小于 2m。

5.0.8 规定了天然消防水源的设置要求。

消防用水一旦被可燃液体污染,非但不能灭火,反而会火上浇油。因此,无论从环境保护出发,还是从灭火需要出发,防止消防水源被可燃液体污染都是十分必要的。

5.0.9 本条规定了消防水池的设置要求。

1 消防水池的容量应按火灾延续时间和消防用水量计算确定。一、二级耐火等级建筑为主的农村民用建筑的火灾延续时间按 2h 计算,消防用水量按扑救初期火灾满足 1 台机动消防泵同时出送两支水枪 10L/s(每只水枪按 5L/s)来计算,消防水池容量不宜小于 72m³,考虑一定的余量取 100m³。对耐火等级较低的建筑密集区,取 200m³。

2 消防用水与生产、生活用水合并时,为防止消防用水被生产、生活用水所占用,因此要求有可靠的技术措施(例如生产、生活用水的出水管设在消防用水之上),保证消防用水不被它用。

3 消防水池宜利用地形尽可能建在高处,以便利用高差,形

5

成常高压供水。供消防车或机动消防水泵取水的消防水池,取水口不宜少于2处,取水高度不应超过6m。

4 消防水池供消防车用水时,保护半径不宜大于150m。

5 设2个以上消防水池时,宜分散布置,以利快速扑救火灾。

6 在寒冷地区消防水池应有防冻设施,保证消防车、消防水泵和火场用水的安全。

5.0.10 在水资源匮乏地区应设置天然降水的收集储存设施。如居民在居住建筑院落内设置的蓄水设施,它不仅可以作为居民的生活用水,还可以作为灭火时的消防水源。

5.0.11 在配置农村消防设施时应充分考虑消防供水的方式,如没有消防给水管网的村庄配置消防车、手抬机动泵的实用性和可操作性就比较强,设置了消防给水管网的应配置消防水带、水枪等。

5.0.12 虽然农村建筑耐火等级低,但一般建筑的规模都不大,火灾延续时间按2.0h计算,考虑一定的余量,规定机动消防泵储存油品总用量最少应满足所有机动消防泵3.0h的使用量。

5.0.13 本条规定了农村火灾报警电话的设置要求。近年来我国农村通信发展很快,有线电话和移动电话的普及率日益提高,尽管如此,在村庄集中居住区和工业区合理规划设置一定数量的电话对方便群众报警仍然是必要的。

5.0.14 农村应根据当地的火灾危险性、经济现状等因素,配置相应的灭火、逃生、救援器材。

5.0.15 根据消防法的规定,农村应完善公共消防设施和消防装备。

6 火灾危险源控制

从近年来的农村火灾分析来看,引发农村火灾的直接原因,有48.3%的火灾是由于村民生产、生活过程中用火、用电、用气、用油等不慎造成的。在当前我国农村经济相对落后,短时间内大幅增加农村的消防投入,在农村建筑中采取更严格的防火技术措施还有较大困难的情况下,应对村民的用火、用电、用气、用油等方面作出相应的技术规定,对火灾危险源采取相应的技术防范措施,加强消防安全管理,有效预防农村火灾的发生。

将"火灾危险源控制"作为单列的一章写入规范,在全国的消防技术规范编制中尚属首次,但更切合农村消防工作的实际。

6.1 用 火

6.1.1 厨房作为用火频繁的场所,火灾危险性较大,一旦发生火灾,为将其危害限制在一个区域内,作出了本条规定。居住建筑内厨房设置的防火要求,如图6所示。

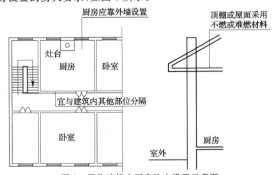

图6 居住建筑内厨房防火设置示意图

6.1.2 为防止烟囱、烟道、火炕等的辐射热或窜出的火焰、火星引燃附近可燃物,对其建造材料和与周围可燃物的距离作出了防火要求,如图7所示。

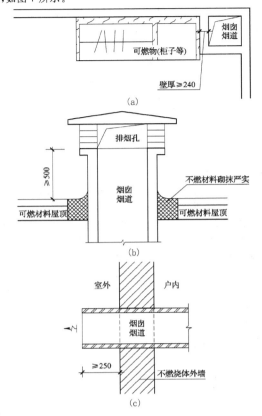

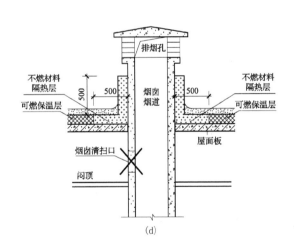

图7 烟囱、烟道防火设置示意图

烟囱、烟道、火炕应选择不燃材料,一般在粘土内掺入适量的砂子,防止因高温引起开裂漏火。当与可燃物体的安全距离达不到要求时,应用石棉瓦、砖墙、金属板等不燃材料隔开。

6.1.3 在闷顶内开设烟囱清扫口容易造成火星或高温烟气窜入闷顶,造成闷顶内的可燃物起火,应采取相应的措施,如图7(d)所示。

6.1.4 在火灾情况下,垂直排风管道能产生"烟囱"效应,为有效控制火灾的蔓延,应对排风管道采取必要的防止回流措施:增加各层垂直排风支管的高度,使各层排风支管穿越两层楼板;把排风竖管分成大小两个管道,总竖管直通屋面,小的排风支管分层与总竖管连通;将排风支管顺气流方向插入竖风道,且支管到支管出口的高度不小于600mm;在支管上安装止回阀。如图8所示。

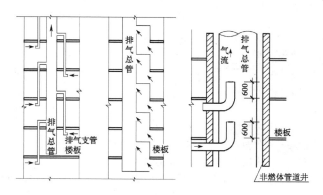

图 8　排气管防回流措施示意图

6.1.5　为预防烟囱逸出火星造成火灾,可在烟囱上采取加防火帽等措施,以熄灭火星,如图 9 所示。

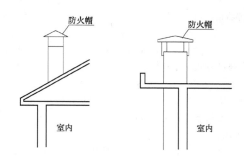

图 9　烟囱防止火星外逸措施示意图

6.1.6　燃煤、燃柴草炉灶易飞溅火星或使灰烬跌落,柴草等可燃物距其较近易引发火灾,故作出本条规定,如图 10 所示。同时居住建筑的炉灶不应设置在疏散出口附近。

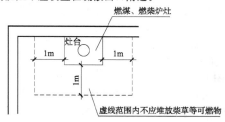

图 10　可燃物与炉灶间距示意图

6.1.7　本条规定了燃气灶具的设置要求。燃气灶具要在通风良好的厨房中使用,应远离易燃物品,并要求放置在不易燃烧的物体上,如水泥板、石板、铁板等。其连接软管不应有接头;软管与燃气管道、接头管、燃烧设备的连接处应采用压紧螺帽(锁母)或管卡固定,如图 11 所示。

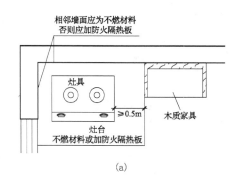

(a)

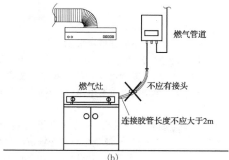

(b)

图 11　燃气灶具防火设置示意图

6.1.8　为防止炉灶的明火引燃可燃物,对既有厨房不符合第 6.1.1 条的规定时,灶台周围的墙面、地面、隔热层等的防火要求作出本条规定,如图 12 所示。

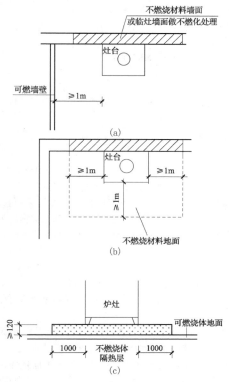

图 12　既有厨房炉灶防火设置示意图

6.1.9　火炉、火炕(墙)、烟道如果维修不及时,由于热应力的作用或地基下沉、变形,很容易出现裂缝,滋火而发生火灾。

6.1.10　目前我国还有许多地区的农民生活和取暖主要靠煤、柴草及农作物秸秆做燃料,用完后不及时清理余火,带火星的炭灰随处洒落、乱倒,极易引发火灾。所以从煤、柴灶扒出的炉灰,应放在炉坑内,如急需外倒,要用水将余火浇灭,以防余火燃着可燃物或"死灰"复燃,造成火灾。

6.1.11　根据测定,燃着的蜡烛火焰温度高达 1400℃,煤油灯的灯头火焰温度高达 800℃～1000℃,这样高的温度是很容易引起火灾的。为防止蜡烛点完时烧着可燃基座,规定蜡烛、蚊香应放在不燃材料的基座上,蜡烛、油灯、蚊香与可燃物应保持一定的距离,或采取必要的防护措施,以防引起火灾。

6.1.12　易燃易爆危险品存放地和柴草、饲草、农作物等可燃物堆放地容易引发火灾,发生火灾后扑救困难,因此,燃放烟花爆竹、吸烟、动用明火应当远离这些危险区域。

6.1.13　五级风称为劲风,风速 8 m/s～10.7 m/s,大风天一旦发生火灾,火势蔓延迅速,使扑火人员难以靠近。尤其是柴草垛火灾呈现出"跳跃式"扩展。凡遇五级以上大风天等高、强火险天气,不得在室外吸烟和动用明火,包括祭祀用火等。

6.2 用　电

6.2.1 本条提出了电气线路的选型和敷设要求。

应根据具体环境条件选用相应类型的导线，导线的耐压等级不应低于线路的工作电压；其绝缘层应符合线路安装方式和敷设环境条件；安全电流应大于用电负荷电流，截面还应满足机械强度的要求。

为保证电力架空线在倒杆断线时不会引燃易燃物品仓库、可燃材料堆场等易燃、易爆的场所，故规定与这些场所的间距不应小于1.5倍杆高。电力架空线路跨越可燃屋面时，若架空线断落、短路打火会引起火灾事故，可燃屋面建筑发生火灾也会烧断电力架空线路，使灾情扩大，所以电力线路不应跨越可燃屋面建筑，如图13所示。

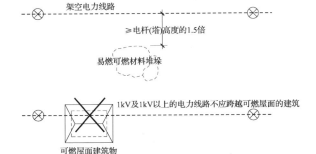

图13　架空电力线与易燃易爆场所、可燃屋面建筑间距示意图

电气线路不应跨越炉灶的上方或烟囱等高温物体或热源敷设。在潮湿、高温或酸碱腐蚀性气体的环境中，应采用套管布线。

6.2.2 在农村由于电器设备使用不当引发的火灾案例很多，本条对农村火灾案例进行了总结分析后对用电设备的使用作出了规定。

应经常检查线路负荷，发现过负荷时，要减少用电设备或调换截面较大的电线；尽量避免同时使用大功率电气设备。线路负载要平均分配，大功率用电设备宜单独布线。

电源插头要完全插入电源插座中，如果松脱可能会发热导致火灾。

保险丝不得任意调粗，严禁使用铜丝、铁丝等代替保险丝，以保证线路的电流超过规定值时，及时切断电源。

电热炉、电暖器、电熨斗等电热设备的火灾危险性大，由此引发的火灾事故很多，应在使用期间加强看管，防止超温作业。在停电、人员外出或长时间不使用用电设备时，应将插头从电源插座上拔出，彻底关断用电设备的电源。

6.2.3 本条对农村照明灯具的安全距离及注意事项作出规定。

照明灯具距可燃物过近或灯具破碎易引燃可燃物，应与可燃物保持一定的距离，当与其靠近时，应采取隔热等保护措施，严禁使用可燃材料制作的无骨架灯罩。

超过60W的白炽灯、卤钨灯、荧光高压汞灯的表面温度高，长时间接近可燃物会引起火灾，因此应采用防火保护措施。

6.3 用　气

6.3.1 沼气是可燃气体，具有较大的火灾危险性，其化学成分主要是甲烷（CH_4），约占60％～70％；其次是二氧化碳（CO_2），约占25％～40％；还有少量的氢气（H_2）、一氧化碳（CO）和硫化氢（H_2S）等。本条结合沼气的火灾危险性规定了沼气的使用要求。

1 沼气池的周围宜设围挡设施，有利于预防明火和人员靠近。

2 北方冬季在沼气池盖上堆草等保温，应当采取必要的防火措施。沼气池在进出料、加水或试压灌水时，易造成池内反应激烈，产生过大压力，有使池盖爆裂的危险。因此，在大型沼气池盖上和储气缸上，应当装有安全阀或防爆安全薄膜，万一爆炸时可以减少破坏危害。在沼气池周围还要修筑排水沟，防止夏季降雨

量大，沼气池被淹发生池内超压爆炸危险，如图14所示。

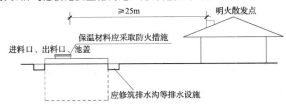

图14　沼气池防火设置示意图

3 沼气池在发酵过程中，进料口、出料口及池盖周围常漏出沼气，与明火散发点应保持一定的安全距离。

4 沼气池在建成投料后，如在池盖的导气管上点火试验，一旦池内有氧气或处在负压状态，火焰就会回窜进池内引起爆炸。所以，点火试验不能在池盖的导气管上进行，而要在输气管上装沼气炉点火。如果输气管不向外排气，出现负压时，则不能点火。

5 沼气池检修时，在打开池盖清完渣后，池内仍有残余沼气，所以应保持良好的通风，严禁在池内使用明火和能产生火花的器具。

6 水柱压力计"U"形管上端要连接一段开口管伸出室外高处，以防池内药液突然增大将水冲出，使沼气在室内跑出发生危险。

7 管道内的沼气泄漏是引起燃烧爆炸的主要危险。一旦在室内漏气就会发生沼气火灾爆炸事故。预防沼气泄漏的主要措施是：管道系统应选用不燃材料，还要根据实际情况，装设必要的总开关、分开关和水封式回火防止器（安全瓶）；输气管道各连接部位要严密紧固。

6.3.2 液化石油气是饱和的和不饱和的烃类混合物，具有燃烧爆炸性，主要组分有丙烷（C_3H_8）、丙烯（C_3H_6）、正异丁烷（C_4H_{10}）、正异丁烯（C_4H_8）等烃类，其爆炸极限约为2％～10％，此条是根据液化石油气的火灾危险性及其钢瓶的防火要求规定的。

1 液化石油气的气态相对密度为1.5～2，是空气重量的1.5倍～2倍，如果发生泄漏，气化后的气体就会像水一样往低处流动，并积存在低洼处不易被风吹散，一旦达到爆炸浓度，遇火源就会发生燃烧爆炸。所以，钢瓶严禁在地下室存放。

2 液化石油气钢瓶是压力容器，钢瓶的最高工作压力取决于它的最高使用温度和充装量，当钢瓶的使用温度和充装量过高会使钢瓶内压超高引起爆炸。与热源太近或充气过量，可导致瓶体破裂引发爆炸，所以要严防高温及日光照射，钢瓶应远离热源，其环境温度不得大于45℃，禁止用火烤、开水烫或让太阳曝晒钢瓶，气瓶与散热器的净距不应小于1m，当散热器设置隔热板时，可减少到0.5m。

钢瓶应放置在干燥并便于操作的地点，上面不要放置杂物，与灶具应保持0.5m以上的安全距离，如图15所示，钢瓶必须直立放置，绝不允许卧放或倒放，连接钢瓶与灶具的输气胶管应沿墙处于自然下垂状态。

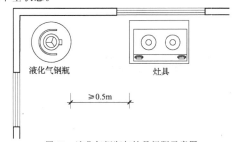

图15　液化气钢瓶与灶具间距示意图

3 由液化石油气的成分可以看出，遇其他化学物品容易发生聚合反应后产生大量的热量，从而引发火灾爆炸事故。

4 充装量过高会使钢瓶内压超高引起爆炸，违反操作程序敲打、倒置、碰撞钢瓶，倾倒残液、私自灌气或私自拆卸钢瓶部件、倒（卧）放置钢瓶等行为，极易使挥发的气体遇明火造成火灾爆炸事故。

6.3.3 农村除使用沼气、液化石油气外，还使用其他燃气，本条对其他管道燃气的使用作出规定。

1 我国因燃气设备安装使用不当引起的火灾事故时有发生，本条提出了燃气管道的设计、敷设、安装、维护的原则要求。室外燃气管道的敷设应满足城镇燃气输配的有关技术规范要求，并不应在燃气管道周围堆放可燃物。

2 燃气管道破坏时泄漏的气体，遇到明火就会燃烧爆炸。所以进入建筑物内的燃气管道应采用金属管道。为防止事故扩大，减少损失，应在总进、出气管上设有紧急事故自动切断阀，并在穿墙处加设保护套管。

3 燃气表具处存在管道燃气的接头，阀门密封不严，容易漏气，遇火源或高温作用或受潮气影响，容易发生爆炸起火，所以要保持安装场所的通风和干燥，严禁安装在卧室和浴室内。

4 如果发生燃气火灾时，只注重扑灭火焰而未切断气源，会引起复燃或爆炸，所以应立即关闭阀门，断绝气源，以防火灾扩大蔓延。

6.4 用油（可燃液体）

本节是在总结近年来我国的有关火灾案例的基础上，为有效防止此类火灾事故的发生作出的规定。为了保持规范章节体例的一致性和其前后对应，本节的名称使用了"用油"，但其主要是对油品等可燃液体的储存、销售、使用等作出的规定。

附录A 住宿与生产、储存、经营合用场所防火要求

随着我国经济的快速发展，以东南沿海地区为主要发源地，以劳动密集型民营企业为主，集员工集体宿舍与生产、仓储或经营等使用功能为一体的合用场所大量涌现，且形成向中西部蔓延之势。合用场所火灾隐患日益突出，重特大火灾事故时有发生，给人民生命财产造成了严重损失，已成为影响火灾形势稳定的突出问题。据统计，2002年至2006年，全国共发生合用场所火灾2.2万起，造成441人死亡、761人受伤，直接财产损失3.8亿元。为了有效防范合用场所的火灾事故发生，作出了本章的规定。

A.1 基本规定

A.1.1 本条是对合用场所的限制性规定，凡属于本规定任一款时，就不能设置人员住宿。

A.1.2 本条是对不属于A.1.1情况的其他合用场所应采取的技术措施。

本条提出的措施是一种比较彻底的防火分隔措施，在实际工作中应当积极采取这种措施。住宿部分与其他部分采用这种措施分隔后，住宿部分与非住宿部分已不属于同一个连通空间，可以不再视为合用场所。

本条中"建筑高度"：当合用场所是独立建筑时，该建筑高度是指地面到该建筑最高处的高度；否则该建筑高度是指地面到合用场所最高处的高度；

本条中"建筑面积"：当合用场所是独立建筑时，建筑面积是整栋建筑的总面积；当合用场所处于一座建筑的局部空间时，建筑面积是合用场所内各功能区域的总面积。

A.1.3 本条是针对A.1.2条规定范围内的合用场所提出的措施。本条对于住宿与非住宿部分之间的防火分隔措施和疏散设施的规定与A.1.2条的规定有所不同。A.1.2条在这两方面的措施严于本条，但本条在消防设施的设置方面进行了加强，同时，还增加了辅助疏散设施。当一些合用场所受实际条件限制，难以满足A.1.2条时，应按照本条规定加强其他消防安全措施，以保证其整体消防安全水平。

火灾探测报警器投入运行后，易受污染，积聚灰尘可靠性降低，容易引起误报，因此，需重视对其进行清洗，最少每年进行一次。本条中的"自动喷水局部应用系统"即各地俗称的"简易喷淋系统"。

A.1.4 因疏散门锁闭，火灾时人员无法使用，造成人员在疏散门附近死亡的火灾案例曾多次发生，为避免此类情况的发生，本条作出了相关规定。

A.1.5 考虑到火灾情况下疏散楼梯有时会被烟火阻挡，人员难以通过楼梯向下疏散，如果疏散楼梯能够直通屋顶，将给人员的疏散提供更多机会，因此，本条提出了相关要求。需要特别注意的是，通往屋顶的疏散门必须处于可开启状态，对于平时因日常管理需要锁闭的疏散门，必须采取推门式疏散门等有效措施，保证火灾时任何人易于手动开启。另外，屋面应考虑人员停留和疏散的保护等措施。

A.1.6 本条中提出的轻便消防水龙是一种可与自来水龙头直接连接的消防设备，该设备操作方便，尤其适用于非消防人员使用，对于及时扑救初期火灾具有积极作用。

A.1.7 考虑到人数不多的小型合用场所，其火灾风险相对较小，而这类场所又点多面广，为确保消防安全措施的可操作性，本条在消防设施的配备方面除提出设置独立式感烟火灾探测报警器外，不再提出更多要求，而重在加强对这类场所的消防安全管理。

A.1.8 合用场所的安全疏散应满足有关规范的要求。

A.2 防火分隔措施

A.2.1～A.2.3 为防止烟、火对住宿的蔓延以及两个合用场所之间或者合用场所与其他场所之间的火灾蔓延，作出这三条规定。

A.3 辅助疏散设施

A.3.1 本条针对辅助疏散设施的设置作出规定。辅助疏散设施包括移动式逃生避难器材和固定式逃生避难器材等多种类型，各种类型的逃生避难器材所适用的建筑高度有所不同，具体要求在相关标准中已有规定。

A.3.2 建筑不应在窗口、阳台等部位设置金属栅栏等设施，是考虑到这些设施有可能在发生火灾时阻碍人员逃生和消防救援。因此，设置时要有从内部便于人员开启的装置。

A.3.3 用于辅助疏散的外窗，如果设置的位置不合理，开口大小不合适，即使设置了外窗，仍不能发挥应有的作用。为此，本条对用于辅助疏散的外窗高度、窗口尺寸等作出规定。

A.4 自动灭火和火灾自动报警

A.4.1～A.4.6 对合用场所设置自动喷水灭火系统、自动喷水局部应用系统、火灾自动报警系统、独立式感烟火灾探测报警器作出了基本规定。从全国近几年发生的合用场所火灾案例分析，可以发现这类场所在发生火灾后由于没有警报装置，致使工作人员和其他相关人员不能及时疏散，造成大量的人员伤亡。在当前消防灭火和救援力量较为薄弱的情况下，设置火灾警报装置投入少，但却可以起到警示人员疏散、有效避免群死群伤恶性火灾发生的作用。

A.5 其他要求

A.5.1 合用场所的用电防火等应符合本规范的有关要求。

A.5.3、A.5.4 规定了合用场所的内部装修材料和建筑室外广告牌、遮阳棚的设置。目前,一些建筑在室外设置了大量采用可燃材料制作的广告牌、遮阳棚,建筑一旦着火,这类物品不仅将直接导致火势的扩大蔓延,而且影响到室内房间的自然排烟、消防车通行和消防人员对建筑的火灾扑救。

A.5.5、A.5.6 合用场所集中的地区,火灾危险性大,发生火灾的几率高,应统筹建立专、兼职消防队伍,并应配备相应的灭火车辆装备和救援器材,设置可靠的消防水源。

A.5.7 本规范重点解决合用场所治理工作中面临的突出问题,对于合用场所可能涉及的其他消防安全要求,还要符合国家现行有关标准和地方相关规定的要求。各地可以结合实际,在此基础上提出不低于本规范的规定。

附录 B 消防安全常识

为了切实提高广大农民群众的消防安全意识,摒弃"新闻式"和口号式的空洞的消防宣传方式,增强消防宣传教育的针对性和有效性,使消防宣传的内容贴近群众、贴近实际、贴近生活,本附录结合农村的火灾实际,重点规定了安全用火、用电、用气等常识和初期火灾扑救、安全疏散及逃生自救技能的内容,这些内容主要是对人的日常行为作出的规定,目的是提升群众的火灾防控和自防自救能力。

中华人民共和国国家标准

锅 炉 房 设 计 规 范

Code for design of boiler plant

GB 50041 - 2008

主编部门：中国机械工业联合会
批准部门：中华人民共和国建设部
施行日期：2 0 0 8 年 8 月 1 日

中华人民共和国建设部公告

第 803 号

建设部关于发布国家标准
《锅炉房设计规范》的公告

　　现批准《锅炉房设计规范》为国家标准，编号为 GB 50041—2008，自 2008 年 8 月 1 日起实施。其中，第 3.0.3（3）、3.0.4、4.1.3、4.3.7、6.1.5、6.1.7、6.1.9、6.1.14、7.0.3、7.0.5、11.1.1、13.2.21、13.3.15、15.1.1、15.1.2、15.1.3、15.2.2、15.3.7、16.1.1、16.2.1、16.3.1、18.2.6、18.3.12 条（款）为强制性条文，必须严格执行。原《锅炉房设计规范》GB 50041—92 同时废止。

　　本规范由建设部标准定额研究所组织中国计划出版社出版发行。

中华人民共和国建设部
二〇〇八年二月三日

前　言

本规范是根据建设部建标〔2002〕85 号文《关于印发"2001～2002 年度工程建设国家标准制订、修订计划"的通知》要求，由中国联合工程公司会同有关设计研究单位共同修订完成的。

在修订过程中，修订组在研究了原规范内容后，以节能与环保为重点，特别对锅炉房设置在其他建筑物内的情况进行了广泛的调查与研究，并与有关部门协调，广泛征求全国各有关单位意见，经过征求意见稿、送审稿、报批稿等阶段，最后经有关部门审查定稿。

修订后的规范共分 18 章和 1 个附录，修订的主要内容有：

1. 蒸汽锅炉的单台额定蒸发量由原来的 1～65t/h 扩大为 1～75t/h；热水锅炉的单台额定热功率由原来的 0.7～58MW 扩大为 0.7～70MW；

2. 对设在其他建筑物内的锅炉房，对燃料、位置选择与布置、燃油燃气系统与管道、消防与自动控制、土建与公用设施及噪声与振动等特殊要求，在本规范中作了明确而严格的规定；

3. 调整并加强了节能与环保的条款；

4. 增设了"消防"篇章及调整了章节的编排。

本规范以黑体字标志的条文为强制性条文，必须严格执行。

本规范由建设部负责管理和对强制性条文的解释，中国机械工业联合会负责日常管理，中国联合工程公司负责具体技术内容的解释。

为不断完善本规范，使其适应经济与技术的发展，敬请各单位在执行本规范过程中，注意总结经验，积累资料，并及时将意见和有关资料寄往中国联合工程公司（地址：浙江省杭州市石桥路 338

号，邮编：310022，电子信箱：zhangzm@chinacuc.com 或 shihg@chinacuc.com），以供今后修订时参考。

本规范组织单位、主编单位、参编单位和主要起草人：

组 织 单 位：中国机械工业勘察设计协会

主 编 单 位：中国联合工程公司

参 编 单 位：中国中元兴华工程公司

中国新时代国际工程公司

中机国际工程设计研究院

中船公司第九设计研究院

上海市机电设计研究院有限公司

北京新元瑞普科技发展公司

主要起草人：史华光　章增明　舒世安　何晓平　李　磊

戴蕖文　张泉根　王建中　熊维熔　叶全乐

王天龙　张秋耀　徐　辉　姜燮奇　柴　磊

孔祥伟　陈济良　穆聚生　徐佩玺

目　次

6

6

1 总　则

1.0.1 为使锅炉房设计贯彻执行国家的有关法律、法规和规定，达到节约能源、保护环境、安全生产、技术先进、经济合理和确保质量的要求，制定本规范。

1.0.2 本规范适用于下列范围内的工业、民用、区域锅炉房及其室外热力管道设计：

1 以水为介质的蒸汽锅炉锅炉房，其单台锅炉额定蒸发量为 1～75t/h、额定出口蒸汽压力为 0.10～3.82MPa（表压）、额定出口蒸汽温度小于等于 450℃；

2 热水锅炉锅炉房，其单台锅炉额定热功率为 0.7～70MW、额定出口水压为 0.10～2.50MPa（表压）、额定出口水温小于等于 180℃；

3 符合本条第 1、2 款参数的室外蒸汽管道、凝结水管道和闭式循环热水系统。

1.0.3 本规范不适用于余热锅炉、垃圾焚烧锅炉和其他特殊类型锅炉的锅炉房和城市热力网设计。

1.0.4 锅炉房设计除应符合本规范外，尚应符合国家现行的有关强制性标准的规定。

2 术　语

2.0.1 锅炉房　boiler plant

锅炉以及保证锅炉正常运行的辅助设备和设施的综合体。

2.0.2 工业锅炉房　industrial boiler plant

指企业所附属的自备锅炉房。它的任务是满足本企业供热（蒸汽、热水）需要。

2.0.3 民用锅炉房　living boiler plant

指用于供应人们生活用热（汽）的锅炉房。

2.0.4 区域锅炉房　regional boiler plant

指为某一区域服务的锅炉房。在这个区域内，可以有数个企业、数个民用建筑和公共建筑等建筑设施。

2.0.5 独立锅炉房　independent boiler plant

四周与其他建筑没有任何结构联系的锅炉房。

2.0.6 非独立锅炉房　dependent boiler plant

与其他建筑物毗邻或设在其他建筑物内的锅炉房。

2.0.7 地下锅炉房　underground boiler plant

设置在地面以下的锅炉房。

2.0.8 半地下锅炉房　semi-underground boiler plant

设置在地面以下的高度超过锅炉间净高 1/3，且不超过锅炉间高度的锅炉房。

2.0.9 地下室锅炉房　basement boiler plant

设置在其他建筑物内，锅炉间地面低于室外地面的高度超过锅炉间净高 1/2 的锅炉房。

2.0.10 半地下室锅炉房　semi-basement boiler plant

设置在其他建筑物内，锅炉间地面低于室外地面的高度超过锅炉间净高 1/3，且不超过 1/2 的锅炉房。

2.0.11 室外热力（含蒸汽、凝结水及热水，下同）管道　outdoor thermal piping

系指企业（含机关、团体、学校等，下同）所属锅炉房，在企业范围内的室外热力管道，以及区域锅炉房其界线范围内的室外热力管道。

2.0.12 大气式燃烧器　atmosfheric burner

空气由高速喷射的燃气吸入的燃烧器。

2.0.13 管道　piping

由管道组成件、管道支吊架等组成，用以输送、分配、混合、分离、排放、计量或控制流体流动。

2.0.14 管道系统　piping system

按流体与设计条件划分的多根管道连接成的一组管道。

2.0.15 管道支座　pipe support

直接支承管道并承受管道作用力的管路附件。

2.0.16 固定支座　fixing support

不允许管道和支承结构有相对位移的管道支座。

2.0.17 活动支座　movable support

允许管道和支承结构有相对位移的管道支座。

2.0.18 滑动支座　sliding support

管托在支承结构上作相对滑动的管道活动支座。

2.0.19 滚动支座　roller support

管托在支承结构上作相对滚动的管道活动支座。

2.0.20 管道支吊架　pipeline trestle and hanging hook

将管道或支座所承受的作用力传到建筑结构或地面的管道构件。

2.0.21 高支架　high trestle

地上敷设管道保温结构底净高大于等于 4m 以上的管道支架。

2.0.22 中支架　wedium-height trestle

地上敷设管道保温结构底净高大于等于 2m，小于 4m 的管道支架。

2.0.23 低支架　low trestle

地上敷设管道保温结构底净高大于等于 0.3m，小于 2m 的管道支架。

2.0.24 固定支架　fixing trestle

不允许管道与其有相对位移的管道支架。

2.0.25 活动支架　movable trestle

允许管道与其有相对位移的管道支架。

2.0.26 滑动支架　sliding trestle

允许管道与其有相对滑动的管道支架。

2.0.27 悬臂支架　cantilever trestle

采用悬臂式结构支承管道的支架。

2.0.28 导向支架　guiding trestle

允许管道轴向位移的活动支架。

2.0.29 滚动支架　roller trestle

管托在支承结构上作滚动的管道活动支架。

2.0.30 桁架式支架　trussed trestle

支架之间用沿管轴纵向桁架联成整体的管道支架。

2.0.31 常年不间断供汽（热）　year-round steam(heat) supply

指锅炉房向热用户的供汽（热）全年不能中断，当中断供汽（热）时将导致其人员的生命危险或重大的经济损失。

2.0.32 人员密集场所　people close-packed area

指会议室、观众厅、教室、公共浴室、餐厅、医院、商场、托儿所和候车室等。

2.0.33 重要部门　important area

指机要档案室、通信站和贵宾室等。

2.0.34 锅炉间　boiler room

指安装锅炉本体的场所。

2.0.35 辅助间 auxiliary room

指除锅炉间以外的所有安装辅机、辅助设备及生产操作的场所,如水处理间、风机间、水泵间、机修间、化验室、仪表控制室等。

2.0.36 生活间 service room

指供职工生活或办公的场所,如值班更衣室、休息室、办公室、自用浴室、厕所等。

2.0.37 值班更衣室 duty room

指供工人上下班更衣、存衣的场所(非指浴室存衣)。

2.0.38 休息室 rest room

指在二、三班制的锅炉房,供工人倒班休息的场所。

2.0.39 常用给水泵 operation feed water pump

指锅炉在运行中正常使用的给水泵。

2.0.40 工作备用给水泵 standby feed water pump

指当常用给水泵发生故障时,向锅炉给水的泵。

2.0.41 事故备用给水泵 emergency feed water pump

指停电时电动给水泵停止运行,为防止锅炉发生缺水事故的给水泵,一般为汽动给水泵。

2.0.42 间隙机械化 interval mechanical

指装卸与运煤作业为间断性的。这些设备较为简易、实用和可靠,一般需辅以一定的人力,效率较低,如铲车、移动式皮带机等。

2.0.43 连续机械化 continuous mechanical

指装卸与运煤作业为连续性的。设备之间互相衔接,煤自煤场装卸,直至运到锅炉房煤斗,连接成一条不间断的输送流水线,如抓斗吊车、门式螺旋卸料机、皮带输送机、多斗提升机和埋刮板输送机。

2.0.44 净距 net distance

指两个物体最突出相邻部位外缘之间的距离。

2.0.45 相对密度 relative density

气体密度与空气密度的比值。

3 基 本 规 定

3.0.1 锅炉房设计应根据批准的城市(地区)或企业总体规划和供热规划进行,做到远近结合,以近期为主,并宜留有扩建余地。对扩建和改建锅炉房,应取得原有工艺设备和管道的原始资料,并应合理利用原有建筑物、构筑物、设备和管道,同时应与原有生产系统、设备和管道的布置、建筑物和构筑物形式相协调。

3.0.2 锅炉房设计应取得热负荷、燃料和水质资料,并应取得当地的气象、地质、水文、电力和供水等有关基础资料。

3.0.3 锅炉房燃料的选用,应做到合理利用能源和节约能源,并与安全生产、经济效益和环境保护相协调,选用的燃料应有其产地、元素成分分析等资料和相应的燃料供应协议,并应符合下列规定:

1 设在其他建筑物内的锅炉房,应选用燃油或燃气燃料;

2 选用燃油作燃料时,不宜选用重油或渣油;

3 地下、半地下、地下室和半地下室锅炉房,严禁选用液化石油气或相对密度大于或等于 0.75 的气体燃料;

4 燃气锅炉房的备用燃料,应根据供热系统的安全性、重要性、供气部门的保证程度和备用燃料的可能性等因素确定。

3.0.4 锅炉房设计必须采取减轻废气、废水、固体废渣和噪声对环境影响的有效措施,排出的有害物和噪声应符合国家现行有关标准、规范的规定。

3.0.5 企业所需热负荷的供应,应根据所在区域的供热规划确定。当企业热负荷不能由区域热电站、区域锅炉房或其他企业的锅炉房供应,且不具备热电联产的条件时,宜自设锅炉房。

3.0.6 区域所需热负荷的供应,应根据所在城市(地区)的供热规划确定。当符合下列条件之一时,可设置区域锅炉房:

1 居住区和公共建筑设施的采暖和生活热负荷,不属于热电站供应范围的;

2 用户的生产、采暖通风和生活热负荷较小,负荷不稳定,年使用时数较低,或由于场地、资金等原因,不具备热电联产条件的;

3 根据城市供热规划和用户先期用热的要求,需要过渡性供热,以后可作为热电站的调峰或备用热源的。

3.0.7 锅炉房的容量应根据设计热负荷确定。设计热负荷宜在绘制出热负荷曲线或热平衡系统图,并计入各项热损失、锅炉房自用热量和可供利用的余热量后进行计算确定。

当缺少热负荷曲线或热平衡系统图时,设计热负荷可根据生产、采暖通风和空调、生活小时最大耗热量,并分别计入各项热损失、余热利用量和同时使用系数后确定。

3.0.8 当热用户的热负荷变化较大且较频繁,或为周期性变化时,在经济合理的原则下,宜设置蒸汽蓄热器。设有蒸汽蓄热器的锅炉房,其设计容量应按平衡后的热负荷进行计算确定。

3.0.9 锅炉供热介质的选择,应符合下列要求:

1 供采暖、通风、空气调节和生活用热的锅炉房,宜采用热水作为供热介质;

2 以生产用汽为主的锅炉房,应采用蒸汽作为供热介质;

3 同时供生产用汽及采暖、通风、空调和生活用热的锅炉房,经技术经济比较后,可选用蒸汽或蒸汽和热水作为供热介质。

3.0.10 锅炉供热介质参数的选择,应符合下列要求:

1 供生产用蒸汽压力和温度的选择,应满足生产工艺的要求;

2 热水热力网设计供水温度、回水温度,应根据工程具体条件,并综合锅炉房、管网、热力站、热用户二次供热系统等因素,进行技术经济比较后确定。

3.0.11 锅炉的选择除应符合本规范 3.0.9 条和 3.0.10 条的规

定外,尚应符合下列要求:

    1 应能有效地燃烧所采用的燃料,有较高热效率和能适应热负荷变化;

    2 应有利于保护环境;

    3 应能降低基建投资和减少运行管理费用;

    4 应选用机械化、自动化程度较高的锅炉;

    5 宜选用容量和燃烧设备相同的锅炉,当选用不同容量和不同类型的锅炉时,其容量和类型均不宜超过2种;

    6 其结构应与该地区抗震设防烈度相适应;

    7 对燃油、燃气锅炉,除应符合本条上述规定外,并应符合全自动运行要求和具有可靠的燃烧安全保护装置。

3.0.12 锅炉台数和容量的确定,应符合下列要求:

    1 锅炉台数和容量应按所有运行锅炉在额定蒸发量或热功率时,能满足锅炉房最大计算热负荷;

    2 应保证锅炉房在较高或较低热负荷运行工况下能安全运行,并应使锅炉台数、额定蒸发量或热功率和其他运行性能均能有效地适应热负荷变化,且应考虑全年热负荷低峰期锅炉机组的运行工况;

    3 锅炉房的锅炉台数不宜少于2台,但当选用1台锅炉能满足热负荷和检修需要时,可只设置1台;

    4 锅炉房的锅炉总台数,对新建锅炉不宜超过5台;扩建和改建时,总台数不宜超过7台;非独立锅炉房,不宜超过4台;

    5 锅炉房有多台锅炉时,当其中1台额定蒸发量或热功率最大的锅炉检修时,其余锅炉应能满足下列要求:

      1)连续生产用热所需的最低热负荷;

      2)采暖通风、空调和生活用热所需的最低热负荷。

3.0.13 在抗震设防烈度为6度至9度地区建设锅炉房时,其建筑物、构筑物和管道设计,均应采取符合该地区抗震设防标准的措施。

3.0.14 锅炉房宜设置必要的修理、运输和生活设施,当可与所属企业或邻近的企业协作时,可不单独设置。

4 锅炉房的布置

4.1 位置的选择

4.1.1 锅炉房位置的选择,应根据下列因素分析后确定:

    1 应靠近热负荷比较集中的地区,并应使引出热力管道和室外管网的布置在技术、经济上合理;

    2 应便于燃料贮运和灰渣的排送,并宜使人流和燃料、灰渣运输的物流分开;

    3 扩建端宜留有扩建余地;

    4 应有利于自然通风和采光;

    5 应位于地质条件较好的地区;

    6 应有利于减少烟尘、有害气体、噪声和灰渣对居民区和主要环境保护区的影响,全年运行的锅炉房应设置于总体最小频率风向的上风侧,季节性运行的锅炉房应设置于该季节最大频率风向的下风侧,并应符合环境影响评价报告提出的各项要求;

    7 燃煤锅炉和煤气发生站宜布置在同一区域内;

    8 应有利于凝结水的回收;

    9 区域锅炉房尚应符合城市总体规划、区域供热规划的要求;

    10 易燃、易爆物品生产企业锅炉房的位置,除应满足本条上述要求外,还应符合有关专业规范的规定。

4.1.2 锅炉房宜为独立的建筑物。

4.1.3 当锅炉房和其他建筑物相连或设置在其内部时,严禁设置在人员密集场所和重要部门的上一层、下一层、贴邻位置以及主要通道、疏散口的两旁,并应设置在首层或地下室一层靠建筑物外墙部位。

4.1.4 住宅建筑物内,不宜设置锅炉房。

4.1.5 采用煤粉锅炉的锅炉房,不应设置在居民区、风景名胜区和其他主要环境保护区内。

4.1.6 采用循环流化床锅炉的锅炉房,不宜设置在居民区。

4.2 建筑物、构筑物和场地的布置

4.2.1 独立锅炉房区域内的各建筑物、构筑物的平面布置和空间组合,应紧凑合理、功能分区明确、建筑简洁协调、满足工艺流程顺畅、安全运行、方便运输、有利安装和检修的要求。

4.2.2 新建区域锅炉房的厂前区规划,应与所在区域规划相协调。锅炉房的主体建筑和附属建筑,宜采用整体布置。锅炉房区域内的建筑物主立面,宜面向主要道路,且整体布局应合理、美观。

4.2.3 工业锅炉房的建筑形式和布局,应与所在企业的建筑风格相协调;民用锅炉房、区域锅炉房的建筑形式和布局,应与所在城市(区域)的建筑风格相协调。

4.2.4 锅炉房区域内的各建筑物、构筑物与场地的布置,应充分利用地形,使挖方和填方量最小,排水顺畅,且应防止水流入地下室和管沟。

4.2.5 锅炉间、煤场、灰渣场、贮油罐、燃气调压站之间以及和其他建筑物、构筑物之间的间距,应符合现行国家标准《建筑设计防火规范》GB 50016、《城镇燃气设计规范》GB 50028 及有关标准规定,并满足安装、运行和检修的要求。

4.2.6 运煤系统的布置应利用地形,使提升高度小、运输距离短。煤场、灰渣场宜位于主要建筑物的全年最小频率风向的上风侧。

4.2.7 锅炉房建筑物室内底层标高和构筑物基础顶面标高,应高出室外地坪或周围地坪 0.15m 及以上。锅炉间和同层的辅助间地面标高应一致。

4.3 锅炉间、辅助间和生活间的布置

4.3.1 单台蒸汽锅炉额定蒸发量为 1～20t/h 或单台热水锅炉额

定热功率为 0.7～14MW 的锅炉房,其辅助间和生活间宜贴邻锅炉间固定端一侧布置。单台蒸汽锅炉额定蒸发量为 35～75t/h 或单台热水锅炉额定热功率为 29～70MW 的锅炉房,其辅助间和生活间根据具体情况,可贴邻锅炉间布置,或单独布置。

4.3.2 锅炉房集中仪表控制室,应符合下列要求:

1 应与锅炉间运行层同层布置;

2 宜布置在便于司炉人员观察和操作的炉前适中地段;

3 室内光线应柔和;

4 朝锅炉操作面方向应采用隔声玻璃大观察窗;

5 控制室应采用隔声门;

6 布置在热力除氧器和给水箱下面及水泵间上面时,应采取有效的防振和防水措施。

4.3.3 容量大的水处理系统、热交换系统、运煤系统和油泵房,宜分别设置各系统的就地机柜室。

4.3.4 锅炉房宜设置修理间、仪表校验间、化验室等生产辅助间,并宜设置值班室、更衣室、浴室、厕所等生活间。当就近有生活间可利用时,可不设置。二、三班制的锅炉房可设置休息室或与值班更衣室合并设置。锅炉房按车间、工段设置时,可设置办公室。

4.3.5 化验室应布置在采光较好、噪声和振动影响较小处,并使取样方便。

4.3.6 锅炉房运煤系统的布置宜使煤自固定端运入锅炉炉前。

4.3.7 锅炉房出入口的设置,必须符合下列规定:

1 出入口不应少于 2 个。但对独立锅炉房,当炉前走道总长度小于 12m,且总建筑面积小于 200m² 时,其出入口可设 1 个;

2 非独立锅炉房,其人员出入口必须有 1 个直通室外;

3 锅炉为多层布置时,其各层的人员出入口不应少于 2 个。楼层上的人员出入口,应有直接通向地面的安全楼梯。

4.3.8 锅炉房通向室外的门应向室外开启,锅炉房内的工作间或生活间直通锅炉间的门应向锅炉间内开启。

4.4 工 艺 布 置

4.4.1 锅炉房工艺布置应确保设备安装、操作运行、维护检修的安全和方便,并应使各种管线流程短、结构简单,使锅炉房面积和空间使用合理、紧凑。

4.4.2 建筑气候年日平均气温大于等于 25℃的日数在 80d 以上、雨水相对较少的地区,锅炉可采用露天或半露天布置。当锅炉采用露天或半露天布置时,除应符合本规范第 4.4.1 条的规定外,尚应符合下列要求:

1 应选择适合露天布置的锅炉本体及其附属设备;

2 管道、阀门、仪表附件等应有防雨、防风、防冻、防腐和减少热损失的措施;

3 应将锅炉水位、锅炉压力等测量控制仪表,集中设置在控制室内。

4.4.3 风机、水箱、除氧装置、加热装置、除尘装置、蓄热器、水处理装置等辅助设备和测量仪表露天布置时,应有防雨、防风、防冻、防腐和防噪声等措施。

居民区内锅炉房的风机不应露天布置。

4.4.4 锅炉之间的操作平台宜连通。锅炉房内所有高位布置的辅助设备及监测、控制装置和管道阀门等需操作和维修的场所,应设置方便操作的安全平台和扶梯。阀门可设置传动装置引至楼(地)面进行操作。

4.4.5 锅炉操作地点和通道的净空高度不应小于 2m,并应符合起吊设备操作高度的要求。在锅筒、省煤器及其他发热部位的上方,当不需操作和通行时,其净空高度可为 0.7m。

4.4.6 锅炉与建筑物的净距,不应小于表 4.4.6 的规定,并应符合下列要求:

1 当需在炉前更换锅管时,炉前净距应能满足操作要求。大于 6t/h 的蒸汽锅炉或大于 4.2MW 的热水锅炉,当炉前设置仪表

控制室时,锅炉前端到仪表控制室的净距可减少 3m;

2 当锅炉需吹灰、拨火、除渣、安装或检修螺旋除渣机时,通道净距应能满足操作的要求;装有快装锅炉的锅炉房,应有更新整装锅炉时能顺利通过的通道。锅炉后部通道的距离应根据后烟箱能否旋转开启确定。

表 4.4.6 锅炉与建筑物的净距

单台锅炉容量		炉前(m)		锅炉两侧和后部通道(m)
蒸汽锅炉(t/h)	热水锅炉(MW)	燃煤锅炉	燃气(油)锅炉	
1～4	0.7～2.8	3.00	2.50	0.80
6～20	4.2～14	4.00	3.00	1.50
≥35	≥29	5.00	4.00	1.80

5 燃 煤 系 统

5.1 燃 煤 设 施

5.1.1 锅炉的燃烧设备应与所采用的煤种相适应,并应符合下列要求:

1 方便调节,能较好地适应热负荷变化;

2 应较好地节约能源;

3 有利于环境保护。

5.1.2 选用层式燃烧设备时,宜采用链条炉排;当采用结焦性强的煤种及碎焦时,其燃烧设备不应采用链条炉排。

5.1.3 当原煤块度不能符合锅炉燃烧要求时,应设置煤块破碎装置,在破碎装置之前宜设置煤的磁选和筛选设备。当锅炉给煤装置、煤粉制备设施和燃烧设备有要求时,尚宜设置煤的二次破碎和二次磁选装置。

5.1.4 经破碎筛选后的煤块粒度,应满足不同型式锅炉或磨煤机的要求,并应符合下列规定:

1 煤粉炉、抛煤炉不宜大于 30mm;

2 链条炉不宜大于 50mm;

3 循环流化床炉不宜大于 13mm。

5.1.5 煤粉锅炉磨煤机型式的选择,应符合下列要求:

1 燃用无烟煤、低挥发分贫煤、磨损性很强的煤或煤种、煤质难固定时,宜选用钢球磨煤机;

2 燃用磨损性不强、水分较高、灰分较低及挥发分较高的褐煤时,宜选用风扇磨煤机;

3 煤质适宜时,宜选用中速磨煤机。

5.1.6 给煤机应按下列要求确定:

1 循环流化床锅炉给煤机的台数不宜少于 2 台,当 1 台给煤机发生故障时,其余给煤机的总出力,应能满足锅炉额定蒸发量 100%的给煤量;

2 制粉系统给煤机的型式,应根据设备的布置、给煤机的调节性能和运行的可靠性等要求进行选择,并应与磨煤机型式匹配;

3 制粉系统给煤机的台数,应与磨煤机的台数相同。其计算出力,埋刮板式、刮板式、胶带式给煤机不应小于磨煤机计算出力的 110%,振动式给煤机不应小于磨煤机计算出力的 120%。

5.1.7 煤粉锅炉给粉机的台数和最大出力,宜符合下列要求:

1 给粉机的台数应与锅炉燃烧器一次风口的接口数相同;

2 每台给粉机最大出力不宜小于与其连接的燃烧器最大出力的 130%。

5.1.8 原煤仓、煤粉仓、落煤管的设计,应根据煤的水分和颗粒组成等条件确定,并应符合下列要求:

1 原煤仓和煤粉仓的内壁应光滑、耐磨,壁面倾角不宜小于 60°;斗的相邻两壁的交线与水平面的夹角不应小于 55°;相邻壁交角的内侧应做成圆弧形,圆弧半径不应小于 200mm;

2 原煤仓出口的截面,不应小于 500mm×500mm,其下部宜设置圆形双曲线或锥形金属小煤斗;

3 落煤管宜垂直布置,且应为圆形;倾斜布置时,其与水平面的倾角不宜小于 60°;当条件受限制时,应根据煤的水分、颗粒组成、黏结性等因素,采用消堵措施,此时落煤管的倾斜角也不应小于 55°;可设置监视煤流装置和单台锅炉燃煤计量装置。

4 煤粉仓及其顶盖应坚固严密和有测量粉位的设施。煤粉仓应防止受热和受潮。在严寒地区,金属煤粉仓应保温。每个煤粉仓上设置的防爆门不应少于 2 个。防爆门的面积,应按煤粉仓几何容积 0.0025m²/m³ 计算,且总面积不得小于 0.50m²。

5.1.9 圆形双曲线或圆锥形金属小煤斗下部,宜设置振动式给煤机 1 台,其计算出力应符合本规范 5.1.6 条第 3 款的要求。

5.1.10 2 台相邻锅炉之间的煤粉仓应采用可逆式螺旋输粉机连通。螺旋输粉机的出力,应与磨煤机的计算出力相同。

5.1.11 制粉系统,除燃料全部为无烟煤外,必须设置防爆设施。

5.1.12 制粉系统排粉机的选择,应符合下列要求:

1 台数应与磨煤机台数相同;

2 风量裕量宜为 5%～10%;

3 风压裕量宜为 10%～20%。

5.2 煤、灰渣和石灰石的贮运

5.2.1 锅炉房煤场卸煤及转堆设备的设置,应根据锅炉房的耗煤量和来煤运输方式确定,并应符合下列要求:

1 火车运煤时,应采用机械化方式卸煤;

2 船舶运煤时,应采用机械抓取设备卸煤,卸煤机械总额定出力宜为锅炉房总耗煤量的 300%,卸煤机械台数不应少于 2 台;

3 汽车运煤时,应利用社会运力,当无条件时,应设置自备汽车及卸煤的辅助设施。

5.2.2 火车运煤时,一次进煤的车皮数量和卸车时间,应与铁路部门协商确定。车皮数量宜为 5～8 节,卸车时间不宜超过 3h。

5.2.3 煤场设计应贯彻节约用地和环境保护的原则,其贮煤量应根据煤源远近、供应的均衡性和交通运输方式等因素确定,并宜符合下列要求:

1 火车和船舶运煤,宜为 10～25d 的锅炉房最大计算耗煤量;

2 汽车运煤,宜为 5～10d 的锅炉房最大计算耗煤量。

5.2.4 在建筑气候经常性连续降雨地区,对露天设置的煤场,宜将其一部分设为干煤棚,其贮煤量宜为 4～8d 的锅炉房最大计算耗煤量。对环境要求高的燃煤锅炉房应设闭式贮煤仓。

5.2.5 有自燃性的煤堆,应有压实、洒水或其他防止自燃的措施。

5.2.6 煤场的地面应根据装卸方式进行处理,并应有排水坡度和

排水措施。受煤沟应有防水和排水措施。

5.2.7 锅炉房燃用多种煤并需混煤时,应设置混煤设施。

5.2.8 运煤系统小时运煤量的计算,应根据锅炉房昼夜最大计算耗煤量、扩建时增加的煤量、运煤系统昼夜的作业时间和 1.1～1.2 不平衡系数等因素确定。

5.2.9 运煤系统宜按一班或两班运煤工作制运行。运煤系统昼夜的作业时间,宜符合下列要求:

1 一班运煤工作制,不宜大于 6h;

2 两班运煤工作制,不宜大于 11h;

3 三班运煤工作制,不宜大于 16h。

5.2.10 从煤场到锅炉房和锅炉房内部的运煤,宜采用下列方式:

1 总耗煤量小于等于 1t/h 时,采用人工装卸和手推车运煤;

2 总耗煤量大于 1t/h,且小于等于 6t/h 时,采用间歇机械化设备装卸和间歇或连续机械化设备运煤;

3 总耗煤量大于 6t/h,且小于等于 15t/h 时,采用连续机械化设备装卸和运煤;

4 总耗煤量大于 15t/h,且小于等于 60t/h 时,宜采用单路带式输送机运煤;

5 总耗煤量大于 60t/h 时,可采用双路带式输送机运煤。

注:当采用单路带式输送机运煤时,其驱动装置宜有备用。

5.2.11 锅炉前煤(粉)仓的贮量,宜符合下列要求:

1 一班运煤工作制为 16～20h 的锅炉额定耗煤量;

2 二班运煤工作制为 10～12h 的锅炉额定耗煤量;

3 三班运煤工作制为 1～6h 的锅炉额定耗煤量。

5.2.12 在锅炉房外设置集中煤仓时,其贮量宜符合下列要求:

1 一班运煤工作制为 16～18h 的锅炉房额定耗煤量;

2 二班运煤工作制为 8～10h 的锅炉房额定耗煤量。

5.2.13 采用带式输送机运煤,应符合下列要求:

1 胶带的宽度不宜小于 500mm;

2 采用普通胶带的带式输送机的倾角,运送破碎前的原煤时,不应大于 16°,运送破碎后的细煤时,不应大于 18°;

3 在倾斜胶带上加料时,其倾角不宜大于 12°;

4 卸料段长度超过 30m 时,应设置人行过桥。

5.2.14 带式输送机栈桥的设置,在寒冷或风沙地区应采用封闭式,其他地区可采用敞开式、半封闭式或轻型封闭式,并应符合下列要求:

1 敞开式栈桥的运煤胶带上应设置防雨罩;

2 在寒冷地区的封闭式栈桥内,应有采暖设施;

3 封闭式栈桥和地下栈道的净高不应小于 2.5m,运行通道的净宽不应小于 1m,检修通道的净宽不应小于 0.7m;

4 倾斜栈桥上的人行通道应有防滑措施,倾角超过 12°的通道应做成踏步;

5 输送机钢结构栈桥应封底。

5.2.15 采用多斗提升机运煤,应有不小于连续 8h 的检修时间。当不能满足其检修时间时,应设置备用设备。

5.2.16 从受煤斗卸料到带式输送机、多斗提升机或埋刮板输送机之间,宜设置均匀给料装置。

5.2.17 运煤系统的地下构筑物应防水,地坑内应有排除积水的措施。

5.2.18 除灰渣系统的选择,应根据锅炉除渣机和除尘器型式、灰渣及其特性、输送距离、工程所在地区的地势、气象条件、运输条件以及环境保护、综合利用等因素确定。循环流化床锅炉排出的高温渣,应经冷渣机冷却到 200℃以下后排除,并宜采用机械或气力干式方式输送。

5.2.19 灰渣场的贮量,宜为 3～5d 锅炉房最大计算排灰渣量。

5.2.20 采用集中灰渣斗时,不宜设置灰渣场。灰渣斗的设计应符合下列要求:

1 灰渣斗的总容量,宜为 1～2d 锅炉房最大计算排灰渣量;

2 灰渣斗的出口尺寸,不应小于 0.6m×0.6m;

3 严寒地区的灰渣斗,应有排水和防冻措施;

4 灰渣斗的内壁面应光滑、耐磨,壁面倾角不宜小于 60°;灰渣斗相邻两壁的交线与水平面的夹角不应小于 55°;相邻壁交角的内侧应做成圆弧形,圆弧半径不应小于 200mm;

5 灰渣斗排出口与地面的净高,汽车运灰渣不应小于 2.3m;火车运灰渣不应小于 5.3m,当机车不通过灰渣斗下部时,其净高可为 3.5m;

6 干式除灰渣系统的灰渣斗底部宜设置库底汽化装置。

5.2.21 除灰渣系统小时排灰渣量的计算,应根据锅炉房昼夜的最大计算灰渣量、扩建时增加的灰渣量、除灰渣系统昼夜的作业时间和 1.1～1.2 不平衡系数等因素确定。

5.2.22 锅炉房最大计算灰渣量大于等于 1t/h 时,宜采用机械、气力除灰渣系统或水力除灰渣系统。

5.2.23 锅炉采用水力除渣方式时,除尘器收集下来的灰,可利用锅炉除渣系统排除。循环流化床锅炉除灰系统,宜采用气力输送方式。

5.2.24 水力除灰渣系统的设计,应符合下列要求:

1 灰渣池的有效容积,宜根据 1～2d 锅炉房最大计算排灰渣量设计;

2 灰渣池应有机械抓取装置;

3 灰渣泵应有备用;

4 灰渣沟设置激流喷嘴,灰渣沟坡度不应小于 1%;锅炉固态排渣时,渣沟坡度不应小于 1.5%;锅炉液态排渣时,渣沟坡度不应小于 2%;输送高浓度灰浆或不设激流喷嘴的灰渣沟,沟底宜采用铸石镶板或用耐磨材料衬砌;

5 冲灰渣污水应循环使用;

6 灰渣沟的布置,应力求短而直,其布置走向和标高,不应影响扩建。

5.2.25 用于循环流化床锅炉炉内脱硫的石灰石粉,宜采用符合锅炉性能和粒度分布的成品。

5.2.26 石灰石粉中间仓的容量,应按锅炉房所有运行锅炉在额定工况下 3d 石灰石消耗量计算确定;石灰石粉日用仓的容量,应按锅炉房所有运行锅炉在额定工况下 12h 石灰石消耗量计算确定。

5.2.27 循环流化床锅炉采用的石灰石粉,其输送应采用气力方式。

6 燃油系统

6.1 燃油设施

6.1.1 燃油锅炉所配置的燃烧器,应与燃油的性质和燃烧室的型式相适应,并应符合下列要求:

1 油的雾化性能好;

2 能较好地适应负荷变化;

3 火焰形状与炉膛结构相适应;

4 对大气污染少;

5 噪声较低。

6.1.2 燃用重油的锅炉房,当冷炉启动点火缺少蒸汽加热重油时,应采用重油电加热器或设置轻油、燃气的辅助燃料系统。

6.1.3 燃油锅炉房采用电热式油加热器时,应限于启动点火或临时加热,不宜作为经常加热燃油的设备。

6.1.4 集中设置的供油泵,应符合下列要求:

1 供油泵的台数不应少于 2 台。当其中任何 1 台停止运行时,其余的总容量,不应少于锅炉房最大计算耗油量和回油量之和;

2 供油泵的扬程,不应小于下列各项的代数和:

1)供油系统的压力降;

2)供油系统的油位差;

3)燃烧器前所需的油压;

4)本款上述 3 项和的 10%～20% 富裕量。

6.1.5 不带安全阀的容积式供油泵,在其出口的阀门前靠近油泵处的管段上,必须装设安全阀。

6.1.6 集中设置的重油加热器,应符合下列要求:

1 加热面应根据锅炉房要求加热的油量和油温计算确定,并有 10% 的富裕量;

2 加热面组宜能进行调节;

3 应装设旁通管;

4 常年不间断供热的锅炉房,应设置备用油加热器。

6.1.7 燃油锅炉房室内油箱的总容量,重油不应超过 5m³,轻柴油不应超过 1m³。室内油箱应安装在单独的房间内。当锅炉房总蒸发量大于等于 30t/h,或总热功率大于等于 21MW 时,室内油箱应采用连续进油的自动控制装置。当锅炉房发生火灾事故时,室内油箱应自动停止进油。

6.1.8 设置在锅炉房外的中间油箱,其总容量不宜超过锅炉房 1d 的计算耗油量。

6.1.9 室内油箱应采用闭式油箱。油箱上应装设直通室外的通气管,通气管上应设置阻火器和防雨设施。油箱上不应采用玻璃管式油位表。

6.1.10 油箱的布置高度,宜使供油泵有足够的灌注头。

6.1.11 室内油箱应装设将油排放到室外贮油罐或事故贮油罐的紧急排放管。排放管上应并列装设手动和自动紧急排油阀。排放管上的阀门应装设在安全和便于操作的地点。对地下(室)锅炉房,室内油箱直接排油有困难时,应设事故排油泵。

非独立锅炉房,自动紧急排油阀应有就地启动、集中控制室遥控启动或消防防灾中心遥控启动的功能。

6.1.12 室外事故贮油罐的容积应大于等于室内油箱的容积,且宜埋地安装。

6.1.13 室内重油箱的油加热后的温度,不应超过 90℃。

6.1.14 燃油锅炉房点火用的液化气罐,不应存放在锅炉间,应存放在专用房间内。气罐的总容积应小于 1m³。

6.1.15 燃用重油的锅炉尾部受热面和烟道,宜设置蒸汽吹灰和蒸汽灭火装置。

6.1.16 煤粉锅炉和循环流化床锅炉的点火及助燃采用轻油时,

油罐宜采用直接埋地布置的卧式油罐。油罐的数量及容量宜符合下列要求：

1 当单台锅炉容量小于等于 35t/h 时,宜设置 1 个 20m³ 油罐;

2 当单台锅炉容量大于 35t/h 时,宜设置 2 个大于等于 20m³ 油罐。

6.1.17 煤粉锅炉和循环流化床锅炉点火油系统供油泵的出力和台数,宜符合下列要求：

1 供油泵的出力,宜按容量最大 1 台锅炉在额定蒸发量时所需燃油量的 20%～30%确定;

2 供油泵的台数,宜为 2 台,其中 1 台备用。

6.2 燃油的贮运

6.2.1 锅炉房贮油罐的总容量,宜符合下列要求：

1 火车或船舶运输,为 20～30d 的锅炉房最大计算耗油量;

2 汽车油槽车运输,为 3～7d 的锅炉房最大计算耗油量;

3 油管输送,为 3～5d 的锅炉房最大计算耗油量。

6.2.2 当企业设有总油库时,锅炉房燃用的重油或轻柴油,应由总油库统一贮存。

6.2.3 油库内重油贮油罐不应少于 2 个,轻油贮油罐不宜少于 2 个。

6.2.4 重油贮油罐内油被加热后的温度,应低于当地大气压力下水沸点 5℃,且应低于罐内油闪点 10℃,并应按两者中的较低值确定。

6.2.5 地下、半地下贮油罐或贮油罐组区,应设置防火堤。防火堤的设计应符合现行国家标准《建筑设计防火规范》GB 50016 的规定。

轻油贮油罐与重油贮油罐不应布置在同一个防火堤内。

6.2.6 设置轻油罐的场所,宜设有防止轻油流失的设施。

6.2.7 从锅炉房贮油罐输油到室内油箱的输油泵,不应少于 2 台,其中 1 台应为备用。输油泵的容量不应小于锅炉房小时最大计算耗油量的 110%。

6.2.8 在输油泵进口母管上应设置油过滤器 2 台,其中 1 台应为备用。油过滤器的滤网网孔宜为 8～12 目/cm,滤网流通截面积宜为其进口管截面积的 8～10 倍。

6.2.9 油泵房至贮油罐之间的管道宜采用地上敷设。当采用地沟敷设时,地沟与建筑物外墙连接处应填砂或用耐火材料隔断。

6.2.10 接入锅炉房的室外油管道,宜采用地上敷设。当采用地沟敷设时,地沟与建筑物的外墙连接处应填砂或用耐火材料隔断。

7 燃气系统

7.0.1 燃烧器的选择应适应气体燃料特性,并应符合下列要求：

1 能适应燃气成分在一定范围内的改变;

2 能较好地适应负荷变化;

3 具有微正压燃烧特性;

4 火焰形状与炉膛结构相适应;

5 噪声较低。

7.0.2 设有备用燃料的锅炉房,其锅炉燃烧器的选用应能适应燃用相应的备用燃料。

7.0.3 燃用液化石油气的锅炉和有液化石油气管道穿越的室内地面处,严禁设有能通向室外的管沟(井)或地道等设施。

7.0.4 锅炉房燃气质量、贮配、净化、调压站、调压装置和计量装置设计,应符合现行国家标准《城镇燃气设计规范》GB 50028 的有关规定。

当燃气质量不符合燃烧要求时,应在调压装置前或在燃气母管的总关闭阀前设置除尘器、油水分离器和排水管。

7.0.5 燃气调压装置应设置在有围护的露天场地上或地上独立的建、构筑物内,不应设置在地下建、构筑物内。

8 锅炉烟风系统

8.0.1 锅炉的鼓风机、引风机宜单炉配置。当需要集中配置时,每台锅炉的风道、烟道与总风道、总烟道的连接处,应设置密封性好的风道、烟道门。

8.0.2 锅炉风机的配置和选择,应符合下列要求：

1 应选用高效、节能和低噪声风机;

2 风机的计算风量和风压,应根据锅炉额定蒸发量或额定热功率、燃料品种、燃烧方式和通风系统的阻力计算确定,并按当地气压及空气、烟气的温度和密度对风机特性进行修正;

3 炉排锅炉和循环流化床锅炉的风机,宜按 1 台炉配置 1 台鼓风机和 1 台引风机,其风量的富裕量,不宜小于计算风量的 10%,风压的富裕量不宜小于计算风压的 20%。煤粉锅炉风量和风压的富裕量应符合现行国家标准《小型火力发电厂设计规范》GB 50049 的规定;

4 单台额定蒸发量大于等于 35t/h 的蒸汽锅炉或单台额定热功率大于等于 29MW 的热水锅炉,其鼓风机和引风机的电机宜具有调速功能;

5 满足风机在正常运行条件下处于较高的效率范围。

8.0.3 循环流化床锅炉的返料风机配置,除应符合本规范 8.0.2 条的要求外,尚宜按 1 台炉配置 2 台,其中 1 台返料风机宜为备用。

8.0.4 锅炉风道、烟道系统的设计,应符合下列要求：

1 应使风道、烟道短捷、平直且气密性好,附件少和阻力小;

2 单台锅炉配置两侧风道或 2 条烟道时,宜对称布置,且使每侧风道或每条烟道的阻力均衡;

3 当多台锅炉共用 1 座烟囱时,每台锅炉宜采用单独烟道接

入烟囱,每个烟道应安装密封可靠的烟道门;

4 当多台锅炉合用1条总烟道时,应保证每台锅炉排烟时互不影响,并宜使每台锅炉的通风力均衡。每台锅炉支烟道出口应安装密封可靠的烟道门;

5 宜采用地上烟道,并应在其适当位置设置清扫人孔;

6 对烟道和热风道的热膨胀应采取补偿措施。当采用补偿器进行热补偿时,宜选用非金属补偿器;

7 应在适当位置设置必要的热工和环保等测点。

8.0.5 燃油、燃气和煤粉锅炉烟道和烟囱的设计,除应符合8.0.4条的规定外,尚应符合下列要求:

1 燃油、燃气锅炉烟囱,宜单台炉配置。当多台锅炉共用1座烟囱时,除每台锅炉宜采用单独烟道接入烟囱外,每条烟道尚应安装密封可靠的烟道门;

2 在烟气容易集聚的地方,以及当多台锅炉共用1座烟囱或1条总烟道时,每台锅炉烟道出口处应装设防爆装置,其位置应有利于泄压。当爆炸气体有可能危及操作人员的安全时,防爆装置上应装设泄压导向管;

3 燃油、燃气锅炉烟囱和烟道应采用钢制或钢筋混凝土构筑。燃气锅炉的烟道和烟囱最低点,应设置水封式冷凝水排水管道;

4 燃油、燃气锅炉不得与使用固体燃料的设备共用烟道和烟囱;

5 水平烟道长度,应根据现场情况和烟囱抽力确定,且应使燃油、燃气锅炉能维持微正压燃烧的要求;

6 水平烟道宜有1%坡向锅炉或排水点的坡度;

7 钢制烟囱出口的排烟温度宜高于烟气露点,且宜高于15℃。

8.0.6 锅炉房烟囱高度应符合现行国家标准《锅炉大气污染物排放标准》GB 13271和所在地的相关规定。

锅炉房在机场附近时,烟囱高度应符合航空净空的要求。

9 锅炉给水设备和水处理

9.1 锅炉给水设备

9.1.1 给水泵台数的选择,应能适应锅炉房全年热负荷变化的要求,并应设置备用。

9.1.2 当流量最大的1台给水泵停止运行时,其余给水泵的总流量,应能满足所有运行锅炉在额定蒸发量时所需给水量的110%;当锅炉房设有减温装置或蓄热器时,给水泵的总流量尚应计入其用水量。

9.1.3 当给水泵的特性允许并联运行时,可采用同一给水母管;当给水泵的特性不能并联运行时,应采用不同的给水母管。

9.1.4 采用非一级电力负荷的锅炉房,在停电后可能会造成锅炉事故时,应采用汽动给水泵为事故备用泵。事故备用泵的流量,应能满足所有运行锅炉在额定蒸发量时所需给水量的20%~40%。

9.1.5 给水泵的扬程,不应小于下列各项的代数和:

1 锅炉锅筒在实际的使用压力下安全阀的开启压力;

2 省煤器和给水系统的压力损失;

3 给水系统的水位差;

4 本条上述3项和的10%富裕量。

9.1.6 锅炉房宜设置1个给水箱或1个匹配有除氧器的除氧水箱。常年不间断供热的锅炉房应设置2个给水箱或2个匹配有除氧器的除氧水箱。给水箱或除氧水箱的总有效容量,宜为所有运行锅炉在额定蒸发量工况条件下所需20~60min的给水量。

9.1.7 锅炉给水箱或除氧水箱的布置高度,应使锅炉给水泵有足够的灌注头,并不应小于下列各项的代数和:

1 给水泵进水口处水的汽化压力和给水箱的工作压力之差;

2 给水泵的汽蚀余量;

3 给水泵进水管的压力损失;

4 附加3~5kPa的富裕量。

9.1.8 采用特殊锅炉给水泵或加装增压泵时,热力除氧水箱宜低位布置,其高度应按设备要求确定。

9.1.9 当单台蒸汽锅炉额定蒸发量大于等于35t/h、额定出口蒸汽压力大于等于2.5MPa(表压),热负荷较为连续而稳定,且给水泵的排汽可以利用时,宜采用工业汽轮机驱动的给水泵作为工作用泵,电动给水泵作为工作备用泵。

9.2 水 处 理

9.2.1 水处理设计,应符合锅炉安全和经济运行的要求。

水处理方法的选择,应根据原水水质、对锅炉给水和锅水的质量要求、补给水量、锅炉排污率和水处理设备的设计出力等因素确定。

经处理后的锅炉给水,不应使锅炉的蒸汽对生产和生活造成有害的影响。

9.2.2 额定出口压力小于等于2.5MPa(表压)的蒸汽锅炉和热水锅炉的水质,应符合现行国家标准《工业锅炉水质》GB 1576的规定。

额定出口压力大于2.5MPa(表压)的蒸汽锅炉汽水质量,除应符合锅炉产品和用户对汽水质量要求外,尚应符合现行国家标准《火力发电机组及蒸汽动力设备汽水质量》GB/T 12145的有关规定。

9.2.3 原水悬浮物的处理,应符合下列要求:

1 悬浮物的含量大于5mg/L的原水,在进入顺流再生固定床离子交换器前,应过滤;

2 悬浮物的含量大于2mg/L的原水,在进入逆流再生固定床或浮动床离子交换器前,应过滤;

3 悬浮物的含量大于20mg/L的原水或经石灰水处理后的水,应经混凝、澄清和过滤。

9.2.4 用于过滤原水的压力式机械过滤器,宜符合下列要求:

1 不宜少于2台,其中1台备用;

2 每台每昼夜反洗次数可按1次或2次设计;

3 可采用反洗水箱的水进行反洗或采用压缩空气和水进行混合反洗;

4 原水经混凝、澄清后,可用石英砂或无烟煤作单层过滤料,或用无烟煤和石英砂作双层过滤料;原水经石灰水处理后,可用无烟煤或大理石等作单层过滤料。

9.2.5 当原水水压不能满足水处理工艺要求时,应设置原水加压设施。

9.2.6 蒸汽锅炉、汽水两用锅炉的给水和热水锅炉的补给水,应采用锅外化学水处理。符合下列情况之一的锅炉可采用锅内加药处理:

1 单台额定蒸发量小于等于2t/h,且额定蒸汽压力小于等于1.0MPa(表压)的对汽、水品质无特殊要求的蒸汽锅炉和汽水两用锅炉;

2 单台额定热功率小于等于4.2MW非管架式热水锅炉。

9.2.7 采用锅内加药水处理时,应符合下列要求:

1 给水悬浮物含量不应大于20mg/L;

2 蒸汽锅炉给水总硬度不应大于4mmol/L,热水锅炉给水总硬度不应大于6mmol/L;

3 应设置自动加药设施;

4 应设有锅炉排泥渣和清洗的设施。

9.2.8 采用锅外化学水处理时,蒸汽锅炉的排污率应符合下列要求:

1 蒸汽压力小于等于2.5MPa(表压)时,排污率不宜大于10%;

2 蒸汽压力大于 2.5MPa(表压)时,排污率不宜大于 5%;

3 锅炉产生的蒸汽供热式汽轮发电机组使用,且采用化学软化水为补给水时,排污率不宜大于 5%;采用化学除盐水为补给水时,排污率不宜大于 2%。

9.2.9 蒸汽锅炉连续排污水的热量应合理利用,且宜根据锅炉房总连续排污量设置连续排污膨胀器和排污水换热器。

9.2.10 化学水处理设备的出力,应按下列各项损失和消耗量计算:

1 蒸汽用户的凝结水损失;

2 锅炉房自用蒸汽的凝结水损失;

3 锅炉排污水损失;

4 室外蒸汽管道和凝结水管道的漏损;

5 采暖热水系统的补给水;

6 水处理系统的自用化学水;

7 其他用途的化学水。

9.2.11 化学软化水处理设备的型式,可按下列要求选择:

1 原水总硬度小于等于 6.5mmol/L 时,宜采用固定床逆流再生离子交换器;原水总硬度小于 2mmol/L 时,可采用固定床顺流再生离子交换器;

2 原水总硬度小于 4mmol/L,水质稳定、软化水消耗量变化不大且设备能连续不间断运行时,可采用浮动床、流动床或移动床离子交换器。

9.2.12 固定床离子交换器的设置不宜少于 2 台,其中 1 台为再生备用,每台再生周期宜按 12~24h 设计。当软化水的消耗量较小时,可设置 1 台,但其设计出力应满足离子交换器运行和再生时的软化水消耗量的需要。

出力小于 10t/h 的固定床离子交换器,宜选用全自动软水装置,其再生周期宜为 6~8h。

9.2.13 原水总硬度大于 6.5mmol/L,当一级钠离子交换器出水达不到水质标准时,可采用两级串联的钠离子交换系统。

9.2.14 原水碳酸盐硬度较高,且允许软化水残留碱为 1.0~1.4mmol/L 时,可采用钠离子交换后加酸处理。加酸处理后的软化水应经除二氧化碳器脱气,软化水的 pH 值应能进行连续监测。

9.2.15 原水碳酸盐硬度较高,且允许软化水残留碱度为 0.35~0.5mmol/L 时,可采用弱酸性阳离子交换树脂或不足量酸再生氢离子交换剂的氢-钠离子串联系统处理。氢离子交换器应采用固定床顺流再生;氢离子交换器出水应经除二氧化碳器脱气。氢离子交换器及其出水、排水管道应防腐。

9.2.16 除二氧化碳器的填料层高度,应根据填料品种和尺寸、进出水中二氧化碳含量、水温和所选定淋水密度下的实际解析系数等确定。

除二氧化碳器风机的通风量,可按每立方米水耗用 15~20m³ 空气计算。

9.2.17 当化学软化水处理不能满足锅炉给水水质要求时,应采用离子交换、反渗透或电渗析等方式的除盐水处理系统。

除盐水处理系统排出的清洗水宜回收利用;酸、碱废水应经中和处理达标后排放。

9.2.18 锅炉的锅筒与锅炉管束为胀接时,化学水处理系统应能维持蒸汽锅炉锅水的相对碱度小于 20%,当不能达到这一要求时,应设置向锅水中加入缓蚀剂的设施。

9.2.19 锅炉给水的除氧宜采用大气式喷雾热力除氧器。除氧水箱下部宜装设再沸腾用的蒸汽管。

9.2.20 当要求除氧后的水温不高于 60℃ 时,可采用真空除氧、解析除氧或其他低温除氧系统。

9.2.21 热水系统补给水的除氧,可采用真空除氧、解析除氧或化学除氧。当采用亚硫酸钠加药除氧时,应监测锅水中亚硫酸根的含量。

9.2.22 磷酸盐溶液的制备设施,宜采用溶解器和溶液箱。溶解器应设置搅拌和过滤装置,溶液箱的有效容量不宜小于锅炉房 1d 的药液消耗量。磷酸盐可采用干法贮存。磷酸盐溶液制备用水应采用软化水或除盐水。

9.2.23 磷酸盐加药设备宜采用计量泵。每台锅炉宜设置 1 台计量泵;当有数台锅炉时,尚宜设置 1 台备用计量泵。磷酸盐加药设备宜布置在锅炉间运转层。

9.2.24 凝结水箱、软化或除盐水箱和中间水箱的设置和有效容量,应符合下列要求:

1 凝结水箱宜设 1 个;当锅炉房常年不间断供热时,宜设 2 个或 1 个中间带隔板分为 2 格的凝结水箱。水箱的总有效容量宜按 20~40min 的凝结水回收量确定;

2 软化或除盐水箱的总有效容量,应根据水处理设备的设计出力和运行方式确定。当设有再生备用设备时,软化或除盐水箱的总有效容量应按 30~60min 的软化或除盐水消耗量确定;

3 中间水箱总有效容量宜按水处理设备设计出力 15~30min 的水量确定。中间水箱的内壁应采取防腐蚀措施。

9.2.25 凝结水泵、软化或除盐水泵以及中间水泵的选择,应符合下列要求:

1 应有 1 台备用,当其中 1 台停止运行时,其余的总流量应满足系统水量要求;

2 有条件时,凝结水泵和软化或除盐水泵可合用 1 台备用泵;

3 中间水泵应选用耐腐蚀泵。

9.2.26 钠离子交换再生用的食盐可采用干法或湿法贮存,其贮量应根据运输条件确定。当采用湿法贮存时,应符合下列要求:

1 浓盐液池和稀盐液池宜各设 1 个,且宜采用混凝土建造,内壁贴防腐材料内衬;

2 浓盐液池的有效容积宜为 5~10d 食盐消耗量,其底部应设置慢滤层或设置过滤器;

3 稀盐液池的有效容积不应小于最大 1 台钠离子交换器 1 次再生盐液的消耗量;

4 宜设装卸平台和起吊设备。

9.2.27 酸、碱再生系统的设计,应符合下列要求:

1 酸、碱槽的贮量应按酸、碱液每昼夜的消耗量、交通运输条件和供应情况等因素确定,宜按贮存 15~30d 的消耗量设计;

2 酸、碱计量箱的有效容积,不应小于最大 1 台离子交换器 1 次再生酸、碱液的消耗量;

3 输酸、碱泵宜各设 1 台,并应选用耐酸、碱腐蚀泵。卸酸、碱宜利用自流或采用输酸、碱泵抽吸;

4 输送并稀释再生用酸、碱液宜采用酸、碱喷射器;

5 贮存和输送酸、碱液的设备、管道、阀门及其附件,应采取防腐和防护措施;

6 酸、碱贮存设备布置应靠近水处理间。贮存罐地上布置时,其周围应设有能容纳最大贮存罐 110% 容积的防护堰,当围堰有排放设施时,其容积可适当减小;

7 酸贮存罐和计量箱应采用液面密封设施,排气应接入酸雾吸收器;

8 酸、碱贮存区内应设操作人员安全冲洗设施。

9.2.28 氨溶液制备和输送的设备、管道、阀门及其附件,不应采用铜质材料制品。

9.2.29 汽水系统中应装设必要的取样点。汽水取样冷却器宜相对集中布置。汽水取样头的型式、引出点和管材,应满足样品具有代表性和不受污染的要求。汽水样品的温度宜小于 30℃。

9.2.30 水处理设备的布置,应根据工艺流程和同类设备宜集中的原则确定,并应便于操作、维修和减少主操作区的噪声。

9.2.31 水处理间主要操作通道的净距不应小于 1.5m,辅助设备操作通道的净距不宜小于 0.8m,其他通道均应适应检修的需要。

10 供热热水制备

10.1 热水锅炉及附属设施

10.1.1 热水锅炉的出口水压,不应小于锅炉最高供水温度加 20℃相应的饱和压力。

注:用锅炉自生蒸汽定压的热水系统除外。

10.1.2 热水锅炉应有防止或减轻因热水系统的循环水泵突然停运后造成锅水汽化和水击的措施。

10.1.3 在热水系统循环水泵的进、出口母管之间,应装设带止回阀的旁通管,旁通管截面积不宜小于母管的 1/2;在进口母管上,应装设除污器和安全阀,安全阀宜安装在除污器出水一侧;当采用气体加压膨胀水箱时,其连通管宜接在循环水泵进口母管上;在循环水泵进口母管上,宜装设高于系统静压的泄压放气管。

10.1.4 热水热力网采用集中质调时,循环水泵的选择应符合下列要求:

1 循环水泵的流量应根据锅炉进、出水的设计温差、各用户的耗热量和管网损失等因素确定。在锅炉出口母管与循环水泵进口母管之间装设旁通管时,尚应计入流经旁通管的循环水量;

2 循环水泵的扬程,不应小于下列各项之和:
　　1)热水锅炉房或热交换站中设备及其管道的压力降;
　　2)热网供、回水干管的压力降;
　　3)最不利的用户内部系统的压力降。

3 循环水泵台数不应少于 2 台,当其中 1 台停止运行时,其余水泵的总流量应满足最大循环水量的需要;

4 并联循环水泵的特性曲线宜平缓、相同或近似;

5 循环水泵的承压、耐温性能应满足热力网设计参数的要求。

10.1.5 热水热力网采用分阶段改变流量调节时,循环水泵不宜少于 3 台,可不设备用,其流量、扬程宜相同。

10.1.6 热水热力网采用改变流量的中央质-量调节时,宜选用调速水泵。调速水泵的特性应满足不同工况下流量和扬程的要求。

10.1.7 补给水泵的选择,应符合下列要求:

1 补给水泵的流量,应根据热水系统的正常补给水量和事故补给水量确定,并宜为正常补给水量的 4~5 倍;

2 补给水泵的扬程,不应小于补水点压力加 30~50kPa 的富裕量;

3 补给水泵的台数不宜少于 2 台,其中 1 台备用;

4 补给水泵宜带有变频调速措施。

10.1.8 热水系统的小时泄漏量,应根据系统的规模和供水温度等条件确定,宜为系统循环水量的 1%。

10.1.9 采用氮气或蒸汽加压膨胀水箱作恒压装置的热水系统,应符合下列要求:

1 恒压点设在循环水泵进口端,循环水泵运行时,应使系统内水不汽化;循环水泵停止运行时,宜使系统内水不汽化;

2 恒压点设在循环水泵出口端,循环水泵运行时,应使系统内水不汽化。

10.1.10 热水系统恒压点设在循环水泵进口端时,补水点位置宜设在循环水泵进口侧。

10.1.11 采用补给水泵作恒压装置的热水系统,应符合下列要求:

1 除突然停电的情况外,应符合本规范第 10.1.9 条的要求;

2 当引入锅炉房的给水压力高于热水系统静压线,在循环水泵停止运行时,宜采用给水保持热水系统静压;

3 采用间歇补水的热水系统,在补给水泵停止运行期间,热水系统压力降低时,不应使系统内水汽化;

4 系统中应设置泄压装置,泄压排水宜排入补给水箱。

10.1.12 采用高位膨胀水箱作恒压装置时,应符合下列要求:

1 高位膨胀水箱与热水系统连接的位置,宜设置在循环水泵进口母管上;

2 高位膨胀水箱的最低水位,应高于热水系统最高点 1m 以上,并宜使循环水泵停止运行时系统内水不汽化;

3 设置在露天的高位膨胀水箱及其管道应采取防冻措施;

4 高位膨胀水箱与热水系统的连接管上,不应设设阀门。

10.1.13 热水系统内水的总容量小于或等于 500m³ 时,可采用隔膜式气压水罐作为定压补水装置。定压补水点宜设在循环水泵进水母管上。补给水泵的选择应符合本规范第 10.1.7 条的要求,设定的启动压力,应使系统内水不汽化。隔膜式气压水罐不宜超过 2 台。

10.2 热水制备设施

10.2.1 换热器的容量,应根据生产、采暖通风和生活热负荷确定,换热器可不设备用。采用 2 台或 2 台以上换热器时,当其中 1 台停止运行,其余换热器的容量宜满足 75% 总计算热负荷的需要。

10.2.2 换热器间,应符合下列要求:

1 应有检修和抽出换热排管的场地;

2 与换热器连接的阀门应便于操作和拆卸;

3 换热器间的高度应满足设备安装、运行和检修时起吊搬运的要求;

4 通道的宽度不宜小于 0.7m。

10.2.3 加热介质为蒸汽的换热系统,应符合下列要求:

1 宜采用排出的凝结水温度不超过 80℃ 的过冷式汽水换热器;

2 当一级汽水换热器排出的凝结水温度高于 80℃ 时,换热系统宜为汽水换热器和水水换热器两级串联,且宜使水水换热器排出的凝结水温度不超过 80℃。水水换热器接至凝结水箱的管道应装设防止倒空的上反管段。

10.2.4 加热介质为蒸汽且热负荷较小时,热水系统可采用下列汽水直接加热设备:

1 蒸汽喷射加热器;

2 汽水混合加热器。

热水系统的溢流水应回收。

10.2.5 设有蒸汽喷射加热器的热水系统,应符合下列要求:

1 蒸汽压力宜保持稳定;

2 设备宜集中布置;

3 设备并联运行时,应在每个喷射器的出、入口装设闸阀,并在出口装设止回阀;

4 热水系统的静压,宜采用连接在回水管上的膨胀水箱进行控制。

10.2.6 全自动组合式换热机组选择时,应结合热力网系统的情况,对机组的换热量、热力网系统的水力工况、循环水泵和补给水泵的流量、扬程进行校核计算。

11 监测和控制

11.1 监 测

11.1.1 蒸汽锅炉必须装设指示仪表监测下列安全运行参数：

   1 锅筒蒸汽压力；

   2 锅筒水位；

   3 锅筒进口给水压力；

   4 过热器出口蒸汽压力和温度；

   5 省煤器进、出口水温和水压。

   6 单台额定蒸发量大于等于20t/h的蒸汽锅炉，除应装设本条1、2、4款参数的指示仪表外，尚应装设记录仪表。

   注：1 采用的水位计中，应有双色水位计或电接点水位计中的1种；

      2 锅炉有省煤器时，可不监测给水压力。

11.1.2 每台蒸汽锅炉应按表11.1.2的规定装设监测经济运行参数的仪表。

表11.1.2 蒸汽锅炉装设监测经济运行参数的仪表

监测项目	单台锅炉额定蒸发量(t/h)						
	≤4		>4~<20		≥20		
	指示	积算	指示	积算	指示	积算	记录
燃料量(煤、油、燃气)	—	√	—	√	—	√	—
蒸汽流量	√	√	√	√	√	√	√
给水流量	—	√	—	√	—	√	—
排烟温度	√	—	√	—	√	—	√
排烟含O₂量或含CO₂量	—	—	√	—	√	—	√
排烟烟气流速	—	—	—	—	√	—	√
排烟烟尘浓度	—	—	—	—	√	—	√
排烟SO₂浓度	—	—	—	—	√	—	√

续表11.1.2

监测项目	单台锅炉额定蒸发量(t/h)						
	≤4		>4~<20		≥20		
	指示	积算	指示	积算	指示	积算	记录
炉膛出口烟气温度	—	—	√	—	√	—	√
对流受热面进、出口烟气温度	—	—	√	—	√	—	√
省煤器出口烟气温度	—	—	√	—	√	—	√
湿式除尘器出口烟气温度	—	—	√	—	√	—	√
空气预热器出口热风温度	—	—	√	—	√	—	√
炉膛烟气压力	—	—	√	—	√	—	√
对流受热面进、出口烟气压力	—	—	√	—	√	—	√
省煤器出口烟气压力	—	—	√	—	√	—	√
空气预热器出口烟气压力	—	—	√	—	√	—	√
除尘器出口烟气压力	—	—	√	—	√	—	√
一次风压及风室风压	—	—	√	—	√	—	√
二次风压	—	—	√	—	√	—	√
给水调节阀开度	—	—	√	—	√	—	√
给煤(粉)机转速	—	—	√	—	√	—	√
鼓、引风机进口挡板开度或调速风机转速	—	—	√	—	√	—	√
鼓、引风机负荷电流	—	—	—	—	√	—	—

注：1 表中符号："√"为需装设，"—"为可不装设。

    2 大于4t/h而小于20t/h火管锅炉或水火管组合锅炉，当不便装设烟风系统参数测点时，可不装设。

    3 带空气预热器时，排烟温度是指空气预热器出口烟气温度。

    4 大于4t/h而小于20t/h锅炉无条件时，可不装设检测排烟含氧量的仪表。

11.1.3 热水锅炉应装设指示仪表监测下列安全及经济运行参数：

   1 锅炉进、出口水温和水压；

   2 锅炉循环水流量；

   3 风、烟系统各段压力、温度和排烟污染物浓度；

   4 应装设煤量、油量或燃气量积算仪表；

   5 单台额定热功率大于或等于14MW的热水锅炉，出口水温和循环水流量仪表应选用记录式仪表；

   6 风、烟系统的压力和温度仪表，可按本规范表11.1.2的规定设置。

11.1.4 循环流化床锅炉、煤粉锅炉、燃油和燃气锅炉，除应符合本规范第11.1.1条、第11.1.2条和第11.1.3条规定外，尚应装设指示仪表监测下列参数：

   1 循环流化床锅炉：

     1)炉床密相区和稀相区温度；

     2)料层压差；

     3)分离器出口烟气温度；

     4)返料器温度；

     5)一次风量；

     6)二次风量；

     7)石灰石给料量。

   2 煤粉锅炉的制粉设备出口处气、粉混合物的温度。

   3 燃油锅炉：

     1)燃烧器前的油温和油压；

     2)带中间回油燃烧器的回油油压；

     3)蒸汽雾化燃烧器前的蒸汽压力或空气雾化燃烧器前的空气压力；

     4)锅炉后或锅炉尾部受热面后的烟气温度。

   4 燃气锅炉：

     1)燃烧器前的燃气压力；

     2)锅炉后或锅炉尾部受热面后的烟气温度。

11.1.5 锅炉房各辅助部分装设监测参数的仪表，应符合表11.1.5的规定。

表11.1.5 锅炉房辅助部分装设监测参数仪表

辅助部分	监测项目	监测仪表		
		指示	积算	记录
水泵油泵	水泵、油泵出口压力	√	—	—
	循环水泵进、出口水压	√	—	—
	汽动水泵进汽压力	√	—	—
	水泵、油泵负荷电流	√	—	—
热力除氧器	除氧器工作压力	√	—	—
	除氧水箱水位	√	—	—
	除氧水箱水温	√	—	—
	除氧器进水温度	√	—	—
	蒸汽压力调节前、后蒸汽压力	√	—	—
真空除氧器	除氧器进水温度	√	—	—
	除氧器真空度	√	—	—
	除氧水箱水位	√	—	—
	除氧水箱水温	√	—	—
	射水抽气器进水压力	√	—	—
解析除氧器	喷射器进水压力	√	—	—
	解析器水温	√	—	—
离子交换水处理	离子交换器进、出口水压	√	—	—
	离子交换器进水温度	√	—	—
	软化或除盐水流量	√	√	—
	再生液流量	√	—	—
	阴离子交换器出口水的SiO₂和pH值	√	—	√
	出水电导率	√	—	√
反渗透水处理	进、出口水压力	√	—	—
	进、出口水流量	√	√	—
	进水温度	√	—	—
	进、出口水pH值	√	—	—
	进、出口水电导率	√	—	—
减温减压器	高压、低压侧蒸汽压力和温度	√	—	—
	减温水压力、温度和水量	√	—	—
	高压侧蒸汽流量	√	—	—
	低压侧蒸汽流量	√	√	√

续表 11.1.5

辅助部分	监测项目	监测仪表		
		指示	积算	记录
热交换器	被加热介质进、出口总管流量	✓	✓	✓
	被加热介质进、出口总管压力、温度	✓	—	—
	加热介质进、出口总管压力、温度	✓	—	—
	加热蒸汽压力和温度	✓	—	—
	每台换热器加热介质进、出口压力和温度	✓	—	—
	每台换热器被加热介质进、出口压力和温度	✓	—	—
蒸汽蓄热器	蓄热器工作压力	✓	—	—
	蓄热器水位	✓	—	—
	蓄热器水温	✓	—	—
蒸汽凝结水	凝结水水质电导率	✓	—	—
	凝结水 pH 值	✓	—	—
	凝结水流量	✓	✓	✓
	凝结水温度	✓	—	—
燃煤系统	磨煤机热风进风温度	✓	—	—
	煤粉仓中煤粉温度	✓	—	—
	气、粉混合物温度	✓	—	—
	煤斗、煤(粉)仓料位	✓	—	—
石灰石制备	石灰石输送量	✓	—	—
	石灰石仓料位	✓	—	—
其他	水箱、油箱液位和温度	✓	—	—
	酸、碱贮罐液位	✓	—	—
	连续排污膨胀器工作压力和液位	✓	—	—
	热水系统加压膨胀箱压力和液位	✓	—	—
	热水系统供、回水总管压力和温度	✓	—	✓
	燃油加热器前后油压和油温	✓	—	—

注：1 表中符号："✓"为需装设，"—"为可不装设。
2 水泵和油泵电流负荷仪表，在无集中仪表箱或功率小于 20kW 时，可不装设。
3 除氧器工作压力、除氧器真空度和除氧水箱水位的监测仪表信号，宜在水处理控制室或锅炉控制室显示。

11.1.6 锅炉房应装设供经济核算用的下列计量仪表：

1 蒸汽量指示和积算；
2 过热蒸汽温度记录；
3 供热量积算；
4 煤、油、燃气和石灰石总耗量；
5 原水总耗量；
6 凝结水回收量；
7 热水系统补给水量；
8 总电耗量指示和积算。

11.1.7 锅炉房的报警信号，必须按表 11.1.7 的规定装设。

表 11.1.7　锅炉房装设报警信号表

报警项目名称	报警信号		
	设备故障停运	参数过高	参数过低
锅筒水位	—	✓	✓
锅筒出口蒸汽压力	—	✓	—
省煤器出口水温	—	✓	—
热水锅炉出口水温	—	✓	—
过热蒸汽温度	—	✓	—
连续给水调节系统给水泵	✓		
炉排	✓		
给煤(粉)系统	✓		
循环流化床、煤粉、燃油和燃气锅炉的风机	✓		
煤粉、燃油和燃气锅炉炉膛灭火	✓		
燃油锅炉房贮油罐和中间油箱油位		✓	✓
燃油锅炉房贮油罐和中间油箱油温		✓	—
燃气锅炉燃烧器前燃气干管压力		✓	✓
煤粉锅炉制粉设备出口气、粉混合物温度		✓	—
煤粉锅炉炉膛负压		✓	✓

续表 11.1.7

报警项目名称	报警信号		
	设备故障停运	参数过高	参数过低
循环流化床锅炉炉床温度	—	✓	✓
循环流化床锅炉返料器温度	—	✓	—
循环流化床锅炉返料器堵塞	✓		
热水系统的循环水泵	✓		
热交换器出水温度		✓	—
热水系统中高位膨胀水箱水位	—		✓
热水系统中蒸汽、氮气加压膨胀水箱压力和水位		✓	✓
除氧水箱水位		✓	✓
自动保护装置动作	✓		
燃气调压间、燃气锅炉间、油泵间的可燃气体浓度		✓	

注：表中符号："✓"为需装设，"—"为可不装设。

11.1.8 燃气调压间、燃气锅炉间可燃气体浓度报警装置，应与燃气供气母管总切断阀和排风扇联动。设有防灾中心时，应将信号传至防灾中心。

11.1.9 油泵间的可燃气体浓度报警装置应与燃油供油母管总切断阀和排风扇联动。设有防灾中心时，应将信号传至防灾中心。

11.2　控　　制

11.2.1 蒸汽锅炉应设置给水自动调节装置，单台额定蒸发量小于等于 4t/h 的蒸汽锅炉可设置位式给水自动调节装置，大于等于 6t/h 的蒸汽锅炉宜设置连续给水自动调节装置。

采用给水自动调节时，备用电动给水泵宜装设自动投入装置。

11.2.2 蒸汽锅炉应设置极限低水位保护装置，当单台额定蒸发量大于等于 6t/h 时，尚应设置蒸汽超压保护装置。

11.2.3 热水锅炉应设置当锅炉的压力降低到热水可能发生汽化、水温升高超过规定值，或循环水泵突然停止运行时的自动切断燃料供应和停止鼓风机、引风机运行的保护装置。

11.2.4 热水系统应设置自动补水装置并宜设置自动排气装置，加压膨胀水箱应设置水位和压力自动调节装置。

11.2.5 热交换站应设置加热介质的流量自动调节装置。

11.2.6 燃用煤粉、油、气体的锅炉和单台额定蒸发量大于等于 10t/h 的蒸汽锅炉或单台额定热功率大于等于 7MW 的热水锅炉，当热负荷变化幅度在调节装置的可调范围内，且经济上合理时，宜装设燃烧过程自动调节装置。

11.2.7 循环流化床锅炉应设置炉床温度控制装置，并宜设置料层差压控制装置。

11.2.8 锅炉燃烧过程自动调节，宜采用微机控制；锅炉机组的自动控制或者同一锅炉房内多台锅炉综合协调自动控制，宜采用集散控制系统。

11.2.9 热力除氧设备应设置水位自动调节装置和蒸汽压力自动调节装置。

11.2.10 真空除氧设备应设置水位自动调节装置和进水温度自动调节装置。

11.2.11 解析除氧设备应设置喷射器进水压力自动调节装置和进水温度自动调节装置。

11.2.12 燃用煤粉、油或气体的锅炉，应设置点火程序控制和熄火保护装置。

11.2.13 层燃锅炉的引风机、鼓风机和锅炉抛煤机、炉排减速箱等加煤设备之间，应装设电气联锁装置。

11.2.14 燃用煤粉、油或气体的锅炉，应设置下列电气联锁装置：

1 引风机故障时，自动切断鼓风机和燃料供应；
2 鼓风机故障时，自动切断燃料供应；
3 燃油、燃气压力低于规定值时，自动切断燃油、燃气供应；
4 室内空气中可燃气体浓度高于规定值时，自动切断燃气供

6

应和开启事故排气扇。

11.2.15 制粉系统各设备之间，应设置电气联锁装置。

11.2.16 连续机械化运煤系统、除灰渣系统中，各运煤设备之间、除灰渣设备之间，均应设置电气联锁装置，并使在正常工作时能按顺序停车，且其延时时间应能达到空载再启动。

11.2.17 运煤和煤的制备设备应与其局部排风和除尘装置联锁。

11.2.18 喷水式减温的锅炉过热器，宜设置过热蒸汽温度自动调节装置。

11.2.19 减压减温装置宜设置蒸汽压力和温度自动调节装置。

11.2.20 单台蒸汽锅炉额定蒸发量大于等于 6t/h 或单台热水锅炉额定热功率大于等于 4.2MW 的锅炉房，当风机布置在司炉不便操作的地点时，宜设置风机进风门的远距离控制装置和风门开度指示。

11.2.21 电动设备、阀门和烟、风道门，宜设置远距离控制装置。

11.2.22 单台蒸汽锅炉额定蒸发量大于等于 10t/h 或单台热水锅炉额定热功率大于 7MW 的锅炉房，宜设集中控制系统。

11.2.23 控制系统的供电，应设置不间断电源供电方式，并应留有裕量。

12 化验和检修

12.1 化 验

12.1.1 锅炉房宜设置化验室，化验锅炉运行中需经常检测的项目，对不需经常化验的项目，宜通过协作解决。

锅炉房符合下列条件时，可只设化验场地，进行硬度、碱度、pH 值和溶解氧等简单的水质分析：

1 单台蒸汽锅炉额定蒸发量小于 6t/h 或总蒸发量小于 10t/h 的锅炉房及单台热水锅炉额定热功率小于 4.2MW 或总热功率小于 7MW 的锅炉房；

2 本企业有中心试验室或其他化验部门，可为锅炉房配置水质分析用的化学试剂，并可化验锅炉房需经常检测的其他项目。

12.1.2 锅炉房化验室化验水、汽项目的能力，应符合下列要求：

1 蒸汽锅炉房的化验室应具备对悬浮物、总硬度、总碱度、pH 值、溶解氧、溶解固形物、硫酸根和氯化物等项目的化验能力；采用磷酸盐锅内水处理时，应有化验磷酸根含量的能力；额定出口蒸汽压力大于 2.5MPa（表压），且供汽轮机用汽时，宜能测定二氧化硅及电导率；

2 热水锅炉房的化验室应具备对悬浮物、总硬度和 pH 值的化验能力；采用锅外化学水处理时，应能化验溶解氧。

12.1.3 总蒸发量大于 20t/h 或总热功率大于 14MW 的锅炉房，其化验室除应符合本规范第 12.1.2 条的规定外，尚宜具备下列分析化验能力：

1 煤为燃料时，宜能对燃煤进行工业分析及发热量测定，对飞灰和炉渣进行可燃物含量的测定；煤粉为燃料时，尚宜能分析煤的可磨性和煤粉细度；

2 油为燃料时，宜能测定其黏度和闪点。

12.1.4 总蒸发量大于等于 60t/h 或总热功率大于等于 42MW 的锅炉房，其化验室除应符合本规范第 12.1.3 条规定外，尚宜能进行燃料元素分析。

12.1.5 锅炉房化验室，除应符合本规范第 12.1.2 条、第 12.1.3 条和第 12.1.4 条的要求外，尚应能测定烟气含氧量或二氧化碳和一氧化碳含量；燃油、燃气锅炉房宜能测定烟气中氢、碳氢化合物等可燃物的含量。

12.2 检 修

12.2.1 锅炉房宜设置对锅炉、辅助设备、管道、阀门及附件进行维护、保养和小修的检修间。

单台蒸汽锅炉额定蒸发量小于等于 6t/h 或单台热水锅炉额定热功率小于等于 4.2MW 的锅炉房，可只设置检修场地和工具室。

锅炉的中修、大修，宜协作解决。

12.2.2 锅炉房检修间可配备钳工桌、砂轮机、台钻、洗管器、手动试压泵和焊、割等设备或工具。

单台蒸汽锅炉额定蒸发量大于等于 35t/h 或单台热水锅炉额定热功率大于等于 29MW 的锅炉房检修间，根据检修需要可配置必要的机床等机修设备，亦可协作解决。

12.2.3 总蒸发量大于等于 60t/h 或总功率大于等于 42MW 的锅炉房，宜设置电气保养室。当所在企业有集中的电工值班室时，可不单独设置。

电气的检修宜由所在企业统一安排或地区协作解决。

12.2.4 单台蒸汽锅炉额定蒸发量大于等于 10t/h 或单台热水锅炉额定热功率大于等于 7MW 的锅炉房，宜设置仪表保养室。当所在企业有集中的维修条件时，可不单独设置。

仪表的检修宜由所在企业统一安排或地区协作解决。

12.2.5 双层布置的锅炉房和单台蒸汽锅炉额定蒸发量大于等于 10t/h 或单台热水锅炉额定热功率大于等于 7MW 的单层布置锅炉房，在其锅炉上方应设置可将物件从底层地面提升至锅炉顶部的吊装设施。需穿越楼板时，应开设吊装孔。

12.2.6 单台蒸汽锅炉额定蒸发量大于 4t/h 或单台热水锅炉额定热功率大于 2.8MW 的锅炉房，鼓风机、引风机、给水泵、磨煤机和煤处理设备的上方，宜设置起吊装置或吊装措施。

热力除氧器、换热器和带有简体法兰的离子交换器等大型辅助设备的上方，宜有吊装检修措施。

13 锅炉房管道

13.1 汽水管道

13.1.1 汽水管道设计应根据热力系统和锅炉房工艺布置进行，并应符合下列要求：

    1 应便于安装、操作和检修；

    2 管道宜沿墙和柱敷设；

    3 管道敷设在通道上方时，管道（包括保温层或支架）最低点与通道地面的净高不应小于2m；

    4 管道不应妨碍门、窗的启闭与影响室内采光；

    5 应满足装设仪表的要求；

    6 管道布置宜短捷、整齐。

13.1.2 采用多管供汽（热）的锅炉房，宜设置分汽（分水）缸。分汽（分水）缸的设置，应根据用汽（热）需要和管理方便的原则确定。

13.1.3 供汽系统中的蒸汽蓄热器，应符合下列要求：

    1 应设置蓄热器的旁路阀门；

    2 并联运行的蒸汽蓄热器蒸汽进、出口管上应装设止回阀，串联运行的蒸汽蓄热器进汽管上宜装设止回阀；

    3 蒸汽蓄热器进水管上，应装设止回阀；

    4 锅炉额定工作压力大于蒸汽蓄热器额定工作压力时，蓄热器上应装设安全阀；

    5 蒸汽蓄热器运行时的充水应采用锅炉给水，利用锅炉给水泵补水；

    6 蒸汽蓄热器运行放水管，应接至锅炉给水箱或除氧水箱。

13.1.4 锅炉房内连接相同参数锅炉的蒸汽（热水）管，宜采用单母管；对常年不间断供汽（热）的锅炉房，宜采用双母管。

13.1.5 每台蒸汽（热水）锅炉与蒸汽（热水）母管或分汽（分水）缸之间的锅炉主蒸汽（供水）管上，均应装设2个阀门，其中1个应紧靠锅炉汽包或过热器（供水集箱）出口，另1个宜装在靠近蒸汽（供水）母管处或分汽（分水）缸上。

13.1.6 蒸汽锅炉房的锅炉给水母管应采用单母管；对常年不间断供汽的锅炉房和给水泵不能并联运行的锅炉房，锅炉给水母管宜采用双母管或采用单元制锅炉给水系统。

13.1.7 锅炉给水泵进水母管或除氧水箱出水母管，宜采用不分段的单母管；对常年不间断供汽，且除氧水箱台数大于等于2台时，宜采用分段的单母管。

13.1.8 锅炉房除氧器的台数大于等于2台时，除氧器加热用蒸汽管宜采用母管制系统。

13.1.9 热水锅炉房内与热水锅炉、水加热装置和循环水泵相连接的供水和回水母管应采用单母管，对需要保证连续供热的热水锅炉房，宜采用双母管。

13.1.10 每台热水锅炉与热水供、回水母管连接时，在锅炉的进水管和出水管上，应装设切断阀；在进水管的切断阀前，宜装设止回阀。

13.1.11 每台锅炉宜采用独立的定期排污管道，并分别接至排污膨胀器或排污降温池；当几台锅炉合用排污母管时，在每台锅炉接至排污母管的干管上必须装设切断阀，在切断阀前尚宜装设止回阀。

13.1.12 每台蒸汽锅炉的连续排污管道，应分别接至连续排污膨胀器。在锅炉出口的连续排污管道上，应装设节流阀。在锅炉出口和连续排污膨胀器进口处，应各设1个切断阀。

    2～4台锅炉宜合设1台连续排污膨胀器。连续排污膨胀器上应装设安全阀。

13.1.13 锅炉的排污阀及其管道不应采用螺纹连接。锅炉排污管道应减少弯头，保证排污畅通。

13.1.14 蒸汽锅炉给水管上的手动给水调节装置及热水锅炉手动控制补水装置，宜设置在便于司炉操作的地点。

13.1.15 锅炉本体、除氧器和减压减温器上的放汽管、安全阀的排汽管应接至室外安全处，2个独立安全阀的排汽管不应相连。

13.1.16 热力管道热膨胀的补偿，应充分利用管道的自然补偿，当自然补偿不能满足热膨胀的要求时，应设置补偿器。

13.1.17 汽水管道的支、吊架设计，应计入管道、阀门与附件、管内水、保温结构等的重量以及管道热膨胀而作用在支、吊架上的力。

    对于采用弹簧支、吊架的蒸汽管道，不应计入管内水的重量，但进行水压试验时，对公称直径大于等于250mm的管道应有临时支撑措施。

13.1.18 汽水管道的低点和可能积水处，应装设疏、放水阀。放水阀的公称直径不应小于20mm。

    汽水管道的高点应装设放气阀，放气阀公称直径可取15～20mm。

13.2 燃油管道

13.2.1 锅炉房的供油管道宜采用单母管；常年不间断供热时，宜采用双母管。回油管道宜采用单母管。

    采用双母管时，每一母管的流量宜按锅炉房最大计算耗油量和回油量之和的75%计算。

13.2.2 重油供油系统，宜采用经锅炉燃烧器的单管循环系统。

13.2.3 重油供油管道应保温。当重油在输送过程中，由于温度降低不能满足生产要求时，尚应伴热。在重油回油管道可能引起烫伤人员或凝固的部位，应采取隔热或保温措施。

13.2.4 通过油加热器及其后管道内油的流速，不应小于0.7m/s。

13.2.5 油管道宜采用顺坡敷设，但接入燃烧器的重油管道不宜坡向燃烧器。轻柴油管道的坡度不应小于0.3%，重油管道的坡度不应小于0.4%。

13.2.6 采用单机组配套的全自动燃油锅炉，应保持其燃烧自控的独立性，并按其要求配置燃油管道系统。

13.2.7 在重油供油系统的设备和管道上，应装设吹扫口。吹扫口位置应能够吹净设备和管道内的重油。

    吹扫介质宜采用蒸汽，亦可采用轻油置换，吹扫用蒸汽压力宜为0.6～1MPa（表压）。

13.2.8 固定连接的蒸汽吹扫口，应有防止重油倒灌的措施。

13.2.9 每台锅炉的供油干管上，应装设关闭阀和快速切断阀。每个燃烧器前的燃油支管上，应装设关闭阀。当设置2台或2台以上锅炉时，尚应在每台锅炉的回油总管上装设止回阀。

13.2.10 在供油泵进口母管上，应设置油过滤器2台，其中1台备用。滤网流通面积宜为其进口管截面积的8～10倍。油过滤器的滤网网孔，宜符合下列要求：

    1 离心泵、蒸汽往复泵为8～12目/cm；

    2 螺杆泵、齿轮泵为16～32目/cm。

13.2.11 采用机械雾化燃烧器（不包括转杯式）时，在油加热器和燃烧器之间的管段上，应设置油过滤器。

    油过滤器滤网的网孔，不宜小于20目/cm。滤网的流通面积，不宜小于其进口管截面积的2倍。

13.2.12 燃油管道应采用输送流体的无缝钢管，并应符合现行国家标准《流体输送用无缝钢管》GB/T 8163的有关规定；燃油管道除与设备、阀门附件等处可用法兰连接外，其余宜采用氩弧焊打底的焊接连接。

13.2.13 室内油箱间至锅炉燃烧器的供油管和回油管宜采用地沟敷设，地沟内宜填砂，地沟上面应采用非燃材料封盖。

13.2.14 燃油管道垂直穿越建筑物楼层时，应设置在管道井内，并宜靠外墙敷设；管道井的检查门应采用丙级防火门；燃油管道穿越每层楼板处，应设置相当于楼板耐火极限的防火隔板；管道井底部,应设深度为300mm填砂集油坑。

13.2.15 油箱(罐)的进油管和回油管,应从油箱(罐)体顶部插入,管口应位于油液面下,并应距离箱(罐)底200mm。

13.2.16 当室内油箱与贮油罐的油位有高差时,应有防止虹吸的设施。

13.2.17 燃油管道穿越楼板、隔墙时应敷设在套管内,套管的内径与油管的外径四周间隙不应小于20mm。套管内管段不得有接头,管道与套管之间的空隙应用麻丝填实,并应用不燃材料封口。管道穿越楼板的套管,上端应高出楼板60~80mm,套管下端与楼板底面(吊顶底面)平齐。

13.2.18 燃油管道与蒸汽管道上下平行布置时,燃油管道应位于蒸汽管道的下方。

13.2.19 燃油管道采用法兰连接时,宜设有防止漏油事故的集油措施。

13.2.20 煤粉锅炉和循环流化床锅炉点火供油系统的管道设计,宜符合本规范13.2.1条和13.2.9条的规定。

13.2.21 燃油系统附件严禁采用能被燃油腐蚀或溶解的材料。

13.3 燃气管道

13.3.1 锅炉房燃气管道宜采用单母管,常年不间断供热时,宜采用从不同燃气调压箱接来的2路供气的双母管。

13.3.2 在引入锅炉房的室外燃气母管上,在安全和便于操作的地点,应装设与锅炉房燃气浓度报警装置联动的总切断阀,阀后应装设气体压力表。

13.3.3 锅炉房燃气管道宜架空敷设。输送相对密度小于0.75的燃气管道,应设在空气流通的高处;输送相对密度大于0.75的燃气管道,宜装设在锅炉房外墙和便于检测的位置。

13.3.4 燃气管道上应装设放散管、取样口和吹扫口,其位置应能满足将管道与附件内的燃气或空气吹净的要求。

放散管可汇合成总管引至室外,其排出口应高出锅炉房屋脊2m以上,并使放出的气体不致窜入邻近的建筑物和被通风装置吸入。

密度比空气大的燃气放散,应采用高空或火炬排放,并满足最小频率上风侧区域的安全和环境保护要求。当工厂有火炬放空系统时,宜将放散气体排入该系统中。

13.3.5 燃气放散管管径,应根据吹扫段的容积和吹扫时间确定。吹扫量可按吹扫段容积的10~20倍计算,吹扫时间可采用15~20min。吹扫气体可采用氮气或其他惰性气体。

13.3.6 锅炉房内燃气管道不应穿越易燃或易爆品仓库、值班室、配变电室、电缆沟(井)、通风沟、风道、烟道和具有腐蚀性质的场所;当必需穿越防火墙时,其穿孔间隙应采用非燃烧物填实。

13.3.7 每台锅炉燃气干管上,应配套性能可靠的燃气阀组,阀组前燃气供气压力和阀组规格应满足燃烧器最大负荷需要。阀组基本组成和顺序应为:切断阀、压力表、过滤器、稳压阀、波纹接管、2级或组合式检漏电磁阀、阀前后压力开关和流量调节蝶阀。点火用的燃气管道,宜从燃烧器前燃气干管上的2级或组合式检漏电磁阀前引出,且应在其上装设切断阀和2级电磁阀。

13.3.8 锅炉燃气阀组切断阀前的燃气供气压力应根据燃烧器要求确定,并宜设定在5~20kPa之间,燃气阀组供气质量流量应能使锅炉在额定负荷运行时,燃烧器稳定燃烧。

13.3.9 锅炉房燃气宜从城市中压供气主管上铺设专用管道供给,并应经过滤、调压后使用。单台调压装置低压侧供气流量不宜大于3000m³/h(标态),撬装式调压装置低压侧单台供气量宜为5000m³/h(标态)。

13.3.10 锅炉房内燃气管道设计,应符合现行国家标准《城镇燃气设计规范》GB 50028和《工业金属管道设计规范》GB 50316的有关规定。

13.3.11 燃气管道应采用输送流体的无缝钢管,并应符合现行国

家标准《流体输送用无缝钢管》GB/T 8163的有关规定;燃气管道的连接,除与设备、阀门附件等处可用法兰连接外,其余宜采用氩弧焊打底的焊接连接。

13.3.12 燃气管道穿越楼板或隔墙时,应符合本规范第13.2.17条的规定。

13.3.13 燃气管道垂直穿越建筑物楼层时,应设置在独立的管道井内,并应靠外墙敷设;穿越建筑物楼层的管道井每隔2层或3层,应设置相当于楼板耐火极限的防火隔断;相邻2个防火隔断的下部,应设置丙级防火检修门;建筑物底层管道井防火检修门的下部,应设置带有电动防火阀的进风百叶;管道井顶部应设置通大气的百叶窗;管道井应采用自然通风。

13.3.14 管道井内的燃气立管上,不应设置阀门。

13.3.15 燃气管道与附件严禁使用铸铁件。在防火区内使用的阀门,应具有耐火性能。

14 保温和防腐蚀

14.1 保 温

14.1.1 下列情况的热力设备、热力管道、阀门及附件均应保温:

1 外表面温度高于50℃时;

2 外表面温度低于等于50℃,需要回收热能时。

14.1.2 保温层厚度应根据现行国家标准《设备和管道保温技术通则》GB/T 4272和《设备及管道保温设计导则》GB/T 8175中的经济厚度计算方法确定。当散热损失超过规定值时,可根据最大允许散热损失计算方法复核确定。

14.1.3 不需保温或要求散热,且外表面温度高于60℃的裸露设备及管道,在下列范围内应采取防烫伤的隔热措施:

1 距地面或操作平台的高度小于2m时;

2 距操作平台周边水平距离小于等于0.75m时。

注:本条中的管道系排汽管、放空管,以及燃油、燃气锅炉烟道防爆门的泄压导向管等。

14.1.4 保温材料的选择,应符合下列要求:

1 宜采用成型制品;

2 保温材料及其制品的允许使用温度,应高于正常操作时设备和管道内介质的最高温度;

3 宜选用导热系数低、吸湿性小、密度低、强度高、耐用、价格低、便于施工和维护的保温材料及其制品。

14.1.5 保温层外的保护层应具有阻燃性能。当热力设备和架空热力管道布置在室外时,其保护层应具有防水、防晒和防锈性能。

14.1.6 采用复合保温材料及其制品时,应选用耐高温且导热系数较低的材料作内保温层,其厚度可按表面温度法确定。内层保

温材料及其制品的外表面温度应小于等于外层保温材料及其制品的允许最高使用温度的0.9倍。

14.1.7 采用软质或半硬质保温材料时,应按施工压缩后的密度选取导热系数。保温层的厚度,应为施工压缩后的保温层厚度。

14.1.8 阀门及附件和其他需要经常维修的设备和管道,宜采用便于拆装的成型保温结构。

14.1.9 立式热力设备和热力立管的高度超过3m时,应按管径大小和保温层重量,设置保温材料的支撑圈或其他支撑设施。

> 注:本条中的热力立管,包括与水平夹角大于45°的热力管道。

14.1.10 室外直埋敷设管道的保温,宜符合国家现行标准《城镇直埋供热管道工程技术规程》CJJ/T 81和《城镇供热直埋蒸汽管道技术规程》CJJ 104的有关规定。

14.2 防 腐 蚀

14.2.1 敷设保温层前,设备和管道的表面应清除干净,并刷防锈漆或防腐涂料,其耐温性能应满足介质设计温度的要求。

14.2.2 介质温度低于120℃时,设备和管道的表面应刷防锈漆。介质温度高于120℃时,设备和管道的表面宜刷高温防锈漆。凝结水箱、给水箱、中间水箱和除盐水箱等设备的内壁应刷防腐涂料,涂料性质应满足贮存介质品质的要求。

14.2.3 室外布置的热力设备和架空敷设的热力管道,采用玻璃布或耐腐蚀的材料作保护层时,其表面应刷油漆或防腐涂料。采用薄铝板或镀锌薄钢板作保护层时,其表面可不刷油漆或防腐涂料。

14.2.4 埋地设备和管道的外表面应做防腐处理,防腐层材料和防腐层层数应根据设备和管道的防腐要求及土壤的腐蚀性确定。对不便检修的设备和管道,可增加阴极保护措施。

14.2.5 锅炉房设备和管道的表面或保温保护层表面的涂色和标志应符合现行国家标准《工业管路的基本识别色和识别符号》GB 7231和有关标准的规定。

15 土建、电气、采暖通风和给水排水

15.1 土 建

15.1.1 锅炉房的火灾危险性分类和耐火等级应符合下列要求:

1 锅炉间应属于丁类生产厂房,单台蒸汽锅炉额定蒸发量大于4t/h或单台热水锅炉额定热功率大于2.8MW时,锅炉间建筑不应低于二级耐火等级;单台蒸汽锅炉额定蒸发量小于等于4t/h或单台热水锅炉额定热功率小于等于2.8MW时,锅炉间建筑不应低于三级耐火等级。

设在其他建筑物内的锅炉房,锅炉间的耐火等级,均不应低于二级耐火等级;

2 重油油箱间、油泵间和油加热器及轻柴油的油箱间和油泵间应属于丙类生产厂房,其建筑均不应低于二级耐火等级,上述房间布置在锅炉房辅助间内时,应设置防火墙与其他房间隔开;

3 燃气调压间应属于甲类生产厂房,其建筑不应低于二级耐火等级,与锅炉房贴邻的调压间应设置防火墙与锅炉房隔开,其门窗应向外开启并不应直接通向锅炉房,地面应采用不产生火花地坪。

15.1.2 锅炉房的外墙、楼地面或屋面,应有相应的防爆措施,并应有相当于锅炉间占地面积10%的泄压面积,泄压方向不得朝向人员聚集的场所、房间和人行通道,泄压处也不得与这些地方相邻。地下锅炉房采用竖井泄爆方式时,竖井的净横断面积,应满足泄压面积的要求。

当泄压面积不能满足上述要求时,可采用在锅炉房的内墙和顶部(顶棚)敷设金属爆炸减压板作补充。

> 注:泄压面积可将玻璃窗、天窗、质量小于等于120kg/m²的轻质屋顶和薄弱墙等面积包括在内。

15.1.3 燃油、燃气锅炉房锅炉间与相邻的辅助间之间的隔墙,应为防火墙;隔墙上开设的门应为甲级防火门;朝锅炉操作面方向开设的玻璃大观察窗,应采用具有抗爆能力的固定窗。

15.1.4 锅炉房为多层布置时,锅炉基础与楼地面接缝处应采取适应沉降的措施。

15.1.5 锅炉房应预留能通过设备最大搬运件的安装洞,安装洞可结合门窗洞或非承重墙处设置。

15.1.6 钢筋混凝土烟囱和砖烟道的混凝土底板等内表面,其设计计算温度高于100℃的部位应有隔热措施。

15.1.7 锅炉房的柱距、跨度和室内地坪至柱顶的高度,在满足工艺要求的前提下,宜符合现行国家标准《厂房建筑模数协调标准》GB 50006的规定。

15.1.8 需要扩建的锅炉房,土建应留有扩建的措施。

15.1.9 锅炉房内装有磨煤机、鼓风机、水泵等振动较大的设备时,应采取隔振措施。

15.1.10 钢筋混凝土煤仓壁的内表面应光滑耐磨,壁交角处应做成圆弧形,并应设置有盖人孔和爬梯。

15.1.11 设备吊装孔、灰渣池及高位平台周围,应设置防护栏杆。

15.1.12 烟囱和烟道连接处,应设置沉降缝。

15.1.13 锅炉间外墙的开窗面积,除应满足泄压要求外,还应满足通风和采光的要求。

15.1.14 锅炉房和其他建筑物相邻时,其相邻的墙面为防火墙。

15.1.15 油泵房的地面应有防油措施。对有酸、碱侵蚀的水处理间地面、地沟、混凝土水箱和水池等建、构筑物的设计,应符合现行国家标准《工业建筑防腐蚀设计规范》GB 50046的规定。

15.1.16 化验室的地面和化验台的防腐蚀设计,应符合现行国家标准《工业建筑防腐蚀设计规范》GB 50046的规定,其地面应有防滑措施。

化验室的墙面应为白色、不反光,窗户宜防尘,化验台应有洗涤设施,化验场地应做防尘,防噪处理。

15.1.17 锅炉房生活间的卫生设施设计,应符合国家现行职业卫生标准《工业企业设计卫生标准》GBZ 1的有关规定。

15.1.18 平台和扶梯应选用不燃烧的防滑材料。操作平台宽度不应小于800mm,扶梯宽度不应小于600mm。平台和扶梯上净高不应小于2m。经常使用的钢梯坡度不宜大于45°。

15.1.19 干煤棚挡煤墙上部敞开部分,应有防雨措施,但不应妨碍桥式起重机通过。

15.1.20 锅炉房楼面、地面和屋面的活荷载,应根据工艺设备安装和检修的荷载要求确定,亦可按表15.1.20的规定确定。

表15.1.20 楼面、地面和屋面的活荷载

名 称	活荷载(kN/m²)
锅炉间楼面	6~12
辅助间楼面	4~8
运煤层楼面	4
除氧层楼面	4
锅炉间及辅助间屋面	0.5~1
锅炉间地面	10

> 注:1 表中未列的其他荷载应按现行国家标准《建筑结构荷载设计规范》GB 50009的规定选用。
> 2 表中不包括设备的集中荷载。
> 3 运煤层楼面有皮带头部装置的部分应由工艺提供荷载或可按10kN/m²计算。
> 4 锅炉间地面设有运输通道时,通道部分的地坪和地沟盖板可按20kN/m²计算。

15.2 电 气

15.2.1 锅炉房的供电负荷级别和供电方式,应根据工艺要求、锅炉容量、热负荷的重要性和环境特征等因素,按现行国家标准《供配电系统设计规范》GB 50052的有关规定确定。

15.2.2 电动机、启动控制设备、灯具和导线型式的选择,应与锅炉房各个不同的建筑物和构筑物的环境分类相适应。

燃油、燃气锅炉房的锅炉间、燃气调压间、燃油泵房、煤粉制备间、碎煤机间和运煤走廊等有爆炸和火灾危险场所的等级划分,必须符合现行国家标准《爆炸和火灾危险环境电力装置设计规范》GB 50058 的有关规定。

15.2.3 单台蒸汽锅炉额定蒸发量大于等于 6t/h 或单台热水锅炉额定热功率大于等于 4.2MW 的锅炉房,宜设置低压配电室。当有 6kV 或 10kV 高压用电设备时,尚宜设置高压配电室。

15.2.4 锅炉房的配电宜采用放射式为主的方式。当有数台锅炉机组时,宜按锅炉机组为单元分组配电。

15.2.5 单台蒸汽锅炉额定蒸发量小于等于 4t/h 或单台热水锅炉额定热功率小于等于 2.8MW,锅炉的控制屏或控制箱宜采用与锅炉成套的设备,并宜装设在炉前或便于操作的地方。

15.2.6 锅炉机组采用集中控制时,在远离操作屏的电动机旁,宜设置事故停机按钮。

当需要在不能观察电动机或机械的地点进行控制时,应在控制点装设指示电动机工作状态的灯光信号或仪表。电动机的测量仪表应符合现行国家标准《电力装置的电气测量仪表装置设计规范》GB 50063 的规定。

自动控制或联锁的电动机,应有手动控制和解除自动控制或联锁控制的措施;远程控制的电动机,应有就地控制和解除远程控制的措施;当突然启动可能危及周围人员安全时,应在机械旁装设启动预告信号和应急断电开关或自锁按钮。

15.2.7 电气线路宜采用穿金属管或电缆布线,并不应沿锅炉热风道、烟道、热水箱和其他载热体表面敷设。当需要沿载热体表面敷设时,应采取隔热措施。

在煤场下及构筑物内不宜有电缆通过。

15.2.8 控制室、变压器室和高、低压配电室,不应设在潮湿的生产房间、淋浴室、卫生间、用热水加热空气的通风室和输送有腐蚀性介质管道的下面。

15.2.9 锅炉房各房间及构筑物地面上人工照明标准照度值、显示指数及功率密度值,应符合现行国家标准《建筑照明设计标准》GB 50034 的规定。

15.2.10 锅炉水位表、锅炉压力表、仪表屏和其他照度要求较高的部位,应设置局部照明。

15.2.11 在装设锅炉水位表、锅炉压力表、给水泵以及其他主要操作的地点和通道,宜设置事故照明。事故照明的电源选择,应按锅炉房的容量、生产用汽的重要性和锅炉房附近供电设施的设置情况等因素确定。

15.2.12 照明装置电源的电压,应符合下列要求:

1 地下凝结水箱间、出灰渣地点和安装热水箱、锅炉本体、金属平台等设备和构件处的灯具,当距地面和平台工作面小于 2.5m 时,应有防止触电的措施或采用不超过 36V 的电压。

2 手提行灯的电压不应超过 36V。在本条第 1 款中所述场所的狭窄地点和接触良好的金属面上工作时,所用手提行灯的电压不应超过 12V。

15.2.13 烟囱顶端上装设的飞行标志障碍灯,应根据锅炉房所在地航空部门的要求确定。障碍灯应采用红色,且不应少于 2 盏。

15.2.14 砖砌或钢筋混凝土烟囱应设置接闪(避雷)针或接闪带,可利用烟囱爬梯作为其引下线,但必须有可靠的连接。

15.2.15 燃气放散管的防雷设施,应符合现行国家标准《建筑物防雷设计规范》GB 50057 的规定。

15.2.16 燃油锅炉房贮存重油和轻柴油的金属油罐,当其顶板厚度不小于 4mm 时,可不装设接闪针,但必须接地,接地点不应少于 2 处。

当油罐装有呼吸阀和放散管时,其防雷设施应符合现行国家标准《石油库设计规范》GB 50074 的规定。

覆土在 0.5m 以上的地下油罐,可不设防雷设施。但当有通气管引出地面时,在通气管处应做局部防雷处理。

15.2.17 气体和液体燃料管道应有静电接地装置。当其管道为金属材料,且与防雷或电气系统接地保护线相连时,可不设静电接地装置。

15.2.18 锅炉房应设置通信设施。

15.3 采暖通风

15.3.1 锅炉房内工作地点的夏季空气温度,应根据设备散热量的大小,按国家现行职业卫生标准《工业企业设计卫生标准》GBZ 1 的有关规定确定。

15.3.2 锅炉间、凝结水箱间、水泵间和油泵间等房间的余热,宜采用有组织的自然通风排除。当自然通风不能满足要求时,应设置机械通风。

15.3.3 锅炉间锅炉操作区等经常有人工作的地点,在热辐射照度大于等于 350W/m² 的地点,应设置局部送风。

15.3.4 夏季运行的地下、半地下、地下室和半地下室锅炉房控制室,应设有空气调节装置,其他锅炉房的控制室、化验室的仪器分析间,宜设空气调节装置。

15.3.5 设置集中采暖的锅炉房,各生产房间生产时间的冬季室内计算温度,宜符合表 15.3.5 的规定。在非生产时间的冬季室内计算温度宜为 5℃。

表 15.3.5 各生产房间生产时间的冬季室内计算温度

房间名称		温度(℃)
燃煤、燃油、燃气锅炉间	经常有人操作时	12
	设有控制室,经常无操作人员时	5
控制室、化验室、办公室		16～18
水处理间、值班室		15

续表 15.3.5

房间名称		温度(℃)
燃气调压间、油泵房、化学品库、出渣间、风机间、水箱间、运煤走廊		5
水泵房	在单独房间内经常有人操作时	15
	在单独房间内经常无操作人员时	5
碎煤间及单独的煤粉制备装置间		12
更衣室		23
浴室		25～27

15.3.6 在有设备散热的房间内,应对工作地点的温度进行热平衡计算,当其散热量不能保证本规范规定工作地点的采暖温度时,应设置采暖设备。

15.3.7 设在其他建筑物内的燃油、燃气锅炉房的锅炉间,应设置独立的送排风系统,其通风装置应防爆,新风量必须符合下列要求:

1 锅炉房设置在首层时,对采用燃油作燃料的,其正常换气次数每小时不应少于 3 次,事故换气次数每小时不应少于 6 次;对采用燃气作燃料的,其正常换气次数每小时不应少于 6 次,事故换气次数每小时不应少于 12 次;

2 锅炉房设置在半地下或半地下室时,其正常换气次数每小时不应少于 6 次,事故换气次数每小时不应少于 12 次;

3 锅炉房设置在地下或地下室时,其换气次数每小时不应少于 12 次;

4 送入锅炉房的新风总量,必须大于锅炉房 3 次的换气量;

5 送入控制室的新风量,应按最大班操作人员计算。

注:换气量中不包括锅炉燃烧所需空气量。

15.3.8 燃气调压间等有爆炸危险的房间,应有每小时不少于 3 次的换气量。当自然通风不能满足要求时,应设置机械通风装置,并应设每小时换气不少于 12 次的事故通风装置。通风装置应防爆。

15.3.9 燃油泵房和贮存闪点小于等于 45℃ 的易燃油品的地下油库,除采用自然通风外,燃油泵房应有每小时换气 12 次的机械通风装置,油库应有每小时换气 6 次的机械通风装置。

计算换气量时,房间高度可按 4m 计算。

设置在地面上的易燃油泵房,当建筑物外墙下部设有百叶窗、花格墙等对外常开孔口时,可不设机械通风装置。

易燃油泵房和易燃油库的通风装置应防爆。

15.3.10 机械通风房间内吸风口的位置,应根据油气和燃气的密度大小,按现行国家标准《采暖通风与空气调节设计规范》GB 50019 中的有关规定确定。

15.4 给水排水

15.4.1 锅炉房的给水宜采用 1 根进水管。当中断给水造成停炉会引起生产上的重大损失时,应采用 2 根从室外环网的不同管段或不同水源分别接入的进水管。

当采用 1 根进水管时,应设置为排除故障期间用水的水箱或水池。其总容量应包括原水箱、软化或除盐水箱、除氧水箱和中间水箱等的容量,并不应小于 2h 锅炉房的计算用水量。

15.4.2 煤场和灰渣场,应设有防止粉尘飞扬的洒水设施和防止煤屑和灰渣被冲走以及积水的设施。煤场尚应设置消除煤堆自燃用的给水点。

15.4.3 化学水处理的贮存酸、碱设备处,应有人身和地面沾溅后简易的冲洗措施。

15.4.4 锅炉及辅机冷却水,宜利用作为锅炉除渣机用水及冲灰渣补充水。

15.4.5 锅炉房冷却用水量大于等于 8m³/h 时,应循环使用。

15.4.6 锅炉房操作层、出灰层和水泵间等地面宜有排水措施。

16 环境保护

16.1 大气污染物防治

16.1.1 锅炉房排放的大气污染物,应符合现行国家标准《锅炉大气污染物排放标准》GB 13271、《大气污染物综合排放标准》GB 16297 和所在地有关大气污染物排放标准的规定。

16.1.2 除尘器的选择,应根据锅炉在额定蒸发量或额定热功率下的出口烟气初始排放浓度、燃料成分、烟尘性质和除尘器对负荷适应性等技术经济因素确定。

16.1.3 除尘器及其附属设施,应符合下列要求:

1 应有防腐蚀和防磨损的措施;

2 应设置可靠的密封排灰装置;

3 应设置密闭输送和密闭存放灰尘的设施,收集的灰尘宜综合利用。

16.1.4 单台额定蒸发量小于等于 6t/h 或单台额定热功率小于等于 4.2MW 的层式燃煤锅炉,宜采用干式除尘器。

16.1.5 燃煤锅炉在采用干式旋风除尘器达不到烟尘排放标准时,应采用湿式、静电或袋式除尘装置。

16.1.6 有碱性工业废水可利用的企业或采用水力冲灰渣的燃煤锅炉房,宜采用除尘和脱硫功能一体化的除尘脱硫装置。一体化除尘脱硫装置,应符合下列要求:

1 应有防腐措施;

2 应采用闭式循环系统,并设置灰水分离设施,外排废液应经无害化处理;

3 应采取防止烟气带水和在后部烟道及引风机结露的措施;

4 严寒地区的装置和系统应有防冻措施;

5 应有 pH 值、液气比和 SO₂ 出口浓度的检测和自控装置。

16.1.7 循环流化床锅炉,应采用炉内脱硫。

16.1.8 锅炉烟气排放中氮氧化物浓度超过标准时,应采取治理措施。

16.1.9 锅炉烟气排放系统中采样孔、监测孔的设置,应符合现行国家标准《锅炉大气污染物排放标准》GB 13271 的规定,并宜设置工作平台。单台额定蒸发量大于等于 20t/h 或单台额定热功率大于等于 14MW 的燃煤锅炉和燃油锅炉,必须安装固定的连续监测烟气中烟尘、SO₂ 排放浓度的仪器。

16.1.10 运煤系统的转运处、破碎筛选处和锅炉干式机械除灰渣处等产生粉尘的设备和地点,应有防止粉尘扩散的封闭措施和设置局部通风除尘装置。

16.2 噪声与振动的防治

16.2.1 位于城市的锅炉房,其噪声控制应符合现行国家标准《城市区域环境噪声标准》GB 3096 的规定。

锅炉房噪声对厂界的影响,应符合现行国家标准《工业企业厂界噪声标准》GB 12348 的规定。

16.2.2 锅炉房内各工作场所噪声声级的卫生限值,应符合国家现行职业卫生标准《工业企业设计卫生标准》GBZ 1 的规定。锅炉房操作层和水处理间操作地点的噪声,不应大于 85dB(A);仪表控制室和化验室的噪声,不应大于 70dB(A)。

16.2.3 锅炉房的风机、多级水泵、燃油、燃气燃烧器和煤的破碎、制粉、筛选装置等设备,应选用低噪声产品,并应采取降噪和减振措施。

16.2.4 锅炉房的球磨机宜布置在隔声室内,隔声室应按防爆要求设置通风设施。

16.2.5 锅炉鼓风机的吸风口、各设备隔声室和隔声罩的进风口宜设置消声器。

16.2.6 额定出口压力为 1.27～3.82MPa(表压)的蒸汽锅炉本体和减温减压装置的放汽管上,宜设置消声器。

16.2.7 非独立锅炉房及宾馆、医院和精密仪器车间附近的锅炉房,其风机、多级水泵等设备与其基础之间应设置隔振器,设备与管道连接应采用柔性接头连接,管道支承宜采用弹性吊架。

16.2.8 非独立锅炉房的墙、楼板、隔声门窗的隔声量,不应小于 35dB(A)。

16.3 废水治理

16.3.1 锅炉房排放的各类废水,应符合现行国家标准《污水综合排放标准》GB 8978 和《地表水环境质量标准》GB 3838 的规定,并应符合受纳水系的接纳要求。

16.3.2 锅炉房排放的各类废水,应按水质、水量分类进行处理,合理回收,重复利用。

16.3.3 湿式除尘脱硫装置、水力除灰渣系统和锅炉清洗产生的废水应经过沉淀、中和处理达标后排放;锅炉排污水应降温至小于 40℃ 后排放;化学水处理的酸、碱废水应经过中和处理达标后排放。

16.3.4 油罐清洗废水和液化石油气残液严禁直接排放;油罐区应设置汇水明沟和隔油池;液化石油气残液应委托国家认可的专业部门处理。

16.3.5 煤场和灰渣场应设置防止煤屑和灰渣冲走和积水的设施,积水处理排放应符合本规范第 16.3.1 条的要求,同时应设有防治煤灰水渗漏对地下水、饮用水源污染的措施。

16.4 固体废弃物治理

16.4.1 燃煤锅炉房的灰渣应综合利用,烟气脱硫装置的脱硫副产品宜综合利用。

16.4.2 化学水处理系统的固体废弃物,应按危险废弃物分类要

6

求处理。

16.5 绿　化

16.5.1 锅炉房区域的场地应进行绿化。区域锅炉房的绿地率宜为20%,非区域锅炉房的绿化面积应在总体设计时统一规划。

16.5.2 锅炉房干煤棚和露天煤场及灰渣场周围,宜设置绿化隔离带。

17　消　防

17.0.1 锅炉房的消防设计,应符合现行国家标准《建筑设计防火规范》GB 50016 和《高层民用建筑设计防火规范》GB 50045 的有关规定。

17.0.2 锅炉房内灭火器的配置,应符合现行国家标准《建筑灭火器配置设计规范》GB 50140 的规定。

17.0.3 燃油泵房、燃油罐区宜采用泡沫灭火,其系统设计应符合现行国家标准《低倍数泡沫灭火系统设计规范》GB 50151 的有关规定。

17.0.4 燃油及燃气的非独立锅炉房的灭火系统,当建筑物设有防灾中心时,该系统应由防灾中心集中监控。

17.0.5 非独立锅炉房和单台蒸汽锅炉额定蒸发量大于等于10t/h 或总额定蒸发量大于等于 40t/h 及单台热水锅炉额定热功率大于等于 7MW 或总额定热功率大于等于 28MW 的独立锅炉房,应设置火灾探测器和自动报警装置。火灾探测器的选择及其设置的位置,火灾自动报警系统的设计和消防控制设备及其功能,应符合现行国家标准《火灾自动报警系统设计规范》GB 50116 的有关规定。

17.0.6 消防集中控制盘,宜设在仪表控制室内。

17.0.7 锅炉房、运煤栈桥、转运站、碎煤机室等处,宜设置室内消防给水点,其相连接处并宜设置水幕防火隔离设施。

18　室外热力管道

18.1　管道的设计参数

18.1.1 热力管道的设计流量,应根据热负荷的计算确定。热负荷应包括近期发展的需要量。

18.1.2 热水管网的设计流量,应按下列规定计算:

　　1 应按用户的采暖通风小时最大耗热量计算,不宜考虑同时使用系数和管网热损失;

　　2 当采用中央质调节时,闭式热水管网干管和支管的设计流量,应按采暖通风小时最大耗热量计算;

　　3 当热水管网兼供生活热水时,干管的设计流量,应计入按生活热水小时平均耗热量计算的设计流量。支管的设计流量,当生活热水用户有贮水箱时,可按生活热水小时平均耗热量计算;当生活热水用户无贮水箱时,可按其小时最大耗热量计算。

18.1.3 蒸汽管网的设计流量,应按生产、采暖通风和生活小时最大耗热量,并计入同时使用系数和管网热损失计算。

18.1.4 凝结水管网的设计流量,应按蒸汽管网的设计流量减去不回收的凝结水量计算。

18.1.5 蒸汽管道起始蒸汽参数的确定,可按用户的蒸汽最大工作参数和热源至用户的管网压力损失及温度降进行计算。

18.2　管道系统

18.2.1 当用汽参数相差不大,蒸汽干管宜采用单管系统。当用汽有特殊要求或用汽参数相差较大时,蒸汽干管宜采用双管或多管系统。

18.2.2 蒸汽管网宜采用枝状管道系统。当用汽量较小且管网较短,为满足生产用汽的不同要求和便于控制,可采用由热源直接通往各用户的辐射状管道系统。

18.2.3 双管热水系统宜采用异程式(逆流式),供水管与回水管的相应管段宜采用相同的管径;通向热用户的供、回水支管宜为同一出入口。

18.2.4 采用闭式双管高温热水系统,应符合下列要求:

　　1 系统静压线的压力值,宜为直接连接用户系统中的最高充水高度及设计供水温度下相应的汽化压力之和,并应有 10～30kPa 的富裕量;

　　2 系统运行时,系统任一处的压力应高于该处相应的汽化压力;

　　3 系统回水压力,在任何情况下不应超过用户设备的工作压力,且任一点的压力不应低于 50kPa;

　　4 用户入口处的分布压头大于该用户系统的总阻力时,应采用孔板、小口径管段、球阀、节流阀等消除剩余压头的可靠措施。

18.2.5 热水系统设计宜在水力计算的基础上绘制水压图,以确定与用户的连接方式和用户入口装置处供、回水管的减压值。

18.2.6 蒸汽供热系统的凝结水应回收利用,但加热有强腐蚀性物质的凝结水不应回收利用。加热油槽和有毒物质的凝结水,严禁回收利用,并应在处理达标后排放。

18.2.7 高温凝结水宜利用或利用其二次蒸汽。不予回收的凝结水宜利用其热量。

18.2.8 回收的凝结水应符合本规范第9.2.2条中对锅炉给水水质标准的要求。对可能被污染的凝结水,应装设水质监测仪器和净化装置,经处理合格后予以回收。

18.2.9 凝结水的回收系统宜采用闭式系统。当输送距离较远或架空敷设利用余压难以使凝结水返回时,宜采用加压凝结水回收系统。

18.2.10 采用闭式满管系统回收凝结水时,应进行水力计算和绘制水压图,以确定二次蒸发箱的高度和二次蒸汽的压力,并使所有用户的凝结水能返回锅炉房。

18.2.11 采用余压系统回收凝结水时,凝结水管的管径应按汽水混合状态进行计算。

18.2.12 采用加压系统回收凝结水时,应符合下列要求:

1 凝结水泵站的位置应按全厂用户分布状况确定;

2 当1个凝结水系统有几个凝结水泵站时,凝结水泵的选择应符合并联运行的要求;

3 每个凝结水泵站内的水泵宜设置2台,其中1台备用。每台凝结水泵的流量应满足每小时最大凝结水回收量,其扬程应按凝结水系统的压力损失、泵站至凝结水箱的提升高度和凝结水箱的压力进行计算;

4 凝结水泵应设置自动启动和停止运行的装置;

5 每个凝结水泵站中的凝结水箱宜设置1个,常年不间断运行的系统宜设置2个,凝结水有被污染的可能时应设置2个,其总有效容积宜为15~20min的小时最大凝结水回收量。

18.2.13 采用疏水加压器作为加压泵时,在各用汽设备的凝结水管道上应装设疏水阀,当疏水加压器兼有疏水阀和加压泵两种作用时,其装设位置应接近用汽设备,并使其上部水箱低于系统的最低点。

18.3 管道布置和敷设

18.3.1 热力管道的布置,应根据建、构筑物布置的方向与位置、热负荷分布情况、总平面布置要求和与其他管道的关系等因素确定,并应符合下列要求:

1 热力管道主干线应通过热负荷集中的区域,其走向宜与干道或建筑物平行;

2 热力管道不应穿越由于汽、水泄漏将引起事故的场所,应少穿越厂区主要干道,并不宜穿越建筑扩建地和物料堆场;

3 山区热力管道,应因地制宜地布置,并应避开地质灾害和山洪的影响。

18.3.2 热力管道的敷设方式,应根据气象、水文、地质、地形等条件和施工、运行、维修方便等因素确定。居住区的热力管道,宜采用地沟敷设或直埋敷设。符合下列情况之一时,宜采用架空敷设:

1 地下水位高或年降雨量大;

2 土壤具有较强的腐蚀性;

3 地下管线密集;

4 地形复杂或有河沟、岩层、溶洞等特殊障碍。

18.3.3 室外热力管道、管沟与建筑物、构筑物、道路、铁路和其他管线之间的最小净距,宜符合本规范附录A的规定。

18.3.4 架空热力管道沿原有建、构筑物敷设时,应核对原有建、构筑物对管道负载的支承能力。

18.3.5 架空热力管道与输送强腐蚀性介质的管道和易燃、易爆介质管道共架时,应有避免其相互产生安全影响的措施。

18.3.6 当室外有架空的工艺和其他动力等管道时,热力管道宜与之共架敷设,其排列方式和布置尺寸应使所有管道便于安装和维修,并使管架负载分布合理。

18.3.7 架空热力管道在不妨碍交通的地段宜采用低支架敷设,在人行道地段宜采用中支架敷设,在车辆通行地段应采用高支架敷设。管道(包括保温层、支座和桁架式支架)最低点与地面的净距,应符合下列规定:

1 低支架敷设,不宜小于0.5m;

2 中支架敷设,不宜小于2.5m;

3 高支架敷设,与道路、铁路的交叉净距,应符合本规范附录A的有关规定。

18.3.8 地沟的敷设方式,宜符合下列要求:

1 管道数量少且管径小时,宜采用不通行地沟,地沟内管道宜采用单排布置;

2 管道通过不允许经常开挖的地段或管道数量较多,采用不通行地沟敷设的沟宽受到限制时,宜采用半通行地沟;

3 管道通过不允许经常开挖的地段或管道数量多,且任一侧管道的排列高度(包括保温层在内)大于等于1.5m时,可采用通行地沟。

18.3.9 半通行地沟的净高宜为1.2~1.4m,通道净宽宜为0.5~0.6m;通行地沟的净高不宜小于1.8m,通道净宽不宜小于0.7m。

18.3.10 地沟内管道保温表面与沟壁、沟底和沟顶的净距,宜符合下列要求:

1 与沟壁宜为100~200mm;

2 与沟底宜为150~200mm;

3 与沟顶:不通行地沟宜为50~200mm;

半通行和通行地沟宜为200~300mm。

管道(包括保温层)间的净距应根据管道安装和维修的需要确定。

18.3.11 热力管道可与重油管、润滑油管、压力小于等于1.6MPa(表压)的压缩空气管、给水管敷设在同一地沟内。给水管敷设在热力管道地沟内时,应单排布置或安装在热力管道下方。

18.3.12 热力管道严禁与输送易挥发、易爆、有害、有腐蚀性介质的管道和输送易燃液体、可燃气体、惰性气体的管道敷设在同一地沟内。

18.3.13 直埋热力管道应符合国家现行标准《城镇直埋供热管道工程技术规程》CJJ/T 81和《城镇供热直埋蒸汽管道技术规程》CJJ 104的规定,并应符合下列要求:

1 管道底部高于最高地下水位高度0.5m;当布置在地下水位以下时,管道应有可靠的防水性能,并应进行抗浮计算;

2 对有可能产生电化学腐蚀的管道,可采取牺牲阳极的阴极保护防腐措施。

18.3.14 热力管道地沟和直埋敷设管道在地面和路面下的埋设深度,应符合下列要求:

1 地沟盖板顶部埋深不宜小于0.3m;

2 检查井顶部埋深不宜小于0.3m;

3 直埋管道外壳顶部埋深应符合国家现行标准《城镇直埋供热管道工程技术规程》CJJ/T 81和《城镇供热直埋蒸汽管道技术规程》CJJ 104的有关规定。当直埋管道穿道路时,应加设套管或采用管沟进行防护,管沟上应设钢筋混凝土盖板。

18.3.15 地下敷设热力管道的分支点装有阀门、仪表、放气、排水、疏水等附件时,应设置检查井,并应符合下列要求:

1 检查井的大小、井内管道和附件的布置,应满足安装、操作和维修的要求,其净高不应小于1.8m;

2 检查井面积大于等于4m² 时,人孔不应少于2个,其直径不应小于0.7m,人孔口高出地面不应小于0.15m;

3 检查井内应设置积水坑,其尺寸不宜小于0.4m×0.4m×0.3m,并宜设置在人孔之下。

18.3.16 通行地沟的人孔间距不宜大于200m,装有蒸汽管道时,不宜大于100m;半通行地沟的人孔间距不宜大于100m,装有蒸汽管道时,不宜大于60m。人孔口高出地面不应小于0.15m。

18.3.17 地沟的设计除应符合本规范第18.3.8条~第18.3.12条及第18.3.14条~第18.3.16条的规定外,尚应符合下列要求:

1 宜将地沟设置在最高地下水位以上,并应采取措施防止地面水渗入沟内,地沟盖上面宜覆土;

2 地沟沟底宜有顺地面坡向的纵向坡度;

3 通行地沟内的照明电压不应大于36V;

4 半通行地沟和通行地沟应有较好的自然通风。

18.3.18 直埋热力管道的沟槽尺寸,宜符合下列要求:

1 管道与管道之间(包括保温、外保护层)净距200~250mm;

2 管道(包括保温、外保护层)与沟槽壁之间净距100~150mm;

3 管道(包括保温、外保护层)与沟槽底之间净距150mm。

18.3.19 地下敷设的热力管道穿越铁路或公路时,宜采用垂直交叉。斜交叉时,交叉角不宜小于45°,交叉处宜采用通行地沟、半通行地沟或套管,其长度应伸出路基每边不小于1m。

18.3.20 采用中、高支架敷设的管道,在管道上装有阀门和附件处应设置操作平台,平台尺寸应保证操作方便。对于只装疏水、放水、放气等附件处,可不设置操作平台,将附件装设于地面上可以操作的位置,其引下管应保温。

18.3.21 架空敷设管道与地沟敷设管道连接处,地沟的连接口应高出地面不小于0.3m,并应有防止雨水进入地沟的措施。直埋管道伸出地面处应设竖井,并应有防止雨水进入竖井的措施,竖井的断面尺寸应满足管道横向位移的要求。

18.4 管道和附件

18.4.1 管道材料的选用,应符合下列要求:

1 压力大于1.0MPa(表压)和温度大于200℃蒸汽管道、压力大于1.6MPa(表压)和温度小于等于180℃的热水管道,应采用无缝钢管;压力小于1.6MPa(表压)和温度小于200℃的蒸汽管道、压力小于等于1.6MPa(表压)和温度小于等于180℃的热水和凝结水管道,可采用无缝钢管或焊接钢管;

2 热力管道当采用不通行地沟或直接埋地敷设时,应采用无缝钢管。当采用架空、半通行或通行地沟敷设时,可采用无缝钢管或焊接钢管,并应符合本条第1款的规定。

18.4.2 室外热力管道的公称直径不应小于25mm。

18.4.3 热水、蒸汽和凝结水管道通向每一用户的支管上均应装设阀门。当支管的长度小于20m时可不装设。

18.4.4 热水、蒸汽和凝结水管道的高点和低点,应分别装设放气阀和放水阀。

18.4.5 蒸汽管道的直线管段,顺坡时每隔400~500m,逆坡时每隔200~300m,均应设启动疏水装置。在蒸汽管道的低点和垂直升高之前,应设置经常疏水装置。

18.4.6 蒸汽管道的经常疏水,在有条件时,应排入凝结水管道。

18.4.7 装设疏水阀处应装有检查疏水阀用的检查阀,或其他检查附件。在不带过滤器装置的疏水阀前应设置过滤器。

18.4.8 室外采暖计算温度小于-5℃的地区,架空敷设的不连续运行的管道上,以及室外采暖计算温度小于-10℃的地区,架空敷设的管道上,均不应装设灰铸铁的设备和附件。室外采暖计算温度小于等于-30℃的地区,架空敷设的管道上,装设的阀门和附件应为钢制。

18.5 管道热补偿和管道支架

18.5.1 管道的热膨胀补偿,应符合下列要求:

1 管道公称直径小于300mm时,宜利用自然补偿。当自然补偿不能满足要求时,应采用补偿器补偿;

2 管道公称直径大于等于300mm时,宜采用补偿器补偿。

18.5.2 热力管道补偿器在补偿管道轴向热位移时,宜采用约束型补偿器。但地沟敷设的热力管道,当无足够的横向位移空间时,不宜采用约束型补偿器。

18.5.3 管道热伸长量的计算温差,应为热介质的工作温度和管道安装温度之差。室外管道的安装温度,可按室外采暖计算温度取用。

18.5.4 采用弯管补偿器时,应预拉伸管道。预拉伸量宜取管道热伸长量的50%。当输送热介质温度大于380℃时,预拉伸量宜取管道热伸长量的70%。

18.5.5 套管补偿器应设置在固定支架一侧的平直管段上,并应在其活动侧装设导向支架。

18.5.6 当采用波形补偿器时,应计算安装温度下的补偿器安装长度,根据安装温度进行预拉伸。采用非约束型波形补偿器时,应在补偿器两侧的管道上装设导向支架。

18.5.7 采用球形补偿器时,宜装设在便于检修的地方。当水平装设大直径的球形补偿器时,两个球形补偿器下应装设滚动支架,或采用低摩擦系数材料的滑动支架,在直管段上应设置导向支架。

18.5.8 管道的转角可采用弯曲半径不小于1倍管径的热压弯头,或采用煨制弯曲半径不小于4倍管径的弯管,介质压力小于等于1.6MPa表压的管道可采用焊接弯头。

18.5.9 管道的活动支座宜采用滑动支座。当敷设在高支架、悬臂支架或通行地沟内的管道,其公称直径大于等于300mm时,宜采用滚动(滚轮、滚架、滚柱)支座或采用低摩擦系数材料的滑动支座。

18.5.10 不通行地沟内每根热力管道的滑动支座及其混凝土支墩应错开布置。

18.5.11 当管道直接敷设在另一管道上时,在计算管道的支座尺寸和补偿器的补偿能力时,应计入上、下管道产生的位移量所造成的影响。

18.5.12 计算共架敷设管道的推力时,应计入牵制系数。

附录 A 室外热力管道、管沟与建筑物、构筑物、道路、铁路和其他管线之间的净距

A.0.1 架空热力管道与建筑物、构筑物、道路、铁路和架空导线之间的最小净距,宜符合表A.0.1的规定。

表 A.0.1 架空热力管道与建筑物、构筑物、道路、铁路和架空导线之间的最小净距(m)

名 称		水平净距	交叉净距
一、二级耐火等级的建筑物		允许沿外墙	
铁路钢轨		外侧边缘3.0	跨铁路钢轨面5.5①
道路路面边缘、排水沟边缘或路堤坡脚		1.0	距路面5.0②
人行道边		0.5	距路面2.5
架空导线(导线在热力管道上方)	电压等级(kV)		
	<1	外侧边缘1.5	1.5
	1~10	外侧边缘2.0	1.0
	35~110	外侧边缘4.0	3.0

注:1 跨越电气化铁路的交叉净距,应符合有关规范的规定。当有困难时,在保证安全的前提下,可减至4.5m。

2 道路交叉净距,应自从路拱面算起。

A.0.2 埋地热力管道、热力管沟外壁与建筑物、构筑物的最小净距,宜符合表A.0.2的规定。

表 A.0.2 埋地热力管道、热力管沟外壁与建筑物、构筑物的最小净距(m)

名 称	水平净距
建筑物基础边	1.5
铁路钢轨外侧边缘	3.0
道路路面边缘	0.8
铁路、道路的边沟或单独的雨水明沟边	0.8

名　称	水平净距
照明、通信电杆中心	1.0
架空管架基础边缘	0.8
围墙篱栅基础边缘	1.0
乔木或灌木丛中心	2.0

注:1　当管线埋深大于邻近建筑物、构筑物基础深度时,应用土壤内摩擦角校正表中数值。

　　2　管线与铁路、道路间的水平净距除应符合表中规定外,当管线埋深大于1.5m时,管线外壁至路基坡脚净距不应小于管线埋深。

　　3　本表不适用于湿陷性黄土地区。

A.0.3　埋地热力管道、热力管沟外壁与其他各种地下管线之间的最小净距,宜符合表 A.0.3 的规定。

表 A.0.3　埋地热力管道、热力管沟外壁与其他
各种地下管线之间的最小净距(m)

名　称		水平净距	交叉净距
给水管		1.5	0.15
排水管		1.5	0.15
燃气管道　压力(kPa)	≤400	1.0	0.15
	400<~≤800	1.5	0.15
	800<~≤1600	2.0	0.15
乙炔、氧气管		1.5	0.25
压缩空气或二氧化碳管		1.0	0.15
电力电缆	电力电缆	2.0	0.50
	直埋电缆	1.0	0.50
	电缆管道	1.0	0.25
排水暗渠		1.5	0.50
铁路轨面		—	1.20
道路路面		—	0.50

注:1　热力管道与电力电缆间不能保持2.0m水平净距时,应采取隔热措施。

　　2　表中数值为1m而相邻两管线间埋设标高差大于0.5m以及表中数值为1.5m而相邻两管线间埋设标高差大于1m时,表中数值应适当增加。

　　3　当压缩空气管道平行敷设在热力管沟基础上时,其净距可减小至0.15m。

中华人民共和国国家标准

锅 炉 房 设 计 规 范

GB 50041 - 2008

条 文 说 明

1　总　　则

1.0.1　本条是原规范第1.0.1条的修订条文。

本条文阐明制定本规范的宗旨。其内容与原《锅炉房设计规范》GB 50041—92(以下简称"原规范")第1.0.1条相同,仅将"贯彻执行国家的方针政策,符合安全规定"改写为"贯彻执行国家有关法律、法规和规定"。

1.0.2　本条是原规范第1.0.2条的修订条文。

本条主要叙述本规范适用范围,对原规范第1.0.2条的适用范围,按照国家最新锅炉产品参数系列予以调整:

1　以水为介质的蒸汽锅炉的锅炉房,其单台锅炉的额定蒸发量由原来1～65t/h,改为1～75t/h,压力及温度不变。

2　热水锅炉的锅炉房,其单台锅炉的额定热功率由原来0.7～58MW,改为0.7～70MW,其他参数不变。

3　符合本条第1、2款参数的室外蒸汽管道、凝结水管道和闭式循环热水系统。

1.0.3　本条是原规范第1.0.3条的修订条文。

本规范不适用余热锅炉、垃圾焚烧锅炉和其他特殊类型锅炉(如电热锅炉、导热油炉、直燃机炉等)的锅炉房和城市热力管道设计,特别要指出的是垃圾焚烧锅炉的锅炉房设计问题,近年来虽然垃圾焚烧锅炉的设计与应用发展较快,但因垃圾焚烧锅炉的锅炉房设计有其特殊要求,本规范难以适用,故不包括在内。

城市热力管道设计可按国家现行标准《城市热力网设计规范》CJJ 34 的规定进行。

1.0.4　本条是原规范第1.0.4条的条文。

本条指出锅炉房设计,除应遵守本规范外,尚应符合国家现行的有关标准、规范的规定。主要内容有:

1　《城市热力网设计规范》CJJ 34—2002;

2　《建筑设计防火规范》GBJ 16;

3　《高层民用建筑设计防火规范》GB 50045;

4　《锅炉大气污染物排放标准》GB 13271;

5　《工业企业设计卫生标准》GBZ 1;

6　《湿陷性黄土地区建筑规范》GBJ 25;

7　《建筑抗震设计规范》GB 50011 等。

3 基 本 规 定

3.0.1 本条是原规范第 2.0.2 条第一部分的修订条文。

锅炉房设计首先应从城市(地区)或企业的总体规划和热力规划着手,以确定锅炉房供热范围、规模大小、发展容量及锅炉房位置等设计原则。本条为设计锅炉房的主要原则问题,所以列入基本规定第一条。

对于扩建和改建的锅炉房设计,需要收集的有关设计资料内容较多,本条文强调了应取得原有工艺设备和管道的原始资料,包括设备和管道的布置、原有建筑物和构筑物的土建及公用系统专业的设计图纸等有关资料。这样做可以使改、扩建的锅炉房设计既能充分利用原有工艺设施,又可与原有锅炉房协调一致和节约投资。

3.0.2 本条是原规范 2.0.1 的修订条文。

锅炉房设计应该取得的设计基础资料与原规范条文一致,包括热负荷、燃料、水质资料和当地气象、地质、水文、电力和供水等有关基础资料。

3.0.3 本条是原规范第 2.0.3 条的修订条文。

原规范 2.0.3 条条文内容限于当时形势,锅炉房燃料只能以煤为主。随着我国改革开放政策的不断深入,我国对环境保护政策的重视和不断加强环保执法力度,原条文已不适应当前形势发展的要求,锅炉房燃料选用要按新的环保要求和技术要求考虑。现在国内不少大、中城市对所属区域内使用的锅炉燃料作出许多限制,如不准使用燃煤作燃料等。随着我国"西气东输"政策的实施,以燃气、燃油作锅炉燃料得到快速发展。所以本条文对锅炉的燃料选用规定作了较大修改。同时本条文去除了"锅炉房设计应以煤为燃料,应落实煤的供应"等内容。

当燃气锅炉燃用密度比空气大的燃气时,由于燃气密度大,不利扩散,且随地势往下流动,安全性差,故不应设置在地下和半地下建、构筑物内。根据现行国家标准《城镇燃气设计规范》GB 50028 规定气体燃料相对密度大于等于 0.75 时就不得设在地下、半地下或地下室,故本规范也采用此数据,以保证锅炉房安全运行。

对于燃气锅炉房的备用燃料选择,亦应按上述原则进行确定,并应根据供热系统的安全性、重要性、供气部门的保证程度和备用燃料的可能性等因素确定。

3.0.4 本条是原规范第 2.0.4 条的修订条文。

环境保护是我国的基本国策。锅炉房既是一个一次能源消耗大户,又是一个有害物排放、环境污染的源头。因此,锅炉房设计中对环境治理要求较高。锅炉房有害物除烟气中含有的烟尘、二氧化硫、氧化氮等有害气体外,尚有废水、排气(汽)、废渣和噪声等对环境造成的影响,必须对其进行积极的治理,以减少对周围环境的影响。同时对污染物的排放量也应加以治理,使其最终排放量符合国家和当地有关环境保护、劳动安全和工业企业卫生等方面的标准、规范的规定。

防治污染的工程还应贯彻和主体工程同时设计的要求。

3.0.5 本条是原规范第 2.0.5 条的修订条文。

本条为设置锅炉房的基本条件,条文内容与原规范相比没有变化,仅对原条文"热电合产"一词改为"热电联产"。

热用户所需热负荷的供应,应根据当地的供热规划确定。首先应考虑由区域热电站、区域锅炉房或其他单位的锅炉房协作供应,在不具备上述条件之一时,才应考虑设置锅炉房。

3.0.6 本条是原规范第 2.0.6 条的修订条文。

采用集中供热时,究竟是建设热电站,还是区域性锅炉房,牵涉到各方面的因素,需要根据国家热电政策、城市供热规划和通过

技术经济比较后确定。本条文为设置区域锅炉房的基本条件,与原规范条文没有太大变化,仅作个别词句上的改动。在一般情况下,建设区域锅炉房的条件为:

1 对居住区和公用建筑设施所需的采暖和生活负荷的供热,如其市区内无大型热电站或热用户离热电站较远,不属热电站的供热范围时,一般以建设区域锅炉房为宜。鉴于我国的地理环境状况,除东北、西北地区外,采暖期均较短,采用热电联产,以热定电方式集中供热,显然很不经济;即使在东北、西北寒冷地区,采暖时间虽然较长,但采用热电联产,一般也难以发挥机组的效益。故在此情况下,以建设区域锅炉房进行供热为宜。

2 供各用户生产、采暖通风和生活用热,如本期热负荷不够大、负荷不稳定或年利用时数较低,则以建设区域锅炉房为宜。如果采用热电联产方式进行供热,将会导致发电困难,且经济性差。国务院 4 部委文件 急计基建(2000)1268 号文 关于印发《关于发展热电联产的规定》的通知中规定:"供热锅炉单台容量 20t/h 及以上者,热负荷年利用大于 4000h,经技术经济论证具有明显经济效益的,应改造为热电联产"。根据这一规定精神,应该对本地区热负荷情况进行技术经济分析后再作确定。

3 根据城市供热规划,某些区域的企业(单位)虽属热电站的供热范围,但因热电站的建设有时与企业(单位)的建设不能同步进行,而用户又急需用热,在热电站建成前,必须先建锅炉房以满足该企业(单位)用热要求,当热电站建成后将改由热电站供热,所建锅炉房可作为热电站的调峰或备用的供热热源。

3.0.7 本条是原规范第 2.0.7 条的修订条文。

按照锅炉房设计程序,在设计外部条件确定后,即进行锅炉房总的容量和单台锅炉容量的确定、锅炉及附属设备的选型和工艺设计。而锅炉房总的容量和单台锅炉容量、锅炉选型和工艺设计的基础是设计热负荷,所以应高度重视设计热负荷的落实工作。实践证明,热负荷的正确与否,会直接影响到锅炉房今后运行的经济性和安全性,而热负荷的核实工作设计单位应负有主要责任。

为正确确定锅炉房的设计热负荷,应取得热用户的热负荷曲线和热平衡系统图,并计入各项热损失、锅炉房自用热量和可供利用的余热后来确定设计热负荷。

当缺少热负荷曲线或热平衡系统图时,热负荷可根据生产、采暖通风和空调、生活小时最大耗热量,并分别计入各项热损失和同时使用系数后,再加上锅炉房自用热量和可供利用的余热量确定。

3.0.8 本条是原规范第 2.0.8 条的修订条文。

本条为锅炉房设置蓄热器的基本条件,锅炉房设置蓄热器是一项节能措施,在国内外运行的锅炉房中设置蓄热器的数量较多,它具有使锅炉负荷平稳,改善运行状态,提高锅炉运行的经济性与安全性。蓄热器用以平衡不均匀负荷时,外界热负荷低时可蓄热,热负荷高时可放热。所以,当用户的热负荷变化较大且较频繁,或为周期性变化时,经技术经济比较后,在可能条件下,应首先考虑调整生产班次或错开热用户的用热时间等方法,使热负荷曲线趋于平稳。如在采用以上方法仍无法达到使热负荷平衡情况时,则经热平衡计算后确有需要才设置蒸汽蓄热器。设置蒸汽蓄热器的锅炉房,其设计容量应按平衡后的各项热负荷进行计算确定。

3.0.9 本条是原规范第 2.0.9 条的条文。

本条文与原规范第 2.0.9 条的条文相同,仅作个别名词的增改。

条文中规定,专供采暖通风用热的锅炉房,宜选用热水锅炉,以热水作为供热介质,这是就一般情况而言。但对于原有采暖为供汽系统的改扩建工程,或高大厂房的采暖通风以及剧院、娱乐场、学校等公共建筑设施,是否一律改为或采用热水采暖,需视具体情况,经过技术经济比较后确定,不能硬性规定均应改为热水采暖。

供生产用汽的锅炉房,应选用蒸汽锅炉,所生产的蒸汽,直接供生产上应用。

同时供生产用汽及采暖通风和生活用热的锅炉房,是选用蒸汽锅炉、汽水两用锅炉,还是蒸汽、热水两种类型的锅炉,需经技术经济比较后确定。一般的讲,对于主要为生产用汽而少量为热水的负荷,宜选用蒸汽锅炉,所需的少量热水,由换热器制备;主要为热水而少量为蒸汽的负荷,可选用蒸汽、热水锅炉或汽、水两用锅炉。如选用蒸汽锅炉时热水由换热器制备;如选用热水锅炉时,少量蒸汽可由蒸发器产生,但所产生的蒸汽应能满足用户用汽参数的要求;选用汽、水两用锅炉时,同时供应所需的蒸汽和热水。如生产用蒸汽与热水负荷均较大,或所需的两种热介质用一种类型的锅炉无法解决,或虽然解决但却不合理,也可选用蒸汽和热水两种类型的锅炉。

3.0.10 本条是原规范第2.0.10条的修订条文。

锅炉房的供热参数,以满足各用户用热参数的要求为原则。但在选择锅炉时,不宜使锅炉的额定出口压力和温度与用户使用的压力和温度相差过大,以免造成投资高、热效率低等情况。同时,在选择锅炉参数时,应视供热系统的情况,做到合理用热。因此在本条文中增加了"供生产用蒸汽压力和温度的选择应以能满足热用户生产工艺的要求为准"。热水热力网最佳设计供、回水温度应根据工程的具体条件,作技术经济比较后确定。

在锅炉房的设计中,当用户所需热负荷波动较大时,应采用蓄热器以平衡不均匀负荷,有条件时尽量做到从高参数到低参数热能的梯级利用,这是合理用能、节约能源的一种有效方法。

3.0.11 本条是原规范第2.0.11条的修订条文。

原规范对锅炉选择除上述第3.0.9条、第3.0.10条的条文规定外,尚应符合下列要求,即:应能有效地燃烧所采用的燃料、有较高的热效率、能适应热负荷变化、有利于环境保护、投资较低、能减少运行成本和提高机械化自动化水平等要求。

所谓不同容量与不同类型的锅炉不宜超过2种,是指在需要时,锅炉房内可设置同一类型的锅炉而有两种不同的容量,或是选用两种类型的锅炉,但每种类型只能是同一容量。这样的规定是为了尽量减少设备布置和维护管理的复杂性。本条规定是选择锅炉时应注意的问题,以便能满足热负荷、节能、环保和投资的要求。

近年来我国的燃油燃气锅炉制造技术、燃烧设备的配套水平、控制元件和系统设置等,现在都有了显著的进步,有些产品已可以替代进口,这给工程选用带来了方便条件。本条中的关键是全自动运行和可靠的燃烧安全保护。全自动可避免人为误操作,可靠的燃烧安全保护装置指启动、熄火、燃气压力、检漏、热力系统等保护性操作程序和执行的要求,必须准确可靠。

3.0.12 本条是原规范第2.0.12条和第2.0.13条的修订条文。

锅炉台数和容量的选择,原规范条文比较原则,本次修订时将锅炉台数和容量的选择作了更加明确与详细的规定,便于遵照执行。

本条文规定的锅炉房锅炉总台数:新建锅炉房一般不宜超过5台;扩建和改建锅炉房的锅炉总台数一般不宜超过7台,与原规范一致仍维持原条文没有变化。锅炉房的锅炉台数决定尚应根据热负荷的调度、锅炉检修和扩建可能性来确定。一般锅炉房的锅炉台数不宜少于2台,这里已考虑到备用因素在内。但在特殊情况下,如当1台锅炉能满足热负荷要求,同时又能满足检修需要时,尤其是当这台锅炉因停运而对外停止供汽(热)时,如不对生产造成影响,可只设置1台锅炉。

本条文增加了对非独立锅炉房锅炉台数的限制,规定不宜超过4台。这一方面可以控制锅炉房的面积,另一方面也是为安全的需要,台数越多,对安全措施要求越多。

3.0.13 本条是原规范第2.0.15条的条文。

在地震烈度为6度到9度地区设置锅炉房,锅炉及锅炉房均应考虑抗震设防,以减少地震对它的破坏。锅炉本体抗震措施由锅炉制造厂考虑,锅炉房建筑物和构筑物的抗震措施,按现行国家标准《建筑抗震设计规范》GB 50011执行,在锅炉房管道设计中,

管道支座与管道间应加设管夹等防止管道从管架上脱落措施,同时在管道的连接处应采用橡胶柔性接头等抗震措施。

3.0.14 本条是原规范第2.0.17条的修订条文。

锅炉房(包括区域锅炉房)需设置必要的修理、运输和生活设施。锅炉房的规模越大,其必要性也越大,当所属企业或邻近企业有条件可协作时,为避免重复建设,可不单独设置。

4 锅炉房的布置

4.1 位置的选择

4.1.1 本条是原规范第5.1.1条、第5.1.2条和第5.1.3条合并后的修订条文。

原规范条文中锅炉房位置的选择应考虑的要求共8款,本次修订后改为10款,在内容上也作了修改,各款的主要修改内容如下:

1 为原规范第5.1.1条的第一、二款的合并条款,因热负荷及管道布置为一个统一的内容,即锅炉房位置的选择要考虑在热负荷中心,同时这样做可使热力管道的布置短捷,在技术、经济上比较合理。

2 为原规范第5.1.1条的第三款,锅炉房应尽可能位于交通便利的地方,以有利于燃料、灰渣的贮运和排送,并宜使人流、车流分开。

3 为原规范第5.1.2条的内容,为锅炉房扩建原则。

4 为原规范第5.1.1条的第四款内容。

5 为原规范第5.1.1条的第五款内容,目的是尽量避免地基做特殊处理,保证锅炉房的安全和节省投资。

6 本款前半段与原规范第5.1.1条的第六款一致,去除后半段有关"全年最小频率风向的上风侧和盛行风向的下风侧"内容,改为"全年运行的锅炉房应设置于总体主导风向的下风侧,季节性运行的锅炉房应设置于该季节最大频率风向的下风侧,"以免引起误解。

7、8 与原规范第5.1.1条的第七、八款一致。

9 为原规范第5.1.3条的内容,为区域锅炉房位置选择的

6

原则。

10 对易燃、易爆物品的生产企业,为确保安全,其所需建设的锅炉房位置,除应满足本条上述要求外,尚应符合有关专业规范的规定。

4.1.2 本条是原规范第5.1.4条的修订条文之一。

由于锅炉房是具有一定爆炸性危险的建筑,其对周围的危害性极大,因此对新建锅炉房的位置原则上规定宜设置在独立的建筑物内。

4.1.3 本条是原规范第5.1.4条的修订条文之一。

锅炉房作为独立的建筑物布置有困难,需要与其他建筑物相连或设置在其内部时,为确保安全,特规定不应布置在人员密集场所和重要部门(如公共浴室、教室、餐厅、影剧院的观众厅、会议室、候车室、档案室、商店、银行、候诊室)的上一层、下一层、贴邻位置和主要通道、疏散口的两旁。

锅炉房设置在首层、地下一层,对泄爆、安全和消防比较有利。

这里需要说明的是:锅炉房本身高度超过1层楼的高度,设在其他建筑物内时,可能要占2层楼的高度,对这样的锅炉房,只要本身是为1层布置,中间并没有楼板隔成2层,不论它是否已深入到该建筑物地下第二层或地面第二层,本规范仍将其作为地下一层或首层。

另外,对锅炉房必须要设置在其他建筑物内部时,本规范还规定了应靠建筑物外墙部位设置的规定,这是考虑到,如锅炉房发生事故,可使危害减少。

4.1.4 本条是原规范第5.1.4条的修订条文之一。

在住宅建筑物内设置锅炉房,不仅存在安全问题,而且还有环保问题,无论从大气污染还是噪声污染等方面看,都不宜将锅炉房设置在住宅建筑物内。

4.1.5 本条是原规范第5.1.6条的修订条文。

煤粉锅炉不适宜使用在居民区、风景名胜区和其他主要环境保护区内,因为这些地区对环保要求较高,煤粉锅炉难以满足当地环保要求。在这些地区现在使用燃煤锅炉的数量也越来越少,使用煤粉锅炉的几乎没有,它们已逐步被油、气锅炉所代替。为此本规范对煤粉锅炉的使用作出一定的限制,这主要是从保护环境角度考虑。至于沸腾床锅炉目前在这类地区基本上已不再使用,所以在本规范中不再论述。

4.1.6 本条是新增的条文。

循环流化床(CFB)锅炉是近10多年发展起来的一种环保节能型锅炉,它采用低温燃烧,有利于炉内脱硫脱硝;由于该类型的锅炉燃烧完善和具有燃烧劣质煤的功能,因此能起到节约能源的作用。但是这种锅炉排烟含尘量高,对城市环境卫生带来一定影响。这种锅炉型虽然可以使用各种高效除尘设施,如静电除尘器或布袋除尘器等来进行除尘,使烟气排放的污染物浓度达到国家规定的要求,但这些设备价格较高。因此在本规范条文中规定,既要鼓励采用环保节能型锅炉,同时在使用上又要加以适当限制,规定居民区不宜使用循环流化床锅炉。

4.2 建筑物、构筑物和场地的布置

4.2.1 本条是新增的条文。

根据近年来国内锅炉房总体设计的发展趋势逐渐向简洁及空间组合相协调的方向发展。过去人们对锅炉房的概念,一般都与脏、乱、劳动强度大等联系在一起,在锅炉房的设计中往往会忽视其整洁的一面,把锅炉房选型和场地布置放在一个从属地位,因此以往不少锅炉房建筑造型简陋,场地紧张杂乱,安全运行和安装检修存在较多隐患。随着改革开放的深入,城市的扩大和供热工程的发展,对锅炉房设计提出了更新的理念,因此本条文结合目前国内锅炉房发展要求,增订了对锅炉房总体设计方面的规定。

4.2.2 本条是新增的条文。

新建区域锅炉房厂前区的规划应与所在地区的总体规划相协

调,协调内容应包括交通、物料运输和人流、物流的出入口等。

根据国内外城市发展规划要求,锅炉房的辅助厂房与附属建筑物,宜尽量采用联合建筑物,并应注意锅炉房立面和朝向,使整体布局合理、美观,这也是适应城市和小区的发展而新增的条文。

4.2.3 本条是新增的条文。

本条为对锅炉房建筑造型和整体布局方面的要求,对工业锅炉房而言,其建筑造型应与所在企业(单位)的建筑风格相协调;对区域锅炉房而言,应与所在城市(区域)的建筑风格相协调。这也是适应城镇和工业企业的发展而新增的条文。

4.2.4 本条基本上是原规范第5.2.1条的条文,仅作个别文字修改。

本条提出充分利用地形,这可使挖方和填方量最小。在山区布置时,对规模和建筑面积较大的锅炉房,可采用阶梯式布置,以减少挖方和填方量。同时,锅炉房设计应注意排水顺畅,且应防止水流入地下室和管沟。

4.2.5 本条是原规范第5.2.2条的修订条文。

锅炉房、煤场、灰渣场、贮油罐、燃气调压站之间,以及和其他建筑物、构筑物之间的间距,因涉及安全和卫生方面的问题,在锅炉房的总体布置上应予以充分重视。在本条文中除列出主要的现行国家标准规范外,尚应执行当地的有关标准和规定。

4.2.6 本条是原规范第5.2.3条的条文。

对运煤量较大的输煤系统,一般采用皮带输送机居多,如能利用地形的自然高差,将煤场或煤库布置在较高的位置,可减少提升高度、缩短运输走廊和减少占地面积,节约投资。同时,煤场、灰场的布置应注意风向,以减少煤、灰对主要建筑物的影响。

4.2.7 本条是新增的条文。

锅炉房建筑物和构筑物的室内底层标高应高出室外地坪或周围地坪0.15m及以上,这是建筑物防水和排水的需要,可避免大雨时室外雨水向锅炉房内部倾注或浸蚀构筑物,而造成不利影响。锅炉间和同层的辅助间地面标高则要求一致,以便操作行走安全。

4.3 锅炉间、辅助间和生活间的布置

4.3.1 本条是原规范第5.3.1条的修订条文。

锅炉间、辅助间和生活间布置在同一建筑物内或分别单独设置,应根据当地自然条件、锅炉间布置及通风采光要求等来确定,本条规定系根据目前国内锅炉房布置的现状,作推荐性的规定。

对于水处理、水泵间、热力站等设备可布置在锅炉间炉前底层,也可布置在辅助楼(间)底层,这要视工艺管道的布置是否便捷、噪声和振动等的影响来确定。

4.3.2 本条是原规范第5.3.2条的修订条文。

原规范对锅炉房为多层布置时,对仪表控制室的设置位置提出了要求。本次规范修订时,考虑到目前国内技术水平的发展,单层布置的锅炉房也有可能设置仪表控制室,故本次规范修订中不提出以锅炉房为多层布置作为设置仪表室设置的先决条件,而只提出仪表控制室设置中应考虑的问题。

仪表控制室的布置位置应根据锅炉房总的蒸发量(热功率)考虑,原则上宜布置在锅炉间运行层上。此时对仪表控制室的朝向、采光、布置地点及司炉人员的观察、操作有一定的要求。同时,应采取措施避免因振动(机械设备或除氧器等)而造成影响。

4.3.3 本条是原规范第5.3.2条的修订条文之一。

对容量大的水处理系统、热交换系统、运煤系统和油泵房,由于系统的仪表和电气计量和控制柜内容比较多,为保证这些设备的使用运行安全,故提出宜分别设置控制室。

当仪表控制室布置在热力除氧器和给水箱的下面时,应考虑到除氧器荷重和除氧器加热振动而造成对土建的安全性以及对建筑防水措施的影响,确保仪表控制室安全。

4.3.4 本条是原规范第5.3.4条的修订条文。

锅炉房对生产辅助间(修理间、仪表校验间、化验室等)和生活

间(值班室、更衣室、浴室、厕所等)的设置问题,应根据国家现行职业卫生标准《工业企业设计卫生标准》GBZ 1和当地的具体条件,因地制宜地加以设置。根据国内现行锅炉房大量调查统计,各单位的生产辅助间和生活间的设置情况不尽一致,难以统一。因此本内容仅为一般推荐性条文,供锅炉房设计时参考。

4.3.5 本条是原规范第5.3.5条的条文。

采光、噪声和振动对化验室的分析工作有较大影响,因此,在设置锅炉房化验室时,应考虑上述影响。同时,由于锅炉房的取样、化验工作比较频繁,因此,也尽量考虑其便利。

4.3.6 本条是原规范第5.3.3条的修改条文。

锅炉房一般都需考虑扩建,运煤系统应从锅炉房固定端,即设有辅助间的一端接入炉前,以免影响以后锅炉房的扩建。

4.3.7 本条是原规范第5.3.6条的修订条文。

本条的规定是为保证锅炉房工作人员出入的安全,或遇紧急状况时便于工作人员迅速离开现场。

4.3.8 本条是原规范第5.3.7条的条文。

锅炉房通向室外的门应向外开启,这是为了方便锅炉房工作人员的出入,同时当锅炉房发生事故时,便于人员疏散;锅炉房内部隔间门,应向锅炉间开启,这是当锅炉房发生事故时,使门趋向自动关闭,减少其他房间因锅炉爆炸而带来的损害,这也有利于其他房间的人员方便进入锅炉间抢险。

4.4 工 艺 布 置

4.4.1 本条是原规范第5.4.1条的修订条文。

本条文是对锅炉房工艺设计的基本要求,是在锅炉房设计中应贯彻的原则。本条文所叙述的各种管线系包括输送汽、水、风、烟、油、气和灰渣等介质的管线,对这些管线应能合理、紧凑地予以布置。

4.4.2 本条是原规范第5.4.6条的修订条文。

锅炉露天、半露天布置或锅炉室内布置问题,经过多年的实践和大量事实的验证,对平均气温较高,常年雨水不多的地区,可以采用露天或半露天布置,至于露天或半露天布置锅炉房容量的划分,从气象条件来看,认为在建筑气候年日平均气温大于等于25℃的日数在80d以上,雨水相对较少的地区,锅炉可采用露天或半露天布置。从目前国内情况来看,一般以单台锅炉容量在35t/h及以上为宜,尤其在我国南方地区,单台锅炉容量大于等于35t/h的锅炉房采用露天或半露天布置的较多。

当锅炉房采用露天或半露天布置时,要求锅炉制造厂在锅炉产品制造时,应提供适合于露天或半露天布置的设施,如锅炉应设置防护顶盖,有顶盖的锅炉钢架应考虑承受顶盖的承载力和当地台风风力的影响,并要考虑负载对锅炉基础设计的影响。锅炉房的仪表、阀门等附件应有防雨、防冻、防风、防腐等措施,在锅炉房的工艺布置中,仪表控制室应置于锅炉间室内操作层便于观察操作的地方。

4.4.3 本条是原规范第5.4.7条的条文。

据调查,在非严寒地区锅炉房的风机、水箱、除氧及加热装置、除尘装置、蓄热器、水处理设备等辅助设施和测量仪表,采用露天或半露天布置的较多,但一般都有较好的防护措施,且操作、检修方便,运行安全可靠。对设在居住区内的风机,因噪声大,为防止噪声对居民休息造成影响,故不应露天布置,一般采取密闭小室或安装隔声罩以减轻噪声对周围的影响。

4.4.4 本条是原规范第5.4.5条的修订条文。

锅炉制造厂一般仅提供单台锅炉的平台和扶梯,而锅炉房往往是由多台同型锅炉组成,有时需要将相邻锅炉的平台加以连接;同样,对锅炉房辅助设施、监测和控制装置、主要阀门等需要操作、维修的场所,亦应设置平台和扶梯。如有可能,对管道阀门的开启亦可设置传动装置引至楼(地)面进行远距离操作。

4.4.5 本条是原规范第5.4.2条的条文。

锅炉操作地点和通道的净空高度,规定不应小于2m,这是为了便于操作人员能安全通过。但要注意对于双层布置的锅炉房和单台锅炉容量较大(一般为大于等于10t/h)的锅炉房,需要在锅炉上部设起吊装置者,其净空高度应满足起吊设备操作高度的要求。在锅炉、省煤器及其他发热部位的上方,当不需操作和通行的地方,其净空高度可缩小为0.7m,这个高度已能使人低身通过。

4.4.6 本条是原规范第5.4.3条的修订条文。

根据规范总则的要求,本规范的适用范围,蒸汽锅炉的锅炉房,其单台锅炉额定蒸发量为1~75t/h;热水锅炉的锅炉房,其单台锅炉额定热功率为0.7~70MW,适用范围较广,所以按不同类型的锅炉分档规定;这些数据系经大量调查后选取的,表4.4.6所列数据,都是最小值,采用时应以满足所选锅炉的操作、安装、检修等需要为准,设计者可根据锅炉房工艺特点,适当增加。当锅炉在操作、安装、检修等方面有特殊要求时,其通道净距应以能满足其实际需要为准。

5 燃 煤 系 统

5.1 燃 煤 设 施

5.1.1 本条是原规范第3.1.2条的条文。

节约能源,保护环境是我国的基本国策。锅炉房是主要耗能大户,而锅炉是主要用煤设备。据统计,我国环境污染的80%是来自燃料的燃烧,燃煤对环境的污染尤其严重。为此,本条文针对燃煤锅炉房,提出对锅炉燃烧设备选择的要求,首先应根据燃料的品种来确定,并应根据所选煤种来选择锅炉燃烧设备,使其达到对热负荷的适应性强、热效率高、燃烧完善、烟气污染物排放量少以及辅机耗电量低的目的。

5.1.2 本条是原规范第3.1.3条和第3.1.4条合并后的修订条文。

小型燃煤锅炉的锅炉房,一般选用层式燃烧设备的锅炉。层式燃烧设备锅炉排放的烟气通常较其他燃烧设备锅炉排放的烟气含尘量低,有利于环境保护。层式燃烧设备锅炉又以链条炉排锅炉的烟气含尘量为低,因此宜优先采用链条炉排锅炉。

由于结焦性强的煤会破坏链条炉排锅炉的正常运行,而碎焦末不能在链条炉排上正常燃烧,因此这两种燃料不应在链条炉排锅炉上使用。

5.1.3 本条是原规范第8.1.15条的条文。

燃煤块度不符合燃烧要求时,必须经过破碎,并在破碎之前将煤进行磁选和筛选,否则会使燃烧情况不良和损坏设备。当锅炉给煤装置、煤的制备实施和燃烧设备有要求时(如煤粉锅炉和循环流化床锅炉),宜设置煤的二次破碎和二次磁选装置。

5.1.4 本条为新增的条文。

不同型式的燃用固体燃料的锅炉,对入炉燃料的粒度要求是不一样的。本条列出了几种主要燃用固体燃料的锅炉炉型对入炉燃料粒径的要求。

煤粉炉的煤块粒度是考虑了磨煤机对进入煤块粒度的要求。

循环流化床锅炉对入炉燃料粒度规定是考虑到进入循环流化床锅炉的燃料需要在炉内经过多次循环,并在循环中烧透燃尽,整个燃烧系统,只有通过锅炉本体的精心设计,运行中控制流化速度、循环倍率、物料颗粒合理搭配才可能在总体性能上获得最佳效果。循环流化床锅炉的型式不同,燃料性质不同,所要求的燃料粒度也不相同,一般对入炉煤颗粒要求最大为 10~13mm。因此,必须在设计中特别注意制造厂提出的对燃料颗粒的要求,以便合理确定破碎设备的型式。

5.1.5 本条是新增的条文。

磨煤机形式的选择对锅炉房安全运行和经济性影响较大,所以本条规定磨煤机的选型,首先应根据煤种、煤质来确定,同时对具体煤种的选择应符合下列要求:

1 当燃用无烟煤、低挥发分贫煤、磨损性很强的煤或煤种、煤质难固定的煤时,宜选用钢球磨煤机。

2 当燃用磨损性不强,水分较高,灰分较低,挥发分较高的褐煤时,宜选用风扇磨煤机。

3 当燃用较强磨损性以下的中、高挥发分($V_{daf}=27\%\sim40\%$)、高水分($M_{ad}\leqslant15\%$)以下的烟煤或燃烧性能较好的贫煤时,宜采用中速磨煤机。中速磨煤机具有设备紧凑、金属耗量少、噪音较低、调节灵活和运行经济性高的优点,所以在煤质适宜时宜优先选用。

5.1.6 本条是新增的条文。

1 循环流化床锅炉给煤机是保证锅炉正常、安全运行的重要设备。给煤机的出力应能保证 1 台给煤机故障停运时,其他给煤机的能力应能满足锅炉额定蒸发量的 100% 的给煤量需要。

2 制粉系统给煤机的形式较多,有振动式、胶带式、埋刮板式和圆盘式等。其中圆盘式给煤机的容量较小,且输送距离小,目前已很少采用。胶带式给煤机在运行中易打滑、跑偏、漏煤和漏风。振动式给煤机在运行中漏煤、漏风较大,调节性能较差,当煤质较黏时易堵塞。埋刮板给煤机调节、密封性能均较好,且有较长的输送距离,故此种形式的给煤机使用较多。在工程设计中应根据制粉系统的形式、布置、调节性能和运行可靠性要求选择给煤机。

给煤机的形式应与磨煤机的形式相匹配。钢球磨煤机中间贮仓式制粉系统,可采用埋刮板式、刮板式、胶带式或振动式给煤机;直吹式制粉系统,要求给煤机有较好的密封和调节性能,以采用埋刮板给煤机为最合适。

3 给煤机的台数应与磨煤机的台数相同。为使给煤机具有一定的调节性能,给煤机出力应有一定的裕量。

5.1.7 本条是原规范第 3.1.9 条的条文。

运行经验表明,给粉机的台数与锅炉燃烧器一次风口数相同,可提高锅炉运行的可靠性。这样做也方便燃烧调节。给粉机的出力贮备(出力 130%)主要是考虑不使给粉机经常处于最高转速下运转。

5.1.8 本条是原规范第 3.1.7 条的修订条文。

本条文参照现行国家标准《小型火力发电厂设计规范》GB 50049—94 有关原煤仓、煤粉仓和落煤管的设计方面的条文,结合锅炉房设计特点,作局部补充修改。其中对煤粉仓的防潮问题,根据使用经验可考虑设置防潮管等措施。

5.1.9 本条是原规范第 3.1.8 条的条文。

在圆形双曲线金属小煤斗下部设置振动式给煤机,可使给煤系统运行正常,不会造成堵塞。该种给煤机结构简单、体积小、耗电省、维修方便。给煤机的计算出力不应小于磨煤机计算出力120%。

5.1.10 本条是原规范第 3.1.10 条的条文。

为使锅炉房各单元制粉系统能互相调节使用,增加锅炉运行的灵活性,应设置可逆式螺旋输粉机。由于螺旋输粉机是备用设备,故不考虑富裕出力。

5.1.11 本条是原规范第 3.1.11 条的修订条文。

本条文在原有条文基础上,根据现行国家标准《小型火力发电厂设计规范》GB 50049—94 有关章节要求作了调整。除当锅炉燃用的燃料全部是无烟煤以外,燃用其他煤种时,锅炉的制粉系统及设备都应设置防爆设施。

5.1.12 本条是原规范第 3.1.12 条的条文。

锅炉房磨煤机和排粉机的台数应是一一对应配置,风量与风压应留有一定的裕量。

5.2 煤、灰渣和石灰石的贮运

5.2.1 本条是原规范第 8.1.1 条的修订条文。

本条文是按原规范第 8.1.1 条并结合《小型火力发电厂设计规范》GB 50049—94 有关内容的修改条文。锅炉房煤场应有卸煤及转堆的设备,需根据锅炉房的规模和来煤的运输方式并结合当地条件,因地制宜地确定。

对大中型锅炉房的用煤,一般为火车或船舶运煤,其卸煤及转堆操作较为频繁,需采用机械化方式来卸煤、转运和堆高。主要设备有抓斗起重机、装载机和码头上煤机械等设备来完成这些作业。

对中小型锅炉房的用煤,一般由当地煤炭公司或附近煤矿供煤,用汽车运煤,中型锅炉房则采用自卸汽车,小型锅炉房采用人工卸煤。

不同的运煤方式,采用不同的卸煤及转堆设备,采用哪一种卸煤及转堆设备,应与当地运输部门协商确定,同时应根据当地具体条件,因地制宜地来选择卸煤方式。

5.2.2 本条是原规范第 8.1.2 条的条文。

铁路卸煤线的长度是根据运煤车皮数量而定。大型锅炉房一次进煤的车皮数量不会超过 8 节,车皮长度一般均小于 15m,以此可以决定卸煤线的长度。

铁路部门规定,卸车时间不宜超过 3h,如超过规定,则要处以罚款。

5.2.3 本条是原规范第 8.1.3 条的条文。

本条文基本与原规范条文相同,但对个别地区的煤场规模可结合气象条件和市场煤价影响等情况,适当增加贮煤量。本条文规定的两点系经过大量调查后的统计值,故在条文的用词上采用"宜按",以留一定灵活性。锅炉房煤场贮煤量的大小,固然与运输方式有关,但从现实情况来看,锅炉房煤场贮煤量的大小,还与当地气象条件,如冰雪封路、航道冰冻、黄梅雨季及大风停航等影响有关;同时也与供煤季节(如旺季或淡季)、市场煤价、建设地点的基本条件(如旧城锅炉房改造,受条件所限,无地扩建)等因素有关,所以在条文制订时留有适当的灵活性。

5.2.4 本条是原规范第 8.1.4 条的修订条文。

锅炉房位于经常性多雨地区时,应根据煤的特性、燃烧系统、煤场设备形式等条件来设置一定贮量的干煤棚,以保证锅炉房正常、安全运行。干煤棚容量的确定,原规范为 3~5d 的锅炉房最大计算耗煤量,《小型火力发电厂设计规范》GB 50049—94 中规定采用 4~8d 总耗煤量,为使两个规范一致,本规范亦改为 4~8d 总耗煤量。

对环境要求高的燃煤锅炉房可设贮煤仓,如在市区建锅炉房可减少占地面积和防止煤尘飞扬。

5.2.5 本条是原规范第 8.1.5 条的内容。

为防止煤堆的自燃而造成煤场火灾,本条文规定对自燃性的煤堆,应有防止煤堆自燃的措施。其措施可为将贮煤压实、定期洒水或其他防止自燃措施,如留通风孔散热等。

5.2.6 本条是原规范第 8.1.6 条的内容。

贮煤场地坪应做必要的处理,一般为将地坪进行平整、垫石、

6

压实或做混凝土地坪等处理。煤场应有一定坡度并应设置煤场的排水措施，这样可以避免日后煤场塌陷、积水流淌、贮煤流失而影响周围环境等问题。据调查，国内一些锅炉房较少采用这类措施，以致锅炉房周围的环境很差，给锅炉房用煤的贮存造成一定影响。

5.2.7 本条是原规范第8.1.7条的条文。

一般锅炉房用煤都是根据市场供应情况而变，无固定煤种，燃煤使用前需将几种来煤进行混合，以改善锅炉燃烧状况。所以在设计时需考虑设置混煤装置及必要的混煤场地。

5.2.8 本条是原规范第8.1.8条的内容。

运煤系统小时运煤量的计算应根据锅炉房昼夜最大计算耗煤量（应考虑扩建增加量）、运煤系统的昼夜作业时间和不平衡系数（1.1～1.2）等因素确定，其中运煤系统昼夜作业时间与工作班次有关，不同的工作班次，取用不同的工作时间。

5.2.9 本条是原规范第8.1.9条的修订条文。

原规范两班运煤工作制与三班运煤工作制的昼夜作业时间分别为不宜大于12h和18h。根据现行国家标准《小型火力发电厂设计规范》GB 50049—94的规定，两班运煤工作制与三班运煤工作制的昼夜作业时间分别为不宜大于11h和16h，为取得一致，取用后者，故改为不宜大于11h和16h。

5.2.10 本条是原规范第8.1.10条的修订条文。

本条文为对锅炉房运煤设备选择的原则性规定：

1 总耗煤量小于1t/h，采用人工装卸和手推车运煤方式。因为小于1t/h耗煤量的锅炉房，一般锅炉容量较小，采用人工方式进入炉前翻斗上煤形式，已能满足锅炉上煤要求。

2 总耗煤量为1～6t/h时，一般为中小型锅炉房（锅炉房总容量小于40t/h），以采用间隙式机械化设备为主（斗式提升机或埋刮板机），亦可采用连续机械化运输设备（如带式输送机），可与用户商定。

3 总耗煤量为6～15t/h时，宜采用连续机械化运输设备（带式输送机）运煤。

4 总耗煤量为15～60t/h时，锅炉房容量较大（锅炉房总容量一般大于等于100t/h），宜采用单路带式输送机运煤，驱动装置宜有备用。

5 总耗煤量在60t/h以上时，可采用双路运煤系统，因为这种锅炉房属大型锅炉房，本条文参照现行国家标准《小型火力发电厂设计规范》GB 50049—94的规定确定，以便两个规范取得一致。

5.2.11 本条是原规范第8.1.11条的条文。

锅炉炉前煤仓，通常系指锅炉本体炉前煤斗的前上方，设在锅炉房建筑物上的煤仓。

本条规定的锅炉炉前煤仓的贮存容量，是通过对各地锅炉房煤仓的贮量和常用运煤机械设备事故检修所需时间的调查和统计而制订出的，其内容与原规范条文一致。在制订炉前煤仓的容量时，已考虑到设备有2～4h的紧急检修时间。对目前使用的1～4t/h快装锅炉，在锅炉房设计时一般为单层建筑，锅炉房不设炉前煤仓，而锅炉本体炉前煤斗的贮量一般较小，考虑到这类锅炉可打开锅炉煤闸门后，用人工加煤，因此，将三班运煤的锅炉炉前煤仓（此处即为锅炉本体炉前煤斗）贮量改为1～6h锅炉额定耗煤量。

5.2.12 本条是原规范第8.1.12条的修订条文。

本条所述的锅炉房集中煤仓，系指对锅炉容量不大的锅炉房，此时锅炉台数也不多，为降低锅炉房建筑高度，节约土建费用，把每台锅炉分散设置的炉前煤仓取消，而在锅炉房外设置集中的锅炉房煤仓，该集中煤仓的贮量应按锅炉房额定耗煤量及运煤班次确定，并配备运煤设施。条文中所推荐的煤仓贮量系参照目前一般常用的数据，与原规范8.1.12条一致。

5.2.13 本条是原规范第8.1.16条的修订条文。

如运煤胶带宽度太窄，煤在运输过程中易溢出，造成安全事故，故规定带宽不宜小于500mm。

带式输送机胶带倾角大于16°时，使用中煤块容易滚落，易造成安全事故，故规定胶带倾角不宜大于16°，但输送破碎后的煤时，其倾角可加大到18°。

胶带倾角大于12°时，在倾角段上不宜卸料，因有一定的带速，用刮板卸料，煤将从旁边溢出，故最好是从水平段上卸料。

5.2.14 本条文为原规范第8.1.17条的修订条文，主要参照《小型火力发电厂设计规范》GB 50049—94中有关条文进行修改和补充，如封闭式栈桥和地下栈道的净高从原来的2.2m改为2.5m；栈桥运行通道由原来的0.8m改为1.0m；检修通道的净宽由原来的0.6m改为0.7m，并增加在寒冷地区的栈桥内应有采暖设施的内容。

5.2.15 本条是原规范第8.1.18条的条文。

由于多斗提升机的链条与斗容易磨损，或因煤中没有清除出来的铁片等杂物卡住链条，造成链条断裂，从而造成设备停车抢修或清理。据调查，采用多斗提升机的锅炉房，都反映发生断链较难处理的问题，同时，链条断裂处理的时间较长，一般需要有1个班次的时间才能修复，如有条件能备用1台最好，故仍维持原条文内容。

5.2.16 本条是原规范第8.1.19条的条文。

从受煤斗卸料到带式输送机、多斗提升机或埋刮板输送机之间，极易发生燃料的卡、堵现象，因此，在受煤斗到输煤机之间需要设置均匀给料装置，以防止卡堵现象的发生。

5.2.17 本条是原规范第8.1.20条的条文。

运煤系统的地下构筑物如未采取防水措施或防水措施不好，或地坑内没有排除积水的措施，都将造成地下构筑物积水和积水无法排除的问题，直接影响运煤设施的正常运行甚至带来无法工作的事故，因此，在运煤系统的地下构筑物必须要有防水和排除积水的措施，尤其在地下水位高和多雨地区。

5.2.18 本条是原规范第8.1.22条的修订条文。

为使锅炉房灰渣系统设计合理，经济效益好，应对灰渣系统有关资料如灰渣数量、灰渣特性、除尘器形式、输送距离、当地的地形地势、气象条件、交通运输、环保及综合利用等多种因素分析研究而定，较难具体划分各种系统的适用范围，故在本条文中仅作原则性的规定。

为使循环流化床锅炉排渣能更好地加以综合利用，一般排渣采用干式除渣，为方便输送此渣，应将该渣冷却到200℃以下。故本条提出"循环流化床锅炉排出的高温渣，应经冷渣机冷却到200℃以下后排除"。实际上循环流化床锅炉除渣系统均设有冷渣设备。

5.2.19 本条是原规范第8.1.23条的条文。

随着国家对环境保护和综合利用政策执法力度的加强，国内大多数锅炉房的灰渣都能得到不同程度的综合利用。据调查，多数锅炉房都留有可以贮存3～5d的灰渣堆场作为周转场地，故本条仍保留原规范灰渣场的贮量。

5.2.20 本条文与原规范第8.1.24条基本相同，仅作局部修改，主要修改内容如下：

1 早期锅炉房规范对该倾角的规定为不宜小于55°，1993年版规范改为不宜小于60°。灰渣的流通除与灰渣斗壁面倾角有关外，还与诸多因素有关，如灰渣的含水量、灰渣的粒度等。但也不是说倾角越大越好，因为这样会增加建筑高度，造成建筑造价的上升。经调查综合认为仍以维持内壁倾角不宜小于60°为好。同时，要求灰渣斗的内壁应光滑、耐磨，以尽量避免灰渣黏结在侧壁下不来，而造成所谓"搭桥"现象。

2 关于灰渣斗排出口与地面的净空高度问题。原规范为：汽车运灰渣时，灰渣斗排出口与地面的净高不应小于2.1m。这是没有考虑运灰渣汽车驾驶室通过排灰渣口，利用倒车至受灰渣斗，再卸入车中。本次修订中将灰渣斗排出口与地面的净高改为不应小于2.3m。主要原因是，据查核，解放牌国产4t自卸汽车（实际载重量为 3.5t)的全高(即驾驶室高度)为 2.18m,因此将高度改为 2.3m,这样常用的解放牌国产 4t 自卸汽车可以在灰渣斗下自由装卸。同时,考虑到其他型号车辆(如黄河牌 7t 自卸汽车的车身卸料部分高度为 2.1m),亦可利用汽车后退来卸运灰渣的灵活性。

5.2.21 本条是原规范第 8.1.25 条的条文。

本条文为按常规小时灰渣量的计算方法,其不平衡系数 1.1～1.2 亦维持原规范不做修改。

5.2.22 本条是原规范第 8.1.26 条的条文。

灰渣量大于等于 1t/h 的锅炉房,其锅炉房总容量约为 2 台额定蒸发量为 4t/h 及以上的锅炉房,为减轻劳动强度、改善环境条件,这类容量的锅炉房宜采用机械、气力除灰渣(如刮板或埋刮板输送机等)或水力除灰渣方式(如配置水磨除尘器及水力冲灰渣等)。这类形式的锅炉房国内较多,从实际运行情况来看,使用效果较好,予以保留。

5.2.23 本条是原规范第 8.1.27 条的条文。

除尘器排出的灰应采用密闭式输送系统,以防止二次污染,也可利用锅炉的水力除灰渣系统一起排除,这样既节约投资,又简化布置,在技术和经济上均较合理。但当除尘器排出的灰可以综合利用时(如制空心砖、加气混凝土等),则亦可分别排除,综合利用。

5.2.24 本条是原规范第 8.1.28 条的修订条文。

根据运行经验,常规装有激流喷嘴并敷设镶板的锅炉房灰渣沟,灰沟坡度不应小于 1%,渣沟不应小于 1.5%,液态排渣沟不应小于 2%,在运行中一般都能满足要求,故本条仍保留原规范这部分内容。对输送高浓度灰渣浆或不设激流喷嘴的灰渣沟,其坡度应适当加大。为了节约用水,冲灰渣沟的水应循环使用,尤其是从水膜除尘器下来的冲灰水,pH 值较低,未中和处理前不应排放,应循环使用,这也有利于防止污染。

灰渣沟的布置,应力求短而直,以节约灰渣沟的投资和减少灰渣沟沿途阻力,使灰渣流动顺畅。同时,在锅炉房设计时,必须要考虑到灰渣沟的布置,不影响锅炉房今后的扩建,尽量布置在锅炉房后面或布置在不影响锅炉房今后扩建的地方。

5.2.25 本条是新增的条文。

用于循环流化床锅炉炉内脱硫的石灰石粉,其化学成分和粒度一般按锅炉制造厂的技术要求从市场采购。

一些工厂的实践表明,厂内自制石灰石粉不仅增加了初投资,且厂内环境粉尘污染大,难以治理,因此,应尽量从市场采购成品粉。目前许多工厂采用了这一方式,证明是可行的。

5.2.26 本条是新增的条文。

循环流化床锅炉石灰石粉添加系统是保证锅炉烟气中 SO_2 排放量达标的一个重要系统,为保证运行中石灰石粉的正常供应,确保烟气脱硫效果,特规定有关石灰石贮仓的容量要求。对于厂内设仓的方法可以根据锅炉房的规模和用户的具体要求确定。一般可以按以下方法考虑。

1 中间仓/日用仓系统。本系统是利用石灰石粉密封罐车自带的风机将石灰石粉卸至全厂公用的中间仓,然后将中间仓内石灰石粉通过仓泵及正压密相气力输送系统送至每台锅炉的炉前日用仓,再通过炉前石灰石粉给料机及石灰石粉输送风机将石灰石粉送进每台锅炉的炉膛。该系统较正规,系统复杂,投资大,较适用于锅炉台数多,单炉容量大的场合。

2 中间仓直接进炉系统。该系统没有炉前日用仓系统,利用专用仓泵直接将中间仓的石灰石粉送至每台锅炉的炉膛。该系统相对简单,但由于受仓泵扬程限制,较适合于锅炉台数为 1～2 台的场合。

3 炉前直接与煤混合系统。该系统一般在每台锅炉的炉前煤仓附近设石灰石粉仓,厂外来的石灰石粉打包后由单轨吊吊至炉前石灰石粉仓,然后直接由给料机将石灰石粉随煤一起进入锅炉。该系统最简单,投资最省,但工人劳动强度大,脱硫效果最差,不推荐采用这一系统。

石灰石粉一般采用公路运输,故规定了中间仓为 3d 的容量。

5.2.27 本条是新增的条文。

石灰石粉的厂内输送,采用气力方式,可以保证石灰石粉的质量和防止对环境造成污染。

6 燃油系统

6.1 燃油设施

6.1.1 本条是原规范第 3.2.8 条的修订条文。

燃油锅炉燃烧器的选择应根据燃油特性和燃烧室的结构特点进行,同时要考虑燃烧的雾化性能好和对负荷变化的适应性,要考虑其燃烧烟气对大气污染及噪声对周围环境的影响。

6.1.2 本条是原规范第 3.2.6 条的条文。

重油温度低时,黏度大,用管道输送困难,更不能满足雾化燃烧要求。因此锅炉在冷炉启动点火时,必须把重油加热到满足输送和雾化燃烧所需的温度。当锅炉房缺乏加热汽源时,则需要采用其他加热重油的措施。现在常用电加热或轻油系统、燃气系统置换等作为辅助办法,待锅炉产汽后再切换成蒸汽加热。

6.1.3 本条是原规范第 3.2.15 条的条文。

燃油锅炉房采用蒸汽为热源,加热重油进行雾化燃烧,较为经济合理,适合国情。采用电热式油加热器作为锅炉房冷炉启动点火或临时性加热重油是可取的,但不应作为加热重油的常用设备。

6.1.4 本条是原规范第 3.2.12 条的修订条文。

供油泵是燃油锅炉房的心脏,若供油泵停止运行,锅炉房生产运行便会中断。因此供油泵在台数上应有备用,而且在容量上应有一定的富裕量。原条文扬程富裕量不够具体,此次修订中将扬程的富裕量具体为 10%～20%。

6.1.5 本条是原规范第 3.2.13 条的条文。

燃油锅炉房中常用容积式供油泵和螺杆泵,泵体上一般都带有超压安全阀,但也有部分本体上不带安全阀。为避免因油泵出口阀门关闭而导致油泵超压,必须在出口阀前靠近油泵处的管道上另装设超压安全阀。由于各油泵厂生产的油泵产品结构不一致，为了供油管道系统的安全运行，当采用容积式供油泵时，必须在泵体和出口管段上装设超压安全阀。

6.1.6 本条是原规范第3.2.14条的修订条文。

根据以前对100多个单位的调查统计，约有2/3燃油锅炉房油加热器不设置备用，仅有1/3的燃油锅炉房油加热器设置备用。不设置备用的锅炉房，利用停运和假期进行油加热器的清理和检修，而常年不间断供热的锅炉房没有清理和检修机会，一旦发生故障将会影响生产。为保证正常供热要求，对常年不间断供热的锅炉房，应装设备用油加热器。考虑到原条文加热面富裕量不够具体，此次修订中将加热面适当的富裕量具体为10%。

6.1.7 本条是原规范第3.2.22条的修订条文。本条在原条文的内容上增加了3点内容：

1 明确了日用油箱应安装在独立的房间内。

2 当锅炉房总蒸发量大于等于30t/h或总热功率大于等于21MW时，由于室内油箱容积不够，故应采用连续进油的自动控制装置。

3 当锅炉房发生火灾事故时，室内油箱应自动停止进油。

日用油箱油位，一般采用高低油位位式控制，但当锅炉房容量较大时，日用油箱低油位，贮油量不足锅炉房20min耗油量时，应采用油位连续自动控制，30t/h锅炉房耗油量约为2000kg/h，20min耗油量约为670kg，因此本规范按锅炉房总蒸发量30t/h耗油量作为界线。

6.1.8 本条是原规范第6.2.23条的条文。

通过调查，燃油锅炉房装设在室外的中间油箱的容量，约有90%以上的锅炉房不超过1d的耗油量就可满足锅炉房正常运行的要求，而且设计上一般也按此执行，未发现不正常现象。

6.1.9 本条是原规范第3.2.20条的修订条文。

锅炉房内的油箱应采用闭式油箱，避免箱内逸出的油气散发到室内。否则，不但影响工人的身体健康，而且油气长期聚存在室内，有可能形成可燃爆炸性气体的危险。闭式油箱上应装设通气管接到室外。通气管的管口位置方向不应靠近有火星散发的部位。通气管上应设置阻火器和防止雨水从管口流入油箱的设施。

6.1.10 本条是原规范第3.2.18条的条文。

在布置油箱的时候，宜使油箱的高度高于油泵的吸入口，形成灌注头，使油能自流入油泵，避免油泵空转而不出油。

6.1.11 本条是原规范第3.2.19条的条文。

设在室内的油箱应有防火措施，当发生危急事故时，应把油箱内的油迅速排出，放到室外事故油箱或具有安全贮存的地方。

紧急排油管上的阀门，应设在安全的地点，当事故发生，采取紧急排放操作时，不应危急人身的安全。

从安全角度考虑，排油管上明确并列装设手动和自动紧急排油阀，同时结合民用建筑锅炉房的特点，自动紧急排油阀应有就地启动和防灾中心遥控启动的功能。

6.1.12 本条是新增的条文。

室外事故贮油罐的容积大于等于室内油箱的容积，可以保证在室内油箱需要放空时可以放空，保证安全。室外事故贮油罐采用埋地布置，可以使室内日用油箱事故排空方便，本身也安全和有利总图布置。

6.1.13 本条是原规范第3.2.21条的条文。

室内重油箱被加热的温度，按适合沉淀脱水和黏度的需要，60号重油为50～74℃；100号重油为57～81℃；200号重油为65～80℃。如超过90℃易发生冒顶事故。

6.1.14 本条是原规范第3.2.24条的条文。

燃油锅炉房的锅炉点火用的液化气，如用罐装液化气，则贮罐不应设在锅炉间内，因液化气属于易燃易爆气体，应存放在用非燃烧体隔开的专用房间内。

6.1.15 本条是原规范第3.2.25条的条文。

根据用户反映，由于锅炉燃烧器雾化性能不良，未燃尽的油气可能逸到锅炉尾部，凝聚在受热面上成为油垢，当这种油气聚积到一定程度，即可着火燃烧，形成尾部二次燃烧现象。这种情况发生后，往往对装有空气预热器的锅炉，会把空气预热器烧坏；对未装空气预热器的锅炉，当二次燃烧发生时，亦影响锅炉的正常运行。为了解决二次燃烧问题，采用蒸汽吹灰或灭火是比较方便有效的防止措施。

6.1.16 本条是新增的条文。

煤粉锅炉和循环流化床锅炉一般采用燃油点火及助燃。如点火及助燃的总的燃油耗量不大，为简化系统，往往采用轻油点火及助燃。根据了解油罐的数量：当单台锅炉容量小于等于35t/h时，设置1个20m³油罐即可满足要求；当单台锅炉容量大于35t/h时，设置2个20m³油罐即可满足要求。

6.1.17 本条是新增的条文。

煤粉锅炉和循环流化床锅炉点火油系统供油泵的出力和台数，参照现行国家标准《小型火力发电厂设计规范》GB 50049—94规定。

6.2 燃油的贮运

6.2.1 本条是原规范第8.2.1条的修订条文。

贮油罐的容量，主要取决于油源供应情况，应根据油源远近以及供油部门对用户贮油量要求等因素考虑，同时应根据不同的运输方式而有所差异。从以前对燃油锅炉房的调研中看，大部分的燃油锅炉房的贮油量符合本条的要求：铁路运输一般为20～30d锅炉房的最大计算耗油量；油驳运输考虑到热带风暴和其他停航原因以及装卸因素等，最大计算耗油量也是按20～30d锅炉房的最大计算耗油量考虑。

汽车油槽车运油，一般距油源供应点较近，运输比较方便，贮油量可以相应减少。但考虑到应有必要的库存及汽车检修和节日等情况，贮油量考虑一定的贮存量是需要的。根据调查，在条件好的地区，采用3～5d的贮油量就可满足要求，而在一些地区则需要1个多星期的贮油量。为此，本条以前规定汽车运油一般为5～10d的锅炉房最大计算耗油量。但考虑到非独立的民用建筑锅炉房场地紧张的特点，且目前汽车油槽车供油方便，贮油罐从5～10d减少到3～7d。

管道输油比较可靠，但也要考虑到设备和管道的检修要求，一般按3～5d的锅炉房最大计算耗油量确定贮油罐的容量。

6.2.2 本条是原规范第8.2.2条的条文。

对锅炉房燃用重油或柴油，应考虑在全厂总油库中统一贮存，以节约投资。当由总油库供油在技术、经济上不合理时，方宜设置锅炉房的专用油库。

6.2.3 本条是原规范第8.2.3条的修订条文。

燃油锅炉房的重油贮油罐一般均采用不少于2个，1个沉淀脱水，1个工作供油，互相交替使用，且便于倒换清理。本条在原来的条文上增加了轻油罐不宜少于2个的内容，其原因也是如此。

6.2.4 本条是原规范第8.2.4条的条文。

为了防止重油的冒顶事故，重油被加热后的温度应比当地大气压下水的沸点温度至少低5℃；为了保证安全，且规定油温应低于罐内油的闪点10℃。设计时取这两者中的较低值作为油加热时应控制的温度指标。

6.2.5 本条是原规范第8.2.5条的条文。

防火堤的设计应符合现行国家标准《建筑设计防火规范》GB 50016的要求。

根据现行国家标准《建筑设计防火规范》GB 50016第4.4.8条的规定，沸溢性与非沸溢性液体贮罐或地下贮罐与地上、半地下贮罐，不应布置在同一防火堤范围内。沸溢性油品系含水率在0.3%～4.0%的原油、渣油、重油等油品。重油的含水率均在0.3%～4.0%的范围内，属沸溢性油品；而轻柴油属非沸溢性油品,两者不应布置在同一防火堤内。

6.2.6 本条是原规范第8.2.6条的条文。

在以前调研中看到,有些单位在设置轻油罐的场所没有采取防止轻油滴、漏流失的措施,以致周围地面浸透轻油,房间油气浓厚,很不安全;而有些单位采用油槽或装砂油槽,定期清埋,效果很好。

6.2.7 本条是原规范第8.2.7条的条文。

按经验和常规做法,输油泵均应设置2台或2台以上,其中有1台备用。如果该油泵是总油库的输油泵,则不必设专用输油泵,但必须保证满足室内油耗油量的要求。

6.2.8 本条是原规范第8.2.8条的条文。

为了保证输油泵的安全正常运行,泵的吸入口的管段上应装设油过滤器。油过滤器应设置2台,清洗时可相互替换备用。滤网网孔的要求,按油泵的需要考虑,一般采用8～12目/cm。滤网的流通面积,一般为过滤器进口管截面积的8～10倍,便可满足油泵的使用要求。

6.2.9 本条是原规范第8.2.9条的条文。

油泵房至油罐的管道地沟必须隔断,以免油罐发生着火爆炸事故时,油品顺着地沟流至油泵房,造成火灾蔓延至油泵房的危险。以前在燃油锅炉房的运行中,曾出现过油罐爆炸起火,火随着燃油流动蔓延到油泵房,将油泵房也烧掉的实例,因此在地沟中应以非燃烧材料砌筑隔断或填砂隔断。

6.2.10 本条是原规范第8.2.10条的条文。

油管道采用地上敷设,维修管理方便,出现事故时,能及时发现,抢修快。

油管道采用地沟敷设时,在地沟进锅炉房建筑物处应填砂或设置耐火材料密封隔断,以防事故蔓延和发展。

7 燃气系统

7.0.1 本条是原规范第3.3.4条的修订条文之一。

燃烧器型号规格由设计确定时,本条提出选择燃烧器的主要技术要求,同时还应考虑价格因素和环保要求。

7.0.2 本条是原规范第3.3.4条的修订条文之一。

考虑到锅炉房的备用燃料,与正常使用的燃料性质有所不同,为使锅炉燃烧系统在使用备用燃料时也能正常运行,规定对锅炉燃烧器的选用应能适应燃用相应的备用燃料是必要的。

7.0.3 本条是新增的条文。

由于液化石油气密度约为空气密度的2.5倍,为防止可能泄漏的气体随地面流入室外地道、管沟(井)等设施聚积而发生危险,增加此强制性条文规定。

7.0.4 本条是新增的条文。

现行国家标准《城镇燃气设计规范》GB 50028对燃气净化、调压箱(站)和计量装置设计等有明确规定,锅炉房设计遵照该规范进行。

7.0.5 本条是原规范第3.3.8条的修订条文。

调压箱露天布置或设置在通风良好的地上独立建构筑物内,即使系统有泄漏也比较安全。东南亚地区小型燃气调压箱设置在建筑物地下室比较普遍,其产品也已进入我国,但由于技术管理水平差异较大,放在地下建、构筑物内仍不适合我国国情。

8 锅炉烟风系统

8.0.1 本条是原规范第6.1.1条的条文。

单炉配置鼓风机、引风机有漏风少、省电、便于操作的优点。目前锅炉厂对单台额定蒸发量(热功率)大于等于1t/h(0.7MPa)的锅炉,都是单炉配置鼓风机、引风机。在某些情况下,也不排斥采用集中配置鼓风机、引风机的可能,但为了防止漏风量过大,在每台锅炉的风道、烟道与总风道、烟道的连接处,应装设严密性好的风道、烟道门。

这里要指出,因使用循环流化床锅炉时,鼓风机往往由一、二次风机代替,抛煤机链条炉送风部分设有二次风机,对此本规范有关条文所指的鼓风机包含循环流化床锅炉使用的一、二次风机和抛煤机链条炉的二次风机。

8.0.2 本条是原规范第6.1.2条修订条文。

选用高效、节能和低噪声风机是锅炉房设计中体现国家有关节能、环境保护政策的最基本要求。国内新型风机产品的不断涌现,也为设计提供了选用的条件。

风机性能的选用,与所配置的锅炉出力、燃料品种、燃烧方式和烟风系统的阻力等因素有关,应进行设计校核计算确定,同时要计入当地的气压和空气、烟气的温度、密度的变化对所选风机性能的修正。

第3款是原规范第6.1.2条第三款的修订条文,原规范对风机的风量、风压的富裕量的规定是合适的,只是增加了近年来涌现的循环流化床锅炉配置风机的风量、风压富裕量规定,与炉排锅炉等同。

第4款是新增的条文。考虑到单台容量大于等于35t/h或29MW锅炉配置的风机其电机功率较大,采用调速风机可取得好的节电效果。如果技术经济分析的结果合理,小于等于35t/h或29MW锅炉的风机也可采用调速风机。

8.0.3 本条是新增的条文。

循环流化床锅炉的返料运行工况如何,是保证循环流化床锅炉能否维持正常运行的关键。为确保循环流化床锅炉的安全正常运行,对返料风机应配置2台,1台正常使用1台备用。

8.0.4 本条是原规范第6.1.3条的修订条文。

1 这是一般要求,这样可以使风道、烟道阻力小。

2 风道、烟道的阻力均衡可以使燃烧工况好。

3、4 多台锅炉合用1座烟囱或1个总烟道时,烟道设计应使各台锅炉引力均衡,并可防止各台锅炉在不同工况运行时,发生烟气回流和聚集情况。烟道设计应按本条规定进行,以确保安全。

5 地下烟道清灰困难,容易积水。地上烟道有便于施工、易清灰等优点,故推荐采用地上烟道。

6 因烟道和热风道存在热膨胀,故采取补偿措施。近10多年来非金属补偿器由于耐温性能和隔音性能等诸多优点,发展很快,推荐使用。

7 设计风道、烟道时,应在适当位置设置必要的测点,并满足测试仪表及测点对装设位置的技术要求。

8.0.5 本条是新增的条文。

1 燃油、燃气和煤粉锅炉的锅炉房发生爆炸的事故较多,需要注意防范。对燃油、燃气锅炉的烟囱宜单炉配置,以防止数台锅炉共用总烟囱时,烟道死角积存的可燃气体爆炸和烟气系统互相影响。为了满足当地对烟囱数量的要求,多根烟囱可采用集束式或组合套筒的方式。为避免单台锅炉烟道爆炸影响到其他锅炉的正常运行故提出本款规定。

当锅炉容量较大、因布置限制或其他原因,几台炉只能集中设置1座烟囱时,必须在锅炉烟气出口处装设密封可靠的烟道门,以防烟气倒入停运的锅炉。烟道门应有可靠的固定装置,确保运行时,处于全开位置并不得自行关闭。

2 燃油、燃气和煤粉锅炉的未燃尽介质,往往会在烟道和烟囱中产生爆炸,为使这类爆炸造成的损失降到最小,故要求在烟气容易集聚的地方设置防爆装置。

3 砖砌烟囱或烟道会吸附一定量烟气,而燃油、燃气锅炉的烟气中往往有可燃气体存在,他们被砖砌烟囱或烟道吸附,在一定条件下可能会造成爆炸。砖砌烟囱或烟道的承压能力差,所以要求钢制或混凝土构筑。

由于燃气锅炉的烟气中水分含量较高,故提出在烟道和烟囱最低点,设置水封式冷凝水排水管道的要求。

4 使用固体燃料的锅炉,当停止使用时,烟道系统中可能有明火存在,所以它和燃油、燃气锅炉不得共用 1 个烟囱,以免烟气中夹带的可燃气体遇明火造成爆炸。

5 水平烟道长度过长,将增加烟气的流动阻力,应尽量缩短其长度。

6 烟气中的冷凝水宜排向锅炉,也可在适当位置设排水装置将冷凝水排出。

7 此条是考虑到钢制烟囱的腐蚀问题。

8.0.6 本条是原规范第 6.1.4 条的修订条文。

锅炉烟囱的高度除应符合现行国家标准《锅炉大气污染物排放标准》GB 13271 规定外,还应符合当地政府颁布的锅炉排放地方标准的规定。

对机场附近的锅炉房烟囱高度还应征得航空管理部门和当地市政规划部门的同意。

9 锅炉给水设备和水处理

9.1 锅炉给水设备

9.1.1 本条是原规范第 7.1.1 条的条文。

锅炉房供汽的特点是负荷变化比较大,在选择电动给水泵时,应按热负荷变化的情况,对给水泵的单台容量和台数进行合理的配置,才能保证给水泵正常、经济地运行。

9.1.2 本条是原规范第 7.1.2 条的条文。

给水泵应有备用,以便在检修时,启动备用给水泵以保证锅炉房的正常供汽。在同一给水母管系统中,给水泵的总流量,应当在最大 1 台给水泵停止运行时,仍能满足所有运行锅炉在额定蒸发量时所需给水量的 110%。给水量包括蒸发量和排污量。有些锅炉房采用减温装置或蓄热器设备,这些设备的用水量应予考虑,在给水泵的总流量中应计入其量。减温水耗量可根据热平衡计算确定。

9.1.3 本条是原规范第 7.1.3 条的条文。

对同类型的给水泵且扬程、流量的特性曲线相同或相似时,才允许并联运行,各个泵出水管段宜连接到同一给水母管上。对不同类型的给水泵(如电动给水泵与汽动往复式给水泵)及虽同类型但不同特性的给水泵均不能作并联运行,因此,应按不能并联运行的情况采用不同的给水母管。

9.1.4 本条是原规范第 7.1.4 条和第 7.1.5 条合并后的修订条文。

根据多年来锅炉房给水泵备用的实际使用情况,由于汽动给水泵的噪声和振动严重,且日常维护困难,已不再用汽动给水泵作为电动给水泵的工作备用泵,而采用同类型的电动给水泵为工作备用泵。只有当锅炉房为非一级电力负荷、停电后会造成锅炉事

故时,才应采用汽动给水泵为电动给水泵的事故备用泵(一般为自备用),规定汽动给水泵的流量应满足所有运行锅炉在额定蒸发量时所需给水量的 20%~40%,是为保证运行锅炉不缺水,不会造成安全事故。

9.1.5 本条是原规范第 7.1.7 条的修订条文。

条文将原条文中给水泵扬程计算中"适当的富裕量"作了具体的量化。

9.1.6 本条是原规范第 7.1.8 条的条文。

锅炉房一般设置 1 个给水箱,对常年不间断供热的锅炉房,应设置 2 个给水箱或除氧水箱,以便其中 1 个给水箱进行检修时,还有另 1 个水箱运行,不致影响锅炉的连续运行。根据以往调研给水箱或除氧水箱的总有效容量宜为所有运行锅炉在额定蒸发量时所需 20~60min 的给水量是合适的,小容量锅炉房可取上限值。

9.1.7 本条是原规范第 7.1.9 条的条文。

为防止锅炉给水泵产生汽蚀,必须保证锅炉给水泵有足够的灌注头,使给水泵进水口处的静压力高于此处给水的汽化压力。给水泵进水口处的静压与给水箱水位和给水泵中心标高差的代数和值有关,对于闭式给水系统的热力除氧器,还与给水箱的工作压力、给水泵的汽蚀余量、给水泵进水管段的压力损失有关。因此,灌注头不应小于条文中给出的各项代数和,其中包括 3~5kPa 的富裕量。

9.1.8 本条是新增的条文。

随着多种新型的低汽蚀余量的给水泵的研制成功,成套的低位布置的热力除氧设备获得应用。其热力除氧水箱的布置高度应符合设备的要求,以保证给水泵运行时进口处不发生汽化。

9.1.9 本条是原规范第 7.1.10 条的条文。

锅炉房用工业汽轮机驱动代替电力驱动锅炉给水泵,是降低能耗、合理利用热能的一种有效措施。结合我国目前工业汽轮机产品的供应情况,锅炉房的维修管理水平,以及实际的经济效果等因素考虑,对于单台锅炉额定蒸发量大于等于 35t/h,额定出口压力为 2.5~3.82MPa 表压、热负荷连续而稳定,且所采用蒸汽驱动的给水泵其排汽可作为除氧器或原水加热等用途时,一般可考虑采用工业汽轮机驱动的给水泵作为常用给水泵,而用电力给水泵作为备用泵。对于其他情况的锅炉房,是否宜于采用工业汽轮机驱动的给水泵作为常用给水泵,应经技术经济比较确定。

9.2 水 处 理

9.2.1 本条是原规范第 7.2.1 条的条文。

本条对锅炉房水处理工艺设计提出明确的原则和要求。

9.2.2 本条是原规范第 7.2.2 条的修订条文。

额定出口压力小于等于 2.5MPa(表压)的蒸汽锅炉、热水锅炉的水质,应符合现行国家标准《工业锅炉水质》GB 1576 的规定。

额定出口压力大于 2.5MPa(表压)、小于等于 3.82MPa(表压)的蒸汽锅炉,其汽水质量标准,国家未作统一规定。本次修订明确对这类锅炉的汽水质量,除应符合锅炉产品和用户对汽水质量的要求外,并应符合现行国家标准《火力发电机组及蒸汽动力设备汽水质量》GB/T 12145 的有关规定。

9.2.3 本条是原规范第 7.2.3 条的条文。

锅炉房原水悬浮物含量如果超过离子交换设备进水指标要求,会造成离子交换器内交换剂的污染,结块严重,致使交换剂失效而使水质恶化,出力降低。为此,条文规定当原水悬浮物含量大于 5mg/L 时,进入顺流再生固定床离子交换器前,应过滤;当原水悬浮物含量大于 2mg/L 时,进入逆流再生固定床离子交换器前,应过滤;对于原水悬浮物含量大于 20mg/L 或经石灰水处理的原水,需先经混凝、澄清,再经过滤处理。

9.2.4 本条是原规范第 7.2.4 条的条文。

压力式机械过滤器是锅炉房原水过滤的常用设备,选择过滤器的要求是容易做到的。

9.2.5 本条是原规范第7.2.5条的条文。

原水水压不能满足水处理工艺系统要求时,应设置原水加压设施,具体做法要根据水处理系统的要求和现场情况确定。

9.2.6 本条是原规范第7.2.6条的修订条文。

根据现行国家标准《工业锅炉水质》GB 1576的规定,对原条文作了相应修改。

除原条文根据现行国家标准规定蒸汽锅炉、汽水两用锅炉和热水锅炉的给水应采用锅外化学水处理系统,第1、2款规定了可采用锅内加药水处理的蒸汽锅炉和热水锅炉的范围。不属于所述范围的蒸汽锅炉和热水锅炉,不应采用锅内加药水处理。凡采用锅内加药水处理的蒸汽锅炉和热水锅炉,应加强对其锅炉的结垢、腐蚀和水质的监督,做好运行操作工作。

9.2.7 本条是原规范第7.2.7条的修订条文。

根据现行国家标准《工业锅炉水质》GB 1576的规定,采用锅内加药水处理除应符合本规范9.2.6条规定的锅炉范围外,还应符合本条规定。

本条第1、2款由原条文中的对"原水"悬浮物和总硬度的要求,改为对"给水"悬浮物和总硬度的要求,符合《工业锅炉水质》GB 1576的要求。其中第2款相应改为蒸汽锅炉和热水锅炉的给水总硬度有不同的要求。

本条第3、4款是当采用锅内加药水处理时,应从设计上保证有使锅炉不结垢或少结垢的措施。

9.2.8 本条是原规范第7.2.8条的修订条文。

采用锅外化学水处理时,锅炉排污率主要是指蒸汽锅炉,而锅内加药水处理和热水锅炉的排污率可不受本条规定限制。

近年来,蒸汽锅炉已由单纯用于供热发展为用于中小型供热电厂。对于单纯供热和用于供热电厂的蒸汽锅炉。无论对汽水品质的标准和经济性的要求都是不同的。结合原规范条文的规定和现行国家标准《小型火力发电厂设计规范》GB 50049有关条文的规定,将原条文对蒸汽锅炉排污率的规定由2款改为3款,前2款是对单纯供热的蒸汽锅炉,与原条文相同。第3款是对供热式汽轮机组的蒸汽锅炉,按不同的水处理方式规定了不同的排污率。

9.2.9 本条是原规范第7.2.9条的条文。

本条规定了蒸汽锅炉连续排污水的热量应合理利用,连续排污水的热量利用方法很多,这既能提高热能利用率,又可节省排污水降温的水耗。

9.2.10 本条是原规范第7.2.10条的条文。

本条文明确规定了计算化学水处理设备出力时应包括的各项损失和消耗量。

9.2.11 本条是原规范第7.2.11条的条文。

本条文将原条文中水硬度单位改为摩尔硬度单位。

本条所述化学软化水处理设备在锅炉房设计中均有选用,根据多年试验和运行总结如下:

固定床逆流再生离子交换器与顺流再生相比,由于再生条件好,效率高,故再生剂耗量和清洗水耗量低,且进水总硬度可以较高(一般为6.5mmol/L以下),出水质量好,可以达到标准要求。是当前锅炉房设计中应用的量大面广、可推荐的水处理设备。

固定床顺流再生离子交换器,由于再生条件差,故再生剂耗量和清洗水耗量较大,且出水质量较差,要保证出水质量达到标准要求,进水的总硬度不宜过高(一般在2mmol/L以下),目前小容量锅炉房尚有应用,因此对固定床顺流再生离子交换器应有条件地使用。

浮动床、流动床或移动床离子交换器与固定床逆流再生相比,既具有再生剂、清洗水用量低的优点,又减小了操作阀门多的缺点,一次调整便可连续自动运行。但这类设备的选用条件是:进水总硬度一般不大于4mmol/L,原水水质稳定,软化水出力变化不大,且连续不间断运行。上述条件中连续不间断、稳定出力运行是关键,符合条件时方可采用。

9.2.12 本条是原规范第7.2.12条的修订条文。

目前10t/h以下小型全自动软水装置的技术经济较优于一般手动操作的固定床离子交换器,因此本规范中给予推广。本条文对固定床离子交换器设置的台数、再生备用的要求以及再生周期作了规定。

9.2.13 本条是原规范第7.2.13条的修订条文。

钠离子交换法是锅炉房软化水处理的常用方法。钠离子交换软化水处理系统有一级(单级)和两级(双级)串联两种系统。本条规定了采用两级串联系统的摩尔硬度的界限。

9.2.14 本条是原规范第7.2.16的修订条文。

本条文仅对原条文中软化水残余碱度单位改为摩尔碱度单位。

对于碳酸盐硬度也高的用水,采用钠离子交换后加酸水处理系统是除硬度降碱度的方法之一。其特点是设备简单、占地少、投资省。但加酸过量对锅炉不安全,为此,宜控制残余碱度为1.0~1.4mmol/L。

加酸处理后的软化水中会产生二氧化碳,因此软化水应经除二氧化碳设施。

9.2.15 本条是原规范第7.2.17条的修订条文。

本条文仅对原条文中软化水残余碱度单位改为摩尔碱度单位。

氢—钠离子交换软化水处理系统也是除硬度降碱度的方法之一。氢—钠水处理有串联、并联、综合、不足酸再生串联四种系统。理论酸量再生弱酸性阳离子交换树脂或不足量酸再生树脂交换剂的氢—钠串联系统是锅炉房常用的一种系统。该系统是将全部原水通过不足量酸再生氢离子交换器,除去水中的二氧化碳,再进入钠离子交换器。该系统的特点是操作、控制简单,再生废液不呈酸性,可不处理排放,软化水的残余碱度可降至0.35~0.50mmol/L。因采用不足量酸再生,故氢离子交换器应用固定床顺流再生。氢离子交换器出水中含有二氧化碳,呈酸性,故出水应经除二氧化碳器,氢离子交换器及出水、排水管道应防腐。

9.2.16 本条是原规范第7.2.18条的条文。

本条文明确了选用或设计除二氧化碳器时需考虑的因素。

9.2.17 本条是原规范第7.2.20条的修订条文。

对于原水的含盐量很高,采用化学软化(包括软化降碱度)水处理工艺不能满足锅炉水质标准和汽水质量标准的要求时,除可采用原条文的离子交换化学除盐水处理系统外,还可采用电渗析和反渗透等方法除盐。

9.2.18 本条是原规范第7.2.21条的修订条文。

根据现行国家标准《工业锅炉水质》GB 1576的规定,对全焊接结构的锅炉,锅水的相对碱度可不控制,本条文也作了相应的修订;对锅筒与锅炉管束为胀管连接的锅炉,化学水处理系统应能维持蒸汽锅炉锅水相对碱度小于20%,以防止锅炉的苛性脆化。

9.2.19 本条是原规范第7.2.22条的修订条文。

大气式喷雾热力除氧器具有负荷适应性强、进水温度允许低、体积小、金属耗量少、除氧效果好等优点。因此锅炉房设计中,锅炉给水除氧设备大多采用大气式喷雾热力除氧。现有的大气式喷雾热力除氧器产品中均带有沸腾蒸汽管,供启动和辅助加热,可保证除氧水箱的水温达到除氧温度。

9.2.20 本条是原规范第7.2.23条的修订条文。

真空除氧系统是利用蒸汽喷射器、水喷射器或真空泵抽真空,使系统达到除氧的效果。真空除氧系统的特点是除氧温度低,除氧水温一般不高于60℃。此外,近年来又研制成功新一代解析除氧器和化学除氧装置(包括加药除氧和钢屑除氧),均属低温除氧系统。在锅炉给水需要除氧且给水温度不高于60℃时,可采用这些低温除氧系统。

9.2.21 本条是原规范第7.2.24条的修订条文。

根据现行国家标准《工业锅炉水质》GB 1576的规定,单台锅炉额定热功率大于等于 4.2MW 的承压热水锅炉给水应除氧,额定热功率小于 4.2MW 的承压热水锅炉和常压热水锅炉给水应尽量除氧。

热水系统如果没有蒸汽来源,采用热力除氧是不可行的,应采用本规范第 9.2.20 条的低温除氧系统,可达到除氧要求。当采用亚硫酸钠加药除氧时,应监测锅水中亚硫酸根的含量在规定的 10～30mg/L 范围内。

9.2.22 本条是原规范第 7.2.26 条的修订条文。

磷酸盐溶解器和溶液箱是磷酸盐溶液的制备设备,溶解器应设有搅拌和过滤设施。磷酸盐可采用干法贮存。配制磷酸盐溶液应用软化水或除盐水。

9.2.23 本条是原规范第 7.2.27 条的修订条文。

本条文规定了磷酸盐加药设备的选用和备用配置的原则,为便于运行人员的操作和管理,加药设备宜布置在锅炉间运转层。

9.2.24 本条是原规范第 7.2.28 条的修订条文。

本条文对凝结水箱、软化或除盐水箱及中间水箱等各类水箱的总有效容量和设置要求作了规定,可保证各类水箱均能安全运行。中间水箱一般贮存氢离子交换器或阳离子交换器的出水,该水呈酸性,有腐蚀性,故中间水箱的内壁应有防腐措施。

9.2.25 本条是原规范第 7.2.29 条的条文。

凝结水泵、软化或除盐水泵、中间水泵均为系统中间环节的加压水泵,其流量和扬程均应满足系统的要求。水泵容量和台数的配置和备用泵的设置均应保证系统的安全运行。除中间水泵输送的水是阳离子水外,其余水泵输送的水均呈酸性,有腐蚀性,故应选用耐腐蚀泵。

9.2.26 本条是原规范第 7.2.30 条的修订条文。

食盐是钠离子交换的再生剂,其贮存方式有干法和湿法两种。湿法贮存通常采用混凝土盐池,分为浓盐池和稀盐池。浓盐池是用来贮存食盐和配制饱和溶液的,其有效容积可按汽车运输条件考虑,一般为 5～15d 食盐消耗量,因食盐中含有泥沙,故盐池下部应设置慢滤层或另设过滤器。稀盐液池的有效容积至少要满足最大 1 台离子交换器再生 1 次用的盐液量。由于食盐对混凝土有腐蚀性,故混凝土盐液池内壁应有防腐措施。

9.2.27 本条是原规范第 7.2.31 条的修订条文。

除盐或氢离子交换化学水处理系统,均应设有酸、碱再生系统。本条对酸、碱再生系统设计的 8 款规定,前面 5 款为原规范条文,均为设计中对设备和管道及附件一般要求;后面 3 款为新增加的,是考虑职业安全卫生需要。

9.2.28 本条是原规范第 7.2.32 条的修订条文。

氨对铜和铜合金材料有腐蚀性,故制备氨溶液的设备管道及附件不应使用铜质材料制品。

9.2.29 本条是原规范第 7.2.33 条的修订条文。

汽水系统应装设必要的取样点,取样系统的取样冷却器宜相对集中布置,以便于运行人员操作。为保证汽水样品的代表性,取样管路不宜过长,以免产生样品品质的变化,取样管路及设备应采用耐腐蚀的材质。汽水样品温度宜小于 30℃,可保证样品的质量和取样的安全。

9.2.30 本条是原规范第 7.2.34 条的修订条文。

本条是水处理设备的布置原则。水处理设备按工艺流程顺序将离子交换器、水泵、贮槽等设备分区集中布置,除安装、操作和维修管理方便及噪声小以外,还具有管线短、减少投资和整齐美观的优点。

9.2.31 本条是原规范第 7.2.35 条的条文。

本条是水处理设备布置的具体要求。所规定的主操作通道和辅助设备间的最小净距,可满足操作、化验取样、检修管道阀门及更换补充树脂等工作的要求。

10　供热热水制备

10.1　热水锅炉及附属设施

10.1.1 本条是原规范第 4.1.1 条的条文。

热水锅炉运行时,当锅炉出力与外部热负荷不相适应,或因锅炉本身的热力或水力的不均匀性,都将使锅炉的出水温度或局部受热面中的水温超出设计的出水温度。运行实践证明,温度裕度低于 20℃,锅炉就有汽化的危险,为防止汽化的发生,本条规定热水锅炉的温度裕度不应小于 20℃。

利用自生蒸汽定压的热水锅炉(如锅筒内蒸汽定压)、汽水两用锅炉,因其炉水的温度始终是和蒸汽压力下的饱和温度相对应的,故不能满足 20℃ 温度裕度的要求,因此本条不适用于锅炉自生蒸汽定压的热水锅炉。

10.1.2 本条是原规范第 4.1.2 条的条文。

当突然停电时,循环水泵停运,锅炉内的热水循环停止,此时锅内压力下降,锅水沸点降低,而锅水温度因炉膛余热加热而连续上升,将导致锅水产生汽化。对锅炉水容量大的,因突然停电造成锅水汽化,一般不会造成事故,但如处理不当,也会造成暖气片爆裂等情况。对于水容量小的锅炉,突然停电所造成的锅炉汽化情况比较严重。汽化时锅内会发生汽水撞击,锅炉进出水管和炉体剧烈震动,甚至把仪表震坏。

减轻和防止热水锅炉汽化的措施,国内多采用向锅内加自来水,并在锅炉出水管上的放汽管缓慢放汽,使锅水一面流动,一面降温,直至消除炉膛余热为止;此外,有的工厂安装了由内燃机带动的备用循环水泵,当突然停电时,锅水连续循环;有的工厂设置备用电源或自备发电机组。这些措施各地都有实际运行经验,在设计时可根据具体情况,予以采用。

10.1.3 本条是原规范第 4.1.3 条的修订条文。

热水系统因停泵水击而被破坏的现象是存在的,循环水量在 180t/h 以下的低温热水系统基本上不会造成破坏事故;循环水量在 500～800t/h 的低温热水系统会造成破坏事故;高温热水系统中,即使循环水量不太大的,其停泵水击更具有破坏性。

停泵产生水击,属热水系统的安全问题,应认真对待。现在常用的防止水击破坏的有效措施如下:

1 在循环水泵进、出口母管之间装设带止回阀的旁通管做法。实践证明,当这些旁通管的截面积达到母管截面积的 1/2 时,可有效防止循环水泵突然停运时产生水击现象。

2 在循环水泵进口母管上装设除污器和安全阀。本条将原规范第 11.0.11 条关于热水循环水泵进口侧的回水母管上应装设除污器的规定合并在本条内。为防止安全阀启闭时,热水系统中的污物堵在安全阀的阀芯和阀座之间,造成安全阀关闭不严而大量泄漏,因此规定安全阀宜安装在除污器的出水一侧。

3 当采用气体加压膨胀水箱作恒压装置时,其连通管宜接在循环水泵进口母管上。

4 在循环水泵进口母管上,装设高于系统静压的泄压放气管。

以上措施中前两种一般为应考虑的设施,后两种可根据个别条件选定。

10.1.4 本条是原规范第 4.1.4 条的修订条文。

1 国内集中质调的供热系统,大多处于小温差、大流量的工况下运行,在经济效益上是不合理的。流量过大的原因很多,但主要是由于设计上造成的。如采暖通风负荷计算偏大,循环水泵的流量是按采暖室外计算温度下用户的耗热量总和确定的,而整个采暖期内,室外气温达到采暖室外计算温度的时间很短,致使在大部分时间内水泵流量偏大。

2 供热系统的水力计算缺乏切合实际的资料,往往计算出的系统阻力偏高,设计时难以选到按计算的扬程流量完全一致的循环水泵,一般都选用大一号的。考虑到上述因素,因此对循环水泵的流量扬程不必另加富裕量。

3 对循环水泵的台数规定了不少于2台,且规定了当1台停止运行时,其余循环水泵的总流量应满足最大循环水量。对备用泵未作出明确规定。

4 为使循环水泵的运行效率较高,各并联运行的循环水泵的特性曲线要平缓,而且宜相同或近似。

5 本款是新增的条款。考虑到在某些情况下(例如高层建筑的高温热水系统),由于系统的定压压力会高出循环水泵扬程几倍,因此在选择循环水泵时,必须考虑其承压、耐温性能要与相应的热网系统参数相适应。

10.1.5 本条是原规范第4.1.5条的条文。

采用分阶段改变流量的质调节的运行方式,可大量节约循环水泵的耗电量。把整个采暖期按室外温度的高低分为若干阶段,当室外温度较高时开启小流量的泵;室外温度较低时开启大流量的泵。在每一阶段内维持一定流量不变,并采用热网供水温度的质调节,以满足供热需要。实际上这种运行方式很多单位都使用过,运行效果较好。

在中小型供热系统中,一般采用两种不同规格的循环水泵,如水泵的流量和扬程选择合适,能使循环水泵的运行电耗减少40%。

对大型供热系统,流量变化可分成3个或更多的阶段,不同阶段采用不同流量的泵,这样可使循环水泵的运行耗电量减少50%以上。

这种分阶段改变流量的质调节方式,网络的水力工况产生了等比失调,可采用平衡阀及时调整水力工况,不致影响用户要求。

为了分阶段运行的可靠性和调节方便,循环水泵的台数不宜少于3台。

10.1.6 本条是新增的条文。

随着程序控制的调速水泵的技术日益成熟,采用调速水泵实现连续改变流量的调节可最大限度地节约循环水泵的耗电量,但对热网水力平衡的自控水平要求很高,目前量调在我国基本还是作为辅助调节手段。

10.1.7 本条是原规范第4.1.6条的条文。

1 本条文对热水热力网中补给水泵的流量、扬程和备用补给水泵的设置作了规定。结合我国的实际情况,补给水泵的流量按热水网正常补给水量的4~5倍选择是够用的。

2 补给水泵的扬程应有补水点压力加30~50kPa的富裕量,以保证安全。

3 这是为补给水的安全供应考虑的。

4 补给水泵采用调速的方式,可以节能,也利于调节,保证系统的安全和稳定运行。因其功率一般不大,采用变频调速较好。

10.1.8 本条是原规范第4.1.7条的修订条文。

热水系统的小时泄漏量,与系统规模、供水温度和运行管理有密切关系。据对调查结果的分析,造成补水量大的原因主要是不合理的取水。规范对热水系统的小时泄漏量作出规定,对加强热网管理、减小补水量有促进作用。降低补给水量不但有节约意义,而且对热水锅炉及其系统的防腐有重要作用。

将系统的小时泄漏量定为小于系统循环水量的1%,实践证明也是可以达到的。

10.1.9 本条是原规范第4.1.8条的条文。

供水温度高于100℃的热水系统,要求恒压装置满足系统停运时不汽化的要求是必要的。其好处是:

1 避免用户最高点汽化冷凝后吸收空气,加剧管道腐蚀。

2 减少再次启动时的放气工作量。

3 避免汽化后因误操作造成暖气片爆破事故。

但是,要求系统在停运时不汽化将产生以下问题:

1 运行时系统各点压力相对较高,容易发生超压事故。

2 铸铁暖气片的使用范围受到限制。

3 采用补给水泵作恒压装置时,如遇突然停电,且没有其他补救措施时,往往无法保证系统停运时不汽化。

因此,硬性规定供水温度高于100℃的热水系统,都要确保停运时不汽化,只能采取其他在停电时能保持热水系统压力的措施,故采用了"宜"的说法。

采用氮气或蒸汽加压膨胀水箱作恒压装置不受停电的影响,在一般情况下均能满足系统停运时不汽化的要求。当此类恒压装置安装在循环水泵出口端时,设计是以系统运行时不汽化为出发点,系统停运时肯定不会汽化,故必须保证运行时不汽化。当此类恒压装置安装在循环水泵进口端时,设计是以系统停运时不汽化为出发点,则系统运行时肯定不会汽化,但对于"降压运行"的热水系统,仍需要求运行时不汽化。

10.1.10 本条是原规范第4.1.10条的条文。

供热系统的定压点和补水点均在循环水泵的吸水侧,即进口母管上,在实际运行中采用最普遍。其优点是:压力波动较小,当循环水泵停止运行时,整个供热系统将处于较低的压力之下,如用电动水泵保持定压,扬程较小,所耗电能较经济,如用气体压力箱定压时,则水箱所承受的压力较低。总之定压点设在循环水泵的进口母管上时,补水点亦宜设在循环水泵的同一进口母管上。

10.1.11 本条是原规范第4.1.11条的修订条文。

1 采用补给水泵作恒压装置时,一遇突然停电,就不能向系统补水。而在目前条件下突然停电很难避免,为此本条规定:"除突然停电的情况外,应符合本规范第10.1.9条的要求"。

2 为了在有条件时弥补因停电造成的缺陷,当给水(自来水)压力高于系统静压线时,停运时宜用给水(自来水)保持静压,以避免系统汽化。

3 补给水泵用间歇补水时,热水系统在运行中的动压线是变化的,其变化范围在补水点最高压力和最低压力之间。间歇补水时,在补给水泵停止补水期间,热水系统出现过汽化现象,这是因为补水点最低压力(补给水泵启动时的补水点压力)定得太低或是电触点压力表灵敏度较差等原因造成的。为避免发生这种情况,本条规定在补给水泵停止运行期间系统的压力下降,不应导致系统汽化,即要求设计确定的补给水泵启动时的补水点压力,必须保证系统不发生汽化。

4 用补给水泵作恒压装置的热水系统,不具备吸收水容积膨胀的能力。因此,必须在系统中装设泄压装置,以防止水容积膨胀引起超压事故。

10.1.12 本条是原规范第4.1.12条的条文。

1 供水温度低于100℃的热水系统,国内多数采用高位膨胀水箱作恒压装置。这种恒压装置简单、可靠、稳定、省电,对低温热水系统比较适合。条件许可时,高温热水系统也可以采用这种装置。

高位膨胀水箱与系统连接的位置是可以选择的,可以在循环水泵的进、出口母管上,也可以在锅炉出口。目前国内基本上是连接在循环水泵进口母管上,这样可以使水箱的安装高度低一些,在经济上是合理的。因此,本条规定,高位膨胀水箱与系统连接的位置,宜设在循环水泵进口母管上。

2 为防止热水系统停运时产生倒空,致使系统吸空气,加剧管道腐蚀,增加再次启动时的放气工作量,有必要规定高位膨胀水箱的最低水位,必须高于用户系统的最高点。目前国内高位膨胀水箱的安装高度,对供水温度低于100℃的热水系统,一般高于用户系统最高点1m以上。对供水温度高于100℃的热水系统,不仅必须要求水箱的安装高度高于用户系统最高点,而且还需要满足系统停运时最好能不汽化的要求。

3 为防止设置在露天的高位膨胀水箱被冻裂,故规定应有防冻措施。

4 为避免因误操作造成系统超压事故,规定高位膨胀水箱与热水系统的连接管上不应装设阀门。

10.1.13 本条是新增的条文。

隔膜式气压水罐是利用隔膜密闭技术,依靠罐内气体的压缩和膨胀,在补给水泵停运时,仍保持系统压力在允许的波动范围内,使系统不汽化,实现补给水泵间断运行。隔膜式气压水罐可落地布置。受该装置的罐体容积和热水系统补水量的限制,隔膜式气压水罐适用于系统总水容量小于 500m³ 的小型热水系统。

选择隔膜式气压水罐作为热水系统定压补水装置时,仍应符合本规范第 10.1.7 条 1、2 款的要求。为防止占地过大,总台数不宜超过 2 台。

10.2 热水制备设施

10.2.1 本条是原规范第 4.2.1 条的条文。

换热器事故率较低,一般供应采暖及生活用热,有一定的检修时间,为了减少投资,可以不设置备用。根据使用情况,为保证供热的可靠性,可采取几台换热器并联的办法,当其中 1 台停止运行时,其余换热器的换热量能满足 75% 总计算热负荷的需要。

10.2.2 本条是原规范第 4.2.2 条的条文。

管式换热器检修时需抽出管束,另外与换热器本体连接的管道阀门也较多,以及设备较笨重等原因,所以换热器间应有一定的检修场地、建筑高度以及具备吊装条件等,以保证维修的需要。

10.2.3 本条是原规范第 4.2.3 条的条文。

以蒸汽为加热介质的汽水换热系统中,推荐使用"过冷式"汽水换热器,可不串联水水换热器,系统简化。若汽水换热器排出的凝结水温超过 80℃,为减少热损失,宜在汽水换热器之后,串联一级水水换热器,以便把上一级的凝结水温度降低下来之后予以回收。水水换热器后的排水管应有一定的上反管段,以保证热交换介质充满整个容器,充分发挥设备的能力。

10.2.4 本条是原规范第 4.2.5 条的条文。

采用蒸汽喷射加热器和汽水混合加热器的热水系统,可以满足加热介质为蒸汽且热负荷较小的用户。

蒸汽喷射加热器代替了热水采暖系统中热交换器的循环水泵,它本身既能推动热水在采暖系统中的循环流动,同时又能将水加热。但采用蒸汽喷射器加热,必须具备一定的条件,供汽压力不能波动太大,应一定的范围,否则就会使喷射器不能正常工作。

汽水混合加热器,具有体积小、制造简单、安装方便、调节灵敏和加热温差大等优点,但在系统中需设循环水泵。

以上两种加热设备都是用蒸汽与水直接混合加热的,正常运行时加入系统多少蒸汽量,应从系统中排出多少冷凝水量,这些水具有一定的热量且经过水质处理,故规定应予以回收。

淋浴式加热器已基本不使用,因此不再推荐。

10.2.5 本条是原规范第 4.2.6 条的修订条文。

1 蒸汽压力保持稳定是蒸汽喷射加热器低噪声、稳定运行的主要保障条件。

2 蒸汽喷射加热器的开关和调节均需有人管理,设备的集中布置既可减少人员,又有利于系统溢流水的回收利用。

3 并联运行的蒸汽喷射加热器,为便于其中单个设备的启动和停运,防止造成倒灌现象,应在每个喷射器的出、入口装设闸阀,并在出口装设止回阀。

4 采用膨胀水箱控制喷射器入口水压,具有管理方便、压力稳定等优点,故推荐使用。

10.2.6 本条是新增的条文。

近年来小型全自动组合式换热机组是已实现工厂化生产的定型产品,是一种集热交换、热水循环、补给水和系统定压于一体的换热装置,可以根据用户热水系统的要求进行多种组合,适用于小型换热站选用,可缩短设计和施工周期,节约投资。但在选用小型

全自动组合式换热机组时,应结合用户热力网的具体情况,对换热机组的换热量、热力网系统的水力工况、循环水泵和补给水泵的特性进行校核计算。

11 监测和控制

11.1 监 测

11.1.1 本条是原规范第 9.1.1 条的条文。

根据原规范条文结合目前国内锅炉房监测的现状,并按现行《蒸汽锅炉安全技术监察规程》的有关规定,为保证蒸汽锅炉机组的安全运行,必须装设监测下列主要参数的指示仪表:

1 锅筒蒸汽压力。

2 锅筒水位。

3 锅筒进口给水压力。

4 过热器出口的蒸汽压力和温度。

5 省煤器进、出口的水温和水压。

对于大于等于 20t/h 的蒸汽锅炉,除了应装设上列保证安全运行参数的指示仪表外,尚应装设记录其锅筒蒸汽压力、水位和过热器出口蒸汽压力和温度的仪表。

控制非沸腾式(铸铁)省煤器出口水温可防止汽化,确保省煤器安全运行;对沸腾式省煤器,需控制进口水温,以防止钢管外壁受含硫酸烟气的低温腐蚀。

此外,通过对省煤器进、出口水压的监测,可以及时发现省煤器的堵塞,及时清理,以利于省煤器的安全运行。

11.1.2 本条是原规范第 9.1.2 条的修订条文。

本条是在原条文的基础上,为了保证蒸汽锅炉能经济地运行,使对有关参数检测所需装设的仪表更直观清晰,将原条文按单台锅炉额定蒸发量和监测仪表的功能,予以分档表格化。

实现蒸汽锅炉经济运行对提高锅炉热效率,节约能源,有着重要的意义。近年来锅炉房仪表装设水平已有较大的提高,这给锅

炉的经济运行和经济核算提供了可能和方便。

对于单台锅炉额定蒸发量大于4t/h而小于20t/h的火管锅炉或水火管组合锅炉,当不便装设烟风系统参数测点时,可不监测。

本次修订增加了给水调节阀开度指示和鼓、引风机进口挡板开度指示,以及给煤(粉)机转速和调速风机转速指示,使锅炉运行人员及时了解设备的运行状态并根据机组的负荷进行随机调节,保证锅炉机组处于最佳运行状态。

11.1.3 本条是原规范第9.1.3条的修订条文。

根据原规范条文,结合目前国内锅炉房监测的现状,为保证热水锅炉机组的安全、经济运行,必须装设监测锅炉进、出口水温和水压、循环水流量以及风、烟系统的各段的压力和温度参数等的指示仪表。对于单台额定热功率大于等于14MW的热水锅炉,尚应增加锅炉出口水温和循环水流量的记录仪表。

热水锅炉的燃料量和风、烟系统的压力和温度仪表,可按本规范表11.1.2中容量相应的蒸汽锅炉的监测项目设置。

11.1.4 本条是原规范第9.1.4条的修订条文。

本条规定了对不同类型锅炉所装仪表除应遵守本规范第11.1.1条、第11.1.2条和第11.1.3条的规定外,还必须装设监测有关参数的指示仪表。

1 循环流化床锅炉的正常运行,主要是通过对其炉床密相区和稀相区温度及料层差压的控制和调整,以保证燃烧的稳定;通过对炉床温度、分离器烟温和返料器温度的控制和调整,防止发生结渣和结焦;通过一次风量、二次风量、石灰石给料量及炉床温度的控制和调整,实现低氮氧化物和二氧化硫的排放,有利于环境保护。

2 煤粉锅炉为防止制粉系统自燃和爆炸,对制粉设备出口处煤粉和空气混合物的温度应予以控制,控制温度的高低主要与煤种有关。因此为了煤粉锅炉安全运行,必须对此参数进行监测。

3 对燃油锅炉,除了供油系统需监测一些必需的温度压力参数外,为了防止炉膛熄火,保证安全运行,雾化好,燃烧完全,还必须监测燃烧器前的油温和油压,带中间回油燃烧器的回油油压、蒸汽或空气进雾化器前的压力,以及锅炉后或锅炉尾部受热面后的烟气温度。对锅炉或锅炉尾部受热面后的烟气温度的监测,也是为防止含硫烟气对设备的低温腐蚀和发生烟气再燃烧。

4 燃气锅炉运行中,燃烧器前的燃气压力如果过低,可能发生回火,导致燃气管道爆炸;燃气压力如果过高,可能发生脱火或炉膛熄火,导致炉膛爆炸。

11.1.5 本条是原规范第9.1.5条的修订条文。

为方便执行,本次修订以表格化形式将原条文按锅炉房辅助部分分为泵、除氧(包括热力、真空、解析)、水处理(包括离子交换、反渗透)、减压减温、热交换、蓄热器、凝结水回收、制粉系统、石灰石制备、其他(包括箱罐容器、排污膨胀器、加压膨胀箱、燃油加热器等)分别订出具体的监测项目,所监测项目详细分类(指示、积算和记录)。与原规范相比,增加了解析除氧、反渗透水处理、循环流化床锅炉的石灰石制备等部分的监测项目。

11.1.6 本条是原规范第9.1.6条的条文。

实行经济核算是企业管理的一项重要内容,本条所列锅炉房应装设的蒸汽流量、燃料消耗量、原水消耗量、电耗量等计量仪表有利于加强锅炉房经济考核,杜绝浪费,节约成本,提高经济效益。

11.1.7 本条是原规范第9.1.7条的修订条文。

为了保证锅炉房的安全运行,必须装设必要的报警信号。本次修订增加了循环流化床锅炉的内容,并将竖井磨煤机竖井出口和风扇磨煤机分离出口改为煤粉锅炉制粉设备出口气、粉混合物温度的报警信号。为了方便执行,本次修改也将锅炉房必须装设的报警信号表格化,分项列出,报警信号分为设备故障停用和参数过高或过低,比较直观清晰。

1 锅筒水位在锅炉安全运行中至关重要,1～75t/h蒸汽锅炉均应设置高低水位报警信号。

2 锅筒均设有安全阀作超压保护,增加压力过高报警信号,以便进一步提高安全性。

3 省煤器出口水温信号起到及时提醒运行人员调节省煤器旁路分流水量,以保护省煤器安全,尤其是对非沸腾式省煤器更为重要。

4 热水锅炉出口水温过高会导致锅炉汽化和热水系统汽化,酿成事故,应装设超温报警信号。

5 过热器出口装设温度信号,可及时提醒运行人员进行调整。

6、7 给水泵和炉排停运均应提醒运行人员及时处置故障。

8 给煤(粉)系统的故障停运,会造成燃烧中断,甚至熄火,影响锅炉的安全运行,应设报警信号,提醒运行人员采取相应措施。

9 运行中的循环流化床锅炉,燃油、燃气锅炉和煤粉锅炉,当风机的电机事故跳闸或故障停运时,可能导致锅炉事故。装设风机停运信号,可及时提醒运行人员尽早采取安全措施。

10 燃油、燃气锅炉和煤粉锅炉在运行中熄火,可能导致炉膛爆炸,"熄火爆炸"是油、气、煤粉锅炉常见的事故之一。所以该类锅炉熄火时,应立即切断燃料供应。为此需要及时地发现熄火,应该装设火焰监测装置。

11、12 在贮油罐和中间油罐上装设油位、油温信号,可及时提醒运行人员采取措施,尤其当贮油罐和中间油箱油温过高或油位过高可导致油罐(箱)冒顶。

13 燃气锅炉进气压力波动是造成燃烧器回火、炉膛熄火的常见原因,运行中的回火和熄火可能导致燃烧器或炉膛爆炸。在锅炉的燃气进气干管上装设压力信号装置,可以在燃气压力高于或低于允许值时发出警报,以便操作人员及早采取措施,防止炉膛熄火。

14 为防止制粉系统自燃和爆炸,对制粉设备出口处煤粉和空气混合物的温度应予以控制。装设温度过高信号,可以使操作人员及时发现,及时处理,避免煤粉爆炸。

15 煤粉锅炉炉膛负压是反映锅炉燃烧系统通风平衡状况,保持正常运行的重要数据。

16 循环流化床锅炉要保持稳定的运行,关键是控制炉床温度的稳定,炉床温度的过高或过低,会造成结焦或堵塞。装设温度过高和过低信号,可以使操作人员及时采取措施,维护锅炉的稳定燃烧。

17 控制循环流化床锅炉返料器处温度不应过高,这是为了防止锅炉返料口发生结焦,如在此处结焦现象未能得到及时处理,则将会造成返料器的堵塞,最终导致循环流化床锅炉停止运行。

18 循环流化床锅炉返料器如堵塞,则锅炉将要停运。

19 当热水系统的循环水泵因故障停运时,如不及时处理会加重热水锅炉的汽化程度。特别是水容量较小的热水锅炉,更可能造成事故。因此,有必要在循环水泵停运时给司炉发出信号,以便及时处理。

20 热水系统中热交换器出水温度过高,将可能引起热水供水管在运行中产生汽化,造成管网水冲击,必须注意及时调整加热程度,以降低出水温度。

21 当热水系统的高位膨胀水箱水位大幅度降低时,必须及时补水,否则会危及系统运行的安全。当水位过高时,大量的溢流会造成水量和热量的损失。装设水位信号器不仅可以给出水位警报,而且可以通过电气控制回路控制补给水泵自动补水。

22 加压膨胀水箱工作压力过低或由于水位大幅度降低而引起系统压力下降,均可能导致系统汽化,从而危及系统运行的安全。相反,加压膨胀水箱工作压力过高,会使热水系统超压,危及系统安全。水箱水位过高时,将减少或失去吸收系统膨胀的能力。装设压力报警信号,可以保证系统的安全性。装设水位信号器不仅可以给出水位警报,而且可以通过电气控制回路控制补给水泵自动补水。

23 除氧水箱往往没有专门操作人员,一旦水箱缺水,将危及锅炉安全和影响锅炉房正常供汽;当水箱水位过高又会造成大量溢流,损失软化水和热量。因此,必须装设水位报警信号,以便及时进行处理。

24 自动保护装置动作意味着在设备运行的程序中出现了不适当的动作(例如误操作或有关设备跳闸和故障),或在运行中出现了危及设备及人身安全的条件。此时应给出信号,以表明可能导致事故的原因,并表明设备已经得到安全保护,使运行人员心中有数。

25 燃气调压间、燃气锅炉间和油泵间,由于油气和燃气可能泄漏,与空气混合达到爆炸浓度,遇明火会爆炸,这些房间均是可能发生火灾的场所,因此应装设可燃气体浓度报警装置,以防止火灾的发生。

11.2 控 制

11.2.1 本条是原规范第9.2.1条的条文。

设置给水自动调节装置,是保护蒸汽锅炉机组安全运行、减轻操作人员劳动强度的重要措施之一。4t/h 及以下的小容量锅炉可设较为简便的位式给水自动调节装置;大于等于6t/h 的锅炉应设调节性能好的连续给水自动调节装置,其信号可视锅炉容量大小采用双冲量或三冲量。

11.2.2 本条是原规范第9.2.2条的条文。

蒸汽锅炉运行压力和锅筒水位是涉及锅炉安全的两个重要参数,设置极限低水位保护和蒸汽超压保护能起到自动停炉的保护作用。水位和压力两个参数中以水位参数更为重要,故对于极限低水位保护不再划分锅炉容量界限。而对于蒸汽超压保护则以单台锅炉额定蒸发量大于等于6t/h 的蒸汽锅炉为界限。

11.2.3 本条是原规范第9.2.3条的条文。

热水锅炉在运行中,当出现水温升高、压力降低或循环水泵突然停止运行等情况时,会出现锅水汽化现象。而这种汽化现象将危及锅炉安全,可能造成事故。因此,应设置自动切断燃料供应和自动切断鼓、引风机的保护装置,以防止热水锅炉发生汽化。

11.2.4 本条是原规范第9.2.4条的条文。

热水系统装设自动补水装置可以防止出现倒空和汽化现象,保证安全运行。

加压膨胀水箱的压力偏高,会造成系统超压,压力偏低会引起系统汽化。而水位偏低也会引起系统汽化,水位偏高则失去吸收膨胀的能力,均将危及系统安全运行。因此应装设加压膨胀水箱的压力、水位自动调节装置,保护系统安全运行。

11.2.5 本条是原规范第9.2.5条的修订条文。

热交换站装设加热介质流量自动调节装置,可保证供热介质的参数适应供热系统热负荷的变化,节约能源。调节装置可为电动、气动调节阀或自力式温度调节阀。

11.2.6 本条是原规范第9.2.6条的修订条文。

燃油、燃气锅炉实现燃烧过程自动调节,对于提高锅炉机组热效率、节约燃料和减轻劳动强度有很重要的意义。燃油、燃气锅炉较容易实现燃烧过程自动调节。

近年来随着微机控制在锅炉机组方面的应用日益广泛,更为其他燃烧方式的锅炉实现燃烧过程自动调节开辟了方便的途径。所以将原条文修改为"单台额定蒸发量大于等于10t/h 的蒸汽锅炉或单台额定热功率大于等于7MW 的热水锅炉,宜装设燃烧过程自动调节装置"。不但锅炉容量限值降低,而且由蒸汽锅炉扩大到相应容量的热水锅炉。

11.2.7 本条是新增的条文。

循环流化床锅炉的安全、经济运行,取决于对炉床温度的控制,只有将炉床温度控制在一个合理的范围内,才能稳定燃烧,避免结焦或熄火,也有利于炉内烟气脱硫和烟气的低氮氧化物的排

放。作为另一个反映料层厚度的重要运行参数"料层压差",可视锅炉采用排渣方式的不同,采用连续调节或间隙调节。

11.2.8 本条是原规范第9.2.7条的修订条文。

计算机控制技术应用日益广泛且价格越来越低,不仅能解决以往的单回路智能调节,也适用于整套锅炉的综合协调控制。特别是随着锅炉容量的增大和数量的增加,采用基于现场总线的集散控制系统,解决多台锅炉的协调、经济运行,是以往的运行模式所无法比拟的。

11.2.9 本条是原规范第9.2.8条的条文。

热力除氧器产品一般都配有水位自动调节阀(浮球自力式),基本上能满足运行要求。但由于浮球波动和破损,容易失误。装设蒸汽压力自动调节器对控制除氧器的工作压力,特别是在负荷波动的情况下,藉以使残余含氧量达到水质标准是很需要的。对大容量、要求高的除氧器亦可采用电动(气动)水位自动调节器。

11.2.10 本条是原规范第9.2.9条的条文。

鉴于真空除氧设备不用蒸汽加热的特点和低位布置真空除氧设备的优点,小型的真空除氧设备的应用日渐增多。除氧水箱水位关系到锅炉安全运行,除氧器进水温度关系到除氧效果,因此,应装设水位和进水温度自动调节装置。

11.2.11 本条是新增的条文。

由于解析除氧设备不需蒸汽加热和可低位布置等优点,小型的解析除氧设备的应用也日渐增多。解析除氧设备的喷射器进水压力和进水温度的控制,直接关系到除氧效果,因此,应装设喷射器进水压力和进水温度的自动调节装置。

11.2.12 本条是原规范第9.2.10条的条文。

熄火保护对用煤粉、油或气体作燃料的锅炉十分重要。实践证明,凡是装了熄火保护装置的锅炉未曾发生过熄火爆炸,凡是未设熄火保护装置的则炉膛爆炸事故较为频繁,损失严重。

熄火保护装置是由火焰监测装置和电磁阀等元件组成的,它的功能是:能够在锅炉运行的全部时间内不断地监视火焰的情况;当火焰熄灭或不稳定时,能够及时给出警报信号并自动快速切断燃料,有效地防止熄火爆炸。因此,对用煤粉、油、气体作燃料的锅炉装设熄火保护装置是必要的。

一个设计合理的点火程序控制系统,最低限度应具备如下的功能:

1 只有当风机完成清炉任务后,炉膛中方能建立点火火焰。

2 只有当点火火焰建立起来(经火焰监测装置证实)并经过预定的时间后,喷燃器的燃料控制阀门才能打开。

3 点火火焰保持预定的时间后应能自动熄灭。

4 当喷燃器未能在预定的时间内被点燃时,喷燃器的燃料控制阀门能够在点火火焰熄灭的同时自动快速关闭。

具备上述功能的点火程序控制系统,基本上可以保证点火的安全。因此,条文规定应装设点火程序控制和熄火保护装置。

点火程序控制系统由熄火保护装置、电气点火装置和程序控制器等元件组成。

11.2.13 本条是原规范第9.2.11条的条文。

层燃锅炉的引风机、鼓风机和抛煤机、炉排减速箱等设备之间应设电气联锁装置,以免操作失误。

层燃锅炉在启动时,应依次开启引风机、鼓风机、炉排减速箱和抛煤机;停炉时应依次关闭抛煤机、炉排减速箱、鼓风机和引风机。

11.2.14 本条是原规范第9.2.12条的修订条文。

1、2 严格地按照预定的程序控制风机的启停和燃料阀门的开关,是保证油、气、煤粉锅炉运行安全的关键。由于未开引风机(或鼓风机)而进行点火造成的爆炸事例很多。考虑到操作人员的疏忽、记忆差错等因素很难完全排除,锅炉运行中风机故障停运也很难完全避免,当锅炉装有控制燃料的自动快速切断阀时,设计应使鼓风机、引风机的电动机和控制燃料的自动快速切断阀之间有

可靠的电气联锁。

3 当燃油压力低于规定值时，会影响雾化效果，甚至造成炉膛熄火；燃气压力低于规定值时，会引起回火事故，所以应装设当燃油、燃气压力低于规定值时自动切断燃油、燃气供应的联锁装置。

4 本条增加了当燃油、燃气压力高于规定值时自动切断燃油、燃气供应的联锁装置，燃油、燃气压力高于规定值时也同样影响燃烧工况和影响安全运行。本款是增加的条文，是防止引起爆炸事故的安全措施。

11.2.15 本条是原规范第9.2.13条的条文。

制粉系统中给煤机、磨煤机、一次风机和排粉机等设备之间，需设置启、停机及事故停机时的顺序联锁，以防止煤在设备内堆积堵塞。

11.2.16 本条是原规范第9.2.15条的条文。

连续机械化运煤系统、除灰渣系统中，各运煤、除灰渣设备之间均应设置设备启、停机的顺序联锁，以防止煤或渣在设备上堆积堵塞；并且设置停机延时联锁，以便在正常情况下，达到再启动时为空载启动，事故停机例外。

11.2.17 本条是原规范第9.2.16条的条文。

运煤和煤的制备设备（包括煤粉制备和煤的破碎、筛分设备）与局部排风和除尘装置设置联锁，启动时先开排风和除尘系统的风机，后启动煤和煤的制备机械，停止时顺序相反，以达到除尘效果，保护操作环境。

11.2.18 本条是原规范第9.2.17条的条文。

过热蒸汽温度为蒸汽锅炉运行时的重要参数之一，带喷水减温的过热器宜装设过热蒸汽温度自动调节装置，通过调节喷水量控制过热蒸汽温度。

11.2.19 本条是原规范第9.2.18条的条文。

经减温减压装置供汽的压力和温度参数随外界负荷而变化，需随时根据外界负荷进行调节。宜设置蒸汽压力和温度自动调节装置，以保证供汽质量。

11.2.20 本条是原规范第9.2.19条条文。

锅炉的操作值班地点，一般在炉前，主要的监测仪表也集中在这里。司炉根据仪表的指示和燃烧的情况进行操作。当锅炉为楼层布置时，风机一般布置在底层，操作风门不方便；当锅炉单层布置而风机远离炉前时，风门操作也不方便。在上述情况下均宜设置遥控风门，并指示风门的开度。远距离控制装置可以是电动、气动或液动的执行机构。

11.2.21 本条是原规范第9.2.20条的条文。

条文所指的电动设备、阀门和烟、风门，一般配置于单台容量较大的锅炉和总容量较大的锅炉房。此时，根据本规范的规定，这类锅炉或锅炉房均已设置了较完善的供安全运行和经济运行所需要的监测仪表和控制装置，并设置了集中仪表控制室。上述诸参数以外的电动设备、阀门和烟风门可按需要采用远距离控制装置，并统一设在有关的仪表控制室内。

11.2.22 本条是新增的条文。

随着我国近年来经济和技术的发展，对锅炉房的控制水平要求也相应提高，对单台蒸汽锅炉额定蒸发量大于等于10t/h或单台热水锅炉额定热功率大于等于7MW的锅炉房宜设置微机集中控制系统，有利于提高锅炉房的经济效益，减轻人员的劳动强度，改善操作环境。而采用微机集中控制系统的投资也与采用常规仪表的投资相当。

11.2.23 本条是新增的条文。

随着锅炉房控制系统大量采用计算机控制系统，为确保控制系统的可靠性，应设置不间断（UPS）电源供电方式，利用UPS的不间断供电特性，保证计算机控制系统在外部供电发生故障时，仍能进行部分操作，并将重要信息进行存贮、传输、打印，以便及时分析处理。

12 化验和检修

12.1 化 验

12.1.1 本条是原规范第10.1.1条的修订条文。

本条第1款是当额定蒸发量为2台4t/h或4台2t/h的蒸汽锅炉、额定热功率为2台2.8MW或4台1.4MW的热水锅炉锅炉房，均只需设置化验场地，而不设化验室。所谓化验场地是指在该处设置简易的化验设施和化验桌，以便进行简单的水质分析。但为了能保证锅炉在运行过程中，满足所需日常检测的其他项目（包括燃煤、灰渣和烟气分析等项目）的化验要求，在第2款中还规定在本单位需有协作化验及配置试剂的条件。这两点必须同时满足，才可不设置化验室而仅设置化验场地。

12.1.2 本条是原规范第10.1.2条的修订条文。

条文中第1、2款均是根据现行国家标准《工业锅炉水质》GB 1576中第2条所列控制的项目。由于锅炉参数不同，水处理方法不同，所要求的化验项目也不同。

12.1.3 本条是原规范第10.1.3条和第10.1.4条的修订条文之一。

原规范两条条文都是燃料燃烧所需控制的项目，均是现行国家标准《评价企业合理用热技术导则》GB 3486中有关条文规定的分析项目。但导则中未规定锅炉的容量、参数和检测的时间间隔要求。调研资料表明，小型燃煤锅炉房化验室一般都无燃料成分分析和灰渣含碳量分析的条件，大部分由中央实验室或其他单位协作解决。故本条条文规定了不同规模的锅炉房，其化验室需具备的测定相应检测项目的能力。

12.1.4 本条是原规范第10.1.3条和第10.1.4条的修订条文之一。

本条是对本规范第12.1.3条条文的补充。对锅炉房总蒸发量大于等于60t/h或总热功率大于等于42MW的锅炉房的燃料分析提出更高的要求，以使锅炉房从设计开始到投入运行都能保证经济、安全可靠。

12.1.5 本条是原规范第10.1.5条的条文。

条文中的检测项目均为国家标准《评价企业合理用热技术导则》GB 3486中第1.2.2条所规定的测定项目。

12.2 检 修

12.2.1 本条是原规范第10.2.1条和第10.2.2条合并后的修订条文。

本条文规定了锅炉房检修间的工作范围和检修间、检修场地的设置原则。我国锅炉产品系列中额定蒸发量小于等于6t/h和额定热功率小于等于4.2MW的锅炉已实现了快装化、零部件标准化，部件通用程度很高，备品备件容易更换。因此将原条文规定的设置检修场地的条件适当放宽。当锅炉房只设置检修场地时，为便于检修工具和备品的管理和存放，仍需要设置工具室。

12.2.2 本条是原规范第10.2.3条的修订条文。

锅炉房检修间配备的基本机修设备包括钳工桌、砂轮机、台钻、洗管器、手动试压泵和焊割等。大型锅炉房检修用的机床设备（包括车床、钻床、刨床和小型移动式空压机等），是采取自行配置或地区协作，宜作技术经济比较确定。

12.2.3 本条是原规范第10.2.4条的条文。

总蒸发量大于等于60t/h或总热功率大于等于42MW的锅炉房，电气设备一般较多，需要有专人负责日常的维修保养，以便设备能正常运行。故条文中规定宜设置电气保养室，负责这项工作。但如本单位有集中的电工值班室时，则可不在锅炉房内设置电气保养室。

对电气设备的检修工作，原则上宜由本单位统一安排，或由本地区协作解决,但不排除大型锅炉房自行设置电气修理间,以对锅炉房电气设备进行中、小修工作。

12.2.4 本条是原规范第10.2.5条的条文。

单台蒸汽锅炉额定蒸发量大于等于10t/h或单台热水锅炉额定热功率大于或等于7MW的锅炉房,控制和检测仪表较齐全,且精密度高,应当有专人负责日常的维护保养,故条文规定宜设置仪表保养室。但有些单位设有集中的仪表维修部门,并有巡回仪表保养人员,则可以不在锅炉房设置仪表保养室。

对仪表的检修工作,原则上通过协作解决,但不排除大型锅炉房或区域锅炉房自行设置仪表检修间,以对锅炉房仪表进行中、小修工作。

12.2.5 本条是原规范第10.2.6条的条文。

为便于锅炉房设备和管道阀件的搬运和检修,在双层布置锅炉房和单台蒸汽锅炉额定蒸发量大于等于10t/h、单台热水锅炉额定热功率大于等于7MW的单层布置锅炉房设计时,对吊装条件的考虑至关重要。但吊装方式及起吊荷载,应根据设备大小、起吊件质量、起吊的频繁程度,由设计人员确定。

12.2.6 本条为原规范第10.2.7条的修订条文。

对鼓风机、引风机、给水泵、磨煤机和煤处理设备等锅炉辅机,也需要考虑检修时的吊装条件。吊装方式及起吊荷载应根据设备大小、起吊件质量、起吊的频繁程度,由设计人员确定。如果场地条件允许,也可采取架设临时吊装措施。

13 锅炉房管道

13.1 汽水管道

13.1.1 本条是原规范第11.0.1条的修订条文。

锅炉房热力系统和工艺设备布置是汽水管道设计的依据,设计时据此进行。本条是对锅炉房汽水管道布置提出的一些具体要求,增加了对管道布置应短捷、整齐的要求。

13.1.2 本条是原规范第11.0.2条的条文。

对于多管供汽的锅炉房,各热用户的热负荷或因用汽(热)的季节不同或因一种用汽(热)时间的不同,宜用多管按不同负荷送汽(热),有利于控制和节省能源,因此宜设置分汽(分水)缸,便于接出多种供汽(热)管。对于用热时间相同,不需要分别控制的供热系统,如采暖系统,一般不宜设分汽(分水)缸。

13.1.3 本条是原规范第11.0.3条的条文。

装设蒸汽蓄热器作为一项有效的节能措施,已在负荷波动的供汽系统中推广应用。

1 设置蒸汽蓄热器旁通,是考虑蓄热器出现事故或进行检修时仍能保证锅炉房对外供汽。

2、3 与锅炉并联连接的蒸汽蓄热器,如出口不装设止回阀,会造成蓄热器充热不完善,达不到应有的蓄热效果;如进口不装止回阀,会使蓄热器中热水倒流至供汽管中,造成水击事故。

4 蓄热器工作压力通常与用户的使用压力及送汽管网压力损失之和相适应,但往往低于锅炉的额定工作压力。因此,当锅炉额定工作压力大于蒸汽蓄热器的额定工作压力时,为确保蓄热器安全运行,蓄热器上应装安全阀。

5 蓄热器运行时的充水,其水质应和锅炉给水相同,以保证

供汽的品质和防止蓄热器结垢。其进水可利用锅炉给水系统,用调节阀进行水位调节。

6 饱和蒸汽系统中的蒸汽蓄热器,在运行过程中水位会逐渐增高,故需定期放水。这部分洁净的热水应予回收利用,因此放水应接至锅炉给水箱或除氧水箱。

13.1.4 本条是原规范第11.0.4条的修订条文。

为使系统简单,节省投资,锅炉房内连接相同参数锅炉的蒸汽(热水)母管一般宜采用单母管;但对常年不间断供汽(热)的锅炉房宜采用双母管,以便当某一母管出现事故或进行检修时,另一母管仍可保证供汽。

13.1.5 本条是原规范第11.0.5条的条文。

每台蒸汽(热水)锅炉与蒸汽(热水)母管或分汽(分水)缸之间的各台锅炉主蒸汽(供水)管上应装设2个切断阀,是考虑到锅炉停运检修时,其中1个阀门泄漏,另1个阀门还可关闭,避免母管或分汽(分水)缸中的蒸汽(热水)倒流,以确保安全。

13.1.6 本条是原规范第11.0.6条的条文。

当锅炉房装设的锅炉台数在3台及以下时,锅炉给水应采用单母管,也可采用单元制系统(即1泵对1炉,另加1台公共备用泵),比采用双母管方便。但当锅炉台数大于3台以上时,如仍采用单元制加公用备用泵的给水方式,则给水泵台数过多,故以采用双母管较为合理。对常年不间断供汽的蒸汽锅炉房和给水泵不能并联运行的锅炉房,锅炉给水母管宜采用双母管或采用单元制锅炉给水系统。

13.1.7 本条是原规范第11.0.7条的条文。

锅炉给水泵进水母管一般应采用不分段的单母管;但对常年不间断供汽的锅炉房,且除氧水箱大于等于2台时,则宜采用单母管分段制。当其中一段管道出现事故时,另一段仍可保证正常供水。

13.1.8 本条是原规范第11.0.8条的条文。

为了简化管道、节省投资,当除氧器大于等于2台时,除氧器加热用蒸汽管道推荐采用母管系统。

13.1.9 本条是原规范第11.0.9条的条文。

参照本规范第13.1.4条和第13.1.6条的规定,热水锅炉房内与热水锅炉、水加热装置和循环水泵相连接的供水和回水母管,应采用单母管制,对必须保证连续供热的热水锅炉房宜采用双母管。

13.1.10 本条是原规范第11.0.10条的条文。

本条是保证热水锅炉与热水系统之间的安全连接所必须的。当几台热水锅炉并联运行时,可保证每台锅炉正常安全地切换。

13.1.11 本条是原规范第11.0.12条的条文。

设置独立的定期排污管道,有利于锅炉安全运行。但当几台锅炉合用排污母管时,必须考虑安全措施:在接至排污母管的每台锅炉的排污干管上必须装设切断阀,以备锅炉停运检修时关闭,保证安全;装设止回阀可避免因合用排污母管在锅炉排污时相互干扰。

13.1.12 本条是原规范第11.0.13条的条文。

连续排污膨胀器的工作压力低于锅炉工作压力,为了防止连续排污膨胀器超压发生危险,在锅炉出口的连续排污管道上,必须装设节流减压阀。当数台锅炉合用1台连续排污膨胀器时,为安全起见,应在每台锅炉的连续排污管出口端和连续排污膨胀器进口端,各装设1个切断阀。连续排污膨胀器上必须装设安全阀。

考虑到投资和布置上的合理性,推荐2~4台锅炉合设1台连续排污膨胀器。

13.1.13 本条是原规范第11.0.14条的条文。

螺纹连接的阀门和管道容易产生泄漏,故规定不应采用螺纹连接。排污管道中的弯头,容易造成污物的积累,导致排污管堵塞,故应减少弯头,保证管道的畅通。

13.1.14 本条是原规范第11.0.15条的条文。

蒸汽锅炉自动给水调节器上设手动控制给水装置,热水锅炉的自动补水装置上设手动控制装置,并设置在司炉便于操作的地点是考虑到运行的安全需要。

13.1.15 本条是原规范第 11.0.16 条的条文。

锅炉本体、除氧器和减压减温器的放汽管和安全阀的排汽管应独立接至室外安全处,可保证人员的安全,又避免排汽时污染室内环境,影响运行操作。2 个独立安全阀的排汽管不应相连,可避免串汽和易于识别超压排汽点。

13.1.16 本条是原规范第 11.0.17 条的条文。

为了保证安全运行,热力管道必须考虑热膨胀的补偿。从节省投资等角度着眼,应尽量利用管道的自然补偿。当自然补偿不能满足要求时,则应设置合适的补偿器,如方形或波纹管等补偿器。

13.1.17 本条是原规范第 11.0.18 条的修订条文。

管道支吊架荷载计算除应考虑管道自身重量外,还应考虑其他各种荷载,以保证安全。

13.1.18 本条是原规范第 11.0.19 条的条文。

本条是参考国家现行标准《火力发电厂汽水管道设计技术规定》DL/T 5054 制订的,并推荐出放水阀和放汽阀的公称通径。

13.2 燃油管道

13.2.1 本条是原规范第 3.2.2 条的修订条文。

锅炉房为常年不间断供热时,所采用的双母管当其中一根在检修时,另一根供油管可满足 75% 锅炉房最大计算耗油量(包括回油量),在一般情况下可满足其负荷要求。根据调研,回油管目前设计有不采用母管制的,因此本次修订中,将"应采用单母管"改成"宜采用单母管"。

13.2.2 本条是原规范第 3.2.1 条的条文。

经锅炉燃烧器的循环系统,是指重油通过供油泵加压后,经油加热器送至锅炉燃烧器进行雾化燃烧,尚有部分重油通过循环回油管回到油箱的系统。这种系统在燃油锅炉房中被广泛采用,它具有油压稳定、调节方便的特点。在运行中能使整个管道系统保持重油流动通畅,避免因部分锅炉停运或局部管道滞流而发生重油凝固堵塞现象。在锅炉启动前,冷油可以通过循环迅速加热到雾化燃烧所需要的油温,以利于燃烧。

13.2.3 本条是原规范第 3.2.3 条的条文。

重油凝点较高,大部分在 20～40℃ 之间,当冬季气温较低时,容易在管道中凝固。为了保证管道内油的正常流动,供油管道应进行保温,如保温后仍不能保证油的正常流动时,尚应用蒸汽管伴热。

在锅炉房的重油回油管道系统中,如不保温则有可能发生烫伤事故。为此要求对可能引起人员烫伤的部位,应采取隔热或保温措施。

13.2.4 本条是原规范第 3.2.4 条的条文。

根据燃重油的经验,当重油油温较高,而管内流速较低时(0.5～0.7m/s),经长期运行后管道内会产生油垢沉积,使管道的阻力增加,影响油管正常运行。

13.2.5 本条是原规范第 3.2.5 条的条文。

油管道敷设一般都宜设置一定的坡度,而且多采用顺坡。轻柴油管道采用 0.3% 和重油管道采用 0.4% 的坡度是最小的坡度要求。但接入燃烧器的重油管道不宜坡向燃烧器,否则在点火启动前易于发生堵塞想象,或漏油流进锅炉燃烧室。

13.2.6 本条是原规范第 3.2.7 条的条文。

全自动燃油锅炉采用单机组配套装置,其整体性和独立性比较强。对这类燃油锅炉按其装备特点要求,配置燃油管道系统,便可满足锅炉房燃油的要求,不必调整其配套装置,以免产生不必要的混乱。

13.2.7 本条是原规范第 3.2.9 条的修订条文。

重油含蜡多,易凝固,当锅炉停运或检修时,需要把管道和设备中的存油吹扫干净,否则重油会在设备和管道中凝固而堵塞管道。

13.2.8 本条是原规范第 3.2.10 条的条文。

蒸汽吹扫采用固定接法时,吹扫口必须有防止重油倒灌的措施,常用带有支管检查阀的双阀连接装置,并在蒸汽吹扫管上装设止回阀。

13.2.9 本条是原规范第 3.2.11 条的条文。

燃油锅炉在点火和熄火时引起爆炸的事例颇多,原因是未能及时迅速地切断油源而造成的。如连接阀门采用丝扣阀门,则有可能由于阀门关闭太慢,在关闭了第一个阀门后,第二个阀门还未来得及关闭便爆炸了。为此,规定每台锅炉供油干管上应装设快速切断阀。

2 台或 2 台以上的锅炉,在每台锅炉的回油干管上装设止回阀,可防止回油倒窜至炉膛中,避免事故的发生。

13.2.10 本条是原规范第 3.2.16 条的条文。

供油泵进口母管上装设油过滤器,对除去油中杂质,防止油泵磨损和堵塞,保证安全正常运行都十分必要。油过滤器应设置 2 台,其中 1 台为备用。

离心油泵和蒸汽往复油泵,由于设备结构的特点,对油中杂质的颗粒度大小限制不严,其过滤器网孔一般采用 8～12 目/cm。

齿轮油泵对油中杂质的颗粒度大小限制比较严,但国内生产厂家尚无明确的要求,根据调查,如过滤器网孔采用 16～32 目/cm 即可满足要求。

过滤器网的流通面积,按常用的规定,一般为油过滤器进口管截面积的 8～10 倍。

13.2.11 本条是原规范第 3.2.17 条的条文。

机械雾化燃烧器的雾化片槽孔较小,当油在加温后,析出的碳化物和沥青的固体颗粒,对燃烧器会造成堵塞,影响正常燃烧。凡燃油锅炉在机械雾化燃烧器前装设过滤器的,运行中燃烧器不易被堵塞。因此,在机械雾化燃烧器前,宜装设油过滤器。

油过滤器的滤网网孔要求,与燃烧器的结构型式有关。滤网的网孔,普遍采用不少于 20 目/cm。滤网的流通面积,一般不小于过滤器进口管截面积的 2 倍。

13.2.12 本条是新增的条文。

燃油管道泄漏易发生火灾,故应采用无缝钢管,并需保证焊接连接质量。

13.2.13 本条是新增的条文。

室内油箱间至锅炉燃烧器的供油管和回油管宜采用地沟敷设,避免操作人员脚碰和保证安全。

13.2.14 本条是新增的条文。

为保证燃油管道垂直穿越建筑物楼层时,对建筑物的防火不带来隐患,故要求建筑物设置管道井,燃油管道在管道井内沿靠外墙敷设,并设置相关的防火设施,这是确保安全所需要的。

13.2.15 本条是新增的条文。

油箱、油罐进油,从液面上进入时,易使液位扰动溅起油滴,从而可能发生火灾。故规定管口应位于油液面下,且应距箱(罐)底 200mm。

13.2.16 本条是新增的条文。

日用油箱与贮油罐的油位高差,会导致产生虹吸使日用油箱倒空,故应防止虹吸产生。

13.2.17 本条是新增的条文。

燃油管道穿越楼板、隔墙时,应敷设在保护套管内,这是一种安全措施。

13.2.18 本条是新增的条文。

油滴落在蒸汽管上会引发火灾,故蒸汽管应布置在油管上方。

13.2.19 本条是新增的条文。

当油管采用法兰连接,应在其下方设挡油措施,避免发生火灾。

13.2.20　本条是新增的条文。

本条是考虑到，对煤粉锅炉和循环流化床锅炉的点火供油系统干管与一般的燃油系统干管应有同样的要求，才可以保证系统运行正常，所以提出此要求。

13.2.21　本条是新增的条文。

为保证燃油管道的使用安全和使用寿命，故提出此要求。

13.3　燃　气　管　道

13.3.1　本条是原规范第 3.3.3 条的修订条文。

通常情况下，宜采用单母管，连续不间断供热的锅炉房可采用双调压箱或源于不同调压箱的双供气母管，以提高供气安全性。

13.3.2　本条是原规范第 3.3.12 条的修订条文。

进入锅炉房的燃气供气母管上，装设总切断阀是为了在事故状态下，迅速关闭气源而设置的，该切断阀还应与燃气浓度报警装置联动，阀后气体压力表便于就地观察供气压力和了解锅炉房内供气系统的压降。

13.3.3　本条是原规范第 3.3.13 条的修订条文。

锅炉房燃气管道应明装，按燃气密度大小，有高架和低架的区别，无特殊情况，锅炉房内燃气管道不允许暗设(直埋或在管沟和竖井内)，使用燃气密度比空气大的燃气锅炉房还应考虑室内燃气管道泄漏时，避免燃气窜入地下管沟(井)等措施。

13.3.4　本条是原规范第 3.3.16 条的修订条文。

日常维修和停运时，燃气管道应进行吹扫放散，系统设置以吹净为目的，不留死角。密度比空气大的燃气一定采用火炬排放不实际，因此改为"应采用高空或火炬排放"。

13.3.5　本条是原规范第 3.3.17 条的条文。

吹扫量和吹扫时间是经验数据，工程实践中确认可以满足要求。

13.3.6　本条是原规范第 3.3.11 条文的修订条文。

燃气管道一旦发生泄漏有可能造成灾害，所以作了严格规定。

13.3.7　本条是原规范第 3.3.14 条和第 3.3.15 条合并后的修订条文。

近年来，燃气管道系统阀组的配置已趋于完善和标准化，阀组规格、性能和燃气压力，应满足燃烧器在锅炉额定热负荷下稳定燃烧的要求。阀组的基本组成，应按本条规定配置，并应配备锅炉点火和熄火保护程序，以满足燃气压力保护、燃气流量自动调节和燃气检漏等功能要求。

13.3.8　本条是原规范第 3.3.5 条的修订条文。

本条文经技术经济比较后确定，进口燃气阀组与整体式燃烧器标准配置时，阀组接口处燃气供气压力要求在 12～15kPa 之间，分体式燃烧器要求 20kPa，如燃气压力偏低，阀组通径要放大，投资增加较多，2t/h 以下小锅炉的燃气供气压力可以低一些，但也不宜低于 5kPa。

本条文规定的前提是，燃气供气压力和流量应能满足燃烧器稳定燃烧要求，供气压力稍偏高一些为好，但超过 20kPa，泄漏可能性增加，不安全。

13.3.9　本条是新增的条文。

燃气锅炉耗气量折合约 80m³/t(蒸汽，标态)。耗气量相对较大，供气压力与民用也有差异，应从城市中压管道上铺设专用管道供给。民用燃气锅炉房大多采用露天布置的调压装置，经降压、稳压、过滤后使用。调压装置的设置和数量应根据锅炉房规模和供气要求确定。但每台调压装置低压侧供气量不宜太大，宜控制在能满足总容量 40t/h 锅炉房的规模，使供气母管管径不致过大。

13.3.10　本条是新增的条文。

现行国家标准《城镇燃气设计规范》GB 50028 和《工业金属管道设计规范》GB 50316，对燃气净化、调压箱(站)工艺设计，以及对燃气管道附件的选用和施工验收要求都有明确的规定，锅炉房

设计应遵照相关要求进行。

13.3.11　本条是新增的条文。

锅炉房内的燃气管道必须采用焊接连接，氩弧焊打底是为了确保焊接质量。

13.3.12　本条是新增的条文。

燃气和燃油管道一样，在穿越楼板、隔墙时，应敷设在保护套管内，并应有封堵措施，以防燃气流窜其他区域。

13.3.13　本条是新增的条文。

燃气管道井应有一定量的自然通风条件，同时在火灾发生时，应能阻止管道井的引风作用。

13.3.14　本条是新增的条文。

由于阀门存在严密性问题，为确保管道井内的安全，防止有可燃气体从阀门处泄漏，从而带来事故，故规定在管道井内的燃气立管上，不应设置阀门。

13.3.15　本条是新增的条文。

因铸铁件相对强度较差，为保证管道与附件不致因碎裂造成泄漏，从而带来事故，故严禁燃气管道与附件使用铸铁件。为安全原因，本规范要求在防火区内使用的阀门，应具有耐火性能。

14　保温和防腐蚀

14.1　保　　温

14.1.1　本条为原规范的第 12.1.1 条的修订条文。

凡外表面温度高于 50℃，或虽外表面温度低于等于 50℃，但需回收热量的锅炉房热力设备及热力管道为节约能源，均应保温。原条文第 1 款中设备和管道种类不再一一列出。原条文第 3 款"需要保温的凝结水管道"也属于"需要回收热量"的管道，故将原条文的第 2、3 款合并。

14.1.2　本条为原规范第 12.1.2 条的条文。

保温层厚度原则上应按经济厚度计算方法确定。但针对我国现状，能源价格中主要是各地的煤价、热价等波动幅度较大，如采用的热价偏高，计算出的保温层经济厚度就偏厚；如采用的热价偏低，计算出保温层经济厚度就偏薄。故当热损失超过允许值时，可按最大允许散热损失方法复核，当两者计算结果不相等时，取其最小值为保温层设计厚度。

14.1.3　本条为原规范第 12.1.3 条的条文。

外表面温度大于 60℃ 的锅炉房热力设备及热力管道，如排汽管、放空管、燃油、燃气锅炉和烟道的防爆门泄压导向管等，虽不需保温，但在操作人员可能触及的部分应设有防烫伤的隔热措施，以保护操作人员的安全。

14.1.4　本条为原规范第 12.1.4 条的修订条文。

鉴于国内保温材料及其制品日益丰富，供货渠道的市场化，采用就近保温材料已不是造成不合理的长途运输和影响保温工程经济性的主要因素，所以将原条文第 1 款取消。在各种不同的保温材料及制品中，应优先采用性能良好、允许使用温度高于正常操

作时设备及管道内介质的最高工作温度、价格便宜和施工方便的成型制品,这是使保温结构经久耐用,满足生产要求所必需的。

14.1.5 本条为原规范第12.1.5条的条文。

国内外实际工程中,保温材料的外保护层均是阻燃材料。用金属作外保护层一般采用0.3~0.8mm厚的铝板或镀锌薄钢板;用玻璃布作外保护层一般供室内使用,用玻璃布作外保护层时,在其施工完毕后必须涂刷油漆,并需经常维修。其他如石棉水泥、乳化再生胶等也可做保护层。

凡室外布置的热力设备及室外架空敷设的热力管道的保温层外表面应设防水层,是为了防止下雨时雨水渗入保温层。当保温层被浸湿后,不仅增大保温材料的导热系数,使设备和管道内介质的热损失增加,而且当设备和管道停止运行时,水分通过保温层进入到设备和管道外壁,引起锈蚀,所以室外布置的热力设备和架空敷设的热力管道的保温层外表面的保护层应具有防水性能。

14.1.6 本条为原规范第12.1.6条的修订条文。

当采用复合保温材料时,通常选用耐温高、导热系数低者做内保温层。内外层界面处温度应按外层保温材料最高使用温度的0.9倍计算。

14.1.7 本条为原规范第12.1.7条的条文。

软质或半硬质保温材料在施工捆扎时,由于受到压缩,厚度必然减小,密度增大,故应按压缩后的容重选取保温材料的导热系数,其设计厚度也应当是压缩后的保温材料厚度,这样才较为切合实际。

14.1.8 本条为原规范第12.1.8条的条文。

阀门及附件和经常需维修的设备和管道,宜采用可拆卸的保温结构,以便于维修阀门及附件,并使保温结构可重复使用。

14.1.9 本条为原规范第12.1.9条的条文。

对于立式热力设备或夹角大于45°的热力管道,为了保护保温层,维持保温层厚度上下均匀一致,应按保温层质量,每隔一定高度设置支撑圈或其他支撑设施,避免管道使用一定时间后,由于保温材料的自重或其他附加重量引起的坍落,破坏保温结构。

14.1.10 本条为原第12.1.10条的修订条文。

经多年推广应用,供热管道的直埋敷设技术已经成熟,对其保温计算、保温层结构设计、保温材料的选择及敷设要求,都已在《城镇直埋供热管道工程技术规程》CJJ/T 81和《城镇供热直埋蒸汽管道技术规程》CJJ 104中作了规定,可遵照执行。

14.2 防腐蚀

14.2.1 本条为原规范第12.2.1条的条文。

设备及管道在敷设保温层前,应将其外表面的脏污、铁锈等清刷干净,然后涂刷红丹防锈漆或其他防腐涂料,以延长管道使用寿命,而且其防锈漆或防腐涂料的耐温性能应能满足介质设计温度的要求,以免失去防锈或防腐性能。这是一种常规而行之有效的做法。

14.2.2 本条为原规范第12.2.2条的修订条文。

介质温度低于120℃时,设备和管道表面所刷的防锈漆一般为红丹防锈漆。如介质温度超过120℃时,红丹防锈漆会被氧化成粉末状,不能再起防锈漆的作用,而应涂高温防锈漆。锅炉房内各种贮存锅炉给水的水箱,均应在其内壁刷防腐涂料,而且防腐涂料不会引起水质的品质变化,以保护水箱免于锈蚀和保证给水水质。

14.2.3 本条为原规范第12.2.3条的条文。

为了保护保护层,增加其耐腐蚀性能和延长使用寿命,当采用玻璃布或其他不耐腐蚀的材料做保护层时,其外表面应涂刷油漆或其他防腐蚀涂料。当采用薄铝板或镀锌薄钢板作保护层时,其外表面可不再涂刷油漆或防腐蚀涂料。

14.2.4 本条为新增的条文。

对锅炉房的埋地设备和管道应根据设备和管道的防腐要求和土壤的腐蚀性等级,进行相应等级的防腐处理,必要时可以对不便检查维修部分的设备和管道增加阴极保护措施。

14.2.5 本条为原规范第12.2.4条的修订条文。

在锅炉房设备和管道的表面或保温保护层的外表面应涂色或色环,并作出箭头标志,以区别内部介质种类和介质的流向,便于操作。涂色和标志应统一按有关国家标准和行业标准的规定执行。

15 土建、电气、采暖通风和给水排水

15.1 土　　建

15.1.1 本条是原规范第13.1.1条的条文。

本条是按现行国家标准《建筑设计防火规范》GB 50016和《高层民用建筑设计防火规范》GB 50045的有关规定,结合锅炉房的具体情况,将锅炉房的火灾危险性加以分类,并确定其耐火等级,以便在设计中贯彻执行。

1 本规范燃料可为煤、重油、轻油或天然气、城市煤气等,其锅炉间属于丁类生产厂房。对于非独立的锅炉房,为保护主体建筑不因锅炉房火灾而烧毁,故对其火灾危险性分类和耐火等级比独立的锅炉房的锅炉间提高要求,应均按不低于二级耐火等级设计。

2 用于锅炉燃料的燃油闪点应为60~120℃,它们的油箱间、油泵间和油加热器间属于丙类生产厂房。

3 天然气主要成分是甲烷(CH_4),其相对密度(与空气密度比值)为0.57,与空气混合的体积爆炸极限为5%,按规定爆炸下限小于10%的可燃气体的生产类别为甲类,故天然气调压间属甲类生产厂房。

15.1.2 本条是原规范第13.1.11条的修订条文。

锅炉房应考虑防爆问题,特别是对非独立锅炉房,要求有足够的泄压面积。泄压面积可利用对外墙、楼地面或屋面采取相应的防爆措施办法来解决,泄压地点也要确保安全。如泄压面积不能满足条文提出的要求时,可考虑在锅炉房的内墙和顶部(顶棚)敷设金属爆炸减压板。

15.1.3 本条是新增的条文。

燃油、燃气锅炉房的锅炉间是可能发生闪爆的场所,用甲级防火门隔开后,辅助间相对安全,可按非防爆环境对待。

考虑到燃油、燃气锅炉房的防火、防爆要求较高,为此对燃油、燃气锅炉房的控制室与锅炉间的隔墙要求应为防火墙,观察窗也应是具有一定防爆能力的固定玻璃窗。

15.1.4 本条是原规范第13.1.2条的条文。

本条主要考虑锅炉基础与锅炉房建筑基础沉降不一致时,避免楼地面产生裂缝。

15.1.5 本条是原规范第13.1.3条的条文。

锅炉房建筑的锅炉间、水处理间和水箱间均应考虑安装在其中的设备最大件的搬入问题,特别是设备最大件大于门窗洞口的情况,应在墙、楼板上预留洞或结合承重墙先安装设备后砌墙。

15.1.6 本条是原规范第13.1.4条的条文。

本条主要考虑对钢筋混凝土烟囱和砖砌烟道的混凝土底板等内表面设计计算温度高于100℃的部位应采取隔热措施,以便减少高温烟气对混凝土和钢筋设计强度的影响,避免混凝土开裂形成混凝土底板漏水。

15.1.7 本条是原规范第13.1.5条的条文。

由于锅炉本体的外形尺寸不同,其四周的操作与通道尺寸有其具体的要求,因此锅炉房建筑设计要满足工艺设计这一前提。但为了使锅炉房的土建设计能够采用预制构件,主要尺寸要统一协调,故锅炉房的柱距、跨度、室内地坪至柱顶高度尚宜符合现行《建筑模数协调统一标准》GB 50006的有关规定。

15.1.8 本条是原规范第13.1.6条的条文。

锅炉房近期的扩建一般是在锅炉间内预留锅炉台位及其基础,远期的扩建则锅炉房建筑宜预留扩建条件。如扩建端不设永久性楼梯和辅助间,生产、办公面积适当放宽;扩建端的墙和挡风柱考虑有拆除的可能性。

15.1.9 本条是原规范第13.1.7条的修订条文。

本条考虑当锅炉房内安装有振动较大的设备(如磨煤机、鼓风机、水泵等)时,其基础应与锅炉房基础脱开,并且在地坪与基础接缝处应填砂和浇灌沥青,以减少对锅炉房的振动影响。

15.1.10 本条是原规范第13.1.8条的条文。

本条中钢筋混凝土煤斗壁的内表面应光滑耐磨,壁交角处做成圆弧形,目的是为了保证落煤畅通。设置有盖人孔和爬梯是为了安全和方便检修。

15.1.11 本条是原规范第13.1.9条的条文。

本条是为了保护运行和维修人员的人身安全。

15.1.12 本条是原规范第13.1.10条的条文。

本条主要是为防止烟囱基础和烟道基础沉降不一致时拉裂烟道。

15.1.13 本条是原规范第13.1.11条的条文。

锅炉房的外墙开窗除需符合本规范第15.1.2条的防爆要求外,还应满足通风需要和V级采光等级的需要。

15.1.14 本条是原规范第13.1.12条的修订条文。

锅炉房若必须与其他建筑相邻,为防火安全,应采用防火墙与相邻建筑隔开。

15.1.15 本条是原规范第13.1.13条的条文。

油泵房的地面一般有油腻,设计时应考虑地面防油和防滑措施。采用酸、碱还原的水处理间,其地面、地沟和中和池等均有可能受到酸碱的侵蚀,因此应考虑防酸、防碱措施。

15.1.16 本条是新增的条文。

锅炉房的化验室里的化学药品中的酸、碱性物质具有一定的腐蚀性,在操作过程中由于泄漏,会给建、构筑物带来腐蚀,为此需要进行相关的防腐蚀设计。防腐蚀设计应按现行国家标准《工业建筑防腐蚀设计规范》GB 50046的规定执行。

另外,为有利于工作人员正常工作和安全、环保起见,故提出化验室的地面应有防滑措施,墙面应为白色、不反光,设洗涤设施、场地要求做防尘、防噪处理。

15.1.17 本条是新增的条文。

锅炉房的设计应执行国家现行职业卫生标准《工业企业设计卫生标准》GBZ 1。生活间的卫生设施应按该标准中有关规定执行。

15.1.18 本条是原规范第13.1.15条的修订条文。

本条是根据人员在巡视操作和检修时要求的最小宽度和净空高度尺寸而制定的,根据实际使用情况和用户反映,为确保安全,对经常使用的钢梯坡度不宜大于45°。

15.1.19 本条是原规范第13.1.16条的条文。

干煤棚的围护结构设计要求既要开敞又要挡雨,因此围护结构的上部开敞部分应采取挡雨措施,如设置挡雨板,但不应妨碍起吊设备通过。

15.1.20 本条是原规范第13.1.17的条文。

工艺要求指设备安装、检修的具体要求,经核定可按条文中表列的范围进行选用。荷载超过表列范围时,工艺设计应另行提出。

锅炉间的楼面荷载关键是考虑锅炉砌砖时砖堆积的高度(耐火砖及红砖等)和炉前堆放链条、炉排片的荷重。不同型号的锅炉,其用砖量不同。砖的堆放位置、堆放方法都影响楼板的荷载。因此,对楼板的荷载应区分对待,应由设计人员根据锅炉型号及安装、检修和操作要求来确定,但最低不宜小于6kN/m²,最大不宜超过12kN/m²。

15.2 电　　气

15.2.1 本条是原规范第13.2.1条的条文。

锅炉房停电的直接后果是中断供热。因此,在本条中规定锅炉房用电设备的负荷级别,应按停电导致锅炉中断供热对生产造成的损失程度来确定,并相应决定其供电方式。

从以前调研情况分析,冶金、化工、机械、轻工等各部门不同规模的厂,其对供热要求保证程度不同,停止供热造成的损失差异极大,因而各厂对锅炉房电源的处理也不同。如炼油厂一旦中断供汽,将打乱正常的生产秩序,造成大量减产,大量废品,因而对电源作重要负荷处理,设有可靠的二回路电源供电……因此,对锅炉房用电设备的负荷级别不宜统一规定。

15.2.2 本条是原规范第13.2.2条的条文。

燃气中如天然气的主要成分为甲烷,与空气形成5%～15%浓度的混合气体时易着火爆炸。因而天然气调压间属防爆建筑物。

燃油泵房、煤粉制备间、碎煤机间和运煤走廊等均属有火灾危险场所。而燃煤锅炉间则属于多尘环境,水泵房属于潮湿环境。

上述不同环境的建筑物和构筑物内所选用的电机和电气设备,均应与各个不同环境相适应。

15.2.3 本条是原规范第13.2.3条的条文。

由于这类容量的锅炉房,其电气设备容量约达100kW及以上,电机台数近10台,低压配电屏将在2屏以上,而且锅炉台数往往不止1台,如不将低压配电屏设于专门的低压配电室内,而直接安装在锅炉间,则环境条件较差,因此宜设专门的低压配电室。当单台锅炉额定蒸发量或热功率小于上述容量,且锅炉台数较少时,则可不设低压配电室。

当有6kV或10kV高压用电设备时,尚宜设立高压配电室。

15.2.4 本条是原规范第13.2.4条的条文。

按锅炉机组单元分组配电是指配电箱配电回路的布置应尽可能结合工艺要求,按锅炉机组分配,以减少电气线路和设备由于故障或检修对生产带来的影响。

15.2.5 本条是原规范第13.2.5条的条文。

考虑到锅炉厂成套供应电气控制屏的情况较多,对蒸汽锅炉单台额定蒸发量小于4t/h、热水锅炉单台额定热功率小于等于2.8MW的锅炉,配套控制箱较为成熟,成套供应是发展方向,应予推广,成套供应控制屏既可减少设计工作量,又有利于迅速安装。

15.2.6 本条是原规范第13.2.6条的修订条文。

经过调研,单台蒸汽锅炉额定蒸发量小于等于4t/h单层布置的锅炉房,当锅炉辅机采用集中控制时,就地均不设启动控制按钮,运行人员也无此要求。双层布置的锅炉房有鼓风机、引风机设就地停机按钮。电厂锅炉房典型设计规定就地无启动权,仅设紧急停机按钮。当锅炉辅机采用集中控制时,按操作规程规定,锅炉启动前由运行人员巡视,操作有关阀门,掌握全面情况,然后在操作屏集中控制。因此本条不规定设2套控制按钮。当集中控制辅机的电动机操作层不在同一层,距离较远时,为便于在运行中就地发现故障及时加以排除,在条文中规定,宜在电动机旁设置事故停机按钮。

15.2.7 本条是原规范第13.2.7条的条文。

锅炉房用电设备较少时,宜采用以放射为主的配电方式;而如果锅炉热力和其他各种管道布置繁多,电力线路则不宜采用裸线或绝缘明敷。现在各厂的锅炉房电力线路基本上是采用穿金属管或电缆布置方式。因锅炉表面、烟道表面、热风道及热水箱等的表面温度在40～50℃或以上,为避免线路绝缘过热而加速绝缘损坏,电力线路应尽量避免沿上述表面敷设;当沿上述热表面敷设线路时,应采用支架使线路与热表面保持一定的距离,或采用其他隔热措施,不宜直敷布线。

在煤场下及构筑物内不宜有电缆通过是为了保证用电安全及维护方便。

15.2.8 本条是原规范第13.2.8条的条文。

控制室、变压器室及高低压配电室内均有较为集中的电气设备,为了防止水管或其他有腐蚀性介质管道的泄漏和损坏,从而影响电气设备的正常运行,特作此规定。

15.2.9 本条是原规范第13.2.9条的条文。

这是国家对照明规定的基本要求,应予以执行。

15.2.10 本条是原规范第13.2.10条的条文。

在锅炉房操作地点及水位表、压力表、温度计、流量计等处设置局部照明,有利于锅炉运行人员的监察。锅炉的平台扶梯处,当一般照明不能满足其照度要求时,也应设置局部照明。

15.2.11 本条是原规范第13.2.11条的条文。

当工作照明因故熄灭,为保证锅炉继续运行或操作停炉,必须严密注意水位、压力及操作有关阀门,启动事故备用汽动给水泵,以保持锅炉汽包一定的水位,因此宜设有事故照明。如因电源条件限制,锅炉房也应备有手电筒或其他照明设备作临时光源,以确保停电时对锅炉房的设备进行安全处理。

15.2.12 本条是原规范第13.2.12条的条文。

地下凝结水箱间的温度一般超过40℃,相对湿度超过95%,属高温高潮湿场所;热水箱、锅炉本体附近的温度一般超过40℃,属高温场所;出灰渣地点为高温多灰场所。这些地点的照明灯具如安装高度低于2.5m时,为安全起见,应考虑防触电措施或采用不超过36V的低电压。当在这些地点的狭窄处或在煤粉制备设备和锅炉锅筒内工作使用手提行灯时,则安全要求更高,照明电压不应超过12V。因此,锅炉房照明装置的电源应使用不同电压等级。

15.2.13 本条是原规范第13.2.13条的条文。

由于锅炉房烟囱往往是工厂或民用建筑中最高的构筑物,因而需与当地航空部门联系,确定是否装设飞行标志障碍灯。如需装设则应为红色,装在烟囱顶端,不应少于2盏,并应使其维修方便。

15.2.14 本条是原规范第13.2.14条的条文。

《建筑物防雷设计规范》GB 50057中,对烟囱的防雷保护明确规定:"雷电活动较强的地区或郊区15m高的烟囱和雷电活动较弱的地区20m高的烟囱,按第Ⅲ类工业建筑物考虑防雷设施",

"高耸的砖砌烟囱、钢筋混凝土烟囱,应采用避雷针或避雷带保护。采用避雷针时,保护范围按有关规定执行,多根避雷针应连接于闭合环上,钢筋混凝土烟囱宜在其顶部和底部与引下线相连,金属烟囱应利用作为接闪器或引下线"。

15.2.15 本条是原规范第13.2.15条的修订条文。

燃气放散管的防雷设施,国家标准《建筑物防雷设计规范》GB 50057有明确规定,应遵照执行。

15.2.16 本条是原规范第13.2.16条的条文。

根据国际电工委员会(IEC)《建筑物防雷标准》规定,用作接闪器的钢铁金属板的最小厚度为4mm,与我国运行经验相同。埋设在地下的油罐,当覆土高于0.5m时,可不考虑防雷设施,当地下油罐有通气管引出地面时,该通气管应做防雷处理。

15.2.17 本条是原规范第13.2.17条的修订条文。

气体和液体燃料流动时产生的静电应有泄放通道,接地点间距应在30m以内,但条文不作规定,由工程设计确定。管道连接处如有绝缘体间隔时应设有导电跨接措施。在管道布置需要时,还应设避雷装置。

15.2.18 本条是原规范第13.2.18条的修订条文。

锅炉房一般均应有电话分机,以便与本单位各部门通信联系。

有些大型企业(单位)设有动力中心调度通信系统,则锅炉房也应纳入该调度通信系统,设置调度通信分机;而某些大、中型区域锅炉房有较多供汽用户,为联系方便,则宜设置1台调度通信总机。

锅炉房与其他某些供热用户之间有特殊需要时,可设置对讲电话。以便锅炉房可以按该用户的特殊情况调度供汽和安排生产。

15.3 采暖通风

15.3.1 本条是原规范第13.3.1条的条文。

锅炉房的锅炉间、凝结水箱间、水泵间和油泵间等房间均有大量的余热。按锅炉房的散热量核算,不论锅炉容量的大小,均大于23W/m²。因此工作区的空气温度,应根据设备散热量的大小,按国家现行职业卫生标准《工业企业设计卫生标准》GBZ 1确定。

15.3.2 本条是原规范第13.3.2条的条文。

对锅炉间、凝结水箱间、水泵间和油泵间等房间的自然通风,强调了"有组织",以保证有效的排除余热和降低工作区的温度。在受工艺布置和建筑形式的限制,自然通风不能满足要求时,就应采用机械通风。

15.3.3 本条是原规范第13.3.3条的条文。

操作时间较长的工作地点,当其温度达不到卫生要求,或辐射照度大于350W/m²时,应设置局部通风。

15.3.4 本条是新增的条文。

对非独立锅炉房,当锅炉房设置在地下(室)、半地下(室)时,其锅炉房控制室和化验室的仪器分间间通风条件均较差,在夏天工作条件更差,为改善劳动条件,故提出设置空气调节装置的要求。对一般锅炉房的控制室和化验室的仪器分析间,为改善劳动条件,提出宜设空气调节装置。

15.3.5 本条是原规范第13.3.4条的条文。

本条规定了碎煤间及单独的煤粉制备装置间的温度为12℃,控制室、化验室、办公室为16～18℃,化学品库为5℃,更衣室为23℃,浴室为25～27℃等。这是为了满足劳动安全卫生的要求。

15.3.6 本条是原规范第13.3.5条的条文。

在有设备放热的房间,由于设备的放热特性、工艺布置和建筑形式不同,即使设备大量放热,且放热量大于建筑采暖热负荷,但由于空气流动上升,建筑维护结构下部又有从门窗等处渗入的冷空气,以致设备放散到工作区的热量尚不能保证工作区所需的采暖热负荷时,将会使工作区的温度偏低。在一些地区调查时,也有反映冬天炉前操作区的温度偏低的情况,因此规定要根据具体情况,对工作区的温度进行热平衡计算。必要时应在某些部位适当布置散热器。

15.3.7 本条是原规范第13.3.6条的修订条文。

设在其他建筑物内的燃气锅炉房的锅炉间,往往受建筑条件限制,自然通风条件比独立的锅炉房和贴近其他建筑物的锅炉房要差,又难免有燃气自管路系统附件泄漏,通风不良时,易于聚积而产生爆炸危险。故本规范规定换气次数每小时不少于3次。为安全起见,通风装置应考虑防爆。

半地下(室)燃油燃气锅炉房由于进、排风条件比地上的条件差,锅炉房空间内可能存在可燃气体,换气量相应提高。

地下(室)燃油燃气锅炉房由于进、排风条件更差,必须设置强制送排风系统来满足燃烧所需空气量和操作人员正常需要,锅炉房空间内可能存在可燃气体,因此,送排风系统应与建筑物送排风系统分开独立设置,且送风量应略大于排风量,使锅炉房空间维持微正压条件。

15.3.8 本条是原规范第13.3.7条的条文。

燃气调压间内难免有燃气自管道附件泄漏出来,这容易产生爆炸或中毒危险,燃气调压间内气体的泄漏量尚无参考数据,参照现行国家标准《城镇燃气设计规范》GB 50028"对有爆炸危险的房间的换气次数"的有关规定,本规范规定换气次数不少于每小时3次。

调压间室内余热,主要依靠自然通风排除,当限于条件自然通风不能满足要求时,应设置机械通风。

为防止燃气突然大量泄漏造成爆炸危险,应设置事故通风装置。根据现行国家标准《采暖通风与空气调节设计规范》GB 50019的规定,对可能突然产生大量有害气体或爆炸危险气体的生产厂房,应设置事故排风装置。事故排风的风量,应根据工艺设计所提供的资料通过计算确定。当工艺设计不能提供有关计算资料时,应按每小时不小于房间全部容积的12次换气量计算。通风装置应考虑防爆。

15.3.9 本条是原规范第13.3.8条的条文。

我国现行国家标准《石油库设计规范》GB 50074中规定:"易燃油品的泵房和油罐间,除采用自然通风外,尚应设置排风机组进行定期排风,其换气次数不应小于每小时10次。计算换气量按房高4m计算。输送易燃油品的地上泵房,当外墙下部设有百叶窗、花格墙等常开孔口时,可不设排风机组"。本规范为协调一致,规定燃油泵房每小时换气12次(包括易燃油泵房),易燃油库每小时换气6次。同时采用了计算换气量的房高为4m,以及当地上设置的易燃油泵房、外墙下部有通风用常开孔口时,可不设机械通风的规定。

除35ᵃ以上柴油外,各种柴油闪点温度均大于65℃,各种重油闪点温度均大于80℃,他们均属丙类防火等级。一般油泵房内温度不会超出65℃,不致产生爆炸危险,故通风装置可不防爆。但易燃油品的闪点温度小于等于45℃,属乙类防火等级,有爆炸危险,故对输送和贮存易燃油品的泵房和油库,其通风装置应防爆。

15.3.10 本条是原规范第13.3.9条的条文。

燃气中液化石油气的密度较空气大,气体沉积在房间下部。煤气的密度较空气小,浮在房间上部。为有利于泄漏气体的排除,通风吸风口的位置应按照油气的密度大小,按现行国家标准《采暖通风与空气调节设计规范》GB 50019中的规定考虑吸风口的设置位置。

15.4 给水排水

15.4.1 本条是原规范第13.4.1条的条文。

在以前规范编制中调研了许多企业,情况表明:只设1根进水管的企业和设2根进水管的企业基本上一样多。仅有上海××厂曾因给水管故障发生过停水,其余均未发生过问题。据征求意见,认为进水管是1根还是2根不是主要问题,关键是供水的外部管网和水源要有保证。

本条文对采用1根进水管方案,提出应考虑为排除故障期间用水而设立水箱或水池的规定,并规定了有关水箱、水池的总容量。据统计,绝大部分锅炉房的水箱和水池总容量大于2h锅炉房

的计算用水量。

15.4.2 本条是原规范第13.4.3条的条文。

为使煤场煤堆保持一定的湿度,在必要时需要适当加水,在装卸煤时,为防止煤粉飞扬,也宜适当加些水,故要求在煤场设置供洒水用的给水点。至于煤堆自燃问题,北方地区干燥,自燃较易发生;上海等南方地区,由于工业、民用及区域锅炉房一般贮煤量不大,周转快,且气候潮湿,故自燃现象很少。所以本规范规定,对贮煤量不大的锅炉房煤场,只需要设灭火降温的洒水给水点即可,不必要设消火栓。

15.4.3 本条是原规范第13.4.4条的条文。

从调研情况分析,对规模较大的水处理辅助设施常有酸碱贮存设备,而且有些已设有"冲洗"设施,以便发生人身和地面受到沾溅后,用大量水冲走酸碱和稀释酸碱液。为加强劳动保护,故作此规定。

15.4.4 本条是原规范第13.4.5条的条文。

单台蒸汽锅炉额定蒸发量为6～75t/h、单台热水锅炉额定热功率为4.2～70MW的引风机和炉排均有冷却水,为节约用水,建议这部分水可以用来作为锅炉除灰渣机用水或冲灰渣补充水,实现一水多用。

15.4.5 本条是原规范第13.4.6条的条文。

当单台蒸汽锅炉额定蒸发量大于等于20t/h、单台热水锅炉额定热功率大于等于14MW的锅炉房,多台锅炉工作时,其冷却水量大于等于8m³/h,而8m³/h的玻璃钢冷却塔产品很普遍,为节约用水宜采用循环冷却系统。当为自备水源又是分质供水时,是否循环使用应经技术经济比较确定。

15.4.6 本条是原规范第13.4.10条的条文。

一般单位对锅炉房操作层楼板及出灰地面多用水冲洗,而锅炉间出灰层及水泵间因设备渗漏均易使地坪积水。因此,各层地面需做成坡度,并安装地漏向室外排水。为防止操作层冲洗水从楼层孔洞向下层滴漏,对楼板上的开孔应做成翻口。

16 环境保护

16.1 大气污染物防治

16.1.1 本条是原规范第6.2.1条的修订条文。

锅炉房排放的大气污染物包括燃料燃烧产生的烟尘、二氧化硫和氮氧化物等有害气体及非燃烧产生的工艺粉尘等,对这些污染物均应采取综合治理措施。经处理后的污染物排放量除应符合现行国家标准《环境空气质量标准》GB 3095、《锅炉大气污染物排放标准》GB 13271、《大气污染物综合排放标准》GB 16297和国家现行职业卫生标准《工作场所有害因素职业接触限值》GBZ 2的规定外,尚应符合省、自治区、直辖市等地方政府颁布的地方标准的规定。

16.1.2 本条是原规范第6.2.2条的修订条文。

本条细化了对除尘器选型的具体要求,便于在设计中掌握。各种新增的除尘设备正在不断研制和生产。除旋风除尘器外,尚有布袋、除尘脱硫一体化装置和静电除尘器等可供选用。近年又有多种型号的多管旋风除尘器经过省、部级鉴定通过,投入批量生产。为取得更好的环保效果,设计中应在高效、低阻、低钢耗和价廉等方面进行技术经济比较后择优选用。

16.1.3 本条是原规范第6.2.4条的修订条文。

为了延长使用寿命,除尘器及附属设施应有防止腐蚀和磨损的措施。

密封可靠的排灰机构,是保证除尘器正常运行的必要条件。

对于除尘器收集下的烟尘,应有密封排放,妥善存放和运输的设施,以避免烟尘的二次飞扬,影响环境卫生。除尘器收集的烟尘综合利用的工艺技术已较成熟,宜综合利用。

16.1.4 本条是新增的条文。

随着新型旋风除尘器的研制和开发应用，多管旋风除尘器从装置的除尘效率、对负荷的适应性、占地面积、运行管理、投资费用和对环境的影响等方面，对单台蒸汽锅炉额定蒸发量小于等于6t/h或单台热水锅炉额定热功率小于等于4.2MW的层式燃煤锅炉还是适宜的。

16.1.5 本条是新增的条文。

条文对其他容量和燃烧方式的燃煤锅炉，仍优先选用干式旋风除尘器，是基于技术经济上较适宜。当采用干式旋风除尘器仍达不到烟尘排放标准时，才应根据锅炉容量、环保要求、场地情况和投资费用等因素进行技术经济比较后确定采用其他除尘装置。

16.1.6 本条是原规范第6.2.3条的修订条文。

随着现行国家标准《锅炉大气污染物排放标准》GB 13271中对燃煤锅炉二氧化硫允许排放浓度的标准愈来愈严格，对燃煤锅炉烟气脱硫的要求日益突出，原有的湿式除尘器也不能满足要求，被具备除尘和脱硫功能的一体化湿式除尘脱硫装置所代替。本条文规定了采用一体化湿式除尘脱硫装置的适用条件，并提出了对该装置的要求，保证装置的使用寿命和正常运行，防止污染物的二次转移，在装置中设置pH值、液气比和SO$_2$出口浓度的检测和自控装置可保证一体化湿式除尘脱硫装置的脱硫效果。

16.1.7 本条是新增的条文。

经多年运行研究，在循环流化床锅炉中采用炉内添加石灰石等固硫剂，降低烟气中SO$_2$的排放浓度，使排放烟气达到排放标准的规定，已是一项成熟的技术，应予推广使用。

16.1.8 本条是新增的条文。

近年来随着我国使用燃油、燃气锅炉日益增多，氮氧化物对大气环境质量造成的污染也逐渐引起重视，现行国家标准《锅炉大气污染物排放标准》GB 13271中对氮氧化物最高允许排放浓度作出了规定。因此，如果锅炉烟气排放中氮氧化物浓度超过标准规定时，应采取治理措施。

当锅炉烟气排放中氮氧化物浓度超过标准规定时，对于燃油、燃气锅炉，减少氮氧化物排放量的最佳途径是从源头上进行控制，其方法有选用低氮燃烧器、选用炉内带有烟气再循环方式进行低氮燃烧的锅炉、采用烟气再循环等，具体可根据锅炉房现状、环保要求及投资费用等因素进行技术经济比较后确定。

16.1.9 本条是新增的条文。

根据现行国家标准《锅炉大气污染物排放标准》GB 13271的规定，单台锅炉额定蒸发量大于等于1t/h或热功率大于等于0.7MW的锅炉应设置便于永久采样监测孔，单台锅炉额定蒸发量大于等于20t/h或热功率大于等于14MW锅炉，必须安装固定的连续监测烟气中烟尘、SO$_2$排放浓度的仪器。为操作和检修方便，必要时可在采样监测孔处设置工作平台。

16.1.10 本条是原规范第13.3.10条的条文。

运煤系统的转运处、破碎筛选处和锅炉干式机械除灰渣处，在运行中均是严重产生粉尘的地点，应当设置防止粉尘扩散的封闭罩或局部抽风罩，以进行局部除尘。此装置与运煤系统应按本规范第11.2.16条要求实现联锁自动开停。

16.2 噪声与振动的防治

16.2.1 本条是原规范第6.3.1条的修订条文。

现行国家标准《城市区域环境噪声标准》GB 3096规定的城市各类环境噪声标准值列于表1。

表1 城市各类区域环境噪声标准值[dB(A)]

类　别	昼　间	夜　间
0	50	40
1	55	45

续表1

类　别	昼　间	夜　间
2	60	50
3	65	55
4	70	55

注：0类标准适用于疗养区、高级别墅区、高级宾馆区等特别需要安静的区域。位于城郊和乡村的这一类区域分别按0类标准50dB执行。1类标准适用于以居住、文教机关为主的区域。乡村居住环境可参照执行该类标准。2类标准适用于居住、商业、工业混杂区。3类标准适用于工业区。4类标准适用于城市中的道路交通干线、道路两侧区域，穿越城区的内河航道两侧区域，穿越城区的铁路主、次干线两侧区域的背景噪声（指不通过列车时的噪声水平）限值也执行该类标准。

本条在原文基础上增加了锅炉房噪声对厂界的影响应符合现行国家标准《工业企业厂界噪声标准》GB 12348规定的锅炉房所处的工作单位界外1m处的厂界噪声标准，见表2。该标准适用于工厂及其可能造成噪声污染的企事业单位的边界。

表2 厂界噪声标准限值[dB(A)]

类　别	昼　间	夜　间
Ⅰ	55	45
Ⅱ	60	50
Ⅲ	65	55
Ⅳ	70	55

注：Ⅰ类标准适用于居住、文教机关为主的区域；Ⅱ类标准适用于居住、商业、工业混杂区及商业中心区；Ⅲ类标准适用于工业区；Ⅳ类标准适用于交通干线道路两侧区域。

夜间频繁突发的噪声［如排气噪声，其峰值不准超过标准值10dB(A)］，夜间偶然发出的噪声（如短促鸣笛声），其峰值不准超过标准值15dB(A)。

16.2.2 本条是原规范第6.3.2条的修订条文。

在锅炉房设计时，为了防止工作场所的噪声对人员的损伤，改善劳动条件以保障职工的身体健康，应遵照国家现行职业卫生标准《工业企业设计卫生标准》GBZ 1的规定，对生产过程中的噪声采取综合预防、治理措施，使设计符合标准的规定。

《工业企业设计卫生标准》GBZ 1的5.2.3.5条规定：工作场所操作人员每天连续接触噪声8h，噪声声级卫生限值为85dB(A)。对于操作人员每天接触噪声不足8h的场所，可根据实际接触噪声的时间，按接触时间减半，噪声声级卫生限值增加3dB(A)的原则，确定其噪声声级限值。但最高限值不得超过115dB(A)。锅炉房操作层和水处理间操作地点属工作场所，应按此条规定执行。锅炉房的噪声由风机、水泵、电机等噪声源组成，要合理布置这些设备，并对噪声源采取一定的隔声、消声和隔振措施，锅炉房噪声就能得以有效地控制。从实际情况看，多数锅炉房能达到标准的规定，为此，条文中仍规定锅炉房操作层和水处理间操作地点的噪声不应大于85dB(A)。

《工业企业设计卫生标准》GBZ 1的5.2.3.6条规定：生产性噪声传播至非噪声作业地点的噪声声级的卫生限制不得超过表3的规定：

表3 非噪声工作地点噪声声级的卫生限值[dB(A)]

地点名称	卫生限值
噪声车间办公室	75
非噪声车间办公室	60
会议室	60
计算机室、精密加工室	70

锅炉房仪表控制室和化验室的室内环境与表3中的计算机室、精密度加工室相似，也与原条文所依据的《工业企业噪声控制设计规范》第2.0.1条规定中的高噪声车间设置的值班室、观察室、休息室相似，所以条文仍规定锅炉房仪表控制室和化验室的噪声不应大于70dB(A)。

16.2.3 本条是原规范第6.3.3条和第6.3.4条合并后的修订

条文。

对于生产较强烈噪声的设备，采用一定措施以降低噪声，这对于改善锅炉房的工作环境，保证操作人员的身体健康，有着重大的意义。国内锅炉房常用的降低噪声的技术措施有：将噪声量大的设备布置在单独房间内或用转墙间隔的同一房间内；采用专门制作的设备隔声罩。隔声室和隔声罩均有较好的隔声效果，在锅炉房设计时，可根据具体情况采用。隔声罩可向生产厂订购或自行制作，隔声罩应便于设备的操作维修和通风散热。

降低噪声的技术措施中也包括采取设备的减振，可减少固体声传播，同样可以降低噪声，设计人员可根据实际情况采用。

16.2.4 本条是原规范第6.3.5条的修订条文。

锅炉房的钢球磨煤机是一种噪声大、体积大、工作温度高、粉尘多的设备，严重影响周围工作环境，为此，宜将磨煤机房建为隔声室。

由于球磨机隔声室内气温高、粉尘浓度大，应按照防爆要求设置通风设施，以便散热，并在隔声室的进排气口上装置消声器，以保证隔声室的隔声效果。

16.2.5 本条是原规范第6.3.6条的修订条文。

为降低不设在隔声室或隔声罩内的鼓风机吸风口的气流噪声，应在其吸风口装设消声器。同时，在各设备的隔声室或隔声罩的通风口上，应设置消声器，以防止噪声自通风口处向外传出。

消声器的额定风量应等于或稍大于风机的实际风量。通过消声器的气流速度应小于等于设计速度，以防止产生较高的再生噪声。消声器的消声量以20dB(A)为宜。消声器的实际阻力应小于等于设备的允许阻力。

16.2.6 本条是原规范第6.3.7条的修订条文。

锅炉排汽噪声与排汽压力有关。压力越高，排汽时产生的噪声越大，影响的范围也越大。实测表明，当锅炉额定蒸汽压力为3.82MPa（表压）时，未设排汽消声器，在距排汽口8m处噪声级高达130dB(A)；当锅炉额定蒸汽压力为1.27MPa（表压）时，未设排汽消声器，在距排汽口10m处噪声级也高达121dB(A)。为减少对周围环境噪声的影响，将排汽消声器设置的压力等级扩大到1.27～3.82MPa（表压）是必要的，考虑到蒸汽锅炉的启动排汽发生概率较高，且启动排汽时间也较长，将条文改为启动排汽管应设置消声器是适宜的。而安全阀排汽只是偶发事故，概率较低，且一旦发生也会很快采取措施，故条文仍维持原有的安全阀排汽管宜设置消声器。

16.2.7 本条是原规范第6.3.8条的修订条文。

原条文仅要求邻近宾馆、医院和精密仪器车间等处的锅炉房内宜设置设备隔振器、管道连接采用柔性接头和管道支承采用弹性支吊架。随着隔振器、柔性接头和弹性支吊架的应用日益普及，周围环境对降低锅炉房噪声的要求提高，扩大设备隔振器、管道柔性接头和弹性支吊架的使用范围是适宜的。

16.2.8 本条是新增的条文。

非独立锅炉房，其周围环境对噪声特别敏感。锅炉房内操作地点的噪声声级卫生限值为85dB(A)，如果锅炉房的墙、楼板、隔声门窗的隔声量不小于35dB(A)，锅炉房外界噪声可控制在50dB(A)以内，可使锅炉房所处的楼宇夜间噪声达到《城市区域环境噪声标准》GB 3096中规定的2类标准。如要达到0类或1类标准，还需详细计算锅炉房内部的噪声声级和隔声量。

对墙、楼板、隔声门窗的隔声效果，墙和楼板比较容易达到本条所提出的隔声量要求，而隔声门窗略有困难，故楼内设置的锅炉房设计时应减少门窗的使用。

16.3 废水治理

16.3.1 本条是新增的条文。

锅炉排放的各类废水应符合现行国家标准《污水综合排放标准》GB 8978和《地表水环境质量标准》GB 3838的规定，还要符合锅炉房所在地受纳水系的接纳要求。受纳水系可以是天然的江、河、湖、海水系，也可以是城市污水处理厂等。

16.3.2 本条是新增的条文。

水资源的合理开发、循环利用，减少污水排放，保护环境是必须遵循的设计原则。

16.3.3 本条是原规范第13.4.7条和第13.4.9条合并后的修订条文。

本条是指锅炉房水环境影响的主要废水污染源及其治理原则。

湿式除尘脱硫、水力冲灰渣和锅炉情况产生的废水中的污染因子有固体悬浮物和pH值，应经过沉淀、中和处理后排放；锅炉排污水会造成热污染，应降温后排放；化学水处理的废水污染因子是pH值，应采取中和处理后排放。

在一般情况下将锅炉房的排水温度降至40℃以下，但企业锅炉房如在所属企业范围内的排水上游且排水管材料及接口材质无温度要求时，可以略高于40℃，这样更符合使用情况。

16.3.4 本条是原规范第13.4.9条的修订条文。

油罐清洗的含油废水直接排放会造成严重的污染；液化石油气残液的直接排放有火灾危险，均严禁直接排放。为防止含油废水的排放造成的污染，油罐区应设置汇水阴沟和隔油池。液化石油气残液处理的难度很大，不应自行处理，必须委托有资质的专业企业处理。

16.3.5 本条是原规范第13.4.8条的修订条文。

煤作为一种能源需要节约和因环保要求防止水体对周围的污染，故在坡地煤场和较大煤场的周围要求设置"防止煤屑冲走"的设施，如在四周设渗漏沟排水及沉煤屑池，将煤屑截留后，再对废水加以处理达标后排放。

当煤场、灰渣场位于饮用水源保护区范围附近时，应有防止贮灰场灰水渗漏时地下水饮用水源污染的措施。

16.4 固体废弃物治理

16.4.1 本条是新增的条文。

我国对燃煤锅炉的灰渣综合利用已有成熟的技术和办法。灰渣被大量用于制作建筑材料和铺筑道路，各地都建立了灰渣的综合利用工厂。

烟气脱硫装置在建设时，应同时考虑其副产品的回收和综合利用，减少废弃物的产生量和排放量。脱硫副产品的利用不得产生有害影响。对不能回收利用的脱硫副产品应集中进行安全填埋处理，并达到相应的填埋污染控制标准。

16.4.2 本条是新增的条文。

根据《国家危险废物名录》，废树脂属危险废弃物。

16.5 绿 化

16.5.1 本条是原规范第2.0.18条的修订条文。

绿化是保护环境的一项重要措施，它有滤尘、吸收有害气体和调节局部小气候的作用，改善生产和生活条件，因此锅炉房周围的绿化应受到足够的重视。锅炉房地区的绿化程度要区别对待，对相对独立的区域锅炉房，其绿化系数应根据当地规划，一般宜为20%；对非区域锅炉房，其绿化面积应在总体设计时统一规划。

16.5.2 本条是新增的条文。

在锅炉房区域内，对环境条件较差的干煤棚和露天煤、渣场周围，应进行重点绿化，建立隔离缓冲带，以减少扬尘对周围环境的影响。

17 消　防

17.0.1 本条是新增的条文。

本条是消防政策，必须遵照执行。

17.0.2 本条是新增的条文。

目前在实践中，锅炉房的建筑物、构筑物和设备的灭火设施采用移动式灭火器及消火栓，是完全可行的。锅炉房内灭火器的配置，应按现行国家标准《建筑灭火器配置设计规范》GB 50140 执行。

17.0.3 本条是新增的条文。

本条是考虑到燃油泵房、燃油罐区的燃料特点而提出的消防措施，泡沫灭火系统的设计应符合现行国家标准《低倍数泡沫灭火系统设计规范》GB 50151 的有关规定。

17.0.4 本条是新增的条文。

燃油及燃气的非独立锅炉房，因其是设置在其他建筑物内，为保证锅炉房及其他建筑物的安全，在有条件时，锅炉房的灭火系统应受建筑物的防灾中心集中监控。

17.0.5 本条是新增的条文。

非独立锅炉房，单台蒸汽锅炉额定蒸发量大于等于 10t/h 或总额定蒸发量大于等于 40t/h 及单台热水锅炉热功率大于等于 7MW 或总功率大于等于 28MW 时，应在火灾易发生部位设置火灾探测和自动报警装置。火灾探测器的选择及设置位置，应符合现行国家标准《火灾自动报警系统设计规范》GB 50116 的有关规定。

17.0.6 本条是新增的条文。

锅炉房的操作指挥系统一般设在仪表控制室内，为方便管理，故要求消防集中控制盘也设在仪表控制室内。

17.0.7 本条是新增的条文。

由于防火的要求，对容量较大锅炉房需要采用栈桥输送燃料时，对锅炉房、运煤栈桥、转运站、碎煤机室相连接处，宜设置水幕防火隔离设施，这对防止火焰蔓延是很重要的。

18　室外热力管道

18.1　管道的设计参数

18.1.1 本条是原规范第 14.2.1 条的条文。

热力管道建成后，将运行数十年。在这期间，对于每一个企业来说，所需热负荷一般都在逐步地发展，因此，在热力管道设计时，除按当时的设计热负荷进行外，对于近期已明确的发展热负荷，包括其种类、数量、位置等，在设计中也应予以考虑。

18.1.2 本条是原规范第 14.2.2 条的修订条文。

在计算热水管网的设计流量时，应按采暖、通风负荷的小时最大耗热量计算。闭式热水管网，当采用中央质调节时，通风负荷的设计流量与采暖负荷一样，按其小时最大耗热量换算，因为通风机运行与否，热水工况是一样的，所以不考虑同时使用系数。由于计算中常有富裕量，此富裕量足以补偿管道热损失，因此支管和干管的设计流量不考虑同时使用系数和热损失，是较为简便和合理的。即使在只有采暖负荷的情况下也不必考虑热损失，因为中央质调节时供求温度是根据室外气温调节的。为考虑管道热损失，运行中适当提高供水温度就可以了。这样做，可不增加设计流量和由此而增加循环水泵的能耗，是符合节能原则的。

兼供生活热水干管的设计流量，其中生活热水负荷可按其小时平均耗热量计算。其理由：一是生活热水用户数量多，最大热负荷同时出现的可能性小；二是目前生活热水负荷占总热负荷的比例较小。而支管情况则不同，故支管设计流量应根据生活热水用户有无贮水箱，按实际可能出现的小时最大耗热量进行计算。

18.1.3 本条是原规范第 14.2.3 条的条文。

蒸汽管网的设计流量，干管是按各用户各种热负荷小时最大耗热量，分别乘以同时使用系数和管网热损失进行计算；支管则按用户的各种热负荷小时最大耗热量计算。

18.1.4 本条是原规范第 14.2.4 条的条文。

凝结水管道的设计流量，即为相应的蒸汽管道设计流量减去不回收的凝结水量。

18.1.5 本条是原规范第 14.1.4 条的条文。

锅炉的运行压力一般是按照热用户的蒸汽最大工作参数（压力、温度），再考虑管网压力损失和温度降而确定的，以这样来确定蒸汽管网的蒸汽起始参数是切合实际的。这样做，管道的直径可能会大一些，初次投资要大一些，但从长远看，可以适应较大热负荷的增长，从实际运行来说，一般情况下，可以满足用户的压力和温度要求，是较为节能的运行方式。

18.2　管　道　系　统

18.2.1 本条是原规范第 14.3.1 条的修订条文。

生产、采暖、通风和生活多种用汽参数相差不大，或生产用汽无特殊要求时，采用单管系统可以节约投资，减少管网热损失。当生产用汽有特殊要求时，采用双管系统能确保供汽的可靠性。如多种用汽参数相差较大时，采用多管系统有利于用汽的分别控制和设备的安全，同时可做到合理用能。

18.2.2 本条是原规范第 14.3.2 条的条文。

蒸汽管网一般采用枝状系统。对于用汽点较少且管网较短、用汽量不大的企业，为满足生产用汽的不同要求（例如一些用汽用户要求汽压不同或生产工艺加热次序有先有后等情况）和为了便于控制，可采用由锅炉房直接通往各用户的辐射状管道系统。

18.2.3 本条是原规范第 14.3.3 条的条文。

以往国内一些高温热水系统运行不正常，大流量小温差的运行较普遍，水力工况失调。其原因之一是用户入口没有可靠、准确的减压措施，以致各用户的流量没有按设计应有的流量分配。于是有些单位采取了干管同程布置,取得了一定效果。这是由于各用户的供、回水温差大体上是相等的。但这样做并不能完全消除水力失调,因为支管和支干管的压力损失以及每个用户内部的压力损失并不都是相等的。要完全解决水力失调,必须从各用户入口处采取减压措施。如采用同程布置方式,将相应增加管网投资,所以应采用正常的异程(逆流)式系统。

在双管热水系统的设计中,有的是为了将室内的采暖系统采取同程式系统,有的是为了将室内采暖系统的回水就近通向室外热水管网,甚至几路回水分别通向室外热水管网,以致供水管与回水管完全不对应。这不仅搞乱了正常的热水系统,也给热水系统的调试和运行管理带来很大的困难。例如室内采暖系统的入口装置上、供水和回水管上,均有压力表、温度计,这对了解运行工况和调试是方便的。如果供水管从用户一边进,而回水管却从用户另一边出,这样供、回水管上压力表和温度计将分设两处,给了解系统运行情况和调试均增加了困难。因此本条文作了规定:通向热用户的供、回水支管宜为同一出入口。对于大的厂房,为避免室内采暖系统管线太长,可以分为几个系统,每个系统的供、回水管各为同一出入口。

18.2.4 本条是原规范第 14.3.4 条的条文。

1 当热水系统的循环水泵停止运行时,应有维持系统静压的措施。其静压线的确定一般为直接连接用户系统中的最高充水高度与供水温度相应的汽化压力之和,并应有 10～30kPa 的富裕量,以保证用户系统最高点的过热水不致汽化。如因条件所限或为了降低高度适应较低用户的设备所能承受的压力,也可将静压线定在不低于系统的最高充水高度,但将因此造成系统再次投入运行时的充水和放气工作量。

2 循环水泵运行时,系统中任何一处的压力不应低于该处水温下的汽化压力,以保证系统运行时不致产生汽化。

3 热水回水管的最大运行压力,以及循环水泵停运时所保持的静压,均不应超过用户设备的允许压力。回水管上任何一处的压力不应低于 50kPa,是为了当回水管内水的压力波动时,不致产生负压而造成汽化。

4 供、回水管之间的压差应满足系统的正常运行,当用户入口处的分布压头大于用户系统的总阻力时,应采取消除剩余压头的可靠措施。如采用孔板、小口径管段、球阀、节流阀等。

18.2.5 本条是原规范第 14.3.5 条的条文。

在热力系统设计中,水压图能形象直观地反映水力工况。为了合理地确定与用户的连接方式(特别是在地形复杂的条件下),以及准确地确定用户入口装置供、回水管的减压值,宜在水力计算基础上绘制水压图。

18.2.6 本条是原规范第 14.3.6 条的修订条文。

要求蒸汽间接加热的凝结水应予以回收是节约能源和有效利用水资源的重要措施。也是国家相关法律、法规的基本要求。

加热有强腐蚀性物质的凝结水,可能会因渗漏使凝结水含有强腐蚀性物质,该水进入锅炉会使锅炉腐蚀,故不应回收。加热油槽和有毒物质的凝结水,也会对锅炉不利,即使锅炉不供生活用汽,不危及人身安全,出于安全的综合考虑,也不应回收。当锅炉供生活用汽时,为避免发生人身中毒事故,则加热有毒物质的凝结水严禁回收。

18.2.7 本条是原规范第 14.3.7 条的条文。

高温凝结水从用汽设备中经疏水阀排出时,压力会降低,和产生的二次汽混在凝结水中,从而增大凝结水管的阻力。二次汽最后又排入大气,造成热量损失。所以采取利用饱和凝结水或将二次汽引出利用,不仅直接利用了这部分热量,还有利于凝结水回收。

18.2.8 本条是原规范第 14.3.8 条的条文。

为提高凝结水回收率,对可能被污染的凝结水,应设置水质监督仪器和净化设备,当回收的凝结水不符合锅炉给水水质标准时,

需进行处理合格后才能作为锅炉给水使用。

18.2.9 本条是原规范第 14.3.9 条的条文。

凝结水回收系统现在绝大多数为开式系统,且运行不正常,二次汽和漏汽大量排放,热量和凝结水损失很大,并由于空气进入管道内,引起凝结水管腐蚀,因此宜改为闭式系统,以有利于二次汽的利用,节约能源,也有利于延长凝结水管道的寿命。当输送距离较远或管道架空敷设时,因阻力较大,靠余压难以使凝结水返回时,则宜采用加压凝结水回收系统,借蒸汽或水泵将凝结水压回。

18.2.10 本条是原规范第 14.3.10 条的条文。

当采用闭式满管系统回收凝结水时,为使所有用户的凝结水能返回锅炉房,在进行凝结水管水力计算的基础上绘制水压图是必要的,以便根据各用户的室内地面标高、管道的阻力、锅炉房凝结水箱的标高及其中的汽压等因素,通过水压图以合理确定二次蒸发箱的安装高度及二次汽的压力等。

18.2.11 本条是原规范第 14.3.11 条的条文。

在余压凝结水系统的凝结水管内,饱和凝结水在流动过程中不断降低压力而产生二次汽,还有少量经疏水阀漏入的蒸汽。虽然因凝结水管的热损失而减少了一些蒸汽,但凝结水管内仍为水、汽两相流动,所以应按汽、水混合物计算。但两相流动有多种不同的流动状态,现尚无科学的计算方法。目前通用的方法是把汽水混合物假定为乳状混合物进行计算。至于含汽率大小因各种情况不同而不同,难以确定。

18.2.12 本条是原规范第 14.3.12 条的条文。

选择加压凝结水系统时,应首先根据用户分布的情况,分片合理地布置凝结水泵站。条文中是按自动启闭水泵的运行方式考虑水箱容积的。为避免水箱频繁的启闭,凝结水泵的流量不宜过大。根据目前凝结水回收率的水平,凝结水泵的流量按每小时最大凝结水量计算。当泵站并联运行时,凝结水泵的选择应符合并联运行的要求。

每一个凝结水泵站中,一般设置 2 台凝结水泵,其中 1 台备用,其扬程应能克服系统的阻力、泵出口至回收水箱的标高差以及回收水箱的压力。凝结水泵应能自动开停。每一个凝结水泵站,一般设置 1 个凝结水箱,但常年不间断供热的系统和凝结水有可能被污染的系统,则应设置 2 个凝结水箱,以便轮换检修和监测处理。

18.2.13 本条是原规范第 14.3.13 条的条文。

疏水加压器构造简单,不用电动机作动力,自动启停,运行可靠,使用方便,有较好的节能效果。

当采用疏水加压器作为加压器时,如该疏水加压器不具备阻汽作用时,则各用汽设备的凝结水管道在接入疏水泵加压器之前应分别安装疏水阀。如当疏水加压器兼有疏水阀和加压泵两种作用时,则用汽设备的凝结水管道上可不另安装疏水阀,但疏水加压器的设置位置应靠近用汽设备,并应使疏水加压器的上部水箱低于凝结水系统,以利用汽设备的凝结水顺畅地流入该疏水加压器的集水箱。

18.3 管道布置和敷设

18.3.1 本条是原规范第 14.4.1 条的条文。

热力管道的布置和敷设有着密切的关系。不同的敷设方式对布置的要求也不同。选择管道的敷设方式,应根据当地的气象、水文、地质和地形等因素考虑。管道的布置,应按用户分布情况、建筑物和构筑物的密集程度、用户对供热的要求,结合区域总平面布置等因素综合考虑。管道及其附件布置的不合理,对施工、生产、操作和维修都有影响,在设计中应予以注意。

1 主干管的布置,应使其既满足生产要求,又节约管材。

2 当采用架空敷设时,为减少支吊架数量和尽量减少其热损失,可穿越建筑物,但不应穿越配、变电所和危险品仓库等建筑物。这是由于介质散热和可能的泄漏,会使电气裸线短路,或使电石遇

水产生乙炔气，以致发生爆炸事故。管道穿越建筑扩建地和永久性物料堆场会导致日后返工浪费或难于维修，一旦管道发生故障，将影响有关用户正常供热，故亦不宜穿越这些场地。此外，还应少穿越厂区主要干道，因为如架空敷设将影响美观，且因干道宽，布管的跨度大，造成支吊困难；如地下敷设，则因不宜开挖主干道而难于维修。

3 在山区敷设管道，应依山就势、因地制宜地布置管线。当管道通过山脚时，应考虑到地质滑坡的隐患；当跨越沟谷时，应考虑山洪对管架基础的冲击。

18.3.2 本条是原规范第 14.4.2 条的修订条文。

根据以前的调研，一些热力管道过去都采用地沟敷设，后因地沟泡水，管道受潮后腐蚀严重，现已全部改为架空敷设。

因此本规范建议在下列地区采用架空敷设：

1 对地下水位高或年降雨量大的地区。

2 土壤带有腐蚀性时。如采用地下敷设，则地下管线易受腐蚀。

3 在地下管线密集的地区。这可以避免管沟之间的相互交叉，尤其是改建和扩建的项目，如原有地下管线布置很复杂时，热力管道采用地下敷设更有困难。

4 地形复杂的地区。采用地下敷设难度大，投资也大。

架空敷设具有维修方便、造价低等优点，适宜于敷设热力管线。

本条有关管道敷设方式的建议是从困难一个方面考虑的。但在设计中也要考虑到现在直埋管道技术的发展现状，对地下水位高或年降雨量大以及土壤具有较强的腐蚀性地区的管道，如采取一定的措施，也是可以采用地沟和直埋敷设的。为此本条要求，在居民区等对环境美观的要求越来越高地点，在人员密集的地点，同时也出于安全的考虑，宜采用地沟或直埋敷设方式。

18.3.3 本条是原规范第 14.4.3 条的条文。

本规范附录 A 的规定，是参照设计中普遍采用的规定编写的。其数据与压缩空气站、氧气站等设计规范是一致的，并与现行国家标准《工厂企业总平面设计规范》GB 50182 的规定相协调。

18.3.4 本条是原规范第 14.4.4 条的条文。

当管道沿建筑物和构筑物敷设时，加在其上的荷载（包括垂直荷重及热膨胀推力）应提出资料，由土建专业予以计算和校核，以确保建筑物或构筑物的安全。

18.3.5 本条是原规范第 14.4.5 条的修订条文。

架空热力管道与输送强腐蚀性介质的管道和易燃、易爆介质管道共架时，宜布置在腐蚀性介质管道和易燃、易爆介质管道的上方，或宜水平布置在腐蚀性介质管道和易燃、易爆介质管道的内（里）侧。这样能够保证腐蚀性介质和易燃、易爆介质不会滴漏到热力管道上，从而避免引起热力管道的腐蚀和发生火灾的危险，同时也可避免热力管道的散热量对其他管道的安全影响。热力管道与腐蚀性介质管道和易燃、易爆介质管道水平布置时，将腐蚀性介质管道和易燃、易爆介质管道布置在外侧是为了让最危险的管道更方便进行检修和维护。

18.3.6 本条是原规范第 14.4.6 条的条文。

多管共架敷设，当支架两侧的荷载不均衡时，将会引起支架荷载重心发生偏移，故设计时应考虑管架两侧荷载的均衡。热力管道宜与室外架空的工艺或动力管道共架敷设，这是为了节省管架投资和便于总图布置等。

18.3.7 本条是原规范第 14.4.7 条的条文。

在不妨碍交通的地段采用低支架敷设，可节约支架费用，又便于管理维修。对保温层与地面净空距离定为 0.5m，这不仅是为了避免雨季时地面积水有可能使管道保温层泡水，方便在管道底部安装放水阀，还可避免支架低，行人在管道上行走，踩坏保温层。

中支架敷设时，管道保温层距离地面净空距离不宜小于 2.5m，是为了便于人的通行。

高支架敷设的高度要求是为了保证车辆的通行。

18.3.8 本条是原规范第 14.4.8 条的条文。

地沟内部管道采用单排（行）布置是考虑维修方便。地沟型式应考虑经济合理及运行维修方便等因素。不通行地沟内部管道如发生事故时，必须挖开地面后方可进行检修。因此，在管道通过铁路线或主要交通要道等地面不允许开挖的地段处，即使管道的数量不多，管径也很小，也不宜采用不通行地沟敷设。对于仅在采暖期使用的低压、低温管道，当管道数量较多时，也可以采用半通行地沟敷设，这主要是考虑在非采暖期可以进行管道的检查和保温层的维修。

18.3.9 本条是原规范第 14.4.9 条的条文。

对半通行地沟及通行地沟的净空高度及通道宽度的规定，是根据工厂的实际使用情况和安装单位的建议，以及参考原苏联 1967 年编制的"热网工艺设计标准"中有关规定等制定的。

考虑到企业（单位）地下管线较多，避让困难，并从建造地沟的经济方面着眼，条文规定：半通行地沟的净空高宜为 1.2～1.4m，通道净宽宜为 0.5～0.6m；通行地沟的净高不宜小于 1.8m，通道净宽不宜小于 0.7m。

18.3.10 本条是原规范第 14.4.10 条的条文。

对通行及半通行地沟，自管道保温层外表面至地沟顶部距离，根据安装公司方便安装的意见、实际使用情况和大多数设计院的设计经验，本规范规定采用 50～300mm。

18.3.11 本条是原规范第 14.4.11 条的条文。

重油管、润滑油管、压缩空气管和上水管都不是易挥发、易爆、易燃、有腐蚀性介质的管道，为了节约占地和投资，可以与热力管道共同敷设在同一地沟内。在地沟内，将给水管安排在热力管的下方，是为了避免给水管在湿热的沟内空气中管外结露，使水滴在热力管道保温层上从而破坏保温。

18.3.12 本条是原规范第 14.4.12 条的条文。

为确保安全，热力管道不允许与易挥发、易爆、易燃、有害、有腐蚀性介质的管道共同敷设在同一地沟内。也不能与惰性气体敷设在同一地沟内，是为了避免造成检修人员窒息。

18.3.13 本条是新增的条文。

管道直埋技术在我国发展较快，目前基本可归纳为无补偿敷设方式和有补偿敷设方式。采用以弹性分析理论为基础的无补偿方式，按管道预热方式的不同又可分为敞开式和覆盖式，敞开式不设固定点，没有补偿器，投资较低；覆盖式需安装一次性管道补偿器。当热力管道的介质温度较高，或安装时无热预预热，可采用有补偿方式。有补偿方式中可分为有固定点方式和无固定点方式，无固定点方式计算要求高，但占地小，运行相对可靠，投资小而优于有固定点方式。根据国内外理论和实践的经验表明，无补偿方式优于有补偿方式，无补偿方式中敞开式优于覆盖式。

直埋管道品种较多，特别是外保护层的结构大不相同，采用玻璃钢等强度和抗老化性能较差的材料作外保护层时，管道（包括保温层）底外壁高于最高地下水位高度 0.5m 是较安全可靠的；采用高密度聚乙烯管和钢套管等作外保护层时允许在地下水位以下敷设，但将管道泡在水里会降低管道的安全性和经济性。

直埋管道的查漏是一个需高度重视的问题，如何及时准确地查找泄漏部位，防止盲目开挖，设计时考虑设置泄漏报警系统是可行的，也是必要的。

考虑阀门等可能暴露在外，在强电流地区，管道会引起电化学腐蚀，因此宜采取一定的措施。

18.3.14 本条是原规范第 14.4.13 条的修订条文。

直埋敷设管道外壳顶部埋深应在冰冻线以下，这是对直埋管道敷设的基本要求。直埋管道纵向稳定最小覆土深度在《城镇直埋供热管道工程技术规程》CJJ/T 81 和《城镇供热直埋蒸汽管道技术规程》CJJ 104 有详细规定，应遵照执行。为确保安全起见，直埋管道穿行车道时，应有必要的保护措施，若管道有足够的埋深距离,足以保证安全,可以不考虑防护措施,所以本规范规定"宜加套管或采用管沟进行防护,管沟上应设钢筋混凝土盖板"。

18.3.15 本条是原规范第14.4.14条的条文。

检查井的尺寸和技术要求是从便于操作和保证人员安全考虑的。检查井的净空高度不应小于1.8m,是保证操作人员能不碰到头部。设置2个人孔是为了采光、通风和人员安全的需要。检查井的人孔口高出地面0.15m,是为了防止地面水进入。要求积水坑设置在人孔之下,是为了打开人孔盖即可直接从人孔口抽除井内积水。

18.3.16 本条是原规范第14.4.15条的条文。

原苏联《热力网设计规范》规定,通行地沟上的人孔间距在有蒸汽管道的情况下为100m,在无蒸汽管道的情况下不大于200m;半通行地沟人孔间距在有蒸汽管道的情况下为60m,在无蒸汽管道的情况下不大于100m。人孔口高出地面不应小于0.15m是为了防止地面水流入地沟。

18.3.17 本条是原规范第14.4.16条的条文。

由于热力管道散热,地沟内的温度一般比较高。在保温层损坏或阀门等附件有泄漏时,温度会更高。如地沟渗水,在较高温度下,水分蒸发,造成地沟内湿度增大,易使保温层损坏,甚至腐蚀管道和附件。因此,在设计地沟时,应尽可能防止地下水和地面水的渗入,并应考虑地沟有排水的坡度。如地面有高差,地沟坡度宜顺地面坡度,使地沟覆土均匀。

由于地沟内热力管道散热量较大,如不考虑通风,则其散发出的热量将会使地沟内的温度升高。对于通行和半通行地沟,如不考虑通风,在管网运行期间操作维修人员根本无法进入地沟内工作。根据使用单位的经验,在地沟或检查井上装设自然通风装置是降温的一个可靠措施,并可驱除沟内潮气,减少沟内管道及附件的锈蚀。

18.3.18 本条是新增的条文。

直埋管道敷设应开挖梯形沟槽,在沟槽内管道的四周应填满距管道外壁不小于200mm厚的细沙,以保证管道四周具有良好的透水层,同时也可减少管道与土壤的摩擦力,并使管道与土壤的摩擦力均匀分布。

18.3.19 本条是原规范第14.4.18条的条文。

为了尽量减少地下敷设热力管道与铁路或公路交叉管道的长度,以减少施工和日常维护的困难,其交叉角不宜小于45°。单管或小口径管与之交叉时,宜采用套管;多管或大口径管与之交叉时,则按具体情况可采用半通行或通行地沟。

18.3.20 本条是原规范第14.4.19条的条文。

中、高支架敷设的管道在干管和分支管上装有阀门和附件时,需要操作、维修,故应设置操作平台及栏杆。在只装疏水、放水和放气(汽)等附件时,可将这些附件降低安装,省去操作平台以节约投资。其引下管中积水,在寒冷地区应保温,以防管道因内部积水冻结而破坏。

18.3.21 本条是原规范第14.4.20条的修订条文。

为防止雨水和地面水进入地沟,避免地沟内湿度增高,甚至管道和保温层泡水,从而保证热力管道正常运行、维修和延长使用寿命。因此,在架空敷设管道与地沟敷设管道连接处,即管道穿入地沟的洞口应有防止雨水进入的措施,如使洞口高出地面0.3m,在管道进入洞口处设防雨罩。直埋管道伸出地面处设竖井,是为了保护伸出地面垂直管道部分,同时也是要留有水平管道自由端热位移的空间。

18.4 管道和附件

18.4.1 本条是原规范第14.5.1条的修订条文。

根据热介质的参数、无缝钢管的生产供应情况以及热力管道不同敷设方式提出的选用原则。

18.4.2 本条是原规范第14.5.2条的条文。

管径太小的管道,运行时易为管内脏物堵塞,不易清理。设计中采用管道的最小公称直径一般为25mm。

18.4.3 本条是原规范第14.5.3条的条文。

在热力管道通向每一个用户的支管上,原则上均应装设关闭阀门。考虑到有些支管比较短(小于20m),发生破损事故的可能性比较小,故在这种较短的支管上,可不设关闭阀门。

18.4.4 本条是原规范第14.5.4条的条文。

热水、蒸汽和凝结水管道的最高点装设放气阀,用以排放管道中的空气。此放气阀在管道安装时可作为水压试验放气用;而在投运后此放气阀放气是为了保证正常运行及维修。热水、蒸汽和凝结水管道的最低点装设放水阀,用以放水和排污,以保证正常运行和维修,或作为事故排水用。

18.4.5 本条是原规范第14.5.5条的条文。

蒸汽管道开始启动暖管时,会产生大量的凝结水,为了防止水击应及时疏水。在直线管段上,顺坡时蒸汽与凝结水流向相同,每隔400~500m应设启动疏水,逆坡时蒸汽与凝结水流向相反,每隔200~300m应设启动疏水。当蒸汽管道启动时,将启动疏水阀开启,启动结束后将此阀关闭。在蒸汽管道的低点和垂直升高之前,启动及正常运行时均有凝结水结集,为避免水击,需要连续地、及时地将凝结水排走,故应装设经常疏水附件。

18.4.6 本条是原规范第14.5.6条的条文。

本条主要考虑减少凝结水损失,以降低化学补充水的消耗量。

18.4.7 本条是原规范第14.5.7条的条文。

为了能检查疏水阀的正常工作情况,在疏水阀后安装检查阀是简单有效的办法,否则难于检查疏水阀是否运行正常。为保证疏水阀的正常运行,在不具备过滤装置的疏水阀前安装过滤器是必要的。

18.4.8 本条是原规范第14.5.8条的条文。

根据调研,在连续运行的条件下,在室外采暖计算温度为-10℃以下的地区架空敷设的灰铸铁阀门易发生冻裂事故,而室外采暖计算温度在-9℃及以上的地区未发现架空敷设的灰铸铁阀门冻裂的情况。但如不是连续运行情况,则室外采暖计算温度在-9℃及以上的地区也会发生灰铸铁阀门冻裂的情况,故对间断运行露天敷设管道灰铸铁放水阀的禁用界限划在室外采暖计算温度在-5℃以下地区。

18.5 管道热补偿和管道支架

18.5.1 本条是原规范第14.6.1条的修订条文。

自然补偿是最可靠的热补偿方式,但当管径较大时(一般指公称直径大于等于300mm),虽然采用自然补偿也能满足要求,但与采用补偿器补偿比较就可能不经济了。国内目前在补偿器的制造质量上已有较高的水平,补偿器的可靠性和使用寿命都大大提高,对大管径热力管道的布置推荐采用补偿器,可节约投资,占地小,同时也美观,敷设方便。

18.5.2 本条是新增的条文。

热力管道补偿器一般是管道系统中最薄弱环节之一,约束型补偿器结构简单、造价低,同时对管系不产生盲板推力。对架空敷设的管道而言,因有足够的横向位移空间,根据管道的自然走向或关系结构,优先采用约束型补偿器是合理的。当采用约束型补偿器不能满足要求时,可考虑局部采用非约束型补偿器。地沟敷设的管道因没有足够的横向位移空间,不宜采用约束型补偿器,但在设计中有条件的话,建议仍优先采用约束型补偿器。

18.5.3 本条是原规范第14.6.2条的条文。

在工程设计阶段,一般不知道其管道的安装温度,此时可以将室外计算温度作为管道的安装温度,虽然其实际安装温度较此为高,但即使安装温度与介质工作温度之差加大,也可以使热补偿留有富裕量。

18.5.4 本条是原规范第14.6.3条的条文。

本规范的适用范围,热介质温度小于等于 450℃。室外热力管道一般在非蠕变条件下工作(碳钢 380℃ 以下),管道的预拉伸一般按热伸长的 50% 计算。当输送热介质的温度大于 380℃ 而小于 450℃ 时预拉伸量取管道热伸长量的 70%。

18.5.5 本条是原规范第 14.6.4 条的修订条文。

套管补偿器运行时对两端管子的同心度有一定要求,如果偏移量超过一定范围,热胀冷缩时补偿器容易被卡住,并且还会泄漏。因此本条规定,应在套管补偿器的活动侧装设导向支架。

18.5.6 本条是原规范第 14.6.5 条的修订条文。

波形补偿器因其强度较差,补偿能力小,轴向推力大,因而在热力管道上不常使用。为了补偿管道径向、轴向的热伸长,可采用不同的布置方式。并根据波形补偿器的布置情况,在两侧装设导向支架。采用波形补偿器时,应计算其工作时的热补偿量,并应规定安装时的预拉伸量。

18.5.7 本条是原规范第 14.6.6 条的条文。

球形补偿器补偿能力大,由于直线管段长,为了降低管道对固定支座的推力,宜采用滚动支座或低摩擦系数材料的滑动支座,并应在补偿器处和管段中间设置导向支座,防止管道纵向失稳。

18.5.8 本条是原规范第 14.6.7 条的条文。

热压弯头质量有保证,造价便宜,而正常煨制的弯管,特别是大管径的管子,煨制工作量大,质量不容易保证。因此,在有条件的情况下应优先采用热压弯头。

18.5.9 本条是原规范第 14.6.8 条的条文。

管道的活动支座一般情况下宜采用滑动支座因为它制作简单,造价较低。在敷设于高支架、悬臂支架或通行地沟内的公称直径大于等于 300mm 的管道上,宜采用滚动(滚轮、滚架、滚柱)支座,或用低摩擦系数材料的滑动支座,这是为了减少摩擦力,从而减少对固定支架的推力,以利于减小支架土建结构的断面,从而降低造价。这对于高支架敷设的柱子尤为重要。

18.5.10 本条是原规范第 14.6.9 条的条文。

为了使热力管道的渗漏水以及外部进入地沟的水能够较通畅地顺地沟的坡向流至检查井,管子滑动支架的混凝土支墩应错开布置。

18.5.11 本条是原规范第 14.6.10 条的条文。

这种将管道敷设在另一管道上的敷设方式可省投资和用地,但在计算管道支座尺寸和补偿器补偿能力时,应考虑上、下管道的位移所造成的影响,以免发生上面管道滑落的事故。

18.5.12 本条是原规范第 14.6.11 条的条文。

多管共架敷设时,由于管道数量、重量、布置方式和输送介质参数不同,以及投入运行的先后次序不一等原因,将使支架的实际受力情况受到一定程度的制约。因此,在计算作用于支架上的摩擦推力时,应充分考虑这些相互牵制的因素。牵制系数的采用,可通过分析计算或参照有关资料和手册的规定。

中华人民共和国国家标准

爆炸危险环境电力装置设计规范

Code for design of electrical installations
in explosive atmospheres

GB 50058 - 2014

主编部门：中国工程建设标准化协会化工分会
批准部门：中华人民共和国住房和城乡建设部
施行日期：２０１４ 年 １０ 月 １ 日

中华人民共和国住房和城乡建设部公告

第 319 号

住房城乡建设部关于发布国家标准
《爆炸危险环境电力装置设计规范》的公告

现批准《爆炸危险环境电力装置设计规范》为国家标准，编号
为 GB 50058—2014，自 2014 年 10 月 1 日起实施。其中，第 5.2.2
(1)、5.5.1 条（款）为强制性条文，必须严格执行。原《爆炸和火灾
危险环境电力装置设计规范》GB 50058—92 同时废止。
    本规范由我部标准定额研究所组织中国计划出版社出版
发行。

中华人民共和国住房和城乡建设部
2014 年 1 月 29 日

7

前　言

本规范是根据原建设部《关于印发＜2004年工程建设国家标准制订、修订计划＞的通知》(建标〔2004〕67号)的要求，由中国寰球工程公司会同有关单位共同修订而成。

本规范修订的主要内容有：总则、爆炸性气体环境、爆炸性粉尘环境、危险区域的划分，设备的选择等。主要修订下列内容：

1. 规范名称的修订，即将《爆炸和火灾危险环境电力装置设计规范》改为《爆炸危险环境电力装置设计规范》；

2. 将"名词解释"改为"术语"，作了部分修订并放入正文；

3. 将原第四章"火灾危险环境"删除；

4. 将例图从原规范正文中删除，改为附录并增加了部分内容；

5. 增加了增安型设备在1区中使用的规定；

6. 爆炸性粉尘危险场所的划分由原来的两种区域"10区、11区"改为三种区域"20区、21区、22区"；

7. 增加了爆炸性粉尘的分组：ⅢA、ⅢB和ⅢC组；

8. 将原规范正文中"爆炸性气体环境的电力装置"和"爆炸性粉尘环境的电力装置"合并为第5章"爆炸性环境的电力装置设计"；

9. 增加了设备保护级别(EPL)的概念；

10. 增加了光辐射式设备和传输系统防爆结构类型。

在修订过程中，规范组进行了广泛的调查研究，认真总结了规范执行以来的经验，吸取了部分科研成果，借鉴了相关的国际标准及发达工业国家的相关标准，广泛征求了全国有关单位的意见，对其中主要问题进行了多次讨论、协调，最后经审查定稿。本规范删除了原规范中关于火灾危险环境的内容，对于火灾危险环境的电气设计，执行国家其他专门的设计规范。

本规范共分5章和5个附录，主要内容包括总则，术语，爆炸性气体环境，爆炸性粉尘环境，爆炸性环境的电力装置设计等。

本规范以黑体字标志的条文为强制性条文，必须严格执行。

本规范由住房和城乡建设部负责管理和对强制性条文的解释，由中国工程建设标准化协会化工分会负责日常管理，由中国寰球工程公司负责具体技术内容的解释。本规范在执行过程中如发现需要修改或补充之处，请将意见、建议和有关资料寄送中国寰球工程公司(地址：北京市朝阳区樱花园东街7号，邮政编码：100029)，以便今后修订时参考。

本规范主编单位、参编单位、主要起草人和主要审查人：

主编单位：中国寰球工程公司

参编单位：五洲工程设计研究院

南阳防爆电气研究所

中国石化工程建设公司

中国昆仑工程公司

华荣科技股份有限公司

主要起草人：周　伟　熊　延　刘汉云　弓普站　郭建军

王财勇　王素英　张　刚　李　江　李道本

于立键

主要审查人：王宗景　曹建勇　杨光义　周　勇　罗志刚

徐　刚　甘家福　范景昌　薛丁法　刘植生

目　次

7

1 总　则

1.0.1 为了规范爆炸危险环境电力装置的设计,使爆炸危险环境电力装置设计贯彻预防为主的方针,保障人身和财产的安全,因地制宜地采取防范措施,制定本规范。

1.0.2 本规范适用于在生产、加工、处理、转运或贮存过程中出现或可能出现爆炸危险环境的新建、扩建和改建工程的爆炸危险区域划分及电力装置设计。

本规范不适用于下列环境:

　　1　矿井井下;

　　2　制造、使用或贮存火药、炸药和起爆药、引信及火工品生产等的环境;

　　3　利用电能进行生产并与生产工艺过程直接关联的电解、电镀等电力装置区域;

　　4　使用强氧化剂以及不用外来点火源就能自行起火的物质的环境;

　　5　水、陆、空交通运输工具及海上和陆上油井平台;

　　6　以加味天然气作燃料进行采暖、空调、烹饪、洗衣以及类似的管线系统;

　　7　医疗室内;

　　8　灾难性事故。

1.0.3 本规范不考虑间接危害对于爆炸危险区域划分及相关电力装置设计的影响。

1.0.4 爆炸危险区域的划分应由负责生产工艺加工介质性能、设备和工艺性能的专业人员和安全、电气专业的工程技术人员共同商议完成。

1.0.5 爆炸危险环境的电力装置设计除应符合本规范外,尚应符合国家现行有关标准的规定。

2 术　语

2.0.1 闪点　flash point

在标准条件下,使液体变成蒸气的数量能够形成可燃性气体或空气混合物的最低液体温度。

2.0.2 引燃温度　ignition temperature

可燃性气体或蒸气与空气形成的混合物,在规定条件下被热表面引燃的最低温度。

2.0.3 环境温度　ambient temperature

指所划区域内历年最热月平均最高温度。

2.0.4 可燃性物质　flammable material

指物质本身是可燃的,能够产生可燃性气体、蒸气或薄雾。

2.0.5 可燃性气体或蒸气　flammable gas or vapor

以一定比例与空气混合后,将会形成爆炸性气体环境的气体或蒸气。

2.0.6 可燃液体　flammable liquid

在可预见的使用条件下产生可燃蒸气或薄雾的液体。

2.0.7 可燃薄雾　flammable mist

在空气中挥发能形成爆炸性环境的可燃性液体微滴。

2.0.8 爆炸性气体混合物　explosive gas mixture

在大气条件下,气体、蒸气、薄雾状的可燃物质与空气的混合物,引燃后燃烧将在全范围内传播。

2.0.9 高挥发性液体　highly volatile liquid

高挥发性液体是指在37.8℃的条件下,蒸气绝压超过276kPa的液体,这些液体包括丁烷、乙烷、乙烯、丙烷、丙烯等液体,液化天然气,天然气凝液及它们的混合物。

2.0.10 爆炸性气体环境　explosive gas atmosphere

在大气条件下,气体或蒸气可燃物质与空气的混合物引燃后,能够保持燃烧自行传播的环境。

2.0.11 爆炸极限　explosive limit

　　1　爆炸下限(LEL)　lower explosive limit

可燃气体、蒸气或薄雾在空气中形成爆炸性气体混合物的最低浓度。空气中的可燃性气体或蒸气的浓度低于该浓度,则气体环境就不能形成爆炸。

　　2　爆炸上限(UEL)　upper explosive limit

可燃气体、蒸气或薄雾在空气中形成爆炸性气体混合物的最高浓度。空气中的可燃性气体或蒸气的浓度高于该浓度,则气体环境就不能形成爆炸。

2.0.12 爆炸危险区域　hazardous area

爆炸性混合物出现的或预期可能出现的数量达到足以要求对电气设备的结构、安装和使用采取预防措施的区域。

2.0.13 非爆炸危险区域　non-hazardous area

爆炸性混合物出现的数量不足以要求对电气设备的结构、安装和使用采取预防措施的区域。

2.0.14 区　zone

爆炸危险区域的全部或一部分。按照爆炸性混合物出现的频率和持续时间可分为不同危险程度的若干区。

2.0.15 释放源　source of release

可释放出能形成爆炸性混合物的物质所在的部位或地点。

2.0.16 自然通风环境　natural ventilation atmosphere

由于天然风力或温差的作用能使新鲜空气置换原有混合物的区域。

2.0.17 机械通风环境　artificial ventilation atmosphere

用风扇、排风机等装置使新鲜空气置换原有混合物的区域。

2.0.18 正常运行　normal operation

指设备在其设计参数范围内的运行状况。

2.0.19 粉尘 dust

在大气中依其自身重量可沉淀下来,但也可持续悬浮在空气中一段时间的固体微小颗粒,包括纤维和飞絮及现行国家标准《袋式除尘器技术要求》GB/T 6719 中定义的粉尘和细颗粒。

2.0.20 可燃性粉尘 combustible dust

在空气中能燃烧或无焰燃烧并在大气压和正常温度下能与空气形成爆炸性混合物的粉尘、纤维或飞絮。

2.0.21 可燃性飞絮 conductive flyings

标称尺寸大于 $500\mu m$,可悬浮在空气中,也可依靠自身重量沉淀下来的包括纤维在内的固体颗粒。

2.0.22 导电性粉尘 conductive dust

电阻率等于或小于 $1 \times 10^3 \Omega \cdot m$ 的粉尘。

2.0.23 非导电性粉尘 non-conductive dust

电阻率大于 $1 \times 10^3 \Omega \cdot m$ 的粉尘。

2.0.24 爆炸性粉尘环境 explosive dust atmosphere

在大气环境条件下,可燃性粉尘与空气形成的混合物被点燃后,能够保持燃烧自行传播的环境。

2.0.25 重于空气的气体或蒸气 heavier-than-air gases or vapors

相对密度大于 1.2 的气体或蒸气。

2.0.26 轻于空气的气体或蒸气 lighter-than-air gases or vapors

相对密度小于 0.8 的气体或蒸气。

2.0.27 粉尘层的引燃温度 ignition temperature of dust layer

规定厚度的粉尘层在热表面上发生引燃的热表面的最低温度。

2.0.28 粉尘云的引燃温度 ignition temperature of dust cloud

炉内空气中所含粉尘云发生点燃时炉子内壁的最低温度。

2.0.29 爆炸性环境 explosive atmospheres

在大气条件下,气体、蒸气、粉尘、薄雾、纤维或飞絮的形式与空气形成的混合物引燃后,能够保持燃烧自行传播的环境。

2.0.30 设备保护级别(EPL) equipment protection level

根据设备成为引燃源的可能性和爆炸性气体环境及爆炸性粉尘环境所具有的不同特征而对设备规定的保护级别。

3 爆炸性气体环境

3.1 一般规定

3.1.1 在生产、加工、处理、转运或贮存过程中出现或可能出现下列爆炸性气体混合物环境之一时,应进行爆炸性气体环境的电力装置设计:

1 在大气条件下,可燃气体与空气混合形成爆炸性气体混合物;

2 闪点低于或等于环境温度的可燃液体的蒸气或薄雾与空气混合形成爆炸性气体混合物;

3 在物料操作温度高于可燃液体闪点的情况下,当可燃液体有可能泄漏时,可燃液体的蒸气或薄雾与空气混合形成爆炸性气体混合物。

3.1.2 在爆炸性气体环境中发生爆炸应符合下列条件:

1 存在可燃气体、可燃液体的蒸气或薄雾,浓度在爆炸极限以内;

2 存在足以点燃爆炸性气体混合物的火花、电弧或高温。

3.1.3 在爆炸性气体环境中应采取下列防止爆炸的措施:

1 产生爆炸的条件同时出现的可能性应减到最小程度。

2 工艺设计中应采取下列消除或减少可燃物质的释放及积聚的措施:

1)工艺流程中宜采取较低的压力和温度,将可燃物质限制在密闭容器内;

2)工艺布置应限制和缩小爆炸危险区域的范围,并宜将不同等级的爆炸危险区或爆炸危险区与非爆炸危险区分隔在各自的厂房或界区内;

3)在设备内可采用以氮气或其他惰性气体覆盖的措施;

4)宜采取安全连锁或发生事故时加入聚合反应阻聚剂等化学药品的措施。

3 防止爆炸性气体混合物的形成或缩短爆炸性气体混合物的滞留时间可采取下列措施:

1)工艺装置宜采取露天或开敞式布置;

2)设置机械通风装置;

3)在爆炸危险环境内设置正压室;

4)对区域内易形成和积聚爆炸性气体混合物的地点应设置自动测量仪器装置,当气体或蒸气浓度接近爆炸下限值的 50% 时,应能可靠地发出信号或切断电源。

4 在区域内应采取消除或控制设备线路产生火花、电弧或高温的措施。

3.2 爆炸性气体环境危险区域划分

3.2.1 爆炸性气体环境应根据爆炸性气体混合物出现的频繁程度和持续时间分为 0 区、1 区、2 区,分区应符合下列规定:

1 0 区应为连续出现或长期出现爆炸性气体混合物的环境;

2 1 区应为在正常运行时可能出现爆炸性气体混合物的环境;

3 2 区应为在正常运行时不太可能出现爆炸性气体混合物的环境,或即使出现也仅是短时存在的爆炸性气体混合物的环境。

3.2.2 符合下列条件之一时,可划为非爆炸危险区域:

1 没有释放源且不可能有可燃物质侵入的区域;

2 可燃物质可能出现的最高浓度不超过爆炸下限值的 10%;

3 在生产过程中使用明火的设备附近,或炽热部件的表面温度超过区域内可燃物质引燃温度的设备附近;

4 在生产装置区外,露天或开敞设置的输送可燃物质的架空管道地带,但其阀门处按具体情况确定。

3.2.3 释放源应按可燃物质的释放频繁程度和持续时间长短分

为连续级释放源、一级释放源、二级释放源,释放源分级应符合下列规定:

1 连续级释放应为连续释放或预计长期释放的释放源。下列情况可划为连续级释放源:

   1)没有用惰性气体覆盖的固定顶盖贮罐中的可燃液体的表面;

   2)油、水分离器等直接与空间接触的可燃液体的表面;

   3)经常或长期向空间释放可燃气体或可燃液体的蒸气的排气孔和其他孔口。

2 一级释放源应为在正常运行时,预计可能周期性或偶尔释放的释放源。下列情况可划为一级释放源:

   1)在正常运行时,会释放可燃物质的泵、压缩机和阀门等的密封处;

   2)贮存可燃液体的容器上的排水口处,在正常运行中,当水排掉时,该处可能会向空间释放可燃物质;

   3)正常运行时,会向空间释放可燃物质的取样点;

   4)正常运行时,会向空间释放可燃物质的泄压阀、排气口和其他孔口。

3 二级释放源应为在正常运行时,预计不可能释放,当出现释放时,仅是偶尔和短期释放的释放源。下列情况可划为二级释放源:

   1)正常运行时,不能出现释放可燃物质的泵、压缩机和阀门的密封处;

   2)正常运行时,不能释放可燃物质的法兰、连接件和管道接头;

   3)正常运行时,不能向空间释放可燃物质的安全阀、排气孔和其他孔口处;

   4)正常运行时,不能向空间释放可燃物质的取样点。

3.2.4 当爆炸危险区域内通风的空气流量能使可燃物质很快稀释到爆炸下限值的25%以下时,可定为通风良好,并应符合下列规定:

1 下列场所可定为通风良好场所:

   1)露天场所;

   2)敞开式建筑物,在建筑物的壁、屋顶开口,其尺寸和位置保证建筑物内部通风效果等效于露天场所;

   3)非敞开建筑物,建有永久性的开口,使其具有自然通风的条件;

   4)对于封闭区域,每平方米地板面积每分钟至少提供0.3m³的空气或至少1h换气6次。

2 当采用机械通风时,下列情况可不计机械通风故障的影响:

   1)封闭式或半封闭式的建筑物设置备用的独立通风系统;

   2)当通风设备发生故障时,设置自动报警或停止工艺流程等确保能阻止可燃物质释放的预防措施,或使设备断电的预防措施。

3.2.5 爆炸危险区域的划分应按释放源级别和通风条件确定,存在连续级释放源的区域可划为0区,存在一级释放源的区域可划为1区,存在二级释放源的区域可划为2区,并应根据通风条件按下列规定调整区域划分:

1 当通风良好时,可降低爆炸危险区域等级;当通风不良时,应提高爆炸危险区域等级。

2 局部机械通风在降低爆炸性气体混合物浓度方面比自然通风和一般机械通风更为有效时,可采用局部机械通风降低爆炸危险区域等级。

3 在障碍物、凹坑和死角处,应局部提高爆炸危险区域等级。

4 利用堤或墙等障碍物,限制比空气重的爆炸性气体混合物的扩散,可缩小爆炸危险区域的范围。

3.2.6 使用于特殊环境中的设备和系统可不按照爆炸危险性环境考虑,但应符合下列相应的条件之一:

1 采取措施确保不形成爆炸危险性环境。

2 确保设备在出现爆炸性危险环境时断电,此时应防止热元件引起点燃。

3 采取措施确保人和环境不受试验燃烧或爆炸带来的危害。

4 应由具备下述条件的人员书面写出所采取的措施:

   1)熟悉所采取措施的要求和国家现行有关标准以及危险环境用电气设备和系统的使用要求;

   2)熟悉进行评估所需的资料。

3.3 爆炸性气体环境危险区域范围

3.3.1 爆炸性气体环境危险区域范围应按下列要求确定:

1 爆炸危险区域的范围应根据释放源的级别和位置、可燃物质的性质、通风条件、障碍物及生产条件、运行经验,经技术经济比较综合确定。

2 建筑物内部宜以厂房为单位划定爆炸危险区域的范围。当厂房内空间大时,应根据生产的具体情况划分,释放源释放的可燃物质量少时,可将厂房内部按空间划定爆炸危险的区域范围,并应符合下列规定:

   1)当厂房内具有比空气重的可燃物质时,厂房内通风换气次数不应少于每小时两次,且换气不受阻碍,厂房地面上高度1m以内容积的空气与释放至厂房内的可燃物质所形成的爆炸性气体混合浓度应小于爆炸下限;

   2)当厂房内具有比空气轻的可燃物质时,厂房平屋顶平面以下1m高度内,或圆顶、斜顶的最高点以下2m高度内的容积的空气与释放至厂房内的可燃物质所形成的爆炸性气体混合物的浓度应小于爆炸下限;

   3)释放至厂房内的可燃物质的最大量应按一小时释放量的三倍计算,但不包括由于灾难性事故引起破裂时的释放量。

3 当高挥发性液体可能大量释放并扩散到15m以外时,爆炸危险区域的范围应划分为附加2区。

4 当可燃液体闪点高于或等于60℃时,在物料操作温度高于可燃液体闪点的情况下,可燃液体可能泄漏时,其爆炸危险区域的范围宜适当缩小,但不宜小于4.5m。

3.3.2 爆炸危险区域的等级和范围可按本规范附录A的规定,并根据可燃物质的释放量、释放速率、沸点、温度、闪点、相对密度、爆炸下限、障碍等条件,结合实践经验确定。

3.3.3 爆炸性气体环境内的车间采用正压或连续通风稀释措施后,不能形成爆炸性气体环境时,车间可降为非爆炸危险环境。通风引入的气源应安全可靠,且无可燃物质、腐蚀介质及机械杂质,进气口应设在高出所划爆炸性危险区域范围的1.5m以上处。

3.3.4 爆炸性气体环境电力装置设计应有爆炸危险区域划分图,对于简单或小型厂房,可采用文字说明表达。

爆炸性气体环境危险区域范围典型示例图应符合本规范附录B的规定。

3.4 爆炸性气体混合物的分级、分组

3.4.1 爆炸性气体混合物应按其最大试验安全间隙(MESG)或最小点燃电流比(MICR)分级。爆炸性气体混合物分级应符合表3.4.1的规定。

表 3.4.1 爆炸性气体混合物分级

级别	最大试验安全间隙(MESG)(mm)	最小点燃电流比(MICR)
ⅡA	≥0.9	>0.8
ⅡB	0.5<MESG<0.9	0.45≤MICR≤0.8
ⅡC	≤0.5	<0.45

注:1 分级的级别应符合现行国家标准《爆炸性环境 第12部分:气体或蒸气混合物按照其最大试验安全间隙和最小点燃电流的分级》GB 3836.12 的有关规定。

2 最小点燃电流比(MICR)为各种可燃物质的最小点燃电流值与实验室甲烷的最小点燃电流值之比。

3.4.2 爆炸性气体混合物应按引燃温度分组,引燃温度分组应符合表3.4.2的规定。

表 3.4.2 引燃温度分组

组 别	引燃温度 t(℃)
T1	$450 < t$
T2	$300 < t \leqslant 450$
T3	$200 < t \leqslant 300$
T4	$135 < t \leqslant 200$
T5	$100 < t \leqslant 135$
T6	$85 < t \leqslant 100$

注:可燃性气体或蒸气爆炸性混合物分级、分组可按本规范附录C采用。

4 爆炸性粉尘环境

4.1 一般规定

4.1.1 当在生产、加工、处理、转运或贮存过程中出现或可能出现可燃性粉尘与空气形成的爆炸性粉尘混合物环境时,应进行爆炸性粉尘环境的电力装置设计。

4.1.2 在爆炸性粉尘环境中粉尘可分为下列三级:

1 ⅢA级为可燃性飞絮;

2 ⅢB级为非导电性粉尘;

3 ⅢC级为导电性粉尘。

4.1.3 在爆炸性粉尘环境中,产生爆炸应符合下列条件:

1 存在爆炸性粉尘混合物,其浓度在爆炸极限以内;

2 存在足以点燃爆炸性粉尘混合物的火花、电弧、高温、静电放电或能量辐射。

4.1.4 在爆炸性粉尘环境中应采取下列防止爆炸的措施:

1 防止产生爆炸的基本措施,应是使产生爆炸的条件同时出现的可能性减小到最小程度。

2 防止爆炸危险,应按照爆炸性粉尘混合物的特征采取相应的措施。

3 在工程设计中应先采取下列消除或减少爆炸性粉尘混合物产生和积聚的措施:

1)工艺设备宜将危险物料密封在防止粉尘泄漏的容器内。

2)宜采用露天或开敞式布置,或采用机械除尘措施。

3)宜限制和缩小爆炸危险区域的范围,并将可能释放爆炸性粉尘的设备单独集中布置。

4)提高自动化水平,可采用必要的安全联锁。

5)爆炸危险区域应设有两个以上出入口,其中至少有一个通向非爆炸危险区域,其出入口的门应向爆炸危险性较小的区域侧开启。

6)应对沉积的粉尘进行有效地清除。

7)应限制产生危险温度及火花,特别是由电气设备或线路产生的过热及火花。应防止粉尘进入产生电火花或高温部件的外壳内。应选用粉尘防爆类型的电气设备及线路。

8)可适当增加物料的湿度,降低空气中粉尘的悬浮量。

4.2 爆炸性粉尘环境危险区域划分

4.2.1 粉尘释放源应按爆炸性粉尘释放频繁程度和持续时间长短分为连续级释放源、一级释放源、二级释放源,释放源应符合下列规定:

1 连续级释放应为粉尘云持续存在或预计长期或短期经常出现的部位。

2 一级释放源应为在正常运行时预计可能周期性的或偶尔释放的释放源。

3 二级释放源应为在正常运行时,预计不可能释放,如果释放也仅是不经常地并且是短期地释放。

4 下列三项不应被视为释放源:

1)压力容器外壳主体结构及其封闭的管口和人孔;

2)全部焊接的输送管和溜槽;

3)在设计和结构方面对防粉尘泄露进行了适当考虑的阀门压盖和法兰接合面。

4.2.2 爆炸危险区域应根据爆炸性粉尘环境出现的频繁程度和持续时间分为20区、21区、22区,分区应符合下列规定:

1 20区应为空气中的可燃性粉尘云持续地或长期地或频繁地出现于爆炸性环境中的区域;

2 21区应为在正常运行时,空气中的可燃性粉尘云很可能偶尔出现于爆炸性环境中的区域;

3 22区应为在正常运行时,空气中的可燃粉尘云一般不可能出现于爆炸性粉尘环境中的区域,即使出现,持续时间也是短暂的。

4.2.3 爆炸危险区域的划分应按爆炸性粉尘的量、爆炸极限和通风条件确定。

4.2.4 符合下列条件之一时,可划为非爆炸危险区域:

1 装有良好除尘效果的除尘装置,当该除尘装置停车时,工艺机组能联锁停车;

2 设有为爆炸性粉尘环境服务,并用墙隔绝的送风机室,其通向爆炸性粉尘环境的风道设有能防止爆炸性粉尘混合物侵入的安全装置。

3 区域内使用爆炸性粉尘的量不大,且在排风柜内或风罩下进行操作。

4.2.5 为爆炸性粉尘环境服务的排风机室,应与被排风区域的爆炸危险区域等级相同。

4.3 爆炸性粉尘环境危险区域范围

4.3.1 一般情况下,区域的范围应通过评价涉及该环境的释放源的级别引起爆炸性粉尘环境的可能来规定。

4.3.2 20区范围主要包括粉尘云连续生成的管道、生产和处理设备的内部区域。当粉尘容器外部持续存在爆炸性粉尘环境时,可划分为20区。

4.3.3 21区的范围应与一级释放源相关联,并应按下列规定确定:

1 含有一级释放源的粉尘处理设备的内部可划分为21区。

2 由一级释放源形成的设备外部场所,其区域的范围应受到粉尘量、释放速率、颗粒大小和物料湿度等粉尘参数的限制,并应考虑引起释放的条件。对于受气候影响的建筑物外部场所可减小21区范围。21区的范围应按照释放源周围1m的距离确定。

3 当粉尘的扩散受到实体结构的限制时,实体结构的表面可作为该区域的边界。

4 一个位于内部不受实体结构限制的21区应被一个22区包围。

5 可结合同类企业相似厂房的实践经验和实际因素将整个厂房划为21区。

4.3.4 22区的范围应按下列规定确定:

1 由二级释放源形成的场所,其区域的范围应受到粉尘量、释放速率、颗粒大小和物料湿度等粉尘参数的限制,并应考虑引起释放的条件。对于受气候影响的建筑物外部场所可减小22区范围。22区的范围应按超出21区3m及二级释放源周围3m的距离确定。

2 当粉尘的扩散受到实体结构的限制时,实体结构的表面可作为该区域的边界。

3 可结合同类企业相似厂房的实践经验和实际的因素将整个厂房划为22区。

4.3.5 爆炸性粉尘环境危险区域范围典型示例图应符合本规范附录D的规定。

4.3.6 可燃性粉尘举例应符合本规范附录E的规定。

5 爆炸性环境的电力装置设计

5.1 一般规定

5.1.1 爆炸性环境的电力装置设计应符合下列规定:

1 爆炸性环境的电力装置设计宜将设备和线路,特别是正常运行时能发生火花的设备布置在爆炸性环境以外。当需设在爆炸性环境内时,应布置在爆炸危险性较小的地点。

2 在满足工艺生产及安全的前提下,应减少防爆电气设备的数量。

3 爆炸性环境内的电气设备和线路应符合周围环境内化学、机械、热、霉菌以及风沙等不同环境条件对电气设备的要求。

4 在爆炸性粉尘环境内,不宜采用携带式电气设备。

5 爆炸性粉尘环境内的事故排风用电动机应在生产发生事故的情况下,在便于操作的地方设置事故启动按钮等控制设备。

6 在爆炸性粉尘环境内,应尽量减少插座和局部照明灯具的数量。如需采用时,插座宜布置在爆炸性粉尘不易积聚的地点,局部照明灯宜布置在事故时气流不易冲击的位置。

粉尘环境中安装的插座开口的一面应朝下,且与垂直面的角度不应大于60°。

7 爆炸性环境内设置的防爆电气设备应符合现行国家标准《爆炸性环境 第1部分:设备 通用要求》GB 3836.1的有关规定。

5.2 爆炸性环境电气设备的选择

5.2.1 在爆炸性环境内,电气设备应根据下列因素进行选择:

1 爆炸危险区域的分区;

2 可燃性物质和可燃性粉尘的分级;

3 可燃性物质的引燃温度;

4 可燃性粉尘云、可燃性粉尘层的最低引燃温度。

5.2.2 危险区域划分与电气设备保护级别的关系应符合下列规定:

1 爆炸性环境内电气设备保护级别的选择应符合表5.2.2-1的规定。

表 5.2.2-1 爆炸性环境内电气设备保护级别的选择

危险区域	设备保护级别(EPL)
0 区	Ga
1 区	Ga 或 Gb
2 区	Ga、Gb 或 Gc
20 区	Da
21 区	Da 或 Db
22 区	Da、Db 或 Dc

2 电气设备保护级别(EPL)与电气设备防爆结构的关系应符合表5.2.2-2的规定。

表 5.2.2-2 电气设备保护级别(EPL)与电气设备防爆结构的关系

设备保护级别(EPL)	电气设备防爆结构	防爆形式
Ga	本质安全型	"ia"
	浇封型	"ma"
	由两种独立的防爆类型组成的设备,每一种类型达到保护级别"Gb"的要求	—
	光辐射式设备和传输系统的保护	"op is"
Gb	隔爆型	"d"
	增安型	"e"①
	本质安全型	"ib"

续表 5.2.2-2

设备保护级别(EPL)	电气设备防爆结构	防爆形式
Gb	浇封型	"mb"
	油浸型	"o"
	正压型	"px"、"py"
	充砂型	"q"
	本质安全现场总线概念(FISCO)	—
	光辐射式设备和传输系统的保护	"op pr"
Gc	本质安全型	"ic"
	浇封型	"mc"
	无火花	"n"、"nA"
	限制呼吸	"nR"
	限能	"nL"
	火花保护	"nC"
	正压型	"pz"
	非可燃现场总线概念(FNICO)	—
	光辐射式设备和传输系统的保护	"op sh"
Da	本质安全型	"iD"
	浇封型	"mD"
	外壳保护型	"tD"
Db	本质安全型	"iD"
	浇封型	"mD"
	外壳保护型	"tD"
	正压型	"pD"

设备保护级别 (EPL)	电气设备防爆结构	防爆形式
Dc	本质安全型	"iD"
	浇封型	"mD"
	外壳保护型	"tD"
	正压型	"pD"

注:①在1区中使用的增安型"e"电气设备仅限于下列电气设备:在正常运行中不产生火花、电弧或危险温度的接合盒和接线箱,包括主体为"d"或"m"型,接线部分为"e"型的电气产品;按现行国家标准《爆炸性环境 第3部分:由增安型"e"保护的设备》GB 3836.3—2010附录D配置的合适热保护装置的"e"型低压异步电动机,启动频繁和环境条件恶劣者除外;"e"型荧光灯和"e"型测量仪表和仪表用电流互感器。

5.2.3 防爆电气设备的级别和组别不应低于该爆炸性气体环境内爆炸性气体混合物的级别和组别,并应符合下列规定:

1 气体、蒸气或粉尘分级与电气设备类别的关系应符合表5.2.3-1的规定。当存在有两种以上可燃性物质形成的爆炸性混合物时,应按照混合后的爆炸性混合物的级别和组别选用防爆设备,无据可查又不可能进行试验时,可按危险程度较高的级别和组别选用防爆电气设备。

对于标有适用于特定的气体、蒸气的环境的防爆设备,没有经过鉴定,不得使用于其他的气体环境内。

表 5.2.3-1 气体、蒸气或粉尘分级与电气设备类别的关系

气体、蒸气或粉尘分级	设备类别
ⅡA	ⅡA、ⅡB或ⅡC
ⅡB	ⅡB或ⅡC
ⅡC	ⅡC
ⅢA	ⅢA、ⅢB或ⅢC
ⅢB	ⅢB或ⅢC
ⅢC	ⅢC

2 Ⅱ类电气设备的温度组别、最高表面温度和气体、蒸气引燃温度之间的关系符合表5.2.3-2的规定。

表 5.2.3-2 Ⅱ类电气设备的温度组别、最高表面温度和气体、蒸气引燃温度之间的关系

电气设备温度组别	电气设备允许最高表面温度(℃)	气体/蒸气的引燃温度(℃)	适用的设备温度级别
T1	450	>450	T1~T6
T2	300	>300	T2~T6
T3	200	>200	T3~T6
T4	135	>135	T4~T6
T5	100	>100	T5~T6
T6	85	>85	T6

3 安装在爆炸性粉尘环境中的电气设备应采取措施防止热表面上可燃性粉尘层引起的火灾危险。Ⅲ类电气设备的最高表面温度应按国家现行有关标准的规定进行选择。电气设备结构应满足电气设备在规定的运行条件下不降低防爆性能的要求。

5.2.4 当选用正压型电气设备及通风系统时,应符合下列规定:

1 通风系统应采用非燃性材料制成,其结构应坚固,连接应严密,并不得有产生气体滞留的死角。

2 电气设备应与通风系统联锁。运行前应先通风,并应在通风量大于电气设备及其通风系统管道容积的5倍时,接通设备的主电源。

3 在运行中,进入电气设备及其通风系统内的气体不应含有可燃物质或其他有害物质。

4 在电气设备及其通风系统运行中,对于px、py或pD型设备,其风压不应低于50Pa;对于pz型设备,其风压不应低于25Pa。当风压低于上述值时,应自动断开设备的主电源或发出信号。

5 通风过程排出的气体不宜排入爆炸危险环境;当采取有效

地防止火花和炽热颗粒从设备及其通风系统吹出的措施时,可排入2区空间。

6 对闭路通风的正压型设备及其通风系统应供给清洁气体。

7 电气设备外壳及通风系统的门或盖子应采取联锁装置或加警告标志等安全措施。

5.3 爆炸性环境电气设备的安装

5.3.1 油浸型设备应在没有振动、不倾斜和固定安装的条件下采用。

5.3.2 在采用非防爆型设备作隔墙机械传动时,应符合下列规定:

1 安装电气设备的房间应用非燃烧体的实体墙与爆炸危险区域隔开;

2 传动轴传动通过隔墙处,应采用填料函密封或有同等效果的密封措施;

3 安装电气设备房间的出口应通向非爆炸危险区域的环境;当安装设备的房间必须与爆炸环境相通时,应对爆炸性环境保持相对的正压。

5.3.3 除本质安全电路外,爆炸性环境的电气线路和设备应装设过载、短路和接地保护,不可能产生过载的电气设备可不装设过载保护。爆炸性环境的电动机除按国家现行有关标准的要求装设必要的保护之外,均应装设断相保护。如果电气设备的自动断电可能引起比引燃危险造成的危险更大时,应采用报警装置代替自动断电装置。

5.3.4 紧急情况下,在危险场所外合适的地点或位置应采取一种或多种措施对危险场所设备断电。连续运行的设备不应包括在紧急断电回路中,而应安装在单独的回路上,防止附加危险产生。

5.3.5 变电所、配电所和控制室的设计应符合下列规定:

1 变电所、配电所(包括配电室,下同)和控制室应布置在爆炸性环境以外,当为正压室时,可布置在1区、2区内。

2 对于可燃物质比空气重的爆炸性气体环境,位于爆炸危险区附加2区的变电所、配电所和控制室的电气和仪表的设备层地面应高出室外地面0.6m。

5.4 爆炸性环境电气线路的设计

5.4.1 爆炸性环境电缆和导线的选择应符合下列规定:

1 在爆炸性环境内,低压电力、照明线路采用的绝缘导线和电缆的额定电压应高于或等于工作电压,且 U_0/U 不应低于工作电压。中性线的额定电压应与相线电压相等,并应在同一护套或保护管内敷设。

2 在爆炸危险区内,除在配电盘、接线箱或采用金属导管配线系统内,无护套的电线不应作为供配电线路。

3 在1区内应采用铜芯电缆;除本质安全电路外,在2区内宜采用铜芯电缆,当采用铝芯电缆时,其截面不得小于 $16mm^2$,且与电气设备的连接应采用铜-铝过渡接头。敷设在爆炸性粉尘环境20区、21区以及在22区内有剧烈振动区域的回路,均应采用铜芯绝缘导线或电缆。

4 除本质安全系统的电路外,爆炸性环境电缆配线的技术要求应符合表5.4.1-1的规定。

表 5.4.1-1 爆炸性环境电缆配线的技术要求

爆炸危险区域 \ 技术要求 项目	电缆明设或在沟内敷设时的最小截面			移动电缆
	电力	照明	控制	
1区、20区、21区	铜芯 2.5mm² 及以上	铜芯 2.5mm² 及以上	铜芯 1.0mm² 及以上	重型
2区、22区	铜芯 1.5mm² 及以上,铝芯 16mm² 及以上	铜芯 1.5mm² 及以上	铜芯 1.0mm² 及以上	中型

5 除本质安全系统的电路外,在爆炸性环境内电压为1000V以下的钢管配线的技术要求应符合表5.4.1-2的规定。

表5.4.1-2 爆炸性环境内电压为1000V以下的
钢管配线的技术要求

爆炸危险区域 \ 技术要求 \ 项目	钢管配线用绝缘导线的最小截面			管子连接要求
	电力	照明	控制	
1区、20、21区	铜芯 2.5mm²及以上	铜芯 2.5mm²及以上	铜芯 2.5mm²及以上	钢管螺纹旋合不应少于5扣
2区、22区	铜芯 2.5mm²及以上	铜芯 1.5mm²及以上	铜芯 1.5mm²及以上	钢管螺纹旋合不应少于5扣

6 在爆炸性环境内,绝缘导线和电缆截面的选择除应满足表5.4.1-1和5.4.1-2的规定外,还应符合下列规定:

1)导体允许载流量不应小于熔断器熔体额定电流的1.25倍及断路器长延时过电流脱扣器整定电流的1.25倍,本款第2项的情况除外;

2)引向电压为1000V以下鼠笼型感应电动机支线的长期允许载流量不应小于电动机额定电流的1.25倍。

7 在架空、桥架敷设时电缆宜采用阻燃电缆。当敷设方式采用能防止机械损伤的桥架方式时,塑料护套电缆可采用非铠装电缆。当不存在会受鼠、虫等损害情形时,在2区、22区电缆沟内敷设的电缆可采用非铠装电缆。

5.4.2 爆炸性环境线路的保护应符合下列规定:

1 在1区内单相网络中的相线及中性线均应装设短路保护,并采取适当开关同时断开相线和中性线。

2 对3kV～10kV电缆线路宜装设零序电流保护,在1区、21区内保护装置宜动作于跳闸。

5.4.3 爆炸性环境电气线路的安装应符合下列规定:

1 电气线路宜在爆炸危险性较小的环境或远离释放源的地方敷设,并应符合下列规定:

1)当可燃物质比空气重时,电气线路宜在较高处敷设或直接埋地;架空敷设时宜采用电缆桥架;电缆沟敷设时沟内应充砂,并宜设置排水措施。

2)电气线路宜在有爆炸危险的建筑物、构筑物的墙外敷设。

3)在爆炸粉尘环境,电气线路应沿粉尘不易堆积并且易于粉尘清除的位置敷设。

2 敷设电气线路的沟道、电缆桥架或导管,所穿过的不同区域之间墙或楼板处的孔洞应采用非燃性材料严密堵塞。

3 敷设电气线路时宜避开可能受到机械损伤、振动、腐蚀、紫外线照射以及可能受热的地方,不能避开时,应采取预防措施。

4 钢管配线可采用无护套的绝缘单芯或多芯导线。当钢管中含有三根或多根导线时,导线包括绝缘层的总截面不宜超过钢管截面的40%。钢管应采用低压流体输送用镀锌焊接钢管。钢管连接的螺纹部分应涂以铅油或磷化膏。在可能凝结冷凝水的地方,管线上应装设排除冷凝水的密封接头。

5 在爆炸性气体环境内钢管配线的电气线路应做好隔离密封,且应符合下列规定:

1)在正常运行时,所有点燃源外壳的450mm范围内应做隔离密封。

2)直径50mm以上钢管距引入的接线箱450mm以内处应做隔离密封。

3)相邻的爆炸性环境之间以及爆炸性环境与相邻的其他危险环境或非危险环境之间应进行隔离密封。进行密封时,密封内部应用纤维作填充层的底层或隔层,填充层的有效厚度不应小于钢管的内径,且不得小于16mm。

4)供隔离密封用的连接部件,不应作为导线的连接或分线用。

6 在1区内电缆线路严禁有中间接头,在2区、20区、21区

内不应有中间接头。

7 当电缆或导线的终端连接时,电缆内部的导线如果为绞线,其终端应采用定型端子或接线鼻子进行连接。

铝芯绝缘导线或电缆的连接与封端应采用压接、熔焊或钎焊,当与设备(照明灯具除外)连接时,应采用铜-铝过渡接头。

8 架空电力线路不得跨越爆炸性气体环境,架空线路与爆炸性气体环境的水平距离不应小于杆塔高度的1.5倍。在特殊情况下,采取有效措施后,可适当减少距离。

5.5 爆炸性环境接地设计

5.5.1 当爆炸性环境电力系统接地设计时,1000V 交流/1500V 直流以下的电源系统的接地应符合下列规定:

1 爆炸性环境中的 TN 系统应采用 TN-S 型;

2 危险区中的 TT 型电源系统应采用剩余电流动作的保护电器;

3 爆炸性环境中的 IT 型电源系统应设置绝缘监测装置。

5.5.2 爆炸性气体环境中应设置等电位联结,所有裸露的装置外部可导电部件应接入等电位系统。本质安全型设备的金属外壳可不与等电位系统连接,制造厂有特殊要求的除外。具有阴极保护的设备不应与等电位系统连接,专门为阴极保护设计的接地系统除外。

5.5.3 爆炸性环境内设备的保护接地应符合下列规定:

1 按照现行国家标准《交流电气装置的接地设计规范》GB/T 50065 的有关规定,下列不需要接地的部分,在爆炸性环境内仍应进行接地:

1)在不良导电地面处,交流额定电压为1000V以下和直流额定电压为1500V及以下的设备正常不带电的金属外壳;

2)在干燥环境,交流额定电压为127V及以下,直流电压为110V及以下的设备正常不带电的金属外壳;

3)安装在已接地的金属结构上的设备。

2 在爆炸危险环境内,设备的外露可导电部分应可靠接地。爆炸性环境1区、20区、21区内的所有设备以及爆炸性环境2区、22区内除照明灯具以外的其他设备采用专用的接地线。该接地线若与相线敷设在同一保护管内时,应具有与相线相等的绝缘。爆炸性环境2区、22区内的照明灯具,可利用有可靠电气连接的金属管线系统作为接地线,但不得利用输送可燃物质的管道。

3 在爆炸危险区域不同方向,接地干线应不少于两处与接地体连接。

5.5.4 设备的接地装置与防止直接雷击的独立避雷针的接地装置应分开设置,与装设在建筑物上防止直接雷击的避雷针的接地装置可合并设置,与防雷电感应的接地装置亦可合并设置。接地电阻值应取其中最低值。

5.5.5 0区、20区场所的金属部件不宜采用阴极保护,当采用阴极保护时,应采取特殊的设计。阴极保护所要求的绝缘元件应安装在爆炸性环境之外。

附录 A 爆炸危险区域划分示例图及爆炸危险区域划分条件

A.0.1 爆炸危险区域划分应按图 A.0.1 划分。

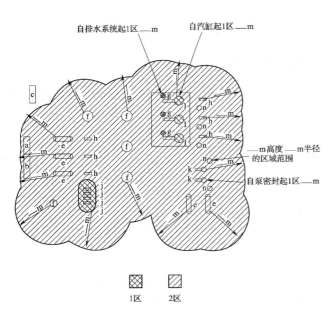

自排水系统起1区＿＿m
自汽缸起1区＿＿m
＿＿m高度＿＿m半径的区域范围
自泵密封起1区＿＿m

1区 2区

（a）平面图

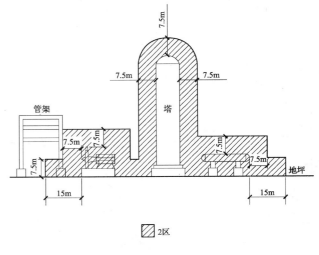

2区

（b）立面图

图 A.0.1 爆炸危险区域划分示例图
a—正压控制室；b—正压配电室；c—车间；e—容器；f—蒸馏塔；
g—分析室（正压或吹净）；h—泵（正常运行时不可能释放的密封）；
j—泵（正常运行时有可能释放的密封）；k—泵（正常运行时有可能释放的密封）；
l—往复式压缩机；m—压缩机房（开敞式建筑）；n—放空口（高处或低处）

A.0.2 爆炸危险区域划分条件应符合表 A.0.2 的规定。

表 A.0.2 爆炸危险区域划分条件

| 工艺设备项目 | | | 易燃物质 | 工艺温度和压力 | 易燃物质容器的说明 | 通风 | 释放源 | | 水平距离从释放源至* | | | 根据 | 备注 |
编号	种类	地点					说明	级别	0区的界限	1区的界限	2区的界限		
E52	氢容器	户外	氢	30℃ 2500 kPa	具有阀门和向外放空阀的密闭系统	自然（开敞式）	法兰和密封阀密封（见备注栏）	二级	—	—	＿m	—	由于法兰密封垫或阀门密封故障引起的释放（不正常）
J29	苯泵	二甲户外	苯	60℃ 300kPa	具有阀门和排水设备的密封	自然（开敞式）	法兰密封阀密封（见备注栏）	二级	—	—	＿m	—	由于法兰密封垫或阀门密封故障引起的释放（不正常）
					系统、机械密封盒节流阀		机械密封（见备注栏）	一级/二级（多级别）	—	＿m	—	—	正常运行时少量的释放，密封故障造成较大量的释放（不正常）

续表 A.0.2

| 工艺设备项目 | | | 易燃物质 | 工艺温度和压力 | 易燃物质容器的说明 | 通风 | 释放源 | | 水平距离从释放源至* | | | 根据 | 备注 |
编号	种类	地点					说明	级别	0区的界限	1区的界限	2区的界限		
J94	乙烯压缩机（往复式）	开敞式建筑物	乙烯	70℃ 2000kPa	具有密封压盖和冷空口和排水点的密闭系统	自然（相当于开敞式）	法兰、密封压盖密封阀密封（见备注栏）	二级	—	—	＿m	—	由于法兰密封垫、门密封压盖或密封故障造成的释放（不正常）
							放空口放空点（见备注栏）	一级/二级（多级别）	—	＿m	—	××规范第×条	正常运行时少量的释放，由于不正确操作可能出现的大量释放（不正常）
132	固定顶盖式罐	户外	汽油	周围环境	除呼吸阀真空泄压力阀外的密闭系统	自然（开敞式）	罐的放空口（见备注栏）	连续级/一级/二级（多级别）	在容续气空间内为0区	—	＿m	—	正常加料时放空的蒸气，可能在不正常情况下加过物料

注：*指垂直距离也应记录。

附录B 爆炸性气体环境危险区域范围典型示例图

B.0.1 在结合具体情况,充分分析影响区域的等级和范围的各项因素包括可燃物质的释放量、释放速度、沸点、温度、闪点、相对密度、爆炸下限、障碍等及生产条件,运用实践经验加以分析判断时,可使用下列示例来确定范围,图中释放源除注明外均为第二级释放源。

1 可燃物质重于空气、通风良好且为第二级释放源的主要生产装置区(图B.0.1-1和图B.0.1-2),爆炸危险区域的范围划分宜符合下列规定:

  1)在爆炸危险区域内,地坪下的坑、沟可划为1区;

  2)与释放源的距离为7.5m的范围内可划为2区;

  3)以释放源为中心,总半径为30m,地坪上的高度为0.6m,且在2区以外的范围内可划为附加2区。

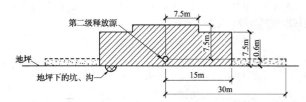

图 B.0.1-1 释放源接近地坪时可燃物质重于空气、通风良好的生产装置区

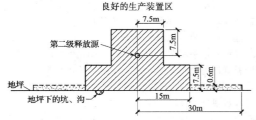

图 B.0.1-2 释放源在地坪以上时可燃物质重于空气、通风良好的生产装置区

2 可燃物质重于空气,释放源在封闭建筑物内,通风不良且为第二级释放源的主要生产装置区(图B.0.1-3),爆炸危险区域的范围划分宜符合下列规定:

  1)封闭建筑物内和在爆炸危险区域内地坪下的坑、沟可划为1区;

  2)以释放源为中心,半径为15m,高度为7.5m的范围内可划为2区,但封闭建筑物的外墙和顶部距2区的界限不得小于3m,如为无孔洞实体墙,则墙外为非危险区;

  3)以释放源为中心,总半径为30m,地坪上的高度为0.6m,且在2区以外的范围内可划为附加2区。

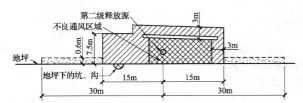

图 B.0.1-3 可燃物质重于空气、释放源在封闭建筑物内通风不良的生产装置区
注:用于距释放源在水平方向15m的距离,或在建筑物周边3m范围,取两者中较大者。

3 对于可燃物质重于空气的贮罐(图B.0.1-4和图B.0.1-5),爆炸危险区域的范围划分宜符合下列规定:

  1)固定式贮罐,在罐体内部未充惰性气体的液体表面以上的空间可划为0区,浮顶式贮罐在浮顶移动范围内的空间可划为1区;

  2)以放空口为中心,半径为1.5m的空间和爆炸危险区域内地坪下的坑、沟可划为1区;

  3)距离贮罐的外壁和顶部3m的范围内可划为2区;

  4)当贮罐周围设围堤时,贮罐外壁至围堤,其高度为堤顶高度的范围内可划为2区。

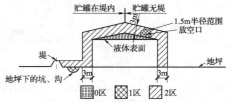

图 B.0.1-4 可燃物质重于空气、设在户外地坪上的固定式贮罐

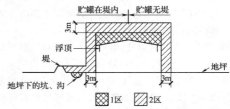

图 B.0.1-5 可燃物质重于空气、设在户外地坪上的浮顶式贮罐

4 可燃液体、液化气、压缩气体、低温度液体装载槽车及槽车注送口处(图B.0.1-6),爆炸危险区域的范围划分宜符合下列规定:

  1)以槽车密闭式注送口为中心,半径为1.5m的空间或以非密闭式注送口为中心,半径为3m的空间和爆炸危险区域内地坪下的坑、沟可划为1区;

  2)以槽车密闭式注送口为中心,半径为4.5m的空间或以非密闭式注送口为中心,半径为7.5m的空间以及至地坪以上的范围内可划为2区。

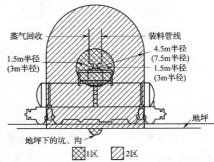

图 B.0.1-6 可燃液体、液化气、压缩气体等密闭注送系统的槽车
注:可燃液体为非密闭注送时采用括号内数值。

5 对于可燃物质轻于空气,通风良好且为第二级释放源的主要生产装置区(图B.0.1-7),当释放源距地坪的高度不超过4.5m时,以释放源为中心,半径为4.5m,顶部与释放源的距离为4.5m,及释放至地坪以上的范围内可划为2区。

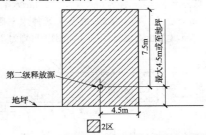

图 B.0.1-7 可燃物质轻于空气、通风良好的生产装置区
注:释放源距地坪的高度超过4.5m时,应根据实践经验确定。

6 对于可燃物质轻于空气,下部无侧墙,通风良好且为第二级释放源的压缩机厂房(图 B.0.1-8),爆炸危险区域的范围划分宜符合下列规定:

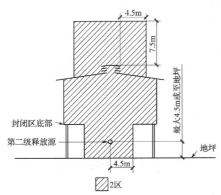

图 B.0.1-8 可燃物质轻于空气、通风良好的压缩机厂房
注:释放源距地坪的高度超过 4.5m 时,应根据实践经验确定。

1) 当释放源距地坪的高度不超过 4.5m 时,以释放源为中心,半径为 4.5m,地坪以上至封闭区底部的空间和封闭区内部的范围内可划为 2 区;
2) 屋顶上方百叶窗边外,半径为 4.5m,百叶窗顶部以上高度为 7.5m 的范围内可划为 2 区。

7 对于可燃物质轻于空气,通风不良且为第二级释放源的压缩机厂房(图 B.0.1-9),爆炸危险区域的范围划分宜符合下列规定:

1) 封闭区内部可划为 1 区;
2) 以释放源为中心,半径为 4.5m,地坪以上至封闭区底部的空间和距离封闭区外壁 3m,顶部的垂直高度为 4.5m 的范围内可划为 2 区。

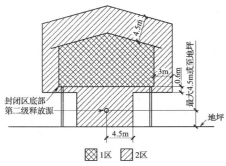

图 B.0.1-9 可燃物质轻于空气、通风不良的压缩机厂房
注:释放源距地坪的高度超过 4.5m 时,应根据实践经验确定。

8 对于开顶贮罐或池的单元分离器、预分离器和分离器(图 B.0.1-10),当液体表面为连续级释放源时,爆炸危险区域的范围划分宜符合下列规定:

1) 单元分离器和预分离器的池壁外,半径为 7.5m,地坪上高度为 7.5m,及至液体表面以上的范围内可划为 1 区;
2) 分离器的池壁外,半径为 3m,地坪上高度为 3m,及至液体表面以上的范围内可划为 1 区;
3) 1 区外水平距离半径为 3m,垂直上方 3m,水平距离半径为 7.5m,地坪上高度为 3m 以及 1 区外水平距离半径为 22.5m,地坪上高度为 0.6m 的范围内可划为 2 区。

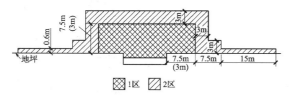

图 B.0.1-10 单元分离器、预分离器和分离器

9 对于开顶贮罐或池的溶解气游离装置(溶气浮选装置)(图 B.0.1-11),当液体表面处为连续级释源时,爆炸危险区域的范围划分宜符合下列规定:

1) 液体表面至地坪的范围可划为 1 区;
2) 1 区外及池壁外水平距离半径为 3m,地坪上高度为 3m 的范围内可划为 2 区。

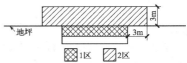

图 B.0.1-11 溶解气游离装置(溶气浮选装置)(DAF)

10 对于开顶贮罐或池的生物氧化装置(图 B.0.1-12),当液体表面处为连续级释放源时,开顶贮罐或池壁外水平距离半径为 3m,液体表面上方至地坪上高度为 3m 的范围内宜划为 2 区。

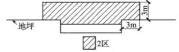

图 B.0.1-12 生物氧化装置(BIOX)

11 对于在通风良好区域内的带有通风管的盖封地下油槽或油水分离器(图 B.0.1-13),当液体表面为连续释放源时,爆炸危险区域范围划分宜符合下列规定:

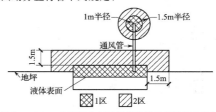

图 B.0.1-13 在通风良好区域内的带有通风管的盖封地下油槽或油水分离器

1) 液体表面至盖底及以通风管管口为中心,半径为 1m 的范围可划为 1 区;
2) 槽壁外水平距离 1.5m,盖子上部高度为 1.5m,及以通风管管口为中心,半径为 1.5m 的范围可划为 2 区。

12 对于处理生产装置用冷却水的机械通风冷却塔(图 B.0.1-14),当划分为爆炸危险区域时,以回水管顶部烃放空管管口为中心,半径为 1.5m 和冷却塔及其上方高度为 3m 的范围可划分为 2 区,地坪下的泵坑的范围宜为 1 区。

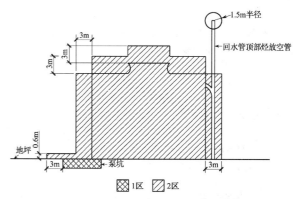

图 B.0.1-14 处理生产用冷却水的机械通风冷却塔

13 无释放源的生产装置区与通风不良的,且有第二级释放源的爆炸性气体环境相邻(图 B.0.1-15),并用非燃烧体的实体墙隔开,其爆炸危险区域的范围划分宜符合下列规定:

1) 通风不良的,有第二级释放源的房间范围内可划为 1 区;
2) 当可燃物质重于空气时,以释放源为中心,半径为 15m 的范围内可划为 2 区;
3) 当可燃物质轻于空气时,以释放源为中心,半径为 4.5m 的范围内可划为 2 区。

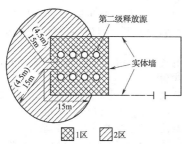

图 B.0.1-15　与通风不良的房间相邻

14 无释放源的生产装置区与有顶无墙建筑物且有第二级释放源的爆炸性气体环境相邻(图 B.0.1-16),并用非燃烧体的实体墙隔开,其爆炸危险区域的范围划分宜符合下列规定:

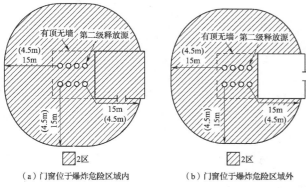

（a）门窗位于爆炸危险区域内　　（b）门窗位于爆炸危险区域外

图 B.0.1-16　与有顶无墙建筑物相邻

　1)当可燃物质重于空气时,以释放源为中心,半径为 15m 的范围内可划为 2 区;

　2)当可燃物质轻于空气时,以释放源为中心,半径为 4.5m 的范围内可划为 2 区;

　3)与爆炸危险区域相邻,用非燃烧体的实体墙隔开的无释放源的生产装置区,门窗位于爆炸危险区域内时可划为 2 区,门窗位于爆炸危险区域外时可划为非危险区。

15 无释放源的生产装置区与通风不良的且有第一级释放源的爆炸性气体环境相邻(图 B.0.1-17),并用非燃烧体的实体墙隔开,其爆炸危险区域的范围划分宜符合下列规定:

　1)第一级释放源上方排风罩内的范围可划为 1 区;

　2)当可燃物质重于空气时,1 区外半径为 15m 范围内可划为 2 区;

　3)当可燃物质轻于空气时,1 区外半径为 4.5m 范围内可划为 2 区。

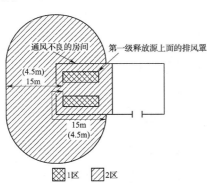

图 B.0.1-17　释放源上面有排风罩时的爆炸危险区域范围

16 可燃性液体紧急集液池、油水分离池(图 B.0.1-18)的危险区域的范围划分宜符合下列规定:

　1)集液池或分离池内液面至池顶部或地坪部分的区域可划为 1 区;

　2)池壁水平方向半径为 4.5m 的范围内可划为 2 区。

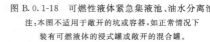

物料:可燃液体

图 B.0.1-18　可燃性液体紧急集液池、油水分离池

注:本图不适用于敞开的坑或容器,如正常情况下装有可燃液体的浸式罐或敞开的混合罐。

17 液氢储存装置位于通风良好的户内或户外(图 B.0.1-19)的危险区域划分宜符合下列规定:

　1)释放源高于地面 7.5m 以上时以释放源为中心,半径为 1m 的范围内可划为 1 区,以释放源为中心,半径为 7.5m 的范围内可划为 2 区;

　2)释放源与地坪的距离小于 7.5m 时,以释放源为中心,半径为 7.5m 范围内可划为 2 区。

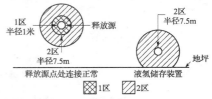

图 B.0.1-19　通风良好的户内或户外液氢储存装置

18 气态氢气储存装置位于通风良好的户内或户外(图 B.0.1-20)的危险区域划分宜符合下列规定:

　1)户外情况时,以释放源为中心,半径为 7.5m 的范围内可划为 2 区。

　2)户内情况时,以释放源为中心,半径为 1.5m 的范围内可划为 2 区。

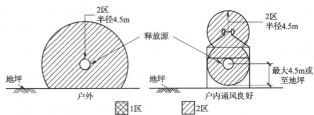

B.0.1-20　通风良好的户内或户外气态氢储存装置

19 低温液化气体贮罐的危险区域划分宜符合下列规定(图 B.0.1-21):

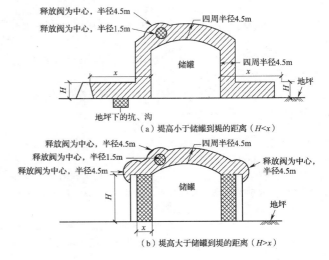

（a）堤高小于储罐到堤的距离（H<x）

（b）堤高大于储罐到堤的距离（H>x）

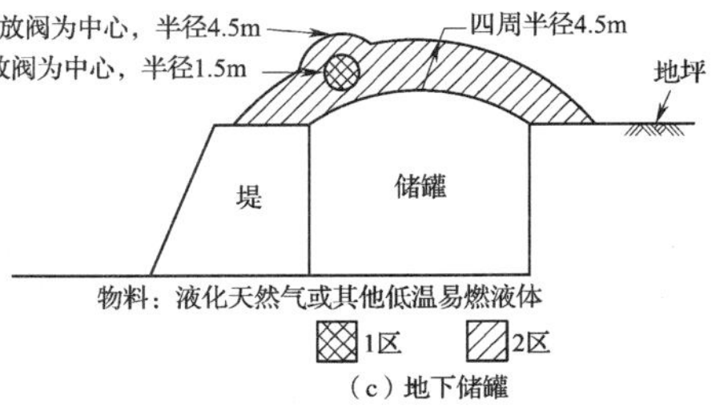

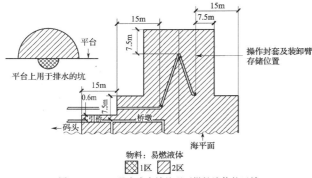

图 B.0.1-21 低温液化气体贮罐

1）以释放阀为中心，半径为1.5m的范围可划分为1区；

2）储罐外壁4.5m半径的范围可划为2区。

20 码头或水域处理可燃性液体的区域（图 B.0.1-22），危险区域划分宜符合下列规定：

图 B.0.1-22 码头或水域处理可燃性液体的区域

注：1 释放源为操作封套及装卸臂与软管与船外法兰连接的存储位置处。

2 油船及载油仓的交界区域按如下可划为2区：

1）从载油仓的船体部分到桥墩上垂直7.5m内范围；

2）从海平面到载油仓最高点7.5m内的范围。

3 其余位置的划分可按其他易燃液体释放源是否存在、海防要求或其他规定来确定。

1）从载油舱的那部分船体算起，在码头一侧，沿水平各方向7.5m的范围可划为2区；

2）从水面至装油舱最高点算起7.5m范围可划为2区。

21 对工艺设备容积不大于95m³、压力不大于3.5MPa、流量不大于38L/s的生产装置，且为第二级释放源，按照生产的实践经验，爆炸危险区域的范围划分以释放源为中心，半径为4.5m的范围内可划为2区。

22 阀门危险区域的划分宜符合下列规定：

1）位于通风良好而未封闭的区域内的截断阀和止回阀周围的区域可不分类；

2）位于通风良好的封闭区域内的截断阀和止回阀周围的区域，在封闭的范围内可划为2区；

3）位于通风不良的封闭区域内的截断阀和止回阀周围的区域，在封闭的范围内可划为1区；

4）位于通风良好而未封闭的区域内的工艺程序控制阀周围的区域，在阀杆密封或类似密封周围的0.5m的范围内可划为2区；

5）位于通风良好的封闭区域内的工艺程序控制阀周围的区域，在封闭的范围内可划为2区；

6）位于通风不良的封闭区域内的工艺程序控制阀周围的区域，在封闭的范围内可划为2区。

23 蓄电池的危险区域的划分应符合下列规定：

1）蓄电池应属于ⅡC级的分类。

2）当含有可充电镍-镉或镍-氢蓄电池的封闭区域具备蓄电池无通气口，其总体积小于该封闭区域容积的1%，并在1小时放电率下蓄电池的容量小于1.5A·h等条件时，可按照非危险区域考虑；

3）当含有除本款第2项之外的其他蓄电池的封闭区域具备蓄电池无通气口，其总体积小于该封闭区域容积的1%

或蓄电池的充电系统的额定输出小于或等于200W并采取了防止不适当过充电的措施等条件时，可按照非危险区域考虑；

4）含有可充电蓄电池的非封闭区域，通风良好，该区域可划为非危险区域；

5）当所有的蓄电池都能直接或者间接地向封闭区域的外部排气，该区域可划为非危险区域考虑；

6）当配有蓄电池、通风较差的封闭区域具备至少能保证该区域的通风情况不低于满足通风良好条件的25%及蓄电池的充电系统有防止过充电的设计时，可划为2区；当不满足此条件时，可划为1区。

附录 C 可燃性气体或蒸气爆炸性混合物分级、分组

表 C 可燃性气体或蒸气爆炸性混合物分级、分组

一、烃类

序号	物质名称	分子式	级别	引燃温度组别	引燃温度(℃)	闪点(℃)	爆炸极限 V% 下限	上限	相对密度
	II A 级 链烷类								
1	甲烷	CH_4	II A	T1	537	气态	5.00	15.00	0.60
2	乙烷	C_2H_6	II A	T1	472	气态	3.00	12.50	1.00
3	丙烷	C_3H_8	II A	T2	432	气态	2.00	11.10	1.50
4	丁烷	C_4H_{10}	II A	T2	365	−60	1.90	8.50	2.00
5	戊烷	C_5H_{12}	II A	T3	260	<−40	1.50	7.80	2.50
6	己烷	C_6H_{14}	II A	T3	225	−22	1.10	7.50	3.00
7	庚烷	C_7H_{16}	II A	T3	204	−4	1.05	6.70	3.50
8	辛烷	C_8H_{18}	II A	T3	206	13	1.00	6.50	3.90
9	壬烷	C_9H_{20}	II A	T3	205	31	0.80	2.90	4.40
10	癸烷	$C_{10}H_{22}$	II A	T3	210	46	0.80	5.40	4.90
11	环丁烷	$CH_2(CH_2)_2CH_2$	II A			气态	1.80		1.90
12	环戊烷	$CH_2(CH_2)_3CH_2$	II A	T2	380	<−7	1.50		2.40
13	环己烷	$CH_2(CH_2)_4CH_2$	II A		245	−20	1.30	8.00	2.90
14	环庚烷	$CH_2(CH_2)_5CH_2$	II A			<21	1.10	6.70	3.39
15	甲基环丁烷	$CH_3CH(CH_2)_2CH_2$	II A				1.00		—
16	甲基环戊烷	$CH_3CH(CH_2)_3CH_2$	II A	T3	258	<−10	1.00	8.35	2.90
17	甲基环己烷	$CH_3CH(CH_2)_4CH_2$	II A	T3	250	−4	1.20	6.70	3.40
18	乙基环丁烷	$C_2H_5CH(CH_2)_2CH_2$	II A	T3	210	−16	1.20	7.70	2.90
19	乙基环戊烷	$C_2H_5CH(CH_2)_3CH_2$	II A	T3	260	<−21	1.10	6.70	3.40
20	乙基环己烷	$C_2H_5CH(CH_2)_4CH_2$	II A	T3	238	35	0.90	6.60	3.90
21	萘烷(十氢化萘)	$CH_2(CH_2)_3CHCH(CH_2)_3CH_2$	II A	T3	250	54	0.70	4.90	4.80

续表 C

序号	物质名称	分子式	级别	引燃温度组别	引燃温度(℃)	闪点(℃)	爆炸极限 V% 下限	上限	相对密度
	链烯类 丙烯类								
22	丙烯	$CH_2{=}CHCH_3$	II A	T2	455	气态	2.00	11.10	1.50
	芳烃类								
23	苯乙烯	$C_6H_5CH{=}CH_2$	II A	T1	490	31	0.90	6.80	3.60
24	异丙烯基苯(甲基苯乙烯)	$C_6H_5C(CH_3){=}CH_2$	II A	T2	424	36	0.90	6.50	4.10
	苯类								
25	苯	C_6H_6	II A	T1	498	−11	1.20	7.80	2.80
26	甲苯	$C_6H_5CH_3$	II A	T1	480	4	1.10	7.10	3.10
27	二甲苯	$C_6H_4(CH_3)_2$	II A	T1	464	30	1.10	6.40	3.66
28	乙苯	$C_6H_5C_2H_5$	II A	T2	432	21	0.80	6.70	3.70
29	三甲苯	$C_6H_3(CH_3)_3$	II A	T1	—	—	—	—	—
30	萘	$C_{10}H_8$	II A	T1	526	79	—	5.90	4.40
31	异丙基苯(异丙苯)	$C_6H_5CH(CH_3)_2$	II A	T2	424	36	0.90	6.50	4.10
32	异丙基甲苯	$(CH_3)_2CHC_6H_4CH_3$	II A	T2	436	47	0.70	5.60	4.60
	混合烷类								
33	甲烷(工业用)*	CH_4	II A	T1	537	—	5.00	15.00	0.55
34	松节油		II A	T3	253	35	0.80		<1
35	石脑油		II A	T3	288	<−18	1.10	5.90	2.50
36	煤焦油石脑油		II A	T3	272				
37	石油(包括车用汽油)		II A	T3	288	<−18	1.10	5.90	2.50
38	洗涤汽油		II A	T3	288	<−18	1.10	5.90	2.50
39	燃料油		II A		220~300	>55	0.70	50.00	<1.00
40	煤油		II A	T3	210	38	0.60	6.50	4.50
41	柴油		II A	T3	220	43~87	0.60	6.50	7.00
42	动力苯		II A	T1	>450	<0	1.50	80.00	3.00
	三、含氧化合物 醇类和醛类								
43	甲醇	CH_3OH	II A	T2	385	11	6.00	36.00	1.10
44	乙醇	C_2H_5OH	II A	T2	363	13	3.30	19.00	1.60

序号	物质名称	分子式	级别	引燃温度组别	引燃温度(℃)	闪点(℃)	爆炸极限下限 V%	爆炸极限上限 V%	相对密度
45	丙醇	C_3H_7OH	ⅡA	T2	412	23	2.20	13.70	2.10
46	丁醇	C_4H_9OH	ⅡA	T2	343	37	1.40	11.20	2.6
47	戊醇	$C_5H_{11}OH$	ⅡA	T3	300	34	1.10	10.50	3.04
48	己醇	$C_6H_{13}OH$	ⅡA	T3	293	63	1.20	—	3.50
49	庚醇	$C_7H_{15}OH$	ⅡA	—	—	60	—	—	4.03
50	辛醇	$C_8H_{17}OH$	ⅡA	—	270	81	1.10	7.40	4.50
51	壬醇	$C_9H_{19}OH$	ⅡA	—	—	75	0.80	6.10	4.97
52	环己醇	$CH_2(CH_2)_4CHOH$	ⅡA	T3	300	68	1.20	—	3.50
53	甲基环己醇	$C_7H_{13}OH$	ⅡA	T3	295	68	1.80	8.6	3.93
54	苯酚	C_6H_5OH	ⅡA	T1	715	79	1.40	—	3.2
55	甲酚	$CH_3C_6H_4OH$	ⅡA	T1	599	81	1.40	—	3.70
56	4-羟基-4-甲基戊酮(双丙酮醇)	$(CH_3)_2C(OH)CH_2COCH_3$	ⅡA	T1	603	64	1.80	6.90	4.00
	醛类		ⅡA						
57	乙醛	CH_3CHO	ⅡA	T4	175	−39	4.00	60.00	1.50
58	聚乙醛	$(CH_3CHO)_n$	ⅡA	—	—	36	—	—	6.10
	酮类		ⅡA						
59	丙酮	$(CH_3)_2CO$	ⅡA	T1	465	−20	2.50	12.80	2.00
60	2-丁酮(乙基甲基酮)	$C_2H_5COCH_3$	ⅡA	T2	404	−9	1.90	10.00	2.50
61	2-戊酮(甲基·丙基酮)	$C_3H_7COCH_3$	ⅡA	T1	452	7	1.50	8.20	3.00
62	2-己酮(甲基·丁基酮)	$C_4H_9COCH_3$	ⅡA	T1	457	16	1.20	8.00	3.45
63	戊基甲基酮	$C_5H_{11}COCH_3$	ⅡA	—	—	34	1.80	6.90	—
64	戊间二酮(乙酰丙酮)	$CH_3COCH_2COCH_3$	ⅡA	T2	340	43	1.10	9.40	4.00
65	环己酮	$CH_2(CH_2)_4CO$	ⅡA	T2	419	—	2.90	11.10	3.38
	酯类		ⅡA						
66	甲酸甲酯	$HCOOCH_3$	ⅡA	T2	449	−19	4.50	23.00	2.10
67	甲酸乙酯	$HCOOC_2H_5$	ⅡA	T2	455	−20	2.80	16.00	2.60

序号	物质名称	分子式	级别	引燃温度组别	引燃温度(℃)	闪点(℃)	爆炸极限下限 V%	爆炸极限上限 V%	相对密度
68	醋酸甲酯	CH_3COOCH_3	ⅡA	T1	454	−10	3.10	16.00	2.80
69	醋酸乙酯	$CH_3COOC_2H_5$	ⅡA	T2	426	−4	2.00	11.50	3.00
70	醋酸丙酯	$CH_3COOC_3H_7$	ⅡA	T2	450	13	1.70	8.00	3.50
71	醋酸丁酯	$CH_3COOC_4H_9$	ⅡA	T2	—	31	1.70	9.80	4.00
72	醋酸戊酯	$CH_3COOC_5H_{11}$	ⅡA	T2	360	25	1.00	7.10	4.48
73	甲基丙烯酸(异丁烯)酸甲酯	$CH_3{=}CCH_3COOCH_3$	ⅡA	T2	421	10	1.70	8.20	3.45
74	甲基丙烯酸(异丁烯)酸乙酯	$CH_3{=}CCH_3COOC_2H_5$	ⅡA	—	—	20	1.80	—	3.9
75	醋酸乙烯酯	$CH_3COOCH{=}CH_2$	ⅡA	T2	402	−8	2.60	13.40	3.00
76	乙酰基醋酸酯	$CH_3COCH_2COOC_2H_5$	ⅡA	T3	295	57	1.40	9.50	4.50
	酸类		ⅡA						
77	醋酸	CH_3COOH	ⅡA	T1	464	40	5.40	17.00	2.07

三、含卤化合物

无氧化合物

序号	物质名称	分子式	级别	引燃温度组别	引燃温度(℃)	闪点(℃)	爆炸极限下限 V%	爆炸极限上限 V%	相对密度
78	氯甲烷	CH_3Cl	ⅡA	T1	632	−50	8.10	17.40	1.80
79	氯乙烷	C_2H_5Cl	ⅡA	T1	519	−50	3.80	15.40	2.20
80	溴乙烷	C_2H_5Br	ⅡA	T1	511	—	6.80	8.00	3.80
81	氯丙烷	C_3H_7Cl	ⅡA	T1	520	−32	2.40	11.10	2.70
82	氯丁烷	C_4H_9Cl	ⅡA	T1	250	−9	1.80	10.00	3.20
83	溴丁烷	C_4H_9Br	ⅡA	T1	265	18	2.50	6.60	4.72
84	二氯乙烷	$C_2H_4Cl_2$	ⅡA	T2	412	−6	5.60	15.00	3.42
85	三氯丙烷	$C_3H_6Cl_2$	ⅡA	T1	557	15	3.40	14.5	3.9
86	氯苯	C_6H_5Cl	ⅡA	T1	593	28	1.30	9.60	3.90
87	苯甲基氯	$C_6H_5CH_2Cl$	ⅡA	T1	585	60	1.20	—	4.36
88	二氯苯	$C_6H_4Cl_2$	ⅡA	T1	648	66	2.20	9.20	5.07
89	烯丙基氯	$CH_2{=}CHCH_2Cl$	ⅡA	T1	485	−32	2.90	11.10	2.60
90	二氯乙烯	$CHCl{=}CHCl$	ⅡA	T1	460	−10	9.70	12.80	3.34
91	氯乙烯	$CH_2{=}CHCl$	ⅡA	T2	413	−78	3.60	33.00	2.20
92	三氟甲苯	$C_6H_5CF_3$	ⅡA	T1	620	12	—	—	5.00

续表 C（序号 93～117）

序号	物质名称	分子式	级别	引燃温度组别	引燃温度(℃)	闪点(℃)	爆炸极限V% 下限	爆炸极限V% 上限	相对密度
	含氧化合物								
93	二氯甲烷（甲又二氯）	CH_2Cl_2	ⅡA	T1	556	—	13.00	23.00	2.90
94	乙酰氯	CH_3COCl	ⅡA	T2	390	4	—	—	2.70
95	氯乙醇	CH_2ClCH_2OH	ⅡA	T2	425	60	4.90	15.90	2.80
	四、含硫化合物								
96	乙硫醇	C_2H_5SH	ⅡA	T3	300	<-18	2.80	18.00	2.10
97	丙硫醇-1	C_3H_7SH	ⅡA	—	—	—	—	—	—
98	噻吩	$CH{=}CHCH{=}CHS$	ⅡA	T2	395	-1	1.50	12.50	2.90
99	四氢噻吩	$CH_2(CH_2)_2CH_2S$	ⅡA	T3	—	—	—	—	—
	五、含氮化合物								
100	氨	NH_3	ⅡA	T1	651	气态	15.00	28.00	0.60
101	乙腈	CH_3CN	ⅡA	T1	524	6	3.00	16.00	1.40
102	亚硝酸乙酯	CH_3CH_2ONO	ⅡA	T6	90	-35	4.00	50.00	2.60
103	硝基甲烷	CH_3NO_2	ⅡA	T2	418	35	7.30	—	2.10
104	硝基乙烷	$C_2H_5NO_2$	ⅡA	T2	414	28	3.40	20.70	2.60
	胺类								
105	甲胺	CH_3NH_2	ⅡA	T2	430	气态	4.90	14.40	1.00
106	二甲胺	$(CH_3)_2NH$	ⅡA	T2	400	气态	2.80	14.40	1.60
107	三甲胺	$(CH_3)_3N$	ⅡA	T4	190	气态	2.00	11.60	2.00
108	二乙胺	$(C_2H_5)_2NH$	ⅡA	T3	312	-23	1.80	10.10	2.50
109	三乙胺	$(C_2H_5)_3N$	ⅡA	T3	249	-7	1.20	8.00	3.50
110	正丙胺	$C_3H_7NH_2$	ⅡA	T3	318	-37	2.00	10.40	2.04
111	正丁胺	$C_4H_9NH_2$	ⅡA	T3	312	-12	1.70	9.80	2.50
112	环己胺	$CH_2(CH_2)_4CHNH_2$	ⅡA	T3	293	32	1.60	9.40	3.42
113	2-乙醇胺	$NH_2CH_2CH_2OH$	ⅡA	T2	410	90	—	—	2.10
114	2-二甲胺基乙醇	$(CH_3)_2NC_2H_4OH$	ⅡA	T3	220	39	—	—	3.03
115	二氨基乙烷	$NH_2CH_2CH_2NH_2$	ⅡA	T2	385	34	2.70	16.50	2.07
116	苯胺	$C_6H_5NH_2$	ⅡA	T1	615	75	1.20	8.30	3.22
117	N,N-二甲基苯胺	$C_6H_5N(CH_3)_2$	ⅡA	T2	370	96	1.20	7.00	4.17

续表 C（序号 118～127）

序号	物质名称	分子式	级别	引燃温度组别	引燃温度(℃)	闪点(℃)	爆炸极限V% 下限	爆炸极限V% 上限	相对密度
118	苯异丙胺	$C_6H_5CH_2CH(NH_2)CH_2$	ⅡA	—	—	<100	—	—	4.67
119	甲苯胺	$CH_3C_6H_4NH_2$	ⅡA	T1	482	85	—	—	3.70
120	吡啶	C_5H_5N	ⅡA	T1	482	20	1.80	12.40	2.70
	ⅡB 级　一、烃类								
121	丙炔	$CH_3C{\equiv}CH$	ⅡB	T1	—	气态	1.70	—	1.40
122	乙烯	C_2H_4	ⅡB	T2	450	气态	2.70	36.00	1.00
123	环丙烷	$CH_2CH_2CH_2$	ⅡB	T1	498	气态	2.40	10.40	1.50
124	1,3-丁二烯	$CH_2{=}CHCH{=}CH_2$	ⅡB	T2	420	气态	2.00	12.00	1.90
	二、含氮化合物								
125	丙烯腈	$CH_2{=}CHCN$	ⅡB	T1	481	0	3.00	17.00	1.80
126	异硝酸丙酯	$(CH_3)_2CHONO_2$	ⅡB	T4	175	11	2.00	100.00	—
127	氰化氢	HCN	ⅡB	T1	538	-18	5.60	40.00	0.90

续表 C（序号 128～141，三、含氧化合物）

序号	物质名称	分子式	级别	引燃温度组别	引燃温度(℃)	闪点(℃)	爆炸极限V% 下限	爆炸极限V% 上限	相对密度
128	一氧化碳**	CO	ⅡA	T1	—	气态	12.50	74.00	1.00
129	二甲醚	$(CH_3)_2O$	ⅡB	T3	240	气态	3.40	27.00	1.60
130	乙基甲基醚	$CH_3OC_2H_5$	ⅡB	T4	190	—	2.00	10.10	2.10
131	二乙醚	$(C_2H_5)_2O$	ⅡB	T4	180	-45	1.90	36.00	2.60
132	二丙醚	$(C_3H_7)_2O$	ⅡA	T4	188	21	1.30	7.00	3.53
133	二丁醚	$(C_4H_9)_2O$	ⅡB	T4	194	25	1.50	7.60	4.50
134	环氧乙烷	CH_2CH_2O	ⅡB	T2	429	<-18	3.50	100.00	1.52
135	1,2-环氧丙烷	CH_3CHCH_2O	ⅡB	T2	430	-37	2.80	37.00	2.00
136	1,3-二恶烷	$CH_2CH_2OCH_2$	ⅡB	—	—	2.0	—	—	2.55
137	1,4-二恶烷	$CH_2CH_2OCH_2CH_2O$	ⅡB	T2	379	11	2.00	22.00	3.03
138	1,3,5-三恶烷	$CH_2OCH_2OCH_2O$	ⅡB	T2	410	45	3.20	29.00	3.11
139	羧基醋酸丁酯	$HOCH_2COOC_4H_9$	ⅡB	T3	—	61	—	—	3.52
140	四氢糠醇	$CH_2CH_2CH_2OCHCH_2OH$	ⅡB	T3	218	70	1.50	9.70	3.52
141	丙烯酸甲酯	$CH_2{=}CHCOOCH_3$	ⅡB	T1	468	-3	2.80	25.00	3.00

7

续表C

序号	物质名称	分子式	级别	引燃温度组别	引燃温度(℃)	闪点(℃)	爆炸极限V% 下限	上限	相对密度
142	丙烯酸乙酯	$CH_2=CHCOOC_2H_5$	ⅡB	T2	372	10	1.40	14.00	3.50
143	呋喃	$CH=CHCH=CHO$	ⅡB	T2	390	<-20	2.30	14.30	2.30
144	丁烯醛(巴豆醛)	$CH_3CH=CHCHO$	ⅡB	T3	280	13	2.10	16.00	2.41
145	丙烯醛	$CH_2=CHCHO$	ⅡB	T3	220	-26	2.80	31.00	1.90
146	四氢呋喃	$CH_2(CH_2)_2CH_2O$	ⅡB	T3	321	-14	2.00	11.80	2.50
四、混合气									
147	焦炉煤气		ⅡB	T1	560	—	4.00	40.00	0.40~0.50
五、含卤化合物									
148	四氟乙烯	C_2F_4	ⅡB	T4	200	气态	10.00	50.00	3.87
149	1-氯-2,3-环氧丙烷	OCH_2CHCH_2Cl	ⅡB	T2	411	32	3.80	21.00	3.30
150	硫化氢	H_2S	ⅡB	T3	260	气态	4.00	44.00	1.20
ⅡC级									
151	氢	H_2	ⅡC	T1	500	气态	4.00	75.00	0.10
152	乙炔	C_2H_2	ⅡC	T2	305	气态	2.50	100.00	0.90
153	二硫化碳	CS_2	ⅡC	T5	102	-30	1.30	50.00	2.64
154	硝酸乙酯	$C_2H_5ONO_2$	ⅡC	T6	85	10	4.00	—	3.14
155	水煤气		ⅡC	T2	—	1	—	—	—
其他物质									
156	醋酸酐	$(CH_3CO)_2O$	ⅡA	T2	334	49	2.70	10.00	3.52
157	苯甲醛	C_6H_5CHO	ⅡA	T4	192	64	1.40	—	3.66
158	异丁醛	$(CH_3)_2CHCH_2CH_3$	ⅡA	T2	—	28	1.70	9.80	2.55
159	丁烯-1	$CH_2=CHCH_2CH_3$	ⅡA	T2	385	-80	1.60	10.00	1.95
160	丁醛	$CH_3CH_2CH_2CHO$	ⅡA	T3	230	<-5	2.50	12.50	2.48
161	异氯丙烷	$(CH_3)_2CHCl$	ⅡA	T2	529	-18	2.80	10.70	2.70
162	枯烯	$C_6H_5CH(CH_3)_2$	ⅡA	T3	424	36	0.88	6.50	4.13
163	环己烯	$CH_2(CH_2)_3CH=CH$	ⅡA	T3	244	<-20	1.20	—	2.83
164	二乙酰醛	$CH_3COCH_2C(CH_3)_3OH$	ⅡA	T1	680	58	1.80	6.90	4.00
165	二戊醚	$(C_5H_{11})_2O$	ⅡA	T4	171	57	—	—	5.45
166	二异丙醚	$[(CH_3)_2CH]_2O$	ⅡA	T2	443	-28	1.40	7.90	3.25
167	二异丁烯	$C_2H_5CHCH_3CHCH_2C_2H_5$	ⅡA	T2	420	-5	0.80	4.80	3.87

续表C

序号	物质名称	分子式	级别	引燃温度组别	引燃温度(℃)	闪点(℃)	爆炸极限V% 下限	上限	相对密度
168	二戊烯	$C_{10}H_{16}$	ⅡA	T3	237	42	0.75	6.10	4.66
169	乙氧基乙酸乙酯	$CH_3COCH_2CH_2OC_2H_5$	ⅡA	T2	380	47	1.70	12.70	4.60
170	二甲基甲酰胺	$HCON(CH_3)_2$	ⅡA	T2	440	58	1.80	14.00	2.51
171	甲酸	$HCOOH$	ⅡA	T1	540	68	18.00	57.00	1.60
172	甲基戊基醚	$CH_3CO(CH_2)_4CH_3$	ⅡA	T1	533	39	1.10	7.90	3.94
173	甲基戊基甲酮	$CH_3CO(CH_2)_3CH_3$	ⅡA	T1	533	23	1.20	8.00	3.46
174	吗啉	$OCH_2CH_2NHCH_2CH_2$	ⅡA		310	38	2.00	11.20	3.00
175	硝基苯	$C_6H_5NO_2$	ⅡA	T1	480	88	1.80	40.00	4.25
176	异丙苯	$(CH_3)_2CHCH_2(CH_3)$	ⅡA	T2	411	4	1.00	6.00	3.90
177	仲(乙)醛	$(CH_3CHO)_3$	ⅡA	T3	235	36	1.30	—	4.56
178	异戊烷	$(CH_3)_2CHCH_2CH_3$	ⅡA	T2	420	<-51	1.40	8.00	2.50
179	异丙醇	$(CH_3)_2CHOH$	ⅡA	T2	399	12	2.00	12.70	2.07
180	三乙苯	$C_6H_3(CH_3)_3$	ⅡA	T1	550	—	—	—	4.15
181	二乙醇胺	$(HOCH_2CH_2)_2NH$	ⅡA	T1	622	146	—	—	3.62

续表C

序号	物质名称	分子式	级别	引燃温度组别	引燃温度(℃)	闪点(℃)	爆炸极限V% 下限	上限	相对密度
182	三乙醇胺	$(HOCH_2CH_2)_3N$	ⅡA	T1	—	190	—	—	5.14
183	25#变压器油	—	ⅡA	T2	350	135	—	—	—
184	重柴油	—	ⅡA	T3	300	>120	0.50	5.00	—
185	溶剂油	—	ⅡA	T2	385	33	1.10	7.20	3.10
186	1-硝基丙烷	$C_3H_7NO_2$	ⅡB	T2	420	36	2.20	—	—
187	甲氧基乙醇	$CH_3OCH_2CH_2OH$	ⅡB	T3	285	39	2.50	19.80	2.63
188	石蜡	$poly(CH_2O)$	ⅡB	T3	300	70	7.00	73.00	—
189	甲醛	$HCHO$	ⅡB	T2	425	—	7.00	73.00	1.03
190	2-乙氧基乙醇	$C_2H_5OCH_2CH_2OH$	ⅡB	T3	135	43	1.80	15.70	3.10
191	二叔丁基过氧化物	$(CH_3)_3COOC(CH_3)_3$	ⅡB	T4	170	18	—	5.00	—
192	二丙醚	$(C_3H_7)_2O$	ⅡB	T3	215	21	—	—	3.53
193	烯丙醛	$CH_2=CHCH_2OH$	ⅡB	T2	378	21	2.50	18.00	2.00
194	甲基叔丁基醚(MTBE)	$C_5H_{12}O$	ⅡB	T1	460	-28	—	—	3.04
195	樟脑	C_4H_9OCHO	ⅡB	T2	392	60	2.10	19.30	3.31
196	N-甲基二乙醇胺(MDEA)	$CH_3N(CH_2CH_2OH)_2$或$C_5H_{13}NO_2$	ⅡB	T3	—	260	—	—	4.10

续表C

序号	物质名称	分子式	级别	引燃温度组别	引燃温度(℃)	闪点(℃)	爆炸极限V% 下限	爆炸极限V% 上限	相对密度
197	乙二醇	HOCH₂CH₂OH			413	116	32.00	53.00	3.10
198	二甲基二硫醚(DMDS)	CH₃SSCH₃	ⅡB	T2	—	7	1.10	16.10	—
199	环丁砜	C₄H₈SO₂	ⅡB	T3	—	166	—	—	4.14

注:* 指包括含15%以下(按体积计)氢气的甲烷混合气。
** 指一氧化碳在异常环境温度下可以含有使它与空气混合物饱和的水分。

附录D 爆炸性粉尘环境危险区域范围典型示例图

D.0.1 分区示例:

1 20区:

可能产生20区的场所示例:

粉尘容器内部场所;

贮料槽、筒仓等,旋风集尘器和过滤器;

粉料传送系统等,但不包括皮带和链式输送机的某些部分;

搅拌机,研磨机,干燥机和包装设备等。

2 21区:

可能产生21区的场所示例:

当粉尘容器内部出现爆炸性粉尘环境,为了操作而需频繁移出或打开盖/隔膜阀时,粉尘容器外部靠近盖/隔膜阀周围的场所;

当未采取防止爆炸性粉尘环境形成的措施时,在粉尘容器装料和卸料点附近的外部场所、送料皮带、取样点、卡车卸载站、皮带卸载点等场所;

如果粉尘堆积且由于工艺操作,粉尘层可能被扰动而形成爆炸性粉尘环境时,粉尘容器外部场所;

可能出现爆炸性粉尘云,但既非持续,也不长期,又不经常时,粉尘容器的内部场所,如自清扫间隔长的料仓(如果仅偶尔装料和/或出料)和过滤器污秽的一侧。

3 22区:

可能产生22区的场所示例:

袋式过滤器通风孔的排气口,一旦出现故障,可能逸散出爆炸性混合物;

非频繁打开的设备附近,或凭经验粉尘被吹出而易形成泄漏的设备附近,如气动设备或可能被损坏的挠性连接等;

袋装粉料的存储。在操作期间,包装袋可能破损,引起粉尘扩散;

通常被划分为21区的场所,当采取措施时,包括排气通风,防止爆炸性粉尘环境形成时,可以降为22区场所。这些措施应该在下列点附近执行:装袋和倒袋点、送料皮带、取样点、卡车卸载站、皮带卸载点等;

能形成可控的粉尘层且很可能被扰动而产生爆炸性粉尘环境的场所。仅当危险粉尘环境形成之前,粉尘层被清理的时候,该区域才可被定为非危险场所。这是良好现场清理的主要目的。

D.0.2 建筑物内无抽气通风设施的倒袋站(图D.0.2):

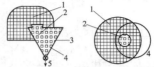

图D.0.2 建筑物内无抽气通风设施的倒袋站
1—21区,通常为1m半径,见正文4.3.3条;2—20区,见正文4.3.2条;
3—地板;4—袋子排料斗;5—到后续处理

注:1 相关尺寸只用于图例说明。实际中可能要求其他一些距离尺寸。
2 附加措施,像泄爆或隔爆等可能是必要的,但超出了本规范范围,因此未列出。

在本示例中,袋子经常性地用手工排空到料斗中,从该料斗靠气动把排出的物料输送到工厂的其他部分。料斗部分总是装满物料。

20区:料斗内部,因为爆炸性粉尘/空气混合物经常性地存在乃至持续存在。

21区:敞开的人孔是一级释放源。因此,在入孔周围规定为21区,范围从入孔边缘延伸一段距离并且向下延伸到地板上。

注:如果粉尘层堆积,则考虑了粉尘层的范围以及扰动该粉尘层产生粉尘云的情况和现场的清理水平(见附录D)后,可以要求更进一步的细分类。如果在粉尘袋子放空期间因空气的流动可能偶尔携带粉尘云超出了21区范围,则为22区。

D.0.3 建筑物内配置抽气通风设施的倒袋站(图D.0.3):

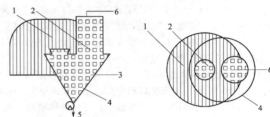

图D.0.3 建筑物内配置抽气通风设施的倒袋站
1—22区,通常为3m半径,见本规范第4.3.4条;
2—20区,见本规范第4.3.2条;3—地板;4—袋子排料斗;
5—到后续处理;6—在容器内抽吸

注:1 相关尺寸只用于图例说明。实际中可能要求其他一些距离尺寸。
2 附加措施,像泄爆或隔爆等可能是必需的,但超出了本规范范围,因此未列出。

本条给出了与第D.0.2条相似的示例,但是在这种情况下,该系统有抽气通风。用这种方法粉尘尽可能被限制在该系统内。

20区:料斗内,因为爆炸性粉尘/空气混合物经常性地存在乃至持续存在。

22区:敞口人孔是2级释放源。在正常情况下,因为抽吸系统的作用没有粉尘泄漏。在设计良好的抽吸系统中,释放的任何粉尘将被吸入内部。因此,在该人孔周围仅规定为22区,范围从人孔的边缘延伸一段距离并且延伸到地板上。准确的22区范围需要以工艺和粉尘特性为基础来确定。

D.0.4 建筑物外的旋风分离器和过滤器(图D.0.4):

本例中的旋风分离器和过滤器是抽吸系统的一部分,被抽吸的产品通过连续运行的旋转阀门落入密封料箱内,粉料量很小,因此自清理的时间间隔很长。鉴于这个理由,在正常运行时,内部仅偶尔有一些可燃性粉尘云。位于过滤器单元上的抽风机将抽吸的空气吹到外面。

20区:旋风分离器内部,因爆炸性粉尘环境频繁甚至连续地出现。

21区:如果只有少量粉尘在旋风分离器正常工作时未被收集起来时,在过滤器的污秽侧为21区,否则为20区。

22区:如果过滤器元件出现故障,过滤器的洁净侧可以含有可燃性粉尘云,这适用于过滤器的内部、过滤件和抽吸管的下游及抽吸管出口周围。22区的范围自导管出口延伸一段距离,并向下延伸至地面(图D.0.4中未表示)。准确的22区范围需要以工艺和粉尘特性为基础来确定。

注:如果粉尘聚集在工厂设备外面,在考虑了粉尘层的范围和粉尘层受扰产生粉尘云的情况后,可要求进一步的分类。此外,还要考虑外部条件的影响,如风、雨或潮湿可能阻止可燃性粉尘层的堆积。

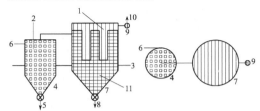

图D.0.4 建筑物外的旋风分离器和过滤器

1—22区,通常为3m半径,见本规范第4.3.4条;
2—20区,见本规范第4.3.2条;3—地面;4—旋风分离器;
5—到产品筒仓;6—入口;7—过滤器;8—至粉料箱;9—排风扇;
10—至出口;11—21区,见本规范第4.3.3条

注:1 相关尺寸只用于图例说明。实际中可能要求其他一些距离尺寸。
   2 附加措施,像泄爆或隔爆等可能是必需的,但超出了本规范范围,因此未列出。

D.0.5 建筑物内的无抽气排风设施的圆筒翻斗装置(图D.0.5):

在本例中,200L圆筒内粉料被倒入料斗并通过螺旋输送机运至相邻车间。一个装满粉料的圆筒被置于平台上,打开筒盖,并用液压气缸将圆筒与一个关闭的隔膜阀夹紧。打开料斗盖,圆筒搬运器将圆筒翻转使隔膜阀位于料斗顶部。然后打开隔膜阀,螺旋输送机将粉料运走,经过一段时间后,直至圆筒排空。

当又一圆筒要卸料时,关闭隔膜阀,圆筒搬运器将其翻转至原来位置,关闭料斗盖,液压气缸放下原来的圆筒,更换圆筒盖后移走原圆筒。

20区:圆筒内部,料斗和螺旋形传送装置经常性地含有粉尘云,并且时间很长,因此划为20区。

21区:当筒盖和料斗盖被打开,并且当隔膜阀被放在料斗顶部或从料斗顶部移开时,将发生以粉尘云的形式释放粉尘。因此,该圆筒顶部、料斗顶部和隔膜阀等周围一段距离的区域被定为21区。准确的21区范围需要以工艺和粉尘特性为基础来确定。

22区:因可能偶尔泄漏和扰动大量粉尘,整个房间的其余部分划为22区。

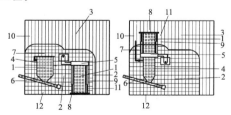

图D.0.5 建筑物内的无抽气排风设施的圆筒翻斗装置

1—20区,见本规范第4.3.2条;
2—21区,通常为1m半径,见本规范第4.3.3条;
3—22区,通常为3m半径,见本规范第4.3.4条;4—料斗;
5—隔膜阀;6—螺旋输送装置;7—料斗盖;8—圆筒平台;9—液压汽缸;
10—墙壁;11—圆筒;12—地面

注:1 相关尺寸只用于图例说明。实际中可能要求其他一些距离尺寸。
   2 附加措施,像泄爆或隔爆等可能是必需的,但超出了本规范范围,因此未列出。

附录E 可燃性粉尘特性举例

表E 可燃性粉尘特性举例

粉尘种类	粉尘名称	高温表面堆积粉尘层(5mm)的引燃温度(℃)	粉尘云的引燃温度(℃)	爆炸下限浓度(g/m³)	粉尘平均粒径(μm)	危险性质	粉尘分级
金属	铝(表面处理)	320	590	37~50	10~15	导	ⅢC
	铝(含脂)	230	400	37~50	10~20	导	ⅢC
	铁	240	430	153~204	100~150	导	ⅢC
	镁	340	470	44~59	5~10	导	ⅢC
	红磷	305	360	48~64	30~50	非	ⅢB
	炭黑	535	>600	36~45	10~20	导	ⅢC
	钛	290	375			导	ⅢC
	锌	430	530	212~284	10~15	导	ⅢC
	电石	325	555	<200		非	ⅢB
	钙硅铝合金(8%钙,30%硅,55%铝)	290	465			导	ⅢC
	硅铁合金(45%硅)	>450	640			导	ⅢC
	黄铁矿	445	555		<90	导	ⅢC
	锆石	305	360	92~123	5~10	导	ⅢC

续表E

粉尘种类	粉尘名称	高温表面堆积粉尘层(5mm)的引燃温度(℃)	粉尘云的引燃温度(℃)	爆炸下限浓度(g/m³)	粉尘平均粒径(μm)	危险性质	粉尘分级
化学药品	硬脂酸锌	熔融	315	—	8~15	非	ⅢB
	萘	熔融	575	28~38	30~100	非	ⅢB
	蒽	熔融升华	505	29~39	40~50	非	ⅢB
	己二酸	熔融	580	65~90	—	非	ⅢB
	苯二(甲)酸	熔融	650	61~83	80~100	非	ⅢB
	无水苯二(甲)酸(粗制品)	熔融	605	52~71		非	ⅢB
	苯二甲酸腈	熔融	>700	37~50		非	ⅢB
	无水马来酸(粗制品)	熔融	500	82~113		非	ⅢB
	醋酸钠酯	熔融	520	51~70	5~8	非	ⅢB
	结晶紫	熔融	475	46~70	15~30	非	ⅢB
	四硝基咪唑	熔融	395	92~123		非	ⅢB
	二硝基甲酚	熔融	340		40~60	非	ⅢB
	阿司匹林	熔融	405	31~41	60	非	ⅢB
	肥皂粉	熔融	575	—	80~100	非	ⅢB
	青色燃料	350	465		300~500	非	ⅢB
	萘酚燃料	395	415	133~184	—	非	ⅢB
合成树脂	聚乙烯	熔融	410	26~35	30~50	非	ⅢB
	聚丙烯	熔融	430	25~35		非	ⅢB
	聚苯乙烯	熔融	475	27~37	40~60	非	ⅢB

粉尘种类	粉尘名称	高温表面堆积粉尘层(5mm)的引燃温度(℃)	粉尘云的引燃温度(℃)	爆炸下限浓度(g/m³)	粉尘平均粒径(μm)	危险性质	粉尘分级
合成树脂	苯乙烯(70%)与丁二烯(30%)粉状聚合物	熔融	420	27~37	—	非	ⅢB
	聚乙烯醇	熔融	450	42~55	5~10	非	ⅢB
	聚丙烯腈	熔融炭化	505	35~55	5~7	非	ⅢB
	聚氨酯(类)	熔融	425	46~63	50~100	非	ⅢB
	聚乙烯四肽	熔融	480	52~71	<200	非	ⅢB
	聚乙烯氯戊环酮	熔融	465	42~58	10~15	非	ⅢB
	聚氯乙烯	熔融炭化	595	63~86	4~5	非	ⅢB
	氯乙烯(70%)与苯乙烯(30%)粉状聚合物	熔融炭化	520	44~60	30~40	非	ⅢB
	酚醛树脂(酚醛清漆)	熔融炭化	520	36~40	10~20	非	ⅢB
	有机玻璃粉	熔融炭化	485	—	—	非	ⅢB
天然树脂	骨胶(虫胶)	沸腾	475	—	20~50	非	ⅢB
	硬质橡胶	沸腾	360	36~49	20~30	非	ⅢB
	软质橡胶	沸腾	425	—	80~100	非	ⅢB
	天然树脂	熔融	370	38~52	20~30	非	ⅢB
	蛄钯树脂	熔融	330	30~41	20~50	非	ⅢB
	松香	熔融	325	—	50~80	非	ⅢB

粉尘种类	粉尘名称	高温表面堆积粉尘层(5mm)的引燃温度(℃)	粉尘云的引燃温度(℃)	爆炸下限浓度(g/m³)	粉尘平均粒径(μm)	危险性质	粉尘分级
纤维鱼粉	可可子粉(脱脂品)	245	460	—	30~40	非	ⅢB
	咖啡粉(精制品)	收缩	600	—	40~80	非	ⅢB
	啤酒麦芽粉	285	405	—	100~500	非	ⅢB
	紫芝蓿	280	480	—	200~500	非	ⅢB
	亚麻粕粉	285	470	—	—	非	ⅢB
	菜种渣粉	炭化	465	—	400~600	非	ⅢB
	鱼粉	炭化	485	—	80~100	非	ⅢB
	烟草纤维	290	485	—	50~100	非	ⅢA
	木棉纤维	385	—	—	—	非	ⅢA
	人造短纤维	305	—	—	—	非	ⅢA
	亚硫酸盐纤维	380	—	—	—	非	ⅢA
	木质纤维	250	445	—	40~80	非	ⅢA
	纸纤维	360	—	—	—	非	ⅢA
	椰子粉	280	450	—	100~200	非	ⅢB
	软木粉	325	460	44~59	30~40	非	ⅢB
	针叶树(松)粉	325	440	—	70~150	非	ⅢB
	硬木(丁钠橡胶)粉	315	420	—	70~100	非	ⅢB

粉尘种类	粉尘名称	高温表面堆积粉尘层(5mm)的引燃温度(℃)	粉尘云的引燃温度(℃)	爆炸下限浓度(g/m³)	粉尘平均粒径(μm)	危险性质	粉尘分级
沥青蜡类	硬蜡	熔融	400	26~36	80~50	非	ⅢB
	绕组沥青	熔融	620	—	50~80	非	ⅢB
	硬沥青	熔融	620	—	50~150	非	ⅢB
	煤焦油沥青	熔融	580	—	—	非	ⅢB
农产品	裸麦粉	325	415	67~93	30~50	非	ⅢB
	裸麦谷物粉(未处理)	305	430	—	50~100	非	ⅢB
	裸麦筛落粉(粉碎品)	305	415	—	30~40	非	ⅢB
	小麦粉	炭化	410	—	20~40	非	ⅢB
	小麦谷物粉	290	420	—	15~30	非	ⅢB
	小麦筛落粉(粉碎品)	290	410	—	3~5	非	ⅢB
	乌麦、大麦谷物粉	270	440	—	50~150	非	ⅢB
	筛米糠	270	420	—	50~100	非	ⅢB
	玉米淀粉	炭化	410	—	2~30	非	ⅢB
	马铃薯淀粉	炭化	430	—	60~80	非	ⅢB
	布丁粉	炭化	395	—	10~20	非	ⅢB
	糊精粉		400	71~99	20~30	非	ⅢB
	砂糖粉	熔融	360	77~107	20~40	非	ⅢB
	乳糖	熔融	450	83~115	—	非	ⅢB

粉尘种类	粉尘名称	高温表面堆积粉尘层(5mm)的引燃温度(℃)	粉尘云的引燃温度(℃)	爆炸下限浓度(g/m³)	粉尘平均粒径(μm)	危险性质	粉尘分级
燃料	泥煤粉(堆积)	260	450	—	60~90	导	ⅢC
	褐煤粉(生褐煤)	260	450	49~68	2~3	非	ⅢB
	褐煤粉	230	185	—	3~7	导	ⅢC
	有烟煤粉	235	595	41~57	5~11	导	ⅢC
	瓦斯煤粉	225	580	35~48	5~10	导	ⅢC
	焦炭用煤粉	280	610	33~45	5~7	导	ⅢC
	贫煤粉	285	680	34~45	5~7	导	ⅢC
	无烟煤粉	>430	>600	—	100~130	导	ⅢC
	木炭粉(硬质)	340	595	39~52	1~2	导	ⅢC
	泥煤焦炭粉	360	615	40~54	1~2	导	ⅢC
	褐煤焦炭粉	235	—	—	4~5	导	ⅢC
	煤焦炭粉	430	>750	37~50	4~5	导	ⅢC

注:危险性质栏中,用"导"表示导电性粉尘,用"非"表示非导电性粉尘。

中华人民共和国国家标准

爆炸危险环境电力装置设计规范

GB 50058－2014

条 文 说 明

1 总　则

1.0.2 本规范不适用的环境是指非本规范规定的原因，而是由于其他原因构成危险的环境。

专用性强并有专用规程规定的，或在本规范的区域划分及采取措施中难以满足要求的特殊情况，如电解生产装置中电解槽母线及跳槽开关等，建议另行制订专用规程。

对于水、陆、空、交通运输工具及海上油井平台，如车、船、飞机、海上油井平台等均为特殊条件的环境，故危险区域的划分、范围等不可能满足本规范的要求。

本规范中取消了原规范中不适用的蓄电池室环境。蓄电池室的危险区域划分在实际工程中经常遇到，本规范在附录B中根据《石油设施电气设备安装一级0区、1区和2区划分的推荐方法》API RP505—2002 的相关条文增加了相应的划分建议。

同时，本规范在不适用环境中增加了以加味天然气作燃料进行采暖、空调、烹饪、洗衣以及类似的管线系统和医疗室等环境。

本规范特别说明不考虑灾难性事故。灾难性事故如加工容器破碎或管线破裂等。

在执行本规范时，还应执行国家和部委颁发的专业标准和规范的有关规定。但本规范中某些规定严于或满足其他国家标准最低要求的，不视为"有矛盾"。

2 术　语

本规范中增加了以下术语的定义：

高挥发性液体、正常运行、粉尘、可燃性粉尘、可燃性飞絮、导电性粉尘、非导电性粉尘、重于空气的气体或蒸气、轻于空气的气体或蒸气、粉尘层的引燃温度、粉尘云的引燃温度、爆炸性环境和设备保护级别（EPL）。

2.0.11 尽管混合物浓度超过爆炸上限（UEL）不是爆炸性气体环境，但在某些情况下，就场所分类来说，把它作为爆炸性气体环境考虑被认为是合理的。

2.0.15 在确定释放源时，不应考虑工艺容器、大型管道或贮罐等的毁坏事故，如炸裂等。

2.0.21 飞絮的实例包括人造纤维、棉花（包括棉绒纤维、棉纱头）、剑麻、黄麻、麻屑、可可纤维、麻絮、废打包木丝绵。

2.0.26 本条说明如下：

（1）对于相对密度在 0.8 至 1.2 之间的气体或蒸气应酌情考虑。

（2）经验表明，氨很难点燃，而且在户外释放的气体将会迅速扩散，因此爆炸性气体环境的范围将被忽略。

3 爆炸性气体环境

3.1 一 般 规 定

3.1.1 环境温度可选用最热月平均最高温度，亦可利用采暖通风专业的"工作地带温度"或根据相似地区同类型的生产环境的实测数据加以确定。除特殊情况外，一般可取 45℃。

3.1.3 在防止产生气体、蒸气爆炸条件的措施中，在采取电气预防之前首先提出了诸如工艺流程及布置等措施，即称之为"第一次预防措施"。

3.2 爆炸性气体环境危险区域划分

3.2.1 本条规定了气体或蒸气爆炸性混合物的危险区域的划分。危险区域是根据爆炸性混合物出现的频繁程度和持续时间，划分为0区、1区、2区，等效采用了国际电工委员会的规定。

除了封闭的空间，如密闭的容器、储油罐等内部气体空间，很少存在0区。

虽然高于爆炸上限的混合物不会形成爆炸性环境，但是没有可能进入空气而使其达到爆炸极限的环境，仍应划分为0区。如固定顶盖的可燃性物质贮罐，当液面以上空间未充惰性气体时应划分为0区。

在生产中0区是极个别的，大多数情况属于2区。在设计时应采取合理措施尽量减少1区。

正常运行是指正常的开车、运转、停车，可燃物质产品的装卸，密闭容器盖的开闭，安全阀、排放阀以及所有工厂设备都在其设计参数范围内工作的状态。

以往的区域划分中，对于爆炸性混合物出现的频率没有较为明确的定义和解释,实际工作中较难掌握。参考《石油设施电气设备安装一级0区、1区和2区划分的推荐方法》API RP505—2002中关于区域划分和爆炸性混合物出现频率的关系,给出了可以根据爆炸性混合物出现频率来确定区域等级的一种方法(见表1)。

表1 区域划分和爆炸性混合物出现频率的典型关系

区 域	爆炸性混合物出现频率
0区	1000h/a及以上:10%
1区	大于10h/a,且小于1000h/a:0.1%～10%
2区	大于1h/a,且小于10h/a:0.01%～0.1%
非危险区	小于1h/a:0.01%

注:表中的百分数为爆炸性混合物出现时间的近似百分比(一年8760h,按10000h计算)。

3.2.2 本条说明如下:

3 一般情况下,明火设备如锅炉采用平衡通风,即引风机抽吸烟气的量略大于送风机的风和煤燃烧所产生的烟气量,这样就能保持锅炉炉膛负压,可燃性物质不能扩散至设备附近与空气形成爆炸性混合物。因此明火设备附近按照非危险区考虑,包括锅炉本身所含有的仪表等设施。

现行国家标准《建筑设计防火规范》GB 50016和《锅炉房设计规范》GB 50041中都明确规定,燃油、燃气锅炉房应有良好的自然通风或机械通风设施。燃气锅炉房应选用防爆型的事故排风机。当设置机械通风设施时,该机械通风设施应设置导除静电的接地装置,通风量应符合下列规定:

燃油锅炉房的正常通风量按换气次数不少于3次/h确定;

燃气锅炉房的正常通风量按换气次数不少于6次/h确定;

燃气锅炉房的事故通风量按换气次数不少于12次/h确定。

根据以上规定,锅炉房应该可以认为是通风良好的场所。因此本规范建议与锅炉设备相连接的管线上的阀门等可能有可燃性物质存在处按照独立的释放源考虑危险区域,并可根据通风良好的场所适当降低危险区域的等级。

3.2.3 对释放源的分级,等效采用了国际电工委员会《爆炸性环境 第10—1部分:区域分类 爆炸性气体环境》IEC 60079—10—1—2008的规定。在该文件中,对重于空气的爆炸性气体或蒸气的各种释放源周围爆炸危险区域的划分,及轻于空气的爆炸性气体或蒸气的各种释放源周围爆炸危险区域的划分分别用图示例说明。如图1、图2所示。

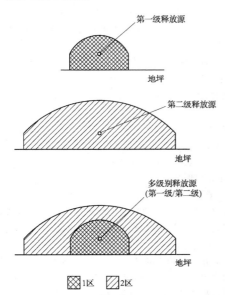

图1 重于空气的爆炸性气体或蒸气的各种释放源周围
爆炸危险区域划分示例

注:1 图中表示的区域为:露天环境,释放源接近地坪;
2 该区域的形状和尺寸取决于很多因素(见本规范第3.3节)。

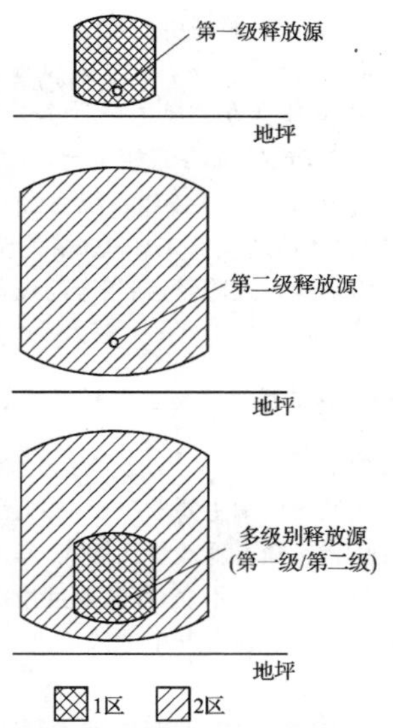

图2 轻于空气的爆炸性气体或蒸气的各种释放源周围爆炸
危险区域划分示例

注:1 图中表示的区域为:露天环境,释放源在地坪以上;
2 该区域的形状和尺寸取决于很多因素(见本规范第3.3节)。

本规范给出了通孔对不同释放等级影响的一种判定方法,见表2。但下面的示例不作为强制使用,可按需要做一些变动以适合具体的情况。

表2 通孔对不同释放等级的影响

通孔上游气流的区域	通孔形式	作为释放源的通孔释放等级
0区	A	连续级
	B	(连续)/1级
	C	2级
	D	2级

续表2

通孔上游气流的区域	通孔形式	作为释放源的通孔释放等级
1区	A	1级
	B	(1级)/2级
	C	(2级)/无释放
	D	无释放
2区	A	2级
	B	(2级)/无释放
	C	无释放
	D	无释放

作为可能的释放源的通孔:

场所之间的通孔应视为可能的释放源。释放的等级与邻近场所的区域类型,孔开启的频率和持续时间,密封或连接的有效性,涉及的场所之间的压差有关。

通孔按下列特性分为A、B、C和D型。

(1)A型:通孔不符合B、C或D型规定的特性。如穿越或使用的通孔(如穿越墙、天花板和地板的导管、管道),经常打开的通孔,房屋、建筑物内的固定通风口和类似B、C及D型的经常或长时间打开的通孔。

(2)B型:正常情况下关闭(如自动封闭),不经常打开,而且关闭紧密的通孔。

(3)C型:正常情况下通孔封闭(如自动关闭),不经常打开并配有密封装置(如密封垫),符合B型要求,并沿着整个周边还安装有密封装置(如密封点)或两个串联的B型通孔,而且具有单独自动封闭装置。

(4)D型:经常封闭、符合C型要求的通孔,只能用专用工具或在紧急情况下才能打开。

D型通孔是有效密封的使用通道(如导管、管道)或是靠近危险场所的C型通孔和B型通孔的串联组合。

3.2.4 原规范中对于通风良好的定义在实际工作中比较难确定,

本次修订增加了对于通风良好场所的定义。

对于户外场所,一般情况下,评定通风应假设最小风速为 0.5m/s,且实际上连续地存在。风速经常会超过 2m/s。但在特殊情况下,可能低于 0.5m/s(如在最接近地面的位置)。

3.2.6 本条中特殊环境中的设备和系统通常是指在研究、开发、小规模试验性装置和其他新项目工作中,相关设备仅在限制期内使用,并由经过专门培训的人监督,则相应的设备和系统按照非爆炸危险环境考虑。

3.3 爆炸性气体环境危险区域范围

3.3.1 本条说明如下:

1 爆炸危险区域的范围主要取决于下列各种参数:

易燃物质的泄出量:随着释放量的增大,其范围可能增大。

释放速度:当释放量恒定不变,释放速度增高到引起湍流的速度时,将使释放的易燃物质在空气中的浓度进一步稀释,因此其范围将缩小。

释放的爆炸性气体混合物的浓度:随着释放处易燃物质浓度的增加,爆炸危险区域的范围可能扩大。

可燃性物质的沸点:可燃性物质释放的蒸气浓度与对应的最高液体温度下的蒸气压力有关。为了比较,此浓度可以用可燃性物质的沸点来表示。沸点越低,爆炸危险区域的范围越大。

爆炸下限:爆炸下限越低,爆炸危险区域的范围就越大。

闪点:如果闪点明显高于可燃性物质的最高操作温度,就不会形成爆炸性气体混合物。闪点越低,爆炸危险区域的范围可能越大。虽然某些液体(如卤代碳氢化合物)能形成爆炸性气体混合物,却没有闪点。在这种情况下,应将对应于爆炸下限的饱和浓度时的平衡液体温度代替闪点与相应的液体最高温度进行比较。

相对密度:相对密度(以空气为1)大,爆炸危险区域的水平范围也将增大。为了划分范围,本规范将相对密度大于 1.2 的气体或蒸气视为比空气重的物质;将相对密度小于 0.8 的气体或蒸气视为比空气轻的物质。对于相对密度在 0.8~1.2 之间的气体或蒸气,如一氧化碳、乙烯、甲醇、甲胺、乙烷、乙炔等,在工程设计中视为相对密度比空气重的物质。

通风量:通风量增加,爆炸危险区域的范围就缩小;爆炸危险区域的范围也可通过改善通风系统的布置而缩小。

障碍:障碍物能阻碍通风,因此有可能扩大爆炸危险区域的范围;阻碍物也可能限制爆炸性气体混合物的扩散,因此也有可能缩小爆炸危险区域的范围。

液体温度:若温度在闪点以上,所加工的液体的温度上升会使爆炸危险区域的范围扩大。但应考虑由于环境温度或其他因素(如热表面),释放的液体或蒸气的温度有可能下降。

至于更具体的爆炸危险区域范围的规定,这是一个长期没有得到改善和解决的问题。上述所列影响范围大小的参数,是采用了国际电工委员会(IEC)的规定,但由于该规定迄今只是原则性规定,所以无具体尺寸可遵循。本规范内的具体尺寸,是等效采用国际上广泛采用的美国石油学会《石油设施电气设备安装一级 0 区、1 区和 2 区划分的推荐方法》API RP505—2002 的规定及美国国家防火协会(NFPA)的有关规定及例图。

过去化工系统从国外引进的装置已普遍采用《石油设施电气设备安装一级一类和二类区域划分的推荐方法》API RP500—1997 的规定,实践证明比较稳妥,更适合于大中型生产装置。至于中小型生产装置则采用了美国国家防火协会《易燃液体、气体或蒸气的分类和化工生产区电气装置设计》NFPA 497—2004 的规定。由于实际生产装置的工艺、设备、仪表、通风、布置等条件各不相同,在具体设计中均需结合实际情况妥善选择才能确保安全。因此,正像国际电工委员会及各国规程中的规定一样,在使用这些图例前应与实际经验相结合,避免生搬硬套。

关于爆炸性气体环境与变、配电所的距离、区域范围划定后,

不再另作规定,原因是危险区域范围的规定是按释放源级别结合通风情况来确定的,以防止电气设备或线路故障引起事故,与建筑防火距离不是同一概念。

3 本款特别对于附加 2 区的定义进行了解释。特指高挥发性可燃性物质,如丁烷、乙烷、乙烯、丙烷、丙烯、液化天然气、天然气凝液及它们的混合物等,有可能大量释放并扩散到 15m 以外时,相应的爆炸危险区域范围可划为附加 2 区。

3.3.4 爆炸性气体环境危险区域范围典型示例图从原规范正文移至附录 B 中。

在原规范的示例基础上,本次修订增加了部分常用的划分示例。主要增加了紧急集液池(图 B.0.1-18)、液氢储存装置和气态氢气储存装置(图 B.0.1-19 和图 B.0.1-20)、低温液化气体贮罐(图 B.0.1-21)、码头装卸设施(图 B.0.1-22),同时增加了关于阀门、蓄电池室的划分建议。

3.4 爆炸性气体混合物的分级、分组

3.4.1、3.4.2 我国防爆电气设备制造检验用的国家标准为《爆炸性环境用防爆电气设备》GB 3836—2010,该标准采用 IEC 使用的按最大实验安全隙(MESG)及最小点燃电流比(MICR)分级及按引燃温度分组。

4 爆炸性粉尘环境

4.1 一般规定

4.1.2 本条中可燃性粉尘的分级采用了《爆炸性气体环境 第 10-2 部分:区域分类 可燃性粉尘环境》IEC 60079—10—2 中的方法,也与粉尘防爆设备制造标准协调一致。

常见的ⅢA级可燃性飞絮如棉花纤维、麻纤维、丝纤维、毛纤维、木质纤维、人造纤维等。

常见的ⅢB级可燃性非导电粉尘如聚乙烯、苯酚树脂、小麦、玉米、砂糖、染料、可可、木质、米糠、硫黄等粉尘。

常见的ⅢC级可燃性导电粉尘如石墨、炭黑、焦炭、煤、铁、锌、钛等粉尘。

4.1.3 本条说明如下:

1 虽然高浓度粉尘云可能是不爆炸的,但是危险仍然存在,如果浓度下降,就可能进入爆炸范围。

4.1.4 本条说明如下:

2 一般说来,导电粉尘的危险程度高于非导电粉尘。爆炸粉尘混合物的爆炸下限随粉尘的分散度、湿度、挥发性物质的含量、灰分的含量、火源的性质和温度等而变化。

3 本款说明如下:

2) 在防止粉尘爆炸的基本措施中,本规范提到了采用机械通风措施的内容,这一措施在不同国家的规程中有不同的提法。如澳大利亚规程《危险区域的分级》第 2 部分"粉尘"(AS2430 第 2 部分,1986)中提到:"……粉尘不同于气体,过量的通风不一定是合适的,即加速通风可能导致形成悬浮状粉尘因此造成更大而不是更小的危险条件。"在本规范中则是强调采用机械通风措施,防

止形成悬浮状粉尘。亦即在生产过程中采用通风措施,将容器或设备中泄漏出来的粉尘通过通风装置抽送到除尘器中。既节省物料的损耗,又降低了生产环境中的危险程度,而不是简单地加速通风,致使粉尘飞扬而形成悬浮状,增加了危险因素。

6)强调了有效的清理,认为清理的效果比清理的频率更重要。

7)强调了提高设备外壳防护等级是防止粉尘引爆的重要手段。

4.2 爆炸性粉尘环境危险区域划分

4.2.1、4.2.2 本规范采用了与可燃性气体和蒸气相似的场所分类原理,对爆炸粉尘环境出现的可能性进行评价,采用《爆炸性气体环境 第10—2部分:区域分类 可燃性粉尘环境》IEC 60079—10—2的方法,引进了释放源的概念,粉尘危险场所的分类也由原来的2类区域改为3类区域。

如果已知工艺过程有可能释放,就应该鉴别每一释放源并且确定其释放等级。

1级释放,如毗邻敞口袋灌包或倒包的位置周围。

2级释放,如需要偶尔打开并且打开时间非常短的人孔,或者是存在粉尘沉淀地方的粉尘处理设备。

4.2.4 见本规范第4.1.4条的条文说明。

4.3 爆炸性粉尘环境危险区域范围

4.3.1 爆炸性粉尘环境危险区域的范围通常与释放源级别相关联,当具备条件或有类似工程的经验时,还应考虑粉尘参数,引起释放的条件及气候等因素的影响。

4.3.2、4.3.3 原规范对建筑物外部场所(露天)的爆炸性粉尘危险区域的范围没有具体的规定。本规范中21区为"一级释放源周围1m的距离",及22区为"二级释放源周围3m的距离"是《爆炸性气体环境 第10—2部分:区域分类 可燃性粉尘环境》IEC 60079—10—2推荐的。另外,在本规范中采取了主要以厂房为单位划定范围的方法。特别是厂房内多个释放源相距大于2m,其间的设备选择按非危险区设防其经济性不大时,释放源之间的区域一般也延伸相连起来。这种方法结合了我国工业划分粉尘爆炸危险区域的习惯做法,即也多是以建筑物隔开来防止爆炸危险范围扩大的。不经常开启的门窗,可认为具有限制粉尘扩散的功能。

对电气装置来说,也是以厂房为单位进行设防。

5 爆炸性环境的电力装置设计

本章改变了原规范的模式,将气体/蒸气爆炸性环境与粉尘爆炸性环境的电气设备的安装合为一节来编写,一是两种危险区内电气设备的安装有很多相同的要求,避免不必要的重复,二是为了与《爆炸性环境 第14部分:电气装置设计、选择和安装》IEC 60079—14—2007相匹配。

5.1 一般规定

5.1.1 粉尘环境内应尽量减少携带式电气设备的使用,粉尘很容易堆积在插座上或插座内,当插头插入插座时,会产生火花,引起爆炸。因此要求尽量在粉尘环境内减少携带式设备的使用。如果必须要使用,一定要保证在插座上没有粉尘堆积。同时,为了避免插座内、外粉尘的堆积,要求插座安装与垂直面的角度不大于60°。

5.2 爆炸性环境电气设备的选择

5.2.2 本条为强制性条文。

1 设备的保护级别EPL(Equipment Protection Levels)是《爆炸性环境 第14部分:电气装置设计、选择和安装》IEC 60079—14—2007新引入的一个概念,同时现行国家标准《爆炸性环境》GB 3836也已经引入了EPL的概念。气体/蒸气环境中设备的保护级别为Ga、Gb、Gc,粉尘环境中设备的保护级别要达到Da、Db、Dc。

"EPL Ga"爆炸性气体环境用设备,具有"很高"的保护等级,在正常运行过程中、在预期的故障条件下或者在罕见的故障条件下不会成为点燃源。

"EPL Gb"爆炸性气体环境用设备,具有"高"的保护等级,在正常运行过程中、在预期的故障条件下不会成为点燃源。

"EPL Gc"爆炸性气体环境用设备,具有"加强"的保护等级,在正常运行过程中不会成为点燃源,也可采取附加保护,保证在点燃源有规律预期出现的情况下(如灯具的故障)不会点燃。

"EPL Da"爆炸性粉尘环境用设备,具有"很高"的保护等级,在正常运行过程中、在预期的故障条件下或者在罕见的故障条件下不会成为点燃源。

"EPL Db"爆炸性粉尘环境用设备,具有"高"的保护等级,在正常运行过程中、在预期的故障条件下不会成为点燃源。

"EPL Dc"爆炸性粉尘环境用设备,具有"加强"的保护等级,在正常运行过程中不会成为点燃源,也可采取附加保护,保证在点燃源有规律预期出现的情况下(如灯具的故障)不会点燃。

电气设备分为三类。

Ⅰ类电气设备用于煤矿瓦斯气体环境。

Ⅱ类电气设备用于除煤矿甲烷气体之外的其他爆炸性气体环境。

Ⅱ类电气设备按照其拟使用的爆炸性环境的种类可进一步再分类:

ⅡA类:代表性气体是丙烷;

ⅡB类:代表性气体是乙烯;

ⅡC类:代表性气体是氢气。

Ⅲ类电气设备用于除煤矿以外的爆炸性粉尘环境。

Ⅲ类电气设备按照其拟使用的爆炸性粉尘环境的特性可进一步再分类。

Ⅲ类电气设备的再分类:

ⅢA类:可燃性飞絮;

ⅢB类:非导电性粉尘;

ⅢC类:导电性粉尘。

2 本次修订改变了原规范按照设备类型对防爆电气设备在不同区域进行选择的规定,而是按照不同的防爆设备的类型确定其应用的场所,这一点也是与 IEC 标准相匹配的。

爆炸性气体环境电气设备的选择是按危险区域的划分和爆炸性物质的组别作出的规定。

根据《爆炸性环境 第 14 部分:电气装置设计、选择和安装》IEC 60079—14—2007 的规定,在 1 区可以采用"e"类电气设备,但是考虑到增安型电气设备为正常情况下没有电弧、火花、危险温度,而不正常情况下有引爆的可能,故对在 1 区使用的"e"类电气设备进行了限制。

增安型电动机保护的热保护装置的目的是防止增安型电机突然发生堵转、短路、断相而造成定子、转子温度迅速升高引燃周围的爆炸性混合物。增安型电动机的热保护装置要求是在电动机发生故障时能够在规定的时间(t_E)内切断电动机电源,使电机停止运转,使其温升达不到极限温度。随着电子工业的发展,新型的电子综合保护器已大量投放市场,其工作误差和稳定性能够满足增安型电动机的保护要求,为增安型电动机的应用提供了必要条件。

无火花型电动机比较经济,但安全性不如增安型。选用该类型产品时,使用部门应有完善的维修制度,并严格贯彻执行。

由于我国目前普通工业用电动机在结构上、质量上不完全与国外等同,为了保证安全,本规范未在 2 区内规定采用一般工业型电动机。

在 2 区内不允许采用一般工业电动机的规定,是与国际电工委员会 IEC 标准等效的。

各种防爆类型标志如下:

"d"隔爆型(对于 EPL Gb);
"e"增安型(对于 EPL Gb);
"ia"本质安全型(对于 EPL Ga);
"ib"本质安全型(对于 EPL Gb);
"ic"本质安全型(对于 EPL Gc);
"ma"浇封型(对于 EPL Ga);
"mb"浇封型(对于 EPL Gb);
"mc"浇封型(对于 EPL Gc);
"nA"无火花(对于 EPL Gc);
"nC"火花保护(对于 EPL Gc,正常工作时产生火花的设备);
"nR"限制呼吸(对于 EPL Gc);
"nL"限能(对于 EPL Gc);
"o"油浸型(对于 EPL Gb);
"px"正压型(对于 EPL Gb);
"py"正压型"py"等级(对于 EPL Gb);
"pz"正压型"pz"等级(对于 EPL Gc);
"q"充砂型(对于 EPL Gb)。

5.2.3 对只允许使用一种爆炸性气体或蒸气环境中的电气设备,其标志可用该气体或蒸气的化学分子式或名称表示,这时可不必注明级别与温度组别。例如,Ⅱ类用于氢气环境的隔爆型:Ex dⅡ(NH3)Gb 或 Ex dbⅡ(NH3)。

对于Ⅱ类电气设备的标志,可以标温度组别,也可以标最高表面温度,或两者都标出,例如,最高表面温度为 125℃的工厂用增安型电气设备:Ex eⅡ T5 Gb 或 Ex eⅡ(125℃)Gb 或 Ex eⅡ(125℃)T5 Gb。

应用于爆炸性粉尘环境的电气设备,将直接标出设备的最高表面温度,不再划分温度组别,因此本规范删除了爆炸性粉尘环境电气设备的温度组别。例如,用于具有导电性粉尘的爆炸性粉尘环境ⅢC 等级"ia"(EPL Da)电气设备,最高表面温度低于 120℃的表示方法为 Ex ia ⅢC T120℃ Da 或 Ex ia ⅢC T120℃ IP20。

对于爆炸性粉尘环境的电气设备,本规范与现行国家标准《可燃性粉尘环境用电气设备 第 2 部分:选型和安装》GB 12476.2—2010 的对应关系见表 3。

表 3 本规范与 GB 12476.2—2010 的对应关系

危险区域		本规范	GB 12476.2—2010
20 区		"iD"	iaD
		"mD"	maD
		"tD"	tD A20
			tD B20
21 区		"iD"	iaD 或 ibD
		"mD"	maD 或 mbD
		"tD"	tD A20 或 tD A21
			tD B20 或 tD B21
		"pD"	pD
22 区	非导电性粉尘	"iD"	iaD 或 ibD
		"mD"	maD 或 mbD
		"tD"	tD A20,tD A21 或 tD A22
			tD B20,tD B21 或 tD B22
		"pD"	pD
	导电性粉尘	"iD"	iaD 或 ibD
		"mD"	maD 或 mbD
		"tD"	tD A20 或 tD A21 或 tD A22
			IP6X
			tD B20 或 tD B21
		"pD"	pD

本规范此次增加了复合型防爆电气设备的应用。所谓复合型防爆电器设备是指由几种相同的防爆形式或不同种类的防爆形式的防爆电气单元组合在一起的防爆电气设备。构成复合型电气设备的每个单元的防爆形式应满足本规范表 5.2.3-1 的要求,其整体的表面温度和最小点燃电流应满足所在危险区中存在的可燃性气体或蒸气的温度组别和所在级别的要求。例如,一个电气设备所在危险场所存在的可燃性气体是硫化氢,则组成复合型电气设备的每个单元只能选择 T3、T4、T5 以及 B 或 C 级的防爆电气设备。

爆炸性粉尘环境电气设备选择:

Ⅲ类电气设备的最高允许表面温度的选择应按照相关的国家规范(《可燃性粉尘环境用电气设备》GB 12476 系列)执行。在相应的标准中,Ⅲ类电气设备的最高允许表面温度是由相关粉尘的最低点燃温度减去安全裕度确定的,当按照现行国家标准《可燃性粉尘环境用电气设备 第 8 部分:试验方法 确定粉尘最低点燃温度的方法》GB 12476.8 规定的方法对粉尘云和厚度不大于 5mm 的粉尘层中的"tD"防爆形式进行试验时,采用 A 型,对其他所有防爆形式和 12.5mm 厚度中的"tD"防爆形式采用 B 型。

当装置的粉尘层厚度大于上述给出值时,应根据粉尘层厚度和使用物料的所有特性确定其最高表面温度。

(1)存在粉尘云情况下的极限温度:

设备的最高表面温度不应超过相关粉尘/空气混合物最低点燃温度的 2/3,$T_{max} \leqslant 2/3 T_{CL}$(单位:℃),其中 T_{CL} 为粉尘云的最低点燃温度。

(2)存在粉尘层情况下的极限温度:

A 型和其他粉尘层用设备外壳:

厚度不大于 5mm:

用《可燃性粉尘环境用电气设备 第 0 部分:一般要求》IEC 61241—0—2004 中第 23.4.4.1 条规定的无尘试验方法试验的最高表面温度不应超过 5mm 厚度粉尘层最低点燃温度减 75℃:$T_{max} = T_{5mm} - 75℃$(T_{5mm} 是 5mm 厚度粉尘层的最低点燃温度)。

5mm 至 50mm 厚度:

当在 A 型的设备上有可能形成超过 5mm 的粉尘层时,最高允许表面温度应降低。图 3 是设备最高允许表面温度在最低点燃温度超过 250℃的 5mm 粉尘层不断加厚情况下的降低示例,作为指南。

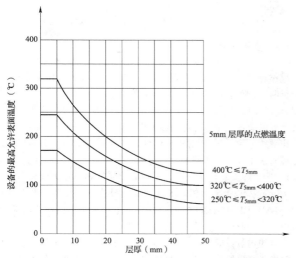

图3 粉尘层厚度增加时标记在设备上的允许最高表面温度的降低

对粉尘层厚度超过50mm的A型外壳和所有其他设备,或仅对粉尘层厚度为12.5mm的B型外壳,其设备最高表面温度可用最高表面温度T_L来标志,作为粉尘层允许厚度的参照。当设备以粉尘层T_L标志时,应使用粉尘层L上的可燃粉尘的点燃温度代替T_{5mm}。粉尘层L上设备的最高表面温度T_L应从可燃性粉尘的点燃温度中减去75℃。

当设备按照现行国家标准《可燃性粉尘环境用电气设备 第5部分:外壳保护型"tD"》GB 12476.5—2013中第8.2.2.2条的规定试验时,对于12.5mm粉尘层厚度来说,设备最高表面温度不应超过粉尘层最低点燃温度减25℃:$T_{max} = T_{12.5mm} - 25$℃($T_{12.5mm}$是12.5mm厚度粉尘层的最低点燃温度)。

在人工制气的混合物中,如果气体含有超过30%(体积)的氢,可将混合物划分为ⅡC级。

复合型电气设备的整机以及组成复合电气设备的每个单元都应该取得防爆检验机构颁发的防爆合格证才能使用。

对于爆炸性气体和粉尘同时存在的区域,其防爆电气设备的选择应该既满足爆炸性气体的防爆要求,又要满足爆炸性粉尘的防爆要求,其防爆标志同时包括气体和粉尘的防爆标识。

对于混合气体的分级,一直以来比较难以确定。根据《石油设施电气设备安装一级0区、1区和2区划分的推荐方法》API RP505,《易燃液体、气体或蒸气的分类和化工生产区电气装置设计》NFPA 497—2004,《爆炸性气体环境的电气装置 第20部分:可燃性气体或蒸气爆炸性混合物数据》IEC 600079—20—1996和现行国家标准《爆炸性环境 第12部分:气体或蒸气混合物按照其最大试验安全间隙和最小点燃电流的分级》GB 3836.12的相关规定,本规范提出一种多组分爆炸性气体或蒸气混合物的最大试验安全间隙(MESG)的计算方法,并利用此计算结果判断多组分爆炸性气体的分级原则,进一步应用于工程实践中指导用电设备的选型问题。

(3)计算基础:

·最大试验安全间隙(MESG):在标准规定试验条件下,壳内所有浓度的被试验气体或蒸气与空气的混合物点燃后,通过25mm长的接合面均不能点燃壳外爆炸性气体混合物的外壳空腔两部分之间的最大间隙。

ⅡA:包含丙酮、氨气、乙醇、汽油、甲烷、丙烷的气体,或可燃气体、可燃性物质蒸气,或可燃性物质蒸气与空气混合引起燃烧或爆炸,其最大试验安全间隙值大于0.90mm或最小点燃电流比大于0.8。

ⅡB:包含乙醛、乙烯的气体,或可燃气体、可燃性物质蒸气,或可燃性物质蒸气与空气混合引起燃烧或爆炸,其最大试验安全间隙值大于0.50mm且小于0.90mm,或最小点燃电流比大于0.45且小于或等于0.8。

ⅡC:包含乙炔、氢气的气体,或可燃气体、可燃性物质蒸气,或可燃性物质蒸气与空气混合引起燃烧或爆炸,其最大试验安全间隙值小于或等于0.50mm,或最小点燃电流比小于0.45。

气体和蒸气的分级原则见表4。

表4 气体和蒸气的分级原则

级 别	最大试验安全间隙 (MESG)(mm)	最小点燃电流比 (MICR)
ⅡA	MESG>0.9	MICR>0.8
ⅡB	0.5<MESG≤0.9	0.45<MICR≤0.8
ⅡC	MESG≤0.5	MICR<0.45

注:本表中的数据源自《石油设施电气设备安装一级0区、1区和2区划分的推荐推荐方法》API RP 505及《易燃液体、气体或蒸气的分类和化工生产区电气装置设计》NFPA 497—2004,ⅡA、ⅡB、ⅡC的分级原则等同于《爆炸性环境 第10—1部分:区域分类 爆炸性气体环境》IEC 60079—10—1。

(4)单组分气体和蒸气的分级:

根据电气设备适用于某种气体或蒸气环境的要求,将该气体或蒸气进行分级,使隔爆型电气设备或本质安全型电气设备按此级别制造,以便保证设备相应的防爆安全性能。

单组分气体和蒸气的分级原则是:

符合表4条件时,只需按测定的最大试验安全间隙(MESG)或最小点燃电流比(MICR)进行分级。大多数气体和蒸气可以按此原则分级。

在《爆炸性气体环境的电气装置 第20部分:可燃性气体或蒸气爆炸性混合物数据》IEC 60079—20—1996和《石油设施电气设备安装一级0区、1区和2区划分的推荐方法》API RP505—2002中给出了若干种易燃易爆介质的可燃性数据。但其所列的气体和蒸气的种类是不完全的。其中某些气体并没有给定其最大试验安全间隙(MESG)或最小点燃电流比(MICR)。对于上述情况,这种混合物的分级结果可参照这种混合物的同分异构体的分级(见现行国家标准《爆炸性环境 第12部分:气体或蒸气混合物按照其最大试验安全间隙和最小点燃电流的分级》GB 3836.12)。

(5)多组分气体和蒸气混合物的分级:

对于多组分气体混合物,一般应通过试验专门测定其最大试验安全间隙(MESG)或最小点燃电流(MICR),才能确定其级别。

在工程设计过程中,每台化工设备、容器或反应器中所含的各种爆炸危险介质的组成成分不同,各成分间的配比也不同,不可能通过对每台设备中的气体样品进行专门试验。所以需要一种估算方法来解决多组分气体的分级问题。

《易燃液体、气体或蒸气的分类和化工生产区电气装置设计》NFPA 497—2008的附件B中专门介绍了一种用于确定混合气体分级的估算方法[注:原文是对应于美国NEC(National Electrical Code)标准中的气体组别]。

混合气体的MESG可以用下式估算:

$$MESG_{mix} = \frac{1}{\sum_i \left(\frac{X_i}{MESG_i}\right)}$$

式中:$MESG_{mix}$——混合气体的最大试验安全间隙(mm);

　　　$MESG_i$——混合气体中各组分的最大试验安全间隙(mm),具体数值应查找《爆炸性气体环境的电气装置 第20部分:可燃性气体或蒸气爆炸性混合物数据》IEC 60079—20—1996;

　　　1——可燃性数据,可查找《石油设施电气设备安装一级0区、1区和2区划分的推荐方法》API RP505—2002;

　　　X_i——混合气体中各组分的体积百分含量(%)。此数据由工艺专业给出,要根据设备中混合介质在气态时最大工况的情况下,各组分所占的体积百分比。根据此公式计算出混合气体的MESG,由于MESG值是气体的物理特性,它并不受控于 NEC 规范。因此利用上述公式计算的结果比照表 4，就可以将混合气体按 IEC 和《石油设施电气设备安装一级 0 区、1 区和 2 区划分的推荐方法》API RP505 中规定的级别进行归类。

(6) 举例：

示例源自《易燃液体、气体或蒸气的分类和化工生产区电气装置设计》NFPA 497—2008。某种气体所含组分为：

乙烯：45%，丙烷：12%，氮气：20%，甲烷：3%，异丙醚：17.5%，二乙醚：2.5%。

各组分的 MESG 值见表 5。

表 5 组分及其 MESG 值

组分	摩尔质量	爆炸体积百分比下限(%)	爆炸体积百分比上限(%)	引燃温度(℃)	蒸气压强(25℃下 mmHg)	闪点(℃)	NEC组别	MESG(mm)	MICR
乙烯	28.05	2.7	36	450	52320	−104	C	0.65	0.53
丙烷	44.09	2.1	9.5	450	7150	−42	D	0.97	0.82
甲烷	16.04	5.0	15	600	463800	−162	D	1.12	1.0
异丙醚	102.17	1.4	21	443	148.7	69	D	0.94	
二乙醚	74.12	1.9	36	150	38.2	34.5	C	0.83	0.88

将各组分的 MESG 值和体积百分比分别代入下式：

$$MESG_{mix} = \frac{1}{\sum_i \left(\frac{X_i}{MESG_i} \right)}$$

对于含有像氮气这样的惰性组分的混合气体，如果氮气的体积小于 5%，则氮气 MESG 值取无穷大；如果氮气的体积大于等于 5%，则氮气 MESG 值取 2。根据以上信息可算出结果：

$$MESG_{mix} = \frac{1}{\frac{0.45}{0.65} + \frac{0.12}{0.97} + \frac{0.20}{2} + \frac{0.03}{1.12} + \frac{0.175}{0.94} + \frac{0.025}{0.83}} = 0.86$$

即混合气体的 MESG 值为 0.86。对照表 4，此混合气体按 IEC 和《石油设施电气设备安装一级 0 区、1 区和 2 区划分的推荐方法》API RP505 的分级归为ⅡB 类。

5.2.4 本条对正压通风型电气设备及通风系统作出规定。

电气设备接通电源之前应该使设备内部和相连管道内各个部位的可燃气体或蒸汽浓度在爆炸下限的 25% 以下，一般来说，换气所需的保护气体至少应该为电气设备内部（或正压房间或建筑物）和其连接的通风管道容积的 5 倍。通风量是根据正压风机的运行时间来确定的，即风机的运行时间决定了通风量的大小，同时在考虑通风量时不仅要考虑电气设备内部（或正压房间或建筑物），还需要考虑通风管道的容积。通风量的大小可用通风管道的容积除以风机最低流量条件下风机最小时通风量，再乘以 5 计算，满足这个时间的换气量即可认为达到了整个系统换气量的 5 倍。

5.3 爆炸性环境电气设备的安装

5.3.4 本条对紧急断电措施作出规定

在爆炸危险环境区域，一旦发生火灾或爆炸，很容易会产生一系列的爆炸和更大的火灾，这时候救护人员将无法进入现场进行操作，必须要求有在危险场所之外的停车按钮能够将危险区内的电源停掉，防止危害扩大。但是根据工艺要求连续运转的电气设备，如果立即切断电源可能会引起爆炸、火灾，造成更大的损失，这类用电设备的紧急停车按钮应与上述用电设备的紧急停车按钮分开设置。

5.3.5 在附加 2 区的配电室和控制室的设备层地面应该高出室外地面 0.6m，是因为附加 2 区 0.6m 以内的区域还会有危险气体存在，地面抬高 0.6m 是为了避免危险气体进入配电室和控制室而采取的措施。这里特别指出的是要求抬高的是配电室或控制室的设备层，对于没有电气设备安装的电缆室可以认为不是设备层，其地面可以不用抬高。

5.4 爆炸性环境电气线路的设计

5.4.1 本条说明如下：

1～3 这几项对爆炸危险环境配线，采用铜芯及铝芯导线或电缆作出规定。根据调查，从安全观点看，铝线的机械强度差，易于折断，需要过渡连接而加大接线盒，另外在连接技术上也难于控制，难以保证质量。铝线在 60A 以上的电弧引爆时，其传爆间隙又接近制造规程中的允许间隙上限，电流再大时很不安全，因此铝线比铜线危险得多，同时铝导体容易被腐蚀，因此各国规范对铝芯电缆的使用都有一些限制。《爆炸性环境 第 14 部分：电气装置设计、选型和安装》IEC—60079—14—2007 规定，电力线路可以选用 16mm² 及以上多股铝芯导线，《石油设施电气设备安装及区域划分》API RP540—2004 建议中、高压电缆可以采用铝芯电缆，其截面大于 25mm²。

电缆沟敷设时，沟内应充砂及采取排水设施。可根据各地区经验做成有电缆沟底的或无电缆沟底的，对于地下水位不是很高的区域，无底充砂的电缆沟不仅可以节省费用，同时也能起到很好的渗水作用，是值得推荐的方法。

没有护套的电线绝缘层容易破损而存在产生火花的危险性，因此如果不是钢管配线，任何爆炸危险性场所不允许其作为配电线路。

6 本款中的允许载流量是指在敷设处的环境温度下（未考虑敷设方式所引起的修正量）的载流量。建议按照敷设方式修正后的电缆载流量不小于电动机的额定电流即可。

7 在国际电工委员会 IEC 规程中规定采用阻燃型电缆。由于我国阻燃型电缆的价格较贵，考虑到若严格等效采用国际电工委员会的规定，将使建设投资增加，故本规范中用了"宜"，视各工程的具体条件确定。

本款对电缆截面的规定主要是考虑到其机械强度的要求。对于导体为绞线，特别是细的绞合导线，为了防止绞线分散，不能单独采用锡焊固定的方法进行连接，应该采用接线鼻子与用电设备进行连接。

5.4.3 本条说明如下：

4、5 条文中的钢管配线不是通常的保护钢管，而是从配电箱一直到用电设备采用的是钢管配线。保护用钢管不受本条款限制。

为将爆炸性气体或火焰隔离切断，防止传播到管子的其他部位，故钢管配线需设置隔离密封。

6 对于爆炸危险区内的中间接头，若将该接头置于符合相应区域等级规定的防爆类型的接线盒中时，则是符合要求的。本规范内的严禁在 1 区和不应在 2 区、20 区、21 区内设置中间接头，是指一般的没有特殊防护的中间接头。

8 在确保如发生倒杆时架空线路不进入爆炸危险区的范围内，根据实际情况，在采取必要的措施后，可适当减少架空线路与爆炸性气体环境的水平距离。

5.5 爆炸性环境接地设计

5.5.1 本条为强制性条文。爆炸性环境中的 TN 系统应采用 TN-S 型是指在危险场所中，中性线与保护线不应连在一起或合并成一根导线，从 TN-C 到 TN-S 型转换的任何部位，保护线应在非危险场所与等电位联结系统相连接。

如果在爆炸性环境中引入 TN-C 系统，正常运行情况下，中性线存在电流，可能会产生火花引起爆炸，因此在爆炸危险区中只允许采用 TN-S 系统。

对于 TT 型系统，由于单相接地时阻抗较大，过流、速断保护的灵敏度难以保证，所以应采用剩余电流动作的保护电器。

对于 IT 型系统，通常首次接地故障时，保护装置不直接动作于跳闸，但应设置故障报警，及时消除隐患，否则如果发生异相接地，就很可能导致短路，使事故扩大。

中华人民共和国国家标准

汽车库、修车库、停车场
设计防火规范

Code for fire protection design of garage,
motor repair shop and parking area

GB 50067 - 2014

主编部门：中 华 人 民 共 和 国 公 安 部
批准部门：中华人民共和国住房和城乡建设部
施行日期：2 0 1 5 年 8 月 1 日

中华人民共和国住房和城乡建设部公告

第 595 号

住房城乡建设部关于发布国家标准
《汽车库、修车库、停车场设计防火规范》的公告

现批准《汽车库、修车库、停车场设计防火规范》为国家标准，
编号为 GB 50067—2014，自 2015 年 8 月 1 日起实施。其中，第
3.0.2、3.0.3、4.1.3、4.2.1、4.2.4、4.2.5、4.3.1、5.1.1、5.1.3、
5.1.4、5.1.5、5.2.1、5.3.1、5.3.2、6.0.1、6.0.3、6.0.6、6.0.9、
7.1.4、7.1.5、7.1.8、7.1.15、7.2.1、8.2.1、9.0.7条为强制性条
文，必须严格执行。原国家标准《汽车库、修车库、停车场设计防火
规范》GB 50067—97 同时废止。

本规范由我部标准定额研究所组织中国计划出版社出版
发行。

中华人民共和国住房和城乡建设部
2014 年 12 月 2 日

8

前　言

本规范是根据原建设部《关于印发〈2006 年工程建设标准规范制订、修订计划(第一批)〉的通知》(建标〔2006〕77 号)的要求，由上海市公安消防总队会同有关单位共同对原国家标准《汽车库、修车库、停车场设计防火规范》GB 50067—97 进行修订的基础上编制而成。

本规范在修订过程中，修订组遵照国家有关基本建设的方针和"预防为主、防消结合"的消防工作方针，深入调研了汽车库建设、运行现状，认真总结了汽车库工程建设实践经验，广泛征求了有关科研、设计、生产、消防监督、教学及汽车库运行管理等部门和单位的意见，研究和消化吸收了国外有关标准，最后经审查定稿。

本规范共分 9 章，其主要内容有：总则，术语，分类和耐火等级，总平面布局和平面布置，防火分隔和建筑构造，安全疏散和救援设施，消防给水和灭火设施，供暖、通风和排烟，电气。

本规范本次修订的主要内容是：

1. 增加了半地下汽车库、多层汽车库的定义，修改了敞开式汽车库的定义；

2. 增加了汽车库、修车库分类的面积控制指标；

3. 调整了部分建筑构件的燃烧性能和耐火极限；

4. 调整了汽车库与其他建筑组合建造的相关要求；

5. 调整了机械式汽车库停车规模、防火分隔、灭火救援的相关规定；

6. 增加了消防电梯的设置要求，调整了汽车疏散坡道宽度的相关规定；

7. 细化了自动灭火系统的设置要求，增加了自然排烟的相关要求。

本规范中以黑体字标志的条文为强制性条文，必须严格执行。

本规范由住房城乡建设部负责管理和对强制性条文的解释，由公安部负责日常管理工作，由上海市公安消防总队负责具体技术内容的解释。本规范在执行过程中，希望各单位注意经验的总结和积累，如发现需要修改或补充之处，请将意见和建议寄至上海市公安消防总队(地址：上海市长宁区中山西路 229 号，邮政编码：200051)，以供今后修订时参考。

本规范主编单位、参编单位、主要起草人和主要审查人：

主 编 单 位：上海市公安消防总队

参 编 单 位：公安部天津消防研究所
广东省公安消防总队
上海建筑设计研究院有限公司
中国建筑科学研究院防火研究所
公安部四川消防研究所
北京市公安消防总队
上海自动化车库研究所
浙江省建筑设计研究院
上海城市交通设计院
中国重型机械工业协会停车设备工作委员会
北京中通国信系统集团有限公司

主要起草人：沈友弟　倪照鹏　胡　波　蒋　皓　曾　杰
沈　纹　南江林　张　磊　杜　霞　王丹晖
钱　平　孙　旋　黄德祥　康　健　李正吾
许世文　杨永夷　龚建平　张永胜

主要审查人：高建民　刘梅梅　黄晓家　王金元　江　刚
李建广　彭　琼　陈应南　郭晋生　李文涛
程　琪

目　次

1 总　则

1.0.1 为了防止和减少汽车库、修车库、停车场的火灾危险和危害,保护人身和财产的安全,制定本规范。

1.0.2 本规范适用于新建、扩建和改建的汽车库、修车库、停车场的防火设计,不适用于消防站的汽车库、修车库、停车场的防火设计。

1.0.3 汽车库、修车库、停车场的防火设计,应结合汽车库、修车库、停车场的特点,采取有效的防火措施,并应做到安全可靠、技术先进、经济合理。

1.0.4 汽车库、修车库、停车场的防火设计,除应符合本规范外,尚应符合国家现行有关标准的规定。

2 术　语

2.0.1 汽车库　garage

用于停放由内燃机驱动且无轨道的客车、货车、工程车等汽车的建筑物。

2.0.2 修车库　motor repair shop

用于保养、修理由内燃机驱动且无轨道的客车、货车、工程车等汽车的建(构)筑物。

2.0.3 停车场　parking lot

专用于停放由内燃机驱动且无轨道的客车、货车、工程车等汽车的露天场地或构筑物。

2.0.4 地下汽车库　underground garage

地下室内地坪面与室外地坪面的高度之差大于该层车库净高1/2的汽车库。

2.0.5 半地下汽车库　semi-underground garage

地下室内地坪面与室外地坪面的高度之差大于该层车库净高1/3且不大于1/2的汽车库。

2.0.6 多层汽车库　multi-storey garage

建筑高度小于或等于24m的两层及以上的汽车库或设在多层建筑内地面层以上楼层的汽车库。

2.0.7 高层汽车库　high-rise garage

建筑高度大于24m的汽车库或设在高层建筑内地面层以上楼层的汽车库。

2.0.8 机械式汽车库　mechanical garage

采用机械设备进行垂直或水平移动等形式停放汽车的汽车库。

2.0.9 敞开式汽车库　open garage

任一层车库外墙敞开面积大于该层四周外墙体总面积的25%,敞开区域均匀布置在外墙上且其长度不小于车库周长的50%的汽车库。

3 分类和耐火等级

3.0.1 汽车库、修车库、停车场的分类应根据停车(车位)数量和总建筑面积确定,并应符合表3.0.1的规定。

表 3.0.1　汽车库、修车库、停车场的分类

名　称		Ⅰ	Ⅱ	Ⅲ	Ⅳ
汽车库	停车数量(辆)	>300	151~300	51~150	≤50
	总建筑面积 S(m²)	S>10000	5000<S≤10000	2000<S≤5000	S≤2000
修车库	车位数(个)	>15	6~15	3~5	≤2
	总建筑面积 S(m²)	S>3000	1000<S≤3000	500<S≤1000	S≤500
停车场	停车数量(辆)	>400	251~400	101~250	≤100

注:1　当屋面露天停车场与下部汽车库共用汽车坡道时,其停车数量应计算在汽车库的车辆总数内。

　　2　室外坡道、屋面露天停车场的建筑面积可不计入汽车库的建筑面积之内。

　　3　公交汽车库的建筑面积可按本表的规定值增加2.0倍。

3.0.2 汽车库、修车库的耐火等级应分为一级、二级和三级,其构件的燃烧性能和耐火极限均不应低于表3.0.2的规定。

表 3.0.2　汽车库、修车库构件的燃烧性能和耐火极限(h)

建筑构件名称		耐火等级		
		一级	二级	三级
墙	防火墙	不燃性　3.00	不燃性　3.00	不燃性　3.00
	承重墙	不燃性　3.00	不燃性　2.50	不燃性　2.00
	楼梯间和前室的墙、防火隔墙	不燃性　2.00	不燃性　2.00	不燃性　2.00
	隔墙、非承重外墙	不燃性　1.00	不燃性　1.00	不燃性　0.50

续表 3.0.2

建筑构件名称	耐火等级					
	一级		二级		三级	
柱	不燃性	3.00	不燃性	2.50	不燃性	2.00
梁	不燃性	2.00	不燃性	1.50	不燃性	1.00
楼板	不燃性	1.50	不燃性	1.00	不燃性	0.50
疏散楼梯、坡道	不燃性	1.50	不燃性	1.00	不燃性	1.00
屋顶承重构件	不燃性	1.50	不燃性	1.00	可燃性	0.50
吊顶(包括吊顶格栅)	不燃性	0.25	不燃性	0.25	难燃性	0.15

注:预制钢筋混凝土构件的节点缝隙或金属承重构件的外露部位应加设防火保护层,其耐火极限不应低于表中相应构件的规定。

3.0.3 汽车库和修车库的耐火等级应符合下列规定:

1 地下、半地下和高层汽车库应为一级;

2 甲、乙类物品运输车的汽车库、修车库和Ⅰ类汽车库、修车库,应为一级;

3 Ⅱ、Ⅲ类汽车库、修车库的耐火等级不应低于二级;

4 Ⅳ类汽车库、修车库的耐火等级不应低于三级。

4 总平面布局和平面布置

4.1 一般规定

4.1.1 汽车库、修车库、停车场的选址和总平面设计,应根据城市规划要求,合理确定汽车库、修车库、停车场的位置、防火间距、消防车道和消防水源等。

4.1.2 汽车库、修车库、停车场不应布置在易燃、可燃液体或可燃气体的生产装置区和贮存区内。

4.1.3 汽车库不应与火灾危险性为甲、乙类的厂房、仓库贴邻或组合建造。

4.1.4 汽车库不应与托儿所、幼儿园,老年人建筑,中小学校的教学楼,病房楼等组合建造。当符合下列要求时,汽车库可设置在托儿所、幼儿园,老年人建筑,中小学校的教学楼,病房楼等的地下部分:

1 汽车库与托儿所、幼儿园,老年人建筑,中小学校的教学楼,病房楼等建筑之间,应采用耐火极限不低于2.00h的楼板完全分隔;

2 汽车库与托儿所、幼儿园,老年人建筑,中小学校的教学楼,病房楼等的安全出口和疏散楼梯应分别独立设置。

4.1.5 甲、乙类物品运输车的汽车库、修车库应为单层建筑,且应独立建造。当停车数量不大于3辆时,可与一、二级耐火等级的Ⅳ类汽车库贴邻,但应采用防火墙隔开。

4.1.6 Ⅰ类修车库应单独建造;Ⅱ、Ⅲ、Ⅳ类修车库可设置在一、二级耐火等级建筑的首层或与其贴邻,但不得与甲、乙类厂房、仓库,明火作业的车间或托儿所、幼儿园、中小学校的教学楼,老年人建筑,病房楼及人员密集场所组合建造或贴邻。

4.1.7 为汽车库、修车库服务的下列附属建筑,可与汽车库、修车库贴邻,但应采用防火墙隔开,并应设置直通室外的安全出口:

1 贮存量不大于1.0t的甲类物品库房;

2 总安装容量不大于5.0m³/h的乙炔发生器间和贮存量不超过5个标准钢瓶的乙炔气瓶库;

3 1个车位的非封闭喷漆间或不大于2个车位的封闭喷漆间;

4 建筑面积不大于200m²的充电间和其他甲类生产场所。

4.1.8 地下、半地下汽车库内不应设置修理车位、喷漆间、充电间、乙炔间和甲、乙类物品库房。

4.1.9 汽车库和修车库内不应设置汽油罐、加油机、液化石油气或液化天然气储罐、加气机。

4.1.10 停放易燃液体、液化石油气罐车的汽车库内,不得设置地下室和地沟。

4.1.11 燃油或燃气锅炉、油浸变压器、充有可燃油的高压电容器和多油开关等,不应设置在汽车库、修车库内。当受条件限制必须贴邻汽车库、修车库布置时,应符合现行国家标准《建筑设计防火规范》GB 50016的有关规定。

4.1.12 Ⅰ、Ⅱ类汽车库、停车场宜设置耐火等级不低于二级的灭火器材间。

4.2 防火间距

4.2.1 除本规范另有规定外,汽车库、修车库、停车场之间及汽车库、修车库、停车场与除甲类物品仓库外的其他建筑物的防火间距,不应小于表4.2.1的规定。其中,高层汽车库与其他建筑物,汽车库、修车库与高层建筑的防火间距应按表4.2.1的规定值增加3m;汽车库、修车库与甲类厂房的防火间距应按表4.2.1的规定值增加2m。

表 4.2.1 汽车库、修车库、停车场之间及汽车库、修车库、停车场与除甲类物品仓库外的其他建筑物的防火间距(m)

名称和耐火等级	汽车库、修车库		厂房、仓库、民用建筑		
	一、二级	三级	一、二级	三级	四级
一、二级汽车库、修车库	10	12	10	12	14
三级汽车库、修车库	12	14	12	14	16
停车场	6	8	6	8	10

注:1 防火间距应按相邻建筑物外墙的最近距离算起,如外墙有凸出的可燃物构件时,则应从其凸出部分外缘算起,停车场从靠近建筑物的最近停车位置边缘算起。

2 厂房、仓库的火灾危险性分类应符合现行国家标准《建筑设计防火规范》GB 50016的有关规定。

4.2.2 汽车库、修车库之间或汽车库、修车库与其他建筑之间的防火间距可适当减少,但应符合下列规定:

1 当两座建筑相邻较高一面外墙为无门、窗、洞口的防火墙或当较高一面外墙比较低一座一、二级耐火等级建筑屋面高15m及以下范围内的外墙为无门、窗、洞口的防火墙时,其防火间距可不限;

2 当两座建筑相邻较高一面外墙上,同较低建筑等高的以下范围内的墙为无门、窗、洞口的防火墙时,其防火间距可按本规范表4.2.1的规定值减小50%;

3 相邻的两座一、二级耐火等级建筑,当较高一面外墙的耐火极限不低于2.00h,墙上开口部位设置甲级防火门、窗或耐火极限不低于2.00h的防火卷帘、水幕等防火设施时,其防火间距可减小,但不应小于4m;

4 相邻的两座一、二级耐火等级建筑,当较低一座的屋顶无开口,屋顶的耐火极限不低于1.00h,且较低一面外墙为防火墙时,其防火间距可减小,但不应小于4m。

4.2.3 停车场与相邻的一、二级耐火等级建筑之间,当相邻建筑的外墙为无门、窗、洞口的防火墙,或比停车部位高15m范围以下的外墙均为无门、窗、洞口的防火墙时,防火间距可不限。

4.2.4 汽车库、修车库、停车场与甲类物品仓库的防火间距不应小于表 4.2.4 的规定。

表 4.2.4　汽车库、修车库、停车场与甲类物品仓库的防火间距(m)

名　称		总容量(t)	汽车库、修车库		停车场
			一、二级	三级	
甲类物品仓库	3、4 项	≤5	15	20	15
		>5	20	25	20
	1、2、5、6 项	≤10	12	15	12
		>10	15	20	15

注:1　甲类物品的分项应符合现行国家标准《建筑设计防火规范》GB 50016 的有关规定。

　　2　甲、乙类物品运输车的汽车库、修车库、停车场与甲类物品仓库的防火间距应按本表的规定值增加 5m。

4.2.5 甲、乙类物品运输车的汽车库、修车库、停车场与民用建筑的防火间距不应小于 25m,与重要公共建筑的防火间距不应小于 50m。甲类物品运输车的汽车库、修车库、停车场与明火或散发火花地点的防火间距不应小于 30m,与厂房、仓库的防火间距应按本规范表 4.2.1 的规定值增加 2m。

4.2.6 汽车库、修车库、停车场与易燃、可燃液体储罐,可燃气体储罐,以及液化石油气储罐的防火间距,不应小于表 4.2.6 的规定。

表 4.2.6　汽车库、修车库、停车场与易燃、可燃液体储罐,可燃气体储罐,以及液化石油气储罐的防火间距(m)

名称	总容量(积) (m³)	汽车库、修车库		停车场
		一、二级	三级	
易燃液体储罐	1~50	12	15	12
	51~200	15	20	15
	201~1000	20	25	20
	1001~5000	25	30	25

续表 4.2.6

名称	总容量(积) (m³)	汽车库、修车库		停车场
		一、二级	三级	
可燃液体储罐	5~250	12	15	12
	251~1000	15	20	15
	1001~5000	20	25	20
	5001~25000	25	30	25
湿式可燃气体储罐	≤1000	12	15	12
	1001~10000	15	20	15
	>10000	20	25	20
液化石油气储罐	1~30	18	20	18
	31~200	20	25	20
	201~500	25	30	25
	>500	30	40	30

注:1　防火间距应从距汽车库、修车库、停车场最近的储罐外壁算起,但设有防火堤的储罐,其防火堤外侧基脚线距汽车库、修车库、停车场的距离不应小于 10m。

　　2　计算易燃、可燃液体储罐区总容量时,1m³ 的易燃液体按 5m³ 的可燃液体计算。

　　3　干式可燃气体储罐与汽车库、修车库、停车场的防火间距,当可燃气体的密度比空气大时,应按本表对湿式可燃气体储罐的规定增加 25%;当可燃气体的密度比空气小时,可执行本表对湿式可燃气体储罐的规定。固定容积的可燃气体储罐与汽车库、修车库、停车场的防火间距,不应小于本表对湿式可燃气体储罐的规定。固定容积的可燃气体储罐的总容积按储罐几何容积(m³)和设计储存压力(绝对压力,10⁵ Pa)的乘积计算。

　　4　容积小于 1m³ 的易燃液体储罐或小于 5m³ 的可燃液体储罐与汽车库、修车库、停车场的防火间距,当采用防火墙隔开时,其防火间距可不限。

4.2.7 汽车库、修车库、停车场与可燃材料露天、半露天堆场的防火间距不应小于表 4.2.7 的规定。

表 4.2.7　汽车库、修车库、停车场与可燃材料露天、半露天堆场的防火间距(m)

名　称		总储量	汽车库、修车库		停车场
			一、二级	三级	
稻草、麦秸、芦苇等 (t)		10~5000	15	20	15
		5001~10000	20	25	20
		10001~20000	25	30	25
棉麻、毛、化纤、百货 (t)		10~500	10	15	10
		501~1000	15	20	15
		1001~5000	20	25	20
煤和焦炭(t)		1000~5000	6	8	6
		>5000	8	10	8
粮食	筒仓(t)	10~5000	10	15	10
		5001~20000	15	20	15
	席穴围(t)	10~5000	15	20	15
		5001~20000	20	25	20
木材等可燃材料(m³)		50~1000	10	15	10
		1001~10000	15	20	15

4.2.8 汽车库、修车库、停车场与燃气调压站、液化石油气的瓶装供应站的防火间距,应符合现行国家标准《城镇燃气设计规范》GB 50028 的有关规定。

4.2.9 汽车库、修车库、停车场与石油库、汽车加油加气站的防火间距,符合现行国家标准《石油库设计规范》GB 50074 和《汽车加油加气站设计与施工规范》GB 50156 的有关规定。

4.2.10 停车场的汽车宜分组停放,每组的停车数量不宜大于 50 辆,组之间的防火间距不应小于 6m。

4.2.11 屋面停车区域与建筑其他部分或相邻其他建筑物的防火间距,应按地面停车场与建筑的防火间距确定。

4.3　消防车道

4.3.1 汽车库、修车库周围应设置消防车道。

4.3.2 消防车道的设置应符合下列要求:

　　1　除Ⅳ类汽车库和修车库以外,消防车道应为环形,当设置环形车道有困难时,可沿建筑物的一个长边和另一边设置;

　　2　尽头式消防车道应设置回车道或回车场,回车场的面积不应小于 12m×12m;

　　3　消防车道的宽度不应小于 4m。

4.3.3 穿过汽车库、修车库、停车场的消防车道,其净空高度和净宽度均不应小于 4m;当消防车道上空遇有障碍物时,路面与障碍物之间的净空高度不应小于 4m。

5 防火分隔和建筑构造

5.1 防火分隔

5.1.1 汽车库防火分区的最大允许建筑面积应符合表5.1.1的规定。其中，敞开式、错层式、斜楼板式汽车库的上下连通层面积应叠加计算，每个防火分区的最大允许建筑面积不应大于表5.1.1规定的2.0倍；室内有车道且有人员停留的机械式汽车库，其防火分区最大允许建筑面积应按表5.1.1的规定减少35%。

表5.1.1 汽车库防火分区的最大允许建筑面积（m²）

耐火等级	单层汽车库	多层汽车库、半地下汽车库	地下汽车库、高层汽车库
一、二级	3000	2500	2000
三级	1000	不允许	不允许

注：除本规范另有规定外，防火分区之间应采用符合本规范规定的防火墙、防火卷帘等分隔。

5.1.2 设置自动灭火系统的汽车库，其每个防火分区的最大允许建筑面积不应大于本规范第5.1.1条规定的2.0倍。

5.1.3 室内无车道且无人员停留的机械式汽车库，应符合下列规定：

1 当停车数量超过100辆时，应采用无门、窗、洞口的防火墙分隔为多个停车数量不大于100辆的区域，但当采用防火隔墙和耐火极限不低于1.00h的不燃性楼板分隔成多个停车单元，且停车单元内的停车数量不大于3辆时，应分隔为停车数量不大于300辆的区域；

2 汽车库内应设置火灾自动报警系统和自动喷水灭火系统，自动喷水灭火系统应选用快速响应喷头；

3 楼梯间及停车区的检修通道上应设置室内消火栓；

4 汽车库内应设置排烟设施，排烟口应设置在运输车辆的通道顶部。

5.1.4 甲、乙类物品运输车的汽车库、修车库，每个防火分区的最大允许建筑面积不应大于500m²。

5.1.5 修车库每个防火分区的最大允许建筑面积不应大于2000m²，当修车部位与相邻使用有机溶剂的清洗和喷漆工段采用防火墙分隔时，每个防火分区的最大允许建筑面积不应大于4000m²。

5.1.6 汽车库、修车库与其他建筑合建时，应符合下列规定：

1 当贴邻建造时，应采用防火墙隔开；

2 设在建筑物内的汽车库（包括屋顶停车场）、修车库与其他部位之间，应采用防火墙和耐火极限不低于2.00h的不燃性楼板分隔；

3 汽车库、修车库的外墙门、洞口的上方，应设置耐火极限不低于1.00h、宽度不小于1.0m、长度不小于开口宽度的不燃性防火挑檐；

4 汽车库、修车库的外墙上、下层开口之间墙的高度，不应小于1.2m或设置耐火极限不低于1.00h、宽度不小于1.0m的不燃性防火挑檐。

5.1.7 汽车库内设置修理车位时，停车部位与修车部位之间应采用防火墙和耐火极限不低于2.00h的不燃性楼板分隔。

5.1.8 修车库内使用有机溶剂清洗和喷漆的工段，当超过3个车位时，均应采用防火隔墙等分隔措施。

5.1.9 附设在汽车库、修车库内的消防控制室、自动灭火系统的设备室、消防水泵房和排烟、通风空气调节机房等，应采用防火隔墙和耐火极限不低于1.50h的不燃性楼板相互隔开或与相邻部位分隔。

5.2 防火墙、防火隔墙和防火卷帘

5.2.1 防火墙应直接设置在建筑的基础或框架、梁等承重结构

上，框架、梁等承重结构的耐火极限不应低于防火墙的耐火极限。防火墙、防火隔墙应从楼地面基层隔断至梁、楼板或屋面结构层的底面。

5.2.2 当汽车库、修车库的屋面板为不燃材料且耐火极限不低于0.50h时，防火墙、防火隔墙可砌到屋面基层的底部。

5.2.3 三级耐火等级汽车库、修车库的防火墙、防火隔墙应截断其屋顶结构，并应高出其不燃性屋面不小于0.4m；高出可燃性或难燃性屋面不小于0.5m。

5.2.4 防火墙不宜设在汽车库、修车库的内转角处。当设在转角处时，内转角处两侧墙上的门、窗、洞口之间的水平距离不应小于4m。防火墙两侧的门、窗、洞口之间最近边缘的水平距离不应小于2m。当防火墙两侧设置固定乙级防火窗时，可不受距离的限制。

5.2.5 可燃气体和甲、乙类液体管道严禁穿过防火墙，防火墙内不应设置排气道。防火墙或防火隔墙上不应设置通风孔道，也不宜穿过其他管道（线）；当管道（线）穿过防火墙或防火隔墙时，应采用防火封堵材料将孔洞周围的空隙紧密填塞。

5.2.6 防火墙或防火隔墙上不宜开设门、窗、洞口，当必须开设时，应设置甲级防火门、窗或耐火极限不低于3.00h的防火卷帘。

5.2.7 设置在车道上的防火卷帘的耐火极限，应符合现行国家标准《门和卷帘的耐火试验方法》GB/T 7633有关耐火完整性的判定标准；设置在停车区域上的防火卷帘的耐火极限，应符合现行国家标准《门和卷帘的耐火试验方法》GB/T 7633有关耐火完整性和耐火隔热性的判定标准。

5.3 电梯井、管道井和其他防火构造

5.3.1 电梯井、管道井、电缆井和楼梯间应分别独立设置。管道井、电缆井的井壁应采用不燃材料，且耐火极限不应低于1.00h；电梯井的井壁应采用不燃材料，且耐火极限不应低于2.00h。

5.3.2 电缆井、管道井应在每层楼板处采用不燃材料或防火封堵材料进行分隔，且分隔后的耐火极限不应低于楼板的耐火极限，井壁上的检查门应采用丙级防火门。

5.3.3 除敞开式汽车库、斜楼板式汽车库外，其他汽车库内的汽车坡道两侧应采用防火墙与停车区隔开，坡道的出入口应采用水幕、防火卷帘或甲级防火门等与停车区隔开；但当汽车库和汽车坡道上均设置自动灭火系统时，坡道的出入口可不设置水幕、防火卷帘或甲级防火门。

5.3.4 汽车库、修车库的内部装修，应符合现行国家标准《建筑内部装修设计防火规范》GB 50222的有关规定。

6 安全疏散和救援设施

6.0.1 汽车库、修车库的人员安全出口和汽车疏散出口应分开设置。设置在工业与民用建筑内的汽车库,其车辆疏散出口应与其他场所的人员安全出口分开设置。

6.0.2 除室内无车道且无人员停留的机械式汽车库外,汽车库、修车库内每个防火分区的人员安全出口不应少于2个,Ⅳ类汽车库和Ⅲ、Ⅳ类修车库可设置1个。

6.0.3 汽车库、修车库的疏散楼梯应符合下列规定:

1 建筑高度大于32m的高层汽车库、室内地面与室外出入口地坪的高差大于10m的地下汽车库应采用防烟楼梯间,其他汽车库、修车库应采用封闭楼梯间;

2 楼梯间和前室的门应采用乙级防火门,并应向疏散方向开启;

3 疏散楼梯的宽度不应小于1.1m。

6.0.4 除室内无车道且无人员停留的机械式汽车库外,建筑高度大于32m的汽车库应设置消防电梯。消防电梯的设置应符合现行国家标准《建筑设计防火规范》GB 50016的有关规定。

6.0.5 室外疏散楼梯可采用金属楼梯,并应符合下列规定:

1 倾斜角度不应大于45°,栏杆扶手的高度不应小于1.1m;

2 每层楼梯平台应采用耐火极限不低于1.00h的不燃材料制作;

3 在室外楼梯周围2m范围内的墙面上,不应开设除疏散门外的其他门、窗、洞口;

4 通向室外楼梯的门应采用乙级防火门。

6.0.6 汽车库室内任一点至最近人员安全出口的疏散距离不应大于45m,当设置自动灭火系统时,其距离不应大于60m。对于单层或设置在建筑首层的汽车库,室内任一点至室外最近出口的疏散距离不应大于60m。

6.0.7 与住宅地下室相连通的地下汽车库、半地下汽车库,人员疏散可借用住宅部分的疏散楼梯;当不能直接进入住宅部分的疏散楼梯间时,应在汽车库与住宅部分的疏散楼梯之间设置连通走道,走道应采用防火隔墙分隔,汽车库开向该走道的门均应采用甲级防火门。

6.0.8 室内无车道且无人员停留的机械式汽车库可不设置人员安全出口,但应按下列规定设置供灭火救援用的楼梯间:

1 每个停车区域当停车数量大于100辆时,应至少设置1个楼梯间;

2 楼梯间与停车区域之间应采用防火隔墙进行分隔,楼梯间的门应采用乙级防火门;

3 楼梯的净宽不应小于0.9m。

6.0.9 除本规范另有规定外,汽车库、修车库的汽车疏散出口总数不应少于2个,且应分散布置。

6.0.10 当符合下列条件之一时,汽车库、修车库的汽车疏散出口可设置1个:

1 Ⅳ类汽车库;

2 设置双车道汽车疏散出口的Ⅲ类地上汽车库;

3 设置双车道汽车疏散出口、停车数量小于或等于100辆且建筑面积小于4000m²的地下或半地下汽车库;

4 Ⅱ、Ⅲ、Ⅳ类修车库。

6.0.11 Ⅰ、Ⅱ类地上汽车库和停车数量大于100辆的地下、半地下汽车库,当采用错层或斜楼板式,坡道为双车道且设置自动喷水灭火系统时,其首层或地下一层至室外的汽车疏散出口不应少于2个,汽车库内其他楼层的汽车疏散坡道可设置1个。

6.0.12 Ⅳ类汽车库设置汽车坡道有困难时,可采用汽车专用升降机作汽车疏散出口,升降机的数量不应少于2台,停车数量少于25辆时,可设置1台。

6.0.13 汽车疏散坡道的净宽度,单车道不应小于3.0m,双车道不应小于5.5m。

6.0.14 除室内无车道且无人员停留的机械式汽车库外,相邻两个汽车疏散出口之间的水平距离不应小于10m;毗邻设置的两个汽车坡道应采用防火隔墙分隔。

6.0.15 停车场的汽车疏散出口不应少于2个;停车数量不大于50辆时,可设置1个。

6.0.16 除室内无车道且无人员停留的机械式汽车库外,汽车库内汽车之间和汽车与墙、柱之间的水平距离,不应小于表6.0.16的规定。

表6.0.16 汽车之间和汽车与墙、柱之间的水平距离(m)

项目	汽车尺寸(m)			
	车长≤6或车宽≤1.8	6<车长≤8或1.8<车宽≤2.2	8<车长≤12或2.2<车宽≤2.5	车长>12或车宽>2.5
汽车与汽车	0.5	0.7	0.8	0.9
汽车与墙	0.5	0.5	0.5	0.5
汽车与柱	0.3	0.3	0.4	0.4

注:当墙、柱外有暖气片等突出物时,汽车与墙、柱之间的水平距离应从其凸出部分外缘算起。

7 消防给水和灭火设施

7.1 消防给水

7.1.1 汽车库、修车库、停车场应设置消防给水系统。消防给水可由市政给水管道、消防水池或天然水源供给。利用天然水源时,应设置可靠的取水设施和通向天然水源的道路,并应在枯水期最低水位时,确保消防用水量。

7.1.2 符合下列条件之一的汽车库、修车库、停车场,可不设置消防给水系统:

1 耐火等级为一、二级且停车数量不大于5辆的汽车库;

2 耐火等级为一、二级的Ⅳ类修车库;

3 停车数量不大于5辆的停车场。

7.1.3 当室外消防给水采用高压或临时高压给水系统时,汽车库、修车库、停车场消防给水管道内的压力应保证在消防用水量达到最大时,最不利点水枪的充实水柱不小于10m;当室外消防给水采用低压给水系统时,消防给水管道内的压力应保证灭火时最不利点消火栓的水压不小于0.1MPa(从室外地面算起)。

7.1.4 汽车库、修车库的消防用水量应按室内、外消防用水量之和计算。其中,汽车库、修车库内设置消火栓、自动喷水、泡沫等灭火系统时,其室内消防用水量应按需要同时开启的灭火系统用水量之和计算。

7.1.5 除本规范另有规定外,汽车库、修车库、停车场应设置室外消火栓系统,其室外消防用水量应按消防用水量最大的一座计算,并应符合下列规定:

1 Ⅰ、Ⅱ类汽车库、修车库、停车场,不应小于20L/s;

2 Ⅲ类汽车库、修车库、停车场,不应小于15L/s;

3 Ⅳ类汽车库、修车库、停车场,不应小于10L/s。

7.1.6 汽车库、修车库、停车场的室外消防给水管道、室外消火栓、消防泵房的设置，应符合现行国家标准《消防给水及消火栓系统技术规范》GB 50974 的有关规定。

停车场的室外消火栓宜沿停车场周边设置，且距离最近一排汽车不宜小于 7m，距加油站或油库不宜小于 15m。

7.1.7 室外消火栓的保护半径不应大于 150m，在市政消火栓保护半径 150m 范围内的汽车库、修车库、停车场，市政消火栓可计入建筑室外消火栓的数量。

7.1.8 除本规范另有规定外，汽车库、修车库应设置室内消火栓系统，其消防用水量应符合下列规定：

1 Ⅰ、Ⅱ、Ⅲ类汽车库及Ⅰ、Ⅱ类修车库的用水量不应小于 10L/s，系统管道内的压力应保证相邻两个消火栓的水枪充实水柱同时到达室内任何部位；

2 Ⅳ类汽车库及Ⅲ、Ⅳ类修车库的用水量不应小于 5L/s，系统管道内的压力应保证一个消火栓的水枪充实水柱到达室内任何部位。

7.1.9 室内消火栓水枪的充实水柱不应小于 10m。同层相邻室内消火栓的间距不应大于 50m，高层汽车库和地下汽车库、半地下汽车库室内消火栓的间距不应大于 30m。

室内消火栓应设置在易于取用的明显地点，栓口距离地面宜为 1.1m，其出水方向宜向下或与设置消火栓的墙面垂直。

7.1.10 汽车库、修车库的室内消火栓数量超过 10 个时，室内消防管道应布置成环状，并应有两条进水管与室外管道相连接。

7.1.11 室内消防管道应采用阀门分成若干独立段，每段内消火栓不应超过 5 个。高层汽车库内管道阀门的布置，应保证检修管道时关闭的竖管不超过 1 根，当竖管超过 4 根时，可关闭不相邻的 2 根。

7.1.12 4 层以上的多层汽车库、高层汽车库和地下、半地下汽车库，其室内消防给水管网应设置水泵接合器。水泵接合器的数量应按室内消防用水量计算确定，每个水泵接合器的流量应按 10L/s～15L/s 计算。水泵接合器应设置明显的标志，并应设置在便于消防车停靠和安全使用的地点，其周围 15m～40m 范围内应设室外消火栓或消防水池。

7.1.13 设置高压给水系统的汽车库、修车库，当能保证最不利点消火栓和自动喷水灭火系统等的水量和水压时，可不设置消防水箱。

设置临时高压消防给水系统的汽车库、修车库，应设置屋顶消防水箱，其容量不应小于 12m³，并应符合现行国家标准《消防给水及消火栓系统技术规范》GB 50974 的有关规定。消防用水与其他用水合用的水箱，应采取保证消防用水不作他用的技术措施。

7.1.14 采用临时高压消防给水系统的汽车库、修车库，其消防水泵的控制应符合现行国家标准《消防给水及消火栓系统技术规范》GB 50974 的有关规定。

7.1.15 采用消防水池作为消防水源时，其有效容量应满足火灾延续时间内室内、外消防用水量之和的要求。

7.1.16 火灾延续时间应按 2.00h 计算，但自动喷水灭火系统可按 1.00h 计算，泡沫灭火系统可按 0.50h 计算。当室外给水管网能保证连续补水时，消防水池的有效容量可减去火灾延续时间内连续补充的水量。

7.1.17 供消防车取水的消防水池应设置取水口或取水井，其水深应保证消防车的消防水泵吸水高度不大于 6m。消防用水与其他用水共用的水池，应采取保证消防用水不作他用的技术措施。严寒或寒冷地区的消防水池应采取防冻措施。

7.2 自动灭火系统

7.2.1 除敞开式汽车库、屋面停车场外，下列汽车库、修车库应设置自动灭火系统：

1 Ⅰ、Ⅱ、Ⅲ类地上汽车库；

2 停车数大于 10 辆的地下、半地下汽车库；

3 机械式汽车库；

4 采用汽车专用升降机作汽车疏散出口的汽车库；

5 Ⅰ类修车库。

7.2.2 对于需要设置自动灭火系统的场所，除符合本规范第 7.2.3 条、第 7.2.4 条的规定可采用相应类型的灭火系统外，应采用自动喷水灭火系统。

7.2.3 下列汽车库、修车库宜采用泡沫—水喷淋系统，泡沫—水喷淋系统的设计应符合现行国家标准《泡沫灭火系统设计规范》GB 50151 的有关规定：

1 Ⅰ类地下、半地下汽车库；

2 Ⅰ类修车库；

3 停车数大于 100 辆的室内无车道且无人员停留的机械式汽车库。

7.2.4 地下、半地下汽车库可采用高倍数泡沫灭火系统。停车数量不大于 50 辆的室内无车道且无人员停留的机械式汽车库，可采用二氧化碳等气体灭火系统。高倍数泡沫灭火系统、二氧化碳等气体灭火系统的设计，应符合现行国家标准《泡沫灭火系统设计规范》GB 50151、《二氧化碳灭火系统设计规范》GB 50193 和《气体灭火系统设计规范》GB 50370 的有关规定。

7.2.5 环境温度低于 4℃ 时间较短的非严寒或寒冷地区，可采用湿式自动喷水灭火系统，但应采取防冻措施。

7.2.6 设置在汽车库、修车库内的自动喷水灭火系统，其设计除应符合现行国家标准《自动喷水灭火系统设计规范》GB 50084 的有关规定外，喷头布置还应符合下列规定：

1 应设置在汽车库停车位的上方或侧上方，对于机械式汽车库，尚应按停车的载车板分层布置，且应在喷头的上方设置集热板；

2 错层式、斜楼板式汽车库的车道、坡道上方均应设置喷头。

7.2.7 除室内无车道且无人员停留的机械式汽车库外，汽车库、修车库、停车场均应配置灭火器。灭火器的配置设计应符合现行国家标准《建筑灭火器配置设计规范》GB 50140 的有关规定。

8 供暖、通风和排烟

8.1 供暖和通风

8.1.1 汽车库、修车库、停车场内不得采用明火取暖。

8.1.2 需要供暖的下列汽车库或修车库，应采用集中供暖方式：

1 甲、乙类物品运输车的汽车库；

2 Ⅰ、Ⅱ、Ⅲ类汽车库；

3 Ⅰ、Ⅱ类修车库。

8.1.3 Ⅳ类汽车库，Ⅲ、Ⅳ类修车库，当集中供暖有困难时，可采用火墙供暖，但其炉门、节风门、除灰门不得设置在汽车库、修车库内。

8.1.4 喷漆间、电瓶间均应设置独立的排气系统。乙炔站的通风系统设计，应符合现行国家标准《乙炔站设计规范》GB 50031 的有关规定。

8.1.5 设置通风系统的汽车库，其通风系统宜独立设置。

8.1.6 风管应采用不燃材料制作，且不应穿过防火墙、防火隔墙，当必须穿过时，除应符合本规范第 5.2.5 条的规定外，尚应符合下列规定：

1 应在穿过处设置防火阀，防火阀的动作温度宜为 70℃；

2 位于防火墙、防火隔墙两侧各 2m 范围内的风管绝热材料应为不燃材料。

8.2 排　烟

8.2.1 除敞开式汽车库、建筑面积小于 1000m² 的地下一层汽车库和修车库外，汽车库、修车库应设置排烟系统，并应划分防烟分区。

8.2.2 防烟分区的建筑面积不宜大于 2000m²，且防烟分区不应跨越防火分区。防烟分区可采用挡烟垂壁、隔墙或从顶棚下突出不小于 0.5m 的梁划分。

8.2.3 排烟系统可采用自然排烟方式或机械排烟方式。机械排烟系统可与人防、卫生等的排气、通风系统合用。

8.2.4 当采用自然排烟方式时，可采用手动排烟窗、自动排烟窗、孔洞等作为自然排烟口，并应符合下列规定：

    1 自然排烟口的总面积不应小于室内地面面积的 2%；

    2 自然排烟口应设置在外墙上方或屋顶上，并应设置方便开启的装置；

    3 房间外墙上的排烟口（窗）宜沿外墙周长方向均匀分布，排烟口（窗）的下沿不应低于室内净高的 1/2，并应沿气流方向开启。

8.2.5 汽车库、修车库内每个防烟分区排烟风机的排烟量不应小于表 8.2.5 的规定。

表 8.2.5　汽车库、修车库内每个防烟分区排烟风机的排烟量

汽车库、修车库的净高(m)	汽车库、修车库的排烟量(m³/h)	汽车库、修车库的净高(m)	汽车库、修车库的排烟量(m³/h)
3.0 及以下	30000	7.0	36000
4.0	31500	8.0	37500
5.0	33000	9.0	39000
6.0	34500	9.0 以上	40500

注：建筑空间净高位于表中两个高度之间的，按线性插值法取值。

8.2.6 每个防烟分区应设置排烟口，排烟口宜设在顶棚或靠近顶棚的墙面上。排烟口距该防烟分区内最远点的水平距离不应大于 30m。

8.2.7 排烟风机可采用离心风机或排烟轴流风机，并应保证 280℃时能连续工作 30min。

8.2.8 在穿过不同防烟分区的排烟支管上应设置烟气温度大于 280℃时能自动关闭的排烟防火阀，排烟防火阀应联锁关闭相应的排烟风机。

8.2.9 机械排烟管道的风速，采用金属管道时不应大于 20m/s；采用内表面光滑的非金属材料风道时，不应大于 15m/s。排烟口的风速不宜大于 10m/s。

8.2.10 汽车库内无直接通向室外的汽车疏散出口的防火分区，当设置机械排烟系统时，应同时设置补风系统，且补风量不宜小于排烟量的 50%。

9　电　气

9.0.1 消防水泵、火灾自动报警系统、自动灭火系统、防排烟设备、电动防火卷帘、电动防火门、消防应急照明和疏散指示标志等消防用电设备，以及采用汽车专用升降机作车辆疏散出口的升降机用电，应符合下列规定：

    1 Ⅰ类汽车库，采用汽车专用升降机作车辆疏散出口的升降机用电应按一级负荷供电；

    2 Ⅱ、Ⅲ类汽车库和Ⅰ类修车库应按二级负荷供电；

    3 Ⅳ类汽车库和Ⅱ、Ⅲ、Ⅳ类修车库可采用三级负荷供电。

9.0.2 按一、二级负荷供电的消防用电设备的两个电源或两个回路，应能在最末一级配电箱处自动切换。消防用电设备的配电线路应与其他动力、照明等配电线路分开设置。消防用电设备应采用专用供电回路，其配电设备应有明显标志。

9.0.3 消防用电的配电线路应满足火灾时连续供电的要求，其敷设应符合现行国家标准《建筑设计防火规范》GB 50016 的有关规定。

9.0.4 除停车数量不大于 50 辆的汽车库，以及室内无车道且无人员停留的机械式汽车库外，汽车库内应设置消防应急照明和疏散指示标志。用于疏散走道上的消防应急照明和疏散指示标志，可采用蓄电池作备用电源，但其连续供电时间不应小于 30min。

9.0.5 消防应急照明灯宜设置在墙面或顶棚上，其地面最低水平照度不应低于 1.0Lx。安全出口标志宜设置在疏散出口的顶部；疏散指示标志宜设置在疏散通道及其转角处，且距地面高度 1m 以下的墙面上。通道上的指示标志，其间距不宜大于 20m。

9.0.6 甲、乙类物品运输车的汽车库、修车库以及修车库内的喷漆间、电瓶间、乙炔间等室内电气设备的防爆要求，均应符合现行国家标准《爆炸危险环境电力装置设计规范》GB 50058 的有关规定。

9.0.7 除敞开式汽车库、屋面停车场外，下列汽车库、修车库应设置火灾自动报警系统：

    1 Ⅰ类汽车库、修车库；

    2 Ⅱ类地下、半地下汽车库、修车库；

    3 Ⅱ类高层汽车库、修车库；

    4 机械式汽车库；

    5 采用汽车专用升降机作汽车疏散出口的汽车库。

9.0.8 气体灭火系统、泡沫—水喷淋系统、高倍数泡沫灭火系统以及设置防火卷帘、防排烟系统的联动控制设计，应符合现行国家标准《火灾自动报警系统设计规范》GB 50116 等的有关规定。

9.0.9 设置火灾自动报警系统和自动灭火系统的汽车库、修车库，应设置消防控制室，消防控制室宜独立设置，也可与其他控制室、值班室组合设置。

中华人民共和国国家标准

汽车库、修车库、停车场
设计防火规范

GB 50067 - 2014

条 文 说 明

1 总 则

1.0.1 本条阐明了制定规范的目的和意义。

本规范是我国工程防火设计规范的一个组成部分,其目的是为我国汽车库建设的建筑防火设计提供依据,减少和防止火灾对汽车库、修车库、停车场的危害,保障社会主义经济建设的顺利进行和人民生命财产的安全。

停车问题是城市发展中出现的静态交通问题。静态交通是相对于动态交通而存在的一种交通形态,二者互相关联,互相影响。对城市中的车辆来说,行驶时为动态,停放时为静态。停车设施是城市静态交通的主要内容,包括露天停车场,各类汽车库、修车库等。因此,随着城市中各种车辆的增多,对停车设施的需求量不断增加。近几年来,大型汽车库的建设也在成倍增长,许多城市的政府部门都把建设配套汽车库作为工程项目审批的必备条件,并制订了相应的地方性行政法规予以保证。特别是近几年随着房地产开发经营的增多,在新建大楼中都配套建设了与大楼停车要求相适应的汽车库,由于城市用地紧张、地价昂贵,近年来新的汽车库均向高层和地下空间发展。

我国许多大城市,近年来车辆增长速度都比较快,一些特大城市,如北京、天津、上海、广州、武汉、沈阳、重庆等,虽然机动车的绝对数量与经济发达国家比仍有差距,但由于增长速度快,使原已很落后的城市基础设施不能适应,加上对静态交通问题认识不足,停车设施的建设远远不能满足需要,致使城市停车问题日益尖锐,不仅停车困难,由于占用道路停车,使已经拥堵的城市动态交通进一步恶化。

根据国家统计局 2014 年统计公告,2014 年年末全国民用汽车保有量达到 1.54 亿辆,是 2005 年保有量的近 5 倍,从 2005 年的 3100 多万辆,10 年间增长了 1.23 亿辆,年均增加 1200 多万辆。根据最新的统计,全国现有汽车保有量超过百万的城市已有 35 个,其中天津、上海、苏州、广州、杭州、郑州等 10 个城市超过 200 万辆,重庆、成都、深圳超过 300 万辆,北京超过 500 万辆。

1.0.2 本规范适用于新建、扩建和改建的汽车库、修车库、停车场的防火设计,其内容包括了民用建筑所属的汽车库和人防地下车库,这是因为现行国家标准《人民防空工程设计防火规范》GB 50098 等规范中已明确规定,其汽车库防火设计按现行国家标准《汽车库、修车库、停车场设计防火规范》GB 50067 的有关规定执行。由于国内目前新建的人防地下车库基本上都是平战两用的汽车库,这类车库除了应满足战时防护的要求,其他要求均与一般汽车库一样。

近年来,随着人民生活水平的提高,住宅、别墅的(半)地下室、底层设置供每个户型专用,不与其他户室共用疏散出口的停车位的情况越来越多。对于每户车位与每户车位之间、每户车位与住宅其他部位之间不能完全分隔的或不同住户的车位要共用室内汽车通道的情况,仍适用于本规范。

对于消防站的汽车库,由于在平面布置和建筑构造等要求上都有一些特殊要求,所以列入了本规范不适用的范围。

1.0.3 本条主要规定了汽车库、修车库、停车场建筑防火设计必须遵循的基本原则。

随着改革开放的不断深入,城市大量新建了与大楼配套的汽车库,且大都为地下汽车库,而北方内陆地区大都为地上汽车库,因此在汽车库、修车库、停车场的防火设计中,应从国家经济建设的全局出发,结合汽车库、修车库、停车场的实际情况,积极采用先进的防火与灭火技术,做到确保安全、方便使用、技术先进、经济合理。

1.0.4 汽车库、修车库、停车场建筑的防火设计,涉及的面较广,与现行国家标准《建筑设计防火规范》GB 50016、《乙炔站设计规范》GB 50031、《人民防空工程设计防火规范》GB 50098 和《城镇燃气设计规范》GB 50028 等规范均有联系。本规范不可能,也没有必要把它们全部包括进来,为全面做好汽车库、修车库、停车场的防火设计,制订了本条文。

2 术　语

2.0.4～2.0.9 这几条主要是指按各种分类标准确定的汽车库，由于分析角度不同，汽车库的分类有很多，通常主要有以下几种方法：

（1）按照数量划分，本规范第3章对汽车库的分类即按照其数量划分的。

（2）按照高度划分，一般可划分为：

1）地下汽车库（即第2.0.4条）。

汽车库与建筑物组合建造在地面以下的以及独立在地面以下建造的汽车库都称为地下汽车库，并按照地下汽车库的有关防火设计要求予以考虑。

2）半地下汽车库（即第2.0.5条）。

本次修订增加了"半地下汽车库"的概念。第2.0.4条和第2.0.5条条文中的净高一般是指层高和楼板厚度的差值。根据现行国家标准《民用建筑设计通则》GB 50352的规定，室内净高应按地面至吊顶或楼板底面之间的垂直高度计算；楼板或屋盖的下悬构件影响有效使用空间者，应按地面至结构下缘之间的垂直高度计算。

3）单层汽车库。

4）多层汽车库（即第2.0.6条）。

多层汽车库的定义包括两种类型：一种是汽车库自身高度小于或等于24m的两层及以上的汽车库；另一种是汽车库设在多层建筑内地面层以及地面层以上楼层的。这两种类型在防火设计上的要求基本相同，故定义在同一术语上。

5）高层汽车库（即第2.0.7条）。

高层汽车库的定义包括两种类型：一种是汽车库自身高度已大于24m的；另一种是汽车库自身高度虽未到24m，但与高层工业或民用建筑在地面以上组合建造的。这两种类型在防火设计上的要求基本相同，故定义在同一术语上。

（3）按照停车方式的机械化程度可划分为：

1）机械式立体汽车库；

2）复式汽车库；

3）普通车道式汽车库。

机械式立体汽车库与复式汽车库都属于机械式汽车库。因此，为了概念更清晰，这次修订取消了"机械式立体汽车库"和"复式汽车库"的术语，统一为"机械式汽车库"（即第2.0.8条）。机械式汽车库是近年来新发展起来的一种利用机械设备提高单位面积停车数量的停车形式，主要分为两大类：一类是室内无车道且无人员停留的机械式立体汽车库，类似高架仓库，根据机械设备运转方式又可分为垂直循环式（汽车上、下移动）、电梯提升式（汽车上、下、左、右移动）、高架仓储式（汽车上、下、左、右、前、后移动）等；另一类是室内有车道且有人员停留的复式汽车库，机械设备只是类似于普通仓库的货架，根据机械设备的不同又可分为二层杠杆式、三层升降式、二/三层升降横移式等。

（4）按照汽车坡道可划分为：

1）楼层式汽车库；

2）斜楼板式汽车库（即汽车坡道与停车区同在一个斜面）；

3）错层式汽车库（即汽车坡道只跨越半层车库）；

4）交错式汽车库（即汽车坡道跨越两层车库）；

5）采用垂直升降机作为汽车疏散的汽车库。

（5）按照围封形式可划分为：

1）敞开式汽车库（即第2.0.9条）。

原国家标准《汽车库、修车库、停车场设计防火规范》GB 50067定义的敞开式汽车库，外墙敞开面积占四周墙体总面积的比例为25%，大于美国NFPA 88A（98版）的定义（按净高3m计算，约为15%），小于德国《汽车库建筑与运行规范》（97版）的定义（约为33%）。国外规范中均考虑开敞面布置的均匀性，以保持良好的自然通风与排烟条件。

美国NFPA 88A《停车建筑消防标准》（2002版）中规定，敞开式停车建筑是满足下列条件的停车建筑：①任一停车楼层上，外墙的对外开敞比例沿建筑外沿周长每延米不少于0.4m²；②这种类型的开敞至少沿建筑外沿在40%的周长上存在或至少平均分布在两面相对的外墙上；③任一道内隔墙或沿任一柱轴线，能起通风作用的开敞面积比例不低于20%。

德国《汽车库建筑与运行规范》（MGarVO）中规定，敞开式汽车库是指车库直接通往外部的开口部分的面积占该车库四周围墙总面积至少三分之一，而且车库至少应有两面围墙是相对的，围墙与开口部分的距离不得大于70m，车库应有持续的横向通风。敞开式小型汽车库是指车库直接与外部相连的开口的面积占该车库四周围墙总面积至少三分之一的小型汽车库。

本次修订时，参照以上规范加入开口布置的均匀性的要求。对不同类型、不同构造的汽车库，其汽车疏散、火灾扑救、经济价值的情况是不一样的，在进行设计时，既要满足其自身停车功能的要求，也要合适地提出防火设计要求。

2）封闭式汽车库，即除敞开式汽车库之外的汽车库。

3　分类和耐火等级

3.0.1 汽车库的分类参照了苏联《汽车库设计标准和技术规范》H113-54的有关条文以及我国汽车库的实际情况。

与原国家标准《汽车库、修车库、停车场设计防火规范》GB 50067相比，汽车库、修车库、停车场的分类还是四类，而且每类汽车库、修车库、停车场的泊位数控制值也一样。汽车库、修车库、停车场的分类按停车数量的多少划分是符合我国国情的，这是因为汽车库、修车库、停车场建筑发生火灾后确定火灾损失的大小，主要是按烧毁车库中车辆的多少确定的。按停车数量划分车库类别，可便于按类别提出车库的耐火等级、防火间距、防火分隔、消防给水、火灾报警等要求。

据统计，一般汽车库每个停车泊位约占建筑面积30m²～40m²，50辆（含）以下的车库一般40m²/辆，50辆以上的车库一般33.3m²/辆，故此次修订增加了建筑面积的控制值，目的是为了使得停车数量与停车面积相匹配，合理地进行分类。泊位数控制值及建筑面积控制值两项限值应从严执行，即先到哪项就按该项执行。

注1 与原国家标准《汽车库、修车库、停车场设计防火规范》GB 50067基本相同，是指一些楼层的汽车库，为了充分利用停车面积，在停车库的屋面露天停放车辆，当屋面停车场与室内停车库共用疏散坡道时，车库分类按泊位数量的限值应将屋面停车数计入总泊位数内，但面积可以不计入车库的建筑面积内。这是因为屋顶车辆与车库内的车辆是共用一个上下的车道，屋顶车辆发生火灾对汽车库同样也会有影响，应作为汽车库的整体来考虑。如在其建筑的屋顶上单独设置汽车坡道停车，可按露天停车场考虑。

3.0.2 原国家标准《汽车库、修车库、停车场设计防火规范》GB 50067 对汽车库和修车库耐火等级的规定是符合国情的。本条的耐火等级以现行国家标准《建筑设计防火规范》GB 50016 的规定为基准，结合汽车库的特点，增加了"防火隔墙"一项，防火隔墙比防火墙的耐火时间短，比一般分隔墙的耐火时间要长，且不必按防火墙的要求必须砌筑在梁或基础上，只需从楼板砌筑至顶板，这样分隔也较自由。这些都是鉴于汽车库内的火灾负载较少而提出的防火分隔措施，具体实践证明还是可行的。

本次修订参照现行国家标准《建筑设计防火规范》GB 50016 的规定，将"支承多层的柱"和"支承单层的柱"统一成"柱"。

建筑物的耐火等级决定着建筑抗御火灾的能力，耐火等级是由相应建筑构件的耐火极限和燃烧性能决定的，必须明确汽车库、修车库的耐火等级分类以及构件的燃烧性能和耐火极限，所以将此条确定为强制性条文。

3.0.3 本条对各类汽车库、修车库的耐火等级分别作了相应的规定。

1 地下、半地下汽车库发生火灾时，因缺乏自然通风和采光，扑救难度大，火势易蔓延，同时由于结构、防火等的需要，此类汽车库通常为钢筋混凝土结构，可达一级耐火等级要求，所以不论其停车数量多少，其耐火等级不应低于一级是可行的。

高层汽车库的耐火等级也应为一级，主要考虑到高层汽车库发生火灾时，扑救难度大，火势易蔓延，同时由于结构、防火等的需要，通常为钢筋混凝土结构，可达到一级耐火等级要求。

2 甲、乙类物品运输车由于槽罐内有残存物品，危险性高，本次修订将甲、乙类物品运输车的汽车库、修车库的耐火等级由二级提升为一级。

3 Ⅱ、Ⅲ类汽车库停车数量较多，一旦遭受火灾，损失较大；Ⅱ、Ⅲ类修车库有修理车位3个以上，并配设各种辅助工间，起火因素较多，如耐火等级偏低，一旦起火，火势容易延烧扩大，导致大面积火灾，因此这些汽车库、修车库均应采用不低于二级耐火等级的建筑。

近年来在北京、深圳、上海等地发展了机械式立体停车库，这类汽车库占地面积小，采用机械化升降停放车辆，充分利用空间面积。汽车库建筑的结构多为钢筋混凝土，内部的停车支架、托架均为钢结构。国外的一些资料介绍，这类汽车库的结构采用全钢结构的较多，但由于停车数量少，内部的消防设施全，火灾危险性较小。为了适应新型汽车库的发展，对这类汽车库的耐火等级未作特殊要求，但如采用全钢结构，其梁、柱等承重构件均应进行防火处理，满足三级耐火等级的要求。同时我们也希望生产厂家能对设备主要承受支撑力的构件作防火处理，提高自身的耐火性能。

本条根据不同的汽车库、修车库的重要程度，明确了相对应的耐火等级要求，也就保证了建筑抗御火灾的能力，否则，汽车库、修车库一旦发生火灾，不仅难以扑救，而且可能造成重大的人员伤亡和财产损失，所以将此条确定为强制性条文。

确定汽车库、修车库的耐火等级应该坚持从严原则。比如，一个停车数量为160辆的汽车库，按照第3.0.1规定属于Ⅱ类汽车库；同时，该汽车库设置在一幢高层建筑内，又属于高层汽车库，按照从严原则，该汽车库的耐火等级应为一级。

4 总平面布局和平面布置

4.1 一般规定

4.1.2 本条规定不应将汽车库、修车库、停车场布置在易燃、可燃液体或可燃气体的生产装置区和贮存区内，这对保证防火安全是非常必要的。国内外石油装置的火灾是不少的，如某市化工厂丁二烯气体泄漏，汽车驶入该区域引起燃爆，造成了重大伤亡事故。据原化工部设计院对10个大型石油化工厂的调查，他们的汽车库都是设在生产辅助区或生活区内。

4.1.3 本条对汽车库与一般工业建筑的组合或贴邻不作严格限制规定，只对与甲、乙类易燃易爆危险品生产车间，甲、乙类仓库等较特殊建筑的组合建造作了严格限制。这是由于此类车间、仓库在生产和储存过程中产生易燃易爆物质，遇明火或电气火花将燃烧、爆炸，所以规定不应贴邻或组合建造。

汽车库具有人员流动大、致灾因素多等特点，一旦与火灾危险性大的甲、乙类厂房及仓库贴邻或组合建造，极易发生火灾事故，必须严格限制，所以将此条确定为强制性条文。

4.1.4 幼儿、老人、中小学生、病人疏散能力差，汽车库不应与托儿所、幼儿园，老年人建筑，中小学校的教学楼，病房楼等组合建造。但是考虑到地下汽车库是城市建设的发展方向，为增强安全性，规范对此类情况作出了相关的要求。设置在托儿所、幼儿园，老年人建筑，中小学校的教学楼，病房楼等的地下部分，主要是指设置在室外地平面±0.000 以下部分的汽车库。

4.1.5 甲、乙类物品运输车在停放或修理时有时有残留的易燃液体和可燃气体，漂浮在地面上或散发在室内，遇到明火就会燃烧、爆炸。其汽车库、修车库如与其他建筑组合建造或附建在其他建筑底层，一旦发生爆燃，就会威胁上层结构安全，扩大灾情。所以，对甲、乙类物品运输车的汽车库、修车库强调单层独立建造。但对停车数不大于3辆的甲、乙类物品运输车的汽车库、修车库，在有防火墙隔开的条件下，允许与一、二级耐火等级的Ⅳ类汽车库贴邻建造。

4.1.6 Ⅰ类修车库的特点是车位多、维修任务量大，为了保养和修理车辆方便，在一幢建筑内往往包括很多工种，并经常需要进行明火作业和使用易燃物品，如用汽油清洗零件、喷漆时使用有机溶剂等，火灾危险性大。为保障安全，本条规定Ⅰ类修车库应单独建造。

目前国内已有的大中型修车库一般都是单独建造的。但不考虑修车库类别，不加区别地一律要求单独建造也不符合节约用地、节省投资的精神，故本条对Ⅱ、Ⅲ、Ⅳ类修车库允许有所机动，可与没有明火作业的丙、丁、戊类危险性生产厂房、仓库及一、二级耐火等级的一般民用建筑（除托儿所、幼儿园、中小学校的教学楼，老年人建筑，病房楼及人员密集场所，如商场、展览、餐饮、娱乐场所等）贴邻建造或附设在建筑底层，但必须用防火墙、楼板、防火挑檐等结构进行分隔，以保证安全。

4.1.7 根据甲类危险品库及乙炔发生间、喷漆间、充电间以及其他甲类生产场所的火灾危险性的特点，这类房间应该与其他建筑保持一定的防火间距。调查中发现有不少汽车库为了适应汽车保养、修理、生产工艺的需要，将上述生产场所贴邻建造在汽车库的一侧。为了保障安全，有利生产，并考虑节约用地，根据《建筑设计防火规范》GB 50016 有关条文的规定，对于修理、保养车辆服务，且规模较小的生产工间，作了可以贴邻建造的规定。

根据目前国内乙炔发生器逐步淘汰而以瓶装乙炔气代替的状况，条文中对乙炔气瓶进行了规定。每标准钢瓶乙炔气贮量相当于 0.9m³ 的乙炔气，故按 5 瓶相当于5m³ 计算，对一些地区目前仍用乙炔发生器的，短期内还要予以照顾，故仍保留"乙炔发生器间"一词。

超过 1 个车位的非封闭喷漆间或超过 2 个车位的封闭喷漆间，应独立建造，并保持一定的防火间距。

根据调查，原国家标准《汽车库、修车库、停车场设计防火规范》GB 50067 规定的充电间及其他甲类生产场所的面积已不适应现实需求，故此次修订适当扩大到 200m²。其他甲类生产场所主要是指与汽车修理有关的甲类修理工段。

4.1.8 汽车的修理车位不可避免的要有明火作业和使用易燃物品，火灾危险性较大。而地下汽车库、半地下汽车库一般通风条件较差，散发的可燃气体或蒸气不易排除，遇火源极易引起燃烧爆炸，一旦失火，难以疏散扑救。喷漆间容易产生有机溶剂的挥发蒸气，电瓶充电时容易产生氢气，乙炔气是很危险的可燃气体，它的爆炸下限（体积比）为 2.5%，上限为 81%，汽油的爆炸下限为 1.2%～1.4%，上限为 6%，喷漆中的二甲苯爆炸下限（体积比）为 0.9%，上限为 7%，上述均为易燃易爆的气体。为了确保地下、半地下汽车库的消防安全，进行限制是必须的。

4.1.9 汽油罐、加油机、液化石油气或液化天然气储罐、加气机容易挥发出可燃蒸气和达到爆炸浓度而引发火灾、爆炸事故，如某市出租汽车公司有一个遗留下来的加油站，该站设在一个汽车库内，职工反映平时加油时要采取紧急措施，实行三停，即停止库内用电，停止库内食堂用火，停止库内汽车出入。该站曾经因为加油时大量可燃蒸气扩散在室内，遇到明火、电气火花发生燃烧事故。因此，从安全角度考虑，本条规定汽油罐、加油机、液化石油气或液化天然气储罐、加气机不应设在汽车库和修车库内是合适的。

4.1.10 易燃液体，比重大于空气的可燃气体、可燃蒸气，一旦泄漏，极易在地面流淌，或浮沉于地面等低洼处，如果设置地下室或地沟，则容易形成积聚，一旦达到爆炸极限，遇明火将会导致燃烧爆炸。

4.1.11 燃油或燃气锅炉、油浸变压器、充有可燃油的高压电容器和多油开关等设备失灵或操作不慎时，将可能发生爆炸，故不应在汽车库、修车库内安装使用，如受条件限制必须设置时，应符合现行国家标准《建筑设计防火规范》GB 50016 的有关规定。这样规定是为了尽量减小发生火灾爆炸带来的危险性和发生事故的几率。可燃油油浸变压器发生故障产生电弧时，将使变压器内的绝缘油迅速发生热分解，析出氢气、甲烷、乙烯等可燃气体，压力剧增，造成外壳爆炸、大量喷油或者析出的可燃气体与空气混合形成爆炸混合物，在电弧或火花的作用下引起燃烧爆炸。变压器爆炸后，高温的变压器油流到哪里就会燃烧到哪里。充有可燃油的高压电容器、多油开关等，也有较大火灾危险性，故对可燃油油浸变压器等也作了相应的限制。对干式的或不燃液体的变压器，因其火灾危险性小，不易发生火灾，故本条未作限制。

4.1.12 在汽车库、修车库、停车场内，一般都配备各种消防器材，对预防和扑救火灾起到了很好的作用。我们在调查中发现，有不少大型汽车库、停车场内的消防器材没有专门的存放、管理和维护房间，不但平时维护保养困难，更新用的消防器材也无处存放，一旦发生火灾，将贻误灭火时机。因此本条根据消防安全需要，规定了停车数量较多的Ⅰ、Ⅱ类汽车库、停车场要设置专门的消防器材间，此消防器材间是消防员的工作室和对灭火器等消防器材进行定期保养、换药、检修的场所。

4.2 防火间距

4.2.1 造成火灾蔓延的因素很多，如飞火、热对流、热辐射等。确定防火间距，主要以防热辐射为主，即在着火后，不应由于间距过小，火从一幢建筑物向另一幢建筑物蔓延，并且不应影响消防人员正常的扑救活动。

根据汽车使用易燃、可燃液体为燃料容易引起火灾的特点，结合多年贯彻实施国家标准《建筑设计防火规范》GB 50016 和消防灭火战斗的实际经验，汽车库、修车库按一般厂房的防火要求考

虑，汽车库、修车库与一、二级耐火等级建筑物之间，在火灾初期有 10m 左右的间距，一般能满足扑救的需要和防止火势的蔓延。高度大于 24m 的汽车库发生火灾时需使用登高车灭火抢救，间距需大些。露天停车场由于自然条件好，汽油蒸气不易积聚，遇明火发生事故的机会要少一些，发生火灾时进行扑救和车辆疏散条件较室内有利，对建筑物的威胁亦较小。所以，停车场与其他建筑物的防火间距作了相应减少。

与现行国家标准《建筑设计防火规范》GB 50016 相对应，将本条中的"库房"改为"仓库"。

本条注 1 规定，防火间距应按相邻建筑物外墙的最近距离算起，如外墙有凸出的可燃物构件时，则应从其凸出部分外缘算起。

防火间距是在火灾情况下减少火势向不同建筑蔓延的有效措施，防火间距的要求是总平面布局上最重要的防火设计内容之一，如果相邻建筑之间不能保证足够的防火间距，火势难以得到有效的控制，所以将本条确定为强制性条文。

4.2.2 本条将原国家标准《汽车库、修车库、停车场设计防火规范》GB 50067 的第 4.2.2 条～第 4.2.4 条合并成一条，并参照现行国家标准《建筑设计防火规范》GB 50016 的规定。

4.2.3 本条是此次修订的新增条款，目的是规定停车场与一、二级耐火等级建筑贴邻时，防火间距在满足条件的情况下可以不限。对于无围护结构的机械式停车装置，可以视作停车场。需要说明的是，对于地面停车场，汽车都是停在地面，停车部位比较容易理解，对于机械式停车装置，停车部位应该从停留在最高处的车辆部位算起。

4.2.4 本条是参照现行国家标准《建筑设计防火规范》GB 50016 的有关规定提出的。在汽车发动和行驶过程中，都可能产生火花，过去由于这些火花引起的甲、乙类物品仓库等发生火灾事故是不少的。例如，某市在一次扑救火灾事故中，由于一辆消防车误入生产装置泄漏出的丁二烯气体区域，引起爆炸，当场烧伤 10 名消防员，烧死 1 名驾驶员。因此，规定车库与火灾危险性较大的甲类物品仓库之间留出一定的防火间距是很有必要的。

汽车库、修车库、停车场人员流动大，致灾因素多，甲类物品仓库火灾危险性大，二者必须留有足够的防火间距，所以将本条确定为强制性条文。

4.2.5 确定甲、乙类物品运输车的汽车库、修车库、停车场与相邻厂房、库房的防火间距，主要是因为这类汽车库、修车库、停车场一旦发生火灾，燃烧、爆炸的危险性较大，因此，适当加大防火间距是必要的。修订组研究了一些火灾实例后认为，甲、乙类物品运输车的汽车库、修车库、停车场与民用建筑和有明火或散发火花地点的防火间距采用 25m～30m，与重要公共建筑的防火间距采用 50m 是适当的，这与现行国家标准《建筑设计防火规范》GB 50016 也是相吻合的。

甲、乙类物品火灾危险性大，一旦遇明火或火花极易发生爆炸事故，造成重大人员伤亡和财产损失，必须对甲、乙类物品运输车的汽车库、修车库、停车场与周围建筑的防火间距，尤其是对与民用建筑及重要公共建筑的防火间距严格规定，以免相互影响；同时必须对明火或散发火花地点等部位严格规定，以免由明火或火花引燃甲、乙类物品造成危险，所以将本条确定为强制性条文。

4.2.6 本条根据现行国家标准《建筑设计防火规范》GB 50016 有关易燃液体储罐、可燃液体储罐、可燃气体储罐、液化石油气储罐与建筑物的防火间距作出相应规定。

4.2.7 本条主要规定了汽车库、修车库、停车场与可燃材料堆场的防火间距。由于可燃材料是露天堆放的，火灾危险性大，汽车使用的燃料也有较大危险，因此，本条对汽车库、修车库、停车场与可燃材料堆场的防火间距参照现行国家标准《建筑设计防火规范》GB 50016 的有关内容作了相应规定。

4.2.8 由于燃气调压站、液化石油气的瓶装供应站有其特殊的要求，在现行国家标准《城镇燃气设计规范》GB 50028 中作了明确

的规定,该规定也适合汽车库、修车库的情况,因此不另行规定。汽车库、停车场参照现行国家标准《城镇燃气设计规范》GB 50028中民用建筑的标准要求防火间距,修车库参照明火或散发火花的地点要求。

4.2.9 对于石油库、汽车加油加气站与建筑物的防火间距,在现行国家标准《石油库设计规范》GB 50074 和《汽车加油加气站设计与施工规范》GB 50156 中都明确了这些规定也适用于汽车库,所以本条不另作规定。汽车库、停车场参照现行国家标准《石油库设计规范》GB 50074 和《汽车加油加气站设计与施工规范》GB 50156中民用建筑的标准要求防火间距,修车库参照明火或散发火花的地点要求。

4.2.10 国内大、中城市公交运输部门和工矿企业都新建了规模不等的露天停车场,但很少考虑消防扑救、车辆疏散等安全因素。修订组在调查中了解到,绝大部分停车场停放车辆混乱,既不分组也不分区,车与车前后间距很小,甚至有些在行车道上也停满了车辆,如果发生火灾,车辆疏散和扑救火灾十分困难。本条本着既保障安全生产又便于扑救火灾的精神,对停车场的停车要求作了规定。

4.2.11 由于用地紧张,现在很多建筑在屋面设置停车区域,有些停车位紧挨着周边的建筑,一旦汽车着火,必定对周边建筑产生威胁。因此,规定这些停车区域与建筑其他部分或相邻其他建筑物之间保持一定的防火间距是有必要的。

4.3 消防车道

4.3.1 在设计中对消防车道考虑不周,发生火灾时消防车无法靠近建筑物往往延误灭火时机,造成重大损失。为了给消防扑救工作创造方便,保障建筑物的安全,本条规定了汽车库和修车库周围应设置消防车道。

消防车道是保证火灾时消防车靠近建筑物施以灭火救援的通道,是保证生命和财产安全的基本要求,所以将本条确定为强制性条文。

4.3.2 本条是根据现行国家标准《建筑设计防火规范》GB 50016关于消防车通道的有关规定制订的。

1 考虑到Ⅳ类汽车库和Ⅳ类修车库相对规模比较小,按照规范规定设置消防车道即可,可沿建筑物的一个长边和另一边设置。

2 本条对回车道或回车场的规定是根据消防车回转需要而规定的,各地也可根据当地消防车的实际需要确定回转的半径和回车场的面积。

3 目前我国消防车的宽度大都不超过 2.5m,消防车道的宽度不小于 4m 是按单行线考虑的,许多火灾实践证明,设置宽度不小于 4m 的消防车道,对消防车能够顺利迅速到达火场扑救起着十分重要的作用。

4.3.3 国内现有消防车的外形尺寸,一般高度不超过 4.0m,宽度不超过 2.5m,因此本条对消防车道穿过建筑物和上空遇其他障碍物时规定的所需净高、净宽尺寸是符合消防车行驶实际需要的,但各地可根据本地消防车的实际情况予以确定。

5 防火分隔和建筑构造

5.1 防火分隔

5.1.1 本条是根据目前国内汽车库建造的情况和发展趋势以及参照日本、美国的有关规定,并参照现行国家标准《建筑设计防火规范》GB 50016 丁类库房防火隔间的规定制订的。目前国内新建的汽车库一般耐火等级均为一、二级,且安装了自动喷水灭火系统,这类汽车库发生大火的事故较少。本条文制订立足于提高汽车库的耐火等级,增强自救能力,根据不同汽车库的形式、不同的耐火等级分别作了防火分区面积的规定。单层的一、二级耐火等级的汽车库,其疏散条件和火灾扑救都比其他形式的汽车库有利,其防火分区的面积大些,而三级耐火等级的汽车库,由于建筑物燃烧容易蔓延扩大火灾,其防火分区控制得小些。多层汽车库、半地下汽车库较单层汽车库疏散和扑救困难些,其防火分区的面积相应减小些;地下和高层汽车库疏散和扑救条件更加困难些,其防火分区的面积要再减小些。这都是根据汽车库火灾的特点规定的。这样规定既确保了消防安全的有关要求,又能适应汽车库建设的要求。一般一辆小汽车的停车面积为 30m² 左右,一般大汽车的停车面积为 40m² 左右。根据这一停车面积计算,一个防火分区内最多停车数为 80 辆～100 辆,最少停车数为 30 辆。这样的分区在使用上较为经济合理。

半地下汽车库即室内地坪低于室外地坪面高度大于该层车库净高 1/3 且不大于 1/2 的汽车库,由于半地下汽车库通风条件相对较好,将半地下汽车库的防火分区面积与多层汽车库的防火分区面积保持一致。此次修订调整了设置在建筑物首层的汽车库的防火分区,当汽车库设置在多层建筑物的首层时,应按照多层汽车库划分防火分区;当汽车库设置在高层建筑物的首层时,应按照高层汽车库划分防火分区。其中对于设置在高层建筑物首层的汽车库,提高了要求。之所以调整设置在首层汽车库的防火分区面积,一方面是为了与本规范对多层汽车库和高层汽车库的定义相一致,另一方面是为了与建筑的火灾危险性相匹配。

复式汽车库即室内有车道且有人员停留的机械式汽车库,与一般的汽车库相比,由于其设备能叠放停车,相同的面积内可多停 30%～50% 的小汽车,故其防火分区面积应当减小,以保证安全。

对于室内无车道且无人员停留的机械式汽车库的防火分隔是以停车数量为指标的防火分区划分原则,因此,对于室内无车道且无人员停留的机械式汽车库的防火分隔应按照本规范第 5.1.3 条执行。

防火分区是在火灾情况下将火势控制在建筑物一定空间范围内的有效的防火分隔,防火分区的面积划定是建筑防火设计最重要的内容之一,所以将本条确定为强制性条文。

5.1.2 本条关于设置自动灭火系统的汽车库防火分区建筑面积可以增加的规定,主要是参考了现行国家标准《建筑设计防火规范》GB 50016 的有关规定,考虑了主动防火与被动防火之间的平衡。

5.1.3 机械式立体汽车库最早开发、应用于欧美国家,20 世纪 60 年代初被引入日本,由于其节省用地的优点在日本得到广泛的采用,并逐渐成为日本的主流停车库形式,截至 2013 年,日本机械式停车泊位已经超过 291 万个,占到各类注册停车泊位总量的 50% 以上。

我国机械式立体汽车库的发展始于 1984 年,1989 年在北京建成了首个机械式立体汽车库。进入 21 世纪以来,随着我国经济的快速发展,出现了城市轿车数量急剧膨胀而城市用地日渐减少、停车需求难以满足的局面。这种情况下,机械式立体汽车库开始在国内大中城市有了较快发展。目前中国的机械式立体汽车库数量仅次于日本居于世界第二,并且每年还以近30%的速度增长。

据不完全统计,截至2014年末,不包括港澳台地区,全国除西藏外,30个省、市、自治区的450个城市兴建了机械式停车库,共建机械式停车库(项目)12300多个,泊位总数达到274.3万余个。其中,全封闭的自动化汽车库1000余座,约占机械式汽车库总数的9%左右,泊位19.5万余个,约占总数的7.1%。

已建设机械式停车库的城市,除西藏外,覆盖了国内所有直辖市、省会城市及计划单列市,以及83%左右的地级城市和200多个县级及以下城市。

以上海为例,截至2014年底,机械式立体停车库的数量约为1200个,机械式立体停车泊位约为17.97万个。其中,100个停车泊位以内的停车库(场)约占56.8%,100个~200个停车泊位的停车库(场)约占23.4%,200个~300个停车泊位的停车库(场)约占8.4%,300个~500个停车泊位的停车库(场)约占8.6%,500个~1000个停车泊位的停车库(场)约占3.3%,1000个停车泊位以上的停车库(场)约占0.7%。

根据《机械式停车设备 分类》GB/T 26559,机械式停车设备的类别按其工作原理区分,主要包括:①升降横移类;②简易升降类;③垂直升降类;④垂直循环类;⑤平面移动类;⑥水平循环类;⑦多层循环类;⑧巷道堆垛类;⑨汽车专用升降机。截至2014年末,全国已建机械式汽车库泊位升降横移类约占86.7%,简易升降类约占6.0%,垂直升降类约占1.4%,垂直循环类约占0.2%,平面移动类约占4.0%,多层循环类约占0.1%,巷道堆垛类约占1.5%。

经调研发现,原条文限定防火分区内最大停车数量为50辆,对机械式立体汽车库的建设和运行产生了较大影响:

(1)影响运行效率。

一个汽车库防火分区过多,必然会使汽车库内运载车辆的机械装置得不到有效的行程空间而影响运行速度。举例来说,日本一个平面移动汽车库的搬运小车速度最高可以达到5m/s,而在我国,速度通常达不到1.2m/s,其主要原因就是防火分区或库内设置的防火卷帘限制了搬运小车运行巷道的长度。

(2)增加建设成本。

汽车库如果分区过多,会增加防火墙或防火卷帘的设置数量,从而大大增加建设成本;同时,防火分区过小也造成更多地采用搬运设备和控制设备,增加设备成本。

(3)结构难以优化。

机械式立体汽车库的最大优点是能够根据地理环境条件,因地制宜地设计出既能最大量地提供停车泊位,又能保证运行效率的停车库,但如果防火分区太小,将会使设计方案难以优化,使有限的土地资源不能有效利用,造成资源浪费。

2003年~2007年间,中国建筑科学研究院建筑防火研究所、清华大学公共安全研究中心、中国科学技术大学火灾科学国家重点实验室等科研单位,对机械式立体汽车库进行了一系列的理论及实验研究。通过实验获得了地下汽车库火灾特性的第一手资料,包括地下全自动化车库内火灾的发展与蔓延特性、温度场的变化趋势、烟气流动及烟气浓度变化规律等,实验研究结论如下:

(1)车体密封性对车厢内着火的火灾有着非常重要的影响,在车窗关闭的情况下,由车厢燃起的火灾实验均出现了因供氧不足而自动熄灭的情况。

(2)汽车发生火灾时,车内最高温度可达1000℃左右。

(3)钢筋混凝土结构的自动化车库结构对于防止火灾蔓延有如下表现:

1)由于无需预留人员上下车的空间,同层相邻汽车距离小,在喷淋失效的情况下,火灾初期即发生辐射蔓延,在消防救援展开之前(按15min计),整个停车单元的车辆均有可能被引燃。

2)实验表明,汽车火灾产生的火焰会贴壁上卷,但因为着火部位一般距楼板边缘有一定距离且楼板厚度较小,卷上上层的火焰

高度及温度在很大程度上得到削减。即使消防设施失效,在消防队员到来之前(按15min计),火灾也很难在上下相邻停车单元之间蔓延。

3)相对单元间不会蔓延。由于相对单元被运车巷道隔开,相对单元接受到的辐射热通量远小于临界辐射热通量,故不会被辐射引燃。实验中曾出现过飞火及物件爆裂的情况,但由于单元净高较低,影响范围较小。所以,机械式立体汽车库内发生火灾时,火灾在相对单元间蔓延的可能性非常小。

(4)汽车火灾的大部分情况是线路短路引起的自燃,且多在组件杂乱的发动机舱内发生,由于发动机舱直接连通大气,供氧充足,可燃物多,由发动机舱开始蔓延的火势发展及蔓延非常快。

(5)阴燃实验的结果显示,车厢内遗留烟头引起的火灾发展极其缓慢,自熄的可能性很大。

基于以上因素,普通机械式立体汽车库单个防火分区停车数放宽至100辆,混凝土结构的机械式立体汽车库在进行条文中的限定后,放宽至300辆,这样才能在保证消防安全的基础上,与我国机械式立体汽车库行业的发展相适应。同时,机械式立体汽车库应设置自动灭火系统、火灾自动报警系统、排烟设施等消防设施;检修通道应留有一定的宽度且尽量到达每个停车位,以便消防队员可以在火灾时通过检修通道进行灭火,在楼梯间和检修通道上相应设置室内消火栓。

机械式立体汽车库是一种特殊的汽车库形式,由于人员不能进入里面,与普通汽车库有所不同。不仅车辆疏散难度很大,而且灭火难度也很大,有必要通过对车辆数、防火分隔措施及消防设施设置等的规定,来保证此类汽车库的安全性,所以将本条确定为强制性条文。

5.1.4 甲、乙类物品运输车的汽车库、修车库,其火灾危险性较一般的汽车库大,若不控制防火分区的面积,一旦发生火灾事故,造成的火灾损失和危害都较大。如首都机场和上海虹桥国际机场的油槽车库、氧气瓶车库,都按3辆~6辆车进行分隔,面积都在300m²~500m²。参照现行国家标准《建筑设计防火规范》GB 50016中对乙类危险品库防火隔间的面积为500m²的规定,本条规定此类汽车库的防火分区为500m²。

防火分区是在火灾情况下将火势控制在建筑物一定空间之内的有效的防火分隔措施,甲、乙类物品火灾危险性大,必须对其严格限制,甲、乙类物品运输车库防火分区的面积划定是甲、乙类物品运输车库防火设计最重要的内容之一,所以将本条确定为强制性条文。

5.1.5 修车库是类似厂房的建筑,由于其工艺上需使用有机溶剂,如汽油等清洗和喷漆工段,火灾危险性可按甲类危险性对待。参照现行国家标准《建筑设计防火规范》GB 50016中对甲类厂房的要求,防火分区面积控制在2000m²以内是合适的,对于危险性较大的工段已进行完全分隔的修车库,参照乙类厂房的防火分区面积和实际情况的需要适当调整至4000m²。

由于修车库火灾危险性按照甲类厂房对待,故需要对修车库防火分区面积严格限制,修车库防火分区的面积划定是修车库防火设计最重要的内容之一,所以将本条确定为强制性条文。

5.1.6 由于汽车的燃料为汽油,一辆高级小汽车的价值又较高,为确保汽车库、修车库的安全,当汽车库、修车库与其他建筑贴邻建造时,其相邻的墙应为防火墙。当汽车库、修车库与办公楼、宾馆、电信大楼及其他公共建筑物组合建造时,其竖向分隔主要靠楼板,而一般预应力楼板的耐火极限较低,火灾后容易被破坏,将影响上、下层人员和物资的安全。由于上述原因,本条对汽车库与其他建筑组合在一起的建筑楼板和隔墙提出了较高的耐火极限要求,如楼板的耐火极限比一级耐火等级的建筑物提高了0.5h,隔墙需3.00h耐火时间。这一规定与国外一些规范的规定也是相类同的,如美国国家防火协会NFPA《停车构筑物标准》第3.1.2条规定的设于其他用途的建筑物中,或与之相连的地下停车构筑物,应用耐火极限2.00h以上的墙、隔墙、楼板或带平顶的楼板隔开。

为了防止火灾通过门、窗、洞口蔓延扩大，本条还规定汽车库门、窗、洞口上方应挑出宽度不小于 1.0m 的防火挑檐，作为阻止火焰从门、窗、洞口向上蔓延的措施。对一些多层、高层建筑，若采用防火挑檐可能会影响建筑物外立面的美观，亦可采用提高上、下层窗槛墙的高度达到阻止火焰蔓延的目的。窗槛墙的高度规定为 1.2m 在建筑上是能够做到的。英国《防火建筑物指南》论述墙壁的防火功能时用实物作了火灾从一层扩散至另一层的实验，结果证明，当上、下层窗槛墙高度为 0.9m（其在楼板以上的部分墙高不小于 0.6m）时，可延缓上层结构和家具的着火时间达 15min。突出墙 0.6m 的防火挑板不足以防止火灾向上、下扩散，因此本条规定窗槛墙的高度为 1.2m，防火挑檐的宽度为 1.0m 是能达到阻止火灾蔓延作用的。

5.1.7 因为修车的火灾危险性比较大，停车部位与修车部位之间如不设防火墙，在修理时一旦失火容易引燃停放的汽车，造成重大损失。如某市医院汽车库，司机在汽车库内检修摩托车，不慎将油箱汽油点着，很快引燃了附近一辆价值很高的进口医用车；又如某市造船厂，司机在停车库内的一辆汽车底下用行灯检修车辆，由于行灯碰碎，冒出火花遇到汽油着火，烧毁了其他 3 台车。因此，本条规定汽车库内停车与修车车位之间，必须设置防火墙和耐火极限较高的楼板，以确保汽车库的安全。

5.1.8 使用有机溶剂清洗和喷涂的工段，其火灾危险性较大，为防止发生火灾时向相邻的危险场所蔓延，采取防火分隔措施是十分必要的，也是符合实际情况的。

5.1.9 消防控制室、自动灭火系统的设备室、消防水泵房和排烟、通风空气调节机房等，是灭火系统的"心脏"，汽车库发生火灾时，必须保证上述房间不受火势威胁，确保灭火工作的顺利进行。因此本条规定，应采用防火隔墙和楼板将其与相邻部位分隔开。附设在汽车库、修车库内的且为汽车库、修车库服务的变配电室、柴油发电机房等常见的设备用房也应按照本条的规定采取相应的防火分隔措施。

5.2 防火墙、防火隔墙和防火卷帘

5.2.1 本条沿用现行国家标准《建筑设计防火规范》GB 50016 的规定，对防火墙及防火隔墙的砌筑作了较为明确的规定。

防火墙及防火隔墙是保证防火分隔有效性的重要手段。防火墙必须从基础与框架砌筑，且从上至下均处在同一轴线位置，相应框架的耐火极限也要与防火墙的耐火极限相适应。防火隔墙应从楼地面基层隔断至梁、楼板底面基层。如果防火墙及防火隔墙砌筑不当，一是无法保证自身耐火极限要求，二是无法起到阻止烟火蔓延的作用，所以将本条确定为强制性条文。

5.2.2 因为防火墙的耐火极限为 3.00h，防火隔墙的耐火极限为 2.00h，故防火墙和防火隔墙上部的屋面板也应有一定的耐火极限要求，当屋面板耐火极限达到 0.5h 时，防火墙和防火隔墙砌至屋面基层的底部就可以了，不高出屋面也能满足防火分隔的要求。

5.2.3 本条对三级耐火等级的汽车库、修车库的防火墙、屋顶结构应高出屋面 0.4m 和 0.5m 的规定，是沿用现行国家标准《建筑设计防火规范》GB 50016 的规定。

5.2.4 火灾实例说明，防火墙设在转角处不能阻止火势蔓延，如确有困难需设在转角附近时，转角两侧门、窗、洞口之间最近的水平距离不应小于 4m。不在转角处的防火墙两侧门、窗、洞口的最近水平距离可为 2m，这一间距就能控制一定的火势蔓延。在防火墙两侧设置固定乙级防火窗，其间距不受限制。

5.2.5 为了确保防火墙、防火隔墙的耐火极限，防止火灾时火势从孔洞的缝隙中蔓延，制订本条规定。本条往往在施工中被人们忽视，特别在管道敷设结束后，必须用不燃烧材料将孔洞周围的缝隙紧密填塞，应引起设计、施工单位和公安消防部门高度重视。同时，为了保证管道不会因受热变形而破坏整个分隔的有效性和完整性，根据现行国家标准《建筑设计防火规范》GB 50016 的规定，

穿越处两侧各 2.0m 范围内的风管应采用耐火风管或风管外壁应采取防火保护措施，且耐火极限不应低于该防火分隔体的耐火极限。

5.2.6 本条对防火墙或防火隔墙开设门、窗、洞口提出了严格要求。在建筑物内发生火灾时，烟火必然穿过孔洞向另一处扩散，墙上洞口多了，就会失去防火墙、防火隔墙应有的作用。为此，规定了这些墙上不宜开设门、窗、洞口，如必须开设时，应在开口部位设置甲级防火门、窗。实践证明，这样处理基本上能满足控制或扑救一般火灾所需的时间。

5.2.7 本条为新增条款。考虑到车道两侧没有汽车停放，停车区域两侧一般均停有汽车，因此，对设置在不同部位的防火卷帘分别提出要求。

5.3 电梯井、管道井和其他防火构造

5.3.1 建筑物内的各种竖向管井是火灾蔓延的途径之一。为了防止火势向上蔓延，要求电梯井、管道井、电缆井以及楼梯间应各自独立分开设置。为防止火灾时竖向管井烧毁并扩大灾情，规定了管道井井壁耐火极限不低于 1.00h，电梯井井壁耐火极限不低于 2.00h 的不燃性结构。

建筑内的竖向管井在没有采取防火措施的情况下将形成强烈的烟囱效应，而烟囱效应是火灾时火势扩大蔓延的重要因素。如果电梯井、管道井及电缆井未分开设置且未达到一定的耐火极限，一旦发生火灾，将导致烟火沿竖向井道向其他楼层蔓延，所以将本条确定为强制性条文。

5.3.2 电缆井、管道井应做竖向防火分隔，在每层楼板处用相当于楼板耐火极限的不燃烧材料封堵。

建筑物内的竖向管井如果未分隔将形成强烈的烟囱效应，从而导致烟火沿竖向管井向建筑物的其他楼层蔓延，因此保证各类竖井的构造要求是非常必要的，所以将本条确定为强制性条文。

5.3.3 非敞开式的汽车库的自然通风条件较差，一旦发生火灾，火焰和烟气很快地向上、下、左、右蔓延扩散，若汽车库与汽车疏散坡道无防火分隔设施，对车辆疏散和扑救是很不利的。为保证车辆疏散通道的安全，本条规定，汽车库的汽车坡道与停车区之间用防火墙分隔，开口的部位设甲级防火门、防火卷帘、防火水幕进行分隔。如果汽车库的汽车坡道采用顶棚，顶棚要采用不燃材料。

汽车库内和坡道上均设有自动灭火设备的汽车库的消防安全度较高。敞开式的多层停车库，通风条件较好，另外不少非敞开式的汽车库采用斜楼板式停车的设计，车道和停车区之间不易分隔，故条文对于设有自动灭火设备的汽车库和敞开式汽车库、斜楼板式汽车库作了另行处理的规定，这也是与国外规范一致的。美国防火协会《停车构筑物标准》规定，封闭式停车的构筑物、贮存车库以及地下室和地下停车构筑物中的斜楼板不需要封闭，但需要具备下述安全措施：第一，经认可的自动灭火系统；第二，经认可的监视性自动火警探测系统；第三，一种能够排烟的机械通风系统。汽车坡道的顶部不应设置非不燃性材料制作的顶棚。

5.3.4 本条为新增内容。汽车库、修车库的内部装修需求不高，如果采用一定的装修材料进行内部装修，应符合现行国家标准《建筑内部装修设计防火规范》GB 50222 的有关规定。

6 安全疏散和救援设施

6.0.1 制订本条的目的,主要是为了确保人员的安全,不管平时还是在火灾情况下,都应做到人车分流、各行其道,发生火灾时不影响人员的安全疏散。某地卫生局的一个汽车库和宿舍合建在一起,宿舍内人员的进出没有单独的出口,进出都要经过汽车库,有一次车辆失火后,宿舍的出口被烟火封死,宿舍内3人因无路可逃而被烟熏死在房间内。所以汽车库、修车库与办公、宿舍、休息用房等组合的建筑,其人员出口和车辆出口应分开设置。

条文中"设置在工业与民用建筑内的汽车库"是指汽车库与其他建筑平面贴邻或上下组合的建筑,如上海南泰大楼下面一至七层为停车库,八至二十层为办公和电话机房;又如深圳发展中心前侧为超高层建筑,后侧为六层停车库;也有单层建筑,前面为停车,后面为办公、休息用房。国内外也有一些高层建筑,如上海海仑宾馆,底层为汽车库,二层以上为宾馆的大堂、客房;新加坡的不少高层住宅底层均为汽车库,二层以上为住宅。此类汽车库应做到车辆的疏散出口和人员的安全出口分开设置,这样设置既方便平时的使用管理,又可确保火灾时安全疏散的可靠性。

将人员疏散出口与车辆出口分开设置,是火灾情况下确保人员安全的必要措施,所以将本条确定为强制性条文。

6.0.2 汽车库、修车库人员疏散出口的数量,一般都应设置2个,目的是可以进行双向疏散,一旦一个出口被火封死,另一个出口还可进行疏散。但多设出口会增加建筑面积和投资,不加区别地一律要求设置2个出口,在实际执行中有困难,因此,Ⅳ类汽车库和Ⅲ、Ⅳ类修车库作了适当调整处理的规定。

本次修订,考虑由于汽车库、修车库同一时间的人数无法确定,其可操作性不强,故取消人数的规定,明确Ⅳ类汽车库和Ⅲ、Ⅳ类修车库可设一个安全出口的规定。

人员安全出口的设置是按照防火分区考虑的,即每个防火分区应设置2个人员安全出口。安全出口的定义,按照现行国家标准《建筑设计防火规范》GB 50016的规定,是指供人员安全疏散用的楼梯间、室外楼梯的出入口或直通室内外安全区域的出口。鉴于汽车库的防火分区面积、疏散距离等指标均比现行国家标准《建筑设计防火规范》GB 50016相应的防火分区面积、疏散距离等指标放大,故对于汽车库来讲,防火墙上通向相邻防火分区的甲级防火门,不得作为第二安全出口。

6.0.3 汽车库、修车库内的人员疏散主要依靠楼梯进行,因此要求室内的楼梯必须安全可靠。为了确保楼梯间在火灾情况下不被烟气侵入,避免因"烟囱效应"而使火灾蔓延,所以在楼梯间入口处应设置乙级防火门使之形成封闭楼梯间。

如今建筑的开发在高度和深度上都有很大的突破,建筑高度越高,地下深度越深,其疏散要求也越高,故将地下深度大于10m的地下汽车库与高度大于32m的高层汽车库的疏散楼梯间要求进一步提高,要求设置防烟楼梯间。

火灾情况下,安全出口是保证人员能够安全疏散到室外的关键设施,所以将本条确定为强制性条文。汽车库、修车库内设置的疏散楼梯间应该按照有关国家消防技术标准设置防烟设施。

6.0.4 原国家标准《汽车库、修车库、停车场设计防火规范》GB 50067未对汽车库内消防电梯的设置作出规定。由于建设用地的紧张,而汽车库的停车数量有较大的上升,在城市中,汽车库有向上和向深发展的趋势,与现行国家标准《建筑设计防火规范》GB 50016一致,增加消防电梯设置的要求。

6.0.5 室外楼梯烟气的扩散效果好,所以在设计时尽可能把楼梯布置在室外,这对人员疏散和灭火扑救都有利。室外楼梯大都采用钢扶梯,由于钢楼梯耐火性能较差,所以条文中对设置室外楼梯作了较为详细的规定,当满足条文规定的室外钢楼梯技术要求时,可代替室内的封闭疏散楼梯或防烟楼梯间。

6.0.6 汽车库的火灾危险性按照现行国家标准《建筑设计防火规范》GB 50016划分为丁类,但毕竟汽车还有许多可燃物,如车内的坐垫、轮胎和汽油均为可燃和易燃材料,一旦发生火灾燃烧比较迅速,因此在确定安全疏散距离时,参考了国外资料的规定和现行国家标准《建筑设计防火规范》GB 50016对丁类生产厂房的规定,定为45m。装有自动喷水灭火系统的汽车库安全性较高,所以疏散距离也可适当放大,定为60m。对底层汽车库和单层汽车库因都能直接疏散到室外,要比楼层停车库疏散方便,所以在楼层汽车库的基础上又作了相应的调整规定。这是因为汽车库的特点是空间大、人员少,按照自由疏散的速度1m/s计算,一般在1min左右都能到达安全出口。

火灾情况下,为了保证尽快地疏散至安全区域,疏散距离的控制是非常重要的一个指标,较短的疏散距离,能够保证人员不受或者少受烟火的影响,所以将本条确定为强制性条文。

6.0.7 在大型住宅小区中,建筑间的独立大型地下、半地下汽车库均有地下通道与住宅相通,如按地下汽车库的防火分区内设置疏散楼梯,将使小区内地面的道路和绿化受到较大影响。所以,允许利用地下汽车库通向住宅的楼梯间作为汽车库的疏散楼梯是符合实际的,这样,既可以节省投资,同时,在火灾情况下,人员的疏散路径也与人们平时的行走路径相一致。

该走道的设置类似于楼梯间的扩大前室,同时,考虑到汽车库与住宅地下室之间分别属于不同防火分区,所以,连通门采用甲级防火门。

6.0.8 考虑到室内无车道且无人员停留的机械式汽车库平时除检修人员以外,没有其他人员进入,因此,规定该类机械式汽车库可不设置人员安全出口,但考虑到在火灾情况下,仍然要对该类机械式汽车库进行灭火救援,因此规定应设置供灭火救援用的楼梯间。

6.0.9 确定车辆疏散出口的主要原则是,在满足汽车库平时使用要求的基础上,适当考虑火灾时车辆的安全疏散要求。对大型的汽车库,平时使用也需要设置2个以上的出口,所以规定出口不应少于2个。同时,规定2个汽车疏散出口应分散布置,分散布置的原则主要是指水平方向。比如,当每个楼层设有2个2个以上防火分区时,汽车疏散出口应分设在不同的防火分区,当每个楼层只有1个防火分区时,2个汽车疏散出口应分散布置。

两个汽车疏散出口,是保证火灾情况下车辆安全疏散的基本要求,所以将本条确定为强制性条文。

本条所指的汽车库车辆疏散出口,主要是指室内有车道且有人员停留的汽车库的疏散出口;对于室内无车道且无人员停留的机械式汽车库,可以不考虑火灾情况下汽车疏散,这类汽车库进出口的设置应按照其专业规范进行设计。

6.0.10 对于地下、半地下汽车库,设置出口不仅占用的面积大,而且难度大,100辆以下双车道的地下、半地下汽车库也可设一个出口。这些汽车库按要求设置自动喷水灭火系统,最大的防火分区可为4000m²,按每辆车平均需建筑面积30m²~40m²计,差不多是一个防火分区。在平时,对于地下多层汽车库,在计算每层设置汽车疏散出口数量时,应尽量按总数量予以考虑,即总数在100辆以上的应不少于两个,总数在100辆以下的可为一个双车道出口,但在确有困难,车道上设有自动喷水灭火系统时,可按本层地下汽车库所担负的车辆疏散数量是否大于50辆或100辆,来确定汽车出口数。例如3层汽车库,地下一层为54辆,地下二层为38辆,地下三层为34辆,在设置汽车出口有困难时,地下三层至地下二层因汽车疏散数小于50辆,可设一个单车道的出口,地下二层至地下一层,因汽车疏散数为38+34=72辆,大于50辆,小于100辆,可设一个双车道的出口,地下一层至室外,因汽车疏散数为54+38+34=126辆,大于100辆,应设置两个汽车疏散出口。

在执行本条时,汽车疏散出口的设置是按照整个汽车库考虑的,不是按照每个防火分区考虑的。

6.0.11 错层式、斜楼板式汽车库内,一般汽车疏散是螺旋单相式、同一时针方向行驶的,楼层内难以设置两个疏散车道,但一般都为双车道,当车道上设置自动喷水灭火系统时,楼层内可允许只设一个出口,但到了地面及地下至室外时,Ⅰ、Ⅱ类地上汽车库和大于100辆的地下、半地下汽车库应设两个出口,这样也便于平时汽车的出入管理。

6.0.12 在一些城市的闹市中心,由于基地面积小,汽车库的周围毗邻马路,使楼层或地下、半地下汽车库的汽车坡道无法设置,为了解决数量不多的停车需要,可设汽车专用升降机作为汽车疏散出口。目前国内上海、北京等地已有类似的停车库,但停车的数量都比较少。因此条文规定了Ⅳ类汽车库方能适用。控制50辆以下,主要是根据目前国内已建的使用汽车专用升降机的汽车库和正在发展使用的机械式立体汽车库的停车数提出的。汽车专用升降机应尽量做到分开布置。对停车数量少于25辆的,可只设一台汽车专用升降机。

此次修订,将原"垂直升降梯"改为"汽车专用升降机",这是与现行机械行业标准《汽车专用升降机》JB/T 10546相统一的。根据现行机械行业标准《汽车专用升降机》JB/T 10546的有关规定,汽车专用升降机是指用于停车库出入口至不同停车楼层间升降搬运车辆的机械设备,它相当于自走式停车库中代替车道(斜坡道)的作用。升降机按人与停车设备关系可分为:准无人方式和人车共乘方式;搬运器按运行方式可分为升降式、升降回转式和升降横移式。

6.0.13 本条规定的车道宽度主要是依据交通管理部门的规定制订的。同时,汽车疏散坡道的宽度与现行行业标准《汽车库建筑设计规范》JGJ 100保持统一。本条的规定与现行行业标准《汽车库建筑设计规范》JGJ 100中单车道和双车道的最小值一致,同时,汽车库车道的设计还应满足使用需求。

6.0.14 为了确保坡道出口的安全,对两个出口之间的距离作了限制,10m的间距是考虑平时确保车辆安全转弯进出的需要,一旦发生火灾也为消防灭火双向扑救创造基本的条件。但两个车道相毗邻时,如剪刀式等,为保证车道的安全,要求车道之间应设防火隔墙予以分隔。

6.0.15 停车场的疏散出口实际是指停车场开设的大门,据对许多大型停车场的调查,基本都设2个以上的大门,但也有一些停车数量少,受周围环境的限制,设置两个出口有困难,本条规定不大于50辆的停车场允许设置1个出口。

本条规定主要是指室内有车道的汽车库内汽车之间和汽车与墙、柱之间的水平距离;对于室内无车道且无人员停留的机械式汽车库内汽车之间的距离应参照其他专业规范执行。

6.0.16 汽车之间以及汽车与墙、柱之间的水平距离应考虑消防安全要求。有些单位只考虑停车,不顾安全,如某大学在一幢2000m²的大礼堂内杂乱地停放了39辆汽车;某市公交汽车一场,停放车辆数比原来增加了3倍多,车辆停放拥挤,大型铰接车之间的间距仅为0.4m。在这些情况下,中间的汽车失火时,人员无法进入抢救。国外有的资料提到英国通常采用的停车距离为0.5m～1.0m;苏联《汽车库设计标准的技术规范》,根据汽车不同宽度和长度分别规定了汽车之间的距离为0.5m～0.7m,汽车与墙、柱之间的距离为0.3m～0.5m。本条综合研究了各方面的意见,考虑到中间车辆起火,在未疏散前,人员难侧身携带灭火器进入扑救,所以汽车之间以及汽车与墙、柱之间的距离作了不小于0.3m～0.9m的规定。

7 消防给水和灭火设施

7.1 消防给水

7.1.1 汽车库、修车库、停车场发生火灾,开始时大多是由汽车着火引起的,但当汽车库着火后,往往汽油燃烧很快结束,接着是汽车本身的可燃材料,如木材、皮革、塑料、棉布、橡胶等继续燃烧。从目前的情况来看,扑灭这些可燃材料的火灾最有效、最经济、最方便的灭火剂,还是用水比较适宜。

在调查国内15次汽车库重大火灾案例中,有些汽车库发生火灾初期,群众虽然使用了各种小型灭火器,但当汽车库火烧大了以后,都是消防队利用消防车出水扑救的。在国外汽车库设计中,不少国家在汽车库内设置消防给水系统,将其作为重要的灭火手段。

根据上述情况,本规范对汽车库、修车库、停车场消防给水作了必要的规定。

7.1.2 本条规定耐火等级为一、二级的Ⅳ类修车库和停放车辆不大于5辆的一、二级耐火等级的汽车库、停车场,可不设室内、外消防用水,配备一些灭火器即可。

7.1.3 本条按现行国家标准《消防给水及消火栓系统技术规范》GB 50974的规定,汽车库、修车库、停车场区域内的室外消防给水,采用高压、低压两种给水方式,多数是能够办到的。在城市消防力量较强或企业设有专职消防队时,一般消防队能及时到达火灾现场,故采用低压给水系统是比较经济合理的,只要敷设一些消防给水管道和根据需要安装一些室外消火栓即可;高压制消防给水系统主要是在一些距离城市消防队较远和市政给水管网供水压力不足的情况下才采用。高压制时,还要增加一套加压设施,以满足灭火所需的压力要求,这样,相应地要增加一些投资,所以在一般情况下是很少采用的。本条对汽车库、修车库、停车场区域室外消防给水系统,规定低压制或高压制均可采用,这样可以根据每个汽车库、修车库、停车场的具体要求和条件灵活选用。

7.1.4 本条对汽车库、修车库的消防用水量作了规定,要求消防用水总量按室内消防给水系统(包括室内消火栓系统和与其同时开放的其他灭火系统,如喷淋或泡沫等)的消防用水量和室外消防给水系统用水量之和计算。在Ⅰ、Ⅱ类多层、地下汽车库内,由于建筑体积大,停车数量多,扑救火灾困难,有时要同时设置室内消火栓和室内自动喷水等几种灭火设备。在计算消防用水量时,一般应将上述几种需要同时开启的设备按水量最大一处叠加计算。这与联合扑救的实际火场情况是相符合的。自动喷水灭火设备无需人员操作,一遇火灾,首先是它起到灭火作用。室内消防给水主要是供本单位职工扑救火灾的;室外消防给水是为公安消防队扑救火灾提供必需的水源,所以它们各有需求,缺一不可。

消防给水是扑救汽车库、修车库火灾的有效保证。火灾时,室内、外消防设备需要同时启动,满足室内、外消防用水量是必须的。如果水量不足,将无法有效控制烟火的蔓延,所以将本条确定为强制性条文。

7.1.5 汽车库、修车库、停车场的室外消防用水量,主要是参照原国家标准《建筑设计防火规范》GB 50016对丁类仓库的室外消防用水量的有关要求确定的。规定建筑物体积小于5000m³的为10L/s,5000m³相当于Ⅳ类汽车库;建筑物体积大于5000m³但小于50000m³的为15L/s,相当于Ⅲ类汽车库;建筑物体积大于50000m³的为20L/s,50000m³相当于Ⅰ、Ⅱ类汽车库。

在调查15次汽车库重大火灾案例中,消防队一般出车是2辆～4辆,使用水枪3支～6支,某市招待所三级耐火等级的汽车库着火,市消防支队出动消防车4辆,使用4支水枪(每支水枪出水量约为5L/s)就将火扑灭。某造船厂一座四级耐火等级的汽车库着火,火场面积237m²,当时有3辆消防车参加了灭火,用4支水枪扑救汽车库火灾,用 2 支水枪保护汽车库附近的总变电所,扑救 20min 就将火灾扑灭,这次用水量约为 30L/s。根据汽车库的规模大小,对汽车库室外用水量确定为 10L/s～20L/s,这与实际情况比较接近。

室外消火栓系统是在火灾情况下,消防队员用来扑救火灾的有效手段,明确汽车库、修车库、停车场必须设置室外消火栓系统及相应的要求是必须的,所以将本条确定为强制性条文。

7.1.6 对汽车库、修车库、停车场室外消防管道、消火栓、消防水泵房的设置没有特殊要求,可按照现行国家标准《消防给水及消火栓系统技术规范》GB 50974 的有关规定执行。对于停车场室外消火栓的位置,本规范规定要沿停车场周边设置,这是因为在停车场中间设置地上式消火栓,容易被汽车撞坏。

本条还根据实践经验,规定了室外消火栓距最近一排汽车不宜小于 7m,是考虑到一旦遇有火情,消防车靠消火栓吸水时,还能留出 3m～4m 的通道,可以供其他车辆通行,不至于影响场内车辆的出入。消火栓距离油库或加油站不小于 15m 是考虑油库火灾产生的辐射,不至于影响到消防车的安全。

7.1.7 本条是参照现行国家标准《消防给水及消火栓系统技术规范》GB 50974 的有关规定制订的。在市政消火栓保护半径 150m 以内,距建筑外缘 5m～150m 的市政消火栓可计入建筑室外消火栓的数量,但当为消防水泵接合器供水时,距建筑外缘 5m～40m 的市政消火栓可计入建筑室外消火栓的数量。因为在这个范围内一旦发生火灾,消防车可以利用市政消火栓进行扑救。

7.1.8 汽车库、修车库的室内消防用水量是参照原国家标准《建筑设计防火规范》GB 50016 对性质相类似的工业厂房、仓库消防用水量的规定而确定的,这与目前国内的汽车库实际情况基本相符。

室内消火栓系统是在火灾情况下,扑救初起火灾以及消防队员进入建筑物内部扑救火灾的有效手段,明确汽车库、修车库设置室内消火栓系统及相应的要求是必须的,所以将本条确定为强制性条文。

7.1.9 本条对室内消火栓设计的技术要求作了一些规定,如室内消火栓间距、充实水柱等,这些要求是长期灭火实践形成的经验总结,对有效扑救汽车库火灾是必要的。

规定室内消火栓应设置在明显易于取用的地方,以便于用户和消防队及时找到和使用。

室内消火栓的出水方向应便于操作,并创造较好的水力条件,故规定室内消火栓宜与设置消火栓的墙成 90°角,栓口离地面高度宜为 1.1m。

7.1.10 本条是对汽车库、修车库室内消防管道的设计提出的技术要求,是保障火灾时消防用水正常供给不可缺少的措施。有超过 10 个室内消火栓的汽车库、修车库,一般规模都比较大,消防用水量也大,采用环状给水管道送水安全性较高。因此,要求室内采用环状管道,并有两条进水管与室外管道相连接,以保证供水的可靠性。

7.1.11 为了确保室内消火栓的正常使用,提出了设置阀门的具体要求,以保证在管道检修时仍有部分消火栓能正常使用。

7.1.12 本条规定了 4 层以上的多层汽车库、高层汽车库及地下汽车库、半地下汽车库要设置水泵接合器的要求,包括室内消火栓系统的水泵接合器和自动喷水灭火系统的水泵接合器。水泵接合器的主要作用是:①一旦火场断电,消防泵不能工作时,由消防车向室内消防管道加压,代替固定泵工作;②万一出现大面积火灾,利用消防车抽吸室外管道或水池的水,补充室内消防用水量。增加这种设备投资不大,但对扑救汽车库火灾却很有利,具体要求是按照现行国家标准《消防给水及消火栓系统技术规范》GB 50974 的有关规定制订的。目前国内公安消防队配备的车辆的供水能力完全可以直接扑救 4 层以下多层汽车库的火灾。因此,规定 4 层以下汽车库可不设置消防水泵接合器。

7.1.13 室内消防给水,有时由于市政管网压力和水量不足,需要设置加压设施,并在汽车库屋顶上设置消防水箱,储存一部分消防用水,供扑救初期火灾时使用。考虑到水箱容量太大,在建筑设计中有时处理比较困难,但若太小又势必影响初期火灾的扑救,因此本条对水箱容积作了必要的规定。

7.1.14 为及时启动消防水泵,在水箱内的消防用水尚未用完以前,消防水泵应正常运行。故本条规定在汽车库、修车库内的消防水泵的控制应符合现行国家标准《消防给水及消火栓系统技术规范》GB 50974 的有关规定。

7.1.15 在缺少市政给水管网和其他天然水源的情况下,可采用消防水池作为消防水源。消防水池的有效容积应满足火灾延续时间内室内消防给水系统(包括室内消火栓系统和与其同时开放的其他灭火系统,如喷淋或泡沫等)的消防用水量和室外消防用水量之和的要求。

部分地区由于没有市政给水管网和其他天然水源,一旦发生火灾,消防队往往面临无水可用的困境,缺水地区必须建设消防水池,从而保证消防供水,所以,将本条确定为强制性条文。

7.1.16 水池的容量与一次灭火的时间有关,在调查的 15 次汽车库重大火灾中,绝大部分灭火时间都是 2.00h。本条规定消防水池的容量为 2.00h 之内,与现行国家标准《消防给水及消火栓系统技术规范》GB 50974 的规定和实际灭火需要是相符的。

为了减少消防水池的容量,节省投资造价,在不影响消防供水的情况下,水池的容量可以考虑减去火灾延续时间内补充的水量。

7.1.17 消防水池贮水可供固定消防水泵或供消防车水泵取用,为便于消防车取水灭火,消防水池应设取水口或取水井,取水口或取水井的尺寸应满足吸水管的布置、安装、检修和水泵正常工作的要求,为使消防车消防水泵能吸上水,消防水池的水深应保证水泵的吸水高度不大于 6m。

消防水池有独立设置的或与其他用水共用水池的,当共用时,为保证消防用水量,消防水池内的消防用水在平时应不作它用,因此,消防用水与其他用水合用的消防水池应采取措施,防止消防用水移作它用,一般可采用下列办法:

(1)其他用水的出水管置于共用水池的消防用水量的最高水位上;

(2)消防用水和其他用水在共用水池隔开,分别设置出水管;

(3)其他用水出水管采用虹吸管形式,在消防用水量的最高水位处留进气孔。

寒冷地区的消防水池应有防冻措施,如在水池上覆土保温,人孔和取水口设双层保温井盖等。

7.2 自动灭火系统

7.2.1 本条规定,除敞开式汽车库、屋面停车场外,Ⅰ、Ⅱ、Ⅲ类地上汽车库,停车数大于 10 辆的地下、半地下汽车库,机械式汽车库,采用汽车专用升降机作汽车疏散出口的汽车库,Ⅰ类修车库均要设置自动灭火系统。这几种类型的汽车库、修车库有的规模大,停车数量多,有的没有车行道,车辆进出靠机械传送,有的设在地下层,疏散和灭火救援极为困难,所以应设置自动灭火系统。

此类汽车库、修车库一旦发生火灾,疏散和扑救困难,易造成重大人身伤亡和财产损失,必须依靠自动灭火系统将初起火灾进行有效控制,所以将本条确定为强制性条文。

7.2.2 对于设置自动灭火系统的汽车库、修车库,除本规范另有规定外,应设置自动喷水灭火系统。根据调查,设置自动喷水灭火系统是及时扑灭火灾、防止火灾蔓延扩大、减少财产损失的有效措施。在进行汽车库、修车库自动喷水灭火系统设计时,火灾危险等级按中危险等级确定。

7.2.3 泡沫-水喷淋系统对于扑救汽车库、修车库火灾具有比自动喷水灭火系统更好的效果,对于Ⅰ类地下、半地下汽车库、Ⅰ类修车库、停车数大于 100 辆的室内无车道且无人员停留的机械式汽车库等一旦发生火灾扑救难度大的场所,可采用泡沫-水喷淋系统,以提高灭火效力。泡沫-水喷淋系统的设计在现行国家标准《泡沫灭火系统设计规范》GB 50151 中已有要求,可以按照执行。

7.2.4 地下汽车库由于是封闭空间,所以可以采用高倍数泡沫灭火系统;对于机械式立体汽车库,由于是一个无人的封闭空间,采取二氧化碳灭火系统灭火效果很好,故本条对此作了一些规定,在具体设计时,应按照现行国家标准《泡沫灭火系统设计规范》GB 50151、《二氧化碳灭火系统设计规范》GB 50193 和《气体灭火系统设计规范》GB 50370 中的有关规定执行。

7.2.5 环境温度低于 4℃ 的严寒或寒冷地区,应按照现行国家标准《自动喷水灭火系统设计规范》GB 50084 的要求设置干式或预作用系统。但对于环境温度低于 4℃ 时间较短的一些非严寒或寒冷地区,可考虑采用湿式自动喷水灭火系统,但应采用加热保暖等防冻措施,以保证湿式自动喷水灭火系统内不被冻结。

7.2.6 自动喷水灭火系统的设计在现行国家标准《自动喷水灭火系统设计规范》GB 50084 中已有具体规定,在设计汽车库、修车库的自动喷水灭火系统时,对喷水强度、作用面积、喷头的工作压力、最大保护面积、最大水平距离等以及自动喷水的用水量都应按《自动喷水灭火系统设计规范》GB 50084 的有关规定执行。

除此之外,根据汽车库自身的特点,本条制订了喷头布置的一些特殊要求。绝大多数汽车库的停车位置是固定的,在调查中发现绝大部分的汽车库设置的喷头是按照一般常规做法,根据面积大小和喷头之间的距离均匀布置,结果汽车停放部位不在喷头的直接保护下部,汽车发生火灾,喷头保护不到,灭火效果差。所以本条规定应将喷头布置在停车位上。

机械式汽车库的停车位置既固定又是上、下、左、右、前、后移动,而且层高比较高,所以本条规定了既要有下喷头又要有侧喷头的布置要求,这是保证机械式汽车库自动喷水灭火系统有效灭火所必须做到的。

错层式、斜楼板式的汽车库,由于防火分区较难分隔,停车区与车道之间也难分隔,在防火分区作了一些适当调整处理,但为了保证这些汽车库的安全,防止火灾的蔓延扩大,在车道、坡道上方加设喷头是一种十分必要的补救措施。

7.2.7 此条是新增条款。规定除室内无车道且无人员停留的机械式汽车库外,汽车库、修车库、停车场应配置灭火器。灭火器的配置设计应符合现行国家标准《建筑灭火器配置设计规范》GB 50140中有关工业建筑灭火器配置场所的危险等级。

8 供暖、通风和排烟

8.1 供暖和通风

8.1.1、8.1.2 在我国北方,为了保持冬季汽车库、修车库的室内温度不影响汽车的发动,不少汽车库、修车库内设置了供暖系统。据调查,有相当一部分汽车库火灾是由于供暖方式不当引起的。如某市某厂的汽车库,采用火炉供暖,因汽车油箱漏油,室内温度较高,油蒸气挥发较快,与空气混合成一定比例,遇明火引起火灾;又如某大学的砖木结构汽车库与司机休息室毗邻建造,用火炉供暖,司机捅炉子飞出火星遇汽油蒸气引起火灾。

鉴于上述情况,为防止这些事故发生,从消防安全角度考虑,本条规定在Ⅰ、Ⅱ、Ⅲ类车库,Ⅰ、Ⅱ类修车库和甲、乙类物品运输车的汽车库内,应设置热水、蒸汽或热风等供暖设备,不应用火炉或者其他明火供暖方式,以策安全。

8.1.3 考虑到寒冷地区的汽车库、修车库,不论其规模大小,全部要求蒸汽或热水等供暖,可能会有困难,因此,允许Ⅳ类汽车库和Ⅲ、Ⅳ类修车库可采用火墙供暖,但必须采取相应的安全措施。容易暴露明火的部位,如炉门、节风门、除灰门,要求设置在库外,并要求用一定耐火极限的不燃性墙体与汽车库、修车库隔开。

8.1.4 修车库中,因维修、保养车辆的需要,生产过程中常常会产生一些可燃气体,火灾危险性较大,如乙炔气,修理蓄电池组重新充电时放出的氢气以及喷漆使用的易燃液体等,这些易燃液体的蒸气和可燃气体与空气混合达到一定浓度时,遇明火就会爆炸。如汽油蒸气的爆炸下限为 $1.2\% \sim 1.4\%$,乙炔气的爆炸下限为 $2.3\% \sim 2.5\%$,氢气的爆炸下限为 4.1%,尤以乙炔气和氢气的爆炸范围幅度大,其危险性也大。所以,这些工间的排风系统应各自单独设置,不能与其他用途房间的排风系统混设,防止相互影响,其系统的风机应按防爆要求处理,乙炔间的通风要求还应按照现行国家标准《乙炔站设计规范》GB 50031 的规定执行。

8.1.5 汽车库内良好的通风,是预防火灾发生的一个重要条件。从调查了解到的汽车库现状看,绝大多数是利用自然通风,这对节约能源和投资都是有利的。地下汽车库和严寒地区的非敞开式汽车库,因受自然通风条件的限制,必须采取机械通风方式。卫生部门要求汽车库每小时换气次数为 6 次～10 次。

组合建筑内的汽车库和地下汽车库的通风系统应独立设置,不应和其他建筑的通风系统混设。

8.1.6 通风管道是火灾蔓延的重要途径,国内外都有这方面的严重教训。如某手表厂、某饭店等单位,都有因风道为可燃烧材料使火灾蔓延扩大的教训。因此,为切断火灾蔓延途径,规定风管应采用不燃材料制作。

防火墙、防火隔墙是建筑防火分区的主要手段,它阻止火势蔓延扩大的作用已为无数次火灾实例所证实。所以,防火墙、防火隔墙除允许开设防火门外,不应在其墙面上开洞留孔,降低其防火作用。因考虑设有机械通风的汽车库里,风管可能穿越防火墙、防火隔墙,为保证它们应有的防火作用,故规定风管穿越这些墙体时,其四周空隙应用不燃材料填实,并在穿过防火墙、防火隔墙处设防火阀。同时,要求在穿过防火墙、防火隔墙两侧各 2m 范围内的风管绝热材料应采用不燃材料。

8.2 排 烟

8.2.1 本条对危险性较大的汽车库、修车库进行了统一的排烟要求。建筑面积小于 1000m² 的地下一层和地上单层汽车库、修车库,其汽车坡道可直接排烟,且不大于一个防烟分区,故可不设排烟系统。但汽车库、修车库内最远点至汽车坡道口不应大于 30m,否则自然排烟效果不好。对于敞开式汽车库四周外墙敞开面积达到一定比例,本身就可以满足自然排烟效果。但是,对于面积比较大的敞开式汽车库,应该整个汽车库都满足自然排烟条件,否则应该考虑排烟系统。

汽车库一旦发生火灾,会产生大量的烟气,而且有些烟气含有一定的毒性,如果不能迅速排出室外,极易造成人员伤亡事故,也给消防员进入地下扑救带来困难。根据对目前国内地下汽车库的调查,一些规模较大的汽车库都设有独立的排烟系统,而一些中、小型汽车库,一般均与地下汽车库内的通风系统组合设置。平时作为排烟排气使用,一旦发生火灾,转换为排烟使用。当采用排烟、排风组合系统时,其风机应采用离心风机或耐高温的轴流风机,确保风机能在280℃时连续工作30min,并具有在高于280℃时风机能自行停止的技术措施。排风风管的材料应为不燃材料。由于排气口要求设置在建筑的下部,而排烟应设置在上部,因此各自的风口应上、下分开设置,确保火灾时能及时进行排烟。

大、中型及地下汽车库、修车库一旦发生火灾,将会产生大量烟气,为保障人员疏散,并为扑救火灾创造条件,需要及时有效地将烟气排出室外,所以以本条确定为强制性条文。

8.2.2 本条规定了防烟分区的建筑面积。防烟分区太小,增加了平面内排烟系统的数量,不易控制;防烟分区太大,风机增大,风管加宽,不利于设计。

8.2.3 目前,一些建筑,特别是住宅小区地下汽车库的设计,从节能、环保等方面考虑,以半地下汽车库(一般汽车库顶板高出室外场地标高1.5m)的形式营造自然通风、采光的良好停车环境,通过侧窗及大量顶板开洞方式,达到建筑与自然景观的充分融合。在这种情况下,若按照本条原条文的规定,不仅造成浪费,火灾时顶板洞口边的所有风管排烟效果均会大打折扣,而通过大量的顶板洞口进行自然排烟,不仅安全可靠而且也符合"有条件时应尽可能优先采用自然排烟方式进行烟控设计"的原则。因此,与原国家标准《汽车库、修车库、停车场设计防火规范》GB 50067 不同的是,不再对采用何种排烟方式进行规定,例如面积大于1000m²的地下汽车库若满足本规范第8.2.4条的要求时,也可采用自然排烟方式。

除设置在地下一层的汽车库、修车库的汽车坡道可以作为自然排烟口外,地下其他各层的汽车坡道不可以作为自然排烟口。

8.2.4 对自然排烟方式的规定参照了相关国家规范的有关规定,为确保火灾时的自然排烟效果,本条对排烟面积、开启方式、高度等分别作了规定。

排烟窗即可开启外窗,是指设置在建筑物的外墙、顶部能有效排除烟气的可开启外窗或百叶窗,可分为自动排烟窗和手动排烟窗。自动排烟窗是指与火灾自动报警系统联动或可远距离控制的排烟窗;手动排烟窗是指人员可以就地方便开启的排烟窗。

地下汽车库可以利用开向侧窗、顶板上的洞口、天井等开口部位作为自然通风口,自然通风开口应设置在外墙上方或顶棚上,其下沿不应低于储烟仓高度或室内净高的1/2,侧窗或顶窗应沿气流方向开启,且应设置方便开启的装置。

8.2.5 汽车库、修车库设置排烟系统,其目的一方面是为了人员疏散,另一方面是为了便于扑救火灾。鉴于汽车库、修车库的特点,经专家们研讨,参照国家消防技术标准中对排烟量的计算方法得出简化表格。

8.2.6 地下汽车库发生火灾时产生的烟气,开始时绝大多数积聚在汽车库的上部,将排烟口设在汽车库的顶棚上或靠近顶棚的墙面上排烟效果更好,排烟口与防烟分区最远地点的距离是关系到排烟效果好坏的重要问题,排烟口与最远排烟地点太远就会直接影响排烟速度,太近多设排烟管道,不经济。

8.2.7、8.2.8 据测试,一般可燃物发生燃烧时火场中心温度高达800℃~1000℃。火灾现场的烟气温度也是很高的,特别是地下汽车库火灾时产生的高温散发条件较差,温度比地上建筑要高,排烟风机能否在较高气温下正常工作,是直接关系到火场排烟的很重

要的技术问题。排烟风机一般设在屋顶上或机房内,与排烟地点有相当一段距离,烟气经过一段时间方能扩散到风机,温度要比火场中心温度低很多。据国外有关资料介绍,排烟风机能在280℃时连续工作30min就能满足要求,本条的规定与国家现行相关标准的有关规定是一致的。

排烟风机、排烟防火阀、排烟管道、排烟口是一个排烟系统的主要组成部分,它们缺一不可,排烟防火阀关闭后,仅是排烟风机启动也不能排烟,并可能造成设备损坏。所以,它们之间一定要做到相互联锁,目前国内的技术已经完全做到了,而且都能做到自动和手动两用。

此外,还要求排烟口平时宜处于关闭状态,发生火灾时做到自动和手动都能打开。目前,国内多数是采用自动和手动控制的,并与消防控制中心联动起来,一旦遇有火警需要排烟时,由控制中心指令打开排烟阀或排烟风机进行排烟。因此,凡设置消防控制室的汽车库排烟系统应用联动控制的排烟口或排烟风机。

8.2.9 本条规定了排烟管道内的最大允许风速,金属管道内壁比较光滑,风速允许大一些。非金属管道风速要求小一些。内壁光滑,风速阻力要小;内壁粗糙,风速阻力要大一些,在风机、排烟口等条件相同的情况下,阻力越大,排烟效果越差,阻力越小,排烟效果越好。

8.2.10 根据空气流动的原理,需要排出某一区域的空气时,同时也需要另一部分的空气补充。地下汽车库由于防火分区的防火墙分隔和楼层的楼板分隔,使有的防火分区内无直接通向室外的汽车疏散出口,也就无自然进风条件,对这些区域,因周边处于封闭的环境,如排烟时没有同时进行补风,烟是排不出去的。因此,本条规定应在这些区域内的防烟分区增设补风系统,进风量不宜小于排烟量的50%。在设计中,应尽量做到送风口在下,排烟口在上,这样能使火灾发生时产生的浓烟和热气顺利排出。

9 电 气

9.0.1 消防水泵、火灾自动报警系统、自动灭火系统、防排烟设备、电动防火卷帘、电动防火门、消防应急照明和疏散指示标志等都是火灾时的主要消防设施。为了确保其用电可靠性,根据汽车库的类别分别作一级、二级、三级负荷供电的规定,不同负荷供电等级基本与现行国家标准《建筑设计防火规范》GB 50016 的规定相一致。有的地区受供电条件的限制不能做到时,应自备柴油发电机来确保消防用电。

一些停车数量较少的汽车库采用升降梯作车辆的疏散出口,当采用电梯时,一旦断电会影响车辆的疏散,因此应有可靠的供电电源。本条对上述设备用电作了较严格的规定。

9.0.2 本条规定主要是为了保证在火灾时立即用上备用电源,使扑救火灾的工作迅速进行,使消防用电设备在一定时间内不被火灾烧毁,保证安全疏散和灭火工作的顺利进行。

9.0.3 本条对配电线路的敷设作了必要的规定。

9.0.4 汽车库的环境条件较差,多数无自然采光,或虽有自然采光,但光线暗弱,多层以及高层汽车库因为停放车辆多,占地面积大,一般工作照明线路在发生火灾时要切断,为了保证库内人员、车辆的安全疏散和扑救火灾的顺利进行,需要设置消防应急照明和疏散指示标志。

由于地下汽车库内人员疏散相对困难,故消防应急照明和疏散指示标志的连续供电时间由20min改为30min,以利人员疏散,同时,也可与现行国家标准《建筑设计防火规范》GB 50016 的规定保持一致。

9.0.5 本条对消防应急照明灯和疏散指示标志分别作了规定。

本条规定的消防应急照明灯的照度是参照现行国家标准《建筑设计防火规范》GB 50016 的有关规定提出的。该规范规定,供人员疏散的事故照明,主要通道照度不应低于 1.0Lx。

为防止被积聚在天花板下的烟雾遮住疏散指示标志的照度,对疏散指示标志设置位置规定为距地面 1m 以下的高度。根据调查,驾驶员坐在驾驶室的位置时,指示标志的高度应与人眼差不多等高,才能不致被汽车遮挡。20m 范围内的疏散指示标志是容易被驾驶员辨识的,所以本条规定疏散指示标志的间距为 20m 是合适的。

9.0.6 对危险场所的电气设备的防爆要求,现行国家标准《爆炸危险环境电力装置设计规范》GB 50058 中已有明确的规定,同样也适用于汽车库的危险场所,所以本条不另作规定。

9.0.7 本条规定了应设置火灾自动报警系统的汽车库、修车库。此次修订明确了屋面停车场可不设置火灾自动报警系统。同时,对条文的表述方式也作了调整。

根据对国内 14 个城市汽车库进行的调查,目前较大型的汽车库都安装了火灾自动报警设施。但由于汽车库内通风不良,又受车辆尾气的影响,不少安装了烟感报警的设备经常发生故障。因此,在汽车库安装何种自动报警设备应根据汽车库的通风条件和自动报警设施的工作条件而定。

由于汽车库、修车库人员少,起火不易发现,所以一旦发生火灾极可能导致重大财产损失,为早期发现和通报火灾,并及时采取有效措施控制和扑救火灾,大、中型及地下汽车库等设置火灾自动报警系统是十分必要的,所以将本条确定为强制性条文。

9.0.8 现行国家标准《火灾自动报警系统设计规范》GB 50116 等相关规范已对各类系统的联动控制作出规定,汽车库中各类系统的联动控制设计应按这些规范的相关规定执行。

9.0.9 设置火灾自动报警系统和自动灭火系统的汽车库,都是规模较大的汽车库,为了确保火灾报警和灭火设施的正常运行,应设置消防控制室,并有专人值班管理。由于汽车库内的工作人员较少,如设置独立的消防控制室并由专人值班有困难时,可与汽车库内的设备控制室、值班室组合设置,控制室、值班室的值班人员可兼作消防控制室的值班人员,这样可减少汽车库的工作人员。

中华人民共和国国家标准

冷 库 设 计 规 范

Code for design of cold store

GB 50072 - 2010

主编部门：中华人民共和国商务部
批准部门：中华人民共和国住房和城乡建设部
施行日期：2 0 1 0 年 7 月 1 日

中华人民共和国住房和城乡建设部公告

第 489 号

关于发布国家标准
《冷库设计规范》的公告

　　现批准《冷库设计规范》为国家标准，编号为GB 50072—2010，自 2010 年 7 月 1 日起实施。其中，第 4.1.8、4.1.9、4.2.2、4.2.3、4.2.10、4.2.12、4.2.17、4.5.4、5.2.1、5.3.1、5.3.2、6.2.7、7.3.8、8.1.2、8.2.3、8.2.9、8.3.6、9.0.1(1)、9.0.2 条（款）为强制性条文，必须严格执行。原《冷库设计规范》GB 50072—2001 同时废止。

　　本规范由我部标准定额研究所组织中国计划出版社出版发行。

中华人民共和国住房和城乡建设部
二〇一〇年一月十八日

前　言

本规范是根据原建设部《关于印发〈2007 年工程建设标准规范制定、修订计划(第二批)〉的通知》(建标〔2007〕126 号),在商务部市场体系建设司的组织下,由国内贸易工程设计研究院会同有关单位在原国家标准《冷库设计规范》GB 50072—2001 的基础上修订而成的。

在修订过程中,遵照国家基本建设的有关方针、政策,对近几年国内新建和改建的冷库进行了重点调研,并在 9 个省市召开了有教学、科研、工程设计、设备制造、建筑安装等部门专业人员参加的座谈会,广泛听取了对国家标准《冷库设计规范》GB 50072—2001(以下简称"原规范")的修订意见,查阅了国际上相关技术资料,在广泛征求意见的基础上,通过反复修改和完善,最后经专家审查定稿。

本次修订的主要内容如下:

1. 将原规范的适用范围扩大,涵盖了各种建设规模的冷库,除氨制冷系统外,还涵盖了使用氢氟烃类制冷工质的系统。

2. 在满足消防要求的前提下,对冷库占地、防火分区面积作了调整;对冷库外围护结构的总热阻作了调整;删去了原规范中使用黏土砖的相关规定。

3. 删去原规范中有关制冷设备校核计算的各种公式,增加了冷库制冷系统工业金属管道设计压力、设计温度及管道和管件材料的选取规定。

4. 增加了对制冷机房制冷剂泄漏的安全监测措施;调整了制冷机房事故排风量。

5. 增加了对冷库生产、生活用水的水质、水量的具体规定;新增了"消防给水与安全防护"一节。

本规范共分 9 章和 1 个附录。其主要内容有:总则、术语、基本规定、建筑、结构、制冷、电气、给水和排水、采暖通风和地面防冻,并将采暖地区机械通风地面防冻加热负荷和机械通风送风量计算列入附录 A 中。

本规范中以黑体字标志的条文为强制性条文,必须严格执行。

本规范由住房和城乡建设部负责管理和对强制性条文的解释,商务部市场体系建设司负责日常管理,国内贸易工程设计研究院负责具体技术内容的解释。在执行本规范过程中,如发现需要修改或补充之处,或有需要解释的具体技术内容请将意见及有关资料寄交国内贸易工程设计研究院(地址:北京市右安门外大街 99 号,邮政编码:100069),以便今后修订时参考。

本规范主编单位、参编单位、主要起草人和主要审查人员:

主 编 单 位: 国内贸易工程设计研究院

参 编 单 位: 中国制冷学会

公安部天津消防研究所

天津商业大学

上海海洋大学

哈尔滨商业大学

主要起草人: 徐　维　于　伟　徐庆磊　史纪纯　邓建平

陈锦远　杨一凡　王宗存　刘　斌　谈向东

宋立倬

主要审查人员: 王立忠　倪照鹏　谢　晶　李娥飞　张建一

刘志伟　赵育川　青长刚　赵霄龙　唐俊杰

杨万华

目　次

1 总 则

1.0.1 为使冷库设计满足食品冷藏技术和卫生要求,制定本规范。

1.0.2 本规范适用于采用氨、氢氟烃及其混合物为制冷剂的蒸汽压缩式制冷系统(以下简称为氨或氟制冷系统),以钢筋混凝土或砌体结构为主体结构的新建、改建、扩建的冷库,不适用于山洞冷库、装配式冷库、气调库。

1.0.3 冷库设计应做到技术先进、保护环境、经济合理、安全适用。

1.0.4 本规范规定了冷库设计的基本技术要求。当本规范与国家法律、行政法规的规定相抵触时,应按国家法律、行政法规的规定执行。

1.0.5 冷库设计除应符合本规范的规定外,尚应符合国家现行有关标准的要求。

2 术 语

2.0.1 冷库 cold store

采用人工制冷降温并具有保冷功能的仓储建筑群,包括制冷机房、变配电间等。

2.0.2 库房 storehouse

指冷库建筑物主体及为其服务的楼梯间、电梯、穿堂等附属房间。

2.0.3 穿堂 anteroom

为冷却间、冻结间、冷藏间进出货物而设置的通道,其室温分常温或某一特定温度。

2.0.4 冷间 cold room

冷库中采用人工制冷降温房间的统称,包括冷却间、冻结间、冷藏间、冰库、低温穿堂等。

2.0.5 冷却间 chilling room

对产品进行冷却加工的房间。

2.0.6 冻结间 freezing room

对产品进行冻结加工的房间。

2.0.7 冷藏间 cold storage room

用于贮存冷加工产品的冷间,其中用于贮存冷却加工产品的冷间称为冷却物冷藏间;用于贮存冻结加工产品的冷间称为冻结物冷藏间。

2.0.8 冰库 ice storage room

用于贮存冰的房间。

2.0.9 制冷机房 refrigerating machine room

制冷机器间和设备间的总称。

2.0.10 机器间 machine room

安装制冷压缩机的房间。

2.0.11 设备间 equipment room

安装制冷辅助设备的房间。

2.0.12 冷却设备负荷 cooling equipment load

为维持冷间在某一温度,需从该冷间移走的热流量值。

2.0.13 机械负荷 mechanical load

为维持制冷系统正常运转,制冷压缩机负载所带走的热流量值。

2.0.14 制冷系统 refrigerating system

通过管道将制冷机器和设备以及相关元件相互连接起来,组成一个封闭的制冷回路,制冷剂就在这个回路里循环吸热和放热。

2.0.15 保冷 keep to the cooling

为防止低温设备、管道外表面凝露,以减少其冷损失而采取的技术措施。

3 基本规定

3.0.1 冷库的设计规模以冷藏间或冰库的公称容积为计算标准。公称容积大于 20000m³ 为大型冷库;20000m³～5000m³ 为中型冷库;小于 5000m³ 为小型冷库。

公称容积应按冷藏间或冰库的室内净面积(不扣除柱、门斗和制冷设备所占的面积)乘以房间净高确定。

3.0.2 冷库或冰库的计算吨位可按下式计算:

$$G=\frac{\sum V_1 \rho_s \eta}{1000}$$ (3.0.2)

式中:G——冷库或冰库的计算吨位(t);

V_1——冷藏间或冰库的公称容积(m³);

η——冷藏间或冰库的容积利用系数;

ρ_s——食品的计算密度(kg/m³)。

3.0.3 冷藏间容积利用系数不应小于表 3.0.3 的规定值。

表 3.0.3 冷藏间容积利用系数

公称容积(m³)	容积利用系数 η
500～1000	0.40
1001～2000	0.50
2001～10000	0.55
10001～15000	0.60
>15000	0.62

注:1 对于仅储存冻结加工食品或冷却加工食品的冷库,表内公称容积应为全部冷藏间公称容积之和;对于同时储存冻结加工食品和冷却加工食品的冷库,表内公称容积应分别为冻结物冷藏间或冷却物冷藏间各自的公称容积之和。

2 蔬菜冷库的容积利用系数应按表 3.0.3 中的数值乘以 0.8 的修正系数。

3.0.4 采用货架或特殊使用要求时,冷藏间的容积利用系数可根据具体情况确定。

3.0.5 贮藏块冰冰库的容积利用系数不应小于表3.0.5的规定值。

表3.0.5 贮藏块冰冰库的容积利用系数

冰库净高(m)	容积利用系数 η
≤4.20	0.40
4.21~5.00	0.50
5.01~6.00	0.60
>6.00	0.65

3.0.6 食品计算密度应按表3.0.6的规定采用。

表3.0.6 食品计算密度

序号	食品类别	密度(kg/m³)
1	冻肉	400
2	冻分割肉	650
3	冻鱼	470
4	篓装、箱装鲜蛋	260
5	鲜蔬菜	230
6	篓装、箱装鲜水果	350
7	冰蛋	700
8	机制冰	750
9	其他	按实际密度采用

注:同一冷库如同时存冻猪、牛、羊肉(包括禽兔)时,密度可按400kg/m³确定;当只存冻羊腔肉时,密度应按250kg/m³确定;只存冻牛、羊肉时,密度应按330kg/m³确定。

3.0.7 冷库设计的室外气象参数,除应符合现行国家标准《采暖通风与空气调节设计规范》GB 50019的规定外,尚应符合下列规定:

1 计算冷间围护结构热流量时,室外计算温度应采用夏季空气调节室外计算日平均温度。

2 计算冷间围护结构最小总热阻时,室外计算相对湿度应采用最热月的平均相对湿度。

3 计算开门热流量和冷间通风换气流量时,室外计算温度应采用夏季通风室外计算温度,室外相对湿度应采用夏季通风室外计算相对湿度。

3.0.8 冷间的设计温度和相对湿度应根据各类食品的冷藏工艺要求确定,也可按表3.0.8的规定选用。

表3.0.8 冷间的设计温度和相对湿度

序号	冷间名称	室温(℃)	相对湿度(%)	适用食品范围
1	冷却间	0~4	—	肉、蛋等
2	冻结间	−18~−23	—	肉、禽、兔、冰蛋、蔬菜等
		−23~−30	—	鱼、虾等
3	冷却物冷藏间	0	85~90	冷却后的肉、禽
		−2~0	80~85	鲜蛋
		−1~+1	90~95	冰鲜鱼
		0~+2	85~90	苹果、鸭梨等
		−1~+1	90~95	大白菜、蒜薹、葱头、菠菜、香菜、胡萝卜、甘蓝、芹菜、莴苣等
		+2~+4	85~90	土豆、橘子、荔枝等
		+7~+13	85~90	柿子椒、菜豆、黄瓜、番茄、菠萝、柑橘等
		+11~+16	85~90	香蕉等
4	冻结物冷藏间	−15~−20	85~90	冻肉、禽、副产品、冰蛋、冻蔬菜、冰棒等
		−18~−25	90~95	冻鱼、虾、冷冻饮品等
5	冰库	−4~−6		盐水制冰的冰块

注:冷却物冷藏间设计温度宜取0℃,储藏过程中应按照食品的产地、品种、成熟度和降温时间等调节其温度与相对湿度。

3.0.9 选用产品均应符合国家现行有关标准的规定。

4 建 筑

4.1 库址选择与总平面

4.1.1 冷库库址的选择应符合下列规定:

1 应符合当地总体规划的要求,并应经当地规划部门批准。

2 库址宜选择在城市规划的物流园区中,且应位于周围集中居住区夏季最大频率风向的下风侧。使用氨制冷工质的冷库,与其下风侧居住区的防护距离不宜小于300m,与其他方位居住区的卫生防护距离不宜小于150m。

3 库址周围应有良好的卫生条件,且必须避开和远离有害气体、灰沙、烟雾、粉尘及其他有污染源的地段。

4 应选择在交通运输方便的地方。

5 应具备可靠的水源和电源以及排水条件。

6 宜选在地势较高和工程地质条件良好的地方。

7 肉类、水产等加工厂内的冷库和食品批发市场、食品配送中心等的冷库库址还应综合考虑其特殊要求。

4.1.2 冷库的总平面布置应符合下列规定:

1 应满足生产工艺、运输、管理和设备管线布置合理等综合要求。

2 当设有铁路专用线时,库房应沿铁路专用线布置。

3 当设有水码头时,库房应靠近水码头布置。

4 当以公路运输为主时,库房应靠近冷库运输主出入口布置。

5 肉类、水产类等加工厂的冷库应布置在该加工厂洁净区内,并应在其污染区夏季最大频率风向的上风侧。

6 食品批发市场的冷库应布置在该市场仓储区内,并应与交易区分开布置。

7 在库区显著位置应设风向标。

4.1.3 冷库总平面布置应做到近远期结合,以近期为主,对库房占地、铁路专用线、水运码头、设备管线、道路、回车场等资源应统筹规划、合理布置,并应兼顾今后扩建的可能。

4.1.4 冷库总平面竖向设计应符合下列规定:

1 库区内应有良好的雨水排水系统,道路和回车场应有防积水措施。

2 库房周边不应采用明沟排放污水。

4.1.5 库区的主要道路和进入库区的主要道路应铺设适于车辆通行的混凝土或沥青等硬路面。

4.1.6 制冷机房或制冷机组应靠近用冷负荷最大的冷间布置,并应有良好的自然通风条件。

4.1.7 变配电所应靠近制冷机房布置。

4.1.8 两座一、二级耐火等级的库房贴邻布置时,贴邻布置的库房总长度不应大于150m,总占地面积不应大于10000m²。库房应设置环形消防车道。贴邻库房两侧的外墙均应为防火墙,屋顶的耐火极限不应低于1.00h。

4.1.9 库房与制冷机房、变配电所和控制室贴邻布置时,相邻侧的墙体,应至少有一面为防火墙,屋顶耐火极限不应低于1.00h。

4.2 库房的布置

4.2.1 库房布置应符合下列规定:

1 应满足生产工艺流程要求,运输线路宜短,应避免迂回和交叉。

2 冷藏间平面柱网尺寸和层高应根据贮藏食品的主要品种、包装规格、运输堆码方式、托盘规格和堆码高度以及经营管理模式等使用功能确定,并应综合考虑建筑模数及结构选型。

3 当采用氟制冷机组时,可设置于库房穿堂内。

4 冷间应按不同的设计温度分区、分层布置。

5 冷间建筑应尽量减少其隔热围护结构的外表面积。

4.2.2 每座冷库冷藏间耐火等级、层数和面积应符合表4.2.2的要求。

表4.2.2 每座冷库冷藏间耐火等级、层数和面积(m²)

冷藏间耐火等级	最多允许层数	冷藏间的最大允许占地面积和防火分区的最大允许建筑面积(m²)			
		单层、多层		高层	
		冷藏间占地	防火分区	冷藏间占地	防火分区
一、二级	不限	7000	3500	5000	2500
三级	3	1200	400	—	—

注:1 当设地下室时,只允许设一层地下室,且地下冷藏间占地面积不应大于地上冷藏间建筑的最大允许占地面积,防火分区不应大于1500m²。

2 建筑高度超过24m的冷库为高层冷库。

3 本表中"—"表示不允许建高层冷库。

4.2.3 冷藏间与穿堂之间的隔墙应为防火隔墙,该防火隔墙的耐火极限不应低于3.00h,该防火隔墙上的冷藏门可为非防火门。

4.2.4 冷藏间的分间应符合下列规定:

1 应按贮藏食品的特性及冷藏温度等要求分间。

2 有异味或易串味的贮藏食品应设单间。

3 宜按不同经营模式和管理需要分间。

4.2.5 库房应设穿堂,温度应根据工艺需要确定。

4.2.6 库房公路站台应符合下列规定:

1 站台宽度不宜小于5m。

2 站台边缘停车侧面应装设缓冲橡胶条块,并应涂有黄、黑相间防撞警示色带。

3 站台上应设罩棚,靠站台边缘一侧如有结构柱时,柱边距站台边缘净距不宜小于0.6m;罩棚挑檐挑出站台边缘的部分不应小于1.00m,净高应与运输车辆的高度相适应,并应设有组织排水。

4 根据需要可设封闭站台,封闭站台应与冷库穿堂合并布置。

5 封闭站台的宽度及其内的温度可根据使用要求确定,其外围护结构应满足相应的保温要求。

6 封闭站台的高度、门洞数量应与货物吞吐量相适应,并应设置相应的冷藏门和连接冷藏车的密闭软门套。

7 在站台的适当位置应布置满足使用需要的上、下站台的台阶和坡道。

4.2.7 库房的铁路站台应符合下列规定:

1 站台宽度不宜小于7m。

2 站台边缘顶面应高出轨顶面1.1m,边缘距铁路中心线的水平距离应为1.75m。

3 站台长度应与铁路专用线装卸作业段的长度相同。

4 站台上应设罩棚,罩棚柱边与站台边缘净距不应小于2m,檐高和挑出长度应符合铁路专用线的限界规定。

5 在站台的适当位置应布置满足使用需要的上、下台阶和坡道。

4.2.8 多层、高层库房应设置电梯。电梯轿厢的选择应充分利用电梯的运载能力。

4.2.9 库房设置电梯的数量可按下列规定计算:

1 5t型电梯运载能力,可按34t/h计;3t型电梯运载能力,可按20t/h计;2t型电梯运载能力可按13t/h计。

2 以铁路运输为主的冷库及港口中转冷库的电梯数量应按一次进出货吞吐量和装卸允许时间确定。

3 全部为公路运输的冷库电梯数量应按日高峰进出货吞吐量和日低谷进出货吞吐量的平均值确定。

4 在以铁路、水运进出货吞吐量确定电梯数量的情况下,电梯位置可兼顾日常生产和公路进出货使用的需要,不宜再另设电梯。

4.2.10 库房的楼梯间应设在穿堂附近,并应采用不燃材料建造,通向穿堂的门应为乙级防火门;首层楼梯出口应直通室外或距直通室外的出口不大于15m。

4.2.11 带水作业的加工间和温度高、湿度大的房间不应与冷藏间毗连;当生产流程必须毗连时,应具备良好的通风条件。

4.2.12 建筑面积大于1000m²的冷藏间应至少设两个冷藏门(含隔墙上的门),面积不大于1000m²的冷藏间可只设一个冷藏门。冷藏门内侧应设有应急内开门锁装置,并应有醒目的标识。

4.2.13 冻结物冷藏间的门洞内侧应设置构造简易、可以更换的回笼间。

4.2.14 冷藏门外侧应设置冷风幕或在其冷藏门内侧设置耐低温的透明塑料门帘。

4.2.15 库房的计量设备应根据进出货操作流程短捷的原则和需要设置。

4.2.16 库房附属的办公室、安保值班室、烘衣室、更衣室、休息室及卫生间等与库房生产、管理直接有关的辅助房间可布置于穿堂附近,多层、高层冷库应设置在首层(卫生间除外),但应至少有一个独立的安全出口,卫生间内应设自动冲洗(或非手动式冲洗)的便器和洗手盆。

4.2.17 在库房内严禁设置与库房生产、管理无直接关系的其他用房。

4.3 库房的隔热

4.3.1 库房的隔热材料应符合下列规定:

1 热导率宜小。

2 不应有散发有害或异味等对食品有污染的物质。

3 宜为难燃或不燃材料,且不易变质。

4 宜选用块状温度变形系数小的块状隔热材料。

5 易于现场施工。

6 正铺贴于地面、楼面的隔热材料,其抗压强度不应小于0.25MPa。

4.3.2 围护结构隔热材料的厚度应按下式计算:

$$d = \lambda \left[R_0 - \left(\frac{1}{\alpha_w} + \frac{d_1}{\lambda_1} + \frac{d_2}{\lambda_2} + \cdots + \frac{d_n}{\lambda_n} + \frac{1}{\alpha_n} \right) \right] \quad (4.3.2)$$

式中: d——隔热材料的厚度(m);

λ——隔热材料的热导率[W/(m·℃)];

R_0——围护结构总热阻(m²·℃/W);

α_w——围护结构外表面传热系数[W/(m²·℃)];

α_n——围护结构内表面传热系数[W/(m²·℃)];

d_1、d_2…d_n——围护结构除隔热层外各层材料的厚度(m);

λ_1、λ_2…λ_n——围护结构除隔热层外各层材料的热导率[W/(m·℃)]。

4.3.3 冷库隔热材料设计采用的热导率值应按下式计算确定:

$$\lambda = \lambda' \cdot b \quad (4.3.3)$$

式中:λ——设计采用的热导率[W/(m·℃)];

λ'——正常条件下测定的热导率[W/(m·℃)];

b——热导率的修正系数可按表4.3.3的规定采用。

表4.3.3 热导率的修正系数

序号	材料名称	b	序号	材料名称	b
1	聚氨酯泡沫塑料	1.4	7	加气混凝土	1.3
2	聚苯乙烯泡沫塑料	1.3	8	岩棉	1.8
3	聚苯乙烯挤塑板	1.3	9	软木	1.2
4	膨胀珍珠岩	1.7	10	炉渣	1.6
5	沥青膨胀珍珠岩	1.2	11	稻壳	1.7
6	水泥膨胀珍珠岩	1.3			

注:加气混凝土、水泥膨胀珍珠岩的修正系数,应为经过烘干的块状材料并用沥青等不含水黏结材料贴水、砌筑的数值。

4.3.4 冷间外墙、屋面或顶棚设计采用的室内、外两侧温度差Δt,应按下式计算确定:

$$\Delta t = \Delta t' \cdot a \quad (4.3.4)$$

式中:Δt——设计采用的室内、外两侧温度差(℃);

$\Delta t'$——夏季空气调节室外计算日平均温度与室内温度差（℃）；

a——围护结构两侧温度差修正系数可按表4.3.4的规定采用。

表4.3.4 围护结构两侧温度差修正系数

序号	围护结构部位	a
1	$D>4$ 的外墙： 冻结间、冻结物冷藏间 冷却间、冷却物冷藏间、冰库	1.05 1.10
2	$D>4$ 相邻有常温房间的外墙： 冻结间、冻结物冷藏间 冷却间、冷却物冷藏间、冰库	1.00 1.00
3	$D>4$ 的冷间顶棚，其上为通风阁楼，屋面有隔热层或通风层： 冻结间、冻结物冷藏间 冷却间、冷却物冷藏间、冰库	1.15 1.20
4	$D>4$ 的冷间顶棚，其上为不通风阁楼，屋面有隔热层或通风层： 冻结间、冻结物冷藏间 冷却间、冷却物冷藏间、冰库	1.20 1.30
5	$D>4$ 的无阁楼屋面，屋面有通风层： 冻结间、冻结物冷藏间 冷却间、冷却物冷藏间、冰库	1.20 1.30
6	$D\leqslant4$ 的外墙：冻结物冷藏间	1.30
7	$D\leqslant4$ 的无阁楼屋面：冻结物冷藏间	1.60
8	半地下外墙外侧为土壤时	0.20
9	冷间地面下部无通风加热设备时	0.20
10	冷间地面隔热层下有通风等加热设备时	0.60
11	冷间地面隔热层下为通风架空层时	0.70
12	两侧均为冷间时	1.00

注：1 D 值可从相关材料、热工手册中查得选用。

2 负温穿堂的 a 值可按冻结物冷藏间确定。

3 表内未列的其他室温等于或高于0℃的冷间可参照各项中冷却间的 a 值选用。

4.3.5 冷间外墙、屋面或顶棚的总热阻，根据设计采用的室内、外两侧温度差 Δt 值，可按表4.3.5的规定选用。

表4.3.5 冷间外墙、屋面或顶棚的总热阻($m^2\cdot℃/W$)

设计采用的室内外温度差 Δt(℃)	面积热流量(W/m^2)			
	7	8	9	10	11
90	12.86	11.25	10.00	9.00	8.18
80	11.43	10.00	8.89	8.00	7.27
70	10.00	8.75	7.78	7.00	6.36
60	8.57	7.50	6.67	6.00	5.45
50	7.14	6.25	5.56	5.00	4.55
40	5.71	5.00	4.44	4.00	3.64
30	4.29	3.75	3.33	3.00	2.73
20	2.86	2.50	2.22	2.00	1.82

4.3.6 冷间隔墙总热阻应根据隔墙两侧设计室温按表4.3.6的规定选用。

表4.3.6 冷间隔墙总热阻($m^2\cdot℃/W$)

隔墙两侧设计室温	面积热流量(W/m^2)	
	10	12
冻结间-23℃——冷却间0℃	3.80	3.17
冻结间-23℃——冻结间-23℃	2.80	2.33
冻结间-23℃——穿堂4℃	2.70	2.25
冻结间-23℃——穿堂-10℃	2.00	1.67
冻结物冷藏间-18℃～-20℃——冷却物冷藏间0℃	3.30	2.75
冻结物冷藏间-18℃～-20℃——冰库-4℃	2.80	2.33
冻结物冷藏间-18℃～-20℃——穿堂4℃	2.80	2.33
冷却物冷藏间0℃——冷却物冷藏间0℃	2.00	1.67

注：隔墙总热阻已考虑生产中的温度波动因素。

4.3.7 冷间楼面总热阻可根据楼板上、下冷间设计温度按表4.3.7的规定选用。

表4.3.7 冷间楼面总热阻

楼板上、下冷间设计温度(℃)	冷间楼面总热阻($m^2\cdot℃/W$)
35	4.77
23～28	4.08
15～20	3.31
8～12	2.58
5	1.89

注：1 楼板总热阻已考虑生产中温度波动因素。

2 当冷却物冷藏间楼板下为冻结冷藏间时，楼板热阻不宜小于4.08 $m^2\cdot℃/W$。

4.3.8 冷间直接铺设在土壤上的地面总热阻应根据冷间设计温度按表4.3.8的规定选用。

表4.3.8 直接铺设在土壤上的冷间地面总热阻

冷间设计温度(℃)	冷间地面总热阻($m^2\cdot℃/W$)
0～-2	1.72
-5～-10	2.54
-15～-20	3.18
-23～-28	3.91
-35	4.77

注：当地面隔热层采用炉渣时，总热阻按本表数据乘以0.8修正系数。

4.3.9 冷间铺设在架空层上的地面总热阻根据冷间设计温度按表4.3.9选用。

表4.3.9 铺设在架空层上的冷间地面总热阻

冷间设计温度(℃)	冷间地面总热阻($m^2\cdot℃/W$)
0～-2	2.15
-5～-10	2.71
-15～-20	3.44
-23～-28	4.08
-35	4.77

4.3.10 库房围护结构外表面和内表面传热系数(a_w、a_n)和热阻(R_w、R_n)按表4.3.10的规定选用。

表4.3.10 库房围护结构外表面和内表面传热系数 a_w、a_n 和热阻 R_w、R_n

围护结构部位及环境条件	a_w [W/($m^2\cdot℃$)]	a_n [W/($m^2\cdot℃$)]	R_w 或 R_n ($m^2\cdot℃/W$)
无防风设施的屋面、外墙的外表面	23	—	0.043
顶棚上为阁楼或有房屋及外墙外部紧邻其他建筑物的外表面	12	—	0.083
外墙和顶棚的内表面、内墙和楼板的表面、地面的上表面： 1. 冻结间、冷却间设有强力鼓风装置时	—	29	0.034
2. 冷却物冷藏间设有强力鼓风装置时	—	18	0.056
3. 冻结物冷藏间设有鼓风的冷却设备时	—	12	0.083
4. 冷间无机械鼓风装置时	—	8	0.125
地面下为通风架空层	8	—	0.125

注：地面下为通风加热管道和直接铺设在土壤上的地面以及半地下室外墙埋入地下的部位，外表面传热系数均可不计。

4.3.11 相邻同温冷间的隔墙及上、下相邻两层为同温冷间之间的楼板可不设隔热层。

4.3.12 当冷库底层冷间设计温度低于0℃时，地面应采取防止冻胀的措施；当地面下为岩层或沙砾层且地下水位较低时，可不做防止冻胀处理。

4.3.13 冷库底层冷间设计温度等于或高于0℃时，地面可不做防止冻胀处理，但应仍设置相应的隔热层。在空气冷却器基座下部及其周边1m范围内的地面总热阻 R_0 不应小于3.18$m^2\cdot℃/W$。

4.3.14 冷库屋面及外墙外侧宜涂白色或浅色。

4.4 库房的隔汽和防潮

4.4.1 当围护结构两侧设计温差等于或大于5℃时，应在隔热层温度较高的一侧设置隔汽层。

9

4.4.2 围护结构蒸汽渗透阻可按下式计算：
$$H_0 \geqslant 1.6 \times (P_{sw} - P_{sn})/w \qquad (4.4.2)$$
式中：H_0——围护结构隔汽层高温侧各层材料（隔热层以外）的蒸汽渗透阻之和（$m^2 \cdot h \cdot Pa/q$）；

　　　w——蒸汽渗透强度（$q/m^2 \cdot h$）；

　　　P_{sw}——围护结构高温侧空气的水蒸气分压力（Pa）；

　　　P_{sn}——围护结构低温侧空气的水蒸气分压力（Pa）。

4.4.3 当围护结构隔热层选用现喷（或灌注）硬质聚氨酯泡沫塑料材料时，隔汽层不应选用热熔性材料。

4.4.4 库房隔汽层和防潮层的构造应符合下列规定：

　　1 库房外墙的隔汽层应与地面隔热层上、下的防水层和隔汽层搭接。

　　2 楼面、地面的隔热层上、下、四周应做防水层或隔汽层，且楼面、地面隔热层的防水层或隔汽层应全封闭。

　　3 隔墙隔热层底部应做防潮层，且应在其热侧上翻铺 0.12m。

　　4 冷却间或冻结间隔墙的隔热层两侧均应做隔汽层。

4.5 构 造 要 求

4.5.1 在夏热冬暖地区的库房屋面上应设置通风间层。

4.5.2 库房顶层隔热层采用块状隔热材料时，不应再设阁楼层。

4.5.3 用作铺设松散隔热材料的阁楼，设计应符合下列规定：

　　1 阁楼楼面不应留有缝隙，若采用预制构件时，构件之间的缝隙必须填实。

　　2 松散隔热材料的设计厚度应取计算厚度的 1.5 倍。

　　3 阁楼柱应自阁楼楼面起包 1.5m 高度的块状隔热材料，厚度应使热阻不小于 1.38$m^2 \cdot ℃/W$，隔热层外面应设置隔汽层，但不应抹灰。

4.5.4 当外墙与阁楼楼面均采用松散可燃隔热材料时，相交处应设防火带。相交部位防火分隔的耐火极限不应低于楼板的耐火极限。

4.5.5 多层、高层冷库冷藏间的外墙与檐口及各层冷藏间外墙与穿堂连接部位的变形缝应采取防漏水的构造措施。

4.5.6 库房的下列部位，均应采取防冷桥的构造处理：

　　1 由于承重结构需要连续而使隔热层断开的部位。

　　2 门洞和设备、供电管线穿越隔热层周围部位。

　　3 冷藏间、冻结间通往穿堂的门洞外跨越变形缝部位的局部地面和楼面。

4.5.7 装隔热材料不应采用含水黏结材料黏结块。

4.5.8 带水作业的冷间应有保护墙面、楼面和地面的防水措施。

4.5.9 库房屋面排水宜设置外天沟及墙外明装雨水管。

4.5.10 冷间建筑的地下室或地面架空层采用防止地下水和地表水浸入的措施，并应设排水设施。

4.5.11 冷藏间的地面面层应采用耐磨损、不起灰地面。

4.6 制冷机房、变配电所和控制室

4.6.1 氨制冷机房、变配电所和控制室应符合下列规定：

　　1 氨制冷机房平面开间、进深应符合制冷设备布置要求，净高应根据设备高度和采暖通风的要求确定。

　　2 氨制冷机房的屋面应设置通风间层及隔热层。

　　3 氨制冷机房的控制室和操作人员值班室应与机器间隔开，并应设固定密闭观察窗。

　　4 机器间内的墙裙、地面和设备基座应采用易于清洗的面层。

　　5 变配电所与氨压缩机房贴邻共用的隔墙必须采用防火墙，该墙上只穿过与配电室有关的管道、沟道，穿过部位周围应采用不燃材料严密封塞。

　　6 氨制冷机房和变配电所的门应采用平开门并向外开启。

　　7 氨制冷机房、配电室和控制室之间连通的门均应为乙级防火门。

4.6.2 氟制冷机房如单独设置时，应根据制冷工艺要求布置其设备、管线，满足制冷工艺要求，并应按照氨制冷机房的相应要求执行。

5 结 构

5.1 一 般 规 定

5.1.1 冷间宜采用钢筋混凝土结构或钢结构，也可采用砌体结构。

5.1.2 冷间结构应考虑所处环境温度变化作用产生的变形及内应力影响，并采取相应措施减少温度变化作用对结构引起的不利影响。

5.1.3 冷间采用钢筋混凝土结构时，伸缩缝的最大间距不宜大于 50m。如有充分依据和可靠措施，伸缩缝最大间距可适当增加。

5.1.4 冷间顶层为阁楼时，阁楼屋面宜采用装配式结构。当采用现浇钢筋混凝土屋面时，伸缩缝最大间距可按表 5.1.4 采用。

表 5.1.4 现浇钢筋混凝土阁楼屋面伸缩缝最大间距（m）

序号	屋面做法	伸缩缝最大间距
1	有隔热层	45
2	无隔热层	35

注：当有充分依据或可靠措施，表中数值可以增加。

5.1.5 当冷间阁楼屋面采用现浇钢筋混凝土楼盖，且相对边柱中心线距离大于或等于 30m 时，边柱柱顶与屋面梁宜采用铰接。

5.1.6 当冷间底层为架空地面时，地面结构宜采用预制梁板。

5.1.7 当冷库外墙采用自承重墙时，外墙与库内承重结构之间每层均应可靠拉结，设置锚系梁。锚系梁间距可为 6m，墙角处不宜设置。墙角砌体应适当配筋且墙角至第一个锚系梁的距离不宜小于 6m。设置的锚系梁应能承受外墙的拉力与压力。抗震设防烈度为 6 度及 6 度以上，外墙应设置钢筋混凝土构造柱及圈梁。

5.1.8 冷间混凝土结构的耐久性应根据表 5.1.8 的环境类别进

行设计。

表 5.1.8　混凝土结构的环境类别

环境类别	名　称	条　件
二 a	0℃及以上温度库房、0℃及以上温度冷加工间、架空式地面防冻层	室内潮湿环境
二 b	0℃以下冷间	低温环境
三	盐水制冰间	轻度盐雾环境

5.1.9　冷间钢筋混凝土板每个方向全截面最小温度配筋率不应小于 0.3%。

5.1.10　零度以下的低温库房承重墙和柱基础的最小埋置深度，自库房室外地坪向下不宜小于 1.5m，且应满足所在地区冬季地基土冻胀和融陷影响对基础埋置深度的要求。

5.1.11　软土地基应考虑库房地面大面积堆载所产生的地基不均匀变形对墙柱基础、库房地面及上部结构的不利影响。

5.1.12　抗震设防烈度 6 度及 6 度以上的板柱-剪力墙结构，柱上板带上部钢筋的 1/2 及全部下部钢筋应纵向连通。

5.2　荷　载

5.2.1　冷库楼面和地面结构均布活荷载标准值及准永久值系数应根据房间用途按表 5.2.1 的规定采用。

表 5.2.1　冷库楼面和地面结构均布活荷载标准值及准永久值系数

序号	房 间 名 称	标准值(kN/m²)	准永久值系数
1	人行楼梯间	3.5	0.3
2	冷却间、冻结间	15.0	0.6
3	运货穿堂、站台、收发货间	15.0	0.4
4	冷却物冷藏间	15.0	0.8
5	冻结物冷藏间	20.0	0.8
6	制冰池	20.0	0.8

续表 5.2.1

序号	房 间 名 称	标准值(kN/m²)	准永久值系数
7	冰库	9×h	0.8
8	专用于装隔热材料的阁楼	1.5	0.8
9	电梯机房	7.0	0.8

注：1　本表第 2~7 项为等效均布活荷载标准值。
　　2　本表第 2~5 项适用于堆货高度不超过 5m 的库房，并已包括 1000kg 叉车运行荷载在内，贮存冰蛋、桶装油脂及冻分割肉等密度大的货物时，其楼面和地面活荷载应按实际情况确定。
　　3　h 为堆冰高度(m)。

5.2.2　单层库房冻结物冷藏间堆货高度达 6m 时，地面均布活荷载标准值可采用 30kN/m²。单层高货架库房可根据货架平面布置和货架层数按实际情况计算取值。

5.2.3　楼板下有吊重时，可按实际情况另加。

5.2.4　冷库吊运轨道结构计算的活荷载标准值及准永久值系数应按表 5.2.4 的规定采用。

表 5.2.4　冷库吊运轨道活荷载标准值及准永久值系数

序号	房 间 名 称	标准值(kN/m)	准永久值系数
1	猪、羊白条肉	4.5	0.6
2	冻鱼(每盘 15kg)	6.0	0.75
3	冻鱼(每盘 20kg)	7.5	0.75
4	牛两分胴体轨道	7.5	0.6
5	牛四分胴体轨道	5.0	0.6

注：本表数值包括滑轮及吊具重量。

5.2.5　当吊运轨道直接吊在楼板下，设计现浇或预制梁板时，应按吊点负荷面积将本表数值折算成集中荷载；设计现浇板柱-剪力墙时，可折算成均布荷载。

5.2.6　四层及四层以上的冷库及穿堂，其梁、柱和基础活荷载的折减系数宜按表 5.2.6 的规定采用。

表 5.2.6　冷库和穿堂梁、柱及基础活荷载折减系数

项　目	结构部位		
	梁	柱	基础
穿堂	0.7	0.7	0.5
库房	1.0	0.8	0.8

5.2.7　制冷机房操作平台无设备区域的操作荷载(包括操作人员及一般检修工具的重量)，可按均布活荷载考虑，采用 2kN/m²。设备按实际荷载确定。

5.2.8　制冷机房设于楼面时，设备荷载应按实际重量考虑，楼面均布活荷载标准值可按 8kN/m²。压缩机等振动设备动力系数取 1.3。

5.3　材　料

5.3.1　冷间内采用的水泥必须符合下列规定：

　　1　应采用普通硅酸盐水泥，或采用矿渣硅酸盐水泥。不得采用火山灰质硅酸盐水泥和粉煤灰硅酸盐水泥。

　　2　不同品种水泥不得混合使用，同一构件不得使用两种以上品种的水泥。

5.3.2　冷间内砖砌体应采用强度等级不低于 MU10 的烧结普通砖，并应用水泥砂浆砌筑和抹面。砌筑用水泥砂浆强度等级不低于 M7.5。

5.3.3　冷间用的混凝土如需提高抗冻融破坏能力时，可掺入适宜的混凝土外加剂。

5.3.4　冷间内钢筋混凝土的受力钢筋宜采用 HRB400 级和 HRB335 级热轧钢筋，也可采用 HPB235 级热轧钢筋。冷间钢结构用钢除应符合本规范外，尚应符合现行国家标准《钢结构设计规范》GB 50017 的规定。

6　制　冷

6.1　冷间冷却设备负荷和机械负荷的计算

6.1.1　冷间冷却设备负荷应按下式计算：

$$Q_s = Q_1 + pQ_2 + Q_3 + Q_4 + Q_5 \qquad (6.1.1)$$

式中：Q_s——冷间冷却设备负荷(W)；
　　　Q_1——冷间围护结构热流量(W)；
　　　Q_2——冷间内货物热流量(W)；
　　　Q_3——冷间通风换气热流量(W)；
　　　Q_4——冷间内电动机运转热流量(W)；
　　　Q_5——冷间操作热流量(W)，但对冷却间及冻结间则不计算该热流量；
　　　p——冷间内货物冷加工负荷系数。冷却间、冻结间和货物不经冷却而直接进入冷却物冷藏间的货物冷加工负荷系数 p 应取 1.3，其他冷间 p 取 1。

6.1.2　冷间机械负荷应分别根据不同蒸发温度按下式计算：

$$Q_j = (n_1\sum Q_1 + n_2\sum Q_2 + n_3\sum Q_3 + n_4\sum Q_4 + n_5\sum Q_5)R \qquad (6.1.2)$$

式中：Q_j——某蒸发温度的机械负荷(W)；
　　　n_1——冷间围护结构热流量的季节修正系数，一般可根据冷库生产旺季出现的月份按表 6.1.2 的规定采用。当冷库全年生产无明显淡旺季区别时应取 1；
　　　n_2——冷间货物热流量减少系数；
　　　n_3——同期换气系数，宜取 0.5~1.0("同时最大换气量与全库每日总换气量的比数"大时取大值)；
　　　n_4——冷间内电动机同期运转系数；

n_5——冷间同期操作系数;

R——制冷装置和管道等冷损耗补偿系数,一般直接冷却系统宜取 1.07,间接冷却系统宜取 1.12。

表 6.1.2 季节修正系数 n_1

纬度	库温(℃)	1	2	3	4	5	6	7	8	9	10	11	12
北纬40°以上(含40°)	0	-0.70	-0.50	-0.10	0.40	0.70	0.90	1.00	1.00	0.70	0.30	-0.10	-0.50
	-10	-0.25	-0.11	0.19	0.59	0.78	0.92	1.00	1.00	0.78	0.49	0.19	-0.11
	-18	-0.02	0.10	0.33	0.64	0.82	0.93	1.00	1.00	0.82	0.58	0.33	0.10
	-23	-0.08	0.18	0.40	0.68	0.84	0.94	1.00	1.00	0.84	0.62	0.40	0.18
	-30	0.19	0.28	0.47	0.72	0.86	0.95	1.00	1.00	0.86	0.67	0.47	0.28
北纬35°~40°(含35°)	0	-0.30	-0.20	0.20	0.50	0.80	0.90	1.00	1.00	0.70	0.50	0.10	-0.20
	-10	0.05	0.14	0.41	0.65	0.86	0.92	1.00	1.00	0.78	0.65	0.35	0.14
	-18	0.22	0.29	0.51	0.71	0.89	0.93	1.00	1.00	0.82	0.71	0.38	0.29
	-23	0.30	0.36	0.56	0.74	0.90	0.94	1.00	1.00	0.84	0.74	0.49	0.36
	-30	0.39	0.44	0.61	0.77	0.91	0.95	1.00	1.00	0.86	0.77	0.47	0.44
北纬30°~35°(含30°)	0	0.15	0.15	0.42	0.53	0.72	0.86	1.00	1.00	0.83	0.62	0.41	0.27
	-10	0.31	0.36	0.48	0.64	0.79	0.88	1.00	1.00	0.88	0.71	0.55	0.39
	-18	0.42	0.46	0.56	0.70	0.82	0.90	1.00	1.00	0.88	0.76	0.62	0.48
	-23	0.47	0.51	0.60	0.73	0.84	0.91	1.00	1.00	0.89	0.78	0.65	0.53
	-30	0.53	0.56	0.65	0.76	0.86	0.92	1.00	1.00	0.90	0.81	0.69	0.58
北纬25°~30°(含25°)	0	0.18	0.23	0.42	0.52	0.80	0.88	1.00	1.00	0.87	0.65	0.54	0.26
	-10	0.39	0.41	0.56	0.71	0.85	0.91	1.00	1.00	0.90	0.75	0.59	0.44
	-18	0.49	0.51	0.64	0.76	0.88	0.92	1.00	1.00	0.92	0.78	0.66	0.53
	-23	0.54	0.56	0.67	0.78	0.89	0.93	1.00	1.00	0.93	0.80	0.67	0.57
	-30	0.59	0.61	0.71	0.80	0.90	0.93	1.00	1.00	0.93	0.82	0.72	0.62
北纬25°以下	0	0.44	0.48	0.63	0.73	0.90	0.93	1.00	1.00	0.93	0.81	0.65	0.40
	-10	0.58	0.59	0.73	0.85	0.95	0.95	1.00	1.00	0.95	0.85	0.75	0.63
	-18	0.65	0.67	0.77	0.88	0.96	0.96	1.00	1.00	0.96	0.88	0.79	0.69
	-23	0.68	0.70	0.79	0.89	0.96	0.96	1.00	1.00	0.96	0.89	0.81	0.72
	-30	0.72	0.73	0.82	0.90	0.97	0.96	1.00	1.00	0.97	0.90	0.83	0.75

6.1.3 冷间货物热流量折减系数 n_2 应根据冷间的性质确定。冷却物冷藏间宜取 0.3~0.6;冻结物冷藏间宜取 0.5~0.8;冷加工间和其他冷间应取 1。

6.1.4 冷间内电动机同期运转系数 n_4 和冷间同期操作系数 n_5,应按表 6.1.4 规定采用。

表 6.1.4 冷间内电动机同期运转系数 n_4 和冷间同期操作系数 n_5

冷间总间数	n_4 或 n_5
1	1
2~4	0.5
≥5	0.4

注:1 冷却间、冷却物冷藏间、冻结间 n_4 取 1,其他冷间取本表值。
　　2 冷间总间数应按同一蒸发温度且用途相同的冷间间数计算。

6.1.5 冷间的每日进货量应按下列规定取值:

1 冷却间或冻结间应按设计冷加工能力计算。

2 存放果蔬的冷却物冷藏间,不应大于该间计算吨位的 10%。

3 存放鲜蛋的冷却物冷藏间,不应大于该间计算吨位的 5%。

4 无外库调入货物的冷库,其冻结物冷藏间每日进货量,宜按该库每日冻结加工量计算。

5 有从外库调入货物的冷库,其冻结物冷藏间每间每日进货量可按该间计算吨位的 5%~15% 计算。

6 冻结量大的水产冷库,其冻结物冷藏间的每日进货量可按具体情况确定。

6.1.6 货物进入冷间时的温度应按下列规定确定:

1 未经冷却的屠宰鲜肉温度应取 39℃,已经冷却的鲜肉温度应取 4℃。

2 从外库调入的冻结货物温度应取 -10℃~-15℃。

3 无外库调入货物的冷库,进入冻结物冷藏间的货物温度,应按该冷库冻结间终止降温时或产品包装后的货物温度确定。

4 冰鲜鱼、虾整理后的温度应取 15℃。

5 鲜鱼虾整理后进入冷加工间的温度,按整理鱼虾用水的水温确定。

6 鲜蛋、水果、蔬菜的进货温度,按冷间生产旺月气温的月平均温度确定。

6.1.7 服务于机关、学校、工厂、宾馆、商场等小型服务性冷库,当其冷间总的公称容积在 500m³ 以下时,冷间冷却设备负荷应按下式计算:

$$Q'_s = Q_1 + pQ_2 + Q_4 + Q_{5a} + Q_{5b} \qquad (6.1.7)$$

式中:Q'_s——小型服务性冷库冷间冷却设备负荷(W);

Q_1——冷间围护结构热流量(W);

Q_2——冷间内货物热流量(W);

Q_4——冷间内电动机运转热流量(W);

Q_{5a}——冷间内照明热流量(W),对冻结间则不计算该项热流量;

Q_{5b}——冷间开门的热流量,对冻结间则不计算该项热流量(W);

p——货物冷加工负荷系数,冻结间以及货物不经冷却而直接进入冷却物冷藏间的货物冷加工负荷系数 p 取 1.3,其他冷间 p 取 1。

6.1.8 小型服务性冷库冷间机械负荷应分别根据不同蒸发温度按下式计算:

$$Q'_j = (\sum Q_1 + n_2 \sum Q_2 + n_4 \sum Q_4 + n_5 \sum Q_{5a} + n_5 \sum Q_{5b}) \frac{24}{\tau} R \qquad (6.1.8)$$

式中:Q'_j——同一蒸发温度的冷间的机械负荷(W);

n_2——冷间货物热流量折减系数,冷却物冷藏间宜取 0.6,冻结物冷藏间宜取 0.5,其他冷间宜取 1;

n_4——冷间内电动机同期运转系数,取值见表 6.1.4;

n_5——冷间同期操作系数,取值见表 6.1.4;

τ——制冷机组每日工作时间,宜取 12h~16h;

R——冷库制冷系统和管道等冷损耗补偿系数,直接冷却系统宜取 1.07,间接冷却系统宜取 1.12。

注:冻结间不计算 Q_{5a} 和 Q_{5b} 这两项热流量。

6.2 库　房

6.2.1 设有吊轨的冷却间和冻结间的冷加工能力可按下式计算:

$$G_d = \frac{lg}{1000} \cdot \frac{24}{\tau} \qquad (6.2.1)$$

式中:G_d——设有吊轨的冷却间、冻结间每日冷加工能力(t);

l——冷间内吊轨的有效总长度(m);

g——吊轨单位长度净载货量(kg/m);

τ——冷间货物冷加工时间(h)。

6.2.2 吊轨单位长度净载货量 g 可按表 6.2.2 所列取值:

表 6.2.2 吊轨单位长度净载货量(kg/m)

货物名称	输送方式	吊轨单位长度净载货量
猪胴体	人工推送	200~265
	机械传送	170~210
牛胴体	人工推送(1/2胴体)	195~400
	人工推送(1/4胴体)	130~265
羊胴体	人工推送	170~240

注:水产品可按照加工企业的习惯装载方式确定。

6.2.3 吊轨的轨距及轨面高度,应按吊挂食品和运载工具的实际尺寸、冷间内通风间距及必要的操作空间确定。

6.2.4 设有搁架式冻结设备的冻结间,其冷加工能力可按下式计算:

$$G_g = \frac{NG'_g}{1000} \cdot \frac{24}{\tau} \qquad (6.2.4)$$

式中：G_g——搁架式冻结间每日的冷加工能力(t)；

N——搁架式冻结设备设计摆放冻结食品容器的件数；

G'_g——每件食品的净质量(kg)；

τ——货物冷加工时间(h)；

24——每日小时数(h)。

6.2.5 成套食品冷加工设备的加工能力，可根据产品技术文件所提供的数据确定。

6.2.6 冷间冷却设备的选型应根据食品冷加工或冷藏的要求确定，并应符合下列要求：

1 所选用的冷却设备的使用条件，应符合设备制造厂提出的设备技术条件的要求。

2 冷却间和冷却物冷藏间的冷却设备应采用空气冷却器。

3 包装间的冷却设备宜采用空气冷却器。

4 冻结物冷藏间的冷却设备，宜选用空气冷却器。当食品无良好的包装时，可采用顶排管、墙排管。

5 对食品的冻结加工，应根据不同食品冻结工艺的要求，选用相应的冻结装置。

6.2.7 包装间、分割间、产品整理间等人员较多房间的空调系统严禁采用氨直接蒸发制冷系统。

6.2.8 冷间内排管与墙面的净距离不应小于150mm，与顶板或梁底的净距离不宜大于250mm。落地式空气冷却器水盘底与地面之间架空距离不应小于300mm。

6.2.9 冷间冷却设备的传热面积应通过校核计算确定。

6.2.10 冷间内空气温度与冷却设备中制冷剂蒸发温度的计算温度差，应根据提高制冷机效率，节省能源，减少食品干耗，降低投资等因素，通过技术经济比较确定，并应符合下列规定：

1 顶排管、墙排管和搁架式冻结设备的计算温度差，可按算术平均温度差采用，并不宜大于10℃。

2 空气冷却器的计算温度差，应按对数平均温度差确定，可取7℃～10℃。对冷却物冷藏间使用的空气冷却器也可采用更小的温度差。

6.2.11 冷间冷却设备每一通路的压力降，应控制在制冷剂饱和温度降低1℃的范围内。

6.2.12 根据冷间的用途、空间、空气冷却器的性能、贮存货物的种类和要求的贮存温、湿度条件，可采用无风道或有风道的空气分配系统。

6.2.13 无风道空气分配系统，宜用于装有分区使用的吊顶式空气冷却器或装有集中落地式空气冷却器的冷藏间，空气冷却器应保证有足够的气流射程，并应在冷间货堆的上部留有足够的气流扩展空间。同时应采取技术措施使冷空气较均匀地布满整个冷间。

6.2.14 风道空气分配系统，可用于空气强制循环的冻结间和冷却间，以及冷间狭长、设有集中落地式空气冷却器而货堆上部又缺少足够的气流扩展空间的冷藏间。该空气分配系统，应设置送风风道，并利用货物之间的空间作为回风道。

6.2.15 冷却间、冻结间的气流组织应符合下列要求：

1 悬挂白条肉的冷却间，气流应均匀下吹，肉片间平均风速应为0.5m/s～1.0m/s。采用两段冷却工艺时，第一段风速宜为2m/s，第二段风速宜为1.5m/s。

2 悬挂白条肉的冻结间，气流应均匀下吹，肉片间平均风速宜为1.5m/s～2.0m/s。

3 盘装食品冻结间的气流应均匀横吹，盘间平均风速宜为1.0m/s～3.0m/s。其他类型加工制作的食品，其冻结方式可按合同的相关约定进行设计。

6.2.16 冷却物冷藏间的通风换气应符合下列要求：

1 冷却物冷藏间宜按所贮货物的品种设置通风换气装置，换气次数每日不宜少于1次。

2 面积大于150m²或虽小于150m²但不经常开门及设于地下室(或半地下室)的冷却物冷藏间，宜采用机械通风换气装置。进入冷间的新鲜空气应先经冷却处理。

3 当冷间外新鲜空气的温度低于冷间内空气温度时，送入冷间的新鲜空气应先经预热处理。

4 新鲜空气的进风口应设置便于操作的保温启闭装置。

5 冷间内废气应直接排至库外，出风口应设于距冷间内地坪0.5m处，并应设置便于操作的保温启闭装置。

6 新鲜空气入口和废气排出口不宜设在冷间的同一侧面的墙面上。

6.2.17 设于冷库常温穿堂内的冷间新风换气管道，在其紧靠冷间壁面的管段的外表面，应用隔热材料进行保温，其保温长度不小于2m；对设于冷库穿堂内的库房排气管道应将其外表面全部用隔热材料进行保温。

6.2.18 冷间通风换气的排气管道应坡向冷间外，而进气管道在冷间内的管段应坡向空气冷却器。

6.3 制冷压缩机和辅助设备

6.3.1 冷库所选用的制冷压缩机和辅助设备的使用条件应符合产品制造商要求的技术条件。

6.3.2 制冷压缩机的选择应符合下列要求：

1 应根据各蒸发温度机械负荷的计算值分别选定，不另设备用机。

2 选配制冷压缩机时，各制冷压缩机的制冷量宜大小搭配。

3 制冷压缩机的系列不宜超过两种。如仅有两台制冷压缩机时，应选用同一系列。

4 应根据实际使用工况，对制冷压缩机所需的驱动功率进行核算，并通过其制造厂选配适宜的驱动电机。

6.3.3 冷库制冷系统中采用的中间冷却器、气液分离器、油分离器、冷凝器、贮液器、低压贮液器、低压循环贮液器等，应通过校核计算进行选定，并应与制冷系统中设置的制冷压缩机的制冷量相匹配。对采用氨制冷系统的大、中型冷库，高压贮氨器的选用应不少于两台。

6.3.4 洗涤式油分离器的进液口应低于冷凝器的出液总管250mm～300mm。

6.3.5 冷凝器的选用应符合下列规定：

1 采用水冷式冷凝器时，其冷凝温度不应超过39℃；采用蒸发式冷凝器时，其冷凝温度不应超过36℃。

2 冷凝器冷却水进出口的温度差，对立式壳管式冷凝器宜取1.5℃～3℃；对卧式壳管式冷凝器宜取4℃～6℃。

3 冷凝器的传热系数和热流密度应按产品生产厂提供的数据采用。

4 对使用氢氟烃及其混合物为制冷剂的中、小型冷库，宜选用风冷凝器。

6.3.6 冷库制冷系统中排液桶的体积应按冷库冷间中蒸发器排液量最大的一间确定。排液桶的充满度宜取70%。

6.3.7 输送制冷剂泵应根据其输送的制冷剂体积流量和扬程来确定。其制冷剂的循环倍数：对负荷较稳定、蒸发器组数较少、不易积油的蒸发器，下进上出供液方式的可采用3倍～4倍；对负荷有波动、蒸发器组数较多、容易积油的蒸发器，下进上出供液方式的可采用5倍～6倍，上进下出供液方式的采用7倍～8倍。同时制冷剂泵进液口处压力应有不小于0.5m制冷剂液柱的裕度。

6.3.8 对采用重力供液方式的回气管路系统，当存在下列情况之一时，应在制冷机房内增设气液分离器：

1 服务于两层及两层以上的库房。

2 设有两个或两个以上的制冰池。

3 库房的气液分离器与制冷压缩机房的水平距离大于50m。

6.3.9 冷库制冷系统辅助设备中冷冻油应通过集油器进行排放。

6.3.10 大、中型冷库制冷系统中不凝性气体，应通过不凝性气体分离器进行排放。

6.3.11 制冷机房的布置应符合下列规定：

1 制冷设备布置应符合工艺流程及安全操作规程的要求，并适当考虑设备部件拆卸和检修的空间需要紧凑布置。

2 制冷机房内主要操作通道的宽度应不大于1.3m，制冷压缩机突出部位到其他设备或分配站之间的距离不应小于1m。两台制冷压缩机突出部位之间的距离不应小于1m，并能有抽出机器曲轴的可能，制冷机与墙壁以及非主要通道不小于0.8m。

3 设备间内的主要通道的宽度应为1.2m，非主要通道的宽度不应小于0.8m。

4 水泵和油处理设备不宜布置在机器间或设备间内。

6.4 安全与控制

6.4.1 制冷压缩机安全保护装置除应由制造厂依照相应的行业标准要求进行配置外，尚应设置下列安全部件：

1 活塞式制冷压缩机排出口处应设止逆阀；螺杆式制冷压缩机吸气管处应设止逆阀。

2 制冷压缩机冷却水出水管上应设断水停机保护装置。

3 应设事故紧急停机按钮。

6.4.2 冷凝器应设冷凝压力超压报警装置，水冷冷凝器应设断水报警装置，蒸发式冷凝器应增设压力表、安全阀及风机故障报警装置。

6.4.3 制冷剂泵应设置下列安全保护装置：

1 液泵断液自动停泵装置。

2 泵的排液管上应装设压力表、止逆阀。

3 泵的排液总管上应加设旁通泄压阀。

6.4.4 所有制冷容器、制冷系统加液站集管，以及制冷剂液体、气体分配站集管和不凝性气体分离器的回气管上，均应设压力表或真空压力表。

6.4.5 制冷系统中采用的压力表或真空压力表均应采用制冷剂专用表，压力表的安装高度距观察者站立的平面不应超过3m。选用精度应符合以下规定：

1 位于制冷系统高压侧的压力表或真空压力表不应低于1.5级。

2 位于制冷系统低压侧的真空压力表不应低于2.5级。

3 压力表或真空压力表的量程不得小于工作压力的1.5倍，不得大于工作压力的3倍。

6.4.6 低压循环贮液器、气液分离器和中间冷却器应设超高液位报警装置，并应设有维持其正常液位的供液装置，不应用同一只仪表同时进行控制和保护。

6.4.7 贮液器、中间冷却器、气液分离器、低压循环贮液器、低压贮液器、排液桶、集油器等均应设液位指示器，其液位指示器两端连接件应有自动关闭装置。

6.4.8 安全阀应设置泄压管。氨制冷系统的安全总泄压管出口应高于周围50m内最高建筑物（冷库除外）的屋脊5m，并应采取防止雷击、防止雨水、杂物落入泄压管内的措施。

6.4.9 制冷系统中气体、液体及融霜热气分配站的集管、中间冷却器冷却盘管的进出口部位，应设测温用的温度计套管或温度传感器套管。

6.4.10 设于室外的冷凝器、油分离器等设备，应有防止非操作人员进入的围栏。设于室外的制冷机组、贮液器，除应设围栏外，还应有通风良好的遮阳设施。

6.4.11 冷库冻结间、冷却间、冷藏间内不宜设置制冷阀门。

6.4.12 冷库冷间使用的空气冷却器宜设置人工指令自动融霜装置及风机故障报警装置。

6.4.13 冻结间在不进行冻结加工时，宜通过所设置的自动控温装置，使房间温度控制在-8℃±2℃的范围内。

6.4.14 有人值守的制冷压缩机房宜设控制室或操作人员值班室，其室内噪声声级应控制在85dB（A）以下。

6.4.15 对使用氨作制冷剂的冷库制冷系统，宜装设紧急泄氨器，在发生火灾等紧急情况下，将氨液溶于水，排至经当地环境保护主管部门批准的消纳贮缸或水池中。

6.4.16 对使用氨作制冷剂的冷库制冷系统，其氨制冷剂总的充注量不应超过40000kg，具有独立氨制冷系统的相邻冷库之间的安全隔离距离应不小于30m。

6.5 管道与吊架

6.5.1 冷库制冷系统管道的设计，应根据其工作压力、工作温度、输送制冷剂的特性等工艺条件，并结合周围的环境和各种荷载条件进行。

6.5.2 冷库制冷系统管道的设计压力应根据其采用的制冷剂及其工作状况按表6.5.2确定。

表6.5.2 冷库制冷系统管道设计压力选择表（MPa）

设计压力 制冷剂	管道部位 高压侧	低压侧
R717	2.0	1.5
R404A	2.5	1.8
R507	2.5	1.8

注：1 高压侧，指自制冷压缩机排气口经冷凝器、贮液器到节流装置的入口这一段制冷管道。

2 低压侧，指自系统节流装置出口，经蒸发器到制冷压缩机吸入口这一段制冷管道，双级压缩制冷装置的中间冷却器的中压部分亦属于低压侧。

6.5.3 冷库制冷系统管道的设计温度，可根据表6.5.3分别按高、低压侧设计温度选取。

表6.5.3 冷库制冷系统管道的设计温度选择表（℃）

制冷剂	高压侧设计温度	低压侧设计温度
R717	150	43
R404A	150	46
R507	150	46

6.5.4 冷库制冷系统低压侧管道的最低工作温度，可依据冷库不同冷间冷加工工艺的不同，按表6.5.4所示确定其管道最低工作温度。

表6.5.4 冷库不同冷间制冷系统（低压侧）管道的最低工作温度

冷库中不同冷间承担不同冷加工任务的制冷系统的管道	最低工作温度（℃）	相应的工作压力（绝对压力）（MPa）		
		R717	R404A	R507
产品冷却加工、冷却物冷藏、低温穿堂、包装间、暂存间、盐水制冰及冰库	-15	0.236	-15.82℃ 0.36	0.38
用于冷库一般冻结、冻结物冷藏及快速制冰及冰库	-35	0.093	-36.42℃ 0.16	0.175
用于速冻加工，出口企业冻结加工	-48	0.046	-46.75℃ 0.1	0.097

6.5.5 当冷库制冷系统管道按本标准第6.5.2条～第6.5.4条的技术条件进行设计时，对无缝管道材料的选用应符合表6.5.5的规定。

表6.5.5 冷库制冷系统高压侧及低压侧管道材料选用表

制冷剂	R717	R404A	R507
管材牌号	10、20	10、20 T_2、TU_1、TU_2 0Cr18Ni9 1Cr18Ni9	10、20 T_2、TU_1、TU_2 0Cr18Ni9 1Cr18Ni9
标准号	GB/T 8163	GB/T 8163 GB/T 17791 GB/T 14976	GB/T 8163 GB/T 17791 GB/T 14976

6.5.6 制冷管道管径的选择应按其允许压力降和允许制冷剂的流速综合考虑确定。制冷回气管允许的压力降相当于制冷剂饱和温度降低 1℃；而制冷排气管允许的压力降，则相当于制冷剂饱和温度升高 0.5℃。

6.5.7 制冷管道的布置应符合下列要求：

1 低压侧制冷管道的直线段超过 100m，高压侧制冷管道直线段超过 50m，应设置一处管道补偿装置，并应在管道的适当位置，设置导向支架和滑动支、吊架。

2 制冷管道穿过建筑物的墙体（除防火墙外）、楼板、屋面时，应加套管，套管与管道间的空隙应密封但制冷压缩机的排气管道与套管间的间隙不应密封。低压侧管道套管的直径应大于管道隔热层的外径，并不得影响管道的热位移。套管应超出墙面、楼板、屋面 50mm。管道穿过屋面时应设防雨罩。

3 热气融霜用的热气管，应从制冷压缩机排气管除油装置以后引出，并应在其起端装设截止阀和压力表，热气融霜压力不得超过 0.8MPa（表压）。

4 在设计制冷系统管道时，应考虑能从任何一个设备中将制冷剂抽走。

5 制冷系统管道的布置，对其供液管应避免形成气袋，回气管应避免形成液囊。

6 当水平布置的制冷系统的回气管外径大于 108mm 时，其变径元件应选用偏心异径管接头，并应保证管道底部平齐。

7 制冷系统管道的走向及坡度，对使用氨制冷剂的制冷系统，应方便制冷剂与冷冻油分离；对使用氢氟烃及其混合物为制冷剂的制冷系统，应方便系统的回油。

8 对于跨越厂区道路的管道，在其跨越段上不得装设阀门、金属波纹管补偿器和法兰、螺纹接头等管道组成件，其路面以上距管道的净空高度不应小于 4.5m。

6.5.8 制冷管道所用的弯头、异径管接头、三通、管帽等管件应采用工厂制作件，其设计条件应与其连接管道的设计条件相同，其壁厚也应与其连接的管道相同。热弯加工的弯头，其最小弯曲半径应为管子外径的 3.5 倍，冷弯加工的弯头，其最小弯曲半径应为管子外径的 4 倍。

6.5.9 制冷系统中所用的阀门、仪表及测控元件都应选用与其使用的制冷剂相适应的专用元器件。

6.5.10 与制冷管道直接接触的支吊架零部件，其材料应按管道设计温度选用。

6.5.11 水平制冷管道支吊架的最大间距，应依据制冷管道强度和刚度的计算结果确定，并取两者中的较小值作为其支吊架的间距。

6.5.12 当按刚度条件计算管道允许跨距时，由管道自重产生的弯曲挠度不应超过管道跨距的 0.0025。

6.6 制冷管道和设备的保冷、保温与防腐

6.6.1 凡制冷管道和设备能导致冷损失的部位、能产生凝露的部位和易形成冷桥的部位，均应进行保冷。

6.6.2 制冷管道和设备保冷的设计、计算、选材等均应按现行国家标准《设备及管道绝热技术通则》GB/T 4272 及《设备及管道绝热设计导则》GB/T 8175 的有关规定执行。

6.6.3 穿过墙体、楼板等处的保冷管道，应采取不使管道保冷结构中断的技术措施。

6.6.4 融霜用热气管应做保温。

6.6.5 制冷系统管道和设备经排污、严密性试验合格后，均应涂防锈底漆和色漆。冷间制冷光滑排管可仅刷防锈漆。

6.6.6 制冷管道及设备所涂敷色漆的色标应符合表 6.6.6 的规定。

表 6.6.6 制冷管道及设备涂敷色漆的色标

管道或设备名称	颜色（色标）
制冷高、低压液体管	淡黄（Y06）
制冷吸气管	天酞蓝（PB09）
制冷高压气体管、安全管、均压管	大红（R03）
放油管	黄（YR02）
放空气管	乳白（Y11）
油分离器	大红（R03）
冷凝器	银灰（B04）
贮液器	淡黄（Y06）
气液分离器、低压循环贮液器、低压桶、中间冷却器、排液桶	天酞蓝（PB09）
集油器	黄（YR02）
制冷压缩机及机组、空气冷却器	按产品出厂涂色涂装
各种阀体	黑色
截止阀手轮	淡黄（Y06）
节流阀手轮	大红（R03）

6.6.7 制冷管道和设备保冷、保温结构所选用的黏结剂，保冷、保温材料、防锈涂料及色漆的特性应相互匹配，不得有不良的物理、化学反应，并应符合食品卫生的要求。

6.7 制冰和储冰

6.7.1 盐水制冰的冰块重量、外形尺寸应符合现行国家标准《人造冰》GB 4600 的要求。

6.7.2 当盐水制冰池的冷却设备采用 V 型或立管式蒸发器时，宜采用重力式供液制冷循环方式，气液分离器体积不应小于该蒸发器体积的 20%～25%，且分离器内的气体流速不应大于 0.5m/s。

6.7.3 制冰池的四壁和底部应做好隔热层、防水层和防汽层。冰池四壁的顶部应采取防止生产用水渗入隔热层的措施，冰池底部隔热层下部应有通风设施，制冰池隔热层的总热阻应大于或等于 3m²·℃/W。

6.7.4 堆码块冰冰库的冷却设备应符合下列要求：

1 冰库的建筑净高在 6m 以下的可不设墙排管，其顶排管可布满冰库的顶板。

2 冰库的建筑净高在 6m 或高于 6m 时，应设墙排管和顶排管。墙排管的设置高度宜在库内堆冰高度以上。

3 冰库内顶排管或墙排管不得采用翅片管。

6.7.5 盐水制冰的冰库温度可取 -4℃。对贮存片冰、管冰的冰库库温可取 -15℃，其制冷设备宜采用空气冷却器。

7 电 气

7.1 变配电所

7.1.1 大型冷库、高层冷库及有特殊要求的冷库应按二级负荷用户供电,中断供电会导致较大经济损失的中型冷库应按二级负荷用户供电,不会导致较大经济损失的中型冷库及小型冷库可按三级负荷用户供电。

7.1.2 当供电电源不能满足负荷等级的要求时,应设置柴油发电机组备用电源。备用电源的容量应满足冷库保温运行的需要,并应满足消防负荷的需要,应按其中较大者确定。如正常电源停电时要求继续进行生产作业,可按要求选择备用电源的容量。

7.1.3 冷库的电力负荷宜按需要系数法计算,冷库总电力负荷需要系数不宜低于 0.55。

7.1.4 当冷库电力负荷有明显的季节性变化,在保证制冷机组可靠启动时,宜选用 2 台或多台变压器运行。

7.1.5 冷库宜设变配电所,变配电所应靠近或贴邻制冷机房布置。当氟制冷系统不集中设置制冷机房时,变配电所宜靠近库区负荷中心布置。装机容量小的小型冷库,可仅设低压配电室。大型冷库根据全厂负荷分布情况,技术经济合理时,可设分变配电所。各回路低压出线上宜单独设置电能计量仪表。

7.1.6 冷库应在变配电所低压侧采用集中无功补偿。当冷库有高压用电设备时,可在变电所高、低压配电室分别进行无功补偿。当冷库设有分配电室时,也可在分配电室进行无功补偿。

7.1.7 高、低压配电室及柴油发电机房应设置备用照明。高、低压配电室备用照明照度不应低于正常照明的 50%,柴油发电机房备用照明照度应保证正常照明的照度。当采用自带蓄电池的应急照明灯具时,备用照明持续时间不应小于 30min。

7.2 制冷机房

7.2.1 氨制冷机房应设置氨气体浓度报警装置,当空气中氨气浓度达到 100ppm 或 150ppm 时,应自动发出报警信号,并应自动开启制冷机房内的事故排风机。氨气浓度传感器应安装在氨制冷机组及贮氨容器上方的机房顶板上。

7.2.2 氨制冷机房应设事故排风机,在控制室排风机控制柜上和制冷机房门外墙上应安装人工启停控制按钮。

7.2.3 大、中型冷库氟制冷机房应设置气体浓度报警装置,当空气中氟气体浓度达到设定值时,应自动发出报警信号,并应自动开启事故排风机。气体浓度传感器应安装在制冷机房内距地面 0.3m 处的墙上。

7.2.4 氟制冷机房应设事故排风机,在机房内排风机控制柜上和制冷机房门外墙上应安装人工启停控制按钮。

7.2.5 事故排风机应按二级负荷供电,当制冷系统因故障被切除供电电源停止运行时,应保证排风机的可靠供电。事故排风机的过载保护应作用于信号报警而不直接停风机。气体浓度报警装置应设备用电源。

7.2.6 氨制冷机房应设控制室,控制室可位于机房一侧。氨制冷压缩机组启动控制柜、冷凝器水泵及风机、机房排风机控制柜、氨气浓度报警装置、制冷机房照明配电箱等宜集中布置在控制室中。

7.2.7 每台氨制冷压缩机组及每台氨泵均应在启动控制柜(箱)上安装电流表,每台氨制冷机组控制台上应安装紧急停车按钮/开关。

7.2.8 氟制冷机房可不单设控制室,各制冷设备控制柜、排风机控制柜等可布置在氟制冷机房内。

7.2.9 各台制冷压缩机组宜由低压配电室按放射式配电。对不设制冷机房分散布置的小型氟制冷压缩机组,也可采用放射式与

树干式相结合的配电方式。

7.2.10 制冷压缩机组的动力配线可采用铜芯绝缘电线穿钢管埋地暗敷,也可采用铜芯交联电缆桥架敷设或敷设在电缆沟内。氟制冷机房内的动力配线一般不应敷设在电缆沟内,当确有需要时,可采用充沙电缆沟。

7.2.11 制冷机房照明宜按正常环境设计。照明方式宜为一般照明,设计照度不应低于 150 lx。

7.2.12 制冷机房及控制室应设置备用照明,大、中型冷库制冷机房及控制室备用照明照度不应低于正常照明的 50%,小型冷库制冷机房及控制室备用照明照度不应低于正常照明的 10%。当采用自带蓄电池的应急照明灯具时,应急照明持续时间不应小于 30min。

7.3 库 房

7.3.1 冷间内的动力及照明配电、控制设备宜集中布置在冷间外的穿堂或其他通风干燥场所。当布置在低温潮湿的穿堂内时,应采用防潮密封型配电箱。

7.3.2 冷间内照明灯具应选用符合食品卫生安全要求和冷间环境条件、可快速亮起的节能型照明灯具,一般情况不采用白炽灯具。冷间照明灯具显色性指数不宜低于 60。

7.3.3 大、中型冷库冷间照明照度不宜低于 50 lx,穿堂照度不宜低于 100 lx,小型冷库冷间照度不宜低于 20 lx,穿堂照度不宜低于 50 lx。视觉作业要求高的冷库,应按要求设计。

7.3.4 冷间内照明灯具的布置应避开吊顶式空气冷却器和顶排管,在冷间内通道处应重点设灯,在货位内应均匀布置。

7.3.5 建筑面积大于 100m² 的冷间内,照明灯具宜分成数路单独控制,冷间外宜集中设置照明配电箱,各照明支路应设信号灯。当不集中设置照明配电箱,各冷间照明控制开关分散布置在冷间外穿堂上时,应选用带指示灯的防潮型开关或气密式开关。

7.3.6 库房宜采用 AC220V/380V TN-S 或 TN-C-S 配电系统。冷间内照明支路宜采用 AC220V 单相配电,照明灯具的金属外壳应接专用保护线(PE 线),各照明支路应设置剩余电流保护装置。

7.3.7 冷间内动力、照明、控制线路应根据不同的冷间温度要求,选用适用的耐低温的铜芯电力电缆,并宜明敷。

7.3.8 穿过冷间保温层的电气线路应相对集中敷设,且必须采取可靠的防火和防止产生冷桥的措施。

7.3.9 采用松散保温材料(如稻壳)的冷库阁楼层内不应安装电气设备及敷设电气线路。

7.3.10 冷藏间内宜在门口附近设置呼唤按钮,呼唤信号应传送到制冷机房控制室或有人值班的房间,并应在冷藏间外设有呼唤信号显示。设有呼唤信号按钮的冷藏间,应在冷藏间内门的上方设长明灯。设有专用疏散门的冷藏间,应在冷藏间内疏散门的上方设置长明灯。

7.3.11 库房电梯应由变电所低压配电室或库房分配电室的专用回路供电。高层冷库当消防电梯兼作货梯且两类电梯贴邻布置时,可由一组消防双回路电源供电,末端双回路电源自动切换配电箱应布置在消防电梯间内。

7.3.12 库房消火栓箱信号应传送到制冷机房控制室或有人值班的房间显示和报警。

7.3.13 当库房地坪防冻采用机械通风或电伴热线时,通风机或电伴热线应能根据设定的地坪温度自动运行。

7.3.14 当冷间内空气冷却器下水管防冻用电伴热线、库房地坪防冻用电伴热线及冷库门用电伴热线采用 AC220V 配电时,应采用带有专用接地线(PE 线)的电伴热线,或采用具有双层绝缘的电伴热线,配电线路应设置过载、短路及剩余电流保护装置。

7.3.15 经计算需要进行防雷设计时,库房宜按三类防雷建筑物设防雷设施。

7.3.16 库房的封闭站台、多层冷库的封闭楼梯间内和高层冷库

的楼梯间内应设置疏散照明。高层冷库的消防电梯机房间内应设置备用照明，备用照明的照度不应低于正常照明的50%。当采用自带蓄电池的应急照明灯具时，应急照明持续时间不应小于30min。当有特殊要求时冷藏间内可布置应急照明及电话，冷间穿堂可布置广播及保安监视系统。

7.3.17 大、中型冷库、高层冷库公路站台靠近停车位一侧墙上，宜设置供机械冷藏车（制冷系统）使用的三相电源插座。

7.3.18 盐水池制冰间的照明开关及动力配电箱应集中布置在通风、干燥的场所。制冰间照明、动力线路宜穿管暗敷，照明灯具应采用具有防腐（盐雾）功能的密封型节能灯具。

7.3.19 速冻设备加工间内当采用氨直接蒸发的成套快速冻结装置时，在快速冻结装置出口处的上方应安装氨气浓度传感器，在加工间内应布置氨气浓度报警装置。当氨气浓度达到100ppm或150ppm时，应发出报警信号，并应自动开启事故排风机、自动停止成套冻结装置的运行，漏氨信号应同时传送至机房控制室报警。加工间内事故排风机应按二级负荷供电，过载保护应作用于信号报警而不直接停风机。氨气浓度报警装置应有备用电源。加工间内应布置备用照明及疏散照明，备用照明照度不应低于正常照明的10%。当采用自带蓄电池的照明灯具时，应急照明持续时间不应小于30min。

7.3.20 冷间内同一台空气冷却器（冷风机）的数台电动机，可共用一块电流表，共用一组控制电器及短路保护电器，每台电动机应单独设置配电线路、断相保护及过载保护。当空气冷却器电动机绕组中设有温度保护开关时，每台电机可不再设置断相保护及过载保护，同一台空气冷却器的多台电动机可共用配电线路。

7.4 制冷工艺自动控制

7.4.1 氟制冷系统应符合下列规定：

1 当采用单台氟制冷机组分散布置时，冷间温度、空气冷却器除霜应能自动控制，制冷系统全自动运行。

2 当设有集中的制冷机房，采用多机头并联机组时，冷间温度、机组能量调节应能自动控制，制冷系统可人工指令运行，也可全自动运行。当空气冷却器采用电热除霜时，应设有空气冷却器排液管温度超限保护。

7.4.2 氨制冷系统应符合下列规定：

1 小型冷库制冷系统宜手动控制，应实现制冷工艺提出的安全保护要求。低压循环贮液桶及中间冷却器供液及氨泵回路宜实现局部自动控制，宜设计集中报警信号系统。

2 大、中型冷库及有条件的小型冷库宜采用人工指令开停制冷机组、制冷系统自动运行的分布式计算机/可编程控制器控制系统。空气冷却器除霜宜采用人工指令或按累计运行时间编程，除霜过程自动控制。

3 有条件的冷库宜采用制冷系统全自动运行及冷库计算机管理系统。

7.4.3 冷库应设置温度测量、显示及记录系统（装置）。冷间门口宜有冷间温度显示。有特殊要求的冷库，可在冷间门外设置温度记录仪表。

7.4.4 冷藏间内温度传感器不应设置在靠近门口处及空气冷却器或送风道出风口附近，宜设置在靠近外墙处和冷藏间的中部。冻结间和冷间内温度传感器宜设置在空气冷却器回风口一侧。温度传感器安装高度不宜低于1.8m。建筑面积大于100m²的冷间，温度传感器数量不宜少于2个。

7.4.5 冷间内空气冷却器动力控制箱宜集中布置在电气间内或分散布置在冷间外的穿堂内，不应在空气冷却器现场设置电动机的急停按钮/开关。

8 给水和排水

8.1 给 水

8.1.1 冷库的水源应就近选用城镇自来水或地下水、地表水。

8.1.2 冷库生活用水、制冰原料水和水产品冻结过程中加水的水质应符合现行国家标准《生活饮用水卫生标准》GB 5749的规定。

8.1.3 生产设备的冷却水、冲霜水，其水质应满足被冷却设备的水质要求和卫生要求。

8.1.4 冷库给水应保证有足够的水量、水压，并应符合下列规定：

1 冷库生产设备的冷却水、冲霜水用水量应根据用水设备确定。

2 冷凝器采用直流水冷却时，其用水量应按下式计算：

$$Q = \frac{3.6\phi_1}{1000C\Delta t} \qquad (8.1.2)$$

式中：Q——冷却用水量（m³/h）；

ϕ_1——冷凝器的热负荷（W）；

C——冷却水比热容，$C = 4.1868 kJ/(kg \cdot ℃)$；

Δt——冷凝器冷却水进出水温度差（℃）。

3 制冰用水量应按每吨冰用水 1.1m³～1.5m³ 计算。

4 冷库的生活用水量宜按25L/人·班～35L/人·班，用水时间8h，小时变化系数为2.5～3.0计算。洗浴用水量按40L/人·班～60L/人·班，延续供水时间为1h。

8.1.5 冷库用水的水温应符合下列规定：

1 蒸发式冷凝器除外，冷凝器的冷却水进出口平均温度应比冷凝温度低5℃～7℃。

2 冲霜水的水温不应低于10℃，不宜高于25℃。

3 冷凝器进水温度最高允许值：立式壳管为32℃，卧式壳管式为29℃，淋浇式为32℃。

8.1.6 冷库冷却水应采用循环供水。循环冷却水系统宜采用敞开式。

8.1.7 冷却塔的选用应符合下列规定：

1 冷却塔热力性能应满足设计对水温、水量及当地气象条件的要求。

2 风机设备应是效率高、噪声小、运转安全可靠、耐腐蚀、符合标准的产品。

3 冷却塔体、填料的制作、安装应符合国家有关产品标准。

4 冷却塔运行噪声应满足环保要求。

8.1.8 计算冷却塔的最高冷却水温的气象条件，宜采用按湿球温度频率统计方法计算的频率为10%的日平均气象条件。气象资料应采用近期连续不少于5年，每年最热时期3个月的日平均值。

8.1.9 冷却塔循环给水的补充水量，宜按冷却塔循环水量的2%～3%计算。蒸发式冷凝器循环冷却水的补充水量，宜按循环水量的3%～5%计算。

8.1.10 循环冷却水系统宜采取除垢、防腐及水质稳定的处理措施。

8.1.11 寒冷和严寒地区的循环给水系统，应采取如下防冻措施：

1 在冷却塔的进水干管上宜设旁路水管，并应能通过全部循环水量。

2 冷却塔的进水管道应设泄空水管或采取其他保温措施。

8.1.12 制冷压缩机冷却水进水宜设过滤器，出水管上应设水流指示器，进水压力不应小于69kPa。

8.1.13 冷库冲霜水系统应符合下列规定：

1 空气冷却器（冷风机）冲霜水宜回收利用。冲霜水量应按产品样本规定。冲霜淋水延续时间按每次15min～20min计算。

2 速冻装置及对卫生有特殊要求冷间的冷风机冲霜水宜采

用一次性用水。

 3 空气冷却器(冷风机)冲霜配水装置前的自由水头应满足冷风机要求,但进水压力不应小于49kPa。

 4 冷库冲霜水系统调节站宜集中设置,并应设置泄空装置。当环境温度低于0℃时,应采取防冻措施。有自控要求的冷间,冲霜水电动阀前后段应设置泄空装置,并应采取防冻措施。

 5 冲霜给水管应有坡度,并坡向空气冷却器。管道上应设泄空装置并应有防结露措施。

8.1.14 当给排水管道穿过冷间及库体保温时,保温墙体内外两侧的管道上应采取保温措施,其管道保温层的长度不应小于1.5m。冷库穿堂内给排水管道明露部分应采取保温或防止结露的措施。

8.1.15 冷库内生产、生活用水应分别设水表计量,并应有可靠的节水、节能措施。

8.2 排 水

8.2.1 冷却间和制冷压缩机房的地面应设地漏,地漏水封高度不应小于50mm。电梯井、地磅坑等易于集水处应有排水及防止水流倒灌设施。

8.2.2 冷库建筑的地下室、地面架空层应设排水措施。

8.2.3 冷风机水盘排水、蒸发式冷凝器排水、贮存食品或饮料的冷藏库房的地面排水不得与污废水管道系统直接连接,应采取间接排水的方式。

8.2.4 多层冷库中各层冲(融)霜水排水,应在排入冲(融)霜排水主立管前设水封装置。

8.2.5 不同温度冷间的冲(融)霜排水管,应在接入冲(融)霜排水干管前设水封装置。

8.2.6 冷风机采用热氨融霜或电融霜时,融霜排水可直接排放。库内融霜排水管道可采用电伴热保温。

8.2.7 冲(融)霜排水管道的坡度和充满度,应符合现行国家标准《建筑给水排水设计规范》GB 50015的规定。

8.2.8 冷却物冷藏间设在地下室时,其冲(融)霜排水的集水井(池)应采取防止冻结和防止水流倒灌的措施。

8.2.9 冲(融)霜排水管道出水口应设置水封或水封井。寒冷地区的水封及水封井应采取防冻措施。

8.3 消防给水与安全防护

8.3.1 冷库应按现行国家标准《建筑设计防火规范》GB 50016及《建筑灭火器配置设计规范》GB 50140设置消防给水和灭火设施。

8.3.2 冷库内的消火栓应设置在穿堂或楼梯间内,当环境温度低于0℃时,室内消火栓系统可采用干式系统,但应在首层入口处设置快速接口和止回阀,管道最高处应设置自动排气阀。

8.3.3 库区及氨压缩机房和设备间(靠近贮氨器处)门外应设室外消火栓。大型冷库的氨压缩机房对外进出口处宜设室内消火栓并配置开花水枪。

8.3.4 大型冷库的氨压缩机房贮氨器上方宜设置水喷淋系统,并选用开式喷头,开式喷头保护面积按贮氨器占地面积确定。开式喷头的水源可由库区消防给水系统供给,操作均可为手动。

8.3.5 大型冷库氨压缩机房贮氨器处稀释漏氨排水及紧急泄氨器排水应单独排出,并在排入库区排水管网前应有隔断措施,并配备有事故水池,提升水泵。事故水池内稀释漏氨排水及紧急泄氨器排水应经处理达标后排入市政排水管网或沟渠。

8.3.6 大型冷库和高层冷库设计温度高于0℃,且其中一个防火分区建筑面积大于1500m²时,应设置自动喷水灭火系统。当冷藏间内设计温度不低于4℃时,应采用湿式自动喷水灭火系统;当冷藏间内设计温度低于4℃时,应采用干式自动喷水灭火系统或预作用自动喷水灭火系统。

9 采暖通风和地面防冻

9.0.1 制冷机房的采暖设计应符合下列要求:

 1 制冷机房内严禁明火采暖。

 2 设置集中采暖的制冷机房,室内设计温度不宜低于16℃。

9.0.2 制冷机房的通风设计应符合下列要求:

 1 制冷机房日常运行时应保持通风良好,通风量应通过计算确定,通风换气次数不应小于3次/h。当自然通风无法满足要求时应设置日常排风装置。

 2 氟制冷机房应设置事故排风装置,排风换气次数不应小于12次/h。氟制冷机房内的事故排风口上沿距室内地坪的距离不应大于1.2m。

 3 氨制冷机房应设置事故排风装置,事故排风量应按183m³/(m²·h)进行计算确定,且最小排风量不应小于34000m³/h。氨制冷机房的事故排风机必须选用防爆型,排风口应位于侧墙高处或屋顶。

9.0.3 冷间地面的防冻设计形式应根据库房布置、投资费用、能源消耗和经常操作管理费用等指标经技术经济比较后选定。

9.0.4 采用自然通风的地面防冻设计应符合下列要求:

 1 自然通风管两端应直通,并坡向室外。直通管段总长度不宜大于30m,其穿越冷间地面下的长度不宜大于24m。

 2 自然通风管管径宜采用内径250mm或300mm的水泥管,管中心距离不宜大于1.2m,管口的管底宜高出室外地面150mm,管口应加网栅。

 3 自然通风管的布置宜与当地的夏季最大频率风向平行。

9.0.5 采用机械通风的地面防冻设计应符合下列要求:

 1 采用机械通风的支风道管径宜采用内径250mm或300mm的水泥管,管中心距离可按1.5m~2.0m等距布置,管内风速应均匀,一般不宜小于1m/s。

 2 机械通风的主风道断面尺寸不宜小于0.8m×1.2m(宽×高)。

 3 采暖地区机械通风的送风温度宜取10℃,排风温度宜取5℃。

 4 采暖地区机械通风地面防冻加热负荷和机械通风量应按本规范附录A的规定进行计算。

 5 地面加热层的温度宜取1℃~2℃,并应在该加热层设温度监控装置。

9.0.6 架空式的地面防冻设计应符合下列要求:

 1 架空式地面的进出风口底面高出室外地面不应小于150mm,其进出风口应设格栅。在采暖地区架空式地面的进出风口应增设保温的启闭装置。

 2 架空式地面的架空层净高不宜小于1m。

 3 架空式地面的进风口宜面向当地夏季最大频率风向。

9.0.7 采用不冻液为热媒的地面防冻设计应符合下列要求:

 1 供液温度不应高于20℃,回液温度宜取5℃。

 2 管内液体流速不应小于0.25m/s。

 3 加热管应设在冷间地面隔热层下的混凝土垫层内,并应用钢筋网将该加热管固定。

 4 采用金属管作为加热管时采用焊接连接,采用非金属管作为加热管时地面下不应安装可拆卸接头。加热管在垫层混凝土施工前应以0.6MPa(表压)的水压试漏,并经24h不降压为合格。

9.0.8 当地面加热层的热源采用制冷系统的冷凝热时,压缩机同期运行的最小负荷值应能满足地面加热负荷的需要。

9.0.9 当冷间地面面积小于500m²,且经济合理时,也可采用电热法进行地面防冻。

城市名称	3.2m 深处地温(℃)				
	月份	温度值	月份	温度值	平均值
呼和浩特	4	4.6	5	4.6	4.6
兰州	3	8.6	4	8.8	8.7
西宁	3	5.9	4	6.2	6.1
银川	4	6.7	5	7.0	6.9
西安	3	11.9	4	12.0	12.0
太原	3	8.4	4	7.9	8.2
石家庄	3	11.2	4	11.4	11.3
郑州	3	12.3	4	12.5	12.4
乌鲁木齐	3	6.5	4	6.6	6.5
南昌	3	16.0	4	15.7	15.9
武汉	4	15.6	5	15.8	15.7
长沙	3	16.6	4	16.4	16.5
南宁	3	22.0	4	22.0	22.0
广州	3	21.9	4	22.0	22.0
昆明	4	15.1	5	15.1	15.1
拉萨	2	7.6	3	7.6	7.6
成都	3	15.4	4	15.8	15.6
贵阳	3	15.3	4	15.4	15.4
南京	3	14.0	4	13.7	13.9
合肥	4	15.0	5	15.5	15.3
杭州	3	15.6	4	15.2	15.4
济南	3	13.8	4	13.6	13.7
蚌埠	3	14.1	4	14.0	14.1
齐齐哈尔	4	2.7	5	2.5	2.6
海拉尔	6	0.5	7	0.4	0.5

附录 A 采暖地区机械通风地面防冻加热负荷和机械通风送风量计算

A.0.1 采暖地区地面防冻的加热计算,应采用稳定传热计算公式。部分土壤热物理系数宜按表 A.0.1 的规定确定。

表 A.0.1 部分土壤热物理系数

土壤名称	密度 (kg/m³)	导热系数 [W/(m·℃)]	土壤条件	
			质量湿度(%)	温度(℃)
亚黏土	1610	0.84	15	融土
碎石亚黏土	1980	1.17	10	融土
砂土	1975	1.38	28	8.8
砂土	1755	1.50	42	11.7
黏土	1850	1.41	32	9.4
黏土	1970	1.47	29	7.7
黏土	2055	1.38	24	8.8
黏土加砂	1890	1.27	23	9.7
黏土加砂	1920	1.30	27	10.6

A.0.2 采暖地区机械通风地面防冻加热负荷应按下式计算:

$$Q_f = a(Q_r - Q_{tu}) \times \frac{24}{T} \qquad (A.0.2)$$

式中:Q_f——地面加热负荷(W);

a——计算修正值,当室外年平均气温小于 10℃时宜取 1;当室外年平均气温不低于 10℃时,宜取 1.15;

Q_r——地面加热层传入冷间的热量(W);

Q_{tu}——土壤传给地面加热层的热量(W);

T——通风加热装置每日运行的时间,一般不宜小于 4h。

A.0.3 机械通风地面加热层传入冷间的热量 Q_r 应按下式计算:

$$Q_r = F_d(t_r - t_n)K_d \qquad (A.0.3)$$

式中:Q_r——地面加热层传入冷间的热量(W);

F_d——冷间地面面积(m²);

t_r——地面加热层的温度(℃);

t_n——冷间内的空气温度(℃);

K_d——冷间地面的传热系数[W/(m²·℃)]。

A.0.4 土壤传给地面加热层的热量 Q_{tu} 应按下式计算:

$$Q_{tu} = F_d(t_{tu} - t_r)K_{tu} \qquad (A.0.4)$$

式中:Q_{tu}——土壤传给地面加热层的热量(W);

F_d——冷间地面面积(m²);

t_{tu}——土壤温度(℃);

t_r——地面加热层的温度(℃),宜取 1℃～2℃;

K_{tu}——土壤传热系数[W/(m²·℃)]。

A.0.5 土壤温度应取地面下 3.2m 深处历年最低两个月的土壤平均温度。主要城市地面下 3.2m 深处的土壤平均温度应按表 A.0.5 的规定确定。当缺少该项资料时,可按当地年平均气温减 2℃计算。

表 A.0.5 主要城市地面下 3.2m 深处历年最低两个月的土壤平均温度

城市名称	3.2m 深处地温(℃)				
	月份	温度值	月份	温度值	平均值
北京	3	9.4	4	9.4	9.4
上海	3	14.8	4	14.5	14.7
天津	3	10.6	4	10.2	10.4
哈尔滨	4	2.4	5	2.1	2.3
长春	4	3.8	5	3.4	3.6
沈阳	4	5.4	5	5.7	5.6
乌兰浩特	3	2.4	4	2.2	2.3

A.0.6 土壤传热系数 K_{tu} 应按下式进行计算:

$$K_{tu} = \frac{1}{\dfrac{\delta_{tu}}{\lambda_{tu}} + \sum \dfrac{\delta_{i-n}}{\lambda_{i-n}}} \qquad (A.0.6)$$

式中:K_{tu}——土壤传热系数[W/(m²·℃)];

δ_{tu}——土壤计算厚度,一般采用 3.2m;

λ_{tu}——土壤的热导率[W/(m·℃)];

δ_{i-n}——加热层至土壤表面各层材料的厚度(m);

λ_{i-n}——加热层至土壤表面各层材料的热导率[W/(m·℃)]。

A.0.7 机械通风送风量应按下式进行计算:

$$V_s = 1.15 \times \frac{3.6Q_f}{C_k \cdot \rho_k(t_s - t_p)} \qquad (A.0.7)$$

式中:V_s——送风量(m³/h);

Q_f——地面加热负荷(W);

C_k——空气比热容[kJ/(kg·℃)];

ρ_k——空气密度(kg/m³);

t_s——送风温度,宜取 10℃;

t_p——排风温度,宜取 5℃。

中华人民共和国国家标准

冷 库 设 计 规 范

GB 50072 - 2010

条 文 说 明

2 术　语

本章给出了本规范中使用的15个术语的定义和对应的英语词语，以方便规范使用的理解和交流。

1 总　则

1.0.1 为规范冷库设计，不论规模大小，均应执行或参照执行本规范相关规定。

1.0.2 本条规定了规范的适用范围。

　　1 按基建性质划分：它适用于新建、改建、扩建的冷库。至于改建维修的冷库，因受原有条件限制，在某些方面不一定能符合本规范要求，但规范中的一些原则，在改建或维修工程时仍可适用，如有特殊情况，应按因地制宜的原则执行。

　　2 本规范适用于以氨、氟为制冷剂的制冷系统。由于目前在冷库制冷系统中使用的氢氟烃类制冷剂，都不是环保冷媒，而是过渡性替代物质，因此在选用时，需随时关注国家在制冷剂方面的环保政策。

1.0.3 本规范修订中强调了"保护环境、安全适用"，以适应我国冷库建设的发展。

1.0.5 根据国家对编制全国通用设计标准规范的规定，凡引用或参见其他设计标准、规范和其他有关规定的内容，除必要的以外，本规范不再另立条文，故在本条中统一作了交代。

3 基 本 规 定

3.0.1 本规范规定冷库的设计规模，应以冷藏间或冰库的公称容积作为计算标准。公称容积为冷藏间或冰库的净面积（不扣除柱、门斗和制冷设备所占的面积）乘以房间净高。过去冷库的设计规模多以冷藏间或冰库的公称贮藏吨位计算。这种计算方法有许多缺点，主要表现在它的计算公式对冷库工程建设不能起到规范的作用。其计算公式为：公称贮藏吨位＝堆装面积×堆装高度×食品计算密度。公式中堆装面积和堆装高度虽有若干规定，但漏洞很多。因此常常出现几个贮藏同一类食品，公称贮藏吨位也相同的冷库，其建筑面积、内净容积和建设投资却相差很大，难于对设计质量进行评比，且国际上久已以"容积"衡量冷库规模的大小。根据中华人民共和国建设部制定的《工程设计资质标准》（2007年修订本），商物粮行业冷藏库建设项目设计规模划分见表1：

表 1　商物粮行业冷藏库建设项目设计规模划分

设计规模	大型	中型	小型
公称体积（m³）	＞20000	20000～5000	＜5000

使用公称容积有以下优点：

　　1 避免对"堆装面积"等因素解释不一而出现许多矛盾，也便于控制冷库规模和基建投资。

　　2 促使设计人员充分利用冷藏空间，提高容积的利用系数，做出更为经济实用的设计，也便于评定设计的优劣。

　　3 促使使用单位通过改革工艺、改进包装和堆码技术，挖掘冷库贮藏的潜力。

3.0.2 由于改用"公称容积"代替我国长期以来使用的"公称吨位"作为衡量冷库规模的标准，在设计和经营、管理等部门必然要求能有一个简便的将"公称容积"换算成吨位的方法,因此本条给了一个换算公式,并引用了一个"计算吨位"量称。

3.0.3 本条规定了有关冷藏间的容积利用系数 η 值的选取。

1 原《冷库设计规范》编写组分析了商业、外贸、水产等33座不同规模、贮存不同食品的冷库,按原设计贮存量和原设计采用的食品计算密度,换算出堆货容积,它与冷藏间内净容积之比即为容积利用系数。按照冷库规模大小初步提出4种容积利用系数 η 值。

2 规范编写组又对另外17座规模大小不等的冷库进行了验算,第一步按各库原设计的冷藏吨位等求出其容积利用系数 η 值,并将它与初步提出的4种 η 值计算的冷藏吨位等进行比较;第二步按原设计图及有关贮藏规定(走道宽度、货物距墙、顶距离,有无门斗等)求出按手推车运货留走道的容积利用系数 η_1 值和按电瓶车运货留走道的容积利用系数 η_3 值,同时求出其相应的冷藏吨位。将 η、η_1、η_2、η_3 比较,提出了规范中5种不同公称容积的容积利用系数。其间规范编写组还对天津商业、外贸、水产5座冷库的容积利用系数作出测定和比较。

3 1982年原规范审查会对规范提出的容积利用系数作了审查,提出公称容积小于1000m^3 的冷库容积利用系数0.45偏大,最好改为0.40。

这次审查会后,规范编写组又到辽宁、山东、北京、上海、浙江调查了54座冷库的容积利用情况(见表2)。其中北京、上海、辽宁6座蔬菜冷库的容积利用情况说明,除周水子冷库拱屋面空间浪费大,堆装时留的空地太多,造成容积利用系数太小外,其他蔬菜冷库的容积利用系数均应采用本规范表3.0.3规定值乘以0.8的修正系数。

4 有地方反映贮存水果、鸡蛋的实际容积利用系数与规范值相差较大。为此规范编制组曾于1983年11月到河南、武汉对鲜蛋、水果冷库进行了测定(见表3中序号22~26),证明贮存鲜蛋、鲜水果的实际容积利用系数与本规范值相差上下均不到5%,本规范值基本可用。

5 过去冷库设计没有国家的统一规范,同样的10000t冷库,有的设计冷藏间内净容积为39717m^3,有的却达43265m^3,后者大9%。同样5000t鲜蛋冷库,有的冷藏间建筑面积为6849m^3,有的却达11637m^3,较前者大70%;冷藏间净容积前者为31984m^3,后者为47632m^3,较前者大49%;每吨鲜蛋用同样的木箱,实测其占用建筑面积和冷藏间净容积分别为1.4m^3~1.71m^3 和6.28m^3~7.03m^3,相差都不小。因此规范有必要作些统一规定。过去各单位都是按照自己掌握的数据进行设计,各系统冷库因用途不同,包装、运输、堆码方法、形式以及管理等也各不相同。现在本规范按5种不同规模的公称容积划分,确定了容积利用系数值,对某些冷库可能还不尽合理,有待在今后试行中积累资料后再进行修订和补充。

表3.0.3中公称容积是指一座冷库各冷藏间公称容积之和,请注意该表注1。

6 实行新规范就要合理地考虑堆装设备、容器、合理的堆装高度和房间净高等,如果设计不考虑生产实际,盲目提高房间净高,其容积利用系数就可能达不到规范要求,实践中必然浪费资金和能源。

3.0.4 冰库的利用系数 η 值,随房间净高而异。从表4调查可看出:

1 容积利用系数 η 值与面积虽有关系,但当冰库内净面积分别为246m^2、540m^2、680m^2 时,其 η 值则分别为0.53、0.57、0.61,互相间仅差4%。但由表4可看出,η 值受净高的影响却比较大。如上述相同面积的冰库,当净高不同时,η 值相差达13%~22%(即净高越高,容积利用系数越大)。

2 从内净容积的大小方面也很难确定 η 值。例如,内净容积相近分别为2406m^2、2432m^2 时,其 η 值分别为0.6、0.43,相差很大;若内净容积接近,如分别为3243m^2 和3060m^2 的两个房间,则 η 值分别为0.57、0.47,相差也很大。

表2 冷库容积利用系数及食品密度调查表

序号	冷库名称	贮存货物名称	冷藏温度(℃)	冷库公称容积(m^3)	F_1净面积(m^2)	h_1净高度(m)	V_1净容积(m^3)	F_2堆装面积(m^2)	h_2堆装高度(m)	V_2堆装容积(m^3)	η_1测定的容积利用系数 V_2/V_1	η本规范规定容积利用系数	η_1/η	货物名称	存放形式	包装形式	ρ_1测定值(t/m^2)	ρ_s本规范值(t/m^3)	ρ_1/ρ_s
1	营口食品公司冷库(二期)	牛、羊肉	-15	2240	197.5	4.07	803.0	133.0	3.40	452.0	0.560	0.55	1.010	牛、羊肉	码白条	无	0.409	0.33	1.24
2	上海哈尔滨路冷库	牛肉、羊腔	-17~-18	3965	1160.0	2.85~4.05	3965.0	862.0	2.18~3.46	2412.0	0.608	0.55	1.100						
3	大连食品公司冷冻厂	猪肉	-17~-18	21507	587.0	4.58	2688.0	467.0	3.70	1727.0	0.640	0.62	1.036	猪肉	码垛	无	700/1727=0.405	0.40	1.01
4	烟台肉联厂1500t冷库	猪肉	-17~-18	6235	354.0	5.00	1770.0	287.0	4.25	1219.0	0.688	0.55	1.250	猪白条	码垛	无	460/1219=0.377	0.40	0.94
5	青岛肉联厂老库	猪肉	-17~-18	6077	237.0	3.69	877.0	192.0	2.98	571.0	0.650	0.55	1.180						
6	青岛肉联厂新库	猪肉	-17~-18	10694	588.0	4.56	2681.0	475.0	3.76	1786.0	0.666	0.60	1.110	猪白条	码垛	无	700/1786=0.391	0.40	0.98
7	北京市西南郊食品冷冻厂	猪肉	-17~-18	64828	572.0	4.54	2596.0	454.0	3.84	1742.0	0.670	0.62	1.080	猪白条	码垛	无	768/1742=0.441	0.40	1.10
8	上海薛家浜冷库	冻肉	-17~-18	55341	12136.0	4.56	55341.0	10233.0	3.75	38375.0	0.690	0.62	1.110						
9	上海沪南冷库(二期)	冻肉	-16~-18	11601	—	—	—	—	—	—	平均0.603	0.60	1.004						
10	杭州罐头食品厂3000t冷库	猪肉、禽	-18	6435	—	—	1251.3	—	—	736.0	0.590	0.55	1.060						
11	宁波食品公司500t冷库	猪肉	-18	1829	—	—	1829.0	—	—	941.0	0.514	0.55	1.030						
12	营口食品公司150t蛋库	鲜蛋	±0	1006	129.0	3.90	503.0	77.6	3.10	240.0	0.480	0.50	0.960	鲜鸡蛋	箱堆	木箱	75/240=0.312	0.26	1.19

9

序号	冷库名称	贮存货物名称	冷藏温度(℃)	冷库公称容积(m³)	F_1净面积(m²)	h_1净高度(m)	V_1净容积(m³)	F_2堆装面积(m²)	h_2堆装高度(m)	V_2堆装容积(m³)	η_1测定的容积利用系数 V_2/V_1	η本规范规定容积利用系数	η_1/η	货物名称	存放形式	包装形式	ρ_1测定值(t/m²)	ρ_s本规范值(t/m³)	ρ_1/ρ_s
13	大连食品公司冷冻厂	鲜蛋	±0	13296	351.0	4.00	1404.0	264.0	3.10	818.0	0.580	0.60	0.967	鲜鸡蛋	箱堆	木箱	225/818=0.275	0.26	1.04
14	北京市食品公司肉联厂蛋库	鲜蛋	±0	3328	475.0	3.20	1520.0	392.0	2.62	1009.0	0.660	0.55	1.200	鲜鸡蛋	箱堆	木箱	0.243	0.26	0.93
15	北京市西南郊食品冷冻厂	鲜蛋	±0	6949	432.0	3.70	1600.0	338.0	2.60	878.0	0.548	0.55	0.996	鲜鸡蛋	堆垛	木箱	0.262	0.26	1.01
16	上海禽蛋二厂冷库	鲜蛋	±0	6948	—	—	—	—	—	—	平均0.603	0.55	1.100	—	—	—	平均0.190	0.26	0.73
17	上海光复路蛋品批发部	鲜蛋	±0	7113	—	—	—	—	—	—	平均0.524	0.55	0.950	—	—	—	0.245	0.26	0.94
18	杭州食品公司禽蛋批发部500t蛋库	鲜蛋	+2~-2	3960	264.0	5.00	1320.0	158.0	3.65	574.0	0.430	0.55	0.780		堆垛	木箱	0.251	0.26	0.96
19	宁波蛋品批发部100t蛋库	鲜蛋	+2~-2	417.6	87.0	4.80	417.6	69.0	2.50	172.5	0.413	未规定>0.40	1.030						
20	北京市左安门菜站三期库	鲜蛋	—	—	—	—	—	333.0	箱装3.66	1220.0	0.540	0.60	0.900	鲜蛋	堆垛	木箱	262/1220=0.214	0.26	0.82
21	上海新闸桥新冷库	鲜蛋	0~5	9194	382.5	4.10	1568.0	286.0	3.50	1001.0	0.638	0.55	1.160						
22	上海光复路蛋品冷库	冰蛋	-17~-20	1267							0.568	0.50	1.130						
23	沈阳和平菜站冷库	蔬菜	±0	10291	302.0	3.40	1029.0	171.0	3.10	530.0	0.510	0.60	0.850	蒜薹	架存	挂、有的装塑料装	70/530=0.132	0.23	0.57

序号	冷库名称	贮存货物名称	冷藏温度(℃)	冷库公称容积(m³)	F_1净面积(m²)	h_1净高度(m)	V_1净容积(m³)	F_2堆装面积(m²)	h_2堆装高度(m)	V_2堆装容积(m³)	η_1测定的容积利用系数 V_2/V_1	η本规范规定容积利用系数	η_1/η	货物名称	存放形式	包装形式	ρ_1测定值(t/m²)	ρ_s本规范值(t/m³)	ρ_1/ρ_s
24	大连周水子菜库	蔬菜	±0	18656	212.0	4.40	933.0	—	—	298.0(走道宽)	0.320	0.62	0.530	蒜薹	架存	—	60/298=0.201	0.23	0.87
25	营口蔬菜公司第二菜库(北)	蔬菜	±0	7564	210.0	—	945.0	102.0	—	418.0	0.440	0.55	0.800	蒜薹	架存	挂塑料袋	40/418=0.095	0.23	0.41
26	营口蔬菜公司第二菜库(南)	蔬菜	±0	8187	413.0	4.95	2046.0	189.0	4.60	870.0	0.424	0.55	0.770	蒜薹	架存	挂塑料袋	90/870=0.103	0.23	0.45
27	北京左安门菜站二期库	蔬菜	±0	13512	420.0	5.36	2252.0	307.0	3.84	1181.0	0.520	0.60	0.870	大白菜	—	—	140/1181=0.119	0.23	0.52
28	上海国庆路蔬菜库	蔬菜	0~2	5547	1440.0	3.80~4.00	5547.0	859.0	3.00	2578.0	0.465	0.55	0.850						
29	沈阳果品公司沈东批发站	水果	±0	7599	357.0	4.26	1520.0	249.0	3.50	872.0	0.570	0.55	1.036	水果	堆筐7个高	筐装	185/872=0.213	0.23	0.93
30	北京市果品公司四道口5000t冷库	水果	±0	33432	342.0	4.00	1368.0	269.0	3.33	896.0	0.655	0.62	1.050	水果	—	箱装	—	—	—
30	北京市果品公司四道口5000t冷库	水果	±0	—	—	—	—	—	3.22	866.0	0.633	0.62	1.020	水果	—	筐装	0.235	0.23	1.02
31	上海果品公司冷库	水果	±0	34230	360.3	4.00	1441.0	277.0	3.15	872.5	0.606	0.62	0.980						
32	上海果品公司新闸桥(老库)	水果	0~5	12823	262.0	5.00	1310.0	201.0	3.60	724.0	0.550	0.60	0.910	水果	—	—	0.250	0.23	1.08
33	上海果品公司新闸桥(新库)	水果	0~5	32862					3.15	901.0	0.575	0.62	0.930	水果	—	篓装	0.200	0.23	0.86
34	上海泰康食品厂冷库	苹果	0~2	2158	239.8	4.50	1079.0	180.7	3.15	569.2	0.530	0.55	0.960						

9

序号	冷库名称	贮存货物名称	冷藏温度(℃)	冷库公称容积(m³)	F_1净面积(m²)	h_1净高度(m)	V_1净容积(m³)	F_2堆装面积(m²)	h_2堆装高度(m)	V_2堆装容积(m³)	η_1测定的容积利用系数V_2/V_1	η本规范规定容积利用系数	η_1/η	货物名称	存放形式	包装形式	ρ_1测定值(t/m²)	ρ_s本规范值(t/m³)	ρ_1/ρ_s
35	上海禽蛋一厂冷库	冻鸡	−21	3348	343.0	4.86	1667.0	248.4	3.62	899.0	0.540	0.55	0.980	冻鸡	—	—	0.500	0.40	1.25
36	上海北宝兴路冷库(新库)	盘冻鸭	−15~−18	5800	—	—	—	—	—	—	平均0.610	0.55	1.110						
37	上海北宝兴路冷库(老库)	鸡、鹅	−15~−18	1321	—	—	—	—	—	—	0.630	0.50	1.260						
38	宁波市家禽500t冷库	禽	−18	1944	432.0	4.50	1944.0	336.0	3.50	1176.0	0.604	0.50	1.210	禽	—	—	0.440	0.40	1.10
39	营口水产公司冷库	水产	−18	3159	187.0	6.50太高	1215.0	127.4	4.50	开两个门573.0	0.470	0.55	0.850	水产	码垛	无	280/573=0.488	0.47	1.02
40	大连海洋渔业公司10000t库	水产	−18	25914	442.0	3.74	1653.0	358.0	3.24	1160.0	0.700	0.62	1.130	水产	托板上13层				
41	大连市水产公司制品厂冷库	水产	−20	8162	626.0	4.25	2660.0	564.0	3.20	1804.0	0.670	0.55	1.210	水产	13层纸箱高	无	0.975/1.45=0.672	0.47	1.42
															托板码堆	纸箱	1.56/3.66=0.426	0.47	0.90
42	烟台海洋渔业公司冷冻厂3800t新库	水产	−18	12621	826.0	3.67	3032.0	664.0	2.80	1859.0	0.613	0.60	1.02	水产	—	无	620/1859=0.333	0.47	0.71
																	1/1.54=0.649	0.47	1.38
43	青岛海洋渔业公司中港库一期库	水产	−18	21972	246.0	3.38太低	831.0	209.0	2.40	501.0	0.600	0.62	0.79	水产	堆块	无	224/501=0.447	0.47	0.95
44	北京四路通水产5000t冷库	水产	−18	19679	1371.0	3.98	5456.0	1070.0	3.41	3648.0	0.668	0.62	1.07	—	放1400t时	—	0.380	0.47	0.81
															放1684t时	—	0.460	0.47	0.98
45	上海水产供销站冷库	水产	−18	24000	1669.0	3.64	6074.0	1454.0	3.12	4536.0	0.750	0.62	1.2	水产					

序号	冷库名称	贮存货物名称	冷藏温度(℃)	冷库公称容积(m³)	F_1净面积(m²)	h_1净高度(m)	V_1净容积(m³)	F_2堆装面积(m²)	h_2堆装高度(m)	V_2堆装容积(m³)	η_1测定的容积利用系数V_2/V_1	η本规范规定容积利用系数	η_1/η	货物名称	存放形式	包装形式	ρ_1测定值(t/m²)	ρ_s本规范值(t/m³)	ρ_1/ρ_s
46	上海泰康食品厂冷库	马面鱼	−18	7174	239.8	4.00	959.0	—	—	569.0	0.590	0.55	1.07						
47	上海海林食品冷库	鱼肉、番茄、土豆	−18	4587	468.0	3.20	1530.0	403.0	2.50	1037.0	0.677		1.23						
48	杭州卖鱼桥水产1000t冷库	水产	−18	4895	1009.3	4.85	4895.0	—	3.00	2612.0	0.533	0.55	0.97				0.430	0.47	0.91
49	宁波3000t中转水产冷库	水产	−18	12972	1435.0	4.52	6486.0	1045.0	3.00	3135.0	0.483	0.60	0.80						
50	舟山海洋渔业公司大干冷库	水产	−18	37990	1681.0	4.52	7598.0	1541.0	3.00	4623.0	0.608	0.62	0.98						
51	烟台海洋渔业公司3000t冷库	冰	−6	5227	378.0	13.83	5227.0	378.0	—	3949.0	0.750	0.65	1.15						
52	青岛海洋渔业公司中港一期库	冰	−4	14861	547.0	11.56	6372.0	547.0	—	5117.0	0.800	0.65	1.23	冰	堆块	无	4000/5117=0.782	0.75	1.04
53	宁波冷藏公司冷库	冰棒等	−18	996	83.0	4.00	332.0	46.0	3.00	138.0	0.410		1.03						
54	大连南关岭外贸冷库	虾肉	−18	34658	520.0	6.25	3253.0	371.0	5.06	1877.0	0.577	0.62	0.93						
55	北京外贸饮料食品厂700t冷库	冻肉	−20	3566	673.0	5.30	3566.0	479.0	4.47	2141.0	0.600	0.55	1.09	冻肉	托板	纸箱	800/2141=0.373	0.40	0.93
56	上海外贸冷冻三厂10000t库	冻肉、分割肉	−18	36502	9156.0	3.50~4.30	36502.0	6505.0	3.24~3.60	21829.0	0.60	0.62	0.97	分割肉					
57	上海外贸冷冻三厂7000t冷库	肉兔、冰蛋等	−18~−20	32862	8365.0	3.80~4.25	32862.0	5907.0	3.24~3.60	19710.0	0.600	0.62	0.97	肉兔、冰蛋	—	纸盒	0.376	0.40	0.94

9

表3 冷藏间容积利用系数 η 验算情况（序号 1～17 为按图计算，18～27 为现场实例）

序号	设计号或冷库名称	原设计吨位(t)	贮存货物名称	冷藏间总净面积(m²)	冷藏间净高(m)	冷藏间总净容积(m³)	按原设计计算 密度(kg/m³)	按原设计计算 冷藏量(t)	按原设计计算 求得的η值	按本规范计算 密度(kg/m³)	按本规范计算 η值	按本规范计算 冷藏量(t)	与原设计冷藏量比(%)	备注
1	冷90	100	冷却物	39.0	4.00	156	320	26.5	0.530	260	0.40	16.20	-38.0	—
1	冷90		冻结物	118.7	4.00	474	375	75.0	0.420	400	0.40	75.80	+1.0	
2	冷101	170	冻肉	138.3	5.41	748	375	170.0	0.620	400	0.40	119.00	-30.0	原设计容量偏大、平面尺寸小，净高5.41m，堆高5m无法实现
3	冷88	500	冻肉	470.0	5.00	2350	375	500.0	0.570	400	0.55	517.00	+3.40	原设计房间宽11m减去电瓶车走道货垛宽4.3m，堆高4.7m不合理
4	冷55	1000	冻肉	666.0	5.70	3796	375	976.0	0.700	400	0.55	835.00	-14.4	—
5	冷109	1900	西红柿	3873.0	4.80	18590	175	1900.0	0.650	230	0.62	2120.00	-11.6	
6	冷117	2300	冻肉	1581.0	7.55	11935	375	2356.0	0.530	400	0.62	2864.00	+21.6	原设计净高7.55m，堆高只有5m，空间浪费
7	冷84	3000	冻肉	2513.0	4.56	11458	375	2860.0	0.670	400	0.62	2750.00	-3.8	
8	冷106	5000	冻肉	4380.0	4.56	19976	375	5140.0	0.690	400	0.62	4954.00	-3.8	
9	冷97	—	牛、羊、猪肉	2105.0	6.64	13977	375	4284.0	0.730	400	0.62	3466.00	—	净高有问题，肉鱼、5.8m高鲜蛋都无法实现，故实际冷藏量达不到规范值
9	冷97	5000	鱼	659.0	6.64	4375	450	—	—	470	0.62	1275.00	+10.0	
9	冷97	—	鲜蛋	942.0	6.64	6253	320	1170.0	0.580	260	0.55	894.00	—	
10	冷113	6500	冻肉	5693.0	4.56	25960	375	6500.0	0.670	400	0.62	6438.00	-1.0	
11	冷111	9000	冻肉	7136.0	4.76	33967	375	8800.0	0.690	400	0.62	8424.00	-4.2	
12	冷105	10000	冻肉	9488.0	4.56	43265	375	10176.0	0.630	400	0.62	10729.00	+5.4	
13	冷110	10000	冻肉	8344.0	4.76	39717	375	10200.0	0.680	400	0.62	9850.00	-4.3	
14	冷87	10000	冻肉	9468.0	4.56	43174	375	10174.0	0.670	400	0.62	10707.00	+5.2	
15	柳州10000t库	10000	冻肉	9109.0	4.46~4.65	41519	375	10701.0	0.680	400	0.62	10296.00	-3.8	
16	冷114	20000	冻肉	17912.0	4.76	85262	375	20855.0	0.650	400	0.62	21145.00	+1.4	
17	龙华果品库	6000	果蔬	8501.0	4.02	34174	(295)	(6000.0)	0.600	230	0.62	4873.00	-18.8	按该库标准间实际堆仓板及木箱计实际η=0.54，上海堆装密度大

续表3

序号	设计号或冷库名称	原设计吨位(t)	贮存货物名称	冷藏间总净面积(m²)	冷藏间净高(m)	冷藏间总净容积(m³)	按原设计计算 密度(kg/m³)	按原设计计算 冷藏量(t)	按原设计计算 求得的η值	按本规范计算 密度(kg/m³)	按本规范计算 η值	按本规范计算 冷藏量(t)	与原设计冷藏量比(%)	备注
18	天津第一食品厂	1700	鲜蛋	2768.0	4.00	11070	—	(1700.0)	0.590	260	0.60	1726.00	+1.6	—
19	天津食品公司第二冷冻厂	7000	冻肉	7460.0	4.00	29840	320	实测 6948.0	0.540	400	0.62	7400.00	与实际比 +6.5	—
19	天津食品公司第二冷冻厂	1200	水果	1865.0	4.00	7459	375	实测 1000.0	0.500	230	0.55	943.00	与实际 -5.7	
20	天津水产供销公司冷库	2000	冻鱼	1677.0	6.00	10060	320	2752.0 堆高4.8m	0.608	470	0.60	2836.00	与实际比 +3.0	—
21	天津外贸食品公司冷冻厂冷库	10000	冻食品	7889.0	3.85	30372	(450)	剔骨肉实存 7141.0	0.619	400	0.62	7532.00	与实际比 +5.5	原设计面积净高均小
22	武汉第六冷冻厂	5000	鲜蛋	7509.0	底层4.58 一五层4.28 二三四层4.18	32125	320	实测 5118.0	0.590	260	0.62	5178.00	+1.2	—
23	郑州市蛋库	5000	鲜蛋	6691.0	4.78	31984	300	5000.0	0.590	260	0.62	5155.00	+3.1	原设计面积偏小
24	郑州果品冷库	5000	水果	6134.0	6.00	36814	(185)	5000.0	0.605	230	0.62	5249.00	+5.0	箱间孔隙堆装密度小
25	武汉徐家棚水果库	5000	鲜蛋	10402.0	4.58	47641	(233)	实测 6768.0	0.610	260	0.62	7680.00	+13.5	原设计面积太大
26	武汉禽蛋加工厂冷库	600	鲜蛋	319.0	4.50	4107	(233)	600.0	0.560	260	0.55	587.00	-2.0	实测箱间留空隙时534t
27	汉口水果库	500	水果	660.0	4.80	3168	—	实测 400.0	—	230	0.55	401.00	+0.3	原设计面积小达不到500t

3 用吊车吊冰时,因吊车占空间大,故净高要高一些才经济。水产系统冰库趋向于做12m净高,η值可达0.7。例如,冰库内净面积为680m²,净高6m,无吊车时,η=0.61;而有吊车时,房间净高分别为9m、8m、7m时,η值则分别为0.64、0.59、0.52,显然低于9m时就不经济了。

以水产系统两套定型图纸验证:200t冰库内净面积为68.86m²(11m×6.26m),净高6m,内净容积413m³,值取0.6,以计算密度为750kg/m³计,则能储冰186t。又如500t冰库,内净面积为191m²(16.9m×11.35m),净高6.05m,内净容积1160m³;η值按0.6计,则可储冰522t。

表4　冰库容积利用系数

型式	内净面积 (m²)	净高 (m)	内净容积 (m³)	堆冰面积 (m²)	堆冰高度 (m)	堆冰容积 (m³)	堆冰质量 (t)	容积利用系数
单层	246	6.00	1476	204	3.85	785	589	0.53
单层或 多层	246 246	5.00 4.45	1232 1094	204 204	2.75 2.20	560 448	420 336	0.45 0.40
单层	400	6.00	2406	377	3.85	1451	1088	0.60
单层或 多层	400 400	5.00 4.45	2000 1780	377 377	2.75 2.20	1036 829	777 621	0.52 0.46
单层	540	12.00	6480	484	8.80	4259	3194	0.66
单层	540	6.00	3243	484	3.85	1863	1397	0.57
单层或 多层	540 540	5.00 4.50	2700 2432	484 484	2.75 2.20	1331 1064	998 798	0.49 0.43
单层	680	12.00	8160	649	8.80	5711	4283	0.70
单层	680	6.00	4080	649	3.85	2498	1873	0.61
单层或 多层	680	4.50	3060	649	2.20	1460	1095	0.47

3.0.6 有关冷库贮藏食品的计算密度值的说明。

1 最初确定食品的计算密度(即实际的堆装密度),系根据当年在河南、陕西、四川、广东、广西、湖北、湖南、江苏和内蒙古九个省、自治区42座冷库中测定的数据加以整理、归纳得出的。第一步整理出8类73种商品的密度,再归纳为25种食品的密度(不包括装载用具的质量),同1975年原商业部设计院编的《冷藏库制冷设计手册》(以下简称《手册》)的数据作了比较,见表5。在本规范初稿中,编写组提出41种食品的堆装密度,后来在本规范的报审稿中,编写组根据国内食品冷库贮存货物的类别归纳提出8种计算密度,提供审查会审定。这类数值与《手册》规定相比,肉类、鱼类冷库略有增加,分别增加6.6%和4.4%,鲜蛋略有减少,减少6.2%,而水果减少比例较大,为26%。

2 在原规范审查会中,编写组认为牛、羊库的计算密度采用400kg/m³偏大,特别是羊腔达不到此密度。如贵州省1981年10月测定羊腔密度只有207kg/m³～241kg/m³。编写组于1981年10月在海拉尔肉类联厂测定了几垛牛、羊肉,其密度:带骨牛肉为362.94kg/m³,羊腔为216.97kg/m³(这批羊较小),纸箱装剔骨牛、羊块肉为824.3kg/m³。同时在乌鲁木齐肉联厂也作了测定:羊腔为300kg/m³～320kg/m³,劈半羊375kg/m³～400kg/m³。因此对表3.0.6加了附注,规定冻肉冷库如同时存放猪、牛、羊时,其密度均按400kg/m³计,当只存冻羊腔时,其密度按250kg/m³计,只存冻牛、羊肉时,密度按330kg/m³计。这类数值不宜再少,因为今后总会有一部分作剔骨块肉存放。

3 当年审查会还确定食品计算密度中的鲜蛋由300kg/m³降低为260kg/m³较宜;鲜水果由250kg/m³改为230kg/m³。对蔬菜的密度认为250kg/m³也大了一点。

表5　冷藏食品计算密度比较(kg/m³)

序号	名　称	密度	
		1975年《手册》	规范归纳后意见
1	冻猪白条肉	375	400
2	冻牛白条肉	400	330
3	冻羊腔	300	250

续表5

序号	名　称	密度	
		1975年《手册》	规范归纳后意见
4	块状冻剔骨肉或副产品	650	600
5	块状冻鱼	450	470
6	冻猪大油(冻动物油)	540(桶装) 630(箱装)	650
7	块状冻冰蛋	—	730
8	听装冰蛋	550	700
9	箱装冻家禽	350	550(盒装)
10	盘冻鸡	—	350
11	冻鸭	—	450
12	冻蛇(盘装)	—	800
13	冻蛇(纸箱)	—	450
14	冻兔(带骨)	—	500
15	冻兔(去骨)	—	650
16	木箱装鲜鸡蛋	320	300
17	篓装鲜鸡蛋	—	230
18	篓装鸭蛋	—	250
19	筐装新鲜水果	—	220(200～230)
20	箱装新鲜水果	340	300(270～330)
21	托板式活动货架存菜	—	250
22	木杆搭固定货架存蔬菜 (不包括架间距离)	—	220
23	篓装蔬菜	—	250(170～340)
24	木箱装蔬菜	—	250(170～350)
25	其他食品	300	370

当年审查会后编写组又到54个冷库作了调查,证明审查会提出的意见基本可行,但蔬菜的密度过去国内没有统一规定,《手册》也没有提供数据,从调查中得知存货方法对密度影响很大。目前北方一些蔬菜冷库用搭架子存蒜薹,走道多,架间空隙多,堆装密度也就很小。同样存大白菜,北京左安门菜站有的篓装只有119kg/m³,而上海国庆路菜站用托板式活动货架存大白菜则可达233kg/m³。从北京蔬菜公司提供的表6看,不同品种的蔬菜其密度相差一倍多。编写组调查冷藏间按每平方米净面积计贮菜量;存蒜薹190kg(营口第二菜库)至283kg(大连周子水菜库),存葱头可达800kg(周子水菜库),相差也很大。编写组认为蔬菜库计算密度取值可与水果冷库同,也定为230kg/m³,不宜太低;上海、湖北等有关单位认为这个数字可以。过去一些蔬菜冷库不考虑如何提高容积利用和堆装密度,空间浪费较大。

编写组于1983年11月又到河南、武汉几个鲜蛋、水果冷库作了调查。木箱装鲜蛋堆装密度,四座冷库分别为304kg/m³、233kg/m³、266kg/m³和233kg/m³,平均为259kg/m³。三座冷库的篓装水果的堆装密度分别为195kg/m³、235kg/m³、242kg/m³,平均为224kg/m³。以上调查的有关数字见表2、表6。

表6　北京蔬菜公司提供的不同品种蔬菜的堆装密度表(kg/m³)

蔬菜名称	包装形式	堆装密度
甘蓝(圆白菜)	堆垛	300
大白菜	木箱装	150～170
葱头	木箱装	260
葱头	篓装	340
土豆	木箱装	300～350
柿子椒	篓装	170
蒜薹(蒜苗)	散装	200
大蒜	篓装	260
鲜姜	篓装	260

3.0.7 过去国内冷库设计用的气象参数,没有统一规定。这次确定均采用现行国家标准《采暖通风与空气调节设计规范》GB 50019

中室外空气计算参数。库房外围护结构的传热计算(包括热阻、热流量)。本规范规定其室外温度采用夏季空气调节室外计算日平均温度 t_{wp}。

4 建 筑

4.1 库址选择与总平面

4.1.1 冷库是贮藏冷冻食品的仓库,故库址的选择除应满足一般工程选址的条件外,必须考虑避开对食品有污染的特殊要求,若是附属于肉类联合加工厂、水产加工厂和食品批发市场、食品配送中心等的冷库还必须综合考虑其建设条件。

4.1.2 本条规定了冷库的总平面布置要求。

1~3 同原规范相比,这三款对文字表述作了修改和调整,以使其更确切。

4 因当前高速公路的发展,今后公路运输将成为主要运途径之一,故增加此款。

5 本款应以"洁净区和污染区"表述更确切,故不具体指明"厂内牲畜、家禽、水产等原料区……",因为有的原料也不应在污染区。

6,7 这两款对防火、安全及疏散标识上作了规定。

4.1.8 本条为强制性条文。为适应冷库建设的发展及防火要求,经调查已建冷库的实践证明,对一、二级耐火等级的冷库贴邻布置作了相应的规定。

4.1.9 本条为强制性条文。对制冷机房布置作了更明确规定,以利于贯彻执行。

4.2 库房的布置

4.2.1 同原规范相比,本条增加了第3款,以适应氟制冷机组新增适用范围的相关规定。

4.2.2 本条为强制性条文。是本次修订的重点,对此作如下重点

说明:

1 原规范中库房冷藏间建筑的最大允许占地面积和防火分区面积是总结我国当时 30 年来建库经验得出的,具体是根据 20 世纪 50 年代当时建库需要测算和确定的,从 20 世纪 50 年代至今,特别是我国改革开放以来,国民经济有了飞速的发展,为适应我国对外贸易和国内人民生活对冷冻食品的需要,冷库建设规模日益扩大,近年来在深圳、上海、福州、厦门、杭州等沿海城市相继建设的万吨、几万吨的冷库数不胜数,其冷藏间建筑占地面积、单层已突破 10000m²,多层已突破 7000m²,承重木屋架、木吊顶的三级耐火冷藏间建筑已很少建设。本次修订对一、二级单层冷库最大允许占地面积作了适当增加,即"冷藏间建筑"单层、多层调至7000m²,并增加了高层 5000m² 的规定。

2 原规范中未明确高层及地下室的耐火等级、层数和面积,只在"最多允许层数"栏内列出一、二级层数不限,为在执行中更确切理解,故本次修订表 4.2.2 增加了高层和地下室规定。

3 对冷库建筑火灾危险性的分析:

1)据现有调查了解的资料看,国内、外冷库建筑的火灾事故大多发生在新建和大修施工中,由于带火作业与可燃的隔热层、防水层等交叉施工,管理不善而引起火灾,在正常生产过程中发生火灾的冷库还没有,这说明经过实践证明冷库火灾的危险性是极小的。

2)冷库中贮存物为冷冻食品,大多以水产、肉类、蔬菜、果品为主,其火灾危险性,在现行国家标准《建筑设计防火规范》GB 50016 中划为"丙类",这应该理解为是在正常温度和湿度条件下它的火灾危险性,而冷库库房的工况是高湿低温,所贮存物也是高湿低温的,且正常使用中无火源引入的可能,工作人员极少。因此长期实践中冷库正常使用中还未出现过火灾事故。

3)冷库库房内的贮存物一旦与火源接触,由于高湿低温也不易点燃,即使点燃后达到一定火势也是要有较长的延迟时间,此时这种一旦有火源的出现时间必然是在工作时间,由于延迟时间会早被工作人员发现,会及时扑灭,故也不具有火势蔓延成火灾事故的危险性。非工作时间冷间内是没有人的,因此也就不会有火源的引入。

4)历史上曾偶有在投产后发生火灾事故的,其隔热材料为稻壳,火源为穿过隔热层的电线设置不当,短路而引发的。因此,为避免类似的事故的发生,本规范在电气专业的第 7.3.6 条、第 7.3.9 条均作了加强防护的规定。

4 对于一旦发生火灾的消防措施:

1)从安全角度考虑,一定要从突发事故出发,采取有应急的消防措施。对于冷库建筑消防设施设置是否合理,对其设防目的等作如下分析:第一,要确保工作人员的安全;第二,要最大限度地减少贮存物品的损失;第三,要对冷库建筑本身最大限度地减少损失;第四,技术上可能,而且技术经济合理。

从上述设置消防设施的目的出发,作如下分析和配置。

第一,冷库内工作人员仅有很少的管理和货物运输人员,一旦出现火情,库房所设置的门和通道均能做到及时撤离和疏散。

第二,对于贮存物内冷藏间如设置火灾自动报警和自动喷淋消防设施,因其冷藏间工况均在 0℃ 以下(或 0℃ 左右),故对于启动的控制温度难以设定,如设定过低,则误启动的可能性很大,反而对贮存物造成不必要的损失,如按正常火情温度设定,则冷藏间内如能达到正常火情温度才启动,则冷藏间火情已达到较为严重的程度,贮存物由解冻、回化到可以燃烧的情况,那火势会相当严重。因此在冷藏间内设置自动报警对冷库的冷藏间而言,意义不大,且工程建设投资和日常维护、管理费用也不小,且不会减少对贮存物的损失,故此措施不可取。

第三,冷库建筑工程中投资最大的部分,主要是隔热层工程部分,该部分最怕水浸受潮,根据对冷藏间内火情发展的过程的分析,一般是最初在局部,且一定是可能带入火源的工作时间,在有人的情况下,会及时发现,局部扑救是完全可能的,不致对建筑工

9—23

程本身造成整体破坏。

综上情况，冷库中设置自动报警不是合理的消防设施，应在冷藏间外附近穿堂处设置固定式室内消火栓和移动式手提消防器材更为合理和适用。

2）为使库房建筑日常做到不产生火源，防止发生火灾隐患对库房、楼梯间的布置作了具体规定，详见本规范第4.2.10条、第4.2.12条。

4.2.3 本条为强制性条文。对冷藏间与穿堂之间的隔墙应为防火隔墙作了明确规定，但因目前冷藏门在技术上尚不能做到防火门的要求，故也明确规定冷藏门为非防火门。这样做的实效是一旦发生火灾，过火面积只限定在门洞范围，仍减小了火势蔓延的趋势。

4.2.4 对比原规范增加了第3款，以适应市场经济发展，对经营、管理上的功能需要作了相应规定。

4.2.6 根据调查了解使用功能上的需要，本条比原规范增加了第2款、第7款规定。

4.2.9 根据冷库吞吐量的不断加大，本条增加了5t型电梯运载能力的规定。

4.2.10 本条为强制性条文。在冷库防火要求上作了相应的规定。

4.2.12 本条为强制性条文。对应急疏散作了规定。

4.2.13、4.2.14 这两条在减少冷藏间入口的冷热交换和节能上作了相应规定。

4.2.17 本条为强制性条文。对库房安全使用，避免火灾等事故隐患作了相应规定。

4.3 库房的隔热

4.3.2～4.3.10 本规范为方便设计使用，把原规范列为附录中的列表加以整理，结合公式计算过程修订于正文中。

为贯彻节能方针，本部分重点对冷间外墙、无阁楼的屋面、有阁楼的顶棚的总热阻 R_0（m²·℃/W）作了修订，面积热流量（W/m²）取值取消了"12W/m²"，增加了"7W/m²"。

4.4 库房的隔汽和防潮

4.4.2 本条对蒸汽渗透阻验算作了规定。

4.4.3 采用现喷（或灌注）硬质聚氨酯泡沫塑料时，其发泡反应为放热过程，会使热熔性隔汽层与基层脱离，所以本条规定这种情况下不应选用热熔性材料。

4.4.4 本条根据调查的实践经验对隔汽层和防潮层的构造作了详细规定。

4.5 构造要求

4.5.1 因通风间层对夏热冬暖地区作用显著，故作此规定。

4.5.2 从实践经验证明，库房顶层隔热层采用块状隔热材料技术可行，使用可靠，可节省投资，故作此规定。

4.5.3 将原"阁楼柱应自阁楼楼面起包1.2m高度的块状隔热材料"，调整为"1.5m高"，是根据调查中发现1.2m高度以上仍出现反潮现象。

4.5.4 本条为强制性条文。关于冷库防火和火灾情况，本规范编制组曾做过两次调查。第一次调查了上海、浙江、广东、天津、辽宁、陕西6个省市，从1968～1980年间发生火灾的17个冷库，其中16个冷库是在施工中失火，另有一个冷库是在投产后发生的，而且是由于设计不当，将接线盒放在可燃烧的稻壳隔热层内，电线发生短路引起火灾。1982年又了解了辽宁、烟台、青岛、北京、上海、浙江部分地区的商业（肉类、蔬菜、水果、蛋品等）、外贸、水产、轻工各系统总冷藏量达513924t的227座冷库的情况。这227座冷库，按每座冷库投产使用年限统计为3175座年，共发生火灾21起，造成损失163.33万元。21起火灾中属于施工中发生的19

起，造成万元以上损失的计5起，共损失160万元，占21起火灾损失的98%。由此可见：

$$施工中发生火灾几率 = \frac{发生火灾数}{座年} = \frac{19}{3175} = 0.6 \ 次/100 \ 座年。$$

$$生产中发生火灾几率 = \frac{2}{3175} = 0.06 \ 次/100 \ 座年。$$

施工中发生火灾造成损失与227座冷库的原基建投资之比为1：100，生产中发生火灾造成损失与227座冷库的原基建投资之比为1：5000；21起火灾中，由于电焊、电线、电热丝、灯泡等引起的计4起，占19%。因此，我们认为防火重点应放在施工组织预防措施方面。但鉴于我国历史上大多数冷库采用易燃材料稻壳做外墙、层面的隔热层，今后部分地区仍会延用该做法，故不能排除其失火隐患。1984年我们了解到1963年的长春蛋禽厂1200t冷库生产中曾发生火灾，自阁楼稻壳燃烧起，涉及外墙、软木亦大部烧毁，损失近百万元（货物45万元、冷库维修费用达50万元）。为了防止火灾造成损失，除应加强投产后的安全保卫工作外，外墙与阁楼楼面均采用松散可燃隔热材料时，其相交处宜设防火带。本次修订，更明确规定了防火带的耐火等级。

4.5.5 近年来多层冷库冷藏间外墙与檐口及穿堂与冷藏间连接部分的变形缝部位漏雨和漏水的问题常有出现。因此，本次修订规范时增加本条，应在设计中注意。

4.6 制冷机房、变配电所和控制室

4.6.2 本条对氟制冷机房单独设置作了规定。

5 结 构

5.1 一般规定

5.1.1 冷库是特殊的仓储建筑，冻融循环和温度应力对结构有一定的影响，因此，本条对冷库中冷间的结构形式提出建议。

5.1.2 冷间建筑结构在降温以后，由于材料热胀冷缩，引起垂直及水平方向收缩变形，在构件之间相互约束作用下产生温度应力。如果设计不当就会使结构产生较大的裂缝。通过合理的结构设计可以减少温度变化引起的内力及变形，并防止产生大于规范要求的裂缝。

据了解，目前国内对0℃以下环境中混凝土线膨胀系数及弹性模量仍无法提出供计算用的精确数值；另外，钢筋混凝土收缩徐变对温度应力的松弛程度也缺乏定量的研究资料。因此，本规范仍按过去经验做法提出冷间结构设计的一般规定。

冷库是特殊的仓储建筑，在降温过程中会因温度变化作用对结构产生不利影响。因此，冷间逐步降温使建筑及结构构件逐步收缩，减少因激烈降温而产生温度裂缝。逐步降温也有利于建筑及结构构件中的水分逐步得到蒸发。冷库降温步骤可参考国家现行标准《氨制冷系统安装工程施工及验收规范》SBJ 12中的附录A。土建冷库试车降温时必须缓慢地降温，室温2℃以上时每天降温3℃～5℃，室温降至2℃时，应保持3d～5d；室温在2℃以下时，每天允许降温4℃～5℃。

5.1.3 本着与国家现行规范相协调的原则，根据冷库特殊的仓储建筑性质，本条规定了各混凝土结构伸缩缝最大间距。

5.1.4～5.1.7 冷间结构温度应力是客观存在的，经多年调查观测，其最常见发生裂缝的部位在冷间外墙四角及檐口、顶层与底层

柱上下两端。本着改善支承条件，减少内外结构相互影响的原则，若将屋面板适当分块，阁楼屋面采用装配式结构及底层采用预制梁板架空层等措施，可使温度应力显著减少，特别是阁楼层柱顶采用铰接时，可以消除柱端弯矩。屋面采用装配式结构应注意做好屋面防水处理。

5.1.8 本着与国家现行规范相协调的原则，本规范与现行国家标准《混凝土结构设计规范》GB 50010 提法一致，仅规定环境类别、混凝土保护层最小厚度、混凝土最低强度等级、最大水灰比、最小水泥用量等不再单列，可直接套用《混凝土结构设计规范》GB 50010。由于《混凝土结构设计规范》GB 50010 等民用设计规范不包括冷库这种人工低温环境，只能套用接近的自然环境。

钢筋混凝土构件除应保证结构上的安全使用外，尚应考虑耐久性的要求。在预期使用年限内，不致因受冻融、碳化、风化和化学侵蚀等影响，产生钢筋锈蚀而降低结构的安全度。

5.1.9 考虑冷间温度收缩影响，减少收缩裂缝，本次规范修订保留冷间钢筋混凝土板两个方向全截面温度配筋率皆不应小于0.3%。温度配筋应为板受弯钢筋的一部分。

5.1.10 多次冷库维修情况表明，零度以下低温冷藏间常因使用及管理不当引起冷间地坪发生冻胀，造成冷间上部结构严重损坏，为减少冷间墙柱基础下地基发生冻胀，除设计中设置架空地坪、加热地坪等防冻胀措施外，墙柱基础埋置深度不宜过浅，本次规范修订保留墙柱基础埋深自室外地坪向下不宜小于1.5m，一般冷间室内地坪高于室外地面约1.1m，墙柱基础埋深自冷库室内地坪起不宜小于2.6m。

5.1.11 冷间一层地面长时间堆货，对软土地基易产生较大的不均匀变形，而影响冷间正常使用，本条提出应予考虑。

5.1.12 根据冷库震害调查资料，多层冷库采用原无梁楼盖结构体系具有一定的抗震能力。按国家现行规范已取消无梁楼盖结构体系，地震区采用板柱-剪力墙结构应符合现行国家标准《建筑抗震设计规范》GB 50011 的要求。针对冷库结构形式特点，提出冷库板柱-剪力墙结构主要抗震构造的要求。

5.2 荷 载

5.2.1 本条为强制性条文。本次规范修订对库房楼面、地面均布荷载标准值仍采用原规范均布活荷载值。根据《全国民用建筑工程设计技术措施——结构》中第2.8.1条，将部分"活荷载标准值"改为"等效均布活荷载"。

冷库贮存品种随市场需要而变化，各种商品的密度不同，为适应这一变化，要求冷库能适应变更用途时应有较大的活荷载。

5.2.6 多层冷库的穿堂主要考虑临时堆货与叉车运行同时作用，其楼板一般为简支板，可能叉车重量由一块板承担，因此考虑活荷载为15kN/m²。但计算梁板基础时，不可能每层都满载。冷库进出货时，同时工作的层数一般只有二层，因此，四层及四层以上穿堂应考虑活荷载的折减，梁柱活荷载宜乘以0.7折减系数，基础活荷载宜乘以0.5折减系数。

库房内仅对某一层楼板而言，其局部或全部都可能满载，故梁板活荷载不能折减。就冷库一般满载的情况而言，减去通道部分，库内地面只有70%~80%的面积上堆货。一般说，一座10000m²的猪肉冷库，满载时只能存10000t猪肉，其楼板计算活荷载虽为20kN/m²，而实际平均活荷载每平方米仅1t。因此，四层及四层以上的库房计算柱及基础时活荷载乘以0.8折减系数。

5.2.8 本条参考《全国民用建筑工程设计技术措施——结构》表2.1.2-5中补充"制冷机房"楼面均布活荷载标准值。当制冷机房设于楼面时，应有减震措施。

5.3 材 料

5.3.1 本条为强制性条文。

5.3.2 本条为强制性条文。根据国家规定将黏土砖改为烧结普通砖，即符合现行国家标准《烧结普通砖》GB 5101 的各种烧结实心砖。考虑冷库0℃及0℃以下冻融循环对结构的影响，冷间内选用的砖应按现行国家标准《砌墙砖试验方法》GB/T 2542 进行冻融实验。

5.3.3 冷间门口或冻结间等个别部位发生冻融循环要多些，冻坏的可能性大些，但要求大部分结构都满足个别部位的要求是不合理的。除了可以采取措施加强管理，防止个别部位冻坏外，还可以用局部维修手段补救，以保证整个结构的安全使用。

近年来各种混凝土外加剂发展较快，在不增加太多成本的前提下，掺适量外加剂可以大大提高混凝土抗冻融性能。

5.3.4 国家现行规范提倡 HRB 400 级钢筋作为我国钢筋混凝土结构的主力钢筋。国家标准《钢筋混凝土用钢 第2部分：热轧带肋钢筋》GB 1499.2—2007 中 HRB 400 级和 HRB 335 级钢筋技术要求中的化学成分和力学性能基本一致，考虑到新中国成立以来，在冷库建设中从未发生过钢筋混凝土构件冷脆断裂的情况，故本条与现行国家标准《混凝土结构设计规范》GB 50010 提法一致。

6 制 冷

本章修订重点是针对冷库制冷系统的特点，补充了有关制冷压力管道设计的技术要求，明确了目前冷库制冷系统管道及管件的材料选择。对于冷库制冷负荷的计算，制冷系统中各类制冷设备的校核计算方法作了必要的删减，因为这些计算方法都已在大学及职业学院的相应教材中普遍采用，在此不赘述。

6.1 冷间冷却设备负荷和机械负荷的计算

6.1.1~6.1.6 这六条对冷库冷间冷却设备负荷包括哪些，相关系数如何取法，冷间的机械负荷应包括哪些，相关系数如何取法作出了明确规定，为行业中发生的有关冷库工程的经济纠纷排解执法提供了一个科学的界定。这其中对冷间货物热流量折减系数 n_2 的取值说明如下：

1 对冷却物冷藏间，按本规范表3.0.3中公称容积为大值时取小值；公称容积为小值时，取大值。

2 对冻结物冷藏间，按本规范表3.0.3中公称容积为大值时取大值；公称容积为小值时，取小值。

6.1.7、6.1.8 服务于机关、学校、工厂、宾馆、商场的小型服务性冷库，在我国数以万计，量大面广，而使用又有其特点。这类小冷库，每个冷间的公称容积小，冷间内放置的物品种杂，有的是半成品食品，冷间体积利用系数低，人员出入频繁，但在冷间内逗留的时间不长，每日冷间开门次数多，故不需要专门通风换气；贮存的物品存期不长（大都在数周至1个月内），对冷间内温度要求不严，针对这类冷库的使用特点，国内有关部门也曾编制过这类小冷库设计的守则，本次修订补充了这类小冷库热流量负荷的计算方法。

6.2 库　　房

6.2.1～6.2.3 目前在我国冷库中对畜产品、水产品的冷却、冻结加工多采用悬挂输送方式，因此，对这一类冷间的加工能力如何确定，本条给出了具体的计算方法。

6.2.4 在我国一些中小型冷库中，仍然在使用搁架式冻结设备，本条给出了这类冻结设备冷加工能力的计算方法。

6.2.5、6.2.6 随着我国食品行业市场化的发展，各种可供冷库采用的食品冷加工设备层出不穷，规范中无法将它们技术条件一一列出。因此，只能从保证食品冷加工质量、安全和节能几个方面提出一些原则要求。

6.2.7 本条为强制性条文。冷库的分割加工、包装间、产品整理加工间，是操作工人密集的生产车间，这些人员流动性大，缺少相关的制冷知识，遇到车间内制冷设备制冷剂的泄漏，往往不知所措，极易造成群死群伤，为了保护工人的人身安全，在他们工作的厂所所选用的低温空调设备一定不能使用有一定毒性的制冷剂——氨。

6.2.8、6.2.9 这两条是在总结我国多年冷库建造经验的基础上，对冷间中冷却设备的布置原则作出了规定。对冷却设备传热面积的确定，可按相关教材上的校核计算公式进行校核计算后确定。

6.2.10 本条给出了确定冷间内冷却设备校核计算中，计算温差确定的原则。

6.2.11 考虑到制冷压缩机的能耗，本条规定了制冷剂在通往冷间冷却设备每一通路的压力降的控制范围。

6.2.12～6.2.14 这三条是在总结我国冷库中使用空气冷却器的经验的基础上，提出了当冷间采用空气冷却器时，其布置及空气分配系统的设计原则。

6.2.15 本条是在参考了国外冷库冷却间、冻结间内气流组织的实验资料，又结合了我国冷库现场实测的技术数据而提出的。

6.2.16 本条对冷却物冷藏间通风换气设施提出具体的设计要求，通过调研，从降低能耗方面考虑将冷却物冷藏间的每日换气次数减为 1 次。

6.2.17、6.2.18 这两条是为防止冷间的通风换气管道，因室内外温差的存在而引起风道表面结露凝水，污染库房而作出的规定。

6.3 制冷压缩机和辅助设备

6.3.1、6.3.2 这两条对服务于冷库的制冷压缩机和辅助制冷设备的选配原则提出了具体的要求，特别是对所选用的制冷压缩机，按实际使用工况，对其所需的驱动功率进行核算尤为重要。

6.3.3 本次修订将制冷系统中，中间冷却器、气液分离器等制冷设备选择校核计算的相应公式删去，一则可压缩本规范的篇幅，二则这些公式在高等教育和职业教育的教材中都很容易找到，而且越来越多的制冷机器与设备的选型软件，在工程设计单位得到了广泛的应用，因此规范就不再重复引述。

6.3.4 现实中有些冷库采用洗涤式油分离器，由于进液管口的位置设置的不好，则影响到洗涤式油分离器的使用效果，因此本条作出了具体规定。

6.3.5 本条对冷库制冷系统中，冷凝器的选配原则作出了规定，其中冷凝温度不可定得过高，主要是考虑增加投资不多，但节能效果显著。

6.3.6 本条规定了排液桶体积的确定方法，这也是多年实践经验的总结。

6.3.7 本条规定了选定制冷剂输送泵的原则方法，在参照国外相关资料的基础上，结合了我国冷库工程建设的实践提出的。

6.3.8 本条是在总结国内冷库重力供液方式实践经验的基础上提出的，主要为防止产生液击增加制冷系统工作的安全性。

6.3.9、6.3.10 对冷库制冷系统中的冷冻油和不凝性气体，从操作安全考虑作出了应该通过专用设备进行处理的规定。

6.3.11 本条对冷库制冷压缩间和设备间中的制冷机器与设备的布置原则作出了规定，适当地缩小设备之间的间距，减小了制冷机房的占地面积。为了减小制冷机房内的噪声和减少油污，保持机房的洁净，一般不将水泵和油处理设备布置在制冷机房内。

6.4 安全与控制

6.4.1 除制冷压缩机产品出厂时已配备的安全保护仪表外，在工程设计中应增设的安全防护设施本条中都有明确的规定。

6.4.2 本条对各种常用的冷凝器在工程设计中应增设的安全保护装置作出了明确的规定。

6.4.3 本条是对制冷剂泵安全保护装置的具体要求。

6.4.4、6.4.5 压力表或真空压力表是我们操作人员眼睛的延伸，随时了解制冷系统中设备、管道中压力变化，是操作人员安全值守的必要条件，对制冷系统中所有应监测压力的地方装设压力表和真空压力表（对可能产生真空、负压的部位），都是必需的，因此这两条作出了明确的规定，同时也必须对其安装位置、精度等级等作出相应规定。

6.4.6、6.4.7 这两条都是从保证冷库制冷系统安全运转的角度提出的要求。

6.4.8 由于氨气的容重比空气轻，将氨制冷系统、安全泄压总管的出口置于比周围建筑物高的位置，有利于氨气的向上扩散，减轻对库区周围环境的污染。

6.4.9 在制冷系统的这些部位设置测温用的温度计套管，是为了及时掌握制冷系统中制冷剂的温度状况，为制冷系统的运行状况的经济性分析，提供相关参数。

6.4.10 现在的冷库面向社会开放，不少冷库就建在物流中心，进出冷库厂区人员嘈杂，为了确保冷库制冷系统运转的安全，不被干扰作出了本条规定。

6.4.11 制冷阀门在日常使用中，如果维护的不周全，极易造成泄漏，冷库内冻结间、冷却间、冷藏间都是一个封闭的空间，将易产生渗漏的制冷阀门置于此是非常不安全的。

6.4.12 冷库冷间使用的空气冷却器融霜工作比较频繁，为减轻操作人员的频繁劳作，在有条件的冷库可设置人工指令自动融霜装置。冷间风机的故障如不及时处理，往往易引发火灾，故本条提出增设风机故障报警装置的要求。

6.4.13 冷库冻结间的使用，往往有淡旺季，特别在一些生产性冷库，在冻结加工淡季，冻结间有一个短暂的停产时间，为了减少冻结间冻融循环对其围护结构的破坏，要求在冻结间停产期间冷间也维持在 −8℃ 左右，如果能通过自动控温装置实现这个过程，就更方便用户了。

6.4.14 本条是根据国家现行职业卫生标准《工业企业设计卫生标准》GBZ 1 的要求提出来的。

6.4.15 本条是为了加强冷库氨制冷系统的安全防护措施，条文中吸纳了北京市安监局对北京地区涉氨单位、安全用氨的要求。

6.4.16 本条是从加强冷库安全生产管理着眼，参照了有关标准的规定，并结合当前及今后若干年国内建设大型冷库的实际需要而作出的规定。

6.5 管道与吊架

本节是本次规范修订的重点，在修订过程中，我们参照了国家质量监督检验检疫总局颁发的 TSG 特种设备安全技术规范《压力容器压力管道设计许可规则》TSGR 1001，同时在具体条文的描述中，一方面加强了同现行国家标准《工业金属管道设计规范》GB 50316 和《压力管道规范》GB/T 20801.1～GB/T 20801.6 的协调，另一方面总结了我国食品冷藏行业50年以来在负温下长期使用国产优质碳素钢无缝钢管的实践经验，突出了食品冷藏行业中制冷压力管道的特点，有的还经过应力分析验算，做到符合国情、安全可靠、节约资源。

6.5.2 由于目前国内冷库制冷系统绝大部分采用蒸汽压缩式制冷系统,结合国内冷库制冷系统实际工作状况,考虑到极端最不利的情况,本条提出了冷库制冷系统管道当处于冷凝压力状态下和处于蒸发压力状态下,采用不同制冷剂时的设计压力值。

6.5.3 本条就冷库制冷系统管道,规定了处于冷凝压力状态下和处于蒸发压力状态下的不同制冷剂管道的设计温度。

6.5.4 本条结合目前国内冷库贮存不同食品时,食品冷加工工艺的要求不同,从而使冷间的空气温度不同,但从总体上按照实际操作中可能遇到的最苛刻的压力和温度组合工况的温度,可归并为三种最低工作温度,这就从标准化的角度,将冷库制冷系统管道的最低工作温度加以明确(不管使用何种制冷剂)。

6.5.5 冷库制冷系统低压侧管道依据第6.5.2~6.5.4条的技术条件进行设计,但在制冷系统实际常年运行时处于低温低应力状况,故可按本条表6.5.5中所示的管材材质选用,而这些管材在我们冷库制冷系统中应用已经接受了考验,证明是安全可靠的。

6.5.6 本条是对冷库制冷系统管道管径选择应遵守的原则。

6.5.7 本条是对冷库制冷管道的布置原则提出的具体要求,而这些原则又是多年冷库设计建造经验的总结。

6.5.8 本条对制冷管道的弯管(弯头)的设计条件作出了明确规定,弯管在压力管道中是受力最为薄弱的地方,也是易形成应力集中的地方,为了减缓弯管所承受的应力,减小制冷剂在其流动的阻力损失,因此对弯管的最小弯曲半径作出了规定,目前这类弯曲半径的弯管,在有执照的压力管道元件生产厂家是可以事先订制的。

6.5.9 由于制冷剂的特性,不同种类的制冷剂与金属材料的相容性是不同的,如氨对铜就有腐蚀性,因此制冷系统中所选用的阀门、仪表及测控元件都应选用同系统中使用的制冷剂相容的专用元器件。

6.5.10 本条是制冷管道支吊架零部件制造材料选定应遵循的原则。

6.5.11 本条是确定水平制冷管道支吊架最大间距的原则。

6.5.12 本条的规定一方面是为了制冷管道运行的安全,另一方面也保证了制冷剂在系统中循环工作的顺畅,不产生积液。

6.6 制冷管道和设备的保冷、保温与防腐

6.6.1 本条对冷库制冷系统管道和设备进行保冷的部位作出了原则规定。

6.6.2 本条给出了制冷管道和设备保冷设计需遵循的标准。

6.6.3 目前有的冷库在保冷管穿墙穿楼板处,保冷层中断造成局部冷桥,滴水跑冷严重,致使该部分制冷管道锈蚀严重,危及到制冷管道的安全。本条特别加以提醒。

6.6.4 本条是为融霜用的热气通过管道输送到融霜设备处仍能保持一定温度,保证热气融霜的效果而作出的规定。

6.6.5 本条对制冷管道和设备如何进行防腐处理,针对冷库低温高湿这种特种环境作出了明确规定。

6.6.6 冷库制冷系统的涂装,主要是为了操作人员,从管道和设备的涂色上得到提示,方便日常的操作管理。

6.6.7 通过调研,发现有的冷库其制冷管道和设备保冷结构所选的黏结剂或防锈涂料,在性能上不相容,时间一久易产生物理化学反应,削弱或破坏了保冷结构,缩短了使用寿命,因此本条在这方面加以提醒。

6.7 制冰和储冰

6.7.1 本条是从标准化角度提出的要求。

6.7.2 目前设备制造厂所提供的盐水制冰设备,都是采用重力供液制冷循环方式,这是与盐水蒸发器采用特定的 V 型或立管型有关,国外的实验证明,这种供液方式能最大限度地发挥这两种型式蒸发器的传热效率,如改为制冷剂泵供液,则使其传热效率下降影

响到整个冰池的日产冰量,因此本条特别加以提醒。

6.7.3 目前有些冷库中的盐水制冰设备使用一段时间后毁损严重,多与盐水池的保冷结构做的不理想有关,因此本条作了必要的提示。从节约能源角度考虑,本次修订将制冰池隔热层的总热阻提高到 $3m^2 \cdot ℃/W$。

6.7.4 本条是对堆存块冰的冰库提出了具体的要求。

6.7.5 在人造冰方面,目前除了应用广泛的盐水制冰以外,还有管冰及片冰等制冰设备,本条对这些新型的制冰设备配套使用的冰库贮冰温度作出了规定。

7 电 气

7.1 变配电所

7.1.1 根据原建设部制定的《工程设计资质标准》(2007 年修订本),商物粮行业冷藏库建设项目设计规模划分见表7。

表7 商物粮行业冷藏库建设项目设计规模划分

设计规模	大型	中型	小型
公称体积(m³)	>20000	20000~5000	<5000

参照现行国家标准《建筑设计防火规范》GB 50016 的有关规定,高层冷库是指建筑高度超过 24m 的多层冷库。有特殊要求的冷库是指规模不大但对供电可靠性要求高的小型冷库。

原规范中本条要求"冷库应按二级负荷供电,在负荷较小或地区供电条件困难时可采用一回路专用线供电",通过调研,普遍反映该要求偏高,供电部门一般不会同意提供一路专用线供电,如要求实现二回路供电,投资会增加很多。近年来,国内各地电网供电情况有所好转,如需临时停电会提前通知,业主表示通过采取必要的应对措施(如提前出货,强制降低库温,停电时禁止进出冷库库房等),短时停电不会造成较大的经济损失。因此在本次修订中,本条要求予以适当放宽,设计时应与建设方及当地供电部门协商确定冷库负荷等级及电源供电方案。

应说明的是,本条中的负荷等级是针对制冷系统主要用电设备(如制冷机组、氨泵、冷凝器、空气冷却器、水泵等)确定的,至于冷库中的消防用电设备(如消防水泵、消防电梯等)的负荷等级应根据现行国家标准《建筑设计防火规范》GB 50016 有关内容确定。

7.1.2 柴油发电机组备用电源的容量是按正常电源停电时,冷库保温运行的需要确定的,不考虑保温负荷与消防负荷同时运行,因

此柴油发电机组容量应按二者中数值大的选择。冷库如设有柴油发电机组备用电源,会提高企业的生存能力和竞争能力,如果建设方对备用电源的容量另有要求,可按合同要求设计。

7.1.3 冷库中主要用电负荷是制冷系统及辅助系统用电设备,多年运行实践表明,采用全库总电力负荷需要系数法进行负荷计算是合适的。原规范本条规定总需要系数可取 0.55～0.70,通过调研发现,近年来我国食品加工及冷冻、冷藏行业发展极快,冷库投资主体、生产规模、贮存加工物品种类、经营管理模式等均发生了很大的变化,特别是在实行峰谷电价分段计费的地区,建设方为了减少运行费用,冷库/肉联厂多集中在夜间谷价电费时段集中制冷降温及加工作业,白天峰价时段不开机或少开机,运行负荷相对集中,有些单位反映 0.70 的需要系数上限感到偏紧。另外,本次修订,适用范围扩展到公称体积 500m³ 以下的小冷库,这些小冷库制冷机组多在 1 台～3 台之间,0.70 的需要系数上限已不适用。因此,本次修订仅提出了需要系数下限值,对上限值不作统一规定,在进行工程设计时,建议与建设方协商,根据建设方的要求及使用经验确定需要系数取值。

7.1.4 当冷库/肉联厂运行负荷有明显的季节性变化时,为了调节负荷,实现经济运行,达到节能的目的,宜选用 2 台或多台变压器运行。

7.1.5 冷库的用电负荷大多集中布置在制冷机房,因此变配电所应靠近制冷机房设置。对氟制冷系统,当不集中设制冷机房时,应根据用电负荷在总图上的分布情况,变配电所宜布置在负荷中心附近。对大型冷库/肉联厂,由于占地面积大,用电设备多且布置分散,此时仅靠近制冷机房布置变配电所已不完善,可考虑设分变配电所。

7.1.6 冷库用电负荷多集中在制冷机房,因此当有高压用电设备时,应在制冷机房变配电所高、低压配电室集中设置无功功率补偿。对远离制冷机房变配电所,用电负荷又相对集中的屠宰与分割车间、熟食加工车间等场所,当设有分配电室时,为了减少供电线路上的电能损失,提高无功补偿效果,也可在分配电室设置无功功率补偿装置。

7.1.7 原规范本条文为宜设应急照明,本次修订综合了现行国家标准《建筑设计防火规范》GB 50016 及《建筑照明设计标准》GB 50034 的有关规定,并考虑到冷库的特点作此调整。

7.2 制冷机房

7.2.1 氨属有毒物质,有强烈的刺激气味,因此为了工作人员及设备运行的安全,氨制冷机房均应设氨气浓度报警装置。当氨气浓度达到设定值时,应自动发出报警信号,并自动启动事故排风机。由于氨气比空气轻,因此氨气传感器应安装在机房顶板上。

氨气浓度设定值,我国目前尚无统一规定,查国外有关资料,也未见有统一规定。本条提出的 100ppm 或 150ppm 的报警设定值是参照(美国)国际氨制冷学会第 111 号公告中"氨制冷机房的通风"有关内容确定的(详见美国工业制冷标准 ANSI/ASHRAE 标准 15/94 第 13 章安全中第 13.8 节机房的通风)。由于氨有强烈的刺激气味,少量的泄漏,机房工人就会及时发觉,并会采取必要的处理措施。自动报警及启动事故排风机的氨气浓度设定值设定太低,如小于 50ppm,则会报警频繁,并会出现误报警。如设定值过高,则会增加机房工人受伤害的风险。

7.2.2 当出现氨气泄漏时,本条为保证及时开启排风机作此规定。

7.2.3 氟是有害气体,无色无味且比空气重,如出现大量的制冷剂泄漏,会存在使机房工人产生窒息的潜在性危险,本条为保护制冷机房操作工人的安全而作此规定。氟气体浓度设定值可根据各地卫生部门的要求确定。

7.2.4 当出现氟气泄漏时,本条为保证及时启事故排风机作此规定。

7.2.5 制冷机房排风机是保证运行安全和人身安全的重要用电设备,因此应按二级负荷供电。根据现行国家标准《制冷和供热用机械制冷系统安全要求》GB 9237 的有关规定,制冷剂泄漏报警系统应安装独立的应急系统电源(如电池)。

7.2.6 原规范为进一步提高氨制冷机房的运行安全,要求不应将氨制冷机组启动控制柜等布置在氨制冷机房内。通过调研有的地区反映,氨制冷机组启动柜集中布置在控制室中,在现场手动启动制冷机组时,不能观察到主机电流的变化,因此要求恢复以前的做法,将制冷机组启动柜布置在制冷机组附近。本次规范修订,因氨制冷机房在发生漏氨事故时空气中的氨气浓度远不会达到爆炸下限(详见第 7.2.11 条条文说明),机房是安全的,因此考虑到一些地区的工人操作习惯,对本条规定予以放宽。

修订组认为在氨制冷机房发生漏氨事故时,为便于控制室值班人员及时、安全的停止制冷系统运行、紧急处理漏氨事故,一般情况下氨制冷机组启动控制柜、冷凝器控制柜、机房排风机控制柜等集中布置在控制室中为宜。

7.2.7 安装电流表有助于观察电机和制冷系统的运行情况。氨制冷机组在运行中如出现意外情况(如机械故障等),应紧急停车进行处理,以免事故扩大,因此要求在机组控制台上安装紧急停车按钮。

7.2.8、7.2.9 这两条是根据氟制冷系统的特点制定的。

7.2.10 氟无色无味且比空气重,当有氟气泄漏时,会大量聚积在电缆沟内,对进行维修作业的电气人员的身体健康造成损害,因此氟制冷机房内电气线路一般不应采用电缆沟敷设,当确有需要时,可在电缆沟内充沙。

7.2.11 原规范要求氨制冷机房照明应选用防爆型灯具,本次规范修订,根据(美国)国际氨制冷学会第 111 号公告的建议,在氨制冷机房设有事故通风机及氨气浓度报警装置,并执行本规范中第 7.2.1 条控制要求,当出现氨气意外泄漏时,能保证制冷机房氨气浓度控制在 4% 以下,远远达不到氨气的爆炸下限(16%),因此氨制冷机房是安全的。此外根据新中国成立以来我国制冷行业的运行经验,尚未发生过氨制冷机房当出现漏氨时因电气火花引发爆炸事故的先例,所以机房照明可按正常环境设计。

7.2.12 突然停电时,制冷机房及控制室值班人员为了安全要进行必要的操作,因此应设有备用照明。

7.3 库 房

7.3.1 冷间内属低温、潮湿场所,电气设备易受潮损坏,且低温环境下检修困难,因此一般情况下配电及控制设备不应布置在冷间内。

7.3.2 冷间内使用的照明灯具应符合现行国家标准《肉类加工厂卫生规范》GB 12694 对灯具的要求,要有较高显色性,要能快速点亮。原规范限于当时的历史条件和技术水平,推荐采用"防潮型白炽灯具"。白炽灯的优点是显色性好,即开即亮、价格便宜,缺点是光效低、能耗大、寿命短。近年来随着科技的进步,新的灯具产品不断推出,已有多种新光源和节能型灯具适用于冷间照明,如低温环保型日光灯、紧凑型节能灯、快速启动金卤灯、高显色性钠灯、高频无极灯及大功率白光 LED 灯等,与白炽灯相比具有光效高、节能、寿命长等优点,虽然目前价格要远高于白炽灯,但节能效果显著。

通过调研发现,虽然目前冷库大多仍采用白炽灯,但已有一些冷库采用了金卤灯、低温环保型日光灯,也有个别冷库采用了高频无极灯和 LED 灯,农村的一些小冷库(高温库)多采用紧凑型节能灯,多元化趋势日益明显。为贯彻执行节能减排的方针,本次修订要求一般情况下不再采用白炽灯,设计人员在工程设计时应与建设方协商,合理确定灯型,优先选用环保、节能型灯具。

7.3.3 原条文规定"冷间照度不宜低于 20lx",通过调研发现,不同地区、不同类型的冷库对照度的要求是不同的,因此,本次修订不再硬性规定一个统一的标准,工程设计时具体照度取值可根据建设方的需要确定。

7.3.4 本条是根据冷库特点制定的。

7.3.5 本条是为提高冷间照明的可靠性制定的。

7.3.6 本条是为了提高冷间用电的安全性制定的。根据现行国家标准《建筑照明设计标准》GB 50034 的有关规定,对冷间内固定安装的灯具,不再要求"应采用安全电压供电"。

7.3.7 原规范条文规定冷间内应采用橡皮绝缘电力电缆,但普遍反映 XV 型橡皮绝缘聚氯乙烯护套电力电缆已不生产,订货困难。目前随着我国的科技进步,新的电缆品种不断推出,已有多种电缆适用于低温环境下使用,如硅橡胶电力电缆,使用温度－60℃;丁腈电力电缆,使用温度－60℃;乙丙橡胶绝缘电力电缆(EPR 电缆),使用温度－50℃;本次修订不再规定应采用的电缆型号,而由设计人员根据冷间的温度要求选用适用的电缆。

应当指出,我国目前尚未有专门用于低温环境而使用的电缆,上述几种电缆均为特种电缆,高温特性、低温特性均好,但造价较高。规范编制组已与上海电缆研究所联系,希望组织制订并生产专用于低温环境下的电缆,造价会降低,届时如有产品推出,可供设计选用。

7.3.8 本条为强制性条文。电气线路穿过冷间保温墙处如处理不当,不仅会出现冰霜,造成冷量损失,导致保温层局部失效,同时是潜在的引起电气火灾的隐患,因此必须采取可靠的保温密封处理措施。

7.3.9 本次修订保留了冷库阁楼层的设计做法,当阁楼层内采用松散保温材料(如稻壳)时,为了避免发生火灾,冷库阁楼层内不应敷设电气设备。

7.3.10 当人员被误关在冷藏间内时,为保障人身安全而作出本条规定。

7.3.11 库房电梯属冷库的重要用电负荷,供电应予保证,不应与其他负荷共用一路电源。本条参照现行国家标准《建筑设计防火规范》GB 50016 的有关规定,并结合冷库的特点,对高层冷库消防电梯的供电作此规定。

7.3.12 当冷库发生火情用消火栓启动消防水泵进行灭火时,应将该消火栓箱动作信号传送到有人值班的房间进行报警。

7.3.13 本条是为了保证冷库地坪不被冻胀制定的措施。

7.3.14 为防止因电伴热线安装使用不当导致发生间接电击制定本条规定。

7.3.15 三类防雷建筑物的设计要求见现行国家标准《建筑物防雷设计规范》GB 50057 的有关规定。

7.3.16 本条是参照现行国家标准《建筑设计防火规范》GB 50016 及《高层民用建筑设计防火规范》GB 50045 的有关内容,并结合冷库的特点制定的。当建设方有特殊要求时,可按合同内容设计。

7.3.17 为保证机械冷藏车的制冷系统在公路站台装卸货物时可靠运行作此规定。

7.3.18 盐水制冰间空气中含有盐雾,有较强的腐蚀性,本条为了延长电气产品的使用寿命作此规定。

7.3.19 速冻设备加工间多为人工采光、通风的密闭空间,是人员密集型操作场所,为了防止快速冻结装置意外发生氨气泄漏,对操作工人造成伤害而作此规定。

7.3.20 冷间内使用的空气冷却器电动机工作条件相同,同时启停运行,单台电动机容量一般不大于 3kW。考虑到冷库的特点,降温运行时,现场无人值守,冷间为低温潮湿场所,电器设备易受潮损坏,维修困难,因此制定本条规定,要求空气冷却器电动机设置观测仪表及采取必要的保护措施,以提高其运行的安全性。

电机绕组中内置温度保护开关,是目前防止电机过载损坏甚至引起火灾危险的最可靠措施,国外进口的空气冷却器多具备此功能,而国产的空气冷却器尚未见到具有此种功能的产品(国产大型电动机有内置温度开关的产品)。

7.4 制冷工艺自动控制

7.4.1 对氟制冷系统提出了自动运行的控制要求,为防止空气冷却器电热除霜时由于意外失控,以致温升过高造成冷量损失,要求设排液管温度超限保护。

7.4.2 对氨制冷系统的自动控制,通过调研发现,外商独资或合资的企业,自动化程度较高,制冷机组、自控元件、控制系统均为国外进口设备。有的企业甚至可做到制冷机房无人值守,制冷系统运行参数及故障信号可通过无线传输方式发送到值班经理的手机或电脑上。而国内企业对制冷系统自动控制态度不一,有的要求高一些,大多数要求不高,个别企业甚至已停止使用运行多年的自控系统,又回到全部手动操作的传统模式。究其原因,主要是国产自控元件质量不可靠、故障率高;自控系统投资大,运行成本高,对维护操作的工人技术水平要求高;目前中、小型冷库多为私人企业,业主希望尽量减少运行成本。

针对国内现状,提出了不同的自动控制程度要求:

1 小型冷库以手动操作为主,安全生产是必要的,因此,配合制冷工艺设计实现各种安全保护功能及集中报警信号系统是基本要求。

2 分布式(DCS)控制系统集合了现代先进的科技成果,如计算机技术、可编程控制技术、工业总线技术、网络和信息传输技术等,系统构成简单、操作方便、运行稳定可靠,因此,在制冷系统自动控制中应推广采用。

3 采用制冷系统全自动运行及计算机管理系统,必将全面提升企业的管理水平和综合竞争能力。

7.4.3、7.4.4 冷库应设置温度测量、显示及记录系统(装置)是基本要求。调研中发现,温度传感器在有些冷库中安装随意,不尽合理,为此作了明确规定。

7.4.5 现行国家标准《通用用电设备配电设计规范》GB 50055—93 第 2.6.4 条规定"自动控制或联锁控制的电动机,应有手动控制和解除自动控制或联锁控制的措施;远方控制的电动机,应有就地控制和解除远方控制的措施……",该条条文解释是"保证人身和设备安全的最基本规定。设计中尚应根据具体情况,采取各种必要的措施"。

冷库电气设计图纸在进行施工图外部审查时,有些外审单位根据该条规定提出冷间空气冷却器电机应就地设急停按钮/开关。冷库不是公共建筑,只有装卸工人和制冷机房值班人员才可进入冷间。在冻结间、冷却间降温运行时,不会有工人进去作业。冷藏间降温时会有装卸工人进去作业,但冷藏间多采用吊顶式空气冷却器,一般不会影响到装卸工人的安全,装卸工人也不允许对制冷设备和电气设备进行操作。冷间自动或手动降温运行时,不会有机房值班人员在现场,当空气冷却器电机出现故障时,很难做到第一时间在现场及时发现。冷间内均属低温、潮湿场所,一般情况下电气设备不应在冷间内安装,易受潮损坏,且维修困难。根据冷库的这些特点,在本次修订中,特意增加了在空气冷却器现场不应设置急停按钮/开关的规定。

8 给水和排水

8.1 给 水

8.1.2 本条为强制性条文。是根据《中华人民共和国食品卫生法》对食品加工用水水质的要求制定的。

8.1.3 对生产设备的冷却水、冲霜水水质未作硬性规定,可根据各冷却设备对水质的要求确定。如速冻装置;存放的食品对卫生有特殊要求冷间的冷风机冲霜水水质应符合现行国家标准《生活饮用水卫生标准》GB 5749 的规定。对其他用水设备的补充水,有条件可采用城市杂用水或中水作为水源,其水质应符合现行国家标准《城市污水再生利用 城市杂用水水质》GB/T 18920 的规定。

8.1.4 本条对冷库给水系统的设计用水量提出了总的要求。冷库生活用水及洗浴用水量是参照现行国家标准《建筑给水排水设计规范》GB 50015 工业企业建筑相关用水定额制定的。

8.1.5 本条对冷凝器进出水温差未作规定。由于冷凝器设备的选用、温差的要求等均属制冷专业范围,因此由制冷专业提供设计数据。

冲霜水水温只作下限的规定,根据对集宁肉联厂冷库上、水下管道的测定资料,当水温不低于 10℃,冷库管道长度在 40m 内流动的水不会产生冰冻现象。考虑到目前国内情况及今后发展趋势,有条件时,可适当提高水温,以缩短冲霜时间和减少冲霜水量,但水温不宜过高,如超过 25℃时,容易产生水雾。

8.1.6 从节能、节水角度考虑应提倡循环用水,但南方地区靠近江河的冷库,若水源充足,水质满足要求,可直接使用。

8.1.7 本条提出了对冷却塔的选用原则。设计选用时,应根据具体工程实际选用,特别是在节能、节水及噪声控制方面,应重点加以注意。

8.1.8 本条规定按湿球温度频率统计方法计算的频率为 10% 的日平均气象条件,在冷库工程设计中是恰当的。如《火力发电厂设计技术规程》(1985 年版)规定:冷却水的最高计算温度宜按历年最炎热时期(一般以 3 个月计)频率为 10% 的日平均气象条件计算。

在冷库工程设计中采用近期连续不少于 5 年,每年最热 3 个月频率为 10% 时的空气干球温度及相应的相对湿度作为计算依据,可以满足工艺对水温的要求。

8.1.9 冷却塔的水量损失包括蒸发损失、风吹损失、渗漏损失、排污损失。

蒸发损失:根据现行国家标准《工业循环水冷却设计规范》GB/T 50102 中冷却塔蒸发损失水量公式计算,当气温 30℃,冷却塔进出水温差 2℃时,蒸发损失率为 0.3%。

风吹损失:现行国家标准《工业循环水冷却设计规范》GB/T 50102 中规定,机械通风冷却塔(有除水器)的风吹损失率为 0.2%~0.3%,有的资料规定为 0.2%~0.5%,对于冷库设计中常用的中小型机械通风冷却塔一般均未装除水器,尚无风吹损失水量资料。考虑到无除水器水量损失会增加,其风吹损失率按大于 1% 计。

渗漏损失:具有防水层护面的冷却塔的集水池中的渗漏,一般可忽略不计。

排污损失:损失水量占循环水量的 0.5%~1.0% 或更大。

根据冷库设计多年的实践和各项损失累计,本条规定补充水量为冷却塔循环水量的 2%~3%。蒸发式冷凝器的补充水量损失主要包括蒸发损失、渗漏损失,未考虑排污水量。如考虑排污水量,蒸发式冷凝器补充水量为循环水量的 3%~5%。

8.1.10 有的地区水的硬度较高,冷凝器结垢较严重。特别是目前多数冷库冷却设备采用了蒸发式冷凝器。蒸发式冷凝器是以水和空气作冷却介质,利用部分冷却水的蒸发带走气体制冷剂冷凝过程所放出的热量。当水蒸发时,原来存在的杂质还在水中,水中溶解的固体的浓度也会不断提高,如果这些杂质和污物不能有效控制,会引起结垢、腐蚀和污泥积聚,从而降低传热效率、不节能,并会影响设备的寿命和正常的运行。因而需采取除垢、防腐及水质稳定处理措施。但由于地域不同,水质各异,可根据各地具体情况确定,本条未作硬性规定,至于选择哪种处理方法应考虑便于操作管理并通过技术经济比较确定,目前蒸发式冷凝器除垢一般推荐采用物理法进行处理,主要是避免采用化学方法时产生对设备腐蚀的情况发生。

8.1.11 作为防冻措施,在冷却塔进水干管上设旁路水管,能通过全部循环水量,使循环水不经过冷却塔布水系统及填料,直接进入冷却塔水盘或集水池,冬季冷却效果能满足要求。这项措施已在我国及美、英等国作为成熟经验普遍实施。

循环水泵至冷却塔的循环水管道一般为明敷,在管道上应安装泄空管,当冬季冷却塔停止运行时,可将管道内水放空,以免结冰。

8.1.12 本条是对水冷式制冷压缩机冷却水设施提出的基本要求。

8.1.13 本条是对冷库冲霜水系统提出的基本要求。目前空气冷却器除霜型式很多,有用水冲霜,热氨融霜,电融霜等,规范规定采用水冲霜的称为"冲霜水",其他型式除霜的称为"融霜水"。

8.1.14 冷库是一低温高湿的场所,给排水管道极易结露滴水,故本条提出了相应的防结露措施。

8.1.15 本条是为了对冷库用水进行科学计量考核制定的。

8.2 排 水

8.2.1 冷库的冷却间、制冷压缩机房以及电梯井、地磅坑等处,都易积水。设置地漏,有组织的排水,是防止这些地方积水的有效方法。冷库穿堂部分是否设置地漏排水,应根据穿堂使用实际要求确定。

8.2.2 目前有些冷库的地下室作为车库或人防工程使用,冷库地面架空层内由于湿度大,不通风也极易积水。因此这些部分都应有排水措施。

8.2.3 本条为强制性条文。主要是从食品安全卫生方面考虑的。间接排水是指冷却设备及容器与排水管道不直接连接,以防止排水管道中有毒气体进入设备或容器。

8.2.4、8.2.5 这两条主要是考虑目前冷库实际,当设置不同楼层、不同温度冷间时,冲(融)霜排水管不宜直接连接,防止互相串通、跑冷、跑味。特别是温度相差较大的冷间还会引起管道冻裂。

8.2.6、8.2.7 这两条所采取的措施都是为了防止冷间内冲(融)霜排水管道冻冰及使其排水畅通。

8.2.9 本条为强制性条文。设置水封(井)主要是防止跑冷和防止室外排水管道中有毒气体通过管道进入冷间内,污染冷间内环境卫生。

8.3 消防给水与安全防护

8.3.1 本条对冷库中一般防火做法及灭火器配置的原则给出了应遵循的相关规范。

8.3.2 我们在调研中了解到多数冷库即使在穿堂或楼梯间设了消火栓,在冷库使用中几乎未出现库内用消火栓扑救过火灾的情况。但考虑冷库内大部分隔热材料和包装材料为可燃物,因此,根据现行国家标准《建筑设计防火规范》GB 50016 及《建筑灭火器配置设计规范》GB 50140 的规定在穿堂或楼梯间设置消火栓及灭火器。这样,一旦发生火灾,就能迅速扑救,及时阻止火势蔓延。由于冷库冷间为高湿低温场所,冷间内可不布置消火栓。

8.3.3 本条规定冷库的氨压缩机房和设备间门外设室外消火栓,

一是为救火，二是当机房大量漏氨时，可作为水幕保护抢救人员进入室内关闭阀门等操作。

8.3.4 本条规定主要是为了控制和消除液氨泄漏，以稀释事故漏氨。目前国家对使用氨作为制冷剂的安全问题十分重视，从安全防护、环境保护等方面提出了相关要求。条文中吸纳了北京市安监局对北京地区涉氨单位安全用氨的要求。

水喷淋系统可与库区消防给水系统连接，水量分别计算，喷水时间按 0.5h 计。当储氨器布置在室外时，同样可设置开式喷头，并应有相应的排水措施。

8.3.5 在控制和消除液氨泄漏事故中，会引发环境污染危害，为最大限度地减少损失和保护人身安全，提出了相关要求。当漏氨或紧急泄氨时，用水来扑救和防护，会产生产大量氨液混合水（每 1kg/min 的氨需提供 8L/min～17L/min 的水），为防止氨液混合水直接排入市政排水管网，先进行截流至事故水池并进行处理，处理后的废水需经当地环保部门同意后排入市政排水管网或沟渠。

8.3.6 本条为强制性条文。大型冷库、高层冷库由于体量大，人员疏散较困难，一旦着火，很难扑救。自动喷水灭火系统经实践证明是最为有效的自救灭火设施。当大型冷库、高层冷库的库房设计温度高于 0℃，且每个防火分区建筑面积大于 1500m² 时，设置自动喷水灭火系统是可行的。

9 采暖通风和地面防冻

9.0.1 本条第 1 款为强制性条款。当氨蒸气在空气中的含量达到一定的比例时，就与空气构成爆炸性气体，这种混合气体遇到明火时会发生爆炸。一些氟利昂制冷剂气体接触明火时会分解成有毒气体——光气，对人有害。因此规定制冷机房内严禁明火采暖。

9.0.2 本条为强制性条文。是对制冷机房的通风设计提出的具体要求。

1 制冷机房日常运行时，为了防止制冷剂的浓度过大，必须保证通风良好。另一方面，在夏季良好的通风可以排除制冷机房内电机和其他电气设备散发的热量，以降低制冷机房内温度，改善操作人员的工作环境。日常通风的风量，以消除夏季制冷机房内余热、取机房内温度与夏季通风室外计算温度之差不大于 10℃ 来计算。

2 事故通风是保障安全生产和保障工人生命安全的必要措施。对在事故发生过程中可能突然散发有害气体的制冷机房，在设计中应设置事故通风系统。氟制冷机房事故通风的换气次数与现行国家标准《采暖通风与空气调节设计规范》GB 50019 中的规定相一致。

3 氨制冷机房，在事故发生时如果突然散发大量的氨制冷剂，其危险性更大。国外相关资料推荐氨制冷机房每平方米的紧急通风量是 50.8L/s，紧急通风量最小值是 9440L/s。9440L/s 是基于假定某根管断裂，而使机房内氨浓度保持在 4% 以下的最小排风量，事故排风量 183m³/(m²·h) 是据此确定的。

制冷机房的通风考虑了两方面的要求：一方面是正常工作状态下保证制冷机房内的空气品质，改善操作人员的工作环境；另一方面是事故状态下排除突然散发的大量制冷剂气体，保障安全生

产和工人生命安全。具体设计中，可以设置多台（或 2 台）事故排风机，在制冷机房正常工作状态下，采用部分事故排风机兼做日常排风的作用，在事故状态下所有事故排风机全部开启。

9.0.4 本条对自然通风的地面防冻设计提出了基本要求。

1 根据已建成冷库的实践经验，体积在 2250m³（500t）以下的冷库大多采用自然通风管地面防冻的方法。穿越冷间的通风管长度为 24m，加上站台宽 6m，每根通风管总长度为 30m。使用情况表明，只要管路畅通，此种直通管自然通风地面防冻的方法是安全可靠的。

2 对 −30℃ 和 −20℃ 的冷间，地面温度取 −27℃ 和 −17℃，地面保温层厚度为 200mm 和 150mm，保温材料导热系数取 0.047W/(m·℃)，通风管间距取 2m，通风管管壁温度取 2℃，地面下 3.2m 深处历年最低两个月的土壤平均温度取 9.4℃（以北京市为例），建立如图 1 所示的物理模型，计算结果见图 2。计算结果显示，当通风管间距大于 1.2m 时，通风层（即 600mm 厚填砂层）上表面会出现温度低于 0℃ 的部位。

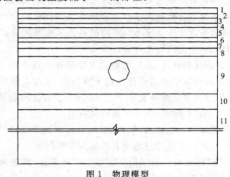

图 1 物理模型

1—面层；2—120 厚 C30 混凝土；3—20 厚 1：3 水泥砂浆保护层；
4—0.1 厚聚乙烯塑料薄膜；5—保温层；6—1.2 厚聚氨酯隔汽层；
7—20 厚 1：2.5 水泥砂浆找平层；8—150 厚 C15 混凝土垫层；
9—600 厚中砂内配 φ250 通风管；10—200 厚碎石垫层；11—素土夯实

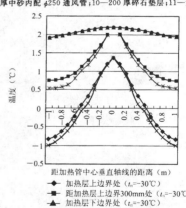

图 2 地面通风层沿水平方向的温度分布（一）

当冷间地面温度取 −30℃ 和 −20℃，地面保温层厚度为 200mm 和 150mm，保温材料导热系数取 0.028W/(m·℃)，其他条件同上，计算结果见图 3。计算结果显示，由于提高了保温层的保温性能，通风层（即 600mm 厚填砂层）上表面温度均大于 0℃。

3 自然通风的地面防冻方式，主要在室外中小型冷库中使用，一次性投资低，不需要运行费用，其防冻的安全性主要与冷间温度、保温材料性能及其厚度、通风管直径及其间距、通风口朝向和室外风速有关。我国地域辽阔，室外气象参数差异很大，限定每根通风管总长度不大于 30m，是根据已建冷库的实践经验而定的。

4 地面采用自然通风的方式防冻，应保证通风管通畅，避免被杂物堵塞，否则会造成地面局部冻鼓。因此，在进出风口处应设置网栅，并应经常清理，以防污物堵塞。

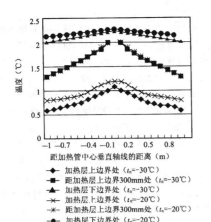

图3 地面通风加热层沿水平方向的温度分布(二)

9.0.5 本条是对机械通风的地面防冻设计提出的具体要求。

1 对于没有自然通风条件或自然通风条件较差和冷间面积较大、通风管长度大于30m时，采用机械通风地面防冻措施虽然运行费用稍高，但运行安全可靠。

为了保证传热效果，本规范规定支管风速不宜小于1m/s，以避免因风速减小致使表面传热系数下降过多，从而导致传热效果变差。总风道尺寸定为不宜小于0.8m×1.2m，目的是便于进人调整和检查，有利于保证各支风道布风均匀。

2 采暖地区的机械通风地面防冻设施强调设置空气加热装置，在整个采暖季节甚至过渡季都要每天定时运转。

9.0.6 架空地面自然通风防冻方法具有效果好、维护简单等优点，普遍受到各类冷库建设单位的欢迎，尤其是多层冷库。经调查，该方法在东北地区的冷库中也大量采用，冬季用保温门将进出风口关(堵)好。在东北的某些寒冷气候条件下，只要能不使架空层内土壤冻结到基础埋深以下，等到来年气温升高的季节开启进出风口的保温门后，能使已冻结的土壤融化解冻，即不会发生由于土壤冻结过深造成柱基础冻鼓、结构破坏的现象。但在某些特别严寒和寒冷季节时间很长的地方，则要另行考虑。调查发现，冷库架空层内湿度很大，尤其是夏季，混凝土楼板产生结露。有的冷库架空层楼板的保护层剥落，甚至产生钢筋暴露锈蚀的现象。因此应重视架空层内的通风问题。如果冷库架空地面下架空高度过小，进风口面积小，通风不畅，无排水沟，内存积水，会严重影响使用效果。执行本条款时，应结合本规范的第4.5.10条和第8.2.2条同时考虑。

9.0.7 加热地面防冻设施的不冻液可采用乙二醇溶液。液体加热设备布置较灵活，运行和管理也方便。

由于加热管浇筑在混凝土板内，不便维护和检查，因此施工时必须严格要求，做好清污、除锈、试压、试漏工作，并在施工过程中严加管理，确保施工质量。

9.0.8 当地面加热层的热源采用制冷系统的冷凝热时，应以压缩机的最小运行负荷为计算依据，否则地面加热系统就会出现加热量不足的可能性，影响使用。

9.0.9 国内冷库工程中早在20世纪50～60年代就使用过电热法地面防冻方式。该方法施工简单，初次投资相对较低，运行管理方便，但运行费用较高。根据国外资料介绍，采用电热法进行地面防冻，冷间面积小于1500m²时是比较经济的。考虑到我国的能源状况和冷库地坪防冻采用电热法还缺乏足够的实践经验，因此本条规定冷间面积小于500m²，且经济合理时可采用电热法进行地面防冻。

中华人民共和国国家标准

洁净厂房设计规范

Code for design of clean room

GB 50073 - 2013

主编部门：中华人民共和国工业和信息化部
批准部门：中华人民共和国住房和城乡建设部
施行日期：2 0 1 3 年 9 月 1 日

中华人民共和国住房和城乡建设部公告

第 1627 号

住房城乡建设部关于发布国家标准
《洁净厂房设计规范》的公告

现批准《洁净厂房设计规范》为国家标准，编号为 GB 50073—2013，自 2013 年 9 月 1 日起实施。其中，第 3.0.1（1、2、3）、4.2.3（1）、4.4.1、5.2.1、5.2.4、5.2.5、5.2.6、5.2.7、5.2.8、5.2.9、5.2.10、5.2.11、5.3.5、5.3.10、6.1.5、6.2.1、6.3.2、6.5.1、6.5.3、6.5.4、6.5.6、6.5.7（1）、6.6.2、6.6.6、7.3.2、7.3.3（1、4）、7.4.1、7.4.3、7.4.4、7.4.5（2）、8.1.1（4）、8.1.5、8.1.8、8.4.1、8.4.2（2、3）、8.4.3、9.2.2、9.2.5（1）、9.2.6、9.3.3、9.3.4、9.3.5、9.3.6、9.4.3、9.5.2、9.5.4、9.5.7 条（款）为强制性条文，必须严格执行。原国家标准《洁净厂房设计规范》GB 50073—2001 同时废止。

本规范由我部标准定额研究所组织中国计划出版社出版发行。

中华人民共和国住房和城乡建设部
2013 年 1 月 28 日

前　言

本规范是根据原建设部《关于印发〈2002—2003 年度工程建设国家标准规范制订、修订计划〉的通知》（建标函〔2003〕102 号）的要求，由中国电子工程设计院会同有关单位共同对《洁净厂房设计规范》GB 50073--2001 修订而成。

本规范在修订过程中，修订组结合我国洁净厂房设计建造和运行的实际情况，进行了广泛的调查研究和测试，认真总结了《洁净厂房设计规范》GB 50073—2001 多年来实施的经验，广泛征求了全国有关单位的意见，最后经审查定稿。

本规范共 9 章和 3 个附录，主要内容包括：总则、术语、空气洁净度等级、总体设计、建筑、空气净化、给水排水、工业管道、电气等。

本规范主要的修订技术内容是：修改了第 2 章术语；对第 3 章空气洁净度等级的相关内容作了修改和补充；修改了第 8 章，更名为"工业管道"；修改了部分"强制性条文"为"非强制性条文"。

本规范中以黑体字标志的条文为强制性条文，必须严格执行。

本规范由住房和城乡建设部负责管理和对强制性条文的解释，由工业和信息化部负责日常管理，由中国电子工程设计院负责具体技术内容的解释。在本规范执行过程中如有意见或建议，请寄送中国电子工程设计院（地址：北京市海淀区万寿路 27 号，邮政编码：100840，传真：010－68217842），以便今后修订时参考。

本规范主编单位、参编单位、主要起草人和主要审查人：

主 编 单 位：中国电子工程设计院

参 编 单 位：信息产业部第十一设计研究院科技工程股份有限公司

中国石油化工集团上海医药工业设计院
中国建筑科学研究院

主要起草人：陈霖新　张利群　王唯国　缪德骅　晁　阳
　　　　　　赵　海　俞渭雄　周春海　秦学礼　谭易和
　　　　　　贺继行　肖红梅　樊勘昌　张彦国　黄德明
　　　　　　牛光宏　冷捷敏　冯佩明

主要审查人：涂光备　薛长立　王宗存　张洪雁　施红平
　　　　　　李兆坚　叶　鸣　孙志华　万桐良

10

目　次

1 总　则

1.0.1 为了使洁净厂房设计符合节约能源、劳动卫生和环境保护的要求，做到技术先进、经济适用、安全可靠，确保洁净厂房设计质量，制定本规范。

1.0.2 本规范适用于新建、扩建和改建洁净厂房的设计。

1.0.3 洁净厂房设计应是施工安装、维护管理、检修测试和安全运行的基础。

1.0.4 洁净厂房设计除应符合本规范外，尚应符合国家现行有关标准的规定。

2 术　语

2.0.1 洁净室　clean room

空气悬浮粒子浓度受控的房间。它的建造和使用应减少室内诱入、产生及滞留的粒子。室内其他有关参数如温度、湿度、压力等按要求进行控制。

2.0.2 洁净区　clean zone

空气悬浮粒子浓度受控的限定空间。它的建造和使用应减少空间内诱入、产生及滞留粒子。空间内其他有关参数如温度、湿度、压力等按要求进行控制。洁净区可以是开放式或封闭式。

2.0.3 移动式洁净小室　mobile clean booth

可整体移动位置的小型洁净室。有刚性和柔性材料围挡两类。

2.0.4 人身净化用室　room for cleaning human body

人员在进入洁净区之前按一定程序进行净化的房间。

2.0.5 物料净化用室　room for cleaning material

物料在进入洁净区之前按一定程序进行净化的房间。

2.0.6 粒径　particle size

给定的粒径测定仪所显示的、与被测粒子的响应量相当的球形体直径。

2.0.7 悬浮粒子　airborne particle

用于空气洁净度分级的空气中悬浮粒子尺寸范围在 $0.1\mu m \sim 5\mu m$ 的固体和液体粒子，但不适用于表征悬浮粒子的物理性、化学性、放射性及生命性。

2.0.8 超微粒子　ultrafine particle

具有当量直径小于 $0.1\mu m$ 的粒子。

2.0.9 微粒子　microparticle

具有当量直径大于 $5\mu m$ 的粒子。

2.0.10 粒径分布　particle size distribution

粒子粒径频率分布和累积分布，是粒径的函数。

2.0.11 含尘浓度　particle concentration

单位体积空气中悬浮粒子的颗数。

2.0.12 洁净度　cleanliness

以单位体积空气中大于或等于某粒径粒子的数量来区分的洁净程度。

2.0.13 气流流型　air flow pattern

对室内空气的流动形态和分布进行合理设计。

2.0.14 单向流　unidirectional airflow

通过洁净室（区）整个断面的风速稳定、大致平行的受控气流。

2.0.15 垂直单向流　vertical unidirectional flow

与水平面垂直的单向流。

2.0.16 水平单向流　horizontal unidirectional flow

与水平面平行的单向流。

2.0.17 非单向流　non-unidirectional flow

送入洁净室（区）的送风以诱导方式与室（区）内空气混合的气流分布类型。

2.0.18 混合流　mixed airflow

单向流和非单向流组合的气流。

2.0.19 洁净工作区　clean working area

除工艺特殊要求外，指洁净室内离地面高度 $0.8m \sim 1.5m$ 的区域。

2.0.20 空气吹淋室　air shower

利用高速洁净气流吹落并清除进入洁净室人员表面附着粒子的小室。

2.0.21 气闸室　air lock

设置在洁净室出入口，阻隔室外或邻室污染气流和压差控制而设置的缓冲间。

2.0.22 传递窗　pass box

在洁净室隔墙上设置的传递物料和工器具的窗口。两侧装有不能同时开启的窗扇。

2.0.23 洁净工作台　clean bench

能够保持操作空间所需洁净度的工作台。

2.0.24 洁净工作服　clean working garment

为把工作人员产生的粒子限制在最小程度所使用的发尘量少的洁净服装。

2.0.25 空态　as-built

设施已经建成，其服务动力公用设施区接通并运行，但无生产设备、材料及人员的状态。

2.0.26 静态　at-rest

设施已经建成，生产设备已经安装好，并按供需双方商定的状态运行，但无生产人员的状态。

2.0.27 动态　operational

设施以规定的方式运行，有规定的人员在场，并在商定的状态下进行工作。

2.0.28 已装过滤器检漏　installed filter system leakage test

为确认过滤器安装良好、没有向洁净室（区）的旁路渗漏，过滤器及其框架均无缺陷和渗漏所做的检测。

2.0.29 高效空气过滤器　high efficiency particulate air filter (HEPA)

在额定风量下，对粒径大于或等于 $0.3\mu m$ 粒子的捕集效率在 99.9% 以上的空气过滤器。

2.0.30 超高效空气过滤器　ultra low penetration air filter (ULPA)

在额定风量下，对粒径 $0.1\mu m \sim 0.2\mu m$ 粒子的捕集效率在

99.999%以上的空气过滤器。

2.0.31　纯水　purity water

对电解质杂质含量和非电解质杂质含量均有要求的水。

2.0.32　防静电环境　antistatic environment

能防止静电危害的特定环境,在这一环境中不易产生静电,静电产生后易于消散或消除,静电噪声难以传播。

2.0.33　表面电阻　surface resistance

在材料的表面上两电极间所加直流电压与流过两极间的稳态电流之商。

2.0.34　体积电阻　volume resistance

在材料的相对两表面上放置的两电极间所加直流电压与流过两电极间的稳态电流之商。该电流不包括沿材料表面的电流。

2.0.35　表面电阻率　surface resistivity

在材料表面层的直流电场强度与稳态电流线密度之商。

2.0.36　体积电阻率　volume resistivity

在材料内层的直流电场强度与稳态电流密度之商。

2.0.37　专用消防口　fire-fight access

消防人员为灭火而进入建筑物的专用入口,平时封闭,使用时由消防人员从室外打开。

2.0.38　自净时间　recovery time of cleanliness

洁净室被污染后,净化空调系统开始运行至恢复到稳定的规定室内洁净度等级所需的时间。

2.0.39　生物洁净室　biological clean room

洁净室空气中悬浮微生物控制在规定值内的限定空间。

2.0.40　浮游菌　airborne viable bacteria

悬浮在空气中的带菌微粒。

2.0.41　沉降菌　settlemen bacteria

降落在培养皿上的带菌微粒。

2.0.42　U 描述符　U descriptor

每立方米空气中包括超微粒子的实测或规定浓度。U 描述符不能规定悬浮粒子洁净度等级,但它可与悬浮粒子洁净度等级同时引述,也可以单独引述。

2.0.43　M 描述符　M descriptor

每立方米空气中实测的或规定的微粒子。M 描述符不能规定悬浮粒子洁净度等级,但它可与悬浮粒子洁净度等级同时引述,也可以单独引述。

2.0.44　工业管道　industrial pipe

洁净厂房内,除给水排水管道和净化空调、采暖通风管道外的气体、液体管道,统称为工业管道。

3　空气洁净度等级

3.0.1　洁净室及洁净区内空气中悬浮粒子空气洁净度等级应符合下列规定:

1　洁净室及洁净区空气洁净度整数等级应按表 3.0.1 确定。

表 3.0.1　洁净室及洁净区空气洁净度整数等级

空气洁净度等级(N)	大于或等于要求粒径的最大浓度限值(pc/m³)					
	0.1μm	0.2μm	0.3μm	0.5μm	1μm	5μm
1	10	2	—	—	—	—
2	100	24	10	4	—	—
3	1000	237	102	35	8	—
4	10000	2370	1020	352	83	—
5	100000	23700	10200	3520	832	29
6	1000000	237000	102000	35200	8320	293
7	—	—	—	352000	83200	2930
8	—	—	—	3520000	832000	29300
9	—	—	—	35200000	8320000	293000

注:按不同的测量方法,各等级水平的浓度数据的有效数字不应超过 3 位。

2　各种要求粒径 D 的最大浓度限值 C_n 应按下式计算:

$$C_n = 10^N \times \left(\frac{0.1}{D}\right)^{2.08} \qquad (3.0.1)$$

式中:C_n——大于或等于要求粒径的最大浓度限值(pc/m³)。C_n 是四舍五入至相近的整数,有效位数不超过三位数;

N——空气洁净度等级,数字不超过 9,洁净度等级整数之间的中间数可以按 0.1 为最小允许递增量;

D——要求的粒径(μm);

0.1——常数,其量纲为 μm。

3　当工艺要求粒径不止一个时,相邻两粒径中的大者与小者之比不得小于 1.5 倍。

4　空气洁净度等级的粒径范围应为 0.1μm～0.5μm,超出粒径范围时可采用 U 描述符或 M 描述符补充说明。

3.0.2　空气洁净度等级所处状态包括空态、静态、动态,空气洁净度等级所处状态应与业主协商确定。

3.0.3　空气洁净度的测试方法应按本规范附录 A 的要求进行。

3.0.4　当洁净室(区)内的产品生产工艺要求控制微生物、化学污染物时,应根据工艺特点对各空气洁净度等级规定相应的微生物、化学污染物浓度限值。

4 总体设计

4.1 洁净厂房位置选择和总平面布置

4.1.1 洁净厂房位置选择应符合下列规定,并经技术经济方案比较后确定:

1 应在大气含尘和有害气体浓度较低、自然环境较好的区域。

2 应远离铁路、码头、飞机场、交通要道以及散发大量粉尘和有害气体的工厂、贮仓、堆场等有严重空气污染、振动或噪声干扰的区域。当不能远离严重空气污染源时,应位于最大频率风向上风侧,或全年最小频率风向下风侧。

3 应布置在厂区内环境清洁,人流、物流不穿越或少穿越的地段。

4.1.2 对于兼有微振控制要求的洁净厂房的位置选择,应实际测定周围现有振源的振动影响,并应与精密设备、精密仪器仪表容许振动值分析比较后确定。

4.1.3 洁净厂房新风口与交通干道边沿的最近距离宜大于50m。

4.1.4 洁净厂房周围宜设置环形消防车道,也可沿厂房的两个长边设置消防车道。

4.1.5 洁净厂房周围的道路面层应选用整体性能好、发尘少的材料。

4.1.6 洁净厂房周围应进行绿化。可铺植草坪,不应种植对生产有害的植物,并不得妨碍消防作业。

4.2 工艺平面布置和设计综合协调

4.2.1 工艺平面布置应符合下列规定:

1 工艺平面布置应合理、紧凑。洁净室或洁净区内应只布置必要的工艺设备,以及有空气洁净度等级要求的工序和工作室。

2 在满足生产工艺和噪声要求的前提下,对空气洁净要求严格的洁净室或洁净区宜靠近空气调节机房,空气洁净度等级相同的工序和工作室宜集中布置。

3 洁净室内对空气洁净度要求严格的工序应布置在上风侧,易产生污染的工艺设备应布置在靠近回风口位置。

4 应考虑大型设备安装和维修的运输路线,并预留设备安装口和检修口。

5 不同空气洁净度等级房间之间联系频繁时,宜设有防止污染的措施,如气闸室、传递窗等。

6 应设置单独的物料入口,物料传递路线应最短,物料进入洁净室(区)之前应进行清洁处理。

4.2.2 洁净厂房的平面和空间设计应满足生产工艺和空气洁净度等级要求。洁净区、人员净化、物料净化和其他辅助用房应分区布置,并应与生产操作、工艺设备安装和维修、管线布置、气流流型以及净化空调系统等各种技术设施进行综合协调。

4.2.3 洁净厂房内应少设隔间,但在下列情况下应进行分隔:

1 按生产的火灾危险性分类,甲、乙类与非甲、乙类相邻的生产区段之间,或有防火分隔要求者。

2 按产品生产工艺需要有分隔要求时。

3 生产联系少,并经常不同时使用的两个生产区段之间。

4.2.4 在满足生产工艺和空气洁净度等级要求的条件下,洁净厂房内各种固定技术设施的布置,应优先考虑净化空调系统的要求。固定技术设施包括送风口、照明器、回风口、各种管线等。

4.3 人员净化和物料净化

4.3.1 洁净厂房内应设置人员净化、物料净化用室和设施,并应根据需要设置生活用室和其他用室。

4.3.2 人员净化用室和生活用室的设置应符合下列规定:

1 应设置存放雨具、换鞋、存外衣、更换洁净工作服等人员净化用室。

2 厕所、盥洗室、淋浴室、休息室等生活用室以及空气吹淋室、气闸室、工作服洗涤间和干燥间等可根据需要设置。

4.3.3 人员净化用室和生活用室的设计应符合下列规定:

1 人员净化用室的入口处应设净鞋措施。

2 存外衣、更换洁净工作服的房间应分别设置。

3 外衣存衣柜应按设计人数每人设一柜,洁净工作服宜集中挂入带有空气吹淋的洁净柜内。

4 盥洗室应设洗手和烘干设施。

5 空气吹淋室应设在洁净区人员入口处,并与洁净工作服更衣室相邻。单人空气吹淋室按最大班人数每30人设一台。洁净区工作人员超过5人时,空气吹淋室一侧应设旁通门。

6 严于5级的垂直单向流洁净室宜设气闸室。

7 洁净区内不得设厕所。人员净化用室内的厕所应设前室。

4.3.4 人流路线应符合下列规定:

1 人流路线应避免往复交叉。

2 人员净化用室和生活用室的布置应按人员净化程序(图4.3.4)进行布置。

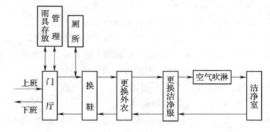

图4.3.4 人员净化程序

4.3.5 根据不同的空气洁净度等级和工作人员数量,洁净厂房内人员净化用室和生活用室的建筑面积应合理确定,并宜按洁净区设计人数平均每人$2m^2 \sim 4m^2$计算。

4.3.6 洁净工作服更衣室、洗涤室的空气净化要求宜根据产品工艺要求和相邻洁净室(区)的空气洁净度等级确定。

4.3.7 洁净室内设备和物料出入口应根据设备和物料的性质、形状等特征设置物料净化用室及其设施。物料净化用室的布置应防止净化后物料在传递过程中被污染。

4.4 噪声控制

4.4.1 洁净室内的空态噪声级,非单向流洁净室不应大于60dB(A),单向流、混合流洁净室不应大于65dB(A)。

4.4.2 洁净室的噪声频谱限制应采用倍频程声压级,空态噪声频谱的限制值不宜大于表4.4.2中的规定。

表4.4.2 空态噪声频谱的限制值

倍频程声压级[dB(A)] 洁净室分类	中心频率(Hz)							
	63	125	250	500	1000	2000	4000	8000
非单向流	79	70	63	58	55	52	50	40
单向流、混合流	83	74	68	63	60	57	55	54

4.4.3 洁净厂房的平面和空间设计应考虑噪声控制要求。洁净室的围护结构应有良好的隔声性能,并宜使其各部分隔声量相接近。

4.4.4 洁净室内的各种设备均应选用低噪声产品。对于辐射噪声超过洁净室允许值的设备,宜设置专用隔声或消声设施。

4.4.5 净化空调系统噪声超过允许值时,应采取隔声、消声、隔振等控制措施。除事故排风外,洁净室内的排风系统应进行减噪设计。

4.4.6 根据室内容许噪声级要求,净化空调系统风管内风速宜符合下列规定：

1 总风管风速宜为 6m/s～10m/s。

2 无送、回风口的支风管风速宜为 4m/s～6m/s。

3 有送、回风口的支风管风速宜为 2m/s～5m/s。

4.5 微振控制

4.5.1 有微振控制要求的洁净厂房设计应符合下列规定：

1 在结构选型、隔振缝设置、壁板与地面、壁板与顶棚连接处，应按微振控制要求设计。

2 洁净室与周围辅助性站房内有强烈振动的设备及连接管道应采取主动隔振措施。

3 应测定洁净厂房内、外各类振源对洁净厂房精密设备、精密仪器仪表位置处的综合振动影响，以决定是否采取被动隔振措施。

4.5.2 精密设备、精密仪器仪表的容许振动值应由生产工艺和设备制造部门提供。当生产工艺和设备制造部门难以提供容许振动值时，可按现行国家标准《隔振设计规范》GB 50463 的有关规定执行。

4.5.3 精密设备、精密仪器仪表的被动隔振设计应具备下列条件：

1 周围振源对其综合影响的振动数据。

2 设备、仪器仪表的型号、规格及轮廓尺寸图。

3 设备、仪器仪表的质量、质心位置及质量惯性矩。

4 设备、仪器仪表的底座外轮廓图，附属装置，管道位置及坑、沟、孔洞尺寸，地脚螺栓及预埋件位置等。

5 设备、仪器仪表的调平要求。

6 设备、仪器仪表的容许振动值。

7 所选用或设计的隔振器或隔振装置的技术参数、外形尺寸及安装条件。

4.5.4 精密设备、精密仪器仪表的被动隔振设计应符合下列规定：

1 隔振台座应具有足够的刚度。

2 隔振台座应采取倾斜校正措施。

3 隔振系统台向阻尼比不应小于 0.15。

4 隔振措施不应影响洁净室内的气流流型。

4.5.5 精密设备、精密仪器仪表的被动隔振措施宜采用能自动校正倾斜的空气弹簧隔振装置。对供应空气弹簧用的气源应进行净化处理。

5 建 筑

5.1 一般规定

5.1.1 洁净厂房的建筑平面和空间布局应具有适当的灵活性。主体结构宜采用大空间及大跨度柱网，不宜采用内墙承重体系。

5.1.2 洁净厂房围护结构的材料选型应符合保温、隔热、防火、防潮、少产尘等要求。

5.1.3 洁净厂房主体结构的耐久性应与室内装备和装修水平相协调，并应具有防火、控制温度变形和不均匀沉陷性能。厂房变形缝不宜穿越洁净区。

5.1.4 送、回风管和其他管线暗敷时，应设置技术夹层、技术夹道或地沟等。穿越楼层的竖向管线需暗敷时，宜设置技术竖井，其形式、尺寸和构造应符合风道、管线的安装、检修和防火要求。

5.1.5 对兼有一般生产和洁净生产的综合性厂房的平面布局和构造处理，应避免人流、物流运输及防火方面对洁净生产带来不利的影响。

5.2 防火和疏散

5.2.1 洁净厂房的耐火等级不应低于二级。

5.2.2 洁净厂房内生产工作间的火灾危险性，应符合现行国家标准《建筑设计防火规范》GB 50016 的有关规定。洁净厂房生产工作间的火灾危险性分类举例应符合本规范附录 B 的规定。

5.2.3 生产类别为甲、乙类生产的洁净厂房宜为单层厂房，其防火分区最大允许建筑面积，单层厂房宜为 3000m²，多层厂房宜为 2000m²。丙、丁、戊类生产的洁净厂房的防火分区最大允许建筑面积应符合现行国家标准《建筑设计防火规范》GB 50016 的有关规定。

5.2.4 洁净室的顶棚、壁板及夹芯材料应为不燃烧体，且不得采用有机复合材料。顶棚和壁板的耐火极限不应低于 0.4h，疏散走道顶棚的耐火极限不应低于 1.0h。

5.2.5 在一个防火分区内的综合性厂房，洁净生产区与一般生产区域之间应设置不燃烧体隔断措施。隔墙及其相应顶棚的耐火极限不应低于 1h，隔墙上的门窗耐火极限不应低于 0.6h。穿越墙或顶板的管线周围空隙应采用防火或耐火材料紧密填堵。

5.2.6 技术竖井井壁应为不燃烧体，其耐火极限不应低于 1h。井壁上检查门的耐火极限不应低于 0.6h；竖井内在各层或间隔一层楼板处，应采用相当于楼板耐火极限的不燃烧体作水平防火分隔；穿过水平防火分隔的管线周围空隙应采用防火或耐火材料紧密填堵。

5.2.7 洁净厂房每一生产层，每一防火分区或每一洁净区的安全出口数量不应少于 2 个。当符合下列要求时可设 1 个：

1 对甲、乙类生产厂房每层的洁净生产区总建筑面积不超过 100m²，且同一时间内的生产人员总数不超过 5 人。

2 对丙、丁、戊类生产厂房，应按现行国家标准《建筑设计防火规范》GB 50016 的有关规定设置。

5.2.8 安全出入口应分散布置，从生产地点至安全出口不应经过曲折的人员净化路线，并应设有明显的疏散标志，安全疏散距离应符合现行国家标准《建筑设计防火规范》GB 50016 的有关规定。

5.2.9 洁净区与非洁净区、洁净区与室外相通的安全疏散门应向疏散方向开启，并应加闭门器。安全疏散门不应采用吊门、转门、侧拉门、卷帘门以及电控自动门。

5.2.10 洁净厂房同层洁净室（区）外墙应设可供消防人员通往厂房洁净室（区）的门窗，其门窗洞口间距大于 80m 时，应在该段外墙的适当部位设置专用消防口。

专用消防口的宽度不应小于 750mm，高度不应小于 1800mm，并应有明显标志。楼层的专用消防口应设置阳台,并从二层开始向上层架设钢梯。

5.2.11 洁净厂房外墙上的吊门、电控自动门以及装有栅栏的窗,均不应作为火灾发生时提供消防人员进入厂房的入口。

5.3 室内装修

5.3.1 洁净厂房的建筑围护结构和室内装修,应选用气密性良好,且在温度和湿度变化时变形小、污染物浓度符合现行国家有关标准规定限值的材料。洁净室装饰材料及密封材料不得采用释放对室内各种产品品质有影响物质的材料。

5.3.2 洁净室内墙壁和顶棚的装修应符合下列规定:

1 洁净室内墙壁和顶棚的表面应平整、光滑、不起尘、避免眩光,便于除尘,并应减少凹凸面。

2 踢脚不应突出墙面。

3 洁净室不宜采用砌筑墙抹灰墙面,当必须采用时宜采用干燥作业,抹灰应采用符合现行国家标准《建筑装饰装修工程质量验收规范》GB 50210 中高级抹灰的要求。墙面抹灰后应刷涂料面层,并应选用难燃、不开裂、耐腐蚀、耐清洗、表面光滑、不易吸水变质发霉的涂料。

5.3.3 洁净室地面设计应符合下列规定:

1 洁净室地面应符合生产工艺要求。

2 洁净室地面应平整、耐磨、易清洗、不开裂,且不易积聚静电。

3 地面垫层宜配筋,潮湿地区垫层应有防潮措施。

5.3.4 洁净厂房技术夹层的墙壁和顶棚表面宜平整、光滑,位于地下的技术夹层应采取防水或防潮、防霉措施。

5.3.5 洁净室(区)和人员净化用室设置外窗时,应采用双层玻璃固定窗,并应有良好的气密性。

5.3.6 洁净室内的密闭门应朝空气洁净度较高的房间开启,并应加设闭门器,无窗洁净室的密闭门上宜设观察窗。

5.3.7 洁净室门窗、墙壁、顶棚等的设计应符合下列规定:

1 洁净室门窗、墙壁、顶棚、地(楼)面及施工缝隙均应采取可靠的密闭措施。

2 当采用轻质构造顶棚做技术夹层时,夹层内宜设检修通道。

3 洁净室窗宜与内墙面齐平,不宜设窗台。

5.3.8 洁净室内的色彩宜淡雅柔和。室内顶棚和墙面表面材料的光反射系数宜为 0.6～0.8,地面表面材料的光反射系数宜为 0.15～0.35。

5.3.9 洁净度等级严于 8 级的洁净室的墙板和顶棚宜采用轻质壁板。

5.3.10 室内装修材料的燃烧性能必须符合现行国家标准《建筑内部装修设计防火规范》GB 50222 的有关规定。装修材料的烟密度等级不应大于 50,材料的烟密度等级试验应符合现行国家标准《建筑材料燃烧或分解的烟密度试验方法》GB/T 8627 的有关规定。

6 空 气 净 化

6.1 一般规定

6.1.1 洁净厂房内各洁净室的空气洁净度等级应满足生产工艺对生产环境的洁净要求。

6.1.2 应根据空气洁净度等级的不同要求,选用不同的气流流型。

6.1.3 下列情况之一者,其净化空调系统宜分开设置:

1 运行班次或使用时间不同。

2 生产工艺中某工序散发的物质或气体对其他工序的产品质量有影响。

3 对温、湿度控制要求差别大。

4 净化空调系统与一般空调系统。

6.1.4 洁净室的温、湿度范围应符合表 6.1.4 的规定。

表 6.1.4 洁净室的温、湿度范围

房间性质	温度(℃)		湿度(%)	
	冬季	夏季	冬季	夏季
生产工艺有温、湿度要求的洁净室	按生产工艺要求确定			
生产工艺无温、湿度要求的洁净室	20～22	24～26	30～50	50～70
人员净化及生活用室	16～20	26～30	—	—

6.1.5 洁净室内的新鲜空气量应取下列两项中的最大值:

1 补偿室内排风量和保持室内正压值所需新鲜空气量之和。

2 保证供给洁净室内每人每小时的新鲜空气量不小于 40m³。

6.1.6 洁净区的清扫宜采用移动式高效真空吸尘器,但空气洁净度等级为 1 级～5 级的单向流洁净室宜设置集中式真空吸尘系统。洁净室内的吸尘系统管道应暗敷,吸尘口应加盖封堵。

6.1.7 净化空调系统设计对维护管理的要求应符合本规范附录 C 的规定。

6.2 洁净室压差控制

6.2.1 洁净室(区)与周围的空间必须维持一定的压差,并应按工艺要求决定维持正压差或负压差。

6.2.2 不同等级的洁净室之间的压差不宜小于 5Pa,洁净区与非洁净区之间的压差不应小于 5Pa,洁净区与室外的压差不应小于 10Pa。

6.2.3 洁净室维持不同的压差值所需的压差风量,根据洁净室特点,宜采用缝隙法或换气次数法确定。

6.2.4 送风、回风和排风系统的启闭宜联锁。正压洁净室联锁程序应先启动送风机,再启动回风机和排风机;关闭时联锁程序应相反。

负压洁净室联锁程序应与上述正压洁净室相反。

6.2.5 非连续运行的洁净室,可根据生产工艺要求设置值班送风,并应进行净化空调处理。

6.3 气流流型和送风量

6.3.1 气流流型的设计应符合下列规定:

1 洁净室(区)的气流流型和送风量应符合表 6.3.3 的要求。空气洁净度等级要求严于 4 级时,应采用单向流;空气洁净度等级为 4 级～5 级时,应采用单向流;空气洁净度等级为 6 级～9 级时,应采用非单向流。

2 洁净室工作区的气流分布应均匀。

3 洁净室工作区的气流流速应符合生产工艺要求。

6.3.2 洁净室的送风量应取下列三项中的最大值：

    1 满足空气洁净度等级要求的送风量。

    2 根据热、湿负荷计算确定的送风量。

    3 按本规范第 6.1.5 条的要求向洁净室内供给的新鲜空气量。

6.3.3 为保证空气洁净度等级的送风量，应按表 6.3.3 中的有关数据进行计算或按室内发尘量进行计算。

表 6.3.3　气流流型和送风量

空气洁净度等级	气流流型	平均风速 (m/s)	换气次数 (h⁻¹)
1～3	单向流	0.3～0.5	—
4、5	单向流	0.2～0.4	—
6	非单向流	—	50～60
7	非单向流	—	15～25
8、9	非单向流	—	10～15

注：1　换气次数适用于层高小于 4.0m 的洁净室；

　　2　应根据室内人员、工艺设备的布置以及物料传输等情况采用上、下限值。

6.3.4 洁净室内各种设施的布置应考虑对气流流型和空气洁净度的影响，并应符合下列规定：

    1 单向流洁净室内不宜布置洁净工作台，非单向流洁净室的回风口宜远离洁净工作台。

    2 需排风的工艺设备宜布置在洁净室下风侧。

    3 有发热设备时，应采取措施减少热气流对气流分布的影响。

    4 余压阀宜布置在洁净气流的下风侧。

6.4　空气净化处理

6.4.1 空气过滤器的选用、布置和安装方式应符合下列规定：

    1 空气净化处理应根据空气洁净度等级合理选用空气过滤器。

    2 空气过滤器的处理风量应小于或等于额定风量。

    3 中效或高中效空气过滤器宜集中设置在空调箱的正压段。

    4 亚高效过滤器和高效过滤器作为末端过滤器时宜设置在净化空调系统的末端，超高效过滤器应设置在净化空调系统的末端。

    5 设置在同一洁净室内的高效（亚高效、超高效）空气过滤器的阻力、效率应相近。

    6 高效（亚高效、超高效）空气过滤器安装方式应严密、简便、可靠，易于检漏和更换。

6.4.2 对较大型的洁净厂房的净化空调系统的新风宜集中进行空气净化处理。

6.4.3 净化空调系统设计应合理利用回风。

6.4.4 净化空调系统的风机宜采取变频措施。

6.4.5 严寒及寒冷地区的新风系统应设置防冻保护措施。

6.5　采暖通风、防排烟

6.5.1 空气洁净度等级严于 8 级的洁净室不得采用散热器采暖。

6.5.2 洁净室内产生粉尘和有害气体的工艺设备，应设局部排风装置。

6.5.3 在下列情况下，局部排风系统应单独设置：

    1 排风介质混合后能产生或加剧腐蚀性、毒性、燃烧爆炸危险性和发生交叉污染。

    2 排风介质中含有毒性的气体。

    3 排风介质中含有易燃、易爆气体。

6.5.4 洁净室的排风系统设计应符合下列规定：

    1 应防止室外气流倒灌。

    2 含有易燃、易爆物质的局部排风系统应按物理化学性质采取相应的防火防爆措施。

    3 排风介质中有害物浓度及排放速率超过国家或地区有害物排放浓度及排放速率规定时，应进行无害化处理。

    4 对含有水蒸气和凝结性物质的排风系统，应设坡度及排放口。

6.5.5 换鞋、存外衣、盥洗、厕所和淋浴等生产辅助房间应采取通风措施，其室内的静压值应低于洁净区。

6.5.6 根据生产工艺要求应设置事故排风系统。事故排风系统应设自动和手动控制开关，手动控制开关应分别设在洁净室内、外便于操作处。

6.5.7 洁净厂房排烟设施的设置应符合下列规定：

    1 洁净厂房中的疏散走廊应设置机械排烟设施。

    2 洁净厂房设置的排烟设施应符合现行国家标准《建筑设计防火规范》GB 50016 的有关规定。

6.6　风管和附件

6.6.1 净化空调系统的新风管段应设置电动密闭阀、调节阀，送、回风管段应设置调节阀，洁净室内的排风系统应设置调节阀、止回阀或电动密闭阀。

6.6.2 下列情况之一的通风、净化空调系统的风管应设防火阀：

    1 风管穿越防火分区的隔墙处，穿越变形缝的防火隔墙的两侧。

    2 风管穿越通风、空气调节机房的隔墙和楼板处。

    3 垂直风管与每层水平风管交接的水平管段上。

6.6.3 净化空调系统的风管和调节风阀、高效空气过滤器的保护网、孔板、扩散孔板等附件的制作材料和涂料，应符合输送空气的洁净度要求及其所处的空气环境条件的要求。

    洁净室内排风系统的风管和调节阀、止回阀、电动密闭阀等附件的制作材料和涂料，应符合排除气体的性质及其所处的空气环境条件的要求。

6.6.4 净化空调系统的送、回风总管及排风系统的吸风总管段上宜采取消声措施，满足洁净室内噪声要求。

    净化空调系统的排风管或局部排风系统的排风管段上，宜采取消声措施，满足室外环境区域噪声标准的要求。

6.6.5 在空气过滤器的前、后应设置测压孔或压差计。在新风管、送风、回风总管段上，宜设置风量测定孔。

6.6.6 风管、附件及辅助材料的耐火性能应符合下列规定：

    1 净化空调系统、排风系统的风管应采用不燃材料。

    2 排除有腐蚀性气体的风管应采用耐腐蚀的难燃材料。

    3 排烟系统的风管应采用不燃材料，其耐火极限应大于 0.5h。

    4 附件、保温材料、消声材料和粘结剂等均采用不燃材料或难燃材料。

7 给水排水

7.1 一般规定

7.1.1 洁净厂房内的给水排水干管应敷设在技术夹层或技术夹道内,也可埋地敷设。洁净室内管道宜暗装,与本房间无关的管道不宜穿过。

7.1.2 管道外表面可能结露时,应采取防护措施。防结露层外表面应光滑,易于清洗,并不得对洁净室造成污染。

7.1.3 管道穿过洁净室墙壁、楼板和顶棚时应设套管,管道和套管之间应采取可靠的密封措施。无法设置套管的部位也应采取有效的密封措施。

7.2 给 水

7.2.1 洁净厂房内的给水系统应符合生产、生活和消防等各项用水对水质、水温、水压和水量的要求,并应分别设置。管道的设计应留有余量,以适应工艺变动。

7.2.2 水质要求较高的纯水供水管道应采用循环供水方式,并应符合下列规定:

1 循环附加水量应为使用水量的30%~100%。

2 干管流速应为1.5m/s~3m/s。

3 不循环的支管长度应尽量短,其长度不应大于6倍管径。

4 供水干管上应设有清洗口。

5 管道系统各组成部分应密封,不得有渗气现象。

7.2.3 管材选择应符合下列规定:

1 纯水管道的管材应符合生产工艺对水质的要求,可选择不锈钢管或工程塑料管。

2 工艺设备用循环冷却给水和回水管可采用热镀锌钢管、不锈钢管或工程塑料管等。

3 管道配件应采用与管道相应的材料。

7.2.4 循环冷却水管道应预留清洗口。

7.2.5 洁净厂房周围应设置洒水设施。

7.3 排 水

7.3.1 排水系统应符合工艺设备排出的废水性质、浓度和水量等要求。有害废水应经废水处理,达到国家排放标准后排出。

7.3.2 洁净室内的排水设备以及与重力回水管道相连接的设备,必须在其排出口以下部位设水封装置,排水系统应设有完善的透气装置。

7.3.3 洁净室内地漏等排水设施的设置应符合下列规定:

1 空气洁净度等级严于6级的洁净室内不应设地漏。

2 6级洁净室内不宜设地漏,如必须设置时,应采用专用地漏。

3 空气洁净度等级等于或严于7级的洁净室内不宜设排水沟。

4 空气洁净度等级等于或严于7级的洁净室内不应穿过排水立管,其他洁净室内穿过排水立管时不应设检查口。

7.3.4 洁净厂房内应采用不易积存污物、易于清洗的卫生设备、管道、管架及其附件。

7.3.5 洁净厂房宜设置消防排水设施。

7.4 消防给水和灭火设备

7.4.1 洁净厂房必须设置消防给水设施,消防给水设施设置设计应根据生产的火灾危险性、建筑物耐火等级以及建筑物的体积等因素确定。

7.4.2 洁净厂房的消防给水和固定灭火设备的设置应符合现行国家标准《建筑设计防火规范》GB 50016的有关规定。

7.4.3 洁净室的生产层及可通行的上、下技术夹层应设置室内消火栓。消火栓的用水量不应小于10L/s,同时使用水枪数不应少于2只,水枪充实水柱长度不应小于10m,每只水枪的出水量应按不小于5L/s计算。

7.4.4 洁净厂房内各场所必须配置灭火器,配置灭火器设计应符合现行国家标准《建筑灭火器配置设计规范》GB 50140的有关规定。

7.4.5 洁净厂房内设有贵重设备、仪器的房间设置固定灭火设施时,除应符合现行国家标准《建筑设计防火规范》GB 50016的有关规定外,还应符合下列规定:

1 当设置自动喷水灭火系统时,宜采用预作用式自动喷水灭火系统。

2 当设置气体灭火系统时,不应采用卤代烷1211以及能导致人员窒息和对保护对象产生二次损害的灭火剂。

8 工 业 管 道

8.1 一般规定

8.1.1 洁净室(区)工业管道的敷设应符合下列规定:

1 洁净室(区)内工业管道不应穿越无关的房间。

2 干管应敷设在上、下技术夹层或技术夹道内。

3 易燃、易爆、有毒物质管道应明敷。

4 当易燃、易爆、有毒物质管道敷设在技术夹层或技术夹道内时,必须采取可靠的浓度检测报警、通风措施。

8.1.2 洁净室(区)工业管道的设计应符合现行国家标准《工业金属管道设计规范》GB 50316的有关规定。

8.1.3 工业管道设计应符合下列规定:

1 应按输送介质的物化性质,合理确定管内物料流速和管径。

2 在满足生产工艺的条件下,管道系统应尽量短。

3 应避免出现不易吹除的盲管、死角和不易清扫的部位。

4 管道系统应设必需的吹除口、放净口和取样口。

8.1.4 工业管道穿过洁净室墙壁或楼板处的管段不应有焊缝。管道与墙壁或楼板之间应采取可靠的密封措施。

8.1.5 可燃气体管道、氧气管道的末端或最高点均应设置放散管。放散管引至室外应高出屋脊1m,并应有防雨、防杂物侵入的措施。

8.1.6 气体净化装置的选择和配置应符合气源和生产工艺对气体纯度的要求。气体终端净化装置宜设在邻近用气点处。

8.1.7 气体过滤器的选择和配置应符合生产工艺对气体洁净度的要求。高纯气体终端过滤器应设在靠近用气点处。

8.1.8 洁净厂房内、生产类别为现行国家标准《建筑设计防火规范》GB 50016 规定的甲、乙类气体、液体入口室或分配室的设置应符合下列规定：

1 当毗连布置时，应设在单层厂房靠外墙或多层厂房的最上一层靠外墙处，并应与相邻房间采用耐火极限大于 3.0h 的隔墙分隔。

2 应有良好的通风。

3 泄压设施和电气防爆应按现行国家标准《建筑设计防火规范》GB 50016、《爆炸和火灾危险环境电力装置设计规范》GB 50058 的有关规定执行。

8.2 管道材料和阀门

8.2.1 工业管道材料和阀门应根据所输送物料的物化性质和使用工况选用，并应满足生产工艺的要求和使用特点，经技术经济比较后确定。

8.2.2 高纯气体管道和阀门的选用应符合生产工艺的要求，并应符合下列规定：

1 当气体纯度大于或等于 99.999%，露点低于 -76℃ 时，应采用内壁电抛光的低碳不锈钢管或内壁光亮抛光的不锈钢管。阀门宜采用隔膜阀或波纹管阀。

2 当气体纯度大于或等于 99.99%，露点低于 -60℃ 时，应采用内壁光亮抛光的不锈钢管。除可燃气体管道宜采用波纹管阀外，其他气体管道宜采用球阀。

8.2.3 当干燥压缩空气露点低于 -70℃ 时，应采用内壁光亮抛光的不锈钢管；当露点低于 -40℃ 时，宜采用不锈钢管或热镀锌无缝钢管。阀门宜采用波纹管阀或球阀。

8.2.4 阀门材质宜与相连接的管道材质相适应。

8.3 管道连接

8.3.1 工业管道的连接应符合下列规定：

1 管道连接应采用焊接，热镀锌钢管应采用螺纹连接。

2 不锈钢管应采用氩弧焊，以对接焊或承接焊连接；高纯气体管道宜采用内壁无斑痕的对接焊。

8.3.2 管道与设备的连接应符合设备的连接要求。当采用软管连接时宜采用金属软管。

8.3.3 管道与管道、管道与阀门连接的密封材料应符合下列规定：

1 螺纹或法兰连接处的密封材料应根据输送物料性质、设计工况选择，宜采用聚四氟乙烯等。

2 高纯气体管道与阀门连接的密封材料应按生产工艺和气体特性的要求确定，宜采用金属垫或双卡套。

8.3.4 洁净室（区）内的工业管道应根据管子表面温度和环境温度、湿度确定保温形式和构造。冷管道保温后的外表面温度不应低于环境的露点温度。保温层外表面应采用不产生尘粒、微生物的材料，并应平整、光洁，宜采用金属外壳保护。

8.4 安全技术

8.4.1 下列部位应设可燃气体报警装置和事故排风装置，报警装置应与相应的事故排风机连锁：

1 生产类别为甲类的气体、液体入口室或分配室。

2 管廊，上、下技术夹层，技术夹道内有可燃气体的易积聚处。

3 洁净室内使用可燃气体处。

8.4.2 可燃气体管道应采取下列安全技术措施：

1 接至用气设备的支管宜设置阻火器。

2 引至室外的放散管应设置阻火器，并应设置防雷保护设施。

3 应设导除静电的接地设施。

8.4.3 氧气管道应采取下列安全技术措施：

1 管道及其阀门、附件应经严格脱脂处理。

2 应设导除静电的接地设施。

8.4.4 工业管道应按不同介质设明显的标识。

8.4.5 各种气瓶库应集中设置在洁净厂房外。当日用气量不超过 1 瓶时，气瓶可设置在洁净室内，应采取不积尘和易于清洁的措施。

9 电 气

9.1 配 电

9.1.1 洁净厂房低压配电设计应采用 220/380V。带电导体系统的形式宜采用单相二线制、三相三线制、三相四线制。系统接地的形式宜采用 TN-S 或 TN-C-S 系统。

9.1.2 洁净厂房的用电负荷等级和供电要求应按现行国家标准《供配电系统设计规范》GB 50052 的有关规定和生产工艺要求确定。主要生产工艺设备应由专用变压器或专用低压馈电线路供电，有特殊要求的工作电源宜设置不间断电源（UPS）。净化空调系统用电负荷、照明负荷应由变电所专线供电。

9.1.3 洁净厂房消防用电设备的供配电设计应按现行国家标准《建筑防火设计规范》GB 50016 有关规定执行。

9.1.4 电源进线应设置切断装置，并宜设在洁净区外便于管理的地点。

9.1.5 洁净室内的配电设备应选择不易积尘、便于擦拭的小型暗装设备，不宜设置大型落地安装的配电设备。

9.1.6 洁净室内的电气管线宜暗敷，穿线导管采用不燃材料。洁净区的电气管线管口及安装于墙上的各种电器设备与墙体接缝处应有可靠的密封措施。

9.2 照 明

9.2.1 洁净室内照明光源宜采用高效荧光灯。若工艺有特殊要求或照度值达不到设计要求时，可采用其他形式光源。

9.2.2 洁净室内一般照明灯具应为吸顶明装。当灯具嵌入顶棚暗装时，安装缝隙应有可靠的密封措施。洁净室应采用洁净室专用灯具。

9.2.3 无采光窗的洁净室（区）的生产用房间一般照明的照度标准值宜为 200 lx～500 lx，辅助用房、人员净化和物料净化用室、气闸室、走廊等宜为 150 lx～300 lx。

9.2.4 洁净室内一般照明的照度均匀度不应小于 0.7。

9.2.5 洁净厂房内备用照明的设置应符合下列规定：

1 洁净厂房内应设置备用照明。

2 备用照明宜作为正常照明的一部分。

3 备用照明应满足所需场所或部位进行必要活动和操作的最低照度。

9.2.6 洁净厂房内应设置供人员疏散用的应急照明。在安全出口、疏散口和疏散通道转角处应按现行国家标准《建筑设计防火规范》GB 50016 的有关规定设置疏散标志。在专用消防口处应设置疏散标志。

9.2.7 洁净厂房中有爆炸危险的房间的照明灯具和电气线路的设计，应符合现行国家标准《爆炸和火灾危险环境电力装置设计规范》GB 50058 的有关规定。

9.3 通　信

9.3.1 洁净厂房内应设置与厂房内、外联系的通信装置。洁净厂房内生产区与其他工段的联系宜设生产对讲电话。

9.3.2 洁净厂房根据生产管理和生产工艺特殊需要，宜设置闭路电视监视系统。

9.3.3 洁净厂房的生产层、技术夹层、机房、站房等均应设置火灾报警探测器。洁净厂房生产区及走廊应设置手动火灾报警按钮。

9.3.4 洁净厂房应设置消防值班室或控制室，并不应设在洁净区内。消防值班室应设置消防专用电话总机。

9.3.5 洁净厂房的消防控制设备及线路连接应可靠。控制设备的控制及显示功能应符合现行国家标准《火灾自动报警系统设计规范》GB 50116 的有关规定。洁净区内火灾报警应进行核实，并应进行下列消防联动控制：

1 应启动室内消防水泵，接收其反馈信号。除自动控制外，还应在消防控制室设置手动直接控制装置。

2 应关闭有关部位的电动防火阀，停止相应的空调循环风机、排风机及新风机，并应接收其反馈信号。

3 应关闭有关部位的电动防火门、防火卷帘门。

4 应控制备用应急照明灯和疏散标志灯燃亮。

5 在消防控制室或低压配电室，应手动切断有关部位的非消防电源。

6 应启动火灾应急扩音机，进行人工或自动播音。

7 应控制电梯降至首层，并接收其反馈信号。

9.3.6 洁净厂房中易燃、易爆气体、液体的贮存和使用场所及入口室或分配室应设可燃气体探测器。有毒气体、液体的贮存和使用场所应设气体检测器。报警信号应联动启动或手动启动相应的事故排风机，并应将报警信号送至消防控制室。

9.4 自动控制

9.4.1 洁净厂房宜设置净化空调系统等的自动监控装置。

9.4.2 洁净室净化空调系统宜选用变频调速控制的风机。

9.4.3 净化空调系统的电加热器应设置无风、超温断电保护装置。当采用电加湿器时，应设置无水保护装置。

9.5 静电防护及接地

9.5.1 洁净厂房应根据工艺生产要求采取静电防护措施。

9.5.2 洁净室（区）内的防静电地面，其性能应符合下列规定：

1 地面的面层应具有导电性能，并应保持长时间性能稳定。

2 地面的面层应采用静电耗散性的材料，其表面电阻率应为 $1.0×10^5\Omega/\square$～$1.0×10^{12}\Omega/\square$ 或体积电阻率为 $1.0×10^4\Omega\cdot cm$～

$1.0×10^{11}\Omega\cdot cm$。

3 地面应设有导电泄放措施和接地构造，其对地泄放电阻值应为 $1.0×10^5\Omega$～$1.0×10^9\Omega$。

9.5.3 洁净室的净化空调系统应采取防静电接地措施。

9.5.4 洁净室内可能产生静电危害的设备、流动液体、气体或粉体管道应采取防静电接地措施，其中有爆炸和火灾危险场所的设备、管道应符合现行国家标准《爆炸和火灾危险环境电力装置设计规范》GB 50058 的有关规定。

9.5.5 防静电接地系统应分别按不同要求设置接地连接端子。在一个房间内应设置等电位的接地网格或闭合的接地铜排环。

在防静电接地系统各个连接部位之间电阻值应小于 0.1Ω。

9.5.6 洁净厂房内不同功能的接地系统的设计均应遵循等电位联结的原则，其中直流接地系统不能与交流接地系统混接。直流工作接地的接地干线应单独绝缘敷设，并应使用绝缘屏蔽电缆。

9.5.7 接地系统采用综合接地方式时接地电阻值应小于或等于 1Ω；选择分散接地方式时，各种功能接地系统的接地体必须远离防雷接地系统的接地体，两者应保持 20m 以上的间距。洁净厂房的防雷接地系统设计应符合现行国家标准《建筑物防雷设计规范》GB 50057 的有关规定。

附录 A　洁净室或洁净区性能测试和认证

A.1 通　则

A.1.1 洁净室或洁净区应监测或定期进行性能测试，以认证该洁净室或洁净区始终符合本规范的要求。

A.1.2 洁净室或洁净区性能测试认证工作应由专门检测认证单位承担，并提交检测报告。

A.1.3 测试和认证工作之前，系统应达到稳定运行。测试和监测仪表应在标定证书有效使用期内。

A.2 洁净室或洁净区性能测试要求

A.2.1 洁净室或洁净区应进行下列三项测试：

1 空气洁净度测试。生物洁净室应进行浮游菌、沉降菌测试。

2 静压差测试。

3 风速或风量测试。

A.2.2 洁净室或洁净区的三项测试应符合下列规定：

1 空气洁净度测试应符合表 A.2.2-1 的规定。

表 A.2.2-1　空气洁净度测试

空气洁净度等级	最长时间间隔（月）	测试方法
≤5	6	见本规范第 A.3.5 条
>5	12	

2 静压差、风速或风量测试应符合表 A.2.2-2 的规定。

表 A.2.2-2　静压差、风速或风量测试

测试项目	最长时间间隔（月）	测试方法
风速或风量	12	见本规范第 A.3.1 条
静压差		见本规范第 A.3.2 条

A.2.3 当洁净室或洁净区已对粒子浓度、风速或风量、静压差执行连续监测，并且其测试值均符合本规范要求，则认证的测试时间间隔可延长。具体间隔时间可与认证单位洽商，并应符合下列规定：

1 空气洁净度等级认证可进行静态或动态检测，应洽商确定。

2 风量测定采用风速计在风口或风管测定。

A.2.4 洁净室或洁净区洽商选择的测试要求应符合表 A.2.4 的规定。

表 A.2.4 洁净室或洁净区洽商选择的测试

测试项目	空气洁净度等级	建议最长的时间间隔(月)	测试方法
已安装过滤器泄漏	所有洁净度等级		见本规范第 A.3.3 条
气流流型目测		24	—
自净时间			—
密闭性			见本规范第 A.3.4 条
温度		12	—
相对湿度		12	—
照度		24	—
噪声		12	—

A.3 洁净室主要测试方法

A.3.1 风量或风速测试应符合下列规定：

1 对于单向流洁净室，采用室截面平均风速和截面乘积的方法确定送风量，测点位于高效过滤器出风面约 150mm～300mm，垂直气流处的截面作为采样截面，截面上测点间距不宜大于 0.6m，测点数不应少于 4 点，所有读数的算术平均值作为平均风速。

2 对于非单向流洁净室，采用风口或风管法确定送风量，可按现行国家标准《通风与空调工程施工质量验收规范》GB 50243 规定的方法执行。

A.3.2 静压差测试应符合下列规定：

1 静压差的测定应在洁净室(区)的风速、风量和送风均匀性检测合格后进行，并应在所有的门关闭时检测。

2 仪器宜采用各种微差压力计，仪表灵敏度应小于 1.0Pa。

A.3.3 已安装过滤器检漏测试应符合下列规定：

1 检漏方法有光度计法和粒子计数器法。

2 在过滤器上风侧应引入测试用气溶胶，在过滤器下风侧用光度计或粒子计数器的等动力采样头放在距离被检过滤器表面 2cm～3cm 处，以 5mm/s～15mm/s 的扫描速度移动，并应注意安装交接处的扫描。

A.3.4 密闭性测试应用于确认有无被污染的空气从相邻洁净室(区)或非洁净室(区)通过吊顶、隔墙等表面或门、窗渗漏入洁净室(区)。一般适用于 1 级至 5 级的洁净室(区)进行测试。采用光度计法和粒子计数器法进行测试。

A.3.5 洁净度的检测应符合下列规定：

1 使用采样量大于 1L/min 的光学粒子计数器，在仪器选用时应考虑粒径鉴别能力、粒子浓度适用范围和计数效率。仪器应有有效的标定合格证书。

2 最少采样点数应按下式计算：

$$N_L = A^{0.5} \tag{A.3.5-1}$$

式中：N_L——最少采样点；

A——洁净室或被控洁净区的面积(m^2)。

3 采样点应均匀分布于洁净室或洁净区的整个面积内，并位于工作活动的高度，活动高度宜距地面 0.8m；每个采样点的最小采样时间为 1min。

4 每一采样点的每次采样量应至少为 2L，采样量应按下式计算：

$$V_S = \frac{20}{C_{n \cdot m}} \times 1000 \tag{A.3.5-2}$$

式中：V_S——每个采样点的每次采样量，以 L 表示；当 V_S 很大时，可使用顺序采样法；

$C_{n \cdot m}$——被测洁净室空气洁净度等级的被测粒径的限值（pc/m^3）；

20——在规定被测粒径粒子的空气洁净度等级限值时，可测到的粒子颗数(pc)。

5 当洁净室或洁净区仅有一个采样点时，则在该点应至少采样 3 次。

A.3.6 对超出等级范围粒子的检测应符合下列规定：

1 在产品生产工艺有要求时，可按等级粒径范围之外的粒子浓度规定空气洁净度的水平。此类粒子的最大允许浓度和检测方法应由客户与建造商协商确定。

2 当需评价小于 0.1μm 的粒子造成的污染危险时，应采用符合这类粒子具体特性的采样方法和装置；可独立应用 U 描述符说明超微粒子浓度，也可将它作为悬浮粒子空气洁净度等级的补充说明。

U 描述符用"U(x,y)"表示，其中 x 为超微粒子的最大允许浓度（pc/m^3），y 为以微米计的粒径。

例如：粒径范围等于或大于 0.01μm 的最大允许超微粒子的浓度为 140000 个/m^3，应表示为"U(140000,0.01μm)"。

3 当需评价大于 5μm 的粒子造成的污染危险时，应采用符合这类粒子具体特性的采样装置和方法。可独立应用 M 描述符说明大于 5μm 的粒子浓度，也可将它作为悬浮粒子空气洁净度等级的补充说明。

M 描述符用"M(a,b);c"表示，其中 a 为大粒子的最大允许浓度（pc/m^3），b 为与规定的大粒子测量方法相应的当量直径（μm），c 为规定的测量方法。

例如：采用显微镜对多级撞击采样器采集的粒子进行检测，测量得到 10μm～20μm 粒径范围的悬浮粒子浓度为 1000 个/m^3，则用 M 描述符表示为"M(1000;10μm～20μm)；多级撞击采样器以显微镜测定粒径并计数"。

A.4 监 测

A.4.1 按照双方协议书的规定进行空气中悬浮粒子浓度和其他参数的监测。

A.4.2 双方协议书中应明确测量空气悬浮粒子浓度最少采样点、每次最少的空气采样量、采样时间、每个采样点的测量次数、测量时间间隔、被计数粒子的粒径，以及粒子数的限值。

A.4.3 当监测结果超过规定的限值时，则应认定设施不符合要求，应进行修正；修正后应再进行认证检测。当监测结果在规定限值内，可继续监测。

A.5 认 证

A.5.1 按双方协议书的规定及第 A.2 节的要求，按第 A.3 节的方法进行测试，当测试结果在规定的限值之内时，可认定该洁净室符合规定要求。当测试结果超过规定的限值，可认定该洁净室不符合要求，应进行改进，在完成改进工作之后，应进行再认证。

A.5.2 记录数据评价应符合下列规定：

1 在空气洁净度测试中，当测点在 1 点～10 点时，应计算平均中值、标准偏差、标准误差和由全部采样点的平均粒子浓度导出 95% 置信上限值。

2 当采样点超过 10 点时，应计算算术平均值，并按算术平均值进行空气洁净度等级的评价。

A.5.3 每次性能测试或再认证测试应做记录，并应提交性能合格或不合格的综合报告。测试报告应包括下列内容：

1 测试机构的名称、地址。

2 测试日期和测试者签名。

3 执行标准的编号及标准出版日期。

4 被测试的洁净室或洁净区的地址、采样点的特定编号及坐标图。

5 被测洁净室或洁净区的空气洁净度等级、被测粒径、被测洁净室所处的状态、气流流型和静压差。

6 测量用的仪器编号和标定证书，测试方法细则及测试中的特殊情况。

7 测试结果包括在全部采样点坐标图上注明所测的粒子浓度或沉降菌、浮游菌的菌落数。

8 对异常测试值进行说明及数据处理。

9 注明上次的测试日期。

10 设施的测试文件可作为下次监测计划的依据。

A.5.4 测试机构应提交洁净室检验证书、再检验证书。

附录 C 净化空调系统设计对维护管理的要求

C.0.1 洁净室的净化空气监测频数宜按表 C.0.1 的规定进行监测。

表 C.0.1 洁净室的净化空气监测频数

监测项目	空气洁净度等级 1～3	4、5	6	7	8、9
温度	循环监测	每班 2 次			
湿度	循环监测	每班 2 次			
压差值		每周 1 次		每月 1 次	
洁净度		每周 1 次		每 3 个月 1 次	每 6 个月 1 次

C.0.2 当出现下列任何一种情况时，应更换高效空气过滤器：

1 气流速度降到最低限度。即使更换初效、中效空气过滤器后，气流速度仍不能增大。

2 高效空气过滤器的阻力达到初阻力的 1.5 倍～2.0 倍。

3 高效空气过滤器出现无法修补的渗漏。

C.0.3 当洁净厂房内采用高效真空吸尘器进行清扫时，应定期检查吸尘器排气口的含尘浓度。

附录 B 洁净厂房生产工作间的火灾危险性分类举例

表 B 洁净厂房生产工作间的火灾危险性分类举例

生产类别	举例
甲	微型轴承装配的精研间、装配前的检查间 精密陀螺仪装配的清洗间 磁带涂布烘干工段 化工厂的丁酮、丙酮、环乙酮等易燃溶剂的物理提纯工作间、光致抗蚀剂的配制工作间 集成电路工厂使用闪点小于 28℃ 的易燃液体的化学清洗间、外延间 常压化学气相沉积间和化学试剂贮存间
乙	胶片厂的洗印车间
丙	计算机房记录数据的磁盘贮存间 显像管厂装配工段烧枪间 磁带装配工段 集成电路工厂的氧化、扩散间、光刻间
丁	液晶显示器件工厂的溅射间、彩膜检验间 光纤预制棒的 MCVD、OVD 沉淀间，火抛光、芯棒烧缩及拉伸间、拉纤间 彩色荧光粉厂的蓝粉、绿粉、红粉制造间
戊	半导体器件、集成电路工厂的切片间、磨片间、抛光间 光纤、光缆工厂的光纤筛选、检验区

中华人民共和国国家标准

洁净厂房设计规范

GB 50073 - 2013

条文说明

1 总 则

本规范是全国通用的洁净厂房设计的国家标准,适用于各种类型工业企业新建、扩建和改建洁净厂房的设计。由于各类工业企业的洁净厂房内生产的产品及其生产工艺各不相同,它们对生产环境控制会有一些特殊要求,本规范不可能将这些要求逐一地进行规定,因此各行业可依据本规范按各自的特点制订必要的本行业的标准、规定,以利于准确、完整地执行洁净厂房设计规范的各项规定。目前已有现行国家标准《医药工业洁净厂房设计规范》GB 50457、《电子工业洁净厂房设计规范》GB 50472 相继发布实施。

3 空气洁净度等级

3.0.1 本规范修订过程中,涉及洁净技术的各有关单位、科技人员和专家们都强烈希望"规范应与国际接轨",为此,本规范修订中将空气洁净度等级等效采用国际标准《洁净室及相关被控环境——第一部分,空气洁净度的分级》ISO 14644-1,在该标准中列出的空气洁净度整数等级(表3.0.1)及其关注的大于或等于要求粒径的允许浓度有争议时,可将式(3.0.1)得出的浓度 C_n 作为标准限值。由于空气洁净度等级的分级规定是洁净厂房设计建造必须遵循的规定,所以本条的第1款~第3款为强制性条文。

3.0.4 随着科学技术的发展,目前在一些高科技产品用洁净厂房中,不仅要求控制洁净室(区)内的微粒,还要求控制各类微生物、化学污染物,为此增加了本条规定。

4 总 体 设 计

4.1 洁净厂房位置选择和总平面布置

4.1.1 洁净厂房与其他工业厂房的区别在于洁净厂房内的生产工艺有空气洁净度要求。因此,设有洁净厂房的工厂厂址宜选在大气含尘浓度较低的地区,如农村、城市远郊、水域之滨等,不宜选择在气候干旱、多风沙地区或有严重空气污染的城市工业区。

根据国内外测试资料,农村空气污染程度较低,其含尘浓度一般只相当于城市含尘浓度的几分之一,甚至低一个数量级。而城市工业区的含尘浓度又远高于城市市区及市郊。不同地区含尘浓度也不同,如表1~表3所示。不同季节的含尘浓度也不相同,表4所列是天津市某地段不同季节室外含尘浓度的实测值。

表1 大气中含尘浓度

场 所	计重浓度(mg/m³)	≥0.5μm 计数浓度(pc/m³)
市中心	0.10~0.35	$5.3×10^7$~$2.5×10^8$
市郊	0.05~0.30	$3.5×10^7$~$1.1×10^8$
田野	0.01~0.10	$1.1×10^7$~$3.5×10^7$
大洋	—	$1.1×10^5$~$2.5×10^6$

表2 天津地区的大气含尘计重浓度

场 所	大气计重浓度(mg/m³)	
	测值范围	平均值
校园、住宅区	0.18~0.32	0.206
商业街区	0.23~0.41	0.291
工业区	0.27~0.59	0.437

从表1、表2中可以看出,各地区、场所大气环境质量差别较大,若在环境质量较差的地区建厂,设计中应采取有效的技术措施以确保洁净厂房的技术要求。

表3 大气含尘浓度平均值(大于或等于0.5μm)(pc/L)

地区	年平均	月平均最大值	月平均最小值
北京(市区)	190956	293481	9274
北京(昌平农村)	35643	156620	4591
上海(市区)	128052	365103	34327
西安(市区)	131644	317561	29738

表4 不同季节室外大气含尘浓度的实测值

季节	时间	环境温湿度		含尘浓度(pc/m³)	
		温度(℃)	湿度(%)	≥0.5μm	≥5.0μm
夏(阴、雨后)	9:00	26.1	89	$8.20×10^7$	$3.23×10^5$
	10:00	27.0	86	$8.35×10^7$	$3.58×10^5$
	11:00	27.4	82	$8.35×10^7$	$4.20×10^5$
	12:00	28.8	79	$7.25×10^7$	$2.95×10^5$
	13:00	29.8	73	$7.21×10^7$	$2.81×10^5$
	14:00	29.6	73	$7.42×10^7$	$3.36×10^5$
	15:00	30.6	70	$7.60×10^7$	$4.82×10^5$
	16:00	30.2	70	$6.81×10^7$	$4.81×10^5$
	17:00	30.2	76	$8.30×10^7$	$5.50×10^5$
秋(晴、无风)	8:00	14.0	64	$1.21×10^8$	$2.21×10^6$
	9:00	16.2	54	$1.32×10^8$	$2.03×10^6$
	10:00	19.0	42	$1.31×10^8$	$1.80×10^6$
	11:00	21.1	39	$1.23×10^8$	$2.01×10^6$
	12:00	22.4	34	$1.43×10^8$	$1.83×10^6$
	13:00	23.0	29	$7.94×10^7$	$8.70×10^5$
	14:00	24.2	37	$1.03×10^8$	$1.04×10^6$
	15:00	23.5	39	$1.12×10^8$	$2.01×10^5$

季节	时间	环境温湿度		含尘浓度(pc/m³)	
		温度(℃)	湿度(%)	≥0.5μm	≥5.0μm
冬(晴)	8:00	-6.1	51	5.4×10⁷	3.9×10⁵
	9:00	-4.5	44	6.6×10⁷	4.0×10⁵
	10:00	-2.8	40	7.5×10⁷	7.7×10⁵
	11:00	-0.8	28	5.9×10⁷	4.1×10⁵
	12:00	1.2	24	3.7×10⁷	4.1×10⁵
	13:00	2.3	16	2.4×10⁷	4.3×10⁵
	14:00	3.6	14	2.9×10⁷	4.6×10⁵
	15:00	3.6	14	2.7×10⁷	5.1×10⁵
	16:00	3.5	22	3.2×10⁷	9.3×10⁵
	17:00	3.0	25	5.3×10⁷	12.4×10⁵

4.1.2 洁净厂房内当布置有精密设备和精密仪器仪表，若它们有防微振要求时，为解决防微振问题，在厂址选择或已建工厂内的洁净厂房场地选择过程中，需要对周围振源的振动影响作出评价，以确定该厂址或场地是否适宜建设。

周围振源对精密设备、精密仪器仪表的振动影响，是若干单个振源振动的叠加结果。这种叠加，目前还没有系统的参考数据及实用的计算方法。因此，应立足于实测。过去有的工厂，由于建厂前没有对周围各类振源的振动影响进行实测，建成后发现对精密设备、精密仪器仪表影响很大，有的甚至难以工作，给生产、试验带来很大困难，这说明实测振源振动影响是非常必要的。

4.1.3 本条规定仍以规范编制组的科研成果报告《环境尘源影响范围研究》为依据。根据上述报告，道路灰尘"严重污染区"位于道路下风侧50m范围之内，100m以外为"轻污染区"。洁净厂房最好离开车辆频繁的干道100m以外，但考虑到厂区总平面布置的可能性以及厂区围墙或厂内路沿绿化的阻尘作用等因素，本条规定洁净厂房与车辆频繁的干道之间的距离宜大于50m。

在《洁净厂房设计规范》GB 50073—2001(以下简称原规范)实施中，各地区、各设计单位认为本条规定距离的界定不明确，且考虑到道路的污染物对洁净厂房的影响主要是影响净化空调系统新鲜空气的质量，而洁净(室)区围护结构气密性较好的特点，本次修改为"新风口与交通干道边沿的最近距离宜大于50m"。

4.1.6 绿化有良好的吸尘、阻尘作用。洁净厂房周围场地绿化应以种植草坪为主，小灌木为辅，不宜种植观赏花卉及高大乔木。因为观赏花多为季节性一年生植物，需经常翻土、播种、移植，从而破坏植被，反而使尘土飞扬；而高大乔木树冠覆盖面积大，其下部难以形成植被，也易产生扬尘。

洁净厂房外围宜种植枝枝叶茂盛的常绿树种。洁净厂房周围绿化树种应选用不产生花絮、绒毛、粉尘等对大气有不良影响的树种。

4.2 工艺平面布置和设计综合协调

4.2.2 因生产工艺的不同，洁净厂房内常有多种气体、液体供应管道，如氢、氧、氮、氩、压缩空气和纯水、上水等管道，以及电气管线、净化空调系统的送回风管和局部排风管等，管线交叉复杂。因此，在进行管线综合布置时，必须在平面和标高上密切配合，综合考虑，才能做到安装、调试、清扫、使用和维修的方便及整齐美观。

对国内已建成的洁净厂房调研中，了解到为布置各种管道和高效过滤器等一般均设置了技术夹层或技术夹道，大多使用效果良好，但有的新建工程把技术夹层设计得过高是不经济的。改建工程由于空间较小，管线布置比较紧凑，但如果布置合理，效果也是不错的。因此，在进行管线综合布置设计和确定技术夹层层高时，应进行技术经济比较，做到技术上可靠，经济上合理。

通过原规范实施以来反馈的信息，虽然本条具有确保洁净厂房安全可靠的作用，但主要还是影响产品质量的提高、成品率高低和经济性问题，因此本次修订修改为推荐性条文。

4.2.3 随着各类产品生产工艺技术的发展，生产自动化程度的提

高和改进，近年来洁净厂房建设中大都采用大开间，以满足生产工艺要求。

洁净厂房内除考虑生产安全性需增设隔断外，一般不设隔断。由于本条第2款、第3款的内容只是为了有利于运行管理作出的规定，故本次修订修改为推荐性条文。

4.3 人员净化和物料净化

4.3.1、4.3.2 人员与物料进入洁净室会把外部污染物带入室内，特别是人员本身就是一个重要的污染源，不同衣着、不同动作时的人体产尘量见表5。从表5中数据可见，身着普通服装的人走动时的产尘(大于或等于0.5μm)量可达近300×10⁴ pc/(min·人)。根据国外有关资料报道，洁净室中的灰尘来源分析见表6，来源于人员因素的占35%。对洁净室空气抽样分析也发现，主要的污染物有人的皮肤微屑、衣服织物的纤维与室外大气中同样性质的微粒。由此可见，要获得生产环境所需要的空气洁净度，人员与物料的净化是十分必要的。

存放雨具、换鞋、存外衣、更换洁净工作服用室是人员净化用室的基本组成部分，也是人员净化用室的必要部分。生活用室应视车间所在地区的自然条件、车间规模及工艺特征等具体情况，根据实际需要设置。如车间规模较大、人员集中或工艺为暗室操作的洁净室应设必要的休息室。

鉴于第4.3.1条、第4.3.2条仅为原则性通用规定，本次修订修改为推荐性条文。

表5 不同衣着、不同动作时的人体产尘

产尘状态\衣着	≥0.5μm 颗粒数[pc/(min·人)]		
	一般工作服	白色无菌工作服	全包式洁净工作服
静站	339×10³	113×10³	5.6×10³
静坐	302×10³	112×10³	7.45×10³
腕上下运动	2980×10³	300×10³	18.7×10³

续表5

产尘状态\衣着	≥0.5μm 颗粒数[pc/(min·人)]		
	一般工作服	白色无菌工作服	全包式洁净工作服
上身前屈	2240×10³	540×10³	24.2×10³
腕自由运动	2240×10³	289×10³	20.5×10³
脱帽	1310×10³	—	—
头上下左右运动	631×10³	151×10³	11.2×10³
上身扭动	850×10³	267×10³	14.9×10³
屈身	3120×10³	605×10³	37.3×10³
踏步	2300×10³	860×10³	44.8×10³
步行	2920×10³	1010×10³	56×10³

表6 洁净室内粒子来源分析

发生源	百分比(%)	发生源	百分比(%)
从空气中漏入	7	从生产过程中产生	25
从原料中带入	8	由人员因素造成	35
从设备运转中产生	25		

4.3.3 本条对人员净化用室和生活用室的设计作出规定。

1 净鞋的目的在于保护人员净化用室入口处不致受到严重污染。国内多数洁净厂房人员入口处设有擦鞋、水洗净鞋、粘鞋垫、换鞋、套鞋等净鞋措施。

为了保护人员净化用室的清洁，最彻底的办法是在更衣前将外出鞋脱去，换上清洁鞋或套鞋。现有洁净厂房工作人员都执行更衣前换鞋的制度，其中不少洁净厂房对换鞋方式作了周密考虑，换鞋设施的布置考虑了外出鞋与清洁鞋接触的地面要有明确的区分，避免了清洁鞋被外出鞋污染，如跨越鞋柜式换鞋、清洁平台上换鞋等都有很好的效果。

2、3 外出服在家庭生活及户外活动中积有大量微尘和不洁物，服装本身也会散发纤维屑，更衣室将外出服及随身携带的其他

10

物品存放于专用的存外衣柜内。考虑到国内洁净厂房当前的管理方式和习惯,外出服一般由个人闭锁使用,按在册人数每人一柜计算是必要的;洁净工作服柜一般也可按每人一柜设计,但也有集中将洁净工作服存放于洁净柜中的,置于洁净柜中更为理想。为避免外出服污染洁净工作服,为此本条明确规定存外衣、更换洁净工作服的房间应分别设置。

4 手是交叉污染的媒介,人员在接触工作服之前洗手十分必要。操作中直接用手接触洁净零件、材料的人员可以戴洁净手套或在洁净室内洗手。

洗净的手不可用普通毛巾擦抹,因为普通毛巾易产生纤维尘,最好的办法是热风吹干,电热自动烘手器就是一种较好的选择。

由于人员净化的净鞋措施、存外衣和更换洁净工作服房间的分隔以及洗手设施的设置,均为了减少甚至消除洁净室工作人员带入的污染物对产品质量的影响,所以本次修订将本条第1款、第2款、第4款改为推荐性条文。

5 工业洁净室设置空气吹淋室的理由是:

1)在一定风速、一定吹淋时间的条件下,空气吹淋室对清除人员身上的灰尘有明显效果。

本规范编制组进行了"吹淋室效果的测定"的科研项目,对于经吹淋与不经吹淋两种情况的人员散尘量作了大量的测试对比。结果表明,吹淋室的吹淋效果,对大于或等于 $0.5\mu m$ 的尘粒约为 $10\% \sim 30\%$,对大于或等于 $5\mu m$ 的尘粒约为 $15\% \sim 35\%$。

2)吹淋室具有气闸的作用,能防止外部空气进入洁净室,并使洁净室维持正压状态。

3)吹淋室除了有一定净化效果外,它作为人员进入洁净区的一个分界,还具有警示性的心理作用,有利于规范洁净室人员在洁净室内的活动。

4)国内洁净厂房的现状是:在统计的 38 个洁净厂房中,约 80% 设有空气吹淋室。

关于吹淋室的使用人数,主要取决于每人吹淋所需时间和上班前人员净化的总时间。参考计算方法:假定洁净室自净时间为 30min,换鞋、更衣占去 10min,上班人员总吹淋时间为 20min。设每人吹淋 30s,另加准备时间 10s,则一台单人吹淋室可供 30 人使用。

当最大班使用人数超过 30 人时,可将两台或多台单人吹淋室并联布置。

垂直单向流洁净室由于自净能力强,无紊流影响,人员产尘能迅速被回风带走而不污染产品,鉴于这种有利条件,也可不设吹淋室而改设气闸室。

吹淋室旁设通道,可使下班人员和卫生清扫或检修人员的进出不必通过吹淋室,起到保护吹淋设备的作用,同时也方便检修期间设备、工具等进出。

洁净室(区)是否设置空气吹淋室,各洁净厂房做法不一,但在原规范中规定:"空气吹淋室应设在洁净区人员入口处,并与洁净工作服更衣室相邻。"因为本款作为强制性条款,在实施过程中,一些单位以为"所有洁净室内应设置空气吹淋室";实际上本款规定并不是要求所有洁净室均应设置空气吹淋室,只是要求当需设置空气吹淋室时,应如何设置。为此,本次修订将本款改为推荐性条款。

7 洁净区内设置厕所不仅容易使洁净室受到污染,还会影响洁净区的压力控制。原规范规定洁净区内不宜设厕所,为了强调洁净区内不得设厕所的要求,本次修订将"不宜"改为"不得",但该款条文仍为推荐性。人员净化用室内的厕所应设在盥洗室之前,厕所设前室作为缓冲,前室还应放置供人员入厕穿用的套鞋。

4.3.4 人员净化应当循序渐进,有一个合理的程序,在净化过程中,避免已清洁部分被脏的部分所污染。根据目前国内洁净厂房常用的人员净化程序,本规范提出了一次更衣(盥洗前存外衣)、一次吹淋的人员净化程序。由于本条第1款只是对洁净厂房中人流

路线的原则性规定,本次修订改为推荐性条文。

4.3.5、4.3.6 关于人员净化用室建筑面积控制指标,主要参考了有关资料提出的面积指标和部分洁净厂房实际采用的指标,并进行统计后得出的。人员较多时,面积指标采用下限;人员较少时,面积指标采用上限。

近年来,国内设计、建造的洁净厂房,一般是根据产品生产工艺要求或洁净厂房的布局情况按相邻洁净室(区)的洁净度等级确定洁净工作服更衣室的空气洁净度等级,还有一些洁净厂房虽然没有对洁净工作服更衣室、洁净工作服洗涤室提出空气洁净度等级要求,但室内采用高效空气过滤送风系统,或将洁净室内的净化空气部分地引入更衣室、洁净工作服洗涤室。为此,本次修订时对洁净工作服更衣室的空气洁净度等级宜低于相邻洁净区 1 级~2 级和"洁净服洗涤室的空气洁净度等级不宜低于 8 级"的规定取消,修改为将更衣室与洁净工作服洗涤室对空气净化要求的相关内容的规定合并在一条内:"宜根据产品生产工艺要求和相邻洁净室(区)的空气洁净度等级确定"。不再规定具体的"等级"或"等级范围"。

4.3.7 鉴于本条有关物料净化的规定主要涉及影响空气洁净度或产品生产过程的可能被污染,且在原规范实施过程中一些行业的洁净厂房设计、建造中执行本条规定难度较大,为此本次修订改为推荐性条文。

4.4 噪声控制

4.4.1 洁净室的噪声一般不算高,但数据差额较大,相差近 10dB(A)。国内关于噪声对健康影响的研究表明,低于 80dB(A)的一般工业噪声,对健康的影响不太大。因此,洁净室噪声标准的制订主要考虑噪声的烦恼效应、语言通讯干扰和对工作效率的影响。

国外洁净室噪声标准的研究工作开始于 20 世纪 60 年代。1966 年制定的美国联邦标准《洁净室环境控制要求》209a 和 1974 年修订的 209b 规定:"洁净室的噪声控制在可能进行必要的通话,满足操作或产品的要求,并使人员保持在舒适和安全的范围内"。

在《洁净室及相关受控环境——第四部分,设计、施工和启动》ISO 14644-4—2001 标准中规定:"应依据洁净室内人的舒适和安全要求及环境(如其他设备)的背景声压级来选择适宜的声压级。洁净室的声压级范围为 40~65dB(A)"。

从收集的国内外洁净室噪声标准来看,有以下几个特点:洁净室的噪声标准一般均严于保护健康的标准。在洁净室的环境下,噪声条件主要在于保障正常操作运行,满足必要的谈话联系,提供舒适的工作环境。绝大多数标准给出的允许值在 65dB(A)~70dB(A)范围,医疗行业则更低。现行的大多数标准均以 A 声压级作为评价指标,也有少数标准对各频带声压级提出了限制。少数标准按不同的空气洁净度等级分别给出了噪声容许值,而大多数标准对不同的空气洁净度等级洁净室提出了一个统一的容许值。

根据"洁净厂房噪声评价与标准的研究"所得到的成果,我国 59 个洁净厂房平均噪声级的分布,电子工业 216 个洁净室的噪声分布状况和不同声级下各种效应的主观评价指标如图 1 所示:

由图 1 可见,若以 65dB(A)作为洁净室噪声允许值标准,工人感到高烦恼的百分率低于 30%,对集中精神感到有较高影响的百分率不到 10%,而对工作速度、动作准确性的影响则可忽略,从主观评价调查看,语言通讯干扰可以属于轻微的等级。如按这一限值来衡量现有洁净室的噪声,则有 75%超过标准,就电子工业而言,也有 47%的洁净室超过标准。

近年来,我国的洁净室环境技术有了一定的发展,但对噪声的控制技术还相对滞后,从 1996—1997 年对国内部分行业的部分洁净室进行的调研结果来看,还有相当一部分的洁净室噪声在 65dB(A)以上,就电子工业而言,还有约 35%的洁净室超过标准。

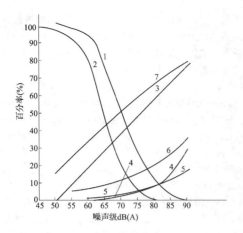

图 1 洁净厂房噪声分布与评价图
1—59个洁净厂房超过某一声级的百分率；
2—电子工业216个洁净室超过某一声级的百分率；
3—高烦恼率；4—准确性高影响率；5—工作速度高影响率；
6—集中精神高影响率；7—交谈及电话通讯高干扰率

同样由图1得知，若以70dB(A)为噪声允许值标准，工人感到高烦恼的百分率将达到39%，对于集中精神感到有较高影响的百分率为12.4%，对工作速度和动作准确性影响仍不显著，对语言通讯的干扰则属于较高的等级。如按70dB(A)的限值来衡量现有洁净厂房的噪声，则多数可以满足标准。

目前国内的相当一部分洁净室的隔墙使用的是进口或国产的金属壁板，由于壁板的隔声量存在着某些薄弱环节而造成隔声不理想，且室内的噪声仍比较高。如上海某公司使用的是进口壁板，其室内噪声平均值达69dB(A)；上海某公司使用的也是进口壁板光刻间，测得其室内平均噪声值为70dB(A)，其他一些洁净室的生产环境的噪声也偏高，也就是说，从噪声的效应来看，标准低于65dB(A)为好。

对国内几个行业不同气流流型洁净室的静态和动态噪声所进行的分析表明，不同气流流型的静态噪声有较大差异。非单向流洁净室的静态噪声实测值在41dB(A)~64dB(A)范围内，平均为54dB(A)；单向流、混合流洁净室的静态噪声实测值在51dB(A)~75dB(A)范围内，平均为65dB(A)。非单向流洁净室比单向流洁净室的静态噪声平均值约低11dB(A)。

由于噪声控制要求是确保人员健康的重要条件，本条为强制性条文。

4.4.3~4.4.6 控制设备噪声首要从声源上考虑，设计时应选用低噪声设备。在某些情况下，由于技术或经济上的原因而难以做到时，则应从噪声传播途径上采取降噪措施，如把高噪声工艺设备迁出洁净室或隔离布置于隔声间内。有些由于与生产联系密切，必须置于洁净区内的高噪声设备，亦可采用隔声罩罩绝噪声。

国内现有洁净厂房中，不少洁净室将机械泵一类高噪声设备置于洁净室外套间或技术夹道内，洁净室内噪声有明显降低。

洁净室的静态噪声主要来源于净化空调系统和局部净化设备运行噪声，静态噪声的大小与洁净室气流流型、换气次数等因素有关。但关键在于净化空调系统的布置及合理的降噪措施，不合理的设计方案必然导致较高的静态噪声。

关于降低洁净室净化空调系统噪声的措施，国内外有关资料提出了一些有效的措施：

如《现代洁净室概念》一文中强调"选择那种能满足气流要求的噪声最低的风机，还应采用弹性减振基础"。关于消声器的使用，文中说："管道消声器在中频和高频范围内降低噪声是有效的，当风管敷设长度在50ft以内时，就应考虑采用消声器"。关于风管的连接，文中又说："通风机和送风管道与回风管道之间，应采用柔性连接管隔开"。还要求"将通风机外壳、静压箱和管道等加上衬里"。如北京某大学微电子研究所回风管道在未处理前噪声高达83.5dB(A)，经过加设衬垫处理后噪声降到66.2dB(A)，使光

刻间的室内环境噪声平均下降了7dB(A)~9dB(A)。由此可见，只要对风道系统采取消声和防止管道固体传声等措施，洁净室噪声可以大幅度降低。

国内还有不少洁净室，由于系统设计合理，并采取了降噪措施，室内噪声得到有效控制。

排风系统噪声对洁净室影响极大，以集成电路生产为例，在生产过程中，外延、扩散、腐蚀、清洗等多种工序都需设排风系统。近年来，洁净厂房排风系统的噪声治理日益受到重视，要注意选用低噪声风机等。

由于洁净室内的工作环境要求比较安静，洁净室的密封性能较好，噪声不易衰减。按规定限制风管风速，既减小了净化空调系统的阻力，降低了风机压头和转速，减弱了风机的噪声，又防止了风速过大而产生附加噪声。

如上所述，第4.4.3条~第4.4.6条的规定均为洁净厂房设计中，从平面和空间设计到各类设备、系统及其附属设备等的选择都应充分考虑噪声控制措施，以确保达到洁净厂房要求的噪声控制值。原规范中将第4.4.3条、第4.4.4条规定为强制性条文，但在实施中各单位认为规定过严，可操作性也不强，为此次修订改为推荐性条文。

4.5 微振控制

4.5.1 有微振控制要求的洁净厂房，设计应考虑建筑结构的选型及地面(楼面)的构造做法，如增加基础及上部结构垂直及横向刚度，增加地面(楼面)刚度，能有效减小振动影响。此外，还应考虑隔振缝设置及其有效的构造措施，壁板与地面及顶棚采用柔性连接等，均能减小振动传递。即减小了对精密设备、仪器仪表的振动影响。

在洁净厂房设计中，应首先考虑对强振源采取隔振措施，以减小强振源对精密设备、仪器仪表的振动影响，在此基础上，精密设备、仪器仪表再根据各自的容许振动值采取被动隔振措施，就大致能够达到预定目的。

在原规范中，本条为强制性条文，虽然明确规定本条只用于有微振控制要求的洁净厂房，但由于没有量化的规定，容易引起执行不准确的问题，实施以来确有此种情况发生，为此次修订将本条改为推荐性条文。

4.5.4 精密设备、仪器仪表的被动隔振措施，由隔振台座及隔振器(或隔振装置)组成。根据隔振设计计算需要，设定隔振台座为不变形刚体，为此应对隔振台座的形状、几何尺寸及材质选用等方面加以考虑，使之具有足够的刚度。

某些精密设备、仪器仪表在运行时，由于移动部件位置变化或加工、测试件的质量及质心位置变化，使各隔振器的变形量不相等，隔振台座发生倾斜，导致精密设备、仪器仪表难以正常工作。为此，应设置校正倾斜装置，使隔振台座保持原有的水平度，以保证精密设备、仪器仪表的正常运行。

隔振系统阻尼过小，会产生较大的自振，以及受外界突发干扰(如对隔振台座的冲击、室内气流的扰动影响等)，造成隔振台座晃动，这种振动值有时会大于精密设备、仪器仪表的容许振动值，影响其正常运行。为此应增大隔振系统阻尼值，才能减小此类振动。通过多项工程实践表明，隔振系统阻尼比不小于0.15是比较恰当的。

4.5.5 空气弹簧的垂直向、横向刚度很低，使隔振系统具有很低的固有振动频率，同时它具有可调节阻尼值的特性，隔振系统可获得需要的阻尼，因此，隔振系统具有良好的隔振效果。当配用高精度控制阀时，可自动校正隔振台座的倾斜。由于空气弹簧具有其他隔振材料及隔振器不可替代的优越性，已被我国及国际工程界普遍采用作为精密设备、仪器仪表的隔振元件。

用于被动隔振措施的空气弹簧隔振装置由空气弹簧隔振器、高精度控制阀、仪表箱及气源组成。由于空气弹簧隔振装置在校正隔振台座倾斜时会排出气体(如压缩空气、氮气等)，因此对气源应进行净化处理，使其达到洁净室的空气洁净度等级，才能保证排出的气体不致对洁净室造成污染。

5 建 筑

5.1 一般规定

5.1.1 洁净厂房的建筑平面和空间布局应具有适当的灵活性,为生产工艺的调整创造条件。本条规定是指在不增加面积、高度的情况下,进行局部的工艺和生产设备调整,在这种情况下,厂房内墙的可变性就是一个重要的措施,为此,本条规定不宜采用内墙承重体系。

5.1.3 主体结构要具备同建筑处理及其室内装备和装修水平相适应的等级水平。若室内装备与装修水平高,而主体结构为临时的,就会形成严重的浪费。本条规定着重于使洁净厂房在耐久性、装修与装备水平、耐火能力等几个方面相互协调,使投资长期发挥作用。此外,温度或沉陷不但可能影响安全,而且还会破坏建筑装修的完整性及围护结构的气密性,故须对主体结构采取相应措施。

5.1.5 对兼有一般生产和洁净生产的综合性厂房,在考虑其平面布局和构造处理时,应合理组织人流、物流运输及消防疏散线路,避免一般生产对洁净生产带来不利的影响。当防火方面与洁净生产要求有冲突时,应采取措施,在确保消防疏散的前提下,减少对洁净生产的不利影响。

5.2 防火和疏散

5.2.1 洁净厂房虽不同于一般工业厂房,但在材料与构造的耐火性能以及火灾的火势形成、发展与扩散等基本特性方面,两者都基本一致。所以现行国家标准《建筑设计防火规范》GB 50016 中不少条文同样适用于洁净厂房。本节主要结合洁净厂房的下列特点,对于防火规范尚未包括或者不全适合的部分做必要的补充:

(1)空间密闭,火灾发生后,烟量特大,对于疏散和扑救极为不利。同时由于热量无处泄漏,火源的热辐射经四壁反射室内迅速升温,大大缩短了全室各部位材料达到燃点的时间。

当厂房外墙无窗时,室内发生的火灾往往不容易被外界发现,发现后也不容易选定扑救突破口。

(2)平面布置曲折,增加了疏散路线上的障碍,延长了安全疏散的距离和时间。

(3)若干洁净室通过风管彼此串通,当火灾发生,特别是火势初起未被发现而又继续送风的情况下,风管成为烟、火迅速外窜,殃及其余房间的重要通道。

(4)室内装修使用了一些高分子合成材料,这些材料在燃烧时产生浓烟,散发毒气。有的燃烧速度极快。

(5)某些生产过程使用易燃易爆物质,火灾危险性高。如甲醇、甲苯、丙酮、丁醇、乙酸乙酯、乙醇、甲烷、二氯甲烷、硅烷、异丙醇、氢等都是甲、乙类易燃易爆物质,对洁净厂房构成潜在的火灾威胁。

此外,洁净厂房内往往有不少极为精密、贵重的设备,建设投资十分昂贵,一旦失火,损失极大。

鉴于以上几方面的特点,为了保障生命、财产的安全,尽量减少火灾中的损失,本规范分别从防止起火与延烧、便利疏散与抢救这两个方面补充提出若干条文,强调了建筑耐火等级与防火分隔,对于防火墙间占地面积与疏散路线提出较严格的要求。这部分规范编制工作在公安部有关部门指导下进行。本部分规定不包括防爆措施。

分析洁净厂房火灾实例可以发现,严格控制建筑物的耐火等级十分必要。本条规定将洁净厂房耐火等级定为二级及二级以上,使建筑构配件耐火性能与甲、乙类生产相适应,从而减少成灾的可能性。本条为强制性条文。

5.2.2 由于本规范附录 B 仅仅是洁净厂房生产工艺间的火灾

危险性类别举例,表中的实例不可能十分全面,也没有包含各行各业的各类洁净厂房的生产工艺间,即使已经列入表中的生产工艺间也会随着科学技术发展、新设备、新工艺的出现有所变化,所以本次修订将本条改为推荐性条文。

5.2.3 本条对防火分区最大允许建筑面积作出规定。

(1)限制防火分区的面积,一是可以控制火灾蔓延,减少损失;二是便于扑救,使消防人员既容易在现场寻找火源,也容易安全撤离。防火墙间允许面积的大小应视厂房的情况与生产火灾危险性确定。

(2)据调查统计,甲、乙类洁净厂房多数情况下,其占地面积,单层厂房在 2500m² 以下,多层厂房不超过 1500m²。考虑略留余地,则将防火分区允许占地面积规定为 3000m²(单层)和 2000m²(多层);与现行国家标准《建筑设计防火规范》GB 50016 甲类生产的二级耐火建筑物允许占地面积相吻合。由于甲、乙类生产往往混杂一处,故本条规定不再予以严格区分。本条规定为宜为 3000m²(单层)和 2000m²(多层),既考虑了洁净厂房的特点作了较严格的规定,又为执行中因具体情况确有困难时,应在确保疏散距离的前提下仍可放宽,按现行国家标准《建筑设计防火规范》GB 50016 的规定执行。

(3)丙、丁、戊类洁净厂房的防火分区最大允许面积,本次修订中规定应符合现行国家标准《建筑设计防火规范》GB 50016,不再作较严格的规定,这是因为本规范第 5.2.1 条规定"洁净厂房耐火等级不应低于二级",已作了较严格的规定,可减少成灾的可能性。近年来,随着科学技术的发展,一些生产高新技术产品的洁净厂房,为了提高生产效率、产品质量,采用了大体量、大跨度的厂房布局,一些洁净厂房的建筑面积时有接近或超过规范规定的防火分区最大允许面积的情况发生,在 2008 年 12 月发布的现行国家标准《电子工业洁净厂房设计规范》GB 50472 中,已规定对丙类电子工厂洁净厂房的防火分区面积限值在规定条件下可以按产品生产工艺要求确定。所以本次修订本条改为推荐性条文。

5.2.4 本条为强制性条文。洁净室的顶棚和壁板,为避免因室内或室外一方发生火灾殃及另外一方,须规定其燃烧性能,即虽不能要求它与土建式顶棚或隔墙具有同样耐火极限,至少也须要求它的燃烧性能同建筑物一致,即采用不燃烧体,且不得采用有机复合材料,以避免燃烧时产生窒息性气体、有害气体等。根据实施中的实际需要,在条文中增加了对壁板的耐火极限规定。目前国内外制造厂家生产的洁净室用金属壁板,大部分均能满足上述要求。

5.2.5 控制了防火分区占地面积后,还需要在一个防火分区内将洁净区与非洁净区之间设置防火分隔,本条规定防火分隔应为不燃烧体,并规定了耐火极限,主要是从保护洁净区的财产安全出发。为此,本条作为强制性条文。

5.2.6 洁净厂房的技术竖井是布置相关管线的垂直管廊,贯通各个楼层,为防止一旦发生火情后,洁净厂房的各层相应火势串通,本条对技术竖井防火要求、分隔、管线空隙填堵作了强制性规定。

5.2.7 对于设置一个安全出口的条件,甲、乙类生产间同现行国家标准《建筑设计防火规范》GB 50016 中的 100m²、150m² 相比,本条均按 100m²,这是考虑即便 100m² 的洁净室也不算小,已能容纳相当数量的贵重装置,须有良好的疏散条件,所以作了较严格的规定。本条为强制性条文。

5.2.8 人员净化程序多,连同生活用室在内包括有换鞋、更衣、盥洗、吹淋等用室。布置上要避免路线交叉,于是往往形成从人员入口到生产地点的曲折迂回路线。因此,一旦发生火灾,把这样曲折的人员净化路线当作通往安全出口的通道是不恰当的,所以作了本条的强制性规定。

5.2.9 安全疏散门是关系到人员安全疏散的重要条件之一,为此本条对洁净室(区)的安全疏散门作了强制性的规定。

5.2.10 洁净厂房空间密闭,设有人员净化和物料净化设施,火灾发生后,扑救极为不利。洁净厂房同层外墙设通往洁净区的门窗或专用消防口后,可方便消防人员的进入及扑救,为此,本条对洁净厂房设置专用消防口作了强制性规定。

5.2.11 由于洁净厂房外墙上的吊门、电动自动门以及装有栅栏的窗，一般设有手动、自动控制装置或固定栅栏，为此本条规定此类门、窗不应作为消防人员进入洁净厂房的入口，并作为强制性条文。

5.3 室内装修

5.3.1 材料在温度、湿度变化时易引起变形而导致缝隙泄漏或发尘，不利于确保室内洁净环境。洁净室（区）内，某些产品的生产过程中可能发生因所用材料释放至空气中的化学污染物对产品质量的影响，为此本条作了相关的补充规定。由于本条的规定均只涉及产品质量或成品率的提高，所以本次修订改为推荐性条文。

5.3.2 制订本条的目的主要在于尽量减少洁净室内积尘面（特别是水平凹凸面），以免在室内气流作用下引起积尘的二次飞扬，污染室内洁净环境。由于本条第1、2款仅涉及洁净室的建造质量，并且近年来的工程实践表明，只要设计时十分重视和明确要求，是可以得到保证的。所以本次修订改为推荐性条文。

5.3.3 本条第1、2款由于仅涉及洁净室的建造质量，所以本次修订改为推荐性条文。

5.3.5 当洁净室（区）和人员净化用室设有外窗时，为防止作业人员随意开启直接通向室外环境的外窗而引发室外空气的严重污染，作了本条强制性的规定。

5.3.6 洁净室内门开启方向的规定是鉴于洁净区内各房间空气洁净度要求及其室内送风量与风压有所不同，高洁净度房间相对于低洁净度房间（或走廊）保持一定压差值，为使门扇能关闭紧密，门扇应朝向洁净度高的房间开启。条文中所以用"应"而不用"宜"是考虑某些洁净生产房间的生产工艺存在火灾危险，为安全疏散要求，其门扇应向外开。

5.3.7 本条中所指密闭措施包括：密封胶嵌缝、压缝条压缝，纤维布条粘贴压缝，加穿墙套管等。本条第1款与第5.3.2条相似，所以本次修订改为推荐性条文。

5.3.8 洁净室采光多需借助人工照明，再加上室内空气循环使用，因此从人体卫生角度分析，其环境条件是较差的。为了改善环境、减少室内员工疲劳，故应特别注意室内建筑装修的色彩。

本条中有关室内表面材料的光反射系数的规定是根据现行国家标准《工业企业采光设计标准》GB 50033以及参考国外有关室内表面推荐光反射系数的资料制订的。室内表面反射率的大小不但直接影响工作面上的照度水平，而且对整个室内亮度分布起着决定性作用。考虑到洁净厂房一般工作精度较高，为减少视疲劳、改善室内的光照环境，因而需要一个明亮的室内空间。为此，洁净室的墙面与顶棚需采用较高的光反射系数。

5.3.9 空气洁净度等级要求较高的洁净室，其墙板和顶棚宜采用轻质壁板构造。轻质壁板连接构造的整体性和气密性是很重要的，整体性除靠板与板之间的雌雄槽紧密组合外，还靠上下马槽和板之间的严密结合，使洁净室形成一个完整的匣体。板壁之间的接缝应以硅橡胶等密封材料嵌缝密封，它的作用是防止灰尘在停机时从此进入室内，同时使洁净室在正常工作时易于保持正压，减少能量的损耗。此外，洁净室的关键密封部位是高效过滤器之间或高效过滤器与其安装骨架之间的缝隙，一定要绝对密封。目前国内使用的密封方法很多，如液槽密封、机械压垫密封等，但必须做到涂抹或填嵌方便，操作简单，而且还要考虑更换高效过滤器时方便拆装。总之，没有经过高效过滤器过滤的空气绝对不允许直接进入洁净室内。洁净室顶棚用轻质壁板应具有一定的承重能力，以便施工、运行时人员行走。

5.3.10 洁净室（区）内所选用的装修材料除应符合现行国家标准《建筑内部装修设计防火规范》GB 50222的规定外，还应符合现行国家标准《建筑材料燃烧或分解的烟密度试验方法》GB/T 8627的有关规定，为此本条对洁净厂房用装修材料的燃烧性能和烟密度作了强制性规定。

6 空气净化

6.1 一般规定

6.1.1 洁净的生产环境是生产工艺的需要，是确保产品的成品率和产品质量的可靠性、长寿命所必需的。随着我国国民经济的发展，各行各业对生产环境的温度、相对湿度和洁净度的要求也越来越高。例如：大规模和超大规模集成电路的发展很快，在1980年时集成度只有64kB，而到目前集成度已提高到1GB；64kB集成电路前工序生产所要求生产环境的洁净度等级只有4级和5级，而1GB集成电路前工序生产对生产环境洁净度等级的要求提高到1级和2级（0.1μm）。

不同的生产工艺、不同的生产工序对生产环境的要求也是不相同的，因此，确定洁净室的空气洁净度等级时应根据不同工艺、不同工序对环境的洁净度要求而定。

根据不同生产工艺、不同生产工序对环境洁净度的不同要求，该高则高，该低则低，尽量缩小高洁净度等级部分的面积，以局部高等级净化和全室较低等级净化的洁净室系统代替全室高等级净化的洁净室系统。既能确保不同生产工艺对环境的要求，又能大幅度地降低初投资和运行费用。

例如：对于生产1GB超大规模集成电路前工序的洁净室来说，在整个生产过程中只有少数工序（制版、光刻等）对环境的洁净度等级要求最高为1级或2级，而其他大部分工序只要求5级、6级，甚至只有7级。不需将全部洁净室都设计为1级或2级。

6.1.4 人是洁净室内主要的发生源，作业人员进入洁净室必须穿着与洁净室的空气洁净度等级相适应的洁净工作服。由于洁净工作服的透气性较差，为了保证作业人员的工作环境，提高劳动生产率，在洁净室生产工艺对环境的温、湿度没有特殊要求时，洁净室内的温度主要是为了作业人员的舒适。因此，洁净室温度冬季为20℃～22℃，夏季为24℃～26℃，湿度冬季为30%～50%，夏季为50%～70%，比较适宜。由于洁净室（区）的温度、相对湿度首先应按生产工艺要求确定，只有在生产工艺无要求时，才能按本条的规定根据作业人员的舒适确定，但在本规范实施中因洁净厂房生产的产品多种多样，作业人员多少和工作条件也不相同，所以强制执行有困难，为此本次修订改为推荐性条文。

6.1.5 本条为强制性条文。现行国家标准《采暖通风与空气调节设计规范》GB 50019中对一般工业厂房的新鲜空气量的规定为每人每小时不小于30m³。由于新鲜空气量是确保洁净室（区）作业人员健康的重要条件之一，所以本次修订中对洁净室（区）的新鲜空气量规定为应取补偿室内排风量和保持室内正压值所需新鲜空气量之和，保证供给洁净室（区）内每人每小时的新鲜空气量不小于40m³。两项中的最大值。

6.2 洁净室压差控制

6.2.1 为了保证洁净室在正常工作或空气平衡暂时受到破坏时，气流都能从空气洁净度高的区域流向空气洁净度低的区域，使洁净室的洁净度不会受到污染空气的干扰，所以洁净室必须保持一定的压差。

在国内外洁净室标准和洁净度等级中，对洁净室内压差值的大小都作了明确规定。

压差值的大小应选择适当。压差值选择过小，洁净室的压差很容易被破坏，洁净室的洁净度就会受到影响。压差值选择过大，就会使净化空调系统的新风量增大，空调负荷增加，同时使中效、高效过滤器使用寿命缩短，故很不经济。另外，当室内压差值高于50Pa时，门的开关就会受到影响。因此，洁净室压差值的大小应根据我国现有洁净室的建设经验，参照国内外有关标准和试验研究的结果合理确定。

自《洁净厂房设计规范》GBJ 73—84 在 1985 年颁布以来,我国按规范设计、建造了数百万平方米的各种洁净级别的洁净室,并且都经过了数年的运行考验,满足了工艺要求。实践经验证明,《洁净厂房设计规范》GBJ 73—84 中有关洁净室内正压值的选择是正确的、可行的。

已颁布实施的国际标准《洁净室及相关受控环境——第一部分,空气洁净度的分级》ISO 14644-1 和日本工业标准《洁净室悬浮粒子检测方法》JIS 9920、俄罗斯国家标准《洁净室及相关受控环境》TOCTP 50766 等有关现行的洁净室标准中都明确规定,为了保持洁净室的洁净度等级免受外界的干扰,对于不同等级的洁净室之间、洁净室与相邻的无洁净度级别的房间之间都必须维持一定的压差。虽然各个国家规定的最小压差值不尽相同,但最小压差值都在 5Pa 以上。

由于洁净室(区)与周围空间维持一定的压差是实现空气洁净度的基本条件,为此,规定本条为强制性条文。

6.2.2 试验研究的结果表明,洁净室内正压值受室外风速的影响,室内正压值要高于室外风速产生的风压力。当室外风速大于 3m/s 时,产生的风压力接近 5Pa,若洁净室内正压值为 5Pa 时,室外的污染空气就有可能渗漏到室内。但根据现行国家标准《采暖通风和空气调节设计规范》GB 50019 编制组提供的全国气象资料统计,全国 203 个城市中有 74 个城市的冬夏平均风速大于 3m/s,占总数的 36.4%。这样如果洁净室与室外相邻时,其最小的正压值应该大于 5Pa。因此,规定洁净室与室外的最小压差为 10Pa。由于各行各业的洁净厂房内产品生产工艺不同,各产品生产工序的条件差异,不同等级或洁净室(区)与非洁净室(区)之间的压差取值均有差别,所以本次修订将本条改为推荐性条文。

6.2.3 国内外洁净室压差风量的确定,多数是采用房间换气次数估算的。因为压差风量的大小是与洁净室围护结构的气密性和维持的压差值大小有关,对于相同大小的房间,由于门窗的数量及形式的不同,气密性不同,导致渗漏风量也不同,故维持同样大小的压差值所需压差风量就有所差异。因此,在选取换气次数时,对于气密性差的房间取上限,气密性较好的房间可取得小一些。

(1)采用缝隙法来计算渗漏风量,既考虑了洁净室围护结构的气密性,又考虑了室内维持不同的压差值所需的正压风量。因此,缝隙法比按房间的换气次数估算法较为合理和精确。

单位长度缝隙渗漏空气量用公式计算是比较困难的,一般是通过不同形式的门、窗进行多次试验的数据统计后得出的。表 7 是对国内洁净室的 20 多种常用的门、窗在实验室进行了大量的试验后取得的数据,虽然近年来洁净室门窗的材料和形式有很大的发展,但目前还有部分洁净室仍然采用钢制密封门窗,故表 7 中的数据仍可供设计时参考。

表 7 围护结构单位长度缝隙的渗漏风量

压差(Pa)	非密闭门	密闭门	单层固定密闭钢窗	单层开启式密闭钢窗	传递窗	壁板
5	17	4	0.7	3.5	2.0	0.3
10	24	6	1.0	4.5	3.0	0.6
15	30	8	1.3	6.0	4.0	0.8
20	36	9	1.5	7.0	5.0	1.0
25	40	10	1.7	8.0	5.5	1.2
30	44	11	1.9	8.5	6.0	1.4
35	48	12	2.1	9.0	7.0	1.5
40	52	13	2.3	10.0	7.5	1.7
45	55	15	2.5	10.5	8.0	1.9
50	60	16	2.6	11.5	9.0	2.0

缝隙法宜按下式计算:

$$Q = a \cdot \sum (q \cdot L)$$

式中:Q——维持洁净室压差值所需的压差风量(m^3/h);

a——根据围护结构气密性确定的安全系数,可取 1.1~1.2;

q——当洁净室为某一压差值时,其围护结构单位长度缝隙的渗漏风量 $m^3/(h \cdot m)$;

L——围护结构的缝隙长度(m)。

(2)换气次数法,宜按下列数据选用:

压差 5Pa 时,取 1 次/h~2 次/h。

压差 10Pa 时,取 2 次/h~4 次/h。

6.2.4 洁净室(区)的正压或负压是以对室内的送风量、回风量和排风量平衡协调实现的,为确保洁净室所需的正压值或负压值,通常还应将送风、回风和排风系统顺序启停,为此作了本条规定。但实践证明,由于各行各业的洁净室(区)的产品生产工艺或使用要求不同,有些洁净室是间断、不连续运行,所以送风、回风和排风系统的启停虽然大多采用联锁控制,而有的也采用手动控制,为此本次修改将本条改为推荐性条文。

6.2.5 根据对国内洁净室的调查表明,有一部分洁净室设置了值班风机,但多数洁净室没有设置值班风机,而是采用上班前提前半小时运行净化空调系统达到洁净室自净的方法。

非连续性运行的洁净室设置值班送风的问题,应根据生产工艺具体情况而定。如果生产工艺要求严格,在空气净化调节系统停止运行时,会污染室内放置的半成品,又不能采用局部处理时最好设置值班送风,值班送风系统应送出经过净化空调处理的空气,以避免洁净室内产品或设备结露。

6.3 气流流型和送风量

6.3.1 洁净室的气流流型应考虑避免或减少涡流。这样可以减少二次气流,有利于迅速有效地排除粒子。

对于空气洁净度要求不同的洁净室(区),所采用的气流流型亦应不同。近年在电子工厂洁净厂房或医药工业洁净厂房内,为减少建设工程造价、降低能量消耗,常常采用同时具有单向流和非单向流的混合流洁净室,即使在微电子生产洁净厂房中要求 1 级~3 级的空气洁净度等级的生产环境也采用混合流洁净室,即在洁净厂房的洁净生产区采用 5 级,仅在局部或微环境内采用 1 级~3 级。根据上述情况,本条进行了新的规定,并修改为推荐性条文。

6.3.2 洁净室(区)的送风量是确保其正常运行的基本条件,本条规定的洁净室(区)送风量应取三项中最大值是多年来国内外的经验总结,如果不是"最大值",则将使建造后的洁净室达不到所要求的洁净度等级或环境条件达不到要求或作业人员健康得不到保障,为此,本条规定为强制性条文。

6.3.3 洁净室送风量计算所用的数据是参照国际标准《洁净室及相关受控环境——第四部分,设计、施工和启动》ISO 14644-4—2001 中表 B.2 而编制的。其中,换气次数系根据我国实际情况确定的。

(1)表 6.3.3 空气洁净度等级系指静态而言。其编制理由如下:

1)工程施工前的空气洁净度测试,一般都是在空态或静态下进行的;

2)国内外标准中大多已明确规定按静态进行空气洁净度测试。如果设计时业主提出须按动态进行验收时,则另行处理。

(2)参照已经发布的国际标准《洁净室及相关受控环境——第四部分,设计、施工和启动》ISO 14644-4 中对微电子洁净室、医药工业洁净室的送风量的规定,以及在本规范修订过程中对国内已投入运行的各类洁净厂房实际运行状况的调查研究,经分析表明,《洁净室及相关受控环境——第四部分,设计、施工和启动》ISO 14644-4—2001 中表 B.2 对不同等级的洁净室送风量、平均

10

风速的相关数据基本合理,编写组结合国内的实际状况作了必要的调整,现将表B.2摘录于表8。

表8 微电子洁净室实例

洁净度等级 ISO 等级	气流流型	平均风速 (m/s)	单位面积送风量 (m³/m²·h)	应用实例
2	U	0.3～0.5	—	光刻、半导体加工区
3	U	0.3～0.5	—	工作区,半导体加工区
4	U	0.3～0.5	—	工作区、多层掩膜加工、光盘制造、半导体服务区、动力区
5	U	0.2～0.5	—	动力区、多层掩膜加工、半导体服务区
6	N 或 M	—	70～160	动力区、多层掩膜加工、半导体服务区
7	N 或 M	—	30～70	服务区、表面处理
8	N 或 M	—	10～20	服务区

注:1 制定最佳设计条件之前,首先应明确使用环境的ISO级别有关的占用状态;
　　2 气流流型符号的意义:U为单向流流型;N为非单向流流型;M为混合流流型(单向流和非单向流的组合流型);
　　3 平均风速通常适用于单向流流型。单向流平均流速大小与被控制空间的形状和热气流温度有关。单向流流速不是指过滤器面风速。
　　4 单位面积送风量适用于非单向流流型和混合流流型。单位面积送风量的推荐值适用于层高为3.0m的洁净室;
　　5 在洁净室设计中须考虑密封措施;
　　6 对于污染源以及污染区可用隔板或空气幕予以有效分隔。

由于本条规定的洁净送风量主要是依据目前国内外的实际状况的经验总结,各类工业产品的生产工艺的差异和不断进步,使其洁净室的送风量有所差异,所以本次修订将本条改为推荐性条文。

6.4 空气净化处理

6.4.1 近年来,我国各类洁净厂房中所采用的空气过滤器品种、布置和安装方式均发生了较大变化,特别是一些外资、合资企业和空气洁净度等级要求十分严格的洁净厂房变化尤为明显。为了有利于本规范的实施,本次修订将本条第1～4款改为推荐性条文。

6.4.3 在工艺生产过程不产生有害物时,净化空调系统在保证新鲜空气量和保持洁净室压差的条件下,为了节约能源,应尽量利用回风。而单向流洁净室的换气次数大,当机房距单向流洁净室较远时,可以使一部分空气不回机房而直接循环使用。近年来,一些高洁净等级的单向流洁净室采用新风集中处理＋FFU净化空调系统,它是由多台风机过滤器单元设备组成实现洁净室回风的直接循环,如图2所示。

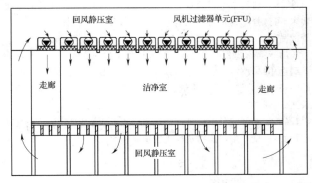

图2 风机过滤器单元送风方式(FFU)示意图

当生产工艺过程产生大量有害物质,局部排风又不能满足卫生要求,并对其他工序有影响时,才能采用直流式净化空调系统。因为当车间内的有害物质不能全部排除时,如再使其循环使用,则会造成车间内的有害物浓度越来越大,对人员健康及生产有影响,故应采用直流式净化空调系统。

6.4.4 在净化空调系统中,考虑到系统的阻力变化影响其风量等因素,风机采用变频调速装置作恒定风量或定压控制,通常由高效

过滤器的压差变化控制变频装置。一些单位的实践说明,使用后有明显节能效果。

6.4.5 由于原规范本条部分内容与第9.4.3条重复,本次修订中将有关电加热器等内容移至第9.4节。

本条规定所指的寒冷地区是处于建筑气候区划一级区中Ⅰ区(1月平均气温小于或等于-10℃)和Ⅱ区(1月平均气温-10℃～0℃)的地区,在此类地区的新风系统采用防冻措施,是为了防止新风机组表冷器冻裂。

6.5 采暖通风、防排烟

6.5.1 对国内现有洁净室的调研看到,为防止散热器引发的污染,除少数改建工程仍采用原有散热器作洁净室采暖外,新建洁净室没有采用散热器采暖的,考虑到技术的发展,本条规定了包括8级和8级以上洁净室不应采用散热器采暖,为此本条作为强制性条文。

6.5.3 对于局部排风系统单独分开设置的规定是为了防止排风系统中的易燃、易爆、有毒、腐蚀性介质的相互渗混、交叉污染,诱发各种安全事故,并参照现行国家标准《采暖通风与空气调节设计规范》GB 50019的规定制定,本条为强制性条文。

6.5.4 国内大部分洁净室的排风装置都设置了防倒灌措施,防止净化空调系统停止运行时,室外空气倒流入洁净室,引起污染或积尘。工程中常采取的防倒灌措施:一是采用中效过滤器,其结构比较简单,维护管理方便;二是采用止回阀,其使用方便,无须经常维修管理,但密封性较差;三是采用密闭阀,其密封性好,但结构复杂,要人工经常操作管理;四是采用自动控制装置。本条涉及洁净厂房内排风系统的安全、稳定运行,所以规定为强制性条文。

6.5.5 厕所、换鞋、存外衣、盥洗和淋浴等辅助房间是产生灰尘、臭气和水蒸气的地方,紧靠洁净区,若处理不当,将会使这些有害物渗入洁净室,污染洁净室。本条是确保洁净室(区)不被这些辅助房间污染的规定,鉴于具体做法也没有量化的静压值规定,本次修改为推荐性条文。通风措施的做法一般宜采用下述方式:

(1)送入经过中效过滤器过滤后的洁净空气;

(2)送入洁净室多余的回风或正压排风;

(3)在厕所或浴室内采用机械排风。

6.5.6 鉴于事故排风是保证生产安全和员工安全的一项必要措施,所以按照现行国家标准《采暖通风与空气调节设计规范》GB 50019的规定应设计事故排风装置。本条是确保洁净厂房安全运行的重要条件之一,所以规定为强制性条文。

6.5.7 从近年来国内建造的洁净厂房的调研资料可以看出,一部分洁净厂房为确保人员疏散的安全性,在疏散走廊设置了机械排烟或加压送风系统,如三星视界有限公司,深圳大学实验楼,赛格日立等。洁净厂房的疏散走廊及其长度,依据具体工程项目的不同位置,差异较大,难于统一。本规范实施以来的洁净厂房设计建造均在疏散走道设置了机械排烟系统,为此,本条第1款规定在疏散走廊应设置机械排烟系统,并作为强制性条款。

本条第2款规定了各类产品生产用洁净厂房应按现行国家标准《建筑设计防火规范》GB 50016的有关规定设置排烟设施,这是由于各行业洁净厂房内产品生产工艺、使用要求和布置均不相同,在本规范中很难作出统一的"排烟设施的规定",所以本款为推荐性条款。

6.6 风管和附件

6.6.1 新风管上的调节阀用于调节新风比;电动密闭阀用于空调机停止运行时关闭新风。回风总管上的调节阀用于调节回风比。送风支管上的调节阀用于调节洁净室的送风量。回风支管上的调节阀用于调节洁净室内的正压值。空调机出风口处的密闭调节阀用于并联空调机停运时的关闭切断,也可用于单台空调机的总送风量调节。排风系统吸风管段上的调节阀用于调节局部排风量,

排风管段上的止回阀或电动密闭阀等用于防止室外空气倒灌。

6.6.2 参照现行国家标准《建筑设计防火规范》GB 50016 的有关条文,并结合洁净室情况作出的本条规定。风管穿过变形缝有三种情况:一是变形缝两侧有防火隔墙,二是变形缝一侧有防火隔墙,三是变形缝两侧没有防火隔墙。规范条文是按第一种情况两侧设置防火阀。通风系统的防火阀是在一旦出现火情时,防止火势蔓延的主要手段,为此本条为强制性条文。

6.6.3 从不影响空气净化效果及经济两个方面考虑,净化空调系统风管与附件的制作材料是随着输送空气净化程度的高低而定的。洁净度高的选用不易产尘的材料,洁净度低的选用产尘少的材料。

排风系统风管与附件的制作材料是随着输送气体的腐蚀性程度的强弱而定。

6.6.4 净化空调系统的送、回风及排风系统消声措施的设置,应根据系统设置的实际情况,经计算是否满足室内外噪声标准,确定消声措施的设置,故本条改为推荐性条文。

6.6.5 在各级空气过滤器的前、后测压孔或安装压差计,便于运行中随时了解各级空气过滤器的阻力变化情况,以便及时清洗或更换。

6.6.6 风管及附件的不燃材料是指各种金属板材,难燃材料是指氧指数大于或等于 32 的玻璃钢。风管保温和消声的不燃材料是指岩棉、玻璃棉等,难燃材料是指氧指数大于或等于 32 的聚氨酯(聚苯乙烯)泡沫塑料、橡塑海绵。穿越防火墙及变形缝防火隔墙两侧各 2000mm 范围内的风管和电加热器前、后 800mm 范围内的风管的保温材料和垫片、粘结剂等,均应采用不燃材料或难燃材料。本条规定了风管及附件、辅助材料的耐火性能,所以规定为强制性条文。

7 给水排水

7.1 一般规定

7.1.1 洁净厂房内管道的敷设方式直接影响洁净室的空气洁净度,因此,条文中首先要求管道尽量在洁净室外敷设,以最大限度地减少洁净室内的管道。目前,洁净厂房的管道布置形式有:

(1)各种干管布置在技术夹层、技术夹道、技术竖井内。特别是有上、下夹层的洁净厂房,给水排水干管大都设在下夹层内。

(2)暗装立管可布置在墙板、异型砖、管槽或技术夹道内。

(3)支管由干管或立管引入洁净室,最好从上、下夹层引入 20cm~30cm 与设备二次接管相连。

(4)安装在技术夹道内的管道及阀件,可明装也可暗装在壁柜内。壁柜上适当设活动板,便于检修。

7.1.2 洁净厂房均为恒温恒湿房间,而生产工艺需要的给水排水管道又有不同的水温要求,管内外的温差使管外壁结露,影响室内温湿度。因此,对于有可能结露的管道应采取防结露措施是必要的。

对于防结露层外表面,可以采用镀锌铁皮或铝皮作外壳,便于清洗,并不产生灰尘。

7.1.3 穿管处的密封是保证洁净室空气洁净度的重要一环。本条规定主要是防止洁净室外未净化空气渗入室内;洁净室内的洁净空气向外渗漏也会造成能量的浪费,甚至影响室内的洁净度。实践证明,采用套管方式是行之有效的。当实在无法做套管的部位(如软吊顶)也应采取严格的密封措施。主要的密封方法有微孔海绵、有机硅橡胶、橡胶圈及环氧树脂冷胶等。

7.2 给水

7.2.1 洁净厂房内的生产工艺一般为超精细加工或要求无菌无尘,对给水系统要求较为严格,如大规模集成电路的超纯水、医药工业的无菌水等。而且有的水系统的造价高、管理要求严格,因此应根据不同的要求设置系统(如纯水的不同水质要求,冷却水的不同水温、水质要求等),以便重点保证要求严格的系统,也利于管理和节省运转费用。

目前设在洁净厂房中的生产工艺大多为技术发展迅速的工业,如大规模集成电路、生物制药等。这些生产部门产品升级换代快,生产工艺变化多。因此,在管道设计中应留有充分的余量。

7.2.2、7.2.3 这两条都是为了保证工艺所要求水质的措施。

随着生产工艺对纯水水质的不断提高,甚至到了理论纯水的程度,尤其是集成电路的发展不但对水中电解质的含量要求极其严格,而且对细菌、微粒、有机物及溶解氧等都有极其严格的要求;医药工业中要求供应的注射用水,对水中含菌量、热源均有严格要求。除了严格的纯水制造过程外,纯水输送管道的管材选择和管网设计是保证使用点水质的关键。

实践证明,采用循环供水方式是行之有效的。主要是基于保证输水管道内的流速和尽量减少不循环段的死水区,以减少纯水在管道内的停留时间,减少管道材料微量溶出物(即使目前质量最好的管道也会有微量物质溶出)对超纯水水质的影响,同时,基于流水不腐的道理,高的流速也可以防止细菌微生物的滋生。

条文中有关要求及数据系根据国内外有关资料并结合近年设计、运行经验提出的。

在纯水管材选择方面,主要应考虑三方面的因素:

(1)材料的化学稳定性:纯水是一种极好的溶剂,为了保证在输送过程中纯水水质下降最小,必须选择化学稳定性极好的管材,也就是在所要求的纯水中的溶出物最小。溶出物的多少应由材料的溶出试验确定,其中包括金属离子、有机物的溶出。

(2)管道内壁的光洁度:若管道内壁有微小的凹凸,会造成微粒的沉积和微生物的繁殖,导致微粒和细菌两项指标的不合格。目前 PVDF 管道内壁粗糙度可达小于 1μm,而不锈钢管约为几十微米。

(3)管道及管件接头处的平整度:对于防止产生流水的涡流区是非常重要的。

本规范适用于各类洁净厂房的设计,而各类产品生产工艺对纯水水质的要求差异较大,其纯水管材的选择主要是与水质相关,同时还应价廉、方便施工,为适应各类产品发展的需要和选择的灵活性,本次将纯水管道管材的选择修改为"应符合生产工艺对水质要求,可选择不锈钢管或工程塑料管",而不列出具体的工程塑料管的品种。

由于第 7.2.2 条对纯水系统设计作出的规定都是为了确保输送到达用户设备的纯水水质,以满足各类产品生产的需要,这些措施的规定均只涉及产品质量和成品率等,为此本次修改为推荐性条文。

7.2.4 定期清洗是保证管道内水质的重要手段,主要是防止长期运行后,内壁产生沉积物及微生物积聚使水质下降。

7.3 排水

7.3.1 本条是对洁净厂房排水系统的原则性规定,没有涉及其具体限值或界限等方面的规定,实施表明可改为推荐性条文。

7.3.2、7.3.3 洁净室内重力排水系统的水封和透气装置对于维持洁净室内各项技术指标是极其重要的。除了对于一般厂房防止臭气逸入室内外,对于洁净室若不能保持水封会产生室内外的空气对流。在正常工作时,室内洁净空气会通过排水管向外渗漏;当通风系统停止工作时,室外非洁净空气会向室内倒灌,影响洁净室的洁净度、温湿度,并消耗洁净室的能量。鉴于洁净室内的排水设施直接涉及空气洁净度和洁净室的安全稳定运行,为此,规定第7.3.2条和第7.3.3条的第1款、第4款为强制性条(款)。

7.3.4 本条是为了从各个方面维护洁净厂房的洁净度而制订的。一般洁净厂房内的卫生器具均采用白陶瓷或不锈钢制品,而不用水磨石或水泥制作。明露的卫生器具和工艺设备配件尽量选用高档的镀铬或工程塑料制品等表面光滑易于清洗的设备、附件。地漏采用专用洁净室用地漏。

7.3.5 考虑到洁净厂房内设备、仪器贵重或其制成品价值昂贵,消防后应尽快排除积水,特别是仓库、夹层等场所更应避免积水浸泡,减少损失。

7.4 消防给水和灭火设备

7.4.1 本条为洁净厂房设计的一条原则规定。消防设施是洁净厂房的一个重要组成部分。其重要性不但因为其工艺设备及建筑工程造价昂贵,更由于洁净厂房是相对密闭的建筑,有的甚至为无窗厂房。洁净室内通道窄而曲折,致使人员疏散和救火都较困难。为了确保人员生命财产的安全,在设计中应贯彻"以防为主,防消结合"的消防工作方针,在设计中除了采取有效的防火措施外,还必须设置必要的灭火设施。实践证明,水消防是最有效、最经济的消防手段,因此条文中提出"必须设置消防给水设施",并作为强制性条文。

从国内外的资料来看,洁净厂房火灾事故不少。上海、沈阳及台湾等地都发生过洁净厂房火灾事故。由于厂房内有大量的化学物质(包括建筑材料),失火后产生大量有害气体,甚至有毒气体,人员很难进入,教训是极其深刻的。因此,洁净厂房的火灾危险性是很大的,必须认真进行消防设计,并得到当地消防主管部门的严格审查。

洁净厂房与一般厂房不同,设置消防系统时应根据其生产工艺的特点、对洁净度的不同要求以及生产的火灾危险性分类、建筑耐火等级、建筑物体积、当地经济技术条件等因素确定。除了水消防外,还应设置必要的灭火设备。

7.4.2 本规范实施以来,在洁净厂房设计、建造中均十分重视消防水设施的设置,严格按规定在洁净厂房内设置消火栓;许多洁净厂房还按其具体条件设置了自动喷水灭火系统,对设有贵重设备、仪器的房间,为避免巨大经济损失,设置预作用式自动喷水灭火装置,为此本规范对洁净厂房的消防设施除了作出第7.4.3条、第7.4.5条的规定外,在本条强调洁净厂房的消防给水和灭火设备的设计包括消防水系统的泵、水池等均应符合现行国家标准《建筑设计防火规范》GB 50016的有关规定。但由于在现行国家标准《建筑设计防火规范》GB 50016中有关消防给水和灭火设备的条文既有强制性条文,也有推荐性条文,因此将本条改为推荐性条文。

7.4.3 本条是根据国内洁净厂房设计的实际情况编写的。根据《建筑设计防火规范》GB 50016关于室内消火栓用水量的规定,高度小于或等于24m、体积小于或等于1000m³的厂房,其消防用水量为5L/s。根据洁净厂房的特点此值偏小,故制订了室内消火栓给水的最低限制参数,本条作为强制性条文规定。

7.4.4 设置灭火器是扑救初期火灾最有效的手段,据统计,60%～80%的建筑初期火灾,在消防队到达之前是靠灭火器扑火。洁净厂房各层、各场所均应按照现行国家标准《建筑灭火器配置设计规范》GB 50140的要求配置灭火器,本条作为强制性条文规定。

7.4.5 本条主要是根据近年来灭火技术的发展和洁净厂房的消防特点制订的。

洁净厂房的生产特点是:

(1)有很多精密设备和仪器,并且使用多种易燃、易爆、有腐蚀性、有毒的气体和液体。其中一些生产部位的火灾危险性属于丙类(如氧化扩散、光刻、离子注入和打印包装等),也有些属于甲类(如拉单晶、外延及化学气相沉积等)。

(2)洁净厂房密闭性强,一旦失火,人员疏散和扑救都较困难。

(3)洁净厂房造价高、设备仪器贵重,一旦失火,经济损失巨大。

基于上述特点,洁净厂房对消防的要求很高,除了必须设置消防给水系统及灭火器外,还应根据现行国家标准《建筑防火设计规范》GB 50016的规定设置固定灭火装置,特别是设有贵重设备、仪器的房间更需认真确定。本次修订将本条的第2款作为强制性条款。

8 工业管道

8.1 一般规定

8.1.1、8.1.2 本次修订的理由是:

(1)由于现有洁净厂房内,除给排水管道外的工业管道还包括各类气体输送、液体输送和真空管道等,所以将本章扩大更名为"工业管道"。据了解,目前洁净厂房内的工业管道干管、支干管均基本敷设在上、下技术夹层、技术夹道或特殊的管廊内,这种方式既可满足洁净室(区)生产工艺的需要,符合洁净室(区)布置和洁净、美观的要求,又有利于各类管道的安装、维护。

(2)据调查了解,目前在洁净室(区)内的易燃、易爆、有毒物质的输送管道大多采用明敷的方式,即包括这类物质输送管道的干管、支干管和接至产品生产设备的支管均采取明敷的方式,以便容易发现这类物质在输送过程中可能发生的泄漏,有利于即时采取抢救措施。但是由于各种原因,并不是所有的洁净室都采用明敷,也有的工程在采取必要的安全保护措施后,将这类物质的输送干管、支干管敷设在技术夹层或技术夹道内,此时在技术夹层、技术夹道内应设置可靠的气体泄漏报警和机械排风措施,一旦此类管道发生易燃、易爆、有毒物质泄漏至技术夹层、技术夹道后,当超过规定的浓度限值时,气体报警装置发出声光信号,并自动连锁开启事故排风机,避免事故的发生,为此作了第3、4款的规定,第4款为强制性条文。

(3)原规范规定的"管道及管架宜设装饰面板",由于"装饰面板"式样不明确,在实施中形式多样,且不统一,有的采用装饰不锈钢套管,易于清洁、整齐光滑,有的仅为"象征性"措施,不能达到洁净、美观的目的,甚至不易清洁、维护,为此本次修订取消了此规定。

8.1.3 工业管道的管径通常应按输送物质的物化性质和具体工程中所输送物质的流量、温度、压力和流速确定。其中流量、压力、温度是依据产品生产工艺确定，但管内物料流速应按其物化性质、状态合理确定。

各种物料在输送过程中应尽量减少污染，使停止使用时的物料残留尽量少，并使管道系统易于吹除，因此各类工业管道系统应尽量短，避免"盲管"等不易吹除的死角。

由于各类工业管道在投入使用前或检修前、后均应进行吹除、排放达到预期洁净度或纯度要求，为此各工业管道系统应设必需的吹除口、放净口，以确保各系统的安全、稳定运行。为进行物料的化验、分析或吹除效果的取样，相应的管道系统还应设置取样口。

鉴于各类工业管道输送的物料品种较多、纯度不同，不能做统一的强制性规定，为此将本条改为推荐性条文。

8.1.4 本条规定工业管道穿过洁净室墙壁或楼板处的管段不应有焊缝，是便于检查焊缝的焊接质量。为保持洁净室的空气洁净度和室内正压规定，管道与墙壁或楼板之间采取可靠的密封措施，密封材料常用硅橡胶等填堵。

8.1.5 可燃气体（包括城镇燃气、天然气、氢气等）和氧气管道系统发生事故或气体纯度不符合要求时，需吹除置换，这些气体吹除置换时不能排入室内，所以在管道末端或最高点应设放散管，以便将气体排入大气。放散管的排放口应高出屋脊1m，以防止由于风向的影响使排放的气体倒灌回室内。本条涉及可燃气体等管道系统的运行安全，为此作为强制性条文规定。

8.1.6 对气体纯度要求严格的生产工艺，如电子工业中电真空器件、半导体器件、特种半导体器件、集成电路等生产工艺，从材料制备到器件制造、封装、性能测试等工艺过程中各种高纯气中的杂质含量将直接影响产品的合格率，如氢气用于硅外延时，在高温下氢中的微量氧和水汽易与硅作用生成二氧化硅而影响完整晶体生长，致使外延的堆垛层错密度高，甚至变成多晶。

氮气在扩散过程中作为运载气时，如果含有氧和水汽易使硅片表面氧化。故对净化装置的设置应根据气源和生产工艺对气体纯度的要求，选择相应的气体净化装置。

为保证使用点气体纯度符合要求，规定气体终端净化装置宜设在邻近用气点处以缩短高纯气体管道的长度，避免污染，气体终端净化装置应该是距离用气点越近越好，但往往受各种条件限制，难以实现，为此条文规定采用"宜"。

8.1.7 在各种生产工艺过程中不仅对各种气体纯度要求十分严格，而且对气体中含尘量也有相应严格的要求，有关专家指出，高纯气体中含尘量比其纯度在一定意义上显得更为重要，因此规定了根据不同的生产工艺要求设置相应精度的气体终端过滤器，并规定应设在靠近用气点。

在洁净厂房内一般设置预过滤器和高精度终端气体过滤器。预过滤器是设在洁净厂房气体入口处的干管上，作为预过滤，以减轻终端过滤器的负担，并延长其使用寿命。

预过滤器的滤材通常采用多孔陶瓷管、多孔钢玉管、微孔玻璃制品、微孔泡沫塑料、粉末冶金管、聚丙腈纤维等。

高精度终端气体过滤器是设在靠近用气设备的支管上。其滤材采用超细玻璃棉高效滤纸、醋酸纤维素膜、粉末金属材料等。

8.1.8 进入洁净厂房的气体、液体管道种类根据生产工艺的不同确定，一般各种管道上均设有总控制阀门、压力表、流量计、过滤器、调压装置、在线分析仪等，为安全可靠运行和方便管理，应将这些控制装置、附件集中设置在气体、液体入口室或分配室内。

对于甲、乙类火灾危险生产用气体、液体入口室或分配室内，可能有可燃气体、液体管道如氢气、燃气等时，在与洁净厂房毗连布置时，应按本条第1款的规定实施，据调查，现有的这类洁净厂房大多均按此类要求进行布置，设在洁净厂房边跨靠外墙的房间内，并应以耐火极限大于3.0h的隔墙与相邻房间分隔；还应设置

良好的通风措施，及时排除可能泄漏的可燃气体等，并应按现行国家标准《建筑设计防火规范》GB 50016的规定，设置必要的泄压面积；电气防爆应按现行国家标准《爆炸和火灾危险环境电力装置设计规范》GB 50058的规定进行爆炸危险环境的设防。本条规定均涉及洁净厂房的安全稳定运行，所以规定为强制性条文。

8.2 管道材料和阀门

8.2.1 工业管道的材料和阀门的选用，由于所输送的物料品种多样，它们的物化性质不同，具体工程中各种物料的使用工况（压力、温度、浓度等）也是不同的，所以本条规定工业管道的材料和阀门应根据所输送物料的物化性质和使用工况，在满足不同的生产工艺要求的前提下，经技术经济比较选择合适的材质。如集成电路生产中所需的高纯气体、特种气体都有特殊的和严格的要求，如对气体中的杂质和露点要求极为严格，需要达到 10^{-9}、10^{-12} 级，尘埃粒径要求控制小于 $0.1\mu m$，甚至 $0.05\mu m$ 的粒子，因此需要相应高质量的输送管道和阀门，但不同材质或同一材质管道内壁处理方法不同，价格相差甚远，如某工程拟引进316L材质的不锈钢管，内壁电抛光处理要比未经处理的价格高出 1.6 倍~2.1 倍。因此管道材料、内壁处理和阀门形式的选用要根据具体的生产工艺区别对待，这样才能做到既满足生产工艺要求，又经济合理。

8.2.2 根据对国内洁净厂房使用情况的调查，大多数工厂高纯气体管道是采用不锈钢管，因为它具有化学稳定性好，渗透性小，吸附性差等特性，输送的气体质量能满足生产工艺的要求。

阀门的严密性好坏是影响气体纯度的重要因素之一。国内多数洁净厂房和某些引进或合资项目的高纯气体管道阀门基本上都是采用不锈钢材质，阀门类型有隔膜阀、波纹管阀和球阀。波纹管阀比球阀严密性好，隔膜阀除严密性好外，还具有阀体死体积小、易吹除的特点，因此适用于气体纯度要求极高，生产工艺严格或危险性大的气体。

如上海某集成电路厂前工序（0.35μm）技术，芯片直径 8″，要求高纯气体中杂质含量均要小于 10×10^{-9}，氮、氢、氧、氩气体管道采用进口 SS316L 内壁电抛光处理（通称 EP 管）。316L 是低碳不锈钢管，其使用原因是防止钢材中碳组分的析出及吸附或释放杂质气体，影响气体纯度并导致产品成品率下降。阀门是隔膜阀 Cajon VCR 密封连接形式。又如深圳某公司集成电路后工序，气体纯度要求 99.999%、露点 −70℃，氮气、氮氢混合气、氧气管道均采用 SS304 不锈钢管，国内合资企业进行内壁光亮抛光处理，阀门为进口球阀，双卡套连接。

为此，本条规定按生产工艺和对气体纯度的要求选用合适的不锈钢管材和阀门。

8.2.3 本条规定干燥压缩空气露点低于 −70℃时，应采用不锈钢管内壁经抛光处理，并非规定要进行电抛光。而是可以采用机械抛光。化学抛光俗称光亮抛光，因为表面光亮水分不易被吸附、滞留在管道表面，而且极易被吹除干燥，对输送低露点的气体是十分必要的。SS304 钢相当于国内钢牌号为 0Cr18Ni9。如上海某工程集成电路厂干燥压缩空气露点要求 −73℃，采用管材为 SS304 钢，内壁光亮抛光（通称 BA 管），阀门采用波纹管阀双卡套连接；深圳某公司集成电路后工序干燥压缩空气露点要求 −70℃，采用国内合资企业进行电抛光处理，阀门为进口球阀，双卡套连接。

对于干燥压缩空气露点低于 −40℃，可以采用 0Cr18Ni9 不锈钢管（304）或热镀锌无缝钢管，这在国内已有多年运行经验，证明是可以满足此类压缩空气的输送要求的。

8.3 管道连接

8.3.1 工业管道的连接目前基本均采用焊接，主要是能确保管道连接的严密性。镀锌钢管一般是螺纹连接，由于施工较麻烦且严密性比焊接要难以保证，有少数单位采用焊接，它带来的问题是破坏了管道原有的镀锌层，容易生锈，焊接时出现有刺激性的异味对

人体有害,而且管道内壁有脱落的镀层给吹扫带来困难并污染气体,为此本条规定镀锌钢管采用螺纹连接。

不锈钢管承插焊连接的好处是便于管道对中,方便焊接,缺点是由于管道与承插件之间有间隙,产生死角,吹扫时不易吹除干净。对高纯气体要求高和严格的生产工艺会影响其产品质量,为此规定采用对接焊并要求内壁无焊缝,它是氩弧焊接时不施加不锈钢焊丝,利用焊件本身溶化填满焊缝。

8.3.2 以往有些单位采用非金属软管两端加卡箍固定,优点是软管连接管道柔软,长度随意,连接方便,但由于非金属管道对气体和水的渗透性和吸附性都比金属管道差,而且易老化变形,极易造成气体渗漏影响气体质量。现在金属软管品种多、规格全、连接方式多样、使用寿命长,尤其对高纯气体不造成污染,虽价格较贵,但综合比较是合适的,为此本次修订时推荐宜采用金属软管。

不同材料的管道对气体和水的渗透、吸附能力见表10。

表 10   不同管道材料渗透性、吸附性比较

管道材料	渗透性	吸附性
不锈钢	无	弱
紫铜	无	对水吸附性强
聚四氟乙烯	很小	弱
真空橡胶	较小	强
乳胶	大	强

8.3.3 本条规定高纯气体管道与阀门连接的密封材料采用金属垫或双卡套,具体选择要随产品生产工艺对高纯气体质量的要求和本身特性决定。金属垫这种密封形式(国外称 Cajon VCR 形式)严密性好、气体不渗漏和污染,通常用于高纯氢或氮氢混合气系统以及要求气体杂质十分严格的生产工艺,如集成电路亚微米技术的前工序的各种气体管道,而干燥压缩空气管道则是采用双卡套形式。

工业管道与阀门的法兰或螺纹连接处的密封材料,一般应根据管内流过的物料性质、设计工况(压力、温度等)进行选用,由于四氟乙烯材质具有较广泛的适应性,密封性能较好,为避免在洁净室(区)内因物料泄漏影响洁净生产环境,所以推荐使用。

8.3.4 由于洁净厂房中的工业管道可能有热管道或冷管道,为避免散热和结露应对此类管道进行绝热保温,故增加本条对保温材料及外表面进行规定。

8.4 安 全 技 术

8.4.1 可燃气体和可燃气体蒸气(指甲类液体挥发产生的蒸气)易燃、易爆,危险性大,可能发生燃烧爆炸事故,而且发生事故时波及面广,危害性大,造成的损失严重,为此本条规定,在属于甲类火灾危险生产的气体、液体入口室或分配室和洁净厂房内的管廊上、下技术夹层或技术夹道内有可燃气体(蒸气)的易积聚处或使用可燃气体的部位应设置气体报警探头。在上述场所一旦出现可燃气体泄漏达到报警浓度时,应及时发出报警信号并自动开启事故排风系统,及时将可燃气体排除,降低其浓度不会达到爆炸极限,防止燃烧爆炸事故的发生,避免国家财产损失和人员伤亡。为此,本条为强制性条文。

8.4.2 为了防止可燃气体管道系统与明火直接接触以及管道系统中压力突然降低,造成倒流形成回火,所以在引至室外的可燃气体放散管上应设置阻火器,只有在接至有明火源的可燃气体用气设备的支管上也设置阻火器,才能阻止火焰蔓延至管道系统,确保安全运行;由于一些使用可燃气体的生产设备的特性要求,在接至用气设备的支管上未设阻火器,为此对本条第1、2款作了修改,并规定第2、3款为强制性条款,第1款改为推荐性条款。

8.4.3 氧气是助燃性气体,在氧气中任何可燃物质的引燃温度均要大大降低,极易发生燃烧事故,为此规定了氧气管道设导除静电接地的措施,以防止由于静电产生的火花而发生燃烧事故。本条规定为强制性条文。

8.4.4 由于工业管道的种类较多,按不同介质设明显的标识的目的,既是从安全角度考虑,又有便于对输送介质进行识别的需要;同时可以避免误操作引发事故,还有利于维护管理,所以本条修订改为推荐性条文。

8.4.5 洁净厂房气密性好,造价高,人员集中,精密设备和仪器多,为了确保安全,气瓶应集中设置在洁净厂房外。但有些洁净室内用气量很少,为便于管理,故规定日用气量不超过一瓶(水容量40L)时,可将气瓶设置在洁净室内,为保持洁净室内的洁净度,设在洁净室内的钢瓶应采取不积尘和易于清洁的措施。本条实施中,一些单位认为量化指标(日用气量不超过一瓶)未明确规定是一种气体还是各种气体,并不宜规定如此严格。据了解,因特殊需要,在现有的一些洁净室如实验室内超过一个钢瓶,且为数量很少的几种气体的小容量钢瓶,已使用多年,只要采取必要的安全措施和做到不积尘、易于清洁,并加强管理,也是可行的,为此本次修订改为推荐性条文。

9 电 气

9.1 配 电

9.1.1 洁净厂房内有较多的电子设备系单相负荷,存在不平衡电流。而且环境中有荧光灯、晶体管、数据处理以及其他非线性负荷存在,配电线路中存在高次谐波电流,致使中性线上流有较大的电流。而 TN-S 或 TN-C-S 接地系统中有专用不带电的保护接地线(PE),因此安全性好。

9.1.2 在洁净厂房中,工艺设备用电的负荷等级应由它对供电可靠性的要求来确定。同时,它又与为净化空调系统正常运行的用电负荷,如送风机、回风机、排风机等有密切的联系。对这些用电设备的可靠供电是保证生产的前提。在确定供电可靠性方面,下列几个因素应予以考虑:

(1)洁净厂房是现代科学技术发展的产物。随着科学技术的日新月异,新技术、新工艺、新产品不断出现,产品精度的日益提高,对无尘提出了越来越高的要求。目前,洁净厂房已广泛应用于电子、生物制药、宇航、精密仪器制造等重要部门。

(2)洁净厂房的空气洁净度对有净化要求的产品质量有很大影响。因此,必须保持净化空调系统的正常运行。据了解,在规定的空气洁净度下生产的产品合格率可提高约 10%～30%。一旦停电,室内空气会很快污染,影响产品质量。

(3)洁净厂房是个相对的密闭体,由于停电造成送风中断,室内的新鲜空气得不到补充,有害气体不能排出,对工作人员的健康是不利的。

洁净厂房内对供电有特殊要求的用电设备宜设置不间断电源(UPS)供电。对供电有特殊要求的用电设备是指采用备用电源自

动投入方式或柴油发电机组应急自启动方式仍不能满足要求者,一般稳压稳频设备不能满足要求者,计算机实时控制系统和通信网络监控系统等。

近年来,国内外一些洁净厂房中一级用电负荷因雷击及电源瞬时变动而引起停电事故频繁发生,造成了较大的经济损失,其原因不是主电源断电,而是控制电源失电造成保护系统失灵而造成事故。

电气照明在洁净厂房设计中也很重要。从工艺性质来看,洁净厂房内一般从事精密视觉工作,需要高照度高质量照明。为了获得良好和稳定的照明条件,除了解决好照明形式、光源、照度等一系列问题外,最重要的是保证供电电源的可靠性和稳定性。

洁净厂房照明电源直接由变电所低压照明盘专线供电,把它与动力供电线分开,避免引起照明电源电压频繁的和较大的波动,同时增加供电的可靠性。根据对荧光灯供电电压与照度关系的现场测定,电压由226V降到208V时,相应的照度由530 lx降到435 lx,可见,电压波动对荧光灯的照度影响较大。

鉴于上述原因,洁净厂房净化空调系统用电负荷、照明负荷应由专用低压馈电线路供电。

9.1.3 消防用电设备供配电设计有严格要求,这些要求已在现行国家标准《建筑设计防火规范》GB 50016 中作了明确规定。洁净厂房从工程投资规模和厂房的密封结构等方面考虑,防火设计更显重要,故把消防用电设备的供配电设计作为单独一条提出。

9.1.4 从调研资料表明,洁净厂房曾发生过多次火灾事故,而电气原因引起的火灾事故占很大比例。为了防止洁净厂房或单独洁净室在节假日停止工作或无人值班时的电气火灾,以及当火灾发生时便于可靠地切断电源,所以电源进线保护应设置切断装置。

为了方便管理,切断装置宜设在非洁净区便于操作的地点。

9.1.5 据调查,国内大部分洁净室内的配电设备为暗装,这主要是防止积尘,便于清扫。另外,洁净室建筑装修标准比较高,应与室内墙体颜色、美观整齐相协调。对于大型配电设备,如落地式动力配电箱,暗装比较困难,为了减少积尘,宜放在非洁净区,如技术夹层或技术夹道等。

9.1.6 管线暗敷原因见第9.1.5条的条文说明。

考虑防火要求,管材应采用不燃材料。

当净化空调系统停止运行,该系统又未设值班送风时,为防止由于压差而使尘粒通过管线空隙渗入洁净室,所以由非洁净区进入洁净区,不同级别洁净室之间电气管线口应做密封处理。

9.2 照 明

9.2.1 洁净室的照明一般要求照度高,但灯具安装的数量受到送风风口数量和位置等条件的限制,这就要求在达到同一照度值情况下,安装灯具的个数最少。荧光灯的发光效率一般是白炽灯的3倍~4倍,而且发热量小,有利于空调节能。此外,洁净室天然采光少,在选用光源时还需考虑它的光谱分布尽量接近于天然光,荧光灯基本能满足这一要求。因此,目前国内外洁净室一般均采用荧光灯作为照明光源。当有些洁净室层高较高,采用一般荧光灯照明很难达到设计照度值,在此情况下,可采用其他光色好、光效更高的光源。由于某些生产工艺对光源光色有特殊要求,或荧光灯对生产工艺和测试设备有干扰时,也可采用其他形式光源。

9.2.2 照明灯具的安装方式是洁净室照明设计的重要课题之一。随着洁净技术的发展,普遍认为要保持洁净室内的洁净度关键有三个要素:

(1)使用合适的高效过滤器。

(2)解决好气流流型,维持室内外压差。

(3)保持室内免受污染。

因此,能否保持洁净度主要取决于净化空调系统及选用的设备,当然也要消除工作人员及其他物体的尘源。众所周知,照明灯具并不是主要尘源,但如果安装不妥,将会通过灯具缝隙渗入尘粒。实践证明,灯具嵌入顶棚暗装,在施工中往往与建筑配合误差较大,造成密封不严,不能达到预期效果,而且投资大,发光效率低。实践和测试结果表明,在非单向流洁净室中,照明灯具明装并不会使洁净度等级有所下降。

鉴于以上原因,在洁净室中灯具安装应以吸顶明装为好。但是若灯具安装受到层高限制及工艺特殊要求暗装时,一定要做好密封处理,以防尘粒渗入洁净室,灯具结构能便于清扫和更换灯管。

据调查,目前国内已有包括带格栅的各种类型洁净室专用灯具生产,本条取消了相关灯具形式的限制性规定,并明确应采用洁净室专用灯具。洁净室的灯具及其安装方式对维持空气洁净度至关重要,为此,本条为强制性条文。

9.2.3 本条中的无采光窗洁净室(区)是指在建筑物的围护结构上不设置窗,或有窗而被全部遮挡,或窗面积很小起不到采光窗作用的洁净厂房。参照现行国家标准《建筑照明设计标准》GB 50034—2004 中的有关规定对本条进行了修改,表11是摘录该标准的部分相关内容。

表11 部分工业建筑一般照明标准值

房间或场所		参考平面及其高度	照度标准值(lx)	备注
试验室	一般	0.75m水平面	300	可另加局部照明
	精细	0.75m水平面	500	
计算机站		0.75m水平面	500	防火幕反射
风机房、空调机房		地面	100	
冷冻站		地面	150	
机电、仪表装配	一般	0.75m水平面	300	可另加局部照明
	精密	0.75m水平面	500	
	特精密	0.75m水平面	750	

续表11

房间或场所		参考平面及其高度	照度标准值(lx)	备注
电子工业	电子元器件	0.75m水平面	500	可另加局部照明
	电子零部件	0.75m水平面	500	
	电子材料	0.75m水平面	300	
	酸碱、药液及粉配制	0.75m水平面	300	
制药工业	制药生产:配置、清洗、超滤、制粒、压片、灌装、轧盖等	0.75m水平面	300	
	制药生产流转通道	地面	200	
食品、饮料工业	糕点、糖果	0.75m水平面	200	
	肉制品、乳制品	0.75m水平面	300	
	饮料	0.75m水平面	300	

表11中的电子工业、制药工业、精密加工、食品工业等的照度值均在本条规定的200 lx~500 lx范围。本次修订本条改为推荐性条文。

9.2.4 根据对现有洁净厂房的照明调查,一般生产车间的照度均匀度都能达到0.7。经征求使用者意见,认为比值能满足要求。

9.2.5 洁净厂房的正常照明因电源故障而熄灭,不能进行必要的操作处置可能导致生产流程混乱,加工处理的贵重零部件损坏;或由于不能进行必要的操作处置而可能引起火灾、爆炸和中毒等事故,本条规定应设置备用照明,以防止上述事故和情况发生。

备用照明应满足所需要的场所或部位进行各项活动和工作所需的最低照度值。一般场所备用照明的照度不应低于正常照明照度标准的1/10。消防控制室、应急发电机室、配电室及电话机房等房间的主要工作面上,备用照明的照度不宜低于正常照明的照度值。为减少灯具重复设置,节省投资,并对提高洁净室的洁净度有利,备用照明宜作为正常照明的一部分。

9.2.6 洁净厂房是一个相对的密闭体,室内人员流动路线复杂,出入通道迂回,为便于事故情况下人员的疏散,及火灾时能救灾灭火,所以洁净厂房应设置供人员疏散用的应急照明。

在安全出口、疏散口和疏散通道转角处设置标志灯以便于疏散人员辨认通行方向,迅速撤离事故现场。在专用消防口设红色应急灯,以便于消防人员及时进入厂房进行灭火。本条为强制性条文。

9.2.7 据调查,近年设计、建造的各类洁净厂房中均设有面积不等的有爆炸危险的房间,如可燃气体分配间、可燃液体(溶剂等)的储存分配间等,为此本次修订增加本条规定。

9.3 通 信

9.3.1 洁净厂房设置的电话、对讲电话等是与内、外部联系的装置,有如下作用:

(1)作为正常的工作联系。

(2)发生火灾时与外部联系,积极采取有效的灭火措施。

(3)洁净室内的工作人员是一个重要的尘源,人走动时的发尘量是静止时的 5 倍～10 倍,所以减少人员在洁净室内的走动,对保证洁净度有很重要的作用。

9.3.3 洁净厂房广泛应用于电子、生物制药、宇航、精密仪器制造及科研各个行业中,其重要性越来越多地被人们所认识。新建和改建的洁净厂房数量不断增加,大多数洁净厂房内设有贵重设备、仪器,且建造费用昂贵,一旦着火损失巨大。同时洁净厂房内人员进出迂回曲折,人员疏散比较困难,火情不易被外部发现,消防人员难以接近,防火有一定困难,因此设置火灾自动报警装置十分重要。

对近年设计、建成的 25 个洁净厂房的调查中,有约 90% 以上的洁净厂房装有火灾自动报警装置,这是由于本规范颁布实施以来洁净厂房装设火灾报警装置已得到各方面的重视和认同,消防意识不断提高,随着产品质量提高、价格合理,各种形式的报警装置正得到广泛应用,因此作了本条的强制性规定。

目前我国生产的火灾报警探测器的种类较多,常用的有感烟式、紫外线感光式、红外线感光式、定温感温式、差定温复合式等。

9.3.4 本条规定的洁净厂房中应设置消防值班室或控制室是确保各类消防系统正常运行和及时对发生的各类火情等组织扑救的关键手段,故作为强制性条文规定。

9.3.5 本条规定探测器报警后,强调人工核实和控制,当确认是真正发生火灾后,按规定设置的联动控制设备进行操作并反馈信号,目的是减少损失。因为洁净厂房内的生产要求与普通厂房不同,对于洁净度要求严格的厂房,若一旦关断净化空调系统即使再恢复也会影响洁净度,使之达不到工艺生产要求而造成损失。为此本条作了强制性规定。

9.3.6 由于各类洁净厂房中,不仅使用易燃、易爆气体和有毒气体,有的洁净厂房还使用易燃、易爆液体和有毒液体等,所以本条将条文中除"气体"外增加"液体"。通常易燃、易爆液体泄漏后,可挥发为液体蒸气或相变为气态,可通过气体或液体蒸气进行检测报警;某些液体可泄漏后不会很快挥发,此时应设置液体泄漏探测器等。本条为强制性条文。

9.4 自 动 控 制

9.4.1 洁净厂房设置一套较完整的自动监控装置,对确保洁净厂房的正常生产和提高运行管理水平十分有利,但建设投资增加。各类洁净厂房内包括洁净室空气洁净度、温度和湿度的监控,洁净室的压差监控,高纯气体、纯水的监控,气体纯度、纯水水质的监测等的要求是不同的,并且各行各业的洁净室(区)的规模、面积也是不同的,所以自动监控装置的功能应视工程具体情况确定,宜设计成各种类型的监测、控制系统,只有相当规模的洁净厂房宜设计成集散式计算机控制和管理系统。为此本次修订将本条改为推荐性条文。

9.4.2 净化空调系统的空气过滤器随运行时间的增加,阻力逐渐增大,为保持送风风量,经常手动调节系统中的风阀,以增加风量,调整很麻烦;在空气调节系统调试中,系统启动时为使风机空载启动,首先将风机出口处风阀关闭,风机启动后,由于风阀上承受压力很大,打开十分困难。当采用空气过滤器前后压力差的变化控制送风机的变频调速装置后,送风量的调节变得十分容易,送风压力稳定。同时洁净室净化空调系统的送风机采用变频调速后节能十分显著。

9.4.3 为避免净化空调系统因风机停转无风或超温时,电加热器继续送电加热会造成设备损坏甚至发生火灾,本条强制性规定应设置无风、超温断电等保护装置。

9.5 静电防护及接地

9.5.1 洁净厂房的室内环境中许多场合存在着静电危害,从而导致电子器件、电子仪器和电子设备损坏或性能下降,或导致人体遭受电击伤害,或导致爆炸、火灾危险场所引燃、引爆,或导致尘埃吸附影响环境洁净度。因此,洁净厂房工程设计中要十分重视防静电环境设计。

9.5.2 防静电地面材料采用具有导静电性能的材料是防静电环境设计的基本要求。目前国内生产的防静电材料及制品有长效型、短效型和中效型,长效型必须是长时间持久地保持静电耗散性能,其时间界限为十年以上,而短效型能维持静电耗散性能在三年以内,介于三年以上和十年以下的为中效型。洁净厂房一般为永久性建筑,因此条文强制性规定防静电地面应选用具有长时间保持稳定静电耗散性能的材料。

本条第 2 款和第 3 款中规定了防静电地面的表面电阻率、体积电阻率和地面对地泄放电阻值,这些规定是参照现行行业标准《电子产品制造与应用系统防静电检测通用规范》SJ/T 10694 而制订的。

9.5.3 由于各种用途的洁净室对防静电控制的要求是不同的,工程实践表明,目前在一些洁净厂房内的净化空调系统采取了防静电接地措施,但也有一些洁净厂房内的净化空调系统未采用此项措施,所以本次修订改为推荐性条文。

9.5.4 洁净厂房内可能产生静电的生产设备(包括防静电安全工作台)和容易产生静电的流动液体、气体或粉体的管道,应采取防静电接地措施,将静电导除。当这些设备与管道处在爆炸和火灾危险环境中时,设备和管道的连接安装要求更加严格,以防发生严重灾害。因此,强调执行现行国家标准《爆炸和火灾危险环境电力装置设计规范》GB 50058 的规定。本条为强制性条文。

9.5.5、9.5.6 这两条修改的理由是:第一,各种用途的洁净室(区)对防静电控制的要求是不同的,有一些洁净室(区)还没有防静电接地要求,所以条文不宜规定过严,避免增加执行的难度;第二,原条文的一些规定过细;第三,条文中的一些内容与相关的规范相同或相似。因此,两条的内容进行简化,并改为推荐性条文。

9.5.7 为了解决好各个接地系统之间的相互关系,接地系统设计时,必须以防雷接地系统设计为基础。由于在大多数情况下各种功能接地系统采用综合接地方式,因此首先必须考虑防雷接地系统,使其他功能接地系统都应包括在防雷接地系统的保护范围之内。本条规定洁净厂房防雷接地系统的基本要求,涉及建造后的洁净厂房的安全运行,为此作为强制性条文。

附录 A 洁净室或洁净区性能测试和认证

A.1 通　则

本附录编写的指导思想是与国际接轨,依据国际标准《洁净室及相关受控环境》ISO 14644、《生物污染控制》ISO 14698 等的内容进行编制。

A.1.1 洁净室或洁净区在设计、施工验收后,应进行综合性能评价。洁净室交付使用后,由于洁净室维护管理不当,洁净室工作人员误操作和净化空调系统长期运行使空气过滤器性能变化,洁净室周围环境的突发事件如沙尘暴等,以及洁净室工艺变化诸因素均会影响洁净室综合性能,因而洁净室经常监测或定期的性能测试是必要的,以证实洁净室或洁净区的性能符合本规范的要求。

A.2 洁净室或洁净区性能测试要求

A.2.1、A.2.2 这两条等同采用国际标准《洁净室及相关受控环境　第 2 部分:证明持续符合 ISO 14644-1 的检测和监测技术》ISO 14644-2 的相关内容。

最长测试时间间隔是根据近年来我国一些合资企业的内部质量管理条款以及 ISO 14644-2 的空气洁净度认证测试要求而编制的。

A.3 洁净室测试方法

近年来,国际标准组织(ISO)的 ISO/TC209 技术委员会相继制定了"洁净室及相关受控环境"的系列标准,与本规范有关的有《洁净室及相关受控环境　第 1 部分:空气洁净度分级》ISO 14644-1,《洁净室及相关受控环境　第 2 部分:证明持续符合 ISO 14644-1 的检测和监测技术条件》ISO 14644-2,《洁净室及相关受控环境　第 3 部分:检测方法》ISO 14644-3,《洁净室及相关受控环境　第 4 部分:设计、施工和启动》ISO 14644-4 等。国内制定的国家标准《洁净厂房施工及质量验收规范》GB 50929 中对洁净室(区)的各项检测方法均有明确的要求和规定,所以本节参照相关国内外的标准对洁净室测试方法进行了相应的修改、补充。

中华人民共和国国家标准

石油库设计规范

Code for design of oil depot

GB 50074-2014

主编部门：中国石油化工集团公司
批准部门：中华人民共和国住房和城乡建设部
施行日期：2 0 1 5 年 5 月 1 日

中华人民共和国住房和城乡建设部公告

第 492 号

住房城乡建设部关于发布国家标准
《石油库设计规范》的公告

现批准《石油库设计规范》为国家标准，编号为GB 50074—2014，自 2015 年 5 月 1 日起实施。其中，第 4.0.3、4.0.4、4.0.10、4.0.11、4.0.12、4.0.15、5.1.3、5.1.7、5.1.8、6.1.1、6.1.15、6.2.2、6.4.7、6.4.9、8.1.2、8.1.9、8.2.8、8.3.3、8.3.4、8.3.5、8.3.6、12.1.5（1）、12.2.6、12.2.8、12.2.15、12.4.1、14.2.1、14.3.14 条（款）为强制性条文，必须严格执行。原国家标准《石油库设计规范》GB 50074—2002 同时废止。

本规范由我部标准定额研究所组织中国计划出版社出版发行。

中华人民共和国住房和城乡建设部
2014 年 7 月 13 日

前　言

本规范是根据原建设部《关于印发〈2007 年工程建设标准制订、修订计划(第二批)〉的通知》(建标〔2007〕126 号)的要求,对原国家标准《石油库设计规范》GB 50074—2002 进行修订而成。

本规范在修订过程中,规范编制组进行了广泛的调查研究,总结了我国石油库几十年来的设计、建设、管理经验,借鉴了发达工业国家的相关标准,广泛征求了有关设计、施工、科研、管理等方面的意见,对其中主要问题进行了多次讨论、反复修改,最后经审查定稿。

本规范修订后共有 16 章和 2 个附录,主要内容包括:总则、术语、基本规定、库址选择、库区布置、储罐区、易燃和可燃液体泵站、易燃和可燃液体装卸设施、工艺及热力管道、易燃和可燃液体灌桶设施、车间供油站、消防设施、给水排水及污水处理、电气、自动控制和电信、采暖通风等。

与原国家标准《石油库设计规范》GB 50074—2002 相比,本次修订主要内容是:

1. 扩大了适用范围,将液体化工品纳入到本规范适用范围之中,解决了以往液体化工品库没有适用规范的问题。
2. 在石油库的等级划分上,对石油库的储罐总容量,按储存不同火灾危险性的液体给出了相应的计算系数。
3. 限制一级石油库储罐计算总容量,增加了特级石油库的内容。
4. 增加了有关库外管道的规定。
5. 增加了有关自动控制和电信系统的规定。
6. 取消了有关人工洞库的内容。

7. 提高了石油库安全防护标准。

本规范以黑体字标志的条文为强制性条文,必须严格执行。

本规范由住房城乡建设部负责管理和对强制性条文的解释,由中国石油化工集团公司负责日常管理,由中国石化工程建设有限公司负责具体技术内容的解释。请各单位在本规范实施过程中,结合工程实践,认真总结经验,注意积累资料,如发现需要修改或补充之处,请将意见寄交中国石化工程建设有限公司(地址:北京市朝阳区安慧北里安园 21 号;邮政编码:100101),以供今后修订时参考。

本规范主编单位、参编单位、参加单位、主要起草人和主要审查人:

主编单位:中国石化工程建设有限公司
参编单位:解放军总后勤部建筑工程规划设计研究院
　　　　　铁道第三勘察设计院
　　　　　解放军总装备部工程设计研究总院
　　　　　中国石油天然气管道工程有限公司
参加单位:中国航空油料集团公司
主要起草人:韩　钧　周家祥　马庚宇　吴文革　张建民
　　　　　武铜柱　许文忠　杨进峰　江　建　陈世清
　　　　　张东明　于晓颖　王道庆　周东兴　余晓花
主要审查人:何龙辉　路世昌　张　唐　潘海涛　葛春玉
　　　　　张晓鹏　王铭坤　赵广明　叶向东　段　瑞
　　　　　张晋武　徐斌华　何跃生　张付卿　张海山
　　　　　周红儿　杨莉娜　王军防　许淳涛

11

目　次

11

1 总 则

1.0.1 为在石油库设计中贯彻执行国家有关方针政策，统一技术要求，做到安全适用、技术先进、经济合理，制定本规范。

1.0.2 本规范适用于新建、扩建和改建石油库的设计。

本规范不适用于下列易燃和可燃液体储运设施：

1 石油化工企业厂区内的易燃和可燃液体储运设施；

2 油气田的油品站场（库）；

3 附属于输油管道的输油站场；

4 地下水封石洞油库、地下盐穴石油库、自然洞石油库、人工开挖的储油洞库；

5 独立的液化烃储存库（包括常温液化石油气储存库、低温液化烃储存库）；

6 液化天然气储存库；

7 储罐总容量大于或等于1200000m³，仅储存原油的石油储备库。

1.0.3 石油库设计除应执行本规范外，尚应符合国家现行有关标准的规定。

2 术 语

2.0.1 石油库 oil depot

收发、储存原油、成品油及其他易燃和可燃液体化学品的独立设施。

2.0.2 特级石油库 super oil depot

既储存原油，也储存非原油类易燃和可燃液体，且储罐计算总容量大于或等于1200000m³的石油库。

2.0.3 企业附属石油库 oil depot attached to an enterprise

设置在非石油化工企业界区内并为本企业生产或运行服务的石油库。

2.0.4 储罐 tank

储存易燃和可燃液体的设备。

2.0.5 固定顶储罐 fixed roof tank

罐顶周边与罐壁顶部固定连接的储罐。

2.0.6 外浮顶储罐 external floating roof tank

顶盖漂浮在液面上的储罐。

2.0.7 内浮顶储罐 internal floating roof tank

在固定顶储罐内装有浮盘的储罐。

2.0.8 立式储罐 vertical tank

固定顶储罐、外浮顶储罐和内浮顶储罐的统称。

2.0.9 地上储罐 above ground tank

在地面以上，露天建设的立式储罐和卧式储罐的统称。

2.0.10 埋地卧式储罐 underground storage oil tank

采用直接覆土或罐池充沙（细土）方式埋设在地下，且罐内最高液面低于罐外4m范围内地面的最低标高0.2m的卧式储罐。

2.0.11 覆土立式油罐 buried vertical oil tank

独立设置在用土掩埋的罐室或护体内的立式油品储罐。

2.0.12 覆土卧式油罐 buried horizontal oil tank

采用直接覆土或埋地方式设置的卧式油罐，包括埋地卧式油罐。

2.0.13 覆土油罐 buried oil tank

覆土立式油罐和覆土卧式油罐的统称。

2.0.14 浅盘式内浮顶储罐 pan internal floating roof tank

浮顶无隔舱、浮筒或其他浮子，仅靠盆形浮顶直接与液体接触的内浮顶储罐。

2.0.15 敞口隔舱式内浮顶 open-top bulk-headed internal floating roof

浮顶周圈设置环形敞口隔舱，中间仅为单层盘板的内浮顶。

2.0.16 压力储罐 pressurized tank

设计压力大于或等于0.1MPa（罐顶表压）的储罐。

2.0.17 低压储罐 low-pressure tank

设计压力大于6.0kPa且小于0.1MPa（罐顶表压）的储罐。

2.0.18 单盘式浮顶 single-deck floating roof

浮顶周圈设环形密封舱，中间仅为单层盘板的浮顶。

2.0.19 双盘式浮顶 double-deck floating roof

整个浮顶均由隔舱构成的浮顶。

2.0.20 罐组 a group of tanks

布置在同一个防火堤内的一组地上储罐。

2.0.21 储罐区 tank farm

由一个或多个罐组或覆土储罐构成的区域。

2.0.22 防火堤 dike

用于储罐发生泄漏时，防止易燃、可燃液体漫流和火灾蔓延的构筑物。

2.0.23 隔堤 dividing dike

用于防火堤内储罐发生少量泄漏事故时，为了减少易燃、可燃液体漫流的影响范围，而将一个储罐组分隔成多个区域的构筑物。

2.0.24 储罐容量 nominal volume of tank

经计算并圆整后的储罐公称容量。

2.0.25 储罐计算总容量 calculate nominal volume of tank

按照储存液体火灾危险性的不同，将储罐容量乘以一定系数折算后的储罐总容量。

2.0.26 储罐操作间 operating room for tank

覆土油罐进出口阀门经常操作的地点。

2.0.27 易燃液体 flammable liquid

闪点低于45℃的液体。

2.0.28 可燃液体 combustible liquid

闪点高于或等于45℃的液体。

2.0.29 液化烃 liquefied hydrocarbon

在15℃时，蒸气压大于0.1MPa的烃类液体及其他类似的液体，包括液化石油气。

2.0.30 沸溢性液体 boil-over liquid

因具有热波特性，在燃烧时会发生沸溢现象的含水黏性油品（如原油、重油、渣油等）。

2.0.31 工艺管道 process pipeline

输送易燃液体、可燃液体、可燃气体和液化烃的管道。

2.0.32 操作温度 operating temperature

易燃和可燃液体在正常储存或输送时的温度。

2.0.33 铁路罐车装卸线 railway for oil loading and unloading

用于易燃和可燃液体装卸作业的铁路线段。

2.0.34 油气回收装置 vapor recovery device

通过吸附、吸收、冷凝、膜分离、焚烧等方法，将收集来的可燃气体进行回收处理至达标浓度排放的装置。

2.0.35 明火地点 open flame site

室内外有外露火焰或赤热表面的固定地点(民用建筑内的灶具、电磁炉等除外)。

2.0.36 散发火花地点 sparking site

有飞火的烟囱或室外的砂轮、电焊、气焊(割)等的固定地点。

2.0.37 库外管道 external pipeline

敷设在石油库围墙外,在同一个石油库的不同区域的储罐区之间、储罐区与易燃和可燃液体装卸区之间的管道,以及两个毗邻石油库之间的管道。

2.0.38 有毒液体 toxic liquid

按现行国家标准《职业性接触毒物危害程度分级》GBZ 230 的规定,毒性程度划分为极度危害(Ⅰ级)、高度危害(Ⅱ级)、中度危害(Ⅲ级)和轻度危害(Ⅳ级)的液体。

3 基 本 规 定

3.0.1 石油库的等级划分应符合表 3.0.1 的规定。

表 3.0.1 石油库的等级划分

等级	石油库储罐计算总容量 $TV(m^3)$
特级	$1200000 \leqslant TV \leqslant 3600000$
一级	$100000 \leqslant TV < 1200000$
二级	$30000 \leqslant TV < 100000$
三级	$10000 \leqslant TV < 30000$
四级	$1000 \leqslant TV < 10000$
五级	$TV < 1000$

注:1 表中 TV 不包括零位罐、中继罐和放空罐的容量。

2 甲A类液体储罐容量、Ⅰ级和Ⅱ级毒性液体储罐容量应乘以系数 2 计入储罐计算总容量,丙A类液体储罐容量可乘以系数 0.5 计入储罐计算总容量,丙B类液体储罐容量可乘以系数 0.25 计入储罐计算总容量。

3.0.2 特级石油库的设计应符合下列规定:

1 非原油类易燃和可燃液体的储罐计算总容量应小于 $1200000m^3$,其设施的设计应符合本规范一级石油库的有关规定。非原油类易燃和可燃液体设施与库外居住区、公共建筑物、工矿企业、交通线的安全距离,应符合本规范第 4.0.10 条注 5 的规定。

2 原油设施的设计应符合现行国家标准《石油储备库设计规范》GB 50737 的有关规定。

3 原油与非原油类易燃和可燃液体共用设施或其他共用部分的设计,应执行本规范与现行国家标准《石油储备库设计规范》GB 50737 要求较高者的规定。

4 特级石油库的储罐计算总容量大于或等于 $2400000m^3$ 时,应按消防设置要求最高的一个原油储罐和消防设置要求最高的一个非原油储罐同时发生火灾的情况进行消防系统设计。

3.0.3 石油库储存液化烃、易燃和可燃液体的火灾危险性分类,应符合表 3.0.3 的规定。

表 3.0.3 石油库储存液化烃、易燃和可燃液体的火灾危险性分类

类 别		特征或液体闪点 $F_t(℃)$
甲	A	15℃时的蒸气压力大于 0.1MPa 的烃类液体及其他类似的液体
	B	甲 A 类以外,$F_t < 28$
乙	A	$28 \leqslant F_t < 45$
	B	$45 \leqslant F_t < 60$
丙	A	$60 \leqslant F_t \leqslant 120$
	B	$F_t > 120$

3.0.4 石油库储存易燃和可燃液体的火灾危险性分类除应符合本规范表 3.0.3 的规定外,尚应符合下列规定:

1 操作温度超过其闪点的乙类液体应视为甲B类液体;

2 操作温度超过其闪点的丙A类液体应视为乙A类液体;

3 操作温度超过其沸点的丙B类液体应视为乙A类液体;

4 操作温度超过其闪点的丙B类液体应视为乙B类液体;

5 闪点低于60℃但不低于55℃的轻柴油,其储运设施的操作温度低于或等于40℃时,可视为丙A类液体。

3.0.5 石油库内生产性建(构)筑物的最低耐火等级应符合表 3.0.5 的规定。建(构)筑物构件的燃烧性能和耐火极限应符合现行国家标准《建筑设计防火规范》GB 50016 的有关规定;三级耐火等级建(构)筑物的构件不得采用可燃材料;敞棚顶承重构件及顶面的耐火极限可不限,但不得采用可燃材料。

表 3.0.5 石油库内生产性建(构)筑物的最低耐火等级

序号	建(构)筑物	液体类别	耐火等级
1	易燃和可燃液体泵房、阀门室、灌油间(亭)、铁路液体装卸暖库、消防泵房	—	二级
2	桶装液体库房及敞棚	甲、乙	二级
		丙	三级
3	化验室、计量间、控制室、机柜间、锅炉房、变配电间、修洗桶间、润滑油再生间、柴油发电机间、空气压缩机间、储罐支座(架)	—	二级
4	机修间、器材库、水泵房、铁路罐车装卸栈桥及罩棚、汽车罐车装卸站台及罩棚、液体码头栈桥、泵棚、阀门棚	—	三级

3.0.6 石油库内液化烃等甲A类易燃液体设施的防火设计,应按现行国家标准《石油化工企业设计防火规范》GB 50160 的有关规定执行。

3.0.7 除本规范条文中另有规定外,建(构)筑物、设备、设施计算间距的起讫点,应符合本规范附录 A 的规定。

3.0.8 石油库易燃液体设备、设施的爆炸危险区域划分,应符合本规范附录 B 的规定。

4 库址选择

4.0.1 石油库的库址选择应根据建设规模、地域环境、油库各区的功能及作业性质、重要程度，以及可能与邻近建(构)筑物、设施之间的相互影响等，综合考虑库址的具体位置，并应符合城镇规划、环境保护、防火安全和职业卫生的要求，且交通运输应方便。

4.0.2 企业附属石油库的库址，应结合该企业主体建(构)筑物及设备、设施统一考虑，并应符合城镇或工业区规划、环境保护和防火安全的要求。

4.0.3 石油库的库址应具备良好的地质条件，不得选择在有土崩、断层、滑坡、沼泽、流沙及泥石流的地区和地下矿藏开采后有可能塌陷的地区。

4.0.4 一、二、三级石油库的库址，不得选在抗震设防烈度为9度及以上的地区。

4.0.5 一级石油库不宜建在抗震设防烈度为8度的Ⅳ类场地地区。

4.0.6 覆土立式油罐区宜在山区或建成后能与周围地形环境相协调的地带选址。

4.0.7 石油库应选在不受洪水、潮水或内涝威胁的地带；当不可避免时，应采取可靠的防洪、排涝措施。

4.0.8 一级石油库防洪标准应按重现期不小于100年设计；二、三级石油库防洪标准应按重现期不小于50年设计；四、五级石油库防洪标准应按重现期不小于25年设计。

4.0.9 石油库的库址应具备满足生产、消防、生活所需的水源和电源的条件，还应具备污水排放的条件。

4.0.10 石油库与库外居住区、公共建筑物、工矿企业、交通线的安全距离，不得小于表4.0.10的规定。

表4.0.10 石油库与库外居住区、公共建筑物、
工矿企业、交通线的安全距离(m)

序号	石油库设施名称	石油库等级	居住区和公共建筑物	工矿企业	国家铁路线	工业企业铁路线	道路
1	甲B、乙类液体地上罐组；甲B、乙类覆土立式油罐；无油气回收设施的甲B、乙A类液体装卸码头	一	100(75)	60	60	35	25
		二	90(45)	50	55	30	20
		三	80(40)	40	50	25	15
		四	70(35)	35	50	25	15
		五	50(35)	30	50	25	15
2	丙类液体地上罐组；丙类覆土立式油罐；乙B、丙类和采用油气回收设施的甲B、乙A类液体装卸码头、无油气回收设施的甲B、乙A类液体铁路或公路罐车装车设施；其他甲B、乙类液体设施	一	75(50)	45	45	26	20
		二	68(45)	38	40	23	15
		三	60(40)	30	38	20	15
		四	53(35)	26	38	20	15
		五	38(35)	23	38	20	15

续表4.0.10

序号	石油库设施名称	石油库等级	居住区和公共建筑物	工矿企业	国家铁路线	工业企业铁路线	道路
3	覆土卧式油罐；乙B、丙类和采用油气回收设施的甲B、乙A类液体铁路或公路罐车装车设施；仅有卸车作业的铁路或公路罐车卸车设施；其他丙类液体设施	一	50(50)	30	30	18	18
		二	45(45)	25	28	15	15
		三	40(40)	20	25	15	15
		四	35(35)	18	25	15	15
		五	25(25)	15	25	15	15

注：1 表中的工矿企业指除石油化工企业、石油库、油气田的油品站场和长距离输油管道的站场以外的企业。其他设施指油气回收设施、泵站、灌桶设施等设置有易燃和可燃液体、气体设备的设施。

2 表中的安全距离，库内设施有防火堤的储罐应从防火堤中心线算起，无防火堤的覆土立式油罐应从罐体出入口等孔口算起，无防火堤的覆土卧式油罐应从储罐外壁算起；装卸设施应从装卸车(船)时鹤管口的位置算起；其他设备布置在房间内的，应从房间外墙轴线算起；设备露天布置的(包括设在棚内)，应从设备外缘算起。

3 表中括号内数字为石油库与少于100人或30户居住区的安全距离。居住区包括石油库的生活区。

4 Ⅰ、Ⅱ级毒性液体的储罐等设施与库外居住区、公共建筑物、工矿企业、交通线的最小安全距离，应按相应火灾危险性类别和所在石油库的等级在本表规定的基础上增加30%。

5 特级石油库中，除原油类易燃和可燃液体的储罐等设施与库外居住区、公共建筑物、工矿企业、交通线的最小安全距离，应在本表规定的基础上增加20%。

6 铁路附属石油库与国家铁路线及工业企业铁路线的距离，应按本规范表5.1.3铁路机车走行线的规定执行。

4.0.11 石油库的储罐区、水运装卸码头与架空通信线路(或通信发射塔)、架空电力线路的安全距离，不应小于1.5倍杆(塔)高；石油库的铁路罐车和汽车罐车装卸设备、其他易燃可燃液体设施与架空通信线路(或通信发射塔)、架空电力线路的安全距离，不应小于1.0倍杆(塔)高；以上各设施与电压不小于35kV的架空电力线路的安全距离不应小于30m。

注：以上石油库各设施的起算点与本规范表4.0.10注2相同。

4.0.12 石油库的围墙与爆破作业场地(如采石场)的安全距离，不应小于300m。

4.0.13 非石油库用的库外埋地电缆与石油库围墙的距离不应小于3m。

4.0.14 石油库与石油化工企业之间的距离，应符合现行国家标准《石油化工企业设计防火规范》GB 50160的有关规定；石油库与石油储备库之间的距离，应符合现行国家标准《石油储备库设计规范》GB 50737的有关规定；石油库与石油天然气站场、长距离输油管道站场之间的距离，应符合现行国家标准《石油天然气工程设计防火规范》GB 50183的有关规定。

4.0.15 相邻两个石油库之间的安全距离应符合下列规定：

1 当两个石油库的相邻储罐中较大罐直径大于53m时，两个石油库的相邻储罐之间的安全距离不应小于相邻储罐中较大罐直径，且不应小于80m。

2 当两个石油库的相邻储罐直径小于或等于53m时，两个石油库的任意两个储罐之间的安全距离不应小于其中较大罐直径的1.5倍，对覆土罐且不应小于60m，对储存Ⅰ、Ⅱ级毒性液体的储罐且不应小于50m，对储存其他易燃和可燃液体的储罐且不应小于30m。

3 两个石油库除储罐之外的建(构)筑物、设施之间的安全距离应按本规范表5.1.3的规定增加50%。

4.0.16 企业附属石油库与本企业建(构)筑物、交通线等的安全

距离,不得小于表 4.0.16 的规定。

表 4.0.16　企业附属石油库与本企业建(构)筑物、交通线等的安全距离(m)

库内建(构)筑物和设施	液体类别	甲类生产厂房	甲类物品库房	乙、丙、丁、戊类生产厂房及物品库房耐火等级 一、二	三	四	明火或散发火花的地点	厂内铁路	厂内道路 主要	厂内道路 次要
储罐(TV为罐区总容量,m³) 甲B、乙 TV≤50	甲B、乙	25	25	12	15	20	25	25	15	10
50<TV≤200		25	25	15	20	25	30	25	15	10
200<TV≤1000		25	25	20	25	30	35	25	15	10
1000<TV≤5000		30	30	25	30	40	40	25	15	10
TV≤250	丙	15	15	12	15	20	25	20	10	5
250<TV≤1000		20	20	12	20	25	30	20	10	5
1000<TV≤5000		25	25	20	25	30	35	20	12	5
5000<TV≤25000		30	30	25	30	40	40	25	15	10
油泵房、灌油间	甲B、乙	12	15	12	14	16	20	25	15	10
	丙	12	12	10	12	14	15	20	12	5
桶装液体库房	甲B、乙	15	20	12	20	25	30	30	15	10
	丙	12	15	12	14	16	20	15	8	5

续表 4.0.16

库内建(构)筑物和设施	液体类别	甲类生产厂房	甲类物品库房	乙、丙、丁、戊类生产厂房及物品库房耐火等级 一、二	三	四	明火或散发火花的地点	厂内铁路	厂内道路 主要	厂内道路 次要
汽车罐车装卸设施	甲B、乙	14	14	15	16	18	30	20	15	15
	丙	10	10	12	12	14	20		8	8
其他生产性建筑物	甲B、乙	12	12	12	12	14	25		3	3
	丙	9	9	10	10	12	15		3	3

注:1　当甲B、乙类易燃和可燃液体与丙类可燃液体混存时,丙A类可燃液体可按其容量的 50% 折算计入储罐区总容量,丙B类可燃液体可按其容量的 25% 折算计入储罐区总容量。

2　对于埋地卧式储罐和储存丙B类可燃液体的储罐,本表距离(与厂内次要道路的距离除外)可减少 50%,但不得小于 10m。

3　表中未注明的企业建(构)筑物与库内建(构)筑物的安全距离,应按现行国家标准《建筑设计防火规范》GB 50016 规定的防火距离执行。

4　企业附属石油库的甲、乙类易燃和可燃液体储罐总容量大于 5000m³,丙A类可燃液体储罐总容量大于 25000m³ 时,企业附属石油库与本企业建(构)筑物、交通线等的安全距离,应符合本规范第 4.0.10 条的规定。

5　企业附属石油库仅储存丙B类可燃液体时,可不受本表限制。

4.0.17　当重要物品仓库(或堆场)、军事设施、飞机场等,对与石油库的安全距离有特殊要求时,应按有关规定执行或协商解决。

5　库 区 布 置

5.1　总平面布置

5.1.1　石油库的总平面布置,宜按储罐区、易燃和可燃液体装卸区、辅助作业区和行政管理区分区布置。石油库各区内的主要建(构)筑物或设施,宜按表 5.1.1 的规定布置。

表 5.1.1　石油库各区内的主要建(构)筑物或设施

序号	分区		区内主要建(构)筑物或设施
1	储罐区		储罐组、易燃和可燃液体泵站、变配电间、现场机柜间等
2	易燃和可燃液体装卸区	铁路装卸区	铁路罐车装卸栈桥、易燃和可燃液体泵站、桶装易燃和可燃液体库房、零位罐、变配电间、油气回收处理装置等
		水运装卸区	易燃和可燃液体装卸码头、易燃和可燃液体泵站、灌桶间、桶装液体库房、变配电间、油气回收处理装置等
		公路装卸区	灌桶间、易燃和可燃液体泵站、变配电间、汽车罐车装卸设施、桶装液体库房、控制室、油气回收处理装置等
3	辅助作业区		修洗桶间、消防泵房、消防车库、变配电间、机修间、器材库、锅炉房、化验室、污水处理设施、计量室、柴油发电机间、空气压缩机间、车库等
4	行政管理区		办公用房、控制室、传达室、汽车库、警卫及消防人员宿舍、倒班宿舍、浴室、食堂等

注:企业附属石油库的分区,尚宜结合该企业的总体布置统一考虑。

5.1.2　行政管理区和辅助作业区内,使用性质相近的建(构)筑物,在符合生产使用和安全防火要求的前提下,可合并建设。

5.1.3　石油库内建(构)筑物、设施之间的防火距离(储罐与储罐之间的距离除外),不应小于表 5.1.3 的规定。

5.1.4　储罐应集中布置。当储罐区地面高于邻近居民点、工业企业或铁路线时,应加强防止事故状态下库内易燃和可燃液体外流的安全防护措施。

5.1.5　石油库的储罐应地上露天设置。山区和丘陵地区或有特殊要求的可采用覆土等非露天方式设置,但储存甲B类和乙类液体的卧式储罐不得采用罐室方式设置。地上储罐、覆土储罐应分别设置储罐区。

5.1.6　储存Ⅰ、Ⅱ级毒性液体的储罐应单独设置储罐区。储罐计算总容量大于 600000m³ 的石油库,应设置两个或多个储罐区,每个储罐区的储罐计算总容量不应大于 600000m³。特级石油库中,原油储罐与非原油储罐应分别集中设在不同的储罐区内。

5.1.7　相邻储罐区储罐之间的防火距离,应符合下列规定:

1　地上储罐区与覆土立式油罐相邻储罐之间的防火距离不应小于 60m;

2　储存Ⅰ、Ⅱ级毒性液体的储罐与其他储罐区相邻储罐之间的防火距离,不应小于相邻储罐中较大罐直径的 1.5 倍,且不应小于 50m;

3　其他易燃、可燃液体储罐区相邻储罐之间的防火距离,不应小于相邻储罐中较大罐直径的 1.0 倍,且不应小于 30m。

5.1.8　同一个地上储罐区内,相邻罐组储罐之间的防火距离,应符合下列规定:

1　储存甲B、乙类液体的固定顶储罐和浮顶采用易熔材料制作的内浮顶储罐与其他罐组相邻储罐之间的防火距离,不应小于相邻储罐中较大罐直径的 1.0 倍;

2　外浮顶储罐、采用钢制浮顶的内浮顶储罐、储存丙类液体的固定顶储罐与其他罐组储罐之间的防火距离,不应小于相邻储罐中较大罐直径的 0.8 倍。

注:储存不同液体的储罐、不同型式的储罐之间的防火距离,应采用上述计算值的较大值。

表 5.1.3 石油库内建(构)筑物、设施之间的防火距离(m)

序号	建(构)筑物和设施名称		易燃和可燃液体泵房 甲B、乙类液体 (10)	丙类液体 (11)	灌桶间 甲B、乙类液体 (12)	丙类液体 (13)	汽车罐车装卸设施 甲B、乙类液体 (14)	丙类液体 (15)	铁路罐车装卸设施 甲B、乙类液体 (16)	丙类液体 (17)	液体装卸码头 甲B、乙类液体 (18)	丙类液体 (19)	桶装液体库房 甲B、乙类液体 (20)	丙类液体 (21)	隔油池 150m³及以下 (22)	150m³以上 (23)	消防车库、消防泵房 (24)	露天变配电所变压器、柴油发电机间 10kV及以下 (25)	10kV以上 (26)	独立变配电间 (27)	办公用房、中心控制室、宿舍、食堂等人员集中场所 (28)	铁路机车走行线 (29)	有明火及散发火花的建(构)筑物及地点 (30)	油罐车库 (31)	库区围墙 (32)	其他建(构)筑物 (33)	河(海)岸边 (34)
1	外浮顶储罐、内浮顶储罐、覆土立式油罐、储存丙类液体的立式固定顶储罐	V≥50000	20	15	30	25	30/23	23	30/23	23	50	35	30	25	25	30	40	40	50	40	60	35	35	28	25	25	30
2		5000<V<50000	15	11	19	15	20/15	15	20/15	15	35	25	20	15	19	26	30	30	38	19	26	23	11	19	—	—	30
3		1000<V≤5000	11	9	15	11	15/11	11	15/11	11	30	23	15	11	15	23	19	23	30	19	26	19	7.5	15	—	—	30
4	定顶储罐	V≤1000	9	7.5	11	9	11/9	9	11	9	26	23	11	9	11	23	19	23	23	19	26	5	6	11	—	—	30
5	储存甲B、乙类液体的立式固定顶储罐	V>5000	20	15	25	20	25/20	20	25/20	20	50	35	25	20	20	35	32	39	32	50	30	15	30	—	—	30
6		1000<V≤5000	15	11	20	15	20/15	15	20/15	15	40	30	20	15	20	30	23	30	40	23	30	30	20	15	—	—	30
7	定顶储罐	V≤1000	12	10	15	11	15/11	11	15	11	35	30	12	10	15	30	23	30	23	30	20	8	15	—	—	30
8	甲B、乙类液体地上卧式储罐		9	7.5	11	9	11/8	8	11/8	8	15	15	11	9	11	23	19	23	23	15	20	15	—	—	30
9	覆土卧式油罐、丙类液体地上卧式储罐		7	6	8	6	8/6	6	8/6	6	20	15	8	8	18	20	11	4.5	8	—	—	30
10	易燃和可燃液体泵房	甲B、乙类液体	12	9	12	9	15/11	9	8/8	6	15	15	12	15/7.5	20/10	30	20	30	30	20	10	12	—	—	30
11		丙类液体	12	9	12	9	15/11	9	8/8	6	15	15	12	10/5	15/7.5	20	25	20	30	30	12	—	—	30
12	灌桶间	甲B、乙类液体	12	9	12	9	15/11	9	8/8	6	15	15	12	20/10	25/12.5	30	30	40	40	20	15	—	—	30
13		丙类液体	12	9	12	9	15/11	9	8/8	6	15	15	12	15/7.5	20/10	25	30	30	20	15	—	—	30
14	汽车罐车装卸设施	甲B、乙类液体	15/15	15/11	15/11	15/11	—	—	15/11	15/11	15	15	15/11	15/11	20/10	25/19	15/15	20/15	30/23	15/11	30/23	20/15	30/23	20	15/11	15/11	10
15		丙类液体	11	8	11	—	—	—	15/11	11	15	11	11	8	15/7.5	20/10	12	20	20	15	5	11	10

续表

序号	建(构)筑物和设施名称		甲B、乙类液体 (10)	丙类液体 (11)	甲B、乙类液体 (12)	丙类液体 (13)	甲B、乙类液体 (14)	丙类液体 (15)	甲B、乙类液体 (16)	丙类液体 (17)	甲B、乙类液体 (18)	丙类液体 (19)	甲B、乙类液体 (20)	丙类液体 (21)	150m³及以下 (22)	150m³以上 (23)	(24)	10kV及以下 (25)	10kV以上 (26)	(27)	(28)	(29)	(30)	(31)	(32)	(33)	(34)
16	铁路罐车装卸设施	甲B、乙类液体	8/8	8/6	15/11	15/11	15/11	15/11	见本规范第8.1节		20/20	20/15	8/8	8/8	25/19	30/23	15/15	20/15	30/23	15/11	30/23	20/15	30/23	20	15/11	15/11	10
17		丙类液体	6	6	11	11	15/11	11			20	15	8	8	20/10	25/12.5	12	20	20	20	15	5	10
18	液体装卸码头	甲B、乙类液体	15	15	15	15	15	15	20/20		见本规范第8.3节		15	15	25/19	30/23	25	20	15	45	40	20	—	15	—
19		丙类液体	15	11	15	15	15	15	20/15				15	11	20/10	25/12.5	20	30	30	20	12	—
20	桶装液体库房	甲B、乙类液体	12	12	12	12	15/11	11	8/8	8	15	15	12	12	15/7.5	20/10	15	20	30	20	12	30
21		丙类液体	12	9	12	12	15/11	11	8/8	8	15	11	12	10	10/5	15/7.5	15	25	20	25	12	30
22	隔油池	150m³及以下	15/7.5	10/5	20/10	15/7.5	20/15	15/7.5	25/19	20/10	25/19	20/10	15/7.5	10/5	—	20/15	15/11	20/15	30/23	15/7.5	30/23	15/11	10/5	15/7.5	10
23		150m³以上	20/10	15/7.5	20/12.5	20/10	25/19	20/10	30/23	25/12.5	30/23	25/12.5	20/10	15/7.5	20/15	—	25/19	20/10	30/23	20/15	40/30	20/15	10/5	15/7.5	10

注：1 表中V指储罐单罐容量，单位为m³。

2 序号14中，分子数字为未采用油气回收设施的汽车罐车装卸设施与建(构)筑物或设施的防火距离，分母数字为采用油气回收设施的汽车罐车装卸设施与建(构)筑物或设施的防火距离。

3 序号16中，分子数字为用于装车作业的铁路线与建(构)筑物或设施的防火距离，分母数字为采用油气回收设施的铁路罐车装卸设施或仅用于卸车作业的铁路线设施的情况。

4 序号14与序号16相交数字的分母，仅适用于相邻装车设施均采用油气回收设施的情况。

5 序号22、23中的隔油池，系指设置在罐组防火堤外侧的隔油池。其中分母数字为有盖板的密闭式隔油池与建(构)筑物或设施的防火距离，分子数字为无盖板的隔油池与建(构)筑物或设施的防火距离。

6 罐组专用变配电间和机柜间与石油库内各建(构)筑物或设施的防火距离，应与易燃和可燃液体泵房相同，但变配电间和机柜间的门窗应位于易燃液体设备的爆炸危险区域之外。

7 焚烧式可燃气体回收装置应按有明火及散发火花的建(构)筑物及地点执行，其他形式的可燃气体回收处理装置应按甲、乙类液体泵房执行。

8 Ⅰ、Ⅱ级毒性液体的储罐、设备和设施与石油库内其他建(构)筑物、设施之间的防火距离，应按相应火灾危险性类别在本表规定的基础上增加30%。

9 "—"表示没有防火距离要求。

5.1.9 同一储罐区内，火灾危险性类别相同或相近的储罐宜相对集中布置。储存Ⅰ、Ⅱ级毒性液体的储罐罐组宜远离人员集中的场所布置。

5.1.10 铁路装卸区宜布置在石油库的边缘地带，铁路线不宜与石油库出入口的道路相交叉。

5.1.11 公路装卸区应布置在石油库临近库外道路的一侧，并宜设围墙与其他各区隔开。

5.1.12 消防车库、办公室、控制室等场所，宜布置在储罐区全年最小频率风向的下风侧。

5.1.13 储罐区泡沫站应布置在罐组防火堤外的非防爆区，与储罐的防火间距不应小于20m。

5.1.14 储罐区易燃和可燃液体泵站的布置，应符合下列规定：

1 甲、乙、丙A类液体泵站应布置在地上立式储罐的防火堤外；

2 丙B类液体泵、抽底油泵、卧式储罐输送泵和储罐油品检测用泵，可与储罐露天布置在同一防火堤内；

3 当易燃和可燃液体泵站采用棚式或露天式时，其与储罐的间距可不受限制，与其他建（构）筑物或设施的间距，应以泵外缘按本规范表5.1.3中易燃和可燃液体泵房与其他建（构）筑物、设施的间距确定。

5.1.15 与储罐区无关的管道、埋地输电线不得穿越防火堤。

5.2 库区道路

5.2.1 石油库储罐区应设环行消防车道。位于山区或丘陵地带设置环形消防车道有困难的下列罐区或罐组，可设尽头式消防车道：

1 覆土油罐区；

2 储罐单排布置，且储罐单罐容量不大于5000m³的地上罐组；

3 四、五级石油库储罐区。

5.2.2 地上储罐组消防车道的设置，应符合下列规定：

1 储罐总容量大于或等于120000m³的单个罐组应设环形消防车道。

2 多个罐组共用1个环行消防车道时，环行消防车道内的罐组储罐总容量不应大于120000m³。

3 同一个环行消防车道内相邻罐组防火堤外堤脚线之间应留有宽度不小于7m的消防空地。

4 总容量大于或等于120000m³的罐组，至少应有2个路口能使消防车辆进入环形消防车道，并宜设在不同的方位上。

5.2.3 除丙B类液体储罐和单罐容量小于100m³的储罐外，储罐至少与1条消防车道相邻。储罐中心至少与2条消防车道的距离均不应大于120m；条件受限时，储罐中心与最近一条消防车道之间的距离不应大于80m。

5.2.4 铁路装卸区应设消防车道，并应平行于铁路装卸线，且宜与库内道路构成环行道路。消防车道与铁路罐车装卸线的距离不应大于80m。

5.2.5 汽车罐车装卸设施和灌桶设施，应设置能保证消防车辆顺利接近火灾场地的消防车道。

5.2.6 储罐组周边的消防车道路面标高，宜高于防火堤外侧地面的设计标高0.5m及以上。位于地势较高处的消防车道的路堤高度可适当降低，但不宜小于0.3m。

5.2.7 消防车道与防火堤外堤脚线之间的距离，不应小于3m。

5.2.8 一级石油库的储罐区和装卸区消防车道的宽度不应小于9m，其中路面宽度不应小于7m；覆土立式油罐和其他级别石油库的储罐区、装卸区消防车道的宽度不应小于6m，其中路面宽度不应小于4m；单罐容积大于或等于100000m³的储罐区消防车道的宽度应按现行国家标准《石油储备库设计规范》GB 50737的有关规定执行。

5.2.9 消防车道的净空高度不应小于5.0m，转弯半径不宜小于12m。

5.2.10 尽头式消防车道应设置回车场。两个路口间的消防车道长度大于300m时，应在该消防车道的中段设置回车场。

5.2.11 石油库通向公路的库外道路和车辆出入口的设计，应符合下列规定：

1 石油库应设与公路连接的库外道路，其路面宽度不应小于相应级别石油库储罐区的消防车道。

2 石油库通向库外道路的车辆出入口不应少于2处，且宜位于不同的方位。受地域、地形等条件限制时，覆土油罐区和四、五级石油库可只设1处车辆出入口。

3 储罐区的车辆出入口不应少于2处，且应位于不同的方位。受地域、地形等条件限制时，覆土油罐区和四、五级石油库的储罐区可只设1处车辆出入口。储罐区的车辆出入口宜直接通向库外道路，也可通向行政管理区或公路装卸区。

4 行政管理区、公路装卸区应设直接通往库外道路的车辆出入口。

5.2.12 运输易燃、可燃液体等危险品的道路，其纵坡不应大于6%。其他道路纵坡设计应符合现行国家标准《厂矿道路设计规范》GBJ 22的有关规定。

5.3 竖向布置及其他

5.3.1 石油库场地设计标高，应符合下列规定：

1 库区场地应避免洪水、潮水及内涝水的淹没。

2 对于受洪水、潮水及内涝水威胁的场地，当靠近江河、湖泊等地段时，库区场地的最低设计标高，应比设计频率计算水位高0.5m及以上；当在海岛、沿海地段或潮汐作用明显的河口段时，库区场地的最低设计标高，应比设计频率计算水位高1m及以上。当有波浪侵袭或壅水现象时，尚应加上最大波浪或壅水高度。

3 当有可靠的防洪排涝措施，且技术经济合理时，库区场地也可低于计算水位。

5.3.2 行政管理区、消防泵房、专用消防站、总变电所宜位于地势相对较高的场地处，或有防止事故状况下流淌火流向该场地的措施。

5.3.3 石油库的围墙设置，应符合下列规定：

1 石油库四周应设高度不低于2.5m的实体围墙。企业附属石油库与本企业毗邻一侧的围墙高度可不低于1.8m。

2 山区或丘陵地带的石油库，当四周均设实体围墙有困难时，可只在漏油可能流经的低洼处设实体围墙，在地势较高处可设置镀锌铁丝网等非实体围墙。

3 石油库临海、邻水侧的围墙，其1m高度以上可为铁栅栏围墙。

4 行政管理区与储罐区、易燃和可燃液体装卸区之间应设围墙。当采用非实体围墙时，围墙下部0.5m高度以下范围内应为实体墙。

5 围墙不得采用燃烧材料建造。围墙实体部分的下部不应留有孔洞（集中排水口除外）。

5.3.4 石油库的绿化应符合下列规定：

1 防火堤内不应植树；

2 消防车道与防火堤之间不宜植树；

3 绿化不应妨碍消防作业。

6 储罐区

6.1 地上储罐

6.1.1 地上储罐应采用钢制储罐。

6.1.2 储存沸点低于45℃或37.8℃的饱和蒸气压大于88kPa的甲B类液体,应采用压力储罐、低压储罐或低温常压储罐,并应符合下列规定:

    1 选用压力储罐或低压储罐时,应采取防止空气进入罐内的措施,并应密闭回收处理罐内排出的气体;

    2 选用低温常压储罐时,应采取下列措施之一:

      1)选用内浮顶储罐,应设置氮气密封保护系统,并应控制储存温度使液体蒸气压不大于88kPa;

      2)选用固定顶储罐,应设置氮气密封保护系统,并应控制储存温度低于液体闪点5℃及以下。

6.1.3 储存沸点不低于45℃或在37.8℃时的饱和蒸气压不大于88kPa的甲B、乙A类液体化工品和轻石脑油,应采用外浮顶储罐或内浮顶储罐。有特殊储存需要时,可采用容量小于或等于10000m³的固定顶储罐、低压储罐或容量不大于100m³的卧式储罐,但应采取下列措施之一:

    1 应设置氮气密封保护系统,并应密闭回收处理罐内排出的气体;

    2 应设置氮气密封保护系统,并应控制储存温度低于液体闪点5℃及以下。

6.1.4 储存甲B、乙A类原油和成品油,应采用外浮顶储罐、内浮顶储罐和卧式储罐。3号喷气燃料的最高储存温度低于油品闪点5℃及以下时,可采用容量小于或等于10000m³的固定顶储罐。当采用卧式储罐储存甲B、乙A类油品时,储存甲B类油品卧式储罐的单罐容量不应大于100m³,储存乙A类油品卧式储罐的单罐容量不应大于200m³。

6.1.5 储存乙B类和丙类液体,可采用固定顶储罐和卧式储罐。

6.1.6 外浮顶储罐应采用钢制单盘式或钢制双盘式浮顶。

6.1.7 内浮顶储罐的内浮顶选用,应符合下列规定:

    1 内浮顶应采用金属内浮顶,且不得采用浅盘式或敞口隔舱式内浮顶。

    2 储存Ⅰ、Ⅱ级毒性液体的内浮顶储罐和直径大于40m的储存甲B、乙A类液体的内浮顶储罐,不得采用易熔材料制作的内浮顶。

    3 直径大于48m的内浮顶储罐,应选用钢制单盘式或双盘式内浮顶。

    4 新结构内浮顶的采用应通过安全性评估。

6.1.8 储存Ⅰ、Ⅱ级毒性的甲B、乙A类液体储罐的单罐容量不应大于5000m³,且应设置氮封保护系统。

6.1.9 固定顶储罐的直径不应大于48m。

6.1.10 地上储罐应按下列规定成组布置:

    1 甲B、乙和丙A类液体储罐可布置在同一罐组内;丙B类液体储罐宜独立设置罐组。

    2 沸溢性液体储罐不应与非沸溢性液体储罐同组布置。

    3 立式储罐不宜与卧式储罐布置在同一个储罐组内。

    4 储存Ⅰ、Ⅱ级毒性液体的储罐不应与其他易燃和可燃液体储罐布置在同一个罐组内。

6.1.11 同一个罐组内储罐的总容量应符合下列规定:

    1 固定顶储罐组及固定顶储罐和外浮顶、内浮顶储罐的混合罐组的容量不应大于120000m³,其中浮顶用钢质材料制作的外浮顶储罐、内浮顶储罐的容量可按50%计入混合罐组的总容量。

    2 浮顶用钢质材料制作的内浮顶储罐组的容量不应大于360000m³;浮顶用易熔材料制作的内浮顶储罐组的容量不应大于240000m³。

    3 外浮顶储罐组的容量不应大于600000m³。

6.1.12 同一个罐组内的储罐数量应符合下列规定:

    1 当最大单罐容量大于或等于10000m³时,储罐数量不应多于12座。

    2 当最大单罐容量大于或等于1000m³时,储罐数量不应多于16座。

    3 单罐容量小于1000m³或仅储存丙B类液体的罐组,可不限储罐数量。

6.1.13 地上储罐组内,单罐容量小于1000m³的储存丙B类液体的储罐不应超过4排;其他储罐不应超过2排。

6.1.14 地上立式储罐的基础面标高,应高于储罐周围设计地坪0.5m及以上。

6.1.15 地上储罐组内相邻储罐之间的防火距离不应小于表6.1.15的规定。

表6.1.15 地上储罐组内相邻储罐之间的防火距离

储存液体类别	单罐容量不大于300m³,且总容量不大于1500m³的立式储罐组	固定顶储罐(单罐容量)			外浮顶、内浮顶储罐	卧式储罐
		≤1000m³	>1000m³	≥5000m³		
甲B、乙类	2m	0.75D	0.6D		0.4D	0.8m
丙A类	2m	0.4D			0.4D	0.8m
丙B类	2m	2m	5m	0.4D	0.4D与15m的较小值	0.8m

注:1 表中D为相邻储罐中较大储罐的直径。
    2 储存不同类别液体的储罐、不同型式的储罐之间的防火距离,应采用较大值。

6.2 覆土立式油罐

6.2.1 覆土立式油罐应采用固定顶储罐,其设计应根据储罐的容量及地形条件等合理地确定其直径和高度,使覆土立式油罐建成后与周围地形和环境相协调。

6.2.2 **覆土立式油罐应采用独立的罐室及出入通道。与管沟连接处必须设置防火、防渗密闭隔离墙。**

6.2.3 覆土立式油罐之间的防火距离,应符合下列规定:

    1 甲B、乙、丙A类油品覆土立式油罐之间的防火距离,不应小于相邻两罐罐室直径之和的1/2。当按相邻两罐罐室直径之和的1/2计算超过30m时,可取30m。

    2 丙B类油品覆土立式油罐之间的防火距离,不应小于相邻较大罐室直径的0.4倍。

    3 当丙B类油品覆土立式油罐与甲B、乙、丙A类油品覆土立式油罐相邻时,两者之间的防火距离应按本条第1款执行。

6.2.4 覆土立式油罐的基础应设在稳定的岩石层或满足地基承载力的均匀土层上。

6.2.5 覆土立式油罐的罐室设计应符合下列规定:

    1 罐室应采用圆筒形直墙与钢筋混凝土球壳顶的结构形式。罐室及出入通道的墙体,应采用密实性材料构筑,并应保证在油罐出现泄漏事故时不泄漏。

    2 罐室球壳顶内表面与金属油罐顶的距离不应小于1.2m,罐室壁与金属罐壁之间的环形走道宽度不应小于0.8m。

    3 罐室顶部周边应均布设置采光通风孔。直径小于或等于12m的罐室,采光通风孔不应少于2个;直径大于12m的罐室,至少应设4个采光通风孔。采光通风孔的直径或任意边长不应小于0.6m,其口部高出覆土面层不宜小于0.3m,并应装设带锁的孔盖。

    4 罐室出入通道宽度不宜小于1.5m,高度不宜小于2.2m。

5 储存甲 B、乙、丙 A 类油品的覆土立式油罐,其罐室通道出入口高于罐室地坪不应小于 2.0m。

　6 罐室的出入通道口,应设向外开启的并满足口部紧急时刻封堵强度要求的防火密闭门,其耐火极限不得低于 1.5h。通道口部的设计,应有利于在紧急时刻采取封堵措施。

　7 罐室及出入通道应有防水措施。阀门操作间应设积水坑。

6.2.6 覆土立式油罐应按下列要求设置事故外输管道:

　1 事故外输管道的公称直径,宜与油罐进出口管道一致,且不得小于 100mm。

　2 事故外输管道应由罐室阀门操作间处的积水坑处引出罐室外,并宜满足在事故时能与输油干管相连通。

　3 事故外输管道应设控制阀门和隔离装置。控制阀门和隔离装置不应设在罐室内和事故时容易危及的部位。

6.2.7 覆土立式油罐的基本附件和通气管的设置,应符合本规范第 6.4 节的有关规定。

6.2.8 罐室顶部的覆土厚度不应小于 0.5m,周围覆土坡度应满足回填土的稳固要求。

6.2.9 储存甲 B 类、乙类和丙 A 类液体的覆土立式油罐区,应按不小于区内储罐可能发生油品泄漏事故时,油品漫出罐室部分最多一个油罐的泄漏油品设置区域导流沟及事故存油坑(池)。

6.2.10 覆土立式油罐与罐区主管道连接的支管道敷设深度大于 2.5m 时,可采用非充沙封闭管沟方式敷设。

6.3 覆土卧式油罐

6.3.1 覆土卧式油罐的设计应满足其设置条件下的强度要求,当采用钢制油罐时,其罐壁所用钢板的公称厚度应满足下列要求:

　1 直径小于或等于 2500mm 的油罐,其壁厚不得小于 6mm。

　2 直径为 2501mm～3000mm 的油罐,其壁厚不得小于 7mm。

　3 直径大于 3000mm 的油罐,其壁厚不得小于 8mm。

6.3.2 储存对水和土壤有污染的液体的覆土卧式油罐,应按国家有关环境保护标准或政府有关环境保护法令、法规要求采取防渗漏措施,并应具备检漏功能。

6.3.3 有防渗漏要求的覆土卧式油罐,油罐应采用双层油罐或单层钢油罐设置防渗罐池的方式;单罐容量大于 100 m³ 的覆土卧式油罐和既有单层覆土卧式油罐的防渗,可采用油罐内衬防渗层的方式。

6.3.4 采用双层油罐时,双层油罐的结构及检漏要求,应符合现行国家标准《汽车加油加气站设计与施工规范》GB 50156 的有关规定。

6.3.5 采用单层油罐设置防渗罐池时,应符合下列规定:

　1 防渗罐池应采用防渗钢筋混凝土整体浇注,池底表面及低于储罐直径 2/3 以下的内墙面应做防渗处理。

　2 埋地油罐的防渗罐池设计,应符合现行国家标准《汽车加油加气站设计与施工规范》GB 50156 有关规定。

　3 罐顶高于周围地坪的油罐,防渗罐池的池顶应高于周围地坪 0.2m 以上。

　4 罐底低于周围地坪的,应按现行国家标准《汽车加油加气站设计与施工规范》GB 50156 的有关规定设置检漏立管。检漏立管宜沿油罐纵向合理布置,每罐至少应设 2 根检漏立管。相邻油罐可共用检漏立管。

　5 罐底高于周围地坪的油罐可设检漏横管。检漏横管的直径不得小于 50mm,每罐至少应设 1 根检漏横管,且防渗罐池的池底或油罐基础应有不小于 5‰ 的坡度坡向检漏横管。

　6 油罐基础和罐体周围的回填料,应保证储罐任何部位的渗漏均能在检漏管处被发现。

　7 防渗罐池以上的覆土,应有防止雨水、地表水渗入池内的措施。

6.3.6 采用单层钢罐内衬防渗层时,内衬层应采用短纤维喷射技术做玻璃纤维增强塑料防渗层,其厚度不应小于 0.8mm,并应通过相应电压等级的电火花检测合格。

6.3.7 卧式油罐应设带有高液位报警功能的液位监测系统。单层油罐的液位检测系统尚应具备渗漏检测功能。

6.3.8 覆土卧式油罐的间距不应小于 0.5m,覆土厚度不应小于 0.5m。

6.3.9 当埋地油罐受地下水或雨水作用有上浮的可能时,应对油罐采取抗浮措施。

6.3.10 与土壤接触的钢制油罐外表面,其防腐设计应符合现行行业标准《石油化工设备和管道涂料防腐蚀设计规范》SH/T 3022 的有关规定,且防腐等级不应低于加强级。覆土不应损坏防腐层。

6.4 储 罐 附 件

6.4.1 立式储罐应设上罐的梯子、平台和栏杆。高度大于 5m 的立式储罐,应采用盘梯。覆土立式油罐高于罐室环形通道地面 2.2m 以下的高度应采用活动斜梯,并应有防止磕碰发生火花的措施。

6.4.2 储罐罐顶上经常走人的地方,应设防滑踏步和护栏;测量孔处应设测量平台。

6.4.3 立式储罐的量油孔、罐壁人孔、排污孔(或清扫孔)及放水管等的设置,宜按现行行业标准《石油化工储运系统罐区设计规范》SH/T 3007 的有关规定执行。覆土立式油罐应有一个罐壁人孔朝向阀门操作间。

6.4.4 下列储罐通向大气的通气管管口应装设呼吸阀:

　1 储存甲 B、乙类液体的固定顶储罐和地上卧式储罐;

　2 储存甲 B 类液体的覆土卧式油罐;

　3 采用氮气密封保护系统的储罐。

6.4.5 呼吸阀的排气压力应小于储罐的设计正压力,呼吸阀的进气压力应大于储罐的设计负压力。当呼吸阀所处的环境温度可能小于或等于 0℃ 时,应选用全天候式呼吸阀。

6.4.6 采用氮气密封保护系统的储罐应设事故泄压设备,并应符合下列规定:

　1 事故泄压设备的开启压力应大于呼吸阀的排气压力,并应小于或等于储罐的设计正压力。

　2 事故泄压设备的吸气压力应小于呼吸阀的进气压力,并应大于或等于储罐的设计负压力。

　3 事故泄压设备应满足氮气管道系统和呼吸阀出现故障时保障储罐安全通气的需要。

　4 事故泄压设备可直接通向大气。

　5 事故泄压设备宜选用公称直径不小于 500mm 的呼吸人孔。如储罐设置有备用呼吸阀,事故泄压设备也可选用公称直径不小于 500mm 的紧急放空人孔盖。

6.4.7 下列储罐的通气管上必须装设阻火器:

　1 储存甲 B 类、乙类、丙 A 类液体的固定顶储罐和地上卧式储罐;

　2 储存甲 B 类和乙类液体的覆土卧式油罐;

　3 储存甲 B 类、乙类、丙 A 类液体并采用氮气密封保护系统的内浮顶储罐。

6.4.8 覆土立式油罐的通气管管口应引出罐室外,管口宜高出覆土面 1.0m～1.5m。

6.4.9 储罐进液不得采用喷溅方式。甲 B、乙、丙 A 类液体储罐的进液管从储罐上部接入时,进液管应延伸到储罐的底部。

6.4.10 有脱水操作要求的储罐宜装设自动脱水器。

6.4.11 储存Ⅰ、Ⅱ级毒性液体的储罐,应采用密闭采样器。储罐的凝液或残液应密闭排入专用收集系统或设备。

6.4.12 常压卧式储罐的基本附件设置,应符合下列规定:

1 卧式储罐的人孔公称直径不应小于600mm。筒体长度大于6m的卧式储罐,至少应设2个人孔。

2 卧式储罐的接合管及人孔盖应采用钢质材料。

3 液位测量装置和测量孔的检尺槽,应位于储罐正顶部的纵向轴线上,并宜设在人孔盖上。

4 储罐排水管的公称直径不应小于40mm。排水管上的阀门应采用钢制闸阀或球阀。

6.4.13 常压卧式储罐的通气管设置,应符合下列规定:

1 卧式储罐通气管的公称直径应按储罐的最大进出流量确定,但不应小于50mm;当同种液体的多个储罐共用一根通气干管时,其通气干管的公称直径不应小于80mm。

2 通气管横管应坡向储罐,坡度应大于或等于5‰。

3 通气管管口的最小设置高度,应符合表6.4.13的规定。

表6.4.13 卧式储罐通气管管口的最小设置高度

储罐设置形式	通气管管口最小设置高度	
	甲、乙类液体	丙类液体
地上露天式	高于储罐周围地面4m,且高于罐顶1.5m	高于罐顶0.5m
覆土式	高于储罐周围地面4m,且高于覆土面层1.5m	高于覆土面层1.5m

6.5 防火堤

6.5.1 地上储罐组应设防火堤。防火堤内的有效容量,不应小于罐组内一个最大储罐的容量。

6.5.2 地上立式储罐的罐壁至防火堤内堤脚线的距离,不应小于罐壁高度的一半。卧式储罐的罐壁至防火堤内堤脚线的距离,不应小于3m。依山建设的储罐,可利用山体兼作防火堤,储罐的罐壁至山体的距离最小可为1.5m。

6.5.3 地上储罐组的防火堤实高应高于计算高度0.2m,防火堤高于堤内设计地坪不应小于1.0m,高于堤外设计地坪或消防车道路面(按较低者计)不应大于3.2m。地上卧式储罐的防火堤应高于堤内设计地坪不小于0.5m。

6.5.4 防火堤宜采用土筑防火堤,其堤顶宽度不应小于0.5m。不具备采用土筑防火堤条件的地区,可选用其他结构形式的防火堤。

6.5.5 防火堤应能承受在计算高度范围内所容纳液体的静压力且不应泄漏;防火堤的耐火极限不应低于5.5h。

6.5.6 管道穿越防火堤处应采用不燃烧材料严密填实。在雨水沟(管)穿越防火堤处,应采取排水控制措施。

6.5.7 防火堤每一个隔堤区域内均应设置对外人行台阶或坡道,相邻台阶或坡道之间的距离不宜大于60m。

6.5.8 立式储罐罐组内应按下列规定设置隔堤:

1 多品种的罐组内下列储罐之间应设置隔堤:

1)甲B、乙A类液体储罐与其他类可燃液体储罐之间;

2)水溶性可燃液体储罐与非水溶性可燃液体储罐之间;

3)相互接触能引起化学反应的可燃液体储罐之间;

4)助燃剂、强氧化剂及具有腐蚀性液体储罐与可燃液体储罐之间。

2 非沸溢性甲B、乙、丙A类储罐组隔堤内的储罐数量,不应超过表6.5.8的规定。

表6.5.8 非沸溢性甲B、乙、丙A类储罐组隔堤内的储罐数量

单罐公称容量V(m³)	一个隔堤内的储罐数量(座)
V<5000	6
5000≤V<20000	4
20000≤V<50000	2
V≥50000	1

注:当隔堤内的储罐公称容量不等时,隔堤内的储罐数量按其中一个较大储罐公称容量计。

3 隔堤内沸溢性液体储罐的数量不应多于2座。

4 非沸溢性的丙B类液体储罐之间,可不设置隔堤。

5 隔堤应是采用不燃烧材料建造的实体墙,隔堤高度宜为0.5m～0.8m。

7 易燃和可燃液体泵站

7.0.1 易燃和可燃液体泵站宜采用地上式。其建筑形式应根据输送介质的特点、运行工况及当地气象条件等综合考虑确定,可采用房间式(泵房)、棚式(泵棚)或露天式。

7.0.2 易燃和可燃液体泵站的建筑设计,应符合下列规定:

1 泵房或泵棚的净空应满足设备安装、检修和操作的要求,且不应低于3.5m。

2 泵房的门应向外开,且不应少于2个,其中一个应能满足泵房内最大设备的进出需要。建筑面积小于100m²时可只设1个外开门。

3 泵房(间)的门、窗采光面积,不宜小于其建筑面积的15%。

4 泵棚或露天泵站的设备平台,应高于其周围地坪不少于0.15m。

5 与甲B、乙类液体泵房(间)相毗邻建设的变配电间的设置,应符合本规范第14.1.4条的规定。

6 腐蚀性介质泵站的地面、泵基础等其他可能接触到腐蚀性液体的部位,应采取防腐措施。

7 输送液化石油气等甲A类液体的泵站,应采用不发生火花的地面。

7.0.3 输送Ⅰ、Ⅱ级毒性液体的泵,宜独立设置泵站。

7.0.4 输送加热液体的泵,不应与输送闪点低于45℃液体的泵设在同一个房间内。

7.0.5 输送液化烃等甲A类液体的泵,不应与输送其他易燃和可燃液体的泵设在同一个房间内。

7.0.6 Ⅰ、Ⅱ级毒性液体的输送泵应采用屏蔽泵或磁力泵。

7.0.7 易燃和可燃液体输送泵的设置,应符合下列规定:

1 输送有特殊要求的液体,应设专用泵和备用泵。

2 连续输送同一种液体的泵,当同时操作的泵不多于 3 台时,宜设 1 台备用泵;当同时操作的泵多于 3 台时,备用泵不宜多于 2 台。

3 经常操作但不连续运转的泵不宜单独设置备用泵,可与输送性质相近液体的泵互为备用或共设一台备用泵。

4 不经常操作的泵,不宜设置备用油泵。

7.0.8 泵的布置应满足操作、安装及检修的要求,并应排列有序。

7.0.9 离心泵水平进口管需要变径时,应采用异径偏心接头。异径偏心接头应靠近泵入口安装,当泵的进口管道内的液体从下向上或水平进泵时,应采用顶平安装;当泵的进口管道内的液体从上向下进泵时,应采用底平安装。

7.0.10 输送在操作温度下容易处于泡点(或平衡)状态下的液体,泵的进口管道宜步步低的坡向机泵。

7.0.11 泵的进口管道上应设过滤器。磁力泵进口管道应设磁性复合过滤器。过滤器的选用应符合现行行业标准《石油化工泵用过滤器选用、检验及验收》SH/T 3411 的规定。过滤器应安装在泵进口管道的阀门与泵入口法兰之间的管段上。

7.0.12 泵的出口管道宜设止回阀,止回阀应安装在泵出口管道的阀门与泵出口法兰之间的管段上。

7.0.13 液化石油气进泵管道宜采用隔热措施。

7.0.14 在泵进出口之间的管道上宜设高点排气阀。当输送液化烃、液氨、有毒液体时,排气阀出口应接至密闭放空系统。

7.0.15 易燃和可燃气体排放管口的设置,应符合下列规定:

1 排放管应设在泵房(棚)外,并应高出周围地坪 4m 及以上。

2 排放管口设在泵房(棚)顶面上方时,应高出泵房(棚)顶面 1.5m 及以上。

3 排放管口与泵房门、窗等孔洞的水平路径不应小于 3.5m;与配电间门、窗及非防爆电气设备的水平路径不应小于 5m。

4 排放管口应装设阻火器。

7.0.16 当选用容积泵作为离心泵灌泵和抽吸油罐车底油的泵时,该泵的排出口应就近接至相应的管道放空设施。

7.0.17 无内置安全阀的容积泵的出口管道上应设安全阀。

7.0.18 易燃和可燃液体装卸区不设集中泵站时,泵可设置于铁路罐车装卸栈桥或汽车罐车装卸站台之下,但应满足自然通风条件,且泵基础顶面应高于周围地坪和可能出现的最大积水高度。

8 易燃和可燃液体装卸设施

8.1 铁路罐车装卸设施

8.1.1 铁路罐车装卸线设置,应符合下列规定:

1 铁路罐车装卸线的车位数,应按液体运输量确定。

2 铁路罐车装卸线应为尽头式。

3 铁路罐车装卸线应为平直线,股道直线段的始端至装卸栈桥第一鹤管的距离,不应小于进库罐车长度的 1/2。装卸线设在平直线上确有困难时,可设在半径不小于 600m 的曲线上。

4 装卸线上罐车车列的始端车位车钩中心线至前方铁路道岔警冲标的安全距离,不应小于 31m;终端车位车钩中心线至装卸线车挡的安全距离不应小于 20m。

8.1.2 罐车装卸线中心线至石油库内非罐车铁路装卸线中心线的安全距离,应符合下列规定:

1 装甲 B、乙类液体的不应小于 **20m**。

2 卸甲 B、乙类液体的不应小于 **15m**。

3 装卸丙类液体的不应小于 **10m**。

8.1.3 下列易燃和可燃液体宜单独设置铁路罐车装卸线:

1 甲 A 类液体;

2 甲 B 类液体、乙类液体、丙 A 类液体;

3 丙 B 类液体。

当以上液体合用一条装卸线,且同时作业时,两类液体鹤管之间的距离,不应小于 24m;不同时作业时,鹤管间距可不限制。

8.1.4 桶装液体装卸车与罐车装卸车合用一条装卸线时,桶装液体车位至相邻罐车车位的净距,不应小于 10m。不同时作业时可不限制。

8.1.5 罐车装卸线中心线与无装卸栈桥一侧其他建(构)筑物的距离,在露天场所不应小于 3.5m,在非露天场所不应小于 2.44m。

8.1.6 铁路中心线至石油库铁路大门边缘的距离,有附挂调车作业时,不应小于 3.2m;无附挂调车作业时不应小于 2.44m。

8.1.7 铁路中心线至装卸暖库大门边缘的距离,不应小于 2m;暖库大门的净空高度(自轨面算起)不应小于 5m。

8.1.8 桶装液体装卸站台的顶面应高于轨面,其高差不应小于 1.1m。站台边缘至装卸线中心线的距离应符合下列规定:

1 当装卸站台的顶面距轨面高差等于 1.1m 时,不应小于 1.75m;

2 当装卸站台的顶面距轨面高差大于 1.1m 时,不应小于 1.85m。

8.1.9 从下部接卸铁路罐车的卸油系统,应采用密闭管道系统。从上部向铁路罐车灌装甲 B、乙、丙 A 类液体时,应采用插到罐车底部的鹤管。鹤管内的液体流速,在鹤管浸没于液体之前不应大于 1m/s,浸没于液体之后不应大于 4.5m/s。

8.1.10 不应在同一装卸线的两侧同时设置罐车装卸栈桥。铁路装卸线为单股道时,装卸栈桥宜与装卸泵站同侧布置。

8.1.11 罐车装卸栈桥的桥面,宜高于轨面 3.5m。栈桥上应设安全栏杆。在栈桥的两端和沿栈桥每 60m~80m 处,应设上下栈桥的梯子。

8.1.12 罐车装卸栈桥边缘与罐车装卸线中心线的距离,应符合下列规定:

1 自轨面算起 3m 及以下,其距离不应小于 2m;

2 自轨面算起 3m 以上,其距离不应小于 1.85m。

8.1.13 罐车装卸鹤管至石油库围墙的铁路大门的距离,不应小于 20m。

8.1.14 相邻两座罐车装卸栈桥的相邻两条罐车装卸线中心线的

距离,应符合下列规定:

　　1 当二者或其中之一用于装卸甲B、乙类液体时,其距离不应小于10m。

　　2 当二者都用于装卸丙类液体时,其距离不应小于6m。

8.1.15 在保证装卸液体质量的情况下,性质相近的液体可共享鹤管,但航空油料的鹤管应专管专用。

8.1.16 向铁路罐车灌装甲B、乙A类液体和Ⅰ、Ⅱ级毒性液体应采用密闭装车方式,并应按现行国家标准《油品装卸系统油气回收设施设计规范》GB 50759的有关规定设置油气回收设施。

8.2 汽车罐车装卸设施

8.2.1 向汽车罐车灌装甲B、乙、丙A类液体宜在装车棚(亭)内进行。甲B、乙、丙A类液体可共用一个装车棚(亭)。

8.2.2 汽车灌装棚的建筑设计,应符合下列规定:

　　1 灌装棚应为单层建筑,并宜采用通过式。

　　2 灌装棚的耐火等级,应符合本规范第3.0.5条的规定。

　　3 灌装棚罩棚至地面的净空高度,应满足罐车灌装作业要求,且不得低于5.0m。

　　4 灌装棚内的灌装通道宽度,应满足灌装作业要求,其地面应高于周围地面。

　　5 当灌装设备设置在灌装台下时,台下的空间不得封闭。

8.2.3 汽车罐车的液体灌装宜采用泵送装车方式。有地形高差可供利用时,宜采用储罐直接自流装车方式。采用泵送灌装时,灌装泵可设置在灌装台下,并宜按一泵供一鹤位设置。

8.2.4 汽车罐车的液体装卸应有计量措施,计量精度符合国家有关规定。

8.2.5 汽车罐车的液体灌装宜采用定量装车控制方式。

8.2.6 汽车罐车向卧式储罐卸甲、乙、丙A类液体时,应采用密闭管道系统。

8.2.7 灌装汽车罐车宜采用底部装车方式。

8.2.8 当采用上装鹤管向汽车罐车灌装甲B、乙、丙A类液体时,应采用能插到罐车底部的装车鹤管。鹤管内的液体流速,在鹤管口浸没于液体之前不应大于1m/s,浸没于液体之后不应大于4.5m/s。

8.2.9 向汽车罐车灌装甲B、乙A类液体和Ⅰ、Ⅱ级毒性液体应采用密闭装车方式,并应按现行国家标准《油品装卸系统油气回收设施设计规范》GB 50759的有关规定设置油气回收设施。

8.3 易燃和可燃液体装卸码头

8.3.1 易燃和可燃液体装卸码头宜布置在港口的边缘地区和下游。

8.3.2 易燃和可燃液体装卸码头宜独立设置。

8.3.3 易燃和可燃液体装卸码头与公路桥梁、铁路桥梁等的安全距离,不应小于表8.3.3的规定。

表8.3.3 易燃和可燃液体装卸码头与公路桥梁、铁路桥梁等的安全距离

易燃和可燃液体装卸码头位置	液体类别	安全距离(m)
公路桥梁、铁路桥梁的下游	甲B、乙	150(75)
	丙	100(50)
公路桥梁、铁路桥梁的上游	甲B、乙	300(150)
	丙	200(100)
内河大型船队锚地、固定停泊所、城市水源取水口的上游	甲B、乙、丙	1000(500)

注:表中括号内数字为停靠小于500t船舶码头的安全距离。

8.3.4 易燃和可燃液体装卸码头之间或易燃和可燃液体码头相邻两泊位的船舶安全距离,不应小于表8.3.4的规定。

表8.3.4 易燃和可燃液体装卸码头之间或易燃和可燃液体码头相邻两泊位的船舶安全距离

停靠船舶吨级	船长L(m)	安全距离(m)
>1000t级	L≤110	25
	110<L≤150	35
	150<L≤182	40
	182<L≤235	50
	L>235	55
≤1000t级	L	0.3L

注:1 船舶安全距离系指相邻液体泊位设计船型首尾间的净距。

　　2 当相邻泊位设计船型不同时,其间距按吨级较大者计算。

　　3 当突堤或栈桥码头两侧靠船时,对于装卸甲类液体泊位,船舷之间的安全距离不应小于25m。

8.3.5 易燃和可燃液体装卸码头与相邻货运码头的安全距离,不应小于表8.3.5的规定。

表8.3.5 易燃和可燃液体装卸码头与相邻货运码头的安全距离

液体装卸码头位置	液体类别	安全距离(m)
内河货运码头下游	甲B、乙	75
	丙	50
沿海、河口内河货运码头上游	甲B、乙	150
	丙	100

注:表中安全距离系指相邻两码头所停靠设计船型首尾间的净距。

8.3.6 易燃和可燃液体装卸码头与相邻港口客运站码头的安全距离不应小于表8.3.6的规定。

表8.3.6 易燃和可燃液体装卸码头与相邻港口客运站码头的安全距离

液体装卸码头位置	客运站级别	液体类别	安全距离(m)
沿海	一、二、三、四	甲B、乙	300(150)
		丙	200(100)
内河客运站码头的下游	一、二	甲B、乙	300(150)
		丙	200(100)

续表8.3.6

液体装卸码头位置	客运站级别	液体类别	安全距离(m)
内河客运站码头的下游	三、四	甲B、乙	150(75)
		丙	100(50)
内河客运站码头的上游	一	甲B、乙	3000(1500)
		丙	2000(1000)
	二	甲B、乙	2000(1000)
		丙	1500(750)
	三、四	甲B、乙	1000(500)
		丙	700(350)

注:1 易燃和可燃液体装卸码头与相邻客运站码头的安全距离,系指相邻两码头所停靠设计船型首尾间的净距。

　　2 括号内数据为停靠小于500t级船舶码头的安全距离。

　　3 客运站级别划分见现行国家标准《河港工程设计规范》GB 50192。

8.3.7 装卸甲B、乙、丙A类液体和Ⅰ、Ⅱ级毒性液体的船舶应采用密闭接口形式。

8.3.8 停靠需要排放压舱水或洗舱水船舶的码头,应设置接受压舱水或洗舱水的设施。

8.3.9 易燃和可燃液体装卸码头的建造材料,应采用不燃材料(护舷设施除外)。

8.3.10 在易燃和可燃液体管道位于岸边的适当位置,应设用于紧急状况下的切断阀。

8.3.11 易燃液体码头敷设管道的引桥宜独立设置。

8.3.12 向船舶灌装甲B、乙A类液体和Ⅰ、Ⅱ级毒性液体,宜按现行国家标准《油品装卸系统油气回收设施设计规范》GB 50759的有关规定设置油气回收设施。

9 工艺及热力管道

9.1 库内管道

9.1.1 石油库内工艺及热力管道宜地上敷设或采用敞口管沟敷设;根据需要局部地段可埋地敷设或采用充沙封闭管沟敷设。

9.1.2 地上管道不应环绕罐组布置,且不应妨碍消防车的通行。设置在防火堤与消防车道之间的管道不应妨碍消防人员通行及作业。

9.1.3 Ⅰ、Ⅱ级毒性液体管道不应埋地敷设,并应有明显区别于其他管道的标志;必须埋地敷设时应设防护套管,并应具备检漏条件。

9.1.4 地上工艺管道不宜靠近消防泵房、专用消防站、变电所和独立变配电间、办公室、控制室以及宿舍、食堂等人员集中场所敷设。当地上工艺管道与这些建筑物之间的距离小于 15m 时,朝向工艺管道一侧的外墙应采用无门窗的不燃烧体实体墙。

9.1.5 管道穿越铁路和道路时,应符合下列规定:

1 管道穿越铁路和道路的交角不宜小于 60°,穿越管段应敷设在涵洞或套管内,或采取其他防护措施。管道桥涵应充沙(土)填实。

2 套管端部应超出坡脚或路基至少 0.6m;穿越排水沟时,应超出排水沟边缘至少 0.9m。

3 液化烃管道套管顶低于铁路轨面不应小于 1.4m,低于道路路面不应小于 1.0m;其他管道套管顶低于铁路轨面不应小于 0.8m,低于道路路面不应小于 0.6m。套管应满足承压强度要求。

9.1.6 管道跨越道路和铁路时,应符合下列规定:

1 管道跨越电气化铁路时,轨面上的净空高度不应小于 6.6m;

2 管道跨越非电气化铁路时,轨面上的净空高度不应小于 5.5m;

3 管道跨越消防车道时,路面上的净空高度不应小于 5m;

4 管道跨越其他车行道路时,路面上的净空高度不应小于 4.5m;

5 管架立柱边缘距铁路不应小于 3.5m,距道路不应小于 1m;

6 管道在跨越铁路、道路上方的管段上不得装设阀门、法兰、螺纹接头、波纹管及带有填料的补偿器等可能出现渗漏的组成件。

9.1.7 地上管道与铁路平行布置时,其与铁路的距离不应小于 3.8m(铁路罐车装卸栈桥下面的管道除外)。

9.1.8 地上管道沿道路平行布置时,与路边的距离不应小于 1m。埋地管道沿道路平行布置时,不得敷设在路面之下。

9.1.9 金属工艺管道连接应符合下列规定:

1 管道之间及管道与管件之间应采用焊接连接。

2 管道与设备、阀门、仪表之间宜采用法兰连接,采用螺纹连接时应确保连接强度和严密性。

9.1.10 与储罐等设备连接的管道,应使其管系具有足够的柔性,并应满足设备管口的允许受力要求。

9.1.11 在输送腐蚀性液体和Ⅰ、Ⅱ级毒性液体管道上,不宜设放空和排空装置。如必须设放空和排空装置时,应有密闭收集凝液的措施。

9.1.12 工艺管道上的阀门,应选用钢制阀门。选用的电动阀门或气动阀门应具有手动操作功能。公称直径小于或等于 600mm 的阀门,手动关闭阀门的时间不宜超过 15min;公称直径大于 600mm 的阀门,手动关闭阀门的时间不宜超过 20min。

9.1.13 管道的防护应符合下列规定:

1 钢管及其附件的外表面,应涂刷防腐涂层,埋地钢管尚应采取防腐绝缘或其他防护措施。

2 管道内液体压力有超过管道设计压力可能的工艺管道,应在适当位置设置泄压装置。

3 输送易凝液体或易自聚液体的管道,应分别采取防凝或防自聚措施。

9.1.14 输送有特殊要求的液体,应设专用管道。

9.1.15 热力管道不得与甲、乙、丙 A 类液体管道敷设在同一条管沟内。

9.1.16 埋地敷设的热力管道与埋地敷设的甲、乙类工艺管道平行敷设时,两者之间的净距不应小于 1m;与埋地敷设的甲、乙类工艺管道交叉敷设时,两者之间的净距不应小于 0.25m,且工艺管道宜在其他管道和沟渠的下方。

9.1.17 管道宜沿库区道路布置。工艺管道不得穿越或跨越与其无关的易燃和可燃液体的储罐组、装卸设施及泵站等建(构)筑物。

9.1.18 自采样及管道低点排出的有毒液体应密闭排入专用收集系统或其他收集设施,不得就地排放或直接排入排水系统。

9.1.19 有毒液体管道上的阀门,其阀杆方向不应朝下或向下倾斜。

9.1.20 酚或其他少量与皮肤接触即会产生严重生理反应或致命危险的液体,其管道和设备的法兰垫片周围宜设置安全防护罩。

9.1.21 对储存和输送酚等腐蚀性液体和有毒液体的设备和阀门,在人工操作区域内,应在人员容易接近的地方设置淋浴喷头和洗眼器等急救设施。

9.1.22 当管道采用管沟方式敷设时,管沟与泵房、灌桶间、罐组防火堤、覆土油罐室的结合处,应设置密闭隔离墙。

9.1.23 当管道采用充沙封闭管沟或非充沙封闭管沟方式敷设时,除应符合本规范第 9.1.22 规定外,尚应符合下列规定:

1 热力管道、加温输送的工艺管道,不得与输送甲、乙类液体的工艺管道敷设在同一条管沟内。

2 管沟内的管道布置应方便检修及更换管道组成件。

3 非充沙封闭管沟的净空高度不宜小于 1.8m。沟内检修道净宽不宜小于 0.7m。

4 非充沙封闭管沟应设安全出入口,每隔 100m 宜设满足人员进出的人孔或通风口。

9.1.24 当管道采用埋地方式敷设时,应符合下列规定:

1 管道的埋设深度宜位于最大冻土深度以下。埋设在冻土层时,应有防冻胀措施。

2 管顶距地面不应小于 0.5m;在室内或室外有混凝土地面的区域,管顶埋深应低于混凝土结构层不小于 0.3m;穿越铁路和道路时,应符合本规范第 9.1.5 条的规定。

3 输送易燃和可燃介质的埋地管道不宜穿越电缆沟,如不可避免时应设防护套管;当管道液体温度超过 60℃时,在套管内应充填隔热材料,使套管外壁温度不超过 60℃。

4 埋地管道不得平行重叠敷设。

5 埋地管道不应布置在邻近建(构)筑物的基础压力影响范围内,并应避免其施工和检修开挖影响邻近设备及建(构)筑物基础的稳固性。

9.2 库外管道

9.2.1 库外管道宜沿库外道路敷设。库外工艺管道不应穿过村庄、居民区、公共设施,并宜远离人员集中的建筑物和明火设施。

9.2.2 库外管道应避开滑坡、崩塌、沉陷、泥石流等不良的工程地质区。当受条件限制必须通过时,应选择合适的位置,缩小通过距离,并应加强防护措施。

9.2.3 库外管道与相邻建(构)筑物或设施之间的距离不应小于表 9.2.3 的规定。

表 9.2.3 库外管道与相邻建(构)筑物或设施之间的距离(m)

序号	相邻建(构)筑物		液化烃等甲 A 类液体管道		其他易燃和可燃气体管道	
			埋地敷设	地上架空	埋地敷设	地上架空
1	城镇居民点或独立的人群密集的房屋、工矿企业人员集中场所		30	40	15	25
2	工矿企业厂内生产设施		20	30	10	15
3	库外铁路线	国家铁路线	15	25	10	15
		企业铁路线	10	15	10	10
4	库外公路	高速公路、一级公路	7.5	12	5	7.5
		其他公路	5	7.5	5	7.5
5	工业园区内道路	主要道路	5	5	5	5
		一般道路	3	3	3	3
6	架空电力、通信线路		5	1倍杆高，且不小于 5m	5	1倍杆高，且不小于 5m

注：1 对于城镇居民点或独立的人群密集的房屋、工矿企业人员集中场所，由边缘建(构)筑物的外墙算起；对于学校、医院、工矿企业厂内生产设施等，由区域边界线算起。

　　2 表中库外管道与库外铁路线、库外公路、工业园区内道路之间的距离系指两者平行敷设时的间距。

　　3 当情况特殊或受地形及其他条件限制时，在采取加强安全保护措施后，序号 1 和 2 的距离可减少 50%。对处于地形特殊困难地段与公路平行的局部管段，在采取加强安全保护措施后，可埋设在公路路肩边线以外的公路用地范围以内。

　　4 库外管道尚应位于铁路用地范围边线和公路用地范围边线外。

　　5 库外管道尚不应穿越与其无关的工矿企业，确有困难需要穿越时，应进行安全评估。

9.2.4 库外管道采用埋地敷设方式时，在地面上应设置明显的永久标志，管道的敷设设计应符合现行国家标准《输油管道工程设计规范》GB 50253 的有关规定。

9.2.5 易燃、可燃、有毒液体库外管道沿江、河、湖、海敷设时，应有预防管道泄漏污染水域的措施。

9.2.6 架空敷设的库外管道经过人员密集区域时，宜设防止人员进入的防护栏。

9.2.7 沿库外公路架空敷设的厂际管道距库外公路路边的距离小于 10m 时，宜沿库外公路边设防撞设施。

9.2.8 埋地敷设的库外工艺管道不宜与市政管道、暗沟(渠)交叉或相邻布置，如确需交叉或相邻布置，应符合下列规定：

　　1 与市政管道、暗沟(渠)交叉时，库外工艺管道应位于市政管道、暗沟(渠)的下方，库外工艺管道的管顶与市政管道的管底、暗沟(渠)的沟底的垂直净距不应小于 0.5m。

　　2 沿道路布置时，不宜与市政管道、暗沟(渠)相邻布置在道路的相同侧。

　　3 工艺管道与市政管道、暗沟(渠)平行敷设时，两者之间的净距不应小于 1m，且工艺管道应位于市政热力管道热力影响范围外。

　　4 应进行安全风险分析，根据具体情况，采取有效可行措施，防止泄漏的易燃和可燃液体、气体进入市政管道、暗沟(渠)。

9.2.9 库外管道穿越工程的设计，应符合现行国家标准《油气输送管道穿越工程设计规范》GB 50423 的有关规定。

9.2.10 库外管道跨越工程的设计，应符合现行国家标准《油气输送管道跨越工程设计规范》GB 50459 的有关规定。

9.2.11 库外管道应在进出储罐区和库外装卸区的便于操作处设置截断阀门。

9.2.12 库外埋地管道与电气化铁路平行敷设时，应采取防止交流电干扰的措施。

9.2.13 当重要物品仓库(或堆场)、军事设施、飞机场等，对与库外管道的安全距离有特殊要求时，应按有关规定执行或协商解决。

9.2.14 库外管道的设计除应符合本节上述规定外，尚应符合本规范第 9.1.3 条、第 9.1.9 条和第 9.1.11 条～第 9.1.13 条的规定。

10 易燃和可燃液体灌桶设施

10.1 灌桶设施组成和平面布置

10.1.1 灌桶设施可由灌装储罐、灌装泵房、灌桶间、计量室、空桶堆放场、重桶库房(棚)、装卸车站台以及必要的辅助生产设施和行政、生活设施组成，设计可根据需要设置。

10.1.2 灌桶设施的平面布置，符合下列规定：

　　1 空桶堆放场、重桶库房(棚)的布置，应避免运桶作业交叉进行和往返运输。

　　2 灌装储罐、灌桶场地、收发桶场地等应分区布置，且应方便操作、互不干扰。

10.1.3 灌装泵房、灌桶间、重桶库房可合并设在同一建筑物内。

10.1.4 甲 B、乙类液体的灌桶泵与灌桶栓之间应设防火墙。甲 B、乙类液体的灌桶间与重桶库房合建时，两者之间应设无门、窗、孔洞的防火墙。

10.1.5 灌桶设施的辅助生产和行政、生活设施，可与邻近车间联合设置。

10.2 灌桶场所

10.2.1 灌桶宜采用泵送灌装方式。有地形高差可供利用时，宜采用储罐直接自流灌装方式。

10.2.2 灌桶场所的设计，应符合下列规定：

　　1 甲 B、乙、丙 A 类液体宜在棚(亭)内灌装，并可在同一座棚(亭)内灌装。

　　2 润滑油等丙 B 类液体宜在室内灌装，其灌桶间宜单独设置。

10.2.3 灌油枪出口流速不得大于 4.5m/s。

10.2.4 有毒液体灌桶应采用密闭灌装方式。

10.3 桶装液体库房

10.3.1 空、重桶的堆放,应满足灌装作业及空、重桶收发作业的要求。空桶的堆放量宜为 1d 的灌装量,重桶的堆放量宜为 3d 的灌装量。

10.3.2 空桶可露天堆放。

10.3.3 重桶应堆放在库房(棚)内。桶装液体库房(棚)的设计,应符合下列规定:

　　1 甲B、乙类液体重桶与丙类液体重桶储存在同一栋库房内时,两者之间宜设防火墙。

　　2 Ⅰ、Ⅱ级毒性液体重桶与其他液体重桶储存在同一栋库房内时,两者之间应设防火墙。

　　3 甲B、乙类液体的桶装液体库房,不得建地下或半地下式。

　　4 桶装液体库房应为单层建筑。当丙类液体的桶装液体库房采用一、二级耐火等级时,可为两层建筑。

　　5 桶装液体库房应设外开门。丙类液体桶装液体库房,可在墙外侧设推拉门。建筑面积大于或等于 100m² 的重桶堆放间,门的数量不应少于 2 个,门宽不应小于 2m。桶装液体库房应设置斜坡式门槛,门槛应选用非燃烧材料,且应高出室内地坪 0.15m。

　　6 桶装液体库房的单栋建筑面积不应大于表 10.3.3 的规定。

表 10.3.3　桶装液体库房的单栋建筑面积

液体类别	耐火等级	建筑面积(m²)	防火墙隔间面积(m²)
甲B	一、二级	750	250
乙	一、二级	2000	500
丙	一、二级	4000	1000
	三级	1200	400

10.3.4 桶的堆码应符合下列规定:

　　1 空桶宜卧式堆码。堆码层数宜为 3 层,但不得超过 6 层。

　　2 重桶应立式堆码。机械堆码时,甲B类液体和有毒液体不得超过 2 层,乙类和丙A液体不得超过 3 层,丙B类液体不得超过 4 层。人工堆码时,各类液体的重桶均不得超过 2 层。

　　3 运输桶的主要通道宽度,不应小于 1.8m。桶垛之间的辅助通道宽度,不应小于 1.0m。桶垛与墙柱之间的距离不宜小于 0.25m。

　　4 单层的桶装液体库房净空高度不得小于 3.5m。桶多层堆码时,最上层桶与屋顶构件的净距不得小于 1m。

11　车间供油站

11.0.1 设置在企业厂房内的车间供油站,应符合下列规定:

　　1 甲B、乙类油品的储存量,不应大于车间两昼夜的需用量,且不应大于 2m³。

　　2 丙类油品的储存量不宜大于 10m³。

　　3 车间供油站应靠厂房外墙布置,并应设耐火极限不低于 3h 的非燃烧体墙和耐火极限不低于 1.5h 的非燃烧体屋顶。

　　4 储存甲B、乙类油品的车间供油站,应为单层建筑,并应设有直接向外的出入口和防止液体流散的设施。

　　5 存油量不大于 5m³ 的丙类油品储罐(箱),可直接设置在丁、戊类生产厂房内。

　　6 储罐(箱)的通气管管口应设在室外,甲B、乙类油品储罐(箱)的通气管管口,应高出屋面 1.5m,与厂房门、窗之间的距离不应小于 4m。

　　7 储罐(箱)与油泵的距离可不受限制。

11.0.2 设置在企业厂房外的车间供油站,应符合下列规定:

　　1 车间供油站与本企业建(构)筑物、交通线等的安全距离,应符合本规范第 4.0.16 条的规定;站内布置应符合本规范第 5.1.3 条的规定。

　　2 甲B、乙类油品储罐的总容量不大于 20m³ 且储罐为埋地卧式储罐或丙类油品储罐的总容量不大于 100m³ 时,站内储罐、油泵站与本车间厂房、厂内道路等的防火距离以及站内储罐、油泵站之间的防火距离可适当减小,但应符合下列规定:

　　　1)站内储罐、油泵站与本车间厂房、厂内道路等的防火距离,不应小于表 11.0.2 的规定;

表 11.0.2　站内储罐、油泵站与本车间厂房、厂内道路等的防火距离(m)

名称		液体类别	一、二级耐火等级的厂房	厂房内明火或散发火花地点	站区围墙	厂内道路
储罐	埋地卧式	甲B、乙	3	18.5	3	5
		丙		8		
	地上式	丙	6	17.5		
油泵站		甲B、乙	3	15		
		丙		8		

　　　2)油泵房与地上储罐的防火距离不应小于 5m;

　　　3)油泵房与埋地卧式储罐的防火距离不应小于 3m;

　　　4)布置在露天或棚内的油泵与储罐的距离可不受限制。

　　3 车间供油站应设高度不低于 1.6m 的站区围墙。当厂房外墙兼作站区围墙时,厂房外墙地坪以上 6m 高度范围内,不应有门、窗、孔洞。工厂围墙兼作站区围墙时,储罐、油泵站与工厂围墙的距离应符合本规范第 5.1.3 条的规定。

　　4 当油泵房与厂房毗邻建设时,油泵应采用耐火极限不低于 3h 的非燃烧体墙和不低于 1.5h 的非燃烧体屋顶。对于甲B、乙类油品的泵房,尚应设有直接向外的出入口。

　　5 埋地卧式储罐的设置,应符合本规范第 6.3 节和第 6.4 节的有关规定。

12 消防设施

12.1 一般规定

12.1.1 石油库应设消防设施。石油库的消防设施设置,应根据石油库等级、储罐型式、液体火灾危险性及与邻近单位的消防协作条件等因素综合考虑确定。

12.1.2 石油库的易燃和可燃液体储罐灭火设施的设置,应符合下列规定:

    1 覆土卧式储罐和储存丙 B 类油品的覆土立式油罐,可不设泡沫灭火系统,但应按本规范第 12.4.2 条的规定配置灭火器材。

    2 设置泡沫灭火系统有困难,且无消防协作条件的四、五级石油库,当立式储罐不多于 5 座,甲 B 类和乙 A 类液体储罐单罐容量不大于 700m³,乙 B 和丙类液体储罐单罐容量不大于 2000m³ 时,可采用烟雾灭火方式;当甲 B 类和乙 A 类液体储罐单罐容量不大于 500m³,乙 B 类和丙类液体储罐单罐容量不大于 1000m³ 时,也可采用超细干粉等灭火方式。

    3 其他易燃和可燃液体储罐应设置泡沫灭火系统。

12.1.3 储罐泡沫灭火系统的设置类型,应符合下列规定:

    1 地上固定顶储罐、内浮顶储罐和地上卧式储罐应设低倍数泡沫灭火系统或中倍数泡沫灭火系统。

    2 外浮顶储罐、储存甲 B、乙和丙 A 类油品的覆土立式油罐,应设低倍数泡沫灭火系统。

12.1.4 储罐的泡沫灭火系统设置方式,应符合下列规定:

    1 容量大于 500m³ 的水溶性液体地上立式储罐和容量大于 1000m³ 的其他甲 B、乙、丙 A 类易燃、可燃液体地上立式储罐,应采用固定式泡沫灭火系统。

    2 容量小于或等于 500m³ 的水溶性液体地上立式储罐和容量小于或等于 1000m³ 的其他易燃、可燃液体地上立式储罐,可采用半固定式泡沫灭火系统。

    3 地上卧式储罐、覆土立式油罐、丙 B 类液体立式储罐和容量不大于 200m³ 的地上储罐,可采用移动式泡沫灭火系统。

12.1.5 储罐应设消防冷却水系统。消防冷却水系统的设置应符合下列规定:

    1 容量大于或等于 3000m³ 或罐壁高度大于或等于 15m 的地上立式储罐,应设固定式消防冷却水系统。

    2 容量小于 3000m³ 且罐壁高度小于 15m 的地上立式储罐以及其他储罐,可设移动式消防冷却水系统。

    3 五级石油库的立式储罐采用烟雾灭火或超细干粉等灭火设施时,可不设消防给水系统。

12.1.6 火灾时需要操作的消防阀门不应设在防火堤内。消防阀门与对应的着火储罐罐壁的距离不应小于 15m,如果有可靠的接近消防阀门的保护措施,可不受此限制。

12.2 消防给水

12.2.1 一、二、三、四级石油库应设独立消防给水系统。

12.2.2 五级石油库的消防给水可与生产、生活给水系统合并设置。

12.2.3 当石油库采用高压消防给水系统时,给水压力不应小于在达到设计消防水量时最不利点灭火所需要的压力;当石油库采用低压消防给水系统时,应保证每个消火栓出口处在达到设计消防水量时,给水压力不应小于 0.15MPa。

12.2.4 消防给水系统应保持充水状态。严寒地区的消防给水管道,冬季可不充水。

12.2.5 一、二、三级石油库地上储罐区的消防给水管道应环状敷设;覆土油罐区和四、五级石油库储罐区的消防给水管道可枝状敷设;山区石油库的单罐容量小于或等于 5000m³ 且储罐单排布置的储罐区,其消防给水管道可枝状敷设。一、二、三级石油库地上储罐区的消防水环形管道的进水管道不应少于 2 条,每条管道应能通过全部消防用水量。

12.2.6 特级石油库的储罐计算总容量大于或等于 2400000m³ 时,其消防用水量应为同时扑救消防设置要求最高的一个原油储罐和扑救消防设置要求最高的一个非原油储罐火灾所需配置泡沫用水量和冷却储罐最大用水量的总和。其他级别石油库储罐区的消防用水量,应为扑救消防设置要求最高的一个储罐火灾配置泡沫用水量和冷却储罐所需最大用水量的总和。

12.2.7 储罐的消防冷却水供应范围,应符合下列规定:

    1 着火的地上固定顶储罐以及距该储罐罐壁不大于 1.5D(D 为着火储罐直径)范围内相邻的地上储罐,均应冷却。当相邻的地上储罐超过 3 座时,可按其中较大的 3 座相邻储罐计算冷却水量。

    2 着火的外浮顶、内浮顶储罐应冷却,其相邻储罐可不冷却。当着火的内浮顶储罐浮盘用易熔材料制作时,其相邻储罐也应冷却。

    3 着火的地上卧式储罐应冷却,距着火罐直径与长度之和 1/2 范围内的相邻罐也应冷却。

    4 着火的覆土储罐及其相邻的覆土储罐可不冷却,但应考虑灭火时的保护用水量(指人身掩护和冷却地面及储罐附件的水量)。

12.2.8 储罐的消防冷却水供水范围和供给强度应符合下列规定:

    1 地上立式储罐消防冷却水供水范围和供给强度,不应小于表 12.2.8 的规定。

表 12.2.8 地上立式储罐消防冷却水供水范围和供给强度

储罐及消防冷却型式			供水范围	供给强度	附 注
移动式水枪冷却	着火罐	固定顶罐	罐周全长	0.6(0.8)L/(s·m)	—
		外浮顶罐内浮顶罐	罐周全长	0.45(0.6)L/(s·m)	浮顶用易熔材料制作的内浮顶罐按固定顶罐计算
	相邻罐	不保温	罐周半长	0.35(0.5)L/(s·m)	
		保温		0.2L/(s·m)	
固定式冷却	着火罐	固定顶罐	罐壁外表面积	2.5L/(min·m²)	—
		外浮顶罐内浮顶罐	罐壁外表面积	2.0L/(min·m²)	浮顶用易熔材料制作的内浮顶罐按固定顶罐计算
	相邻罐		罐壁外表面积的 1/2	2.0L/(min·m²)	按实际冷却面积计算,但不得小于罐壁表面积的 1/2

注:1 移动式水枪冷却栏中,供给强度是按使用 φ16mm 口径水枪确定的,括号内数据为使用 φ19mm 口径水枪时的数据。

    2 着火罐单支水枪保护范围:φ16mm 口径为 8m~10m,φ19mm 口径为 9m~11m;邻近罐单支水枪保护范围:φ16mm 口径为 14m~20m,φ19mm 口径为 15m~25m。

    2 覆土立式油罐的保护用水供给强度不应小于 0.3L/(s·m²),用水量计算长度应为最大储罐的周长。当计算用水量小于 15L/s 时,应按不小于 15L/s 计。

    3 着火的地上卧式储罐的消防冷却水供给强度不应小于 6L/(min·m²),其相邻储罐的消防冷却水供给强度不应小于 3L/(min·m²)。冷却面积应按储罐投影面积计算。

    4 覆土卧式油罐的保护用水供给强度,应按同时使用不少于 2 支移动水枪计,且不应小于 15L/s。

5 储罐的消防冷却水供给强度应根据设计所选用的设备进行校核。

12.2.9 单股道铁路罐车装卸设施的消防水量不应小于 30L/s；双股道铁路罐车装卸设施的消防水量不应小于 60L/s。汽车罐车装卸设施的消防水量不应小于 30L/s；当汽车装卸车位不超过 2 个时，消防水量可按 15L/s 设计。

12.2.10 地上立式储罐采用固定消防冷却方式时，其冷却水管的安装应符合下列规定：

1 储罐抗风圈或加强圈不具备冷却水导流功能时，其下面应设冷却喷水管。

2 冷却喷水环管上应设置水幕式喷头，喷头布置间距不宜大于 2m，喷头的出水压力不应小于 0.1MPa。

3 储罐冷却水的进水立管下端应设清扫口。清扫口下端应高于储罐基础顶面不小于 0.3m。

4 消防冷却水管道上应设控制阀和放空阀。消防冷却水以地面水为水源时，消防冷却水管道上宜设置过滤器。

12.2.11 消防冷却水最小供给时间应符合下列规定：

1 直径大于 20m 的地上固定顶储罐和直径大于 20m 的浮盘用易熔材料制作的内浮顶储罐不应少于 9h，其他地上立式储罐不应少于 6h。

2 覆土立式油罐不应少于 4h。

3 卧式储罐、铁路罐车和汽车罐车装卸设施不应少于 2h。

12.2.12 石油库消防水泵的设置，应符合下列规定：

1 一级石油库的消防冷却水泵和泡沫消防水泵应至少各设置 1 台备泵。二、三级石油库的消防冷却水泵和泡沫消防水泵应设置备泵，当两者的压力、流量接近时，可共用 1 台备泵。四、五级石油库的消防冷却水泵和泡沫消防水泵可不设用泵。备用泵的流量、扬程不应小于最大主泵的工作能力。

2 当一、二、三级石油库的消防水泵有 2 个独立电源供电时，主泵应采用电动泵，备用泵可采用电动泵，也可采用柴油机泵；只有 1 个电源供电时，消防水泵应采用下列方式之一：

1）主泵和备用泵全部采用柴油机泵；

2）主泵采用电动泵，配备规格（流量、扬程）和数量不小于主泵的柴油机泵作备用泵；

3）主泵采用柴油机泵，备用泵采用电动泵。

3 消防水泵应采用正压启动或自吸启动。当采用自吸启动时，自吸时间不宜大于 45s。

12.2.13 当多台消防水泵的吸水管共用 1 根泵前主管道时，该管道应有 2 条支管道接入消防水池（罐），且每条支管道应能通过全部用水量。

12.2.14 石油库设有消防水池（罐）时，其补水时间不应超过 96h。需要储存的消防总水量大于 1000m³ 时，应设 2 个消防水池（罐），2 个消防水池（罐）应用带阀门的连通管连通。消防水池（罐）应设供消防车取水用的取水口。

12.2.15 消防冷却水系统应设置消火栓，消火栓的设置应符合下列规定：

1 移动式消防冷却水系统的消火栓设置数量，应按储罐冷却灭火所需消防水量及消火栓保护半径确定。消火栓的保护半径不应大于 120m，且距着火罐壁 15m 内的消火栓不应计算在内。

2 储罐固定式消防冷却水系统所设置的消火栓间距不应大于 60m。

3 寒冷地区消防水管道上设置的消火栓应有防冻、放空措施。

12.2.16 石油库的消防给水主管道宜与临近同类企业的消防给水主管道连通。

12.3 储罐泡沫灭火系统

12.3.1 储罐的泡沫灭火系统设计，除应执行本规范规定外，尚应符合现行国家标准《泡沫灭火系统设计规范》GB 50151 的有关规定。

12.3.2 泡沫混合装置宜采用平衡比例泡沫混合或压力比例泡沫混合等流程。

12.3.3 容量大于或等于 50000m³ 的外浮顶储罐的泡沫灭火系统，应采用自动控制方式。

12.3.4 储存甲 B、乙和丙 A 类油品的覆土立式油罐，应配备带泡沫枪的泡沫灭火系统，并应符合下列规定：

1 油罐直径小于或等于 20m 的覆土式油罐，同时使用的泡沫枪数不应少于 3 支。

2 油罐直径大于 20m 的覆土立式油罐，同时使用的泡沫枪数不应少于 4 支。

3 每支泡沫枪的泡沫混合液流量不应小于 240L/min，连续供给时间不应小于 1h。

12.3.5 固定式泡沫灭火系统泡沫液的选择、泡沫混合液流量、压力应满足泡沫站服务范围内所有储罐的灭火要求。

12.3.6 当储罐采用固定式泡沫灭火系统时，尚应配置泡沫钩管、泡沫枪和消防水带等移动泡沫灭火用具。

12.3.7 泡沫液储备量应在计算的基础上增加不少于 100% 的富余量。

12.4 灭火器材配置

12.4.1 石油库应配置灭火器材。

12.4.2 灭火器材配置应符合现行国家标准《建筑灭火器配置设计规范》GB 50140 的有关规定，并应符合下列规定：

1 储罐组按防火堤内面积每 400m² 应配置 1 具 8kg 手提式干粉灭火器，当计算数量超过 6 具时，可按 6 具配置。

2 铁路装车台每间隔 12m 应配置 2 具 8kg 干粉灭火器；每个公路装车台应配置 2 具 8kg 干粉灭火器。

3 石油库主要场所灭火毯、灭火沙配置数量不应少于表 12.4.2 的规定。

表 12.4.2 石油库主要场所灭火毯、灭火沙配置数量

场 所	灭火毯（块）		灭火沙（m³）
	四级及以上石油库	五级石油库	
罐组	4～6	2	2
覆土储罐出入口	2～4	2～4	1
桶装液体库房	4～6	2	1
易燃和可燃液体泵站	—	—	2
灌油间	4～6	3	1
铁路罐车易燃和可燃液体装卸栈桥	4～6	2	—
汽车罐车易燃和可燃液体装卸场地	4～6	2	1
易燃和可燃液体装卸码头	4～6	2	2
消防泵房			2
变配电间			2
管道桥涵			2
雨水支沟接主沟处			2

注：埋地卧式储罐可不配置灭火沙。

12.5 消防车配备

12.5.1 当采用水罐消防车对储罐进行冷却时，水罐消防车的台数应按储罐最大需要水量进行配备。

12.5.2 当采用泡沫消防车对储罐进行灭火时，泡沫消防车的台数应按一个最大着火储罐所需的泡沫液量进行配备。

12.5.3 设有固定式消防系统的石油库，其消防车配备应符合下列规定：

1 特级石油库应配备 3 辆泡沫消防车；当特级石油库中储罐

单罐容量大于或等于 100000m³ 时,还应配备 1 辆举高喷射消防车。

2 一级石油库中,当固定顶罐、浮盘用易熔材料制作的内浮顶储罐单罐容量不小于 10000m³ 或外浮顶储罐、浮盘用钢质材料制作的内浮顶储罐单罐容量不小于 20000m³ 时,应配备 2 辆泡沫消防车;当一级石油库中储罐单罐容量大于或等于 100000m³ 时,还应配备 1 辆举高喷射消防车。

3 储罐总容量大于或等于 50000m³ 的二级石油库,当固定顶罐、浮盘用易熔材料制作的内浮顶储罐单罐容量不小于 10000m³ 或外浮顶储罐、浮盘用钢质材料制作的内浮顶储罐单罐容量不小于 20000m³ 时,应配备 1 辆泡沫消防车。

12.5.4 石油库应与邻近企业或城镇消防站协商组成联防。联防企业或城镇消防站的消防车辆符合下列要求时,可作为油库的消防车辆:

1 在接到火灾报警后 5min 内能对着火罐进行冷却的消防车辆;

2 在接到火灾报警后 10min 内能对相邻储罐进行冷却的消防车辆;

3 在接到火灾报警后 20min 内能对着火储罐提供泡沫的消防车辆。

12.5.5 消防车库的位置,应满足接到火灾报警后,消防车到达最远着火的地上储罐的时间不超过 5min;到达最远着火覆土油罐的时间不宜超过 10min。

12.6 其 他

12.6.1 石油库内应设消防值班室。消防值班室内应设专用受警录音电话。

12.6.2 一、二、三级石油库的消防值班室应与消防泵房控制室或消防车库合并设置,四、五级石油库的消防值班室可与油库值班室合并设置。消防值班室与油库值班调度室、城镇消防站之间应设直通电话。储罐总容量大于或等于 50000m³ 的石油库的报警信号应在消防值班室显示。

12.6.3 储罐区、装卸区和辅助作业区的值班室内,应设火灾报警电话。

12.6.4 储罐区和装卸区内,宜在四周道路设置户外手动报警设施,其间距不宜大于 100m。容量大于或等于 50000m³ 的外浮顶储罐应设置火灾自动报警系统。

12.6.5 储存甲 B 类和乙 A 类液体且容量大于或等于 50000m³ 的外浮顶储罐,应在储罐上设置火灾自动探测装置,并应根据消防灭火系统联动控制要求划分火灾探测器的探测区域。当采用光纤型感温探测器时,探测器应设置在储罐浮盘二次密封圈的上面。当采用光纤光栅感温探测器时,光栅探测器的间距不应大于 3m。

12.6.6 石油库火灾自动报警系统设计,应符合现行国家标准《火灾自动报警系统设计规范》GB 50116 的规定。

12.6.7 采用烟雾或超细干粉灭火设施的四、五级石油库,其烟雾或超细干粉灭火设施的设置应符合下列规定:

1 当 1 座储罐安装多个发烟器或超细干粉喷射口时,发烟器、超细干粉喷射口应联动,且宜对称布置。

2 烟雾灭火的药剂强度及安装方式,应符合有关产品的使用要求和规定。

3 药剂及超细干粉的损失系数宜为 1.1～1.2。

12.6.8 石油库内的集中控制室、变配电间、电缆夹层等场所采用气溶胶灭火装置时,气溶胶喷放出口温度不得大于 80℃。

13 给排水及污水处理

13.1 给 水

13.1.1 石油库的水源应就近选用地下水、地表水或城镇自来水。水源的水质应分别符合生活用水、生产用水和消防用水的水质标准。企业附属石油库的给水,应由该企业统一考虑。石油库选用城镇自来水做水源时,水管进入石油库处的压力不应低于 0.12MPa。

13.1.2 石油库的生产和生活用水水源,宜合并建设。合并建设在技术经济上不合理时,亦可分别设置。

13.1.3 石油库水源工程供水量的确定,应符合下列规定:

1 石油库的生产用水量和生活用水量应按最大小时用水量计算。

2 石油库的生产用水量应根据生产过程和用水设备确定。

3 石油库的生活用水宜按 25L/人·班～35L/人·班,用水时间为 8h,时间变化系数为 2.5～3.0 计算。洗浴用水宜按 40L/人·班～60L/人·班,用水时间为 1h 计算。由石油库供水的附属居民区的生活用水量,宜按当地用水定额计算。

4 消防、生产及生活用水采用同一水源时,水源工程的供水量应按最大消防用水量的 1.2 倍计算确定。当采用消防水池(罐)时,应按消防水池(罐)的补充水量、生产用水量及生活用水量总和的 1.2 倍计算确定。

5 当消防与生产采用同一水源,生活用水采用另一水源时,消防与生产用水的水源工程的供水量应按最大消防用水量的 1.2 倍计算确定。采用消防水池(罐)时,应按消防水池(罐)的补充水量与生产用水量总和的 1.2 倍计算确定。生活用水水源工程的供水量应按生活用水量的 1.2 倍计算确定。

6 当消防用水采用单独水源、生产与生活用水合用另一水源时,消防用水水源工程的供水量,应按最大消防用水量的 1.2 倍计算确定。设消防水池(罐)时,应按消防水池补充水量的 1.2 倍计算确定。生产与生活用水水源工程的供水量,应按生产用水量与生活用水量之和的 1.2 倍计算确定。

13.1.4 石油库附近有江、河、湖、海等合适的地面水源时,地面水源宜设置为石油库的应急消防水源。

13.2 排 水

13.2.1 石油库的含油与不含油污水,应采用分流制排放。含油污水应采用管道排放。未被易燃和可燃液体污染的地面雨水和生产废水可采用明沟排放,并宜在石油库围墙处集中设置排放口。

13.2.2 储罐区防火堤内的含油污水管道引出防火堤时,应在堤外采取防止泄漏的易燃和可燃液体流出罐区的切断措施。

13.2.3 含油污水管道应在储罐组防火堤处、其他建(构)筑物的排水管出口处、支管与干管连接处、干管每隔 300m 处设置水封井。

13.2.4 石油库通向库外的排水管道和明沟,应在石油库围墙里侧设置水封井和截断装置。水封井与围墙之间的排水通道应采用暗沟或暗管。

13.2.5 水封井的水封高度不应小于 0.25m。水封井应设沉泥段,沉泥段自最低的管底算起,其深度不应小于 0.25m。

13.3 污水处理

13.3.1 石油库的含油污水和化工污水(包括接受油船上的压舱水和洗舱水),应经过处理,达到现行的国家排放标准后才能排放。

13.3.2 处理含油污水和化工污水的构筑物或设备,宜采用密闭式或加设盖板。

13.3.3 含油污水和化工污水处理,应根据污水的水质和水量,选用相应的调节、隔油过滤等设施。对于间断排放的含油污水和化工污水,宜设调节池。调节、隔油等设施宜结合总平面及地形条件集中布置。

13.3.4 有毒液体设备和管道排放的有毒化工污水,应设置专用收集设施。

13.3.5 含Ⅰ、Ⅱ级毒性液体的污水处理宜依托有相应处理能力的污水处理厂进行处理。

13.3.6 石油库需自建有毒污水处理设施时,应符合现行国家标准《石油化工污水处理设计规范》GB 50747 的有关规定。

13.3.7 在石油库污水排放处,应设置取样点或检测水质和测量水量的设施。

13.3.8 某个罐组的专用隔油池需要布置在该罐组防火堤内,其容量不应大于 150m³,与储罐的距离可不受限制。

13.4 漏油及事故污水收集

13.4.1 库区内应设置漏油及事故污水收集系统。收集系统可由罐组防火堤、罐组周围路堤式消防车道与防火堤之间的低洼地带、雨水收集系统、漏油及事故污水收集池组成。

13.4.2 一、二、三、四级石油库的漏油及事故污水收集池容量,分别不应小于 1000m³、750m³、500m³、300m³;五级石油库可不设漏油及事故污水收集池。漏油及事故污水收集池宜布置在库区地势较低处。漏油及事故污水收集池应采取隔油措施。

13.4.3 在防火堤外有易燃和可燃液体管道的地方,地面应就近坡向雨水收集系统。当雨水收集系统干道采用暗管时,暗管宜采用金属管道。

13.4.4 雨水暗管或雨水沟支线进入雨水主管或主沟处,应设水封井。

14 电 气

14.1 供 配 电

14.1.1 石油库生产作业的供电负荷等级宜为三级,不能中断生产作业的石油库供电负荷等级应为二级。一、二、三级石油库应设置供信息系统使用的应急电源。设置有电动阀门(易燃和可燃液体定量装车控制阀除外)的一、二级石油库宜配置可移动式应急动力电源装置。应急动力电源装置的专用切换电源装置宜设置在配电间处或罐组防火堤外。

14.1.2 石油库的供电宜采用外接电源。当采用外接电源有困难或不经济时,可采用自备电源。

14.1.3 一、二、三级石油库的消防泵站和泡沫站应设应急照明,应急照明可采用蓄电池作为备用电源,其连续供电时间不应少于6h。

14.1.4 10kV 以上的变配电装置应独立设置。10kV 及以下的变配电装置的变配电间与易燃液体泵房(棚)相毗邻时,应符合下列规定:

　　1 隔墙应为不燃材料建造的实体墙。与变配电无关的管道,不得穿过隔墙。所有穿墙的孔洞,应用不燃材料严密填实。

　　2 变配电间的门窗应向外开,其门应设在泵房的爆炸危险区域以外。变配电间的窗宜设在泵房的爆炸危险区域以外;如窗设在爆炸危险区以内,应密闭固定窗和警示标志。

　　3 变配电间的地坪应高于油泵房室外地坪至少 0.6m。

14.1.5 石油库主要生产作业场所的配电电缆应采用铜芯电缆,并应采用直埋或电缆沟充砂敷设,局部地段确需在地面敷设的电缆应采用阻燃电缆。

14.1.6 电缆不得与易燃和可燃液体管道、热力管道同沟敷设。

14.1.7 石油库内易燃液体设备、设施爆炸危险区域的等级及电气设备选型,应按现行国家标准《爆炸和火灾危险环境电力装置设计规范》GB 50058 执行,其爆炸危险区域划分应符合本规范附录B的规定。

14.1.8 石油库的低压配电系统接地型式应采用 TN—S 系统,道路照明可采用 TT 系统。

14.2 防 雷

14.2.1 钢储罐必须做防雷接地,接地点不应少于 2 处。

14.2.2 钢储罐接地点沿储罐周长的间距,不宜大于 30m,接地电阻不宜大于 10Ω。

14.2.3 储存易燃液体的储罐防雷设计,应符合下列规定:

　　1 装有阻火器的地上卧式储罐的壁厚和地上固定顶钢储罐的顶板厚度大于或等于 4mm 时,不应装设接闪杆(网)。铝顶储罐和顶板厚度小于 4mm 的钢储罐,应装设接闪杆(网),接闪杆(网)应保护整个储罐。

　　2 外浮顶储罐或内浮顶储罐不应装设接闪杆(网),但应采用两根导线将浮顶与罐体做电气连接。外浮顶储罐的连接导线应选用截面积不小于 50mm² 的扁平镀锡软铜复绞线或绝缘阻燃护套软铜绞线;内浮顶储罐的连接导线应选用直径不小于 5mm 的不锈钢钢丝绳。

　　3 外浮顶储罐应利用浮顶排水管将罐体与浮顶做电气连接,每条排水管的跨接导线应采用一根横截面不小于 50mm² 扁平镀锡软铜复绞线。

　　4 外浮顶储罐的转动浮梯两侧,应分别与罐体和浮顶各做两处电气连接。

　　5 覆土储罐的呼吸阀、量油孔等法兰连接处,应做电气连接并接地,接地电阻不宜大于 10Ω。

14.2.4 储存可燃液体的钢储罐,不应装设接闪杆(网),但应做防雷接地。

14.2.5 装于地上钢储罐上的仪表及控制系统的配线电缆应采用屏蔽电缆,并应穿镀锌钢管保护管,保护管两端应与罐体做电气连接。

14.2.6 石油库内的信号电缆宜埋地敷设,并宜采用屏蔽电缆。当采用铠装电缆时,电缆的首末端铠装金属应接地。当电缆采用穿钢管敷设时,钢管在进入建筑物处应接地。

14.2.7 储罐上安装的信号远传仪表,其金属外壳应与储罐体做电气连接。

14.2.8 电气和信息系统的防雷击电磁脉冲应符合现行国家标准《建筑物防雷设计规范》GB 50057 的相关规定。

14.2.9 易燃液体泵房(棚)的防雷应按第二类防雷建筑物设防。

14.2.10 在平均雷暴日大于 40d/a 的地区,可燃液体泵房(棚)的防雷应按第三类防雷建筑物设防。

14.2.11 装卸易燃液体的鹤管和液体装卸栈桥(站台)的防雷,应符合下列规定:

　　1 露天进行装卸易燃液体作业的,可不装设接闪杆(网)。

　　2 在棚内进行装卸易燃液体作业的,应采用接闪网保护。棚顶的接闪网不能有效保护爆炸危险1区时,应加装接闪杆。当罩棚采用双层金属屋面,且其顶面金属层厚度大于 0.5mm、搭接长度大于 100mm 时,宜利用金属屋面作为接闪器,可不采用接闪网保护。

　　3 进入液体装卸区的易燃液体输送管道在进入点应接地,接地电阻不应大于 20Ω。

14.2.12 在爆炸危险区域内的工艺管道,应采取下列防雷措施:

　　1 工艺管道的金属法兰连接处应跨接。当不少于 5 根螺栓连接时,在非腐蚀环境下可不跨接。

　　2 平行敷设于地上或非充沙管沟内的金属管道,其净距小于

100mm时,应用金属线跨接,跨接点的间距不应大于30m。管道交叉点净距小于100mm时,其交叉点应用金属线跨接。

14.2.13 接闪杆(网、带)的接地电阻,不宜大于10Ω。

14.3 防静电

14.3.1 储存甲、乙和丙A类液体的钢储罐,应采取防静电措施。

14.3.2 钢储罐的防雷接地装置可兼作防静电接地装置。

14.3.3 外浮顶储罐应按下列规定采取防静电措施:

1 外浮顶储罐的自动通气阀、呼吸阀、阻火器和浮顶量油口应与浮顶做电气连接。

2 外浮顶储罐采用钢滑板式机械密封时,钢滑板与浮顶之间应做电气连接,沿圆周的间距不宜大于3m。

3 二次密封采用Ⅰ型橡胶刮板时,每个导电片均应与浮顶做电气连接。

4 电气连接的导线应选用横截面不小于10mm²镀锡软铜复绞线。

5 外浮顶储罐浮顶上取样口的两侧1.5m之外应各设一组消除人体静电的装置,并应与罐体做电气连接。该消除人体静电的装置可兼作人工检尺时取样绳索、检测尺等工具的电气连接体。

14.3.4 铁路罐车装卸栈桥的首、末端及中间处,应与钢轨、工艺管道、鹤管等相互做电气连接并接地。

14.3.5 石油库专用铁路线与电气化铁路接轨时,电气化铁路高压电接触网不宜进入石油库装卸区。

14.3.6 当石油库专用铁路线与电气化铁路接轨,铁路高压接触网不进入石油库专用铁路线时,应符合下列规定:

1 在石油库专用铁路线上,应设置2组绝缘轨缝。第一组应设在专用铁路线起始点15m以内,第二组应设在进入装卸区前。2组绝缘轨缝的距离,应大于取送车列的总长度。

2 在每组绝缘轨缝的电气化铁路侧,应设1组向电气化铁路所在方向延伸的接地装置,接地电阻不应大于10Ω。

3 铁路罐车装卸设施的钢轨、工艺管道、鹤管、钢栈桥等做等电位跨接并接地,两组跨接点间距不应大于20m,每组接地电阻不应大于10Ω。

14.3.7 当石油库专用铁路与电气化铁路接轨,且铁路高压接触网进入石油库专用铁路线时,应符合下列规定:

1 进入石油库的专用电气化铁路线高压电接触网应设2组隔离开关。第一组应设在与专用铁路线起始点15m以内,第二组应设在专用铁路线进入铁路罐车装卸线前,且与第一个鹤管的距离不应小于30m。隔离开关的入库端应装设避雷器保护。专用线的高压接触网终端距第一个装卸油鹤管,不应小于15m。

2 在石油库专用铁路线上,应设置2组绝缘轨缝及相应的回流开关装置。第一组应设在专用铁路线起始点15m以内,第二组应设在进入铁路罐车装卸线前。

3 在每组绝缘轨缝的电气化铁路侧,应设1组向电气化铁路所在方向延伸的接地装置,接地电阻不应大于10Ω。

4 专用电气化铁路线第二组隔离开关后的高压接触网,应设置供搭接的接地装置。

5 铁路罐车装卸设施的钢轨、工艺管道、鹤管、钢栈桥等应做等电位跨接并接地,两组跨接点的间距不应大于20m,每组接地电阻不应大于10Ω。

14.3.8 甲、乙和丙A类液体的汽车罐车或灌桶设施,应设置与罐车或桶跨接的防静电接地装置。

14.3.9 易燃和可燃液体装卸码头,应设与船舶跨接的防静电接地装置。此接地装置应与码头上的液体装卸设备的静电接地装置合用。

14.3.10 地上或非充沙管沟敷设的工艺管道的始端、末端、分支处以及直线段每隔200m~300m处,应设置防静电和防雷击电磁脉冲的接地装置。

14.3.11 地上或非充沙管沟敷设的工艺管道的防静电接地装置可与防雷击电磁脉冲接地装置合用,接地电阻不宜大于30Ω,接地点宜设在固定管墩(架)处。

14.3.12 用于易燃和可燃液体装卸场所跨接的防静电接地装置,宜采用能检测接地状况的防静电接地仪器。

14.3.13 移动式的接地连接线,宜采用带绝缘护套的软导线,通过防爆开关,将接地装置与液体装卸设施相连。

14.3.14 下列甲、乙和丙A类液体作业场所应设消除人体静电装置:

1 泵房的门外;

2 储罐的上罐扶梯入口处;

3 装卸作业区内操作平台的扶梯入口处;

4 码头上下船的出入口处。

14.3.15 当输送甲、乙类液体的管道上装有精密过滤器时,液体自过滤器出口流至装料容器入口应有30s的缓和时间。

14.3.16 防静电接地装置的接地电阻,不宜大于100Ω。

14.3.17 石油库内防雷接地、防静电接地、电气设备的工作接地、保护接地及信息系统的接地等,宜共用接地装置,其接地电阻应按其要求最小的接地电阻值确定。当石油库设有阴极保护时,共用接地装置的接地材料不应使用腐蚀电位比钢材正的材料。

14.3.18 防雷防静电接地电阻检测断接头、消除人体静电装置,以及汽车罐车装卸场地的固定接地装置,不得设在爆炸危险1区。

15 自动控制和电信

15.1 自动控制系统及仪表

15.1.1 容量大于100m³的储罐应设液位测量远传仪表,并应符合下列规定:

1 液位连续测量信号应采用模拟信号或通信方式接入自动控制系统。

2 应在自动控制系统中设高、低液位报警。

3 储罐高液位报警的设定高度应符合现行行业标准《石油化工储运系统罐区设计规范》SH/T 3007 的有关规定。

4 储罐低液位报警的设定高度应满足泵不发生汽蚀的要求,外浮顶储罐和内浮顶储罐的低液位报警设定高度(距罐底板)宜高于浮顶落底高度0.2m及以上。

15.1.2 下列储罐应设高高液位报警及联锁,高高液位报警应能同时联锁关闭储罐进口管道控制阀:

1 年周转次数大于6次,且容量大于等于10000m³的甲B、乙类液体储罐;

2 年周转次数小于或等于6次,且容量大于20000m³的甲B、乙类液体储罐;

3 储存Ⅰ、Ⅱ级毒性液体的储罐。

15.1.3 容量大于或等于50000m³的外浮顶储罐和内浮顶储罐应设低低液位报警。低低液位报警设定高度(距罐底板)不应低于浮顶落底高度,低低液位报警应能同时联锁停泵。

15.1.4 用于储罐高高、低低液位报警信号的液位测量仪表应采用单独的液位连续测量仪表或液位开关,并应在自动控制系统中设置报警及联锁。

15.1.5 需要控制和监测储存温度的储罐应设温度测量仪表,并应将温度测量信号远传到控制室。

15.1.6 容量大于或等于50000m³的外浮顶储罐,其泡沫灭火系统应采用由人工确认的自动控制方式。

15.1.7 一级石油库的重要工艺机泵、消防泵、储罐搅拌器等电动设备和控制阀门除应能在现场操作外,尚应能在控制室进行控制和显示状态。二级石油库的重要工艺机泵、消防泵、储罐搅拌器等电动设备和控制阀门除应能在现场操作外,尚宜能在控制室进行控制和显示状态。

15.1.8 易燃和可燃液体输送泵出口管道应设压力测量仪表,压力测量仪表应能就地显示,一级石油库尚应将压力测量信号远传至控制室。

15.1.9 有毒气体和可燃气体检测器设置,应符合下列规定:

　　1　有毒液体的泵站、装卸车站、计量站、储罐的阀门集中处和排水井处等可能发生有毒气体泄漏和积聚的区域,应设置有毒气体检测器。

　　2　设有甲、乙A类易燃液体设备的房间内,应设置可燃气体浓度自动检测报警装置。

　　3　一级石油库的甲、乙A类液体的泵站、装卸车站、计量站、地上储罐的阀门集中处和排水井处等可能发生可燃气体泄漏、积聚的露天场所,应设置可燃气体检测器;覆土罐组和其他级别石油库的露天场所可配置便携式可燃气体检测器。

　　4　一级石油库的可燃气体和有毒气体检测报警系统设计,应符合现行国家标准《石油化工可燃气体和有毒气体检测报警设计规范》GB 50493的有关规定。

15.1.10 一级石油库消防部分的监测、顺序控制等操作应采用以下两种方式之一:

　　1　采用专用监控系统,并经通信接口与石油库的自动控制系统通信;

　　2　在石油库的自动控制系统中设置单独的I/O卡件和单独的显示操作站。

15.1.11 一级石油库消防泵的启停、消防水管道及泡沫液管道上控制阀的开关均应在消防控制室实现远程启停控制,总控制台应显示泵运行状态和控制阀的阀位信号。

15.1.12 仪表及计算机监控管理系统应采用UPS不间断电源供电,UPS的后备电池组应在外部电源中断后提供不少于30min的交流供电时间。

15.1.13 自动控制系统的室外仪表电缆敷设,应符合下列规定:

　　1　在生产区敷设的仪表电缆宜采用电缆沟、电缆保护管、直埋等地下敷设方式。采用电缆沟时,电缆沟应充沙填实。

　　2　生产区局部地段确需在地面敷设的电缆,应采用镀锌钢保护管或带盖板的全封闭金属电缆槽等方式敷设。

　　3　非生产区的仪表电缆可采用带盖板的全封闭金属电缆槽在地面以上敷设。

15.2 电　信

15.2.1 石油库应设置火灾报警电话、行政电话系统、无线电通信系统、电视监视系统。一级石油库尚应设置计算机局域网络、入侵报警系统和出入口控制系统。根据需要可设置调度电话系统、巡更系统。

15.2.2 电信设备供电应采用220VAC/380VAC作为主电源,当采用直流供电方式时,应配备直流备用电源;当采用交流供电方式时,应采用UPS电源。小容量交流用电设备,也可采用直流逆变器作为保障供电的措施。

15.2.3 室内电信线路,非防爆场所宜暗敷设,防爆场所应明敷设。

15.2.4 室外电信线路敷设应符合下列规定:

　　1　在生产区敷设的电信线路宜采用电缆沟、电缆管道埋地、直埋等地下敷设方式。采用电缆沟时,电缆沟应充沙填实。

　　2　生产区局部地段确需在地面以上敷设的电缆,应采用保护管或带盖板的电缆桥架等方式敷设。

15.2.5 石油库流动作业的岗位,应配置无线电通信设备,并宜采用无线对讲系统或集群通信系统。无线通信手持机应采用防爆型。

15.2.6 电视监视系统的监视范围应覆盖储罐区、易燃和可燃液体泵站、易燃和可燃液体装卸设施、易燃和可燃液体灌桶设施和主要设施出入口等处。电视监控操作站宜分别设在生产控制室、消防控制室、消防站值班室和保卫值班室等地点。当设置火灾自动报警系统时,宜与电视监视系统联动控制。

15.2.7 入侵报警系统宜沿石油库围墙布设,报警主机宜设在门卫值班室或保卫办公室内。入侵报警系统宜与电视监视系统联动形成安防报警平台。

15.2.8 计算机局域网络应满足石油库数据通信和信息管理系统建设的要求。信息插座宜设在石油库办公楼、控制室、化验室等场所。

16　采暖通风

16.1 采　暖

16.1.1 集中采暖的热媒,宜采用热水。采用热水不便时,可采用低压蒸汽。

16.1.2 石油库设计集中采暖时,房间的采暖室内计算温度,宜符合表16.1.2的规定。

表16.1.2　房间的采暖室内计算温度

序号	房　间　名　称	采暖室内计算温度(℃)
1	易燃和可燃液体泵房、水泵房、消防泵房、柴油发电机间、汽车库、空气压缩机间	5
2	铁路罐车装卸暖库	12
3	灌桶间、修洗桶间、机修间	14
4	计量室、仪表间、化验室、办公室、值班室、休息室	18
5	盥洗室	14
5	厕所	12
6	浴室、更衣间	25
7	更衣室	23

注:易凝、易燃和可燃液体泵房,可根据实际需要确定采暖室内计算温度。

16.2 通　风

16.2.1 易燃和有毒液体泵房、灌桶间及其他有易燃和有毒液体设备的房间,应设置机械通风系统和事故排风装置。机械通风系统换气次数宜为5次/h～6次/h,事故排风换气次数不应小于12次/h。

16.2.2 在集中散发有害物质的操作地点(如修洗桶间、化验室通风柜等),宜采取局部机械通风措施。

16.2.3 通风口的设置应避免在通风区域内产生空气流动死角。

16.2.4 在爆炸危险区域内,风机、电机等所有活动部件应选择防爆型,其构造应能防止产生电火花。机械通风系统应采用不燃烧材料制作。风机应采用直接传动或联轴器传动。风管、风机及其安装方式均应采取防静电措施。

16.2.5 在布置有甲、乙A类易燃液体设备的房间内,所设置的机械通风设备应与可燃气体浓度自动检测报警系统联动,并应设有就地和远程手动开启装置。

16.2.6 石油库生产性建筑物的通风设计除应执行本节的规定外,尚应符合现行行业标准《石油化工采暖通风与空气调节设计规范》SH/T 3004 的有关规定。

附录 A　计算间距的起讫点

表 A　计算间距的起讫点

序号	建(构)筑物、设施和设备	计算间距的起讫点
1	道路	路边
2	铁路	铁路中心线
3	管道	管子中心(指明者除外)
4	地上立式储罐、地上和覆土卧式油罐	罐外壁
5	覆土立式油罐	罐室内墙壁及其出入口
6	设在露天(包括棚下)的各种设备	最突出的外缘
7	架空电力和通信线路	线路中心
8	埋地电力和通信电缆	电缆中心
9	建筑物或构筑物	外墙轴线
10	铁路罐车装卸设施	铁路罐车装卸线中心线,端部罐车的装卸口中心
11	汽车罐车装卸设施	汽车罐车装卸作业时鹤管或软管管口中心
12	液体装卸码头	前沿线(靠船的边缘)
13	工矿企业、居住区	建筑物或构筑物外墙轴线
14	医院、学校、养老院等公共设施	围墙轴线;无围墙者为建(构)筑物外墙轴线
15	架空电力线杆(塔)高、通信线杆(塔)高	电线杆(塔)和通信线杆(塔)所在地面的杆(塔)顶的高度

注:本规范中的安全距离和防火距离未特殊说明的,均指平面投影距离。

附录 B　石油库内易燃液体设备、设施的爆炸危险区域划分

B.0.1 爆炸危险区域的等级定义应符合现行国家标准《爆炸和火灾危险环境电力装置设计规范》GB 50058 的规定。

B.0.2 易燃液体设施的爆炸危险区域内地坪以下的坑和沟应划为 1 区。

B.0.3 储存易燃液体的地上固定顶储罐爆炸危险区域划分(图 B.0.3),应符合下列规定:

　　1 罐内未充惰性气体的液体表面以上空间应划为 0 区。

　　2 以通气口为中心、半径为 1.5m 的球形空间应划为 1 区。

　　3 距储罐外壁和顶部 3m 范围内及防火堤至罐外壁,其高度为堤顶高的范围应划为 2 区。

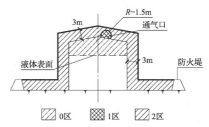

图 B.0.3　储存易燃液体的地上固定顶储罐爆炸危险区域划分

B.0.4 储存易燃液体的内浮顶储罐爆炸危险区域划分(图 B.0.4),应符合下列规定:

　　1 浮盘上部空间及以通气口为中心、半径为 1.5m 范围内的球形空间应划为 1 区。

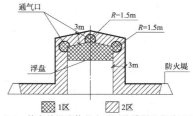

图 B.0.4　储存易燃液体的内浮顶储罐爆炸危险区域划分

　　2 距储罐外壁和顶部 3m 范围内及防火堤至储罐外壁,其高度为堤顶高的范围应划为 2 区。

B.0.5 储存易燃液体的外浮顶储罐爆炸危险区域划分(图 B.0.5),应符合下列规定:

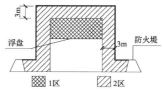

图 B.0.5　储存易燃液体的外浮顶储罐爆炸危险区域划分

　　1 浮盘上部至罐壁顶部空间应划为 1 区。

　　2 距储罐外壁和顶部 3m 范围内及防火堤至罐外壁,其高度为堤顶高的范围内划为 2 区。

B.0.6 储存易燃液体的地上卧式储罐爆炸危险区域划分(图 B.0.6),应符合下列规定:

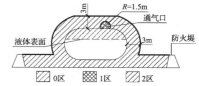

图 B.0.6　储存易燃液体的地上卧式储罐爆炸危险区域划分

1 罐内未充惰性气体的液体表面以上的空间应划为0区。

2 以通气口为中心、半径为1.5m的球形空间应划为1区。

3 距罐外壁和顶部3m范围内及罐外壁至防火堤，其高度为堤顶高的范围应划为2区。

B.0.7 储存易燃液体的覆土卧式油罐爆炸危险区域划分(图B.0.7)，应符合下列规定：

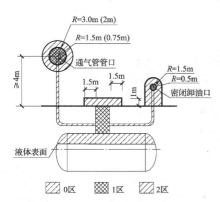

图B.0.7 储存易燃液体的覆土卧式油罐爆炸危险区域划分

1 罐内部液体表面以上的空间应划分为0区。

2 人孔(阀)井内部空间，以通气管管口为中心、半径为1.5m(0.75m)的球形空间和以密闭卸油口为中心、半径为0.5m的球形空间，应划分为1区。

3 距人孔(阀)井外边缘1.5m以内、自地面算起1m高的圆柱形空间，以通气管管口为中心、半径为3m(2m)的球形空间和以密闭卸油口为中心、半径为1.5m的球形并延至地面的空间，应划分为2区。

注：采用油气回收系统的储罐通气管管口爆炸危险区域用括号内数字。

B.0.8 易燃液体泵房、阀室的爆炸危险区域划分(图B.0.8)，应符合下列规定：

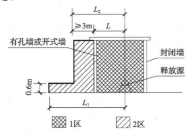

图B.0.8 易燃液体泵房、阀室爆炸危险区域划分

1 易燃液体泵房和阀室内部空间应划为1区。

2 有孔墙或开式墙外与墙等高、L_2范围以内且不小于3m的空间及距地坪0.6m高、L_1范围以内的空间应划为2区。

3 危险区边界与释放源的距离应符合表B.0.8的规定。

表B.0.8 危险区边界与释放源的距离

释放源名称		距 离(m)	
		L_1	L_2
易燃液体输送泵	工作压力≤1.6MPa	$L+3$	$L+3$
	工作压力>1.6MPa	15	$L+3$，且不小于7.5
易燃液体法兰、阀门		$L+3$	$L+3$

注：L表示释放源至泵房外墙的距离。

B.0.9 易燃液体泵棚、露天泵站的泵和配管的阀门、法兰等为释放源的爆炸危险区域划分(图B.0.9)，应符合下列规定：

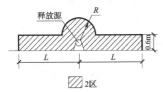

图B.0.9 易燃液体泵棚、露天泵站的泵及配管的阀门、法兰等为释放源的爆炸危险区域划分

1 以释放源为中心、半径为R的球形空间和自地面算起高为0.6m，半径为L的圆柱体的范围应划为2区。

2 危险区边界与释放源的距离应符合表B.0.9的规定。

表B.0.9 危险区边界与释放源的距离

释放源名称		距 离(m)	
		L	R
易燃液体输送泵	工作压力≤1.6MPa	3	1
	工作压力>1.6MPa	15	7.5
易燃液体法兰、阀门		3	1

B.0.10 易燃液体灌桶间爆炸危险区域划分(图B.0.10)，应符合下列规定：

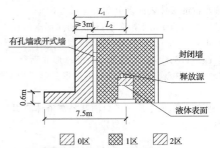

$L_2 \leq 1.5$m时，$L_1 = 4.5$m；$L_2 > 1.5$m时，$L_1 = L_2 + 3$m。

图B.0.10 易燃液体灌桶间爆炸危险区域划分

1 桶内液体表面以上的空间应划为0区。

2 灌桶间内空间应划为1区。

3 有孔墙或开式墙外距释放源L_1距离以内、与墙等高的室外空间和自地面算起0.6m高、距释放源7.5m以内的室外空间应划为2区。

B.0.11 易燃液体灌桶棚或露天灌桶场所的爆炸危险区域划分(图B.0.11)，应符合下列规定：

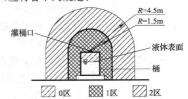

图B.0.11 易燃液体灌桶棚或露天灌桶场所爆炸危险区域划分

1 桶内液体表面以上空间应划为0区。

2 以灌桶口为中心、半径为1.5m的球形并延至地面的空间应划为1区。

3 以灌桶口为中心、半径为4.5m的球形并延至地面的空间应划为2区。

B.0.12 易燃液体重桶库房的爆炸危险区域划分(图B.0.12)，其建筑物内空间及有孔或开式墙外1m与建筑物等高的范围内的空间，应划为2区。

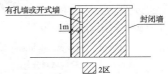

图B.0.12 易燃液体重桶库房爆炸危险区域划分

B.0.13 易燃液体汽车罐车棚、易燃液体重桶堆放棚的爆炸危险区域划分(图B.0.13)，其棚的内部空间应划为2区。

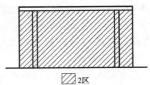

图B.0.13 易燃液体汽车罐车棚、易燃液体重桶堆放棚爆炸危险区域划分

B. 0. 14 铁路罐车、汽车罐车卸易燃液体时爆炸危险区域划分(图 B. 0. 14),应符合下列规定:

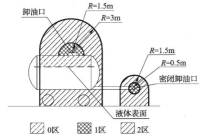

图 B. 0. 14　铁路罐车、汽车罐车卸易燃液体时爆炸危险区域划分

1 罐车内的液体表面以上空间应划为 0 区。

2 以卸油口为中心、半径为 1.5m 的球形空间和以密闭卸油口为中心、半径为 0.5m 的球形空间,应划为 1 区。

3 以卸油口为中心、半径为 3m 的球形并延至地面的空间,以密闭卸油口为中心、半径为 1.5m 的球形并延至地面的空间,应划为 2 区。

B. 0. 15 铁路罐车、汽车罐车敞口灌装易燃液体时爆炸危险区域划分(图 B. 0. 15),应符合下列规定:

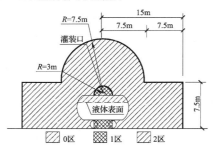

图 B. 0. 15　铁路罐车、汽车罐车敞口灌装易燃液体时爆炸危险区域划分

1 罐车内部的液体表面以上空间应划为 0 区。

2 以罐车灌装口为中心、半径为 3m 的球形并延至地面的空间应划为 1 区。

3 以灌装口为中心、半径为 7.5m 的球形空间和以灌装口轴线为中心线、自地面算起高为 7.5m、半径为 15m 的圆柱形空间,应划为 2 区。

B. 0. 16 铁路罐车、汽车罐车密闭灌装易燃液体时爆炸危险区域划分(图 B. 0. 16),应符合下列规定:

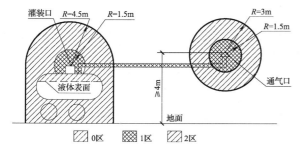

图 B. 0. 16　铁路罐车、汽车罐车密闭灌装易燃液体时爆炸危险区域划分

1 罐车内部的液体表面以上空间应划为 0 区。

2 以罐车灌装口为中心、半径为 1.5m 的球形空间和以通气口为中心、半径为 1.5m 的球形空间,应划为 1 区。

3 以罐车灌装口为中心、半径为 4.5m 的球形并延至地面的空间和以通气口为中心、半径为 3m 的球形空间,应划为 2 区。

B. 0. 17 油船、油驳敞口灌装易燃液体时爆炸危险区域划分(图 B. 0. 17),应符合下列规定:

1 油船、油驳内的液体表面以上空间应划为 0 区。

2 以油船、油驳的灌装口为中心、半径为 3m 的球形并延至水面的空间应划为 1 区。

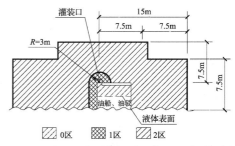

图 B. 0. 17　油船、油驳敞口灌装易燃液体时爆炸危险区域划分

3 以油船、油驳的灌装口为中心,半径为 7.5m 并高于灌装口 7.5m 的圆柱形空间和自水面算起 7.5m 高,以灌装口轴线为中心线,半径为 15m 的圆柱形空间应划为 2 区。

B. 0. 18 油船、油驳密闭灌装易燃液体时爆炸危险区域划分(图 B. 0. 18),应符合下列规定:

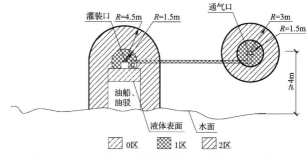

图 B. 0. 18　油船、油驳密闭灌装易燃液体时爆炸危险区域划分

1 油船、油驳内的液体表面以上空间应划为 0 区。

2 以灌装口为中心、半径为 1.5m 的球形空间及以通气口为中心半径为 1.5m 球形空间应划为 1 区。

3 以灌装口为中心、半径为 4.5m 的球形并延至水面的空间和以通气口为中心、半径为 3m 的球形空间应划为 2 区。

B. 0. 19 油船、油驳卸易燃液体时爆炸危险区域划分(图 B. 0. 19),应符合下列规定:

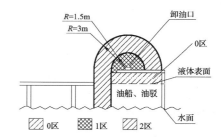

图 B. 0. 19　油船、油驳卸易燃液体时爆炸危险区域划分

1 油船、油驳内部的液体表面以上空间应划为 0 区。

2 以卸油口为中心、半径为 1.5m 的球形空间应划为 1 区。

3 以卸油口为中心、半径为 3m 的球形并延至水面的空间应划为 2 区。

B. 0. 20 易燃液体的隔油池、漏油及事故污水收集池爆炸危险区域划分(图 B. 0. 20),应符合下列规定:

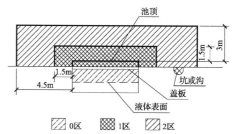

图 B. 0. 20　易燃液体的隔油池、漏油及事故污水收集池爆炸危险区域划分

1 有盖板的,池内液体表面以上的空间应划为 0 区。

2 无盖板的,池内液体表面以上空间和距隔油池内壁 1.5m、高出池顶 1.5m 至地坪范围内的空间应划为 1 区。

3 距池内壁 4.5m、高出池顶 3m 至地坪范围内的空间应划为 2 区。

B.0.21 含易燃液体的污水浮选罐爆炸危险区域划分(图 B.0.21),应符合下列规定:

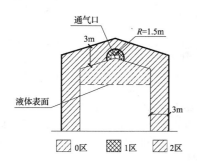

图 B.0.21 含易燃液体的污水浮选罐爆炸危险区域划分

1 罐内液体表面以上空间应划为 0 区。

2 以通气口为中心、半径为 1.5m 的球形空间应划为 1 区。

3 距罐外壁和顶部 3m 以内范围应划为 2 区。

B.0.22 储存易燃油品的覆土立式油罐的爆炸危险区域划分(图 B.0.22),应符合下列规定:

1 油罐内液体表面以上空间应划为 0 区。

2 以通气管口为中心、半径为 1.5m 的球形空间,油罐外壁与罐室护体之间的空间,通道口门以内的空间,应划为 1 区。

3 以通气管口为中心、半径为 4.5m 的球形空间,以采光通风口为中心、半径为 3m 的球形空间,通道口周围 3m 范围以内的空间及以通气管口为中心、半径为 15m、高 0.6m 的圆柱形空间,应划为 2 区。

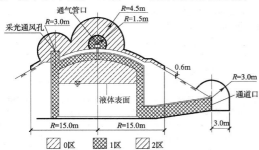

图 B.0.22 储存易燃油品的覆土立式油罐的爆炸危险区域划分

B.0.23 易燃液体阀门井的爆炸危险区域划分(图 B.0.23),应符合下列规定:

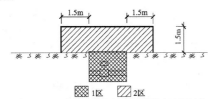

图 B.0.23 易燃液体阀门井爆炸危险区域划分

1 阀门井内部空间应划为 1 区。

2 距阀门井内壁 1.5m、高 1.5m 的柱形空间应划为 2 区。

B.0.24 易燃液体管沟爆炸危险区域划分(图 B.0.24),应符合下列规定:

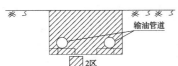

图 B.0.24 易燃液体管沟爆炸危险区域划分

1 有盖板的管沟内部空间应划为 1 区。

2 无盖板的管沟内部空间应划为 2 区。

中华人民共和国国家标准

石 油 库 设 计 规 范

GB 50074-2014

条 文 说 明

1 总 则

1.0.1 本条规定了设计石油库应遵循的原则要求。

石油库属于爆炸和火灾危险性设施,所以安全措施是本规范的重要内容。技术先进是安全的有效保证,在保证安全的前提下也要兼顾经济效益。本条提出的各项要求是对石油库设计提出的原则要求,设计单位和具体设计人员在设计石油库时,还要严格执行本规范的具体规定,采取各种有效措施,达到条文中提出的要求。

1.0.2 本条规定了本规范的适用范围和不适用范围。

本规范是指导石油库设计的标准,规定"本规范适用于新建、扩建和改建石油库的设计",意即本规范最新版本原则上对按本规范以前版本设计、审批、建设及验收的石油库工程没有约束力。在对按本规范以前版本建设的现存石油库进行安全评审等工作时,完全以本规范最新版本为依据是不合适的。规范是需要根据技术进步、经济发展水平和社会需求不断改进的,以此来促进石油库建设水平的逐步提高。为了与国家现阶段的社会发展水平相适应,本规范本次修订相比原规范提高了石油库的安全防护要求,但这并不意味着按原规范建设的石油库就不安全了。提高安全防护要求的目的是提高安全度,对按原规范建设的石油库,可以借其更新改建或扩建的机会逐步提高其安全度。需要特别说明的是,对现有石油库的扩建和改建工程的设计,只有扩建和改建部分的设计应执行规范最新版本,对已有部分可以不按新规范要求进行整改。

根据住房城乡建设部 2008 年出台的《工程建设标准编写规定》的要求,本规范的适用范围应与其他标准的适用范围划清界限,不应相互交叉或重叠。故本条规定的目的是为了使本规范与其他相关规范之间有一个清晰的执行范围界限,避免石油储运设施工程设计时采用标准出现混乱现象。

本条列出的不适用范围,国家或行业都有专项的标准规范,如《石油化工企业设计防火规范》GB 50160、《石油天然气工程设计防火规范》GB 50183、《地下水封石洞油库设计规范》GB 50455、《石油储备库设计规范》GB 50737、《输油管道工程设计规范》GB 50253 等。

1.0.3 这一条的规定有两方面的含义:

其一,本规范是专业性技术规范,其适用范围和规定的技术内容,就是针对石油库设计而制订的,因此设计石油库应该执行本规范的规定。在设计石油库时,如遇到其他标准与本规范在同一问题上规定不一致的,应执行本规范的规定。

其二,石油库设计涉及专业较多,接触面也广,本规范只能规定石油库特有的问题。对于其他专业性较强且已有国家或行业标准作出规定的问题,本规范不便再作规定,以免产生矛盾,造成混乱。本规范明确规定者,按本规范执行;本规范未作规定者,可按国家现行有关标准的规定执行。

2 术 语

2.0.1 本条将"石油库"的定义修改为"收发、储存原油、成品油及其他易燃和可燃液体化学品的独立设施",相比本规范 2002 年版扩大了适用范围,将液体化工品纳入到本规范适用范围之中,解决了以往液体化工品库没有适用规范的问题。

3 基 本 规 定

3.0.1 关于石油库的等级划分,本次修订增加了特级石油库,限制一级石油库的库容小于 1200000m³,对其他级别石油库的规模未做调整。本条根据石油库储罐计算总容量,将石油库划分为六个等级,是为了便于对不同库容的石油库提出不同的技术和安全要求。例如,本规范对特级石油库、一级石油库和单罐容量在 50000m³ 及以上的石油库提出了更为严格的安全要求。

相对于甲B类和乙A类液体,甲A类液体危险性大得多,丙A类液体危险性小一些,丙B类液体危险性很小。根据石油库火灾事故统计资料,80%以上是甲B类和乙A类油品事故,剩下的是乙B类和丙A类油品事故,丙B类油品基本没有发生过火灾事故。因此,对不同危险性的易燃和可燃液体,在储罐容量方面区别对待是合理的。

3.0.2 特级石油库有两个特征:一是原油与非原油类易燃和可燃液体共存于同一个石油库;二是储罐计算总容量大于或等于 1200000m³。特级石油库一般都是商业石油库,商业石油库往往需要成品油(燃料类易燃和可燃液体)、液体化工品(非燃料类易燃和可燃液体)和原油多品种经营,且这样的混存石油库规模往往比较大,发生火灾的概率和同时发生火灾的概率也比较大,需要采取更严格的安全措施,故对于混存石油库储罐计算总容量大于或等于 2400000m³ 时,需要按两处储罐同时发生火灾设置消防系统。

3.0.3 本次修订参照现行国家标准《石油化工企业设计防火规范》GB 50160—2008 的规定,对石油库储存的易燃和可燃液体的火灾危险性进行了新的分类,分类的目的是针对不同火灾危险性的易燃和可燃液体,采取不同的安全措施。易燃和可燃液体的火灾危险性分类举例见表1。

表 1 易燃和可燃液体的火灾危险性分类举例

类别		名　　称
甲	A	液化氯甲烷,液化顺式－2丁烯,液化乙烯,液化乙烷,液化反式－2丁烯,液化丙烷,液化丙烯,液化环丁烷,液化新戊烷,液化丁烯,液化丁烷,液化氯乙烯,液化环氧乙烷,液化丁二烯,液化异丁烷,液化异丁烯,液化石油气,二甲胺,三甲胺,二甲基亚硫,液化甲醚(二甲醚)
	B	原油,石脑油,汽油,戊烷,异戊烷,异戊二烯,己烷,异己烷,环己烷,庚烷,异庚烷,辛烷,异辛烷,甲苯,乙苯,邻二甲苯,间、对二甲苯,甲醇,乙醇,丙醇,异丙醇,异丁醇,石油醚,乙醚,乙醛,环氧丙烷,二氯乙烷,乙腈,二乙胺,丙酮,丁醛,三乙胺,醋酸乙烯,二氯乙烯,甲乙酮,丙烯腈,甲酸甲酯,醋酸乙酯,醋酸异丙酯,醋酸丁酯,醋酸异丁酯,甲酸丁酯,醋酸丁酯,醋酸异戊酯,甲酸戊酯,丙烯酸甲酯,甲基叔丁基醚,吡啶,液态有机过氧化物,二硫化碳
乙	A	煤油,喷气燃料,丙苯,异丙苯,环氧氯丙烷,苯乙烯,丁醇,戊醇,异戊醇,氯苯,乙二胺,环己酮,冰醋酸,液氨
	B	轻柴油,环戊烷,硅酸乙酯,氯乙醇,氯丙醇,二甲基甲酰胺,二乙基苯,液硫
丙	A	重柴油,20号重油,苯胺,锭子油,酚,甲酚,甲醛,糠醛,苯甲醛,环己醇,甲基丙烯酸,甲酸,乙二醇丁醚,糠醇,乙二醇,丙二醇,辛醇,单乙醇胺,二甲基乙酰胺
	B	蜡油,100号重油,渣油,变压器油,润滑油,液体沥青,二乙二醇醚,三乙二醇醚,邻苯二甲酸二丁酯,甘油,联苯－联苯醚混合物,二氯甲烷,二乙醇胺,三乙醇胺,二乙二醇,三乙二醇

注:1 本表摘自现行国家标准《石油化工企业设计防火规范》GB 50160—2008。

2 闪点小于 60℃且大于或等于 55℃的轻柴油,如果储罐操作温度小于或等于 40℃,根据本规范第 3.0.4 条的规定,其火灾危险性划为丙A类。

3.0.5 铁路罐车装卸设施的栈桥和汽车罐车装卸设施灌装棚等采用钢结构轻便美观,易于制作,但达不到二级耐火等级的要求,另外液体装卸栈桥(或站台)发生火灾造成严重损失的情况很少,故这一类建筑的耐火等级为三级是合理的。

3.0.6 在现行国家标准《石油化工企业设计防火规范》GB 50160中,对储存液化烃等甲 A 类易燃液体的设施的防火要求有详细规定,且适用于石油库储存甲 A 类液体这种情况,故本规范要求按该标准执行。

4 库 址 选 择

4.0.1 本条原则性规定了石油库库址选择的要求。

由于有的石油库是位于或靠近城镇,所以石油库建设应符合当地城镇的总体规划,包括地区交通运输规划及公用工程设施的规划等要求。

考虑到石油库的易燃和可燃液体在储运及装卸作业中对大气的环境污染以及可能产生渗漏、污水排放等对地下水源的污染,所以本条规定了石油库库址应符合环境保护的要求。

4.0.2 由于过去有些企业未经城市规划的同意,在企业内部任意扩大库容或新建油库,因不注意防火,发生重大火灾,不但损失严重,而且危及相邻企业和居住区的安全。为此本条规定了企业附属石油库,应结合该企业主体工程统一考虑,并应符合城镇或工业规划、环境保护与防火安全的要求。

4.0.3 本条从地质条件方面规定了不适合石油库选址的地区,主要是考虑在这类地质不良、条件不好的地区建库发生地质灾害的可能性大,对油库的安全威胁大,应避免。

4.0.4 在地震烈度 9 度及以上的地区不得建造一、二、三级石油库的规定,主要是考虑在这类地区建库如发生强烈地震,储罐破裂的可能性大,对附近工矿企业的安全威胁大,经济损失严重。

4.0.8 现行国家标准《防洪标准》GB 50201—1994 中第 4.0.1条,关于工矿企业的等级和防洪标准是这样规定的:大型规模工矿企业的防洪标准(重现期)为 50 年～100 年,中型规模工矿企业的防洪标准(重现期)为 20 年～50 年,小型规模的工矿企业的防洪标准(重现期)为 10 年～20 年。因此,本条规定一级石油库防洪标准应按重现期不小于 100 年设计,二、三级石油库防洪标准应按

重现期不小于 50 年设计,四、五级石油库防洪标准应按重现期不小于 25 年设计。

4.0.10 为了减少石油库与库外居住区、公共建筑物、工矿企业、交通线在火灾事故中的相互影响,防止油气扩散损害人身健康,节约用地等,本条对石油库与库外居住区、公共建筑物、工矿企业、交通线的安全距离作了规定。表 4.0.10 中所列安全距离与本规范2002 年版的相关规定基本相同。多年的石油库建设与运营实践经验表明,本规范制订的石油库与库外居住区、公共建筑物、工矿企业、交通线的安全距离能够满足安全需要。对表 4.0.10 说明如下:

(1)不同的火灾危险类别和不同的储存规模,其风险也会有所不同。因此,表 4.0.10 对不同性质和规模的设施予以区别对待。其中,序号 1 所列设施火灾风险最大,故对其安全距离要求也最大;序号 3 所列设施火灾风险最小,故对其安全距离要求也最小。

(2)居住区的规模有大有小,当居住区规模小到一定程度,其与石油库的相互影响就很有限了,所以制订了各级石油库与小规模居住区之间的安全距离可以折减的规定。

(3)石油库与工矿企业的安全距离,各企业生产特点和火灾危险性千差万别,不可能分别规定。本条所作规定,与同级国家标准对比协调,大致相同或相近。

(4)采用油气回收装置的液体装卸区,装车(船)作业时基本没有油气排放,相对无油气回收装置的液体装卸区安全性得到改善,安全距离有所减少是合理可行的。

4.0.11 对于石油库与架空通信线路和架空电力线路的安全距离,主要是考虑倒杆事故影响。据 15 次倒杆事故统计,倒杆后偏移距离在 1m 以内的 6 起,偏移距离在 2m～3m 的 4 起,偏移距离为半杆高的 2 起,偏移距离为一杆高的 2 起,偏移距离大于一倍半杆高的 1 起。故规定石油库与架空通信线路的安全距离不应小于"1.5 倍杆(塔)高"。

4.0.12 对于石油库与爆破作业场地安全距离,主要考虑因素是爆破石块飞行的距离。

4.0.15 对本条各款说明如下:

1 本款是按照一级石油库的甲 B、乙类液体地上罐组与工矿企业的安全距离,确定两个石油库的相邻大型储罐最小间距的。

2 因为两个相邻石油库储存、输送的油品均为易燃或可燃液体,性质相同或相近,且各自均有独立的消防系统,经过专门的消防培训,故当两个石油库相毗邻建设时,它们之间的安全距离可比石油库与工矿企业的安全距离适当减小。"两个石油库其他相邻储罐之间的安全距离不应小于相邻储罐中较大罐直径的 1.5 倍"的规定,是根据本规范第 12.2.7 条第 1 款的规定制订的。

3 "两个石油库除储罐之外的建(构)筑物、设施之间的安全距离应按本规范表 5.1.3 的规定增加 50%"是可行的。这样做可减少不必要的占地,为石油库选址提供有利条件。

4.0.16 本条部分参考了现行国家标准《建筑设计防火规范》GB 50016—2006 及原来小型石油库设计规范,并作了适当补充。

5 库区布置

5.1 总平面布置

5.1.1 石油库内各种建(构)筑物和设施的火灾危险程度、散发油气量的多少、生产操作的方式等差别较大,有必要按生产操作、火灾危险程度、经营管理等特点进行分区布置。把特殊的区域加以隔离,限制一定人员的出入,有利于安全管理,并便于采取有效的消防措施。

5.1.2 石油库建(构)筑物的面积都不大,在符合生产使用和安全条件下,将石油库行政管理区和辅助作业区内使用性质相近的建(构)筑物合并建造,既可减少石油库用地、节约投资,又便于生产操作和管理,这是石油库总图设计的一个主要原则。

5.1.3 石油库内各建(构)筑物、设施之间防火距离的确定,主要是考虑到发生火灾时,它们之间的相互影响及所造成的损失大小。石油库内经常散发有害气体的储罐和铁路、公路、水运等易燃、可燃液体装卸设施同其他建(构)筑物之间的距离应该大些。

(1)储罐与其他建(构)筑物、设施之间的防火距离的确定:

1)确定防火距离的原则:

①避免或减少发生火灾的可能性。火灾的发生必须具备可燃物质、空气和火源等三个条件。因此,散发可燃气体的储罐与明火的距离应大于在正常生产情况下可燃气体扩散所能达到的最大距离。

②尽量减少火灾可能造成的影响和损失。对于散发可燃气体、容易着火、一经着火即不易扑灭且影响油库生产的建(构)筑物,其与储罐的距离应大些,其他的可以小些。

③按储罐容量及易燃和可燃危险性的大小规定不同的防火距离。

④在相互不影响的情况下,尽量缩小建(构)筑物、设施之间的防火距离。

⑤在确定防火距离时,应考虑操作安全和管理方便。

2)储罐火灾情况:

根据调查材料统计,大部分火灾是由明火引起的,而以外来明火引起的较多。如易燃和可燃液体经排水沟流至库外水沟,库外点火,火势回窜引起火灾。这种情况以商业库为多,其他原因则有雷击、静电等引发的火灾。

3)储罐散发可燃气体的扩散距离:

①清洗储罐时可燃气体扩散的水平距离,一般为18m~30m。

②储罐进油时排放的油气扩散范围:水平距离约11m;垂直距离约1.3m。

4)储罐的火灾特点:

①储罐火灾概率低;

②起火原因多为操作、管理不当;

③如有防火堤,其影响范围可以控制。

5)储罐与各建(构)筑物的防火距离:

决定易燃和可燃液体储罐与各建(构)筑物、设施的防火距离,首先应考虑储罐扩散的可燃气体不被明火引燃,以及储罐失火后不致影响其他建(构)筑物和设施。英国石油学会《销售安全规范》规定,易燃、可燃液体与明火和散发火花的建(构)筑物距离为15m。日本丸善石油公司的油库管理手册,是以储罐内油品的静止状态和使用状态分别规定储罐区内动火的安全距离,其最大距离为20m。储罐着火后对附近建(构)筑物和设施的影响,扑灭火灾的难易,随罐容的大小,储罐的型式及所储液体性质的不同而有所区别。为了适应新的安全需要,更好体现以人为本的原则,本次修订相对2002版版适当增加了储罐与办公用房、中心控制室、宿舍、食堂等人员集中场所和露天变配电所变压器、柴油发电机间、

消防车库、消防泵房等重要设施的防火间距。

①储罐与易燃和可燃液体泵房(泵)的距离。储罐与易燃和可燃液体泵房(泵)的距离,主要考虑储罐着火时对易燃和可燃液体泵房(泵)的影响,防止泵损坏,影响生产。泵房内没有明火,对储罐影响很小。从泵的操作需要考虑,应减少泵吸入管道的摩阻损失,保证两者之间的距离尽可能小。

②储罐与灌油间、汽车罐车装卸设施、铁路罐车装卸设施的距离。三者任一处发生火灾,火势都较易控制,对储罐的影响不大,但应考虑储罐着火后对它们的影响,故其距离较储罐与易燃和可燃液体泵房(泵)之间的距离要适当增大些。

③储罐与液体装卸码头的距离。储罐或油船着火后,彼此之间影响较大,油船着火后往往更难以扑灭,影响范围更大。油码头所临水域,来往船只较多,明火不易控制,故储罐与码头的距离应适当加大。

④储罐与桶装液体库房、隔油池的距离。桶装油品库房着火概率较小,但库房或油桶一经着火难以扑灭,影响范围也很大,故应与灌桶间同等对待。隔油池(特别是无盖的隔油池)着火概率较桶装液体库房要大,隔油池的容量越大,着火后的火焰影响范围越大,故大于150m³的隔油池与储罐的距离应较桶装液体库房与储罐的距离要大。

⑤储罐与消防泵房、消防车库的距离。消防泵房和消防车库为石油库中的主要消防设施,一旦储罐发生火灾,消防泵和消防车应立即发挥作用且不受火灾威胁。它们与储罐的距离应保证储罐发生火灾时不影响其运转和出车,且储罐散发的油气不致蔓延到消防泵房和消防车库。

⑥储罐与有明火或散发火花的地点的距离。主要考虑油气不致蔓延到有明火或散发火花的地点引起爆炸或燃烧,也考虑明火设施产生的飞火,不致落到储罐附近。

(2)其他各种建(筑)物、设施之间的防火距离的确定:

1)油气扩散的情况:

①据英国有关资料介绍,装车时的油气扩散范围不大,在7.6m以外可安装非防爆电气设备。

②向油船装汽油,当泵流量为250m³/h,在人孔下风侧6.1m处测得油气。

2)从上述情况看,装车、装船和灌桶作业时,油气扩散的范围不大,考虑到建(构)筑物之间车辆运行、操作要求,以及建(构)筑物着火时相互之间的影响,灭火操作的要求等因素,相互间应有适当的距离。

(3)Ⅰ、Ⅱ级毒性液体与库内其他设施的距离的确定:

Ⅰ、Ⅱ级毒性液体通常不仅是易燃、可燃液体,也是具有极度或高度毒性的液体,在防护上不但要有防火要求,也要有安全卫生防护要求,而卫生防护距离一般要比防火距离大,故规定"Ⅰ、Ⅱ级毒性液体的储罐、设备和设施与石油库内其他建(构)筑物、设施之间的防火距离,应按相应火灾危险性类别在本表规定的基础上增加30%"。

(4)表中的宿舍包括员工宿舍、消防人员宿舍、武警营房等。

5.1.5 储罐地上露天设置具有施工速度快、施工方便、土方工程量小的特点,因而可以降低工程造价。另外,与之相配套的管道、泵站等也便于建成地上式,从而也降低了配套建设费,管理也较方便。但由于地上储罐目标暴露、防护能力差,受温度影响的呼吸损耗大,故允许位于山区和丘陵地区或有战略储备等有特殊要求的油库储罐采用覆土等非露天方式设置。对于采用罐室方式设置的甲B和乙类液体的卧式储罐,因其过去发生的着火爆炸事故较多,故予以限制。

5.1.6 本条限制储罐区的储罐总容量,这样规定是为了避免储罐过于密集布置,适当降低储罐区火灾事故风险。

5.1.7 本条加大了相邻储罐区储罐之间的防火距离,这样规定是为了避免储罐过于密集布置,适当降低储罐区火灾事故风险。

5.1.8 本条加大了相邻罐组储罐之间的防火距离,这样规定是为了避免储罐过于密集布置,适当降低储罐区火灾事故风险。

5.1.10 铁路装卸区布置在石油库的边缘地带,不致因铁路罐车进出而影响其他各区的操作管理,也减少铁路与库区道路的交叉,有利于安全和消防。

铁路线如与石油库出入口处的道路相交叉,常因铁路调车作业影响石油库正常车辆出入,平时也易发生事故,尤其在发生火灾时,还可能妨碍外来救护车辆的顺利通过。

5.1.11 石油库的公路装卸区是外来人员和车辆往来较多的区域,将该区布置在面向公路的一侧,设单独的出入口,方便出入。若设置围墙与其他各区隔开,可避免外来人员和车辆进入其他各区,更有利于油库安全管理。

5.2 库区道路

5.2.1 石油库内的储罐区是火灾危险性最大的场所,储罐区设环行消防车道,有利于消防作业。有回车场的尽头式道路,车辆行驶及调动均不如环行道路灵活,且尽头式道路只有一个对外路口,不方便消防车进出,一般不宜采用。在山区的储罐区和小型石油库的储罐区火灾风险相对较小,因地形或面积的限制,建环行消防车道确有困难时,允许设置有回车场的尽头式消防车道是可行的。

5.2.3 "储罐至少应与1条消防车道相邻"是指,在储罐与消防车道之间无其他储罐。

5.2.4 铁路装卸区着火的概率虽小,着火后也较易扑灭,但仍需要及时扑救,故规定应设消防车道,并宜与库内道路相连形成环行道路,以利于消防车的通行和调动。考虑到有些石油库受地形或面积的限制,故本条规定也隐含着允许设有回车场的尽头式消防车道。

5.2.11 石油库的出入口如只有1个,在发生事故或进行维护时就可能阻碍交通。尤其是当库内发生火灾时,外界支援的消防车、救护车、消防器材及人员的进出较多,设置2个出入口就比较方便。石油库通向库外道路的车辆出入口,包括行政管理区和公路装卸区直接对外的车辆出入口。

5.3 竖向布置及其他

5.3.1 本条规定了沿海等地段石油库库区场地最低设计标准。我国沿海各港因潮型和潮差特点不同,南北方港口遭受台风壅水程度差异较大,南方港口特别是汕头、珠江、湛江和海南岛地区直接遭受台风,壅水增高显著,壅水高度在设计水位以上约1.5m~2.0m,而北方沿海港口受台风风力影响较弱,壅水高度较弱。一般壅水高度在设计水位以上1.0m左右,不超过1.3m。因此,库区场地的最低设计标高要结合当地情况,综合考虑防洪、防潮、防浪及防内涝等因素确定。

可靠的防洪排涝措施,指设置了满足防洪标准设防要求的防洪堤、防浪堤、截(排)洪沟、强排设施等。

5.3.2 行政管理区、消防泵房、专用消防站、总变电所是保证石油库安全运转的重要设施,规定其位于地势相对较高的场地处,是为了保证储罐等储存易燃、可燃液体的设施发生火灾时能够自保并具备扑救的能力和条件,避免可能发生的流淌火灾的威胁。

5.3.3 对本条各款说明如下:

1 石油库应尽可能与一般火种隔绝,禁止无关人员进入库内,建造一定高度的围墙有利于安全管理,特别是实体围墙对防火更有好处。根据多年的实际经验,石油库的界区围墙高度不低于2.5m比较合理。企业附属石油库与本企业毗邻的一侧的安全问题能够受本企业自身的管理与控制,故允许其毗邻一侧的围墙高度不低于1.8m。

2 由于建在山区的石油库占地面积较大,地形复杂,四周都要求建实体围墙的难度较大,也无必要,故允许"可只在漏油可能流经的低洼处设置实体围墙,在地势较高处可设置镀锌铁丝网等

非实体围墙"。但对于装卸区、行政管理区等有条件的部位最好还是设置实体围墙,以尽可能地有利于安全与管理。

4 本款规定"行政管理区与储罐区、易燃和可燃液体装卸区之间应设置围墙",主要目的是防止和减少外来人员进入或通过生产作业区,以有利于安全和管理。规定其"围墙下部0.5m高度以下范围内应为实体墙"是为了阻止漏油蔓延到行政管理区。

5 要求"围墙实体部分的下部不应留有孔洞"是阻止漏油流出库区的最后一道措施。

5.3.4 石油库内进行绿化,可以美化和改善库内环境。油性大的树种易燃烧,与易燃和可燃液体设备需保持一定距离。防火堤内如植树,万一着火对储罐威胁较大,也不利于消防,故规定不应植树。

11

6 储 罐 区

6.1 地 上 储 罐

6.1.1 钢制储罐与非金属储罐比较具有防火性能好、造价低、施工快、防渗防漏性好、检修容易等优点,故要求地上储罐采用钢制储罐。

6.1.2 沸点低于45℃或在37.8℃时的饱和蒸气压大于88kPa的甲B类液体在常温常压下极易挥发,所以需要采用压力储罐、低压储罐或低温常压储罐来抑制其挥发。对本条第1款、第2款具体要求说明如下:

1 用压力储罐或低压储罐储存甲B类液体,罐内易燃气体浓度较高,要求"防止空气进入罐"是为了消除储罐爆炸危险,常见的措施是向储罐内充氮,保持储罐在一定正压范围内;要求"密闭回收处理罐内排出的气体"是为了避免有害气体污染大气环境。

2 对沸点小于45℃或在37.8℃时的饱和蒸气压大于88kPa的甲B类液体,采取低温储存方式也是一种可以抑制其挥发的有效措施。"控制储存温度使液体蒸气压不大于88kPa"可以避免沸腾性挥发,但仍有较强的挥发性,所以要求"选用内浮顶储罐"来抑制其挥发。"控制储存温度低于液体闪点5℃及以下",气体挥发量就很少了,基本处于安全区域。要求"设置氮封保护系统",是为了防止控制措施不到位或失效的安全保护措施。

6.1.3 对本条规定说明如下:

储存沸点大于或等于45℃或在37.8℃时的饱和蒸气压不大于88kPa的甲B、乙A类液体可以常温常压下储存,但仍有较强的挥发性,所以规定"应选用外浮顶储罐或内浮顶储罐"来抑制其挥发。采用外浮顶或内浮顶储罐储存甲B类液体和乙A类易燃液体

可以减少易燃液体蒸发损耗90%以上,从而减少烃类气体对空气的污染,还减少了空气对物料的氧化,保证物料质量,此外对保证安全也非常有利。

有些甲B、乙A类液体化工品有防聚合等特殊储存需要,不适宜采用内浮顶储罐。因此,本条规定允许这些甲B、乙A类液体化工品选用固定顶储罐、低压储罐和容量小于或等于50m³的卧式储罐,但应采取氮封、密闭回收处理罐内排出的气体、控制储存温度低于液体闪点5℃及以下等必要的安全保护措施。

6.1.4 甲B类和乙A类油品是易挥发性液体,选用外浮顶储罐或内浮顶储罐可以抑制其挥发。本条的"成品油"不包括在37.8℃时的饱和蒸气压大于或等于88kPa的轻石脑油。

为保证3号喷气燃料的质量,机场油库3号喷气燃料储罐内需安装浮动发油装置,从油位上部发油,安装了浮动发油装置的3号喷气燃料储罐采用内浮顶罐有诸多不便。根据中国航空油料集团提供的实测数据,全国绝大多数民用机场油库3号喷气燃料储罐最高储存温度低于油品闪点5℃以下,罐内油气浓度达不到爆炸下限(1.1%V),基本处于安全状态,在这种情况下,3号喷气燃料采用固定顶储罐是可行的。机场油库如采用固定顶储罐,则在采购3号喷气燃料时,应要求闪点指标高于机场所在地油品的最高储存温度5℃及以上。由于全国各地机场气温差异较大,如不能保证最高储存温度低于油品闪点5℃及以下,为了安全,还应采用内浮顶罐。

6.1.5 乙B类和丙类液体危险性较低,可以根据实际需要任意选用外浮顶储罐、内浮顶储罐、固定顶储罐和卧式储罐。

6.1.6 钢制单盘式或双盘式浮顶结构强度高、密封效果好、耐火性能强,外浮顶储罐一般都是大型储罐,因此,为安全起见,本条规定"外浮顶储罐应选用钢制单盘式或双盘式浮顶"。

6.1.7 对本条各款规定说明如下:

1 非金属内浮顶,浅盘式或敞口隔舱式内浮顶安全性能差,故限制其使用。

2 甲B、乙A类液体火灾危险性较大,所发生的储罐火灾事故绝大多数也是这类液体储罐,加强其安全可靠性是必要的;目前广泛采用的组装式铝质内浮顶属于"用易熔材料制作的内浮顶",其安全性相对钢质内浮顶要差,储罐一旦发生火灾,容易形成储罐全截面积火,且直径越大越难以扑救,造成的火灾损失也越大,所以本款对直径大于40m的储存甲B、乙A类液体的内浮顶储罐,限制其使用"用易熔材料制作的内浮顶"是必要的。储存Ⅰ、Ⅱ级毒性的液体的储罐一旦发生火灾事故,将造成比油品储罐火灾更严重的危害,故对储存Ⅰ级和Ⅱ级毒性的甲B、乙A类液体储罐应有更高的要求。

3 根据现行国家标准《泡沫灭火系统设计规范》GB 50151—2010第4.4.1条的规定,采用钢制单盘式或双盘式的内浮顶储罐,泡沫的保护面积应按罐壁与泡沫堰板间的环形面积确定;其他内浮顶储罐应按固定顶储罐对待(即泡沫需要覆盖全部液面)。安装在储罐罐壁上的泡沫发生器发生的泡沫最大流淌长度为25m,为保证泡沫能够有效覆盖保护面积,故规定"直径大于48m的内浮顶储罐,应选用钢制单盘式或双盘式内浮顶"。

4 "新结构内浮顶"是指国家或行业标准没有对其进行技术要求的内浮顶。

6.1.8 限制储存Ⅰ、Ⅱ级毒性的甲B、乙A类液体储罐容量是为了降低其事故危害性,氮封保护系统可有效防止储罐发生爆炸起火事故,进一步加强有毒液体储罐的安全可靠性。常见易燃和可燃有毒液体毒性程度举例见表2。

表2 常见易燃和可燃有毒液体毒性程度举例

序号	名称	英文名称	分子式	毒性程度	闪点(℃)
1	乙撑亚胺(乙烯胺)	Ethylenimine	NHCH₂CH₂	极(Ⅰ)	−11.11
2	氯乙烯	Vinyl chloride	CH₂CHCl	极(Ⅰ)	−78 沸点−13.4

续表2

序号	名称	英文名称	分子式	毒性程度	闪点(℃)
3	羰基镍	Nickel carbonyl	Ni(CO)₄	极(Ⅰ)	−18
4	四乙基铅	Tetraethyl lead	Pb(C₂H₅)₄	极(Ⅰ)	80
5	氰化氢(氢氰酸)	Hydrogen cyanide	HCN	极(Ⅰ)	−17.78 沸点25.7
6	苯	Benzene	C₆H₆	高(Ⅱ)	−11
7	丙烯腈	Acrylonitrile	CH₂=CH—CN	高(Ⅱ)	−1.11
8	丙烯醛	Acrolein	CH₂=CHCHO	高(Ⅱ)	−26
9	甲醛	Formaldehyde	HCHO	高(Ⅱ)	沸点−19.44
10	甲酸(蚁酸)	Formic acid	HCOOH	高(Ⅱ)	68.89
11	苯胺	Aniline	C₆H₅NH₂	高(Ⅱ)	70
12	环氧乙烷	Ethylene oxide	H₂C—CH₂ (环氧)	高(Ⅱ)	<−17.78
13	环氧氯丙烷	Epichlorohydrin	H₂C—CHCH₂Cl (环氧)	高(Ⅱ)	32.22
14	氯乙醇	Ethylene chlorohydrin	CH₂ClCH₂OH	高(Ⅱ)	60
15	丙烯醇	Allylalcohol	CH₂=CHCH₂OH	中(Ⅲ)	21.11
16	乙胺	Ethylamine	C₂H₅NH₂	中(Ⅲ)	<−17.78
17	乙硫醇	Ethyl mercaptan	CH₃CH₂SH	中(Ⅲ)	<−26.67
18	乙腈(甲基腈)	Acetonitrile	CH₃CN	中(Ⅲ)	<6

续表2

序号	名称	英文名称	分子式	毒性程度	闪点(℃)
19	乙酸(醋酸)	Ethanoic acid	CH₃COOH	中(Ⅲ)	42.78
20	2,6-二乙基苯胺	2,6-Diethylaniline	C₆H₅N(C₂H₅)₂	中(Ⅲ)	<−17.78
21	1,1-二氯乙烯	1,1-Dichloroethylene	CH₂CCl₂	中(Ⅲ)	−15
22	1,2-二氯乙烷	1,2-Dichloroethane	(CH₂Cl)₂	中(Ⅲ)	13
23	丁胺	Buthylamine	C₄H₉NH₂	中(Ⅲ)	−12.22
24	丁烯醛	Crotonaldehyde	CH₃CHCHCHO	中(Ⅲ)	12.78
25	1,1,2-三氯乙烷	Trichloroethane	CH₂ClCHCl₂	中(Ⅲ)	沸点114
26	1,1,2-三氯乙烯	Trichloroethylene	CHClCCl₂	中(Ⅲ)	沸点87.1
27	甲硫醇	Methyl mercaptan	CH₃SH	中(Ⅲ)	−17.78
28	甲醇	Methanol	CH₃OH	中(Ⅲ)	7
29	苯酚	Phenol	C₆H₅OH	中(Ⅲ)	79.5
30	苯醛	Benzaldehyde	C₆H₅CHO	中(Ⅲ)	64.44
31	苯乙烯	Styrene	C₆H₅CH=CH₂	中(Ⅲ)	31.1
32	硝基苯	Nitrobenzene	C₆H₅NO₂	中(Ⅲ)	87.8
33	丁烯醛	Crotonaldehyde	CH₃CHCHCHO	中(Ⅲ)	12.78
34	氨	Ammonia	NH₃	中(Ⅲ)	沸点−33
35	甲苯	Toluene	CH₃C₆H₅	中(Ⅲ)	4.44

序号	名称	英文名称	分子式	毒性程度	闪点(℃)
36	对二甲苯	p-Xylene	$1,4-C_6H_4(CH_3)_2$	中(Ⅲ)	25
37	邻二甲苯	o-Xylene	$1,2-C_6H_4(CH_3)_2$	中(Ⅲ)	17
38	间二甲苯	m-Xylene	$1,3-C_6H_4(CH_3)_2$	中(Ⅲ)	25
39	丙酮	Acetone	C_3H_6O	低(Ⅳ)	-20
40	溶剂汽油	solvent gasolines	C_5H_{12}~$C_{12}H_{26}$	低(Ⅳ)	-50

注:序号1~34摘自现行行业标准《压力容器中化学介质毒性危害和爆炸危险程度分类》HG 20660—2000,序号35~40摘自现行行业标准《石油化工有毒、可燃介质钢制管道工程施工及验收规范》SH 3501—2011。

6.1.10 对本条各款说明如下:

1 甲B类、乙类和丙A类液体储罐布置在同一个防火堤内,有利于储罐之间互相调配和统一考虑消防设施,既可节省输油管道和消防管道,也便于管理。而丙B类液体基本都是燃料油和润滑油,相对于甲B类、乙类和丙A类液体黏度较大,火灾危险性较小,在消防要求上也不同(见本规范第12.1.4条、第12.1.5条),故不宜布置在一个储罐组内。

2 沸溢性油品在发生火灾等事故时容易从储罐中溢出,导致火灾流散,影响非沸溢性油品安全,故规定沸溢性油品储罐不应与非沸溢性油品储罐布置在同一储罐组内。

3 地上储罐与卧式储罐的罐底标高、管道标高等各不相同,消防要求也不相同,布置在同一储罐组内对操作、管理、设计和施工等均有不便。故地上储罐不宜与卧式储罐布置在同一储罐组内。

4 本款规定目的是降低其他储罐火灾事故时,对Ⅰ、Ⅱ级毒性的易燃和可燃液体储罐的影响。

6.1.12 一个储罐组内储罐数量越多,发生火灾事故的机会就越多,单体储罐容量越大,火灾损失及危害就越大,为了控制一定的火灾范围和火灾损失,故根据储罐容量大小规定了最多储罐数量。由于丙B类油品储罐不易发生火灾,而储罐容量小于1000m³时,发生火灾容易扑救,故对这两种情况不加限制。

6.1.13 储罐布置不允许超过两排,主要是考虑储罐失火时便于扑救。如果布置超过两排,当中间一排储罐发生火灾时,因四周都有储罐会给扑救工作带来一些困难,也可能会导致火灾的扩大。

储存丙B类油品的储罐(尤其是储存润滑油的储罐),发生火灾事故的概率极小,至今没有发生过着火事故。所以规定这种储罐可以布置成四排,这样有利于节约用地和投资。

6.1.15 储罐间距是关乎储罐区安全的一个重要因素,也是影响油库占地面积的一个重要因素。节约用地是我国的基本国策之一,因此在保证操作方便和生产安全的前提下应尽量减少储罐间距,以达到减少占地和减少工程投资的目的。本条关于储罐间距的规定,是参照国外标准,并根据火灾模拟计算和实践经验制订的。具体说明如下:

(1)国外相关标准的规定:

1)美国国家防火协会安全防火标准《易燃和可燃液体规范》(NFPA30 2003版)规定:直径大于150英尺(45m)的浮顶储罐间距取相邻罐径之和的1/4(对同规格储罐即为0.5D)。浮顶罐一般不需采取保护措施(指固定式消防冷却保护系统和固定泡沫灭火系统)。

2)英国石油学会《石油工业安全操作标准规范》第二部分《销售安全规范》(第三版)关于储存闪点低于21℃的油品和储存温度高于油品闪点的浮顶储罐的间距是这样规定的:对直径小于或等于45m的罐,建议罐间距为10m;对直径大于45m的罐,建议罐间距为15m。该规范要求,浮顶储罐灭火采用移动式泡沫灭火系统和移动式消防冷却水系统。

3)法国石油企业安全委员会编制的石油库管理规则关于储存闪点低于55℃的油品浮顶储罐的间距是这样规定的:两座浮顶储罐中,其中一座的直径大于40m时,最小间距可为20m。

4)日本东京消防厅1976年颁布的消防法规,关于闪点低于70℃的危险品储罐的间距是这样规定的:取最大直径和最大高度中的较大值。储罐可不设固定式消防冷却水系统。

与国外大多数规范比较,我们规定的储罐间距是适中的。

(2)火灾模拟计算:

为了了解着火储罐火焰辐射热对邻近罐的影响,我们运用国际上比较权威的DNV Technical公司的安全计算软件(PHAST Professional 5.2版),对储罐火灾辐射热影响做模拟计算,计算结果见下表3。

表3 储罐不同距离处辐射热计算表

序号	罐容积 V(m³)	罐径 D(m)	罐高 H(m)	L=0.4D L(m)	L=0.4D R(kW/m²)	L=0.6D L(m)	L=0.6D R(kW/m²)	L=0.75D L(m)	L=0.75D R(kW/m²)	L=1.0D L(m)	L=1.0D R(kW/m²)	L=20m L(m)	L=20m R(kW/m²)
1	100000	80	20	32	6.05	48	5.51	60	3.64	80	2.57	20	7.685
2	50000	60	20	24	6.38	36	4.85	45	3.97	60	3.30	20	7.044
3	10000	28	17	11.2	8.72	16.8	6.74	21	5.70	28	4.28	20	5.944
4	5000	20	16	8	11.76	12	9.26	15	7.8	20	5.94	22	5.308
5	5000									22.86*	4.92*		
6	1000	11	12	4.4	20.25	6.6	17.25	8.25	14.23	11	11.69	20	4.751
7	100	5	5.6	2	39.68	3	31.74	3.75	28.37	5	20.47	20	7.363
8	100			5.42*	12.8*								

注:1 表中的火灾辐射热强度是按储罐发生全面积火灾计算出来的。

2 带*号数据为天津消防科研所的火灾试验实测数据。

3 L为储罐间距。

根据国外资料,易燃和可燃液体储罐可以长时间承受的火焰辐射热强度是24kW/m²。表3中的绝大多数储罐,即使发生全液面火灾,其0.4D远处的火焰辐射热强度也小于24kW/m²;表3中的罐容积3000m³及以上储罐,如果是固定顶罐或浮盘用易熔材料制作的内浮顶罐,着火罐的邻近罐需采取冷却措施。因此,本条关于储罐之间防火距离的规定是合理的。

(3)实践经验:

总结国内炼油厂和油库发生过的储罐火灾事故(非流淌火事故)案例可以发现,有固定顶储罐着火引燃临近固定顶储罐的案例(都是甲B、乙A类易燃液体),但没有外浮顶罐和内浮顶罐引燃临近浮顶罐和内浮顶罐的案例,也没有乙B类和丙类可燃液体储罐被邻近着火罐引燃的案例。这是因为外浮顶储罐和内浮顶储罐的浮盘直接浮在油面上,抑制了油气挥发,很少发生火灾,也不易被邻近的着火罐引燃;外浮顶罐即使发生火灾,基本上只在浮盘周围密封圈处燃烧,比较容易扑灭,也不需要冷却相邻储罐;乙B类和丙类可燃液体闪点较高,且一般远高于其储存温度,不易被引燃。因此,外浮顶罐和内浮顶罐可以比固定顶罐的罐间距小一些,丙类可燃液体储罐可以比乙B、乙类易燃液体储罐的罐间距小一些。

6.2 覆土立式油罐

6.2.2 覆土立式油罐多建于山区,交通不便,远离城市,借助外部消防力量较难,一旦着火爆炸扑救难度大。本条规定意在使覆土立式油罐相互隔离,目的是尽量避免一座储罐着火牵连相邻储罐。

6.2.3 本条第1款规定"当按相邻两罐罐室直径之和的1/2计算超过30m时,可取30m",是参照多数规范对易燃、可燃液体设备设施与有明火地点的防火距离一般为30m而规定的。

6.2.5 本条各款说明如下:

1 "采用密实性材料构筑"主要是指用现浇混凝土浇筑或混

凝土预制块砌筑。用这些材料构筑不仅墙体规整美观，而且能够达到良好的防水效果。

2 本款规定是为满足储罐制造、安装、使用和维修的基本空间要求。

5、6 此两款规定的目的是尽量利用罐室自身拦油，当储罐发生跑油或着火事故时，防备油品或流淌火灾很快漫出罐室，为紧急时刻采取口部封堵和外输等抢救措施留有一定的时间余地。这也是我国近十几年来在油库改、扩建中摸索出来的实践经验。不过，通道的口部也不是越高越好，设置高一点，固然对利用罐室自身拦油有利，但同时也带来了通道两侧墙体的加高加厚、土方量加大、外观比例失调，以及罐室自然通风困难和人员进出作业不便等问题。特别是部分地带建罐还要受到地形等条件的限制，实际操作很困难，势必还会造成外部道路等辅助工程投资的相对增高。因此，设计上不仅要满足规范的基本要求，还要根据地形等实际情况，经济合理地综合考虑其口部的设置高度。

6.2.6 设置事故外输管道的目的是在覆土立式油罐出现跑油事故时，能够及时将跑在罐室的油品外输，以避免油品自罐室出入通道口漫出或发生流淌火灾。

6.2.10 对于覆土立式油罐，为了预防油罐发生泄漏事故，罐室要有一定的封围作用，为紧急时刻采取口部封堵和外输等抢救措施留有一定的时间余地，本规范第6.2.5条规定了"罐室通道出入口高于罐室地坪不应小于2.0m"，有的部门还规定罐室要满足半拦油或全拦油要求，这样由罐室引出的局部管道往往都敷设较深，有的甚至达到十几米。如果采用直埋方式，管线安全无保障，一旦出现渗漏或断裂，检修就会连同局部通道"开膛破肚"，不仅检修代价很高，而且动火更是难免的，不小心还会引发油罐火灾。因此，覆土立式油罐与罐区主管道连接的支管道敷设深度大于2.5m时，可采用非充沙封闭管沟方式敷设。

6.3 覆土卧式油罐

6.3.1 本条是参照国家现行行业标准《钢制常压储罐 第一部分：储存对水有污染的易燃和不易燃液体的埋地卧式圆筒形单层和双层储罐》AQ 3020制订的。

6.3.3 双层储罐从罐体材料上分，主要有双层钢罐、内钢外玻璃纤维增强塑料双层储罐和双层玻璃纤维增强塑料储罐。玻璃纤维增强塑料通常也称为玻璃钢。由于双层储罐有两层罐壁，在防止储罐渗（泄）漏方面具有双保险作用，无论是内层罐发生渗漏还是外层罐发生渗漏，都能从贯通间隙内发现渗漏，如果设置渗漏在线监测系统，还能及时发现渗漏，从而可有效地防止渗漏液体进入环境。因此，采用双层储罐是最理想的防渗措施，已成为各国加油站等地下储罐的主推产品。由于双层储罐一般都在工厂制作，受运输条件限制，单罐容量很难做到超过50m³，故本规范允许单罐容量大于50m³的覆土卧式油罐采用单层钢储罐设置防渗罐池方式，单罐容量大于100m³的和既有单层覆土卧式油罐的防渗采用储罐内衬防渗层的方式。

6.4 储罐附件

6.4.4 储罐通向大气的通气管上装设呼吸阀是为了减少储罐排气量，进而减少油气损耗。储存丙类液体的储罐因呼吸损耗很小，故可以不设呼吸阀。

6.4.7 本条所列储罐，其气相空间有可能存在爆炸性气体，所以规定这些储罐"通气管上必须装设阻火器"。

6.4.8 覆土式油罐引出罐室外的通气管管口太低会影响油气扩散，太高容易引发雷击，根据多年的实践经验，管口高出覆土面1.0m～1.5m比较合适。

6.4.9 甲B类、乙、丙类液体的进液管从储罐上部进入储罐，如不采取有效措施，就会使液体喷溅，这样除增加液体大呼吸损耗外，同

时还增加了液体因摩擦产生大量静电，达到一定电位，就会在气相空间放电而引发爆炸的危险。当工艺安装需要从上部接入时，就应将其延伸到储罐下部，使出油口浸没在液面以下。丙B类液体采取沿罐壁导流进罐的方式，也是一种可选择的非喷溅方式。

6.4.11 本条要求采取的措施可以改善工作环境，避免有毒气体损害操作人员健康。

6.5 防火堤

6.5.1 地上储罐进料时冒罐或储罐发生爆炸破裂事故，液体会流出储罐外，如果没有防火堤，液体就会到处流淌，如果发生火灾还会形成大面积流淌火。为避免此类事故，特规定地上储罐应设防火堤。对防火堤内有效容量的规定，主要考虑下述各种类型储罐发生泄漏的可能性：

(1)装满半罐以上油品的固定顶储罐如果发生爆炸，大部分只是炸开罐顶。如1981年上海某厂一个固定顶储罐在满罐时爆炸，只把罐顶炸开2m长的一个裂口；1978年大连某厂一个固定顶储罐爆炸，也是罐顶被炸开，油品未流出储罐。

(2)固定顶储罐低液位时发生爆炸，有的将罐底炸裂，如2008年内蒙某煤液化厂一个污油储罐发生爆炸起火事故，事故时罐内油位不到2m，爆炸把罐底撕开两个200mm～300mm的裂口。

(3)火灾案例显示，内浮顶储罐如果发生爆炸，无论液位高低均只是炸开罐顶。如2009年上海某厂一个5000m³内浮顶罐爆炸时，罐内液位只有5m～6m，爆炸把罐顶掀开1/4，罐底未破裂。2007年镇海某厂一个5000m³内浮顶罐爆炸，当时罐内液位在2/3高度处，也是罐顶被炸开，罐底未破裂。

(4)对于外浮顶储罐，因为是敞口形式，不易发生整体爆炸。即使爆炸，也只是发生在密封圈局部处，不会炸破储罐下部，所以油品流出储罐的可能性很小。

(5)储罐冒罐或漏失的液体量都不会大于一个罐的容量。

为防范罐体在特殊情况下破裂，造成满罐液体全部流出这种极端事故，参照国外标准，本条规定防火堤内有效容量不应小于最大储罐的容量。

6.5.3 防火堤有效容积对应的防火堤高度刚好容易使油品漫溢，故防火堤实际高度应高出计算高度0.2m；规定"防火堤高于堤内设计地坪不应小于1.0m"，主要是防止防火堤内油品着火时用泡沫枪灭火易冲击造成喷洒；本次修订将防火堤的堤外高度提高至不超过3.2m，主要是针对受地形、场地等条件限制或标准限制，而堤内储罐数量少，单罐容量又很大的情况提出的，目的是在满足消防车辆实施灭火的前提下，尽量节约用地。最低高度限制主要是为了防范泡沫喷洒，故从防火堤内侧设计地坪起算；最高高度限制主要是为了方便消防操作，故从防火堤外侧地坪或消防道路路面起算。

6.5.5 本条规定的防火堤耐火极限是考虑了火灾持续时间和设计方便等因素确定的，根据现行国家标准《建筑设计防火规范》GB 50016—2006的有关规定，结构厚度为240mm的普通黏土砖、钢筋混凝土等实体墙的耐火极限即可达到5.5h。只要防火堤自身结构能满足此要求，不需要再采取在堤内侧培土或喷涂隔热防火涂料等保护措施。

6.5.6 管道穿越防火堤需要保证严密，以防事故状态下易燃和可燃液体到处散流。防火堤内雨水可以排出堤外，但事故溢出的易燃和可燃液体不可以排走，故要采取排水控制措施。可以采用安装有切断阀的排水井，也可采用自动排水阻油装置。

6.5.7 防火堤内人行台阶和坡道供工作人员和检修车辆进出防火堤之用。考虑平时工作方便和事故时及时逃生，故规定每一个隔堤区域内均应设置对外人行台阶或坡道，相邻台阶或坡道之间的距离不宜大于60m。

6.5.8 储罐在使用过程中冒罐、漏油等事故时有发生。为了把储罐事故控制在最小范围内，把一定数量的储罐用隔堤分开是非常

必要的。为了防止泄漏的水溶性液体、相互接触能起化学反应的液体或腐蚀性液体流入其他储罐附近而发生意外事故，故要求设置隔堤。沸溢性油品储罐在着火时容易溢出泡沫状的油品，为了限制其影响范围，不管储罐容量大小，规定其两个罐一隔。非沸溢性的丙B类液体储罐，着火的概率很小，即使着火也不易出现沸溢现象，故可不设隔堤。

7 易燃和可燃液体泵站

7.0.1 20世纪80年代以前，对于铁路卸油由于没有其他方法解决卸车泵的吸上高度问题，在设计上往往都采用地下式或半地下式泵房，这样不仅增加了土方工程量，而且还要解决泵房地下部分的防排水问题，给建筑施工、设备安装、操作使用，特别是安全管理带来很多不便，同时也容易积聚油气，国内还曾发生过多起地下式或半地下式泵房的油气爆炸事故。近十几年来，随着带潜液泵式鹤管等技术的出现与应用，卸车泵的吸上高度问题已得到了解决，完全可以不建半地下式或地下式泵房，因此，推荐采用地上式泵站。从建筑形式看，地上泵房虽有利于设备安装、保养和操作，但相对于地上露天泵站或泵棚仍存在着建房、通风等方面的投资较高和油气容易积聚等不利问题；露天泵站造价低、设备简单、油气不容易积聚，但设备和操作人员易受环境气候影响；泵棚则介于泵房与露天泵站之间，应当说是一种较好的泵站形式。因此，建何种形式的泵站，要根据输送介质的特点、运行工况、当地气象条件以及管理等因素综合考虑确定。

7.0.2 对本条1、2款规定说明如下：

1 泵房和泵棚净空不应低于3.5m，主要考虑设备竖向布置和有利于有害气体扩散。

2 规定油泵房设2个向外开的门，主要是考虑发生火灾、爆炸事故时便于操作人员安全疏散。小于100m²的泵房，因面积较小，泵的台数少，发生事故的机会少，进出路线较短，发生事故易于逃离，故允许只设1个外开门。

7.0.6 屏蔽泵和磁力泵均属于无泄漏泵，可有效防止有毒液体泄露。

7.0.7 对本条各款规定说明如下：

1 为保证特殊油品（如航空喷气燃料等）的质量，规定了专泵专用，且专设备用泵，不得与其他油品油泵共用。

2 连续输送同一种液体的泵是指生产装置或工厂开工周期内不能停用的泵，如长距离输油管道的输油泵，发电厂锅炉的供油泵等。这些油泵在发生故障时，如没有备用泵，则无法保证连续供油，必然造成各种事故或较大的经济损失。因此，规定连续输送同一种液体的泵宜设备用泵。

3 经常操作但不连续运转的泵，根据生产需要时开时停，作业时间长短不一，石油库的输油泵大多属于此类，如油品装卸和输转等作业所用的泵。这些油泵发生故障时，一般不致造成重大的损失，客观上也有一定检修时间，各种类型的油泵采用互为备用或共设一台备用油泵是可以满足生产需要的。

4 不经常操作的泵是指平时操作次数很少且不属于关键性生产的泵，如油泵房的排污泵，抽罐底残油的泵等。这种泵停运的时间比较长，有足够的时间进行检修，即使在运行时损坏，对生产影响也不大。

7.0.18 泵站可实行集中布置，但由于集中泵站造成管道多、阀门多、吸入阻力大等问题，许多油品装卸区将铁路罐车装卸栈桥或汽车罐车装卸站台当作泵棚，直接将泵分散布置在栈桥或站台下，以节省建站费用，同时减小了泵吸程，实践证明某些情况下是可行的。规定"泵基础顶面应高于周围地坪和可能出现的最大积水高度"，主要是为了防止下雨等积水浸泡装卸泵，增强安全可靠性。需要注意的是，设置在栈桥或站台下的泵要满足防爆、防雨和铁路装卸区安全限界的要求。

8 易燃和可燃液体装卸设施

8.1 铁路罐车装卸设施

8.1.1 对本条各款规定说明如下：

1 按照运输量确定装卸线的车位数，是为了使装卸设施的能力与石油库的周转、储存能力相匹配，从而提高装卸设施的利用率，发挥其效益。

2 由于易燃和可燃液体装卸区属于爆炸和火灾危险场所，为了安全防火，送取罐车的机车采取推车进库、拉车出库的作业方式，即机车一般不需进入装卸区内。因此，无须将装卸线建成贯通式。

在调查中发现，有部分石油库将油品装卸线建成贯通式。虽然采取了安全防范措施，增加了严格的油品装卸安全规定和操作规程。但是，装卸设施工程和送取机车走行距离的增加，使石油库的建设资金和日常运营费用均有所增加。而且，油品装卸操作的复杂化，也增加了不安全因素。

3 罐车装卸线为平直线，既便于装卸栈桥的修建和工艺管道的敷设与维修，又便于罐车的安全停靠，防止溜车事故的发生，同时也有利于对罐车内的液体准确计量和装满卸空。

装卸线设在平直线上确有困难时，设在半径不小于600m的曲线上也能进行作业。但这样设置，由于车辆距栈桥的空隙较大，装卸作业不方便，同时，罐车列相邻的车钩中心线相互错开，车辆的摘挂作业也较困难。而且，也不便于装卸栈桥的修建和输油管道的敷设与维修。因此，只有万不得已的情况下，才允许设在曲线上。

如果装卸线直线段始端至栈桥第一鹤位的距离小于采用储罐

车长度的1/2时，由于第一鹤位的储罐车部分停在曲线上，不利于此储罐车的对位和插取鹤管操作。

4 每条油品装卸线的有效长度可按下式计算：

$$L=L_1+L_2+L_3+L_4 \qquad (1)$$

式中：L——装卸线有效长度（m）；

　　L_1——机车至警冲标的距离（m），取 $L_1=9$m；

　　L_2——机车长度（m），取常用大型调车机车长度值为22m；

　　L_3——储罐车列的总长度（m）；

　　L_4——装卸线终端安全距离（m），取 $L_4=20$m。

对于有一条以上装卸线的油库装卸区，机车在送取、摘挂罐车后，其前端至前方警冲标应留有供机车司机向前方及邻线瞭望的9m距离，以保证机车安全地退出。

终端车位钩中心线至装卸线车挡间20m的安全距离，是考虑在装卸过程中发生罐车着火时，为规避火罐车，将其后部的罐车后移所必需的安全距离。同时有此段缓冲距离，也利于罐车列的调车对位，以及避免发生罐车冲出车挡的事故。

8.1.2 对本条各款规定说明如下：

1 装甲B、乙A类油品的股道中心线两侧各15m范围内为爆炸危险区域2区，一切可能产生火花的操作均不得侵入该区域。因此，规定其距非罐车装卸线中心线不应小于20m。

2 卸甲B、乙A类油品的股道中心线两侧各3m范围内为爆炸和火灾危险区域2区，小于装甲B、乙A类油品的股道两侧的爆炸危险区域，因此，适当减小距离，其与非罐车装卸线中心线最小间距为15m。

3 丙类油品的火灾危险性等级较低，而且在常温下无爆炸危险，规定其装卸线中心线距非罐车装卸线中心线只要为安全调车和消防留有一定的间距即可。因此，规定其与非罐车装卸线中心线最小间距为10m。

8.1.8 本条的规定是与现行国家标准《铁路车站及枢纽设计规范》GB 50091—2006相协调的。该规范规定：普通货物站台应高出轨面1.10m，其边缘至线路中心线的距离应为1.75m；高出轨面距离大于1.10m且小于或等于4.80m的货物高站台，其边缘至线路中心线的距离应为1.85m。

8.1.9 规定从下部接卸铁路罐车的卸油系统应采用密闭管道系统，既防止接卸过程中的油品泄漏，污染环境，又防止油品蒸发气体的外泄，确保接卸操作安全。

规定装卸车流速不应大于4.5m/s，是为了防止静电危害，便于装车量的控制，减少油气挥发，减少管道振动和减小管道水击力。

国外有关标准对易燃和可燃液体灌装流速也有严格限制。例如，美国API标准规定，不论管径如何，流速限值为4.5m/s～6.0m/s；美国Mobil公司标准规定，DN100鹤管最大装车流量不应大于125m³/h，折算流速为4.4m/s。

8.1.10 "不应在同一装卸线的两侧同时设置罐车装卸栈桥"，是指两座栈桥不能共用一条铁路罐车装卸线，否则会给调车和装卸作业带来很多不安全问题，而且更不利用消防。铁路装卸线为单股道时，装卸栈桥设在与装卸泵站的相邻侧，可减少管道穿越铁路，便于栈桥与泵站之间的指挥与联系。

8.1.11 规定"在栈桥的两端和沿栈桥每60m～80m处，应设上、下栈桥的梯子"，是为了在罐车一旦发生着火事故时，栈桥上的作业人员能够就近逃离。

8.1.12 对本条规定说明如下：

对罐车装卸栈桥边缘与铁路罐车装卸线的中心线的距离，本规范84年版是这样规定的：自轨面起3m以下不应小于2m，3m以上不应小于1.75m。此规定与铁路的标准和规程（如现行国家标准《标准轨距铁路机车车辆限界》GB 146.1—83、《标准轨距铁路建筑限界》GB 146.2—83、《铁路车站及枢纽设计规范》GB 50091—2006，以及《中华人民共和国铁路技术管理规程》）的

有关规定有所不同，在实际执行中铁路部门往往要求执行上述铁路标准和规程的规定，这样会给建设单位造成不必要的麻烦。为避免在执行标准上的矛盾，2002年版修订时我们就此问题与原铁道部建设与管理司进行了协调，"罐车装卸栈桥边缘与罐车装卸线的中心线的距离，自轨面算起3m及以下不应小于2m，3m以上不应小于1.85m。"的规定是协调的结果。这样修改对铁路罐车装卸车作业影响不大，且能解决与铁路部门的矛盾。经多年来的实际检验，证明这样的规定是可行的，因此本次修订对此未作改动。

8.2 汽车罐车装卸设施

8.2.1 甲B、乙、丙A类液体在室内灌装容易积聚有害气体，有形成爆炸气体的危险，在露天场地灌装又受雨雪和日晒的影响，故宜在装车棚（亭）内灌装。装车棚（亭）具备半露天条件，进行灌装作业时有通风良好、油气不易积聚的优点，比较安全，故允许甲B、乙、丙A液体在同一座装车棚（亭）内灌装。

8.2.3 石油库的易燃和可燃液体装车利用自然地形高差从储罐中直接自流灌装作业，可以节省能耗。采用泵送装车方式，可省去高架罐这一中间环节，这样既可节省建设高架罐的用地和费用、简化工艺流程和操作工序、便于安全管理，又可消除通过高架罐灌装时的大呼吸损耗。灌装泵按一泵供一鹤位设置便于自动控制。

8.2.5 "定量装车控制方式"是一种先进的装车工艺，对防止装车溢流，保障装车安全大有好处，故推荐采用这种装车控制方式。

8.2.6 由于卧式储罐没有内浮盘，罐车向其卸甲B、乙、丙A类液体时会挥发出大量有害气体，如果采用敞口方式卸车，有害气体将从进油口向周围扩散，这样既损害操作人员的健康，又不利于安全，特别是甲B类液体危害更大，不小心还会发生火灾爆炸事故。因此，规定"汽车罐车向卧式容器卸甲B、乙、丙A类液体时，应采用密闭管道系统"。采用密闭管道系统的作用是，将油气等有害气体引至安全地点集中排放或回收再利用。

8.2.7 "底部装车"是一种密闭装车方式，罐车的进液口设在罐车底部，通过快速接头与装车鹤管密闭连接，也称下装方式。底部装车可减少静电产生和放电，并有利于减少油气挥发，便于油气回收。

8.2.8 据实际检测，采用将鹤管插入储罐车底部的浸没式灌装方式，与采用喷溅式灌装方式灌装轻质油品相比，可减少油气损失50%以上。此外，采用喷溅灌装方式鹤管出口处易于积聚静电，一旦静电放电，则极易引发火灾事故。将灌装鹤管插到储罐车底部，既减少油气损失，还可防止静电危害。

8.3 易燃和可燃液体装卸码头

8.3.1 从安全角度考虑，易燃和可燃液体码头需远离其他码头和建筑物，最好在同一城市其他码头的下游。

8.3.2 易燃和可燃液体装卸码头和作业区独立设置，可避免与其他货物装卸船在同一码头和作业区混合作业，有利于安全管理。

8.3.3 公路桥梁和铁路桥梁是关系国计民生的重要构筑物，石油码头与公路桥梁、铁路桥梁的安全距离应该比石油库与一般公共建筑物的安全距离大。为减小油船失火时流淌油对桥梁的影响，增加了油品码头位于公路桥梁和铁路桥梁上游时的安全距离。

内河大型船队锚地、固定停泊所、城市水源取水口是河道中的重要场所，石油码头位于这些场所上游时，需远离这些场所。

500吨位以下的油船绝大多数为中、高速柴油机船，船身小，操纵比较灵活，所载油品数量不多，其危险性相对较小，故其与桥梁等的安全距离可以适当减少。

本条延续了2002年版《石油库设计规范》的规定。实践证明，这一规定是安全的、合理的。

8.3.4 本条规定与现行行业标准《装卸油品码头防火设计规范》JTJ 237—99的有关规定一致。

8.3.5 本条规定是参照现行行业标准《装卸油品码头防火设计规

范》JTJ 237—99的有关内容制订的。

8.3.6 随着社会的进步,人身安全越来越受到重视,本着以人为本的原则,本次修订加大了易燃和可燃液体装卸码头与客运码头的安全距离。现行国家标准《河港工程设计规范》GB 50192—1993将国内港口客运站按规模划分四个等级,如表4所示。

表4 客运站等级划分

等级划分	设计旅客聚集量(人)
一级站	≥2500
二级站	1500~2499
三级站	500~1499
四级站	100~499

客运站级别不同,说明其重要性不同,易燃和可燃液体装卸码头与各级客运站的安全距离也应有所不同。据调查,内河港口客运站一般设在城市中心区,而易燃和可燃液体装卸码头一般布置于城区之外,且大多数位于客运码头下游。表5列举了我们调查的一些内河城市港口客运码头与石油公司油品码头相对关系的情况:

表5 内河城市港口客运码头与石油公司油品码头相对关系

城市	油品码头	油品码头位置	两者之间距离(km)
重庆	黄花园水上加油站(停靠小于100t油船)	客运码头上游	2
	伏牛溪油库码头	客运码头上游	>10
涪陵	石油公司码头	客运码头下游	8~10
万州	石油公司码头	客运码头下游	5~6
宜昌	石油公司码头	客运码头下游	>3
武汉	石油公司码头1	客运码头下游	8~9
	石油公司码头2	客运码头下游	>10
巴东	石油公司码头	客运码头上游	3

续表5

城市	油品码头	油品码头位置	两者之间距离(km)
九江	石油公司码头	客运码头下游	>3
安庆	石油公司码头	客运码头下游	1~2
铜陵	石油公司码头	客运码头上游	2~3
芜湖	石油公司码头	客运码头下游	2~3
南京	石油公司码头	客运码头下游	>3
镇江	石油公司码头	客运码头下游	>3
上海	石油公司码头	客运码头下游	>3
南昌	石油公司码头	客运码头下游	5

由于油船发生火灾事故往往形成流淌火,为保证客运码头的安全,本规范鼓励易燃和可燃液体装卸码头建于客运码头下游,对油品码头建于客运码头上游的情况则大幅度提高了安全距离限制。根据实际调查,本条规定是不难实现的。

8.3.8 根据国家有关环保法规,达不到国家污水排放标准的污水不能对外排放。因此,含有易燃和可燃液体的压舱水和洗舱水需上岸处理。

8.3.10 规定易燃和可燃液体管道在岸边适当位置设紧急切断阀,是为了及时制止管道可能出现的渗漏和爆管泄漏事故,避免事故扩大。

8.3.11 易燃和可燃液体为火灾危险品,为保证安全,易燃和可燃液体引桥与其他引桥分开设置是必要的。

9 工艺及热力管道

9.1 库内管道

9.1.1 相对于埋地敷设方式,输油管道地上敷设或采用敞口管沟敷设方式有不易腐蚀、便于检查维修、施工简便、有利于安全生产等优点。管道埋地敷设易于腐蚀,不便维修;输油管道如果采用封闭管沟敷设,管沟内易积聚油气,安全性差,是发生爆炸着火和人员中毒事故的隐患之一,且造价较高。石油库建设应重点考虑安全和便于维护,因此,本条推荐石油库库区内的输油管道采用地上敷设或敞口管沟敷设方式。"局部地段可埋地敷设或采用充沙封闭管沟敷设",主要是针对穿越道路、铁路等有特殊要求的地段。

9.1.6 对本条各款规定说明如下:

1 "管道跨越电气化铁路时,轨面以上的净空高度不应小于6.6m"的规定,是根据现行国家标准《工业金属管道设计规范》GB 50316—2000的有关规定制订的。

2 "管道跨越非电气化铁路时,轨面以上的净空高度不应小于5.5m"的规定,是根据现行国家标准《标准轨距铁路建筑限界》GB 146.2—83的有关规定制订的。

3 考虑到现在的大型消防车高度已超过4m,故规定"管道跨越消防道时,路面以上的净空高度不应小于5m"。

4 "管道跨越其他车行道时,路面以上的净空高度不应小于4.5m",是参照现行国家标准《厂矿道路设计规范》GBJ 22—87制订的。

5 "管架立柱边缘距铁路不应小于3.5m"的规定,是参照现行国家标准《工业企业标准轨距铁路设计规范》GBJ 12—87制订的;管架立柱边缘"距道路不应小于1m",是为了充分利用路肩,节约用地。

6 要求管道穿、跨越段上,不得安装阀门和其他附件,既是为了避免这些附件渗漏而影响铁路或道路的正常使用,也是为了便于检修和维护这些附件。

9.1.7 管道与铁路平行布置时,距离大了,要多占地;距离小了,不利于安全生产。考虑到管道与铁路和道路平行布置时是线接触,因而互相影响的机会更多一些,所以比本规范第9.1.6条第5款规定的距离适当大些。

9.1.9 易燃、可燃液体管道采用焊接方式可节省材料,严密性好,而采用法兰等活动部件连接则费用较高,容易出现渗漏,多一对法兰,就多一处渗漏点,多一处安全隐患,而且维护费用也较高,如果是埋地管道出现渗漏还会污染土壤和地下水,故"管道之间及管道与管件之间应采用焊接连接"。

9.1.10 管道与储罐等设备的连接采用柔性连接,对预防地震和不均匀沉降等所带来的不安全问题有好处,对动力设备还有减少振动和降低噪音的作用。对于储罐来说,在地震作用下,罐壁发生翘离、倾斜、罐基础不均匀沉降,使储罐和配管连接处遭到破坏是常见的震害。例如,1989年10月17日美国加州Loma Prieta地震,位于地震区域的炼油厂所有遭到破坏的储罐的破坏原因都与罐壁的翘离有关。此外,由于罐基础处理不当,有一些储罐在投入使用后其基础仍会发生较大幅度的沉降,致使管道和罐壁遭到破坏。为防止上述破坏情况的发生,采取增加储罐配管的柔性(如设金属软管)来消除相对位移的影响是必要的,而且也有利于罐前阀门的安装与拆卸和消除局部管道的热应力。

9.1.12 钢阀的抗拉强度、韧性等性能均优于铸铁阀。采用钢阀在防止阀门冻裂、拉裂、水击及其他外来机械损伤等方面比采用铸铁阀安全得多。为保证安全,目前在石油化工行业,易燃和可燃液体管道已普遍采用钢阀。在价格上,钢阀并不比铸铁阀贵很多。有鉴于此,本条规定"工艺管道上的阀门,应选用钢制阀门"。2010年发生的某油库火灾事故教训之一是,供电系统被毁坏后,储罐进出油管道上设置的电动阀不能快速人工关闭,致使事故规模扩大,本条对手动关闭阀门的时间规定意在避免类似情况发生。

9.1.13 对本条2、3款规定说明如下:

2 规定采取泄压措施,是为了地上不放空、不保温的管道中的液体受热膨胀后能及时泄压,不致使管子或配件因油品受热膨胀,压力升高而破裂,发生跑油事故。

3 所谓防凝措施,指保温、伴热、扫线和自流放空等,设计时可根据实际情况采取一种或几种措施。

9.1.14 "有特殊要求的液体"是指必须保证质量和应用安全,而绝对不能与其他液体混输、储存、收发或接触的液体(如喷气燃料),因此,输送这样的液体应专管专用。

9.1.20 本条要求"酚和其他少量与皮肤接触即会产生严重生理反应或致命危险的液体,其管道和设备的法兰垫片周围宜设置安全防护罩",是为了防止介质泄漏时伤人。

9.1.24 管道的埋设深度应根据管材的强度、外部负荷、土壤的冰冻深度以及地下水位等情况,并结合当地埋管经验确定。在生产方面有特殊要求的地方,还要从技术经济方面确定合理的埋深。由于情况比较复杂,本条规定仅从防止管道遭受地面上机械破坏所需要的最小埋深考虑。国内有关规范对管道埋地最小深度的规定,分不同情况,一般都在0.5m~1.0m之间。

9.2 库 外 管 道

9.2.3 本条是参照现行国家标准《石油天然气工程设计防火规范》GB 50183—2004、《城镇燃气设计规范》GB 50028—2006的有关规定制订的。表9.2.3注3中的"加强安全保护措施"主要是提高局部管道的设计强度等的措施。

9.2.8 埋地敷设的库外工艺管道通过公共区域时,与市政管道、暗沟(渠)相邻平行或交叉敷设的情况有时难以避免,有可能面临的风险是,泄漏的易燃和可燃液体流入市政自流管道、暗沟(渠),并在其内部空间形成爆炸性气体,一旦遇到点火源即会发生爆炸。对这种风险需要特别注意,并严加防范,故作此条规定。

10 易燃和可燃液体灌桶设施

10.1 灌桶设施组成和平面布置

10.1.4 甲B类和乙A类液体属易挥发性液体,且甲、乙类液体又同属轻质液体,在设计上常将这两类液体作为一个灌桶场所。而对于灌桶间和灌桶泵间,前者是操作频繁、油气挥发较大,后者是电器控制设备较多,将两者之间用防火墙隔开,有利于防止火灾发生。灌桶间操作较为频繁,灌桶时会挥发油气,为保证重桶安全,在重桶库房与灌桶间之间有必要设置无门、窗、孔洞的隔墙。

10.2 灌 桶 场 所

10.2.2 对本条两款说明如下:

1 条文说明与8.2.1相同。

2 润滑油属于不易蒸发、不易着火的油品,其灌桶场所的电气设备不需防爆,故允许在室内灌装。在室内灌装对保证润滑油品质量,防止风沙、雨、雪等杂质污染油品也有利。为避免其与甲、乙类液体在一起灌装处于爆炸危险环境,故宜单独设置灌桶间。

10.2.3 控制灌油枪出口流速不得大于4.5m/s,主要是为了防静电。

10.3 桶装液体库房

10.3.1 空桶可以随时来随时灌装,其堆放量为1d的灌装量较适宜。根据实际调查,为便于及时向用户供油,重桶堆放量宜为3d的灌装量。

10.3.3 为防止重桶遭受人为损坏,以及防止因日晒而升温,重桶需堆放在室内或棚内。

1 甲、乙类液体重桶如与丙类液体重桶储存在同一栋库房内,整个库房都得采取防爆措施,从安全和经济两方面考虑,有必要用防火隔墙将两者隔开。

2 Ⅰ、Ⅱ级毒性液体在防护上,不仅要考虑可能发生的火灾问题,还要考虑毒性对人员的危害问题,故与其他液体重桶储存在同一栋库房内时,两者之间应设防火墙。

3 甲B、乙类液体重桶库房若建成地下或半地下式,重桶密闭不严或一旦渗漏,房间内容易积存可燃气体,存在发生火灾、爆炸的不安全因素。

4 甲、乙类液体安全防火要求严格,为避免摔、撞甲、乙类液体重桶,其重桶库房需单层建造。丙类液体火灾危险性较小,为节省占地,其重桶库房可为两层建筑,但需满足二级耐火等级要求。

5 重桶库房设外开门,有利于发生火灾事故时人员和重桶疏散。根据现行国家标准《建筑设计防火规范》GB 50016的要求,规定"建筑面积大于或等于100m²的重桶堆放间,门的数量不应少于2个,门宽要求不应小于2m",是为了满足用叉车搬运或堆放重桶的要求;对重桶堆放间要求设置高于室内地坪0.15m的非燃烧材料建造的斜坡式门槛,主要是为了在重桶堆放间发生液体流淌或着火、爆炸事故时,尽量使液体或流淌火灾控制在门以里,缩小事故波及范围。斜坡式门槛也不宜过高,过高将给平时作业造成不便。

6 本款重桶库房的单栋建筑面积的规定,与现行国家标准《建筑设计防火规范》GB 50016的相关规定是一致的。

10.3.4 为方便对桶的检查、取样、搬运和堆码安全,根据空桶、重桶和火灾危险性类别,本条规定了堆码层数和有关通道宽度。这一规定是在调查研究的基础上给出的。

11 车间供油站

11.0.1 对本条各款说明如下:

1、2 此两款是参照现行国家标准《建筑设计防火规范》GB 50016—2006 等标准并结合国内大、中、小型企业厂房内车间供油站的具体现状制订的。在建筑物内存放油品是有一定风险的,因此,在满足基本生产要求的基础上,按不同油品的火灾危险性,对车间供油站储存油品的体积加以限制是必要的,以免发生火灾事故时造成大的损失。

3 本款规定是参照现行国家标准《建筑设计防火规范》GB 50016—2006 的有关规定制订的,是为了预防车间供油站在一旦发生着火或爆炸事故时,尽量缩小对厂房其他生产部分的破坏范围,减少人员伤亡。

4 本款的规定,主要是考虑桶或罐装油操作时如发生跑、冒、滴、漏或起火爆炸时,要防止油品流散到站外,以控制火势蔓延,便于火灾扑救和人员疏散,减少损失。可考虑在门口设置高于供油站地坪的斜坡式门槛来防止油品流散。

5 与甲、乙类油品相比,丙类油品的危险性要小得多,故允许不大于 5m³ 的丙类油品储罐(箱)直接设置在丁、戊类生产厂房内。

6 出于符合工业卫生标准的要求,房间内的储罐(箱)通气管管口都需引出室外。特别对容易挥发的甲 B、乙类油品,如果其储罐(箱)内的油气直接排入室内,还会存在发生爆炸和火灾的危险。据调查,曾就有不少单位由此而引发了这样的火灾事故和人员中毒事故。因此,规定"储罐(箱)的通气管管口应设在室外",并与厂房屋面和门、窗之间要有一定的距离,以免油气返流室内。规定"甲 B、乙类油品储罐(箱)的通气管管口,应高出屋面 1.5m,与厂房门、窗之间的距离不应小于 4m",是按照爆炸危险场所的划分范围给出的。

7 厂房内车间供油站的设备简单,储罐(箱)容量较小,油泵功率也不大,数量一般仅有一两台,为了便于操作,集中管理,尽量减少占用面积,故允许储罐(箱)与油泵设在一起,不受距离限制。

11.0.2 有些企业的厂房距离本企业油库较远,或本企业无油库。当设置在厂房内的供油站的储油量和设施不满足生产要求时,本规范允许在厂房外设置车间供油站。对本条各款说明如下:

1 本款规定是由于设置在厂房外的车间供油站,其性质等同于企业附属油库。

2 车间供油站与燃油设备或零星用油点有密切的关系,在满足防火距离要求的前提下,总图布置需尽量靠近厂房,以使系统简单,操作管理方便。因此,本款对企业厂房外的车间供油站,当甲 B、乙类油品的储存量不大于 20m³ 且储罐为埋地卧式储罐或丙类油品的储存量不大于 100m³ 时,其储罐、油泵站与本车间厂房、厂房内明火或散发火花地点、站区围墙、厂内道路等的距离,放宽了要求。

4 厂房外的车间供油站,与厂房的关系十分密切,其油泵房在厂房外布置受到限制时,可以与厂房毗邻建设。但由于油泵房属火灾危险场所,故对油泵房的建筑构造提出了一定的耐火极限要求,以免发出火灾事故时破坏厂房主体建筑。特别是甲 B、乙类油品的油泵房,还存在爆炸危险性,规定其出入口直接向外,有利于泵房内的操作人员在事故时及时逃离。

12 消防设施

12.1 一般规定

12.1.1 石油库储存的是易燃和可燃液体,有可能发生较严重的爆炸和火灾。因此,石油库设消防设施是必要的。

12.1.2 对本条各款规定说明如下:

1 覆土卧式油罐和储存丙 B 类油品的覆土立式油罐不易着火,即使着火规模也不大,用灭火毯和灭火沙即可扑灭,故规定可不设泡沫灭火系统。

2 烟雾灭火技术也称气溶胶灭火技术,是我国自己研制发展起来的新型灭火技术。它适用于储罐的初期火灾,但不能用于流淌火灾,且不能阻止火灾的复燃。这项技术在我国已有二十余年的实践经验,在石油公司、金属机械加工厂、列车机务段等单位得到推广应用。安装烟雾装置的轻柴储罐容量最大到 5000m³,汽储罐容量最大到 1000m³,并已有四次自动扑灭储罐初期火灾的成功案例。由于它有不能抗复燃的致命弱点,故本规范只允许其在设置泡沫灭火系统有困难,且无消防协作条件的四、五级石油库的储罐上使用。当油库储罐的数量较多,水源方便时,使用烟雾灭火装置,在安全和经济上都是不合算的。超细干粉灭火技术目前只适用于容量不大于 1000m³ 的储罐。

3 对易燃和可燃液体储罐火灾,最有效的灭火手段是用泡沫液产生空气泡沫进行灭火,空气泡沫可扑救各种形式的油品火灾。

12.1.3 目前,我国有蛋白型和合成型两种型式泡沫液,蛋白型泡沫液和合成型泡沫液各有自身的优势和不足。蛋白型泡沫液售价低,泡沫的抗烧性强,但泡沫液易变质,储存时间短;合成型泡沫液泡沫的流动性好,泡沫液抗氧化性能强,储存时间较长,但泡沫的抗烧性欠佳,泡沫液的售价较贵。蛋白型泡沫液有中倍数、低倍数泡沫液两种类型;合成型泡沫液有高倍数、中倍数、低倍数泡沫液三种类型。所以灭火系统也相应有高倍数、中倍数、低倍数泡沫灭火系统。

高倍数泡沫灭火系统是能产生 200 倍以上泡沫的发泡灭火系统,这种灭火系统一般用于扑救密闭空间的火灾,如电缆沟、管沟等建(构)筑物内的火灾。

中倍数泡沫灭火系统是能产生 21 倍～200 倍泡沫的发泡灭火系统,这种灭火系统分为两种情况,50 倍以下(30 倍～40 倍最好)的中倍数泡沫适用于地上储罐的液上灭火;50 倍以上的中倍数泡沫适用于流淌火灾的扑救,如建(构)筑物内的泡沫喷淋。

低倍数泡沫灭火系统是能产生 20 倍以下的泡沫的发泡灭火系统,这种灭火系统适用于开放性的火灾灭火。

中倍数泡沫灭火系统和低倍数泡沫灭火系统由于自身的特性,各有自己的优点和缺点:

低倍数泡沫灭火系统是常用的泡沫灭火系统,使用范围广,泡沫可以远距离喷射,抗风干扰比中倍数泡沫强,在浮顶储罐的液上泡沫喷放中,由于比重大,具有较大的优越性,在扑救浮顶储罐的实际火灾中,已有很多成功案例。

中倍数泡沫灭火系统是我国 20 世纪 70 年代研究开发的用于储罐液上喷放的新型灭火系统,由于蛋白型中倍数泡沫液性能的改进和中倍数泡沫质量比低倍数泡沫质量轻,在储罐的液上喷放灭火时,比低倍数泡沫灭火系统有一定的优势,表现为油面上流动速度快,可直接喷放在油面上,受油品污染少,抗烧性好,所以灭火速度快,这已经被实验室研究和现场灭火试验所证实。据《低倍数泡沫灭火系统设计规范》专题报告汇编(1989 年 9 月编制)和 1992 年 10 月原商业部设计院编制的中倍数泡沫灭火系统资料介绍:

低倍数泡沫混合液供给强度为 5L/(min·m²)～7L/(min·m²)、混合液中泡沫液占比为 3%～6%、预燃时间 60s～120s 的情况下,灭火时间为 3min～5min;中倍数泡沫混合液供给强度为 4L/(min·m²)～4.4L/(min·m²)、混合液中泡沫液占比为 8%、预燃时间为 60s～90s 的情况下,灭火时间为 1min～2min。在供给强度同为 4L/(min·m²)时,中倍数蛋白泡沫混合液灭火时间为 124s;低倍数蛋白泡沫混合液灭火时间为 459s;低倍数氟蛋白泡沫混合液灭火时间为 270s。

12.1.4 对本条各款说明如下:

1、2 石油库的储罐一般比较集中,消防管道数量不多,采用固定式灭火方式,整个系统可常处于战备状态,启动快、操作简单、节省人力。由于大于 500m³ 的水溶性液体地上储罐和大于 1000m³ 的其他易燃、可燃液体地上立式储罐,着火时采用移动式或半固定式泡沫灭火系统难以扑灭或不能及时扑灭,故规定应采用固定式泡沫灭火系统。对于不大于上述容量的地上储罐,由于储罐较小,着火时造成的损失也相对较小,采用半固定式泡沫灭火系统也能扑灭,还可省消防设备投资,故允许采用半固定式泡沫灭火系统。

3 移动式泡沫灭火系统,具有机动灵活、维护管理方便、不需在储罐上安装泡沫发生器等设备的特点。

卧式储罐和离壁式覆土立式油罐,安装空气泡沫发生器比较困难。卧式储罐的着火一般只发生在面积很小的人孔处,容易处理,采用移动式泡沫灭火系统较好。

覆土立式油罐即使在罐壁上设置空气泡沫发生器,储罐着火时也可能被烧坏,储罐或罐室发生爆炸时,上部混凝土壳顶崩塌还可能砸毁泡沫发生器或使油罐发生流淌火灾。因此,覆土立式油罐只能采用移动式泡沫灭火系统。

丙 B 类可燃液体储罐火灾概率很小,且储罐容量不很大,没有必要在消防设备上大量投资,发生火灾时,可依靠泡沫钩管或泡沫泡车扑救,初期火灾采用灭火毯、灭火器也能扑救。

单罐容量不大于 200m³ 的地上储罐,罐壁高度低,燃烧面积小,灭火需要的泡沫量少,用泡沫钩管等移动设备就可扑救。

12.1.5 消防冷却水在扑救储罐火灾中,占有特别重要的地位。水的供应能否充足和及时,决定着灭火的成败,这已为大量的火灾案例所证实。因此,保证充足的水源是灭火成功的关键。

1 单罐容量的大于或等于 3000m³ 的储罐若采用移动式冷却水系统,所需要的水枪和人员很多。对于罐壁高度不小于 15m 的储罐冷却,移动水枪要满足灭火充实水柱的要求,水枪后坐力很大,操作人员不易控制,故应采用固定式冷却水系统。

2 容量小于 3000m³ 且罐壁高度小于 15m 的储罐以及其他储罐,使用移动冷却水枪数量相对较少,所需人员也较少,操作水枪较为容易。与用固定冷却水系统相比,采用移动式冷却水系统可节省工程投资。

12.1.6 本条规定是为了在储罐着火时,人员能够安全接近和开启着火罐上的消防控制阀门。其中"消防阀门与对应的着火储罐罐壁的距离不应小于 15m"是按照现行国家标准《建筑设计防火规范》GB 50016—2005 和本规范第 12.2.15 条有关消火栓与储罐的距离制订的;本条中"接近消防阀门的保护措施",是指储罐着火时人员可以利用防火堤等墙体做掩护接近控制阀门的情况。

12.2 消 防 给 水

12.2.1 要求一、二、三、四级石油库的消防给水系统与生产、生活给水系统分开设置的理由如下:

(1)一、二、三、四级石油库的储罐多为地上立式储罐,消防用水量较大且不常使用,消防与生产、生活给水合用一条管道,平时只供生产、生活用水,会造成大管道输送很小的流量,水质易变坏。

(2)石油库的消防给水对水质无特殊要求,一般的江、河、池塘水都能满足要求,而生活给水对水质要求严格,用量较少,两者合用势必要按生活水质要求选择水源,很多地方很难具备这样的水质、水量条件。

(3)石油库的消防给水要求压力较大,而生产、生活给水压力较低,两者合用一条管道,对生产、生活给水来说,不仅需要采取降压措施,而且合用部分的管道尚需按满足消防管道的压力进行设计,很不经济。

12.2.2 五级石油库的储罐等设备设施都很小,储罐也多为卧式储罐或小型立式储罐,消防用水量较小,水压要求不高,一般情况较容易找到满足其合用要求的水源,靠近城镇还可利用城镇给水管网,故允许其消防给水与生产、生活给水系统合并设置。

12.2.3 关于消防给水系统压力的规定,说明如下:

石油库高压消防给水系统的压力是根据最不利点的保护对象及消防给水设备的类型等因素确定的。当采用移动式水枪冷却储罐时,则消防给水管道最不利点的压力是根据系统达到设计消防水量时,由储罐高度、水枪喷嘴处所要求的压力及水带压力损失综合确定的。

石油库低压消防给水系统主要用于为消防车供水。消防车从消火栓取水有两种方式,一种是用水带从消火栓向消防车的水罐里注水,另一种是消防车的水泵吸水管直接接在消火栓上吸水(包括手抬机动泵从管网上取水)。前一种取水方式较普遍,消火栓出水量最少为 10L/s。直径为 65mm、长度为 20m 的帆布水带,流量为 10L/s 时的压力损失为 8.6m,1984 年版规范规定消火栓最低压力为 0.1MPa,消防车实际操作供水不畅,故 2002 年版修订改为应保证每个消火栓的给水压力不小于 0.15MPa。

12.2.4 消防给水系统应保持充水状态,是为了减少消防水到火场的时间。油库消防给水系统最好维持在低压状态,以便发生小规模火灾时能随时取水,将消防给水系统与生产、生活给水系统连通可较方便地做到这一点。

处于严寒地区的消防给水管道,由于受地质和经济等条件的限制,一般较难做到将消防给水管道埋设到极端冻土深度以下,故允许其冬季可不充水。

12.2.5 储罐区的消防给水管道应采用环状敷设,主要考虑储罐区是油库的防火重点,环状管网可以从两侧向用水点供水,较为可靠。

覆土立式油罐最大单罐容量不超过 10000m³,油罐间距要求较大,用水量较小,即使着火一般也不会影响周边储罐,加上这种类型的储罐多数处于山区,管线难以做到环状布置,故允许其罐区的消防管线枝状敷设。

四、五级石油库储罐容量较小,油库区面积不大,发生火灾时影响范围亦较小,消防水量也有限,故其消防给水管道可枝状敷设。

建在山区或丘陵地带的石油库,地形复杂,环状敷设管网比较困难,因此本规范规定:山区石油库的单罐容量小于或等于 5000m³ 且储罐单排布置的储罐区,其消防给水管道可枝状敷设。

12.2.6 本条说明同本规范第 3.0.2 条说明。值得注意的是:油库的消防水量除了满足储罐的喷淋和配置泡沫混合液用水之外,还需适当考虑移动式冷却的需要,即储罐着火时到现场的消防车的用水需求。由于油库的消防水储备是一定的,油库火灾时消防水的使用应严格控制,不能随意从消防水管网上取用消防水,以防止油库的消防水储备被提早用完。储罐的喷淋应利用罐上的固定式系统,局部位置可以使用移动式冷却。消防车应主要用于扑灭小规模的流散火灾以及作为泡沫灭火部分的补充。

12.2.7 储罐冷却范围规定的理由如下:

1 地上固定顶着火储罐的罐壁直接接触火焰,需要在短时间内加以冷却。为了保护罐体,控制火灾蔓延,减少辐射热影响,保障邻近罐的安全,地上固定顶着火储罐需进行冷却。

关于固定顶储罐着火时,相邻储罐冷却范围的规定依据是:

1)天津消防研究所 1974 年对 5000m³ 汽储罐低液面敞口储罐着火后的辐射热进行了测定。在距着火储罐罐壁 1.5D(D 为着火储罐直径)处,当测点高度等于着火储罐罐壁高时,辐射热强度平均值为7817kJ/(m²·h)，四个方向平均最大值为8637kJ/(m²·h)，绝对最大值为16010kJ/(m²·h)。

1976年5000m³汽储罐氟蛋白泡沫液下喷射灭火试验中，当液面高为11.3m，在距着火储罐罐壁1.5D处，测点高度等于着火储罐罐壁高时，辐射热强度四个方向平均最大值为17794kJ/(m²·h)，绝对最大值为20934kJ/(m²·h)。

由上述试验可知，在距着火储罐罐壁1.5D范围内，火焰辐射热强度是比较大的。为确保相邻储罐的安全，应对距着火储罐罐壁1.5D范围内的相邻储罐予以冷却。

2）在火场上，着火储罐下风向的相邻储罐接受辐射热最大，其次是侧风向，上风向最小，所以本条规定当冷却范围内的储罐超过3座时，按3座较大相邻储罐计算冷却水量。

2 采用钢制浮盘的外浮顶储罐、内浮顶储罐着火时，基本上只在浮盘周边燃烧，火势较小，容易扑灭，故着火的浮顶储罐、内浮顶储罐的相邻储罐可不冷却。浮盘用易熔材料制作的内浮顶，由于其浮盘材料熔点较低（如铝制浮盘），容易发生储罐全截面积着火，故其相邻罐也需冷却。

3 卧式罐是圆筒形结构常压罐，结构稳定性好，发生火灾一般在罐人孔口燃烧，根据调查资料，火灾容易扑救。一般用石棉被就能扑灭发生的火灾，在有流淌火灾时，仍需考虑着火罐和邻近罐的冷却水量。

4 覆土储罐都是地下隐蔽罐，覆土厚度至少有0.5m，着火的和相邻的覆土储罐均可不冷却。但火灾时，辐射热较强，四周地面温度较高，消防人员必须在喷雾（开花）水枪掩护下进行灭火。故应考虑灭火时的人身掩护和冷却四周地面及储罐附件的用水量。

12.2.8 储罐消防冷却水和保护用水的供给强度规定的依据如下：

（1）移动冷却方式

移动冷却方式采用直流水枪冷却，受风向、消防队员操作水平影响，冷却水不可能完全喷淋到罐壁上。故移动式冷却水供给强度比固定冷却方式大。

1）固定顶储罐着火时，水枪冷却水供给强度的依据为：

1962年公安部、石油部、商业部在天津消防研究所进行泡沫灭火试验时，曾对400m³固定顶储罐进行了冷却水量的测定。第一次试验结果为罐壁周长耗水量为0.635L/(s·m)，未发现罐壁有冷却不到的空白点；第二次试验结果为罐壁周长耗水量为0.478L/(s·m)，发现罐壁有冷却不到的空白点，感到水量不足。

试验组根据两次测定，建议用φ16mm水枪冷却时，冷却水供给强度不应小于0.6L/(s·m)；用φ19mm水枪冷却时，冷却水供给强度不应小于0.8L/(s·m)。

2）浮顶储罐、内浮顶储罐着火时，火势不大，且不是罐壁四周都着火，冷却水供给强度可小些。故规定用φ16mm水枪冷却时，冷却水供给强度不应小于0.45L/(s·m)；用φ19mm水枪冷却时，冷却水供给强度不应小于0.6L/(s·m)。

3）着火储罐的相邻不保温罐水枪冷却水供给强度的依据为：

据《5000m³汽储罐氟蛋白泡沫液下喷射灭火系统试验报告》介绍，距火储罐壁0.5倍着火储罐直径处辐射热强度绝对最大值为85829kJ/(m²·h)。在这种辐射热强度下，相邻的储罐会挥发出来大量油气，有可能被引燃。因此，相邻储罐需要冷却罐壁和呼吸阀、量油孔所在的罐顶部位。相邻储罐的冷却水供给强度，没有做过试验，是根据测定的辐射热强度进行推算确定的：

条件为实测辐射热强度85829kJ/(m²·h)，用20℃水冷却时，水的汽化率按50%计算（考虑储罐在着火储罐辐射热影响下，有会超过100℃也有不超过100℃的）；20℃的水50%汽化时吸收的热量为1465kJ/L。

按此条件计算，冷却水供给强度为：q=20500÷350÷60≈0.98L/(min·m²)。按罐壁周长计算的冷却水供给强度为

0.177L/(s·m)。考虑各种不利因素和富余量，故推荐冷却水供给强度：φ16mm水枪不小于0.35L/(s·m)；φ19mm水枪不小于0.5L/(s·m)。

4）着火储罐的相邻储罐如为保温储罐，保温层有隔热作用，冷却水供给强度可适当减小。

5）地上卧式储罐的冷却水供给强度是和相关规范协调后制订的。

（2）固定冷却方式

固定冷却方式冷却水供给强度是根据过去天津消防科研所在5000m³固定顶储罐所做灭火试验得出的数据反算推出的。试验中冷却水供给强度以周长计算为0.5L/(s·m)，此时单位罐壁表面积的冷却水供给强度为2.3L/(min·m²)，条文中取2.5L/(min·m²)。试验表明这一冷却水供给强度可以保证罐壁在火灾中不变形。对相邻储罐计算出来的冷却水供给强度为0.92L/(min·m²)，由于冷却水喷头的工作压力不能低于0.1MPa，按此压力计算出来的冷却水供给强度接近2.0L/(min·m²)，故本规范规定邻近储罐冷却水供给强度为2.0L/(min·m²)。

在设计时，为节省水量，可将固定冷却环管分成2个圆弧形管或4个圆弧形管。着火时由阀门控制罐的冷却范围，对着火储罐整圈圆形喷淋管全开，而相邻储罐仅开靠近着火储罐的1个圆弧形喷水管或2个圆弧形喷淋管，这样即增加阀门，但设计用水量可大大减少。

3 移动式冷却选用水枪要注意的问题

本条规定的移动式冷却水供给强度是根据试验数据和理论计算再附加一个安全系数得出的。设计时，还要根据我国当前可供使用的消防设备（按水枪、水喷淋头的实际数量和水量）加以复核。

表12.2.8注中的水枪保护范围是按水枪压力为0.35MPa确定的，在此压力下φ16mm水枪的流量为5.3L/s，φ19mm水枪的流量为7.5L/s。若实际设计水枪压力与0.35MPa相差较大，水枪保护范围需做适当调整。计算水枪数量时，不保温相邻储罐水枪保护范围用低值，保温相邻储罐水枪保护范围用高值，并与规定的冷却水强度计算的水量进行比较，复核水枪数量。

12.2.10 对本条各款规定说明如下：

1 储罐抗风圈或加强圈若没有设置导流设施，冷却水便不能均匀地覆盖整个罐壁，所以要求储罐抗风圈或加强圈不具备冷却水导流功能时，其下面应设冷却喷水环管。

2 国内的固定喷淋方式的罐上环管，以前都是采用穿孔管，穿孔管易锈蚀堵塞，达不到应有的效果。水幕式喷头一般是用耐腐蚀材料制作的，喷射均匀，且能方便地拆下检修，所以本规范推荐采用水幕式喷头。

3、4 设置锈渣清扫口、控制阀、放空阀，是为了清扫管道和定期检查。在用地面水作为水源时，因水质变化较大，管道最好加设过滤器，以免杂质堵塞喷头。

12.2.11 关于冷却水供给时间的确定，说明如下：

1 储罐冷却水供给时间系指从储罐着火开始进行冷却，直至储罐火焰被扑灭，并使储罐罐壁的温度下降到不致引起复燃为止的一段时间。一般来说，储罐直径越小，火场组织简单，扑灭时间短，相应的冷却时间也短。冷却水供给时间与燃烧时间有直接关系，从11个地上钢储罐火灾扑救记录分析，燃烧时间最长的一般为4.5h，见表6。

表6 部分地上钢储罐火灾扑救记录

序号	容量(m³)	油品	扑救时间(min)	燃烧时间(min)	扑救手段	备注
1	200	汽油	8	9	水和灭火器	某石化厂外明火引燃，罐未破坏
2	200	原油	30	40	黄河炮车	某石化厂外明火引燃，顶盖掀掉
3	400	汽油	1	5	泡沫钩管	某厂外部明火引燃，周边炸开1/6

序号	容量(m³)	油品	扑救时间(min)	燃烧时间(min)	扑救手段	备注
4	100	原油	—	25	泡沫	某油田雷击引燃,罐未破坏
5	5000	渣油	10	30	蒸汽	某石化厂超温自燃,罐炸开1/6
6	5000	轻柴油	—	270	烧光	某石化厂装仪表发生火花,罐炸开
7	400	原油	15	25	泡沫	某石化厂罐顶全开
8	1000	汽油	1	5	泡沫枪	某石化厂取样口静电,罐未破坏
9	500	污油	—	30	泡沫	某石化厂检焊保温灯,3个通风孔着火,罐底裂开
10	5000	渣油	3	8	泡沫	某石化厂超温自燃罐顶裂开1/3,泡沫管道完好
11	1000	0#柴油	3	101	黄河泡沫车	某县公司雷击,掀顶着火

根据火场实际经验并参考有关规范,本规范2002年版规定了直径大于20m的地上固定顶储罐(包括直径大于20m的浮盘为浅盘和浮舱用易熔材料制作的内浮顶储罐)冷却水供给时间应为6h。鉴于实际火灾扑救案例中,消防水往往被无序使用,浪费现象比较严重,为保证扑救火灾时有充足的消防水,本次修订根据公安消防部门的意见,在本规范2002年版规定的基础上,对地上储罐的消防冷却水最小供给时间增加了50%,也相当于冷却水储存量增加了50%。

2 部分覆土立式油罐火灾扑救记录分析见表7。一般燃烧时间在1h～2h,个别长达85h。时间长的原因,多是本身不具有控制火灾的基本消防力量;个别油库虽有控制火灾的基本消防力量,但储罐破裂,火灾蔓延,致使时间延长。本次修订对覆土立式油罐不仅在安全间距方面,还是在储罐自身防护上都提高了标准(见本规范6.2节),故仍规定其供水最小时间为4h,并与相关标准规定一致。

表7 覆土立式油罐火灾扑救记录表

序号	容量(m³)	油品	扑救时间(min)	燃烧时间(min)	扑救手段	备注
1	15000	原油	20	63	泡沫钩管	某炼厂雷击引燃,罐顶全部塌入
2	3000	原油	20	60	泡沫	某厂外部火引燃,罐顶全部塌入
3	3000	原油	15	120	泡沫	某厂外部明火引燃,罐顶全部塌入
4	4000	原油	—	2200	泡沫	某电厂外部明火引燃,罐顶全部塌入,罐壁破裂
5	2100	汽油	—	5100	泡沫	某油库雷击,罐顶全塌,罐壁破裂
6	15000	原油	40	300	泡沫	某炼厂雷击,罐顶全塌,罐壁破裂
7	5000	原油	80	360	化学泡沫	某炼厂电焊切割着火
8	4000	原油	—	960	泡沫	某机械厂打火机看液面着火,罐顶全部塌入,蔓延其他储罐
9	600	原油	5	60	蒸汽、泡沫	某石化厂检修动火,油罐着火,罐顶全部塌入
10	200	原油	15	25	泡沫	某石化厂1961年火灾,罐顶塌入

3 卧式储罐、铁路罐车和汽车罐车装卸设施,所应对的灭火同属卧式类储罐,着火多在储罐人孔或罐车口处燃烧,储罐本体不易发生爆炸,扑救较容易,灭火用水较少,所以只要求有不小于2h的供水时间。

12.2.12 对本条各款规定说明如下:

1 设置备用泵是为了在某台消防水泵出现故障时,仍能保证消防水供水能力。一级油库的规模较大,泡沫消防水泵和消防冷却水泵在流量、扬程方面有较大的差别,冷却水泵和泡沫消防水泵分别设置备用泵较好。二、三级石油库的泡沫消防水泵和消防冷却水泵在流量、扬程方面可能比较接近,可以考虑共用备用泵,以节省1台水泵。四、五级石油库容量较小,火灾危害性较低,其冷却水泵和泡沫消防水泵的扬程与流量基本都能接近,加上这些油库一般距城镇较近,社会力量支援方便,故对这类油库的消防泵适当放宽了要求,可不设备用泵。

2 本款规定是要求消防水泵组具有2个动力源,以保证消防水泵供水能力可靠。当电源条件符合2个独立电源的要求时,消防水泵可以全部采用电动泵,即使一路电源出现问题,还有另一路电源可用;当然,在这种情况下备用泵采用柴油机泵也是可行的。当电源条件只是一路电源时,为了保证在停电时消防水泵还能提供足够的水量,消防水泵全部采用柴油机泵是合适的选择;如果考虑柴油机泵的使用保养维护不如电泵方便,采用了电动泵作为消防主泵,则需采用同等能力的柴油机泵作为备用泵,以保证在供电系统出现故障的情况下,柴油机泵仍能提供配置泡沫混合液和冷却储罐所需的消防水。

3 本款要求的自吸启动,系指消防水泵本身具有自吸的功能。利用外置的真空泵灌泵的设计,不属于自吸启动。外置的真空泵的方式可靠度太低。

12.2.13 多台消防水泵共用1条泵前吸水主管时,如只用1条支管道通入水池,则消防水管网供水的可靠性不高,所以作出本条规定。

12.2.14 石油库着火概率小,发生一次火灾后,会特别注意安全防火,一般不会在4d内(96h)又发生火灾,实际情况也是如此。参照现行国家标准《建筑设计防火规范》GB 50016,本规范规定消防水池(罐)的补水时间不应超过96h。

当水池容量超过1000m³时,由于其容量大,检修和清扫一次时间长,在此期间,为了保证消防用水安全,所以规定将池子分隔成2个,以便一个水池检修时,另一个水池能保存必要的应急用水。

12.2.15 消火栓在固定冷却和移动冷却水系统中都需要设置。

1 移动冷却水系统中,消火栓设置总数根据消防水的计算用水量计算确定,一定要保证设计水枪数量有足够出水量。

2 固定冷却水系统中,按60m间距布置消火栓,可保证消防时的人员掩护、消防车的补水、移动消防设施的供水。

3 寒冷地区的消火栓需考虑冬天容易冻坏问题,可采取放空措施或采用防冻消火栓。

12.3 储罐泡沫灭火系统

12.3.2 我国20世纪90年代以前设计的石油库,对泡沫灭火系统常采用环泵式泡沫比例混合流程,它本身具有一些缺点,如系统要求严格,不容易实现自动化,最大的问题是由于管网的压力、流量变化、取水水池的水位变化,使需要的混合比很难得到保证。而平衡比例混合和压力比例混合流程可以适应几何高差、压力、流量的变化,输送混合液的混合比较稳定。所以本规范推荐采用平衡比例混合或压力比例混合流程。

压力比例泡沫混合装置具有操作简单,泵可以采用高位自灌启动,泵发生事故不能运转时,也可靠外来消防车送入消防水为泡沫混合装置提供水源产生合格的泡沫混合液,提高了泡沫系统消防的可靠性。

12.4　灭火器材配置

12.4.1　灭火器材对于油库的零星火灾和卧式储罐等某些设备、设施的初期火灾扑救是很有效的，所以本条要求"石油库应配置灭火器材"。

12.4.2　灭火毯和灭火沙使用方便，取材容易，价格便宜。根据不同的场所，配置一定数量的灭火器材，有利于保障油库的安全。

12.5　消防车配备

12.5.3　设有固定消防系统时，机动消防力量只是固定系统的补充，对于库容大的一级石油库，配备一定数量的泡沫消防车或机动泡沫设备，加强消防力量是非常必要的。

12.5.4　消防车的数量可考虑协作单位可供使用的车辆。关于协作单位可供使用的消防车辆，是指能够适用于冷却和扑灭储罐火灾的消防车辆。具备协作条件的单位，首先要保证本单位应有最基本的消防力量，援外车辆具体能出多少消防车，需协商解决。

为了有效利用协作条件，对于协作单位可供使用的车辆到达火场的时间分不同情况作出规定的理由如下：

（1）协作单位的消防车辆在接到火灾报警后 5min 内到达着火储罐现场，就可及时对着火储罐进行冷却，保证着火储罐不会由于燃烧时间过长而发生严重变形或破裂，或对邻近储罐造成威胁；

（2）协作单位的消防车辆在接到火灾报警后 10min 内到达相邻储罐现场，对相邻储罐进行冷却，可以保证相邻储罐不被着火储罐烘烤时间过长而发生爆炸和着火事故；

（3）着火储罐和相邻储罐的冷却得到保证时，就可以控制火势，协作单位的泡沫消防车辆在接到火灾报警后 20min 到达火场进行灭火是合适的。

12.5.5　消防车的主要消防对象是储罐区。因为储罐一旦着火，蔓延很快，扑救困难，辐射热对邻近储罐的威胁大，地上钢储罐被火烧 5min 就可使罐壁温度升到 500℃，钢板强度降低一半；10min 可使罐壁温度升到 700℃，钢板强度降低 80% 以上，此时储罐将严重变形乃至破坏。所以储罐一旦发生火灾，必须在短时间内进行冷却和灭火。为此，规定了消防车至储罐区的行车时间不得超过 5min，以保证消防车辆到达火场扑救灭火灾。

据调查，消防车在油库内的行车速度一般为 30km/h，这样在 5min 内，其最远点可达 2.5km。实际上石油库内消防车至储罐区的行车距离大都可以满足 5min 到达火场的要求。

对于覆土油库，消防车主要用于扑救油罐可能发生的流淌火灾及对救火人员的辅助掩护。基于本规范第 6.2.5 条对覆土立式油罐的建筑要求，考虑到流淌火灾不会马上流出罐室外，加上覆土立式油罐大多都建于山区，消防车很难在 5min 内到达火场，故规定其"到达最远着火覆土油罐的时间不宜超过 10min"。

12.6　其　　他

12.6.1、12.6.2　此两条规定是为了及时将火警传达给有关部门，以便迅速组织灭火行动。

12.6.3、12.6.4　石油库的火灾报警如果采用库区集中的警笛和电话报警，这对于油库的安全是很不够的，油库内的安全巡回检查不能做到随时发现火情随时报警，所以本条规定在储罐区、装卸区、辅助生产区的值班室内应设火灾报警电话；在储油区、装卸区的四周道路设手动报警设施（手动按钮），以增加报警速度，减少火灾损失。

12.6.5　浮顶储罐初期火灾不大，尤其是低液面时难以及时发现，所以要求储存甲 B 类和乙 A 类易燃液体的浮顶罐，应在储罐上应设置火灾自动探测装置，以便能尽快探知火情。国内工程中，大型储罐大部分采用光纤感温探测器，其中又以采用光纤光栅型感温探测器居多。光纤感温探测器是一种无电检测技术，与其他类型探测装置相比，在安全性、可靠性和精确性等方面，具有明显的技术优势。

12.6.7　对本条各款规定说明如下：

1　多个发烟器或超细干粉喷射口安装在 1 座储罐上时，如不同时工作，直接影响灭火效果，所以规定必须联动，保证同时启动。

2　烟雾灭火的设备选用、安装方式，建议在生产厂家推荐的基础上进行。长沙消防器材厂和天津消防研究所在进行多次烟雾灭火试验的基础上，结合全国的烟雾灭火装置应用情况推荐了下面的可供参考的药剂供应强度：

（1）当发烟器安装在罐外时，汽油储罐不小于 0.95kg/m²，柴油储罐不小于 0.70kg/m²；

（2）当发烟器安装在罐内时，汽油储罐不小于 0.75kg/m²，柴油储罐不小于 0.55kg/m²；

3　药剂损失系数是考虑工程使用和试验之间的差距，根据一般气体灭火所需系数规定的。

12.6.8　气溶胶是一种液体或固体微粒悬浮于气体介质中所组成的稳定或准稳定物质系统，目前是替代卤代烷的理想产品，使用中可以自动喷放，也可人工控制喷放，在气体灭火的场所比二氧化碳便宜得多，其喷放方式比二氧化碳装置也安全简单得多。气溶胶装置生产厂家很多，在选用时一定要了解产品性能，有的产品由于喷放温度高，误喷后发生过烧死人的事故，所以本条规定气溶胶喷放出口温度不得大于 80℃。

13　给排水及污水处理

13.1　给　　水

13.1.2　石油库的生产用水量不大，一般石油库的生活用水量也不大，两者合建可以节约建设资金，也便于操作和管理。

特殊情况也可以分别建设，例如沿海地区，用量很大的消防用水可采用海水做水源。

13.1.3　在石油库的各项用水量中，消防用水量远大于生产用水量和生活用水量，所以当消防用水与生产生活用水使用同一水源时，按 1.2 倍消防用水量作为水源工程的供水量是可行的。

13.1.4　在有条件的情况下，利用储备库附近的江、河、湖、海等作为储备库的应急消防水源，可满足在发生极端火灾事故时对大量消防水的需求。

13.2　排　　水

13.2.1　为了防止污染，保护环境，石油库排水有必要清、污分流，这样可以减少含油污水的处理量。

含油污水若明渠排放时，一处发生火灾，很可能蔓延全系统，因此规定含油污水应采用管道排放。未被油品污染的雨水和生产废水采用明渠排放，可减少基建费用。

13.2.3　本条规定设置水封井的位置，是考虑一旦发生火灾时，相互间予以隔绝，使火灾不致蔓延。

13.2.4　为防止事故时油气外逸或库外火源蔓延到墙内，在围墙处设水封井、暗沟或暗管是必要的。

13.3 污水处理

13.3.2 本条的规定是为了安全防火,减少大气污染,保护工人健康,减少气温和雨雪的影响,提高处理效果。

13.3.3 石油库的含油污水情况比较复杂。有的油库由于有压舱水需要处理,含油污水处理的流程较长,从隔油、粗粒化、浮选一直到生化,直至污水处理合格后排放;有的油库含油污水极少,甚至有的油库除了储罐清洗时有一些污水外,平时就没有含油污水的产生,这样的污水处理仅隔油、沉淀之后就可以达标排放。储罐的切水情况也是各不相同,有的油库的储罐需要经常切水,以保证油品的质量,有的油库,特别是一些成品油储备库,几年也不会切一次水。因此,对于石油库的含油污水处理,只能原则性规定达到排放标准后再排放的要求,至于如何处理,应根据具体情况,具体进行设计。

当油库经常有少量含油污水排放时,可采用连续的隔油、浮选等处理方法进行处理;也可以设一个池子集中一段时间的污水进行间断地处理。当油库的污水排放不均匀,如压舱水的处理,可设置调节池(罐),污水处理的设计流量可以降低,以达到较好地处理效果。

当油库的污水排放量极少,甚至可以集中起来送至相关的污水处理场进行处理,油库本身可不设污水处理设施。

处理含油污水的池子或设备应有盖或采用密闭式,以减少油气的散发。现在用于油库含油污水处理的设备较多,在条件许可时可优先选用。使用含油污水处理设备可以减少污水处理的占地面积,也可以改善污水处理的环境。

13.3.4 有毒污水与含油污水处理要求不同,所以应设置专用收集设施。

13.3.5 含Ⅰ级和Ⅱ级毒性液体的污水处理要求很高,石油库自建污水处理设施往往是不经济的,最好依托有相应处理能力的污水处理厂进行处理。

13.3.7 处理后的污水在排出库外处设置取样点和计量设施,是为了有利于油库自己检测与环保部门的检测。

13.4 漏油及事故污水收集

13.4.1 本条规定是为了将事故漏油、被污染的雨水和火灾时消防用过的冷却水收集起来,防止漏油及含油污水四处蔓延,避免漏油及含油污水流到库外。当漏油及含油污水量比较大,收集池容纳不下时,需要排放部分消防水,要求收集池采取隔油措施可以防止油品流出收集池。

13.4.2 漏油及事故污水收集池主要收集出现在防火堤外的少量漏油及含油污水,经测算,规定"一、二、三、四级石油库的漏油及事故污水收集池容量,分别不应小于 1000m³、750m³、500m³、300m³"可以满足需求。

规定"漏油及事故污水收集池宜布置在库区地势较低处",是为了便于漏油及事故污水能自流进入池内。

万一发生小概率的极端漏油事故,在收集池容纳不下大量漏油及含油污水时,需要排放部分污水,如果收集池设有隔油结构,可以做到让水先流出收集池,尽可能多地把油留在收集池内。

13.4.3 利用雨水收集系统收集漏油是简便易行的方式。要求雨水收集系统主干道采用金属暗管,是为了使雨水收集系统主干道具有一定强度的抗爆性能。

13.4.4 水封隔断设施可以阻断火焰传播路径,本条规定是为了避免火情蔓延。

14 电 气

14.1 供 配 电

14.1.1 石油库的电力负荷多为装卸油作业用电,中断供电,一般不会造成较大经济损失,根据电力负荷分类标准,定为三级负荷。不能中断生产作业的石油库(如兼作长输管道首、末站或中转库的石油库),是指中断供电会造成较大经济损失的石油库,故这样的石油库其供电负荷定为二级负荷。

目前国内石油库自动化水平越来越高,火灾自动报警、温度和液位自动检测等信息系统,在一、二、三级石油库应用较为广泛,若油库突然停电,这些系统就不能正常工作,还可能会损坏系统或丢失信息。因此,信息系统供电应设应急电源。

石油库发生火灾事故时,供电设备可能被毁坏,配置可移动式应急动力电源装置,在紧急情况下,能保证必要的电力供应。一、二级石油库是比较大的油库,所以对其要求高一些。可移动式应急动力电源装置主要是为电动阀门提供应急动力,可以采用可移动式应急动力蓄电池,也可以采用车载柴油发电机组。

14.1.2 石油库采用外接电源供电,具有建设投资少、经营费用低、维护管理方便等优点,故最好采用外接电源。但有些石油库位于偏僻的山区,距外电源太远,采用外接电源在技术和经济方面均不合理,在此情况下,采用自备电源也是合理可行的。

14.1.3 一、二、三级石油库的消防泵站和泡沫站是比较重要的场所,如不设应急照明电源,若照明电源突然停电,会给消防泵的操作带来困难。

14.1.4 10kV 以上的变配电装置一般均露天设置,独立设置较为安全。机泵是石油库的主要用电设备,电压为 10kV 及以下的变配装置的变配电间与易燃液体泵房(棚)相毗邻布置于机泵配电较为方便、经济。由于变配电间的电器设备是非防爆型的,操作时容易产生电弧,而易燃液体泵房又属于爆炸和火灾危险场所,故它们相毗邻时,应符合一定的安全要求。

   1 本款规定是为了防止易燃液体泵房(棚)的油气通过隔墙孔洞、沟道窜入变配电间而发生爆炸火灾事故,且当油泵发生火灾时,也可防止其蔓延到变配电间。

   2 本款规定变配电间的门窗应向外开,是为了当发生事故时便于工作人员撤离现场。要求变配电间的门窗设在爆炸危险区以外或在爆炸危险区以内采用密闭固定窗,是为了防止易燃液体泵房的可燃气体通过门窗进入变配电间。

   3 石油库的可燃气体一般比空气重,易于在低洼处流动和积聚,按照可燃气体在室外地面的迂回范围和高度,故规定变配电间的地坪应高于油泵房的室外地坪至少 0.6m。

14.1.5 本条要求"石油库主要生产作业场所的配电电缆应埋地敷设",是为了保护电缆在火灾事故中免受损坏。要求地面敷设的电缆采用阻燃电缆,是为了使电缆具有一定的耐火性,尽量保证在发生火灾事故时不被烧毁。

14.1.6 电缆若与热力管道同沟敷设,会受到热力管道的温度影响,对电缆散热不利,会使电缆温度升高,缩短电缆的使用寿命。易燃、可燃液体管道管沟容易积聚可燃气体或泄漏的液体,电缆若敷设在里面,一旦电缆破坏,产生短路电弧火花,就可能引起爆炸。故规定电缆不得与输油管道、热力管道敷设在同一管沟内。

14.1.7 现行国家标准《爆炸和火灾危险环境电力装置设计规范》GB 50058—92 中第 2.3.2 条明确指出,该规范不包含石油库的爆炸危险区域范围的确定。本规范附录 B 给出的"石油库内易燃液体设备、设施的爆炸危险区域划分",是参照现行国家标准《爆炸和火灾危险环境电力装置设计规范》GB 50058 等国内外标准,并结合石油库内各场所易燃液体蒸发与可燃气体排放的特点制订的。

14.2 防　雷

14.2.1 在钢储罐的防雷措施中,储罐良好接地很重要,它可以降低雷击点的电位、反击电位和跨步电压。规定"接地点不应少于2处"主要是为了保证接地的可靠性。

14.2.2 规定储罐的防雷接地装置的接地电阻不宜大于10Ω,是根据国内各部规程的推荐值给出的。经调查,多年来这样的接地电阻运行情况良好。

14.2.3 对本条各款规定说明如下:

1 装有阻火器的固定顶钢储罐在导电性能上是连续的,当罐顶钢板厚度大于或等于4mm时,自身对雷电有保护能力,不需要装设接闪杆(网)保护。当钢板厚度小于4mm时,为防止直接雷电击穿储罐钢板引起事故,故需要装设接闪杆(网)保护整个储罐。

本规范编制组曾于1980年8月和1981年3月,与中国科学院电工研究所合作,进行了石油储罐雷击模拟试验。模拟雷电流的幅值为146.6kA~220kA(能量为133.4J~201.8J),钢板熔化深度为0.076mm~0.352mm。考虑到实际上的各种不利因素(如材料的不均匀性,使用后的钢板腐蚀等)及富余量,我们认为,厚度大于或等于4mm的钢板,对防雷是足够安全的。

实践经验表明,钢板厚度不小于4mm的钢储罐,装有阻火器,做好接地,完全可以不装设接闪杆(网)保护。

2 由于外浮顶储罐和内浮顶储罐的浮顶上面的可燃气体浓度较低,一般都达不到爆炸下限,故不需装设接闪杆(网)。

外浮顶储罐采用2根横截面不小于$50mm^2$的软铜复绞线将金属浮顶与罐体进行的电气连接,是为了导走浮盘上的感应雷电荷和液体传到金属浮盘上的静电荷。

对于内浮顶储罐,浮盘上没有感应雷电荷,只需导走液体传到金属浮盘上的静电荷,因此,内浮顶储罐连接导线用直径不小于5mm的不锈钢钢丝绳就可以了;要求用不锈钢钢丝绳,主要是为了防止接触点发生电化学腐蚀,影响接触效果,造成火花隐患。

3 本款是参考国外相关研究资料制订的,其目的是为了加强浮顶和罐壁的等电位连接。

4 本款是参考国外标准(*Standard for the Installation of Lightning Protection Systems NFPA 780*)制订的,其目的是为了让浮梯与罐体和浮顶等电位。

5 对于覆土储罐,国内外不少资料都表明"凡覆土厚度在0.5m以上者,可以不考虑防雷措施"。特别是德国规范,经过几次修改,还是规定覆土储罐不需要进行任何的专门防雷。这是因为储罐埋在土里或设在覆土的罐室内,受到土壤的屏蔽作用。当雷击储罐顶部的土层时,土层可将雷电流疏散导走,起到保护作用,故不再装设接闪杆(网)。但其呼吸阀、阻火器、量油孔、采光孔等,一般都没有覆土层,故应做良好的电气连接并接地。

14.2.4 储存可燃液体的储罐的气体空间,可燃气体浓度一般都达不到爆炸极限下限,加之可燃液体闪点高,雷电作用的时间很短(一般在几十μs以内),雷电火花不能点燃可燃液体而造成火灾事故。故储存可燃液体的金属储罐不需装设接闪杆(网)。

14.2.5 本条规定是为了使钢管对电缆产生电磁封锁,减少雷电波沿配线电缆传输到控制室,将信息系统装置击坏。

14.2.6 本条要求"石油库内的信号电缆宜埋地敷设",是为了保护电缆在火灾事故中免受损坏。要求"当电缆采用穿钢管敷设时,钢管在进入建筑物处应接地",是为了尽可能减少雷电波的侵入,避免建筑物内发生雷电火花,发生火灾事故。

14.2.7 本条规定是为了信息系统仪表与储罐罐体做等电位连接,防止信息仪表被雷电过电压损坏。

14.2.11 装卸易燃液体的鹤管和装卸栈桥的防雷:

1 露天进行装卸作业的,雷雨天不应也不能进行装卸作业。不进行装卸作业,爆炸危险区域不存在,因此,可以不装设接闪杆(网)防止击雷。

2 当在棚内进行装卸作业时,雷雨天可能要进行装卸作业,这样就存在爆炸危险区,所以要安装接闪杆(网)防止雷击。雷击中棚是有概率的,爆炸危险区域内存在爆炸危险混合物也是有概率的。1区存在的概率相对2区存在的概率要高些,所以接闪杆(网)只保护1区。

3 装卸易燃液体的作业区属爆炸危险场所,进入装卸作业区的输送管道在进入点接地,可将沿管道传输过来的雷电流泄入地中,减少作业区雷电流的浸入,防止反击雷电火花。

14.2.12 对本条各款规定说明如下:

1 根据有关规范规定,法兰盘做跨接主要是防止在法兰连接处产生雷击火花。

2 本款规定是防止在管道之间产生雷电反击火花,将其跨接后,使管道之间形成等电位,反击火花就不会产生了。

14.3 防 静 电

14.3.1 输送甲、乙和丙A类易燃和可燃液体时,由于液体与管道及过滤器的摩擦会产生大量静电荷,若不通过接地装置把电荷导走就会聚集在储罐上,形成很高的电位,当此电位达到某一间隙放电电位时,可能产生放电火花,引起爆炸着火事故。因此本条规定,储存甲、乙和丙A类液体的储罐要做防静电接地。

14.3.4 为使鹤管和罐车形成等电位,避免鹤管与罐车之间产生电火花,故"铁路罐车装卸栈桥的首、末端及中间处,应与钢轨、工艺管道、鹤管等相互做电气连接并接地",构成等电位。

14.3.5 石油库专用铁路线与电气化铁路接轨时,铁路高压接触网电压高(27.5kV),会对石油库的装卸作业产生危险影响,在设计时应首先考虑电气化铁路的高压接触网不进入石油库装卸作业区。当确有困难必须进入时,应采取相应的安全措施。

14.3.6 石油库专用铁路线与电气化铁路接轨,铁路高压接触网不进入石油库专用铁路线时,铁路信号及铁路高压接触网仍会对石油库产生一定危险影响。本条的3款规定,是为了消除这种危险影响。

1 在石油库专用铁路线上,设置两组绝缘轨缝,是为了防止铁路信号及铁路高压接触网的回流电流进入石油库装卸作业区。要求两组绝缘轨缝的距离要大于取送列车的总长度,是为了防止在装卸作业时,列车短接绝缘轨缝,使绝缘轨缝失去隔离作用。

2 在每组绝缘轨缝的电气化铁路侧,装设一组向电气化铁路所在方向延伸的接地装置,是为了将铁路高压接触网的回流电流引回电气化铁路,减少或消除回流电流进入石油库装卸作业区,确保石油库装卸作业的安全。

3 跨接是使钢轨、输油管道、鹤管、钢栈桥等形成等电位,防止相互之间存在电位差而产生火花放电,危及石油库装卸的安全。

14.3.7 石油库专用铁路线与电气化铁路接轨,铁路高压接触网进入石油库专用铁路线时,铁路信号及铁路高压接触网会威胁石油库的安全。本规范不赞成这样设置,当不得不这样做时,一定要采取本条第5款规定的防范措施。

1 设2组隔离开关的主要作用,是保证装卸作业时,石油库内高压接触网不带电。距作业区近的一组开关除调车作业外,均处于常开状态,避雷器是保护开关用的。距作业区远的一组(与铁路起始点15m以内),除装卸作业外,一般处于常闭状态。

2 石油库专用铁路线上,设2组绝缘轨缝与回流开关,是为了保证在调车作业时,高压接触网电流畅通;在装卸作业时,装卸作业区不受高压接触网影响。使铁路信号电、感应电通过绝缘轨缝隔离,不至于浸入装卸作业区,确保装卸作业安全。

3 绝缘轨缝的铁路侧安装向电气化铁路所在方向延伸的接地装置,主要是为了将铁路信号及高压接触网的回流电流引回铁路专用线,确保装卸作业区安全。

4 在第二组隔离开关断开的情况下,石油库内的高压接触网上,由于铁路高压接触网的电磁感应关系,仍会带上较高的电压。

11

设置供搭接的接地装置,可消除接触网的感应电压,确保人身安全。

5 本款规定的目的是防止因电位差而发生雷电或杂散电流闪击火花。

14.3.8 本条的规定,是为了导走汽车罐车和桶上的静电。

14.3.9 为消除船舶在装卸过程中产生的静电积聚,需在液体装卸码头上设置与船舶跨接的防静电接地装置。此接地装置与码头上的液体装卸设备的静电接地装置合用,可避免装卸设备连接时产生火花。

14.3.10 地上或管沟(指非充沙管沟)敷设的工艺管道,由于其不与土壤直接接触,管道输送产生的静电荷或雷击产生的感应电压不易被导走,容易在管道的始端、末端、分支处积聚电荷和升高电压,而且随管道的长度增加而增加。因此在这些部位要设置接地装置。

14.3.11 地上或管沟敷设的工艺管道,其静电接地装置与防雷击电磁脉冲接地装置合用时,接地电阻不宜大于30Ω是按防感应雷的接地装置设置。接地点设在固定管墩(架)处,是为了防止机械或外力对接地装置的损害。

14.3.12 易燃和可燃液体装卸设施设供罐车装卸时跨接用的静电接地装置,是防止静电事故很重要的措施。防静电接地仪器,具有辨别接地线和接地装置是否完好、接地装置的接地电阻值是否符合规范要求、装卸时跨接线是否已连通和牢固等功能。将其纳入控制系统,还可以实现智能控制装卸泵或电动阀门的电源。因此,采用防静电接地仪可有效地防止静电事故。

14.3.13 移动式的接地连接线,在与易燃和可燃液体装卸设施相连的瞬间,若油品装卸设施上积聚有静电荷,就会发生静电火花。若通过防爆开关连接,火花在防爆开关内形成,就可以避免或消除由此而产生的静电事故。

14.3.14 消除人体静电装置是指用金属管做成的扶手,设置该装置是为了人员在进入这些场所之前按规定触摸此扶手,以消除人体所带的静电荷,避免进入爆炸危险环境发生放电,导致爆炸事故。

14.3.15 甲、乙类液体经过输送管道上的精密过滤器时,由于液体与精密过滤器的摩擦会产生大量静电积聚,有可能出现危险的高电位,试验证明,油品经精密过滤器时产生的静电高电位需有30s时间才能消除,故制订本条规定。

14.3.16 对防静电接地装置的接地电阻值的规定是参照现行国家标准《液体石油产品静电安全规程》GB 13348—2009中第3.1.2条中规定"专用的静电接地体的接地电阻不宜大于100Ω,在山区等土壤电阻率较高的地区,其接地电阻值不应大于1000Ω",国外也有些标准要求不大于1000Ω。本规范为尽量保证安全,只规定了"不宜大于100Ω"。

14.3.17 在土壤中金属腐蚀电位高低与金属活泼性是有规律可循的,通常电位较负的金属活泼性比较大,电位较正的金属活泼性较小。电位较负的金属在电化学腐蚀的过程中通常作为阳极,而电位较正的金属通常作为阴极,作为阳极的金属就会因腐蚀而受到破坏,而阴极却没有太大的破坏。腐蚀电位比钢材正的其他材料主要指铜、铜包钢等。

15 自动控制和电信

15.1 自动控制系统及仪表

15.1.1 相对于本规范2002版,本次修订提高了石油库的自动化监控水平,这是与我国现阶段经济实力、技术水平、安全和环保需求相适应的。液位是储罐需要监控的最重要参数,故本条要求"储罐应设液位测量远传仪表"。对1、4款说明如下:

1 为防止储罐满溢引起火灾、爆炸,在储罐上最好设液位计和高液位报警器。只要有信号远传仪表,就可以很方便地设置报警。储罐都有测量远传仪表,这样就充分利用了仪表资源。

4 本款规定,是为了提醒操作人员,使用过程中需避免泵发生汽蚀和浮顶落底。外浮顶罐和内浮顶罐的浮顶一般情况下漂浮在液面上,直接与液面接触,可以有效抑制液体挥发,且除密封圈处外没有气相空间,极大地消除了爆炸环境。浮顶一旦落底,就会在液面与浮顶之间出现气相空间,对于易燃液体来说,有气相空间就会有爆炸性气体,就大大增加了火灾危险性。2010年发生的北方某大型油库火灾事故中,有多个100000m³储罐在10余米的近距离受到火焰的烘烤,但只有103号罐被引燃并最终被烧毁,主要原因是该罐当时浮顶已落底,罐内有少量存油,在火焰的烘烤下,存在于气相空间的油气很容易就被引爆起火了。

15.1.2 高高液位联锁关闭进口阀可防止储罐进油时溢油,对本条所列三种情况需采取更严格的安全保护措施。

15.1.3 低低液位开关的设置是为了避免浮顶支腿降落到罐底。由于大型储罐一旦发生事故危害性也大,所以对大于或等于50000m³的储罐的要求更高些。

15.1.4 "单独的液位连续测量仪表或液位开关"是指,除了"应设液位测量远传仪表"外,还需设置一套专门用于储罐高高、低低液位报警及联锁的液位测量仪表。

15.1.5 温度也是储罐的重要参数,需要对储罐内液体温度实时监测。

15.1.7 这样规定可以实时监测电动设备状态,及时处理异常情况。

15.1.8 易燃和可燃液体输送泵的出口压力是反映输油泵和管道是否正常运转的重要参数,对泵出口压力进行实时监测有利于安全管理。

15.1.10 本条规定是为了方便对消防系统进行监控管理,并保证其可靠性。

15.1.11 本条规定是为了保证快速启动消防系统,及时对火灾实施扑救。

15.1.12 本条是参照相关规范制订的,意在发生停电事故时,计算机监控管理系统仍有供电保证,以便采取紧急处理措施。

15.1.13 本条规定是为了保护仪表电缆在火灾事故中免受损坏。"生产区局部地段确需在地面敷设的电缆",主要指仪表、阀门、设备电缆接头等处以及其他不便采取地面下敷设的电缆。电缆槽比桥架的保护功能好,如果采用桥架,电缆就要采用铠装,大大增加成本。为减少雷击影响,规定应采用金属电缆槽。不能采用合成材料。

15.2 电 信

15.2.1 石油库设置电信系统的作用在于为生产和管理提供电信支持,为石油库提供防火、防盗、防破坏等安全方面的保障。本条规定了石油库电信系统一般应包括的内容,这些电信设施是保证石油库通信可靠畅通、保障石油库安全的有效手段。

15.2.2 本条要求配置备用电源是参照相关规范制订的,意在发生停电事故时,电信设备仍有供电保证,以便采取紧急处理措施。

15.2.4 本条规定是为了保护电信线路在火灾事故中免受损坏。"生产区局部地段确需在地面以上敷设的电缆",主要指与设备电缆接头处以及其他不便采取地面下敷设的电缆。

15.2.5 石油库一般占地面积较大,为现场操作和巡检人员配备无线电通信设备,是提高管理水平的必要措施。

15.2.6 本条规定的电视监视系统的监视范围,是为了监视到石油库主要生产区域和重要场所。

16 采暖通风

16.1 采 暖

16.1.2 本条规定是参照现行国家标准《采暖通风与空气调节设计规范》GB 50019—2003 的相关规定制订的。

16.2 通 风

16.2.1 本规范给出了事故排风的换气次数为不小于 12 次/h,这个换气次数不是指在正常通风 5 次/h～6 次/h 的基础上再附加 12 次/h,而是指在发生事故时,应能保证不少于 12 次/h 的通风量。

11

中华人民共和国国家标准

自动喷水灭火系统设计规范

Code for design of sprinkler systems

GB 50084 - 2017

主编部门：中 华 人 民 共 和 国 公 安 部
批准部门：中华人民共和国住房和城乡建设部
施行日期：２ ０ １ ８ 年 １ 月 １ 日

中华人民共和国住房和城乡建设部公告

第 1574 号

住房城乡建设部关于发布国家标准
《自动喷水灭火系统设计规范》的公告

现批准《自动喷水灭火系统设计规范》为国家标准，编号为
GB 50084—2017，自 2018 年 1 月 1 日起实施。其中，第 5.0.1、
5.0.2、5.0.4、5.0.5、5.0.6、5.0.8、5.0.15(1、2、4)、6.5.1、
10.3.3、12.0.1、12.0.2、12.0.3 条(款)为强制性条文，必须严格
执行。原国家标准《自动喷水灭火系统设计规范》GB 50084—
2001(2005 年版)同时废止。

本规范由我部标准定额研究所组织中国计划出版社出版
发行。

中华人民共和国住房和城乡建设部
2017 年 5 月 27 日

前　言

根据住房城乡建设部《关于印发〈2008 年工程建设标准规范制订、修订计划〉的通知》（建标〔2008〕102 号）的要求，自动喷水灭火系统设计规范编制组经广泛调查研究，认真总结实践经验，参考有关国际标准和国外先进标准，并在广泛征求意见的基础上，编制了本规范。

本规范的修订，遵照国家有关基本建设的方针和"预防为主、防消结合"的消防工作方针，在总结我国自动喷水灭火系统的科研成果、设计和使用现状的基础上，广泛征求了国内有关科研、设计、生产、消防监督、高校等部门的意见，同时参考了国际标准化组织和美国、英国等发达国家的相关标准，最后经有关部门共同审查定稿。

本规范的主要技术内容是：总则、术语和符号、设置场所火灾危险等级、系统基本要求、设计基本参数、系统组件、喷头布置、管道、水力计算、供水、操作与控制、局部应用系统等。

本规范此次修订的主要技术内容是：

1. 重新编排了自动喷水灭火系统类型、喷头类型术语；
2. 充实民用建筑、仓库等场所自动喷水灭火系统设计的技术要求，增加自动喷水防护冷却系统的技术内容；
3. 补充了新型洒水喷头、管道的应用技术要求，特别强调依据设置场所进行系统选型以及根据喷头类型设计系统；
4. 修改现行规范中不便操作的一些条款，协调与其他规范的关系。

本规范中以黑体字标志的条文为强制性条文，必须严格执行。

本规范由住房城乡建设部负责管理和对强制性条文的解释，公安部负责日常管理，公安部天津消防研究所负责具体技术内容的解释。在执行过程中如有意见或建议，请寄送公安部天津消防研究所（地址：天津市南开区卫津南路 110 号，邮政编码：300381）。

主 编 单 位：公安部天津消防研究所
参 编 单 位：公安部四川消防研究所
　　　　　　北京市公安消防总队
　　　　　　上海市公安消防总队
　　　　　　辽宁省大连市公安消防支队
　　　　　　华东建筑设计研究院有限公司
　　　　　　中国中元国际工程公司
　　　　　　深圳捷星工程实业有限公司
　　　　　　北京利华消防工程公司
　　　　　　泰科安全设备（上海）有限公司
主要起草人：宋　波　卢建国　杨丙杰　马　恒　李　毅
　　　　　　杨　琦　张文华　赵克伟　黄晓家　赵永顺
　　　　　　张兴权　刘国祝　曾　杰　黄　琦　赵　雷
　　　　　　孔祥徽
主要审查人：方汝清　谢树俊　姜文源　赵　锂　赵力军
　　　　　　钟尔俊　姜　宁　崔长起　刘　志　张兆宪

12

目　次

1 总　则

1.0.1 为了正确、合理地设计自动喷水灭火系统,保护人身和财产安全,制定本规范。

1.0.2 本规范适用于新建、扩建、改建的民用与工业建筑中自动喷水灭火系统的设计。

本规范不适用于火药、炸药、弹药、火工品工厂、核电站及飞机库等特殊功能建筑中自动喷水灭火系统的设计。

1.0.3 自动喷水灭火系统的设计,应密切结合保护对象的功能和火灾特点,积极采用新技术、新设备、新材料,做到安全可靠、技术先进、经济合理。

1.0.4 设计采用的系统组件,必须符合国家现行的相关标准,并应符合消防产品市场准入制度的要求。

1.0.5 当设置自动喷水灭火系统的建筑或建筑内场所变更用途时,应校核原有系统的适用性。当不适用时,应按本规范重新设计。

1.0.6 自动喷水灭火系统的设计,除应符合本规范的规定外,尚应符合国家现行有关标准的规定。

2　术语和符号

2.1　术　语

2.1.1　自动喷水灭火系统　sprinkler systems

由洒水喷头、报警阀组、水流报警装置(水流指示器或压力开关)等组件,以及管道、供水设施等组成,能在发生火灾时喷水的自动灭火系统。

2.1.2　闭式系统　close-type sprinkler system

采用闭式洒水喷头的自动喷水灭火系统。

2.1.3　开式系统　open-type sprinkler system

采用开式洒水喷头的自动喷水灭火系统。

2.1.4　湿式系统　wet pipe sprinkler system

准工作状态时配水管道内充满用于启动系统的有压水的闭式系统。

2.1.5　干式系统　dry pipe sprinkler system

准工作状态时配水管道内充满用于启动系统的有压气体的闭式系统。

2.1.6　预作用系统　preaction sprinkler system

准工作状态时配水管道内不充水,发生火灾时由火灾自动报警系统、充气管道上的压力开关联锁控制预作用装置和启动消防水泵,向配水管道供水的闭式系统。

2.1.7　重复启闭预作用系统　recycling preaction sprinkler system

能在扑灭火灾后自动关阀、复燃时再次开阀喷水的预作用系统。

2.1.8　雨淋系统　deluge sprinkler system

由开式洒水喷头、雨淋报警阀组等组成,发生火灾时由火灾自动报警系统或传动管控制,自动开启雨淋报警阀组和启动消防水泵,用于灭火的开式系统。

2.1.9　水幕系统　drencher sprinkler system

由开式洒水喷头或水幕喷头、雨淋报警阀组或感温雨淋报警阀等组成,用于防火分隔或防火冷却的开式系统。

2.1.10　防火分隔水幕　fire compartment drencher sprinkler system

由开式洒水喷头或水幕喷头、雨淋报警阀组或感温雨淋报警阀等组成,发生火灾时密集喷洒形成水墙或水帘的水幕系统。

2.1.11　防护冷却水幕　cooling protection drencher sprinkler system

由水幕喷头、雨淋报警阀组或感温雨淋报警阀等组成,发生火灾时用于冷却防火卷帘、防火玻璃墙等防火分隔设施的水幕系统。

2.1.12　防护冷却系统　cooling protection sprinkler system

由闭式洒水喷头、湿式报警阀组等组成,发生火灾时用于冷却防火卷帘、防火玻璃墙等防火分隔设施的闭式系统。

2.1.13　作用面积　operation area of sprinkler system

一次火灾中系统按喷水强度保护的最大面积。

2.1.14　响应时间指数　response time index(RTI)

闭式洒水喷头的热敏性能指标。

2.1.15　快速响应洒水喷头　fast response sprinkler

响应时间指数 $RTI \leqslant 50(m \cdot s)^{0.5}$ 的闭式洒水喷头。

2.1.16　特殊响应洒水喷头　special response sprinkler

响应时间指数 $50 < RTI \leqslant 80(m \cdot s)^{0.5}$ 的闭式洒水喷头。

2.1.17　标准响应洒水喷头　standard response sprinkler

响应时间指数 $80 < RTI \leqslant 350(m \cdot s)^{0.5}$ 的闭式洒水喷头。

2.1.18　一只喷头的保护面积　protection area of the sprinkler

同一根配水支管上相邻洒水喷头的距离与相邻配水支管之间距离的乘积。

2.1.19　标准覆盖面积洒水喷头　standard coverage sprinkler

流量系数 $K \geqslant 80$,一只喷头的最大保护面积不超过 $20m^2$ 的直立型、下垂型洒水喷头及一只喷头的最大保护面积不超过 $18m^2$ 的边墙型洒水喷头。

2.1.20　扩大覆盖面积洒水喷头　extended coverage(EC) sprinkler

流量系数 $K \geqslant 80$,一只喷头的最大保护面积大于标准覆盖面积洒水喷头的保护面积,且不超过 $36m^2$ 的洒水喷头,包括直立型、下垂型和边墙型扩大覆盖面积洒水喷头。

2.1.21　标准流量洒水喷头　standard orifice sprinkler

流量系数 $K = 80$ 的标准覆盖面积洒水喷头。

2.1.22　早期抑制快速响应喷头　early suppression fast response(ESFR)sprinkler

流量系数 $K \geqslant 161$,响应时间指数 $RTI \leqslant 28 \pm 8(m \cdot s)^{0.5}$,用于保护堆垛与高架仓库的标准覆盖面积洒水喷头。

2.1.23　特殊应用喷头　specific application sprinkler

流量系数 $K \geqslant 161$,具有较大水滴粒径,在通过标准试验验证后,可用于民用建筑和厂房高大空间场所以及仓库的标准覆盖面积洒水喷头,包括非仓库型特殊应用喷头和仓库型特殊应用喷头。

2.1.24　家用喷头　residential sprinkler

适用于住宅建筑和非住宅类居住建筑的一种快速响应洒水喷头。

2.1.25　配水干管　feed mains

报警阀后向配水管供水的管道。

2.1.26　配水管　cross mains

向配水支管供水的管道。

2.1.27　配水支管　branch lines

直接或通过短立管向洒水喷头供水的管道。

2.1.28　配水管道　system pipes

配水干管、配水管及配水支管的总称。

2.1.29　短立管　sprig

连接洒水喷头与配水支管的立管。

2.1.30 消防洒水软管 flexible sprinkler hose fittings

连接洒水喷头与配水管道的挠性金属软管及洒水喷头调整固定装置。

2.1.31 信号阀 signal valve

具有输出启闭状态信号功能的阀门。

2.2 符 号

a——喷头与障碍物的水平距离;

b——喷头溅水盘与障碍物底面的垂直距离;

c——障碍物横截面的一个边长;

C_h——海澄—威廉系数;

d——管道外径;

d_g——节流管的计算内径;

d_j——管道的计算内径;

d_k——减压孔板的孔口直径;

e——障碍物横截面的另一个边长;

f——喷头溅水盘与不到顶隔墙顶面的垂直间距;

g——重力加速度;

H——水泵扬程或系统入口的供水压力;

H_c——从城市市政管网直接抽水时城市管网的最低水压;

H_g——节流管的水头损失;

H_k——减压孔板的水头损失;

h——最大净空高度;

h_s——最大储物高度;

i——管道单位长度的水头损失;

K——喷头流量系数;

L——节流管的长度;

n——最不利点处作用面积内的洒水喷头数;

P——喷头工作压力;

P_0——最不利点处喷头的工作压力;

P_p——系统管道沿程和局部的水头损失;

Q——系统设计流量;

q——喷头流量;

q_i——最不利点处作用面积内各喷头节点的流量;

q_g——管道设计流量;

S——喷头间距;

S_L——喷头溅水盘与顶板的距离;

S_w——喷头溅水盘与背墙的距离;

V——管道内水的平均流速;

V_g——节流管内水的平均流速;

V_k——减压孔板后管道内水的平均流速;

Z——最不利点处喷头与消防水池最低水位或系统入口管水平中心线之间的高程差;

ζ——节流管中渐缩管与渐扩管的局部阻力系数之和;

ξ——减压孔板的局部阻力系数。

3 设置场所火灾危险等级

3.0.1 设置场所的火灾危险等级应划分为轻危险级、中危险级（Ⅰ级、Ⅱ级）、严重危险级（Ⅰ级、Ⅱ级）和仓库危险级（Ⅰ级、Ⅱ级、Ⅲ级）。

3.0.2 设置场所的火灾危险等级，应根据其用途、容纳物品的火灾荷载及室内空间条件等因素，在分析火灾特点和热气流驱动洒水喷头开放及喷水到位的难易程度后确定，设置场所应按本规范附录 A 进行分类。

3.0.3 当建筑物内各场所的火灾危险性及灭火难度存在较大差异时，宜按各场所的实际情况确定系统选型与火灾危险等级。

4 系统基本要求

4.1 一般规定

4.1.1 自动喷水灭火系统的设置场所应符合国家现行相关标准的规定。

4.1.2 自动喷水灭火系统不适用于存在较多下列物品的场所:

　　1 遇水发生爆炸或加速燃烧的物品;

　　2 遇水发生剧烈化学反应或产生有毒有害物质的物品;

　　3 洒水将导致喷溅或沸溢的液体。

4.1.3 自动喷水灭火系统的设计原则应符合下列规定:

　　1 闭式洒水喷头或启动系统的火灾探测器，应能有效探测初期火灾;

　　2 湿式系统、干式系统应在开放一只洒水喷头后自动启动，预作用系统、雨淋系统和水幕系统应根据其类型由火灾探测器、闭式洒水喷头作为探测元件，报警后自动启动;

　　3 作用面积内开放的洒水喷头，应在规定时间内按设计选定的喷水强度持续喷水;

　　4 喷头洒水时，应均匀分布，且不应受阻挡。

4.2 系统选型

4.2.1 自动喷水灭火系统选型应根据设置场所的建筑特征、环境条件和火灾特点等选择相应的开式或闭式系统。露天场所不宜采用闭式系统。

4.2.2 环境温度不低于 4℃ 且不高于 70℃ 的场所，应采用湿式系统。

4.2.3 环境温度低于 4℃ 或高于 70℃ 的场所，应采用干式系统。

4.2.4 具有下列要求之一的场所,应采用预作用系统:

　　1 系统处于准工作状态时严禁误喷的场所;

　　2 系统处于准工作状态时严禁管道充水的场所;

　　3 用于替代干式系统的场所。

4.2.5 灭火后必须及时停止喷水的场所,应采用重复启闭预作用系统。

4.2.6 具有下列条件之一的场所,应采用雨淋系统:

　　1 火灾的水平蔓延速度快、闭式洒水喷头的开放不能及时使喷水有效覆盖着火区域的场所;

　　2 设置场所的净空高度超过本规范第 6.1.1 条的规定,且必须迅速扑救初期火灾的场所;

　　3 火灾危险等级为严重危险级 II 级的场所。

4.2.7 符合下列条件之一的场所,宜采用设置早期抑制快速响应喷头的自动喷水灭火系统。当采用早期抑制快速响应喷头时,系统应为湿式系统,且系统设计基本参数应符合本规范第 5.0.5 条的规定。

　　1 最大净空高度不超过 13.5m 且最大储物高度不超过 12.0m,储物类别为仓库危险级 I、II 级或沥青制品、箱装不发泡塑料的仓库及类似场所;

　　2 最大净空高度不超过 12.0m 且最大储物高度不超过 10.5m,储物类别为袋装不发泡塑料、箱装发泡塑料和袋装发泡塑料的仓库及类似场所;

4.2.8 符合下列条件之一的场所,宜采用设置仓库型特殊应用喷头的自动喷水灭火系统,系统设计基本参数应符合本规范第 5.0.6 条的规定。

　　1 最大净空高度不超过 12.0m 且最大储物高度不超过 10.5m,储物类别为仓库危险级 I、II 级或箱装不发泡塑料的仓库及类似场所;

　　2 最大净空高度不超过 7.5m 且最大储物高度不超过 6.0m,储物类别为袋装不发泡塑料和箱装发泡塑料的仓库及类似场所。

4.3　其　　他

4.3.1 建筑物中保护局部场所的干式系统、预作用系统、雨淋系统、自动喷水—泡沫联用系统,可串联接入同一建筑物内的湿式系统,并应与其配水干管连接。

4.3.2 自动喷水灭火系统应有下列组件、配件和设施:

　　1 应设有洒水喷头、报警阀组、水流报警装置等组件和末端试水装置,以及管道、供水设施等;

　　2 控制管道静压的区段宜分区供水或设减压阀,控制管道动压的区段宜设减压孔板或节流管;

　　3 应设有泄水阀(或泄水口)、排气阀(或排气口)和排污口;

　　4 干式系统和预作用系统的配水管道应设快速排气阀。有压充气管道的快速排气阀入口前应设电动阀。

4.3.3 防护冷却水幕应直接将水喷向被保护对象;防火分隔水幕不宜用于尺寸超过 15m(宽)×8m(高)的开口(舞台口除外)。

5　设计基本参数

5.0.1 民用建筑和厂房采用湿式系统时的设计基本参数不应低于表 5.0.1 的规定。

表 5.0.1　民用建筑和厂房采用湿式系统的设计基本参数

火灾危险等级		最大净空高度 h(m)	喷水强度[L/(min·m²)]	作用面积(m²)
轻危险级			4	160
中危险级	I 级	h≤8	6	
	II 级		8	
严重危险级	I 级		12	260
	II 级		16	

注:系统最不利点处洒水喷头的工作压力不应低于 0.05MPa。

5.0.2 民用建筑和厂房高大空间场所采用湿式系统的设计基本参数不应低于表 5.0.2 的规定。

表 5.0.2　民用建筑和厂房高大空间场所采用湿式系统的设计基本参数

适用场所		最大净空高度 h(m)	喷水强度[L/(min·m²)]	作用面积(m²)	喷头间距 S(m)
民用建筑	中庭、体育馆、航站楼等	8<h≤12	12	160	1.8≤S≤3.0
		12<h≤18	15		
	影剧院、音乐厅、会展中心等	8<h≤12	15		
		12<h≤18	20		
厂房	制衣制鞋、玩具、木器、电子生产车间等	8<h≤12	15		
	棉纺厂、麻纺厂、泡沫塑料生产车间等		20		

注:1　表中未列入的场所,应根据本表规定场所的火灾危险性类比确定。
　　2　当民用建筑高大空间场所的最大净空高度为 12m<h≤18m 时,应采用非仓库型特殊应用喷头。

5.0.3 最大净空高度超过 8m 的超级市场采用湿式系统的设计基本参数应按本规范第 5.0.4 条和第 5.0.5 条的规定执行。

5.0.4 仓库及类似场所采用湿式系统的设计基本参数应符合下列要求:

　　1 当设置场所的火灾危险等级为仓库危险级 I 级~III 级时,系统设计基本参数不应低于表 5.0.4-1~表 5.0.4-4 的规定;

　　2 当仓库危险级 I 级、仓库危险级 II 级场所中混杂储存仓库危险级 III 级物品时,系统设计基本参数不应低于表 5.0.4-5 的规定。

表 5.0.4-1　仓库危险级 I 级场所的系统设计基本参数

储存方式	最大净空高度 h(m)	最大储物高度 h_s(m)	喷水强度[L/(min·m²)]	作用面积(m²)	持续喷水时间(h)
堆垛、托盘	9.0	h_s≤3.5	8.0	160	1.0
		3.5<h_s≤6.0	10.0	200	
		6.0<h_s≤7.5	14.0		
单、双、多排货架		h_s≤3.0	8.0	160	1.5
		3.5<h_s≤6.0	18.0	200	
单、双排货架		6.0<h_s≤7.5	14.0+1J		
		3.5<h_s≤4.5	12.0		
多排货架		4.5<h_s≤6.0	18.0		
		6.0<h_s≤7.5	18.0+1J		

注:1　货架储物高度大于 7.5m 时,应设置货架内置洒水喷头。顶板下洒水喷头的喷水强度不低于 18L/(min·m²),作用面积不应小于 200m²,持续喷水时间不应小于 2h。
　　2　本表及表 5.0.4-2、5.0.4-5 中字母"J"表示货架内置洒水喷头,"J"前的数字表示货架内置洒水喷头的层数。

表 5.0.4-2　仓库危险级 II 级场所的系统设计基本参数

储存方式	最大净空高度 h(m)	最大储物高度 h_s(m)	喷水强度[L/(min·m²)]	作用面积(m²)	持续喷水时间(h)
堆垛、托盘	9.0	h_s≤3.5	8.0	160	1.5
		3.5<h_s≤6.0	16.0	200	2.0
		6.0<h_s≤7.5	22.0		
单、双、多排货架		h_s≤3.0	8.0	160	1.5
		3.0<h_s≤3.5	12.0	200	
		3.5<h_s≤6.0	24.0	280	
单、双排货架		6.0<h_s≤7.5	22.0+1J		2.0
		3.5<h_s≤4.5	18.0	200	
多排货架		4.5<h_s≤6.0	18.0+1J		
		6.0<h_s≤7.5	18.0+2J		

注:货架储物高度大于 7.5m 时,应设置货架内置洒水喷头。顶板下洒水喷头的喷水强度不低于 20L/(min·m²),作用面积不应小于 200m²,持续喷水时间不应小于 2h。

表5.0.4-3 货架储存时仓库危险级Ⅲ级场所的系统设计基本参数

序号	最大净空高度h(m)	最大储物高度hs(m)	货架类型	喷水强度[L/(min·m²)]	货架内置洒水喷头 层数	高度(m)	流量系数K
1	4.5	1.5<hs≤3.0	单、双、多	12.0	—	—	—
2	6.0	1.5<hs≤3.0	单、双、多	18.0	—	—	—
3	7.5	3.0<hs≤4.5	单、双、多	24.5	—	—	—
4	7.5	3.0<hs≤4.5	单、双、多	12.0	1	3.0	80
5	7.5	4.5<hs≤6.0	单、双	24.5	—	—	—
6	7.5	4.5<hs≤6.0	单、双	12.0	1	4.5	115
7	9.0	4.5<hs≤6.0	单、双	18.0	1	3.0	80
8	8.0	4.5<hs≤6.0	单、双	24.5	—	—	—
9	9.0	6.0<hs≤7.5	单、双	18.5	1	4.5	115
10	9.0	6.0<hs≤7.5	单、双	32.5	—	—	—
11	9.0	6.0<hs≤7.5	单、双	12.0	2	3.0,6.0	80

注：1 作用面积不应小于200m²，持续喷水时间不应低于2h。
　2 序号4,6,7,11:货架内设置一排货架内置洒水喷头时,喷头的间距不应大于3.0m;设置两排或多排货架内置洒水喷头时,喷头的间距不应大于3.0×2.4(m)。
　3 序号9:货架内设置一排货架内置洒水喷头时,喷头的间距不应大于2.4m,设置两排或多排货架内置洒水喷头时,喷头的间距不应大于2.4×2.4(m)。
　4 序号8:应采用流量系数K等于161,202,242,363的洒水喷头。
　5 序号10:应采用流量系数K等于242,363的洒水喷头。
　6 货架储物高度大于7.5m时,应设置货架内置洒水喷头,顶板下洒水喷头的喷水强度不应低于22.0L/(min·m²),作用面积不应小于200m²,持续喷水时间不应小于2h。

表5.0.4-4 堆垛储存时仓库危险级Ⅲ级场所的系统设计基本参数

最大净空高度h(m)	最大储物高度hs(m)	喷水强度[L/(min·m²)] A	B	C	D
7.5	1.5	8.0			
4.5	3.5	16.0	16.0	12.0	12.0
6.0		24.5	22.0	20.5	16.5
9.0		32.5	28.5	24.5	18.5

续表5.0.4-4

最大净空高度h(m)	最大储物高度hs(m)	喷水强度[L/(min·m²)] A	B	C	D
6.0	4.5	24.5	22.0	20.5	16.5
7.5	6.0	32.5	28.5	24.5	18.5
9.0	7.5	36.5	34.5	28.5	22.5

注：1 A—袋装与无包装的发泡塑料橡胶;B—箱装的发泡塑料橡胶;C—袋装与无包装的不发泡塑料橡胶;D—箱装的不发泡塑料橡胶。
　2 作用面积不应小于240m²,持续喷水时间不应低于2h。

表5.0.4-5 仓库危险级Ⅰ级、Ⅱ级场所中混杂储存仓库危险级Ⅲ级场所物品时的系统设计基本参数

储物类别	储存方式	最大净空高度h(m)	最大储物高度hs(m)	喷水强度[L/(min·m²)]	作用面积(m²)	持续喷水时间(h)
储物中包括沥青制品或箱装A组塑料橡胶	堆垛与货架	9.0	hs≤1.5	8	160	1.5
		4.5	1.5<hs≤3.0	12	240	2.0
		6.0	1.5<hs≤3.0	16	240	2.0
		5.0	3.0<hs≤3.5	16	240	2.0
	堆垛	8.0	3.0<hs≤3.5	16	240	2.0
	货架	9.0	1.5<hs≤3.5	8+1J	160	2.0
储物中包括袋装A组塑料橡胶	堆垛与货架	9.0	hs≤1.5	8	160	1.5
		4.5	1.5<hs≤3.0	16	240	2.0
		5.0	3.0<hs≤3.5	16	240	2.0
	堆垛	9.0	1.5<hs≤2.5	16	240	2.0
储物中包括袋装不发泡A组塑料橡胶	堆垛与货架	6.0	1.5<hs≤3.0	16	240	2.0
储物中包括袋装发泡A组塑料橡胶	货架	6.0	1.5<hs≤3.0	8+1J	160	2.0
储物中包括轮胎或纸卷	堆垛与货架	9.0	1.5<hs≤3.5	12	240	2.0

注：1 无包装的塑料橡胶视同纸袋、塑料袋袋装。
　2 货架内置洒水喷头应采用与顶板下洒水喷头相同的喷水强度,用水量应按开放6只洒水喷头确定。

5.0.5 仓库及类似场所采用早期抑制快速响应喷头时,系统的设计基本参数不应低于表5.0.5的规定。

表5.0.5 采用早期抑制快速响应喷头的系统设计基本参数

储物类别	最大净空高度(m)	最大储物高度(m)	喷头流量系数K	喷头设置方式	喷头最低工作压力(MPa)	喷头最大间距(m)	喷头最小间距(m)	作用面积内开放的喷头数
Ⅰ、Ⅱ级、沥青制品、箱装不发泡塑料	9.0	7.5	202	直立型/下垂型	0.35	3.7	2.4	12
			242	直立型/下垂型	0.25			
			320	下垂型	0.20			
			363	下垂型	0.15			
	10.5	9.0	202	直立型/下垂型	0.50	3.0		
			242	直立型/下垂型	0.35			
			320	下垂型	0.25			
			363	下垂型	0.20			
	12.0	10.5	202	直立型/下垂型	0.50			
			242	直立型/下垂型	0.35			
			363	下垂型	0.30			
	13.5	12.0	363	下垂型	0.35			
袋装不发泡塑料	9.0	7.5	202	直立型/下垂型	0.50	3.7		
			242	直立型/下垂型	0.35			
			363	下垂型	0.25			
	10.5	9.0	363	下垂型	0.35	3.0		
	12.0	10.5	363	下垂型	0.40			
箱装发泡塑料	9.0	7.5	202	直立型/下垂型	0.35	3.7		
			242	直立型/下垂型	0.25			
			320	下垂型	0.15			
			363	下垂型	0.15			
	12.0	10.5	363	下垂型	0.40	3.0		
袋装发泡塑料	7.5	6.0	202	直立型/下垂型	0.50	3.7		
			242	直立型/下垂型	0.35			
			363	下垂型	0.25			
	9.0	7.5	202	直立型/下垂型	0.70	3.7		
			242	直立型/下垂型	0.50			
			363	下垂型	0.30			
	12.0	10.5	363	下垂型	0.50	3.0		20

5.0.6 仓库及类似场所采用仓库型特殊应用喷头时,湿式系统的设计基本参数不应低于表5.0.6的规定。

表5.0.6 采用仓库型特殊应用喷头的湿式系统设计基本参数

储物类别	最大净空高度(m)	最大储物高度(m)	喷头流量系数K	喷头设置方式	喷头最低工作压力(MPa)	喷头最大间距(m)	喷头最小间距(m)	作用面积内开放的喷头数	持续喷水时间(h)
Ⅰ级、Ⅱ级	7.5	6.0	161	直立型/下垂型	0.20	3.7	2.4	15	1.0
			200	下垂型	0.15				
			242	直立型	0.10			12	
			363	下垂型	0.07				
				直立型	0.15				
	9.0	7.5	161	直立型/下垂型	0.35	3.7		20	
			200	下垂型	0.25				
			242	直立型/下垂型	0.15				
			363	直立型	0.15			12	
				下垂型	0.07				
	12.0	10.5	363	直立型	0.10	3.0		24	
				下垂型	0.20			12	
箱装不发泡塑料	7.5	6.0	161	直立型/下垂型	0.35	3.7		15	
			200	下垂型	0.25				
			242	直立型	0.15				
			363	下垂型	0.15				
				下垂型	0.07				
	9.0	7.5	363	直立型	0.15			12	
				下垂型	0.07				
	12.0	10.5	363	直立型	0.20	3.0			
箱装发泡塑料	7.5	6.0	161	直立型/下垂型	0.35	3.7		15	
			200	下垂型	0.25				
			242	直立型	0.15				
			363	下垂型	0.07				

5.0.7 设置自动喷水灭火系统的仓库及类似场所，当采用货架储存时应采用钢制货架，并应采用通透层板，且层板中通透部分的面积不应小于层板总面积的50%。当采用木制货架或采用封闭层板货架时，其系统设置应按堆垛储物仓库确定。

5.0.8 货架仓库的最大净空高度或最大储物高度超过本规范第5.0.5条的规定时，应设货架内置洒水喷头，且货架内置洒水喷头上方的层间隔板应为实层板。货架内置洒水喷头的设置应符合下列规定：

1 仓库危险级Ⅰ级、Ⅱ级场所应在自地面起每3.0m设置一层货架内置洒水喷头，仓库危险级Ⅲ级场所应在自地面起每1.5m～3.0m设置一层货架内置洒水喷头，且最高层货架内置洒水喷头与储物顶部的距离不应超过3.0m；

2 当采用流量系数等于80的标准覆盖面积洒水喷头时，工作压力不应小于0.20MPa；当采用流量系数等于115的标准覆盖面积洒水喷头时，工作压力不应小于0.10MPa；

3 洒水喷头间距不应大于3m，且不应小于2m。计算货架内开放洒水喷头数量不应小于表5.0.8的规定；

4 设置2层及以上货架内置洒水喷头时，洒水喷头应交错布置。

表5.0.8 货架内开放洒水喷头数量

仓库危险级	货架内置洒水喷头的层数		
	1	2	>2
Ⅰ级	6	12	14
Ⅱ级	8	14	
Ⅲ级	10		

注：货架内置洒水喷头超过2层时，计算流量应按最顶层2层，且每层开放洒水喷头数按本表规定值的1/2确定。

5.0.9 仓库内设置自动喷水灭火系统时，宜设消防排水设施。

5.0.10 干式系统和雨淋系统的设计要求应符合下列规定：

1 干式系统的喷水强度应按本规范表5.0.1、表5.0.4-1～表5.0.4-5的规定值确定，系统作用面积应按对应值的1.3倍确定；

2 雨淋系统的喷水强度和作用面积应按本规范表5.0.1的规定值确定，且每个雨淋报警阀控制的喷水面积不宜大于表5.0.1中的作用面积。

5.0.11 预作用系统的设计要求应符合下列规定：

1 系统的喷水强度应按本规范表5.0.1、表5.0.4-1～表5.0.4-5的规定值确定；

2 当系统采用仅由火灾自动报警系统直接控制预作用装置时，系统的作用面积应按本规范表5.0.1、表5.0.4-1～表5.0.4-5的规定值确定；

3 当系统采用由火灾自动报警系统和充气管道上设置的压力开关控制预作用装置时，系统的作用面积应按本规范表5.0.1、表5.0.4-1～表5.0.4-5规定值的1.3倍确定。

5.0.12 仅在走道设置洒水喷头的闭式系统，其作用面积应按最大疏散距离所对应的走道面积确定。

5.0.13 装设网格、栅板类通透性吊顶的场所，系统的喷水强度应按本规范表5.0.1、表5.0.4-1～表5.0.4-5规定值的1.3倍确定，且喷头布置应按本规范第7.1.13条的规定执行。

5.0.14 水幕系统的设计基本参数应符合表5.0.14的规定：

表5.0.14 水幕系统的设计基本参数

水幕系统类别	喷水点高度h(m)	喷水强度[L/(s·m)]	喷头工作压力(MPa)
防火分隔水幕	h≤12	2.0	0.1
防护冷却水幕	h≤4	0.5	

注：1 防护冷却水幕的喷水点高度每增加1m，喷水强度应增加0.1L/(s·m)，但超过9m时喷水强度仍采用1.0L/(s·m)。

2 系统持续喷水时间不应小于系统设置部位的耐火极限要求。

3 喷头布置应符合本规范第7.1.16条的规定。

5.0.15 当采用防护冷却系统保护防火卷帘、防火玻璃墙等防火分隔设施时，系统应独立设置，且应符合下列要求：

1 喷头设置高度不应超过8m；当设置高度为4m～8m时，应采用快速响应洒水喷头；

2 喷头设置高度不超过4m时，喷水强度不应小于0.5L/(s·m)；当超过4m时，每增加1m，喷水强度应增加0.1L/(s·m)；

3 喷头的设置应确保喷洒到被保护对象后布水均匀，喷头间距应为1.8m～2.4m；喷头溅水盘与防火分隔设施的水平距离不应大于0.3m，与顶板的距离应符合本规范第7.1.15条的规定；

4 持续喷水时间不应小于系统设置部位的耐火极限要求。

5.0.16 除本规范另有规定外，自动喷水灭火系统的持续喷水时间应按火灾延续时间不小于1h确定。

5.0.17 利用有压气体作为系统启动介质的干式系统和预作用系统，其配水管道内的气压值应根据报警阀的技术性能确定；利用有压气体检测管道是否严密的预作用系统，配水管道内的气压值不宜小于0.03MPa，且不宜大于0.05MPa。

6 系统组件

6.1 喷 头

6.1.1 设置闭式系统的场所，洒水喷头类型和场所的最大净空高度应符合表6.1.1的规定；仅用于保护室内钢屋架等建筑构件的洒水喷头和设置货架内置洒水喷头的场所，可不受此表规定的限制。

表6.1.1 洒水喷头类型和场所净空高度

设置场所		喷头类型			场所净空高度h(m)
		一只喷头的保护面积	响应时间性能	流量系数K	
民用建筑	普通场所	标准覆盖面积洒水喷头	快速响应喷头 特殊响应喷头 标准响应喷头	K≥80	h≤8
	高大空间场所	扩大覆盖面积洒水喷头	快速响应喷头	K≥80	
		标准覆盖面积洒水喷头	快速响应喷头	K≥115	8<h≤12
		非仓库型特殊应用喷头			
		非仓库型特殊应用喷头			12<h≤18
厂房		标准覆盖面积洒水喷头	特殊响应喷头 标准响应喷头	K≥80	h≤8
		扩大覆盖面积洒水喷头	特殊响应喷头 标准响应喷头	K≥80	
		标准覆盖面积洒水喷头	特殊响应喷头 标准响应喷头	K≥115	8<h≤12
		非仓库型特殊应用喷头			
仓库		标准覆盖面积洒水喷头	特殊响应喷头 标准响应喷头	K≥80	h≤9
		仓库型特殊应用喷头			h≤12
		早期抑制快速响应喷头			h≤13.5

6.1.2 闭式系统的洒水喷头，其公称动作温度宜高于环境最高温度30℃。

6.1.3 湿式系统的洒水喷头选型应符合下列规定：

　　1 不做吊顶的场所，当配水支管布置在梁下时，应采用直立型洒水喷头；

　　2 吊顶下布置的洒水喷头，应采用下垂型洒水喷头或吊顶型洒水喷头；

　　3 顶板为水平面的轻危险级、中危险级Ⅰ级住宅建筑、宿舍、旅馆建筑客房、医疗建筑病房和办公室，可采用边墙型洒水喷头；

　　4 易受碰撞的部位，应采用带保护罩的洒水喷头或吊顶型洒水喷头；

　　5 顶板为水平面，且无梁、通风管道等障碍物影响喷头洒水的场所，可采用扩大覆盖面积洒水喷头；

　　6 住宅建筑和宿舍、公寓等非住宅类居住建筑宜采用家用喷头；

　　7 不宜选用隐蔽式洒水喷头；确需采用时，应仅适用于轻危险级和中危险级Ⅰ级场所。

6.1.4 干式系统、预作用系统应采用直立型洒水喷头或干式下垂型洒水喷头。

6.1.5 水幕系统的喷头选型应符合下列规定：

　　1 防火分隔水幕应采用开式洒水喷头或水幕喷头；

　　2 防护冷却水幕应采用水幕喷头。

6.1.6 自动喷水防护冷却系统可采用边墙型洒水喷头。

6.1.7 下列场所宜采用快速响应洒水喷头。当采用快速响应洒水喷头时，系统应为湿式系统。

　　1 公共娱乐场所、中庭环廊；

　　2 医院、疗养院的病房及治疗区域，老年、少儿、残疾人的集体活动场所；

　　3 超出消防水泵接合器供水高度的楼层；

　　4 地下商业场所。

6.1.8 同一隔间内应采用相同热敏性能的洒水喷头。

6.1.9 雨淋系统的防护区内应采用相同的洒水喷头。

6.1.10 自动喷水灭火系统应有备用洒水喷头，其数量不应少于总数的1％，且每种型号均不得少于10只。

6.2 报警阀组

6.2.1 自动喷水灭火系统应设报警阀组。保护室内钢屋架等建筑构件的闭式系统，应设独立的报警阀组。水幕系统应设独立的报警阀组或感温雨淋报警阀。

6.2.2 串联接入湿式系统配水干管的其他自动喷水灭火系统，应分别设置独立的报警阀组，其控制的洒水喷头数计入湿式报警阀组控制的洒水喷头总数。

6.2.3 一个报警阀组控制的洒水喷头数应符合下列规定：

　　1 湿式系统、预作用系统不宜超过800只；干式系统不宜超过500只；

　　2 当配水支管同时设置保护吊顶下方和上方空间的洒水喷头时，应只将数量较多一侧的洒水喷头计入报警阀组控制的洒水喷头总数。

6.2.4 每个报警阀组供水的最高与最低位置洒水喷头，其高程差不宜大于50m。

6.2.5 雨淋报警阀组的电磁阀，其入口应设过滤器。并联设置雨淋报警阀组的雨淋系统，其雨淋报警阀控制腔的入口应设止回阀。

6.2.6 报警阀组宜设在安全及易于操作的地点，报警阀距地面的高度宜为1.2m。设置报警阀组的部位应设有排水设施。

6.2.7 连接报警阀进出口的控制阀应采用信号阀。当不采用信号阀时，控制阀应设锁定阀位的锁具。

6.2.8 水力警铃的工作压力不应小于0.05MPa，并应符合下列规定：

　　1 应设在有人值班的地点附近或公共通道的外墙上；

　　2 与报警阀连接的管道，其管径应为20mm，总长不宜大于20m。

6.3 水流指示器

6.3.1 除报警阀组控制的洒水喷头只保护不超过防火分区面积的同层场所外，每个防火分区、每个楼层均应设水流指示器。

6.3.2 仓库内顶板下洒水喷头与货架内置洒水喷头应分别设置水流指示器。

6.3.3 当水流指示器入口前设置控制阀时，应采用信号阀。

6.4 压力开关

6.4.1 雨淋系统和防火分隔水幕，其水流报警装置应采用压力开关。

6.4.2 自动喷水灭火系统应采用压力开关控制稳压泵，并应能调节启停压力。

6.5 末端试水装置

6.5.1 每个报警阀组控制的最不利点洒水喷头处应设末端试水装置，其他防火分区、楼层均应设直径为25mm的试水阀。

6.5.2 末端试水装置应由试水阀、压力表以及试水接头组成。试水接头出水口的流量系数，应等同于同楼层或防火分区内的最小流量系数洒水喷头。末端试水装置的出水，应采取孔口出流的方式排入排水管道，排水立管宜设伸顶通气管，且管径不应小于75mm。

6.5.3 末端试水装置和试水阀应有标识，距地面的高度宜为1.5m，并应采取不被他用的措施。

7 喷头布置

7.1 一般规定

7.1.1 喷头应布置在顶板或吊顶下易于接触到火灾热气流并有利于均匀布水的位置。当喷头附近有障碍物时，应符合本规范第7.2节的规定或增设补偿喷水强度的喷头。

7.1.2 直立型、下垂型标准覆盖面积洒水喷头的布置，包括同一根配水支管上喷头的间距及相邻配水支管的间距，应根据设置场所的火灾危险等级、洒水喷头类型和工作压力确定，并不应大于表7.1.2的规定，且不应小于1.8m。

表7.1.2　直立型、下垂型标准覆盖面积洒水喷头的布置

火灾危险等级	正方形布置的边长(m)	矩形或平行四边形布置的长边边长(m)	一只喷头的最大保护面积(m²)	喷头与端墙的距离(m)	
				最大	最小
轻危险级	4.4	4.5	20.0	2.2	
中危险级Ⅰ级	3.6	4.0	12.5	1.8	
中危险级Ⅱ级	3.4	3.6	11.5	1.7	0.1
严重危险级、仓库危险级	3.0	3.6	9.0	1.5	

注：1　设置单排洒水喷头的闭式系统，其洒水喷头间距应按地面不留漏喷空白点确定。

　　2　严重危险级或仓库危险级场所宜采用流量系数大于80的洒水喷头。

7.1.3 边墙型标准覆盖面积洒水喷头的最大保护跨度与间距，应符合表7.1.3的规定：

表 7.1.3 边墙型标准覆盖面积洒水喷头的最大保护跨度与间距

火灾危险等级	配水支管上喷头的最大间距(m)	单排喷头的最大保护跨度(m)	两排相对喷头的最大保护跨度(m)
轻危险级	3.6	3.6	7.2
中危险级Ⅰ级	3.0	3.0	6.0

注:1 两排相对洒水喷头应交错布置;
　　2 室内跨度大于两排相对喷头的最大保护跨度时,应在两排相对喷头中间增设一排喷头。

7.1.4 直立型、下垂型扩大覆盖面积洒水喷头应采用正方形布置,其布置间距不应大于表7.1.4的规定,且不应小于2.4m。

表 7.1.4 直立型、下垂型扩大覆盖面积洒水喷头的布置间距

火灾危险等级	正方形布置的边长(m)	一只喷头的最大保护面积(m²)	喷头与端墙的距离(m) 最大	喷头与端墙的距离(m) 最小
轻危险级	5.4	29.0	2.7	
中危险级Ⅰ级	4.8	23.0	2.4	0.1
中危险级Ⅱ级	4.2	17.5	2.1	
严重危险级	3.6	13.0	1.8	

7.1.5 边墙型扩大覆盖面积洒水喷头的最大保护跨度和配水支管上的洒水喷头间距,应按洒水喷头工作压力下能够喷湿对面墙和邻近端墙距溅水盘1.2m高度以下的墙面确定,且保护面积内的喷水强度应符合本规范表5.0.1的规定。

7.1.6 除吊顶型洒水喷头及吊顶下设置的洒水喷头外,直立型、下垂型标准覆盖面积洒水喷头和扩大覆盖面积洒水喷头溅水盘与顶板的距离为75mm~150mm,并符合下列规定:

　　1 当在梁或其他障碍物底面下方的平面上布置洒水喷头时,溅水盘与顶板的距离不应大于300mm,同时溅水盘与梁等障碍物底面的垂直距离应为25mm~100mm。

　　2 当在梁间布置洒水喷头时,洒水喷头与梁的距离应符合本规范第7.2.1条的规定。确有困难时,溅水盘与顶板的距离不应大于550mm。梁间布置的洒水喷头,溅水盘与顶板距离达到550mm仍不能符合本规范第7.2.1条的规定时,应在梁底面的下方增设洒水喷头。

　　3 密肋梁板下方的洒水喷头,溅水盘与密肋梁板底面的垂直距离应为25mm~100mm。

　　4 无吊顶的梁间洒水喷头布置可采用不等距方式,但喷水强度仍应符合本规范表5.0.1、表5.0.2和表5.0.4-1~表5.0.4-5的要求。

7.1.7 除吊顶型洒水喷头及吊顶下设置的洒水喷头外,直立型、下垂型早期抑制快速响应喷头、特殊应用喷头和家用喷头溅水盘与顶板的距离应符合表7.1.7的规定。

表 7.1.7 喷头溅水盘与顶板的距离(mm)

喷头类型		喷头溅水盘与顶板的距离 S_L
早期抑制快速响应喷头	直立型	100≤S_L≤150
	下垂型	150≤S_L≤360
特殊应用喷头		150≤S_L≤200
家用喷头		25≤S_L≤100

7.1.8 图书馆、档案馆、商场、仓库中的通道上方宜设有喷头。喷头与被保护对象的水平距离不应小于0.30m,喷头溅水盘与保护对象的最小垂直距离不应小于表7.1.8的规定。

表 7.1.8 喷头溅水盘与保护对象的最小垂直距离(mm)

喷头类型	最小垂直距离
标准覆盖面积洒水喷头、扩大覆盖面积洒水喷头	450
特殊应用喷头、早期抑制快速响应喷头	900

7.1.9 货架内置洒水喷头宜与顶板下洒水喷头交错布置,其溅水盘与上方层板的距离应符合本规范第7.1.6条的规定,与其下部储物顶面的垂直距离不应小于150mm。

7.1.10 挡水板应为正方形或圆形金属板,其平面面积不宜小于0.12m²,周围弯边的下沿宜与洒水喷头的溅水盘平齐。除下列情况和相关规范另有规定外,其他场所或部位不应采用挡水板:

　　1 设置货架内置洒水喷头的仓库,当货架内置洒水喷头上方有孔洞、缝隙时,可在洒水喷头的上方设置挡水板;

　　2 宽度大于本规范第7.2.3条规定的障碍物,增设的洒水喷头上方有孔洞、缝隙时,可在洒水喷头的上方设置挡水板。

7.1.11 净空高度大于800mm的闷顶和技术夹层内应设置洒水喷头,当同时满足下列情况时,可不设置洒水喷头:

　　1 闷顶内敷设的配电线路采用不燃材料套管或封闭式金属线槽保护;

　　2 风管保温材料等采用不燃、难燃材料制作;

　　3 无其他可燃物。

7.1.12 当局部场所设置自动喷水灭火系统时,局部场所与相邻不设自动喷水灭火系统场所连通的走道和连通门窗的外侧,应设洒水喷头。

7.1.13 装设网格、栅板类通透性吊顶的场所,当通透面积占吊顶总面积的比例大于70%时,喷头应设置在吊顶上方,并应符合下列规定:

　　1 通透性吊顶开口部位的净宽度不应小于10mm,且开口部位的厚度不应大于开口的最小宽度;

　　2 喷头间距及溅水盘与吊顶上表面的距离应符合表7.1.13的规定。

表 7.1.13 通透性吊顶场所喷头布置要求

火灾危险等级	喷头间距 S(m)	喷头溅水盘与吊顶上表面的最小距离(mm)
轻危险级、中危险级Ⅰ级	S≤3.0	450
	3.0<S≤3.6	600
	S>3.6	900
中危险级Ⅱ级	S≤3.0	600
	S>3.0	900

7.1.14 顶板或吊顶为斜面时,喷头的布置应符合下列要求:

　　1 喷头应垂直于斜面,并应按斜面距离确定喷头间距;

　　2 坡屋顶的屋脊处应设一排喷头,当屋顶坡度不小于1/3时,喷头溅水盘至屋脊的垂直距离不应大于800mm;当屋顶坡度小于1/3时,喷头溅水盘至屋脊的垂直距离不应大于600mm。

7.1.15 边墙型洒水喷头溅水盘与顶板和背墙的距离应符合表7.1.15的规定。

表 7.1.15 边墙型洒水喷头溅水盘与顶板和背墙的距离(mm)

喷头类型		喷头溅水盘与顶板的距离 S_L(mm)	喷头溅水盘与背墙的距离 S_W(mm)
边墙型标准覆盖面积洒水喷头	直立式	100≤S_L≤150	50≤S_W≤100
	水平式	150≤S_L≤300	—
边墙型扩大覆盖面积洒水喷头	直立式	100≤S_L≤150	100≤S_W≤150
	水平式	150≤S_L≤300	—
边墙型家用喷头		100≤S_L≤150	

7.1.16 防火分隔水幕的喷头布置,应保证水幕的宽度不小于6m。采用水幕喷头时,喷头不应少于3排;采用开式洒水喷头时,喷头不应少于2排。防护冷却水幕的喷头宜布置成单排。

7.1.17 当防火卷帘、防火玻璃墙等防火分隔设施需采用防护冷却系统保护时,喷头应根据可燃物的情况一侧或两侧布置;外墙可只在需要保护的一侧布置。

7.2 喷头与障碍物的距离

7.2.1 直立型、下垂型喷头与梁、通风管道等障碍物的距离(图7.2.1)宜符合表7.2.1的规定。

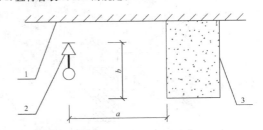

图 7.2.1 喷头与梁、通风管道等障碍物的距离
1—顶板;2—直立型喷头;3—梁(或通风管道)

表 7.2.1 喷头与梁、通风管道等障碍物的距离(mm)

喷头与梁、通风管道的水平距离 a	喷头溅水盘与梁或通风管道的底面的垂直距离 b		
	标准覆盖面积洒水喷头	扩大覆盖面积洒水喷头、家用喷头	早期抑制快速响应喷头、特殊应用喷头
a<300	0	0	0
300≤a<600	b≤60	0	b≤40
600≤a<900	b≤140	b≤30	b≤140
900≤a<1200	b≤240	b≤80	b≤250
1200≤a<1500	b≤350	b≤130	b≤380
1500≤a<1800	b≤450	b≤180	b≤550
1800≤a<2100	b≤600	b≤230	b≤780
a≥2100	b≤880	b≤350	b≤780

7.2.2 特殊应用喷头溅水盘以下 900mm 范围内,其他类型喷头溅水盘以下 450mm 范围内,当有屋架等间断障碍物或管道时,喷头与邻近障碍物的最小水平距离(图 7.2.2)应符合表 7.2.2 的规定。

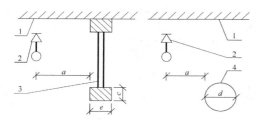

图 7.2.2 喷头与邻近障碍物的最小水平距离
1—顶板;2—直立型喷头;3—屋架等间断障碍物;4—管道

表 7.2.2 喷头与邻近障碍物的最小水平距离(mm)

喷头类型	喷头与邻近障碍物的最小水平距离 a	
标准覆盖面积洒水喷头特殊应用喷头	c、e、d≤200	3c 或 3e(c 与 e 取大值)或 3d
	c、e、d>200	600
扩大覆盖面积洒水喷头、家用喷头	c、e、d≤225	4c 或 4e(c 与 e 取大值)或 4d
	c、e、d>225	900

7.2.3 当梁、通风管道、成排布置的管道、桥架等障碍物的宽度大于 1.2m 时,其下方应增设喷头(图 7.2.3);采用早期抑制快速响应喷头和特殊应用喷头的场所,当障碍物宽度大于 0.6m 时,其下方应增设喷头。

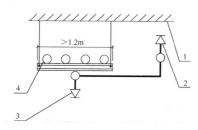

图 7.2.3 障碍物下方增设喷头
1—顶板;2—直立型喷头;3—下垂型喷头;4—成排布置的管道(或梁、通风管道、桥架等)

7.2.4 标准覆盖面积洒水喷头、扩大覆盖面积洒水喷头和家用喷头与不到顶隔墙的水平距离和垂直距离(图 7.2.4)应符合表 7.2.4 的规定。

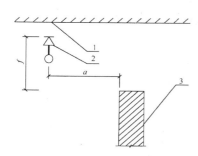

图 7.2.4 喷头与不到顶隔墙的水平距离
1—顶板;2—喷头;3—不到顶隔墙

表 7.2.4 喷头与不到顶隔墙的水平距离和垂直距离(mm)

喷头与不到顶隔墙的水平距离 a	喷头溅水盘与不到顶隔墙的垂直距离 f
a<150	f≥80
150≤a<300	f≥150
300≤a<450	f≥240
450≤a<600	f≥310
600≤a<750	f≥390
a≥750	f≥450

7.2.5 直立型、下垂型喷头与靠墙障碍物的距离(图 7.2.5)应符合下列规定:

1 障碍物横截面边长小于 750mm 时,喷头与障碍物的距离应按下式确定:

$$a≥(e-200)+b \qquad (7.2.5)$$

式中:a——喷头与障碍物的水平距离(mm);

b——喷头溅水盘与障碍物底面的垂直距离(mm);

e——障碍物横截面的边长(mm),e<750。

2 障碍物横截面边长等于或大于 750mm 或 a 的计算值大于本规范表 7.1.2 中喷头与端墙距离的规定时,应在靠墙障碍物下增设喷头。

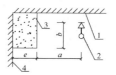

图 7.2.5 喷头与靠墙障碍物的距离
1—顶板;2—直立型喷头;3—靠墙障碍物;4—墙面

7.2.6 边墙型标准覆盖面积洒水喷头正前方 1.2m 范围内,边墙型扩大覆盖面积洒水喷头和边墙型家用喷头正前方 2.4m 范围内(图 7.2.6)内,顶板或吊顶下不应有阻挡喷水的障碍物,其布置要求应符合表 7.2.6-1 和表 7.2.6-2 的规定。

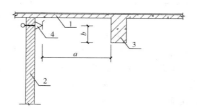

图 7.2.6 边墙型洒水喷头与正前方障碍物的距离
1—顶板;2—背墙;3—梁(或通风管道);4—边墙型喷头

表 7.2.6-1 边墙型标准覆盖面积洒水喷头与正前方障碍物的垂直距离(mm)

喷头与障碍物的水平距离 a	喷头溅水盘与障碍物底面的垂直距离 b
a<1200	不允许
1200≤a<1500	b≤25
1500≤a<1800	b≤50
1800≤a<2100	b≤100
2100≤a<2400	b≤175
a≥2400	b≤280

表 7.2.6-2 边墙型扩大覆盖面积洒水喷头和边墙型家用喷头与正前方障碍物的垂直距离(mm)

喷头与障碍物的水平距离 a	喷头溅水盘与障碍物底面的垂直距离 b
a<2400	不允许
2400≤a<3000	b≤25
3000≤a<3300	b≤50
3300≤a<3600	b≤75
3600≤a<3900	b≤100
3900≤a<4200	b≤150

续表 7.2.6-2

喷头与障碍物的水平距离 a	喷头溅水盘与障碍物底面的垂直距离 b
$4200 \leqslant a < 4500$	$b \leqslant 175$
$4500 \leqslant a < 4800$	$b \leqslant 225$
$4800 \leqslant a < 5100$	$b \leqslant 280$
$a \geqslant 5100$	$b \leqslant 350$

7.2.7 边墙型洒水喷头两侧与顶板或吊顶下梁、通风管道等障碍物的距离(图7.2.7),应符合表7.2.7-1和表7.2.7-2的规定。

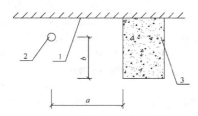

图 7.2.7　边墙型洒水喷头与沿墙障碍物的距离
1—顶板；2—边墙型洒水喷头；3—梁(或通风管道)；

表 7.2.7-1　边墙型标准覆盖面积洒水喷头与
沿墙障碍物底面的垂直距离(mm)

喷头与沿墙障碍物的水平距离 a	喷头溅水盘与沿墙障碍物底面的垂直距离 b
$a < 300$	$b \leqslant 25$
$300 \leqslant a < 600$	$b \leqslant 75$
$600 \leqslant a < 900$	$b \leqslant 140$
$900 \leqslant a < 1200$	$b \leqslant 200$
$1200 \leqslant a < 1500$	$b \leqslant 250$
$1500 \leqslant a < 1800$	$b \leqslant 320$
$1800 \leqslant a < 2100$	$b \leqslant 380$
$2100 \leqslant a < 2250$	$b \leqslant 440$

表 7.2.7-2　边墙型扩大覆盖面积洒水喷头和边墙型
家用喷头与沿墙障碍物底面的垂直距离(mm)

喷头与沿墙障碍物的水平距离 a	喷头溅水盘与沿墙障碍物底面的垂直距离 b
$a \leqslant 450$	0
$450 < a \leqslant 900$	$b \leqslant 25$
$900 < a \leqslant 1200$	$b \leqslant 75$
$1200 < a \leqslant 1350$	$b \leqslant 125$
$1350 < a \leqslant 1800$	$b \leqslant 175$
$1800 < a \leqslant 1950$	$b \leqslant 225$
$1950 < a \leqslant 2100$	$b \leqslant 275$
$2100 < a \leqslant 2250$	$b \leqslant 350$

8　管　道

8.0.1 配水管道的工作压力不应大于1.20MPa,并不应设置其他用水设施。

8.0.2 配水管道可采用内外壁热镀锌钢管、涂覆钢管、铜管、不锈钢管和氯化聚氯乙烯(PVC-C)管。当报警阀入口前管道采用不防腐的钢管时,应在报警阀前设置过滤器。

8.0.3 自动喷水灭火系统采用氯化聚氯乙烯(PVC-C)管材及管件时,设置场所的火灾危险等级应为轻危险级或中危险级Ⅰ级,系统应为湿式系统,并采用快速响应洒水喷头,且氯化聚氯乙烯(PVC-C)管材及管件应符合下列要求:

　　1 应符合现行国家标准《自动喷水灭火系统　第19部分 塑料管道及管件》GB/T 5135.19 的规定;

　　2 应用于公称直径不超过 DN80 的配水管及配水支管,且不应穿越防火分区;

　　3 当设置在有吊顶场所时,吊顶内应无其他可燃物,吊顶材料应为不燃或难燃装修材料;

　　4 当设置在无吊顶场所时,该场所应为轻危险级场所,顶板应为水平、光滑顶板,且喷头溅水盘与顶板的距离不应大于100mm。

8.0.4 洒水喷头与配水管道采用消防洒水软管连接时,应符合下列规定:

　　1 消防洒水软管仅适用于轻危险级或中危险级Ⅰ级场所,且系统应为湿式系统;

　　2 消防洒水软管应设置在吊顶内;

　　3 消防洒水软管的长度不应超过1.8m。

8.0.5 配水管道的连接方式应符合下列要求:

　　1 镀锌钢管、涂覆钢管可采用沟槽式连接件(卡箍)、螺纹或法兰连接,当报警阀前采用内壁不防腐钢管时,可焊接连接;

　　2 铜管可采用钎焊、沟槽式连接件(卡箍)、法兰和卡压等连接方式;

　　3 不锈钢管可采用沟槽式连接件(卡箍)、法兰、卡压等连接方式,不宜采用焊接;

　　4 氯化聚氯乙烯(PVC-C)管材、管件可采用粘接连接,氯化聚氯乙烯(PVC-C)管材、管件与其他材质管材、管件之间可采用螺纹、法兰或沟槽式连接件(卡箍)连接;

　　5 铜管、不锈钢管、氯化聚氯乙烯(PVC-C)管应采用配套的支架、吊架。

8.0.6 系统中直径等于或大于100mm的管道,应分段采用法兰或沟槽式连接件(卡箍)连接。水平管道上法兰间的管道长度不宜大于20m;立管上法兰间的距离,不应跨越3个及以上楼层。净空高度大于8m的场所内,立管上应有法兰。

8.0.7 管道的直径应经水力计算确定。配水管道的布置,应使配水管入口的压力均衡。轻危险级、中危险级场所中各配水管入口的压力均不宜大于0.40MPa。

8.0.8 配水管两侧每根配水支管控制的标准流量洒水喷头数量,轻危险级、中危险级场所不应超过8只,同时在吊顶上下设置喷头的配水支管,上下侧均不应超过8只。严重危险级及仓库危险级场所均不应超过6只。

8.0.9 轻危险级、中危险级场所中配水支管、配水管控制的标准流量洒水喷头数量,不宜超过表8.0.9的规定。

表 8.0.9　轻、中危险级场所中配水支管、配水管
控制的标准流量洒水喷头数量

公称管径(mm)	控制的喷头数(只)	
	轻 危 险 级	中 危 险 级
25	1	1

公称管径(mm)	控制的喷头数(只)	
	轻危险级	中危险级
32	3	3
40	5	4
50	10	8
65	18	12
80	48	32
100	—	64

8.0.10 短立管及末端试水装置的连接管,其管径不应小于25mm。

8.0.11 干式系统、由火灾自动报警系统和充气管道上设置的压力开关开启预作用装置的预作用系统,其配水管道充水时间不宜大于1min;雨淋系统和仅由火灾自动报警系统联动开启预作用装置的预作用系统,其配水管道充水时间不宜大于2min。

8.0.12 干式系统、预作用系统的供气管道,采用钢管时,管径不宜小于15mm;采用铜管时,管径不宜小于10mm。

8.0.13 水平设置的管道宜有坡度,并应坡向泄水阀。充水管道的坡度不宜小于2‰,准工作状态不充水管道的坡度不宜小于4‰。

9 水 力 计 算

9.1 系统的设计流量

9.1.1 系统最不利点处喷头的工作压力应计算确定,喷头的流量应按下式计算:

$$q = K\sqrt{10P} \qquad (9.1.1)$$

式中:q——喷头流量(L/min);

P——喷头工作压力(MPa);

K——喷头流量系数。

9.1.2 水力计算选定的最不利点处作用面积宜为矩形,其长边应平行于配水支管,其长度不宜小于作用面积平方根的1.2倍。

9.1.3 系统的设计流量,应按最不利点处作用面积内喷头同时喷水的总流量确定,且应按下式计算:

$$Q = \frac{1}{60}\sum_{i=1}^{n} q_i \qquad (9.1.3)$$

式中:Q——系统设计流量(L/s);

q_i——最不利点处作用面积内各喷头节点的流量(L/min);

n——最不利点处作用面积内的洒水喷头数。

9.1.4 保护防火卷帘、防火玻璃墙等防火分隔设施的防护冷却系统,系统的设计流量应按计算长度内喷头同时喷水的总流量确定。计算长度应符合下列要求:

　　1 当设置场所设有自动喷水灭火系统时,计算长度不应小于本规范第9.1.2条确定的长边长度;

　　2 当设置场所未设置自动喷水灭火系统时,计算长度不应小于任意一个防火分区内所有需保护的防火分隔设施总长度之和。

9.1.5 系统设计流量的计算,应保证任意作用面积内的平均喷水

强度不低于本规范表5.0.1、表5.0.2和表5.0.4-1~表5.0.4-5的规定值。最不利点处作用面积内任意4只喷头围合范围内的平均喷水强度,轻危险、中危险级不应低于本规范表5.0.1规定值的85%;严重危险级和仓库危险级不应低于本规范表5.0.1和表5.0.4-1~表5.0.4-5的规定值。

9.1.6 设置货架内置洒水喷头的仓库,顶板下洒水喷头与货架内置洒水喷头应分别计算设计流量,并应按其设计流量之和确定系统的设计流量。

9.1.7 建筑内设有不同类型的系统或有不同危险等级的场所时,系统的设计流量应按其设计流量的最大值确定。

9.1.8 当建筑物内同时设有自动喷水灭火系统和水幕系统时,系统的设计流量应按同时启用的自动喷水灭火系统和水幕系统的用水量计算,并应按二者之和中的最大值确定。

9.1.9 雨淋系统和水幕系统的设计流量,应按雨淋报警阀控制的洒水喷头的流量之和确定。多个雨淋报警阀并联的雨淋系统,系统设计流量应按同时启用雨淋报警阀的流量之和的最大值确定。

9.1.10 当原有系统延伸管道、扩展保护范围时,应对增设洒水喷头后的系统重新进行水力计算。

9.2 管道水力计算

9.2.1 管道内的水流速度宜采用经济流速,必要时可超过5m/s,但不应大于10m/s。

9.2.2 管道单位长度的沿程阻力损失应按下式计算:

$$i = 6.05\left(\frac{q_g^{1.85}}{C_h^{1.85}d_j^{4.87}}\right)\times10^7 \qquad (9.2.2)$$

式中:i——管道单位长度的水头损失(kPa/m);

d_j——管道计算内径(mm);

q_g——管道设计流量(L/min);

C_h——海澄—威廉系数,见表9.2.2。

表9.2.2 不同类型管道的海澄—威廉系数

管道类型	C_h值
镀锌钢管	120
铜管、不锈钢管	140
涂覆钢管、氯化聚氯乙烯(PVC-C)管	150

9.2.3 管道的局部水头损失宜采用当量长度法计算,且应符合本规范附录C的规定。

9.2.4 水泵扬程或系统入口的供水压力应按下式计算:

$$H = (1.20\sim1.40)\sum P_p + P_0 + Z - h_c \qquad (9.2.4)$$

式中:H——水泵扬程或系统入口的供水压力(MPa);

$\sum P_p$——管道沿程和局部水头损失的累计值(MPa),报警阀的局部水头损失应按照产品样本或检测数据确定。当无上述数据时,湿式报警阀取值0.04MPa、干式报警阀取值0.02MPa、预作用装置取值0.08MPa、雨淋报警阀取值0.07MPa、水流指示器取值0.02MPa;

P_0——最不利点处喷头的工作压力(MPa);

Z——最不利点处喷头与消防水池的最低水位或系统入口管水平中心线之间的高程差,当系统入口管或消防水池最低水位高于最不利点处喷头时,Z应取负值(MPa);

h_c——从城市市政管网直接抽水时城市管网的最低水压(MPa);当从消防水池吸水时,h_c取0。

9.3 减压设施

9.3.1 减压孔板应符合下列规定:

　　1 应设在直径不小于50mm的水平直管段上,前后管段的长度均不宜小于该管段直径的5倍;

　　2 孔口直径不应小于设置管段直径的30%,且不应小

于20mm;

    3 应采用不锈钢板材制作。

9.3.2 节流管应符合下列规定：

    1 直径宜按上游管段直径的1/2确定；

    2 长度不宜小于1m；

    3 节流管内水的平均流速不应大于20m/s。

9.3.3 减压孔板的水头损失，应按下式计算：

$$H_k = \xi \frac{V_k^2}{2g} \qquad (9.3.3)$$

式中：H_k——减压孔板的水头损失（10^{-2}MPa）；

    V_k——减压孔板后管道内水的平均流速（m/s）；

    ξ——减压孔板的局部阻力系数，取值应按本规范附录D确定。

9.3.4 节流管的水头损失，应按下式计算：

$$H_g = \zeta \frac{V_g^2}{2g} + 0.00107 \cdot L \cdot \frac{V_g^2}{d_g^{1.3}} \qquad (9.3.4)$$

式中：H_g——节流管的水头损失（10^{-2}MPa）；

    ζ——节流管中渐缩管与渐扩管的局部阻力系数之和，取值0.7；

    V_g——节流管内水的平均流速（m/s）；

    d_g——节流管的计算内径（m），取值应按节流管内径减1mm确定；

    L——节流管的长度（m）。

9.3.5 减压阀的设置应符合下列规定：

    1 应设在报警阀组入口前；

    2 入口前应设过滤器，且便于排污；

    3 当连接两个及以上报警阀组时，应设置备用减压阀；

    4 垂直设置的减压阀，水流方向宜向下；

    5 比例式减压阀宜垂直设置，可调式减压阀宜水平设置；

    6 减压阀前后应设控制阀和压力表，当减压阀主阀体自身带有压力表时，可不设置压力表；

    7 减压阀和前后的阀门宜有保护或锁定调节配件的装置。

10 供 水

10.1 一般规定

10.1.1 系统用水应无污染、无腐蚀、无悬浮物。可由市政或企业的生产、消防给水管道供给，也可由消防水池或天然水源供给，并应确保持续喷水时间内的用水量。

10.1.2 与生活用水合用的消防水箱和消防水池，其储水的水质应符合饮用水标准。

10.1.3 严寒与寒冷地区，对系统中遭受冰冻影响的部分，应采取防冻措施。

10.1.4 当自动喷水灭火系统中设有2个及以上报警阀组时，报警阀组前应设环状供水管道。环状供水管道上设置的控制阀应采用信号阀；当不采用信号阀时，应设锁定阀位的锁具。

10.2 消防水泵

10.2.1 采用临时高压给水系统的自动喷水灭火系统，宜设置独立的消防水泵，并应按一用一备或二用一备，及最大一台消防水泵的工作性能设置备用泵。当与消火栓系统合用消防水泵时，系统管道应在报警阀前分开。

10.2.2 按二级负荷供电的建筑，宜采用柴油机泵作备用泵。

10.2.3 系统的消防水泵、稳压泵，应采用自灌式吸水方式。采用天然水源时，消防水泵的吸水口应采取防止杂物堵塞的措施。

10.2.4 每组消防水泵的吸水管不应少于2根。报警阀入口前设置环状管道的系统，每组消防水泵的出水管不应少于2根。消防水泵的吸水管应设控制阀和压力表；出水管应设控制阀、止回阀和压力表；出水管上还应设置流量和压力检测装置或预留可供连接流量和压力检测装置的接口。必要时，应采取控制消防水泵出口压力的措施。

10.3 高位消防水箱

10.3.1 采用临时高压给水系统的自动喷水灭火系统，应设高位消防水箱。自动喷水灭火系统可与消火栓系统合用高位消防水箱，其设置应符合现行国家标准《消防给水及消火栓系统技术规范》GB 50974的要求。

10.3.2 高位消防水箱的设置高度不能满足系统最不利点处喷头的工作压力时，系统应设置增压稳压设施，增压稳压设施的设置应符合现行国家标准《消防给水及消火栓系统技术规范》GB 50974的规定。

10.3.3 采用临时高压给水系统的自动喷水灭火系统，当按现行国家标准《消防给水及消火栓系统技术规范》GB 50974的规定可不设置高位消防水箱时，系统应设气压供水设备。气压供水设备的有效水容积，应按系统最不利处4只喷头在最低工作压力下的5min用水量确定。干式系统、预作用系统设置的气压供水设备，应同时满足配水管道的充水要求。

10.3.4 高位消防水箱的出水管应符合下列规定：

    1 应设止回阀，并应与报警阀入口前管道连接；

    2 出水管管径应经计算确定，且不应小于100mm。

10.4 消防水泵接合器

10.4.1 系统应设消防水泵接合器，其数量应按系统的设计流量确定，每个消防水泵接合器的流量宜按10L/s～15L/s计算。

10.4.2 当消防水泵接合器的供水能力不能满足最不利点处作用面积的流量和压力要求时，应采取增压措施。

11 操作与控制

11.0.1 湿式系统、干式系统应由消防水泵出水干管上设置的压力开关、高位消防水箱出水管上的流量开关和报警阀组压力开关直接自动启动消防水泵。

11.0.2 预作用系统应由火灾自动报警系统、消防水泵出水干管上设置的压力开关、高位消防水箱出水管上的流量开关和报警阀组压力开关直接自动启动消防水泵。

11.0.3 雨淋系统和自动控制的水幕系统,消防水泵的自动启动方式应符合下列要求:

1 当采用火灾自动报警系统控制雨淋报警阀时,消防水泵应由火灾自动报警系统、消防水泵出水干管上设置的压力开关、高位消防水箱出水管上的流量开关和报警阀组压力开关直接自动启动;

2 当采用充液(水)传动管控制雨淋报警阀时,消防水泵应由消防水泵出水干管上设置的压力开关、高位消防水箱出水管上的流量开关和报警阀组压力开关直接启动。

11.0.4 消防水泵除具有自动控制启动方式外,还应具备下列启动方式:

1 消防控制室(盘)远程控制;

2 消防水泵房现场应急操作。

11.0.5 预作用装置的自动控制方式可采用仅火灾自动报警系统直接控制,或由火灾自动报警系统和充气管道上设置的压力开关控制,并应符合下列要求:

1 处于准工作状态时严禁误喷的场所,宜采用仅有火灾自动报警系统直接控制的预作用系统;

2 处于准工作状态时严禁管道充水的场所和用于替代干式系统的场所,宜由火灾自动报警系统和充气管道上设置的压力开关控制的预作用系统。

11.0.6 雨淋报警阀的自动控制方式可采用电动、液(水)动或气动。当雨淋报警阀采用充液(水)传动管自动控制时,闭式喷头与雨淋报警阀之间的高程差,应根据雨淋报警阀的性能确定。

11.0.7 预作用系统、雨淋系统和自动控制的水幕系统,应同时具备下列三种开启报警阀组的控制方式:

1 自动控制;

2 消防控制室(盘)远程控制;

3 预作用装置或雨淋报警阀处现场手动应急操作。

11.0.8 当建筑物整体采用湿式系统,局部场所采用预作用系统保护且预作用系统串联接入湿式系统时,除应符合本规范第11.0.1条的规定外,预作用装置的控制方式还应符合本规范第11.0.7条的规定。

11.0.9 快速排气阀入口前的电动阀应在启动消防水泵的同时开启。

11.0.10 消防控制室(盘)应能显示水流指示器、压力开关、信号阀、消防水泵、消防水池及水箱水位、有压气体管道气压,以及电源和备用动力等是否处于正常状态的反馈信号,并应能控制消防水泵、电磁阀、电动阀等的操作。

12 局部应用系统

12.0.1 局部应用系统应用于室内最大净空高度不超过8m的民用建筑中,为局部设置且保护区域总建筑面积不超过1000m²的湿式系统。设置局部应用系统的场所应为轻危险级或中危险级Ⅰ级场所。

12.0.2 局部应用系统应采用快速响应洒水喷头,喷水强度应符合本规范第5.0.1条的规定,持续喷水时间不应低于0.5h。

12.0.3 局部应用系统保护区域内的房间和走道均应布置喷头。喷头的选型、布置和按开放喷头数确定的作用面积符合下列规定:

1 采用标准覆盖面积洒水喷头的系统,喷头布置应符合轻危险级或中危险级Ⅰ级场所的有关规定,作用面积内开放的喷头数量应符合表12.0.3的规定。

表12.0.3 采用标准覆盖面积洒水喷头时作用面积内开放喷头数量

保护区域总建筑面积和最大厅室建筑面积	开放喷头数量
保护区域总建筑面积超过300m²或最大厅室建筑面积超过200m²	10
保护区域总建筑面积不超过300m²	最大厅室喷头数+2 当少于5只时,取5只;当多于8只时,取8只

2 采用扩大覆盖面积洒水喷头的系统,喷头布置应符合本规范第7.1.4条的规定。作用面积内开放喷头数量应按不少于6只确定。

12.0.4 当室内消火栓系统的设计流量能满足局部应用系统设计流量时,局部应用系统可与室内消火栓合用室内消防用水量、稳压设施、消防水泵及供水管道等。当不满足时应按本规范第12.0.9条执行。

12.0.5 采用标准覆盖面积洒水喷头且喷头总数不超过20只,或采用扩大覆盖面积洒水喷头且喷头总数不超过12只的局部应用系统,可不设报警阀组。

12.0.6 不设报警阀组的局部应用系统,配水管可与室内消防竖管连接,其配水管的入口处应设过滤器和带有锁定装置的控制阀。

12.0.7 局部应用系统应设报警控制装置。报警控制装置应具有显示水流指示器、压力开关及消防水泵、信号阀等组件状态和输出启动消防水泵控制信号的功能。

12.0.8 不设报警阀组或采用消防水泵直接从市政供水管吸水的局部应用系统,应采取压力开关联动消防水泵的控制方式。不设报警阀组的系统可采用电动警铃报警。

12.0.9 无室内消火栓的建筑或室内消火栓系统的设计流量不能满足局部应用系统要求时,局部应用系统的供水应符合下列规定:

1 市政供水能够同时保证最大生活水量和系统的流量与压力时,城市供水管可直接向系统供水;

2 市政供水不能同时保证最大生活水量和系统的流量与压力,但允许消防水泵从城市供水管直接吸水时,系统可设直接从城市供水管吸水的消防水泵;

3 市政供水不能同时保证最大生活水量和系统的流量与压力,也不允许从市政供水管直接吸水时,系统应设储水池(罐)和消防水泵,储水池(罐)的有效容积应按系统用水量确定,并可扣除系统持续喷水时间内仍能连续补水的补水量;

4 可按三级负荷供电,且可不设备用泵;

5 应设置倒流防止器或采取其他有效防止污染生活用水的措施。

附录 A　设置场所火灾危险等级分类

表 A　设置场所火灾危险等级分类

火灾危险等级		设置场所分类
轻危险级		住宅建筑、幼儿园、老年人建筑、建筑高度为 24m 及以下的旅馆、办公楼；仅在走道设置闭式系统的建筑等
中危险级	Ⅰ级	1)高层民用建筑：旅馆、办公楼、综合楼、邮政楼、金融电信楼、指挥调度楼、广播电视楼（塔）等； 2)公共建筑（含单多高层）：医院、疗养院、图书馆（书库除外）、档案馆、展览馆（厅）、影剧院、音乐厅和礼堂（舞台除外）及其他娱乐场所；火车站、机场及码头的建筑；总建筑面积小于 5000m² 的商场、总建筑面积小于 1000m² 的地下商场等； 3)文化遗产建筑：木结构古建筑、国家文物保护单位等； 4)工业建筑：食品、家用电器、玻璃制品等工厂的备料与生产车间等；冷藏库、钢屋架等建筑构件
	Ⅱ级	1)民用建筑：书库、舞台（葡萄架除外）、汽车停车场（库）、总建筑面积 5000m² 及以上的商场、总建筑面积 1000m² 及以上的地下商场、净空高度不超过 8m、物品高度不超过 3.5m 的超级市场等； 2)工业建筑：棉毛麻丝及化纤的纺织、织物及制品、木材木器及胶合板、谷物加工、烟草及制品、饮用酒（啤酒除外）、皮革及制品、造纸及纸制品、制药等工厂的备料及生产车间等
严重危险级	Ⅰ级	印刷厂、酒精制品、可燃液体制品等工厂的备料及车间、净空高度不超过 8m、物品高度超过 3.5m 的超级市场等
	Ⅱ级	易燃液体喷雾操作区域、固体易燃物品、可燃的气溶胶制品、溶剂清洗、喷涂油漆、沥青制品等工厂的备料及生产车间、摄影棚、舞台葡萄架下部等

续表 A

火灾危险等级		设置场所分类
仓库危险级	Ⅰ级	食品、烟酒；木箱、纸箱包装的不燃、难燃物品等
	Ⅱ级	木材、纸、皮革、谷物及制品、棉毛麻丝化纤及制品、家用电器、电缆、B 组塑料与橡胶及其制品、钢塑混合材料制品、各种塑料瓶盒包装的不燃、难燃物品及各类物品混杂储存的仓库等
	Ⅲ级	A 组塑料与橡胶及其制品、沥青制品等

注：表中的 A 组、B 组塑料橡胶的分类见本规范附录 B。

附录 B　塑料、橡胶的分类

A 组：丙烯腈—丁二烯—苯乙烯共聚物（ABS）、缩醛（聚甲醛）、聚甲基丙烯酸甲酯、玻璃纤维增强聚酯（FRP）、热塑性聚酯（PET）、聚丁二烯、聚碳酸酯、聚乙烯、聚丙烯、聚苯乙烯、聚氨基甲酸酯、高增塑聚氯乙烯（PVC，如人造革、胶片等）、苯乙烯—丙烯腈（SAN）等。

丁基橡胶、乙丙橡胶（EPDM）、发泡类天然橡胶、腈橡胶（丁腈橡胶）、聚酯合成橡胶、丁苯橡胶（SBR）等。

B 组：醋酸纤维素、醋酸丁酸纤维素、乙基纤维素、氟塑料、锦纶（锦纶 6、锦纶 6/6）、三聚氰胺甲醛、酚醛塑料、硬聚氯乙烯（PVC，如管道、管件等）、聚偏二氟乙烯（PVDC）、聚偏氟乙烯（PVDF）、聚氟乙烯（PVF）、脲甲醛等。

氯丁橡胶、不发泡类天然橡胶、硅橡胶等。

粉末、颗粒、压片状的 A 组塑料。

附录 C　当量长度表

表 C　镀锌钢管件和阀门的当量长度表（m）

管件和阀门	公称直径（mm）								
	25	32	40	50	65	80	100	125	150
45°弯头	0.3	0.3	0.6	0.6	0.9	0.9	1.2	1.5	2.1
90°弯头	0.6	0.9	1.2	1.5	1.8	2.1	3	3.7	4.3
90°长弯管	0.6	0.6	0.6	0.9	1.2	1.5	1.8	2.4	2.7
三通或四通（侧向）	1.5	1.8	2.4	3	3.7	4.6	6.1	7.6	9.1
蝶阀	—	—	—	1.8	2.1	3.1	3.7	2.7	3.1
闸阀	—	—	—	0.3	0.3	0.3	0.6	0.6	0.9
止回阀	1.5	2.1	2.7	3.4	4.3	4.9	6.7	8.2	9.3
异径接头	32/25	40/32	50/40	65/50	80/65	100/80	125/100	150/125	200/150
	0.2	0.3	0.3	0.5	0.6	0.8	1.1	1.3	1.6

注：1　过滤器当量长度的取值，由生产厂提供；
　　2　当异径接头的出口直径不变而入口直径提高 1 级时，其当量长度应增大 0.5 倍；提高 2 级或 2 级以上时，其当量长度应增大 1.0 倍；
　　3　当采用铜管或不锈钢管时，当量长度应乘以系数 1.33；当采用涂覆钢管、氯化聚氯乙烯（PVC-C）管时，当量长度应乘以系数 1.51。

附录 D 减压孔板的局部阻力系数

减压孔板的局部阻力系数,取值应按下式计算或按表 D 确定:

$$\xi = \left[1.75 \frac{d_j^2}{d_k^2} \cdot \frac{1.1 - \dfrac{d_k^2}{d_j^2}}{1.175 - \dfrac{d_k^2}{d_j^2}} - 1 \right]^2$$

式中:d_k——减压孔板的孔口直径(m)。

表 D 减压孔板的局部阻力系数

d_k/d_j	0.3	0.4	0.5	0.6	0.7	0.8
ξ	292	83.3	29.5	11.7	4.75	1.83

中华人民共和国国家标准

自动喷水灭火系统设计规范

GB 50084-2017

条文说明

1 总 则

1.0.1 本条规定了制定本规范的目的。

自动喷水灭火系统是当今世界上公认的最为有效的自动灭火设施之一,是应用最广泛、用量最大的自动灭火系统。国内外应用实践证明,该系统具有安全可靠、经济实用、灭火成功率高等优点。

国外应用自动喷水灭火系统已有 200 多年的历史。在这长达两个多世纪的时间内,一些经济发达的国家,从研究到应用,从局部应用到普遍推广使用,有过许许多多成功的经验和失败的教训。在总结经验教训的基础上,制定了本国的自动喷水灭火系统设计安装规范或标准,而且进行了一次又一次的修订(如美国消防协会标准《自动喷水灭火系统安装标准》NFPA 13、英国标准《固定式灭火系统-自动喷水灭火系统-设计,安装和维护》BS EN12845 等)。自动喷水灭火系统不仅已经在公共建筑、厂房和仓库中推广应用,而且发达国家已在住宅建筑中开始安装使用。

在建筑防火设计中推广应用自动喷水灭火系统,能够获得巨大的社会与经济效益。表 1 为美国 1965 年统计资料,数据表明,早在技术远不如目前发达的 1925~1964 年间,在安装自动喷水灭火系统的建筑物中,共发生火灾 75290 次,控、灭火的成功率高达 96.2%,其中厂房和仓库占有的比例高达 87.46%。

表 1 自动喷水灭火系统灭火效率统计表

成功次数,概率 建筑类型	灭火成功		灭火不成功		累计数	
	次数	%	次数	%	次数	%
学校	204	91.9	18	8.1	222	0.3
公共建筑	259	95.6	12	4.4	211	0.4
办公建筑	403	97.1	12	2.9	415	0.6

续表 1

成功次数,概率 建筑类型	灭火成功		灭火不成功		累计数	
	次数	%	次数	%	次数	%
住宅	943	95.6	43	4.4	988	1.3
公共集会场所	1321	96.6	47	3.4	1368	1.8
仓库	2957	89.9	334	10.1	3291	4.4
百货小卖市场	5642	97.1	167	2.9	5809	7.7
厂房	60383	95.6	2156	3.4	62539	83.0
其他	307	78.9	82	21.1	389	0.15
合计	72419	96.2	2781	3.3	75290	100.0

注:本表根据 NFPA"Fire Journal"VOL 59. No.4—July 1965 编制。

美国纽约对 1969~1978 年 10 年间 1648 起高层建筑自动喷水灭火系统案例的统计表明,高层办公楼的控、灭火成功率为 98.4%,其他高层建筑 97.7%。又如澳大利亚和新西兰,从 1886 年到 1968 年的几十年中,安装这一灭火系统的建筑物,共发生火灾 5734 次,灭火成功率 99.8%。有些国家和地区,近几年安装这一灭火系统的,有的灭火成功率达 100%。

国外安装自动喷水灭火系统的建筑物,将在投保时享受一定的优惠条件,一般在该系统安装后的几年时间内,因优惠而少缴的保险费就够安装系统的费用了。一般在一年半到三年的时间内,就可以抵消建设资金。

推广应用自动喷水灭火系统,不仅可从减少火灾损失中受益,而且可减少消防总开支。如美国加利福尼亚州的费雷斯诺城,在市区制定的建筑条例中,要求在非居住区安装自动喷水灭火系统,结果使这个城市的火灾损失大大减小,从 1955 年到 1975 年的 20 年间,非居住区的火灾损失占该全市火灾总损失从 61.6%下降至 43.5%。

我国从 20 世纪 30 年代开始应用自动喷水灭火系统,至今已有 80 多年的历史。首先在外国人开办的纺织厂、烟厂以及高层民用建筑中应用。如上海第十七毛纺厂是 1926 年由英国人所建,在厂房、库房和办公室装设了自动喷水灭火系统。1979年,该厂从日本和联邦德国引进生产设备,在新建的厂房内也设计安装了国产的湿式系统。又如上海国际饭店是1934年建成投入使用的,该建筑中所有客房、厨房、餐厅、走道、电梯间等部位均装设了喷头,并扑灭过数起初期火灾。50年代,苏联援建的一些纺织厂和我国自行设计的一些工厂中也装设了自动喷水灭火系统。1956年兴建的上海乒乓球厂,我国自行设计安装了自动喷水灭火系统,并于1978年10月成功地扑救了由于赛璐珞丝缠绕马达引起的火灾。又如1958年建的厦门纺织厂,至80年代曾4次发生火灾,均成功地将火扑灭。时至今日,该系统已经成为国际上公认的最为有效的自动扑救室内火灾的消防设施,在我国的应用范围和使用量也在不断扩展与增长。

《自动喷水灭火系统设计规范》自1985年颁布实施以来,对指导系统的设计发挥了积极、良好的作用。几十年来,国民经济持续快速发展,新技术不断涌现,使该规范面临着不断适应新情况、解决新问题、推广新技术的社会需求。此次修订该规范的目的,是为了总结几十年来自动喷水灭火系统技术发展和工程设计积累的宝贵经验,推广科技成果,借鉴发达国家先进技术,使之更加充实与完善。

1.0.2 本条规定了本规范的适用范围与不适用范围。新建、扩建及改建的民用与工业建筑,当设置自动喷水灭火系统时,均要求按本规范的规定设计,但火药、炸药、弹药、火工品工厂,以及核电站、飞机库等性质上超出常规的特殊建筑,不属于本规范的适用范围。上述各类性质特殊的建筑设计自动喷水灭火系统时,按其所属行业的规范设计。

1.0.3 本条要求按本规范设计自动喷水灭火系统时,必须同时遵循国家基本建设和消防工作的有关法律法规、方针政策,并在设计中密切结合保护对象的使用功能、内部物品燃烧时的发热发烟规律,以及建筑物内部空间条件对火灾热烟气流流动规律的影响,做到使系统的设计,既能为保证安全而可靠地启动操作,又要力求技术上的先进性和经济上的合理性。

自动喷水灭火系统的200多年的历史,一直在不断研究开发新技术、新设备与新材料,并获得持续发展和水平的不断提高。改革开放以来,我国建筑业迅速发展,兴建了一大批高层建筑、大空间建筑及地下建筑等内部空间条件复杂和功能多样的建筑物,使系统的设计不断遇到新情况、新问题。只有积极合理地吸收新技术、新设备与新材料,才能使系统的设计技术适应社会进步与发展的需求。系统采用的新技术、新设备与新材料,不仅要具备足够的成熟程度,同时还要符合可靠适用、经济合理,并与系统相配套、与规范合理衔接等条件,以避免出现偏差或错误。

1.0.4 本条是对原条文的修改。本次修改根据《中华人民共和国消防法》的规定。

本条对自动喷水灭火系统采用的组件提出了要求。自动喷水灭火系统组件属消防专用产品,质量把关至关重要,因此要求设计中采用符合现行的国家或公共安全行业标准,并经过国家级消防产品质量监督检验机构检验的产品。未经检测或检测不合格的不能采用。根据《中华人民共和国消防法》第二十四条的规定,我国对消防产品实行强制产品认证制度,依法实行强制性产品认证的消防产品,由具有法定资质的认证机构按照国家标准、行业标准的强制性要求认证合格后,方可生产、销售、使用。对新研制的尚未制定国家标准、行业标准的消防产品,应经过技术鉴定,符合消防安全要求的,方可生产、销售、使用。为此,本条规定了系统采用的组件应符合消防产品市场准入制度的要求。

1.0.5 经过改建后变更使用功能的建筑或建筑内某一场所,当其重要性、房间的空间条件、内部容纳物品的性质或数量以及人员密集程度发生较大变化时,要求根据改造后建筑或建筑内场所的功能和条件,按本规范对原来已有的系统进行校核。当发现原有系统已经不再适用改造后建筑时,要求按本规范和改造后建筑的条

件重新设计。

1.0.6 本规范属于强制性国家标准。本规范的制定,将针对建筑物的具体条件和防火要求,提出合理设计自动喷水灭火系统的有关规定。另外,设置自动喷水灭火系统的场所及系统设计基本要求,还要求同时执行现行国家标准《建筑设计防火规范》GB 50016、《汽车库、修车库、停车场设计防火规范》GB 50067、《人民防空工程设计防火规范》GB 50098等规范的相关规定。

2 术语和符号

2.1.1 自动喷水灭火系统具有自动探火报警和自动喷水控、灭火的优良性能,是当今国际上应用范围最广、用量最多且造价低廉的自动灭火系统。自动喷水灭火系统的类型较多,从广义上分,可分为闭式系统和开式系统;从使用功能上分,其基本类型又包括湿式系统、干式系统、预作用系统及雨淋系统和水幕系统等(表2),其中用量最多的是湿式系统,在已安装的自动喷水灭火系统中,70%以上为湿式系统。

表2 国内外常用的系统类型

国家	常用的系统类型
英国	湿式系统、干式系统、干湿式系统、尾端干湿式或尾端干式系统、预作用系统、雨淋系统等
美国	湿式系统、干式系统、预作用系统、干式—预作用联合系统、闭路循环系统(与非消防用水设施连接,平时利用共用管道供给采暖或冷却用水,水不排出,循环使用)、防冻系统(用防冻液充满系统管网,火灾时,防冻液喷出后,随即喷水)、雨淋系统等
日本	湿式系统、干式系统、预作用系统、干式—预作用联合系统、雨淋系统、限量供水系统(由高压水罐供水的湿式系统)等
德国	湿式系统、干式系统、干湿式系统、预作用系统等
苏联	湿式系统、干式系统、干湿式系统、雨淋系统、水幕系统等
中国	湿式系统、干式系统、预作用系统、雨淋系统、水幕系统等

2.1.4 湿式系统由闭式洒水喷头、水流指示器、湿式报警阀组以及管道和供水设施等组成,管道内始终充满有压水。湿式系统必须安装在全年不结冰及不会出现过热危险的场所内,该系统在喷头动作后立即喷水,其灭火成功率高于干式系统。

2.1.5 干式系统在准工作状态时配水管道内充有压气体,因此使

用场所不受环境温度的限制。与湿式系统的区别在于，干式系统采用干式报警阀组，并设置保持配水管道内气压的充气设施。该系统适用于有冰冻危险或环境温度有可能超过70℃、使管道内的充水汽化升压的场所。干式系统的缺点是发生火灾时，配水管道必须经过排气充水过程，因此延迟了开始喷水的时间，对于可能发生蔓延速度较快火灾的场所，不适合采用此种系统。

2.1.6 本条是对原条文的修改和补充。预作用系统由闭式喷头、预作用装置、管道、充气设备和供水设施等组成，在准工作状态时配水管道内不充水。根据预作用系统的使用场所不同，预作用装置有两种控制方式，一是仅与火灾自动报警系统一组信号联动开启，二是由火灾自动报警系统和自动喷水灭火系统闭式洒水喷头两组信号联动开启。

2.1.7 重复启闭预作用系统与常规预作用系统的不同之处，在于其采用了一种既可输出火警信号又可在环境恢复常温时输出灭火信号的感温探测器。当其感应到环境温度超出预定值时，报警并启动消防水泵和打开具有复位功能的雨淋报警阀，为配水管道充水，并在喷头动作后喷水灭火。喷水过程中，当火场温度恢复至常温时，探测器发出关停系统的信号，在按设定条件延迟喷水一段时间后，关闭雨淋报警阀停止喷水。若火灾复燃、温度再次升高时，系统则再次启动，直至彻底灭火。

2.1.8 雨淋系统采用开式洒水喷头和雨淋报警阀组，由火灾自动报警系统或传动管联动雨淋报警阀和消防水泵，使与雨淋报警阀连接的开式喷头同时喷水。雨淋系统通常安装在发生火灾时火势发展迅猛、蔓延迅速的场所，如舞台等。

2.1.9 水幕系统用于挡烟阻火和冷却分隔物。系统组成的特点是采用开式洒水喷头或水幕喷头，控制供水通断的阀门可根据防火需要采用雨淋报警阀组或人工操作的通用阀门，小型水幕可用感温雨淋报警阀控制。

水幕系统包括防火分隔水幕和防护冷却水幕两种类型。防火分隔水幕利用密集喷洒形成的水墙或水帘阻火挡烟而起到防火分隔作用，防护冷却水幕则利用水的冷却作用，配合防火卷帘等分隔物进行防火分隔。

2.1.12 本条为新增术语。本条提出了自动喷水系统的一项新技术——防护冷却系统，该系统在系统组成上与湿式系统基本一致，但其主要与防火卷帘、防火玻璃墙等防火分隔设施配合使用，通过对防火分隔设施的防护冷却，起到防火分隔功能。

2.1.23 本条为新增术语。

特殊应用喷头是指在通过试验验证的情况下，能够对一些特殊场所或部位进行有效保护的洒水喷头。考核指标主要有：特定的灭火试验、喷头的洒水分布性能试验以及喷头的热敏感性能试验等。

非仓库型特殊应用喷头用于民用建筑和厂房高大空间场所，国内外的试验研究表明，在民用建筑和厂房高大空间场所内设置合理的自动喷水灭火系统，能提供可靠、有效的保护，但并非所有喷头均适用于此类场所，只有在给定的火灾试验模型下能够有效控、灭火的喷头才能应用。试验表明，适用于该类场所的喷头应具有流量系数大和工作压力低等特点，且喷洒的水滴粒径较大。

仓库型特殊应用喷头是用于高堆垛或高货架仓库的大流量特种洒水喷头，与ESFR喷头相比，其以控制火灾蔓延为目的，喷头最低工作压力较ESFR喷头低，且障碍物对喷头洒水的影响较小。

2.1.24 本条为新增术语。

家用喷头是适用于住宅建筑和宿舍、公寓等非住宅类居住建筑内的一种快速响应喷头，其作用是在火灾初期迅速启动喷洒，降低起火部位周围的火场温度及烟密度，并控制所在室内火灾的扩大及蔓延。与其他类型喷头相比，家用喷头更有利于保护人员疏散。美国消防协会标准《自动喷水灭火系统安装标准》NFPA 13规定，家用喷头可用于住宅单元及相邻的走道内，并规定住宅单元除普

通住宅外，还包括宾馆客房、宿舍、用于寄宿和出租的房间、护理房（供需要有人照顾的体弱人员居住，有医疗设施）及类似的居住单元等。并且规定，家用喷头具有3个特征：(1)适用于居住场所；(2)用于保护人员逃生；(3)具有快速响应功能。

3 设置场所火灾危险等级

3.0.1、3.0.2 根据火灾荷载（由可燃物的性质、数量及分布状况决定）、室内空间条件（面积、高度）、人员密集程度、采用自动喷水灭火系统扑救初期火灾的难易程度，以及疏散及外部增援条件等因素，划分设置场所的火灾危险等级。

建筑物内存在物品的性质、数量以及其结构的疏密、包装和分布状况，将决定火灾荷载及发生火灾时的燃烧速度与放热量，是划分自动喷水灭火系统设置场所火灾危险等级的重要依据。

(1)可燃物性质对燃烧速度的影响因素，包括材料的燃烧性能、结构的疏密程度以及堆积摆放的形式等。不同性质的可燃物发生火灾时表现的燃烧性能及扑救难度不同，例如纸制品和发泡塑料制品，就具有不同的燃烧性能，造纸及纸制品厂被划归中危险级，发泡塑料及制品按固体易燃物品被划归严重危险级。火灾荷载大，燃烧时蔓延速度快、放热量大、有害气体生成量大的保护对象，需要设置反应速度快、喷水强度大以及作用面积大的系统。火灾荷载的大小，对确定设置场所火灾危险等级是十分重要的依据。表3给出了不同火灾荷载密度情况下的火灾放热量数据。

(2)物品的摆放形式，包括密集程度及堆积高度，是划分设置场所火灾危险等级的另一个重要依据。松散堆放的可燃物，因与空气的接触面积大，燃烧时的供氧条件比紧密堆放时好，所以燃烧速度快，放热速率高，因此需求的灭火能力强。可燃物的堆积高度越大，火焰的竖向蔓延速度越快，另外由于高堆物品的遮挡作用，使喷水不易直接送达位于可燃物底部的起火部位，导致灭火难度增大，容易使火灾得以水平蔓延。为了避免这种情况的发生，要求

以较大的喷水强度或具有较强穿透力的喷水,以及开放较多喷头、形成较大的喷水面积控制火势。

表3 火灾荷载密度与燃烧特性

可燃物数量(lb/ft²)kg/m²	热量(MJ/m²)	燃烧时间—相当标准温度曲线的时间(h)
5(24)	454	0.5
10(49)	909	1.0
15(73)	1363	1.5
20(98)	1819	2.0
30(147)	2727	3.0
40(195)	3636	4.5
50(244)	4545	7.0
60(288)	5454	8.0
70(342)	6363	9.0

(3)建筑物的室内空间条件也会影响闭式喷头受热开放时间和喷水灭火效果。小面积场所,火灾烟气流因受墙壁阻挡而很快在顶板或吊顶下积聚并淹没喷头,而使喷头热敏元件迅速升温动作;而大面积场所,火灾烟气流则可在顶板或吊顶下不受阻挡的自由流散,喷头热敏元件只受对流传热的影响,升温较慢,动作较迟钝。室内净空高度的增大,使火灾烟气流在上升过程中,与被卷吸的空气混合而逐渐降低温度和流速的作用增大,流经喷头热气流温度与速度的降低将造成喷头推迟动作。喷头开放时间的推迟,将为火灾继续蔓延提供时间,喷头开放时将面临放热速率更大、更难扑救的火势,使系统喷水控灭火的难度增大。对于喷头的洒水,则因与上升热烟气流接触的时间和距离的加大,使被热气流吹离布水轨迹和汽化的水量增大,导致送达到位的灭火水量减少,同样会加大灭火的难度。有些建筑构造,还会影响喷头的布置和均匀布水。上述影响喷头开放和喷水送达灭火的因素,由于影响系统控灭火的效果,将导致设置场所火灾危险等级的改变。

国外标准规范大多将自动喷水灭火系统的设置场所划分为三个或四个火灾危险等级。如英国将设置场所划分为三个危险等级,即轻危险级、中轻危险级(其中又分为4组,OH1~OH4)和高危险级(其中又分为生产加工级和贮存级,每个级别又划分为4类,分别是HHP1~HHP4和HHS1~HHS4)。德国划分为四个危险等级,即Ⅰ、Ⅱ、Ⅲ、Ⅳ级,分别为轻、中、严重(其中又分为生产级和储存级)危险级。美国和日本则划分为轻、中和严重危险级。

本规范参考了发达国家规范,又结合我国目前实际情况,将设置场所划分为四级,分别为轻、中(其中又分为Ⅰ级和Ⅱ级)、严重(其中又分为Ⅰ级和Ⅱ级)及仓库(其中又分为Ⅰ级、Ⅱ级和Ⅲ级)危险级。

轻危险级,一般是指可燃物品较少、可燃性低和火灾发热量较低、外部增援和疏散人员较容易的场所。

中危险级,一般是指内部可燃物数量为中等,可燃性也为中等,火灾初期不会引起剧烈燃烧的场所。大部分民用建筑和厂房划归为中危险级。根据此类场所种类多、范围广的特点,划分中Ⅰ级和中Ⅱ级,并在本规范附录A中分类予以说明。商场内物品密集、人员密集,发生火灾的频率较高,容易酿成大灾造成群死群伤和高额财产损失的严重后果,因此将大规模商场列入中Ⅱ级。

严重危险级,一般是指火灾危险性大、可燃物品数量多、火灾时容易引起猛烈燃烧并可能迅速蔓延的场所。除摄影棚、舞台葡萄架下部外,包括存在较多数量易燃固体、液体物品工厂的备料和生产车间。

仓库火灾危险等级的划分,参考了美国消防协会标准《自动喷水灭火系统安装标准》NFPA 13并结合我国国情,将上述标准中的1、2、3、4类和塑料橡胶类储存货品综合归纳并简化为Ⅰ、Ⅱ、Ⅲ级仓库。其中,仓库危险级Ⅰ级与NFPA 13的1、2类货品相一致,仓库危险级Ⅱ级与3、4类货品一致,仓库危险级Ⅲ级为A组塑料、橡胶制品等。

NFPA 13《自动喷水灭火系统安装标准》中关于仓储物品的分类如下:

1类货品,指纸箱包装的不燃货品,例如:

不燃食品和饮料:不燃容器包装的食品;冷冻食品、肉类;非塑料制托盘或容器盛装的新鲜水果和蔬菜;无涂蜡层或塑料覆膜的纸容器包装牛奶;不燃容器盛装,但容器外有纸箱包装的酒精含量≤20%的啤酒或葡萄酒;玻璃制品。

金属制品:包括塑料覆面或装饰的桌椅;金属外壳家电;电动机、干电池、空铁罐、金属柜。

其他:包括变压器、袋装水泥、电子绝缘材料、石膏板、惰性颜料、固体农药等。

2类货品,包括木箱及多层纸箱或类似可燃材料包装的1类货品,例如:

纸箱包装的漆包线线圈,日光灯泡,木桶包装的酒精含量不超过20%的啤酒和葡萄酒等。

3类货品,木材、纸张、天然纤维纺织品或C组塑料及制品,含有少量A组或B组塑料的制品,例如:

皮革制品如鞋、皮衣、手套、旅行袋等;

纸制品如书报杂志、有塑料覆膜的纸制容器等;

纺织品如天然与合成纤维及制品,不含发泡类塑料橡胶的床垫;

木制品如门窗及家具、可燃纤维板等;

其他如纸箱包装的烟草制品及可燃食品,塑料容器包装的不燃液体。

4类货品,纸箱包装的含有一定量A组塑料的1、2、3类货品,小包装采用A组塑料、大包装采用纸箱包装的1、2、3类货品,B组塑料和粉状、颗粒状A组塑料,例如:

照相机、电话、塑料家具,含发泡类塑料填充物的床垫,含有一定量塑料的建材、电缆,塑料容器包装的物品等。

塑料橡胶类,分为A组、B组和C组。

A组:ABS(丙烯腈－丁二烯－苯乙烯共聚物)、缩醛(聚甲醛)、丙烯酸类(聚甲基丙烯酸甲酯)、丁基橡胶、EPDM(乙丙橡胶)、FRP(玻璃纤维增强聚酯)、发泡类天然橡胶、腈橡胶(丁腈橡胶)、PET(热塑性聚酯)、聚碳酸酯、聚酯合成橡胶、聚乙烯、聚丙烯、聚苯乙烯、聚氨基甲酸酯、PVC(高增塑聚氯乙烯,如人造革、胶片等)、SAN(苯乙烯－丙烯腈)、SBR(丁苯橡胶)。

B组:纤维素类(醋酸纤维素、醋酸丁酸纤维素、乙基纤维素)、氯丁橡胶、氟塑料(ECTFE——乙烯－三氟氯乙烯共聚物、ETFE——乙烯－四氟乙烯共聚物、FEP——四氟乙烯－六氟丙烯共聚物)、不发泡类天然橡胶、锦纶(锦纶6、锦纶6/6)、硅橡胶。

C组:氟塑料(PCTFE——聚三氟氯乙烯、PTFE——聚四氟乙烯)、三聚氰胺(三聚氰胺甲醛)、酚醛类、PVC(硬聚氯乙烯,如:管道、管件)、PVDC(聚偏二氯乙烯)、PVDF(聚偏氟乙烯)、PVF(聚氟乙烯)、尿素(脲甲醛)。

本规范附录A的分类参考了国内外相关规范标准的有关规定。由于建筑物的使用功能、内部容纳物品和空间条件千差万别,不可能全部列举,设计时可根据设置场所的具体情况类比判断。现将美、英、日、德等国规范的火灾危险等级分类列出(见表4、表5、表6),供相关人员参考。

表4 轻危险级场所分类

国家	分类
德国	办公室,教育机构,旅馆(无食堂),幼儿园,托儿所,医院,监狱,住宅等
美国	教室,俱乐部,学校,医院,图书馆(大型书库除外),博物馆,疗养院,办公楼,住宅,饭店的餐厅,剧院及礼堂(舞台及前后台口除外),不住人的阁楼等
日本	办事处,医院,住宅,旅馆,图书馆,体育馆,公共集会场所等
英国	医院,旅馆,社会福利机构,图书馆,博物馆,托儿所,办公楼,监狱,学校等

表 5　中危险级场所分类

国家	分　类
德国	废油加工厂，废纸加工厂，铝材厂，制药厂，石棉制品厂，汽车车辆装配厂，汽车厂，烧制食品厂，酒吧间，白铁制品加工厂，酿酒厂，书刊装订厂，书库，数据处理室，舞厅，拉丝厂，印刷厂，宝石加工厂，无线电仪器厂，电机厂，电子元件厂，酿醋厂，印染厂，自行车厂，门窗厂（包括铝制结构、木结构、合成材料结构），胶片保管处，光学试验室，照相器材厂，胶合板厂，汽车库，气体制品厂，橡胶制品厂，木材加工厂，电缆厂，咖啡加工厂，可可加工厂，纸板厂，陶瓷厂，电影院，教室，服装厂，罐头食品厂，音乐厅，家用冷却器厂，化肥厂，塑料制品厂，干菜食品厂，皮革厂，轻金属制品厂，机床厂，橡胶气垫厂（无泡沫塑料），交易大厅，奶粉厂，家具厂，摩托车厂，面粉厂，造纸厂，皮革制品厂，衬垫厂（无多孔材料），瓷器厂，信封厂，饭馆，唱片厂，屠宰场，首饰厂（无合成材料），巧克力制造厂，制鞋厂，丝绸厂（天然和合成丝绸），肥皂厂，苏打厂，木屑板制造厂，纺织厂，加压浇铸厂（合成材料），洗衣机厂，钢制家具厂，烟草厂，面包厂，地毯厂（无橡胶和泡沫塑料），毛巾厂，变压器制造厂，钟表厂，绷带材料厂，制蜡厂，洗漆厂，洗衣房，武器制造厂，车厢制造厂，百货商店，洗涤剂厂，砖瓦厂，制糖厂等
美国	面包房，饮料生产厂，罐头厂，奶制品厂，电子设备厂，玻璃及制品厂，洗衣房，饭店服务区，谷物加工厂，一般危险的化学品厂，机加工车间，皮革制品厂，糖果厂，酿酒厂，图书馆大型书库区，商店，印刷及出版社，纺织厂，烟草制品厂，木材及制品厂，饲料厂，造纸及纸制品加工厂，码头及栈桥，机动车停车房与修理车间，轮胎生产厂，舞台等
日本	饮食店，公共游艺场，百货商店（超级市场），酒吧间，电影电视制片厂，电影院，剧场，停车场，仓库（严重级的除外），发电机房，锅炉房，金属机械器具制造厂（包括油漆部分），面粉厂，造纸厂，纺织厂（包括棉、毛、绢、化纤），织布厂，染色整理工厂，化纤厂（纺纱以后的工序），橡胶制品厂，合成树脂厂（普通的），普通化工厂，木材加工厂（在湿润状态下加工的工厂）

续表 5

国家	分　类
英国	砂轮及粉磨制造厂，屠宰场，酿酒厂，水泥厂，奶制品厂，宝石加工厂，饭馆及咖啡馆，面包房，饼干厂，一般危险的化学品厂，食品厂，机械加工厂（包括轻金属加工厂），洗染房，汽车库，机动车制造及修理厂，陶瓷厂，零售商店，调料、腌菜及罐头食品厂，小五金制造厂，烟草厂，飞机制造厂（不包括飞机库），印染厂，制鞋厂，播音室及发射台，制刷厂，制毯厂，谷物、面粉及饲料加工厂，纺织厂（不包括准备工序），玻璃厂，针织厂，花边厂，造纸及纸制品厂，塑料及制品厂（不包括泡沫塑料），印刷及有关行业，橡胶及制品厂（不包括泡沫塑料），木材及制品厂，服装厂，肥皂厂，蜡烛厂，糖厂，制革厂，壁纸厂，毛料及毛线厂，剧院，电影电视制片厂

表 6　严重危险级场所分类

国家	分　类
德国	酒精蒸馏厂，棉纱厂，沥青加工厂，陶瓷窑炉，赛璐珞厂，沥青油纸厂，颜料厂，油漆厂，电视摄影棚，亚麻加工厂，饲料厂，木刨花板厂，麻加工厂，炼焦厂，合成橡胶厂，露酒厂，漆布厂，橡胶气垫厂（有泡沫塑料），粮食、饲料厂，油料加工厂，衬垫厂（有多孔塑料），化学净化剂厂，米制品加工厂，泡沫橡胶制品厂，多孔塑料制品厂，绳索厂，茶叶加工厂，地毯厂（有橡胶和泡沫塑料），鞋油厂，火柴厂
美国	可燃液体使用区，压铸成型及热挤压作业区，胶合板及木屑板生产车间，印刷车间（油墨闪点低于 37.9℃），橡胶的再生、混合、干燥、破碎、硫化车间，锯木厂，纺织厂中棉花、合成纤维、再生花材纤维、麻等的粗选、松解、配料、梳理前纤维回收、梳理及并纱等车间（工段），泡沫塑料制品装饰的场所，沥青制品加工区，低闪点易燃液体的喷雾作业区，浇淋涂层作业区，拖车住房或预制构件房屋的组装区，清漆及油漆浸涂作业区，塑料加工厂
日本	木材加工厂，胶合板厂，赛璐珞厂，海绵橡胶厂，合成树脂厂（使用或制造普通产品的除外），合成树脂成型加工厂（使用普通产品的除外），化学厂（使用或制造普通产品的除外），仓库（贮存赛璐珞、海绵橡胶及其他类似物品的仓库）

续表 6

国家	分　类
英国	刨花板加工厂，焰火制造厂，发泡塑料与橡胶及其制品厂，地毯及油毡厂，油漆、颜料及清漆厂，树脂、油墨及松节油厂，橡胶代用品厂，焦油蒸馏厂，硝酸纤维加工厂，火工品厂，以及贮存以下物品的仓库：地毯、布匹、电气设备、纤维板、玻璃器皿及陶瓷（纸箱装）、食品、金属制品（纸箱装）、纺织品、纸张与成卷纸张、软木、纸箱包装的听装或瓶装的酒精、纸箱包装的听装油漆、木屑板、毛毡制品、涂沥青或蜡的纸张、发泡塑料与橡胶及其制品、橡胶制品、木材堆、木板等

注：德国将生产和贮存类场所（或堆场）列入Ⅲ级和Ⅳ级火灾危险级，本表将其一并列入严重危险级场所分类中，英国的严重危险级分为生产工艺和贮存两组，本表也将其一并列入严重危险级场所分类中。

3.0.3　当建筑物内各场所的使用功能、火灾危险性或灭火难度存在较大差异时，要求遵循"实事求是"和"有的放矢"的原则，按各自的实际情况选择适宜的系统和确定其火灾危险等级。

4　系统基本要求

4.1　一般规定

4.1.1　设置自动喷水灭火系统的场所，应按现行国家标准《建筑设计防火规范》GB 50016、《汽车库、修车库、停车场设计防火规范》GB 50067、《人民防空工程设计防火规范》GB 50098 等现行国家相关标准的规定执行。

近年来，自动喷水灭火系统在我国消防界及建筑防火设计领域中的可信赖程度不断提高。尽管如此，该系统在我国的应用范围仍与发达国家存在明显差距。是否需要设置自动喷水灭火系统，决定性的因素是火灾危险性和自动扑救初期火灾的必要性，而不是建筑规模。因此，大力提倡和推广应用自动喷水灭火系统是很有必要的。

4.1.2　本条规定了自动喷水灭火系统不适用的范围。凡发生火灾时可以用水灭火的场所，均可采用自动喷水灭火系统。而不能用水灭火的场所，包括遇水产生可燃气体或氧气，并导致加剧燃烧或引起爆炸后果的对象，以及遇水产生有毒有害物质的对象，例如存在较多金属钾、钠、锂、钙、锶、氯化锂、氧化钠、氧化钙、碳化钙、磷化钙等的场所，则不适合采用自动喷水灭火系统。再如存放一定量原油、渣油、重油等的敞口容器（罐、槽、池），洒水将导致喷溅或沸溢事故。

4.1.3　本条是对原条文的修改和补充。

本条提出了对设计系统的原则性要求。设置自动喷水灭火系统的目的是为了有效扑救初期火灾。大量的应用和试验证明，为了保证和提高自动喷水灭火系统的可靠性，离不开四个方面的因素。首先，闭式系统的洒水喷头或与预作用、雨淋系统和水幕系统配套使用的火灾自动报警系统，要能有效地探测初期火灾。二是对于湿式、干式系统，要在开放一只喷头后立即启动系统；预作用系统则应根据其类型由火灾探测器、闭式洒水喷头作为探测元件，报警后自动启动；雨淋系统和水幕系统则是通过火灾探测器报警或传动管控制后自动启动。三是整个灭火进程中，要保证喷水范围不超出作用面积，以及按设计确定的喷水强度持续喷水。四是要求开放喷头的出水均匀喷洒、覆盖起火范围，并不受严重阻挡。以上四个方面的因素缺一不可，系统的设计只有满足了这四个方面的技术要求，才能确保系统的可靠性。

4.2 系统选型

4.2.1 设置场所的建筑特征、环境条件和火灾特点，是合理选择系统类型和确定火灾危险等级的依据。例如：环境温度是确定选择湿式或干式系统的依据；综合考虑火灾蔓延速度、人员密集程度及疏散条件是确定是否采用快速系统的因素等。对于室外场所，由于系统受风、雨等气候条件的影响，难以使闭式喷头及时感温动作，势必难以保证灭火和控火效果，所以露天场所不适合采用闭式系统。

4.2.2 湿式系统(图1)由闭式喷头、水流指示器、湿式报警阀组，以及管道和供水设施等组成，准工作状态时管道内始终充满水并保持一定压力。

湿式系统具有以下特点与功能：

(1)与其他自动喷水灭火系统相比，结构相对简单，系统平时由消防水箱、稳压泵或气压给水设备等稳压设施维持管道内水的压力。发生火灾时，由闭式喷头探测火灾，水流指示器报告起火区域，消防水箱出水管上的流量开关、消防水泵出水管上的压力开关或报警阀组的压力开关输出启动消防水泵信号，完成系统的启动。系统启动后，由消防水泵向开放的喷头供水，开放的喷头将供水按不低于设计规定的喷水强度均匀喷洒，实施灭

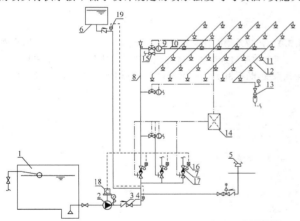

图 1　湿式系统示意图

1—消防水池；2—消防水泵；3—止回阀；4—闸阀；5—消防水泵接合器；
6—高位消防水箱；7—湿式报警阀组；8—配水干管；9—水流指示器；10—配水管；
11—闭式洒水喷头；12—配水支管；13—末端试水装置；14—报警控制器；
15—泄水阀；16—压力开关；17—信号阀；18—水泵控制柜；19—流量开关

火。为了保证扑救初期火灾的效果，喷头开放后要求在持续喷水时间内连续喷水。

(2)湿式系统适合在温度不低于4℃且不高于70℃的环境中使用，因此绝大多数的常温场所采用此类系统。经常低于4℃的场所有使管内充水冰冻的危险，高于70℃的场所管内充水汽化的加剧有破坏管道的危险。

4.2.3 环境温度不适合采用湿式系统的场所，可以采用能够避免充水结冰和高温加剧汽化的干式系统或预作用系统。

干式系统由闭式洒水喷头、管道、充气设备、干式报警阀、报警装置和供水设施等组成(图2)，在准工作状态时，干式报警阀前

(水源侧)的管道内充以压力水，干式报警阀后(系统侧)的管道内充以有压气体，报警阀处于关闭状态。发生火灾时，闭式喷头受热动作，喷头开启，管道中的有压气体从喷头喷出，干式报警阀系统侧压力下降，造成干式报警阀水源侧压力大于系统侧压力，干式报警阀被自动打开，压力水进入供水管道，将剩余压缩空气从系统立管顶端或横干管最高处的排气阀或已打开的喷头处喷出，然后喷水灭火。在干式报警阀被打开的同时，通向水力警铃和压力开关的通道也被打开，水流冲击水力警铃和压力开关，压力开关直接自动启动系统消防水泵供水。

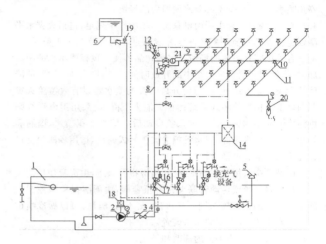

图 2　干式系统示意图

1—消防水池；2—消防水泵；3—止回阀；4—闸阀；5—消防水泵接合器；
6—高位消防水箱；7—干式报警阀组；8—配水干管；9—配水管；
10—闭式洒水喷头；11—配水支管；12—排气阀；13—电动阀；
14—报警控制器；15—泄水阀；16—压力开关；17—信号阀；
18—水泵控制柜；19—流量开关；20—末端试水装置；21—水流指示器

干式系统与湿式系统的区别在于干式系统采用干式报警阀组，准工作状态时配水管道内充以压缩空气等有压气体。为保持气压，需要配套设置补气设施。干式系统配水管道中维持的气压，根据干式报警阀入口前管道需要维持的水压、结合干式报警阀的工作性能确定。

闭式喷头开放后，配水管道有一个排气充水过程。系统开始喷水的时间将因排气充水过程而产生滞后，因此削弱了系统的灭火能力，这一点是干式系统的固有缺陷。

4.2.4 本条对适合采用预作用系统(见图3)的场所提出了规定：

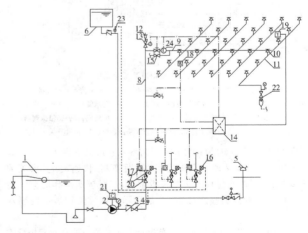

图 3　预作用系统示意图

1—消防水池；2—消防水泵；3—止回阀；4—闸阀；5—消防水泵接合器；
6—高位消防水箱；7—预作用装置；8—配水干管；9—配水管；10—闭式洒水喷头；
11—配水管；12—排气阀；13—电动阀；14—报警控制器；15—泄水阀；
16—压力开关；17—电磁阀；18—感温探测器；19—感烟探测器；20—信号阀；
21—水泵控制柜；22—末端试水装置；23—流量开关；24—水流指示器

预作用适用于准工作状态时不允许误喷而造成水渍损失的一些性质重要的建筑物内(如档案库等),以及在准工作状态时严禁管道充水的场所(如冷库等),也可用于替代干式系统。

预作用系统既兼有湿式、干式系统的优点,又避免了湿式、干式系统的缺点,在不允许出现误喷或管道漏水的重要场所,可替代湿式系统使用;在低温或高温场所中替代干式系统使用,可避免喷头开启后延迟喷水的缺点。

4.2.5 重复启闭预作用系统能在扑灭火灾后自动关闭报警阀、发生复燃时又能再次开启报警阀恢复喷水,适用于灭火后必须及时停止喷水,要求减少不必要水渍损失的场所。

4.2.6 本条对适合采用雨淋系统的场所作了规定,包括火灾水平蔓延速度快的场所和室内净空高度超过本规范第6.1.1条规定、不适合采用闭式系统的场所。室内物品顶面与顶板或吊顶的距离加大,将使闭式喷头在火场中的开放时间推迟,喷头动作时间的滞后使火灾得以继续蔓延,而使开放喷头的喷水难以有效覆盖火灾范围。上述情况使闭式系统的控火能力下降,而采用雨淋系统则可消除上述不利影响。雨淋系统启动后立即大面积喷水,遏制和扑救火灾的效果更好,但水渍损失大于闭式系统,适用场所包括舞台葡萄架下部和电影摄影棚等。

雨淋系统采用开式洒水喷头、雨淋报警阀组,由配套使用的火灾自动报警系统或传动管联动雨淋报警阀,由雨淋报警阀控制其配水管道上的全部喷头同时喷水(见图4、图5,注:可以做冷喷试验的雨淋系统,应设末端试水装置)。

4.2.7 本条是对原条文的修改和补充。

本条借鉴发达国家标准,规定了采用早期抑制快速响应喷头的自动喷水灭火系统的适用范围。自动喷水灭火系统经过长期的实践和不断的改进与创新,其灭火效能已为许多统计资料所证实。但是,也逐渐暴露出常规类型的系统不能有效扑救高堆垛仓库火灾的难点问题。自20世纪70年代中期开始,美国工厂联合保险

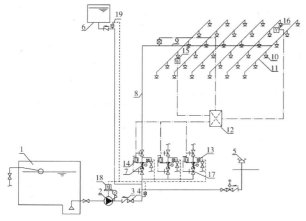

图 4 电动启动雨淋系统示意图
1—消防水池;2—消防水泵;3—止回阀;4—闸阀;5—消防水泵接合器;
6—高位消防水箱;7—雨淋报警阀组;8—配水干管;9—配水管;10—开式洒水喷头;
11—配水支管;12—报警控制器;13—压力开关;14—电磁阀;15—感温探测器;
16—感烟探测器;17—信号阀;18—水泵控制柜;19—流量开关

研究所(FM Global)为扑灭和控制高堆垛仓库火灾做了大量的试验和研究工作。从理论上确定了"早期抑制、快速响应"火灾的三要素:一是喷头感应火灾的灵敏程度;二是喷头动作时刻燃烧物表面需要的灭火喷水强度;三是实际送达燃烧物表面的喷水强度。

早期抑制快速响应喷头是专为仓库开发的一种仓库专用型喷头,对保护高堆垛和高货架仓库具有特殊的优势,试验表明,对净空高度不超过13.5m的仓库,采用ESFR喷头时可不需再装设货架内置喷头。与标准流量洒水喷头相比,该喷头在火灾初期能快速反应,且水滴产生的冲量能穿透上升的火羽流,直至燃烧物表面。

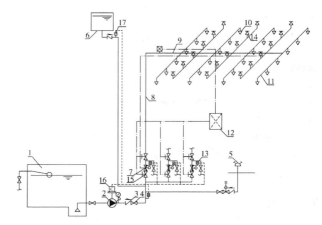

图 5 充液(水)传动管启动雨淋系统示意图
1—消防水池;2—消防水泵;3—止回阀;4—闸阀;5—消防水泵接合器;
6—高位消防水箱;7—雨淋报警阀组;8—配水干管;9—配水管;
10—开式喷头;11—配水支管;12—报警控制器;13—压力开关;
14—闭式洒水喷头;15—信号阀;16—水泵控制柜;17—流量开关

早期抑制快速响应喷头仅适用于湿式系统,因为如果用于干式系统或预作用系统,由于报警阀打开后因管道排气充水需要一定的时间,导致喷水延迟,从而达不到快速喷水灭火的目的。

4.2.8 本条为新增条文。

本条参照美国消防协会标准《自动喷水灭火系统安装标准》NFPA 13的规定,规定了仓库型特殊应用喷头自动喷水灭火系统的适用范围。

根据国外试验情况,对于净空高度不超过12m的仓库,该喷头能够起到很好的保护作用,动作喷头数在可控制范围。本次修订新增了该类喷头及系统的设置要求,为设计人员提供了除ESFR喷头外的另一种选择,并有利于促进自动喷水灭火系统新技术和新产品的发展和应用。

4.3 其 他

4.3.1 当建筑物内设置多种类型的系统时,按此条规定设计,允许其他系统串联接入湿式系统的配水干管。使各个其他系统从属于湿式系统,既不相互干扰,又简化系统的构成、减少投资(见图6)。

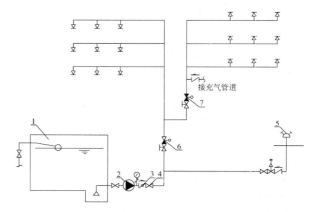

图 6 其他系统接入湿式系统示意图
1—消防水池;2—消防水泵;3—止回阀;4—闸阀;
5—消防水泵接合器;6—湿式报警阀组;7—其他报警阀组

4.3.2 本条规定了系统中包括的组件和必要的配件。

1 提出了自动喷水灭火系统的基本组成。

2 提出了设置减压孔板、节流管降低水流动压,分区供水或采用减压阀降低管道静压等控制管道压力的规定。

3 设置排气阀是为了使系统的管道充水时不存留空气,设置泄水阀是为了便于检修。排气阀设在其负责区段管道的最高点,泄水阀则设在其负责区段管道的最低点。泄水阀及其连接管的管径可参考表7。

4 干式系统与预作用系统设置快速排气阀,是为了使配水管道尽快排气充水。干式系统和配水管道充有压缩空气的预作用系统中为快速排气阀设置的电动阀,平时常闭,系统开始充水时打开。

表7 泄水管管径(mm)

供水干管管径	泄水管管径
≥100	≤50
65～80	≤40
＜65	25

4.3.3 本条规定了防火分隔水幕的适用范围。本条提出了限制民用建筑中防火分隔水幕规模的规定,目的是不推荐采用防火分隔水幕作防火分区内的防火分隔设施。

近年各地在新建大型会展中心、商业建筑、高架仓库及条件类似的高大空间建筑时,常采用防火分隔水幕代替防火墙作为防火分区的分隔设施,以解决单层或连通层面积超出防火分区规定的问题。为了达到上述目的,防火分隔水幕长度动辄几十米,甚至上百米,造成防火分隔水幕系统的用水量很大,室内消防用水量猛增。

此外,储存的大量消防用水不用于主动灭火而用于被动防火的做法,不符合火灾中应积极主动灭火的原则,也是一种浪费。

5 设计基本参数

5.0.1 本条规定了不同危险等级场所设置自动喷水灭火系统时的设计基本参数。表5.0.1为湿式系统设计的基本参数,其他类型系统的设计参数均是以此表为基础进行确定。

本条依据国外标准并结合我国试验情况确定,图7为美国消防协会标准《自动喷水灭火系统安装标准》NFPA 13中规定的自动喷水灭火系统设计数据,根据NFPA 13的规定,每个火灾危险等级对应的曲线上的任一点均是可取的,通常情况下,为求得经济效果,多选择喷水强度大而作用面积小的一点,这也符合"大强度喷水有利于迅速控制灭火和有利于缩小喷水作用面积"的试验与经验的总结,本条在制定时选取该曲线中喷水强度的上限数据,并适当加大作用面积后确定为本规范的设计基本参数。这样的技术处理,既便于设计人员操作,又提高了规范的应变能力和系统的经济性能,同时又能保证系统可靠地发挥作用。表8为英国、美国、德国和日本等国的设计基本数据。

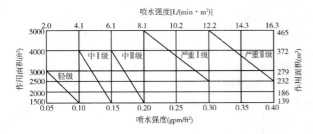

图7 NFPA 13中规定的自动喷水灭火系统设计参数

对于系统最不利点处的喷头工作压力,通常情况下,当发生火灾时,自动喷水灭火系统在消防水泵启动之前由高位消防水箱或其他辅助供水设施提供初期的用水量和水压。目前国内采用较多的是高位消防水箱,这样就产生了一个矛盾:如果顶层最不利点处喷头的水压要求为0.1MPa,则屋顶水箱必须比顶层的喷头高出10m以上,将会给建筑造型和结构处理上带来很大困难,根据上述情况和参考国外有关规范,将最不利点处喷头的工作压力确定为0.05MPa,英国、德国、美国等国的规范也规定最不利点喷头的最低工作压力为0.05MPa。

系统的喷水强度、作用面积、喷头工作压力是相互关联的,系统中喷头的工作压力应通过计算确定,降低最不利点喷头最低工作压力而产生的问题,可通过其他途径解决。

表8 国外自动喷水灭火系统基本设计数据

国家	危险等级		设置场所	喷水强度[L/(min·m²)]	作用面积(m²)	动作喷头数(个)	每只喷头保护面积(m²)	最不利点处喷头压力(MPa)
美国	轻危险级		俱乐部、教堂、博物馆、餐厅、办公室、住宅、疗养院	2.8～4.1	279～139	—	20.9	0.05
	中危险级	Ⅰ类	面包房、电子设备工厂、洗衣房、饮料厂、餐厅服务区	4.1～6.1	372～139		12.1	0.05
		Ⅱ类	谷物加工厂、一般危险的化学品工厂、糖果厂、酿酒厂、机加工厂	6.1～8.1	372～139		12.1	0.05
	严重危险级	Ⅰ类	可燃液体使用区域、印刷厂、锯木厂、泡沫塑料的制造及装修场所	8.1～12.2	465～232		9.3	0.05
		Ⅱ类	沥青浸渍加工厂、易燃液体喷雾作业区、塑料加工厂	12.2～16.3	465～232		9.3	0.05

续表8

国家	危险等级		设置场所	喷水强度[L/(min·m²)]	作用面积(m²)	动作喷头数(个)	每只喷头保护面积(m²)	最不利点处喷头压力(MPa)
英国	轻危险级		医院、旅馆、图书馆、博物馆、托儿所、办公室、大专院校、监狱	2.25	84	4	21	0.05
	中危险级	Ⅰ组	饭店、宝石加工厂	5.0	72	6	12	0.05
		Ⅱ组	一般危险的化学品工厂	5.0	144	12	12	0.05
		Ⅲ组	玻璃加工厂、肥皂蜡烛加工厂、纸制品厂、百货商店	5.0	216	18	12	0.05
		Ⅲ组特型	剧院、电影电视制片厂	5.0	360	30	12	0.05
	严重危险级	生产	刨花板加工厂、橡胶加工厂	7.5	260		9	0.05
			发泡塑料、橡胶及其制品厂、焦油蒸馏厂	7.5	260		9	0.05
			酸纤维加工厂	7.5	260		9	0.05
			火工品工厂	7.5	260		9	0.05
		贮存Ⅰ类	地毯、布匹、纤维板、纺织品、电器设备	7.5～12.5	260		9	0.05
		贮存Ⅱ类	毛毡制品、胶合板、软木包、打包纸、纸箱包装的听装酒精	7.5～17.5	260		9	0.05
		贮存Ⅲ类	硝酸纤维、泡沫塑料和泡沫橡胶制品、可燃物包装的易燃液体	7.5～27.5	260～300		9	0.05
		贮存Ⅳ类	散装或成卷包装的发泡塑料与橡胶及制品	7.5～30.0	260～300		9	0.05

国家	危险等级		设置场所	喷水强度[L/(min·m²)]	作用面积(m²)	动作喷头数(个)	每只喷头保护面积(m²)	最不利点处喷头压力(MPa)
德国	轻危险级		办公楼、住宅、托儿所、医院、学校、旅馆	2.5	150	7~8	21	0.05
	中危险级	1组	汽车房、酒吧、电影院、音乐厅、剧院礼堂	5.0	150	12~13	12	0.05
		2组	百货商店、烟厂、胶合板厂	5.0	260	—	12	0.05
		3组	印刷厂、服装厂、交易会大厅、纺织厂、木材加工厂	5.0	375	—	12	
	严重危险级	生产1组	摄影棚、亚麻加工厂、刨花板厂、火柴厂	7.5	260	29~30	9.0	>0.05
		生产2组	泡沫橡胶厂	10.0	260	30	9.0	>0.05
		生产3组	赛璐珞厂	12.5	260	30	9.0	>0.05
		贮存1~3组		7.5~17.5	260		9.0	
日本	轻危险级		办公室、医院、体育馆、博物馆、学校	5.0	150	10	15	0.1
	中危险级	1组	礼堂、剧院、电影院、停车场、旅馆	6.5	240	20	12	0.1
		2组	商店、摄影棚、电视演播室、纺织车间、印刷车间、一般仓库	6.5	360	30	12	0.1
	严重危险级	生产	赛璐珞制品加工车间、合成板制造车间、发泡塑料与橡胶及制品加工车间	10	360	40	9.0	0.1
		贮存Ⅰ类	纤维制品、木制品、橡胶制品	15	260	40	6.5	0.1
		贮存Ⅱ类	发泡塑料与橡胶及制品	25	300	46	6.5	0.1

5.0.2 本条是对原规范第5.0.1A条的修改和补充。本条依据国内实际试验结果并结合国外标准提出。

目前，我国一些高大空间场所逐渐兴起，而国内对于此类场所自动灭火设施的设置不尽相同。国内外相关研究机构也开展了模拟类似场所的实体灭火试验及数值模拟试验研究，目的在于解决"以往没有闭式系统保护高大空间场所的设计准则，少数未经试验、缺乏足够认识的保护方案被广泛应用"的问题，说明了此类问题具有普遍意义和试验的必要性。

公安部天津消防研究所分别在净空高度为12m、16m和18m条件下，通过建立不同类型场所的火灾试验模型，开展了自动喷水灭火系统作用下的全尺寸灭火试验。试验采用1.5m左右高度的可燃物品（塑料、木材、纸质混合）和流量系数K等于161和K等于363的喷头，试验结果显示，第一只喷头的开放时间至关重要，如果火不能被开始动作的少数喷头熄灭的话，那么将不能被控制住。因此，对于高大空间场所来说，应在首批喷头开启后立即进行大流量喷水，而用增加喷头开启数量的方法来对付高大空间场所火灾不是解决问题的办法。

需要说明的是，当现场火灾荷载小于试验火灾荷载时，存在闭式喷头开放时间滞后于火灾水平蔓延的可能性。本条适用于净空高度8m~18m民用建筑和净空高度8m~12m厂房高大空间场所自动喷水灭火系统的设计。当确定采用湿式系统后，应严格按本条规定确定系统设计参数。

5.0.3 本条为新增条文。

超级市场大多是带有仓储式的大空间的购物场所，既有商场的使用功能，又有仓库的储存特点，既是营业区又是仓储区。根据《商店建筑设计规范》JGJ 48—2014对商店建筑的分类，商店建筑包括购物中心、百货商场、超级市场、菜市场和步行商业街等。超级商场是指采取自选销售方式，以销售食品和日常生活用品为主，向顾客提供日常生活必需品为主要目的的零售商店。本次修订提

出了超级市场应根据室内净高、储存方式以及储存物品的种类与高度等因素按本规范第5.0.4条和第5.0.5条的规定确定设计基本参数。

5.0.4 本条是对原规范第5.0.5条的修改和补充。

本条是对国外标准中仓库及类似场所的系统设计基本参数进行分类、归纳、合并后，充实我国规范对仓库的系统设计基本参数的规定，设计时应按喷水强度与作用面积选用喷头。

从国外有关标准提供的数据分析，影响仓库设计参数的因素很多，包括货品的性质、堆放形式、堆积高度及室内净空高度等，各因素的变化，均影响设计参数的改变。例如，货品堆高越大，火灾竖向蔓延速度迅速越快的规律，不仅使灭火难度增大，而且使喷水因货品的阻挡而难以直接送达燃烧面，只能沿货品表面流淌后最终到达燃烧面，造成送达到位直接灭火的水量锐减。因此，货品堆高增大时，相应采用提高喷水强度的措施是必要的。

随着我国经济的迅速发展，面对不同火灾危险性的各种仓库，本条参照美国消防协会标准《自动喷水灭火系统安装标准》NFPA 13，在归纳简化的基础上，提出了仓库危险级场所的系统设计基本参数。既借鉴了发达国家标准的先进技术，又使我国规范中保护仓库的系统设计参数得到了充实，符合我国现阶段的具体国情。

单排货架的宽度应不超过1.8m，且间隔不应小于1.1m；双排货架为单个货架或两个背靠背放置的单排货架，货架总宽为1.8m~3.6m，且间隔不小于1.1m；多排货架为货架宽度超过3.6m，或间距小于1.1m且总宽度大于3.6m的单、双排货架混合放置；可移动式货架均视为多排货架。最大净空高度是指室内地面到屋面板的垂直距离，顶板为斜面时，应为室内地面到屋脊处的垂直距离。

5.0.5 本条是对原规范第5.0.6条的修改和补充。

仓库火灾蔓延迅速，不易扑救，容易造成重大财产损失，因此是自动喷水灭火系统的重要应用对象。而扑救高堆垛和高架仓库火灾，又一直是自动喷水灭火系统的技术难点。美国耗巨资试验研究，成功开发出"特殊应用喷头"、"早期抑制快速响应喷头"等可有效扑救高堆垛、高货架仓库火灾的新技术。本条规定参考美国消防协会标准《自动喷水灭火系统安装标准》NFPA 13的数据，经归纳简化后，提出了采用早期抑制快速响应喷头的系统设计参数。

本次修订时增加了ESFR喷头的安装方式，因为安装方式对系统的灭火效果影响很大。例如国外某研究机构在一次试验中，一个直立安于50mm(2in)支管上的喷头由于受到管道的障碍而未能控制下方的火，造成灭火失败。

5.0.6 本条为新增条文。

本条参照国外标准，提出了仓库型特殊应用喷头的设计基本参数。仓库型特殊应用喷头用于保护火灾危险等级不超过箱装发泡塑料储物的仓库，根据FM Global的试验情况，在最大净空高度不超过12m，最大储存高度不超过10.5m的情况下，不需安装货架内置喷头。

2007~2009年，FM Global分别在12.0m和9.0m的最大净空高度下，采用不同的点火位置开展了数次实体火试验。试验结果显示，喷头在1min~2min内相继动作，开放喷头数为1只~8只，顶板温度为40℃~120℃。喷头动作后，能够很快扑灭可燃物，仅有主堆垛储物参与燃烧，辅助堆垛燃烧有限，几乎没有参与燃烧。

5.0.7 通透性层板是指水或烟气能穿透或通过的货架层板，如网格或格栅型层板。本条规定除安装货架内置喷头的上方层板为实层隔板外，其余层板均应为通透性层板。

5.0.8 本条是对原规范第5.0.7条的修改和补充。

本条是针对我国目前货架内置喷头的应用现状，充实了货架仓库中采用货架内置喷头的设置要求。对最大净空高度或最大储物高度超过本规范第5.0.5条规定的货架仓库，仅在顶板下设置

喷头,将不能满足有效控灭火的需要,而在货架内增设洒水喷头,是对顶板下布置喷头灭火能力的补充,补偿超出顶板下喷头保护范围部位的灭火能力。

本次修订删除了 ESFR 自动喷水灭火系统采用货架内置洒水喷头的布置方式,原因是 ESFR 喷头在其允许最大净空高度内,可不设置货架内置喷头。规范不推荐采用顶板下布置 ESFR 喷头+货架内置喷头的布置方式。当最大净空高度或最大储物高度超过表 5.0.5 的规定时,应按照本规范第 5.0.4 条和本条的规定布置。本表中的"注"是用于计算货架内置洒水喷头的流量,如对于仓库危险级Ⅲ级场所,安装了 5 层货架内置洒水喷头,货架内开放喷头数为 14 个,则应按最顶层和次顶层各开放 7 只确定流量。

5.0.9 仓库内系统的喷水强度大,持续喷水时间长,为避免不必要的水渍损失和增加建筑荷载,对于系统喷水强度大的仓库,有必要设置消防排水。

5.0.10、5.0.11 这两条是对原规范第 5.0.4 条的修改和补充。

干式系统的配水管道内平时维持一定气压,因此系统启动后将滞后喷水,而滞后喷水无疑将增大灭火难度,等于相对削弱了系统的灭火能力,因此本条提出采用扩大作用面积的办法来补偿滞后喷水对灭火能力的影响。

雨淋系统由雨淋报警阀控制其连接的开式洒水喷头同时喷水,有利于扑救水平蔓延速度快的火灾。但是,如果一个雨淋报警阀控制的面积过大,将会使系统的流量过大,总用水量过大,并带来较大的水渍损失,影响系统的经济性能。本规范编制组出于适当控制系统流量与总用水量的考虑,提出了雨淋系统中一个雨淋报警阀控制的喷水面积按不大于本规范规定的作用面积为宜。对大面积场所,可设多套雨淋报警阀组合控制一次灭火的保护范围。

对于采用由火灾自动报警系统和压力开关联动控制的预作用系统,由于其不能保证在闭式喷头动作前完成对管道充满水的预作用过程,即不能保证喷头开放后立即喷水,所以不是真正意义上的预作用系统,应视为干式系统,因此其作用面积、充水时间等应按干式系统确定。

5.0.12 仅在走道设置闭式系统时,系统的作用主要是防止火灾蔓延和保护疏散通道。对此类系统的作用面积,本条提出了按各楼层走道中最大疏散距离所对应的走道面积确定。

美国消防协会标准《自动喷水灭火系统安装标准》NFPA 13 规定,当系统的保护范围为单排喷头时,系统作用面积为此管道上的所有喷头的保护面积,但最多不应超过 7 只。

当走道的宽度为 1.4m,长度为 15m,喷水覆盖全部走道面积时的喷头布置及开放喷头数设置见图 8。图中 R 为喷头有效保护半径。

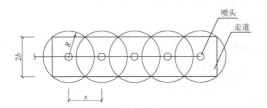

图 8　仅在走廊布置喷头的示意图

例 1:当喷头最低工作压力为 0.05MPa 时,喷水量为 56.57L/min。为达到 6.0L/(min·m²) 平均喷水强度时,圆形保护面积为 9.43m²,故 $R=1.73$m。则喷头间距 S 为:

$$S = 2\sqrt{R^2 - b^2} = 2\sqrt{1.73^2 - 0.7^2} = 3.16\text{m}$$

袋形走道内布置并开放的喷头数为:$\dfrac{15}{3.16}=4.8$,确定为 5 只。

例 2:当袋形疏散走道按现行国家标准《建筑设计防火规范》GB 50016 规定的最长疏散距离为 22×1.25=27.5(m)确定时,若走道宽度仍为 1.4m,则喷水覆盖全部走道面积时的开放喷头数为:$\dfrac{27.5}{3.16}=8.7$,按本条规定确定为 9 只。

5.0.13 商场等公共建筑,由于内装修的需要,往往装设网格状、条栅状等不挡烟的通透性吊顶,此类吊顶会严重阻碍喷头的洒水分布性能和动作性能,进而影响系统的控、灭火性能。因此本条提出应适当增大系统的喷水强度,并且喷头的布置仍应遵循一定的要求。

5.0.14 防护冷却水幕用于配合防火卷帘、防火玻璃墙等防火分隔设施使用,以保证该分隔设施的完整性与隔热性。某厂曾于 1995 年在"国家固定灭火系统和耐火构件质量监督检验测试中心"进行过洒水防火卷帘抽检测试,90min 耐火试验后,得出"未失去完整性和隔热性"的结论。本条"喷水高度为 4m,喷水强度为 0.5L/(m·s)"的规定,折算成对卷帘面积的平均喷水强度为 7.5L/(min·m²),可以形成水膜并有效保护钢结构不受火灾损害。喷水点的提高,将使卷帘面积的平均喷水强度下降,致使防护冷却的能力下降。所以,本条提出了喷水点高度每提高 1m,喷水强度相应增加 0.1L/(s·m) 的规定,以补充冷却水沿分隔物下淌时受热汽化的水量损失,但喷水点高度超过 9m 时喷水强度仍按 1.0L/(s·m) 执行。对于尺寸不超过 15m×8m 的开口,防火分隔水幕的喷水强度仍按 2L/(s·m) 确定。

5.0.15 本条为新增条文。

我国现行国家标准《建筑设计防火规范》GB 50016、《人民防空工程设计防火规范》GB 50098 均规定,防火分区间可采用防火卷帘分隔,当防火卷帘的耐火极限不符合要求时,可采用设置自动喷水灭火系统保护。《建筑设计防火规范》GB 50016—2014 中还规定,建筑内中庭与周围连通空间,以及步行街两侧建筑商铺面向步行街一侧的围护构件采用耐火完整性不低于 1.00h 的非隔热性防火玻璃墙时,应设置闭式自动喷水灭火系统保护,并规定自动喷水灭火系统的设计应符合现行国家标准《自动喷水灭火系统设计规范》GB 50084 的有关规定。

原规范中没有规定闭式自动喷水灭火系统保护防火卷帘的设计基本参数,本次修订依据上述要求,参照国外标准及国内试验情况,提出了防护冷却系统保护防火卷帘以及非隔热性防火玻璃墙等防火分隔设施的设计基本参数。美国消防协会标准《自动喷水灭火系统安装标准》NFPA 13 规定,当采用玻璃墙体代替防火墙时,应在玻璃墙体的两侧布置喷头,除非经过特别认证,喷头布置间距不应超过 2.4m(8ft),与玻璃的距离不超过 0.3m(1ft)。并应确保喷头的布置能使喷头在动作后能淋湿所有玻璃墙体的表面,所采用的玻璃应为钢化玻璃、嵌丝玻璃或夹层玻璃等。

6 系统组件

6.1 喷头

6.1.1 本条是对原条文的修改和补充。

设置闭式系统的场所,喷头最大允许设置高度应遵循"使喷头及时受热开放、并使开放喷头的洒水有效覆盖起火范围"这一原则,超过上述高度,喷头将不能及时受热开放,而且喷头开放后的洒水可能达不到覆盖起火范围的预期目的,出现火灾在喷水范围之外蔓延的现象,使系统不能有效发挥控灭火的作用。因此,喷头的最大允许设置高度由喷头类型、建筑使用功能等因素综合确定。

本条参考国内外有关标准的规定及试验研究成果,分别规定了民用建筑、厂房及仓库采用闭式系统时的喷头选型以及场所的最大净空高度,并提出了用于保护钢屋架等建筑构件的闭式系统和设有货架内置洒水喷头仓库的闭式系统,最大净空高度不受限制。

6.1.3 本条是对原条文的修改和补充。

本条提出了不同使用条件下对喷头选型的规定。实际工程中,由于喷头的选型不当而造成失误的现象比较突出。不同用途和型号的喷头,分别具有不同的使用条件和安装方式。喷头的选型、安装、方位合理与否,将直接影响喷头的动作时间和布水效果。

第1款是指当设置场所不设吊顶,且配水管道沿梁下布置时,火灾热气流将上升至顶板后水平蔓延。此时只有向上安装直立型喷头,才能使热气流尽早接触和加热喷头热敏元件。

第2款是指室内设有吊顶,喷头将紧贴吊顶下布置,或埋设在吊顶内,因此适合采用下垂型或吊顶型喷头,否则吊顶将阻挡洒水分布。吊顶型喷头作为一种类型,在现行国家标准《自动喷水灭火系统 第1部分 洒水喷头》GB 5135.1中有明确规定,即为"隐蔽安装在吊顶内,分为齐平式、嵌入式和隐蔽式三种型式。"不同安装方式的喷头,其洒水分布不同,选型时要以充分重视。

第3款对边墙型洒水喷头的设置提出了要求。边墙型喷头的配水管道易于布置,非常受国内设计、施工及使用单位欢迎。但国外对采用边墙型喷头有严格规定,如保护场所应为轻度危险级,中危险级系统采用时须经特许;顶板必须为水平面,喷头附近不得有阻挡喷水的障碍物;洒水应喷湿一定范围墙面等。

本款根据国内需求,按本规范对设置场所火灾危险等级的分类,以及边墙型喷头性能特点等实际情况,提出了既允许使用此种喷头,又严格使用条件的规定。

第7款提出了隐蔽式洒水喷头的设置要求。隐蔽式洒水喷头由于具有美观性的优点,越来越受到业主的青睐。目前,该类喷头广泛地应用在一些装饰豪华、外观要求美化的场所,如商场、高级宾馆、酒店、娱乐中心等。但是,根据目前的应用现状,隐蔽式喷头存在巨大的安全隐患,主要表现在:(1)发生火灾时喷头的装饰盖板不能及时脱落;(2)装饰盖板脱落后滑卡无法下落,导致喷头溅水盘无法滑落到吊顶平面下部,喷头无法形成有效的布水;(3)喷头装饰盖板被油漆、涂料喷涂等。

针对这一情况,规范在本次修订时提出了严格限制该类喷头的使用,规定火灾危险等级超过中危险级Ⅰ级的场所不应采用该类喷头。

6.1.4 为便于系统在灭火或维修后恢复准工作状态之前排尽管道中的积水,同时有利于在系统启动时排气,要求干式、预作用系统的喷头采用直立型喷头或干式下垂型喷头。

6.1.5 本条提出了水幕系统的喷头选型要求。防火分隔水幕的作用是阻断烟和火的蔓延,当使水幕形成密集喷洒的水墙时,要求采用洒水喷头;当使水幕形成密集喷洒的水帘时,要求采用开口向下的水幕喷头。防火分隔水幕也可以同时采用上述两种喷头并分排布置。防护冷却水幕则要求采用将水喷向保护对象的水幕喷头。

6.1.6 本条为新增条文。防护冷却系统主要与防火卷帘、防火玻璃墙等防火分隔设施配合使用,其喷头布置时应将水直接喷向保护对象,因此可采用边墙型洒水喷头。目前,国内外还有一种专门用于保护防火分隔设施的窗式喷头等特殊类型喷头,该喷头具有较好的洒水分布性能,但目前尚无国家产品标准。

6.1.7 本条规定了快速响应洒水喷头的使用条件。大量装饰材料、家电等现代化日用品和办公用品的使用,使火灾出现蔓延速度快、有害气体生成量大和财产损失大等新特点,对自动喷水灭火系统的工作效能提出了更高的要求。国外于20世纪80年代开始生产并推广使用快速响应喷头。快速响应洒水喷头的优势在于:热敏性能明显高于标准响应喷头,可在火场中提前动作,在初起小火阶段开始喷水,使灭火的难度降低,可以做到灭火迅速、灭火用水量少,可最大限度地减少人员伤亡和火灾烧损与水渍污染造成的经济损失。现行国家标准《自动喷水灭火系统 第1部分 洒水喷头》GB 5135.1规定,响应时间指数(RTI)$\leqslant 50(m \cdot s)^{0.5}$为快速响应喷头,喷头的响应时间指数可通过标准"插入实验"判定。在"插入实验"给定的标准热环境中,快速响应洒水喷头的动作时间较$\phi 8$玻璃球喷头快5倍。为此,本规范提出了在一些场所推荐采用快速响应洒水喷头的规定。

与标准响应洒水喷头、特殊响应洒水喷头相比,快速响应洒水喷头仅用于湿式系统,该喷头动作灵敏,如果用于干式系统和预作用系统,会因为喷水时间延迟造成过多的喷头开放,更为严重的可能会超过系统的设计作用面积,造成设计用水量的不足。

6.1.8 同一隔间内采用热敏性能、规格及安装方式一致的喷头,是为了防止混装不同喷头对系统的启动与操作造成不良影响。曾经发现某一面积达几千平方米的大型餐厅内混装$\phi 8$和$\phi 5$玻璃球喷头及某些高层建筑同一场所内混装下垂型、普通型喷头等错误做法。

6.1.10 设计自动喷水灭火系统时,要求在设计资料中提出喷头备品的数量,以便在系统投入使用后,因火灾或其他原因损伤喷头时能够及时更换,缩短系统恢复准工作状态的时间。当在一个建筑工程的设计中采用了不同型号的喷头时,除了对备用喷头总量的要求外,不同型号的喷头要有各自的备品。各国规范对备用喷头的规定不尽一致,例如美国消防协会标准《自动喷水灭火系统安装标准》NFPA 13规定,喷头总数不超过300只时,备品数为6只;总数在300只~1000只时,备品数不少于12只;超过1000只时备品数少于24只。英国标准《固定式灭火系统-自动喷水灭火系统-设计、安装和维护》BS EN 12845规定,对每套自动喷水灭火系统,轻危险级不应少于6只,普通危险级不应少于24只,高危险级(生产和储存)场所不应少于36只。

6.2 报警阀组

6.2.1 报警阀组在自动喷水灭火系统中有下列作用:

(1)湿式与干式报警阀:接通或关断报警水流,喷头动作后报警水流将驱动水力警铃和压力开关报警;防止水倒流。

(2)雨淋报警阀:接通或关断向配水管道的供水。

报警阀组中的试验阀,用于检验报警阀、水力警铃和压力开关的可靠性。由于报警阀和水力警铃及压力开关均采用水力驱动的工作原理,因此具有良好的可靠性和稳定性。

为钢屋架等建筑构件建立的闭式系统,功能与用于扑救地面火灾的闭式系统不同,为便于分别管理,规定单独设置报警阀组。水幕系统与上述情况类似,也规定单独设置报警阀组或感温雨淋报警阀。

6.2.2 根据本规范第4.3.1条的规定,串联接入湿式系统的干式、预作用、雨淋等其他系统,本条规定单独设置报警阀组,以便在共用配水干管的情况下独立报警。

串联接入湿式系统的其他系统,其供水将通过湿式报警阀。湿式系统检修时,将影响串联接入的其他系统,因此规定其他系统所控制的喷头数也应计入湿式报警阀组控制喷头的总数内。

6.2.3 第一款规定了一个报警阀组控制的喷头数。一是为了保证维修时,系统的关停部分不致过大;二是为了提高系统的可靠性。

美国消防协会的统计资料表明,同样的灭火成功率,干式系统的喷头动作数要大于湿式系统,即前者的控火、灭火率要低一些,其原因主要是喷水滞后造成的。鉴于本规范已提出"干式系统配水管道应设快速排气阀"的规定,故干式报警阀组控制的喷头总数规定为不宜超过500只。

当配水支管同时安装保护吊顶下方空间和吊顶上方空间的喷头时,由于吊顶材料的耐火性能要求执行相关规范的规定,因此吊顶一侧发生火灾时,在系统的保护下火势将不会蔓延到吊顶的另一侧。因此,对同时安装保护吊顶两侧空间喷头的共用配水支管,规定只将数量较多一侧的喷头计入报警阀组控制的喷头总数。

6.2.4 本条参考英国标准《固定式灭火系统-自动喷水灭火系统-设计、安装和维护》BS EN 12845,规定了每个报警阀组供水的最高与最低位置喷头之间的最大位差。规定本条的目的是为了控制高、低位置喷头间的工作压力,防止其压差过大。当满足最不利点处喷头的工作压力时,同一报警阀组向较低有利位置的喷头供水时,系统流量将因喷头的工作压力上升而增大。限制同一报警阀组供水的高、低位置喷头之间的位差,是均衡流量的措施。

6.2.5 雨淋报警阀配置的电磁阀,其流道的通径较小。在电磁阀入口设置过滤器,是为了防止其流道被堵塞,保证电磁阀的可靠性。

并联设置雨淋报警阀组的系统启动时,将根据火情开启一部分雨淋报警阀。当开阀供水时,雨淋报警阀的入口水压将产生波动,有可能引起其他雨淋报警阀的误动作。为了稳定控制腔的压力,保证雨淋报警阀的可靠性,本条规定并联设置雨淋报警阀组的雨淋系统,雨淋报警阀控制腔的入口要求设有止回阀。

6.2.6 本条规定报警阀的安装高度,是为了方便施工、测试与维修工作。系统启动和功能试验时,报警阀组将排放出一定量的水,故要求在设计时相应设置足够能力的排水设施。

6.2.7 本条对连接报警阀进出口的控制阀作了规定,目的是为了防止误操作造成供水中断。我国曾发生过因阀门关闭导致灭火失败的案例,例如2000年7月某大厦26层的办公室发生火灾,办公室内的4只喷头和走道内的6只喷头爆破,但由于该楼层的自动喷水灭火系统阀门被关闭,致使自动喷水灭火系统未能发挥作用,最后由消防人员扑灭了火灾。

本条并非强调报警阀进出口均应设置信号阀,而是强调当设置控制阀时,应采用信号阀或配置能够锁定阀板位置的锁具。一般情况下,对于系统调试时不允许水进入管网的系统,如干式系统、预作用系统和雨淋系统,需要在报警阀的出口设置信号阀。

6.2.8 本条是对原条文的修改和补充。

规定水力警铃工作压力、安装位置和与报警阀组连接管的直径及长度,目的是为了保证水力警铃发出警报的位置和声强。要求安装在有人值班的地点附近或公共通道的外墙上,是保证其报警能及时被值班人员或保护场所内其他人员发现。

6.3 水流指示器

6.3.1 水流指示器的功能是及时报告发生火灾的部位,本条对系统中要求设置水流指示器的部位提出了规定,即每个防火分区和每个楼层均要求设有水流指示器。同时规定当一个湿式报警阀组仅控制一个防火分区或一个楼层的喷头时,由于报警阀组的水力警铃和压力开关已能发挥报告火灾部位的作用,故此种情况允许不设水流指示器。

6.3.2 设置货架内置喷头的仓库,顶板下喷头与货架内置喷头分别设置水流指示器,有利于判断喷头的状况,故有此条规定。

6.3.3 为使系统维修时关停的范围不致过大而在水流指示器入口前设置阀门时,要求该阀门采用信号阀,以便显示阀门的状态,其目的是为防止因误操作而造成配水管道断水的故障。

6.4 压力开关

6.4.1 雨淋系统和水幕系统采用开式喷头,平时报警阀出口后的管道内(系统侧)没有水,系统启动后的管道充水阶段,管内水的流速较快,容易损伤水流指示器,因此采用压力开关较好。

6.4.2 稳压泵的启停,要求可靠地自动控制,因此规定采用消防压力开关,并要求其能够根据最不利点处喷头的工作压力调节稳压泵的启停压力。

6.5 末端试水装置

6.5.1 本条是对原条文的修改和补充。

本条提出了设置末端试水装置的规定。为检验系统的可靠性、测试系统能否在开放一只喷头的最不利条件下可靠报警并正常启动,要求在每个报警阀组的供水最不利点处设置末端试水装置。末端试水装置测试的内容包括水流指示器、报警阀、压力开关、水力警铃的动作是否正常,配水管道是否畅通,以及最不利点处的喷头工作压力等。其他的防火分区与楼层,则要求装设直径25mm的试水阀,试水阀宜安装在最不利点附近或次不利点处,以便在必要时连接末端试水装置。

本条所指的报警阀组,系指设置在闭式系统上的报警阀组。

6.5.2 本条是对原条文的修改和补充。

本条规定了末端试水装置的组成、试水接头出水口的流量系数,以及其出水的排放方式(见图9)。为了使末端试水装置能够模拟实际情况,进行开放一只喷头启动系统等试验,其试水接头出水口的流量系数,要求与同楼层或所在防火分区内采用的最小流量系数的喷头一致。例如:某酒店在客房中安装流量系数为K等于115的边墙型扩大覆盖面积洒水喷头,走廊安装下垂型标准流量洒水喷头,其所在楼层如设置末端试水装置,试水接头出水口的流量系数,要求为流量系数K等于80。当末端试水装置的出水口直接与管道或软管连接时,将改变试水接头出水口的水力状态,影响测试结果。因此本条对末端试水装置的出水提出采取孔口出流的方式排入排水管道的要求。

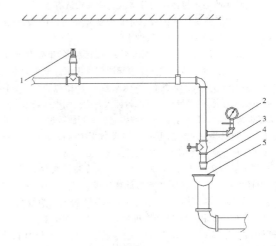

图9 末端试水装置图
1—最不利点处喷头;2—压力表;3—球阀;4—试水接头;5—排水漏斗

对于排水立管的管径,本次修订参照国家标准《建筑给水排水设计规范》GB 50015 的要求,提出排水立管的设置要求。不通气排水立管随工作高度增加排水能力减少,以 DN75 为例,高度 3m 时排水能力 1.35L/s;高度 5m 时排水能力 0.7L/s;高度超过 6m 时排水能力 0.5L/s;故应设伸顶通气管。设有伸顶通气管的立管,以铸铁管为例,DN50 的最大排水能力 1.0L/s,DN75 的最大排水能力 2.5L/s。排水立管的管径应根据末端试水装置试水接头的流量确定,当试水接头流量系数为 K 等于 80 时,其在工作压力为 0.1MPa 时的流量为 1.33L/s,因此提出管径不应小于 75mm 的规定。

6.5.3 本条为新增条文。本条规定了末端试水装置的设置位置,是为了保证末端试水装置的可操作性和可维护性。调研中发现有些工程的末端试水装置安装在吊顶内部,不便操作,还发现有的把末端试水装置的试水接头误作为生活用水接口使用,造成系统频繁动作等,这些都是不合理的现象。

7 喷头布置

7.1 一般规定

7.1.1 闭式洒水喷头是自动喷水灭火系统的关键组件,受火灾热气流加热开放后喷水并启动系统。能否合理地布置喷头,将决定喷头能否及时动作和按规定强度喷水。本条规定了布置喷头所应遵循的原则。

(1)将喷头布置在顶板或吊顶下易于接触到火灾热气流的部位,有利于喷头热敏元件的及时受热;

(2)使喷头的洒水能够均匀分布。当喷头附近有不可避免的障碍物时,应按本规范 7.2 节的要求布置喷头或者增设喷头,补偿因喷头的洒水受阻而不能到位灭火的水量。

7.1.2 喷头的布置间距是自动喷水灭火系统设计的重要参数,其中设置场所的火灾危险等级对喷头布置起决定性因素。喷头间距过大会影响喷头的开放时间及系统的控、灭火效果,间距过小会造成作用面积内喷头布置过多,系统设计用水量偏大。为控制喷头与起火点之间的距离,保证喷头开放时间,又不致引起喷头开放数过多,本条提出了标准覆盖面积喷头的布置间距及喷头最大保护面积,其目的是确保喷头既能适时开放,又能使系统按设计选定的强度喷水。

美国消防协会标准《自动喷水灭火系统安装标准》NFPA 13 规定,对于轻危险级场所,当采用水力计算法设计时,一只喷头的最大保护面积为 20m²,喷头最大间距为 4.6m;对于普通危险级场所,喷头的最大保护面积和最大间距分别为 12m² 和 4.6m;对于严重危险级场所和堆垛仓库,当设计喷水强度大于 10L/(min·m²)时,分别为 9m² 和 3.7m,当设计喷水强度小于 10L/(min·m²)时,其值分别为 12m² 和 4.6m。

喷头的布置间距可根据设计选定的喷水强度、喷头的流量系数和工作压力计算。以喷头 A、B、C、D 为顶点的围合范围为正方形(见图 10),每只喷头的 25% 水量喷洒在正方形 ABCD 内。根据喷头的流量系数、工作压力以及喷水强度,可以求出正方形 ABCD 的面积和喷头之间的距离。

例如中危险级 I 级场所,当选定喷水强度为 6L/(min·m²),喷头工作压力为 0.1MPa 时,每只 K 等于 80 喷头的出水量为:

$$q = K\sqrt{10P} = 80\text{L/min}$$

其面积 $S_{ABCD} = \dfrac{80}{6} = 13.33\text{m}^2$

正方形的边长为:$l_{AB} = \sqrt{13.33} = 3.65\text{m}$

以此类推,当喷头工作压力不同时,喷头的出水量不同,因此,要达到同样的喷水强度,喷头间距也不同,例如:若喷头工作压力为 0.05MPa,喷头的出水量 q 为:

$$q = 56.57\text{L/min}$$

此时正方形保护面积为:

面积 $S_{ABCD} = \dfrac{56.57}{6} = 9.43\text{m}^2$

边长为:$l_{AB} = \sqrt{9.43} = 3.07\text{m}$

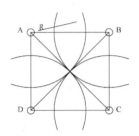

图 10　正方形布置喷头示意图

规定喷头与端墙的最大距离,是为了使喷头的洒水能够喷湿墙根地面并不留漏喷的空白点,而且能够喷湿一定范围的墙面,防止火灾沿墙面的可燃物蔓延。规定喷头与端墙的最小距离,是为了防止喷头洒水时受到墙面的遮挡。

本条中的"注 1",对仅布置设置单排喷头的闭式系统,提出确定喷头间距的规定,其喷头间距的举例见本规范第 5.0.12 条条文说明;"注 2"对喷水强度较大的系统,采用较大流量系数的喷头有利于降低系统的供水压力。

7.1.3 本条参考国外标准,并根据边墙型标准覆盖面积洒水喷头与室内最不利点处火源的距离远、喷头受热条件较差等实际情况,规定了配水支管上喷头间的最大距离和侧喷水量跨越空间的最大保护距离。

美国消防协会标准《自动喷水灭火系统安装标准》NFPA 13 规定,边墙型标准覆盖面积洒水喷头仅能在轻危险级场所中使用,只有在经过特别认证后,才允许在中危险级场所按经过特别认证的条件使用。本规范表 7.1.3 中的规定,按边墙型标准覆盖面积喷头的前喷水量占总流量的 70%～80%,喷向背墙的水量占 20%～30% 流量的原则作了调整。中危险级 I 级场所,喷头在配水支管上的最大间距确定为 3m,单排布置边墙型喷头时,喷头至对面墙的最大距离为 3m,一只喷头保护的最大地面面积为 9m²,并要求符合喷水强度要求。

7.1.4 本条为新增条文。直立型、下垂型扩大覆盖面积洒水喷头目前在我国的应用较少,其优点是布置间距大、喷头用量少,缺点是顶板要求采用水平、光滑顶板,且不应有障碍物。同标准覆盖面积洒水喷头一样,扩大覆盖面积洒水喷头的布置间距也是由火灾危险等级确定,为此,本条参照美国消防协会标准《自动喷水灭火系统安装标准》NFPA 13 的要求,提出了直立型、下垂型扩大覆盖面积洒水喷头的布置间距,并强调应采用正方形布置形式。

7.1.5 边墙型扩大覆盖面积洒水喷头在我国的应用较为普及,其优点是保护面积大,安装简便;其缺点与边墙型标准覆盖面积洒水喷头相同,即喷头与室内最不利处起火点的最大距离更远,影响喷头的受热和灭火效果,所以国外规范对此种喷头的使用条件要求很严,如喷头洒水范围内不能受到障碍物的遮挡,顶板必须是光滑且坡度不能超过 1/6 等。

我国现行国家标准《自动喷水灭火系统 第 12 部分 扩大覆盖面洒水喷头》GB 5135.12—2006 也规定了该喷头的布水性能、湿墙性能及灭火性能,其中湿墙性能要求该喷头打湿实验室四周墙面距吊顶的距离不大于 1.5m。

在布置要求上,本条要求该喷头应根据生产厂提供的喷头流量特性、洒水分布和喷湿墙面范围等资料,确定喷水强度和喷头的布置。图 11 为边墙型扩大覆盖面积洒水喷头布水及喷湿墙面示意图。

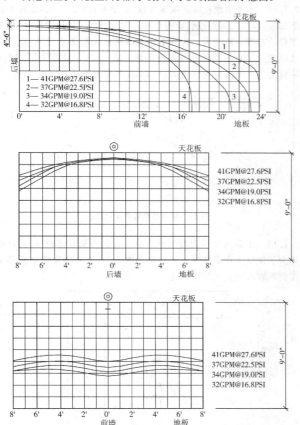

图 11 边墙型扩大覆盖面积洒水喷头布水及喷湿墙面示意图
注:图中英制单位换算:1GPM=0.0758L/s;1PSI=0.0069MPa

7.1.6、7.1.7 这两条是对原条文的修改和补充。

这两条参考美国消防协会标准《自动喷水灭火系统安装标准》NFPA 13 的规定,提出了相应的要求。规定喷头溅水盘与顶板的距离,目的是使喷头热敏元件处于"易于接触热气流"的最佳位置。溅水盘距离顶板太近不易安装维护,且洒水易受影响;太远则升温较慢,甚至不能接触到热烟气流,使喷头不能及时开放。吊顶型喷头和吊顶下安装的喷头,其安装位置不存在远离热烟气流的现象,故不受此项规定的限制(见图 12、图 13)。

梁的高度大或间距小,使顶板下布置喷头的困难增大。然而,由于梁同时具有挡烟蓄热作用,有利于位于梁间的喷头受热,为此对复杂情况提出布置喷头的补充规定。

本条第 1 款是当梁或其他障碍物的高度不超过 300mm 时,喷头可直接布置在障碍物底面的下方,但应保证溅水盘与顶板的距离不大于 300mm。当梁的高度超过 300mm 时,应在梁间布置喷头,并符合第 2 款的规定。

执行第 2 款时,喷头溅水盘不能低于梁的底面。

第 4 款是指对于一些不设吊顶的场所,为避免喷头受梁、障碍

物等的影响,喷头间距可按照第 7.1.2 条的规定采用不等距布置方式,但喷水强度应符合规范规定。

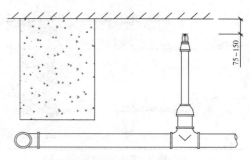

图 12 直立或下垂型标准覆盖面积洒水喷头和扩大覆盖面积洒水喷头溅水盘与顶板的距离

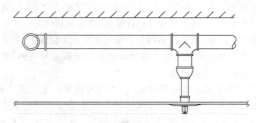

图 13 吊顶下喷头安装示意图

7.1.8 本条规定的适用对象由仓库扩展到包括图书馆、档案馆、商场等堆物较高的场所;规定喷头溅水盘与保护对象的最小垂直距离,是保证喷头的布水在其保护范围内能完全覆盖(见图 14)。

7.1.9 货架内布置的喷头,如果其溅水盘与储物顶部的间距太小,喷头的洒水将因储物的阻挡而不能达到均匀分布的目的。

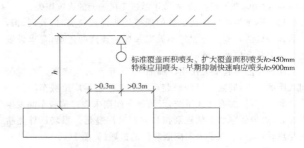

图 14 堆物较高场所通道上方喷头的设置

7.1.10 本条是对原条文的修改和补充。

本条规定了挡水板的适用范围和不适用范围。喷头动作所需的热量主要来自热对流,需要热的烟气流经喷头才能实现。调研中发现,有的商场、超市等采用增设挡水板的方式使喷头悬空布置,喷头与顶板的距离过大,这种布置方式使得喷头的动作大大滞后。美国消防协会标准《自动喷水灭火系统安装标准》NFPA 13 也规定,不应采用挡水板作为辅助喷头启动的方式。

对于货架内置喷头和障碍物下方设置的喷头,如果恰好在喷头的上方有孔洞、缝隙,为防止上部的喷头动作后淋湿下方的喷头而影响喷头动作,规定可在其上方设置挡水板。英国标准《固定式灭火系统－自动喷水灭火系统－设计、安装和维护》BS EN 12845 规定,安装在货架内,或者有孔洞的隔板、平台、楼板或类似位置下的喷头,当较高的喷头动作时有可能淋湿下层喷头的感温元件,喷头应设有金属挡水板,并规定该挡水板的直径为 75mm～150mm。

对挡水板的具体规定是:要求采用金属板制作,形状为圆形或正方形,其平面面积不小于 0.12m²,并要求挡水板的周边向下弯边,弯边的高度要与喷头溅水盘平齐(见图 15)。

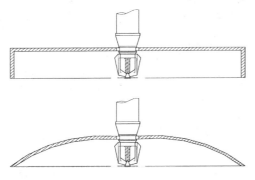

图 15　挡水板示意图

7.1.11 本条是对原条文的修改和补充。

当吊顶上方闷顶或技术夹层的净空高度超过 800mm，且其内部有可燃物时，人员不易发现内部情况，要求设置喷头。如果该空间内部无可燃物，或有可燃物但采用防火措施加以保护，且顶板与吊顶均为非燃烧体或风管的保温材料和吊顶等采用不燃、难燃材料制作时，可不设置喷头。

1983 年冬某宾馆礼堂火灾，就是因为吊顶内电线故障起火，引燃吊顶内的可燃物，致使钢屋架很快坍塌，造成很大损失。又如 1980 年，美国拉斯维加斯市米高梅大饭店(20 层 2000 个床位)的底层游乐场，由于吊顶内电气线路超负荷运转，开始是阴燃，约三四小时后火焰冒出吊顶外，长 140 多米的大厅在 15min 内成为一片火海。当时在场数千人四处奔跑。事后州消防局长感叹地说：这样的蔓延速度，即使当时有几百名消防队员在场，也是无能为力的。据介绍该建筑在设计时，大厅的上下楼层均装有自动喷水灭火系统，只有游乐大厅未装。设计人员的理由是该厅全天 24h 不断人，如发生火灾能及时扑救。由于起火部位在吊顶上方，而闷顶内又未设喷头，结果未能及时扑救，造成了超过 1 亿美元的火灾损失。

7.1.12 本条强调当在建筑物的局部场所设置喷头时，其门、窗、孔洞等开口的外侧及与相邻不设喷头场所连通的走道，要求设置防止火灾从开口处蔓延的喷头。

此种做法可起很大作用。例如 1976 年 5 月上海第一百货公司八层的火灾：同在八层的服装厂与手工艺制品厂植绒车间仅一墙之隔，服装厂装有闭式系统，而植绒车间则未装。植绒车间发生火灾后，火势经隔墙上的连通窗口向服装厂蔓延。服装厂外侧喷头受热动作后，阻断了火灾向服装厂的扩展(见图 16)。

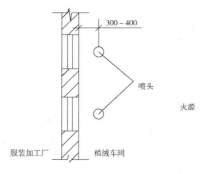

图 16　服装加工厂外侧设置喷头示意图

7.1.13 本条是对原条文的修改和补充。

通透性吊顶的形式、规格、种类多种多样，其设置在给建筑空间带来美观的同时，也会削弱喷头的动作性能、布水性能和灭火性能。本条从镂空率和开口形式等方面规定了不同类型吊顶下喷头的布置要求。

对于诸如垂片、挂板等纵向布置形成的格栅吊顶，本条要求其纵深厚度不应超过吊顶内镂空开口的最小宽度，以便即使通透率

满足要求，吊顶自身的厚度也会改变喷头的洒水分布形式及水滴的冲击性能(图 17)。

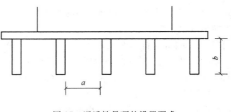

图 17　通透性吊顶的设置要求
技术要求：$b \leqslant a$

7.1.14 本条要求在倾斜的屋面板、吊顶下布置的喷头，垂直于斜面安装，喷头的间距按斜面的距离确定。当房间为坡屋顶时，要求屋脊处布置一排喷头。为利于系统尽快启动和便于安装，按屋顶坡度规定了喷头溅水盘与屋脊的垂直距离：屋顶坡度≥1/3 时，h 不应大于 0.8m；屋顶坡度<1/3 时，h 不应大于 0.6m(图 18)。

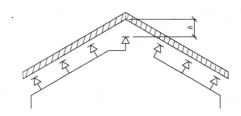

图 18　屋脊处设置喷头示意图

7.1.15 本条规定了边墙型洒水喷头与顶板及背墙的距离，目的是为了使喷头在受热时及时动作。图 19 为直立式边墙型标准覆盖面积洒水喷头安装示意图。

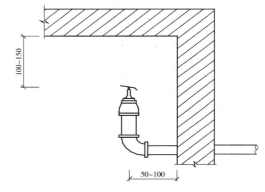

图 19　直立式边墙型喷头的安装示意图

7.1.16 本条按防火分隔水幕和防护冷却水幕，分别规定了布置喷头的排数及排间距。水幕喷头的布置应当符合喷水强度和均匀布水的要求。本规范规定水幕的喷水强度按直线分布衡量，并不能出现空白点。

(1)防火分隔水幕采用开式洒水喷头时按不少于 2 排布置，采用水幕喷头时按不少于 3 排布置。多排布置喷头的目的是为了形成具有一定厚度的水墙或多层水帘。

(2)防护冷却水幕与防火卷帘或防火幕等防火分隔设施配套使用时，要求喷头单排布置，并将水喷向防火卷帘或防火幕等保护对象。

7.2　喷头与障碍物的距离

7.2.1 本条是对原条文的修改和补充，细化了不同类型喷头与障碍物的距离要求。

当顶板下有梁、通风管道或类似障碍物，且在其附近布置喷头时，为避免梁、通风管道等障碍物对喷头洒水分布的影响，本条提

出了喷头与障碍物的距离要求(见本规范图7.2.1)。喷头的布置应当同时满足本规范7.1节中喷头溅水盘与顶板距离的规定,喷头与障碍物的水平间距不小于本规范表7.2.1的规定。如有困难,则要求增设喷头。

7.2.2 本条是对原条文的修改和补充。

喷头附近如有屋架等间断障碍物或管道时,为使障碍物对喷头洒水的影响降至最小,规定喷头与上述障碍物保持一个最小的水平距离。这一水平距离,是由障碍物的最大截面尺寸或管道直径决定的(见本规范图7.2.2)。需要说明的是,本条适用于直立型、下垂型以及边墙型喷头。

7.2.3 本条是对原条文的修改和补充。

本条针对宽度大于1.2m的通风管道、成排布置的管道等水平障碍物对喷头洒水的遮挡作用,提出了增设喷头的规定,以补偿受阻部位的喷水强度,对早期抑制快速响应喷头和特殊应用喷头,提出当障碍物宽度大于0.6m时,就要求增设喷头(见本规范图7.2.3)。

7.2.4 本条是对原条文的修改和补充。

喷头附近的不到顶隔墙,将可能阻挡喷头的洒水。为了保证喷头的洒水能到达隔墙的另一侧,本条提出了不同类型喷头其溅水盘与不到顶隔墙顶面的垂直距离与水平距离的规定(见本规范图7.2.4)。需要说明的是,本条适用于直立型、下垂型以及边墙型喷头。

7.2.5 顶板下靠墙处有障碍物时,将可能影响其邻近喷头的洒水。本条提出了保证洒水免受阻挡的规定。同时,还应保证障碍物下方喷头的洒水没有漏喷空白点(见本规范图7.2.5)。

7.2.6、7.2.7 这两条是对原条文的修改和补充。

这两条提出了边墙型喷头与正前方障碍物及两侧障碍物的关系。规定这两条的目的,是为了防止障碍物影响边墙型喷头的洒水分布(见本规范图7.2.6和图7.2.7)。

本节中各种障碍物对喷水形成的阻挡,将削弱系统的灭火能力。根据喷头洒水不留空白点的要求,要求对因遮挡而形成空白点的部位增设喷头。

8 管 道

8.0.1 为保证系统的用水量,报警阀出口后的管道上不能设置其他用水设施。

8.0.2 本条是对原条文的修改和补充。

本条规定了自动喷水灭火系统报警阀后的管道选型及设置要求。对于报警阀入口前的管道,当采用内壁未经防腐涂覆处理的钢管时,要求在这段管道的末端,即报警阀的入口前设置过滤器,过滤器的规格应符合国家有关标准规范的规定,以保证配水管道的质量,避免不必要的检修。

涂覆钢管具有内部光滑、摩擦阻力小等优点,但同时也存在附着力差、涂层易脱落、易堵塞喷头等。因此,应加强该管道在进场、安装方面的要求,如严禁剧烈撞击和与尖锐物品碰触,不得抛、摔、滚、拖,不得在现场进行切割、焊接、压槽等操作等。在设计方面,涂覆钢管除水力计算与其他材质的管道不同外,其余内容基本一致。

8.0.3 本条为新增条文。

本条结合国内外的相关标准的规定、试验情况以及应用现状,规定了自动喷水灭火系统采用氯化聚氯乙烯(PVC-C)管材及管件的技术要求。氯化聚氯乙烯(PVC-C)管由特殊的氯化聚氯乙烯热塑料制成,具有重量轻、连接方法快速、可靠以及表面光滑、摩擦阻力小等优点。20世纪80年代初,欧美等国家开始在一些改造系统中采用该管材,并逐步应用成熟。

英国、美国等国的标准中均有自动喷水灭火系统的配水管道可采用氯化聚氯乙烯(PVC-C)管的选型要求。如美国消防协会标准《自动喷水灭火系统安装标准》NFPA 13规定,自动喷水灭火系统采用氯化聚氯乙烯(PVC-C)管道时,可用于轻危险级和房间面积不超过37m²的中危险级场所,配水管道的公称直径不应超过80mm;对于轻危险级场所,氯化聚氯乙烯(PVC-C)管道可直接设置在被保护的房间内;对于中危险级场所,氯化聚氯乙烯(PVC-C)管道必须有绝缘体保护,或者敷设于墙里,或者是墙的另一侧等。英国标准《固定式灭火系统-自动喷水灭火系统-设计、安装和维护》BS EN 12845规定,氯化聚氯乙烯(PVC-C)管道用于自动喷水灭火系统时,适用于其规定的轻危险级和中危险级,如办公楼、零售商店、百货公司等,不能应用于严重危险级,并规定只能用于湿式系统。另外还规定,当系统采用快速响应喷头时,允许暴露安装,但管道应紧贴水平结构楼板,并且规定禁止在室外暴露安装等。

我国也针对"自动喷水灭火系统用氯化聚氯乙烯(PVC-C)管材及管件"开展了试验研究,研究内容包括水压试验、灭火试验和环境试验。其中在灭火试验中,在30min的灭火试验后,对整个管网进行水压试验,加压至1.2MPa,保持5min试件无破裂漏水现象,直至加压到7.71MPa,DN50管道才破裂。

在管网敷设方面,考虑到氯化聚氯乙烯(PVC-C)管材及管件的低温脆性以及承压能力受温差的影响较大等不利因素,应避免将氯化聚氯乙烯(PVC-C)管材及管件设置在阳光直射的区域,并远离供暖管道、蒸汽管道等热源,当确需设置在该场所时,应采取保护措施。

8.0.4 本条为新增条文。

消防洒水软管是自动喷水灭火系统中用于连接喷头与配水支管或短立管之间的管道,具有安装快速、简易以及具有防震防错位功能等优点,可方便调整喷头的高度和布置间距,以及防止由于建筑物等受到强大振动或冲击时使消防系统管道开裂或造成消防系统的崩溃等,目前,消防洒水软管在我国的应用较多,主要用于办公楼以及洁净室无尘车间等。本次修订增加了消防洒水软管的设置要求,包括设置场所的火灾危险等级、系统类型以及管道长度等。

8.0.5 本条对不同材质配水管网的连接方式作出了规定。对于热镀锌钢管和涂覆钢管,采用沟槽式管道连接件(卡箍)、螺纹或法兰连接,不允许管段之间焊接。报警阀入口前的管道,因没有强制规定采用镀锌钢管,故管道的连接允许焊接。

对于"沟槽式管道连接件(卡箍)、螺纹或法兰连接"方式,本规范并列推荐,无先后之分。

8.0.6 为了便于检修,本条提出了要求管道分段采用法兰连接的规定,并对水平、垂直管道中法兰间的管段长度提出了要求。

8.0.7 本条规定要求经水力计算确定管径,管道布置力求均衡配水管入口压力的规定。只有经过水力计算确定的管径,才能做到既合理又经济。在此基础上,提出了在保证喷头工作压力的前提下,限制轻、中危险级场所系统配水管入口压力不宜超过0.40MPa的规定。

8.0.8、8.0.9 这两条是对原条文的修改和补充。

控制配水管道上设置的喷头数以及限制各种直径管道控制的喷头数,目的是为了控制配水支管的长度,保证系统的可靠性和尽量均衡系统管道的水力性能,避免水头损失过大,国外标准也有类似规定(表9)。需要说明的是,这两条仅适用于标准流量洒水喷头,当采用其他类型喷头时,管道的直径仍应通过水力计算确定。

表 9 国外标准中管道估算汇总表

名称	原英国标准(BS 5306)《自动喷水灭火系统安装规则》	美国标准 NFPA 13《自动喷水灭火系统安装标准》	日本(损保协会)标准《自动消防灭火设备规则》	苏联标准《自动消防设计规范》
计算公式	海澄—威廉公式 $\Delta P = \dfrac{6.05 \times Q^{1.85} \times 10^8}{C^{1.85} \times d^{4.87}}$ (mbar/m)		曼宁公式 $i = 0.001029 \times \dfrac{Q^2}{d^{5.33}}$ (mH₂O/m)	

续表 9

名称	原英国标准(BS 5306)《自动喷水灭火系统安装规则》			美国标准 NFPA 13《自动喷水灭火系统安装标准》			日本(损保协会)标准《自动消防灭火设备规则》			苏联标准《自动消防设计规范》
危险等级	轻级	中级	严重级	轻级	中级	严重级	轻级	中级	严重级	—
喷水强度 (L/min·m²)	2.25	5.0	7.5~30	2.8~4.1	4.1~8.1	8.1~16.3	5	6.5	10	15~25
作用面积(m²)	84	72~360	260~300	279~139	372~139	465~132	150	240~360	260~300	—
最不利点处喷头压力(MPa)	0.05			0.1			0.1			0.05
管道直径(mm)	控制喷头数(只)			控制喷头数(只)			控制喷头数(只)			控制喷头数(只)
20	1	—	—	—	—	—	—	—	—	—
25	3	—	—	2	2	2	2	2	1	2
32	—	2或3	2	3	3	3	4	3	2	3
40	—	4或6	4	4	4	5	7	6	4	5
50	—	8或9	8	10	10	10	10	8	6	10
65	—	16或18	12	30	20		20	16	12	20
80	—	18	60	40		水力计算	32	24	18	12	36
100	—	48	100	100			>32	48	48	16	75
150	—	—	—	275			—	>48	>48	48	140
200	—	—	—	—			—	—	>48	—	—

8.0.10 为控制小管径管道的水头损失和防止杂物堵塞管道,本条提出了短立管及末端试水装置的连接管的最小管径不小于25mm的规定。

8.0.11 本条参考美国消防协会标准《自动喷水灭火系统安装标准》NFPA 13 的有关规定,对干式、预作用及雨淋系统报警阀出口后配水管道的充水时间提出了新的要求,其目的是为了达到系统启动后立即喷水的要求。

8.0.13 自动喷水灭火系统的管道要求有坡度,并坡向泄水管。规定此条的目的在于充水时易于排气,维修时易于排尽管内积水。

9 水力计算

9.1 系统的设计流量

9.1.1 喷头流量的计算公式:

$$q = K\sqrt{\dfrac{P}{9.8 \times 10^4}} \qquad (1)$$

此公式国际通用,当 P 采用 MPa 时约为:

$$q = K\sqrt{10P} \qquad (2)$$

式中:P——喷头工作压力[公式(1)单位取 Pa,公式(2)单位取 MPa];

K——喷头流量系数;

q——喷头流量(L/min)。

喷头最不利点处最低工作压力本规范已作出明确规定,设计中按本公式计算最不利点处作用面积内各个喷头的流量,使系统设计符合本规范要求。

9.1.2 本条参照国外标准,提出了确定作用面积的方法。

(1)英国标准《固定式灭火系统—自动喷水灭火系统—设计、安装和维护》BS EN 12845 规定的计算方法为:应由水力计算确定系统最不利点处作用面积的位置。此作用面积的形状应尽可能接近矩形,并以一根配水支管为长边,其长度应大于或等于作用面积平方根的1.2倍。

(2)美国消防协会标准《自动喷水灭火系统安装标准》NFPA 13 规定:对于所有按水力计算要求确定的设计面积应是矩形面积,其长边应平行于配水支管,边长等于或大于作用面积平方根的1.2倍。喷头数若有小数就进位成整数。当配水支管的实际长度小于边长的计算值,即实际边长<$1.2\sqrt{A}$ 时,作用面积要扩展到

该配水管邻近配水支管上的喷头。

举例(见图20):

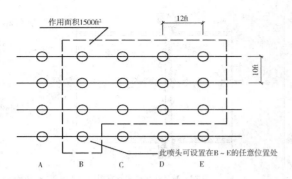

图20 NFPA-13标准中作用面积的举例

已知:作用面积为1500ft²

每个喷头保护面积 $10 \times 12 = 120 (ft^2)$

求得:喷头数 $n = \dfrac{1500}{120} = 12.5 \approx 13$

矩形面积的长边尺寸:$L = 1.2 \sqrt{1500} = 46.48 (ft)$

每根配水支管的动作喷头数

$$n' = \dfrac{46.48}{12} = 3.87 \approx 4 (只)$$

注:1ft² = 0.0929m²;1ft = 0.3048m。

(3)德国标准《喷水装置规范》(1980年版)规定:首先确定作用面积的位置,再求出作用面积内的喷头数。要求各单独喷头的保护面积与作用面积内所有喷头的平均保护面积的误差不超过20%。这里相邻四个喷头之间的围合范围为一个喷头的保护面积。

举例:当300m²的作用面积内有40个喷头时,其平均保护面积为300/40 = 7.5(m²)。当布置喷头时(见图21),一只喷头的最大保护面积为8.75m²,其偏差为17%,小于20%,因此允许喷头的间距不做调整。

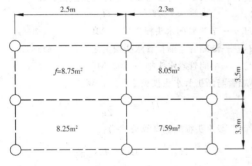

图21 德国规范中作用面积的举例

9.1.3 本条规定提出了系统的设计流量应按最不利点处作用面积内的喷头全部开放喷水时,所有喷头的流量之和确定,并用本规范公式9.1.3表述上述含义。

英国标准《固定式灭火系统—自动喷水灭火系统—设计、安装和维护》BS EN 12845规定:应保证最不利点处作用面积内的最小喷水强度符合规定。当喷头按正方形、长方形或平行四边形布置时,喷水强度的计算,取上述四边形顶点上四个喷头的总喷水量并除以4,再除以四边形的面积求得。

美国消防协会标准《自动喷水灭火系统安装标准》NFPA 13规定:作用面积内每只喷头在工作压力下的流量,应能保证不小于最小喷水强度与一个喷头保护面积的乘积。水力计算应从最不利点处喷头开始,每个喷头开放时的工作压力不应小于该点的计算压力。

9.1.4 本条为新增条文。

本条规定了采用防护冷却系统保护防火分隔设施时的系统

用水量计算要求。设置场所设有自动喷水灭火系统时,发生火灾时可认为火灾不会蔓延出设定的作用面积之外,因此其保护长度也不会超出系统设计作用面积的长边长度。当该场所没有设置常规的自动喷水灭火系统时,则按照一个防火分区整体考虑。

9.1.5 本条规定对任意作用面积内的平均喷水强度及最不利点处作用面积内任意4只喷头围合范围内的平均喷水强度提出了要求。

9.1.6 本条规定了设有货架内置喷头自动喷水灭火系统的设计流量计算方法。对设有货架内置喷头的仓库,要求分别计算顶板下开放喷头和货架内开放喷头的设计流量后,再取二者之和,确定为系统的设计流量。

9.1.7 本条是针对建筑物内设有多种类型系统,或按不同危险等级场所分别选取设计基本参数的系统,提出了出现此种复杂情况时确定系统设计流量的方法。

9.1.8 当建筑物内同时设置自动喷水灭火系统和水幕系统时,与自动喷水灭火系统作用面积交叉或连接的水幕,将可能在火灾中同时动作,因此系统的设计流量,要求按包括与自动喷水灭火系统同时工作的水幕系统的用水量计算,并取二者之和中的最大值确定。

9.1.9 采用多套雨淋报警阀并分区逻辑组合控制保护面积的系统,其设计流量的确定,要求首先分别计算每套雨淋报警阀的流量,然后将需要同时开启的各雨淋报警阀的流量叠加,计算总流量,并选取不同条件下计算获得的各总流量中的最大值,确定为系统的设计流量。

9.1.10 本条提出了建筑物因扩建、改建或改变使用功能等原因,需要对原有的自动喷水灭火系统延伸管道、扩展保护范围或增设喷头时,要求重新进行水力计算的规定,以便保证系统变化后的水力特性符合本规范的规定。

9.2 管道水力计算

9.2.1 采用经济流速是给水系统设计的基础要素,本条规定宜采用经济流速,必要时可采用较高流速。采用较高的管道流速,不利于均衡系统管道的水力特性并加大能耗;为降低管道摩阻而放大管径、采用低流速,将导致管道重量的增加,使设计的经济性能降低。

我国《给排水设计手册》(第三册)建议,钢管内水的平均流速允许不大于5m/s,铸铁管的允许值为3m/s;

德国规范规定,必须保证在报警阀与喷头之间的管道内,水流速度不超过10m/s,在组件配件内不超过5m/s。

9.2.2 本条是对原条文的修改。

管道沿程水头损失的计算,国内外采用的公式有以下几种:

我国现行国家标准《建筑给水排水设计规范》GB 50015和《室外给水设计规范》GB 50013采用Hazen-Williams(海澄—威廉)公式,即公式(3):

$$i = 105 \times C_h^{-1.85} \times d_j^{-4.87} \times q_g^{1.85} \tag{3}$$

式中:i——管道单位长度水头损失(kPa/m);

d_j——管道计算内径(m);

q_g——设计流量(m³/s);

C_h——海澄—威廉系数。

英、美、日、德等国的自动喷水灭火系统规范,也采用海澄—威廉公式,即公式(4):

$$p_m = 6.05 \left(\dfrac{Q_m^{1.85}}{C^{1.85} d_m^{4.87}} \right) 10^5 \tag{4}$$

式中:p_m——管道每米阻力损失(bar);

Q_m——流量(L/min);

C——管道材质系数;

d_m——管道实际内径(mm)。

原规范采用舍维列夫公式,即公式(5)。1953 年,舍维列夫根据其对旧铸铁管和旧钢管所进行的试验,提出了该经验公式,因此该公式主要适用于旧铸铁管和旧钢管。

$$i = 0.0000107 \frac{V^2}{d_j^{1.3}} \qquad (5)$$

式中：i——管道的单位长度水头损失(MPa/m)；

V——管道内水或泡沫混合液的平均流速(m/s)；

d_j——管道的计算内径(m)。

为便于比较两计算式计算结果的差异,将公式(5)除以公式(3)得公式(6)：

$$k = 0.0001593 \frac{C^{1.85} V^{0.15}}{d^{0.13}} \qquad (6)$$

对于镀锌钢管,取 $C=100$,此时公式(7)如下：

$$k_1 = 0.7984 \frac{V^{0.15}}{d^{0.13}} \qquad (7)$$

对于铜管和不锈钢管,取 $C=130$,此时公式(8)如下：

$$k_2 = 1.2972 \frac{V^{0.15}}{d^{0.13}} \qquad (8)$$

结合本规范规定,对管径为 25mm～200mm,流速为 2.5m/s～10m/s 的情况,计算得：对于普通钢管,k_1 介于 1.1292～1.8217 之间；对于铜管和不锈钢管,k_2 介于 2.1233～2.9600 之间。

当系统采用镀锌钢管时,两个公式的计算结果相差不是很大。当系统采用铜管和不锈钢管时,公式(3)的计算结果要远大于公式(4),若此时还用公式(3)进行计算,势必会造成不必要的经济浪费。而且,对于不锈钢管和铜管,在使用过程中内壁粗糙度增大的情况并不十分明显。因此,宜用公式(4)进行计算。

9.2.3 局部水头损失的计算,英、美、日、德等国规范均采用当量长度法。为与国际惯例保持一致,本规范规定采用当量长度法计算。由于我国缺乏实验数据,故仍采用原规范条文说明中推荐的数据。美国消防协会《自动喷水灭火系统安装标准》的规定见表 10。

日本、德国规范的当量长度表与表 10 相同。表 10 中的数据是按管道材质系数 $C=120$ 计算,当 $C=100$ 时,需乘以修正系数 0.713。

表 10 美国规范当量长度表(m)

管件名称		45°弯管	90°弯管	90°长弯管	三通或四通管	蝶阀	闸阀	止回阀
管件直径(mm)	25	0.3	0.6	0.6	1.5	—	—	1.5
	32	0.3	0.9	0.6	1.8	—	—	2.1
	40	0.6	1.2	0.6	2.4	—	—	2.7
	50	0.6	1.5	1.5	3.1	1.8	0.3	3.4
	65	0.9	1.8	1.2	3.7	2.1	0.3	4.3
	80	0.9	2.1	1.5	4.6	3.1	0.3	4.9
	100	1.2	3.1	1.8	6.1	3.7	0.6	6.7
	125	1.5	3.7	2.4	7.6	2.7	0.6	8.2
	150	2.1	4.3	2.7	9.2	3.1	0.9	9.8
	200	2.7	5.5	4.0	10.7	3.7	1.2	13.7
	250	3.3	6.7	4.9	15.3	5.8	1.5	16.8

9.2.4 本条是对原条文的修改和补充。

本条规定了水泵扬程或系统入口供水压力的计算方法。计算中对报警阀、水流指示器局部水头损失的取值,按照相关的现行标准作了规定,其中湿式报警阀局部水头损失的取值,随产品标准修订后的要求进行了修改。要求生产厂在产品样本中说明此项指标是否符合现行标准的规定,当不符合时,要求提出相应的数据。

报警阀的局部水头损失,系参照国家标准《自动喷水灭火系统 第 4 部分：干式报警阀》GB 5135.4—2003 和《自动喷水灭火系统 第 14 部分：预作用装置》GB 5135.14—2011 的规定。

9.3 减压设施

9.3.1 本条规定了对设置减压孔板管段的要求。要求减压孔板采用不锈钢板制作,按常规确定的孔板厚度：$\Phi50mm～80mm$ 时,

$\delta=3mm$；$\Phi100mm～150mm$ 时,$\delta=6mm$；$\Phi200mm$ 时,$\delta=9mm$。减压孔板的结构示意图见图 22。

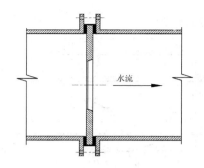

图 22 减压孔板结构示意图

9.3.2 节流管的结构示意图见图 23,$L_1=D_1$,$L_3=D_3$。

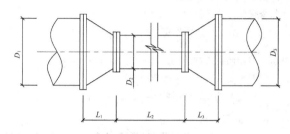

图 23 节流管结构示意图

9.3.3 本条规定了减压孔板水头损失的计算公式。标准孔板水头损失的计算,有各种不同的计算公式。经过反复比较,本规范选用 1985 年版《给水排水设计手册》第二册中介绍的公式,此公式与《工程流体力学》(东北工学院李诗久主编)、《流体力学及流体机械》(东北工学院李富成主编)、《供暖通风设计手册》及 1985 年版《给水排水设计手册》中介绍的公式计算结果相近。

9.3.4 本条规定了节流管水头损失的计算公式。节流管的水头损失包括渐缩管、中间管段与渐扩管的水头损失。即：

$$H_j = H_{j1} + H_{j2} \qquad (9)$$

式中：H_j——节流管的水头损失(10^{-2}MPa)；

H_{j1}——渐缩管与渐扩管水头损失之和(10^{-2}MPa)；

H_{j2}——中间管段水头损失(10^{-2}MPa)。

渐缩管与渐扩管水头损失之和的计算公式为：

$$H_{j1} = \zeta \cdot \frac{V_j^2}{2g} \qquad (10)$$

中间管段水头损失的计算公式为：

$$H_{j2} = 0.00107 \cdot L \cdot \frac{V_j^2}{d_j^{1.3}} \qquad (11)$$

式中：V_j——节流管中间管段内水的平均流速(m/s)；

ζ——渐缩管与渐扩管的局部阻力系数之和；

d_j——节流管中间管段的计算内径(m)；

L——节流管中间管段的长度(m)。

节流管管径为系统配水管道管径的 1/2,渐缩角与渐扩角取 $\alpha=30°$。由《建筑给水排水设计手册》(1992 年版)查表得出渐缩管与渐扩管的局部阻力系数分别为 0.24 和 0.46。取二者之和 $\zeta=0.7$。

9.3.5 本条是对原条文的修改和补充。

本条提出了系统中设置减压阀的规定。近年来,在设计中采用减压阀作为减压措施的已经较为普遍。本条规定：

第 1 款是为了保证系统可靠动作,除水流指示器入口允许安装信号阀外,报警阀出口管道上不得随意安装其他阀件,因此要求减压阀应设置在报警阀入口前；

第 2 款是为了防止堵塞,要求减压阀入口前设过滤器；

第3款是强调为检修时不关停系统，与并联安装的报警阀连接的减压阀应设有备用的减压阀（见图24）；

第4款的目的是为了保证减压阀稳定正常的工作，当垂直安装时，要求按水流方向向下安装；

第6款规定当减压阀主阀体自身带有压力表时，可不设置压力表。

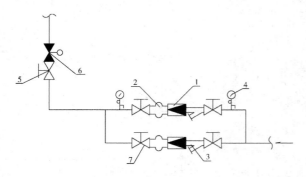

图24　减压阀安装示意图
1—减压阀；2—橡胶软接头；3—过滤器；4—压力表；5—信号阀；
6—报警阀；7—蝶阀或闸阀（带信号）

10　供　　水

10.1　一　般　规　定

10.1.1　本条在相关规范规定的基础上，对水源提出了"无污染、无腐蚀、无悬浮物"的水质要求，以及保证持续供水时间内用水量的补充规定。

目前我国自动喷水灭火系统采用的水源及其供水方式有：由市政给水管网供水、采用消防水池和采用天然水源。

国外自动喷水灭火系统规范中也有类似的规定，例如：苏联《自动消防设计规范》中自动喷水灭火系统的供水可以是能够经常保证供给系统所需用水量的区域供水管、城市给水管和工业供水管道，河流、湖泊和池塘，井和自流井。英国《自动喷水灭火系统安装规则》规定可采用的水源有城市给水干管、高位专用水池、重力水箱、自动水泵、压力水罐。

上面所列举水源水量不足时，必须设消防水池。除上述规定外，还要求系统的用水中不能含有可堵塞管道的纤维物或其他悬浮物。

10.1.2　对与生活用水合用的消防水池和消防水箱，要求其储水的水质符合饮用水标准，以防止污染生活用水。

10.1.3　为保证供水可靠性，本条提出了在严寒与寒冷地区，要求采取必要的防冻措施，避免因冰冻而造成供水不足或供水中断的现象发生。

我国近年的火灾案例中，仍存在因缺水或供水中断而使系统失效、造成严重事故的现象，因此要高度重视供水的可靠性。国外同样存在因缺水或供水中断，而使系统不能成功灭火的现象（见表11）。

表11　自动喷水灭火系统不成功案例的统计表

原因 \ 行业	学校	公共建筑	办事机构	住宅	公共会场	仓库	百货店小卖部	工厂	其他	合计件数 件数	百分比(%)	累计(%)
供水中断	4	3	4	13	23	122	83	791	67	1110	35.4	35.4
作业危险	0	1	1	1	0	38	12	366	5	424	13.5	48.9
供水量不足	1	2	1	5	3	43	4	259	0	311	10.1	59.0
喷水故障	1	0	1	2	4	40	4	207	3	262	8.4	67.4
保护面积不当	0	0	0	3	1	57	11	183	1	256	8.1	75.6
设备不完善	8	3	2	9	10	24	11	187	0	254	8.1	83.7
结构不合防火标准	5	3	1	11	9	10	35	112	1	187	6.0	89.7
装置陈旧	1	1	1	2	0	3	1	56	1	65	2.1	91.8
干式阀不合格	0	0	0	0	1	6	4	45	0	56	1.8	93.6
动作滞后	0	0	0	0	0	0	1	38	0	44	1.4	95.0
火灾蔓延	0	0	0	0	0	11	1	36	2	52	1.7	96.7
管道装置冻结	0	0	0	0	0	5	4	32	2	44	1.4	98.1
其他	0	0	0	1	0	7	1	46	3	60	1.9	100
合计	20	12	13	48	52	375	176	2351	87	3134	100	100

注：本表摘自"NFPA"Fire Journal VOL 64 NO.4——July 1970.

10.1.4　本条是对原条文的修改和补充。

自动喷水灭火系统是有效的自救灭火设施，将在无人操纵的条件下自动启动喷水灭火，扑救初期火灾的功效优于消火栓系统。由于该系统的灭火成功率与供水的可靠性密切相关，因此要求供水的可靠性不低于消火栓系统。出于上述考虑，对于设置两个及以上报警阀组的系统，按室内消火栓供水管道的设置标准，提出"报警阀组前应设环状供水管道"的规定（见图25）。

本条强调在报警阀前的控制阀应采用信号阀或设置锁定阀位的锁具，目的是防止阀门误关闭，导致系统供水中断。因为环状供水管道上设置的阀门，既是报警阀的水源控制阀，又是管网检修控制阀，对于确保系统正常供水至关重要。根据美国消防协会

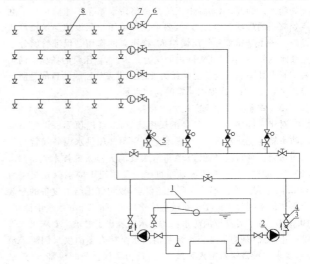

图25　环状供水示意图
1—消防水池；2—水泵；3—止回阀；4—闸阀（信号阀）；5—报警阀组；
6—信号阀；7—水流指示器；8—闭式喷头

1925年～1959年的统计资料，在自动喷水灭火系统灭火失败的2554次案例中，由阀门关闭引起的有909次，占总数的36%。

10.2　消　防　水　泵

10.2.1　本条是对原条文的修改。

本条提出了采用临时高压给水系统的自动喷水灭火系统宜设置独立消防水泵的规定。规定此条的目的，是为了保证系统供水的可靠性与防止干扰。按一用一备或二用一备的要求设置备用泵，比例较合理而且便于管理。

对系统独立设置消防水泵确有困难的场所，本条规定自动喷

水灭火系统可与消火栓系统合用消防水泵,但当合用消防水泵时,系统管道应在报警阀前分开,并采取措施确保消火栓系统用水不会影响自动喷水灭火系统用水。

10.2.2 可靠的动力保障,也是保证可靠供水的重要措施。因此,提出了按二级负荷供电的系统,要求采用柴油机泵组做备用泵的规定。

10.2.3 在本规范中重申了系统的消防水泵、稳压泵,应采取自灌式吸水方式,以及水泵吸水口要求采取防止杂物堵塞措施的规定。

10.2.4 本条是对原条文的修改。

本条对系统消防水泵进出口管道及其阀门等附件的配置提出了要求。对有必要控制消防水泵出口压力的系统,提出了要求采取相应措施的规定。

在消防水泵出水管上设置流量和压力检测装置或预留可供连接流量压力检测装置的接口,是用于消防水泵启动运行试验时检测水泵能否满足设计所需的流量和压力要求。

10.3 高位消防水箱

10.3.1 本条规定了采用临时高压给水系统的自动喷水灭火系统,要求设置高位消防水箱,且允许高位消防水箱合用。设置高位消防水箱的目的在于:

(1)利用位差为系统提供准工作状态下所需要的水压,达到使管道内的充水保持一定压力的目的;

(2)提供系统启动初期的用水量和水压,在消防水泵出现故障的紧急情况下应急供水,确保喷头开放后立即喷水,控制初期火灾和为外援灭火争取时间。

10.3.2 本条为新增条文。

自动喷水灭火系统中,高位消防水箱由于受到位差的限制,在向建筑物的顶层或距离较远部位供水时会出现水压不足现象,使在高位消防水箱供水期间系统的喷水强度不足,将削弱系统的控灭火能力。为此,本条提出系统高位消防水箱在不能满足最不利点处喷头的最低工作压力时,要求设置增压稳压设施。增压稳压设施一般由稳压泵和气压罐组成,稳压泵的作用是保证管网处于充满水的状态,并保证管网内的压力。因此,稳压泵的扬程应满足最不利点处喷头的最低工作压力要求。设置气压罐的目的是防止稳压泵频繁启停,并提供一定的初期水量。

10.3.3 本条是对原条文的修改和补充。

对于一些建筑高度不高的民用建筑,或者屋顶无法设置高位消防水箱的工业建筑,本条提出允许采用气压供水设备代替高位消防水箱。现行国家标准《消防给水及消火栓系统技术规范》GB 50974—2014规定,消防水泵在机械应急情况下应确保在报警后5min内正常工作。本条参照上述要求,规定气压给水设备的有效容积按最不利处4只喷头在最低工作压力下的5min用水量计算。

10.3.4 本条对高位消防水箱的出水管提出了要求。要求出水管设有止回阀,是为了防止水泵及消防水泵接合器的供水倒流入水箱;要求在报警阀前接入系统管道,是为了保证及时报警;规定采用较大直径的管道,是为了减少水头损失。

10.4 消防水泵接合器

10.4.1 本条提出了设置消防水泵接合器的规定。消防水泵接合器是用于外部增援供水的措施,当系统消防水泵不能正常供水时,由消防车连接消防水泵接合器向系统的管道供水。美国巴格斯城的K商业中心仓库1981年6月21日发生火灾,由于没有设置消防水泵接合器,在缺水和过早断电的情况下,消防车无法向自动喷水灭火系统供水。上述案例说明了设置消防水泵接合器的必要性。消防水泵接合器的设置数量,要求按系统的流量与消防水泵接合器的选型确定。

10.4.2 受消防车供水压力的限制,超过一定高度的建筑,通过消防水泵接合器由消防车向建筑物的较高部位供水,将难以实现一

步到位。为解决这个问题,根据某些省市消防局的经验,规定在当地消防车供水能力接近极限的部位,设置接力供水设施。接力供水设施由接力水箱和固定的电力泵或柴油机泵、手抬泵等接力泵,以及消防水泵接合器或其他形式的接口组成。

接力供水设施示意图见图26。

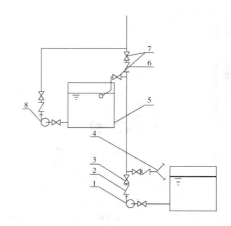

图26 接力供水设施示意图
1—水泵;2—止回阀;3—闸阀;4—消防水泵接合器;5—接力水箱;
6—止回阀;7—闸阀(常开);8—接力水泵(固定或移动)

11 操作与控制

11.0.1~11.0.3 这三条是对原条文的修改和补充。

这三条是根据目前国内外自动喷水灭火系统消防水泵启泵方式的应用现状,分别规定了不同类型自动喷水灭火系统消防水泵的启动方式,并与国家标准《消防给水及消火栓系统技术规范》GB 50974协调一致。需要说明的是,规定不同的启泵方式,并不是要求系统均应设置这几种启泵方式,而是指任意一种方式均应能直接启动消防水泵。

对湿式与干式系统,原规范规定仅采用报警阀压力开关信号直接联锁启泵这一种启泵方式,但根据目前应用现状,压力开关存在易堵塞、启泵时间长等缺点。因此,第11.0.1条在维持原有启泵方式的基础上,新增了采用消防水泵出水干管上设置的压力开关、高位消防水箱出水管上的流量开关直接启泵方式。

对于预作用系统,除上述启泵方式外,国内也采用火灾自动报警系统直接自动启动消防水泵的做法,即火灾自动报警系统除控制预作用装置外,另有一组信号启动消防水泵。

对雨淋系统及自动控制的水幕系统,由于其有火灾自动报警系统控制和充液(水)传动管控制两种类型,第11.0.3条分别规定了这两种类型系统的启泵方式。

11.0.4 本条规定了消防水泵的启泵方式,要求具有自动、远程启动和现场手动应急操作三种启动消防水泵的方式。

11.0.5 本条为新增条文。本条规定了不同类型场所设置预作用系统时,预作用装置推荐采用的自动控制方式。

1 准工作状态时严禁误喷的场所,采用火灾探测器一组探测信号,只有火灾探测器动作后才开启预作用装置,能有效防止喷头误动作时开启供水,造成水渍污染。

2 准工作状态时严禁管道充水的场所和用于替代干式系统的场所,采用火灾探测器和闭式洒水喷头(充气管道上设置的压力开关)两组探测信号,组成"与"门,在两组信号都动作之后才打开预作用装置,能够防止其中一组探测元件误动作时启动系统。

11.0.6 本条提出了雨淋系统和自动控制的水幕系统中雨淋报警阀的自动控制方式,允许采用电动、液(水)动或气动控制。

控制充液(水)传动管上闭式喷头与雨淋报警阀之间的高程差,是为了控制与雨淋报警阀连接的充液(水)传动管内的静压,保证传动管上闭式喷头动作后能可靠地开启雨淋报警阀。

11.0.7 本条是对原条文的修改和补充。

对预作用系统、雨淋系统及自动控制的水幕系统,本条提出了要具有自动、远程启动和现场手动应急操作三种开启报警阀组的规定。手动是指现场手动启动报警阀组,控制室手动操作属远控启动。对于一些设置报警阀组数量多且布置分散的场所,可在报警阀组处设就地手动开阀设施,并设手动报警按钮。

11.0.8 本条为新增条文。本条提出对于建筑物局部场所采用预作用系统,且该系统串接在湿式系统上时,预作用装置也应具备第11.0.7条规定的三种控制方式。

11.0.9 本条规定了与快速排气阀连接的电动阀的控制要求,是保证干式、预作用系统有压充气管道迅速排气的措施之一。

11.0.10 自动喷水灭火系统灭火失败的教训,很多是由于维护不当和误操作等原因造成的。加强对系统状态的监视与控制,能有效消除事故隐患。对系统的监视与控制要求,包括:

(1)监视电源及备用动力的状态;

(2)监视系统的水源、水箱(罐)及信号阀的状态;

(3)可靠控制水泵的启动并显示反馈信号;

(4)可靠控制雨淋报警阀、电磁阀、电动阀的开启并显示反馈信号。

(5)监视水流指示器、压力开关的动作和复位状态。

(6)可靠控制补气装置,并显示气压。

12 局部应用系统

12.0.1 本条是对原条文的修改和补充。本条规定了局部应用系统的适用范围。

近年来,随着人们对消防意识的不断加强,自动喷水灭火系统的使用日益受到人们的重视,其使用范围也得到了不同程度的增加,一些中小型商店、超市等都增设了自动喷水灭火系统。这些场所大多数是由其他用途的建筑改造或扩建而成,大多未设置自动喷水灭火系统,若按标准配置追加设置自动喷水灭火系统较为困难。

局部应用系统与标准配置的自动喷水灭火系统相比,具有结构简单、安装方便和维护管理容易等优点,但同时存在供水可靠度低等缺点,因此在推广应用局部应用系统的同时,还应严格限制该系统的规模。

12.0.2 本条是对原条文的修改和补充。

本条规定了局部应用系统的设计基本参数要求。建筑物中局部设置自动喷水灭火系统时,按现行规范原规定条文设置供水设施往往比较困难,为此参照国内外相关规范的最低限度要求,按"保证足够喷水强度,在消防队投入增援灭火之前保证足够喷水面积和持续喷水时间"的原则,提出设计局部应用系统的具体指标,包括:喷水强度、作用面积和持续喷水时间等。

娱乐性场所内陈设、装修装饰及悬挂的物品较多,而且多数为木材、塑料、纺织品、皮革等易燃材料制作,点燃时容易酿成火灾,且发生火灾时蔓延速度较快、放热速率的增长较快。对于一些中小型商店、超市等,此类场所可燃物品较多,且用电设施较多,因此发生火灾的可能性较大。此外,这些场所多属于人员密集场所,火灾时极易造成拥挤现象。

规定采用快速响应喷头,是为了控制系统投入喷水、开始灭火的时间,有利于保护现场人员疏散、控制火灾及弥补作用面积的不足。局部应用系统的主要目的是扑救初期火灾,并防止火灾的大范围扩散,为人员疏散赢得时间,因此只要求持续喷水时间为0.5h,因为0.5h可以得到人员疏散和请求消防队员支援的时间。

12.0.3 本条是对原条文的修改和补充。

本章根据"在消防队投入增援灭火之前保证足够喷水面积和持续喷水时间"的原则,确定了局部应用系统的作用面积和持续喷水时间。由于局部应用系统的作用面积小于本规范表5.0.1的规定值,所以按本章规定设计的系统,控制火灾的能力偏低于按本规范第5.0.1条规定数据设计的系统。

局部应用系统保护区域内的最大厅室,指由符合相关规范规定的隔墙围护的区域。

采用标准覆盖面积洒水喷头可减少洒水受阻的可能性。采用扩大覆盖面积洒水喷头时要求严格执行本规范第1.0.4条的规定。任何不符合现行国家标准的其他喷头,本规范都不允许使用。

美国消防协会标准《自动喷水灭火系统安装标准》NFPA 13规定,局部应用系统的作用面积按100m²确定,当小于100m²时,按房间实际面积计算,当采用扩大覆盖面积洒水喷头时,计算喷头数不应小于4只,当采用标准覆盖面积洒水喷头时,计算喷头数不小于5只。面积较小房间布置的喷头较少,应将房间外2只喷头计入作用面积,此要求在NFPA中是必须的、基本的要求。

12.0.4 本条允许局部应用系统与室内消火栓合用消防用水量和稳压设施、消防水泵及供水管道,有利于降低造价,便于推广。

举例说明:按室内消防用水量10L/s、火灾延续时间2h确定室内消防用水量的建筑物,其消防水池除了供给10只开放喷头的用水量外,尚可供2支水枪工作约1.5h。

按室内消防用水量5L/s、火灾延续时间2h确定室内消防用水量的建筑物,其消防水池除了供给10只开放喷头的流量外,尚可供1支水枪工作约1h。

12.0.5 本条参考美国消防协会标准《自动喷水灭火系统安装标准》NFPA 13中"喷头数量少于20只的系统可不设报警阀组"的规定,提出小规模系统可省略报警阀组、简化系统构成的规定。

12.0.9 本条是对原条文的修改和补充。

本条提出了局部应用系统的供水要求,规定系统可结合自身特点和使用场所以及工程实际情况,选择市政管网供水或生活管网供水等方式。

本条第5款参照现行国家标准《建筑给水排水设计规范》GB 50015的要求,提出了从城市供水管网上接出消防用水管道时,应设置管道倒流防止器或其他有效防止倒流污染的措施。

中华人民共和国国家标准

民用爆破器材工程设计安全规范

Safety code for design of engineering of
civil explosives materials

GB 50089 - 2007

主编部门:国防科学技术工业委员会
批准部门:中华人民共和国建设部
施行日期:2 0 0 7 年 8 月 1 日

中华人民共和国建设部公告

第 578 号

建设部关于发布国家标准
《民用爆破器材工程设计安全规范》的公告

现批准《民用爆破器材工程设计安全规范》为国家标准,编号为GB 50089—2007,自2007 年 8 月 1 日起实施。其中,第3.2.2、3.2.3、3.3.1、3.3.2、3.3.3、3.3.6、4.2.2、4.2.3、4.2.4、4.3.2、4.3.3、5.1.1 (3)、5.2.2 (1) (3) (5) (6) (7) (8)、5.2.3 (1) (3)、5.2.4、5.3.2 (1) (2) (3) (5)、5.3.3 (1) (2) (3) (5)、5.4.2 (1)、5.4.3 (1)、6.0.2 (2) (3) (4) (5) (9)、6.0.3 (2) (4)、6.0.4、6.0.5、6.0.6 (1) (3) (4) (6) (8) (9) (10) (11) (12)、6.0.7、6.0.8、6.0.9、7.1.1、7.1.2、7.1.3、7.1.4、7.1.6、7.1.7 (2)、8.1.1、8.2.1、8.2.6、8.4.4、8.4.8、8.4.9、8.4.10、8.5.1、8.6.2、8.6.6、8.6.7、9.0.1、9.0.5、9.0.6、9.0.10、9.0.11、9.0.12 (2) (3)、10.0.1、10.0.3、11.2.1、11.2.2 (4)、11.3.3、11.3.4、11.3.6、11.3.7、12.2.1 (2) (3) (5) (6) (8)、12.2.2、12.2.3 (1) (2) (4)、12.2.4、12.3.3 (1) (2)、12.3.4 (2)、12.3.5、12.3.6、12.5.4、12.5.5 (1) (3)、12.6.2、12.6.3、12.6.5、12.6.6、12.7.2、12.7.3、12.7.6、12.7.7、12.8.1、12.8.3、13.1.2、13.1.3、13.1.4、14.2.2、15.2.1、15.2.3、15.2.5、15.2.6、15.3.4、15.4.1、15.4.2、15.6.2、15.7.1、15.7.2、15.7.3、15.7.4、15.7.6、A.0.1、A.0.2条(款)为强

制性条文,必须严格执行。原《民用爆破器材工厂设计安全规范》GB 50089—98 同时废止。

本规范由建设部标准定额研究所组织中国计划出版社出版发行。

中华人民共和国建设部
二〇〇七年二月二十七日

前　言

本规范是根据建设部《关于印发"二〇〇二～二〇〇三年度工程建设国家标准制定、修订计划"的通知》（建标［2003］102 号）的要求，由五洲工程设计研究院会同有关设计、科研、生产和流通单位对《民用爆破器材工厂设计安全规范》GB 50089—98 进行修订而成。

本规范共分 15 章、6 个附录。主要内容包括总则，术语，危险等级和计算药量，企业规划和外部距离，总平面布置和内部最小允许距离，工艺与布置，危险品贮存和运输，建筑与结构，消防给水，废水处理，采暖、通风和空气调节，电气，危险品性能试验场和销毁场，混装炸药车地面辅助设施和自动控制等。

本次修订，与原国家标准《民用爆破器材工厂设计安全规范》GB 50089—98 相比，保留了 90 条、3 个附录，修改了 109 条，取消了 24 条，增加了 95 条、3 个附录。规范修订后为 294 条、6 个附录。主要修订内容是：调整了建筑物的危险等级，进一步明确生产线联建的安全技术要求，补充调整了内、外部最小允许距离，修订了防护屏障的作用系数，增加了钢结构的要求，修订了电气危险场所的区域划分，通过试验增加了电磁辐射对电雷管的安全场强要求，补充了流通企业库房设计的安全技术规定等。

修订过程中，遵照《中华人民共和国安全生产法》和国家基本建设的有关政策，贯彻"安全第一，预防为主"的方针，针对民爆行业发展趋势，开展了专题研究和部分试验研究，总结了近五年来民用爆破器材工程建设设计方面的安全科研成果和经验教训，有选择地吸收了国外符合我国实际情况的先进安全技术。在全国范围内广泛征求了有关设计、科研、生产、流通民爆行业单位及行业主管部门的意见。最后经国防科学技术工业委员会民爆器材监督管理局会同有关部门审查定稿。

本规范以黑体字标志的条文为强制性条文，必须严格执行。

本规范由建设部负责管理和对强制性条文的解释，由五洲工程设计研究院（中国兵器工业第五设计研究院）负责具体技术内容的解释。本规范在执行过程中，如发现需要修改或补充之处，请将意见和有关资料寄送五洲工程设计研究院（地址：北京市宣武区西便门内大街 85 号，邮编：100053，传真：010-83111943）。

本规范主编单位、参编单位和主要起草人：

主 编 单 位：五洲工程设计研究院（中国兵器工业第五设计研究院）

参 编 单 位：中国爆破器材行业协会
　　　　　　　中国兵器工业规划研究院民爆咨询中心
　　　　　　　广东南海化工总厂有限公司
　　　　　　　福建永安化工厂
　　　　　　　浙江利民化工有限公司
　　　　　　　新疆雪峰民爆器材有限公司
　　　　　　　湖南南岭爆破器材有限公司
　　　　　　　福建龙岩红炭山七〇八有限公司
　　　　　　　长沙矿冶研究院
　　　　　　　西安庆华民爆公司
　　　　　　　西安应用物理化学研究所
　　　　　　　河南省前进化工有限公司
　　　　　　　重庆八四五化工公司
　　　　　　　葛洲坝易普力化工公司
　　　　　　　甘肃和平民爆有限公司

主要起草人：魏新熙　杨家福　张嘉浩　王爱凤　陶少萍
　　　　　　　郑志良　尹君平　管怀安　王泽溥　张幼平
　　　　　　　白春光　张国辉　梁景堂　张利洪　刘晓苗

13

目　次

13

1 总 则

1.0.1 为贯彻执行《中华人民共和国安全生产法》,坚持"安全第一,预防为主"的方针,采用技术手段,防止和减少生产安全事故,保障人民群众生命和财产安全,促进经济建设的发展,制定本规范。

1.0.2 本规范适用于民爆行业生产、流通企业的新建、改建、扩建和技术改造工程项目。

1.0.3 民用爆破器材工程设计除应执行本规范外,还应符合国家现行有关标准的规定。

2 术 语

2.0.1 民用爆破器材 civil explosives materials

用于非军事目的的各种炸药(起爆药、猛炸药、火药、烟火药等)及其制品(油气井及地震勘探用或其他用途的爆破器材等)和火工品(雷管、导火索、导爆索等)的总称。

2.0.2 危险品 dangerous goods

指民爆行业研究、生产、流通与应用过程中的具有燃烧、爆炸危险的原材料、半成品、在制品、成品等。

2.0.3 在制品 work in-process

指正在各生产阶段加工中的产品。

2.0.4 半成品 semi-finished product

指在某些生产阶段上已完工,但尚需进一步加工的产品。

2.0.5 梯恩梯当量 TNT equivalent

在距爆源相同的径向距离上,产生相同爆炸参数时的梯恩梯装药质量与被测试装药质量之比。

2.0.6 整体爆炸 mass-detonation

整个危险品的某一部分被引爆后,导致全部危险品的瞬间爆炸。

2.0.7 计算药量 explosive quantity

能同时爆炸或燃烧的危险品药量。

2.0.8 设计药量 design quantity of explosive

折合成梯恩梯当量的可能同时爆炸的危险品药量。

2.0.9 危险性建筑物 dangerous goods building

生产或贮存危险品的建筑物,包括危险品生产厂房和危险品贮存库房。

2.0.10 非危险性建筑物 nondangerous goods building

本规范未列入危险等级的建筑物。

2.0.11 生产线 production line

在危险品生产中,能确保完成连续性工序的一组生产系统、建筑物、构筑物或相关设施等。

2.0.12 内部最小允许距离 internal separation distance

指危险性建筑物之间,在规定的破坏标准下所需的最小距离。它是按危险性建筑物的危险等级和计算药量确定的。

2.0.13 外部距离 external separation distance

指危险性建筑物与外部各类目标之间,在规定的破坏标准下所需的最小距离。它是按危险性建筑物的危险等级和计算药量确定的。

2.0.14 防护屏障 protecting barrier

天然或人工的挡墙,其形式、尺寸及结构均能按规定方式限制爆炸冲击波、破片、火焰对附近建筑物及设施的影响。

2.0.15 钢刚架结构 steel-frame construction

采用刚架型式的钢结构。

2.0.16 轻钢刚架结构 light steel-frame construction

围护结构采用轻型夹层保温板、轻钢檩条的钢刚架结构。

2.0.17 抗爆间室 blast resistant chamber

具有承受本室内因发生爆炸而产生破坏作用的间室。可根据间室内生产或贮存的危险品性质、恢复生产的要求,按能承受一次或多次爆炸荷载进行设计。

2.0.18 抗爆屏院 blast resistant shield yard

当抗爆间室内发生爆炸事故时,为阻止爆炸冲击波及爆炸破片向四周扩散,而在抗爆间室外设置的屏院。

2.0.19 抑爆间室 suppressive shield chamber

具有承受本室内发生爆炸而产生破坏作用的间室,且可通过能控制冲击波泄出强度的墙体泄出间室之外,符合环境安全要求。

2.0.20 嵌入式建筑物 built-in building

嵌入防护屏障外侧,三面墙外侧及顶盖上覆土、一面外露的建筑物。

2.0.21 轻型泄压屋盖 light relief roof

泄压部分(不包括檩条、梁、屋架)由轻质材料构成,当建筑物内部发生事故时,具有泄压效能,使建筑物主体结构尽可能不遭受破坏的屋盖。

轻质泄压部分的单位面积重量不应大于 0.8kN/m²。

2.0.22 轻质易碎屋盖 light fragile roof

由轻质易碎材料构成,当建筑物内部发生事故时,不仅具有泄压效能,且破碎成小块,减轻对外部影响的屋盖。

轻质易碎部分的单位面积重量不应大于 1.5kN/m²。

2.0.23 安全出口 emergency exit

建筑物内的作业人员能通过它直接到达室外安全处的疏散出口。

2.0.24 辅助用室 auxiliary room

辅助用室是指更衣室、盥洗室、浴室、洗衣房、休息室、厕所等,根据生产特点、实际需要和使用方便的原则而设置。

2.0.25 卫生特征分级 industrial hygiene classification

根据生产过程接触的药物经皮肤吸收或通过呼吸系统吸入体内引起中毒的危害程度所进行的分级,分为1、2、3三个级别。

2.0.26 电气危险场所 electrical installation in hazardous locations

燃烧爆炸性物质出现或预期可能出现的数量达到足以要求对电气设备的结构、安装和使用采取预防措施的场所。

2.0.27 可燃性粉尘环境 combustible dust atmosphere

在大气环境条件下,粉尘或纤维状的可燃性物质与空气的混合物点燃后,燃烧传至全部未燃混合物的环境。

2.0.28 爆炸性气体环境 explosive gas atmosphere

在大气环境条件下,气体或蒸气可燃物质与空气的混合物点燃后,燃烧将传至全部未燃烧混合物的环境。

2.0.29 直接接地 direct-earthing

将金属设备或金属构件与接地系统直接用导体进行可靠连接。

2.0.30 间接接地 indirect-earthing

将人体、金属设备等通过防静电材料或防静电制品与接地系统进行可靠连接。

2.0.31 防静电材料 anti-electrostatic material

通过在聚合物内添加导电性物质(炭黑、金属粉等)、抗静电剂等,以降低电阻率,增加电荷泄漏能力的材料的统称。

2.0.32 防静电制品 anti-electrostatic ware

由防静电材料制成,具有固定形状,电阻值在 $5 \times 10^4 \sim 1 \times 10^8 \Omega$ 范围内的物品。

2.0.33 独立变电所 independent electrical substation

变电所为一独立建筑物或独立的箱式变电站。

2.0.34 静电泄漏电阻 electrostatically leakage resistance

物体的被测点与大地之间的总电阻。

2.0.35 防静电地面 anti-electrostatic floor

能有效地泄漏或消散静电荷,防止静电荷积累所采用的地面。

2.0.36 静电非导电材料 electrostatic non-conducting material

体电阻率值大于或等于 $1.0 \times 10^{10} \Omega \cdot m$ 的物体或表面电阻率值大于或等于 $1.0 \times 10^{11} \Omega \cdot m$ 的材料。

2.0.37 无线电通信 radio communication

利用无线电波的通信。

2.0.38 移动站 mobile station

用于移动业务,是指在运动状态使用移动设备或在非明确点暂停使用的站点。

2.0.39 基站 base station

用于陆地移动业务或陆地的电台。

2.0.40 固定站 fixed station

使用固定设备的站点。

2.0.41 无线电定位 radio location

用于无线电定位业务,在固定点使用(不在移动时使用)的电台。

2.0.42 民用波段无线电广播 civilian use radio

用于个人或商用无线电通信,无线电信号,远程目标或设备控制的固定站、地面站、移动站的无线电通信设备。

2.0.43 天线 antenna

一种将信号源射频功率发射到空间或截获空间电磁场转变为电信号的转换器。

3 危险等级和计算药量

3.1 危险品的危险等级

3.1.1 危险品的危险等级应符合下列规定:

1 1.1级:危险品具有整体爆炸危险性。

2 1.2级:危险品具有进射破片的危险性,但无整体爆炸危险性。

3 1.3级:危险品具有燃烧危险和较小爆炸或较小进射危险,或两者兼有,但无整体爆炸危险性。

4 1.4级:危险品无重大危险性,但不排除某些危险品在外界强力引燃、引爆条件下的燃烧爆炸危险作用。

3.2 建筑物的危险等级

3.2.1 建筑物危险等级主要指建筑物内所含有的危险品危险等级及生产工序的危险等级,分为1.1(含1.1*)、1.2、1.4级。

注:1 民用爆破器材尚无1.3级危险品,不设对应的1.3级建筑物危险等级。

2 1.1* 是特指生产无雷管感度炸药、硝铵膨化工序及在抗爆间室中进行的炸药准备、药柱压制、导爆索制索等建筑物危险等级。

3.2.2 生产、加工、研制危险品的建筑物危险等级应符合表3.2.2-1的规定,贮存危险品的建筑物危险等级应符合表3.2.2-2的规定。

表3.2.2-1 生产、加工、研制危险品的建筑物危险等级

序号	危险品名称	危险等级	生产加工工序	技术要求或说明
工业炸药				
1	铵梯(油)类炸药	1.1	梯恩梯粉碎、梯恩梯称量、混药、筛药、凉药、装药、包装	—
		1.4	硝酸铵粉碎、干燥	—
		1.4	废水处理	—

续表3.2.2-1

序号	危险品名称	危险等级	生产加工工序	技术要求或说明
2	粉状铵油炸药、铵松蜡炸药、铵沥蜡炸药	1.1	混药、筛药、凉药、装药、包装	—
		1.1*	混药、筛药、凉药、装药、包装	无雷管感度炸药,且厂房内计算药量不应大于5t
		1.4	硝酸铵粉碎、干燥	—
3	多孔粒状铵油炸药	1.1*	混药、包装	无雷管感度炸药,且厂房内计算药量不应大于5t
4	膨化硝铵炸药	1.1*	膨化	厂房内计算药量不应大于1.5t
		1.1	混药、凉药、装药、包装	—
5	粒状黏性炸药	1.1*	混药、包装	无雷管感度炸药,且厂房内计算药量不应大于5t
		1.4	硝酸铵粉碎、干燥	—
6	水胶炸药	1.1	硝酸甲胺制造和浓缩、混药、凉药、装药、包装	—
		1.4	硝酸铵粉碎、筛选	—
7	浆状炸药	1.1	梯恩梯粉碎、炸药熔化、混药、凉药、包装	—
		1.4	硝酸铵粉碎	—
8	胶状、粉状乳化炸药	1.1	乳化、乳胶基质冷却、乳胶基质贮存、敏化(制粉)、敏化后的保温(凉药)、贮存、装药、包装	—
		1.4	硝酸铵粉碎、硝酸钠粉碎	—
9	黑梯药柱(注装)	1.1	熔药、装药、凉药、检验、包装	—
10	梯恩梯药柱(压制)	1.1*	压制	应在抗爆间室内进行
			检验、包装	
11	太乳炸药	1.1	制片、干燥、检验、包装	

序号	危险品名称	危险等级	生产加工工序	技术要求或说明
工业雷管				
12	火雷管、电雷管、导爆管雷管、继爆管	1.1	黑索今或太安的造粒、干燥、筛选、包装	—
			火雷管干燥、烘干	—
		1.1*	继爆管的装配、包装	—
		1.2	二硝基重氮酚制造（中和、还原、重氮、过滤）	二硝基重氮酚应为湿药
			二硝基重氮酚的干燥、凉药、筛选、黑索今或太安的造粒、干燥、筛选	应在抗爆间室内进行
			火雷管装药、压药	应在抗爆间室内进行
			电雷管、导爆管雷管装配、雷管编码	应在钢板防护下进行
			雷管检验、包装、装箱	检验应在钢板防护下进行
			雷管试验站	
			引火药头用和延期药用的引火药剂制造	
		1.4	引火元件制造	
			延期药混合、造粒、干燥、筛选、装药	按工艺要求可设抗爆间室或钢板防护
			延期元件制造	
			二硝基重氮酚废水处理	
工业索类火工品				
13	导火索	1.1	黑火药三成分混药、干燥、凉药、筛选、包装	
			导火索制造中的黑火药准备	
		1.4	导火索制索、盘索、烘干、普检、包装	
			硝酸钾干燥、粉碎	

序号	危险品名称	危险等级	生产加工工序	技术要求或说明
14	导爆索	1.1	炸药的筛选、混合、干燥	—
			导爆索包覆、涂索、盘索、普检、组批、包装	当包塑等在抗爆间室内进行，可按1.1*级处理
		1.1*	炸药的筛选、混合、干燥	应在抗爆间室内进行
			导爆索制索	应在抗爆间室内进行
		1.2	导爆索性能测试	—
15	塑料导爆管	1.2	炸药的粉碎、干燥、筛选、混合	应在抗爆间室内或钢板防护下进行
		1.4	塑料导爆管制造	按工艺要求，导爆管挤出处可设防护
16	爆裂管	1.1	爆裂管的切割、包装	—
		1.2	爆裂管装药	应在抗爆间室内进行
油气井用起爆器材				
17	射孔弹、穿孔弹	1.1	炸药准备（筛选、烘干等）	—
		1.2	炸药暂存、保温、压药	应在抗爆间室内进行
			装配、包装	宜在钢板防护下进行
			试验室	可用试验塔
地震勘采用爆破器材				
18	震源药柱	高爆速 1.1	炸药准备、熔混药、装药、凉药、装配、检验、装箱	—
		中爆速 1.1	炸药准备、震源药柱检验、装箱	—
			装药、压药	
			钻孔	
			装传爆药柱	
		低爆速 1.1	炸药准备、装药、装传爆药柱、检验、装箱	—

序号	危险品名称	危险等级	生产加工工序	技术要求或说明
19	黑火药、炸药、起爆药	1.4	理化试验室	单间计算药量不宜超过600g
		—	理化试验室	药量不大于300g，单间计算药量不超过20g时，可为防火甲级

注：雷管制造中所用药剂（单组分或多组分药剂），其作用和起爆药类似者，此类药剂的危险等级应按表内二硝基重氮酚确定。

表 3.2.2-2 贮存危险品的建筑物危险等级

序号	危险品名称	危险等级	
		中转库	总仓库
1	黑索今、太安、奥克托金、梯恩梯、苦味酸、黑梯药柱（注装）、梯恩梯药柱（压制）、太乳炸药 铵梯（油）类炸药、粉状铵油炸药、铵松蜡炸药、铵沥蜡炸药、多孔粒状铵油炸药、膨化炸药、粒状黏性炸药、水胶炸药、浆状炸药、胶状和粉状乳化炸药、黑火药	1.1	1.1
2	起爆药	1.1	—
3	雷管（火雷管、电雷管、导爆管雷管、继爆管）	1.1	1.1
4	爆裂管	1.1	1.1
5	导爆索、射孔（穿孔）弹、震源药柱	1.1	1.1
6	延期药	1.4	—
7	导火索	1.4	1.4
8	硝酸铵、硝酸钠、硝酸钾、氯酸钾、高氯酸钾	1.4	1.4

3.2.3 同一建筑物内存在不同的危险品或生产工序时，该建筑物的危险等级应按其中最高的危险等级确定。

3.3 计算药量

3.3.1 建筑物内的成品、半成品、在制品等及生产设备、运输器具或设备里，能引起同时爆炸或燃烧的危险品最大药量为该建筑物内的计算药量。

3.3.2 包装、装车时，位于防护屏障内车辆中的药量应计入厂房的计算药量；位于防护屏障外车辆中的药量与厂房内的存药有同时爆炸可能时，其药量亦应计入厂房的计算药量。

3.3.3 当1.1级危险品与1.2级危险品同时存在时，应将1.1级危险品的计算药量与1.2级危险品中属于1.1级危险品的计算药量合并计算。

3.3.4 建筑物中抗爆间室、防爆装置内危险品的药量可不计入该建筑物的计算药量。

3.3.5 炸药生产厂房外废水沉淀池中的药量，可不计入该厂房的计算药量。

3.3.6 当炸药生产厂房内的硝酸铵与炸药在同一工作间内存放时，应将硝酸铵存量的一半计入该厂房的计算药量。当硝酸铵为水溶液时，可不计入该厂房的计算药量，该工位应有实心砌体隔墙。当炸药生产厂房内的硝酸铵与炸药不在同一工作间内存放，且有符合表3.3.6间隔距离和隔墙厚度的要求时，可不将硝酸铵存量计入该厂房的计算药量。

表 3.3.6 炸药生产厂房内硝酸铵存放间与炸药的间隔及隔墙厚度

厂房内存放的炸药总量（kg）	硝酸铵存放间与炸药的间隔距离（m）	硝酸铵存放间与炸药工作间的隔墙厚度（m）
≤500	≥2	≥0.37
>500 ≤1000	≥2.5	≥0.37
>1000 ≤2000	≥3	≥0.37
>2000 ≤3000	≥3.5	≥0.37
>3000 ≤4000	≥4	≥0.49
>4000 ≤5000	≥4.5	≥0.49

注：1 表中硝酸铵存放间与炸药的间隔距离为硝酸铵存放间的隔墙至炸药工作间内最近的炸药存放点的距离。

2 表中隔墙为实心砌体墙。

3 硝酸铵存放间与炸药工作间之间不宜有门相通。当生产必需有门相通时，不应在门相通处存放硝酸铵或炸药。

4 企业规划和外部距离

4.1 企业规划

4.1.1 民用爆破器材生产、流通企业厂（库）址选择应符合现行国家标准《工业企业总平面设计规范》GB 50187 的相应规定。

4.1.2 民用爆破器材生产企业，应根据生产品种、生产特性、危险程度等因素进行分区规划。企业宜设危险品生产区（包括辅助生产部分）、危险品总仓库区、性能试验场、销毁场及生活区。

4.1.3 民用爆破器材生产企业各区的规划，应符合下列要求：

1 根据企业生产、生活、运输和管理等因素确定各区相互位置。危险品生产区宜设置在适中位置，危险品总仓库区、性能试验场、销毁场宜设置在偏僻地带或边缘地带。

2 企业各区不应分设在国家铁路线、一级公路的两侧，宜规划在运输线路的一侧。

3 当企业位于山区时，不应将危险品生产区布置在山坡陡峻的狭窄沟谷中。

4 辅助生产部分宜靠近生活区的方向布置。

5 无关的人流和物流不应通过危险品生产区和危险品总仓库区。危险品的运输不应通过生活区。

4.1.4 民用爆破器材流通企业设置危险品仓库区时，库址应选择在远离居住区的地带，且应符合本规范第 4.3 节危险品总仓库区外部距离和第 5.3 节危险品总仓库区内最小允许距离的规定。

4.2 危险品生产区外部距离

4.2.1 危险品生产区内的危险性建筑物与其周围居住区、公路、铁路、城镇规划边缘等的外部距离，应根据建筑物的危险等级和计算药量计算确定。

外部距离应自危险性建筑物的外墙面算起。

4.2.2 危险品生产区内，1.1 级或 1.1*级建筑物的外部距离不应小于表 4.2.2 的规定。

4.2.3 危险品生产区内，1.2 级建筑物的外部距离不应小于表 4.2.2 的规定。

4.2.4 危险品生产区内，1.4 级建筑物的外部距离不应小于50m。硝酸铵仓库的外部距离不应小于200m。

4.3 危险品总仓库区外部距离

4.3.1 危险品总仓库区内的危险性建筑物与其周围居住区、公路、铁路、城镇规划边缘等的外部距离，应根据建筑物的危险等级和计算药量计算确定。

外部距离应自危险性建筑物的外墙面算起。

4.3.2 危险品总仓库区内，1.1 级建筑物的外部距离不应小于表 4.3.2 的规定。

4.3.3 危险品总仓库区内，1.4 级建筑物的外部距离不应小于100m；硝酸铵仓库的外部距离不应小于200m。

表 4.2.2 危险品生产区 1.1 级建筑物的外部距离（m）

序号	项目	计算药量（kg）																					
		20000	18000	16000	14000	12000	10000	9000	8000	7000	6000	5000	4000	3000	2000	1000	500	300	200	100	50	30	10
1	人数小于等于 50 人或户数小于等于 10 户的零散住户边缘、职工总数小于 50 人的工厂企业围墙、本厂危险品总仓库区、加油站	380	360	350	340	320	300	290	280	270	260	250	240	230	210	190	170	150	140	130	95	80	65
2	人数大于 50 人且小于等于 500 人的居民点边缘、职工总数小于 500 人的工厂企业围墙、有摘挂作业的铁路中间站站界或建筑物边缘	580	560	540	520	490	460	450	430	410	390	370	340	310	270	230	190	170	150	140	125	105	75
3	人数大于 500 人且小于等于 5000 人的居民点边缘、职工总数小于 5000 人的工厂企业围墙	680	660	640	600	570	540	520	500	480	450	430	400	360	320	250	220	200	180	160	140	120	100
4	人数小于等于 2 万人的乡镇规划边缘、220kV 架空输电线路、110kV 区域变电站围墙	830	800	770	730	700	660	630	610	580	550	520	480	440	390	310	250	220	200	180	160	140	120
5	人数小于等于 10 万人的城镇规划边缘、220kV 以上架空输电线路、220kV 及以上的区域变电站围墙	1040	1010	970	940	880	830	810	770	740	700	670	610	560	490	400	350	320	300	280	250	230	200
6	人数大于 10 万人的城市市区规划边缘	2030	1960	1890	1820	1720	1610	1580	1510	1440	1370	1300	1190	1090	950	770	650	550	450	350	280	260	250
7	国家铁路线、二级以上公路、通航的河流航道、110kV 架空输电线路	440	420	410	390	370	350	340	320	310	290	280	260	230	200	170	150	130	120	100	80	70	60
8	非本厂的工厂铁路支线、三级公路、35kV 架空输电线路	260	250	240	230	220	210	200	190	180	170	160	150	140	120	100	90	80	70	60	55	50	45

注：1 计算药量为中间值时，外部距离采用线性插入法确定。

2 表中二级以上公路系指年平均双向昼夜行车量大于等于 2000 辆者；三级公路系指年平均双向昼夜行车量小于 2000 辆且大于等于 200 辆者。

3 新建危险品工厂的外部距离应满足表中序号 1～8 的规定。现有工厂如在市区或城镇规划范围内，其外部距离应满足表中除序号 5、6 外的规定。

4 表中外部距离适用于平坦地形，遇有利地形可适当折减，遇不利地形宜适当增加。有关地形利用的条件及增减值见本规范附录 A。

表 4.3.2　危险品总仓库区 1.1 级建筑物的外部距离(m)

表 4.3.2　危险品总仓库区 1.1 级建筑物的外部距离(m)

序号	项目	单个建筑物内												
		200000	180000	160000	140000	120000	100000	90000	80000	70000	60000	50000	45000	40000
1	人数小于等于50人或户数小于等于10户的零散住户边缘、职工总数小于50人的工厂企业围墙、本厂危险品生产区、加油站	720	700	670	640	610	570	550	530	510	490	460	440	420
2	人数大于50人且小于等于500人的居民点边缘、职工总数小于500人的工厂企业围墙、有摘挂作业的铁路中间站站界或建筑物边缘	1110	1070	1030	980	930	880	850	820	780	740	700	670	650
3	人数大于500人且小于等于5000人的居民点边缘、职工总数小于5000人的工厂企业围墙	1250	1210	1160	1110	1050	990	960	920	880	840	790	760	730
4	人数小于等于2万人的乡镇规划边缘、220kV架空输电线路、110kV区域变电站围墙	1470	1420	1360	1300	1240	1160	1120	1080	1030	980	920	900	860
5	人数小于等于10万人的城镇规划边缘、220kV以上架空输电线路、220kV及以上的区域变电站围墙	2000	1930	1850	1760	1680	1580	1530	1480	1400	1330	1260	1210	1170
6	人数大于10万人的城市市区规划边缘	3890	3750	3610	3430	3260	3080	2980	2870	2730	2590	2450	2350	2280
7	国家铁路线线、二级以上公路、通航的河流航道、110kV架空输电线路	830	800	770	740	700	660	640	620	590	560	530	500	490
8	非本厂的工厂铁路支线、三级公路、35kV架空输电线路	500	490	470	450	420	400	390	370	360	340	320	310	300

（续表 计算药量(kg)）

序号	35000	30000	25000	20000	18000	16000	14000	12000	10000	9000	8000	7000	6000	5000	2000	1000	500	300	100
1	400	380	360	340	330	310	300	280	270	260	250	240	230	220	200	180	160	140	130
2	620	590	550	520	500	480	460	430	410	400	380	360	350	330	250	200	170	160	140
3	700	670	630	580	560	540	520	490	460	450	430	410	390	370	270	220	190	170	160
4	820	780	740	680	660	630	610	540	520	500	480	460	430	320	250	220	190	170	
5	1120	1060	990	940	900	860	830	770	740	720	680	650	590	430	380	310	290	170	
6	2170	2070	1930	1820	1750	1680	1610	1440	1400	1330	1250	1160		700	600	500	300		
7	470	440	410	390	380	360	350	320	310	290	270	260		190	160	140	110	90	
8	280	270	250	240	230	220	210	200	190	180	170	150	140	110	90	80	70	60	

注：1　计算药量为中间值时，外部距离采用线性插入法确定。

2　表中二级以上公路系指年平均昼夜行车量大于等于 2000 辆者；三级公路系指年平均昼夜行车量小于 2000 辆且大于等于 200 辆者。

3　新建危险品工厂的外部距离应满足表中序号 1～8 的规定。现有工厂如在市区或城镇规范围内，其外部距离应满足本表中序号 5,6 外的规定。

4　表中外部距离适用于平坦地形，遇有利地形可适当折减，遇不利地形宜适当增加。有关地形利用的条件及增减值见本规范附录 A。

5　总平面布置和内部最小允许距离

5.1　总平面布置

5.1.1　危险品生产区和总仓库区的总平面布置，应符合下列要求：

1　总平面布置应将危险性建筑物与非危险性建筑物分开布置。

2　危险品生产区总平面布置应符合生产工艺流程，避免危险品的往返或交叉运输。

3　危险性建筑物之间、危险性建筑物与其他建筑物之间的距离应符合最小允许距离的要求。因地形条件对最小允许距离造成的影响应符合本规范附录 A 的规定。

4　同一类的危险性建筑物和库房宜集中布置。

5　危险性或计算药量较大的建筑物，宜布置在边缘地带或有利于安全的地带，不宜布置在出入口附近。

6　两个危险性建筑物之间不宜长面相对布置。

7　危险性生产建筑物靠山布置时，距山坡脚不宜太近。

8　运输道路不应在其他危险性建筑物的防护屏障内穿行通过。非危险性生产部分的人流、物流不宜通过危险品生产地段。

9　未经铺砌的场地，均宜进行绿化，并以种植阔叶树为主。在危险性建筑物周围 25m 范围内，不应种植针叶树或竹子。危险性建筑物周围 8m 范围内，宜设防火隔离带。

10　危险品生产区和总仓库区应分别设置围墙。围墙高度不应低于 2m，围墙与危险性建筑物的距离不宜小于 15m。

5.1.2　危险性生产建筑物抗爆间室的轻型面，不宜面向主干道和主要厂房。

5.1.3　危险品生产区内布置有不同性质产品的生产线时，生产线之间危险性建筑物的最小允许距离，应分别按各自的危险等级和计算药量计算确定后再增加 50%。雷管生产线宜独立成区布置。

5.2　危险品生产区内最小允许距离

5.2.1　危险品生产区内各建筑物之间的最小允许距离，应分别根据建筑物的危险等级及计算药量所计算的距离和本节有关条款所规定的距离，取其最大值确定。

最小允许距离应自危险性建筑物的外墙轴线算起。

5.2.2　危险品生产区，1.1 级建筑物应设置防护屏障，1.1 级建筑物与其邻近建筑物的最小允许距离，应符合下列规定：

1　1.1 级建筑物与其邻近生产性建筑物的最小允许距离，应根据设置防护屏障的情况，不小于表 5.2.2 的规定，且不应小于 30m；当相邻生产性建筑物采用轻钢刚架结构时，其最小允许距离应按表 5.2.2 的规定数值再增加 50%，且不应小于 30m。

表 5.2.2　1.1 级建筑物距其他建(构)筑物的最小允许距离

建筑物危险等级	两个建筑物均无防护屏障	两个建筑物中仅有一方有防护屏障	两个建筑物均有防护屏障
1.1	$1.8R_{1.1}$	$1.0R_{1.1}$	$0.6R_{1.1}$

注：1　$R_{1.1}$ 是指单方有防护屏障、不同计算药量的 1.1 级建筑物与相邻无防护屏障的建筑物所需的最小允许距离值。$R_{1.1}$ 值应符合本规范附录 B 的规定。

2　表中指标按梯恩梯当量等于 1 时确定；当 1.1 级建筑物内危险品梯恩梯当量大于 1 时，应按本表所计算的距离再增加 20%；当 1.1 级建筑物内危险品梯恩梯当量小于 1 时，应按本表所计算的距离再减少 10%。常用火药、炸药的梯恩梯当量系数应符合本规范附录 C 的规定。

3　当厂房的防护屏障高出爆炸物顶面 1m，低于屋檐高度时，在计算该厂房与邻近建筑物的距离时，该厂房应按有防护屏障计算；在计算邻近建筑物与该厂房的距离时，该厂房应按无防护屏障计算。

2　仅为 1.1 级装药包装建筑物服务的包装箱中转库与该厂房的最小允许距离，可不按本规范第 5.2.2 条第 1 款确定，但不应小于现行国家标准《建筑设计防火规范》GB 50016 中防火间距的规定。

3 嵌入在1.1级建筑物防护屏障外侧的非危险性建筑物，与其邻近各危险性建筑物的距离，应分别按其邻近各危险性建筑物的要求确定。

4 1.1级建筑物采用抑爆间室等特殊结构建筑物时，与其邻近建筑物的最小允许距离，可由抗爆计算确定。

5 无雷管感度炸药生产、硝铵膨化工序等1.1*级建筑物不设置防护屏障时，与其邻近建筑物的最小允许距离应为50m。

6 梯恩梯药柱(压制)、继爆管、导爆索生产等1.1*级建筑物不设置防护屏障时，与其邻近建筑物的最小允许距离应为35m。

7 1.1级建筑物与公用建筑物、构筑物的最小允许距离应按表5.2.2的要求确定，并应符合下列规定：

1)与烟囱不产生火星的锅炉房的距离，应表5.2.2要求的计算值再增加50%，且不应小于50m；与烟囱产生火星的锅炉房的距离，应按表5.2.2要求的计算值再增加50%，且不应小于100m。

2)与35kV总降压变电所、总配电所的距离，应按表5.2.2要求的计算值再增加1倍，且不应小于100m。

3)与10kV及以下的总变电所、总配电所的距离，应按表5.2.2要求进行计算，且不应小于50m；仅为一个1.1级建筑物服务的无固定值班人员单建的独立变电所，与该建筑物的距离不应小于现行国家标准《建筑设计防火规范》GB 50016 中防火间距的规定。

4)与钢筋混凝土结构水塔的距离，应按表5.2.2要求的计算值再增加50%，且不应小于100m。

5)与地下或半地下高位水池的距离，不应小于50m。

6)与有明火或散发火星的建筑物的距离，应按表5.2.2的要求计算，且不应小于50m。

7)与车间办公室、车间食堂(无明火)、辅助生产部分建筑物的距离，应按表5.2.2要求的计算值再增加50%，且不应小于50m。

8)与厂部办公室、食堂、汽车库、消防车库的距离，应按表5.2.2要求的计算值再增加50%，且不应小于150m。

8 1.1*级建筑物与公用建筑物、构筑物的最小允许距离应按第5.2.3条第3款的要求确定。

5.2.3 危险品生产区，不设置防护屏障的1.2级建筑物，与其邻近建筑物的最小允许距离，应符合下列规定：

1 1.2级建筑物与其邻近建筑物的最小允许距离，不应小于表5.2.3的规定。

表5.2.3 1.2级建筑物距其他建(构)物的最小允许距离

序号	生产分类	生产工房药量(kg)	距离(m)	集中存放炸药量(kg)
1	射孔弹、穿孔弹	药量≤500	35	≤150
		500<药量≤1000	50	≤300
2	火工品	药量≤50	30	≤50
		50<药量≤200	35	≤150

注：表中序号1和2中的建筑物根据其贮存或使用的危险品性质和计算药量，按1.1级计算出的最小允许距离如小于表列距离，则可采用计算所得的距离，但不得小于30m。

2 仅为1.2级装药包装建筑物服务的包装箱中转库与该厂房的最小允许距离，可不按第5.2.3条第1款确定，但不应小于现行国家标准《建筑设计防火规范》GB 50016 中防火间距的规定。

3 1.2级建筑物与公用建筑物、构筑物的最小允许距离应按表5.2.3的要求确定，并应符合下列规定：

1)与锅炉房的距离，不应小于50m。

2)与35kV总降压变电所、总配电所的距离，不应小于50m。

3)与钢筋混凝土结构水塔、地下或半地下高位水池的距离，不应小于50m。

4)与厂部办公室、食堂、汽车库、消防车库、车间办公室、车间食堂、有明火或散发火星的建筑物、辅助生产部分建筑物的距离，不应小于50m。

5.2.4 危险品生产区，不设置防护屏障的1.4级建筑物，与其邻近建筑物的最小允许距离，应符合下列规定：

1 1.4级建筑物与其邻近建筑物的最小允许距离，不应小于25m。硝酸铵仓库与任何建筑物的最小允许距离，不应小于50m。

2 1.4级建筑物与公用建筑物、构筑物的最小允许距离，应符合下列规定：

1)与锅炉房、厂部办公室、食堂、汽车库、消防车库、有明火或散发火星的建筑物及场所的距离，不应小于50m。

2)与35kV总降压变电所、总配电所、钢筋混凝土结构水塔、地下或半地下高位水池的距离，不宜小于50m。

3)与车间办公室、车间食堂(无明火)、辅助生产部分建筑物的距离，不应小于30m。

5.3 危险品总仓库区内最小允许距离

5.3.1 危险品总仓库区内各建筑物之间的最小允许距离，应分别根据建筑物的危险等级及计算药量所计算的距离和本节有关条款所规定的距离，取其最大值确定。

最小允许距离应自危险性建筑物的外墙轴线算起。

5.3.2 危险品总仓库区，1.1级建筑物应设置防护屏障。与其邻近建筑物的最小允许距离，应符合下列规定：

1 有防护屏障的1.1级建筑物与其邻近有防护屏障建筑物的最小允许距离，不应小于表5.3.2-1的规定。

2 有防护屏障的1.1级建筑物与其邻近无防护屏障建筑物的最小允许距离，应按表5.3.2-1的规定数值增加1倍。

表5.3.2-1 有防护屏障1.1级仓库距有防护屏障
各级仓库的最小允许距离(m)

序号	危险品名称	单库计算药量(kg)								
		200000	150000	100000	50000	30000	10000	5000	1000	500
1	黑索今、奥克托金、太安、黑梯药柱				80	70	50	40	30	25
2	梯恩梯及其药柱、苦味酸、太乳炸药、震源药柱(高爆速)		45	40	35	30	25	20	20	20
3	雷管、继爆管、爆裂管、导爆索				70	50	40	30	25	
4	铵梯(油)类炸药、粉状铵油炸药、铵松蜡炸药、铵沥蜡炸药、多孔粒状铵油炸药、膨化硝铵炸药、粒状黏性炸药、水胶炸药、浆状炸药、胶状和粉状乳化炸药、震源药柱(中低爆速)、射孔弹、穿孔弹、黑火药及其制品		45	40	35	30	25	20	20	20

注：对单库计算药量小于等于1000 kg，在两仓库间各自设置防护屏障的部位难以满足构造要求时，该部位处处设置一道防护屏障。

3 与10kV及以下变电所的距离，不应小于50m。

4 与消防水池的距离，不宜小于30m。

5 与值班室的最小允许距离，不应小于表5.3.2-2的规定。

表 5.3.2-2 有防护屏障 1.1 级仓库距仓库值班室
的最小允许距离(m)

序号	值班室设置防护屏障情况	单库计算药量(kg)									
		200000	150000	100000	50000	30000	20000	10000	5000	1000	500
1	有防护屏障	220	210	200	170	140	130	110	90	70	50
2	无防护屏障	350	325	300	250	200	180	150	120	90	70

注:计算药量为中间值时,最小允许距离采用线性插入法确定。

5.3.3 危险品总仓库区,不设置防护屏障的 1.4 级建筑物与其邻近建筑物的最小允许距离,应符合下列规定:

1 与其邻近建筑物的最小允许距离,不应小于 20m。

2 硝酸铵库与其邻近建筑物的最小允许距离,不应小于 50m。

3 与 10kV 及以下变电所的距离,不应小于 50m。

4 与消防水池的距离,不宜小于 20m。

5 与值班室的最小允许距离,不应小于 50m。

5.3.4 当总仓库区设置岗哨时,岗哨距危险品仓库的距离,可不按本规范第 5.3.2 条和第 5.3.3 条的要求进行限制。

5.4 防护屏障

5.4.1 防护屏障的形式,应根据总平面布置、运输方式、地形条件等因素确定。

防护屏障可采用防护土堤、钢筋混凝土挡墙等形式。

防护屏障的设置,应能对本建筑物及周围建筑物起到防护作用。防护土堤的防护范围应按本规范附录 D 确定。

5.4.2 防护屏障的高度,应符合下列规定:

1 当防护屏障内为单层建筑物时,不应小于屋檐高度;防护屏障内建筑物为单坡屋面时,不应小于低屋檐高度。

2 当防护屏障内建筑物较高,设置到檐口高度有困难时,防护屏障的高度可高出爆炸物顶面 1m。

5.4.3 防护屏障的宽度,应符合下列规定:

1 防护土堤的顶宽,不应小于 1m,底宽应根据土质条件确定,但不应小于高度的 1.5 倍。

2 钢筋混凝土防护屏障的顶宽、底宽,应根据计算药量设计确定。

5.4.4 防护屏障的边坡应稳定,其坡度应根据不同材料确定。当利用开挖的边坡兼作防护屏障时,其表面应平整,边坡应稳定,遇有风化危岩等应采取措施。

5.4.5 防护屏障的内坡脚与建筑物外墙之间的水平距离不宜大于 3m。

在有运输或特殊要求的地段,其距离应按最小使用要求确定,但不应大于 15m。有条件时该段防护屏障的高度宜增高 2~3m。

5.4.6 防护屏障的设置应满足生产运输及安全疏散的要求,并应符合下列规定:

1 当防护屏障采用防护土堤时,应设置运输通道或运输隧道。运输通道的端部需设挡土墙,其结构宜为钢筋混凝土结构。

运输通道和运输隧道应满足运输要求,并应使其防护土堤的无作用区为最小。运输通道净宽度不宜大于 5m。汽车运输隧道净宽度宜为 3.5m,净高度不宜小于 3m。

2 当在危险品生产厂房的防护土堤内设置安全疏散隧道时,应符合下列规定:

1)安全疏散隧道应设置在危险品生产厂房安全出口附近。

2)安全疏散隧道不得兼作运输用。

3)安全疏散隧道的净高度不宜小于 2.2m,净宽度宜为 1.5m。

4)安全疏散隧道的平面形式宜将内端的一半与土堤垂直,外端的一半呈 35°角,宜按本规范附录 D 确定。

3 当防护屏障采用其他形式时,其生产运输和安全疏散要

求,由抗爆设计确定。

5.4.7 在取土困难地区,可在防护土堤内坡脚处砌筑高度不大于 1m 的挡土墙,外坡脚处砌筑高度不大于 2m 的挡土墙。防护土堤的最小底宽应符合本规范第 5.4.3 条的规定。在特殊困难情况下,允许在防护土堤底部 1m 高度以下填筑块状材料。

5.4.8 当危险品生产区两个危险品中转库的计算药量总和不超过本规范第 7.1.1 条的各自允许最大计算药量规定时,两个中转库可组建在防护土堤相隔的联合防护土堤内。

联合防护土堤内建筑物的外部距离和最小允许距离,应按联合防护土堤内各建筑物计算药量总和确定。

当联合防护土堤内任何建筑物中的危险品发生爆炸不会引起该联合防护土堤内另一建筑物中的危险品殉爆时,其外部距离和最小允许距离,可分别按各个建筑物的危险等级和计算药量计算,按其计算结果的最大值确定。

6 工艺与布置

6.0.1 工艺设计中,应坚持减少厂房计算药量和操作人员的原则,对有燃烧、爆炸危险的作业应采用隔离操作、自动监控等可靠的先进技术。

6.0.2 危险品生产厂房和仓库平面布置应符合下列规定:

1 危险品生产厂房建筑平面宜为单层矩形,不宜采用封闭的口字形、凹字形。当工艺有特殊要求时,应尽可能采用钢平台。

2 危险品生产厂房不应建地下室、半地下室。

3 危险品仓库库房应为矩形单层建筑。

4 危险品生产厂房内设备、管道、运输装置和操作岗位的布置应方便操作人员的迅速疏散。

5 危险品生产厂房内的人员疏散路线,不应布置成需要通过其他危险操作间方能疏散的形式。当该厂房外设有防护屏障时,应在防护屏障就近处设置专用疏散隧道。

6 起爆器材生产厂房,宜设计成单面走廊形式。当中间布置走道、两边设工作间时,危险工作间应布置有直通室外的安全疏散口或安全窗。对两边工作间通向中间走道的门或门洞不应相对布置。

7 生产厂房内危险品暂存间,应采取措施使危险品存量不致危及其他房间,且宜布置在建筑物的端部,并不宜靠近出入口和生活间。起爆器材生产厂房中暂存的起爆药、炸药和火工品宜贮存在抗爆间室或可靠的防护装置内。当生产工艺需要时,也可贮存在沿厂房外墙布置成突出的贮存间内,该贮存间不应靠近厂房的出入口。

8 允许设辅助用室的危险品生产厂房,辅助用室宜设在厂房的端头。

9 危险性生产厂房内与生产无直接联系的辅助间应和生产工作间隔开,并应设直接通向室外的出入口。

6.0.3 危险品运输通廊应符合下列规定:

1 危险品运输通廊宜采用敞开式或半敞开式,不宜采用封闭式通廊。工艺要求采用封闭式通廊时,应符合本规范第8.8节通廊和隧道的设计规定。

2 在通廊内采用机械传送危险品时,应采取保障危险品之间不发生殉爆的设施。

3 危险品运输通廊不宜布置成直线。

4 危险品成品中转库与危险品生产厂房之间不应设置封闭式通廊。

6.0.4 1.2级厂房中易发生事故的工序应设在抗爆间室或防护装置内。

6.0.5 危险品生产厂房中,设置抗爆间室应符合下列要求:

1 抗爆间室之间或抗爆间室与相邻工作间之间不应设地沟相通。

2 输送有燃烧爆炸危险物料的管道,在未设隔火隔爆措施的条件下,不应通过或进出抗爆间室。

3 输送没有燃烧爆炸危险物料的管道通过或进出抗爆间室时,应在穿墙处采取密封措施。

4 抗爆间室的门、操作口、观察孔、传递窗,其结构应能满足抗爆及不传爆的要求。

5 抗爆间室门的开启应与室内设备动力系统的启停进行联锁。

6 抗爆间室(泄爆面外)应设置抗爆屏院。

6.0.6 危险品生产厂房各工序的联建应符合下列规定:

1 有固定操作人员的非危险性生产厂房不应和1.1级危险品生产厂房联建。

2 工业炸药制造中的机制制管工序无固定操作人员,具有自动输送,且能与自动装药机对接的可与装药工序联建。

3 炸药制造中的装药与包装联建,且装药与包装以手工为主时,应设有不小于250mm的隔墙;装药间至包装间的输药通道不应与包装间的人工操作位置直接相对。

4 粉状铵梯炸药(含铵梯油炸药)生产中的梯恩梯粉碎、混药工序和铵油炸药热加工法生产中的混药工序应独立设置厂房。

5 粉状铵梯炸药(含铵梯油炸药)生产中的装药、包装工序可与筛药、凉药工序联建。

6 水胶炸药制造中的硝酸甲胺制造与浓缩应单独设置厂房。

7 工业炸药能做到工艺技术与设备匹配,制药至成品包装能实现自动化、连续化生产,且具有可靠的防止传爆和殉爆的安全防范措施时,可在一个厂房内联建。该厂房内在线生产人员不应超过15人、计算药量不应超过2.5t。制药与后工序之间、装药与后工序之间均应设置隔墙。

8 对联建在一个生产厂房内,采取轮换生产方式的两条工业炸药同类产品自动化、连续化生产线,应有保障在一条生产线未停工、未清理干净时,不能启动另一条生产线的技术管理措施。

9 对联建在一个生产厂房内,具备同时生产条件的两条工业炸药同类产品自动化、连续化生产线,应有防止生产线间传爆和殉爆的安全防范措施。该生产厂房内不应有固定位置的操作人员。

10 工业炸药制造的制药工序与装药包装工序采取分别独立设置厂房时,制药厂房在线生产人员不应超过6人、计算药量不应超过1.5t;装药包装厂房在线生产人员不应超过22人、计算药量不应超过3.5t。装药与后工序之间应设置隔墙。

11 工业炸药制造采用间断生产工艺,具有雷管感度的乳胶基质、乳化炸药需保温成熟或凉药的工序应独立设置厂房。

12 雷管等起爆器材生产线的传输设备采取可靠的防止传爆和殉爆措施后,可贯穿各抗爆间室或钢板防护装置。

6.0.7 工业炸药制造采用轮碾工艺时,混药厂房内设置的轮碾机台数不应超过2台。

6.0.8 导火索制索厂房内不应设黑火药暂存间。

6.0.9 危险品生产或输送用的设备和装置应符合下列要求:

1 制造炸药的设备在满足产品质量要求的前提下,应选择低转速、低压力、低噪音的设备。当温度、压力等工艺参数超标时,会引起燃烧爆炸的设备应自动监控和报警装置。

2 与物料接触的设备零部件应光滑,有摩擦碰撞时不应产生火花,其材质与制造危险品的原材料、半成品、在制品、成品无不良反应。

3 设备的结构选型,不应有积存物料的死角,应有防止润滑油进入物料和防止物料进入保温夹套、空心轴或其他转动部分的措施。

4 有搅拌、碾压等装置的设备,当检修人员进行机内作业时,应设有能防止他人启动设备的安全保障措施。

5 在采用连续或半连续工艺的生产中,对具有发生燃烧、爆炸事故可能性的设备应采取防止传爆的安全防范技术措施。

6 输送危险品的管道不应埋地敷设。当采用架空敷设时,应便于检查。当两个厂房(工序)之间采用管道或运输装置输送危险品时,应采取防止传爆的措施。

7 生产或输送危险品的设备、装置和管道应设有导出静电的措施。

8 输送易燃、易爆危险品的设备,对不引起传爆的允许药层厚度应通过试验确定。

6.0.10 制造炸药的加热介质宜采用热水或低压蒸汽。但起爆药和黑索今、太安等较敏感的炸药干燥设备应采用热水。

6.0.11 起爆药除采用人力运输外,也可采用球形防爆车运送。

6.0.12 与防护屏障内危险品生产厂房生产联系密切的非危险性建筑物,可嵌设在防护屏障外侧,且不应以隧道形式直通防护屏障内侧的生产厂房。

7 危险品贮存和运输

7.1 危险品贮存

7.1.1 危险品生产区内应减少危险品的贮存,危险品生产区内单个危险品中转库允许最大计算药量应符合表7.1.1的规定。

表7.1.1 危险品生产区内单个危险品中转库允许最大计算药量

危险品名称	允许最大计算药量(kg)
黑索今、太安、太乳炸药	3000
黑梯药柱	3000
起爆药	500
奥克托金	500
梯恩梯	5000
苦味酸	2000
雷管	800
继爆管	3000
导爆索	3000
黑火药	3000
导火索	8000
延期药	1500
铵梯(油)类炸药、铵油(含铵松蜡、铵沥蜡)炸药、膨化硝铵炸药、胶状和粉状乳化炸药、水胶炸药、浆状炸药、多孔粒状铵油炸药、粒状黏性炸药	20000
射孔弹、穿孔弹	1500
震源药柱	20000
爆裂管	10000

7.1.2 危险品生产区中转库炸药的总药量，应符合下列规定：

1 梯恩梯中转库的总计算药量不应大于 3d 的生产需要量。

2 炸药成品中转库的总计算药量不应大于 1d 的炸药生产量。当炸药日产量小于 5t 时，炸药成品中转库的总计算药量不应大于 5t。

7.1.3 危险品总仓库区内单个危险品仓库允许最大计算药量应符合表 7.1.3 的规定。

表 7.1.3　危险品总仓库内单个危险品仓库允许最大计算药量

危险品名称	允许最大计算药量(kg)
黑索今、太安、太乳炸药	50000
黑梯药柱	50000
梯恩梯	150000
苦味酸	30000
雷管	10000
继爆管	30000
导爆索	30000
导火索	40000
铵梯(油)类炸药、铵油(含铵松蜡、铵沥蜡)炸药、膨化硝铵炸药、胶状和粉状乳化炸药、水胶炸药、浆状炸药、多孔粒状铵油炸药、粒状黏性炸药、震源药柱	200000
奥克托金	3000
射孔弹、穿孔弹	10000
爆裂管	15000
黑火药	20000
硝酸铵	500000

7.1.4 硝酸铵仓库可设在危险品生产区内，单个硝酸铵仓库允许最大计算药量应符合本规范表 7.1.3 的规定。

7.1.5 危险品宜按不同品种，设专库单独存放。

7.1.6 不同品种危险品同库存放应符合下列规定：

1 当受条件限制时，各种包装完整无损的不同品种的危险品成品同库存放时，应符合表 7.1.6 的规定。

表 7.1.6　危险品同库存放

危险品名称	雷管类	黑火药	导火索	炸药类	射孔弹类	导爆索类
雷管类	○	×	×	×	×	×
黑火药	×	○	×	×	×	×
导火索	×	×	○	○	○	○
炸药类	×	×	○	○	○	○
射孔弹类	×	×	○	○	○	○
导爆索类	×	×	○	○	○	○

注：1 ○表示可同库存放，×表示不得同库存放。

2 雷管类含火雷管、电雷管、导爆管雷管、继爆管。

3 导爆索类含导爆索和爆裂管。若需在危险品仓库存放塑料导爆管时，可按导爆索类对待。

2 当不同的危险品同库存放时，单库允许最大计算药量仍应符合本规范表 7.1.1 和表 7.1.3 的规定。当危险级别相同的危险品同库存放时，同库存放的总药量不应超过其中一个品种的单库允许最大计算药量；当危险级别不同的危险品同库存放时，同库存放的总药量不应超过其中危险级别最高品种的单库允许最大计算药量，且库房的危险级别应以危险级别最高品种的等级确定。

3 总仓库区和生产区的硝酸铵仓库不应和任何物品同库存放。

4 任何废品不应和成品同库存放。

5 当符合同库存放的不同品种的危险品同库贮存在危险品生产区的中转库内时，库房内应设隔墙分隔。

7.1.7 仓库内危险品的堆放应符合下列规定：

1 危险品应成垛堆放。堆垛与墙面之间、堆垛与堆垛之间应设置不宜小于 0.8m 宽的检查通道和不宜小于 1.2m 宽的装运通道。

2 堆放炸药类、索类危险品堆垛的总高度不应大于 1.8m，堆放雷管类危险品堆垛的总高度不应大于 1.6m。

7.2　危险品运输

7.2.1 危险品运输宜采用汽车运输，不应采用三轮汽车和畜力车运输。严禁采用翻斗车和各种挂车运输。

7.2.2 危险品生产区运输危险品的主干道中心线，与各类建筑物的距离，应符合下列规定：

1 距 1.1(1.1*)级建筑物不宜小于 20m。

2 距 1.2 级、1.4 级建筑物不宜小于 15m。

3 距有明火或散发火星地点不宜小于 30m。

7.2.3 危险品总仓库区运输危险品的主干道中心线，与各类危险性建筑物的距离不应小于 10m。

7.2.4 危险品生产区及危险品总仓库区内运输危险品的主干道，纵坡不宜大于 6%，以运输硝酸铵为主的道路纵坡不宜大于 8%。用手推车运危险品的道路纵坡不宜大于 2%。

7.2.5 非防爆机动车辆不应直接进入危险性建筑物内，宜在其门前不小于 2.5m 处进行装卸作业。防爆机动车辆可进入库房内进行装卸作业。

7.2.6 人工提送起爆药时，应设专用人行道，纵坡不宜大于 6%，路面不应设有台阶，不宜与机动车行驶的道路交叉。

7.2.7 危险品总仓库区采用铁路运输时，宜将铁路通到仓库旁边。当条件困难时，可在危险品总仓库区设置转运站。站台上允许最大存药量(包括车厢内的存药量)以及站台与其邻近建筑物的最小允许距离及站台的外部距离，均应按所转运产品同一危险等级的仓库要求确定。

当在危险品总仓库区以外的地方设置危险品转运站台，站台上的危险品可在 24h 内全部运走时，其外部距离可按危险品总仓库区同一危险等级的仓库要求相应减少 20%～30%。

当站台上的危险品可在 48h 内全部运走时，其外部距离可按危险品总仓库区同一危险等级的仓库要求相应减少 10%～20%。

8 建筑与结构

8.1 一般规定

8.1.1 危险性建筑物的耐火等级不应低于现行国家标准《建筑设计防火规范》GB 50016 中规定的二级耐火等级。

8.1.2 危险品生产工序的卫生特征分级应按本规范附录 E 确定,并按现行国家职业卫生标准《工业企业设计卫生标准》GBZ 1 设置卫生设施。

8.1.3 危险品生产厂房内辅助用室的设置,应符合下列规定:

1 1.1 级厂房内不应设置辅助用室,可设置带洗手盆的水冲厕所(黑火药和起爆药生产厂房除外)。

2 1.1 级厂房的辅助用室应集中单建或布置在非危险性建筑物内。

3 1.1*级、1.2 级、1.4 级厂房内可设置辅助用室。辅助用室应布置在厂房较安全的一端,且应设不小于 370mm 厚的实心砌体与危险性工作间隔开,层数不应超过二层。

4 在危险性工作间的上面或下面,不应设置辅助用室。

5 辅助用室的门窗,不宜直对邻近危险工作间的泄爆、泄压面。

8.2 危险性建筑物的结构选型

8.2.1 危险品生产厂房承重结构宜采用钢筋混凝土框架承重结构,不应采用独立砖柱承重。当符合下列条件之一者,可采用实心砌体结构承重:

1 单层厂房跨度不大于 7.5m,长度不大于 30m,室内净高不大于 5m,且操作人员少的 1.1(1.1*)级、1.2 级厂房。

2 单层厂房跨度不大于 12m,长度不大于 30m,室内净高不大于 6m 的 1.4 级厂房。

3 危险品生产工序全部布置在抗爆间室或钢板防护装置内,且抗爆间室或钢板防护装置外不存危险品的 1.1*级、1.2 级厂房。

4 粉状铵梯炸药生产线的梯恩梯球磨机粉碎厂房、轮碾机混药厂房。

5 横隔墙密、存药量小又分散的理化室、1.2 级试验站等。

6 无人操作的厂房。

8.2.2 不具有易燃易爆粉尘的危险品生产厂房和具有防粉尘措施的危险品生产厂房,可采用符合防火要求的钢刚架结构。危险品能与钢材反应产生敏感危险物的生产厂房不应采用钢刚架结构。

8.2.3 危险品仓库,可采用实心砌体结构承重。亦可采用符合防火要求的钢刚架结构。

8.2.4 危险性建筑物实心砌体厚度不应小于 240mm,且不应采用空斗砌体、毛石砌体。

8.2.5 危险性建筑物的屋盖宜采用现浇钢筋混凝土屋盖。不宜采用架空隔热层屋面。

8.2.6 黑火药生产厂房和库房、粉状铵梯炸药生产线的梯恩梯球磨机粉碎厂房和轮碾机混药厂房应采用轻质易碎屋盖或轻型泄压屋盖。

8.3 危险性建筑物的结构构造

8.3.1 具有易燃、易爆粉尘的厂房,宜采用外形平整不易集尘的结构构件和构造。

8.3.2 危险性建筑物结构应加强联结,如钢筋混凝土预制板与梁、梁与墙或柱锚固、柱与围护墙拉结以及砖墙体之间拉结等。

8.3.3 危险性建筑物在下列部位应设置现浇钢筋混凝土闭合圈梁。

1 装配式钢筋混凝土屋盖或板底处,沿外墙及内纵、横墙设置圈梁,并与梁联成整体。

2 轻质易碎屋盖或轻型泄压屋盖宜在梁底处,沿外墙及内纵、横墙设置圈梁,并与梁联成整体。

3 危险性建筑物,应按上密下稀的原则,沿墙高每隔 4m 左右,在窗洞顶增设圈梁。

8.3.4 门窗洞口宜采用钢筋混凝土过梁,过梁支承长度不应小于 250mm。

8.3.5 当采用钢刚架结构体系时,应符合下列要求:

1 结构横向体系应采用刚架。

2 结构和构件应保证整体稳定和局部稳定。

3 构件在可能出现塑性铰的最大应力区内,应避免焊接接头。

4 节点(如柱脚、支撑节点、檩与梁连接点等)的破坏,不应先于构件全截面屈服。

5 支撑杆件应用整根材料。

8.3.6 钢刚架结构体系应按上密下稀的原则沿柱高 4m 左右设置闭合连续钢圈梁,圈梁的接头、圈梁与柱的连接应加强。

8.3.7 当钢刚架结构体系的围护结构采用轻型夹层保温板时,保温板总厚度不应小于 80mm,上、下层钢板厚度均不应小于 0.6mm,檩距不应大于 1.5m。

8.3.8 轻钢刚架结构的屋面檩条应按简支檩设计,在支撑处两相邻檩条应加强连接,其破坏不应先于构件全截面屈服。

8.3.9 冷成型夹层保温板与支承构件的连接,应根据受力的大小,选用下列连接方法:

1 带有特大号垫圈的加大直径的自穿、自攻螺栓。

2 熔焊或加有大号垫板的塞焊。

3 焊于支承构件上螺栓,用衬垫、特大号垫圈和螺帽,把板紧固于支承构件上。

8.4 抗爆间室和抗爆屏院

8.4.1 抗爆间室的墙应采用现浇钢筋混凝土,墙厚不宜小于 300mm。当设计药量小于 1kg 时,现浇钢筋混凝土墙厚不应小于 200mm,也可采用钢板结构。

8.4.2 抗爆间室的屋盖宜采用现浇钢筋混凝土。

当抗爆间室发生爆炸时,屋面泄压对毗邻工作间不造成破坏时,宜采用轻质易碎屋盖,也可采用轻型泄压屋盖。

8.4.3 抗爆间室的墙和屋盖(不包括轻型窗和轻质易碎屋盖或轻型泄压屋盖),应符合下列规定:

1 在设计药量爆炸空气冲击波和碎片的局部作用下,不应产生震塌、飞散和穿透。

2 在设计药量爆炸空气冲击波的整体作用下,允许产生一定的残余变形。抗爆间室的墙和屋盖按弹性或弹塑性理论设计。

8.4.4 抗爆门、抗爆传递窗应符合下列规定:

1 在爆炸碎片作用下,不应穿透。

2 当抗爆间室内发出爆炸时,应能防止火焰及空气冲击波泄出。

3 抗爆门应为单扇平开门,门的开启方向在空气冲击波作用下应能转向关闭状态。

4 在设计药量爆炸空气冲击波的整体作用下,抗爆门的结构不应有残余变形。

5 抗爆传递窗的内、外窗扇不应同时开启,并应有联锁装置。

8.4.5 抗爆间室朝向室外的一面应设轻型窗。窗台高度不应高于室内地面 0.4m。

8.4.6 抗爆间室与主厂房构造处理应符合下列规定:

1 当抗爆间室采用轻质易碎屋盖时,与抗爆间室毗邻的主厂房屋盖不应高出抗爆间室屋盖;当高出时,抗爆间室应采用钢筋混凝土屋盖。

2 当抗爆间室采用轻质易碎屋盖时,应在钢筋混凝土墙顶设置钢筋混凝土女儿墙与其相毗邻的主厂房屋盖隔开。女儿墙高度不应小于500mm,厚度可为抗爆间室墙厚的1/2,但不应小于150mm。

3 抗爆间室与相毗邻的主厂房之间的连接应符合下列规定:
  1)抗爆间室与主厂房间宜设置抗震缝。
  2)当抗爆间室屋盖为钢筋混凝土,室内设计药量小于5kg时,或抗爆间室屋盖为轻质易碎,室内设计药量小于3kg时,可不设抗震缝,但应加强结构构件的锚固。
  3)当抗爆间室屋盖为钢筋混凝土,室内设计药量为5～20kg时,或抗爆间室屋盖为轻质易碎,室内设计药量为3～5kg时,可不设抗震缝,主体厂房的结构可采用可动连接的方式支承于间室的墙上。
  4)当抗爆间室屋盖为钢筋混凝土,室内设计药量大于20kg时,或抗爆间室屋盖为轻质易碎,室内设计药量大于5kg时,应设抗震缝,主体厂房的结构不允许支承在间室的墙上。

8.4.7 在抗爆间室轻型窗的外面,应设置现浇钢筋混凝土屏院。抗爆屏院的平面形式和进深应符合表8.4.7的规定。

表8.4.7 抗爆屏院平面形式和最小进深

设计药量(kg)	<3	3～15	15～30	30～50
平面形式				
最小进深(m)	3	4	5	6

当采用"冂"形屏院时,在轻型窗处应设置进出抗爆屏院的出入口。

8.4.8 抗爆屏院的高度不应低于抗爆间室的檐口高度。当抗爆屏院的进深超过4m时,屏院中墙高度应增高,其增加高度不应小于进深超过量的1/2,屏院边墙由抗爆间室的檐口高度逐渐增加至屏院中墙高度。

8.4.9 抑爆泄压装置应采用钢结构或钢筋混凝土结构。抑爆泄压装置必须与抗爆间室的墙和屋盖有可靠连接,当发生爆炸事故时,不允许有任何碎片飞出。

8.4.10 抑爆泄压装置应采用合理的泄压比,并应符合下列规定:
  1 能够承受爆炸产生的空气冲击波的整体和局部作用。
  2 能够迅速泄出室内的爆炸气体。
  3 泄出的冲击波压力能够满足对火焰、压力的控制。

8.5 安全疏散

8.5.1 危险品生产厂房安全出口的设置应符合下列规定:
  1 危险品生产厂房每层或每个危险性工作间安全出口的数目不应少于2个;当每层或每个危险工作间的面积不超过65m²,且同一时间生产人数不超过3人时,可设1个安全出口。
  2 安全出口应布置在室外有安全通道的一侧。
  3 有防护屏障的危险性厂房安全出口,应布置在防护屏障的开口方向或安全疏散隧道的附近。

8.5.2 危险品生产厂房内非危险性工作间的安全出口,应根据各工作间的生产类别按现行国家标准《建筑设计防火规范》GB 50016的有关规定执行。

8.5.3 1.1(1.1*)级、1.2级生产厂房底层应设置安全窗,二层及以上厂房可设置安全滑梯、滑杆。安全窗、滑梯、滑杆不应计入安全出口的数目内。

8.5.4 安全滑梯、滑杆、疏散楼梯的设置应符合下列规定:
  1 安全滑梯、滑杆不应直对疏散门,并应设置不小于1.5m²的装有不低于1.1m高的护栏平台。当共用一个平台时,其面积不应小于2m²。
  2 疏散楼梯、滑梯、滑杆可设在防护屏障外侧,厂房外门与疏

散楼梯、滑梯、滑杆之间,应用钢筋混凝土平台相连。

8.5.5 危险性厂房由最远点至安全出口的疏散距离应符合下列规定:
  1 当为1.1(1.1*)级、1.2级厂房时,不应超过15m。
  2 当为1.4级厂房时,不应超过20m。
  3 当中间走廊两边为生产间或中间布置连续作业流水线的1.1(1.1*)级、1.2级厂房时,不应超过20m。

8.6 危险性建筑物的建筑构造

8.6.1 危险品生产厂房应采用平开门,不应设置门槛。供安全疏散用的封闭楼梯间,可采用向疏散方向开启的单向弹簧门。

8.6.2 危险品生产对火花或静电敏感时,其生产厂房的门窗及配件应采用不产生火花材料及防静电材料制品。黑火药生产厂房应采用木质门窗。

8.6.3 门的设置应符合下列规定:
  1 疏散用门应向外开启,危险工作间的门不应与其他房间的门直对设置。
  2 设置门斗时,应采用外门斗。门斗的内门和外门中心应在一直线上,开启方向应和疏散门一致。
  当危险品生产厂房为中间走廊,两边为生产间的布置形式时,可采用内门斗。内门斗隔墙不应突出生产间内墙,且应砌到顶。
  3 危险品生产间的外门口应做防滑坡道,不应设置台阶。

8.6.4 安全窗应符合下列规定:
  1 洞口宽度不应小于1m,不宜设置中梃。当设有中梃时,窗扇开启宽度不应小于0.9m,不应设置固定扇。
  2 洞口高度不应小于1.5m。
  3 窗台距室内地面不应大于0.5m。
  4 窗扇应向外平开,且一推即开。
  5 保温窗宜采用单框双层玻璃或中空玻璃。当采用双层框窗扇时,应能同时向外开启。

8.6.5 危险生产区内建筑物的门窗玻璃宜采用防止碎玻璃伤人的措施。

8.6.6 具有易燃易爆粉尘的危险性建筑物不应设置天窗。

8.6.7 危险品生产间的地面,应符合下列规定:
  1 当危险品生产间内的危险品遇火花能引起燃烧、爆炸时,应采用不发生火花的地面面层。
  2 当危险品生产间内的危险品对撞击、摩擦作用敏感时,应采用不发生火花的柔性地面面层。
  3 当危险品生产间内的危险品对静电作用敏感时,应采用防静电地面面层。

8.6.8 危险品生产间的室内装修,应符合下列规定:
  1 危险品生产间内墙面应抹灰。
  2 具有易燃易爆粉尘的生产间的内墙面和顶棚表面应平整、光滑,所有凹角宜抹成圆弧。
  3 经常冲洗和设有雨淋装置的生产间的顶棚和内墙应全部油漆。产品要求洁净而经常清扫的工作间应做油漆墙裙,墙裙以上的墙面应采用耐擦洗涂料。油漆和涂料的颜色应与危险品颜色相区别。

8.6.9 危险品生产间不宜设置吊顶棚。当生产工艺要求设置时,应符合下列条件:
  1 吊顶棚底应平整、无缝隙、不易脱落。
  2 吊顶棚不宜设置人孔、孔洞。如必须设置时,孔洞周边应有密封措施。
  3 吊顶棚范围内不同危险等级的生产间的隔墙应砌至屋面板梁的底部。

8.6.10 危险品生产厂房内平台宜为钢或钢筋混凝土材料。梯宜为钢梯。

平台和钢梯踏步的面层应与生产间地面面层相适应。

8.7 嵌入式建筑物

8.7.1 嵌入式建筑物应采用钢筋混凝土结构。不覆土一面的墙体由抗爆设计确定。

8.7.2 嵌入式建筑物的覆土厚度,对墙顶外侧不应小于1.5m,对屋盖上部不应小于0.5m。

8.7.3 嵌入式建筑物的构造,应符合下列规定:

1 覆土部分的墙应采用现浇钢筋混凝土,墙厚不应小于250mm。

2 屋盖应采用现浇钢筋混凝土结构。

3 未覆土一面的墙应减少开窗面积。当采用钢筋混凝土时,墙厚不应小于200mm;当采用砖墙时,墙厚不应小于370mm,并应与顶盖、侧墙柱牢固连接。

8.7.4 嵌入式建筑物的门窗采光部分宜采用塑性透光材料。

8.8 通廊和隧道

8.8.1 危险品运输通廊设计,应符合下列规定:

1 通廊的承重及围护结构宜采用非燃烧体。

2 通廊应采用钢筋混凝土柱、符合防火要求的钢柱承重。

3 封闭式通廊,应采用轻质易碎或轻型泄压屋盖和墙体,且应设置安全出口,安全出口间距不宜大于30m。通廊内不应设置台阶。

4 封闭式通廊两端距危险性建筑物墙面前不小于3m处应设置隔爆墙。隔爆墙的宽度和高度应超出通廊横断面边缘不小于0.5m。

5 运输中有可能洒落危险品的通廊,其地面面层应与连接的危险性建筑物地面面层相一致。

8.8.2 非危险品运输封闭式通廊与危险性建筑物连接时,应在连接前不小于3m处设置隔爆墙。隔爆墙与危险性建筑物之间通廊应采用轻型泄压或轻质易碎的屋盖和墙体。

8.8.3 防护屏障的隧道,应采用钢筋混凝土结构。运输中有可能洒落炸药的隧道地面,应采用不发生火花地面。隧道应取折向,且不应设置台阶。

8.9 危险品仓库的建筑构造

8.9.1 危险品仓库安全出口不应少于2个,当仓库面积小于220m² 时,可设1个安全出口。库房内任一点到安全出口的距离不应大于30m。

8.9.2 危险品仓库门的设计,应符合下列规定:

1 危险品仓库的门应向外平开,门洞宽度不应小于1.5m,且不应设置门槛。

2 当危险品仓库设置门斗时,应采用外门斗,此时的内、外两层门均应向外开启。

3 危险品总仓库的门宜为双层,内层应为通风用门,外层门应为防火门,两层门均应向外开启。

8.9.3 危险品总仓库的窗,应设置铁栅、金属网和能开启的窗扇,在勒脚处宜设置可开、关的活动百叶窗或带活动防护板的固定百叶窗,并应装设金属网。

8.9.4 危险品仓库宜采用不发生火花地面,当危险品以包装箱方式存放且不在仓库内开箱时,可采用一般地面。

9 消防给水

9.0.1 民用爆破器材工程的建设必须设置消防给水系统。

9.0.2 民用爆破器材工程的消防给水设计,除执行本章要求外,尚应符合现行国家标准《建筑设计防火规范》GB 50016 和《自动喷水灭火系统设计规范》GB 50084 等的有关规定。各级危险性建筑物的消防给水设计,不应低于现行国家标准《建筑设计防火规范》GB 50016 中甲类生产厂房的要求和现行国家标准《自动喷水灭火系统设计规范》GB 50084 中严重危险级的要求。

9.0.3 危险品生产区的消防给水管网或生产与消防联合给水管网应设计成环状管网。当受当地形限制不能设置环状管网,且在生产无不间断供水要求,并设有对置高位水池等具有满足水量、水压要求的消防储备水时,可设计为枝状管网。

9.0.4 危险品生产区的消防储备水量应按下列情况计算:

1 当危险品生产区内不设置消防雨淋系统时,消防储备水量应为室内、室外消火栓系统3h的用水量。

2 当危险品生产区内设置消防雨淋系统时,消防储备水量应为最大一组雨淋系统1h用水量与室内、室外消火栓系统3h水量之和。

注:消防储备水量应采取平时不被动用的措施。

9.0.5 危险品生产区内应设置室外消火栓,当建筑物有防护屏障时,室外消火栓应设置在防护屏障的防护范围内,并且不应设在防护屏障内。

9.0.6 室外消防用水量应按现行国家标准《建筑设计防火规范》GB 50016 的规定计算,但不应小于20L/s。消防延续时间应按3h计算。

9.0.7 设置有消防雨淋系统的生产区宜采用常高压给水系统。当采用临时高压给水系统时,应设置水塔或气压给水设备等。

9.0.8 采用临时高压给水系统时,其消防水泵的设置应符合下列要求:

1 消防水泵应设有备用泵,其工作能力不应小于1台主泵的工作能力。

2 消防水泵应保证在火警后30s内启动,并在火场断电时仍能正常运转。

3 消防水泵应有备用动力源。

9.0.9 危险品生产厂房均应设置室内消火栓,并应符合下列要求:

1 室内消火栓应布置在厂房出口附近明显易于取用的地点。

2 室内消火栓之间的距离应按计算确定,但不应超过30m。

3 当易燃烧的危险品生产厂房开间较小,水带不易展开时,室内消火栓可安装在室外墙面上,但应采取防冻措施。

9.0.10 生产过程中下列生产工序应设置消防雨淋系统:

1 粉状铵梯炸药、铵油炸药生产的混药、筛药、凉药、装药、包装、梯恩梯粉碎。

2 粉状乳化炸药生产的制粉出料、装药、包装。

3 膨化硝铵炸药生产的混药、凉药、装药、包装。

4 黑梯药柱生产的熔药、装药。

5 导火索生产的黑火药三成分混药、干燥、凉药、筛选、准备及制索。

6 导爆索生产的黑索今或太安的筛选、混合、干燥。

7 震源药柱生产的炸药熔混药、装药。

9.0.11 下列设备的内部、上方或周围应设置雨淋喷头、闭式喷头或水幕管等消防设施:

1 粉状铵梯炸药、铵油炸药生产的轮碾机、凉药机、梯恩梯球磨机。

2 膨化硝铵炸药生产的轮碾机、破碎机、混药机、凉药机。

3 导火索生产的三成分球磨机。

4 粉状炸药螺旋输送设备。

注：设置在抗爆间室内的设备,可不设雨淋系统。

9.0.12 消防雨淋系统的设置应符合下列要求：

1 消防雨淋系统应设感温或感光探测自动控制启动设施,同时还应设置手动控制启动设施。当生产工序中药量很少,且有人在现场操作时,可只设手动控制的雨淋系统。手动控制设施应设在便于操作的地点和靠近疏散出口。

2 消防雨淋系统管网中最不利点的喷头出口水压不应低于0.05MPa。

3 设有消防雨淋系统的厂房所需进口水压应按计算确定,但不应小于0.2MPa。

4 消防雨淋系统作用时间应按1h确定。

5 消防雨淋系统应设置试验试水装置。

9.0.13 当火焰有可能通过工作间的门、窗和洞口蔓延至相邻工作间时,应在该工作间的门、窗和洞口设置阻火水幕,并与该工作间的雨淋系统同时动作。当相邻工作间与该工作间设置为同一淋水管网,或同时动作的雨淋系统时,中间隔墙的门、窗和洞口上可不设阻火水幕。

9.0.14 危险品生产区的中转库、硝酸铵库应设置室外消火栓。

9.0.15 危险品总仓库区应根据当地消防供水条件,设置高位水池、消防蓄水池或室外消火栓,并应符合下列要求：

1 消防用水量应按20L/s计算,消防延续时间按3h确定。

2 当危险品总仓库区总库存量不超过100t时,消防用水量可按15L/s计算。

3 高位水池或消防蓄水池中储水使用后的补水时间不应超过48h。

4 供消防车使用的消防蓄水池,保护范围半径不应大于150m。

9.0.16 民用爆破器材工程设计应按现行国家标准《建筑灭火器配置设计规范》GB 50140 的有关规定配备灭火器。

10 废水处理

10.0.1 民用爆破器材工程的废水排放设计,应与近似清洁生产废水分流。有害废水应采取治理措施,并应符合现行国家标准《污水综合排放标准》GB 8978、《兵器工业水污染物排放标准 火炸药》GB 14470.1、《兵器工业水污染物排放标准 火工药剂》GB 14470.2 等的有关规定。

10.0.2 民用爆破器材工程废水处理的设计,应符合重复或循环使用废水,达到少排和不排出废水的原则。

10.0.3 含有起爆药的废水,应采取消除其爆炸危险性的措施。几种能相互发生化学反应而生成易爆物的废水在进行销爆处理前,严禁排入同一管网。

10.0.4 在含有起爆药的工房中,当采用拖布拖洗地面时,其洗拖布的桶装废水,应送废水处理工房处理。

10.0.5 在有火药、炸药粉尘散落的工作间内,应使用拖布拖洗地面,并应设置洗拖布用水池。

11 采暖、通风和空气调节

11.1 一般规定

11.1.1 民用爆破器材工程的采暖、通风和空气调节设计除执行本章规定外,尚应符合现行国家标准《建筑设计防火规范》GB 50016和《采暖通风与空气调节设计规范》GB 50019 等的规定。

11.1.2 除本章规定外,危险场所的通风、空调设备的选用还应符合本规范第12.2节的有关规定。

11.1.3 危险品生产区各级危险性建筑物室内空气的温度和相对湿度应符合国家相关的标准和规定。当产品技术条件有特殊要求时,可按产品的技术条件确定。

11.2 采暖

11.2.1 危险性建筑物应采用热风或散热器采暖,严禁用明火采暖。

当采用散热器采暖时,其热媒应采用不高于110℃的热水或压力等于或小于0.05MPa的饱和蒸汽。但对下列厂房采用散热器采暖时,其热媒应采用不高于90℃的热水：

1 导火索生产的黑火药三成分混药、干燥、凉药、筛选、黑火药准备、包装厂房。

2 导爆索生产的黑索今或太安的筛选、混合、干燥厂房。

3 塑料导爆管生产的奥克托金或黑索今粉碎、干燥、筛选、混合厂房。

4 雷管生产的二硝基重氮酚(含作用和起爆药类似的药剂)的干燥、凉药、筛选厂房。

5 雷管生产的黑索令或太安的造粒、干燥、筛选、包装厂房。

6 雷管生产的雷管的装药、压药厂房。

11.2.2 危险性建筑物采暖系统的设计,应符合下列规定:

1 散热器应采用光面管或其他易于擦洗的散热器,不应采用带肋片的或柱型散热器。

2 散热器和采暖管道的外表面应涂以易于识别爆炸危险性粉尘颜色的油漆。

3 散热器的外表面与墙内表面的距离不应小于60mm,与地面的距离不宜小于100mm。散热器不应设在壁龛内。

4 抗爆间室的散热器,不应设在轻型面。采暖干管不应穿过抗爆间室的墙体,抗爆间室内的散热器支管上的阀门,应设在操作走廊内。

5 采暖管道不应设在地沟内。当在过门地沟内设置采暖管道时,应对地沟采取密闭措施。

6 蒸汽、高温水管道的入口装置和换热装置不应设在危险工作间内。

11.2.3 当采用电热锅炉作为热源,且用汽量不大于1t/h时,电热锅炉可贴邻生产工房布置,但应布置在工房较安全的一端,并用防火墙隔离。电热锅炉间应设单独的外开门、窗。

11.3 通风和空气调节

11.3.1 危险性生产厂房中,散发燃烧爆炸危险性粉尘或气体的设备和操作岗位应设局部排风。

11.3.2 空气中含有燃烧爆炸危险性粉尘的厂房中,机械排风系统设计应符合下列规定:

1 排风口位置和入口风速的确定应能有效地排除燃烧爆炸危险性粉尘或气体。

2 含有燃烧爆炸危险性粉尘的空气应经净化处理后再排至大气。

3 散发有火药、炸药粉尘的生产设备或生产岗位的局部排风除尘,宜采用湿法方式处理,且除尘器应置于排风系统的负压段上。

4 水平风管内的风速应按燃烧爆炸危险性粉尘不在风管内沉积的原则确定,风管应有坡度。

5 排除含有燃烧爆炸危险性粉尘或气体的局部排风系统,应按每个危险品生产间分别设置。排风管道不宜穿过与本排风系统无关的房间。排尘系统不应与排气系统合为一个系统。对于危险性大的生产设备的局部排风应按每台生产设备单独设置。

6 排风管道不宜设在地沟或吊顶内,也不应利用建筑物的构件作为排风管道。

7 排风管道或设备内有可能沉积燃烧爆炸危险性粉尘时,应设置清扫孔、冲洗接管等清理装置,需要冲洗的风管应有大于1%的坡度。

11.3.3 散发燃烧爆炸危险性粉尘或气体的厂房的通风和空气调节系统,应采用直流式,其送风机和空气调节机的出口应装止回阀。

11.3.4 雷管、黑火药生产厂房的通风和空气调节系统应符合下列规定:

1 雷管装配、包装厂房的空气调节系统可以回风。

2 雷管装药、压药厂房的空气调节系统,当采用喷水式空气处理装置时可以回风。

3 黑火药生产厂房内,不应设计机械通风。

11.3.5 散发燃烧爆炸危险性粉尘或气体的厂房的通风设备及阀门的选型应符合下列规定:

1 进风系统的风管上设置止回阀时,通风机可采用非防爆型。

2 排除燃烧爆炸危险性粉尘或气体的排风系统,风机及电机应采用防爆型,且电机和风机应直联。

3 置于湿式除尘器后的排风机应采用防爆型。

4 散发燃烧爆炸危险性粉尘的厂房,其通风、空气调节风管上的调节阀应采用防爆型。

11.3.6 危险性建筑物均应设置单独的通风机室及空气调节机室,该室的门、窗不应与危险工作间相通,且应设置单独的外门。

11.3.7 各抗爆间室之间、抗爆间室与其他工作间及操作走廊之间不应有风管、风口相连通。

11.3.8 散发有燃烧爆炸危险性粉尘或气体的危险性建筑物的通风和空气调节系统的风管宜采用圆形风管,并架空敷设。风管涂漆颜色应与燃烧爆炸危险性粉尘的颜色易于分辨。

11.3.9 危险性建筑物中通风、空调系统的风管应采用非燃烧材料制作,并且风管和设备的保温材料也应采用非燃烧材料。

12 电 气

12.1 电气危险场所分类

12.1.1 电气危险场所划分应符合下列规定:

1 F0类:经常或长期存在能形成爆炸危险的火药、炸药及其粉尘的危险场所。

2 F1类:在正常运行时可能形成爆炸危险的火药、炸药及其粉尘的危险场所。

3 F2类:在正常运行时能形成火灾危险,而爆炸危险性极小的火药、炸药、氧化剂及其粉尘的危险场所。

4 各类危险场所均以工作间(或建筑物)为单位。

常用的生产、加工、研制危险品的工作间(或建筑物)电气危险场所分类和防雷类别应符合表12.1.1-1的规定,贮存危险品的中转库和危险品总仓库危险场所(或建筑物)分类及防雷类别应符合表12.1.1-2的规定。

表12.1.1-1 生产、加工、研制危险品的工作间(或建筑物)
电气危险场所分类及防雷类别

序号	危险品名称	工作间(或建筑物)名称	危险场所分类	防雷类别
工业炸药				
1	铵梯(油)类炸药	梯恩梯粉碎、梯恩梯称量、混药、凉药、装药、包装	F1	一
		硝酸铵粉碎、干燥	F2	二
2	粉状铵油炸药、铵松蜡炸药、铵沥蜡炸药	混药、筛药、凉药、装药、包装	F1	一
		硝酸铵粉碎、干燥	F2	二

序号	危险品名称		工作间(或建筑物)名称	危险场所分类	防雷类别
工业炸药					
3	多孔粒状铵油炸药		混药、包装	F1	—
4	膨化硝铵炸药		膨化	F1	—
			混药、凉药、装药、包装	F1	—
5	粒状黏性炸药		混药、包装	F1	—
			硝酸铵粉碎、干燥	F2	二
6	水胶炸药		硝酸甲胺制造和浓缩、混药、凉药、装药、包装	F1	—
			硝酸铵粉碎、筛选	F2	二
7	浆状炸药		梯恩梯粉碎、炸药熔药、混药、凉药、包装	F1	—
			硝酸铵粉碎、筛选	F2	二
8	乳化炸药	粉状	制粉、装药、包装	F1	—
			乳化、乳胶基质冷却	F2	二
			硝酸铵粉碎、硝酸钠粉碎	F2	二
		胶状	乳化、乳胶基质冷却、乳胶基质贮存、敏化、敏化后的保温(凉药)、贮存、装药、包装	F1	—
			硝酸铵粉碎、硝酸钠粉碎	F2	二
9	黑梯药柱(注装)		熔药、装药、凉药、检验、包装	F1	—
10	梯恩梯药柱(压制)		压制	F1	—
			检验、包装	F1	—
11	太乳炸药		制片、干燥、检验、包装	F1	—
工业雷管					
12	火雷管、电雷管、导爆管雷管、继爆管		黑索今或太安的造粒、干燥、筛选、包装	F1	—
			火雷管干燥、烘干	F1	—
			继爆管的装配、包装	F1	—
			二硝基重氮酚制造(中和、还原、重氮、过滤)	F1	—
			二硝基重氮酚的干燥、凉药、筛选、黑索今或太安的造粒、干燥、筛选	F1	—

序号	危险品名称	工作间(或建筑物)名称	危险场所分类	防雷类别
工业雷管				
12	火雷管、电雷管、导爆管雷管、继爆管	火雷管装药、压药	F1	—
		电雷管、导爆管雷管装配、雷管编码	F1	—
		雷管检验、包装、装箱	F1	—
		雷管试验站	F1	—
		引火药头用和延期药用的引火药剂制造	F1	—
		引火元件制造	F1	—
		延期药混合、造粒、干燥、筛选、装药、延期元件制造	F1	—
		二硝基重氮酚废水处理	F2	二
工业索类火工品				
13	导火索	黑火药三成分混药、干燥、凉药、筛选、包装 导火索制造中的黑火药准备	F0	一
		导火索制索、盘索、烘干、普检、包装	F2	二
		硝酸钾干燥、粉碎	F2	二
14	导爆索	炸药的筛选、混合、干燥	F1	—
		导爆索包塑、涂索、烘索、盘索、普检、组批、包装	F1	—
		炸药的筛选、混合、干燥	F1	—
		导爆索制索	F1	—
15	塑料导爆管	炸药的粉碎、干燥、筛选、混合	F1	—
		塑料导爆管制造	F2	二
16	爆裂管	爆裂管切索、包装	F1	—
		爆裂管装药	F1	—
油气井用起爆器材				
17	射孔弹、穿孔弹	炸药暂存、烘干、称量	F1	—
		压药、装配	F1	—
		包装	F1	—
		试验室	F1	—

序号	危险品名称		工作间(或建筑物)名称	危险场所分类	防雷类别
地震勘探用爆破器材					
18	震源药柱	高爆速	炸药准备、熔混药、装药、压药、凉药、装配、检验、装箱	F1	一
		中爆速	炸药准备、震源药柱检验、装箱	F1	一
			装药、压药	F1	一
			钻孔	F1	一
			装传爆药柱	F1	一
		低爆速	炸药准备、装药、装传爆药柱、检验、装箱	F1	一
19	黑火药、炸药、起爆药		理化试验室	F2	二

注:1 雷管制造中所用药剂(单组分或多组分药剂),其作用与起爆药相类似者,此类药剂的电气危险场所类别应按表内二硝基重氮酚确定。

2 粉状、胶状乳化炸药生产线联建,当出现电气危险场所类别不同时,以高者计。

3 危险品性能试验塔(罐)工作间的危险作业场所分类应按本表确定,防雷类别宜为三类。

表 12.1.1-2 贮存危险品的中转库和危险品总仓库危险场所
(或建筑物)分类及防雷类别

序号	危险品仓库(含中转库)名称	危险场所类别	防雷类别
1	黑索今、太安、奥克托金、梯恩梯、苦味酸、黑梯药柱、梯恩梯药柱、太乳炸药、黑火药、铵梯(油)类炸药、粉状铵油炸药、铵松蜡炸药、铵沥蜡炸药、多孔粒状铵油炸药、膨化硝铵炸药、粒状黏性炸药、水胶炸药、浆状炸药、粉状乳化炸药	F0	一
2	起爆药	F0	一
3	胶状乳化炸药	F1	一

序号	危险品仓库(含中转库)名称	危险场所类别	防雷类别
4	雷管(火雷管、电雷管、导爆管雷管、继爆管)	F1	一
5	爆裂管	F1	一
6	导爆索、射孔(穿孔)弹、震源药柱	F1	一
7	延期药	F1	一
8	导火索	F1	一
9	硝酸铵、硝酸钠、硝酸钾、氯酸钾、高氯酸钾	F2	二

12.1.2 与危险场所采用非燃烧体密实墙隔开的非危险场所,当隔墙设门与危险场所相通时,如果所设门除有人出入外,其余时间均处于关闭状态,则该工作间的危险场所分类可按表12.1.2确定。当门经常处于敞开状态时,该工作间应与相毗邻危险场所的类别相同。

表 12.1.2 与危险场所相毗邻的场所类别

危险场所类别	用一道有门的密实墙隔开的工作间	用两道有门的密实墙通过走廊隔开的工作间
F0	F1	无危险
F1	F2	
F2	无危险	

注:1 本条不适用于配电室、电气室、电源室、电加热间、电机室。

2 控制室、仪表室位置的确定应符合自动控制部分有关规定。

3 密实墙应为非燃烧体的实体墙,墙上除设门外,其无孔洞。

12.1.3 为各类危险场所服务的排风室应与所服务的场所危险类别相同。

12.1.4 为各类危险场所服务的送风室,当通往危险场所的送风管能阻止危险物质回到送风室时,可划为非危险场所。

12.1.5 在生产过程中,工作间存在两种及两种以上的火药、炸药及氧化剂等危险物质时,应按危险性较高的物质确定危险场所类别。

12.1.6 危险场所既存在火药、炸药,又存在易燃液体时,除应符合本规范的规定外,尚应符合现行国家标准《爆炸和火灾危险环境电力装置设计规范》GB 50058 的有关规定。

12.1.7 运输危险品的通廊采用封闭式时,危险场所应划为 F1 类,防雷类别应为一类。当运输危险品的通廊采用敞开或半敞开式时,危险场所应划为 F2 类,防雷类别应为二类。

12.2 电气设备

12.2.1 危险场所电气设备应符合下列规定:

1 危险场所电气设计时,宜将正常运行时可能产生火花及高温的电气设备,布置在危险性较小或无危险的工作间。

2 危险场所采用的防爆电气设备,必须是符合现行国家标准生产,并由国家指定检验部门鉴定合格的产品。

3 危险场所不应安装、使用无线遥控设备、无线通信设备。

4 危险场所电气设备,如有过负载可能时,应符合现行国家标准《通用用电设备配电设计规范》GB 50055 的有关规定。

5 生产时严禁工作人员入内的工作间,其用电设备的控制按钮应安装在工作间外,并将用电设备的启动与门的关闭连锁。

6 危险场所配线接线盒等选型,应与该危险场所的电气设备防爆等级相一致。

7 爆炸性气体环境用电气设备的Ⅱ类电气设备的最高表面温度分组,应符合表 12.2.1-1 的规定。火药、炸药危险场所电气设备最高表面温度的分组划分宜符合本规范附录 F 的规定。

表 12.2.1-1 爆炸性气体环境用电气设备的
Ⅱ类电气设备的最高表面温度分组

温 度 组 别	最高表面温度(℃)
T1	450
T2	300
T3	200
T4	135
T5	100
T6	85

8 火药、炸药危险场所电气设备的最高表面温度应符合表 12.2.1-2 的规定。

表 12.2.1-2 火药、炸药危险场所电气设备的最高表面温度(℃)

温度组别	无过负荷的设备	有过负荷的设备
T4	135	135
T5	100	85

注:危险场所电气设备的最高表面温度可标注温度值,或标注最高表面温度组别或两者都标注。

9 电气设备除按危险场所选型外,尚应考虑安装场所的其他环境条件。

12.2.2 F0 类危险场所电气设备选择应符合下列规定:

1 F0 类危险场所内不应安装电气设备,当工艺确有必要安装控制按钮及检测仪表(不含黑火药危险场所)时,控制按钮应采用可燃性粉尘环境用电气设备 DIP A21 或 DIP B21 型(IP65 级),检测仪表的选型应为本质安全型(IP65 级)。

2 采用非防爆电气设备隔墙传动时,应符合下列要求:
  1)需要电气设备隔墙传动的工作间,应由生产工艺确定。
  2)安装电气设备的工作间,应采用非燃烧体密实墙与危险场所隔开,隔墙上不应设门、窗。
  3)传动轴通过隔墙处应采用填料函密封或有同等效果的密封措施。
  4)安装电气设备工作间的门,应在外墙上或通向非危险场所,且门应向室外或非危险场所开启。

3 F0 类危险场所电气照明应采用安装在窗外的可燃性粉尘环境用电气设备 DIP A22 或 DIP B22 型(IP54 级)灯具,安装灯具的窗户应为双层玻璃的固定窗。门灯及安装在外墙外侧的开关、控制按钮、配电箱选型应与灯具相同。采用干法生产黑火药的 F0 类危

险场所的电气照明应采用可燃性粉尘环境用电气设备 DIP A21 或 DIP B21 型(IP65 级)灯具,安装在双层玻璃的固定窗外;亦可采用安装在室外的增安型投光灯。门灯及安装在外墙外侧的开关及控制按钮应采用增安型或可燃性粉尘环境用电气设备(IP65 级)。

12.2.3 F1 类危险场所电气设备选择应符合下列规定:

1 F1 类危险场所应采用可燃性粉尘环境用电气设备 DIP A21 或 DIP B21 型(IP65 级)、Ⅱ类 B 级隔爆型、增安型(仅限于灯具及控制按钮)、本质安全型(IP54 级)。

2 门灯及安装在外墙外侧的开关,应采用可燃性粉尘环境用电气设备 DIP A22 或 DIP B22 型(IP54 级)。

3 危险场所不宜安装移动设备用的接插装置。当确需设置时,应选择插座与插销带联锁保护装置的产品,满足断电后插销才能插入或拔出的要求。

4 当采用非防爆电气设备隔墙传动时,应符合本规范第 12.2.2 条第 2 款的规定。

12.2.4 F2 类危险场所电气设备、门灯及开关的选型均应采用可燃性粉尘环境用电气设备 DIP A22 或 DIP B22 型(IP54 级)。

12.3 室内电气线路

12.3.1 危险场所电气线路的一般规定:

1 危险性建筑物低压配电线路的保护应符合现行国家标准《低压配电设计规范》GB 50054 的有关规定。

2 危险场所的插座回路上应设置额定动作电流不大于 30mA 瞬时切断电路的剩余电流保护器。

3 各类危险场所电气线路,应采用阻燃型铜芯绝缘导线或阻燃型铜芯金属铠装电缆。电缆沿桥架敷设时,可采用阻燃型铜芯绝缘护套电缆。

4 各类危险场所电力和照明线路的电线和电缆的额定电压不得低于 750V。保护线的额定电压应与相线相同,并应在同一护套或钢管内敷设。电话线路的电线及电缆的额定电压不应低于 500V。

12.3.2 当危险场所采用电缆时,除照明分支线路外,电缆不应有分支或中间接头。电缆敷设以明敷为宜,在有机械损伤可能的部位应穿钢管保护。亦可采用钢制电缆桥架敷设。电缆不宜敷设在电缆沟内,如必须敷设在电缆沟时,应设防止水或危险物质进入沟内的措施,在过墙应设隔板,并对孔洞严密封堵。

12.3.3 当采用电线穿钢管敷设时,应符合下列规定:

1 穿电线敷设的钢管应采用公称口径不小于 15mm 的镀锌焊接钢管,钢管间应采用螺纹连接,连接螺纹不应少于 6 扣,在有剧烈振动的场所,应设防松装置。

2 电线穿钢管敷设的线路,进入防爆电气设备时,应装设隔离密封装置。

3 电气线路采用绝缘导线穿钢管敷设时宜明敷。

12.3.4 F0 类危险场所的电气线路应符合下列规定:

1 F0 类危险场所内不应敷设电力及照明线路。在确有必要时,可敷设本工作间使用的控制按钮及检测仪表线路。灯具安装在窗外的电气线路,应采用芯线截面不小于 2.5mm² 的铜芯绝缘导线穿镀锌焊接钢管敷设;亦可采用芯线截面不小于 2.5mm² 的铜芯金属铠装电缆敷设。

2 当采用穿钢管敷设时,接线盒的选型应与防爆设备(检测仪表)的等级相一致。当采用铠装电缆时,与设备连接处应采用铠装电缆密封接头。

12.3.5 F1 类危险场所电气线路应符合下列规定:

1 电线或电缆的芯线截面应符合表 12.3.5 的规定。

表 12.3.5 危险场所绝缘电线或电缆芯线截面选择

技术要求 危险场所 类别	绝缘电线或电缆芯线允许最小截面(mm²)			挠性连接
	电力	照明	控制按钮	
F0	—	—	铜芯 1.5	DIP A21、DIP B21(IP65)、隔爆型Ⅱ B

续表 12.3.5

技术要求 危险场所类别	绝缘电线或电缆芯线允许最小截面(mm²)			挠性连接
	电力	照明	控制按钮	
F1	铜芯 2.5	铜芯 2.5	铜芯 1.5	DIP A21、DIP B21(IP65)、隔爆型ⅡB、增安型
F2	铜芯 1.5	铜芯 1.5	铜芯 1.5	DIP A22、DIP B22 (IP54)

注：保护线截面选择应符合有关规范的规定。

2 引至 1kV 以下的单台鼠笼型感应电动机供电回路，电线或电缆芯线截面长期允许的载流量不应小于电动机额定电流的 1.25 倍。

3 采用穿钢管敷设的线路接线盒及铠装电缆密封装置应符合规范第 12.2.1 条第 6 款的规定。

4 移动电缆应采用芯线截面不小于 2.5mm² 的重型橡套电缆。

12.3.6 F2 类危险场所电气线路应符合下列规定：

1 电气线路采用的绝缘导线或电缆，其芯线截面选择应符合本规表 12.3.5 的规定。

2 引至 1kV 以下单台鼠笼型感应电动机供电回路，电线或电缆芯线截面长期允许的载流量不应小于电动机的额定电流。当电动机经常接近满载运行时，导线的载流量应有适当的裕量。

3 移动电缆应采用芯线截面不小于 1.5mm² 的中型橡套电缆。

12.4 照 明

12.4.1 民用爆破器材工程的电气照明设计应符合现行国家标准《建筑照明设计标准》GB 50034 的有关规定。

12.4.2 危险场所的主要工作间及主要通道应设应急照明，应急时间不少于 30min。

12.4.3 应急照明照度标准不应低于该场所一般照明照度标准的 10%。

12.5 10kV 及以下变(配)电所和配电室

12.5.1 民用爆破器材工厂供电负荷等级宜为三级。当危险品生产中工艺要求不能中断供电时，其供电负荷应为二级。自动控制系统、消防系统及安全防范系统应设应急电源。应急电源设计应符合现行国家标准《供配电系统设计规范》GB 50052 的有关规定。

12.5.2 设在危险品生产区的总变电所、总配电所应为独立式。危险品仓库区的变电所可为独立变电所或杆上变电所，必要时可附建于非危险性建筑物。

12.5.3 变电所设计除执行本规范外，尚应符合现行国家标准《10kV 及以下变电所设计规范》GB 50053 的有关规定。

12.5.4 车间变电所不应附建于 1.1(1.1*) 级建筑物。当附建于 1.2 级、1.4 级建筑物时，应符合下列规定：

1 变电所应为户内式。

2 变电所应布置在建筑物较安全的一端，与危险场所相毗邻的隔墙应为非燃烧体密实墙，且隔墙上不应设门、窗。

3 变压器室及高、低压配电室的门、窗应设在外墙上，且门应向外开启。

4 与变电所无关的管线不应通过变电所。

12.5.5 配电室(含电气室、电加热间、电机间、电源室)可附建于各类危险性建筑物内，可在室内安装非防爆电气设备，但应符合下列要求：

1 配电室与危险场所相毗邻的隔墙为非燃烧体密实墙，且不应设门、窗与 F0 类、F1 类、F2 类危险场所相通。

2 配电室的门、窗应设在建筑物的外墙上，且门应向外开启。门、窗与干法生产黑火药的 F0 类危险场所的门、窗之间的距离不宜小于 3m。

3 配电室不应通过与其无关的管线。

4 当危险性建筑物为多层厂房时，电源引入的配电室宜设在建筑物的一层，且不宜设在有爆炸和火灾危险场所的正上方或正下方。

12.5.6 独立变电所电源中性点的接地电阻不应大于 4Ω。附建于 1.2 级、1.4 级或其他非危险性建筑物的变电所，其电气系统接地电阻应符合本规范第 12.7.7 条的规定。

12.6 室外电气线路

12.6.1 引入危险性建筑物的 1kV 以下低压线路的敷设应符合下列规定：

1 从配电端到受电端宜全长采用金属铠装电缆埋地敷设，在入户端应将电缆的金属外皮、钢管接到防雷电感应的接地装置上。

2 当全线采用电缆埋地有困难时，可采用钢筋混凝土杆和铁横担的架空线，并应使用一段金属铠装电缆或护套电缆穿钢管直接埋地引入，其埋地长度应按式(12.6.1)计算，但不应小于 15m。

$$L \geqslant 2\sqrt{\rho} \qquad (12.6.1)$$

式中　L ——金属铠装电缆或护套电缆穿钢管埋于地中的长度(m)；

　　　ρ ——埋电缆处的土壤电阻率(Ω·m)。

3 在架空线与电缆连接处，尚应装设避雷器。避雷器、电缆金属外皮、钢管和绝缘子铁脚、金具等应连在一起接地，其冲击接地电阻不应大于 10Ω。

12.6.2 引入采用干法生产黑火药建筑物的 1kV 以下的低压线路，从配电端到受电端应全长采用铜芯金属铠装电缆埋地敷设。

12.6.3 危险性建筑物区设置的各级架空线路不应跨越危险性建筑物。

12.6.4 在危险性建筑物区的 10kV 及以下的高压线路宜采用电缆埋地敷设。当采用架空线路时，架空线路的轴线与 1.1(1.1*) 级(干法生产黑火药除外)、1.2 级建筑物的距离不应小于电杆档距的 2/3，且不应小于 35m，与干法生产黑火药的 1.1 级建筑物的距离不应小于 50m，与 1.4 级建筑物的距离不应小于电杆高度的 1.5 倍。

12.6.5 当在危险性建筑物区架设 1kV 以下的架空线路时，不应跨越危险性建筑物。其架空线的轴线与危险性建筑物的距离不应小于电杆高度的 1.5 倍，与干法生产黑火药的 1.1 级建筑物的距离不应小于 50m。

12.6.6 危险品生产区及危险品总仓库区不应建造无线通信塔(基站)。

12.7 防雷和接地

12.7.1 危险性建筑物的防雷设计应符合现行国家标准《建筑物防雷设计规范》GB 50057 的有关规定。建筑物防雷类别应符合本规范表 12.1.1-1 和表 12.1.1-2 的规定。

12.7.2 当电源采用 TN 系统时，从建筑物内总配电盘(箱)开始引出的配电线路和分支线路必须采用 TN-S 系统。

12.7.3 危险性建筑物内电气装置应采取等电位联结。当仅设总等电位联结不能满足要求时，尚应采取辅助等电位联结。

12.7.4 在危险场所内，穿电线的金属管、电缆的金属外皮等，应作为辅助接地线。输送危险物质的金属管道不应作为接地装置。

12.7.5 保护线截面选择应符合现行国家标准《低压配电设计规范》GB 50054 中有关条款的规定。

12.7.6 危险性建筑物电源引入总配电箱处应装设过电压电涌保护器。

12.7.7 危险性建筑物内电气设备的工作接地、保护接地、防雷接地、防静电接地、电子系统接地、屏蔽接地等应共用接地装置，接地电阻值应满足其中最小值。当需要接地的设备多且分散时，应在室内装设构成闭合回路的接地干线。室内接地干线每隔 18～24m 与室外环形接地干线连接一次，每个建筑物的连接不应少于 2 处。

12.7.8 架空金属管道，在进出建筑物处，应与防雷电感应的接地装置相连接。距离建筑物 100m 内的金属管道应每隔 25m 左右接地一次，其冲击接地电阻不应大于 20Ω。埋地或地沟内的金属管道在进、出建筑物处,亦应与防雷电感应的接地装置相连。

平行敷设的金属管道,其净距小于100mm时,应每隔25m左右用金属线跨接一次;交叉净距小于100mm时,其交叉处亦应跨接。

12.8 防静电

12.8.1 对危险场所中金属设备外露可导电部分或设备外部可导电部分、金属管道、金属支架等,均应做防静电直接接地。

12.8.2 防静电直接接地装置应与防雷电感应、等电位联结等共用同一接地装置。

12.8.3 危险场所中不能或不适宜直接接地的金属设备、装置等,应通过防静电材料间接接地。

12.8.4 当危险场所采用防静电地面时,其静电泄漏电阻值应按该工作间的危险品类别确定。

12.8.5 危险场所不应使用静电非导电材料制作的工装器具。当必须使用这种工装器具时,应进行处理,使其静电泄漏电阻值符合要求。危险场所中,固定或移动设备上有外露静电非导电材料制作的部件存在时,该部件的面积不应大于100cm²。

12.8.6 危险工作间相对湿度宜控制在60%以上。黑火药危险工作间宜控制在65%以上。当工艺有特殊要求时,可按工艺要求确定。

12.9 通讯

12.9.1 危险性建筑物应设置畅通的电话设施,可兼作厂区火灾报警电话。

12.9.2 危险场所电话设备选择及线路要求,应符合本规范的有关规定。

13 危险品性能试验场和销毁场

13.1 危险品性能试验场

13.1.1 危险品性能试验场,宜布置在独立的偏僻地带,并宜设置铁刺网围墙,围墙距试验作业地点边缘不宜少于50m。

13.1.2 危险品性能试验,当一次爆炸最大药量不超过2kg时,试验场围墙距居民点、村庄等建筑物的距离,不应小于200m,距本厂生产厂房不应小于100m。当一次爆炸最大药量超过2kg时,应布置在厂区以外符合安全的偏僻地带。

13.1.3 当危险品性能试验采用封闭爆炸试验塔(罐)时,应布置在厂区内有利于安全的边缘地带。该试验塔(罐)距其他建筑物的最小允许距离应按表13.1.3确定。

表 13.1.3　试验塔(罐)距其他建筑物的最小允许距离

爆炸药量(kg)	最小允许距离(m)
<0.5	20
1~2	25

13.1.4 危险品性能试验场中进行殉爆试验时,一次最大殉爆药量不应大于1kg。殉爆试验的准备间距试验作业地点边缘不应小于35m。

13.1.5 当受条件限制时,危险品性能试验可和危险品销毁场设置在同一场地内进行轮换作业,且应符合危险品销毁场的外部距离规定。作业地点之间应设置防护屏障,防护屏障的高度不应低于3m。

13.1.6 危险品性能试验场,根据其所在的环境,应符合现行国家标准《工业企业噪声控制设计规范》GBJ 87、《工业企业厂界噪声标准》GB 12348和《城市区域环境噪声标准》GB 3096的有关规定。

13.2 危险品销毁场

13.2.1 当采用炸毁法或烧毁法销毁危险品时,应设置危险品销毁场。销毁场应布置在厂区以外有利于安全的偏僻地带。

13.2.2 当采用炸毁法时,引爆一次最大药量不应超过2kg;采用烧毁法时,一次最大销毁量不应超过200kg。

采用炸毁法时,应在销毁坑中进行。当场地周围没有自然屏障时,炸毁地点周围宜设高度不低于3m的防护屏障。

13.2.3 当采用炸毁法或烧毁法时,销毁场边缘距周围建筑物的距离不应小于200m,距公路、铁路等不应小于150m。

13.2.4 销毁场不应设待销毁的危险品贮存库,可设置为销毁时使用的点火件或起爆件掩体。销毁场应设人身掩体,其位置应布置在销毁作业场常年主导风向的上风方向,掩体出入口应背向销毁作业地点,与作业地点边缘距离不应小于50m。掩体之间距离不应小于30m。

13.2.5 销毁场宜设围墙,围墙距作业地点边缘不宜小于50m。

13.2.6 当销毁火工品及其药剂采用销毁塔炸毁时,该塔可布置在厂区有利于安全的边缘地带,与危险品生产厂房的最小允许距离,应按危险品生产厂房最大计算药量计算确定,且不应小于本规范表13.1.3的规定。根据其所在的环境,还应符合现行国家标准《工业企业噪声控制设计规范》GBJ 87、《工业企业厂界噪声标准》GB 12348和《城市区域环境噪声标准》GB 3096的规定。

14 混装炸药车地面辅助设施

14.1 固定式辅助设施

14.1.1 为现场混装炸药车而进行的原材料贮存,氧化剂溶液、油相及不在混装炸药车上进行的乳化液(乳胶体)等的制备及装车作业,宜建立地面制备站。

14.1.2 当地面制备站内不附建有起爆器材和炸药仓库时,该地面制备站的设计可执行现行国家标准《建筑设计防火规范》GB 50016的有关规定。

14.1.3 当地面制备站内附建有起爆器材和炸药暂存库时,该地面制备站的设计应执行本规范相应的有关规定。

硝酸铵贮存、破碎,氧化剂溶液、油相、乳化液(乳胶体)等的制备及装车作业生产工序等的危险等级应为1.4级;电气危险场所应为F2类;防雷类别应为二类。地面制备站应设室外消火栓。

14.1.4 硝酸铵破碎、氧化剂溶液、油相、乳化液(乳胶体)等的制备工序可在一个建筑物内联建。硝酸铵破碎与其他工序之间应有隔墙。

14.1.5 混装车可进入1.4级建筑物进行装车作业。

14.1.6 地面制备站宜设混装车车库。该车库可与维修工房联建,并应有隔墙。

14.1.7 乳化剂、敏化剂库房和柴油库可联建,并应有隔墙。

14.1.8 硝酸铵仓库应独立设置,单库最大贮量应为600t。

14.1.9 危险品仓库区内应设置独立的危险品发放间,距其邻近库房不宜小于50m。

14.2 移动式辅助设施

14.2.1 为现场混装炸药车而进行的原材料贮存,氧化剂溶液、油相、乳化液(乳胶体)等的制备,可使用移动式辅助设施。

14.2.2 移动式辅助设施应根据不同的使用功能,分设制备挂车、生活挂车。移动式辅助设施不应附建有起爆器材和炸药仓库。

14.2.3 移动式辅助设施站区的内部和外部距离可执行现行国家标准《建筑设计防火规范》GB 50016 的相关规定。

14.2.4 移动式辅助设施消防设计应符合现行国家标准《建筑设计防火规范》GB 50016 的相关规定。

14.2.5 移动式辅助设施电力装置应符合现行国家标准《爆炸和火灾危险环境电力装置设计规范》GB 50058 的相关规定。

14.2.6 移动式辅助设施防雷设计应符合现行国家标准《建筑物防雷设计规范》GB 50057 中二类防雷要求的相关规定。

15 自动控制

15.1 一般规定

15.1.1 民用爆破器材工厂的自动控制设计除执行本规范外,尚应符合现行国家标准《自动化仪表工程施工及验收规范》GB 50093、《爆炸和火灾危险环境电力装置设计规范》GB 50058 的有关规定。

15.1.2 电气危险场所的分类,应按本规范第12.1节的规定确定。

15.2 检测、控制和联锁装置

15.2.1 在危险品生产过程中,当工艺参数超过某一界限能引起燃烧、爆炸等危险时,应根据要求设置反映该参数变化的信号报警系统、自动停机、消防雨淋等安全联锁装置。安全联锁控制系统除设有自动工作制外,尚应设有手动工作制。

15.2.2 按照安全生产条件要求,危险品生产工序宜设置电子监视系统,该系统的配置应满足摄像、显示、录制、存储和控制等功能。

15.2.3 对开、停车有顺序要求的生产过程应设有联锁控制装置。

15.2.4 自动控制系统应设置不间断应急电源,其应急时间不应少于 30min。

15.2.5 自动控制系统发生停气、停水、停电等有可能引起危险事故时,应设置反映其参数的预警信号或自动联锁控制装置。

15.2.6 自动控制系统中执行机构的动作形式及调节器正、反作用的选择,应使组成的自动控制系统在突然停电或停气时,能满足

安全要求。

15.3 仪表设备及线路

15.3.1 危险场所安装的电动仪表设备,其选型及有关要求应符合本规范第 12.2 节的规定。

15.3.2 安装在各类危险场所的检测仪表及电气设备,应有铭牌和防爆标志,并在铭牌上标明国家授权的部门所发给的防爆合格证编号。

15.3.3 防爆仪表和电气设备,除本质安全型外,应有"电源未切断不得打开"的标志。

15.3.4 F1 类、F2 类危险场所需要安装用电设备专用的控制箱(柜)时,F1 类危险场所应采用可燃性粉尘环境用电气设备(IP65 级)、Ⅱ类 B 级隔爆型;F2 类危险场所应采用可燃性粉尘环境用电气设备(IP54 级)。

15.3.5 危险场所内的自动控制系统、火灾自动报警系统及安全防范系统的线路应采用额定电压不低于 500V 铜芯金属铠装屏蔽电缆。当采用多芯电缆时,其芯线截面不宜小于1.0mm²。当采用阻燃铜芯绝缘电线穿镀锌焊接钢管敷设时,其芯线截面选择应符合本规范表 12.3.5 的规定。各种线路的敷设方式应符合本规范第 12.3 节及现行国家标准《自动化仪表工程施工及验收规范》GB 50093 的有关规定。

15.3.6 自动控制系统、火灾自动报警系统及安全防范系统应采用金属铠装电缆埋地引入建筑物,且电缆的金属外皮、屏蔽层在进入建筑物处应接地。当电缆采用穿钢管敷设时,钢管两端及在进入建筑物处应接地。电缆线路首、末端,与电子器件连接处,应设置与电子器件耐压水平相适应的过电压保护(电涌保护)器。

15.3.7 对自动控制系统、火灾自动报警系统、安全防范系统,应进行可靠接地。接地要求除符合本规范外,尚应符合现行国家标准《自动化仪表工程施工及验收规范》GB 50093、《火灾自动报警系统设计规范》GB 50116、《安全防护工程技术规范》GB 50348 的有关规定。

15.4 控 制 室

15.4.1 危险等级为 1.1(1.1*)级的危险性建筑物,设置有人值班的控制室时,应嵌入防护屏障外侧或防护屏障外的合适位置。

15.4.2 危险等级为 1.2 级的危险性建筑物内附建控制室时,应符合下列规定:

　　1 控制室与危险场所的隔墙应为非燃烧体密实墙。

　　2 隔墙上不应设门窗与危险场所相通。

　　3 控制室的门应通向室外或非危险场所。

　　4 与控制室无关的管线不应通过控制室。

15.4.3 危险等级为 1.1(1.1*)级危险性建筑物内可附建无人值班的控制室,但应符合本规范第 15.4.2 条的规定。

15.4.4 控制室应远离振动源和具有强电磁干扰的环境。

15.5 安全防范系统

15.5.1 民用爆破器材工厂的总仓库宜设置安全防范系统。

15.5.2 安全防范系统的配置、设备选择、传输线路要求、防雷置等应符合现行国家标准《安全防护工程技术规范》GB 50348、《建筑物电子信息系统防雷技术规范》GB 50343 和本规范相关条款的规定。

15.6 火灾报警系统

15.6.1 民用爆破器材工厂宜设置火灾自动报警系统,该系统的设计除应符合本规范的有关规定外,尚应符合现行国家标准《火灾自动报警系统设计规范》GB 50116 的有关规定。

15.6.2 当不设置火灾自动报警系统时,应设置火灾报警信号。

火灾报警信号可与生产调度电话兼容。

15.7 工业电雷管射频辐射安全防护

15.7.1 工业电雷管生产、贮存的建筑物与广播电台、电视台、移动站、固定站、无线电通信等发射天线的距离,应根据发射功率、频率和本节有关条款规定的距离,取其最大值。

15.7.2 工业电雷管生产、贮存建筑物与MF(中频)广播发射天线最小允许距离应符合表15.7.2的规定。

表15.7.2 工业电雷管生产、贮存建筑物与MF(中频)
广播发射天线最小允许距离

发射机功率(W)	≤4000	5000	10000	25000	50000	100000
最小允许距离(m)	300	330	550	730	1100	1500

注:1 MF(中频)广播发射天线的频率范围为0.535~1.60MHz。
    2 表中最小允许距离为发射天线至建筑物外墙外侧距离。

15.7.3 工业电雷管生产、贮存建筑物与FM调频广播发射天线的最小允许距离应符合表15.7.3的规定。

表15.7.3 工业电雷管生产、贮存建筑物与FM调频
广播发射天线最小允许距离

发射机功率(W)	≤1000	10000	100000	316000
最小允许距离(m)	270	520	820	1500

注:1 频率调制为88~108MHz。
    2 表中最小允许距离为发射天线至建筑物外墙外侧距离。

15.7.4 工业电雷管生产、贮存建筑物与民用波段无线电广播移动和固定通信发射天线的最小允许距离应符合表15.7.4的规定。

表15.7.4 工业电雷管生产、贮存建筑物与民用波段无线电
广播发射天线最小允许距离

发射机功率(W)	<5	5~10	10~50	50~100	100~250	250~500	500~600	600~1000	1000~10000
最小允许距离(m)	25	35	80	120	168	240	270	370	1100

注:1 本表适用于MF(中频)、VHF(甚高频)、UHF(超高频)移动站、固定站、无线电定位等。
    2 表中最小允许距离为发射天线至建筑物外墙外侧距离。

15.7.5 工业电雷管生产、贮存建筑物与VHF(TV)和UHF(TV)发射天线最小允许距离应符合表15.7.5的规定。

表15.7.5 工业电雷管生产、贮存建筑物与VHF(TV)和
UHF(TV)发射天线最小允许距离

发射机功率(W)	≤10³	10³~10⁴	10⁴~10⁵	10⁵~10⁶	1×10⁶~5×10⁶
最小允许距离(m)	350	610	1100	1500	2000

注:表中最小允许距离为发射天线至建筑物外墙外侧距离。

15.7.6 工业电雷管生产、贮存建筑物与发射天线之间不能满足最小允许距离时,应采用屏蔽措施防护。

附录A 有关地形利用的条件及增减值

A.0.1 当危险性建筑物紧靠山脚布置,其与山背后建筑物之间的外部距离调整应符合下列规定:

   1 计算药量小于20t,山高大于20m,山的坡度大于15°时,可减少25%~30%。

   2 计算药量在20~50t,山高大于30m,山的坡度大于25°时,可减少20%~25%。

   3 计算药量大于50t,山高大于50m,山的坡度大于30°时,可减少15%~20%。

A.0.2 在一条山沟中,对两侧山高为30~60m,坡度20°~30°,沟宽40~100m,纵坡4%~10%时,沿沟纵深和出口方向布置的建筑物之间的内部最小允许距离,与平坦地形相比,应适当增加10%~40%;对有可能沿山坡脚下直对布置的两建筑物之间的最小允许距离,与平坦地形相比,应增加10%~50%。

附录B 计算药量与 $R_{1.1}$ 值

B.0.1 计算药量与 $R_{1.1}$ 值应符合表B.0.1的规定。

表B.0.1 计算药量与 $R_{1.1}$ 值表

计算药量(kg)	$R_{1.1}$(m)	计算药量(kg)	$R_{1.1}$(m)
≤50	9	1150	41
100	12	1200	42
150	15	1250	43
200	17	1300	44
250	19	1350	45
300	21	1400	46
350	23	1450	47
400	25	1500	48
450	27	1550	49
500	28	1600	50
550	29	1650	51
600	30	1700	52
650	31	1800	53
700	32	1900	54
750	33	2000	55
800	34	2100	56
850	35	2200	57
900	36	2300	58
950	37	2400	59
1000	38	2500	60
1050	39	2600	61
1100	40	2700	62

计算药量（kg）	$R_{1.1}$（m）	计算药量（kg）	$R_{1.1}$（m）
2800	63	5600	91
2900	64	5800	92
3000	65	5900	93
3100	66	6100	94
3200	67	6250	95
3300	68	6400	96
3400	69	6550	97
3500	70	6700	98
3600	71	6850	99
3700	72	7000	100
3800	73	7150	101
3900	74	7300	102
4000	75	7450	103
4100	76	7600	104
4200	77	7800	105
4300	78	8000	106
4400	79	8200	107
4500	80	8400	108
4600	81	8600	109
4700	82	8800	110
4800	83	9000	111
4900	84	9200	112
5000	85	9400	113
5100	86	9600	114
5200	87	9800	115
5300	88	10000	116
5400	89	10200	117
5500	90	10400	118

续表 B.0.1

计算药量（kg）	$R_{1.1}$（m）	计算药量（kg）	$R_{1.1}$（m）
10600	119	15250	138
10800	120	15500	139
11000	121	15750	140
11250	122	16000	141
11500	123	16250	142
11750	124	16500	143
12000	125	16750	144
12250	126	17000	145
12500	127	17300	146
12750	128	17500	147
13000	129	17900	148
13250	130	18200	149
13500	131	18500	150
13750	132	18800	151
14000	133	19100	152
14250	134	19400	153
14500	135	19700	154
14750	136	20000	155
15000	137		

附录 C　常用火药、炸药的梯恩梯当量系数

C.0.1　常用火药、炸药的梯恩梯当量系数应符合表 C.0.1 的规定。

表 C.0.1　常用火药、炸药的梯恩梯当量系数

种　类	炸药名称	梯恩梯当量系数
炸药	梯恩梯 粉状铵梯炸药 水胶炸药 乳化炸药 黑索今 太安	1.00 0.70 0.73 0.76 1.20 1.28
火药	黑火药	0.40

注：未列入本表的炸药梯恩梯当量系数应由试验确定。

C.0.2　民用爆破器材的传统产品和新产品，其梯恩梯当量系数可按下列规定确定：

1　粉状铵梯油炸药、粉状铵油炸药、铵松蜡炸药、铵沥蜡炸药、多孔粒状铵油炸药、膨化硝铵炸药、粒状黏性炸药、浆状炸药、射孔弹、穿孔弹、震源药柱（中、低爆速）等梯恩梯当量系数按小于1考虑。

2　苦味酸、太乳炸药、雷管制品、导爆索、继爆管、爆裂管、震源药柱（高爆速）等梯恩梯当量系数按等于1考虑。

3　奥克托金、黑梯药柱、起爆药剂等梯恩梯当量系数按大于1考虑。

附录 D　防护土堤的防护范围

D.0.1　防护土堤的防护范围见图 D.0.1。

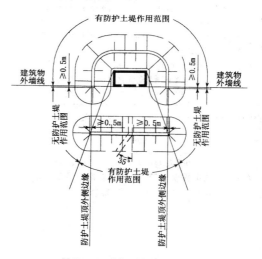

图 D.0.1　防护土堤的防护范围

附录 E 危险品生产工序的卫生特征分级

E.0.1 危险品生产工序的卫生特征分级，宜符合表 E.0.1 的规定。

表 E.0.1 危险品生产工序的卫生特征分级

序号	危险品名称	生产加工工序	卫生特征分级
		工业炸药	
1	铵梯(油)类炸药	梯恩梯粉碎、梯恩梯称量、混药、筛药、凉药、装药、包装	1
		硝酸铵粉碎、干燥	2
2	粉状铵油炸药、铵松蜡炸药、铵沥蜡炸药	混药、筛药、凉药、装药、包装	2
		硝酸铵粉碎、干燥	2
3	多孔粒状铵油炸药	混药、包装	2
4	膨化硝铵炸药	膨化	2
		混药、凉药、装药、包装	2
5	粒状黏性炸药	混药、包装	2
		硝酸铵粉碎、干燥	2
6	水胶炸药	硝酸甲胺制造和浓缩、混药、凉药、装药、包装	2
		硝酸铵粉碎、筛选	2
7	浆状炸药	梯恩梯粉碎、炸药熔药、混药、凉药、包装	1
		硝酸铵粉碎	2
8	胶状、粉状乳化炸药	乳化、乳胶基质冷却、乳胶基质贮存敏化(制粉)、敏化后的保温(凉药)、贮存、装药、包装	2
		硝酸铵粉碎、硝酸钠粉碎	2

续表 E.0.1

序号	危险品名称	生产加工工序	卫生特征分级
9	黑梯药柱(注装)	熔药、装药、凉药、检验、包装	1
10	梯恩梯药柱(压制)	压制	1
		检验、包装	1
11	太乳炸药	制片、干燥、检验、包装	2
		工业雷管	
12	火雷管、电雷管、导爆管雷管、继爆管	黑索今或太安的造粒、干燥、筛选、包装	2
		火雷管干燥、烘干	—
		继爆管的装配、包装	2
		二硝基重氮酚制造(中和、还原、重氮、过滤)	1
		二硝基重氮酚的干燥、凉药、筛选、黑索今或太安的造粒、干燥、筛选	2
		火雷管装药、压药	2
		电雷管、导爆管雷管管装配、雷管编码	2
		雷管检验、包装、装箱	2
		雷管试验站	3
		引火药头用和延期药用的引火药剂制造	2
		引火元件制造	2
		延期药混合、造粒、干燥、筛选、装药、延期元件制造	2
		二硝基重氮酚废水处理	2
		工业索类火工品	
13	导火索	黑火药三成分混药、干燥、凉药、筛选、包装导火索制造中的黑火药准备	2
		导火索制索、盘索、烘干、普检、包装	2
		硝酸钾干燥、粉碎	2

续表 E.0.1

序号	危险品名称		生产加工工序	卫生特征分级
14	导爆索		炸药的筛选、混合、干燥	2
			导爆索包塑、涂索、烘索、盘索、普检、组批、包装	2
			炸药的筛选、混合、干燥	2
			导爆索制索	2
15	塑料导爆管		炸药的粉碎、干燥、筛选、混合	2
			塑料导爆管制造	3
16	爆裂管		爆裂管切索、包装	2
			爆裂管装药	2
		油气井用起爆器材		
17	射孔弹、穿孔弹		炸药暂存、烘干、称量	2
			压药、装配	2
			包装	2
			试验室	2
		地震勘探用爆破器材		
18	震源药柱	高爆速	炸药准备、熔混药、装药、压药、凉药、装配、检验、装箱	1
		中爆速	炸药准备、震源药柱检验、装箱	1
			装药、压药、钻孔、装传爆药柱	1
		低爆速	炸药准备、装药、装传爆药柱、检验、装箱	2
19	黑火药、炸药、起爆药		理化试验室	2

附录 F 火药、炸药危险场所电气设备最高表面温度的分组划分

F.0.1 火药、炸药危险场所电气设备最高表面温度的分组划分，宜符合表 F.0.1 的规定。

表 F.0.1 火药、炸药危险场所电气设备最高表面温度的分组划分

种类	粉尘名称	电气设备最高表面温度组别
炸药	梯恩梯	T4
	粉状铵梯炸药	T4
	奥克托金	T4
	铵油炸药	T4
	水胶炸药	T4
	浆状炸药	T4
	乳化炸药	T4
	黑索今	T5
	太安	T5
火药	黑火药	T4
起爆药	二硝基重氮酚	T5
	毫秒延期药	T5

13

民用爆破器材工程设计安全规范

GB 50089－2007

条文说明

1 总 则

1.0.1 本条主要说明制定本规范的目的。民用爆破器材属易燃易爆品，在生产和贮存中，一旦发生火灾或爆炸事故，往往造成人员伤亡和经济的重大损失。在民用爆破器材工厂设计中，必须全面贯彻执行安全标准和法规，以便使新建工厂符合安全要求，预防事故，尽量减少事故损失，保障人民生命和国家财产的安全。

1.0.2 本条规定了本规范的适用范围。对在本规范修订颁布实施前已建成的老厂，如不符合本规范要求的，可根据实际情况创造条件，逐步进行安全技术改造。

3 危险等级和计算药量

3.1 危险品的危险等级

本节为新增条款，主要是考虑了与国家及国际相关的爆炸、燃烧危险品分类的衔接和一致。危险品的危险等级是根据危险品本身所具有的及其对周围环境可能造成的危险作用而定义的。即分为1.1、1.2、1.3和1.4四级。

危险品的危险等级与国际标准靠近，可以与国际产品接轨，方便使用，便于交流。

3.2 建筑物的危险等级

3.2.1 对生产或贮存危险品的建筑物划分危险等级的目的，主要是为了确定建筑物的内、外部距离和建筑物的结构形式，以及其他各种相关的安全技术措施。

《民用爆破器材工厂设计安全规范》GB 50089—98（以下简称原规范）对建筑物危险等级的划分方法主要是根据危险品发生爆炸事故时所产生的破坏能力，其次是考虑危险品的感度、生产工艺方法，以及建筑物本身抗爆、泄爆的措施而确定的，是一种以产品生产工序为主要依据的危险等级划分方法，基本上是沿用前苏联20世纪60年代初期的设计安全规范做法。这种分类方法对危险品生产工序、工艺方法的依赖性较大，每当有新产品出现时，就不容易确切划分建筑物危险等级，甚至发生对建筑物危险等级划分的歧义。目前世界上欧洲一些国家的类似规范对建筑物危险等级划分，主要是根据建筑物内危险品的爆炸、燃烧特性来确定的，基本不涉及危险品的生产工序或工艺方法。每当有新产品问世，只要性能确定了，危险等级所需的相应防护措施即可基本确定。应当说这是一个较好的建筑物危险等级划分方法，可以避免某些不确定性，从而提高了适用性。

修订的规范，在建筑物危险等级分类中，考虑到上述情况，同时考虑到我国民用爆破器材生产的历史及现状，确定主要是以建筑物内所含有的危险品危险等级并结合生产工序的危险程度来划分建筑物危险等级。应当指出的是，这里的危险品并非单纯指成品，还包括制造、加工过程中的半成品、在制品、原材料和制造、加工后的成品等。

3.2.2 本条具体给出了典型的、有代表性的生产、加工、研制危险品的建筑物危险等级。具体应用时可以比照。

这里需要指出的是，由国防科工委发布的《民用爆破器材分类与代码》WJ/T 9041—2004中已无铵梯黑炸药品目，本规范修订时不再将其列入。

3.3 计 算 药 量

3.3.6 已有的技术资料和国内外燃烧、爆炸事故表明，硝酸铵在外界一定激发条件下是可以发生爆炸的。在炸药生产厂房内，规定当硝酸铵与炸药同在一个工作间时，应将硝酸铵重量的一半与爆炸物重量之和作为本建筑物的计算药量。例如，计算粉状铵梯炸药混药工房内的药量时，其计算药量等于正在混制的炸药量加上已混制完成的炸药量，再加上备料物中的梯恩梯药量及硝酸铵重量的一半。又如，多孔粒状铵油炸药生产工房内的计算药量，等于正在混制及混制完成的药量之和，再加上贮存的硝酸铵重量的一半。

国内多次爆炸事故资料表明，在炸药生产工房内，如果硝酸铵贮存在单独的隔间内，炸药发生爆炸时，硝酸铵未被殉爆。美国专门就此做过大规模试验并纳入安全规范。利用美国有关规范并结合我国国情，确定了表3.3.6"炸药生产厂房内硝酸铵存放间与炸药的间隔及隔墙厚度"，从实践上看还是可行的。表中规定的炸药量最大为 5t,也是适合目前实际生产状况的。

值得强调的是,表 3.3.6 中虽未对硝酸铵限量,但为安全计,硝酸铵在厂房内的贮存量应以满足班产或日产的需要量为宜,不应随意超量贮存。

硝酸铵存放间与炸药的间隔,是指二者平面布置而言,如利用地形位差建厂,将硝酸铵存放间布置在炸药工作间的侧上方是允许的,但不能将硝酸铵存放间直接布置在炸药工作间楼板的上面。

表 3.3.6 中规定的隔墙厚度,无论是硝酸铵存放间与炸药工作间相邻,还是其间有其他房间(不存放炸药)相隔,均指硝酸铵存放间靠近炸药工作间一侧的墙厚。

4 企业规划和外部距离

4.1 企 业 规 划

4.1.1 本条为新增条款。民用爆破器材生产、流通企业厂(库)址选择,从工程建设的角度来讲,应考虑工程地质、地震基本烈度、水文条件、洪水情况,避免选择在不良地质等有直接危害的地段。

4.1.2 根据民用爆破器材企业的特点、多年生产实践和事故教训,本条明确规定了在企业规划时,要从整体布局上将企业进行分区。分区布置,其目的是有利于安全,同时也便于企业管理。

本规范修订时,把殉爆试验场改为性能试验场。

4.1.3 本条具体规定了在进行企业各区规划时,应遵循的基本原则和应考虑的主要问题。

1 本款强调在确定各区相互位置时,必须全面考虑企业生产、生活、运输和管理等多方面的因素。根据实践经验,在总体布置上首先应将危险品生产区的位置安排好,因为危险品生产区是工厂的主要部分,它与各区都有密切的联系,因此,首先合理确定其位置,将它布置在工厂的适中部位,有利于合理组织生产和方便生活。危险品总仓库区是工厂集中存放危险品的地方,从安全和保卫上考虑,宜设在有自然屏障遮挡或其他有利于安全的地带。为满足国家噪声的有关标准要求以及从安全角度考虑,性能试验场和销毁场,也宜设在工厂的偏僻地带或边缘地带。

2 本款从人流和物流安全的角度,规定企业各区不应规划在国家铁路线、一级公路的两侧,避免与国家主要运输线路交叉,以利于安全。

3 从试验和事故教训中得知,在山坡陡峻的狭窄沟谷中,山体对爆炸空气冲击波反射的影响要比开阔地大很多,一旦发生

爆炸事故,将会增大危害程度。同时,此种地形也不利于人员的安全疏散和有害气体的扩散。

4 辅助生产部分是为危险品生产区服务的,而其作业均是非危险性的,靠近生活区方向布置,可缩短职工上下班的距离。

5 本款主要是考虑安全性。无关的人流和物流不允许通过危险品生产区和危险品总仓库区,可减少对危险品生产区和危险品总仓库区的影响,同时也避免不必要的威胁。

规定危险品的运输不应通过生活区,是考虑生活区人员密集,而工厂的危险品运输每天都在进行,势必增加危险性。

4.1.4 本条规定了民用爆破器材流通企业,当需设置危险品仓库区时,库址选择的原则。

4.2 危险品生产区外部距离

4.2.1 危险品生产区内,各危险性建筑物的危险等级及其计算药量不尽相同,因而所需外部距离也不一样,因此在确定外部距离时,应根据危险品生产区内 1.1 级、1.2 级、1.4 级建筑物的各自要求,经分别计算后确定。

4.2.2 本条规定了 1.1 级建筑物的外部距离。1.1 级建筑物是指贮存不同梯恩梯当量的整体爆炸危险品的建筑物的总称。

表 4.2.2 中外部距离是按爆心设有防护屏障,而被保护对象不设防护屏障,且建筑物以砖混结构为标准确定的。外部距离只考虑爆炸空气冲击波的破坏效应,没有考虑飞散物的影响。

表 4.2.2 中项目较原规范增加两项:人数大于 500 人且小于等于 5000 人的居民点边缘、职工总数小于 5000 人的工厂企业围墙和人数小于等于 2 万人的乡镇规划边缘。主要是考虑乡镇发展很快,目前 1 万人左右的乡镇很多,为节省土地,方便使用,故增加此两项外部距离。在最小计算药量方面由小于或等于 100kg 降至 10kg。

建筑物的破坏等级划分见表 1。

表 1　建筑物的破坏等级

破坏等级	破坏程度	玻璃	木门窗	砖外墙	木屋盖	钢筋混凝土屋盖	瓦屋面	顶棚	内墙	钢筋混凝土柱	备注　超压 ΔP(×10⁵Pa)
一	基本无破坏	偶然破坏	无损坏	无损坏	无损坏	无损坏	无损坏	无损坏	无损坏	无损坏	超压 ΔP<0.02
二	轻度破坏	少部分分裂大部分破坏	窗扇少量破坏	无损坏	无损坏	无损坏	少量移动	扶灰少量掉落	板条抹灰少量掉落	无损坏	ΔP=0.09～0.02
三	中等破坏	大部分分裂呈小块破坏	窗扇大量破坏,窗框门框稍有倾斜	出现小裂缝,最大宽度 5～50mm,稍有倾斜	木屋盖偶然变形,松动	无损坏	大量移动	扶灰大量掉落	板条墙抹灰大量掉落	无损坏	ΔP=0.25～0.09
四	次严重破坏	粉碎	窗扇掉落,内倾,窗框、门框、门窗破坏	出现较大裂缝,裂缝宽度在 5～50mm,明显倾斜	木屋面板,木屋架杆件松动,支座松动	出现微小裂缝,最大宽度<1mm	大量移动,部分瓦砾破碎全部破坏	塌落	砖内墙出现较小裂缝	无损坏	ΔP=0.40～0.25
五	严重破坏	大块呈小块状或成小块破碎	窗扇掉落,窗框,门框破坏	严重裂缝,裂缝宽度>50mm,严重倾斜,砖墙出现较大裂缝	木屋架折断,木条折断,杆件折断,支座移位	出现明显裂缝,最大宽度在 1mm,修理后继续使用	大量移动全部破坏	塌落	砖内墙出现大裂缝	无损坏	ΔP=0.55～0.40
六	严重破坏	—	门窗推倒,框架破坏	部分倒塌	部分倒塌	出现较大裂缝,最大宽度>2mm	—	塌落	砖内墙严重裂缝或部分倒塌	有倾斜	ΔP=0.76～0.55

13

13—27

现将各项外部距离可能产生的破坏情况简要说明如下：

1 对人数小于等于50人或户数小于等于10户的零散住户边缘、职工总数小于50人的工厂企业围墙、危险品总仓库区，加油站考虑该项人员相对较少，因此对该项的外部距离，按轻度破坏标准的下限到次轻度破坏标准的上限考虑。需要指出的是，由于个别震落物及玻璃破碎对人员的偶然伤害是不可避免的。

2 对人数大于50人且小于等于500人的居民点边缘、职工总数小于500人的工厂企业围墙、有摘挂作业的铁路中间站站界或建筑物边缘，考虑该项人员相对较多，因此对该项的外部距离，按次轻度破坏标准考虑。

3 对人数大于500人且小于等于5000人的居民点边缘、职工总数小于5000人的工厂企业围墙，根据该项的重要性，对其外部距离，按次轻度破坏标准的中偏下标准考虑。

4 对人数小于等于2万人的乡镇规划边缘，其外部距离，按次轻度破坏标准的偏下标准考虑。

5 对人数小于等于10万人的城镇规划边缘，考虑该项居住和活动人员比较多，其外部距离，按次轻度破坏标准的下限标准考虑。

6 对人数大于10万人的城市市区规划边缘，其外部距离，按基本无破坏标准考虑。但偶然也会有少量的玻璃破坏。

7 对国家铁路线、二级以上公路等，考虑为重要的运输系统，昼夜行车量很大，但无论铁路列车或汽车，都是行进状态，在较短时间内即可通过危险区，而发生事故的可能有一定的偶然性。据此，规定其外部距离按次轻度破坏标准的上限标准考虑是可行的。

8 对非本厂的工厂铁路支线、三级以下公路等，考虑到这些项目是活动目标，工厂一旦发生事故恰遇有车辆通过，有一定的偶然性，据此，规定其外部距离按轻度破坏标准考虑，不会因爆炸空气冲击波的超压而使正常行驶的车辆发生事故，但偶然飞散物的伤害有可能发生，因其有很大的随机性，故这样的破坏标准是可以接受的。

9 对35kV、110kV、220kV以上的架空输电线路，考虑其重要程度、服务范围、经济效益以及一旦遭受破坏所造成的损失的大小，规范采用了不同的破坏标准。

对35kV、110kV的架空输电线路，考虑其服务范围有一定局限性，一旦遭受破坏其影响面不大的特点，因此规范中采用了轻度破坏标准。一般情况下由于架空线路呈细圆形截面，有利于冲击波的绕流，但对于个别飞散物的破坏影响，由于有很大的随机性，则很难防范。

对220kV的架空输电线路，考虑其服务范围比较广，一旦遭受破坏其影响面比较大、经济损失严重的特点，因此采用次轻度破坏标准。但尽管如此，仍不能避免个别飞散物的影响，但几率将是很低的。

对220kV以上的架空输电线路，目前有330kV、500kV、750kV，考虑它们是跨省输电，一旦遭受破坏其影响面非常大、经济损失非常严重的特点，因此，规范采用次轻度破坏标准的下限。

10 对110kV、220kV及以上的区域变电站，考虑其重要程度、服务范围、经济效益以及一旦遭受破坏所造成的损失的大小，规范采用了不同的破坏标准。

对110kV区域变电站，采用次轻度破坏标准。

对220kV及以上的区域变电站，采用次轻度破坏标准的下限。

本条还规定了1.1*级建筑物的外部距离按1.1级建筑物的外部距离的规定执行。

4.2.3 本条规定了1.2级建筑物的外部距离。1.2级建筑物内计算药量一般不大于200kg，原规范规定其外部距离均按表4.2.2中存药量大于100kg及小于等于200kg一档的外部距离确定。本次规范修订，规定了这类建筑物的外部距离按建筑物内计算药量对应表4.2.2中的距离确定。

4.2.4 1.4级建筑物的外部距离，主要是根据建筑物内的危险品

能燃烧和在外界一定的引爆条件下也可能爆炸的特点而制定的。

1.4级建筑物中，除硝酸铵仓库外，其余1.4级建筑物的外部距离，保留原规范不应小于50m的规定。

硝酸铵仓库允许最大计算药量可达500t，而且又允许布置在危险品生产区内，如果一旦发生爆炸事故，对周围的影响后果是极其严重的。但考虑到原规范执行10年来在这个问题上未发生严重后果，故本条在修订时，仍保留原规范的规定。

4.3 危险品总仓库区外部距离

4.3.1 危险品总仓库区与其周围居住区、公路、铁路、城镇规划边缘等的距离，均属外部距离。由于总仓库区内各危险品仓库的危险等级和计算药量不尽相同，所要求的外部距离也不一样，为此，在确定总仓库区外部距离时，应分别按总仓库区内各个仓库的危险等级和计算药量计算后确定。

4.3.2 本条要说明的问题与第4.2.2条基本相同。鉴于危险品总仓库区发生爆炸事故的几率很低，又考虑到节省土地、少迁居民和节省投资等因素，1.1级总仓库区各类项目的外部距离，采用比危险品生产区1.1级建筑物的要求略小、破坏程度稍重一点的标准，总的比危险品生产区1.1级建筑物外部距离的破坏标准重半级左右。原规范也是这样定的，经过十多年的实践，证明也是可行的。

与原规范相比，在项目方面增加两项：人数大于500人且小于等于5000人的居民点边缘、职工总数小于5000人的工厂企业围墙和人数小于等于2万人的乡镇规划边缘；在最小计算药量方面由小于或等于1000kg降至100kg。

4.3.3 根据1.4级总仓库区内所贮存的危险品品种，一类为只燃烧，一类为氧化剂，故采用原规范标准，对只燃烧不会爆炸者，规定其外部距离不应小于100m；对硝酸铵仓库，由于存量较大，采用与危险品生产区相同的外部距离标准，规定其外部距离不应小于200m。

5 总平面布置和内部最小允许距离

5.1 总平面布置

5.1.1 本条规定了危险品生产区和总仓库区总平面布置的一般原则和基本要求。

1 将危险性建筑物与非危险性建筑物分开布置是最基本的原则。危险性建筑物相对集中布置，以与非危险性建筑物分开，可减少危险性建筑物对非危险性建筑物的影响，有利于安全。

2 危险品生产区总平面布置应符合生产工艺流程，避免危险品的往返或交叉运输，是从安全角度考虑而制定的。

3 本款所提出的建筑物之间要满足最小允许距离的要求，是基于危险性建筑物一旦发生意外爆炸事故时，对周围建筑物的影响不应超过所允许的破坏标准。

4 同类危险性建筑物集中布置可以减少影响面，有利于安全。

5 危险性或存药量较大的建筑物，不宜布置在出入口附近，主要考虑出入口附近非危险性的辅助建筑物和设施比较多，且人员比较集中，故规定不宜布置在出入口附近。

6 根据试验和爆炸事故证明，在一定范围内，建筑物的长面方向比山墙方向破坏力要大，因此规定了不宜长面相对布置的要求。

7 当危险性生产厂房靠山体布置太近时，由于山体对爆炸空气冲击波的反射作用，使邻近工序产生次生灾害，工厂的爆炸事故证明了这点。但具体在多少药量情况下山体多少距离为宜，应视药量的大小和品种情况而定、山的坡度及植被分布情况而定。

8 从有利于安全的角度考虑，规定了运输道路不应在各危险

性建筑物的防护屏障内穿行通过，这样从道路布置设计上就保证运输车辆不会在其他危险性建筑物的防护屏障内穿越。非危险性生产部分的人流、物流不宜通过危险品生产地带。

9　无论危险品生产区还是危险品总仓库区内，凡未经铺砌的场地均宜种植阔叶树，特别是在危险性建筑物周围25m范围内，不应种植针叶树或竹子。本款新增了危险性建筑物周围的防火隔离带的宽度。

10　围墙与危险性建筑物的距离，考虑公安部有关防火隔离带的规定和林业部强调生态防火距离的要求，以及参考国外若干国家对危险性建筑物周围防火隔离带的具体规定，本款保留原规范规定15m的要求。

5.1.2　由于危险品生产厂房抗爆间室的轻型面，实际上是爆炸时的泄压面，为了安全起见，在总平面布置时，应注意避免将抗爆间室的泄爆方向面对人多、车辆多的主干道和主要厂房。

5.1.3　本条为新增条款，主要是避免生产线之间人员、运输的交叉，使生产线相对独立，同时考虑一旦发生事故，相邻生产线的建筑物的破坏标准将降低一级，以减少生产线相互影响。

不同性质产品的生产线是指炸药及其制品生产线、黑火药生产线、起爆器材生产线等。不同品种的炸药生产线不在此规定的范围内。

本条规定雷管生产线宜独立成区布置，即要求雷管生产线布置在独立的场地上，且设置独立的围墙，不应与其他生产线混线布置。

5.2　危险品生产区内最小允许距离

5.2.1　危险品生产区内最小允许距离是指危险品生产区内各建筑物之间的最小允许距离。由于危险品生产区内不仅有1.1级、1.2级、1.4级建筑物，还有为生产服务的公用建筑物、构筑物，如锅炉房、变电所、水池、高位水塔、办公室等。对这些不同危险等级和不同用途的公用建筑物、构筑物，都规定有各自不同的最小允许距离要求。在确定各建筑物之间的距离时，要全面考虑到彼此各方的要求，从中取其最大值，即为所确定的符合要求的距离。

5.2.2　本条修改了双无防护屏障的距离系数，主要是考虑防护屏障对爆炸空气冲击波减弱作用没有原规范规定的那么大。同时最小允许距离由35m降至30m，突破最小允许距离35m的界线。

当相邻生产性建筑物采用轻钢刚架结构时，其最小允许距离应按规范表5.2.2的规定数值增加50%，该数值是经过计算分析而得到的。计算分析表明，一旦相邻建筑物发生爆炸，轻钢刚架结构的屋盖、墙体维护结构有可能造成塌落，但没有试验验证。对此在下阶段工作中将进一步落实修订。

1　根据本款计算出的距离，是指1.1级建筑物一旦发生爆炸事故，对相邻砖混结构建筑物将产生次严重破坏，但不致倒塌，同时由于爆炸飞散物和震落物所造成的伤害和损失将是无法避免的。

2　本款的包装箱中转库是指专为单个1.1级装药包装建筑物服务的无固定人员的包装箱中转库。

5　1.1*级建筑物可以不设防护屏障，但它有爆炸的危险，故规定最小允许距离不小于50m。

7　本款规定了1.1级建筑物与各类公用建筑物、构筑物之间的最小允许距离。鉴于公用建筑物的功能不同，服务范围也不同，因此针对不同的公用建筑物、构筑物，分别确定了不同的允许破坏标准。

1)锅炉房是全厂的热力供应中心，一旦遭到破坏将直接影响到全厂的生产，而且锅炉房本身一旦遭受破坏，复建周期长，恢复生产困难，因此，锅炉房的破坏以越轻越好，但锅炉房的热力管线要加长，热损失将增大，技术经济不合理。经全面考虑后，本款保留原规范的规定，锅炉房的破坏标准以不超过中等破坏为准。本项规定的1.1级建筑物与锅炉房的距离除按计算外，且不应小于

100m，是考虑烟囱的火星和灰尘对1.1级建筑物的影响；对无火星的锅炉房是指有可靠的除尘装置不产生火星的，其距离可适当减少。

2)总降压变电所、总配电所是全厂的供电中心，一旦遭到破坏将影响全厂，甚至产生相应的次生灾害，因此采用轻度破坏标准。

3)10kV及以下单建变电所服务范围有限，与所服务的对象距离太远，不仅线路长，管理也不便，为此采用次严重破坏标准。

4)钢筋混凝土水塔是全厂的供水主要来源，一旦遭受破坏不仅直接影响生产，还有可能影响消防用水的来源，因此颇为重要。本项规定的破坏标准为中等破坏标准。

5)地下或半地下高位水池覆土后，抗冲击波荷载的能力提高，且多数高位水池为圆形结构，其刚度大，较为有利。但地下、半地下高位水池要求承受来自于爆炸源的地震波应力。鉴于工厂的爆炸源均产生于地面以上，经地表再经地下传至高位水池，其能量远比地下爆炸源减少许多，而且高位水池所在地由于地质条件不同也有很大差别。根据原规范10年来的执行情况，在这方面尚未发现有何问题，因此仍维持原规范的标准。但危险品生产区内1.1级建筑物的存药量变化幅度很大，原规范所规定的距离仅能保持在小药量情况下，高位水池不裂，药量大到一定程度，高位水池仍会出现裂缝等破坏情况。

6)火花在风的吹动下影响范围较大，在这个范围内散落的裸露易燃易爆品有可能因火花引燃而引发事故，故规定为不应小于50m。

7)考虑到车间办公室、辅助生产建筑物等距生产车间不宜太远，但也不宜一旦发生事故就遭受与生产工房一样的次严重破坏，因此本项采用中等破坏标准。本项保留了原规范的规定，与车间办公室、车间食堂(无明火)、辅助生产建筑物的距离，应按表5.2.2要求的计算值再增加50%，且不应小于50m。

8)全厂性公共建筑物，如厂部办公室是工厂的指挥中心，也是机要所在。食堂是工人集中的场所，消防车库是保护工厂安全的组成部分，从保护人身安全和减少事故损失考虑，其距离不宜太远，因此本项确定为轻度破坏标准。原规范要求最小允许距离不得小于150m，能满足轻度破坏标准，故保留150m的规定。

5.2.3　1.2级建筑物与其邻近建筑物的最小允许距离，是按下列原则确定的：

1　对1.2级建筑物的最小允许距离，改为按生产工房药量确定的距离。这是为防止工房药量大，一旦发生爆炸事故，对周围会加大影响而定的。

2　本款增加了为1.2级装药包装建筑物服务的包装箱中转库(无固定人员)与该装药包装建筑物的距离，按现行国家标准《建筑设计防火规范》GB 50016中防火间距执行的规定。

3　1.2级建筑物与公共建筑物、构筑物的最小允许距离，其确定原则基本与1.1级建筑物相同。只是由于危险作业在抗爆间室内，有破坏影响范围小的具体情况，因此，在确定其与公共建筑物、构筑物的最小允许距离时，比1.1级建筑物的要求略小。

5.2.4　1.4级建筑物与其邻近建筑物的最小允许距离，是按下列原则确定的：

1　危险品生产区内1.4级建筑物中的产品有燃烧危险，在一定条件下也可能发生爆炸，故根据1.4级建筑物中危险品存量的多少和周围建筑物的重要程度，分别规定了不同的距离。

1.4级建筑物中，需要指出的是硝酸铵仓库，其允许存量最大可达500t，混装炸药车地面辅助设施可达600t，按原规范规定，其与任何建筑物的距离均不应小于50m，考虑十余年来既无重大事故又无新的可供依据的数据，不好轻易变动，本次修订仍保留原规定。

需要指出的是，由于硝酸铵仓库存量很大，当硝酸铵仓库一旦发生事故时，其对周围建筑物的破坏，将会大大超过所允许的次严重破坏标准。

2 1.4级建筑物与公共建筑物、构筑物的最小允许距离,其确定原则基本与1.1级、1.2级建筑物相同,只是在多数情况下可能产生的是燃烧危险,在一定条件下也可能发生爆炸。据此,制定了与公共建筑物、构筑物的最小允许距离。必须指出的是,万一发生爆炸事故,对周围建筑物的破坏将是严重的,但几率是低的。

5.3 危险品总仓库区内最小允许距离

5.3.1 危险品总仓库区内各建筑物之间的距离,属于内部最小允许距离。由于危险品总仓库区只有1.1级和1.4级危险品仓库,为了便于使用,已将1.1级仓库与其邻近建筑物的最小允许距离,列于表5.3.2-1中,使用时可直接查出。必须指出的是,使用时应将相互间要求的距离均查出,然后取其最大值作为建筑物间的最小允许距离。

5.3.2 本条规定了1.1级危险品总仓库区应设置防护屏障。

1 本款规定了1.1级仓库与其邻近建筑物的最小允许距离。其破坏标准是,当某个1.1级仓库一旦发生爆炸事故时,对邻近仓库内的危险品不产生殉爆而建筑物却全部倒塌。不仅相邻仓库倒塌,就是再远一点的仓库,也将随着爆炸事故仓库药量及距离的大小而产生不同的破坏后果。

危险品总仓库区内最小允许距离较原规范有所降低,主要是考虑相邻库房不被殉爆即可。

2 本款增加了有防护屏障的1.1级库房与相邻无防护屏障库房的最小允许距离应按双有防护屏障的距离增加1倍的规定。

5 总仓库区的值班室是仓库管理人员和保卫人员值班的地方。为有利于值班人员的安全,本款强调宜结合地形将其布置在有自然屏障的地方。考虑到值班室与1.1级仓库的距离远了,管理上不方便,近了又不利于安全,为此,值班室与1.1级仓库的距离,基本是按次严重破坏标准考虑的,并根据值班室是否设有防护屏障而分成几个档次确定。由于总仓库区内的库房存药量差别很大,当大药量仓库一旦发生爆炸事故,对值班室有可能产生超过次严重破坏标准的情况。

本款细化了1.1级库房与值班室的最小允许距离,库房计算药量由原来限定的30t,对应有防护屏障值班室需150m,调至库房计算药量20t、10t、5t、1t、0.5t,对应有防护屏障值班室需130m、110m、90m、70m、50m,主要是考虑在库房计算药量小时,减少库房与值班室的最小允许距离。

5.3.3 由于1.4级仓库在一定条件下也会爆炸,为减少发生事故的可能性,本条提出,1.4级仓库分一般1.4级和硝酸铵仓库两种办法处理其最小允许距离。当具有爆炸危险的1.4级仓库与1.1级仓库邻近时,其与1.1级仓库相对面的一侧,推荐设置防护屏障;否则,最小允许距离应按表5.3.2-1的规定数值增加1倍,且不小于本条规定。

除上述与原规范相比有补充外,其余无改变。

5.3.4 当危险品总仓库区设置岗哨时,岗哨与仓库的距离,在条文中未提出明确要求,因为岗哨是为仓库警卫用的,将根据保卫需要设置岗哨位置。因此,一旦仓库发生事故,岗哨上的警卫人员将不可避免地产生伤亡。

5.4 防护屏障

5.4.1 防护屏障可以有多种形式,例如钢筋混凝土挡墙、防护土堤等。不论采用何种形式,都应能起到防护作用。本条以防护土堤为例,绘出防护土堤的有防护作用范围和无防护作用范围。

5.4.2 本条所规定的防护屏障的高度是最低要求高度,如有条件能做到高出屋檐高度,对削弱爆炸空气冲击波和阻挡低角度飞散物更有好处。当防护屏障内建筑物较高,例如高度大于6m时,本条亦规定了防护屏障高度可按高出爆炸物顶面1m设置。但是,建筑物之间的最小允许距离计算应符合表5.2.2注3的规定。应该指出,适当增高防护屏障的高度,对安全有利。

5.4.3 本条分别对防护土堤和钢筋混凝土挡墙的防护屏障顶宽提出要求,其他防护屏障可按此原则处理。

5.4.4 防护屏障的边坡应稳定(主要指土堤),否则易塌落,将达不到规范标准,减弱了安全防护的作用。

5.4.5 建筑物的外墙与防护屏障内坡脚的水平距离越小,防护作用越好。但从生产、运输、采光和地面排水等多方面要求,两者必须保持一定距离。本条规定除运输或工艺方面有特殊要求的地段外,应尽量减少该段距离,以使防护屏障起到防护作用。

5.4.6 本条主要是对生产运输通道或运输隧道在穿越或通过防护屏障时的一些技术要求。同时对通过防护屏障的安全疏散隧道也提出了一些具体技术要求。

5.4.7 本条提出了当防护屏障采用防护土堤构造而取土又较为困难时,各种减少土方量的具体技术措施。

5.4.8 根据我国的具体情况,应尽可能减少占地面积,而又要保证安全,为此本条提出在危险品生产区,对两个危险品仓库可以组合在联合的防护土堤内的具体技术要求。

本次修订放宽对了联合土围的规定,不再限定仅用于起爆器材,而不能用于火药、炸药。

6 工艺与布置

6.0.1 工艺设计中坚持减少厂房计算药量和操作人员,是一个极为重要的原则,也可以说是通过血的教训得来的经验总结。从历次事故中可以看出,往往原发事故点并不严重,但由于厂房计算药量大、操作人员多,甚至严重超量、超员,酿成了极为惨烈的后果。

要求对于有燃烧、爆炸危险的作业应采用隔离操作、自动监控等可靠的先进技术,这是从技术上保障安全的基本要求。

6.0.2 本条是危险品生产厂房和仓库平面布置的规定。

1 本款规定是为在进行危险品生产厂房平面设计时应有利于人员的疏散。

口字形、冂字形厂房都不利于人员疏散,并且当厂房的一面发生爆炸时会影响到其他面。因山体地形原因而设计为L形厂房,如内部布置合理,亦可这样设计。

4 本款规定在布置工艺设备、管道及操作岗位时,应有利于人员的疏散。传送皮带挡住操作者的疏散道路,工作面太小,人员交错等情况,在发生事故时均不利于人员的迅速疏散。

5 危险品生产厂房的底层,除了门作为疏散出口外,对距门较远或不能迅速到达疏散口的固定工位,应根据需要设置符合本规范第8.6.4条要求的安全窗,但应注意安全窗外要能便于疏散。

6 起爆器材生产厂房宜设计成一边为工作间,另一侧为通道,尤其是雷管生产中装药、压药工序,在条件允许的条件下首先应该这样设计。当设计成中间为通道,两侧为工作间时(如电雷管装配工序),如发生偶然事故,人员需经过中间通道才能向外疏散,在人员多的工序会拖延时间,甚至发生人员相互碰撞。所以规定在这种情况下,上述工作间应有直通室外的安全出口。对于固定工位设置直通室外的安全出口则可以是门,也可以是安全窗。

7 厂房内危险品暂存间存药量相对集中,若发生爆炸事故爆源附近遭受的破坏更加严重,所以危险品暂存间宜布置在厂房的端部,并不宜靠近厂房出入口和生活间,以减少事故损失。

雷管等起爆器材生产厂房中人员较多,提倡炸药、起爆药和少工品宜暂存在抗爆间室或防护装甲(如防爆箱)内,以达到不能发生殉爆的目的。但有时因工艺流程的需要,危险品暂存间布置在端部对组织生产不便时,也可以沿外墙布置成突出的贮存间。但贮存间不应靠近人员的出口,以防止危险品与人流交叉,避免发生偶然事故时造成很多人员的伤亡。

9 危险性建筑物不可避免地存在火药、炸药粉尘,由于厂房中辅助间(如通风室、配电室、泵房等)内的操作不必和生产厂房随时保持联系,辅助间和生产工作间之间宜设隔墙,隔墙上不用门相通,辅助间的出入口不宜经过危险性生产工作间,而宜直通室外。

6.0.3 本条是危险品运输通廊的规定。

1 某厂乳化炸药生产线发生爆炸事故时,爆源在装药包装工房。由于装药工房与卷纸管工房之间有密封式通廊相连,通廊结构为预制板重型屋盖,两侧为石头砌墙,窗面积很小,通廊呈直线形式,这样,爆炸冲击波沿通廊直抵卷纸管工房,使该工房遭受严重破坏,工人伤亡。如果通廊为敞开式,或通廊虽为封闭式,但为易泄爆的轻型结构,则损失远不会如此严重。

地下通廊连接两个厂房时,发生事故时将给相邻厂房造成更严重的破坏,处于其间的人员也不易疏散,故本规范不推荐使用地下通廊。对于个别工厂的厂房之间需穿过局部山体而设的通道,可不视为地下通廊。

2 在前述某厂乳化炸药生产线中,乳化厂房利用悬挂式输送机输送药坯。原设计根据殉爆试验,对于每个药坯限重2.7kg,药坯间距则限定为900mm。事故发生时,每个药坯实际重量达20kg,而药坯间距又仅为500mm。装药厂房爆炸后,沿该药坯输送机殉爆至乳化厂房的制坯部分,造成乳化厂房严重破坏,死伤多人。

有鉴于此,采用机械化连续输送危险品时,输送设备上的危险品间距应能保证危险品爆炸时不发生殉爆。危险品殉爆距离应有可靠的依据,也可以模拟生产条件进行试验确定。

3 在条件允许的情况下,与危险性建筑物相连的通廊宜设计成折线形式。实践证明,在危险性建筑物内危险品发生爆炸事故时,与直线形通廊相比,折线形通廊可减少爆炸冲击波的破坏范围,降低相邻厂房的损失。折线的角度要适当,且应保证通廊内人员运输的安全与方便。

4 危险品成品中转库存药量较大,发生事故时影响范围大且严重,故作此规定。

6.0.4 雷管、导爆索等起爆器材生产中操作人员较多,有些工序(如雷管装、压药)易发生事故,而这些工序一般药量比较小,因此可把事故破坏限制在抗爆间室内,以减少事故的损失。采用钢板防护是为了防止传爆。

6.0.6 本条是危险品生产厂房各工序的联建问题。

1 有固定操作人员的非危险性生产厂房,是指炸药生产中的卷纸管、导火索生产中的缠线等生产厂房。

7 本款涉及对自动化、连续化生产的认识,有必要对"自动化"、"连续化"给予定义。自动化是指采用能自动调节、检查、加工和控制的机器设备进行生产作业,以代替人工直接操作。如果整个生产过程从进料、加工、传送、检查以至完成产品,能自动按人们预定的程序和要求进行,而启动、调整、停车以及排除故障等仍由人工操作,称"综合自动化"。如果启动、停车与排除故障等操作也都能自动实现,称"全自动化"。

就目前我国的自动化、连续化工业炸药(如乳化炸药)生产线来讲,应当说还是处于"初级阶段"意义上的自动线,距真正意义上的自动化、连续化,并从本质上提高生产的安全程度尚有许多工作

要做。尤其是真正与自动化、连续化生产线相匹配的各种设备更是关键性的问题。现在的情况是,制药部分的设备尚属规范,装药设备则急待完善,包装设备尚待继续生产实践检验。故本规范规定,工业炸药制造在一个厂房内联建的条件是:工艺技术与设备匹配,制药至成品包装实现自动化、连续化,有可靠的防止传爆和殉爆的措施,这三个条件缺一不可。

对于生产线在一个工房内联建的定员定量问题,是结合国防科工委乳化炸药安全生产研讨会议纪要及有关文件要求的精神,给出的具体规定和要求。

原规范中曾规定有对手工间断操作的无雷管感度乳化炸药生产工艺的要求,现已不再审批新建。对此,本次修订时予以取消。

8 工业炸药生产厂房单个厂房一般布置单条生产线。目前国内的情况是,工业炸药同类产品如胶状和粉状乳化炸药往往布置在一个生产厂房中,利用同一组乳化设备制造乳化基质。由于各自配方不同而采取轮换生产方式进行。当一条线停工,彻底清理完成后才开始另一条线的生产,实际上在厂房仍是一条线在运行。考虑到国内生产实际及现状,作了本条规定。这里一定要注意满足该条的条文要求,不能勉强凑合,降低要求。同时应指出,这种情况下,一旦发生偶然的燃烧、爆炸事故时,该厂房内的两条生产线设备设施可能会遭到破坏,从客观上存在增大设备设施财产损失的可能,进而提高了对事故破坏等级的判定。

9 考虑到目前国内两条工业炸药同类产品自动化、连续化生产线进行同时生产的情况尚无先例和成功的实践,为慎重起见,"具备同时生产条件"的问题应经过相关的专家论证和主管部门审批同意。

10 自动化、连续化工业炸药生产线或间断式生产线,由于各种条件限制,不能在一个厂房内联建时,还是将制药工序与装药包装工序分别建设厂房为好,这样做既方便生产、有利于安全,又便于产品的升级换代、产能产量的调节和设施的技术改造。本款还结合国防科工委乳化炸药安全生产研讨会议纪要及有关文件要求的精神,给出了具体的定员定量规定。

12 此款是针对目前雷管等起爆器材连续化生产线的出现而定的要求。强调对于贯穿各抗爆间室或钢板防护装置的传输应有可靠的隔爆措施。

6.0.7 原规范特别对粉状铵梯炸药生产的轮碾机设置台数规定为不应超过2台。根据民爆生产安全管理规定,轮碾机的砣重不应超过500kg,混药时的药温不应超过70℃。考虑到制造其他工业炸药时,也会采用轮碾机工艺进行混药,故本次修订作此规定。

6.0.9 本条是对危险品生产或输送用的设备和装置的要求。

8 这一款是新增加的,目的是强调对于输送易燃、易爆危险品的设备来讲,应注意所输送的危险品厚度要满足不引起燃烧爆炸的安全要求。

6.0.11 此条提出了除传统的人力运送起爆药方式外,还可以利用球形防爆车推送。

7 危险品贮存和运输

7.1 危险品贮存

7.1.1 危险品生产区内单个危险品中转库允许的最大存药量应符合表7.1.1的规定,当中转库需贮存的药量超过表7.1.1规定的数量时,可以增加库房的个数。

7.1.2 关于危险品生产区内炸药的总药量的规定。

1 危险品生产区内梯恩梯中转库的存药量除应符合本规范第7.1.1条的规定外,其总存量不应超过3d的生产需要量。例如对于每天需要梯恩梯为4t的工厂,梯恩梯中转库总存量不应超过12t。可设计5t梯恩梯中转库房2幢。在满足生产的前提下,生产区的危险品存量应尽量减少。

2 对于炸药成品中转库,除应符合本规范第7.1.1条的规定外,还不应大于1d的炸药生产量。例如日产铵梯炸药40t的工厂,其中转库总存药量不应超过40t,如设计为存药20t的库房,则库房不应超过2幢。但对于生产量较小的工厂,例如当炸药日产量为3t时,其存药量允许稍大于1d的生产量,其中转库的总存量可为5t,这样规定可避免频繁运输,既保证生产安全,又便于组织生产。

7.1.3 本条是对危险品总仓库区内单个危险品仓库允许最大存药量的规定。

对硝酸铵仓库贮存量保留原规范规定的500t,国内民用爆破器材工厂中未发生过硝酸铵仓库的燃烧爆炸事故,说明硝酸铵在管理好的情况下,是比较安定的,但一旦发生爆炸事故则破坏非常严重。1993年深圳清水河化学危险品仓库大爆炸中,硝酸铵发生爆炸,因硝酸铵与其他多种化学品混放在一个库内。硝酸铵的爆炸可能是由其他化学品燃烧着火而引起的,其爆炸后果是相当严重的。以其中4号库为例,硝酸铵约数十吨,其爆炸后的爆坑直径23m,深7m,因仓库是互相连接的,并均存有易燃易爆物品,故引起邻近几百米范围内的大火。在国外文献的报道中,美国俄克拉荷马州皮罗尔的一个散装硝酸铵仓库发生着火,着火25min后,发生了爆炸。在弗吉尼亚州,一座混合工房内有铵油炸药30t,硝酸铵20t,在燃烧30min后发生强烈的爆炸。2001年9月21日法国南部城市 Toulouse 郊外 AZF GP(Azote De France)化肥厂仓储的400t硝酸铵爆炸,形成了一个长65m、宽54m、深10m以上的弹坑,爆炸冲击波影响到3km以外的市中心。事故造成30人死亡,近4000人受伤,50所学校及10000幢建筑物受损。上述这些事故说明,硝酸铵在特定条件下是会燃烧爆炸的。

美国防火协会规定的硝酸铵贮量比较大,可达2268t。超过此量时必须配备完整的、强大的自动防火系统。

虽然硝酸铵在平时只是一种肥料,并无多大危险,但考虑到硝酸铵仓库设在生产区或库区,其周围有1.1级、1.2级危险厂房或库区,贮量不宜太大,故作了上述规定。

表7.1.3是对单个库房允许最大存药量的规定,当需要贮存量超过表中规定值时,可增加库房的幢数。

7.1.4 由于硝酸铵用量大,为便于生产和减少运输,硝酸铵仓库可以设在危险品生产区,其单库允许最大存药量应符合表7.1.3的规定。众所周知,硝酸铵在一定强度的外部作用下是可以发生燃烧爆炸的,所以在消防和建筑结构上应采取相应措施。一旦硝酸铵库发生爆炸事故,对生产区的破坏将是极其严重的。同样,根据生产需要,可在生产区设置多个硝酸铵库房。

7.1.6 本条是不同品种危险品同库存放的规定。

1 尽管危险品单品种专库存放有利于安全和管理,但当受条件限制时,在不增大事故可能性的前提下,不同品种包装完好的危险品是可以同库存放的。需要强调的是,危险品必须包装完整无

损、无泄漏,分堆存放,避免互相混淆,并应符合表7.1.6的规定。

为便于掌握危险品同库存放的原则,将危险品分成六大类,危险品分类的原则和说明详见表7.1.6的注释。对于未列入规范的危险品,可参照分类和共存原则研究确定。

2 关于不同品种危险品同库存放的存药量的规定举例如下:如总仓库的梯恩梯和苦味酸同库存放,二者为同一危险等级,苦味酸不应超过表7.1.3中的30t,梯恩梯和苦味酸存放的总药量不应超过表7.1.3中梯恩梯允许最大存药量150t。又如梯恩梯和黑索今同库存放,二者为不同危险等级,梯恩梯和黑索今存放总药量不应超过表7.1.3中黑索今存药量50t,且库房应作为1.1级考虑。再如硝酸铵类炸药与梯恩梯,因是不同危险等级,同库存放总药量不是200t,而是150t,且库房应按梯恩梯1.1级考虑。

3 硝酸铵仓库贮量大,且在一定条件下硝酸铵有燃烧爆炸危险,所以硝酸铵应专库存放,不应与任何物品同库存放。

4 危险品的废品和不合格品,由于其安定性较差,且不会有良好的包装,所以不应与成品同库贮存。

5 符合同库存放的不同品种危险品贮存在危险品生产区中的中转库内时,应存放在以隔墙互相隔开的贮存间内。这是由于中转库人员、物品出入频繁,危险品洒落的可能性大,为避免危险品相互混淆,作此规定。所以中转库除应符合同库存放的规定外,还应符合本款规定。

7.1.7 仓库内危险品堆放过密,会造成通风不良,堆垛过高也会对危险品存放和操作人员的安全产生不安全因素,所以特别制定危险品堆放的两款规定。

与原规范相比,增加了检查通道和装运通道的尺寸要求。

7.2 危险品运输

7.2.1 为满足危险品运输的要求,本条规定宜采用汽车运输。由于翻斗车的车厢形式不利于装载危险品,万一翻斗机构失灵就更加危险。挂车因刹车等因素易产生车辆碰撞,故禁止使用。用三轮车和畜力车运输危险品也有不安全因素,因此不应使用。

7.2.2 本条第1、2两款的规定是考虑到有可能在生产和运输过程中,在1.1级、1.2级、1.4级建筑物附近洒落危险品及其粉尘,所以要求车辆与建筑物保持一定距离,以避免行驶的车辆碾压危险品而发生意外事故。另外,在危险品生产建筑物靠近处,汽车经常往返行驶对建筑物内的生产会产生干扰,不利于生产。因此,要求必须有一定的距离。

第3款的规定是防止有火星飞散到运输危险品的车上而造成意外事故。

7.2.3 增加危险品总仓库区运输危险品的主干道中心线与各类建筑物的距离不应小于10m的规定。原规范只对危险品生产区有规定,而危险品总仓库区没有相应规定,这次修订,考虑危险品总仓库区运输的危险品主要是包装好的、无散落的危险品粉尘,故危险品总仓库区运输危险品的主干道中心线,与各类建物的距离较危险品生产区的规定有所减小。

7.2.4 根据现行国家标准《厂矿道路设计规范》GBJ 22的规定,提出经常运输易燃、易爆危险品专用道路的最大纵坡不得大于6%的规定,以及参照其他相应规定,提出本条的各项要求。

7.2.5 本条的规定,主要考虑机动车如果在紧靠危险性建筑物的门前进行装卸作业,一旦建筑物内发生危险情况,不利于建筑物内的人员疏散,从而增加不必要的事故损失。当机动车采取防爆措施后,参照国外同类行业的做法,允许防爆机动车辆进入库房内进行装卸作业。

7.2.6 起爆药是比较敏感的,为了防止人工提送中与其他行人或车辆碰撞而出现事故,为此规定用人工提送起爆药时,应设专用人行道。

7.2.7 为提高装卸效率,减少危险品的倒运,并有利于安全,在有条件时应尽量将铁路通到每个仓库旁边。

对必须在危险品总仓库区以外的地方设置危险品转运站台时,本条提出了两种情况,即站台上的危险品可在24h内全部运走时和在48h内全部运走时的外部距离折减系数。目的在于鼓励尽快运走。

8 建筑与结构

8.1 一般规定

8.1.1 根据民用爆破器材工厂各类危险品的生产厂房性质分析,1.1级、1.2级厂房是炸药、起爆药的制造、加工厂房,都具有爆炸、燃烧的危险;1.4级厂房基本是氧化剂、燃烧剂一类的生产厂房,且厂房周围多有爆炸源,也具有燃烧、爆炸危险。所以,1.1级、1.2级、1.4级生产厂房的危险程度要比现行国家标准《建筑设计防火规范》GB 50016中甲类生产厂房大得多。现行国家标准《建筑设计防火规范》GB 50016厂房、库房的耐火等级规定,甲类厂房、库房的耐火等级为一、二级,所以本规范提出1.1级、1.2级、1.4级厂房和库房的耐火等级应符合现行国家标准《建筑设计防火规范》GB 50016中二级耐火等级的规定。

8.1.2 为了设计使用的方便,将现行各类生产中的各类危险品生产工序,按现行国家标准《工业企业设计卫生标准》GBZ 1的车间卫生特征分级的原则做了分级。主要考虑原则是,凡生产或使用的物质极易经皮肤吸收引起中毒的,定为1级,如梯恩梯、二硝基重氮酚。其他按情况定为2级。

卫生特征分级为1级的应设通过式淋浴。

8.1.3 民用爆破器材工厂中辅助用室的设置是一个很重要的问题,因为在这种工厂中,危险生产厂房有爆炸的危险,因此,除了在生产中不能离开操作岗位的人员外,其他人员都应尽量远离危险品生产厂房,避免发生事故时造成不必要的伤亡。确保人员的安全是设计辅助用室的指导思想。

1 1.1级厂房是具有爆炸危险的厂房,发生爆炸时威力比较大,影响面也比较宽,从安全上考虑,规定不允许在这类厂房内设

置辅助用室,而应将它们布置在远离危险生产厂房的安全地带,这样,在发生事故时人员的安全才能得到保证。但考虑到生活上的方便和生产上的需要,不允许操作人员长时间离开工作岗位,因此允许在厂房内设置厕所,但对于敏感度特别高的黑火药、二硝基重氮酚等极易发生事故的生产厂房,连厕所也不允许设置。

2 1.1级厂房的辅助用室,应单建或设在附近其他非危险性的建筑物中。辅助用室可近一些布置,但应符合安全要求。

3 1.2级厂房,原则上不宜设置辅助用室。当存药量比较小,危险生产工序设在抗爆间室内或用钢板防护装置隔开时,一旦发生事故,一般只局限于抗爆间室内,危险程度大大降低,事故的影响面比较小。在这种火工品生产厂房内,如果必须设置,应符合条文中的规定。

8.2 危险性建筑物的结构选型

8.2.1 危险品生产厂房的承重结构首先推荐采用钢筋混凝土框架结构,其主要优点是整体性好、抗侧力强。现在钢模问世,大型预制构件隐退,大量采用现浇钢筋混凝土,这样框架结构优于铰接排架结构,由于柱、梁连接成为一个空间的整体,因而具有较强的抗爆能力。当厂房发生局部爆炸时,整个厂房全部倒塌的可能性较小,有望减少人员伤亡和财产损失。钢筋混凝土柱、梁连接的铰接排架,预制屋面板结构,当发生局部爆炸时,容易产生梁、板倒塌。砖混结构厂房,当发生局部爆炸时,容易产生墙倒屋塌。为此,本次修订,不论单层或多层的1.1级、1.2级厂房和多层的1.4级厂房,都推荐采用钢筋混凝土框架结构承重。这主要是考虑到厂房中某一部分发生事故时,不致因承重结构整体性差或承载能力不足而导致楼板或屋盖倒塌,使整个厂房受到严重破坏,造成更多人员的不必要伤亡和设备的不必要损坏。

考虑到民用爆破器材工厂的实际生产情况,在符合特定条件下,可采用砖墙承重:

1 对于单层的1.1级、1.2级厂房,在厂房面积小、层高低、操作人员较少的条件下允许采用砖墙承重。这主要考虑到这类厂房面积小,操作人员距爆炸中心一般都比较近,一旦发生事故,势必房毁人亡。故本规范对这类厂房提出了跨度、长度和高度以及人员的限制,凡符合条件的,可采用砖墙承重。

2 对于危险品生产工序全部布置在抗爆间室内,且间室外不存放或存放少量危险品时,一旦发生爆炸,则不会影响主体厂房。所以砖墙承重部分不存在因本厂房局部爆炸而倒塌的危险,允许采用砖墙承重。

3 梯恩梯球磨机粉碎厂房,轮碾机混药厂房的存药量较大,且药量又集中,操作人员距爆心近,厂房面积小,一旦爆炸事故发生,不论是否采用钢筋混凝土结构,都势必是房毁人亡。所以对这种厂房提出可采用砖墙承重。

4 承重横隔墙较密的厂房,刚度大,厂房存药量小,且又分散,当厂房内局部发生爆炸时,对相邻工作间的影响小,所以可采用砖墙承重。

5 对无人操作的厂房,由于不存在操作人员的伤亡问题,采用砖墙承重就可以满足要求。

8.2.2 钢刚架结构易于积尘,且为金属,故而要求没有炸药粉尘的或采取措施能防止积尘的危险品生产厂房,或与金属反应不产生敏感爆炸危险物的厂房,方可采用钢刚架结构,但必须符合现行国家标准《建筑设计防火规范》GB 50016中二级耐火等级的要求。

8.2.3 危险品仓库允许采用砖墙承重,主要是考虑到仓库无固定人员、较厂房重要性低,且因仓库面积小,存药量集中,药量一般较大,一旦发生爆炸事故,出事仓库被摧毁,相邻库房允许破坏。因此,允许采用砖墙承重和符合防火要求的钢刚架结构。

8.2.4 小于240mm的砖墙、空斗墙、毛石墙等的抗震能力差,容易倒塌,不予采用。

8.2.5 危险品生产厂房的屋盖首先推荐采用现浇钢筋混凝土屋

盖，它可与钢筋混凝土框架构成整体，当发生局部爆炸时，现浇屋面板倒塌面积较小，可减轻事故时屋盖下塌而造成的伤亡；从抗外爆角度来讲，钢筋混凝土屋面板抗外来飞散物是很有效的。预制屋面板容易产生梁、板倒塌而造成伤亡，故不推荐采用。

8.2.6 对厂房面积小，事故频率高的粉状铵梯炸药生产的轮碾机混药厂房、本身有泄压要求的黑火药生产厂房及梯恩梯球磨机粉碎厂房，条文中规定应采用轻质易碎屋盖或轻型泄压屋盖。目的是一旦发生燃爆或爆炸事故，易泄压，可减轻飞散物对周边的危害。但厂房刚度差，抗外来飞散物的防护能力差。

8.3 危险性建筑物的结构构造

8.3.1 易燃易爆粉尘是指各种爆炸物如粉状铵梯炸药、黑火药、起爆药等的粉尘，这些粉尘的积聚，不但增加了日常清扫工作，而且可能引起自燃，导致事故。所以，对危险品生产厂房的构件要求采用外形平整，不易积尘，易于清扫的结构构件和构造措施。特别是屋盖的选型，首先要考虑采用无檩、平板体系，不宜采用有檩体系，更不宜采用易于积尘的构件。如果必须采用易积尘的结构构件，就要设置吊顶，但设置吊顶也易积尘，在一定程度上也增加了不安全的因素。

8.3.2~8.3.4 从事故调查和一些国内外试验资料来看，对具有爆炸危险的 1.1 级、1.2 级、1.4 级厂房，当采取一定的构造措施后，对提高建筑物的抗震能力是有一定效果的。

本规范提出了几项主要的构造措施，着重在墙体方面、构件和墙体连接方面加强，以增强工房的整体性。

8.3.5、8.3.6 为了增强钢刚架结构的整体性和抗震能力，参考钢结构抗震构造措施而规定。

8.3.7 根据轻钢结构常规设计所采用的一般规格，经抗爆验算，提出与双无防护屏障内部最小允许距离（增大 50%）相应的结构构造最低要求。否则宜按抗爆炸荷载进行验算。

8.3.8 轻钢刚架结构的檩条按常规设计所采用的规格，其抗冲击波强度还是不足的。因此，作此规定，以达到提高檩条的抗冲击波作用的能力，防止发生外爆事故时，围护构件不致塌落伤人。

8.3.9 轻钢刚架结构的彩色钢板在爆炸冲击波作用下，回弹力较大，彩色钢板容易被撕裂，因此，在连接方法上要加强，这是参考美国抗爆钢结构的节点构造方法而规定的。

8.4 抗爆间室和抗爆屏院

8.4.1、8.4.2 这两条主要是对抗爆间室的结构作了规定。

抗爆间室，一般情况下应采用钢筋混凝土结构。目前国内广泛采用矩形钢筋混凝土抗爆间室，使用效果较好。钢筋混凝土是弹塑性材料，具有一定的延性，可经受爆炸荷载的多次反复作用，又具有抵抗破片穿透和爆炸震塌的局部破坏的性能。

抗爆间室的屋盖做成现浇钢筋混凝土的较好，其整体性强，可使间室的空气冲击波和破片对相邻部分不产生破坏作用，与轻质易碎屋盖相比，在爆炸事故后具有不需修理即可继续使用的优点。所以，在一般情况下，抗爆间室宜做成现浇钢筋混凝土屋盖。本次修改，取消了装配整体式屋盖，增加了钢结构。这一是工程需要，二是有了方法，至于装配整体式屋盖，随着钢模发展，已无需要，故而取消。

8.4.3、8.4.4 这两条是对抗爆间室提出具体的设防标准和要求，对原条文进行了修改。明确了在设计药量爆炸的局部作用下，不能震塌、飞散和穿透。

根据可能发生爆炸事故的多少，分别采用不同的控制延性比，达到控制抗爆间室的残余变形，可以与结构的计算联系起来，使概念清楚。

本次修订，取消了观察孔玻璃的规定，主要考虑采用摄像监视技术可替代人工观察，且有利于安全。

8.4.5 抗爆间室朝向室外的一面应设置轻型窗，这是为了保证抗

爆间室至少有一个泄爆面，以减少冲击波反射产生的附加荷载。规定了窗台的高度，为了防止室外雨水的侵入，又要尽可能扩大泄爆面。

8.4.6 本条提出了抗爆间室与相邻主厂房的构造处理。

抗爆间室采用轻质易碎屋盖时，一旦发生事故，大部分冲击波和破片将从屋盖泄出。为了尽可能减少对相邻屋盖的影响以及构造上的需要，当与间室相邻的主厂房的屋盖低于间室屋盖或与间室屋盖等高时，可采用轻质易碎屋盖，应按第 2 款采取措施；当与间室相邻的主厂房的屋盖高出间室屋盖时，应采用钢筋混凝土屋盖。

抗爆间室与相邻主厂房间宜设抗震缝，这主要是从生产实践和事故中总结出来的。以往抗爆间室与主厂房之间不设抗震缝，当间室内爆炸后，发现由于间室墙体产生变位，连结松动，造成裂缝等不利于结构的影响。条文中针对药量较小时，爆炸荷载作用下变位不大的特点，确定可不设抗震缝，这是根据一定的实践经验和理论计算而决定的。规定轻盖设计药量小于 5kg，重盖小于 20kg 时可不设抗震缝，是使间室顶部的相对变位控制在较小范围以内。

8.4.7 抗爆间室轻型窗的外面设置抗爆屏院，这主要是从安全角度提出来的要求。抗爆屏院是为了承受抗爆间室内爆炸后泄出的空气冲击波和爆炸飞散物所产生的两类破坏作用，一是空气冲击波对屏院墙面的整体破坏作用，二是飞散物对屏院墙面造成的震塌和穿透的局部破坏作用。一般情况下，要求从屏院泄出的冲击波和飞散物不致对周围建筑物产生较大的破坏。因此，必须确保在空气冲击波作用下，屏院不致倒塌或成碎块飞出。当抗爆间室是多室时，屏院还应阻挡各间室轻型窗泄出的空气冲击波传至相邻的另一间室，防止发生殉爆。为了保证抗爆屏院的作用，提出了抗爆屏院的高度要求。本次修订，还增加了抗爆屏院的构造、平面形式和最小进深要求。

8.5 安全疏散

8.5.1 本条对安全出口的设置作了规定。

1 安全出口数量的规定。安全出口对厂房里人员的疏散起到重要作用，规定安全出口数量，是为了一旦发生事故，能确保操作人员迅速离开，减少人员伤亡。对面积小、人员少的厂房，一个安全出口可以满足疏散需要的，条文中作了适当的放宽。

3 防护屏障内厂房的安全出口，应布置在防护屏障的开口方向或防护屏障内安全疏散隧道的附近，其目的是便于操作人员能够迅速跑出危险区，而不会出了厂房又被困在防护屏障内受到伤害。

8.5.3 安全窗是根据危险生产要求设置的，布置在外墙上，兼有采光和逃生功能。当发生事故时，安全窗可作为靠近该窗口人员的逃生口，它不同于一般疏散门（可供众人逃生），所以，不能列入安全出口的数目中。

8.5.5 厂房疏散以安全到达安全出口为前提。安全出口包括直接通向室外的出口和安全疏散的楼梯。规定厂房安全疏散距离，是为了当发生事故时，人员能以极快的速度用最短的时间跑出，并到达安全地带。

8.6 危险性建筑物的建筑构造

8.6.1 各级危险品生产厂房都有不同程度的危险性，为了在发生事故时，操作人员能够迅速离开，防止堵塞或绊倒，所以危险品生产厂房的门应平开，不允许设置门槛，不应采用侧拉门、吊门。

弹簧门在危险品生产厂房的来往运输中，容易发生碰撞而造成事故，所以不允许采用弹簧门。但对疏散用的封闭楼梯间可以采用弹簧门，是为了防止事故时烟雾进入，影响疏散。

8.6.2 黑火药对机械碰撞和摩擦起火特别敏感，生产时药粉粉尘较大，事故频率比较高，所以规定了黑火药生产厂房的门窗应采用

木质的,门窗配件应采用不发生火花的材料,对其他厂房的门窗材质和门窗配件材料,规范中不作限制性的规定。

8.6.3 疏散用门均应向外开启,室内的门应向疏散方向开启,主要是有利于疏散。

危险工作间的门不应与其他工作间的门直对设置,主要是从安全上考虑,尽量避免当一个工作间发生事故时,波及对面的工作间。

设置门斗时,一定要设计成外门斗,因为内门斗突出室内,对疏散不利,门斗的门应与房门的朝向一致,也是为了方便疏散。

8.6.4 本条是对安全窗的要求。安全窗的设置是为了发生事故时,操作人员能够利用靠近操作岗位的窗迅速跑出去,因此,窗洞口不能太小,否则人员不易疏散;窗口不能太低,以免碰着人的头部;窗台不能太高,否则人员迈不过去;双层安全窗应能同时向外开启,是为了开启方便,达到迅速疏散的目的。

8.6.6 有危险品粉尘的1.1级、1.2级生产厂房不应设置天窗,主要是从安全角度考虑的。天窗的构造比较复杂,易于积聚药粉,不易清扫,存在隐患。另外,现在民用爆破器材工厂的生产厂房的规模也没有必要设置天窗。

8.6.7 本条是对危险品生产间地面的规定。

1 不发生火花地面,主要防止撞击产生火花而引起事故。

塑料类材料地面,大多为不良导体,经摩擦易产生高压静电,易产生火花,所以这类材料不得作为不发生火花的地面使用。

2 柔性地面,一般指橡胶地面、沥青地面。橡胶地面不应浮铺,应铺贴平整,接缝严密。防止缝中积存药粉或橡胶滑动,确保安全。

3 近几年来,在一些生产中,静电已成为一个特别值得注意的问题。从分析许多事故资料来看,由于静电而引起的事故是很多的,人在走动或工作时的动作,将会产生静电荷并在一定条件下积聚,并表现出很高的静电电位,通过采用防静电地面,可以将人体上的静电荷导走。

8.6.8 有危险品粉尘的工作间,墙面、顶棚一般都要抹灰、粉刷。对经常需用水冲洗和设有雨淋装置的工作间,一般都应刷油漆,是为了便于冲洗。油漆颜色应区别于危险品的颜色,这样易于发现粉尘,便于彻底清洗。

8.6.9 在有易燃、易爆粉尘的工作间,规定不宜设置吊顶,是由于普通吊顶的密闭性一般不易保证,有可能积聚粉尘,在一定程度上增加了不安全的因素。

若必须设置吊顶时,吊顶设置孔洞时要有密封措施,主要是为了防止粉尘从这些薄弱环节进入吊顶,形成隐患。有吊顶的危险品工作间,要求隔墙砌至屋面板(梁)底部,是防止事故从吊顶上蔓延到另一个工作间,产生新的事故。

8.7 嵌入式建筑物

8.7.1、8.7.2 嵌入式建筑物是指非危险性建筑物嵌在1.1级厂房防护土堤的外侧。这类建筑物,既要考虑1.1级厂房事故爆炸时空气冲击波对它的影响,也要考虑室内的防水、防潮问题。所以,对嵌入土中的墙和顶盖应采用钢筋混凝土。未覆土一面的墙,以往由于多采用砖砌结构,在爆炸事故中,破坏比较严重,有倒塌现象,所以,应根据1.1级厂房内计算药量,按抗爆设计确定采用钢筋混凝土或砖墙结构。当采用砖墙围护时,承重结构应采用钢筋混凝土。

8.7.3 本条是嵌入式建筑物的构造要求。

未覆土一面墙应尽量减少开窗面积,是防止在药量较大的情况下,土堤内爆炸所形成的空气冲击波经过土堤顶部绕流,有可能透过门窗洞口进入室内,从而对室内人员造成伤害。

8.7.4 采用塑性玻璃是为了减少玻璃片对人员的伤害。

8.8 通廊和隧道

8.8.1、8.8.2 室外通廊与厂房相比,属于次要建筑物。但由于通廊与生产厂房直接连接,为了防止火灾通过通廊蔓延,故对通廊建筑物结构的材料提出要求。考虑到施工、安装的方便、快速以及工厂现状,规定通廊的承重及围护结构的防火性能不应低于非燃烧体。

当采用封闭式通廊时,由于通廊一端的厂房一旦发生爆炸,进入通廊的冲击波如果没有足够的泄爆面积,通廊会形成冲击波的传播渠道以致危及通廊另一端厂房的安全。为此,要求其屋盖与墙应采用轻质易碎屋盖,以便泄压。

本次修订,增加了轻型泄压屋盖和墙体,同时,要求增设隔爆墙。事故证明:封闭式通廊虽然采用了轻质易碎和轻型泄压的屋盖和墙体,但还是起到了一定程度的传爆作用。将隔爆墙设在通廊穿土围处,隔爆墙上虽有洞口,但比通廊的断面大大减小,爆炸冲击波在隔爆墙处受阻,土围里面的通廊的屋盖和墙体破坏,起了一定的泄爆作用,部分爆炸冲击波继而通过洞口进入土围外通廊时,通廊的断面又扩大,爆炸冲击波又经过再一次扩大,压力衰减,起到了一定程度的消波作用。

8.8.3 本条是对穿过防护土堤的疏散隧道、运输隧道结构的具体规定。

8.9 危险品仓库的建筑构造

8.9.1 本条对安全出口的数量作了规定。确定足够的安全出口数量,对保证安全疏散将起到重要作用。

8.9.2 危险品总仓库的门宜用双层门,内层为格栅门。这样做的目的,首先是考虑库房的通风,其次是考虑管理上的方便。

8.9.3 危险品总仓库的窗要求配铁栏杆和金属网,并在勒脚处设置进风窗。加铁栏杆是考虑安全,加金属网是防止虫、鸟、鼠进入库内,设进风窗则可满足自然通风的需要。对于严寒地区,进风窗最好能启闭。

9 消 防 给 水

9.0.1 民用爆破器材生产、使用、运输过程中极易发生燃烧、爆炸事故,无论在起火时或爆炸后引起火灾时,都需要有足够的水来进行扑救,以防小火烧成大火,燃烧导致爆炸。这里强调能供给足够消防用水的消防给水系统,是指不但要有足够水量的消防水源,还应有能够供给足够消防用水的管网和供水设备。

9.0.2 本规范针对民用爆破器材工程设计,规定了消防给水的一些特殊要求,而对工程设计的一般要求,如非危险性建筑物以及总体设计方面的消防给水水量、水力计算、耐火等级、生产危险性分类、泵房布置等,不可能详细阐述。因此在进行民用爆破器材工程设计时,还应遵守现行国家标准《建筑设计防火规范》GB 50016、《自动喷水灭火系统设计规范》GB 50084 等的有关规定。

9.0.3 根据现行国家标准《建筑设计防火规范》GB 50016 的要求,室外消防给水管网应采用环状管网。但是结合民用爆破器材工程领域的具体情况,有的厂房沿山沟设置,受地形限制,不易敷设成环状管网。为保证工厂消防给水不中断,提出在生产上无间断供水要求,并在设有对置高位水池,可由两个相对方向向生产区供水的情况下,采用枝状管网。

9.0.4 本条规定了危险品生产区两种不同情况下的消防储备水量的计算方法。根据某些工厂发生火灾时,发现消防贮水池中的水因平时被动用而无水的情况,故在附注中注明:消防储备水量应采取平时不被动用的措施。

由于现行国家标准《建筑设计防火规范》GB 50016 对甲、乙、丙类生产厂房的供水要求有所提高,即将火灾延续时间由2h改为3h。本规范从国家标准规范之间宜相协调的原则出发,同时考虑避免引起工程消防审查验收标准不一致的情况出现,故本规范采用3h。

9.0.5 为在发生事故时便于使用,减少对使用人员和设备的伤害,规定室外消火栓不得设在防护屏障围绕的范围内和防护屏障的开口处。应设在有防护屏障防护的范围内。

9.0.6 本条规定了室外消防用水量的下限不小于20L/s,是根据民用爆破器材工程领域的工房体积较小,并考虑到一辆消防车的供水能力等而确定的。对体积大的工房仍应按现行国家标准《建筑设计防火规范》GB 50016的规定计算确定,不受20L/s的限制。

9.0.7 消防雨淋系统任何时候都需要处于准工作状态,也就是平时一直都需要保持有足够的压力,一旦发生火情,就能立即喷水,扑灭火灾,因此消防给水管网宜为常高压给水系统。同时,室内、外消火栓也可以不需要使用消防车或消防水泵加压,直接由消火栓接出水带、水枪灭火。在有可能利用地势设置高位水池时,应尽可能这样做。

在地形不具备设置高位水池的条件时,消防给水的水量和压力需要由固定设置的消防水泵来加压供给,这是临时高压给水系统。这时,在消防加压设备启动供水前的头10min灭火用水,应当设置水塔或气压给水设备来保持。

9.0.8 本条为新增条文,主要针对民用爆破器材易燃烧、爆炸的特点,提出当采用临时高压给水系统时消防水泵的设置要求,目的是为了在起火时或爆炸后引起火灾时,能及时、有效地启动消防水泵,保证灭火不中断供水和所必需的水量。

9.0.9 本条提出在危险品生产厂房中应设置室内消火栓的要求和一些具体规定。考虑到消防水带有一定长度,并且必须伸展开,不能打褶,才能顺利通水,因此提出在室内开间较小的厂房可将室内消火栓安装在室外墙面上。使用时,在室外展开水带,通水后,通过门、窗向室内或拉进室内喷射。但在寒冷地区,有结冰可能时,应采取防冻措施。

9.0.10 本条中所列应设置消防雨淋系统的生产工序,仅为当前生产民用爆破器材的品种和工艺,将来有新的品种和工序增加时,应参照所列生产工序的燃烧、爆炸特性,设置自动喷水雨淋灭火系统。

随着工厂生产能力的增加,设置消防雨淋系统的生产工序的面积亦不断扩大,并且现行国家标准《自动喷水灭火系统设计规范》GB 50084中自动喷水灭火系统的设计喷水强度也有所提高,为避免由于消防雨淋面积的大幅增加导致消防储水量的成倍增长,出现消防系统庞大、难以实现的情况,可由工艺设置消防雨淋系统的生产工序,根据炸药的燃烧特性及生产过程中炸药的存在位置,确定设置消防雨淋系统的具体位置,并在工艺图上明确表示。

9.0.11 本条规定了药量比较集中的设备内部、上方或周围应设雨淋喷头、闭式喷头或水幕管。

9.0.12 消防雨淋系统是扑救易燃、易爆危险物品火灾的有效手段,本条对设置雨淋系统的要求作了明确规定。

为了防止自控失灵,在设置感温或感光探测自动控制启动雨淋系统的设施时,还应设置手动控制启动雨淋系统的设施。

对于存药量很少,且有人在现场工作,工作人员操作手动开关更方便的场所,也可设只有手动控制的雨淋系统。

本条中对雨淋管网要求的压力和作用延续时间也作了规定,提出了最低压力的要求。必须指出,雨淋管网设计中,应通过计算确定厂房给水管道入口处所需的压力,如经计算所需压力低于0.2MPa时,应按0.2MPa设计;如经计算高于0.2MPa时,必须按计算值供给消防用水。

雨淋系统设置试验试水装置,是为了在不影响生产的情况下,能定期对雨淋系统进行试验和检测,以确保雨淋系统处于正常状态。

9.0.13 本条对工作间、生产工序间的门洞有可能导致火灾蔓延

的场所提出了应设置阻火水幕,并强调了应与厂房中的雨淋系统同时动作。为了合理减少消防用水量,对设有同时动作的雨淋系统的相邻工作间,其中间的门窗、洞口可不设阻火水幕。

9.0.14 本条为新增条文,对危险品生产区的中转库、硝酸铵库的消防要求提出了明确的规定。

9.0.15 本条是针对民用爆破器材工程中危险品总仓库区的消防给水设计提出的要求。条文中的数据是参照现行国家标准《建筑设计防火规范》GB 50016等有关资料而确定的。

库区水池的补水源,可为生产区接来的管道,或利用就近的天然水源(山溪、蓄水塘、蓄水库等)。在没有就近的、经济的水源可利用时,也可利用水槽车等运水供给。

当危险品总仓库区总库存量不超过100t时,其消防用水量可按15L/s计算(原规范为20L/s),并不应低于现行国家标准《建筑设计防火规范》GB 50016中甲类物品仓库的要求。此条为增加内容。

9.0.16 本条为新增条文,增加了民用爆破器材工程设计应按现行国家标准《建筑灭火器配置设计规范》GB 50140的有关规定配备灭火器的要求。

10 废 水 处 理

10.0.1 本条是为满足环保要求而作出的规定。为了避免将不需处理的近似清洁生产废水混入,增加废水处理量,特别强调了排水应做到清污分流。

10.0.2、10.0.3 规定含有起爆药的废水,应采取有效的方法消除其爆炸危险性后才能排出,不允许不经处理直接排入下水道内,造成隐患。含有能相互发生化学反应而生成易爆物质的不同废水,也不应排入同一下水道,以防相互作用形成隐患,例如氮化钠废水和硝酸铅废水。

10.0.5 用水冲洗地面,用水量很大,带出的有害、有毒物质也多,为加强操作管理,及时清除洒落在地面上的药粒粉尘,改冲洗为拖布擦洗地面,水量减少很多,带出的有害、有毒物质也大为降低。因此尽量不用大量水冲洗地面,并规定在设计中应考虑设置有洗拖布的水池。

11 采暖、通风和空气调节

11.1 一般规定

11.1.1 本章根据民用爆破器材工程的特点规定了采暖通风与空气调节设计安全方面的特殊要求,并且还应符合现行国家标准《建筑设计防火规范》GB 50016 和《采暖通风与空气调节设计规范》GB 50019 等的规定。

11.1.2 同样是防爆设备,如防爆电动机,在不同的电气危险区域,其防护等级要求是不一致的,本条是为了使通风、空调设备的选用与电气对危险场所电气设备的安全要求保持一致而作出的规定。

11.1.3 本条为新增条文,增加了对危险性建筑物室内温、湿度的要求。在无特殊要求时,按国家相关的标准和规定执行。当产品技术条件有特殊要求时,以满足产品的技术条件为主。

11.2 采 暖

11.2.1 火药、炸药对火焰的敏感程度都比较高,如与明火接触便会剧烈燃烧或爆炸,因此,在危险性建筑物中严禁用明火采暖。

火药、炸药除了对火焰的敏感度较高以外,对温度的敏感度也较高,它与高温物体接触也能引起燃烧、爆炸事故。火药、炸药发生燃烧、爆炸危险的大小与接触物体表面温度的高低成正比。温度愈高,发生燃烧、爆炸危险的可能性愈大;温度愈低,发生燃烧、爆炸危险的可能性愈小。

火药、炸药的品种不同,对火焰、温度的敏感程度也不一样。即使是同一种火药、炸药,由于其状态和所处生产工段的不同,以及厂房中存药量多少的不同,发生燃烧、爆炸危险性的大小也不同。

根据上述情况,为确保安全,在本规范中对各生产厂房中各工段的采暖方式、热媒及其温度作了必要的规定。

11.2.2 本条是危险性建筑物采暖系统设计的有关规定。

1 在火药、炸药生产厂房内,生产过程中散发的燃烧、爆炸危险性粉尘会沉积在散热器的表面,因此需要将它经常擦洗干净,以免引起事故。采用光面管散热器或其他易于擦洗的散热器,是为了方便清扫和擦洗。凡是带肋片的散热器或柱型散热器,由于不便擦洗,不应采用。

2 在火药、炸药生产厂房中,为了易于发现散热器和采暖管道表面所积存的燃烧、爆炸危险性粉尘,以便及时擦洗,规定了散热器和采暖管道外表面涂漆的颜色应与燃烧、爆炸危险性粉尘的颜色相区别。

3 规定散热器外表面距墙内表面的距离不应小于 60mm,距地面不宜小于 100mm,散热器不应装在壁龛内,这些规定都是为了留出必要的操作空间,以便能将散热器和采暖管道上积存的燃烧、爆炸危险性粉尘擦洗干净。

4 抗爆间室的轻型面是用轻质材料做成的,它是作为泄压用的。不应将散热器安装在轻型面上,是为了当发生爆炸事故时,避免散热器被气浪掀出,防止事故扩大。

采暖干管不应穿过抗爆间室的墙,是避免当抗爆间室炸毁时,采暖干管受到破坏而可能引起的传爆。

把散热器支管上的阀门装在操作走廊内,是考虑当抗爆间室内发生爆炸,散热器及其管道受到破坏时,能及时将阀门关闭。

5 散发火药、炸药粉尘的厂房内,由于冲洗地面,燃烧、爆炸危险性粉尘会被冲入地沟内,时间长了,这些危险性粉尘就会在地沟内积存起来,形成隐患,所以采暖管道不应设在地沟内。

6 蒸气、高温水管道的入口装置和换热装置所使用的热媒压力和温度都比较高,超过了第 11.2.1 条关于危险品厂房采暖热媒及其参数的规定,为避免发生事故,规定了蒸气管道、高温水管道的入口装置及换热装置不应设在危险工作间内。

11.2.3 此条是新增条款,考虑到有的生产厂仅一或两个工房用汽或热水,且用量较少,而生产区又无热源,电热锅炉又较方便,故从经济和安全的角度出发作出本条规定。

11.3 通风和空气调节

11.3.1 在危险性生产厂房中有一些生产设备或操作岗位散发有大量的火药、炸药粉尘或气体,如不及时处理,不仅危害操作人员的身体健康,更重要的是增加了发生事故的可能性。为了避免或减少事故的发生,规定了在这些设备或操作岗位处,必须设计局部排风。

11.3.2 本条是机械排风系统设计时的一些具体规定,设计中应遵守。

1 确定合适的排风口位置和风速是为了提高排风效果,以有效地排除危险性粉尘。

2 含火药、炸药粉尘的空气,如果没有经过净化处理而直接排至室外,火药、炸药粉尘将会沉降下来,日积月累,在工房的屋面及周围地面上会形成火药、炸药粉尘层,一旦发生事故,将会造成严重的后果。因此规定了含有火药、炸药粉尘的空气必须经过净化装置处理才允许排至大气。

3 考虑到以往的爆炸事故,对于含有火药、炸药粉尘的排风系统,推荐采用湿式除尘器除尘。目前常用的湿式除尘器为水浴除尘器,因为水浴除尘器使药粉处于水中,不易发生爆炸。同时将除尘器置于排风机的负压段上,其目的是为使粉尘经过净化后,再进入排风机,减少事故的发生。

4 如果水平风管内的风速过低,火药、炸药粉尘就会沉积在管壁上,一旦发生事故时,它就向导火索、导爆索一样起着传火导爆的作用。

5 总结事故的经验和教训,提出了排风系统的布置要符合"小、专、短"的原则。

排除含有燃烧、爆炸危险性粉尘的局部排风系统,应按每个危险品生产间分别设置。主要是考虑到生产的安全和减少事故的蔓延扩大,把危害程度减少到最低限度。

排风管道不宜穿过与本排风系统无关的房间,是为了避免发生事故时,火焰及冲击波通过风管而扩大到无关的房间。

排气系统主要是指排除沥青、蜡蒸气的系统,如果排气系统与排尘系统合为一个系统,会使炸药粉尘和沥青、蜡蒸气一起凝固在风管内壁,不易清除,增加了发生事故的可能性。

对于易发生事故的生产设备,局部排风应按每台生产设备单独设置,主要是考虑风管的传爆而引起事故的扩大。如粉状铵梯炸药混药厂房内的每台轮碾机应单独设置排风系统。

6 排风管道不宜设在地沟或吊顶内,也不应利用建筑物构件作排风道,主要是从安全角度出发,减少事故的危害程度。

7 设置风管清扫孔及冲洗接管等也是从安全角度出发,及时将留在风管内的火药、炸药粉尘清理干净。

11.3.3 凡散发燃烧、爆炸危险性粉尘和气体的厂房,原则上规定了这类厂房的通风和空气调节系统只能用直流式,不允许回风。若将其含有火药、炸药粉尘的空气循环使用,会使粉尘浓度逐渐增高,当遇到火花时就会发生燃烧、爆炸,因此,空气不应再循环。

在送风机和空气调节机的出口处安装止回阀是防止当风机停止运转时,含有火药、炸药粉尘的空气会倒流入通风机或空气调节机内。

11.3.4 考虑到生产厂房各工段(工作间)散发的燃烧、爆炸危险性粉尘的量是不同的,有的工段(工作间)散发的量多,有的工段(工作间)散发的量少,有的工段(工作间)只散发微量粉尘。根据不同情况区别对待的原则,规定了雷管装配、包装厂房可以回风;雷管装药、压药厂房在采用喷水式空气处理装置的条件下,可以回风。

黑火药的摩擦感度和火焰感度都比较高。特别是含有黑火药粉尘的空气在风管内流动时，会产生电压很高的静电火花，引起事故。为安全起见，规定了黑火药生产厂房内不应设计机械通风。

11.3.5 通风设备的选型主要是考虑安全。

1 因进风系统的风机是布置在单独隔开的送风机室内，由于所输送的空气比较清洁，送风机室内的空气质量也比较好，所以规定了当通风系统的风管上设有止回阀时，通风机可采用非防爆型。

2 排除含有火药、炸药粉尘或气体的排风系统，由于系统内、外的空气中均含有火药、炸药粉尘或气体，遇火花即可能引起燃烧或爆炸，为此，规定了其排风机及电机均为防爆型。通风机和电机应为直联，因为采用三角胶带或联轴器传动会由于摩擦产生静电而易发生爆炸事故。

3 经过净化处理后的空气中，仍会含有少量的火药、炸药粉尘，所以置于湿式除尘器后的排风机应采用防爆型。

4 散发燃烧、爆炸危险性粉尘的厂房，其通风、空气调节风管上的调节阀应采用防爆阀门，是因为防爆阀门在调节风量、转动阀板时不会产生火花。

11.3.6 危险性建筑物均应设置单独的通风机室及空气调节机室，且不应有门、窗和危险工作间相通，而应设置单独的外门。其目的是为了当危险性建筑物发生事故时，通风机室和空气调节机室内的人员和设备免遭伤害和损坏。

11.3.7 抗爆间室发生的爆炸事故比较多，发生事故时，风管将成为传爆管道。为了避免一个抗爆间室发生爆炸时波及到另一个抗爆间室或操作走廊而引起连锁爆炸，因此规定了抗爆间室之间或抗爆间室与操作走廊之间不允许有风管、风口相连通。

11.3.8 采用圆形风管主要是为了减少火药、炸药粉尘在其外表面的聚集，且便于清洗。规定风管架空敷设的目的，是为了防止一旦风管爆炸时减少对建筑物的危害程度，并便于检修。

风管涂漆颜色应与燃烧、爆炸危险性粉尘的颜色易于分辨，其目的是在火药、炸药生产厂房中，易于发现风管外表面所积存的燃烧、爆炸危险性粉尘，便于及时擦洗。

11.3.9 本条是新增条款。通风、空调系统的风管是火灾蔓延的通道。为了避免火灾通过通风、空调系统的风管进一步扩大，规定了风管及风管和设备的保温材料应采用非燃烧材料制作。

12 电 气

12.1 电气危险场所分类

12.1.1 为防止由于电气设备和电气线路在运行中产生电火花及高温引燃燃烧爆炸事故，根据民用爆破器材工厂生产状况及贮存情况，发生事故几率和事故后造成的破坏程度以及工厂多年运行的经验，将电气危险场所划分为三类。电气危险场所划分是根据危险品与电气设备有关的因素确定的：

1 危险品电火花感度及热感度。

危险场所中电气设备可能产生电火花及表面发热产生高温均是引燃引爆火药、炸药的主要因素，不同的产品对电火花感度及热感度是不一样的，因此分类时应考虑危险品电火花和热感度性能的因素，如黑火药的电火花感度高，危险场所分类就划分的较高。

2 粉尘的浓度与积聚程度。

火药、炸药是以粉尘扩散到空气中，有可能积聚在电气设备上或进入电气设备内部，从而接触到火源，所以危险品粉尘浓度与积聚程度和电气危险场所的分类关系最密切，粉尘浓度大、积聚程度严重，与电气设备点火源接触机会多，发生事故的可能性就大，因此必须考虑。

3 危险品的存量。

工作间（或建筑物）存药量大，一旦发生事故后果严重，所以危险品库房划分的类别较生产厂房高。

4 危险品的干湿度。

火药、炸药的干湿度不同，其危险性是不同的，如火药、炸药、起爆药生产过程中，处在水中或酸中时比较安全，电气设备和电气线路引起爆燃事故的可能性较小，安全措施可降低些。

根据电气危险场所分类划分原则，在表 12.1.1-1 及表 12.1.1-2 中将常用危险品工作间及总仓库列出。但划分危险场所的因素很多，如生产过程中火药、炸药的散露程度、存药量、空气中散发的粉尘浓度及电气设备表面粉尘的积聚程度、干湿程度、空气流通程度等都与生产管理有着密切关系，在设计时应根据生产情况采取合理的安全措施。

电气危险场所的分类与建筑物危险等级不同，前者以工作间为单位，后者以整个建筑物为单位。

12.1.2 考虑防止火药、炸药物质（含粉尘）进入正常介质的工作间，特别是配电室、电源室等工作间安装的电气设备及元器件均为非防爆产品，操作时易产生火花，所以配电室等工作间不应采用本条的规定。

12.1.3 此条是借鉴了乌克兰有关规范的规定。

12.1.6 危险场所既有火药、炸药，又有易燃液体及爆炸性气体时，为了保证安全，应根据本规范和现行国家标准《爆炸和火灾危险环境电力装置设计规范》GB 50058 中安全措施较高者设防。

12.1.7 运输危险品的通廊存在危险性，应根据其构造形式采取相应的安全措施。

12.2 电 气 设 备

12.2.1 近年来我国防爆电气设备品种有所增加，但目前生产的防爆电气设备没有完全适合火药、炸药危险场所使用的产品。火药、炸药危险场所设计时，电气设备及线路尽量布置在爆炸危险场所以外或危险性较小的场所，目的是为了安全。

本条第 7、8 款，火药、炸药危险场所电气设备的最高表面温度确定，是借鉴了现行国家标准《可燃性粉尘环境用电气设备 第 1 部分：用外壳和限制表面温度保护的电气设备 第 1 节：电气设备的技术要求》GB 12476.1、《可燃性粉尘环境用电气设备 第 1 部分：用外壳和限制表面温度保护的电气设备 第 2 节：电气设备的选择、安装和维护》GB 12476.2 和《爆炸性气体环境用电气设备第 1 部分:通用要求》GB 3836.1 确定的。

本条第 9 款电气设备的安装位置除考虑电气危险场所外,还应考虑防腐、海拔高度等环境因素。

12.2.2 F0 类危险场所,由于生产时工作间粉尘比较多,且电火花感度高或存药量大,危险性高,发生事故后果严重,必须采取最安全的措施。工艺要求在该场所必须安装检测仪表(黑火药电火花感度比较高,因此除外)时,其外壳防护等级应能完全阻止火药、炸药粉尘进入仪表内。该内容是借鉴了瑞典国家电气检验局的规定。

由于火药、炸药危险场所专用的防爆电气设备没有解决,因此电动机采用隔墙传动,照明采用可燃性粉尘环境用防爆灯具(IP65)安装在固定窗外,这些措施是防止由于电气设备产生火花及高温引起事故。

12.2.3 根据火药、炸药生产过程及产品的特点,F1 类危险场所中,粉尘较多的工作间电气设备采用尘密外壳防爆产品比较合适。目前我国已有等同于国际电工委员会标准生产的可燃性粉尘环境用电气设备可以选用。Ⅱ类 B 级隔爆型防爆电气设备,已使用几十年而未发生过事故,实践证明是可以采用的。

12.2.4 目前我国已有等同于国际电工委员会标准的现行国家标准《可燃性粉尘环境用电气设备 第 1 部分:用外壳和限制表面温度保护的电气设备 第 1 节:电气设备的技术要求》GB 12476.1 的 DIP A22 或 DIP B22(IP54)电气设备(含电动机)适用于 F2 类危险场所选用。

12.3 室内电气线路

12.3.1 第 2 款增加了插座回路上应设置动作电流不大于 30mA、能瞬时切断电路的剩余电路保护器,是为了避免操作者受到电击,保护人身安全。

12.3.2 危险场所尽量不采用电缆敷设在电缆沟内,因为火药、炸药危险场所经常用水冲洗地面,电缆沟内容易沉积危险物质,又不易清除,容易造成安全隐患。

12.3.4 F0 类危险场所除增加敷设控制按钮及检测仪表线路外,不允许安装电气设备,无需敷设电气线路。

12.3.5 第 2 款鼠笼型感应电动机有一定的过载能力,因此电动机配电线路导线长期允许的载流量应为电动机额定电流的 1.25倍。

第 4 款主要考虑移动电缆应满足的机械强度,故规定需选用不小于 2.5mm² 的铜芯重型橡套电缆。

12.4 照 明

12.4.2 为保证在停电事故情况下,危险场所的操作人员能迅速安全疏散,因此危险场所应设置应急照明。当应急照明作为正常照明的一部分同时使用时,两者的电源、线路及控制开关应分开设置;应急照明灯具自带蓄电池时,照明控制开关及其线路可共用。

12.5 10kV 及以下变(配)电所和配电室

12.5.1 民用爆破器材工厂生产时,因突然停电一般不会引起事故,故规定供电负荷为三级。随着科学技术发展,民爆器材生产工艺采用了自动控制的连续化生产线,如果该类生产线因突然停电会影响产品质量,造成一定的经济损失时,供电负荷可高于三级。按照现行国家有关规范规定,消防及安防系统应设应急电源,应急电源的类型可按现行国家标准《供配电系统设计规范》GB 50052 和工厂的具体情况确定。

12.5.4 民用爆破器材工厂的 1.1(1.1*)级建筑物存药量大,万一发生事故影响供电范围大,故车间变电所不应附建于 1.1(1.1*)级建筑物。当附建于 1.2 级、1.4 级建筑物时,采取本规范所列的措施后,可以满足安全供电。

12.5.5 附建于各类危险性建筑物内的配电室等,均安装非防爆电气设备(含非防爆电气设备、电子元器件),因此,必须采取措施防止危险物质及粉尘进入配电室与易产生火花和高温的电气设备接触。

12.6 室外电气线路

12.6.1 为了防止雷击电气线路时,高电位侵入危险性建筑物内,引起爆炸事故,低压供电线路宜采用从配电端到受电端埋地引入,不得将架空线路直接引入建筑物内。全线埋地有困难时,允许架空线路换接一段金属铠装电缆或护套电缆穿钢管埋地引入。应特别强调,在架空线与电缆换接处和进建筑物时,必须采取本条规定的安全措施,这样电缆进户端的高电位就可以降低很多,起到了保护作用。

12.6.2 我国目前黑火药生产工艺一般采用干法生产,生产过程中粉尘很多,且电火花感度高,为避免由于电气线路引入高电位引发燃爆事故,所以要求低压供电线路全长采用铠装电缆埋地引入。

12.6.6 无线电通信系统是以电磁波方式传播,在一定情况下,这种电磁波产生的磁场电能,能引起危险品(如工业电雷管)爆炸,为防止引发事故,制定本条。

12.7 防雷和接地

12.7.1 各类危险性建筑物的防雷类别见表 12.1.1-1 和表 12.1.1-2,防雷实施的设计应按现行国家标准《建筑物防雷设计规范》GB 50057 的规定进行。

12.7.2、12.7.3 危险性建筑物的低压供电系统采用 TN-S 接地形式比较安全。因为该系统中 PE 线不通过工作电流,不产生电位差。等电位联结使电气装置内的电位差减少或消除,在爆炸和火灾危险场所电气装置中可有效地避免电火花发生。总等电位联结可消除 TN-C-S 系统电源线路中 PEN 线电压降在建筑物内引起的电位差,因此,各类危险性建筑物内实施等电位联结后,可采用 TN-C-S 接地形式,但 PE 线和 N 线必须在总配电箱开始分开后严禁再混接。

12.7.6 安装过电压保护器,是为了钳制过电压,使过电压限制在设备所能耐受的数值内,因而能保护设备,避免雷电损坏设备。

12.8 防 静 电

12.8.2 一般危险场所防静电接地、防雷(一类防雷建筑物的防直击雷除外)、防止高电位引入、工作接地、电气装置内不带电金属部分接地等共用同一接地装置,接地装置的电阻值应取其最小值。

12.8.4 危险场所中防静电地面、工作台面泄漏电阻,应根据危险场所危险品类别确定,因为危险品不同,其防静电地面泄漏电阻值也不同。

12.8.6 危险场所中湿度对静电影响很大。美国《兵工安全规范》DAR COM-R385-100 中规定危险场所内相对湿度大于 65%,在澳大利亚《The control of undesitable static electricity》AS 1020-1984 中规定,起爆药感度高的危险环境相对湿度不低于 70%,对不敏感环境相对湿度要求在 50% 及以上,本规范参考了上述标准,作适当的调整后确定为一般危险场所相对湿度控制在 60%以上,黑火药静电感度高,相对湿度要求高些。

13

13 危险品性能试验场和销毁场

13.1 危险品性能试验场

13.1.1 危险品性能试验场的选址原则。危险品性能试验场是工厂经常做产品性能试验的地方,因此宜布置在相对独立偏僻的地带,如厂区后面丘陵洼谷中,以利于安全。

13.1.2 危险品性能试验场的外部距离规定。危险品性能试验一次爆炸最大药量一般不超过2kg,但震源药柱性能试验由于用户的不同要求,一次爆炸的药量有12kg、20kg等,对此情况,本条进行了原则规定,应布置在厂区以外符合安全要求的偏僻地带。

13.1.3 为了节省土地,便于保卫管理及使用方便,对危险品性能试验,国内已有部分工厂采用封闭式爆炸试验塔(罐)来做殉爆等性能试验。当采用封闭式爆炸试验塔(罐)时,其可布置在厂区内有利于安全的边缘地带。本条规定了其要求的内部距离。

13.1.5 当受条件限制时,可以将危险品性能试验与销毁场设置在同一场地内,两个作业地点之间需设置不应低于3m高度的防护屏障。重要的一点是,为了安全,这两个作业地点不能同时使用。

13.1.6 危险品性能试验场、封闭式爆炸试验塔(罐),由于试验时噪声较大,故工程建设和使用时应考虑噪声对周围的影响,且应满足国家现行有关标准的规定。

13.2 危险品销毁场

13.2.1 销毁场是工厂不定期销毁危险品的地方,为了不影响工厂安全,故规定销毁场应布置在厂区以外有利于安全的偏僻地带。

13.2.2 为了有利于安全,当用爆炸法销毁炸药时,最好是在有自然屏障遮挡处进行,当无自然屏障可利用时,宜在爆炸点周围设置防护屏障。一次最大销毁量不应超过2kg,是指每次一炮的最大药量。

13.2.3 为防止在销毁作业中发生意外爆炸事故对周围的影响,特规定销毁场边缘与周围建筑物、公路、铁路等应保持一定的距离。

13.2.4 根据生产实践,销毁场一般无人值班,故本条规定销毁场不应设待销毁的危险品贮存库。但由于供销毁时使用的点火件或起爆件放在露天不利于安全,所以允许设置销毁时使用的点火件或起爆件掩体。考虑到销毁人员的安全,规定设人身掩体,掩体应具有一定的防护强度,如采用钢筋混凝土结构等。

13.2.5 根据以往的事故教训,销毁场宜设围墙,以防无关人员进入,造成意外事故。

13.2.6 为了节省土地,节约资金,便于管理及使用方便,可以采用销毁塔来炸毁处理火工品及其药剂,该销毁塔可以布置在厂区内有利于安全的边缘地带。根据试验数据,确定不同销毁药量的销毁塔采用不同的最小允许距离,以利安全。

14 混装炸药车地面辅助设施

14.1 固定式辅助设施

本节规定了现场混装炸药车固定式地面辅助设施的具体要求。明确地面辅助设施内附建有起爆器材或炸药仓库时,应执行本规范的有关规定。实践中,不少固定式地面辅助设施不附建有起爆器材和炸药仓库,而仅有原材料贮存及氧化剂溶液、油相、乳化液(乳胶基质)等制备工作,对这样的固定式地面辅助设施,本规范规定执行现行国家标准《建筑设计防火规范》GB 50016即可,这样规定与国外规定一致。但应注意,这里的乳化液(乳胶基质)不应有雷管感度。

条文中提出的联建原则为指导性要求,条件许可时,还是单建为宜。硝酸铵溶解、油相配置危险性不大,如单独设置厂房,则可不列入危险等级。

危险品发放间的设立是为避免在库房内开箱作业,以保证安全。

14.2 移动式辅助设施

此节为修订新增的内容,规定了移动式辅助设施的具体要求。明确移动式辅助设施应根据使用功能进行分设,且不应附建有起爆器材和炸药仓库;移动式辅助设施的内、外部距离执行现行国家标准《建筑设计防火规范》GB 50016规定的防火间距;消防、电气、防雷执行国家现行有关标准的规定。

但应注意,这里的乳化液(乳胶基质)不应有雷管感度。

15 自 动 控 制

15.1 一 般 规 定

15.1.1、15.1.2 自动控制设计中,所选用的仪表和控制装置一般属于电气设备,因此,危险场所自动控制设计时,除符合本专业技术规定外,对自控专业未作规定的内容,应符合本规范第12章电气专业的有关规定。同时还应符合现行国家标准《自动化仪表工程施工及验收规范》GB 50093第9部分"电气防爆和接地"和《爆炸和火灾危险环境电力装置设计规范》GB 50058中的有关规定。

15.2 检测、控制和联锁装置

15.2.5 为防止自动控制系统突然停气而引发事故,必须设置预先报警信号,可避免事故发生。

15.2.6 本条是自动控制系统安全设计的基本要求,规定在确定调节系统中对执行机构和调节器的选型应满足本条的要求。例如,有一用于物料烘干的温度调节系统,加热介质为蒸汽或热风,即调节系统通过改变蒸汽或热风量来保证物料烘干温度在规定范围内。对于这样的温度调节系统,其调节器应选用"反作用"形式的,调节阀的执行机构应选"气(电)开"式的,当突然停气或停电时阀门关闭,即切断蒸汽或热风,保证温度不升高,不会发生危险事故。

15.3 仪表设备及线路

15.3.1 自动控制系统的设备大多为电气设备,因此,其选型应按本规范第12.2节的规定确定。

15.3.2 本条强调了用在危险场所中仪器仪表的质量要求,目的是为了安全。

15.3.3 防止误操作的安全措施。

15.3.4 F1类、F2类危险场所不允许安装非防爆仪表箱、控制箱(柜)等,因此,原规范规定采用正压型控制箱(柜),但实施比较困难。随着技术的进步,我国已能生产可燃性粉尘环境用电气设备(IP65级)。应该说明的是,F1类、F2类危险场所用电设备专用的控制箱(柜)属非标准设备,其控制原理图、箱体布置图、防爆等级等应由设计单位向制造厂家提出要求。

15.3.5 从控制室到现场仪表的信号线,具有一定的分布电容和电感,储有一定的能量。对于本质安全线路,为了限制它们的储能,确保整个回路的安全火花性能,因而本质安全型仪表制造厂对信号线的分布电容和分布电感有一定的限制,一般在其仪表使用说明书中提出它们的最大允许值。因此在进行工程设计时,为使线路的分布电容和分布电感不超过仪表使用说明书中规定的数值,应从本质安全线路的敷设长度上来满足其规定。

15.3.6 为防止高电位引入危险场所而作的规定。

15.4 控 制 室

15.4.1 为1.1(1.1*)级生产工房设置有人值班的控制室,原规范中规定宜嵌入防护屏障外侧,修订后变为1.1(1.1*)级工房服务的控制室应嵌入防护屏障外侧或选择在符合规范规定的安全距离的地方建造,目的是为了人员安全。

15.4.2 1.2级生产工房设置的控制室,均安装非防爆电气设备仪器及仪表,为防止危险物质进入控制室引起燃爆事故,因此,要求控制室采用密实墙与危险场所隔开,门应通向安全场所。

15.4.4 控制室一般安装有电子仪器、仪表、工控机及计算机等设备,为保证电子仪器设备正常运行,控制室应布置在无振动源和电磁干扰的环境。

15.6 火灾报警系统

15.6.1、15.6.2 民用爆破器材属于易燃易爆物品,一旦发生燃烧或由此引发爆炸事故造成的后果是很严重的。为了及时监测和发现火情,以便及时采取措施防止酿成重大损失,要求在危险场所设置火灾报警信号。有条件的时候,最好设置火灾自动报警系统。安装在危险场所的火灾检测设备及线路要求应符合本规范第12章的有关规定;对于系统的控制则可按现行国家标准《火灾自动报警系统设计规范》GB 50116的有关规定进行设计。

15.7 工业电雷管射频辐射安全防护

随着电子科学技术的发展,无线电业务日益扩展,发射功率不断增大,电磁环境(存在的所有电磁现象的总和)日趋恶化。工业电雷管在电磁环境中为敏感器材,民爆行业电雷管生产或流通企业对此非常关注。为此,本次规范修订特委托兵器工业第二一三研究所进行了"工业电雷管射频感度试验"。试验结果证明,工业电雷管在电磁环境中摄取足够射频能量会发火引爆。在试验数据的基础上,参考了美国商用电雷管有关安全的规定,以及现行国家标准《爆破安全规程》GB 6722—2003和《中华人民共和国无线电频率划分规定》、《国家电磁兼容标准指南》等资料编制了本节内容。

15.7.1 为了防止工业电雷管生产、贮存过程中因电磁辐射(任何源的能量流以无线电波的形式向外发出)造成危险,应根据生产和贮存建筑物周围射频源(存源向外发出电磁能的装置)的频率范围及发射天线功率确定最小允许距离。

15.7.2 据美国有关资料介绍,工业电雷管在中频(0.535~1.60MHz)频段是比较危险的。这是因为有大的功率,且同时有很低的频率,使得射频能量衰减比较小。

15.7.3、15.7.5 据美国有关资料介绍,调频FM和TV发射机虽然其功率很大,且天线是水平极化,但产生危险性的可能性比较小,因为在工业电雷管中高频电流会迅速衰减。

15.7.4 本条包括的范围比较广,如无线电信号、远程目标或设备控制的固定站(在特定固定点间使用的无线电通信站)、地面站(运动状态下移动设备不能使用的站)、基站(用于陆地移动业务或陆地电台)、无线电定位(不在移动时使用)的电台、无线对讲(运动时使用的通信设备)等。

15.7.6 当受条件限制,工业电雷管生产、贮存建筑物不能满足相关表中规定的最小允许距离时,应采用无源电磁屏蔽防护,并请有资质的单位按照国家有关标准检测确认。民用爆破器材生产企业内运输,应采用金属或与金属同等效果的材料进行防护。

13

中华人民共和国国家标准

人民防空工程设计防火规范

Code for fire protection design of civil air defence works

GB 50098 - 2009

主编部门：国 家 人 民 防 空 办 公 室
     中 华 人 民 共 和 国 公 安 部
批准部门：中华人民共和国住房和城乡建设部
施行日期：２ ０ ０ ９ 年 １ ０ 月 １ 日

中华人民共和国住房和城乡建设部公告

第 306 号

关于发布国家标准
《人民防空工程设计防火规范》的公告

现批准《人民防空工程设计防火规范》为国家标准，编号为
GB 50098—2009，自 2009 年 10 月 1 日起实施。其中，第 3.1.2、
3.1.6(1、2)、3.1.10、4.1.1(5)、4.1.6、4.3.3、4.3.4、4.4.2(1、2、
4、5)、5.2.1、6.1.1、6.4.1、6.5.2、7.2.6、7.8.1、8.1.2、8.1.5
(1、2)、8.1.6、8.2.6 条(款)为强制性条文，必须严格执行。原《人
民防空工程设计防火规范》GB 50098—98 同时废止。

本规范由我部标准定额研究所组织中国计划出版社出版发行。

中华人民共和国住房和城乡建设部
二〇〇九年五月十三日

前　　言

本规范是根据原建设部"关于印发《2005 年工程建设标准规范制订、修订计划(第一批)》的通知"(建标函〔2005〕84 号),由总参工程兵第四设计研究院会同有关单位对《人民防空工程设计防火规范》GB 50098—98 进行全面修订而成。

本规范共分八章,其主要内容有:总则,术语,总平面布局和平面布置,防火、防烟分区和建筑构造,安全疏散,防烟、排烟和通风、空气调节,消防给水、排水和灭火设备,电气等。

本规范修订的主要内容有:

一、修改和删除了个别术语。

二、提出了超过 20000m² 地下商店进行防火分隔的办法;规定了地下商店疏散人数的计算;对在人防工程内设置旅店、病房、员工宿舍等提出了严格的要求;规范了防火卷帘的使用要求。

三、对防烟楼梯间和前室的送风余压值和送风量进行了修改;增加了中庭的排烟要求;机械加压送风防烟管道内自动防火阀的动作温度调整为大于 70℃时自动关闭。

四、增加了局部应用系统和设置气压给水装置的规定;对自动喷水灭火系统和气体灭火系统的设置场所进行了修改;室内消火栓用水量略作了调整。

五、修改了消防用电设备配电线路敷设的规定;对公众活动场所的疏散指示标志作出了具体规定。

本规范以黑体字标志的条文为强制性条文,必须严格执行。

本规范由住房和城乡建设部负责管理和对强制性条文的解释,由国家人民防空办公室和公安部负责日常管理,由总参工程兵第四设计研究院负责具体技术内容的解释。本规范在执行过程中,如发现需要修改和补充之处,请将意见和有关资料寄送本规范具体解释单位——总参工程兵第四设计研究院(地址:北京市太平路 24 号;邮政编码:100850),以便今后修订时参考。

本规范主编单位、参编单位和主要起草人:

主 编 单 位:总参工程兵第四设计研究院
参 编 单 位:北京市民防局
　　　　　　常州人防建筑设计研究院有限公司
主要起草人:朱林华　田川平　李国繁　陈宝旭　陈培友
　　　　　　沈　纹　南江林　戴晓春　李宗新　赵玉池
　　　　　　陈　琦

14

目　　次

1 总　则

1.0.1 为了防止和减少人民防空工程(以下简称人防工程)的火灾危害,保护人身和财产的安全,制定本规范。

1.0.2 本规范适用于新建、扩建和改建供下列平时使用的人防工程防火设计:

　　1 商场、医院、旅馆、餐厅、展览厅、公共娱乐场所、健身体育场所和其他适用的民用场所等;

　　2 按火灾危险性分类属于丙、丁、戊类的生产车间和物品库房等。

1.0.3 人防工程的防火设计,应遵循国家的有关方针、政策,针对人防工程发生火灾时的特点,立足自防自救,采用可靠的防火措施,做到安全适用、技术先进、经济合理。

1.0.4 人防工程的防火设计,除应符合本规范外,尚应符合国家现行有关标准的规定。

2 术　语

2.0.1 人民防空工程　civil air defence works

　　为保障人民防空指挥、通信、掩蔽等需要而建造的防护建筑。人防工程分为单建掘开式工程、坑道工程、地道工程和人民防空地下室等。

2.0.2 单建掘开式工程　cut-and-cover works

　　单独建设的采用明挖法施工,且大部分结构处于原地表以下的工程。

2.0.3 坑道工程　undermined works with low exit

　　大部分主体地坪高于最低出入口地面的暗挖工程。多建于山地或丘陵地。

2.0.4 地道工程　undermined works without low exit

　　大部分主体地坪低于最低出入口地面的暗挖工程。多建于平地。

2.0.5 人民防空地下室　civil air defence basement

　　为保障人民防空指挥、通信、掩蔽等需要,具有预定防护功能的地下室。

2.0.6 防护单元　protective unit

　　人防工程中防护设施和内部设备均能自成体系的使用空间。

2.0.7 疏散出口　evacuation exit

　　用于人员离开某一区域至疏散通道的出口。

2.0.8 安全出口　safe exit

　　供人员安全疏散用的楼梯间出入口或直通室内外安全区域的出口。

2.0.9 疏散走道　evacuation walk

　　用于人员疏散通行至安全出口或相邻防火分区的走道。

2.0.10 避难走道　fire-protection evacuation walk

　　走道两侧为实体防火墙,并设置有防烟等设施,仅用于人员安全通行至室外的走道。

2.0.11 防烟楼梯间　smoke prevention staircase

　　在楼梯间入口处设置有防烟前室,且通向前室和楼梯间的门均为不低于乙级的防火门的楼梯间。

2.0.12 消防疏散照明　lighting for fire evacuation

　　当人防工程内发生火灾时,用以确保疏散出口和疏散走道能被有效地辨认和使用,使人员安全撤离危险区的照明。它由消防疏散照明灯和消防疏散标志灯组成。

2.0.13 消防疏散照明灯　light for fire evacuation

　　当人防工程内发生火灾时,用以确保疏散走道能被有效地辨认和使用的照明灯具。

2.0.14 消防疏散标志灯　marking lamp for fire evacuation

　　当人防工程内发生火灾时,用以确保疏散出口或疏散方向标志能被有效地辨认的照明灯具。

2.0.15 消防备用照明　reserve lighting for fire risk

　　当人防工程内发生火灾时,用以确保火灾时仍要坚持工作场所的照明,该照明由备用电源供电。

3 总平面布局和平面布置

3.1 一般规定

3.1.1 人防工程的总平面设计应根据人防工程建设规划、规模、用途等因素,合理确定其位置、防火间距、消防水源和消防车道等。

3.1.2 人防工程内不得使用和储存液化石油气、相对密度(与空气密度比值)大于或等于0.75的可燃气体和闪点小于60℃的液体燃料。

3.1.3 人防工程内不应设置哺乳室、托儿所、幼儿园、游乐厅等儿童活动场所和残疾人员活动场所。

3.1.4 医院病房不应设置在地下二层及以下层,当设置在地下一层时,室内地面与室外出入口地坪高差不应大于10m。

3.1.5 歌舞厅、卡拉OK厅(含具有卡拉OK功能的餐厅)、夜总会、录像厅、放映厅、桑拿浴室(除洗浴部分外)、游艺厅(含电子游艺厅)、网吧等歌舞娱乐放映游艺场所(以下简称歌舞娱乐放映游艺场所),不应设置在地下二层及以下层;当设置在地下一层时,室内地面与室外出入口地坪高差不应大于10m。

3.1.6 地下商店应符合下列规定:

　　1 不应经营和储存火灾危险性为甲、乙类储存物品属性的商品;

　　2 营业厅不应设置在地下三层及三层以下;

　　3 当总建筑面积大于20000m²时,应采用防火墙进行分隔,且防火墙上不得开设门窗洞口,相邻区域确需局部连通时,应采取可靠的防火分隔措施,可选择下列防火分隔方式:

　　　　1)下沉式广场等室外开敞空间,下沉式广场应符合本规范第3.1.7条的规定;

2)防火隔间，该防火隔间的墙应为实体防火墙，并应符合本规范第3.1.8条的规定；

3)避难走道，该避难走道应符合本规范第5.2.5条的规定；

4)防烟楼梯间，该防烟楼梯间及前室的门应为火灾时能自动关闭的常开式甲级防火门。

3.1.7 设置本规范第3.1.6条3款1项的下沉式广场时，应符合下列规定：

1 不同防火分区通向下沉式广场安全出口最近边缘之间的水平距离不应小于13m，广场内疏散区域的净面积不应小于169m²。

2 广场应设置不少于一个直通地坪的疏散楼梯，疏散楼梯的总宽度不应小于相邻最大防火分区通向下沉式广场计算疏散总宽度。

3 当确需设置防风雨棚时，棚不得封闭，并应符合下列规定：

1)四周敞开的面积应大于下沉式广场投影面积的25%，经计算大于40m²时，可取40m²；

2)敞开的高度不得小于1m；

3)当敞开部采用防风雨百叶时，百叶的有效通风排烟面积可按百叶洞口面积的60%计算。

4 本条第1款最小净面积的范围内不得用于除疏散外的其他用途；其他面积的使用，不得影响人员的疏散。

注：疏散楼梯总宽度可包括疏散楼梯宽度和90%的自动扶梯宽度。

3.1.8 设置本规范第3.1.6条3款2项的防火隔间时，应符合下列规定：

1 防火隔间与防火分区之间应设置常开式甲级防火门，并应在发生火灾时能自行关闭；

2 不同防火分区开设在防火隔间墙上的防火门最近边缘之间的水平距离不应小于4m；该门不应计算在该防火分区安全出口的个数和总疏散宽度内；

3 防火隔间装修材料燃烧性能等级应为A级，且不得用于除人员通行外的其他用途。

3.1.9 消防控制室应设置在地下一层，并应邻近直接通向（以下简称直通）地面的安全出口；消防控制室可设置在值班室、变配电室等房间内；当地面建筑设置有消防控制室时，可与地面建筑消防控制室合用。消防控制室的防火分隔应符合本规范第4.2.4条的规定。

3.1.10 柴油发电机房和燃油或燃气锅炉房的设置除应符合现行国家标准《建筑设计防火规范》GB 50016的有关规定外，尚应符合下列规定：

1 防火分区的划分应符合本规范第4.1.1条第3款的规定；

2 柴油发电机房与电站控制室之间的密闭观察窗除应符合密闭要求外，还应达到甲级防火窗的性能；

3 柴油发电机房与电站控制室之间的连接通道处，应设置一道具有甲级防火门耐火性能的门，并应常闭；

4 储油间的设置应符合本规范第4.2.4条的规定。

3.1.11 燃气管道的敷设和燃气设备的使用还应符合现行国家标准《城镇燃气设计规范》GB 50028的有关规定。

3.1.12 人防工程内不得设置油浸电力变压器和其他油浸电气设备。

3.1.13 当人防工程设置直通室外的安全出口的数量和位置受条件限制时，可设置避难走道。

3.1.14 设置在人防工程内的汽车库、修车库，其防火设计应按现行国家标准《汽车库、修车库、停车场设计防火规范》GB 50067的有关规定执行。

3.2 防火间距

3.2.1 人防工程的出入口地面建筑物与周围建筑物之间的防火间距，应按现行国家标准《建筑设计防火规范》GB 50016的有关规定执行。

3.2.2 人防工程的采光窗井与相邻地面建筑的最小防火间距，应符合表3.2.2的规定。

表3.2.2 采光窗井与相邻地面建筑的最小防火间距(m)

防火间距　　地面建筑类别和耐火等级 人防工程类别	民用建筑			丙、丁、戊类厂房、库房			高层民用建筑		甲、乙类厂房、库房
	一、二级	三级	四级	一、二级	三级	四级	主体	附属	—
丙、丁、戊类生产车间、物品库房	10	12	14	10	12	14	13	6	25
其他人防工程	6	7	9	10	12	14	13	6	25

注：1 防火间距按人防工程有窗外墙与相邻地面建筑外墙的最近距离计算；

2 当相邻的地面建筑物外墙为防火墙时，其防火间距不限。

3.3 耐火极限

3.3.1 除本规范另有规定者外，人防工程的耐火极限应符合现行国家标准《建筑设计防火规范》GB 50016的相应规定。

4 防火、防烟分区和建筑构造

4.1 防火和防烟分区

4.1.1 人防工程内应采用防火墙划分防火分区，当采用防火墙确有困难时，可采用防火卷帘等防火分隔设施分隔，防火分区划分应符合下列要求：

1 防火分区应在各安全出口处的防火门范围内划分；

2 水泵房、污水泵房、水池、厕所、盥洗间等无可燃物的房间，其面积可不计入防火分区的面积之内；

3 与柴油发电机房或锅炉房配套的水泵间、风机房、储油间等，应与柴油发电机房或锅炉房一起划分为一个防火分区；

4 防火分区的划分宜与防护单元相结合；

5 工程内设置有旅店、病房、员工宿舍时，不得设置在地下二层及以下层，并应划分为独立的防火分区，且疏散楼梯不得与其他防火分区的疏散楼梯共用。

4.1.2 每个防火分区的允许最大建筑面积，除本规范另有规定者外，不应大于500m²。当设置有自动灭火系统时，允许最大建筑面积可增加1倍；局部设置时，增加的面积可按该局部面积的1倍计算。

4.1.3 商业营业厅、展览厅、电影院和礼堂的观众厅、溜冰馆、游泳馆、射击馆、保龄球馆等防火分区划分应符合下列规定：

1 商业营业厅、展览厅等，当设置有火灾自动报警系统和自动灭火系统，且采用A级装修材料装修时，防火分区允许最大建筑面积不应大于2000m²；

2 电影院、礼堂的观众厅，防火分区允许最大建筑面积不应大于1000m²。当设置有火灾自动报警系统和自动灭火系统时，其

允许最大建筑面积也不得增加;

3 溜冰馆的冰场、游泳馆的游泳池、射击馆的靶道区、保龄球馆的球道区等,其面积可不计入溜冰馆、游泳馆、射击馆、保龄球馆的防火分区面积内。溜冰馆的冰场、游泳馆的游泳池、射击馆的靶道区等,其装修材料应采用 A 级。

4.1.4 丙、丁、戊类物品库房的防火分区允许最大建筑面积应符合表 4.1.4 的规定。当设置有火灾自动报警系统和自动灭火系统时,允许最大建筑面积可增加 1 倍;局部设置时,增加的面积可按该局部面积的 1 倍计算。

表 4.1.4 丙、丁、戊类物品库房防火分区允许最大建筑面积(m²)

储存物品类别		防火分区最大允许建筑面积
丙	闪点≥60℃的可燃液体	150
	可燃固体	300
丁		500
戊		1000

4.1.5 人防工程内设置有内挑台、走马廊、开敞楼梯和自动扶梯等上下连通层时,其防火分区面积应按上下层相连通的面积计算,其建筑面积之和应符合本规范的有关规定,且连通的层数不宜大于 2 层。

4.1.6 当人防工程地面建有建筑物,且与地下一、二层有中庭相通或地下一、二层有中庭相通时,防火分区面积应按上下多层相连通的面积叠加计算;当超过本规范规定的防火分区最大允许建筑面积时,应符合下列规定:

1 房间与中庭相通的开口部位应设置火灾时能自行关闭的甲级防火门窗;

2 与中庭相通的过厅、通道等处,应设置甲级防火门或耐火极限不低于 3h 的防火卷帘;防火门或防火卷帘应能在火灾时自动关闭或降落;

3 中庭应按本规范第 6.3.1 条的规定设置排烟设施。

4.1.7 需设置排烟设施的部位,应划分防烟分区,并应符合下列规定:

1 每个防烟分区的建筑面积不宜大于 500m²,但当从室内地面至顶棚或顶板的高度在 6m 以上时,可不受此限;

2 防烟分区不得跨越防火分区。

4.1.8 需设置排烟设施的走道,净高不超过 6m 的房间,应采用挡烟垂壁、隔墙或从顶棚突出不小于 0.5m 的梁划分防烟分区。

4.2 防火墙和防火分隔

4.2.1 防火墙应直接设置在基础上或耐火极限不低于 3h 的承重构件上。

4.2.2 防火墙上不宜开设门、窗、洞口,当需要开设时,应设置能自行关闭的甲级防火门、窗。

4.2.3 电影院、礼堂的观众厅与舞台之间的墙,耐火极限不应低于 2.5h,观众厅与舞台之间的舞台口应符合本规范第 7.2.3 条的规定;电影院放映室(卷片室)应采用耐火极限不低于 1h 的隔墙与其他部位隔开,观察窗和放映孔应设置阻火闸门。

4.2.4 下列场所应采用耐火极限不低于 2h 的隔墙和 1.5h 的楼板与其他场所隔开,并应符合下列规定:

1 消防控制室、消防水泵房、排烟机房、灭火剂储瓶室、变配电室、通信机房、通风和空调机房、可燃物存放量平均值超过 30kg/m² 火灾荷载密度的房间等,墙上应设置常闭的甲级防火门;

2 柴油发电机房的储油间,墙上应设置常闭的甲级防火门,并应设置高 150mm 的不燃烧、不渗漏的门槛,地面不得设置地漏;

3 同一防火分区内厨房、食品加工等用明火用电用气场所,墙上应设置不低于乙级的防火门,人员频繁出入的防火门应设置火灾时能自动关闭的常开式防火门;

4 歌舞娱乐放映游艺场所,且一个厅、室的建筑面积不应大

于 200m²,隔墙上应设置不低于乙级的防火门。

4.3 装修和构造

4.3.1 人防工程的内部装修应按现行国家标准《建筑内部装修设计防火规范》GB 50222 的有关规定执行。

4.3.2 人防工程的耐火等级应为一级,其出入口地面建筑物的耐火等级不应低于二级。

4.3.3 本规范允许使用的可燃气体和丙类液体管道,除可穿过柴油发电机房、燃油锅炉房的储油间与机房间的防火墙外,严禁穿过防火分区之间的防火墙;当其他管道需要穿过防火墙时,应采用防火封堵材料将管道周围的空隙紧密填塞,通风和空气调节系统的风管还应符合本规范第 6.7.6 条的规定。

4.3.4 通过防火墙或设置有防火门的隔墙处的管道和管线沟,应采用不燃材料将通过处的空隙紧密填塞。

4.3.5 变形缝的基层应采用不燃材料,表面层不应采用可燃或易燃材料。

4.4 防火门、窗和防火卷帘

4.4.1 防火门、防火窗应划分为甲、乙、丙三级。

4.4.2 防火门的设置应符合下列规定:

1 位于防火分区分隔处安全出口的门应为甲级防火门;当使用功能上确实需要采用防火卷帘分隔时,应在其旁设置与相邻防火分区的疏散走道相通的甲级防火门;

2 公共场所的疏散门应向疏散方向开启,并在关闭后能从任何一侧手动开启;

3 公共场所人员频繁出入的防火门,应采用能在火灾时自动关闭的常开式防火门;平时需要控制人员随意出入的防火门,应设置火灾时不需使用钥匙等任何工具即能从内部易于打开的常闭防火门,并应在明显位置设置标识和使用提示;其他部位的防火门,宜选用常闭的防火门;

4 用防护门、防护密闭门、密闭门代替甲级防火门时,其耐火性能应符合甲级防火门的要求;且不得用于平战结合公共场所的安全出口处;

5 常开的防火门应具有信号反馈的功能。

4.4.3 用防火墙划分防火分区有困难时,可采用防火卷帘分隔,并应符合下列规定:

1 当防火分隔部位的宽度不大于 30m 时,防火卷帘的宽度不应大于 10m;当防火分隔部位的宽度大于 30m 时,防火卷帘的宽度不应大于防火分隔部位宽度的 1/3,且不应大于 20m;

2 防火卷帘的耐火极限不应低于 3h;

当防火卷帘的耐火极限符合现行国家标准《门和卷帘耐火试验方法》GB 7633 有关背火面温升的判定条件时,可不设置自动喷水灭火系统保护;

当防火卷帘的耐火极限符合现行国家标准《门和卷帘耐火试验方法》GB 7633 有关背火面辐射热的判定条件时,应设置自动喷水灭火系统保护;自动喷水灭火系统的设计应符合现行国家标准《自动喷水灭火系统设计规范》GB 50084 的有关规定,但其火灾延续时间不应小于 3h;

3 防火卷帘应具有防烟性能,与楼板、梁和墙、柱之间的空隙应采用防火封堵材料封堵;

4 在火灾时能自动降落的防火卷帘,应具有信号反馈的功能。

5 安全疏散

5.1 一般规定

5.1.1 每个防火分区安全出口设置的数量,应符合下列规定之一:

1 每个防火分区的安全出口数量不应少于2个;

2 当有2个或2个以上防火分区相邻,且将相邻防火分区之间防火墙上设置的防火门作为安全出口时,防火分区安全出口应符合下列规定:

　　1)防火分区建筑面积大于1000m²的商业营业厅、展览厅等场所,设置通向室外、直通室外的疏散楼梯间或避难走道的安全出口个数不得少于2个;

　　2)防火分区建筑面积不大于1000m²的商业营业厅、展览厅等场所,设置通向室外、直通室外的疏散楼梯间或避难走道的安全出口个数不得少于1个;

　　3)在一个防火分区内,设置通向室外、直通室外的疏散楼梯间或避难走道的安全出口宽度之和,不宜小于本规范第5.1.6条规定的安全出口总宽度的70%;

3 建筑面积不大于500m²,且室内地面与室外出入口地坪高差不大于10m,容纳人数不大于30人的防火分区,当设置有仅用于采光或进风用的竖井,且竖井内有金属梯直通地面、防火分区通向竖井处设置有不低于乙级的常闭防火门时,可只设置一个通向室外、直通室外的疏散楼梯间或避难走道的安全出口;也可设置一个与相邻防火分区相通的防火门;

4 建筑面积不大于200m²,且经常停留人数不超过3人的防火分区,可只设置一个通向相邻防火分区的防火门。

5.1.2 房间建筑面积不大于50m²,且经常停留人数不超过15人时,可设置一个疏散出口。

5.1.3 歌舞娱乐放映游艺场所的疏散应符合下列规定:

1 不宜布置在袋形走道的两侧或尽端,当必须布置在袋形走道的两侧或尽端时,最远房间的疏散出口到最近安全出口的距离不应大于9m;一个厅、室的建筑面积不应大于200m²;

2 建筑面积大于50m²的厅、室,疏散出口不应少于2个。

5.1.4 每个防火分区的安全出口,宜按不同方向分散设置;当受条件限制需要同方向设置时,两个安全出口最近边缘之间的水平距离不应小于5m。

5.1.5 安全疏散距离应满足下列规定:

1 房间内最远点至该房间门的距离不应大于15m;

2 房间门至最近安全出口的最大距离:医院应为24m;旅馆应为30m;其他工程应为40m。位于袋形走道两侧或尽端的房间,其最大距离应为上述相应距离的一半;

3 观众厅、展览厅、多功能厅、餐厅、营业厅和阅览室等,其室内任意一点到最近安全出口的直线距离不宜大于30m;当该防火分区设置有自动喷水灭火系统时,疏散距离可增加25%。

5.1.6 疏散宽度的计算和最小净宽应符合下列规定:

1 每个防火分区安全出口的总宽度,应按该防火分区设计容纳总人数乘以疏散宽度指标计算确定,疏散宽度指标应按下列规定确定:

　　1)室内地面与室外出入口地坪高差不大于10m的防火分区,疏散宽度指标应为每100人不小于0.75m;

　　2)室内地面与室外出入口地坪高差大于10m的防火分区,疏散宽度指标应为每100人不小于1.00m;

　　3)人员密集的厅、室以及歌舞娱乐放映游艺场所,疏散宽度指标应为每100人不小于1.00m。

2 安全出口、疏散楼梯和疏散走道的最小净宽应符合表

5.1.6的规定。

表5.1.6 安全出口、疏散楼梯和疏散走道的最小净宽(m)

工程名称	安全出口和疏散楼梯净宽	疏散走道净宽	
		单面布置房间	双面布置房间
商场、公共娱乐场所、健身体育场所	1.40	1.50	1.60
医院	1.30	1.40	1.50
旅馆、餐厅	1.10	1.20	1.30
车间	1.10	1.20	1.50
其他民用工程	1.10	1.20	—

5.1.7 设置有固定座位的电影院、礼堂等的观众厅,其疏散走道、疏散出口等应符合下列规定:

1 厅内的疏散走道净宽应按通过人数每100人不小于0.80m计算,且不宜小于1.00m;边走道的净宽不应小于0.80m;

2 厅的疏散出口和厅外疏散走道的总宽度,平坡地面应分别按通过人数每100人不小于0.65m计算,阶梯地面应分别按通过人数每100人不小于0.80m计算;疏散出口和疏散走道的净宽均不应小于1.40m;

3 观众厅座位的布置,横走道之间的排数不宜大于20排;纵走道之间每排座位不宜大于22个;当前后排座位的排距不小于0.90m时,每排座位可为44个;只一侧有纵走道时,其座位数应减半;

4 观众厅每个疏散出口的疏散人数平均不应大于250人;

5 观众厅的疏散门,宜采用推门式外开门。

5.1.8 公共疏散出口处内、外1.40m范围内不应设置踏步,门必须向疏散方向开启,且不应设置门槛。

5.1.9 地下商店每个防火分区的疏散人数,应按该防火分区内营业厅使用面积乘以面积折算值和疏散人数换算系数确定。面积折算值宜为70%,疏散人数换算系数应按表5.1.9确定。经营丁、戊类物品的专业商店,可按上述确定的人数减少50%。

表5.1.9 地下商店营业厅内的疏散人数换算系数(人/m²)

楼层位置	地下一层	地下二层
换算系数	0.85	0.80

5.1.10 歌舞娱乐放映游艺场所最大容纳人数应按该场所建筑面积乘以人员密度指标来计算,其人员密度指标应按下列规定确定:

1 录像厅、放映厅人员密度指标为1.0人/m²;

2 其他歌舞娱乐放映游艺场所人员密度指标为0.5人/m²。

5.2 楼梯、走道

5.2.1 设有下列公共活动场所的人防工程,当底层室内地面与室外出入口地坪高差大于10m时,应设置防烟楼梯间;当地下为两层,且地下第二层的室内地面与室外出入口地坪高差不大于10m时,应设置封闭楼梯间。

1 电影院、礼堂;

2 建筑面积大于500m²的医院、旅馆;

3 建筑面积大于1000m²的商场、餐厅、展览厅、公共娱乐场所、健身体育场所。

5.2.2 封闭楼梯间应采用不低于乙级的防火门;封闭楼梯间的地面出口可用于天然采光和自然通风,当不能利用自然通风时,应采用防烟楼梯间。

5.2.3 人民防空地下室的疏散楼梯间,在主体建筑地面首层应采用耐火极限不低于2h的隔墙与其他部位隔开并应直通室外;当必须在隔墙上开门时,应采用不低于乙级的防火门。

　　人民防空地下室与地上层不应共用楼梯间;当必须共用楼梯间时,应在地面首层与地下室的入口处,设置耐火极限不低于2h的隔墙和不低于乙级的防火门隔开,并应有明显标志。

5.2.4 防烟楼梯间前室的面积不应小于6m²;当与消防电梯间合用前室时,其面积不应小于10m²。

5.2.5 避难走道的设置应符合下列规定：

    1 避难走道直通地面的出口不应少于2个，并应设置在不同方向；当避难走道只与一个防火分区相通时，避难走道直通地面的出口可设置一个，但该防火分区至少应有一个不通向该避难走道的安全出口；

    2 通向避难走道的各防火分区人数不等时，避难走道的净宽不应小于设计容纳人数最多一个防火分区通向避难走道各安全出口最小净宽之和；

    3 避难走道的装修材料燃烧性能等级应为A级；

    4 防火分区至避难走道入口处应设置前室，前室面积不应小于6m²，前室的门应为甲级防火门；其防烟应符合本规范第6.2节的规定；

    5 避难走道的消火栓设置应符合本规范第7章的规定；

    6 避难走道的火灾应急照明应符合本规范第8.2节的规定；

    7 避难走道应设置应急广播和消防专线电话。

5.2.6 疏散走道、疏散楼梯和前室，不应有影响疏散的突出物；疏散走道应减少曲折，走道内不宜设置门槛、阶梯；疏散楼梯的阶梯不宜采用螺旋楼梯和扇形踏步，但踏步上下两级所形成的平面角小于10°，且每级离扶手0.25m处的踏步宽度大于0.22m时，可不受此限。

5.2.7 疏散楼梯间在各层的位置不应改变；各层人数不等时，其宽度应按该层及以下层中通过人数最多的一层计算。

6 防烟、排烟和通风、空气调节

6.1 一般规定

6.1.1 人防工程下列部位应设置机械加压送风防烟设施：

    1 防烟楼梯间及其前室或合用前室；

    2 避难走道的前室。

6.1.2 下列场所除符合本规范第6.1.3条和第6.1.4条的规定外，应设置机械排烟设施：

    1 总建筑面积大于200m²的人防工程；

    2 建筑面积大于50m²，且经常有人停留或可燃物较多的房间；

    3 丙、丁类生产车间；

    4 长度大于20m的疏散走道；

    5 歌舞娱乐放映游艺场所；

    6 中庭。

6.1.3 丙、丁、戊类物品库宜采用密闭防烟措施。

6.1.4 设置自然排烟设施的场所，自然排烟口底部距室内地面不应小于2m，并应常开或发生火灾时能自动开启，其自然排烟口的净面积应符合下列规定：

    1 中庭的自然排烟口净面积不应小于中庭地面面积的5%；

    2 其他场所的自然排烟口净面积不应小于该防烟分区面积的2%。

6.2 机械加压送风防烟及送风量

6.2.1 防烟楼梯间送风系统的余压值应为（40～50）Pa，前室或合用前室送风系统的余压值应为（25～30）Pa。防烟楼梯间、防烟

前室或合用前室的送风量应符合下列规定：

    1 当防烟楼梯间和前室或合用前室分别送风时，防烟楼梯间的送风量不应小于16000m³/h，前室或合用前室的送风量不应小于13000m³/h；

    2 当前室或合用前室不直接送风时，防烟楼梯间的送风量不应小于25000m³/h，并应在防烟楼梯间和前室或合用前室的墙上设置余压阀。

    注：楼梯间及其前室或合用前室的门按1.5m×2.1m计算，当采用其他尺寸的门时，送风量应根据门的面积按比例修正。

6.2.2 避难走道的前室送风余压值应为（25～30）Pa，机械加压送风量应按前室入口门洞风速（0.7～1.2）m/s计算确定。

    避难走道的前室宜设置条缝送风口，并应靠近前室入口门，且通向避难走道的前室两侧宽度均应大于门洞宽度0.1m（图6.2.2）。

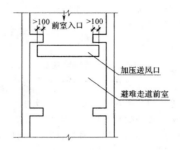

图6.2.2 避难走道前室加压送风口布置图

6.2.3 避难走道的前室、防烟楼梯间及其前室或合用前室的机械加压送风系统宜分别设置。当需要共用系统时，应在支风管上设置压差自动调节装置。

6.2.4 避难走道的前室、防烟楼梯间及其前室或合用前室的排风应设置余压阀，并应按本规范第6.2.1条的规定值整定。

6.2.5 机械加压送风机可采用普通离心式、轴流式或斜流式风机。风机的全压值除应计算最不利环管路的压头损失外，其余压值应符合本规范第6.2.1条的规定。

6.2.6 机械加压送风系统送风口的风速不宜大于7m/s。

6.2.7 机械加压送风系统和排烟补风系统应采用室外新风，采风口与排烟口的水平距离宜大于15m，并宜低于排烟口。当采风口与排烟口垂直布置时，宜低于排烟口3m。

6.3 机械排烟及排烟风量

6.3.1 机械排烟时，排烟风机和风管的风量计算应符合下列规定：

    1 担负一个或两个防烟分区排烟时，应按该部分面积每平方米不小于60m³/h计算，但排烟风机的最小排烟风量不应小于7200m³/h；

    2 担负三个或三个以上防烟分区排烟时，应按其中最大防烟分区面积每平方米不小于120m³/h计算；

    3 中庭体积小于或等于17000m³时，排烟量应按其体积的6次/h换气计算；中庭体积大于17000m³时，其排烟量应按其体积的4次/h换气计算，但最小排烟风量不应小于102000m³/h。

6.3.2 排烟区应有补风措施，并应符合下列要求：

    1 当补风通路的空气阻力不大于50Pa时，可采用自然补风；

    2 当补风通路的空气阻力大于50Pa时，应设置火灾时可转换成补风的机械送风系统或单独的机械补风系统，补风量不应小于排烟风量的50%。

6.3.3 机械排烟系统宜单独设置或与工程排风系统合并设置。当合并设置时，应采取在火灾发生时能将排风系统自动转换为排烟系统的措施。

6.4 排 烟 口

6.4.1 每个防烟分区内必须设置排烟口,排烟口应设置在顶棚或墙面的上部。

6.4.2 排烟口宜在该防烟分区内均匀布置,并应与疏散出口的水平距离大于 2m,且与该分区内最远点的水平距离不应大于 30m。

6.4.3 排烟口可单独设置,也可与排风口合并设置;排烟口的总排烟量应按该防烟分区面积每平方米不小于 60m³/h 计算。

6.4.4 排烟口的开闭状态和控制应符合下列要求:
    1 单独设置的排烟口,平时应处于关闭状态;其控制方式可采用自动或手动开启方式;手动开启装置的位置应便于操作;
    2 排风口和排烟口合并设置时,应在排风口或排风口所在支管设置自动阀门;该阀门必须具有防火功能,并应与火灾自动报警系统联动;火灾时,着火防烟分区内的阀门仍应处于开启状态,其他防烟分区内的阀门应全部关闭。

6.4.5 排烟口的风速不宜大于 10m/s。

6.5 机械加压送风防烟管道和排烟管道

6.5.1 机械加压送风防烟管道和排烟管道内的风速,当采用金属风道或内表面光滑的其他材料风道时,不宜大于 20m/s;当采用内表面抹光的混凝土或砖砌风道时,不宜大于 15m/s。

6.5.2 机械加压送风防烟管道、排烟管道、排烟口和排烟阀等必须采用不燃材料制作。

    排烟管道与可燃物的距离不应小于 0.15m,或应采取隔热防火措施。

6.5.3 排烟管道的厚度应按现行国家标准《通风与空调工程施工质量验收规范》GB 50243 的规定执行,但当金属风道为钢制风道时,钢板厚度不应小于 1mm。

6.5.4 机械加压送风防烟管道和排烟管道不宜穿过防火墙。当需要穿过时,过墙处应符合下列规定:
    1 防烟管道应设置温度大于 70℃时能自动关闭的防火阀;
    2 排烟管道应设置温度大于 280℃时能自动关闭的防火阀。

6.5.5 人防工程内厨房的排油烟管道宜按防火分区设置,且在与垂直排风管连接的支管处应设置动作温度为 150℃的防火阀。

6.6 排 烟 风 机

6.6.1 排烟风机可采用普通离心式风机或排烟轴流风机;排烟风机及其进出口软接头应在烟气温度 280℃时能连续工作 30min。排烟风机必须采用不燃材料制作。排烟风机入口处的总管上应设置当烟气温度超过 280℃时能自动关闭的排烟防火阀,该阀应与排烟风机联锁,当阀门关闭时,排烟风机应能停止运转。

6.6.2 排烟风机可单独设置或与排风机合并设置;当排烟风机与排风机合并设置时,宜选用变速风机。

6.6.3 排烟风机的全压应按排烟系统最不利环管路进行计算,排烟量应按本规范第 6.3.1 条计算确定,并应增加 10%。

6.6.4 排烟风机的安装位置,宜处于排烟区的同层或上层。排烟管道宜顺气流方向向上或水平敷设。

6.6.5 排烟风机应与排烟口联动,当任何一个排烟口、排烟阀开启或排风口转为排烟口时,系统应转为排烟工作状态,排烟风机应自动转换为排烟工况;当烟气温度大于 280℃时,排烟风机应随设置于风机入口处防火阀的关闭而自动关闭。

6.7 通风、空气调节

6.7.1 电影院的放映机室宜设置独立的排风系统。当需要合并设置时,通向放映机室的风管应设置防火阀。

6.7.2 设置气体灭火设备的房间,应设置有排除废气的排风装置;与该房间连通的风管应设置自动阀门,火灾发生时,阀门应自动关闭。

6.7.3 通风、空气调节系统的管道宜按防火分区设置。当需要穿过防火分区时,应符合本规范第 6.7.6 条的规定。穿过防火分区前、后 0.2m 范围内的钢板通风管道,其厚度不应小于 2mm。

6.7.4 通风、空气调节系统的风机及风管应采用不燃材料制作,但接触腐蚀性气体的风管及柔性接头可采用难燃材料制作。

6.7.5 风管和设备的保温材料应采用不燃材料;消声、过滤材料及粘结剂应采用不燃材料或难燃材料。

6.7.6 通风、空气调节系统的风管,当出现下列情况之一时,应设置防火阀:
    1 穿过防火分区处;
    2 穿过设置有防火门的房间隔墙或楼板处;
    3 每层水平干管同垂直总管的交接处水平管段上;
    4 穿越防火分区处,且该处又是变形缝时,应在两侧各设置一个。

6.7.7 火灾发生时,防火阀的温度熔断器或与火灾探测器等联动的自动关闭装置一经动作,防火阀应能自动关闭。温度熔断器的动作温度宜为 70℃。

6.7.8 防火阀应设置单独的支、吊架。当防火阀暗装时,应在防火阀安装部位的吊顶或隔墙上设置检修口,检修口不宜小于 0.45m×0.45m。

6.7.9 当通风系统中设置电加热器时,通风机应与电加热器联锁;电加热器前、后 0.8m 范围内,不应设置消声器、过滤器等设备。

7 消防给水、排水和灭火设备

7.1 一般规定

7.1.1 消防用水可由市政给水管网、水源井、消防水池或天然水源供给。利用天然水源时,应确保枯水期最低水位时的消防用水量,并应设置可靠的取水设施。

7.1.2 采用市政给水管网直接供水,当消防用水量达到最大时,其水压应满足室内最不利点灭火设备的要求。

7.2 灭火设备的设置范围

7.2.1 下列人防工程和部位应设置室内消火栓:
    1 建筑面积大于 300m² 的人防工程;
    2 电影院、礼堂、消防电梯间前室和避难走道。

7.2.2 下列人防工程和部位宜设置自动喷水灭火系统;有困难时,也可设置局部应用系统,局部应用系统应符合现行国家标准《自动喷水灭火系统设计规范》GB 50084 的有关规定。
    1 建筑面积大于 100m²,且小于或等于 500m² 的地下商店和展览厅;
    2 建筑面积大于 100m²,且小于或等于 1000m² 的影剧院、礼堂、健身体育场所、旅馆、医院等;建筑面积大于 100m²,且小于或等于 500m² 的丙类库房。

7.2.3 下列人防工程和部位应设置自动喷水灭火系统:
    1 除丁、戊类物品库房和自行车库外,建筑面积大于 500m² 丙类库房和其他建筑面积大于 1000m² 的人防工程;
    2 大于 800 个座位的电影院和礼堂的观众厅,且吊顶下表面至观众席室内地面高度不大于 8m 时;舞台使用面积大于 200m²

时;观众厅与舞台之间的台口宜设置防火幕或水幕分隔;

    3 符合本规范第4.4.3条第2款规定的防火卷帘;

    4 歌舞娱乐放映游艺场所;

    5 建筑面积大于500m²的地下商店和和展览厅;

    6 燃油或燃气锅炉房和装机总容量大于300kW柴油发电机房。

7.2.4 下列部位应设置气体灭火系统或细水雾灭火系统:

    1 图书、资料、档案等特藏库房;

    2 重要通信机房和电子计算机机房;

    3 变配电室和其他特殊重要的设备房间。

7.2.5 营业面积大于500m²的餐饮场所,其烹饪操作间的排油烟罩及烹饪部位应设置自动灭火装置,且应在燃气或燃油管道上设置紧急事故自动切断装置。

7.2.6 人防工程应配置灭火器,灭火器的配置设计应符合现行国家标准《建筑灭火器配置设计规范》GB 50140的有关规定。

7.3 消防用水量

7.3.1 设置室内消火栓、自动喷水等灭火设备的人防工程,其消防用水量应按需要同时开启的上述设备用水量之和计算。

7.3.2 室内消火栓用水量,应符合表7.3.2的规定。

表7.3.2 室内消火栓最小用水量

工程类别	体积V (m³)	同时使用水枪数量 (支)	每支水枪最小流量 (L/s)	消火栓用水量 (L/s)
展览厅、影剧院、礼堂、健身体育场所等	V≤1000	1	5	5
	1000<V≤2500	2	5	10
	V>2500	3	5	15
商场、餐厅、旅馆、医院等	V≤5000	1	5	5
	5000<V≤10000	2	5	10
	10000<V≤25000	3	5	15
	V>25000	4	5	20

续表7.3.2

工程类别	体积V (m³)	同时使用水枪数量 (支)	每支水枪最小流量 (L/s)	消火栓用水量 (L/s)
丙、丁、戊类生产车间、自行车库	≤2500	1	5	5
	>2500	2	5	10
丙、丁、戊类物品库房、图书资料档案库	≤3000	1	5	5
	>3000	2	5	10

注:消防软管卷盘的用水量可不计入消防用水量中。

7.3.3 人防工程内自动喷水灭火系统的用水量,应按现行国家标准《自动喷水灭火系统设计规范》GB 50084的有关规定执行。

7.4 消防水池

7.4.1 具有下列情况之一者应设置消防水池:

    1 市政给水管道、水源井或天然水源不能满足消防用水量;

    2 市政给水管道为枝状或人防工程只有一条进水管。

7.4.2 消防水池的设置应符合下列规定:

    1 消防水池的有效容积应满足于火灾延续时间内室内消防用水总量的要求;火灾延续时间应符合下列规定:

       1)建筑面积小于3000m²的单建掘开式、坑道、地道人防工程消火栓灭火系统火灾延续时间应按1h计算;

       2)建筑面积大于或等于3000m²的单建掘开式、坑道、地道人防工程消火栓灭火系统火灾延续时间应按2h计算;改建人防工程有困难时,可按1h计算;

       3)防空地下室消火栓灭火系统的火灾延续时间应与地面工程一致;

       4)自动喷水灭火系统火灾延续时间应符合现行国家标准《自动喷水灭火系统设计规范》GB 50084的有关规定;

    2 消防水池的补水量应经计算确定,补水管的设计流速不宜大于2.5m/s;在火灾情况下能保证连续向消防水池补水时,消防

水池的容积可减去火灾延续时间内补充的水量;

    3 消防水池的补水时间不应大于48h;

    4 消防用水与其他用水合用的水池,应有确保消防水量的措施;

    5 消防水池可设置在人防工程内,也可设置在人防工程外,严寒和寒冷地区的室外消防水池应有防冻措施;

    6 容积大于500m³的消防水池,应分成两个能独立使用的消防水池。

7.5 水泵接合器和室外消火栓

7.5.1 当人防工程内消用水总量大于10L/s时,应在人防工程外设置水泵接合器,并应设置室外消火栓。

7.5.2 水泵接合器和室外消火栓的数量,应按人防工程内消防用水总量确定,每个水泵接合器和室外消火栓的流量应按(10～15)L/s计算。

7.5.3 水泵接合器和室外消火栓应设置在便于消防车使用的地点,距人防工程出入口不宜小于5m;室外消火栓距路边不宜大于2m,水泵接合器与室外消火栓的距离不应大于40m。

    水泵接合器和室外消火栓应有明显的标志。

7.6 室内消防给水管道、室内消火栓和消防水箱

7.6.1 室内消防给水管道的设置应符合下列规定:

    1 室内消防给水管道宜与其他用水管道分开设置;当有困难时,消火栓给水管道可与其他给水管道合用,但当其他用水达到最大小时流量时,应仍能供应全部消火栓的消防用水量;

    2 当室内消火栓总数大于10个时,其给水管道应布置成环状,环状管网的进水管宜设置两条,当其中一条进水管发生故障时,另一条应仍能供应全部消火栓的消防用水量;

    3 在同层的室内消防给水管道,应采用阀门分成若干独立段,当某段损坏时,停止使用的消火栓数不应大于5个;阀门应有明显的启闭标志;

    4 室内消火栓给水管道应与自动喷水灭火系统的给水管道分开独立设置。

7.6.2 室内消火栓的设置应符合下列规定:

    1 室内消火栓的水枪充实水柱应通过水力计算确定,且不应小于10m;

    2 消火栓栓口的出水压力大于0.50MPa时,应设置减压装置;

    3 室内消火栓的间距应由计算确定,当保证同层相邻有两支水枪的充实水柱同时到达被保护范围内的任何部位时,消火栓的间距不应大于30m;当保证有一支水枪的充实水柱到达室内任何部位时,不应大于50m;

    4 室内消火栓应设置在明显易于取用的地点,消火栓的出水方向宜向下或与设置消火栓的墙面相垂直,栓口离室内地面高度宜为1.1m;同一工程内应采用统一规格的消火栓、水枪和水带,每根水带长度不应大于25m;

    5 设置有消防水泵给水系统的每个消火栓处,应设置直接启动消防水泵的按钮,并应有保护措施;

    6 室内消火栓处应同时设置消防软管卷盘,其安装高度应便于使用,栓口直径宜为25mm,喷嘴口径不宜小于6mm,配备的胶带内径不宜小于19mm。

7.6.3 单建掘开式、坑道式、地道式人防工程当不能设置高位消防水箱时,宜设置气压给水装置。气压罐的调节容积:消火栓系统不应小于300L,喷淋系统不应小于150L。

7.7 消防水泵

7.7.1 室内消火栓给水系统和自动喷水灭火系统,应分别独立设置供水泵;供水泵应设置备用泵,备用泵的工作能力不应小于最大

一台供水泵。

7.7.2 每台消防水泵应设置独立的吸水管,并宜采用自灌式吸水,吸水管上应设置阀门,出水管上应设置试验和检查用的压力表和放水阀门。

7.8 消防排水

7.8.1 设置有消防给水的人防工程,必须设置消防排水设施。

7.8.2 消防排水设施宜与生活排水设施合并设置,兼作消防排水的生活污水泵(含备用泵),总排水量应满足消防排水量的要求。

8 电 气

8.1 消防电源及其配电

8.1.1 建筑面积大于5000m²的人防工程,其消防用电应按一级负荷要求供电;建筑面积小于或等于5000m²的人防工程可按二级负荷要求供电。

消防疏散照明和消防备用照明可用蓄电池作备用电源,其连续供电时间不应少于30min。

8.1.2 消防控制室、消防水泵、消防电梯、防烟风机、排烟风机等消防用电设备应采用两路电源或两回路供电线路供电,并应在最末一级配电箱处自动切换。

当采用柴油发电机组作备用电源时,应设置自动启动装置,并应能在30s内供电。

8.1.3 消防用电设备的供电回路应引自专用消防配电柜或专用供电回路。其配电和控制线路宜按防火分区划分。

8.1.4 消防配电设备应采用防潮、防霉型产品;电缆、电线应选用铜芯线;蓄电池应采用封闭型产品。

8.1.5 消防用电设备的配电线路应符合下列规定:

1 当采用暗敷设时,应穿在金属管中,并应敷设在不燃烧体结构内,且保护层厚度不应小于30mm;

2 当采用明敷设时,应敷设在金属管或封闭式金属线槽内,并应采取防火保护措施;

3 当采用阻燃或耐火电缆,且敷设在电缆沟、槽、井内时,可不采取防火保护措施;

4 当采用矿物绝缘类不燃性电缆时,可直接明敷设;

5 消防用电设备的配电线路除矿物绝缘类不燃性电缆外,宜

与其他配电线路分开敷设;当敷设在同一电缆沟、井内时,宜分别布置在电缆沟、井的两侧;当敷设在同一线槽内时,应采用不燃隔板分开。

8.1.6 消防用电设备、消防配电柜、消防控制箱等应设置有明显标志。

8.2 消防疏散照明和消防备用照明

8.2.1 消防疏散照明灯应设置在疏散走道、楼梯间、防烟前室、公共活动场所等部位的墙面上部或顶棚下,地面的最低照度不应低于5 lx。

8.2.2 消防疏散标志灯应设置在下列部位:

1 有侧墙的疏散走道及其拐角处和交叉口处的墙面上;

2 无侧墙的疏散走道的上方;

3 疏散出入口和安全出口的上部。

8.2.3 歌舞娱乐放映游艺场所、总建筑面积大于500m²的商业营业厅等公众活动场所的疏散走道的地面上,应设置能保持视觉连续发光的疏散指示标志,并宜设置灯光型疏散指示标志。当地面照度较大时,可设置蓄光型疏散指示标志。

8.2.4 消防疏散指示标志的设置位置应符合下列规定:

1 沿墙面设置的疏散标志灯距地面不应大于1m,间距不应大于15m;

2 设置在疏散走道上方的疏散标志灯的方向指示应与疏散通道垂直,其大小应与建筑空间相协调;标志灯下边缘距室内地面不应大于2.5m,且应设置在风管等设备管道的下部;

3 沿地面设置的灯光型疏散方向标志的间距不宜大于3m,蓄光型发光标志的间距不宜大于2m。

8.2.5 消防备用照明应设置在避难走道、消防控制室、消防水泵房、柴油发电机室、配电室、通风空调室、排烟机房、电话总机房以及发生火灾时仍需坚持工作的其他房间。其设置应符合下列规定:

1 建筑面积大于5000m²的人防工程,其消防备用照明照度值宜保持正常照明的照度值;

2 建筑面积不大于5000m²的人防工程,其消防备用照明的照度值不宜低于正常照明照度值的50%。

8.2.6 消防疏散照明和消防备用照明在工作电源断电后,应能自动投合备用电源。

8.3 灯 具

8.3.1 人防工程内的潮湿场所应采用防潮型灯具;柴油发电机房的储油间、蓄电池室等房间应采用密闭型灯具;可燃物品库房不应设置卤钨灯等高温照明灯具。

8.3.2 卤钨灯、高压汞灯、白炽灯、镇流器等不应直接安装在可燃装修材料或可燃构件上。

8.3.3 卤钨灯和大于100W的白炽灯泡的吸顶灯、槽灯、嵌入式灯的引入线应采用瓷管、石棉等不燃材料作隔热保护。

开关、插座和照明灯具靠近可燃物时,应采取隔热、散热等保护措施。

8.4 火灾自动报警系统、火灾应急广播和消防控制室

8.4.1 下列人防工程或部位应设置火灾自动报警系统:

1 建筑面积大于500m²的地下商店、展览厅和健身体育场所;

2 建筑面积大于1000m²的丙、丁类生产车间和丙、丁类物品库房;

3 重要的通信机房和电子计算机机房,柴油发电机房和变配电室,重要的实验室和图书、资料、档案库房等;

4 歌舞娱乐放映游艺场所。

8.4.2 火灾自动报警系统和火灾应急广播系统的设计应按现行国家标准《火灾自动报警系统设计规范》GB 50116的规定执行。

8.4.3 设置有火灾自动报警系统、自动喷水灭火系统、机械防烟排烟设施等的人防工程，应设置消防控制室，并应符合本规范第3.1.9条和第4.2.4条的规定。

8.4.4 燃气浓度检测报警器和燃气紧急自动切断阀的设置，应符合现行国家标准《城镇燃气设计规范》GB 50028 的有关规定。

中华人民共和国国家标准

人民防空工程设计防火规范

GB 50098 - 2009

条 文 说 明

1 总 则

1.0.1 人防工程是具有特殊功能的地下建筑，其建设使用不但要满足战时的功能需要，贯彻"长期准备、重点建设、平战结合"的战略方针，同时，要与城市的经济建设协调发展，努力适应不断发展变化的新形式。

我国人防工程建设面积不断增长，大量的大、中型人防工程相继在全国各地建成，并投入使用，防火设计已积累了较丰富的经验，相关的防火规范相继均进行了修改，故适时修改完善原规范内容，并在人防工程设计中贯彻这些防火要求，对于防止和减少人防工程火灾的危害，保护人身和财产的安全，是十分必要的、及时的。

1.0.2 根据调查统计和当前的实际情况，规定了适用于新建、扩建、改建人防工程平时的使用用途。

公共娱乐场所一般指：礼堂、多功能厅、歌舞厅、卡拉OK厅（含具有卡拉OK功能的餐厅）、夜总会、录像厅、放映厅、桑拿浴室（除洗浴部分外）、游艺厅（含电子游艺）、网吧等歌舞娱乐放映游艺场所等；

健身体育场所一般指：溜冰馆、游泳馆、体育馆、保龄球馆、射击馆等。

为了确保人防工程的安全，人防工程不能用作甲、乙类生产车间和物品库房，只适用于丙、丁、戊类生产车间和物品库房，物品库房包括图书资料档案库和自行车库。

1.0.3 本条规定在工程防火设计中，除了应执行本规范所规定的消防技术要求外，还应遵循国家有关方针、政策。根据人防工程的火灾特点，采取可靠的防火措施。

根据人防工程的平时使用情况和火灾特点，在新建、扩建、改建时要做好防火设计，采取可靠措施，利用先进技术，预防火灾发生，一旦发生火灾，做到立足自救，即由工程内部人员利用火灾自动报警系统、自动喷水灭火系统、消防水源、防排烟设施、消防应急照明等条件，完成疏散和灭火的任务，把火灾扑灭在初期阶段。

1.0.4 人防工程的防火设计涉及面较广，除符合本规范外，国家标准如《人民防空工程设计规范》GB 50225、《人民防空地下室设计规范》GB 50038、《建筑内部装修设计防火规范》GB 50222、《汽车库、修车库和停车场设计防火规范》GB 50067 等都是应当遵循的。

2 术 语

2.0.8 本条明确了安全出口的规定。

供人员安全疏散用的楼梯间指的是：封闭楼梯间、防烟楼梯间和符合疏散要求的其他楼梯间等。

直通室内外安全区域指的是：避难走道、用防火墙分隔的相邻防火分区和符合安全要求的室外地坪等。

2.0.11 本条明确了人防工程防烟楼梯间的规定。

防烟楼梯间是在发生火灾时防止烟和热气进入楼梯间的安全措施。通常情况下，由于人防工程布局和防护的特点，其防烟楼梯间的设置很难达到设置自然排烟的条件，正常做法是在楼梯间入口处设置防烟前室，并对楼梯间和前室采取机械加压送风措施，防止烟和热气进入楼梯间，保证疏散安全。

14

3 总平面布局和平面布置

3.1 一般规定

3.1.1 本条对人防工程的总平面设计提出了原则的规定。强调了人防工程与城市建设的结合，特别是与消防有关的地面出入口建筑、防火间距、消防水源、消防车道等应充分考虑，以便合理确定人防工程主体及出入口地面建筑的位置。

3.1.2 液化石油气和相对密度（与空气密度的比值）大于或等于0.75的可燃气体一旦泄漏，极容易积聚在室内地面，不易排出工程外，故明确规定不得在人防工程内使用和储存。

闪点小于60℃的液体，挥发性高，火灾危险性大，故规定不得在人防工程内使用。

3.1.3 婴幼儿、儿童和残疾人缺乏逃生自救能力，尤其是在人防地下工程疏散更为困难，因此，规定这些场所不应设置在人防工程内。

3.1.4 医院病房里的病人由于病情、体质等因素，疏散比较困难，所以对上述场所的设置层数作出了限制。

3.1.5 歌舞娱乐放映游艺场所发生火灾时，容易造成群死群伤，为保护人身安全，减少财产损失，对这些场所在地下的设置位置作了规定。

当设置在地下一层，如果垂直疏散距离过大，也无法保证人员安全疏散，故规定室内地面与室外出入口地坪高差不应大于10m。

3.1.6 本条规定了平时作为地下商店使用时的具体要求和做法。

1 火灾危险性为甲、乙类储存物品属性的商品，极易燃烧，难以扑救，故规定不应经营和储存。

2 营业厅不应设置在地下三层及三层以下，主要考虑如果经营和储存的商品数量多，火灾荷载大，再加上垂直疏散距离较长，一旦发生火灾，火灾扑救、烟气排除和人员疏散都较为困难。

3 为最大限度减少火灾的危害，同时考虑使用和经营的需要，并参照国外有关标准和我国商场内的人员密度和管理等多方面情况，对地下商店的总建筑面积规定了："当总建筑面积大于20000m² 时，应采用防火墙进行分隔，且防火墙上不得开设门窗洞口"；但考虑到地下人防工程战时需要连通，平时开发使用也需要连通，故对局部需要连通的部位，提出了几种可供选择的防火分隔技术措施。当然在实际工作中，其他能够确保火灾不会通过连通空间蔓延的防火分隔技术措施，经过论证后均可采用。

总建筑面积包括营业、储存及其他配套服务等的建筑面积。

3.1.7 本条针对总建筑面积大于20000m² 时，采取下沉式广场分隔措施的做法提出了具体规定。该规定参照了重庆市地方标准《重庆市大型商业建筑设计防火标准》DJB 50-054-2006和上海市消防局"关于印发《上海市公共建筑防火分隔消防设计若干规定（暂行）》的通知"（沪消〔2006〕439号）。

下沉式广场防火分隔示意见图1。

图 1 下沉式广场防火分隔示意图

广场内疏散区域的净面积指的是广场内人员应能按疏散方向疏散的区域，不包括如喷水池等建筑小品所占用的面积和商业所占用的面积。

下沉式广场设置防风雨棚示意见图2。

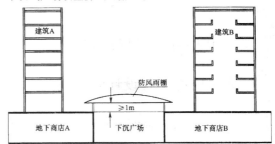

图 2 下沉式广场设置防风雨棚示意图

3.1.8 本条针对总建筑面积大于20000m² 时，采取防火隔间分隔措施的做法提出了具体规定。该规定参照了重庆市地方标准《重庆市大型商业建筑设计防火标准》DJB 50-054-2006和上海市消防局"关于印发《上海市公共建筑防火分隔消防设计若干规定（暂行）》的通知"（沪消〔2006〕439号）。

防火隔间防火分隔示意见图3。

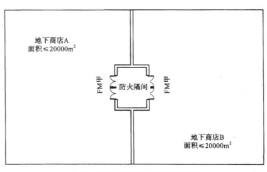

图 3 防火隔间防火分隔示意图

14—12

防火分区与防火隔间之间设置的常开式甲级防火门,主要用于正常时的连通用,不用于发生火灾时疏散人员用,故不应计入防火分区安全出口的个数和总疏散宽度内,防火分区安全出口的设置应按本规范的有关规定执行。

3.1.9 消防控制室是工程防火、灭火设施的控制中心,也是发生火灾时的指挥中心,值班人员需要在工程内人员基本疏散完后才能最后离开,出入口方便极为重要;故对上述场所设置位置作了规定。

3.1.10 柴油发电机和锅炉的燃料是柴油、重油、燃气等,在采取相应的防火措施,并设置火灾自动报警系统和自动灭火装置后是可以在人防工程内使用的。储油间储油量,燃油锅炉房不应大于1.00m³,柴油发电机房不应大于8h的需要量,其规定是指平时的储油量;战时根据战时的规定确定储油量,不受平时规定的限制;

　　1　使用燃油、燃气的设备房间有一定的火灾危险性,故需要独立划分防火分区;

　　2　柴油发电机房与电站控制室属于两个不同的防火分区,故密闭观察窗应达到甲级防火窗的性能,并应符合人防工程密闭的要求;

　　3　柴油发电机房与电站控制室之间连接通道处的连通门是用于不同防火分区之间分隔用的,除了防护上需要设置密闭门外,需要设置一道甲级防火门,如采用密闭门代替,则其中一道密闭门应达到甲级防火门的性能,由于该门仅操作人员使用,对该门的开启和关闭是熟悉的,故可以采用具有防火功能的密闭门;也可增加设置一道甲级防火门。

3.1.12 油浸电力变压器和油浸电气设备一旦发生故障会造成火灾,这是因为发生故障时会产生电弧,绝缘油在电弧和高温的作用下迅速分解,析出氢气、甲烷和乙烯等可燃气体,压力增加,造成设备外壳破裂,绝缘油流出,析出的可燃气体与空气混合,形成爆炸混合物,在电弧和火花的作用下引起燃烧和爆炸;电力设备外壳破裂后,高温的绝缘油,流到哪里就烧到哪里,致使火灾扩大蔓延,所以本规范规定不得设置。

3.1.13 大型单建掘开式工程和人民防空地下室在城市繁华地区或广场下,由于受地面规划的限制,直通地面的安全出口数量受到限制,根据已有工程的试设计经验,并参考现行国家标准《高层民用建筑设计防火规范》GB 50045有关"避难层"和"防烟楼梯间"的做法,在工程内设置避难走道,在避难走道内,采取有效的技术措施,解决安全疏散问题;坑道和地道工程,由于受工程性质的限制,也采用上述的办法来加以解决。

3.1.14 汽车库的防火设计,应按照现行国家标准《汽车库、修车库和停车场设计防火规范》GB 50067的规定执行。因为平时使用的人防工程汽车库其防火要求与地下汽车库的防火要求是一致的。

3.2　防火间距

3.2.1 本条与相关规范协调一致,所以应执行现行国家标准《建筑设计防火规范》GB 50016的有关规定。

3.2.2 有采光窗井的人防工程其防火间距是按照耐火等级为一级的相应地面建筑所要求的防火间距来考虑的,由于人防工程设置在地下,所以无论人防工程对周围建筑物的影响,还是周围建筑物对人防工程的影响,比起地面建筑相互之间的影响来说都要小,因此按此规定是偏于安全的。

　　关于排烟竖井,从平时环境保护角度来要求是不允许任意设置的,如较靠近相邻地面建筑物,则排烟竖井应紧贴地面建筑物外墙一直至建筑物的房顶,所以在条文中对"排烟竖井"没有再作出规定。

3.3　耐火极限

3.3.1 除本规范有特别规定外,本规范中涉及的各类生产车间、库房、公共场所以及其他用途场所,其耐火极限应按现行国家标准《建筑设计防火规范》GB 50016对相应建筑或场所耐火极限的有关规定执行。

4　防火、防烟分区和建筑构造

4.1　防火和防烟分区

4.1.1 防火分区之间一般应采用防火墙进行分隔,但有时使用上采用防火墙进行分隔有困难,因此需要采用其他分隔措施,采用防火卷帘分隔是其中措施之一。其他的分隔措施还有防火分隔水幕等。

　　为了防止火灾的扩大和蔓延,使火灾控制在一定的范围内,减少火灾所带来的损失,人防工程应划分防火分区,防火分区从安全出口处的防火门范围内划分。对于通向地面的安全出口为敞开式或有防风雨棚架,且与相邻地面建筑物的间距等于或大于表3.2.2规定的最小防火间距时,可不设置防火门。

　　人防工程内的水泵房、水池、厕所、盥洗间等因无可燃物或可燃物甚少,不易产生火灾危险,在划分防火分区时,可将此类房间的面积不计入防火分区的面积之内。

　　柴油发电机房、锅炉房与各自配套的储油间、水泵间、风机房等,它们均使用液体或气体燃料,所以规定应独立划分防火分区。该防火分区包括柴油发电机房(或锅炉房)和配套的储油间、水泵间、风机房等。

　　对人防工程内设置旅店、病房、员工宿舍作出了严格的规定,独立的防火分区,且疏散楼梯不得与其他防火分区的疏散楼梯共用,实际上构成了一个独立的工程,目的是与其他防火分区彻底分开,确保人员的安全。

4.1.2 防火分区的划分,既要从限制火灾的蔓延和减少经济损失,又要结合人防工程的使用要求不能过小的角度综合考虑,并做到与相关防火规范相一致,本条规定一个防火分区的最大建筑面积为 500m²。当设置有自动灭火系统时,防火分区面积可增加 1 倍;当局部设置时,增加的面积可按该局部面积的 1 倍计算。

避难走道由于采取了具体的防火措施,所以它是属于安全区域,不需要划分防火分区,所以在条文中也不作规定。

4.1.3 人防工程内的商业营业厅、展览厅等,从当前实际需要以及人防工程防护单元的划分看,面积控制在 2000m² 较为合适。

电影院、礼堂等的观众厅,一方面,因功能上的要求,不宜设置防火墙划分防火分区;另一方面,对人防工程来说,像电影院、礼堂这种大厅式工程,规模过大,无论从防火安全上讲,还是从防护上、经济上讲都是不合适的。从上述情况考虑,对人防工程的规模加以限制是必要的。因此规定电影院、礼堂的观众厅作为一个防火分区最大建筑面积不超过 1000m²。

溜冰馆的冰场、游泳馆的游泳池、射击馆的靶道区和保龄球馆的球道区等因无可燃物或无人员停留,故可不计入防火分区面积之内。

4.1.4 人防工程内的自行车库属于戊类物品库,摩托车库属于丁类物品库。甲、乙类物品库不准许设置在人防工程内,因为该类物品火灾危险性太大。

4.1.5 在人防工程中,有时因使用功能和空间高度等方面的需要,可能在两层间留出各种开口,如内挑台、走马廊、开敞楼梯和自动扶梯等。火灾时这些开口部位是燃烧蔓延的通道,故本条规定将有开口的上下连通层,作为一个防火分区对待。

4.1.6 该条规定与相关防火规范的规定相一致,对地上与地下相通的中庭,防火分区的面积计算从严规定,以地下防火分区的最大允许建筑面积计算。

本条第 2 款规定了与中庭的防火分隔可设置甲级防火门和耐火极限不低于 3h 的防火卷帘,由于中庭的特殊性(不能设置防火墙),故防火卷帘的宽度可根据需要确定。

4.1.7、4.1.8 需要设排烟设施的走道、净高不超过 6m 的房间,应用挡烟垂壁划分防烟分区。划分防烟分区的目的有两条:一是为了在火灾时,将烟气控制在一定范围内;二是为了提高排烟口的排烟效果。防烟分区用从顶棚下突出不小于 0.5m 的梁和挡烟垂壁、隔墙来划分。

当顶棚(或顶板)高度为 6m 时,根据标准发烟量试验得出,在无排烟设施的 500m² 防烟分区内,着火 3min 后,从地板到烟层下端的距离为 4m,这就可以看出,在规定的疏散时间里,由于顶棚较高,顶棚下积聚了烟层后,室内的空间仍在比较安全的范围内,对人员的疏散影响不大。因此,大空间的房间只设一个防烟分区,可不再划分。所以本条规定,当工程的顶棚(或顶板)高度不超过 6m 时要划分防烟分区。

4.2 防火墙和防火分隔

4.2.2 人防工程内发生火灾时,烟和火必然通过各种洞口向其他部位蔓延,所以,防火墙上如开设门、窗、洞口,且不采取防火措施,防火墙就失去了防火分隔作用,因此,在防火墙上不宜设置门、窗、洞口。但因功能需要而必须开设时,应设甲级防火门或窗,并应能自行关闭灭火。当然,防火门的耐火极限如能高些,则与防火墙所要求的耐火极限更能匹配些。但因目前经济技术条件所限,尚不易做到,而实践证明,耐火极限为 1.2h 的甲级防火门,基本上可满足控制或扑救一般火灾所需的时间。因此,规定采用甲级防火门、窗。

4.2.3 本条对舞台与观众厅之间的舞台口、电影院放映室(卷片室)、观察窗和放映孔作出规定。

4.2.4 本条规定了采用耐火极限不低于 2h 的隔墙和 1.5h 的楼板与其他部位隔开的场所。

1 人防工程内的消防控制室、消防水泵房、排烟机房、灭火剂储瓶室、变配电室、通信机房、通风和空调机房等与消防有关的房间是保障工程内防火、灭火的关键部位,必须提高隔墙和楼板的耐

火极限,以便在火灾时发挥它们应有的作用;存放可燃物的房间,在一般情况下,可燃物越多,火灾时燃烧得越猛烈,燃烧的时间越长。因此对可燃物较多的房间,提高其隔墙和楼板的耐火极限是应该的。

2 储油间门槛的设置也可采用将储油间地面下负 150mm 的做法,目的是防止地面渗漏油的外流。

3 食品加工和厨房等集中用火用电用气场所,火灾危险性较大,故要求采用防火分隔措施与其他部位隔开。对于人员频繁出入的防火门,规范要求设置火灾时能自动关闭的防火门的目的是,一旦发生火灾,确保防火门接到火灾信号后能及时关闭,以免火灾向其他场所蔓延。

4 "一个厅、室"是指一个独立的歌舞娱乐放映游艺场所。将其建筑面积限定在 200m²,是为了将火灾限制在一定的区域内,减少人员伤亡。

4.3 装修和构造

4.3.1 现行国家标准《建筑内部装修设计防火规范》GB 50222 对地下建筑的装修材料有具体的规定,因此人防工程内部装修应按此规范执行。

4.3.2 地下建筑一旦发生火灾,与地面建筑相比,烟和热的排出都比较困难,且火灾燃烧持续时间较长,因此将人防工程的耐火等级定为一级;同时人防工程因有战时使用功能的要求,结构都是较厚的钢筋混凝土,它完全可以满足耐火等级一级的要求。

人防工程的出入口地面建筑是工程的一个组成部分,它是人员出入工程的咽喉要地,其防火上的安全性,将直接影响工程主体内人员疏散的安全,如果按地面建筑的耐火等级来划分,则三、四级耐火等级的出入口地面建筑均有燃烧体构件,一旦着火,对工程内的人员安全疏散会造成威胁。出入口数量越少,这种威胁就越大,为了保证人防工程内人员的安全疏散,本规范规定出入口地面建筑的耐火等级不应低于二级。

4.3.3 可燃气体和丙类液体管道不允许穿过防火墙进入另一个防火分区,只允许在一个防火分区内敷设,这是为了确保一旦发生事故,使事故只局限在一个防火分区内。

其他管道如穿越防火墙,管道和墙之间的缝隙是防火的薄弱处,因此,穿越防火墙的管道应用不燃材料制作,管道周围的空隙应紧密填塞。其保温材料应用不燃材料。

4.3.4 楼板是划分垂直方向防火分区的分隔物;设置有防火门、窗的防火墙,是划分水平方向防火分区的分隔物。它们是阻止火灾蔓延的重要分隔物。必须有严格的要求,才能确保在火灾时充分发挥它的阻火作用。管道或管线沟如穿越防火墙或防火隔墙,与墙之间的缝隙是防火的薄弱处,因此,穿越防火墙或防火隔墙的管道应用不燃材料制作,管道周围的空隙应紧密填塞。其保温材料应用不燃材料。

4.3.5 变形缝在火灾时有拔火作用,一般地下室的变形缝是与它上面的建筑物的变形缝相通的,所以一旦着火,烟气会通过变形缝等竖向缝隙向地面建筑蔓延,因此变形缝的表面装饰层不应采用可燃材料,基层亦应采用不燃材料。

4.4 防火门、窗和防火卷帘

4.4.1 防火门、防火窗是进行防火分隔的措施之一,要求能隔绝烟火,它对防止火灾蔓延,减少火灾损失关系很大,我国将防火门、窗定为甲、乙、丙三级。

4.4.2 根据近年来的火灾案例和相关规范的规定,对本条进行了修改。

1 安全出口位于防火分区分隔处时,应采用甲级防火门分隔,是考虑到防火卷帘不十分可靠,在发生火灾时,有群死群伤在防火卷帘处的案例教训,故规定此款;但考虑到建筑平面布局上的需要,完全禁止用防火卷帘也不可行,故又规定当采用防火卷帘

时,必须在旁边设置甲级防火门。

2 疏散门是供人员疏散用,包括设置在人防工程内各房间通向疏散走道的门或安全出口的门。为避免在发生火灾时,由于人群惊慌拥挤而压紧内开门扇,使门无法开启,疏散门应向疏散方向开启;当一些场所人员较少,且对环境及门的开启形式比较熟悉时,疏散门的开启方向可不限。防火门在关闭后能从任何一侧手动开启,是考虑在关闭后可能仍有个别人员未能在关闭前疏散,及外部人员进入着火区进行扑救的需要。用于疏散楼梯和主要通道上的防火门,为达到迅速安全疏散的目的,应使防火门向疏散方向开启。许多火灾实例说明,由于门不向疏散方向开启,在紧急疏散时,使人员堵塞在门前,以致造成重大伤亡。

3 人员频繁出入的防火门,如采用常闭的防火门,往往无法保持常闭状态,且可能遭到破坏,故规定采用常开的防火门更实际、可行,但在发生火灾时,应具有自行关闭和信号反馈的功能;人员不频繁出入或正常情况下不出入人员的防火门,正常情况下可处于关闭状态,故采用常闭防火门是合适的。

4 防护门、防护密闭门或密闭门不便于紧急情况下开启,故明确规定,在公共场所不得采用具有防火功能的防护门、防护密闭门或密闭门代替。公共场所指的是:对工程内部环境不熟悉的人均可进入的场所,如商场、展览厅、歌舞娱乐放映游艺场所等。

对非公共场所的专用人防工程,则没有限制使用,因为工程内的工作人员对具有防火功能的防护门、防护密闭门或密闭门开启和关闭的使用比较熟悉、了解,不会发生无法开启和关闭的情况。

5 要求常开的防火门具有信号反馈功能,是为了使消防值班人员能知道常开防火门的开启情况。

4.4.3 本条主要是针对一些大型人防工程,面积较大,考虑到使用上的需要,在确实难以采用防火墙进行分隔的部位允许采用防火卷帘代替防火墙。但本条对防火卷帘代替防火墙的设置宽度、防火卷帘的耐火极限、防火卷帘安装部位周围缝隙的封堵,以及防火卷帘信号反馈等内容作出了具体规定,其目的是提高防火卷帘作为防火分隔物的可靠性。

防火分隔部位指的是相邻防火分区之间需要进行防火分隔的地方。

5 安全疏散

5.1 一般规定

5.1.1 人防工程安全疏散是一个非常重要的问题。

1 人防工程处在地下,发生火灾时,会产生高温浓烟,且人员疏散方向与烟气的扩散方向有可能相同,人员疏散较为困难。另外排烟和进风完全依靠机械排烟和进风,因此规定每个防火分区安全出口数量不应少于2个。这样当其中一个出口被烟火堵住时,人员还可由另一个出口疏散出去。

2 当人防工程的规模有2个或2个以上的防火分区时,由于人防工程受环境及其他条件限制,有可能满足不了一个防火分区有两个出口都通向室外的疏散出口、直通室外的疏散楼梯间(包括封闭楼梯间和防烟楼梯间)或避难走道,故规定每个防火分区要确保有一个,相邻防火分区上设置的连通口可作为第二安全出口。考虑到大于1000m²的商业营业厅和展览厅人员较多,故规定不得少于2个。避难走道和直通室外的疏散楼梯间从安全性来讲与直通室外的疏散口是等同的。

规定通向室外的疏散出口、直通室外的疏散楼梯间或避难走道等疏散出口的宽度之和不应小于本规范第5.1.6条规定的安全出口总宽度的70%,目的是防止设计人员将防火分区之间的连通疏散口开设较大,而通向室外的疏散出口、直通室外的疏散楼梯间或避难走道等的宽度开设较小。规定安全出口总宽度70%的理由是:根据第5.1.6条疏散宽度的计算和最小净宽的规定,室内地面与室外出入口地坪高差不大于10m的防火分区,疏散宽度指标为0.75m/百人;该疏散宽度指标已经具有50%的安全系数,故在发生火灾的特殊情况下,70%的安全出口总宽度是可以在3min的疏散时间内将所有人员疏散至非相邻防火分区的安全区域。

人防工程的地下各层一般是由若干个防火分区组成,人员疏散是按每个防火分区分别计算,当相邻防火分区共用一个非相邻防火分区之间的安全出口时,该安全出口的宽度可分别计算到各相邻防火分区安全出口的总宽度内。地下各层不需要计算各层的安全出口总宽度。

3 竖井爬梯疏散比较困难,故对建筑面积和容纳人数都有严格限制,增加了防火分区通向竖井处设置有不低于乙级的常闭防火门,用来阻挡烟气进入竖井。

4 通风和空调机室、排风排烟室、变配电室、库房等建筑面积不超过200m²的房间,如设置为独立的防火分区,考虑到房间内的操作人员很少,一般不会超过3人,而且他们都很熟悉内部疏散环境,设置一个通向相邻防火分区的防火门,对人员的疏散是不会有问题的,同时也符合当前工程的实际情况。

5.1.2 对于建筑面积不大于50m²的房间,一般人员数量较少,疏散比较容易,所以可设置一个疏散出口。

5.1.3 歌舞娱乐放映游艺场所内的房间如果设置在袋形走道的两侧或尽端,不利于人员疏散。

歌舞娱乐放映游艺场所,一个厅、室的出口不应少于2个的规定,是考虑到当其中一个疏散出口被烟火封堵时,人员可以通过另一个疏散出口逃生。对于建筑面积小于50m²的厅、室,面积不大,人员数量较少,疏散比较容易,所以可设置一个疏散出口。

5.1.4 本条规定安全出口宜按不同方向分散设置,目的是为了避免因为安全出口之间距离太近形成人员疏散集中在一个方向,造成人员拥挤;还可能由于出口同时被烟火堵住,使人员不能脱离危险地区造成重大伤亡事故。故本条规定同方向设置时,两个安全出口之间的距离不应小于5m。

5.1.5 疏散距离是根据允许疏散时间和人员疏散速度确定的。由于工程中人员密度不同、疏散人员类型不同、工程类型不同及照明条件不同等,所以规定的安全疏散距离也有一定幅度的变化。

    1 房间内最远点至房间门口的距离不应大于15m,这一条是限制房间面积的。

    2 平时使用的人防医院,主要是用于外科手术室和急诊病人的临时观察室等,有行动不便的人员,故将安全疏散距离定为24m。

    旅馆内可燃物较多,进入的人员不固定,人员进入人防工程后,一般分不清方位,不易找到安全出口,尤其在睡觉以后发生火灾,疏散迟缓,所以安全疏散距离定为30m。

    其他工程(如商业营业厅、餐厅、展览室、生产车间等)均为人们白天活动场所,安全疏散距离定为40m。

    袋形走道两侧或尽端房间的最大距离定为上述距离的一半,因为疏散方向只有一个,走错了方向,还要返回。袋形走道安全疏散距离示意图见图4。

    3 对观众厅、展览厅、多功能厅、餐厅、营业厅和阅览室等,其室内任意一点到最近安全出口的直线距离可按没有设置座位、展板、餐桌、营业柜等来计算直线距离。

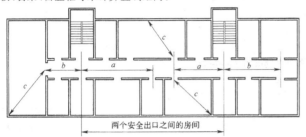

图4 袋形走道安全疏散距离示意
a—位于两个安全出口之间的房间门至最近安全出口的距离;
b—位于袋形走道两侧或尽端的房间门至最近安全出口的距离;
c—房间内最远一点至门口的距离

5.1.6 人员从着火的防火分区全部疏散该防火分区的时间要求在3min内完成,根据实测数据,阶梯地面每股人流每分钟通过能力为37人,单股人流的疏散宽度为550mm,则每股人流3min可疏散111人,人防工程均按最不利条件考虑,即均按阶梯地面来计算,其疏散宽度指标为0.55m/111人＝0.5m/百人,为了确保人员的疏散安全,增加50%的安全系数,则一般情况下的疏散宽度指标为0.75m/百人;对使用层地面与室外出入口地坪高差超过10m的防火分区,再加大安全系数,安全系数取100%,则疏散宽度指标为1.00m/百人。

    人员密集的厅、室以及歌舞娱乐放映游艺场所,疏散宽度指标的规定与相关规范一致。

5.1.7 在电影院、礼堂内设置固定座位是为了控制使用人数,遇有火灾时,由于人员较多,疏散较为困难,为有利于疏散,对座位之间的纵横走道净宽作了必要的规定。

5.1.8 为了保证疏散时的畅通,防止人员跌倒造成堵塞疏散出口,制定本规定。

5.1.9 人防工程的结构所占面积比一般地下建筑多,且不同抗力等级的工程所占的比例不同,掘开式工程和坑道、地道式工程所占的比例也不同,为了在工程设计中便于操作,本规范不采用"营业厅的建筑面积",采用了"营业厅的使用面积"作为基础计算依据,按该防火分区内营业厅的使用面积乘以面积折算值和疏散人数换算系数确定。面积折算值根据工程实际使用情况取70%。

    本条所指的"防火分区内营业厅使用面积"包括营业厅内展示货架、柜台、走道等所占用的使用面积,对于处于与营业厅同一个防火分区内的仓储间、设备间、工具间、办公室等房间,则分别计算疏散人数。

    本条计算出的疏散人数就是设计容纳人数。

    经营丁、戊类物品的专业商店,设计容纳人数可减少50%,主要是考虑到该类专业商店营业厅内顾客较少,且经营的商品是不燃和难燃的物品。

5.1.10 为保证歌舞娱乐放映游艺场所人员安全疏散,根据我国实际情况,并参考国外有关标准,规定了这些场所的人数计算指标。

5.2 楼梯、走道

5.2.1 人防工程发生火灾时,工程内的人员不可能像地面建筑那样还可以通过阳台或外墙上的门窗,依靠云梯等手段救生,只能通过疏散楼梯垂直向上疏散,因此楼梯必须安全可靠。

    本条规定了设置防烟楼梯间和封闭楼梯间的场所。

5.2.2 人防工程的封闭楼梯间与地面建筑略有差别,封闭楼梯间连通的层数只有两层,垂直高度不大于10m,封闭楼梯间全部在地下,只能采用人工采光或由靠近地坪的出口来天然采光;通风同样可由地面出口来实现自然通风。人防工程的封闭楼梯间一般在单建式人防工程和普通板式住宅中较容易符合本条的要求;对大型建筑的附建式防空地下室,当封闭楼梯间开设在室内时,就不能满足本条要求,则需设置防烟楼梯间。

5.2.3 为防止地下层烟气和火焰蔓延到上部其他楼层,同时避免上面人员在疏散时误入地下层,本条对地上层和地下层的分隔措施以及指示标志作出具体规定。

5.2.4 本条规定了前室的设置位置和面积指标。

5.2.5 避难走道的设置是为了解决坑、地道工程和大型集团式工程防火设计的需要,这类工程或是疏散距离过长,或是直通室外的出口很难根据一般的规定设置,故作本条规定。

    避难走道和防烟楼梯间的作用是相同的,防烟楼梯间是竖向布置的,而避难走道是水平布置的,人员疏散进入避难走道,就可视为进入安全区域,故避难走道不得用于除人员疏散外的其他用途,避难走道的设置示意见图5。

    避难走道在人防工程内可能较长,为确保人员安全疏散,规定了不应少于2个直通地面的出口;但对避难走道只与一个防火分区相通时,作出了特殊规定。

    通向避难走道的防火分区有若干个,人数也不相等,由于只考虑一个防火分区着火,所以避难走道的净宽不应小于设计容纳人数最多一个防火分区通向避难走道安全出口净宽的总和。另外考虑到各安全出口为了平时使用上的需要,往往净宽超过最小疏散宽度的要求,这样会造成避难走道宽度过宽,所以加了限制性用语,即"各安全出口最小净宽之和"。

    为了确保避难走道的安全,所以规定装修材料燃烧性能等级应为A级,即不燃材料。

    为了便于联系,故要求设置应急广播和消防专线电话。

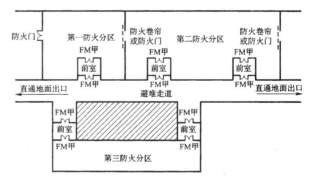

图5 避难走道的设置示意图

5.2.6 为了保证疏散走道、疏散楼梯和前室畅通无阻,防止前室兼作他用,故作此条规定。

    螺旋形或扇形踏步由于踏步宽度变化,在紧急疏散时人流密集拥挤,容易使人摔倒,堵塞楼梯,故不应采用。

    对于螺旋形楼梯和扇形踏步,其踏步上下两级所形成的平面角不大于10°,且每级离扶手0.25m的地方,其宽度超过0.22m时不易发生人员跌跤情况,故不加限制。

5.2.7 疏散楼梯间各层的位置不应改变,要上下直通,否则,上下层楼梯位置错动,紧急情况下人员就会找不到楼梯,特别是地下照明差,更会延误疏散时间。二层以上的人防工程,由于使用情况不同,每层人数往往不相等,所以,其宽度应按该层及以下层中通过人数最多的一层来计算。

6 防烟、排烟和通风、空气调节

6.1 一般规定

6.1.1 本条具体规定了设置机械加压送风防烟设施的部位。

由于防烟楼梯间、避难走道及其前室(或合用前室),在工程一旦发生火灾时,是人员撤离的生命通道和消防人员进行扑救的通行走道,必须确保其各方面的安全,故列为强制性条文。以往的工程实践经验证明,设置机械加压送风,是防止烟气侵入、确保空气质量的最为有效的方法。

防火隔间不用于在火灾时的人员疏散,故可不设置机械加压送风防烟。

6.1.2 本条具体规定了设置机械排烟设施的部位。

发生火灾时,会产生大量的烟气和热量,如不立即排除,就不能保证人员的安全撤离和消防人员扑救工作的进行,故必须设置机械排烟设施,将烟气和热量很快排除。机械排烟系统一般能在火灾时排出80%的热量和绝大部分烟气,是消防救灾不可少的设施。

总建筑面积大于200m²的人防工程,不包括第6.1.3条的物品库和第6.1.4条的能设置自然排烟设施的场所。

"经常有人停留或可燃物较多的房间"这句话很难予以定量规定,在此列举一些例子供设计人员参考:商场、医院、旅馆、餐厅、会议室、计算机房等。

规定长度超过20m的疏散走道需设排烟设施的根据来源于火灾现场的实地观测:在浓烟中,正常人以低头、掩鼻的姿态和方法最远可通行(20~30)m。

6.1.3 "密闭防烟"是指火灾发生时采取关闭设于通道上(或房间)的门和管道上的阀门等措施,达到火区内外隔断,让火情由于缺氧而自行熄灭的一种方法。采取这种方法,可不另设防排烟通风系统,既经济简便,又行之有效。

6.1.4 设置有采光窗井和采光亮顶的工程,应尽可能利用可开启的采光窗和亮顶作为自然排烟口,采用自然排烟。

6.2 机械加压送风防烟及送风量

6.2.1 防烟楼梯间及其前室或合用前室的机械加压送风防烟设计的要领是同时保证送风风量和维持正压值。很显然,正压值维持过低不利于防烟,但正压值过高又可能妨碍门的开启而影响使用。根据科研成果确定为:防烟楼梯间的送风余压值为(40~50)Pa,前室或合用前室送风余压值为(25~30)Pa。

送风风量的确定通常用"压差法"和"风速法"进行计算,并以其中大者为准进行确定。

采用压差法计算送风量 L_y(m³/h)时,计算公式如下:

$$L_y = 0.827 f \Delta P^{1/b} \times 3600 \times 1.25 \qquad (1)$$

式中：0.827——计算常数;

ΔP——门、窗两侧的压差值;根据加压方式及部位取(25~50)Pa;

b——指数;对于门缝及较大漏风面积取2,对于窗缝取1.6;

1.25——不严密附加系数;

f——门、窗缝隙的计算漏风总面积(m²)。

0.8m×2.1m单扇门,$f=0.02m^2$;

1.5m×2.1m双扇门,$f=0.03m^2$;

2m×2m电梯门,$f=0.06m^2$。

由于人防工程的层数不多,门、窗缝隙的计算漏风总面积不大,按风压法计算的送风量较小,故实际工程设计时,应按风速法进行计算。

采用风速法计算送风量 L_v(m³/h)时,计算公式如下:

$$L_v = \frac{nFV(1+b)}{a} \times 3600 \qquad (2)$$

式中：F——每个门的开启面积(m²);

V——开启门洞处的平均风速,在(0.6~1.0)m/s间选择,通常取(0.7~0.8)m/s;

a——背压系数;按密封程度在0.6~1.0间选择,人防工程取0.9~1.0;

b——漏风附加率,取0.1;

n——同时开启的门数,人防工程按最少门数(即一进一出)$n=2$计算。

本条所列送风量即为按风速法计算结果并参考相关规范的取值。当门的尺寸非1.5m×2.1m时,应按比例进行修正。

6.2.2 避难走道是人员疏散至地面的安全通路,其前室是确保避难走道安全的重要组成部分,前室的送风量和送风口设置要求是根据上海消防部门的试验结果确定的。前室送风余压值与防烟楼梯间的前室或合用前室的送风余压值相同。

避难走道的前室设置条缝送风口的目的是使空气形成气幕,阻止烟气侵入前室内。

6.2.3 提倡设置独立的送风系统,同时也指出设共用系统时应采取的技术措施。

6.2.4 加压空气的排出问题必须考虑,没有排就没有进。排风口或排风管设余压阀是必需的,其作用是在条件变化情况下维持稳定的正压值,以防止烟气倒流侵入。

6.2.5 本条规定了加压送风机可以选用的型式及其在风压计算中应注意的问题。

6.2.6 送风口风速太大,在送风口附近的人员会感到很不舒服,故作出本条规定。

6.2.7 本条强调机械加压送风和排烟补风的质量,如混有烟气,不能确保人员的安全。人防工程采风口与排烟口受各方面条件限制,有时只能垂直布置,距离太近会造成排出的烟气再次被吸入,为了保证新风质量,对高差作了具体要求。

6.3 机械排烟及排烟风量

6.3.1 排烟通风的核心是保证发生火灾的分区每平方米面积的排风量不小于 $60m^3/h$。对于担负三个或三个以上防烟分区的排烟系统,按最大防烟分区面积每平方米不小于 $120m^3/h$ 计算,是考虑这个排烟系统连接的防烟分区多、系统大、管线长、漏风点多的特点,为确保着火防烟分区的排烟量(仍为每平方米 $60m^3/h$)而特意在选择风机和风管时加大计算风量的一种保险措施。

对于担负一个或二个防烟分区的排烟系统,由于系统小、漏风少,故可不予加大,仍按实际风量选择计算。按照调整后的新方法计算排烟风量,在保证排烟需要的前提下,具有以下特点:

1 当两个防烟分区面积大小相等时,排风量与原计算方法相等;当两个防烟分区面积大小不等时,排烟风量较小,更为经济合理。例如两个面积分别为 $400m^2$ 和 $200m^2$ 的防烟分区,排烟风机的排风量按原方法计算应为 $400 \times 120m^3/h = 48000m^3/h$,而按调整后的新方法计算,仅为 $(400+200) \times 60m^3/h = 36000m^3/h$ 即可。

2 由于人防工程的通风系统(包括防排烟通风系统)通常按防护单元划分成区域布置,大多数包括两个防烟分区,此时如按新方法计算排烟风量,可不考虑两个防烟分区之间的系统转换,简化通风和控制设施,同时也更为安全。

中庭排烟量的计算是参照现行国家标准《建筑设计防火规范》GB 50016 的规定,与该规范协调一致。

6.3.2 人防工程是一个相对封闭的空间,能否顺畅补风是能否有效排烟的重要条件。北京某住宅地下室排烟试验时,就曾发生因补风不畅而严重影响排烟效果的事例。

通常,机械补风系统可由平时空调或通风的送风系统转换而成,不需要单独设置。但此时的空调或送风系统设计时应注意以下几点:空调或通风系统的送风机应与排烟系统同步运行;通风量应满足排烟补风量要求;如有回风,此时应立即断开;系统上的阀门(包括防火阀)应与之相适应。

6.3.3 利用工程的空调系统转换成为排烟系统,系统设置和转换都较复杂,可靠性差,故不提倡。对于特别重要的部位,排烟系统最好单独设置。一般部位的排烟系统宜与排风系统合并设置。

6.4 排 烟 口

6.4.1 烟气由于受热而膨胀,容重较轻,故向上运动并贴附于顶棚上再向水平方向流动,因此要求排烟口的设置尽量设于顶棚或靠近顶棚墙面上部排烟有效的部位,以利于烟气的收集和排出。

6.4.2 本条规定排烟口宜在该防烟分区内均匀布置,主要考虑:均匀布置可以尽快截获火灾时的烟气和热量,可以较好地布置排烟口和利用排风口兼作排烟口。

规定排烟口避开出入口,其目的是避免出现人流疏散方向与烟气流方向相同的不利局面。

规定排烟口与该排烟分区内最远点的水平距离不应超过 $30m$,这里的"水平距离"是指烟气流动路线的水平长度。

6.4.3 本条规定排烟口设置中的各种方式。单独设置的排烟口,平时处于闲置无用状态,且体形较大,很难与顶棚上的其他设施匹配,故很多工程设计采用排风口兼作排烟口的方法予以协调解决。

6.4.4 本条规定排烟口特别是由排风口兼作排烟口时的开闭和控制要求。

6.4.5 本条规定了排烟口风速的最大值。

6.5 机械加压送风防烟管道和排烟管道

6.5.1 不少非金属材料的风道内表面也很光滑,按"金属"和"非金属"来分别划分风管风速的规定不尽合理,故将金属风道和内表面光滑的其他材料风道合并为同一类。此外,风道风速是经济流速,可以按具体情况选取,所以条文中采用了"宜"的用词。

6.5.2 由于排烟系统需要输送 $280℃$ 的高温烟气,为防止管道等本身及附近的可燃物因高温烤着起火,故规定这些组件要采用不燃材料制作。为避免排烟管道引燃附近的可燃物,规定排烟管道应采用不燃材料隔热,或与可燃物保持一定距离。

6.5.3 近年来通风管道材料发展很广,有些风管的材料是防火的,但结构很不利防火,遇热(火)严重变形,甚至出现孔洞。故对这类风管规定不得采用是必要的。钢制排烟风道的钢板厚度不应小于 1mm 的规定,是参照现行国家标准《人民防空工程设计规范》GB 50225 制定的。

6.5.4 加压系统风道上的防火阀熔断器熔断温度为 $70℃$,是因为火灾初期进风道内送入低温新风,防火阀熔断器不会很快熔断而影响使用,如设置 $280℃$ 的熔断器,则因熔断时间迟于排烟阀的动作,造成不安全。

烟气温度达到 $280℃$,即有可能已出现明火,为隔断明火传播,应配置防火阀。

6.5.5 为防止火灾通过厨房的垂直排风管道蔓延,本条规定应在与垂直排风管道连接的支管处设置防火阀。

由于厨房中平时操作排出的废气温度较高,若在垂直排风管上设置 $70℃$ 时动作的防火阀将会影响平时厨房操作中的排风,根据厨房操作需要和厨房常见火灾发生时的温度,本条规定与垂直排风管道连接的支管处设置 $150℃$ 时动作的防火阀。

6.6 排 烟 风 机

6.6.1 排烟风机采用普通离心式风机和轴流风机是普遍采用的做法,并规定了进出口软接头耐高温和连续工作时间的要求。

6.6.2 本条规定了排烟风机与排风机合用时的要求。

6.6.3 本条规定了排烟风机的风量和风压计算。

6.6.4 对排烟风机的安装位置、排烟管的敷设等提出要求。

6.6.5 烟气温度超过 $280℃$ 时,火灾区可能已出现明火,人员已撤离,风机的运行也已达温度极限,故随防火阀的关闭风机也随之关闭,消防排烟系统的工作即告结束。

6.7 通风、空气调节

6.7.1 电影放映机室的排风量很小,独立设置排风系统很不经济,故规定了合并设置系统的要求。

6.7.2 本条明确了自动阀门关闭的时机。

6.7.3 通风、空调系统按防火分区设置是最为理想的,不仅避免了管道穿越防火墙或楼板,减少火灾的蔓延途径,同时对火灾时通风、空调系统的控制也提供了方便。由于人防工程通风、空调系统的进、排风管道按防火分区设置有时难以做到,故适当放宽此要求,但同时又规定了管道穿越防火墙的要求。

对穿过防火分区的钢板风管提出厚度要求,避免因风管耐火极限不够而变形导致烟气蔓延到其他防火分区。

6.7.4 本条对通风、空气调节系统的风机及风管和柔性接头的制作材料提出了要求。

6.7.5 本条对风管和设备的保温材料、过滤材料、粘结剂提出了要求。

6.7.6 通风、空调风管是火灾蔓延的渠道,防火墙、楼板、防火卷帘、水幕等防火分区分隔处是阻止火灾蔓延和划分防火分区的重要分隔设施,为了确保防火分隔的作用,故规定风管穿过防火分区处要设置防火阀,以防止火势蔓延。垂直风管是火灾蔓延的主要途径,对多层工程,要求每层水平干管与垂直总管交接处的水平管段上设置防火阀,目的是防止火灾向相邻层扩大。穿越防火分区处,该处又是变形缝时,两侧设置防火阀是为了确保当变形缝处管道损坏时,不会影响两侧管道的密闭性。

6.7.7 本条对防火阀的关闭和温度熔断器的动作温度作出了规定。

6.7.8 本条对防火阀的安装和检修口作出了规定。

6.7.9 本条对电加热器安装提出具体要求。

7 消防给水、排水和灭火设备

7.1 一般规定

7.1.1 本条对消防给水的水源作出规定。人防工程消防水源的选择，应本着因地制宜、经济合理、安全可靠的原则，采用市政给水管网、人防工程内(外)水源井、消防水池或天然水源均可，并首先考虑直接利用市政给水管网供水。本条又特别强调了利用天然水源时，应确保枯水期最低水位时的消防用水量。在我国许多地区有天然水源，即江、河、湖、泊、池、塘以及暗河、泉水等可利用。但应选择那些离工程较近、水量较大、水质较好、取水方便的天然水源。

在严寒和寒冷地区(采暖地区)，利用天然水源时，应保证在冰冻期内仍能供应消防用水。

为了战时供水需要，有些工程设置了战备水源井，也可利用其作为平时消防用水水源。

当市政给水管网、人防工程内(外)水源井和天然水源均不能满足工程消防用水量要求时，必须在工程内或工程外设置消防水池。

7.1.2 人防工程的火灾扑救应立足于自救，消防给水利用市政给水管网直接供水，保证室内消防给水系统的水量和水压十分重要。因此，一定要经过计算，当消防用水量达到最大，如市政给水管网不能满足室内最不利点消防设备的水压要求时，应采取必要的技术措施。

7.2 灭火设备的设置范围

7.2.1 本条规定了室内消火栓的设置范围。

室内消火栓是我国目前室内的主要灭火设备，消火栓设置合理与否，将直接影响灭火效果。在确定消火栓设置范围时，一方面考虑我国人防工程发展现状和经济技术水平，同时参照国外有关地下建筑防火设计标准和规定，吸取了他们的经验。

为使设计人员便于掌握标准，修改为统一用建筑面积 300m² 界定设置范围。电影院、礼堂、消防电梯间前室和避难走道等也应设置消火栓。

7.2.2 本条规定了在人防工程内宜设置自动喷水灭火系统的场所，由于这些场所规模都较小，可能设置自动喷水灭火系统有困难，故也允许设置局部应用系统。

7.2.3 本条规定了人防工程内应设置自动喷水灭火系统的场所。

国内外经验都证明，自动喷水灭火系统具有良好的灭火效果。我国自 1987 年颁布了国家标准《人民防空工程设计防火规范》以来，大、中型平战结合人防工程都设置了自动喷水灭火系统，对预防和扑救人防工程火灾起到了良好的作用。

1 丁、戊类物品库房和自行车库属于难燃和不燃物品，故可不设自动喷水灭火系统；建筑面积小于 500m² 丙类库房也可不设置自动喷水灭火系统，与现行国家标准《建筑设计防火规范》GB 50016 的规定相一致。人防工程内的柴油发电机房和燃油锅炉房的储油间属于丙类库房，均在 500m² 以下，且用防火墙与其他部位分隔，故可采用本规范第 6.1.3 条规定的密闭防烟措施。

由于人防工程平时使用功能可能是综合性的，一个工程内既有商业街、文体娱乐设施，又有可能是库房、旅馆或医疗设施等，所以规定除了可不设置的场所外，当其他场所的建筑面积超过 1000m²，就应设置自动喷水灭火系统。

2 电影院和礼堂的观众厅，由于建筑装修限制严格，不允许用可燃材料装修，因此，只规定吊顶高度小于 8m 时设置自动喷水灭火系统。

3 耐火极限符合现行国家标准《门和卷帘耐火试验方法》GB 7633 有关背火面辐射热判定条件的防火卷帘，该卷帘不能完全等同于防火墙，故需要设置自动喷水灭火系统来保护。

4 由于歌舞娱乐放映游艺场所，火灾危险性较大、人员较多，为有效扑救初起火灾，减少人员伤亡和财产损失，所以作出此规定。

5 建筑面积大于 500m² 的地下商店和展览厅，也属于火灾危险性较大、人员较多的场所，故应设置。

6 300kW 及以下的小型柴油发电机房规模较小，故可只配置建筑灭火器。

对燃油或燃气锅炉房、300kW 以上的柴油发电机房等设备房间，设置自动喷水灭火系统是最低要求，所以设置气体灭火系统或水喷雾灭火系统都是更好的选择，且对设备的保护更有利。

7.2.4 图书、资料、档案等特藏库房，是指存放价值昂贵的图书、珍贵的历史文献资料和重要的档案材料等库房，一般的图书、资料、档案等库房不属本条规定范围。

重要通信机房和电子计算机机房是指人防指挥通信工程中的指挥室、通信值班监控室、空情接收与标图室、程控电话交换室、终端室等。

为减少火灾时喷水灭火对电气设备和贵重物品的水渍影响，本条规定了设置气体或细水雾灭火系统的房间或部位。试验研究和实际应用表明，气体灭火系统和细水雾灭火系统对于扑救电气设备和贵重物品火灾均有成效。本条中涉及的场所通常无人或只有少量工作人员和管理人员，他们熟悉工程内的情况，发生火灾时能及时处置火情并能迅速逃生，因此采用气体灭火系统是安全可靠的。

变配电室是人防工程供配电系统中的重要设施。现行国家标准《人民防空工程设计规范》GB 50225 和《人民防空地下室设计规范》GB 50038 已明确规定：不采用油浸电力变压器和其他油浸电气设备，要求采用无油的电气设备。因此，干式变压器和配电设备可以设置在同一个房间内,该房间通常称为变配电室。由于变配电室发生火灾后对生产和生活产生严重影响或起火后会向人防工程蔓延,所以变配电室应设气体灭火系统或细水雾灭火系统。

7.2.5 本条规定了餐饮场所的厨房应设置自动灭火装置的部位。

厨房内的火灾主要发生在灶台操作部位及其排烟道。厨房火灾一旦发生,发展迅速且采用常规灭火设施扑救易发生复燃现象;烟道内的火灾扑救比较困难。根据国外近 40 年的应用经验,在该部位采用自动灭火装置进行灭火,效果比较理想。

目前在国内市场销售的产品,不同产品之间的性能差异较大。应注意选用能自动探测火灾与自动灭火动作、灭火前能自动切断燃料供应、具有防复燃功能、灭火效能(一般应以保护面积为参考指标)较高的产品。

7.2.6 灭火器用于扑救人防工程中的初起火灾,既有效,又经济。当人员发现火情时,一般首先考虑采用灭火器进行扑救,对于不同物质的火灾,不同场所工作人员的特点,需要配置不同类型的灭火器。具体设计时,应按现行国家标准《建筑灭火器配置设计规范》GB 50140 的有关规定执行。

7.3 消防用水量

7.3.1 本条对人防工程的消防用水量作了规定。要求消防用水总量按室内消火栓和自动喷水及其他用水灭火的设备需要同时开启的上述设备用水量之和计算。

人防工程消防用水总量确定,没有规定包括室外消火栓用水量,理由是发生火灾时用室外消火栓扑救室内火灾十分困难,人防工程灭火主要立足于室内灭火设备进行自救。人防工程设置室外消火栓只考虑火灾时作为向工程内消防管网临时加压的补水设施。所以,在计算人防工程消防用水总量时,不需要加上室外消火栓用水量,只按室内消防用水总量计算即可。

7.3.2 人防工程室内消火栓用水量,主要是参照相关国家标准的有关规定,并根据人防工程特点以及其他因素,综合考虑确定的。

室内消火栓是扑救初期火灾的主要灭火设备。根据地面建筑火灾统计资料,在火场出一支水枪,火灾的控制率为 40%,同时出两支水枪,火灾控制率可达 65%。因此,对规模较大、可燃物较多、人员密集和疏散困难的工程,同时使用的水枪数规定为最多 3 支,其水量应按水枪的用水量计算;对于工程规模较小、人员较少的工程,规定使用一支水枪。工程类别主要是依据平战结合人防工程平时使用功能的大量统计资料划分的。

规定每支水枪的最小流量为 5.0L/s。理由一是为了增强人防工程消火栓灭火能力;二是经全国 100 多项大、中型平战结合工程验收统计资料,安装水枪喷嘴口径为 16mm 消火栓的工程极少,安装口径为 19mm 的较普遍,如果消火栓最小流量选 2.5L/s,而实际安装的消火栓最小流量是(4.6~5.7)L/s,使消防水池容积相差较多,保证不了在火灾延续时间内的消防用水量。

增设的消防软管卷盘,由于用水量较少,因此,在计算消防用水量时可不计入消防用水总量。消防软管卷盘属于室内消防装置,宜安装在消火栓箱内,一般人员均能操作使用,是消火栓给水系统中一种重要的辅助灭火设备。它可与消防给水系统连接,也可与生活给水系统连接。

7.3.3 自动喷水灭火系统的消防用水量,在现行国家标准《自动喷水灭火系统设计规范》GB 50084 中已有具体规定。

人防工程的危险等级为中危险级,其设计喷水强度为 6.0L/min·m²,作用面积为 200m²,喷头工作压力为 9.8×10^4 Pa,最不利点处喷头最低工作压力不应小于 4.9×10^4 Pa(0.5kg/cm²),设计流量约为(23.0~26.0)L/s,相当于喷头开放数为(17~20)个。按此设计,中危险级人防工程的火灾总控制率可达 91.89%。

7.4 消防水池

7.4.1 本条规定了人防工程设置消防水池的条件。消防水池是用以储存和供给消防用水的构筑物,当其他技术措施不能保证消防用水量时,均需设消防水池。

当市政给水管网,不论是枝状还是环状,工程进水管不论是多条或一条,或天然水源,不管是地表水或地下水,只要水量不满足消防用水量时,如市政给水管道和进水管偏小,水压偏低,天然水源水量少,枯水期水量不足等,凡属上述情况,均需设消防水池。

当市政给水管网为枝状或工程只有一条进水管,由于检修或发生故障,引起火场供水中断,影响火灾扑救,所以也需设消防水池。

7.4.2 消防水池主要功能是储水,其储水功能应靠水池的容积来保证,容积分总容积、有效容积和无效容积。有效容积是指储存能被消防水泵取用并用于灭火的消防用水的实际容积,它不包括水池在溢流管以上被空气占用的容积,也不包括水池下部无法被取用的那部分容积,更不包括被墙、柱所占用的容积,即不包括无效容积。

1 人防工程消防水池有效容积的确定,应考虑以下情况:

1)当人防工程为单建式工程时,室外消火栓基本无室外建筑的灭火任务,只起向工程内补水作用,此时消防水池有效容积只考虑室内消防用水量的总和。

2)人防工程为附建式工程(防空地下室),室外消火栓有扑救地面建筑火灾任务,当室外市政给水管网不能保证室外消防用水量,地面和地下建筑合用消防水池时,消防水池存储容积应包括室外消火栓用水量不足部分。室外消火栓用水量标准应按同类地面建筑设计防火规范规定选择。

消防水池的有效容积应按室内消防流量与火灾延续时间的乘积计算。所谓火灾延续时间,是指消防车到火场开始出水时起至火灾基本被扑灭时止的时间。

本规范将消火栓火灾延续时间分为两种情况,分别为 1h 和 2h,理由是:

1)现在人防工程消防设备比较完善,除设置有室内消火栓外,大部分工程还设置有自动喷水灭火系统、气体灭火装置、灭火器等,自救能力较强,但工程内温度高,排烟困难,能见度差,扑救人员难以坚持较长时间,所以,室内消火栓用水的储水时间无需太长。因此,对建筑面积小于 3000m² 的工程和改建工程,消火栓火灾延续时间按 1h 计算。

2)根据人防工程平战结合实际情况,从建设规模看,一般都在(3000~20000)m²;从使用功能看,多数为地下商场、文体娱乐场所、物品仓库、汽车库等;从存放物质看,可燃物较多;在地下滞留人数也较多。因此,人防工程消火栓消防用水储存时间又不能太短,同时,也应与相关防火规范相协调,所以,对建筑面积大于或等于 3000m² 的人防工程,其火灾延续时间提高到 2h 是合理的,是安全可行的。

3)防空地下室消火栓灭火系统的火灾延续时间,由于它的消防水池一般不单独修建,而是与地面建筑的消防水池合用,故可与地面建筑一致。

2 在保证火灾时能连续向消防水池补水的条件下,消防水池有效容积可减去在火灾延续时间内的补充水量。

3 消防水池内的水一经动用,应尽快补充,以供在短时间内可能发生第二次火灾时使用,故规定补水时间不应超过 48h。

4 消防水池与其他用水合用的水池,为了确保消防用水,应有确保消防用水的措施。

5 消防水池可建在人防工程内,也可建在人防工程外,理由是:

1)附建式人防工程,一般与地面建筑合用消防水池,容积较大,建在造价很高的人防工程内不经济,经过技术经济比较,有条件时可建在室外,并可不考虑抗力等级问题。

2)单建式人防工程,如果室外有位置,也可建在室外,如果用消防水池兼作战时人员生活饮用水储水池,则应建在人防工程的清洁区内。

7.5 水泵接合器和室外消火栓

7.5.1 水泵接合器是供消防车向室内消防给水管道临时补水的设备，对于大、中型平战结合人防工程，当室内消防用水量超过10L/s时，应在人防工程外设置水泵接合器，并应设置相应的室外消火栓，以保证消防车快速投入供水。

7.5.2 人防工程水泵接合器和室外消火栓的数量，应根据室内消火栓和自动喷水灭火系统用水量总和计算确定。因为一个水泵接合器由一台消防车供水，一台消防车又要从一个室外消火栓取水，因此设置水泵接合器时，需要设置相同数量的室外消火栓。每台消防车的输水量约为（10～15）L/s，故每个水泵接合器和室外消火栓的流量也应按（10～15）L/s计算。

7.5.3 为了便于消防车使用，本条规定了水泵接合器和室外消火栓距人防工程出入口不宜小于5m，目的是便于操作和出入口人员疏散。规定消火栓距路边不宜超过2m，水泵接合器与室外消火栓间距宜为40m以内，主要是便于消防车取水。规定水泵接合器和室外消火栓应有明显标志，主要是便于消防队员在火场操作，避免出现差错。

7.6 室内消防给水管道、室内消火栓和消防水箱

7.6.1 室内消防管道是室内消防给水系统的重要组成部分，为有效地供给消防用水，应采取必要的技术措施：

1 室内消防给水管道宜与其他用水管道分开设置，特别是对于大、中型人防工程，其他用水如空调冷却水、柴油电站冷却水及生活用水较多时，宜与消防给水管道分开设置，以保证消防用水供水安全；当分开设置有困难时，可与消火栓管道合用，但其他用水量达到最大小时流量时，应保证仍能供给全部消防用水量。

2 环状管网供水比较安全，当某段损坏时，仍能供应必要的水量，本条规定主要指当消火栓超过10个的消火栓给水管道设置环状管网。为了保证消防供水安全可靠，规定环状管网宜设置两条进水管，使进水管有充分的供水能力，即任一进水管损坏时，其余进水管应仍能供给全部消防水量。若室外给水管为枝状或引入两条进水管有困难，可设置一条进水管，但消防泵房的供水管必须有两条与消火栓环状管网连接。

坑道式、地道式工程设置环状管网有困难时，可采用支状管网，同时在管网相距最远的两端均应按本规范第7.5.2条设置水泵结合器。

人防工程一般生活、生产用水量较小，消防进水管可以单独设置，并不设水表，以免影响进水管供水能力，若要设置水表时，应按消防流量选表。

3 环状管网上设置阀门分成若干独立段，是为了保证管网检修或某段损坏时，仍能供应必要的消防用水，两个阀门之间停止使用的消火栓数量不应超过5个。多层人防工程消防给水竖管上阀门的布置应保证一条竖管检修时，其余竖管仍能供应消防用水量。

4 规定消火栓给水管道和自动喷水灭火系统给水管道应分开独立设置，主要是防止消火栓或其他用水设备漏水或用水时，引起自动喷水系统的水力报警阀误报；另外，火灾时两个系统储水时间及用水量相差较大，难以保证各系统同时满足规范要求。

7.6.2 本条对消火栓的设置作了规定。

1 消火栓的水压应保证水枪有一定长度的充实水柱。充实水柱的长度要求是根据消防实践经验确定的。我国扑救低层建筑火灾的水枪充实水柱长度一般在（10～17）m之间。火场实践证明，当口径19mm水枪的充实水柱长度小于10m时，由于火场烟雾较大、辐射热高，尤其是地下建筑，排烟困难，温升又快，很难扑救火灾。当充实水柱增大，水枪的反作用力也随之增大，如表1所示。经过训练的消防队员能承受的水枪最大反作用力不应超过20kg，一般人员不大于15kg。火场常用的充实水柱长度一般为

（10～15）m。为了节省投资和满足火场灭火的基本要求，规定人防工程室内消火栓充实水柱长度不应小于10m，并应经过水力计算确定。

水枪的充实水柱长度可按下式计算：

$$S_k = \frac{H_1 - H_2}{\sin\alpha} \qquad (3)$$

式中：S_k——水枪的充实水柱长度（m）；

H_1——被保护建筑物的层高（m）；

H_2——消火栓安装高度（一般距地面1.1m）；

α——水枪上倾角，一般为45°，若有特殊困难可适当加大，但不应大于60°。

表1 口径19mm水枪的反作用力

充实水柱长度（m）	水枪口压力（kg/cm²）	水枪反作用力（kg）
10	1.35	7.65
11	1.50	8.51
12	1.70	9.63
13	2.05	11.62
14	2.45	13.80
15	2.70	15.31
16	3.25	18.42
17	3.55	20.13
18	4.33	24.38

2 消火栓栓口的压力，火场实践证明，水枪的水压过大，开闭时容易产生水锤作用，造成给水系统中的设备损坏，一人难以握紧使用；同时水枪流量也大大超过5L/s，易在短时间内用完消防储水量，对扑救初期火灾极为不利。当栓口出水压力大于0.50MPa时，应设置减压装置，减压装置一般采用减压孔板或减压阀，减压后消火栓处压力应仍能满足水枪充实水柱要求。

3 消火栓的间距十分重要，它关系到初期火灾能否被及时有效地控制和扑灭，关系到起火建筑物内人身和财产安危。统计资料表明，一支水枪扑救初期火灾的控制率仅为40%左右，两支水枪扑救初期火灾的控制率达65%左右。因此，本条规定当同时使用水枪数量为两支时，应保证同层相邻两支水枪（不是双出口消火栓）的充实水柱同时到达被保护范围内的任何部位，其间距不应大于30m，如图6所示。

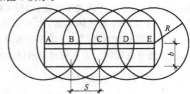

图6 同层消火栓的布置示意图
A、B、C、D、E—室内消火栓；R—消火栓的保护半径（m）；
S—消火栓间距（m）；b—消火栓实际保护最大宽度

消火栓的间距可按下式计算：

$$S = \sqrt{R^2 - b^2} \qquad (4)$$

当同时使用水枪数量为一支时，保证有一支水枪的充实水柱到达室内任何部位，其间距不应大于50m，消火栓的布置如图7所示。

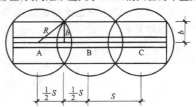

图7 一股水柱到达任何一点的消火栓布置
A、B、C—室内消火栓；R—消火栓的保护半径（m）；
S—消火栓间距（m）；b—消火栓实际保护最大宽度

消火栓的间距可按下式计算：

$$S=2\sqrt{R^2-b^2} \qquad (5)$$

4 消火栓应设置在工程内明显而便于灭火时取用的地方。为了使人员能及时发现和使用，消火栓应有明显的标志，消火栓应涂红色，并不应伪装成其他东西。

为了减少局部水压损失，消火栓的出口宜与设置消火栓的墙面成90°角。

在同一工程内，如果消火栓栓口、水带和水枪的规格、型号不同，就无法配套使用，因此规定同一工程内应用统一规格的消火栓、水枪和水带。火场实践证明，室内消火栓配备的水带过长，不便于扑救室内初期火灾。消防队使用的水带长度一般为20m，为节省投资，同时考虑火场操作的可能性，要求水带长度不应大于25m。

5 为及时启动消防水泵，本条规定设置有消防水泵给水系统的每个消火栓应设置直接启动消防水泵的按钮，以便迅速远距离启动。为了防止误启动，要求按钮应有保护措施，一般可放在消火栓箱内或装有玻璃罩的壁龛内。

6 室内消火栓处设置消防软管卷盘，以方便非消防专业人员进行操作灭火。

7.6.3 单建掘开式、坑道式、地道式人防工程由于受条件限制，有时设置高位消防水箱很难，故规定在此类人防工程中，当不能设置高位消防水箱时，宜设置气压给水装置，一旦发生火灾，气压给水装置是可以保证及时供水的。

防空地下室可以与地面建筑的消防稳压水箱合用。

7.7 消防水泵

7.7.1 为了保证不间断地供应火场用水，消防水泵应设置备用泵。备用泵的工作能力不应小于消防工作泵中最大一台工作泵的工作能力，以保证任何一台工作泵发生故障或需进行维修时备用水泵投入后的总工作能力不会降低。

7.7.2 人防工程消防水泵一般分两组，一组为消火栓系统消防水泵，用一备一，共两台水泵；另一组为自动喷水灭火系统消防水泵，也是用一备一，共两台水泵；每台水泵设置独立吸水管，以便保证一组水泵当一台泵吸水管维修或发生故障时，另一台泵仍能正常吸水工作。

采用自灌式吸水比充水式吸水启动迅速，运行可靠。

为了便于检修、试验和检查消防水泵，规定吸水管上设置阀门，供水管上设置压力表和放水阀门。为了便于水带连接，阀门的直径应为65mm，以便将试验用过的水回流至消防水池。

7.8 消防排水

7.8.1 因为人防工程与地面建筑不同，除少数坑道工程外，均不能自流排水，需设置机械排水设施，否则会造成二次灾害，故作了本条规定。

一般消防排水量可按消防设计流量的80%计算，采用生活排水泵排放消防水时，可按双泵同时运行的排水方式设计。

7.8.2 人防工程消防废水的排除，一般可通过地面明沟或消防排水管道排入工程生活污水集水池，再由生活污水泵(含备用泵)排至市政下水道。这样既简化排水系统，又节省设备投资。但在选择污水泵时，应平战结合。既应满足战时要求，又应满足平时污水、消防废水排水量的要求。

8 电 气

8.1 消防电源及其配电

8.1.1 本条对消防电源及其负荷的等级作了规定。

消防电源是指人防工程的消防设备(如消防水泵、防烟排烟设施、消防应急照明、电动防火门、防火卷帘、自动灭火设备、自动报警装置和消防控制室等)所用的电源。

在发生火灾后，有消防电源，才能保证消防设备进行工作和疏散人员、物资。因此，合理地确定消防电源的负荷等级，对保证工程安全，是非常重要的。

对于一些较小的工程，消防用电设备少，也可用蓄电池(EPS)作备用电源。采用蓄电池(EPS)作备用电源时应注意两个问题：一个是蓄电池的容量，在正常电源断电后，对消防应急照明、排烟风机、火灾报警装置等，应能连续供电30min以上；对消防水泵，应与消火栓灭火系统和自动喷水灭火系统的火灾延续时间相一致；二是注意蓄电池平时保养及充电，使其能起到备用电源的作用。

对于汽车库的供电等级，平时可按现行国家标准《汽车库、修车库、停车场设计防火规范》GB 50067执行，战时按现行国家标准《人民防空工程设计规范》GB 50225和《人民防空地下室设计规范》GB 50038规定的要求设置柴油发电机组。

8.1.2 本条对消防设备的两路电源的切换方式、切换点及自备发电设备的启动方式作了规定。这是消防设备工作的性质决定的，只有在末级配电盘(箱)上自动切换，才能保证消防用电设备可靠的电源。

由于一般自动转换开关和自启动的时间基本上均能满足消防的需要，故对切换和启动时间未作具体规定。

8.1.3 为了保证消防用电设备供电安全可靠，本条规定了消防用电设备供电设计应采用专用的供电回路，以便把消防用电与其他一般用电严格分开。

为了防止火灾从电气线路蔓延和发生触电事故，在灭火前，首要先切断起火部位的电源。如果不把消防电源同一般电源分开，火灾时将会把全部电源切断(包括消防电源)，消防用电设备就会断电，这是不允许的。发生火灾时，消防水泵、消防应急照明、防排烟设备等要保证工作。因此，消防用电线路同普通用电线路必须严格分开。

8.1.4 本条规定在电气设计和设备、电缆、电线选型时应选用防潮、防霉型。因为一般人防工程内的湿度比较大，普通型号的电气设备在潮湿的条件下长期工作，会使其绝缘降低，有可能引起事故，发生火灾。

根据使用的经验，一般铝芯线可安全使用(6~8)年，而在潮湿场所有的只用(2~3)年就出了问题。为了保证安全，减少浪费，对人防工程内电气线路作了选用铜芯线的规定。

人防工程内使用蓄电池比较多，由于一般的蓄电池在工作过程中要放出有害气体，容易造成事故。所以，人防工程内使用的蓄电池应选用封闭型产品。

8.1.5 为了保证消防用电设备正常工作，本条对消防用电设备配电线路的敷设方式和部位作了具体的规定。

8.1.6 由于消防用电设备都是在火灾时才启用，在紧急情况下进行操作，如没有明显的标志，往往会延误操作，故作此规定。

8.2 消防疏散照明和消防备用照明

8.2.1 本条对消防疏散照明灯的设置部位和照度作了规定。

人防工程火灾造成人员伤亡的原因是多方面的，但与消防疏散照明有直接关系。工程内一旦发生火灾，为了防止触电和通过电气设备、电气线路扩大火灾,需要切断火灾部位的电源,如无消防疏散照明,工程内将一片漆黑,人员在火灾时不知所措,加上烟气熏烤,势必造成人员伤亡。因此,在人防工程内,为了保障安全疏散,消防疏散照明灯是不可缺少的。尤其是在一些人员集中、疏散通道复杂的情况下,消防疏散照明必须保证。

消防疏散照明灯的照度确定为最低照度不低于 5 lx,这是根据火场的需要和国内的实际情况确定的。确定消防疏散照明灯的照度,主要考虑烟雾对照度的影响,在有烟雾的情况下,地面照度在(1~2)lx时,人员就难以辨别方位;低于 0.3 lx 时,就不可能辨别方位了;所以定为 5 lx。

8.2.2 本条规定了疏散标志灯的设置部位,因为这些部位是人员疏散的必经之路。人们在火灾时,情况紧急,如果在这些部位没有疏散标志灯,就不知道疏散方向,不能安全疏散。

8.2.3 歌舞娱乐放映游艺场所、规模较大的商业营业厅等公众活动场所,人员密集且流动性较大,国内外实际应用表明,在疏散走道的地面上设置发光疏散指示标志,可以有效地帮助人们在浓烟弥漫的情况下,及时识别疏散位置和方向,迅速沿发光疏散指示标志顺利疏散,避免造成伤亡事故。为此,作出本条规定。

本条所指"发光疏散指示标志"包括电致发光型(如灯光型、电子显示型等)和光致发光型(如蓄光自发光型等),作为辅助疏散指示标志使用。

在地面上设置的疏散指示标志,一般按连续设置;如确有困难,需要间断设置时,灯光型标志的间距不宜大于 3m,蓄光自发光型标志的间距不宜大于 2m。

8.2.4 本条对沿墙面、地面、疏散走道上方等方式设置疏散标志灯的间距、安装高度、设置方式等作了规定。标志灯沿墙面的安装高度定为距地面 1m 以下,悬挂时的安装高度定为 2.5m,主要是考虑到人们在走行时平视的习惯,使标志容易被人们发现。

8.2.5 避难走道、消防控制室、消防水泵房、柴油发电机室、配电室、通风空调室、排烟机房、电话总机房,以及发生火灾时仍需坚持工作的其他房间是保证人员安全疏散和消防设备火灾时能够正常运行的重要场所,为此,本条对这些场所作出应设置消防备用照明的规定,其最低工作照明的要求是工作性质决定的。

8.2.6 消防疏散照明和消防备用照明关系到人员安全疏散和人身安全,不允许间断。因此规定工程内的消防疏散照明和消防备用照明,当其工作电源断电后,应能自动投合。

8.3 灯　　具

8.3.1 所谓"潮湿"场所,是指工程内湿度较大的水泵房、厨房、洗漱间等房间。

8.3.2 卤钨灯、高压汞灯这类灯具的表面温度一般高达(500~800)℃,极易引起可燃物品起火。把这类灯具直接安装在可燃材料上,是很危险的。为保障安全,作此规定。

8.3.3 本条对卤钨灯及用白炽灯泡制作的吸顶灯、槽灯、嵌入式灯具的防火措施作了规定。本规范虽然对建筑构件、装修材料作了"应采用不燃材料"的规定,大面积使用可燃材料是不允许的。但是可能局部地方出现可燃装修材料,由于这些灯具工作时温度高,所以对容易引起火灾的卤钨灯和散热条件差的吸顶灯、嵌入式灯具提出防火要求是必要的。

8.4 火灾自动报警系统、火灾应急广播和消防控制室

8.4.1 为了对火灾能做到早期发现、早期报警、及时扑救,减少国家和人民生命财产的损失,保障人防工程的安全,参照国内外资料,原则地规定了人防工程设置火灾自动报警装置的范围。

许多火灾实例说明,火灾报警装置的作用是十分显著的,使火灾能早期发现,及时扑救,减少了损失。

建筑面积大于 500m² 的地下商店,以及不论建筑面积大小的歌舞娱乐放映游艺场所均应设置火灾自动报警装置的规定,是考虑到上述场所人员密集,火灾危险性较大,必须做到早期发现、早期报警、及时疏散,故作此规定。

8.4.2 火灾自动报警系统和火灾应急广播的设计应与相关规范相一致,故规定了应按现行国家标准《火灾自动报警系统设计规范》GB 50116 的有关规定执行。

8.4.3 将火灾自动报警系统、自动灭火设备、防排烟设施、消防应急照明及电源管理等,组成一个防灾系统,设置消防中心控制室,通过电子计算机和闭路电视实行自动化管理。

消防控制中心,一般由火灾自动报警装置、确认判断机构、自动灭火控制系统、消防备用照明、消防疏散照明、防烟排烟等控制系统组成。这些系统,在火灾时要迅速、准确地完成各种复杂的功能。靠人工一个一个操作,或分散在几个地方,由几个人来控制是不可行的。为了便于管理人员能在一个地方进行管理和指挥灭火,建立消防控制室,实行统一管理,统一指挥是十分必要的。当然,对于小型工程,消防控制室和配电室、值班室合为一室,也是允许的。

8.4.4 燃气浓度检测报警器和燃气紧急自动切断阀的设置,在现行国家标准《城镇燃气设计规范》GB 50028 中已有规定,故按该规范执行。

中华人民共和国国家标准

火灾自动报警系统设计规范

Code for design of automatic fire alarm system

GB 50116 - 2013

主编部门：中 华 人 民 共 和 国 公 安 部
批准部门：中华人民共和国住房和城乡建设部
施行日期：2 0 1 4 年 5 月 1 日

中华人民共和国住房和城乡建设部公告

第 149 号

住房城乡建设部关于发布国家标准
《火灾自动报警系统设计规范》的公告

现批准《火灾自动报警系统设计规范》为国家标准，编号为
GB 50116—2013，自 2014 年 5 月 1 日起实施。其中，第 3.1.6、
3.1.7、3.4.1、3.4.4、3.4.6、4.1.1、4.1.3、4.1.4、4.1.6、4.8.1、
4.8.4、4.8.5、4.8.7、4.8.12、6.5.2、6.7.1、6.7.5、6.8.2、6.8.3、
10.1.1、11.2.2、11.2.5、12.1.11、12.2.3 条为强制性条文，必须
严格执行。原《火灾自动报警系统设计规范》GB 50116—98 同时
废止。
本规范由我部标准定额研究所组织中国计划出版社出版发行。

中华人民共和国住房和城乡建设部
2013 年 9 月 6 日

前　言

本规范是根据原建设部《关于印发〈2006年工程建设标准规范制订、修订计划(第一批)〉的通知》(建标〔2006〕77号)的要求，由公安部沈阳消防研究所会同有关单位对原国家标准《火灾自动报警系统设计规范》GB 50116—98进行全面修订的基础上编制而成。

本规范在修订过程中，修订组遵循国家有关法律、法规和技术标准，进行了广泛深入的调查研究，认真总结了火灾事故教训和我国火灾自动报警系统工程的实践经验，参考了国内外相关标准规范，吸取了先进的科研成果，广泛征求了设计、监理、施工、产品制造、消防监督等各有关单位的意见，最后经审查定稿。

本规范共分12章和7个附录。主要内容包括：总则、术语、基本规定、消防联动控制设计、火灾探测器的选择、系统设备的设置、住宅建筑火灾自动报警系统、可燃气体探测报警系统、电气火灾监控系统、系统供电、布线、典型场所的火灾自动报警系统等。

本次规范修订是一次全面修订。在维持原规范基本框架、保留合理内容的基础上作了必要的补充和修改，主要体现在以下四个方面：

1. 补充了有关线型火灾探测器、吸气式感烟火灾探测器、可燃气体探测器、区域显示器、消防应急广播、气体灭火控制器、消防控制室图形显示装置、消防专用电话、火灾警报装置，以及模块等设备或部件的工程设计要求，使规范内容更加全面，更加符合实际需要。

2. 增加了电气火灾监控系统、住宅建筑火灾报警系统、可燃气体探测报警系统的工程设计要求。

3. 增加了道路隧道、油罐区、电缆隧道等典型场所使用的火灾自动报警系统的工程设计要求。

4. 细化了消防联动控制的工程设计要求，使规范更具有可操作性。

本规范中以黑体字标志的条文为强制性条文，必须严格执行。

本规范由住房城乡建设部负责管理和对强制性条文的解释，由公安部消防局负责日常管理工作，由公安部沈阳消防研究所负责具体技术内容的解释。在本规范执行过程中，希望各单位结合工程实践认真总结经验，注意积累资料，随时将有关意见和建议反馈给公安部沈阳消防研究所(地址：辽宁省沈阳市皇姑区文大路218—20号甲，邮政编码：110034)，以供今后修订时参考。

本规范主编单位、参编单位、主要起草人和主要审查人：

主 编 单 位：公安部沈阳消防研究所
参 编 单 位：上海市公安消防总队
　　　　　　　广东省公安消防总队
　　　　　　　中国建筑东北设计研究院有限公司
　　　　　　　华东建筑设计研究院有限公司
　　　　　　　北京市建筑设计研究院
　　　　　　　中国建筑设计研究院
　　　　　　　中国建筑西南设计研究院有限公司
　　　　　　　中国航空工业规划设计研究院
　　　　　　　西安盛赛尔电子集团有限公司
　　　　　　　首安工业消防有限公司
　　　　　　　上海松江飞繁电子有限公司
　　　　　　　北京利达集团
　　　　　　　海湾安全技术有限公司
　　　　　　　施耐德万高(天津)电气设备有限公司
　　　　　　　中国建筑科学研究院建筑防火研究所
主要起草人：丁宏军　张颖琮　刘　凯　沈　纹　严　洪
　　　　　　　王金元　张文才　吕　立　李宏文　孙成群
　　　　　　　丁　杰　吴　军　温伯银　李　宁　罗崇嵩
　　　　　　　于爱中　刘　敏　胡少英　蔡　钧　傅俊豪
主要审查人：陈　南　郭树林　李国华　杨瑞新　倪照鹏
　　　　　　　王　炯　蒋　皓　李炳华　杨德才　陈汉民
　　　　　　　王东林　陈建飚　李　忠　张　明　邵民杰

目　次

15

1 总 则

1.0.1 为了合理设计火灾自动报警系统,预防和减少火灾危害,保护人身和财产安全,制定本规范。

1.0.2 本规范适用于新建、扩建和改建的建、构筑物中设置的火灾自动报警系统的设计,不适用于生产和贮存火药、炸药、弹药、火工品等场所设置的火灾自动报警系统的设计。

1.0.3 火灾自动报警系统的设计,应遵循国家有关方针、政策,针对保护对象的特点,做到安全可靠、技术先进、经济合理。

1.0.4 火灾自动报警系统的设计,除应符合本规范外,尚应符合国家现行有关标准的规定。

2 术 语

2.0.1 火灾自动报警系统 automatic fire alarm system

探测火灾早期特征、发出火灾报警信号,为人员疏散、防止火灾蔓延和启动自动灭火设备提供控制与指示的消防系统。

2.0.2 报警区域 alarm zone

将火灾自动报警系统的警戒范围按防火分区或楼层等划分的单元。

2.0.3 探测区域 detection zone

将报警区域按探测火灾的部位划分的单元。

2.0.4 保护面积 monitoring area

一只火灾探测器能有效探测的面积。

2.0.5 安装间距 installation spacing

两只相邻火灾探测器中心之间的水平距离。

2.0.6 保护半径 monitoring radius

一只火灾探测器能有效探测的单向最大水平距离。

2.0.7 联动控制信号 control signal to start & stop an automatic equipment

由消防联动控制器发出的用于控制消防设备(设施)工作的信号。

2.0.8 联动反馈信号 feedback signal from automatic equipment

受控消防设备(设施)将其工作状态信息发送给消防联动控制器的信号。

2.0.9 联动触发信号 signal for logical program

消防联动控制器接收的用于逻辑判断的信号。

3 基 本 规 定

3.1 一 般 规 定

3.1.1 火灾自动报警系统可用于人员居住和经常有人滞留的场所、存放重要物资或燃烧后产生严重污染需要及时报警的场所。

3.1.2 火灾自动报警系统应设有自动和手动两种触发装置。

3.1.3 火灾自动报警系统设备应选择符合国家有关标准和有关市场准入制度的产品。

3.1.4 系统中各类设备之间的接口和通信协议的兼容性应符合现行国家标准《火灾自动报警系统组件兼容性要求》GB 22134 的有关规定。

3.1.5 任一台火灾报警控制器所连接的火灾探测器、手动火灾报警按钮和模块等设备总数和地址总数,均不应超过 3200 点,其中每一总线回路连接设备的总数不宜超过 200 点,且应留有不少于额定容量 10% 的余量;任一台消防联动控制器地址总数或火灾报警控制器(联动型)所控制的各类模块总数不应超过 1600 点,每一联动总线回路连接设备的总数不宜超过 100 点,且应留有不少于额定容量 10% 的余量。

3.1.6 系统总线上应设置总线短路隔离器,每只总线短路隔离器保护的火灾探测器、手动火灾报警按钮和模块等消防设备的总数不应超过 32 点;总线穿越防火分区时,应在穿越处设置总线短路隔离器。

3.1.7 高度超过 100m 的建筑中,除消防控制室内设置的控制器外,每台控制器直接控制的火灾探测器、手动报警按钮和模块等设备不应跨越避难层。

3.1.8 水泵控制柜、风机控制柜等消防电气控制装置不应采用变频启动方式。

3.1.9 地铁列车上设置的火灾自动报警系统,应能通过无线网络等方式将列车上发生火灾的部位信息传输给消防控制室。

3.2 系统形式的选择和设计要求

3.2.1 火灾自动报警系统形式的选择,应符合下列规定:

1 仅需要报警,不需要联动自动消防设备的保护对象宜采用区域报警系统。

2 不仅需要报警,同时需要联动自动消防设备,且只设置一台具有集中控制功能的火灾报警控制器和消防联动控制器的保护对象,应采用集中报警系统,并应设置一个消防控制室。

3 设置两个及以上消防控制室的保护对象,或已设置两个及以上集中报警系统的保护对象,应采用控制中心报警系统。

3.2.2 区域报警系统的设计,应符合下列规定:

1 系统应由火灾探测器、手动火灾报警按钮、火灾声光警报器及火灾报警控制器等组成,系统中可包括消防控制室图形显示装置和指示楼层的区域显示器。

2 火灾报警控制器应设置在有人值班的场所。

3 系统设置消防控制室图形显示装置时,该装置应具有传输本规范附录 A 和附录 B 规定的有关信息的功能;系统未设置消防控制室图形显示装置时,应设置火警传输设备。

3.2.3 集中报警系统的设计,应符合下列规定:

1 系统应由火灾探测器、手动火灾报警按钮、火灾声光警报器、消防应急广播、消防专用电话、消防控制室图形显示装置、火灾报警控制器、消防联动控制器等组成。

2 系统中的火灾报警控制器、消防联动控制器和消防控制室图形显示装置、消防应急广播的控制装置、消防专用电话总机等起集中控制作用的消防设备,应设置在消防控制室内。

3 系统设置的消防控制室图形显示装置应具有传输本规范

附录 A 和附录 B 规定的有关信息的功能。

3.2.4 控制中心报警系统的设计，应符合下列规定：

    1 有两个及以上消防控制室时，应确定一个主消防控制室。

    2 主消防控制室应能显示所有火灾报警信号和联动控制状态信号，并应能控制重要的消防设备；各分消防控制室内消防设备之间可互相传输、显示状态信息，但不应互相控制。

    3 系统设置的消防控制室图形显示装置应具有传输本规范附录 A 和附录 B 规定的有关信息的功能。

    4 其他设计应符合本规范第 3.2.3 条的规定。

3.3 报警区域和探测区域的划分

3.3.1 报警区域的划分应符合下列规定：

    1 报警区域应根据防火分区或楼层划分；可将一个防火分区或一个楼层划分为一个报警区域，也可将发生火灾时需要同时联动消防设备的相邻几个防火分区或楼层划分为一个报警区域。

    2 电缆隧道的一个报警区域宜由一个封闭长度区间组成，一个报警区域不应超过相连的 3 个封闭长度区间；道路隧道的报警区域应根据排烟系统或灭火系统的联动需要确定，且不宜超过 150m。

    3 甲、乙、丙类液体储罐区的报警区域应由一个储罐区组成，每个 50000m³ 及以上的外浮顶储罐应单独划分为一个报警区域。

    4 列车的报警区域应按车厢划分，每节车厢应划分为一个报警区域。

3.3.2 探测区域的划分应符合下列规定：

    1 探测区域应按独立房（套）间划分。一个探测区域的面积不宜超过 500m²；从主要入口能看清其内部，且面积不超过 1000m² 的房间，也可划为一个探测区域。

    2 红外光束感烟火灾探测器和缆式线型感温火灾探测器的探测区域的长度，不宜超过 100m；空气管差温火灾探测器的探测区域长度宜为 20m～100m。

3.3.3 下列场所应单独划分探测区域：

    1 敞开或封闭楼梯间、防烟楼梯间。

    2 防烟楼梯间前室、消防电梯前室、消防电梯与防烟楼梯间合用的前室、走道、坡道。

    3 电气管道井、通信管道井、电缆隧道。

    4 建筑物闷顶、夹层。

3.4 消防控制室

3.4.1 具有消防联动功能的火灾自动报警系统的保护对象中应设置消防控制室。

3.4.2 消防控制室内设置的消防设备应包括火灾报警控制器、消防联动控制器、消防控制室图形显示装置、消防专用电话总机、消防应急广播控制装置、消防应急照明和疏散指示系统控制装置、消防电源监控器等设备或具有相应功能的组合设备。消防控制室内设置的消防控制室图形显示装置应能显示本规范附录 A 规定的建筑物内设置的全部消防系统及相关设备的动态信息和本规范附录 B 规定的消防安全管理信息，并应为远程监控系统预留接口，同时应具有向远程监控系统传输本规范附录 A 和附录 B 规定的有关信息的功能。

3.4.3 消防控制室应设有用于火灾报警的外线电话。

3.4.4 消防控制室应有相应的竣工图纸、各分系统控制逻辑关系说明、设备使用说明书、系统操作规程、应急预案、值班制度、维护保养制度及值班记录等文件资料。

3.4.5 消防控制室送、回风管的穿墙处应设防火阀。

3.4.6 消防控制室内严禁穿过与消防设施无关的电气线路及管路。

3.4.7 消防控制室不应设置在电磁场干扰较强及其他影响消防控制室设备工作的设备用房附近。

3.4.8 消防控制室内设备的布置应符合下列规定：

    1 设备面盘前的操作距离，单列布置时不应小于 1.5m；双列布置时不应小于 2m。

    2 在值班人员经常工作的一面，设备面盘至墙的距离不应小于 3m。

    3 设备面盘后的维修距离不宜小于 1m。

    4 设备面盘的排列长度大于 4m 时，其两端应设置宽度不小于 1m 的通道。

    5 与建筑其他弱电系统合用的消防控制室内，消防设备应集中设置，并应与其他设备间有明显间隔。

3.4.9 消防控制室的显示与控制，应符合现行国家标准《消防控制室通用技术要求》GB 25506 的有关规定。

3.4.10 消防控制室的信息记录、信息传输，应符合现行国家标准《消防控制室通用技术要求》GB 25506 的有关规定。

4 消防联动控制设计

4.1 一般规定

4.1.1 消防联动控制器应能按设定的控制逻辑向各相关的受控设备发出联动控制信号，并接受相关设备的联动反馈信号。

4.1.2 消防联动控制器的电压控制输出应采用直流 24V，其电源容量应满足受控消防设备同时启动且维持工作的控制容量要求。

4.1.3 各受控设备接口的特性参数应与消防联动控制器发出的联动控制信号相匹配。

4.1.4 消防水泵、防烟和排烟风机的控制设备，除应采用联动控制方式外，还应在消防控制室设置手动直接控制装置。

4.1.5 启动电流较大的消防设备宜分时启动。

4.1.6 需要火灾自动报警系统联动控制的消防设备，其联动触发信号应采用两个独立的报警触发装置报警信号的"与"逻辑组合。

4.2 自动喷水灭火系统的联动控制设计

4.2.1 湿式系统和干式系统的联动控制设计，应符合下列规定：

    1 联动控制方式，应由湿式报警阀压力开关的动作信号作为触发信号，直接控制启动喷淋消防泵，联动控制不应受消防联动控制器处于自动或手动状态影响。

    2 手动控制方式，应将喷淋消防泵控制箱（柜）的启动、停止按钮用专用线路直接连接至设置在消防控制室内的消防联动控制器的手动控制盘，直接手动控制喷淋消防泵的启动、停止。

    3 水流指示器、信号阀、压力开关、喷淋消防泵的启动和停止的动作信号应反馈至消防联动控制器。

4.2.2 预作用系统的联动控制设计，应符合下列规定：

1 联动控制方式,应由同一报警区域内两只及以上独立的感烟火灾探测器或一只感烟火灾探测器与一只手动火灾报警按钮的报警信号,作为预作用阀组开启的联动触发信号。由消防联动控制器控制预作用阀组的开启,使系统转变为湿式系统;当系统设有快速排气装置时,应联动控制排气阀前的电动阀的开启。湿式系统的联动控制设计应符合本规范第4.2.1条的规定。

2 手动控制方式,应将喷淋消防泵控制箱(柜)的启动和停止按钮、预作用阀组和快速排气阀入口前的电动阀的启动和停止按钮,用专用线路直接连接至设置在消防控制室内的消防联动控制器的手动控制盘,直接手动控制喷淋消防泵的启动、停止及预作用阀组和电动阀的开启。

3 水流指示器、信号阀、压力开关、喷淋消防泵的启动和停止的动作信号,有压气体管道气压状态信号和快速排气阀入口前电动阀的动作信号应反馈至消防联动控制器。

4.2.3 雨淋系统的联动控制设计,应符合下列规定:

1 联动控制方式,应由同一报警区域内两只及以上独立的感温火灾探测器或一只感温火灾探测器与一只手动火灾报警按钮的报警信号,作为雨淋阀组开启的联动触发信号。应由消防联动控制器控制雨淋阀组的开启。

2 手动控制方式,应将雨淋消防泵控制箱(柜)的启动和停止按钮、雨淋阀组的启动和停止按钮,用专用线路直接连接至设置在消防控制室内的消防联动控制器的手动控制盘,直接手动控制雨淋消防泵的启动、停止及雨淋阀组的开启。

3 水流指示器,压力开关,雨淋阀组、雨淋消防泵的启动和停止的动作信号应反馈至消防联动控制器。

4.2.4 自动控制的水幕系统的联动控制设计,应符合下列规定:

1 联动控制方式,当自动控制的水幕系统用于防火卷帘的保护时,应由防火卷帘下落到楼板面的动作信号与本报警区域内任一火灾探测器或手动火灾报警按钮的报警信号作为水幕阀组启动的联动触发信号,并应由消防联动控制器联动控制水幕系统相关控制阀组的启动;仅用水幕系统作为防火分隔时,应由该报警区域内两只独立的感温火灾探测器的火灾报警信号作为水幕阀组启动的联动触发信号,并应由消防联动控制器联动控制水幕系统相关控制阀组的启动。

2 手动控制方式,将水幕系统相关控制阀组和消防泵控制箱(柜)的启动、停止按钮用专用线路直接连接至设置在消防控制室内的消防联动控制器的手动控制盘,并应直接手动控制消防泵的启动、停止及水幕系统相关控制阀组的开启。

3 压力开关,水幕系统相关控制阀组和消防泵的启动、停止的动作信号,应反馈至消防联动控制器。

4.3 消火栓系统的联动控制设计

4.3.1 联动控制方式,应由消火栓系统出水干管上设置的低压压力开关、高位消防水箱出水管上设置的流量开关或报警阀压力开关等信号作为触发信号,直接控制启动消火栓泵,联动控制不应受消防联动控制器处于自动或手动状态影响。当设置消火栓按钮时,消火栓按钮的动作信号应作为报警信号及启动消火栓泵的联动触发信号,由消防联动控制器联动控制消火栓泵的启动。

4.3.2 手动控制方式,应将消火栓泵控制箱(柜)的启动、停止按钮用专用线路直接连接至设置在消防控制室内的消防联动控制器的手动控制盘,并应直接手动控制消火栓泵的启动、停止。

4.3.3 消火栓泵的动作信号应反馈至消防联动控制器。

4.4 气体灭火系统、泡沫灭火系统的联动控制设计

4.4.1 气体灭火系统、泡沫灭火系统应分别由专用的气体灭火控制器、泡沫灭火控制器控制。

4.4.2 气体灭火控制器、泡沫灭火控制器直接连接火灾探测器时,气体灭火系统、泡沫灭火系统的自动控制方式应符合下列规定:

1 应由同一防护区域内两只独立的火灾探测器的报警信号、一只火灾探测器与一只手动火灾报警按钮的报警信号或防护区外的紧急启动信号,作为系统的联动触发信号,探测器的组合宜采用感烟火灾探测器和感温火灾探测器,各类探测器应按本规范第6.2节的规定分别计算保护面积。

2 气体灭火控制器、泡沫灭火控制器在接收到满足联动逻辑关系的首个联动触发信号后,应启动设置在该防护区内的火灾声光警报器,且联动触发信号应为任一防护区域内设置的感烟火灾探测器、其他类型火灾探测器或手动火灾报警按钮的首次报警信号;在接收到第二个联动触发信号后,应发出联动控制信号,且联动触发信号应为同一防护区域内与首次报警的火灾探测器或手动火灾报警按钮相邻的感温火灾探测器、火焰探测器或手动火灾报警按钮的报警信号。

3 联动控制信号应包括下列内容:

1)关闭防护区域的送(排)风机及送(排)风阀门;
2)停止通风和空气调节系统及关闭设置在该防护区域的电动防火阀;
3)联动控制防护区域开口封闭装置的启动,包括关闭防护区域的门、窗;
4)启动气体灭火装置、泡沫灭火装置,气体灭火控制器、泡沫灭火控制器,可设定不大于30s的延迟喷射时间。

4 平时无人工作的防护区,可设置为无延迟的喷射,应在接收到满足联动逻辑关系的首个联动触发信号后按本条第3款规定执行除启动气体灭火装置、泡沫灭火装置外的联动控制;在接收到第二个联动触发信号后,应启动气体灭火装置、泡沫灭火装置。

5 气体灭火防护区出口外上方应设置表示气体喷洒的火灾声光警报器,指示气体释放的声信号应与该保护对象中设置的火灾声警报器的声信号有明显区别。启动气体灭火装置、泡沫灭火装置的同时,应启动设置在防护区入口处表示气体喷洒的火灾声光警报器;组合分配系统应首先开启相应防护区域的选择阀,然后启动气体灭火装置、泡沫灭火装置。

4.4.3 气体灭火控制器、泡沫灭火控制器不直接连接火灾探测器时,气体灭火系统、泡沫灭火系统的自动控制方式应符合下列规定:

1 气体灭火系统、泡沫灭火系统的联动触发信号应由火灾报警控制器或消防联动控制器发出。

2 气体灭火系统、泡沫灭火系统的联动触发信号和联动控制均应符合本规范第4.4.2条的规定。

4.4.4 气体灭火系统、泡沫灭火系统的手动控制方式应符合下列规定:

1 在防护区疏散出口的门外应设置气体灭火装置、泡沫灭火装置的手动启动和停止按钮,手动启动按钮按下时,气体灭火控制器、泡沫灭火控制器应执行符合本规范第4.4.2条第3款和第5款规定的联动操作;手动停止按钮按下时,气体灭火控制器、泡沫灭火控制器应停止正在执行的联动操作。

2 气体灭火控制器、泡沫灭火控制器上应设置对应于不同防护区的手动启动和停止按钮,手动启动按钮按下时,气体灭火控制器、泡沫灭火控制器应执行符合本规范第4.4.2条第3款和第5款规定的联动操作;手动停止按钮按下时,气体灭火控制器、泡沫灭火控制器应停止正在执行的联动操作。

4.4.5 气体灭火装置、泡沫灭火装置启动及喷放各阶段的联动控制及系统的反馈信号,应反馈至消防联动控制器。系统的联动反馈信号应包括下列内容:

1 气体灭火控制器、泡沫灭火控制器直接连接的火灾探测器的报警信号。

2 选择阀的动作信号。

3 压力开关的动作信号。

4.4.6 在防护区域内设有手动与自动控制转换装置的系统,其手动或自动控制方式的工作状态应在防护区内、外的手动和自动控制状态显示装置上显示,该状态信号应反馈至消防联动控制器。

4.5 防烟排烟系统的联动控制设计

4.5.1 防烟系统的联动控制方式应符合下列规定:

1 应由加压送风口所在防火分区内的两只独立的火灾探测器或一火灾探测器与一只手动火灾报警按钮的报警信号,作为送风口开启和加压送风机启动的联动触发信号,并应由消防联动控制器联动控制相关层前室等需要加压送风场所的加压送风口开启和加压送风机启动。

2 应由同一防烟分区内且位于电动挡烟垂壁附近的两只独立的感烟火灾探测器的报警信号,作为电动挡烟垂壁降落的联动触发信号,并应由消防联动控制器联动控制电动挡烟垂壁的降落。

4.5.2 排烟系统的联动控制方式应符合下列规定:

1 应由同一防烟分区内的两只独立的火灾探测器的报警信号,作为排烟口、排烟窗或排烟阀开启的联动触发信号,并应由消防联动控制器联动控制排烟口、排烟窗或排烟阀的开启,同时停止该防烟分区的空气调节系统。

2 应由排烟口、排烟窗或排烟阀开启的动作信号,作为排烟风机启动的联动触发信号,并应由消防联动控制器联动控制排烟风机的启动。

4.5.3 防烟系统、排烟系统的手动控制方式,应能在消防控制室内的消防联动控制器上手动控制送风口、电动挡烟垂壁、排烟口、排烟窗、排烟阀的开启或关闭及防烟风机、排烟风机等设备的启动或停止,防烟、排烟风机的启动、停止按钮应采用专用线路直接连接至设置在消防控制室内的消防联动控制器的手动控制盘,并应直接手动控制防烟、排烟风机的启动、停止。

4.5.4 送风口、排烟口、排烟窗或排烟阀开启和关闭的动作信号,防烟、排烟风机启动和停止及电动防火阀关闭的动作信号,均应反馈至消防联动控制器。

4.5.5 排烟风机入口处的总管上设置的280℃排烟防火阀在关闭后应直接联动控制风机停止,排烟防火阀及风机的动作信号应反馈至消防联动控制器。

4.6 防火门及防火卷帘系统的联动控制设计

4.6.1 防火门系统的联动控制设计,应符合下列规定:

1 应由常开防火门所在防火分区内的两只独立的火灾探测器或一只火灾探测器与一只手动火灾报警按钮的报警信号,作为常开防火门关闭的联动触发信号,联动触发信号应由火灾报警控制器或消防联动控制器发出,并应由消防联动控制器或防火门监控器联动控制防火门关闭。

2 疏散通道上各防火门的开启、关闭及故障状态信号应反馈至防火门监控器。

4.6.2 防火卷帘的升降应由防火卷帘控制器控制。

4.6.3 疏散通道上设置的防火卷帘的联动控制设计,应符合下列规定:

1 联动控制方式,防火分区内任两只独立的感烟火灾探测器或任一只专门用于联动防火卷帘的感烟火灾探测器的报警信号应联动控制防火卷帘下降至距楼板面1.8m处;任一只专门用于联动防火卷帘的感温火灾探测器的报警信号应联动控制防火卷帘下降到楼板面;在卷帘的任一侧距卷帘纵深0.5m～5m内应设置不少于2只专门用于联动防火卷帘的感温火灾探测器。

2 手动控制方式,应由防火卷帘两侧设置的手动控制按钮控制防火卷帘的升降。

4.6.4 非疏散通道上设置的防火卷帘的联动控制设计,应符合下列规定:

1 联动控制方式,应由防火卷帘所在防火分区内任两只独立的火灾探测器的报警信号,作为防火卷帘下降的联动触发信号,并应联动控制防火卷帘直接下降到楼板面。

2 手动控制方式,应由防火卷帘两侧设置的手动控制按钮控制防火卷帘的升降,并应能在消防控制室内的消防联动控制器上手动控制防火卷帘的降落。

4.6.5 防火卷帘下降至距楼板面1.8m处、下降到楼板面的动作信号和防火卷帘控制器直接连接的感烟、感温火灾探测器的报警信号,应反馈至消防联动控制器。

4.7 电梯的联动控制设计

4.7.1 消防联动控制器应具有发出联动控制信号强制所有电梯停于首层或电梯转换层的功能。

4.7.2 电梯运行状态信息和停于首层或转换层的反馈信号,应传送给消防控制室显示,轿厢内应设置能直接与消防控制室通话的专用电话。

4.8 火灾警报和消防应急广播系统的联动控制设计

4.8.1 火灾自动报警系统应设置火灾声光警报器,并应在确认火灾后启动建筑内的所有火灾声光警报器。

4.8.2 未设置消防联动控制器的火灾自动报警系统,火灾声光警报器应由火灾报警控制器控制;设置消防联动控制器的火灾自动报警系统,火灾声光警报器应由火灾报警控制器或消防联动控制器控制。

4.8.3 公共场所宜设置具有同一种火灾变调声的火灾声警报器;具有多个报警区域的保护对象,宜选用带有语音提示的火灾声警报器;学校、工厂等各类日常使用电铃的场所,不应使用警铃作为火灾声警报器。

4.8.4 火灾声警报器设置带有语音提示功能时,应同时设置语音同步器。

4.8.5 同一建筑内设置多个火灾声警报器时,火灾自动报警系统应能同时启动和停止所有火灾声警报器工作。

4.8.6 火灾声警报器单次发出火灾警报时间宜为8s～20s,同时设有消防应急广播时,火灾声警报应与消防应急广播交替循环播放。

4.8.7 集中报警系统和控制中心报警系统应设置消防应急广播。

4.8.8 消防应急广播系统的联动控制信号应由消防联动控制器发出。当确认火灾后,应同时向全楼进行广播。

4.8.9 消防应急广播的单次语音播放时间宜为10s～30s,应与火灾声警报器分时交替工作,可采取1次火灾声警报器播放、1次或2次消防应急广播播放的交替工作方式循环播放。

4.8.10 在消防控制室应能手动或按预设控制逻辑联动控制选择广播分区、启动或停止应急广播系统,并应能监听消防应急广播。在通过传声器进行应急广播时,应自动对广播内容进行录音。

4.8.11 消防控制室内应能显示消防应急广播的广播分区的工作状态。

4.8.12 消防应急广播与普通广播或背景音乐广播合用时,应具有强制切入消防应急广播的功能。

4.9 消防应急照明和疏散指示系统的联动控制设计

4.9.1 消防应急照明和疏散指示系统的联动控制设计,应符合下列规定:

1 集中控制型消防应急照明和疏散指示系统,应由火灾报警控制器或消防联动控制器启动应急照明控制器实现。

2 集中电源非集中控制型消防应急照明和疏散指示系统,应由消防联动控制器联动应急照明集中电源和应急照明分配电装置实现。

3 自带电源非集中控制型消防应急照明和疏散指示系统,应由消防联动控制器联动消防应急照明配电箱实现。

4.9.2 当确认火灾后,由发生火灾的报警区域开始,顺序启动全楼疏散通道的消防应急照明和疏散指示系统,系统全部投入应急状态的启动时间不应大于5s。

4.10 相关联动控制设计

4.10.1 消防联动控制器应具有切断火灾区域及相关区域的非消防电源的功能,当需要切断正常照明时,宜在自动喷淋系统、消火栓系统动作前切断。

4.10.2 消防联动控制器应具有自动打开涉及疏散的电动栅杆等的功能,宜开启相关区域安全技术防范系统的摄像机监视火灾现场。

4.10.3 消防联动控制器应具有打开疏散通道上由门禁系统控制的门和庭院电动大门的功能,并应具有打开停车场出入口挡杆的功能。

15

5 火灾探测器的选择

5.1 一般规定

5.1.1 火灾探测器的选择应符合下列规定:

1 对火灾初期有阴燃阶段,产生大量的烟和少量的热,很少或没有火焰辐射的场所,应选择感烟火灾探测器。

2 对火灾发展迅速,可产生大量热、烟和火焰辐射的场所,可选择感温火灾探测器、感烟火灾探测器、火焰探测器或其组合。

3 对火灾发展迅速,有强烈的火焰辐射和少量烟、热的场所,应选择火焰探测器。

4 对火灾初期有阴燃阶段,且需要早期探测的场所,宜增设一氧化碳火灾探测器。

5 对使用、生产可燃气体或可燃蒸气的场所,应选择可燃气体探测器。

6 应根据保护场所可能发生火灾的部位和燃烧材料的分析,以及火灾探测器的类型、灵敏度和响应时间等选择相应的火灾探测器,对火灾形成特征不可预料的场所,可根据模拟试验的结果选择火灾探测器。

7 同一探测区域内设置多个火灾探测器时,可选择具有复合判断火灾功能的火灾探测器和火灾报警控制器。

5.2 点型火灾探测器的选择

5.2.1 对不同高度的房间,可按表5.2.1选择点型火灾探测器。

表5.2.1 对不同高度的房间点型火灾探测器的选择

房间高度 h (m)	点型感烟火灾探测器	点型感温火灾探测器			火焰探测器
		A1、A2	B	C、D、E、F、G	
12<h≤20	不适合	不适合	不适合	不适合	适合

续表 5.2.1

房间高度 h (m)	点型感烟火灾探测器	点型感温火灾探测器			火焰探测器
		A1、A2	B	C、D、E、F、G	
8<h≤12	适合	不适合	不适合	不适合	适合
6<h≤8	适合	适合	不适合	不适合	适合
4<h≤6	适合	适合	适合	不适合	适合
h≤4	适合	适合	适合	适合	适合

注:表中 A1、A2、B、C、D、E、F、G 为点型感温探测器的不同类别,其具体参数应符合本规范附录C的规定。

5.2.2 下列场所宜选择点型感烟火灾探测器:

1 饭店、旅馆、教学楼、办公楼的厅堂、卧室、办公室、商场、列车载客车厢等。

2 计算机房、通信机房、电影或电视放映室等。

3 楼梯、走道、电梯机房、车库等。

4 书库、档案库等。

5.2.3 符合下列条件之一的场所,不宜选择点型离子感烟火灾探测器:

1 相对湿度经常大于95%。

2 气流速度大于5m/s。

3 有大量粉尘、水雾滞留。

4 可能产生腐蚀性气体。

5 在正常情况下有烟滞留。

6 产生醇类、醚类、酮类等有机物质。

5.2.4 符合下列条件之一的场所,不宜选择点型光电感烟火灾探测器:

1 有大量粉尘、水雾滞留。

2 可能产生蒸气和油雾。

3 高海拔地区。

4 在正常情况下有烟滞留。

5.2.5 符合下列条件之一的场所,宜选择点型感温火灾探测器;且应根据使用场所的典型应用温度和最高应用温度选择适当类别的感温火灾探测器:

1 相对湿度经常大于95%。

2 可能发生无烟火灾。

3 有大量粉尘。

4 吸烟室等在正常情况下有烟或蒸气滞留的场所。

5 厨房、锅炉房、发电机房、烘干车间等不宜安装感烟火灾探测器的场所。

6 需要联动熄灭"安全出口"标志灯的安全出口内侧。

7 其他无人滞留且不适合安装感烟火灾探测器,但发生火灾时需要及时报警的场所。

5.2.6 可能产生阴燃火或发生火灾不及时报警将造成重大损失的场所,不宜选择点型感温火灾探测器;温度在0℃以下的场所,不宜选择定温探测器;温度变化较大的场所,不宜选择具有差温特性的探测器。

5.2.7 符合下列条件之一的场所,宜选择点型火焰探测器或图像型火焰探测器:

1 火灾时有强烈的火焰辐射。

2 可能发生液体燃烧等无阴燃阶段的火灾。

3 需要对火焰做出快速反应。

5.2.8 符合下列条件之一的场所,不宜选择点型火焰探测器和图像型火焰探测器:

1 在火焰出现前有浓烟扩散。

2 探测器的镜头易被污染。

3 探测器的"视线"易被油雾、烟雾、水雾和冰雪遮挡。

4 探测区域内的可燃物是金属和无机物。

5 探测器易受阳光、白炽灯等光源直接或间接照射。

5.2.9 探测区域内正常情况下有高温物体的场所,不宜选择单波段红外火焰探测器。

15—8

5.2.10 正常情况下有明火作业,探测器易受 X 射线、弧光和闪电等影响的场所,不宜选择紫外火焰探测器。

5.2.11 下列场所宜选择可燃气体探测器:
    1 使用可燃气体的场所。
    2 燃气站和燃气表房以及存储液化石油气罐的场所。
    3 其他散发可燃气体和可燃蒸气的场所。

5.2.12 在火灾初期产生一氧化碳的下列场所可选择点型一氧化碳火灾探测器:
    1 烟不容易对流或顶棚下方有热屏障的场所。
    2 在棚顶上无法安装其他点型火灾探测器的场所。
    3 需要多信号复合报警的场所。

5.2.13 污物较多且必须安装感烟火灾探测器的场所,应选择间断吸气的点型采样吸气式感烟火灾探测器或具有过滤网和管路自清洗功能的管路采样吸气式感烟火灾探测器。

5.3 线型火灾探测器的选择

5.3.1 无遮挡的大空间或有特殊要求的房间,宜选择线型光束感烟火灾探测器。

5.3.2 符合下列条件之一的场所,不宜选择线型光束感烟火灾探测器:
    1 有大量粉尘、水雾滞留。
    2 可能产生蒸气和油雾。
    3 在正常情况下有烟滞留。
    4 固定探测器的建筑结构由于振动等原因会产生较大位移的场所。

5.3.3 下列场所或部位,宜选择缆式线型感温火灾探测器:
    1 电缆隧道、电缆竖井、电缆夹层、电缆桥架。
    2 不易安装点型探测器的夹层、闷顶。
    3 各种皮带输送装置。
    4 其他环境恶劣不适合点型探测器安装的场所。

5.3.4 下列场所或部位,宜选择线型光纤感温火灾探测器:
    1 除液化石油气外的石油储罐。
    2 需要设置线型感温火灾探测器的易燃易爆场所。
    3 需要监测环境温度的地下空间等场所宜设置具有实时温度监测功能的线型光纤感温火灾探测器。
    4 公路隧道、敷设动力电缆的铁路隧道和城市地铁隧道等。

5.3.5 线型定温火灾探测器的选择,应保证其不动作温度符合设置场所的最高环境温度的要求。

5.4 吸气式感烟火灾探测器的选择

5.4.1 下列场所宜选择吸气式感烟火灾探测器:
    1 具有高速气流的场所。
    2 点型感烟、感温火灾探测器不适宜的大空间、舞台上方、建筑高度超过 12m 或有特殊要求的场所。
    3 低温场所。
    4 需要进行隐蔽探测的场所。
    5 需要进行火灾早期探测的重要场所。
    6 人员不宜进入的场所。

5.4.2 灰尘比较大的场所,不应选择没有过滤网和管路自清洗功能的管路采样式吸气感烟火灾探测器。

---

6 系统设备的设置

6.1 火灾报警控制器和消防联动控制器的设置

6.1.1 火灾报警控制器和消防联动控制器,应设置在消防控制室内或有人值班的房间和场所。

6.1.2 火灾报警控制器和消防联动控制器等在消防控制室内的布置,应符合本规范第 3.4.8 条的规定。

6.1.3 火灾报警控制器和消防联动控制器安装在墙上时,其主显示屏高度宜为 1.5m～1.8m,其靠近门轴的侧面距墙不应小于 0.5m,正面操作距离不应小于 1.2m。

6.1.4 集中报警系统和控制中心报警系统中的区域火灾报警控制器在满足下列条件时,可设置在无人值班的场所:
    1 本区域内无需要手动控制的消防联动设备。
    2 本火灾报警控制器的所有信息在集中火灾报警控制器上均有显示,且能接收起集中控制功能的火灾报警控制器的联动控制信号,并自动启动相应的消防设备。
    3 设置的场所只有值班人员可以进入。

6.2 火灾探测器的设置

6.2.1 探测器的具体设置部位应按本规范附录 D 采用。

6.2.2 点型火灾探测器的设置应符合下列规定:
    1 探测区域的每个房间应至少设置一只火灾探测器。
    2 感烟火灾探测器和 A1、A2、B 型感温火灾探测器的保护面积和保护半径,应按表 6.2.2 确定;C、D、E、F、G 型感温火灾探测器的保护面积和保护半径,应根据生产企业设计说明书确定,但不应超过表 6.2.2 的规定。

表 6.2.2 感烟火灾探测器和 A1、A2、B 型感温
火灾探测器的保护面积和保护半径

火灾探测器的种类	地面面积 S(m²)	房间高度 h(m)	一只探测器的保护面积 A 和保护半径 R					
			屋顶坡度 θ					
			θ≤15°		15°<θ≤30°		θ>30°	
			A(m²)	R(m)	A(m²)	R(m)	A(m²)	R(m)
感烟火灾探测器	S≤80	h≤12	80	6.7	80	7.2	80	8.0
	S>80	6<h≤12	80	6.7	100	8.0	120	9.9
		h≤6	60	5.8	80	7.2	100	9.0
感温火灾探测器	S≤30	h≤8	30	4.4	30	4.9	30	5.5
	S>30	h≤8	20	3.6	30	4.9	40	6.3

注:建筑高度不超过 14m 的封闭探测空间,且火灾初期会产生大量的烟时,可设置点型感烟火灾探测器。

    3 感烟火灾探测器、感温火灾探测器的安装间距,应根据探测器的保护面积 A 和保护半径 R 确定,并不应超过本规范附录 E 探测器安装间距的极限曲线 $D_1 \sim D_{11}$(含 D_9')规定的范围。

    4 一个探测区域内所需设置的探测器数量,不应小于公式(6.2.2)的计算值:

$$N = \frac{S}{K \cdot A} \qquad (6.2.2)$$

式中:N——探测器数量(只),N 应取整数;
      S——该探测区域面积(m²);
      K——修正系数,容纳人数超过 10000 人的公共场所宜取 0.7～0.8,容纳人数为 2000 人～10000 人的公共场所宜取 0.8～0.9,容纳人数为 500 人～2000 人的公共场所宜取 0.9～1.0,其他场所可取 1.0;

A——探测器的保护面积(m^2)。

6.2.3 在有梁的顶棚上设置点型感烟火灾探测器、感温火灾探测器时,应符合下列规定:

1 当梁突出顶棚的高度小于 200mm 时,可不计梁对探测器保护面积的影响。

2 当梁突出顶棚的高度为 200mm~600mm 时,应按本规范附录F、附录G确定梁对探测器保护面积的影响和一只探测器能够保护的梁间区域的数量。

3 当梁突出顶棚的高度超过 600mm 时,被梁隔断的每个梁间区域应至少设置一只探测器。

4 当被梁隔断的区域面积超过一只探测器的保护面积时,被隔断的区域应按本规范第 6.2.2 条第 4 款规定计算探测器的设置数量。

5 当梁间净距小于 1m 时,可不计梁对探测器保护面积的影响。

6.2.4 在宽度小于 3m 的内走道顶棚上设置点型探测器时,宜居中布置。感温火灾探测器的安装间距不应超过 10m;感烟火灾探测器的安装间距不应超过 15m;探测器至端墙的距离,不应大于探测器安装间距的 1/2。

6.2.5 点型探测器至墙壁、梁边的水平距离,不应小于 0.5m。

6.2.6 点型探测器周围 0.5m 内,不应有遮挡物。

6.2.7 房间被书架、设备或隔断等分隔,其顶部至顶棚或梁的距离小于房间净高的 5% 时,每个被隔开的部分应至少安装一只点型探测器。

6.2.8 点型探测器至空调送风口边的水平距离不应小于 1.5m,并宜接近回风口安装。探测器至多孔送风顶棚孔口的水平距离不应小于 0.5m。

6.2.9 当屋顶有热屏障时,点型感烟火灾探测器下表面至顶棚或屋顶的距离,应符合表 6.2.9 的规定。

表 6.2.9 点型感烟火灾探测器下表面至顶棚或屋顶的距离

探测器的安装高度 h(m)	点型感烟火灾探测器下表面至顶棚或屋顶的距离 d(mm)					
	顶棚或屋顶坡度 θ					
	θ≤15°		15°<θ≤30°		θ>30°	
	最小	最大	最小	最大	最小	最大
h≤6	30	200	200	300	300	500
6<h≤8	70	250	250	400	400	600
8<h≤10	100	300	300	500	500	700
10<h≤12	150	350	350	600	600	800

6.2.10 锯齿形屋顶和坡度大于 15° 的人字形屋顶,应在每个屋脊处设置一排点型探测器,探测器下表面至屋顶最高处的距离,应符合本规范第 6.2.9 条的规定。

6.2.11 点型探测器宜水平安装。当倾斜安装时,倾斜角不应大于 45°。

6.2.12 在电梯井、升降机井设置点型探测器时,其位置宜在井道上方的机房顶棚上。

6.2.13 一氧化碳火灾探测器可设置在气体能够扩散到的任何部位。

6.2.14 火焰探测器和图像型火灾探测器的设置,应符合下列规定:

1 应计及探测器的探测视角及最大探测距离,可通过选择探测距离长、火灾报警响应时间短的火焰探测器,提高保护面积要求和报警时间要求。

2 探测器的探测视角内不应存在遮挡物。

3 应避免光源直接照射在探测器的探测窗口。

4 单波段的火焰探测器不应设置在平时有阳光、白炽灯等光源直接或间接照射的场所。

6.2.15 线型光束感烟火灾探测器的设置应符合下列规定:

1 探测器的光束轴线至顶棚的垂直距离宜为 0.3m~1.0m,

距地高度不宜超过 20m。

2 相邻两组探测器的水平距离不应大于 14m,探测器至侧墙水平距离不应大于 7m,且不应小于 0.5m。探测器的发射器和接收器之间的距离不宜超过 100m。

3 探测器应设置在固定结构上。

4 探测器的设置应保证其接收端避开日光和人工光源直接照射。

5 选择反射式探测器时,应保证在反射板与探测器间任何部位进行模拟试验时,探测器均能正确响应。

6.2.16 线型感温火灾探测器的设置应符合下列规定:

1 探测器在保护电缆、堆垛等类似保护对象时,应采用接触式布置;在各种皮带输送装置上设置时,宜设置在装置的过热点附近。

2 设置在顶棚下方的线型感温火灾探测器,至顶棚的距离宜为 0.1m。探测器的保护半径应符合点型感温火灾探测器的保护半径要求;探测器至墙壁的距离宜为 1m~1.5m。

3 光栅光纤感温火灾探测器每个光栅的保护面积和保护半径,应符合点型感温火灾探测器的保护面积和保护半径要求。

4 设置线型感温火灾探测器的场所有联动要求时,宜采用两只不同火灾探测器的报警信号组合。

5 与线型感温火灾探测器连接的模块不宜设置在长期潮湿或温度变化较大的场所。

6.2.17 管路采样式吸气感烟火灾探测器的设置,应符合下列规定:

1 非高灵敏型探测器的采样管网安装高度不应超过 16m;高灵敏型探测器的采样管网安装高度可超过 16m;采样管网安装高度超过 16m 时,灵敏度可调的探测器应设置为高灵敏度,且应减小采样管长度和采样孔数量。

2 探测器的每个采样孔的保护面积、保护半径,应符合点型感烟火灾探测器的保护面积、保护半径的要求。

3 一个探测单元的采样管总长不宜超过 200m,单管长度不宜超过 100m,同一根采样管不应穿越防火分区。采样孔总数不宜超过 100 个,单管上的采样孔数量不宜超过 25 个。

4 当采样管道采用毛细管布置方式时,毛细管长度不宜超过 4m。

5 吸气管路和采样孔应有明显的火灾探测器标识。

6 有过梁、空间支架的建筑中,采样管路应固定在过梁、空间支架上。

7 当采样管道布置形式为垂直采样时,每 2℃温差间隔或 3m 间隔(取最小者)应设置一个采样孔,采样孔不应背对气流方向。

8 采样管网应按经过确认的设计软件或方法进行设计。

9 探测器的火灾报警信号、故障信号等信息应传给火灾报警控制器,涉及消防联动控制时,探测器的火灾报警信号还应传给消防联动控制器。

6.2.18 感烟火灾探测器在格栅吊顶场所的设置,应符合下列规定:

1 镂空面积与总面积的比例不大于 15% 时,探测器应设置在吊顶下方。

2 镂空面积与总面积的比例大于 30% 时,探测器应设置在吊顶上方。

3 镂空面积与总面积的比例为 15%~30% 时,探测器的设置部位应根据实际试验结果确定。

4 探测器设置在吊顶上方且火警确认灯无法观察时,应在吊顶下方设置火警确认灯。

5 地铁站台等有活塞风影响的场所,镂空面积与总面积的比例为 30%~70% 时,探测器宜同时设置在吊顶上方和下方。

6.2.19 本规范未涉及的其他火灾探测器的设置应按企业提供的

设计手册或使用说明书进行设置,必要时可通过模拟保护对象火灾场景等方式对探测器的设置情况进行验证。

6.3　手动火灾报警按钮的设置

6.3.1　每个防火分区应至少设置一只手动火灾报警按钮。从一个防火分区内的任何位置到最邻近的手动火灾报警按钮的步行距离不应大于30m。手动火灾报警按钮宜设置在疏散通道或出入口处。列车上设置的手动火灾报警按钮,应设置在每节车厢的出入口和中间部位。

6.3.2　手动火灾报警按钮应设置在明显和便于操作的部位。当采用壁挂方式安装时,其底边距地高度宜为1.3m~1.5m,且应有明显的标志。

6.4　区域显示器的设置

6.4.1　每个报警区域宜设置一台区域显示器(火灾显示盘);宾馆、饭店等场所应在每个报警区域设置一台区域显示器。当一个报警区域包括多个楼层时,宜在每个楼层设置一台仅显示本楼层的区域显示器。

6.4.2　区域显示器应设置在出入口等明显和便于操作的部位。当采用壁挂方式安装时,其底边距地高度宜为1.3m~1.5m。

6.5　火灾警报器的设置

6.5.1　火灾光警报器应设置在每个楼层的楼梯口、消防电梯前室、建筑内部拐角等处的明显部位,且不宜与安全出口指示标志灯具设置在同一面墙上。

6.5.2　每个报警区域内应均匀设置火灾警报器,其声压级不应小于60dB;在环境噪声大于60dB的场所,其声压级应高于背景噪声15dB。

6.5.3　当火灾警报器采用壁挂方式安装时,其底边距地面高度应大于2.2m。

6.6　消防应急广播的设置

6.6.1　消防应急广播扬声器的设置,应符合下列规定:

　　1　民用建筑内扬声器应设置在走道和大厅等公共场所。每个扬声器的额定功率不应小于3W,其数量应能保证从一个防火分区内的任何部位到最近一个扬声器的直线距离不大于25m,走道末端距最近的扬声器距离不应大于12.5m。

　　2　在环境噪声大于60dB的场所设置的扬声器,在其播放范围内最远点的播放声压级应高于背景噪声15dB。

　　3　客房设置专用扬声器时,其功率不宜小于1W。

6.6.2　壁挂扬声器的底边距地面高度应大于2.2m。

6.7　消防专用电话的设置

6.7.1　消防专用电话网络应为独立的消防通信系统。

6.7.2　消防控制室应设置消防专用电话总机。

6.7.3　多线制消防专用电话系统中的每个电话分机应与总机单独连接。

6.7.4　电话分机或电话插孔的设置,应符合下列规定:

　　1　消防水泵房、发电机房、配变电室、计算机网络机房、主要通风和空调机房、防排烟机房、灭火控制系统操作装置处或控制室、企业消防站、消防值班室、总调度室、消防电梯机房及其他与消防联动控制有关的且经常有人值班的机房应设置消防专用电话分机。消防专用电话分机,应固定安装在明显且便于使用的部位,并应有区别于普通电话的标识。

　　2　设有手动火灾报警按钮或消火栓按钮等处,宜设置电话插孔,并宜选择带有电话插孔的手动火灾报警按钮。

　　3　各避难层应每隔20m设置一个消防专用电话分机或电话插孔。

　　4　电话插孔在墙上安装时,其底边距地面高度宜为1.3m~1.5m。

6.7.5　消防控制室、消防值班室或企业消防站等处,应设置可直接报警的外线电话。

6.8　模块的设置

6.8.1　每个报警区域内的模块宜相对集中设置在本报警区域内的金属模块箱中。

6.8.2　模块严禁设置在配电(控制)柜(箱)内。

6.8.3　本报警区域内的模块不应控制其他报警区域的设备。

6.8.4　未集中设置的模块附近应有尺寸不小于100mm×100mm的标识。

6.9　消防控制室图形显示装置的设置

6.9.1　消防控制室图形显示装置应设置在消防控制室内,并应符合火灾报警控制器的安装设置要求。

6.9.2　消防控制室图形显示装置与火灾报警控制器、消防联动控制器、电气火灾监控器、可燃气体报警控制器等消防设备之间,应采用专用线路连接。

6.10　火灾报警传输设备或用户信息传输装置的设置

6.10.1　火灾报警传输设备或用户信息传输装置,应设置在消防控制室内;未设置消防控制室时,应设置在火灾报警控制器附近的明显部位。

6.10.2　火灾报警传输设备或用户信息传输装置与火灾报警控制器、消防联动控制器等设备之间,应采用专用线路连接。

6.10.3　火灾报警传输设备或用户信息传输装置的设置,应保证有足够的操作和检修间距。

6.10.4　火灾报警传输设备或用户信息传输装置的手动报警装置,应设置在便于操作的明显部位。

6.11　防火门监控器的设置

6.11.1　防火门监控器应设置在消防控制室内,未设置消防控制室时,应设置在有人值班的场所。

6.11.2　电动开门器的手动控制按钮应设置在防火门内侧墙面上,距门不宜超过0.5m,底边距地面高度宜为0.9m~1.3m。

6.11.3　防火门监控器的设置应符合火灾报警控制器的安装设置要求。

7 住宅建筑火灾自动报警系统

7.1 一般规定

7.1.1 住宅建筑火灾自动报警系统可根据实际应用过程中保护对象的具体情况按下列分类：

1 A类系统可由火灾报警控制器、手动火灾报警按钮、家用火灾探测器、火灾声警报器、应急广播等设备组成。

2 B类系统可由控制中心监控设备、家用火灾报警控制器、家用火灾探测器、火灾声警报器等设备组成。

3 C类系统可由家用火灾报警控制器、家用火灾探测器、火灾声警报器等设备组成。

4 D类系统可由独立式火灾探测报警器、火灾声警报器等设备组成。

7.1.2 住宅建筑火灾自动报警系统的选择应符合下列规定：

1 有物业集中监控管理且设有需联动控制的消防设施的住宅建筑应选用A类系统。

2 仅有物业集中监控管理的住宅建筑宜选用A类或B类系统。

3 没有物业集中监控管理的住宅建筑宜选用C类系统。

4 别墅式住宅和已投入使用的住宅建筑可选用D类系统。

7.2 系统设计

7.2.1 A类系统的设计应符合下列规定：

1 系统在公共部位的设计应符合本规范第3～6章的规定。

2 住户内设置的家用火灾探测器可接入家用火灾报警控制器，也可直接接入火灾报警控制器。

3 设置的家用火灾报警控制器应将火灾报警信息、故障信息等相关信息传输给相连接的火灾报警控制器。

4 建筑公共部位设置的火灾探测器应直接接入火灾报警控制器。

7.2.2 B类和C类系统的设计应符合下列规定：

1 住户内设置的家用火灾探测器应接入家用火灾报警控制器。

2 家用火灾报警控制器应能启动设置在公共部位的火灾声警报器。

3 B类系统中，设置在每个住宅内的家用火灾报警控制器应连接到控制中心监控设备，控制中心监控设备应能显示发生火灾的住户。

7.2.3 D类系统的设计应符合下列规定：

1 有多个起居室的住户，宜采用互连型独立式火灾探测报警器。

2 宜选择电池供电时间不少于3年的独立式火灾探测报警器。

7.2.4 采用无线方式将独立式火灾探测报警器组成系统时，系统设计应符合A类、B类或C类系统之一的设计要求。

7.3 火灾探测器的设置

7.3.1 每间卧室、起居室内应至少设置一只感烟火灾探测器。

7.3.2 可燃气体探测器在厨房设置时，应符合下列规定：

1 使用天然气的用户应选择甲烷探测器，使用液化气的用户应选择丙烷探测器，使用煤制气的用户应选择一氧化碳探测器。

2 连接燃气灶具的软管及接头在橱柜内部时，探测器宜设置在橱柜内部。

3 甲烷探测器应设置在厨房顶部，丙烷探测器应设置在厨房下部，一氧化碳探测器可设置在厨房下部，也可设置在其他部位。

4 可燃气体探测器不宜设置在灶具正上方。

5 宜采用具有联动关断燃气关断阀功能的可燃气体探测器。

6 探测器联动的燃气关断阀宜为用户可以自己复位的关断阀，并应具有胶管脱落自动保护功能。

7.4 家用火灾报警控制器的设置

7.4.1 家用火灾报警控制器应独立设置在每户内，且应设置在明显和便于操作的部位。当采用壁挂方式安装时，其底边距地高度宜为1.3m～1.5m。

7.4.2 具有可视对讲功能的家用火灾报警控制器宜设置在进户门附近。

7.5 火灾声警报器的设置

7.5.1 住宅建筑公共部位设置的火灾声警报器应具有语音功能，且应能接受联动控制或由手动火灾报警按钮信号直接控制发出警报。

7.5.2 每台警报器覆盖的楼层不应超过3层，且首层明显部位应设置用于直接启动火灾声警报器的手动火灾报警按钮。

7.6 应急广播的设置

7.6.1 住宅建筑内设置的应急广播应能接受联动控制或由手动火灾报警按钮信号直接控制进行广播。

7.6.2 每台扬声器覆盖的楼层不应超过3层。

7.6.3 广播功率放大器应具有消防电话插孔，消防电话插入后应能直接讲话。

7.6.4 广播功率放大器应配有备用电池，电池持续工作不能达到1h时，应能向消防控制室或物业值班室发送报警信息。

7.6.5 广播功率放大器应设置在首层内走道侧面墙上，箱体面板应有防止非专业人员打开的措施。

8 可燃气体探测报警系统

8.1 一般规定

8.1.1 可燃气体探测报警系统应由可燃气体报警控制器、可燃气体探测器和火灾声光警报器等组成。

8.1.2 可燃气体探测报警系统应独立组成，可燃气体探测器不应接入火灾报警控制器的探测器回路；当可燃气体的报警信号需接入火灾自动报警系统时，应由可燃气体报警控制器接入。

8.1.3 石化行业涉及过程控制的可燃气体探测器，可按现行国家标准《石油化工可燃气体和有毒气体检测报警设计规范》GB 50493的有关规定设置，但其报警信号应接入消防控制室。

8.1.4 可燃气体报警控制器的报警信息和故障信息，应在消防控制室图形显示装置或起集中控制功能的火灾报警控制器上显示，但该类信息与火灾报警信息的显示应有区别。

8.1.5 可燃气体报警控制器发出报警信号时，应能启动保护区域的火灾声光警报器。

8.1.6 可燃气体探测报警系统保护区域内有联动和警报要求时，应由可燃气体报警控制器或消防联动控制器联动实现。

8.1.7 可燃气体探测报警系统设置在有防爆要求的场所时，尚应符合有关防爆要求。

8.2 可燃气体探测器的设置

8.2.1 探测气体密度小于空气密度的可燃气体探测器应设置在被保护空间的顶部，探测气体密度大于空气密度的可燃气体探测器应设置在被保护空间的下部，探测气体密度与空气密度相当时，可燃气体探测器可设置在被保护空间的中间部位或顶部。

8.2.2 可燃气体探测器宜设置在可能产生可燃气体部位附近。

8.2.3 点型可燃气体探测器的保护半径，应符合现行国家标准《石油化工可燃气体和有毒气体检测报警设计规范》GB 50493 的有关规定。

8.2.4 线型可燃气体探测器的保护区域长度不宜大于 60m。

8.3 可燃气体报警控制器的设置

8.3.1 当有消防控制室时，可燃气体报警控制器可设置在保护区域附近；当无消防控制室时，可燃气体报警控制器应设置在有人值班的场所。

8.3.2 可燃气体报警控制器的设置应符合火灾报警控制器的安装设置要求。

9 电气火灾监控系统

9.1 一般规定

9.1.1 电气火灾监控系统可用于具有电气火灾危险的场所。

9.1.2 电气火灾监控系统应由下列部分或全部设备组成：

1 电气火灾监控器。

2 剩余电流式电气火灾监控探测器。

3 测温式电气火灾监控探测器。

9.1.3 电气火灾监控系统应根据建筑物的性质及电气火灾危险性设置，并应根据电气线路敷设和用电设备的具体情况，确定电气火灾监控探测器的形式与安装位置。在无消防控制室且电气火灾监控探测器设置数量不超过 8 只时，可采用独立式电气火灾监控探测器。

9.1.4 非独立式电气火灾监控探测器不应接入火灾报警控制器的探测器回路。

9.1.5 在设置消防控制室的场所，电气火灾监控器的报警信息和故障信息应在消防控制室图形显示装置或起集中控制功能的火灾报警控制器上显示，但该类信息与火灾报警信息的显示应有区别。

9.1.6 电气火灾监控系统的设置不应影响供电系统的正常工作，不宜自动切断供电电源。

9.1.7 当线型感温火灾探测器用于电气火灾监控时，可接入电气火灾监控器。

9.2 剩余电流式电气火灾监控探测器的设置

9.2.1 剩余电流式电气火灾监控探测器应以设置在低压配电系统首端为基本原则，宜设置在第一级配电柜（箱）的出线端。在供电线路泄漏电流大于 500mA 时，宜在其下一级配电柜（箱）设置。

9.2.2 剩余电流式电气火灾监控探测器不宜设置在 IT 系统的配电线路和消防配电线路中。

9.2.3 选择剩余电流式电气火灾监控探测器时，应计及供电系统自然漏流的影响，并应选择参数合适的探测器；探测器报警值宜为 300mA～500mA。

9.2.4 具有探测线路故障电弧功能的电气火灾监控探测器，其保护线路的长度不宜大于 100m。

9.3 测温式电气火灾监控探测器的设置

9.3.1 测温式电气火灾监控探测器应设置在电缆接头、端子、重点发热部件等部位。

9.3.2 保护对象为 1000V 及以下的配电线路，测温式电气火灾监控探测器应采用接触式布置。

9.3.3 保护对象为 1000V 以上的供电线路，测温式电气火灾监控探测器宜选择光栅光纤测温式或红外测温式电气火灾监控探测器，光栅光纤测温式电气火灾监控探测器应直接设置在保护对象的表面。

9.4 独立式电气火灾监控探测器的设置

9.4.1 独立式电气火灾监控探测器的设置应符合本规范第9.2、9.3节的规定。

9.4.2 设有火灾自动报警系统时，独立式电气火灾监控探测器的报警信息和故障信息应在消防控制室图形显示装置或集中火灾报警控制器上显示；但该类信息与火灾报警信息的显示应有区别。

9.4.3 未设火灾自动报警系统时，独立式电气火灾监控探测器应将报警信号传至有人值班的场所。

9.5 电气火灾监控器的设置

9.5.1 设有消防控制室时，电气火灾监控器应设置在消防控制室内或保护区域附近；设置在保护区域附近时，应将报警信息和故障信息传入消防控制室。

9.5.2 未设消防控制室时，电气火灾监控器应设置在有人值班的场所。

10 系统供电

10.1 一般规定

10.1.1 火灾自动报警系统应设置交流电源和蓄电池备用电源。

10.1.2 火灾自动报警系统的交流电源应采用消防电源,备用电源可采用火灾报警控制器和消防联动控制器自带的蓄电池电源或消防设备应急电源。当备用电源采用消防设备应急电源时,火灾报警控制器和消防联动控制器应采用单独的供电回路,并应保证在系统处于最大负载状态下不影响火灾报警控制器和消防联动控制器的正常工作。

10.1.3 消防控制室图形显示装置、消防通信设备等的电源,宜由UPS电源装置或消防设备应急电源供电。

10.1.4 火灾自动报警系统主电源不应设置剩余电流动作保护和过负荷保护装置。

10.1.5 消防设备应急电源输出功率应大于火灾自动报警及联动控制系统全负荷功率的120%,蓄电池组的容量应保证火灾自动报警及联动控制系统在火灾状态同时工作负荷条件下连续工作3h以上。

10.1.6 消防用电设备应采用专用的供电回路,其配电设备应设有明显标志。其配电线路和控制回路宜按防火分区划分。

10.2 系统接地

10.2.1 火灾自动报警系统接地装置的接地电阻值应符合下列规定:

1 采用共用接地装置时,接地电阻值不应大于1Ω。

2 采用专用接地装置时,接地电阻值不应大于4Ω。

10.2.2 消防控制室内的电气和电子设备的金属外壳、机柜、机架和金属管、槽等,应采用等电位连接。

10.2.3 由消防控制室接地板引至各消防电子设备的专用接地线应选用铜芯绝缘导线,其线芯截面面积不应小于4mm²。

10.2.4 消防控制室接地板与建筑接地体之间,应采用线芯截面面积不小于25mm²的铜芯绝缘导线连接。

11 布 线

11.1 一般规定

11.1.1 火灾自动报警系统的传输线路和50V以下供电的控制线路,应采用电压等级不低于交流300V/500V的铜芯绝缘导线或铜芯电缆。采用交流220V/380V的供电和控制线路,应采用电压等级不低于交流450V/750V的铜芯绝缘导线或铜芯电缆。

11.1.2 火灾自动报警系统传输线路的线芯截面选择,除应满足自动报警装置技术条件的要求外,还应满足机械强度的要求。铜芯绝缘导线和铜芯电缆线芯的最小截面面积,不应小于表11.1.2的规定。

表 11.1.2 铜芯绝缘导线和铜芯电缆线芯的最小截面面积

序 号	类 别	线芯的最小截面面积(mm²)
1	穿管敷设的绝缘导线	1.00
2	线槽内敷设的绝缘导线	0.75
3	多芯电缆	0.50

11.1.3 火灾自动报警系统的供电线路和传输线路设置在室外时,应埋地敷设。

11.1.4 火灾自动报警系统的供电线路和传输线路设置在地(水)下隧道或湿度大于90%的场所时,线路及接线处应做防水处理。

11.1.5 采用无线通信方式的系统设计,应符合下列规定:

1 无线通信模块的设置间距不应大于额定通信距离的75%。

2 无线通信模块应设置在明显部位,且应有明显标识。

11.2 室内布线

11.2.1 火灾自动报警系统的传输线路应采用金属管、可挠(金属)电气导管、B₁级以上的刚性塑料管或封闭式线槽保护。

11.2.2 火灾自动报警系统的供电线路、消防联动控制线路应采用耐火铜芯电线电缆,报警总线、消防应急广播和消防专用电话等传输线路应采用阻燃或阻燃耐火电线电缆。

11.2.3 线路暗敷设时,应采用金属管、可挠(金属)电气导管或B₁级以上的刚性塑料管保护,并应敷设在不燃烧体的结构层内,且保护层厚度不宜小于30mm;线路明敷设时,应采用金属管、可挠(金属)电气导管或金属封闭线槽保护。矿物绝缘类不燃性电缆可直接明敷。

11.2.4 火灾自动报警系统用的电缆竖井,宜与电力、照明用的低压配电线路电缆竖井分别设置。受条件限制必须合用时,应将火灾自动报警系统用的电缆和电力、照明用的低压配电线路电缆分别布置在竖井的两侧。

11.2.5 不同电压等级的线缆不应穿入同一根保护管内,当合用同一线槽时,线槽内应有隔板分隔。

11.2.6 采用穿管水平敷设时,除报警总线外,不同防火分区的线路不应穿入同一根管内。

11.2.7 从接线盒、线槽等处引到探测器底座盒、控制设备盒、扬声器箱的线路,均应加金属保护管保护。

11.2.8 火灾探测器的传输线路,宜选择不同颜色的绝缘导线或电缆。正极"+"线应为红色,负极"-"线应为蓝色或黑色。同一工程中相同用途导线的颜色应一致,接线端子应有标号。

12　典型场所的火灾自动报警系统

12.1　道路隧道

12.1.1　城市道路隧道、特长双向公路隧道和道路中的水底隧道，应同时采用线型光纤感温火灾探测器和点型红外火焰探测器（或图像型火灾探测器）；其他公路隧道应采用线型光纤感温火灾探测器或点型红外火焰探测器。

12.1.2　线型光纤感温火灾探测器应设置在车道顶部距顶棚100mm～200mm，线型光栅光纤感温火灾探测器的光栅间距不应大于10m；每根分布式线型光纤感温火灾探测器和线型光栅光纤感温火灾探测保护车道的数量不应超过2条；点型红外火焰探测器或图像型火灾探测器应设置在行车道侧面墙上距行车道地面高度2.7m～3.5m，并应保证无探测盲区；在行车道两侧设置时，探测器应交错设置。

12.1.3　火灾自动报警系统需联动消防设施时，其报警区域长度不宜大于150m。

12.1.4　隧道出入口以及隧道内每隔200m处应设置报警电话，每隔50m处应设置手动火灾报警按钮和闪烁红光的火灾声光警报器。隧道入口前方50m～250m内应设置指示隧道内发生火灾的声光警报装置。

12.1.5　隧道用电缆通道宜设置线型感温火灾探测器，主要设备用房内的配电线路应设置电气火灾监控探测器。

12.1.6　隧道中设置的火灾自动报警系统宜联动隧道中设置的视频监视系统确认火灾。

12.1.7　火灾自动报警系统应将火灾报警信号传输给隧道中央控制管理设备。

12.1.8　消防应急广播可与隧道内设置的有线广播合用，其设置应符合本规范第6.6节的规定。

12.1.9　消防专用电话可与隧道内设置的紧急电话合用，其设置应符合本规范第6.7节的规定。

12.1.10　消防联动控制器应能手动控制与正常通风合用的排烟风机。

12.1.11　隧道内设置的消防设备的防护等级不应低于IP65。

12.2　油　罐　区

12.2.1　外浮顶油罐宜采用线型光纤感温火灾探测器，且每只线型光纤感温火灾探测器应只能保护一个油罐；并应设置在浮盘的堰板上。

12.2.2　除浮顶和卧式油罐外的其他油罐宜采用火焰探测器。

12.2.3　采用光栅光纤感温火灾探测器保护外浮顶油罐时，两个相邻光栅间距离不应大于3m。

12.2.4　油罐区可在高架杆等高位处设置点型红外火焰探测器或图像型火灾探测器做辅助探测。

12.2.5　火灾报警信号宜联动报警区域内的工业视频装置确认火灾。

12.3　电　缆　隧　道

12.3.1　隧道外的电缆接头、端子等发热部位应设置测温式电气火灾监控探测器，探测器的设置应符合本规范第9章的有关规定；除隧道内所有电缆的燃烧性能均为A级外，隧道内应沿电缆设置线型感温火灾探测器，且在电缆接头、端子等发热部位应保证有效探测长度；隧道内设置的线型感温火灾探测器可接入电气火灾监控器。

12.3.2　无外部火源进入的电缆隧道应在电缆层上表面设置线型感温火灾探测器；有外部火源进入可能的电缆隧道在电缆层上表面和隧道顶部，均应设置线型感温火灾探测器。

12.3.3　线型感温火灾探测器采用"S"形布置或有外部火源进入可能的电缆隧道内，应采用能响应火焰规模不大于100mm的线型感温火灾探测器。

12.3.4　线型感温火灾探测器应采用接触式的敷设方式对隧道内的所有的动力电缆进行探测；缆式线型感温火灾探测器应采用"S"形布置在每层电缆的上表面，线型光纤感温火灾探测器应采用一根感温光缆保护一根动力电缆的方式，并应沿动力电缆敷设。

12.3.5　分布式线型光纤感温火灾探测器在电缆接头、端子等发热部位敷设时，其感温光缆的延展长度不应少于探测单元长度的1.5倍；线型光栅光纤感温火灾探测器在电缆接头、端子等发热部位应设置感温光栅。

12.3.6　其他隧道内设置动力电缆时，除隧道顶部可不设置线型感温火灾探测器外，探测器设置均应符合本规范的规定。

12.4　高度大于12m的空间场所

12.4.1　高度大于12m的空间场所宜同时选择两种及以上火灾参数的火灾探测器。

12.4.2　火灾初期产生大量烟的场所，应选择线型光束感烟火灾探测器、管路吸气式感烟火灾探测器或图像型感烟火灾探测器。

12.4.3　线型光束感烟火灾探测器的设置应符合下列要求：
　　1　探测器应设置在建筑顶部。
　　2　探测器宜采用分层组网的探测方式。
　　3　建筑高度不超过16m时，宜在6m～7m增设一层探测器。
　　4　建筑高度超过16m但不超过26m时，宜在6m～7m和11m～12m处各增设一层探测器。
　　5　由开窗或通风空调形成的对流层为7m～13m时，将增设的一层探测器设置在对流层下面1m处。
　　6　分层设置的探测器保护面积可按常规计算，并宜与下层探测器交错布置。

12.4.4　管路吸气式感烟火灾探测器的设置应符合下列要求：
　　1　探测器的采样管宜采用水平和垂直结合的布管方式，并应保证至少有两个采样孔在16m以下，并宜有2个采样孔设置在开窗或通风空调对流层下面1m处。
　　2　可在回风口处设置起辅助报警作用的采样孔。

12.4.5　火灾初期产生少量烟并产生明显火焰的场所，应选择1级灵敏度的点型红外火焰探测器或图像型火焰探测器，并应降低探测器设置高度。

12.4.6　电气线路应设置电气火灾监控探测器，照明线路上应设置具有探测故障电弧功能的电气火灾监控探测器。

附录 A 火灾报警、建筑消防设施运行状态信息表

表 A 火灾报警、建筑消防设施运行状态信息

设施名称		内　容
火灾探测报警系统		火灾报警信息、可燃气体探测报警信息、电气火灾监控报警信息、屏蔽信息、故障信息
消防联动控制系统	消防联动控制器	动作状态、屏蔽信息、故障信息
	消火栓系统	消防水泵电源的工作状态,消防水泵的启、停状态和故障状态,消防水箱(池)水位、管网压力报警信息及消火栓按钮的报警信息
	自动喷水灭火系统、水喷雾(细水雾)灭火系统(泵供水方式)	喷淋泵电源工作状态,喷淋泵的启、停状态和故障状态,水流指示器、信号阀、报警阀、压力开关的正常工作状态和动作状态
	气体灭火系统、细水雾灭火系统(压力容器供水方式)	系统的手动、自动工作状态及故障状态,阀驱动装置的正常工作状态和动作状态,防护区域中的防火门(窗)、防火阀、通风空调等设备的正常工作状态和动作状态,系统的启、停信息,紧急停止信号和管网压力信号
	泡沫灭火系统	消防水泵、泡沫液泵电源的工作状态,系统的手动、自动工作状态及故障状态,消防水泵、泡沫液泵的正常工作状态和动作状态
	干粉灭火系统	系统的手动、自动工作状态及故障状态,阀驱动装置的正常工作状态和动作状态,系统的启、停信息,紧急停止信号和管网压力信号
	防烟排烟系统	系统的手动、自动工作状态,防烟排烟风机电源的工作状态,风机、电动防火阀、电动排烟防火阀、常闭送风口、排烟阀(口)、电动排烟窗、电动挡烟垂壁的正常工作状态和动作状态

续表 A

设施名称		内　容
消防联动控制系统	防火门及卷帘系统	防火卷帘控制器、防火门监控器的工作状态和故障状态;卷帘门的工作状态,具有反馈信号的各类防火门、疏散门的工作状态和故障状态等动态信息
	消防电梯	消防电梯的停用和故障状态
	消防应急广播	消防应急广播的启动、停止和故障状态
	消防应急照明和疏散指示系统	消防应急照明和疏散指示系统的故障状态和应急工作状态信息
	消防电源	系统内各消防用电设备的供电电源和备用电源工作状态和欠压报警信息

附录 B 消防安全管理信息表

表 B 消防安全管理信息

序号	名　称		内　容
1	基本情况		单位名称、编号、类别、地址、联系电话、邮政编码、消防控制室电话;单位职工人数、成立时间、上级主管(或管辖)单位名称、占地面积、总建筑面积、单位总平面图(含消防车道、毗邻建筑等);单位法人代表、消防安全责任人、消防安全管理人及专兼职消防管理人的姓名、身份证号码、电话
2	主要建、构筑物等信息	建(构)筑	建筑物名称、编号、使用性质、耐火等级、结构类型、建筑高度、地上层数及建筑面积、地下层数及建筑面积、隧道高度及长度等、建造日期、主要储存物名称及数量、建筑物内最大容纳人数、建筑立面图及消防设施平面布置图;消防控制室位置、安全出口的数量、位置及形式(指疏散楼梯);毗邻建筑的使用性质、结构类型、建筑高度、与本建筑的间距
		堆场	堆场名称、主要堆放物品名称、总储量、最大堆高、堆场平面图(含消防车道、防火间距)
		储罐	储罐区名称、储罐类型(指地上、地下、立式、卧式、浮顶、固定顶等)、总容积、最大单罐容积及高度、储存物名称、性质和形态、储罐区平面图(含消防车道、防火间距)
		装置	装置区名称、占地面积、最大高度、设计日产量、主要原料、主要产品、装置区平面图(含消防车道、防火间距)

续表 B

序号	名　称		内　容
3	单位(场所)内消防安全重点部位信息		重点部位名称、所在位置、使用性质、建筑面积、耐火等级、有无消防设施、责任人姓名、身份证号码及电话
4	室内外消防设施信息	火灾自动报警系统	设置部位、系统形式、维保单位名称、联系电话;控制器(含火灾报警、消防联动、可燃气体报警、电气火灾监控等)、探测器(含火灾探测、可燃气体探测、电气火灾探测等)、手动火灾报警按钮、消防电气控制装置等的类型、型号、数量、制造商;火灾自动报警系统图
		消防水源	市政给水管网形式(指环状、支状)及管径、市政管网向建(构)筑物供水的进水管数量及管径、消防水池位置及容量、屋顶水箱位置及容量、其他水源形式及供水量、消防泵房设置位置及水泵数量、消防给水系统平面布置图
		室外消火栓	室外消火栓管网形式(指环状、支状)及管径、消火栓数量、室外消火栓平面布置图
		室内消火栓系统	室内消火栓管网形式(指环状、支状)及管径、消火栓数量、水泵接合器位置及数量、有无与本系统相连的屋顶消防水箱
		自动喷水灭火系统(含雨淋、水幕、)	设置部位、系统形式(指湿式、干式、预作用、开式、闭式等)、报警阀位置及数量、水泵接合器位置及数量、有无与本系统相连的屋顶消防水箱、自动喷水灭火系统图
		水喷雾(细水雾)灭火系统	设置部位、报警阀位置及数量、水喷雾(细水雾)灭火系统图
		气体灭火系统	系统形式(指有管网、无管网、组合分配、独立式、高压、低压等)、系统保护的防护区数量及位置、手动控制装置的位置、钢瓶间位置、灭火剂类型、气体灭火系统图

15

15—16

续表B

序号	名称		内容
4	室内外消防设施信息	泡沫灭火系统	设置部位、泡沫种类(指低倍、中倍、高倍、抗溶、氟蛋白等)、系统形式(指液上、液下、固定、半固定等)、泡沫灭火系统图
		干粉灭火系统	设置部位、干粉储罐位置、干粉灭火系统图
		防烟排烟系统	设置部位、风机安装位置、风机数量、风机类型、防烟排烟系统图
		防火门及卷帘	设置部位、数量
		消防应急广播	设置部位、数量、消防应急广播系统图
		应急照明及疏散指示系统	设置部位、数量、应急照明及疏散指示系统图
		消防电源	设置部位、消防主电源在配电室是否有独立配电柜供电、备用电源形式(市电、发电机、EPS等)
		灭火器	设置部位、配置类型(指手提式、推车式等)、数量、生产日期、更换药剂日期
5	消防设施定期检查及维护保养信息		检查人姓名、检查日期、检查类别(指日检、月检、季检、年检等)、检查内容(指各类消防设施相关技术规范规定的内容)及处理结果,维护保养日期、内容

续表B

序号	名称		内容
6	日常防火巡查记录	基本信息	值班人员姓名、每日巡查次数、巡查时间、巡查部位
		用火用电	用火、用电、用气有无违章情况
		疏散通道	安全出口、疏散通道、疏散楼梯是否畅通,是否堆放可燃物;疏散走道、疏散楼梯、顶棚装修材料是否合格
		防火门、防火卷帘	常闭防火门是否处于正常工作状态,是否被锁闭;防火卷帘是否处于正常工作状态,防火卷帘下方是否堆放物品影响使用
		消防设施	疏散指示标志、应急照明是否处于正常完好状态;火灾自动报警系统探测器是否处于正常完好状态;自动喷水灭火系统喷头、末端放(试)水装置、报警阀是否处于正常完好状态;室内、室外消火栓系统是否处于正常完好状态;灭火器是否处于正常完好状态
7	火灾信息		起火时间、起火部位、起火原因、报警方式(指自动、人工等)、灭火方式(指气体、喷水、水喷雾、泡沫、干粉灭火系统、灭火器、消防队等)

附录C 点型感温火灾探测器分类

表C 点型感温火灾探测器分类

探测器类别	典型应用温度 (℃)	最高应用温度 (℃)	动作温度下限值 (℃)	动作温度上限值 (℃)
A1	25	50	54	65
A2	25	50	54	70
B	40	65	69	85
C	55	80	84	100
D	70	95	99	115
E	85	110	114	130
F	100	125	129	145
G	115	140	144	160

附录D 火灾探测器的具体设置部位

D.0.1 火灾探测器可设置在下列部位:

1 财贸金融楼的办公室、营业厅、票证库。

2 电信楼、邮政楼的机房和办公室。

3 商业楼、商住楼的营业厅、展览楼的展厅和办公室。

4 旅馆的客房和公共活动用房。

5 电力调度楼、防灾指挥调度楼等的微波机房、计算机房、控制机房、动力机房和办公室。

6 广播电视楼的演播室、播音室、录音室、办公室、节目播出技术用房、道具布景房。

7 图书馆的书库、阅览室、办公室。

8 档案楼的档案库、阅览室、办公室。

9 办公楼的办公室、会议室、档案室。

10 医院病房楼的病房、办公室、医疗设备室、病历档案室、药品库。

11 科研楼的办公室、资料室、贵重设备室、可燃物较多的和火灾危险性较大的实验室。

12 教学楼的电化教室、理化演示和实验室、贵重设备和仪器室。

13 公寓(宿舍、住宅)的卧房、书房、起居室(前厅)、厨房。

14 甲、乙类生产厂房及其控制室。

15 甲、乙、丙类物品库房。

16 设在地下室的丙、丁类生产车间和物品库房。

17 堆场、堆垛、油罐等。

18 地下铁道的地铁站厅、行人通道和设备间,列车车厢。

19 体育馆、影剧院、会堂、礼堂的舞台、化妆室、道具室、放映室、观众厅、休息厅及其附设的一切娱乐场所。

20 陈列室、展览室、营业厅、商业餐厅、观众厅等公共活动用房。

21 消防电梯、防烟楼梯的前室及合用前室、走道、门厅、楼梯间。

22 可燃物品库房、空调机房、配电室(间)、变压器室、自备发电机房、电梯机房。

23 净高超过 2.6m 且可燃物较多的技术夹层。

24 敷设具有可延燃绝缘层和外护层电缆的电缆竖井、电缆夹层、电缆隧道、电缆配线桥架。

25 贵重设备间和火灾危险性较大的房间。

26 电子计算机的主机房、控制室、纸库、光或磁记录材料库。

27 经常有人停留或可燃物较多的地下室。

28 歌舞娱乐场所中经常有人滞留的房间和可燃物较多的房间。

29 高层汽车库、Ⅰ类汽车库、Ⅰ、Ⅱ类地下汽车库、机械立体汽车库、复式汽车库、采用升降梯作汽车疏散出口的汽车库(敞开车库可不设)。

30 污衣道前室、垃圾道前室、净高超过 0.8m 的具有可燃物的闷顶、商业用或公共厨房。

31 以可燃气为燃料的商业和企、事业单位的公共厨房及燃气表房。

32 其他经常有人停留的场所、可燃物较多的场所或燃烧后产生重大污染的场所。

33 需要设置火灾探测器的其他场所。

附录 F　不同高度的房间梁对探测器设置的影响

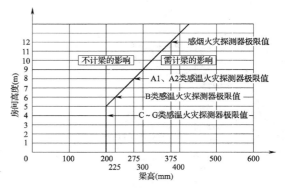

图 F　不同高度的房间梁对探测器设置的影响

附录 E　探测器安装间距的极限曲线

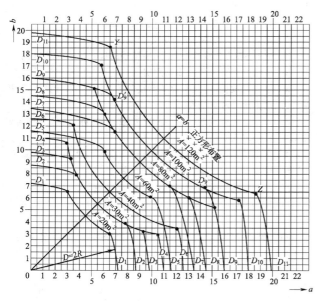

图 E　探测器安装间距的极限曲线

A—探测器的保护面积(m²);a、b—探测器的安装间距(m);

$D_1 \sim D_{11}$(含 D_9')—在不同保护面积 A 和保护半径下
确定探测器安装间距 a、b 的极限曲线;

Y、Z—极限曲线的端点(在 Y 和 Z 两点的曲线范围内,
保护面积可得到充分利用)

附录 G　按梁间区域面积确定一只探测器保护的梁间区域的个数

表 G　按梁间区域面积确定一只探测器保护的梁间区域的个数

探测器的保护面积 A (m²)	梁隔断的梁间区域 面积 Q(m²)	一只探测器保护的 梁间区域的个数(个)
感温探测器	$Q > 12$	1
20	$8 < Q \leqslant 12$	2
	$6 < Q \leqslant 8$	3
	$4 < Q \leqslant 6$	4
	$Q \leqslant 4$	5
30	$Q > 18$	1
	$12 < Q \leqslant 18$	2
	$9 < Q \leqslant 12$	3
	$6 < Q \leqslant 9$	4
	$Q \leqslant 6$	5
感烟探测器	$Q > 36$	1
60	$24 < Q \leqslant 36$	2
	$18 < Q \leqslant 24$	3
	$12 < Q \leqslant 18$	4
	$Q \leqslant 12$	5
80	$Q > 48$	1
	$32 < Q \leqslant 48$	2
	$24 < Q \leqslant 32$	3
	$16 < Q \leqslant 24$	4
	$Q \leqslant 16$	5

专业技术规范,其内容涉及范围较广。为保证与各相关标准和规范的协调一致性,除本专业范围内的技术要求应执行本规范规定外,其他属于本专业范围以外的涉及其他有关标准和规范的要求,应执行相应的标准和规范。本条规定内容与修订前保持一致。

中华人民共和国国家标准

火灾自动报警系统设计规范

GB 50116－2013

条 文 说 明

1 总 则

1.0.1 本规范是对原国家标准《火灾自动报警系统设计规范》GB 50116—98(以下简称"原规范")的修订。原规范自实施以来,对指导工业与民用建筑内设置的火灾自动报警系统的设计起到了极其重要的作用,而目前组成火灾自动报警系统的几个主要产品的国家标准《点型感烟火灾探测器》GB 4715—2005、《点型感温火灾探测器》GB 4716—2005、《火灾报警控制器》GB 4717—2005、《消防联动控制系统》GB 16806—2006、《线型感温火灾探测器》GB 16280—2005、《电气火灾监控系统》GB 14287—2005均完成了修订并已发布,且近年来国内市场出现了许多新型火灾探测报警产品,并已经应用在不同的工业和民用建筑中。电气火灾发生率一直在总火灾发生率中占很大的比例,电气火灾预防技术也已成熟,为降低电气火灾发生率有必要增加电气火灾监控系统的设置。世界各国火灾报警系统的设置场所已由公共场所扩展到普通民用住宅,我国的民用住宅火灾发生率居高不下,有必要增加住宅建筑火灾报警系统的设计要求。同时,一些特殊场所由于缺乏火灾自动报警系统设计依据的现状也要求增加典型场所的火灾自动报警系统的设计要求,因此需要对原规范进行修订,以满足对该产品的设计、质量监督和行业管理的需要,降低火灾发生率,提高整个社会的火灾预防能力。

1.0.2 本条规定了本规范的适用范围和不适用范围,规定内容与修订前保持一致。

1.0.3 本条规定了火灾自动报警系统的设计工作必须遵循的基本原则和设计应达到的基本要求,规定内容与修订前保持一致。

1.0.4 本条规定了本规范与其他规范的关系。本规范作为一个

2 术 语

2.0.1 本条对火灾自动报警系统的定义作出新的解释。

2.0.2、2.0.3 报警区域和探测区域划分的实际意义在于便于系统设计和管理。

2.0.4 本条给出火灾探测器保护面积的一般定义。

2.0.7～2.0.9 消防联动控制信号、消防联动反馈信号和消防联动触发信号是消防联动控制器与受控消防设备(设施)之间互相联系的非常重要的信号,消防联动控制器在接收到消防联动触发信号后,根据预先设定的逻辑进行判断,然后发出消防联动控制信号,受控消防设备(设施)在接收到消防联动控制信号并执行相应的动作后向消防联动控制器发出消防联动反馈信号,从而实现消防联动控制功能;受控的自动消防设备启动后,其工作状态信息应反馈到消防控制室,这样消防控制室才能及时掌握各类设备的工作状态。

3 基本规定

3.1 一般规定

3.1.1 本条对火灾自动报警系统的设置场所作了明确的规定,体现了火灾自动报警系统保护生命安全和财产安全的设计目标。

3.1.2 火灾自动报警系统中设置的火灾探测器,属于自动触发报警装置,而手动火灾报警按钮则属于人工手动触发报警装置。在设计中,两种触发装置均应设置。

3.1.3 本条规定了火灾自动报警系统设计过程中涉及的消防产品的准入要求。

消防产品作为保护人民生命和财产安全的重要产品,其性能和质量至关重要。为了确保消防产品的质量,国家对生产消防产品的企业和法人提出了市场准入要求,凡符合要求的企业和法人方可生产和销售消防产品,就是我们经常所说的市场准入制度。这些制度是选用消防产品的重要依据。

《中华人民共和国消防法》第二十四条规定消防产品必须符合国家标准;没有国家标准的,必须符合行业标准。禁止生产、销售或者使用不合格的消防产品以及国家明令淘汰的消防产品。

依法实行强制性产品认证的消防产品,由具有法定资质的认证机构按照国家标准、行业标准的强制性要求认证合格后,方可生产、销售和使用。实行强制性产品认证的消防产品目录,由国务院产品质量监督部门会同国务院公安部门制定并公布。

新研制的尚未制定国家标准、行业标准的消防产品,应当按照国务院产品质量监督部门会同国务院公安部门规定的办法,经技术鉴定符合消防安全要求的,方可生产、销售和使用。

经强制性产品认证合格或者技术鉴定合格的消防产品的相关信息,在中国消防产品信息网上予以公布。

火灾自动报警设备的质量直接影响系统的稳定性、可靠性指标,所以符合国家有关标准和有关准入制度的要求是保证产品质量一种必要的要求和手段。

3.1.4 本条规定了火灾自动报警系统中的系统设备及与其连接的各类设备之间的接口和通信协议的兼容性应符合现行国家标准《火灾自动报警系统组件兼容性要求》GB 22134 等的规定,保证系统兼容性和可靠性。本条是保证火灾自动报警系统运行的基本技术要求。

3.1.5 多年来对各类建筑中设置的火灾自动报警系统的实际运行情况以及火灾报警控制器的检验结果统计分析表明,火灾报警控制器所连接的火灾探测器、控制和信号模块的地址总数量,应控制在总数低于 3200 点,这样,系统的稳定工作情况及通信效果均能较好地满足系统设计的预计要求,并降低整体风险。

目前,国内外各厂家生产的火灾报警控制器,每台一般均有多个总线回路,对于每个回路所能连接的地址总数,规定为不宜超过200 点,是考虑了其工作稳定性。另外要求每一总线回路连接设备的地址总数宜留有不少于其额定容量的 10% 的余量,主要考虑到在许多建筑中,从初步设计到最终的装修设计,其建筑平面格局经常发生变化,房间隔断改变和增加,需要增加相应的探测器或其他设备,同时留有一定的余量也有利于该回路的稳定与可靠运行。

本条主要考虑保障系统工作的稳定性、可靠性,对消防联动控制器所连接的模块地址数量作出限制,从总数量上限制为不应超过 1600 点。对于每一个总线回路,限制为不宜超过 100 点,每一回路应留有不少于其额定容量的 10% 的余量,除考虑系统工作的稳定、可靠性外,还可灵活应对建筑中相应的变化和修改,而不至于因为局部的变化需要增加总线回路。

3.1.6 本条规定了总线上设置短路隔离器的要求,规定每个短路

隔离器保护的现场部件的数量不应超过 32 点,是考虑一旦某个现场部件出现故障,短路隔离器在对故障部件进行隔离时,可以最大限度地保障系统的整体功能不受故障部件的影响。

本条是保证火灾自动报警系统整体运行稳定性的基本技术要求,短路隔离器是最大限度地保证系统整体功能不受故障部件影响的关键,所以将本条确定为强制性条文。

3.1.7 对于高度超过 100m 的建筑,为便于火灾条件下消防联动控制的操作,防止受控设备的误动作,在现场设置的火灾报警控制器应分区控制,所连接的火灾探测器、手动报警按钮和模块等设备不应跨越火灾报警控制器所在区域的避难层。

本条根据高度超过 100m 的建筑火灾扑救和人员疏散难度较大的现实情况,对设置的消防设施运行的可靠性提出了更高的要求。由于报警和联动总线线路没有使用耐火线的要求,如果控制器直接控制的火灾探测器、手动报警按钮和模块等设备跨越避难层,一旦发生火灾,将因线路烧断而无法报警和联动,所以将本条确定为强制性条文。

3.1.8 为保证消防水泵、防排烟风机等消防设备的运行可靠性,水泵控制柜、风机控制柜等消防电气控制装置不应采用变频启动方式。

3.1.9 近几年,国内地铁建设十分迅速,由于地铁中人员密集、疏散难度与救援难度都非常大,因此有必要在地铁列车上设置火灾自动报警系统,及早发现火灾,并采取相应的疏散与救援预案,而地铁列车发生火灾的部位直接影响到疏散救援预案的制定,因此要求将发生火灾的部位传输给消防控制室。由于列车的移动,信号只能通过无线网络传输,这种情况下,通过地铁本身已有的无线网络系统传输无疑是最好的选择。

3.2 系统形式的选择和设计要求

3.2.1 火灾自动报警系统的形式和设计要求与保护对象及消防安全目标的设立直接相关。正确理解火灾发生、发展的过程和阶段,对合理设计火灾自动报警系统有着十分重要的指导意义。

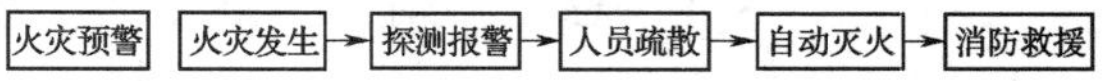

| 火灾预警 | 火灾发生 | → | 探测报警 | 人员疏散 | 自动灭火 | 消防救援 |

图 1 与火灾相关的消防过程示意

图 1 给出了与火灾相关的几个消防过程。在"以人为本,生命第一"的今天,建筑内设置消防系统的第一任务就是保障人身安全,这是设计消防系统最基本的理念。从这一基本理念出发,就会得出这样的结论:尽早发现火灾、及时报警、启动有关消防设施引导人员疏散,在人员疏散完后,如果火灾发展到需要启动自动灭火设施的程度,就应启动相应的自动灭火设施,扑灭初期火灾,防止火灾蔓延。自动灭火系统启动后,火灾现场中的幸存者,只能依靠消防救援人员帮助逃生了。因为火灾发展到这个阶段时,滞留人员由于毒气、高温等原因已经丧失了自我逃生的能力。这也是图 1 所示的与火灾相关的几个消防过程的基本含义。由图 1 还可以看出,火灾报警与自动灭火之间还有一个人员疏散阶段,这一阶段根据火灾发生的场所、火灾起因、燃烧物等因素不同,有几分钟到几十分钟不等的时间,这是直接关系到人身安全最重要的阶段。因此,在任何需要保护人身安全的场所,设置火灾自动报警系统均具有不可替代的重要意义。只有设置了火灾自动报警系统,才会形成有组织的疏散,也才会有应急预案,确定的火灾发生部位是疏散预案的起点。疏散是指有组织的、按预订方案撤离危险场所的行为,没有组织的离开危险场所的行为只能叫逃生,不能称为疏散。而人员疏散之后,只有火灾发展到一定程度,才需要启动自动灭火系统,自动灭火系统的主要功能是扑灭初期火灾、防止火灾扩散和蔓延,不能直接保护人们生命安全,不可能替代火灾自动报警系统的作用。

在保护财产方面,火灾自动报警系统也有着不可替代的作用。使用功能复杂的高层建筑、超高层建筑及大体量建筑,由于火灾危

险性大,一旦发生火灾会造成重大财产损失;保护对象内存放重要物质,物质燃烧后会产生严重污染及施加灭火剂后导致物质价值丧失,这些场所均应在保护对象内设置火灾预警系统,在火灾发生前,探测可能引起火灾的征兆特征,彻底防止火灾发生或在火势很小尚未成灾时就及时报警。电气火灾监控系统和可燃气体探测报警系统均属火灾预警系统。

因此,设定的安全目标直接关系到火灾自动报警系统形式的选择。区域报警系统,适用于仅需要报警,不需要联动自动消防设备的保护对象;集中报警系统适用于具有联动要求的保护对象;控制中心报警系统一般适用于建筑群或体量很大的保护对象,这些保护对象中可能设置几个消防控制室,也可能由于分期建设而采用了不同企业的产品或同一企业不同系列的产品,或由于系统容量限制而设置了多个起集中作用的火灾报警控制器等情况,这些情况下均应选择控制中心报警系统。

3.2.2 本条规定了区域报警系统的最小组成,系统可以根据需要增加消防控制室图形显示装置或指示楼层的区域显示器。区域报警系统不具有消防联动功能。在区域报警系统里,可以根据需要不设消防控制室,若有消防控制室,火灾报警控制器和消防控制室图形显示装置应设置在消防控制室;若没有消防控制室,则应设置在平时有专人值班的房间或场所。区域报警系统应具有将相关运行状态信息传输到城市消防远程监控中心的功能。

3.2.3 本条对集中报警系统设计作出了规定。

1 本款规定了集中报警系统的最小组成,其中可以选用火灾报警控制器和消防联动控制器组合或火灾报警控制器(联动型)。

2 本款规定了集中报警系统中火灾报警控制器、消防联动控制器和消防控制室图形显示装置、消防应急广播的控制装置、消防专用电话总机等起集中控制作用的消防设备应设置在消防控制室内。

在集中报警系统里,消防控制室图形显示装置是必备设备,因此由该设备实现相关信息的传输功能。

3.2.4 有两个及以上集中报警系统或设置两个及以上消防控制室的保护对象应采用控制中心报警系统。对于设有多个消防控制室的保护对象,应确定一个主消防控制室,对其他消防控制室进行管理。根据建筑的实际使用情况界定消防控制室的级别。

主消防控制室内应能集中显示保护对象内所有的火灾报警部位信号和联动控制状态信号,并能显示设置在各分消防控制室内的消防设备的状态信息。为了便于消防控制室之间的信息沟通和信息共享,各分消防控制室内的消防设备之间可以互相传输、显示状态信息;同时为了防止各个消防控制室的消防设备之间的指令冲突,规定分消防控制室的消防设备之间不应互相控制。一般情况下,整个系统中共同使用的水泵等重要的消防设备可根据消防安全的管理需求及实际情况,由最高级别的消防控制室统一控制。

在控制中心报警系统里,消防控制室图形显示装置是必备设备,因此由该设备实现相关信息的传输功能。

3.3 报警区域和探测区域的划分

3.3.1 本条主要给出报警区域的划分依据。报警区域的划分主要是为了迅速确定报警及火灾发生部位,并解决消防系统的联动设计问题。发生火灾时,涉及发生火灾的防火分区及相邻防火分区的消防设备的联动启动,这些设备需要协调工作,因此需要划分报警区域。

本条第2~4款,主要规定了隧道、储罐区及列车等特殊场所报警区域的划分依据。

3.3.2 本条给出了探测区域的划分依据。为了迅速而准确地探测出被保护区内发生火灾的部位,需将被保护区按顺序划分成若干探测区域。

3.3.3 本条对原规范条文中的管道井细化为电气管道井和通信管道井,以便于条文的执行和理解。敞开或封闭楼梯间、防烟楼梯

间、防烟楼梯间前室、消防电梯前室、消防电梯与防烟楼梯间合用的前室、走道、坡道等部位与疏散直接相关;电气管道井、通信管道井、电缆隧道、建筑物闷顶、夹层均属隐蔽部位,因此将这些部位单独划分探测区域。

3.4 消防控制室

3.4.1 本条规定了设置消防控制室的理由与条件。

本条是在现行国家标准《建筑设计防火规范》GB 50016规定的基础上,对消防控制室的设置条件进行了明确的细化的规定。建筑消防系统的显示、控制等日常管理及火灾状态下应急指挥,以及建筑与城市远程控制中心的对接等均需要在此完成,是重要的设备用房,所以将本条确定为强制性条文。

3.4.2 消防控制室是建筑消防系统的信息中心、控制中心、日常运行管理中心和各自动消防系统运行状态监视中心,也是建筑发生火灾和日常火灾演练时的应急指挥中心;在有城市远程监控系统的地区,消防控制室也是建筑与监控中心的接口,可见其地位是十分重要的。每个建筑使用性质和功能各不相同,其包括的消防控制设备也不尽相同。作为消防控制室,应将建筑内的所有消防设施包括火灾报警和其他联动控制装置的状态信息都能集中控制、显示和管理,并能将状态信息通过网络或电话传输到城市建筑消防设施远程监控中心。附录A中规定的内容就是在消防控制室内,消防管理人员通过火灾报警控制器、消防联动控制器、消防控制室图形显示装置或其组合设备对建筑物内的消防设施的运行状态信息进行查询和管理的内容。

3.4.3 消防控制室应设有用于火灾报警的外线电话,以便于确认火灾后及时向消防队报警。

3.4.4 消防控制室应有相应的竣工图纸、各分系统控制逻辑关系说明、设备使用说明书、系统操作规程、应急预案、值班制度、维护保养制度及值班记录等资料,以便于在日常巡查和管理过程中或在火灾条件下采取应急措施提供相应的参考资料。

本条要求消防控制室应有的资料,是消防管理人员对自动报警系统日常管理所依据的基础资料,特别是应急处置的重要依据,所以将本条确定为强制性条文。

3.4.5 为了保证消防控制室的安全,控制室的通风管道上设置防火阀是十分必要的。在火灾发生后,烟、火通过空调系统的送、排风管扩大蔓延的实例很多。为了确保消防控制室在火灾时免受火灾影响,在通风管道上应设置防火阀门。

3.4.6 根据消防控制室的功能要求,火灾自动报警系统、自动灭火系统防排烟等系统的信号传输线、控制线路等均必须进入消防控制室。控制室内(包括吊顶上、地板下)的线路管道已经很多,大型工程更多,为保证消防控制设备安全运行,便于检查维修,其他与消防设施无关的电气线路和管网不得穿过消防控制室,以免互相干扰造成混乱或事故。

本条是保障消防设施运行稳定性和可靠性的基本要求,所以将本条确定为强制性条文。

3.4.7 电磁场干扰对火灾自动报警系统设备的正常工作影响较大。为保证系统设备正常运行,要求控制室周围不布置干扰场强超过消防控制室设备承受能力的其他设备用房。

3.4.8 本条从使用的角度对消防控制室的设备布置作出了原则规定。根据对重点城市、重点工程消防控制室设置情况的调查,不同地区、不同工程消防控制室的规模级别很大,控制室面积有的大到60m²~80m²,有的小到10m²,面积大了造成一定的浪费,面积小了又影响消防值班人员的工作。为满足消防控制室值班维修人员工作的需要,便于设计部门各专业协调工作,参照建筑电气设计的有关规程,对建筑内消防控制设备的布置及操作、维修所必需的空间作了原则性规定,以便使建设、设计、规划等有关部门有章可循,使消防控制室的设计既满足工作的需要,又避免浪费。

对消防控制室规模大小,各国都根据各自的国情作了规定。

本条规定是为了满足消防值班人员的实际工作需要,保证消防值班人员具备一个应有的工作场所。在设计中根据实际需要还需考虑到值班人员休息和维修活动的面积。

3.4.9 本条规定了消防控制室的显示与控制要求。

3.4.10 本条规定了消防控制室的信息记录、信息传输要求。

4 消防联动控制设计

4.1 一般规定

4.1.1 本条是对消防联动控制器的基本技术要求。通常在火灾报警后经逻辑确认(或人工确认),联动控制器应在3s内按设定的控制逻辑准确发出联动控制信号给相应的消防设备,当消防设备动作后将动作信号反馈给消防控制室并显示。

消防联动控制器是消防联动控制系统的核心设备,消防联动控制器按设定的控制逻辑向各相关受控设备发出准确的联动控制信号,控制现场受控设备按预定的要求动作,是完成消防联动控制的基本功能要求;同时为了保证消防管理人员及时了解现场受控设备的动作情况,受控设备的动作反馈信号应反馈给消防联动控制器,所以将本条确定为强制性条文。

4.1.2 消防联动控制器的电压控制输出采用直流24V主要考虑的是设备和人员安全问题,24V也是火灾自动报警系统中应用最普遍的电压。除容量满足受控消防设备同时启动所需的容量外,还要满足传输线径要求,当线路压降超过5%时,其直流24V电源应由现场提供。

4.1.3 消防联动控制器与各个受控设备之间的接口参数应能够兼容和匹配,保证系统兼容性和可靠性。

一般情况下,消防联动控制系统设备和现场受控设备的生产厂家不同,各自设备对外接口的特性参数不同,在工程的设计、设备选型等环节细化要求消防联动控制系统设备和现场受控设备接口的特性参数互相匹配,是保证在应急情况下,建筑消防设施的协同、有效动作的基本技术要求,所以将本条确定为强制性条文。

4.1.4 消防水泵、防烟和排烟风机等消防设备的手动直接控制应

通过火灾报警控制器(联动型)或消防联动控制器的手动控制盘实现,盘上的启停按钮应与消防水泵、防烟和排烟风机的控制箱(柜)直接用控制线或控制电缆连接。

消防水泵、防烟和排烟风机,是在应急情况下实施初起火灾扑救、保障人员疏散的重要消防设备。考虑到消防联动控制器在联动控制时序失效等极端情况下,可能出现不能按预定要求有效启动上述消防设备的情况,本条要求冗余采用直接手动控制方式对此类设备进行直接控制,该要求是重要消防设备有效动作的重要保障,所以将本条确定为强制性条文。

4.1.5 消防设备启动的过电流将导致消防供电线路和消防电源的过负荷,也就不能保证消防设备的正常工作。因此,应根据消防设备的启动电流参数,结合设计的消防供电线路负荷或消防电源的额定容量,分时启动电流较大的消防设备。

4.1.6 为了保证自动消防设备的可靠启动,其联动触发信号应采用两个独立的报警触发装置报警信号的"与"逻辑组合。任何一种探测器对火灾的探测都有局限性,对于可靠性要求较高的气体、泡沫等自动灭火设备、设施,仅采用单一探测形式探测器的报警信号作为该类设备、设施启动的联动触发信号,不能保证这类设备、设施的可靠启动,从而带来不必要的损失,因此,要求该类设备的联动触发信号必须是两个及以上不同探测形式的报警触发装置报警信号的"与"逻辑组合。

本条是保证自动消防设备(设施)的可靠启动的基本技术要求。设置在建筑中的火灾探测器和手动火灾报警按钮等报警触发装置,可能受产品质量、使用环境及人为损坏等原因而产生误动作,单一的探测器或手动报警按钮的报警信号作为自动消防设备(设施)动作的联动触发信号,有可能会由于个别现场设备的误报警而导致自动消防设备(设施)误动作。在工程实践过程中,上述情况时有发生,因此,为防止气体、泡沫灭火系统出现误喷,本条强制性要求采用两个报警触发装置报警信号的"与"逻辑组合作为自动消防设备、设施的联动触发信号。所以将本条确定为强制性条文。

4.2 自动喷水灭火系统的联动控制设计

4.2.1 当发生火灾时,湿式系统和干式系统的喷头的闭锁装置溶化脱落,水自动喷出,安装在管道上的水流指示器报警,报警阀组的压力开关动作报警,并由压力开关直接连锁启动供水泵向管网持续供水。

以前通常使用喷淋消防泵的启动信号作为系统的联动反馈信号,该信号取自供水泵主回路接触器辅助接点,这种设计的缺点是如果供水泵电动机出现故障,供水泵虽未启动,但反馈信号表示已经启动了。而反馈信号取自干管水流指示器,则能真实地反映喷淋消防泵的工作状态。

系统在手动控制方式时,如果发生火灾,可以通过操作设置在消防控制室内消防联动控制器的手动控制盘直接开启供水泵。

4.2.2 预作用系统在正常状态时,配水管道中没有水。火灾自动报警系统自动开启预作用阀组后,预作用系统转为湿式灭火系统。当火灾温度继续升高时,闭式喷头的闭锁装置溶化脱落,喷头自动喷水灭火。

预作用系统在自动控制方式下,要求由同一报警区域内两只及以上独立的感烟火灾探测器或一只感烟火灾探测器及一只手动报警按钮的报警信号("与"逻辑)作为预作用阀组开启的联动触发信号,主要考虑的是保障系统动作的可靠性。

系统在手动控制方式时,如果发生火灾,可以通过操作设置在消防控制室内的消防联动控制器的手动控制盘直接启动向配水管道供水的阀门和供水泵。

干管水流指示器的动作信号是系统联动的反馈信号,因此,应将信号发送到消防控制室,并在消防联动控制器上显示。

4.2.3 雨淋系统是开式自动喷水灭火系统的一种,本条规定的雨

淋系统是指通过火灾自动报警系统实现管网控制的系统。

与预作用系统相同,在自动控制方式下,要求由同一报警区域内两只及以上独立的感温火灾探测器或一只感温火灾探测器及一只手动报警按钮的报警信号("与"逻辑)作为雨淋阀组开启的联动触发信号,主要考虑的是保障系统动作的可靠性。雨淋阀组启动,压力开关动作,连锁启动雨淋消防泵。

另外,雨淋报警阀动作信号取自雨淋报警阀的辅助接点,可通过输入模块接入总线,并在消防联动控制器上显示。

手动控制方式与雨淋系统的联动反馈信号,可参见本规范第4.2.2条条文说明。

4.2.4 水幕系统由开式洒水喷头或水幕喷头、雨淋报警阀组或感温雨淋阀、水流报警装置(水流指示器或压力开关),以及管道、供水设施等组成。

1 系统在自动控制方式下,作为防火卷帘的保护时,防火卷帘按照本规范第4.6节的规定降落到底,其限位开关动作,限位开关的动作信号用模块接入火灾自动报警系统与本探测区域内的火灾报警信号组成"与"逻辑控制雨淋报警阀开启,雨淋报警阀泄压,压力开关动作,连锁启动水幕消防泵。

2 手动控制方式与水幕系统的联动反馈信号,可参见本规范第4.2.2条条文说明。

4.3 消火栓系统的联动控制设计

4.3.1 消火栓使用时,系统内出水干管上的低压压力开关、高位消防水箱出水管上设置的流量开关,或报警阀压力开关等均有相应的反应,这些信号可以作为触发信号,直接控制启动消火栓泵,可以不受消防联动控制器处于自动或手动状态影响。当建筑物内设有火灾自动报警系统时,消火栓按钮的动作信号作为火灾报警系统和消火栓系统的联动触发信号,由消防联动控制器联动控制消防泵启动,消防泵的动作信号作为系统的联动反馈信号应反馈至消防控制室,并在消防联动控制器上显示。消火栓按钮经联动控制器启动消防泵的优点是减少布线量和线缆使用量,提高整个消火栓系统的可靠性。消火栓按钮与手动火灾报警按钮的使用目的不同,不能互相替代。稳高压系统中,虽然不需要消火栓按钮启动消防泵,但消火栓按钮给出的使用消火栓位置的报警信息是十分必要的,因此稳高压系统中,消火栓按钮也是不能省略的。

当建筑物内无火灾自动报警系统时,消火栓按钮用导线直接引至消防泵控制箱(柜),启动消防泵。

4.3.2 消火栓的手动控制方式,应将消火栓泵控制箱(柜)的启动、停止按钮用专用线路直接连接至设置在消防控制室内的消防联动控制器的手动控制盘,通过手动控制盘直接控制消火栓泵的启动、停止。

4.3.3 消火栓泵应将其动作的反馈信号发送至消防联动控制器进行显示。

4.4 气体灭火系统、泡沫灭火系统的联动控制设计

4.4.1 气体灭火系统、泡沫灭火系统主要由灭火剂储瓶和瓶头阀、驱动钢瓶和瓶头阀、选择阀(组合分配系统)、自锁压力开关、喷嘴以及气体灭火控制器或泡沫灭火控制器、感烟火灾探测器、感温火灾探测器、指示发生火灾的火灾声光报警器、指示灭火剂喷放的火灾声光报警器(带有声警报的气体释放灯)、紧急启停按钮、电动装置等组成。通常气体灭火系统、泡沫灭火系统的上述设备自成系统。由于气体灭火过程中系统应该执行一系列的动作,因此只有专用气体灭火控制器、泡沫灭火控制器才具有这一系列的逻辑编程和执行功能。

4.4.2 本条规定了气体灭火控制器、泡沫灭火控制器直接连接火灾探测器时,气体灭火系统、泡沫灭火系统的自动控制方式的联动控制设计要求。气体灭火系统、泡沫灭火系统防护区域内设置的

火灾探测器报警的可靠性非常重要。因此,电子计算机机房和电子信息系统机房等采用气体灭火系统、泡沫灭火系统防护的场所通常设置两种火灾探测器,即感烟火灾探测器和感温火灾探测器组成"与"逻辑作为系统的联动触发信号,这样设置的目的是提高系统动作的可靠性,将误触发率降低至最小。感烟火灾探测器报警,表示有火灾发生,感温火灾探测器报警,表示火灾已经发展到一定程度了,应该启动气体灭火装置、泡沫灭火装置实施灭火。对于有人确认火灾的场所,也可采用同一区域内的一只火灾探测器及一只手动报警按钮的报警信号组成"与"逻辑作为联动触发信号。

发生火灾时,气体灭火控制器、泡沫灭火控制器接收到第一个火灾报警信号后,启动防护区内的火灾声光警报器,警示处于防护区域内的人员撤离;接收到第二个火灾报警信号后,联动关闭排风机、防火阀、空气调节系统、启动防护区域开口封闭装置,并根据人员安全撤离防护区的需要,延时不大于30s后开启选择阀(组合分配系统)和启动阀,驱动瓶内的气体开启灭火剂储罐瓶头阀,灭火剂喷出实施灭火,同时启动安装在防护区门外的指示灭火剂喷放的火灾声光报警器(带有声警报的气体释放灯);管道上的自锁压力开关动作,动作信号反馈给气体灭火控制器、泡沫灭火控制器。

启动安装在防护区门外指示灭火剂喷放的火灾声光报警器(带有声警报的气体释放灯)是防止气体灭火防护区在气体释放后出现人员误入现象,根据国家标准《气体灭火系统设计规范》GB 50370—2005规定,防护区内应设火灾声报警器(一级报警时动作),防护区的入口处应设火灾声、光报警器(防护区内气体释放后动作),防护区内声报警器动作提醒防护区内人员迅速撤离,防护区入口处火灾声、光报警器提醒人员不要误入,本条特别规定指示气体释放的声信号应与同建筑中设置的火灾声警报器的声信号有明显区别,以便有关人员明确现场情况。

设定不大于30s的延时主要是为了防止火灾发展迅速,防护区内的人员尚未疏散,感温火灾探测器已经动作,气体灭火控制器、泡沫灭火控制器按控制逻辑启动了气体灭火装置,影响人员疏散,危及人员生命安全,同时也为人工确认提供一定时间。

4.4.3 本条规定了气体灭火控制器、泡沫灭火控制器不直接连接火灾探测器时,气体灭火系统、泡沫灭火系统的自动控制方式的联动控制设计要求。

4.4.4 本条规定了气体灭火系统、泡沫灭火系统的手动控制方式的联动控制设计要求。当火灾探测器报警后,现场工作人员应进行火灾确认,在确认火灾后,可通过手动控制按钮(具有电气启动和紧急停止功能)发出手动控制信号,经气体灭火控制器、泡沫灭火控制器(延时不大于30s)联动开启选择阀(组合分配系统)和启动阀,驱动瓶内的气体开启灭火剂储罐瓶头阀,灭火剂喷出实施灭火,同时启动安装在防护区门外的指示气体喷洒的火灾声光警报器。

另外,现场工作人员确认火灾探测器报警信号后,也可通过机械应急操作开关开启选择阀和瓶头阀喷放灭火剂实施灭火。

4.4.5 本条规定了气体灭火系统的反馈信号组成及显示要求。

4.4.6 本条规定了在防护区域内设置手动与自动控制转换装置时的显示要求。

4.5 防烟排烟系统的联动控制设计

4.5.1 加压送风口的联动控制在本规范修订之前,并没有明确防火分区内哪个部位的感烟火灾探测器动作联动加压送风口的开启,大多数采用靠近疏散楼梯间的感烟火灾探测器的动作信号联动送风口。而本次修订明确规定,送风口所在防火分区内设置的两只独立的火灾探测器或一只火灾探测器与一只手动火灾报警按钮报警信号的"与"逻辑联动送风口开启并启动加压送风机。通常加压风机的吸气口设有电动风阀,此阀与加压风机联动,加压风机启动,电动风阀开启;加压风机停止,电动风阀关闭。

4.5.2 排烟系统在自动控制方式下，同一防烟分区内两只独立的火灾探测器或一只火灾探测器与一只手动报警按钮报警信号的"与"逻辑联动启动排烟口或排烟阀。通常联动排烟口或排烟阀的电源为直流24V，此电源可由消防控制室的直流电源箱提供，也可由现场设置的消防设备直流电源提供，为了降低线路传输损耗，建议尽量采用现场设置消防设备直流电源的方式供电。串接排烟口的反馈信号应并接，作为启动排烟机的联动触发信号。

4.5.3 本条规定了防排烟系统的手动控制方式的联动控制设计要求。

4.5.4、4.5.5 这两条规定了排烟口、排烟阀和排烟风机入口处的排烟防火阀的开启和关闭的联动反馈信号要求。

4.6 防火门及防火卷帘系统的联动控制设计

4.6.1 疏散通道上的防火门有常闭型和常开型。常闭型防火门有人通过后，闭门器将门关闭，不需要联动。常开型防火门平时开启，防火门任一侧所在防火分区内两只独立的火灾探测器或一只火灾探测器与一只手动报警按钮报警信号的"与"逻辑联动防火门关闭。防火门的故障状态可以包括闭门器故障、门被卡后未完全关闭等。

4.6.2 本条规定了防火卷帘控制器的设置要求。

4.6.3 本条规定了疏散通道上设置的防火卷帘的联动控制设计要求。

设置在疏散通道上的防火卷帘，主要用于防烟、人员疏散和防火分隔，因此需要两步降落方式。防火分区内的任两只感烟探测器或任一只专门用于联动防火卷帘的感烟火灾探测器的报警信号联动控制防火卷帘下降至距楼板面1.8m处，是为保障防火卷帘能及时动作，以起到防烟作用，避免烟雾经此扩散，既起到防烟作用又可保证人员疏散。感温火灾探测器动作表示火已蔓延到该处，此时人员已不可能从此逃生，因此，防火卷帘下降到底，起到防火分隔作用。地下车库车辆通道上设置的防火卷帘也应按疏散通道上设置的防火卷帘的设置要求设置。本条要求在卷帘的任一侧离卷帘纵深0.5m~5m内设置不少于2只专门用于联动防火卷帘的感温火灾探测器，是为了保障防火卷帘在火势蔓延到防火卷帘前及时动作，也是为了防止单只探测器由于偶发故障而不能动作。

联动触发信号可以由火灾报警控制器连接的火灾探测器的报警信号组成，也可以由防火卷帘控制器直接连接的火灾探测器的报警信号组成。防火卷帘控制器直接连接火灾探测器时，防火卷帘可由防火卷帘控制器按本条规定的控制逻辑和时序联动控制防火卷帘的下降。防火卷帘控制器不直接连接火灾探测器时，应由消防联动控制器按本条规定的控制逻辑和时序向防火卷帘控制器发出联动控制信号，由防火卷帘控制器控制防火卷帘的下降。

4.6.4 本条规定了非疏散通道上设置的防火卷帘的联动控制设计要求。

非疏散通道上设置的防火卷帘大多仅用于建筑的防火分隔作用，建筑共享大厅回廊楼层间等处设置的防火卷帘不具有疏散功能，仅用作防火分隔。因此，设置在防火卷帘所在防火分区内的两只独立的火灾探测器的报警信号即可联动控制防火卷帘一步降到楼板面。

4.6.5 本条规定了防火卷帘系统的联动反馈信号要求。

4.7 电梯的联动控制设计

4.7.1 本条强调了高层建筑在火灾初期电梯的管理问题，对于非消防电梯不能一发生火灾就立即切断电源，如果电梯无自动平层功能，会将电梯里的人关在电梯轿厢内，这是相当危险的，因此规范要求电梯应具备降至首层或电梯转换层的功能，以便有关人员全部撤出电梯。

本规范要求消防联动控制器应具有发出联动控制信号强制所有电梯停于首层或电梯转换层的功能，但并不是一发生火灾就使所有的电梯回到首层或转换层，设计人员应根据建筑特点，先使发生火灾及相关危险部位的电梯回到首层或转换层，在没有危险部位的电梯，应先保持使用。为防止电梯供电电源被火烧断，电梯宜增加EPS备用电源。

4.7.2 电梯运行状态信息反馈至消防控制室的目的在于使消防救援人员及时掌握电梯的状态，以安排救援。

4.8 火灾警报和消防应急广播系统的联动控制设计

4.8.1 火灾自动报警系统均应设置火灾声光警报器，并在发生火灾时发出警报，其主要目的是在发生火灾时对人员发出警报，警示人员及时疏散。

发生火灾时，火灾自动报警系统能够及时准确地发出警报，对保障人员的安全具有至关重要的作用，所以将本条确定为强制性条文。

4.8.2 系统设备决定火灾声光警报器的控制方式。

4.8.3 具有多个报警区域的保护对象，选用带有语音提示的火灾声警报器，可直观地提醒人们发生了火灾；学校、工厂等各类日常使用电铃的场所，为避免与常用的电铃发生混淆，不应使用警铃作为火灾声警报器。

4.8.4 为避免临近区域出现火灾语音提示声音不一致的现象，带有语音提示的火灾声警报器应同时设置语音同步器。

在火灾发生时，及时、清楚地对建筑内的人员传递火灾信息是火灾自动报警系统的重要功能。当火灾声警报器设置语音提示功能时，设置语音同步器是保证火灾警报信息准确传递的基本技术要求，所以将本条确定为强制性条文。

4.8.5 为保证建筑内人员对火灾报警响应的一致性，有利于人员疏散，建筑内设置的所有火灾声警报器应能同时启动和停止。

建筑内设置多个火灾声警报器时，同时启动同时停止，可以保证火灾警报信息传递的一致性以及人员响应的一致性，同时也便于消防应急广播等指导人员疏散信息向人员传递的有效性。要求对建筑内设置的多个火灾声警报器同时启动和停止，是保证火灾警报信息有效传递的基本技术要求，所以将本条确定为强制性条文。

4.8.6 消防应急广播系统和火灾警报装置，在建筑内同时设置是本次修订的重要内容之一。按修订前的条文，二者可以不同时设置。实践证明，火灾时，先鸣警报装置，高分贝的嘯叫会刺激人的神经使人立刻警觉，然后再播放广播通知疏散，如此循环进行效果更好。

4.8.7 采用集中报警系统和控制中心报警系统的保护对象多为高层建筑或大型民用建筑，这些建筑内人员集中又较多，火灾时影响面大，为了便于火灾时统一指挥人员有效疏散，要求在集中报警系统和控制中心报警系统中设置消防应急广播。

对于高层建筑或大型民用建筑这些人员密集场所，多年的灭火救援实践表明，在应急情况下，消防应急广播播放的疏散导引的信息可以有效地指导建筑内的人员有序疏散。为了提高这些复杂建筑在火灾等应急情况下的人员疏散能力，减少人员伤害，所以将本条确定为强制性条文。

4.8.8 火灾发生时，每个人都应在第一时间得知，同时为避免由于错时疏散而导致的在疏散通道和出口处出现人员拥堵现象，要求在确认火灾后同时向整个建筑进行应急广播。

4.8.9 本条规定了消防应急广播单次语音播放时间要求以及与火灾声警报器分时工作的时序要求。

4.8.10 为了有效地指导建筑内各部位的人员疏散，在作为建筑消防系统控制及管理中心的消防控制室内应能手动或自动对各广播分区进行应急广播。与日常广播或背景音乐系统合用的消防应急广播系统，如果广播扩音装置未设置在消防控制室内，不论采用哪种遥控播音方式,在消防控制室都应能用话筒直接播音和遥控扩音机的开关,自动或手动控制相应分区,播送应急广播。在消防控制室应能监控扩音机的工作状态,监听消防应急广播的内容,同时为了记录现场应急指挥的情况,应对通过传声器广播的内容进行录音。

4.8.11　本条规定了消防应急广播相关信息的显示要求。

4.8.12　火灾时,将日常广播或背景音乐系统扩音机强制转入火灾事故广播状态的控制切换方式一般有两种:

(1)消防应急广播系统仅利用日常广播或背景音乐系统的扬声器和馈电线路,而消防应急广播系统的扩音机等装置是专用的。当火灾发生时,在消防控制室切换输出线路,使消防应急广播系统按照规定播放应急广播。

(2)消防应急广播系统全部利用日常广播或背景音乐系统的扩音机、馈电线路和扬声器等装置,在消防控制室只设紧急播送装置,当发生火灾时可遥控日常广播或背景音乐系统紧急开启,强制投入消防应急广播。

以上两种控制方式,都应该注意使扬声器不管处于关闭还是播放状态时,都应能紧急开启消防应急广播。特别应注意在扬声器设有开关或音量调节器的日常广播或背景音乐系统中的应急广播方式,应将扬声器用继电器强制切换到消防应急广播线路上,且合用广播的各设备应符合消防产品 CCCF 认证的要求。

在客房内设有床头控制柜音乐广播时,不论床头控制柜内扬声器在火灾时处于何种工作状态(开、关),都应能紧急切换到消防应急广播线路上,播放应急广播。

由于日常工作需要,很多建筑设置了普通广播或背景音乐广播,为了节约建筑成本,可以在设置消防应急广播时共享相关资源,但是在应急状态时,广播系统必须能够无条件的切换至消防应急广播状态,这是保证消防应急广播信息有效传递的基本技术要求,所以将本条确定为强制性条文。

4.9　消防应急照明和疏散指示系统的联动控制设计

4.9.1　消防应急照明和疏散指示系统按控制方式有三种类型:集中控制型、集中电源非集中控制型、自带电源非集中控制型。

1　集中控制型系统主要由应急照明集中控制器、双电源应急照明配电箱、消防应急灯具和配电线路等组成,消防应急灯具可为持续型或非持续型。其特点是所有消防应急灯具的工作状态都受应急照明集中控制器控制。发生火灾时,火灾报警控制器或消防联动控制器向应急照明集中控制器发出相关信号,应急照明集中控制器按预设程序控制各消防应急灯具的工作状态。

2　集中电源非集中控制型系统主要由应急照明集中电源、应急照明分配电装置、消防应急灯具和配电线路等组成,消防应急灯具可为持续型或非持续型。发生火灾时,消防联动控制器联动控制集中电源和/或应急照明分配电装置的工作状态,进而控制各路消防应急灯具的工作状态。

3　自带电源非集中控制型系统主要由应急照明配电箱、消防应急灯具和配电线路等组成。发生火灾时,消防联动控制器联动控制应急照明配电箱的工作状态,进而控制各路消防应急灯具的工作状态。

4.9.2　本条规定了消防应急照明和疏散指示系统的应急转换时间和应急转换控制的方式。

4.10　相关联动控制设计

4.10.1　关于火灾确认后,火灾自动报警系统应能切断火灾区域及相关区域的非消防电源,在国内是极具争议的问题,各种情况都有,比较复杂,各地区、各设计院的设计差异也很大。理论上讲,只要能确认不是供电线路发生的火灾,都可以先不切断电源,尤其是正常照明电源,如果发生火灾时正常照明正处于点亮状态,则应予以保持,因为正常照明的照度较高,有利于人员的疏散。正常照

明、生活水泵供电等非消防电源只要在水系统动作前切断,就不会引起触电事故及二次灾害;其他在发生火灾时没必要继续工作的电源,或切断后也不会带来损失的非消防电源,可以在确认火灾后立即切断。本规范列出了火灾时,应切断的非消防电源用电设备和不应切断的非消防电源用电设备如下,设计人员可参照执行。

(1)火灾时可立即切断的非消防电源有:普通动力负荷、自动扶梯、排污泵、空调用电、康乐设施、厨房设施等。

(2)火灾时不应立即切掉的非消防电源有:正常照明、生活给水泵、安全防范系统设施、地下室排水泵、客梯和Ⅰ～Ⅲ类汽车库作为车辆疏散口的提升机。

关于切断点的位置,原则上应在变电所切断,比较安全。当用电设备采用封闭母线供电时,可在楼层配电小间切断。

4.10.2　火灾发生后,宜马上打开涉及疏散的电动栅杆,并有必要开启相关层安全技术防范系统的摄像机,监视并记录火灾现场的情况,为进一步的抢险救援提供依据。

4.10.3　火灾发生后,为便于火灾现场及周边人员逃生,有必要打开疏散通道上由门禁系统控制的门和庭院的电动大门,并及时打开停车场出入口的挡杆,以便于人员的疏散、火灾救援人员和装备进出火灾现场。

5　火灾探测器的选择

5.1　一般规定

5.1.1　本条提出了选择火灾探测器种类的基本原则。在选择火灾探测器种类时,要根据探测区域内可能发生的初期火灾的形成和发展特征、房间高度、环境条件以及可能引起误报的原因等因素来决定。本条依据有关国家的火灾自动报警系统设计安装规范,并根据我国设计安装火灾自动报警系统的实际情况和经验教训,以及从初期火灾形成和发展过程产生的物理化学现象,提出对火灾探测器选择的原则性要求。

贮藏室、燃气供暖设备的机房、带有壁炉的客厅、地下停车场、车库、商场、超市等场所,由于其通风状况不佳,一旦发生火灾,在火灾初期极易造成燃烧不充分从而产生一氧化碳气体。可增设一氧化碳火灾探测器实现火灾的早期探测。

另外,由于各场所的功能、构造、气流、可燃物等情况的不同,根据现场实际情况分析早期火灾的特征参数,有助于选择最适用于该场所的火灾探测器。

为了缩短探测器对火灾的响应时间,可在保证系统稳定性的前提下,提高火灾探测器的灵敏度。

目前很多厂家都推出了具有多只探测器复合判断功能的火灾自动报警系统,如在大的平面空间场所中同时设置多个火灾探测器,只要其中几只探测器探测的火灾参数都发生变化,虽然火灾参数还没达到单只探测器报警的程度,但由于多只探测器都已有反应,则可认为发生了火灾等。这种系统是在火灾报警控制器内采用了智能算法,提高了系统的响应时间及报警准确率。

5.2 点型火灾探测器的选择

5.2.1 本条是参考德国(VdS)《火灾自动报警装置设计与安装规范》制定的。在执行中应注意这仅仅是按房间高度对探测器选择的大致划分,具体选择时尚需结合房间的火灾危险性和探测器的类别来进行设计,如果判定不准确时,仍需按本规范第5.1.1条第6款做模拟燃烧试验后最终确定。附录C规定了感温火灾探测器的分类,感温火灾探测器的典型应用温度为探测器安装后在无火灾条件下长期运行所期望的环境温度。根据探测器的使用环境温度和探测器的动作温度将其划分为A1、A2、B、C、D、E、F和G共八类,从附录C中可以看出,每种类别之间,依据类别字母的顺序,其典型应用温度和动作温度范围依次递增。A1类和A2类之间在应用温度方面相同,但A2类的动作温度范围涵盖了A1类的,另外,从响应时间试验要求可以看出,A1类的响应时间范围与A2类的不同。

5.2.2~5.2.4 这几条列出了宜选择点型感烟火灾探测器的场所和不宜选择点型离子感烟火灾探测器或点型光电感烟火灾探测器的场所。事实上,感烟火灾探测器的响应行为基本上是由它的工作原理决定的。不同烟粒径和不同可燃物产生的烟对两种探测器适用性是不一样的。从理论上讲,离子感烟火灾探测器可以探测任何一种烟,对粒子尺寸无特殊限制,只存在响应行为的数值差异,但其探测性能受长期潮湿影响较大,而光电感烟火灾探测器对粒径小于0.4μm的粒子的响应较差。高海拔地区由于空气稀薄,烟粒子也稀薄,因此光电感烟探测器就不容易响应,而离子感烟探测器电离出来的离子本身就会由于空气稀薄而减少,所以其探测灵敏度不会受影响,因此高海拔地区宜选择离子感烟火灾探测器。三种感烟火灾探测器对不同烟粒径的响应特性如图2所示。

图3给出了点型离子感烟火灾探测器和点型散光型光电感烟火灾探测器在标准燃烧实验中,燃烧不同的物质使探测器报警所需的物料消耗。

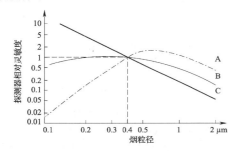

图2 感烟火灾探测器对不同烟粒径的响应
A—散射型光电感烟火灾探测器;B—减光型光电感烟火灾探测器;
C—离子感烟火灾探测器

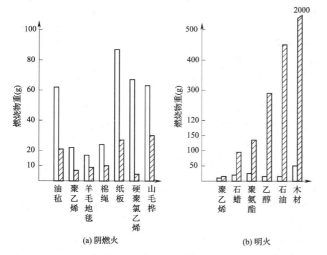

(a)阴燃火   (b)明火

图3 感烟火灾探测器报警时所耗不同燃烧物质重量
□—离子感烟火灾探测器;▨—减光型光电感烟火灾探测器

5.2.5、5.2.6 这两条列出了宜选择和不宜选择点型感温火灾探测器的场所。一般来说,感温火灾探测器对火灾的探测不如感烟火灾探测器灵敏,它们对阴燃火不可能响应,只有当火焰达到一定程度时,感温火灾探测器才能响应。因此感温火灾探测器不适宜保护可能由小火造成不能允许损失的场所;现行的感温火灾探测器产品国家标准根据探测器的使用环境温度确定探测器的响应时间,0℃以下场所,不适合使用定温感温火灾探测器;现行国家标准《点型感温火灾探测器》GB 4716规定具有差温响应性能的感温火灾探测器为R型感温火灾探测器,不适合使用在温度变化较大的场所。

我们在绝大多数场所使用的火灾探测器都是普通的点型感烟火灾探测器。这是因为在一般情况下,火灾发生初期均有大量的烟产生,最普遍使用的点型感烟火灾探测器都能及时探测到火灾,报警后,都有足够的疏散时间。虽然有些火灾探测器可能比普通的点型感烟火灾探测器更早发现火灾,但由于点型感烟火灾探测器在一般场所完全能满足及时报警的需求,加上其性能稳定、物美价廉、维护方便等因素,使其理所当然地成为应用最广泛的火灾探测器。一般情况下说的早期火灾探测,都是指感烟火灾探测器对火灾的探测。

感温火灾探测器根据其用法不同,其报警信号的含义也不同。当感温火灾探测器直接用于探测物体温度变化,如堆垛内部温度变化、电缆温度变化等情况时,其报警信号会比感烟火灾探测器早很多,此时的报警信号的含义更多成分是预警,并不表示已发展到火灾阶段,只是提醒有引发火灾的可能。这种情况下感温火灾探测器的作用与探测由于真正发生火灾后而引起空间温度变化的感温火灾探测器的作用有着本质的区别。在火灾发展过程中的温度参数和火焰参数通常被用于表示火灾发展的程度,就是说火灾发生后,探测空间温度的感温火灾探测器动作表明火灾已经发展到应该启动自动灭火设施的程度了,所以点型感温火灾探测器经常用于确认火灾并联动自动灭火系统。

5.2.7、5.2.8 这两条列出了宜选择和不宜选择点型火焰探测器的场所。火焰探测器只要有火焰的辐射就能响应,对明火的响应也比感温火灾探测器和感烟火灾探测器快得多,所以火焰探测器特别适用于大型油罐储区、石化作业区等易发生明火燃烧的场所或者明火的蔓延可能造成重大危险等场所的火灾探测。

从火焰探测器到被探测区域必须有一个清楚的视野,火灾可能有一个初期阴燃阶段,在此阶段有浓烟扩散时不宜选择火焰探测器。

在空气相对湿度大、空气中悬浮颗粒物多的场所,探测器的镜头易被污染,不宜选择火焰探测器。

光传播的主要抑制因素为油雾或膜、浓烟、碳氢化合物蒸气、水膜或冰。在冷藏库、洗车房、喷漆车间等场所易出现的油雾、烟雾、水雾等能显著降低光信号的强度,这些场所不宜选择火焰探测器。

5.2.9 保护区内能够产生足够热量的电力设备或其他高温物质所产生的热辐射,在达到一定强度后可能导致单波段红外火焰探测器的误动作。双波段红外火焰探测器增加一个额外波段的红外传感器,通过信号处理技术对两个波段信号进行比较,可以有效消除热体辐射的影响。

5.2.10 以下场所产生的紫外线干扰会对紫外火焰探测器正常工作产生影响:

(1)应用焊接或气割的车间能发射出宽频带连续能谱的紫外线。等离子焊接所产生的温度更高,发射出功率很强的紫外线。

(2)印刷工业车间、摄影室、制版室、拍摄电影棚中的高(低)压汞弧灯、高压氙灯、闪光灯、石英卤素灯、荧光灯及灭虫子的黑光灯等,也可发射不同波长的紫外线。

(3)温度在3000℃以上的电极炼钢厂房,常发射波长小于290nm的紫外线。

5.2.11 本条列出了宜选择可燃气体探测器的场所。

5.2.12 本条列出了可选择一氧化碳火灾探测器的场所,这是由一氧化碳的扩散特性和一氧化碳火灾探测器的产品性能决定的。

5.2.13 在污物较多的场所,普通点型感烟火灾探测器很容易失效,选择间断吸气的点型采样吸气式感烟火灾探测器可以保证在较长的时间内不用清洗;具有过滤网和管路自清洗功能的管路采样吸气式感烟火灾探测器是指在管路上端设置有清洗阀门,可以通过该阀门吹洗管路,这样可以保证探测器在恶劣条件下的正常工作。

5.3 线型火灾探测器的选择

5.3.1 本条列出了宜选择线型光束感烟火灾探测器的场所。大型库房、博物馆、档案馆、飞机库等大多为无遮挡的大空间场所,发电厂、变配电站、古建筑、文物保护建筑的厅堂馆所,有时也适合安装这种类型的探测器。

5.3.2 本条列出的场所会对线型光束感烟火灾探测器的探测性能产生影响,容易使其产生误报现象,因此这些场所不宜选择线型光束感烟火灾探测器。

5.3.3～5.3.5 这三条列出了线型感温火灾探测器的适用场所。线型感温火灾探测器包括缆式线型感温火灾探测器和线型光纤感温火灾探测器。缆式线型感温火灾探测器特别适合于保护厂矿的电缆设施。在这些场所使用时,线型探测器应尽可能贴近可能发热或过热部位,或者安装在危险部位上,使其与可能过热部位接触。线型光纤感温火灾探测器具有高可靠性、高安全性、抗电磁干扰能力强、绝缘性能高等优点,可以工作在高压、大电流、潮湿及爆炸环境中,探测器维护简单,可免清洗,一根光纤可探测数千米范围,但其最小报警长度比缆式线型感温火灾探测器长得多,因此只能适用于比较长的区域同时发热或起火初期燃烧面比较大的场所,不适合使用在局部发热或局部起火就需要快速响应的场所。

5.4 吸气式感烟火灾探测器的选择

5.4.1 本条列出了宜选择吸气式感烟火灾探测器的场所。

具有高速气流的场所,如通信机房、计算机房、无尘室等任何通过空气调节作用而保持正压的场所。在这些场所中,烟雾通常被气流高度稀释,这给点型感烟探测技术的可靠探测带来了困难。而吸气式感烟火灾探测器由于采用主动的吸气式采样方式,并且系统通常具有很高的灵敏度,加之布管灵活,所以成功地解决了气流对于烟雾探测的影响。

一旦发生火灾会造成较大损失的场所,如通信设施、服务器机房、金融数据中心、艺术馆、图书馆、重要资料室等;对空气质量要求较高的场所,如无尘室、精密零件加工场所、电子元器件生产场所等,是需要早期探测火灾的特殊场所,因此应选择高灵敏型吸气式感烟火灾探测器。但这些场所使用的探测器的采样管网的长度和开孔数量均小于探测器最大设计参数,以保证其灵敏度符合要求,必要时需要实际测量探测器的灵敏度。

5.4.2 虽然管路采样式吸气式感烟火灾探测器可以通过采用具备某些形式的灰尘辨别来实现对灰尘的有效探测,但灰尘比较大的场所将很快导致管路采样式吸气式感烟火灾探测器和管路受到污染,如果没有过滤网和管路自清洗功能,探测器很难在这样恶劣的条件下正常工作。

6 系统设备的设置

6.1 火灾报警控制器和消防联动控制器的设置

6.1.1 区域报警系统的保护对象,若受建筑用房面积的限制,可以不设置消防值班室,火灾报警控制器可设置在有人值班的房间(如保卫部门值班室、配电室、传达室等),但该值班室应昼夜有人值班,并且应由消防、保卫部门直接领导管理。

集中报警系统和控制中心报警系统,火灾报警控制器和消防联动控制器(设备)应设在专用的消防控制室或消防值班室内以保证系统可靠运行和有效管理。

6.1.2 本条从使用角度对消防控制室的设备布置作出了原则性规定。根据对重点城市、重点工程消防控制室设置情况的调查,不同地区、不同工程消防控制室的规模差别很大,控制室面积有的大到60m²～80m²,有的小到10m²。面积大了造成一定的浪费,面积小了又影响消防值班人员的工作。为满足消防控制室值班、维修人员工作的需要,便于设计部门各专业协调工作,参照建筑电气设计的有关规程,对建筑内消防控制设备的布置及操作、维修所必需的空间作了原则性规定,以便使建设、设计、规划等有关部门有章可循,使消防控制室的设计既满足工作的需要又避免浪费。

对于消防控制室规模大小,各国都是根据自己的国情作出规定。本条规定是为了满足消防工作的实际需要。在设计中根据实际需要还应考虑到值班人员休息和维修活动的面积。

6.1.3 本条对火灾报警控制器和消防联动控制器(设备)采用壁挂式安装时的安装要求作出了相应的规定。

6.1.4 本条考虑到我国的实际情况,规定了集中报警系统和控制中心报警系统中的区域火灾报警控制器可以有条件地设置在无人值班的场所。只有报警功能的区域火灾报警控制器,由于其各类信息均在集中火灾报警控制器上集中显示,发生火灾时也不需要人工操作,因此不需要有专人看管。

6.2 火灾探测器的设置

6.2.1 本条对探测器的具体设置部位作出相应规定。

6.2.2 本条对点型火灾探测器的设置作出了规定。

1 本款规定"探测区域内的每个房间至少应设置一只火灾探测器"。这里提到的"每个房间"是指一个探测区域中可相对独立的房间,包括火车卧铺车厢的封闭空间等类似场所,即使该房间的面积比一只探测器的保护面积小得多,也应设置一只探测器保护。

2 本款规定的点型火灾探测器的保护面积,是在一个特定的实验条件下,通过4种典型的试验火试验提供的数据,并参照国外规范制定的,用来作为设计人员确定火灾自动报警系统中采用探测器数量的主要依据。

凡按现行国家标准《点型感烟火灾探测器》GB 4715和《点型感温火灾探测器》GB 4716检验合格的产品,其保护面积均符合本规范的规定。

(1)当探测器装于不同坡度的顶棚上时,随着顶棚坡度的增大,烟雾沿斜顶棚和屋脊聚集,使得安装在屋脊或顶棚的探测器进烟或感受热气流的机会增加。因此,探测器的保护半径可相应地增大。

(2)当探测器监视的地面面积 $S > 80m^2$ 时,安装在其顶棚上的感烟探测器受其他环境条件的影响较小。房间越高,火源和顶棚之间的距离越大,则烟均匀扩散的区域越大,对烟的容量也越大,人员疏散时间就越有保证。因此,随着房间高度增加,探测器保护的地面面积也增大。

(3)感烟火灾探测器对各种不同类型火灾的灵敏度有所不同,但考虑到房间越高烟越稀薄的情况,当房间高度增加时,可将探测器的灵敏度相应地调高。

建筑高度不超过14m的封闭探测空间，且火灾初期会产生大量的烟时，可设置点型感烟火灾探测器，是根据实际试验结果制定的。

本条第3款规定的感烟火灾探测器、感温火灾探测器的安装间距a、b是指图4中1#探测器和2#～5#相邻探测器之间的距离，不是1#探测器与6#～9#探测器之间的距离。

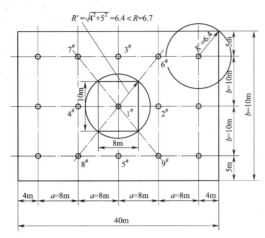

图4 探测器布置示例

（1）本规范附录E由探测器的保护面积A和保护半径R确定探测器的安装间距a、b的极限曲线$D_1 \sim D_{11}$（含D_9'）是按照下列方程绘制的，这些极限曲线端点Y_i和Z_i坐标值（a_i、b_i），即安装间距a、b在极限曲线端点的一组数值，如表1所示。

$$a \cdot b = A \qquad (1)$$
$$a^2 + b^2 = (2R)^2 \qquad (2)$$

表1 极限曲线端点Y_i和Z_i坐标值（a_i、b_i）

极限曲线	$Y_i(a_i、b_i)$点	$Z_i(a_i、b_i)$点
D_1	$Y_1(3.1, 6.5)$	$Z_1(6.5, 3.1)$
D_2	$Y_2(3.8, 7.9)$	$Z_2(7.9, 3.8)$
D_3	$Y_3(3.2, 9.2)$	$Z_3(9.2, 3.2)$
D_4	$Y_4(2.8, 10.6)$	$Z_4(10.6, 28)$
D_5	$Y_5(6.1, 9.9)$	$Z_5(9.9, 6.1)$
D_6	$Y_6(3.3, 12.2)$	$Z_6(12.2, 3.3)$
D_7	$Y_7(7.0, 11.4)$	$Z_7(11.4, 7.0)$
D_8	$Y_8(6.1, 13.0)$	$Z_8(13.0, 6.1)$
D_9	$Y_9(5.3, 15.1)$	$Z_9(15.1, 5.3)$
D_9'	$Y_9'(6.9, 14.4)$	$Z_9'(14.4, 6.9)$
D_{10}	$Y_{10}(5.9, 17.0)$	$Z_{10}(17.0, 5.9)$
D_{11}	$Y_{11}(6.4, 18.7)$	$Z_{11}(18.7, 6.4)$

（2）极限曲线$D_1 \sim D_4$和D_6适宜于保护面积A等于20、30和40m²及其保护半径R等于3.6、4.4、4.9、5.5、6.3m的感温火灾探测器；极限曲线D_5和$D_7 \sim D_{11}$（含D_9'）适宜于保护面积A等于60、80、100和120m²及其保护半径R等于5.8、6.7、7.2、8.0、9.0和9.9m的感烟火灾探测器。

本条第4款规定了一个探测器区域内所需设置的探测器数量，按本条规定不应小于$N = \dfrac{S}{K \cdot A}$的计算值。式中给出的修正系数K，是根据人员数量确定的，人员数量越大，疏散要求越高，就越需要尽早报警，以便尽早疏散。

为说明本规范表6.2.2、附录E、图E及公式（6.2.2）的工程应用，下面给出一个例子。

例：一个地面面积为30m×40m的生产车间，其屋顶坡度为15°，房间高度为8m，使用点型感烟火灾探测器保护。试问，应设多少只感烟火灾探测器？应如何布置这些探测器？

解：①确定感烟火灾探测器的保护面积A和保护半径R。查表6.2.2，得感烟火灾探测器保护面积为$A = 80m^2$，保护半径$R = 6.7m$。

②计算所需探测器设置数量。

选取$K = 1.0$，按公式（6.2.2）有$N = \dfrac{S}{K \cdot A} = \dfrac{1200}{1.0 \times 80} = 15$（只）。

③确定探测器的安装间距a、b。

由保护半径R，确定保护直径$D = 2R = 2 \times 6.7 = 13.4$（m），由附录E中图E可确定$D_i = D_7$，应利用$D_7$极限曲线确定$a$和$b$值。根据现场实际，选取$a = 8m$（极限曲线两端点间值），得$b = 10m$，其布置方式见图4。

④校核。

按安装间距$a = 8m$、$b = 10m$布置后，探测器到最远点水平距离R'是否符合保护半径要求，按公式（3）计算。

$$R' = \sqrt{\left(\frac{a}{2}\right)^2 + \left(\frac{b}{2}\right)^2} \qquad (3)$$

即$R' = 6.4m < R = 6.7m$，在保护半径之内。

6.2.3 本条主要规定了顶棚有梁时安装探测器的原则。由于梁对烟的蔓延会产生阻碍，因而使探测器的保护面积受到梁的影响。如果梁间区域（指高度在200mm至600mm之间的梁所包围的区域）的面积较小，梁对热气流（或烟气流）形成障碍，并吸收一部分热量，那么探测器的保护面积必然下降。探测器保护面积验证试验表明，梁对热气流（或烟气流）的影响还与房间高度有关。

1 当梁突出顶棚的高度小于200mm时，在顶棚上设置点型感烟、感温火灾探测器，可不计梁对探测器保护面积的影响。

2 当梁突出顶棚的高度在200mm～600mm时，应按附录F、附录G确定梁的影响和一只探测器能够保护的梁间区域的个数。

由附录E可以看出，房间高度在5m以上、梁高大于200mm时，探测器的保护面积受梁高的影响按房间高度与梁高之间的线性关系考虑。还可看出，C、D、E、F、G型感温火灾探测器房高极限值为4m，梁高限度为200mm；B型感温火灾探测器房高极限值为6m，梁高限度为225mm；A1、A2型感温火灾探测器房高极限值为8m，梁高限度为275mm；感烟火灾探测器房高极限值为12m，梁高限度为375mm。若梁高超过上述限度，即线性曲线右边部分，均需计梁的影响。

3 当梁突出顶棚的高度超过600mm时，被梁隔断的每个梁间区域应至少设置一只探测器。

4 当被梁隔断的区域面积超过一只探测器的保护面积时，则应将被隔断的区域视为一个探测区域，并应按本规范第6.2.2条第4款规定计算探测器的设置数量。

5 当梁间净距小于1m时，可视为平顶棚，不计梁对探测器保护面积的影响。

6.2.4 本条规定是参考德国标准制定的。

6.2.5 本条规定是参考德国标准和英国规范制定的。探测器至墙壁、梁边的水平距离，不应小于0.5m是为了保证探测器可靠探测。

6.2.6 本条规定是为了保证探测器可靠探测。

6.2.7 本条提到的这些场所的烟雾扩散特征与独立房间内烟雾扩散特征基本相同。

6.2.8 在设有空调的房间内，探测器不应安装在靠近空调送风口处。这是因为气流影响燃烧粒子扩散，使探测器不能有效探测。此外，通过电离室的气流在某种程度上改变电离电流，可能导致离子感烟火灾探测器误报。

6.2.9 当屋顶有热屏障时，点型感烟火灾探测器下表面至顶棚或屋顶的距离，应符合本规范表6.2.9的规定。由于屋顶受辐射热作用或因其他因素影响，在顶棚附近可能产生空气滞留层，从而形成热屏障。火灾时，该热屏障将在烟雾和气流通向探测器的道路上形成障碍作用，影响探测器探测烟雾。同样，带有金属屋顶的仓库，夏天屋顶下边的空气可能被加热而形成热屏障，使得烟在热屏障下边不能到达顶部，而冬天降温作用也会妨碍烟的扩散。这些都将影响探测器的有效探测,而这些影响通常还与顶棚或屋顶形状以及安装高度有关。为此,需按表 6.2.9 规定的感烟火灾探测器下表面至顶棚或屋顶的必要距离安装探测器,以减少上述影响。

在人字形屋顶和锯齿形顶棚情况下,热屏障的作用特别明显。图 5 给出探测器在不同形状顶棚或屋顶下,其下表面至顶棚或屋顶的距离 d 的示意图。

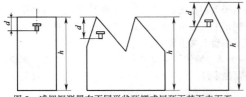

图 5　感烟探测器在不同形状顶棚或屋顶下其下表面至
顶棚或屋顶的距离 d

感温火灾探测器通常受这种热屏障的影响较小,所以感温探测器总是直接安装在顶棚上(吸顶安装)。

6.2.10　在房屋为人字形屋顶的情况下,如果屋顶坡度大于 15°,在屋脊(房屋最高部位)的垂直面安装一排探测器有利于烟的探测,因为房屋各处的烟易于集中在屋脊处。在锯齿形屋顶的情况下,按探测器下表面至屋顶或顶棚的距离 d(见第 6.2.9 条)在每个锯齿形顶顶上安装一排探测器。这是因为,在坡度大于 15°的锯齿形屋顶情况下,屋顶有几米高,烟不容易从一个屋顶扩散到另一个屋顶,所以对于这种锯齿形厂房,应按分隔间处理。

6.2.11　探测器在顶棚上宜水平安装。当倾斜安装时,倾斜角 θ 不应大于 45°。当倾斜角 θ 大于 45°时,应加木台安装探测器。如图 6 所示。

6.2.12　本条规定有利于探测器探测井道中发生的火灾,且便于平时检修工作进行。

6.2.13　一氧化碳密度与空气密度相当,在空气中自由扩散,故本条作此规定。

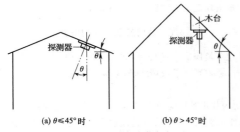

(a) $\theta \leqslant 45°$ 时　　　　(b) $\theta > 45°$ 时

图 6　探测器的安装角度
θ—屋顶的法线与垂直方向的交角

6.2.14　本条主要是对火焰探测器和图像型火灾探测器的设置进行了规定,这些规定是由探测器的特征决定的。

6.2.15　本条根据我国工程实践经验制定。

　　1　一般情况下,当顶棚高度不大于 5m 时,探测器的红外光束轴线至顶棚的垂直距离为 0.3m;当顶棚高度为 10m～20m 时,光束轴线至顶棚的垂直距离可为 1.0m。

　　2　相邻两组线型光束感烟火灾探测器的水平距离不应大于 14m。探测器至侧墙水平距离不应大于 7m 且不应小于 0.5m。超过规定距离探测烟的效果很差。探测器的发射器和接收器之间的距离不宜超过 100m,是为了保证探测器灵敏度,也是为了防止建筑位移使探测器产生误报,见图 7。

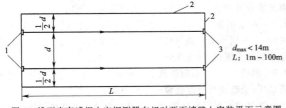

图 7　线型光束感烟火灾探测器在相对两面墙壁上安装平面示意图
1—发射器;2—墙壁;3—接收器

　　3　探测器位置的变化将直接影响探测器的正常运行及探测,因此探测器应安装在固定的结构上,同时应考虑钢结构等建筑结构位移对探测器运行的影响。

　　4　探测器的工作原理决定了日光和人工光源对接收端的直接照射会影响探测器的正常运行甚至导致探测器的误报警。

　　5　工程实践表明如果反射式探测器的灵敏度或报警设定值设置不合理,在探测器接收端快速出现高浓度烟雾粒子的扩散,可能导致探测器不报火警,而直接作出遮挡故障的判断,从而造成探测器的漏报。因此,在实际工程中发射端和接收端均应进行模拟试验,对探测器的响应进行验证。

6.2.16　本条主要参考国外相关规范,并依据我国工程实践和实体试验结果制定。

　　1　电缆、堆垛等保护对象火灾的发生通常经历温度升高→蓄热(受热)产生可燃气体→产生烟气→产生明火的过程,这些场所火灾早期探测的关键是在于温度的升高阶段。线性感温火灾探测器在电缆桥架或支架上设置时,应采用接触式敷设方式,即敷设于被保护电缆(表层电缆)外护套上面,如图 8 所示,图中固定卡具宜选用阻燃塑料卡具。

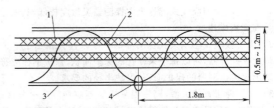

图 8　缆式线型感温火灾探测器在电缆桥架或支架上接触式布置示意图
1—动力电缆;2—探测器热敏电缆;3—电缆桥架;4—固定卡具

在各种皮带输送装置上设置时,在不影响平时运行和维护的情况下,应根据现场情况而定,宜将探测器设置在装置的过热点附近,如图 9 所示。

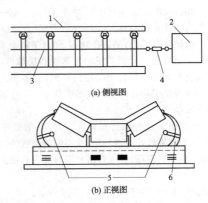

(a) 侧视图

(b) 正视图

图 9　缆式线型感温火灾探测器在皮带输送装置上设置示意图
1—传送带;2—探测器终端;3、5—探测器热敏电缆;
4—拉线螺旋;6—电缆支撑架

　　2　线型感温火灾探测器在顶棚下方的设置是参考日本规范制定的,如图 10 所示。

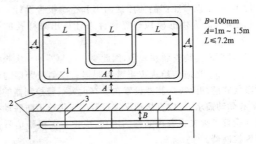

图 10　线型感温火灾探测器在顶棚下方设置示意图
1—探测器;2—墙壁;3—固定点;4—顶棚

3 由于光栅光纤感温火灾探测器的每个光栅相当于一个点型感温火灾探测器，因此其保护半径和保护面积的要求应符合点型感温火灾探测器的相关规定。

4 一般情况，当设置线型感温火灾探测器的场所有联动要求时，即该场所要求实现自动报警、自动灭火时，应采用同类型或者不同类型探测器的组合，所以建议采用双回路组合探测。在电缆隧道内，在电缆隧道顶部设置的线型感温火灾探测器的报警信号和该区域内电气火灾监控探测器报警信号的组合，可作为自动灭火设施启动的联动触发信号；在电缆层上表面设置的线型感温火灾探测器的报警信号，大多是由于探测器监测到其保护的动力电缆因发生电气故障造成温度异常所发出的报警信号，这种报警信号应作为一种预警信号，警示管理人员快速查找电气故障原因，不宜作为联动触发信号。

5 长期潮湿的环境对模块内的电子元器件的影响比较大，从而降低模块的性能，导致报警不准确；温度变化较大时可能造成误报。因此连接模块不宜设置在此类场所。

6.2.17 本条主要参考澳大利亚及英国等国规范和我国自己进行的有关试验结果制定。

1 非高灵敏型吸气式感烟火灾探测器灵敏度较低，其采样管网安装高度不应超过16m。

2 由于吸气式感烟火灾探测器的一个采样孔相当于一个点型感烟火灾探测器，所以每个采样孔的保护面积、保护半径应符合点型感烟火灾探测器的保护面积、保护半径的要求。

3 为了便于查找火源，同一根采样管不应穿越防火分区；另外，采样管的材质没有燃烧性能要求，如果穿越防火分区会导致火灾通过采样管扩散。

采样孔的灵敏度基本可以按探测器标称的最小灵敏度乘以实际采样孔数量计算。例如一台探测器标称的最小灵敏度为 0.005% obs/m，采样管网上开了 100 个采样孔，单一采样孔的灵敏度就近似为 0.5% obs/m。另外一台探测器标称的最小灵敏度为 0.02% obs/m，采样管网上开了 20 个采样孔，单一采样孔的灵敏度就近似为 0.4% obs/m。

从上面的数据可以看出，采样孔越多，相对于每个采样孔的灵敏度就会越低。所以为了保证系统的可靠性和灵敏度，采样管及采样孔特性应与产品检验报告上描述的一致，过多开孔或增加采样管长度将导致每个采样孔的实际灵敏度低于一个常规点型感烟火灾探测器的灵敏度。

4 当采样管道采用毛细管布置方式时，毛细管长度不能过长，否则将影响毛细采样孔的进气量，从而影响系统的探测性能。

5 为便于维护和管理，吸气管路和采样孔应有明显的火灾探测器标识。

6 本款规定是为了保证采样管的有效固定。

7 由于屋顶热屏障等因素的影响，从屋顶至下的空间形成梯度变化的温度场，温度的变化与空间高度密切相关，而烟雾粒子的上升高度又与上升高度的温度变化密切相关。因此根据相关试验结果并参考国外规范制定本款。

8 通常情况下，采样孔孔径在 2mm～5mm 之间，各企业的产品特性不同，可以参照产品使用说明书和检验报告设计。必要时，可以采用厂商提供的模拟计算软件来计算出采样孔的孔径大小。

9 通常探测器均安装在现场，因此要求探测器的火灾报警信号、故障信号等信息应传给火灾报警控制器。探测报警型的管路采样式吸气式感烟火灾探测器设置在没有火灾报警控制器的场所时，如果有联动需求，可以直接把火灾报警信号传给消防联动控制器。但在设置了火灾报警控制器的场所，应把火灾报警信号传给火灾报警控制器。

6.2.18 本条规定是根据实际试验结果确定的。

6.2.19 本条规定了本规范未涉及的其他火灾探测器的设置

要求。

6.3 手动火灾报警按钮的设置

6.3.1 本条主要参考英国规范制定，英国规范《建筑火灾探测报警系统》BS 5839 规定："手动报警按钮的位置，应使场所内任何人去报警均不需走 30m 以上距离"。手动火灾报警按钮设置在出入口处有利于人们在发现火灾时及时按下；在列车车厢中部设置，是考虑到列车上人员可能较多，在中间部位的人员发现火灾后，可以直接按下手动火灾报警按钮。

6.3.2 手动报警按钮应设置在明显的和便于操作的部位，是参考国外规范制定的。当安装在墙上时，其底边距地高度宜为 1.3m～1.5m，且应有明显的标志，以便于识别。

6.4 区域显示器的设置

6.4.1、6.4.2 这两条规定是根据我国工程实践经验制定的。由于目前区域显示器、楼层显示器均为火灾显示盘，产品都属于一类，仅是叫法不统一，从目前市场及工程实际的习惯叫为区域显示器，仅是产品的国家标准为火灾显示盘，因此在规范内将该名称改为区域显示器（火灾显示盘），以便于规范的执行。

6.5 火灾警报器的设置

6.5.1 本条规定了在建筑中设置火灾光警报器的要求及各楼层设置光警报器时的安装位置。不宜与安全出口指示标志灯具设置在同一面墙上的规定，是考虑光警报器不能影响疏散设施的有效性。

6.5.2 本条规定了建筑中设置的火灾警报器的声压等级要求。这样便于在各个报警区域内都能听到警报信号声，以满足告知所有人员发生火灾的要求。

本条是保证火灾警报信息有效传递的基本技术要求，所以将本条确定为强制性条文。

6.5.3 本条规定了火灾警报器安装的高度要求。

6.6 消防应急广播的设置

6.6.1 在环境噪声大的场所，如工业建筑内，设置消防应急广播扬声器时，考虑到背景噪声大、环境情况复杂等因素，提出了声压级要求。

客房内如设消防应急广播专用扬声器，一般都装于床头柜后面墙上，距离客人很近，功率无须过大，故规定不宜小于 1W。这一规定也适用于与床头控制柜内客房音响广播合用的扬声器。

6.6.2 本条规定了壁挂扬声器安装的高度要求。

6.7 消防专用电话的设置

6.7.1 消防专用电话线路的可靠性，关系到火灾时消防通信指挥系统是否畅通，故本条规定消防专用电话网络应为独立的消防通信系统，就是说不能利用一般电话线路或综合布线网络（PDS 系统）代替消防专用电话线路，消防专用电话网络应独立布线。

本条是保证消防通信指挥系统运行有效性和可靠性的基本技术要求，所以本条确定为强制性条文。

6.7.2 本条规定了设置消防专用电话总机的要求。

6.7.3 本条规定是为了确保消防专用电话的可靠性，消防专用电话总机与电话分机或插孔之间的呼叫方式应该是直通的，中间不应有交换或转接程序，宜选用共电式直通电话机或对讲电话机。

6.7.4 本条规定了消防专用电话分机和电话插孔的设置要求。火灾时，条文所列部位是消防作业的主要场所，与这些部位的通信一定要畅通无阻，以确保消防作业的正常进行。

6.7.5 消防控制室、消防值班室或企业消防站等处是消防作业的主要场所，应设置可直接报警的外线电话。

本条是为了保证消防管理人员及时向消防部队传递灭火救援信息，缩短灭火救援时间，所以将本条确定为强制性条文。

6.8 模块的设置

6.8.1 模块安装在金属模块箱内,主要是考虑保障其运行的可靠性和检修的方便。

6.8.2 由于模块工作电压通常为24V,不应与其他电压等级的设备混装,因此本条规定严禁将模块设置在配电(控制)柜(箱)内。

不同电压等级的模块一旦混装,将可能相互产生影响,导致系统不能可靠动作,所以将本条确定为强制性条文。

6.8.3 本报警区域的模块只能控制本报警区域的消防设备,不应控制其他报警区域的消防设备,以免本报警区域发生火灾后影响其他区域受控设备的动作。

本报警区域的模块一旦同时控制其他区域的消防设备,不仅可能对其他区域造成不必要的损失,同时也将影响本区域的防、灭火效果,是必须避免的,所以将本条确定为强制性条文。

6.8.4 为了检修时方便查找,本条规定未集中设置的模块附近应有尺寸不小于100mm×100mm的标识。

6.9 消防控制室图形显示装置的设置

6.9.1 消防控制室图形显示装置可逐层显示区域平面图、设备分布情况,可以对消防信息进行实时反馈、及时处理、长期保存信息,消防控制室内要求24h有人值班,将消防控制室图形显示装置设置在消防控制室可更迅速的了解火情,指挥现场处理火情。

6.9.2 本条规定了消防控制室图形显示装置与火灾报警控制器、消防联动控制器、电气火灾监控器、可燃气体报警控制器等消防设备的连接要求。

6.10 火灾报警传输设备或用户信息传输装置的设置

6.10.1~6.10.4 这四条规定了火灾报警传输设备或用户信息传输装置的设置要求。

6.11 防火门监控器的设置

6.11.1 防火门的启闭在人员疏散中起到至关重要的作用,因此防火门监控器应设置在消防控制室内,没有消防控制室时,应设置在有人值班的场所。

6.11.2 电动开门器的手动控制按钮应设置在防火门附近的内侧墙面上,方便疏散人员逃离火灾现场时使用,规定底边距地面高度宜为0.9m~1.3m是为便于疏散人员的触摸。

6.11.3 防火门监控器的设置与火灾报警控制器的安装设置要求一致。

7 住宅建筑火灾自动报警系统

7.1 一般规定

7.1.1、7.1.2 本着安全可靠、经济适用的原则,本规范针对不同的建筑管理等情况,将住宅建筑火灾自动报警系统分为四种类型。住宅建筑在火灾自动报警系统设计中,应结合建筑管理和消防设施设置情况,根据条文规定,选择合适的系统构成,并按本规范有关要求进行设计。

7.2 系统设计

7.2.1 高层居住建筑中,根据有关规范要求在公共部位设置相应的火灾自动报警系统。这种情况下,只要在居民住宅内设置的家用火灾探测器接入已有的火灾报警控制器,或将这些探测器接入家用火灾报警控制器,再由家用火灾报警控制器接入火灾报警控制器。实现对户内的火灾早期探测与报警。这就是国家标准规定的A类系统。在该类住宅的公共部位设置的火灾探测器,不能接入住宅内部的家用火灾报警系统,应直接接入火灾报警控制器。

7.2.2 在B类系统中,居民住宅应设置家用火灾探测器和家用火灾报警控制器,且住宅物业管理中心应设置控制中心监控设备,对居民住宅的报警信号进行集中管理;当控制中心监控设备接收到居民住宅的火灾报警信号后,应启动设置在公共区域的火灾声警报器,提醒住宅内的其他居民迅速撤离。

在C类系统中,住户内设置的家用火灾探测器应接入家用火灾报警控制器。当住宅内发出火灾报警信号后,应启动设置在住宅公共区域的火灾声警报器,提醒住宅内的其他居民迅速撤离。

7.2.3 在D类系统中,由家用火灾探测器担当火灾探测和火灾报警的功能,因此在有多个起居室的住宅,宜采用互联型独立式火灾探测报警器,当一个起居室发出火灾报警信号时,其他起居室的火灾探测报警器同时发出火灾报警信号,提醒居住在起居室的人员迅速撤离。由于该类火灾探测报警器多选用电池供电,因此宜选用供电时间不少于3年的产品。对于在已投入使用的住宅,可根据实际情况采用有线、无线或两者相结合的方式组建A类、B类或C类系统,这种情况下,系统的设计应符合A类、B类或C类系统设计的相关规定。

7.2.4 对于采用无线通信方式的家用火灾安全系统,其设计应符合A类、B类或C类系统之一的设计要求。

7.3 火灾探测器的设置

7.3.1 一般卧室和起居室内的易燃物起火时均会产生大量的烟气,因此应至少设置一只感烟火灾探测器。

7.3.2 在厨房设置相应气体的可燃气体探测器时,该类探测器的设置与用户选择的燃气有关系,因为不同的探测器适用于探测不同的气体;且传感器类型建议选择红外传感器或电化学传感器。

探测器的设置部位也和用户选择的燃气有关,因为不同燃气的密度不一样,有些气体的密度比空气小,比如甲烷,一旦泄漏就会漂浮在住宅的顶部,而丙烷的密度比空气大,一旦泄漏就会下沉到厨房的下部,因此探测器应该根据用户选择的燃气设置在相应的部位。

可燃气体探测器一旦报警,一般情况下应直接联动关断燃气供应的阀门,如果采用用户自己不能复位的阀门,一旦用气不慎导致报警器报警而联动关断了供气阀门,必须得等专业人员来复位,这样就给人们的生活带来了不便,因此,建议选择用户自己能复位,且安装在燃气表后面的电动阀。胶管脱落自动保护功能就是当燃气胶管突然脱落时会迅速切断燃气供应,防止燃气的大面积泄漏。

7.4 家用火灾报警控制器的设置

7.4.1 家用火灾报警控制器应设置在住宅内比较明显的部位,且应保证操作的方便。

7.4.2 具有可视对讲功能的家用火灾报警控制器可以与可视对讲系统结合使用，也可以与防盗系统结合使用，设置在门口处时，方便布防和撤防。

7.5 火灾声警报器的设置

7.5.1、7.5.2 住宅建筑在发生火灾时可能会影响到整个建筑内住户的安全，应该有即时的火灾警报或语音信号通知，以便有效引导有关人员及时疏散。要求在住宅建筑的公共部位设置具有语音提示功能的火灾声警报器，是为了使住户都能听到火灾警报和语音提示。本条规定了火灾声警报器的设置要求，即火灾声警报器的最大警报范围应为本层及其相邻的上下层。首层明显部位设置的用于直接启动火灾声警报器的手动按钮，为人员发现火灾后及时启动火灾声警报器提供了技术手段。

7.6 应急广播的设置

7.6.1 设置了应急广播时，应同时设置联动控制启动或手动火灾报警按钮启动方式。

7.6.2 每台扬声器覆盖的楼层不应超过3层，是为了保证每户居民都能听到广播。

7.6.3 插孔式消防电话是标准的消防产品，插入插孔后，即可直接讲话，讲话内容经放大器传给各扬声器。

7.6.4 配备用电池是为了防止发生火灾时，供电中断而导致广播不能工作。

7.6.5 广播功率放大器应设置在首层内走道侧面墙上的要求，是为了保证消防人员到场后，能尽快且方便地使用广播指挥大家疏散。箱体面板应有防止非专业人员打开的措施是为了保护消防设施。

8 可燃气体探测报警系统

8.1 一般规定

8.1.1 可燃气体探测报警系统由可燃气体报警控制器、可燃气体探测器和火灾声警报器组成，能够在保护区域内泄漏可燃气体的浓度低于爆炸下限的条件下提前报警，从而预防由于可燃气体泄漏引发的火灾和爆炸事故的发生。

8.1.2 要求可燃气体探测报警系统作为一个独立的由可燃气体报警控制器和可燃气体探测器组成的子系统，而不能将可燃气体探测器接入火灾探测报警系统总线中，主要有以下四方面的原因：

　　（1）目前应用的可燃气体探测器功耗都很大，一般在几十毫安，接入总线后对总线的稳定工作十分不利。

　　（2）现在使用可燃气体探测器的使用寿命一般只有3、4年，到寿命后对同一总线配接的火灾探测器的正常工作也会产生不利影响。

　　（3）现在使用可燃气体探测器每年都需要标定，标定期间对同一总线配接的火灾探测器的正常工作也会产生影响。

　　（4）可燃气体报警信号与火灾报警信号的时间与含义均不相同，需要采取的处理方式也不同。

　　该系统需要有自己的独立电源供给，电源可由系统独立供给，也可根据工程的实际情况就地获取，但就地获取的电源，其供电的可靠性应与该系统一致。

8.1.3 石化行业中涉及过程控制的可燃气体探测报警系统可按本行业规范进行设置，但其报警信号应能接入消防控制室，以保证消防救援时能及时获得相关信息。

8.1.4 本条规定了可燃气体报警控制器接收到的可燃气体探测器的运行状态信息，应该传输给消防控制室的图形显示装置或集

中火灾报警控制器，但其显示应与火灾报警信息有区别。

8.1.5 可燃气体探测器报警表明保护区域内存在超出正常允许浓度的可燃气体泄漏，启动保护区域的火灾声光警报器可以警示相关人员进行必要的处置。

8.1.6 本条规定了可燃气体保护区域内联动控制和警报发出的实现方式。

8.1.7 在一些工业场所设置的电气设备有防爆要求，在该场所设置的可燃气体探测报警系统的产品也应按照相关防爆要求进行设置。

8.2 可燃气体探测器的设置

8.2.1 如果可燃气体的密度小于空气密度，则该气体泄漏后会漂浮在保护空间上方，所以探测器应安装在保护空间上方；如果可燃气体密度大于空气密度，则该气体泄漏后会下沉到保护空间下方，因此探测器应安装在保护空间下部；如果密度相当，探测器可设置在保护空间的中部或顶部。

8.2.2 由于可燃气体探测器是探测可燃气体的泄漏，因此越靠近可能产生可燃气体泄漏的部位，则探测器的灵敏度越高。

8.2.3 可燃气体探测器的保护半径不宜过大，否则由于泄漏可燃气体扩散的不规律性，可能会降低探测器的灵敏度。

8.2.4 线型可燃气体探测器主要用于大空间开放环境泄漏可燃气体的探测，为保证探测器的探测灵敏度，探测区域长度不宜过大。

8.3 可燃气体报警控制器的设置

8.3.1 本条规定了可燃气体报警控制器的设置部位要求。

8.3.2 可燃气体报警控制器的安装和设置应符合火灾报警控制器的设置要求。

9 电气火灾监控系统

9.1 一般规定

9.1.1 根据引发火灾的三个主要原因电气故障、违章作业和用火不慎来看，电气故障原因引发的火灾居于首位。根据我国近几年的火灾统计，电气火灾年均发生次数占火灾年均总发生次数的27%，占重特大火灾总发生次数的80%，居各火灾原因之首位，且损失占火灾总损失的53%，而发达国家每年电气火灾发生次数占总火灾发生次数的8%～13%。原因是多方面的，主要包括电缆老化、施工的不规范、电气设备故障等。通过合理设置电气火灾监控系统，可以有效探测供电线路及供电设备故障，以便及时处理，避免电气火灾发生。

　　电气火灾一般初起于电气柜、电缆隧道等内部，当火蔓延到设备及电缆表面时，已形成较大火势，此时火势往往不容易被控制，扑灭电气火灾的最好时机已经错过了。电气火灾监控系统能在发生电气故障、产生一定电气火灾隐患的条件下发出报警，提醒专业人员排除电气火灾隐患，实现电气火灾的早期预防，避免电气火灾的发生，因此具有很强的电气防火预警功能，尤其适用于变电站、石油石化、冶金等不能中断供电的重要供电场所。

9.1.2 本条规定了电气火灾监控系统的组成。系统中包括了目前广泛使用且已成熟的用于电气保护的电气火灾监控产品，在故障电弧探测器、静电探测器技术成熟后，也将并入该系统。

9.1.3 本条规定了电气火灾监控系统的选择原则。

9.1.4 非独立式电气火灾监控探测器，应接入电气火灾监控器，不应接入火灾报警控制器的探测器回路。

9.1.5 本条规定了设置消防控制室的场所，应将电气火灾监控系

统的工作状态信息传输给消防控制室,在消防控制室图形显示装置或集中火灾报警控制器上显示,但该类信息与火灾报警信息的显示应有区别,这样有利于整个消防系统的管理和应急预案的实施。

9.1.6 本条明确了电气火灾监控系统作为电力供电系统的保障型系统,不能影响正常供电系统的工作。除使用单位确定发生电气故障后可以切断供电电源,否则不能在报警后切断供电电源。电气火灾监控探测器一旦报警,表示其监视的保护对象发生了异常,产生了一定的电气火灾隐患,容易引发电气火灾,但是并不能表示已经发生了火灾,因此报警后没有必要自动切断保护对象的供电电源,只要提醒维护人员及时查看电气线路和设备,排除电气火灾隐患即可。

9.1.7 线型感温火灾探测器的探测原理与测温式电气火灾监控探测器的探测原理相似,因此工程上经常会有使用线型感温火灾探测器进行电气火灾隐患的探测。在这种情况下,线型感温火灾探测器的报警信号可接入电气火灾监控器。

9.2 剩余电流式电气火灾监控探测器的设置

9.2.1 本条规定了剩余电流式电气火灾监控探测器的设置原则。

9.2.2 剩余电流式电气火灾监控探测器在无地线的供电线路中不能正确探测,不适合使用;而消防供电线路由于其本身要求较高,且平时不用,因此也没必要设置剩余电流式电气火灾监控探测器。

9.2.3 本条规定了剩余电流式电气火灾监控探测器的报警设定值的范围。根据泄漏电流达到 300mA 就可能会引起火灾的特性,考虑到每个供电系统都存在自然漏流,而且自然泄漏电流根据线路上负载的不同有很大差别,一般可达 100mA～200mA,因此规定剩余电流式电气火灾监控探测器报警值宜设置在 300mA～500mA 范围内。

9.2.4 探测线路故障电弧功能的电气火灾监控探测器与保护对象的线路长度决定了探测器能否可靠探测到故障电弧,因此做本条规定。

9.3 测温式电气火灾监控探测器的设置

9.3.1～9.3.3 测温式电气火灾监控探测器的探测原理是根据监测保护对象的温度变化,因此探测器应采用接触或贴近保护对象的电缆接头、电缆本体或开关等容易发热的部位的方式设置。对于低压供电系统,宜采用接触式设置。对于高压供电系统,宜采用光纤测温式或红外测温式电气火灾监控探测器。若采用线型感温火灾探测器,为便于统一管理,宜将其报警信号接入电气火灾监控器。

根据对供电线路发生的火灾统计,在供电线路本身发生过载时,接头部位反应最强烈,因此保护供电线路过载时,应重点监控其接头部位的温度变化。

9.4 独立式电气火灾监控探测器的设置

9.4.1～9.4.3 独立式电气火灾监控探测器能够独立完成探测和报警功能,探测器的设置应满足本规范第9.2节和第9.3节的要求。同时该探测器的报警信息与电气火灾监控器的报警信息一样,在有消防控制室的场所,该信息应能在消防控制室内的火灾报警控制器或消防控制室图形显示装置上显示,并与火灾报警等其他报警信息显示有明显区别;在无消防控制室的场所,其报警信号应能传入有人值班的场所。

9.5 电气火灾监控器的设置

9.5.1、9.5.2 电气火灾监控器是发出报警信号并对报警信息进行统一管理的设备,因此该设备应设置在有人值班的场所。一般情况下,可设置在保护区域附近或消防控制室。在有消防控制室的场所,电气火灾监控器发出的报警信息和故障信息应能在消防控制室内的火灾报警控制器或消防控制室图形显示装置上显示,但应与火灾报警信息和可燃气体报警信息有明显区别,这样有利于整个消防系统的管理和应急预案的实施。

10 系统供电

10.1 一般规定

10.1.1 本条规定了火灾自动报警系统的电源要求,蓄电池备用电源主要用于停电条件下保证火灾自动报警系统的正常工作。

本条是保证火灾自动报警系统稳定运行的基本技术要求,所以将本条确定为强制性条文。

10.1.2 火灾自动报警系统的交流电源应接入消防电源,因为普通民用电源可能在火灾条件下被切断;备用电源如采用集中设置的消防设备应急电源时,应进行独立回路供电,防止由于接入其他设备的故障而导致回路供电故障;消防设备应急电源的容量应能保证在系统处于最大负载状态下不影响火灾报警控制器和消防联动控制器的正常工作。本规范所涉及的直流电源均应该是消防设备专用的电源,这些电源均应符合有关国家标准要求和市场准入制度要求。

10.1.3 消防控制室图形显示装置、消防通信设备等设备的电源切换不能影响消防控制室图形显示装置、消防通信设备的正常工作,因此电源装置的切换时间应该非常短,所以建议选择 UPS 电源装置或消防设备应急电源供电。

10.1.4 剩余电流动作保护和过负荷保护装置一旦报警会自动切断电源,因此火灾自动报警系统主电源不应采用剩余电流动作保护和过负荷保护装置保护。

10.1.5 本条规定了消防设备应急电源的容量要求。

10.1.6 本条规定了消防用电设备的供电要求。由于消防用电及配线的重要性,故强调消防用电回路及配线应为专用,不应与其他用电设备合用。另外,消防配电及控制线路要求尽可能按防火分区的范围来配置,可提高消防线路的可靠性。

10.2 系统接地

10.2.1～10.2.4 这四条规定了系统接地装置的接地电阻以及接地线的要求。

11 布 线

11.1 一般规定

11.1.1 本条规定了火灾自动报警系统的各级线路的选型要求。

11.1.2 本条规定了火灾自动报警系统传输线的最小截面积，主要是考虑线路应具有的带载能力和机械强度的要求。

11.1.3 本条规定了火灾自动报警系统的供电线路和传输线路在室外敷设的要求，主要考虑保障系统运行的稳定性。

11.1.4 本条规定了火灾自动报警系统的供电线路和传输线路在地（水）下隧道或湿度大于 90% 的场所的敷设规定，潮湿环境大大降低供电线路和传输线路的绝缘特性，直接影响系统运行的稳定性。

11.1.5 本条规定了当采用无线通信方式构成火灾自动报警系统时，无线通信模块的设置要求，主要考虑保障系统运行可靠。

11.2 室内布线

11.2.1 火灾自动报警系统的传输线路穿线导管与低压配电系统的穿线导管相同，应采用金属管、B_1 级以上的刚性塑料管或封闭式线槽等几种，敷设方式为暗敷或明敷。

B_1 级以上的刚性塑料管要求符合国家标准《电工电子产品着火危险试验 第 14 部分:试验火焰 1kW 标称预混合型火焰设备、确认试验方法和导则》GB/T 5169.14—2007 规定的燃烧试验要求。

11.2.2 由于火灾自动报警系统的供电线路、消防联动控制线路需要在火灾时继续工作，应具有相应的耐火性能，因此这里规定此类线路应采用耐火类铜芯绝缘导线或电缆。对于其他传输线等要求采用阻燃型或阻燃耐火电线电缆，以避免其在火灾中发生延燃。

本条是保证火灾自动报警系统运行稳定性和可靠性，及对其他建筑消防设施联动控制可靠性的基本技术要求，所以将本条确定为强制性条文。

11.2.3 线路暗敷设时，尽可能敷设在非燃烧体的结构层内，其保护层厚度不宜小于 30mm，因管线在混凝土内可以起保护作用，能防止火灾发生时消防控制、通信和警报、传输线路中断。由于火灾自动报警系统线路的相对重要性，所以这部分的穿线导管选择要求较高，只有在暗敷时才允许采用 B_1 级以上的刚性塑料管;线路明敷设时，只能采用金属管或金属线槽。

11.2.4 为防止强电系统对属弱电系统的火灾自动报警设备的干扰，火灾自动报警系统的电缆与电力电缆不宜在同一竖井内敷设。

11.2.5 不同电压等级的线缆如果合用线槽应进行隔板分隔。

本条是保证火灾自动报警系统运行稳定性和可靠性，及对其他建筑消防设施联动控制可靠性的基本技术要求，所以将本条确定为强制性条文。

11.2.6 为便于维护和管理，不同防火分区的传输线路不应穿入同一根管内。

11.2.7 考虑到线路敷设的安全性，不穿管的线路易遭损坏，故作此规定。

11.2.8 本条规定主要是为便于接线和维修。

12 典型场所的火灾自动报警系统

12.1 道路隧道

12.1.1 本条给出了不同类别道路隧道火灾探测器的选型原则。本条中列出的城市道路隧道、特长双向公路隧道和道路中的水底隧道等车流量都比较大，疏散与救援都比较困难，这些场所一旦发生火灾没有及时报警并采取措施，很容易造成大量车辆涌进隧道、无法疏散的局面。因此，采用探测两种及以上火灾参数的探测器，有助于尽早发现火灾。其他类型的道路隧道内由于车流量不大，只要在发生火灾时有相应措施警告其他车辆不再继续进入隧道，并能及时通知消防队即可，这样既能达到使用效果，也能节约资金。根据实体试验结果和对隧道火灾成功探测的统计结果，线型光栅光纤感温火灾探测器在隧道中虽然报警时间不是最早，但没有漏报。自从线型光栅光纤感温火灾探测器在隧道中安装使用后，有几条隧道发生了火灾，探测器都及时发出了报警信号。选择点型火焰探测器时，考虑到探测器受污染后响应灵敏度的降低，在设计时，探测器的保护距离宜不大于探测器标称距离的 80%，并应在设计文件中标注维护要求。

12.1.2 本条规定的数据都是根据实体试验结果和实际安装并有效报警的使用结果得出的。

12.1.3 本条规定的长度与隧道内设置的消火栓、自动灭火等设施设置的规定一致，有利于自动灭火系统确定其防护范围。

12.1.4 隧道出入口位置及隧道内设置的报警电话和手动火灾报警按钮用于报警，闪烁红光的火灾声光警报器用于警告进入隧道的其他车辆。隧道入口前方 50m~250m 内设置的闪烁红光的火灾声光警报装置用于提前警告准备进入隧道的车辆不要进入隧道，红光最醒目。

12.1.5 在隧道内的电缆通道内设置线型感温火灾探测器有利于电缆火灾的及时发现。主要设备用房内设置的电气火灾监控探测器中的泄漏电流探测器用于电缆线路老化或破损探测，测温式探测器用于过载而导致电缆接头过热的温度探测。

12.1.6 隧道内一般设置有视频监视系统，当火灾自动报警系统报警后可联动切换视频监视系统的监视画面至报警区域，从而确认现场情况。

12.1.7 隧道运营一般由隧道中央控制室集中管理，火灾自动报警系统在确认火灾后，应将火灾报警信号传输给隧道中央控制管理设施，由中央控制室作出相应的应急处理。

12.1.8 本条规定了隧道内设置的消防应急广播与有线广播合用时的设置要求。

12.1.9 本条规定了隧道内设置的消防专用电话与紧急电话合用时的设置要求。

12.1.10 本条规定了与正常通风合用的排烟风机的控制要求。

12.1.11 隧道内的工作环境比较复杂，如温度、湿度、粉尘、汽车尾气、射流风机产生的高速气流、照明、四季天气变换等因素均会影响隧道内设置的消防设备的稳定运行。为避免湿度、粉尘及汽车尾气等因素对消防设备运行稳定性的影响，对消防设备的保护等级提出相应的要求。

本条是保证隧道场所设置的消防设备运行稳定性的基本技术要求，所以将本条确定为强制性条文。

12.2 油 罐 区

12.2.1 外浮顶油罐建议采用线型光纤感温火灾探测器进行保护，一个油罐可以采用多只探测器保护，但是一只探测器不能同时保护两个及以上的油罐。

12.2.2 这些罐内基本属于封闭空间，火焰探测器可以及时、准确地探测火灾。

12.2.3 本条规定光栅光纤感温火灾探测器保护外浮顶油罐时的设置要求。

本条是保证光栅光纤感温火灾探测器在外浮顶油罐场所应用时，对初期火灾探测的及时性和准确性的基本技术要求，故将本条确定为强制性条文。

12.2.4 在油罐区可采用点型红外火焰探测器或图像型火灾探测器对油罐火灾做辅助探测，探测器的安装方式一般设置在油罐附近的高杆上。

12.2.5 油罐区内的火灾报警信号宜直接联动保护区域内的工业视频装置，有利于确认火灾。

12.3 电 缆 隧 道

12.3.1 在电缆隧道外的电缆接头和端子等一般都集中设置在配电柜或端子箱中，这些部位都是容易发热的部位，应设置测温式电气火灾监控探测器。根据对电缆火灾的统计、分析和试验，电缆本身引起的火灾主要发生在电缆接头和端子等部位，因此监视这些部位的温度变化是科学的，也是最经济的；隧道内设置线型感温火灾探测器除用于电缆本身火灾探测外，更主要的是用于外火进入电缆隧道的探测；线型感温火灾探测器都有有效探测长度，保护隧道内的电缆接头和端子等部位时，探测器在这些部位的设置长度应大于其有效探测长度。线型感温火灾探测器用于电缆火灾探测时，属于电气火灾监控系统中的一种探测器，可直接接入电气火灾监控器。

12.3.2 根据火灾案例统计分析和在电缆隧道中的火灾实体试验，外火进入电缆沟道的地面时，敷设在电缆层上的线型感温火灾探测器并不能及时响应，因此应该在隧道顶部设置线型感温火灾探测器。电缆本身发热或外火直接落在电缆层上时，只有采用接触式设置在电缆层上表面的线型感温火灾探测器才能及时响应。

12.3.3、12.3.4 这两条是在电缆隧道中火灾实体试验基础上作出的规定，只有达到此要求，线型感温火灾探测器才能及时响应。

12.3.5 在电缆接头和端子等部位设置的光缆敷设长度不少于1.5倍的探测单元长度是为了保证可靠探测。

12.3.6 本条规定了在其他隧道内设有电缆时探测器的设置要求。

12.4 高度大于12m的空间场所

12.4.1～12.4.5 这五条是根据在高度大于12m的高大空间场所的火灾实体试验结果作出的规定。

考虑到建筑高度超过12m的高大空间场所建筑结构的特点及在发生火灾时火源位置、类型、功率等因素的不确定性，在设置线型光束感烟火灾探测器时，除按原规范规定设置在建筑顶部外，还应在下部空间增设探测器，采用分层组网的探测方式。火灾实体试验结果表明，对于建筑内初起的阴燃火，在建筑高度不超过16m时，烟气在6m～7m处开始出现分层现象，因此要求在6m～7m处增设探测器以对火灾作出快速响应；在建筑高度超过16m但不超过26m时，烟气在6m～7m处开始出现第一次分层现象，上升至11m～12m处开始出现第二次分层现象；在开窗或通风空调形成对流层时，烟气会在该对流层下1m左右产生横向扩散，因此在设计中应综合考虑烟气分层高度和对流层高度。

建筑高度大于16m的场所，一些阴燃火很难快速上升到屋顶位置，下垂管在16m以下的采样孔会比水平管更快地探测到火灾。开窗或通风空调对流层影响烟雾的向上运动，使其不能上升到屋顶位置，下垂管的采样孔宜有2个采样孔设置在开窗或通风空调对流层下面1m处，在回风口处设置起辅助报警作用的采样孔，有利于火灾的早期探测。

12.4.6 高度大于12m的空间场所最大的火灾隐患就是电气火灾，因此应设置电气火灾监控系统。照明线路故障引起的火灾占

电气火灾的10%左右，此类建筑的顶部较高，发生火灾不容易被发现，也没法在其上面设置其他探测器，只有设置具有探测故障电弧功能的电气火灾监控探测器，才能保证对照明线路故障引起的火灾的有效探测。

中华人民共和国国家标准

建筑灭火器配置设计规范

Code for design of extinguisher distribution in buildings

GB 50140 - 2005

主编部门：中华人民共和国公安部
批准部门：中华人民共和国建设部
施行日期：2005年10月1日

中华人民共和国建设部公告

第 355 号

建设部关于发布国家标准
《建筑灭火器配置设计规范》的公告

现批准《建筑灭火器配置设计规范》为国家标准，编号为
GB 50140—2005，自2005年10月1日起实施。其中，第4.1.3、
4.2.1、4.2.2、4.2.3、4.2.4、4.2.5、5.1.1、5.1.5、5.2.1、
5.2.2、6.1.1、6.2.1、6.2.2、7.1.2、7.1.3条为强制性条文，
必须严格执行。原《建筑灭火器配置设计规范》GBJ 140—90同时
废止。

本规范由建设部标准定额研究所组织中国计划出版社出版
发行。

中华人民共和国建设部
二○○五年七月十五日

前　言

本规范是根据建设部建标〔2001〕087 号文《关于印发"二〇〇〇～二〇〇一年工程建设国家标准制订、修订计划"的通知》的要求，由公安部上海消防研究所会同有关单位对原国家标准《建筑灭火器配置设计规范》GBJ 140—90 的 1997 年版进行全面修订的基础上编制完成的。

本规范在编制过程中，以国内外有关同类规范为参考，深入进行调查研究，多次与科研、设计、施工和使用单位进行交流，在广泛征求意见的基础上，积极吸纳国内外建筑灭火器配置的工程设计和应用的成熟经验，结合我国现阶段工程实际，经反复讨论、认真修改，最后经有关部门共同审查定稿。

本规范共分 7 章 13 节，6 个附录，此次全面修订的内容主要包括：
①增加了"术语和符号"一章；②增加了"灭 B 类火灾的水型灭火器"，改变了以往我国的水型灭火器只能灭 A 类火，不能灭 B 类火的状况；③灭火器底部离地面高度从不宜小于 0.15m 调整为 0.08m；④对有视线障碍的灭火器设置点，应设置指示其位置的发光标志；⑤A 类灭火器配置基准；⑥B 类灭火器配置基准；⑦灭火器的减配系数；⑧建筑灭火器配置设计计算程序；⑨将"灭火有效程度"修改为"灭火器的灭火效能和通用性"，并作为选择灭火器应考虑的因素之一；⑩当同一场所存在不同种类火灾时，应选用通用型灭火器；⑪删去有关卤代烷灭火器的管理性条文；⑫增加了"灭火器设置点的位置和数量应根据灭火器的最大保护距离确定"的规定等。

本规范若需要进行局部修订，有关局部修订的信息和条文内容将刊登在《工程建设标准化》杂志上。

本规范以黑体字标志的条文为强制性条文，必须严格执行。

本规范由建设部负责管理和对强制性条文的解释，由公安部消防局负责日常管理，由公安部上海消防研究所负责具体内容解释。本规范在执行过程中，请各单位结合工程实践，认真总结经验，如发现需要修改或补充之处，请将意见和建议寄至公安部上海消防研究所《建筑灭火器配置设计规范》管理组（地址：上海市中山南二路 601 号，邮编：200032，传真：021-54961900），以便今后修改和补充。

本规范主编单位、参编单位和主要起草人：

主 编 单 位：公安部上海消防研究所

参 编 单 位：西藏自治区消防局

中煤国际工程集团北京华宇工程有限公司

邯郸市公安消防局

深圳市公安消防局

中国人民武装警察部队学院

青岛市公安消防局

重庆市消防局

北京市消防科学研究所

大连市公安消防局

南京板桥消防器材厂

安徽华星芜湖铁扇消防集团

主要起草人：胡传平　唐祝华　刘保平　诸　容　南江林
张之立　郭秀艳　陈庆沅　张学魁　赵　锐
刘　康　高晓斌　衣永生　王宝伟　赵伦元
奚正玉

目　次

1 总　　则

1.0.1 为了合理配置建筑灭火器(以下简称灭火器),有效地扑救工业与民用建筑初起火灾,减少火灾损失,保护人身和财产的安全,制定本规范。

1.0.2 本规范适用于生产、使用或储存可燃物的新建、改建、扩建的工业与民用建筑工程。

本规范不适用于生产或储存炸药、弹药、火工品、花炮的厂房或库房。

1.0.3 灭火器的配置类型、规格、数量及其设置位置应作为建筑消防工程设计的内容,并应在工程设计图上标明。

1.0.4 灭火器的配置,除执行本规范外,尚应符合国家现行有关标准、规范的规定。

2 术语和符号

2.1 术　语

2.1.1 灭火器配置场所　distribution place of fire extinguisher
存在可燃的气体、液体、固体等物质,需要配置灭火器的场所。

2.1.2 计算单元　calculation unit
灭火器配置的计算区域。

2.1.3 保护距离　travel distance
灭火器配置场所内,灭火器设置点到最不利点的直线行走距离。

2.1.4 灭火级别　fire rating
表示灭火器能够扑灭不同种类火灾的效能。由表示灭火效能的数字和灭火种类的字母组成。

建筑灭火器配置类型、规格和灭火级别基本参数举例见本规范附录 A。

2.2 符　号

2.2.1 灭火器配置设计计算符号:

Q——计算单元的最小需配灭火级别(A 或 B);

S——计算单元的保护面积(m^2);

U——A 类或 B 类火灾场所单位灭火级别最大保护面积(m^2/A 或 m^2/B);

K——修正系数;

Q_e——计算单元中每个灭火器设置点的最小需配灭火级别(A 或 B);

N——计算单元中的灭火器设置点数(个)。

2.2.2 灭火器配置设计图例见本规范附录 B。

3 灭火器配置场所的火灾种类和危险等级

3.1 火灾种类

3.1.1 灭火器配置场所的火灾种类应根据该场所内的物质及其燃烧特性进行分类。

3.1.2 灭火器配置场所的火灾种类可划分为以下五类:

1　A 类火灾:固体物质火灾。

2　B 类火灾:液体火灾或可熔化固体物质火灾。

3　C 类火灾:气体火灾。

4　D 类火灾:金属火灾。

5　E 类火灾(带电火灾):物体带电燃烧的火灾。

3.2 危险等级

3.2.1 工业建筑灭火器配置场所的危险等级,应根据其生产、使用、储存物品的火灾危险性,可燃物数量,火灾蔓延速度,扑救难易程度等因素,划分为以下三级:

1　严重危险级:火灾危险性大,可燃物多,起火后蔓延迅速,扑救困难,容易造成重大财产损失的场所;

2　中危险级:火灾危险性较大,可燃物较多,起火后蔓延较迅速,扑救较难的场所;

3　轻危险级:火灾危险性较小,可燃物较少,起火后蔓延较缓慢,扑救较易的场所。

工业建筑灭火器配置场所的危险等级举例见本规范附录 C。

3.2.2 民用建筑灭火器配置场所的危险等级,应根据其使用性质,人员密集程度,用电用火情况,可燃物数量,火灾蔓延速度,扑救难易程度等因素,划分为以下三级:

1　严重危险级:使用性质重要,人员密集,用电用火多,可燃物多,起火后蔓延迅速,扑救困难,容易造成重大财产损失或人员群死群伤的场所;

2　中危险级:使用性质较重要,人员较密集,用电用火较多,可燃物较多,起火后蔓延较迅速,扑救较难的场所;

3　轻危险级:使用性质一般,人员不密集,用电用火较少,可燃物较少,起火后蔓延较缓慢,扑救较易的场所。

民用建筑灭火器配置场所的危险等级举例见本规范附录 D。

16

4 灭火器的选择

4.1 一般规定

4.1.1 灭火器的选择应考虑下列因素:
1 灭火器配置场所的火灾种类;
2 灭火器配置场所的危险等级;
3 灭火器的灭火效能和通用性;
4 灭火剂对保护物品的污损程度;
5 灭火器设置点的环境温度;
6 使用灭火器人员的体能。

4.1.2 在同一灭火器配置场所,宜选用相同类型和操作方法的灭火器。当同一灭火器配置场所存在不同火灾种类时,应选用通用型灭火器。

4.1.3 在同一灭火器配置场所,当选用两种或两种以上类型灭火器时,应采用灭火剂相容的灭火器。

4.1.4 不相容的灭火剂举例见本规范附录E的规定。

4.2 灭火器的类型选择

4.2.1 A类火灾场所应选择水型灭火器、磷酸铵盐干粉灭火器、泡沫灭火器或卤代烷灭火器。

4.2.2 B类火灾场所应选择泡沫灭火器、碳酸氢钠干粉灭火器、磷酸铵盐干粉灭火器、二氧化碳灭火器、灭B类火灾的水型灭火器或卤代烷灭火器。

极性溶剂的B类火灾场所应选择灭B类火灾的抗溶性灭火器。

4.2.3 C类火灾场所应选择磷酸铵盐干粉灭火器、碳酸氢钠干粉灭火器、二氧化碳灭火器或卤代烷灭火器。

4.2.4 D类火灾场所应选择扑灭金属火灾的专用灭火器。

4.2.5 E类火灾场所应选择磷酸铵盐干粉灭火器、碳酸氢钠干粉灭火器、卤代烷灭火器或二氧化碳灭火器,但不得选用装有金属喇叭喷筒的二氧化碳灭火器。

4.2.6 非必要场所不应配置卤代烷灭火器。非必要场所的举例见本规范附录F。必要场所可配置卤代烷灭火器。

5 灭火器的设置

5.1 一般规定

5.1.1 灭火器应设置在位置明显和便于取用的地点,且不得影响安全疏散。

5.1.2 对有视线障碍的灭火器设置点,应设置指示其位置的发光标志。

5.1.3 灭火器的摆放应稳固,其铭牌应朝外。手提式灭火器宜设置在灭火器箱内或挂钩、托架上,其顶部离地面高度不应大于1.50m;底部离地面高度不宜小于0.08m。灭火器箱不得上锁。

5.1.4 灭火器不宜设置在潮湿或强腐蚀性的地点。当必须设置时,应有相应的保护措施。

灭火器设置在室外时,应有相应的保护措施。

5.1.5 灭火器不得设置在超出其使用温度范围的地点。

5.2 灭火器的最大保护距离

5.2.1 设置在A类火灾场所的灭火器,其最大保护距离应符合表5.2.1的规定。

表 5.2.1 A类火灾场所的灭火器最大保护距离(m)

灭火器型式 危险等级	手提式灭火器	推车式灭火器
严重危险级	15	30
中危险级	20	40
轻危险级	25	50

5.2.2 设置在B、C类火灾场所的灭火器,其最大保护距离应符合表5.2.2的规定。

表 5.2.2 B、C类火灾场所的灭火器最大保护距离(m)

灭火器型式 危险等级	手提式灭火器	推车式灭火器
严重危险级	9	18
中危险级	12	24
轻危险级	15	30

5.2.3 D类火灾场所的灭火器,其最大保护距离应根据具体情况研究确定。

5.2.4 E类火灾场所的灭火器,其最大保护距离不应低于该场所内A类或B类火灾的规定。

6 灭火器的配置

6.1 一般规定

6.1.1 一个计算单元内配置的灭火器数量不得少于 2 具。

6.1.2 每个设置点的灭火器数量不宜多于 5 具。

6.1.3 当住宅楼每层的公共部位建筑面积超过 100m² 时，应配置 1 具 1A 的手提式灭火器；每增加 100m² 时，增配 1 具 1A 的手提式灭火器。

6.2 灭火器的最低配置基准

6.2.1 A 类火灾场所灭火器的最低配置基准应符合表 6.2.1 的规定。

表 6.2.1 A 类火灾场所灭火器的最低配置基准

危险等级	严重危险级	中危险级	轻危险级
单具灭火器最小配置灭火级别	3A	2A	1A
单位灭火级别最大保护面积(m²/A)	50	75	100

6.2.2 B、C 类火灾场所灭火器的最低配置基准应符合表 6.2.2 的规定。

表 6.2.2 B、C 类火灾场所灭火器的最低配置基准

危险等级	严重危险级	中危险级	轻危险级
单具灭火器最小配置灭火级别	89B	55B	21B
单位灭火级别最大保护面积(m²/B)	0.5	1.0	1.5

6.2.3 D 类火灾场所的灭火器最低配置基准应根据金属的种类、物态及其特性等研究确定。

6.2.4 E 类火灾场所的灭火器最低配置基准不应低于该场所内 A 类(或 B 类)火灾的规定。

7 灭火器配置设计计算

7.1 一般规定

7.1.1 灭火器配置的设计与计算应按计算单元进行。灭火器最小需配灭火级别和最少需配数量的计算值应进位取整。

7.1.2 每个灭火器设置点实配灭火器的灭火级别和数量不得小于最小需配灭火级别和数量的计算值。

7.1.3 灭火器设置点的位置和数量应根据灭火器的最大保护距离确定，并应保证最不利点至少在 1 具灭火器的保护范围内。

7.2 计算单元

7.2.1 灭火器配置设计的计算单元应按下列规定划分：

1 当一个楼层或一个水平防火分区内各场所的危险等级和火灾种类相同时，可将其作为一个计算单元。

2 当一个楼层或一个水平防火分区内各场所的危险等级和火灾种类不相同时，应将其分别作为不同的计算单元。

3 同一计算单元不得跨越防火分区和楼层。

7.2.2 计算单元保护面积的确定应符合下列规定：

1 建筑物应按其建筑面积确定；

2 可燃物露天堆场，甲、乙、丙类液体储罐区，可燃气体储罐区应按堆垛、储罐的占地面积确定。

7.3 配置设计计算

7.3.1 计算单元的最小需配灭火级别应按下式计算：

$$Q = K \frac{S}{U} \qquad (7.3.1)$$

式中 Q——计算单元的最小需配灭火级别(A 或 B)；

S——计算单元的保护面积(m²)；

U——A 类或 B 类火灾场所单位灭火级别最大保护面积(m²/A 或 m²/B)；

K——修正系数。

7.3.2 修正系数应按表 7.3.2 的规定取值。

表 7.3.2 修正系数

计算单元	K
未设室内消火栓系统和灭火系统	1.0
设有室内消火栓系统	0.9
设有灭火系统	0.7
设有室内消火栓系统和灭火系统	0.5
可燃物露天堆场 甲、乙、丙类液体储罐区 可燃气体储罐区	0.3

7.3.3 歌舞娱乐放映游艺场所、网吧、商场、寺庙以及地下场所等的计算单元的最小需配灭火级别应按下式计算：

$$Q = 1.3K \frac{S}{U} \qquad (7.3.3)$$

7.3.4 计算单元中每个灭火器设置点的最小需配灭火级别应按下式计算：

$$Q_e = \frac{Q}{N} \qquad (7.3.4)$$

式中 Q_e——计算单元中每个灭火器设置点的最小需配灭火级别(A 或 B)；

N——计算单元中的灭火器设置点数(个)。

7.3.5 灭火器配置的设计计算可按下述程序进行：

1 确定各灭火器配置场所的火灾种类和危险等级；

2 划分计算单元，计算各计算单元的保护面积；

3 计算各计算单元的最小需配灭火级别;

4 确定各计算单元中的灭火器设置点的位置和数量;

5 计算每个灭火器设置点的最小需配灭火级别;

6 确定每个设置点灭火器的类型、规格与数量;

7 确定每具灭火器的设置方式和要求;

8 在工程设计图上用灭火器图例和文字标明灭火器的型号、数量与设置位置。

附录 A 建筑灭火器配置类型、规格和灭火级别基本参数举例

表 A.0.1 手提式灭火器类型、规格和灭火级别

灭火器类型	灭火剂充装量（规格）		灭火器类型规格代码（型号）	灭火级别	
	L	kg		A 类	B 类
水型	3	—	MS/Q3	1A	—
			MS/T3		55B
	6	—	MS/Q6	1A	—
			MS/T6		55B
	9	—	MS/Q9	2A	—
			MS/T9		89B
泡沫	3	—	MP3、MP/AR3	1A	55B
	4	—	MP4、MP/AR4	1A	55B
	6	—	MP6、MP/AR6	1A	55B
	9	—	MP9、MP/AR9	2A	89B
干粉（碳酸氢钠）	—	1	MF1	—	21B
	—	2	MF2	—	21B
	—	3	MF3	—	34B
	—	4	MF4	—	55B
	—	5	MF5	—	89B
	—	6	MF6	—	89B
	—	8	MF8	—	144B
	—	10	MF10	—	144B

续表 A.0.1

灭火器类型	灭火剂充装量（规格）		灭火器类型规格代码（型号）	灭火级别	
	L	kg		A 类	B 类
干粉（磷酸铵盐）	—	1	MF/ABC1	1A	21B
	—	2	MF/ABC2	1A	21B
	—	3	MF/ABC3	2A	34B
	—	4	MF/ABC4	2A	55B
	—	5	MF/ABC5	3A	89B
	—	6	MF/ABC6	3A	89B
	—	8	MF/ABC8	4A	144B
	—	10	MF/ABC10	6A	144B
卤代烷（1211）	—	1	MY1	—	21B
	—	2	MY2	(0.5A)	21B
	—	3	MY3	(0.5A)	34B
	—	4	MY4	1A	34B
	—	6	MY6	1A	55B
二氧化碳	—	2	MT2	—	21B
	—	3	MT3	—	21B
	—	5	MT5	—	34B
	—	7	MT7	—	55B

表 A.0.2 推车式灭火器类型、规格和灭火级别

灭火器类型	灭火剂充装量（规格）		灭火器类型规格代码（型号）	灭火级别	
	L	kg		A 类	B 类
水型	20		MST20	4A	—
	45		MST40	4A	—
	60		MST60	4A	—
	125		MST125	6A	—

续表 A.0.2

灭火器类型	灭火剂充装量（规格）		灭火器类型规格代码（型号）	灭火级别	
	L	kg		A 类	B 类
泡沫	20		MPT20、MPT/AR20	4A	113B
	45		MPT40、MPT/AR40	4A	144B
	60		MPT60、MPT/AR60	4A	233B
	125		MPT125、MPT/AR125	6A	297B
干粉（碳酸氢钠）	—	20	MFT20	—	183B
	—	50	MFT50	—	297B
	—	100	MFT100	—	297B
	—	125	MFT125	—	297B
干粉（磷酸铵盐）	—	20	MFT/ABC20	6A	183B
	—	50	MFT/ABC50	8A	297B
	—	100	MFT/ABC100	10A	297B
	—	125	MFT/ABC125	10A	297B
卤代烷（1211）	—	10	MYT10	—	70B
	—	20	MYT20	—	144B
	—	30	MYT30	—	183B
	—	50	MYT50	—	297B
二氧化碳	—	10	MTT10	—	55B
	—	20	MTT20	—	70B
	—	30	MTT30	—	113B
	—	50	MTT50	—	183B

附录 B 建筑灭火器配置设计图例

表 B.0.1 手提式、推车式灭火器图例

序 号	图 例	名 称
1		手提式灭火器 Portable fire extinguisher
2		推车式灭火器 wheeled fire extinguisher

表 B.0.2 灭火剂种类图例

序 号	图 例	名 称
3		水 Water
4		泡沫 Foam
5		含有添加剂的水 Water with additive
6		BC 类干粉 BC powder
7		ABC 类干粉 ABC powder
8		卤代烷 Halon

续表 B.0.2

序 号	图 例	名 称
9		二氧化碳 Carbon dioxide （CO₂）
10		非卤代烷和二氧化碳类气体灭火剂 Extinguishing gas other than Halon or CO₂

表 B.0.3 灭火器图例举例

序 号	图 例	名 称
11		手提式清水灭火器 Water Portable extinguisher
12		手提式 ABC 类干粉灭火器 ABC powder Portable extinguisher
13		手提式二氧化碳灭火器 Carbon dioxide Portable extinguisher
14		推车式 BC 类干粉灭火器 Wheeled BC powder extinguisher

附录 C 工业建筑灭火器配置场所的危险等级举例

表 C 工业建筑灭火器配置场所的危险等级举例

危险等级	举例	
	厂房和露天、半露天生产装置区	库房和露天、半露天堆场
严重危险级	1.闪点＜60℃的油品和有机溶剂的提炼、回收、洗涤部位及其泵房、灌桶间	1.化学危险物品库房
	2.橡胶制品的涂胶和胶浆部位	2.装卸原油或化学危险物品的车站、码头
	3.二硫化碳的粗馏、精馏工段及其应用部位	3.甲、乙类液体储罐区、桶装库房、堆场
	4.甲醇、乙醇、丙酮、丁酮、异丙醇、醋酸乙酯、苯等的合成、精制厂房	4.液化石油气储罐区、桶装库房、堆场
	5.植物油加工厂的浸出厂房	5.棉花库房及散装堆场
	6.洗涤剂厂房石蜡裂解部位、冰醋酸裂解厂房	6.稻草、芦苇、麦秸等堆场
	7.环氧氯丙烷、苯乙烯厂房或装置区	7.赛璐珞及其制品、漆布、油布、油纸及其制品，油绸及其制品库房
	8.液化石油气灌瓶间	8.酒精度为60度以上的白酒库房
	9.天然气、石油伴生气、水煤气或焦炉煤气的净化（如脱硫）厂房压缩机室及鼓风机室	
	10.乙炔站、氢气站、煤气站、氧气站	
	11.硝化棉、赛璐珞厂房及其应用部位	
	12.黄磷、赤磷制备厂房及其应用部位	
	13.樟脑或松香提炼厂房，焦化厂精萘厂房	

续表 C

危险等级	举例	
	厂房和露天、半露天生产装置区	库房和露天、半露天堆场
严重危险级	14.煤粉厂房和面粉厂房的碾磨部位	
	15.谷物简仓工作塔、亚麻厂的除尘器和过滤器室	
	16.氯酸钾厂房及其应用部位	
	17.发烟硫酸或发烟硝酸浓缩部位	
	18.高锰酸钾、重铬酸钠厂房	
	19.过氧化钠、过氧化钾、次氯酸钙厂房	
	20.各工厂的总控制室、分控制室	
	21.国家和省级重点工程的施工现场	
	22.发电厂（站）和电网经营企业的控制室、设备间	
中危险级	1.闪点≥60℃的油品和有机溶剂的提炼、回收工段及其抽送泵房	1.丙类液体储罐区、桶装库房、堆场
	2.柴油、机器油或变压器油灌桶间	2.化学、人造纤维及其织物和棉、毛、丝、麻及其织物的库房、堆场
	3.润滑油再生部位或沥青加工厂房	3.纸、竹、木及其制品的库房、堆场
	4.植物油加工精炼部位	4.火柴、香烟、糖、茶叶库房
	5.油浸变压器室和高、低压配电室	5.中药材库房
	6.工业用燃油、燃气锅炉房	6.橡胶、塑料及其制品的库房
	7.各种电缆廊道	7.粮食、食品库房、堆场
	8.油淬火处理车间	8.电脑、电视机、收录机等电子产品及家用电器库房
	9.橡胶制品压延、成型和硫化厂房	9.汽车、大型拖拉机停车库
	10.木工厂房和竹、藤加工厂房	10.酒精度小于60度的白酒库房
	11.针织品厂房和纺织、印染、化纤生产的干燥部位	11.低温冷库
	12.服装加工厂房、印染厂成品厂房	

续表C

危险等级	举例	
	厂房和露天、半露天生产装置区	库房和露天、半露天堆场
中危险级	13.麻纺厂粗加工厂房、毛涤厂选毛厂房	
	14.谷物加工厂房	
	15.卷烟厂的切丝、卷制、包装厂房	
	16.印刷厂的印刷厂房	
	17.电视机、收录机装配厂房	
	18.显像管厂装配工段烧枪间	
	19.磁带装配厂房	
	20.泡沫塑料厂的发泡、成型、印片、压花部位	
	21.饲料加工厂房	
	22.地市级及以下的重点工程的施工现场	
轻危险级	1.金属冶炼、铸造、铆焊、热轧、锻造、热处理厂房	1.钢材库房、堆场
	2.玻璃原料熔化厂房	2.水泥库房、堆场
	3.陶瓷制品的烘干、烧成厂房	3.搪瓷、陶瓷制品库房、堆场
	4.酚醛泡沫塑料的加工厂房	4.难燃烧或非燃烧的建筑装饰材料库房、堆场
	5.印染厂的漂炼部位	5.原木库房、堆场
	6.化纤厂后加工润湿部位	6.丁、戊类液体储罐区、桶装库房、堆场
	7.造纸厂或化纤厂的浆粕蒸煮工段	
	8.仪表、器械或车辆装配车间	
	9.不燃液体的泵房和阀门室	
	10.金属(镁合金除外)冷加工车间	
	11.氟里昂厂房	

附录D 民用建筑灭火器配置场所的危险等级举例

表D 民用建筑灭火器配置场所的危险等级举例

危险等级	举例
严重危险级	1.县级及以上的文物保护单位、档案馆、博物馆的库房、展览室、阅览室
	2.设备贵重或可燃物多的实验室
	3.广播电台、电视台的演播室、道具间和发射塔楼
	4.专用电子计算机房
	5.城镇及以上的邮政信函和包裹分检房、邮袋库、通信枢纽及其电信机房
	6.客房在50间以上的旅馆、饭店的公共活动用房、多功能厅、厨房
	7.体育场(馆)、电影院、剧院、会堂、礼堂的舞台及后台部位
	8.住院床位在50张及以上的医院的手术室、理疗室、透视室、心电图室、药房、住院部、门诊部、病历室
	9.建筑面积在2000m² 及以上的图书馆、展览馆的珍藏室、阅览室、书库、展览厅
	10.民用机场的候机厅、安检厅及空管中心、雷达机房
	11.超高层建筑和一类高层建筑的写字楼、公寓楼
	12.电影、电视摄影棚
	13.建筑面积在1000m² 及以上的经营易燃易爆化学物品的商场、商店的库房及铺面
	14.建筑面积在200m² 及以上的公共娱乐场所
	15.老人住宿床位在50张及以上的养老院
	16.幼儿住宿床位在50张及以上的托儿所、幼儿园
	17.学生住宿床位在100张及以上的学校集体宿舍
	18.县级及以上的党政机关办公大楼的会议室
	19.建筑面积在500m² 及以上的车站和码头的候车(船)室、行李房

续表D

危险等级	举例
严重危险级	20.城市地下铁道、地下观光隧道
	21.汽车加油站、加气站
	22.机动车交易市场(包括旧机动车交易市场)及其展销厅
	23.民用液化气、天然气灌装站、换瓶站、调压站
中危险级	1.县级以下的文物保护单位、档案馆、博物馆的库房、展览室、阅览室
	2.一般的实验室
	3.广播电台电视台的会议室、资料室
	4.设有集中空调、电子计算机、复印机等设备的办公室
	5.城镇以下的邮政信函和包裹分捡房、邮袋库、通信枢纽及其电信机房
	6.客房数在50间以下的旅馆、饭店的公共活动用房、多功能厅和厨房
	7.体育场(馆)、电影院、剧院、会堂、礼堂的观众厅
	8.住院床位在50张以下的医院的手术室、理疗室、透视室、心电图室、药房、住院部、门诊部、病历室
	9.建筑面积在2000m² 以下的图书馆、展览馆的珍藏室、阅览室、书库、展览厅
	10.民用机场的检票厅、行李厅
	11.二类高层建筑的写字楼、公寓楼
	12.高级住宅、别墅
	13.建筑面积在1000m² 以下的经营易燃易爆化学物品的商场、商店的库房及铺面
	14.建筑面积在200m² 以下的公共娱乐场所
	15.老人住宿床位在50张以下的养老院
	16.幼儿住宿床位在50张以下的托儿所、幼儿园
	17.学生住宿床位在100张以下的学校集体宿舍
	18.县级以下的党政机关办公大楼的会议室
	19.学校教室、教研室

续表D

危险等级	举例
中危险级	20.建筑面积在500m² 以下的车站和码头的候车(船)室、行李房
	21.百货楼、超市、综合商场的库房、铺面
	22.民用燃油、燃气锅炉房
	23.民用的油浸变压器室和高、低压配电室
轻危险级	1.日常用品小卖店及经营难燃烧或非燃烧的建筑装饰材料商店
	2.未设集中空调、电子计算机、复印机等设备的普通办公室
	3.旅馆、饭店的客房
	4.普通住宅
	5.各类建筑物中以难燃烧或非燃烧的建筑构件分隔的并主要存贮难燃烧或非燃烧材料的辅助房间

附录E 不相容的灭火剂举例

表E 不相容的灭火剂举例

灭火剂类型	不相容的灭火剂	
干粉与干粉	磷酸铵盐	碳酸氢钠、碳酸氢钾
干粉与泡沫	碳酸氢钠、碳酸氢钾	蛋白泡沫
泡沫与泡沫	蛋白泡沫、氟蛋白泡沫	水成膜泡沫

附录F 非必要配置卤代烷灭火器的场所举例

表F.0.1 民用建筑类非必要配置卤代烷灭火器的场所举例

序号	名 称
1	电影院、剧院、会堂、礼堂、体育馆的观众厅
2	医院门诊部、住院部
3	学校教学楼、幼儿园与托儿所的活动室
4	办公楼
5	车站、码头、机场的候车、候船、候机厅
6	旅馆的公共场所、走廊、客房
7	商店
8	百货楼、营业厅、综合商场
9	图书馆一般书库
10	展览厅
11	住宅
12	民用燃油、燃气锅炉房

表F.0.2 工业建筑类非必要配置卤代烷灭火器的场所举例

序号	名 称
1	橡胶制品的涂胶和胶浆部位;压延成型和硫化厂房
2	橡胶、塑料及其制品库房
3	植物油加工厂的浸出厂房;植物油加工精炼部位
4	黄磷、赤磷制备厂房及其应用部位
5	樟脑或松香提炼厂房、焦化厂精萘厂房
6	煤粉厂房和面粉厂房的碾磨部位
7	谷物筒仓工作塔、亚麻厂的除尘器和过滤器室

续表F.0.2

序号	名 称
8	散装棉花堆场
9	稻草、芦苇、麦秸等堆场
10	谷物加工厂房
11	饲料加工厂房
12	粮食、食品库房及粮食堆场
13	高锰酸钾、重铬酸钠厂房
14	过氧化钠、过氧化钾、次氯酸钙厂房
15	可燃材料工棚
16	可燃液体贮罐、桶装库房或堆场
17	柴油、机器油或变压器油灌桶间
18	润滑油再生部位或沥青加工厂房
19	泡沫塑料厂的发泡、成型、印片、压花部位
20	化学、人造纤维及其织物和棉、毛、丝、麻及其织物的库房
21	酚醛泡沫塑料的加工厂房
22	化纤厂后加工润湿部位;印染厂的漂练部位
23	木工厂房和竹、藤加工厂房
24	纸张、竹、木及其制品的库房、堆场
25	造纸厂或化纤厂的浆粕蒸煮工段
26	玻璃原料熔化厂房
27	陶瓷制品的烘干、烧成厂房
28	金属(镁合金除外)冷加工车间
29	钢材库房、堆场
30	水泥库房
31	搪瓷、陶瓷制品库房
32	难燃烧或非燃烧的建筑装饰材料库房
33	原木堆场

中华人民共和国国家标准

建筑灭火器配置设计规范

GB 50140 - 2005

条文说明

1 总　　则

1.0.1 本条阐述了制订和修订本规范的意义和目的,强调只有合理、正确地配置灭火器,才能真正加强建筑物内的灭火力量,及时、有效地扑救各类工业与民用建筑的初起火灾。

众所周知,灭火器的应用范围很广,全国各地的各类大、中、小型工业与民用建筑都在使用,到处皆有;灭火器是扑救初起火灾的重要消防器材,轻便灵活,稍经训练即可掌握其操作使用方法,可手提或推拉至着火点附近,及时灭火,确属消防实战灭火过程中较理想的第一线灭火装备。在建筑物内正确地选择灭火器的类型,确定灭火器的配置规格与数量,合理地定位及设置灭火器,保证足够的灭火能力(即需配灭火级别),并注意定期检查和维护灭火器,就能在被保护场所一旦着火时,迅速地用灭火器扑灭初起小火,减少火灾损失,保障人身和财产安全。

1.0.2 本条规定了本规范的适用范围和不适用范围。本规范适用于应配置灭火器的,生产、使用和储存可燃物的,新建、改建、扩建的各类工业与民用建筑工程(包括装修工程),亦即:凡是存在(包括生产、使用和储存)可燃物的工业与民用建筑场所,均应配置灭火器。这是因为有可燃物的场所,就存在着火灾危险,需要配置灭火器加以保护。反之,对那些确实不生产、使用和储存可燃物的建筑场所,当然可以不配置灭火器。这里还需要说明的是:本规范中的可燃物系指广义范围的可燃物质,亦即除了不燃物之外,凡可燃固体物质、易燃液体、可燃气体、可燃金属等都归属于可燃物的范畴。因此,即使是耐燃物,由于其仍然还是能够燃烧的,故也属于可燃物。

鉴于目前我国尚无专门用于扑救炸药、弹药、火工品、花炮火灾的定型灭火器,因此,本规范暂不适用于生产和贮存炸药、弹药、火工品、花炮的厂房和库房。

1.0.3 本条规定系根据国内目前尚有少数地区和单位不同程度地存在着在工程设计阶段不够重视建筑灭火器配置设计的情况和实际需求而提出的。本条要求在建筑消防工程设计时就应当按照本规范的各章规定正确选择和配置灭火器,进行建筑灭火器配置的设计与计算,应将配置灭火器的类型、规格、数量及其设置位置作为建筑消防工程的设计内容,并在工程设计图上标明。建设单位需将新建、改建、扩建的各类工业与民用建筑工程(包括装修工程)的建筑灭火器配置设计图、设计计算书和建筑灭火器配置清单送建筑工程所在地的县级以上公安消防监督部门审核,并将配置灭火器的所需费用计入基建设备概算。各地各级公安消防监督部门根据公安部 30 号令、61 号令和本规范,在审核建筑消防工程设计时就要着手审核建筑灭火器的配置设计情况,把好这重要的第一关。这样做,可避免在建筑灭火器配置的事务上前后脱节,互相推诿,杜绝以往个别单位一直拖延到建筑物竣工后,或开业前,才考虑灭火器的配置事务的情况发生,否则就会完全失去制订本规范的根本意义。各地各级公安消防监督部门在对建筑物进行防火检查时需按照本规范的规定,检查灭火器的实际配置情况,看其是否符合本规范的要求,是否与消防建审时审定的设计图、计算书相吻合,特别要注意有个别单位为应付竣工验收或防火检查,临时购买或挪借几具灭火器凑数,更要防止有个别单位甚至在需配灭火器的建筑场所根本就不配置任何灭火器的异常情况发生。

1.0.4 本规范是一本专业性较强的技术法规,其内容涉及范围较广,故在为各类建筑物配置设计灭火器时,除执行本规范外,尚应符合国家现行的有关规范、标准的规定,且不能与之相抵触,以保证国家各相关规范、标准之间的协调和一致。

2 术语和符号

2.1 术　　语

本节内容是根据建设部关于"工程建设国家标准管理办法"和"工程建设国家标准编写规定"中的有关要求编写的。主要拟定原则是:所列术语是本规范专用的,在其他规范、标准中未出现过的;在具体定义中,根据有关规定,在全面分析的基础上,突出特性,尽量做到定义准确、简明易懂。

本规范列入 4 条术语。

2.1.1 灭火器配置场所是指存在可燃物(广义的可燃物范畴,见 1.0.2 的条文说明),并需要配置灭火器的建筑场所。

灭火器配置场所可能是建筑物内的一个房间,诸如:办公室、会议室、实验室、资料室、阅览室、油漆间、配电室、厨房、餐厅、客房、歌舞厅、更衣室、厂房、库房、观众厅、舞台以及计算机房和网吧等;灭火器配置场所也可以是构筑物所占用的一个区域,如可燃物堆场或油罐区等。

2.1.2 建筑灭火器配置设计的计算单元可分为两大类,即:或指建筑物中的一个独立的灭火器配置场所,一个特殊的房间,例如,某一办公楼层中的电子计算机房,或者是某一宾馆客房楼层中的多功能厅,可称之为独立计算单元;或指若干个相邻的且危险等级和火灾种类均相同的灭火器配置场所的组合部分,例如,办公楼层中除电子计算机房外的所有的办公室房间,或者是某一宾馆客房楼层中除多功能厅外的所有的客房房间,可称之为组合计算单元。

2.1.3 独立计算单元中灭火器的保护距离,系指由灭火器设置点到最不利点(距灭火器设置点最远的地点)的直线行走距离,可忽略该计算单元(即一个房间,一个灭火器配置场所)内桌椅/冰箱等小型家具/家电的影响;组合计算单元中灭火器的保护距离,在有隔墙阻挡的情况下,可按从灭火器设置点出发,通过房门中点,到达最不利点的直线行走路线的各段折线长度之和计算。

灭火器的最大保护距离仅受火灾种类、危险等级和灭火器型式的制约,而与设置点配置灭火器的规格、数量无关。

2.1.4 灭火级别的举例说明:8kg 的手提式磷酸铵盐干粉灭火器的灭火级别为 4A、144B;其中 A 表示该灭火器扑灭 A 类火灾的灭火级别的一个单位值,亦即灭火器扑灭 A 类火灾效能的基本单位,4A 组合表示该灭火器能扑灭 4A 等级(定量)的 A 类火试模型火(定性);B 表示该灭火器扑灭 B 类火灾的灭火级别的一个单位值,亦即灭火器扑灭 B 类火灾效能的基本单位,144B 组合表示该灭火器能扑灭 144B 等级(定量)的 B 类火试模型火(定性)。

附录 A 中的各类灭火器的类型、规格和灭火级别基本参数举例是为方便建筑灭火器的配置设计和等效替代的计算而给出的,是已批准、发布的灭火器产品质量的国家标准和行业标准中规定的,或已通过国家消防装备检测中心定型检验的数据。鉴于我国的灭火器产品质量标准 GB 4351(手提式灭火器)和 GB 8109(推车式灭火器)现已全面修订,分别与国际标准 ISO 7165(手提式灭火器)和 ISO 11601(推车式灭火器)接轨,修改采用国际标准,因此,关于各种类型、规格灭火器的型号代码、灭火剂充装量和灭火级别值当以国家标准的最新、有效版本为准。

灭火器产品质量标准 GB 4351 和 GB 8109 的 2005 年版中关于各种类型、规格灭火器的型号代码举例说明:

MPZ/AR6——6L 手提贮压式抗溶性泡沫灭火器;

MF/ABC5——5kg 手提储气瓶式通用(磷酸铵盐)干粉灭火器;

MPTZ/AR45——45L 推车贮压式抗溶性泡沫灭火器;

MFT/ABC20——20kg 推车储气瓶式通用(磷酸铵盐)干粉

灭火器。

2.2 符 号

2.2.1 本条系根据本规范第6、7章建筑灭火器的配置设计与计算的需求,本着简化和必要的原则,列出了6个有关的工程设计参数的符号、名称及量纲,其内含可见本条和相关章节条文的定义和说明。

2.2.2 附录B中的14个建筑灭火器配置的设计图例均节选自GB/T 4327《消防技术文件用消防设备图形符号》,修改采用了国际标准ISO 6790的规定。具体设计时,应当以国家标准和国际标准的最新、有效版本为准。

与本章条文相关的附录A和附录B都是为了便于建筑消防工程设计,均系根据建设部和公安部的规范主管部门和各地设计院的要求而编制的。

3 灭火器配置场所的火灾种类和危险等级

3.1 火灾种类

3.1.1 为了便于建筑灭火器配置设计人员能正确判定灭火器配置场所的火灾种类,合理选择与配置灭火器,根据现行国际标准和国家标准《火灾分类》,结合灭火器灭火的特点和灭火器配置设计工作的需求,本条对灭火器配置场所中生产、使用和储存的可燃物有可能发生的火灾种类的分类作了原则规定。

3.1.2 本条将灭火器配置场所的火灾种类划分为以下五类,并作了列举,以方便有关人员的正确理解及合理应用。对于未列举到的场所,可比对本条各款的定义和举例,然后予以确定。

1 A类火灾:指固体物质火灾。如木材、棉、毛、麻、纸张及其制品等燃烧的火灾。

2 B类火灾:指液体火灾或可熔化固体物质火灾。如汽油、煤油、柴油、原油、甲醇、乙醇、沥青、石蜡等燃烧的火灾。

3 C类火灾:指气体火灾。如煤气、天然气、甲烷、乙烷、丙烷、氢气等燃烧的火灾。

4 D类火灾:指金属火灾。如钾、钠、镁、钛、锆、锂、铝镁合金等燃烧的火灾。

5 E类(带电)火灾:指带电物体的火灾。如发电机房、变压器室、配电间、仪器仪表间和电子计算机房等在燃烧时不能及时或不宜断电的电气设备带电燃烧的火灾。E类火灾是建筑灭火器配置设计的专用概念,主要是指发电机、变压器、配电盘、开关箱、仪器仪表和电子计算机等在燃烧时仍旧带电的火灾,必须用能达到电绝缘性能要求的灭火器来扑灭。对于那些仅有常规照明线路和普通照明灯具而且并无上述电气设备的普通建筑场所,可不按E

类火灾的规定配置灭火器。

3.2 危险等级

3.2.1 英国(BS 5306)、美国(NFPA 10)和澳大利亚(AS 2444)等国家的建筑灭火器配置设计技术法规和国际标准(ISO 11602)都将建筑场所划分为三个危险等级:严重危险级、中危险级和轻危险级。而且上述各国规范、标准划分危险等级的原则是基本相同的,均以建筑物中生产、使用和储存的可燃物为主要保护对象,并且以可燃物的火灾危险性和可燃物数量为主要考虑因素,结合起火后的火灾蔓延速度和扑救难易程度等因素来划分危险等级,它与建筑本身的耐火等级并无直接关系,这是因为扑救建筑物中的大型建筑构件所发生的火灾,并非是仅能用于扑灭初起火灾的灭火器所能承担的任务。

本条将工业建筑的危险等级划分为严重、中、轻三级。工业建筑包括厂房及露天、半露天生产装置区和库房及露天、半露天堆场,划分其危险等级主要考虑以下几个因素:

1 工业建筑场所内生产、使用和储存可燃物的火灾危险性是划分危险等级的主要因素。按照现行国家标准《建筑设计防火规范》对厂房和库房中的可燃物的火灾危险性分类来划分工业建筑场所的危险等级。原则上将甲、乙类生产场所和甲、乙类储存场所列入严重危险级;将丙类生产场所和丙类储存场所列入中危险级;将丁、戊类生产场所和丁、戊类储存场所列入轻危险级。其对应关系如表1所示:

表1 配置场所与危险等级对应关系

危险等级 配置场所	严重危险级	中危险级	轻危险级
厂房	甲、乙类物品 生产场所	丙类物品 生产场所	丁、戊类物品 生产场所
库房	甲、乙类物品 储存场所	丙类物品 储存场所	丁、戊类物品 储存场所

2 工业建筑场所内可燃物的数量越多,火灾荷载增大,使起火后的火灾强度与火灾破坏程度提高,因此应将可燃物数量多的场所划为严重危险级,可燃物数量少的场所定为轻危险级,而居于两者之间的可燃物数量较多的场所则可定为中危险级。

3 对于蔓延迅速的火灾,有可能在短时间内殃成大火,使灭火器失去作用,出现灭火器灭不了火的情况。因此,在灭火器配置场所中,火灾蔓延速度越迅速,相应的危险等级就高。可燃物的火灾蔓延速度,除了同可燃物本身的燃烧特性有关之外,还与场所内的环境条件等情况有关。例如,若采取良好的防火分隔措施和生产工艺密闭操作等安全设施,则可将火灾危险性局限在一定的部位内,减缓火灾蔓延速度;又如将可燃物堆积储存得较高,或松散包装,敞开贮存,则起火后就会增加火灾蔓延速度。

因此,可将起火后火灾蔓延迅速的场所定为严重危险级,起火后火灾蔓延较迅速的场所定为中危险级,起火后火灾蔓延较缓慢的场所定为轻危险级。

4 一般来说,扑救火灾困难的场所,发生特大火灾或重大火灾的可能性就越大,造成的后果就越严重,其危险等级就应提高。因此,可将扑救困难的场所定为严重危险级,扑救较难的场所定为中危险级,扑救较易的场所定为轻危险级。

5 在一旦发生火灾就会容易引起重大损失的某些场所,为了确保在这些场所中有足够的灭火力量,以避免因扑灭不了初起火灾而产生重大损失,应将其定为严重危险级。

在本规范的附录C中,根据上述因素,列举了工业建筑三个危险等级的相应场所。对其中没有列举到的场所,可按本条的原则规定和/或附录C中的举例,进行类比,以确定其危险等级。

3.2.2 民用建筑大体上可分为公共建筑和居住建筑两大类,在划分危险等级的问题上要比工业建筑复杂,但主要应依据灭火器配置场所的使用性质、人员密集程度、用火用电多少、可燃物数量、火灾蔓延速度、扑救难易程度等因素来划分危险等级。

从使用性质来看:凡使用性质重要,设备与物资贵重的场所,一旦失火社会影响重大,损失严重者系消防重点保护对象,应列入严重危险级;根据2001年11月发布的第61号公安部令第13条及其条文说明,本规范附录D将公安部61号令中界定标准清晰的若干消防安全重点单位的相关场所纳入严重危险级;

从人员密集程度来看:凡人群密集、来往客流众多,且人群有可能聚集、停留一段较长时间的建筑场所,诸如大型商场、超市、网吧、寺庙大殿,以及影剧院、体育馆等歌舞娱乐放映游艺场所,一旦发生火灾,就有可能造成群死群伤的场所,其危险性很大,则应列入严重危险级;

从可燃物数量和用火用电多少来看:凡可燃物数量多、可燃装修多、功能复杂、用火用电多等火险隐患大的场所也应列入严重危险级。

从火灾蔓延速度来看:起火后会迅速蔓延的民用建筑场所,一方面容易引起大火;另一方面,由于火灾蔓延迅速,也会加剧现场人员的恐慌,影响逃生和救援,将会增加人员的伤亡和财产损失,因此应列入严重危险级;

从扑救难度来看:建筑结构和功能复杂的场所,其竖向管井多、隐蔽空间多、火灾蔓延途径也多,起火后扑救难度大;有大量的有毒烟气产生的场所或人群密集的场所,尤其是在地下建筑场所起火时,由于火场混乱,外援困难,也往往会增大扑救火灾的难度;因此应将上述场所划为严重危险级。

同理,按照上述各因素的表现程度的依次降低,可分别定为中危险级和轻危险级场所。

上述因素与危险等级的具体对应关系如表2所示。

表2 危险因素与危险等级对应关系

危险因素 危险等级	使用 性质	人员密 集程度	用电用 火设备	可燃物 数量	火灾蔓延 速度	扑救 难度
严重危险级	重要	密集	多	多	迅速	大
中危险级	较重要	较密集	较多	较多	较迅速	较大
轻危险级	一般	不密集	较少	较少	较缓慢	较小

在本规范附录D中,根据上述因素,列举了民用建筑三个危险等级的若干场所。对其中没有列举到的场所,可按本条的原则规定和/或附录C中的举例,进行类比,以确定其危险等级。

4 灭火器的选择

4.1 一般规定

4.1.1 本条规定的目的是要求设计单位和使用部门能按照下述六个因素来选配适用类型、规格、型式的灭火器。

1 根据灭火器配置场所的火灾种类,可判断出应选哪一种类型的灭火器。如果选择不合适的灭火器不仅有可能灭不了火,而且还有可能引起灭火剂对燃烧的逆化学反应,甚至会发生爆炸伤人事故。目前各地比较普遍存在的问题是在A类火灾场所配置不能扑灭A类火的B、C干粉(碳酸氢钠干粉)灭火器。

另外,对碱金属(如钾、钠)火灾,不能用水型灭火器去灭火。其原因之一是由于水与碱金属作用后,会生成大量的氢气,氢气与空气中的氧气混合后,容易形成爆炸性的气体混合物,从而有可能引起爆炸事故。

2 根据灭火器配置场所的危险等级和火灾种类等因素,可确定灭火器的保护距离和配置基准,这是着手建筑灭火器配置设计和计算的首要步骤。

3 从附录A中可以看出:虽然有几种类型的灭火器均适用于扑救同一种类的火灾,但值得注意的是,他们在灭火有效程度(包括灭火能力即灭火级别的大小,以及扑灭同一灭火级别火试模型的灭火剂用量的多少,和灭火速度的快慢等)方面尚有明显的差异。例如,对于同一等级为55B的标准油盘火灾,需用7kg的二氧化碳灭火器才能灭火,而且速度较慢;而改用4kg的干粉灭火器,不但也能灭火,而且其灭火时间较短,灭火速度也快得多。以上举例充分说明适用于扑救同一种类火灾的不同类型灭火器,在灭火剂用量和灭火速度上有较大的差异,即其灭火有效程度有较大差异。因此,在选择灭火器时应考虑灭火器的灭火效能和通用性。

4 为了保护贵重物资与设备免受不必要的污渍损失,灭火器的选择应考虑其对被保护物品的污损程度。例如,在专用的电子计算机房内,要考虑被保护的对象是电子计算机等精密仪表设备,若使用干粉灭火器灭火,肯定能灭火,但其灭火后所残留的粉末状覆盖物对电子元器件则有一定的腐蚀作用和粉尘污染,而且也难以清洁。水型灭火器和泡沫灭火器也有类同的污损作用。而选用气体灭火器去灭火,则灭火后不仅没有任何残迹,而且对贵重、精密设备也没有污损、腐蚀作用。

5 灭火器设置点的环境温度对灭火器的喷射性能和安全性能均有明显影响。若环境温度过低则灭火器的喷射性能显著降低,若环境温度过高则灭火器的内压剧增,灭火器则会有爆炸伤人的危险。本款要求灭火器设置点的环境温度应在灭火器使用温度范围之内。

6 灭火器是靠人来操作的,要为某建筑场所配置适用的灭火器,也应对该场所中人员的体能(包括年龄、性别、体质和身手敏捷程度等)进行分析,然后正确地选择灭火器的类型、规格、型式。通常,在办公室、会议室、卧室、客房,以及学校、幼儿园、养老院的教室、活动室等民用建筑场所内,中、小规格的手提式灭火器应用较广,而在工业建筑场所的大车间和古建筑场所的大殿内,则可考虑选用大、中规格的手提式灭火器或推车式灭火器。

在上述民用建筑场所内,推荐选配手提式灭火器是为了便于使用和维护,布局美观,而且,这些场所本身及其走道的面积均较小,通常并没有设置推车式灭火器的合适部位。而在多数工业建筑场所的大车间和古建筑的大殿内,都有较大的空间和适当的部位来设置推车式灭火器。当然,有条件时亦可在同一场所内同时选配手提式灭火器和推车式灭火器。

另外,在体质强壮的青年男工人较多的炼钢车间中适当配置大规格的手提式灭火器和推车式灭火器,而在体质较弱的女护士较多的医院病房、女教师较多的小学校、幼儿园内,选择配置小规格的手提式灭火器,也是对本款规定的一种考虑。

4.1.2 本条之所以推荐在同一场所选配类型相同和操作方法也相同的灭火器,一是为培训灭火使用人员提供方便;二是在灭火实战中灭火人员可方便地用同一种方法连续使用多具灭火器灭火;三是便于灭火器的维修和保养。

当在同一灭火器配置场所内存在不同种类的火灾时,通常应选择配置可扑灭 A、B、C、E 多类火灾的磷酸铵盐干粉(俗称 ABC 干粉)灭火器等通用型灭火器。

4.1.3 本条是为防止在同一场所内选配的各类灭火器的灭火剂之间发生不利于灭火的相互反应而制订的。选择灭火器时应保证不同类型灭火器内充装的灭火剂,如干粉和泡沫,干粉和干粉,泡沫和泡沫之间能够联用,不论是同时使用还是依次(先后)使用,都应防止因灭火剂选择不当而引起干粉与泡沫、干粉与干粉、泡沫与泡沫之间的不利于灭火的相互作用,以避免因发生泡沫消失等不利因素而导致灭火效力明显降低。

4.2 灭火器的类型选择

4.2.1~4.2.5 灭火器的正确选型是建筑灭火配置设计的关键之一。本节的前 5 条规定主要是依据国际标准、国外标准的有关规定,并根据国内几十年的消防实战经验和实验验证而确定的。根据各种类型灭火器的不同的灭火机理,决定不同类型灭火器可灭 A、B、C、D 和/或 E 类火灾。

从表 3"灭火器的适用性"中可以看出:磷酸铵盐干粉灭火器适用于扑灭 A、B、C 和 E 多类火灾。

表 3 灭火器类型适用性

灭火器类型 / 火灾场所	水型灭火器	干粉灭火器		泡沫灭火器		卤代烷 1211 灭火器	二氧化碳灭火器
		磷酸铵盐干粉灭火器	碳酸氢钠干粉灭火器	机械泡沫灭火器②	抗溶泡沫灭火器③		
A 类场所	适用。水能冷却并穿透燃烧物而灭火,并可有效防止复燃	适用。粉剂能附着在燃烧物的表面层上,起到窒息火焰作用	不适用。碳酸氢钠对燃烧的固体可燃物无粘着作用,只能控制B类火,不能灭A类火	适用。具有冷却和覆盖燃烧物表面及与空气隔绝的作用	适用。有扑灭A类火灾的效能	不适用。灭火器喷出的化学液流无法灭A类火灾	不适用。二氧化碳气体,对A类火灾基本无效
B 类场所	不适用①。水射流冲击油面,会激溅油火,致使火势蔓延,灭火困难	适用。干粉灭火剂能快速窒息火焰,具有中断燃烧反应的连锁反应的化学活性	适用。干粉灭火剂能快速窒息火焰,具有中断燃烧过程的连锁反应的化学活性	适用于扑救非极性溶剂和油类火灾,不适用于扑救极性溶剂火灾	适用于扑救极性溶剂火灾	适用。洁净气体灭火快速窒息,抑制燃烧连锁反应,使其与空气隔绝	适用。二氧化碳灭火,无残迹,不污染设备
C 类场所	不适用。灭火器喷出的细小水流对气体火作用很小,基本无效	适用。喷出干粉灭火剂能快速扑灭气体火焰,具有中断燃烧过程的连锁反应的化学活性	适用。喷出干粉灭火剂能快速扑灭气体火焰,具有中断燃烧过程的连锁反应的化学活性	不适用。灭火器对可燃气体火灾灭火有效,但扑救可燃气体火灾基本无效	适用。洁净气体灭火快速窒息,抑制燃烧连锁反应,使其与空气隔绝	适用。二氧化碳灭火,无残迹,不污染设备	适用。二氧化碳灭火,无残迹,不污染设备
E 类场所	不适用	适用	适用于带电的B类火灾	不适用	适用	适用于带电的B类火灾	

注:①新型的添加了能灭 B 类火灾的添加剂的水型灭火器具有 B 类火灾级别,可灭 B 类火灾。
②化学泡沫灭火器已淘汰。
③目前,抗溶泡沫灭火器常用机械泡沫类型灭火器。

此外,对 D 类火灾即金属燃烧的火灾,就我国目前情况来说,还没有定型的灭火器产品。目前国外灭 D 类火灾的灭火器主要有粉状石墨灭火器和灭金属火灾的专用干粉灭火器。在国内尚未生产这类灭火器和灭火剂的情况下,可采用干砂或铸铁屑末来替代。

本规范之所以提出并强调在存在带电物质燃烧的 E 类火灾场所配置灭火器的要求,是为了防止因选配灭火器不当而造成不必要的电击伤人或设备事故。这一规定同国际标准和英、美等国家规范的要求基本吻合。

4.2.6 为了保护大气臭氧层和人类生态环境,在非必要场所应当停止再配置卤代烷灭火器。本规范附录 F 中的非必要场所是根据国家消防主管部门和国家环保主管部门的有关文件而列举的。今后,更多的非必要配置卤代烷灭火器的场所需经国家消防主管部门和国家环保主管部门共同确认。

在撤换了卤代烷灭火器的原灭火器设置点的位置上,重新配置的适用灭火器(可选配磷酸铵盐干粉灭火器等)的灭火级别不得低于原配卤代烷灭火器的灭火级别。新配灭火器应按等效替代的原则和本规范的规定,进行建筑灭火器配置的设计和计算。

本条规定必要场所可配置卤代烷灭火器,主要是针对当前国内现状而提出来的,有个别地区和单位,片面地理解必要场所和非必要场所的概念,超前地执行了'彻底'淘汰卤代烷灭火器的'文件精神',致使在某些必要场所本应配置卤代烷灭火器却没有配置,从而削弱了消防灭火力量。

必要场所和非必要场所的概念与范畴,详见联合国环境署(UNEP)、国家环保总局(CEPA)以及公安部消防局的有关文件和规定。

5 灭火器的设置

5.1 一般规定

5.1.1 本条对灭火器的设置位置主要作了以下两个方面的规定:

一是要求灭火器的设置位置明显、醒目。这是为了在平时和发生火灾时,能让人们一目了然地知道何处可取灭火器,减少因寻找灭火器所花费的时间,从而能及时有效地将火扑灭在初起阶段。通常在建筑场所(室)内的合适部位设置灭火器是及时、就近取得灭火器的可靠保证之一。另外,沿着经常有人路过的建筑场所的通道、楼梯间、电梯间和出入口处设置灭火器,也是及时、就近取得灭火器的可靠保证之一。当然,上述部位的灭火器的设置位置和设置方式均不得影响行人走路,更不能影响在火灾紧急情况时的安全疏散。

二是要求灭火器的设置位置能够便于取用。即当发现火情后,要求人们在没有任何障碍的情况下,就能够跑到灭火器设置点处方便地取得灭火器并进行灭火。这是因为扑救初起火灾是有一定的时间限度的,而能否及时地取到灭火器,在某种程度上决定了用灭火器灭火的成败。如果取用不便,那么即使灭火器设置点离着火点再近,也有可能因时间的拖延致使火势蔓延而造成大火,从而使灭火器失去扑救初起火灾的最佳时机。因此,便于取用灭火器是值得我们重视的一项要求。

美国、英国、澳大利亚的标准也对此作了类同的规定:

美国标准规定:"灭火器应设置在能够迅速接近而且在火灾发生时立即取用的明显场所。最好放置在正常的通道,包括出口处"。

英国标准规定:"一般灭火器应放置在托架或置物架等明显的

位置,在这些位置,灭火器将被沿着安全路线撤退的人群看到,在距房间的出口、走廊、门厅及楼梯平台较近的位置设置灭火器是最合适的"。

澳大利亚标准要求:"每具灭火器均应设置在醒目的和能很快取得的位置,并用一定的标志来表示;采用橱柜安放灭火器的场所,在使用灭火器时,要求顺利、方便拿取,且橱柜的门打开时,不应占据疏散通道"。

本规范将国外标准和国内经验归纳起来,要求将灭火器设置在那些不易被货物或家具堵塞、平时经常有人路过、明显易见、且便于取用的位置。

灭火器的设置不得影响安全疏散的规定不仅关系到人们在火灾发生时能否及时安全撤离的问题,也涉及到人们取用灭火器时通道是否通畅的问题,故必须作出明确的规定。

5.1.2 对于那些必须设置灭火器而又难以做到明显易见的特殊场所,例如,在有隔墙或屏风的亦即存在视线障碍的大型房间内,设置醒目的指示标志来指出灭火器的设置位置,可使人们能明确方向并及时地取用灭火器。美国标准也规定:"在大型房间内或因视线障碍而不能直接看见灭火器的场所,须设置指明灭火器设置位置的标记"。

在大型房间和不能完全避免视线障碍的场所,指示灭火器所在位置的标志不仅应当醒目,而且应能在火灾紧急断电(即在黑暗时)情况下发光。同理灭火器箱的箱体正面和灭火器筒体的铭牌上也有粘贴发光标志的必要。目前,《灭火器箱》产品行业标准拟在修订时增加此项规定,建议国家产品标准《手提式灭火器》也能考虑在修订时补充此项规定。

发光标志应选用经国家检测中心定型检验合格的产品,其所采用的发光材料应无毒、无放射性,亮度等性能指标均须达到国家标准要求。

5.1.3 建筑灭火器的设置方式主要有墙式灭火器箱、落地式灭火器箱、挂钩、托架或直接放置在洁净、干燥的地面上等几种;本规范不提倡将灭火器直接放置在地面上,推荐将灭火器放置在灭火器箱内;其中,设置在墙式灭火器箱内和挂钩、托架上的灭火器的位置是相对固定的;而设置在落地式灭火器箱内和直接放置在地面上的灭火器则亦需设计定位;既要保证灭火器的设置位置能达到本规范关于保护距离的规定,又便于人们在紧急状况下能快速地到熟知的灭火器设置点取得灭火器。

本条规定灭火器的设置应稳固,很有必要。这是因为如果灭火器摆放得不稳固,就有可能发生手提式灭火器跌落或推车式灭火器滑动,从而有可能造成灭火器不能正常使用,甚至伤人事故。美国标准和澳大利亚标准等也有类同的规定。

灭火器在设置时,其铭牌应朝外。这样规定的目的是为了让人们能够经常看到铭牌,了解灭火器的性能,熟悉灭火器的用法。美国标准也规定:"灭火器的操作、分类、警告标志应朝外"。另外,澳大利亚标准还规定:"灭火器的铭牌应朝外、可见"。

手提式灭火器宜设置在灭火器箱内、挂钩或托架上的规定是根据国外标准和国内情况而作出的。

美国标准规定:"灭火器一般不宜放在地上,宜悬挂或放在托架上";"除推车式灭火器外,灭火器应放置在挂钩或托架上或固定在壁橱(灭火器箱)内或搁架上"。

英国标准规定:"一般灭火器应放置在托架或置物架等明显的位置"。

澳大利亚标准规定:"每一种灭火器应由坚固、合适的挂钩或托架来支承,固定到墙上或其他合适的结构上";"灭火器可设置在一个不上锁的壁橱或墙柜内……并用与柜橱表面色差明显的50mm高的字体写成"灭火器"三个字来标志。在灭火器可能受到异常干扰的场所,其柜橱可以上锁,但要求能在需要时可以顺利取出灭火器"。

我国各地一般是要求将灭火器设置在灭火器箱(1998年我国已颁布了行业标准 GA 139《灭火器箱》)内、挂钩或托架上。本条规定一方面是为了使灭火器的设置不影响人们的正常生产和生活;另一方面对灭火器的保管、维护、使用和美化环境也有一定的益处。

本条关于灭火器箱不得上锁的规定是吸取了国内外多年来许多惨痛的火灾教训而制定的。例如,2004年2月15日,吉林某4层商厦大火,造成50多人死亡,70多人受伤。其深刻教训之一就是:误将几十具灭火器统统地过于集中地放置在一处(一个铁笼或一个小房间内),而且还上了锁,致使在这次火灾骤然起火之后,现场人员在慌乱之中,根本就不能在其附近找到灭火器。且不讲这些灭火器中的不少是已经过期的应予维修或报废的灭火器,也不讲这些灭火器过于集中地设置在一起从而使其远远达不到本规范关于灭火器保护距离的要求,仅就灭火器室(灭火器箱)的房门(箱门)上锁这一点而言,就有可能因之而失去了扑救初起火灾的最佳时机。

关于灭火器的设置高度(即灭火器顶部离地面的距离和灭火器底部离地面的距离)是综合了国内外的标准与经验而作出规定的。美国标准规定:"对于总重不大于40磅(18.14kg)的灭火器,其顶部离地面不应超过5英尺(1.53m);总重量大于40磅(18.14kg)磅的灭火器(除推车式灭火器外),其顶部离地面不应超过3英尺(1.07m)。在任何情况下,灭火器底部或托架底部离地面距离均不应小于4英寸(0.102m)"。

英国标准规定:"灭火器的手柄离地面大约1m左右"。

澳大利亚标准规定:"灭火器的顶部应离地面1m到1.5m之间,其底部离地面不得小于0.15m,二氧化碳和干粉灭火器允许较低的安装高度,但其底部离地面也不得小于0.15m"。

国际标准规定灭火器底部离地面高度不宜小于0.03m,《灭火器箱》GA 139标准规定灭火器箱的底脚高度大于等于0.08m。

根据上述情况,编制组认为1.5m这一数据比较适合我国的实际状况,也同大多数国家提出的要求相同,因而是能够接受和执行的。对于较重的灭火器,本规范没有采用有的国家具体规定某一个数据的做法。因为本规范的规定是小于或等于1.5m,只要符合这一要求,将重的灭火器设置得低一些也就包含在其中了。这样规定可使人们因地制宜,比较灵活。在大的方面进行限制,小的方面放开,我们认为这样比较切合实际,也符合标准既要统一,又不要统死的方针。

本条的另一要求是灭火器底部离地面高度不宜小于0.08m,从而规定了灭火器的设置高度不能无限制地低下去,即一般不允许直接放在地面上。当然,对于那些环境条件很好的场所,如洁净室、专用电子计算机房等高档场所,也可以考虑将灭火器直接放在干燥、洁净的地面、地毯之上,但本规范不提倡将灭火器直接放置在地面上,推荐将灭火器放置在灭火器箱内。

5.1.4 由于灭火器是一种常规、备用的灭火器材,一般来说存放时间较长,使用时间较短,使用次数较少。显而易见,灭火器如果长期设置在有强腐蚀性或潮湿的地点,会严重影响灭火器的使用性能和安全性能。因此,在强腐蚀性或潮湿的地点一般是不能设置灭火器的。但考虑到某些工业建筑的特殊情况,如实在无法避免,则本条规定要有相应的保护措施才能设置灭火器。

本条也参照了英国标准的规定,即"灭火器不应放置在可能处于腐蚀性强的大气中,能被腐蚀性液体溅着的地方。除非经过厂商特殊处理过或特殊地装上了外罩的灭火器。"

设置在室外的灭火器也要有保护措施。这是由于灭火器配置的需要,不可避免地要使多数推车式灭火器和部分手提式灭火器设置在室外。对灭火器来说,室外的环境条件比起室内要差得多。因此,为了使灭火器随时都能正常使用,就要有一定的保护措施,例如,给推车式灭火器搭一个既能遮雨水又能挡阳光的棚,可使该灭火器得到一定的保护。

上述保护措施通常具有遮阳防晒、挡雨防潮、保温隔热,以及防止撞击等作用。

5.1.5 正如 4.1.1 之 5 的条文说明所述,在环境温度超出灭火器使用温度范围的场所设置灭火器,必然会影响灭火器的喷射性能和安全使用,并有可能爆炸伤人或贻误灭火时机。所以本条规定灭火器不得设置在环境温度超出其使用温度范围的地点。本条也参照了美国标准的规定:"灭火器不得安放在温度超出适用温度范围的场所内"和英国标准的要求:"灭火器不应被置于标记在灭火器上的温度范围之外的贮藏温度"。

灭火器的使用温度范围举例,如表 4 所示:

表 4　灭火器的使用温度范围

灭火器类型		使用温度范围(℃)
水型灭火器	不加防冻剂	+5～+55
	添加防冻剂	−10～+55
机械泡沫灭火器	不加防冻剂	+5～+55
	添加防冻剂	−10～+55
干粉灭火器	二氧化碳驱动	−10～+55
	氮气驱动	−20～+55
洁净气体(卤代烷)灭火器		−20～+55
二氧化碳灭火器		−10～+55

注：灭火器的使用温度范围应符合现行灭火器产品质量标准 GB 4351 和 GB 8109 的有关规定。

5.2　灭火器的最大保护距离

5.2.1 在发生火灾后,及时、有效地用灭火器扑灭初起火灾,取决于多种因素,而灭火器保护距离的远近,显然是其中的一个重要因素。它实际上关系到人们是否能及时取用灭火器,进而是否能够迅速扑灭初起小火,或者是否会使火势失控成灾等一系列问题。

美国、英国、澳大利亚等国的标准和我国有关地方法规对灭火器的保护距离各有如下规定:

美国划分 A 类、B 类火灾场所,对各类场所又划分为轻、中、严重危险级,对 A 类配置场所各危险等级的灭火器的保护距要求小于 22.7m。

英国划分 A 类、B 类火灾场所,不划分危险等级,对于 A 类配置场所,要求灭火器的保护距离应小于 30m。

澳大利亚划分 A 类、B 类火灾场所,对各类场所划分为轻、中、严重危险级,对 A 类场所各危险等级的灭火器的保护距离均要求小于 15m。

我国以往的部分省、自治区、直辖市的地方法规:不划分火灾场所和危险等级,一般规定灭火器的保护距离 15～30m,其中手提式灭火器的保护距离为 15～23m。

考虑到国人的身材和体能等各方面因素,参照上述几国的保护距离均值,本条规定了中危险级的 A 类场所的手提式灭火器的保护距离取 20m,而轻危险级和严重危险级显而易见距离应该远些和近些,分别规定为 25m 和 15m。这样,就使这些数据既同各国标准的规定基本吻合,又符合我国的实际情况。

推车式灭火器的保护距离主要是根据我国的国情,并基于上述手提式灭火器保护距离确定的相同思路而作出的规定。通过讨论和征求意见,编制组一致认为推车式灭火器的保护距离应为手提式灭火器的 2 倍较适宜,而且这一规定已经执行了 10 多年。

5.2.2 对于 B 类和 C 类场所,国外标准大多是一并考虑的,编制组认为这种处理方法在目前国际上均尚无 C 类灭火定级标准的情况下是可行的。

在具体确定灭火器的最大保护距离时,由于 B 类火灾的燃烧和蔓延速度通常比 A 类火灾要快,危险性也较 A 类火灾大,故 B 类场所的最大保护距离应比 A 类小。至于本条其他方面的说明与本规范第 5.2.1 条的条文说明大体相同。

本条规定参考了两方面的情况:一是国外标准;二是我国以往的地方法规和目前我国的实际情况,然后加以综合、确定。

国外对 B 类场所的灭火器最大保护距离的规定如表 5 所示。

表 5　国外对 B 类场所的灭火器最大保护距离

国别	B 类危险场所					
	轻危险级		中危险级		严重危险级	
	灭火级别	保护距离	灭火级别	保护距离	灭火级别	保护距离
澳大利亚	5B	2m	20B	5m	40B	10m
	10B	3.5m	30B	7.5m	60B	12.5m
	20B	5m	40B	10m	80B	15m
美国	5B	9.15m	10B	9.15m	40B	9.15m

从表 5 中可以看出,澳大利亚、美国是在每一危险等级下,对某一灭火级别各规定一个保护距离,但两国数据不相一致,而英国的规定又太笼统,与本规范的编写格式不一样,可比性差。综合这些情况,编制组参照美国标准,规定了手提式灭火器在三个危险等级的 B 类火灾场所的保护距离分别为 9m、12m 和 15m,并且不考虑灭火级别规格这一因素,而代之以用手提式和推车式的灭火器型式的不同来加以区别,从而使其更为合理,易于理解,便于实施。

5.2.3 D 类火灾是实际存在的,但由于目前世界各国和国际标准对适用于扑救该类火灾的灭火器均未明确规定其灭火级别,也未确定其标准火试模型,况且国内至今尚无此类灭火器的定型产品,因而本条只能对其保护距离作原则性的规定。

5.2.4 因为 E 类火灾通常是伴随着 A 类或 B 类火灾而同时存在的,所以设置在 E 类火灾场所的灭火器,其最大保护距离可按照与之同时存在的 A 类或 B 类火灾的规定执行。

6　灭火器的配置

6.1　一般规定

6.1.1 本规范 1990 年版、1997 年版均规定在一个灭火器配置场所内配置的灭火器数量不应少于 2 具,全面修订时将"配置场所"改为"计算单元",这样不仅更符合本规范的编制意图,而且比较合理。

本条规定还考虑到在发生火灾时,若能同时使用两具灭火器共同灭火,则对迅速、有效地扑灭初起火灾非常有利。同时,两具灭火器还可起到相互备用的作用,即使其中一具失效,另一具仍可正常使用。英国国家标准也规定对普通楼层,每层灭火器的最少配置数量为 2 具。

6.1.2 本条规定每个灭火器设置点的灭火器配置数量不宜多于 5 具,这主要是从消防实战考虑,就是说在失火后可能会有许多人同时参加紧急灭火行动。如果同时到达同一个灭火器设置点来取用灭火器的人员太多,而且许多人都手提 1 具灭火器到同一个着火点去灭火,则会互相干扰,使得现场非常杂乱,影响灭火,容易贻误战机。况且一个设置点中的灭火器数量太多,亦有灭火器展览之嫌。而且为放置数量过多的灭火器而设计的灭火器箱、挂钩、托架的尺寸则会过大,所占用的空间亦相对较大,对正常办公、生产、生活均不利。

6.1.3 住宅楼的公共部位应当配置灭火器。当住宅楼每层的公共部位的建筑面积超过 100m² 时,需要配置 1 具 1A 的手提式灭火器;这是最低的要求:即目前可按照每 100m² 配置 1 具 1A 手提式灭火器的基准执行。

6.2 灭火器的最低配置基准

6.2.1 随着我国灭火器产品质量标准 GB 4351(手提式灭火器)和 GB 8109(推车式灭火器)的全面修订,并分别与国际标准 ISO 7165(手提式灭火器)和 ISO 11601(推车式灭火器)接轨,修改采用国际标准,A 类灭火级别体系修订为国际标准的 A 类灭火级别体系;本规范亦应与时俱进,同步修订。

本规范对 A 类灭火器的最低配置基准(包括单具灭火器最小配置灭火级别和单位灭火级别最大保护面积的规定)的修订,主要是参照采用国际标准 ISO 11602-1:2000《灭火器的选择与配置》,并且结合我国国情,保持规范修订前后的标准定额相当。

6.2.2 随着我国灭火器产品质量标准与国际标准接轨,B 类灭火级别体系也修订为国际标准的 B 类灭火级别体系;本规范亦应与时俱进,同步修订。

本规范对 B 类灭火器的最低配置基准(包括单具灭火器最小配置灭火级别和单位灭火级别最大保护面积的规定)的修订,主要是参照采用国际标准 ISO 11602-1:2000《灭火器的选择与配置》,并且结合我国国情,保持规范修订前后的标准定额相当。

目前世界各国,也包括中国,通过灭火试验的方法,仅就灭火器对 A 类火灾和 B 类火灾的灭火效能确定了灭火级别,并规定了相应的配置基准,而对于 C 类火灾(以及 D 类、E 类)。鉴于 ISO 国际标准尚未确定扑救 C 类火灾的标准火试模型,以及 C 类火灾的灭火级别目前尚难以准确测定等因素,因而至今世界各国和国际标准均无灭火器对 C 类火灾的灭火级别确认值,也没有关于 C 类火灾场所灭火器配置基准的规定。因此,灭火器的配置基准值实际上是以 A 类和 B 类灭火级别值为根据而制定的。当然,这也符合大多数火灾是 A 类和 B 类火灾的客观事实。由于 C 类火灾的特性与 B 类火灾比较接近,故按照世界各国的惯例,依据国际标准,本规范规定 C 类火灾场所的最低配置基准可按照 B 类火灾场所的最低配置基准执行。

6.2.3 本条是参考了现行国际标准 ISO 11602-1:2000《灭火器的选择与配置》和一些国外标准中的有关规定而制定的。对于 D 类火灾,鉴于其标准火试模型尚未确定且灭火器的灭火效能难以准确测定等因素,至今世界各国和国际标准均无灭火器对 D 类火灾的灭火级别确认值。因此,本条只能对 D 类火灾场所的灭火器配置基准作原则性的规定。

6.2.4 因为 E 类火灾通常总是伴随 A 类或 B 类火灾而发生的,所以 E 类火灾场所灭火器的最低配置基准可按 A 类或 B 类火灾场所灭火器的最低配置基准执行。

7 灭火器配置设计计算

7.1 一般规定

7.1.1 按计算单元进行建筑灭火器配置的设计与计算,既可简化设计计算,相同楼层的建筑灭火器配置设计图、计算书和配置清单均可套用,减少设计工作量;也便于监督和管理。灭火器的最少配数量和最小需配灭火级别的计算值的小数点之后的数字要求只进不舍,并进位成正整数,也是为了保证扑灭初起火灾的最低灭火力量。

7.1.2 为了保证扑灭初起火灾的最低灭火力量,本条规定经建筑灭火器配置的设计与计算后,每个灭火器设置点实配的各具灭火器的灭火级别合计值和灭火器的配置数量不得小于按本章公式计算得出的最小需配灭火级别和最少需配数量的计算值,从而也保证了计算单元实配灭火器的数量不小于最少需配数量。

7.1.3 本条规定的实际含义是要求在计算单元内配置的灭火器能完全保护到该计算单元内的任一可能着火点,不能出现空白区(死角)。也就是说本规范要求计算单元内的任一点,尤其是最不利点(距灭火器设置点的最远点),均应至少得到 1 具灭火器的保护,即任一可能着火点(包括最不利点)都应在至少 1 个灭火器设置点的保护圆(以灭火器设置点为圆心,以灭火器的最大保护距离为半径)的范围内。

在计算单元内,灭火器的配置规格和数量应同时满足第 6 章规定的灭火器最低配置基准和第 5 章规定的灭火器最大保护距离的要求,而对灭火器最大保护距离的要求又是通过对灭火器设置点的定位和布置来实现的。在每个灭火器设置点上至少应有 1 具灭火器,最多不超过 5 具灭火器。美国标准《移动式灭火器标准》NFPA 10-1998 第 E-3.2 条中也规定:"对准确判定其危险等级的火灾危险场所,在选择灭火器时,有必要既满足配置数量的要求,又满足保护距离的要求。"

在建筑灭火器配置设计与计算时,如果选择了规格较大的灭火器,则会使计算出的灭火器数量较少,而根据本规范关于保护距离的规定,则需保证足够的灭火器设置点数。这时要维持原定选配的灭火器的规格,则还需再增加几具符合要求的灭火器,以达到灭火器保护距离的要求。

7.2 计算单元

7.2.1 本条从科学、合理、经济、方便角度对灭火器配置场所规定了计算单元的划分原则。由于防火分区之间的防火墙、防火门或防火卷帘可能会直接阻碍灭火人员携带灭火器走动和通过,并影响灭火器的保护距离;而楼梯则会增加灭火人员携带灭火器上下楼层赶往着火点的反应时间,也有可能因而失去灭火器扑救初起火灾的最佳时机,故本条规定建筑灭火器配置设计的计算单元不应跨越防火分区和楼层,只能局限在一个楼层或一个水平防火分区之内。此外,在划分计算单元时,按楼层或防火分区进行考虑,也易于为消防工程设计、工程监理和监督审核人员所掌握;同时,相同楼层的建筑灭火器配置设计可套用设计图、计算书、配置清单等,也方便和简化了设计计算和监督管理工作。

对危险等级和火灾种类均相同的各个场所,只要它们是相邻的并同属于一个楼层或一个水平防火分区,那么就可将这些场所组合起来作为一个计算单元来考虑。如办公楼内每层成排的办公室,宾馆内每层成排的客房等。这就是组合计算单元的概念。

某一灭火器配置场所,当其危险等级和火灾种类有一项或二项与相邻的其他场所不相同时,都应将其单独作为一个计算单元来考虑。例如,办公楼内某楼层中有一间专用的计算机房和若干间办公室,则应将计算机房单独作为一个计算单元来配置灭火器,并可将其他若干间办公室组合起来作为一个计算单元(可称之为组合计算单元)来配置灭火器。这时,一间计算机房(即一个灭火器配置场所,一个房间或一个套间)就是一个计算单元,这也是一个计算单元等于一个灭火器配置场所的特例,可称之为独立计算单元。

住宅楼的公用部位包括走廊、通道、楼梯间、电梯间等,所设置的灭火器需要进行有效的管理。

7.2.2 在计算单元确定后,为了进行建筑灭火器配置的设计与计算,首先要确定计算单元内需用灭火器保护的场所面积。保护面积(即7.3.1式中的S)原则上应按建筑场所的净使用面积计算。但是在本规范10多年的执行过程中,发现这种计算使用面积的方法还是比较烦琐的。因为需要从建筑面积中逐一扣除所有外墙、隔墙及柱等建筑构件的占地面积,实际计算起来很不方便。经过本规范全面修订编制组讨论并征求有关专家的意见,决定简化为就以建筑面积作为保护面积,这样做计算起来既快捷又比较准确,所增加的面积不到10%,而增配灭火器的数量也并不多,且有利于加强扑灭初起火灾的灭火力量。

由于广义上的建筑概念中还包括构筑物,例如,可燃物露天堆垛,可燃液体、气体储罐等,所以还不能一概用建筑面积来代表保护面积,需对这些场所单独进行考虑。鉴于可燃物露天堆场或可燃液体、气体储罐区的区域面积可能会很大,配置的灭火器数量也可能会很多,在讨论和征求意见的基础上,编制组决定将其保护面积定为可燃物露天堆垛或可燃液体、气体储罐的占地面积。

7.3 配置设计计算

7.3.1 对于一个计算单元,如何得到其最小需配灭火级别(即7.3.1式中的Q)的计算值呢?为此,本条提出一个算式来解决这个问题。其中,灭火器的最低配置基准(U)可按照第6章第2节的规定取值,修正系数(K)应按照本章本节的规定取值。

实际上,通过7.3.1式得到的计算单元的最小需配灭火级别计算值就是本规范规定的该计算单元扑救初起火灾所需灭火器的灭火级别最低值。如果实配灭火器的灭火级别合计值不能正好等于最小需配灭火级别的计算值,那么就应使其大于或等于最小需配灭火级别,这是执行本规范的基本原则。例如,如果某计算单元的最小需配灭火级别的计算值是10A,而选配的且符合表6.2.1规定的各具灭火器的灭火级别均是2A,则灭火器最少需配数量就是5具;如果该计算单元的最小需配灭火级别的计算值是9A,则灭火器最少需配数量仍然是5具,因为2A×5=10A是大于9A的数值里的最小整数值。

7.3.2 关于灭火器是否需要减配的问题,有部分专家建议:既然灭火器是扑救初起火灾的一线工具,为体现对扑救初起火灾的重视程度,就不应当对灭火器的数量进行减配,即使在安装有消火栓系统和固定灭火系统的情况下也应如此。本规范全面修订编制组认为这个建议是有一定道理的,但考虑到国内外关于灭火器的配置数量与其他灭火设施之间都是存在着一定的减配关系的;同时还要避免增加消防投入,故此项建议未予采纳。

另外,关于如何减配灭火器的问题也一直是争论的话题。在本规范执行10多年的过程中,有一种意见认为消火栓系统和固定灭火系统可完全替代灭火器,即灭火器的减配系数为零,这种意见很值得商榷。现行国际标准ISO 11602-1:2000 第1章中讲到:"灭火器是用来作为一线的规模有限的灭火工具而使用的。即使在设有自动喷淋设施、立管和软管或其他固定灭火装置保护财产的情况下也是需要配置灭火器的";在美国国家标准NFPA 10《移动式灭火器标准》、英国国家标准BS 5306《手提式灭火器——选择与配置》和澳大利亚国家标准AS 2444《手提式灭火器——选择与配置》中也都有类似的规定。

本规范全面修订编制组在充分讨论的基础上一致认为:即使在设置有消火栓系统和固定灭火系统的场所,仍需配置灭火器作

为一线灭火工具。特别是对那些安装了投资较大的气体灭火系统的场所,尤其需要配置灭火器;因为不可能为一点点小火的发生就启动气体灭火系统,这时首先用灭火器来扑灭初起火灾,则既经济又实用。因此,本规范决定不采纳减配到零的意见。当然那种认为配置灭火器可以完全取代消火栓系统和固定灭火系统的观点更是错误的,这种意见是一种错误的理念,既缺乏工程概念和规范概念,也违背了分规范与主规范之间的逻辑层次及责权关系。

下面简单介绍国外相关标准中关于灭火器减配程度的规定。美国标准NFPA 10(1998版)的第3-2.2条中规定:所配置的灭火器最多有半数允许用均匀布置的DN40室内消火栓来代替,即在设有室内消火栓的场所,其最大减配系数为K=0.5。

澳大利亚国家标准《手提式灭火器——选择和配置》(AS 2444—1995)第2.3.8条规定:"在安装了符合AS 2441(澳大利亚国家标准)规定的消防卷盘的场所,主管当局允许减少A类灭火器的配置数量。"其第4.2节的备注(b)表明:在同时存在A、B类火灾的场所,如果按B类火灾场所的要求配置了B类灭火器,而这些B类灭火器兼具2A灭火级别,则A类灭火器可减少配置数量。其第4.2节的备注(c)中规定:"在提供了符合AS 2118(澳大利亚国家标准)规定的自动喷水灭火系统的(A类火灾)场所,灭火器的最大保护面积可增加50%"。

英国国家标准中规定:"规范中(关于灭火器配置数量的)推荐值是在假设没有提供其他的消防设备或系统而提出来的,如果有别的消防设备时,专家意见是应对手提式灭火器的配置数量按规定适当减少。"

本规范在广泛征求意见的基础上,根据我国的国情,并参考澳大利亚和美、英等国的有关规定,将设有固定灭火系统(包括自动喷水灭火系统、水喷雾灭火系统、气体灭火系统等,但不包括水幕系统)的计算单元、设有室内消火栓系统的计算单元及同时设有室内消火栓和灭火系统的计算单元的修正系数(或称减配系数)K区分开列。并采纳了"当建筑物中未设室内消火栓和灭火系统时,不应减配灭火器的数量"的专家意见,将仅设有室外消火栓而未设室内消防设施的计算单元的修正系数K定为1.0。

7.3.3 由于地下建筑场所在发生火灾时,灭火和救援均较地面建筑困难,因而本条规定地下建筑场所可比地上建筑相应场所增配30%的灭火器,即增配系数为1.3。本条未作修订,已经执行了10多年。

结合近年来全国各地在人群密集的公共场所,经常发生群死群伤的火灾事故的深刻教训,本条对若干消防安全重点保护场所的灭火器增配系数作了明确规定,将古建筑(例如寺庙的大殿)和歌舞娱乐放映游艺场所(其定义和范畴详见国家标准《建筑设计防火规范》)、网吧等公共场所,以及商场、超市的灭火器增配系数也定为1.3,即允许增配30%的灭火器。这是因为在上述人群密集的消防安全重点保护场所一旦发生火灾,伤亡惨痛,损失严重,影响恶劣,亟需加强第一线的灭火力量。

7.3.4 在得出了计算单元最小需配灭火级别的计算值和确定了计算单元内的灭火器设置点的数目后,接着需计算出每一个设置点的最小需配灭火级别。7.3.4式体现了在每个灭火器设置点均衡布置灭火器的要求。

例如,某计算单元的最小需配灭火级别Q=9A。在考虑了灭火器的最大保护距离和其他设置因素后,最终确定了3个设置点,那么每个设置点的最小需配灭火级别$Q_e=9/3=3(A)$。本规范要求每个设置点的实配灭火器的灭火级别均至少应等于3A。

7.3.5 为便于有关人员特别是工程设计人员能更好地理解和掌握本规范,并按照本规范的规定正确地和有条理地进行建筑灭火器配置的设计与计算,本条根据建设部、公安部等国家规范主管部门和各地设计院的要求,专门规定了建筑灭火器配置的设计与计算程序。1997年版的本规范第6.0.7条曾规定了10个步骤的配置设计程序,现根据本规范执行10余年的经验和专家建议,本条给出了更为简化和便捷的8个步骤的设计计算程序。

中华人民共和国国家标准

泡沫灭火系统设计规范

Code for design of foam extinguishing systems

GB 50151 - 2010

主编部门：中 华 人 民 共 和 国 公 安 部
批准部门：中华人民共和国住房和城乡建设部
施行日期：2 0 1 1 年 6 月 1 日

中华人民共和国住房和城乡建设部公告

第 737 号

关于发布国家标准
《泡沫灭火系统设计规范》的公告

现批准《泡沫灭火系统设计规范》为国家标准，编号为 GB 50151—2010，自 2011 年 6 月 1 日起实施。其中，第 3.1.1、3.2.1、3.2.2(2)、3.2.3、3.2.5、3.2.6、3.3.2(1、2、3、4)、3.7.1、3.7.6、3.7.7、4.1.2、4.1.3、4.1.4、4.1.10、4.2.1、4.2.2(1、2)、4.2.6(1、2)、4.3.2、4.4.2(1、2、3、5)、6.1.2(1、2、3)、6.2.2(1、2、3)、6.2.3、6.2.5、6.2.7、6.3.3、6.3.4、7.1.3、7.2.1、7.2.2、7.3.5、7.3.6、8.1.5、8.1.6、8.2.3、9.1.1、9.1.3条(款)为强制性条文，必须严格执行。原《低倍数泡沫灭火系统设计规范》GB 50151—92(2000 年版)和《高倍数、中倍数泡沫灭火系统设计规范》GB 50196—93(2002 年版)同时废止。

本规范由我部标准定额研究所组织中国计划出版社出版发行。

中华人民共和国住房和城乡建设部
二〇一〇年八月十八日

前　言

本规范是根据原建设部《关于印发〈2006 年工程建设标准规范制定、修订计划(第一批)〉的通知》(建标〔2006〕77 号)和《关于同意调整国家标准〈低倍数泡沫灭火系统设计规范〉修订计划的复函》(建标标函〔2006〕50 号)的要求,由公安部天津消防研究所会同有关单位,在《低倍数泡沫灭火系统设计规范》GB 50151—92(2000 年版)和《高倍数、中倍数泡沫灭火系统设计规范》GB 50196—93(2002 年版)的基础上,通过合并,并进行修订而成。

本规范在编制过程中,编制组遵照国家有关基本建设的方针、政策,以及"预防为主、防消结合"的消防工作方针,以科学严谨的态度,与有关单位合作先后开展了泡沫喷雾系统灭油浸变压器火灾、公路隧道泡沫消火栓箱灭轿车火、凝析轻烃低倍数泡沫灭火、环氧丙烷储罐抗溶泡沫灭火等大型试验研究;深入相关单位调研,总结国内外近年来的科研成果、工程设计、火灾扑救案例等实践经验;借鉴国内外有关标准、规范的新成果,开展了必要的专题研究和技术研讨;广泛征求了国内有关设计、研究、制造、消防监督、高等院校等部门和单位的意见,最后经审查定稿。

本规范共分 9 章和 1 个附录。主要内容有:总则、术语、泡沫液和系统组件、低倍数泡沫灭火系统、中倍数泡沫灭火系统、高倍数泡沫灭火系统、泡沫—水喷淋系统与泡沫喷雾系统、泡沫消防泵站及供水、水力计算等。

与原国家标准《低倍数泡沫灭火系统设计规范》GB 50151—92(2000 年版)和《高倍数、中倍数泡沫灭火系统设计规范》GB 50196—93(2002 年版)相比,本规范主要有下列变化:

1. 合并了《低倍数泡沫灭火系统设计规范》与《高倍数、中倍数泡沫灭火系统设计规范》;

2. 增加了泡沫—水喷淋系统、泡沫喷雾系统的设计内容;

3. 增加了水溶性液体泡沫混合液供给强度试验方法;

4. 在编辑上做了重大调整。

本规范中以黑体字标志的条文为强制性条文,必须严格执行。

本规范由住房和城乡建设部负责管理和对强制性条文的解释,公安部负责具体日常管理,公安部天津消防研究所负责具体技术内容的解释。请各单位在执行本规范过程中,认真总结经验,注意积累资料,发现需要修改和补充之处,请将意见和资料寄送公安部天津消防研究所(地址:天津市南开区卫津南路 110 号,邮政编码:300381),以便今后修订时参考。

本规范主编单位、参编单位、主要起草人和主要审查人:

主 编 单 位: 公安部天津消防研究所

参 编 单 位: 中国石化工程建设公司

中国石化总公司洛阳石化工程公司

大庆油田工程有限公司

国内贸易工程设计研究院

中国寰球工程公司

中国石油塔里木油田公司消防支队

大庆油田有限责任公司消防支队

浙江省公安消防总队

山西省公安消防总队

辽宁省公安消防总队

杭州新纪元消防科技有限公司

浙江快达消防设备有限公司

上海轩安环保科技有限公司

胜利油田胜利工程设计咨询有限责任公司

中铁第四勘察设计院集团有限公司

中国船舶重工集团公司第七○一研究所

主要起草人: 张清林　秘义行　胡　晨　白殿涛　王宝伟
王万钢　智会强　侯建萍　董增强　熊慧明
刘玉身　蒋　玲　郑铁一　白晓辉　严晓龙
徐康辉　陈方明　艾红伟　杨燕平　蒋金辉
曾　勇　关大巍

主要审查人: 汤晓林　孙伯春　宋　波　于梦华　吴文革
李向东　张晋武　魏海臣　李德权　唐伟兴
云成生　李婉芳　朱玉贵　彭吉兴　李艳辉
武守元　孙兆海　姚　琦　高志成　严　明

目 次

17

1 总　则

1.0.1 为了合理地设计泡沫灭火系统,减少火灾损失,保障人身和财产的安全,制定本规范。

1.0.2 本规范适用于新建、改建、扩建工程中设置的泡沫灭火系统的设计。

本规范不适用于船舶、海上石油平台等场所设置的泡沫灭火系统的设计。

1.0.3 含有下列物质的场所,不应选用泡沫灭火系统:

　　1 硝化纤维、炸药等在无空气的环境中仍能迅速氧化的化学物质和强氧化剂;

　　2 钾、钠、烷基铝、五氧化二磷等遇水发生危险化学反应的活泼金属和化学物质。

1.0.4 泡沫灭火系统的设计除应执行本规范外,尚应符合国家现行有关标准的规定。

2 术　语

2.1　通用术语

2.1.1 泡沫液　foam concentrate
可按适宜的混合比与水混合形成泡沫溶液的浓缩液体。

2.1.2 泡沫混合液　foam solution
泡沫液与水按特定混合比配制成的泡沫溶液。

2.1.3 泡沫预混液　premixed foam solution
泡沫液与水按特定混合比预先配制成的储存待用的泡沫溶液。

2.1.4 混合比　concentration
泡沫液在泡沫混合液中所占的体积百分数。

2.1.5 发泡倍数　foam expansion ratio
泡沫体积与形成该泡沫的泡沫混合液体积的比值。

2.1.6 低倍数泡沫　low-expansion foam
发泡倍数低于20的灭火泡沫。

2.1.7 中倍数泡沫　medium-expansion foam
发泡倍数为20～200的灭火泡沫。

2.1.8 高倍数泡沫　high-expansion foam
发泡倍数高于200的灭火泡沫。

2.1.9 供给强度　application rate(density)
单位时间单位面积上泡沫混合液或水的供给量,用 $L/(min \cdot m^2)$ 表示。

2.1.10 固定式系统　fixed system
由固定的泡沫消防水泵或泡沫混合液泵、泡沫比例混合器(装置)、泡沫产生器(或喷头)和管道等组成的灭火系统。

2.1.11 半固定式系统　semi-fixed system
由固定的泡沫产生器与部分连接管道,泡沫消防车或机动消防泵,用水带连接组成的灭火系统。

2.1.12 移动式系统　mobile system
由消防车、机动消防泵或有压水源,泡沫比例混合器,泡沫枪、泡沫炮或移动式泡沫产生器,用水带等连接组成的灭火系统。

2.1.13 平衡式比例混合装置　balanced pressure proportioning set
由单独的泡沫液泵按设定的压差向压力水流中注入泡沫液,并通过平衡阀、孔板或文丘里管(或孔板和文丘里管的结合),能在一定的水流压力或流量范围内自动控制混合比的比例混合装置。

2.1.14 计量注入式比例混合装置　direct injection variable pump output proportioning set
由流量计与控制单元等联动控制泡沫液泵向系统水流中按设定比例注入泡沫液的比例混合装置。

2.1.15 压力式比例混合装置　pressure proportioning tank
压力水借助于文丘里管将泡沫液从密闭储罐内排出,并按比例与水混合的装置。依罐内设囊与否,分为囊式和无囊式压力比例混合装置。

2.1.16 环泵式比例混合器　around-the-pump proportioner
安装在系统水泵出口与进口间旁路管道上,利用泵出口与进口间压差吸入泡沫液并与水按比例混合的文丘里管装置。

2.1.17 管线式比例混合器　in-line eductor
安装在通向泡沫产生器供水管线上的文丘里管装置。

2.1.18 吸气型泡沫产生装置　air-aspirating discharge device
利用文丘里管原理,将空气吸入泡沫混合液中并混合产生泡沫,然后将泡沫以特定模式喷出的装置,如泡沫产生器、泡沫枪、泡沫炮、泡沫喷头等。

2.1.19 非吸气型喷射装置　non air-aspirating discharge device
无空气吸入口,使用水成膜等泡沫混合液,其喷射模式类似于喷水的装置,如水枪、水炮、洒水喷头等。

2.1.20 泡沫消防水泵　foam system water supply pump
为采用平衡式、计量注入式、压力式等比例混合装置的泡沫灭火系统供水的水泵。

2.1.21 泡沫混合液泵　foam solution supply pump
为采用环泵式比例混合器的泡沫灭火系统供给泡沫混合液的水泵。

2.1.22 泡沫液泵　foam concentrate supply pump
为泡沫灭火系统供给泡沫液的泵。

2.1.23 泡沫消防泵站　foam system pump station
设置泡沫消防水泵或泡沫混合液泵等的场所。

2.1.24 泡沫站　foam station
不含泡沫消防水泵或泡沫混合液泵,仅设置泡沫比例混合装置、泡沫液储罐等的场所。

2.2　低倍数泡沫灭火系统术语

2.2.1 液上喷射系统　surface application system
泡沫从液面上喷入被保护储罐内的灭火系统。

2.2.2 液下喷射系统　subsurface injection system
泡沫从液面下喷入被保护储罐内的灭火系统。

2.2.3 半液下喷射系统　semi-subsurface injection system
泡沫从储罐底部注入,并通过软管浮升到燃烧液体表面进行喷放的灭火系统。

2.2.4 横式泡沫产生器　foam maker in horizontal position
在甲、乙、丙类液体立式储罐上水平安装的泡沫产生器。

2.2.5 立式泡沫产生器　foam maker in standing position
在甲、乙、丙类液体立式储罐罐壁上铅垂安装的泡沫产生器。

2.2.6 高背压泡沫产生器　high back-pressure foam maker

有压泡沫混合液通过时能吸入空气,产生低倍数泡沫,且出口具有一定压力(表压)的装置。

2.2.7 泡沫导流罩 foam guiding cover

安装在外浮顶储罐罐壁顶部,能使泡沫沿罐壁向下流动和防止泡沫流失的装置。

2.3 中倍数与高倍数泡沫灭火系统术语

2.3.1 全淹没系统 total flooding system

由固定式泡沫产生器将泡沫喷放到封闭或被围挡的防护区内,并在规定的时间内达到一定泡沫淹没深度的灭火系统。

2.3.2 局部应用系统 local application system

由固定式泡沫产生器直接或通过导泡筒将泡沫喷放到火灾部位的灭火系统。

2.3.3 封闭空间 enclosure

由难燃烧体或不燃烧体所包容的空间。

2.3.4 泡沫供给速率 foam application rate

单位时间供给泡沫的总体积,用 m^3/min 表示。

2.3.5 导泡筒 foam distribution duct

由泡沫产生器出口向防护区输送高倍数泡沫的导筒。

2.4 泡沫—水喷淋系统与泡沫喷雾系统术语

2.4.1 泡沫—水喷淋系统 foam-water sprinkler system

由喷头、报警阀组、水流报警装置(水流指示器或压力开关)等组件,以及管道、泡沫液与水供给设施组成,并能在发生火灾时按预定时间与供给强度向防护区依次喷洒泡沫与水的自动灭火系统。

2.4.2 泡沫—水雨淋系统 foam-water deluge system

使用开式喷头,由安装在与喷头同一区域的火灾自动探测系统控制开启的泡沫—水喷淋系统。

2.4.3 闭式泡沫—水喷淋系统 closed-head foam-water sprinkler system

采用闭式洒水喷头的泡沫—水喷淋系统。包括泡沫—水预作用系统、泡沫—水干式系统和泡沫—水湿式系统。

2.4.4 泡沫—水预作用系统 foam-water preaction system

发生火灾后,由安装在与喷头同一区域的火灾探测系统控制开启相关设备与组件,使灭火介质充满系统管道并从开启的喷头依次喷洒泡沫与水的闭式泡沫—水喷淋系统。

2.4.5 泡沫—水干式系统 foam-water dry pipe system

由系统管道中充装的具有一定压力的空气或氮气控制开启的闭式泡沫—水喷淋系统。

2.4.6 泡沫—水湿式系统 foam-water wet pipe system

由系统管道中充装的有压泡沫预混液或水控制开启的闭式泡沫—水喷淋系统。

2.4.7 泡沫喷雾系统 foam spray system

采用泡沫喷雾喷头,在发生火灾时按预定时间与供给强度向被保护设备或防护区喷洒泡沫的自动灭火系统。

2.4.8 作用面积 total design area

闭式泡沫—水喷淋系统的最大计算保护面积。

3 泡沫液和系统组件

3.1 一 般 规 定

3.1.1 泡沫液、泡沫消防水泵、泡沫混合液泵、泡沫液泵、泡沫比例混合器(装置)、压力容器、泡沫产生装置、火灾探测与启动控制装置、控制阀门及管道等,必须采用经国家产品质量监督检验机构检验合格的产品,且必须符合系统设计要求。

3.1.2 系统主要组件宜按下列规定涂色:

1 泡沫混合液泵、泡沫液泵、泡沫液储罐、泡沫产生器、泡沫液管道、泡沫混合液管道、泡沫管道、管道过滤器宜涂红色;

2 泡沫消防水泵、给水管道宜涂绿色;

3 当管道较多,泡沫系统管道与工艺管道涂色有矛盾时,可涂相应的色带或色环;

4 隐蔽工程管道可不涂色。

3.2 泡沫液的选择和储存

3.2.1 非水溶性甲、乙、丙类液体储罐低倍数泡沫液的选择,应符合下列规定:

1 当采用液上喷射系统时,应选用蛋白、氟蛋白、成膜氟蛋白或水成膜泡沫液;

2 当采用液下喷射系统时,应选用氟蛋白、成膜氟蛋白或水成膜泡沫液;

3 当选用水成膜泡沫液时,其抗烧水平不应低于现行国家标准《泡沫灭火剂》GB 15308 规定的 C 级。

3.2.2 保护非水溶性液体的泡沫—水喷淋系统、泡沫枪系统、泡沫炮系统泡沫液的选择,应符合下列规定:

1 当采用吸气型泡沫产生装置时,可选用蛋白、氟蛋白、水成膜或成膜氟蛋白泡沫液;

2 当采用非吸气型喷射装置时,应选用水成膜或成膜氟蛋白泡沫液。

3.2.3 水溶性甲、乙、丙类液体和其他对普通泡沫有破坏作用的甲、乙、丙类液体,以及用一套系统同时保护水溶性和非水溶性甲、乙、丙类液体的,必须选用抗溶泡沫液。

3.2.4 中倍数泡沫灭火系统泡沫液的选择应符合下列规定:

1 用于油罐的中倍数泡沫灭火剂应采用专用8%型氟蛋白泡沫液;

2 除油罐外的其他场所,可选用中倍数泡沫液或高倍数泡沫液。

3.2.5 高倍数泡沫灭火系统利用热烟气发泡时,应采用耐温耐烟型高倍数泡沫液。

3.2.6 当采用海水作为系统水源时,必须选择适用于海水的泡沫液。

3.2.7 泡沫液宜储存在通风干燥的房间或敞棚内;储存的环境温度应符合泡沫液使用温度的要求。

3.3 泡沫消防泵

3.3.1 泡沫消防水泵、泡沫混合液泵的选择与设置,应符合下列规定:

1 应选择特性曲线平缓的离心泵,且其工作压力和流量应满足系统设计要求;

2 当泡沫液泵采用水力驱动时,应将其消耗的水流量计入泡沫消防水泵的额定流量;

3 当采用环泵式比例混合器时,泡沫混合液泵的额定流量宜为系统设计流量的1.1倍;

4 泵出口管道上应设置压力表、单向阀和带控制阀的回流管。

3.3.2 泡沫液泵的选择与设置应符合下列规定：

　　1 泡沫液泵的工作压力和流量应满足系统最大设计要求,并应与所选比例混合装置的工作压力范围和流量范围相匹配,同时应保证在设计流量范围内泡沫液供给压力大于最大水压力;

　　2 泡沫液泵的结构形式、密封或填充类型应适宜输送所选的泡沫液,其材料应耐泡沫液腐蚀且不影响泡沫液的性能;

　　3 应设置备用泵,备用泵的规格型号应与工作泵相同,且工作泵故障时应能自动与手动切换到备用泵;

　　4 泡沫液泵应能耐受不低于10min的空载运转;

　　5 除水力驱动型外,泡沫液泵的动力源设置应符合本规范第8.1.4条的规定,且宜与系统泡沫消防水泵的动力源一致。

3.4 泡沫比例混合器(装置)

3.4.1 泡沫比例混合器(装置)的选择,应符合下列规定:

　　1 系统比例混合器(装置)的进口工作压力与流量,应在标定的工作压力与流量范围内;

　　2 单罐容量不小于20000m³的非水溶性液体与单罐容量不小于5000m³的水溶性液体固定顶储罐及按固定顶储罐对待的内浮顶储罐、单罐容量不小于50000m³的内浮顶和外浮顶储罐,宜选择计量注入式比例混合装置或平衡式比例混合装置;

　　3 当选用的泡沫液密度低于1.12g/mL时,不应选择无囊式压力比例混合装置;

　　4 全淹没高倍数泡沫灭火系统或局部应用高倍数、中倍数泡沫灭火系统,采用集中控制方式保护多个防护区时,应选用平衡式比例混合装置或囊式压力比例混合装置;

　　5 全淹没高倍数泡沫灭火系统或局部应用高倍数、中倍数泡沫灭火系统保护一个防护区时,宜选用平衡式比例混合装置或囊式压力比例混合装置。

3.4.2 当采用平衡式比例混合装置时,应符合下列规定:

　　1 平衡阀的泡沫液进口压力应大于水进口压力,且其压差应满足产品的使用要求;

　　2 比例混合器的泡沫液进口管道上应设置单向阀;

　　3 泡沫液管道上应设置冲洗及放空设施。

3.4.3 当采用计量注入式比例混合装置时,应符合下列规定:

　　1 泡沫液注入点的泡沫液流压力应大于水流压力,且其压差应满足产品的使用要求;

　　2 流量计进口前和出口后直管段的长度不应小于管径的10倍;

　　3 泡沫液进口管道上应设置单向阀;

　　4 泡沫液管道上应设置冲洗及放空设施。

3.4.4 当采用压力式比例混合装置时,应符合下列规定:

　　1 泡沫液储罐的单罐容积不应大于10m³;

　　2 无囊式压力比例混合装置,当泡沫液储罐的单罐容积大于5m³且储罐内无分隔设施时,宜设置1台小容积压力式比例混合装置,其容积应大于0.5m³,并应保证系统按最大设计流量连续提供3min的泡沫混合液。

3.4.5 当采用环泵式比例混合器时,应符合下列规定:

　　1 出口背压宜为零或负压,当进口压力为0.7MPa~0.9MPa时,其出口背压可为0.02MPa~0.03MPa;

　　2 吸液口不应高于泡沫液储罐最低液面1m;

　　3 比例混合器的出口背压大于零时,吸液管上应有防止水倒流入泡沫液储罐的措施;

　　4 应设有不少于1个的备用量。

3.4.6 当半固定式或移动式系统采用管线式比例混合器时,应符合下列规定:

　　1 比例混合器的水进口压力应为0.6MPa~1.2MPa,且出口压力应满足泡沫产生装置的进口压力要求;

　　2 比例混合器的压力损失可按水进口压力的35%计算。

3.5 泡沫液储罐

3.5.1 泡沫液储罐宜采用耐腐蚀材料制作,且与泡沫液直接接触的内壁或衬里不应对泡沫液的性能产生不利影响。

3.5.2 常压泡沫液储罐应符合下列规定:

　　1 储罐内应留有泡沫液热膨胀空间和泡沫液沉降损失部分所占空间;

　　2 储罐出液口的设置应保障泡沫液泵进口为正压,且应设置在沉降层之上;

　　3 储罐上应设置出液口、液位计、进料孔、排渣孔、人孔、取样口、呼吸阀或通气管。

3.5.3 泡沫液储罐上应有标明泡沫液种类、型号、出厂与灌装日期及储量的标志。不同种类、不同牌号的泡沫液不得混存。

3.6 泡沫产生装置

3.6.1 低倍数泡沫产生器应符合下列规定:

　　1 固定顶储罐、按固定顶储罐对待的内浮顶储罐,宜选用立式泡沫产生器;

　　2 泡沫产生器进口的工作压力应为其额定值±0.1MPa;

　　3 泡沫产生器的空气吸入口及露天的泡沫喷射口,应设置防止异物进入的金属网;

　　4 横式泡沫产生器的出口,应设置长度不小于1m的泡沫管;

　　5 外浮顶储罐上的泡沫产生器,不应设置密封玻璃。

3.6.2 高背压泡沫产生器应符合下列规定:

　　1 进口工作压力应在标定的工作压力范围内;

　　2 出口工作压力应大于泡沫管道的阻力和罐内液体静压力之和;

　　3 发泡倍数不应小于2,且不应大于4。

3.6.3 中倍数泡沫产生器应符合下列规定:

　　1 发泡网应采用不锈钢材料;

　　2 安装于油罐上的中倍数泡沫产生器,其进空气口应高出罐壁顶。

3.6.4 高倍数泡沫产生器应符合下列规定:

　　1 在防护区内设置并利用热烟气发泡时,应选用水力驱动型泡沫产生器;

　　2 在防护区内固定设置泡沫产生器时,应采用不锈钢材料的发泡网。

3.6.5 泡沫—水喷头、泡沫—水雾喷头的工作压力应在标定的工作压力范围内,且不应小于其额定压力的0.8倍。

3.7 控制阀门和管道

3.7.1 泡沫灭火系统中所用的控制阀门应有明显的启闭标志。

3.7.2 当泡沫消防水泵或泡沫混合液泵出口管道口径大于300mm时,不宜采用手动阀门。

3.7.3 低倍数泡沫灭火系统的水与泡沫混合液及泡沫管道应采用钢管,且管道外壁应进行防腐处理。

3.7.4 中倍数泡沫灭火系统的干式管道,应采用钢管;湿式管道,宜采用不锈钢管或内、外部进行防腐处理的钢管。

3.7.5 高倍数泡沫灭火系统的干式管道,宜采用镀锌钢管;湿式管道,宜采用不锈钢管或内、外部进行防腐处理的钢管;高倍数泡沫产生器与其管道过滤器的连接管道应采用不锈钢管。

3.7.6 泡沫液管道应采用不锈钢管。

3.7.7 在寒冷季节有冰冻的地区,泡沫灭火系统的湿式管道应采取防冻措施。

3.7.8 泡沫—水喷淋系统的管道应采用热镀锌钢管。其报警阀组、水流指示器、压力开关、末端试水装置、末端放水装置的设置,应符合现行国家标准《自动喷水灭火系统设计规范》GB 50084 的有关规定。

3.7.9 防火堤或防护区内的法兰垫片应采用不燃材料或难燃材料。

3.7.10 对于设置在防爆区内的地上或管沟敷设的干式管道,应采取防静电接地措施。钢制甲、乙、丙类液体储罐的防雷接地装置可兼作防静电接地装置。

4 低倍数泡沫灭火系统

4.1 一般规定

4.1.1 甲、乙、丙类液体储罐固定式、半固定式或移动式泡沫灭火系统的选择,应符合国家现行有关标准的规定。

4.1.2 储罐区低倍数泡沫灭火系统的选择,应符合下列规定:

1 非水溶性甲、乙、丙类液体固定顶储罐,应选用液上喷射、液下喷射或半液下喷射系统;

2 水溶性甲、乙、丙类液体和其他对普通泡沫有破坏作用的甲、乙、丙类液体固定顶储罐,应选用液上喷射系统或半液下喷射系统;

3 外浮顶和内浮顶储罐应选用液上喷射系统;

4 非水溶性液体外浮顶储罐、内浮顶储罐、直径大于 18m 的固定顶储罐及水溶性甲、乙、丙类液体立式储罐,不得选用泡沫炮作为主要灭火设施;

5 高度大于 7m 或直径大于 9m 的固定顶储罐,不得选用泡沫枪作为主要灭火设施。

4.1.3 储罐区泡沫灭火系统扑救一次火灾的泡沫混合液设计用量,应按罐内用量、该罐辅助泡沫枪用量、管道剩余量三者之和最大的储罐确定。

4.1.4 设置固定式泡沫灭火系统的储罐区,应配置用于扑救液体流散火灾的辅助泡沫枪,泡沫枪的数量及其泡沫混合液连续供给时间不应小于表 4.1.4 的规定。每支辅助泡沫枪的泡沫混合液流量不应小于 240L/min。

表 4.1.4 泡沫枪数量及其泡沫混合液连续供给时间

储罐直径(m)	配备泡沫枪数(支)	连续供给时间(min)
≤10	1	10
>10 且≤20	1	20
>20 且≤30	2	20
>30 且≤40	2	30
>40	3	30

4.1.5 当储罐区固定式泡沫灭火系统的泡沫混合液流量大于或等于 100L/s 时,系统的泵、比例混合装置及其管道上的控制阀、干管控制阀宜具备远程控制功能。

4.1.6 在固定式泡沫灭火系统的泡沫混合液主管道上应留出泡沫混合液流量检测仪器的安装位置;在泡沫混合液管道上应设置试验检测口;在防火堤外侧最不利和最有利水力条件处的管道上,宜设置供检测泡沫产生器工作压力的压力表接口。

4.1.7 储罐区固定式泡沫灭火系统与消防冷却水系统合用一组消防给水泵时,应有保障泡沫混合液供给强度满足设计要求的措施,且不得以火灾时临时调整的方式保障。

4.1.8 采用固定式泡沫灭火系统的储罐区,宜沿防火堤外均匀布置泡沫消火栓,且泡沫消火栓的间距不应大于 60m。

4.1.9 储罐区固定式泡沫灭火系统应具备半固定式系统功能。

4.1.10 固定式泡沫灭火系统的设计应满足在泡沫消防水泵或泡沫混合液泵启动后,将泡沫混合液或泡沫输送到保护对象的时间不大于 5min。

4.2 固定顶储罐

4.2.1 固定顶储罐的保护面积应按其横截面积确定。

4.2.2 泡沫混合液供给强度及连续供给时间应符合下列规定:

1 非水溶性液体储罐液上喷射系统,其泡沫混合液供给强度和连续供给时间不应小于表 4.2.2-1 的规定;

表 4.2.2-1 泡沫混合液供给强度和连续供给时间

系统形式	泡沫液种类	供给强度 [L/(min·m²)]	连续供给时间(min)	
			甲、乙类液体	丙类液体
固定式、半固定式系统	蛋白	6.0	40	30
	氟蛋白、水成膜、成膜氟蛋白	5.0	45	30
移动式系统	蛋白、氟蛋白	8.0	60	45
	水成膜、成膜氟蛋白	6.5	60	45

注:1 如果采用大于本表规定的混合液供给强度,混合液连续供给时间可按相应的比例缩短,但不得小于本表规定时间的 80%。

2 沸点低于 45℃ 的非水溶性液体,设置泡沫灭火系统的适用性及其泡沫混合液供给强度,应由试验确定。

2 非水溶性液体储罐液下或半液下喷射系统,其泡沫混合液供给强度不应小于 5.0L/(min·m²)、连续供给时间不应小于 40min;

注:沸点低于 45℃ 的非水溶性液体、储存温度超过 50℃ 或粘度大于 40mm²/s 的非水溶性液体,液下喷射系统的适用性及其泡沫混合液供给强度,应由试验确定。

3 水溶性液体和其他对普通泡沫有破坏作用的甲、乙、丙类液体储罐液上或半液下喷射系统,其泡沫混合液供给强度和连续供给时间不应小于表 4.2.2-2 的规定。

表 4.2.2-2 泡沫混合液供给强度和连续供给时间

液体类别	供给强度 [L/(min·m²)]	连续供给时间 (min)
丙酮、异丙醇、甲基异丁酮	12	30
甲醇、乙醇、正丁醇、丁酮、丙烯腈、醋酸乙酯、醋酸丁酯	12	25
含氧添加剂含量体积比大于 10% 的汽油	6	40

注:本表未列出的水溶性液体,其泡沫混合液供给强度和连续供给时间应根据本规范附录 A 的规定由试验确定。

4.2.3 液上喷射系统泡沫产生器的设置,应符合下列规定:

1 泡沫产生器的型号及数量,应根据本规范第4.2.1条和第4.2.2条计算所需的泡沫混合液流量确定,且设置数量不应小于表4.2.3的规定。

表4.2.3 泡沫产生器设置数量

储罐直径(m)	泡沫产生器设置数量(个)
≤10	1
>10且≤25	2
>25且≤30	3
>30且≤35	4

注:对于直径大于35m且小于50m的储罐,其横截面积每增加300m²,应至少增加1个泡沫产生器。

2 当一个储罐所需的泡沫产生器数量大于1个时,宜选用同规格的泡沫产生器,且应沿罐周均匀布置;

3 水溶性液体储罐应设置泡沫缓冲装置。

4.2.4 液下喷射系统高背压泡沫产生器的设置,应符合下列规定:

1 高背压泡沫产生器应设置在防火堤外,设置数量及型号应根据本规范第4.2.1条和第4.2.2条计算所需的泡沫混合液流量确定;

2 当一个储罐所需的高背压泡沫产生器数量大于1个时,宜并联使用;

3 在高背压泡沫产生器的进口侧应设置检测压力表接口,在其出口侧应设置压力表、背压调节阀和泡沫取样口。

4.2.5 液下喷射系统泡沫喷射口的设置,应符合下列规定:

1 泡沫进入甲、乙类液体的速度不应大于3m/s;泡沫进入丙类液体的速度不应大于6m/s;

2 泡沫喷射口宜采用向上斜的口型,其斜口角度宜为45°,泡沫喷射管的长度不得小于喷射管直径的20倍。当设有一个喷射口时,喷射口宜设置在储罐中心;当设有一个以上喷射口时,应沿罐周均匀设置,且各喷射口的流量宜相等;

3 泡沫喷射口应安装在高于储罐积水层0.3m的位置,泡沫喷射口的设置数量不应小于表4.2.5的规定。

表4.2.5 泡沫喷射口设置数量

储罐直径(m)	喷射口数量(个)
≤23	1
>23且≤33	2
>33且≤40	3

注:对于直径大于40m的储罐,其横截面积每增加400m²,应至少增加一个泡沫喷射口。

4.2.6 储罐上液上喷射系统泡沫混合液管道的设置,应符合下列规定:

1 每个泡沫产生器应用独立的混合液管道引至防火堤外;

2 除立管外,其他泡沫混合液管道不得设置在罐壁上;

3 连接泡沫产生器的泡沫混合液立管应用管卡固定在罐壁上,管卡间距不宜大于3m;

4 泡沫混合液的立管下端应设置锈渣清扫口。

4.2.7 防火堤内泡沫混合液或泡沫管道的设置,应符合下列规定:

1 地上泡沫混合液或泡沫水平管道应敷设在管墩或管架上,与罐壁上的泡沫混合液立管之间宜用金属软管连接;

2 埋地泡沫混合液管道或泡沫管道距离地面的深度应大于0.3m,与罐壁上的泡沫混合液立管之间应用金属软管或金属转向接头连接;

3 泡沫混合液或泡沫管道应有3‰的放空坡度;

4 在液下喷射系统靠近储罐的泡沫管线上,应设置用于系统试验的带可拆卸盲板的支管;

5 液下喷射系统的泡沫管道上应设置钢质控制阀和逆止阀,并应设置不影响泡沫灭火系统正常运行的防油品渗漏设施。

4.2.8 防火堤外泡沫混合液或泡沫管道的设置应符合下列规定:

1 固定式液上喷射系统,对每个泡沫产生器,应在防火堤外设置独立的控制阀;

2 半固定式液上喷射系统,对每个泡沫产生器,应在防火堤外距地面0.7m处设置带闷盖的管牙接口;半固定式液下喷射系统的泡沫管道应引至防火堤外,并应设置相应的高背压泡沫产生器快装接口;

3 泡沫混合液管道或泡沫管道上应设置放空阀,且其管道应有2‰的坡度坡向放空阀。

4.3 外浮顶储罐

4.3.1 钢制单盘式与双盘式外浮顶储罐的保护面积,应按罐壁与泡沫堰板间的环形面积确定。

4.3.2 非水溶性液体的泡沫混合液供给强度不应小于12.5L/(min·m²),连续供给时间不应小于30min,单个泡沫产生器的最大保护周长应符合表4.3.2的规定。

表4.3.2 单个泡沫产生器的最大保护周长

泡沫喷射口设置部位	堰板高度(m)	保护周长(m)
罐壁顶部、密封或挡雨板上方	软密封 ≥0.9	24
	机械密封 <0.6	12
	≥0.6	24
金属挡雨板下部	<0.6	18
	≥0.6	24

注:当采用从金属挡雨板下部喷射泡沫的方式时,其挡雨板必须是不含任何可燃材料的金属板。

4.3.3 外浮顶储罐泡沫堰板的设计,应符合下列规定:

1 当泡沫喷射口设置在罐壁顶部、密封或挡雨板上方时,泡沫堰板应高出密封0.2m;泡沫喷射口设置在金属挡雨板下部时,泡沫堰板高度不应小于0.3m;

2 当泡沫喷射口设置在罐壁顶部时,泡沫堰板与罐壁的间距不应小于0.6m;当泡沫喷射口设置在浮顶上时,泡沫堰板与罐壁的间距不宜小于0.6m;

3 应在泡沫堰板的最低部位设置排水孔,排水孔的开孔面积宜按每1m²环形面积280mm²确定,排水孔高度不宜大于9mm。

4.3.4 泡沫产生器与泡沫喷射口的设置,应符合下列规定:

1 泡沫产生器的型号和数量应按本规范第4.3.2条的规定计算确定;

2 泡沫喷射口设置在罐壁顶部时,应配置泡沫导流罩;

3 泡沫喷射口设置在浮顶上时,其喷射口应采用两个出口直管段的长度均不小于其直径5倍的水平T形管,且设置在密封或挡雨板上方的泡沫喷射口在伸入泡沫堰板后应向下倾斜30°~60°。

4.3.5 当泡沫产生器与泡沫喷射口设置在罐壁顶部时,储罐上泡沫混合液管道的设置应符合下列规定:

1 可每两个泡沫产生器合用一根泡沫混合液立管;

2 当三个或三个以上泡沫产生器一组在泡沫混合液立管下端合用一根管道时,宜在每个泡沫混合液立管上设置常开控制阀;

3 每根泡沫混合液管道应引至防火堤外,且半固定式泡沫灭火系统的每根泡沫混合液管道所需的混合液流量不应大于1辆消防车的供给量;

4 连接泡沫产生器的泡沫混合液立管应用管卡固定在罐壁上,管卡间距不宜大于3m,泡沫混合液的立管下端应设置锈渣清扫口。

4.3.6 当泡沫产生器与泡沫喷射口设置在浮顶上,且泡沫混合液管道从储罐内通过时,应符合下列规定:

1 连接储罐底部水平管道与浮顶泡沫混合液分配器的管道,应采用具有重复扭转运动轨迹的耐压、耐候性不锈钢复合软管;

2 软管不得与浮顶支承相碰撞,且应避开搅拌器;

3 软管与储罐底部的伴热管的距离应大于0.5m。

4.3.7 防火堤内泡沫混合液管道的设置应符合本规范第4.2.7条的规定。

4.3.8 防火堤外泡沫混合液管道的设置应符合下列规定:

1 固定式泡沫灭火系统的每组泡沫产生器应在防火堤外设置独立的控制阀;

2 半固定式泡沫灭火系统的每组泡沫产生器应在防火堤外距地面0.7m处设置带闷盖的管牙接口;

3 泡沫混合液管道上应设置放空阀,且其管道应有2‰的坡度坡向放空阀。

4.3.9 储罐梯子平台上管牙接口或二分水器的设置,应符合下列规定:

1 直径不大于45m的储罐,储罐梯子平台上应设置带闷盖的管牙接口;直径大于45m的储罐,储罐梯子平台上应设置二分水器;

2 管牙接口或二分水器应经由管道接至防火堤外,且管道的管径应满足所配泡沫枪的压力、流量要求;

3 应在防火堤外的连接管道上设置管牙接口,管牙接口距地面高度宜为0.7m;

4 当与固定式泡沫灭火系统连通时,应在防火堤外设置控制阀。

4.4 内浮顶储罐

4.4.1 钢制单盘式、双盘式与敞口隔舱式内浮顶储罐的保护面积,应按罐壁与泡沫堰板间的环形面积确定;其他内浮顶储罐应按固定顶储罐对待。

4.4.2 钢制单盘式、双盘式与敞口隔舱式内浮顶储罐的泡沫堰板设置、单个泡沫产生器保护周长及泡沫混合液供给强度与连续供给时间,应符合下列规定:

1 泡沫堰板与罐壁的距离不应小于**0.55m**,其高度不应小于**0.5m**;

2 单个泡沫产生器保护周长不应大于**24m**;

3 非水溶性液体的泡沫混合液供给强度不应小于12.5L/(min·m²);

4 水溶性液体的泡沫混合液供给强度不应小于本规范第4.2.2条第3款规定的1.5倍;

5 泡沫混合液连续供给时间不应小于**30min**。

4.4.3 按固定顶储罐对待的内浮顶储罐,其泡沫混合液供给强度和连续供给时间及泡沫产生器的设置,应符合下列规定:

1 非水溶性液体,应符合本规范第4.2.2条第1款的规定;

2 水溶性液体,当设有泡沫缓冲装置时,应符合本规范第4.2.2条第3款的规定;

3 水溶性液体,当未设泡沫缓冲装置时,泡沫混合液供给强度应符合本规范第4.2.2条第3款的规定,但泡沫混合液连续供给时间不应小于本规范第4.2.2条第3款规定的1.5倍;

4 泡沫产生器的设置,应符合本规范第4.2.3条第1款和第2款的规定,且数量不应少于2个。

4.4.4 按固定顶储罐对待的内浮顶储罐,其泡沫混合液管道的设置应符合本规范第4.2.6条~第4.2.8条的规定;钢制单盘式、双盘式与敞口隔舱式内浮顶储罐,其泡沫混合液管道的设置应符合本规范第4.2.7条、第4.3.5条、第4.3.8条的规定。

4.5 其他场所

4.5.1 当甲、乙、丙类液体槽车装卸栈台设置泡沫炮或泡沫枪系统时,应符合下列规定:

1 应能保护泵、计量仪器、车辆及与装卸产品有关的各种设备;

2 火车装卸栈台的泡沫混合液流量不应小于30L/s;

3 汽车装卸栈台的泡沫混合液流量不应小于8L/s;

4 泡沫混合液连续供给时间不应小于30min。

4.5.2 设有围堰的非水溶性液体流淌火灾场所,其保护面积应按围堰包围的地面面积与其中不燃结构占据的面积之差计算,其泡沫混合液供给强度与连续供给时间不应小于表4.5.2的规定。

表4.5.2 泡沫混合液供给强度和连续供给时间

泡沫液种类	供给强度 [L/(min·m²)]	连续供给时间(min)	
		甲、乙类液体	丙类液体
蛋白、氟蛋白	6.5	40	30
水成膜、成膜氟蛋白	6.5	30	20

4.5.3 当甲、乙、丙类液体泄漏导致的室外流淌火灾场所设置泡沫枪、泡沫炮系统时,应根据保护场所的具体情况确定最大流淌面积,其泡沫混合液供给强度和连续供给时间不应小于表4.5.3的规定。

表4.5.3 泡沫混合液供给强度和连续供给时间

泡沫液种类	供给强度 [L/(min·m²)]	连续供给时间 (min)	液体种类
蛋白、氟蛋白	6.5	15	非水溶性液体
水成膜、成膜氟蛋白	5.0	15	
抗溶泡沫	12	15	水溶性液体

4.5.4 公路隧道泡沫消火栓箱的设置,应符合下列规定:

1 设置间距不应大于50m;

2 应配置带开关的吸气型泡沫枪,其泡沫混合液流量不应小于30L/min,射程不应小于6m;

3 泡沫混合液连续供给时间不应小于20min,且宜配备水成膜泡沫液;

4 软管长度不应小于25m。

5 中倍数泡沫灭火系统

5.1 全淹没与局部应用系统及移动式系统

5.1.1 全淹没系统可用于小型封闭空间场所与设有阻止泡沫流失的固定围墙或其他围挡设施的小场所。

5.1.2 局部应用系统可用于下列场所:

1 四周不完全封闭的A类火灾场所;

2 限定位置的流散B类火灾场所;

3 固定位置面积不大于100m²的流淌B类火灾场所。

5.1.3 移动式系统可用于下列场所:

1 发生火灾的部位难以确定或人员难以接近的较小火灾场所;

2 流散的B类火灾场所;

3 不大于100m²的流淌B类火灾场所。

5.1.4 全淹没中倍数泡沫灭火系统的设计参数宜由试验确定,也可采用高倍数泡沫灭火系统的设计参数。

5.1.5 对于A类火灾场所,局部应用系统的设计应符合下列规定:

1 覆盖保护对象的时间不应大于2min;

2 覆盖保护对象最高点的厚度宜由试验确定,也可按本规范第6.3.3条第1款的规定执行;

3 泡沫混合液连续供给时间不应小于12min。

5.1.6 对于流散B类火灾场所或面积不大于100m²的流淌B类火灾场所,局部应用系统或移动式系统的泡沫混合液供给强度与连续供给时间,应符合下列规定:

1 沸点不低于45℃的非水溶性液体,泡沫混合液供给强度应大于4L/(min·m²);

2 室内场所的泡沫混合液连续供给时间应大于10min;

3 室外场所的泡沫混合液连续供给时间应大于 15min；

4 水溶性液体、沸点低于 45℃的非水溶性液体，设置泡沫灭火系统的适用性及其泡沫混合液供给强度，应由试验确定。

5.1.7 其他设计要求，可按本规范第 6 章的有关规定执行。

5.2 油罐固定式中倍数泡沫灭火系统

5.2.1 丙类固定顶与内浮顶油罐，单罐容量小于 10000m³ 的甲、乙类固定顶与内浮顶油罐，当选用中倍数泡沫灭火系统时，宜为固定式。

5.2.2 油罐中倍数泡沫灭火系统应采用液上喷射形式，且保护面积应按油罐的横截面积确定。

5.2.3 系统扑救一次火灾的泡沫混合液设计用量，应按罐内用量、该罐辅助泡沫枪用量、管道剩余量三者之和最大的油罐确定。

5.2.4 系统泡沫混合液供给强度不应小于 4L/(min·m²)，连续供给时间不应小于 30min。

5.2.5 设置固定式中倍数泡沫灭火系统的油罐区，宜设置低倍数泡沫枪，并应符合本规范第 4.1.4 条的规定；当设置中倍数泡沫枪时，其数量与连续供给时间，不应小于表 5.2.5 的规定。泡沫消火栓的设置应符合本规范第 4.1.8 条的规定。

表 5.2.5 中倍数泡沫枪数量和连续供给时间

油罐直径(m)	泡沫枪流量(L/s)	泡沫枪数量(支)	连续供给时间(min)
≤10	3	1	10
>10 且≤20	3	1	20
>20 且≤30	3	2	20
>30 且≤40	3	2	30
>40	3	3	30

5.2.6 泡沫产生器应沿罐周均匀布置，当泡沫产生器数量大于或等于 3 个时，可每两个产生器共用一根管道引至防火堤外。

5.2.7 系统管道布置，可按本规范第 4.2 节的有关规定执行。

6 高倍数泡沫灭火系统

6.1 一般规定

6.1.1 系统型式的选择应根据防护区的总体布局、火灾的危害程度、火灾的种类和扑救条件等因素，经综合技术经济比较后确定。

6.1.2 全淹没系统或固定式局部应用系统应设置火灾自动报警系统，并应符合下列规定：

1 全淹没系统应同时具备自动、手动和应急机械手动启动功能；

2 自动控制的固定式局部应用系统应同时具备手动和应急机械手动启动功能；手动控制的固定式局部应用系统尚应具备应急机械手动启动功能；

3 消防控制中心(室)和防护区应设置声光报警装置；

4 消防自动控制设备宜与防护区内门窗的关闭装置、排气口的开启装置，以及生产、照明电源的切断装置等联动。

6.1.3 当系统以集中控制方式保护两个或两个以上的防护区时，其中一个防护区发生火灾不应危及到其他防护区；泡沫液和水的储备量应按最大一个防护区的用量确定；手动与应急机械控制装置应有标明其所控制区域的标记。

6.1.4 高倍数泡沫产生器的设置应符合下列规定：

1 高度应在泡沫淹没深度以上；

2 宜接近保护对象，但其位置应免受爆炸或火焰损坏；

3 应使防护区形成比较均匀的泡沫覆盖层；

4 应便于检查、测试及维修；

5 当泡沫产生器在室外或坑道应用时，应采取防止风对泡沫

产生器发泡和泡沫分布产生影响的措施。

6.1.5 当高倍数泡沫产生器的出口设置导泡筒时，应符合下列规定：

1 导泡筒的横截面积宜为泡沫产生器出口横截面积的 1.05 倍～1.10 倍；

2 当导泡筒上设有闭合器件时，其闭合器件不得阻挡泡沫的通过；

3 应符合本规范第 6.1.4 条第 1 款～第 3 款的规定。

6.1.6 固定安装的高倍数泡沫产生器前应设置管道过滤器、压力表和手动阀门。

6.1.7 固定安装的泡沫液桶(罐)和比例混合器不应设置在防护区内。

6.1.8 系统干式水平管道最低点应设置排液阀，且坡向排液阀的管道坡度不宜小于 3‰。

6.1.9 系统管道上的控制阀门应设置在防护区以外，自动控制阀门应具有手动启闭功能。

6.2 全淹没系统

6.2.1 全淹没系统可用于下列场所：

1 封闭空间场所；

2 设有阻止泡沫流失的固定围墙或其他围挡设施的场所。

6.2.2 全淹没系统的防护区应为封闭或设置灭火所需的固定围挡的区域，且应符合下列规定：

1 泡沫的围挡应为不燃结构，且应在系统设计灭火时间内具备围挡泡沫的能力；

2 在保证人员撤离的前提下，门、窗等位于设计淹没深度以下的开口，应在泡沫喷放前或泡沫喷放的同时自动关闭；对于不能自动关闭的开口，全淹没系统应对其泡沫损失进行相应补偿；

3 利用防护区外部空气发泡的封闭空间，应设置排气口，排气口的位置应避免燃烧产物或其他有害气体回流到高倍数泡沫产生器进气口；

4 在泡沫淹没深度以下的墙上设置窗口时，宜在窗口部位设置网孔基本尺寸不大于 3.15mm 的钢丝网或钢丝纱窗；

5 排气口在灭火系统工作时应自动或手动开启，其排气速度不宜超过 5m/s；

6 防护区内应设置排水设施。

6.2.3 泡沫淹没深度的确定应符合下列规定：

1 当用于扑救 A 类火灾时，泡沫淹没深度不应小于最高保护对象高度的 1.1 倍，且应高于最高保护对象最高点 0.6m；

2 当用于扑救 B 类火灾时，汽油、煤油、柴油或苯火灾的泡沫淹没深度应高于起火部位 2m；其他 B 类火灾的泡沫淹没深度应由试验确定。

6.2.4 淹没体积应按下式计算：

$$V = S \times H - V_g \quad (6.2.4)$$

式中：V——淹没体积(m³)；

S——防护区地面面积(m²)；

H——泡沫淹没深度(m)；

V_g——固定的机器设备等不燃物体所占的体积(m³)。

6.2.5 泡沫的淹没时间不应超过表 6.2.5 的规定。系统自接到火灾信号至开始喷放泡沫的延时不应超过 1min。

表 6.2.5 泡沫的淹没时间(min)

可燃物	高倍数泡沫灭火系统单独使用	高倍数泡沫灭火系统与自动喷水灭火系统联合使用
闪点不超过 40℃的非水溶性液体	2	3
闪点超过 40℃的非水溶性液体	3	4

续表 6.2.5

可燃物	高倍数泡沫灭火系统单独使用	高倍数泡沫灭火系统与自动喷水灭火系统联合使用
发泡橡胶、发泡塑料、成卷的织物或皱纹纸等低密度可燃物	3	4
成卷的纸、压制牛皮纸、涂料纸、纸板箱、纤维圆筒、橡胶轮胎等高密度可燃物	5	7

注：水溶性液体的淹没时间应由试验确定。

6.2.6 最小泡沫供给速率应按下式计算：

$$R = \left(\frac{V}{T} + R_S\right) \times C_N \times C_L \qquad (6.2.6-1)$$

$$R_S = L_S \times Q_Y \qquad (6.2.6-2)$$

式中：R ——最小泡沫供给速率（m^3/min）；

T ——淹没时间（min）；

C_N ——泡沫破裂补偿系数，宜取 1.15；

C_L ——泡沫泄漏补偿系数，宜取 1.05～1.2；

R_S ——喷水造成的泡沫破泡率（m^3/min）；

L_S ——泡沫破泡率与洒水喷头排放速率之比，应取 0.0748（m^3/L）；

Q_Y ——预计动作最大水喷头数目时的总水流量（L/min）。

6.2.7 泡沫液和水的连续供给时间应符合下列规定：

    1 当用于扑救 A 类火灾时，不应小于 **25min**；

    2 当用于扑救 B 类火灾时，不应小于 **15min**。

6.2.8 对于 A 类火灾，其泡沫淹没体积的保持时间应符合下列规定：

    1 单独使用高倍数泡沫灭火系统时，应大于 60min；

    2 与自动喷水灭火系统联合使用时，应大于 30min。

6.3 局部应用系统

6.3.1 局部应用系统可用于下列场所：

    1 四周不完全封闭的 A 类火灾或 B 类火灾场所；

    2 天然气液化站与接收站的集液池或储罐围堰区。

6.3.2 系统的保护范围应包括火灾蔓延的所有区域。

6.3.3 当用于扑救 A 类火灾或 B 类火灾时，泡沫供给速率应符合下列规定：

    1 覆盖 A 类火灾保护对象最高点的厚度不应小于 **0.6m**；

    2 对于汽油、煤油、柴油或苯，覆盖起火部位的厚度不应小于 **2m**；其他 B 类火灾的泡沫覆盖厚度应由试验确定；

    3 达到规定覆盖厚度的时间不应大于 **2min**。

6.3.4 当用于扑救 A 类火灾和 B 类火灾时，其泡沫液和水的连续供给时间不应小于 **12min**。

6.3.5 当设置在液化天然气集液池或储罐围堰区时，应符合下列规定：

    1 应选择固定式系统，并应设置导泡筒；

    2 宜采用发泡倍数为 300～500 的高倍数泡沫产生器；

    3 泡沫混合液供给强度应根据阻止形成蒸汽云和降低热辐射强度试验确定，并应取两项试验的较大值；当缺乏试验数据时，泡沫混合液供给强度不宜小于 7.2L/(min·m²)；

    4 泡沫连续供给时间应根据所需的控制时间确定，且不宜小于 40min；当同时设有移动式系统时，固定式系统的泡沫供给时间可按达到稳定控火时间确定；

    5 保护场所应有适合设置导泡筒的位置；

    6 系统设计尚应符合现行国家标准《石油天然气工程设计防火规范》GB 50183 的有关规定。

6.4 移动式系统

6.4.1 移动式系统可用于下列场所：

    1 发生火灾的部位难以确定或人员难以接近的场所；

    2 流淌的 B 类火灾场所；

    3 发生火灾时需要排烟、降温或排除有害气体的封闭空间。

6.4.2 泡沫淹没时间或覆盖保护对象时间、泡沫供给速率与连续供给时间，应根据保护对象的类型与规模确定。

6.4.3 泡沫液和水的储备量应符合下列规定：

    1 当辅助全淹没高倍数泡沫灭火系统或局部应用高倍数泡沫灭火系统使用时，泡沫液和水的储备量可在全淹没高倍数泡沫灭火系统或局部应用高倍数泡沫灭火系统中的泡沫液和水的储备量中增加 5%～10%；

    2 当在消防车上配备时，每套系统的泡沫液储存量不宜小于 0.5t；

    3 当用于扑救煤矿火灾时，每个矿山救护大队应储存大于 2t 的泡沫液。

6.4.4 系统的供水压力可根据高倍数泡沫产生器和比例混合器的进口工作压力及比例混合器和水带的压力损失确定。

6.4.5 用于扑救煤矿井下火灾时，应配置导泡筒，且高倍数泡沫产生器的驱动风压、发泡倍数应满足矿井的特殊需要。

6.4.6 泡沫液与相关设备应放置在便于运送到指定防护对象的场所；当移动式高倍数泡沫产生器预先连接到水源或泡沫混合液供给源时，应放置在易于接近的地方，且水带长度应能达到其最远的防护地。

6.4.7 当两个或两个以上移动式高倍数泡沫产生器同时使用时，其泡沫液和水供给源应满足最大数量的泡沫产生器的使用要求。

6.4.8 移动式系统应选用有衬里的消防水带，并应符合下列规定：

    1 水带的口径与长度应满足系统要求；

    2 水带应以能立即使用的排列形式储存，且应防潮。

6.4.9 系统所用的电源与电缆应满足输送功率要求，且应满足保护接地和防水的要求。

7 泡沫—水喷淋系统与泡沫喷雾系统

7.1 一般规定

7.1.1 泡沫—水喷淋系统可用于下列场所：

    1 具有非水溶性液体泄漏火灾危险的室内场所；

    2 存放量不超过 25L/m² 或超过 25L/m² 但有缓冲物的水溶性液体室内场所。

7.1.2 泡沫喷雾系统可用于保护独立变电站的油浸电力变压器、面积不大于 200m² 的非水溶性液体室内场所。

7.1.3 泡沫—水喷淋系统泡沫混合液与水的连续供给时间，应符合下列规定：

    1 泡沫混合液连续供给时间不应小于 **10min**；

    2 泡沫混合液与水的连续供给时间之和不应小于 **60min**。

7.1.4 泡沫—水雨淋系统与泡沫—水预作用系统的控制，应符合下列规定：

    1 系统应同时具备自动、手动和应急机械手动启动功能；

    2 机械手动启动力不应超过 180N；

    3 系统自动或手动启动后，泡沫液供给控制装置应自动随供水主控阀的动作而动作或与之同时动作；

    4 系统应设置故障监视与报警装置，且应在主控制盘上显示。

7.1.5 当泡沫液管线长度超过 15m 时，泡沫液应充满其管线，且泡沫液管线及其管件的温度应在泡沫液的储存温度范围内；埋地铺设时，应设置检查管道密封性的设施。

7.1.6 泡沫—水喷淋系统应设置系统试验接口，其口径应分别满足系统最大流量与最小流量要求。

7.1.7 泡沫—水喷淋系统的防护区应设置安全排放或容纳设施，且排放或容纳量应按被保护液体最大泄漏量、固定式系统喷洒量，以及管枪喷射量之和确定。

7.1.8 为泡沫—水喷淋系统与泡沫—水预作用系统配套设置的火灾探测与联动控制系统，除应符合现行国家标准《火灾自动报警系统设计规范》GB 50116 的有关规定外，尚应符合下列规定：

1 当电控型自动探测及附属装置设置在有爆炸和火灾危险的环境时，应符合现行国家标准《爆炸和火灾危险环境电力装置设计规范》GB 50058 的有关规定；

2 设置在腐蚀性气体环境中的探测装置，应由耐腐蚀材料制成或采取防腐蚀保护；

3 当选用带闭式喷头的传动管传递火灾信号时，传动管的长度不应大于300m，公称直径宜为15mm～25mm，传动管上的喷头应选用快速响应喷头，且布置间距不宜大于2.5m。

7.2 泡沫—水雨淋系统

7.2.1 泡沫—水雨淋系统的保护面积应按保护场所内的水平面面积或水平面投影面积确定。

7.2.2 当保护非水溶性液体时，其泡沫混合液供给强度不应小于表7.2.2的规定；当保护水溶性液体时，其混合液供给强度和连续供给时间应由试验确定。

表 7.2.2 泡沫混合液供给强度

泡沫液种类	喷头设置高度(m)	泡沫混合液供给强度 [L/(min·m²)]
蛋白、氟蛋白	≤10	8
	>10	10
水成膜、成膜氟蛋白	≤10	6.5
	>10	8

7.2.3 系统应设置雨淋阀、水力警铃，并应在每个雨淋阀出口管路上设置压力开关，但喷头数小于10个的单区系统可不设雨淋阀和压力开关。

7.2.4 系统应选用吸气型泡沫—水喷头、泡沫—水雾喷头。

7.2.5 喷头的布置应符合下列规定：

1 喷头的布置应根据系统设计供给强度、保护面积和喷头特性确定；

2 喷头周围不应有影响泡沫喷洒的障碍物。

7.2.6 系统设计时应进行管道水力计算，并应符合下列规定：

1 自雨淋阀开启至系统各喷头达到设计喷洒流量的时间不得超过60s；

2 任意四个相邻喷头组成的四边形保护面积内的平均泡沫混合液供给强度，不应小于设计供给强度。

7.2.7 飞机库内设置的泡沫—水雨淋系统应按现行国家标准《飞机库设计防火规范》GB 50284 的有关规定执行。

7.3 闭式泡沫—水喷淋系统

7.3.1 下列场所不宜选用闭式泡沫—水喷淋系统：

1 流淌面积较大，按本规范第7.3.4条规定的作用面积不足以保护的甲、乙、丙类液体场所；

2 靠泡沫混合液或水稀释不能有效灭火的水溶性液体场所；

3 净空高度大于9m的场所。

7.3.2 火灾水平方向蔓延较快的场所不宜选用泡沫—水干式系统。

7.3.3 下列场所不宜选用管道充水的泡沫—水湿式系统：

1 初始火灾为液体流淌火灾的甲、乙、丙类液体桶装库、泵房等场所；

2 含有甲、乙、丙类液体敞口容器的场所。

7.3.4 系统的作用面积应符合下列规定：

1 系统的作用面积应为465m²；

2 当防护区面积小于465m²时，可按防护区实际面积确定；

3 当试验值不同于本条第1款、第2款的规定时，可采用试验值。

7.3.5 闭式泡沫—水喷淋系统的供给强度不应小于6.5L/(min·m²)。

7.3.6 闭式泡沫—水喷淋系统输送的泡沫混合液应在8L/s至最大设计流量范围内达到额定的混合比。

7.3.7 喷头的选用应符合下列规定：

1 应选用闭式洒水喷头；

2 当喷头设置在屋顶时，其公称动作温度应为121℃～149℃；

3 当喷头设置在保护场所的中间层面时，其公称动作温度应为57℃～79℃；当保护场所的环境温度较高时，其公称动作温度宜高于环境最高温度30℃。

7.3.8 喷头的设置应符合下列规定：

1 任意四个相邻喷头组成的四边形保护面积内的平均供给强度不应小于设计供给强度，且不宜大于设计供给强度的1.2倍；

2 喷头周围不应有影响泡沫喷洒的障碍物；

3 每只喷头的保护面积不应大于12m²；

4 同一支管上两只相邻喷头的水平间距、两条相邻平行支管的水平间距，均不应大于3.6m。

7.3.9 泡沫—水湿式系统的设置应符合下列规定：

1 当系统管道充注泡沫预混液时，其管道及管件应耐泡沫预混液腐蚀，且不应影响泡沫预混液的性能；

2 充注泡沫预混液系统的环境温度宜为5℃～40℃；

3 当系统管道充水时，在8L/s的流量下，自系统启动至喷泡沫的时间不应大于2min；

4 充水系统的环境温度应为4℃～70℃。

7.3.10 泡沫—水预作用系统与泡沫—水干式系统的管道充水时间不宜大于1min。泡沫—水预作用系统每个报警阀控制喷头数不应超过800只，泡沫—水干式系统每个报警阀控制喷头数不宜超过500只。

7.3.11 当系统兼有扑救A类火灾的要求时，尚应符合现行国家标准《自动喷水灭火系统设计规范》GB 50084 的有关规定。

7.3.12 本规范未规定的，可执行现行国家标准《自动喷水灭火系统设计规范》GB 50084。

7.4 泡沫喷雾系统

7.4.1 泡沫喷雾系统可采用下列形式：

1 由压缩氮气驱动储罐内的泡沫预混液经泡沫喷雾喷头喷洒泡沫到防护区；

2 由压力水通过泡沫比例混合器(装置)输送泡沫混合液经泡沫喷雾喷头喷洒泡沫到防护区。

7.4.2 当保护油浸电力变压器时，系统设计应符合下列规定：

1 保护面积应按变压器油箱本体水平投影且四周外延1m计算确定；

2 泡沫混合液或泡沫预混液供给强度不应小于8L/(min·m²)；

3 泡沫混合液或泡沫预混液连续供给时间不应小于15min；

4 喷头的设置应使泡沫覆盖变压器油箱顶面，且每个变压器进出线绝缘套管升高座孔口应设置单独的喷头保护；

5 保护绝缘套管升高座孔口喷头的雾化角宜为60°，其他喷头的雾化角不应大于90°；

6 所用泡沫灭火剂的灭火性能级别应为Ⅰ级，抗烧水平不应低于C级。

7.4.3 当保护非水溶性液体室内场所时，泡沫混合液或预混液供给强度不应小于6.5L/(min·m²)，连续供给时间不应小于10min。系统喷头的布置应符合下列规定：

1 保护面积内的泡沫混合液供给强度应均匀；

2 泡沫应直接喷洒到保护对象上；

3 喷头周围不应有影响泡沫喷洒的障碍物。

7.4.4 喷头应带过滤器，其工作压力不应小于其额定压力，且不宜高于其额定压力 0.1MPa。

7.4.5 系统喷头、管道与电气设备带电（裸露）部分的安全净距应符合国家现行有关标准的规定。

7.4.6 泡沫喷雾系统应同时具备自动、手动和应急机械手动启动方式。在自动控制状态下，灭火系统的响应时间不应大于 60s。与泡沫喷雾系统联动的火灾自动报警系统的设计应符合现行国家标准《火灾自动报警系统设计规范》GB 50116 的有关规定。

7.4.7 系统湿式供液管道应选用不锈钢管；干式供液管道可选用热镀锌钢管。

7.4.8 当动力源采用压缩氮气时，应符合下列规定：

1 系统所需动力源瓶组数量应按下式计算：

$$N = \frac{P_2 V_2}{(P_1 - P_2)V_1} \cdot k \qquad (7.4.8)$$

式中：N——所需氮气瓶组数量（只），取自然数；

P_1——氮气瓶组储存压力（MPa）；

P_2——系统储液罐出口压力（MPa）；

V_1——单个氮气瓶组容积（L）；

V_2——系统储液罐容积与氮气管路容积之和（L）；

k——裕量系数（不小于 1.5）。

2 系统储液罐、启动装置、氮气驱动装置应安装在温度高于 0℃的专用设备间内。

7.4.9 当系统采用泡沫预混液时，其有效使用期不宜小于 3 年。

8 泡沫消防泵站及供水

8.1 泡沫消防泵站与泡沫站

8.1.1 泡沫消防泵站的设置应符合下列规定：

1 泡沫消防泵站可与消防水泵房合建，并应符合国家现行有关标准对消防水泵房或消防泵房的规定；

2 采用环泵式比例混合器的泡沫消防泵站不应与生活水泵合用供水、储水设施；当与生产水泵合用供水、储水设施时，应进行泡沫污染后果的评估；

3 泡沫消防泵站与被保护甲、乙、丙类液体储罐或装置的距离不宜小于 30m，且应符合本规范第 4.1.10 条的规定；

4 当泡沫消防泵站与被保护甲、乙、丙类液体储罐或装置的距离为 30m～50m 时，泡沫消防泵站的门、窗不宜朝向保护对象。

8.1.2 泡沫消防水泵、泡沫混合液泵应采用自灌引水启动。其一组泵的吸水管不应少于两条，当其中一条损坏时，其余的吸水管应能通过全部用水量。

8.1.3 系统应设置备用泡沫消防水泵或泡沫混合液泵，其工作能力不应低于最大一台泵的能力。当符合下列条件之一时，可不设置备用泵：

1 非水溶性液体总储量小于 5000m³，且单罐容量小于 1000m³；

2 水溶性液体总储量小于 1000m³，且单罐容量小于 500m³。

8.1.4 泡沫消防泵站的动力源应符合下列要求之一：

1 一级电力负荷的电源；

2 二级电力负荷的电源，同时设置作备用动力的柴油机；

3 全部采用柴油机；

4 不设置备用泵的泡沫消防泵站，可不设置备用动力。

8.1.5 泡沫消防泵站内应设置水池（罐）水位指示装置。泡沫消防泵站应设置与本单位消防站或消防保卫部门直接联络的通讯设备。

8.1.6 当泡沫比例混合装置设置在泡沫消防泵站内无法满足本规范第 4.1.10 条的规定时，应设置泡沫站，且泡沫站的设置应符合下列规定：

1 严禁将泡沫站设置在防火堤内、围堰内、泡沫灭火系统保护区或其他火灾及爆炸危险区域内；

2 当泡沫站靠近防火堤设置时，其与各甲、乙、丙类液体储罐罐壁的间距应大于 20m，且应具备远程控制功能；

3 当泡沫站设置在室内时，其建筑耐火等级不应低于二级。

8.2 系 统 供 水

8.2.1 泡沫灭火系统水源的水质应与泡沫液的要求相适宜；水源的水温宜为 4℃～35℃。当水中含有堵塞比例混合装置、泡沫产生装置或泡沫喷射装置的固体颗粒时，应设置相应的管道过滤器。

8.2.2 配制泡沫混合液用水不得含有影响泡沫性能的物质。

8.2.3 泡沫灭火系统水源的水量应满足系统最大设计流量和供给时间的要求。

8.2.4 泡沫灭火系统供水压力应满足在相应设计流量范围内系统各组件的工作压力要求，且应有防止系统超压的措施。

8.2.5 建（构）筑物内设置的泡沫—水喷淋系统宜设置水泵接合器，且宜设置在比例混合器的进口侧。水泵接合器的数量应按系统的设计流量确定，每个水泵接合器的流量宜按 10L/s～15L/s 计算。

9 水 力 计 算

9.1 系统的设计流量

9.1.1 储罐区泡沫灭火系统的泡沫混合液设计流量，应按储罐上设置的泡沫产生器或高背压泡沫产生器与该储罐辅助泡沫枪的流量之和计算，且应按流量之和最大的储罐确定。

9.1.2 泡沫枪或泡沫炮系统的泡沫混合液设计流量，应按同时使用的泡沫枪或泡沫炮的流量之和确定。

9.1.3 泡沫—水雨淋系统的设计流量，应按雨淋阀控制的喷头的流量之和确定。多个雨淋阀并联的雨淋系统，其系统设计流量应按同时启用雨淋阀的流量之和的最大值确定。

9.1.4 采用闭式喷头的泡沫—水喷淋系统的泡沫混合液与水的设计流量，应符合下列规定：

1 设计流量，应按下式计算：

$$Q = \frac{1}{60} \sum_{i=1}^{n} q_i \qquad (9.1.4)$$

式中：Q——泡沫—水喷淋系统设计流量（L/s）；

q_i——最有利水力条件处作用面积内各喷头节点的流量（L/min）；

n——最有利水力条件处作用面积内的喷头数。

2 水力计算选定的作用面积宜为矩形，其长边应平行于配水支管，其长度不宜小于作用面积平方根的 1.2 倍；

3 最不利水力条件下，泡沫混合液或水的平均供给强度不应小于本规范的规定；

4 最有利水力条件下，系统设计流量不应超出泡沫液供给能力。

9.1.5 泡沫产生器、泡沫枪或泡沫炮、泡沫—水喷头等泡沫产生

装置或非吸气型喷射装置的泡沫混合液流量宜按下式计算,也可按制造商提供的压力-流量特性曲线确定:

$$q = k\sqrt{10P} \qquad (9.1.5)$$

式中:q——泡沫混合液流量(L/min);

k——泡沫产生装置或非吸气型喷射装置的流量特性系数;

P——泡沫产生装置或非吸气型喷射装置的进口压力(MPa)。

9.1.6 系统泡沫混合液与水的设计流量应有不小于5%的裕度。

9.2 管道水力计算

9.2.1 系统管道输送介质的流速应符合下列规定:

1 储罐区泡沫灭火系统水和泡沫混合液流速不宜大于3m/s;

2 液下喷射泡沫喷射管前的泡沫管道内的泡沫流速宜为3m/s~9m/s;

3 泡沫—水喷淋系统、中倍数与高倍数泡沫灭火系统的水和泡沫混合液,在主管道内的流速不宜大于5m/s,在支管道内的流速不应大于10m/s;

4 泡沫液流速不宜大于5m/s。

9.2.2 系统水管道与泡沫混合液管道的沿程水头损失应按下列公式计算:

1 当采用普通钢管时,应按下式计算:

$$i = 0.0000107\frac{V^2}{d_j^{1.3}} \qquad (9.2.2-1)$$

式中:i——管道的单位长度水头损失(MPa/m);

V——管道内水或泡沫混合液的平均流速(m/s);

d_j——管道的计算内径(m)。

2 当采用不锈钢管或铜管时,应按下式计算:

$$i = 105C_h^{-1.85}d_j^{-4.87}q_g^{1.85} \qquad (9.2.2-2)$$

式中:i——管道的单位长度水头损失(kPa/m);

q_g——给水设计流量(m³/s);

C_h——海澄-威廉系数,铜管、不锈钢管取130。

9.2.3 水管道与泡沫混合液管道的局部水头损失,宜采用当量长度法计算。

9.2.4 水泵或泡沫混合液泵的扬程或系统入口的供给压力应按下式计算:

$$H = \sum h + P_0 + h_z \qquad (9.2.4)$$

式中:H——水泵或泡沫混合液泵的扬程或系统入口的供给压力(MPa);

$\sum h$——管道沿程和局部水头损失的累计值(MPa);

P_0——最不利点处泡沫产生装置或泡沫喷射装置的工作压力(MPa);

h_z——最不利点处泡沫产生装置或泡沫喷射装置与消防水池的最低水位或系统水平供水引入管中心线之间的静压差(MPa)。

9.2.5 液下喷射系统中泡沫管道的水力计算应符合下列规定:

1 泡沫管道的压力损失可按下式计算:

$$h = CQ_p^{1.72} \qquad (9.2.5)$$

式中:h——每10m泡沫管道的压力损失(Pa/10m);

C——管道压力损失系数;

Q_p——泡沫流量(L/s)。

2 发泡倍数宜按3计算;

3 管道压力损失系数可按表9.2.5-1取值;

表9.2.5-1 管道压力损失系数

管 径(mm)	管道压力损失系数 C
100	12.920
150	2.140

续表9.2.5-1

管 径(mm)	管道压力损失系数 C
200	0.555
250	0.210
300	0.111
350	0.071

4 泡沫管道上的阀门和部分管件的当量长度可按表9.2.5-2确定。

表9.2.5-2 泡沫管道上阀门和部分管件的当量长度(m)

管件种类＼公称直径(mm)	150	200	250	300
闸阀	1.25	1.50	1.75	2.00
90°弯头	4.25	5.00	6.75	8.00
旋启式逆止阀	12.00	15.25	20.50	24.50

9.2.6 泡沫液管道的压力损失计算宜采用达西公式。确定雷诺数时,应采用泡沫液的实际密度;泡沫液粘度应为最低储存温度下的粘度。

9.3 减压措施

9.3.1 减压孔板应符合下列规定:

1 应设在直径不小于50mm的水平直管段上,前后管段的长度均不宜小于该管段直径的5倍;

2 孔口直径不应小于设置管段直径的30%,且不应小于20mm;

3 应采用不锈钢板材制作。

9.3.2 节流管应符合下列规定:

1 直径宜按上游管段直径的1/2确定;

2 长度不宜小于1m;

3 节流管内泡沫混合液或水的平均流速不应大于20m/s。

9.3.3 减压孔板的水头损失应按下式计算:

$$H_k = \xi\frac{V_k^2}{2g} \qquad (9.3.3)$$

式中:H_k——减压孔板的水头损失(10^{-2}MPa);

V_k——减压孔板后管道内泡沫混合液或水的平均流速(m/s);

ξ——减压孔板的局部阻力系数。

9.3.4 节流管的水头损失应按下式计算:

$$H_g = \zeta\frac{V_g^2}{2g} + 0.00107L\frac{V_g^2}{d_g^{1.3}} \qquad (9.3.4)$$

式中:H_g——节流管的水头损失(10^{-2}MPa);

ζ——节流管中渐缩管与渐扩管的局部阻力系数之和,取值0.7;

V_g——节流管内泡沫混合液或水的平均流速(m/s);

d_g——节流管的计算内径(m);

L——节流管的长度(m)。

9.3.5 减压阀应符合下列规定:

1 应设置在报警阀组入口前;

2 入口前应设置过滤器;

3 当连接两个及以上报警阀组时,应设置备用减压阀;

4 垂直安装的减压阀,水流方向宜向下。

附录 A 水溶性液体泡沫混合液供给强度试验方法

A.0.1 直接测试泡沫混合液供给强度试验方法,应符合下列规定:

1 试验盘的直径不应小于 3.5m,高度不应小于 1m;

2 盛装试验液体深度不应小于 0.2m;

3 泡沫产生器的设置数量应按本规范表 4.2.3 确定,泡沫出口距液面高度不应小于 0.5m;

4 应通过更换泡沫产生器的方式改变泡沫混合液供给强度,经泡沫溜槽向试验盘内供给泡沫,且各泡沫产生器在同一压力下工作;

5 试验次数不应少于 4 次;

6 泡沫混合液有效用量不应大于 50L/m²;

7 试验盘壁的冷却应在靠近试验盘壁顶部安装冷却水环管,通过在其环管上钻孔或安装喷头的方式向盘壁喷洒冷却水,冷却水供给强度不应小于 2.5L/(min·m²);

8 应测取临界或最佳泡沫混合液供给强度;

9 应取临界值的 4 倍~5 倍,或最佳值的 1.5 倍。

A.0.2 间接测试泡沫混合液供给强度试验方法,应符合下列规定:

1 试验盘的内径应为(2400±25)mm,深度应为(200±15)mm,壁厚应为 2.5mm;钢制挡板长应为(1000±50)mm,高应为(1000±50)mm;

2 盛装试验液体深度不应小于 0.1m;

3 参比液体应为丙酮或异丙醇;

4 试验液体和参比液体应采用同一支泡沫管枪供给泡沫,泡沫供给方式可按现行国家标准《泡沫灭火剂》GB 15308 的有关规定执行;

5 泡沫混合液供给时间不应大于 3min;

6 应测取试验液体和参比液体的灭火时间,并应计算泡沫混合液用量;

7 供给强度应按下式取值:

$$\frac{测试液体}{供给强度} = \frac{参比液体}{供给强度} \times \frac{测试液体泡沫混合液用量}{参比液体泡沫混合液用量} \quad (A.0.2)$$

A.0.3 泡沫混合液供给强度定性试验方法,应符合下列规定:

1 试验盘内径应为(1480±15)mm;

2 参比液体应为丙酮或甲醇;

3 试验方法应符合现行国家标准《泡沫灭火剂》GB 15308 的有关规定:

4 取值应符合下列规定:

1)当试验液体的泡沫混合液供给时间小于甲醇的供给时间时,可取本规范表 4.2.2-2 规定的甲醇泡沫混合液供给强度与连续供给时间;

2)当试验液体的泡沫混合液供给时间大于甲醇的供给时间,但小于丙酮的供给时间时,可取本规范表 4.2.2-2 规定的丙酮泡沫混合液供给强度与连续供给时间;

3)当试验液体的泡沫混合液供给时间大于丙酮的供给时间时,其泡沫混合液供给强度应按本规范第 A.0.1 条或第 A.0.2 条规定的试验方法进行试验。

中华人民共和国国家标准

泡沫灭火系统设计规范

GB 50151 - 2010

条 文 说 明

1 总 则

1.0.1 本条主要说明制定本规范的意义和目的。

本规范涵盖了低倍数、中倍数、高倍数泡沫灭火系统和泡沫—水喷淋系统的设计要求。

合理的设计是保证系统安全可靠、达到预期效果的前提,国内外有不少成功的灭火案例。近年来,在我国低倍数泡沫灭火系统先后成功扑灭过 10000m³ 凝析油内浮顶储罐全液面火灾、150000m³ 原油浮顶储罐密封区火灾、100000m³ 原油浮顶储罐密封区火灾等多起大型石油储罐火灾。实践证明,其规定是合理、有效的。

本次修订增加了部分新设计内容,拓展了泡沫灭火系统的应用范围。

1.0.2 本条规定了本规范适用和不适用的范围。

泡沫灭火系统是随着石油工业的发展而产生的。早在 20 世纪 30 年代,就出现了正规的泡沫灭火系统。我国从 20 世纪 60 年代开始研究并应用泡沫灭火系统。进入 20 世纪 80 年代后,随着相应技术规范的先后颁布,泡沫灭火系统得到广泛使用。应用的主要场所有:石油化工企业生产区、油库、地下工程、汽车库、仓库、煤矿、大型飞机库、船舶等场所。

本规范主要适用于陆上场所。

1.0.4 本规范是一本专业性的工程技术标准,除本规范不适用的场所外,只要规定设置泡沫灭火系统的工程,就应根据本规范的要求进行设计。至于哪些部位需要设置泡沫灭火系统,应按《建筑设计防火规范》GB 50016、《石油库设计规范》GB 50074、《石油天然气工程设计防火规范》GB 50183、《石油化工企业设计防火规范》

GB 50160 等有关规范执行。

另外，与泡沫灭火系统设计配套的规范，如《火灾自动报警系统设计规范》GB 50116、《爆炸和火灾危险环境电力装置设计规范》GB 50058 等，以及相关产品国家标准，都应遵照执行。

3 泡沫液和系统组件

3.1 一般规定

3.1.1 泡沫灭火系统中采用的泡沫消防水泵、泡沫混合液泵、泡沫液泵、泡沫比例混合器（装置）、压力容器（泡沫预混液储罐及驱动气瓶）、泡沫产生装置（泡沫产生器、泡沫枪、泡沫炮、泡沫喷头等）、火灾探测与启动控制装置、阀门、管道等，通过国家有关检测部门的检测合格是最基本要求。合格的组件是保证系统正常工作的前提，为此本条定为强制性条文。

3.1.2 消防泵等设备与管道着色是国内外消防界的习惯做法，本条是根据国内消防界的着色习惯制定的。

工程中除了泡沫灭火系统组件、消防冷却水系统组件外，还会有较多的工艺组件。为避免因混淆而导致救火人员忙乱中误操作，涂色应有统一要求。当因管道多而与工艺管道涂色发生矛盾时，也可涂相应的色带或色环。

3.2 泡沫液的选择和储存

3.2.1 本条按泡沫喷射方式规定了非水溶性甲、乙、丙类液体储罐低倍数泡沫液的选择。

严格地讲，所有液体均有一定的溶水性，只有溶解度高低之分，通常业内将原油、成品燃料油、苯等微溶水的液体称为非水溶性液体。到目前为止，国内外利用普通泡沫所做的灭火应用试验基本限于原油及其成品油，并且从目前所掌握的情况来看，用普通泡沫能够扑灭单纯由碳、氢元素组成的液体（烃类液体）火灾。所以，本规范所述的非水溶性液体是指由碳、氢两元素构成的烃类液体及其液体混合物，如原油、汽油、苯等。

液上喷射系统是从燃烧的液体上方供给泡沫，不会出现因泡沫被燃烧的液体污染而无法灭火的现象，所以蛋白、氟蛋白、水成膜、成膜氟蛋白泡沫液等均可选用。

液下喷射系统供给的泡沫必须通过油层，蛋白泡沫因带油率较高而难以灭火。氟蛋白等含疏油性氟碳表面活性剂的泡沫，带油率较低，并且其泡沫的灭火性能受含油量影响较小。1976 年，公安部天津消防研究所在 700m³ 和 5000m³ 汽油储罐上试验得出，蛋白泡沫经汽油层浮到油面时，汽油含量达到 2% 以上具有可燃性，达到 8.5% 就可持续燃烧；氟蛋白泡沫中的汽油含量达到 23% 以上才能持续燃烧。所以，将蛋白泡沫液排除，规定选用氟蛋白、水成膜、成膜氟蛋白泡沫液。

抗溶氟蛋白泡沫液、抗溶水成膜泡沫液和抗溶成膜氟蛋白泡沫液也适用于非水溶性液体，但其价格较贵，对单纯的非水溶性液体储罐，通常不采用。

泡沫抗烧性能的高低，对扑救甲、乙、丙类液体储罐火灾至关重要。通常，水成膜泡沫的抗烧性能低于蛋白类泡沫，且不同生产商或不同混合比的产品，其抗烧性能有较大差异。现行国家标准《泡沫灭火剂》GB 15308 规定的低倍数泡沫的灭火性能级别与抗烧水平参数见表 1。其中，灭火性能 Ⅰ 为最高等级，Ⅲ 为最低等级，抗烧水平 A 级为最高，D 级为最低。

表 1　低倍数泡沫的灭火性能级别与抗烧水平

灭火性能级别	抗烧水平	缓施加泡沫试验		强施加泡沫试验	
		最大灭火时间（min）	最小抗烧时间（min）	最大灭火时间（min）	最小抗烧时间（min）
Ⅰ	A	不做此项试验		3	10
	B	5	15	3	不做此项试验
	C	5	10	3	
	D	5	5	3	

续表 1

灭火性能级别	抗烧水平	缓施加泡沫试验		强施加泡沫试验	
		最大灭火时间（min）	最小抗烧时间（min）	最大灭火时间（min）	最小抗烧时间（min）
Ⅱ	A	不做此项试验		4	10
	B	5	15	4	不做此项试验
	C	5	10	4	
	D	5	5	4	
Ⅲ	B	5	15	不做此项试验	
	C	5	10		
	D	5	5		

本条规定选择的泡沫液是经过数十年实际火灾扑救案例和灭火试验检验，并证明是安全可靠的，且得到广泛应用，为此定为强制性条文。

3.2.2 水成膜、成膜氟蛋白泡沫施加到烃类燃液表面时，其泡沫析出液能在燃液表面产生一层防护膜。其灭火效力不仅与泡沫性能有关，还依赖于它的成膜性及其防护膜的坚韧性和牢固性。所以，水成膜、成膜氟蛋白泡沫也适用于水喷头、水枪、水炮等非吸气型喷射装置。

本条第 2 款的规定必须要做到，否则，系统灭火无法保证，为此定为强制性条文。

3.2.3 分子中含有氧、氮等元素的有机可燃液体，其化学结构中含有亲水基团，与水相溶，因此称其为水溶性液体。醇、醛、酸、酯、醚、酮等是常见的水溶性液体，这类液体对普通泡沫有较强的脱水性，可使泡沫破裂而失去灭火功效。有些产品即使在水中的溶解度很低，也难以或无试验证明用普通泡沫扑灭其火灾。因此，应选用抗溶泡沫液。

抗溶泡沫中添加了多糖等抗醇的高分子化合物，在灭水溶性液体火灾时,在燃液表面上能形成一层高分子胶膜,保护上面的泡沫免受水溶性液体的脱水而导致破坏,从而实现灭火。

对于在汽油中添加醚、醇等含氧添加剂的车用燃料,如果其含氧添加剂含量体积比大于10%,用普通泡沫难以灭火,需用抗溶泡沫,即这类燃料也属于对普通泡沫有破坏作用的甲、乙、丙类液体。2002年,公安部天津消防研究所承担了国家创新项目《车用乙醇汽油应用技术的研究》的子课题《车用乙醇汽油火灾危险性评估及其对策》,进行了模拟100m³油罐火灾的灭火试验研究,也证明了这一点。

某些储罐区既有水溶性液体储罐又有非水溶性液体储罐,某些桶装库房同时存有水溶性和非水溶性液体,为了降低工程造价设计一套泡沫灭火系统是可行的,但须选用抗溶性泡沫液。用抗溶性泡沫液扑救非水溶性液体火灾时,其设计要求与普通泡沫液相同。

本条规定必须要做到,否则,系统灭火无法保证,为此定为强制性条文。

3.2.4 我国研制用于油罐的中倍数泡沫液是一种添加了人工合成碳氢表面活性剂的氟蛋白泡沫液。在配套设备条件下,发泡倍数在20～30范围内。为了提高泡沫的稳定性和增强灭火效果,其混合比为8%。

除用于油罐的中倍数泡沫液外,高倍数泡沫液也可作为中倍数泡沫灭火系统的灭火剂。在其限定的使用范围内,灭火功效得到认可。

3.2.5 1980年,在我国某飞机洞库做普通高倍数泡沫灭火试验时,由于预燃时间长,洞内空气已经被燃烧产生的高温及汽油、柴油燃烧、裂解产生的烟气所污染,虽然选用了六台泡沫产生器,但由于高倍数泡沫产生器吸入的是被污染的空气,泡沫的形成很困难,较长时间泡沫堆积不起来。

试验研究表明:火灾中热解烟气量小于氧化燃烧烟气量,但热解烟气对泡沫的破坏作用却明显大于燃烧烟气。烟气中不可见化学物质是破坏泡沫的主要因素,并且,高温及烟气对泡沫的破坏作用均明显地表现为泡沫的稳定性降低,即析液时间短。为保证系统有效灭火,本条定为强制性条文。

3.2.6 泡沫液按适用水源的不同,分为淡水型泡沫液和适用海水型泡沫液,适用海水型泡沫液适用于淡水和海水。试验表明,不适用于海水的泡沫液使用海水产生的泡沫稳定性很差,基本不具备灭火能力。为保证系统有效灭火,本条定为强制性条文。

3.2.7 泡沫液储存在高温潮湿的环境中,会加速其老化变质。储存温度过低,泡沫液的流动性会受到影响。另外,当泡沫混合液温度较低或过高时,发泡倍数会受到影响,析液时间会缩短,泡沫灭火性能会降低。一般泡沫液的储存温度通常为0℃～40℃。

3.3 泡沫消防泵

3.3.1 本条主要对泡沫消防水泵、泡沫混合液泵的选择与设置提出了要求。

1 现实工程中,泡沫消防水泵的流量都有一定的变化,有的变化还较大,而所需扬程变化较小。为此,规定泡沫消防水泵、泡沫混合液泵选用特性曲线平缓的离心泵。

2 水力驱动的泡沫液泵通常采用系统自身压力水,为此应将泡沫液泵消耗的水量计算在内。

3 采用环泵式比例混合流程时,7%～10%的泡沫混合液在循环回流,为确保可靠,按系统设计流量的1.1倍选择泡沫混合液泵为宜。

4 泵出口管道上设置压力表是为了监测泵的出口工作压力;设置单向阀是为消除水锤效应对泵的影响;设置带控制阀的回流管是为了预防泵过载。这些都是工艺上的要求,不可省略。

3.3.2 蛋白类泡沫液中含有某些无机盐,其对碳钢等金属有腐蚀作用;合成类泡沫液含有较大比例的碳氢表面活性剂及有机溶剂,

其不但对金属有腐蚀作用,而且对许多非金属材料也有溶解、溶胀和渗透作用。因此,泡沫液泵的材料应能耐泡沫液腐蚀。同时,某些材料对泡沫液的性能有不利影响,尤其是碳钢对水成膜泡沫液的性能影响最大。因此,泡沫液泵的材料亦不能影响泡沫液的性能。

泡沫液泵空载运转的规定和现行国家标准《消防泵》GB 6245的规定相一致。因泡沫液的粘度较高,在美国等国家,一般推荐采用容积式泵。

本条前四款的规定必须要做到,否则,难以保证系统可靠,为此定为强制性条文。

3.4 泡沫比例混合器(装置)

3.4.1 储罐容量较大时,其火灾危险性也会增大,发生火灾所造成的后果亦比较严重。因此,对于大容量储罐,宜选择可靠性和精度较高的计量注入式比例混合装置和平衡式比例混合装置。

对于密度低于1.12g/mL的泡沫液,由于它与水的密度接近,当将水注入到泡沫液储罐内时,泡沫液易与水在泡沫液储罐内混合而不易形成明显的分界面。所以,不能选择无囊的压力比例混合装置。

3.4.2 本条前两款是该比例混合装置的原理性要求,第三款是保证系统使用或试验后能用水冲洗干净,不留残液。

3.4.3 计量注入式比例混合装置是近年发展起来的一种新型比例混合装置。该装置主要由泡沫液泵、水泵、流量计、电子控制器、泡沫液储罐等组成。其基本原理为:利用流量计实时监控系统运行条件,并向电子控制器反馈流量信号,电子控制器接收到相应流量数据的电信号后,会控制泡沫液泵按相应流量供给泡沫液,以达到维持恒定混合比的目的。其运行不受水压影响,并且也不会因补充泡沫液而中断。图1为一典型计量注入式比例混合装置的流程图,该流程在水管道上设有流量计,主要监测水的流量,并利用变量泡沫液泵控制泡沫液的流量。在工程中,也可同时在泡沫液管路上设置流量计,进行泡沫液流量的监测。另外,可使用变频技术来控制泡沫液泵的流量。对于该类型的装置来说,流量测量的准确性将直接影响混合比的精确性。因此,要求流量计的进口前和出口后直管段的长度不小于10倍的管径。

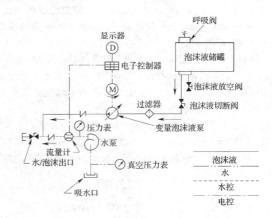

图1 计量注入式比例混合装置

3.4.4 工程实践中,压力比例混合装置囊渗漏甚至破裂的实例均有发生。本着经济、安全可靠、使用方便的原则限制其储罐容积。

对于无囊式压力比例混合装置,当采用单个较大容积的泡沫液储罐时,平时难以进行系统试验,其故障较难发现,且系统调试检测也不方便。为此,推荐设置1台小容积的压力式比例混合器,并能保证按系统最大设计流量连续提供3min的泡沫混合液。

3.4.5 在泡沫灭火系统工程中,环泵式比例混合器是利用文丘里管原理的第一代泡沫比例混合器产品。其流程如图2所示。

影响该泡沫比例混合器精度的因素主要有消防泵的进出口压力和泡沫液储罐液面与比例混合器的高差等两方面。试验研究表

明，当比例混合器进口压力为0.7MPa时，其出口背压可为0.02 MPa；当比例混合器进口压力为0.9MPa时，其出口背压可为0.03 MPa。

系统泡沫液储罐与储水设施一般都存在液面高差。当泡沫液液面高于水液面时，操作不慎泡沫液会流到水中，反之水会流到泡沫液储罐中。这两种现象实际中均发生过，为避免此类现象，需要设置相关阀门。

在使用中，由于锈蚀、泡沫液残液固化等，导致其中的比例混合器堵塞，所以应设不少于1个的备用量。

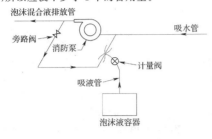

图 2　环泵式比例混合流程示意

3.4.6 管线式比例混合器工作流量范围小（参见表2），压力损失大（约为进口压力的1/3），通常用于移动式或半固定式泡沫灭火系统。本条是依据有关试验制定的。

表 2　国产管线式比例混合器主要规格及其性能参数

型号	进口压力（MPa）	出口压力0.7MPa时的泡沫混合液流量（L/s）
PHF3	0.6～1.2	3
PHF4	0.6～1.2	3.75
PHF8	0.6～1.2	7.5
PHF16	0.6～1.2	15

3.5　泡沫液储罐

3.5.1 泡沫液中含有无机盐、碳氢与氟碳表面活性剂及有机溶剂，长期储存对碳钢等金属有腐蚀作用，对许多非金属材料也有溶解、溶胀和渗透作用。另一方面，某些材料或防腐涂层对泡沫液的性能有不利影响，尤其是碳钢对水成膜泡沫液的性能影响最大。所以，在选择泡沫液储罐内壁的材质或防腐涂层时，应特别注意是否与所选泡沫液相适宜。

不锈钢、聚四氟乙烯等材料可满足储存各类泡沫液的要求。

3.5.2 泡沫液会随着温度的升高而发生膨胀，尤其是蛋白类泡沫液长期储存会有部分沉降物积存在罐底部。因此，规定泡沫液储罐要留出上述储存空间。

蛋白类泡沫液沉降物的体积按泡沫液储量（体积）的5%计算为宜。

3.5.3 不同种类、不同牌号的泡沫液混存会对泡沫液的性能产生不利影响。尤其是成膜类泡沫液混入其他类型泡沫液后，会破坏其成膜性。

3.6　泡沫产生装置

3.6.1 本条对低倍数泡沫产生器作了具体规定。

　　1　固定顶储罐与按固定顶储罐防护的内浮顶储罐发生火灾时多伴有罐顶整体或局部破坏，安装在罐壁顶部的横式泡沫产生器由于受力条件不佳及进口连接脆弱而往往被拉断，选用立式泡沫产生器可降低这一风险。立式泡沫产生器的安装示意图见图3。

　　2　本款旨在保证泡沫产生器在合理的压力下工作，使之产生的泡沫在发泡倍数与稳定性方面利于灭火。

　　3　本款规定主要是防止堵塞泡沫产生器或泡沫喷射口。

　　4　本款规定有利于泡沫产生器的正常工作。横式泡沫产生器的典型安装示意图及主要尺寸见图4、表3。

　　5　泡沫产生器设置在外浮顶储罐密封的上方，其密封玻璃不但无用，还可能影响泡沫喷射。

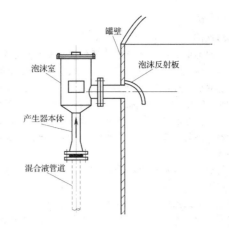

图 3　立式泡沫产生器安装示意

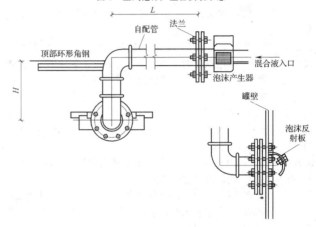

图 4　横式泡沫产生器安装示意

表 3　图 4 中的主要尺寸（mm）

型　　号	PC4	PC8	PC16	PC24
L	1000	1000	1000	1000
H	180	200	240	280

3.6.2 泡沫产生器进口工作压力范围由制造商提供，通常标在其产品说明书中。对发泡倍数的规定是根据国内试验和国外相关标准制定的。

3.6.3 本条对中倍数泡沫产生器进行了规定。

　　1　发泡网的材质、结构和形状对发泡量和泡沫质量有很大影响，为保证发泡性能和提高使用年限，规定其应用不锈钢材料制作。

　　2　安装于油罐上的中倍数泡沫产生器对吸气条件要求较严格，为保证泡沫产生器进气通畅，所以其进空气口应高出罐壁顶。

3.6.4 本条对防护区内高倍数泡沫产生器的选择提出了要求。

　　1　水轮机驱动式高倍数泡沫产生器是利用压力水驱动水轮机旋转，不受气源温度的限制，可以利用防护区内热烟气发泡。而电动机驱动式高倍数泡沫产生器，因电动机本身要求的环境工作温度有一定限制，不能利用火场热烟气发泡。

　　2　当在防护区内固定安装泡沫发生器时，在火灾条件下，发泡网有可能会受到火焰或热烟气的威胁，发泡网一旦损坏，泡沫发生器就无法发泡灭火。

3.6.5 泡沫—水喷头、泡沫—水雾喷头的工作压力太低将降低发泡倍数，影响灭火效果。

3.7　控制阀门和管道

3.7.1 阀门若没有明显启闭标志，一旦失火，容易发生误操作。对于明杆阀门，其阀杆就是明显的启闭标志。对于暗杆阀门，则须设置明显的启闭标志。为保证系统可靠操作，本条定为强制性条文。

3.7.2 口径较大的阀门,一个人手动开启或关闭较困难,可能导致消防泵不能迅速正常启动,甚至过载损坏。因此,选择电动、气动或液动阀门为佳。增压泵的进口阀门属上一级供水泵的出口阀门,也按出口阀门对待。

3.7.3 水与泡沫混合液管道为压力管道,一般泡沫混合液管道的最小工作压力为0.7MPa,许多系统的泡沫混合液管道工作压力超过1.0MPa。钢管的韧性、机械强度、抗烧等性能可以保障泡沫系统安全可靠。

3.7.6、3.7.7 为保证系统可靠运行,这两条定为强制性条文。

4 低倍数泡沫灭火系统

4.1 一般规定

4.1.1 现行国家标准《石油化工企业设计防火规范》GB 50160、《石油库设计规范》GB 50074、《石油天然气工程设计防火规范》GB 50183分别对各自行业设置固定式、半固定式和移动式泡沫灭火系统的场所进行了规定。《建筑设计防火规范》GB 50016规定甲、乙、丙类液体储罐等泡沫灭火系统的设置场所应符合上述规范的有关规定。

4.1.2 目前,泡沫灭火系统用于甲、乙、丙类液体立式储罐,有液上喷射、液下喷射、半液下喷射三种形式。本规范将泡沫炮、泡沫枪系统划在了液上喷射系统中。关于本条的规定,综合说明如下:

　1　对于甲、乙、丙类液体固定顶、外浮顶和内浮顶三种储罐,液上喷射系统均适用。

　2　液下喷射泡沫灭火系统不适用于水溶性液体和其他对普通泡沫有破坏作用的甲、乙、丙类液体固定顶储罐,因为泡沫注入该类液体后,由于该类液体分子的脱水作用而使泡沫遭到破坏,无法浮升到液面实施灭火。半液下喷射是泡沫灭火系统应用形式之一,某些发达国家应用多年。

　3　液下与半液下喷射系统不适用于外浮顶和内浮顶储罐,其原因是浮顶阻碍泡沫的正常分布;当只对外浮顶或内浮顶储罐的环形密封处设防时,更无法将泡沫全部输送到所需的区域。

　4　对于外浮顶罐与按外浮顶储罐对待的内浮顶储罐,其设防区域为环形密封区,泡沫炮难以将泡沫施加到该区域;对于水溶性甲、乙、丙类液体,由于泡沫炮为强施放喷射装置,喷出的泡沫会潜入其液体中,使泡沫脱水而遭到破坏,所以不适用;直径大于18m的固定顶储罐与按固定顶储罐对待的内浮顶储罐发生火灾

时,罐顶一般只撕开一条口子,全掀的案例很少,泡沫炮难以将泡沫施加到罐储内。

　5　灭火人员操纵泡沫枪难以对罐壁更高、直径更大的储罐实施灭火。

本条规定必须要做到,为此定为强制性条文。

4.1.3 执行本条时,应注意泡沫混合液设计流量与泡沫混合液设计用量两个参数。对于固定顶和浮顶罐同设、非水溶性液体与水溶性液体并存的罐区,由于泡沫混合液供给强度与供给时间不一定相同,两个参数的设计最大值不一定集中到一个储罐上,应对每个储罐分别计算。按泡沫混合液设计流量最大的储罐设置泡沫消防水泵或泡沫混合液泵,按泡沫混合液设计用量最大的储罐储备消防水和泡沫液。

另外,本条应与本规范第9.1.1条等结合起来使用。个别工程项目曾错误地按储罐保护面积乘以规范规定的最小泡沫混合液供给强度,再加上辅助泡沫枪流量设置泡沫消防水泵或泡沫混合液泵,由于实际设置的泡沫产生器的能力大于其计算值,致使系统无法正常使用。为此,强调指出:应按系统实际设计泡沫混合液强度计算确定罐内泡沫混合液用量,而不是按本规范规定的最小值去确定。

综上所述,为保证系统设计能力满足灭火需要,将本条定为强制性条文。

4.1.4 本条有三层含义:一是提出对设置固定式泡沫灭火系统的储罐区,设置用于扑救液体流散火灾的辅助泡沫枪要求,不限制将泡沫枪放置在其专职消防站的消防车上;二是提出设置数量及其泡沫混合液连续供给时间根据所保护储罐直径确定的要求,呼应本节第4.1.3条;三是规定了可选的单支泡沫枪的最小流量。为保证系统设计能力满足灭火需要,将本条定为强制性条文。

4.1.5 大中型甲、乙、丙类液体储罐的危险程度高、火灾损失大,为了及时启动泡沫灭火系统,减少火灾损失,提出此条要求。

4.1.6 为验证安装后的泡沫灭火系统是否满足规范和设计要求,需要对安装的系统按有关规范的要求进行检测,为此所做的设计应便于检测设备的安装和取样。

4.1.7 出于降低工程造价的考虑,有些设计将储罐区泡沫灭火系统与消防冷却水系统的消防泵合用。但由于两系统的工作状态不同,且多数储罐区的储罐规格也不尽相同,有的相差很大,致使有些系统使用困难。为此提出本条要求,对此类设计加以约束。

4.1.8 泡沫消火栓的功能是连接泡沫枪扑救储罐区防火堤内流散火灾。现行国家标准《石油化工企业设计防火规范》GB 50160规定消火栓的间距不宜大于60m,为使储罐区消防设施的布置有章法,本条采纳了这一参数。

4.1.9 规定固定式泡沫灭火系统具备半固定系统功能,灭火时多了一种战术选择,且简便易行。当泡沫混合液管道在防火堤外环状布置时,利用环状管道上设置泡沫消火栓就能实现半固定系统功能,但不如在通向泡沫产生器的支管上设置带控制阀的管牙接口方便。

4.1.10 为保证系统及时灭火,本条定为强制性条文。

4.2 固定顶储罐

4.2.1 固定顶储罐的燃液暴露面为其储罐的横截面,泡沫须覆盖全部燃液表面方能灭火,所以保护面积应按其横截面积计算确定。本规定必须做到,否则灭火无法保证,为此定为强制性条文。

4.2.2 本条是依据国内外泡沫灭火试验、灭火案例制定,并参考了国外相关标准。

关于沸点低于45℃的非水溶性液体,编制组分别对正戊烷和凝析轻烃进行了泡沫灭火试验,试验如下:

2010年7月,公安部天津消防研究所会同杭州新纪元消防科技有限公司,在杭州进行了正戊烷泡沫灭火试验。试验采用了直径为2.4m的试验盘,泡沫液采用水成膜泡沫液和氟蛋白泡沫液。试验共进行了4次,前两次试验采用现行国家标准《泡沫灭火剂》GB 15308规定的试验方法。后两次试验将试验盘壁加高至800mm,且

对盘壁进行了冷却,泡沫混合液供给强度为 4.9L/(min·m²)。4 次试验均未灭火,且均表现为盘壁处的边缘火无法彻底扑灭。

2007 年 12 月 20 日和 21 日,公安部天津消防研究所会同中国石油塔里木油田公司消防支队,在塔里木油田(轮南消防中队)进行了凝析轻烃泡沫灭火试验。试验油罐为直径 3.5m 的敞口罐;试验油品的组分见表 4。油层厚度大于 200mm;泡沫液分别为进口 6% 型成膜氟蛋白泡沫液(FFFP)和 6% 型水成膜泡沫液(AFFF)及国产 6% 型水成膜泡沫液(AFFF);发泡装置为 PC2 型横式泡沫产生器(共安装了 2 个);沿罐周设置了冷却水环管并在试验中喷放了冷却水。试验次数共计 5 次,其中 4 次使用表 4 所示的油品、1 次为经过 1 次灭火试验的残油。从试验的情况看,用 1 个 PC2 型泡沫产生器[泡沫混合液供给强度约为 12 L/(min·m²)]2min 左右基本控火。但除了用灭火试验残油的 1 次成功灭火外,其他 4 次使用 2 个 PC2 型泡沫产生器[泡沫混合液供给强度约为 24L/(min·m²)]仍不能彻底灭火,而是在一侧罐壁处形成长时间边缘火。

表 4　试验油品的组分

序号	组分	质量百分数(%)	摩尔百分数(%)	序号	组分	质量百分数(%)	摩尔百分数(%)
1	C2	0.00	0.00	7	C6	26.41	27.64
2	C3	0.01	0.03	8	C7	29.37	26.43
3	iC4	0.05	0.08	9	C8	15.47	12.22
4	C4	4.11	6.38	10	C9	4.56	3.21
5	iC5	7.17	8.97	11	C10	1.63	1.03
6	C5	11.22	14.02	12	C11	0.00	0.00

由于凝析轻烃试验油品中 C4 及以下组分含量约为 6.5%,其他企业的类似油品的组分尚不确定,又未见国外类似轻质油品灭火试验的报道,并且现行国家标准《石油化工企业设计防火规范》GB 50160 规定:"储存沸点低于 45℃ 的甲B 类液体,宜选用压力储罐。"所以,对于沸点低于 45℃ 的非水溶性液体,其泡沫灭火系统的适用性及其泡沫混合液供给强度,还不能给出明确规定,应由试验确定。

由于水溶性液体的种类繁多,分别规定出各种水溶性液体的泡沫混合液供给强度与连续供给时间是不可能的。根据现状,能规定最小泡沫混合液供给强度与连续供给时间的水溶性液体,本规范作出规定,不能规定的应由试验确定。

本条第 1 款、第 2 款要求必须做到,否则灭火无法保证,为此定为强制性条文。

4.2.3 本条主要规定泡沫产生器的设置。

1 本款是按其中一个泡沫产生器被破坏,系统仍能有效灭火的原则规定的。对于直径大于 50m 的固定顶储罐,靠沿罐周设置泡沫产生器,泡沫可能不能完全覆盖燃液表面。所以,规定所能保护的储罐最大直径为 50m。

2 为使各泡沫产生器的工作压力和流量均衡,以利于灭火,推荐采用相同型号的泡沫产生器并要求其均布。

3 水溶性液体固定顶储罐不设缓冲装置较难灭火,本规范规定的设计参数是建立在设有缓冲装置基础上的。目前,除水溶性液体外,其他对普通泡沫有破坏作用的甲、乙、丙类液体主要为添加醇、醚等物质的汽油,国内该类汽油的醇、醚含量比较低,此类储罐不设缓冲装置亦能灭火。目前,泡沫缓冲装置有泡沫溜槽(见图 5)等。

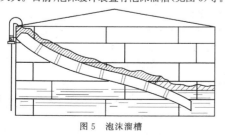

图 5　泡沫溜槽

4.2.4 本条对液下喷射高背压泡沫产生器的设置进行了规定,说明如下:

1 通常系统高背压泡沫产生器的进出口设有控制阀和背压调节阀及压力表等,试验与灭火时可能要操作其阀门。为了安全,应设置在防火堤外。

2 高背压泡沫产生器并联使用,是为了保证供出的泡沫压力与倍数基本一致,同时也便于系统调试与背压调节。

3 本款规定是为了系统的调试和调节及检测。

4.2.5 本条是依据国内外泡沫灭火试验、灭火案例制定,并参考了国外相关标准。

本条需与第 9.2.1 条规定结合起来使用。通常,从高背压泡沫产生器出口至泡沫喷射管前的泡沫管道的管径应小一些,以较大的流速输送泡沫,保持泡沫稳定与较快地输送。当其流速大于本条规定的泡沫口处的流速时,单独设置直径较大的泡沫喷射管。这样设计既经济又合理。当然,只要满足规范要求,前后两者可以等径。所以,为给设计以灵活性,提出泡沫喷射管的概念,考虑到流体力学参数的稳定,规定了其长度。

4.2.6 固定顶储罐与一些内浮顶储罐发生火灾时,部分泡沫产生器被破坏的可能性较大。为保障被破坏的泡沫产生器不影响正常的泡沫产生器使用,使系统仍能有效灭火,作此规定。

另外,一些工程为了防火堤内的整齐,将本应在地面分配的泡沫混合液管道集中设置在储罐上,然后再分配到各泡沫产生器。当储罐爆炸着火时,极易将这些管道拉断,并且这样设计对储罐的承载也不利。所以,此次修订增加了该限制条款。

综上所述,为保证系统在储罐发生火灾时能正常工作,将本条前两款定为强制性条文。

4.2.7 本条规定了防火堤内泡沫混合液和泡沫管道的设置,解释如下:

1 本款规定旨在消除泡沫混合液或泡沫管道的热胀冷缩和储罐爆炸冲击的影响。敷设的意思是不限制管道轴向与向上的位移。

2 将管道埋在地下,突出的优点就是防火堤内整洁,便于防火堤内的日常作业。但也有不利因素,一是控制泡沫产生器的阀门通常设置在地下,不利于操作;二是埋地管道的运动受限,对地基的不均匀沉降和储罐爆炸着火时罐体的上冲力敏感;三是不利于管道的维护与更换。由于国内外均有采用,而规范又不便限制,所以增加了此款。本款的宗旨是保护管道免遭破坏。所述金属转向接头可为铸钢、球墨铸铁或可锻铸铁制成。

3 本款旨在排净管道内的积水。

4 出于工程检测与试验的需要制定本款。

5 目前液下喷射系统一个较突出的问题就是泡沫喷射管上的逆止阀密封不严,有些系统除关闭了储罐根部的闸阀外,在防火堤外又设置了一道处于关闭状态的闸阀,使该系统处于了半瘫痪状态,即使这样,还是漏油;有的系统甚至将泡沫喷射管设置成顶部高于液面的 ∩ 形,既给安装带来困难,又增加了泡沫管道的阻力,同时又影响美观。目前有采用爆破膜等措施的,为此增加了该要求。

4.3 外浮顶储罐

4.3.1 目前,大型外浮顶油罐普遍采用钢制单盘式或双盘式浮顶结构(见现行国家标准《立式圆筒形钢制焊接油罐设计规范》GB 50341),发生火灾通常表现为环形密封处的局部火灾。然而,这类储罐在运行过程中,也会出现因管理、操作不慎而导致的全液面敞口火灾,国内外都有浮顶下沉并伴随火灾发生,形成油罐的全液面敞口火灾的案例,目前单罐容积最大的当属 Amoco 石油公司英国南威尔士米尔福德港炼油厂一个直径 255 英尺(容积 10×10⁴m³)的浮顶原油罐火灾。相关统计资料表明,外浮顶油罐发生全液面敞口火灾的几率很小,故规定按环形密封处的局部火灾设防。

4.3.2 目前泡沫喷射口的设置方式有两种:第一种是设置在罐壁顶部;第二种是设置在浮顶上,它又分为泡沫喷射口设置在密封或挡雨板上方和泡沫喷射口设置在金属挡雨板下部(见图6)。规范表4.3.2中"密封或挡雨板上方"即指前者,"金属挡雨板下部"即指后者。

对泡沫混合液供给强度与连续供给时间的规定,主要依据国内的灭火试验。单个泡沫产生器的最大保护周长,参考了NFPA 11《低倍数、中倍数、高倍数泡沫灭火系统标准》的规定。

2006年8月7日,国内某油库一座$15×10^4 m^3$外浮顶油罐密封处因雷击发生火灾,供给泡沫19min灭火,持续供给时间26min;另外,2007年国内发生的多起外浮顶油罐密封处火灾,均在供给泡沫10min内灭火。

大量灭火实例证明本条规定是合理可靠的,不这样做系统灭火无法保证,为此定为强制性条文。

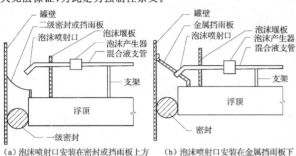

(a)泡沫喷射口安装在密封或挡雨板上方　(b)泡沫喷射口安装在金属挡雨板下

图6　泡沫喷射口在浮顶上的安装方式

4.3.3 本次修订,将泡沫堰板高度由原规范规定的高出密封0.1m改为0.2m,主要为了使泡沫充分覆盖密封。需要指出,目前大型油罐基本都安装了二次密封,且二次密封的高度在0.7m以上。这就需要泡沫堆积高度在0.9m以上,才能确保彻底灭火。因此,选择析液时间与抗烧时间较长的泡沫尤为重要。

对泡沫堰板距罐壁距离的规定,参考了大庆市某油库的试验与NFPA 11《低倍数、中倍数、高倍数泡沫灭火系统标准》的规定。

从灭火角度考虑,泡沫喷射口浮顶上设置方式的泡沫堰板距罐壁的距离可进一步减小,但为方便密封检修,故规定不宜小于0.6m。

4.3.4 设置泡沫导流罩是行之有效的减少泡沫损失的措施。泡沫喷射口设置在浮顶上要求T形管,有利于泡沫的分布。

4.3.5 外浮顶储罐环形密封区域的火灾,其辐射热很低,灭火人员能够靠近罐体;且泡沫产生器被破坏的可能性很小。故作此规定。

4.3.6 根据有关制造商的工程手册和实践经验,对泡沫喷射口浮顶上设置方式中的耐压软管、管道连接作了规定。本次修订,对耐压软管的材料作了补充规定,多年的应用实践表明,该软管较可靠。另外,由于有些油罐设有搅拌器,故增加了相应的规定。

4.3.9 本条规定是在原规范的基础上,结合实际灭火案例进行了细化。

一方面,外浮顶储罐火灾初期多为局部密封处小火,灭火人员可站在梯子平台上或浮顶上用泡沫枪将其扑灭;另一方面,对于储存高含蜡原油的储罐,由于罐体保温不好或密封不好,罐壁上会凝固少量原油。当温度升高时,凝油熔化并可能流到罐顶。偶发火灾后,需要灭火人员站在梯子平台上用泡沫枪灭火。

4.4　内浮顶储罐

4.4.1 虽然钢制单盘式、双盘式与敞口隔舱式内浮顶(见现行国家标准《立式圆筒形钢制焊接油罐设计规范》GB 50341)储罐有固定顶,但其浮盘与罐内液体直接接触,挥发出的可燃蒸气较少,且罐上部有排气孔,浮盘以上的罐内空间整体爆炸着火的可能性极小。由于该储罐的浮盘不宜被破坏,可燃蒸气一般存在于密封区,

与本规范规定的外浮顶储罐一样,发生火灾时,其着火范围基本局限在密封处。所以,规定此类储罐的保护面积与外浮顶储罐一样,按罐壁与泡沫堰板间的环形面积确定。

其他如由铝合金或人工合成材料等制作浮盘的内浮顶储罐,因其浮盘易损等,与钢制单盘式、双盘式与敞口隔舱式内浮顶储罐相比,安全性有较大差距,其火灾案例较多,且多表现为浮盘被破坏的火灾。为此,规定按固定顶储罐对待。

4.4.2 内浮顶储罐通常储存火灾危险性为甲、乙类的液体。由于火灾时炽热的金属罐壁和泡沫堰板及密封对泡沫的破坏,其供给强度也应大于固定顶储罐的泡沫混合液供给强度;到目前为止,按环形密封区设防的水溶性液体浮顶罐,尚未开展过灭火试验,但无疑其泡沫混合液供给强度应大于非水溶性液体。本规定综合了上述两方面的分析,并参照了对外浮顶储罐的相关规定。

本条第1款～第3款及第5款要求必须做到,否则灭火无法保证,为此定为强制性条文。

4.4.3 由于该储罐无法设置泡沫溜槽等固定缓冲装置,其他不影响浮盘上下浮动的泡沫缓冲装置应用较少,技术不一定成熟。考虑到上述缘由,允许此类储罐不设泡沫缓冲装置;另外,浮盘可能会有一定残存,对泡沫起到一定的缓冲作用。所以,为安全可靠,规定延长泡沫混合液供给时间。

4.5　其他场所

4.5.1 本条对泡沫混合液用量的规定,一方面考虑不超过油罐区的流量;另一方面火车装卸栈台的用量要能供给1台泡沫炮,汽车装卸栈台的用量要能供给1支泡沫枪。

4.5.2、4.5.3 这两条规定主要依据NFPA 11《低倍数、中倍数、高倍数泡沫灭火系统标准》和BS 5306 Part 6《泡沫灭火系统标准》。对于甲、乙、丙类液体流淌火灾,有围堰限制的场所,液体会积聚一定的深度;没有围堰等限制的场所,流淌液体厚度会较浅。正常情况下,前者所需的泡沫混合液供给强度比后者要大。

4.5.4 2007年9月5日和6日,规范编制组在浙江诸暨组织了公路隧道泡沫消火栓箱灭厢式轿车火灾试验。灭火操作者为一般工作人员,每次试验燃烧的93#车用汽油量大于15L,灭火时间小于3.5min。本条规定主要依据上述试验制定。

5 中倍数泡沫灭火系统

5.1 全淹没与局部应用系统及移动式系统

5.1.1 本条提出了全淹没中倍数泡沫灭火系统的适用场所。

和高倍数泡沫相比,中倍数泡沫的发泡倍数低,在泡沫混合液供给流量相同的条件下,单位时间内产生的泡沫体积比高倍数泡沫要小很多。因此,全淹没中倍数泡沫灭火系统一般用于小型场所。

5.1.2 本条提出了局部应用中倍数泡沫灭火系统的适用场所。

四周不完全封闭的场所是指一面或多面无围墙或固定围挡,以及围墙或固定围挡高度不满足全淹没系统所需高度的场所,这类场所多不满足全淹没系统的应用条件。

局部应用系统的泡沫产生器是固定安装的,因此,对于流散及流淌的火灾场所应有限定,即能预先确定流散火灾和流淌火灾的位置。

5.1.3 本条提出了移动式中倍数泡沫灭火系统的应用场所。

移动式中倍数泡沫灭火系统的泡沫产生器可以手提移动,所以适用于发生火灾的部位难以确定的场所。也就是说,防护区内,火灾发生前无法确定具体哪一处会发生火灾,配备的手提式中倍数泡沫产生器只有在起火部位确定后,迅速移到现场,喷射泡沫灭火。

移动式中倍数泡沫灭火系统用于 B 类火灾场所,需要泡沫产生器喷射泡沫有一定射程,所以其发泡倍数不能太高。通常采用吸气型中倍数泡沫枪,发泡倍数在 50 以下,射程一般为 10m～20m。因此,移动式中倍数泡沫灭火系统只能应用于较小火灾场所,或作辅助设施使用。

5.1.4 目前,国外相关标准未对全淹没中倍数泡沫灭火系统的设计参数作出明确规定,如 NFPA 11《低倍数、中倍数、高倍数泡沫灭火系统标准》规定"中倍数泡沫的淹没深度应由试验确定";国内也没有做过相关灭火试验。因此,规定全淹没中倍数泡沫灭火系统的设计参数宜由试验确定。和高倍数泡沫相比,中倍数泡沫密度大,在泡沫供给速率等设计参数相同的情况下,对着火区域的封闭效果会更好,亦即灭火效果比高倍数泡沫系统要好。因此,依据高倍数泡沫灭火系统的设计参数进行设计,是安全可靠的。

5.1.5 本条主要借鉴了 NFPA 11《低倍数、中倍数、高倍数泡沫灭火系统标准》的相关规定。

5.1.6 本条有关泡沫混合液供给强度与供给时间的规定参考了英国标准 BS 5306 Part 6《泡沫灭火系统标准》。在室外场所,泡沫易受风等因素的影响,供给时间要长于室内场所。

对于水溶性液体以及沸点低于 45℃ 的非水溶性液体,设置中倍数泡沫灭火系统的适用性缺乏试验和应用基础。因此,设计参数应由试验确定。

5.2 油罐固定式中倍数泡沫灭火系统

5.2.1 前苏联是最早将中倍数泡沫用于油罐的国家。他们在 20 世纪 60 年代进行了一系列油品燃烧特性与泡沫灭火试验,并且在 20 世纪 70 年代推荐油罐设置中倍数泡沫灭火系统。

在我国,原商业部设计院等单位,从 20 世纪 70 年代起进行了多次油池、模拟敞口固定顶油罐灭火试验,取得了一些成果。20 世纪 90 年代,该技术被《石油库设计规范》GBJ 74—84 和《高倍数、中倍数泡沫灭火系统设计规范》GB 50196 所采纳。

5.2.2 内浮顶储罐通常储存火灾危险性为甲、乙类的液体。因为中倍数泡沫的密度较低,易受气流或火焰热浮力的影响,因此规定内浮顶罐按全液面火灾设防。

5.2.3 参见本规范第 4.1.3 条的条文说明。

5.2.4 泡沫混合液供给强度主要根据我国相关试验确定。泡沫混合液连续供给时间主要依据俄罗斯规范 СНиП 2.11.03—93《石油与石油产品库防火规范》。该规范规定泡沫混合液最小供给时间为 10min,但需要有 3 倍的储备量,即相当于 30min 的供给时间。

5.2.5 中倍数泡沫枪的设置参考了本规范第 4.1.4 条的规定。

6 高倍数泡沫灭火系统

6.1 一般规定

6.1.1 按应用方式,高倍数泡沫灭火系统分为全淹没、局部应用、移动三种。全淹没系统为固定式自动系统;局部应用系统分为固定与半固定两种方式,其中固定式系统根据需要可设置成自动控制或手动控制。本条规定了设计选型的一般原则。设计时应综合防护区的位置、大小、形状、开口、通风及围挡或封闭状态,可燃物品的性质、数量、分布以及可能发生的火灾类型和起火源、起火部位等情况确定。

6.1.2 为了对所保护的场所进行有效监控,尽快启动灭火系统,规定全淹没系统或固定式局部应用系统的保护场所,设置火灾自动报警系统。

1 为确保系统的可靠启动,规定同时设有自动、手动、应急机械手动启动三种方式。应急机械手动启动主要是针对电动控制阀门、液压控制阀门等而言的。这类阀门通常设置手动快开机构或带手动阀门的旁路。

2 对于较为重要的固定式局部应用系统保护的场所,如 LNG 集液池,一般都设计成自动系统。对于设置火灾报警手动控制的固定式局部应用系统,如果设有电动控制阀门、液压控制阀门等,也需要设置应急启动装置。

3 本款规定是为了在火灾发生后立即通过声和光两种信号向防护区内工作人员报警,提示他们立即撤离,同时使控制中心人员采取相应措施。

4 一方面,为防止泡沫流失,使高倍数泡沫灭火系统在规定的喷放时间内达到要求的泡沫淹没深度,泡沫淹没深度以下的门、窗要在系统启动的同时自动关闭;另一方面,为使泡沫顺利施放到被保护的封闭空间,其封闭空间的排气口也应在系统启动的同时自动开启;再者,高倍数泡沫具有导电性,当高倍数泡沫进入未封闭的带电电气设备时,会造成电器短路,甚至引起明火,所以相关设备等的电源也应在系统启动的同时自动切断。

为保证系统可靠运行,将本条第1款~第3款定为强制性条文。

6.1.3 本条有关对防护区划分的原则规定,主要是避免为降低工程造价,将一个大防护区不恰当地划分成若干个小防护区。通常两个有一定防火间距的建筑物,可划分成两个防护区;一、二级耐火等级的封闭建筑物内不连通的两个同层房间,可划分成两个防护区。

6.1.4 全淹没系统和局部应用系统的泡沫产生器都需要固定在适宜的位置上,使其有效地达到系统的设计要求。

高倍数泡沫产生器在一定的泡沫背压下不能正常产生泡沫。为使防护区在淹没时间内达到规定的泡沫淹没深度,高倍数泡沫产生器设在泡沫达到的最大设计高度以上是必须的;为利于泡沫覆盖保护对象,高倍数泡沫产生器需要尽量接近它,但要保证高倍数泡沫产生器不受爆炸或火焰的损坏。

由于高倍数泡沫的流动性差,在被保护的整个面积上,泡沫淹没深度未必均匀,通常在距高倍数泡沫产生器最远的地方深度较浅,因此防护区内高倍数泡沫产生器的分布要使防护区域形成较均匀的泡沫覆盖层。

高倍数泡沫的泡沫群体质量很轻,一般为 $2kg/m^3$ ~ $3.5kg/m^3$,易受风的作用而飞散,造成堆积和流动困难,使泡沫不能尽快地覆盖和淹没着火物质,影响灭火性能,甚至导致灭火失败。故要求高倍数泡沫产生器在室外或坑道应用时采取防风措施。

当在高倍数泡沫产生器的发泡网周围增设挡风装置时,其挡板应距发泡网有一定的距离,使之不影响泡沫的产生或损坏泡沫。

6.1.5 对导泡筒横截面积尺寸系数的规定,是为了避免导泡筒横截面积过小形成泡沫背压,增大破泡率;导泡筒横截面积过大,对泡沫的有效输送无实际意义。

有的工程,出于保持场所日常严密的目的,在导泡筒上设置了百叶等闭合装置。为防止闭合装置对泡沫的通过形成阻挡,作此规定。

6.1.6 在高倍数泡沫产生器前设控制阀是为了系统试验和维修时将该阀关闭,平时该阀处于常开状态。设压力表是为了在系统进行调试或试验时,观察高倍数泡沫产生器的进口工作压力是否在规定的范围内。

6.1.7 本条是针对采用自带比例混合器的高倍数泡沫产生器(这是一种在其主体结构中有一微型比例混合器,吸液管可从附近泡沫液储存桶吸液的泡沫产生器)的系统而规定的。

6.2 全淹没系统

6.2.1 根据高倍数泡沫灭火机理并参照国外相关标准,本条提出了全淹没高倍数泡沫灭火系统的适用场所。

全淹没高倍数泡沫灭火系统,是将高倍数泡沫按规定的高度充满被保护区域,并将泡沫保持到控火和灭火所需的时间。全淹没高倍数泡沫灭火系统特别适用于大面积有限空间的A类和B类火灾的防护;封闭空间愈大,高倍数泡沫的灭火效能高和成本低等特点愈显著。

有些被保护区域可能是不完全封闭空间,但只要被保护对象是用不燃烧体围挡起来,形成可阻止泡沫流失的有限空间即可。墙或围挡设施的高度应大于该保护区域所需要的高倍数泡沫淹没深度。

6.2.2 本条在第6.2.1条基础上,对全淹没系统的防护区作了进一步规定。

泡沫的围挡为不燃烧体结构,且在系统设计灭火时间内具备围挡泡沫的能力是对围挡的最基本要求。对于一些可燃固体仓库等场所,若在火焰直接作用不到的位置设置网孔基本尺寸不大于3.15mm(6目)的钢丝网作围挡,基本可以挡住高倍数泡沫外流。

利用防护区域外部空气发泡的高倍数泡沫产生器,向封闭防护区内输入了大量高倍数泡沫时,由于泡沫携带了大量防护区外的空气,如不采取排气措施,被高倍数泡沫置换了的气体无法排出防护区,会造成该区域内气压升高,导致高倍数泡沫产生器无法正常发泡,亦能使门、窗、玻璃等薄弱环节破坏。如某飞机检修机库采用了全淹没高倍数泡沫灭火系统,建筑设计时未设计排气口,在机库验收时进行了冷态发泡,当发泡约3min后,高倍数泡沫已在 $7200m^2$ 的地面上堆积了约4m以上,室内气压较高,已经关闭并用细钢丝系好的两扇门被打开。因此,应设排气口。

由于烟气对泡沫会产生不利影响,故排气口应避开高倍数泡沫产生器进气口。

排气口的结构形式视防护区的具体情况而定。排气口可以是常开的,也可以是常闭的,但当发生火灾时,应能自动或手动开启。

执行本条文时应注意:排气口的设置高度要在设计的泡沫淹没深度以上,避免泡沫流失;排气口的位置不能影响泡沫的排放和泡沫的堆集,避免延长淹没时间。

本条第1款~第3款必须做到,否则灭火无法保证。因此,将其定为强制性条文。

6.2.3 本条是依据国外相关标准及我国灭火试验制定的。

对于易燃、可燃液体火灾所需的泡沫淹没深度,我国对汽油、柴油、煤油和苯等做过的大量试验,积累的灭火试验数据见表5。表中所列试验,其油池面积、燃液种类和牌号以及试验条件不尽相同,考虑到各种因素和工程应用中全淹没高倍数泡沫灭火系统可能用于更大面积的防护区,故对汽油、煤油、柴油和苯的泡沫淹没深度规定取表中的最大值。对于没有试验数据的其他甲、乙、丙类液体,需由试验确定。

表5 汽油、煤油、柴油、苯灭火试验数据

燃液种类	燃液用量 (kg)	灭火时间 (s)	油池面积 (m^2)	泡沫厚度 (m)	试验地点	备注
汽油	1200	41	105	1.10	天津	未复燃
汽油	1200	42.5	105	1.13	天津	未复燃
汽油	800	40	105	1.10	天津	未复燃
汽油	480	27	63	1.25	乐清	未复燃
汽油	300	18	25	0.88	常州	未复燃
航空煤油	1000	49	105	1.56	天津	未复燃
航空煤油	1000	54	105	1.71	天津	未复燃
航空煤油	1000	41	105	1.33	天津	未复燃
柴油加汽油	360+40	34	50	1.88	江都	未复燃
工业苯	300	25	36	1.71	乐清	未复燃
工业苯	540	34	55	1.23	鞍山	未复燃
工业苯	450	30	63	1.30	乐清	未复燃
工业苯	450	29	63	1.30	乐清	未复燃

淹没深度是系统设计的关键参数之一,必须严格执行本规定,否则灭火无法保证。为此,将本条定为强制性条文。

6.2.5 本条是依据国外相关标准及我国灭火试验制定的。

1 淹没时间是指从高倍数泡沫产生器开始喷放泡沫至泡沫充满防护区规定的淹没体积所用的时间。

由于不同可燃物的燃烧特性各不相同,要求泡沫的淹没时间也不同。通常,B类火灾,尤其是甲、乙类液体火灾蔓延快、辐射热大,所以其淹没时间理应比A类火灾短。

2 系统开始喷放泡沫是指防护区内任何一台高倍数泡沫产生器开始喷放泡沫。

泡沫的淹没时间与第6.2.3条规定的泡沫淹没深度,共同成为全淹没高倍数泡沫灭火系统的核心参数,它关系到系统可靠与否和系统投资大小,必须严格执行本规定,否则灭火无法保证。为此,将本条定为强制性条文。

6.2.6 本条中的最小泡沫供给速率的计算公式,借鉴了国外相关标准的规定。现将式中各参数与系数的含义说明如下:

最小泡沫供给速率(R)是系统总的泡沫供给能力的参数,同时也是计算系统泡沫产生器数量、泡沫混合液流量等的重要参数。

V 为本规范第 6.2.4 条规定的淹没体积。

T 为本规范表 6.2.5 规定的最大泡沫淹没时间。

泡沫破裂补偿系数(C_N)是综合火灾影响、泡沫正常析液、防护区内表面润湿与物品吸收等因素导致泡沫损失的经验值,国外标准也推荐取用 1.15。

泡沫泄漏补偿系数(C_L)是补偿由于门、窗和不能关闭的开口泄漏而导致的泡沫流失的系数。对于全部开口为常闭的建筑物,此系数最高可取到 1.2。具体取值,需综合泡沫倍数、喷水系统影响和泡沫淹没深度而定。

喷水造成的泡沫破泡率(R_S)是参考国外相关标准的计算公式与数据确定的。

预计动作的最大水喷头数目总流量(Q_Y)需依据现行国家标准《自动喷水灭火系统设计规范》GB 50084 的规定确定。

尚需指出,对于低于有效控制高度的开口,使用泡沫挡板将不可控泄漏降到最小是非常必要的。喷水会增加泡沫的流动性,从而导致泡沫损失率的增加,故应留意泡沫通过排水沟、管沟、门下部、窗户四周等处的泄漏。在泡沫泄漏不能被有效控制的地方,需要另行增加泡沫产生器补偿其泡沫流失。

6.2.7 本条是依据国外相关标准制定的。泡沫液和水的连续供给时间是系统设计的关键参数之一,必须严格执行本规定,否则会降低灭火的可靠性。为此,将本条定为强制性条文。

6.2.8 全淹没高倍数泡沫灭火系统按规定的淹没体积与淹没时间充满防护区后,需要将泡沫淹没体积保持足够的时间,以确保灭火或最大限度地控火。其所需的保持时间,与被保护的物质和是否设置自动喷水灭火系统有关。

由于高倍数泡沫的含水量较低(为 2kg/m³~3.5kg/m³),且携带了大量的空气,对易于形成深位火灾的一般固体场所,需要较长的保持时间;当防护区内同时设有自动喷水灭火系统时,因水有较好的润湿性能,所以需要的保持时间相对较短。

保持淹没体积的方法,主要采用一台、几台或全部高倍数泡沫产生器连续或断续地向防护区供给高倍数泡沫的方式。

6.3 局部应用系统

6.3.1 本条规定了局部应用系统的适用场所。

1 所谓四周不完全封闭,是指一面或多面无围墙或固定围挡,以及围墙或固定围挡高度不满足全淹没系统所需的高度。出于生产或其他方面的需要,某些保护场所的四周不能用围墙或固定围挡封闭起来,或封闭高度达不到全淹没系统所需的高度。在这种情况下,当供给高倍数泡沫覆盖保护对象时,因泡沫在一面或多面没有限制,泡沫的覆盖面增大,泡沫用量随之增大,系统泡沫供给速率不能像全淹没系统那样进行精确的设计计算。所以,在系统设计时,不但要有足够的裕度,而且必要时在附近预备适宜的临时围堵设施。

普通金属窗纱制成的围栏能有效起到屏障作用,可以把泡沫挡在防护区域内。

鉴于泡沫堆积高度的限制,当保护对象较高且不能有效阻止泡沫大量流失时,可能不适宜采用局部应用系统。为此,该系统主要适宜保护燃烧物顶面低于其周围地面的场所(如车间中的淬火油槽、凹坑、管沟等)和有限区域的液体溢流或流散火灾场所。

2 液化天然气(LNG)液化站与接收站设置高倍数泡沫灭火系统有两个目的:一是当液化天然气泄漏尚未着火时,用适宜倍数的高倍数泡沫将其盖住,可阻止蒸气云的形成;二是当着火后,覆盖高倍数泡沫控制火灾,降低辐射热,以保护其他相邻设备等。

高倍数泡沫用于天然气液化工程,其作用如下:

(1)控火。美国煤气协会(AGA)所做的试验表明,用某些高倍数泡沫,可将液化天然气溢流火的辐射热大致降低95%。其一定程度上是由于泡沫的屏障作用阻止火焰对液化天然气溢流的热反馈,从而降低了液化天然气的气化。室温下,倍数低的泡沫含有大量的水,当其析液进到液化天然气内时,会增大液化天然气蒸发率。美国煤气协会的试验证明,尽管 500 倍左右的泡沫最为有效,但 250 倍以上的泡沫就能控火。不同品牌的泡沫其控制液化天然气火的能力会明显不同。泡沫喷放速率过快会增加液化天然气的蒸发率,从而加大火势。较干的泡沫并不耐热,其破泡速度更快。其他如泡沫大小、流动性及液化天然气线性燃烧速率等也会影响控火。

(2)控制下风向蒸气危险。溢流气化伊始,液化天然气的蒸气比空气重。当这些蒸气被阳光及接触空气加热时,最终会变轻而向上扩散。但在向上扩散之前,下风向地面及近地面会形成高浓度蒸气溢流。在溢流的液化天然气上释放高倍数泡沫,当液化天然气蒸气经过泡沫覆盖层时,靠泡沫中水对液化天然气蒸气的加热,可降低其蒸气浓度。因为产生浮力,所以高倍数泡沫的使用可降低下风向地表面气体浓度。已发现 750 倍~1000 倍的泡沫控制扩散最为有效,但如此高的倍数会受到风的不利影响。不管怎样,正如用以控火一样,控制蒸气扩散能力随泡沫的不同而异,为此应该通过试验来确定。

依据上述试验结论,美国消防协会标准 NFPA 59A《液化天然气生产、储存及输送》率先推荐在液化天然气生产、储存设施中使用高倍数泡沫系统,随后的欧洲标准 EN 1473《液化天然气装置及设备》等也作了相似的推荐。NFPA 11《低倍数、中倍数、高倍数泡沫灭火系统标准》对高倍数泡沫系统的设计作了简单规定。2004 年版《石油天然气工程设计防火规范》GB 50183 也规定了在液化天然气生产、储存设施中使用高倍数泡沫系统。借鉴上述标准推荐或规定,所以本规范对其系统设计进行了规定。

目前,高倍数泡沫已广泛用于保护液化天然气设施。但为提高高倍数泡沫灭火系统可靠性,应采取有效减少泄漏蒸发面积的措施。

6.3.2 在确定系统的保护面积时,首先要考虑保护对象周围是否存在可能被引燃的可燃物,如果有,应将它们包括在保护范围内;其次应考虑保护对象着火后,是否存在因物体坍塌或液体溢流导致保护面积扩大的现象,如果存在,应将其影响范围包括在内。

6.3.3 本条是依据国外相关标准及我国灭火试验制定的。泡沫供给速率是系统设计的关键参数之一,必须严格执行本规定,否则灭火无法保证。为此,将本条定为强制性条文。

6.3.4 本条是依据国外相关标准及我国灭火试验制定的。泡沫液和水的连续供给时间是系统设计的关键参数之一,必须严格执行本规定,否则会降低系统可靠性。为此,将本条定为强制性条文。

6.3.5 本条对用于液化天然气工程的集液池或储罐围堰区的高倍数泡沫系统的设计进行了规定,具体解释如下:

1 1944 年美国俄亥俄州克利夫兰市的一个调峰站的 LNG 储罐发生破裂事故,发生爆炸并形成大火。在丧生 136 人中既有被烧死,也有被冻死。所以,为了人员安全和泡沫发生器正常工作,规定应选择固定式系统并设置导泡筒。

2 有关发泡倍数的规定参考了国外相关标准及我国相关试验。

3 关于泡沫混合液供给强度,国内外均未开展过大型试验研究,也无利用高倍数泡沫控火的事故案例。所以,即使是执行了多年的美国消防协会标准 NFPA 11《低倍数、中倍数、高倍数泡沫灭火系统标准》,也未规定具体参数。对以降低辐射热为目的的,NFPA 11 规定由试验确定,并在其附录 H 中给出了试验方法。

特别指出,泡沫的析液对液化天然气有加热作用,所以并不是供给强度越大越好,应适度。

6.4 移动式系统

6.4.1 移动式高倍数泡沫灭火系统可由手提式或车载式高倍数泡沫产生器、比例混合器、泡沫液桶(罐)、水带、导泡筒、分水器、供水消防车或手抬机动消防泵等组成。使用时,将它们临时连接起来。

地下工程、矿井等场所发生火灾后,其内充满危及人员生命的烟雾或有毒气体,人员无法靠近,火源点难以找到。用移动式高倍数泡沫灭火系统扑救这类火灾,可将泡沫通过导泡筒从远离火场的安全位置输送到火灾区域扑灭火灾。1982年10月,山西某煤矿运输大巷发生火灾,大火燃烧约30h,整个矿井充满浓烟。用移动式高倍数泡沫灭火系统,两次发泡共用70min将明火压住,控制住火势发展,在泡沫排烟降温的条件下,救护人员进入火灾区,直接灭火和封闭火区。

河南某汽车运输公司中心站油库发生火灾,库房崩塌,罐内油品四溢,燃烧面积达500m²。采用移动式高倍数泡沫灭火系统,10min后将火扑灭。所以,移动式高倍数泡沫灭火系统,也可用于诸如油罐防火堤内等因油品泄漏引起流淌火灾的场所。

对于一些封闭空间的火场,其内部烟雾及有毒气体无法排出,火场温度持续上升,会造成更大的损失。如果使用移动式高倍数泡沫灭火系统,泡沫可以置换出封闭空间内的有毒气体,也会降低火场的温度,而后可用其他灭火手段扑救火灾。

移动式高倍数泡沫灭火系统还可作为固定式灭火系统的补充。全淹没、局部应用系统在使用中出现意外情况时或为了更快地扑救防护区内火灾,可利用移动式高倍数泡沫灭火装置向防护区喷放高倍数泡沫,增大高倍数泡沫供给量,达到更迅速扑救防护区内火灾的目的。

目前,我国各煤矿矿山救护队都普遍配置了移动式高倍数泡沫灭火装置,对扑救矿井火灾、抢险、降温、排烟和清除瓦斯等都起到了很大作用。

采用移动式系统灭火,要进行临场战术组织;灭火成功与否,还与操作者个人能力、技巧密切相关,有关人员应有针对性地进行灭火技术训练。

6.4.2 移动式高倍数泡沫灭火系统作为火场一种灭火战术的选择,有着如保护对象的类型与火场规模、火灾持续时间与系统开始供给泡沫时间、同时采取的其他灭火手段等许多不确定因素。其淹没时间或覆盖保护对象时间、泡沫供给速率与连续供给时间,需根据保护对象的具体情况以及灭火策略而定。

6.4.3 有关移动式高倍数泡沫灭火系统泡沫液和水的储备量解释如下:

1 在全淹没系统或局部应用系统控火后,或局部有超出设计的泡沫泄漏量时,可能需要便携式泡沫产生器局部补给。本着安全、经济的原则,规定在其系统储备量的基础上增加5%~10%。

2 一套系统是指一套高倍数泡沫产生器与一台消防车。本款规定的泡沫液储存量是按采用3%型泡沫液、泡沫混合液流量不大于4L/s的高倍数泡沫产生器连续工作60min计算而得的。

6.4.4 执行本条规定时应注意以下两点:①在高倍数泡沫产生器的进口工作压力范围内(水轮机驱动式一般为0.3MPa~1.0MPa),其泡沫混合液流量、泡沫倍数、发泡量随压力的增大而增大;②当采用管线式比例混合器(即负压比例混合器)时,其压力损失高达进口压力的35%。

6.4.5 在矿井使用泡沫产生器时,无论是竖井或斜井发生火灾后,火风压很大,泡沫较难到达起火部位。河南省某县一个矿井发生火灾后,竖井的火风压很大,在井口安放的移动式高倍数泡沫产生器向井内发泡,泡沫被火风压吹掉而不能灌进矿井中。之后救护人员使用了用阻燃材料制作的导泡筒,将泡沫由导泡筒顺利地

导入矿井中,将火扑灭。

由于矿井中巷道分布情况复杂,而且通风状况、巷道内瓦斯聚集浓度等均无法预测,因此在矿井中使用移动式高倍数泡沫灭火系统扑救火灾时,需考虑矿井的特殊性。目前煤矿使用的可拆且可以移动的电动式高倍数泡沫发生装置,可满足驱动风压和发泡倍数的要求。

6.4.9 系统电源与电缆满足输送功率、保护接地和防水要求是最基本的。同时,所用电缆应耐受不均匀用力的扯动和火场车辆的不慎碾压。

7 泡沫—水喷淋系统与泡沫喷雾系统

7.1 一般规定

7.1.1 泡沫—水喷淋系统具备灭火、冷却双功效,可有效防止灭火后因保护场所内高温物体引起可燃液体复燃,且系统造价又不会明显增加。目前,泡沫—水喷淋系统已成为液体火灾场所的重要灭火系统之一。

泡沫—水喷淋系统通常的工作次序是先喷泡沫灭火,然后喷水冷却。依据自动喷水灭火系统的分类方式,泡沫—水喷淋系统可分为雨淋系统和闭式系统两大类。其中闭式系统又可进一步细分为预作用系统、干式系统、湿式系统三种形式。

本条对泡沫—水喷淋系统适用场所的规定是根据国内试验研究、工程应用及国外相关标准制定的。尽管国内外有在室外场所安装泡沫—水喷淋系统的工程实例,但根据公安部天津消防研究所的试验,在多风的气候条件下,其灭火功效存在着某些不确定因素。所以,本规范暂推荐其用于室内场所。

本条所述的缓冲物可以是专门设置的缓冲装置,也可以是保护场所内设置的固定设备、金属物品或其他固体不燃物。通过公安部天津消防研究所的试验,对于水溶性液体厚度超过25mm,但有金属板或金属桶之类的缓冲物时,灭火是切实可行的。

7.1.2 泡沫喷雾系统在变电站油浸变压器上应用,是20世纪90年代源于我国,并已少量出口到欧洲。现行国家标准《火力发电厂与变电所设计防火规范》GB 50229将泡沫喷雾系统规定为变电站单台容量为125000kV·A及以上的主变压器应设置的灭火系统可选项之一,加速了该系统使用。为保证本规范规定的设计参数科学、安全、可靠,2007年4月至9月,公安部天津消防研究所会

同杭州安士城消防器材有限公司、杭州新纪元消防科技有限公司、杭州美邦冷焰理火有限公司、上海冠承金能源科技有限公司,在杭州成功开展了大型油浸变压器泡沫喷雾系统试验研究,取得了系统设计所需的成果。

面积不大于200m²的非水溶性液体室内场所,主要指燃油锅炉房、油泵房、小型车库、可燃液体阀门控制室等小型场所。

7.1.3 本条参照了NFPA 16《泡沫—水喷淋与泡沫—水喷雾系统安装标准》等相关标准,同时兼顾现行国家标准《自动喷水灭火系统设计规范》GB 50084对持续喷水时间的规定。本条规定必须做到,否则系统灭火无法保证,为此定为强制性条文。

7.1.4 泡沫—水雨淋系统与泡沫—水预作用系统是由火灾自动报警系统控制启动的自动灭火系统。为了保证在报警系统故障条件下能启动灭火系统,其消防泵、相关控制阀等应同时具备手动启动功能,并且报警控制阀等尚应具备应急机械手动开启功能。为尽可能避免因体力原因而不能操作,对机械手动启动力进行了限制。

在系统启动后,为尽快向保护场所供给泡沫实施灭火,尽可能少向保护场所喷水,泡沫液供给控制装置快速响应是必须的。响应方式可能随选用的泡沫比例混合装置的不同而不同,可为随供水主控阀动作而动作的从动型,也可为与供水主控阀同时动作的主动型。

7.1.5 本规定旨在使泡沫液及时与水按比例混合,缩短系统响应时间;同时保证泡沫液在管道内不漏失、不变质、不堵塞。

7.1.6 本条规定是为方便泡沫—水喷淋系统的调试和检测。

关于流量,泡沫—水雨淋系统按一个雨淋阀控制的全部喷头同时工作确定;闭式系统的最大流量按作用面积内的喷头全部开启确定,最小流量按8L/s确定。

7.1.7 本条规定的目的,一是防止火灾蔓延,二是出于环境保护的需要。

7.1.8 由于某些场所适宜选用带闭式喷头的传动管传递火灾信号,在工程中亦存在许多实例,为保证其可靠性制定了该条文。对于独立控制系统,传动管的长度是指系统传动管的总长;对于集中控制系统,则是指一个独立防护区域的传动管的总长。规定传动管的长度不大于300m,是为了使系统能够快速响应。

7.2 泡沫—水雨淋系统

7.2.1 本条规定必须做到,否则灭火无法保证,为此定为强制性条文。

7.2.2 本条是在总结国内灭火试验数据的基础上,参照NFPA 16《泡沫—水喷淋系统与泡沫—水喷雾系统安装标准》、BS 5306 Part 6《泡沫灭火系统标准》,并结合我国国情制定的。本条规定必须做到,否则灭火无法保证,为此定为强制性条文。

7.2.3 泡沫—水雨淋系统是自动启动灭甲、乙、丙类液体初期火灾的灭火系统,为保证其响应时间短、系统启动后能及时通知有关人员以及满足系统控制盘监控要求,需要设置雨淋阀、水力警铃、压力开关。

单区小系统保护的场所火灾荷载小,且其管道较短,响应时间易于保证,为节约投资可不设置雨淋阀与压力开关。

7.2.4 泡沫—水喷头和泡沫—水雾喷头的性能要优于带溅水盘的开式非吸气型喷头。另外,所谓"吸气型"仅针对泡沫—水喷头,并不针对泡沫—水雾喷头。

7.2.5 本条是参照NFPA 16《泡沫—水喷淋系统与泡沫—水喷雾系统安装标准》、NFPA 13《水喷雾灭火系统安装标准》和现行国家标准《自动喷水灭火系统设计规范》GB 50084、《水喷雾灭火系统设计规范》GB 50219等,结合泡沫—水雨淋系统的特性制定的。

7.2.6 系统的响应时间是参照现行国家标准《水喷雾灭火系统设计规范》GB 50219,并结合泡沫—水雨淋系统的特性制定的。为利于灭火,保护面积内的泡沫混合液供给强度要均匀且满足设计要求,这就需要任意四个相邻喷头组成的四边形保护面积内的平

均泡沫混合液供给强度不小于设计强度。

7.3 闭式泡沫—水喷淋系统

7.3.1 本条规定了不宜选用闭式泡沫—水喷淋系统的场所。

1 液体火灾蔓延速度比较快,发生火灾后,会很快蔓延至所有液面,若流淌面积较大,则闭式泡沫—水喷淋系统很难控火,参见第7.3.4条条文说明。这种情况下,宜设置泡沫—水雨淋系统。

2 根据公安部天津消防研究所的试验,用闭式喷头喷洒水成膜泡沫,其发泡倍数不足2倍。这充分说明闭式泡沫—水喷淋系统的泡沫倍数较低,靠泡沫混合液或水稀释可扑灭少量水溶性液体泄漏火灾。当水溶性液体泄漏面积较大时,闭式泡沫—水喷淋系统可能较难灭火,宜设置泡沫—水雨淋系统。

3 若净空高度过高,则烟气上升至顶棚时,温度会变得比较低,有可能会导致喷头不能及时受热开放,参照《自动喷水灭火系统设计规范》GB 50084,作此规定。

7.3.2 泡沫—水干式系统是靠管道内的气体来启动的,喷头开启后,需先将管道内的气体排空,才能喷放泡沫。因此,喷头喷泡沫会有较长的时间延迟,若火灾蔓延速度较快,则在喷头开始喷泡沫时,火灾已经蔓延很大区域,此时火势可能已经难以控制。

7.3.3 管道充水的泡沫—水湿式系统,火灾初期需要先将管道内的水喷完后才能喷泡沫灭火。而喷水不但无助于控制本条所述场所的油类火灾,可能还会加速火灾蔓延。以致系统喷泡沫时,火灾规模可能已经很大,使得系统难以控火和灭火。

7.3.4 油品等液体火灾,不但热释放速率大,而且会产生大量高温烟气,高温烟气扩散到距火源较远处时还可能启动喷头。因此,开放的喷头数量可能较多,开启喷头的总覆盖面积比着火面要大,甚至大很多。

1999年,公安部天津消防研究所曾做过泡沫喷淋系统灭油盘火试验,试验条件为:在14m×14m的中试实验室,安装16只国产68℃的普通玻璃泡沫喷头,喷头间距3.6m,设计喷洒强度6.5L/(min·m²),油盘大小为2120mm×1000mm,置于实验室中心,油盘距喷头4m,试验发现排烟风机启动。试验发现点火后45s,16只喷头几乎同时开放。可见,开放喷头的覆盖面积为200m²,而着火区域面积仅为2.12m²。因此,对于闭式泡沫—水喷淋系统,需要将其作用面积设计大一些,才能保证发生火灾时能够满足设计喷洒强度。另外,液体火灾的蔓延速度很快,短时间内可能会形成较大面积的火灾,这也需要系统具有较大的作用面积,以覆盖着火区域。

综上所述,并参照NFPA 16《泡沫—水喷淋系统与泡沫—水喷雾系统安装标准》,规定作用面积为465m²。

当防护区面积小于465m²时,按防护区实际面积确定是安全的。

另外,我国尚未针对闭式泡沫—水喷淋系统的作用面积开展试验研究,NFPA 16《泡沫—水喷淋系统与泡沫—水喷雾系统安装标准》(2003版)也是借鉴了NFPA 409《飞机库标准》的规定。而作用面积与防护区面积、高度、可燃物种类和摆放形式有关。为留有余地,规定可采用试验值。

7.3.5 本条是参照NFPA 16《泡沫—水喷淋系统与泡沫—水喷雾系统安装标准》(2003版)并结合国内的试验制定的。本条要求必须做到,否则灭火无法保证,为此定为强制性条文。

7.3.6 闭式系统的流量是随火灾时开放喷头数的变化而变化的,这就要求系统输送的泡沫混合液能在系统最低流量和最大设计流量范围内满足规定的混合比,而比例混合器也只能在一定的流量范围内满足相应的混合比,其流量范围应该和系统的设计要求相匹配。因此,需要按照系统的实际工作情况确定一个合理的流量下限。

统计资料表明,火灾时一般会开放4个~5个喷头,而对油品火灾,开放的喷头数会更多,从第7.3.4条条文说明所述的试验中可看到这一点。当系统开放4个喷头时,系统流量一般可达到8L/s以上。如对一个均衡泡沫—水喷淋系统进行了计算,系统采用K=80的标准喷头,作用面积380m²,喷头间距3.5m,泡沫混合液

供给强度 6.5L/(min·m²)，经计算，当系统开放 3 个喷头时，流量为 6.5L/s，开放 4 个喷头时，流量为 8.85L/s。因此，将流量下限确定为 8L/s，这样，既能保证灭火初期系统开放喷头数较少时的要求，又能使目前的比例混合器产品容易满足闭式系统的要求。为保证系统可靠运行，本条定为强制性条文。

7.3.7 本条参照 NFPA 16《泡沫—水喷淋系统与泡沫—水喷雾系统安装标准》制定。由于油品火灾的热释放速率比较高，其烟气温度也会较一般火灾高，安装于顶棚的喷头周围容易聚集热量。因此，选用公称动作温度比较高的喷头，以避免作用面积之外的喷头开放，顶棚喷头的设置可参照现行国家标准《自动喷水灭火系统设计规范》GB 50084。当喷头离顶棚较远时，其周围的热量聚集效果会比较差，此时采用动作温度较低的喷头。条文中的"中间层面"是指离顶棚较远的位置，如喷头安装在距顶棚较远的某层货架内，由于货物的阻挡，顶棚的喷头可能无法完全覆盖该位置。喷头安装于中间层面时，一般需设置集热挡水板，以利于喷头周围集热及免受顶棚喷头喷洒的影响。

7.3.8 本条参照 NFPA 16《泡沫—水喷淋系统与泡沫—水喷雾系统安装标准》和 NFPA 409《飞机库标准》制定。

7.3.9 当系统管道充注泡沫预混液时，首先要保证预混液的性能不受管道和环境温度的影响，同时，相应的管道和管件要耐泡沫预混液腐蚀。

当系统管道充水时，为保证能尽快控火和灭火，需尽量缩短系统喷水的时间。在此，应合理地设置系统管网，尽可能避免少量喷头开启的情况下，将管网内的水全部喷放出来。

7.3.10 本条参照 NFPA 13《自动喷水灭火系统安装标准》(2007 年版)和现行国家标准《自动喷水灭火系统设计规范》GB 50084、《自动喷水灭火系统施工及验收规范》GB 50261 制定。

规定系统管道的充水时间或系统控制的喷头数是为了限制系统的容积不至于过大，保证火灾时系统能够快速启动，及早控制和扑灭火灾，同时提高系统的可靠性。

7.4 泡沫喷雾系统

7.4.1 本条规定了泡沫喷雾系统可采用的两种形式，由于第一种形式结构简单且造价比较低，目前国内大都采用此种形式。

7.4.2 本条规定了泡沫喷雾系统保护独立变电站的油浸电力变压器时的设计参数，主要根据实体试验制定。

2007 年 4 月至 9 月，公安部天津消防研究所会同相关单位对泡沫喷雾系统灭油浸变压器火灾进行了一系列实体试验。试验分两个阶段，第一阶段为小型模拟试验，变压器模型长 2.5m、宽 1.6m、高 1.5m，集油坑长 3.15m、宽 2m、深 0.3m。第二阶段为容量大于 180000kV·A 大型模拟油浸变压器实体火灾灭火试验，变压器模型长 7m、宽 4m、高 4m，集油坑长 8m、宽 5m、深 1m。试验油品为检修更替下的 -25# 变压器油，主要试验结果见表 6。

表 6　泡沫喷雾系统灭油浸变压器火灾试验结果

试验编号	1	2	3	4	5
喷头数量(个)	4	4	4	14	14
喷头雾化角(°)	60	60	60	60	60
喷头安装高度(m)	2.9	2.0	2.0	2.0	2.0
变压器开口数量(个)	6	6	6	6	6
变压器开口直径(mm)	460	460	460	800	Φ800、Φ600、Φ400 孔各两个
油层厚度(mm)	50	50	50	70	70
预燃时间(min∶s)	3∶00	3∶00	3∶00	3∶00	4∶00
泡沫液种类	抗溶水成膜	抗溶水成膜	水成膜	合成泡沫	合成泡沫
供给强度[L/(min·m²)]	5.4	5.4	5.4	7	7
90%控火时间(min∶s)	2∶06	1∶30	2∶45	1∶20	1∶10
灭火时间(min∶s)	4∶42	3∶11	4∶13	3∶20	3∶04

表中试验编号 1、2、3 为小型试验，试验编号 4、5 为大型试验。

1　变压器发生火灾时需要同时保护变压器油箱本体及下面的集油坑，集油坑一般在变压器的四周外延 0.5m，同时考虑一定的安全系数，确定保护面积按油箱本体水平投影且四周外延 1m计算；

2　由表 6 可知，对于大型油浸变压器，在供给强度为 7L/(min·m²)时，可在 4min 之内灭火，考虑一定的安全系数，将供给强度确定为不小于 8L/(min·m²)；

3　从试验情况看，不管是小型试验还是大型试验，一般在5min 内可以灭火，但考虑到当泡沫喷雾灭火系统不能有效灭火时，消防队赶到现场救援需 15min，国内就曾有消防队利用中间泡沫消防车灭油浸变压器火灾的案例。因此，将连续供给时间确定为不低于 15min；

4　通过对国内变压器火灾案例进行调研，发现变压器起火后，最易从绝缘套管部位开裂。因此，应对进出线绝缘套管升高座孔口设置单独的喷头保护，以使喷洒的泡沫覆盖其孔口；

5　保护变压器绝缘套管升高座孔口的喷头雾化角宜为 60°，以使更多泡沫能够进入变压器油箱；

6　由试验可知，灭火时进入油箱内的泡沫比较少，油面覆盖的泡沫层很薄。因此，宜选用灭火性能级别较高的泡沫液。

7.4.3 本条参照泡沫—水喷淋系统的设计参数制定。

7.4.5 水雾喷头、管道均为导体，其与高压电气设备带电(裸露)部分的最小安全净距是设计中不可忽略的问题，各国相应的标准规范均作了具体规定。最小安全净距参见现行行业标准《高压配电装置设计技术规程》DL/T 5352 的规定。

7.4.8 瓶组数量采用波意耳-马略特定律计算，同时考虑不小于 1.5 的裕量系数。

8　泡沫消防泵站及供水

8.1　泡沫消防泵站与泡沫站

8.1.1 本条对泡沫消防泵站的设置作出了具体规定。

1　泡沫消防泵站和消防水泵房都需要水源、电源，两者合建有利于集中管理和使用，同时节约投资；

2　本款规定是为了防止泡沫液污染生活或生产用水；

3　为防止储罐或装置发生火灾后影响泡沫消防泵站的安全，规定其距保护对象的距离不小于 30m；

4　泡沫消防泵站的门、窗是其建筑中最容易受到破坏的部分，尤其是泡沫消防泵站的门，它是泡沫系统操作人员进出和灭火物资输送的通道，一旦受到火灾影响，将威胁到操作人员的安全和灭火物资输送。我国有泡沫消防泵站被破坏的火灾案例。因此作此规定。

8.1.2 泡沫消防水泵或泡沫混合液泵处于常充满水状态，是缩短启动时间、使泡沫系统及时投入灭火工作的保障，为此规定其采用自灌引水方式。

8.1.3 设置备用泡沫消防水泵或泡沫混合液泵，且其工作能力不应低于最大一台泵的能力，是国内外通行的规定。其目的是保证在其中一台泵发生故障后，系统仍可按最大设计流量供给泡沫混合液。

当储罐区规模较小时，其火灾危险性也会比较小，且可以利用机动设施进行灭火。因此，参照现行国家标准《石油库设计规范》GB 50074，小规模的储罐区可不设置备用泵。

8.1.4 本条实际上是规定了泡沫消防泵站应采用双动力源，并给出了双动力源的组配形式。需要指出，本条所规定的几种双动力源的组配形式没有排序优先问题,它们是同等的。关于供电系统的负荷分级与相应要求参见现行国家标准《供配电系统设计规范》GB 50052。设置柴油机比设置柴油发电机经济、可靠。

8.1.5 设置水位指示装置是为了及时观察水位。设置直通电话是保障发生火灾后,消防泵站的值班人员能及时与本单位消防队、消防保卫部门、消防控制室等取得联系。为保证系统可靠运行,本条定为强制性条文。

8.1.6 有些储罐区较大、罐组较多,如果将泡沫供给源集中到泵站,5min 内不能将泡沫混合液或泡沫输送到最远的保护对象,会延误灭火。所以,遇到此类情况时,可将泡沫站与泵房分建。有的工程甚至设置了两个以上的泡沫站,以满足输送时间的要求。

在泡沫站内独立设置的泡沫比例混合装置可以是平衡式比例混合装置、计量注入式比例混合装置和压力式比例混合装置等。从实现功能要求的角度来说,环泵式比例混合器必须和泡沫混合液泵设置在一起,所以该类型比例混合器不会设置在泡沫站内。

泡沫站通常是无人值守的,为了在发生火灾时及时启动泡沫系统灭火,故规定应具备远程控制功能。

本条规定是为了避免建筑火灾影响到泡沫灭火系统。

泡沫站是泡沫灭火系统的核心组成之一,一旦遭破坏,系统将失去灭火作用。为此,本条定为强制性条文。

8.2 系统供水

8.2.1 淡水是配置各类泡沫混合液的最佳水源,某些泡沫液也适宜用海水配置混合液。一种泡沫液是否适宜用海水配置泡沫混合液,取决于其耐海水(或硬水)的性能。因此,选择水源时,应考虑其是否与泡沫液的要求相适宜。同时,为了不影响泡沫混合液的发泡性能,规定水温宜为 4℃~35℃。

8.2.2 采用含油品等可燃物的水时,其泡沫的灭火性能会受到影响;使用含破乳剂等添加剂的水,对泡沫倍数和泡沫稳定性有影响。影响程度取决于上述物质的含量和泡沫液种类。要鉴别处理后的生产废水,如油田采出水等是否满足要求,可通过试验确定。公安部天津消防研究所受某石化公司委托,曾用氯碱厂 PVC 母液处理水作为 6% 型氟蛋白泡沫液配置泡沫混合液用水,按《蛋白泡沫灭火剂及氟蛋白泡沫灭火剂》GA 219—1999 对其泡沫性能进行过测试。测试结果表明,其 90% 火焰控制时间、灭火时间都不能达到标准要求。

8.2.3 为保证系统在最不利情况下能够满足设计要求,系统的水量应满足最大设计流量和供给时间的要求。本条定为强制性条文,旨在要求设计者进行水力计算,以保证系统可靠。

8.2.4 系统超压有可能会损坏设备,因此,应有防止系统超压的措施。

8.2.5 水泵接合器是用于外部增援供水的措施,当系统供水泵不能正常供水时,可由消防车连接水泵接合器向系统管道供水。系统在喷洒泡沫期间,供水泵亦可能出现不能正常供水的情况,因此,规定水泵接合器宜设置在比例混合器的进口侧。为满足系统要求,水泵接合器的流量应按系统的设计流量确定。

9 水力计算

9.1 系统的设计流量

9.1.1 在扑救储罐区火灾时,除了储罐上设置的泡沫产生器或高背压泡沫产生器外,可能还同时使用辅助泡沫枪(见第 4.1.4 条说明)。所以,计算储罐区泡沫混合液设计流量时,应包括辅助泡沫枪的流量。为保证最不利情况下泡沫混合液流量满足设计要求,计算时应按流量之和最大的储罐确定。

需指出,本规定的含义是按系统实际设计泡沫混合液强度计算确定罐内泡沫混合液用量。

本条定为强制性条文,旨在要求设计者进行系统校核计算,以保证系统可靠。

9.1.2 对于只设置泡沫枪或泡沫炮系统的场所,按同时使用的泡沫枪或泡沫炮计算确定系统设计流量是最基本要求。另外,还应保证投入战斗的每个泡沫枪或泡沫炮都满足相关设计要求。

9.1.3 当多个雨淋阀并联使用时,首先分别计算每个雨淋阀的流量;然后将需要同时开启的各雨淋阀的流量叠加,计算总流量,并选取不同条件下计算获得的各总流量中的最大值,将其作为系统的设计流量。

本条定为强制性条文,旨在要求设计者进行水力计算,以保证系统可靠。

9.1.4 本条规定的采用闭式喷头的泡沫—水喷淋系统设计流量的计算式和现行国家标准《自动喷水灭火系统设计规范》GB 50084 的规定相同,但计算方法与之有别。在本规定中,系统设计流量按最有利水力条件下作用面积内的喷头全部开放,所有喷头的流量之和确定。所谓最有利水力条件是指系统管道压力损失最小,喷头的工作压力最大,亦即喷头流量最大的情况。按本规定计算得到的流量为系统可能产生的最大流量,NFPA 16《泡沫—水喷淋系统与泡沫—水喷雾系统安装标准》也有类似规定。作用面积的计算方法和现行国家标准《自动喷水灭火系统设计规范》GB 50084 相同。

9.1.5 本条给出的流量计算公式为国际通用公式,国内外相关标准均利用此公式进行计算。对于未给定 k 系数的泡沫产生装置,其流量可以按压力-流量曲线确定。

9.1.6 本条是针对泵的选择、泡沫液与水的储量计算而规定的。

9.2 管道水力计算

9.2.1 本条参照 NFPA 11《低倍数、中倍数、高倍数泡沫灭火系统标准》、BS 5306 Part 6《泡沫灭火系统标准》和现行国家标准《自动喷水灭火系统设计规范》GB 50084 规定了泡沫灭火系统管道内的水、泡沫混合液流速和泡沫的流速。

液下喷射灭火系统管道内的泡沫是一种物理性质很不稳定的流体,某些泡沫的 25% 析液时间为 2min~3min,如其在管道内的流速过小、流动时间过长,势必造成部分液体析出,影响泡沫的灭火效果。因此,在液下喷射系统设计中,在压力损失允许的情况下应尽量提高泡沫管道内的泡沫流速。较高的泡沫流速,有利于泡沫在流动中的搅拌、混合,减少泡沫流动中的析液。

9.2.2 由于泡沫混合液中水的成分占 96% 以上,有的高达 99% 以上,它具有水流体特点,所以在水力计算时,泡沫混合液可按水对待。

式(9.2.2-1)为舍维列夫公式。1953 年,舍维列夫根据其对旧铸铁管和旧钢管所进行的实验提出了该经验公式。因此,该公式主要适用于旧铸铁管和旧钢管。

式(9.2.2-2)为海澄-威廉公式。欧、美、日等国家或地区一般采用海澄-威廉公式,如英国 BS 5306《自动喷水灭火系统安装规则》、美国 NFPA 13《自动喷水灭火系统安装标准》、日本《自动消防灭火设备规则》。我国现行国家标准《建筑给水排水设计规范》

GB 50015、《室外给水设计规范》GB 50013 也采用该公式。

为便于比较两计算式计算结果之差异,将式(9.2.2-1)除以式(9.2.2-2),所得结果见式(1)。

$$k=0.0001593\frac{C^{1.85}V^{0.15}}{d^{0.13}}\tag{1}$$

对于普通钢管,取 $C=100$,所得结果见式(2)。

$$k_1=0.7984\frac{V^{0.15}}{d^{0.13}}\tag{2}$$

对于铜管和不锈钢管,取 $C=130$,所得结果见式(3)。

$$k_2=1.2972\frac{V^{0.15}}{d^{0.13}}\tag{3}$$

结合本规范规定,对管径为 0.025m～0.2m,流速为 2.5m/s～10m/s 的情况,计算得(参见图7);对于普通钢管,k_1 介于 1.1292～1.8217 之间;对于铜管和不锈钢管,k_2 介于 1.8347～2.9600 之间。

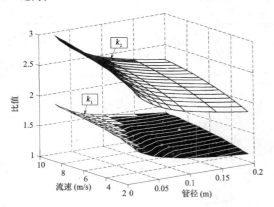

图7 水力计算公式对比

当系统采用普通钢管时,两个公式的计算结果相差不是很大,考虑到普通钢管在使用过程中由于老化和腐蚀会使内壁的粗糙度增大,进而会增大沿程水头损失。因此,宜采用计算结果比较保守的公式(9.2.2-1)计算。当系统采用铜管和不锈钢管时,公式(9.2.2-1)的计算结果要远大于公式(9.2.2-2),若此时还用公式(9.2.2-1)进行计算,势必会造成不必要的经济浪费,而且对于不锈钢管和铜管,在使用过程中,内壁粗糙度增大的情况并不十分明显。因此,宜用公式(9.2.2-2)进行计算。

9.2.3 局部水头损失的计算,英、美、日、德等国家的规范均采用当量长度法。目前,现行国家标准《自动喷水灭火系统设计规范》GB 50084、《水喷雾灭火系统设计规范》GB 50219、《建筑给水排水设计规范》GB 50015 等亦采用当量长度法,为和其他规范保持一致,本次修订时规定了水管道和泡沫混合液管道的局部水头损失宜采用当量长度法计算。

有关当量长度的取值,表7综合了现行国家标准《自动喷水灭火系统设计规范》GB 50084 的有关规定和《水喷雾灭火系统设计规范》GB 50219 条文说明的数据。

表7 局部水头损失当量长度(m)

管件名称	管件直径(mm)											
	25	32	40	50	70	80	100	125	150	200	250	300
45°弯头	0.3	0.3	0.6	0.6	0.9	0.9	1.2	1.5	2.1	2.7	3.3	4.0
90°弯头	0.6	0.9	1.2	1.5	1.8	2.1	3.1	3.7	4.3	5.5	6.7	8.2
90°长弯头	0.6	0.6	0.6	0.9	1.2	1.5	1.8	2.4	2.7	4.0	4.9	5.5
三通、四通	1.5	1.8	2.4	3.1	3.7	4.6	6.1	7.6	9.2	10.7	15.3	18.3
蝶阀	—	—	—	1.8	2.1	3.1	3.7	2.7	3.1	4.6	5.8	6.4
闸阀	—	—	—	0.3	0.4	0.3	0.6	0.8	0.9	1.2	1.4	1.8
旋启逆止阀	1.5	2.1	2.7	3.4	4.3	4.9	6.7	8.3	9.8	13.7	16.8	19.8
异径接头	$\frac{32}{25}$	$\frac{40}{32}$	$\frac{50}{40}$	$\frac{70}{50}$	$\frac{90}{70}$	$\frac{100}{90}$	$\frac{125}{100}$	$\frac{150}{125}$	$\frac{200}{150}$			
	0.2	0.3	0.3	0.5	0.6	0.9	1.1	1.3	1.6			

注:表中过滤器当量长度的取值,由生产商提供;当异径接头的出口直径不变而入口直径提高1级时,其当量长度应增大0.5倍;提高2级或2级以上时,其当量长度应增大1.0倍。

9.2.4 本条规定了水泵或泡沫混合液泵的扬程或系统入口的供给压力计算方法。现行国家标准《自动喷水灭火系统设计规范》GB 50084—2001(2005版)规定一些主要部件的局部水头损失可直接取值,如湿式报警阀取值 0.04MPa 或按检测数据确定,水流指示器取 0.02MPa,雨淋阀取 0.07MPa。泡沫比例混合器、蝶阀型报警阀及马鞍型水流指示器的压力损失按制造商提供的参数确定。

9.2.5 本条对泡沫管道的水力计算作了规定,其中第1款的泡沫管道压力损失计算式和第3款的压力损失系数是根据国内的试验和 NFPA 11《低倍数、中倍数、高倍数泡沫灭火系统标准》中的泡沫管道水力计算对数曲线推导而来。液下喷射的泡沫倍数一般控制在3左右,为了便于计算,圆整为3。泡沫管道上的阀门、部分管件的当量长度是参照美国的相关文献而确定的。

9.2.6 达西(Darcy)公式是计算不可压缩液体水头损失的基本公式,因此建议采用。达西公式见式(4)。

$$\Delta P_m=0.2252\left(\frac{fL\rho Q^2}{d^5}\right)\tag{4}$$

式中:ΔP_m——摩擦阻力损失(MPa);

f——摩擦系数;

L——管道长度(m);

ρ——液体密度(kg/m³);

Q——流量(L/min);

d——管道直径(mm)。

摩擦系数 f 需要根据雷诺数查莫迪图得到。雷诺数可按式(5)计算。NFPA 16《泡沫—水喷淋与泡沫—水喷雾系统安装标准》给出的莫迪图见图8和图9。

$$Re=21.22\left(\frac{Q\rho}{d\mu}\right)\tag{5}$$

式中:Re——雷诺数;

μ——绝对动力粘度(cP)。

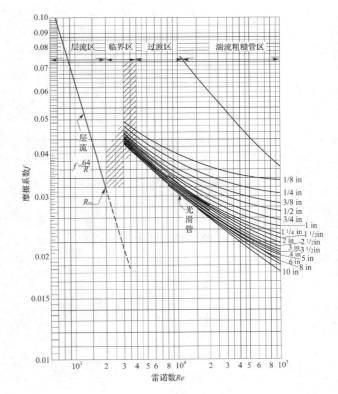

图8 钢管莫迪图($Re\leqslant10^5$)

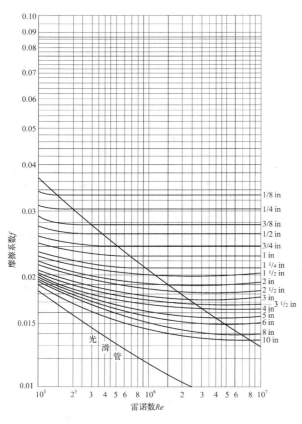

图 9　钢管莫迪图 $(Re \geqslant 10^5)$

9.3　减 压 措 施

本节主要参照现行国家标准《自动喷水灭火系统设计规范》GB 50084 制定。本次全面修订新增的泡沫—水喷淋系统的流动介质和结构形式与自动喷水灭火系统基本相同,因此,其减压措施采用现行国家标准《自动喷水灭火系统设计规范》GB 50084 的相关规定。

对于减压孔板的局部阻力系数,现行国家标准《自动喷水灭火系统设计规范》GB 50084 规定的计算公式见式(6)。

$$\xi=\left(1.75\frac{d_j^2}{d_k^2}\cdot\frac{1.1-\dfrac{d_k^2}{d_j^2}}{1.175-\dfrac{d_k^2}{d_j^2}}-1\right)^2 \tag{6}$$

式中:ξ——减压孔板的局部阻力系数,见表8;

d_k——减压孔板的孔口直径(m);

d_j——管道的计算内径(m)。

表 8　减压孔板的局部阻力系数

d_k/d_j	0.3	0.4	0.5	0.6	0.7	0.8
ξ	292	83.3	29.5	11.7	4.75	1.83

中华人民共和国国家标准

地下及覆土火药炸药仓库
设计安全规范

Safety code for design of underground and
earth covered magazine of powders and explosives

GB 50154 - 2009

主编部门：中华人民共和国国家发展和改革
　　　　　委员会 国家物资储备局
批准部门：中华人民共和国住房和城乡建设部
施行日期：２ ０ ０ ９ 年 ９ 月 １ 日

中华人民共和国住房和城乡建设部公告

第 290 号

关于发布国家标准《地下及覆土
火药炸药仓库设计安全规范》的公告

现批准《地下及覆土火药炸药仓库设计安全规范》为国家标准，编号为GB 50154—2009，自 2009 年 9 月 1 日起实施。其中，第 3.0.1、3.0.3、3.0.4、4.2.1、4.2.2、4.3.1、4.3.2、4.3.3、4.3.4、4.3.5、4.3.6、4.3.7、4.3.8、4.3.9、4.3.10、5.1.2、5.1.4、5.1.5、5.2.1、5.2.2、5.2.3、5.2.4、5.2.5、5.2.6、5.2.7、5.3.2、5.4.2、5.4.3、5.4.4、5.4.5、6.1.3 (4)、6.1.4、6.1.6 (2)、6.2.9、6.4.3、6.5.1、7.1.1、7.3.1、7.3.2 (1、3、4)、7.3.9、7.5.1、7.5.2 (3、4)、7.6.4、8.3.1 (1)、8.5.1、8.5.2 (1、3)、8.5.4 (1)、8.5.5、9.0.1 (1)、10.0.4 (1)、10.0.8、11.1.1、11.1.3 (1、2)、11.2.1、11.2.2、11.3.1、11.3.2 (1)、11.3.3 (1)、12.0.5、13.0.2、13.0.3、13.0.4、13.0.6 (4)、13.0.7 (1) 条 (款) 为强制性条文，必须严格执行。原《地下及覆土火药炸药仓库设计安全规范》GB 50154—92 同时废止。

本规范由我部标准定额研究所组织中国计划出版社出版发行。

中华人民共和国住房和城乡建设部
二○○九年三月三十一日

前　言

本规范是根据原建设部"关于印发《2005 年工程建设标准制定、修订计划(第二批)》的通知"建标函〔2005〕124 号的要求,由兵器工业安全技术研究所会同国家物资储备局物资储备研究所、国家物资储备局武汉设计院,对《地下及覆土火药炸药仓库设计安全规范》GB 50154—92 进行修订而成的。

本规范在修订过程中,贯彻执行《中华人民共和国安全生产法》和"安全第一,预防为主,综合治理"的方针,广泛调查总结了我国地下及覆土火药、炸药仓库建设、使用和安全改造的实践经验;参考了有关国外标准、资料和我国"七七工程"试验数据;完成了必要的电气照明安全性试验、部分新型火药、炸药爆炸空气冲击波当量试验及陡坡地形岩石洞库覆盖层厚度课题研究,通过广泛征求相关单位的意见,最后经审查定稿。

本规范共分 13 章,主要内容包括总则,术语,火药、炸药存放规定,总体布置,库区内部布置,建筑结构,电气,安全防范系统,采暖、通风和空气调节,消防,运输和转运站,烧毁场,理化中心等。

修订的主要技术内容有:增加了术语一章,调整了火药、炸药存放品种,补充了高压输电线路外部允许距离内容,调整了岩石洞库爆炸地震波外部允许距离,补充了洞库与覆土库分区和库间距离规定,增加了生产经营单位洞库覆盖层和门的要求,补充了电气危险场所分类和防雷类别、主洞室使用便携式照明灯具的防爆要求等规定,修改了陡坡地形岩石洞库覆盖层厚度规定,增加了安全防范系统、理化中心、转运站取样间内容等。

本规范中以黑体字标志的条文为强制性条文,必须严格执行。

本规范由住房和城乡建设部负责管理和对强制性条文的解释,由兵器工业安全技术研究所负责具体技术内容的解释。本规范在执行过程中,如发现需要修改或补充之处,请将意见和有关资料寄至兵器工业安全技术研究所(地址:北京市 55 号信箱,邮政编码:100053,传真:010−83111943),以供今后修订时参考。

本规范主编单位、参编单位和主要起草人:

主 编 单 位:兵器工业安全技术研究所

参 编 单 位:国家物资储备局物资储备研究所
国家物资储备局武汉设计院

主要起草人:白春光　王泽溥　魏新熙　杨　波　靖大伟
王爱凤　郑志良　尹君平　陶少萍　张幼平
董文学　张　鹏　温学仁　张新建　石玉昆
郑宏凯　陈　冰　李　威　杨静岫

目　次

1 总 则

1.0.1 为贯彻执行《中华人民共和国安全生产法》和"安全第一,预防为主,综合治理"的方针,采用技术手段,防止和减少火药、炸药储存安全事故,保障国家和人民生命财产安全,制定本规范。

1.0.2 本规范适用于地下及覆土火药、炸药仓库,以及转运站、站台库的新建、改建、扩建和技术改造的工程设计。

本规范不适用于储存火药、炸药的天然地下仓库、地面仓库及火药、炸药厂生产区内覆土工序转手库的工程设计。

1.0.3 地下及覆土火药、炸药仓库的工程设计除应执行本规范外,尚应符合国家现行有关标准的规定。

2 术 语

2.0.1 地下火药、炸药仓库 underground magazine of powders and explosives

由山体表面向山体内水平掘进的用于储存火药、炸药的洞室。主要由引洞、主洞室组成,部分包括排风竖井、进风地沟,简称洞库。

2.0.2 覆土火药、炸药仓库 earth covered magazine of powders and explosives

分两种形式,一种是仓库后侧长边紧贴山丘,顶部覆土,在前侧长边覆土至顶部,两侧山墙为仓库出入口及装卸站台;另一种是其顶部覆土至仓库两侧及背后,前墙设有仓库出入口及装卸站台,简称覆土库。

2.0.3 梯恩梯当量值 TNT equivalent

某种火药、炸药与梯恩梯在同比密度条件下,在相同径向距离上,产生相同爆炸空气冲击波效应时的药量之比。

2.0.4 装药等效直径 equivalent diameter

将实际装药截面积换算成相同截面积的半圆形装药的直径。

2.0.5 洞轴线 grotto axis

洞体纵向中心线,亦称0°线。

2.0.6 覆盖层厚度 covering thickness

洞库主洞室顶部到山体表面的最小距离。

2.0.7 缓坡地形岩石洞库 petrous magazine in sloping area

洞体爆炸后,洞体所在山体上部地表面产生掀顶抛掷现象和洞库覆盖层厚度小于等于30倍装药等效直径的洞库的统称。

2.0.8 陡坡地形岩石洞库 petrous magazine in steep area

洞体爆炸后,洞体所在山体上部地表面不产生掀顶和洞库覆盖层厚度大于30倍装药等效直径的洞库的统称。

2.0.9 防护密闭门 airtight safety door

既能阻挡外部爆炸空气冲击波、爆炸破片,又能防止库外空气中潮气侵入的门。

2.0.10 密闭门 airtight door

能阻挡库外空气中潮气侵入的门。

2.0.11 外部允许距离 allowable external distance

火药、炸药仓库,以及转运站台、站台库、理化实验室和样品库与外部各类目标之间,在规定的破坏标准下允许的最小距离。

2.0.12 库间允许距离 allowable distance between magazine

火药、炸药仓库之间,在规定的破坏标准下允许的最小距离。

2.0.13 防护屏障 protecting barrier

覆土库出入口对面设置的天然或人工防护挡墙。

2.0.14 洞库平行布置 parallel layout of underground magazine

指两个独立洞库处在一个山体的同一侧面,两主洞室侧壁之间的距离基本相等。

2.0.15 洞库外八字布置 outward splayed layout of underground magazine

指两个独立洞库处在一个山体的同一侧面,两主洞室侧壁之间的距离由洞口到洞底逐渐减小。

2.0.16 洞库内八字布置 inward splayed layout of underground magazine

指两个独立洞库处在一个山体的同一侧面,两主洞室侧壁之间的距离由洞口到洞底逐渐增大。

2.0.17 洞库交错布置 stagger layout of underground magazine

指两个独立洞库处在一个山体的两个侧面,洞口分别朝向不同侧面,两主洞室中的一个主洞室后端与另一主洞室的侧壁相对。

2.0.18 洞库相背布置 back-to-back layout of underground magazine

指两个独立洞库处在一个山体的相反侧面,洞口方向相反,两主洞室后端相对。

2.0.19 洞库相对布置 face-to-face layout of underground magazine

指两独立洞库分别处在沟内两侧山体,洞口相对。

2.0.20 洞库上下布置 vertical layout in parallel of underground magazine

指两独立洞库处在山体同一个侧面,呈上下台阶布置。

2.0.21 库区 magazine area

由若干个洞库或覆土库组成的仓库区。

2.0.22 转运站 transit area

实现火药、炸药铁路运输与汽车运输相互转换的场所,一般由站台库、装卸站台、专用铁路和专用道路等组成。

2.0.23 安全防范系统 safeguard system

以保障火药、炸药储存安全为目的,综合运用安全防范技术和其他科学技术,为建立具有防入侵、防盗窃、防抢劫、防破坏、防爆安全检查等功能(或其组合)的系统而实施的工程。也称技防工程。

3 火药、炸药存放规定

3.0.1 洞库及覆土库的单库存药量应按梯恩梯存药量确定,当存放其他火药、炸药时,应按表 3.0.1 进行换算。

表 3.0.1 常用火药、炸药的梯恩梯当量值

火药、炸药名称	梯恩梯当量值
梯恩梯	1.00
太安	1.28
特屈儿	1.20
黑索今	1.20
奥克托金	1.26
乳化炸药	0.76
水胶炸药	0.73
粉状铵梯炸药	0.70
B炸药	1.12
双基火药	0.70
单基火药	0.65
二硝基萘	0.43
黑火药	0.40
中能复合推进剂	0.2~0.4
高能复合推进剂	≥1.2

注:本表未包括的火药、炸药梯恩梯当量值应由试验确定。粉状乳化炸药、膨化硝铵炸药、铵油炸药和改性硝铵炸药可按同类产品确定。

3.0.2 火药、炸药均宜按单独品种专库存放。但条件受限制时,可按下列火药、炸药分组存放:

1 黑索今、奥克托金、太安、高能混合炸药。

2 梯恩梯、梯萘炸药、地恩梯。

3 单基火药、双基火药、中能复合推进剂。

4 高能复合推进剂。

5 胶质炸药。

6 黑火药。

7 乳化炸药、粉状铵梯炸药、水胶炸药、粉状乳化炸药、膨化硝铵炸药、改性硝铵炸药、铵油炸药。

3.0.3 洞库的存药条件,应符合下列规定:

1 装药与主洞室横截面积比应小于或等于 0.26,并应按下式计算:

$$K_s = \frac{S_y}{S_d} \qquad (3.0.3-1)$$

式中 K_s——装药与主洞室横截面积比;

S_y——装药实测横截面积(m²);

S_d——主洞室实测横截面积(m²)。

2 装药长径比应小于或等于 18,并应按下列公式计算:

$$K_L = \frac{L}{D} \qquad (3.0.3-2)$$

$$D = 1.6\sqrt{S_y} \qquad (3.0.3-3)$$

式中 K_L——装药长径比;

L——装药长度(m);

D——装药等效直径(m)。

3 库内垛位的间隔不应小于 0.1m,运输道宽度不应小于 1.0m,沿墙内壁检查道宽不应小于 0.8m。

4 火药、炸药的堆垛高度,不应大于表 3.0.3 的规定。

表 3.0.3 火药、炸药堆垛高度

名 称	堆垛高度(m)
梯恩梯、黑索今、奥克托金、太安	2.2
单基火药、双基火药、中能复合推进剂	2.8
胶质炸药、高能混合炸药、梯萘炸药、粉状铵梯炸药、乳化炸药、粉状乳化炸药、水胶炸药、膨化硝铵炸药、改性硝铵炸药、铵油炸药、高能复合推进剂	1.8

5 火药、炸药堆垛装药等效直径不应大于各洞库规定的装药等效直径。

3.0.4 覆土库内垛位间隔、运输道、检查道宽度及堆垛高度,应符合本规范第 3.0.3 条第 3 款和第 4 款的规定。

3.0.5 库房内的温度不宜高于 30℃,且不宜低于 −10℃。存放双基火药的仓库温度不宜低于 −4℃。库房内的相对湿度宜保持为 50%~80%。

4 总体布置

4.1 库址选择

4.1.1 选择岩石洞库的库址时,在地形地质方面应符合下列要求:

1 洞库所在山体宜山高体厚、山形完整,不应有大的地质构造,以及滑坡、危岩和泥石流危害。

2 地下水应少,岩体中不应含有有害气体和放射性物质。

4.1.2 选择黄土洞库的库址时,在地形地质方面宜符合下列要求:

1 所选山谷宜稳定,土体应完整,不应有浅表水系。

2 进洞土层宜为晚更新世马兰黄土和中更新世离石黄土。

3 库址上游的雨水汇水面积宜小。

4.1.3 选择覆土库的库址时,在地形地质方面应符合下列要求:

1 库址宜为浅山区或深丘地带。

2 库址不应选在防治措施困难的滑坡地带及有泥石流通过的沟谷地带。

4.2 布置原则

4.2.1 库区、转运站和烧毁场危险区与非危险区必须严格分开,不应混杂布置。烧毁场应单独布置。

4.2.2 本库区的行政生活区和居民点的人流不应通过危险区,运送火药、炸药的专用道路不应通过本库区的行政生活区。

4.3 外部允许距离

4.3.1 洞库及覆土库的外部允许距离,应符合下列要求:

1 缓坡地形岩石洞库，应按爆炸飞石、爆炸空气冲击波、爆炸地震波三种外部允许距离中的最大值确定。

2 陡坡地形岩石洞库和黄土洞库，应按爆炸空气冲击波、爆炸地震波两种外部允许距离中的最大值确定。

3 覆土库应按爆炸空气冲击波允许距离确定。

4.3.2 当缓坡地形岩石洞库存药条件符合本规范第3.0.3条的规定时，爆炸飞石外部允许距离应选取表4.3.2-1的相应数值后，乘以表4.3.2-2和表4.3.2-3相应的折减系数确定。

表4.3.2-1 缓坡地形岩石洞库爆炸飞石外部允许距离

装药等效直径(m)	1.40	1.76	2.01	2.22	2.39	3.01	3.44	3.79	4.08	4.34	4.57	4.78	4.97	5.14
存药量(t)	10	20	30	40	50	100	150	200	250	300	350	400	450	500
被保护对象	外部允许距离(m)													
小于或等于10户并小于或等于50人的零散住户、警卫排居住建筑物的边缘	270	350	400	450	480	620	710	790	860	920	980	1020	1060	1100
大于10户并小于或等于50户的零散住户边缘	310	400	450	500	550	700	800	890	960	1040	1100	1140	1190	1240
大于50户并小于或等于100户的村庄、警卫大队和中队居住建筑物的边缘	340	440	500	560	610	780	890	990	1070	1150	1220	1270	1330	1380
大于100户并小于或等于200户的村庄边缘，本库区的行政生活区的边缘和职工总数小于50人的企业围墙	410	530	610	670	730	930	1070	1190	1280	1380	1460	1520	1590	1660
乡、镇的规划边缘	680	880	1010	1120	1210	1550	1780	1980	2140	2300	2440	2540	2650	2760
县城的规划边缘，职工总数大于或等于50人的企业围墙	1020	1320	1520	1680	1820	2330	2670	2970	3210	3450	3660	3810	3980	4140
人口大于10万人城市的规划边缘	1360	1760	2020	2240	2420	3100	3560	3960	4280	4600	4880	5080	5300	5520

续表4.3.2-1

装药等效直径(m)	1.40	1.76	2.01	2.22	2.39	3.01	3.44	3.79	4.08	4.34	4.57	4.78	4.97	5.14
存药量(t)	10	20	30	40	50	100	150	200	250	300	350	400	450	500
被保护对象	外部允许距离(m)													
国家铁路及其车站														
Ⅰ级铁路	410	530	610	670	730	930	1070	1190	1280	1380	1460	1520	1590	1660
Ⅱ级铁路	340	440	500	560	610	780	890	990	1070	1150	1220	1270	1330	1380
Ⅲ、Ⅳ级铁路	270	350	400	450	480	620	710	790	860	920	980	1020	1060	1100
公路														
一级公路	380	490	560	620	670	850	980	1090	1180	1270	1340	1400	1460	1520
二、三级公路	310	400	450	500	550	700	800	890	960	1040	1100	1140	1190	1240
四级公路	240	310	350	390	420	540	620	690	750	810	850	890	930	970
通航河流的航道	310	400	460	510	550	700	800	890	960	1040	1100	1140	1190	1240
高压输电线路														
35kV输电线路	270	350	400	450	480	620	710	790	850	910	960	1000	1050	1100
110kV输电线路	480	620	710	780	850	1080	1250	1390	1490	1600	1690	1760	1840	1930
220kV输电线路	740	960	1100	1210	1310	1670	1930	2140	2480	2630	2740	2860	2990	
330kV输电线路	780	1010	1160	1270	1380	1760	2030	2260	2430	2620	2780	2890	3020	3150
500kV输电线路	820	1060	1220	1340	1460	1860	2140	2380	2560	2760	2920	3040	3180	3320
750kV输电线路	860	1110	1280	1400	1530	1950	2250	2500	2690	2900	3070	3190	3340	3490

注：1 表中存药量指梯恩梯当量，当为其他火药、炸药时，应按本规范第3.0.1中的相应当量值换算。

2 当洞库存药条件中横截面积比小于0.23时，其外部允许距离应按表中距离乘以0.85。

3 采取表中距离时，应以装药等效直径为依据确定。当装药等效直径已定，实际存药量小于或等于表中相应存药量时，可直接采用表中距离；实际存药量大于表中存药量并不超过1倍时，应按表中距离乘以1.30。

4 实际等效装药直径为中间值时，其相应存药量和外部允许距离应采用线性插入法确定。

5 表中距离指水平投影距离，由洞口的中心点算起。

表4.3.2-2 被保护对象偏离洞轴线时爆炸飞石外部允许距离的折减系数

被保护对象偏离洞轴线角度θ(°)	折减系数
0°≤θ≤50°	1.00
50°<θ≤60°	0.70
60°<θ≤70°	0.60
70°<θ≤80°	0.50
80°<θ≤90°	0.40

注：当被保护对象偏离洞轴线90°以上时，不执行爆炸飞石外部允许距离。

表4.3.2-3 各类岩石洞库爆炸飞石外部允许距离的折减系数

岩石类别	抗压强度(kPa)	代表性岩石	折减系数
极硬岩	>60000	花岗岩、玄武岩、安山岩、闪长岩等	1.0
硬质岩	30000~60000	钙质胶结的砾岩、砂岩、灰岩等	0.8
软质岩	5000~30000	泥质胶结的砾岩、页岩、泥灰岩等	0.7

4.3.3 当缓坡地形条件下的极硬岩石和硬质岩洞库存药条件符合本规范第3.0.3条的规定时，爆炸空气冲击波外部允许距离应选取表4.3.3-1的相应数值后，乘以表4.3.3-2相应的折减系数确定。

表4.3.3-1 缓坡地形极硬岩石和硬质岩石洞库爆炸空气冲击波外部允许距离

装药等效直径(m)	1.40	1.76	2.01	2.22	2.39	3.01	3.44	3.79	4.08	4.34	4.57	4.78	4.97	5.14
存药量(t)	10	20	30	40	50	100	150	200	250	300	350	400	450	500
被保护对象	外部允许距离(m)													
小于或等于10户并小于或等于50人的零散住户、警卫排居住建筑物的边缘	85	105	120	135	145	180	210	230	250	260	270	290	300	310
大于10户并小于或等于50户的零散住户边缘	100	130	145	160	170	220	250	270	290	310	330	340	360	370
大于50户并小于或等于100户的村庄、警卫大队和中队居住建筑物的边缘	130	165	190	210	225	280	320	350	380	400	430	450	460	480
大于100户并小于或等于200户的村庄边缘，本库区的行政生活区的边缘和职工总数小于50人的企业围墙	165	210	240	265	285	360	410	450	490	520	540	570	590	610

续表4.3.3-1

装药等效直径(m)	1.40	1.76	2.01	2.22	2.39	3.01	3.44	3.79	4.08	4.34	4.57	4.78	4.97	5.14
存药量(t)	10	20	30	40	50	100	150	200	250	300	350	400	450	500
被保护对象	外部允许距离(m)													
乡、镇的规划边缘	210	270	300	340	360	450	520	570	620	660	690	720	750	780
县城的规划边缘，职工总数大于或等于50人的企业围墙	310	390	450	490	530	660	760	840	900	960	1010	1050	1100	1140
人口大于10万人城市的规划边缘	420	540	600	680	720	900	1040	1140	1240	1320	1380	1440	1500	1560
国家铁路及其车站														
Ⅰ级铁路	130	165	190	210	225	280	320	350	380	400	430	450	460	480
Ⅱ级铁路	110	130	145	160	170	220	250	270	290	310	330	340	360	370
Ⅲ、Ⅳ级铁路	85	105	120	135	145	180	210	230	250	270	290	300	310	
公路														
一级公路	110	130	145	160	170	220	250	270	290	310	330	340	360	370
二、三级公路	85	105	120	135	145	180	210	230	250	270	290	300	310	
四级公路	65	85	95	105	115	140	160	180	200	215	225	230	240	
通航河流的航道	85	105	120	135	145	180	210	230	250	270	290	300	310	
高压输电线路														
35kV输电线路	65	85	95	105	115	140	160	180	200	215	225	230	240	
110kV输电线路	85	105	120	135	145	180	210	230	250	270	290	300	310	
220kV输电线路	300	390	450	500	540	740	810	880	940	970	1030	1060	1090	
330kV输电线路	310	400	460	500	540	680	780	860	930	990	1030	1080	1120	1160
500kV及以上输电线路	330	420	480	530	570	720	830	900	970	1040	1080	1110	1180	1220

注：1 表中存药量指梯恩梯当量，当为其他火药、炸药时，应按本规范第3.0.1中的相应当量值换算。

2 当洞库存药条件中横截面积比小于0.23时，其外部允许距离应按表中距离乘以0.85。

3 采取表中距离时，应以装药等效直径为依据确定。当装药等效直径已定，实际存药量小于或等于表中相应存药量时，可直接采用表中距离；实际存药量大于表中存药量并不超过1倍时，应按表中距离乘以1.30。

4 实际等效装药直径为中间值时，其相应存药量和外部允许距离应采用线性插入法确定。

5 表中距离指水平投影距离，由洞口的中心点算起。

表 4.3.3-2　缓坡地形极硬岩石和硬质岩石洞库被保护对象偏离
洞轴线时爆炸空气冲击波外部允许距离折减系数

被保护对象偏离洞轴线角度 θ(°)	折减系数
0°≤θ≤15°	1.00
15°<θ≤30°	0.87
30°<θ≤45°	0.71
45°<θ≤60°	0.63
60°<θ≤90°	0.56

注：当被保护对象偏离洞轴线 90°以上时，不执行爆炸空气冲击波外部允许距离。

4.3.4 当缓坡地形软质岩石洞库存药条件符合本规范第 3.0.3 条的规定时，爆炸空气冲击波外部允许距离应选取表 4.3.4-1 的相应数值后，乘以表 4.3.4-2 相应的折减系数确定。

表 4.3.4-1 缓坡地形软质岩石洞库爆炸空气冲击波外部允许距离

装药等效直径(m)	1.40	1.76	2.01	2.22	2.39	3.01	3.44	3.79	4.08	4.34	4.57	4.78	4.97	5.14
存药量(t)	10	20	30	40	50	100	150	200	250	300	350	400	450	500
被保护对象	外部允许距离(m)													
小于或等于 10 户并小于或等于 50 人的零散住户、警卫排居住建筑物的边缘	110	135	155	170	180	230	260	290	310	330	350	360	370	390
大于 10 户并小于或等于 50 户的零散住户边缘	130	165	190	210	225	285	325	360	385	410	430	450	470	490
大于 50 户并小于或等于 100 户的村庄边缘、警卫连大队和中队居住建筑物的边缘	180	230	260	290	310	390	450	490	530	560	590	620	650	670
大于 100 户并小于或等于 200 户的村庄边缘，本库区的行政生活区的边缘和职工总数小于 50 人的企业围墙	245	310	350	390	420	525	600	660	715	760	800	840	870	900

续表 4.3.4-1

装药等效直径(m)	1.40	1.76	2.01	2.22	2.39	3.01	3.44	3.79	4.08	4.34	4.57	4.78	4.97	5.14
存药量(t)	10	20	30	40	50	100	150	200	250	300	350	400	450	500
被保护对象	外部允许距离(m)													
乡、镇的规划边缘	330	410	470	520	560	700	800	890	955	1010	1070	1120	1160	1200
县城的规划边缘，职工总数大于或等于 50 人的企业围墙	515	650	740	820	880	1110	1270	1400	1500	1600	1700	1760	1840	1900
人口大于 10 万人城市的规划边缘	660	820	940	1040	1120	1400	1600	1780	1910	2020	2140	2240	2320	2400
国家铁路及其车站														
Ⅰ级铁路	180	230	260	290	310	390	450	490	530	560	590	620	650	670
Ⅱ级铁路	130	165	190	210	225	285	325	360	385	410	430	450	470	490
Ⅲ、Ⅳ级铁路	110	135	155	170	180	230	260	290	310	330	350	360	370	390
公路														
一级公路	130	165	190	210	225	285	325	360	385	410	430	450	470	490
二、三级公路	110	135	155	170	180	230	260	290	310	330	350	360	370	390
四级公路	80	100	115	125	135	170	195	215	230	245	260	270	280	290
通航河流的航道	110	135	155	170	180	230	260	290	310	330	350	360	370	390
高压输电线路														
35kV 输电线路	80	100	115	125	135	170	195	215	230	245	260	270	280	290
110kV 输电线路	110	135	155	170	180	230	260	290	310	330	350	360	370	390
220kV 输电线路	440	560	630	700	760	950	1080	1190	1290	1370	1440	1510	1570	1620
330kV 输电线路	470	590	670	740	800	1000	1140	1250	1360	1440	1520	1600	1650	1700
500kV 输电线路	490	620	700	780	840	1050	1200	1320	1430	1510	1600	1680	1740	1800
750kV 输电线路	515	650	740	820	880	1110	1270	1390	1500	1600	1700	1760	1840	1900

注：1 表中存药量指梯恩梯炸药当量，当为其他火药、炸药时，应按本规范表 3.0.1 中的相应当量值换算。
　　2 当洞库存药条件中横截面积比小于 0.23 时，其外部允许距离应按表中距离乘以 0.85。
　　3 采取表中距离时，应以装药等效直径为依据确定。当装药等效直径已定，实际存药量小于或等于表中相应存药量时，可直接采用表中距离；实际存药量大于表中存药量并不超过 1 倍时，应按表中距离乘以 1.30。
　　4 实际等效装药直径为中间值时，其相应存药量和外部允许距离应采用线性插入法确定。
　　5 表中距离指水平投影距离，由洞口的中心点算起。

表 4.3.4-2　缓坡地形软质岩石洞库被保护对象偏离洞
轴线时爆炸空气冲击波外部允许距离折减系数

被保护对象偏离洞轴线角度 θ(°)	折减系数
0°≤θ≤15°	1.00
15°<θ≤30°	0.94
30°<θ≤45°	0.90
45°<θ≤60°	0.84
60°<θ≤90°	0.65

注：当被保护对象偏离洞轴线 90°以上时，不执行爆炸空气冲击波外部允许距离。

4.3.5 当陡坡地形软质岩石洞库存药条件符合本规范第 3.0.3 条的规定时，爆炸空气冲击波外部允许距离应选取表 4.3.5-1 的相应数值后，乘以表 4.3.5-2 相应的折减系数确定。

表 4.3.5-1 陡坡地形软质岩石洞库爆炸空气冲击波外部允许距离

装药等效直径(m)	1.40	1.76	2.01	2.22	2.39	3.01	3.44	3.79	4.08	4.34	4.57	4.78	4.97	5.14
存药量(t)	10	20	30	40	50	100	150	200	250	300	350	400	450	500
被保护对象	外部允许距离(m)													
小于或等于 10 户并小于或等于 50 人的零散住户、警卫排居住建筑物的边缘	155	195	220	250	265	335	380	420	450	480	510	530	550	570
大于 10 户或等于 50 户的零散住户边缘	195	250	280	310	340	420	480	530	570	610	640	670	700	720
大于 50 户并小于或等于 100 户的村庄边缘、警卫大队和中队居住建筑物的边缘	280	350	400	440	480	600	685	750	810	860	910	950	990	1020
大于 100 户并小于或等于 200 户的村庄边缘，本库区的行政生活区的边缘和职工总数小于 50 人的企业围墙	380	480	550	610	650	820	940	1030	1110	1180	1250	1300	1360	1400

续表 4.3.5-1

装药等效直径(m)	1.40	1.76	2.01	2.22	2.39	3.01	3.44	3.79	4.08	4.34	4.57	4.78	4.97	5.14
存药量(t)	10	20	30	40	50	100	150	200	250	300	350	400	450	500
被保护对象	外部允许距离(m)													
乡、镇的规划边缘	520	650	750	820	885	1120	1280	1400	1510	1610	1690	1770	1840	1910
县城的规划边缘，职工总数大于或等于 50 人的企业围墙	840	1050	1200	1330	1430	1800	2060	2270	2440	2600	2730	2860	2970	3080
人口大于 10 万人城市的规划边缘	1040	1300	1500	1640	1770	2240	2560	2800	3020	3220	3380	3540	3680	3820
国家铁路及其车站														
Ⅰ级铁路	280	350	400	440	480	600	685	750	810	860	910	950	990	1020
Ⅱ级铁路	195	250	280	310	340	420	480	530	570	610	640	670	700	720
Ⅲ、Ⅳ级铁路	155	195	220	250	265	335	380	420	450	480	510	530	550	570
公路														
一级公路	195	250	280	310	340	420	480	530	570	610	640	670	700	720
二、三级公路	155	195	220	250	265	335	380	420	450	480	510	530	550	570
四级公路	110	140	160	180	190	240	270	300	330	350	370	385	400	420
通航河流的航道	155	195	220	250	265	335	380	420	450	480	510	530	550	570
高压输电线路														
35kV 输电线路	110	140	160	180	190	240	270	300	330	350	370	385	400	420
110kV 输电线路	155	195	220	250	265	335	380	420	450	480	510	530	550	570
220kV 输电线路	720	910	1050	1160	1240	1560	1790	1960	2110	2240	2380	2470	2580	2660
330kV 输电线路	760	960	1100	1220	1310	1880	2060	2200	2380	2480	2580	2720	2800	2880
500kV 输电线路	801	1010	1160	1280	1370	1720	1970	2160	2330	2480	2630	2730	2860	2940
750kV 输电线路	840	1050	1200	1330	1430	1800	2060	2270	2440	2600	2730	2860	2970	3080

注：1 表中存药量指梯恩梯炸药当量，当为其他火药、炸药时，应按本规范表 3.0.1 中的相应当量值换算。
　　2 当洞库存药条件中横截面积比小于 0.23 时，其外部允许距离应按表中距离乘以 0.85。
　　3 采取表中距离时，应以装药等效直径为依据确定。当装药等效直径已定，实际存药量小于或等于表中相应存药量时，可直接采用表中距离；实际存药量大于表中存药量并不超过 1 倍时，应按表中距离乘以 1.30。
　　4 实际等效装药直径为中间值时，其相应存药量和外部允许距离应采用线性插入法确定。
　　5 表中距离指水平投影距离，由洞口的中心点算起。

表 4.3.5-2　陡坡地形软质岩石洞库被保护对象偏离洞轴线时
爆炸空气冲击波外部允许距离折减系数

被保护对象偏离洞轴线角度 θ(°)	折减系数
0°≤θ≤15°	1.00
15°<θ≤30°	0.90
30°<θ≤45°	0.85
45°<θ≤60°	0.65
60°<θ≤90°	0.52

注：当被保护对象偏离洞轴线90°以上时，不执行爆炸空气冲击波外部允许距离。

4.3.6　当黄土洞库存药条件符合本规范第3.0.3条的规定时，爆炸空气冲击波外部允许距离应选取表4.3.6-1的相应数值后，乘以表4.3.6-2相应的折减系数确定。

表 4.3.6-1　黄土洞库爆炸空气冲击波外部允许距离

装药等效直径(m)	1.28	1.60	1.82	2.00	2.14	2.68	3.05	3.34	3.59	3.83
存药量(t)	10	20	30	40	50	100	150	200	250	300
被保护对象	外部允许距离(m)									
小于或等于10户并小于或等于50人的零散住户、警卫排居住建筑物的边缘	50	60	70	75	80	110	120	130	140	150
大于10户并小于或等于50户的零散住户边缘	55	70	80	90	95	120	140	150	160	170
大于50户并小于或等于100户的村庄边缘、警卫大队和中队居住建筑物的边缘	70	90	100	110	120	150	175	190	210	220
大于100户并小于或等于200户的村庄边缘、本库区的行政生活区的边缘和职工总数小于50人的企业围墙	90	110	130	140	150	190	210	240	260	270

续表 4.3.6-1

装药等效直径(m)	1.28	1.60	1.82	2.00	2.14	2.68	3.05	3.34	3.59	3.83
存药量(t)	10	20	30	40	50	100	150	200	250	300
被保护对象	外部允许距离(m)									
乡、镇的规划边缘	110	140	160	180	190	240	270	300	320	340
县城的规划边缘，职工总数大于或等于50人的企业围墙	160	200	225	250	270	340	385	425	460	490
人口大于10万人城市的规划边缘	220	280	320	360	380	480	540	600	640	680
国家铁路及其车站										
Ⅰ级铁路	70	90	100	110	120	150	175	190	210	220
Ⅱ级铁路	55	70	80	90	95	120	140	150	160	170
Ⅲ、Ⅳ级铁路	50	60	70	75	80	110	120	130	140	150
公路										
一级公路	55	70	80	90	95	120	140	150	160	170
二、三级公路	50	60	70	75	80	100	120	130	140	150
四级公路	40	50	55	60	65	90	105	110	115	120
通航河流的航道	50	60	70	75	80	110	120	130	140	150
高压输电线路										
35kV输电线路	40	50	55	60	65	80	95	105	110	120
110kV输电线路	50	60	70	75	80	100	120	130	140	150
220kV输电线路	160	200	230	250	270	340	390	430	470	490
330kV输电线路	170	210	250	270	285	360	420	460	490	510
500kV及以上输电线路	180	220	260	280	300	380	440	480	520	540

注：1　表中存药量指梯恩梯炸药当量，当为其他火药、炸药时，应按本规范表3.0.1中的相应当量值换算。
2　当洞库存药条件中横截面积比小于0.23时，其外部允许距离应按表中距离乘以0.85。
3　采取表中距离时，应以装药等效直径为依据确定。当装药等效直径已定，实际存药量小于或等于表中相应存药量时，可直接采用表中距离；实际存药量大于表中存药量但不超过1倍量时，应按表中距离乘以1.30。
4　实际等效装药直径为中间值时，其相应存药量和外部允许距离应采用线性插入法确定。
5　表中距离指水平投影距离，由洞口的中心点算起。

表 4.3.6-2　黄土洞库被保护对象偏离洞轴线时
爆炸空气冲击波外部允许距离折减系数

被保护对象偏离洞轴线角度 θ(°)	折减系数
0°≤θ≤15°	1.00
15°<θ≤30°	0.94
30°<θ≤45°	0.91
45°<θ≤60°	0.86
60°<θ≤90°	0.80

注：当被保护对象偏离洞轴线90°以上时，不执行爆炸空气冲击波外部允许距离。

4.3.7　覆土库爆炸空气冲击波外部允许距离不应小于表4.3.7的规定。

表 4.3.7　覆土库爆炸空气冲击波外部允许距离

存药量(t)	10	20	30	40	50	100	150	200
被保护对象	外部允许距离(m)							
小于或等于10户并小于或等于50人的零散住户、警卫排居住建筑物的边缘	150	200	230	250	270	340	390	430
大于10户并小于或等于50户的零散住户边缘	195	245	280	310	330	420	480	530
大于50户并小于或等于100户的村庄边缘、警卫大队和中队居住建筑物的边缘	265	330	380	420	450	570	650	720
大于100户并小于或等于200户的村庄边缘、本库区的行政生活区的边缘和职工总数小于50人的企业围墙	350	440	500	550	590	750	860	940
乡、镇的规划边缘	455	570	660	720	780	980	1120	1230
县城的规划边缘，职工总数大于或等于50人的企业围墙	700	880	1010	1110	1200	1510	1730	1900

续表 4.3.7

存药量(t)	10	20	30	40	50	100	150	200
被保护对象	外部允许距离(m)							
人口大于10万人城市的规划边缘	910	1140	1320	1440	1560	1960	2240	2460
国家铁路及其车站								
Ⅰ级铁路	265	330	380	420	450	570	650	720
Ⅱ级铁路	195	245	280	310	330	420	480	530
Ⅲ、Ⅳ级铁路	180	200	230	250	270	340	390	430
公路								
一级公路	195	245	280	310	330	420	480	530
二、三级公路	160	200	230	250	270	340	390	430
四级公路	120	150	175	190	210	260	300	330
通航河流的航道	160	200	230	250	270	340	390	430
高压输电线路								
35kV输电线路	120	150	175	190	210	260	300	330
110kV输电线路	160	200	230	250	270	340	390	430
220kV输电线路	630	790	900	990	1060	1350	1550	1690
330kV输电线路	665	840	950	1050	1120	1430	1640	1790
500kV及以上输电线路	700	880	1010	1110	1200	1510	1730	1900

注：1　表中存药量指梯恩梯当量，当为其他火药、炸药时，应按本规范表3.0.1中的相应当量值换算。
2　存药量为中间值时，其外部允许距离应采用线性插入法确定。
3　表中距离指水平投影距离，由建筑物外墙算起。

4.3.8　极硬岩石和硬质岩石洞库爆炸地震波外部允许距离不应小于表4.3.8的规定。

表 4.3.8　极硬岩石和硬质岩石洞库爆炸地震波外部允许距离

建筑物结构类别	砖混结构	砖木结构	夯土墙木结构	土坯墙木结构
存药量(t)	外部允许距离(m)			
10	85	94	127	162
20	106	118	160	204
30	122	136	183	233

建筑物结构类别	砖混结构	砖木结构	夯土墙木结构	土坯墙木结构
存药量(t)	外部允许距离(m)			
40	134	149	202	257
50	145	161	217	276
100	182	203	274	348
150	208	232	314	399
200	229	256	345	439
250	247	275	372	473
300	263	292	395	502
350	276	308	416	529
400	289	322	435	553
450	301	335	452	575
500	311	347	469	595

注:1 表中存药量指梯恩梯当量,当为其他火药、炸药时,应按本规范表 3.0.1 中的相应当量值换算。

2 当存药量为中间值时,其外部允许距离应采用线性插入法确定。

3 表中距离是指被保护建筑物地基为基岩或硬土的情况,如地基为软土时,表中距离应乘以 1.15。

4 当建筑物与洞轴线夹角呈 60°~120°(以洞轴线为 0°)的范围内时,表中距离应乘以 1.2。

5 表中距离指水平投影距离,由主洞室内存药中心点算起。

4.3.9 软质岩石洞库爆炸地震波外部允许距离不应小于表4.3.9 的规定。

表 4.3.9 软质岩石洞库爆炸地震波外部允许距离

建筑物结构类别	砖混结构	砖木结构	夯土墙木结构	土坯墙木结构
存药量(t)	外部允许距离(m)			
10	99	106	132	156
20	124	134	166	197

建筑物结构类别	砖混结构	砖木结构	夯土墙木结构	土坯墙木结构
存药量(t)	外部允许距离(m)			
30	142	154	190	226
40	157	169	210	248
50	169	182	226	268
100	212	229	284	337
150	243	263	326	386
200	268	289	358	425
250	288	311	386	458
300	307	331	410	486
350	323	348	432	512
400	337	364	451	535
450	351	379	469	557
500	363	392	486	576

注:1 表中存药量指梯恩梯当量,当为其他火药、炸药时,应按本规范表 3.0.1 中的相应当量值换算。

2 当存药量为中间值时,其外部允许距离应采用线性插入法确定。

3 表中距离是指被保护建筑物地基为基岩或硬土的情况,如地基为软土时,表中距离应乘以 1.15。

4 当建筑物与洞轴线夹角呈 60°~120°(以洞轴线为 0°)的范围内时,表中距离应乘以 1.2。

5 表中距离指水平投影距离,由主洞室内存药中心点算起。

4.3.10 黄土洞库爆炸地震波外部允许距离不应小于表 4.3.10 的规定。

表 4.3.10 黄土洞库爆炸地震波外部允许距离

建筑物结构类别	砖混结构	砖木结构	夯土墙木结构	土坯墙木结构
存药量(t)	外部允许距离(m)			
10	54	62	92	126
20	68	78	116	159
30	78	90	133	182
40	86	99	146	200
50	92	106	158	215
100	116	134	199	271
150	133	153	227	311
200	147	168	250	342
250	158	182	269	368
300	168	193	286	391

注:1 表中存药量指梯恩梯当量,当为其他火药、炸药时,应按本规范表 3.0.1 中的相应当量值换算。

2 当存药量为中间值时,其外部允许距离应采用线性插入法确定。

3 表中距离指水平投影距离,由主洞室内存药中心点算起。

5 库区内部布置

5.1 一般规定

5.1.1 洞库及覆土库布置应根据地形、地质、防洪、道路及相互之间的库间允许距离确定,并应安全、紧凑、合理。

5.1.2 同一库区的洞库和覆土库应分区布置。分区之间的库间距离,岩石洞库、黄土洞库及覆土库应分别按本规范第 4.3.2~4.3.10 条有关"小于或等于 10 户并小于或等于 50 人的零散住户、警卫排居住建筑物的边缘"的规定和第 4.3.8~4.3.10 条的规定取其最大值。

5.1.3 库区内主干道宜布置成环形或局部环形,主干道中心线与火药、炸药仓库的距离不应小于10m。

5.1.4 洞库及覆土库的室内地面标高,不应低于库区 50 年一遇洪水水位的高程加 0.5m。

5.1.5 两个覆土库出入口相对时,应分别在各自出入口前设置防护屏障。

5.1.6 库区周围宜设置高度不小于 2.5m 的密砌围墙。在山区设置密砌围墙有困难时,局部地段可设置刺网围墙。围墙距洞口的距离不宜小于35m,距覆土库外墙的距离不宜小于25m。

5.2 库间允许距离

5.2.1 缓坡地形岩石洞库、黄土洞库相邻库的库间允许距离不应小于表 5.2.1-1 和表 5.2.1-2 的规定,并应乘以表 5.2.1-3 的影响系数。

表 5.2.1-1 缓坡地形岩石洞库库间允许距离

岩体结构分类		整体状结构		块状结构		碎块状结构	
火药、炸药分类		梯恩梯当量值					
		>1	≤1	>1	≤1	>1	≤1
装药等效直径(m)	存药量(t)	库间允许距离(m)					
1.40	10	24	14	27	16	30	18
1.76	20	31	18	34	20	37	22
2.01	30	35	20	39	23	42	25
2.22	40	39	22	43	25	47	28
2.39	50	42	24	46	27	50	30
3.01	100	52	30	58	34	63	38
3.44	150	60	35	66	39	72	43
3.79	200	66	38	73	43	79	47
4.08	250	71	41	79	46	85	51
4.34	300	76	44	84	49	90	54
4.57	350	80	46	88	51	95	57
4.78	400	83	48	92	54	100	60
4.97	450	87	50	96	56	104	62
5.14	500	90	52	99	58	107	64

注：1 岩体结构的分类应按本规范表 5.2.1-4 确定。

2 火药、炸药的分类应按本规范表 3.0.1 确定。

3 当相邻两库存放不同类别的火药、炸药时，其库间允许距离应分别查本表所规定的距离并应取其最大值。

4 采用表中距离时，应以装药等效直径为依据确定，当装药等效直径已定，实际存药量小于表中存药量时，可直接采用表中距离；当实际存药量小于或等于表中存药量50%时，表中距离应乘以0.8；当实际存药量大于表中存药量并不超过1倍时，表中距离应乘以1.2。

5 表中距离指水平投影距离，由洞库外壁算起。

表 5.2.1-2 黄土洞库库间允许距离

火药、炸药分类		梯恩梯当量值	
		>1	≤1
装药等效直径(m)	存药量(t)	库间允许距离(m)	
1.28	10	29	21
1.60	20	36	26
1.82	30	41	30
2.00	40	46	33
2.14	50	49	36
2.68	100	62	45
3.05	150	71	52
3.34	200	78	57
3.59	250	84	61
3.83	300	89	65

注：1 火药、炸药的分类应按本规范表 3.0.1 确定。

2 当相邻两库存放不同类别的火药、炸药时，其库间允许距离应分别查本表所规定的距离并应取其最大值。

3 采用表中距离时，应以装药等效直径为依据确定，当装药等效直径已定，实际存药量小于表中存药量时，可直接采用表中距离；当实际存药量小于或等于表中存药量50%时，表中距离应乘以0.8；当实际存药量大于表中存药量并不超过1倍时，表中距离应乘以1.2。

4 表中距离指水平投影距离，由洞库外壁算起。

表 5.2.1-3 洞库布置影响系数

布置形式	平行布置	内八字布置	外八字布置	交错布置	相背布置
洞库类别	影响系数				
岩石洞库	1.3	1.3	1.2	1.0	0.9
黄土洞库	1.2	1.2	1.1	1.0	0.9

表 5.2.1-4 岩土体结构分类

岩土体结构分类	结构特征	岩石抗压强度(10^5 Pa)	岩体纵波弹性波速(m/s)	n
整体状结构	岩体呈整体或巨厚层状，节理极不发育。无控制性结构面，B_0 为 1～2，$M<0.5$	>300	>4000	>0.85
块状结构	岩体呈块状或厚层状，节理不发育，结构面以节理为主，多呈闭合，B_0 为 2～3，M 为 0.5～2	>200	3000～4500	0.85～0.6
碎块状结构	岩体呈中厚层或块状结构，节理发育，结构面以节理劈理为主，相互穿插切割成块（如花岗岩等），B_0 为 3～4，M 为 2～5	>100	2000～3500	0.6～0.3
散体状结构	土体呈均质巨厚层状	—	<1000	—

注：B_0 为节理数据，M 为节理量每米节理条数，n 为 $(C_v/C_e)^2$，C_v 为岩体纵波波速(m/s)，C_e 为岩块纵波波速(m/s)。

5.2.2 陡坡地形岩石洞库相邻库的库间允许距离不应小于表 5.2.2 的规定，并应乘以表 5.2.1-3 的影响系数。

表 5.2.2 陡坡地形岩石洞库库间允许距离

岩体结构分类		整体状结构		块状结构	
火药、炸药分类		梯恩梯当量值			
		>1	≤1	>1	≤1
装药等效直径(m)	存药量(t)	库间允许距离(m)			
1.40	10	19	11	21	13
1.76	20	24	14	26	17
2.01	30	27	16	30	19
2.22	40	30	18	33	21
2.39	50	32	19	36	23
3.01	100	41	23	45	28
3.44	150	47	27	52	32
3.79	200	52	29	57	36
4.08	250	55	32	61	38

续表 5.2.2

岩体结构分类		整体状结构		块状结构	
火药、炸药分类		梯恩梯当量值			
		>1	≤1	>1	≤1
装药等效直径(m)	存药量(t)	库间允许距离(m)			
4.34	300	59	34	65	41
4.57	350	62	35	68	43
4.78	400	65	37	72	45
4.97	450	67	38	74	47
5.14	500	70	40	77	48

注：1 岩体结构的分类应按本规范表 5.2.1-4 确定。

2 火药、炸药的分类应按本规范表 3.0.1 确定。

3 当相邻两库存放不同类别的火药、炸药时，其库间允许距离应分别查本表所规定的距离并应取其最大值。

4 采用表中距离时，应以装药等效直径为依据确定，当装药等效直径已定，实际存药量小于表中存药量时，可直接采用表中距离；当实际存药量小于或等于表中存药量50%时，表中距离应乘以0.8；当实际存药量大于表中存药量并不超过1倍时，表中距离应乘以1.2。

5 表中距离指水平投影距离，由洞库外壁算起。

5.2.3 两个岩石洞库相对布置时，库间允许距离不应小于表 5.2.3 的规定。

表 5.2.3 岩石洞库相对布置库间允许距离

偏离洞轴线角度		洞轴线两侧各 15°以外		洞轴线两侧各 15°及以内	
洞库类别		陡坡地形	缓坡地形	陡坡地形	缓坡地形
装药等效直径(m)	存药量(t)	库间允许距离(m)			
1.40	10	32	22	47	43
1.76	20	40	28	50	54
2.01	30	45	32	68	62
2.22	40	50	35	75	68
2.39	50	54	38	81	74

偏离洞轴线角度		洞轴线两侧各15°以外		洞轴线两侧各15°及以内	
洞库类别		陡坡地形	缓坡地形	陡坡地形	缓坡地形
装药等效直径(m)	存药量(t)	库间允许距离(m)			
3.01	100	68	48	101	93
3.44	150	78	55	117	106
3.79	200	86	60	129	117
4.08	250	92	65	149	126
4.34	300	98	69	147	124
4.57	350	103	73	155	141
4.78	400	108	76	162	147
4.97	450	112	79	168	153
5.14	500	116	82	175	159

注:1 表中存药量指梯恩梯当量,当为其他火药、炸药时,应按本规范表 3.0.1 中的相应当量值换算。

2 当相邻两库存放不同类别的火药、炸药时,其库间允许距离应分别查本表所规定的距离并取其最大值。

3 采用表中距离时,应以装药等效直径为依据确定,当装药等效直径已定,实际存药量小于表中存药量时,可直接采用表中距离;当实际存药量小于或等于表中存药量50%时,表中距离应乘以0.8;当实际存药量大于表中存药量并不超过1倍时,表中距离应乘以1.2。

4 表中距离指水平投影距离,由洞库外壁算起。

5.2.4 两个黄土洞库相对布置时,库间允许距离不应小于表 5.2.4的规定。

表 5.2.4 黄土洞库相对布置库间允许距离

偏离洞轴线角度		洞轴线两侧各15°以外	洞轴线两侧各15°及以内
装药等效直径(m)	存药量(t)	库间允许距离(m)	
1.28	10	16	32
1.60	20	20	41

续表 5.2.4

偏离洞轴线角度		洞轴线两侧各15°以外	洞轴线两侧各15°及以内
装药等效直径(m)	存药量(t)	库间允许距离(m)	
1.82	30	23	47
2.00	40	25	51
2.14	50	27	55
2.68	100	34	69
3.05	150	39	80
3.34	200	43	88
3.59	250	46	95
3.83	300	49	100

注:1 表中存药量指梯恩梯当量,当为其他火药、炸药时,应按本规范表 3.0.1 中的相应当量值换算。

2 当相邻两库存放不同类别的火药、炸药时,其库间允许距离应分别查本表所规定的距离并应取其最大值。

3 采用表中距离时,应以装药等效直径为依据确定,当装药等效直径已定,实际存药量小于表中存药量时,可直接采用表中距离;当实际存药量小于或等于表中存药量50%时,表中距离应乘以0.8;当实际存药量大于表中存药量并不超过1倍时,表中距离应乘以1.2。

4 表中距离指水平投影距离,由洞库外壁算起。

5.2.5 两个岩石洞库上下布置时,库间允许距离不应小于表 5.2.5的规定。

表 5.2.5 岩石洞库上下布置库间允许距离

火药、炸药分类		梯恩梯当量值	
		>1	≤1
装药等效直径(m)	存药量(t)	库间允许距离(m)	
1.40	10	27	19
1.76	20	34	24
2.01	30	39	27

续表 5.2.5

火药、炸药分类		梯恩梯当量值	
		>1	≤1
装药等效直径(m)	存药量(t)	库间允许距离(m)	
2.22	40	43	30
2.39	50	46	32
3.01	100	58	41
3.44	150	66	47
3.79	200	73	52
4.08	250	79	55
4.34	300	84	59
4.57	350	88	62
4.78	400	92	65
4.97	450	96	67
5.14	500	99	70

注:1 火药、炸药的分类应按本规范表 3.0.1 确定。

2 当相邻两库存放不同类别的火药、炸药时,其库间允许距离应分别查本表所规定的距离并应取其最大值。

3 采用表中距离时,应以装药等效直径为依据确定,当装药等效直径已定,实际存药量小于表中存药量时,可直接采用表中距离;当实际存药量小于或等于表中存药量50%时,表中距离应乘以0.8;当实际存药量大于表中存药量并不超过1倍时,表中距离应乘以1.2。

4 表中距离指水平投影距离,由洞库外壁算起。

5.2.6 两个黄土洞库上下布置时,库间允许距离不应小于表 5.2.6的规定。

表 5.2.6 黄土洞库上下布置库间允许距离

火药、炸药分类		梯恩梯当量值	
		>1	≤1
装药等效直径(m)	存药量(t)	库间允许距离(m)	
1.28	10	30	22
1.60	20	37	28
1.82	30	42	32
2.00	40	46	35
2.14	50	50	38
2.68	100	63	48
3.05	150	72	55
3.34	200	79	60
3.59	250	85	65
3.83	300	90	69

注:1 火药、炸药的分类应按本规范表 3.0.1 确定。

2 当相邻两库存放不同类别的火药、炸药时,其库间允许距离应分别查本表所规定的距离并应取其最大值。

3 采用表中距离时,应以装药等效直径为依据确定,当装药等效直径已定,实际存药量小于表中存药量时,可直接采用表中距离;当实际存药量小于或等于表中存药量50%时,表中距离应乘以0.8;当实际存药量大于表中存药量并不超过1倍时,表中距离应乘以1.2。

4 表中距离指水平投影距离,由洞库外壁算起。

5.2.7 覆土的库间允许距离不应小于表 5.2.7的规定。

表 5.2.7 覆土库库间允许距离

覆土形式	两侧山墙设出入口,后墙靠山丘,顶部及前墙覆土的覆土库				前墙设出入口,顶部、两侧墙和后墙均覆土的覆土库					
相互关系	前墙对前墙 山墙对山墙		后墙对后墙 侧墙对侧墙 后墙对侧墙				前墙对后墙		前墙对侧墙	
火药、炸药分类	梯恩梯当量值									
	>1	≤1	>1	≤1	>1	≤1	>1	≤1	>1	≤1
存药量(t)	库间允许距离(m)									
10	41	19	50	24	41	13	43	17	50	24
20	52	24	63	30	52	16	54	22	63	30
30	59	28	72	35	59	19	62	25	72	35
40	65	31	79	38	65	20	68	27	79	38
50	70	33	85	41	70	22	74	30	85	41
100	88	42	107	52	88	28	93	37	107	52
150		48		59		32		43		59
200		53		65		35		47		65

注:1 火药、炸药的分类应按本规范表 3.0.1 确定。

2 当相邻两库存放不同类别的火药、炸药时,其库间允许距离应分别查本表所规定的距离并应取其最大值。

3 表中距离指水平投影距离,由覆土库外墙算起。

5.3 辅助建筑物布置

5.3.1 库区取样间宜布置在有利地形的单独地段。取样间与仓库之间的距离不宜小于 50m,与其他建筑物之间的距离不宜小于 100m。取样间存药量不应大于 200kg。

5.3.2 库区变电所与仓库之间的距离不应小于 50m。

5.4 警卫用建筑物布置

5.4.1 岩石洞库区、黄土洞库区,警卫大队、中队和警卫排居住建筑物宜布置在洞轴线两侧各 60°角以外范围。覆土库区警卫大队、中队和警卫排居住建筑物宜避开任一覆土库出入口的正前方,宜布置在覆土库出入口的后方或侧后方。

5.4.2 岩石洞库区,警卫大队、中队和警卫排居住建筑物与洞库之间的距离,应符合本规范第 4.3.2 条～第 4.3.5 条、第 4.3.8 条和第 4.3.9 条的规定。

5.4.3 黄土洞库区,警卫大队、中队和警卫排居住建筑物与洞库之间的距离,应符合本规范第 4.3.6 条和第 4.3.10 条的规定。

5.4.4 覆土库区,警卫大队、中队和警卫排居住建筑物与覆土库之间的距离,应符合本规范第 4.3.7 条的规定。

5.4.5 警卫班建筑物与仓库之间的距离,应符合下列规定:

1 警卫班建筑物布置在岩石洞库洞轴线两侧各 70°角以外范围时,与岩石洞库之间的允许距离不应小于表 5.4.5-1 的规定。

2 警卫班建筑物布置在岩石洞库洞轴线两侧各 70°角以内范围时,与岩石洞库之间的允许距离不应小于表 5.4.5-2 的规定。

表 5.4.5-1 岩石洞库与位于洞轴线两侧各 70°角以外的警卫班建筑物允许距离

存药量(t)	10	20	30	40	50	100	150	200	250	300	350	400	450	500
允许距离(m)	60	76	87	96	103	130	149	176	187	197	206	215	222

注:1 表中存药量指梯恩梯当量,当为其他火药、炸药时,应按本规范表 3.0.1 中的相应当量值换算。

2 当洞库存药条件中横截面积比小于 0.23 时,其外部允许距离应按表中距离乘以 0.85。

3 表中距离指水平投影距离,由洞口的中心点算起。

表 5.4.5-2 岩石洞库与位于洞轴线两侧各 70°角以内的警卫班建筑物允许距离

洞库类别		缓坡地形岩石洞库	陡坡地形岩石洞库
装药等效直径(m)	存药量(t)	允许距离(m)	
1.40	10	129	110
1.76	20	162	140
2.01	30	186	160
2.22	40	205	180
2.39	50	221	190
3.01	100	278	240
3.44	150	319	280
3.79	200	351	310
4.08	250	378	330
4.34	300	402	350
4.57	350	423	370
4.78	400	442	385
4.97	450	460	400
5.14	500	476	420

注:1 表中存药量指梯恩梯当量,当为其他火药、炸药时,应按本规范表 3.0.1 中的相应当量值换算。

2 当洞库存药条件中横截面积比小于 0.23 时,其外部允许距离应按表中距离乘以 0.85。

3 采取表中距离时,应以装药等效直径为依据确定。当装药等效直径已定,实际存药量小于或等于表中相应存药量时,可直接采用表中距离;实际存药量大于表中存药量并不超过 1 倍时,应按表中距离乘以 1.30。

4 实际等效装药直径为中间值时,其相应存药量和外部允许距离应采用线性插入法确定。

5 表中距离指水平投影距离,由洞口的中心点算起。

3 当警卫班建筑物布置在黄土洞库洞轴线两侧各 90°角以外范围时,与黄土洞库之间的允许距离不应小于表 5.4.5-3 的规定。

表 5.4.5-3 黄土洞库与位于洞轴线两侧各 90°角以外的警卫班建筑物允许距离

存药量(t)	10	20	30	40	50	100	150	200	250	300
允许距离(m)	35	45	50	55	60	75	85	95	100	110

注:1 表中存药量指梯恩梯当量,当为其他火药、炸药时,应按本规范表 3.0.1 中的相应当量值换算。

2 当洞库存药条件中横截面积比小于 0.23 时,其外部安全允许距离应按表中距离乘以 0.85。

3 表中距离指水平投影距离,由洞口的中心点算起。

4 当警卫班建筑物布置在黄土洞库洞轴线两侧各 90°角以内范围时,与黄土洞库之间的允许距离不应小于表 5.4.5-4 的规定。

表 5.4.5-4 黄土洞库与位于洞轴线两侧各 90°角以内的警卫班建筑物允许距离

装药等效直径(m)	1.28	1.60	1.82	2.00	2.14	2.68	3.05	3.34	3.59	3.83
存药量(t)	10	20	30	40	50	100	150	200	250	300
允许距离(m)	45	55	65	70	75	90	105	115	120	130

注:1 表中存药量指梯恩梯当量,当为其他火药、炸药时,应按本规范表 3.0.1 中的相应当量值换算。

2 当洞库存药条件中横截面积比小于 0.23 时,其外部允许距离应按表中距离乘以 0.85。

3 采取表中距离时,应以装药等效直径为依据确定。当装药等效直径已定,实际存药量小于或等于表中相应存药量时,可直接采用表中距离;实际存药量大于表中存药量并不超过 1 倍时,应按表中距离乘以 1.30。

4 实际等效装药直径为中间值时,其相应存药量和外部允许距离应采用线性插入法确定。

5 表中距离指水平投影距离,由洞口的中心点算起。

5 警卫班建筑物与覆土库之间的允许距离不应小于表5.4.5-5的规定。

表5.4.5-5 警卫班建筑物与覆土库允许距离

存药量(t)	10	20	30	40	50	100	150	200
允许距离(m)	120	150	170	190	205	255	295	325

注：1 表中存药量指梯恩梯当量，当为其他火药、炸药时，应按本规范表3.0.1中的相应当量值换算。

2 存药量为中间值时，其外部允许距离应采用线性插入法确定。

3 表中距离指水平投影距离，由建筑物外墙算起。

5.4.6 库区警卫岗哨的位置应根据警卫任务和要求，结合具体地形条件布置。

6 建筑结构

6.1 一般规定

6.1.1 洞库的建筑形式宜为直通式，每一个洞库可设一个出入口，并应符合下列规定：

1 洞库洞口前应设装卸站台，装卸站台进深不宜小于3.5m，宽度不宜小于6m。

2 引洞净跨不宜小于2.5m，拱顶处净高宜为3～3.5m。

6.1.2 洞库的覆盖层厚度应符合防护要求。

6.1.3 洞库门的设置应符合下列规定：

1 引洞内从引洞口起依次向内设钢网门、密闭门、防护密闭门，钢网门网孔部分宜设置可开启的密闭装置，防护密闭门的防护等级应根据需要阻挡的爆炸空气冲击波压力确定。用于生产经营单位的洞库引洞内只可设钢网门和密闭门。

2 防护密闭门应设在主洞室前墙上。

3 离壁式岩石洞库，引洞末端侧墙或主洞室墙上应设密闭检查门。

4 洞库密闭门和防护密闭门应向外开启。

6.1.4 覆土库屋面覆土厚度不应小于0.5m，覆土墙顶部水平覆土厚度不应小于1m，坡向地面或外侧挡墙坡度应为1：1～1：1.5。

6.1.5 覆土库出入口外侧宜设进深不小于2.5m的装卸站台。山墙设出入口的覆土库，山墙至出入口前防护屏障之间的距离不宜大于6m。防护屏障不应低于山墙高度，顶宽不宜小于1m。

6.1.6 覆土库门窗的设置应符合下列规定：

1 覆土库出入口宜设外门斗，门斗外端起从外向内应依次设

密闭门、钢网门和防护密闭门，防护密闭门的防护等级应根据需要阻挡的冲击波压力确定。用于生产经营单位的覆土库可只设钢网门和密闭门。

2 覆土库密闭门和防护密闭门应向外开启。

3 山墙设出入口的覆土库，应根据通风需要在山墙上设通风窗。

4 前墙设出入口的覆土库，在覆土库后端应设通风口，并应用一段水平风管连接竖直排风管。竖直排风管底应设置深度不小于1倍直径的减压管段，减压管段下端应密封。无防护库外爆炸空气冲击波侵入要求的生产经营单位覆土库，可在库房后端顶部设置直通库内的竖直排风管。

5 通风窗应由内向外依次设能开启的密闭玻璃窗、铁丝网和能开启的防护密闭板窗。防护密闭板窗的防护等级应与防护密闭门相匹配。

6.1.7 洞库的进风设施应符合下列规定：

1 采用前排风竖井形式时，宜在洞库地面下设进风地沟，地沟应通至主洞末端，并应在地面上设进风口，进风口应设置钢盖板、铁栅栏和铁丝网。

2 进风管或进风地沟室外入口处应设置防护门、铁栅栏、铁丝网等防护和保卫设施。

6.1.8 洞库应根据地质、地形条件设排风竖井，并应符合下列规定：

1 排风竖井与主洞室后墙或侧墙间应设一段水平通风道，水平通风道的净跨不应小于2m，拱顶净高不应小于2.5m。

2 水平通风道内应设防护密闭门和通风门，防护密闭门和通风门应向排风竖井方向开启；用于生产经营单位的洞库可只设钢网门和密闭门。

3 水平通风道地面高出主洞室地面不应小于1m；排风竖井底应设防爆坑，防爆坑底应低于水平通风道地面1m以上；当岩石洞库排风竖井有裂隙水时，应采取排水措施。

4 排风竖井应高出山体表面2.5m，且高出山体表面部分应采用钢筋混凝土结构，出风口应设置铁栅栏，竖井中段应设置水平钢筋网。

6.1.9 洞库和覆土库各类门的尺寸应符合表6.1.9的规定。

表6.1.9 洞库和覆土库各类门的尺寸(m)

类别	钢网门、防护密闭门、密闭门	通风道内的防护密闭门、通风门	检查门
宽	≥1.5	≥1.0	≥0.6
高	1.8～2.2	≥1.5	≥1.5

6.1.10 洞库和覆土库可采用普通水泥地面。有可能洒落火药、炸药药粉的仓库，宜采用不发生火花的地面。

6.2 岩石洞库建筑结构

6.2.1 在岩石洞库开挖后，应根据岩石洞库围岩的稳定情况和使用要求，采取喷射素混凝土支护、喷射钢筋网混凝土支护、贴壁式衬砌或离壁式衬砌等措施。喷射钢筋网混凝土支护必要时可加设锚杆。

6.2.2 当主洞室围岩内表面散湿量大于0.3g/(m²·h)时，宜设置离壁式衬砌，有条件时引洞也可设置离壁式衬砌。

6.2.3 离壁式衬砌宜采用下列结构形式：

1 直墙拱顶式。

2 落地式钢筋混凝土拱。

6.2.4 离壁式衬砌的抗震构造措施应符合下列规定：

1 直墙拱顶离壁式衬砌采用柱、墙承重时，墙厚度不应小于240mm，柱和承重墙的顶部应设置钢筋混凝土圈梁，圈梁应封闭，断面不应小于240mm×180mm，钢筋配置不应少于4φ12，圈梁与承重柱、墙体和拱板均应加强连接。

2 直墙拱顶离壁式衬砌应在拱脚处设置钢筋混凝土斜撑，斜

撑水平间距宜为 3m，断面不应小于 300mm×300mm，钢筋配置不应少于 4φ16，斜撑的一端应与圈梁连成整体，另一端应以 1：6 坡度向下锚入围岩内，且不应小于 0.5m。

 3 钢筋混凝土柱与墙体及其转角处均应加强连接。

 4 承重柱、墙、落地拱基础伸入基岩不应小于 0.35m。

6.2.5 离壁式衬砌应采用不燃烧体，并应符合下列规定：

 1 直墙拱顶离壁式衬砌的顶面两侧应做挑檐板，挑檐长度不应小于 0.35m，挑檐板应坡向围岩，坡度不应小于 1：6。

 2 离壁式衬砌外排水沟起点处沟底标高，宜低于洞内地面标高 0.4m，当洞库地面不做滤水层时，可为 0.2m。

 3 排水沟应坡向洞外，坡度不应小于 0.8‰。

6.2.6 洞库范围内山体表面有积水时，应采取排除措施，探坑和与洞库内相通的洞穴应填平。洞库围岩上的泉眼、大股裂隙水应排至离壁式衬砌侧墙外的排水沟中。

6.2.7 凡有裂隙水的岩石洞库，地面应做滤水层，滤水层底可采用砂浆或混凝土做坡度，并应坡向离壁式衬砌侧墙外排水沟，侧墙底应预理排水短管或预留洞孔。

6.2.8 离壁式衬砌拱顶应采取防水措施，直墙应采取防潮措施。当拱顶采用柔性防水层时，可不增设防潮层。拱顶防水和墙的防潮应设在衬砌外侧。

6.2.9 离壁式衬砌上的灯光洞孔及伸缩缝等应采取密闭措施。

6.3 黄土洞库建筑结构

6.3.1 黄土洞库开挖后，应根据黄土土质情况和使用要求，采用喷射素混凝土支护、喷射钢筋网混凝土支护或贴壁式衬砌。

6.3.2 黄土洞库范围内山体表面的探坑及与洞相通的洞穴应填实，并应高出周围表土。

6.3.3 黄土洞库的主洞室和引洞，以及排风竖井前的水平通风道，通风地沟内表面，均应做防潮层。

6.4 覆土库建筑结构

6.4.1 覆土库的承重构件可采用下列结构形式：

 1 波纹钢板或钢筋混凝土落地拱。

 2 钢筋混凝土框架结构。

 3 钢筋混凝土屋盖、实心砌体墙承重的混合结构。

6.4.2 采用钢筋混凝土框架结构、实心砌体墙承重的混合结构的覆土库抗震构造措施，应符合下列规定：

 1 钢筋混凝土屋面构件之间、屋面构件与柱及圈梁之间应加强连接。

 2 覆土库墙的顶部应设置封闭式圈梁，圈梁的高度不应小于 180mm，钢筋配置不应少于 4φ12。墙体厚度应根据侧向土压力计算确定。

 3 实心砌体墙承重的混合结构覆土库，应在四角及横纵墙交接处设置构造柱。长度超过 6m 的墙体内应设置间距不大于 6m 的构造柱。构造柱断面不应小于 240mm×240mm，纵向钢筋配置不应少于 4φ12。

6.4.3 覆土库的墙体严禁采用毛石或块石砌筑。有防护要求的覆土库，未覆土的墙体应采用现浇钢筋混凝土结构，现浇钢筋混凝土结构强度应与防护密闭门相匹配。

6.4.4 覆土库埋入土内的墙或拱的外侧应做柔性防水层。屋顶宜做柔性防水层，防水层上做一层整体现浇混凝土，且防水层上应设滤水层。

6.4.5 覆土库前、后墙或落地拱的内侧可设离壁式隔潮墙，墙外侧应做排水沟，沟底宜低于室内地面 0.5m 以上，并应将积水引出库外。

6.4.6 覆土库地面、墙和屋顶内表面应做防潮层。

6.4.7 覆土库主体结构为波纹钢板拱时，钢拱及其连接件应采取防火、防腐措施。

6.5 警卫建筑物建筑结构

6.5.1 洞库或覆土库库区内的警卫建筑物应采用实心砌体结构或钢筋混凝土框架结构。实心砌体墙承重结构墙厚度不应小于 240mm。在建筑物外墙转角处、内外墙交接处和楼梯间四角应设置构造柱，长度超过 6m 的墙体内应设置间距不大于 6m 的构造柱。构造柱断面不应小于 240mm×240mm，纵向钢筋配置不应少于 4φ12。

6.5.2 设在洞库前方洞轴线两侧 45°范围的警卫岗楼宜采用钢筋混凝土筒形结构，屋顶宜为球形，直径不宜小于 2m，截面厚度不应小于 300mm，内、外面均应配置不小于 φ16 间距 200mm 的钢筋网。门背向洞库洞口。有条件时，屋顶及哨所墙体周围宜覆土，覆土厚度不宜小于 0.5m。

6.6 取样间建筑结构

6.6.1 取样间应为单层、矩形建筑物，并应采用实心砌体承重结构或钢筋混凝土框架结构，耐火等级不应低于二级。建筑面积小于或等于 65m²，且同一时间作业人员不超过 3 人时，安全出口的数量不应少于 1 个。建筑面积大于 65m² 时，安全出口的数量不应少于 2 个。

6.6.2 取样间应设置向疏散方向开启的平开门，不应采用吊门、侧拉门或弹簧门等。门口应设置装卸台或坡道，不应设置门槛。取样间应采用不发生火花的地面。取样间内任一点至安全出口的疏散距离不应大于 15m。

7 电 气

7.1 危险场所分类

7.1.1 危险场所应以工作间或建筑物为单位分类，并应符合下列规定：

 1 长期存在能形成爆炸危险且危险程度大的火药、炸药及其粉尘的危险场所应为 F0 类。

 2 短时存在能形成爆炸危险的火药、炸药及其粉尘的危险场所应为 F1 类。

 3 危险场所分类和防雷类别应符合表 7.1.1 的规定。

表 7.1.1 危险场所分类和防雷类别

序号	工作间（或建筑物）	危险场所分类	防雷类别
1	主洞室	F0	一
2	引洞	F1	一
3	覆土库	F0	一类
4	覆土库门斗	F1	一类
5	站台库	F0	一类
6	取样间	F1	一类

注：洞库伸出库外的排风竖井及其他突出物体的防雷类别应为二类。

7.2 10kV 及以下变电所和配电室

7.2.1 库区、转运站供电负荷等级应为三级。消防系统、安全防范系统供电负荷等级应为二级。

7.2.2 库区 10kV 及以下变电所应为独立变电所。转运站 10kV 及以下变电所宜为独立变电所，当采用附建形式时，不应与危险性建筑物合建，可与非危险性建筑物贴建。

7.2.3 变电所设计除应符合本规范的规定外,尚应符合现行国家标准《10kV 及以下变电所设计规范》GB 50053 的有关规定。

7.3 电气设备及电气照明

7.3.1 F0 类危险场所不应安装电气设备和敷设电气线路。

7.3.2 F1 类危险场所电气设备应符合下列规定:

1 危险场所电气设备应采用可燃性粉尘环境用电气设备的防粉尘点燃型(DIP 21)、IP65 级,以及用于爆炸性气体环境用电气设备的隔爆型(dIIB)、本质安全型(i)、IP54 级。

2 门灯及安装在外墙外侧的开关、控制箱等应采用可燃性粉尘环境用电气设备的防粉尘点燃型(DIP 22),IP54 级。

3 防爆电气设备必须采用符合现行国家标准并由国家指定检验部门鉴定合格的产品。

4 电气设备最高表面温度不应大于 T4 组。

5 防爆接线盒、防爆挠性连接管等选型应与危险场所内防爆电气设备的防爆等级相一致。

7.3.3 主洞室可利用安装在引洞投光灯室的密闭投光灯通过透光窗照明,也可利用安装在引洞内、符合 F1 类危险场所要求的防爆灯具通过透光窗照明。离壁式洞库主洞室可利用安装在主洞室衬砌外侧、符合 F1 类危险场所要求的防爆灯具通过透光窗照明。

7.3.4 主洞室照度不宜低于 5 lx。当照度不能满足要求时,主洞室可采用自备蓄电池便携式防爆灯具照明,其灯具选型应符合 F1 类危险场所要求,且灯具最高表面温度不应超过 100℃。

7.3.5 覆土库内宜利用自然采光。当需要电气照明时,应采用安装在覆土库外墙外侧或门斗内的配电箱、灯具等通过透光窗照明,电气设备选型应符合本规范第 7.3.2 条的规定。

7.3.6 当洞库、覆土库仅有一道门与室外隔开时,仓库内不应安装电气设备和敷设电气线路。

7.3.7 站台库应利用安装在其外墙外侧的配电箱、灯具等通过透光窗照明。电气设备选型应符合本规范第 7.3.2 条的规定。

7.3.8 转运站台可利用安装在站台库外墙外侧的灯具照明,电气设备选型应与站台库相同,且应自带防震装置,也可利用安装在专用灯杆上的投光灯照明。灯杆与站台库和车辆停靠位置之间的距离不应小于灯杆高度的 1.5 倍。照明灯杆不宜兼作避雷塔。

7.3.9 用于 F0 类危险场所电气照明的透光窗,应采用厚度不小于 5mm 的双层玻璃,且应满足投光灯室(或引洞)与主洞室的密封要求。

7.3.10 投光灯室与引洞、主洞室之间应有密实墙隔开,通向引洞的门应采用密闭门,且应设自动关闭装置。

7.4 室内线路

7.4.1 F1 类危险场所电气线路应符合下列规定:

1 低压配电线路保护应符合现行国家标准《低压配电设计规范》GB 50054 的有关规定。

2 电气线路的电线、电缆的额定电压不应低于 450/750V。电话线路电线、电缆额定电压不应低于 300/500V。

3 电气线路应采用阻燃铜芯聚氯乙烯绝缘电线或阻燃铜芯聚氯乙烯金属铠装电缆。电线或电缆芯线截面积不应小于 2.5 mm²。

4 在危险场所中,严禁采用绝缘电线明敷或电线穿塑料管敷设。

5 离壁式洞库衬砌外侧敷设的电气线路应符合本条第 1~4 款的规定。

7.4.2 F1 类危险场所电气线路,当采用电线穿钢管敷设时,应符合下列规定:

1 电线穿管应采用镀锌焊接钢管,其公称直径不应小于 15mm,钢管间应采用螺纹连接,螺纹不应少于 6 扣。在有剧烈振动的场所,应取防松措施。

2 线路进入防爆电气设备时,应装设隔离密封装置。

7.4.3 F1 类危险场所电气线路,当采用电缆敷设时,应符合下列规定:

1 在有可能造成机械损伤的部位,应穿钢管保护。

2 电缆穿过隔墙处应设隔板,并应对孔严密堵塞。

3 电缆与防爆电气设备连接处应采用铠装电缆密封接头。

7.4.4 F1 类危险场所电气线路、安全防范系统线路和接地干线应明敷。电气线路在潮湿环境下沿墙、沿顶板敷设时,与墙面和顶板的距离不应小于 10mm。

7.4.5 敷设在引洞的电气线路,以及覆土库、站台库外墙外侧的电气线路,应符合室内线路的规定。

7.5 室外线路

7.5.1 与库区和转运站无关的高、低压电气线路和通信线路不应穿越库区和转运站,且严禁跨越危险性建筑物。

7.5.2 洞库、覆土库、站台库、站台及取样间的低压配电线路设计,应符合下列规定:

1 从配电端到受电端宜全长采用铜芯金属铠装电缆埋地敷设,在入户端应将电缆的金属外皮、钢管与防雷电感应的接地装置连接。

2 低压配电线路采用架空敷设时,应采用钢筋混凝土杆和铁横担的架空线,并应使用一段铜芯金属铠装电缆或护套电缆穿钢管直接埋地引入,埋地长度应符合下式要求:

$$L \geqslant 2\sqrt{\rho} \qquad (7.5.2)$$

式中 L ——铜芯金属铠装电缆或护套电缆穿钢管埋于土地中的长度(m);

ρ ——埋电缆处的土壤电阻率(Ω·m)。

3 埋地长度不应小于 15m。

4 在电缆与架空线连接处应装设避雷器。避雷器、电缆金属外皮、钢管、绝缘子铁脚、金具等应连在一起并接地,其冲击接地电阻不应大于 10Ω。电缆保护管的壁厚不应小于 3.5mm。

7.5.3 库区和转运站架设的 1kV 及以下架空线路的轴线与洞库装卸站台、覆土库装卸站台、转运站站台及取样间外墙之间的距离,不应小于电杆高度的 1.5 倍。

7.5.4 库区 10kV 及以上高压线路宜采用电缆埋地敷设。当采用架空敷设时,其线路的轴线与洞库装卸站台、覆土库装卸站台、站台库转运站台及取样间外墙之间的距离,不应小于电杆挡距的 2/3,且不应小于 35m。

7.5.5 库区和转运站内不应设置与其无关的无线通信设施。

7.6 防雷接地

7.6.1 建筑物防雷类别应符合本规范表 7.1.1 的规定。防雷设计应符合现行国家标准《建筑物防雷设计规范》GB 50057 的有关规定。

7.6.2 变电所引至洞库、覆土库、站台库及取样间的配电系统接地形式宜采用 TN-C-S 系统,从配电箱开始引出的配电线路应采用 TN-S 系统。

7.6.3 引洞、覆土库门斗、站台库及取样间内应设置接地干线,干线与室外接地装置连接不应少于 2 处,并应对称布置。电气设备工作接地、保护接地、防雷接地(不含一类防直击雷接地)、防静电接地及安全防范系统接地等宜共用同一接地装置,其接地电阻值应取其最小值。金属门、金属窗、电缆金属外皮、建筑物金属构件及其他金属管道等应与接地装置相连接,并应形成等电位连接。

安装在室外的安全防范系统前端控制箱宜与共用接地装置相连接。

7.6.4 引入洞库、覆土库和站台库的电源配电箱处,应设置与设备耐压等级相适应的电涌保护器。

8 安全防范系统

8.1 一般规定

8.1.1 库区、洞库及覆土库应设置安全防范系统。安全防范系统风险等级和防护级别的划分应根据国家法律、法规和公安部门的有关规定，与相关行政主管部门共同确定。

8.1.2 库区、洞库及覆土库的安全防范系统构成应符合现行国家标准《安全防范工程技术规范》GB 50348的有关规定。

8.1.3 安全防范系统的防雷设计除应符合本规范的规定外，尚应符合现行国家标准《建筑物电子信息系统防雷技术规范》GB 50343的有关规定。

8.1.4 危险场所类别应符合本规范第7.1节的有关规定。

8.1.5 库区警卫岗哨、警卫值班室、库区门卫、行政区值班室、转运站值班室等应设置电话通信系统，并应与火灾报警信号兼容。

8.2 电气设备选型

8.2.1 F1类危险场所安全防范系统电气设备选型应符合本规范第7.3.2条的规定。

8.2.2 安装在室外的安全防范系统前端控制箱，应采用适用于室外环境运行的产品，并应采取防止太阳直接照射的措施。

8.2.3 安全防范系统前端控制箱应设置自备蓄电池的在线应急电源。

8.3 监控中心

8.3.1 监控中心设计除应符合现行国家标准《安全防范工程技术规范》GB 50348的有关规定外，尚应符合下列要求：

   1 监控中心所在建筑物应按第三类防雷建筑物采取防雷措施。

   2 电子信息设备采用交流TN配电系统供电时，配电线路应采用TN-S系统的接地形式。

   3 监控中心应设置自备蓄电池的备用应急照明，应急时间不应少于60min。

   4 监控中心所在建筑物的总配电箱、楼层配电箱、监控中心专用配电箱应设置与耐压水平相适应的电涌保护器。

   5 监控中心电线和电缆的额定电压、导线截面选择等，应符合本规范第7.4节的规定，其敷设方式可采用暗敷。

   6 监控中心采用专用接地装置时，其接地电阻不应大于4Ω；采用综合接地系统时，其接地电阻不应大于1Ω。

8.4 室内线路

8.4.1 F1类危险场所安全防范系统线路，应符合下列要求：

   1 信号线路、保安通信线路等应采用交流额定电压不低于300/500V的阻燃铜芯绝缘电线或电缆，其芯线截面不宜小于1.5mm²。当采用多芯电缆时，其芯线截面不应小于0.75mm²。线路的敷设方式应符合本规范第7.4节的规定。

   2 线路首、末端与电子器件连接时，应设置与电子器件耐压水平相适应的电涌保护器。

8.4.2 敷设在引洞内和覆土库外墙外侧的安全防范系统线路应与室内相同。

8.5 室外线路及防雷接地

8.5.1 安装在引洞内、覆土库门斗内的前端控制箱，应设置与设备耐压等级相适应的电涌保护器。

8.5.2 安装在室外（含电杆上）的安全防范系统设备，其防雷接地应符合下列规定：

   1 前端控制箱、摄像机及相关设备的防雷设计，应符合现行国家标准《建筑物防雷设计规范》GB 50057第二类防雷建筑物的规定。

   2 电源引入线的防雷措施应符合本规范第7.5.2条的规定。

   3 控制箱内应设置与设备耐压等级相适应的电涌保护器。

8.5.3 从监控中心引至库区的安全防范系统线路，宜采用有金属铠装或金属屏蔽的电缆或护套电缆穿钢管埋地敷设，在各防雷区的界面处，应将铠装电缆金属外皮（保护层和屏蔽层）做等电位连接并接地。监控中心的信号线缆内芯线相应端口，应安装适配的信号线路电涌保护器，电涌保护器的接地端和电缆内芯的空线应对应接地。当电缆穿钢管敷设时，钢管两端应接地。在进入建筑物处应做等电位连接并接地。

8.5.4 监控中心引至库区的安全防范系统架空线路，应符合下列规定：

   1 进出监控中心、引洞和覆土库门斗内的安全防范系统线路应符合下列要求：

   1）从其建筑物外墙处或装卸站台边缘算起，埋地长度不应小于15m，且应在进出建筑物外墙处或装卸站台边缘处将电缆金属外皮、钢绞线、线缆的保护钢管做等电位连接，应在被保护设备处安装与设备耐压水平相适应的电涌保护器，并应在建筑物外设置两处接地，接地点间距不应大于50m，每处冲击接地电阻不应大于20Ω。

   2）架空线路的其余部分金属护套、钢绞线及金属加强芯等，应每隔250m左右接地一次，接地电阻不应大于20Ω。在架空与埋地敷设的换接处应设置电涌保护器。电涌保护器、电缆金属外皮、钢绞线、钢管等应做电气连接并接地，接地电阻不应大于10Ω。

   2 当架空线路与1kV及以下低压配电线路共杆敷设时，安全防范系统线路与电气线路的间距不应小于1.5m。

   3 安全防范系统架空线路与道路平行敷设时，线路与路面垂直距离不应小于4.5m。安全防范系统架空线路与道路交叉敷设时，线路与路面垂直距离不应小于5.5m。

8.5.5 从前端控制箱引至洞库、覆土库的安全防范系统线路应埋地敷设。

9 采暖、通风和空气调节

9.0.1 洞库、覆土库宜采用自然通风,当采用自然通风不能满足要求时,可采用机械通风。机械通风系统的设置应符合下列要求:

    1 通风系统应采用直流式,通风设备应设在单独的通风机室内,通风机室不应有门窗与主洞室相通。严禁采用机械排风系统。

    2 通风管道宜采用圆形截面,通风管道及阀门应采用不燃烧体。

    3 送风机为非防爆型时,进风系统的风机出口应装设止回阀。

    4 风管涂漆颜色应易于与火药、炸药粉尘颜色分辨。

    5 通风设备及管道应采取防静电接地措施。

9.0.2 采用进风地沟的洞库应采取防止火药、炸药及其粉尘进入通风地沟内的措施。

10 消 防

10.0.1 洞口周围宜设不小于15m宽的隔火带,覆土库周围应设不小于15m宽的隔火带,隔火带范围内应清除杂草树木。

10.0.2 库区、转运站应设泡沫灭火机、风力灭火机、消防水桶等移动式消防器材,并应采取防冻措施。取样间在作业时应配备灭火器,库房门口宜配备灭火器,灭火器配备应按现行国家标准《建筑灭火器配置设计规范》GB 50140 中严重危险级执行。

10.0.3 取样间内应设应急消防水池,水池的尺寸和水量应能将火药、炸药包装箱全部淹没,池顶不应高于工作台。

10.0.4 消防用水可采用给水管网、天然水源、消防蓄水池或高位水池供给,并应符合下列要求:

    1 消防用水量不应小于20L/s,消防延续时间应按3h计算。应采取保证消防用水平时不被动用的措施。

    2 高位水池或消防蓄水池中储水使用后的补水时间不宜超过96h。

    3 覆土库区和转运站供消防车使用的消防蓄水池,保护半径不应大于150m。

10.0.5 消防给水可与生活给水合并使用。

10.0.6 消防给水系统的压力、室外消火栓布置、消防水泵房应符合现行国家标准《建筑设计防火规范》GB 50016 的有关规定。

10.0.7 消防水泵的设置应符合下列要求:

    1 消防水泵应有备用泵,备用泵工作能力不应小于1台主泵的工作能力。

    2 消防水泵应保证在火警30s内开始工作。

    3 消防水泵应有备用动力源。

10.0.8 覆土库区和转运站应设消防给水系统或消防蓄水池。

10.0.9 有取水条件的洞库区宜设消防水源或消防给水系统。

10.0.10 设有消防水源的库区应根据需要设机动消防泵或消防车。

11 运输和转运站

11.1 铁 路 运 输

11.1.1 运送火药、炸药的铁路专用线,与有明火和散发火星的建筑物(或场所)边缘之间的距离不应小于35m。

11.1.2 转运站站台处可设置尽头式铁路装卸线,其有效长度应能满足同时装卸 4 节 70t 棚车的停放长度需要。

11.1.3 在铁路专用线上运送火药、炸药车辆与机车之间应有隔离车辆,隔离车数量应符合下列规定:

    1 火药、炸药车辆与蒸汽机车、电力机车之间应至少有两辆隔离车。

    2 火药、炸药车辆与内燃机车之间应至少有 1 辆隔离车。

    3 机车与火药、炸药转运站站台边缘之间的距离应根据上述隔离车数量计算确定。

11.2 公 路 运 输

11.2.1 库区和转运站内运送火药、炸药的道路干线,与有明火和散发火星的建筑物(或场所)边缘之间的距离不应小于35m。

11.2.2 火药、炸药道路运输应使用符合安全条件的火药、炸药专用运输车。严禁使用三轮汽车、畜力车、翻斗车、拖拉机和挂车运输。

11.2.3 库区和转运站内运输火药、炸药的道路干线纵坡不宜大于 6%,山区特殊困难情况下不应大于 8%。仓库装卸站台处宜用平坡,并宜设回车场。

11.3 转 运 站

11.3.1 当铁路专用线能直接进入库区时,应在库区内设置转运站,转运站台的存药量应按转运站台及其旁边车辆内的药量之和计算确定。转运站台至火药、炸药仓库之间的允许距离,以及转运站台外部允许距离,应分别按覆土库的库间允许距离和外部允许距离确定。

11.3.2 设置在库区外的独立转运站应符合下列要求:

1 当火药、炸药暂存时间不超过48h时,转运站台或站台库的外部允许距离应按覆土库要求相应减少20%确定。

2 转运站内设置的开箱间内存药量,炸药不应大于50kg,发射药不应大于100kg。火药、炸药开箱间与转运站台或站台库之间的距离不应小于50m,与其他非危险性建筑物之间的距离不宜小于100m。

3 转运站应设置高度不小于2.5m的密砌围墙,围墙与转运站台或站台库之间的距离不应小于25m。在设置密砌围墙有困难的山区,可采用刺网围墙。

11.3.3 站台库应符合下列规定:

1 站台库应为单层、矩形建筑,耐火等级不应低于二级。

2 当采用的防火保护层满足相应耐火等级的耐火极限要求时,可采用钢结构承重的结构体系。

3 建筑面积小于220m²时,安全出口的数量不应少于1个;建筑面积大于或等于220m²时,安全出口的数量不应少于2个。应设置向疏散方向开启的平开门,并不得设置门槛,门洞宽不应小于1.5m,不应采用吊门、侧拉门或弹簧门等。站台库内任一点至安全出口的疏散距离不应大于30m。站台库宜采用轻质围护结构和轻质屋盖。

12 烧 毁 场

12.0.1 当需销毁少量火药、炸药时,应设置烧毁场并采用烧毁法销毁。烧毁场应布置在库区外山沟、丘陵、盆地、河滩等有利安全的单独场地。

12.0.2 烧毁场作业场地短边长度不宜小于25m,作业场地表面应为不带石块的土质地面。作业场地边缘周围30m范围内应为防火带,防火带内不应有树木杂草及其他易燃物。

12.0.3 烧毁场宜设围墙和掩体,围墙和掩体与作业场地边缘之间的距离不应小于50m。掩体应位于常年主导风向的上风向,出入口应背向作业场地。

12.0.4 火药、炸药应当天销毁,不应在烧毁场设火药、炸药暂存库。

12.0.5 火药、炸药的一次最大烧毁量和烧毁场外部允许距离应符合表12.0.5的规定。

表12.0.5 火药、炸药一次最大烧毁量和烧毁场外部允许距离

火药、炸药品种	一次最大烧毁量(kg)	烧毁场外部允许距离(m)
单、双基药,中能复合推进剂	500	200
梯恩梯当量值等于或小于1的炸药	200	200
梯恩梯当量值大于1的炸药和高能复合推进剂	100	200

13 理 化 中 心

13.0.1 理化中心应由理化实验室、样品库和销毁塔组成,并应设置单独的围墙。

13.0.2 理化实验室内炸药存药量折合梯恩梯当量不应大于3kg,火药存药量不应大于10kg。样品库内炸药存药量折合梯恩梯当量不应大于50kg,火药存药量不应大于100kg。

13.0.3 理化中心应布置在有利于安全的单独地段。样品库必须设置防护土堤,样品库与理化实验室之间的距离不应小于35m,样品库与行政区其他建筑物之间的距离不应小于125m。理化实验室与行政区其他建筑物之间的距离不应小于50m。

13.0.4 销毁塔与其他建(构)筑物的允许距离应符合表13.0.4的规定。

表13.0.4 销毁塔与其他建(构)筑物的允许距离

序　号	销毁塔存药量 Q(kg)	允许距离(m)
1	$Q \leqslant 0.5$	20
2	$0.5 < Q \leqslant 2$	25
3	$2 < Q \leqslant 3$	30
4	$3 < Q \leqslant 10$	35

注:表中的销毁塔为封闭式。

13.0.5 理化中心建筑结构应符合下列要求:

1 理化实验室应符合下列要求:

1)耐火等级不应低于二级。

2)辅助用室应布置在建筑物较为安全的一端,不应与危险性工作间混杂布置。辅助用室应用防火墙与危险性工作间隔开。

3)危险性工作间建筑面积小于65m²,且实验人员不超过3人时,安全出口的数量不应少于1个;建筑面积大于或等于65m²时,安全出口的数量不应少于2个。危险性工作间的门应采用平开门并向疏散方向开启,不应设置门槛,不应与其他工作间的门直对设置,危险性工作间内任一点至安全出口的疏散距离不应大于20m。

4)危险性工作间内墙面和顶棚应平整、光滑,所有墙面的凹角应抹成圆弧角。经常清洗的危险性工作间墙面宜涂刷油漆。有可能撒落火药、炸药的危险性工作间应采用不发生火花的地面。实验过程有腐蚀性介质时,尚应符合现行国家标准《工业建筑物防腐蚀设计规范》GB 50046的有关规定。

5)危险性工作间门、窗扇及五金件应采取导静电措施。

6)应采用现浇钢筋混凝土框架承重结构。

2 样品库应符合下列要求:

1)应为单层、矩形建筑物,耐火等级不应低于二级。

2)建筑面积小于220m²时,安全出口的数量不应少于1个;建筑面积大于或等于220m²时,安全出口的数量不应少于2个。应采用平开门并向外开启,不应设置门槛,样品库内任一点至安全出口的疏散距离不应大于30m。

3)应采用不发生火花的地面,不得附建其他辅助用室。

4)可采用实心砌体墙承重结构,宜采用钢筋混凝土屋盖。

13.0.6 理化中心采暖、通风和空气调节系统应符合下列要求:

1 理化实验室的散热器采暖系统,应符合下列要求:

1)热媒应采用不高于110℃的热水或压力不大于0.05MPa的饱和蒸汽。

2)有火药、炸药粉尘的工作间,应采用光面管散热器或其他易于擦洗的散热器,不应采用带肋片的散热器或柱型散热器。

2 蒸汽、热水入口装置和换热装置不应设在危险性工作间内。采暖管道不应设在地沟内。当在过门地沟内设置采暖管道时,应对地沟采取密闭措施。

3 排风系统应按每个危险性工作间分别设置,排风管道不宜穿过与本排风系统无关的房间。危险性工作间可共用1个进风系统,进风系统接至每个危险性工作间的支管上应装设止回阀。

4 散发有火药、炸药粉尘或燃烧爆炸危险气体的工作间,其通风和空气调节系统应采用直流式。

5 散发有火药、炸药粉尘或燃烧爆炸危险气体的工作间,通风和空气调节设备的选用应符合下列规定:

　1)通风机室和空气调节机室应单独设置,不应有门、窗与危险工作间相通,当送风干管上设置止回阀时,送风系统的送风机和直流式空气调节系统的空调机可采用非防爆型。

　2)散发有火药、炸药粉尘或燃烧爆炸危险气体的排风系统,风机及电机均应采用防爆型,且风机和电机应直联。

　3)管道和设备上的阀门等活动件应采用摩擦和撞击时不发火的材料。

6 采暖、通风和空气调节系统的设备及管道应采取防静电接地措施。

13.0.7 消防应符合下列要求:

1 理化实验室应设室内和室外消火栓给水系统。消防给水系统的设计应按现行国家标准《建筑设计防火规范》GB 50016中甲类厂房执行。

2 理化中心各建筑物灭火器的配备应符合现行国家标准《建筑灭火器配置设计规范》GB 50140的有关规定,危险性工作间应按严重危险级配备灭火器。

13.0.8 电气应符合下列要求:

1 理化中心的供电负荷宜为三级,实验时需连续供电的设备应设置应急电源,并应与安全防范系统应急电源兼容。

2 理化实验室应设置专用配电室,配电室应符合下列规定:

　1)配电室与危险场所相毗邻的隔墙应为不燃烧体的密实墙,且隔墙上不应设门、窗与危险场所相通,门应向室外开启或通向非危险场所。

　2)当理化实验室为多层建筑时,配电室应设在一层。

　3)与配电室无关的管线不应通过配电室。

3 样品库的试剂间的电气设备应采用隔爆型(dIIB)。样品库的火药间、炸药间以及销毁塔炸药准备间的电气设备选型应符合本规范第7.3.2条第1款的规定。理化实验室各危险场所电气设备(含门灯及开关)的选型应符合本规范第7.3.2条第2款的规定。

4 理化中心各建筑物室内、外线路的设计及过电压保护,应符合本规范第7.4~7.6节的规定。

5 样品库防雷设计应符合现行国家标准《建筑物防雷设计规范》GB 50057中第一类防雷建筑物的规定,理化实验室、销毁塔的防雷设计应符合现行国家标准《建筑物防雷设计规范》GB 50057中第二类防雷建筑物的规定。

6 理化中心各建筑物的接地设计应符合本规范第7.6.3条和第7.6.4条的规定。

7 理化实验室及样品库的总配电箱不宜设置剩余电流保护器。理化实验室插座回路的电源应装设剩余电流保护器。

8 10kV及以下的高压架空线路与理化中心各建筑物外墙之间的距离不应小于电杆高度的1.5倍。

中华人民共和国国家标准

地下及覆土火药炸药仓库
设计安全规范

GB 50154-2009

条 文 说 明

1　总　　则

1.0.1 本条文主要说明制定本规范的目的。火药、炸药仓库设计应贯彻《中华人民共和国安全生产法》和我国安全生产的方针,在规范条文中规定了各种措施和要求预防事故的发生,万一发生事故,也应尽量减少事故后的损失。

1.0.2 本条明确本规范的使用范围。本规范是在总结十几年规范使用反馈意见和经验,及进行部分电气照明安全性试验、部分新型火药、炸药当量试验和部分专题安全性研究的基础上修订而成的。天然洞库库型不规则,地形地质条件复杂,洞库上覆盖层厚度变化多,存药量变动范围大,且存药条件复杂,没有试验数据可供参考,故本规范不适用于天然洞库。地面仓库及火药、炸药厂生产区内覆土工序转手库等应按其他现行有关规范执行。

3 火药、炸药存放规定

3.0.1 洞库的存药量以鳞片状梯恩梯(0.85g/cm³)为标准,其他火药、炸药均按梯恩梯当量值进行换算。黑索今、太安、梯恩梯、粉状铵梯炸药、中能复合推进剂和高能复合推进剂等的当量值是根据爆破效应试验资料确定的。单、双基火药由于未做梯恩梯当量试验,故参考有关资料确定。

3.0.2 参照其他现行有关规范中对危险品分组存放的规定而提出。

3.0.3、3.0.4 根据对国内储存火药、炸药洞库存药条件的综合调查及大规模系列洞库爆炸试验并考虑了操作和管理的需要而确定。

3.0.5 根据国内储存火药、炸药洞库管理经验确定。按本规范设计并配合相应的管理制度,一般可满足本条要求,在特殊环境下,可适当加强管理措施。

4 总体布置

4.1 库址选择

4.1.1 岩石洞库区的选择有很多具体要求,本条主要就地形地质方面提出若干要求。

洞库所在山体宜山高体厚,山形完整,这样山体有利于进洞,能满足工程防护要求。地下水少,除有利于洞库结构稳定外,更有利于控制湿度。岩体中无有害气体和放射性物质,有利于保证库管人员的身体健康和储存火药、炸药的质量与安全。

4.1.2 黄土洞库库址一般有两种地形可供选择,或为黄土山丘,峁梁发育,山体连绵,或为黄土塬边沟谷。对于黄土山丘,要求山形完整,土体稳定,且无地下水。对于塬边沟谷,应根据沟谷的发育阶段和特征考虑沟谷的稳定性,沟谷稳定性特征见表1。

表 1 沟谷稳定性特征

沟谷特性	横断面形状	纵坡(%)	边坡覆盖情况	稳定性
下蚀作用停止,沟底有稳定的洪、坡积物堆积	常呈 U 形	<4	有植被覆盖,边坡稳定	稳定
下蚀作用强烈,有时有洪水,常有滑坡、滑塌现象	常呈 V 形	>8	无植被或植被较少,边坡不稳定	不稳定

一条沟源较长的冲沟,它的不同地段常处于不同的发育阶段。如:上游常处于下切阶段,下游常处于平衡稳定阶段。因此,洞库位置最好选在主沟的中下游或支沟的下游。

我国黄土由于沉积时代、沉积类型和埋藏深度不同,对是否适于建洞库,是有很大差别的。一般全新世(Q₄)黄土,为近期洪积、坡积层,土质疏松,强度低,湿陷性高,不宜作为进洞土层。晚更新世(Q₃)马兰黄土,从土的密度和强度看,可以作为进洞土层,但常

发育有溶洞、竖井、暗穴等不良地质现象,且有不同程度的湿陷性。因此,不宜建造跨度较大的洞室。早更新世(Q₁)午城黄土,虽然强度较高,但厚度不大,分布不广,层位低,一般接近地下水位,下层常夹有卵石、砾石层和砂层,呈透镜体分布,施工遇此夹层时,常易塌方。因此,不宜作为进洞土层。比较好的进洞土层是中更新世(Q₂)离石黄土,不但分布较广,厚度较大,层位稳定,且土质密实、强度高,一般无湿陷性。为此,本条规定进洞的土层宜为中更新世(Q₂)离石黄土层和晚更新世(Q₃)马兰黄土层。

黄土冲沟在平常季节一般均无水流,但在暴雨季节往往有较大的突发性洪流泄下,造成危害。因此,本条提出应注意库址上游汇水面积不宜大。

4.1.3 覆土库区的选择与一般火药、炸药地面仓库区的选择,在技术要求方面基本一致。只是由于覆土库一般都靠近山坡或丘陵、台地布置,因此,在地形地质方面应予以一定的注意。

1 多迂回的浅山区或深丘地带,在安全上比较有利,同时库房靠近山坡布置,便于施工和土方平衡。

2 多数情况下覆土库都沿山体斜坡坡脚处布置,而斜坡在一定的自然条件下,或由于地下水活动,或由于水流冲刷,或人工切坡,或地震活动等因素的影响,部分岩土体失去稳定,在重力作用下,会沿着一定的软弱面,缓缓地、整体地向下滑动,有时也有急剧下滑现象。由于斜坡物质组成成分不同,滑坡的情况也不同。如各种不同性质的堆积层,包括坡积、洪积和残积,体内滑动,或沿基岩面滑动,其中坡积层的滑动可能性较大。对于不同时期的黄土层中的滑坡,常常于高阶地面前缘斜坡上,或黄土层沿下伏第三纪岩层滑动。对于黏性土,有时黏性本身变形产生滑动,或与其他土层的接触面或沿基岩接触面滑动。对于岩石滑坡,有软弱岩层组合物的滑坡,或沿同类基岩面,或沿不同岩层接触面以及较完整的基岩面滑动。所有这些滑坡中,如果规模不大,防治不困难,危险不严重时,可以考虑选址,但应避开危险性大、防治措施困难的地区。

泥石流是山区特有的一种自然地质现象。它是由于降水、暴雨或融雪等而形成的一种夹带大量泥沙、石块等固体物质的特殊洪流。它暴发突然,历时短暂,来势凶猛,具有强大的破坏力。因此,选择库址时,一定要避开泥石流通过的沟谷地带。从地形条件看,山高沟深,地势陡峻,沟床纵坡大,流域的形状便于水流汇集的地带尤应注意。另外,大面积的淤泥、流沙、古河道等地,亦不宜选为库址。

4.2 布置原则

4.2.1 一个完整的仓库区,有储存火药、炸药的库区和转运火药、炸药的转运站等危险区,还有行政生活区等非危险区。本条规定将危险区和非危险区严格分开进行布置,有利于对危险区的管理及保证非危险区人员和财产的安全。

4.2.2 为有利于安全,本条强调行政生活区的人流或附近居民,不得穿越火药、炸药库区、转运站等。运送火药、炸药的专用道路,不应穿越行政生活区是考虑可能因交通事故或其他原因引发燃烧爆炸事故。

4.3 外部允许距离

4.3.1 本条对岩石洞库、黄土洞库、覆土库如何确定外部允许距离,分别提出不同要求,这是总结实际试验的爆炸效应而得出的。

4.3.2 岩石洞库在缓坡地形条件下,爆炸后的飞石数量是很多的,而且抛掷距离也很远,散布角度也很大。特别是每块飞石都有一定的体积、速度、重量,就是说具有一定的动能。因此,碰上任何建(构)筑物、人员、牲畜等,都会产生严重的后果。

试验情况表明,岩石洞库爆炸后产生飞石的总数量,与爆炸存药量、存药品种、存药条件、岩石种类、地质条件、地形特点等密切相关。而飞石的抛掷距离又与飞石所获得的初始速度、抛射角度、

体积大小与形状以及空气阻力等密切相关。要精确地计算出爆炸后飞石的飞行距离和方向以及散布密度等是比较困难的。本条所依据的飞石分布规律，是根据大量的系列爆炸试验对飞石分布的实地调查资料，进行统计分析回归计算得出的。规定的允许距离是根据飞石分布密度、各种被保护对象的安全等级确定的，经过实际爆炸事故情况验证，其可信程度是比较高的。

1 零散住户。由于我国幅员辽阔，各地区人口分布密度相差甚大，零散住户的情况很不一致。有的地区零散住户少则一二户，多则十几户。而人口密度比较大的地区，少则十几户，多则几十户，而且每户的人口数量也有很大不同。为区分不同户数、不同人口在安全标准上的差别，本条对零散住户分为两档，即小于或等于10户并小于或等于50人时为一档，大于10户小于或等于50户时为另一档。

由于各地区零散住户分布面积比较大，一旦仓库发生爆炸事故时，为使周围完全不受任何破坏和损伤，则迁移居民的户数和人数必将是大量的。这无论在政治上和经济上都是不可取的，也是行不通的。考虑到新中国成立以来，地下及覆土火药、炸药仓库发生爆炸事故的频率非常低，因此，采取对零散住户有一定伤害概率的距离还是可行的。按本条规定的零散住户的爆炸飞石外部允许距离，当发生爆炸事故时一个人的伤害概率为9.2%～12%，考虑到发生事故频率极低，这个伤害概率是可以接受的。

另外，警卫排是直接服务于库区第一线的人员，应允许有一定的危险性，根据警卫排的人数，本条采取与零散住户相同的标准。

2 村庄。村庄亦分为两档，即大于50户并小于或等于100户为一档，大于100户并小于或等于200户为另一档。

村庄的户数和人数都比零散住户多，因此，在安全标准方面应比零散住户稍高一些。按本条规定的外部允许距离，当发生爆炸事故时一个人受到的伤害概率为1.6%～3.9%。

对部分省洞库周围村庄人口分布密度的统计资料表明，人口密度大约为0.007人/m²，可以看出，人口密度不是很大，因此，标准是可以接受的。

另外，对警卫大队和中队的居住建筑物，也取与村庄第一档相同的标准。

3 仓库区的行政生活区。据调查，一般中等规模的仓库区，其行政生活区的户数大约在200户左右。在安全标准方面，取与200户村庄相同的标准。

另外，对职工总数小于50人的企业，取与村庄第二档相同的标准。

4 乡、镇。乡、镇的级别，在安全标准方面，原则上应该是没有飞石落入的地区。考虑到各省乡镇的具体情况不同，本条采用的标准是飞石最远边界线距离，在偶然情况或许有个别飞石落下，由于面积大，而飞石数量又极少，因此，人的伤害概率是极小的。

5 县城。县城是应该确保没有飞石落入的地区。本条规定的外部允许距离为飞石最远边界距离的1.5倍，按爆炸试验统计规律分析不会有飞石落入。

本条将职工总数大于或等于50人的企业安全标准列入本级。

6 人口大于10万人城市的规划边缘。一些火药、炸药洞库和覆土库位于10万人口以上的城市附近，对10万人口以上的城市距离要求的标准为飞石最远边界距离的2倍，不会有飞石落入。

7 国家铁路及其车站。铁路运输是国家运输的大动脉，是极其重要的运输手段。一般情况下，绝不允许发生干扰和妨碍铁路运输干线正常运行的事件。但是，同样是国家铁路干线，在重要程度方面还是有差别的。根据现行国家标准《铁路线路设计规范》GB 50090的规定，国家铁路按其作用及其远期客货运量分为四个等级：Ⅰ级铁路属于铁路网中起骨干作用的铁路，或近期年客货运量大于或等于20Mt者；Ⅱ级铁路属于铁路网中起联络、辅助作用的铁路，或近期年客货运量小于20Mt且大于或等于10Mt者；Ⅲ级铁路属于为某一地区或企业服务的铁路，近期年客货运量小于10Mt且大于或等于5Mt者；Ⅳ级铁路属于为某一地区或企业服务的铁路，近期年客货运量小于5Mt者，年客货运量为重车方向的货运量与由客车对数折算的货运量之和。1对/d旅客列车按1.0Mt年货运量折算。本条对各级铁路的安全标准，提出了不同的安全系数，但是考虑到列车处在行进状态，在较短时间内即可通过危险区，而且岩石洞库发生事故的频率又很低，因此，有一定的风险系数还是允许的。否则必然要求距离很远，在实际执行中是有困难的。

8 公路。近年来我国公路系统有很大发展，特别是一些高速公路不断出现。根据《公路路线设计规范》JTG D20中规定，公路除高速公路外共分为四个等级。其中四车道一级公路（应将各种汽车折合成小客车，下同）年平均日交通量为15000～30000辆，六车道一级公路年平均日交通量为25000～55000辆，二级公路年平均日交通量为5000～15000辆，三级公路年平均日交通量为2000～6000辆，四级公路年平均日交通量为400～2000辆。据此，本条将一级公路作为第一档，二、三级公路为第二档，四级公路为第三档。其安全标准分别采用比国家铁路相应略低的标准。

9 通航河流的航道。一些仓库布置在靠近可通航河流的航道附近，因此，本条特提出距离要求。考虑到通航河流的运输频繁程度和通过危险区的时间，以及仓库的事故频率等因素，本条对其安全标准取与二、三级公路相同的标准。

10 高压输电线路。据了解，110kV以上输电线路，一旦遭受破坏停电1h，造成的经济损失将超过百万元。为此，本条对35kV、110kV、220kV、330kV、500kV及750kV等，分别提出不同的标准。对35kV和110kV者，是有飞石落下的距离，而220kV、330kV、500kV及750kV等输电线路，是基本没有飞石落下的距离。原规范中220kV输电线路的距离采用了本库区的行政生活区边缘约2倍距离（k=2.0），现依据输电线路电压高低、重要程度以及事故后损失大小，在距离上以示区别对待，750kV、500kV、330kV及220kV的输电线路分别以k=2.1、k=2.0、k=1.9及k=1.8来确定飞石外部允许距离。

11 关于飞石分布角度系数。缓坡地形岩石洞库爆炸后，飞石的平面分布状态，在洞轴线两侧各50°角范围内，飞石距离最远，数量也最多。随着扩散角的加大，飞石最远距离和数量相应减小。本条所提出的系数是根据洞库爆炸试验后，对飞石的实际平面分布状态进行调查整理分析后得出的。

12 岩石类别系数。岩石类别系数是根据岩石坚固程度分类的。其系数值是根据花岗岩洞库和砂砾洞库在相同药量情况下爆炸后，比较两者飞石分布和距离，并参考了原7个工业部门所编制的《工程地质手册》中有关资料以及现行国家标准《建筑地基基础规范》GB 50007中的规定提出的。

本条表4.3.2-1注2横截面积比值小于本规范第3.0.3条规定的存药条件10%以上，即小于0.23时的爆炸飞石外部允许距离减小15%的依据，是根据小型试验以及系列化试验中不同装药横截面积比的数据，经综合分析提出的。

根据洞库爆炸试验结果分析，当装药等效直径一定，装药长度缩短，存药减少时，爆炸飞石无明显减少；洞库加长，存药量增加，但不超过原存药量1倍时，爆炸飞石略有增加，但不是成倍增加。因此，本条表4.3.2-1注3有相应规定。

4.3.3 各种类型的仓库一旦发生爆炸，会产生爆炸空气冲击波。这种爆炸空气冲击波，可以对各种建筑物、构筑物造成不同程度的破坏。破坏的程度不仅决定于爆炸空气冲击波的超压大小和作用时间的长短，还与建筑物、构筑物本身的强度、建筑体型、几何尺寸、建筑材料等密切相关。显然，木结构、砖木结构、砖混结构和钢筋混凝土结构建筑物承受爆炸空气冲击波超压的能力有明显的差别。本条提出的各种被保护对象建筑物，都是以砖混结构为代表的。这对于某些简易结构建筑物或某些不太坚固的建筑物，可能在安全上不太有利，但是，对于大部分建筑物是适用的。

本条所提出的各种项目和公用设施的外部允许距离，既考虑了建筑结构，也考虑了各种项目的重要性和人员多少的因素。主要依据洞库爆炸试验中对各种建筑物、构筑物在承受爆炸空气冲击波峰值超压作用下破坏情况的实际调查，并参考了国内外的有关试验资料和规范标准。

1 零散住户。根据调查了解，各地区农村零散住户的建筑物情况差别是很大的。有的很坚固，有的很简单。有的是砖墙承重，有的是石墙承重，还有的是木柱承重和土坯墙。有单层的，也有双层的，在某些地区还有窑洞。各种不同形式的建筑物所能承受的超压峰值，是有较大差别的。本条对小于或等于10户和小于或等于50人的零散住户所规定的外部允许距离，对砖混建筑物可能产生玻璃破碎，门窗框部分破坏，砖墙出现10～20mm以下的裂缝，平挂瓦屋面部分被掀起。这个标准对木结构以及其他简易建筑物破坏程度可能还会重一些，但不会倒塌。对于人员只受轻伤程度，考虑到人员较少，因此，这个标准还是可行的。

对于大于10户并小于或等于50户的零散住户所取的标准，在安全度方面略高于小于或等于10户的零散住户，即建筑物的破坏程度略轻于小于或等于10户者。

对于警卫排居住用建筑物，考虑到警卫排是直接服务于库区第一线的，应允许布置在库区范围以内，安全度相对稍低一些。另外，其建筑物多为砖混结构，因此，本条取与小于或等于10户并小于或等于50人的零散住户相同的安全标准。

2 村庄。村庄的建筑物可能略好于零散住户，另外人员也比较多，因此，规定的安全标准比零散住户高，即破坏程度稍轻。本条提出两档，即50～100户为一档，101～200户（含）为另一档。破坏情况大体为，窗玻璃大部分破坏，门窗框偶然破坏，砖墙或出现2mm以下的微小裂缝或不出现裂缝，人员或稍许受轻伤或不受伤。

警卫大队和中队考虑到其人数相对比较多，其重要性也大于警卫排一级，因此，其安全标准也略高于警卫排，取与大于50户并小于或等于100户的村庄相同的标准。

3 本库区的行政生活区。鉴于一般中等规模的库区，其行政生活区的户数大约在200户左右，因此，在安全标准方面取与101～200户村庄相同的标准。对于职工总数小于50人的企业，也采用了此项标准。

4 乡、镇。乡、镇的安全标准应高于行政生活区，因此，本条规定的外部允许距离，其破坏情况大体是建筑物的玻璃成条状破坏，建筑物结构和人员均不会遭受损伤。

5 县城。县城一级的安全标准，应更高于乡、镇的标准。本条提出县城的允许破坏标准只有门窗玻璃产生偶然破坏，对建筑物和人员不会产生影响。

对于职工总数大于或等于50人的企业，亦采用了此项标准。

6 人口大于10万人城市的规划边缘。较大城市的人口比较多，而且比较密集，因此，应采取较高的标准，按本条规定的外部允许距离只有偶然性的个别玻璃破坏，或者不产生任何玻璃破坏。

7 国家铁路及其车站。国家铁路是重要的运输动脉，一般情况下是不允许遭受破坏的，但是，考虑到车辆在轨道上处于行进状态，各种类型仓库的爆炸事故频率又很低，遭受破坏的总概率是很小的。因此，本条对Ⅰ、Ⅱ、Ⅲ、Ⅳ铁路按其重要程度及年运量的大小，分别提出了不同的距离要求，按此标准一旦遇上爆炸事故，允许玻璃有破碎和车身偶有损坏。但不会对机车的发动机产生损坏，也不会发生车身翻倒事故。

8 公路。根据我国对公路等级的划分规定，本条对一级和二、三级，以及四级公路分别采用比国家铁路各等级略低的标准。

9 通航河流的航道。本条采用与公路二、三级相同的标准。

10 高压输电线路。本条根据电压等级的差别采取不同的标准。35kV和110kV线路服务半径较小，影响后果相对比较小，因此，标准稍低。而220kV、330kV、500kV及以上的输电线路，服务

半径大，一旦遭受破坏，经济损失大，因此，参照国内某些国家标准，按不同电压输电线路确定不同距离标准。

4.3.4 缓坡地形条件下软质岩石洞库爆炸后，其爆炸空气冲击波轴向强度高于极硬岩和硬质岩石库。本条是根据相同条件下的软质岩石洞库爆炸试验结果规定的，其各类被保护对象的破坏标准与本规范第4.3.3条相同，外部允许距离要大一些。

4.3.5 陡坡地形条件下的软质岩石库爆炸后，其爆炸空气冲击波强度高于相应的缓坡地形软质岩石洞库，方向性也更强。其主要原因是山体不出现明显的鼓包运动，洞体也不产生严重的变形或倒塌，爆炸能量更集中地从洞库口部向外射出。本条是根据试验结果规定的，其破坏标准与本规范第4.3.3条相同，外部允许距离更大一些。

4.3.6 黄土介质的物理性质与岩石相差很大，其抗压强度、弹性模量和波速都大大低于岩石。土体的变形和运动所吸收的爆炸能量比岩石更多。因此，洞口外部空气冲击波的运动规律表现出较大的不同，最显著的特点是压力随距离的衰减率高，冲击波作用的方向性低。

通过系列爆炸试验，总结出洞口外从0°线到75°线的爆炸空气冲击波峰值超压的分布规律。表4.3.6-1给出了不同药量的各种被保护对象的距离要求，其破坏标准与本规范第4.3.3条相同。

4.3.7 由于覆土库装药是长条形状，其库房结构在不同方向上对爆炸初期的约束强度不同，因此，形成空气冲击波在不同方向上的传播规律不同，爆炸时库房顶面最先炸开，爆炸气体首先向上喷射，所以山体坡面附近区经受较强的冲击波，随着库房前墙和侧墙的破坏，爆炸气体向多方向膨胀。随着冲击波传播距离的增加，不同方向冲击波强度逐渐均匀。经系列试验，总结出冲击波阵面超压与距离的关系。表4.3.7给出了不同药量的各种被保护对象的距离要求，其破坏标准与本规范第4.3.3条相同。

4.3.8 炸药在极硬岩石和硬质岩石介质中爆炸形成的爆炸地震波，对周围地面上建筑物、构筑物都将产生一定的影响。评价爆炸振动破坏的判据，有质点振动位移、速度、加速度、应力、应变等物理量。本规范采用质点振动速度作为描述爆炸地震波的传播规律的参数和破坏判据，采用地表基岩垂直向的振速峰值作为计算标准。

本条对爆炸地震波外部允许距离规定的依据，一是经过系列洞库爆炸试验总结出的地震波峰值振速与距离的关系；二是参照国内外已有资料，并经过系列爆炸试验场地周围各类建筑物破坏情况调查验证后确定的各类建筑物的允许振速峰值。

根据试验总结报告特别指出，当建筑物在与洞库夹角为60°～120°（以洞口轴线为0°）的范围内，其爆炸地震波垂直振速要比其他方向增大约20%，因此，在本次规范修订中对表4.3.8增加一条附注，即在60°～120°的范围内表中距离应乘以1.2。

参加试验验证的建筑物包括砖混结构、砖木结构、夯土墙木结构和土坯墙木结构四类结构共500余栋（间）。

表4.3.8规定的极硬岩石洞库外部允许距离是前述四类建筑物在爆炸地震波作用下受轻微破坏的距离。

4.3.9 软质岩石洞库的试验场地的出露地层主要岩石是第三系层状红色砾岩，厚度数百米。岩体断裂和节理裂隙不发育，结构紧密，完整性好。经在砾岩地区进行几次洞库爆炸试验后，回归得出振速峰值与比例距离的关系式，从而提出了表4.3.9的外部允许距离，其破坏标准与本规范表4.3.8相同。

4.3.10 黄土洞库的爆炸试验场地，是在中更新世（Q₂）离石黄土层和晚更新世（Q₃）马兰黄土层中进行的。从几次不同药量的爆炸试验数据中，回归得出振速峰值与距离的关系。据此本条提出表4.3.10的外部允许距离，其破坏标准与本规范表4.3.8相同。

18

5 库区内部布置

5.1 一般规定

5.1.1 本条为综合性的一般规定,仓库的布局应考虑各种综合条件,要做到技术上可行,安全上符合要求,并注意提高土地利用率。

5.1.2 当洞库和覆土库同在一个库区时,一旦洞库发生爆炸事故,大量飞石密集降落,会使覆土库几乎全部毁坏,甚至发生殉爆等更加严重的灾害。因此,洞库和覆土库同在一个库区时应分区布置。在分区布置时,洞库洞口轴线两侧各50°范围应避免朝向覆土库方向。分区之间的库间距离,根据岩土不同性质的洞库,分别按本规范第4.3.2~4.3.10条中有关小于或等于10户并小于或等于50人的零散住户、警卫排居住建筑物的边缘及爆炸地震波的规定执行。

5.1.3 山区仓库要重视道路建设,以保障库区的运输畅通。强调主干道宜设置环形段,这对平时、战时及事故抢险均有利。

5.1.4 本条是一个设计标准问题。经验表明,山区建设必须重视洪水问题,否则将对使用带来难以克服的问题。

5.1.5 覆土库的覆土措施和防护屏障是保障安全的必要条件。在做法上必须满足要求,否则起不到防护作用。

5.1.6 实践表明,仓库区要设置围墙,否则难以管理和保证安全。围墙的具体做法是依据国内军工企业危险品总仓库区标准确定的,当地形条件很复杂、施工条件很困难时,可根据当地实际情况,局部设置刺网围墙。

5.2 库间允许距离

5.2.1 说明库间允许距离的计算原则。库间允许距离是指根据一定的允许破坏标准确定的两个相邻库房之间的距离。它应保障一旦某一库房发生爆炸不使邻近库房的火药、炸药殉爆,但允许邻近库房结构遭到某种程度的破坏。

5.2.2、5.2.3 库间允许距离由以下几方面因素确定:

1 按岩体结构分类使用起来比较清楚,并符合岩体破坏特征。在岩体爆破过程中,破碎和抛掷情况除取决于爆炸压力的大小和作用时间的长短外,主要取决于岩体的结构特征。当然,岩体结构特征控制着爆炸波的传播特性、鼓包运动、岩体破坏方式及程度。为此,把岩体结构特征作为爆炸岩体分类划分的依据。

岩体波速的高低反映岩体强度和完整性,是岩体分类的较重要参数。岩块在一般情况下要比岩体完整,故岩块波速 C_v 要比岩体波速 C_e 高,可用两者之比的平方 $n=(C_v/C_e)^2$,即裂隙系数表示岩体的完整性。n 愈大表明岩体愈完整。

2 确定库间允许距离除了要考虑岩土体及洞室结构的破坏标准外,还要考虑火药、炸药的敏感程度。要确保库内存放的火药、炸药不会因相邻库房爆炸而产生的落石冲击、地面震动和热效应等而发生殉爆。不同炸药的殉爆距离不同,要加以区别。本规范按火药、炸药的梯恩梯当量值大小来控制。

3 库间允许距离与存药量和存药条件有关,即:当主洞室横截面积确定后,库间允许距离主要取决于装药横截面积所转化成的装药等效直径($D=1.6\sqrt{S_y}$),因此,规定库间允许距离以实际装药等效直径来控制。

4 库间允许距离还与洞库的布置形式有关,对此应乘以相应的布置影响系数。

5.2.4 本条仅适用于两个黄土洞库相对布置时的距离计算。由于两洞库不在同一个山体,控制标准是洞口溢出的冲击波和产物流不使前方洞口的防护密闭门被击穿,以此确定库间允许距离。

5.2.5 本条适用于两个岩石洞库在同一个山体上下布置时的库间允许距离计算,控制标准是下洞室的后破裂线对上洞室不产生实质性破坏,以此确定库间允许距离。

5.2.6 本条适用于两个黄土洞库在同一个山体上下布置时的库间允许距离计算,控制标准是下洞室的后破裂线对上洞室不产生实质性破坏,以此确定库间允许距离。

5.2.7 本条仅适用于两个覆土库之间的库间允许距离的计算,控制标准主要考虑不发生殉爆,但允许邻近覆土库结构发生严重破坏。

库间允许距离还与覆土库的结构特征有关,如分为梁板式和拱形结构。同样,还与存放的火药、炸药的梯恩梯当量值大小有关。

5.3 辅助建筑物布置

5.3.1 取样间是为长期储存的火药、炸药进行定期抽样检查的场所。其一次取样的数量,或为3袋或为3箱,数量不多,但有一定的危险性。因此,宜布置在地形有利的单独地段,不宜布置在经常有人流和物流通过的地方。考虑到限制取样间存药量不应大于200kg,本条提出与火药、炸药仓库之间距离不宜小于50m。这样,一旦取样间发生爆炸事故不致引起库房发生次生灾害。当仓库发生爆炸事故时,取样间允许全部毁坏或倒塌。取样间与非危险性建筑物的距离不小于100m,当取样间发生爆炸事故时,非危险性建筑物的门、窗玻璃将会破碎,但不会产生实质性损坏。

5.3.2 本条提出的库区和转运站内的变电所距各类火药、炸药仓库不应小于50m距离,主要考虑变电所发生事故不致影响火药、炸药仓库的安全,而火药、炸药仓库发生爆炸事故时变电所允许遭到摧毁。

5.4 警卫用建筑物布置

5.4.1 试验表明,岩石洞库爆炸后所产生的飞石,其飞行最远的距离和分布数量较多的范围都是在洞轴线两侧各50°角范围内。由于黄土洞库爆炸后不会产生危害很大的飞石,只有洞内衬砌物被炸碎飞出,这样对黄土洞库就只考虑爆炸空气冲击波和地震波的影响因素,飞散的影响因素可以不予考虑。但这些洞内衬砌物碎片飞出的方向性很强,其范围大致在洞库轴线两侧各50°角范围内。因此,警卫用建筑物应尽量避开这个范围,宜布置在洞轴线两侧各60°角以外范围。比较有利的方位是任一洞库的侧后方。在这个范围内,一般飞石的危险性极小,爆炸空气冲击波影响也不大,是比较合适的位置。覆土库多数是依山坡或台地布置,爆炸后山坡前方飞散物和空气冲击波影响范围相对比较大,而侧方和后方较小。因此,警卫用建筑物宜布置在覆土库的后方或侧后方。

5.4.2 由于岩石洞库爆炸后所产生的飞石,飞行最远的距离和分布数量较多的范围,都是在洞轴线两侧各50°角范围内。因此,对确定警卫用房的位置时,要求避开任一仓库洞轴线两侧各50°角范围,尽量布置在洞轴线两侧各60°角以外范围。只要条件允许最有利是布置在任一洞库的侧后方。在这个范围内,一般飞石及冲击波的危险性极小,只需考虑地震波的影响。

5.4.3 由于黄土洞库爆炸后不产生危害很大的飞石,只有洞内衬砌物被炸碎飞出。因此,对确定警卫用房的位置,要求避开任一仓库洞轴线两侧各50°角范围,尽量布置在洞轴线两侧各60°角以外范围。这样就只考虑爆炸空气冲击波和地震波的影响因素,飞散物的影响因素就可不予考虑。

5.4.5 警卫班的位置不应靠近仓库,但为了完成警卫任务亦不宜太远。本条考虑的原则是:在岩石洞库区,警卫班应布置在爆炸飞石覆盖区以外,不允许布置在飞石密集区范围内。一旦火药、炸药仓库发生爆炸事故,警卫班是有一定危险的。因此,在岩石洞库区布置警卫班,较好的位置是选择在任一洞库洞轴线两侧各70°角以外的侧后方。

在黄土洞库区和覆土库区,由于没有飞石或飞散物较少,因此,只考虑爆炸空气冲击波和爆炸地震波因素即可。为了使警卫班建筑对爆炸空气冲击波超压控制在三级破坏等级内,即 $\Delta P \leqslant 0.25 kg/cm^2$,将表5.4.5-4中的距离作了调整(比原规范增加5~10m)。

5.4.6 考虑到警卫岗哨是直接警卫仓库的岗位,由于工作需要不应与仓库相距太远。因此,应根据需要和具体地形确定其位置。

6 建筑结构

6.1 一般规定

6.1.1 每一洞库可设一个出入口,是考虑火药、炸药洞库特点而定的。引洞前设置的装卸站台和引洞的有关尺寸,均是从实践中总结出来的。

6.1.3 引洞设置钢网门、密闭门和防护密闭是根据使用要求确定的。钢网门在库房通风时,应处于关闭状态,防止无关人员或其他动物进入库内;密闭门在南方夏天起隔热作用,在北方冬天起保温作用;防护密闭是防止外部爆炸破坏效应的。生产经营单位用的火药、炸药洞库,由于火药、炸药周转快,储存期短,取用频繁,重要性较低,可不提保温和防护要求。

离壁式岩石洞库在引洞末端的侧墙上设密闭检查门,其目的是在使用期间作为到衬砌外检查的出入口,也可供施工时物料、人员出入使用。

考虑洞库外部发生爆炸时,在冲击波作用下,密闭门、防护密闭门能自动关闭,同时也考虑便于库管人员紧急情况下的疏散,所以要求两门均应向外开启。只起通风作用的钢网门开启方向不作要求。

6.1.4 覆土库屋面覆土厚度和水平覆土厚度的要求,主要依据下列几点:

1 降低相邻仓库的爆炸飞散物的影响:由于覆土库一般采用钢筋混凝土或实心砌体墙承重结构,一旦发生爆炸事故总有一定数量的飞散物飞出,如果飞散物直接命中无覆土的屋盖,则可能击穿屋盖并撞击储存于库内的火药、炸药。另外,覆土对建筑物的隔热保温也有一定效果。为了减少飞散物的破坏作用,在覆土库的屋面上覆土是一项有效措施。考虑到爆炸事故的频率低,如果覆土太厚势必造成屋面静载的增加,增加基建投资。权衡两者的利弊及参照有关试验资料,确定屋面覆土厚度不应小于0.5m。

2 屋面0.5m厚覆土可使作用于屋面上的爆炸空气冲击波超压得到一定程度的衰减,这对抵抗爆炸空气冲击波的作用是有利的。

3 覆土库前墙顶部外侧的水平覆土厚度不应小于1m,是考虑前墙直接承受爆炸空气冲击波的作用,覆土厚度越大,对爆炸空气冲击波的衰减也越大。考虑到覆土库屋面板顶标高一般为5m左右,前墙覆土坡度为1:1~1:1.5,如果前墙外侧覆土厚度太大,会使土方量增加很多,而且在某些山区取土有困难,因此前墙顶部外侧的水平覆土厚度定为1m。

6.1.5 本条规定主要依据下列几点:

1 覆土库的两端山墙不覆土,是由于覆土库两端山墙上留有运输火药、炸药用的大门,门外还留有6m宽的运输通道或站台,所以两端山墙不覆土。如果只在一端山墙上开门,则另一端山墙亦应覆土。

2 为了减少爆炸空气冲击波对两端山墙的作用,同时也为了减少山墙的飞散,所以在运输通道或站台外侧设置防护屏障,高度与山墙的高度相等。

覆土库装卸站台进深不小于2.5m的规定,是根据使用要求而定的。山墙出入口距防护屏障的距离是为满足运输要求而定,正常情况下6m已满足要求。

6.1.6 对于两侧覆土的覆土库,出入口位置目前有两种做法:一种设在两端外露的山墙上,此方案通风较好;另一种设在未覆土的一面山墙,另一端山墙设通风窗或通风口。

门斗设置主要是为了安装两道密闭门,使两者之间有一定距离,以增加防潮效果。

两端山墙上设通风窗,目的有两个:一是通风,二是密闭期间

进库时打开外层防护密闭板窗采光(库内无人工照明);玻璃窗与防护密闭板窗之间设铁丝网作为通风时防鸟之用。

三面覆土的竖直排风管管底设减压管段的目的是为了对外部进入的爆炸空气冲击波进行扰流,以减小其对仓库内部的冲击波压力。

6.1.7 主洞室内地面进风口和进风管或进风沟道室外入口处设置钢盖板和铁栅栏的目的是防止外部爆炸破坏效应和人为破坏(通风时可打开钢盖板),铁丝网是为防止鸟、鼠、蛇等进入库内。

6.1.8 从现有洞库看,一般采取自然通风,如无排风竖井,通风季节难排除洞库内潮湿空气,所以规定洞库有条件时应设排风竖井:

1 从通风角度看,排风竖井设在主洞室末端,阻力小、效果好,放在前侧,气流通道曲折、效果较差,但不管放在何处,实践证明都是可以的,由于各有其优点,所以规范对排风竖井的位置不作规定。

2 考虑到排风竖井也是洞库最薄弱部位和防止夏季潮湿空气倒灌,因此规定在排风竖井前水平通风道内设防护密闭门。对人为破坏的防护要求较低的生产经营单位用的洞库,可不设防护密闭门而只设密闭门和钢网通风门。

3 在万一有爆炸物落入排风竖井内爆炸时,防爆坑可以减少爆炸的破坏作用,因此防爆坑底一般比水平通风道地面低1m以上。

4 竖井露出山体表面部分(通风帽)的高度,目前普遍偏低,但有普遍加高趋势,一般加高到2.5~3.0m,所以规范规定,排风竖井高出山体表面部分出风口不低于2.5m。在排风竖井内一定距离处设一道水平钢筋网,以防破坏物坠入井底。钢筋混凝土通风帽及其保卫措施,目的是防止人为破坏。

6.1.9 根据使用要求,对钢网门、防护密闭门、密闭门、通风门和检查门尺寸作出规定。

6.1.10 由于仓库内不允许打开火药和炸药袋、箱,地面上基本无药粉,故地面可以为普通水泥地面。由于包装方式、搬运方式等原因容易出现包装破裂,火药、炸药洒落的仓库宜做不发生火花的水泥地面。

6.2 岩石洞库建筑结构

6.2.1 由于目前喷锚支护技术已经发展的比较先进成熟,因此规定可根据岩石洞库开挖后围岩的稳定情况和使用要求,采用喷射素混凝土支护、喷射钢筋网混凝土支护(必要时可加设锚杆)。如果对仓库的美观和防潮方面有较高要求,可采用离壁式衬砌。岩石洞库采用贴壁式衬砌的目前已经不多,大部分用于黄土洞库。

6.2.2 岩石洞库主洞室做离壁式衬砌是几十年地下工程(包括地下洞库)经验和教训的总结,引洞水平通风道做离壁式衬砌是为更好地保证主洞室内的湿度要求。

规定的有关数据是实践中测试数据结合现有防潮材料的情况提出的。

6.2.3 直墙拱顶式结构即钢筋混凝土柱和实心砌体墙承重,钢筋混凝土拱板或薄壳作顶盖的结构形式。离壁式岩石洞库的结构形式在满足静载及爆炸地震荷载共同作用的要求下,尽可能采用新结构、新材料、新技术,做到建设投资最少。因此,必须因地制宜地选择离壁式衬砌的结构形式。

6.2.4 离壁式衬砌的抗震措施主要根据试验结果制定。条文中列入的柱基础伸入基岩0.35m、设置圈梁、加强斜撑、加强钢筋混凝土柱与砖墙及加强砖墙转角处的连接等均具有明显的效果。

6.2.5 洞库衬砌材料应为不燃烧材料,是按现行国家标准《建筑设计防火规范》GB 50016中建筑物耐火等级二级考虑的。

1 拱脚钢筋混凝土斜撑及挑檐板向围岩做坡且坡度比较大,目的是不使水倒流至衬砌上渗入主洞室内。

当采用整片支撑板支撑到围岩上时,其支撑板底也必须做坡

度(仍不小于1∶6),并在一定距离埋落水管,以排除拱脚上表面积水。

挑檐尺寸大于或等于0.35m,是使落水点位置不小于侧墙外侧至沟中心的距离,以减少对衬砌外侧的溅水,减少墙脚附近对主洞室内的散湿量。

2、3 规定水沟底起点比洞库地面低0.4m,坡度不应小于0.8%是为使水既能排出,又使沟出口处不致太深。

6.2.6 本条目的在于一方面减少裂隙水的来源,堵塞地表水的通路和避免裂隙水对拱顶的冲刷,同时也解决施工中的部分困难。

6.2.7 洞库地面下做滤水层(包括引洞),是用排水方式排除地面下裂隙水,变有压水为无压水,给地面防水防潮创造有利条件。洞库地面不做滤水层,夏季地面返潮是普遍现象。有的单位对洞库散湿量做过测试,发现地面散湿量最大,所以本条对地面滤水层作了严格规定。

6.2.8 离壁式衬砌拱顶防水是为解决围岩上小股和分散的裂隙水滴落在拱顶上对衬砌的渗透。其防潮是解决潮湿空气通过衬砌渗入洞内,为此拱顶应做防水、防潮措施。

离壁式衬砌外墙一般不接触水或接触极少的溅水,而且是垂直面,水不会停留,因此外墙仅考虑防潮,墙下部防潮层可适当加强。

洞库地面不论有无裂隙水均应做防水层(柔性防水层,一般防水与防潮合二为一)。这样比较稳妥,如确无裂隙水也可起防潮作用。

防水、防潮措施的位置。防水当然应在迎水面,也就是应做在衬砌外;对于防潮措施,根据有关资料介绍,防潮层设在衬砌外和衬砌内效果无明显差别,设在衬砌外施工难些,但可把潮气隔绝在衬砌外,从长远观点看比较好,一旦库内湿度达不到要求,还可在衬砌内表面增加吸湿粉刷材料(如抹膨胀珍珠岩砂浆或蛭石砂浆)。如果防潮层做在衬砌内,施工方便些,但由于衬砌外湿度或水分源源不断往内渗透,特别是拱顶,时间长了防潮层是否会被攻破,产生不利影响,还无法得出结论。如果一旦库内湿度达不到要求,在防潮层上再做吸湿粉刷就困难了,另外,库内运输工具来回碰撞,防潮层也会被弄坏,事实上也有此现象。

基于上述原因,本条提出防水防潮材料应做在衬砌外侧。

6.2.9 本条从防潮角度出发,规定凡衬砌上一切与外相通的洞口,如进风口、排风口、投光灯光窗洞孔以及伸缩缝(包括地面伸缩缝),均应有密闭措施。

6.3 黄土洞库建筑结构

6.3.1 由于目前喷锚支护技术已经发展的比较先进成熟,因此规定可根据黄土土质的情况和使用要求,采用喷射素混凝土支护、喷射钢筋网混凝土支护。另外,贴壁式衬砌在黄土洞库中应用得较多,使用效果也比较理想。

6.3.2 本条目的是切断水源,防止地表水渗入地下,为防潮创造条件。

6.3.3 黄土地区一般雨水稀少,黄土洞库仅考虑防潮,不考虑防水,这是行之有效的实践经验总结。

从有关试验资料看,防潮层做在衬砌外或衬砌内效果无明显差别,黄土洞库一般是贴壁式衬砌,防潮层做在衬砌外很难施工,而且不易保证质量,所以本条规定黄土洞库防潮层应做在衬砌内表面,也是实践中一般做法。

主洞室、引洞、排风竖井前的水平通风道、进风地沟等防潮要求不同,一旦密闭门性能不好(或通风时开门),上述湿度大的引洞、水平通风道、排风地沟内的空气就会渗入主洞室内,影响主洞室防潮效果,所以本条还规定这些部位防潮要求应相同。

6.4 覆土库建筑结构

6.4.1 钢筋混凝土落地拱结构、钢筋混凝土框架结构和钢筋混凝

土屋盖、实心砌体墙承重的混合结构目前在覆土库中应用较多,效果较好。波纹钢板落地拱结构目前应用的比较少,可以满足一般的使用要求,因此规定也可以采用这种结构形式。

6.4.2 覆土库的抗震构造措施主要有两个方面,一方面是加强顶板构件(板梁)自身之间的连接,加强顶板构件与柱、圈梁之间的连接;另一方面是增加覆土库结构的整体性,也就是在挡土墙与山墙的顶部设圈梁。这些抗震措施都是最基本的。

试验中发现由于屋面板没有与屋面梁焊接,在爆炸空气冲击波的冲击与爆炸地震波的震动作用下,屋面板几乎全部震塌落下,经仔细检查,屋面板本身并未因爆炸空气冲击波作用而出现断裂和裂缝。由此可见,加强覆土库屋面板与屋面梁、屋面梁与柱或挡土墙的连接是很必要的。

由于试验中出现过砖山墙倒塌从而导致屋面结构倒塌的情况,所以应增强山墙的抗爆性能。

6.4.3 覆土库的墙严禁采用毛石砌筑,是根据对覆土库的试验结果确定的。如果前墙是毛石砌筑的,则前墙是飞石的主要来源。为了减少飞石的危害,严禁采用毛石或块石砌筑墙体,而采用钢筋混凝土结构则可减少飞石。对于有防护要求的覆土库,本条规定未覆土的墙体应设计成符合防护等级要求的钢筋混凝土结构。

6.4.4 埋入土中的墙外侧做柔性防水层,是为了防止潮气进入库内。

屋顶柔性防水层上做现浇层,目的是防止草根刺破防水层而渗水。

6.4.5 做排水沟的目的是排除渗入土内的水,沟底越低,库内地面防潮越好。

6.4.6 保证覆土库室内湿度满足使用要求。

6.4.7 本条主要考虑一旦仓库内火药、炸药发生燃烧时,应能保证在一定时间内钢拱不会发生垮塌。另外,考虑钢构件耐腐蚀性差的特性,提出了对钢构件应进行防腐处理的要求。

6.5 警卫建筑物建筑结构

6.5.1 对警卫建筑物墙厚提出要求,并采取抗震构造措施,是为了抵抗爆炸空气冲击波和爆炸地震波的作用。采用构造柱和圈梁相结合的方式,是提高建筑物抗震能力的有效手段。

6.5.2 对警卫岗楼采用钢筋混凝土结构形式和覆土厚度的规定,是为了抵抗飞石的破坏作用。

6.6 取样间建筑结构

6.6.2 为防止搬运火药、炸药时与门发生碰撞等,规定不应采用吊门、侧拉门、弹簧门。同时为避免作业人员出现绊倒的情况,规定不应设置门槛,门口应设置装卸台或坡道。由于取样间操作过程中有可能洒落火药、炸药,因此规定地面应采用不发生火花地面。

7 电 气

7.1 危险场所分类

7.1.1 根据火药、炸药储存情况,发生事故的可能性和发生事故后造成的后果,以及火药、炸药储存单位多年的安全管理经验等,将危险场所划分为F0类和F1类。

划分类别的原则是按以下两方面考虑的:

由于电气设备和电气线路容易产生电火花、电弧及高温,所以火药、炸药危险场所中,电气设备和电气线路是主要危险因素。为了防止引起事故,设备生产厂家按照相关标准在结构及防爆机理上采取措施,使其符合环境要求。目前生产的常用防爆电气设备有两种:一是爆炸性气体环境用电气设备,二是可燃性粉尘环境用电气设备,但这两种产品均明确不适用于火药、炸药危险场所。也就是火药、炸药危险场所适用的防爆电气设备没有解决,本规范规定防爆电气设备均为代用产品。

1 由于F0类危险场所中长期储存大量的火药、炸药,一旦发生事故波及面大,会造成人员伤亡和财产损失,在政治和经济上造成严重后果。该场所对电气专业安全要求最高,目前火药、炸药危险场所防爆电气设备还未解决,因此,规定不允许安装电气设备和敷设电气线路,对预防电火花、电弧及高温引起火药、炸药燃烧爆炸危险是最安全的。

2 F1类危险场所中一般不贮存火药、炸药,只是在作业时存在火药、炸药,其储存数量比F0类危险场所少得多,爆炸几率及危险性比较小,一旦发生事故影响范围较小,所以规定可安装符合要求的电气设备。

7.2 10kV 及以下变电所和配电室

7.2.1 库区、转运站的用电负荷除安全防范系统外,其余用电负荷主要是仓库内照明。当突然停电时不可能造成燃烧爆炸事故,三级供电负荷可以满足要求。

根据现行国家标准《安全防范工程技术规范》GB 50348 的规定,安全防范系统宜采用两路独立电源供电,并要求末端自动切换。因此,安全防范系统供电应采用两路电源供电,否则应增设应急电源。需要说明的是安全防范系统的监控中心一般设在行政生活区,而前端仪器设备设在库区,行政生活区与库区之间距离很远,一套应急电源采用低压供电无法满足安全防范系统的供电需要,应在行政生活区和库区各设一套应急电源。库区的应急电源设计时,建议考虑战备的需要。

7.3 电气设备及电气照明

7.3.1 F0类危险场所不安装电气设备的原因是火药、炸药危险场所专用的电气设备问题没有解决;另外,F0类危险场所存药量大,一旦发生事故,造成的后果是非常严重的。为了安全,所以不应安装电气设备。

7.3.2 本条对用于F1类危险场所的电气设备进行了明确规定:

1 目前按照现行国家标准《可燃性粉尘环境用电气设备 第1部分:用外壳和限制表面温度保护的电气设备 第1节:电气设备的技术要求》GB 12476.1生产的电气设备,是等同于现行国际电工委员会标准生产的产品。

火药、炸药装卸作业时,有可能散发危险粉尘,采用防粉尘点燃型 DIP 21区产品,其外壳防护等级为 IP65,最高表面温度小于或等于 135℃ 的设备,比较适用于 F1 类危险场所。隔爆型 dIIB级电气设备,在该类危险场所中已使用多年,也可采用。F1 类危险场所安装温、湿度仪表及安全防范系统的探测器、门磁等应采

用木质安全型防爆电气设备,其外壳防护等级应为 IP54。

2 安装在洞库、覆土库等危险性建筑物外的电气设备,由于该环境只是在作业时存在火药、炸药,且通风条件比较好,所以规定电气设备采用 DIP22(IP54 级),且设备的最高表面温度未作规定。

3 为了保证安全要求,危险场所采用的防爆电气设备必须是确认合格的产品。

4 原规范规定洞库电气设备最高允许表面温度为 120℃。此次修编改为 T4(135℃)。其原因如下:120℃不符合现行国家有关标准中规定的温度组别;在本次规范修订过程中,规范修订组对洞库照明投光灯室的温度进行了测试,在洞库内常年平均温度为 7~10℃ 的条件下,灯具开启 12h 时,投光灯室的温度升高约 5℃;由于我国目前生产的投光灯(400W)表面温度一般为 T3(200℃),建议设计时,应优先选用 T4 温度组别的灯具,或选择大功率的灯具、低功率的光源,设法满足 T4 要求。

7.3.3 目前主洞室照明是采用密闭投光灯安装在投光灯室通过密封透光窗照明,是符合要求的。主洞室照明也可采用满足 F1类危险场所要求的防爆灯,直接安装在引洞通过密封透光窗照明,该方案散热比较好。对于离壁式衬砌的主洞室照明也可采用满足F1类危险场所要求的防爆灯,直接安装在主洞室衬砌外侧通过密封透光窗照明。

7.3.4 主洞室内照度值规定是根据本次修订过程试验得出的,该规定基本满足作业人员的作业需要。考虑到部分洞库的主洞室较长或建筑形式特殊,为了满足操作要求,允许使用便携式灯具,但灯具的选型必须符合相应的安全要求,同时有关部门必须严格管理,作业完毕后,灯具必须随作业人员同时离开,严禁将灯具存放或遗留在主洞室内。

7.3.5. 根据覆土库的结构形式和管理规定等特点,照明可以利用其门、窗自然采光。当自然采光不能满足要求时,可采用条文中的方式照明。

7.3.6 部分洞库、覆土库仅有一道门与室外隔开,此时,仓库内的危险场所相当于 F0 类。

7.3.7 本条照明安全要求与原规范相同,仅对照明灯具作了改动。

7.3.8 转运站台照明,采用灯具安装在灯杆上照明,主要求灯杆与转运站台或站台库及车辆之间保持一定的距离,主要是防止车辆运行产生震动引起事故。

7.3.9 引洞与主洞室之间的透光窗要求密封,是防止火药、炸药粉尘进入投光灯室堆积在灯具表面引起事故。

7.4 室内线路

7.4.1 为了防止人身电击,配电线路需要采取防止直接接触保护(防止直接电击保护)和防止间接接触带电体的保护,设计时应按《低压配电设计规范》GB 50054 的规定执行。

7.4.4 为便于危险场所电气线路与防爆电气设备连接,也有利于检修危险场所电气线路,要求明敷。由于引洞内、覆土库内比较潮湿,为了防止穿电线钢管腐蚀,造成电线短路引起事故,要求钢管与墙和顶板留有通风的距离。

7.5 室外线路

7.5.1 库区仓库和转运站储存和暂存有大量的火药、炸药,为防止外单位的供电线路断线、倒杆等对火药、炸药构成不安全因素,故作本条规定。

7.5.2 本条是根据《建筑物防雷设计规范》GB 50057 确定的。为防止雷击电气线路时,高电位侵入危险性建筑物造成燃烧爆炸事故,低压电源引入线路采用埋地敷设安全性和可靠性都比较好。但受条件限制时,允许采用架空线,但要求架空线换接一段有金属铠装的电缆或护套电缆穿钢管埋地引入。除在架空与埋地换接处

采取安全措施外,应该明确两点:一是电缆埋地长度不应小于15m,二是金属铠装电缆的金属外皮或穿电缆的钢管两端应接地。

7.5.3、7.5.4 为了防止倒杆、断线引起事故,规定高、低压架空线路与装卸站台及取样间保持一定的安全距离。当不能满足要求时,可采用电缆埋地敷设。

7.5.5 为了防止火药、炸药发生爆炸事故时波及与其无关的无线通信设施,故作本条规定。

7.6 防雷接地

7.6.2 危险性建筑物的低压供电系统的接地形式采用 TN-S 型比较安全,因为该系统中保护线不通过工作电流,不产生电位差。但由于库区距离比较长,投资比较大,等电位连接可消除 TN-C-S 系统电源线路中 PEN 线电压降在建筑物内引起的电位差,使危险场所电气装置可有效地避免电火花发生,因此,建筑物内设施等电位连接后,低压系统可采用 TN-C-S 接地形式,但 PE 线和 N 线在建筑物内总配电箱开始分开后,不得再混接。

7.6.4 安装电涌保护器是为了控制过电压,将过电压限制在设备所能耐受的数值以内,使设备受到保护,避免雷电损坏设备。

8 安全防范系统

8.1 一般规定

8.1.1 根据仓库储存物资的重要性和危险性应设置安全防范系统。安全防范系统风险等级和防护级别划分及系统的构成,是由公安部及有关部门根据储存的火药、炸药数量及其重要性等因素确定的。一般按一级风险等级进行防护设计。

8.1.4 库区安全防范系统采用的检测仪器、开关及控制箱等大部分是电气设备,因此,安全防范系统设计时,除执行本专业技术要求外,对本章内未作规定的部分,应符合本规范第 7.1 节的有关规定。

8.1.5 本条规定的电话内容是指警卫岗哨等作为行政系统的联络电话,并兼作火灾报警信号。

8.2 电气设备选型

8.2.2 目前部分洞库、覆土库安全防范系统前端控制箱安装在洞库外墙上、地面上及电杆上等,设备选型不符合要求,同时未设置其他防护措施,为了保证系统安全运行,要求设备应适合户外环境条件。

8.3 监控中心

8.3.1

1 防雷击电磁脉冲是在建筑物遭受直接雷击或附近遭雷击的情况下,线路和设备防过电流和过电压,即防止在上述情况下产生的电涌。

2 安全防范系统的监控中心专用配电箱引出的配电线路采

用专用 PE 线,以保证人身安全。

3 监控中心正常供电负荷等级一般为三级,为了防止突然停电后确保监控室继续工作,要求监控中心设置自带电池的灯具,作为应急照明。

6 监控中心所在建筑物一般为办公楼,其接地电阻比较高,安全防范系统主机(计算机、工控机等)及控制设备要求的接地电阻较小,设计时应按要求阻值小者考虑。

8.4 室内线路

8.4.1 本条规定是为了防止雷电电磁脉冲过电压损坏安全防范系统的电子器件。

8.5 室外线路及防雷接地

8.5.2

1 安全防范系统的前端控制箱、摄像机及相关设备安装在库区室外时为孤立的金属设备,容易受雷击,按现行国家标准《建筑物防雷设计规范》GB 50057 中第二类防雷要求采取措施,可防止雷电损坏控制箱等设备,影响整套系统的正常运行。

3 安全防范系统电子元器件的耐压水平比较低,为了防止高压损坏电子设备,因此,控制箱应设置两级电涌保护器,即电源引入和信号线路引入均应设置电涌保护器。

8.5.3 本条规定是为了尽可能减少雷电波的侵入,安全防范系统的传输线路除采用埋地敷设外,还应采取必要的措施,避免洞库、覆土库等建筑物内发生电火花引起事故。室内电气设备的保护接地与防雷电感应接地等共用,主要是做到等电位连接,防止雷电过电压火花。

8.5.4 由于库区与监控中心之间的距离比较远(一般在几公里到几十公里),安全防范系统线路全线采用埋地敷设不太可能。因此,本条规定允许采用架空敷设,但不得将架空线路直接引入洞库、覆土库等危险性建筑物内,故要求安全防范系统进出洞库或覆土库的线路进行多点接地。原因是当线路受到雷击或雷电感应时,会将高电位引入洞库或覆土库内。有关部门试验和实践表明,当埋地长度大于或等于 $2\sqrt{\rho m}$,并在室外 100m 之内电缆金属外皮等做两处接地,其接地电阻不大于 20Ω 时,引入室内的电位可大大降低,雷电事故就可避免。

因为雷击时高电位可能沿架空线路侵入洞库或覆土库内引起事故,因此,要求电气和安全防范线路采用金属铠装电缆埋地引入。当从架空线路换接一段金属铠装电缆或护套电缆穿钢管埋地时,有必要采取本条规定的保护措施,当高电位到达电缆首端时,过电压保护动作,电缆的外皮与芯线短路,由于集肤效应,电流被排挤到电缆外皮上,电缆外皮上的电流在互感作用下,在芯线中产生感应电势,使电缆芯线中的电流减少。如果电缆埋地长度大于等于 $2\sqrt{\rho m}$,且接地电阻不大于 10Ω 时,绝大部分雷电流经首端及电缆外皮泄入大地,残余电流也经进入建筑物处电缆的接地泄入大地。

第 2、3 款规定是根据工业和信息化部关于通信线路与高低压输电线路同杆架设要求制定的。

8.5.5 本条规定是根据部分洞库、覆土库安全防范工程在运行过程中受到雷电灾害侵入实例制定的。特别是在我国南方强雷区、高雷区,架空线路雷电侵入的可能性是很大的,如果采用埋地敷设,并采取一定的安全措施,就可以避免雷击线路引起事故。

9 采暖、通风和空气调节

9.0.1 火药、炸药仓库对空气的温度和相对湿度都有一定的要求,特别是对相对湿度要求更严,除提高仓库建筑结构的防水防潮能力外,良好的通风成为辅助除湿措施的首选,自然通风既简便易行,又相对经济,目前被广泛采用,故首先推荐自然通风方案。对无排风竖井的洞库,当自然通风不能满足要求时,可采用机械通风方式。

1 当采用机械通风方式时,由于仓库内储存大量火药、炸药,空气中含有易燃易爆的气体或粉尘,为避免事故,从仓库电气安全的要求出发,对通风机室的设置作出了规定。同时,仓库内的空气不得循环使用,否则将会使空气中火药、炸药粉尘的浓度越来越大,增加了发生事故的可能性。

由于仓库储存量很大,而且粉状炸药又易散发炸药粉尘(如TNT炸药),一旦发生事故,影响巨大,故从安全角度考虑尽量减少不安全因素,规定火药、炸药仓库严禁采用机械排风。

2 库内空气中的粉尘会进入风管中,采用圆形进风管宜于清扫,可减少粉尘在进风风管内的沉积。通风管道、阀门采用不燃烧材料产品,是为了防止火灾的发生和蔓延。

3 送风系统吸进的是室外新鲜空气,当通风机及电动机均采用非防爆型时,在通风机出口处装设止回阀,是为了避免通风机停止工作后,室内含有火药、炸药粉尘的空气倒灌入通风机内,形成安全隐患。

4 进风管涂漆颜色应与火药、炸药粉尘易于识别,其目的是易于发现风管外表面所积存的火药、炸药粉尘,便于及时擦洗。

5 对机械通风系统提出了防静电接地要求,防静电的具体做法可见电气专业要求。

9.0.2 由于火药、炸药粉尘进入地沟中很难清扫,而且会越积越多,存在安全隐患,因此,当必须采用进风地沟时,应有避免火药、炸药粉尘进入地沟的措施。

10 消　　防

10.0.1 洞库洞口和覆土库周围的杂草树木是传播火灾的媒介,库区山火很容易通过杂草到达洞口,火灾危险较大,因此,洞库洞口和覆土库周围应当清除杂草树木,阻断火灾蔓延。

10.0.2 本条为保留条文,并补充灭火器的配置要求。由于近年来各仓库门口均安装了安全防范等电气设施,电气线路绝缘老化、接触不良等原因易引起电气火灾,因此提出在仓库门口配备灭火器的要求,作为应急使用,以便及时扑灭初起火灾。

10.0.3 本条是为预防取样操作时发生火灾等意外情况所作的规定。

10.0.4 本条是对原规范第8.0.3条的局部保留和修改。主要对消防供水作出了规定。库区可根据当地消防供水条件,采用不同的消防供水形式。

10.0.5 消防给水与生活给水系统合并使用,既维护管理方便,又比较经济,各库区也可根据自身具体情况分开设置。

10.0.7 当消防供水系统依靠消防水泵满足消防所需的水量、水压时,规定了消防泵的设置要求。目的是为了在发生火灾时能及时、有效地启动消防水泵,保证消防供水。

10.0.8 本条提出对覆土库区和转运站的消防要求应比洞库区严格,因为覆土库防护能力差,又无较长的引洞,实际与地面库同样危险。转运站存放大量火药、炸药,且无防护措施。因此,对覆土库区和转运站的消防要求应与火药、炸药生产厂的总仓库区要求相同,所以本条规定覆土库区、转运站应设消防给水管网和室外消火栓或设消防蓄水池。

10.0.9 关于洞库区设不设消防给水是一个有争议的问题。经过调查发现,库区林草确有起火事例,并有火灾隐患。因此,设置消防水源作为消防手段之一是必要的。但在北方部分干旱缺水地区,设置消防给水有困难,而这些地区草木也稀少,所以提出在确保其他各项消防措施的前提下,可不设给水系统。

10.0.10 在设有消防给水的库区,消防水源多为水池、水塘等无压水,因此消防时必须有加压设备,一般可设手抬机动消防泵或牵引机动消防泵,投资少,不用专职消防人员,发生火灾时由人工手抬或普通车辆牵引到现场使用。

关于消防车问题,经调查,大多数仓库区不愿设消防车及专职消防队,因为使用次数很少,平时负担太重,因此本条把消防车放在第二位考虑。

11 运输和转运站

11.1 铁路运输

11.1.1 本条主要防止锅炉房、茶水房火炉等产生的火花飞落到火药、炸药车辆上造成意外事故。确定运送火药、炸药的铁路专用线到这些建筑物的距离不应小于35m,主要考虑这些建筑物内所排出的火花、火星有可能是灼热的固体颗粒,当飞落到35m远以外,经空气冷却却已不可能引起火药、炸药的燃烧爆炸。

11.1.2 转运站内转运站台处设置尽头式铁路装卸线,属一般性的设计要求。铁路装卸线的有效长度规定满足同时装卸4节70t棚车的停放长度,是总结分析了物资储备系统多年运输情况及转运站台处存药量与外部允许距离要求确定的。

11.1.3 设隔离车的目的是使产生火花的机车与火药、炸药车辆之间有一定间隔距离,以减少发生事故的可能性。

11.2 公路运输

11.2.1 本条主要防止锅炉房、茶水房火炉等产生的火花飞落到火药、炸药车辆上造成意外事故。确定运送火药、炸药的道路干线到这些建筑物的距离不应小于35m,主要考虑这些建筑物内所排出的火花、火星有可能是灼热的固体颗粒,当飞落到35m远以外,经空气冷却已不可能引起火药、炸药的燃烧爆炸。

11.2.2 一般运输火药、炸药时均应符合本条要求。

挂车易因急刹车等因素产生车辆碰撞。翻斗车车厢型式不利于火药、炸药装载,上述车辆在安全上无保障。三轮车、畜力车运输时也有不安全因素,故禁止使用。目前,国内爆破器材运输均采用符合原国防科工委发布的《爆破器材运输车安全技术条件》(科工爆〔2001〕156号)文规定的车辆,火药、炸药也应采用类似车辆运输。

11.2.3 本条对主干道纵坡提出不宜大于6%的要求,与现行国家标准《厂矿道路设计规范》GBJ 22中平原微丘区主干道纵坡的标准是一致的,这也是为了保证运输火药、炸药的车辆在冬季结冰和雨季路滑时的行车安全。

11.3 转运站

11.3.1 本条规定在库区内设置转运站时,转运站台与周围目标的允许距离均应按覆土库的允许距离要求确定。

11.3.2 本条针对在库区以外设置独立的火药、炸药转运站的安全要求而制定。

据调查,近年来,各单位转运站一般火药、炸药转运量都很小,平均几年一次,每次火药、炸药堆放时间,组织好可以不超过48h,发生事故的几率很低。因此,本条规定当转运站台或站台库堆放火药、炸药时间不超过48h,其外部允许距离应按覆土库的要求相应减少20%确定。

11.3.3 站台库结构计算时可不考虑爆炸空气冲击波荷载的作用。

12 烧 毁 场

12.0.1 火药、炸药的烧毁场一般均应布置在库区以外的单独地段,以免烧毁时偶尔发生事故影响库区安全。

12.0.2 烧毁场烧毁作业面积是根据目前烧毁火药、炸药的数量确定的。

烧毁场地的地表面应为不带有石块的土质地面是为了防止在烧毁火药、炸药时,一旦发生爆炸事故,不致因飞石伤人毁物。

12.0.3 烧毁场从安全角度出发,还是设置围墙为宜,围墙的材料可以不限,不设围墙无关人员可以随便进入,容易发生意外事故。烧毁场一般均应设掩体,并距作业场地边缘不宜小于50m等规定,是为了保证作业人员的安全。

12.0.4 根据调查,烧毁场夜间无人值班,待烧毁的火药、炸药不应在烧毁场储存,因此规定烧毁场不应设待烧毁的火药、炸药暂存库。

12.0.5 一次最大烧毁量及其外部允许距离是根据有关厂、库实际调查资料和参考现行有关标准、规范确定的。

13 理 化 中 心

13.0.2 参照国家现行标准《小量火药、炸药及其制品危险性建筑设计安全规范》WJ 2470的规定,理化实验室炸药存药量折合梯恩梯当量不应大于3kg,火药存药量不应大于10kg,从使用及安全上是合理的。

13.0.3 根据理化实验室及样品库所规定的存药量计算,一旦发生爆炸事故时,爆炸空气冲击波将对周围建筑物造成次轻度破坏(二级破坏)。故制定本条规定。

13.0.4 本条所指销毁塔为封闭式的,不考虑爆炸空气冲击波及噪声影响,仅考虑爆炸地震波对邻近建筑物的振动安全距离。在理化中心附近不应设置敞开式销毁塔。

13.0.5

1 理化实验室:

1)理化实验室的火灾危险程度略高于现行国家标准《建筑设计防火规范》GB 50016中规定的甲类生产厂房,甲类生产厂房的耐火等级为一、二级,本规范中理化实验室耐火等级不应低于二级,至于是一级或者二级,可按现行国家标准《建筑设计防火规范》GB 50016—2006表3.3.1来决定。

2)本款目的是为了将危险性工作区和非危险性工作区分开。

3)当危险性工作间较大或人员较多时,为保证发生事故时人员能够迅速疏散,规定危险性工作间安全出口不应少于2个。从一个危险性工作间穿过另一个危险性工作间到达室外的出口不应计入安全出口的数目内。

4)危险性工作间常用的地面做法有:用不发火花石子做成地面面层;有机材料环氧树脂为主要材料制成的涂料或砂浆用作多

功能的地面层,可以同时满足地面层不发生火花、耐腐蚀、导静电、柔软性的要求。有防水要求的应另做防水层。各种特殊地面层,施工前应做试块测试,验收时应检测,避免因地面层达不到所要求的性能而引发事故。理化分析中带有腐蚀性介质时,除可能具有短时或瞬时的燃烧爆炸危险,还有长时间的腐蚀,因此应按照现行国家标准《工业建筑防腐蚀设计规范》GB 50046 的规定执行。

5)从节约资源和经久耐用来看,金属门窗、塑钢门窗代替木门窗是大势所趋。火药、炸药等粉尘对静电敏感时,金属门窗和塑钢门窗及其五金件应当采取导静电措施。

6)理化室采用钢筋混凝土框架承重结构主要是考虑当建筑物局部发生爆炸时,不会引起其余部分的严重破坏或垮塌。

2 样品库:

样品库条文说明参见理化实验室部分条文说明。

13.0.6 本条主要对含有火药、炸药的危险性工作间提出了采暖、通风、空气调节的安全要求。

1 理化实验室在对火药、炸药做理化分析时,存在燃烧爆炸危险,故对理化实验室的采暖作出了规定。

1)火药、炸药与高温物体接触能引起燃烧爆炸事故。火药、炸药发生燃烧爆炸危险性的大小与接触物体表面温度的高低成正比。为确保安全,同时贯彻国家有关节能政策,对设有采暖的理化实验室的采暖热媒及其温度作了必要的规定。

2)规定采用光面管散热器或其他易于擦洗的散热器,是为了方便经常清扫和擦洗,以防止火药、炸药粉尘长期沉积于散热器表面引起事故。带肋片的散热器或柱型散热器,由于不便擦洗,不应采用。

2 蒸汽、热水管道的入口装置和换热装置所使用的热媒压力和温度都比较高,超过了采暖热媒及其参数的规定,为了避免发生事故,规定了蒸汽管道、热水管道的入口装置及换热装置不应设在危险性工作间内。

为了避免火药、炸药粉尘在地沟内的沉积,形成安全隐患,采暖管道不应设在地沟内。

3 主要是考虑减少事故的蔓延扩大,把危害程度降到最低限度。因为发生事故时,火焰及冲击波会沿风管蔓延,扩大事故损失。

4 含有火药、炸药粉尘或燃烧爆炸危险气体的空气若循环使用,会使粉尘或气体的浓度逐渐增高,遇到火花时就可能发生燃烧爆炸,因此规定采用直流式通风空调系统,室内空气不应再循环。

5 对散发有火药、炸药粉尘或燃烧爆炸危险气体工作间的通风、空气调节设备的规定:

1)送风空气一般采用室外空气,相对比较清洁,且通风和空调设备设在单独的机房内,室内环境较好,所以规定送风干管上设止回阀时,通风和空调设备可采用非防爆型。

2)通风机和电机应为直联,因为采用三角胶带传动会由于摩擦产生静电而可能产生静电火花。

3)采用在摩擦和撞击时不发火的材料制作阀门等活动件,主要考虑其在调节转动时不会产生撞击火花,避免因火花引起火药、炸药粉尘或燃烧爆炸危险气体的燃烧爆炸。

6 对理化中心设置的采暖、通风、空调系统提出了防静电接地要求,具体要求见电气专业规定。

13.0.7 本条为理化中心的消防要求。

1 考虑到理化实验室设有为理化分析服务的给水系统,为了增加安全性,参照现行国家标准《建筑设计防火规范》GB 50016 提出的应设室内和室外消火栓的规定,消防给水系统的设计也应按该规范执行。

13.0.8

2 配电室是安装非防爆电气设备的工作间,为了防止电气危险因素引起事故,因此,对有关专业提出一些要求是必要的。

3 样品库的试剂间存在易燃液体或爆炸性气体,因此,电气

设备采用爆炸性气体环境用电气设备。

可燃性粉尘环境用电气设备的防粉尘点燃型中 DIP 22 型防水防尘(IP54 级)电气设备,适用于理化实验室危险场所采用。本规定与其他相关规范对理化实验室的电气安全要求相一致。

样品库的火药、炸药储存间电气设备推荐采用尘密结构型。

7 由于安全防范系统及部分火药的实验需要连续供电,因此,电源引入的总配电箱不宜安装剩余电流保护器,可设置剩余电流报警装置,满足防止电气火灾的同时,又能保证部分设备连续供电的要求。

为防止人身电击,在理化实验室插座回路上要求安装剩余电流保护器。

中华人民共和国国家标准

汽车加油加气站设计与施工规范

Code for design and construction of filling station

GB 50156-2012

（2014 年版）

主编部门：中 国 石 油 化 工 集 团 公 司
批准部门：中华人民共和国住房和城乡建设部
施行日期：2 0 1 3 年 3 月 1 日

中华人民共和国住房和城乡建设部

公　告

第 498 号

住房城乡建设部关于发布国家标准《汽车加油加气站设计与施工规范》局部修订的公告

　　现批准《汽车加油加气站设计与施工规范》GB 50156－2012 局部修订的条文，自发布之日起实施。其中，第 4.0.4、4.0.5、4.0.6、4.0.7、4.0.8、4.0.9、5.0.13、6.1.1、7.1.4(1)、11.2.1 条（款）为强制性条文，必须严格执行。经此次修改的原条文同时废止。

　　局部修订的条文及具体内容，将刊登在我部有关网站和近期出版的《工程建设标准化》刊物上。

中华人民共和国住房和城乡建设部
2014 年 7 月 29 日

中华人民共和国住房和城乡建设部公告

第 1435 号

关于发布国家标准《汽车加油
加气站设计与施工规范》的公告

现批准《汽车加油加气站设计与施工规范》为国家标准，编号为GB 50156—2012，自2013年3月1日起实施。其中，第4.0.4、4.0.5、4.0.6、4.0.7、4.0.8、4.0.9、5.0.5、5.0.10、5.0.11、5.0.13、6.1.1、6.2.1、6.3.1、6.3.13、7.1.2(1)、7.1.3(1)、7.1.4(1)、7.1.5、7.2.4、7.3.1、7.3.5、7.4.11、7.5.1、8.1.21(1)、8.2.2、8.3.1、9.1.7、9.3.1、10.1.1、10.2.1、11.1.6、11.2.1、11.2.4、11.4.1、11.4.2、11.5.1、12.2.5、13.7.5条(款)为强制性条文，必须严格执行。原国家标准《汽车加油加气站设计与施工规范》GB 50156—2002(2006年版)同时废止。

本规范由我部标准定额研究所组织中国计划出版社出版发行。

中华人民共和国住房和城乡建设部
二〇一二年六月二十八日

前　　言

本规范是根据住房和城乡建设部《关于印发〈2009年工程建设标准规范制订、修订计划〉的通知》(建标〔2009〕88号)的要求，由中国石化工程建设有限公司会同有关单位在对原国家标准《汽车加油加气站设计与施工规范》GB 50156—2002(2006年版)进行修订的基础上编制完成的。

本规范在修订过程中，修订组进行了比较广泛的调查研究，组织了多次国内、国外考察，总结了我国汽车加油加气站多年的设计、施工、建设、运营和管理等实践经验，借鉴了国内已有的行业标准和国外发达国家的相关标准，广泛征求了有关设计、施工、科研和管理等方面的意见，对其中主要问题进行了多次讨论和协调，最后经审查定稿。

本规范共分13章和3个附录，主要内容包括：总则，术语、符号和缩略语，基本规定，站址选择，站内平面布置，加油工艺及设施，LPG加气工艺及设施，CNG加气工艺及设施，LNG和L-CNG加气工艺及设施，消防设施及给排水，电气、报警和紧急切断系统，采暖通风、建(构)筑物、绿化和工程施工等。

与原国家标准《汽车加油加气站设计与施工规范》GB 50156—2002(2006年版)相比，本规范主要有下列变化：

1. 增加了LNG(液化天然气)加气站内容。
2. 增加了自助加油站(区)内容。
3. 增加了电动汽车充电设施内容。
4. 加强了加油站安全和环保措施。
5. 细化了压缩天然气加气母站和子站的内容。
6. 采用了一些新工艺、新技术和新设备。

7. 调整了民用建筑物保护类别划分标准。

本规范中以黑体字标志的条文为强制性条文，必须严格执行。

本规范由住房和城乡建设部负责管理和对强制性条文的解释，由中国石油化工集团公司负责日常管理，由中国石化工程建设有限公司负责具体技术内容的解释。请各单位在本规范实施过程中，结合工程实践，认真总结经验，注意积累资料，随时将意见和有关资料反馈给中国石化工程建设有限公司(地址：北京市朝阳区安慧北里安园21号；邮政编码：100101)，以供今后修订时参考。

本规范主编单位、参编单位、参加单位、主要起草人和主要审查人：

主　编　单　位：中国石化工程建设有限公司
参　编　单　位：中国市政工程华北设计研究总院
　　　　　　　　中国石油集团工程设计有限责任公司西南分公司
　　　　　　　　中国人民解放军总后勤部建筑设计研究院
　　　　　　　　中国石油天然气股份有限公司规划总院
　　　　　　　　中国石化集团第四建设公司
　　　　　　　　中国石化销售有限公司
　　　　　　　　中国石油天然气股份有限公司销售分公司
　　　　　　　　陕西省燃气设计院
　　　　　　　　四川川油天然气科技发展有限公司
参　加　单　位：中海石油气电集团有限责任公司
主要起草人：韩　钧　吴洪松　章申远　许文忠　葛春玉
　　　　　　程晓春　杨新和　王铭坤　王长江　郭宗华
　　　　　　陈立峰　杨楚生　计鸿谨　吴文革　张建民
　　　　　　朱晓明　邓　渊　康智　尹强　郭庆功
　　　　　　钟道迪　高永和　崔有泉　符一平　蒋荣华
　　　　　　曹宏章　陈运强　何　珺

主要审查人：倪照鹏　何龙辉　周家祥　张晓鹏　朱　红
　　　　　　　伍　林　赵新文　杨　庆　王丹晖　罗艾民
　　　　　　　谢　伟　朱　磊　陈云玉　李　钢　宋玉银
　　　　　　　周红儿　唐　洁　孙秀明　邱　明　杨　炯
　　　　　　　张　华

目　次

1 总 则

1.0.1 为了在汽车加油加气站设计和施工中贯彻国家有关方针政策,统一技术要求,做到安全适用、技术先进、经济合理,制定本规范。

1.0.2 本规范适用于新建、扩建和改建的汽车加油站、加气站和加油加气合建站工程的设计和施工。

1.0.3 汽车加油加气站的设计和施工,除应符合本规范外,尚应符合国家现行有关标准的规定。

2 术语、符号和缩略语

2.1 术 语

2.1.1 加油加气站 filling station
加油站、加气站、加油加气合建站的统称。

2.1.2 加油站 fuel filling station
具有储油设施,使用加油机为机动车加注汽油、柴油等车用燃油并可提供其他便利性服务的场所。

2.1.3 加气站 gas filling station
具有储气设施,使用加气机为机动车加注车用LPG、CNG或LNG等车用燃气并可提供其他便利性服务的场所。

2.1.4 加油加气合建站 fuel and gas combined filling station
具有储油(气)设施,既能为机动车加注车用燃油,又能加注车用燃气,也可提供其他便利性服务的场所。

2.1.5 站房 station house
用于加油加气站管理、经营和提供其他便利性服务的建筑物。

2.1.6 加油加气作业区 operational area
加油加气站内布置油(气)卸车设施、储油(储气)设施、加油机、加气机、加(卸)气柱、通气管(放散管)、可燃液体罐车卸车停车位、车载储气瓶组拖车停车位、LPG(LNG)泵、CNG(LPG)压缩机等设备的区域。该区域的边界线为设备爆炸危险区域边界线加3m,对柴油设备为设备外缘加3m。

2.1.7 辅助服务区 auxiliary service area
加油加气站用地红线范围内加油加气作业区以外的区域。

2.1.8 安全拉断阀 safe-break valve
在一定外力作用下自动断开,断开后的两节均具有自密封功能的装置。该装置安装在加油机或加气机、加(卸)气柱的软管上,是防止软管被拉断而发生泄漏事故的专用保护装置。

2.1.9 管道组成件 piping components
用于连接或装配管道的元件(包括管子、管件、阀门、法兰、垫片、紧固件、接头、耐压软管、过滤器、阻火器等)。

2.1.10 工艺设备 process equipments
设置在加油加气站内的油(气)卸车接口、油罐、LPG储罐、LNG储罐、CNG储气瓶(井)、加油机、加气机、加(卸)气柱、通气管(放散管)、车载储气瓶组拖车、LPG泵、LNG泵、CNG压缩机、LPG压缩机等设备的统称。

2.1.11 电动汽车充电设施 EV charging facilities
为电动汽车提供充电服务的相关电气设备,如低压开关柜、直流充电机、直流充电桩、交流充电桩和电池更换装置等。

2.1.12 卸车点 unloading point
接卸汽车罐车所载油品、LPG、LNG的固定地点。

2.1.13 埋地油罐 buried oil tank
罐顶低于周围4m范围内的地面,并采用直接覆土或罐池充沙方式埋设在地下的卧式油品储罐。

2.1.14 加油岛 fuel filling island
用于安装加油机的平台。

2.1.15 汽油设备 gasoline-filling equipment
为机动车加注汽油而设置的汽油罐(含其通气管)、汽油加油机等固定设备。

2.1.16 柴油设备 diesel-filling equipment
为机动车加注柴油而设置的柴油罐(含其通气管)、柴油加油机等固定设备。

2.1.17 卸油油气回收系统 vapor recovery system for gasoline unloading process
将油罐车向汽油罐卸油时产生的油气密闭回收至油罐车内的系统。

2.1.18 加油油气回收系统 vapor recovery system for filling process
将给汽油车辆加油时产生的油气密闭回收至埋地汽油罐的系统。

2.1.19 橇装式加油装置 portable fuel device
将地面防火防爆储油罐、加油机、自动灭火装置等设备整体装配于一个橇体的地面加油装置。

2.1.20 自助加油站(区) self-help fuel filling station(area)
具备相应安全防护设施,可由顾客自行完成车辆加注燃油作业的加油站(区)。

2.1.21 LPG加气站 LPG filling station
为LPG汽车储气瓶充装车用LPG,并可提供其他便利性服务的场所。

2.1.22 埋地LPG罐 buried LPG tank
罐顶低于周围4m范围内的地面,并采用直接覆土或罐池充沙方式埋设在地下的卧式LPG储罐。

2.1.23 CNG加气站 CNG filling station
CNG常规加气站、CNG加气母站、CNG加气子站的统称。

2.1.24 CNG常规加气站 CNG conventional filling station
从站外天然气管道取气,经过工艺处理并增压后,通过加气机给汽车CNG储气瓶充装车用CNG,并可提供其他便利性服务的场所。

2.1.25 CNG加气母站 primary CNG filling station
从站外天然气管道取气,经过工艺处理并增压后,通过加气柱给服务于CNG加气子站的CNG车载储气瓶组充装CNG,并可提供其他便利性服务的场所。

2.1.26 CNG加气子站 secondary CNG filling station
用车载储气瓶组拖车运进CNG,通过加气机为汽车CNG储气瓶充装 CNG,并可提供其他便利性服务的场所。

2.1.27 LNG 加气站　　LNG filling station

具有 LNG 储存设施,使用 LNG 加气机为 LNG 汽车储气瓶充装车用 LNG,并可提供其他便利性服务的场所。

2.1.28 L-CNG 加气站　　L-CNG filling station

能将 LNG 转化为 CNG,并为 CNG 汽车储气瓶充装车用 CNG,并可提供其他便利性服务的场所。

2.1.29 加气岛　　gas filling island

用于安装加气机的平台。

2.1.30 CNG 加(卸)气设备　　CNG filling (unload) facility

CNG 加气机、加气柱、卸气柱的统称。

2.1.31 加气机　　gas dispenser

用于向燃气汽车储气瓶充装 LPG、CNG 或 LNG,并带有计量、计价装置的专用设备。

2.1.32 CNG 加(卸)气柱　　CNG dispensing (bleeding) pole

用于向车载储气瓶组充装(卸出)CNG,并带有计量装置的专用设备。

2.1.33 CNG 储气井　　CNG storage well

竖向埋设于地下且井筒与井壁之间采用水泥浆进行全填充封固,并用于储存 CNG 的管状设施,由井底装置、井筒、内置排液管、井口装置等构成。

2.1.34 CNG 储气瓶组　　CNG storage bottles group

通过管道将多个 CNG 储气瓶连接成一个整体的 CNG 储气装置。

2.1.35 CNG 固定储气设施　　CNG fixed storage facility

安装在固定位置的地上或地下储气瓶(组)和储气井的统称。

2.1.36 CNG 储气设施　　CNG storage facility

储气瓶(组)、储气井和车载储气瓶组的统称。

2.1.37 CNG 储气设施的总容积　　total volume of CNG storage facility

CNG 固定储气设施与所有处于满载或作业状态的车载 CNG 储气瓶(组)的几何容积之和。

2.1.38 埋地 LNG 储罐　　buried LNG tank

罐顶低于周围 4m 范围内的地面,并采用直接覆土或罐池充沙方式埋设在地下的卧式 LNG 储罐。

2.1.39 地下 LNG 储罐　　underground LNG tank

罐顶低于周围 4m 范围内地面标高 0.2m,并设置在罐池中的 LNG 储罐。

2.1.40 半地下 LNG 储罐　　semi-underground LNG tank

罐体一半以上安装在周围 4m 范围内地面以下,并设置在罐池中的 LNG 储罐。

2.1.41 防护堤　　safety dike

用于拦蓄 LPG、LNG 储罐事故时溢出的易燃和可燃液体的构筑物。

2.1.42 LNG 橇装设备　　portable equipments

将 LNG 储罐、加气机、放散管、泵、气化器等 LNG 设备全部或部分装配于一个橇体上的设备组合体。

2.2　符　　号

A——浸入油品中的金属物表面积之和;
V——油罐、LPG 储罐、LNG 储罐和 CNG 储气设施总容积;
Vt——油品储罐单罐容积。

2.3　缩　略　语

LPG(liquefied petroleum gas)　液化石油气;
CNG(compressed natural gas)　压缩天然气;
LNG(liquefied natural gas)　液化天然气;
L-CNG　由 LNG 转化为 CNG。

3　基 本 规 定

3.0.1 向加油加气站供油供气,可采取罐车运输、车载储气瓶组拖车运输或管道输送的方式。

3.0.2 加油加气站可与电动汽车充电设施联合建站。加油加气站可按本规范第 3.0.12 条～第 3.0.15 条的规定联合建站。下列加油加气站不应联合建站:

　　1 CNG 加气母站与加油站;

　　2 CNG 加气母站与 LNG 加气站;

　　3 LPG 加气站与 CNG 加气站;

　　4 LPG 加气站与 LNG 加气站。

3.0.3 橇装式加油装置可用于政府有关部门许可的企业自用、临时或特定场所。采用橇装式加油装置的加油站,其设计与安装应符合现行行业标准《采用橇装式加油装置的加油站技术规范》SH/T 3134 和本规范第 6.4 节的有关规定。

3.0.4 加油站内乙醇汽油设施的设计,除应符合本规范的规定外,尚应符合现行国家标准《车用乙醇汽油储运设计规范》GB/T 50610 的有关规定。

3.0.5 电动汽车充电设施的设计,除应符合本规范的规定外,尚应符合国家现行有关标准的规定。

3.0.6 CNG 加气站、LNG 加气站与城镇天然气储配站、LNG 气化站的合建站,以及 CNG 加气站与城镇天然气接收门站的合建站,其设计与施工除应符合本规范的规定外,尚应符合现行国家标准《城镇燃气设计规范》GB 50028 的有关规定。

3.0.7 CNG 加气站与天然气输气管道场站合建站的设计与施工,除应符合本规范的规定外,尚应符合现行国家标准《石油天然气工程设计防火规范》GB 50183 等的有关规定。

3.0.8 加油加气站可经营国家行政许可的非油品业务,站内可设置柴油尾气处理液加注设施。

3.0.9 加油站的等级划分,应符合表 3.0.9 的规定。

表 3.0.9　加油站的等级划分

级别	油罐容积(m³)	
	总容积	单罐容积
一级	150<V≤210	V≤50
二级	90<V≤150	V≤50
三级	V≤90	汽油罐 V≤30,柴油罐 V≤50

注:柴油罐容积可折半计入油罐总容积。

3.0.10 LPG 加气站的等级划分应符合表 3.0.10 的规定。

表 3.0.10　LPG 加气站的等级划分

级别	LPG 罐容积(m³)	
	总容积	单罐容积
一级	45<V≤60	V≤30
二级	30<V≤45	V≤30
三级	V≤30	V≤30

3.0.11 CNG 加气站储气设施的总容积,应根据设计加气汽车数量、每辆汽车加气时间、母站服务的子站的个数、规模和服务半径等因素综合确定。在城市建成区内,CNG 加气站储气设施的总容积应符合下列规定:

　　1 CNG 加气母站储气设施的总容积不应超过 120m³。

　　2 CNG 常规加气站储气设施的总容积不应超过 30m³。

　　3 CNG 加气子站内设置有固定储气设施时,站内停放的车载储气瓶组拖车不应多于 1 辆。固定储气设施采用储气瓶时,其总容积不应超过 18m³;固定储气设施采用储气井时,其总容积不应超过 24m³。

　　4 CNG 加气子站内无固定储气设施时,站内停放的车载储气瓶组拖车不应多于 2 辆。

5 CNG 常规加气站可采用 LNG 储罐做补充气源,但 LNG 储罐容积、CNG 储气设施的总容积和加气站的等级划分,应符合本规范第 3.0.12 条的规定。

3.0.12 LNG 加气站、L-CNG 加气站、LNG 和 L-CNG 加气合建站的等级划分,应符合表 3.0.12 的规定。

表 3.0.12 LNG 加气站、L-CNG 加气站、LNG 和 L-CNG
加气合建站的等级划分

级别	LNG 加气站		L-CNG 加气站、LNG 和 L-CNG 加气合建站		
	LNG 储罐总容积(m³)	LNG 储罐单罐容积(m³)	LNG 储罐总容积(m³)	LNG 储罐单罐容积(m³)	CNG 储气设施总容积(m³)
一级	120<V≤180	≤60	120<V≤180	≤60	V≤12
一级*	—	—	60<V≤120	≤60	V≤24
二级	60<V≤120	≤60	60<V≤120	≤60	V≤9
二级*	—	—	V≤60	≤60	V≤18
三级	V≤60	≤60	V≤60	≤60	V≤9
三级*	—	—	V≤30	≤30	V≤18

注:带"*"的加气站专指 CNG 常规加气站以 LNG 储罐做补充气源的建站形式。

3.0.12A LNG 加气站与 CNG 常规加气站或 CNG 加气子站的合建站的等级划分,应符合表 3.0.12A 的规定。

表 3.0.12A LNG 加气站与 CNG 常规加气站或 CNG
加气子站的合建站的等级划分

级别	LNG 储罐总容积 V(m³)	LNG 储罐单罐容积(m³)	CNG 储气设施总容积(m³)
一级	60<V≤120	≤60	≤24
二级	V≤60	≤60	≤18(24)
三级	V≤30	≤30	≤18(24)

注:表中括号内数字为 CNG 储气设施采用储气井的总容积。

3.0.13 加油与 LPG 加气合建站的等级划分,应符合表 3.0.13 的规定。

表 3.0.13 加油与 LPG 加气合建站的等级划分

合建站等级	LPG 储罐总容积(m³)	LPG 储罐总容积与油品储罐总容积合计(m³)
一级	V≤45	120<V≤180
二级	V≤30	60<V≤120
三级	V≤20	V≤60

注:1 柴油罐容积可折半计入油品总容积。

2 当油罐总容积大于 90 m³ 时,油罐单罐容积不应大于 50 m³;当油罐总容积小于或等于 90 m³ 时,汽油单罐容积不应大于 30 m³,柴油单罐容积不应大于 50 m³。

3 LPG 储罐单罐容积不应大于 30 m³。

3.0.14 加油与 CNG 加气合建站的等级划分,应符合表 3.0.14 的规定。

表 3.0.14 加油与 CNG 加气合建站的等级划分

级别	油品储罐总容积(m³)	常规 CNG 加气站储气设施总容积(m³)	加气子站储气设施(m³)
一级	90<V≤120	V≤24	固定储气设施总容积≤12(18),可停放 1 辆车载储气瓶组拖车;当无固定储气设施时,可停放 2 辆车载储气瓶组拖车
二级	V≤90		
三级	V≤60	V≤12	固定储气设施总容积≤9(18),可停放 1 辆车载储气瓶组拖车

注:1 柴油罐容积可折半计入油品总容积。

2 当油罐总容积大于 90 m³ 时,油罐单罐容积不应大于 50 m³;当油罐总容积小于或等于 90 m³ 时,汽油单罐容积不应大于 30 m³,柴油单罐容积不应大于 50 m³。

3 表中括号内数字为 CNG 储气设施采用储气井的总容积。

3.0.15 加油与 LNG 加气、L-CNG 加气、LNG/L-CNG 加气以及加油与 LNG 加气和 CNG 加气联合建站的等级划分,应符合表 3.0.15 的规定。

表 3.0.15 加油与 LNG 加气、L-CNG 加气、LNG/L-CNG 加气
以及加油与 LNG 加气和 CNG 加气合建站的等级划分

合建站等级	LNG 储罐总容积(m³)	LNG 储罐总容积与油品储罐总容积合计(m³)	CNG 储气设施总容积(m³)
一级	V≤120	150<V≤210	≤12
	V≤90	150<V≤180	≤24
二级	V≤60	90<V≤150	≤9
	V≤30	90<V≤120	≤24
三级	V≤60	≤90	≤9
	V≤30	≤90	≤24

注:1 柴油罐容积可折半计入油罐总容积。

2 当油罐总容积大于 90 m³ 时,油罐单罐容积不应大于 50 m³;当油罐总容积小于或等于 90 m³ 时,汽油单罐容积不应大于 30 m³,柴油单罐容积不应大于 50 m³。

3 LNG 储罐的单罐容积不应大于 60 m³。

3.0.16 作为站内储气设施使用的 CNG 车载储气瓶组拖车,其单车储气瓶组的总容积不应大于 24 m³。

4 站址选择

4.0.1 加油加气站的站址选择,应符合城乡规划、环境保护和防火安全的要求,并应选在交通便利的地方。

4.0.2 在城市建成区不宜建一级加油站、一级加气站、一级加油加气合建站、CNG 加气母站。在城市中心区不应建一级加油站、一级加气站、一级加油加气合建站、CNG 加气母站。

4.0.3 城市建成区内的加油加气站,宜靠近城市道路,但不宜选在城市干道的交叉路口附近。

4.0.4 加油站、加油加气合建站的汽油设备与站外建(构)筑物的安全间距,不应小于表 4.0.4 的规定。

表 4.0.4 汽油设备与站外建(构)筑物的安全间距(m)

站外建(构)筑物		站内汽油设备											
		埋地油罐									加油机、通气管管口		
		一级站			二级站			三级站					
		无油气回收系统	有卸油和油气回收油气回收系统	有油气回收系统	无油气回收系统	有卸油和油气回收油气回收系统	有油气回收系统	无油气回收系统	有卸油和油气回收油气回收系统	有油气回收系统	无油气回收系统	有卸油和油气回收油气回收系统	有油气回收系统
重要公共建筑物		50	40	35	50	40	35	50	40	35	50	40	35
明火地点或散发火花地点		30	24	21	25	20	17.5	18	14.5	12.5	18	14.5	12.5
民用建筑物保护类别	一类保护物	25	20	17.5	20	16	14	16	13	11	16	13	11
	二类保护物	20	16	14	16	13	11	12	9.5	8.5	12	9.5	8.5
	三类保护物	16	13	11	12	9.5	8.5	10	8	7	10	8	7
甲、乙类物品生产厂房、库房和甲、乙类液体储罐		25	20	17.5	22	17.5	15.5	18	14.5	12.5	18	14.5	12.5

续表 4.0.4

站外建(构)筑物	站内汽油设备											
	埋地油罐									加油机、通气管管口		
	一级站			二级站			三级站					
	无油气回收系统	有卸油和油气回收油气回收系统	有油气回收系统	无油气回收系统	有卸油和油气回收油气回收系统	有油气回收系统	无油气回收系统	有卸油和油气回收油气回收系统	有油气回收系统	无油气回收系统	有卸油和油气回收油气回收系统	有油气回收系统
丙、丁、戊类物品生产厂房、库房和丙类液体储罐，以及埋地甲、乙类液体储罐容积不大于50m³的	18	12.5	11	13	15.5	15.5	15	12	10.5	15	12	10.5
室外变配电站	25	20	17.5	22	18	17.5	18	14.5	12.5	18	14.5	12.5
铁路	22	17.5	15.5	22	17.5	17.5	18	17.5	15.5	22	17.5	15.5
城市道路 快速路、主干路	10	8	7	8	6.5	6.5	6	6	5	6	5	5
次干路、支路	8	6.5	5.5	6	5.5	5	5	5	5	5	5	5

续表 4.0.4

站外建(构)筑物	站内汽油设备											
	埋地油罐									加油机、通气管管口		
	一级站			二级站			三级站					
	无油气回收系统	有卸油和油气回收油气回收系统	有油气回收系统	无油气回收系统	有卸油和油气回收油气回收系统	有油气回收系统	无油气回收系统	有卸油和油气回收油气回收系统	有油气回收系统	无油气回收系统	有卸油和油气回收油气回收系统	有油气回收系统
架空电力线路 无绝缘层	1倍杆高，且不应小于6.5m	1.5倍杆(塔)高，且不应小于6.5m	1倍杆(塔)高，且不应小于5m				1倍杆(塔)高，且不应小于6.5m	0.75倍杆(塔)高，且不应小于6.5m	1倍杆(塔)高，且不应小于5m	5	6.5	5
有绝缘层										5	6.5	5
架空通信线										5	6.5	5

注：1 室外变、配电站指电力系统电压为35kV～500kV，且每台变压器容量在10MV·A以上的室外变、配电站。其他规格的室外变、配电站或变压器应按丙类物品生产厂房确定。
2 表中道路指机动车道路。油罐、加油机通气管通气管管口与郊区公路的安全间距应按城市道路或郊区公路（高速公路、一级和二级公路应按城市快速路、主干路确定；三级和四级公路应按城市道路次干路、支路确定。
3 油罐、加油机通气管管口与郊区公路的主要出入口（包括铁路、地铁及以上公路的隧道洞口、支路等），尚不应小于50m。
4 一、二级耐火等级民用建筑物面向加油站一侧的墙为无门窗洞口的实体墙时，油罐、加油机通气管管口与该民用建筑物的距离，不应低于本表规定的安全间距，不应低于本表规定的70%，并不得小于6m。

4.0.5

加油站、加油加气合建站的柴油设备与站外建(构)筑物的安全间距，不应小于表4.0.5的规定。

表 4.0.5 柴油设备与站外建(构)筑物的安全间距(m)

站外建(构)筑物		站内柴油设备			
		埋地油罐			加油机、通气管管口
		一级站	二级站	三级站	
重要公共建筑物		25	25	25	25
明火地点或散发火花地点		12.5	12.5	10	10
民用建筑物保护类别	一类保护物	6	6	6	6
	二类保护物	6	6	6	6
	三类保护物	6	6	6	6
甲、乙类物品生产厂房、库房和甲、乙类液体储罐		12.5	11	9	9
丙、丁、戊类物品生产厂房、库房和丙类液体储罐，以及单罐容积不大于50m³的埋地甲、乙类液体储罐		12.5	9	9	9
室外变配电站		15	12.5	12.5	12.5
铁路		15	15	15	15
城市道路	快速路、主干路	3	3	3	3
	次干路、支路	3	3	3	3
架空通信线		0.75倍杆高，且不应小于5m	5	5	5
架空电力线路	无绝缘层	0.75倍杆(塔)高，且不应小于6.5m	0.75倍杆(塔)高，且不应小于6.5m	6.5	5
	有绝缘层	0.5倍杆(塔)高，且不应小于5m	0.5倍杆(塔)高，且不应小于5m	5	5

注：1 室外变、配电站指电力系统电压为35kV～500kV，且每台变压器容量在10MV·A以上的室外变、配电站，以及工业企业的变压器总油量大于5t的室外降压变电站。其他规格的室外变、配电站或变压器应按丙类物品生产厂房确定。
2 表中道路指机动车道路。油罐、加油机和油气罐通气管管口与郊区公路的安全间距应按城市道路确定，高速公路、一级和二级公路应按城市快速路、主干路确定；三级和四级公路应按城市道路次干路、支路确定。

4.0.6 LPG 加气站、加油加气合建站的 LPG 储罐与站外建(构)筑物的安全间距,不应小于表 4.0.6 的规定。

表 4.0.6 LPG 储罐与站外建(构)筑物的安全间距(m)

站外建(构)筑物		地上 LPG 储罐			埋地 LPG 储罐		
		一级站	二级站	三级站	一级站	二级站	三级站
重要公共建筑物		100	100	100	100	100	100
明火地点或散发火花地点		45	38	33	30	25	18
民用建筑物保护类别	一类保护物	35	28	22	20	16	14
	二类保护物						
	三类保护物	25	22	18	15	13	11
甲、乙类物品生产厂房、库房和甲、乙类液体储罐		45	45	40	25	22	18
丙、丁、戊类物品生产厂房、库房和丙类液体储罐,以及单罐容积不大于 50m³ 的埋地甲、乙类液体储罐		32	32	28	18	16	15
室外变配电站		45	45	40	25	22	18
铁路		45	45	45	22	22	22
城市道路	快速路、主干路	15	13	11	10	8	8
	次干路、支路	12	11	10	8	6	6

续表 4.0.6

站外建(构)筑物		地上 LPG 储罐			埋地 LPG 储罐		
		一级站	二级站	三级站	一级站	二级站	三级站
架空通信线		1.5 倍杆高	1 倍杆高		0.75 倍杆高		
架空电力线路	无绝缘层	1.5 倍杆(塔)高	1.5 倍杆(塔)高		1 倍杆(塔)高		
	有绝缘层	1.5 倍杆(塔)高	1 倍杆(塔)高		0.75 倍杆(塔)高		

注:1 室外变、配电站指电力系统电压为 35kV～500kV,且每台变压器容量在 10MV·A 以上的室外变、配电站,以及工业企业的变压器总油量大于 5t 的室外降压变电站。其他规格的室外变、配电站或变压器应按丙类物品生产厂房确定。

2 表中道路指机动车道路。LPG 储罐与郊区公路的安全间距应按城市道路确定,高速公路、一级和二级公路应按城市快速路、主干路确定;三级和四级公路应按城市次干路、支路确定。

3 液化石油气罐与站外一、二、三类保护物地下室的出入口、门窗的距离,应按本表一、二、三类保护物的安全间距增加 50%。

4 一、二级耐火等级民用建筑物面向加气站一侧的墙为无门窗洞口实体墙时,LPG 储罐与该民用建筑物的距离不应低于本表规定的安全间距的 70%。

5 容量小于或等于 10m³ 的地上 LPG 储罐整体装配式的加气站,其罐与站外建(构)筑物的距离,不应低于本表三级站的地上罐安全间距的 80%。

6 LPG 储罐与站外建筑面积不超过 200m² 的独立民用建筑物的距离,不应低于本表三类保护物安全间距的 80%,并不应小于三级站的安全间距。

4.0.7 LPG 加气站、加油加气合建站的 LPG 卸车点、加气机、放散管管口与站外建(构)筑物的安全间距,不应小于表 4.0.7 的规定。

表 4.0.7 LPG 卸车点、加气机、放散管管口与站外建(构)筑物的安全间距(m)

站外建(构)筑物		站内 LPG 设备		
		LPG 卸车点	放散管管口	加气机
重要公共建筑物		100	100	100
明火地点或散发火花地点		25	18	18
民用建筑物保护类别	一类保护物	16	14	14
	二类保护物			
	三类保护物	13	11	11
甲、乙类物品生产厂房、库房和甲、乙类液体储罐		22	20	20
丙、丁、戊类物品生产厂房、库房和丙类液体储罐以及单罐容积不大于 50m³ 的埋地甲、乙类液体储罐		16	14	14
室外变配电站		22	20	20
铁路		22	22	22
城市道路	快速路、主干路	8	8	6
	次干路、支路	6	6	5
架空通信线		0.75 倍杆高		
架空电力线路	无绝缘层	1 倍杆(塔)高		
	有绝缘层	0.75 倍杆(塔)高		

注:1 室外变、配电站指电力系统电压为 35kV～500kV,且每台变压器容量在 10MV·A 以上的室外变、配电站,以及工业企业的变压器总油量大于 5t 的室外降压变电站。其他规格的室外变、配电站或变压器应按丙类物品生产厂房确定。

2 表中道路指机动车道路。站内 LPG 设备与郊区公路的安全间距应按城市道路确定,高速公路、一级和二级公路应按城市快速路、主干路确定;三级和四级公路应按城市次干路、支路确定。

3 LPG 卸车点、加气机、放散管管口与站外一、二、三类保护物地下室的出入口、门窗的距离,应按本表一、二、三类保护物的安全间距增加 50%。

4 一、二级耐火等级民用建筑物面向加气站一侧的墙为无门窗洞口实体墙时,站内 LPG 设备与该民用建筑物的距离不应低于本表规定的安全间距的 70%。

5 LPG 卸车点、加气机、放散管管口与站外建筑面积不超过 200m² 独立的民用建筑物的距离,不应低于本表的三类保护物的安全间距的 80%,并不应小于 11m。

4.0.8 CNG 加气站和加油加气合建站的压缩天然气工艺设备与站外建(构)筑物的安全间距,不应小于表 4.0.8 的规定。CNG 加气站的橇装设备与站外建(构)筑物的安全间距,应符合表 4.0.8 的规定。

表 4.0.8 CNG 工艺设备与站外建(构)筑物的安全间距(m)

站外建(构)筑物		站内 CNG 工艺设备		
		储气瓶	集中放散管口	储气井、加(卸)气设备、脱硫脱水设备、压缩机(间)
重要公共建筑物		50	30	30
明火地点或散发火花地点		30	25	20
民用建筑物保护类别	一类保护物	20	20	14
	二类保护物			
	三类保护物	18	15	12
甲、乙类物品生产厂房、库房和甲、乙类液体储罐		25	25	18
丙、丁、戊类物品生产厂房、库房和丙类液体储罐以及单罐容积不大于 50m³ 的埋地甲、乙类液体储罐		18	18	13
室外变配电站		25	25	18
铁路		30	30	22

续表 4.0.8

站外建(构)筑物		站内 CNG 工艺设备		
		储气瓶	集中放散管口	储气井、加(卸)气设备、脱硫脱水设备、压缩机(间)
城市道路	快速路、主干路	12	10	6
	次干路、支路	10	8	5
架空通信线		1倍杆高	0.75倍杆高	0.75倍杆高
架空电力线路	无绝缘层	1.5倍杆(塔)高	1.5倍杆(塔)高	1倍杆(塔)高
	有绝缘层	1倍杆(塔)高	1倍杆(塔)高	1倍杆(塔)高

注:1 室外变、配电站指电力系统电压为 35kV～500kV，且每台变压器容量在 10MV·A 以上的室外变、配电站，以及工业企业的变压器总油量大于 5t 的室外降压变电站。其他规格的室外变、配电站或变压器应按丙类物品生产厂房确定。

2 表中道路指机动车道路。站内 CNG 工艺设备与郊区公路的安全间距应按城市道路确定，高速公路、一级和二级公路应按城市快速路、主干路确定；三级和四级公路应按城市次干路、支路确定。

3 与重要公共建筑物的主要出入口(包括铁路、地铁和二级及以上公路的隧道出入口)尚不应小于 50m。

4 储气瓶拖车固定停车位与站外建(构)筑物的防火间距，应按本表储气瓶的安全间距确定。

5 一、二级耐火等级民用建筑物面向加气站一侧的墙为无门窗洞口实体墙时，站内 CNG 工艺设备与该民用建筑物的距离，不应低于本表规定的安全间距的 70%。

4.0.9 加气站、加油加气合建站的 LNG 储罐、放散管管口、LNG 卸车点、LNG 橇装设备与站外建(构)筑物的安全间距，不应小于表 4.0.9 的规定。LNG 加气站的橇装设备与站外建(构)筑物的安全间距，应符合本规范表 4.0.9 的规定。

表 4.0.9 LNG 设备与站外建(构)筑物的安全间距(m)

站外建(构)筑物		站内 LNG 设备				
		地上 LNG 储罐			放散管管口、加气机	LNG 卸车点
		一级站	二级站	三级站		
重要公共建筑物		80	80	80	50	50
明火地点或散发火花地点		35	30	25	25	25
民用建筑保护物类别	一类保护物					
	二类保护物	25	20	16	16	16
	三类保护物	18	16	14	14	14
甲、乙类生产厂房、库房和甲、乙类液体储罐		35	30	25	25	25
丙、丁、戊类物品生产厂房、库房和丙类液体储罐，以及单罐容积不大于 50 m³ 的埋地甲、乙类液体储罐		25	22	20	20	20
室外变配电站		40	35	30	30	30
铁路		80	60	50	50	50
城市道路	快速路、主干路	12	10	8	8	8
	次干路、支路	10	8	8	6	6
架空通信线		1倍杆高	0.75倍杆高	0.75倍杆高		

续表 4.0.9

站外建(构)筑物		站内 LNG 设备				
		地上 LNG 储罐			放散管管口、加气机	LNG 卸车点
		一级站	二级站	三级站		
架空电力线	无绝缘层	1.5倍杆(塔)高	1.5倍杆(塔)高		1倍杆(塔)高	
	有绝缘层	1倍杆(塔)高	1倍杆(塔)高		0.75倍杆(塔)高	

注:1 室外变、配电站指电力系统电压为 35kV～500kV，且每台变压器容量在 10MV·A 以上的室外变、配电站，以及工业企业的变压器总油量大于 5t 的室外降压变电站。其他规格的室外变、配电站或变压器应按丙类物品生产厂房确定。

2 表中道路指机动车道路。站内 LNG 设备与郊区公路的安全间距应按城市道路确定，高速公路、一级和二级公路应按城市快速路、主干路确定；三级和四级公路应按城市次干路、支路确定。

3 埋地 LNG 储罐、地下 LNG 储罐和半地下 LNG 储罐与站外建(构)筑物的距离，分别不应低于本表地上 LNG 储罐的安全间距的 50%、70% 和 80%，且最小不应小于 6m。

4 一、二级耐火等级民用建筑物面向加气站一侧的墙为无门窗洞口实体墙时，站内 LNG 设备与该民用建筑物的距离，不应低于本表规定的安全间距的 70%。

5 LNG 储罐、放散管管口、加气机、LNG 卸车点与站外建筑面积不超过 200m² 的独立民用建筑物的距离，不应低于本表的三类保护物的安全间距的 80%。

4.0.10 本规范表 4.0.4～表 4.0.9 中，设备或建(构)筑物的计算间距起止点应符合本规范附录 A 的规定。

4.0.11 本规范表 4.0.4～表 4.0.9 中，重要公共建筑物及民用建筑物保护类别划分应符合本规范附录 B 的规定。

4.0.12 本规范表 4.0.4～表 4.0.9 中，"明火地点"和"散发火花地点"的定义和"甲、乙、丙、丁、戊类物品"及"甲、乙、丙类液体"划分应符合现行国家标准《建筑设计防火规范》GB 50016 的有关规定。

4.0.13 架空电力线路不应跨越加油加气站的加油加气作业区。架空通信线路不应跨越加气站的加气作业区。

4.0.14 CNG 加气站的橇装设备与站外建(构)筑物的安全间距，应按本规范表 4.0.8 的规定确定。LNG 加气站的橇装设备与站外建(构)筑物的安全间距，应按本规范表 4.0.9 的规定确定。

5 站内平面布置

5.0.1 车辆入口和出口应分开设置。

5.0.2 站区内停车位和道路应符合下列规定：

1 站内车道或停车位宽度应按车辆类型确定。CNG 加气母站内单车道或单车停车位宽度，不应小于 4.5m，双车道或双车停车位宽度不应小于 9m；其他类型加油加气站的车道或停车位，单车道或单车停车位宽度不应小于 4m，双车道或双车停车位不应小于 6m。

2 站内的道路转弯半径应按行驶车型确定，且不宜小于 9m。

3 站内停车位应为平坡，道路坡度不应大于 8%，且宜坡向站外。

4 加油加气作业区内的停车位和道路路面不应采用沥青路面。

5.0.3 加油加气作业区与辅助服务区之间应有界线标识。

5.0.4 在加油加气合建站内，宜将柴油罐布置在 LPG 储罐或 CNG 储气瓶(组)、LNG 储罐与汽油罐之间。

5.0.5 加油加气作业区内，不得有"明火地点"或"散发火花地点"。

5.0.6 柴油尾气处理液加注设施的布置，应符合下列规定：

1 不符合防爆要求的设备，应布置在爆炸危险区域之外，且与爆炸危险区域边界线的距离不应小于 3m。

2 符合防爆要求的设备，在进行平面布置时可按加油机对待。

5.0.7 电动汽车充电设施应布置在辅助服务区内。

5.0.8 加油加气站的变配电间或室外变压器应布置在爆炸危险

区域之外,且与爆炸危险区域边界线的距离不应小于3m。变配电间的起算点应为门窗等洞口。

5.0.9 站房可布置在加油加气作业区内,但应符合本规范第12.2.10条的规定。

5.0.10 加油加气站内设置的经营性餐饮、汽车服务等非站房所属建筑物或设施,不应布置在加油加气作业区内,其与站内可燃液体或可燃气体设备的防火间距,应符合本规范第4.0.4条至第4.0.9条有关三类保护物的规定。经营性餐饮、汽车服务等设施内设置明火设备时,则应视为"明火地点"或"散发火花地点"。其中,对加油站内设置的燃煤设备不得按设置有油气回收系统折减距离。

5.0.11 加油加气站内的爆炸危险区域,不应超出站区围墙和可用地界线。

5.0.12 加油加气站的工艺设备与站外建(构)筑物之间,宜设置高度不低于2.2m的不燃烧体实体围墙。当加油加气站的工艺设备与站外建(构)筑物之间的距离大于表4.0.4～表4.0.9中安全间距的1.5倍,且大于25m时,可设置非实体围墙。面向车辆入口和出口道路的一侧可设非实体围墙或不设围墙。

5.0.13 加油加气站内设施之间的防火距离,不应小于表5.0.13-1和表5.0.13-2的规定。

5.0.14 本规范表5.0.13-1和表5.0.13-2中,CNG储气设施、油品卸车点、LPG泵(房)、LPG压缩机(间)、天然气压缩机(间)、天然气调压器(间)、天然气脱硫和脱水设备、加油机、LPG加气机、CNG加卸气设施、LNG卸车点、LNG潜液泵罐、LNG柱塞泵、地下泵室入口、LNG加气机、LNG气化器与站区围墙的防火间距还应符合本规范第5.0.11条的规定,设备或建(构)筑物的计算间距起止点应符合本规范附录A的规定。

5.0.15 加油加气站内爆炸危险区域的等级和范围划分,应符合本规范附录C的规定。

表 5.0.13-1 站内设施的防火间距(m)

设施名称	汽油罐	柴油罐	汽油通气管管口	柴油通气管管口	LPG储罐						CNG储气设施	CNG集中放散管口	油品卸车点	LPG卸车点	LPG泵(房)、压缩机(间)	天然气压缩机(间)	天然气调压器(间)	天然气脱硫和脱水设备	加油机	LPG加气机	CNG加气机、加气柱和卸气柱	站房	消防泵房和消防水池取水口	自用燃煤锅炉房和燃煤厨房	自用有燃气(油)设备的房间	站区围墙
					地上罐			埋地罐																		
					一级站	二级站	三级站	一级站	二级站	三级站																
汽油罐	0.5	0.5	—	—	×	×	×	6	4	3	6	6	—	5	5	6	6	5	—	4	4	4	10	18.5	8	4
柴油罐	0.5	0.5	—	—	×	×	×	4	3	3	4	4	—	3.5	3.5	4	4	3.5	—	3	3	3	7	13	6	2
汽油通气管管口	—	—	—	—	×	×	×	8	6	6	8	6	3	8	8	6	6	6	—	4	4	4	10	18.5	8	4
柴油通气管管口	—	—	—	—	×	×	×	6	6	4	6	4	2	6	6	4	4	3.5	—	6	6	3.5	7	13	6	2
LPG储罐 地上罐 一级站	×	×	×	×	D						×	×	12	12/10	12/10	×	×	×	12/10	12/10	×	12/10	40/30	45	18/14	6
LPG储罐 地上罐 二级站	×	×	×	×		D					×	×	10	10/8	10/8	×	×	×	10/8	10/8	×	10/8	30/20	38	16/12	6
LPG储罐 地上罐 三级站	×	×	×	×			D				×	×	8	8/6	8/6	×	×	×	8/6	8/6	×	8	30/20	33	16/12	6
LPG储罐 埋地罐 一级站	6	4	8	6				2			×	5	5	5	5	×	×	×	8	8	×	5	20	30	10	×
LPG储罐 埋地罐 二级站	4	3	6	4					2		×	3	3	5	5	×	×	×	6	6	×	5	15	25	8	×
LPG储罐 埋地罐 三级站	3	3	4	4						2	×	3	3	3		×	×	×	4	4	×	5	12	18	8	×
CNG储气设施	6	4	6	4	×	×	×	×	×	×	1.5(1)		6	5	5	×	×	×	5	5		5	25	14		3
CNG集中放散管口	6	4	6	4	×	×	×	×	×	×			6	4	4	×	×	×	4	4		5	15	14		3
油品卸车点	—	—	3	2	12	10	8	5	3	3	6	6		4	4	6	6	5		4	5		10	15	8	3
LPG卸车点	5	3.5	8	6	12/10	10/8	8/6	5	5	3	×	6	4			×	×	×		4	×	5	25	12		2
LPG泵(房)、压缩机(间)	5	3.5	8	6	12/10	10/8	8/6	5	5	×	×	4	4			×	×	×		4	×	5	25	12		2
天然气压缩机(间)	6	4	6	4							×	6	6	×	×				4		×	5	25	12		2
天然气调压器(间)	6	4	6	4							×	6	6	×	×				4		×	5	25	12		2
天然气脱硫和脱水设备	5	3.5	3.5	3.5							×	5	5	×	×				4		×	5	15	25	12	
加油机	—	—	—	—	12/10	10/8	8/6	8	6	4	6	6		6	4	×	×	×		4	×	5	6	15(10)	8(6)	

5.0.13-1

表5.0.13-1（续）左半部分

设施名称	汽油罐	柴油罐	汽油通气管管口	柴油通气管管口	LPG储罐 地上罐 一级站	地上罐 二级站	地上罐 三级站	埋地罐 一级站	埋地罐 二级站	埋地罐 三级站	CNG储气设施
LPG加气机	4	3	8	6	12/10	10/8	8/6	8	6	4	×
CNG加气机、加气柱和卸气柱	4	3	8	6	×	×	×	×	×	×	—
站房	4	3	4	3.5	12/10	10/8	8	8	6	6	5
消防泵房和消防水池取水口	10	7	10	7	40/30	30/20	30/20	20	15	12	
自用燃煤锅炉房和燃煤厨房	18.5	13	18.5	13	45	38	33	30	25	18	25
自用有燃气(油)设备的房间	8	6	8	6	18/14	16/12	16/12	10	8		14
站区围墙	3	2	3	2	3	3	3	3	3	3	

表5.0.13-1（续）右半部分

设施名称	CNG集中放散管管口	油品卸车点	LPG卸车点	LPG泵(房)压缩机(间)	天然气压缩机(间)	天然气调压器(间)	天然气脱硫和脱水设备	CNG加气机、加气柱和卸气柱	LPG加气机、加气柱	站房	消防泵房和消防水池取水口	自用燃煤锅炉房和燃煤厨房	自用有燃气(油)设备的房间	站区围墙
LPG加气机	×	4	5	4	6	4		×		5.5	6	18	12	—
CNG加气机、加气柱和卸气柱	—	4	×	—		4	×		5	6	18	12	—	
站房	5	5	6	5	5	5	5.5	5		—	—	—	—	—
消防泵房和消防水池取水口	10	8	8	8	15	6	6		—		12	—	—	
自用燃煤锅炉房和燃煤厨房	15	15	25	25	25	25	15(10)	18	18		12	—	25	
自用有燃气(油)设备的房间	14	8	12	12	12	12	8(6)	12	12		12	—	14	
站区围墙	3	—	3	2	2	2	4	2	2	3				

注：1 表中数据分子为LPG储罐无固定喷淋装置的距离，分母为LPG储罐设有固定喷淋装置的距离。D为LPG地上罐相邻较大罐的直径。

2 括号内数值为储气井与储气井、柴油加油机与自用有燃煤或燃气(油)设备的房间的距离。

3 撬装式加油装置的油罐与站内设施之间的防火间距应按本表汽油罐、柴油罐增加30%。

4 当卸油采用油气回收系统时，汽油通气管管口与站区围墙的距离不应小于2m。

5 LPG储罐放散管管口与LPG储罐距离不限，与站内其他设施的防火间距可按相应级别的LPG埋地储罐确定。

6 LPG泵和压缩机、天然气压缩机、调压器和天然气脱硫和脱水设备露天布置或布置在开敞的建筑物内时，起算点应为设备外缘；LPG泵和压缩机、天然气压缩机、天然气调压器设置在非开敞的室内时，起算点应为该类设备所在建筑物的门窗等洞口。

7 容量小于或等于10m³的地上LPG储罐的整体装配式加气站，其储罐与内其他设施的防火间距，不应低于本表三级站的地上储罐防火间距的80%。

8 CNG加气站的撬装设备与站内其他设施的防火间距，应按本表相应设备的防火间距确定。

9 站房、有燃煤或燃气(油)等明火设备的房间的起算点应为门窗等洞口。站房内设置有变配电间时，变配电间的布置应符合本规范第5.0.8条的规定。

10 表中一、二、三级站包括LPG加气站、加油与LPG加气合建站。

11 表中"—"表示无防火间距要求，"×"表示该类设施不应合建。

表5.0.13-2 站内设施的防火间距(m)

表5.0.13-2 左半部分

设施名称	汽油罐、柴油罐	油罐通气管管口	LNG储罐 一级站	二级站	三级站	CNG储气设施	天然气放散管管口 CNG系统	LNG系统	油品卸车点	LNG卸车点	天然气压缩机(间)
汽油罐、柴油罐	*	*	15	12	10	*	*	*	*	6	*
油罐通气管管口	*	*	12	10	8	8	*	6	*	8	*
LNG储罐 一级站	15	12	2			6	5	*	*	12	5	6
二级站	12	10		2		4	4	*	*	10	3	4
三级站	10	8			2	4	4	*	*	8	2	4
CNG储气设施	*	8	6	4	4	*	*	*	*	6	*
天然气放散管管口 CNG系统	*	*	5	4	4	—	—	*	*	4	*
天然气放散管管口 LNG系统	6	6	—	—	—	3	—	*	*	6	—
油品卸车点	*	*	12	10	8	*	*	*	*	6	*
LNG卸车点	6	8	5	3	2	4	4	3	6	—	3
天然气压缩机(间)	*	*	6	4	4	*	*	*	3	—
天然气调压器(间)	*	*	6	4	4	*	*	*	*	3
天然气脱硫、脱水装置	*	*	6	4	4	*	*	4	*	3
加油机	*	*	*	*	*	6	6	*	6	8	*
CNG加气机	*	8	6	4	4	*	*	4	8	*
LNG加气机	4	8	5	3	2	*	6	*	6	6
LNG潜液泵池	6	8	5	3	2	*	6	*	6	6
LNG柱塞泵	6	8	5	3	2	*	6	*	6	6
LNG高压气化器	5	5	4	3	2	*	5	*	4	6
站房	*	*	10	8	4	*	*	8	*	6
消防泵房和消防水池取水口	*	*	20	15	12	*	*	*	12	*	15
自用燃煤锅炉房和燃煤厨房	18.5	13	35	30	25	25	15	15	15	25	25
有燃气(油)设备的房间	*	*	15	12	8	*	*	12	*	12
站区围墙	*	*	*	*	*	*	*	*	*	*

表5.0.13-2 右半部分

设施名称	天然气调压器(间)	天然气脱硫脱水装置	加油机	CNG加气机	LNG加气机	LNG潜液泵池	LNG柱塞泵	LNG高压气化器	站房	消防泵房和消防水池取水口	自用燃煤锅炉房和燃煤厨房	有燃气(油)设备的房间	站区围墙
汽油罐、柴油罐	*	*		4	6	6	5		*	*	18.5	*	*
油罐通气管管口	*	*		8	8	8	5		*	*	13	*	*
LNG储罐 一级站	6	6	8	8	—	2	6	10	20	35	15	6
二级站	4	4	6	4		2	4	8	15	30	12	5
三级站	4	4	6	2		2	3	6	15	25	12	4
CNG储气设施	*	*	6				6	3		25	*	*
天然气放散管管口 CNG系统	*	*	6						15		*	
天然气放散管管口 LNG系统	3	4	6			2	8	12	15	12	3
油品卸车点	*	*	6				6		25	*	
LNG卸车点	6	6	6			2	4	6	15	25	12	2
天然气压缩机(间)	*	*	6						25	*	
天然气调压器(间)		*	6						25	*	
天然气脱硫、脱水装置			6						25	*	
加油机	*	*					6	6	15(10)	*	
CNG加气机	6	6		2			6		18	8	2
LNG加气机	6	6	2	2		2		25		2
LNG潜液泵池	6	6	2	2			6	25	*	2
LNG柱塞泵	6	6	2	2		6	25	*	2
LNG高压气化器	5	5	2			5	25	*	2
站房	6	6				6		12	*
消防泵房和消防水池取水口	15	15	15	15		12	*	
自用燃煤锅炉房和燃煤厨房	25	25	15(10)	18	18	25	25	25	—	12	—	—
有燃气(油)设备的房间	12	8	8	2	2	2	*	*	12	—	—
站区围墙	2	2	2	2	2	2	—	—	—	—

注：1 站房、有燃气(油)等明火设备的房间的起算点应为门窗等洞口。

2 表中一、二、三级站包括LNG加气站，LNG与其他加油加气的合建站。

3 表中"—"表示无防火间距要求。括号内数值为柴油加油机与自用有燃煤或燃气(油)设备的房间的距离。

4 "*"表示应符合表5.0.13-1的规定。

6 加油工艺及设施

6.1 油 罐

6.1.1 除橇装式加油装置所配置的防火防爆油罐外,加油站的汽油罐和柴油罐应埋地设置,严禁设在室内或地下室内。

6.1.2 汽车加油站的储油罐,应采用卧式油罐。

6.1.3 埋地油罐需要采用双层油罐时,可采用双层钢制油罐、双层玻璃纤维增强塑料油罐、内钢外玻璃纤维增强塑料双层油罐。既有加油站的埋地单层钢制油罐改造为双层油罐时,可采用玻璃纤维增强塑料等满足强度和防渗要求的材料进行衬里改造。

6.1.4 单层钢制油罐、双层钢制油罐和内钢外玻璃纤维增强塑料双层油罐的内层罐的罐体结构设计,可按现行行业标准《钢制常压储罐 第一部分:储存对水有污染的易燃和不易燃液体的埋地卧式圆筒形单层和双层储罐》AQ 3020 的有关规定执行,并应符合下列规定:

1 钢制油罐的罐体和封头所用钢板的公称厚度,不应小于表 6.1.4 的规定。

表 6.1.4 钢制油罐的罐体和封头所用钢板的公称厚度(mm)

油罐公称直径(mm)	单层油罐、双层油罐内层罐罐体和封头公称厚度		双层钢制油罐外层罐罐体和封头公称厚度	
	罐体	封头	罐体	封头
800～1600	5	6	4	5
1601～2500	6	7	5	6
2501～3000	7	8	5	6

2 钢制油罐的设计内压不应低于 0.08MPa。

6.1.5 双层玻璃纤维增强塑料油罐的内、外层壁厚,以及内钢外玻璃纤维增强塑料双层油罐的外层壁厚,均不应小于4mm。

6.1.6 与罐内油品直接接触的玻璃纤维增强塑料等非金属层,应满足消除油品静电荷的要求,其表面电阻率应小于 $10^9\Omega$;当表面电阻率无法满足小于 $10^9\Omega$ 要求时,应在罐内安装能够消除油品静电荷的物体。消除油品静电荷的物体可为浸入油品中的钢板,也可为钢制的进油立管、出油管等金属物,其表面积之和不应小于式(6.1.6)的计算值。安装在罐内的静电消除物体应接地,其接地电阻应符合本规范第11.2节的有关规定:

$$A = 0.04Vt \qquad (6.1.6)$$

式中:A——浸入油品中的金属物表面积之和(m^2);

Vt——储罐容积(m^3)。

6.1.6A 安装在罐内的静电消除物体应接地,其接地电阻应符合本规范第11.2节的有关规定。

6.1.7 双层油罐内壁与外壁之间应有满足渗漏检测要求的贯通间隙。

6.1.8 双层钢制油罐、内钢外玻璃纤维增强塑料双层油罐和玻璃纤维增强塑料等非金属防渗衬里的双层油罐,应设渗漏检测立管,并应符合下列规定:

1 检测立管采用钢管,直径宜为80mm,壁厚不宜小于4mm。

2 检测立管应位于油罐顶部的纵向中心线上。

3 检测立管的底部管口应与油罐内、外壁间隙相连通,顶部管口应装防尘盖。

4 检测立管应满足人工检测和在线监测的要求,并应保证油罐内、外壁任何部位出现渗漏均能被发现。

6.1.9 油罐应采用钢制人孔盖。

6.1.10 油罐设在非车行道下面时,罐顶的覆土厚度不应小于0.5m;设在车行道下面时,罐顶低于混凝土路面不宜小于0.9m。

钢制油罐的周围应回填中性沙或细土,其厚度不应小于0.3m;外层为玻璃纤维增强塑料材料的油罐,其回填料应符合产品说明书的要求。

6.1.11 当埋地油罐受地下水或雨水作用有上浮的可能时,应采取防止油罐上浮的措施。

6.1.12 埋地油罐的人孔应设操作井。设在行车道下面的人孔井应采用加油站车行道下专用的密闭井盖和井座。

6.1.13 油罐应采取卸油时的防满溢措施。油料达到油罐容量90%时,应能触动高液位报警装置;油料达到油罐容量95%时,应能自动停止油料继续进罐。高液位报警装置应位于工作人员便于觉察的地点。

6.1.14 设有油气回收系统的加油加气站,其站内油罐应设带有高液位报警功能的液位监测系统。单层油罐的液位监测系统尚应具备渗漏检测功能,其渗漏检测分辨率不宜大于0.8L/h。

6.1.15 与土壤接触的钢制油罐外表面,其防腐设计应符合现行行业标准《石油化工设备和管道涂料防腐蚀设计规范》SH/T 3022 的有关规定,且防腐等级不应低于加强级。

6.2 加 油 机

6.2.1 加油机不得设置在室内。

6.2.2 加油枪应采用自封式加油枪,汽油加油枪的流量不应大于50L/min。

6.2.3 加油软管上宜设安全拉断阀。

6.2.4 以正压(潜油泵)供油的加油机,其底部的供油管道上应设剪切阀,当加油机被撞或起火时,剪切阀应能自动关闭。

6.2.5 采用一机多品的加油机时,加油机上的放枪位应有各油品的文字标识,加油枪应有颜色标识。

6.2.6 位于加油岛端部的加油机附近应设防撞柱(栏),其高度不应小于0.5m。

6.3 工艺管道系统

6.3.1 油罐车卸油必须采用密闭卸油方式。

6.3.2 每个油罐应各自设置卸油管道和卸油接口。各卸油接口及油气回收接口,应有明显的标识。

6.3.3 卸油接口应装设快速接头及密封盖。

6.3.4 加油站采用卸油油气回收系统时,其设计应符合下列规定:

1 汽油罐车向站内油罐卸油应采用平衡式密闭油气回收系统。

2 各汽油罐可共用一根卸油油气回收主管,回收主管的公称直径不宜小于80mm。

3 卸油油气回收管道的接口宜采用自闭式快速接头。采用非自闭式快速接头时,应在靠近快速接头的连接管道上装设阀门。

6.3.5 加油站宜采用油罐装设潜油泵的一泵供多机(枪)的加油工艺。采用自吸式加油机时,每台加油机应按加油品种单独设置进油管和罐内底阀。

6.3.6 加油站采用加油油气回收系统时,其设计应符合下列规定:

1 应采用真空辅助式油气回收系统。

2 汽油加油机与油罐之间应设油气回收管道,多台汽油加油机可共用1根油气回收主管,油气回收主管的公称直径不应小于50mm。

3 加油油气回收系统应采取防止油气反向流至加油枪的措施。

4 加油机应具备回收油气功能,其气液比宜设定为1.0～1.2。

5 在加油机底部与油气回收立管的连接处,应安装一个用于检测液阻和系统密闭性的丝接三通,其旁通短管上应设公称直径为25mm的球阀与丝堵。

6.3.7 油罐的接合管设置应符合下列规定:

19

1 接合管应为金属材质。

2 接合管应设在油罐的顶部，其中进油接合管、出油接合管或潜油泵安装口，应设在人孔盖上。

3 进油管应伸至罐内距罐底 50mm～100mm 处。进油立管的底端应为 45°斜管口或 T 形管口。进油管管壁上不得有与油罐气相空间相通的开口。

4 罐内潜油泵的入油口或通往自吸式加油机管道的罐内底阀，应高于罐底 150mm～200mm。

5 油罐的量油孔应设带锁的量油帽。量油孔下部的接合管宜向下伸至罐内距罐底 200mm 处，并应有检尺时使接合管液位与罐内液位一致的技术措施。

6 油罐人孔井内的管道及设备，应保证油罐人孔盖的可拆装性。

7 人孔盖上的接合管与引出井外管道的连接，宜采用金属软管过渡连接（包括潜油泵出油管）。

6.3.8 汽油罐与柴油罐的通气管应分开设置。通气管管口高出地面的高度不应小于 4m。沿建（构）物的墙（柱）向上敷设的通气管，其管口应高出建筑物的顶面 1.5m 及以上。通气管管口应设置阻火器。

6.3.9 通气管的公称直径不应小于 50mm。

6.3.10 当加油站采用油气回收系统时，汽油罐的通气管管口除应装设阻火器外，尚应装设呼吸阀。呼吸阀的工作正压宜为 2kPa～3kPa，工作负压宜为 1.5kPa～2kPa。

6.3.11 加油站工艺管道的选用，应符合下列规定：

1 油罐通气管道和露出地面的管道，应采用符合现行国家标准《输送流体用无缝钢管》GB/T 8163 的无缝钢管。

2 其他管道应采用输送流体用无缝钢管或适于输送油品的热塑性塑料管道。所采用的热塑性塑料管道应有质量证明文件。非烃类车用燃料不得采用不导静电的热塑性塑料管道。

3 无缝钢管的公称壁厚不应小于 4mm，埋地钢管的连接应采用焊接。

4 热塑性塑料管道的主体结构层应为无孔隙聚乙烯材料，壁厚不应小于 4mm。埋地部分的热塑性塑料管道应采用配套的专用连接管件电熔连接。

5 导静电热塑性塑料管道导静电衬层的体电阻率应小于 $10^8 \Omega \cdot m$，表面电阻率应小于 $10^{10} \Omega$。

6 不导静电热塑性塑料管道主体结构层的介电击穿强度应大于 100kV。

7 柴油尾气处理液加注设备的管道，应采用奥氏体不锈钢管道或能满足输送柴油尾气处理液的其他管道。

6.3.12 油罐车卸油时用的卸油连通软管、油气回收连通软管，应采用导静电耐油软管，其体电阻率应小于 $10^8 \Omega \cdot m$，表面电阻率应小于 $10^{10} \Omega$，或采用内附金属丝（网）的橡胶软管。

6.3.13 加油站内的工艺管道除必须露出地面的以外，均应埋地敷设。当采用管沟敷设时，管沟必须用中性沙子或细土填满、填实。

6.3.14 卸油管道、卸油油气回收管道、加油油气回收管道和油罐通气管横管，应坡向埋地油罐。卸油管道的坡度不应小于 2‰，卸油油气回收管道、加油油气回收管道和油罐通气管横管的坡度，不应小于 1%。

6.3.15 受地形限制，加油油气回收管道坡向油罐的坡度无法满足本规范第 6.3.14 条的要求时，可在管道靠近油罐的位置设置集液器，且管道坡向集液器的坡度不应小于 1%。

6.3.16 埋地工艺管道的埋设深度不得小于 0.4m。敷设在混凝土场地或道路下面的管道，管顶低于混凝土层下表面不得小于 0.2m。管道周围应回填不小于 100mm 厚的中性沙子或细土。

6.3.17 工艺管道不应穿过或跨越站房等与其无直接关系的建（构）筑物；与管沟、电缆沟和排水沟相交叉时，应采取相应的防护措施。

6.3.18 不导静电热塑性塑料管道的设计和安装，除应符合本规范第 6.3.1 条至第 6.3.17 条的有关规定外，尚应符合下列规定：

1 管道内油品的流速应小于 2.8m/s。

2 管道在人孔井内、加油机底槽和卸油口等处未完全埋地的部分，应在满足管道连接要求的前提下，采用最短的安装长度和最少的接头。

6.3.19 埋地钢质管道外表面的防腐设计，应符合现行国家标准《钢质管道外腐蚀控制规范》GB/T 21447 的有关规定。

6.4 橇装式加油装置

6.4.1 橇装式加油装置的油罐内应安装防爆装置。防爆装置采用阻隔防爆装置时，阻隔防爆装置的选用和安装，应按现行行业标准《阻隔防爆橇装式汽车加油（气）装置技术要求》AQ 3002 的有关规定执行。

6.4.2 橇装式加油装置应采用双层钢制油罐。

6.4.3 橇装式加油装置的汽油设备应采用卸油和加油油气回收系统。

6.4.4 双壁油罐应采用检测仪器或其他设施对内罐与外罐之间的空间进行渗漏监测，并应保证内罐与外罐任何部位出现渗漏时均能被发现。

6.4.5 橇装式加油装置的汽油罐应设防晒罩棚或采取隔热措施。

6.4.6 橇装式加油装置四周应设防护围堰或漏油收集池，防护围堰内或漏油收集池的有效容量不应小于储罐总容量的 50%。防护围堰或漏油收集池应采用不燃烧实体材料建造，且不应渗漏。

6.5 防 渗 措 施

6.5.1 加油站应按国家有关环境保护标准或政府有关环境保护法规、法令的要求，采取防止油品渗漏的措施。

6.5.2 采取防止油品渗漏保护措施的加油站，其埋地油罐应采用下列之一的防渗方式：

1 单层油罐设置防渗罐池；

2 采用双层油罐。

6.5.3 防渗罐池的设计应符合下列规定：

1 防渗罐池应采用防渗钢筋混凝土整体浇筑，并应符合现行国家标准《地下工程防水技术规范》GB 50108 的有关规定。

2 防渗罐池应根据油罐的数量设置隔池。一个隔池内的油罐不应多于两座。

3 防渗罐池的池壁顶应高于池内罐顶标高，池底宜低于罐底设计标高 200mm，墙面与罐壁之间的间距不应小于 500mm。

4 防渗罐池的内表面应衬玻璃钢或其他材料防渗层。

5 防渗罐池内的空间，应采用中性沙回填。

6 防渗罐池的上部，应采取防止雨水、地表水和外部泄漏油品渗入池内的措施。

6.5.4 防渗罐池的各隔池内应设检测立管，检测立管的设置应符合下列规定：

1 检测立管应采用耐油、耐腐蚀的管材制作，直径宜为 100mm，壁厚不应小于 4mm。

2 检测立管的下端应置于防渗罐池的最低处，上部管口应高出罐区设计地面 200mm（油罐设置在车道下的除外）。

3 检测立管与池内罐顶标高以下范围应为过滤管段。过滤管段应能允许池内任何层面的渗漏液体（油或水）进入检测管，并应阻止泥沙侵入。

4 检测立管周围应回填粒径为 10mm～30mm 的砾石。

5 检测口应有防止雨水、油污、杂物侵入的保护盖和标识。

6.5.5 装有潜油泵的油罐人孔操作井、卸油口井、加油机底槽等可能发生油品渗漏的部位，也应采取相应的防渗措施。

6.5.6 采取防渗漏措施的加油站，其埋地加油管道应采用双层管道。双层管道的设计，应符合下列规定：

1 双层管道的内层管应符合本规范第6.3节的有关规定。

2 采用双层非金属管道时，外层管应满足耐油、耐腐蚀、耐老化和系统试验压力的要求。

3 采用双层钢质管道时，外层管的壁厚不应小于5mm。

4 双层管道系统的内层管与外层管之间的缝隙应贯通。

5 双层管道系统的最低点应设检漏点。

6 双层管道坡向检漏点的坡度，不应小于5‰，并应保证内层管和外层管任何部位出现渗漏均能在检漏点处被发现。

7 管道系统的渗漏检测宜采用在线监测系统。

6.5.7 双层油罐、防渗罐池的渗漏检测宜采用在线监测系统。采用液体传感器监测时，传感器的检测精度不应大于3.5mm。

6.5.8 既有加油站油罐和管道需要更新改造时，应符合本规范第6.5.1条～第6.5.7条的规定。

6.6 自助加油站(区)

6.6.1 自助加油站(区)应明显标示加油车辆引导线，并应在加油站车辆入口和加油岛处设置醒目的"自助"标识。

6.6.2 在加油岛和加油机附近的明显位置，应标示油品类别、标号以及安全警示。

6.6.3 不宜在同一加油车位上同时设置汽油、柴油两种加油功能。

6.6.4 自助加油机除应符合本规范第6.2节的规定外，尚应符合下列规定：

1 应设置消除人体静电装置。

2 应标示自助加油操作说明。

3 应具备音频提示系统，在提起加油枪后可提示油品品种、标号并进行操作指导。

4 加油枪应设置当跌落时即自动停止加油作业的功能，并应具有无压自封功能。

5 应设置紧急停机开关。

6.6.5 自助加油站应设置视频监视系统，该系统应能覆盖加油区、卸油区、人孔井、收银区、便利店等区域。视频设备不应因车辆遮挡而影响监视。

6.6.6 自助加油站的营业室内应设监控系统，该系统应具备下列监控功能：

1 营业员可通过监控系统确认每台自助加油机的使用情况。

2 可分别控制每台自助加油机的加油和停止状态。

3 发生紧急情况可启动紧急切断开关停止所有加油机运行。

4 可与顾客进行单独对话，指导其操作。

5 对整个加油场地进行广播。

6.6.7 经营汽油的自助加油站，应设置加油油气回收系统。

7 LPG加气工艺及设施

7.1 LPG储罐

7.1.1 加气站内液化石油气储罐的设计，应符合下列规定：

1 储罐设计应符合现行国家标准《钢制压力容器》GB 150、《钢制卧式容器》JB 4731和《固定式压力容器安全技术监察规程》TSGR 0004的有关规定。

2 储罐的设计压力不应小于1.78MPa。

3 储罐的出液管道端口接管高度，应按选择的充装泵要求确定。进液管道和液相回流管道宜接入储罐内的气相空间。

7.1.2 储罐根部关闭阀门的设置应符合下列规定：

1 储罐的进液管、液相回流管和气相回流管上应设置止回阀。

2 出液管和卸车用的气相平衡管上宜设过流阀。

7.1.3 储罐的管路系统和附属设备的设置应符合下列规定：

1 储罐必须设置全启封闭式弹簧安全阀。安全阀与储罐之间的管道上应装设切断阀，切断阀在正常操作时应处于铅封开启状态。地上储罐放散管管口应高出储罐操作平台2m及以上，且应高出地面5m及以上。地下储罐的放散管管口应高出地面5m及以上。放散管管口应垂直向上，底部应设排污管。

2 管路系统的设计压力不应小于2.5MPa。

3 在储罐外的排污管上应设两道切断阀，阀间宜设排污箱。在寒冷和严寒地区，从储罐底部引出的排污管的根部管道应加装伴热或保温装置。

4 对储罐内未设置控制阀门的出液管道和排污管道，应在储罐的第一道法兰处配备堵漏装置。

5 储罐应设置检修用的放散管，其公称直径不应小于40mm，并宜与安全阀接管共用一个开孔。

6 过流阀的关闭流量宜为最大工作流量的1.6倍～1.8倍。

7.1.4 LPG罐测量仪表的设置应符合下列规定：

1 储罐必须设置就地指示的液位计、压力表和温度计，以及液位上、下限报警装置。

2 储罐应设置液位上限限位控制和压力上限报警装置。

3 在一、二级LPG加气站或合建站内，储罐液位和压力的测量宜设远程监控系统。

7.1.5 LPG储罐严禁设置在室内或地下室内。在加油加气合建站和城市建成区内的加气站，LPG储罐应埋地设置，且不应布置在车行道下。

7.1.6 地上LPG储罐的设置应符合下列规定：

1 储罐应集中单排布置，储罐与储罐之间的净距不应小于相邻较大罐的直径。

2 罐组四周应设置高度为1m的防护堤，防护堤内堤脚线至罐壁净距不应小于2m。

3 储罐的支座应采用钢筋混凝土支座，其耐火极限不应低于5h。

7.1.7 埋地LPG储罐的设置应符合下列规定：

1 储罐之间距离不应小于2m，且应采用防渗混凝土墙隔开。

2 直接覆土埋设在地下的LPG储罐罐顶的覆土厚度，不应小于0.5m；罐周围应回填中性细沙，其厚度不应小于0.5m。

3 LPG储罐应采取抗浮措施。

7.1.8 埋地LPG储罐采用地下罐池时，应符合下列规定：

1 罐池内壁与罐壁之间的净距不应小于1m。

2 罐池底和侧壁应采取防渗漏措施，池内应用中性细沙或沙包填实。

3 罐顶的覆盖厚度（含盖板）不应小于 0.5m，周边填充厚度不应小于 0.9m。

4 池底一侧应设排水沟，池底面坡度宜为 3‰。抽水井内的电气设备应符合防爆要求。

7.1.9 储罐应坡向排污端，坡度应为 3‰～5‰。

7.1.10 埋地 LPG 储罐外表面的防腐设计，应符合现行行业标准《石油化工设备和管道涂料防腐蚀设计规范》SH/T 3022 的有关规定，并应采用最高级别防腐绝缘保护层，同时应采取阴极保护措施。在 LPG 储罐根部阀门后，应安装绝缘法兰。

7.2 泵和压缩机

7.2.1 LPG 卸车宜选用卸车泵；LPG 储罐总容积大于 30m³ 时，卸车可选用 LPG 压缩机；LPG 储罐总容积小于或等于 45m³ 时，可由 LPG 槽车上的卸车泵卸车，槽车上的卸车泵宜由站内供电。

7.2.2 向燃气汽车加气应选用充装泵。充装泵的计算流量应依据其所供应的加气枪数量确定。

7.2.3 加气站内所设的卸车泵流量不宜小于 300L/min。

7.2.4 设置在地面上的泵和压缩机，应设置防晒罩棚或泵房（压缩机间）。

7.2.5 LPG 储罐的出液管设置在罐体底部时，充装泵的管路系统设计应符合下列规定：

1 泵的进、出口宜安装长度不小于 0.3m 挠性管或采取其他防振措施。

2 从储罐引至泵进口的液相管道，应坡向泵的进口，且不得有窝存气体的位置。

3 在泵的出口管路上应安装回流阀、止回阀和压力表。

7.2.6 LPG 储罐的出液管设在罐体顶部时，抽吸泵的管路系统设计应符合本规范第 7.2.5 条第 1、3 款的规定。

7.2.7 潜液泵的管路系统设计除应符合本规范第 7.2.5 条第 3 款的规定外，还宜在安装潜液泵的筒体下部设置切断阀和过流阀。切断阀应能在罐顶操作。

7.2.8 潜液泵宜设超温自动停泵保护装置。电机运行温度至 45℃ 时，应自动切断电源。

7.2.9 LPG 压缩机进、出口管道阀门及附件的设置，应符合下列规定：

1 进口管道应设过滤器。

2 出口管道应设止回阀和安全阀。

3 进口管道和储罐的气相之间应设旁通阀。

7.3 LPG 加气机

7.3.1 加气机不得设置在室内。

7.3.2 加气机数量应根据加气汽车数量确定。每辆汽车加气时间可按 3min～5min 计算。

7.3.3 加气机应具有充装和计量功能，其技术要求应符合下列规定：

1 加气系统的设计压力不应小于 2.5MPa。

2 加气枪的流量不应大于 60L/min。

3 加气软管上应设安全拉断阀，其分离拉力宜为 400N～600N。

4 加气机的计量精度不应低于 1.0 级。

5 加气枪的加气嘴应与汽车车载 LPG 储液瓶受气口配套。加气嘴应配置自密封阀，其卸开连接后的液体泄漏量不应大于 5mL。

7.3.4 加气机的液相管道上宜设事故切断阀或过流阀。事故切断阀和过流阀应符合下列规定：

1 当加气机被撞时，设置的事故切断阀应能自行关闭。

2 过流阀关闭流量宜为最大工作流量的 1.6 倍～1.8 倍。

3 事故切断阀或过流阀与充装泵连接的管道应牢固，当加气机被撞时，该管道系统不得受损坏。

7.3.5 加气机附近应设置防撞柱（栏），其高度不应低于 0.5m。

7.4 LPG 管道系统

7.4.1 LPG 管道应选用 10 号、20 号钢或具有同等性能材料的无缝钢管，其技术性能应符合现行国家标准《输送流体用无缝钢管》GB/T 8163 的有关规定。管件应与管子材质相同。

7.4.2 管道上的阀门及其他金属配件的材质宜为碳素钢。

7.4.3 LPG 管道组成件的设计压力不应小于 2.5MPa。

7.4.4 管子与管子、管子与管件的连接应采用焊接。

7.4.5 管子与储罐、容器、设备及阀门的连接，宜采用法兰连接。

7.4.6 管道系统上的胶管应采用耐 LPG 腐蚀的钢丝缠绕高压胶管，压力等级不应小于 6.4MPa。

7.4.7 LPG 管道宜埋地敷设。当需要管沟敷设时，管沟应采用中性沙子填实。

7.4.8 埋地管道应埋设在土壤冰冻线以下，且覆土厚度（管顶至路面）不得小于 0.8m。穿越车行道处，宜加设套管。

7.4.9 埋地管道防腐设计，应符合现行国家标准《钢质管道外腐蚀控制规范》GB/T 21447 的有关规定。

7.4.10 液态 LPG 在管道中的流速，泵前不宜大于 1.2m/s，泵后不应大于 3m/s；气态 LPG 在管道中的流速不宜大于 12m/s。

7.4.11 液化石油气罐的出液管道和连接槽车的液相管道上，应设置紧急切断阀。

7.5 槽车卸车点

7.5.1 连接 LPG 槽车的液相管道和气相管道上应设置安全拉断阀。

7.5.2 安全拉断阀的分离拉力宜为 400N ～600N，关断阀与接头的距离不应大于 0.2m。

7.5.3 在 LPG 储罐或卸车泵的进口管道上应设过滤器。过滤器滤网的流通面积不应小于管道截面积的 5 倍，并应能阻止粒度大于 0.2mm 的固体杂质通过。

8 CNG加气工艺及设施

8.1 CNG常规加气站和加气母站工艺设施

8.1.1 天然气进站管道宜采取调压或限压措施。天然气进站管道设置调压器时,调压器应设置在天然气进站管道上的紧急关断阀之后。

8.1.2 天然气进站管道上应设计量装置。计量准确度不应低于1.0级。体积流量计量的基准状态,压力应为101.325kPa,温度应为20℃。

8.1.3 进站天然气硫化氢含量不符合现行国家标准《车用压缩天然气》GB 18047的有关规定时,应在站内进行脱硫处理。脱硫系统的设计应符合下列规定:

  1 脱硫应在天然气增压前进行。

  2 脱硫设备应设在室外。

  3 脱硫系统宜设置备用脱硫塔。

  4 脱硫设备宜采用固体脱硫剂。

  5 脱硫塔前后的工艺管道上应设置硫化氢含量检测取样口,也可设置硫化氢含量在线检测分析仪。

8.1.4 进站天然气含水量不符合现行国家标准《车用压缩天然气》GB 18047的有关规定时,应在站内进行脱水处理。脱水系统的设计应符合下列规定:

  1 脱水系统宜设置备用脱水设备。

  2 脱水设备宜采用固体吸附剂。

  3 脱水设备的出口管道上应设置露点检测仪。

8.1.5 进入压缩机的天然气不应含游离水,含尘量和微尘直径等质量指标应符合所选用的压缩机的有关规定。

8.1.6 压缩机排气压力不应大于25MPa(表压)。

8.1.7 压缩机组进口前应设分离缓冲罐,机组出口后宜设排气缓冲罐。缓冲罐的设置应符合下列规定:

  1 分离缓冲罐应设在进气总管上或每台机组的进口位置处。

  2 分离缓冲罐内应有凝液捕集分离结构。

  3 机组排气缓冲罐宜设置在机组排气除油过滤器之后。

  4 天然气在缓冲罐内的停留时间不宜小于10s。

  5 分离缓冲罐及容积大于0.3m³的排气缓冲罐,应设压力指示仪表和液位计,并应有超压安全泄放措施。

8.1.8 设置压缩机组的吸气、排气管道时,应避免振动对管道系统、压缩机和建(构)筑物造成有害影响。

8.1.9 天然气压缩机宜单排布置,压缩机房的主要通道宽度不宜小于2m。

8.1.10 压缩机组的运行管理宜采用计算机集中控制。

8.1.11 压缩机的卸载排气不应对外放散,宜回收至压缩机缓冲罐。

8.1.12 压缩机组排出的冷凝液应集中处理。

8.1.13 固定储气设施的额定工作压力应为25MPa。

8.1.14 CNG加气站内所设置的固定储气设施应选用储气瓶或储气井。

8.1.15 此条删除。

8.1.16 储气瓶(组)应固定在独立支架上,地上储气瓶(组)宜卧式放置。

8.1.17 固定储气设施应有积液收集处理措施。

8.1.18 储气井不宜建在地质滑坡带及溶洞等地质构造上。

8.1.19 储气井本体的设计疲劳次数不应小于$2.5×10^4$次。

8.1.20 储气井的工程设计和建造,应符合国家现有关标准的规定。储气井口应便于开启检测。

8.1.20A 储气井应分段设计,埋地部分井筒应符合现行行业标准《套管柱结构与强度设计》SY/T 5724的有关规定,地上部分应符合现行国家标准《压力容器》GB 150.1~GB 150.3的有关规定。

8.1.21 CNG加(卸)气设备设置应符合下列规定:

  1 加(卸)气设施不得设置在室内。

  2 加(卸)气设备额定工作压力应为20MPa。

  3 加气机流量不应大于0.25m³/min(工作状态)。

  4 加(卸)气柱流量不应大于0.5m³/min(工作状态)。

  5 加气(卸气)枪软管上应设安全拉断阀。加气机安全拉断阀的分离拉力宜为400N~600N,加气卸气柱安全拉断阀的分离拉力宜为600N~900N。软管的长度不应大于6m。

  6 加卸气设施应满足工作温度的要求。

8.1.22 储气瓶(组)的管道接口端不宜朝向办公区、加气岛和临近的站外建筑物。不可避免时,储气瓶(组)的管道接口端与办公区、加气岛和临近的站外建筑物之间应设厚度不小于200mm的钢筋混凝土实体墙隔墙,并应符合下列规定:

  1 固定储气瓶(组)的管道接口端与办公区、加气岛和临近的站外建筑物之间设置的隔墙,其高度应高于储气瓶(组)顶部1m以上,隔墙长度应为储气瓶(组)宽度两端各加2m以上。

  2 车载储气瓶组的管道接口端与办公区、加气岛和临近的站外建筑物之间设置的隔墙,其高度应高于储气瓶组拖车的高度1m以上,长度不应小于车宽两端各加1m以上。

  3 储气瓶(组)管道接口端与站外建筑物之间设置的隔墙,可作为站区围墙的一部分。

8.1.23 加气设施的计量准确度不应低于1.0级。

8.2 CNG加气子站工艺设施

8.2.1 CNG加气子站可采用压缩机增压或液压设备增压的加气工艺,也可采用储气瓶直接通过加气机给CNG汽车加气的工艺。当采用液压设备增压的加气工艺时,液压油不得影响CNG的质量。

8.2.2 采用液压设备增压工艺的CNG加气子站,其液压设备不应使用甲类或乙类可燃液体,液体的操作温度应低于液体的闪点至少5℃。

8.2.3 CNG加气子站的液压设施应采用防爆电气设备,液压设施与站内其他设施的间距可不限。

8.2.4 CNG加气子站储气设施、压缩机、加气机、卸气柱的设置,应符合本规范第8.1节的有关规定。

8.2.5 储气瓶(组)的管道接口端不宜朝向办公区、加气岛和临近的站外建筑物。不可避免时,应符合本规范第8.1.22条的规定。

8.3 CNG工艺设施的安全保护

8.3.1 天然气进站管道上应设置紧急切断阀。可手动操作的紧急切断阀的位置应便于发生事故时能及时切断气源。

8.3.2 站内天然气调压计量、增压、储存、加气各工段,应分段设置切断气源的切断阀。

8.3.3 储气瓶(组)、储气井与加气机或加气柱之间的总管上应设置主切断阀。每个储气瓶(井)出口应设切断阀。

8.3.4 储气瓶(组)、储气井进气总管上应设安全阀及紧急放散管、压力表及超压报警器。车载储气瓶组应有与站内工艺安全设施相匹配的安全保护措施,但可不设超压报警器。

8.3.5 加气站内各级管道和设备的设计压力低于来气可能达到的最高压力时,应设置安全阀。安全阀的设置,应符合现行行业标准《固定式压力容器安全技术监察规程》TSGR 0004的有关规定。安全阀的定压P_0除应符合现行行业标准《固定式压力容器安全技术监察规程》TSG R0004的有关规定外,尚应符合下列公式的规定:

  1 当$P_w≤1.8$MPa时:

$$P_0 = P_w + 0.18 \qquad (8.3.5\text{-}1)$$

式中：P_0——安全阀的定压(MPa)。

P_w——设备最大工作压力(MPa)。

2 当 $1.8\text{MPa} < P_w \leqslant 4.0\text{MPa}$ 时：

$$P_0 = 1.1P_w \qquad (8.3.5\text{-}2)$$

3 当 $4.0\text{MPa} < P_w \leqslant 8.0\text{MPa}$ 时：

$$P_0 = P_w + 0.4 \qquad (8.3.5\text{-}3)$$

4 当 $8.0\text{MPa} < P_w \leqslant 25.0\text{MPa}$ 时：

$$P_0 = 1.05P_w \qquad (8.3.5\text{-}4)$$

8.3.6 加气站内的所有设备和管道组成件的设计压力,应高于最大工作压力10%及以上,且不应低于安全阀的定压。

8.3.7 加气站内的天然气管道和储气瓶(组)应设置泄压放空设施,泄压放空设施应采取防堵塞和防冻措施。泄放气体应符合下列规定:

1 一次泄放量大于500m³(基准状态)的高压气体,应通过放散管迅速排放。

2 一次泄放量大于2m³(基准状态),泄放次数平均每小时2次~3次以上的操作排放,应设置专用回收罐。

3 一次泄放量小于2m³(基准状态)的气体可排入大气。

8.3.8 加气站的天然气放散管设置应符合下列规定:

1 不同压力级别系统的放散管宜分别设置。

2 放散管管口应高出设备平台及以管口为中心半径12m范围内的建(构)筑物2m及以上,且应高出所在地面5m及以上。

3 放散管应垂直向上。

8.3.9 压缩机组运行的安全保护应符合下列规定:

1 压缩机出口与第一个截断阀之间应安设安全阀,安全阀的泄放能力不应小于压缩机的安全泄放量。

2 压缩机进、出口应设高、低压报警和超高压越限停机装置。

3 压缩机组的冷却系统应设温度报警及停车装置。

4 压缩机组的润滑油系统应设低压报警及停机装置。

8.3.10 CNG加气站内的设备及管道,凡经增压、输送、储存、缓冲或有较大阻力损失需显示压力的位置,均应设压力测点,并应设供压力表拆卸时高压气体泄压的安全泄气孔。压力表量程范围宜为工作压力的1.5倍~2倍。

8.3.11 CNG加气站内下列位置应设高度不小于0.5m的防撞柱(栏):

1 固定储气瓶(组)或储气井与站内汽车通道相邻一侧。

2 加气机、加气柱和卸气柱的车辆通过侧。

8.3.12 CNG加气机、加气柱的进气管道上,宜设置防撞事故自动切断阀。

8.4 CNG管道及其组成件

8.4.1 天然气管道应选用无缝钢管。设计压力低于4MPa的天然气管道,应符合现行国家标准《输送流体用无缝钢管》GB/T 8163的有关规定;设计压力等于或高于4MPa的天然气管道,应符合现行国家标准《流体输送用不锈钢无缝钢管》GB/T 14976或《高压锅炉用无缝钢管》GB 5310的有关规定。

8.4.2 加气站内与天然气接触的所有设备和管道组成件的材质,应与天然气介质相适应。

8.4.3 站内高压天然气管道宜采用焊接连接,管道与设备、阀门可采用法兰、卡套、锥管螺纹连接。

8.4.4 天然气管道宜采用埋地或管沟充沙敷设,埋地敷设时其管顶距地面不应小于0.5m。冰冻地区宜敷设在冰冻线以下。室内管道宜采用管沟敷设,管沟应用中性沙填充。

8.4.5 埋地管道防腐设计,应符合现行国家标准《钢质管道外腐蚀控制规范》GB/T 21447的有关规定。

9 LNG和L-CNG加气工艺及设施

9.1 LNG储罐、泵和气化器

9.1.1 加气站、加油加气合建站内LNG储罐的设计,应符合下列规定:

1 储罐设计应符合现行国家标准《压力容器》GB 150.1~GB 150.4、《固定式真空绝热深冷压力容器》GB/T 18442和《固定式压力容器安全技术监察规程》TSG R0004的有关规定。

2 储罐内筒的设计温度不应高于−196℃,设计压力应符合下列公式的规定:

1)当 $P_w < 0.9\text{MPa}$ 时:

$$P_d \geqslant P_w + 0.18\text{MPa} \qquad (9.1.1\text{-}1)$$

2)当 $P_w \geqslant 0.9\text{MPa}$ 时:

$$P_d \geqslant 1.2P_w \qquad (9.1.1\text{-}2)$$

式中：P_d——设计压力(MPa);

P_w——设备最大工作压力(MPa)。

3 内罐与外罐之间应设绝热层,绝热层应与LNG和天然气相适应,并应为不燃材料。外罐外部着火时,绝热层的绝热性能不应明显降低。

9.1.2 在城市中心区内,各类LNG加气站及加油加气合建站,应采用埋地LNG储罐、地下LNG储罐或半地下LNG储罐。

9.1.3 非LNG橇装设备的地上LNG储罐等设备的设置,应符合下列规定:

1 LNG储罐之间的净距不应小于相邻较大罐的直径的1/2,且不应小于2m。

2 LNG储罐组四周应设防护堤,堤内的有效容量不应小于其中1个最大LNG储罐的容量。防护堤内地面应至少低于周边地面0.1m,防护堤顶面应至少高出堤内地面0.8m,且应至少高出堤外地面0.4m。防护堤内堤脚线至LNG储罐外壁的净距不应小于2m。防护堤应采用不燃烧实体材料建造,应能承受所容纳液体的静压及温度变化的影响,且不应渗漏。防护堤的雨水排放口应有封堵措施。

3 防护堤内不应设置其他可燃液体储罐、CNG储气瓶(组)或储气井。非明火气化器和LNG泵可设置在防护堤内。

9.1.3A 箱式LNG橇装设备的设置,应符合下列规定:

1 LNG橇装设备的主箱体内侧应设拦蓄池,拦蓄池内的有效容量不应小于LNG储罐的容量,且拦蓄池底板的高度不应小于1.2m,LNG储罐外壁至拦蓄池侧板的净距不应小于0.3m。

2 拦蓄池的底板和侧板应采用耐低温不锈钢材料,并应保证拦蓄池有足够的强度和刚度。

3 LNG橇装设备主箱体应包覆橇体上的设备。主箱体侧板高出拦蓄池侧板以上的部位和箱顶应设置百叶窗,百叶窗应能有效防止雨水淋入箱体内部。

4 LNG橇装设备的主箱体应采取通风措施,并应符合本规范第12.1.4条的规定。

5 箱体材料应为金属材料,不得采用可燃材料。

9.1.4 地下或半地下LNG储罐的设置,应符合下列规定:

1 储罐宜采用卧式储罐。

2 储罐应安装在罐池中。罐池应为不燃烧实体防护结构,应能承受所容纳液体的静压及温度变化的影响,且不应渗漏。

3 储罐的外壁距罐池内壁的距离不应小于1m,同池内储罐的间距不应小于1.5m。

4 罐池深度大于或等于2m时,池壁顶应至少高出罐池外地面1m。当池壁顶高出罐池外地面1.5m及以上时,池壁可设置用不燃烧材料制作的实体门。

5 半地下 LNG 储罐的池壁顶应至少高出罐顶 0.2m。

6 储罐应采取抗浮措施。

7 罐池上方可设置开敞式的罩棚。

9.1.5 储罐基础的耐火极限不应低于 3h。

9.1.6 LNG 储罐阀门的设置应符合下列规定：

1 储罐应设置全启封闭式安全阀，且不应少于 2 个，其中 1 个应为备用。安全阀的设置应符合现行行业标准《固定式压力容器安全技术监察规程》TSG R0004 的有关规定。

2 安全阀与储罐之间应设切断阀，切断阀在正常操作时应处于铅封开启状态。

3 与 LNG 储罐连接的 LNG 管道应设置可远程操作的紧急切断阀。

4 此款删除。

5 LNG 储罐液相管道根部阀门与储罐的连接应采用焊接，阀体材质应与管子材质相适应。

9.1.7 LNG 储罐的仪表设置应符合下列规定：

1 LNG 储罐应设置液位计和高液位报警器。高液位报警器应与进液管道紧急切断阀连锁。

2 LNG 储罐最高液位以上部位应设置压力表。

3 在内罐与外罐之间应设置检测环形空间绝对压力的仪器或检测接口。

4 液位计、压力表应能就地指示，并应将检测信号传送至控制室集中显示。

9.1.8 充装 LNG 汽车系统使用的潜液泵宜安装在泵池内。潜液泵罐的设计应符合本规范第 9.1.1 条的规定。LNG 潜液泵罐的管路系统和附属设备的设置，应符合下列规定：

1 LNG 储罐的底部(外壁)与潜液泵罐的顶部(外壁)的高差，应满足 LNG 潜液泵的性能要求。

2 潜液泵罐的回气管道宜与 LNG 储罐的气相管道接通。

3 潜液泵罐应设置温度和压力检测仪表。温度和压力检测仪表应能就地指示，并应将检测信号传送至控制室集中显示。

4 在泵出口管道上应设置全启封闭式安全阀和紧急切断阀。泵出口宜设置止回阀。

9.1.9 L-CNG 系统采用柱塞泵输送 LNG 时，柱塞泵的设置应符合下列规定：

1 柱塞泵的设置应满足泵吸入压头要求。

2 泵的进、出口管道应设置防震装置。

3 在泵出口管道上应设置止回阀和全启封闭式安全阀。

4 在泵出口管道上应设置压力检测仪表。压力检测仪表应能就地指示，并应将检测信号传送至控制室集中显示。

5 应采取防噪声措施。

9.1.10 气化器的设置应符合下列规定：

1 气化器的选用应符合当地冬季气温条件下的使用要求。

2 气化器的设计压力不应小于最大工作压力的 1.2 倍。

3 高压气化器出口气体温度不应低于 5℃。

4 高压气化器出口应设置温度和压力检测仪表，并应与柱塞泵连锁。温度和压力检测仪表应能就地指示，并应将检测信号传送至控制室集中显示。

9.2 LNG 卸车

9.2.1 连接槽车的卸液管道上应设置切断阀和止回阀，气相管道上应设置切断阀。

9.2.2 LNG 卸车软管应采用奥氏体不锈钢波纹软管，其公称压力不得小于装卸系统工作压力的 2 倍，其最小爆破压力不应小于公称压力的 4 倍。

9.3 LNG 加气区

9.3.1 加气机不得设置在室内。

9.3.2 LNG 加气机应符合下列规定：

1 加气系统的充装压力不应大于汽车车载瓶的最大工作压力。

2 加气机计量误差不宜大于 1.5%。

3 加气机加气软管应设安全拉断阀，安全拉断阀的脱离拉力宜为 400N~600N。

4 加气机配置的软管应符合本规范第 9.2.2 条的规定，软管的长度不应大于 6m。

9.3.3 在 LNG 加气岛上宜配置氮气或压缩空气管吹扫接头，其最小爆破压力不应小于公称压力的 4 倍。

9.3.4 加气机附近应设置防撞(柱)栏，其高度不应小于 0.5m。

9.4 LNG 管道系统

9.4.1 LNG 管道和低温气相管道的设计，应符合下列规定：

1 管道系统的设计压力不应小于最大工作压力的 1.2 倍，且不应小于所连接设备(或容器)的设计压力与静压头之和。

2 管道的设计温度不应高于 -196℃。

3 管道和管件材质应采用低温不锈钢。管道应符合现行国家标准《流体输送用不锈钢无缝钢管》GB/T 14976 的有关规定，管件应符合现行国家标准《钢制对焊无缝管件》GB/T 12459 的有关规定。

9.4.2 阀门的选用应符合现行国家标准《低温阀门技术条件》GB/T 24925 的有关规定。紧急切断阀的选用应符合现行国家标准《低温介质用紧急切断阀》GB/T 24918 的有关规定。

9.4.3 远程控制的阀门均应具有手动操作功能。

9.4.4 低温管道所采用的绝热保冷材料应为防潮性能良好的不燃材料或外层为不燃材料，里层为难燃材料的复合绝热保冷材料。低温管道绝热工程应符合现行国家标准《工业设备及管道绝热工程设计规范》GB 50264 的有关规定。

9.4.5 LNG 管道的两个切断阀之间应设置安全阀或其他泄压装置，泄压排放的气体应接入放散管。

9.4.6 LNG 设备和管道的天然气放散应符合下列规定：

1 加气站内应设集中放散管。LNG 储罐的放散管应接入集中放散管，其他设备和管道的放散管宜接入集中放散管。

2 放散管管口应高出 LNG 储罐及以管口为中心半径 12m 范围内的建(构)筑物 2m 及以上，且距地面不应小于 5m。放散管口不宜设置雨罩等影响放散气流垂直向上的装置。放散管底部应有排污措施。

3 低温天然气系统的放散应经加热器加热后放散，放散天然气的温度不宜低于 -107℃。

9.4.7 当 LNG 管道需要采用封闭管沟敷设时，管沟应采用中性沙子填实。

10 消防设施及给排水

10.1 灭火器材配置

10.1.1 加油加气站工艺设备应配置灭火器材,并应符合下列规定:

1 每 2 台加气机应配置不少于 2 具 4kg 手提式干粉灭火器,加气机不足 2 台应按 2 台配置。

2 每 2 台加油机应配置不少于 2 具 4kg 手提式干粉灭火器,或 1 具 4kg 手提式干粉灭火器和 1 具 6L 泡沫灭火器。加油机不足 2 台应按 2 台配置。

3 地上 LPG 储罐、地上 LNG 储罐、地下和半地下 LNG 储罐、CNG 储气设施,应配置 2 台不小于 35kg 推车式干粉灭火器。当两种介质储罐之间的距离超过 15m 时,应分别配置。

4 地下储罐应配置 1 台不小于 35kg 推车式干粉灭火器。当两种介质储罐之间的距离超过 15m 时,应分别配置。

5 LPG 泵和 LNG 泵、压缩机操作间(棚),应按建筑面积每 50m² 配置不少于 2 具 4kg 手提式干粉灭火器。

6 一、二级加油站应配置灭火毯 5 块、沙子 2m³;三级加油站应配置灭火毯不少于 2 块、沙子 2m³。加油加气合建站应按同级别的加油站配置灭火毯和沙子。

10.1.2 其余建筑的灭火器配置,应符合现行国家标准《建筑灭火器配置设计规范》GB 50140 的有关规定。

10.2 消防给水

10.2.1 加油加气站的 LPG 设施应设置消防给水系统。

10.2.2 设置有地上 LNG 储罐的一、二级 LNG 加气站和地上 LNG 储罐总容积大于 60m³ 的合建站应设消防给水系统,但符合下列条件之一时可不设消防给水系统:

1 LNG 加气站位于市政消火栓保护半径 150m 以内,且能满足一级站供水量不小于 20L/s 或二级站供水量不小于 15L/s 时。

2 LNG 储罐之间的净距不小于 4m,且在 LNG 储罐之间设置耐火极限不低于 3h 钢筋混凝土防火隔墙。防火隔墙顶部高于 LNG 储罐顶部,长度至两侧防护堤,厚度不小于 200mm。

3 LNG 加气站位于城市建成区以外,且为严重缺水地区;LNG 储罐、放散管、储气瓶(组)、卸车点与站外建(构)筑物的安全间距,不小于本规范表 4.0.8 和表 4.0.9 规定的安全间距的 2 倍;LNG 储罐之间的净距不小于 4m;灭火器材的配置数量在本规范第 10.1 节规定的基础上增加 1 倍。

10.2.3 加油站、CNG 加气站、三级 LNG 加气站和采用埋地、地下和半地下 LNG 储罐的各级 LNG 加气站及合建站,可不设消防给水系统。合建站中地上 LNG 储罐总容积不大于 60m³ 时,可不设消防给水系统。

10.2.4 消防给水宜利用城市或企业已建的消防给水系统。当无消防给水系统可依托时,应自建消防给水系统。

10.2.5 LPG、LNG 设施的消防给水管道可与站内的生产、生活给水管道合并设置,消防水量应按固定式冷却水量和移动水量之和计算。

10.2.6 LPG 设施的消防给水设计应符合下列规定:

1 LPG 储罐采用地上设置的加气站,消火栓消防用水量不应小于 20L/s;总容积大于 50m³ 的地上 LPG 的储罐还应设置固定式消防冷却水系统,其冷却水供给强度不应小于 0.15L/m²·s,着火罐的供水范围应按其全部表面积计算,距着火罐直径与长度之和 0.75 倍范围内的相邻储罐的供水范围,可按相邻储罐表面积的一半计算。

2 采用埋地 LPG 储罐的加气站,一级站消火栓消防用水量不应小于 15L/s;二级站和三级站消火栓消防用水量不应小于 10L/s。

3 LPG 储罐地上布置时,连续给水时间不应少于 3h;LPG 储罐埋地敷设时,连续给水时间不应少于 1h。

10.2.7 按本规范第 10.2.2 条规定应设消防给水系统的 LNG 加气站及加油加气合建站,其消防给水设计应符合下列规定:

1 一级站消火栓消防用水量不应小于 20L/s,二级站消火栓消防用水量不应小于 15L/s。

2 连续给水时间不应少于 2h。

10.2.8 消防水泵宜设 2 台。当设 2 台消防水泵时,可不设备用泵。当计算消防用水量超过 35L/s 时,消防水泵应设双动力源。

10.2.9 LPG 设施的消防给水系统利用城市消防给水管道时,室外消火栓与 LPG 储罐的距离宜为 30m～50m。三级站的 LPG 储罐距市政消火栓不大于 80m,且市政消火栓给水压力大于 0.2MPa 时,站内可不设消火栓。

10.2.10 固定式消防喷淋冷却水的喷头出口处给水压力不应小于 0.2MPa。移动式消防水枪出口处水压力不应小于 0.2MPa,并应采用多功能水枪。

10.3 给排水系统

10.3.1 加油加气站设置的水冷式压缩机系统的压缩机冷却水供给,应满足压缩机的水量、水质要求,且宜循环使用。

10.3.2 加油加气站的排水应符合下列规定:

1 站内地面雨水可散流排出站外。当雨水由明沟排到站外时,应在围墙内设置水封装置。

2 加油站、LPG 加气站或加油与 LPG 加气合建站排出建筑物或围墙的污水,在建筑物墙外或围墙内应分别设水封井(独立的生活污水除外)。水封井的水封高度不应小于 0.25m;水封井应设沉泥段,沉泥段高度不应小于 0.25m。

3 清洗油罐的污水应集中收集处理,不应直接进入排水管道。LPG 储罐的排污(排水)应采用活动式回收桶集中收集处理,不应直接接入排水管道。

4 排出站外的污水应符合国家现行有关污水排放标准的规定。

5 加油站、LPG 加气站,不应采用暗沟排水。

11 电气、报警和紧急切断系统

11.1 供 配 电

11.1.1 加油加气站的供电负荷等级可为三级,信息系统应设不间断供电电源。

11.1.2 加油站、LPG 加气站、加油和 LPG 加气合建站的供电电源,宜采用电压为 380/220V 的外接电源;CNG 加气站、LNG 加气站、L－CNG 加气站、加油和 CNG(或 LNG 加气站、L－CNG 加气站)加气合建站的供电电源,宜采用电压为 6/10kV 的外接电源。加油加气站的供电系统应设独立的计量装置。

11.1.3 加油站、加气站及加油加气合建站的消防泵房、罩棚、营业室、LPG 泵房、压缩机间等处,均应设事故照明。

11.1.4 当引用外电源有困难时,加油加气站可设置小型内燃发电机组。内燃机的排烟管口,应安装阻火器。排烟管口至各爆炸危险区域边界的水平距离,应符合下列规定:

　　1 排烟口高出地面 4.5m 以下时,不应小于 5m。

　　2 排烟口高出地面 4.5m 及以上时,不应小于 3m。

11.1.5 加油加气站的电力线路宜采用电缆并直埋敷设。电缆穿越行车道部分,应穿钢管保护。

11.1.6 当采用电缆沟敷设电缆时,加油加气作业区内的电缆沟内必须充沙填实。电缆不得与油品、LPG、LNG 和 CNG 管道以及热力管道敷设在同一沟内。

11.1.7 爆炸危险区域内的电气设备选型、安装、电力线路敷设等,应符合现行国家标准《爆炸和火灾危险环境电力装置设计规范》GB 50058 的有关规定。

11.1.8 加油加气站内爆炸危险区域以外的照明灯具,可选用非防爆型。罩棚下处于非爆炸危险区域的灯具,应选用防护等级不低于 IP 44 级的照明灯具。

11.2 防雷、防静电

11.2.1 钢制油罐、LPG 储罐、LNG 储罐和 CNG 储气瓶(组)必须进行防雷接地,接地点不应少于两处。CNG 加气母站和 CNG 加气子站的车载 CNG 储气瓶组拖车停放场地,应设两处临时用固定防雷接地装置。

11.2.2 加油加气站的电气接地应符合下列规定:

　　1 防雷接地、防静电接地、电气设备的工作接地、保护接地及信息系统的接地等,宜共用接地装置,其接地电阻应按其中接地电阻值要求最小的接地电阻值确定。

　　2 当各自单独设置接地装置时,油罐、LPG 储罐、LNG 储罐和 CNG 储气瓶(组)的防雷接地装置的接地电阻、配线电缆金属外皮两端和保护钢管两端的接地装置的接地电阻,不应大于 10Ω,电气系统的工作和保护接地电阻不应大于 4Ω,地上油品、LPG、CNG 和 LNG 管道始、末端和分支处的接地装置的接地电阻,不应大于 30Ω。

11.2.3 当 LPG 储罐的阴极防腐符合下列规定时,可不另设防雷和防静电接地装置:

　　1 LPG 储罐采用牺牲阳极法进行阴极防腐时,牺牲阳极的接地电阻不应大于 10Ω,阳极与储罐的铜芯连线横截面不应小于 16mm²。

　　2 LPG 储罐采用强制电流法进行阴极防腐时,接地电极应采用锌棒或镁锌复合棒,其接地电阻不应大于 10Ω,接地电极与储罐的铜芯连线横截面不应小于 16mm²。

11.2.4 埋地钢制油罐、埋地 LPG 储罐和埋地 LNG 储罐,以及非金属油罐顶部的金属部件和罐内的各金属部件,应与非埋地部分的工艺金属管道相互做电气连接并接地。

11.2.5 加油加气站内油气放散管在接入全站共用接地装置后,可不单独做防雷接地。

11.2.6 当加油加气站内的站房和罩棚等建筑物需要防直击雷时,应采用避雷带(网)保护。当罩棚采用金属屋面时,宜利用屋面作为接闪器,但应符合下列规定:

　　1 板间的连接应是持久的电气贯通,可采用铜锌合金焊、熔焊、卷边压接、缝接、螺钉或螺栓连接。

　　2 金属板下面不应有易燃物品,热镀锌钢板的厚度不应小于 0.5mm,铝板的厚度不应小于 0.65mm,锌板的厚度不应小于 0.7mm。

　　3 金属板应无绝缘被覆层。

　　注:薄的油漆保护层或 1mm 厚沥青层或 0.5mm 厚聚氯乙烯层均不属于绝缘被覆层。

11.2.7 加油加气站的信息系统应采用铠装电缆或导线穿钢管配线。配线电缆金属外皮两端、保护钢管两端均应接地。

11.2.8 加油加气站信息系统的配电线路首、末端与电子器件连接时,应装设与电子器件耐压水平相适应的过电压(电涌)保护器。

11.2.9 380/220V 供配电系统宜采用 TN－S 系统,当外供电源为 380V 时,可采用 TN－C－S 系统。供电系统的电缆金属外皮或电缆金属保护管两端均应接地,在供配电系统的电源端应安装与设备耐压水平相适应的过电压(电涌)保护器。

11.2.10 地上或管沟敷设的油品管道、LPG 管道、LNG 管道和 CNG 管道,应设防静电和防感应雷的共用接地装置,其接地电阻不应大于 30Ω。

11.2.11 加油加气站的汽油罐车、LPG 罐车和 LNG 罐车卸车场地,应设卸车或卸气时用的防静电接地装置,并应设置能检测跨接线及监视接地装置状态的静电接地仪。

11.2.12 在爆炸危险区域内工艺管道上的法兰、胶管两端等连接处,应用金属线跨接。当法兰的连接螺栓不少于 5 根时,在非腐蚀环境下可不跨接。

11.2.13 油罐车卸油用的卸油软管、油气回收软管与两端接头,应保证可靠的电气连接。

11.2.14 采用导静电的热塑性塑料管道时,导电内衬应接地;采用不导静电的热塑性塑料管道时,不埋地部分的热熔连接件应保证长期可靠的接地,也可采用专用的密封帽将连接管件的电熔插孔密封,管道或接头的其他导电部件也应接地。

11.2.15 防静电接地装置的接地电阻不应大于 100Ω。

11.2.16 油品罐车、LPG 罐车、LNG 罐车卸车场地内用于防静电跨接的固定接地装置,不应设置在爆炸危险 1 区。

11.3 充 电 设 施

11.3.1 户外安装的充电设备的基础应高于所在地坪 200mm。

11.3.2 户外安装的直流充电机、直流充电桩和交流充电桩的防护等级应为 IP 54。

11.3.3 直流充电机、直流或交流充电桩与站内汽车通道(或充电车位)相邻一侧,应设置车挡或防撞(柱)栏,防撞(柱)栏的高度不应小于 0.5m。

11.4 报 警 系 统

11.4.1 加气站、加油加气合建站应设置可燃气体检测报警系统。

11.4.2 加气站、加油加气合建站内设置有 LPG 设备、LNG 设备的场所和设置有 CNG 设备(包括罐、瓶、泵、压缩机等)的房间内、罩棚下,应设置可燃气体检测器。

11.4.3 可燃气体检测器一级报警设定值应小于或等于可燃气体爆炸下限的 25%。

11.4.4 LPG 储罐和 LNG 储罐应设置液位上限、下限报警装置和压力上限报警装置。

11.4.5 报警器宜集中设置在控制室或值班室内。

11.4.6 报警系统应配有不间断电源。

11.4.7 可燃气体检测器和报警器的选用和安装,应符合现行国家标准《石油化工可燃气体和有毒气体检测报警设计规范》GB 50493 的有关规定。

11.4.8 LNG 泵应设超温、超压自动停泵保护装置。

11.5 紧急切断系统

11.5.1 加油加气站应设置紧急切断系统,该系统应能在事故状态下迅速切断加油泵、LPG 泵、LNG 泵、LPG 压缩机、CNG 压缩机的电源和关闭重要的 LPG、CNG、LNG 管道阀门。紧急切断系统应具有失效保护功能。

11.5.2 加油泵、LPG 泵、LNG 泵、LPG 压缩机、CNG 压缩机的电源和加气站管道上的紧急切断阀,应能由手动启动的远程控制切断系统操纵关闭。

11.5.3 紧急切断系统应至少在下列位置设置启动开关:

1 距加气站卸车点 5m 以内。

2 在加油加气现场工作人员容易接近的位置。

3 在控制室或值班室内。

11.5.4 紧急切断系统应只能手动复位。

12 采暖通风、建(构)筑物、绿化

12.1 采暖通风

12.1.1 加油加气站内的各类房间应根据站场环境、生产工艺特点和运行管理需要进行采暖设计。采暖房间的室内计算温度不宜低于表 12.1.1 的规定。

表 12.1.1 采暖房间的室内计算温度

房间名称	室内计算温度(℃)
营业室、仪表控制室、办公室、值班休息室	18
浴室、更衣室	25
卫生间	12
压缩机间、调压间、可燃液体泵房、发电间	12
消防器材间	5

12.1.2 加油加气站的采暖宜利用城市、小区或邻近单位的热源。无利用条件时,可在加油加气站内设置锅炉房。

12.1.3 设置在站房内的热水锅炉房(间),应符合下列规定:

1 锅炉宜选用额定供热量不大于 140kW 的小型锅炉。

2 当采用燃煤锅炉时,宜选用具有除尘功能的自然通风型锅炉。锅炉烟囱出口应高出屋顶 2m 及以上,且应采取防止火星外逸的有效措施。

3 当采用燃气热水器采暖时,热水器应设有排烟系统和熄火保护等安全装置。

12.1.4 加油加气站内,爆炸危险区域内的房间或箱体应采取通风措施,并应符合下列规定:

1 采用强制通风时,通风设备的通风能力在工艺设备工作期间应按每小时换气 12 次计算,在工艺设备非工作期间应按每小

换气 5 次计算。通风设备应防爆,并应与可燃气体浓度报警器联锁。

2 采用自然通风时,通风口总面积不应小于 300cm²/m²(地面),通风口不应少于 2 个,且应靠近可燃气体积聚的部位设置。

12.1.5 加油加气站室内外采暖管道宜直埋敷设,当采用管沟敷设时,管沟应充沙填实,进出建筑物处应采取隔断措施。

12.2 建(构)筑物

12.2.1 加油加气作业区内的站房及其他附属建筑物的耐火等级不应低于二级。当罩棚顶棚的承重构件为钢结构时,其耐火极限可为 0.25h。

12.2.2 汽车加油、加气场地宜设罩棚,罩棚的设计应符合下列规定:

1 罩棚应采用不燃烧材料建造。

2 进站口无限高措施时,罩棚的净空高度不应小于 4.5m;进站口有限高措施时,罩棚的净空高度不应小于限高高度。

3 罩棚遮盖加油机、加气机的平面投影距离不宜小于 2m。

4 罩棚设计应计算活荷载、雪荷载、风荷载,其设计标准值应符合现行国家标准《建筑结构荷载规范》GB 50009 的有关规定。

5 罩棚的抗震设计应现行国家标准《建筑抗震设计规范》GB 50011 的有关规定执行。

6 设置于 CNG 设备和 LNG 设备上方的罩棚,应采用避免天然气积聚的结构形式。

12.2.3 加油岛、加气岛的设计应符合下列规定:

1 加油岛、加气岛应高出停车位的地坪 0.15m ～0.2m。

2 加油岛、加气岛两端的宽度不应小于 1.2m。

3 加油岛、加气岛上的罩棚立柱边缘距岛端部,不应小于 0.6m。

12.2.4 布置有可燃液体或可燃气体设备的建筑物的门窗应向外开启,并应按现行国家标准《建筑设计防火规范》GB 50016 的有关规定采取泄压措施。

12.2.5 布置有 LPG 或 LNG 设备的房间的地坪应采用不发生火花地面。

12.2.6 加气站的 CNG 储气瓶(组)间宜采用开敞式或半开敞式钢筋混凝土结构或钢结构。屋面应采用不燃烧轻质材料建造。储气瓶(组)管道接口端朝向的墙为厚度不小于 200mm 的钢筋混凝土实体墙。

12.2.7 加油加气站内的工艺设备,不宜布置在封闭的房间或箱体内;工艺设备(不包括本规范要求埋地设置的油罐和 LPG 储罐)需要布置在封闭的房间或箱体内时,房间或箱体内应设置可燃气体检测报警器和强制通风设备,并应符合本规范第 12.1.4 条的规定。

12.2.8 当压缩机间与值班室、仪表间相邻时,值班室、仪表间的门窗应位于爆炸危险区范围之外,且与压缩机间的中间隔墙应为无门窗洞口的防火墙。

12.2.9 站房可由办公室、值班室、营业室、控制室、变配电间、卫生间和便利店等组成,站房内可设非明火餐厨设备。

12.2.10 站房的一部分位于加油加气作业区内时,该站房的建筑面积不宜超过 300m²,且该站房内不得有明火设备。

12.2.11 辅助服务区内建筑物的面积不应超过本规范附录 B 中三类保护物标准,其消防设计应符合现行国家标准《建筑设计防火规范》GB 50016 的有关规定。

12.2.12 站房可与设置在辅助服务区内的餐厅、汽车服务、锅炉房、厨房、员工宿舍、司机休息室等设施合建,但站房与餐厅、汽车服务、锅炉房、厨房、员工宿舍、司机休息室等设施之间,应设置无门窗洞口且耐火极限不低于 3h 的实体墙。

12.2.13 站房可设在站外民用建筑物内或与站外民用建筑物合建,并应符合下列规定:

1 站房与民用建筑物之间不得有连接通道。

2 站房应单独开设通向加油加气站的出入口。

3 民用建筑物不得有直接通向加油加气站的出入口。

12.2.14 当加油加气站内的锅炉房、厨房等有明火设备的房间与工艺设备之间的距离符合表5.0.13的规定但小于或等于25m时,其朝向加油加气作业区的外墙应为无门窗洞口且耐火极限不低于3h的实体墙。

12.2.15 加油加气站内不应建地下和半地下室。

12.2.16 位于爆炸危险区域内的操作井、排水井,应采取防渗漏和防火花发生的措施。

12.3 绿 化

12.3.1 加油加气站作业区内不得种植油性植物。

12.3.2 LPG加气站作业区内不应种植树木和易造成可燃气体积聚的其他植物。

13 工程施工

13.1 一般规定

13.1.1 承建加油加气站建筑工程的施工单位应具有建筑工程的相应资质。

13.1.2 承建加油加气站安装工程的施工单位应具有安装工程的相应资质。从事锅炉、压力容器及压力管道安装、改造、维修的单位,应取得相应的特种设备许可证。

13.1.3 从事锅炉、压力容器和压力管道焊接的焊工,应按现行行业标准《特种设备焊接操作人员考核细则》TSG Z6002的有关规定,取得与所从事的焊接工作相适应的焊工合格证。

13.1.4 无损检测人员应取得相应的资格。

13.1.5 加油加气站工程施工应按工程设计文件及工艺设备、电气仪表的产品使用说明书进行,需修改设计或材料代用时,应有原设计单位变更设计的书面文件或经原设计单位同意的设计变更书面文件。

13.1.6 施工单位应编制施工方案,并应在施工前进行设计交底和技术交底。施工方案宜包括下列内容:

1 工程概况。

2 施工部署。

3 施工进度计划。

4 资源配置计划。

5 主要施工方法和质量标准。

6 质量保证措施和安全保证措施。

7 施工平面布置。

8 施工记录。

13.1.7 施工用设备、检测设备性能应可靠,计量器具应经过检定,处于合格状态,并应在有效检定期内。

13.1.8 加油加气站施工应做好施工记录,其中隐蔽工程施工记录应有建设或监理单位代表确认签字。

13.1.9 当在敷设有地下管道、线缆的地段进行土石方作业时,应采取安全施工措施。

13.1.10 施工中的安全技术和劳动保护,应按现行国家标准《石油化工建设工程施工安全技术规范》GB 50484的有关规定执行。

13.2 材料和设备检验

13.2.1 材料和设备的规格、型号、材质等应符合设计文件的要求。

13.2.2 材料和设备应具有有效的质量证明文件,并应符合下列规定:

1 材料质量证明文件的特性数据应符合相应产品标准的规定。

2 "压力容器产品质量证明书"应符合现行行业标准《固定式压力容器安全技术监察规程》TSG R0004的有关规定,且应有"锅炉压力容器产品安全性能监督检验证书"。

3 气瓶应具有"产品合格证和批量检验质量证明书",且应有"锅炉压力容器产品安全性能监督检验证书"。

4 压力容器应按现行国家标准《压力容器》GB 150.4的有关规定进行检验与验收;LNG储罐还应按现行国家标准《低温绝热压力容器》GB 18442的有关规定进行检验与验收。

5 油罐等常压容器应按设计文件要求和现行行业标准《钢制焊接常压容器》NB/T 47003.1的有关规定进行检验与验收。

6 储气井应取得"压力容器(储气井)产品安全性能监督检验证书"后投入使用。

7 可燃介质阀门应按现行行业标准《石油化工钢制通用阀门选用、检验及验收》SH/T 3064的有关规定进行检验与验收。

8 进口设备尚应有商检部门出具的进口设备商检合格证。

13.2.3 计量仪器应经过检定,处于合格状态,并应在有效检定期内。

13.2.4 设备的开箱检验,应由有关人员参加,并应按装箱清单进行下列检查:

1 应核对设备的名称、型号、规格、包装箱号、箱数,并应检查包装状况。

2 应检查随机技术资料及专用工具。

3 应对主机、附属设备及零、部件进行外观检查,并应核实零、部件的品种、规格、数量等。

4 检验后应提交有签字的检验记录。

13.2.5 可燃介质管道的组成件应有产品标识,并应按现行国家标准《石油化工金属管道工程施工质量验收规范》GB 50517的有关规定进行检验。

13.2.6 油罐在安装前应进行下列检查:

1 钢制油罐应进行压力试验,试验用压力表精度不应低于2.5级,试验介质应为温度不低于5℃的洁净水,试验压力应为0.1MPa。升压至0.1MPa后,应停压10min,然后降至0.08MPa,再停压30min,应以不降压、无泄漏和无变形为合格。压力试验后,应及时清除罐内的积水及焊渣等污物。

2 双层油罐内层与外层之间的间隙,应以35kPa空气静压进行正压或真空度渗漏检测,持压30min,不降压、无泄漏为合格。

3 双层油罐内层与外层的夹层,应以34.5kPa进行水压或气压试验或以 18kPa 进行真空试验。持压 1h,应以不降压、无泄漏为合格。

4 油罐在制造厂已进行压力试验并有压力试验合格报告,并经现场外观检查罐体无损伤,且双层油罐内外层之间的间隙持压符合本条第 2 款的要求时,施工现场可不进行压力试验。

13.2.7 LPG 储罐、LNG 储罐和 CNG 储气瓶(含瓶口阀)安装前,应检查确认内部无水、油和焊渣等污物。

13.2.8 当材料和设备有下列情况之一时,不得使用:

1 质量证明文件特性数据不全或对其数据有异议的。

2 实物标识与质量证明文件标识不符的。

3 要求复验的材料未进行复验或复验后不合格的。

4 不满足设计或国家现行有关产品标准和本规范要求的。

13.2.9 属下列情况之一的储罐,应根据国家现行有关标准和本规范第 6.1 节的规定,进行技术鉴定合格后再使用:

1 旧罐复用及出厂存放时间超过 2 年的。

2 有明显变形、锈蚀或其他缺陷的。

3 对质量有异议的。

13.2.10 埋地油罐的罐体质量检验应在油罐就位前进行,并应有记录,质量检验应包括下列内容:

1 油罐直径、壁厚、公称容量。

2 出厂日期和使用记录。

3 腐蚀情况及技术鉴定合格报告。

4 压力试验合格报告。

13.3 土 建 工 程

13.3.1 工程测量应按现行国家标准《工程测量规范》GB 50026 的有关规定进行。施工过程中应对平面控制桩、水准点等测量成果进行检查和复测,并对水准点和标桩采取保护措施。

13.3.2 进行场地平整和土方开挖回填作业时,应采取防止地表水或地下水流入作业区的措施。排水出口应设置在远离建筑物的低洼地点,并应保证排水畅通。排水暗沟的出水口处应采取防止冻结的措施。临时排水设施应待地下工程土方回填完毕后再拆除。

13.3.3 在地下水位以下开挖土方时,应采取防止周围建(构)筑物产生附加沉降的措施。

13.3.4 当设计文件无要求时,场地平土应以不小于 2‰ 的坡度坡向排水沟。

13.3.5 土方工程应按现行国家标准《建筑地基基础工程施工质量验收规范》GB 50202 的有关规定进行验收。

13.3.6 混凝土设备基础模板、钢筋和混凝土工程施工,除应符合现行行业标准《石油化工设备混凝土基础工程施工及质量验收规范》SH/T 3510 的有关规定外,尚应符合下列规定:

1 拆除模板时基础混凝土达到的强度,不应低于设计强度的 40%。

2 钢筋的混凝土保护层厚度允许偏差应为 ±10mm。

3 设备基础的工程质量应符合下列规定:

1)基础混凝土不得有裂缝、蜂窝、露筋等缺陷;

2)基础周围土方应夯实、整平;

3)螺栓应无损坏、腐蚀,螺栓预留孔和预留洞中的积水、杂物应清理干净;

4)设备基础应标出轴线和标高,基础的允许偏差应符合表 13.3.6 的规定;

5)由多个独立基础组成的设备基础,各个基础间的轴线、标高等的允许偏差应按表 13.3.6 的规定检查。

表 13.3.6 块体式设备基础的允许偏差(mm)

项次	项 目		允许偏差
1	轴线位置		20
2	不同平面的标高(不计表面灌浆层厚度)		0 −20
3	平面外形尺寸		±20
4	凸台上平面外形尺寸		0 −20
5	凹穴平面尺寸		+20 0
6	平面度(包括地坪上需安装设备部分)	每米	5
		全长	10
7	侧面垂直度	每米	5
		全高	10
8	预埋地脚螺栓	标高(顶端)	+10 0
		螺栓中心圆直径	±5
		中心距(在根部和顶部两处测量)	±2
9	地脚螺栓预留孔	中心线位置	10
		深度	+20 0
		孔中心线铅垂度	10
10	预埋件	标高(平面)	+5 0
		中心线位置	10
		水平度	10

4 基础交付设备安装时,混凝土强度不应低于设计强度的 75%。

5 当对设备基础有沉降量要求时,应在找正、找平及底座二次灌浆完成并达到规定强度后,按下列程序进行沉降观测,应以基础均匀沉降且 6d 内累计沉降量不大于 12mm 为合格:

1)设置观测基准点和液位观测标识;

2)按设备容积的 1/3 分期注水,每期稳定时间不得少于 12h;

3)设备充满水后,观测时间不得少于 6d。

13.3.7 站房及其他附属建筑物的基础、构造柱、圈梁、模板、钢筋、混凝土,以及砖石工程等的施工,应符合现行国家标准《建筑地基基础工程施工质量验收规范》GB 50202、《砌体工程施工质量验收规范》GB 50203 和《混凝土结构工程施工质量验收规范》GB 50204 的有关规定。

13.3.8 防渗混凝土的施工应符合现行国家标准《地下工程防水技术规范》GB 50108 的有关规定。防渗罐池施工应符合现行行业标准《石油化工混凝土水池工程施工及验收规范》SH/T 3535 的有关规定。

13.3.9 站房及其他附属建筑物的屋面工程、地面工程和建筑装饰工程的施工,应符合现行国家标准《屋面工程质量验收规范》GB 50207、《建筑地面工程施工质量验收规范》GB 50209 和《建筑装饰装修工程质量验收规范》GB 50210 的有关规定。

13.3.10 钢结构的制作、安装应符合现行国家标准《钢结构工程施工质量验收规范》GB 50205 的有关规定。建筑物和钢结构的防火涂层的施工,应符合设计文件与产品使用说明书的要求。

13.3.11 站区建筑物的采暖和给排水施工,应按现行国家标准《建筑给水排水及采暖工程施工质量验收规范》GB 50242 的有关规定进行验收。

13.3.12 站区混凝土地面施工,应符合国家现行标准《公路路基施工技术规范》JTG F10、《公路路面基层施工技术规范》JTJ 034 和《水泥混凝土路面施工及验收规范》GBJ 97 的有关规定,并应按地基土回填夯实、垫层铺设、面层施工的工序进行控制,上道工序未经检查验收合格,下道工序不得施工。

13.4 设备安装工程

13.4.1 加油加气站工程所用的静设备宜在制造厂整体制造。

13.4.2 静设备的安装应符合现行国家标准《石油化工静设备安装工程施工质量验收规范》GB 50461的有关规定。安装允许偏差应符合表13.4.2的规定。

表13.4.2 静设备安装允许偏差（mm）

检查项目		偏差值
中心线位置		5
标高		±5
储罐水平度	轴向	$L/1000$
	径向	$2D/1000$
塔器垂直度		$H/1000$
塔器方位（沿底座环圆周测量）		10

注：D为静设备外径；L为卧式储罐长度；H为立式塔器高度。

13.4.3 油罐和液化石油气罐安装就位后，应按本规范第13.3.6条第5款的规定进行注水沉降。

13.4.4 静设备封孔前应清除内部的泥沙和杂物，并应经建设或监理单位代表检查确认后再封闭。

13.4.5 CNG储气瓶（组）的安装应符合设计文件的要求。

13.4.6 CNG储气井的建造除应符合现行行业标准《高压气地下储气井》SY/T 6535的有关规定外，尚应符合下列规定：

　　1 储气井筒与地层之间的环形空隙应采用硅酸盐水泥全井段填充，固井水泥浆应返出地面，且填充的水泥浆的体积不应小于空隙的理论计算体积，其密度不应小于1650kg／m^3。

　　2 储气井应根据所处环境条件进行防腐蚀设计及处理。

　　3 储气井组宜在井口装置下端面至地下埋深不小于1.5m、以井口中心点为中心且半径不小于1m的范围内，采用C30钢筋混凝土进行加强固定。

　　4 储气井的钻井和固井施工应由具有相应资质的工程监理单位进行过程监理，并应取得"工程质量监理评估报告"。

　　5 储气井地上部分的建造、检验和验收，尚应符合现行国家标准《压力容器》GB 150.4 的有关规定。

13.4.7 LNG储罐在预冷前罐内应进行干燥处理，干燥后储罐内气体的露点不应高于－20℃。

13.4.8 加油机、加气机安装应按产品使用说明书的要求进行，并应符合下列规定：

　　1 安装完毕，应按产品使用说明书的规定预通电，并应进行整机的试机工作。在初次上电前应再次检查确认下列事项符合要求：

　　　　1）电源线已连接好；

　　　　2）管道上各接口已按设计文件要求连接完毕；

　　　　3）管道内污物已清除。

　　2 加气枪应进行加气充装泄漏测试，测试压力应按设计压力进行。测试不得少于3次。

　　3 试机时不得以水代油（气）试验整机。

13.4.9 机械设备安装应符合现行国家标准《机械设备安装工程施工及验收通用规范》GB 50231的有关规定。

13.4.10 压缩机与泵的安装应符合现行国家标准《风机、压缩机、泵安装工程施工及验收规范》GB 50275的有关规定。

13.4.11 压缩机在空气负荷试运转中，应进行下列各项检查和记录：

　　1 润滑油的压力、温度和各部位的供油情况。

　　2 各级吸、排气的温度和压力。

　　3 各级进、排水的温度、压力和冷却水的供应情况。

　　4 各级吸、排气阀的工作应无异常现象。

　　5 运动部件应无异常响声。

　　6 连接部位应无漏气、漏油或漏水现象。

　　7 连接部位应无松动现象。

　　8 气量调节装置应灵敏。

　　9 主轴承、滑道、填函等主要摩擦部位的温度。

　　10 电动机的电流、电压、温升。

　　11 自动控制装置应灵敏、可靠。

13.4.12 压缩机空气负荷试运转后，应清洗油过滤器并更换润滑油。

13.5 管道工程

13.5.1 与储罐连接的管道应在储罐安装就位并经注水或承重沉降试验稳定后进行安装。

13.5.2 热塑性塑料管道安装完后，埋地部分的管道应将管件上电熔连接的通电插孔用专用密封帽或绝缘材料密封。非埋地部分的管道应按本规范第11.2.14条的规定执行。

13.5.3 在安装带导静电内衬的热塑性塑料管道时，应确保各连接部位电气连通，并应在管道安装完成或覆土前，对非金属管道做电气连通测试。

13.5.4 可燃介质管道焊缝外观应成型良好，与母材圆滑过度，宽度宜为每侧盖过坡口2mm，焊接接头表面质量应符合下列规定：

　　1 不得有裂纹、未熔合、夹渣、飞溅存在。

　　2 CNG和LNG管道焊缝不得有咬肉，其他管道焊缝咬肉深度不应大于0.5mm，连续咬肉长度不应大于100mm，且焊缝两侧咬肉总长不应大于焊缝全长的10%。

　　3 焊缝表面不得低于管道表面，焊缝余高不应大于2mm。

13.5.5 可燃介质管道焊接接头无损检测方法应符合设计文件要求，缺陷等级评定应符合现行行业标准《承压设备无损检测》JB/T 4730.1～JB/T 4730.6的有关规定，并应符合下列规定：

　　1 射线检测时，射线检测技术等级不得低于AB级，管道焊接接头的合格标准，应符合下列规定：

　　　　1）LPG、LNG和CNG管道Ⅱ级应判为合格；

　　　　2）油品和油气管道Ⅲ级应判为合格。

　　2 超声波检测时，管道焊接接头的合格标准，应符合下列规定：

　　　　1）LPG、LNG和CNG管道Ⅰ级应判为合格；

　　　　2）油品和油气管道Ⅱ级应判为合格。

　　3 当射线检测改用超声波检测时，应征得设计单位同意并取得证明文件。

13.5.6 每名焊工施焊焊接接头射线或超声波检测百分率，应符合下列规定：

　　1 油品管道焊接接头，不得低于10%。

　　2 LPG管道焊接接头，不得低于20%。

　　3 CNG和LNG管道焊接接头，应为100%。

　　4 固定焊的焊接接头不得少于检测数量的40%，且不应少于1个。

13.5.7 可燃介质管道焊接接头抽样检验，有不合格时，应按该焊工的不合格数加倍检验，仍有不合格时应全部检验。同一个不合格焊缝返修次数，碳钢管道不得超过3次，其他金属管道不得超过2次。

13.5.8 可燃介质管道上流量计孔板上、下游直管的长度，应符合设计文件要求，且设计文件要求的直管长度范围内的焊缝内表面应与管道内表面平齐。

13.5.9 加油站工艺管道系统安装完成后，应进行压力试验，并应符合下列规定：

　　1 压力试验宜以洁净水进行。

2 压力试验的环境温度不得低于5℃。

3 管道的工作压力和试验压力,应按表13.5.9取值。

表13.5.9　加油站工艺管道系统的工作压力和试验压力

管道	材质	工作压力(kPa)	试验压力(kPa) 真空	试验压力(kPa) 正压
正压加油管道(采用潜油泵加油)	钢管	+350	—	+600±50
	热塑性塑料管道	+350	—	+500±10
负压加油管道(采用自吸式加油机)	钢管	−60	−90±5	+600±50
	热塑性塑料管道	−60	−90±5	+500±10
通气管横管、油气回收管道	钢管	+130	−90±5	+600±50
	热塑性塑料管道	+100	−90±5	+500±10
卸油管道	钢管	100	—	+600±50
	热塑性塑料管道	100	—	+500±10
双层外层管道	钢管	−50～+450	−90±5	+600±50
	热塑性塑料管道	−50～+450	−60±5	+500±10

注:表中压力值为表压。

13.5.10 LPG、CNG、LNG管道系统安装完成后,应进行压力试验,并应符合下列规定:

1 钢制管道系统的压力试验应以洁净水进行,试验压力应为设计压力的1.5倍。奥氏体不锈钢管道以水作试验介质时,水中的氯离子含量不得超过50mg/L。

2 LNG管道系统宜采用气压试验,当采用液压试验时,应有将试验液体完全排出管道系统的措施。

3 管道系统采用气压试验时,应经施工单位技术总负责人批准的安全措施,试验压力应为设计压力的1.15倍。

4 压力试验的环境温度不得低于5℃。

13.5.11 压力试验过程中有泄漏时,不得带压处理。缺陷消除后应重新试压。

13.5.12 可燃介质管道系统试压完毕,应及时拆除临时盲板,并应恢复原状。

13.5.13 可燃介质管道系统试压合格后,应用洁净水进行冲洗或用空气进行吹扫,并应符合下列规定:

1 不应安装法兰连接的安全阀、仪表件等,对已焊在管道上的阀门和仪表应采取保护措施。

2 不参与冲洗或吹扫的设备应隔离。

3 CNG、LNG管道宜采用空气吹扫。吹扫压力不得超过设备和管道系统的设计压力,空气流速不得小于20m/s,应以无游离水为合格。

4 水冲洗流速不得小于1.5m/s。

13.5.14 可燃介质管道系统采用水冲洗时,应目测排出口的水色和透明度,应以出、入口水色和透明度一致为合格。

采用空气吹扫时,应在排出口处白色油漆靶检查,应以5min内靶上无铁锈及其他杂物颗粒为合格。经冲洗或吹扫合格的管道,应及时恢复原状。

13.5.15 可燃介质管道系统应以设计压力进行严密性试验,试验介质应为压缩空气或氮气。

13.5.16 LNG管道系统在预冷前应进行干燥处理,干燥处理后管道系统内气体的露点不应高于−20℃。

13.5.17 油气回收管道系统安装、试压、吹扫完毕之后和覆土之前,应按现行国家标准《加油站大气污染物排放标准》GB 20952的有关规定,对管路密闭性和液阻进行自检。

13.5.18 可燃介质管道工程的施工,除应符合本节的规定外,尚应符合现行国家标准《石油化工金属管道工程施工质量验收规范》GB 50517的有关规定。

13.6　电气仪表安装工程

13.6.1 盘、柜及二次回路结线的安装除应符合现行国家标准《电气装置安装工程盘、柜及二次回路结线施工及验收规范》GB 50171的有关规定外,尚应符合下列规定:

1 母线搭接面应处理后搪锡,并应均匀涂抹电力复合脂。

2 二次回路接线应紧密、无松动,采用多股软铜线时,线端应采用相应规格的接线耳与接线端子相连。

13.6.2 电缆施工除应符合现行国家标准《电气装置安装工程电缆线路施工及验收规范》GB 50168的有关规定外,尚应符合下列规定:

1 电缆进入电缆沟和建筑物时应穿管保护。保护管出入电缆沟和建筑物处的空洞应封闭,保护管管口应密封。

2 加油加气作业区内的电缆沟内应充沙填实。

3 有防火要求时,在电缆穿过墙壁、楼板或进入电气盘、柜的孔洞处应进行防火和阻燃处理,并应采取隔离密封措施。

13.6.3 照明施工应按现行国家标准《建筑电气工程施工质量验收规范》GB 50303的有关规定进行验收。

13.6.4 接地装置的施工除应符合现行国家标准《电气装置安装工程接地装置施工及验收规范》GB 50169的有关规定外,尚应符合下列规定:

1 接地体顶面埋设深度设计文件无规定时,不宜小于0.6m。角钢及钢管接地体应垂直敷设,除接地体外,接地装置焊接部位应作防腐处理。

2 电气装置的接地应以单独的接地线与接地干线相连接,不得采用串接方式。

13.6.5 设备和管道的静电接地应符合设计文件的规定。

13.6.6 所有导电体在安装完成后应进行接地检查,接地电阻值应符合设计要求。

13.6.7 爆炸及火灾危险环境电气装置的施工除应符合现行国家标准《电气装置安装工程爆炸和火灾危险环境电气装置施工及验收规范》GB 50257的有关规定外,尚应符合下列规定:

1 接线盒、接线箱等的隔爆面上不应有砂眼、机械伤痕。

2 电缆线路穿过不同危险区域时,在交界处的电缆沟内应充砂、填阻火堵料或加设防火隔墙,保护管两端的管口处应将电缆周围用非燃性纤维塞堵严密,再填塞密封胶泥。

3 钢管与钢管、钢管与电气设备、钢管与钢附件之间的连接,应满足防爆要求。

13.6.8 仪表的安装调试除应符合现行行业标准《石油化工仪表工程施工技术规程》SH/T 3521的有关规定外,尚应符合下列规定:

1 仪表安装前应进行外观检查,并应经调试校验合格。

2 仪表电缆电线敷设及接线前,应进行导通检查与绝缘试验。

3 内浮筒液面计及浮球液面计采用导向管或其他导向装置时,导向管或导向装置应垂直安装,并应保证导向管内液流畅通。

4 安装浮球液位报警器用的法兰与工艺设备之间连接管的长度,应保证浮球能在全量程范围内自由活动。

5 仪表设备外壳、仪表盘(箱)、接线箱等,当有可能接触到危险电压的裸露金属部件时,应作保护接地。

6 计量仪器安装前应确认在计量鉴定合格有效期内,如计量有效期满,应及时与建设单位或监理单位代表联系。

7 仪表管路工作介质为油品、油气、LPG、LNG、CNG等可燃介质时,其施工应符合现行国家标准《石油化工金属管道工程施工质量验收规范》GB 50517的有关规定。

8 仪表安装完成后,应按设计文件及国家现行有关标准的规定进行各项性能试验,并应做书面记录。

9 电缆的屏蔽单端接地宜在控制室一侧接地,电缆现场端的屏蔽层不得露出保护层外,应与相邻金属体保持绝缘,同一线路屏蔽层应有可靠的电气连续性。

13.6.9 信息系统的通信线和电源线在室内敷设时,宜采用暗敷方式;无法暗敷时,应使用护套管或线槽沿墙明敷。

13.6.10 信息系统的电源线和通信线不应敷设在同一镀锌钢护套管内,通信线管与电源线管出口间隔宜为300mm。

13.7 防腐绝热工程

13.7.1 加油加气站设备和管道的防腐蚀要求,应符合设计文件的规定。

13.7.2 加油加气站设备的防腐蚀施工,应符合现行行业标准《石油化工设备和管道涂料防腐蚀技术规范》SH 3022的有关规定。

13.7.3 加油加气站管道的防腐蚀施工,应符合现行国家标准《钢质管道外腐蚀控制规范》GB/T 21447的有关规定。

13.7.4 当环境温度低于5℃、相对湿度大于80%或在雨、雪环境中,未采取可靠措施,不得进行防腐作业。

13.7.5 进行防腐蚀施工时,严禁在站内距作业点18.5m范围内进行有明火或电火花的作业。

13.7.6 已在车间进行防腐蚀处理的埋地金属设备和管道,应在现场对其防腐层进行电火花检测,不合格时,应重新进行防腐蚀处理。

13.7.7 设备和管道的绝热应符合现行国家标准《工业设备及管道绝热工程施工规范》GB 50126的有关规定。

13.8 交 工 文 件

13.8.1 施工单位按合同规定范围内的工程全部完成后,应及时进行工程交工验收。

13.8.2 工程交工验收时,施工单位应提交下列资料:

1 综合部分,应包括下列内容:
  1)交工技术文件说明;
  2)开工报告;
  3)工程交工证书;
  4)设计变更一览表;
  5)材料和设备质量证明文件及材料复验报告。
2 建筑工程,应包括下列内容:
  1)工程定位测量记录;
  2)地基验槽记录;
  3)钢筋检验记录;
  4)混凝土工程施工记录;
  5)混凝土/砂浆试件试验报告;
  6)设备基础允许偏差项目检验记录;
  7)设备基础沉降记录;
  8)钢结构安装记录;
  9)钢结构防火层施工记录;
  10)防水工程试水记录;
  11)填方土料及填土压实试验记录;
  12)合格焊工登记表;
  13)隐蔽工程记录;
  14)防腐工程施工检查记录。
3 安装工程,应包括下列内容:
  1)合格焊工登记表;
  2)隐蔽工程记录;
  3)防腐工程施工检查记录;
  4)防腐绝缘层电火花检测报告;
  5)设备开箱检验记录;
  6)设备安装记录;
  7)设备清理、检查、封孔记录;
  8)机器安装记录;
  9)机器单机运行记录;
  10)阀门试压记录;
  11)安全阀调试记录;
  12)管道系统安装检查记录;
  13)管道系统压力试验和严密性试验记录;
  14)管道系统吹扫/冲洗记录;
  15)管道系统静电接地记录;
  16)电缆敷设和绝缘检查记录;
  17)报警系统安装检查记录;
  18)接地极、接地电阻、防雷接地安装测定记录;
  19)电气照明安装检查记录;
  20)防爆电气设备安装检查记录;
  21)仪表调试与回路试验记录;
  22)隔热工程质量验收记录;
  23)综合控制系统基本功能检测记录;
  24)仪表管道耐压/严密性试验记录;
  25)仪表管道泄漏性/真空度试验条件确认与试验记录;
  26)控制系统机柜/仪表盘/操作台安装检验记录。
4 竣工图。

附录A 计算间距的起止点

A.0.1 站址选择、站内平面布置的安全间距和防火间距起止点,应符合下列规定:

1 道路——路面边缘。
2 铁路——铁路中心线。
3 管道——管子中心线。
4 储罐——罐外壁。
5 储气瓶——瓶外壁。
6 储气井——井管中心。
7 加油机、加气机——中心线。
8 设备——外缘。
9 架空电力线、通信线路——线路中心线。
10 埋地电力、通信电缆——电缆中心线。
11 建(构)筑物——外墙轴线。
12 地下建(构)筑物——出入口、通气口、采光窗等对外开口。
13 卸车点——接卸油(LPG、LNG)罐车的固定接头。
14 架空电力线杆高、通信线杆高和通信发射塔塔高——电线杆和通信发射塔所在地面至杆顶或塔顶的高度。

注:本规范中的安全间距和防火间距未特殊说明时,均指平面投影距离。

附录 B 民用建筑物保护类别划分

B.0.1 重要公共建筑物，应包括下列内容：

1 地市级及以上的党政机关办公楼。

2 设计使用人数或座位数超过 1500 人（座）的体育馆、会堂、影剧院、娱乐场所、车站、证券交易所等人员密集的公共室内场所。

3 藏书量超过 50 万册的图书馆；地市级及以上的文物古迹、博物馆、展览馆、档案馆等建筑物。

4 省级及以上的银行等金融机构办公楼，省级及以上的广播电视建筑。

5 设计使用人数超过 5000 人的露天体育场、露天游泳场和其他露天公众聚会娱乐场所。

6 使用人数超过 500 人的中小学校及其他未成年人学校；使用人数超过 200 人的幼儿园、托儿所、残障人员康复设施；150 张床位及以上的养老院、医院的门诊楼和住院楼。这些设施有围墙者，从围墙中心线算起；无围墙者，从最近的建筑物算起。

7 总建筑面积超过 20000㎡ 的商店（商场）建筑，商业营业场所的建筑面积超过 15000㎡ 的综合楼。

8 地铁出入口、隧道出入口。

B.0.2 除重要公共建筑物以外的下列建筑物，应划分为一类保护物：

1 县级党政机关办公楼。

2 设计使用人数或座位数超过 800 人（座）的体育馆、会堂、会议中心、电影院、剧场、室内娱乐场所、车站和客运站等公共室内场所。

3 文物古迹、博物馆、展览馆、档案馆和藏书量超过 10 万册的图书馆等建筑物。

4 分行级的银行等金融机构办公楼。

5 设计使用人数超过 2000 人的露天体育场、露天游泳场和其他露天公众聚会娱乐场所。

6 中小学校、幼儿园、托儿所、残障人员康复设施、养老院、医院的门诊楼和住院楼等建筑物。这些设施有围墙者，从围墙中心线算起；无围墙者，从最近的建筑物算起。

7 总建筑面积超过 6000㎡ 的商店（商场）、商业营业场所的建筑面积超过 4000㎡ 的综合楼、证券交易所；总建筑面积超过 2000㎡ 的地下商店（商业街）以及总建筑面积超过 10000㎡ 的菜市场等商业营业场所。

8 总建筑面积超过 10000㎡ 的办公楼、写字楼等办公建筑。

9 总建筑面积超过 10000㎡ 的居住建筑。

10 总建筑面积超过 15000㎡ 的其他建筑。

B.0.3 除重要公共建筑物和一类保护物以外的下列建筑物，应为二类保护物：

1 体育馆、会堂、电影院、剧场、室内娱乐场所、车站、客运站、体育场、露天游泳场和其他露天娱乐场所等室内外公众聚会场所。

2 地下商店（商业街）；总建筑面积超过 3000㎡ 的商店（商场）、商业营业场所的建筑面积超过 2000㎡ 的综合楼；总建筑面积超过 3000㎡ 的菜市场等商业营业场所。

3 支行级的银行等金融机构办公楼。

4 总建筑面积超过 5000㎡ 的办公楼、写字楼等办公类建筑物。

5 总建筑面积超过 5000㎡ 的居住建筑。

6 总建筑面积超过 7500㎡ 的其他建筑物。

7 车位超过 100 个的汽车库和车位超过 200 个的停车场。

8 城市主干道的桥梁、高架路等。

B.0.4 除重要公共建筑物、一类和二类保护物以外的建筑物（包括通信发射塔），应为三类保护物。

注：本规范第 B.0.1 条至第 B.0.4 条所列建筑物无特殊说明时，均指单栋建筑物；本规范第 B.0.1 条至第 B.0.4 条所列建筑物面积不含地下车库和地下设备间面积；与本规范第 B.0.1 条至第 B.0.4 条所列建筑物同样性质或规模的独立地下建筑物等同于第 B.0.1 条至第 B.0.4 条所列各类建筑物。

附录 C 加油加气站内爆炸危险区域的等级和范围划分

C.0.1 爆炸危险区域的等级定义，应符合现行国家标准《爆炸和火灾危险环境电力装置设计规范》GB 50058 的有关规定。

C.0.2 汽油、LPG 和 LNG 设施的爆炸危险区域内地坪以下的坑或沟应划为 1 区。

C.0.3 埋地卧式汽油储罐爆炸危险区域划分（图 C.0.3），应符合下列规定：

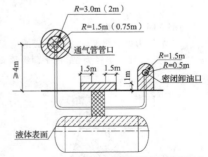

图 C.0.3 埋地卧式汽油储罐爆炸危险区域划分

0区；　　1区；　　2区

1 罐内部油品表面以上的空间应划分为 0 区。

2 人孔（阀）井内部空间，以通气管管口为中心，半径为 1.5m（0.75m）的球形空间和以密闭卸油口为中心，半径为 0.5m 的球形空间，应划分为 1 区。

3 距人孔（阀）井外边缘 1.5m 以内，自地面算起 1m 高的圆柱形空间、以通气管管口为中心,半径为3m(2m)的球形空间和以密闭卸油口为中心,半径为1.5m的球形并延至地面的空间,应划分为2区。

注:采用卸油油气回收系统的汽油罐通气管管口爆炸危险区域用括号内数字。

C.0.4 汽油的地面油罐、油罐车和密闭卸油口的爆炸危险区域划分(图C.0.4),应符合下列规定:

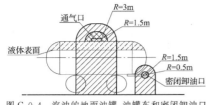

图 C.0.4　汽油的地面油罐、油罐车和密闭卸油口爆炸危险区域划分

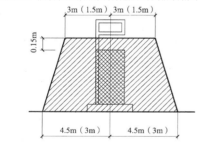

　　0区;　　　　1区;　　　　2区

1 地面油罐和油罐车内部的油品表面以上空间应划分为0区。

2 以通气口为中心,半径为1.5m的球形空间和以密闭卸油口为中心,半径为0.5m的球形空间,应划分为1区。

3 以通气口为中心,半径为3m的球形并延至地面的空间和以密闭卸油口为中心,半径为1.5m的球形并延至地面的空间,应划分为2区。

C.0.5 汽油加油机爆炸危险区域划分(图C.0.5),应符合下列规定:

1 加油机壳体内部空间应划分为1区。

2 以加油机中心线为中心线,以半径为4.5m(3m)的地面区域为底面和以加油机顶部以上0.15m半径为3m(1.5m)的平面为顶面的圆台形空间,应划分为2区。

注:采用加油油气回收系统的加油机爆炸危险区域用括号内数字。

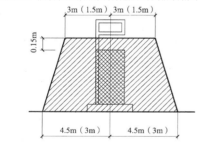

图 C.0.5　汽油加油机爆炸危险区域划分

　　0区;　　　　1区;　　　　2区

C.0.6 LPG加气机爆炸危险区域划分(图C.0.6),应符合下列规定:

1 加气机内部空间应划分为1区。

2 以加气机中心线为中心线,以半径为5m的地面区域为底面和以加气机顶部以上0.15m半径为3m的平面为顶面的圆台形空间,应划分为2区。

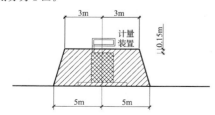

图 C.0.6　LPG加气机的爆炸危险区域划分

　　0区;　　　　1区;　　　　2区

C.0.7 埋地LPG储罐爆炸危险区域划分(图C.0.7),应符合下列规定:

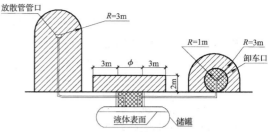

图 C.0.7　埋地LPG储罐爆炸危险区域划分

　　0区;　　　　1区;　　　　2区

1 人孔(阀)井内部空间和以卸车口为中心,半径为1m的球形空间,应划分为1区。

2 距人孔(阀)井外边缘3m以内,自地面算起2m高的圆柱形空间、以放散管管口为中心,半径为3m的球形并延至地面的空间和以卸车口为中心,半径为3m的球形并延至地面的空间,应划分为2区。

C.0.8 地上LPG储罐爆炸危险区域划分(图C.0.8),应符合下列规定:

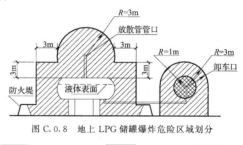

图 C.0.8　地上LPG储罐爆炸危险区域划分

　　0区;　　　　1区;　　　　2区

1 以卸车口为中心,半径为1m的球形空间,应划分为1区。

2 以放散管管口为中心,半径为3m的球形空间、距储罐外壁3m范围内并延至地面的空间、防护堤内与防护堤等高的空间和以卸车口为中心,半径为3m的球形并延至地面的空间,应划分为2区。

C.0.9 露天或棚内设置的LPG泵、压缩机、阀门、法兰或类似附件的爆炸危险区域划分(图C.0.9),距释放源壳体外缘半径为3m范围内的空间和距释放源壳体外缘6m范围内,自地面算起0.6m高的空间,应划分为2区。

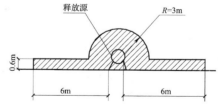

图 C.0.9　露天或棚内设置的LPG泵、压缩机、阀门、法兰或类似附件的爆炸危险区域划分

　　0区;　　　　1区;　　　　2区

C.0.10 LPG压缩机、泵、法兰、阀门或类似附件的房间爆炸危险区域划分(图C.0.10),应符合下列规定:

1 压缩机、泵、法兰、阀门或类似附件的房间内部空间,应划分为1区。

2 房间有孔、洞或开式外墙,距孔、洞或墙体开口边缘3m范围内与房间等高的空间,应划分为2区。

3 在1区范围之外,距释放源距离为R2,自地面算起0.6m高的空间,应划分为2区。当1区边缘距释放源的距离L大于3m时,R2取值为L外加3m,当1区边缘距释放源的距离L小于等于3m时,R2取值为6m。

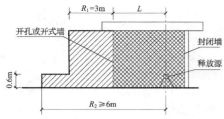

图 C.0.10　LPG 压缩机、泵、法兰、阀门或类似附件的
房间爆炸危险区域划分

0区；　　1区；　　2区

C.0.11　室外或棚内 CNG 储气瓶（组）、储气井、车载储气瓶的爆炸危险区域划分（图 C.0.11），以放散管管口为中心，半径为 3m 的球形空间和距储气瓶（组）壳体（储气井）4.5m 以内并延至地面的空间，应划分为 2 区。

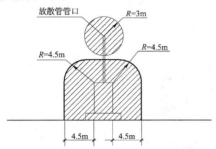

图 C.0.11　室外或棚内储气瓶（组）、储气井、车载储气瓶的
爆炸危险区域划分

0区；　　1区；　　2区

C.0.12　CNG 压缩机、阀门、法兰或类似附件的房间爆炸危险区域划分（图 C.0.12），应符合下列规定：

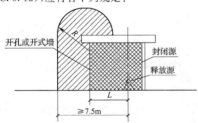

图 C.0.12　CNG 压缩机、阀门、法兰或类似附件的房间爆炸危险区域划分

 0区；　 1区；　2区

　1　压缩机、阀门、法兰或类似附件的房间的内部空间，应划分为 1 区。

　2　房间有孔、洞或开式外墙，距孔、洞或墙体开口边缘为 R 的范围并延至地面的空间，应划分为 2 区。当 1 区边缘距释放源的距离 L 大于或等于 4.5m 时，R 取值为 3m，当 1 区边缘距释放源的距离 L 小于 4.5m 时，R 取值为（7.5−L）m。

C.0.13　露天（棚）设置的 CNG 压缩机、阀门、法兰或类似附件的爆炸危险区域划分（图 C.0.13），距压缩机、阀门、法兰或类似附件壳体水平方向 4.5m 以内并延至地面的空间，距压缩机、阀门、法兰或类似附件壳体顶部 7.5m 以内的空间，应划分为 2 区。

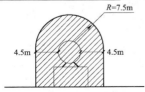

图 C.0.13　露天（棚）设置的 CNG 压缩机组、阀门、法兰或
类似附件的爆炸危险区域划分

0区；　1区；　2区

C.0.14　存放 CNG 储气瓶（组）的房间爆炸危险区域划分（图 C.0.14），应符合下列规定：

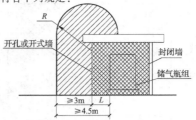

图 C.0.14　存放 CNG 储气瓶（组）的房间爆炸危险区域划分

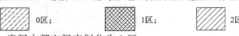
0区；　　1区；　　2区

　1　房间内部空间应划分为 1 区。

　2　房间有孔、洞或开式外墙，距孔、洞或外墙开口边缘 R 的范围并延至地面的空间，应划分为 2 区。当 1 区边缘距释放源的距离 L 大于或等于 1.5m 时，R 取值为 3m，当 1 区边缘距释放源的距离 L 小于 1.5m 时，R 取值为（4.5−L）m。

C.0.15　CNG 加气机、加气柱、卸气柱和 LNG 加气机的爆炸危险区域的等级和范围划分，应符合下列规定：

　1　CNG 加气机、加气柱、卸气柱和 LNG 加气机的内部空间应划分为 1 区。

　2　距 CNG 加气机、加气柱、卸气柱和 LNG 加气机的外壁四周 4.5m，自地面高度为 5.5m 的范围内空间应划分 2 区（图 C.0.15-1）。当罩棚底部至地面距离 L 小于 5.5m 时，罩棚上部空间应为非防爆区（图 C.0.15-2）。

C.0.16　LNG 储罐的爆炸危险区域划分（图 C.0.16-1～图 C.0.16-3），应符合下列规定：

　1　距 LNG 储罐的外壁和顶部 3m 的范围内应划分为 2 区。

　2　储罐区的防护堤至储罐外壁，高度为堤顶高度的范围内应划分为 2 区。

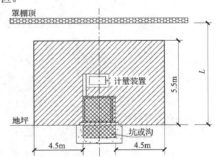

图 C.0.15-1　CNG 加气机、加气柱、卸气柱和 LNG
加气机的爆炸危险区域划分（一）

0区；　　1区；　　2区

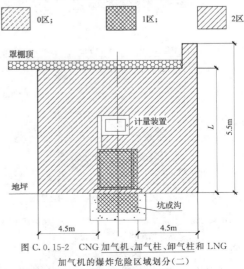

图 C.0.15-2　CNG 加气机、加气柱、卸气柱和 LNG
加气机的爆炸危险区域划分（二）

0区；　1区；　2区

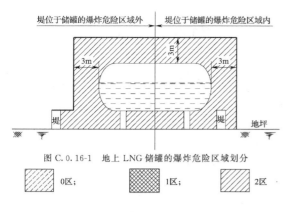

图 C.0.16-1 地上 LNG 储罐的爆炸危险区域划分

 0区; 1区; 2区

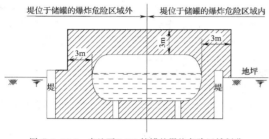

图 C.0.16-2 半地下 LNG 储罐的爆炸危险区域划分

 0区; 1区; 2区

C.0.17 露天设置的 LNG 泵的爆炸危险区域划分(图 C.0.17),应符合下列规定:

　　1 距设备或装置的外壁 4.5m,高出顶部 7.5m,地坪以上的范围内,应划分为 2 区。

　　2 当设置于防护堤内时,设备或装置外壁至防护堤,高度为堤顶高度的范围内,应划分为 2 区。

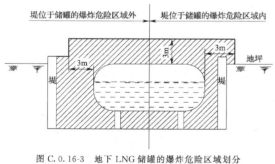

图 C.0.16-3 地下 LNG 储罐的爆炸危险区域划分

 0区; 1区; 2区

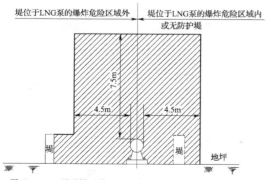

图 C.0.17 露天设置的 LNG 泵、空温式 LNG 气化器、阀门及法兰的爆炸危险区域划分

 0区; 1区; 2区

C.0.18 露天设置的水浴式 LNG 气化器的爆炸危险区域划分,

应符合下列规定:

　　1 距水浴式 LNG 气化器的外壁和顶部 3m 的范围内,应划分为 2 区。

　　2 当设置于防护堤内时,设备外壁至防护堤,高度为堤顶高度的范围内,应划分为 2 区。

C.0.19 LNG 卸气柱的爆炸危险区域划分,应符合下列规定:

　　1 以密闭式注送口为中心,半径为 1.5m 的空间,应划分为 1 区。

　　2 以密闭式注送口为中心,半径为 4.5m 的空间以及至地坪以上的范围内,应划分为 2 区。

中华人民共和国国家标准

汽车加油加气站设计与施工规范

GB 50156-2012

条 文 说 明

1 总　　则

1.0.1 汽车加油加气站属危险性设施,又主要建在人员稠密地区,所以必须采取适当的措施保证安全。技术先进是安全的有效保证,在保证安全的前提下也要兼顾经济效益。本条提出的各项要求是对设计提出的原则要求,设计单位和具体设计人员在设计汽车加油加气站时,还要严格执行本规范的具体规定,采取各种有效措施,达到条文中提出的要求。

1.0.2 考虑到在已建加油站内增加加气站的可能性,故本规范适用范围除新建外,还包括加油加气站的扩建和改建工程及加油站和加气站合建的工程设计。

　　需要说明的是,建设规模不变,布局不变,功能不变,地址不变的设施、设备更新不属改建,而是正常检修维修范围的工作。"扩建和改建工程"仅指加油加气站的扩建和改建部分,不包括已有部分。

　　本规范是指导汽车加油加气站设计的标准,规定"本规范适用于新建、扩建和改建汽车加油加气站的设计",意即本规范新版本原则上对按本规范以前版本设计、审批、建设及验收的汽车加油加气站没有追溯力。在对按本规范以前版本建设的现存汽车加油加气站进行安全评审等工作时,完全以本规范新版本为依据是不合适的。规范是需要根据技术进步、经济发展水平和社会需求不断改进的,以此来促进加油加气站建设水平的逐步提高。为了与国家现阶段的社会发展水平相适应,GB 50156—2012相比以前版本提高了汽车加油加气站的安全防护要求,但这并不意味着按以前版本建设的汽车加油加气站就不安全了。提高安全防护要求的目的是提高安全度,对按以前版本建设的汽车加油加气站,可以借其更新改建或扩建的机会逐步提高其安全度。

1.0.3 加油加气站设计涉及的专业较多,接触的面也广,本规范是综合性技术规范,只能规定加油加气站特有的问题。对于其他专业性较强、且已有专用国家或行业标准作出规定的问题,本规范不便再作规定,以免产生矛盾,造成混乱。本规范明确规定者,按本规范执行;本规范未作规定者执行国家现行有关标准的规定。

3 基 本 规 定

3.0.2 本规范允许加油站与加气(LPG、CNG、LNG)站合建。这样做有利于节省城市用地、有利于经营管理,也有利于燃气汽车的发展。只要采取适当的安全措施,加油站和加气站合建是可以做到安全可靠的。国外燃气汽车发展比较快的国家普遍采用加油站和加气站合建方式。

　　从对国内外加气站的考察来看,LPG加气站与CNG、LNG加气站联合建站的需求很少,所以本规范没有制定LPG加气站与CNG、LNG加气站联合建站的规定。

　　电动汽车是国家政策大力推广的新能源汽车,利用加油站、加气站网点建电动汽车充电设施(包括电池更换设施)是一种便捷的方式。参考国外经验,本条规定加油站、加气站可与电动汽车充电设施联合建站。

　　为使条文更加清晰、明确,本次局部修订修改了本条表述。

3.0.3 橇装式加油装置固定在一个基座上,安放在地面,具有体积小、占地少、安装简便的优点。为确保安全,这种橇装式加油装置采取了比埋地罐更为严格的安全措施,如设置有自动灭火装置、紧急泄压装置、防溢流装置、高温自动断油保护阀、防爆装置等埋地油罐一般不采用的装置,安全性有所保证,但毕竟是地上油罐,不适合在普通场合使用。本条规定的"橇装式加油装置可用于政府有关部门许可的企业自用、临时或特定场所","企业自用"是指设在企业的橇装式加油装置不对外界车辆提供加油服务;"临时或特定场所"是指抢险救灾临时加油、城市建成区以外专项工程施工等场所。

3.0.8 增加柴油尾气处理液加注业务,是为了适应清洁燃料的发展需要。

3.0.9 加油站内油罐容积一般是依其业务量确定。油罐容积越大,其危险性也越大,对周围建、构筑的影响程度也越高。为区别对待不同油罐容积的加油站,本条按油罐总容积大小,将加油站划分为三个等级,以便分别制定安全规定。

　　本次修订,将各级加油站的许用容积均增加30m³,以便适应加油站加油量日益增长的趋势。2001年全国汽车保有量约为1800万辆,2010年全国汽车保有量已超过8000万辆,是9年前的4倍多;2002年全国汽油和柴油消费量约为1.1亿t,2010年全国汽油和柴油消费量约为2.3亿t,是8年前的2倍多;2001年全国加油站数量约有9万座,由于城市加油站建设用地非常紧张和昂贵,10年来加油站数量增长缓慢,至2010年全国加油站数量约有9.5万座。由此可见,目前汽车保有量较10年前已有大幅度增加,加油站的营业量也随之大幅度提高。在加油站数量不能相应增加的情况下,增加加油站油罐总容积,提高加油站运营效率是必要的。

　　现在城市加油站销售量超过5000t/a的很普遍,地理位置好的甚至超过20000t/a。加油站油源的供应渠道是否固定、距离远近、道路状况、运输条件等都会影响加油站供油的及时性和保证率,从而影响加油站油罐的容积大小。一般来说,加油站油罐容积宜为3d~5d的销售量,照此推算,销售量为5000t/a的加油站,油罐总容积需达到65m³~110m³,故本规范三级加油站的允许油罐总容积为90m³。在城市建成区内,建、构筑的布置比较密集,加油站建设条件越来越苛刻,许多情况是只能建三级站,销售量超过20000t/a的加油站在城市中心区较多,90m³的油罐总容积基本可以保证油罐一天进一次油能满足需求。加油站如果油罐总容积小,对于销售量大的加油站就需要多次进油,进油次数多,尤其是在白天交通繁忙时进油不利于安全。所以,规定三级加油站油罐的允许总容积为90m³是合适的。

对于加油站来说,油罐总容积越大,其适应市场的能力也越强。建于城市郊区或公路两侧等开阔地带的加油站可以允许其油罐总容积比城市建成区内的加油站油罐总容积大些,本规范将油罐总容积为151m³～210m³的加油站划为一级加油站。二级加油站油罐规模取一、三级加油站的中间值定为91m³～150m³。

油罐容积越大,其危险度也越大,故对各级加油站的单罐最大容积作出限制。本条规定的单罐容积上限,既考虑了安全因素,又考虑了加油站运营需要。柴油的闪点较高,其危险性远不如汽油,故规定柴油罐容积可折半计入油罐总容积。

与国外加油站油罐规模相比,本规范对油罐规模的控制是比较严格的。美国和加拿大的情况如下:

美国消防协会在《防火规章》NFPA 30A中规定:对于I、II级易燃可燃液体,单个地下罐的容积最大为12000加仑(45.4m³),汇总容积为48000加仑(181.7m³);对于使用加油设备加注的II、III级可燃液体场合,可以扩大到单个20000加仑(75m³)和总容量80000加仑(304m³)。

按照NFPA 30A对易燃和可燃液体的分级规定,LPG、LNG和汽油属于I级易燃液体,柴油属于II级可燃液体。

加拿大对加油站地下油罐的罐容也没有严格的限制性要求,加拿大《液体燃油处置规范》2007(TSSA 2007 Fuel Handling Code)规定:在一个设施处不得安装容量大于100m³的单隔间地下储油罐。大于500m³的地下总储量仅允许用于油库。

3.0.10 LPG储罐为压力储罐,其危险程度比汽油罐高,控制LPG加气站储罐的容积小于加油站油品储罐的容积是应该的。从需求方面来看,LPG加气站主要建在城市里,而在城市郊区一般皆建有LPG储存站,供气条件较好,LPG加气站储罐的储存天数宜为2d～3d。据了解,国外LPG加气站和国内已建成并投入使用的LPG加气站日加气车次范围为100车次～550车次。根据国内车载LPG瓶使用情况,平均每车次加气量按40L计算,则日加气数量范围为4m³～22m³。对应2d的储存天数,LPG加气站所需储罐容积范围为9m³～52m³;对应3d的储存天数,LPG加气站所需储罐容积范围为14m³～78m³。从目前国内运行的LPG加气站来看,LPG储罐容积都在30m³～60m³之间,基本能满足运营需要。据了解,目前运送LPG加气站的主要车型为10t车。为了能一次卸尽10t液化石油气,LPG加气站的储罐容积最好不小于30m³(包括罐底残留量和0.1倍～0.15倍储罐容积的气相空间)。故本规范规定一级LPG加气站储罐容积的上限为60m³,三级LPG加气站储罐容积的上限为30m³,二级LPG加气站储罐容积范围31m³～45m³是对一级站和三级站储罐容积的折中。对单罐容量的限制,是为了降低LPG加气站的风险度。

3.0.11 对本条各款说明如下:

1 根据调研,目前CNG加气母站一般有5个～7个拖车在固定停车位同时加气,主力拖车储气瓶组几何容积为18m³～20m³。为限制城市建成区内CNG加气母站规模,故规定CNG加气母站储气设施的总容积不应超过120m³。

2 根据调研,目前压缩天然气常规加气站日加气量一般为10000m³～15000m³(基准状态),繁忙的加气站日加气量达到20000m³(基准状态)。根据作业需要,加气时间比较集中的压缩天然气加气站,储气量以日加气量的1/2为宜,加气时间不很集中的压缩天然气加气站,储气量以日加气量的1/3为宜。故本规范规定压缩天然气常规加气站储气设施的总容积在城市建成区内不应超过30m³。

3 CNG车载储气瓶组既可用于运输CNG,也可停放在站内作为CNG储气设施为CNG汽车加气,在CNG加气子站内设置有固定CNG储气设施的情况下,要求"CNG加气子站停放的车载储气瓶组拖车不应多于1辆"是合适的。2012年版规定"固定储气设施的总容积不应超过18m³"是为了满足工艺操作需要。目前,各地交通管理部门出于安全考虑,限制车载储气瓶组拖车白天

在城区行驶,造成CNG加气子站白天供气不足。为了满足日益增长的CNG加气需求,本局部修订将储气井的总容积由18m³增加到24m³。储气井在CNG加气站应用已有十余年的历史,实践经验证明,储气井有非常好的安全性,适当增加储气井的总容积不会给安全带来明显不利的影响。

4 当采用液压拖车或无需压缩机增压的加气工艺时,站内不需要设置固定储气设施,需要在1台拖车工作时,另外有1台拖车在站内备用,故规定在站内可有2辆车载储气瓶组拖车。

5 在某些地区,天然气是紧缺资源,CNG常规加气站用气高峰时期供气管道常常压力很低,有时严重影响给CNG汽车加气的速度,造成CNG汽车在加气站排长队,在有的以CNG汽车为出租车主力的城市,因为CNG常规加气站管道供气不足,已影响到城市交通的正常运行。CNG常规加气站以LNG储罐做补充气源,是可行的缓解供气不足的措施,但需要控制其规模。

3.0.12 LNG加气站、L-CNG加气站、LNG和L-CNG加气合建站的等级划分,需综合考虑的因素如下:一是加气站设置的规模与周围环境条件的协调;二是依其汽车加气业务量;三是LNG储罐的容积能接受进站槽车的卸量。目前大型LNG槽车的卸量在51m³左右。

加气站LNG储罐容积按1d～3d的销售量进行配置为宜。

1)本规范制定三级站规模的理由:一是LNG具有温度低(操作温度-162℃)不易被点燃、泄放气体轻于空气的特点,故LNG加气站安全性好于其他燃气站,规模可适当加大。二是LNG槽车运距普遍在500km以上,主要使用大容积运输槽车或集装箱,最好在1座加气站内完成卸量。目前加气站的LNG数量主要由供应点的汽车地中衡计量,通过加气站的销售量进行复验核实、认定。若由1辆槽车供应2座加气站,难以核查2座加气站的卸气量,易引发计量纠纷。

三级站的总容积规模,是按能接纳1辆槽车的可卸量,并考虑卸车前站内LNG储罐尚有一定的余量。因此,将三级站的容积定为小于或等于60m³较为合理。

2)各类LNG加气站的单罐容积规模:一是在加气站运行作业中,倒罐装较为复杂,并易发生误操作事故;二是在向储罐充装LNG初期产生的BOG量较大。目前的BOG多数采用放空,造成浪费和污染。因此,在加气站内最好由1台储罐来完成接纳1辆槽车的卸量。因此,将单罐容积上限定为60m³,有利于LNG加气站的运行和节能。

3)一、二级站规模按增加2台和1台60m³LNG储罐设定,以满足1d～3d的销售量需要。

3.0.12A 本规范3.0.12条允许建设LNG与L-CNG加气合建站,此种合建站以车载LNG为统一气源,既可为汽车充装LNG,也可为汽车充装CNG(需先将LNG转化为CNG)。由于LNG的价格贵于CNG,实际情况是"LNG与CNG常规加气合建站或CNG加气子站合建站"有更多需求,故本次局部修订补充了"LNG与CNG常规加气合建站"、"LNG与CNG加气子站合建站"形式。表3.0.12A规定的LNG储罐总容积和CNG储气设施总容积,兼顾了LNG加气和CNG加气的需求。各级合建站LNG储罐和CNG储气设施总规模,与表3.0.12中"CNG常规加气站以LNG储罐做补充气源的建站形式"的规定相当。

3.0.13 加油站与LPG加气合建站的级别划分,宜与加油站、LPG加气站的级别划分相对应,使某一级别的加油和LPG加气合建站与同级别的加油站、LPG加气站的危险程度基本相当,且能分别满足加油和LPG加气的运营需要。这样划分清晰明了,便于掌握和管理。

3.0.14 加油站与CNG加气合建站的级别划分原则与3.0.13条基本相同。规定一、二级合建站中CNG加气子站固定储气瓶(井)容积为12(18)m³,三级合建站中CNG加气子站固定储气瓶(井)容积为9(18)m³,主要供车载储气瓶组扫线或卸气。目前,各

地交通管理部门出于安全考虑,限制车载储气瓶组拖车白天在城区行驶,造成 CNG 加气子站白天供气不足,故本次局部修订将储气井的总容积由 12m³ 增加到 18m³,以满足车载储气瓶组拖车快速将 CNG 卸入储气井的作业需求。

3.0.15 按本条规定,可充分利用已有的二、三级加油站改扩建成加油和 LNG 加气合建站,有利于节省土地和提高加油加气站效益,有利于加气站的网点布局,促进其发展,实用可行。

鉴于 LNG 设施安全性较好,加油站与 LNG 加气站、L-CNG 加气站、LNG/L-CNG 加气站合建站的级别划分,按同级别加油站规模确定。

为了满足日益增长的 LNG 和 CNG 加气需求,本次局部修订增加了加油与 LNG 和 CNG 加气这三者联合建站的形式,增加了 CNG 储气设施的总容积,但同时减少了 LNG 储罐和油品储罐的总容积。

"CNG 储气设施总容积(m³)≤24"可以完全是车载储气瓶组或固定储气设施,也可以是车载储气瓶组与固定储气设施的组合(如车载储气瓶组 18m³,站用固定储气设施 6m³)。

3.0.16 CNG 车载储气瓶组拖车规格有越来越大的趋势,由于服务于 CNG 加气子站的 CNG 车载储气瓶组拖车经常出入城区,安全起见,有必要对其规格加以限制。

4 站址选择

4.0.1 在进行加油加气站网点布局和选址定点时,首先需要符合当地的整体规划、环境保护和防火安全的要求,同时,需要处理好方便加油加气和不影响交通这样一个关系。

4.0.2 一级加油站、一级加气站、一级加油加气合建站、CNG 加气母站储存设备容积大,加油加气量大,风险性相对较大,为控制风险,所以不允许其建在城市中心区。"城市建成区"和"城市中心区"概念见现行国家标准《城市规划基本术语标准》GB/T 50280—98,其中"城市中心区"包括该标准中的"市中心"和"副中心"。该标准对"城市建成区"表述为:"城市行政区内实际已经成片开发建设、市政公用设施和公共设施基本具备的地区。";对"市中心"表述为:"城市中重要市级公共设施比较集中,人群流动频繁的公共活动区域";对"副中心"表述为"城市中为分散市中心活动强度的、辅助性的次于市中心的市级公共服务中心"。

4.0.3 加油加气站建在交叉路口附近,容易造成车辆堵塞,会减少路口的通行能力,因而作出本条规定。

4.0.4 通观国外发达国家有关标准规范的安全理念,以技术手段确保可燃物料储运设施自身的安全性能,是主要的防火措施,防火间距是辅助措施,我国有关防火设计规范也逐渐采用这一设防原则。加油加气站与站外设施之间的安全间距,有两方面的作用,一是防止站外明火、火花或其他危险行为影响加油加气站安全;二是避免加油加气站发生火灾事故时,对站外设施造成较大危害。对加油加气站而言,设防边界是站区围墙或站区边界线;对站外设施来说,需要根据设施的性质、人员密集程度等条件区别对待。本规范附录 B 将民用建筑物划分为重要公共建筑物、一类保护物、二类保护

和三类保护物四个保护类别,参照国内外相关标准和实践经验,分别制定了加油加气站与四个类别公共或民用建筑物之间的安全间距。

本规范 6.1.1 条明确规定"加油站的汽油罐和柴油罐应埋地设置"。据我们调查,几起地下油罐着火的事故证明,地下油罐一旦着火,火势较小,容易扑灭,对周围影响较小,比较安全。本条参照现行国家标准《建筑设计防火规范》GB 50016,制定了埋地油罐、加油机与站外建(构)筑物的防火距离,分述如下:

1 站外建筑物分为:重要公共建筑物、民用建筑物及甲、乙类物品的生产厂房。现行国家标准《建筑设计防火规范》GB 50016 对明火或散发火花地点和甲、乙类物品及甲、乙类液体已作定义,本规范不再定义。重要公共建筑物性质重要或人员密集,加油加气站与重要公共建筑物的安全间距要远于其他建筑物。本条规定加油站的埋地油罐和加油机与重要公共建筑物的安全间距在无油气回收系统情况下,不论级别均为 50m,基本上在加油站事故影响范围之外。

现行国家标准《建筑设计防火规范》GB 50016—2006 第 4.2.1 条规定:甲、乙类液体总储量小于 200m³ 的储罐区与一、二、三、四级耐火等级的建筑物的防火间距分别为 15m、20m、25m;对单罐容积小于等于 50m³ 的直埋甲、乙、丙类液体储罐,在此基础上还可减少 50%。

加油站的油品储罐埋地设置,其安全性比地上的油罐好得多,故安全间距可按现行国家标准《建筑设计防火规范》GB 50016—2006 的规定适当减小。考虑到加油站一般位于建(构)筑物和人流较多的地区,本条规定的汽油罐与站外建筑物的安全间距要大于现行国家标准《建筑设计防火规范》GB 50016—2006 的规定。

2 站外甲、乙类物品生产厂房火灾危险性大,加油站与这类设施应有较大的安全间距,本规范三个级别的汽油罐分别定为 25m、22m 和 18m。

3 汽油设备与明火或散发火花地点的距离是参照现行国家标准《建筑设计防火规范》GB 50016—2006 第 4.2.1 条的规定制定的。根据《建筑设计防火规范》GB 50016—2006 对"明火地点"和"散发火花地点"定义,本条的"明火或散发火花地点"指的是工业明火或散发火花地点、独立的锅炉房等,不包括民用建筑物内的灶具等明火。

4 汽油设备与室外变、配电站和铁路的安全间距是参照现行国家标准《建筑设计防火规范》GB 50016—2006 第 4.2.1 条和第 4.2.9 条的规定制定的。现行国家标准《建筑设计防火规范》GB 50016—2006 第 4.2.1 条和第 4.2.9 条规定:甲、乙类液体储罐与室外变、配电站和铁路的安全间距不应小于 35m。考虑到加油站油罐埋地设置,安全性较好,安全间距减小到 25m;对采用油气回收系统的加油站允许安全间距进一步减少 5m 或 7.5m。表 4.0.4 注 1 中的"其他规格的室外变、配电站或变压器应按丙类物品生产厂房对待",是参照现行国家标准《建筑设计防火规范》GB 50016—2006 条文说明表 1"生产的火灾危险分类举例"和现行国家标准《火力发电厂与变电站设计防火规范》GB 50229—2006 第 11.1.1 条的规定确定的。

5 汽油设备与站外道路的安全间距是按现行国家标准《建筑设计防火规范》GB 50016—2006 第 4.2.9 条的规定制定的。现行国家标准《建筑设计防火规范》GB 50016—2006 第 4.2.9 条的规定:甲、乙类液体储罐与厂外道路的防火间距不应小于 20m。考虑到加油站油罐埋地设置,安全性较好,站外铁路、道路与油罐的防火间距适当减小。

6 根据实践经验,架空通信线与一级加油站油罐的安全间距分别为 1 倍杆高是安全可靠的,与二、三级加油站汽油设备的安全间距可适当减少到 5m。架空电力线的危险性大于架空通信线,根据实践经验,架空电力线与一级加油站油罐的安全间距为 1.5 倍杆高是安全可靠的,与二、三级加油站油罐的安全间距视危险程度的降低而依次减少是合适的。有绝缘层的架空电力线安全性好一些,故允许安全间距适当减少。本次局部修订表 4.0.4 中删除了"通信发射塔",在附录 B 中将"通信发射塔"划归为三类保护物。

7 设有卸油油气回收系统的加油站或加油加气合建站,汽车

油罐车卸油时，油气被控制在密闭系统内，不向外界排放，对环境卫生和防火安全都很有利，为鼓励采用这种先进技术，故允许其安全间距可减少20%；同时设有卸油和加油油气回收系统的加油站，不但汽车油罐车卸油时，基本不向外界排放油气，给汽车加油时也很少向外界排放油气（据国外资料介绍，油气回收能达到90%以上），安全性更好，为鼓励采用这种先进技术，故允许其安全间距可减少30%。加油站对外安全间距折减30%后，与民用建筑物除个别安全间距最小可为7m外，大多数大于现行国家标准《建筑设计防火规范》GB 50016—2006第4.2.1条规定的甲、乙类液体总储量小于200m³，且单罐容量小于等于50m³的直埋储罐区与一、二耐火等级的建筑物的7.5m防火间距要求。

8 表4.0.4注3的"与重要公共建筑物的主要出入口（包括铁路、地铁和二级及以上公路的隧道出入口）尚不应小于50m。"意思是，汽油设备与重要公共建筑物外墙轴线的距离执行表4.0.4的规定，与重要公共建筑物的主要出入口的距离"不应小于50m"。

9 表4.0.4注4的"一、二级耐火等级民用建筑物面向加油站一侧的墙为无门窗洞口的实体墙时，油罐、加油机和通气管管口与该民用建筑物的距离，不应低于本表规定的安全间距的70%"意思是，油罐、加油机和通气管管口与民用建筑物无门窗洞口的实体墙的距离可以减少30%。

4.0.5 柴油闪点远高于柴油在加油站的储存温度，基本不会发生爆炸和火灾事故，安全性比汽油好得多。故规定加油站柴油设备与站外重要公共建筑物、明火或散发火花地点、民用建筑物、生产厂房（库房）和甲、乙类液体储罐、室外变配电站、铁路的安全间距，小于汽油设备站外建（构）筑物的安全间距；与城市道路的安全间距减小到3m。

4.0.6、4.0.7 加气站及加油加气合建站的LPG储罐与站外建（构）筑物的安全间距是按照储罐设置形式、加气站等级以及站外建（构）筑物的类别，并依据国内外相关规范分别确定的。表1和表2列出了国内外相关规范的安全间距。

表1 各种LPG加气站设计标准安全间距对照（一）(m)

建（构）筑物	石油天然气行业标准 埋地储罐		建设部行业标准 埋地储罐			加气机	卸车点、放散管	澳大利亚标准 埋地储罐	加气机	卸车点	地上泵	加气机
储罐总容积(m³)	61~150	21~60	一级 41~60	二级 21~40	三级 ≤20			不限				
单罐容积(m³)	≤50	≤30	≤30	≤30	≤20			≤65				
重要公共建筑物	40	30	100	100	100							
明火或散发火花地点	25	20	25	20	20	16	25	55				
民用建筑物保护类别 一类保护物			18	15	15	12	30	15		15	55	15
二类保护物	23	20	22	22	22	22	30	15		15	15	15
三类保护物			18	18	18			10		10	10	15
站外甲、乙类液体储罐	23	20	22	22	22							
室外变配电站	25	25	22	22	22							
铁路（中心线）			5	5	5							
电缆沟、暖气沟、下水道	15	15	8	8	8			8	6	8	10	6
城市道路 快速路、主干路	15	15	10	8	8							
次干路、支路	10	10	8	6	6	5		5				5

表2 各种LPG加气站设计标准安全间距对照（二）(m)

建（构）筑物	荷兰标准 埋地储罐	加气机	卸车点	上海市地方标准 埋地储罐			广东省地方标准 埋地储罐		
储罐总容积(m³)	不限			一级 41~60	二级 21~40	三级 ≤20	一级 51~150	二级 31~50	三级 ≤30
单罐容积(m³)	≤50			≤30	≤30	≤20	≤50	≤25	≤15
重要公共建筑物			60	60	60	60			
明火或散发火花地点	40		30	20	20	20	35	25	20
民用建筑 一类保护物	20	20	5	20	20	10			
二类保护物	20	20		10		10	22.5	12.5	10
三类保护物	15	7		10	10	10			
站外甲、乙类液体储罐				20	20	20	25	20	15
室外变配电站	15			22	22	18			
铁路（中心线）			5	22	22	22			
电缆沟、暖气沟、下水道				6	5	5			
城市道路 快速路、主干路	10			11	11	11	12.5	10	8
次干路、支路	8			9	9	9	10	7.5	5

本规范制定的LPG加气站技术和设备要求，基本上与澳大利亚、荷兰等发达国家相当，并规定了一系列防范各类事故的措施。依据表1和表2及现行国家标准《建筑设计防火规范》GB 50016—2006等现行国家标准，制定了LPG储罐、加气机等与站外建（构）筑物的防火距离，现分述如下：

1 重要公共建筑物性质重要、人员密集、加气站发生火灾可能会对其产生较大影响和损失，因此，不分级别，安全间距均规定为不小于100m，基本上在加气站事故影响区外。民用建筑按照其使用性质、重要程度、人员密集程度分为三个保护类别，并分别确定其防火距离。在参照建设部行业标准《汽车用燃气加气站技术规范》CJJ 84—2000的基础上，对安全间距略有调整。另外，从表1和表2可以看出，本规范的安全间距多数情况大于国外规范的相应安全间距。甲、乙类物品生产厂房与地上LPG储罐的间距与现行国家标准《建筑设计防火规范》GB 50016—2006第4.4.1条基本一致，而地下储罐按地上储罐的50%确定。

2 与明火或散发火花地点、室外变配电站的安全间距参照现行国家标准《建筑设计防火规范》GB 50016—2006第4.4.1条的规定确定。

3 与铁路的安全间距按现行国家标准《建筑设计防火规范》GB 50016—2006有关规定制定，而地下罐按照地上储罐的安全间距折减50%。

4 对与快速路、主干路的安全间距参照现行国家标准《建筑设计防火规范》GB 50016—2006有关规定制定，一、二、三级站分别为15m、13m、11m；对埋地LPG储罐减半。与次干路、支路的安全间距相应减少。

5 表4.0.6和表4.0.7注4的"一、二级耐火等级民用建筑物面向加气站一侧的墙为无门窗洞口实体墙时，站内LPG设备与该民用建筑物的距离不应低于本表规定的安全间距的70%。"意思是,LPG设备与民用建筑物无门窗洞口的实体墙的距离可以减少30%。

4.0.8 CNG加气站与站外建(构)筑物的安全间距,主要是参照现行国家标准《石油天然气工程设计防火规范》GB 50183—2004的有关规定编制的。该规范将生产规模小于$50×10^4$ m³/d的天然气站场定为五级站,其与公共设施的防火间距不小于30m即可;CNG常规加气站和加气子站一般日处理量小于$2.5×10^4$ m³/d,CNG加气母站一般日处理量小于$20×10^4$ m³/d,本条规定CNG加气站与重要公共建筑物的安全间距不小于50m是妥当的。

目前脱硫塔一般不进行再生处理,所以脱硫脱水塔安全性比较可靠,均按储气井的距离确定是可行的。

储气井由于安装于地下,一旦发生事故,影响范围相对地上储气瓶要小,故允许其与站外建(构)筑物的安全间距小于地上储气瓶。

表4.0.8注5的"一、二级耐火等级民用建筑物面向加气站一侧的墙为无门窗洞口实体墙时,站内CNG工艺设备与该民用建筑物的距离,不应低于本表规定的安全间距的70%"。意思是,CNG工艺设备与民用建筑物无门窗洞口的实体墙的距离可以减少30%。

4.0.9 制订LNG加气站与站外建(构)筑物及设施的安全间距,主要是参照现行国家标准《城镇燃气设计规范》GB 50028—2006和《液化天然气(LNG)生产、储存和装运》GB/T 20368—2006(等同采用NFPA 59A)制订的。对比数据见表3。

LNG加气站与LPG加气站相比,安全性能好得多(见表4),故LNG设施与站外建(构)筑物的安全间距可以小于LPG与站外建(构)筑物的安全间距。

表3 《城镇燃气设计规范》GB 50028—2006、《液化天然气(LNG)生产、储存和装运》GB/T 20368—2006、《汽车加油加气站设计与施工规范》GB 50156—2012LNG储罐安全间距对比(以总容积120m³为例)

项目	《城镇燃气设计规范》GB 50028—2006的规定	《液化天然气(LNG)生产、储存和装运》GB/T 20368—2006(NFPA 59A)的规定	《汽车加油加气站设计与施工规范》GB 50156—2012的规定
与重要公共建筑物的距离(m)	50	45	50～80
与其他民用建筑的距离(m)	45	15	16～30

表4 LNG与LPG安全性能比较

项目	LNG	LPG	安全性能比较
工作压力(MPa)	0.6～1.0	0.6～1.0	基本相当
工作温度(℃)	−162	常温	LNG比LPG不易被明火或火花点燃
气体比重	轻于空气	重于空气	LNG泄漏气化后其气体会迅速向上扩散,安全性好;LPG泄漏气化后其气体会低洼处沉积扩散,安全性差
罐壁结构	双层壁,高真空多层缠绕结构	单层壁	LNG储罐比LPG储罐耐火性能好

LNG储罐、放散管管口、LNG卸车点与站外建(构)筑物之间的安全间距说明如下:

1 距重要公共建筑物的安全间距为80m,基本上在重大事故影响范围之外。

以三级站1台60m³LNG储罐发生全泄漏为例,泄漏天然气

量最大值为32400m³,在静风中成倒圆锥体扩散,与空气构成爆炸危险的体积648000m³(按爆炸浓度上限值5%计算),发生爆燃的影响范围在60m以内。在泄漏过程中的实际工况是动态的,在泄漏处浓度急剧上升,不断外扩。在扩延区域内,天然气浓度渐增,并进入爆炸危险区域。堵漏后,浓度逐渐降低,直至区域内的天然气浓度不构成对人体危害,并需消除隐患。在总泄漏时段内,实际构成的爆燃危险区域要小于按总泄漏值计算的爆炸危险距离。

2 民用建筑物视其使用性质、重要程度和人员密集程度,将民用建筑物分为三个保护类别,并分别制定了加气站与各类建筑物的安全间距。一类保护重要程度高,建筑面积大,人员较多,虽然建筑物材料多为一、二级耐火等级,但仍然有必要保持较大的安全间距,所以确定三个级别加气站与一类保护物的安全间距分别为35m、30m、25m,而与二、三类保护物的安全间距依其重要程度的降低分别递减为25m、20m、16m和18m、16m、14m。

3 三个级别加气站内LNG储罐与明火的距离分别为35m、30m、25m,主要考虑发生LNG泄漏事故,可控制扩延量或在10min内能熄灭周围明火的安全间距。

4 站外甲、乙类物品生产厂房火灾危险性大,加气站与这类设施应有较大的安全间距,本条款按三个级别分别定为35m、30m和25m。

5 由于室外变配电站的重要性,城市的变配电站的规模都比较大。LNG储罐与室外变配电站的安全间距适当提高是必要的,本条款按三个级别分别定为40m、35m和30m。

6 考虑到铁路的重要性,本规范规定的LNG储罐与站外铁路的安全间距,保证铁路在加气站发生重大危险事故影响区以外。

7 随着LNG储罐安装位置的下移,发生泄漏沉积在罐区内的时间相对长,随着气化速度降低,对防护堤外的扩散减慢,危害降低,其安全间距可适当减小。故对地下和半地下LNG储罐与站外建(构)筑物的安全间距允许按地上LNG储罐减少30%和20%。

8 放散管口、LNG卸车点与站外建(构)筑物的安全间距基本随三级站要求。

9 表4.0.9注4的"一、二级耐火等级民用建筑物面向加气站一侧的墙为无门窗洞口实体墙时,站内LNG设备与该民用建筑物的距离,不应低于本表规定的安全间距的70%。"意思是,站内LNG设备与民用建筑物无门窗洞口的实体墙的距离可以减少30%。

4.0.5～4.0.9 局部修订说明:

本次局部修订表4.0.5～表4.0.9中删除了"通信发射塔",在附录B中将"通信发射塔"划归为三类保护物。

4.0.13 加油加气作业区是易燃和可燃液体或气体集中的区域,本条的要求意在减少加油加气站遭遇事故的风险。加气站的危险性高于加油站,故两者要区别对待。

4.0.14 CNG加气站的橇装设备和LNG加气站橇装设备是在制造厂完成制造和组装的,相对现场分散施工具有现场安装简便、更能保证质量的优点,在小型CNG加气站和LNG加气站应用较多。CNG橇装设备、LNG橇装设备的性质和功能与现场分散安装的和CNG设备、LNG设备是相同的,为明确CNG橇装设备和LNG橇装设备与站外建(构)筑物的安全间距,故本次局部修订增加此条规定。

5 站内平面布置

5.0.1 本条规定是为了保证在发生事故时汽车槽车能迅速驶离。在运营管理中还需注意避免加油、加气车辆堵塞汽车槽车驶离车道，以防止事故时阻碍汽车槽车迅速驶离。

5.0.2 本条规定了站区内停车场和道路的布置要求。

1 根据加油、加气业务操作方便和安全管理方面的要求，并通过对全国部分加油加气站的调查，CNG 加气母站内单车道或单车位宽度需不小于 4.5m，双车道或双车位宽度需不小于 9m；其他车辆单车道宽度需不小于 4m，双车道宽度需不小于 6m。

2 站内道路转弯半径按主流车型确定，不小于 9m 是合适的。

3 汽车槽车卸车停车位按平坡设计，主要考虑尽量避免溜车。

4 站内停车场和道路路面采用沥青路面，容易受到泄露油品的侵蚀，沥青层易于破坏，此外，发生火灾事故时沥青将发生熔融而影响车辆辙离和消防工作正常进行，故规定不应采用沥青路面。

5.0.5 本条为强制性条文。加油加气作业区内大部分是爆炸危险区域，需要对明火或散发火花地点严加防范。

5.0.7 国家政策在推广电动汽车，根据国外经验，利用加油站网点建电动汽车充电或更换电池设施是一种简便易行的形式。电动汽车充电或电池更换设备一般没有防爆性能，所以要求"电动汽车充电设施应布置在辅助服务区内"。

5.0.8 加油加气站的变配电设备一般不防爆，所以要求其布置在爆炸危险区域之外，并保持不小于 3m 的附加安全距离。对变配电间来说需要防范的是油气进入室内，所以规定起算点为门窗等洞口。

5.0.10 本条为强制性条文。根据商务部有关文件的精神，加油加气站内可以经营食品、餐饮、汽车洗车及保养、小商品等。对独立设置的经营性餐饮、汽车服务等设施要求按站外建筑物对待，可以满足加油加气作业区的安全需求。

"独立设置的经营性餐饮、汽车服务等设施"系指在站房（包括便利店）之外设置的餐饮服务、汽车洗车及保养等建筑物或房间。

"对加油站内设置的燃煤设备不得按设置有油气回收系统折减距离"的规定，仅适用于在加油站内设置有燃煤设备的情况。

5.0.11 本条为强制性条文。站区围墙和可用地界线之外是加油加气站不可控区域，而在爆炸危险区域内一旦出现明火或火花，则易引发爆炸和火灾事故。为保证加油加气站安全，要求"爆炸危险区域不应超出站区围墙和可用地界线"是必要的。

5.0.12 加油加气站的工艺设备与站外建（构）筑物之间的距离小于或等于 25m 以及小于或等于表 4.0.4～表 4.0.9 中的防火距离的 1.5 倍时，相邻一侧应设置高度不小于 2.2m 的非燃烧实体围墙，可隔绝一般火种和禁止无关人员进入，以保障站内安全。加油加气站的工艺设备与站外建（构）筑物之间的距离大于表 4.0.4～表 4.0.9 中的防火距离的 1.5 倍，且大于 25m 时，安全性要好得多，相邻一侧应设置隔离墙，主要是禁止无关人员进入，隔离墙为非实体围墙即可。加油加气站面向进、出口的一侧，可建非实体围墙，主要是为了进、出站内的车辆视野开阔，行车安全，方便操作人员对加油、加气车辆进行管理，同时，在城市建站还能满足城市景观美化的要求。

5.0.13 本条为强制性条文。根据加油加气站内各设施的特点和附录 C 所划分的爆炸危险区域规定了各设施间的防火距离。分述如下：

1 加油站油品储罐与站内建（构）筑物之间的防火距离。加油站使用埋地卧式油罐的安全性好，油罐着火几率小。从调查情况分析，过去曾发生的几次加油站油罐人孔处着火事故多为因敞口卸油产生静电而发生的。只要严格按本规范的规定采用密闭卸油方式卸油，油罐发生火灾的可能性很小。由于油罐埋地敷设，即使油罐着火，也不会发生油品流淌到地面形成流淌火灾，火灾规模会很有限。所以，加油站卧式油罐与站内建（构）筑物的距离可以适当小些。

2 加油机与站房、油品储罐之间的防火距离。本表规定站房与加油机之间的距离为 5m，既把站房设在爆炸危险区域之外，又考虑二者之间可停一辆汽车加油，如此规定较合理。加油机与埋地油罐属同一类火灾等级设施，故其距离不限。

3 燃煤锅炉房与油品储罐、加油机、密闭卸油点之间的防火距离。现行国家标准《石油库设计规范》GB 50074 规定，石油库内容量小于等于 50m³ 的卧式油罐与明火或散发火花地点的距离为 18.5m。依据这一规定，本表规定站内燃煤锅炉房与埋地油罐距离为 18.5m 是可靠的。

与油罐相比，加油机、密闭卸油点的火灾危险性较小，其爆炸危险区域也较小，因此规定此两处与站内锅炉房距离为 15m 是合理的。

4 燃气（油）热水炉间与其他设施之间的防火距离。采用燃气（油）热水炉供暖炉子燃料来源容易解决，环保性好，其烟囱发生火花飞溅的几率极低，安全性能是可靠的。故本表规定燃气（油）热水炉间与其他设施的间距小于锅炉房与其他设施的间距是合理的。

5 LPG 储罐与站内其他设施之间的防火距离。

1）关于合建站内油品储罐与 LPG 储罐的防火间距，澳大利亚规范规定两类储罐之间的防火间距为 3m，荷兰规范规定两类储罐之间的防火间距为 1m。在加油加气合建站内应重点防止 LPG 气体积聚在汽、柴油储罐及其操作井内。为此，LPG 储罐与汽、柴油储罐的距离要较油罐与油罐之间、气罐与气罐之间的距离适当增加。

2）LPG 储罐与卸车点、加气机的距离，由于采用了紧急切断阀和拉断阀等安全装置，且在卸车、加气过程中皆有操作人员，一旦发生事故能及时处理。与现行国家标准《城镇燃气设计规范》GB 50028—2006 相比，适当减少了防火间距。与荷兰规范要求的 5m 相比，又适当增加了间距。

3）LPG 储罐与站房的防火间距与现行的行业标准《汽车用燃气加气站技术规范》CJJ 84—2000 基本一致，比荷兰规范要求的距离略有增加。

4）液化石油气储罐与消防泵房及消防水池取水口的距离主要是参照现行国家标准《城镇燃气设计规范》GB 50028—2006 确定的。

5）1 台小于或等于 10m³ 的地上 LPG 储罐整体装配式加气站，具有投资省、占地小、使用方便等特点，目前在日本使用较多。由于采用整体装配，系统简单，事故危险性小，为便于采用，本表规定其相关防火间距可按本表中三级站的地上储罐减少 20%。

6 LPG 卸车点（车载卸车泵）与站内道路之间的防火距离。规定两者之间的防火距离不小于 2m，主要是考虑减少站内行驶车辆对卸车点（车载卸车泵）的干扰。

7 CNG 加气站内储气设施与站内其他设施之间的防火距离。在参考美国、新西兰规范的基础上，根据我国使用的天然气质量，分析站内各部位可能会发生的事故及其对周围的影响程度后，适当加大防火距离。

8 CNG 加气站、加油加气（CNG）合建站内设施之间的防火距离。CNG 加气站内储气设施与站内其他设施之间的防火距离，是在参考美国、新西兰规范的基础上，根据我国使用的天然气质量，分析站内各部位可能会发生的事故及其对周围的影响程度，结合我国 CNG 加气站的建设和运行经验确定的。

9 LNG 加气站、加油加气（LNG）合建站内设施之间的防火距离。LNG 加气站内储气设施与站内其他设施之间的防火距离，是在依据现行国家标准《城镇燃气设计规范》GB 50028—2006、《液化天然气(LNG)生产、储存和装运》GB/T 20368—2006 的基础上，分析站内各部位可能会发生的事故及其对周围的影响程度，结合我国已经建成 LNG 加气站的实际运行经验确定的。表 5.0.13-2 中，对 LNG 设备之间没有间距要求或规定的间距较小，是为了方便建造集约化的橇装设备。橇装设备在制造厂整体建造，相对现场分散施工安装更能保证质量。

10 表 5.0.13-1 注 4 的"当卸油采用油气回收系统时，汽油通气管管口与站区围墙的距离不应小于 2m。"意思是，汽油通气管管口与站区围墙的距离可以减少至 2m。

11 表 5.0.13-1 注 7 的"容量小于或等于 10m³ 的地上 LPG 储罐的整体装配式加气站，其储罐与站内其他设施的防火间距，不应低于本表三级站的地上储罐防火间距的 80%。"意思是，容量小于或等于 10m³ 的地上 LPG 储罐的整体装配式加气站，其储罐与站内其他设施的防火间距，可以按表中三级站的地上储罐减少 20%。

5.0.14 本规范表 5.0.13-1 和表 5.0.13-2 中，CNG 储气设施、油品卸车点、LPG 泵(房)、LPG 压缩机(间)、天然气压缩机(间)、天然气调压器(间)、天然气脱硫和脱水设备、加油机、LPG 加气机、CNG 加卸气设施、LNG 卸车点、LNG 潜液泵罐、LNG 柱塞泵、地下泵室入口、LNG 加气机、LNG 气化器与站区围墙的最小防火间距小于附录 C 规定的爆炸危险区域的，需要采取措施(如有的设备可以布置在室内，设备间靠近围墙的墙采用无门窗洞口的实体墙；加高围墙至不小于爆炸危险区域的高度)，保证爆炸危险区域不超出围墙。

6 加油工艺及设施

6.1 油 罐

6.1.1 本条为强制性条文。加油站的卧式油罐埋地敷设比较安全。从国内外的有关调查资料统计来看，油罐埋地敷设，发生火灾的几率很小，即使油罐着火，也容易扑救。英国石油学会《销售安全规范》讲到，Ⅰ类石油(即汽油类)只要液体储存在埋地罐内，就没有发生火灾的可能性。事实上，国内、国外目前也没有发现加油站有大的埋地罐火灾。

另外，埋地油罐与地上油罐比较，占地面积较小。因为不需要设置防火堤，省去了防火堤的占地面积。必要时还可将油罐埋设在加油场地和车道之下，不占或少量占地。加上因埋地罐较安全，与其他建(构)筑物的要求距离也小，也可减少加油站的占地面积。这对于用地紧张的城市建设意义很大。另一方面，也避免了地面罐必须设置冷却水，以及油罐受紫外线照射、气温变化大，带来的油品蒸发和损耗大等不安全问题。

油罐设在室内发生的爆炸火灾事例较多，造成的损失也较大。其主要原因是油罐需要安装一些阀门等附件，它们是产生爆炸危险气体的释放源。泄漏挥发出的油气，由于通风不良而积聚在室内，易于发生爆炸火灾事故。

6.1.3 双层油罐是目前国外加油站防止地下油罐渗(泄)漏普遍采取的一种措施。其过渡历程与趋势为：单层罐——双层钢罐(也称 SS 地下储罐)——内钢外玻璃纤维增强塑料(FRP)双层罐(也称 SF 地下储罐)——双层玻璃纤维增强塑料(FRP)油罐(也称 FF 地下储罐)。对于加油站在用埋地油罐的改造，北美、欧盟等国家在采用双层油罐的过渡期，为减少既有加油

更换双层油罐的损失，允许采用玻璃纤维增强塑料等满足强度和防渗要求的衬里技术改成双层油罐，我国香港也采用了这种改造技术。

双层油罐由于其有两层罐壁，在防止油罐出现渗(泄)漏方面具有双保险作用，再加上国外标准在制造上要求对两层罐壁间隙实施在线监测和人工检测，无论是内层罐发生渗漏还是外层罐发生渗漏，都能在贯通间隙内被发现，从而可有效地避免渗漏油品进入环境，污染土壤和地下水。

内钢外玻璃纤维增强塑料双层油罐，是在单层钢制油罐的基础上外附一层玻璃纤维增强塑料(即：玻璃钢)防渗外套，构成双层罐。这种罐除具有双层罐的共同特点外，还由于其外层玻璃纤维增强塑料罐体抗土壤和化学腐蚀方面远远优于钢制油罐，故其使用寿命比直接接触土壤的钢罐要长。

双层玻璃纤维增强塑料油罐，其内层和外层均属玻璃纤维增强塑料罐体，在抗内、外腐蚀方面都优于带有金属罐体的油罐。因此，这种罐可能会成为今后各国在加油站地下油罐的主推产品。

6.1.4 对于埋地钢制油罐的结构设计计算问题，我国目前还没有一个很适合的标准，多数设计是凭经验或依据有关教科书。对于双层钢制常压储罐，目前可以执行的标准只有行业标准《钢制常压储罐 第一部分：储存对水有污染的易燃和不易燃液体的埋地卧式圆筒形单层和双层储罐》AQ 3020，该标准等同采用欧洲标准 BS EN 12285-1：2003。对于目前在我国出于环保需求开始使用的内钢外玻璃纤维增强塑料双层油罐和双层玻璃纤维增强塑料油罐，也尚无产品制造标准，部分厂家引进的双层罐技术主要还是依照国外标准进行制作，其构造和质量保证也都是直接受控于国外厂家或监管机构。其中，双层玻璃纤维增强塑料储罐目前主要执行的是美国标准《用于石油产品、乙醇和乙醇汽油混合物的玻璃纤维增强塑料地下储罐》UL 1316。AQ 3020 虽对埋地卧式储罐的构造进行了规定，但对罐体结构计算问题没有规定，对罐体采用的钢板厚度要求也不太适应我国的实际情况。为了保证加油站埋地钢制油罐的质量及使用寿命，根据我国多年来的使用情况和设计经验，在遵守 BS EN 12285-1：2003 有关规定的基础上，本条第 1 款、第 2 款分别对油罐所用钢板的厚度和设计内压给出了基本的要求。

6.1.6 本条是参照欧洲标准《渗漏检测系统 第 7 部分 双层间隙、防渗漏衬里及防渗漏外套的一般要求和试验方法》EN 13160-7：2003 制定的。

6.1.6A 本条规定的目的是为了迅速将积聚在罐内静电消除物体上的静电荷导走。

6.1.7 本条参照国外标准，在制造上要求两壁之间有满足渗(泄)漏检测的贯通间隙，以便于对间隙实施在线监测和人工检测。

6.1.8 设置渗漏检测立管及对其直径的要求，是为了满足人工检测和设置液体检测器检测；要求检测立管的底部管口与油罐内、外壁间隙相连通，是为了能够尽早的发现渗漏。检测立管的位置最好置于人孔井内，以便于在线监测仪表共用一个井。

双层玻璃纤维增强塑料罐未作此要求，是因为其不管是罐体耐腐蚀性方面还是罐体结构上，都适宜于采用液体检测法对其双层之间的间隙进行渗漏检测。这种方法既能实施在线监测，又便于人工直接观测。美国及加拿大等国对这种油罐的渗漏监测，也已由最早的干式液体探测器(安在壁间)法逐步向采用液体检(监)测法或真空监测法过渡，而且加拿大 TSSA(安全局)还明确规定只允许采用这两种方法。

6.1.10 规定非车行道下的油罐顶部覆土厚度不小于 0.5m，是为防止活动外荷载直接伤及油罐，也是防止油罐顶部植被根系破坏钢质油罐外防腐层的最小保护厚度。

规定设在车行道下面的油罐顶部低于混凝土路面不宜小于 0.9m，是油罐人孔井置于车行道下时内部设备和管道安装的合适尺寸。

规定油罐的周围应回填厚度不小于 0.3m 的中性沙或细土，主要是为避免采用石块、冻土块等硬物回填造成罐身或防腐层破伤，影响油罐使用寿命。对于钢质油罐外壁还要防止回填含酸碱的废渣，对油罐加剧腐蚀。

6.1.11 当油罐埋在地下水位较高的地带时，在空罐情况下，会有漂浮的危险。有可能将与其连接的管道拉断，造成跑油甚至发生火灾事故。故规定当油罐受地下水或雨水作用有上浮的可能时，应采取防止油罐上浮的措施。

6.1.12 油罐的出油接合管、量油孔、液位计、潜油泵等一般都设在人孔盖上，这些附件需要经常操作和维护，故需设人孔操作井。"专用的密闭井盖和井座"是指加油站专用的防水、防尘和碰撞时不发生火花的产品。

6.1.13 本条参照美国有关标准制定。高液位报警装置指设置在卸油场地附近的声光报警器，用于提醒卸油人员，其罐内探头可以是专用探头（如音叉探头），也可以由液位监测系统设定，油罐容量达到 90% 的液位时触动声光报警器。"油料达到油罐容量 95% 时，自动停止油料继续进罐"是防止油罐溢油，目前采用较多的是一种机械装置——防溢流阀，安装在卸油管中，达到设定液位防溢流阀自动关闭，阻止油品继续进罐。

6.1.14 为保证油气回收效果，设有油气回收系统的加油站，汽油罐均需处于密闭状态，平时管理和卸油时均不能打开量油孔，否则会破坏系统的密闭性，因此必须借助液位检测系统来掌握罐内油品的多少。出于全站信息化管理的角度和满足环保要求，只汽油罐设置液位监测系统，显然不太协调，因此也要求柴油罐设置。

利用液位监测系统监测埋地油罐渗漏，是及时发现单壁油罐渗漏的一种方法。我国近几年安装的磁致伸缩液位监测系统，不少都具备此功能，稍加改造或调整就能达到此要求。

监测系统的精度，美国规定：动态监测为 0.2gal/h（0.76L/h），静态监测为 0.1gal/h（0.38L/h）。考虑到我国目前市场上的液位监测产品精度（部分只具备 0.76L/h 的油罐静态渗漏监测）以及改造的难度等问题，故只规定了油罐静态渗漏监测量不大于 0.8L/h。

6.1.15 埋地钢制油罐的防腐好坏，直接影响到钢制油罐的使用寿命，故本条作如此规定。

6.2 加油机

6.2.1 本条为强制性条文。加油机设在室内，容易在室内形成爆炸混合气体积聚，再加上国内外目前生产的加油机顶部的电子显示和程控系统多为非防爆产品，如果将加油机设在室内，则易引发爆炸和火灾事故，故作此条规定。

6.2.2 自封式加油枪是指带防溢功能的加油枪，各国已普遍采用。这种枪的最大好处是能够在油箱加满油，自动关闭加油枪，避免了因加油操作疏忽造成的油品从油箱溢出而导致的能源浪费及可能引发的火灾和污染环境等。但这种枪的加油流量不能太快，否则会使油箱内受到加油流速过快的冲击引起油品翻花，产生很多的油沫子，使油箱未加满，加油枪就自动关闭，此外还有可能发生静电火灾问题。因此，国内外目前应用的汽油加油枪的流量基本都控制在 50L/min 以下，而且生产的油气回收流量也都是与其相匹配的，超出此流量会带来一系列问题。

柴油相对于汽油发生的火灾几率较小，而且加注柴油的多数都是大型车辆，油箱也大，故本条对加注柴油的流量未作规定。

6.2.3 拉断阀一般装在加油软管上或油枪与软管的连接处，是预防向车辆加完油后，忘记将加油枪从油箱口移开就开车，而导致加油软管被拉断或加油机被拉倒，出现泄漏事故的保护器件。拉断阀的分离拉力过小会因加油水击现象等不该拉脱时而被拉脱，拉力过大起不到保护加油机、胶管及连接接头的作用。依据现行国家标准《燃油加油站防爆安全技术 第2部分：加油机用安全拉断阀结构和性能的安全要求》GB 22380.2—2010 的规定，安全拉断

阀的分离拉力应为 800N～1500N。

6.2.4 剪切阀是加油机以正压（如潜油泵）供油的可靠油路保护装置，安装在加油机底部与供油立管的连接处。此阀作用有二：一是加油机被意外撞击时，剪切阀的剪切环处会首先发生断裂，阀芯自动关闭，防止液体连续泄漏而导致发生火灾事故或污染环境；二是加油机一旦遇到着火事故时，剪切阀附近达到一定温度时，阀芯也会自动关闭，切断油路，避免引起严重的火灾事故。有关剪切阀的具体性能要求，详见现行国家标准《燃油加油站防爆安全技术 第3部分：剪切阀结构和性能的安全要求》GB 22380.3。

6.2.5 此条规定的主要目的是防止误加油品。

6.3 工艺管道系统

6.3.1 本条为强制性条文。以前采用敞口式卸油（即将卸油胶管插入量油孔内）的加油站，油气从卸油口排出，有些油气中还夹带有油珠油雾，极不安全，多次发生着火事故。所以，本条规定必须采用密闭卸油方式十分必要。其含义包括加油站的油罐必须设置专用进油管道，采用快速接头连接进行卸油，避免油气在卸油口沿地面排放。严禁采用敞口卸油方式。

6.3.2 此条规定的目的是防止卸油卸错罐，发生混油事故。

6.3.4 卸油油气回收在国外也通称为"一次回收"或"一阶段回收"。

1 所谓平衡式密闭油气回收系统，是指系统在密闭的状态下，油罐车向地下油罐卸油的同时，使地下油罐排出的油气直接通过管道（即卸油油气回收管道）收到油罐车内的系统，而不需外加任何动力。这也是各国目前都采用的方法。

2 各汽油罐共用一根卸油油气回收主管，使各汽油罐的气体空间相连通，也是各国普遍采用的一种形式，可以简化工艺，节省管道，避免卸油时接错口，出现张冠李戴。规定其公称直径为不宜小于 80mm，主要是为减少气路管道阻力，节省卸油时间，并使其与油罐车的 DN100（或 DN100 变 DN80）的油气回收接头及连通软管的直径相匹配。

3 采用非自闭式快速接头（即普通快速接头）时，要求与快速接头前的油气回收管道上设阀门，主要是为使卸油结束后及时关闭此阀门，使罐内气体不外泄，避免污染环境和发生火灾。自闭式快速接头，平时和卸油结束（软管接头脱离）后会自动处于关闭状态，故不需另装阀门，除操作简便外，还避免了普通接头设阀门可能出现的忘关阀门所带来的问题，故美国和西欧等先进国家基本都采用这种接头。

6.3.5 采用油罐装设潜油泵的加油工艺，与采用自吸式加油机相比，其最大特点是：油罐正压出油、技术先进、加油噪音低、工艺简单，一般不受罐位较低和管道较长等条件的限制，是我国加油站的技术发展趋势。

从保证加油工况的角度看，如果几台自吸式加油机共用一根接自油罐的进油管（即油罐的出油管），有时会造成互相影响，流量不均，当一台加油机停泵时，还有抽入空气的可能，影响计量精度，甚至出现断流现象。故规定采用自吸式加油机时，每台加油机应单独设置进油管。设置底阀的目的是为防止加油停歇时出现油品断流，吸入气体，影响加油精度。

6.3.6 加油油气回收在国外也通称为"二次回收"或"二阶段回收"。

1 所谓真空辅助式油气回收系统，是指在加油油气系统回收系统的主管上增设油气回收泵或在每台加油机内分别增设油气回收泵而组成的系统。在主管上增设油气回收泵的，通常称为"集中式"加油油气系统回收系统；在每台加油机内分别增设油气回收泵（一般一泵对一枪）的，通常称为"分散式"加油油气系统回收系统，是各国目前都采用的方法。增设油气回收泵的主要目的是为了克服油气自加油枪至油罐的阻力，并使油枪回气口形成负压，使加油时油箱口呼出的油气抽回到油罐内。

2 多台汽油加油机共用一根油气回收主管,可以简化工艺、节省管道,是国外普遍采用的一种形式。通至油罐处可以直接连接到卸油油气回收主管上。规定其直径不小于DN50主要是为保证其有一定的强度和减少气路管道阻力。

3 防止油气反向流的措施一般采用在油气回收泵的出口管上安装一个专用的气体单向阀,用于防止罐内空间压力过高时保护回收泵或不使加油枪在油箱口处增加排放。

4 本款规定的气液比值与现行国家标准《加油站大气污染物排放标准》GB 20952—2007规定一致。

5 设置检测三通是为了方便检测整体油气回收系统的密闭性和加油机至油罐的油气回收管道内的气体流通阻力是否符合规定的限值。系统不严密会使油气外泄;加油过程中产生的油气通过埋地油气回收管道至油罐时,会在管道内形成冷凝液,如果冷凝液在管道中聚集就会使返回到油罐的气体受阻(即液阻),轻者影响回收效果,重者会导致系统失去作用。因此,这两个指标是衡量加油油气回收系统是否正常的指标。检测三通安装如图1所示。

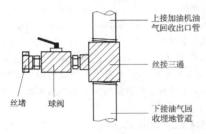

图1 液阻和系统密闭性检测口示意

6.3.7 本条条文说明如下:

1 "接合管应为金属材质"主要是为了与油罐金属人孔盖接合,并满足导静电要求。

2 规定油罐的各接合管应设在油罐的顶部,既是功能上的常规要求,也是安全上的基本要求,目的是不损伤装油部分的罐身,便于平时的检修与管理,避免现场安装开孔可能出现焊接不良和接管受力大,容易发生断裂而造成的跑油渗油等不安全事故。规定油罐的出油接合管应设在人孔盖上,主要是为了使该接合管上的底阀或潜油泵拆卸检修方便。

3 本款规定主要是为防止油罐车向油罐卸油时在罐内产生油品喷溅,而引发静电着火事故。采用临时管道插入油罐敞口喷溅卸油,曾引起的着火事例很多,例如,北京市和平里加油站、郑州市人民路加油站都在卸油时,进油管未插到罐底,造成油品喷溅,产生静电火花,引起卸油口部起火。

进油立管的底端采用45°斜管口或T形管口,在防止产生静电方面优于其他形式的管口,有利于安全,也是国内和国外通常采取的形式。

4 罐内潜油泵的入油口或自吸式加油机吸入管道的罐内底阀入油口,距罐底的距离不能太高也不能太低,太高会有大量的油品不能被抽出,降低了油罐的使用容积,太低会使罐底污物进入加油机而加给汽车油箱。

5 量油帽带锁有利于加油站的防盗和安全管理。其接合管伸至罐内距罐底200mm的高度,在正常情况下,罐内油品中的静电可通过接合管被导走,避免人工量油时发生静电引燃事故。但设计上要保证检尺时使罐内空间为大气压(通常可在罐内最高液位以上的接合管上开对称孔),以使管内液位与罐内实际液位相一致。

6 油罐的人孔是制造和检修的出入口,因此人孔井内的管道及设备,须保证油罐人孔盖的可拆装性。

7 人孔盖上的接合管采用金属软管过渡与引出井外管道的连接,可以减少管道与人孔盖之间的连接力,便于管道与人孔盖之间的连接和检修时拆装人孔盖,并能保证人孔盖的密闭性。

6.3.8 规定汽油罐与柴油罐的通气管分开设置,主要是为了防止这两种不同种类的油品罐互相连通,避免一旦出现冒罐时,油品经通气管流到另一个罐造成混油事故,使得油品不能应用。对于同类油品(如:汽油90#、93#、97#)储罐的通气管,本条隐含着允许互相连通,共用一根通气立管的意思,可使同类油品储罐气路系统的工艺变得简单化,即使出现窜油问题,也不至于油品不能应用。但在设计上应考虑便于以后各罐在洗罐和检修时气路管道的拆装与封堵问题。

对于通气管的管口高度,英国《销售安全规范》规定不小于3.75m,美国规定不小于3.66m,我国的《建筑设计防火规范》等标准规定不小于4m。为与我国相关标准取得一致,故规定通气管的管口应高出地面至少4m。

规定沿建筑物的墙(柱)向上敷设的通气管管口,应高出建筑物的顶面至少1.5m,主要是为了使油气易于扩散,不积聚于屋顶,同时1.5m也是本规范对通气管管口爆炸危险区域划为1区的半径。

规定通气管管口应安装阻火器,是为了防止外部的火源通过通气管引入罐内,引发油罐出现爆炸着火事故。

6.3.10 对于采用油气回收的加油站,规定汽油通气管管口安装机械呼吸阀的目的是为了保证油气回收系统的密闭性,使卸油、加油和平时产生的附加油气不排放或减少排放,达到回收效率的要求。特别是油罐车向加油站油罐卸油过程中,由于两者的液面不断变化,除油品进入油罐呼出的等量气体进入油罐车外,气体的呼出与吸入所造成的扰动,以及环境温度影响等,还会产生一定量的附加蒸发。如果通气管不设呼吸阀或呼吸阀的控制压力偏小,都会使这部分附加蒸发的油气排入大气,难以达到回收效率的要求,实际也证明了这一点。

规定呼吸阀的工作正压宜为2kPa~3kPa,是依据某单位曾在夏季卸油时对加油站密闭气路系统实测给出的。

规定呼吸阀的工作负压宜为1.5kPa~2kPa,主要是基于以下两方面的考虑:一是油罐在出油的同时,如果机械呼吸阀的负压值定的太小,油罐出现的负压也就太小,不利于将汽车油箱排出的油气通过加油机和回收管道回收到油罐中;二是如果负压值定的偏大,会增加埋地油罐的负荷,而且对采用自吸式加油机在油罐低液位时的吸油也很不利。

6.3.11 部分款说明如下:

2 本款的"非烃类车用燃料"不包括车用乙醇汽油。因为本规范对非金属复合材料管道的技术要求是参照欧洲标准《加油站埋地安装用热塑性塑料管道和挠性金属管道》EN 14125—2004制定的,而EN 14125—2004不适用于输送非烃类车用燃料的非金属管道。

4,6 这两款是参照欧洲标准《加油站埋地安装用热塑性塑料管道和挠性金属管道》EN 14125—2004制定的。

5 本款是依据国家标准《防止静电事故通用导则》GB 12158—2006中第7.2.2条制定的。

7 本款是针对我国柴油公交车、重型车尾气排放实施国Ⅳ标准(国家机动车第四阶段排放标准),采用SCR(选择性催化还原)技术,需要在加油站增设尾气处理液加注设备而提出的。尾气处理液是指尿素溶液(Adblue)。SCR技术是在现有柴油车应用国Ⅲ(欧Ⅲ)柴油的基础上,通过发动机内优化燃烧降低颗粒物后,在排气管内喷入尿素溶液作为还原剂而降低氮氧化物(NOx),使氮氧化物转换成纯净的氮气和水蒸气,而满足环保排放要求的一种技术。柴油车尿素溶液的耗量约为燃油耗量的4%~5%。使用SCR技术还可以使尾气排放提升到欧Ⅴ要求。由于尿素溶液对碳钢具有一定的腐蚀性,不适于用碳素钢管输送,故应采用奥氏体不锈钢等适于输送要求的管道。

6.3.13 本条为强制性条文。加油站内多是道路或加油场地,工艺管道不便地上敷设。采用管沟敷设时要求必须用沙子或细土填满、填实,主要是为避免管沟积聚油气,形成爆炸危险空间。此外,根据欧洲标准和不导静电非金属复合材料管道试验结论,对不导静电非金属复合材料管道来说,只有埋地敷设才能做到不积聚静电荷。

6.3.14 规定"卸油油气回收管道、加油油气回收管道和油罐通气管横管的坡度,不应小于1‰",与现行国家标准《加油站大气污染物排放标准》GB 20952—2007规定相一致,目的是防止管道内积液,保证管道气相畅通。

6.3.17 "与其无直接关系的建(构)筑物",是指除加油场地、道路和油罐维护结构以外的站内建(构)筑物,如站房等房屋式建筑、给排水井等地下构筑物。规定不应穿过或跨越这些建(构)筑物,是为防止管道损伤、渗漏带来的不安全问题。同样,与其他管沟、电缆沟和排水沟相交叉处也应采取相应的防护措施。

6.3.18 本条规定是参照欧洲标准《输送流体用管子的静电危害分析》IEC TR60079—32 DC:2010制定的。

6.4 橇装式加油装置

6.4.2～6.4.6 为满足公众日益提高的安全和环保需求,第6.4.2条～第6.4.6条规定了加强橇装式加油装置安全和环保要求的措施。

6.5 防渗措施

6.5.2 埋地油罐采用双层壁油罐的最大好处是自身具备二次防渗功能,在防渗方面比单壁油罐多了一层防护,并便于实现人工检测和在线监测,可以在第一时间内及时发现渗漏,使渗漏油品不进入环境。特别是双壁玻璃纤维增强塑料(玻璃钢)罐和带有防渗外套的金属油罐,在抗土壤腐蚀方面又远远优于与土壤直接接触的金属油罐,会大大延长油罐的使用寿命。是目前美国和西欧等先进国家推广应用的主流技术。

本规范允许采用单层油罐设置防渗罐池做法,主要是由于我国在采用双层油罐技术方面还属刚起步,相关标准不健全,而且自20世纪90年代就一直沿用防渗罐池做法。但这种做法只是将渗漏控制在池内范围,仍会污染池内土壤,如果池子做的不严密,还存在着渗漏污染扩散问题,再加上其建设造价并不比采用双层油罐省,油罐相对使用寿命短,因此,这种防渗方式也只是一种过渡期间的措施,终究会被双层油罐技术所代替。

6.5.4 设置检测立管的目的是为了检测或监测防渗罐池内的油罐是否出现渗漏。

6.6 自助加油站(区)

6.6.1 本条的规定,是为了在无人引导的情况下,指引消费者进站、准确地把车辆停靠在加油位上,进行加油操作。

6.6.2 在加油机泵岛及附近标示油品类别、标号及安全警示,可以引导消费者选择适合自己的加油位并注意安全。

6.6.3 不在同一加油车位上同时设置汽油、柴油两个品种服务,可方便消费者根据油品灯箱的标示选择合适的加油车位,同时避免或减少加错油的现象。

6.6.4 自助加油不同于加油员加油,因此对加油机和加油枪的功能提出了一些特殊要求以保证加油安全。

6.6.5 设置视频监控系统是出于安全和风险管理的考虑,同时通过对顾客的加油行为分析,改善服务。

6.6.6 营业室内设置监控系统,是自助加油站的一个特点,营业员可以通过该系统关注和控制每台加油机的作业情况,并与顾客进行对话沟通,提供服务和指导。在发生紧急情况时,可以启动紧急切断开关停止所有加油机的运行并通过站内广播引导顾客离开危险区域。

6.6.7 由于汽油闪点低,挥发性强,油蒸汽是加油站的主要安全隐患,要求经营汽油的自助加油站设置加油油气回收系统,有助于保证自助加油的安全,有助于大气环境保护。

7 LPG加气工艺及设施

7.1 LPG储罐

7.1.1 对本条各款说明如下:

1 关于压力容器的设计和制造,国家现行标准《钢制压力容器》GB 150、《钢制卧式容器》JB 4731和国家质量技术监督局颁发的《固定式压力容器安全技术监察规程》TSG R0004已有详细规定和要求,故本规范不再作具体规定。

2 《固定式压力容器安全技术监察规程》TSG R0004第3.9.3条规定:常温储存液化气体压力容器的设计压力应以规定温度下的工作压力为基础确定;常温储存液化石油气50℃的饱和蒸汽压力小于或等于50℃丙烷的饱和蒸汽压力时,容器工作压力等于50℃丙烷的饱和蒸汽压力(为1.600MPa表压)。行业标准《石油化工钢制压力容器》SH/T 3074—2007第6.1.1.5条规定:工作压力$P_w \leqslant 1.8$MPa时,容器设计压力$P_d = P_w + 0.18$MPa。根据上述规定,本款规定"储罐的设计压力不应小于1.78MPa"。

3 LPG充装泵有多种形式,储罐出液管必须适应充装泵的要求。进液管道和液相回流管道接入储罐内的气相空间的优点是:一旦管道发生泄漏事故直接泄漏出去的是气体,其质量比直接泄漏出液体小得多,危害性也小得多。

7.1.2 止回阀和过流阀有自动关闭功能。进液管、液相回流管和气相回流管上设止回阀,出液管和卸车用的气相平衡管上设过流阀可有效防止LPG管道发生意外泄漏事故。止回阀和过流阀设在储罐内,增强了储罐首级关闭阀的安全可靠性。

7.1.3 本条说明如下:

1 安全阀是防止LPG储罐因超压而发生爆裂事故的必要设备,《固定式压力容器安全技术监察规程》TSG R0004也规定压力容器必须安装安全阀。规定"安全阀与储罐之间的管道上应装设切断阀",是为了便于安全阀检修和调试。对放散管管口的安装高度的要求,主要是防止液化石油气放散时操作人员受到伤害。

规定"切断阀在正常操作时应处于铅封开启状态。"是为了防止发生误操作事故。在设计文件上需对安全阀与储罐之间的管道上安装的切断阀注明铅封开。

2 因为7.1.1条规定LPG储罐的设计压力不应低于1.78MPa,再考虑泵的提升压力,故规定阀门及附件系统的设计压力不应低于2.5MPa。

3 要求在排污管上设置两道切断阀,是为了确保安全。排污管内可能有水分,故在寒冷和严寒地区,应对从储罐底部引出的排污管的根部管道加装伴热或保温装置,以防止排污管阀门及其法兰垫片冻裂。

4 储罐内未设置控制阀门的出液管道和排污管道,最危险点在储罐的第一道法兰处。本款的规定,是为了确保安全。

5 储罐设置检修用的放散管,便于检修储罐时将罐内LPG气体放散干净。要求该放散管与安全阀接管共用一个开孔,是为了减少储罐开口。

6 为防止在加气瞬间的过流造成关闭,故要求过流阀的关阀流量宜为最大工作流量的1.6倍～1.8倍。

7.1.4 LPG储罐是一种密闭性容器,准确测量其温度、压力,尤其是液位,对安全操作非常重要,故本条规定了液化石油气储罐测量仪表设置要求。

1 要求LPG储罐设置就地指示的液位计、压力表和温度计,这是因为一次仪表的可靠性高以及便于就地观察罐内情况。要求设置液位上、下限报警装置,是为了能及时发现液位达到极限,防止超装事故发生。

2 要求设置液位上限限位控制和压力上限报警装置,是为了能及时对超压情况采取处理措施。

　　3 对 LPG 储罐来说,最重要的参数是液位和压力,故要求在一、二级站内对这两个参数的测量设二次仪表。二次仪表一般设在站房的控制室内,这样便于对储罐进行监测。

7.1.5 本条为强制性条文。由于 LPG 的气体比重比空气大,LPG 储罐设在室内或地下室内,泄漏出来 LPG 气体易于在室内积聚,形成爆炸危险气体,故规定 LPG 储罐严禁设在室内或地下室内。LPG 储罐埋地设置受外界影响(主要是温度方面的影响)比较小,罐内压力相对比较稳定。一旦某个埋地储罐或其他设施发生火灾,基本上不会对另外的埋地储罐构成严重威胁,比地上设置要安全得多。故本条规定,在加油加气合建站和城市建成区内的加气站,LPG 储罐应埋地设置。需要指出的是,根据本条的规定,地上 LPG 储罐整体装配式的加气站不能建在城市建成区内。

7.1.6 对本条各款说明如下:

　　1 地上储罐集中单排布置,方便管理,有利于消防。储罐间净距不应小于相邻较大罐的直径,系根据现行国家标准《城镇燃气设计规范》GB 50028—2006 而确定的。

　　2 储罐四周设置高度为 1m 的防护堤(非燃烧防护墙),以防止发生液化石油气发生泄漏事故,外溢堤外。

7.1.7 地下储罐间应采用防渗混凝土墙隔开,以防止事故时串漏。

7.1.8 建于水源保护地的液化石油气埋地储罐,一般都要求设置罐池。本条对罐池设置提出了具体要求。

　　1 规定罐与罐池内壁之间的净距不应小于 1m,是为了储罐开罐检查时,安装 X 射线照相设备。

　　2 填沙的作用与埋地油罐填沙作用相同。

7.1.9 规定"储罐应坡向排污端,坡度应为 3‰～5‰",是为了便于清污。

7.1.10 LPG 储罐是压力储罐,一旦发生腐蚀穿孔事故,后果将十分严重。所以,为了延长埋地 LPG 储罐的使用寿命,本条规定要采用严格的防腐措施。

7.2 泵和压缩机

7.2.1 用 LPG 压缩机卸车,可加快卸车速度。槽车上泵的动力由站内供电比由槽车上的柴油机带动安全,且能减少噪声和油气污染。

7.2.3 加气站内所设卸车泵流量若低于 300L/min,则槽车在站内停留时间太长,影响运营。

7.2.4 本条为强制性条文。为地面上的泵和压缩机设置防晒罩棚或泵房(压缩机间),可防止泵和压缩机因日晒而升温升压,这样有利于泵和压缩机的安全运行。

7.2.5 本条规定了一般地面泵的管路系统设计要求。

　　1 本款措施,是为了避免因泵的振动造成管件等损坏。

　　2 管路坡向泵进口,可避免泵产生气蚀。

　　3 泵的出口阀门前的旁通管上设置回流阀,可以确保输出的液化石油气压力稳定,并保护泵在出口阀门未打开时的运行安全。

7.2.7 本条规定在安装潜液泵的筒体下部设置切断阀,便于潜液泵拆卸、更换和维修;安装过流阀是为了能在储罐外系统发生大量泄漏时,自动关闭管路。

7.2.8 本条的规定,是为了防止潜液泵电机超温运行造成损坏和事故。

7.2.9 本条规定了压缩机进、出口管道阀门及附件的设置要求。规定在压缩机的进口和储罐的气相之间设置旁通阀,目的在于降低压缩机的运行温度。

7.3 LPG 加气机

7.3.1 本条为强制性条文。加气机设在室内,泄漏的 LPG 气体不易扩散,易引发爆炸和火灾事故。

7.3.2 根据国外资料以及实践经验,计算加气机数量时,每辆汽车加气时间按 3min～5min 计算比较合适。

7.3.3 对本条各款说明如下:

　　1 同第 7.1.3 条第 2 款的说明。

　　2 限制加气枪流量,是为了便于控制加气操作和减少静电危险。

　　3 加气软管设拉断阀是为了防止加气汽车在加气时因意外启动而拉断加气软管或拉倒加气机,造成液化石油气外泄事故发生。拉断阀在外力作用下分开后,两端能自行密封。分离拉力范围是参照国外标准制定的。

　　4 本款的规定是为了提高计量精度。

　　5 加气嘴配置自密封阀,可使加气操作既简便、又安全。

7.3.5 本条为强制性条文。此条规定是为了提醒加气车辆驾驶员小心驾驶,避免撞毁加气机,造成大量液化石油气泄漏。

7.4 LPG 管道系统

7.4.1 10# 、20# 钢是优质碳素钢,LPG 管道采用这种管材较为安全。

7.4.3 同第 7.1.3 条第 2 款的说明。

7.4.4 与其他连接方式相比,焊接方式防泄漏性能更好,所以本条要求液化石油气管道宜采用焊接连方式。

7.4.5 为了安装和拆卸检修方便,LPG 管道与储罐、容器、设备及阀门的连接,推荐采用法兰连接方式。

7.4.6 一般耐油胶管并不能耐 LPG 腐蚀,所以本条规定管道系统上的胶管应采用耐 LPG 腐蚀的钢丝缠绕高压胶管。

7.4.7 LPG 管道埋地敷设占地少,美观,且能避免人为损坏和受环境温度影响。规定采用管沟敷设时,应充填中性沙,是为了防止管沟内积聚可燃气体。

7.4.8 本条的规定内容是为了防止管道受冻土变形影响而损坏或被行车压坏。

7.4.9 LPG 是一种非常危险的介质,一旦泄漏可能引起严重后果。为安全起见,本条要求埋地敷设的 LPG 管道采用最高等级的防腐绝缘保护层。

7.4.10 限制 LPG 管道流速,是减少静电危害的重要措施。

7.4.11 本条为强制性条文。LPG 储罐的出液管道和连接槽车的液相管道是 LPG 加气站的重要工艺管道,也是最危险的管道,在这些管道上设紧急切断阀,对保障安全是十分必要的。

7.5 槽车卸车点

7.5.1 本条为强制性条文。设置拉断阀的规定有两个目的,一是为了防止槽车卸车时意外启动或溜车而拉断管道;二是为了一旦站内发生火灾事故槽车能迅速离开。

7.5.3 本条的规定,是为了防止杂质进入储罐影响充装泵的运行。

8 CNG加气工艺及设施

8.1 CNG常规加气站和加气母站工艺设施

8.1.1 CNG进站管道设置调压装置以适应压缩机工况变化需要,满足压缩机的吸入压力,平稳供气,并防止超压,保证运行安全。

8.1.3 在进站天然气的硫化氢含量达不到现行国家标准《车用压缩天然气》GB 18047的硫含量要求时,需要进行脱硫处理。加气站脱硫处理量较小,一般采用固体法脱硫,为环保需要,固体脱硫剂不在站内再生。设置备用塔,可作为在一塔检修或换脱硫剂时的备用。脱硫装置设置在室外是出于安全需要。设置硫含量检测是工艺操作的要求。

8.1.4 CNG加气站多以输气干线内天然气为气源,其气质可达到现行国家标准《天然气》GB 17820中的Ⅱ类气质指标,但给汽车加注的天然气须满足现行国家标准《车用压缩天然气》GB 18047对天然气的水露点的要求。一般情况下来自输气干线内天然气质量达不到《车用压缩天然气》GB 18047要求的指标,所以还要进行脱水。

因采用固体吸附剂脱水,可能会增加气体中的含尘量对压缩机安全运行有影响,可通过增加过滤器来解决。

8.1.7 压缩机前设置缓冲罐可保证压缩机工作平稳。设置排气缓冲罐是减少为了排气脉冲带来的振动,若振动小,不设置排气缓冲罐也是可行的。

8.1.9 压缩机单排布置主要考虑水、电、气、汽的管路和地沟可在同一方向设置,工艺布置合理。通道留有足够的宽度方便安装、维修、操作和通风。

8.1.11 当压缩机停机后,机内气体需及时泄压放掉以待第二次启动。由于泄压的天然气量大、压力高、又在室内,因此需将泄放的天然气回收再用。

8.1.12 压缩机排出的冷凝液中含有凝析油等污物,有一定危险,所以应集中处理,达到排放标准后才能排放。压缩机组包括本机、冷却器和分离器。

8.1.13 我国CNG汽车规定统一运行压力为20MPa,CNG站的储气瓶压力为25MPa,以满足CNG汽车充气需要。

8.1.14 目前CNG加气站固定储气设施主要用储气瓶(组)和储气井。储气瓶(组)有易于制造,维护方便的优点。储气井具有占地面积小、运行费用低、安全可靠、操作维护简便和事故影响范围小等优点,因此被广泛采用。目前已建成并运行的储气井规模为:储气井井筒直径ϕ177.8mm~ϕ244.5mm;最大井深大于300m;储气井水容积1m³~10m³;最大工作压力25MPa。

8.1.15 此条删除。

8.1.16 储气瓶(组)采用卧式排列便于布置管道及阀件,方便操作保养,当瓶内有沉积液时易于外排。

8.1.18 在地质滑坡带上建造储气井难于保证井筒稳固,溶洞地质不易钻井施工和固井。

8.1.19 疲劳次数要求是为了保证储气井本体有足够的使用寿命。为保证储气井的安全性能,储气井在使用期间还需定期气密性检查、排液及定期检验。

8.1.20A 《套管柱结构与强度设计》SY/T 5724适用于几十MPa甚至上百MPa的天然气井和储气井,该标准考虑了地层对储气井埋地部分的本体(井筒)的反作用力,符合实际工况,能更好地指导储气井埋地部分的井筒的设计,故本次局部修订引用此标准。

8.1.21 本条规定了加气机、加气柱、卸气柱的选用和设置要求:

  1 加气机设在室内,泄漏的CNG气体不易扩散,易引发爆炸和火灾事故,故此款作为强制性条文规定。

3、4 控制加气速度的规定是参照美国天然气汽车加气标准的限速值和目前CNG加气站操作经验制定的。

8.1.22 本条的储气瓶(组)包括固定储气瓶(组)和车载储气瓶组。储气瓶(组)的管道接口端是储气瓶的薄弱点,故采取此项措施加以防范。

8.2 CNG加气子站工艺设施

8.2.2 本条为强制性条文。本条的要求是为了保证液压设备处于安全状态。

8.2.5 本条的储气瓶(组)包括固定储气瓶(组)和车载储气瓶(组)。

8.3 CNG工艺设施的安全保护

8.3.1 本条为强制性条文。天然气进站管道上安装切断阀,是为了一旦发生火灾或其他事故,立即切断气源灭火。手动操作可在自控系统失灵时,操作人员仍可以靠近并关闭截断阀,切断气源,防止事故扩大。

8.3.2、8.3.3 要求站内天然气调压计量、增压、储存、加气各工段分段设置切断气源的切断阀,是为了便于维修和发生事故时紧急切断。

8.3.6 本条是参照美国内务部民用消防局技术标准《汽车用天然气加气站》制订的。该标准规定:天然气设备包括所有的管道、截止阀及安全阀,还有组成供气、加气、缓冲及售气网络的设备的设计压力比最大的工作压力高10%,并且在任何情况下不低于安全阀的起始工作压力。

8.3.7 一次泄放量大于500m³(基准状态)的高压气体(如储气瓶组事故时紧急排放的气体、火灾或紧急检修设备时排放系统气体),很难予以回收,只能通过放散管迅速排放。压缩机停机卸载的天然气量一般大于2m³(基准状态),排放到回收罐,防止扩散。仪表或加气作业时泄放的气量减少,就地排入大气简便易行,且无危险之忧。

8.3.8 本条第3款规定"放散管应垂直向上",是为了避免天然气高速放散时,对放散管造成较大冲击。

8.3.10 压力容器与压力表连接短管设泄气孔(一般为ϕ1.4mm),是保证拆卸压力表时排放管内余压,确保操作安全。

8.3.11 设安全防撞柱(栏)主要为了防止进站加气汽车控制失误,撞上天然气设备造成事故。

8.4 CNG管道及其组成件

8.4.4 加气站室内管沟敷设,沟内填充中性沙是为了防止泄漏的天然气聚集形成爆炸危险空间。

9 LNG 和 L-CNG 加气工艺及设施

LNG 橇装设备是在制造厂完成制造和组装的，具有现场安装简便、更能保证质量的优点，在小型 LNG 加气站应用较多。LNG 橇装设备的性质和功能与现场分散安装的 LNG 设备是相同的，本章除专门针对非 LNG 橇装设备的规定不适用于 LNG 橇装设备外，其他规定均适用于 LNG 橇装设备。

9.1 LNG 储罐、泵和气化器

9.1.1 本条规定了 LNG 储罐的设计要求。

1 本款规定了 LNG 储罐设计应执行的有关标准规范，这些标准是保证 LNG 储罐设计质量的必要条件。

2 要求 $P_d \geq P_w + 0.18MPa$，是根据行业标准《石油化工钢制压力容器》SH/T 3074—2007 制定的；要求储罐的设计压力不应小于 1.2 倍最大工作压力，略高于现行国家标准《压力容器》GB 150 的要求。LNG 储罐常压下的储存温度约为 -196℃，考虑需留一定余量，故本款要求设计温度不应高于 -196℃。由于 LNG 加气可能设在市区内，本款的规定提高了储罐的安全度（包括外壳），是必要的。

3 本款的规定是参照现行国家标准《液化天然气（LNG）生产、储存和装运》GB/T 20368—2006 制定的。

9.1.2 埋地 LNG 储罐、地下或半地下 LNG 储罐抵御外部火灾的性能好，自身发生事故影响范围小。在城市中心区内，建筑物和人员较为密集，故规定应采用埋地 LNG 储罐、地下或半地下 LNG 储罐。

9.1.3 本条规定了非 LNG 橇装设备的地上 LNG 储罐等设备的布置要求。

2 本款规定的目的是使泄漏的 LNG 在堤区内缓慢气化，且以上升扩散为主，减小气雾沿地面扩散。防护堤与 LNG 储罐在堤区内距离的确定，一是操作与维修的需要，二是储罐及其管路发生泄漏事故，尽量将泄漏的 LNG 控制在堤区内。

规定"防护堤的雨水排放口应有封堵措施"，是为了在 LNG 储罐发生泄漏事故时能及时封堵雨水排放口，避免 LNG 流淌至防护堤外。

3 增压气化器、LNG 潜液泵等装置，从工艺操作方面来说需靠近储罐布置。CNG 高压瓶组或储气井发生事故的爆破力较大，不宜布置在防护堤内。

9.1.3A LNG 橇装设备具有现场安装简便、更能保证质量的优点，很受用户欢迎，为规范 LNG 橇装设备的建造，保证安全使用，本次修订增加本条规定。LNG 橇装设备一般由 LNG 储罐、LNG 潜液泵和泵池、LNG 加气机、管道系统和汽化器、安全设施系统、箱体、电气仪表系统等设备或设施组成。这种橇装设备布置紧凑，且在工厂整体制造，不便像分散安装的 LNG 设备那样要求有较大的安装和操作空间，但设置能容纳 LNG 储罐容量的挡蓄池和采取通风措施是必要的安全措施。

9.1.4 本条规定了地下或半地下 LNG 储罐的设置要求。

1 采用卧式储罐可减小罐池深度，降低建造难度。

4 本款的规定，是为了防止人员意外跌落罐池而受伤。当池壁顶高出罐池外地面 1.5m 及以上时允许池壁可设置用不燃烧材料制作的实体门，是为了操作和检修人员进出罐池。

6 罐池内在雨季有可能积水，故需对储罐采取抗浮措施。

9.1.6 本条规定了 LNG 储罐阀门的设置要求，说明如下：

1 设置安全阀是国家现行标准《固定式压力容器安全技术监察规程》TSG R0004 的有关规定。为保证安全阀的安全可靠性和满足检验需要，LNG 储罐设置 2 台或 2 台以上全启封闭式安全阀

是必要的。

2 规定"安全阀与储罐之间应设切断阀"，是为了满足安全阀检验需要。

3 规定"与 LNG 储罐连接的 LNG 管道应设置可远程操作的紧急切断阀"，是为了能在事故状态下，做到迅速和安全地关闭与 LNG 储罐连接的 LNG 管道阀门，防止泄漏事故的扩大。

4 此款删除。

5 阀门与储罐或管道采用焊接连接相对法兰或螺纹连接严密性好很多，LNG 储罐液相管道首道阀门是最重要的阀门，故本款从严要求，规避了在该处接口可能发生的重大泄漏事故，这是 LNG 加气站重要的一项安全措施。

9.1.7 本条为强制性条文。对本条 LNG 储罐的仪表设置要求说明如下：

1 液位是 LNG 储罐重要的安全参数，实时监测液位和高液位报警是必不可少的。要求"高液位报警器应与进液管道紧急切断阀连锁"，可确保 LNG 储罐不满溢。

2 压力也是 LNG 储罐重要的安全参数，对压力实时监测是必要的。

3 检测内罐与外罐之间环形空间的绝对压力，是观察 LNG 储罐完好性的简便易行的有效手段。

4 本款要求"液位计、压力表应能就地指示，并应将检测信号传送至控制室集中显示"，有利于实时监测 LNG 储罐的安全参数。

9.1.8 本条是对 LNG 潜液泵池的管路系统和附属设备的规定。

1 对 LNG 储罐的底与泵罐顶间的高差要求，是为了保证潜液泵的正常运行。

2 潜液泵启动时，泵罐压力骤降会引发 LNG 气化，将气化气引至 LNG 储罐气相空间形成连通，有利于确保泵罐的进液。当利用潜液泵卸车时，与槽车的气相管相接形成连通，也有利于卸车顺利进行。

3 潜液泵罐的温度和压力是防止潜液泵气蚀的重要参数，也是启动潜液泵的重要依据，故要求设置温度和压力检测装置。

4 在泵的出口管道上设置安全阀和紧急切断阀，是安全运行管理需要。

9.1.9 本条规定了柱塞泵的设置要求。

1 目前一些 L-CNG 加气站柱塞泵的运行不稳定，多数是由于储罐与泵的安装高差不足、管路较长、管径较小等设计缺陷造成的。

2 柱塞泵的运行震动较大，在泵的进、出口管道上设柔性、防震装置可以减缓震动。

3 为防止 CNG 储气瓶（井）内天然气倒流，需在泵的出口管道上设置止回阀；要求设全启封闭式安全阀，是为了防止管道超压。

4 在泵的出口管上设置压力检测装置，便于对泵的运行进行监控。

5 目前一些 L-CNG 加气站所购置的柱塞泵运行噪声太大，严重干扰了周边环境。其原因一是泵的结构型式本身特性造成；二是一些管道连接不当。在泵型未改变前，L-CNG 加气站建在居民区、旅馆、公寓及办公楼等需要安静条件的地区时，柱塞泵需采取有效的防噪声措施。

9.1.10

3 要求"高压气化器出口气体温度不应低于 5℃"，是为了保护 CNG 储气瓶（井）、CNG 汽车车用瓶在受气充装时产生的汤姆逊效应温度降低不低于 -5℃。此外，供应 CNG 汽车的温度较低，会产生较大的计量气费差，不利于加气站的运营。

要求"高压气化器出口应设置温度和压力检测仪表，并应与柱塞泵连锁"，是为了保护下游设备的操作温度和压力不超出设计范围。

9.2 LNG 卸车

9.2.1 本条的要求是为了在出现不正常情况时,能迅速中断作业。

9.2.2 本条规定是依据现行行业标准《固定式压力容器安全技术监察规程》TSG R0004—2009 第 6.13 条制定的。有的站采用固定式装卸臂卸车,也是可行的。

9.3 LNG 加气区

9.3.1 本条为强制性条文。加气机设在室内,泄漏的液化天然气不易扩散,易引发爆炸和火灾事故。

9.3.2 本条是对加气机技术性能的基本要求。

    1 要求"加气系统的充装压力不应大于汽车车载瓶的最大工作压力",是为了防止汽车车用瓶超压。

    3 在加气机的充装软管上设拉断装置,以防止在充装过程中发生汽车启离的恶性事故。

9.3.4 加气机前设置防撞柱(栏),以避免受汽车碰撞引发事故。

9.4 LNG 管道系统

9.4.1 本条规定了 LNG 管道和低温气相管道的设计要求。

    1 管路系统的设计温度要求同 LNG 储罐。设计压力的确定原则也同 LNG 储罐,但管路系统的最大工作压力与 LNG 储罐的最大工作压力是不同的。液相管道的最大工作压力需考虑 LNG 储罐的液位静压和泵流量为零时的压力。

    3 要求管材和管件等应符合相关现行国家标准,是为了保证质量。

9.4.5 为防止管道内 LNG 受热膨胀造成管道爆破,特制定此条。

9.4.6 对 LNG 加气站的天然气放散管的设计规定主要目的如下:

    1 在加气站运行中,常发生 LNG 液相系统安全阀弹簧失效或发生冰卡而不能复位关闭,造成大量 LNG 喷泻,因此 LNG 加气站的各类安全阀放散需集中引至安全区。

    2 本款规定是为了避免放散天然气影响附近建(构)筑物安全。

    3 为保证放散的低温天然气能迅速上浮至高空,故要求经空温式气化器加热。放散的天然气温度为 -112℃ 时,天然气的比重小于空气,本款规定适当提高放散温度,以保证放散的天然气向上飘散。

9.4.7 LNG 管道如果采用封闭管沟敷设,泄漏的可燃气体会在管沟内积聚,进而形成爆炸性气体。管沟采用中性沙子填实,可消除封闭空间,防止泄漏的可燃气体在封闭空间积聚。

10 消防设施及给排水

10.1 灭火器材配置

10.1.1 本条为强制性条文。加油加气站经营的是易燃易爆液体或气体,存在一定的火灾危险性,配置灭火器材是必要的。小型灭火器材是控制初期火灾和扑灭小型火灾的最有效设备,因此规定了小型灭火器的选用型号及数量。其中,使用灭火毯和沙子是扑灭油罐罐口火灾和地面油类火灾最有效的方式,且花费不多。本节规定是参照本规范 2006 年版原有规定和现行国家标准《建筑灭火器配置设计规范》GB 50140—2005 并结合实际情况,经多方征求意见后制定的。

10.2 消防给水

10.2.1 本条为强制性条文。是参照现行国家标准《城镇燃气设计规范》GB 50028—2006 的有关规定编制的。

10.2.2 现行国家标准《石油天然气工程设计防火规范》GB 50183—2004 第 10.4.5 条规定,总容积小于 250m³ 的 LNG 储罐区不需设固定消防水供水系统。本规范规定一级 LNG 加气站 LNG 储罐不大于 180m³,但考虑到 LNG 加气站往往建在建筑物较为稠密的地区,设置有地上 LNG 储罐的一、二级 LNG 加气站,一旦发生事故造成的影响可能会比较大,故要求其消防给水系统,以加强 LNG 加气站的安全性能。对三种条件下站内可不设消防给水系统说明如下:

    1 现行国家标准《建筑设计防火规范》GB 50016—2006 规定:室外消火栓的保护半径不应大于 150m;在市政消火栓保护半径 150m 以内,如消防用水量不超过 15L/s 时,可不设室外消火栓。LNG 加气站位于市政消火栓有效保护半径 150m 以内情况下,且市政消火栓满足一级站供水量不小于 20L/s,二级站供水量不小于 15L/s 的需求,故站内不需设消防给水系统。

    2 消防给水系统的主要作用是保护着火罐的临近罐免受火灾威胁,有些地方设置消防给水系统有困难,在 LNG 储罐之间设置钢筋混凝土防火隔墙,可有效降低 LNG 储罐之间的相互影响,不设消防给水系统也是可行的。

    3 位于城市建成区以外、且为严重缺水地区的 LNG 加气站,发生事故造成的影响会比较小,参照现行国家标准《石油天然气工程设计防火规范》GB 50183—2004 第 10.4.5 条规定不要求设固定消防水供水系统。考虑到城市建成区以外建站用地相对较为宽裕,故要求安全间距和灭火器材数量加倍,尽量降低 LNG 加气站事故风险。

10.2.3 加油站的火灾危险主要源于油罐,由于油罐埋地设置,加油站的火灾危险就相当低了,而且,埋地油罐的着火主要在检修人孔处,火灾时用灭火毯覆盖能有效地扑灭火灾;压缩天然气的火灾特点是爆炸后在泄漏点着火,只要关闭相关气阀,就能很快熄灭火灾;地下和半地下 LNG 储罐设置在钢筋混凝土罐池内,罐池顶部高于 LNG 储罐顶部,故抵御外部火灾的性能好。LNG 储罐一旦发生泄漏事故,泄漏的 LNG 被限制在钢筋混凝土罐池内,且会很快挥发并向上飘散,事故影响范围小。因此,采用地下和半地下 LNG 储罐的各类 LNG 加气站及油气合建站不设消防给水系统是可行的;设置有地上 LNG 储罐的三级 LNG 加气站,LNG 储罐规模较小,且一般只有 1 台 LNG 储罐,不设消防给水系统是可行的。

10.2.6 本条规定了 LPG 设施的消防给水设计,说明如下:

    1 此款内容是参照现行国家标准《城镇燃气设计规范》GB 50028—2006 的有关规定编制的。

    2 液化石油气储罐埋地设置时,罐本身并不需要冷却水,消防水主要用于加气站火灾时对地面上的液化石油气泵、加气设备、管道、阀门等进行冷却。规定一级站消防冷却水不小于15L/s，二级、三级站消防冷却水不小于10L/s可以满足消防时的冷却保护要求。

3 LPG地上罐的消防时间是参照现行国家标准《城镇燃气设计规范》GB 50028—2006规定的。当LPG储罐埋地设置时，加气站消防冷却的主要对象都比较小，规定1h的消防给水时间是合适的。

10.2.8 消防水泵设2台，在其中1台不能使用时，至少还可以有一半的消防水能力，不设备用泵，可以减少投资。当计算消防水量超过35L/s时设2个动力源是按现行国家标准《建筑设计防火规范》GB 50016—2006确定的。2个动力源可以是双回路电源，也可以是1个电源、1个内燃机，也可以是2个都是内燃机。

10.2.9 现行国家标准《建筑设计防火规范》GB 50016—2006规定：室外消火栓的保护半径不应大于150m；在市政消火栓保护半径150m以内，如消防用水量不超过15L/s时，可不设室外消火栓。本条的规定更为严格，这样规定是为了提高液化石油加气站的安全可靠程度。

10.2.10 喷头出水压力太低，喷头喷水效果不好，规定喷头出水最低压力是为了喷头能正常工作；水枪出水压力太低不能保证水枪的充实水柱。采用多功能水枪（即开花-直流水枪），在实际使用中比较方便，既可以远射，也可以喷雾使用。

10.3　给排水系统

10.3.2 水封设施是隔绝油气串通的有效做法。

1 设置水封井是为了防止可能的地面污油和受油品污染的雨水通过排水沟排出站外时，站内外积聚在沟中的油气互相串通，引发火灾。

2 此款规定是为了防止可能混入室外污水管道中的油气和室内污水管道相通，或和站外的污水管道中直接气相相通，引发火灾。

3 液化石油气储罐的污水中可能含有一些液化石油气凝液，且挥发性很高，故限制其直接排入下水道，以确保安全。

5 埋地管道漏油容易渗入暗沟，且不易被发现，漏油顺着暗沟流到站外易引发火灾事故，故本款规定限制采用暗沟排水。需要说明的是，本款的暗沟不包括埋地敷设的排水管道。

11　电气、报警和紧急切断系统

11.1　供　配　电

11.1.1 加油加气站的供电负荷，主要是加油机、加气机、压缩机、机泵等用电，突然停电，一般不会造成人员伤亡或大的经济损失。根据电力负荷分类标准，定为三级负荷。目前国内的加油加气站的自动化水平越来越高，如自动温度及液位检测、可燃气体检测报警系统、电脑控制的加油加气机等信息系统，但突然停电，这些系统就不能正常工作，给加油加气站的运营和安全带来危害，故规定信息系统的供电应设置不间断供电电源。

11.1.2 加油站、LPG加气站、加油和LPG加气合建站供电负荷的额定电压一般是380V/220V，用380V/200V的外接电源是最经济合理的。CNG加气站、LNG加气站、L-CNG加气站、加油和CNG（或LNG加气站、L-CNG加气站）加气合建站，其压缩机的供电负荷、额定电压大多用6kV，采用6kV/10kV外接电源是最经济的，故推荐用6kV/10kV外接电源。由于要独立核算，自负盈亏，所以加油加气站的供电系统，都需建立独立的计量装置。

11.1.3 加油站、加气站及加油加气合建站，是人员流动比较频繁的地方，如不设事故照明，照明电源突然停电，会给经营操作或人员撤离危险场所带来困难。因此应在消防泵房、营业室、罩棚、LPG泵房、压缩机间等处设置事故照明电源。

11.1.4 采用外接电源具有投资小、经营费用低、维护管理方便等优点，故应首先考虑选用外接电源。当采用外接电源有困难时，采用小型内燃发电机组解决加油加气站的供电问题，是可行的。

内燃发电机组属非防爆电气设备，其废气排出口安装排气阻火器，可以防止或减少火星排出，避免火星引燃爆炸性混合物，发生爆炸火灾事故。排烟口至各爆炸危险区域边界水平距离具体数值的规定，主要是引用英国石油协会《商业石油库安全规范》的数据并根据国内运行经验确定的。

11.1.5 加油加气站的供电电缆采用直埋敷设是较安全的。穿越行车道部分穿钢管保护，是为了防止汽车压坏电缆。

11.1.6 本条为强制性条文。当加油加气站的配电电缆较多时，采用电缆沟敷设便于检修。为了防止爆炸性气体混合物进入电缆沟，引起爆炸火灾事故，电缆沟有必要充沙填实。电缆保护层有可能破损漏电，可燃介质管道也有可能漏油漏气，这两种情况出现在同一处将酿成火灾事故；热力管道温度较高，靠近电缆敷设对电缆保护层有损坏作用。为了避免电缆与管道相互影响，故规定"电缆不得与油品、LPG、LNG和CNG管道以及热力管道敷设在同一沟内"。

11.1.7 现行国家标准《爆炸和火灾危险环境电力装置设计规范》GB 50058对爆炸危险区域内的电气设备选型、安装、电力线路敷设都作了详细规定，但对加油加气站内的典型设备的防爆区域划分没有具体规定，所以本规范根据加油加气站内的特点，在附录C对加油加气站内的爆炸危险区域划分作出了规定。

11.1.8 爆炸危险区域以外的电气设备允许选非防爆型。考虑到罩棚下的灯，经常处在多尘土、雨水有可能溅淋其上的环境中，因此规定"罩棚下处于非爆炸危险区域的灯具，应选用防护等级不低于IP44级的照明灯具。"

11.2　防雷、防静电

11.2.1 本条为强制性条文。在可燃液体储罐的防雷措施中，储罐的良好接地很重要，它可以降低雷击点的电位、反击电位和跨步电压。规定接地点不少于两处，是为了提高其接地的可靠性。停放在CNG加气母站和CNG加气子站内的CNG车载储气瓶组拖车，有遭遇雷击并造成较大危害的可能性，因此在停放场地设两处固定接地装置供临时接地用是十分必要的,该接地装置同时可兼做卸气时用的防静电接地装置。

11.2.2 加油加气站的面积一般都不大,各类接地共用一个接地装置既经济又安全。当单独设置接地装置时,各接地装置之间要保持一定距离(地下大于 3m),否则是分不开的。当分不开时,只好合并在一起设置,但接地电阻要按其中最小要求值设置。

11.2.3 LPG 储罐采用牺牲阳极法做阳极防腐时,只要牺牲阳极的接地电阻不大于 10Ω,阳极与储罐的铜芯连线横截面不小于 $16mm^2$ 就能满足将雷电流顺利泄入大地,降低反击电位和跨步电压的要求;LPG 储罐采用强制电流法进行阴极防腐时,若储罐的防雷和防静电接地极用钢质材料,必将造成保护电流大量流失。而锌或镁锌复合材料在土壤中的开路电位为 $-1.1V$(相对饱和硫酸铜电极),这一电位与储罐阴极保护所要求的电位基本相等,因此,接地电极采用锌棒或镁锌复合棒,保护电流就不会从这里流失了。锌棒或镁锌复合棒接地极比钢制接地极导电能力还好,只要强制电流法阴极防腐系统的阳极采用锌棒或镁锌复合棒,并使其接地电阻不大于 10Ω,用锌棒或镁锌复合棒兼做防雷和防静电接地极,可以保证储罐有良好的防雷和防静电接地保护,是完全可行的。

11.2.4 本条为强制性条文。由于埋地油品储罐、LPG 储罐在土里,受到土层的屏蔽保护,当雷击储罐顶部的土层时,土层可将雷电流疏散导走,起到保护作用,故不需再装设避雷针(线)防雷。但其高出地面的量油孔、通气管、放散管及阻火器等附件,有可能遭受直击雷或感应雷的侵害,故应相互做良好的电气连接并应与储罐的接地共用一个接地装置,给雷电提供一个泄入大地的良好通路,防止雷电反击火花造成雷害事故。

11.2.6 本条是参照《建筑物防雷设计规范》GB 50057—2010 第 5.2.7 条制定的。

金属板下面无易燃物品有两种情况:双层金属屋面板和带吊顶的单层金属屋面板。

对于罩棚采用双层金属屋面板也就是一种夹有非易燃物保温层的双金属板做成的屋面板,只要上层金属板的厚度满足本条第 2 款的要求就可以了,因为雷击只会将上层金属板熔化穿孔,不会击到下层金属板,而且上层金属板的熔化物受到下层金属板的阻挡,不会滴落到下层金属板的下方。

对于罩棚采用带吊顶的单层金属屋面板,当吊顶材料为非易燃物时,只要单层金属板的厚度满足本条第 2 款的要求就可以了,因为雷击只会将上层金属板熔化穿孔,不会击到吊顶,而且上层金属板的熔化物受到吊顶的阻挡,不会滴落到吊顶的下方。

11.2.7 要求加油加气站的信息系统(通信、液位、计算机系统等)采用铠装电缆或导线穿钢管配线,是为了对电缆实施良好的保护。规定配线电缆外皮两端、保护管两端均应接地,是为了产生电磁封锁效应,尽量减少雷波的侵入,减少或消除雷电事故。

11.2.8 加油加气站信息系统的配电线路首、末端装设过电压(电涌)保护器,主要是为了防止雷电电磁脉冲过电压损坏信息系统的电子器件。

11.2.9 加油加气站的 380V/220V 供配电系统,采用 TN-S 系统,即在总配电盘(箱)开始引出的配电线路和分支线路,PE 线与 N 线必须分开设置,使各用电设备形成等电位连接,PE 线正常时不走电流,这在防爆场所是很必要的,对人身和设备安全都有好处。

在供配电系统的电源端,安装过电压(电涌)保护器,是为钳制雷电电磁脉冲产生的过电压,使其过电压限制在设备所能承受的数值内,避免雷电损坏用电设备。

11.2.10 地上或管沟敷设的油品、LPG、LNG 和 CNG 管道的始端、末端,应设防静电或防感应雷的接地装置,主要是为了将油品、LPG、LNG 和 CNG 在输送过程中产生的静电泄入大地,避免管道上聚集大量的静电荷而发生静电事故。设防感应雷接地,主要是让地上或管沟敷设的输油输气管道的感应雷通过接地装置泄入大

地,避免雷害事故的发生。

11.2.11 本条规定"加油加气站的汽油罐车、LPG 罐车和 LNG 罐车卸车场地,应设卸车或卸气时用的防静电接地装置",是防止静电事故的重要措施。要求"设置能检测跨接线及监视接地装置状态的静电接地仪",是为了能检测接地线和接地装置是否完好、接地装置接地电阻值是否符合规范要求、跨接线是否连接牢固、静电消除通路是否已经形成等功能。实际操作时上述检查合格后,才允许卸油和液化石油气。使用具有以上功能的静电接地仪,就能防止罐车卸车时发生静电事故。

11.2.12 在爆炸危险区域内的油品、LPG、LNG 和 CNG 管道上的法兰及胶管两端连接处应有金属线跨接,主要是为了防止法兰及胶管两端连接处由于连接不良(接触电阻大于 0.03Ω)而发生静电或雷电火花,继而发生爆炸火灾事故。有不少于 5 根螺栓连接的法兰,在非腐蚀环境下,法兰连接处的连接是良好的,故不做金属线跨接。

11.2.15 防静电接地装置单独设置时,只要接地电阻不大于 100Ω,就可以消除静电荷积聚,防止静电火花。

11.2.16 油品罐车、LPG 罐车、LNG 罐车卸车场地内用于防静电跨接的固定接地装置通常与油品(LPG、LNG)储罐在地下相连接,在罐车卸车时,需用接地卡将罐车与储罐进行等电位连接,在连接的瞬间有可能产生火花,故接地装置需避开爆炸危险 1 区。

11.4 报警系统

11.4.1 本条为强制性条文。本条规定是为了能及时检测到可燃气体非正常超量泄漏,以便工作人员尽快进行泄漏处理,防止或消除爆炸事故隐患。

11.4.2 本条为强制性条文。因为这些区域是可燃气体储存、灌输作业的重点区域,最有可能泄漏并聚集可燃气体,所以要求在这些区域设置可燃气体检测器。

11.4.3 本条规定是根据现行国家标准《石油化工可燃气体和有毒气体检测报警设计规范》GB 50493—2009 的有关规定制定的。

11.4.5 因为值班室或控室内经常有人员在进行营业,报警器设在这里,操作人员能及时得到报警。

11.5 紧急切断系统

11.5.1 本条为强制性条文。设置紧急切断系统,可以在事故(火灾、超压、超温、泄漏等)发生初期,迅速切断加油泵、LPG 泵、LNG 泵、LPG 压缩机、CNG 压缩机的电源和关闭重要的 LPG、CNG、LNG 管道阀门,阻止事态进一步扩大,是一项重要的安全防护措施。

11.5.2 本条的规定,是为了使操作人员能在安全地点进行关闭加油泵、LPG 泵、LNG 泵、LPG 压缩机、CNG 压缩机的电源和紧急切断阀操作。

11.5.3 为了保证在加气站发生意外事故时,工作人员能够迅速启动紧急切断系统,本条规定在三处工作人员经常出现的地点能启动紧急切断系统,即在此三处安装启动按钮或装置。

11.5.4 本条规定是为了防止系统误动作,一般情况是,紧急切断系统启动后,需人工确认设施恢复正常后,才能人工操作使系统恢复正常。

12 采暖通风、建（构）筑物、绿化

12.1 采暖通风

12.1.1 本条是根据现行国家标准《采暖通风与空气调节设计规范》GB 50019—2003 的有关规定制定的。

12.1.3 本条仅对设置在站房内的热水锅炉间，提出具体要求。对本规范表5.0.13中有关防火间距已有要求的内容，本条不再赘述。

12.1.4 本条规定了加油加气站内爆炸危险区域内的房间应采取通风措施，以防止发生中毒和爆炸事故。

采用自然通风时，通风口的设置，除满足面积和个数外，还需要考虑通风口的位置。对于可能泄漏液化石油气的建筑物，以下排风为主；对于可能泄漏天然气的建筑物，以上排风为主。排风口布置时，尽可能均匀，不留死角，以便于可燃气体的迅速扩散。

12.1.5 加油加气站室内外采暖管道采用直埋方式有利于美观和安全。对采用管沟敷设提出的要求，是为了避免可燃气体积聚和串入室内，消除爆炸和火灾危险。

12.2 建（构）筑物

12.2.1 本条规定"加油加气作业区内的站房及其他建筑物的耐火等级不应低于二级"，是为了降低火灾危险性，降低次生灾害。罩棚四周（或三面）开敞，有利于可燃气体扩散、人员撤离和消防，其安全性优于房间式建筑物，因此规定"当罩棚顶棚的承重构件为钢结构时，其耐火极限可为0.25h。"

12.2.2 加油岛、加气岛及加油、加气场地系机动车辆加油、加气的固定场所，为避免操作人员和加油、加气设备长期处于雨淋和日晒状态，故规定"汽车加油、加气场地宜设罩棚"。

2 对于罩棚高度，主要是考虑能顺利通过各种加油、加气车辆。除少数超大型集装箱车辆外，结合我国实际情况和国家现行的有关标准规范要求，故规定进站口无限高措施时，罩棚有效高度不应小于4.5m。有的加油加气站受条件限制，只能为小型车服务，进站口有限高时，罩棚的有效高度小于限高也是可行的。

4 近几年，由于风雪荷载造成罩棚坍塌的事故发生较多，故本条指出"罩棚设计应计算活荷载、雪荷载、风荷载"。

6 天然气比空气轻，泄漏出来的天然气会向上飘散，如果窝存在罩棚里面，有可能形成爆炸性气体，本条规定旨在防止出现这种隐患。

12.2.3 加油、加气岛为安装加油机、加气机的平台，又称安全岛。为使汽车加油、加气时，加油机、加气机和罩棚柱不受汽车碰撞和确保操作人员人身安全，根据实际需要，对加油、加气岛的高度、宽度及其突出罩棚柱外的距离作了规定。

12.2.4 对加气站、加油加气合建站内建筑物的门、窗向外开的要求，有利于可燃气体扩散、防爆泄压和人员逃生。现行国家标准《建筑设计防火规范》GB 50016 对有爆炸危险的建筑物已有详细的设计规定，所以本规范不再另作规定。

12.2.5 本条为强制性条文。LPG 或 LNG 设备泄漏的气体比空气重，易于在房间的地面处积聚，要求"地坪应采用不发生火花地面"是一项重要的防爆措施。

12.2.6 天然气压缩机房是易燃易爆场所，采用敞开式或半敞开式厂房，有利于可燃气体扩散和通风，并增大建筑物的泄压比。

12.2.7 加油加气站内的可燃液体和可燃气体设备，如果布置在封闭的房间或箱体内，则泄漏的可燃气体不易扩散，故不主张采用；在有些场所有降低噪声和防护等要求，可燃液体和可燃气体设备需要布置在封闭的房间或箱体内，此种情况下，房间或箱体内应设置可燃气体检测报警器和机械通风设备是必要的安全措施。

12.2.8 本条规定，主要是为了保证值班人员的安全和改善操作环境、减少噪声影响。

12.2.9 本条规定了站房的组成内容，其含义是站房可根据需要由办公室、值班室、营业室、控制室、变配电间、卫生间和便利店中的全部或几项组成。

12.2.12 允许站房与锅炉房、厨房等站内建筑物合建，可减少加油站占地。要求站房与锅炉房、厨房之间应设置无门窗洞口且耐火极限不低于3h的实体墙，可使相互间的影响降低到最低程度。

12.2.13 站房本身不是危险性建筑物，设在站外民用建筑物内有利于节约用地，只要两者之间没有通道连接就可保证安全。

12.2.15 地下建筑物易积聚油气，为保证安全，在加油加气站内限制建地下建（构）筑物是必要的。

12.2.16 位于爆炸危险区域内的操作井、排水井有可能存在爆炸性气体，故需采取本条规定的防范措施。

12.3 绿化

12.3.1 因油性植物易引起火灾，故作本条规定。

12.3.2 本条的规定是为了防止 LPG 气体积聚在树木和其他植物中，引发火灾。

13 工程施工

13.1 一般规定

13.1.1~13.1.4 此4条是根据国家有关管理部门的规定制定的。这里的承建加油加气站建筑和安装工程的单位包括检维修单位。

13.2 材料和设备检验

13.2.2 对本条说明如下：

1 对于金属管道器材，可执行的国内标准规范有现行国家标准《输送流体用无缝钢管》GB/T 8163、《高压锅炉用无缝钢管》GB 5310、《流体输送用不锈钢无缝钢管》GB/T 14976、《钢制对焊无缝管件》GB/T 12459 等；对非金属输油管道，目前中国还没有相应的产品标准，建议参照欧洲标准《加油站埋地安装用热塑性塑料管道和挠性金属管道》EN 14125—2004 执行。

5 对非金属油罐，目前中国还没有相应的产品标准，建议参照美国标准《用于储存石油产品、乙醇和含醇汽油的玻璃钢地下油罐》UL 1316 执行。

6 "压力容器（储气井）产品安全性能监督检验证书"是指储气井本体由具有相应资质的锅炉压力容器（特种设备）检验机构对所用材料、组装、试验进行监督检验后出具的证书。

13.2.8 本条要求建设单位、监理和施工单位对工程所用材料和设备按相关标准和本节的规定进行质量检验发现的不合格品进行处置，以保证工程质量。

13.3 土建工程

13.3.1~13.3.12 本节中所引用的相关国家、行业标准是加油加

气站的土建工程施工应执行的基本要求。此外,根据加油加气站的具体特点和要求,为便于加油加气站施工和检验,提高规范的可操作性,本规范有针对性地制定了一些具体规定。

13.4 设备安装工程

13.4.2 对于 LPG 储罐等有安装倾斜度要求的设备,储罐水平度宜以设计倾斜度为基准。

13.4.6 本条对储气井固井施工提出了要求,对第 2 款~第 4 款说明如下:

    2 水泥已具备一定的防腐功能,但在建造过程中若遇到对水泥有强腐蚀作用的地层,则需采取防腐蚀的施工处理。

    3 在对现用井的检测中发现,井口至地下 1.5m 内由于地表水的下渗而产生较严重的腐蚀,采用加强固定后,既能避免地表水的渗透和井口腐蚀,同时也克服了储气井在极限条件下的上冲破坏的危险,达到安全使用的目的。

    4 储气井的钻井、固井属工程建设范畴,为保证工程质量,故要求由具有工程监理资质的监理单位进行过程监理,并按本条要求对固井质量进行评价。

13.5 管 道 工 程

13.5.1 如果在油罐基础沉降稳定前连接管道,随着油罐使用过程中基础的沉降,管道有被拉断的危险。

13.5.5~13.5.7 加油加气站工艺管道中输送的均为可燃介质,尤其是加气站管道的压力较高,故此 3 条对管道焊接质量方面作出了严格规定。

13.5.9 表中热塑性塑料管道系统的工作压力和试验压力值是参照欧洲标准《加油站埋地安装用热塑性和挠性金属管道》EN 14125—2004 给出的。

13.5.10 由于气压试验具有一定的危险性,所以要求试压前应事先制定可靠的安全措施并经施工单位技术总负责人批准。在温度降至一定程度时,金属可能会发生冷脆,因此压力试验时环境温度不宜过低,本条对此作了最低温度规定。

13.5.11 压力试验过程中一旦出现问题,如果带压操作极易引起事故,应泄压后才能处理,本条是压力试验中的基本安全规定。

13.6 电气仪表安装工程

13.6.8 电缆的屏蔽单端接地示意见图 2。

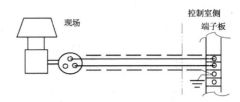

图 2 电缆屏蔽单端接地示意

13.7 防腐绝热工程

13.7.5 本条为强制性条文。防腐涂料一般含有易燃液体,进行防腐蚀施工时需要严格控制明火或电火花。

13.8 交 工 文 件

13.8.1、13.8.2 交工文件是落实建设工程质量终身责任制的需要,是工程质量监理和检测结果的验证资料。

    本节条文是对交工文件的一般规定。有关交工文件整理、汇编的具体内容、格式、份数和其他要求,可在开工前由建设、监理和施工单位根据工程内容协商确定。

中华人民共和国国家标准

地 铁 设 计 规 范

Code for design of metro

GB 50157－2013

主编部门：北 京 市 规 划 委 员 会
批准部门：中华人民共和国住房和城乡建设部
施行日期：２０１４ 年 ３ 月 １ 日

中华人民共和国住房和城乡建设部
公　告

第 119 号

住房城乡建设部关于发布国家标准
《地铁设计规范》的公告

现批准《地铁设计规范》为国家标准，编号为 GB 50157－2013，自 2014 年 3 月 1 日起实施。其中，第 1.0.12、1.0.17、1.0.19、1.0.20、1.0.21、3.3.2、4.1.2、4.1.3、4.1.19、4.7.2、4.7.4、4.7.6、6.1.2（4）、7.1.3、7.4.1（1）、7.6.2、8.3.5、9.3.10、9.3.11、9.4.4、10.1.3、11.1.6（1）、11.1.10、13.1.4、13.2.31、14.2.5（5）、14.3.1（4、5）、15.1.6、15.1.7、15.1.23、15.3.26、15.4.1（1）、15.4.2、15.7.15、15.7.16、16.1.13、16.2.11、17.1.3、17.1.9、17.4.9（1、2）、17.4.11（1）、17.4.15（1、7）、18.1.9、19.3.1、19.4.5、20.3.10（2）、21.2.4、21.2.5、21.3.3、21.7.6、22.6.1、22.6.3、23.1.7、23.1.8、24.8.1、25.1.10、25.1.15、25.2.8、26.1.7、26.1.8、27.3.8、27.4.2、27.4.14、28.1.5、28.2.1（1、3）、28.2.3、28.2.5、28.2.9、28.2.11、28.4.1、28.4.2、28.4.7、28.4.22、28.5.1、28.5.5、28.6.1、28.6.5、28.6.6、28.7.1、29.4.17 条（款）为强制性条文，必须严格执行。原国家标准《地铁设计规范》GB 50157－2003 同时废止。

本规范由我部标准定额研究所组织中国建筑工业出版社出版发行。

中华人民共和国住房和城乡建设部
2013 年 8 月 8 日

前　言

本规范是根据住房和城乡建设部《关于印发〈2008 年工程建设标准规范制订、修订计划（第一批）〉的通知》（建标〔2008〕102 号）的要求，由北京城建设计研究总院有限责任公司和中国地铁工程咨询有限责任公司会同有关单位，对原国家标准《地铁设计规范》GB 50157-2003 进行修订而成。

本规范在修订过程中，修订组广泛调查和分析总结了原规范执行情况，特别是近年来我国地铁工程建设和运营管理方面积累的很多新经验和引入的诸多新的技术系统，同时，认真分析借鉴了国（境）外当代地铁有关成功经验和先进技术，在此基础上又以多种方式，广泛征求了全国城市轨道交通方面有关专家和单位的意见，通过反复论证研究，最后经审查定稿。

本规范共分 29 章和 5 个附录。主要内容包括：总则，术语，运营组织，车辆，限界，线路，轨道，路基，车站建筑，高架结构，地下结构，工程防水，通风、空调与供暖，给水与排水，供电，通信，信号，自动售检票系统，火灾自动报警系统，综合监控系统，环境与设备监控系统，乘客信息系统，门禁，运营控制中心，站内客运设备，站台门，车辆基地，防灾和环境保护等。

本规范在前版规范 23 章的基础上增订为 29 章，附录增订为 5 个。本次修订的主要内容包括：新增车辆、综合监控、乘客信息系统、门禁、站内客运设备、站台门等章，其他原有章节的内容也结合当代技术发展进行了扩充与深化。

本规范中以黑体字标志的条文为强制性条文，必须严格执行。

本规范由住房和城乡建设部负责管理和对强制性条文的解释，北京城建设计研究总院有限责任公司负责具体技术内容的解释。在执行过程中，请各单位结合工程建设实践，认真总结经验，如发现需要修改或补充之处，请将意见和建议寄北京城建设计研究总院有限责任公司《地铁设计规范》管理组（地址：北京阜成门北大街 5 号，邮编：100037；Email：dtsjgf@126.com），

以供今后修订时参考。

本规范主编单位、参编单位、主要起草人员和主要审查人员：

主 编 单 位：北京城建设计研究总院有限责任公司
　　　　　　中国地铁工程咨询有限责任公司
参 编 单 位：上海市隧道工程轨道交通设计研究院
　　　　　　广州地铁设计研究院有限公司
　　　　　　北京全路通信信号研究设计院有限公司
　　　　　　中铁二院工程集团有限责任公司
　　　　　　中铁上海设计院集团有限公司
　　　　　　重庆市轨道交通设计研究院有限责任公司
主要起草人员：施仲衡　杨秀仁　周庆瑞　郑晓薇　于松伟
　　　　　　马丽兰　王　建　王　锋　王元湘　毛宇丰
　　　　　　毛励良　孔繁达　邓红元　申大川　史海欧
　　　　　　冯伯欣　任　静　刘　扬　江　琴　闫雪燕
　　　　　　孙增田　许斯河　李金龙　李国庆　李海光
　　　　　　李道全　宋　毅　宋振华　沈景炎　吴建忠
　　　　　　陈凤敏　延　波　林　珊　林双杰　杨保东
　　　　　　周新六　俞加康　娄永梅　倪　昌　徐明杰
　　　　　　郭德友　高莉萍　梁东升　曹文宏　曹宗豪
　　　　　　喻智宏　韩连祥　靳玉广　褚敬止
主要审查人员：周干峙　焦桐善　于　波　马　恒　王　毅
　　　　　　王晓保　包国兴　牛英明　毛思源　向　红
　　　　　　朱蓓玲　陆缙华　李重武　李腾万　李先庭
　　　　　　陈韶章　陈穗九　张　弥　张　劲　张宗堂
　　　　　　张海波　罗　玲　罗湘萍　郑　鸣　郑晋丽
　　　　　　周四思　杨兴山　姚源道　徐　文　唐　涛
　　　　　　唐国生　崔志强　梁　平　黄　钟　黄文昕
　　　　　　章　扬　董立新　阙　孜　缪　东　魏晓东

目　次

1 总　则

1.0.1　为使地铁工程设计达到安全可靠，功能合理，经济适用，节能环保，技术先进，制定本规范。

1.0.2　本规范适用于最高运行速度不超过100km/h、采用常规电机驱动列车的钢轮钢轨地铁新建工程的设计。

1.0.3　地铁应布设在城市客运量大的主要客运通道上。

1.0.4　地铁工程设计，应符合政府主管部门批准的城市总体规划、城市轨道交通线网规划及近期建设规划，并应与城市综合交通规划相协调。

1.0.5　地铁工程设计有关线路功能定位、服务水平、系统运能、线路走向及起讫点、车辆基地选址和资源共享等，应依据远景线网规划确定，并应符合政府主管部门批准的文件。

1.0.6　地铁工程设计应根据远景线网规划，处理与其他线路的关系，并应预留续建工程的连接条件。地铁线路间及地铁与其他交通系统间的衔接，应做到换乘安全、便捷。

1.0.7　地铁设计应提倡科技创新，贯彻节约资源和集约化建设的原则。

1.0.8　地铁工程的设计年限应分为初期、近期、远期。初期可按建成通车后第3年确定，近期应按建成通车后第10年确定，远期应按建成通车后第25年确定。

1.0.9　地铁各线路的建设时序和线路设计长度应根据城市形态、规模、客流分布状况、发展需求，以及技术经济合理原则确定，并应经政府主编部门的批准。

1.0.10　车辆基地、停车场、联络线、控制中心和主变电所，应根据线网规划及建设时序统筹布设。

1.0.11　地铁工程的建设规模、设备容量，以及车辆基地和停车场等的用地面积，应按预测的远期或客流控制期客流量、列车通过能力和资源共享原则确定。对于可分期建设的工程和可分期配置的设备，宜分期续建和增设。

1.0.12　地铁的主体结构工程，以及因结构损坏或大修对地铁运营安全有严重影响的其他结构工程，设计使用年限不应低于100年。

1.0.13　地铁线路应采用1435mm标准轨距，正线应采用右侧行车的双线线路。

1.0.14　地铁线路应为全封闭式，并宜高密度组织运行。系统设计远期最大能力应满足行车密度不小于30对/h列车的要求。

1.0.15　在确定地铁系统运能时，车厢有效空余地板面积上站立乘客标准宜按每平方米站立5名～6名乘客计算。

1.0.16　地铁车辆基地可根据具体情况一条线路设置一座或几条线路合建一座。当一条线路长度超过20km时，可根据运营需要，在适当位置增设停车场。

1.0.17　地铁浅埋、高架及地面线路设计时，应采取降低噪声、减少振动和减少对生态环境影响的措施。

1.0.18　在中心城区外有条件的地方，地铁宜采用高架或地面线路，高架和地面的建筑结构形式和体量，应与城市景观和周围环境相协调。

1.0.19　地铁工程设计应采取防火灾、水淹、地震、风暴、冰雪、雷击等灾害的措施。

1.0.20　地铁工程应设置安防设施。安防设施的设计除应符合本规范的有关规定外，尚应合理设置安全检查设备的接口、监控系统、危险品处理设施，以及相关用房等。

1.0.21　地铁工程应设置无障碍乘行和使用设施。

1.0.22　对下穿河流和湖泊等水域的地铁隧道工程，当水下隧道出现损坏水体可能危及两端其他区段安全时，应在隧道下穿水域的两端设置防淹门或采取其他防水淹措施。

1.0.23　地铁机电设备及车辆，应采用满足功能要求、技术经济

合理的成熟产品，并应标准化、系列化和立足于国内生产，以及有利于行车管理、客运组织和设备维护。

1.0.24　地铁设计应在不影响安全可靠和使用功能的条件下，采取降低工程造价和有利于节省运营成本的措施。

1.0.25　地铁设计除应符合本规范外，尚应符合国家现行有关标准的规定。

2 术　语

2.0.1　地铁　metro（underground railway、subway）

在城市中修建的快速、大运量、用电力牵引的轨道交通。列车在全封闭的线路上运行，位于中心城区的线路基本设在地下隧道内，中心城区以外的线路一般设在高架桥或地面上。

2.0.2　设计使用年限　designed lifetime

在一般维护条件下，保证工程正常使用的最低时限。

2.0.3　主体结构　main structure

车站与区间保障列车安全运营和结构体系稳定的主要受力结构。

2.0.4　旅行速度　operation speed

正常运营情况下，列车从起点站发车至终点站停车的平均运行速度。

2.0.5　最高运行速度　maximum running speed

列车在正常运营状态下所达到的最高速度。

2.0.6　限界　gauge

限定车辆运行及轨道区周围构筑物超越的轮廓线，分车辆限界、设备限界和建筑限界。

2.0.7　车辆轮廓线　vehicle profile

设定车辆所有横断面的包络线。

2.0.8　车辆限界　vehicle gauge

车辆在平直线上正常运行状态下所形成的最大动态包络线，用以控制车辆制造，以及制定站台和站台门的定位尺寸。

2.0.9　设备限界　equipment gauge

车辆在故障运行状态下所形成的最大动态包络线，用以限制行车区的设备安装。

2.0.10 建筑限界 structure gauge

在设备限界基础上，满足设备和管线安装尺寸后的最小有效断面。

2.0.11 正线 main line

载客列车运营的贯穿全程的线路。

2.0.12 配线 sidings

地铁线路中除正线外，在运行过程中为列车提供收发车、折返、联络、安全保障、临时停车等功能服务，通过道岔与正线或相互联络的轨道线路。包括折返线、渡线、联络线、临时停车线、出入线、安全线等。

2.0.13 试车线 testing line

专门用于车辆动态性能试验的线路。

2.0.14 轨道结构 track structure

路基面或结构面以上的线路部分，由钢轨、扣件、轨枕、道床等组成。

2.0.15 无缝线路 seamless track

钢轨连续焊接或胶结超过两个伸缩区长度的轨道。

2.0.16 伸缩调节器 expansion joint

调节钢轨伸缩量大于构造轨缝的装置。

2.0.17 基床 subgrade bed

路基上部承受轨道、列车动力作用，并受水文、气候变化影响而具有一定厚度的土工结构，并有表层与底层之分。

2.0.18 车站公共区 public zone of station

车站公共区为车站内供乘客进行售检票、通行和乘降的区域。

2.0.19 无缝线路纵向水平力 longitudinal force due to continuous welded roil

指无缝线路伸缩力和挠曲力产生的纵向水平力。

2.0.20 无缝线路断轨力 breaking force of continuous welded rail

因长钢轨折断引起梁体与长钢轨相对位移而产生的纵向力。

2.0.21 明挖法 cut and cover method

由地面挖开的基坑中修筑地下结构的方法。包括明挖、盖挖顺作和盖挖逆作等工法。

2.0.22 盖挖顺作法 cover and cut-bottom up method

作业顺序为在地面修筑维持地面交通的临时路面及其支撑后，自上而下开挖土方至坑底设计标高，再自下而上修筑结构。

2.0.23 盖挖逆作法 cover and cut-top down method

作业顺序与传统的明挖法相反，开挖地面修筑结构顶板及其竖向支撑结构后，在顶板的下面自上而下分层开挖土方分层修筑结构。

2.0.24 矿山法 mining method

修筑隧道的暗挖施工方法。传统的矿山法指用钻眼爆破的施工方法，又称钻爆法，现代矿山法包括软土地层浅埋暗挖法及由其衍生的其他暗挖方法。

2.0.25 盾构法 shield method

用盾构机修筑隧道的暗挖施工方法，为在盾构钢壳体的保护下进行开挖、推进、衬砌和注浆等作业的方法。

2.0.26 防水等级 grade of waterproof

根据工程对防水的要求确定的结构允许渗漏水量的等级标准。

2.0.27 开式运行 open mode operation

地铁隧道通风与空调系统运行模式之一。开式运行时，隧道内部空气通过风机、风道、风亭等设施与外界大气进行空气交换。

2.0.28 闭式运行 close mode operation

地铁隧道通风与空调系统运行模式之一。闭式运行时，隧道内部基本上与外界大气隔断，仅供给满足乘客所需的新鲜空气量。

2.0.29 合流制排放 combined sewer system

除厕所污水以外的消防及冲洗废水、雨水等废水合流排放的

方式。

2.0.30 集中式供电 centralized power supply mode

由本线或其他线路的主变电所为本线牵引变电所及降压变电所供电的外部供电方式。

2.0.31 分散式供电 distributed power supply mode

由沿线引入城市中压电源为牵引变电所及降压变电所供电的外部供电方式。

2.0.32 混合式供电 combined power supply mode

由主变电所和城市中压电源共同为牵引变电所及降压变电所供电的外部供电方式。

2.0.33 大双边供电 over bi-traction power supply

当某一中间牵引变电所退出运行，由两侧相邻牵引变电所对接触网构成双边供电的方式。

2.0.34 电力监控系统 power supervisory control and data acquisition system（SCADA）

电力数据采集与监视控制系统，包括遥控、遥测、遥信和遥调功能。

2.0.35 传输系统 transmission system

为专用通信系统中的各系统、信号、电力监控、防灾、环境与设备监控和自动售检票等系统提供控制中心、车站、车辆基地等地之间信息传输系统。

2.0.36 视频监视系统 image monitoring system

为控制中心调度员、各车站值班员、列车司机等提供有关列车运行、防灾、救灾及乘客疏导等方面视觉信息的设备总称，又称闭路电视系统。

2.0.37 列车自动控制 automatic train control（ATC）

信号系统自动实现列车监控、安全防护和运行控制技术的总称。

2.0.38 列车自动监控 automatic train supervision（ATS）

根据列车时刻表为列车运行自动设定进路，指挥行车，实施列车运行管理等技术的总称。

2.0.39 列车自动防护 automatic train protection（ATP）

自动实现列车运行安全间隔、超速防护、进路安全和车门等监控技术的总称。

2.0.40 列车自动运行 automatic train operation（ATO）

自动实行列车加速、调速、停车和车门开闭、提示等控制技术的总称。

2.0.41 列车无人驾驶 driverless train operation

以信号技术为基础，实现列车运行管理无司机操控列车技术的总称。

2.0.42 自动售检票系统 automatic fare collection system（AFC）

基于计算机、通信网络、自动控制、自动识别、精密机械及传动等技术，实现地铁售票、检票、计费、收费、统计、清分、管理等全过程的机电一体化、自动化和信息化系统。

2.0.43 清分系统 central clearing system

用于发行和管理地铁车票，对不同线路的票、款进行结算，并具有与城市其他公共交通卡进行清算功能的系统。

2.0.44 火灾自动报警系统 automatic fire alarm system（FAS）

用于及早发现和通报火灾，以便及时采取措施控制和扑灭火灾而设置在建筑物中或其他场所的一种自动消防报警设施。

2.0.45 综合监控系统 integrated supervisory and control system（ISCS）

基于大型的监控软件平台，通过专用的接口设备与若干子系统接口，采集各子系统的数据，实现在同一监控工作站上监控多个专业、调度、协调和联动多系统的集成系统。

2.0.46 运营控制中心 （operation control center）（OCC）

调度人员通过使用通信、信号、综合监控（电力监控、环境与设备监控、火灾自动报警）、自动售检票等中央级系统操作终

端设备，对地铁全线（多线或全线网）列车、车站、区间、车辆基地及其他设备的运行情况进行集中监视、控制、协调、指挥、调度和管理的工作场所，简称控制中心。

2.0.47　门禁系统　access control system（ACS）

集计算机、网络、自动识别、控制等技术和现代安全管理措施为一体的自动化安全管理控制系统。又称人员出入口安全管理控制系统。

2.0.48　环境与设备监控系统　building automatic system（BAS）

对地铁建筑物内的环境与空气调节、通风、给排水、照明、乘客导向、自动扶梯及电梯、站台门、防淹门等建筑设备和系统进行集中监视、控制和管理的系统。

2.0.49　乘客信息系统　passenger information system（PIS）

为站内和列车内的乘客提供有关安全、运营及服务等综合信息显示的系统设备总称。

2.0.50　轮椅升降机　platform lift for straight stairway

一种设置在楼梯旁用于运送坐轮椅车的乘客上、下楼梯的设备。

2.0.51　站台门　platform edge door

安装在车站站台边缘，将行车的轨道区与站台候车区隔开，设有与列车门相对应、可多极控制开启与关闭滑动门的连续屏障。

2.0.52　应急门　emergency escape door

站台门设施上的应急装置，紧急情况下，当乘客无法正常从滑动门进出时，供乘客由车内向站台疏散的门。

2.0.53　车辆基地　base for the vehicle

地铁系统的车辆停修和后勤保障基地，通常包括车辆段、综合维修中心、物资总库、培训中心等部分，以及相关的生活设施。

2.0.54　车辆段　depot

停放车辆，以及承担车辆的运用管理、整备保养、检查工作和承担定修或架修车辆检修任务的基本生产单位。

2.0.55　停车场　parking lot，stabling yard

停放配属车辆，以及承担车辆的运营管理、整备保养、检查工作的基本生产单位。

2.0.56　联络通道　connecting bypass

连接同一线路区间上下行的两个行车隧道的通道或门洞，在列车于区间遇火灾等灾害、事故停运时，供乘客由事故隧道向无事故隧道安全疏散使用。

2.0.57　防淹门　flood gate

防止外部洪水涌入地下车站与区间隧道的密闭设施。

2.0.58　噪声敏感目标　noise sensitive target

指学校、医院、卫生院、居民住宅、敬老院、幼儿园等对噪声敏感的建筑物或区域。

3　运营组织

3.1　一般规定

3.1.1　地铁运营组织设计应根据城市轨道交通线网规划、预测客流量和乘客出行需求，形成系统的运营概念，明确运营需求，确定系统的运营规模、运营模式和运营管理方式。

3.1.2　地铁线路的客流预测，应以城市轨道交通线网为基础，结合各条线路的建设时序和沿线城市发展状况，预测初期、近期和远期的客流数据，并应进行客流变化风险分析。

3.1.3　地铁运营规模应在提高运输效率和服务水平、降低建设成本和运营成本的原则下，根据预测客流数据和线路服务需求综合分析确定。

3.1.4　地铁运营模式应明确列车运行、调度指挥、运营辅助系统、维修保障系统和人员组织等内容的管理模式，并应明确在各种运营状态下的管理方式，各子系统之间以及系统与人员组织之间的相互关系。

3.1.5　地铁运营状态应包含正常运营状态、非正常运营状态和紧急运营状态。系统的运营必须在能够保证所有使用该系统的人员和乘客，以及系统设施安全的情况下实施。

3.1.6　配线的设置应在满足线路运营、管理和安全要求的前提下，结合工程条件综合确定。

3.2　运营规模

3.2.1　地铁设计运输能力应在分析预测客流数据的基础上，根据沿线规划性质和乘客出行特征、客流断面分布特征、客流变化风险等多种因素综合确定，并应满足相应设计年限单向高峰小时最大断面客流量的需要。

3.2.2　系统设计能力应满足相应年限设计运输能力的需要，系统设计远期最大能力应满足行车密度不小于30对/h的要求。

3.2.3　地铁新线车辆配属数量应根据运能与运量的匹配要求，以及检修车辆和备用车辆的数量要求，按初期需要进行配置。当城市的网络已达到一定规模时，新线设计可与相交运营线路的运营组织方案适度匹配或按近期需要配车。

3.2.4　列车编组数应分别根据预测的初期、近期和远期的客流量，综合车辆选型、行车组织方案、技术经济比较确定。初期、近期宜采用相同的列车编组，当远期车辆编组数与初、近期不相同时，应按远期车辆的扩编要求预留条件。

3.2.5　地铁列车的旅行速度应根据列车技术性能、线路条件、车站分布和客流特征综合确定，在计算旅行速度的基础上应留有一定的余量。设计最高运行速度为80km/h的系统，旅行速度不宜低于35km/h；设计最高运行速度大于80km/h的系统，列车旅行速度应相应提高。

3.2.6　地铁各设计年限的列车运行间隔，应根据各设计年限预测客流量、列车编组及列车定员、系统服务水平、系统运输效率等因素综合确定。初期高峰时段列车最小运行间隔不宜大于5min，平峰时段最大运行间隔不应大于10min。远期高峰时段列车最小运行间隔不宜大于2min，平峰时段最大运行间隔不宜大于6min。

3.2.7　车辆基地的功能、规模和各项设施的配置，应满足系统设计最大能力的需要，并应根据城市轨道交通线网规划和地铁线路的具体条件确定。

3.3　运营模式

3.3.1　地铁在正线上应采用双线、右侧行车制。南北向线路应以由南向北为上行方向，由北向南为下行方向；东西向线路应以由西向东为上行方向，由东向西为下行方向；环形线路应以列车在外侧轨道线的运行方向为上行方向，内侧轨道线的运行方向应为下行。

3.3.2 地铁列车必须在安全防护系统的监控下运行。

3.3.3 地铁列车除无人驾驶模式外，应至少配置一名司机驾驶或监控列车运行。

3.3.4 在客流断面变化较大的区段宜组织区段运行。列车运行交路应根据各设计年限客流量和分布特征综合确定。

3.3.5 列车在平面曲线上的运行速度应按曲线半径大小进行计算，其未被平衡横向加速度不宜超过 $0.4 \mathrm{m/s^2}$。在保证安全的前提下，特殊情况局部区域可根据车辆、轨道、维修、环境条件综合确定，并可适当提高列车通过平面曲线的运行速度。

3.3.6 列车牵引计算应在线路条件和车辆性能的基础上，确定合理的站间运行速度、运行时间和能源消耗量，以及旅行速度。正常情况下，计算起动加速度、制动减速度不宜大于最大加速度、常用减速度的 90%，且计算列车起、制动加速度均不宜大于 $0.9 \mathrm{m/s^2}$，并应充分利用惰行。

3.3.7 在站台计算长度范围内，越站列车通过站台的实际运行速度，应符合下列规定：

1 不设站台门时，越站列车通过站台的实际运行速度，应符合现行国家标准《城市轨道交通技术规范》GB 50490 的有关规定；

2 设站台门时，越站列车通过站台运行速度不宜大于 60km/h。

3.3.8 进站列车进入有效站台端部时的运行速度不宜大于 60km/h。故障或事故列车在正线上的推进的速度不宜大于 30km/h。

3.3.9 在正常运行状态下，列车应在车站停止后车门才能开启；列车启动前应通过目视或技术手段确认车门关闭。在有站台门的车站，列车开关门时间不宜大于 17s，乘客比较拥挤的车站不宜大于 19s；无站台门的车站不宜大于 15s。

3.3.10 站后折返运行的列车，应在折返线清空乘客后再进入折返线。故障或事故列车退出运营前，应先在车站清空乘客。

3.3.11 地铁系统应设置运营控制中心。

3.3.12 每个运营控制中心可控制一条或数条线路。控制中心应具有对列车运行、供电等系统进行集中监控的功能。地铁车站应设置车站控制室，车站控制室应具有对列车运行、车站设备进行监视和控制的功能。

3.3.13 采用无人驾驶运行模式时，列车运行监控、车辆客室应急通信以及车站站台门的设置和电视监视，应符合现行国家标准《城市轨道交通技术规范》GB 50490 的有关规定。

3.4 运营配线

3.4.1 线路的终点站或区段折返站应设置折返或折返渡线。

3.4.2 当两个具备临时停车条件的车站相距过远时，应根据运营需求和工程条件设置停车线。

3.4.3 在线路与其他正线或支线共线运行的接轨站，配线宜设置进站共轨运行方向的平行进路。

3.4.4 两条线路之间的联络线应结合车站配线或渡线，与线路的上、下行正线连通。

3.4.5 列车从支线或车辆基地出入线进入正线前应具备一度停车条件，经过核算不能满足信号安全距离要求时，应设置安全线。

3.4.6 车辆基地出入线应连通上下行正线，其列车通过能力应根据远期线路的通过能力和运营要求计算核定。

3.5 运营管理

3.5.1 运营管理机构的设置，应结合地铁网络运营管理功能要求，满足线路运营管理任务的需要，并应通过科学的管理方式、合理的人员安排和组织机构设置，实现系统的安全、高效、节能运营。

3.5.2 运营管理资源应根据线网规划和各线条件合理配置，并应满足运营管理和维修保障的资源共享要求。

3.5.3 地铁设备、设施的标识系统应根据现场设备、设施的维修维护、物资管理的需要建立，地铁运营管理系统应满足对设备设施运营状态、维修状态的监控与管理。

3.5.4 首条地铁运营线路的系统运营人员定员不宜超过 80 人/km。后建的每条线路运营定员指标不宜大于 60 人/km。

3.5.5 运营管理模式应根据运营状态确定。运营状态应包括正常运营状态、非正常运营状态和紧急运营状态。运营机构应对不同的运营状态制定相应的管理规程和规章制度，并应包括工作流程和岗位责任。

3.5.6 地铁宜采用计程和计时票制，运营管理系统应具备客流数据和票务收入自动统计功能。

4 车 辆

4.1 一般规定

4.1.1 地铁车辆技术要求除应符合本章规定外，尚应符合现行国家标准《地铁车辆通用技术条件》GB/T 7928 的有关规定。车辆组装后的检查和试验，应符合现行国家标准《城市轨道交通车辆组装后的检查与试验规则》GB/T 14894 的有关规定。

4.1.2 车辆应确保在寿命周期内正常运行时的行车安全和人身安全；同时应具备故障、事故及灾难情况下对人员和车辆救助的条件。

4.1.3 车辆及其内部设施应使用不燃材料或无卤、低烟的阻燃材料。

4.1.4 车辆应采取减振与防噪措施。

4.1.5 车辆类型应根据当地的预测客流量、环境条件、线路条件、运输能力要求等因素综合比较选定。地铁车辆的主要技术规格应符合表 4.1.5 的规定。

表 4.1.5 地铁车辆的主要技术规格

名 称		A 型车	B 型车	
			B_1 型车	B_2 型车
车辆轴数		4	4	4
车体基本长度(mm)	无司机室车辆	22000	19000	19000
	单司机室车辆	23600	19600	19600
车钩连接中心点间距离(mm)	无司机室车辆	22800	19520	19520
	单司机室车辆	24400	20120	20120
车体基本宽度(mm)		3000	2800	2800

续表 4.1.5

名　称			A 型车	B 型车	
				B₁ 型车	B₂ 型车
车辆最大高度(mm)	受流器车	有空调	—	3800	
		无空调	—	3600	
	受电弓车(落弓高度)		≤3810	—	≤3810
	受电弓工作高度		3980~5800	3980~5800	
车内净高(mm)			2100~2150	2100~2150	2100~2150
地板面距轨面高(mm)			1130	1100	1100
轴重(t)			≤16	≤14	≤14
车辆定距(mm)			15700	12600	12600
固定轴距(mm)			2200~2500	2000~2300	2000~2300
每侧车门数(对)			5	4	4
车门宽度(mm)			1300~1400	1300~1400	1300~1400
车门高度(mm)			≥1800	≥1800	≥1800
载员(人)	座席	单司机室车辆	56	36	36
		无司机室车辆	56	46	46
	定员	单司机室车辆	310	230	230
		无司机室车辆	310	250	250
	超员	单司机室车辆	432	327	327
		无司机室车辆	432	352	352
车辆最高运行速度(km/h)			80、100	80、100	80、100

注：1 每平方米有效空余地板面积站立的人数，定员按 6 人计，超员按 9 人计；

2 有效空余地板面积，指客室地板总面积减去座椅垂向投影面积和投影面前 250mm 内高度不低于 1800mm 的面积。

4.1.6 车辆使用条件应符合下列要求：

1 环境条件应符合下列要求：

1）海拔不超过 1200m；

2）环境温度为 −25℃~40℃；

3）最大相对湿度不大于 90%（月平均温度为 25℃时）；

4）车辆应能承受风、沙、雨、雪的侵袭。

2 线路条件应符合下列要求：

1）线路轨距为 1435mm；

2）最小平面曲线半径应符合本规范第 6.2.1 条的规定；

3）最小竖曲线半径为 2000m；

4）正线的最大坡度不宜大于 30‰，困难地段可采用 35‰，出入线、联络线和特殊地形地区段的最大坡度不宜大于 40‰。

3 供电条件应符合下列要求：

1）受电方式可采用接触网受电弓受电或接触轨受流器受电；

2）供电电压可采用额定 DC1500V，波动范围在 DC1000V~DC1800V；或采用额定 DC750V，波动范围在 DC500V~DC900V。

4 因城市所处地区不同而存在使用条件差异时，用户与制造商可在合同中另行规定使用条件。

4.1.7 地铁车辆限界应符合本规范第 5 章的有关规定。

4.1.8 车轮直径应为 840$^{+0}_{-5}$mm。新造车同轴的两轮直径之差不应超过 1mm。同一动车转向架各轮径差不应超过 2mm。

4.1.9 轮对内侧距应为 1353mm±2mm。

4.1.10 整备状态下的车辆重量不应大于合同中所规定重量值的 3%。

4.1.11 同一动车的每根动轴上所测得的轴重与该车各动轴实际平均轴重之差，不应超过实际平均轴重的 2%。

4.1.12 每个车轮的实际轮重与该轴两轮平均轮重之差，不应超过该轴两轮平均轮重的 ±4%。

4.1.13 车辆客室地板面距轨面高度应与车站站台面高度相协

调，车辆高度调整装置应能有效地保持车辆地板面高度不因载客量的变化而明显改变。车辆客室地板面高度在任何使用情况下均不应低于站台面高度。

4.1.14 车辆的构造速度应为车辆最高运行速度的 1.1 倍。

4.1.15 列车在牵引或制动过程中纵向冲击率不应大于 0.75m/s³。

4.1.16 车辆运行的平稳性指标应小于 2.5，车辆的脱轨系数应小于 0.8。

4.1.17 司机室、客室内的允许噪声级，应符合现行国家标准《城市轨道交通列车噪声限值和测量方法》GB 14892 的有关规定。

4.1.18 列车在露天地面水平直线区段自由场内有砟道床无缝钢轨轨道上以 60km/h 速度运行时，在车外距轨道中心 7.5m，距轨面高度 1.5m 处，测得的连续等效噪声值不应大于 80dB（A）。

4.1.19 列车应具有下列故障运行能力：

1 列车在超员载荷和在丧失 1/4 动力的情况下，应能维持运行到终点；

2 列车在超员载荷和在丧失 1/2 动力的情况下，应具有在正线最大坡道上起动和运行到最近车站的能力；

3 一列空载列车应具有在正线线路的最大坡道上牵引另一列超员载荷的无动力列车运行到下一车站的能力。

4.2 车辆型式与列车编组

4.2.1 车辆型式应按下列规定分类：

1 动车可细分为带司机室动车（Mc）、无司机室动车（M）；

2 拖车可细分为带司机室拖车（Tc）、无司机室拖车（T）。

4.2.2 列车编组可由不同型式的车辆根据客流预测、设计运输能力、线路条件、环境条件及运营组织等要素确定。

4.2.3 列车的动拖比应根据起动加速度、制动减速度、平均速度、旅行速度、故障运行能力、维修费、耗电量、车辆的购置费等因素，以及充分发挥再生制动作用，减少摩擦制动材料消耗，减少隧道内的发热量，节约电能，减少环境污染等因素综合分析确定。

4.2.4 在线路条件和列车编组初步确定后，应通过模拟运行计算初步确定牵引电动机的容量。

牵引电动机的容量应有必要的余量，并应符合下式条件：

$$I_m \geqslant I_{rms}/(0.85~0.9) \qquad (4.2.4)$$

式中：I_m——牵引电动机额定电流（连续制）（A）；

I_{rms}——列车正常运行条件下全线一个往返的模拟运行计算得到的均方根电流（A）或故障运行条件下计算得到的均方根电流（A），取其高者。

4.2.5 列车基础制动的类型及在列车中的配置，应根据最高运行速度选定，并应计算紧急制动和常用制动时基础制动装置摩擦面的温度。

4.2.6 在坡道上列车能起动的加速度不应小于 0.083m/s²。

4.2.7 联结装置应符合下列规定：

1 列车中固定编组的各车辆间的车钩型式宜为半永久性牵引杆，列车两端宜设密接式半自动车钩或密接式自动车钩；

2 联结装置中应设置缓冲装置，其特性应能有效地吸收撞击能量。缓冲装置应能承受并可完全复原的最大冲击速度为 5km/h。

4.2.8 车钩水平中心线距轨面高宜采用 720mm 或 660mm。同一城市地铁车辆宜采取统一尺寸。

4.2.9 在使用自动车钩时，应使司机能识别车钩的联结和锁紧状态。

4.2.10 连接的两节车辆之间应设置贯通道，贯通道应密封、防火、防水、隔热、隔声，贯通道渡板应耐磨、平顺、防滑、防夹，用于贯通道的密封材料应有足够的抗拉强度，并应安全可靠、不易老化。

4.3 车　体

4.3.1 车体应采用不锈钢或铝合金材料和整体承载结构。在使用期限内承受正常载荷时不应产生永久变形和疲劳损伤，并应有足够的刚度和满足修理和纠正脱轨的要求。在最大垂直载荷作用下，车体静挠度不应超过两转向架支承点之间距离的1‰。

4.3.2 用户和制造商在合同中无规定时，车体的试验用纵向静载荷可采用下列数值：

1 A 型车不低于0.8MN；
2 B 型车不低于0.49MN。

4.3.3 车体的试验用垂直载荷可按公式4.3.3计算。强度计算应用最大立席（超员）人数按9人/m² 计，站立面积为除去座椅及前缘100mm外的客室面积，人均重量应按60kg计算：

$$L_{vt} = 1.1 \times (W_c + W_{pmax}) - (W_{ch} + W_{ct}) \quad (4.3.3)$$

式中：L_{vt}——车体垂向试验载荷（t）；

W_c——运转整备状态时的车体重量（t）；

W_{pmax}——最大载客重量，包括乘务员、座席定员及强度计算用立席乘客的重量（t）。

W_{ch}——车体结构重量（t）；

W_{ct}——试验器材重量（t）。

4.3.4 车体结构设计寿命不应低于30年。

4.3.5 车体的内外墙板之间，以及底架与地板之间，应敷设吸湿性小、膨胀率低、性能稳定的隔热、隔声材料。

4.3.6 车辆应设置架车支座、车体吊装座，并应标注允许架车、起吊的位置。

4.4 转 向 架

4.4.1 车辆宜采用无摇枕两系悬挂两轴转向架。

4.4.2 转向架性能、主要尺寸应与车体、线路相互匹配，并应保证其相关部件在允许磨耗限度内，能确保列车以最高允许速度安全平稳运行。即使在悬挂或减振系统损坏时，也应能确保车辆在线路上安全地运行到终点。

4.4.3 转向架的动力学性能，应符合现行国家标准《铁道车辆动力学性能评定和试验鉴定规范》GB/T 5599 的有关规定。

4.4.4 车轮采用整体碾钢轮时，其踏面形状应符合现行行业标准《机车车辆车轮轮缘踏面外形》TB/T 449 的有关规定。

4.4.5 转向架构架设计寿命不应低于30年。

4.5 电 气 系 统

4.5.1 电传动系统宜采用变频调压的交流传动系统；牵引电机宜采用矢量控制或直接转矩控制的方式。

4.5.2 电（气）传动系统应具有牵引和再生制动的基本功能。

4.5.3 电力变流器应符合现行国家标准《轨道交通机车车辆用电力变流器》GB/T 25122.1 的有关规定，牵引电机应符合现行国家标准《电力牵引轨道机车车辆和公路车辆用旋转电机 第2部分：电子变流器供电的交流电动机》GB/T 25123.2 的有关规定，牵引电器应符合现行国家标准《铁路应用 机车车辆电气设备》GB/T 21413 的有关规定，电子设备应符合现行国家标准《轨道交通 机车车辆电子装置》GB/T 25119 的有关规定，电气设备的电磁兼容性应符合现行国家标准《轨道交通 电磁兼容》GB/T 24338 的有关规定。

4.5.4 电传动系统应能充分利用轮轨粘着条件和能按车辆载重量自动调整牵引力或电制动力的大小，并应具有反应灵敏的防空转、防滑行控制和防冲动控制。

4.5.5 当多台电动机由一个变流器并联供电时，其定额功率计及轮径差与电动机特性差异引起的负荷分配不均，以及在高粘着系数下运行时轴重转移的影响。

4.5.6 受流器或受电弓受流时，应对受电器或供电设施均无损伤或异常磨耗。受电弓的静态压力应为70N～140N，受流器的静态压力应为120N～180N。

4.5.7 列车应设置避雷装置。

4.5.8 辅助电源系统应由辅助变流器、蓄电池等组成。辅助电源的交流输出电压波形应为正弦波，波形畸变率不应大于5%，电压波动范围不应大于±5%，相间不平衡系数不应大于1%，频率应为50Hz±5%。辅助变流器应符合现行国家标准《轨道交通-机车车辆用电力变流器》GB/T 25122.1 的有关规定，其容量能满足车辆各种工况下的使用需求。

4.5.9 由浮充电蓄电池供电的设备，其标称电压应选用110V及24V，其额定工作电压应符合现行行业标准《铁路应用 机车车辆电气设备 第1部分：一般使用条件和通用规则》GB/T 21413.1 的有关规定。蓄电池容量应能满足车辆在故障及紧急情况下车门控制、应急通风、应急照明、外部照明、车载安全设备、广播、通信等系统工作不低于45min，以及45min后列车车门能开关门一次的要求。蓄电池箱采用二级绝缘安装。蓄电池箱上应安装正极和负极短路保护用空气断路器。

4.6 制 动 系 统

4.6.1 列车空气制动系统应由风源系统、常用制动系统、紧急制动系统、停放制动系统组成，并应包括指令装置、电气及空气控制装置、执行操作装置、自诊断装置等。

4.6.2 制动系统应采用微机控制，应能根据载荷大小自动调整制动力大小。

4.6.3 常用制动应使用电制动，并应充分利用电制动功能。电制动与空气制动应能协调配合，并应具有冲击率限制。当电制动力不足时，空气制动应按总制动力的要求补充不足的制动力。空气制动应具有相对独立的制动能力，即使在牵引供电中断或电制动故障情况下，也应能保证空气制动发挥作用。

4.6.4 列车在实施再生制动时，制动能量应能被其他列车吸收，多余能量应由再生制动能量吸收装置吸收。再生制动能量吸收装置宜设于变电所。

4.6.5 紧急制动应为纯空气制动。列车出现意外分离等严重故障影响列车安全时，应能立刻自动实施紧急制动。

4.6.6 停放制动系统应保证在线路最大坡道、列车在最大载荷情况下施加停放制动不会发生溜车。

4.6.7 基础制动宜采用单元式踏面制动装置或盘形制动装置。

4.6.8 列车应具有两套或以上独立的电动空气压缩机组。当一台机组失效时，其余空气压缩机组的供气量、供气质量和总风缸容积，均应能满足整列车的供风要求，同时应维持空气压缩机必要的开动占空比。空气压缩机组应设有干燥器和自动排水装置，以及压力调节器和安全阀。

4.6.9 列车制动系统应具有保持制动功能。

4.7 安全与应急设施

4.7.1 当利用轨道中心道床面作为应急疏散通道时，列车端部车辆应设置专用端门和配置下车设施，且组成列车的各车辆之间应贯通。端门和贯通道的宽度不应小于600mm，高度不应低于1800mm。

4.7.2 列车应设置报警系统，客室内应设置乘客紧急报警装置，乘客紧急报警装置应具有乘务员与乘客间双向通信功能。当采用无人驾驶运行模式时，报警系统设置应符合现行国家标准《城市轨道交通技术规范》GB 50490 的有关规定。

4.7.3 列车应装设 ATP 信号车载设备。

4.7.4 客室车门系统应设置安全联锁，应确保车速大于5km/h时不能开启，车门未全关闭时不能启动列车。

4.7.5 前照灯在车辆前端紧急制停距离处照度不应小于2lx。列车尾端外壁应设置红色防护灯。

4.7.6 客室、司机室应配置便携式灭火器具，安放位置应有明显标识并便于取用。

4.7.7 各电气设备金属外壳或箱体应采取保护性接地措施。

5 限　界

5.1 一般规定

5.1.1 地铁限界应分为车辆限界、设备限界和建筑限界。

5.1.2 车辆限界可按隧道内外区域，分为隧道内车辆限界和隧道外车辆限界；也可按列车运行区域，分为区间车辆限界、站台计算长度内车辆限界和车辆基地内车辆限界。

5.1.3 车辆限界，可按所处地段分为直线车辆限界和曲线车辆限界；设备限界，可按所处地段分为直线设备限界和曲线设备限界。直线车辆限界和设备限界应符合本规范附录A、附录B和附录C的规定；圆曲线设备限界计算方法应按本规范附录D的规定执行。

5.1.4 建筑限界应分为隧道建筑限界、高架建筑限界、地面建筑限界。隧道建筑限界可按工程结构形式分为矩形隧道建筑限界、马蹄形隧道建筑限界和圆形隧道建筑限界。

5.1.5 轨道区混凝土结构体、轨旁设备与接触网带电部分的间隙，应符合本规范表15.3.3的规定。

5.1.6 相邻区间线路，当两线间无墙、柱或设备时，两设备限界之间的安全间隙不应小于100mm；当两线间有墙或柱时，应按建筑限界加上墙或柱的宽度及其施工误差确定。

5.1.7 A型、B_1型和B_2型车辆采用的基本参数，应符合本规范第5.2节的规定。当选用车辆的基本参数与本规范不同时，应重新核定车辆限界、设备限界和建筑限界。

5.2 基本参数

5.2.1 各型车辆基本参数应符合表5.2.1的规定。

表5.2.1 各型车辆基本参数（mm）

参数＼车型	A型	B型 B_1型 上部授流	B型 B_1型 下部授流	B_2型
计算车体长度	22100	19000		
计算车体宽度	3000	2800		
计算车辆高度	3800	3800		
计算车辆定距	15700	12600		
计算转向架固定轴距	2500	2200/2300		
地板面距走行轨面高度	1130	1100		
受流器工作点至转向架中心线水平距离 750V	—	1418	1401	—
受流器工作点至转向架中心线水平距离 1500V	—	—	1470	—
受流器工作点距走行轨面高度 750V	—	140	160	—
受流器工作点距走行轨面高度 1500V	—	200		—
接触轨防护罩内侧至接触轨中心线距离 750V	—	≤74	≤86	—
接触轨防护罩内侧至接触轨中心线距离 1500V	—	≤86		—

注：本表供限界设计使用。

5.2.2 制定限界的基本参数应符合下列规定：

1 接触导线距轨顶面安装高度应符合本规范第15.3.21条的规定；

2 轨道结构高度应按本规范表7.2.5-1的规定采用；

3 高架线或地面线风荷载应为400N/m²；

4 过站限界列车计算速度应为60km/h；

5 区间限界列车计算速度应为100km/h；

6 当区间设置疏散平台时，疏散平台应符合下列要求：

　　1）疏散平台最小宽度应符合表5.2.2的规定；

表5.2.2 疏散平台最小宽度（mm）

设置位置＼区域及条件	隧道内 一般情况	隧道内 困难情况	隧道外 一般情况	隧道外 困难情况
单线（设于一侧）	700	550	700	550
双线（设于中央）	1000	800	1000	800

　　2）疏散平台高度（距轨顶面）应小于等于900mm。

5.3 建筑限界

5.3.1 建筑限界坐标系，应为正交于轨道中心线的平面直角坐标，通过两钢轨轨顶中心连线的中点引出的水平坐标轴用Y表示；通过该中点垂直于水平轴的坐标轴用Z表示。

5.3.2 矩形隧道建筑限界应符合下列规定：

1 直线地段矩形隧道建筑限界，应在直线设备限界基础上，按下列公式计算确定：

$$B_S = B_L + B_R \qquad (5.3.2\text{-}1)$$
$$B_L = Y_{S(max)} + b_L + c \qquad (5.3.2\text{-}2)$$
$$B_R = Y_{S(max)} + b_R + c \qquad (5.3.2\text{-}3)$$

A型车和B_2型车：$H = h_1 + h_2 + h_3 \qquad (5.3.2\text{-}4)$

B_1型车：$H = h'_1 + h'_2 + h_3 \qquad (5.3.2\text{-}5)$

式中：B_S——建筑限界宽度；

B_L——行车方向左侧墙至线路中心线净空距离；

B_R——行车方向右侧墙至线路中心线净空距离；

H——自结构底板至隧道顶板建筑限界高度；

$Y_{S(max)}$——直线地段设备限界最大宽度值（mm）；

b_L、b_R——左、右侧的设备、支架或疏散平台等最大安装宽度值（mm）；

c——安全间隙，取50（mm）；

h_1——受电弓工作高度（mm）；

h_2——接触网系统高度（mm）；

h_3——轨道结构高度（mm）；

h'_1——设备限界高度（mm）；

h'_2——设备限界至建筑限界安全间隙，取200（mm）。

2 曲线地段矩形隧道建筑限界，应在曲线地段设备限界基础上，按下列公式计算确定：

$$B_a = Y_{Ka}\cos\alpha - Z_{Ka}\sin\alpha + b_R(或\,b_L) + c \qquad (5.3.2\text{-}6)$$
$$B_i = Y_{Ki}\cos\alpha + Z_{Ki}\sin\alpha + b_L(或\,b_R) + c \qquad (5.3.2\text{-}7)$$

A型车和B_2型车：$H = h_1 + h_2 + h_3 \qquad (5.3.2\text{-}8)$

B_1型车：$B_u = Y_{Kh}\sin\alpha + Z_{Kh}\cos\alpha + h_3 + 200 \qquad (5.3.2\text{-}9)$

$$\alpha = \sin^{-1}(h/s) \qquad (5.3.2\text{-}10)$$

式中：B_a——曲线外侧建筑限界宽度；

B_i——曲线内侧建筑限界宽度；

B_u——曲线建筑限界高度；

h——轨道超高值（mm）；

s——滚动圆间距（mm），取值1500mm；

(Y_{Kh}, Z_{Kh})，(Y_{Ki}, Z_{Ki})，(Y_{Ka}, Z_{Ka})——曲线地段设备限界控制点坐标值（mm）；

3 缓和曲线地段矩形隧道建筑限界加宽方法应按本规范附录E的规定计算；

4 全线矩形隧道建筑限界高度，宜统一采用曲线地段最大高度。

5.3.3 单线圆形隧道的建筑限界，应按全线盾构施工地段的平面曲线最小半径和最大轨道超高确定。

5.3.4 单线马蹄形隧道的建筑限界，宜按全线采用矿山法施工地段的平面曲线最小半径确定。

5.3.5 圆形或马蹄形隧道在曲线超高地段，应采用隧道中心向线路基准线内侧偏移的方法解决轨道超高造成的内外侧不均匀位移量。位移量应按下列公式计算：

1 按半超高设置时，应按下列公式计算：

$$y' = h_0 \cdot h/s \qquad (5.3.5\text{-}1)$$
$$z' = -h_0(1 - \cos\alpha) \qquad (5.3.5\text{-}2)$$

2 按全超高设置时，应按下列公式计算：

$$y' = h_0 \cdot h/s \qquad (5.3.5\text{-}3)$$
$$z' = h/2 - h_0(1 - \cos\alpha) \qquad (5.3.5\text{-}4)$$

式中：y'——隧道中心线对线路基准线内侧的水平位移量

（mm）；

z'——隧道中心线竖向位移量（mm）；

h_0——隧道中心至轨顶面的垂向距离（mm）。

5.3.6 隧道外建筑限界的确定，应符合下列规定：

1 隧道外的区间建筑限界，应按隧道外设备限界及设备安装尺寸计算确定；

2 无疏散平台时，建筑限界宽度的计算方法应按矩形隧道建筑限界制定方法确定；有疏散平台时，疏散平台和设备限界的安全间隙不应小于50mm。疏散平台宽度应符合本规范第5.2节的规定。

3 设置接触网支柱、防护栏或声屏障支柱时，应保证与设备限界之间有足够的设备安装空间；无设备时，设备限界与建（构）筑物之间的安全间隙不应小于50mm；当采用接触轨授电时，还应满足受流器与轨旁设备之间电气安全距离的要求。

4 建筑限界高度应符合下列规定：

1）A型车和B_2型车应按受电弓工作高度和接触网系统高度加轨道结构高度确定；

2）B_1型车应按设备限界高度和轨道结构高度另加不小于200mm安全间隙。

5.3.7 道岔区的建筑限界，应在直线地段建筑限界的基础上，根据不同类型的道岔和车辆技术参数，分别按欠超高和曲线轨道参数计算合成后进行加宽。

采用接触轨受电的道岔区，当电缆从隧道顶部过轨时，应核查顶部高度，必要时应采取局部加高措施。

5.3.8 车站直线地段建筑限界，应符合下列规定：

1 站台面不应高于车厢地板面，站台面距轨顶面的高度，应符合下列规定：

1）A型车应为1080mm±5mm；

2）B_1、B_2型车应为1050mm±5mm。

2 站台计算长度内的站台边缘至轨道中心线的距离，应按不侵入车站车辆限界确定。站台边缘与车辆轮廓线之间的间隙，应符合下列规定：

1）当车辆采用塞拉门时采用100^{+5}_{0}mm；

2）当车辆采用内藏门或外挂门时采用70^{+5}_{0}mm。

3 车站设置站台门时，站台门的滑动门体至车辆轮廓线（未开门）之间的净距，当车辆采用塞拉门时，应采用130^{+15}_{5}mm；当车辆采用内藏门或外挂门时，应采用100^{+15}_{5}mm；站台门顶箱与车站车辆限界之间，应保持不小于25mm的安全间隙。

4 站台计算长度外的站台边缘至轨道中心线距离，宜按设备限界另加不小于50mm安全间隙确定；

5 站端设有道岔的车站与盾构区间相接时，道岔岔心与盾构管片起点距离，应符合下列规定：

1）9号道岔不宜小于18m，困难条件下采用13m；

2）12号道岔不宜小于21m，困难条件下采用16m。

6 车站范围内其余部位建筑限界，应按区间建筑限界的规定执行。

5.3.9 曲线站台边缘至车门门槛之间的间隙，应按站台类型、车辆参数和曲线半径计算确定。曲线车站站台边缘与车厢地板面高度处车辆轮廓线的水平间隙不应大于180mm。

5.3.10 轨道区隔断门建筑限界宽度，其门框内边缘至设备限界应有不小于100mm安全间隙；隔断门建筑限界高度宜与区间矩形隧道高度相同。

5.3.11 车辆基地限界应符合下列规定：

1 车辆基地库外限界应按区间限界规定执行；

2 车辆基地库内检修平台的高平台及安全栅栏与车辆轮廓线之间，应留有80mm安全间隙，低平台应采用车站站台建筑限界；

3 受电弓车辆升弓进库时，车库大门应按受电弓限界设计。

5.3.12 设在两线交叉处的警冲标，应满足相邻两线设备限界的要求。

5.4 轨道区设备和管线布置原则

5.4.1 轨道区内安装的设备和管线（含支架）与设备限界应保持不小于50mm的安全间隙（架空接触网和接触轨除外）。

5.4.2 强、弱电设备应分别布置在线路两侧，必须布置在同侧时，其间隔距离应符合强、弱电干扰距离的规定。区间内的各种管线布置宜保持顺直。

5.4.3 单渡线区域的道岔转辙机，宜布置在两线之间；交叉渡线区域的道岔转辙机，其中一组宜布置在两线之间，另一组宜布置在线路外侧。

5.4.4 区间隧道内管线设备布置应符合下列要求：

1 行车方向右侧宜布置弱电设备和管线，行车方向左侧宜布置强电设备和管线。当区间隧道设有疏散平台时，平台宜设在行车方向左侧，消防设备、排水管宜布置在行车方向右侧；不设置疏散平台时，消防设备、排水管以及维修插座箱，宜布置在行车方向左侧；

2 疏散平台上方应保持不小于2000mm的疏散空间；

3 射流风机宜布置在隧道侧墙上部；

4 各种隔断门门框外应预埋套管，每侧套管埋设宽度不宜大于500mm；

5 采用集中供冷方式时，区间隧道内的冷冻水管宜布置在行车方向右侧；

6 当接触网（轨）隔离开关安装在轨道区时，隧道建筑限界必要时应予加宽，并应留出周边管线安装空间。

5.4.5 高架区间管线设备布置应符合下列要求：

1 当采用车辆侧门疏散模式时，双线高架区间宜在两线间设置疏散平台。弱电和强电设备宜分开布置在两线之间和两线外侧；

2 信号机宜安装在两线外侧。

5.4.6 车站范围内管线设备布置应符合下列要求：

1 岛式车站的广告灯箱、信号机和弱电电缆宜布置在站台对侧，强电电缆宜布置在站台板下的结构墙上；

2 侧式车站的广告灯箱宜布置在两线之间，信号机宜布置在站台侧，弱电电缆宜布置在站台内电缆通道中，强电电缆宜布置在站台板下的结构墙体外侧。

6 线 路

6.1 一般规定

6.1.1 地铁线路应按其运营中的功能定位，分为正线（干线与支线）、配线和车场线。配线应包括车辆基地出入线、联络线、折返线、停车线、渡线、安全线。

6.1.2 地铁选线应符合下列规定：

1 应依据线路在城市轨道交通规划线网中的地位和客流特征、功能定位等，确定线路性质、运量等级和速度目标；

2 地铁线路应以快速、安全、独立运行为原则。当有条件时，也可根据需要在两条正线之间或一条线路上干线与支线之间，组织共线运行；

3 支线在干线上的接轨点应设在车站，并应按进站方向设置平行进路；接轨点不宜在靠近客流大断面的车站；

4 地铁线路之间交叉，以及地铁线路与其他交通线路交叉时，必须采用立体交叉方式；

5 地铁线路应符合运营效益原则，线路走向应符合城市客流走廊，应有全日客流效益、通勤客流规模、大型客流点的支撑；

6 地铁选线应符合工程实施安全原则，宜规避不良工程地质、水文地质地段，并宜减少房屋和管线拆迁。宜保护文物和重要建、构筑物，同时应保护地下资源；

7 地铁线路与相近建筑物距离应符合城市环境、风景名胜和文物保护的要求。地上线必要时应采取针对振动、噪声、景观、隐私、日照的治理措施，并应满足城市环境相关的规定；地下线应减少振动对周围敏感点的影响。

6.1.3 线路起、终点选择应符合下列规定：

1 线路起、终点车站宜与城市用地规划相结合，并宜预留公交等城市交通接驳配套条件；

2 线路起、终点不宜设在城区内客流大断面位置；也不宜设在高峰客流断面小于全线高峰小时单向最大断面客流量1/4的位置；

3 对穿越城市中心的超长线路，应分析运营的经济性，并应结合对全线不同地段客流断面和分区OD的特征、列车在各区间的满载率和拥挤度，以及建设时序的分析，合理确定线路运行的起、终点或运行的分段点；

4 每条线路长度不宜大于35km，也可按每个交路运行不大于1h为目标。当分期建设时，初期建设线路长度不宜小于15km；

5 支线与干线贯通共线运行时，其长度不宜过长。当支线长度大于15km时，宜按既能贯通、又能独立折返运行设计，但应核算正线对支线客流的承受能力。

6.1.4 车站分布应符合下列规定：

1 车站分布应以规划线网的换乘节点、城市交通枢纽点为基本站点，结合城市道路布局和客流集散点分布确定；

2 车站间距在城市中心区和居民稠密地区宜为1km；在城市外围区宜为2km。超长线路的车站间距可适当加大；

3 地铁车站站位选择，应结合车站出入口、风亭设置条件确定，并应满足结构施工、用地规划、客流疏导、交通接驳和环境要求。

6.1.5 换乘车站线路设计应符合下列规定：

1 换乘站的规划与设计，应按各线独立运营为原则，宜用一点两线形式，并宜控制好换乘高差与距离；当采用一点三线换乘形式时，宜控制层数，并宜按两个站台层设置；一个站点多于三条线路时，其换乘形式应经技术经济论证确定；

2 换乘车站应结合换乘方式，拟定线位、线间距、线路坡度和轨面高程；相交线路邻近一站一区间宜同步设计；

3 当换乘车站为两条线路采用同站台平行换乘方式时，车站线路设计应以主要换乘客流方向实现同站台换乘为原则；

4 当多条线路在中心城区共轨运行并实行换乘时，接轨

（换乘）站应满足各线运行能力和共轨运行总量需求，并应符合6.1.2条第三款的规定，确定线路配线及站台布置。

6.1.6 线路敷设方式应符合下列规定：

1 线路敷设方式应根据城市总体规划和地理环境条件，因地制宜选定。在城市中心区宜采用地下线；在中心城区以外地段，宜采用高架线；有条件地段也可采用地面线；

2 地下线路埋设深度，应结合工程地质和水文地质条件，以及隧道形式和施工方法确定；隧道顶部覆土厚度应满足地面绿化、地下管线布设和综合利用地下空间资源等要求；

3 高架线路应注重结构造型和控制规模、体量，并应注意高度、跨度、宽度的比例协调，其结构外缘与建筑物的距离应符合现行国家标准《建筑设计防火规范》GB 50016 和《高层民用建筑设计防火规范》GB 50045 的有关规定，高架线应减小对地面道路交通、周围环境和城市景观的影响；

4 地面线应按全封闭设计，并应处理好与城市道路红线及其道路断面的关系，地面线应具备防淹、防洪能力，并应采取防侵入和防偷盗设施。

6.2 线路平面

6.2.1 平面曲线设计应符合下列规定：

1 线路平面圆曲线半径应根据车辆类型、地形条件、运行速度、环境要求等综合因素比选确定。最小曲线半径应符合表6.2.1-1的规定；

表 6.2.1-1 圆曲线最小曲线半径（m）

车型 线路	A 型车		B 型车	
	一般地段	困难地段	一般地段	困难地段
正线	350	300	300	250
出入线、联络线	250	150	200	150
车场线	150	—	150	—

2 线路平面曲线半径选择宜适应所在区段的列车运行速度要求。当条件不具备设置满足速度要求的曲线半径时，应按限定的允许未被平衡横向加速度计算通过的最高速度，可按下列要求计算：

1）在正常情况下，允许未被平衡横向加速度为 0.4m/s²。当曲线超高为 120mm 时，最高速度限制应按式 6.2.1-1 计算，且不应大于列车最高运行速度。

$$V_{0.4} = 3.91\sqrt{R} \text{（km/h）} \qquad (6.2.1-1)$$

2）在瞬间情况下，允许短时出现未被平衡横向加速度为 0.5m/s²。当曲线超高为 120mm 时，瞬间最高速度限制应按式 6.2.1-2 计算，且不应大于列车最高运行速度。

$$V_{0.5} = 4.08\sqrt{R} \text{（km/h）} \qquad (6.2.1-2)$$

3）在车站正线及折返线上，允许未被平衡横向加速度为 0.3m/s²。当曲线超高为 15mm 时，最高速度限制应按下式计算，且分别不应大于车站允许通过速度或道岔侧向允许速度。

$$V_{0.3} = 2.27\sqrt{R} \text{（km/h）} \qquad (6.2.1-3)$$

3 车站站台宜设在直线上。当设在曲线上时，其站台有效长度范围的线路曲线最小半径，应符合表6.2.1-2的规定；

表 6.2.1-2 车站曲线最小半径（m）

	车型	A 型车	B 型车
曲线半径	无站台门	800	600
	设站台门	1500	1000

4 折返线、停车线等宜设在直线上。困难情况下，除道岔区外，可设在曲线上，并可不设缓和曲线，超高应为 0mm～15mm。但在车挡前宜保持不少于20m的直线段。

5 圆曲线最小长度，在正线、联络线及车辆基地出入线上，A型车不宜小于25m，B型车不宜小于20m；在困难情况下，不得小于一节车辆的全轴距；车场线不应小于3m；

6 新建线路不应采用复曲线，在困难地段，应经技术经济比较后采用。复曲线间应设置中间缓和曲线，其长度不应小于20m，并应满足超高顺坡率不大于2‰的要求。

6.2.2 缓和曲线设计应符合下列规定：

1 线路平面圆曲线与直线之间应设置三次抛物线型的缓和曲线；

2 缓和曲线长度应根据曲线半径、列车通过速度，以及曲线超高设置等因素，按表6.2.2的规定选用；

表6.2.2 线路曲线超高一缓和曲线长度

R	V	100	95	90	85	80	75	70	65	60	55	50	45	40	35
3000	L	30	25	20	20	20	20	20	—	—	—	—	—	—	—
	h	40	35	30	30	25	20	20	15	15	10	10	10	5	5
2500	L	35	30	25	20	20	20	20	20	—	—	—	—	—	—
	h	50	45	40	35	30	25	25	20	15	15	10	10	5	5
2000	L	45	40	35	30	25	20	20	20	—	—	—	—	—	—
	h	60	55	50	45	40	30	25	25	20	15	15	10	5	
1500	L	55	50	45	35	30	25	20	20	20	—	—	—	—	—
	h	80	70	65	60	50	45	35	30	25	20	20	10		
1200	L	70	60	50	40	40	30	25	20	20	20	—	—	—	—
	h	100	90	75	70	65	50	45	35	25	20	15	10		
1000	L	85	70	60	50	45	35	30	25	20	20	20	—	—	—
	h	120	105	95	80	75	60	50	40	35	25	20	15		
800	L	85	80	75	65	55	45	35	30	25	20	20	20	20	20
	h	120	120	120	105	95	75	60	55	45	35	35	20	20	20
700	L	85	80	75	75	65	50	45	35	30	25	20	20	20	20
	h	120	120	120	120	110	95	85	70	55	50	35	25	20	20

续表6.2.2

R	V	100	95	90	85	80	75	70	65	60	55	50	45	40	35
600	L	—	80	75	75	70	60	50	40	30	25	20	20	20	20
	h	—	120	120	120	120	110	95	85	65	50	40	40	30	25
550	L	—	—	75	75	70	65	55	40	35	25	20	20	20	20
	h	—	—	120	120	120	105	90	75	60	55	35	35	25	
500	L	—	—	—	75	70	65.	60	45	35	30	25	20	20	20
	h	—	—	—	120	120	120	115	100	85	70	60	50	30	
450	L	—	—	—	—	70	65	60	50	40	25	20	20	20	20
	h	—	—	—	—	120	120	120	110	95	80	65	55	30	
400	L	—	—	—	—	—	65	60	55	45	35	30	20	20	20
	h	—	—	—	—	—	120	120	120	105	90	75	60	35	
350	L	—	—	—	—	—	—	60	55	50	40	30	20	20	20
	h	—	—	—	—	—	—	120	120	120	100	85	70	55	40
300	L	—	—	—	—	—	—	—	55	50	50	35	20	20	20
	h	—	—	—	—	—	—	—	120	120	120	100	80	65	50
250	L	—	—	—	—	—	—	—	—	50	50	45	20	20	20
	h	—	—	—	—	—	—	—	—	120	120	120	95	75	60
200	L	—	—	—	—	—	—	—	—	—	50	50	20	20	20
	h	—	—	—	—	—	—	—	—	—	120	120	120	95	70

注：R为曲线半径（m）；V为设计速度（km/h）；L为缓和曲线长度（m）；h为超高值（mm）。

3 缓和曲线长度内应完成直线至圆曲线的曲率变化，应包括轨距加宽过渡和超高递变；

4 当圆曲线较短和计算超高值较小时，可不设缓和曲线，但曲线超高应在圆曲线外的直线段内完成递变。

6.2.3 曲线间的夹直线设计应符合下列规定：

1 正线、联络线及车辆基地出入线上，两相邻曲线间，无超高的夹直线最小长度，应按表6.2.3确定；

表6.2.3 夹直线最小长度（m）

正线、联络线、出入线	一般情况	λ≥0.5V	
	困难时最小长度λ	A型车	B型车
		25	20

注：V为列车通过夹直线的运行速度（km/h）。

2 道岔缩短渡线，其曲线间夹直线可缩短为10m。

6.2.4 道岔铺设应符合下列规定：

1 正线道岔型号不应小于9号。单渡线和交叉渡线的线间距应符合表6.2.4-1的规定，特殊情况无法符合表6.2.4-1的规定时，应进行特殊设计；

表6.2.4-1 单渡线和交叉渡线的线间距要求

线路类型 ＼ 道岔	道岔型号	导曲线半径（m）	侧向限速（km/h）	线间距（m）单渡线	交叉渡线
正线道岔	60kg/m-1/9	200	35	≥4.2	4.6或5.0

注：正线道岔为含折返线、出入线在正线接轨的道岔。

2 当60kg/m-1/9道岔侧向通过速度不能符合运行图设计速度时，可经过论证比较，选择大型号道岔，也可作特殊设计；

3 在车站端部接轨，宜采用9号道岔，其道岔前端，道岔中心至有效站台端部距离不宜小于22m；其道岔后端，道岔警冲标或出站信号机至有效站台端部距离不应小于5m。当采用大型号道岔时，其道岔位置应另行计算确定。

4 道岔应设在直线地段。道岔两端与平、竖曲线端部，应保持一定的直线距离，其值不应小于表6.2.4-2的规定。

表6.2.4-2 道岔两端与平、竖曲线端部的最小距离

项目	至平面曲线端或竖曲线端 正线	车场线
道岔型号	60kg/m-1/9	50kg/m-1/7
道岔前端/后端	5/5（m）	3/3（m）

注：道岔后端至站台位置应按道岔警冲标位置控制。

5 道岔附带曲线可不设缓和曲线和超高，但其曲线半径不应小于道岔导曲线半径；

6 两组道岔之间应设置直线段钢轨连接，其钢轨长度不应小于表6.2.4-3的规定。

表6.2.4-3 道岔间插入钢轨长度（m）

道岔布置相对位置	线别	插入钢轨长度L（按轨缝中心）一般地段	困难地段
两组道岔前端对向布置	正、配线	12.5	6.0
	车场线	4.5	3.0
两组道岔前后顺向布置	正、配线	6.0	4.5
	车场线	4.5	3.0
两组道岔根端对向布置	正、配线	6.0	6.0
	车场线	4.5	3.0

6.3 线路纵断面

6.3.1 线路坡度设计应符合下列规定：

1 正线的最大坡度宜采用30‰，困难地段最大坡度可采用35‰。在山地城市的特殊地形地区，经技术经济比较，有充分依据时，最大坡度可采用40‰；

2 联络线、出入线的最大坡度宜采用40‰；

3 区间隧道的线路最小坡度宜采用3‰；困难条件下可采用2‰；区间地面线和高架线，当具有有效排水措施时，可采用平坡。

注：最大、最小坡度的规定，均不应计入各种坡度折减值。

6.3.2 车站及其配线坡度设计应符合下列规定：

1 车站宜布置在纵断面的凸型部位上，可根据具体条件，按节能理念，设计合理的进出站坡度和坡段长度；

2 车站站台范围内的线路应设在一个坡道上，坡度宜采用2‰。当具有有效排水措施或与相邻建筑物合建时，可采用平坡；

3 具有夜间停放车辆功能的配线，应布置在面向车挡或区间的下坡道上，隧道内的坡度宜为2‰，地面和高架桥上坡度不应大于1.5‰；

4 道岔宜设在不大于5‰的坡道上。在困难地段应采用无砟道床，尖轨后端为固定接头的道岔，可设在不大于10‰的坡道上；

5 车场内的库（棚）线宜设在平坡道上，库外停放车的线路坡度不应大于1.5‰，咽喉区道岔坡度不宜大于3.0‰。

6.3.3 坡段与竖曲线设计应符合下列规定：

1 线路坡段长度不宜小于远期列车长度，并应满足相邻竖曲线间的夹直线长度不小于50m的要求；

2 两相邻坡段的坡度代数差等于或大于2‰时，应设圆曲线型的竖曲线连接，竖曲线的半径不应小于表6.3.3的规定；

表6.3.3 竖曲线半径（m）

线 别		一般情况	困难情况
正 线	区 间	5000	2500
	车站端部	3000	2000
联络线、出入线、车场线		2000	

3 车站站台有效长度内和道岔范围内不得设置竖曲线，竖曲线离开道岔端部的距离应符合表6.2.4-2的规定。

6.3.4 正线坡度大于24‰，连续高差达16m以上的长大陡坡地段，应根据线路平纵断面和气候条件，核查车辆的编组及其牵引和制动的动力性能，以及故障运行能力。长大坡段不宜与平面小半径曲线重叠；同时应对道床排水沟断面进行校核。

6.3.5 区间纵断面设计的最低点位置，应兼顾与区间排水泵房和区间联络通道位置结合，当排水管采用竖井引出方式时，地面应具有竖井实施条件。

6.3.6 竖曲线与缓和曲线或超高顺坡段在有砟道床地段不得重叠。在无砟道床地段竖曲线与缓和曲线重叠时，每条钢轨的超高最大顺坡率不得大于1.5‰。

6.4 配 线 设 置

6.4.1 联络线设置应符合下列规定：

1 正线之间的联络线应根据线网规划、车辆基地分布位置和承担任务范围设置；

2 凡设置在相邻线路间的联络线，承担车辆临时调度，运送大修、架修车辆，以及工程维修车辆、磨轨车等运行的线路，应设置单线；

3 相邻两段线路初期临时贯通且正式载客运行的联络线，应设置双线；

4 联络线与正线的接轨点宜靠近车站；

5 在两线同站台平行换乘站，宜设置渡线。

6.4.2 车辆基地出入线设置应符合下列规定：

1 出入线宜在车站端部接轨，并应具备一度停车再启动条件；

2 出入线应按双线双向运行设计，并应避免与正线平面交叉，也可根据车辆基地位置和接轨条件，设置八字形出入线。规模较小的停车场，其工程实施确因受条件限制时，在不影响功能前提下，可采用单线双向设计。贯通式车辆基地应在两端分别接入正线，主要方向端应为双线，另一端可为单线；

3 当出入线兼顾列车折返功能时，应对出入线与正线间的配线进行多方案比选，并应满足正线、折返线、出入线的运行功能要求。

6.4.3 折返线与停车线设置应符合下列规定：

1 折返线应根据行车组织交路设计确定，起、终点站和中间折返站应设置列车折返线。

2 折返线布置应结合车站站台形式确定，可采用站前折返或站后折返形式，并应满足列车折返能力要求；

3 正线应每隔5座～6座车站或8km～10km设置停车线，其间每相隔2座～3座车站或3km～5km应加设渡线；

4 停车线应具备故障车待避和临时折返功能。停车线设在中间折返站时，应与折返线分开设置，在正常运营时段，不宜兼用。停车线尾端应设置单渡线与正线贯通；

5 远离车辆段或停车场的尽端式车站配线，除应满足折返功能外，还应满足故障列车停车、夜间存车和工程维修车辆折返等功能要求；

6 在靠近隧道洞口以内或临近江河岸边的车站，应根据非正常运营模式和行车组织要求，研究和确定车站配线形式；

7 折返线、故障列车停车线有效长度（不含车挡长度）不应小于表6.4.3的规定。

表6.4.3 折返线、故障列车停车线有效长度（m）

配线名称	有效长度＋安全距离（不含车挡长度）
尽端式折返线、停车线	远期列车长度＋50
贯通式折返线、停车线	远期列车长度＋60

6.4.4 渡线的设置应符合下列规定：

1 单渡线应设在车站端部，一般中间站的单渡线道岔，宜按顺岔方向布置；

2 单渡线与其他配线的道岔组合布置时，应按功能需要，可按逆向布置；

3 在采用站后折返的尽端站，宜增设站前单渡线，并宜按逆向布置。

6.4.5 安全距离与安全线的设置应符合下列规定：

1 支线与干线接轨的车站应设置平行进路；在出站方向接轨点道岔处的警冲标至站台端部距离，不应小于50m，小于50m时应设安全线；

2 车辆基地出入线，在车站接轨点前，线路不具备一度停车条件，或停车信号机至警冲标之间小于50m时，应设置安全线。采用八字形布置在区间与正线接轨时，应设置安全线；

3 列车折返线与停车线末端均应设置安全线，其长度应符合本规范第6.4.3条第7款的规定；

4 安全线自道岔前端基本轨缝（含道岔）至车挡前长度应为50m（不含车挡）。在特殊情况下，缩短长度可采取限速和增加阻尼措施。

7 轨 道

7.1 一 般 规 定

7.1.1 轨道结构应具有足够的强度、稳定性、耐久性、绝缘性和适宜弹性。

7.1.2 轨道结构设计应根据车辆运行条件确定轨道结构的承载能力，并应符合质量均衡、弹性连续、结构等强、合理匹配的原则。

7.1.3 无砟轨道主体结构及混凝土轨枕的设计使用年限不应低于 100 年。

7.1.4 轨道结构部件选型应在满足使用功能的前提下，实现少维修、标准化、系列化，且宜统一全线轨道部件。

7.1.5 轨道结构设计应根据工程环境影响评价的要求，并与车辆等系统综合协调后，采取相应减振措施。

7.1.6 轨道结构设计应以运营维修中检测现代化、维修机械化为目标，配备必要的检测和维修设备。

7.2 基本技术要求

7.2.1 钢轨轨底坡宜为 1/40～1/30。在无轨底坡的两道岔间不足 50m 地段，不宜设置轨底坡。

7.2.2 标准轨距为 1435mm，半径小于 250m 的曲线地段应进行轨距加宽，加宽值应符合表 7.2.2 的规定。轨距加宽应在缓和曲线范围内递减，无缓和曲线或其长度不足时，应在直线地段递减，递减率不宜大于 2‰。

表 7.2.2 曲线地段轨距加宽值

曲线半径 R (m)	加宽值（mm）	
	A 型车	B 型车
250>R≥200	5	

续表 7.2.2

曲线半径 R (m)	加宽值（mm）	
	A 型车	B 型车
200>R≥150	10	5
150>R≥100	15	10

7.2.3 曲线超高值应按下式计算。设置的最大超高应为 120mm，未被平衡超高允许值不宜大于 61mm，困难时不应大于 75mm。车站站台有效长度范围内曲线超高不应大于 15mm：

$$h = \frac{11.8 V_c^2}{R} \qquad (7.2.3)$$

式中：h——超高值（mm）；

V_c——列车通过速度（km/h）；

R——曲线半径（m）。

7.2.4 曲线超高设置应符合下列规定：

1 隧道内及 U 形结构的无砟道床地段曲线超高，宜采用外轨抬高超高值的 1/2、内轨降低超高值的 1/2 设置；高架线、地面线的轨道曲线超高，宜采取外轨抬高超高值设置；

2 超高顺坡率不宜大于 2‰，困难地段不应大于 2.5‰。曲线超高值应在缓和曲线内递减。无缓和曲线或其长度不足时，应在直线段递减。

7.2.5 轨道结构高度应根据结构型式确定，宜按表 7.2.5-1 取值，有砟道床最小厚度宜符合表 7.2.5-2 的规定。

表 7.2.5-1 轨道结构高度（mm）

结构型式	轨道结构高度	
	正线、配线	车场线
矩形隧道	560	—
单线马蹄形隧道	650	—
单线圆形隧道	740	—
高架桥无砟道床	500～520	—
有砟道床（木枕/混凝土枕）	700～950	580～625
车场库内	—	500～600

注：单线圆形隧道采用两侧排水沟时，轨道结构高度可适当加大。

表 7.2.5-2 有砟道床最小厚度（mm）

下部结构类型	道床厚度		
	正线、配线		车场线
非渗水土路基	双层	道砟 250 底砟 200	单层 250
岩石、渗水土路基、混凝土结构	单层道砟 300		

7.2.6 道床结构型式应符合下列规定：

1 地下线、高架线、地面车站宜采用无砟道床；地面线宜采用有砟道床；

2 正线及其配线上同一曲线地段宜采用一种道床结构型式；

3 车场库内线应采用无砟道床。平过道应设置道口板。轮缘槽宽度应为 70mm～100mm，深度应为 50mm。

7.2.7 扣件铺设数量应符合表 7.2.7 的规定。

表 7.2.7 扣件铺设数量（对/km）

道床型式	正线、试车线、出入线			车场线（不含试车线）
	直线及 R>400m、坡度 i<20‰	R≤400m 或坡度 i≥20‰	其他配线	
无砟道床	1600～1680	1680	1600	1440
混凝土有砟道床	1600～1680	1680～1760	1600～1680	1440
无缝线路混凝土枕有砟道床	1680～1760	1760～1840	1680～1760	1440
木枕有砟道床	1680～1760	1760～1840	1680	1440

7.3 轨 道 部 件

7.3.1 钢轨应符合下列规定：

1 正线及配线钢轨宜采用 60kg/m 钢轨，车场线宜采用 50kg/m 钢轨；

2 正线有缝线路地段的钢轨接头应采用对接，曲线内股应采用厂制缩短轨。配线和车场线半径不大于 200m 的曲线地段钢轨接头应采用错接，错接距离不应小于 3m；

3 不同类型的钢轨应采用异型钢轨连接。

7.3.2 钢轨应采用弹性扣件，扣件零部件的物理力学性能指标应符合扣件产品相关技术条件的规定。扣件结构应符合下列规定：

1 无砟道床地段应采用弹性分开式扣件；

2 无砟道床的节点垂直静刚度宜为 20kN/mm～40kN/mm，有砟道床用扣件的节点垂直静刚度宜为 40kN/mm～60kN/mm，动静比不应大于 1.4。

7.3.3 轨枕技术性能应符合轨枕产品有关技术条件的规定。无砟道床地段应采用预制钢筋混凝土轨枕；有砟道床地段宜采用预应力混凝土枕。

7.3.4 道岔结构应符合下列规定：

1 技术性能应符合道岔产品有关技术条件的规定；

2 正线道岔钢轨类型应与相邻区间钢轨类型一致，并不得低于相邻区间钢轨的强度等级及材质要求；

3 应采用弹性分开式扣件，扣压件形式宜与相邻区间的扣压件一致；

4 道岔的道床形式宜与同一区间一致；

5 道岔转辙器和辙叉部位不应设在隧道变形缝或梁缝上；

6 正线道岔直向允许通过速度不应小于区间设计速度，侧向允许通过速度不宜小于 30km/h。

7.3.5 钢轨伸缩调节器技术性能应符合产品有关技术条件的规定。设置位置应符合下列规定：

1 钢轨伸缩调节器的设置应根据桥上无缝线路计算确定，并宜设置在直线地段；当必须设置在曲线地段时，应按伸缩调节器的适用范围选用，且不应设置在与竖曲线重叠处。

2 钢轨伸缩调节器基本轨应与相邻钢轨轨型和材质相同。

7.4 道床结构

7.4.1 无砟道床结构应符合下列规定：

1 混凝土强度等级，隧道内和 U 形结构地段不应低于 C35，高架线和地面线地段不应低于 C40，道床结构的耐久性应满足设计使用年限 100 年的规定。

2 应采用钢筋混凝土结构，并应满足承载能力要求。配筋尚应满足杂散电流的技术要求。轨枕与道床联结应采取加强措施；

3 应设置道床伸缩缝，隧道内伸缩缝间距不宜大于 12.5m，U 形结构地段、隧道洞口内 50m 范围、高架桥上和库内线，不宜大于 6m。在结构变形缝和高架桥梁缝处，应设置道床伸缩缝。特殊地段应结合工程特殊设计；

4 地下线道床排水沟的纵向坡度宜与线路坡度一致。线路平坡地段，排水沟纵向坡度不宜小于 2‰；

5 道床面低于钢轨底面不宜小于 70mm，道床面横向排水坡不宜小于 2.5%，道岔道床横向排水坡宜为 1%～2%；

6 在无砟道床上应铺设轨基标。轨道铺轨图设计，应以对结构内轮廓进行复测后，必要时经调整的线路条件为依据。

7.4.2 有砟道床应符合下列规定：

1 应采用一级道砟；

2 地面线无缝线路地段在线路开通前，正线有砟道床的密实度不得小于 1.7t/m³，纵向阻力不得小于 10kN/枕，横向阻力不得小于 9kN/枕；

3 正线无缝线路地段有砟道床的肩宽不应小于 400mm，有缝线路地段道床肩宽不应小于 300mm。无缝线路曲线半径小于 800m、有缝线路曲线半径小于 600m 的地段，曲线外侧道床肩宽应加宽 100mm，砟肩应堆高 150mm。道床边坡均应采用 1:1.75；

4 车场线有砟道床的道床肩宽不应小于 200mm，曲线半径不大于 300m 的曲线地段，曲线外侧道床肩宽应加宽 100mm，道床边坡均应采用 1:1.5；

5 有砟道床顶面应与混凝土轨枕中部顶面平齐，应低于木枕顶面 30mm。

7.4.3 不同道床结构的过渡段设置应符合下列规定：

1 正线、出入线和试车线的无砟道床与有砟道床间应设置过渡段，长度不宜短于全轴距；

2 不同减振地段间的过渡方式和长度应根据计算确定。

7.5 无缝线路

7.5.1 无缝线路设计应根据当地气象及地下线温度资料确定设计锁定轨温，并应对轨道结构强度、稳定性等进行计算。

7.5.2 下列地段轨道宜按无缝线路设计，并宜扩大无缝线路的铺设范围：

1 地下线的直线和曲线半径不小于 300m 地段；

2 高架线及地面线无砟道床的直线和曲线半径不小于 400m 地段；

3 有砟道床的直线和曲线半径不小于 600m 地段；

4 试车线；

5 曲线半径小于本条第 1～3 款的限制值时，应进行特殊设计并采取加强措施。

7.5.3 正线有砟道床地段宜按一次铺设无缝线路设计。

7.5.4 高架线无砟道床的无缝线路铺设应符合下列要求：

1 桥上无缝线路设计应计算伸缩力、挠曲力、断轨力等，并应进行钢轨断缝检算。钢轨折断允许断缝值，无砟轨道应取 100mm，有砟轨道应取 80mm；

2 大跨度连续梁桥应根据计算布置钢轨伸缩调节器；

3 联合接头距桥梁边墙的距离不应小于 2m。

7.5.5 当轨道采用无缝道岔时，应根据无缝道岔的具体参数，确定道岔连入无缝线路的条件，并应进行无缝道岔中相对位移及

部件强度等检算。

7.5.6 无缝线路应设置位移观测桩，设置的基础应牢固稳定。钢轨伸缩调节器和道岔均应按一个单元轨节设置位移观测桩。

7.6 减振轨道结构

7.6.1 减振轨道结构应按项目环境影响评估报告书，确定减振地段位置及减振等级。

7.6.2 采取减振工程措施时，不应削弱轨道结构的强度、稳定性及平顺性。

7.6.3 减振级别宜划分为中等减振、高等减振和特殊减振。

7.6.4 每个工程不宜采用过多的减振轨道类型和减振产品。

7.6.5 减振工程措施应根据项目环评报告和减振产品性能确定。

7.6.6 高架线的振动控制，应结合桥梁型式、桥梁减振支座等选择减振产品。

7.7 轨道安全设备及附属设备

7.7.1 高架桥线路的下列地段或全桥范围应设防脱护轨：

1 半径不大于 500m 曲线地段的缓圆（圆缓）点两侧，其缓和曲线部分不小于缓和曲线长的一半并不小于 20m、圆曲线部分 20m 范围内，曲线下股钢轨旁；

2 高架桥跨越城市干道、铁路及通航航道等重要地段，以及受列车意外撞击时易产生结构性破坏的高架桥地段及其以外各 20m 范围内，在靠近双线高架桥中线侧的钢轨旁；

3 竖曲线与缓和曲线重叠处，竖曲线范围内两根钢轨旁；

4 防脱护轨应设置在钢轨内侧。

7.7.2 在轨道尽端应设置车挡，并应符合下列要求：

1 正线及配线、试车线、牵出线的终端应采用缓冲滑动式车挡。地面和地下线终端车挡应能承受列车以 15km/h 速度撞击的冲击荷载，高架线终端车挡应能承受列车以 25km/h 速度撞击的冲击荷载。特殊情况可根据车辆、信号等要求计算确定；

2 车场线终端应采用固定式车挡。

7.7.3 轨道标志的设置应符合下列规定：

1 应设置百米标、坡度标、曲线要素标、平面曲线起终点标、竖曲线起终点标、道岔编号标、站名标、桥号标、水位标等线路标志；

2 应设置限速标、停车位置标、警冲标等信号标志；

3 各种标志应采用反光材料制作；

4 警冲标应设在两设备限界相交处，其余标志应安装在行车方向右侧司机易见的位置。

8 路 基

8.1 一般规定

8.1.1 地铁路基工程应具有足够的强度、稳定性和耐久性。

8.1.2 轨道和车辆荷载应根据采用的轨道结构及车辆的轴重、轴距等参数计算，并应用换算土柱高度代替。

8.1.3 路基工程的地基应满足承载力和路基工后沉降的要求，路基工程地基处理措施应根据线路设计标准、地质资料、路堤高度、填料、建设工期等通过检算确定。

8.1.4 路基设计应符合环境保护的要求，并应重视沿线的绿化和美化设计。结构设计应与邻近的建筑物相协调。

8.1.5 取、弃土场设置不应影响山体或边坡稳定，并应采取确保边坡稳定和符合环境保护要求的挡护措施。

8.1.6 路基工程防排水设计应保证排水系统完整、通畅。

8.1.7 路肩及边坡上不应设置电缆沟槽，困难情况下必须设置时，应进行结构设计，并应采取保证路基完整和稳定的措施。在路基上设置其他杆架、管线等设备时，也应采取保证路基稳定的措施。

8.1.8 区间路基地段可适当设置养路机械平台，间距宜采用500m，单线地段可在一侧设置，双线地段应两侧交错设置，采用移动平台时可不设置。

8.2 路基面及基床

8.2.1 路基路肩高程应高出线路通过地段的最高地下水位和最高地面积水水位，并应加毛细水强烈上升高度和有害冻胀深度或蒸发强烈影响深度，再加0.5m。路基采取降低水位、设置毛细水隔断层等措施时，可不受本条规定的限制。

路肩高程还应满足与城市其他交通衔接和相交等情况时的特殊要求。

8.2.2 路基面形状应设计为三角形路拱，应由路基中心线向两侧设4%的人字排水坡。曲线加宽时，路基面仍应保持三角形。

8.2.3 路基面宽度应根据线路数目、线间距、轨道结构尺寸、曲线加宽、路肩宽度、是否有接触网立柱等计算确定。

当路肩埋有设备时，路堤及路堑的路肩宽度不得小于0.6m，无埋设备时路肩宽度不得小于0.4m。

8.2.4 区间曲线地段的路基面宽度，单线应在曲线外侧，双线应在外股曲线外侧按表8.2.4的数值加宽。加宽值在缓和曲线范围内应线性递减。

表8.2.4 曲线地段路基面加宽值（m）

曲线半径 R	路基面外侧加宽值
R≤600	0.5
600＜R≤800	0.4
800＜R≤1000	0.3
1000＜R≤2000	0.2
2000＜R≤5000	0.1

8.2.5 路基基床应分为表层和底层，表层厚度不应小于0.5m，底层厚度不应小于1.5m。基床厚度应以路肩施工高程为计算起点。

8.2.6 路堤基床表层填料应选用A、B组填料，基床底层填料可选用A、B、C组填料。使用C组填料时，在年平均降水量大于500mm地区，其塑性指数不应大于12，液限不应大于32%。

填料分类及粒径要求，宜按现行行业标准《铁路路基设计规范》TB 10001的有关规定执行。

8.2.7 路堑基床表层土质不满足本规范第8.2.6条的规定时，应采取换填或土质改良等措施。

8.2.8 路基基床各层的压实度不应小于表8.2.8的规定值。

表8.2.8 路基基床各层的压实度

位置	压实指标	填料类别			
		细粒土和粉砂、改良土	砂类土（粉砂除外）	砾石类	碎石类
基床表层	压实系数 K_h	(0.93)	—	—	—
	K_{30}(MPa/cm)	(1.0)	1.1	1.4	1.4
	相对密度 D_r	—	0.8	—	—
基床底层	压实系数 K_h	0.91	—	—	—
	K_{30}(MPa/cm)	0.9	1.0	1.2	1.3
	相对密度 D_r	—	0.75	—	—

注：1 K_h 为重型击实试验的压实系数；
2 K_{30} 为直径30cm直径平板荷载试验的地基系数，取下沉量为0.125cm的荷载强度；
3 细粒土和粉砂、改良土一栏中，有括号的仅为改良土的压实标准。

8.2.9 路堑基床表层的压实度不应小于表8.2.8的规定值。基床底层厚度范围内天然地基的静力触探比贯入阻力 P_s 值不应小于1.2MPa，或天然地基容许承载力 $[\sigma]$ 不应小于0.15MPa。

8.3 路 堤

8.3.1 路堤边坡坡度应根据填料或土质的物理力学性质、边坡高度、轨道、列车荷载和地基工程地质条件确定，当路堤高度小于等于8m时，路堤边坡坡度不应大于1:1.5。

路堤坡脚外应设宽度不小于1.0m的护道。

8.3.2 高度小于基床厚度的低路堤，基床表层厚度范围内天然地基的土质及其压实度，应符合本规范第8.2.6和8.2.8条的规定。基床底层厚度范围内天然地基为软弱土层时，其静力触探比贯入阻力 P_s 值不得小于1.2MPa，天然地基容许承载力 $[\sigma]$ 不得小于0.15MPa。

8.3.3 基床以下部分的填料可选用A、B、C组填料。填料的最大粒径不得大于300mm或摊铺厚度的2/3。当渗水土填在非渗水土上时，非渗水土层顶面应向两侧设4%的人字横坡。基床以下部分填料的压实度不应小于表8.3.3的规定。路堤浸水部位的填料，应选用渗水土填料。

表8.3.3 基床以下部分填料的压实度

填筑部位	压实指标	填料类别			
		细粒土和粉砂、改良土	砂类土（粉砂除外）	砾石类	碎石类
基床以下不浸水部分	压实系数 K_h	0.9	—	—	—
	K_{30}(MPa/cm)	0.8	0.8	1.1	1.2
	相对密度 D_r	—	0.7	—	—
基床以下浸水部分	K_{30}(MPa/cm)	—	0.8	1.1	1.2
	相对密度 D_r	—	0.7	—	—

8.3.4 路堤基底处理应符合下列要求：

1 地基表层为人工杂填土时，应清除换填。碾压后，其压实度应根据其不同部位分别满足表8.2.8、表8.3.3的规定；

2 基底有地下水影响路堤稳定时，应采取拦截引排至基底范围以外并在路堤底部填筑渗水填料等措施；

3 若地基表层为软弱土层，其静力触探比贯入阻力 P_s 值小于1MPa时，应进行地基稳定性检算并采取排水疏干、清除淤泥、换填砂砾石或码填片石、采用土工合成材料等方法进行加固，加固后的地基承载力应满足其上部荷载的要求。

4 软土及其他类型厚层松软地基上的路基应进行路基稳定性、沉降检算。当稳定安全系数、工后沉降不符合规定时，应进行地基处理。地基处理可按现行行业标准《铁路特殊路基设计规范》TB 10035 和《铁路工程地基处理技术规程》TB 10106 的有关规定设计，采用不同加固措施地段应采取一定的过渡措施。

8.3.5 路基的工后沉降量应符合下列要求：

1 有砟轨道线路不应大于200mm，路桥过渡段不应大于100mm，沉降速率不应大于50mm/年；

2 无砟轨道线路路基工后不均匀沉降量，不应超过扣件允许的调高量，路桥或路隧交界处差异沉降不应大于10mm，过渡段沉降造成的路基和桥梁或隧道的折角不应大于1/1000。

8.3.6 路堤与桥台及路堤与硬质岩石路堑连接处应设置过渡段，过渡段长度应根据桥台背后路堤填土高度计算确定。过渡段的基床表层填料及压实标准应与相邻基床表层相同，基床表层以下应选用A、B组填料，压实标准应符合表8.2.8的要求。当过渡段浸水时，浸水部分的填料应采用渗水材料。过渡段宜按现行行业标准《铁路路基设计规范》TB 10001的有关规定执行。

8.4 路　堑

8.4.1 路堑边坡高度不宜超过20m，路堑设计高度超过20m时，应采用隧道或明峒。对强风化、岩体破碎的石质路堑、特殊岩土和土质路堑的边坡高度，应严格控制，并应采取支挡防护措施。

8.4.2 路堑设计应减少对天然植被和山体的破坏。

8.4.3 路堑边坡形式及坡率应根据工程地质和水文地质条件、边坡高度、防排水措施、施工方法，并结合自然稳定山坡和人工边坡的调查及力学分析等综合确定。

8.5 路基支挡结构

8.5.1 路基在下列情况应修筑支挡结构：

　1　位于陡坡地段或风化的路堑边坡地段；

　2　为避免大量挖方及降低边坡高度的路堑地段；

　3　不良地质条件下加固山体、边坡或地基地段；

　4　为少占农田和城市用地的地段；

　5　为保护重要的既有建筑物及其他特殊条件和生态环境需要的地段。

8.5.2 支挡结构设计应符合下列规定：

　1　在各种设计荷载作用下，应满足稳定性、坚固性和耐久性要求；

　2　结构类型及其设置位置，应做到安全可靠、经济合理、技术先进和便于施工及养护，同时应与周围环境协调；

　3　使用的材料应保证耐久、耐腐蚀，混凝土结构宜采用预制构件；

　4　路堤或路肩挡土墙的墙后填料及其压实度，应符合表8.2.8、表8.3.3的规定；

　5　支挡结构与桥台、地下结构、既有支挡结构连接时，应平顺衔接；

　6　需在支挡结构上设置照明灯杆、电缆支架和声屏障立柱等设施时，应预留照明灯杆、电缆支架和声屏障立柱等设施的位置和条件，并应保证支挡结构的完整、稳定。

8.5.3 路肩挡土墙的平面位置，在直线地段应按路基宽度确定，曲线地段宜按折线形布置，并应符合曲线路基加宽的规定。在折线处应设置沉降缝。

8.5.4 支挡结构设计时，所采用的荷载力系、荷载组合、检算、构造及材料等要求，可按现行行业标准《铁路路基支挡结构设计规范》TB 10025的有关规定执行，列车荷载应按地铁车辆的实际轴重计算其产生的竖向荷载作用，同时尚应按线路通过的重型设备运输车辆的荷载进行验算。

8.5.5 当支挡结构上有声屏障等附属设施时，应增加风荷载等附加荷载。采用装配式支挡结构时，尚应检算连接部分的焊接强度。

8.6 路基排水及防护

8.6.1 路基应有完善的排水系统，并宜与市政排水设施相结合。排水设施应布置合理，当与桥涵、隧道、车站等排水设施衔接时，应保证排水畅通。

8.6.2 排水设施的布置应符合下列规定：

　1　在路堤天然护道外应设置单侧或双侧排水沟；

　2　路堑应于路肩两侧设置侧沟；

　3　堑顶外应设置单侧或双侧天沟。

8.6.3 路基排水纵坡不应小于2‰，单面排水坡段长度不宜大于400m。

8.6.4 排水沟的横断面应按流量及用地情况确定，路基排水设施均应采取防止冲刷或渗漏的加固措施，并应确保边坡稳定。

8.6.5 对路基有危害的地下水，应根据地下水类型、含水层的埋藏深度、地层的渗透性及对环境的影响等条件，设置暗沟（管）、渗沟、检查井等地下排水设施。地下排水设施的类型、位置及尺寸应根据工程地质和水文地质条件确定。

8.6.6 对受自然因素作用易产生损坏的路基边坡面，应根据边坡的土质、岩性、水文地质条件、边坡坡度与高度，以及周围景观等，选用适宜的防护措施。在适宜于植物生长的土质边坡上应采取植物防护措施。

8.6.7 沿河地段路基应根据河流特性、水流性质、河道形状、地质条件等因素，结合路基位置，选用适宜的坡面防护、河水导流或改道等防护措施。

9　车站建筑

9.1 一般规定

9.1.1 车站的总体布局应符合城市规划、城市综合交通规划、环境保护和城市景观的要求，并应处理好与地面建筑、城市道路、地下管线、地下构筑物及施工时交通组织之间的关系。

9.1.2 车站设计应满足客流需求，并应保证乘降安全、疏导迅速、布置紧凑、便于管理，同时应具有良好的通风、照明、卫生和防灾等设施。

9.1.3 车站的站厅、站台、出入口通道、楼梯、自动扶梯和售、检票口（机）等部位的通过能力，应按该站超高峰设计客流量确定；出入口通道、楼梯、自动扶梯的通过能力应按本规范第28.2.11条的要求进行校核。超高峰设计客流量应为该站预测远期高峰小时客流量或客流控制期高峰小时客流量乘以1.1～1.4超高峰系数。

9.1.4 车站设计应满足系统功能要求，合理布置设备与管理用房，并宜采用标准化、模块化、集约化设计。

9.1.5 车站的地下、地上空间宜综合利用。

9.1.6 车站应设置无障碍设施。

9.1.7 地下车站的土建工程不宜分期建设，地面、高架车站及相关地面建筑可分期建设。

9.2 车站总体布置

9.2.1 车站总体布置应根据线路特征、运营要求、地上和地下周边环境及车站与区间采用的施工方法等条件确定。站台可选用岛式、侧式或岛侧混合式等形式。

9.2.2 车站竖向布置应根据线路敷设方式、周边环境及城市景观等因素，可选取地下多层、地下一层、路堑式、地面、高架一层、高架多层等形式。地下车站埋设宜浅，高架车站层数宜少，有条件的地下或高架车站宜将站厅及设备、管理用房设于地面。

9.2.3 换乘车站应根据地铁线网规划、线路敷设方式、地上及地下周边环境、换乘量的大小等因素，可选取同车站平行换乘、同站台平面换乘、站台上下平行换乘、站台间的"十"形、"T"形、"L"形、"H"形等换乘及通道换乘形式。

9.2.4 车站出入口与风亭的位置，应根据周边环境及城市规划要求进行布置。出入口位置应有利于吸引和疏散客流；风亭位置应满足功能要求，并应满足规划、环保、消防和城市景观的要求。

9.2.5 车站出入口附近，应根据需要与可能，设置非机动车和机动车的停放场地。

9.2.6 车站应设置公共厕所，管理人员厕所不宜与公共厕所合用。

9.3 车站平面

9.3.1 站台计算长度应采用列车最大编组数的有效长度与停车误差之和，有效长度和停车误差应符合下列规定：

1 有效长度在无站台门的站台应为列车首末两节车辆司机室门外侧之间的长度；有站台门的站台应为列车首末两节车辆尽端客室门外侧之间的长度。

2 停车误差当无站台门时应取 1m～2m；有站台门时应取 ±0.3m 之内。

9.3.2 站台宽度应按下列公式计算，并应符合表 9.3.15-1 的规定：

岛式站台宽度：$B_d = 2b + n \cdot z + t$ （9.3.2-1）

侧式站台宽度：$B_c = b + z + t$ （9.3.2-2）

$$b = \frac{Q_{上} \cdot \rho}{L} + b_a$$ （9.3.2-3）

$$b = \frac{Q_{上,下} \cdot \rho}{L} + M$$ （9.3.2-4）

式中：b——侧站台宽度（m），公式（9.3.2-1）和公式（9.3.2-2）中，应取公式（9.3.2-3）和公式（9.3.2-4）计算结果的较大值；

n——横向柱数；

z——纵梁宽度（含装饰层厚度）（m）；

t——每组楼梯与自动扶梯宽度之和（含与纵梁间所留空隙）（m）；

$Q_{上}$——远期或客流控制期每列车超高峰小时单侧上车设计客流量（人）；

$Q_{上,下}$——远期或客流控制期每列车超高峰小时单侧上、下车设计客流量（人）；

ρ——站台上人流密度，取 0.33m²/人～0.75m²/人；

L——站台计算长度（m）；

M——站台边缘至站台门立柱内侧距离，无站台门时，取 0（m）；

b_a——站台安全防护带宽度，取 0.4，采用站台门时用 M 替代 b_a 值（m）。

9.3.3 设置在站台层两端的设备与管理用房，可伸入站台计算长度内，但伸入长度不应超过一节车辆的长度，且与梯口或通道口的距离不应小于 8m，侵入处侧站台的计算宽度应符合表 9.3.15-1 的规定。

9.3.4 站台上的楼梯和自动扶梯宜纵向均匀设置。

9.3.5 当不设站台门时，距站台边缘 400mm 应设安全防护带，并应于安全带内侧设不小于 80mm 宽的纵向醒目的安全线。安全防护带范围内应设防滑地面。

9.3.6 站台边缘与静止车辆车门处的安全间隙，在直线段宜为 70mm（内藏门或外挂门）或 100mm（塞拉门），在曲线段应在直线段规定值的基础上加不大于 80mm 的放宽值，实际尺寸应

满足限界安装公差要求。站台面应低于车辆地板面，高差不得大于 50mm。

9.3.7 售票机前应留有购票乘客的聚集空间，聚集空间不应侵入人流通行区。出站检票口与出入口通道边缘的间距不宜小于 5m，与楼梯的距离不宜小于 5m，与自动扶梯基点的距离不宜小于 8m。进站检票口与楼梯口的距离不宜小于 4m，与自动扶梯基点的距离不宜小于 7m。

9.3.8 售、检票方式应根据具体情况，采用人工式、半自动或自动式。当分期实施时应预留设置条件。

9.3.9 地下车站的设备与管理用房布置应紧凑合理，主要管理用房应集中布置。消防泵房宜设于设备与管理用房有人区内的主通道或消防专用通道旁。

9.3.10 在站台计算长度以外的车站结构立柱、墙等与站台边缘的距离，必须满足限界要求。

9.3.11 当站台设置站台门时，自站台边缘起向内 1m 范围的站台地面装饰层下应进行绝缘处理。

9.3.12 付费区与非付费区的分隔宜采用不低于 1.1m 的可透视栅栏，并应设置向疏散方向开启的平开栅栏门。

9.3.13 自动扶梯的设置位置应避开结构诱导缝和变形缝。

9.3.14 车站各部位的最大通过能力宜符合表 9.3.14 的规定。

表 9.3.14 车站各部位的最大通过能力

部位名称		最大通过能力（人次/h）
1m 宽楼梯	下行	4200
	上行	3700
	双向混行	3200
1m 宽通道	单向	5000
	双向混行	4000
1m 宽自动扶梯	输送速度 0.5m/s	6720
	输送速度 0.65m/s	不大于 8190
0.65m 宽自动扶梯	输送速度 0.5m/s	4320
	输送速度 0.65m/s	5265

续表 9.3.14

部位名称		最大通过能力（人次/h）
人工售票口		1200
自动售票机		300
人工检票口		2600
自动检票机	三杆式 非接触 IC 卡	1200
	门扉式 非接触 IC 卡	1800
	双向门扉式 非接触 IC 卡	1500

注：自动售票机最大通过能力根据采用设备实测确定。

9.3.15 车站各部位的最小宽度和最小高度，应符合表 9.3.15-1、表 9.3.15-2 的规定。

表 9.3.15-1 车站各部位的最小宽度（m）

名称		最小宽度
岛式站台		8.0
岛式站台的侧站台		2.5
侧式站台（长向范围内设梯）的侧站台		2.5
侧式站台（垂直于侧站台开通道口设梯）的侧站台		3.5
站台计算长度不超过 100m 且楼、扶梯不伸入站台计算长度	岛式站台	6.0
	侧式站台	4.0
通道或天桥		2.4
单向楼梯		1.8
双向楼梯		2.4
与上、下均设自动扶梯并列设置的楼梯（困难情况下）		1.2
消防专用楼梯		1.2
站台至轨道区的工作梯（兼疏散梯）		1.1

表 9.3.15-2　车站各部位的最小高度（m）

名　　称	最小高度
地下站厅公共区（地面装饰层面至吊顶面）	3
高架车站站厅公共区（地面装饰层面至梁底面）	2.6
地下车站站台公共区（地面装饰层面至吊顶面）	3
地面、高架车站站台公共区（地面装饰层面至风雨棚底面）	2.6
站台、站厅管理用房（地面装饰层面至吊顶面）	2.4
通道或天桥（地面装饰层面至吊顶面）	2.4
公共区楼梯和自动扶梯（踏步面沿口至吊顶面）	2.3

9.4　车站环境设计

9.4.1　车站建筑设计应简洁、明快、大方，易于识别，装修适度，充分体现结构美，并宜体现现代交通建筑的特点。地面、高架车站设计应因地制宜，并宜减小体量和使其具有良好的空透性。

9.4.2　装修应采用防火、防潮、防腐、耐久、易清洁的材料，同时应便于施工与维修，并宜兼顾吸声要求。地面材料应防滑、耐磨。

9.4.3　照明灯具应采用节能、耐久灯具，并宜采用有罩明露式。敞开式风雨棚的地面、高架站的灯具应能防风、防水、防尘。照度标准应符合本规范第 15 章的规定。

9.4.4　车站内应设置导向、事故疏散、服务乘客等标志。

9.4.5　车站公共区内可适度设置广告，其位置、色彩不得干扰导向、事故疏散、服务乘客的标志。

9.4.6　不设置站台门的车站，车站轨道区应采取吸声处理。有噪声源的房间，应采取隔声、吸声措施。

9.4.7　地面、高架车站应采取噪声、振动的综合防治措施。当采用声屏障时，宜同时满足功能和城市景观的要求。

9.5　车站出入口

9.5.1　车站出入口的数量，应根据吸引与疏散客流的要求设置；每个公共区直通地面的出入口数量不得少于两个。每个出入口宽度应按远期或客流控制期分向设计客流量乘以 1.1～1.25 不均匀系数计算确定。

9.5.2　车站出入口布置应与主客流的方向相一致，且宜与过街天桥、过街地道、地下街、邻近公共建筑物相结合或连通，宜统一规划，可同步或分期实施，并应采取地铁夜间停运时的隔断措施。当出入口兼有过街功能时，其通道宽度及其站厅相应部位设计应计入过街客流量。

9.5.3　设于道路两侧的出入口，与道路红线的间距，应按当地规划部门要求确定。当出入口朝向城市主干道时，应有一定面积的集散场地。

9.5.4　地下车站出入口、消防专用出入口和无障碍电梯的地面标高，应高出室外地面 300mm～450mm，并应满足当地防淹要求，当无法满足时，应设防淹闸槽，槽高可根据当地最高积水位确定。

9.5.5　车站地面出入口的建筑形式，应根据所处的具体位置和周边规划要求确定。地面出入口可为合建式或独立式，并宜采用与地面建筑合建式。

9.5.6　地下出入口通道应力求短、直，通道的弯折不宜超过三处，弯折角度不宜小于 90°。地下出入口通道长度不宜超过 100m，当超过时应采取能满足消防疏散要求的措施。

9.6　风井与冷却塔

9.6.1　地下车站应按通风、空调工艺要求设置进风亭、排风亭和活塞风亭。在满足功能的前提下，根据地面建筑的现状或规划要求，风亭可集中或分散布置，风亭宜与地面建筑结合设置，但被结合建筑应满足地铁风亭的技术要求。

9.6.2　当采用侧面开设风口的风亭时，应符合下列规定：

1　进风、排风、活塞风口部之间的水平净距不应小于 5m，且进风与排风、进风与活塞风口部应错开方向布置或排风、活塞风口部高于进风口部 5m；当风亭口部方向无法错开且高度相同时，风亭口部之间的距离应符合本规范 9.6.3 条第 1、2 款的规定；

2　风口部 5m 范围内不应有阻挡通风气流的障碍物；

3　风口部底边缘距地面的高度应满足防淹要求；当风亭设于路边时，其高度不应小于 2m；当风亭设于绿地内时，其高度不应小于 1m。

9.6.3　当采用顶面开设风口的风亭时，应符合下列规定：

1　进风与排风、进风与活塞风亭口部之间的水平净距不应小于 10m；

2　活塞风亭口部之间、活塞风亭与排风亭口部之间水平净距不应小于 5m；

3　风亭四周应有宽度不小于 3m 宽的绿篱，风口最低高度应满足防淹要求，且不应小于 1m；

4　风亭开口处应有安全防护装置，风井底部应有排水设施。

9.6.4　当风亭在事故工况下用于排烟时，排烟风亭口部与进风亭口部、出入口口部的直线距离宜大于 10m；当直线距离不足 10m 时，排烟风亭口部宜高于进风亭口部、出入口口部 5m。

9.6.5　风亭口部与其他建筑物口部之间的距离应满足防火及环保要求。

9.6.6　地下车站设在地上的冷却塔，其造型、色彩、位置应符合城市规划、景观及环保要求。

9.6.7　对于有特殊要求的地段，冷却塔可采用下沉式或全地下式，但应满足工艺要求。

9.7　楼梯、自动扶梯、电梯和站台门

9.7.1　乘客使用的楼梯宜采用 26°34′ 倾角，当宽度大于 3.6m 时，应设置中间扶手。楼梯宽度应符合人流股数和建筑模数。每个梯段不应超过 18 级，且不应少于 3 级。休息平台长度宜为 1.2m～1.8m。

9.7.2　车站出入口、站台至站厅应设上、下行自动扶梯，在设置双向自动扶梯困难且提升高度不大于 10m 时，可仅设上行自动扶梯。每座车站应至少有一个出入口设上、下行自动扶梯；站台至站厅应至少设一处上、下行自动扶梯。

9.7.3　车站出入口自动扶梯的倾斜角度不应大于 30°，站台至站厅自动扶梯的倾斜角度应为 30°。

9.7.4　当站台至站厅及站厅至地面上、下行均采用自动扶梯时，应加设人行楼梯或备用自动扶梯。

9.7.5　车站作为事故疏散用的自动扶梯，应采用一级负荷供电。

9.7.6　自动扶梯扶手带外缘与平行墙装饰面或楼板开口边缘装饰面的水平距离，不得小于 80mm，相邻交叉或平行设置的两梯（道）之间扶手带的外缘水平距离，不应小于 160mm。当扶手带外缘与任何障碍物的距离小于 400mm 时，则应设置防碰撞安全装置。

9.7.7　两台相对布置的自动扶梯工作点间距不得小于 16m；自动扶梯工作点与前面影响通行的障碍物间距不得小于 8m；自动扶梯与楼梯相对布置时，自动扶梯工作点与楼梯第一级踏步的间距不得小于 12m。

9.7.8　车站主要管理区内的站厅与站台层间，应设置内部楼梯。

9.7.9　电梯井内不应穿越与电梯无关的管线和孔洞。

9.7.10　站台门应相对于站台计算长度中心线对称纵向布置，滑动门设置应与列车门一一对应。滑动门的开启净宽度不应小于车辆门宽度加停车误差。高站台门高度不应低于 2m，低站台门高度不应低于 1.2m。

9.7.11　对于呈坡度的站台，站台门应同坡度垂直于站台面设置。安装站台门的地面在站台全长上的平整度误差不应大于 15mm。

9.7.12　设置站台门的车站，站台端部应设向站台侧开启宽度为

1.10m 的端门。沿站台长度方向设置的向站台侧开启的应急门，每一侧数量宜采用远期列车编组数，应急门开启时应能满足人员疏散通行要求。

9.7.13 站台门应设置安全标志和使用标志。

9.8 车站无障碍设施

9.8.1 地铁车站为乘客服务的各类设施，均应满足无障碍通行要求，并应符合现行国家标准《无障碍设计规范》GB 50763 的有关规定。

9.8.2 车站应设置无障碍电梯。

9.8.3 无障碍电梯宜设于付费区内，检票口应满足无障碍通行需要。

9.8.4 无障碍电梯门前等候区深度不宜小于 1.8m，当条件困难时等候区梯可正对轨道区，但门前等候区不得侵占站台计算长度内的侧站台宽度。

9.8.5 无障碍电梯井出地面部分应采取防淹措施。电梯平台与室外地面高差处应设置坡道，并应符合现行国家标准《无障碍设计规范》GB 50763 的有关规定。

9.8.6 车站内设置的无障碍通道应与城市无障碍通道衔接。

9.8.7 车站内应设置无障碍厕所。

9.9 换乘车站

9.9.1 车站换乘形式应根据规划线网的走向及线路敷设方式确定。

9.9.2 换乘设施的通过能力应满足超高峰设计换乘客流量的需要。

9.9.3 换乘车站应采用付费区内换乘的形式。

9.9.4 对预留的换乘节点，相邻车站及相应区间的线位应稳定，预留换乘节点两侧应留出不小于 500mm 的裕量。

9.9.5 对于同步实施的换乘车站，车站内用房、设备和设施等资源应共享。

9.10 建筑节能

9.10.1 地上车站宜采用自然通风和天然采光。

9.10.2 地上车站不宜采用中央空调，但站台层宜根据气候条件设置空调候车室。

9.10.3 地上车站的设备与管理用房，其建筑围护结构热工设计应符合现行国家标准《公共建筑节能设计标准》GB 50189 的有关规定。

9.10.4 地上车站站台层雨篷应采取隔热措施。

9.10.5 地下车站在满足功能前提下应控制其规模和层数。

9.10.6 位于严寒地区的地下车站出入口，应在通道口设置热风幕。

9.10.7 地下车站降压变电所位置应接近车站负荷中心设置。

9.10.8 设于地面的控制中心楼和车辆基地内的办公楼、培训中心、公寓、食堂等公共建筑，其围护结构的热工设计应符合现行国家标准《公共建筑节能设计标准》GB 50189 的有关规定。

10 高架结构

10.1 一般规定

10.1.1 本章适用于下列高架结构：

1 区间桥梁；

2 高架车站中的轨道梁及其支承结构。

10.1.2 区间桥梁应满足列车安全运行和乘客乘坐舒适的要求。结构除应满足规定的强度外，应有足够的竖向刚度、横向刚度，并应保证结构的整体性和稳定性。

10.1.3 区间桥梁应按 100 年设计使用年限设计。

10.1.4 区间桥梁的建筑结构形式应满足城市景观和减振、降噪的要求。除大跨度需要外，不宜采用钢结构。

10.1.5 区间一般地段宜采用等跨简支梁式桥跨结构，并宜采用预制架设、预制节段拼装等工厂化施工方法。

10.1.6 区间桥梁宜采用钢筋混凝土桥墩。桥墩类型宜分段统一。

10.1.7 区间桥梁墩位布置应符合城市规划要求。跨越铁路、道路时桥下净空应满足铁路、道路限界要求，并应预留结构可能产生的沉降量、铁路抬道量或公路路面翻修高度；跨越排洪河流时，应按 1/100 洪水频率标准进行设计，技术复杂、修复困难的大桥、特大桥按 1/300 洪水频率标准进行检算；跨越通航河流时，其桥下净空应根据航道等级，满足现行国家标准《内河通航标准》GB 50139 的有关规定。

10.1.8 对于铺设无砟轨道结构的桥梁，应设立沉降观察基准点。其测点布置、观测频次、观测周期，应按无砟轨道铺设要求确定。

10.1.9 道岔全长范围宜设在连续的桥跨结构上，当不能满足时，梁缝位置应避开道岔转辙器和辙叉范围。

10.1.10 预应力混凝土简支梁的徐变上拱度应严格控制，轨道铺设后，无砟轨道面梁的后期徐变上拱值不宜大于 10mm。无砟桥面预应力混凝土连续梁轨道铺设后的后期徐变量，应根据轨道专业的要求控制。

10.1.11 跨度小于等于 40m 的简支梁和跨度小于等于 40m 的连续梁相邻桥墩，其工后沉降量之差应符合下列规定：

1 有砟桥面不应超过 20mm，无砟桥面不应超过 10mm。

2 对于外静不定结构，其相邻墩台不均匀沉降量之差的容许值还应根据沉降对结构产生的附加影响确定。

10.2 结构刚度限值

10.2.1 桥跨结构竖向挠度的限值应符合下列规定：

1 在列车静活载作用下，桥跨结构梁体竖向挠度不应大于表 10.2.1 的规定。

表 10.2.1 梁体竖向挠度的限值

跨度 L（m）	竖向挠度容许值
$L \leqslant 30m$	$L/2000$
$30 < L \leqslant 60$	$L/1500$
$60 < L \leqslant 80$	$L/1200$
$L > 80$	$L/1000$

2 跨度超过 100m 的桥梁，按实际运行列车进行车桥系统耦合振动分析后，梁体竖向挠度可低于表 10.2.1 规定。分析得出的列车安全性及乘客乘坐舒适性指标应符合下列规定：

1）脱轨系数：$Q/P \leqslant 0.8$ （10.2.1-1）

2）轮重减载率：$\Delta P / \overline{P} \leqslant 0.6$ （10.2.1-2）

3）车体竖向加速度：$a_z \leqslant 0.13g$（半峰值）（10.2.1-3）

4）车体横向加速度：$a_y \leqslant 0.10g$（半峰值）（10.2.1-4）

式中：Q——轮对一侧车轮的横向力；

P——轮对一侧车轮的垂直力；

ΔP——一侧车轮轮重减载量；

$\overline{P}$——车轮的平均轮重；

g——为重力加速度，$g=9.8\text{m/s}^2$。

10.2.2 在列车静活载作用下，有砟轨道桥梁梁单端竖向转角不应大于5‰，无砟轨道桥梁梁单端竖向转角不应大于3‰。无砟轨道梁单端竖向转角大于2‰时，应检算梁端处轨道扣件的上拔力。

10.2.3 在列车横向摇摆力、离心力、风力和温度力作用下，桥跨结构梁体水平挠度应小于等于计算跨度的1/4000。

10.2.4 在列车活载作用下，桥跨结构梁体同一横断面一条线上两根钢轨的竖向变形差形成的两轨动态不平顺度不应大于6mm。计算时，列车活载应动力系数。不能满足时，应进行车桥或风车桥系统耦合振动分析。

10.2.5 铺设无缝线路及无砟轨道桥梁的桥墩纵向水平线刚度限值，应符合下列规定：

1 桥墩线刚度限值应根据工程条件及扣件阻力经钢轨动弯应力、温度应力、制动应力和制动附加应力的计算确定。

2 不作计算时，可按下列规定取值：

1）双线及多线简支桥墩墩顶纵向水平线刚度限值可按表10.2.5采用。单线桥梁桥墩纵向水平线刚度可取用表中值的1/2。

表10.2.5 桥墩墩顶纵向水平线刚度限值

跨度 L（m）	最小水平线刚度（kN/cm）
$L\leq20$	240
$20<L\leq30$	320
$30<L\leq40$	400

2）梁跨大于40m的简支结构，其桥墩纵向水平线刚度可按跨度与30m比增大的比例增大。

3）不设钢轨伸缩调节器的连续梁，当联长小于列车编组长度时，可以联长为跨度，按跨度与30m比增大的比例增大刚度；当联长大于列车长度时，可以列车长为跨度，按跨度长与30m比增大的比例增大刚度。

4）连续刚构可采用结构的合成纵向刚度。

10.2.6 区间桥梁墩顶弹性水平位移应符合下列规定：

顺桥方向：　　　　$\Delta\leq5\sqrt{L}$　　(10.2.6-1)

横桥方向：　　　　$\Delta\leq4\sqrt{L}$　　(10.2.6-2)

式中：L——桥梁跨度（m），当为不等跨时采用相邻跨中的较小跨度，当$L<25\text{m}$时，L按25m计；

Δ——墩顶顺桥或横桥方向水平位移（mm），包括由于墩身和基础的弹性变形及地基弹性变形的影响。

10.3 荷 载

10.3.1 区间桥梁结构设计，应根据结构的特性，按表10.3.1所列的荷载，及其可能出现的最不利组合情况进行计算。

表10.3.1 区间桥梁荷载分类

荷载分类		荷载名称
主力	恒载	结构自重
		附属设备和附属建筑自重
		预加应力
		混凝土收缩及徐变影响
		基础变位的影响
		土压力
		静水压力及浮力
主力	活载	列车竖向静活载
		列车竖向动力作用
		列车离心力
		列车横向摇摆力
		列车竖向静活载产生的土压力
		人群荷载
	无缝线路纵向水平力	伸缩力
		挠曲力

续表 10.3.1

荷载分类	荷载名称
附加力	列车制动力或牵引力
	风力
	温度影响力
	流水压力
特殊荷载	无缝线路断轨力
	船只或汽车的撞击力
	地震力
	施工临时荷载
	列车脱轨荷载

注：1 如杆件的主要用途为承受某种附加力，在计算此杆件时，该附加力应按主力计。

2 无缝线路纵向水平力不与本线制动力或牵引力组合；

3 无缝线路断轨力及船只或汽车撞击力，只计算其中一种荷载与主力相组合，不与其他附加力组合；

4 流水压力不与制动力或牵引力组合；

5 地震力与其他荷载的组合应按现行国家标准《铁路工程抗震设计规范》GB 50111的有关规定执行；

6 计算中要求计入的其他荷载，可根据其性质，分别列入主力、附加力和特殊荷载三类荷载中。

10.3.2 计算结构自重时，一般材料重度应按现行行业标准《铁路桥涵设计基本规范》TB 10002.1的规定取用；对于附属设备和附属建筑的自重或材料重度，可按所属专业的设计值或所属专业国家现行标准中的规定取用。

10.3.3 列车竖向静活载确定应符合下列规定：

1 列车竖向静活载图式应按本线列车的最大轴重、轴距及近、远期中最长的编组确定；

2 单线和双线高架结构，应按列车活载作用于每一条线路确定；

3 多于两线的高架结构，应按下列最不利情况确定：

1）按两条线路在最不利位置承受列车活载，其余线路不承受列车活载；

2）所有线路在最不利位置承受75%的活载。

4 影响线加载时，活载图式不得任意截取，但对影响线异符号区段，轴重应按空车重计，还应计及本线初、近、远期中最不利的编组长度。

10.3.4 列车竖向活载应包括列车竖向静活载及列车动力作用，应为列车竖向静活载乘以动力系数（$1+\mu$）。μ按现行行业标准《铁路桥涵设计基本规范》TB 10002.1规定的值乘以0.8。

10.3.5 位于曲线上的桥梁应计入列车产生的离心力，离心力应作用于车辆重心处。离心力的大小应等于列车竖向静活载乘以离心力率C。离心力率C值可按下式计算：

$$C=V^2/127R\qquad(10.3.5)$$

式中：V——本线设计最高列车速度（km/h）；

R——曲线半径（m）。

10.3.6 列车横向摇摆力应按相邻两节车四个轴轴重的15%计，并应以横桥向集中力形式取最不利位置作用于轨顶面。

多线桥只计算任一条线上的横向摇摆力。

10.3.7 列车制动力或牵引力应按列车竖向静活载的15%计算，当与离心力同时计算时，可按竖向静活载10%计算。

区间双线桥应采用一条线的制动力或牵引力；三线或三线以上的桥应采用两条线的制动力或牵引力。

高架车站及与车站相邻两侧100m范围内的区间双线桥应按双线制动力或牵引力计，每条线制动力或牵引力值应为竖向静活载的10%。

制动力或牵引力作用于轨顶以上车辆重心处，但计算墩台时应移至支座中心处，计算刚架结构应移至横梁中线处，均不应计移动作用点所产生的力矩。

10.3.8 列车竖向静活载在桥台后破坏棱体上引起的侧向土压力，应将活载换算成当量均布土层厚度计算。

10.3.9 无缝线路的纵向水平力（伸缩力、挠曲力）和无缝线路的断轨力，应根据轨道结构及梁、轨共同作用的原理计算确定，并应符合下列规定：

 1 单线及多线桥应只计算一根钢轨的断轨力；

 2 伸缩力、挠曲力、断轨力作用于墩台上的支座中心处，不计其实际作用点至支座中心的弯矩影响。需要计算对梁的影响时应做专门研究。

 3 同一根钢轨作用于墩台顶的伸缩力、挠曲力、断轨力不应叠加。

10.3.10 风荷载应按现行行业标准《铁路桥涵设计基本规范》TB 10002.1 的有关规定执行。

10.3.11 温度变化的作用及混凝土收缩的影响，可按现行行业标准《铁路桥涵设计基本规范》TB 10002.1 和《铁路桥涵钢筋混凝土和预应力混凝土结构设计规范》TB 10002.3 的有关规定执行。

10.3.12 混凝土徐变系数及徐变影响可按现行行业标准《公路钢筋混凝土及预应力混凝土桥涵设计规范》JTG D62 的有关规定执行。

10.3.13 桥墩承受的船只撞击力，可按现行行业标准《铁路桥涵设计基本规范》TB 10002.1 的有关规定执行。

10.3.14 桥墩有可能受汽车撞击时，应设防撞保护设施。当无法设置防护设施时，应计入汽车对桥墩的撞击力。撞击力顺行车方向可采用1000kN，横行车方向可采用500kN，作用在路面以上1.20m高度处。

10.3.15 车站站台、楼板和楼梯等部位的人群均布荷载值应采用4.0kPa。

10.3.16 设备用房楼板的计算荷载应根据设备安装、检修和正常使用的实际情况（包括动力效应）确定，其值不得小于4.0kPa。

10.3.17 桥梁挡板结构，除应计算其自重及风荷载外，还应计算0.75kN/m的水平推力和0.36kN/m的竖向压力，该项荷载作为附加力应与风力组合。水平推力作用在桥面以上1.2m高度处。

10.3.18 地震力的作用，应按现行国家标准《铁路工程抗震设计规范》GB 50111 的有关规定计算，跨越大江大河且技术复杂、修复困难的特殊结构桥梁应属 A 类工程，其他桥梁应属 B 类工程。

10.3.19 桥梁结构应按不同施工阶段的施工荷载加以检算。

10.3.20 不设护轮轨或防脱轨装置的区间桥梁应计算列车脱轨荷载作用，可按下列情形进行结构强度和稳定性检算：

 1 车辆集中力直接作用于线路中线两侧2.1m以内的桥面板最不利位置处，应检算桥面板强度。检算时，集中力值为本线列车实际轴重的1/2，不计列车动力系数，应力提高系数宜用1.4。

 2 列车位于轨道外侧但未坠落桥下时，应检算结构的横向稳定性。检算时，可采用长度为20m、位于线路中线外侧1.4m、平行于线路的线荷载，其值应为本线列车一节车轴重之和除以20m，不应计列车动力系数、离心力和另一线竖向荷载。倾覆稳定系数不得小于1.3。

10.4 结 构 设 计

10.4.1 区间桥梁的钢筋混凝土结构和钢结构，应按容许应力法设计。其材料、容许应力、主力与附加力组合下的应力提高系数、结构计算方法及构造要求，以及特殊荷载（地震力除外）参与组合时，容许应力提高系数应符合现行行业标准《铁路桥涵钢筋混凝土和预应力混凝土结构设计规范》TB 10002.3 和《铁路桥梁钢结构设计规范》TB 10002.2 的有关规定。

10.4.2 区间桥梁的预应力混凝土的结构设计和构造要求，应符合现行行业标准《铁路桥涵钢筋混凝土和预应力混凝土结构设计规范》TB 10002.3 的有关规定。

10.4.3 区间桥梁基础设计和地基的物理力学指标，应符合现行行业标准《铁路桥涵地基和基础设计规范》TB 10002.5 的有关规定；当特殊荷载（地震力除外）参与荷载组合时，地基容许承载力 $[\sigma_0]$ 和单桩轴向容许承载力的提高可按现行行业标准《铁路桥涵地基和基础设计规范》TB 10002.5 的有关规定执行。

10.4.4 桥墩抗震设计时，盖梁、结点和基础应作为能力保护构件，按能力保护原则设计。

10.4.5 地震力参与组合时，材料、地基容许应力和单桩轴向容许承载力的提高，应按现行国家标准《铁路工程抗震设计规范》GB 50111 的有关规定执行。

10.4.6 跨度不大于20m的梁可采用板式橡胶支座，但板式橡胶支座应区分固定和活动两类，并应有横向限位装置。橡胶板反力应按现行行业标准《铁路桥梁板式橡胶支座》TB/T 1893 的有关规定取值。

10.4.7 跨度大于等于20m的梁宜采用盆式橡胶支座，其反力应按现行行业标准《铁路桥梁盆式橡胶支座》TB/T 2331 的有关规定取值，活动支座（纵向或多向）的纵向位移量可按±50mm、±100mm、±150mm、±200mm 和±250mm 设计；多向活动支座横向位移可按±40mm设计。支座计算应符合现行行业标准《铁路桥涵钢筋混凝土和预应力混凝土结构设计规范》TB 10002.3 的有关规定。

10.5 构 造 要 求

10.5.1 桥上轨道宜采用无砟轨道结构。当采用有砟道床时，轨道下枕底道砟厚度不应小于0.25m，当设置砟下胶垫层时应含胶垫层的厚度。

10.5.2 桥面应设置性能良好的排水系统，排水设施应便于检查、维修与更换。桥面应防止出现积水。双线桥桥面横向宜采用双侧排水坡，单线桥可设单向排水横坡，坡度不应小于2%。纵向宜设不小于3‰的排水坡。排水管道直径与根数应根据计算确定，且直径不宜小于150mm。排水管出水口不得紧贴混凝土构件表面，应设滴水檐防止水从侧面淌入梁、板底面。

10.5.3 桥面应设防水层。梁缝处应设伸缩缝，伸缩缝除应保证梁部能自由伸缩外，还应有效防止桥面水渗漏。

10.5.4 采用直流电力牵引和走行轨回流的高架结构，应根据现行行业标准《地铁杂散电流腐蚀防护技术规程》CJJ 49 的有关规定采取防止杂散电流腐蚀的措施。钢结构及钢连接件应进行防锈处理。

10.5.5 桥下应设养护、维修便道，便道的宽度应满足自行走行升降式桥梁检查车能进行检修作业要求；高度超过20m、桥下无条件设置养护维修便道处，宜设置专门检查设备。

10.5.6 箱形结构应有进入箱内检查的孔道。箱梁腹板上应设置适当数量的直径为100mm的通风孔。

10.5.7 墩柱顶面应预留更换支座时顶梁的位置，并应设置3%的排水坡。

10.5.8 钢筋混凝土和预应力混凝土结构的截面尺寸应能保证混凝土灌注及振捣质量。截面最小尺寸应符合现行行业标准《铁路桥涵钢筋混凝土和预应力混凝土结构设计规范》TB 10002.3 的有关规定。

10.5.9 钢筋混凝土结构中的钢筋保护层厚度、预应力混凝土结构中的预应力筋或管道间的净距、预应力筋或管道的保护层及钢筋的保护层厚度，除应符合现行行业标准《铁路桥涵钢筋混凝土和预应力混凝土结构设计规范》TB 10002.3 的有关规定外，还应根据不同的环境符合表 10.5.9-1～表 10.5.9-3 的规定。

表 10.5.9-1 一般环境中混凝土材料与钢筋的保护层厚度

环 境	混凝土强度等级	最大水胶比	钢筋保护层厚度（mm）
非干湿交替和长期湿润环境	C35	0.5	35
	≥C40	0.45	30

续表 10.5.9-1

环　境	混凝土强度等级	最大水胶比	钢筋保护层厚度（mm）
干湿交替环境	C40	0.45	45
	C45	0.4	40
	≥C50	0.36	35

注：1　直接接触土体浇注的构件，其混凝土保护层厚度不应小于70mm；
　　2　年平均气温大于20℃且年平均湿度大于75%的环境，混凝土最低强度等级应比表中提高一级，或保护层最小厚度增大5mm；
　　3　处于流动水中或受水中泥沙冲刷的构件，其保护层厚度宜增加10mm～20mm；
　　4　预制构件的保护层厚度可比表中规定值减少5mm。

表 10.5.9-2　氯化物环境中混凝土材料与钢筋的保护层厚度

环　境	混凝土强度等级	最大水胶比	钢筋保护层厚度C（mm）
受除冰盐水溶液轻度溅射作用	C45	0.4	60
接触较高浓度氯离子水体，且有干湿交替	≥C50	0.36	55

注：预制构件的保护层厚度可比表中规定值减少5mm。

表 10.5.9-3　冻融环境中混凝土材料与钢筋的保护层厚度

环　境	混凝土强度等级	最大水胶比	钢筋保护层厚度C（mm）
微冻、严寒和寒冷地区的无盐环境	C45	0.4	40
	≥C50	0.36	35
微冻、严寒和寒冷地区的有盐环境	C45	0.4	60
	≥C50	0.36	55

注：1　最冷月平均气温高于2.5℃的地区，混凝土结构可不计冻融环境作用；
　　2　预制构件的保护层厚度可比表中规定值减少5mm。

10.5.10　预应力混凝土梁的封锚及接缝处，应在构造上采取防水措施。对于结构有可能产生裂缝的部位，应增设普通钢筋防止裂缝的发生。

10.5.11　北方地区设于路边或路中的桥墩，应按除冰盐溅射的腐蚀环境设计，遭雨水导致混凝土水饱和的部位应按冻融危害环境设计。酸雨地区的高架结构不应用硅酸盐水泥作为单一的胶凝材料。

10.6　车站高架结构

10.6.1　当轨道梁与车站结构完全分开布置，形成独立轨道梁桥时，车站结构设计应按现行建筑结构设计规范进行；轨道梁桥的结构设计应与区间桥梁相同。

10.6.2　当轨道梁支承或刚接于车站结构、站台梁等车站结构构件支承或刚接于轨道梁桥上，形成"桥一建"组合结构体系时，轨道梁及其支承结构的内力计算应按本规范第10.3.1条荷载类型进行最不利组合，并应与区间桥梁相同的方法进行结构设计；轨道梁和支承结构的刚度限值应与区间桥梁相同。组合结构体系其余构件应按现行建筑结构设计规范进行结构设计。

10.6.3　独柱式"桥一建"组合结构体系，应验算柱顶横向（垂直线路方向）的位移，并应符合本规范第10.2.6条的规定。

10.6.4　独柱式带长悬臂"桥一建"组合结构体系，在恒载、列车活载、人群荷载、预应力效应及风荷载最不利组合下，悬臂端计算挠度的限值应为 $L_0/600$，L_0 为悬臂构件的计算跨度。

10.6.5　独柱式带长悬臂"桥一建"组合结构体系的车站，结构整体振动竖向质量参与系数最大的自振频率不宜小于10Hz。不能满足时，应减小独柱纵向间距。

10.6.6　岛式车站不宜采用独柱式带长悬臂"桥一建"组合结构体系。

10.6.7　轨道梁简支于车站结构横梁上时，应按本规范第10.4节的有关要求设置支座。

10.6.8　高架车站轨道梁及其支承结构不宜采用钢结构。

10.6.9　横向三柱及以上的高架车站结构应按现行国家标准《建筑抗震设计规范》GB 50011的有关规定进行抗震设计及设防，抗震设防类别应划为重点设防类。计算时应计入一条线100%竖向静活载和50%站台人群荷载。

10.6.10　横向单柱或双柱的高架车站墩柱结构，应按现行国家标准《铁路工程抗震设计规范》GB 50111的有关规定进行抗震设计，抗震设防类别应划为B类。可采用单柱或双柱的单墩力学模型，站台层、站厅层可只计质量影响；也可采用车站整体结构模型，计入站台层、站厅层的刚度影响。计算时应计入一条线100%竖向静活载和50%站台人群荷载。

材料、地基容许应力和单桩轴向容许承载力的提高，应按现行国家标准《铁路工程抗震设计规范》GB 50111的有关规定执行。横梁、结点和基础应作为能力保护构件，按能力保护原则设计。站台层、站厅层结构及与墩柱、横梁的连接，应按现行国家标准《建筑抗震设计规范》GB 50011的有关规定进行抗震设计及设防。

10.6.11　轨道梁与车站结构完全分开布置时，轨道梁桥和车站结构应分别按现行国家标准《铁路工程抗震设计规范》GB 50111和《建筑抗震设计规范》GB 50011的有关规定进行抗震设计。

10.6.12　车站高架结构中轨道梁及其支承结构的构造要求应与区间桥梁相同，其他构件的构造要求应按现行国家标准《混凝土结构设计规范》GB 50010和有关建筑结构设计标准的规定执行。

11　地下结构

11.1　一般规定

11.1.1　本章适用于下列地铁结构的设计：
　　1　用明挖法或盖挖法施工的结构；
　　2　用矿山法、盾构法施工的暗挖隧道结构；
　　3　用沉埋法、顶进法等特殊方法施工的结构。

11.1.2　地下结构的设计应以地质勘察资料为依据，根据现行国家标准《城市轨道交通岩土工程勘察规范》GB 50307的有关规定按不同设计阶段的任务和目的确定工程勘察的内容和范围，以及按不同施工方法对地质勘探的特殊要求，通过施工中对地层的观察和监测反馈进行验证。

暗挖隧道结构的围岩分级应按现行行业标准《铁路隧道设计规范》TB 10003的有关规定执行。

11.1.3　地下结构设计应以"结构为功能服务"为原则，满足城市规划、行车运营、环境保护、抗震、防水、防火、防护、防腐蚀及施工等要求，并应做到结构安全、耐久、技术先进、经济合理。

11.1.4　地下结构设计，应减少施工中和建成后对环境造成的不利影响，以及城市规划引起周围环境的改变对结构的作用；对分期建设的线路，应根据线网规划，合理确定节点结构形式及是否同步实施或预留远期实施条件。

11.1.5　地下结构的设计，应根据工程建筑物的特点及其所在场地的具体情况，通过技术、经济、工期、环境影响等多方面综合评价，选择合理的施工方法和结构型式。

在含水地层中，应采取可靠的地下水处理和防治措施。

11.1.6　地下结构的耐久性设计应符合下列规定：

1 主体结构和使用期间不可更换的结构构件，应根据使用环境类别，按设计使用年限为 **100** 年的要求进行耐久性设计；

2 使用期间可以更换且不影响运营的次要结构构件，可按设计使用年限 50 年的要求进行耐久性设计；

3 临时结构宜根据其使用性质和结构特点确定其使用年限。

11.1.7 地下结构的耐久性设计宜按现行国家标准《混凝土结构耐久性设计规范》GB/T 50476 的有关规定执行。

11.1.8 地下结构的设计，应根据施工方法、结构或构件类型、使用条件及荷载特性等，选用与其特点相近的结构设计规范和设计方法。

11.1.9 地下结构在工程实施阶段应结合施工监测进行信息化设计。

11.1.10 地下结构的净空尺寸必须符合地铁建筑限界要求，并应满足使用及施工工艺要求，同时应计入施工误差、结构变形和位移的影响等因素。

11.1.11 地下结构应根据现行行业标准《地铁杂散电流腐蚀防护技术规程》CJJ 49 的有关规定采取防止杂散电流腐蚀的措施。钢结构及钢连接件应进行防锈处理。

11.1.12 地下结构应结合施工方法、结构形式、断面大小、工程地质、水文地质及环境条件等因素，合理确定其埋置深度及与相邻隧道的距离，并应符合下列规定；当无法满足时，应结合隧道所处的工程地质、水文地质和环境条件进行分析，必要时应采取相应的措施：

1 盾构法施工的区间隧道覆土厚度不宜小于隧道外轮廓直径；

2 盾构法施工的并行隧道间的净距，不宜小于隧道外轮廓直径；

3 矿山法区间隧道最小覆土厚度不宜小于隧道开挖宽度的 1 倍；

4 矿山法车站隧道的最小覆土厚度不宜小于 6m～8m。

11.2 荷 载

11.2.1 作用在地下结构上的荷载，可按表 11.2.1 进行分类。在决定荷载的数值时，应根据现行国家标准《建筑结构荷载规范》GB 50009 等的有关规定，并应根据施工和使用阶段可能发生的变化，按可能出现的最不利情况，确定不同荷载组合时的组合系数。

表 11.2.1 荷载分类

荷载分类		荷载名称
永久荷载		结构自重
		地层压力
		结构上部和破坏棱体范围内的设施及建筑物压力
		水压力及浮力
		混凝土收缩及徐变影响
		预加应力
		设备重量
		地基下沉影响
可变荷载	基本可变荷载	地面车辆荷载及其动力作用
		地面车辆荷载引起的侧向土压力
		地铁车辆荷载及其动力作用
		人群荷载
	其他可变荷载	温度变化影响
		施工荷载
偶然荷载		地震作用
		沉船、抛锚或河道疏浚产生的撞击力等灾害性荷载
		人防荷载

注：1 设计中要求计入的其他荷载，可根据其性质分别列入上述三类荷载中；
　　2 本表中所列荷载未加说明时，可按国家现行有关标准或根据实际情况确定。

11.2.2 地层压力应根据结构所处工程地质和水文地质条件、埋置深度、结构形式及其工作条件、施工方法及相邻隧道间距等因素，结合已有的试验、测试和研究资料确定。岩质隧道的围岩压力可根据围岩分级，按现行行业标准《铁路隧道设计规范》TB 10003 的有关规定确定。土质隧道可按下列方法和原则计算土压力：

1 竖向压力应按下列规定计算：

　1）明、盖挖法施工的结构宜按计算截面以上全部土柱重量计算；

　2）土质地层采用暗挖法施工的隧道竖向压力，宜根据所处工程地质、水文地质条件和覆土厚度，并结合土体卸载拱作用的影响进行计算；

　3）浅埋暗挖车站的竖向压力按全土柱计算；

　4）竖向荷载应结合地面及临近的任何其他荷载对竖向压力的影响进行计算。

2 水平压力应按下列规定计算：

　1）施工期间作用在支护结构主动区的土压力宜根据变形控制要求在主动土压力和静止土压力之间选择，在支护结构的非脱离区或给支护结构施加预应力时应计入土体抗力的作用；

　2）明挖结构长期使用阶段或逆作法结构承受的土压力宜按静止土压力计算；

　3）明挖法的围护结构或矿山法的初期支护，应计及 100% 的土压力作用；内衬结构，应与围护结构或初期支护共同分担的土压力，分别按最大、最小侧压力两种情况，与其他荷载进行不利组合计算；

　4）盾构法施工的隧道土压力宜按静止土压力计算；

　5）荷载计算应计及地面荷载和破坏棱体范围内的建筑物，以及施工机械等引起的附加水平侧压力。

11.2.3 作用在地下结构上的水压力，应根据施工阶段和长期使用过程中地下水位的变化，以及不同的围岩条件，分别按下列规定计算：

1 水压力可按静水压力计算，并应根据设防水位以及施工阶段和使用阶段可能发生的地下水最高水位和最低水位两种情况，计算水压力和浮力对结构的作用；

2 砂性土地层的侧向水、土压力应采用水土分算；

3 黏性土地层的侧向水、土压力，在施工阶段应采用水土合算，使用阶段应采用水土分算。

11.2.4 直接承受地铁车辆荷载的楼板等构件，应按地铁车辆的实际轴重和排列计算其产生的竖向荷载作用，并应计入车辆的动力作用，同时尚应按线路通过的重型设备运输车辆的荷载进行验算。

11.2.5 车站站台、楼板和楼梯等部位的人群均布荷载的标准值应采用 4.0kPa，并应计及消防荷载的作用。

11.2.6 设备区的计算荷载应根据设备安装、检修和正常使用的实际情况（包括动力效应）确定，可按标准值 8.0kPa 进行设计，重型设备尚应依据设备的实际重量、动力影响、安装运输途径等确定其荷载大小及范围。

11.2.7 地下结构应按下列施工荷载之一或可能发生的组合设计：

1 设备运输及吊装荷载；

2 施工机具荷载，不宜超过 10kPa；

3 地面堆载，宜采用 20kPa，盾构井处不应小于 30kPa；

4 邻近隧道开挖的影响；

5 盾构法施工时千斤顶的推力；

6 注浆所引起的附加荷载；

7 盾构机及其配套设备的重量；

8 沉管拖运、沉放和水力压接等荷载。

11.2.8 在道路下方的隧道，应按现行行业标准《公路桥涵设计通用规范》JTG D60 的有关规定确定地面车辆荷载及排列；铁路下方隧道的荷载，应按现行行业标准《铁路桥涵设计基本规范》TB 10002.1的有关规定执行。

11.2.9 混凝土收缩可按降低温度模拟。

11.2.10 隧道结构温度变化影响应根据所处地区的气温条件、运营环境及施工条件确定。

11.3 工程材料

11.3.1 地下结构的工程材料应根据结构类型、受力条件、使用要求和所处环境，以及结合其可靠性、耐久性和经济性选用。主要受力结构可采用钢筋混凝土结构，必要时也可采用钢管混凝土结构、钢骨混凝土结构、型钢混凝土组合结构和金属结构。

11.3.2 混凝土的原材料和配比、最低强度等级、最大水胶比和单方混凝土的胶凝材料最小用量等，应符合耐久性要求，满足抗裂、抗渗、抗冻和抗侵蚀的需要。一般环境条件下的混凝土设计强度等级不得低于表11.3.2的规定。

表 11.3.2　一般环境条件下混凝土的最低设计强度等级

明挖法	整体式钢筋混凝土结构	C35
	装配式钢筋混凝土结构	C35
	作为永久结构的地下连续墙和灌注桩	C35
盾构法	装配式钢筋混凝土管片	C50
	整体式钢筋混凝土衬砌	C35
矿山法	喷射混凝土衬砌	C25
	现浇混凝土或钢筋混凝土衬砌	C35
沉管法	钢筋混凝土结构	C35
	预应力混凝土结构	C40
顶进法	钢筋混凝土结构	C35

11.3.3 大体积浇筑的混凝土应避免采用高水化热水泥，并宜掺入高效减水剂、优质粉煤灰或磨细矿渣等，同时应严格控制水泥用量，限制水胶比和控制混凝土入模温度。

11.3.4 普通钢筋混凝土和喷锚支护结构中的钢筋应按下列规定选用：

　1　梁、柱纵向受力钢筋应采用HRB400、HRB500、HRBF400、HRBF500钢筋，其他纵向受力钢筋也可采用HPB300、RRB400钢筋；

　2　箍筋宜采用HRB400、HRBF400、HPB300、HRB500、HRBF500钢筋。

11.3.5 钢筋混凝土管片间的连接紧固件的连接形式及其机械性能等级，应满足构造和结构受力要求，且表面应进行防腐蚀处理。

11.3.6 喷射混凝土应采用湿喷混凝土。

11.3.7 注浆材料宜采用对地下环境无污染及后期收缩小的材料。

11.4 施工方法的确定

11.4.1 地下结构的施工方法应结合场地的工程地质、水文地质、环境条件、埋深、安全、交通条件、投资和工期等因素，进行技术经济比较后确定。

11.4.2 确定地下车站主体结构施工方法应符合下列规定：

　1　位于土层中的车站宜选择明挖法施工；需要减少施工对地面交通影响时，可采用盖挖法施工，并宜铺设临时路面，采用盖挖顺作法（包括半盖挖顺作法）施工；对环境保护要求高或平面尺寸大的地下结构，宜采用盖挖逆作法（包括半盖挖逆作法）施工；必要时也可采用暗挖法或明暗挖结合的方法施工。

　2　位于岩石地层中的车站，当围岩稳定性好和覆盖层厚度适宜时，可选择矿山法施工。

11.4.3 确定地下区间隧道的施工方法应遵循以下原则：

　1　区间隧道宜采用暗挖法施工，并宜遵守下列原则：

　　1）盾构法适用于第四纪地层、无侧限抗压强度中等偏低的地层和软岩地层的隧道施工；在硬质岩层和含有大量粗颗粒漂石、块石的地层不宜采用；

　　2）矿山法适用于从硬岩地层至具备一定自稳能力的第四纪地层的隧道施工；

　　3）隧道掘进机（TBM）工法仅应用于岩质隧道的施工，在岩溶地区不宜采用。

　2　在地面空旷且隧道埋深较浅的地段，经技术经济比选确有优势时，可采用明挖法施工。

11.4.4 特殊结构施工方法的选择应遵循以下原则：

　1　折返线、渡线和停车线隧道，宜结合车站施工工法采用明挖法或矿山法施工；

　2　土层中的竖井结构可选择围护结构护壁后的明挖法或倒挂井壁法施工；

　3　暗挖区间的联络通道宜采用矿山法施工，当穿越土层时，必要时应采取降水和地层加固等辅助措施；

　4　对于近距离下穿既有铁路、公路、地铁或其他城市轨道交通，以及重要和敏感性构筑物及设施的结构，应进行矿山法、盾构法和其他工法的比选。

11.5 结构形式及衬砌

11.5.1 地下结构形式应与所采用的施工方法相适应。

11.5.2 衬砌结构宜设计为闭合式。

11.5.3 明挖法施工的结构衬砌应符合下列规定：

　1　可采用整体式现浇钢筋混凝土框架结构或装配式钢筋混凝土框架结构；

　2　围护结构的地下连续墙或灌注桩宜作为主体结构侧墙的一部分与内衬墙共同受力。墙体的结合方式可选用叠合式或复合式构造；

　3　作为侧墙一部分利用的桩、墙，应计及在使用期内围护结构的材料劣化，内力向内衬转移的影响；

　4　确能满足耐久性要求时，可将地下连续墙作为主体结构的单一侧墙。

11.5.4 盾构法施工的隧道衬砌应符合下列规定：

　1　在满足工程使用、受力和防水要求的前提下，可采用装配式钢筋混凝土单层衬砌或在其内现浇钢筋混凝土内衬的双层衬砌；

　2　在联络通道门洞区段的装配式衬砌，宜采用钢管片、铸铁管片或钢与钢筋混凝土的复合管片。

11.5.5 矿山法施工的结构衬砌应符合下列规定：

　1　结构的断面形状和衬砌形式，应根据围岩条件、使用要求、施工方法及断面尺度等，从受力、围岩稳定和环境保护等方面综合分析确定；

　2　Ⅲ～Ⅵ级围岩中的区间隧道或相当断面尺度的隧道，宜采用封闭的曲线形衬砌结构，衬砌断面周边外轮廓宜圆顺；在稳定围岩中或受其他条件限制时，也可采用直墙拱衬砌结构；特殊情况下也可采用矩形框架结构；

　3　Ⅲ～Ⅵ级围岩中的车站隧道或断面尺度接近的隧道，宜采用多跨结构形式，衬砌周边轮廓宜采用曲线形，并宜圆顺；在稳定围岩中或受其他条件限制时，可采用直墙拱衬砌结构；特殊情况下也可采用矩形框架结构；

　4　Ⅲ～Ⅵ级围岩中的隧道宜设置仰拱；

　5　衬砌形式的确定应符合下列规定：

　　1）矿山法隧道应采用复合式衬砌。在无水的Ⅰ～Ⅱ级围岩中的单线区间隧道和Ⅰ级围岩中的双线区间隧道，也可采用单层整体现浇的混凝土衬砌。

复合式衬砌的初期支护可根据围岩条件确定，主要类型和适用条件应符合表11.5.5的规定。复合式衬砌的二次衬砌应采用钢筋混凝土，并应在内外层衬砌之间铺设防水层和隔离层。有条件时也可采用装配式衬砌；

表 11.5.5　复合式衬砌初期支护类型和适用条件

初期支护类型	适用条件
锚杆＋喷射混凝土支护	具有自稳能力的岩石类地层
锚杆＋钢架＋喷射混凝土支护	不能长期自稳的岩石地层
超前支护＋钢拱架＋喷射混凝土支护	土质地层

　　2）在围岩完整、稳定、无地下水和不受冻害影响的地段的非行车及乘客不使用的隧道，也可采用单层喷锚衬砌结构，喷锚衬砌的内部净空应满足后期施作结构的尺寸要求。

11.5.6　沉管隧道的衬砌应符合下列规定：

　　1　结构形式应根据隧道使用功能和工程条件等因素确定。水深小于 35m 的通行地铁车辆和机动车的多车道隧道，宜采用普通钢筋混凝土或纵向加施预应力的钢筋混凝土矩形框架结构；水深大于 45m 的单、双线隧道，宜采用圆形单层或双层钢壳混凝土结构；水深介于 35m～45m 之间时，应通过综合研究确定。

　　2　管节长度应根据沉埋段的长度与管节制作、沉埋设备及航道等有关的施工条件和工期等因素确定，并宜控制在 100m～130m 范围内。

11.5.7　顶进法施工的结构，当长度较大时应分节顶进。分节长度应根据地基土质、结构断面大小及控制顶进方向的要求确定，首节长度宜为中间各节长度的 1/2。节间接口应能适应容许的变形量并满足防水要求。

11.6　结　构　设　计

11.6.1　结构设计应符合下列规定：

　　1　地下结构设计应严格控制基坑开挖和隧道施工引起的地面沉降量，对于土体位移可能引起的周围建、构筑物和地下管线产生的危害应进行预测，依据不同建筑物按有关规范、规程的要求或通过计算确定其允许产生的沉降量和次应力，并提出安全可靠、经济合理的技术措施。地面变形允许数值应根据现状评估结果，对照类似工程的实践经验确定；

　　2　地下结构应按施工阶段和正常使用阶段分别进行结构强度、刚度和稳定性计算。对于钢筋混凝土结构，尚应对使用阶段进行裂缝宽度验算；偶然荷载参与组合时，不验算结构的裂缝宽度；

　　3　普通钢筋混凝土结构的最大计算裂缝宽度允许值应根据结构类型、使用要求、所处环境和防水措施等因素确定；

　　4　处于一般环境中的结构，按荷载准永久组合并计及长期作用影响计算时，构件的最大计算裂缝宽度允许值，可按表 11.6.1 中的数值进行控制；处于冻融环境或侵蚀环境等不利条件下的结构，其最大计算裂缝宽度允许值应根据具体情况另行确定。

表 11.6.1　钢筋混凝土构件的最大计算裂缝宽度允许值（mm）

结构类型		允许值（mm）
盾构隧道管片		0.2
其他结构	水中环境、土中缺氧环境	0.3
	洞内干燥环境或洞内潮湿环境	0.3
	干湿交替环境	0.2

　　注：1　当设计采用的最大裂缝宽度的计算式中保护层的实际厚度超过 30mm 时，可将保护层厚度的计算值取为 30mm；
　　　　2　厚度不小于 300mm 的钢筋混凝土结构可不计干湿交替作用；
　　　　3　洞内潮湿环境指环境相对湿度为 45%～80%。

　　5　计算简图应符合结构的实际工作条件，反映围岩与结构的相互作用，并应符合下列规定：

　　　　1）采用双层衬砌时，应根据两层衬砌之间的构造型式和结合情况，选用与其传力特征相符的计算模型；

　　　　2）当受力过程中受力体系、荷载形式等有较大变化时，宜根据构件的施作顺序及受力条件，按结构的实际受载过程及结构体系变形的连续性进行结构分析。

　　6　结构设计应按最不利情况进行抗浮稳定性验算。抗浮安全系数当不计地层侧摩阻力时不应小于 1.05；当计及地层侧摩阻力时，根据不同地区的地质和水文地质条件，可采用 1.10～1.15 的抗浮安全系数；

　　7　直接承受列车荷载的楼板等构件，其计算及构造应符合现行行业标准《铁路桥涵钢筋混凝土和预应力混凝土结构设计规范》TB 10002.3 的有关规定；

　　8　地下结构应进行横断面方向的受力计算，遇下列情况时，尚应进行纵向强度和变形计算：

　　　　1）覆土荷载沿其纵向有较大变化时；

　　　　2）结构直接承受建、构筑物等较大局部荷载时；

　　　　3）地基或基础有显著差异，沿纵向产生不均匀沉降时；

　　　　4）沉管隧道；

　　　　5）地震作用下的小曲线半径的隧道、刚度突变的结构和液化对稳定有影响的结构。

　　9　当温度变形缝的间距较大时，应计及温度变化和混凝土收缩对结构纵向的影响。

　　10　空间受力作用明显的区段，宜按空间结构进行分析；

　　11　装配式构件尺寸的确定应能使制作、吊装、运输以及施工安全和方便。接头设计应满足受力、防水和耐久性要求；

　　12　矿山法施工的结构的设计，应以喷射混凝土、钢拱架（包括格栅拱架和型钢拱架）或锚杆为主要支护手段，根据围岩和环境条件、结构埋深和断面尺寸等，通过选择适宜的开挖方法、辅助措施、支护形式及与之相关的物理力学参数，达到保持围岩和支护的稳定、合理利用围岩自承载能力的目的。施工中，应通过对围岩和支护的动态监测，优化设计和施工参数；

　　13　暗挖法施工的结构，应及时向其衬砌背后压注结硬性浆液。

11.6.2　基坑工程设计应符合下列规定：

　　1　基坑工程设计应根据工程特点和工程环境保护要求等确定基坑的安全等级、地面允许最大沉降量、围护墙的水平位移等控制要求；

　　2　基坑工程应根据地质及水文地质条件、基坑深度、沉降和变形控制要求通过技术经济比较选择支护形式、地下水处理方法和基坑保护措施等；

　　3　基坑工程应进行抗滑移和倾覆的整体稳定性、基坑底部土体抗隆起和抗渗流稳定性及抗坑底以下承压水的稳定性检算。各类稳定性安全系数的取值应根据环境保护要求按地区经验确定。各类基坑支护工程应根据表 11.6.2 的规定进行检算；

表 11.6.2　基坑工程稳定性检算内容

支护类型	整体失稳	抗滑移	抗倾覆	内部失稳	抗隆起（一）	抗隆起（二）	抗管涌或渗流	抗承压水突涌
放坡	△	—	—	—	—	—	—	○
土钉支护	△	△	△	△	—	—	—	○
重力式围护结构	△	△	△	—	△	—	△	○
桩、墙式围护结构	○	—	△	—	△	△	△	△

　　注：1　△为应检算，○为必要时检算；
　　　　2　抗隆起（一）为围护墙以下土体上涌；
　　　　3　抗隆起（二）为坑底土体上涌。

　　4　桩、墙式围护结构的设计应根据设定的开挖工况和施工顺序按竖向弹性地基梁模型逐阶段计算其内力及变形。当计入支撑作用时，应计及每层支撑设置时墙体已有的位移和支撑的弹性变形；

　　5　桩、墙式围护结构的设计，应结合围护墙的平面形状、支撑方式、受力条件及基坑变形控制要求等因素确定计算土压力。长条形基坑中的锚撑式结构或受力对称的内撑式结构，可假定开挖过程中作用在墙背的土压力为定值，按变形控制要求的不同，根据地区经验，选用主动土压力至静止土压力之间的适宜值；受力不对称的内撑式结构或矩形竖井结构，宜按墙背土压力随开挖过程变化的方法分析；

6 桩、墙式围护结构的设计，在软土地层中，水平基床系数的取值宜计入挖土方式、时限、支撑架设顺序及时间等影响；

7 桩、墙支护结构内支撑可选择钢支撑、钢筋混凝土支撑或预应力锚杆（索），支撑系统应采用稳定的结构体系和连接构造，其刚度应满足变形和稳定性要求。支撑的选择应作好技术、经济方案论证；形状比较复杂且环境保护要求较高的基坑可采用现浇钢筋混凝土支撑；

8 基坑支撑系统采用锚杆（索）时，应计及主体结构与附属结构、车站与区间之间施工的相互影响；当进入建设用地或邻近管线时，还应计及其与外部设施的相互影响；

9 支撑或锚杆（索）对桩墙施加的预应力值，宜根据支撑类型及所在部位、温度变化对支撑的影响程度等因素确定；

10 当围护结构兼作上部建筑物的基础时，尚应进行垂直承载能力、地基变形和稳定性计算；盖挖法的围护桩（墙）应按路面活载验算竖向承载力和纵向制动时的水平力；

11 现浇钢筋混凝土地下连续墙的设计应符合下列规定：

    1）单元槽段的长度和深度，应根据建筑物的使用要求和结构特点、工程地质和水文地质条件、施工条件和施工环境等因素按类似工程的实际经验确定，必要时可进行现场成槽试验；

    2）地下连续墙墙段之间接头构造应满足传力和防水要求；

    3）当地下连续墙与主体结构连接时，预埋在墙内的受力钢筋、钢筋连接器或连接板锚筋等，均应满足受力和防水要求，其锚固长度应符合构造规定。钢筋连接器的性能应符合现行行业标准《钢筋机械连接技术规程》JGJ 107 的有关规定；

    4）地下连续墙的墙面倾斜度和平整度，应根据建筑物的使用要求、工程地质和水文地质条件及挖槽机械等因素确定。墙面倾斜度不宜大于 1/300，局部突出不宜大于 100mm，且墙体不得侵入隧道净空。

12 当有适用于基坑设计的地方标准时，应按当地的标准执行。

11.6.3 明挖法施工的结构设计应符合下列规定：

1 明挖法施工的结构宜按底板支承在弹性地基上的结构物计算，并计入立柱和楼板的压缩变形、斜托和支座宽度的影响；

2 明挖法施工的结构应根据工程地质、水文地质、埋深、施工方法等条件，进行抗浮、整体滑移及地基稳定性验算；

3 车站顶、底纵梁受净空限制时可采用十字梁或反梁，必须采用扁宽梁时，应根据各层板与梁的刚度比，计入板在纵向内力分配的不均匀性，同时应核算深受弯构件的抗弯剪承载力。反梁斜截面受剪承载能力的计算和箍筋的配置可按现行国家标准《人民防空工程设计规范》GB 50225 的有关规定执行。

11.6.4 盖挖逆作法施工的结构设计除应符合本规范第 11.6.3 条的规定外，尚应符合下列要求：

1 当采用逆作法施工时，其结构形式、技术措施、施工方法和施工机具的选择等宜减少施工作业占用道路的时间和空间；

2 当楼板和梁等构件作为水平支撑体系时，应满足施工和使用阶段的承载力和刚度要求；

3 中间竖向支撑系统的设计，其形式和纵向间距应结合建筑、受力、地层条件和工期等要求，通过技术经济比较确定，并宜采用临时支撑柱与永久柱合一的结构方案。支撑柱可采用钢管混凝土柱或型钢柱，柱下基础可采用桩基或条基；

4 桩基的形式应根据地层特性、受力大小，进行技术、经济比较后确定，可采用直桩、扩底桩、支盘桩等型式；

5 桩基的垂直承载能力宜根据计算或现场原位静力试验结果按变形要求进行修正。桩基应按现行行业标准《建筑基桩检测技术规范》JGJ 106 的有关规定，对桩身完整性逐根进行检查；

6 作为永久结构使用的中间竖向支撑系统的设计，应控制支撑柱的就位精度，允许定位偏差不大于 20mm，同时其垂直度

偏差也不宜大于 1/500。在柱的设计中应根据施工允许偏差计入偏心对承载能力的影响；

7 节点的构造应符合结构预期的工作状态，保证不同步施工的构件之间连接简便、传力可靠，在逆作法特定的施工条件下可操作，并不应影响后续作业的进行；

8 应采取控制施工过程中围护结构与中间桩的相对升沉的措施。施作结构底板前，相对升沉的累计值不得大于 0.003L（L 为边墙和立柱轴线间的距离），且不宜大于 20mm，并应在结构分析中计入其影响；

9 应保证下部后浇墙、柱与先期施作的混凝土之间的整体性、水密性和耐久性。

11.6.5 盾构法施工的隧道结构设计应符合下列规定：

1 装配式衬砌宜采用接头具有一定刚度的柔性结构，应限制荷载作用下变形和接头张开量，并应满足其受力和防水要求。

2 隧道结构的计算模型应根据地层特性、衬砌构造特点及施工工艺等确定，并应计入衬砌与围岩共同作用及装配式衬砌接头的影响。根据隧道结构和地层特点，可采用自由圆环法、修正惯用计算法和梁弹簧模型计算法等进行计算。

3 采用错缝拼装的衬砌结构宜计入环间剪力传递的影响。空间受力明显的联络通道区段，宜按空间结构进行计算。

4 装配式衬砌的构造应符合下列要求：

    1）隧道衬砌可采用"标准环"或"通用环"管片形式，并宜采用错缝拼装方式。

    2）隧道衬砌宜采用块与块、环与环间用螺栓连接的管片。

    3）衬砌环宽可采用 1000mm～1500mm。

    4）衬砌厚度应根据隧道直径、埋深、工程地质及水文地质条件，使用阶段及施工阶段的荷载情况等确定。衬砌厚度宜为隧道外轮廓直径的 0.040 倍～0.060 倍。

    5）管片楔形量应根据线路最小曲线半径计算，并留有满足最小曲线半径段的纠偏等施工要求的余量。

    6）衬砌环的分块，应根据管片制作、运输、盾构设备、施工方法和受力要求确定。单线区间隧道宜采用 6 块；双线区间隧道宜采用 8 块。

    7）在管片手孔周围应设置加强筋。

    8）在管片中心预留二次注浆孔，二次注浆孔周围应设置螺旋加强筋。

5 盾构隧道宜利用车站端头作为施工竖井，车站结构设计时应满足盾构始发和到达的受力要求，必要时盾构施工竖井也可在区间或在区间一侧设置。

6 盾构施工竖井的形式和大小应根据地质条件、盾构组装和拆卸要求和施工出碴进料等需求确定。

7 盾构进出洞口处，应设置洞口密封止水环，在管片与竖井井壁间应设置现浇钢筋混凝土环梁，在竖井井壁应预埋与后浇环梁连接的钢筋。

8 竖井结构设计应计及吊装盾构机的附加荷载，以及盾构出发时的反力对竖井内部构件或竖井壁的影响。

9 盾构竖井始发和到达端头的土体应进行加固，加固方法和加固参数应根据土质、地下水、盾构的形式、覆土、周围环境等条件确定。

11.6.6 矿山法施工的结构设计应符合下列规定：

1 矿山法施工的结构，在预设计和施工阶段，应通过理论分析或工程类比对初期支护的稳定性进行判别；

2 复合式衬砌的初期支护（含围岩的支护作用）应按主要承载结构设计，承担施工期间的全部荷载，其设计参数可采用工程类比法确定，施工中应通过监控量测进行修正；浅埋、大跨度、围岩或环境条件复杂、形式特殊的结构，应通过理论计算进行检算；同时应符合下列规定：

    1）岩石隧道应利用围岩的自承载能力；

    2）土质隧道应采用较大的初期支护刚度，并注意及时施作二次衬砌。

3 复合式衬砌中的二次衬砌，应根据其施工时间、施工后荷载的变化情况、工程地质和水文地质条件、埋深和耐久性要求等因素，按下列原则设计：

1）第四纪土层中的浅埋结构及通过流变性或膨胀性围岩中的结构，初期支护应具有较大的刚度和强度，且宜提前施作二次衬砌，由初期支护和二次衬砌共同承受外部荷载；

2）应计及在长期使用过程中，外部荷载因初期支护材料性能退化和刚度下降向二次衬砌的转移；

3）作用在不排水型结构上的水压力由二次衬砌承担；

4）浅埋和Ⅴ～Ⅵ级围岩中的结构宜采用钢筋混凝土衬砌。

4 车站、风道和其他大跨度土质隧道，采用矿山法施工时应合理安排开挖分块和开挖步序，应减少分步开挖的导洞之间的相互影响。

11.6.7 沉管法施工的隧道结构设计应符合下列规定：

1 沉管法施工的隧道应就其在预制、系泊、浮运、沉放、对接、基础处理等不同施工阶段和运营状态下可能出现的最不利荷载组合，并计及地基的不均匀性和基础处理的质量，分别对横断面和纵向的受力进行分析。纵向分析时应计及接头刚度的影响。

2 水压力应分别按正常情况下的高水位和低水位两种工况计算，并应用历史最高水位进行受力检算，在含泥砂量较高的河道中应计入水重度的增高。

3 沉管法施工的隧道抗浮稳定性应符合下列要求：

1）管节完成舾装后的干舷高度控制在 100mm～250mm 范围内；

2）在沉放、对接、基础处理等施工阶段的抗浮安全系数不应小于 1.05；

3）运营阶段的抗浮安全系数不应小于 1.10。

4 沉管隧道的沉降量应通过理论计算和基础沉降模拟试验的结果综合确定。

5 管节可采用柔性接头或刚性接头。接头应具备抵抗地基沉降及地震等作用产生的应力和变形的能力，刚性接头尚应计及混凝土干燥收缩和温度变化的影响，管节接头应满足水密性、可施工性和经济性等要求。其最终接头的位置，可选在水中或岸上。

6 基槽横断面应符合下列要求：

1）基槽宽度宜在管节最大外侧宽度的基础上，每侧预留 1.0m～2.0m，采用水下喷砂基础处理方法时，应适当加大预留宽度；

2）基槽的深度应为沉管段的底面埋深加上基础处理所需的高度。基槽开挖的允许误差宜为±300mm；

3）基槽边坡率应通过稳定性计算确定，并应根据沉管隧道所处位置的潮汐、淤积和冲刷等水力因素进行修正。

7 沉管隧道应进行基础处理，并应根据场地的地质、水文情况、沉管隧道的断面形式、基槽开挖方法、施工设备和施工条件等，选择适宜的方法。一般地基的基础处理可采用先铺法或后填法来保证基底的平整；可能产生震陷的特别软弱地基上的沉管隧道宜采用桩基础。

8 沉管隧道的顶部应设防锚层，并用粗颗粒的不易液化和透水性好的材料进行回填。

11.6.8 顶进法施工的地铁结构的设计，可按现行行业标准《铁路桥涵设计基本规范》TB 10002.1 中有关顶进桥涵的规定执行。

11.7 构 造 要 求

11.7.1 变形缝的设置应符合下列规定：

1 地下结构的变形缝可分为伸缩缝和沉降缝；

2 伸缩缝的形式和间距可根据围岩条件、施工工艺、使用要求以及运营期间地铁内部温度相对于结构施工时的变化等，按类似工程的经验确定；

3 在区间隧道和车站结构中不宜设置沉降缝，当因结构、地基、基础或荷载发生变化，可能产生较大的差异沉降时，宜通过地基处理、结构措施或设置后浇带等方法，将结构的纵向沉降曲率和沉降差控制在无砟道床和地下结构的允许变形范围内；

4 在车站结构与出入口通道、风道等附属结构的结合部宜设置变形缝；

5 应采取可靠措施，确保变形缝两边的结构不产生影响行车安全和正常使用的差异沉降。

11.7.2 现浇混凝土及钢筋混凝土结构横向分段浇注的施工缝位置及间距应结合结构形式、受力要求、施工方法、气象条件及变形缝的间距等因素，按类似工程的经验确定。

11.7.3 沉管隧道的管节应分段浇筑。

11.7.4 钢筋的混凝土保护层厚度应根据结构类别、环境条件和耐久性要求等确定，一般环境作用下混凝土结构构件钢筋净保护层最小厚度应符合表 11.7.4 的规定。

表 11.7.4 一般环境作用下混凝土结构构件钢筋净保护层最小厚度（mm）

结构类别	地下连续墙		灌注桩	明挖结构						钢筋混凝土管片		矿山法施工的结构		
				顶板		楼板	底板					初期支护或喷锚衬砌		二次衬砌
	外侧	内侧		外侧	内侧		外侧	内侧		外侧	内侧	外侧	内侧	
保护层厚度	70	70	70	45	35	30	45	35		35	25	35	35	35

注：1 顶进法和沉管法施工的隧道钢筋的保护层厚度可采用明挖结构的数值；

2 矿山法施工的结构当二次衬砌的厚度大于 500mm 时，钢筋的保护层厚度应采用 40mm；

3 当地下连续墙与内衬组成叠合墙时，其内侧钢筋的保护层厚度可采用 50mm。

11.7.5 明挖法施工的地下结构周边构件和中楼板每侧暴露面上分布钢筋的配筋率不宜低于 0.2%，同时分布钢筋的间距也不宜大于 150mm。当混凝土标号大于 C60 时，分布钢筋的最小配筋率宜增加 0.1%。

11.7.6 后砌的内部承重墙和隔墙等应与主体结构可靠拉结，轻质隔墙应与主体结构连结。

11.8 地下结构抗震设计

11.8.1 地下结构抗震设计应符合下列规定：

1 地铁地下结构的抗震设防类别应为重点设防类（乙类），地下结构设计应达到下列抗震设防目标：

1）当遭受低于本工程抗震设防烈度的多遇地震影响时，地下结构不损坏，对周围环境及地铁的正常运营无影响；

2）当遭受相当于本工程抗震设防烈度的地震影响时，地下结构不损坏或仅需对非重要结构部位进行一般修理，对周围环境影响轻微，不影响地铁正常运营；

3）当遭受高于本工程抗震设防烈度的罕遇地震（高于设防烈度1度）影响时，地下结构主要结构支撑体系不发生严重破坏且便于修复，无重大人员伤亡，对周围环境不产生严重影响，修复后的地铁应能正常运营。

2 应根据地下结构的特性、使用条件和重要性程度，确定结构的抗震等级。地下结构的抗震等级应符合表 11.8.1 的规定；当围岩中包含有可液化土层或基底处于可产生震陷的软黏土地层中时，应采取提高地层的抗液化能力，且保证地震作用下结构物的安全的措施；

表 11.8.1 地下结构的抗震等级

结构类别	设防烈度			
结构型式	6度	7度	8度	9度
明挖车站框架结构 矿山法车站隧道结构	四级	三级	二级	一级

续表11.8.1

结构类别	设防烈度			
明挖区间隧道结构 盾构区间隧道结构	四级	四级	三级	二级
车站出入口等附属结构	四级	四级	三级	二级

注：1 断面大小接近车站断面的地下结构应按车站的抗震等级设计；

2 在地下结构上部有整建的地面结构时，地下结构的抗震等级不应低于地面结构的抗震等级；

3 设计位于设防烈度6度及以上地区的地下结构时，应根据设防要求、场地条件、结构类型和埋深等因素选用能反映其地震工作性状的计算分析方法，并应采取提高结构和接头处的整体抗震能力的构造措施。除应进行抗震设防等级条件下的结构抗震分析外，地铁地下主体结构尚应进行罕遇地震工况下的结构抗震验算。

3 地下结构施工阶段，可不计地震作用的影响。

11.8.2 地下结构应计入下列地震作用：

1 地震时随地层变形而发生的结构整体变形；

2 地震时的土压力，包括地震时水平方向和铅垂方向的土体压力；

3 地下结构本身和地层的惯性力；

4 地层液化的影响。

11.8.3 地下结构应分析地震对隧道横向的影响，遇有下述情况时，还应在一定范围内分析地震对隧道纵向的影响：

1 隧道纵向的断面变化较大或隧道在横向有结构连接；

2 地质条件沿隧道纵向变化较大，软硬不均；

3 隧道线路存在小半径曲线；

4 遇有液化地层。

11.8.4 地下结构可采用下列抗震分析方法：

1 地下结构的地震反应宜采用反应位移法或惯性静力法计算，结构体系复杂、体形不规则以及结构断面变化较大时，宜采用动力分析法计算结构的地震反应；

2 地下结构与地面建、构筑物合建时，宜根据地面建、构筑物的抗震分析要求与地面建、构筑物进行整体计算；

3 采用惯性静力法计算地震作用时，可按现行国家标准《铁路工程抗震设计规范》GB 50111的有关规定执行；

4 采用反应位移法计算地震作用时，应分析地层在地震作用下，在隧道不同深度产生的地层位移、调整地层的动抗力系数、计算地下结构自身的惯性力，并直接作用于结构上分析结构的反应。

11.8.5 地下结构的抗震体系和抗震构造要求应符合下列规定：

1 地下结构的规则性宜符合下列要求：

　1）地下结构宜具有合理的刚度和承载力分布；

　2）地下结构下层的竖向承载结构刚度不宜低于上层；

　3）地下结构及其抗侧力结构的平面布置宜规则、对称、平顺，并应具有良好的整体性；

　4）在结构断面变化较大的部位，宜设置能有效防止或降低不同刚度的结构间形成牵制作用的防震缝或变形缝。缝的宽度应符合防震缝的要求。

2 地下结构各构件之间的连接，应符合下列要求：

　1）构件节点的破坏，不应先于其连接的构件；

　2）预埋件的锚固破坏，不应先于连接件；

　3）装配式结构构件的连接，应能保证结构的整体性。

3 盾构隧道应采取下列抗震措施：

　1）盾构隧道的接头构造，应有利于减小地震时防止管片接头的错动和管片因地震动位移的磕碰破坏；

　2）管片接头的防水应能保证地震后接缝不漏水；

　3）盾构管片间的连接螺栓，在满足常规受力要求的前提下，宜采用小的刚度；

　4）管片宜采用错缝拼装方式；

　5）在软弱地层或地震后易产生液化的地层，管片端面宜设置凹凸榫槽。

4 地下结构的抗震构造可按现行国家标准《建筑抗震设计规范》GB 50011的有关规定执行。

11.9 地下结构设计的安全风险控制

11.9.1 地下结构设计应遵循"分阶段、分等级、分对象"的基本原则，进行工程安全风险设计。

11.9.2 地下结构设计应结合所处的工程地质水文地质条件、风险源的种类、风险的性质及接近程度等具体情况，采取相应的技术措施，对工程自身风险和环境风险进行控制。

11.9.3 设计阶段除应分析工程建设期间的安全风险因素外，还应分析地下工程建成投入使用后可能面临的各种风险。

11.9.4 地下结构的施工方法应与场地的工程地质和水文地质条件相适应，并应采用工艺成熟、安全稳妥、可实施性好、实施风险小的方案。

11.9.5 当新建结构需穿越（含上穿和下穿）重要的既有地下结构设施时，应比选地下结构和工法方案，分析可能的风险。

11.9.6 地下结构应结合工程的规模和所采用的工法，合理安排工程的建设时间。

12 工 程 防 水

12.1 一 般 规 定

12.1.1 地下工程防水应遵循"以防为主，刚柔结合，多道设防，因地制宜，综合治理"的原则，采取与其相适应的防水措施。防水设计应定级准确、方案可靠、施工简便、经济合理。

12.1.2 地下工程的防水设计应符合下列规定：

1 应根据气候条件、工程地质和水文地质状况、环保要求、结构特点、施工方法、使用要求等因素进行；

2 应分析地表水、地下水、毛细管水等的作用，或人为因素引起的附近水文地质改变的影响，特别是市政上下水管线渗漏对防水工程的影响。

12.1.3 当结构处于贫水稳定地层，或位于地下潜水位以上时，应根据线路设施情况，在确保结构和环境安全的具体条件下可采用限排。

12.1.4 地下工程应以混凝土结构自防水为主，以接缝防水为重点，并辅以防水层加强防水，并应满足结构使用要求。

12.1.5 地下工程防水等级应符合下列规定：

1 地下车站、行人通道和机电设备集中区段的防水等级应为一级，不得渗水，结构表面应无湿渍；

2 区间隧道及连接通道等附属的隧道结构防水等级应为二级，顶部不得滴漏，其他部位不得漏水；结构表面可有少量湿渍，总湿渍面积不应大于总防水面积的2/1000，任意100m²防水面积上的湿渍不应超过3处，单个湿渍的最大面积不应大于0.2m²；

3 隧道工程中漏水的平均渗漏量不应大于0.05L/m²·d，任意100m²防水面积渗漏量不应大于0.15L/m²·d。

12.1.6 高架结构防水应遵循"以防为主，防排结合"的原则，桥面应设柔性防水层，并应设置顺畅的排水系统。

12.1.7 车辆基地的建筑屋面、车辆段上盖物业平台的结构防水，应符合现行国家标准《屋面工程技术规范》GB 50345 的有关规定。

12.2 混凝土结构自防水

12.2.1 地下工程防水混凝土的设计抗渗等级应符合表 12.2.1 的规定。

表 12.2.1 防水混凝土的设计抗渗等级

结构埋置深度（m）	设计抗渗等级	
	现浇混凝土结构	装配式钢筋混凝土结构
$h<20$	P8	P10
$20{\leqslant}h<30$	P10	P10
$40>h{\geqslant}30$	P12	P12

12.2.2 防水混凝土的施工配合比应通过试验确定，试配混凝土的抗渗等级应比设计要求提高一级。

12.2.3 防水混凝土应满足抗渗等级要求，并应根据地下工程所处的环境和工作条件，满足抗压、抗裂、抗冻和抗侵蚀性等耐久性要求。

12.2.4 防水混凝土的环境温度不得高于80℃；当结构处于侵蚀性地层中时，防水混凝土的氯离子扩散系数不宜大于4×10^{-12} m^2/s，装配式钢筋混凝土结构的氯离子扩散系数不宜大于3×10^{-12} m^2/s。

12.2.5 防水混凝土结构底板的混凝土垫层，强度等级不应小于 C15，厚度不应小于 100mm，在软弱土层中不应小于 150mm。

12.2.6 防水混凝土结构，应符合下列规定：

 1 结构厚度不应小于 250mm；

 2 裂缝宽度应符合表 11.6.1 的规定，并不得出现贯通裂缝。

12.3 防 水 层

12.3.1 工程结构的防水应根据施工环境条件、结构构造型式、防水等级要求，选用卷材防水层、涂料防水层、塑料防水板防水层、膨润土防水层等。防水层应设置在结构迎水面或复合式衬砌之间。

12.3.2 防水层的设置方式应符合下列要求：

 1 卷材防水层宜为 1 层或 2 层；

 2 高聚物改性沥青防水卷材应采用双层做法，总厚度不宜小于 7mm；

 3 自粘聚合物改性沥青防水卷材宜采用双层做法，无胎基卷材的各层厚度不宜小于 1.5mm，聚酯胎基卷材的各层厚度不宜小于 3.0mm；

 4 合成高分子防水卷材单层使用时，厚度不宜小于 1.5mm；双层使用时，总厚度不宜小于 2.4mm；

 5 膨润土防水毯的天然钠基膨润土颗粒净含量不应小于 5.5kg/m²；

 6 沥青基聚酯胎预铺防水卷材的厚度不宜小于 4mm；合成高分子预铺防水卷材的厚度不宜小于 1.5mm；

 7 塑料防水板的厚度不宜小于 1.5mm；

 8 聚乙烯丙纶复合防水卷材应采用双层做法，各层材料的芯材厚度不得小于 0.5mm；

 9 卷材及其胶粘剂应具有良好的耐水性、耐久性、耐穿刺性、耐侵蚀性和耐菌性，其胶粘剂的粘结质量应符合现行国家标准《地下工程防水技术规范》GB 50108 的有关规定；

 10 涂料防水层应根据工程环境、气候条件、施工方法、结构构造型式、工程防水等级要求选择防水涂料品种，并应符合下列规定：

  1）潮湿基层宜选用与潮湿基面粘结力大的有机防水涂料或水泥基渗透结晶型防水涂料、聚合物改性水泥基等无机防水涂料，或采用先涂无机防水涂料而后涂有机防水涂料的复合涂层；

  2）有腐蚀性的地下环境宜选用耐腐蚀性好的反应型涂料，涂料防水层的保护层应根据结构具体部位确定；

  3）选用的涂料品种应具有良好的耐水性、耐久性、耐腐蚀性及耐菌性，且无毒或低毒、难燃、低污染；无机防水涂料应具有良好的湿干粘结性、耐磨性，有机防水涂料应具有较好的延伸性及适应基层变形的能力；

  4）无机防水涂料厚度宜为 2mm～4mm，有机防水涂料厚度宜为 1.2mm～2.5mm。

12.3.3 新材料、新技术、新工艺，应经过试验、检测和鉴定，并应具有工程应用实际效果后再采用，防水材料的厚度应根据其物理力学性能结合施工工艺等因素确定。

12.4 高架结构防水

12.4.1 高架桥面应设置连续、整体密封、耐久的防水层。防水层材料可根据环境条件和不同的工程部位选定。

12.4.2 桥面应设置畅通的排水系统，排水设施应便于检查、维修。

12.4.3 伸缩缝应根据构造型式设置桥梁专用变形缝止水带及其金属固定装置，并宜嵌填密封材料形成多道防线。

12.4.4 地漏、落水管等疏排水装置与桥面混凝土结构的接口应加强密封防水，并应便于检查、修复。

12.5 明挖法施工的地下结构防水

12.5.1 明挖法施工的地下结构防水，应采用钢筋混凝土结构自防水，并应根据结构型式局部或全部增设防水层或采取其他防水措施。

12.5.2 明挖法施工的地下结构防水措施应符合表 12.5.2 的规定。

表 12.5.2 明挖法施工的地下结构防水措施

工程部位	主体				施工缝							后浇带					变形缝						
防水措施	防水混凝土	防水砂浆	防水卷材	防水涂料	膨润土防水材料	遇水膨胀止水条（胶）	中埋式止水带	外贴式止水带	外涂防水涂料	水泥基渗透结晶型防水材料	预埋注浆管	补偿收缩混凝土	外贴式止水带	预埋注浆管	遇水膨胀止水条（胶）	防水涂料	中埋式止水带	外贴式止水带	可卸式止水带	防水密封材料	外贴防水卷材	外涂防水涂料	预埋注浆管
防水等级 一级	必选	应选一至二种										必选	应选二种				必选	应选二至三种					
防水等级 二级	必选	应选一种										必选	应选一至二种				必选	应选一至二种					

12.5.3 明挖敞口放坡施工的地下结构和侧墙为复合墙的地下结构，应采用防水混凝土和全包防水层组成双道防线。

12.5.4 地下连续墙作为单层墙主体结构时，应符合下列规定：

 1 连续墙墙体幅间接缝应采用经实践检验行之有效的防水接头；

 2 车站顶板迎水面应设置柔性防水层，并应处理好刚、柔连接过渡区的密封；

 3 墙体幅间接缝渗漏时，应采用注浆、嵌填弹性密封材料等进行堵漏；

 4 连续墙表面应设置防水层，防水层材料宜采用水泥基渗透结晶型防水涂料、高渗透性改性环氧涂料或聚合物水泥防水砂浆等；

 5 连续墙墙板连接的施工缝，应采用水泥基渗透结晶型防水材料或高渗透改性环氧涂料等加强密封；

 6 地下连续墙施工时宜采用高分子泥浆护壁和水下抗分散混凝土浇筑。

12.5.5 叠合墙结构防水应符合下列规定：

 1 围护结构为地下连续墙时，其支撑部位及墙体的裂缝、空洞等缺陷应采用防水砂浆或细石混凝土进行修补。墙体幅间接缝的渗漏，应采用注浆、嵌填聚合物防水砂浆等进行防水处理；

2 车站顶板迎水面应设置柔性防水层，并应处理好刚、柔连接过渡区的密封；

3 连接墙墙面应清洗干净并进行防水处理后，再浇筑内衬混凝土。

12.5.6 复合墙结构防水应符合下列规定：

1 结构顶、底板迎水面防水层与侧墙防水层宜形成整体密封防水层，并应根据不同部位设置与其相适应的保护层；

2 车站主体结构与人行通道、通风道以及区间隧道等结合部位，应根据结构构造型式选择相匹配的防水措施；

3 车站与区间隧道所选用的不同防水层应能相互过渡粘结或焊接，应使其形成连续整体密封的防水体系。

12.5.7 防水层宜选用不易审查的防水材料或防水系统。

12.6 矿山法施工的隧道防水

12.6.1 矿山法施工的隧道防水措施应符合表 12.6.1 的规定。

表 12.6.1 矿山法施工的隧道防水措施

工程部位		主体			内衬砌施工缝						内衬变形缝				
防水措施 防水等级		防水混凝土	塑料防水板	防水卷材	遇水膨胀止水条（胶）	外贴式止水带	中埋式止水带	水泥基渗透结晶型防水材料	防水涂料	预埋注浆管	中埋式止水带	外贴式止水带	可卸式止水带	防水嵌缝材料	预埋注浆管
防水等级	一级	必选	应选一至二种			应选二种					必选		应选二种		
	二级	必选	应选一种			应选一至二种					必选		应选一至二种		

12.6.2 矿山法施工的隧道结构防水，应根据含水地层的特性、围岩稳定情况和结构支护形式确定。在无侵蚀性介质、贫水的Ⅰ、Ⅱ级围岩地段的隧道结构拱、墙，宜采用复合式衬砌防水，有条件时底部可采用限排。地下水较多的软弱围岩地段，应采用全封闭式的复合式衬砌全包防水层。

12.6.3 当复合式衬砌夹层防水层选用塑料防水板时，其厚度不宜小于 1.5mm，并应在防水板表面设置注浆系统，变形缝部位宜设置分区系统。

12.6.4 防水板与喷射混凝土基层之间应设置缓冲层；平面铺设的防水板上表面应设置刚性或柔性永久保护层。

12.6.5 防水板注浆系统的设置应符合下列规定：

1 注浆系统的环、纵向设置间距，一级设防要求时宜为 3m～4m，二级设防要求时宜为 4m～5m，顶部宜适当加密；

2 注浆系统宜靠近施工缝和变形缝等特殊部位设置；

3 注浆材料宜采用添加适量膨胀剂的水泥浆。

12.6.6 两拱相交节点处应采取防、截、堵等多道防水措施。

12.7 细部构造防水

12.7.1 施工缝防水应符合下列规定：

1 复合墙结构的环向施工缝设置间距不宜大于 24m，叠合墙结构的环向施工缝设置间距不宜大于 12m。

2 墙体水平施工缝应留在高出底板表面不小于 300mm 的墙体上。拱（板）墙结合的水平施工缝宜留在拱（板）墙接缝线以下 150mm～300mm 处。施工缝距孔洞边缘不应小于 300mm。

3 水平施工缝浇灌混凝土前，应先将其表面浮浆和杂物清除，先铺净浆或涂刷界面处理剂、水泥基渗透结晶型防水涂料，再铺 30mm～50mm 厚的 1:1 水泥砂浆，并应及时浇筑混凝土；垂直施工缝浇筑混凝土前，应将其表面凿毛并清理干净，并应涂刷混凝土界面处理剂或水泥基渗透结晶型防水涂料，同时应及时浇注混凝土。

4 盖挖逆作法施工的结构板下墙体水平施工缝，宜采用遇水膨胀止水条（胶），并配合预埋注浆管的方法加强防水。

12.7.2 变形缝防水应符合下列规定：

1 变形缝处的混凝土厚度不应小于 300mm，当遇有变截面时，接缝两侧各 500mm 范围内的结构应进行等厚等强处理；

2 变形缝处采取的防水措施应能满足接缝两端结构产生的差异沉降及纵向伸缩时的密封防水要求；

3 变形缝部位设置的止水带应为中孔型或 Ω 型，宽度不宜小于 300mm；

4 顶板与侧墙的预留排水凹槽应贯通。

12.7.3 后浇带防水应符合下列规定：

1 后浇带应设在受力和变形较小的部位，间距宜为 30m～60m，宽度宜为 700mm～1000mm；

2 后浇带可做成平直缝、阶梯形或楔形缝；后浇带应采用补偿收缩防水混凝土浇筑，其强度等级不应低于两侧混凝土；后浇带应在两侧混凝土龄期达到 42d 后再施工；

3 后浇带两侧的接缝宜采用中埋式止水带、外贴式止水带、预埋注浆管、遇水膨胀止水条（胶）等方法加强防水。

12.7.4 桩头防水应符合下列规定：

1 桩头选用的防水材料应具有能够增加混凝土的密实性、与桩头混凝土和钢筋的良好粘结性、耐水性和湿固化性等性能；

2 桩头刚性防水层与底板柔性防水层应形成连续、封闭的防水体系。

12.8 盾构法施工的隧道防水

12.8.1 盾构法施工的隧道，宜采用钢筋混凝土管片、复合管片等装配式衬砌或现浇混凝土衬砌。衬砌管片应采用防水混凝土制作，其抗渗等级不得小于 P10，氯离子扩散系数不宜大于 $3 \times 10^{-12} m^2/s$。当隧道处于侵蚀性介质的地层时，应采用耐侵蚀混凝土或在衬砌结构外表面涂刷耐侵蚀的防水涂层。

12.8.2 隧道衬砌结构防水措施应符合表 12.8.2 的规定。

表 12.8.2 隧道衬砌结构防水措施

措施选择 防水等级	高精度管片	接缝防水				混凝土内衬或其他内衬	外防水涂料
		密封垫	嵌缝	注入密封剂	螺孔密封圈		
一级	必选	必选	全隧道或部分区段应选	可选	必选	宜选	宜选
二级	必选	必选	部分区段宜选	可选	必选	局部选	对混凝土有中等以上腐蚀的地层宜选

12.8.3 管片宜进行混凝土氯离子扩散系数检测及单块抗渗检漏，并宜满足设计要求后再使用。

12.8.4 管片应至少设置一道密封垫沟槽。接缝密封垫宜选择具有良好弹性或遇水膨胀性、耐久性、耐水性的橡胶类材料，其外形应与沟槽相匹配。

12.8.5 管片接缝密封垫应能被完全压入密封垫沟槽内，密封垫沟槽的截面积应为密封垫截面积的 1 倍～1.15 倍。

12.8.6 管片接缝密封垫应满足在计算的接缝最大张开量和估算的错位量下、埋深水头的 3 倍水压下不渗漏的技术要求；选用的接缝密封垫应进行一字缝或 T 字缝耐水压检测。

12.8.7 螺孔防水应符合下列规定：

1 管片腔体的螺孔口应设置锥形倒角的螺孔密封圈沟槽；

2 螺孔密封圈的外形应与沟槽相匹配，并应有利于压密止水或膨胀止水；

3 螺孔密封圈应为合成橡胶、遇水膨胀橡胶制品。

12.8.8 嵌缝防水应符合下列规定：

1 在管片内侧环向与纵向边沿应设置嵌缝槽，其深宽比应大于 2.5，槽深宜为 25mm～55mm，单面槽宽宜为 5mm～10mm。

2 嵌缝材料应具有良好的不透水性、潮湿基面粘结性、耐久性、弹性和抗下坠性。

3 应根据隧道使用功能及表 12.8.2 中的防水等级要求，确定嵌缝作业区范围，采取嵌填堵水、引排水措施。

4 嵌缝防水施工应在盾构千斤顶顶力影响范围外进行。同时，应根据盾构施工方法、隧道的稳定性确定嵌缝作业开始的时间。

5 嵌缝作业应在接缝堵漏和无明显渗水后进行，嵌缝槽表面混凝土有缺损时，应采用聚合物水泥砂浆或特种水泥修补，强度应达到或超过混凝土本体的强度。嵌缝材料嵌填时，应先刷涂基层处理剂。嵌填应密实、平整。

12.8.9 复合式衬砌的内层衬砌混凝土浇筑前，应将外层管片的渗漏水引排或封堵。采用塑料防水板等夹层防水层的复合式衬砌，应根据隧道排水情况选用相应的缓冲层和防水板材料，并应按本规范第 12.6 节的有关规定执行。

12.8.10 管片外防水涂层应符合下列规定：

1 涂层应具有良好的耐化学腐蚀性、抗微生物侵蚀性和耐水性，并应无毒或低毒；

2 涂层应能在盾构密封用钢丝刷与钢板挤压条件下不损伤、不渗水；

3 在管片外弧面混凝土裂缝宽度达到 0.2mm 时，涂层应能在最大埋深处水压或 0.8MPa 水压下不渗漏；

4 涂层应涂刷在衬砌背面和环、纵缝橡胶密封垫外侧的混凝土上。

12.8.11 竖井与隧道结合处，可采用刚性接头，但接缝宜采用柔性材料密封处理，并宜加固竖井洞圈周围土体。在软土地层距竖井结合处一定范围内的衬砌段，宜增设变形缝。变形缝环面应粘贴垫片，同时应采用适应变形量大的弹性密封垫。

12.9 沉管法施工的隧道防水

12.9.1 沉管法施工的隧道应采用抗渗性和耐久性好的防水混凝土，并宜设置外防水层及相适应的保护层。外防水层应具有与基面混凝土结合力强、耐久、抗腐蚀等性能。防水混凝土的抗渗等级不得小于 P10，氯离子扩散系数不宜大于 $3 \times 10^{-12} m^2/s$。当结构处于侵蚀性介质中时，应采取相适应的防腐措施。

12.9.2 沉管隧道管段接头宜采用吉那和欧米茄止水带组成双道防水。止水带应满足埋深水压及各种位移最不利组合条件下的长期密封止水要求。

12.9.3 隧道管段施工缝中应预埋注浆管和设置遇水膨胀止水条（胶）。

13 通风、空调与供暖

13.1 一般规定

13.1.1 地铁内部空气环境应采用通风、空调与供暖系统进行控制。

13.1.2 地铁内部空气环境范围应包括地下车站（站厅、站台、设备与管理用房、出入口通道、换乘通道）、区间隧道（正线隧道、渡线、折返线、停车线、尽端隧道等），以及地面车站及高架车站等。

13.1.3 地铁的通风、空调与供暖系统应保证地铁内部空气环境的空气质量、温度、湿度、气流组织、气流速度、压力变化和噪声等性能均满足人员的生理及心理条件要求和设备正常运转的需要。

13.1.4 地铁通风、空调与供暖系统应具有下列功能：

1 当列车在正常运行时，应保证地铁内部空气环境在规定标准范围内；

2 当列车阻塞在区间隧道内时，应保证对阻塞区间进行有效通风；

3 当列车在区间隧道发生火灾事故时，应具备排烟、通风功能；

4 当车站内发生火灾事故时，应具备排烟、通风功能。

13.1.5 地铁通风与空调系统的确定应符合下列规定：

1 通风与空调系统应分为列车活塞通风、自然通风和机械通风的通风系统和空调系统；

2 地铁应设置通风系统；

3 在夏季当地最热月的平均温度超过 25℃，且地铁高峰时间内每小时的行车对数和每列车车辆数的乘积不小于 180 时，应采用空调系统；

4 在夏季当地最热月的平均温度超过 25℃，全年平均温度超过 15℃，且地铁高峰时间内每小时的行车对数和每列车车辆数的乘积不小于 120 时，应采用空调系统。

13.1.6 地铁地下线路通风与空调系统制式应结合地铁的运力、当地的气候条件、人员舒适性要求、运行及维护费用等因素进行综合技术经济比较确定。

13.1.7 地铁的通风、空调与供暖系统应按地铁预测的远期客流量和最大的通过能力设计，设备宜按近期和远期配置，并宜分期实施。

13.1.8 地铁的通风、空调与供暖系统设计和设备配置应贯彻国家能源政策，践行运营节能原则，并宜利用自然冷、热源。

13.1.9 车辆基地、控制中心和主变电所等地面建筑，应在满足工艺要求的前提下，按本规范和国家现行有关建筑设计标准的规定设置通风、空调与供暖系统。

13.1.10 通风、空调与供暖系统的设备、管道及配件布置，应保证系统整体高效运行，并应为安装、操作、测量、调试和维修预留空间位置。

13.1.11 工程设计应为大型通风、空调与供暖设备设有运输、安装通道及孔洞，并应能装设起吊设施。

13.1.12 通风、空调与供暖系统的机房应设置设备起吊和冲洗设施。

13.1.13 通风、空调与供暖系统的管材和保温材料、消声材料，应采用 A 级不燃材料，当局部部位采用 A 级不燃材料有困难时，可采用 B1 级难燃材料。管材及保温材料应具有防潮、防腐、防蛀、耐老化和无毒的性能。

13.2 地下线段的通风、空调与供暖

Ⅰ 区间隧道通风系统

13.2.1 区间隧道正常通风应采用活塞通风，当活塞通风不能满

足排除余热要求或布置活塞通风道有困难时，应设置机械通风系统。

13.2.2 区间隧道通风系统的进风应直接采自大气，排风应直接排出地面。

13.2.3 区间隧道内的二氧化碳（CO_2）日平均浓度应小于 1.5‰。

13.2.4 区间隧道内每个乘客每小时需供应的新鲜空气量不应少于 12.6m³。

13.2.5 区间隧道内空气夏季的最高温度应符合下列规定：

    1 列车车厢不设置空调时，不得高于 33℃；

    2 列车车厢设置空调，车站不设置全封闭站台门时，不得高于 35℃；

    3 列车车厢设置空调，车站设置全封闭站台门时，不得高于 40℃。

13.2.6 区间隧道内空气冬季的平均温度应低于当地地层的自然温度，但最低温度不应低于 5℃。

13.2.7 当隧道内空气总的压力变化值超过 700Pa 时，其压力变化率不得大于 415Pa/s。

13.2.8 在计算隧道通风风量时，室外空气计算温度应符合下列规定：

    1 夏季应为近 20 年最热月月平均温度的平均值；

    2 冬季应为近 20 年最冷月月平均温度的平均值。

13.2.9 当计算排除余热所需的风量时，应计算隧道内的散热量和传至地层周围土壤的传热量。

13.2.10 当需要设置区间通风道时，通风道应设于区间隧道长度的 1/2 处，在困难情况下，其距车站站台端部的距离可移至不小于该区间隧道长度的 1/3 处，但不宜小于 400m。

Ⅱ　地下车站公共区通风与空调系统

13.2.11 地下车站公共区应设置通风系统，当条件符合本规范第 13.1.5 条第 3 和第 4 款规定时，应采用空调系统。

13.2.12 地下车站公共区的进风应直接采自大气，排风应直接排出地面。

13.2.13 地下车站公共区夏季室外空气计算温度，应符合下列规定：

    1 夏季通风室外空气计算温度，应采用近 20 年最热月月平均温度的平均值；

    2 夏季空调室外空气计算干球温度，应采用近 20 年夏季地铁晚高峰负荷时平均每年不保证 30h 的干球温度；

    3 夏季空调室外空气计算湿球温度，应采用近 20 年夏季地铁晚高峰负荷时平均每年不保证 30h 的湿球温度。

13.2.14 地下车站公共区夏季室内空气计算温度和相对湿度，应符合下列规定：

    1 当车站采用通风系统时，公共区夏季室内空气计算温度不宜高于室外空气计算温度 5℃，且不应超过 30℃；

    2 当车站采用空调系统时，站厅中公共区的空气计算温度应低于空调室外空气计算干球温度 2℃～3℃，且不应超过 30℃；站台中公共区的空气计算温度应低于站厅的空气计算温度 1℃～2℃，相对湿度均应为 40%～70%。

13.2.15 地下车站公共区冬季室内空气计算温度应低于当地地层的自然温度，但最低温度不宜低于 12℃。

13.2.16 地下车站公共区冬季室外空气计算温度应采用当地近 20 年最冷月月平均温度的平均值。

13.2.17 当采用通风系统开式运行时，每个乘客每小时需供应的新鲜空气量不应少于 30m³；当采用闭式运行时，其新鲜空气量不应少于 12.6m³，且系统的新风量不应少于总送风量的 10%。

13.2.18 当采用空调系统时，每个乘客每小时需供应的新鲜空气量不应少于 12.6m³，且系统的新风量不应少于总送风量的 10%。

13.2.19 地下车站公共区内的二氧化碳（CO_2）日平均浓度应小于 1.5‰。

13.2.20 地下车站公共区内空气中可吸入颗粒物的日平均浓度应小于 0.25mg/m³。

13.2.21 当计算排除余热所需的风量时，应计算车站传至地层周围土壤的传热量。

13.2.22 地下车站公共区通风与空调系统应采取保证系统某一局部失效时，站厅和站台的温度不高于 35℃ 的措施。

13.2.23 地铁的通风与空调系统设备运转传至站厅、站台的噪声不得超过 70dBA。

13.2.24 地下车站宜在列车停靠在车站时的发热部位设置排热系统。

13.2.25 当活塞风对车站有明显影响时，应在车站的两端设置活塞风泄流风井或活塞风迂回风道。

13.2.26 站厅和站台的瞬时风速不宜大于 5m/s。

13.2.27 当地下车站公共区通风机或车站排热风机与区间隧道风机合用时，在正常工况下风机应实现节能运行，并应满足区间隧道各种工况下对风机的风量和风压的要求。

Ⅲ　地下车站设备与管理
用房通风、空调系统

13.2.28 地下车站的各类用房应根据其使用要求设置通风系统，必要时可设置空调系统；进风应直接采自大气，排风应直接排出地面。

13.2.29 地下牵引变电所、降压变电所应设置机械通风系统，排风宜直接排至地面。通风量应按排除余热量计算。当余热量很大，采用机械通风系统技术经济性不合理时，可设置冷风系统。

13.2.30 厕所应设置独立的机械排风、自然进风系统，所排出的气体应直接排出地面。

13.2.31 设置气体灭火的房间应设置机械通风系统，所排除的气体必须直接排出地面。

13.2.32 设在尽端线、折返线内的设备与管理用房，应设置机械排风、自然进风系统。

13.2.33 地下车站设备与管理用房内每个工作人员每小时需供应的新鲜空气量不应少于 30m³，且空调系统新风量不应少于总风量的 10%。

13.2.34 地下车站设备与管理用房的室外空气计算温度，应符合下列规定：

    1 夏季通风室外计算温度，应采用历年最热月 14 时的月平均温度的平均值；

    2 冬季通风室外计算温度，应采用累年最冷月平均温度；

    3 夏季空调室外计算干球温度，应采用历年平均不保证 50h 的干球温度；

    4 夏季空调室外计算湿球温度，应采用历年平均不保证 50h 的湿球温度。

13.2.35 当尽端线、折返线设备与管理用房通风系统需由隧道内吸风时，吸风口应设在列车进站一侧，排风口应设在列车出站一侧。吸风口应设有滤尘装置。

13.2.36 地下车站设备与管理用房内的 CO_2 日平均浓度应小于 1.0‰。

13.2.37 地下车站设备与管理用房内空气中可吸入颗粒物的日平均浓度应小于 0.25mg/m³。

13.2.38 车站设备与管理用房的通风系统、空调系统应采取消声和减振措施。通风、空调设备传至各房间内的噪声不得超过 60dBA。

13.2.39 通风与空调机房内的噪声不得超过 90dBA。

13.2.40 地下车站内的设备与管理用房的室内空气计算温度、相对湿度和换气次数，应符合表 13.2.40 的规定。

表13.2.40　地下车站内设备与管理用房空气
计算温度、相对湿度与换气次数

房间名称	冬季 计算温度 ℃	夏季 计算温度 ℃	相对湿度 %	小时换气次数 进风	排风
站长室、站务室、值班室、休息室	18	27	<65	6	6
车站控制室、广播室、控制室	18	27	40～60	6	5
售票室、票务室	18	27	40～60	6	5
车票分类/编码室、自动售检票机房	16	27	40～60	6	5
通信设备室、通信电源室、信号设备室、信号电源室、综合监控设备室	16	27	40～60	6	5
降压变电所、牵引降压混合变电所	—	36	—	按排除余热计算风量	
配电室、机械室	16	36	—	4	4
更衣室、修理间、清扫员室	18	27	<65	6	6
公共安全室、会议交接班室	18	27	<65	6	6
蓄电池室	16	30	—	6	6
茶水室	—	—	—	—	10
盥洗室、车站用品间	—	—	—	—	4
清扫工具间、气瓶室、储藏室	—	—	—	—	4
污水泵房、废水泵房、消防泵房	5	—	—	—	4

续表13.2.40

房间名称	冬季 计算温度 ℃	夏季 计算温度 ℃	相对湿度 %	小时换气次数 进风	排风
通风与空调机房、冷冻机房	—	—	—	6	6
折返线维修用房	12	30	—	—	6
厕所	>5	—	—	—	排风

注：1　厕所排风量每坑位按100m³/h计算，且小时换气次数不宜少于10次；
　　2　小时换气次数指通风工况下房间的最少换气次数。

Ⅳ　空调冷源及水系统

13.2.41　空调冷源设计应符合下列规定：

1　空调系统的冷源宜采用自然冷源，无条件采用自然冷源时，可采用人工冷源；

2　冷源设备的选择应根据空调系统的负荷情况、运行时间、运行调节等要求，结合制冷工质的种类、装机容量和节能效果等因素确定；

3　设于地下线路内的空调冷源设备宜采用电动压缩式制冷机组，不应采用直接燃烧型吸收式制冷机组；

4　在执行分时电价、峰谷电价差较大的地区，经过技术经济综合比较，可采用蓄冷系统。

13.2.42　冷冻机房设计应符合下列规定：

1　冷冻机房应设置在靠近空调负荷中心的位置，宜与空调机房综合布置，但应避免设置在变电所的正上方；

2　冷冻机房的顶部空间应在满足机房内各种风道、管道布置要求的前提下，保证制冷设备的安装、操作、维修、检修和测量的需要；

3　冷冻机房应保证良好的通风；

4　冷冻机房内仪表集中处宜设局部照明；

5　冷冻机房内冷水机组的选用不宜少于2台，可不设置备用机组，当只选用一台冷水机组时，宜选用多机头联型机组；

6　冷负荷量小且分散时，可选用风冷式冷水机组；

7　水冷、风冷式冷水机组的选型，应选用制冷性能系数高的产品，冷水机组制冷性能系数选择与台数的配置应计及地铁负荷的变化规律；

8　空调机组、表冷器等设备的凝结水管应接水封后再排至排水系统。

13.2.43　冷冻水系统设计应符合下列规定：

1　冷冻水系统应采用闭式水系统；

2　冷冻水的补水量应为系统水容量的1%，补水点宜设在冷冻水泵的吸入口处附近；

3　冷冻水补水泵的扬程应高于补水点压力3m～5m，小时流量不应少于系统水容量的4%～5%；

4　冷冻水泵宜与冷水机组匹配设置，可不设置备用泵；

5　冷冻水管应保温，保温层厚度应保证其外表不结露。

13.2.44　冷却水系统设计应符合下列规定：

1　冷却水应循环使用；

2　冷却水的水质应符合现行国家标准《工业循环冷却水处理设计规范》GB 50050的有关规定；

3　冷却水的补水量应为系统循环水量的1%～2%；

4　冷却水的水温低于冷水机组的允许水温时，应进行水温控制；

5　冷却水泵宜与冷水机组匹配设置，可不设置备用泵；

6　尾水排污水质应符合现行行业标准《污水排入城镇下水道水质标准》CJ 343的有关规定。

13.2.45　冷却塔的设置应符合下列规定：

1　冷却塔应设置在通风良好的地方，并应与周围环境相协调，其噪声应符合现行国家标准《声环境质量标准》GB 3096的有关规定；

2　多塔布置时，宜采用相同型号产品，且其积水盘下应设连通管，进水管与出水管上均应设电动阀。

13.2.46　空调水系统附件设置应符合下列规定：

1　较大规模的空调水系统宜设置分水器和集水器；

2　冷水机组、水泵等设备的入口处，应安装过滤器或除污器；

3　空调水系统应设置压力表和温度计等附件。

Ⅴ　通道、风亭、风道和风井

13.2.47　地下车站的出入口通道和长通道连续长度大于60m时，应采取通风或其他降温措施。

13.2.48　地下车站的出入口通道采取通风或其他降温措施时，其内部空气计算温度可高于站厅空气计算温度2℃。

13.2.49　地下车站的长通道采取通风或其他降温措施时，与站厅衔接的长通道的内部空气计算温度宜与站厅空气计算温度相同，只与站台衔接的长通道的内部空气计算温度宜与站台空气计算温度相同；相对湿度均不应大于70%。

13.2.50　地面进风风亭应设在空气洁净的位置，并宜设在排风亭的上风侧，排风亭口部的设置宜避开当地年最多的风向。

13.2.51　通风道和风井的风速不宜大于8m/s；站台下排风风道和列车顶部排风风道的风速不宜大于15m/s；风亭格栅的迎面风速不宜大于4m/s，风亭出口为竖直向上时，通过其平面格栅的风速不宜大于6m/s。

13.2.52　风亭出口的噪声应符合现行国家标准《声环境质量标准》GB 3096的有关规定。

Ⅵ　通风与空调系统控制

13.2.53　地铁隧道通风系统宜设就地控制、车站控制、中央控制的三级控制。

13.2.54 地下车站公共区通风与空调系统宜设就地控制、车站控制、中央控制的三级控制。

13.2.55 地下车站设备与管理用房通风与空调系统宜设就地控制、车站控制的两级控制。

Ⅶ 地下车站供暖

13.2.56 地下车站及区间隧道可不设供暖系统。

13.2.57 车站设备与管理用房根据使用要求需供暖时，可采用局部供暖。

13.2.58 对于最冷月份室外平均温度低于－10℃的地区，车站的出入口宜采取冷风阻挡措施。

13.3 高架、地面线段的通风、空调与供暖

Ⅰ 通风与空调

13.3.1 地上车站的公共区应采用自然通风。必要时，站厅中的公共区可设置机械通风或空调系统。

13.3.2 通风与空调的室外空气计算温度、相对湿度应采用当地现行的地面建筑的设计指标。

13.3.3 站厅采用通风系统时，站厅内的夏季计算温度不应超过室外计算温度3℃，且最高不应超过35℃。

13.3.4 站厅层设置空调系统时应符合下列规定：

　1　站厅内的夏季计算温度应为29℃～30℃，相对湿度不应大于70％；

　2　站厅通向站台的楼梯口、扶梯口以及出入口等处宜设置风幕。

13.3.5 地面变电所宜采用自然通风降温；当自然通风不能达到设备对环境要求时，可采用机械排风、自然进风的方式。

13.3.6 车站内的其他设备与管理用房的温、湿度，应按表13.2.40的规定执行。

13.3.7 高架和地面区间应采用自然通风。

13.3.8 高架和地面区间设置全封闭声屏障时，应采取措施实现自然通风。

13.3.9 高架线和地面线车站通风与空调系统宜设车站控制和就地控制的两级控制。

Ⅱ 采 暖

13.3.10 对于最冷月份室外平均温度低于－10℃的严寒地区，车站的站台可不设供暖装置，站厅宜设供暖系统。

13.3.11 站厅设供暖系统时，其厅内的设计温度应为12℃。

13.3.12 站厅设置供暖系统和站台不设供暖装置时，站厅的出入口和站厅通向站台的楼梯口、扶梯口应设热风幕。

13.3.13 供暖地区的车站管理用房应设供暖装置，室内设计温度宜为18℃。

13.3.14 车站设备用房应根据工艺要求设供暖装置，设计温度应按工艺要求确定。

13.3.15 供暖室外计算温度及其他规定，应符合现行国家标准《民用建筑供暖通风与空气调节设计规范》GB 50736的有关规定。

13.3.16 热源应采用附近热网，无条件时可采用无污染的热源。

13.4 其 他

13.4.1 地铁通风与空调系统应根据当地气候条件、地铁运行的热负荷情况及变化规律，制定科学、合理的系统运行模式，并应实现通风与空调系统高效节能运行。

13.4.2 当地铁通风、空调与供暖系统设备具有多项目标功能时，应保证其正常使用工况下的运转效率最高。

13.4.3 地铁通风、空调与供暖系统应选用可靠性高、节能性好、低噪声、运转平稳、模块化、小型化、紧凑型设备，并应便于安装、维护、维修。

14 给水与排水

14.1 一般规定

14.1.1 地铁给水系统设计应满足生产、生活和消防用水对水量、水压和水质的要求，并应坚持综合利用、节约用水的原则。

14.1.2 地铁给水水源应采用城市自来水，当沿线无城市自来水时，应采取其他可靠的给水水源。

14.1.3 地铁工程各类污、废水及雨水的排放应符合国家现行有关排水标准和排水体制的规定。

14.1.4 给水与排水设计应按现行国家标准《民用建筑节水设计标准》GB 50555的有关规定采取节水、节能措施。

14.1.5 给水设计应按现行国家标准《建筑给水排水设计规范》GB 50015的有关规定采取防水质污染措施。

14.1.6 给水与排水系统宜按自动化管理设计。

14.1.7 给水与排水金属管道应采取防止杂散电流腐蚀的措施。

14.1.8 管道穿越地下结构外墙、屋面或钢筋混凝土水池（箱）的壁板或底板时，应设防水套管。

14.1.9 给水与排水系统管道保温材料应符合本规范第13.1.13条的规定。

14.2 给 水

14.2.1 给水系统用水量定额应符合下列规定：

　1　工作人员生活用水量应为30L/人·班～60L/人·班，小时变化系数应为2.5～2.0；

　2　空调冷水系统的补充水量应为冷却水循环水量的1％～2％；

　3　车站公共区及出入口通道冲洗用水量应为1L/m²·次～2L/m²·次，并应每天按冲洗1次、每次用水量按冲洗1h计算。

　4　生产用水量应按工艺要求确定。

14.2.2 给水系统的水质应符合下列规定：

　1　生活给水系统的水质，应符合现行国家标准《生活饮用水卫生标准》GB 5749的有关规定；

　2　生活杂用水系统的水质，应符合现行国家标准《城市污水再生利用　城市杂用水水质》GB/T 18920的有关规定；

　3　生产用水的水质应满足工艺的要求。

14.2.3 给水系统的水压应符合下列规定：

　1　生活用水设备和卫生器具的水压，应符合现行国家标准《建筑给水排水设计规范》GB 50015的有关规定；

　2　生产用水的水压按工艺要求确定。

14.2.4 给水系统的选择，应根据生产、生活和消防等各项用水对水质、水压和水量的要求，结合给水水源等因素确定，并应按下列原则选择给水系统：

　1　车站室内生产、生活给水系统应与消防给水系统分开设置，并应根据当地自来水公司的要求设置计量设施；

　2　当车站周围有城市杂用水系统且水质满足冷却水或冲厕用水的使用要求时，宜采用分质给水系统，车站杂用水系统应与其他给水系统分设，并应采取防止误饮误用措施；

　3　车站内不同使用性质和计费的给水系统，应采用各自独立的给水系统并单独计量；

　4　换乘车站生产、生活给水系统宜采用一套系统；

　5　车站生产、生活给水系统应利用市政水压直接供水，当水压或水量不满足要求时，应设置加压装置或贮水调节。

14.2.5 管道布置和敷设应符合下列规定：

　1　车站生产、生活给水系统宜设计为枝状管网，并应由车站给水引入总管上引出一根给水管和车站内生产、生活给水管连接；

　2　地下车站的给水引入管宜通过风道或人行通道和车站给

水系统相接;

3 给水引入管上应设置绝缘短管或采取其他绝缘措施;

4 给水系统引入管上应设置倒流防止器或其他防止倒流污染的装置,设置原则及位置应符合现行国家标准《建筑给水排水设计规范》GB 50015的有关规定;

5 **给水管不应穿过变电所、通信信号机房、控制室、配电室等电气房间**;

6 给排水管道应根据现行国家标准《建筑给水排水设计规范》GB 50015的有关规定采取防结露措施;

7 严寒和寒冷地区的给排水管道、消火栓及消防水池有可能结冻时,应采取防冻保护措施;

8 地铁的管道敷设应分析热膨胀的影响,必要时应设置伸缩补偿装置。当穿过结构变形缝时,应设置补偿管道伸缩和剪切变形的装置;

9 给水干管应固定在主体结构或道床上;

10 车站站厅、站台公共区宜设置冲洗栓;

11 地铁工程卫生器具及配件应符合现行行业标准《节水型生活用水器具》CJ 164的有关规定,公共厕所应采用感应式或非接触式龙头和冲洗装置。

14.2.6 管材及附件的设置应符合下列规定:

1 室内生产、生活给水宜采用钢塑复合管、铜管或薄壁不锈钢管等符合国家有关规定及生活饮用水卫生标准的管材;

2 敷设在垫层内的给水管道宜采用钢塑复合管,给水管道的外壁应采取防腐措施;

3 给水管网上的阀门设置,应符合现行国家标准《建筑给水排水设计规范》GB 50015的有关规定。

14.3 排 水

14.3.1 地铁排水量定额应符合下列规定:

1 生活排水系统定额应按生活用水量的95%计算,小时变化系数应为2.5~2.0;

2 生产排水量应按工艺要求确定;

3 冲洗和消防废水量和用水量应相同;

4 **地面车站、高架车站屋面排水管道的排水设计重现期应按当地10年一遇的暴雨强度计算,设计降雨历时应按5min计算;屋面雨水工程与溢流设施的总排水能力不应小于50年重现期的雨水量;**

5 **高架区间、敞开出入口、敞开风井及隧道洞口的雨水泵站、排水沟及排水管渠的排水能力,应按当地50年一遇的暴雨强度计算,设计降雨历时应按计算确定。**

14.3.2 地铁车站除生活及粪便污水应单独排放外,生产废水、结构渗漏水、冲洗及消防废水和口部雨水可集中并就近排放。

14.3.3 地面或高架车站的污水及废水、桥面雨水应按重力流排水方式设计,屋面雨水可按重力流或压力流设计;地下车站和区间的污水、废水和雨水不能按重力流排放时,应设排水泵提升排入城市排水系统。

14.3.4 地下车站和区间排水泵站(房)的设置,应符合下列规定:

1 区间隧道主排水泵站应设在线路实际坡度最低点。

2 当区间排水沟的排水能力不能满足区间排水的要求时,应设辅助排水泵站。

3 地下车站排水泵房应设在车站线路下坡方向。

4 地下车站污水泵房宜设在厕所附近。

5 地下车站局部排水泵房宜设在地面至站厅层的自动扶梯基坑附近、站台板下、电梯井、风亭、折返线车辆检修坑端部及有砟道床区段等不能自流排水而又可能集水的低洼处。

6 洞口的雨水不能自流排放到洞口外时,应在洞口适当位置设排水泵站,并应在洞口道床的适当位置设横向截水沟。

7 洞口雨水泵站宜设2根~3根压力排水管,其他泵站(房)宜设1根~2根压力排水管。车站排水泵房的压力排水管

宜通过风道或人行通道接入城市排水系统,区间排水泵站及洞口雨水泵站的压力排水管宜通过中间风井或穿过泵房顶部直接排出,无条件时,可通过车站接入城市排水系统。

8 区间排水泵站有条件时应与区间联络通道或中间风井合建,泵站地面标高宜与走行轨顶面齐平。

9 排水泵站(房)的布置,应按现行国家标准《室外排水设计规范》GB 50014的有关规定执行。

14.3.5 排水泵站(房)的排水泵的设置应符合下列规定:

1 区间主排水泵站、辅助排水泵站及车站排水泵房应设两台排水泵,平时应一台工作,必要时应两台同时工作;排水泵的总排水能力,应按消防时的排水量和结构渗漏水量之和确定;

2 车站敞开出入口及敞开风井雨水泵房应设两台排水泵,平时应一台工作,必要时应两台泵同时工作;每台排水泵的排水能力,应大于最大小时排水量的1/2;

3 洞口雨水泵房宜设三台排水泵,最大水量时三台泵应同时工作,每台泵的排水能力应大于最大小时排水量的1/3;

4 车站污水泵房应设两台污水泵,一台应工作,一台应备用,每台排水泵的排水能力,不应小于生活排水设计秒流量;

5 车站局部排水泵房应设两台排水泵,一台应工作,一台应备用,每台排水泵的排水能力,不应小于最大小时的污水量;

6 排水泵站(房)的排水泵应设计为自灌式;

7 排水泵为自动控制启动时,水泵每小时启动次数不宜超过6次;

8 污水提升装置应采用节能、环保型设备,并应便于维修;

9 与区间联络通道合建的区间泵站应采用潜污泵。

14.3.6 排水泵站(房)的集水池有效容积的确定,应符合下列要求:

1 雨水泵站(房)的集水池有效容积,不应小于最大一台水泵5min~10min的出水量;

2 厕所污水泵房的集水池有效容积不宜小于最大一台污水泵5min的出水量,并应符合本规范第14.3.5条第7款的要求;

3 其他各类排水泵站(房)的集水池有效容积,不应小于最大一台排水泵15min~20min的出水量。

14.3.7 其他排水设施应符合下列规定:

1 屋面排水天沟及排水明沟的纵向坡度不宜小于3‰。

2 沿地下车站站厅、设备用房边墙,每隔30m~50m宜设一个DN50~DN100的地漏,排水立管应接入线路排水沟。在地面进入站厅的人行通道和站厅层相接部位,应设横截沟并在沟内设排水立管,排水立管应接入站台层线路排水沟。

3 当地下及高架车站站台设有站台门时,站台每隔50m宜设一个DN50~DN100的地漏,排水立管应接入线路排水沟。

4 地下车站各类用房的生活废水,应通过管道排入污水泵房的集水池。

5 地下车站厕所污水泵房的污水池应设透气管,透气管应接至排风井处。

6 硬聚氯乙烯排水管道穿越楼板及不同的防火分区时应设阻火圈。

7 车站污水泵房、局部排水泵房的压力排水管和地面城市排水管道连接时,可设一般检查井;车站排水泵房、区间排水泵站及洞口雨水泵站的压力排水管和地面城市排水管连接时,应设压力检查井。

8 车站和区间主排水泵站(房)、污水泵房、洞口雨水泵站的集水池应设冲洗管、人孔和爬梯,集水池底应设集水坑,坡向集水坑的坡度不宜小于10%。

9 车站污水泵房污水池的人孔、检修孔应采用密闭井盖。

10 地铁排水检查井应有地铁标志。

14.3.8 局部污水处理设施应符合下列规定:

1 当城市有污水排水系统而无污水处理厂时,车站厕所的污水应经过化粪池处理达到标准后排入城市污水排水系统;

2 当城市有污水排水系统又有污水处理厂时,车站厕所的

污水是否设化粪池，应和城市市政管理部门商定；

3 当城市无污水排水系统时，应根据国家现行有关污水综合排水标准的规定，对地铁车站排出的粪便污水进行处理，并应达到标准后再排入城市雨水管网或车站附近的河流；

4 地面化粪池或生活污水处理设施宜为埋设式，并宜设在人行道或绿地内，与建筑物的距离不宜小于5m；

5 地面化粪池的设计应符合现行国家标准《建筑给水排水设计规范》GB 50015 的有关规定；

6 生活污水处理设施前应设调节池，调节池的有效容积应经计算确定，也可取 4h~6h 的生活污水量。

14.3.9 管材的选型应符合下列规定：

1 重力流排水管宜采用阻燃型硬聚氯乙烯排水管及管件，或柔性接口机制排水铸铁管及管件；

2 压力排水管宜采用热镀锌钢管或钢塑复合管；

3 虹吸压力流排水管宜采用承压塑料管或不锈钢管；

4 室外埋地排水管宜采用埋地塑料管。

14.4 车辆基地给水与排水

Ⅰ 给 水

14.4.1 车辆基地给水用水量定额应按下列规定确定：

1 办公人员生活用水应为 30L/班·人~50L/班·人，小时变化系数应为 2.0；

2 职工淋浴用水定额应取 40L/人·次，每次延续时间应为 1h；

3 消防用水应根据现行国家标准《建筑设计防火规范》GB 50016 及《高层民用建筑设计防火规范》GB 50045 的有关规定执行；

4 生产工艺用水应按工艺要求确定；

5 路面洒水、绿化及草地用水、汽车冲洗用水，应符合现行国家标准《建筑给水排水设计规范》GB 50015 等的有关规定；

6 不可预见水量和管网漏水量之和应按车辆基地内生产、生活最高日用水量的 15% 计算。

14.4.2 给水水源应采用城市自来水。当城市自来水提供两根给水引入管时，生产、生活系统宜与室外消防给水系统共用且布置成环状；当城市自来水提供一根给水引入管时，生产、生活和室外消防给水系统应分开布置，室内外消防给水系统是否共用应经过技术经济比较确定。

14.4.3 当城市自来水的供水量和供水压力不能满足车辆基地生产、生活给水系统的要求时，应设给水泵房和蓄水池，给水加压设备宜采用变频调速或叠压供水装置。

14.4.4 当车辆基地周围有城市杂用水系统且水质满足使用要求时，其内部冲厕、绿化及地面冲洗水可利用城市杂用水系统供水。

14.4.5 在日照充足地区，车辆基地内公共浴室、食堂、司机公寓等热水系统宜采用太阳能热水系统。

14.4.6 车辆基地室外消火栓的间距不应大于 120m，洒水栓的间距不应大于 80m。

14.4.7 车辆基地室内、室外消防给水管道的布置，应符合现行国家标准《建筑设计防火规范》GB 50016 及《高层民用建筑设计防火规范》GB 50045 的有关规定。

14.4.8 室外给水管宜采用球墨铸铁给水管和胶圈接口，变坡最高点应设排气阀，最低点应设泄水阀。

14.4.9 室外给排水及消防管道穿越车辆基地内轨道时，应设防护套管或综合管沟。

Ⅱ 排 水

14.4.10 排水量定额应符合下列规定：

1 生活排水量标准应按用水量的 90%~95% 确定；

2 生产用水排水量应按工艺要求确定；

3 冲洗和消防废水排水量和用水量应相同；

4 车辆基地运用库、检修库、高层建筑屋面雨水应按 10 年一遇暴雨强度进行计算，排水工程与溢流设施的总排水能力不应小于 50 年暴雨重现期的雨水量；其他建筑屋面雨水应按 2 年~5 年一遇暴雨强度进行计算，排水工程与溢流设施的总排水能力不应小于 10 年暴雨重现期的雨水量。

14.4.11 洗车库的废水应经过处理后重复利用；其他含油废水，不符合国家规定的排放标准时，应经过处理达到标准后排放。

14.4.12 车辆基地附近无城市污水排水系统时，则其内部的生产废水、生活污水，应经过处理达到排放标准后再排放。

14.4.13 车辆基地的生产废水、生活污水，宜集中后按重力流方式接入城市排水系统，不能按重力流方式排放时，应设污水泵站提升并排入城市污水排水系统。

14.4.14 车辆基地应经过技术经济比较采用渗透地面、屋顶绿化，以及设置雨水集蓄设施等技术措施对雨水进行重复利用。

14.4.15 大型库房的屋面雨水排水宜采用压力流排水系统。

14.4.16 车辆基地停车列检库、定修库、试车线、电缆沟等局部低洼处应设排水设施。

14.4.17 室内重力流排水管道宜采用阻燃型硬聚氯乙烯排水管及相应管件，或柔性接口机制排水铸铁管及相应管件，虹吸压力流排水管宜采用承压塑料管及不锈钢管。室外排水管宜采用塑料管。

14.5 给排水设备监控

14.5.1 生产、生活给水设备应在车站控制室显示运行、手/自动及故障等状态信息。

14.5.2 排水泵应采用液位自动控制、就地控制方式，车站和区间主排水泵、洞口雨水泵应在车站控制室远程控制。

14.5.3 排水设备应在车站控制室显示设备运行、手/自动、故障等状态及液位信息。

15 供 电

15.1 一般规定

15.1.1 供电应安全、可靠、节能、环保和经济适用。

15.1.2 供电应包括外部电源、主变电所（或电源开闭所）、牵引供电系统、动力照明供电系统、电力监控系统。牵引供电系统应包括牵引变电所与牵引网；动力照明供电系统应包括降压变电所与动力照明配电系统。

15.1.3 地铁外部电源方案应根据城市轨道交通线网规划、城市电网现状及规划、城市规划进行设计，可采用集中式供电、分散式供电或混合式供电。

15.1.4 供电设计应根据建设程序，从可行性研究阶段开始会同城市电力部门协商确定下列内容：

1 外部电源方案及主变电所设置；

2 供电系统的一次接线方案；

3 近、远期外部电源容量及电压偏差范围；

4 电能计量要求；

5 城市电网近、远期的规划资料及系统参数；

6 城市电网变电所馈出线继电保护与地铁供电系统进线继电保护的设置和时限配合；

7 调度的要求及管理分工。

15.1.5 牵引用电负荷应为一级负荷；动力照明等用电负荷应按供电可靠性要求及失电影响程度分为一级负荷、二级负荷、三级负荷。

15.1.6 一级负荷必须采用双电源双回线路供电。

15.1.7 一级负荷中特别重要的负荷，应增设应急电源，并严禁其他负荷接入。

15.1.8 二级负荷宜采用双电源单回线路专线供电。

15.1.9 三级负荷可采用单电源单回线路供电。当系统中只有一个电源工作时可切除三级负荷。

15.1.10 下列电源可作为应急电源：

1 独立于正常电源的发电机组；

2 供电网络中独立于正常电源的专用馈电线路；

3 蓄电池。

15.1.11 供电系统中的各类变电所应有双重电源。每个进线电源的容量应满足变电所一、二级负荷的要求。

15.1.12 主变电所、电源开闭所进线电源应至少有一个为专线电源。

15.1.13 为变电所供电的两个电源可来自上级不同的变电所，也可来自上级同一变电所的不同母线。

15.1.14 中压网络的电压等级可采用 35kV、20kV、10kV。对于分散式供电方案，中压网络的电压等级应与城市电网相一致；对于集中式供电方案，中压网络的电压等级应根据用电容量、供电距离、城市电网现状及规划等因素，经技术经济综合比较确定；对于延伸线，中压网络的电压等级宜与原线路相一致。

15.1.15 中压网络宜采用牵引动力照明混合网络形式。

15.1.16 供电系统的中压网络应按列车运行的远期通过能力设计，对互为备用线路，一路退出运行另一路应承担其一、二级负荷的供电，线路末端电压损失不宜超过 5%。

15.1.17 牵引网应采用直流双导线制，正极、负极均不应接地。

15.1.18 牵引网电压等级可分为直流 750V 和直流 1500V，牵引网馈电形式可分为接触轨和架空接触网。牵引网制式应结合车辆受电要求、牵引负荷容量、列车运行最高速度、线网及城市特点等因素综合分析确定。

15.1.19 直流牵引供电系统的电压及其波动范围应符合表 15.1.19 的规定。

表 15.1.19 直流牵引供电系统电压及其波动范围（V）

标称值	最高值	最低值
750	900	500
1500	1800	1000

15.1.20 变电所一次接线应安全、可靠、简单。

15.1.21 直流牵引系统及非线性用电设备所产生的谐波应符合现行国家标准《电能质量 公用电网谐波》GB/T 14549 的有关规定。低压配电系统宜采取治理谐波的措施。

15.1.22 当车辆再生制动能量吸收装置纳入供电系统设计时，设计方案应通过经济技术综合比较确定。

15.1.23 在地下使用的主要材料应选用无卤、低烟的阻燃或耐火的产品。

15.1.24 电气设备应具有无爆、低损耗、低噪声等特点。在地下使用时还应满足体积小及防潮要求。

15.1.25 供电系统及其设备的功能性接地、保护性接地与防雷接地应采用综合接地系统。

15.1.26 低压配电电压应采用 220V/380V。

15.1.27 在车辆基地内应设置供电车间，在正线宜设置供电工区。

15.1.28 有条件时可采用光伏发电等绿色能源作为补充电源。

15.2 变电所

15.2.1 变电所应分为主变电所、电源开闭所、牵引变电所、降压变电所。牵引变电所与降压变电所可合建成牵引降压混合变电所。

15.2.2 变电所的数量、容量及其在线路上的分布应经计算分析比选后确定。车辆基地应设牵引变电所。

15.2.3 变电所选址应符合下列要求：

1 应靠近负荷中心；

2 应便于电缆线路引入、引出；

3 应便于设备运输；

4 不应设在冷冻机房等场所的经常积水区的正下方，且不宜与厕所、泵房等场所相贴邻；

5 独立设置的变电所，宜靠近地铁线路，并应和城市规划相协调。该变电所与地铁线路间应设置专用电缆通道。

15.2.4 主变压器的数量与容量应根据近、远期负荷计算确定，并宜分期实施。当一台主变压器退出运行时，其余主变压器应能负担供电范围内的一、二级负荷。

15.2.5 牵引负荷应根据运营高峰小时行车密度、车辆编组、车辆类型及特性、线路资料等计算确定。牵引整流机组容量宜按远期负荷确定。

15.2.6 牵引变电所应设置两套牵引整流机组，当一套牵引整流机组退出运行，另一套牵引整流机组具备运行条件时宜继续运行。

15.2.7 正常运行方式下，两相邻牵引变电所应对其同一供电分区采用双边供电方式。

15.2.8 当正线的中间牵引变电所退出运行时，应由相邻的两座牵引变电所依靠其两套牵引整流机组的过负荷能力实施大双边供电。

15.2.9 牵引整流机组的负荷特性应符合表 15.2.9 的要求。

表 15.2.9 牵引整流机组的负荷特性

负荷	100%额定电流	150%额定电流	300%额定电流
持续时间	连续	2h	1min

15.2.10 当变电所设置两台配电变压器时，配电变压器的容量选择应满足一台配电变压器退出运行时另一台配电变压器能负担供电范围内的远期一、二级负荷。

15.2.11 牵引变电所应设在车站内。当不具备条件时，牵引变电所可设在车站附近或区间。车站降压变电所应设在重负荷端，可分层布置；当技术经济合理时可设置跟随式的降压变电所。

15.2.12 变电所的中压侧、低压侧应采用分段单母线接线，两套牵引整流机组应接在同一段中压母线上，直流牵引母线宜采用单母线接线。

15.2.13 直流牵引配电装置的馈线回路，应设置能分断最大短路电流和感性小电流的直流快速断路器。

15.2.14 主变电所宜采用有载调压主变压器。

15.2.15 变电所设备布置应符合现行国家标准《3～110kV 高压配电装置设计规范》GB 50060 或《10kV 及以下变电所设计规范》GB 50053 的有关规定。直流牵引配电装置应满足中压开关设备的布置要求。非封闭干式变压器应设于独立房间。

15.2.16 控制室各屏间及通道最小距离，宜符合表 15.2.16 的规定。

表 15.2.16 控制室各屏间及通道最小距离（mm）

屏正面—屏背面	屏背面—墙	屏边—墙	屏正面—墙
1500	800	800	1500（3000）

注：括号内数值适用于有人值守情况。

15.2.17 变电所交、直流电源屏的电源，应接自变电所的两段低压母线。

15.2.18 变电所直流操作电源宜采用成套装置，正常运行时蓄电池应处于浮充状态。蓄电池容量应满足交流停电情况下连续供电 2h 的要求。

15.2.19 变电所的中压继电保护设置应符合国家现行标准《电力装置的继电保护和自动装置设计规范》GB/T 50062 的有关规定。

15.2.20 对牵引整流机组的下列故障及异常运行，应设相应的保护装置：

1 内部短路；

2 元件故障；

3 元件温升超过限定值；

4 外部短路。

15.2.21 对直流牵引馈线的短路故障及异常运行，应设置下列基本保护：

1 大电流短路断路器直接跳闸；

2 过电流保护；

3 电流变化率及其增量保护；

4 双边联跳保护。

15.2.22 直流牵引供电设备应设置框架保护。

15.2.23 直流牵引馈线开关应具有在线检测的自动重合闸功能。

15.2.24 变压器的中压配电回路宜设置操作过电压吸收装置。

15.2.25 地上牵引变电所及与地上相邻的地下牵引变电所，每路直流馈线及负母线应设置雷电过电压吸收装置。

15.2.26 地上变电所配电变压器的高、低压侧应设置避雷器或浪涌保护器。

15.2.27 过电压保护应符合现行行业标准《交流电气装置的过电压保护和绝缘配合》DL/T 620 的有关规定。

15.2.28 变电所设计应满足电力监控系统的要求。

15.2.29 变电所综合自动化装置应具备下列基本功能：

1 保护、控制、信号、测量；

2 电源自动转接；

3 必要的安全联锁；

4 程序操作；

5 装置故障自检；

6 开放的通信协议及接口。

15.3 牵 引 网

15.3.1 牵引网应由接触网与回流网构成。

15.3.2 接触网馈电形式可按安装位置和接触导线的不同分为接触轨和架空接触网。接触轨和架空接触网应符合下列规定：

1 接触轨可按接触授流位置的不同分为上部授流方式、下部授流方式和侧部授流方式。接触轨应采用钢铝复合材料等低电阻率产品；

2 架空接触网可按接触悬挂方式的不同分为柔性架空接触网和刚性架空接触网。接触线应采用铜或铜合金接触线。

15.3.3 接触网带电部分和混凝土结构体、轨旁设备、车体之间的最小净距，应符合表15.3.3的规定。

表 15.3.3 接触网带电部分和混凝土结构体、
车体之间的最小净距（mm）

标称电压	静态	动态	绝对最小动态
直流 750V	25	25	25
直流 1500V	150	100	60

15.3.4 接触网的电分段应设在下列位置：

1 对车站牵引变电所，设在列车进站端；

2 对区间牵引变电所，设在变电所直流电缆出口处；

3 配线与正线的衔接处；

4 车辆基地各电化库入口处。

15.3.5 牵引变电所直流快速断路器至接触网间应设置电动隔离开关。

15.3.6 当终端车站后面的折返线有停车检修作业时，其相应部分的接触网宜单独分段，并应设置手动隔离开关。

15.3.7 设车辆检查坑并有夜间检修作业的折返线，其接触网应通过就地的手动隔离开关供电。接触网应有主备两路电源，主电源应直接来自邻近牵引变电所，备用电源应来自一条正线接触网。

15.3.8 不设车辆检查坑的折返线，其接触网供电应有主备两路电源，主备两路电源分别通过电动隔离开关接自上、下行的正线接触网。

15.3.9 车辆基地中的接触网，应有来自牵引变电所的主电源及来自正线的备用电源。

15.3.10 停车列检库、静调库、试车线的接触网，宜由牵引变电所直接供电。每条库线的接触网应设置带接地刀闸的手动隔离开关。

15.3.11 兼做回流的走行轨应在正线与车辆基地的衔接处及电气化库入口处设置绝缘结。

15.3.12 上网电缆、回流电缆的根数及截面，应根据大双边供电等方式下的远期负荷计算确定，每个回路的电缆根数不得少于两根。

15.3.13 接触轨的安装位置及其安装误差，应根据车辆受流器与接触轨在相对运动中能可靠接触确定。

15.3.14 接触轨断轨处应设端部弯头。

15.3.15 接触轨应设防护罩，其电气性能与物理性能应满足技术要求。

15.3.16 架空接触网设计的气象条件的确定，地下部分的气温取值应根据环境条件确定，其余应符合现行行业标准《铁路电力牵引供电设计规范》TB 10009 及《铁路电力牵引供电隧道内接触网设计规范》TB 10075 的有关规定。隧道内腕臂、吊弦、定位器正常位置时的温度宜按最高计算温度和最低设计气温的平均值计算。

15.3.17 柔性架空接触网设计的强度安全系数，不应低于现行行业标准《铁路电力牵引供电设计规范》TB 10009 的有关规定。

15.3.18 对于柔性架空接触网，在车站、区间、车辆基地出入线及试车线处，宜采用全补偿简单链型悬挂；在车辆基地内的其他线路处，宜采用补偿简单悬挂。

15.3.19 对于刚性架空接触网，可采用"Π"形或"T"形铝合金汇流排。

15.3.20 柔性架空接触网的支柱跨距，应根据悬挂类型、曲线半径、导线最大受风偏移值和运营条件确定。刚性架空接触网的悬挂点间距，应满足汇流排的弛度要求。接触轨的支架间距应根据支架结构型式、道床型式、轨枕间距、短路电动力确定。

15.3.21 地上线路接触线距轨面的高度宜为4600mm，困难地段不应低于4400mm；车辆基地的地上线路接触线距轨面高度宜为5000mm。隧道内接触线距轨面的高度不应小于4040mm。

15.3.22 柔性接触线高度变化时，其最大坡度及变化率应符合表15.3.22的规定。

表 15.3.22 柔性接触线最大坡度及变化率值

列车速度（km/h）	接触线最大坡度（‰）	接触线最大坡度变化率（‰）
10	40	20
30	20	10
60	10	5
90	6	3
100	5	2

15.3.23 架空接触线的布置，应保证受电弓磨耗均匀，并应符合下列要求：

1 在直线区段沿受电弓中心两侧，柔性架空接触网接触线应呈"之"字形布置；刚性架空接触网一个锚段范围内的布置宜呈正弦波形态，锚段中部定位点拉出值宜为零。接触线相对受电弓中心线的最大偏移量应小于受电弓工作宽度的1/2。

2 在曲线区段，柔性架空接触网应根据曲线半径、超高值、风偏量、接触悬挂跨距等选取拉出值，拉出值方向宜向曲线外布置。

15.3.24 柔性架空接触网锚段长度应根据补偿的接触线和承力索的张力差确定。刚性架空接触网和接触轨的锚段长度，应根据环境温度、载流温升、材料线胀系数、伸缩要求确定。

15.3.25 在柔性架空接触网与刚性架空接触网的衔接处，应设置刚柔过渡设施。

15.3.26 接触网应满足限界要求。车辆基地内架空接触网应设置限界门。

15.3.27 地上区段架空接触网应设置避雷器，其间距不应大于300m。在隧道入口和为地上线接触网供电的隔离开关处应设置避雷器。

15.3.28 地上区段架空接触网的架空地线，应每隔200m设置火花间隙；在满足条件时，接触网架空地线也可兼作避雷线。

15.3.29 避雷器与火花间隙的冲击接地电阻不应大于10Ω。

15.3.30 固定支持架空接触网的非带电金属体，应与接触网架空地线相连接。接触网架空地线应接至牵引变电所接地装置。

15.3.31 对易受其他机动车辆损伤的支柱，应采取防护措施。

15.3.32 接触网安装形式应满足人防门、防淹门等使用要求。

15.4 电 缆

15.4.1 系统采用的电力电缆应符合下列规定：

1 地下线路应采用无卤、低烟的阻燃电线和电缆；

2 地上线路可采用低卤、低烟的阻燃电线和电缆。

15.4.2 火灾时需要保证供电的配电线路应采用耐火铜芯电缆或矿物绝缘耐火铜芯电缆。

15.4.3 电缆敷设应便于检修维护。电缆在区间及车站内敷设时，各相关尺寸及距离应符合表15.4.3的规定。电缆在车辆基地及控制中心建筑物内敷设时，应符合国家现行标准《电力工程电缆设计规范》GB 50217和《民用建筑电气设计规范》JGJ 16的有关规定。

表 15.4.3 电缆敷设的各相关尺寸及距离（mm）

名 称		电缆通道		电缆沟	
		水平	垂直	水平	垂直
两侧设电缆支架的通道净宽		≥1000	—	≥300	—
一侧设电缆支架的通道净宽		≥900	—	≥300	—
电缆支架层间距离	电力电缆	—	≥200	—	≥250
	控制电缆	—	≥100	—	120

续表 15.4.3

名 称		电缆通道		电缆沟	
		水平	垂直	水平	垂直
电缆支架之间的距离	电力电缆	1000	1500	1000	
	控制电缆	800	1000	800	
车站站台板下电缆通道净高	地上车站		≥1900		
	地下车站		≥1300		
变电所内电缆夹层板下净高			≥1900		
电力电缆之间的净距		≥35	—	≥35	

注：电力电缆与控制电缆混敷时，电缆支架之间的距离宜采用控制电缆标准。

15.4.4 中压电缆的中间接头不应设在车站站台板下。

15.4.5 电缆在同一通道中位于同侧的多层支架上敷设时，排列顺序全线应统一，并宜按电压等级由高至低的电力电缆、强电至弱电的控制电缆由上而下顺序排列。当条件受限时，1kV及以下电力电缆可与控制电缆敷设在同一层电缆支架上。

15.4.6 同一重要回路的工作与备用电缆，应配置在不同层的支架上。

15.4.7 单洞单线隧道内的电力电缆，宜布置在沿行车方向的左侧。单洞双线隧道内的电力电缆，宜布置在隧道两侧。

15.4.8 电力电缆与控制电缆沿线路敷设时，应敷设在电缆支架上或电缆沟槽内。

15.4.9 电缆在地上线路采用支架明敷时，宜采取罩、盖等遮阳措施。

15.4.10 电力电缆与通信、信号电缆并行明敷时的间距不应小于150mm；电力电缆与通信、信号电缆垂直交叉时的间距不应小于50mm。

15.4.11 电缆穿越轨道时，可采用轨道下穿硬质非金属管材敷设，也可采用刚性固定方式沿隧道顶部敷设。

15.4.12 电缆在房间内敷设时，宜沿电缆桥架敷设。

15.4.13 直埋电缆进入地铁隧道时，应在隧道外适当位置设置电缆检查井。

15.4.14 金属电缆支架应进行防腐处理，并应有电气连接与接地。

15.4.15 中压交流电力电缆金属层的接地方式及其要求，应符合现行国家标准《电力工程电缆设计规范》GB 50217的有关规定。

15.4.16 电缆构筑物中电缆引至电气柜、盘或控制屏的开孔部位，电缆贯穿隔墙、楼板的孔洞处，均应实施阻火封堵。

15.4.17 电缆构筑物及管槽的排水，应符合现行国家标准《电力工程电缆设计规范》GB 50217的有关规定。

15.5 动力与照明

15.5.1 地铁用电设备的负荷分级应符合下列规定：

1 下列负荷应为一级负荷：

1）火灾自动报警系统设备、消防水泵及消防水管电保温设备、防排烟风机及各类防火排烟阀、防火（卷帘）门、消防疏散用自动扶梯、消防电梯、应急照明、主排水泵、雨水泵、防淹门及火灾或其他灾害时需使用的用电设备；通信系统设备、信号系统设备、综合监控系统设备、电力监控系统设备、环境与设备监控系统设备、门禁系统设备、安防设施；自动售检票设备、站台门设备、变电所操作电源、地下站厅站台等公共区照明、地下区间照明、供暖区的锅炉房设备等；

2）火灾自动报警系统设备、环境与设备监控系统设备、专用通信系统设备、信号系统设备、变电所操作电源、地下车站及区间的应急照明为一级负荷中特别重要负荷。

2 乘客信息系统、变电所检修电源、地上站厅站台等公共区照明、附属房间照明、普通风机、排污泵、电梯、非消防疏散用自动扶梯和自动人行道，应为二级负荷；

3 区间检修设备、附属房间电源插座、车站空调制冷及水系统设备、广告照明、清洁设备、电热设备、培训及模拟系统设备，应为三级负荷；

4 车辆基地、控制中心大楼内建筑电气设备的负荷分级，应符合现行行业标准《民用建筑电气设计规范》JGJ 16的有关规定。

15.5.2 动力照明配电应符合下列规定：

1 消防及其他防灾用电设备应采用专用的供电回路，消防配电设备应采用红色文字标识。

2 配电变压器二次侧至用电设备之间的低压配电级数不宜超过三级。

3 各级配电开关设备宜预留备用回路。

4 动力照明配电设备宜集中布置。车站应设动力照明配电室，在通风设备容量较大且设备较集中场所及冷冻机房处等处，宜设配电室。车辆基地的单体建筑物内用电设备容量较大且在该建筑物内没有降压变电所时，应设配电室。

5 负荷性质重要或用电负荷容量较大的集中设备应采用放射式配电。

6 中小容量动力设备宜采用树干式配电。用电点集中且容量较小的次要用电设备可采用链式配电，链接的设备不宜超过5台，其总容量不应超过10kW。

7 区间照明电压偏差允许值应为+5%～-10%，其他用电设备端子处电压偏差允许值应符合现行国家标准《供配电系统设计规范》GB 50052的有关规定。

8 电缆通道应设照明，其电压不应超过36V。

9 容量较大、负荷平稳且经常使用的用电设备，宜单独就地设置无功功率补偿装置。

10 动力设备及照明的控制可采用就地控制和远方控制。

11 区间和道岔附近应设置维修用移动电器的电源设施；车

站站厅和站台宜设置清扫用移动电器的安全型电源插座。

12 插座回路应具有漏电保护功能。

15.5.3 车站照明种类可分为正常照明、应急照明、值班照明和过渡照明。

15.5.4 应急照明可包括备用照明和疏散照明，其设置应符合下列规定：

1 当正常照明失电后，对需要确保正常工作或活动继续进行的场所应设置备用照明；

2 当正常照明因故障熄灭或火灾情况下正常照明断电时，对需要确保人员安全疏散的场所应设置疏散照明。

15.5.5 当正常交流电源全部退出，地下线路应急照明连续供电时间不应小于60min；地上线路及建筑的应急照明供电时间，应符合现行国家标准《建筑防火设计规范》GB 50016 和《高层民用建筑设计防火规范》GB 50045 的有关规定。

15.5.6 地下车站公共区的照明负荷应交叉配电、分组控制。

15.5.7 照明照度标准应符合现行国家标准《城市轨道交通照明》GB/T 16275 和《建筑照明设计标准》GB 50034 的有关规定。

15.5.8 当电气装置采用接地故障保护时，车站、区间、控制中心、车辆基地内的单体建筑等应设置包括建筑物或构筑物结构钢筋在内的总等电位联结。

15.5.9 地上车站与区间、控制中心、车辆基地的建筑物及其他户外设施的防雷设计，应符合现行国家标准《建筑物防雷设计规范》GB 50057 和《建筑物电子信息系统防雷技术规范》GB 50343 的有关规定。

15.5.10 车辆基地的场区和高架桥应采取防雷措施。

15.5.11 动力照明的其他设计要求，应符合国家现行标准《低压配电设计规范》GB 50054、《通用用电设备配电设计规范》GB 50055 和《民用建筑电气设计规范》JGJ 16 的有关规定。

15.6 电力监控

15.6.1 地铁供电系统应设置电力监控系统。其系统构成、监控对象、功能要求，应根据供电系统的特点、运营要求、通道条件确定。

15.6.2 电力监控系统应包括电力调度系统（主站）、变电所综合自动化系统（子站）及联系主站和子站的专用数据传输通道。

15.6.3 电力监控系统的设备选型、系统容量和功能配置，应满足系统稳定与发展的需要。

15.6.4 当设有综合监控系统时，电力调度系统应集成到综合监控系统中。

15.6.5 电力监控系统的传输通道设计要求，应包括通道的结构形式、主/备通道的配置方式、远动信息传输通道的接口形式和通道的性能要求等。

15.6.6 电力监控系统的功能应满足变电所无人值守的运行要求。

15.6.7 电力监控系统宜采用通信系统的标准时钟信号。

15.6.8 系统功能应包括遥控、遥信、遥测、遥调，并应具备数据传输及处理、报警处理及统计报表、用户画面、自检、维护和扩展、信息查询、安全管理、系统组态、在线检测、时钟同步、培训等功能。

15.6.9 遥控对象应包括下列基本内容：

1 变电所中压及以上电压等级的断路器、电动负荷开关及系统用电动隔离开关；

2 牵引供电系统直流快速断路器、电动隔离开关；

3 低压配电系统需要远方控制的断路器；

4 跳闸等动作的远动复归、保护及自动装置的投/退。

15.6.10 遥信对象应包括下列基本内容：

1 遥控对象的位置信号；

2 故障报警及断路器跳闸信号；

3 变电所中压进线电源带电显示信号；

4 所用交、直流设备的电源故障信号；

5 钢轨电位限制装置的动作及自动恢复信号；

6 断路器手车信号；

7 控制转换开关位置信号。

15.6.11 遥测对象应包括下列基本内容：

1 变电所进线的电压、电流、功率、电能；

2 变电所中压母线电压；

3 牵引直流母线电压；

4 牵引整流机组电流与电能、牵引直流进线及馈线电流；

5 配电变压器电流与电能；

6 所用直流操作电源的母线电压；

7 各种保护动作的幅值；

8 排流时极化电位及最大排流电流；

9 钢轨电位限制装置动作电压及通过的最大电流。

15.6.12 遥调对象宜包括下列基本内容：

1 有载调压变压器的调压开关；

2 中压和牵引直流继电保护整定值组。

15.6.13 电力监控系统应具备下列基本功能：

1 遥控可分为选点式、选站式、选线式控制；

2 对供电系统设备运行状态的实时监视和故障报警；

3 对供电系统中主要运行参数的遥测；

4 采用中文的屏幕画面显示、模拟盘显示或其他方式显示；

5 对供电系统故障记录、电能统计等的日报月报制表打印；

6 系统自检及自动维护功能；

7 主/备通道的切换功能。

15.6.14 主站设备应按双冗余系统的原则进行配置。

15.6.15 子站设备应具备下列基本功能：

1 远动控制输出；

2 包括数字量、模拟量、脉冲量等现场数据采集量；

3 远动数据传输；

4 可脱离主站独立运行。

15.6.16 子站设备的通信规约应对用户完全开放。

15.6.17 远动数据通道宜采用通信系统的数据通道。

15.6.18 电力监控系统的主要技术指标应符合下列规定：

1 遥控命令传送时间不应大于3s；

2 遥信变位传送时间不应大于3s；

3 遥控正确率不应低于99.9%；

4 遥信正确率不应低于99.9%；

5 遥信分辨率（子站）不应大于10ms；

6 遥测综合误差不应大于1.5%；

7 站间SOE分辨率不应大于15ms；

8 双机自动切换时间不应大于30s；

9 画面调用响应时间不应大于3s；

10 数据传输通道通信传输速率不应低于100Mbps；

11 设备平均无故障工作时间不应低于20000h；

12 设备平均修复时间不应多于1h。

15.7 杂散电流防护与接地

15.7.1 杂散电流腐蚀防护的原则应为抑制杂散电流产生，并应减少杂散电流向地铁外部扩散。

15.7.2 对杂散电流及防护对象应进行自动监测。

15.7.3 无砟道床中应设置排流钢网，并应与其他结构钢筋、金属管线、接地装置非电气连接。不应利用结构钢筋作为排流网。

15.7.4 对有砟道床应采取加强杂散电流腐蚀防护的措施。

15.7.5 牵引变电所应设置杂散电流监测及排流设施，应根据杂散电流的监测情况，决定是否将排流设施投入使用。

15.7.6 上、下行轨道间应设置均流线，均流线间距不宜大于600m。

15.7.7 均流线具体位置应与信号、轨道专业共同确定，且每处不应少于2根电缆。

15.7.8 兼做回流的走行轨与隧洞主体结构（或大地）之间的过渡电阻值，以及杂散电流腐蚀防护的其他要求，应符合现行行业标准《地铁杂散电流腐蚀防护技术规程》CJJ 49 的有关规定。

15.7.9 供电系统中电气装置与设施的外露可导电部分除有特殊规定外均应接地。

15.7.10 当供电系统与其他系统共用接地装置时，其接地电阻不应大于接入设备中要求的最小值。

15.7.11 变电所接地装置应能降低接触电位差和跨步电位差，并应符合现行行业标准《交流电气装置的接地设计规范》GB/T 50065 的有关规定。

15.7.12 变电所应利用车站结构钢筋或变电所结构基础钢筋等自然接地极作为接地装置，并宜敷设以水平接地极为主的人工接地网。自然接地装置和人工接地网间应采用不少于两根导体在不同地点相连接。自然接地极与人工接地网的接地电阻值应能分别测量。

15.7.13 接地装置至变电所的接地线的截面，不应小于系统中保护地线截面的最大值。

15.7.14 配电变压器低压侧中性点应直接接地。

15.7.15 直流牵引供电系统应为不接地系统，牵引变电所中的直流牵引供电设备必须绝缘安装。

15.7.16 正常双边供电运行时，站台处走行轨对地电位不应大于120V，车辆基地库线走行轨对地电位不应大于60V。当走行轨对地电压超标时，应采取短时接地措施。

16 通 信

16.1 一般规定

16.1.1 地铁通信系统应适应运输效率、保证行车安全、提高现代化管理水平和传递语音、数据、图像等各种信息的需要，并应做到系统可靠、功能合理、设备成熟、技术先进、经济实用。

16.1.2 地铁通信系统不仅应满足新建线路运营和管理的要求，还应与已建线路通信系统实现必要的互联互通，并应为今后其他线路的接入预留条件。

16.1.3 确定地铁通信系统总体方案及系统容量时，应将近期建设规模和远期发展规划相结合。

16.1.4 地铁通信系统宜由专用通信系统、民用通信引入系统、公安通信系统组成。

16.1.5 通信系统宜由传输系统、无线通信系统、公务电话系统、专用电话系统、视频监视系统、广播系统、时钟系统、办公自动化系统、电源系统及接地、集中告警系统等子系统组成。

16.1.6 专用通信系统应满足正常运营方式和灾害运营方式的通信需求。在正常运营方式时，应为运营管理提供信息；在灾害运行方式时，应为防灾、救援和事故处理的指挥提供保证。

16.1.7 民用通信引入系统应满足地铁公众通信服务，可将电信运营商移动通信系统覆盖至地铁地下空间，也可引入公用电话。

16.1.8 公安通信系统应满足公安部门在地铁范围内的通信需求，并应在突发事件发生时，为公安部门在地铁内的应急调度指挥提供保证。

16.1.9 地铁建设应结合通信技术发展、运营需要，设置不同水平的通信系统，在可靠性、可用性、可维护性及安全性满足条件下，专用通信系统、民用通信引入系统和公安通信系统宜实现

资源共享。

16.1.10 通信系统设备应符合电磁兼容性的要求，并应具有抗电气干扰性能。

16.1.11 通信系统各子系统均应具有网络管理功能。主要通信设备和模块应具有自检和报警功能，中心网管设备可采集和监测系统设备运行状态和故障信息。

16.1.12 通信系统应对有线及无线调度、中心广播等重要语音录音，录音设备宜集中设置。

16.1.13 隧道内托板托架、线缆的设置严禁侵入设备限界；车载台无线天线的设置严禁超出车辆限界。

16.1.14 通信系统工程设计选用的电气装置、电子设备应满足国家现行有关过电压、过电流指标及端口抗扰度试验标准的规定。通信系统设备应采取防雷措施。

16.2 传 输 系 统

16.2.1 地铁应建立以光纤通信为主的专用通信传输系统，并应满足地铁专用通信各子系统和信号、综合监控、电力监控、防灾、环境与设备监控和自动售检票等系统信息传输的要求。

16.2.2 传输系统应采用基于光同步数字传输制式或其他宽带光数字传输制式，并应满足各系统接口的需求。传输系统容量应根据各系统对传输通道的需求确定，并应留有余量。

16.2.3 采用基于光同步数字传输制式的专用通信传输系统宜利用网同步设备作为外同步时钟源，并应采用主从同步方式实现系统同步。

16.2.4 传输系统应利用不同径路的两条光缆构成自愈保护环。

16.2.5 干线光缆容量应满足地铁通信、信号、综合监控等系统对光纤容量的需求，并应结合远期发展预留余量。

16.2.6 地铁光缆网的建设宜根据线网规划和建设需求，统筹规划光缆数量、容量和光缆径路。

16.2.7 通信电缆、光缆在区间隧道内宜采用沿隧道壁架设方式，进入车站宜采用隐蔽敷设方式；高架区段电缆、光缆宜敷设在高架区间通信槽道内或托板托架上；地面电缆、光缆的敷设宜采用管道或槽道敷设方式。

16.2.8 通信电缆、光缆应与强电电缆分开敷设。光缆与电力电缆同径路敷设时，宜采用非金属加强芯。

16.2.9 通信光、电缆管道埋深，管道顶部至路面不宜小于0.8m，特殊地段不应小于表 16.2.9 的规定。

表 16.2.9 特殊地段管道顶部至路面的埋深（m）

管道种类	路面至管顶的最小深度		路面（或基面）至管顶的最小深度	
	人行道下	车行道下	电车轨道下	铁路下
混凝土管或塑料管	0.5	0.7	1.0	1.3
钢管	0.2	0.4	0.7（加绝缘层）	0.8

16.2.10 通信光、电缆管道和其他地下管线及建筑物间的最小净距，应符合表 16.2.10-1 的规定。沿墙架设电缆、光缆与其他管线的最小净距应符合表 16.2.10-2 的规定。

表 16.2.10-1 管道和其他地下管线及建筑物间的最小净距（m）

设施名称		最小净距	
		平行时	交叉时
电力电缆	电压<35kV	0.5	0.5
	电压≥35kV	2.0	0.5
其他通信电缆		0.75	0.25
给水管	管径<0.3m	0.5	0.15
	管径≥0.3m	1.0	0.15
煤气管	压力≤300kPa	1.0	0.3
	300kPa<压力≤800kPa	2.0	0.3
市外大树		2.0	—
市内大树		0.75	—
热力管、排水管		1.0	0.15
排水沟		0.8	0.5
房屋建筑红线（或基础）		1.0	—

表 16.2.10-2　沿墙架设电缆与其他管线的最小净距（m）

管线种类	最小净距	
	平行	垂直交叉
电力线	0.15	0.05
避雷引入线	1.00	0.30
保护地线	0.05	0.02
热力管（不包封）	0.50	0.50
热力管（包封）	0.30	0.30
给水管	0.15	0.02
煤气管	0.30	0.02

16.2.11 地下线路的通信主干电缆、光缆应采用无卤、低烟的阻燃材料，并应具有抗电气化干扰的防护层。

16.2.12 地上车站站内宜采用无卤、低烟的阻燃电线和电缆；地上区间的通信主干电缆、光缆还应具有防雨淋和抗阳光辐射能力。

16.2.13 在地铁沿线敷设的光缆、电缆等管线结构，应选择符合杂散电流腐蚀防护的材质、结构设计和施工方法。

16.2.14 地铁敷设电缆不宜设屏蔽地线，但接头两侧的金属护套及金属加强件应相互绝缘，光缆引入室内应做绝缘处理，并应做光缆终端。

16.2.15 干线光缆的光纤应采用单模光纤。

16.3　无线通信系统

16.3.1 无线通信系统应提供地铁控制中心调度员、车辆基地调度员、车站值班员等固定用户与列车司机、防灾、维修等移动用户之间的通信手段。

16.3.2 地铁线网无线通信系统应统一规划、分期实施，线网无线通信系统宜实现网络互联互通及资源共享。

16.3.3 无线通信系统采用的工作频段及频点应由当地无线电管理部门批准。无线通信系统宜采用数字集群移动通信系统。

16.3.4 无线通信系统应采用有线、无线相结合的传输方式。中心无线设备应通过光数字传输系统或光纤与车站、车辆基地的无线基站连接，各基站应通过天线空间波传播或经漏缆的辐射构成与移动台的通信。

16.3.5 无线通信系统可设置行车调度、防灾环控调度、综合维修调度、车辆基地调度等用户群。

16.3.6 无线通信系统应具有选呼、组呼、全呼、紧急呼叫、呼叫优先级权限等调度通信功能，并应具有语音存储、监测功能等。

16.3.7 无线通信系统空间波覆盖的时间地点概率不应小于90%，漏泄同轴电缆辐射电波的时间地点概率不应小于95%。

16.3.8 无线通信系统车载台应防撞击、耐震动，并应在司机室进行合理布置。

16.4　公务电话系统

16.4.1 公务电话系统应由公务电话交换设备、自动电话及其附属设备组成。公务电话交换设备宜设置在负荷集中、便于管理的地点。公务电话交换设备间可通过数字中继线或 IP 网络相连。

16.4.2 地铁公务电话交换网络应统一规划、分期实施。

16.4.3 公务电话交换网与公用网本地电话局的连接方式宜采用全自动呼出、呼入中继方式，并应纳入本地公用网的统一编号。中继线的数量，应根据话务量大小和国家的有关规定确定。

16.4.4 公务电话系统应具备综合业务数字网络功能，并宜预留数据信息业务功能等。

16.4.5 公务电话系统宜设置计费管理系统。

16.4.6 公务电话交换设备的容量应根据机构设置、新增定员、通信业务等因素确定，并应为发展预留余量。

16.4.7 公务电话交换机至所管辖范围内的地区用户线传输衰耗不应大于 7dB。

16.4.8 公务电话应采用统一用户编号，在交换网中宜采用下列方式：

　　1　"0" 或 "9" 为呼叫公用网的首位号码；

　　2　"1" 为特种业务、新业务首位号码；

　　3　"2～8" 为地铁用户的首位号码。

16.5　专用电话系统

16.5.1 专用电话系统应为控制中心调度员、车站、车辆基地的值班员组织指挥行车、运营管理及确保行车安全而设置的电话系统设备。

16.5.2 专用电话系统应包括调度电话、站间行车电话、车站、车辆基地专用直通电话及区间电话。

16.5.3 专用电话系统应由中心交换设备、车站（车辆基地）交换设备、终端设备、录音装置及网管设备等组成。

16.5.4 调度电话应为控制中心调度员与各车站（车辆基地）值班员，以及与办理行车业务直接有关的工作人员提供调度通信，主要应包括行车、电力、防灾环控、维修等调度电话组。

16.5.5 控制中心调度台宜设置在控制中心调度大厅内。行车调度电话分机应设置在各车站行车值班员、车辆基地信号楼行车值班员等处所。

16.5.6 电力调度电话分机应设置电力值班人员所在的处所。

16.5.7 防灾环控调度电话分机应设置防灾环控值班人员所在的处所。

16.5.8 调度电话应符合下列要求：

　　1　调度电话终端可选呼、组呼和全呼分机，任何情况下均不应发生阻塞；

　　2　调度电话分机对调度值班台应可实现一般呼叫和紧急呼叫；

　　3　控制中心调度电话终端之间应有台间联络等功能；

　　4　应具有召集固定成员电话会议和实时召集不同成员的临时会议的能力。

16.5.9 站间行车电话应提供相邻车站值班员间办理有关行车业务联系。站间行车电话终端应设在车站值班员所在的处所。

16.5.10 车站专用直通电话应提供行车值班员或站长与本站内运营业务有关人员进行通话联系。站区管辖内的道岔处可设置与车站值班员间的直通电话。车辆基地专用直通电话可根据作业性质设置行车指挥电话、乘务运转电话、段内调度指挥电话、车辆检修电话等。

16.5.11 地铁通信系统可根据运营需求设置区间电话，供司机和区间维修人员与邻站值班员及相关部门联系的区间电话。区间电话在一般区间宜每隔 150m～200m 设置一处。区间电话可纳入公务电话系统。

16.5.12 公务电话系统和专用电话系统可采用合设方式，但应保证调度专用功能。

16.6　视频监视系统

16.6.1 视频监视系统应为控制中心调度员、各车站值班员、列车司机等提供有关列车运行、防灾、救灾及乘客疏导等方面的视觉信息。

16.6.2 视频监视系统应由中心控制设备、车站控制设备、图像摄取、图像显示、录像及视频信号传输等设备组成。

16.6.3 视频监视系统可按运营需求分为中心级和车站级两级监视，并应符合下列规定：

　　1　中心级监视应在控制中心行车调度员、电力调度、防灾环控调度员等处所设置控制、监视装置。各调度员应能任意地选择全线摄像机的图像，并应切换至相应的监视终端上；

　　2　车站级监视应在车站行车值班员、防灾环控值班员等处所设置控制、监视装置。车站值班员应能任意地选择本车站中任一组或任一个摄像机的图像，并应切换至相应的监视终端。

　　司机可利用站台或驾驶室内的监视终端监视乘客上下车。

16.6.4 视频监视系统应在售检票大厅、乘客集散厅、上下行站台、自动扶梯、换乘通道等公共场所设置监视摄像设备；在变电设备用房及票务室、售票处等场所也可设置。

16.6.5 视频监视系统的摄像机、监视终端应采用符合国家广电标准的制式。室外摄像机应设全天候防护罩，并应适应最低0.2lx的照度；室内摄像机应适应最低1lx的照度或应急照度要求。

16.6.6 视频监视系统应具备监视、控制优先级、循环显示、任意定格与锁闭、图像选择、不间断实时录像、摄像范围控制、字符叠加、远程电源控制等功能。

16.6.7 图像数字化编解码技术应采用标准通用的数字编码格式。

16.7 广 播 系 统

16.7.1 广播系统应保证控制中心调度员和车站值班员向乘客通告列车运行及安全、向导、防灾等服务信息，并应向工作人员发布作业命令和通知，发生灾害时可兼做救灾广播。

16.7.2 广播系统应由正线运营广播系统、车辆基地广播系统组成。

16.7.3 正线运营广播系统在控制中心和车站应设置行车和防灾广播控制台，控制中心广播控制台可对全线选站、选路广播，车站广播控制台可对本站管区内选路广播。

16.7.4 正线运营广播系统行车和防灾广播的区域应统一设置。防灾广播应优先于行车广播。

16.7.5 列车进站时车站可自动广播乘客导乘信息，列车进站信息宜由信号系统提供。

16.7.6 正线运营广播系统在车站站台宜设置供客运服务人员随时加入本站广播系统作定向广播的装置。

16.7.7 正线运营广播系统车站负荷区宜按站台层、站厅层、出入口通道、与行车直接有关的办公区域、区间等进行划分。负荷区各点的声场均匀度及混响指标应保证广播声音清晰、稳定。

16.7.8 车辆基地广播系统应能提供车辆基地内行车调度指挥人员向与行车直接有关的生产人员发布作业命令及有关安全信息等。车辆基地广播系统可接入运营广播系统。

16.7.9 广播系统功放设备总容量应按所有广播负荷区额定功率总和及线路的衰耗确定。功率放大器应按N+1的方式热备用，系统应有功放自动检测倒换功能。

16.7.10 列车广播设备应与车辆配套设置。列车广播设备应兼有自动和人工播音方式，同时可接受控制中心调度员通过无线通信系统对运行列车中乘客的语音广播。

16.8 时 钟 系 统

16.8.1 时钟系统应为地铁运营提供统一的标准时间信息，并应为其他各系统提供统一的时间信号。时钟系统应由中心母钟（一级母钟）、车站和车辆基地母钟（二级母钟）、时间显示单元（子钟）组成。

16.8.2 控制中心宜设置一级母钟，一级母钟的设置宜满足到多条线路的共享。各车站、车辆基地应设置二级母钟；中心调度室、车站综合控制室、牵引变电所值班室、站厅、站台层及其他与行车直接有关的办公室等处所应设置子钟。

16.8.3 一级母钟应能接收外部全球卫星定位系统基准信号和同步系统提供的标准时间信号；一级母钟应定时向二级母钟发送时间编码信号用以校准；二级母钟产生时间信号应提供给本站的子钟。

16.8.4 一级母钟自走时精度应在10^{-7}以上，二级母钟自走时精度应在10^{-6}以上。

16.8.5 一级母钟、二级母钟应配置数字式及指针式多路输出接口，一级母钟应配置数据接口。

16.8.6 子钟可采用数字式和指针式及采用双面或单面显示。在设置乘客信息系统显示终端的站台、站厅等处，宜由乘客信息系

统显示终端的时钟代替子钟功能。

16.9 办公自动化系统

16.9.1 办公自动化系统应为地铁运营和管理提供电子办公、信息发布、日常运作和管理、资源管理、人员交流的信息平台。

16.9.2 办公自动化软件平台建设宜根据运营单位的需求，统一规划和实施。

16.9.3 办公自动化系统可在各线路控制中心、车站、车辆基地设置数据网络设备，在与地铁运营相关办公场所应设置用户终端设备。

16.9.4 办公自动化系统宜利用传输系统作为主干传输网络，用户终端设备可通过综合布线系统接入网络设备。

16.9.5 办公自动化系统应设置完善的网络安全措施。

16.10 电源系统及接地

16.10.1 电源系统应保证对通信设备不间断、无瞬变地供电。通信电源设备应满足通信设备对电源的要求。

16.10.2 通信电源系统可按独立的电源设备设置，也可纳入综合电源系统。通信电源系统应具有集中监控管理功能。

16.10.3 通信设备应按一级负荷供电。

16.10.4 直流供电的通信设备，宜采用高频开关电源方式集中供电。直流电源基础电压应为−48V，其他种类的直流电源电压可通过直流变换器供电。

16.10.5 交流供电的通信设备，宜采用交流不间断电源方式集中供电。

16.10.6 电源设备容量配置应符合下列要求：

1 直流、交流配电设备的容量应按远期负荷配置；

2 高频开关电源、不间断电源的容量应按近期配置；

3 蓄电池组的容量应按近期负荷配置，并应保证连续供电不少于2h；

4 直流供电设备蓄电池宜设置两组并联，每组容量应为总容量的1/2。交流不间断电源设备的蓄电池宜设一组。

16.10.7 通信设备的接地系统设计，应满足人身安全要求和通信设备的正常运行。

16.10.8 地铁车站、控制中心与车辆基地宜采用综合接地方式，车辆基地也可采用分设接地方式。

16.10.9 室外综合接地体电阻值不应大于1Ω。

16.11 集中告警系统

16.11.1 专用通信系统宜设置集中告警系统。

16.11.2 集中告警系统设备宜设置于控制中心或维护中心，并可实现故障监测、安全管理等功能。

16.11.3 集中告警系统与通信各系统的网络管理系统间应采用标准、通用的硬件接口和通信协议。

16.11.4 集中告警系统应利用通信各系统具有的自诊断功能，采集通信各子系统的设备故障信息，并应进行记录和告警。

16.12 民用通信引入系统

16.12.1 地铁民用通信引入系统宜由民用传输系统、移动通信引入系统、集中监测告警系统、民用电源系统等组成。

16.12.2 传输系统应为移动通信引入、集中监测告警系统提供传输通道。当有条件时，民用传输系统可与专用通信传输系统合设。

16.12.3 移动通信引入系统应为多种民用无线信号合路及分配网络，可提供和预留不同制式的射频信号合路，并应通过天馈方式和漏缆方式将信号覆盖到地下车站和隧道空间。

16.12.4 集中监测告警系统宜由监测中心设备、被控端站监测设备组成。

16.12.5 民用电源系统应满足民用传输系统、移动通信引入系统、集中监测告警系统等设备的供电需求。

16.12.6 地铁应为民用通信系统预留站外光电缆引入到站内机房的条件，并应预留站内线缆和设备的布设条件。

16.13 公安通信系统

16.13.1 地铁公安通信系统宜由公安视频监视系统、公安无线通信引入系统、公安数据网络、公安电源系统等组成。

16.13.2 公安视频监视系统应满足公安部门对车站范围监视的需要，可在地铁公安分局、地铁派出所及车站公安值班室进行监视。当有条件时，公安视频监视系统可与专用通信视频监视系统合设。

16.13.3 公安无线通信引入系统应覆盖地铁范围内地下车站及隧道空间。

16.13.4 公安无线通信引入系统应实现与既有城市公安无线通信系统的兼容及互连互通。

16.13.5 公安数据网络应能满足地铁公安分局、地铁派出所及车站公安值班室间的数据传输需求，并可接入城市公安数据网络。

16.13.6 公安电源系统应满足公安视频监视系统、公安无线通信引入系统、公安数据网络等设备的供电需求。

16.14 通信用房要求

16.14.1 地铁通信设备用房，应根据设备合理布置的原则确定机房及生产辅助用房的面积。

16.14.2 地铁通信设备用房的面积应按远期容量确定，并应根据需要提供民用通信引入系统、公安通信系统设备设置的用房。

16.14.3 地铁通信设备用房的位置安排，除应做到经济合理、运转安全外，尚应做到缆线引入方便、配线最短和便于维修等方面的因素。

16.14.4 地铁通信设备机房不应与电力变电所相邻。

16.14.5 地铁通信设备机房的内装修应满足通信设备的要求，并应做到能够防尘、防潮及防止静电。

16.14.6 地铁通信设备用房的设计，应根据通信设备及布线的合理要求预留沟、槽、管、孔。

16.14.7 地铁通信设备机房的工艺要求应符合表 16.14.7 的规定，其他辅助用房应按一般办公用房工艺要求设计。

表 16.14.7 通信设备机房工艺要求

内 容	要 求
室内最小净高（m）	2.8（不含架空地板和吊顶的高度）
地面均布荷载（kg/m²）	通信专业提供机架重量和平面布置，建筑和结构专业计算荷载值

17 信 号

17.1 一 般 规 定

17.1.1 地铁信号系统应由行车指挥和列车运行控制设备组成，并应设置故障监测和报警设备。

17.1.2 信号系统应具有高可靠性、高可用性和高安全性。

17.1.3 ATP 系统、设备及电路应符合故障导向安全的原则。采用的安全系统、设备应经过安全认证。

17.1.4 信号系统应满足地铁行车组织和运营管理的需要。

17.1.5 信号系统应满足地铁大运量、高密度行车、不同列车编组和行车交路的运营要求。

17.1.6 双线区段宜按双方向运行设计；单线区段应按双方向运行设计。

17.1.7 信号系统应具有电磁兼容性。

17.1.8 信号工程应满足现代化维护管理的需求。信号设备应便于维修并减少维修频度，并应便于测试、更换。

17.1.9 信号系统的车载设备严禁超出车辆限界，信号系统的地面设备严禁侵入设备限界。

17.1.10 设于高架或地面线路的信号设备应与城市景观相协调。

17.2 系 统 要 求

17.2.1 信号系统应包括 ATC 系统及车辆基地信号系统。ATC 系统应包括下列系统：

 1 ATS 系统；

 2 ATP 系统；

 3 ATO 系统。

17.2.2 信号系统按地域划分可包括下列系统：

 1 控制中心系统；

 2 地面设备系统；

 3 车载设备系统；

 4 车辆基地系统。

17.2.3 地铁信号系统按闭塞方式可包括下列制式：

 1 移动闭塞；

 2 准移动闭塞；

 3 固定闭塞。

17.2.4 ATC 系统应采用连续式列车控制方式，宜选用移动闭塞或准移动闭塞制式。

17.2.5 ATC 系统控制模式应包括控制中心自动控制、控制中心自动控制时的人工介入控制、车站自动控及车站人工控制。其控制等级应遵循车站人工控制优先于控制中心人工控制，控制中心人工控制优先于控制中心的自动控制或车站自动控制。

17.2.6 列车驾驶模式应符合下列规定：

 1 驾驶模式可包括列车自动运行、列车自动防护、限制人工、非限制人工及无人驾驶；

 2 列车驾驶模式转换应符合下列要求：

  1）ATC 系统控制区域与非 ATC 系统控制区域的分界处设驾驶模式转换区，转换区的信号设备应与正线信号设备一致；

  2）驾驶模式转换可采用人工方式或自动方式，并应予以记录。转换区域的设置应根据 ATC 系统的性能特点确定；

  3）转换区域的长度宜大于最大编组列车的长度，并宜设置在缓坡区段；

  4）ATC 控制区域内使用非限制模式应有破铅封、记录或授权指令等技术措施。

 3 ATC 系统控制区域列车折返作业应采用 ATP 监控、ATO 或无人驾驶方式。

17.2.7 ATC 系统应满足自身系统设备及通信、供电等相关系统设备故障条件下行车安全的需要。ATC 系统应能降级运用，并应实现故障弱化处理，同时应具有故障复原的能力。

17.2.8 ATC 系统的设计能力应符合下列要求：

1 ATC 系统的监控范围应结合线路和站场规模设计。系统能力应与线路规模、运行能力相适应；

2 信号专业应与行车等专业配合，并应通过列车运行仿真分析计算通过能力、折返能力及出入车辆基地的能力；

3 出入车辆基地的列车不应影响正线列车的行车能力；

4 ATC 系统监控和管理的列车数量应按最小追踪间隔能力所需列车数量设计，并应留有不小于 30% 的余量。新线设计车载信号设备配备数量，宜按初期配属列车数量计。

17.2.9 ATC 系统应能与通信、电力监控、防灾报警和环境监控等系统接口。当地铁配置综合监控系统时，ATC 系统应能与其接口或部分纳入综合监控系统；可建以行车指挥系统为核心的综合监控系统。

17.2.10 ATC 系统采用区域控制方式应符合下列要求：

1 控制区域的划分应根据车站配线、区域范围内线路长度、行车管理区域、系统设备控制能力、系统性能指标、故障影响范围及维修管理体制等因素确定；

2 折返站、与车辆基地的衔接站等车站宜设置为区域控制站。

17.3 列车自动监控系统

17.3.1 ATS 系统构成应符合下列要求：

1 ATS 系统主要应包括控制中心、车站和车辆基地等 ATS 设备；

2 控制中心 ATS 主要应包括服务器、工作站、网络设备、接口设备、打印机等设备。工作站应包括调度员工作站、调度长工作站、时刻表编辑工作站、维护工作站和培训工作站等；

3 车站 ATS 主要应包括服务器/工作站、终端和网络设备、发车计时器/指示器等设备；ATS 终端可与 ATP 终端合设，但不应影响 ATP 系统的安全性。

4 ATS 系统构架与配置应符合下列要求：

　　1）网络拓扑结构采用冗余方式；

　　2）主要服务器采用双机热备方式；当主机故障时，主备机切换应确保系统功能完整、各种显示连续、正确；

　　3）调度员工作站的数量，根据在线列车对数、线路长度和车站数量等因素合理配置；各调度工作站应互为备用，调度工作站的多个显示器输出控制应相对独立。

17.3.2 正线 ATS 系统应具有下列主要功能：

1 列车自动识别、跟踪、车次号显示；

2 时刻表编制及管理；

3 进路自动/人工控制；

4 列车运行调整；

5 列车运行和设备状态自动监视；

6 操作与数据记录、回放、输出及统计处理；

7 车辆修程及乘务员管理；

8 系统故障复原处理；

9 列车运行模拟及培训。

17.3.3 ATS 系统应符合下列要求：

1 同一 ATS 系统可监控一条或多条运营线路。监控多条运营线路时，应保证各条线路具有独立运营或混合运营的能力；

2 运营线路上的车站、站间、折返线等应全部纳入正线 ATS 系统监控范围，涉及行车安全的应急控制宜由车站办理；

3 ATS 系统应满足列车运行交路的需要，凡具有折返条件的车站均应按具有折返作业处理；

4 系统故障或车站作业需要时，经控制中心调度员与车站值班员办理手续后，可实现站控与遥控转换；车站值班员可强行办理站控作业；站控与遥控转换过程中，不应影响列车运行；

5 列车进路控制应以连锁表为依据，并应根据运行时刻表和列车识别号等条件实现控制。

17.3.4 ATS 系统与下列主要系统接口应符合下列要求：

1 ATS 系统应与 ATP、ATO 等系统接口；

2 ATS 系统应与无线通信、广播、乘客信息等系统接口；

3 ATS 系统宜接收时钟系统的时间信号，宜实现信号系统的时间同步；

4 ATS 系统可与电力监控、防灾报警和环境监控或综合监控等系统接口；

5 ATS 可提供与城市轨道交通线网监控系统的接口。

17.4 列车自动防护系统

17.4.1 ATP 系统应由地面设备及车载设备组成。

17.4.2 ATP 地面设备应主要包括地面计算机设备、信息传输设备、列车位置检测设备及相关接口等设备。

17.4.3 ATP 车载设备应主要包括 ATP 车载计算机设备、测速设备、人机显示设备、车地通信设备及相关接口等设备。

17.4.4 地面 ATP 计算机设备应采用冗余结构。

17.4.5 ATP 系统站间通道，应采用独立的冗余通道。

17.4.6 运营列车首尾两端宜各设一套 ATP 车载设备，ATP 车载设备宜采用热备冗余结构。

17.4.7 无人驾驶系统 ATP 地面/车载计算机设备应采用三取二或二乘二取二冗余结构。

17.4.8 ATP 系统应具有下列主要功能：

1 检测列车位置，实现列车间隔控制和进路控制；

2 监督列车运行速度，实现列车超速防护控制；

3 防止列车误退行等非预期移动；

4 为列车车门、站台门的开闭提供安全监督信息；

5 实现车载信号设备的日检；

6 记录司机操作。

17.4.9 ATP 系统应符合下列要求：

1 地铁必须配置 ATP 系统，其系统安全完善度等级应满足安全完整性等级（SIL）4 级标准；ATP 系统内部设备之间的信息传输通道也应符合故障导向安全原则；

2 在安全防护预定停车地点的外方应设安全防护距离或防护区段，安全防护距离应通过计算确定；

3 ATP 系统应采用连续式控制方式，宜采用一次性速度-距离控制模式；

4 ATP 地面设备向 ATP 车载设备传送的允许速度指令或线路状态、目标速度、目标距离、站台门状态等信息，应满足 ATP 车载设备控制方式和控制精度的需要。

17.4.10 列车定位及信息传递应符合下列规定：

1 ATP 系统宜具有多种列车位置的检测能力。列车定位技术可采用轨道电路、计轴、轨旁电缆环线、应答器和/或辅以速度传感器等方式，可采用多普勒雷达等设备；

2 车地信息传递可采用轨道电路、轨旁电缆环线、应答器、无线通信等传输方式。

17.4.11 ATP 车载设备应符合下列要求：

1 ATP 系统导致列车停车应为最高安全准则。车地连续通信中断、列车完整性电路断路、列车超速、列车的非预期移动、车载设备重要故障等均应导致列车强迫制动；

2 ATP 车载设备的车内信号应为行车的主体信号。车内信号应至少包括列车允许速度、列车实际运行速度、列车运行前方的目标速度/目标距离；在两端司机室内应装设速度显示、报警等装置；

3 ATP 执行强迫制动控制时应切断列车牵引，列车停车过程不得中途缓解；

4 车载信号设备与车辆接口电路的布线应与其主回路等环节的高压布线分开敷设并实施防护。与车辆电器的接口应有隔离措施；

5 列车处于停车且开门的状态下，车载设备应防止列车错误启动和非预期的移动；

6 列车在站间运行过程中如车门错误开启，ATP 车载设备应采取报警、停车等防护措施。

17.4.12 基于轨道电路的 ATP 系统应符合下列要求：

1 ATP 地面设备宜采用报文式无绝缘轨道电路或适用于其他闭塞制式 ATC 系统的地面设备；

2 ATC 控制区域的道岔区段、车辆基地线路可采用有绝缘轨道电路。区间轨道电路应为双轨条回流方式；道岔区段、车辆基地轨道电路可采用单轨条回流方式；

3 相邻轨道电路应采取干扰防护措施；

4 轨道电路的参数可采用下列数据：

1）无砟道床电阻可采用 2Ω·km；有砟道床电阻可采用 1Ω·km；

2）分路电阻可采用 0.15Ω。

5 轨道电路利用兼作牵引回流的走行轨时，装设的牵引均流线和回流线、站台门的等电位连接线等，不应影响轨道电路的正常工作。

17.4.13 基于通信的 ATP 地面设备应符合下列要求：

1 车地通信系统宜采用无线通信方式，也可采用轨旁电缆环线方式。

2 基于无线通信方式的车地通信系统尚应符合下列要求：

1）车地无线通信系统宜采用标准的通信设备，其无线场强覆盖可采用天线、漏缆和裂缝波导管等方式，也可根据现场条件混合使用；

2）车地通信系统应保证列车高速移动时的漫游切换，不应影响列车控制的连续性；

3）车地无线通信系统应采用冗余场强覆盖设计；当一套网络故障时，应确保信号系统车地信息传输的连续性；

4）信号系统应确保车地传输信息的安全，并应具备网络加密、认证、识别和防火墙等信息的安全防护功能；

5）信号系统的车地无线通信应与其他系统、其他相关线路所用无线通信统一规划无线频点；

6）车地无线通信设备的安装设计和测试应便于运营维护和检修。

3 基于轨旁电缆环线方式的车地通信系统应符合下列要求：

1）轨旁电缆环线的安装不应影响工务维护，不应影响乘客的紧急疏散；

2）系统应能实现电缆环线完整性检测和断线报警功能，并提供相关的安全防护措施。

17.4.14 ATP 系统采用降级运行时应符合下列要求：

1 应降级运行的设计行车能力，不宜低于线路运营初期对行车间隔的要求；

2 降级运行模式的建立或退出应能自动或由人工操作完成，并应向行车管理人员提示操作结果，同时应具有明确表示。基于无线通信的 ATP 系统可具有点式降级运行模式。

17.4.15 ATP 设备应符合下列联锁功能要求：

1 ATP 设备应确保进路上道岔、信号机和区段的连锁。连锁条件不符合时，严禁进路开通。敌对进路应相互照查，不得同时开通；

2 设有引导信号的信号机因故不能开放时，应能实现列车引导作业；

3 应能办理列车和调车进路，应根据需要设置相应的防护进路；

4 进路排列宜采用进路操纵方式。可根据需要连锁功能/设备实现车站有关进路、端站折返进路的自动排列；

5 进路解锁宜采用分段解锁方式。锁闭的进路应能随列车正常运行自动解锁、人工办理取消进路和限时解锁，并应防止错误解锁。限时解锁时间应确保行车安全；

6 联锁道岔应能单独操纵及进路选动。影响行车效率的联

动道岔宜采用同时启动方式；

7 车站站台及车站控制室应设站台紧急关闭按钮。站台紧急关闭按钮电路应符合故障导向安全的原则；

8 可实现自动站间闭塞、进路式闭塞等行车方式；

9 联锁设备的操纵宜选用显示器和鼠标控制方式。显示器上应设有意义明确的各种表示，并应监督线路及道岔区段占用、进路锁闭及开通、信号开放和挤岔、遥控和站控等状态；

10 车站连锁控制应主要包括列车进路、引导进路、进路的解锁和取消、信号机关闭和开放、道岔操纵及锁闭、区间临时限速、扣车和取消、遥控和站控、站台紧急关闭和取消。

17.4.16 正线信号机的设置应符合下列要求：

1 在 ATC 控制区域的线路上应设道岔防护信号机和出站信号机。可根据运营需要设置其他类型的信号机；

2 具有出站性质以外的道岔防护信号机应设引导信号；

3 信号机应设在列车运行方向的右侧。遇条件限制应设于其他位置时，应经运营主管部门批准后再实施；

4 信号机应采用白炽灯或其他光源构成的色灯信号机。

17.4.17 按地面信号显示行车时，其显示距离应符合下列要求：

1 行车信号和道岔防护信号不宜小于 400m；

2 调车信号不应小于 200m；

3 因线路曲线或其他建筑物遮挡影响司机瞭望距离时，应采取满足本条第 1、2 款要求的措施。

17.4.18 ATP 除与 ATS、ATO 等系统接口外，尚应具有下列主要安全接口：

1 与车辆基地连锁接口；

2 与站台门接口；

3 与综合后备盘接口；

4 与联锁线接口；

5 与车辆接口；

6 采用无人驾驶方式时与列车障碍物检测系统的接口。

17.5 列车自动运行系统

17.5.1 ATO 系统构成应由地面设备和车载设备组成。

17.5.2 ATO 地面设备应主要包括轨旁定位设备、ATO 接口等设备。ATO 可利用 ATP 系统的轨旁设备，但不应影响 ATP 系统的安全性。

17.5.3 ATO 车载设备应主要包括 ATO 车载计算机及相关接口等设备。

17.5.4 当采用无人驾驶方式时，ATO 设备应采用冗余结构。

17.5.5 ATO 系统应具有下列主要功能：

1 站间自动运行；

2 列车运行自动调整；

3 车站定点停车；

4 ATO 或无人驾驶自动折返；

5 列车车门、站台门控制；

6 列车节能控制。

17.5.6 ATO 系统应符合下列要求：

1 ATO 系统可具有司机监控下的 ATO、无人驾驶等水平等级。

2 ATO 定点停车精度应根据站台计算长度、列车性能和站台门的设置等因素选定。定点停车精度宜为 ±0.3m。

3 ATO 应满足舒适度、快捷及正点的要求。

4 ATO 应能控制列车实现车站通过作业。

5 ATO 系统应根据 ATP、ATS 等系统提供的线路条件、道岔状态、列车位置等信息及速度调整指令，实现列车的速度控制。

6 列车在区间停车应接近前方目的地。区间停车后，在允许信号的条件下列车应自动启动。车站发车时，列车启动应由司机控制。

17.5.7 无人驾驶系统应符合下列要求：

1 系统应采取冗余措施，并应具有高可靠性、可用性和安全性。

2 应根据线路条件、道岔状态、前方列车位置等，实现列车速度自动控制。列车在区间停车应接近前方目的地。区间停车后，在允许信号的条件下列车应自动启动。车站发车时，列车启动应由系统自动控制。

3 车载设备应能将故障诊断与报警信息实时传输至ATS系统。

4 系统应能接收来自控制中心或车站的停车、临时限速等控制。

17.6 车辆基地信号系统

17.6.1 车辆基地信号系统构成应符合下列要求：

1 车辆基地信号系统应包括车辆段和停车场的信号系统。应设置车辆段及停车场ATS设备、计算机联锁设备、计算机监测设备、试车线信号设备、培训设备、日常维修和检测设备等设备；

2 用于培训的主要设备应与实际运用的信号设备一致，可设置信号机、转辙机等室外培训设备；

3 车辆段及停车场采用无人驾驶系统时，其系统主要设备应按冗余结构设置。

17.6.2 车辆基地信号系统采用人工控制方式时，应符合下列要求：

1 车辆段/场进、出段/场信号机，应根据需要设调车信号机。进、出段/场信号机、调车信号机应以显示禁止信号为定位。

2 停车场可部分或全部纳入ATC控制范围；其各种信号机的设置，应根据运营要求和控制方式等确定；

3 车辆段不宜全部纳入ATS监控；

4 列车在段内宜按调车进路控制，联锁设备可根据段内运营作业特点实现连锁条件的检查。

17.6.3 车辆基地采用无人驾驶方式时，宜符合下列要求：

1 宜实现列车出入车辆段、停车场等作业的无人自动驾驶；

2 车辆段内可分为无人驾驶区域和有人驾驶区域；

3 停车场可全部设定为无人自动驾驶区域；

4 车辆段及停车场自动作业宜包括唤醒列车启动自检、启动列车、列车送至正线、列车送至预先分配的停车线、列车休眠等。

17.6.4 车辆基地可设计算机监测系统，并应符合下列要求：

1 应实现信号机状态、主灯丝断丝报警等监测；

2 应实现转辙机动作电流及表示监测；

3 应实现轨道区段状态监测；

4 应实现电缆绝缘状态监测；

5 应实现电源漏流检测；

6 相关数据应进行存储、回放和分析。

17.6.5 试车线信号系统应符合下列要求：

1 试车作业时，试车线操作员应与车辆基地值班员交接控制权。车辆基地与试车线的接口设计应保证试车作业与车辆基地作业互不影响；

2 试车线信号地面设备的配置，应能完成信号系统车载设备功能的动态测试和双向试车的需要；

3 试车线配置的车地无线通信设备，不应干扰正线列车的运行。

17.6.6 培训设备符合下列要求：

1 培训设备应能提供运行环境模拟、故障设定及仿真功能；

2 配置的车地无线通信设备不应干扰或影响营运设备的运行；

3 培训设备的配置应基于线网范围内资源共享的原则。

17.6.7 车辆基地维修及检修设备应符合下列要求：

1 停车列检库宜设置日检设备，并可实现列车投入运营前

的自检；

2 信号系统应设置维修网络，并应在维修中心设置维修计算机终端，应实时远程监测信号系统/设备的运行状态；

3 维修中心应配备专用维修器具、测试工具及仪器仪表。

17.7 其 他

17.7.1 信号系统的基本信号显示，应符合现行国家标准《城市轨道交通信号系统通用技术条件》GB/T 12758的有关规定。

17.7.2 ATC系统控制区域内的道岔宜采用交流转辙机，车辆基地等其他线路可采用直流转辙机。采用三相交流电源控制的电动转辙机或电液转辙机，应设置断相保护和相序检测装置。

17.7.3 信号系统供电应符合下列要求：

1 供电负荷等级应为一级负荷，设两路独立电源。其供电品质应符合本规范第15章的有关规定。交流电源电压的波动超过交流用电设备正常工作范围时，应设稳压设备。

2 车载设备应由车辆专业提供直流电源或经变流设备供电。

3 信号设备可由专用电源屏供电，宜选用不间断电源（UPS）设备和免维护蓄电池设备。控制中心、车站信号设备，包括电动转辙机和信号机等室外设备在内的UPS电池后备时间应相同，其供电时间不宜小于30min。

4 信号设备专用交、直流电源应对地绝缘。

5 输出至室外的设备供电回路应采用隔离供电方式。

6 电源屏宜具有远程监测功能或纳入ATS监测。

17.7.4 信号系统电线路应符合下列要求：

1 采用的电线、电缆应符合本规范第15.4.1条的规定。

2 电缆敷设宜采用下列方式：

　1）地面电缆采用直埋、电缆槽或管道方式；

　2）区间隧道内电缆宜采用明敷方式，车站宜用隐蔽方式敷设；

　3）高架线路的电缆宜用隐蔽方式敷设。

3 信号电线路应与电力线路分开敷设。交叉敷设时信号系统的电线路应采取防护措施，敷设间距应按本规范第16.2.10条的规定执行。

4 电缆芯线或芯对应有备用量，其中普通信号电缆的备用芯线数应符合下列规定：

　1）9芯以下电缆备用1芯；

　2）12芯～21芯电缆备用2芯；

　3）24芯～30芯电缆备用3芯；

　4）33芯～48芯电缆备用4芯；

　5）52芯～61芯电缆备用5芯。

5 音频电缆应成对备用芯线。当电缆芯线被完全使用时，应根据电缆使用数量和特点备用整根同类型电缆。

6 电缆贯穿隔墙、楼板的孔洞处均应实施阻火封堵。

17.7.5 信号系统设备用房应符合下列要求：

1 信号机房面积应留有适当余量；

2 信号机房环境应满足设备运用的要求，并应符合现行国家标准《电子信息系统机房设计规范》GB 50174的有关规定；

3 信号设备室内布置间距宜符合表17.7.5的规定。

表17.7.5 信号设备室内布置间距（m）

名　称	设备间隔对象	净距离要求
机柜间	走道	≥1.0
控制台、机柜与墙	主走道	≥1.2
	次走道	≥1.0
	尽端架	≥0.8
电源屏与其他机柜	—	≥1.5
电源屏与墙	—	≥1.2

17.7.6 信号设备的接地系统应符合下列要求：

1 应设工作地线、保护地线、屏蔽地线和防雷地线等；

2 信号设备室内应设综合接地箱；当采用综合接地时，应

接入综合接地系统弱电母排，接地电阻不应大于1Ω；

3 信号室外设备应通过线缆接地；

4 出入信号设备室的电缆应采用屏蔽电缆，应在室内对电缆屏蔽层一端接地，并应在引入口设金属护套；

5 车辆基地内未设综合接地系统或局部未设时，信号设备可分散接地。分散接地电阻值不应大于4Ω；

6 车载信号设备的地线应经车辆接地装置接地；

7 防雷与接地应按现行国家标准《建筑物电子信息系统防雷技术规范》GB 50343 的有关规定执行。

17.7.7 信号设备防雷装置应符合下列要求：

1 高架和地面线的室外信号设备及与隧道以外连接的室内信号设备应具有雷电防护措施；

2 室外信号设备的金属箱、盒壳体应接地；

3 信号设备室电力线引入处应单独设置电源防雷箱；

4 防雷元器件的选择应将雷电感应过电压抑制在被防护设备的冲击耐压水平之下；

5 防雷元器件的设置不应影响被防护设备的正常工作；

6 防雷元器件与被防护设备之间的连接线应最短，防护电路的配线应与其他配线分开，其他设备不应借用防雷元器件的端子。

17.7.8 信号室外设备的安装应符合下列要求：

1 设置于有砟道床范围内的信号设备基础应设硬化地面；

2 高架区段无线通信设备的安装设计应与声屏障等专业配合；

3 转辙机与接触轨的安全距离应大于 1.2m。

18 自动售检票系统

18.1 一般规定

18.1.1 地铁宜根据建设和经济发展状况设置不同水平的 AFC 系统。

18.1.2 自动售检票系统应满足线网运营和管理的需要，系统技术条件应一致或兼容。

18.1.3 自动售检票系统应建立统一的密钥系统和车票制式标准，系统设备应能处理城市"一卡通"车票。

18.1.4 自动售检票系统的设计能力应满足地铁超高峰客流量的需要。自动售检票设备的数量应按近期超高峰客流量计算确定，并应按远期超高峰客流量预留位置与安装条件。

18.1.5 自动售检票系统的设计应以可靠性、安全性、可维护性和可扩展性为原则，保证数据的完整性、保密性、真实性和一致性。

18.1.6 自动售检票系统应具备用户权限管理的功能。

18.1.7 自动售检票系统应实现与相关系统的接口。

18.1.8 自动售检票系统应满足地铁各种运营模式的要求。

18.1.9 车站控制室应设置紧急控制按钮，并应与火灾自动报警系统实现联动；当车站处于紧急状态或设备失电时，自动检票机阻挡装置应处于释放状态。

18.1.10 自动售检票系统应适应车站环境的要求，车站计算机系统和车站终端设备控制器应按工业级标准进行设计。

18.1.11 自动售检票系统应选用操作简单、方便快速的设备，并应有清晰的信息提示。

18.1.12 自动售检票系统设备应具有连续 24h 不间断工作的能力。

18.1.13 线网自动售检票系统应按多层架构进行设计，并应遵循集中管理、分级控制、资源共享的基本原则。各层级应具有独立运行的能力。

18.1.14 清分系统应结合线网规划、建设时序确定系统建设规模和分期实施方案。

18.2 系统构成

18.2.1 自动售检票系统宜由清分系统、线路中央计算机系统、车站计算机系统、车站终端设备、传输通道和车票构成。

18.2.2 清分系统宜设置在控制中心，并应由清分服务器、应用服务器、操作员工作站、存储设备、车票编码分拣设备、打印机、网络设备和不间断电源等构成，同时宜根据需要设置灾备系统。

18.2.3 线路中央计算机系统宜设置在线路控制中心，并应由中央服务器、应用服务器、操作员工作站、存储设备、打印机、网络设备和不间断电源等构成。

18.2.4 车站计算机系统宜设置在车站控制室或设备房，并应由车站服务器、操作员工作站、紧急按钮、打印机、网络设备和不间断电源等构成。

18.2.5 车站终端设备宜由半自动售票机、自动售票机、自动充值机、自动检票机、自动验票机和便携式验票机等组成。

18.2.6 车票宜分为单程车票、储值车票，以及需要时设置的其他票种。

18.2.7 自动售检票系统宜设置维修测试系统和培训系统。

18.2.8 网络宜采用清分中心、线路中心及车站三级组网。

18.2.9 三级网络之间互连宜采用专用通信传输网或设置自动售检票系统专用传输通道进行数据通信。

18.2.10 各线路中央计算机系统应分别与清分系统连接。各独立网络系统间应设置安全系统。

18.2.11 清分系统与"一卡通"系统之间、清分系统与各线路中央计算机系统之间的网络通信接口应采用标准开放的通信协议。

18.3 系统功能

18.3.1 清分系统应具备下列主要功能：

1 设置和下发运行参数、票价表、黑名单及车票调配信息；

2 对运营模式进行管理；

3 向城市公共交通卡清算系统上传"一卡通"车票的原始数据、接受和处理各线路系统下发的黑名单、对账等数据；

4 具备客流统计、收益清分、对系统设备状态进行监视等功能；

5 对采集的数据进行处理，定期完成各种统计、清分和对账报表；

6 管理系统时钟同步和系统密钥；

7 车票编码分拣设备对系统发行的车票进行初始化、编码、分拣、赋值、校验及注销等；

8 接收和处理各线路中央计算机系统上传的各种交易数据；

9 灾备系统具备系统级或数据级的异地备份功能。

18.3.2 线路中央计算机系统应具备下列主要功能：

1 接受地铁清分系统的运行参数、票价表、交易结算数据、账务数据清分、黑名单及接收、发送车票调配等信息；

2 对运营模式进行管理；

3 向清分系统上传各种原始交易数据、客流监视数据、设备状态数据、接收和转发清分系统的各种指令、安全认证数据等；

4 接收车站计算机系统上传的车站终端设备数据；

5 对采集的数据进行处理，定期完成各种统计报表；

6 向车站计算机系统和车站终端设备下发系统参数、运营模式安全认证数据及黑名单等；

7 对系统中运行参数的设置和更新进行管理；

8 在无清分系统的情况下，线路中央计算机系统还应具有本规范第18.3.1条第3～7款的功能。

18.3.3 车站计算机系统应具备下列主要功能：

1 接受线路中央计算机系统下发的运行参数、运营模式安全认证数据及黑名单等，并下发给车站终端设备；

2 采集车站终端设备的原始交易数据和设备状态数据，并上传给线路中央计算机系统；

3 监视和控制车站终端设备；

4 完成车站票务管理工作和自动处理当天的所有数据和文件，并生成定期的统计报告。

18.3.4 维修测试系统和培训系统应具备下列主要功能：

1 为运营人员提供有效的维修和培训条件；

2 所有设备与正线上使用设备的功能一致。

18.3.5 自动检票机应具备下列主要功能：

1 检验车票的有效性，控制阻挡装置的动作，引导乘客进出站；

2 控制设备置于正常运行、故障停用、测试、检修、停止服务及特殊运行模式；

3 接受车站计算机系统的数据和控制指令，向车站计算机系统发送设备状态和交易数据。

18.3.6 半自动售票机应具备下列主要功能：

1 通过人工收费和操作设备出售车票，以及为乘客办理退票、补票、充值、验票和更换车票等手续；

2 控制设备置于正常运行、故障停用、测试、检修、停止服务及特殊运行模式；

3 接受车站计算机系统的数据和指令，向车站计算机系统发送设备状态和交易数据。

18.3.7 自动售票机应具备下列主要功能：

1 根据乘客所选到站地点或票价自动计费、收费、发售车票；

2 控制设备置于正常运行、故障停用、测试、检修、停止服务及特殊运行模式；

3 接受车站计算机系统的数据和指令，向车站计算机系统发送设备状态和交易数据；

4 具备相应的安全防范措施和非法使用报警装置。

18.3.8 自动充值机应能根据乘客所选定的充值金额，为乘客的储值票充值。

18.3.9 自动验票机和便携式验票机应能对车票的相关信息进行查验。

18.4 票制、票务管理模式

18.4.1 自动售检票系统应采用集中监控和统一的票务管理模式，统一线网票务政策、各种运营模式和票务运作方式，以及统一线网内车票的发行。

18.4.2 票制可采用一票制、区域制（分区制）、计程计时制、计程限时制、计次制等。

18.4.3 自动售检票系统宜采用车站、线路票务中心、线网票务中心三级管理模式。

18.5 设备选型、配置及布置原则

18.5.1 自动检票机的设置宜满足每组不少于3通道要求。

18.5.2 在时段客流方向明显的车站，宜多设置标准通道双向自动检票机。

18.5.3 每个独立的付费区应至少设置一个双向宽通道自动检票机，宽通道自动检票机通道净距宜为900mm。

18.5.4 自动售票机的设置应在满足乘客通行的基础上，保证乘客排队购票的空间。

18.6 供电与接地

18.6.1 清分系统、灾备系统、线路中央计算机系统、车站计算机系统、车站终端设备的用电负荷应为一级负荷，维修测试系统的用电负荷宜为二级负荷。

18.6.2 自动售检票系统车站终端设备电源箱馈出回路宜带漏电保护。

18.6.3 自动售检票系统采用的电线和电缆应符合本规范第15.4.1条的规定。

18.6.4 自动售检票系统应采用综合接地，接地电阻不应大于1Ω。

18.6.5 车站终端设备、金属管、槽、接线盒、分线盒等应进行电气连接，并应可靠接地。

18.6.6 通信电缆应与电源电缆分管或分槽敷设，预埋管、槽、盒应防水、防尘，并应避开围栏立柱设置的位置。

18.7 系统接口

18.7.1 自动售检票系统设计时，应提供设备用房、设备布置、设备用电、设备维修、接地、传输通道、时钟、视频监控及预埋管线、箱、盒等相关接口技术要求，以及与城市交通"一卡通"、通信、火灾自动报警、门禁等系统的接口技术要求。

18.7.2 自动售检票系统宜在清分中心、控制中心、车站和车辆基地设置系统设备用房，并应根据设备尺寸、维护操作要求等确定面积。

18.7.3 自动售检票系统设备用房宜设防静电地板，房间净高不应小于2.8m，并应符合现行国家标准《电子信息系统机房设计规范》GB 50174的有关规定。

19 火灾自动报警系统

19.1 一般规定

19.1.1 车站、区间隧道、区间变电所及系统设备用房、主变电所、集中冷站、控制中心、车辆基地，应设置火灾自动报警系统（FAS）。

19.1.2 火灾自动报警系统的保护对象分级应根据其使用性质、火灾危险性、疏散和扑救难度等确定，并应符合下列规定：

1 地下车站、区间隧道和控制中心，保护等级应为一级；

2 设有集中空调系统或每层封闭的建筑面积超过2000m²，但面积不超过3000m²的地面车站、高架车站，保护等级应为二级，面积超过3000m²的保护等级应为一级。

19.1.3 火灾自动报警系统的设计除应符合本规范的规定外，尚应符合现行国家标准《火灾自动报警系统设计规范》GB 50116的有关规定。

19.2 系统组成及功能

19.2.1 火灾自动报警系统应具备火灾的自动报警、手动报警、通信和网络信息报警，并应实现火灾救灾设备的控制及与相关系统的联动控制。

19.2.2 火灾自动报警系统应由设置在控制中心的中央级监控管理系统、车站和车辆基地的车站级监控管理系统、现场级监控设备及相关通信网络等组成。

19.2.3 火灾自动报警系统的中央级监控管理系统宜由操作员工作站、打印机、通信网络、不间断电源和显示屏等设备组成，并应具备下列功能：

1 接收全线火灾灾情信息，对线路消防系统、设施监控

管理；

    2 发布火灾涉及有关车站消防设备的控制命令；

    3 接收并储存全线消防报警设备主要的运行状态；

    4 与各车站及车辆基地等火灾自动报警系统进行通信联络；

    5 火灾事件历史资料存档管理。

19.2.4 火灾自动报警系统的车站级应由火灾报警控制器、消防控制室图形显示装置、打印机、不间断电源和消防联动控制器手动控制盘等组成，并应具备下列功能：

    1 与火灾自动报警系统中央级管理系统及本车站现场级监控系统间进行通信联络；

    2 管辖范围内实时火灾的报警，监视车站管辖内火灾灾情；

    3 采集、记录火灾信息，并报送火灾自动报警系统中央监控管理级；

    4 显示火灾报警点，防、救灾设施运行状态及所在位置画面；

    5 控制地铁消防救灾设备的启、停，并显示运行状态；

    6 接受中央级火灾自动报警系统指令或独立组织、管理、指挥管辖范围内的救灾；

    7 发布火灾联动控制指令。

19.2.5 火灾自动报警系统现场控制级应由输入输出模块、火灾探测器、手动报警按钮、消防电话及现场网络等组成，并应具备下列功能：

    1 监视车站管辖范围内灾情，采集火灾信息；

    2 消防泵的低频巡检信号、运行状态、设备故障、管压力信号；

    3 监视消防电源的运行状态；

    4 监视车站所有消防救灾设备的工作状态。

19.2.6 地铁全线火灾自动报警与联动控制的信息传输网络宜利用地铁公共通信网络，火灾自动报警系统现场级网络应独立配置。

19.3 消防联动控制

19.3.1 消防联动控制系统应实现消火栓系统、自动灭火系统、防烟排烟系统，以及消防电源及应急照明、疏散指示、防火卷帘、电动挡烟垂帘、消防广播、售检票机、站台门、门禁、自动扶梯等系统在火灾情况下的消防联动控制。

19.3.2 消火栓系统的控制应符合下列要求：

    1 应控制消防泵的启、停；

    2 车站综控室（消防控制室）应能显示消防泵的工作、故障和手/自动开关状态、消火栓按钮工作位置，并应实现消火栓泵的直接手动启动、停止；

    3 车站级火灾自动报警系统应控制消防给水干管电动阀门的开关，并应显示其工作状态；

    4 设消防泵的消火栓处应设消火栓启泵按钮，并可向消防控制室发送启动消防泵的信号。

19.3.3 车站火灾自动报警系统应显示自动灭火系统保护区的报警、喷气、风阀状态，以及手/自动转换开关所处状态。

19.3.4 防烟、排烟系统的控制应符合下列规定：

    1 应由火灾自动报警系统确认火灾，并应发布预定防烟、排烟模式指令；

    2 应由火灾自动报警系统直接联动控制，也可由环境与设备监控系统或综合监控系统接收指令对参与防、排烟的非消防专用设备执行联动控制；

    3 环境与设备监控系统或综合监控系统接受火灾控制指令后，应优先进行模式转换，并应反馈指令执行信号；

    4 火灾自动报警系统直接联动的设备应在火灾报警显示器上显示运行模式状态。

19.3.5 车站火灾自动报警系统对消防泵和专用防烟、排烟风机，除应自动控制外，尚应设手动控制；对防烟、排烟设备还应设手动和自动的模式控制装置。

19.3.6 消防电源、应急照明及疏散指示的控制，应符合下列规定：

    1 火灾自动报警系统确认火灾后，消防控制设备应按消防分区在配电室或变电所切断相关区域的非消防电源；

    2 火灾自动报警系统确认火灾后，应接通应急照明灯和疏散标志灯电源，并应监视工作状态的功能。

19.3.7 消防联动对其他系统的控制应符合下列要求：

    1 应自动或手动将广播转换为火灾应急广播状态；

    2 闭路电视系统应自动或手动切换至相关画面；

    3 应自动或手动打开检票机，并应显示其工作状态；

    4 应根据火灾运行模式或工况自动或手动控制车站站台门开启或关闭，并应显示工作状态；

    5 应自动解锁火灾区域门禁，并宜手动解锁全部门禁；

    6 防火卷帘门、电动挡烟垂帘应自动降落，并应显示工作状态；

    7 电梯应迫降至首层，并应接收电梯的状态反馈信息；在人员监视的状态下应控制站内自动扶梯的停运或疏散运行。

19.3.8 消防联动控制器控制应通过多路总线回路连接带地址的各类模块，每一总线回路连接带地址模块的数量应留有一定的余量。

19.3.9 换乘车站分线路设置的各线路火灾自动报警系统之间，应通过互设信息模块、信息复示屏和消防电话分机（或插孔）的形式实现信息互通及消防联动。

19.4 火灾探测器与报警装置的设置

19.4.1 火灾自动报警系统应设有自动和手动两种触发装置。

19.4.2 报警区域应根据防火分区和设备配置划分。

19.4.3 火灾探测器的设置部位应与保护对象的等级相适应。

19.4.4 探测区域的划分应符合下列规定：

    1 站厅、站台等大空间部位每个防烟分区应划分为独立的火灾探测区域。一个探测区域的面积不宜超过1000m²。

    2 其他部位探测区域的划分，应符合现行国家标准《火灾自动报警系统设计规范》GB 50116 的有关规定。

19.4.5 地下车站的站厅层公共区、站台层公共区、换乘公共区、各种设备机房、库房、值班室、办公室、走廊、配电室、电缆隧道或夹层，以及长度超过60m的出入口通道，应设置火灾探测器。

19.4.6 地面及高架车站封闭式的站厅、各类设备用房、管理用房、配电室、电缆隧道或夹层，应设置火灾探测器。

19.4.7 控制中心和车辆基地的车辆停放车间、维修车间、重要设备用房、可燃物品仓库、变配电室，以及火灾危险性较大的场所，应设置火灾探测器。

19.4.8 设气体自动灭火的房间应设置两种火灾自动报警探测器。

19.4.9 设置火灾探测器的场所应设置手动报警装置。

19.4.10 地下区间隧道、长度超过30m的出入口通道应设置手动报警按钮。区间手动报警按钮设置位置宜与区间消火栓的位置结合设置。

19.4.11 乘客活动的公共区域不宜设置警报音响，办公区走廊应设置警铃。

19.5 消防控制室

19.5.1 火灾自动报警系统中央级监控管理系统应设置在控制中心调度大厅内，并宜靠近行车调度。

19.5.2 车站消防控制室应与车站综合控制室结合设置。消防控制室应设置火灾报警控制器、消防联动控制器、消防控制室图形显示装置。

19.5.3 换乘车站的消防控制室宜集中设置。按线路设置的消防控制室之间应能相互传输、显示状态信息，但不宜相互控制。

19.5.4 消防控制室应能监控保护区域内的火灾探测报警及联动

控制系统、消火栓系统、自动灭火系统、防烟排烟系统、防火门与卷帘系统、消防电源、消防应急照明与疏散指示系统、消防通信等各类消防系统和系统中的各类消防设施，并应显示各类消防设施的动态信息和消防管理信息。

19.5.5 消防控制室应能控制火灾声或光警报器的工作状态。

19.6 供电、防雷与接地

19.6.1 火灾自动报警系统应设有主电源和直流备用电源；主电源的负荷等级应为一级。

19.6.2 火灾自动报警系统直流备用电源宜采用专用蓄电池或集中设置的蓄电池组供电，其容量应保证主电源断电后连续供电1h。采用集中设置蓄电池时，火灾报警控制器供电回路应单独设置。

19.6.3 火灾自动报警系统图形显示装置、消防通信设备等的电源，宜由 UPS 电源装置或蓄电池型应急控制电源系统供电。

19.6.4 消防用电设备应采用专用的供电回路，其配电线路和控制回路宜按防火分区划分。

19.6.5 火灾自动报警系统接地装置的接地电阻值，应符合下列要求：

1 采用综合接地装置时，接地电阻值不应大于 1Ω；
2 采用专用接地装置时，接地电阻值不应大于 4Ω。

19.6.6 火灾自动报警系统应设置等电位连接网络。电气和电子设备的金属外壳、机柜、机架、金属管、槽、浪涌保护器（SPD）接地端等，均应以最短的距离与等电位连接网络的接地端子连接。

19.7 布　　线

19.7.1 火灾自动报警系统传输线路的线芯截面选择，除应满足自动报警装置技术条件要求外，尚应满足机械强度的要求。铜芯绝缘导线、铜芯电缆线芯的最小截面面积不应小于表 19.7.1 的规定。

表 19.7.1　铜芯绝缘导线和铜芯电缆线芯的最小截面面积（mm²）

序号	类　　别	线芯的最小截面面积
1	穿管敷设的绝缘导线	1.00
2	线槽内敷设的绝缘导线	0.75
3	多芯电缆	0.50

19.7.2 火灾自动报警系统的传输线路应采用穿金属管或封闭式线槽保护方式布线。

19.7.3 水平敷设的火灾自动报警系统的传输线路，当采用穿管布线时，不同防火分区的线路不应穿入同一根管内。

19.7.4 火灾自动报警系统采用的电线和电缆应符合本规范第15.4.1 条的规定。

20　综合监控系统

20.1　一般规定

20.1.1 地铁宜设置综合监控系统（ISCS），并应满足行车指挥、防灾安全和乘客服务等现代运营管理需要。

20.1.2 综合监控系统宜为实时监控与事务数据管理相结合的系统。

20.1.3 综合监控系统应采用集成和互联方式构成，并应将电力监控、环境与设备监控和站台门控制等系统集成到综合监控系统，同时宜将广播、视频监控、乘客信息、时钟、自动售检票、门禁等系统与综合监控系统互联，也可互联防淹门、通信系统集中告警等监控信息。

20.1.4 综合监控系统可集成或互联列车自动监控（ATS）和火灾自动报警等系统；当集成 ATS 时，可建成以行车指挥系统为核心的综合监控系统。

20.1.5 综合监控系统应为线网运营控制中心提供有关信息。

20.2　系统设置原则

20.2.1 综合监控系统的构建应以运营管理需求为基础。

20.2.2 综合监控系统宜设置中央级综合监控系统和车站/车辆基地级综合监控系统，并应通过网络设备将全线各车站/车辆基地级综合监控系统与中央级综合监控系统连接构成完整综合监控系统；现场级应由被集成或互联的子系统现场设备组成。

20.2.3 中央级综合监控系统应设置冗余局域网，车站/车辆基地综合监控系统宜设置冗余局域网。

20.2.4 车站控制室应设置综合监控系统综合后备盘；综合后备盘盘面的设置应根据设备故障或火灾等情况下功能的重要性及车站控制室工作人员位置由近及远设置。

20.2.5 综合监控系统的骨干网宜利用通信系统传输网络组网或组建专用传输网络。

20.2.6 综合监控系统应设置网络管理系统和培训管理系统，并可根据需要设仿真测试平台。

20.2.7 控制中心楼宇可设综合监控系统，并宜按车站级配置。

20.3　系统基本功能

20.3.1 综合监控系统应具备对被集成系统的监控和管理，以及对互联系统的监控和联动控制功能。

20.3.2 综合监控系统宜具备运营数据统计、操作员培训和决策支持等运营辅助管理功能。

20.3.3 综合监控系统应具备群组控制、模式控制和点动控制功能。

20.3.4 综合监控系统应具备下列主要基本功能：

1 控制功能；
2 监视功能；
3 报警管理；
4 趋势分析；
5 报表生成；
6 权限管理；
7 系统组态；
8 档案管理；
9 系统维护和诊断。

20.3.5 电力监控子系统功能应按本规范第 15 章的有关规定执行，在满足要求的基础上可增加其他功能。

20.3.6 环境与设备监控子系统功能应按本规范第 21 章的有关规定执行，在满足要求的基础上可增加其他功能。

20.3.7 火灾自动报警子系统功能应按本规范第 19 章的有关规定执行，在满足要求的基础上可增加其他功能。

20.3.8 综合监控系统应能监视站台门的开关门状态及重要的故障信息。

20.3.9 列车自动监控子系统应具有列车运行和设备状态自动监视功能。

20.3.10 综合监控系统应具备下列主要联动功能：

1 正常工况，启动日常广播和列车进站广播、开关站等功能；

2 火灾工况，区间火灾防排烟模式控制、车站火灾消防应急广播、车站火灾场景的视频监控和乘客信息系统的火灾信息发布功能；

3 阻塞工况，启动相关车站隧道通风设备功能；

4 紧急工况，启动信息共享、联动等功能。

20.3.11 综合后备盘（IBP）应支持在设备故障或火灾等情况下车站的关键手动控制功能。IBP盘并宜具备下列功能：

1 站台紧急停车功能；

2 站台扣车与放行功能；

3 通风排烟系统的紧急模式控制功能；

4 自动检票机释放功能；

5 门禁释放功能；

6 电扶梯停止控制功能；

7 站台门开门控制功能。

8 在满足本条第1～7款要求的基础上根据运营需要可增加其他功能。

20.4 硬件基本要求

20.4.1 综合监控系统设备应选择可靠、可维护、易扩展的工业级网络及控制产品。

20.4.2 中央级硬件应按下列要求配置：

1 应配置冗余实时服务器；

2 应配置历史服务器及相关存储设备；

3 应配置调度员工作站；

4 可配置维护工作站；

5 应至少配置一台事件打印机及一台报表打印机；

6 应配置前端通信处理器及网络设备；

7 应配置在线式不间断电源；

8 可配置模拟屏或大屏幕显示系统。

20.4.3 车站级硬件应按下列要求配置：

1 可根据运营管理需要，在每座车站配置一套冗余实时服务器，或几个车站合设一套冗余实时服务器；

2 宜配置操作员工作站；

3 应配置一台打印机兼作事件和报表打印功能；

4 宜配置前端通信处理器及网络设备；

5 应配置一套综合后备盘（IBP）；

6 宜配置在线式不间断电源，也可设置弱电系统集中在线式不间断电源。

20.4.4 环境与设备监控子系统现场级设备应按本规范第21章的有关规定执行；电力监控子系统的现场级设备配置应按本规范第15章的有关规定执行；火灾自动报警子系统设备配置应按本规范第19章的有关规定执行。

20.5 软件基本要求

20.5.1 综合监控系统软件应符合下列要求：

1 应采用分层分布式软件架构；

2 应采用模块化结构；

3 应为一个开放系统，应采用标准的编程语言和编译器，并应支持多种硬件构成，应具有对不同制造商产品的集成能力（包括接口协议、数据、工作模式等）；

4 应提供优良的实时处理能力，并应通过采用关键数据主动上传、订阅/发布、事件驱动等机制，提供合理的数据流结构框架和优良的远动能力；

5 可充分利用和发挥硬件系统的能力，支持多任务多用户并发访问，支持内存数据库和动态缓存技术，支持数据的存储、转发；

6 应提供有效的冗余设计；单个模块/部件故障甚至部分交叉故障不应引起数据的丢失和系统的瘫痪；

7 应具有标准化、实用化、可复用和易扩展的特征，并应支持综合监控系统多专业集成和互联，以及支持综合监控项目分专业、分包和分期实施；

8 应满足集成子系统特殊进程的要求；

9 应具备方便的用户组态、监控设备类增减及人机界面修改等功能。

20.5.2 综合监控系统软件应便于增减接口及车站数量，并应具备接入上层信息管理系统功能。

20.6 系统性能指标

20.6.1 系统监控应符合下列规定：

1 控制命令的传输时间不应大于2s；

2 设备状态变化反映时间不应大于2s。

20.6.2 系统平均无故障时间（MTBF）不应小于10,000h。

20.7 其 他

20.7.1 综合监控系统电线和电缆应符合下列规定：

1 采用的电线和电缆应符合本规范第15.4.1条的规定；

2 管线敷设应采取抗电磁干扰措施。信号线与电源线不应共用一条电缆，也不应敷设在同一根金属管内。采用屏蔽线缆时，应保持屏蔽层的连续性，屏蔽层宜一点接地；

3 电缆贯穿隔墙、楼板的孔洞处均应实施阻火封堵。

20.7.2 综合监控系统供电应符合下列规定：

1 供电负荷等级应为一级负荷；

2 综合监控系统宜选用不间断电源（UPS）设备和免维护蓄电池设备。控制中心、车站综合监控设备的UPS电池后备时间应相同，其供电时间不宜小于1h。

20.7.3 综合监控系统设备的接地系统应符合下列规定：

1 综合监控系统设备室内应设综合接地箱；综合监控系统应接入综合接地系统弱电母排，接地电阻不应大于1Ω；

2 计算机设备宜根据相应产品或系统的要求一点接地或浮空，现场机柜应接地。

20.7.4 综合监控系统设备用房设置应符合下列规定：

1 综合监控设备用房面积应留有适当余量；

2 综合监控设备用房环境应满足设备运用的要求，并应符合现行国家标准《电子信息系统机房设计规范》GB 50174的有关规定。

21 环境与设备监控系统

21.1 一般规定

21.1.1 环境与设备的监控应针对地铁系统的特点、线路敷设方式和所属地域的气候条件设置相应的环境与设备监控系统（BAS）。

21.1.2 环境与设备监控系统的监控范围应包括车站、区间，也可包括控制中心及车辆基地。被监控的对象应包括车站通风、空调与供暖设备、隧道通风设备、给排水设备、自动扶梯及电梯、站台门及防淹门、照明和导向系统、车站应急照明电源、车站环境参数等。

21.1.3 环境与设备监控系统的设置应遵循分散控制、集中管理、资源共享的基本原则。

21.1.4 环境与设备监控系统应按全线车站及区间同一时间只发生一次火灾的原则设定救灾模式，换乘站也应按同一时间只发生一次火灾的原则设定救灾模式。

21.2 系统设置原则

21.2.1 环境与设备监控系统应按独立设置的原则编制。

21.2.2 环境与设备监控系统应采用分层、分布式计算机控制系统，并应由中央监控管理级、车站监控级、现场控制级及相关通信网络组成。

21.2.3 当设置综合监控系统时，环境与设备监控系统应在车站级由综合监控系统集成，环境与设备监控系统车站及中央级监控功能应由综合监控系统实现。

21.2.4 环境与设备监控系统和火灾自动报警系统之间应设置通信接口；火灾工况应由火灾自动报警系统发布火灾模式指令，环境与设备监控系统应优先执行相应的控制程序。

21.2.5 防烟、排烟系统与正常通风系统合用的设备，在火灾情况下应由环境与设备监控系统统一监控。

21.2.6 环境与设备监控系统监控对象应包括下列系统和设备：

1 通风、空调与供暖系统；
2 给水与排水系统；
3 应急电源（EPS）及不间断电源（UPS）系统；
4 照明系统；
5 乘客导向标识系统；
6 自动扶梯、电梯设备；
7 站台门、防淹门系统等；
8 温、湿度等环境参数的监测等。

21.3 系统基本功能

21.3.1 环境与设备监控系统应具备下列功能：

1 车站及区间机电设备监控；
2 执行防灾及阻塞模式；
3 车站环境监测；
4 车站环境和设备的管理；
5 系统用能计量；
6 设备节能运行管理与控制；
7 系统维护。

21.3.2 车站及区间机电设备的监控应具备下列功能：

1 中央和车站两级监控管理；
2 环境与设备监控系统控制指令应能分别从中央工作站、车站工作站和车站综合后备盘人工发布或由程序自动判定执行，并具有越级控制功能；
3 用户权限管理。

21.3.3 执行防灾和阻塞模式应具备下列功能：

1 **接收车站自动或手动火灾模式指令，执行车站防烟、排**烟模式；

2 接收列车区间停车位置、火灾部位信息，执行隧道防排烟模式；

3 接收列车区间阻塞信息，执行阻塞通风模式；

4 监控车站乘客导向标识系统和应急照明系统；

5 监视各排水泵房危险水位。

21.3.4 在车站公共区、车站控制室及重要设备用房应设置温度及湿度传感器，并应能对环境相关参数进行监测。

21.3.5 车站环境和设备的管理应具备下列功能：

1 对环境参数进行统计；
2 对能耗数据进行统计和分析；
3 对设备的运行状况、运行时间进行统计。

21.3.6 在各用能点应设置计量装置，实现用能分类、分项及各用能系统和大功率设备的实时计量。

21.3.7 通风、空调、供暖设备和照明系统，应通过能耗的统计分析，控制系统设备优化运行。

21.3.8 系统维护应具备下列功能：

1 监视全线环境与设备监控系统被控对象的运行状态，形成维护管理趋势预告等；

2 环境与设备监控系统软件维护、组态、运行参数设置及操作界面修改等；

3 环境与设备监控系统硬件设备故障判断及维护管理。

21.4 硬件设备配置

21.4.1 环境与设备监控系统设备应选择具备高可靠性、容错性、可维护性的工业级控制设备；事故通风与排烟系统设备的监控应采取冗余措施。

21.4.2 中央级硬件设备应按下列要求配置：

1 应配置两台操作工作站，并列运行或采用冗余热备技术；

2 可配置一台维护工作站，应能监视全线环境与设备监控系统运行情况；

3 可配置两台冗余服务器；

4 应至少配置一台事件信息打印机及一台报表打印机；

5 应配置在线式不间断电源，后备时间不应小于1h；

6 可配置大屏幕显示系统，其设计应与行调、电调、视频监视等系统协调；

7 应与通信系统母钟时间同步；

8 当环境与设备监控系统被综合监控系统集成时，中央级硬件设备应由综合监控系统设置。

21.4.3 车站级硬件设备应按下列要求配置：

1 应配置工业控制计算机作为车站级操作工作站；

2 应配置在线式不间断电源，后备时间不应小于1h；

3 应配置一台打印机兼作历史和报表打印机；

4 应在车站控制室配置综合后备控制盘，作为环境与设备监控系统火灾工况自动控制的后备措施，其操作权限应高于车站和中央操作工作站，盘面应以火灾工况操作为主，操作程序应力求简便、直接；

5 当环境与设备监控系统被综合监控系统集成时，车站级硬件设备及综合后备盘应由综合监控系统设置。

21.4.4 现场设备应按下列要求配置：

1 宜选用可编程逻辑控制器（PLC）或分布式控制系统（DCS）作为环境与设备监控系统控制设备；

2 PLC应支持多任务，应至少包括循环扫描型基本任务、事件触发任务和周期型中断任务；

3 控制器应支持故障自诊断及自恢复功能，以及提供用于模块运行监视的状态数据，并应具有远程编程功能；

4 PLC应采用可扩展、易维修模块化结构，通信、输入输出（I/O）等主要模块组件应具有带电插拔功能及必要的隔离措施；

5 应冗余配置的PLC，主备PLC应能实现自动切换；

6 传感器的输出应采用标准电信号;

7 系统应具有抑制变频器谐波功能,并应具有良好的电磁兼容性。

21.5 软件基本要求

21.5.1 环境与设备监控系统软件系统应在成熟、可靠、开放的监控系统软件平台的基础上,按运营需求开发应用软件。

21.5.2 系统软件应提供良好、通用的开放性接口。

21.5.3 系统软件应符合当前计算机软件、通信、自动化等技术发展趋势。

21.5.4 数据组织和展现方式应满足地铁系统监控的特点,应采用面向对象(设备)的大容量分布式实时数据库,数据应采用层次化模型结构。

21.5.5 数据流的控制应清晰,数据传输机制应可靠、稳定、高效。

21.5.6 系统软件应支持工程的长期和分阶段现场调试,单站的调试不应影响已运行的系统运行。

21.5.7 软件系统应基于模块化、组件化结构,采用层次性模型,并应具有良好的开放性、扩展性和可移植性。

21.5.8 软件系统应支持不同方式的硬件集成环境及软件配置形态,并应具备与其他系统有一定的互连能力。

21.5.9 软件系统底层通信服务运行应高效稳定,并可支持各种标准的通用通信协议及易于扩展专用协议的开发,并应支持计算机、通道、设备等多层冗余。

21.5.10 系统软件应采用冗余、容错、自恢复等技术。

21.5.11 软件体系应具备完整的系统维护和诊断功能,并应具有良好的人机界面。

21.5.12 应用软件应按数据接口层、数据处理层及数据应用层编制。

21.6 系统网络结构与功能

21.6.1 网络结构应符合下列规定:

1 中央级与车站级之间的传输网络可由通信传输系统提供,或独立组建工业以太网;

2 应满足中央级和车站级监控的实时性要求;

3 应具备减少故障波及面,单点故障不应影响网络正常通信的功能;

4 系统应具有良好的可靠性、开放性和可扩展性。

21.6.2 系统网络应建立网络安全保护措施,经过网络传输和交换的数据应具备可用性、完整性和保密性。

21.6.3 环境与设备监控系统网络结构应采用分层结构,并应由全线传输网、中央级和车站级局域网及现场总线组成。当环境与设备监控系统被综合监控系统集成时,中央级和车站级局域网应由综合监控系统组建。

21.6.4 中央级网络应具有下列功能:

1 中央级局域网连接服务器、操作工作站和通信等设备,应保证数据传输实时可靠,并应具备良好的可扩展性;

2 中央级局域网应采用冗余结构;

3 中央级监控网络应通过通信传输网与车站级监控网相连,任一车站工作站和中央级工作站的退出,均不应造成网络中断;

4 中央级网络为环境与设备监控系统数据传输提供的通信速率,不宜低于 100Mbps。

21.6.5 车站级网络应具有下列功能:

1 车站级局域网连接控制器、操作工作站和通信设备,应保证数据传输实时可靠,并应具备良好的开放性、扩展性并采用标准通信协议;

2 车站级局域网应采用冗余结构;

3 车站级监控网络为环境与设备监控系统数据传输提供的通信速率不宜低于 100Mbps;

4 应具备抗电磁干扰能力。

21.6.6 环境与设备监控系统主控制器和远程控制器或远程 I/O 模块应通过现场总线连接,现场总线应具有下列功能:

1 符合相关现场总线标准;

2 实现系统的分散控制;

3 可连接智能化仪表;

4 连接远程 I/O 和控制器;

5 适应地铁现场环境及具有抗电磁干扰能力。

21.6.7 系统的技术指标应符合下列要求:

1 冗余热备设备的切换时间不应大于 2s;

2 实时数据上行响应时间不应大于 2s;

3 实时数据下行响应时间不应大于 2s;

4 系统平均无故障时间应大于 10,000h;

5 系统平均修复时间不应大于 0.5h。

21.7 布线及接地

21.7.1 地下车站及区间环境与设备监控系统采用的电缆应符合本规范第 15.4.1 条的规定。

21.7.2 环境与设备监控系统管线布置应具有安全可靠性、开放性、灵活性及可扩展性。

21.7.3 环境与设备监控系统的传输线路和 50V 以下供电的控制线路,应采用电压等级不低于交流 250V 的铜芯绝缘导线或铜芯电缆;220/380V 的供电和控制线路应采用电压等级不低于交流 500V 的铜芯绝缘导线或铜芯电缆。

21.7.4 环境与设备监控系统传输线路的线芯截面选择,除应满足环境与设备监控系统设备技术条件的要求外,尚应满足机械强度的要求。

21.7.5 环境与设备监控系统布线应避免周围环境电磁干扰的影响。

21.7.6 环境与设备监控系统的信号线与电源线不应共用电缆,并不应敷设在同一根金属套管内。

21.7.7 采用屏蔽布线系统时,应保持系统中屏蔽层的连续性。

21.7.8 环境与设备监控系统的电缆屏蔽层宜采用一点接地。

21.7.9 环境与设备监控系统现场机柜均应可靠接地。

21.7.10 环境与设备监控系统的控制器和计算机设备宜根据相应产品或系统的要求,设置功能性接地和保护性接地。

21.7.11 接地电阻不应大于 1Ω。

22 乘客信息系统

22.1 一般规定

22.1.1 地铁应设置乘客信息系统（PIS），并应保证乘客在乘车过程中能够及时获取相关信息。

22.1.2 乘客信息系统应具有安全性、可靠性、可扩充性和使用灵活性，并应做到技术先进、经济合理、简洁实用。

22.1.3 乘客信息系统应具有完备的信息处理能力，并应通过系统外部接口进行数据交换及将获得的数据经系统处理后，向乘客提供信息服务。

22.1.4 乘客信息系统终端显示设备宜采用平板显示器、多媒体触摸屏等向乘客提供信息服务。

22.1.5 乘客信息系统终端显示设备应设置于车站的站厅、站台、进站口、出站口、出入口通道、换乘通道，以及车辆的客室内等公共区域。

22.1.6 乘客信息系统除应提供运营相关信息外，尚宜提供新闻、天气预报、道路交通等公共信息及公益广告等信息。

22.2 系统功能

22.2.1 乘客信息系统宜具有乘客被动式多媒体导乘信息获取和主动式多媒体咨询、查询的服务功能。

22.2.2 乘客信息系统应具备全数字传输功能，信息采集、传输、显示宜采用全数字的方式。

22.2.3 乘客信息系统应支持文字、图片、视频信息等媒体格式。

22.2.4 乘客信息系统对于预制信息应具备根据节目列表定时自动播出功能；对于来自外部接口直播的视频信息，应具备自动延时缓存播出的功能。

22.2.5 乘客信息系统应支持数据传送及数据显示的优先级别定义功能，对定义级别高的数据应优先处理。

22.2.6 需同时显示多类信息的终端显示设备，应具有每个区域可独立控制的多区域屏幕分割功能，并应具备单独播出列表功能。

22.3 系统构成及设备配置

22.3.1 乘客信息系统宜分为控制中心子系统、车站子系统、车载子系统、网络子系统、广告管理子系统等子系统。乘客信息系统控制功能宜分为信息源、中心播出控制层、车站/车载播出控制层和车站/车载播出设备等层次。

22.3.2 中心子系统宜配备中心服务器、视频流服务器、咨讯服务器、操作员工作站、网管工作站、播出控制工作站、音视频切换矩阵、视频编码器/解码器、播出版式预览装置等设备。

22.3.3 车站子系统宜配备数据服务器、操作员工作站及各类终端显示设备。终端显示设备配置应符合下列规定：

　　1 车站站台应配置终端显示设备，每侧站台终端显示设备数量不宜少于 6 块；

　　2 车站站厅宜配置终端显示设备，终端显示设备数量不宜少于 4 块；

　　3 出入口通道及换乘通道宜配置终端显示设备；

　　4 车站进站口、出站口宜设置终端显示设备；

　　5 车站站厅和站台均宜设置多媒体触摸查询设备。

22.3.4 车载子系统宜配备车载控制器、车载无线客户端、图像存储设备、网络设备和客室终端显示屏。

22.3.5 乘客信息系统的传输网络宜由通信系统构建；车站局域网及区间无线网络宜由乘客信息系统独自构建，无线网络应满足列车高速运行时的无缝切换。

22.3.6 网络子系统宜在控制中心配置冗余的以太网核心交换机、无线交换机、防火墙、路由器等设备；在车站宜配置以太网交换机、中继交换机、区间无线网桥等设备。

22.3.7 广告管理子系统宜配备非线性编辑器、编辑录像机和屏幕编辑预览装置等设备。

22.4 系统接口

22.4.1 乘客信息系统宜设置与时钟系统、信号系统、综合监控系统等地铁内部专业接口，并宜设置与数字电视、无线电视、有线电视等外部信息源接口。

22.4.2 乘客信息系统与时钟系统接口，接收时钟信息用于本系统的时钟应同步，并应在终端显示设备上为乘客提供标准时间信息。时间信息显示方式可为数字式或模拟指针式。

22.4.3 乘客信息系统与信号系统接口，应具备接收 ATS 或综合监控系统信息提供列车到站时间，以及列车调停、折返、回库等信息功能中向乘客提供列车到站时间信息。

22.4.4 乘客信息系统与综合监控系统接口，应能接受综合监控信息在指定的时间、地点、区域显示，并应将本系统设备工作状态和故障报警信息上传给综合监控系统。

22.4.5 乘客信息系统与外部信息源接口，应能接收外部信息源的信号，并应向乘客提供全面的、实时的信息。

22.5 供电与接地

22.5.1 乘客信息系统负荷等级宜为二级负荷。

22.5.2 乘客信息系统应采用综合接地，接地电阻不应大于 1Ω。

22.6 布线

22.6.1 乘客信息系统的数据线与电源线不应共用电缆，并不应敷设在同一根金属套管内。

22.6.2 乘客信息系统布线应计及对周围环境电磁干扰的影响。采用屏蔽布线系统时，应保持系统中屏蔽层的连续性，其电缆屏蔽层宜采用一点接地。

22.6.3 数据线应采用无卤、低烟的阻燃屏蔽电缆。

23 门 禁

23.1 一般规定

23.1.1 地铁涉及安全的重要设施的通道门、系统和设备用房门及管理用房门应设门禁。

23.1.2 门禁系统应具有出入口监控和安全管理等功能，也可根据运营管理的需要设置其他功能。

23.1.3 门禁系统构成、设备配置和布置，应与运营管理模式相适应。

23.1.4 线网内门禁系统宜实现统一授权管理，并应遵循统一的系统标准。

23.1.5 门禁系统应按集中管理、分级控制的方式设计。应统一管理合法持卡人的访问权限，可根据需要设置线网中央级系统、线路中央级系统和车站级系统三级监控管理系统，或线网（含线路）中央级系统和车站级系统两级监控管理系统，并宜根据运营管理的需要集中设置授权工作点。

23.1.6 门禁系统规模应与线网规划相适应，并应确定线路、车站和监控对象的数量，以及监控对象的安全等级、授权人数及发卡量，并应留有余量。

23.1.7 设有门禁装置的通道门、设备及管理用房门的电子锁，应满足防冲撞和消防疏散的要求。电子锁应具备断电自动释放功能，设备及管理用房门电子锁还应具备手动机械解锁功能。

23.1.8 门禁系统应实现与火灾自动报警系统的联动控制。车站控制室综合后备控制盘（IBP）上应设置门禁紧急开门控制按钮，并应具备手动、自动切换功能。

23.1.9 车站级以下系统和设备应按工业级标准进行设计，并应满足地铁车站环境的要求。

23.1.10 门禁系统宜采用员工卡作为授权卡。

23.1.11 门禁系统应实现线网、线路和车站内的时钟同步。

23.2 安全等级和监控对象

23.2.1 系统设计应明确监控管理的对象和安全等级。

23.2.2 各安全等级的配置应符合下列规定：

1 一级应设双向读卡器，进门侧应设密码键盘或其他识别装置，并应与闭路电视监控系统联动监控；

2 二级应设双向读卡器，进门侧应设密码键盘或其他识别装置；

3 三级应设双向读卡器或设单向读卡器，进门侧应设密码键盘或其他识别装置；

4 四级应设单向读卡器；

23.2.3 控制中心监控对象应包括重要的系统和设备用房、管理用房及通道的门；进入中央控制室的通道门应设一级门禁。

23.2.4 车站监控包括的对象应符合下列规定：

1 设备用房应包括通信设备室、信号设备室、供电和低压配电设备室、综合监控设备室、自动售检票设备室、站台门设备室、应急照明设备室、自动灭火设备室、环控电控室、通风空调机房和消防泵房等；

2 管理用房应包括车站控制室、站长室、站务室等；票务管理室应设不低于二级安全等级的门禁；

3 通道门应包括设备管理区直通地面的紧急疏散通道门、设备管理区直通公共区的通道门等；设备管理区直通隧道区间的通道门应设三级安全等级的门禁。

23.2.5 车辆基地监控对象应包括通信设备室、信号设备室、供电和低压配电设备室、综合监控设备室、消防控制室、自动售检票维修及重要的管理用房等。

23.2.6 主变电所监控对象宜包括通道门、设备房和控制室等；无人值班的主变电所的通道门宜设一级安全等级的门禁。

23.2.7 其他监控对象宜包括档案库房、财务室（库房）、材料库房、培训设备室、重要维修和测试设备用房。

23.2.8 门套门可只在一个门上设置门禁；当一个房间有多个门时，可只在一个常用门处设置门禁。

23.3 系统构成

23.3.1 门禁系统宜由线网中央级系统、线路中央级系统、车站级系统、现场级系统和终端设备、传输网络和电源及门禁卡等组成。

23.3.2 线网中央级系统宜由服务器、监控管理工作站、授权工作站、授权读卡器、打印机、局域网设备及不间断电源等组成。

23.3.3 线路中央级系统宜由服务器、监控管理工作站、授权工作站、授权读卡器、打印机、局域网设备及不间断电源等组成。

23.3.4 车站级系统宜由车站工作站、授权读卡器、打印机、局域网设备及不间断电源等组成。

23.3.5 现场级系统和终端设备宜由车站控制器、本地控制器、读卡器、密码键盘、电子锁、门磁、紧急开门按钮、出门按钮及门禁卡等组成。

23.3.6 门禁系统监控管理层系统可自成系统或与综合监控（或安防）系统实现集成或互联。

23.3.7 门禁系统宜采用通信传输网络，当门禁系统与综合监控（或安防）系统实现集成或互联时，宜采用综合监控（或安防）系统的传输网络。

23.3.8 系统和设备应具有 7×24h 不间断工作的能力；系统应采用不间断电源供电，后备时间不应低于 1h。

23.4 系统功能

23.4.1 线网中央级系统功能应符合下列要求：

1 应具有门禁授权管理、数据库管理、黑名单管理、设备监视与控制功能；

2 应向线路中央级系统下达系统工作参数、授权参数、黑名单等信息；

3 应接收线路中央级系统上传的线路数据，并应实现数据的统计、报表、分类存储和打印；

4 应查询线网系统信息；

5 应统一管理线网内合法持卡人的访问权限；

6 应具有换乘车站的跨线授权管理功能；

7 系统应具有登录、修改、操作、报警等信息的系统日志功能。

23.4.2 线路中央级系统功能应符合下列要求：

1 应具有门禁授权管理、数据库管理、设备监视与控制功能；

2 应接收线网中央级系统下达的工作参数、授权参数、黑名单等信息；

3 应向线网中央级系统上传线路系统的数据和系统状态信息；

4 应向车站级系统下达系统工作参数、授权参数、黑名单等信息；

5 应接收车站级系统上传的数据，并应实现数据的统计、报表、分类存储和打印；

6 应查询线路系统信息；

7 应统一管理线路内合法持卡人的访问权限；

8 系统应具有登录、修改、操作、报警等信息的系统日志功能。

23.4.3 车站级系统功能应符合下列要求：

1 应接收线路中央级系统下载的系统参数、授权参数、黑名单等信息，并应下传至现场级系统和终端设备；

2 应监控现场级系统和终端设备的运行状态，并应将数据上传至线路中央级系统；

3 应进行实时状态监控、报警及打印；

4 授权人员可通过系统设定，应临时设置本车站管理区域内的进出权限，并应实现人员权限、区域管理、时间控制和联动控制及人工控制等功能；

5 线路中央级系统发生故障或传输网络中断时，车站级系统应能独立运行。

23.4.4 现场级系统和终端设备功能应符合下列要求：

1 车站控制器应接收车站级系统下载的系统参数、授权参数、黑名单等信息，并应下传至本地控制器；

2 车站控制器应监控本地控制器、读卡器等的运行状态，应向车站级系统上传卡识别、控制动作、设备运行及门开闭状态等信息；

3 车站控制器应具备在线、离线、灾害及维修等运行模式；

4 车站控制器应具有本地数据存储和保护功能；

5 本地控制器应接收车站控制器下载的系统参数、授权参数、黑名单等信息，并应下传至读卡器；

6 本地控制器应监控读卡器等的运行状态，应向车站控制器上传卡识别、控制动作、设备运行及门开闭状态等信息；

7 本地控制器应根据指令或权限向读卡器发出动作信号，读卡器应向电子锁发出动作信号，应控制电子锁执行门的开启和锁闭操作；

8 本地控制器应具备在线、离线、灾害及维修等运行模式；

9 本地控制器应具有本地数据存储和保护功能。

23.4.5 开门应采用出门按钮及紧急开门按钮，当门按钮失效时，可采用紧急开门按钮。

23.4.6 电子锁应具有断电释放的功能。

23.4.7 车站控制室应设通用授权卡，可持卡打开任意受控房间。

23.5 设备安装要求

23.5.1 系统设备及管线应安装和敷设在安全区域。

23.5.2 门禁车站级系统设备宜设在车站控制室，具体位置应与运营管理模式相适应。

23.5.3 读卡器在公共区可根据需要明装或暗装，安装方式应与建筑装修协调配合；控制按钮的安装应便于识别和操作。

23.5.4 电子锁的安装应选在门体受力最合适的位置，当外力作用在门扇时，门扇的变形应最小。

23.6 系 统 接 口

23.6.1 门禁系统应具有与通信、综合监控（或安防）、火灾自动报警、低压配电等系统及建筑专业的接口等功能。

23.6.2 门禁系统和设备应按一级负荷供电；系统接地应接入综合接地网，接地电阻不应大于1Ω。

24 运营控制中心

24.1 一 般 规 定

24.1.1 地铁应建立运营控制中心（OCC）。

24.1.2 控制中心可监控管理单条或多条地铁线路，建设模式和规模应依据地铁线网的总体规划和线路的具体情况进行设置。

24.1.3 控制中心的位置宜靠近地铁线路和车站、接近监控管理对象的中心地带及方便运营管理的区域。

24.1.4 控制中心应避开高温、潮湿、烟气、多尘、有毒、腐蚀等气源和污染源；应避开易燃、易爆、噪声和振动源；应避开强电磁干扰源等，并应设于污染源的上风向，同时应利用有利的地形和环境或采取相应设施隔离。

24.1.5 控制中心应具备行车调度、电力调度、环境与设备调度、防灾指挥、客运管理、乘客信息管理、设备维修及信息管理等运营调度和指挥功能。并应对地铁运营的全过程进行集中监控和管理。

24.1.6 控制中心应兼作防灾和应急指挥中心，并应具备防灾和应急指挥的功能。

24.1.7 控制中心应具有高度的安全性和可靠性，并宜设置为独立建筑；与其他用途的建筑合建时，应设独立的进出口通道，并应确保控制中心用房的独立性和安全性。

24.1.8 多线路控制中心应防范同时失效的风险隐患，当风险防范、控制和隔离困难时，宜采取异地灾备措施，灾备中心系统设备和用房及相关设施可按满足行车指挥的最小需求配置。

24.2 工 艺 设 计

24.2.1 控制中心工艺设计应明确功能定位、建设规模、运营管理模式、组织架构及定员数量。

24.2.2 控制中心的整体工艺设计应满足安全、可靠，操作、使用、维修及管理方便，以及运营成本低廉等要求。

24.2.3 控制中心宜划分为运营监控区、运营管理区、设备区、维修区及辅助设备区。各功能区的划分应结合实际的运作模式和管理模式设置。

24.2.4 运营监控区和运营管理区应相邻设置；设备区应集中设置，在楼层布置上应靠近运营监控区，且不应与运营管理区混合布置；维修区在楼层布置上宜靠近设备区。

24.2.5 运营监控区应设中央控制室和紧急事件指挥等。运营监控区应作为独立的安全分隔区；进入中央控制室前应设缓冲区，并宜配置安防设施；在运营监控区内宜配置交接班室、打印室及必要的值班和管理用房等，以及生活和卫生设施。

24.2.6 中央控制室各系统设备的布置及设计应符合下列要求：

1 中央控制室内设备和调度台的布置应整齐、紧凑和美观，并应便于观察、操作和维修，同时应便于调度人员行动和疏散；

2 中央控制室内总体布置应以行车指挥为核心进行模拟屏和各调度台的布置，并应便于行车调度、电力调度、环境与设备调度（兼防灾调度）、维修调度和总调度之间的信息沟通；

3 模拟屏和调度台宜呈弧形布置，模拟屏显示专业信息的位置应与各专业系统调度台的设置位置相对应；

4 各系统模拟屏宜统一设置，模拟屏的屏前应留有足够的视觉空间，屏后应留有必要的维修空间；

5 调度台距模拟屏的通道宽度宜大于2.0m，调度台的台前和台后应留有足够的操作空间及维修空间，调度台前后之间的距离宜大于1.6m；

6 当调度台按扇形方式分层展开布置时，以在扇形的中间位置观察模拟屏，竖向视线仰角宜小于15°，水平展开角度宜小于120°；

7 当中央控制室的规模按多线路设计时，宜按调度岗位划分功能区，也可按线路划分功能区；

8 调度台的设计应满足人机工程学和调度台面和台下设备布置及散热的要求；

9 中央控制室应具备紧急事件指挥中心的功能；

10 中央控制室内应设置与运营有关的监控系统和操作终端设备，与运营、管理和安全无关的系统和设备不宜进入，且不得安装大功率的电器设备及其他动力设备。

24.2.7 紧急事件指挥室、交接班室和打印室等应与中央控制室同层相邻设置；紧急事件指挥室与中央控制室应用玻璃隔断。

24.2.8 运营管理区应根据运营管理的需要，按组织架构设置运营调度管理、技术管理、生产和作业管理等必要的办公管理和生活设施。

24.2.9 设备区各系统设备的布置及设计应符合下列要求：

1 设备区设备房的室内布置应整齐、紧凑，并应便于观察、操作和维修；

2 设备布置应使设备之间的连线短，外部管线进出应方便；

3 '大功率的强电设备不应与弱电设备混合安装和布置。除自动灭火系统外，各电气系统设备用房不应有水管穿过；风管穿过时应避免管道凝露滴到电气设备上；

4 设备房的布置，宜按线路划分，也可按系统划分；

5 设备区各系统设备房的楼层布置和平面布置应以方便运营管理，便于工程实施，互相关联的管线短为原则；

6 多条线路合建控制中心的中央级核心系统设备宜异地分散设置，也可采取其他安全措施。

24.2.10 维修区应满足维护管理室和值班等功能要求，各线路宜按专业系统合设，也可分设。

24.2.11 运营监区宜设置参观演示室、参观接待室及培训演示室。参观演示室应与中央控制室相邻设置，也可与紧急事件指挥室合设。

24.2.12 辅助设备区设备的配置及布置应符合下列要求：

1 辅助设备区宜设置供电与低压配电、通风与空调、给水与排水、水消防与自动灭火等系统设备和用房；

2 供电与低压配电、空调、给水与排水及水消防等系统设备，宜设置在地面一层或地下一层；低压配电、通风与空调和自动灭火等系统设备，宜设置在各层距用户较近的位置。

24.3 建筑与装修

24.3.1 控制中心应根据监控管理线路数量、运营管理架构和管理模式、各系统中央级设备的数量及控制中心其他辅助设施等因素，经济合理地确定控制中心的规模及装修标准，并宜适当预留发展余地。

24.3.2 中央控制室和设备区不宜设在高层建筑的顶层和地下。

24.3.3 中央控制室应符合下列要求：

1 中央控制室应满足工艺设计要求；

2 中央控制室的室内净空高度应根据房间面积大小及视线的要求进行设计，不宜低于4m；

3 中央控制室各调度台之间宜设通道。中央控制室应不少于两个出入口与外部相连，且应至少有一个门的宽度为1.2m、高度为2.3m，并应满足相关专业要求；

4 中央控制室内应设固定式双层密封、隔声和隔热窗；有防火、防爆等特殊要求时，应按特殊要求进行设计；阳光不应直射设备，受阳光直射时应采取遮光措施；

5 室内地面应装设防静电活动地板，并应布设各调度台的系统管线接口及电源插座。设备不应直接安装在活动地板上；

6 室内宜设吊顶，并应满足敷设通风管道和管线的要求。吊顶宜采用轻质、耐火材料；

7 室内装修与照明综合效果不应在模拟屏上产生眩光。

24.3.4 设备区系统设备房净空不宜低于3m；地面宜根据各系统具体的工艺要求设计，采用下部进线时应设架空活动地板，并应根据设备的安装要求，设置设备的承重、固定和起吊装置。

24.3.5 建筑设计除应满足各系统设备的工艺要求外，还应满足结构、消防等专业的要求。

24.4 布　线

24.4.1 控制中心应有序敷设管线，并宜采用综合布线和综合管线敷设方式。

24.4.2 综合布线和综合管线应为检修、更新改造预留空间；综合布线和综合管线应具有防火、防水和防鼠等安全功能。

24.4.3 电缆的选择和管线的敷设过程应满足强电、弱电和消防等专业的要求。管线敷设宜做到线路短、交叉少。

24.4.4 竖向布线宜采用电缆井敷线方式，并应满足强电、弱电和消防等专业的要求。

24.4.5 水平布线宜采用电缆夹层敷线方式，并应根据夹层的具体情况，分层分区设置电缆桥架或汇线槽。动力电缆和弱电电缆应分开敷设。

24.4.6 中央控制室内的电线、电缆和管线宜隐蔽敷设。

24.5 供电、防雷与接地

24.5.1 控制中心宜单独设置降压变电所，降压所内应设两台动力变压器，分别引入两路相对独立的电源供电，并应满足控制中心一、二、三级负荷的需要；当一台变压器退出运行时，另一台变压器至少满足全部一、二级负荷的需要。

24.5.2 控制中心防雷接地应符合现行国家标准《建筑物防雷设计规范》GB 50057的有关规定，其防护类别不应低于第二类防雷建筑物。

24.5.3 控制中心应设统一的强、弱电系统综合接地极，总的接地电阻不应大于1Ω，并应满足各系统总的散流要求。

24.6 通风、空调与供暖

24.6.1 中央控制室内环境温度宜控制为16℃～27℃，中央控制室和各系统设备房每小时内的温度变化不宜超过3℃，各系统设备房应按现行国家标准《电子信息系统机房设计规范》GB 50174的有关规定设置，并宜按不低于B级要求设计。

24.6.2 模拟屏前后的温差不宜超过3℃。

24.6.3 中央控制室及设备房应维持正压。

24.6.4 中央控制室、运营管理区、设备区的空调系统应分开设置。

24.7 照明与应急照明

24.7.1 控制中心应设置正常照明与应急照明。照明灯具应选择节能型、散射效果良好、使用寿命长与维修更换方便的灯具；灯具的布置宜与建筑装修和设备布置相协调。

24.7.2 中央控制室照明设计应符合下列要求：

1 中央控制室的照明应柔和均匀，应无眩光，并应满足操作台面和通道的照度的要求，在操作台面不应有阴影；室内照明均匀度不宜低于0.7，并应采用分区调光；

2 当中央控制室采用马赛克式模拟屏时，模拟屏前区和操作台面距地面0.8m处的照度宜为150 lx～200 lx；

3 当中央控制室采用投影式模拟屏时，模拟屏前区光线宜暗，操作台面距地面0.8m处的照度宜为100lx～150lx，操作台宜设置局部照明。

24.7.3 设备房、维修用房、办公管理用房及其他各部位的照明应满足有关专业的要求。

24.7.4 控制中心应急照明的照度不应低于正常照明的10%，中央控制室的应急工作照明不应低于正常照明的30%，应急照明的持续供电时间不应低于1h。

24.8 消防与安全

24.8.1 控制中心应设置火灾自动报警、环境与设备监控、火灾事故广播、自动灭火、水消防、防排烟等系统。多线路中央控制

室应设置自动灭火系统。

24.8.2 控制中心应设置消防控制室。

24.8.3 控制中心各分区出入口、主要通道和重要房间应设置闭路电视监视系统和门禁系统等安防设施。

24.8.4 控制中心应设置保安值班室，保安值班室应与消防控制室合并设置。

25 站内客运设备

25.1 自动扶梯和自动人行道

Ⅰ 一般规定

25.1.1 地铁应采用公共交通型自动扶梯和自动人行道。

25.1.2 自动扶梯及自动人行道应具备变频调速的节电功能。

25.1.3 设置于室外的自动扶梯应选用室外型产品，上下平台应配有防滑措施；严寒地区应配有防止冰雪积聚设施。

25.1.4 自动扶梯和自动人行道应接受环境与设备监控系统的监控。

25.1.5 自动扶梯和自动人行道布置处应设置摄像监视装置。

25.1.6 事故疏散用自动扶梯，应按一级负荷供电。

25.1.7 自动扶梯和自动人行道机坑内应采用重力流排水。无重力流排水条件时，应在机坑外设集水坑和配备排水设施。自动扶梯应配置油水分离设备。

Ⅱ 主要技术要求及参数

25.1.8 自动扶梯和自动人行道连续运行时间，每天不应少于20h，每周不应少于140h，每3h应能以100%制动载荷连续运行1h。

25.1.9 自动扶梯和自动人行道应设就地级和车站级控制装置。

25.1.10 自动扶梯和自动人行道的传输设备应采用阻燃材料。

25.1.11 自动扶梯和自动人行道的电线、电缆的采用应符合本规范第15.4.1条的规定。

25.1.12 自动扶梯和自动人行道的额定速度不应小于0.5m/s,

宜选用0.65 m/s。

25.1.13 自动扶梯的倾斜角度不应大于30°；自动人行道的倾斜角度不应大于12°。

25.1.14 自动人行道的梯级净宽不宜小于1m。

25.1.15 当自动扶梯额定速度为0.5m/s，且提升高度不大于6m时，上、下水平梯级数量不得少于2块；当额定速度为0.5m/s，且提升高度大于6m时，上、下水平梯级数量不得少于3块；当额定速度等于0.65m/s时，上、下水平梯级数量不得少于3块；当额定速度大于0.65m/s时，上、下水平梯级数量不得少于4块。

25.1.16 自动扶梯从倾斜区段到上水平段过渡的曲率半径不宜小于2m，从倾斜区段到下水平段过渡的曲率半径不宜小于1.5m。

Ⅲ 主要土建技术要求

25.1.17 当自动扶梯和自动人行道采用分离机房时，应符合现行国家标准《自动扶梯和自动人行道的制造和安装安全规范》GB 16899的有关规定。

25.1.18 自动扶梯和自动人行道的各支点应按产品要求设置预埋件和预留吊装条件。

25.1.19 自动扶梯和自动人行道安装位置，宜避开结构诱导缝和变形缝，跨越时应采用相应的构造措施。

25.2 电 梯

Ⅰ 一般规定

25.2.1 车站应选用无机房电梯，当无法满足无机房电梯布置要求时，宜选用液压电梯。

25.2.2 电梯应接受车站BAS的监控。

25.2.3 电梯应能实现车站控制室、轿厢、控制柜或机房之间的三方通话功能。

25.2.4 电梯的井道壁、底面、顶板应使用不燃、坚固、无粉尘的材料建造。

25.2.5 电梯的底坑内应设置排水设施，并不应漏水、渗水；当采用液压电梯时，底坑应具有集油装置。

25.2.6 当选用液压电梯时，机房宜设在井道的侧面，并应符合现行行业标准《液压电梯》JG 5071的有关规定。当液压梯在室外设置时应设置液压部分的冬季防冻保温装置。

25.2.7 电梯的各项设施应符合现行行业标准《无障碍设计规范》GB 50763的有关规定。

25.2.8 当电梯兼做消防梯时，其设施应符合消防电梯的功能，供电应采用一级负荷。

25.2.9 电梯内部应安装视频监视装置。

Ⅱ 主要技术要求及参数

25.2.10 电梯额定载重不应小于800kg。

25.2.11 电梯的额定速度不应小于0.63m/s。

25.2.12 电梯的开门宽度不宜小于1m，并宜选用双扇中分门。

25.2.13 电梯采用的电线、电缆应符合本规范第15.4.1条的规定。

Ⅲ 主要土建技术要求

25.2.14 电梯的井道可采用钢筋混凝土结构或采用其他结构类型。

25.2.15 当采用无机房电梯且井道顶部暴露于室外时，该部分井道不宜采用透明结构形式。

25.2.16 电梯井道应根据产品要求在土建工程中设置预埋件、预留孔、预留槽和起重吊环。

25.2.17 电梯的安装位置应避开土建结构的诱导缝和变形缝。

25.3 轮椅升降机

Ⅰ 一般规定

25.3.1 露天出入口应选用室外型轮椅升降机。

25.3.2 轮椅升降机设置处宜设置摄像监视装置。

25.3.3 轮椅升降机应接受 BAS 的监视。

25.3.4 轮椅升降机应具备乘客自行操作条件，并应设置与车站控制室的可视对讲装置。

Ⅱ 主要技术要求及参数

25.3.5 轮椅升降机平台面应采用防滑材料，平台四周应设护栏。

25.3.6 轮椅升降机的额定速度宜为 0.15m/s。

25.3.7 轮椅升降机的额定载重不应小于 250kg。

25.3.8 轮椅升降机运行时所占用宽度不宜大于 1.2m，上下停靠位置可根据具体土建情况采用直线、90°或 180°等停靠方式。

25.3.9 轮椅升降机采用的电线、电缆应符合本规范第 15.4.1 条的规定。

26 站 台 门

26.1 一 般 规 定

26.1.1 新建线路的车站宜设站台门，并应具备安装站台门系统的接口条件。

26.1.2 站台门系统应由门体、门机、电源及控制四部分组成。

26.1.3 站台门的类型应根据气候环境条件、车站建筑形式、服务水平、通风与空调制式等因素综合选定。

26.1.4 站台门系统的设计应遵循安全、可靠、可维护、可扩展的原则。

26.1.5 站台门在设计荷载作用下应符合本规范第 5 章的有关规定。

26.1.6 站台门系统主要装置应便于在站台侧进行维护、维修。

26.1.7 站台门不得作为防火隔离装置。

26.1.8 地下车站站台门系统的绝缘材料、密封材料和电线电缆等应采用无卤、低烟的阻燃材料；地面和高架车站站台门系统的绝缘材料、密封材料和电线电缆等应采用低卤、低烟的阻燃材料。

26.1.9 站台门系统的配置及控制模式宜与车站其他系统相结合，并应满足各种运营模式的要求。

26.1.10 站台门设置区域不宜有变形缝；站台门跨越变形缝时其门体结构应采取相应的构造措施。

26.1.11 站台门电气控制设备的防护等级应与环境条件相适应。

26.1.12 站台门的整体钢结构使用寿命不应少于 30 年。

26.1.13 站台门系统应满足电磁兼容性要求。

26.1.14 站台门系统应具备与信号、综合监控（或环境与设备监控）、车辆、低压配电等系统的接口条件。

26.2 主要技术指标

26.2.1 滑动门开、关过程时间应与列车门的开关过程时间相匹配，且在一定范围内可调节，重复精度不应大于 0.1s。

26.2.2 站台门噪声峰值不应超过 70dBA。

26.2.3 滑动门、应急门、端门的手动解锁力不应大于 67N。

26.2.4 手动开启单边滑动门的动作力不应大于 150N。

26.2.5 系统的平均无故障运行周期不应小于 60 万个周期，可按下式计算：

$$平均无故障运行周期 = \frac{所有滑动门总的运行周期/年}{故障次数/年}$$

(26.2.5)

26.2.6 运行强度应符合每天运行 20h、每 90s 开/关 1 次，且全年连续运行的要求。

26.2.7 站台门体结构在地铁环境的最不利载荷效应组合情况下，门体弹性变形应满足工程要求，且结构不应出现永久变形。各种荷载的取值应符合下列规定：

　　1 站台门站台设备自重应按实际重量取值；

　　2 地面车站或高架车站的站台门，所承受风荷载应按工程所在地风荷载标准值计算；地下车站的站台门风荷载应根据工程设计荷载取值；

　　3 站台门人群挤压力应按其 1.1m～1.2m 高度处，垂直施加于门体结构 1000N/m 的挤压力取值；

　　4 站台门门体应进行冲击力测试，可按现行国家标准《建筑用安全玻璃》GB 15763.2 的有关规定执行；

　　5 地震作用的烈度应按当地抗震设防烈度取值。

26.2.8 站台门动力学参数应符合下列要求：

　　1 门体的加、减速度值应能达到 1m/s²；

　　2 阻止滑动门关闭的力不应大于 150N（匀速运动区间）；

　　3 每扇滑动门的最大动能不应大于 10J；

　　4 每扇滑动门关门的最后 100mm 行程最大动能不应大于 1J。

26.3 布置与结构

26.3.1 站台门应包括固定门、滑动门、应急门，每侧站台门的两端宜各设一樘端门。

26.3.2 站台门的滑动门与列车客室门在位置、数量上均应对应。

26.3.3 每樘滑动门净开度应计算信号系统的停车精度，且不应小于列车门的净开度。单扇端门的最小开度不应小于 0.9m，单扇应急门净开度不应小于 1.1m。

26.3.4 高站台门中的滑动门、应急门的净高度不应低于 2m；低站台门门体的高度不应低于 1.2m。

26.3.5 在站台门范围内的适当位置应设置应急门，站台每侧应急门的数量宜为远期列车编组数。

26.3.6 滑动门、应急门、端门应能可靠锁闭，在站台侧可用专用钥匙开启，在轨道侧应能手动开启。

26.3.7 站台门门体外观宜与车站建筑风格相适应。门体应由金属框架、安全玻璃等组成，框架外露面宜采用铝合金或不锈钢等金属材料制成；玻璃应选用通透性好的安全玻璃。

26.3.8 站台门与车站结构的连接部分宜具有三维调节功能，强度、刚度应满足设计要求。

26.3.9 在正常的列车停车精度范围内，站台门在开、关门状态下不应影响列车司机出入。

26.3.10 驱动电机宜选用直流永磁电机，其功率应保证最不利条件下站台门可正常开关。

26.4 运行与控制

26.4.1 站台门控制系统应主要由中央控制盘、就地控制盘、门控单元、就地控制盒、控制局域网和接口模块组成。

26.4.2 整列站台门的控制优先权应从低到高排列，可分为下列等级：

　　1　信号系统对站台门进行开关控制；

　　2　就地控制盘对站台门进行开关控制；

　　3　通过紧急控制盘对站台门进行开关控制。

26.4.3 站台门监控系统应以车站为单位独立设置，并应采用开放的通信协议。

26.4.4 站台门的重要状态及故障信息应上传至本站车站控制室和控制中心。

26.4.5 中央控制盘和接口模块宜布置在站台门设备室，就地控制盘宜布置在每侧站台出站端。

26.4.6 站台门的控制及监视应分别设置，关键命令及响应应通过硬线传输。监视系统应能实现监视站台门系统的状态。

26.4.7 站台门应具有障碍物探测功能，应探测到厚度为 5mm～10mm，且最小宽度为 40mm 的硬障碍物。

26.4.8 在中央控制盘和门控单元上可进行参数的下载及修改。

26.4.9 应用软件应能调整电机速度曲线、门体夹紧力阈值、重复开关门延迟时间和重复开关门次数等参数，并应具有故障自动诊断、自动报警的功能。

26.5 供电与接地

26.5.1 站台门系统应按一级负荷供电。驱动电源和控制电源供电回路宜相互独立。

26.5.2 站台门驱动后备电源储能，应能满足在 30min 内至少完成开、关滑动门三次循环的需要。

26.5.3 站台门系统控制电源模块宜采用冗余配置。

26.5.4 驱动电源、控制电源与外电源的隔离阻抗不应小于 5MΩ。

26.5.5 站台门配电电缆、控制电缆的线槽应相互独立。

26.5.6 站台门设备室设备应采用综合接地，接地电阻不应大于 1Ω。

26.5.7 站台门与列车车厢宜保持等电位，当与钢轨有联接需求时，等电位要求应符合下列规定：

　　1　站台门与钢轨应采用单点等电位连接，门体与钢轨连接等电位电阻值不应大于 0.4Ω；

　　2　正常情况下人体可触及的站台门金属构件应与车站结构绝缘，门体与车站结构之间的绝缘电阻不应小于 0.5MΩ。每侧站台门应保持整体等电位。

26.5.8 当站台门与列车车厢无等电位要求时，站台门应通过接地端子接地，接地电阻不应大于 1Ω。

27　车　辆　基　地

27.1　一般规定

27.1.1 车辆基地设计应包括车辆段（停车场）、综合维修中心、物资总库、培训中心和其他生产、生活、办公等配套设施。

27.1.2 车辆基地的功能、布局和各项设施的配置，应根据本工程的运营需要、城市轨道交通线网车辆基地的规划布置和既有车辆基地的功能及分布情况，实现线网车辆基地的资源共享。

27.1.3 车辆基地设计，应初、近、远期结合，分期实施。用地范围应在站场道路和房屋规划布置的基础上按远期规模确定。

27.1.4 车辆基地的选址应符合下列要求：

　　1　用地应与城市总体规划协调一致；

　　2　应有良好的接轨条件；

　　3　用地面积应满足功能和布置的要求，并应具有远期发展余地；

　　4　应具有良好的自然排水条件；

　　5　应便于城市电力、给排水及各种管线的引入和城市道路的连接；

　　6　宜避开工程地质和水文地质不良的地段。

27.1.5 车辆基地设计，应贯彻节约用地、节约能源和资源的方针。

27.1.6 车辆基地设计应有完善的消防设施。总平面布置、房屋设计和材料、设备的选用等应符合现行国家标准《建筑设计防火规范》GB 50016 的有关规定。

27.1.7 车辆基地设计应对所产生的废气、废液、废渣和噪声等进行综合治理，并应符合国家现行相关标准的规定。

　　环境保护设施应与主体工程同时设计、同时施工、同时投产。

27.1.8 车辆基地设计涉及既有河道、水利设施，既有道路、规划道路及重要管线迁改时，应取得水利，水务及市政相关部门的认可，相关迁改设施应与本工程同时施工。

27.1.9 车辆基地应具有外来物资、设备及新车进入的运输条件，有条件时应连接国家铁路的专用线；车辆基地内应有运输、消防道路，并应有不少于两个与外界道路相连通的出入口。运输道路、消防道路与线路设有平交道时，应在道口前安装安全警示标识及限高、限载标识牌。

27.1.10 车辆基地需进行物业开发时，应明确开发内容、性质和规模。总平面布置应在保证车辆基地功能和规模的基础上，对车辆基地的各项设备、设施与物业开发的内容进行统一规划，并应结合车辆基地内外道路的合理衔接及相关市政配套设施的规划，进行技术经济比较和效益分析。

27.2　车辆段与停车场的功能、规模及总平面布置

27.2.1 车辆段与停车场的功能与设置应符合下列要求：

　　1　车辆段可根据其作业范围分为大、架修段和定修段，大、架修段应为承担车辆的大修和架修及其以下修程作业；定修段应为承担车辆的定修及其以下修程作业；

　　2　停车场应主要承担列检和停车作业，必要时可承担双周/三月检及临修作业。

27.2.2 车辆段与停车场设计应以车辆的技术条件和参数为依据。

27.2.3 车辆检修宜采用日常维修和定期检修相结合的检修制度。

　　车辆日常维修和定期检修的修程和周期应根据车辆技术条件、车辆的质量和既有车辆基地的检修经验制定。新建地铁工程的车辆检修修程和检修周期应符合表 27.2.3 的规定。

表 27.2.3　车辆检修修程和检修周期

类别	检修修程	日常维修和定期检修周期指标		检修时间（d）
		走行里程（万 km）	时间间隔	
定期检修	大修	120	10 年	35
	架修	60	5 年	20
	定修	15	1.25 年	7
日常维修	三月检	3	3 月	2
	双周检	0.5	0.5 月	0.5
	列检	—	每天或两天	—

注：1　表中检修时间按部件互换修确定；
　　2　设计中检修周期，应采用年走行里程指标；
　　3　可行性研究报告阶段可采用时间间隔指标。

27.2.4　车辆段应按下列作业范围设计：

1　列车管理和编组工作；

2　列车停放、列检、双周/三月检及清扫洗刷、定期消毒等日常维修保养工作；

3　段内配属列车的乘务工作；

4　车辆的定修、架修和大修等定期检修及检修后的列车试验；

5　车辆的临修；

6　段内设备、机具的维修和调车机车、工程车等的整备及维修。

27.2.5　停车场应按下列作业范围设计：

1　列车管理工作；

2　列车停放、列检、清扫洗刷、定期消毒等日常维修保养工作，必要时可包括双周/三月检及临修工作；

3　场内配属列车的乘务工作。

27.2.6　车辆段内设备的大修宜就近委托专业工厂承担。有条件时，车辆的大修也可委托地铁车辆制造厂或修理厂承担。

27.2.7　车辆段与停车场出入线的设计，应符合下列要求：

1　出入线应在车站接轨，并宜选在线路的终点站或折返站；必要时也可根据车辆基地的位置和接轨条件，按八字形两站接轨；

2　出入线应按双线、双向运行设计，并应避免切割正线；困难条件下，规模等于或小于 12 列位的停车场出入线可按单线设计；

3　出入线与正线间的接轨形式，应满足正线设计运能要求；

4　出入线设计，应根据行车和信号的要求，留有必要的信号转换作业长度。

27.2.8　车辆段、停车场的设计应满足功能和能力的要求，设计规模应根据车辆技术条件，配属列车编组和数量、检修周期和检修时间计算确定。

27.2.9　车辆段各修程工作量计算时，应计入检修不平衡系数。

检修不平衡系数应符合下列规定：

1　双周、三月检应为 1.2；

2　定修、架修、大修应为 1.1。

27.2.10　车场线是车辆段、停车场内线路的统称，包括运用和检修库线、调机及工程车库线、试车线、洗车线、吹扫线、镟轮线、平板车停放线、待修车和车竣车存放线、走行线、牵出线、回转线及国铁专用线等，应根据作业需要设置。

车场线的配备和布置应满足功能需要、工艺要求，并应做到安全、方便、经济合理。

27.2.11　车场线的线路平面及纵断面设计，应符合下列规定：

1　出入线及国铁专用线应符合下列要求：

1）最小曲线半径，A 型车不应小于 250m，B 型车不应小于 200m；困难时不应小于 150m；

2）最大坡度为 35‰；

3）竖曲线半径为 2000m。

2　试车线应为平直线路，困难时，在满足试车速度要求条件下可设适当曲线。

3　车场其他线路应符合下列要求：

1）最小曲线半径不应小于 150m，其中使用调机作业的牵出线最小曲线半径不宜小于 300m；

2）曲线间夹直线最小长度可为 3m；

3）线路宜设于平道上，困难时库外线路的坡度可按不大于 1.5‰设计。

27.2.12　车场线轨道设计应符合下列要求：

1　钢轨及道岔设计应符合下列规定：

1）出入线采用 60kg/m 钢轨、9 号道岔；

2）车场线采用 50kg/m 钢轨、7 号系列道岔；

3）试车线当试车速度大于 80km/h 时，应采用 60kg/m 钢轨、9 号道岔。

2　道岔轨型应与连接线路轨型一致，两组道岔间插入短钢轨不应小于 4.5m，困难时可为 3m。

3　道床设计应符合下列规定：

1）出入线及试车线道床，地面线宜采用混凝土枕有砟道床；地下线、高架线宜用无砟道床；无砟道床与有砟道床衔接处设道床过渡段；

2）库内线路应采用无砟道床；

3）库外线路可用混凝土枕有砟道床。

4　扣件设计应符合下列规定：

1）无砟道床应采用弹性分开式扣件；

2）混凝土枕有砟道床宜采用铁路定型的弹条扣件；

5　轨枕铺设及数量应符合下列规定：

1）车辆段与停车场线路宜铺设钢筋混凝土轨枕；必要时，道岔区可采用Ⅱ类油浸防腐蚀木枕；

2）轨枕数量，出入线每公里铺设 1680 根；其他车场线每公里铺设 1440 根；采用架空线路或设立柱式检查坑线路，应根据结构计算确定。

6　车挡设置及轨道附属设备应符合下列规定：

1）库内宜采用简易车挡；

2）试车线应采用缓冲滑动式车挡；

3）其他库外线路可采用固定式车挡；

4）高架出入线曲线防脱护轨的设置应按本规范第 7.7 节的有关规定办理；

5）曲线地段设置轨距杆或轨撑，线路和道岔设置防爬设备的条件和数量可按现行国家标准《铁路线路设计规范》GB 50090 的有关规定办理。

27.2.13　车辆基地总平面布置应以车辆段或停车场为主体，并应根据车辆运用、检修的作业要求和段（场）址的地形条件，维修中心、物资总库、培训中心和其他生产、生活、办公设施的布局，以及道路、管线、消防、环保、绿化等要求，结合当地气象条件，按有利生产、方便管理和生活的原则进行统筹安排、合理布置。

27.2.14　车辆段生产房屋布置应以运用及检修库为核心，各辅助生产房屋应根据生产性质按系统布置；与运用和检修作业关系密切的辅助生产房屋宜分别布置在相关车库的侧跨内或邻近地点；性质相同或相近的房屋宜合并设置。

27.2.15　车辆段空气压缩机间、变配电所、给水所和锅炉房等动力房屋，宜靠近相关的负荷中心布置。

27.2.16　产生噪声、冲击振动或易燃、易爆的车间宜单独设置；产生粉尘和有害气体的房间或设施宜布置在常年主导风向的下风侧，并宜远离生活、办公区；排出的有害气体、粉尘、废液应符合国家现行有关环境保护及卫生标准的规定。

27.2.17　车辆基地内出入线、试车线、洗车线和镟轮线及车场线群外侧，应设通透的隔离栅栏。

27.2.18　车辆段的生产机构应根据运营管理模式确定，可设运用车间、检修车间和设备车间。

27.2.19　车辆段、停车场应根据生产和管理的需要，配备相应的辅助生产房屋和乘务员公寓、办公楼、食堂、浴室、职工更衣休息室及卫生设施，以及汽车停车几个字场和自行车棚等配套设施。

乘务员公寓宜靠近运用库附近设置，与其他楼宇合设时，房屋应隔开，应设单独楼梯，并应作隔声处理。

27.2.20 车辆基地应设围蔽设施，其设计宜结合当地的环境要求，选用安全、实用、美观的材料和结构形式。

27.3 车辆运用整备设施

27.3.1 车辆段运用整备设施应根据生产需要配备停车列检库（棚）、双周/三月检库和列车清洗洗刷及相应线路和必要的办公、生活房屋和设施。

27.3.2 双周/三月检库宜与停车列检库（棚）合建组成运用库，也可单独设置或与定修库等检修厂房合建组成联合检修库。

27.3.3 运用库的规模应按近期需要确定，并应预留远期发展条件。其中双周/三月检库远期扩建困难时，可按远期规模一次建成。

27.3.4 停车列检库设计的总列位数，应按本段（场）配属列车数扣除在修列数和双周/三月检列位数计算确定；列检列位数设计不应大于停车列检库总列位数的50%。

27.3.5 停车库（棚）应根据当地气象条件和运营要求设计。多雨地区宜设棚，寒冷地区或风沙地区应设库，当露天停车对运营和作业无影响时，停车股道可按露天设计；停车股道按露天设计时，应设司机上下车的道路和遮雨设施。

27.3.6 运用库各库每线的列位数应符合下列规定：

1 库型为尽端式布置时，停车、列检线应按一列位或两列位设计；双周/三月检线应按一列位设计，困难时可按两列位设计。

2 库型为贯通式布置时，停车、列检线应按两列位或三列位设计；双周/三月检线应按两列位设计，困难时可按三列位设计。

27.3.7 运用库各种库线均应根据车辆的受电方式设置架空接触网或地面接触轨。

27.3.8 地面接触轨应分段设置并加装安全防护罩。停车、列检库和双周/三月检库线采用架空接触网时，每线列位之间和库前均应设置隔离开关或分段器，并应设置送电时的信号显示或音响设施。

27.3.9 列检列位应设检查坑，列检检查坑的设计应符合下列规定：

1 坑深宜为1.3m～1.5m；

2 检查坑两端应设阶梯踏步，坑内应有良好的排水设施；

3 列检检查坑的长度不应小于下式的计算值：

$$L_j = L + 4 \qquad (27.3.9)$$

式中：L_j——检查坑长度（m）；

L——列车长度（m）；

4——附加长度（m），包括停车误差1m和检查坑两端阶梯踏步各1.5m。

27.3.10 双周/三月检库内线路应设柱式检查坑，并应根据作业要求，设置车顶作业平台和中间作业平台。设计应符合下列规定：

1 柱式检查坑深度，钢轨内侧宜为1.3m～1.5m，钢轨外侧宜为1.1m；两端应设踏步或斜坡道，坑内应有良好的排水设施；

采用接触轨供电时，在安装接触轨同侧的轨外不宜设置检查坑；

2 车顶作业平台和中间作业平台的结构尺寸，应根据车辆结构和作业要求确定。作业平台两侧应有安全防护设施；

3 采用接触网供电时，上车顶作业平台门的开关应与接触网隔离开关连锁，兼作两线作业的车顶作业平台中间应设隔离栅栏；

4 双周/三月检库宜有1列～2列位设调试外接电源设备。

27.3.11 各车库的长度应分别按下列公式计算，并应结合厂房组合情况和建筑、结构设计要求作适当调整，并不应小于下列公式的计算值：

1 停车库（棚）计算长度，可按下式计算：

$$L_{tk} = (L + 1) \times N_t + (N_t - 1) \times 8 + 9$$
$$(27.3.11-1)$$

式中：L_{tk}——停车库（棚）计算长度（m）；

（$L+1$）——列车长度加停车误差1m（m）；

N_t——每条线停车列位数；

8——停车列位之间通道宽度（m）；

9——停车库两端横向通道总宽度（m）。

2 列检库（棚）计算长度，可按下式计算：

$$L_{jk} = L_j \times N_j + (N_j - 1) \times 8 + 9 \qquad (27.3.11-2)$$

式中：L_{jk}——列检库（棚）长度（m）；

L_j——检查坑长度（m）；

N_j——每条线列检列位数；

8——列检列位之间通道宽度（m）；

9——列检库两端横向通道总宽度（m）。

3 双周/三月检库计算长度，可按下式计算：

$$L_{yk} = (L + 1) \times N_y + (N_y - 1) \times 8 + 25$$
$$(27.3.11-3)$$

式中：L_{yk}——月检库计算长度（m）；

（$L+1$）——列车长度加停车误差1m（m）；

N_y——每条线月检列位数；

8——月检列位之间通道宽度（m）；

25——月检库设计附加长度（m）。

27.3.12 车辆段应设机械洗车设施，配属车超过12列的停车场也可设置机械洗车设施。

机械洗车设施应包括洗车机、洗车线路和生产房屋，其设计应符合下列要求：

1 洗车机宜采用通过式，其功能应满足车辆两侧和端部（驾驶室）的洗刷要求，并应具有清水清洗及化学洗涤剂功能；

2 洗车线路宜布置在入段线端运用库前或运用库侧按通过式设计。当地形受限制时，可结合段内布置情况按尽端式或八字形往复式布置；

3 列车洗车作业时的速度宜为3km/h～5km/h；

4 采用接触网供电时，洗车线宜按接触网供电设计，洗车库两端应设接触网隔离开关；采用接触轨供电时，洗车库内线路应为不设接触轨的无电区；

5 北方严寒地区及风沙地区应设洗车库，北方寒冷地区的洗车库应有供暖设施；其他地区可设洗车棚或按露天设计；

6 洗车库（棚）的长度、宽度和高度应根据洗车机的作业要求确定；

7 洗车线在洗车库前后一辆车长度范围应为直线；

8 应根据洗车设备的要求配备辅助生产房屋；

9 洗车线有效长度应按下列公式计算确定：

1）尽端式洗车线有效长度：

$$L_{js} = 2L + L_s + 10 \qquad (27.3.12-1)$$

式中：L_{js}——尽端式洗车线有效长度（m）；

$2L$——洗车机设备前后各一列车长度（m）；

L_s——洗车机长度（包括联锁设备）（m）；

10——线路终端安全距离（m）。

2）贯通式洗车线有效长度：

$$L_{ts} = 2L + L_s + 12 \qquad (27.3.12-2)$$

式中：L_{ts}——贯通式洗车线有效长度（m）；

$2L$——洗车机设备前后各一列车长度（m）；

L_s——洗车机长度（包括联锁设备）（m）；

12——信号设备设置附加长度（m）。

27.3.13 车辆段、停车场应根据车场线路布置和作业需要设牵出线，其数量应根据作业量确定。

牵出线的有效长度不应小于下式的计算值：

$$L_q = L_{qc} + L_n + 10 \qquad (27.3.13)$$

式中：L_q——牵出线有效长度（m）；

L_{qc}——通过牵出线的列车总长度（m）；

L_n——调车机车长度（m）；

10——牵出线终端安全距离（m）。

27.3.14 车辆场、停车场各种车库有关部位的最小尺寸，宜符合表27.3.14的规定。

表27.3.14 各车库有关部位最小尺寸（m）

项目名称＼车库种类	停车库	列检库	周月检库	定临修库	大架修库	油漆库	调机车库
车体之间通道宽度（无柱）	(1.6) 1.4	(2.0) 1.8	3	4	4.5	2.5	2
车体与侧墙之间的通道宽度	(1.5) 1.4	(2.0) 1.6	3	3.5	4	2.5	1.7
车体与柱边通道宽度	(1.3) 1.2	(1.8) 1.4	2.2	3	3.2	2.2	1.5
库内前、后通道净宽	4	4	5	5	5	3	3
车库大门净宽	B＋0.6						
车库大门净高	H＋0.4						

注：1　B为车辆或调车机车的宽度；
2　H为车辆高度（受电弓电动车按受电弓落弓高度计算）或调车机车的高度；车库大门净高未计入受电弓升弓进库状态下的高度；
3　调车机车库为单线库时，车体与侧墙（或柱）表面之间的距离应有一侧不小于2m；
4　静调库各部分尺寸按定修库设计；
5　表中停车库、列检库括号内尺寸适用于接触轨供电的车辆，并列数值适用于架空。

27.3.15 车辆段、停车场运用库按贯通式库型设计时，应设联系车场两端咽喉区的走行线。

27.3.16 车辆段、停车场应根据列车日常维修作业的需要，配备车辆车载通信信号设备的维修、车辆内部清扫、工具存放、备品存放和工作人员更衣休息等生产、办公、生活房屋。生产、办公、生活房屋宜设于运用库的侧跨内或邻近地点。

27.3.17 车辆段、停车场内各房屋，应根据工艺要求设动力、照明、给排水及消防等设施。

27.3.18 车辆段、停车场内列车运转调度、检修调度和防灾调度宜合并设置为车辆段调度中心（DCC）。调度中心应设有站场信号和正线行车调度作业的显示装置。

27.3.19 在列检库检查坑内应在一侧设动力及安全照明插座。检查坑内固定照明灯具不应影响作业。

27.3.20 车辆段、停车场内应设乘务员公寓，其规模应根据早晚运行列车乘务人员人数确定。

27.4　车辆检修设施

27.4.1 车辆检修设施应包括定修库、大架修库、临修库、不落轮镟轮库、列车吹扫设施和辅助生产房屋及设施，并应根据其功能和检修工艺要求设置，同时应符合下列规定：

1　定修段应设定修库、临修库，并应根据需要设不落轮镟轮库及相应线路和辅助生产房屋；

2　大架修除应设置定修段各种生产房屋外，尚应根据车辆检修要求设大架修架落车库、检修库、静调库和转向架、电机、电器、钩缓、受电弓、空调、制动及蓄电池等部件检修分间，并应根据需要设油漆库。

27.4.2 车辆段的定修库、大架修库和临修库均不应设置接触网或接触轨供电。定修段需在定修库内进行升弓调试作业时，应在库端设移动接触网。

27.4.3 定修库规模应根据定修工作量和检修时间计算确定。其设计应符合下列规定：

1　车辆定修宜采用定位作业，列位的长度可按单元车解钩

的作业设计；

2　定修列位宜设通长宽型检查坑，股道内侧坑深宜为1.3m～1.5m，坑内应有排水设施。股道外侧检查坑宽宜按车辆宽度加1.0m设计，坑深宜为0.8m～1.0m；

3　定修库宽度应符合本规范表27.3.14的有关规定；

4　定修库长度不应小于下式的计算值：

$$L_{dk} = L + N_d \times 1 + 16 \qquad (27.4.3)$$

式中：L_{dk}——定修库计算长度（m）；

N_d——列车单元数；

1——列车单元解钩后车钩检修作业所需距离（m）；

16——定修库设计附加长度（m）。

27.4.4 临修库设计应符合下列规定：

1　临修列位应设检查坑，坑深宜为1.3m～1.5m，检查坑内应有安全照明和排水设施；

2　库内股道两侧应根据架车作业的需要设置块状或条状架车基础；

3　临修库宽度应符合本规范表27.3.14的有关规定；

4　临修库长度不应小于下式的计算值：

$$L_{lk} = L + L_z + 20 \qquad (27.4.4)$$

式中：L_{lk}——临修库计算长度（m）；

L_z——转向架长度（m）；

20——临修库设计附加长度（m）。

27.4.5 静调库设计应符合下列规定：

1　静调库的长度、宽度和检查坑的设计可按定修库设计；

2　库内应设调试用的外接电源设备；

3　采用接触网供电系统的静调线应设接触网供电，库前应设隔离开关；

4　静调库应设局部单侧车顶作业平台及安全防护设施；

5　宜在静调线上设车辆轮廓检测装置。线路应为零轨。

27.4.6 架修库和大修库的规模应根据各厂程的检修作业量、检修时间计算确定。厂房的布置和尺寸应根据厂房组合形式确定，并应满足工艺流程和检修作业的要求。

27.4.7 定修库、临修库、架修库和大修库均应设电动桥式或梁式起重机和必要的搬运设备。起重机的起重量应满足工艺和检修作业的要求；起重机走行轨的高度应根据车辆高度、架车方式、架车高度、车顶作业要求和起重机的结构尺寸计算确定。

27.4.8 临修库、架修库和大修库均应根据作业要求设架车设备。架修库和大修库应根据作业需要选用地下式固定架车机组或其他形式的架车设备。临修库可选用移动式架车机。

27.4.9 各种检修库的库前股道宜设一段平直线路，其长度应满足车辆进出库时车辆外侧各部距库门净距不小于150mm的要求。

27.4.10 镟轮库及其线路的设计应符合下列规定：

1　镟轮库及其线路应结合总工艺流程和厂房组合情况合理布置，可单独设置，也可与检修厂房合并设置；当镟轮库与其他检修厂房合并设置时，宜以实体隔墙隔开；

2　镟轮库的尺寸应满足设备安装和镟轮作业的需要；

3　北方寒冷地区镟轮库应设有供暖设施；

4　镟轮库宜根据设备检修及安装要求设置起重设备；

5　镟轮线的有效长度，应满足列车所有车辆的轮对镟修工作的要求，设备前后应有一辆车长度的直线段；

6　镟轮线应根据作业的需要配置公铁两用车或其他牵引设备。

27.4.11 车辆段应配备调车机车和调机库，设计应符合下列规定：

1　调车机车的台数应能满足段内调车作业的需要，并应有一台备用机车；

2　调机的牵引能力应满足牵引远期一列车在空载状态下通过全线最大坡度地段的要求；

3　调机库的规模应按远期配备调车机车台数确定，库内宜

有一个台位的检查坑，库内应根据作业需要设一台 2t 单梁起重机和必要的检修设施。

调机库长度应按下式计算确定，有检修作业时，其库长宜增加 7m：

$$L_{nk} = (L_n + 2) \cdot N_n + (N_n - 1) \times 4 + 7 \quad (27.4.11)$$

式中：L_{nk}——调机库计算长度（m）；

$(L_n + 2)$——调机长度加停车误差 2m（m）；

N_n——每条线停放调机台数；

4——两调机检修台位之间通道宽度（m）；

7——调机台位距车库前后横向通道宽（m）。

27.4.12 车辆段应设试车线，其设计应符合下列要求：

1 试车线的有效长度应根据车辆性能和技术参数及试车综合作业要求计算确定。试车线两端应设缓冲滑动式车挡；

2 试车线应为平直线路，困难时线路端部可根据该线段的试车速度设置适当的曲线；试车线的其他技术标准应与正线标准应一致；

3 试车线宜在适当位置设置检查坑和试车设备房屋，试车线检查坑长度不应小于 1/2 列车长度加 5m，检查坑深度应为 1.2m～1.5m，坑内应有照明和良好的排水设施；

4 试车线应根据列车的供电方式设接触网或接触轨供电，并应单独设隔离开关。

27.4.13 车辆段应设吹扫设施，其设计应符合下列要求：

1 吹扫设施宜包括吹扫线、吹扫作业平台和吹扫设备；吹扫作业平台应设有防护栏，平台的结构尺寸，应根据车辆结构和作业要求确定；

2 吹扫设备应根据吹扫作业的要求选用成熟可靠产品，并应根据作业和设备的要求配备辅助生产房屋；

3 北方严寒地区或设备有要求时应设吹扫库，其他地区可设吹扫棚或按露天设计。北方寒冷地区的吹扫库应有供暖设施；

4 吹扫库（棚）的长度、宽度和高度应根据吹扫作业要求确定。

27.4.14 油漆库应设置通风设备，并应采取消防和环保措施。库内电气设备均应符合防爆要求。

27.4.15 大、架修段转向架间的设计应符合下列要求：

1 转向架间应毗邻架修库设置，并应设有转向架和轮对等零部件的检修、清洗、试验和探伤设备；

2 转向架间规模和检修台位应根据转向架检修任务量、作业方式和检修时间计算确定；

3 转向架间内应设 10t 电动桥式起重机；

4 转向架间内或附近应设轮对存放间存放备用轮对和待修轮对。备用轮对的数量不应小于同时检修车辆所需轮对的 2 倍；待修轮对存放数量可根据本段轮对加工能力确定；

5 轮对存放间内应设不小于 2t 的电动起重机。

27.4.16 大、架修段电机间应邻近转向架间设置，间内应根据作业需要配备电机分解、检测、清洗和组装设备，以及必要的起重运输设备，其中电机试验间与其电源应毗邻设置，并应采取降噪、隔声措施。有条件时，电机可外委专业工厂检修。

27.4.17 定修段应配置备用转向架存放场地，其存放数量应根据定修、临修任务量确定。

27.4.18 车辆段蓄电池间设计应符合下列要求：

1 蓄电池间的规模应满足地铁车辆蓄电池检修和充电需要，并宜根据需要承担段内调车机车、工程车、蓄电池运搬车和汽车的蓄电池检修和充电；

2 蓄电池间应设有电源室、蓄电池检修室、充电室、药品储存室和值班室；

3 检修室和充电室应有通风、给排水设施；

4 酸性蓄电池充电室应为防酸地面，并应与其他房屋隔断和采取防爆措施。

27.4.19 车辆段电器间、制动间和空调检修间，应根据其作业要求配备相应的检修设备和起重运输设备。

27.4.20 车辆段应设材料、备品仓库，并应配备起重和运输设备。

27.5 车辆段设备维修与动力设施

27.5.1 车辆段设备维修与动力设施应包括设备维修车间和相应管理部门，其工作范围应包括下列内容：

1 全段机电设备的管理和中、小修程的检修工作；

2 全段各种生产工具的维修和管理工作；

3 段内技术更新改造和小型非标准设备的制作任务。

27.5.2 车辆段生产设备应实行统一管理、集中检修。有条件时，设备的大修宜对外委托或与外部协作进行。

27.5.3 车辆段设备维修应根据段内机电设备和动力设施维护、检修的需要配备必要的金属切削与加工设备、电焊与气焊设备、电器检测设备、管道维修设备和起重运输设备等。车辆段设的通用设备宜合并设置。

27.5.4 空压机房间的空压机应选择低噪声、节能型产品，其压力和容量应根据用风设备的要求确定。

27.5.5 车辆段应根据工艺的要求和当地的具体情况设置供暖、通风和空调设施。供暖地区宜利用城市集中供热系统。独立设计锅炉房时，应符合现行国家标准《锅炉房设计规范》GB 50041 的有关规定。

27.6 综合维修中心

27.6.1 综合维修中心应满足全线线路、路基、轨道、桥梁、涵洞、隧道、房屋建筑和道路等设施的维修、保养，以及供电、通信、信号、机电设备和自动化设备的维修和检修工作的需要。

27.6.2 地铁线路、桥涵、房屋建筑、道路等设施和机电设备的维修应利用地方资源，大修宜对外委托当地专业队伍或工厂承担。

27.6.3 综合维修中心根据其规模和工作范围可分为维修中心、维修工区和维修组。维修中心宜设于车辆段级的基地内，可分别在相关的停车场设维修工区或维修组。维修工区和维修组应隶属于维修中心管理设计。

27.6.4 维修中心宜根据各专业的性质分设工务与建筑、供电、通信与信号、机电和自动化等车间。

27.6.5 维修中心应根据生产的需要配备生产房屋、仓库和必要的办公、生活房屋。房屋的布置应根据作业性质结合总平面布置的具体情况合理布局。其生产房屋宜合建为维修综合楼；办公房屋宜与车辆段办公房屋合建为综合办公楼。食堂、浴室等生活房屋应与车辆段同类设施合并设置。

27.6.6 综合维修中心的变电所、空压机间和供热、供水设施，应利用车辆段相关设备和设施。

27.6.7 维修中心应根据各专业的作业内容配备必要的设备和轨道检测车、接触网检修车、磨轨车、轨道车及平板车等工程车辆，并应配备相应的线路和工程车库。

27.6.8 轨道检测车、接触网检修车、磨轨车和轨道车等大型工程车辆，应按资源共享原则配备。

27.7 物资总库

27.7.1 地铁系统应设物资总库，物资总库应承担地铁系统材料、配件、设备和机具及劳保用品等的采购、存放、发放任务和管理工作。

27.7.2 物资总库宜设在大、架修车辆段内，可在定修段或停车场内分别设物资分库或材料库。

27.7.3 物资总库、物资分库应设有各种仓库、材料棚和必要的办公、生活房屋，并应设有材料堆放场地。大、架修车辆段内的物资总库宜设立体仓储设备。

27.7.4 各种仓库的规模应根据所需存放材料、配件和设备的种类和数量确定。材料堆放场地宜采用硬化地面。

27.7.5 不同性质的材料和设备宜按分库存放设计；存放易燃品

的仓库宜单独设置，并应符合现行国家标准《建筑设计防火规范》GB 50016 及《高层民用建筑设计防火规范》GB 50045 的有关规定。

27.7.6 物资总库、物资分库和材料库应根据需要配备起重设备和汽车、蓄电池车等运输车辆。

27.7.7 物资总库宜单独设置围墙或围蔽结构。

27.7.8 物资总库生活设施应利用车辆段的设施。

27.8 培 训 中 心

27.8.1 培训中心应负责组织和管理职工的技术教育和培训工作，一个地铁系统应只设一个培训中心，需要时经论证可对培训中心补强或增设第二培训中心。

27.8.2 培训中心宜设于车辆基地内，对职工的实作操作培训宜利用车辆基地的既有设施，生活设施应利用车辆基地的设施。

27.8.3 培训中心应设司机模拟驾驶装置及其他系统模拟设施，并应设教室、实验室、图书室、阅览室和教职员工办公和生活用房，以及必要的教学设备和配套设施。

27.9 救 援 设 施

27.9.1 车辆基地内应设救援办公室，并应配备相应的救援设备和设施。救援办公室应受地铁控制中心指挥。

27.9.2 救援办公室应设置值班室。值班室应设电钟、自动电话和无线通信设备，以及直通地铁控制中心的防灾调度电话。

27.9.3 救援用的轨道车辆宜利用车辆段和综合维修中心的车辆，并应根据救援需要设置专用地面工程车和指挥车。

27.10 站 场 设 计

27.10.1 站场线路路基宽度、路拱形状、路堤、路堑及边坡等设计，应符合本规范第 8 章的有关规定。

27.10.2 站场线路路肩高程应根据基地附近内涝水位和周边道路高程设计。沿海或江河附近地区车辆基地的车场线路路肩设计高程不应小于 1/100 洪水频率标准的潮水位、波浪爬高值和安全高之和。

27.10.3 路基排水系统应符合下列要求：

1 站场路基面应设倾向排水系统的横向坡度，宜采用 2% 锯齿形横坡；

2 站场路基排水系统宜采用重力自流排水方式，有条件时应排入城市排水系统。段内排水设备应采用排水沟、排水管相结合的形式。建筑密集区应采用暗管排水，股道间应采用盖板排水沟；

3 检查坑和室外电缆沟的排水宜利用地形采用自然排水，困难时应自成体系，应采用集中机械提升排水方式排入路基排水系统、城市排水管网或附近河沟；

4 站场雨水排水系统的设计，应使纵向和横向排水设备紧密配合，并应使水流径路短而顺直；

5 排水设备的数量应根据地区年降雨量、站场汇水面积、路基纵横断面和出水口等因素确定；

6 纵向排水坡度不应小于 2‰，穿越股道时，横向排水槽的坡度不应小于 5‰；

7 站场路基及排水设计应符合国家现行标准《铁路路基设计规范》TB 10001 和《室外排水设计规范》GB 50014 的有关规定。

28 防 灾

28.1 一 般 规 定

28.1.1 地铁应具有针对火灾、水淹、风灾、地震、冰雪和雷击等灾害的预防措施，并应以预防火灾为主。

28.1.2 地铁控制中心应具有所辖线路的防灾调度指挥功能。

28.1.3 地铁车站应配备防灾设施；车辆基地应配备防灾与救援设施。

28.1.4 地铁针对火灾应贯彻"预防为主，防消结合"的方针。一条线路、一座换乘车站及其相邻区间的防火设计应按同一时间发生一次火灾计。

28.1.5 车站站台、站厅和出入口通道的乘客疏散区内不得设置商业场所，除地铁运营、服务设备、设施外，也不得设置妨碍乘客疏散的设备、设施及其他物体。

28.1.6 当地铁开发地下商业时，商业区与站厅间应划分成不同的防火分区，防火设计应符合现行国家标准《建筑设计防火规范》GB 50016 的有关规定。

28.2 建 筑 防 火

28.2.1 地铁各建（构）筑物的耐火等级应符合下列规定：

1 地下的车站、区间、变电站等主体工程及出入口通道、风道的耐火等级应为一级；

2 地面出入口、风亭等附属建筑，地面车站、高架车站及高架区间的建、构筑物，耐火等级不得低于二级；

3 控制中心建筑耐火等级应为一级；

4 车辆基地内建筑的耐火等级应根据其使用功能确定，并应符合现行国家标准《建筑设计防火规范》GB 50016 的有关规定。

28.2.2 防火分区的划分应符合下列规定：

1 地下车站站台和站厅公共区应划为一个防火分区，设备与管理用房区每个防火分区的最大允许使用面积不应大于 1500m²；

2 地下换乘车站当共用一个站厅时，站厅公共区面积不应大于 5000m²；

3 地上的车站站厅公共区采用机械排烟时，防火分区的最大允许建筑面积不应大于 5000m²，其他部位每个防火分区的最大允许建筑面积不应大于 2500m²；

4 车辆基地、控制中心的防火分区的划分，应符合现行国家标准《建筑设计防火规范》GB 50016 的有关规定。

28.2.3 车站安全出口设置应符合下列规定：

1 车站每个站厅公共区安全出口数量应经计算确定，且应设置不少于 2 个直通地面的安全出口；

2 地下单层侧式站台车站，每侧站台安全出口数量应经计算确定，且不应少于 2 个直通地面的安全出口；

3 地下车站的设备与管理用房区域安全出口的数量不应少于 2 个，其中有人值守的防火分区应有 1 个安全出口直通地面；

4 安全出口应分散设置，当同一方向设置时，两个安全出口通道口部之间净距不应小于 10m；

5 竖井、爬梯、电梯、消防专用通道，以及设在两侧式站台之间的过轨地道不应作为安全出口；

6 地下换乘车站的换乘通道不应作为安全出口。

28.2.4 区间的安全疏散应符合下列规定：

1 每个区间隧道轨道区均应设置到达站台的疏散楼梯；

2 两条单线区间隧道应设联络通道，相邻两个联络通道之间的距离不应大于 600m，联络通道内应设并列反向开启的甲级防火门，门扇的开启不得侵入限界；

3 道床面应作为疏散通道，道床步行面应平整、连续、无障碍物。

28.2.5 两个防火分区之间应采用耐火极限不低于 3h 的防火墙和甲级防火门分隔，在防火墙设有观察窗时，应采用甲级防火窗；防火分区的楼板应采用耐火极限不低于 1.5h 的楼板。

28.2.6 消防泵房、污水泵房、废水泵房、厕所、盥洗室等面积可不计入防火分区面积。

28.2.7 站台和站厅公共区内任一点，与安全出口疏散的距离不得大于 50m。

28.2.8 公共区内设于付费区与非付费区之间的栏杆应设栏栅门，检票口和栅栏门的总通行能力应与站台至站厅疏散能力相匹配。

28.2.9 车站的装修材料应符合下列规定：

1 地下车站公共区和设备与管理用房的顶棚、墙面、地面装修材料及垃圾箱，应采用燃烧性能等级为 A 级不燃材料；

2 地上车站公共区的墙面、顶棚的装修材料及垃圾箱，应采用 A 级不燃材料，地面采用不低于 B₁ 级难燃材料。设备与管理用房区内的装修材料，应符合现行国家标准《建筑内部装修设计防火规范》GB 50222 的有关规定；

3 地上、地下车站公共区的广告灯箱、导向标志、休息椅、电话亭、售检票机等固定服务设施的材料，应采用不低于 B₁ 级难燃材料。装修材料不得采用石棉、玻璃纤维、塑料类等制品。

28.2.10 安全出口、楼梯和疏散通道的宽度和长度，应符合下列规定：

1 供人员疏散的出口楼梯和疏散通道的宽度，应按本规范第 9 章的有关规定计算确定；

2 设备与管理用房区房间单面布置时，疏散通道宽度不得小于 1.2m，双面布置时不得小于 1.5m；

3 设备与管理用房直接通向疏散走道的疏散至安全出口的距离，当房间疏散门位于两个安全出口之间时，疏散门与最近安全出口的距离不应大于 40m；当房间位于袋形走道两侧或尽端时，其疏散门与最近安全出口的距离不应大于 22m；

4 地下出入口通道的长度不宜超过 100m，当超过时应采取满足人员消防疏散要求的措施。

28.2.11 车站站台公共区的楼梯、自动扶梯、出入口通道，应满足当发生火灾时在 6min 内将远期或客流控制期超高峰小时一列进站列车所载的乘客及站台上的候车人员全部撤离站台到达安全区的要求。

28.2.12 提升高度不超过三层的车站，乘客从站台层疏散至站厅公共区或其他安全区域的时间，应按下式计算：

$$T = 1 + \frac{Q_1 + Q_2}{0.9[A_1(N-1) + A_2 B]} \leqslant 6\text{min} \quad (28.2.12)$$

式中：Q_1——远期或客流控制期中超高峰小时 1 列进站列车的最大客流断面流量（人）；

Q_2——远期或客流控制期中超高峰小时站台上的最大候车乘客（人）；

A_1——一台自动扶梯的通过能力（人/min·m）；

A_2——疏散楼梯的通过能力（人/min·m）；

N——自动扶梯数量；

B——疏散楼梯的总宽度（m），每组楼梯的宽度应按 0.55m 的整倍数计算。

28.2.13 地下车站消防专用通道及楼梯间应设置在有车站控制室等主要管理用房的防火分区内，并应方便到达地下各层。地下超过三层（含三层）时，应设防烟楼梯间。

28.2.14 地下车站的地面出入口、风亭等附属建筑，车辆基地出入线敞口段，以及地上车站、区间和附属建筑与相邻建筑的防火间距和消防车道的设置，应按现行国家标准《建筑设计防火规范》GB 50016 和《高层民用建筑设计防火规范》GB 50045 的有关规定执行。与汽车加油加气站的防火间距应符合现行国家标准《汽车加油加气站设计与施工规范》GB 50156 的有关规定。

28.2.15 防火卷帘与建筑物之间的缝隙，以及管道、电缆、风

管等穿过防火墙、楼板及防火分隔物时，应采用防火封堵材料将空隙填塞密实。

28.2.16 重要设备用房应以耐火极限不低于 2h 的隔墙和耐火极限不低于 1.5h 的楼板与其他部位隔开。

28.3 消防给水与灭火

28.3.1 地铁的消防给水水源应采用城市自来水，当沿线无城市自来水时，可采用其他消防给水水源。

28.3.2 地铁消防给水系统的设计，应符合本规范第 14.1 节的有关规定。

28.3.3 消火栓给水系统用水量定额应符合下列规定：

1 地下车站（含换乘车站）应为 20L/s；

2 地下车站出入口通道、折返线及地下区间隧道应为 10L/s；

3 地面和高架车站应符合现行国家标准《建筑设计防火规范》GB 50016 的有关规定。

28.3.4 地铁消防给水系统，应结合地铁给水水源等因素确定，宜按下列要求确定：

1 当城市自来水的供水量能满足消防用水的要求，而供水压力不能满足消防用水压力的要求时，应设消防增压、稳压设施，当地消防和市政部门许可时，可不设消防水池，从市政管网直接引水；

2 当城市自来水的供水量不能满足消防用水量要求或城市自来水管网为枝状管网时，地下车站及地下区间应设消防增压、稳压设施和消防水池；地面和高架车站消防设施及消防水池的设置，应符合现行国家标准《建筑设计防火规范》GB 50016 的有关规定；

3 换乘车站消防给水系统宜采用一套系统；

4 地面车站、高架车站消火栓给水系统采用消防泵加压供水时，应设置稳压装置和气压罐，可不设高位水箱。

28.3.5 地下车站及其相连的地下区间、长度大于 20m 的出入口通道、长度大于 500m 的独立地下区间，应设室内消火栓给水系统。

28.3.6 地下车站设置的商铺总面积超过 500m² 时，应按现行国家标准《自动喷水灭火系统设计规范》GB 50084 的有关规定设置自动喷水灭火系统。

28.3.7 消防给水管道的设置应符合下列要求：

1 地下车站和地下区间的室内消火栓给水系统应设计为环状管网；地下区间上下线应各设置 1 根消防给水管，在地下车站端部和车站环状管网应相接；

2 地下区间两条给水干管之间是否设置连通管应经过技术经济比较确定；

3 地面和高架车站室内消火栓超过 10 个，且室外消防用水量大于 15L/s 时，应设计为环状管网；

4 车站室内消火栓环状管应有 2 根进水管与城市自来水环状管网或消防水泵连接；

5 消防枝状管道上设置的消火栓数量不应超过 4 个。

28.3.8 地铁室内消火栓的设置应符合下列要求：

1 消火栓口径应为 DN65，水枪喷嘴直径应为 19mm，每根水龙带长度应为 25m，栓口距地面、楼板或道床面高度应为 1.1m；

2 车站的消火栓，宜设单口单阀消火栓，困难地段可设双口双阀消火栓箱；

3 地下区间隧道的消火栓，宜设消火栓口，可不设消火栓箱，但水龙带和水枪应放在邻近车站站台端部专用消火栓箱内；

4 消火栓的布置应保证每个防火分区同层有两只水枪的充实水柱同时到达室内任何部位；

5 地下车站水枪充实水柱长度不应小于 10m，地面、高架车站水枪充实水柱长度应符合现行国家标准《建筑设计防火规范》GB 50016 的有关规定；

6 消火栓的间距应按计算确定，但单口单阀消火栓不应超过30m，双口双阀消火栓不应超过50m。地下区间隧道（单洞）内消火栓的间距不应超过50m。人行通道内消火栓间距不应超过30m；

7 消火栓口的静水压力和出水压力应符合现行国家标准《建筑设计防火规范》GB 50016的有关规定；

8 车站、车辆基地的消火栓与灭火器宜共箱设置，箱内应配备衬胶水龙带和水枪、自救式消防软管卷盘和灭火器；

9 当消火栓系统由消防水泵加压供给时，消火栓处应设水泵启动按钮。

28.3.9 消防给水系统管网上的阀门设置，应符合现行国家标准《建筑设计防火规范》GB 50016的有关规定。

28.3.10 地下区间消防给水干管的布置，采用接触轨供电时，宜设在接触轨的对侧，必须与接触轨同侧时，管道与接触轨的最小净距，当接触轨电压为750V时不应小于50mm，当接触轨电压为1500V时不应小于150mm；采用架空接触网供电时，可设在隧道行车方向的任一侧。管道、阀门和消火栓的位置不得侵入设备限界。

28.3.11 在地下车站出入口或新风亭的口部等处明显位置应设水泵接合器，并应在距水泵接合器15m～40m范围内设置室外消火栓或消防水池取水口。

28.3.12 当车站设消防泵和消防水池时，消防水池的有效容积应满足消防用水量的要求。消火栓系统的用水量火灾延续时间应按2h计算，当补水有保证时可减去火灾延续时间内连续补充的水量。

28.3.13 设置在地下的通信及信号机房（含电源室）、变电所（含控制室）、综合监控设备室、蓄电池室和主变电所，应设置自动灭火系统。地上运营控制中心通信、信号机房、综合监控设备室、自动售检票机房、计算机数据中心应设置自动灭火系统。地面、高架车站、车辆基地自动灭火系统的设置，应按现行国家标准《建筑设计防火规范》GB 50016及《高层民用建筑设计防火规范》GB 50045的有关规定执行。

28.3.14 地铁工程应按现行国家标准《建筑灭火器配置设计规范》GB 50140的有关规定配置灭火器。

28.3.15 管材及附件的设置应符合下列规定：

1 消防给水管宜采用球墨铸铁给水管、热镀锌钢管或经国家固定灭火系统质量监督检验测试中心检测合格的其他管材；

2 室外埋地给水管道宜采用球墨铸铁给水管；

3 过轨敷设的管道宜采用球墨铸铁管、厚壁不锈钢管等耐腐蚀、防杂散电流性能较好的管材；

4 当消防给水管道接口采用柔性连接方式明装敷设时，应在转弯处设置固定设施或采用法兰接口。

28.3.16 消防设备的监控应符合下列规定：

1 消火栓泵组应在车站控制室显示消火栓泵的运行状态、手/自动状态、故障状态，在车站控制室应能控制消防泵的启停，消防泵应采用启泵按钮启动及车站控制室远程启动的启动方式；

2 自动灭火系统应具备自动控制、手动控制及紧急机械操作三种启动功能。

28.4 防烟、排烟与事故通风

28.4.1 地下车站及区间隧道内必须设置防烟、排烟和事故通风系统。

28.4.2 下列场所应设置机械防烟、排烟设施：

1 地下车站的站厅和站台；

2 连续长度大于300m的区间隧道和全封闭车道；

3 防烟楼梯间和前室。

28.4.3 下列场所应设置机械排烟设施：

1 同一个防火分区内的地下车站设备与管理用房的总面积超过200m²，或面积超过50m²且经常有人停留的单个房间；

2 最远点到车站公共区的直线距离超过20m的内走道；连续长度大于60m的地下通道和出入口通道。

28.4.4 连续长度大于60m，但不大于300m的区间隧道和全封闭车道宜采用自然排烟，当无条件采用自然排烟时，应设置机械排烟。

28.4.5 地面和高架车站应采用自然排烟；当确有困难时，应设置机械排烟。

28.4.6 当防烟、排烟和事故通风系统与正常通风空调系统合用时，通风空调系统应采取防火措施，且应符合防烟、排烟系统的要求，并应具备事故工况下的快速转换功能。

28.4.7 防烟、排烟系统与事故通风应具有下列功能：

1 当区间隧道发生火灾时，应背着乘客主要疏散方向排烟，迎着乘客疏散方向送新风；

2 当地下车站的站厅、站台发生火灾时，应具备防烟、排烟、通风功能；

3 当列车阻塞在区间隧道时，应对阻塞区间进行有效通风；

4 当地面或高架车站发生火灾时，应具备排烟功能；

5 当设备与管理用房发生火灾时，应具备防烟、排烟、通风功能。

28.4.8 地下车站的公共区，以及设备与管理用房，应划分防烟分区，且防烟分区不得跨越防火分区。站厅与站台的公共区每个防烟分区的建筑面积不宜超过2000m²，设备与管理用房每个防烟分区的建筑面积不宜超过750m²。

28.4.9 防烟分区可采取挡烟垂壁等措施。挡烟垂壁等设施的下垂高度不应小于500mm。

28.4.10 地下车站站台、站厅火灾时的排烟量，应根据一个防烟分区的建筑面积按1m³/m²·min计算。当排烟设备需要同时排除两个或两个以上防烟分区的烟量时，其设备能力应按排除所负责的防烟分区中最大的两个防烟分区的烟量配置。当车站站台发生火灾时，应保证站厅到站台的楼梯和扶梯口处具有能够有效阻止烟气向上蔓延的气流，且向下气流速度不应小于1.5m/s。

28.4.11 地下车站的设备与管理用房、内走道、长通道和出入口通道等需设置机械排烟时，其排烟量应根据一个防烟分区的建筑面积按1m³/m²·min计算，排烟区域的补风量不应小于排烟量的50%。当排烟设备负担两个或两个以上防烟分区时，其设备能力应根据最大防烟分区的建筑面积按2m³/m²·min计算的排烟量配置。

28.4.12 区间隧道火灾的排烟量，应按单洞区间隧道断面的排烟流速不小于2m/s且高于计算的临界风速计算，但排烟流速不得大于11m/s。

28.4.13 区间隧道事故、排烟风机、地下车站公共区和车站设备与管理用房排烟风机，应保证在250℃时能连续有效工作1h；烟气流经的风阀及消声器等辅助设备应与风机耐高温等级相同。

28.4.14 地面及高架车站公共区和设备与管理用房排烟风机应保证在280℃时能连续有效工作0.5h，烟气流经的风阀及消声器等辅助设备应与风机耐高温等级相同。

28.4.15 列车阻塞在区间隧道时的送排风量，应按区间隧道断面风速不小于2m/s计算，并应按控制列车顶部最不利点的隧道温度低于45℃核核确定，但风速不得大于11m/s。

28.4.16 地面和高架车站公共区和设备与管理用房采用自然排烟时，排烟口应设置在上部，其可开启的有效排烟面积不应小于该场所建筑面积的2%，排烟口的位置与最远排烟点的水平距离不应超过30m。

28.4.17 区间隧道和全封闭车道采用自然排烟时，排烟口应设置在上部，其有效排烟面积不应小于顶部投影面积的5%，排烟口的位置与最远排烟点的水平距离不应超过30m。

28.4.18 在事故工况下参与运转的设备，从静止状态转换为事故工况状态所需的时间不应超过30s，从运转状态转换为事故工况状态所需的时间不应超过60s。

28.4.19 在事故工况下需要开启或关闭的设备，启、闭所需的时间不应超过 30s。

28.4.20 排烟口的风速不宜大于 10m/s。

28.4.21 当排烟干管采用金属管道时，管道内的风速不应大于 20m/s，采用非金属管道时不应大于 15m/s。

28.4.22 通风空调系统下列部位应设置防火阀：

1 风管穿越防火分区的防火墙及楼板处；

2 每层水平干管与垂直总管的交接处；

3 穿越变形缝且有隔墙处。

28.5 防灾通信

28.5.1 地铁公务电话交换机应具有火警时能自动转换到市话网"119"的功能；同时，地铁内应配备在发生灾害时供救援人员进行地上、地下联络的无线通信设施。

28.5.2 控制中心应设置防灾无线控制台，列车司机室应设置防灾无线通话台，车站控制室、站长室、保安室及车辆基地值班室应设置无线通信设备。

28.5.3 控制中心应设置防灾广播控制台，车站控制室、车辆基地值班室应设置广播控制台。

28.5.4 控制中心和车站控制室应设置监视器和控制键盘。

28.5.5 地铁应设消防专用调度电话，防灾调度电话系统应在控制中心设调度电话总机，并应在车站及车辆基地设分机。

28.5.6 地铁通信系统的设计，应具备火灾时能迅速转换为防灾通信的功能。

28.6 防灾用电与疏散照明

28.6.1 消防用电设备应按一级负荷供电，并应在末级配电箱处设置自动切换装置。当发生火灾而切断生产、生活用电时，消防设备应能保证正常工作。

28.6.2 地下线路应急照明的连续供电时间不应小于 60min。

28.6.3 防灾用电设备的配电设备应有明显标志。

28.6.4 照明器标明的高温部位靠近可燃物时，应采取隔热、散热等防灾保护措施。可燃物品库房不应设置卤钨灯等高温照明器。

28.6.5 下列部位应设置应急疏散照明：

1 车站站厅、站台、自动扶梯、自动人行道及楼梯；

2 车站附属用房内走道等疏散通道；

3 区间隧道；

4 车辆基地内的单体建筑物及控制中心大楼的疏散楼梯间、疏散通道、消防电梯间（含前室）。

28.6.6 下列部位应设置疏散指示标志：

1 车站站厅、站台、自动扶梯、自动人行道及楼梯口；

2 车站附属用房内走道等疏散通道及安全出口；

3 区间隧道；

4 车辆基地内的单体建筑物及控制中心大楼的疏散楼梯间、疏散通道及安全出口。

28.6.7 为防灾设备、应急照明和疏散指示灯供电采用的电缆或电线，应符合本规范第 15.4.1 条的规定。

28.6.8 疏散指示标志的设置应符合下列要求：

1 疏散通道拐弯处、交叉口、沿通道长向每隔不大于 10m 处，应设置灯光疏散指示标志，指示标志距地面应小于 1m；

2 疏散门、安全出口应设置灯光疏散指示标志，并宜设置在门洞正上方；

3 车站公共区的站台、站厅乘客疏散路线和疏散通道等人员密集部位的地面上，以及疏散楼梯台阶侧立面，应设蓄光疏散指示标志，并应保持视觉连续。

28.7 其他灾害预防与报警

28.7.1 地铁车站出入口及敞口低风井等口部的防淹措施，应满足当地防洪排涝要求。

28.7.2 洞口及露天出入口的防淹措施，应按本规范第 14.3 节

的有关规定执行。

28.7.3 地铁工程下穿河流、湖泊等水域时的防淹措施应按本规范第 1.0.23 条的规定执行。

28.7.4 地铁地面及高架有关建筑工程的防雷措施及其他电气要求，应按本规范第 15 章的有关规定执行。

28.7.5 地面及高架线路的架空线路与架空接触网设置应满足防风要求。

28.7.6 地铁杂散电流腐蚀的防护，应满足本规范第 15.7 节的有关规定。

28.7.7 地下、高架及地面结构的抗震设计，除应符合本规范的有关规定外，尚应符合国家现行有关地面建筑抗震设计标准的规定。

28.7.8 寒冷地区的地面及高架线路和暴露于室外的自动扶梯上下平台应采取防冰雪措施。

28.7.9 地铁车站及沿线的各排水泵站、排雨泵站、排污水泵站应设危险水位报警装置。

28.7.10 地铁应具备接当地气象部门气象预报的功能。

28.7.11 地铁应具备接收本地区地震预报部门的电话报警或网络通信报警功能。

29 环境保护

29.1 一般规定

29.1.1 地铁工程设计应达到国家和地方污染物排放标准的规定，并应符合城市环境功能区划及相关环境质量标准的要求。

29.1.2 地铁噪声应符合下列规定：

1 列车及设备运行噪声影响应符合现行国家标准《声环境质量标准》GB 3096 的有关规定。车辆基地及停车场厂界噪声应符合现行国家标准《工业企业厂界环境噪声排放标准》GB 12348 的有关规定；

2 车辆选型应符合现行国家标准《地铁车辆通用技术条件》GB/T 7928 有关噪声的规定。车辆司机室、客室内噪声应符合现行国家标准《城市轨道交通列车噪声限值和测量方法》GB 14892 的有关规定；

3 车站站台内列车进、出站噪声应符合现行国家标准《城市轨道交通车站站台声学要求和测量方法》GB 14227 的有关规定。车站在无列车的情况下，其站台、站厅环境噪声不得超过 70dBA；

4 地铁各类管理用房的环境噪声应符合现行国家标准《工业企业噪声控制设计规范》GBJ 87 的有关规定。

29.1.3 地铁振动应符合下列规定：

1 列车运行振动影响应符合现行国家标准《城市区域环境振动标准》GB 10070 的有关规定；

2 地铁沿线建筑物室内二次辐射噪声应符合现行行业标准《城市轨道交通引起建筑物振动与二次辐射噪声限值及其测量方法标准》JGJ/T 170 的有关规定；

3 地铁沿线文物建筑的振动速度应符合现行国家标准《古

建筑防工业振动技术规范》GB/T 50452 的有关规定。

29.1.4 110kV 及以上电压等级的变电所工频电场、工频磁场电磁环境，应符合现行行业标准《500kV 超高压送变电工程电磁辐射环境影响评价技术规范》HJ/T 24 的有关规定。

29.1.5 车辆基地及停车场废水、废气排放应符合下列规定：

1 车辆基地、停车场的生产废水、生活污水，以及沿线车站的生活污水排放，应达到现行国家标准《污水综合排放标准》GB 8978 和地方水污染物排放标准的有关规定。

2 车辆冲洗用水应符合现行国家标准《城市污水再生利用 城市杂用水水质》GB/T 18920 的有关规定。

3 车辆基地废气排放应符合现行国家标准《锅炉大气污染物排放标准》GB 13271 的有关规定。

29.2 规划环境保护

29.2.1 地铁规划应符合城市与区域环境保护等相关规划，并应按环境保护要求，合理规划线路走向和线位布局，综合比选敷设方式及线路埋深。

29.2.2 地铁规划设计应根据地铁建设规划环境影响报告书的结论及其审查意见，其线路、车站、车辆基地与停车场的选线、选址，应避开自然保护区、饮用水水源保护区、生态功能保护区、风景名胜区、基本农田保护区，以及文物保护建筑等需要特殊保护的地区。结构主体宜避绕文教区、医院、敬老院等特别敏感的社会关注区域，地下线路宜避免下穿环境敏感建筑。地铁规划设计未能采纳环境影响报告书结论及其审查意见时，设计中应说明原因。

29.2.3 地铁规划线路穿越中心城区、外围组团中心区或已建、拟建居住、医疗、文教区时，应采用地下敷设方式。中心城区以外沿线环境条件允许的地段宜采用高架或地面敷设的方式，且线路宜沿城市既有道路或规划道路布置。

29.2.4 地铁规划设计应按沿线土地利用规划，并应根据工程环境影响报告书确认的环境噪声、振动等标准的规定，其线位、站位、风亭、冷却塔和 110kV 及以上电压等级的地面变电所与环境敏感建筑之间的距离，应满足噪声、振动、电磁防护的要求。

29.2.5 已建成的地铁线路两侧进行城市规划时，其地铁噪声、振动、电磁防护距离范围内不宜规划建设居住、文教、医疗、科研等环境敏感建筑。需要规划建设居住、文教、医疗、科研等环境敏感建筑时，应由建设单位按地铁噪声、振动、电磁防护要求间隔相应的距离，必要时应采取减轻和避免环境影响的措施。

29.3 工程环境保护

29.3.1 地铁工程的线位、站位、风亭、冷却塔、110kV 及以上电压等级的变电所的选线选址，应结合工程项目特点及沿线环境条件，根据工程环境影响报告书及其批复意见，按环境保护要求，确定工程选址位置和预留环境防护距离。

29.3.2 当地铁采用地上线路穿越居民区、文教区时，应使线路两侧敏感点环境噪声达到表 29.3.2 规定的环境噪声限值标准。当不能满足标准要求时，应采取相应的降噪措施。

表 29.3.2 地上线敏感点的环境噪声限值

声环境功能区类别	各环境功能区敏感点	噪声限值（dBA）	
		昼间	夜间
0 类	康复疗养区等特别需要安静的区域的敏感点	50	40
1 类	居住、医疗、文教、科研区的敏感点	55	45
2 类	居住、商业、工业混合区的敏感点	60	50
3 类	工业区的敏感点	65	55
4a 类	城市轨道交通两侧区域（地上线）的敏感点	70	55

29.3.3 当地铁以隧道形式穿越居民区、文教区时，应使线路上方及两侧敏感点环境振动达到表 29.3.3-1 规定的环境振动限值标准；敏感点室内二次辐射噪声应符合表 29.3.3-2 的规定。当不能满足标准要求时，应采取相应的轨道减振措施。

表 29.3.3-1 地下线敏感点的环境振动限值

各环境功能区敏感点	建筑物类型	振动限值（dB）	
		昼间	夜间
居民、文教区、机关的敏感点	Ⅰ、Ⅱ、Ⅲ类	70	67
商业与居民混合区、商业集中区、交通干线两侧的敏感点	Ⅰ、Ⅱ、Ⅲ类	75	72

表 29.3.3-2 地下线敏感点室内二次辐射噪声限值

区域	昼间（dBA）	夜间（dBA）
0 类	38	35
1 类	38	35
2 类	41	38
3 类	45	42
4 类	45	42

29.3.4 地上风亭、冷却塔与敏感建筑之间的噪声防护距离应符合表 29.3.4 的规定。当防护距离不能满足要求时，应在常规消声、降噪设计的基础上强化噪声防护措施。

表 29.3.4 风亭、冷却塔距敏感建筑物的噪声防护距离

声环境功能区类别	各环境功能区敏感点	风亭、冷却塔边界与敏感建筑物的水平间距（m）	噪声限值（dBA）	
			昼间	夜间
1 类	居住、医疗、文教、科研区的敏感点	≥30	55	45
2 类	居住、商业、工业混合区的敏感点	≥20	60	50
3 类	工业区的敏感点	≥10	65	55
4a 类	城市轨道交通两侧区域的敏感点	≥10 *	70	55

注：* 在有条件的新区，宜不小于 15m。

29.3.5 地面设置的 110kV 及以上电压等级的变电所宜远离居民区等敏感建筑，其边界与敏感建筑物的水平间距宜大于 30m，且不应小于 15m。

29.3.6 车辆基地应合理布局，其试车线的布置应避开居民区等敏感建筑，对周边环境的影响应符合噪声限值标准的规定。

29.4 环境保护措施

29.4.1 地铁工程环境保护措施应包括噪声与振动控制、电磁防护、污水处理、生态保护等措施。

29.4.2 地铁环境保护措施设计应遵循统一规划、合理布局、综合治理、防治结合的原则。

29.4.3 地铁环境保护措施应根据建设项目环境影响报告书，以及环境保护主管部门批复意见所确认的环境保护目标及其污染防治要求确定。当地铁线路走向、敷设方式或沿线敏感目标等发生重大变动时，应按重新报批的建设项目环境影响评价文件开展设计。

29.4.4 地铁环境保护措施设计目标值应根据环境影响报告书，以及当地环境保护主管部门确认的环境功能区标准或污染物排放标准确定。

29.4.5 地铁环境保护设施应根据工程设计年限，按预测的运营远期客流量和列车最大通过能力设计，应按远期实施或按近期和远期分期实施并为远期预留实施条件。

29.4.6 地铁环境保护措施应与主体工程同时设计、同时施工、同时投入使用，并应符合环境保护设施竣工验收的要求。

Ⅰ 声环境保护措施

29.4.7 地铁噪声防护措施除车辆、轨道等采取的降噪措施外，尚应包括对地面及高架线列车运行噪声影响采取声屏障降噪，以及对地下车站风机、冷却塔采取消声等措施。

29.4.8 声屏障设计应符合下列规定：

1 对于高架线沿线既有声环境保护目标，应根据运营近期的噪声预测结果，必要时应设声屏障。对于规划的声环境保护目标，必要时应预留声屏障的设置条件。

2 声屏障设计应符合现行行业标准《声屏障声学设计和测量规范》HJ/T 90 的有关规定，并应符合声学性能、安全性、稳定性及耐候性等要求。

3 声屏障的降噪效果应使声环境保护目标达到现行国家标准《声环境质量标准》GB 3096 规定的相应环境功能区昼、夜间环境噪声限值标准的要求。

4 声屏障设计目标值应由声环境保护目标处的列车运行噪声昼间等效声级、夜间运营时段等效声级预测值（不含背景噪声），与所在环境功能区昼、夜间环境噪声限值的差值确定。

5 声屏障的形式应根据线路特点及敏感点特征选定，可为直立形、折板形、弧形、T形，以及半封闭或全封闭等。

6 声屏障的长度设计，应覆盖相应的声环境保护目标。声屏障两端纵向延伸长度应使其对敏感点具有与声屏障设计插入损失相匹配的声衰减，其总长度不应小于最大列车编组长度。

7 声屏障声学构件的隔声性能设计，应符合现行国家标准《声学 建筑和建筑构件隔声测量》GB/T 19889 的有关规定，100Hz～3150Hz 的 1/3 倍频带中心频率的隔声指数（或隔声量）应为 25dBA～30dBA。

8 声屏障声学构件的吸声性能设计，应符合现行国家标准《声学 混响室吸声测量》GB/T 20247 的有关规定，采用200Hz～2500Hz 的 1/3 倍频带中心频率的吸声系数应大于0.5。双侧、单侧或上、下行线路中间设置的声屏障，均应在朝向声源一侧采取吸声结构设计。

9 声屏障构件之间、声屏障与桥梁或挡土墙之间不得有缝隙或孔洞。

10 声屏障的设置应满足限界要求。

11 声屏障材质的选用应防止由于温度变化而引起的变形、阳光或灯光照射而造成的眩光影响，并应防止其受到撞击后破碎坠落。声屏障构件应进行排水设计，吸声材料应具有不吸水、不渗水的防水（潮）性能。声屏障的形式、材料、色彩等设计应与沿线城市景观相协调。

29.4.9 风亭、冷却塔噪声防治应符合下列规定：

1 设备选型应选用符合国家现行标准《工业通风机 噪声限值》JB/T 8690 和《玻璃纤维增强塑料冷却塔》GB 7190 的有关噪声限值的风机和冷却塔的规定；

2 当风亭噪声防护距离不能满足要求时，应采取加长消声器等措施；

3 当冷却塔噪声防护距离不能满足要求时，应采取消声、隔声等综合降噪措施。

Ⅱ 振动环境保护措施

29.4.10 轨道减振措施的效果应使振动环境保护目标达到现行国家标准《城市区域环境振动标准》GB 10070 规定的昼、夜间环境振动限值标准的要求。

29.4.11 轨道减振措施的设计目标值应根据振动环境保护目标处的列车运行振动级预测值与所在环境区域昼、夜间振动限值的差值确定。

29.4.12 轨道减振措施宜根据列车通过时段的最大振动级的预测超标量进行设计，其总长度应大于环境保护目标的长度，且不应小于最大列车编组长度。

29.4.13 当地下线路穿越敏感建筑物时，应采取轨道减振措施，必要时应采取特殊轨道减振措施。

29.4.14 对于环境要求较高的线路高架路段，应同时采取桥梁及轨道等综合减振设计。

Ⅲ 水环境保护措施

29.4.15 当地铁沿线设有城市污水排水系统，且有城市污水处

理厂时，车站、车辆基地与停车场的生活污水应排入市政污水管道。

29.4.16 当车辆基地与停车场周围无城市污水排水系统时，应对生活污水进行处理，并应达到国家和地方污水排放标准后排放。

29.4.17 车辆基地与停车场含油废水必须进行厂区内污水处理，并应达到国家和地方污水排放标准后排放。

29.4.18 车辆基地洗车废水经处理后应做到循环利用，循环利用的冲洗用水水质应符合城市污水再生利用水质标准。

Ⅳ 其 他

29.4.19 地铁电磁防护措施应根据环境影响报告书及其环境保护主管部门的批复意见，进行电磁防护措施的设计。

29.4.20 110kV 及以上电压等级的变电所宜采用户内或地下建筑形式。

29.4.21 地面及高架线区间、车站、车辆基地与停车场，以及变电所周围，宜采取植树绿化等生态保护措施。

附录 A A型车限界图

A.0.1 区间或过站直线地段车辆轮廓线、车辆限界、设备限界（图 A.0.1）的坐标值，应按表 A.0.1-1～表 A.0.1-7 选取。

表 A.0.1-1 车辆轮廓线坐标值（mm）

点号	0	1	2	3	4	5	6	7	8	9
Y	0	525	798	1300	1365	1444	1450	1500	1500	1500
Z	3800	3800	3745	3504	3416	3277	3231	1800	1130	520
点号	10	11	12	13	14	15	16	17	18	19
Y	1294	811.5	811.5	708.5	708.5	676.5	676.5	626	626	450
Z	170	170	—28	—28	160	160	95	95
点号	20	21	0k	1k	2k	0s	1s	2s	3s	4s
Y	450	0	0	467	777	0	325	615	687	850
Z	160	160	3850	3850	3787	4040	4040	4022	3992	3856
点号	0a	1a	2a	3a	4a	0b	1b	2b	3b	4b
Y	0	325	615	687	850	0	325	615	687	850
Z	5000	5000	4982	4952	4816	4400	4400	4382	4352	4216

注：表中第0～9点是车体上的控制点；第10、11点是转向架上的控制点；第12～15点是车轮上的控制点；18、19两点为联结在车轴上的齿轮箱点；16、17、20点为联结在转向架构架上的信号接收设备的最低点；第0s、1s、2s、3s、4s点为隧道内受电弓控制点；第0a、1a、2a、3a、4a点为隧道外受电弓（高度5000m）控制点；第0b、1b、2b、3b、4b点为隧道外受电弓（高度4400m）控制点。

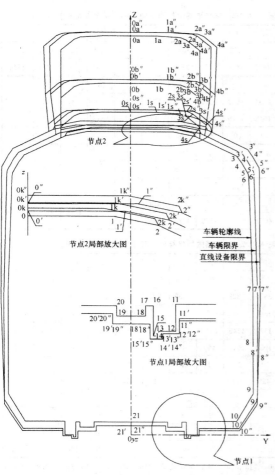

图 A.0.1　区间或过站直线地段车辆轮廓线、车辆限界和设备限界

表 A.0.1-2　车辆限界坐标值（隧道内区间直线地段）（mm）

点号	0'	1'	2'	3'	4'	5'	6'	7'	8'	9'
Y	0	593	866	1366	1430	1508	1514	1555	1552	1549
Z	3832	3833	3778	3538	3450	3311	3265	1722	1050	440
点号	10'	11'	12'	13'	14'	15'	18'	19'	20'	21'
Y	1321	835	835	732	732	654	654	425	425	0
Z	80	80	−15	−15	−47	−47	45	45	110	110
点号	0k'	1k'	2k'							
Y	0	536	845	—	—	—	—	—	—	—
Z	3882	3883	3820	—	—	—	—	—	—	—
点号	0s'	1s'	2s'	3s'	4s'	—	—	—	—	—
Y	0	403	693	765	927	—	—	—	—	—
Z	4071	4071	4053	4023	3887	—	—	—	—	—

表 A.0.1-3　设备限界坐标值（隧道内区间直线地段）（mm）

点号	0"	1"	2"	3"	4"	5"	6"	7"	8"	9"
Y	0	672	943	1438	1500	1575	1579	1586	1566	1548
Z	3878	3879	3824	3584	3496	3357	3311	1668	996	386
点号	10"	11"	12"	13"	14"	15"	18"	19"	20"	21"
Y	1329	835	835	732	732	654	654	425	425	0
Z	53	53	−15	−15	−47	−47	45	45	110	110
点号	0k"	1k"	2k"							
Y	0	616	924	—	—	—	—	—	—	—
Z	3928	3929	3866	—	—	—	—	—	—	—
点号	0s"	1s"	2s"	3s"	4s"	—	—	—	—	—
Y	0	486	775	846	1005	—	—	—	—	—
Z	4071	4071	4053	4023	3887	—	—	—	—	—

表 A.0.1-4　车辆限界坐标值（隧道外区间直线地段）（mm）

点号	0'	1'	2'	3'	4'	5'	6'	7'	8'	9'
Y	0	635	906	1403	1467	1543	1548	1570	1557	1552
Z	3832	3840	3789	3555	3468	3331	3285	1702	1030	420
点号	10'	11'	12'	13'	14'	15'	18'	19'	20'	21'
Y	1322	835	835	732	732	654	654	425	425	0
Z	72	75	−15	−15	−47	−47	45	45	110	110
点号	0k'	1k'	2k'							
Y	0	580	889	—	—	—	—	—	—	—
Z	3882	3889	3830	—	—	—	—	—	—	—
点号	0a'	1a'	2a'	3a'	4a'	0b'	1b'	2b'	3b'	4b'
Y	0	468	758	829	989	0	455	745	816	976
Z	5044	5044	5026	4996	4860	4444	4444	4426	4396	4260

注：第 0a'、1a'、2a'、3a'、4a'点及 0b'、1b'、2b'、3b'、4b'点分别为隧道外两种不同高度受电弓车辆限界坐标。

表 A.0.1-5　设备限界坐标值（隧道外区间直线地段）（mm）

点号	0"	1"	2"	3"	4"	5"	6"	7"	8"	9"
Y	0	691	962	1455	1517	1590	1595	1592	1567	1551
Z	3878	3882	3829	3591	3504	3365	3319	1656	990	384
点号	10"	11"	12"	13"	14"	15"	18"	19"	20"	21"
Y	1329	835	835	732	732	654	654	425	425	0
Z	53	53	−15	−15	−47	−47	45	45	110	110
点号	0k"	1k"	2k"							
Y	0	635	943	—	—	—	—	—	—	—
Z	3928	3931	3870	—	—	—	—	—	—	—
点号	0a"	1a"	2a"	3a"	4a"	0b"	1b"	2b"	3b"	4b"
Y	0	542	831	902	1060	0	520	809	880	1038
Z	5044	5044	5026	4996	4860	4444	4444	4426	4396	4260

注：第 0a"、1a"、2a"、3a"、4a"点及 0b"、1b"、2b"、3b"、4b"点分别为隧道外两种不同高度受电弓设备限界坐标。

表 A.0.1-6　车辆限界坐标值（隧道内过站直线地段）（mm）

点号	0'	1'	2'	3'	4'	5'	6'	7'	8'	9'
Y	0	584	857	1358	1422	1500	1506	1546	1544	1543
Z	3832	3833	3778	3537	3450	3311	3265	1770	1051	441
点号	10'	11'	12'	13'	14'	15'	18'	19'	20'	21'
Y	1320	834	834	731	731	655	655	426	426	0
Z	80	81	−15	−15	−47	−47	45	45	110	110
点号	0k	1k	2k							
Y	0	527	836	—	—	—	—	—	—	—
Z	3882	3882	3820	—	—	—	—	—	—	—
点号	0s'	1s'	2s'	3s'	4s'	—	—	—	—	—
Y	0	393	683	754	917	—	—	—	—	—
Z	4071	4071	4053	4023	3887	—	—	—	—	—

表 A.0.1-7　车辆限界坐标值（隧道外过站直线地段）（mm）

点号	0'	1'	2'	3'	4'	5'	6'	7'	8'	9'
Y	0	605	877	1376	1440	1517	1523	1555	1547	1544
Z	3832	3836	3783	3546	3459	3320	3275	1840	1044	434
点号	10'	11'	12'	13'	14'	15'	18'	19'	20'	21'
Y	1321	834	834	731	731	655	650	426	426	0
Z	76	78	−15	−15	−47	−47	45	45	110	110
点号	0k'	1k'	2k'							
Y	0	548	857	—	—	—	—	—	—	—
Z	3882	3886	3825	—	—	—	—	—	—	—
点号	0a'	1a'	2a'	3a'	4a'	0b'	1b'	2b'	3b'	4b'
Y	0	455	745	816	977	0	444	734	805	966
Z	5044	5044	5026	4996	4860	4444	4444	4426	4396	4260

注：第 0a'、1a'、2a'、3a'、4a'点及 0b'、1b'、2b'、3b'、4b'点分别为隧道外两种不同高度受电弓车辆限界坐标。

A.0.2 车站直线地段停站车辆轮廓线、车辆限界（图 A.0.2）的坐标值，应按表 A.0.2-1～表 A.0.2-3 选取。

表 A.0.2-1　车辆轮廓线坐标值（mm）

点号	0	1	2	3	4	5	6	m1	m2	m3
Y	0	525	798	1300	1365	1444	1450	1453	1505	1552
Z	3800	3800	3745	3504	3416	3277	3231	3160	3160	1801
点号	m4	m5	9	10	11	12	13	14	15	16
Y	1552	1500	1500	1294	811.5	811.5	708.5	708.5	676.5	676.5
Z	1110	1110	520	170	170	0	0	—28	—28	160
点号	17	18	19	20	21	0k	1k	2k		
Y	626	626	450	450		467	777			
Z	160	95	95	160	160	3850	3850	3787	—	—
点号	0s	1s	2s	3s	4s	0a	1a	2a	3a	4a
Y	0	325	615	687	850		325	615	687	850
Z	4040	4040	4022	3992	3856	5000	5000	4982	4952	4816
点号	0b	1b	2b	3b	4b	—	—	—	—	—
Y	0	325	615	687	850					
Z	4400	4400	4382	4352	4216					

注：表中第 0～6、9 点是车体上的控制点；m1～m5 点是开门状态下车门控制点；第 10～11 点是转向架上的控制点；第 12～15 点是车轮上的控制点；18、19 两点为联结在车轴上的齿轮箱点；16、17、20 点为联结在转向架构架上的信号接收设备的最低点；第 0s、1s、2s、3s、4s 点是隧道内受电弓控制点；第 0a、1a、2a、3a、4a 点为隧道外受电弓（高度 5000mm）控制点；第 0b、1b、2b、3b、4b 点为隧道外受电弓（高度 4400mm）控制点。

表 A.0.2-2　车辆限界坐标值（隧道内停站直线地段）（mm）

点号	0'	1'	2'	3'	4'	5'	6'	m1'	m2'	m3'
Y	0	575	848	1349	1413	1492	1498	1505	1557	1597
Z	3825	3825	3771	3530	3443	3304	3258	3181	3181	1744
点号	m4'	m5'	9'	10'	11'	12'	13'	14'	15'	18'
Y	1594	1542	1540	1318	834	834	731	731	655	648
Z	1048	1049	459	90	90	—13	—13	—45	—45	47
点号	19'	20'	21'	0k	1k	2k	—	—	—	—
Y	428	428	0	0	523	833				
Z	47	112	112	3875	3875	3813				
点号	0s	1s	2s	3s	4s	—	—	—	—	—
Y	0	389	679	751	914					
Z	4071	4071	4053	4023	3887					

表 A.0.2-3　车辆限界坐标值（隧道外停站直线地段）（mm）

点号	0'	1'	2'	3'	4'	5'	6'	m1'	m2'	m3'
Y	0	596	868	1367	1432	1509	1515	1522	1574	1604
Z	3825	3829	3776	3539	3452	3314	3268	3191	3191	1733
点号	m4'	m5'	9'	10'	11'	12'	13'	14'	15'	18'
Y	1597	1545	1542	1319	834	834	731	731	655	648
Z	1039	1040	450	86	88	—13	—13	—45	—45	47
点号	19'	20'	21'	0k'	1k'	2k'	—	—	—	—
Y	428	428	0	0	545	854				
Z	47	112	112	3875	3878	3818				
点号	0a'	1a'	2a'	3a'	4a'	0b'	1b'	2b'	3b'	4b'
Y	0	423	712	784	946	0	416	706	777	939
Z	5044	5044	5026	4996	4860	4444	4444	4426	4396	4260

注：第 0a'、1a'、2a'、3a'、4a' 点及 0b'、1b'、2b'、3b'、4b' 点分别为隧道外两种不同高度受电弓车辆限界坐标。

附录 B　B₁ 型车限界图

B.0.1 区间或过站直线地段车辆轮廓线、车辆限界和设备限界（图 B.0.1）的坐标值，应按表 B.0.1-1～表 B.0.1-7 选取。

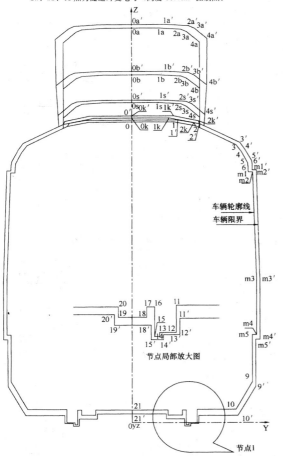

图 A.0.2　停站直线地段车辆轮廓线和车辆限界

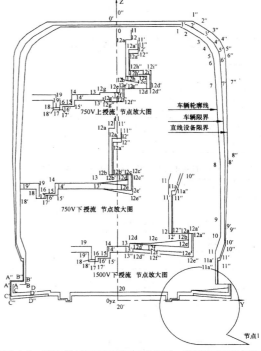

图 B.0.1　区间或过站直线地段车辆轮廓线、车辆限界和设备限界

表 B.0.1-1 车辆轮廓线坐标（mm）

点号	0	1	2	3	4	5	6	7	8	9	备注
Y	0	850	950	1129	1229	1299	1318	1341.5	1400	1400	—
Z	3800	3800	3750	3636	3538	3406	3315	2975	1860	1100	车体

其他控制点

点号	10	11	m1	m2	m3	m4	m5	m6			
Y	1400	1330	1332	1384	1393.5	1452	1452	1452			
Z	870	655	3113	3113	2975	1860	1087	1087			

点号	12	12a	12b	12c	12d	12e	12f				1500V 下授流
Y	1330	1500	1500	1184	1000	1500	1184				
Z	200	200	145	114	114	80	98				
A～D		A	B	C	D						
Y		-1330	-1431	-1500	-1184						
Z		260	88	80	98						750V 下授流

点号	13	14	15	16	17	18	19	20			
Y	1000	1318	1318	676.5	708.5	708.5	676.5	676.5			
Z	88	570	655	-25	0	0	-25	88			

续表 B.0.1-1

点号	11	12	13	14	15	16	17	18	19	20	12a	12b
Y	1318	1318	1050	811.5	811.5	708.5	708.5	676.5	676.5	0	1270	1270
Z	655	570	88	88	0	0	-25	-25	88	88	570	211
点号	12c	12d	12e	12f	12g	12h	12i	12a	12b	20	12a	12b
Y	1448	1448	1218	1218	1050	1270	1448	1270	1270	0	570	—
Z	180	140	140	105	105	247	247	570	211	88	-1050	—
A～D	D									C	D	
Y	-1050						1448	-1270	-1448	-1448		
Z	105						247	247	247	110		750V 上授流

注：
1 表中第 0～11 点是车体上的控制点；13～14 点是齿轮箱控制点；15～16 点是车辆箱面控制点，17～18 点是受电靴工作状态控制点，12c～12f 是受电靴非工作状态控制点；第 12～12d 点水平方向对受流器及车体方向分别计算，并增加控制一个点，其中 11 点水平按靴非工作状态计算，竖向按车体底悬挂物计算；13 点水平按受流器计算，竖向按照悬簧下部分计算。
2 表中第 0～12 点是车体上的控制点；m1～m6 点是受电靴非工作状态控制点，14 点是轮缘控制点，15～16 点是车辆路面控制点，17～18 点是开门状态车门控制点，12c～12d、13 点是受电靴工作状态控制点，其中 12a 点计算时水平按受流器，竖向按照车体底部悬挂物计算，13 点水平按受流器计算，竖向按照悬簧下部分计算。
3 表中第 0～12 点是车体上的控制点；12g、13～14 点是开门状态车门控制点，m1～m6 点是轴箱控制点，15～16 点是车辆箱面控制点，17～18 点是轴箱控制点，12g～12h 点是受电靴工作状态控制点；第 12a～12g 点是开门状态车门控制点，12g～12h 点是受电靴工作状态控制点；其中 12a 点计算时水平按受流器计算，竖向按照受流器变流器计算，竖向按照悬簧下部分计算。

表 B.0.1-2 车辆限界坐标值（隧道内区间直线地段）（mm）

车体控制点

点号	0'	1'	2'	3'	4'	5'	6'	7'	8'	9'	10'	备注
Y		942	1041	1218	1317	1385	1402	1421	1464	1456	1454	车体
Z	3826	3826	3777	3664	3566	3435	3344	3004	1889	1010	779	—

其他控制点

点号	11'	12'	13'	14'	15'	16'	17'	18'	19'	20'		
Y	1385	1357	1027	836	836	733	733	652	652	0		
Z	565	565	37	37	-15	-15	-44	-44	0	38		

点号	11a'	12a'	12b'	12c'	12d'	12e'	12f'	12g'	12h'	12i'		1500V 下授流
Y	1357	1527	1458	1458	1475	1077	1211	1077	1297	1475		
Z	-44	51	234	234	23	23	41	262	262	262		
A～D		A'	B'	B'	D'	12e'	D'					750V 下授流
Y		-1527	-1527	-1357	-1458	1458	-1211					
Z		275	274	234	23	23	51					750V 上授流

点号	11'	12'	12a'	12b'	12c'	12d'	12e'	12f'	12g'	12h'	12i'	
Y	1374	1374	480	480	733	836	733	836	1297	1297	1475	
Z	200	565	565	480	-44	-15	-15	-44	262	262	262	
A～D				12d'	12e'	12f'			B'	C'	D'	
Y	1374	565	1475	1475	1297	1245	1077	-1458	-1297	-1475	-1077	
Z	480	-44	140	140	262	58	262	23	63	58	—	

表 B.0.1-3 设备限界坐标值（隧道内区间直线地段）（mm）

车体控制点

点号	0"	1"	2"	3"	4"	5"	6"	7"	8"	9"	10"	备注
Y	0	1028	1126	1300	1396	1460	1476	1485	1500	1472	1464	车体
Z	3868	3868	3818	3705	3607	3475	3384	3044	1929	978	745	—

其他控制点

点号	11"	12"	13"	14"	15"	16"	17"	18"	19"	20"		
Y	1389	1039		836	733	733	652	652	0			
Z	565	44	37	-15	-15	-44	-44	0	38			

点号	11a"	12a"	12b"	12c"	12d"	12e"	12f"	12g"	12h"			1500V 下授流
Y	1365	1535	1468	1468	1485	1088	1222	1088	1305			
Z	200	-5	44	37	23	23	37	306	-5			
A～D	12"	12a"	12c"	A"	A"	B"	B"	C"	D"			750V 下授流
Y	1365	445	1307	-1466	-1534	-1364	-1539	-1470	-1223			
Z	200	-15	160	269	311	306	-5	-13	13			

点号	11"	12"	12a"	12b"	12c"	12d"	12e"	12f"	12g"	12h"	12i"	
Y	1377	1377	530	445	733	836	733	836	1088	1485	1304	
Z	445	445	-15	-15	-44	-15	-15	-44	296	296	296	
A～D			12d"	12e"	12f"	12g"	A"	B"	B"	C"	D"	
Y	1377	530	1485	1255	1256	1088	-1482	-1305	-1364	-1486	-1088	
Z	445	-44	140	140	22	22	296	264	306	27	31	750V 上授流

表 B.0.1-4 车辆限界坐标值（隧道外区间直线地段）(mm)

车体控制点

点号	0'	1'	2'	3'	4'	5'	6'	7'	8'	9'	10'	备注
Y	0	1030	1128	1302	1397	1461	1476	1484	1495	1464	1455	车体
Z	3841	3841	3792	3679	3582	3450	3359	3020	1905	1905	746	

其他控制点

点号	11'	12'	13'	14'	15'	16'	17'	18'	19'	20'	备注
Y	1391	1358	836	836	836	733	733	652	652	0	1500V
Z	531	37	37	37	-15	-15	-44	38	38	38	下授流

点号	12'	12a'	12b'	12c'	12d'	12e'	12f'	A'	B'	C'	D'	备注
Y	1358	1528	1298	1459	1029	1247	1247	1460	-1358	-1529	-1213	750V
Z	200	200	160	160	64	140	54	18	279	27	47	下授流

点号	12a'	12b'	12c'	12d'	A"	B"	C"	D"	备注
Y	1381	524	1297	1477	-1459	-1298	-1477	-1079	750V
Z	440	524	440	140	239	266	58	54	上授流

表 B.0.1-5 设备限界坐标值（隧道外区间直线地段）(mm)

车体控制点

点号	0"	1"	2"	3"	4"	5"	6"	7"	8"	9"	10"	备注
Y	0	1101	1198	1369	1463	1524	1537	1538	1525	1478	1464	车体
Z	3871	3871	3822	3708	3611	3479	3389	3049	1934	973	740	

其他控制点

点号	11"	12"	13"	14"	15"	16"	17"	18"	19"	20"	备注
Y	1365	1039	836	836	836	733	733	652	652	0	1500V
Z	526	37	37	37	-15	-15	-44	38	38	38	下授流

点号	12"	12a"	12b"	12c"	12d"	12e"	12f"	A"	B"	C"	D"	备注
Y	1535	1528	1307	1468	1038	1222	1256	1470	-1364	-1539	-1222	750V
Z	200	200	160	160	44	23	188	153	306	37	23	下授流

点号	12a"	12b"	12c"	12d"	A"	B"	C"	D"	备注
Y	1383	441	1299	1485	-1466	-1305	-1470	-1304	750V
Z	526	441	441	140	269	264	-13	291	上授流

表 B.0.1-6 车辆限界坐标值（隧道内过站直线地段）

车体控制点

点号	0'	1'	2'	3'	4'	5'	6'	7'	8'	9'	10'	备注
Y	0	927	1027	1204	1303	1371	1389	1409	1455	1447	1445	车体
Z	3842	3843	3793	3679	3582	3450	3359	3019	1904	1007	777	

其他控制点

点号	11'	12'	13'	14'	15'	16'	17'	18'	19'	20'	备注
Y	1376	1357	836	836	836	733	733	652	652	0	1500V
Z	561	37	37	37	-15	-15	-44	38	38	38	下授流

点号	12'	12a'	12b'	12c'	12d'	12e'	12f'	A'	B'	C'	D'	备注
Y	1357	1527	1297	1458	1027	1211	1245	1458	-1357	-1527	-1211	750V
Z	200	200	160	160	67	32	58	23	274	32	51	下授流

点号	12a'	12b'	12c'	12d'	A"	B"	C"	D"	备注
Y	1364	561	1297	1475	-1458	-1297	-1475	-1077	750V
Z	482	476	476	140	234	262	63	58	上授流

B.0.1-7 车辆限界坐标值（隧道外过站直线地段）

车体控制点

点号	0'	1'	2'	3'	4'	5'	6'	7'	8'	9'	10'	备注
Y	0	972	1070	1246	1343	1410	1426	1441	1470	1451	1446	车体
Z	3854	3854	3806	3694	3598	3467	3376	3037	1923	986	756	

其他控制点

点号	11'	12'	13'	14'	15'	16'	17'	18'	19'	20'	备注
Y	1379	1358	836	836	836	733	733	652	652	0	1500V
Z	541	37	37	37	-15	-15	-44	38	38	38	下授流

点号	12'	12a'	12b'	12c'	12d'	12e'	12f'	A'	B'	C'	D'	备注
Y	1358	1528	1298	1459	1029	1213	1247	1460	-1358	-1529	-1213	750V
Z	200	200	160	160	64	47	54	18	279	27	47	下授流

点号	12a'	12b'	12c'	12d'	A"	B"	C"	D"	备注
Y	1367	541	1297	1477	-1459	-1298	-1477	-1079	750V
Z	541	456	462	140	239	266	58	54	上授流

B.0.2 车站直线地段停站车辆轮廓线和车辆限界（图 B.0.2）的坐标值，应按表 B.0.2-1～表 B.0.2-2 选取。

表 B.0.2-1 车辆限界坐标值（隧道内停站直线地段）

车体控制点											
点号	0'	1'	2'	3'	4'	5'	6'	m1'	m2'	m3'	m4'	备注
Y	0	921	1021	1198	1297	1366	1384	1395	1447	1455	1503	车体部分 m1 至 m6 点坐标参见表 C.0.2-1
Z	3825	3826	3776	3662	3565	3433	3342	3140	3140	3002	1809	
点号	m5'	m6'	10'	—	—	—	—	—	—	—	—	
Y	1495	1443	1441	—								
Z	1031	1032	811	—								

其他控制点											
点号	11'	11a'	13'	14'	15'	16'	17'	18'	19'	20'	备注
Y	1373	1357	1027	834	834	731	731	654	654	0	
Z	596	596	39	39	-13	-13	-42	-42	35	35	
点号	12'	12a'	12d'	12e'	12f'	A'	B'	C'	D'	—	1500V下授流
Y	1357	1527	1027	1527	1211	-1527	-1357	-1527	-1211		
Z	200	200	67	32	51	275	275	32	51		
点号	11'	12'	14'	15'	16'	17'	18'	19'	20'	—	750V下授流
Y	1373	1361	834	834	731	731	699	699	0		
Z	600	511	39	-13	-13	-17	-17	35	35		
点号	12a'	12b'	12c'	13'	12e'	A'	B'	C'	D'	—	
Y	1297	1297	1458	1211	1458	-1458	-1297	-1458	-1211		
Z	511	160	160	39	23	234	234	32	41		
点号	11'	12'	13'	14'	15'	16'	17'	18'	19'	20'	750V上授流
Y	1318	1361	1077	834	834	731	731	699	699	0	
Z	655	511	39	39	-13	-13	-17	-17	35	35	
点号	12a'	12d'	12e'	12f'	12g'	12h'	12i'	A'	B'	C'	D'
Y	1297	1475	1245	1245	1077	1297	1475	-1475	-1297	-1475	-1077
Z	511	140	140	58	58	262	262	262	262	63	58

表 B.0.2-2 车辆限界坐标值（隧道外停站直线地段）

车体控制点											
点号	0'	1'	2'	3'	4'	5'	6'	m1'	m2'	m3'	m4'	备注
Y	0	965	1064	1240	1337	1404	1421	1429	1481	1487	1518	车体部分 m1 至 m6 点坐标参见表 C.0.2-1
Z	3838	3838	3789	3678	3582	3451	3360	3158	3159	3022	1787	
点号	m5'	m6'	10'									
Y	1499	1447	1442									
Z	1009	1010	790									

其他控制点											
点号	11'	11a'	13'	14'	15'	16'	17'	18'	19'	20'	备注
Y	1376	1358	1029	834	834	731	731	654	654	0	
Z	576	576	37	39	-13	-13	-42	-42	35	35	
点号	12'	12a'	12d'	12e'	12f'	A'	B'	C'	D'	—	1500V下授流
Y	1358	1528	1029	1529	1213	-1528	-1358	-1529	-1213		
Z	200	200	64	27	47	280	279	27	47		
点号	11'	12'	14'	15'	16'	17'	18'	19'	20'	—	750V下授流
Y	1364	1365	834	834	731	731	699	699	0		
Z	576	491	39	-13	-13	-42	-42	35	35		
点号	12a'	12b'	12c'	13'	12e'	A'	B'	C'	D'	—	
Y	1297	1298	1459	1213	1460	-1459	-1298	-1460	-1213		
Z	491	160	160	39	23	239	239	18	37		
点号	11'	12'	13'	14'	15'	16'	17'	18'	19'	20'	750V上授流
Y	1364	1365	1079	834	834	731	731	699	699	0	
Z	576	491	39	39	-13	-13	-42	-42	35	35	
点号	12a'	12d'	12e'	12f'	12g'	12h'	12i'	A'	B'	C'	D'
Y	1297	1477	1247	1247	1079	1298	1477	-1476	-1298	-1477	-1079
Z	491	140	140	54	54	266	266	266	266	58	54

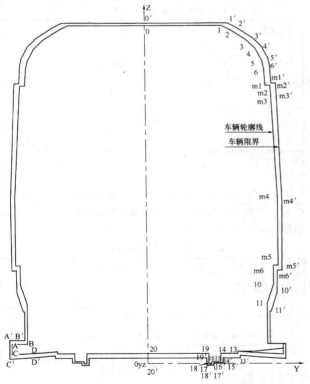

图 B.0.2 停站直线地段车辆轮廓线和车辆限界

附录 C B₂ 型车限界图

C.0.1 区间或过站直线地段车辆轮廓线、车辆限界和设备限界（图 C.0.1）的坐标值，应按表 C.0.1-1～表 C.0.1-7 选取。

表 C.0.1-1 车辆轮廓线坐标

点号	0	1	2	3	4	5	6	7	8	9
Y	0	850	950	1129	1229	1299	1318	1341.5	1400	1400
Z	3800	3800	3750	3636	3538	3406	3315	2975	1860	1100
点号	10	11	12	13	14	15	16	17	18	19
Y	1400	1255	1000	1000	811.5	811.5	708.5	708.5	676.5	676.5
Z	300	135	135	88	88	0	0	-25	-25	88
点号	20	0s	1s	2s	3s	4s	0b	1b	2b	3b
Y	0	0	325	615	687	850	0	325	615	687
Z	88	4040	4040	4022	3992	3856	4400	4400	4382	4352
点号	4b	0a	1a	2a	3a	4a	—	—	—	—
Y	850	0	325	615	687	850				
Z	4216	5000	5000	4982	4952	4816				

注：表中第 0～10 点是车体上的控制点；第 11～12 点是转向架上的控制点；13～14 和 19～20 点是轴箱簧下控制点；15～16 点是车辆踏面控制点；17～18 点是轮缘控制点；0s～4s、0a～4a、0b～4b 点是受电弓控制点。

表 C.0.1-2 车辆限界坐标值（隧道内区间直线地段）（mm）

点号	0'	1'	2'	3'	4'	5'	6'	7'	8'	9'
Y	0	942	1041	1218	1317	1385	1402	1421	1464	1456
Z	3826	3826	3777	3664	3566	3435	3344	3004	1889	1010
点号	10'	11'	12'	13'	14'	15'	16'	17'	18'	19'
Y	1458	1281	1026	1025	836	836	733	733	652	652
Z	210	59	59	37	37	-15	-15	-44	-44	38
点号	20'	0s'	1s'	2s'	3s'	4s'	—	—	—	—
Y	0	0	415	705	777	937				
Z	38	4071	4071	4053	4023	3887				

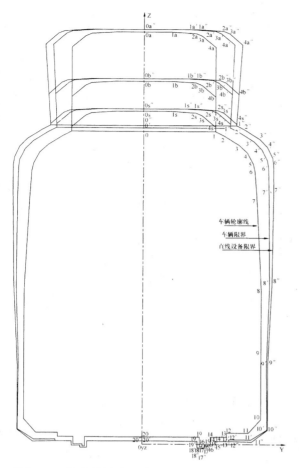

图C.0.1 区间或过站直线地段车辆轮廓线、车辆限界和设备限界

表 C.0.1-5 设备限界坐标值（隧道外区间直线地段）（mm）

点号	0″	1″	2″	3″	4″	5″	6″	7″	8″	9″
Y	0	1101	1198	1369	1463	1524	1537	1538	1525	1478
Z	3871	3871	3822	3708	3611	3479	3389	3049	1934	973
点号	10″	11″	12″	13″	14″	15″	16″	17″	18″	19″
Y	1477	1291	1036	1025	836	836	733	733	652	652
Z	173	29	36	37	37	−15	−15	−44	−44	38
点号	20″	0s″	1s″	2s″	3s″	4s″	0b″	1b″	2b″	3b″
Y	0	0	587	876	946	1100	0	611	900	970
Z	38	4071	4071	4053	4023	3887	4431	4431	4413	4383
点号	4b″	0a″	1a″	2a″	3a″	4a″	—	—	—	—
Y	1124	0	651	940	1010	1164	—	—	—	—
Z	4247	5031	5031	5013	4983	4847	—	—	—	—

表 C.0.1-6 车辆限界坐标值（隧道内过站直线地段）

点号	0′	1′	2′	3′	4′	5′	6′	7′	8′	9′
Y	0	928	1027	1204	1303	1372	1389	1409	1455	1447
Z	3825	3825	3775	3661	3564	3432	3341	3001	1886	1013
点号	10′	11′	12′	13′	14′	15′	16′	17′	18′	19′
Y	1449	1281	1026	1025	836	836	733	733	652	652
Z	213	59	59	37	37	−15	−15	−44	−44	38
点号	20′	0s′	1s′	2s′	3s′	4s′				
Y	0	0	408	697	769	930				
Z	38	4071	4071	4053	4023	3887				

表 C.0.1-7 车辆限界坐标值（隧道外过站直线地段）

点号	0′	1′	2′	3′	4′	5′	6′	7′	8′	9′
Y	0	972	1070	1246	1343	1410	1426	1441	1470	1451
Z	3847	3847	3799	3690	3595	3463	3372	3033	1918	991
点号	10′	11′	12′	13′	14′	15′	16′	17′	18′	19′
Y	1457	1282	1027	1025	836	836	733	733	652	652
Z	191	57	58	37	37	−15	−15	−44	−44	38
点号	20′	0s′	1s′	2s′	3s′	4s′	0b′	1b′	2b′	3b′
Y	0	0	455	745	816	975	0	465	755	826
Z	38	4071	4071	4053	4023	3887	4431	4431	4413	4383
点号	4b′									
Y	985									
Z	4247									

表 C.0.1-3 设备限界坐标值（隧道内区间直线地段）（mm）

点号	0″	1″	2″	3″	4″	5″	6″	7″	8″	9″
Y	0	1028	1126	1300	1396	1460	1476	1485	1500	1472
Z	3868	3868	3818	3705	3607	3475	3384	3044	1929	978
点号	10″	11″	12″	13″	14″	15″	16″	17″	18″	19″
Y	1463	1291	1036	1025	836	836	733	733	652	652
Z	178	29	.36	37	37	−15	−15	−44	−44	38
点号	20″	0s″	1s″	2s″	3s″	4s″				
Y	0	0	507	796	867	1025				
Z	38	4071	4071	4053	4023	3887				

表 C.0.1-4 车辆限界坐标值（隧道外区间直线地段）（mm）

点号	0′	1′	2′	3′	4′	5′	6′	7′	8′	9′
Y	0	1030	1128	1302	1397	1461	1476	1484	1495	1464
Z	3841	3841	3792	3679	3582	3450	3359	3020	1905	977
点号	10′	11′	12′	13′	14′	15′	16′	17′	18′	19′
Y	1473	1283	1028	1025	836	836	733	733	652	652
Z	177	55	56	37	37	−15	−15	−44	−44	38
点号	20′	0s′	1s′	2s′	3s′	4s′	0b′	1b′	2b′	3b′
Y	0	0	511	800	870	1027	0	527	816	887
Z	38	4071	4071	4053	4023	3887	4431	4431	4413	4383
点号	4b′	0a′	1a′	2a′	3a′	4a′	—	—	—	—
Y	1044	0	555	844	915	1071	—	—	—	—
Z	4247	5031	5031	5013	4983	4847	—	—	—	—

C.0.2 车站直线地段停站车辆轮廓线和车辆限界（图C.0.2）的坐标值，应按表C.0.2-1～表C.0.2-3选取。

表 C.0.2-1 车辆轮廓线坐标（mm）

点号	m1	m2	m3	m4	m5	m6
Y	1332	1384	1393.5	1452	1452	1400
Z	3113	3113	2975	1860	1087	1087

注：表中第m1~m6点是车门的控制点；其余各点坐标值参见表C.0.1-1。

表 C.0.2-2 车辆限界坐标值（隧道内停站直线地段）（mm）

点号	0′	1′	2′	3′	4′	5′	6′	m1′	m2′	m3′
Y	0	921	1021	1198	1297	1366	1384	1395	1447	1455
Z	3825	3826	3776	3662	3565	3433	3342	3140	3140	3002
点号	m4′	m5′	m6′	10′	11′	12′	13′	14′	15′	16′
Y	1503	1495	1443	1446	1279	1024	1025	836	836	733
Z	1809	1031	1032	243	64	64	37	37	−15	−15
点号	17′	18′	19′	20′	0s′	1s′	2s′	3s′	4s′	—
Y	733	652	652	0	0	402	692	764	925	
Z	−44	−44	38	38	4071	4071	4053	4023	3887	—

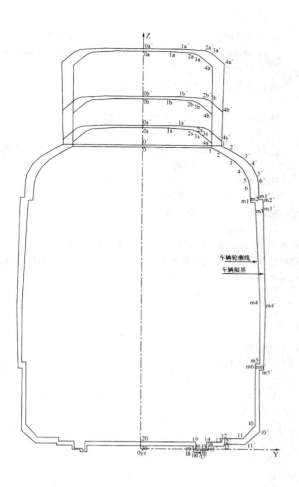

图 C.0.2 停站直线地段车辆轮廓线和车辆限界

表 C.0.2-3 车辆限界坐标值（隧道外停站直线地段）（mm）

点号	0'	1'	2'	3'	4'	5'	6'	m1'	m2'	m3'
Y	0	965	1064	1240	1337	1404	1421	1429	1481	1487
Z	3838	3838	3789	3678	3582	3451	3360	3158	3159	3022
点号	m4'	m5'	m6'	10'	11'	12'	13'	14'	15'	16'
Y	1518	1499	1447	1454	1279	1024	1025	836	836	733
Z	1787	1009	1010	221	62	62	37	37	−15	−15
点号	17'	18'	19'	20'	0s'	1s'	2s'	3s'	4s'	0b'
Y	733	652	652	0	0	450	739.5	811	970	0
Z	−44	−44	38	38	4071	4071	4053	4023	3887	4431
点号	1b'	2b'	3b'	4b'	0a'	1a'	2a'	3a'	4a'	—
Y	459	749	820	980	0	325	615	687	850	
Z	4431	4413	4383	4247	5000	5000	4982	4952	4816	

附录 D　圆曲线地段车辆限界和设备限界计算方法

D.0.1 曲线地段车辆限界或设备限界应在直线地段车辆限界或设备限界基础上加宽和加高。

D.0.2 曲线地段车辆限界或曲线地段设备限界应按平面曲线或竖曲线引起的几何偏移量、过超高或欠超高引起的限界加宽和加高量、曲线轨道参数及车辆参数变化引起的限界加宽量计算确定，并应符合下列规定：

　　1 平面曲线或竖曲线引起的车体几何偏移量可按表 D.0.2-1 和表 D.0.2-2 选取；

表 D.0.2-1 A 型车车体几何偏移量

符号	定义	R100	R150	R200	R250	R300	R350	R400	R500
Ta	曲线外侧 (mm)	295	196	147	118	98	84	74	59
Ti	曲线内侧 (mm)	316	211	158	126	105	90	79	63
符号	定义	R600	R700	R800	R1000	R1200	R1500	R2000	R3000
Ta	曲线外侧 (mm)	49	42	37	29	25	20	15	10
Ti	曲线内侧 (mm)	53	45	39	32	26	21	16	11

表 D.0.2-2 B 型车车体几何偏移量

符号	定义	R100	R150	R200	R250	R300	R350	R400	R500
Ta	曲线外侧 (mm)	247	165	123	99	82	71	62	49
Ti	曲线内侧 (mm)	205	136	102	82	68	58	51	41
符号	定义	R600	R700	R800	R1000	R1200	R1500	R2000	R3000
Ta	曲线外侧 (mm)	41	35	31	25	21	17	12	8
Ti	曲线内侧 (mm)	34	29	26	20	17	14	10	7

　　2 过超高或欠超高引起的车辆限界加宽或加高量可按表 D.0.2-3 确定；

　　3 过超高或欠超高引起的设备限界加宽或加高量可按表 D.0.2-4 确定；

　　4 曲线轨道参数及车辆参数变化引起车体及转向架车辆限界或设备限界加宽量，可按下列公式计算：

　　　　1）曲线外侧：

　　无砟道床　$\Delta Y_{ca}=3+300/R+\Delta_{de}+\Delta_w+\Delta_q$　　(D.0.2-1)

　　有砟道床　$\Delta Y_{ca}=1000/R+3+300/R+\Delta_{de}+\Delta_w+\Delta_q$

　　　　　　　　　　　　　　　　　　　　　　(D.0.2-2)

　　　　2）曲线内侧：

　　无砟道床　$\Delta Y_{ci}=300/R+\Delta_{de}+\Delta_w+\Delta_q$　　(D.0.2-3)

　　有砟道床　$\Delta Y_{ci}=1000/R+300/R+\Delta_{de}+\Delta_w+\Delta_q$

　　　　　　　　　　　　　　　　　　　　　　(D.0.2-4)

式中：　Δ_{de}——钢轨横向弹性变形量，曲线与直线差值（mm）取 1.4（mm）；

　　　　Δ_w——车辆二系弹簧的横向位移，在曲线与直线的差值取 15（mm）；

　　　　Δ_q——车辆一系弹簧的横向位移，在曲线与直线的差值取 4（mm）；

　　　　R——平面曲线半径（m）；

表 D. 0. 2-3 过超高或欠超高引起的车辆限界加宽或加高量

过超高或欠超高值 (mm)	横向偏移量 (mm) ΔY_Q 或 ΔY_Q							竖向偏移量 (mm) ΔZ_Q 或 ΔZ_Q					
	A 型车		B 型车					A 型车		B 型车			
			无扭杆		有扭杆					无扭杆		有扭杆	
	A_{W0}	A_{W3}	A_{W0}	A_{W3}	A_{W0}	A_{W3}		A_{W0}	A_{W3}	A_{W0}	A_{W3}	A_{W0}	A_{W3}
13	2	4	8	7	2	3		±0.8	±1.6	±3	±3	±1	±1
21	3	6	12	11	3	5		±1.3	±2.7	±5	±5	±1	±2
28	4	8	16	15	4	7		±1.7	±3.5	±7	±7	±2	±3
38	5	10	22	20	5	9		±2.4	±4.8	±10	±9	±2	±4

注：1 横向偏移量计算时，按车顶处 $Z=3800$mm 计算，车底架下边梁处加宽量为 0，其余各控制点的偏移量采用插入法计算。
2 竖向偏移量设计计算时，按车体肩部处的横坐标值计算：A 型车取 1450mm，B 型车取 1318mm，当采用过超高时，曲线外侧求得的竖向偏移量为正值，曲线内侧求得的竖向偏移量为负值；当采用欠超高时，曲线外侧求得的竖向偏移量为负值，曲线内侧求得的竖向偏移量为正值。
3 本表只适用于计算站台计算长度内的曲线车辆限界值。

表 D. 0. 2-4 过超高或欠超高引起的设备限界加宽或加高量

过超高或欠超高值 (mm)	横向偏移量 (mm) ΔY_Q 或 ΔY_Q							竖向偏移量 (mm) ΔZ_Q 或 ΔZ_Q					
	A 型车		B 型车					A 型车		B 型车			
			无扭杆		有扭杆					无扭杆		有扭杆	
	A_{W0}	A_{W3}	A_{W0}	A_{W3}	A_{W0}	A_{W3}		A_{W0}	A_{W3}	A_{W0}	A_{W3}	A_{W0}	A_{W3}
13	0.8	1.1	2.6	3.9	1.0	1.2		±0.4	±0.5	±1.2	±1.8	±0.5	±0.5
21	1.3	1.8	4.2	6.3	1.7	2		±0.65	±0.9	±1.9	±2.8	±0.7	±0.9
28	1.7	2.4	5.6	8.4	2.2	2.6		±0.9	±1.2	±2.5	±3.8	±1.0	±1.2
38	2.3	3.2	7.6	11.4	3	3.6		±1.2	±1.6	±3.4	±5.1	±1.4	±1.6
45	2.8	3.8	9	13.5	3.6	4.2		±1.4	±1.9	±4.0	±6.0	±1.6	±1.9
52	3.2	4.4	10.4	15.7	4.1	4.9		±1.6	±2.2	±4.7	±7.0	±1.9	±2.2
61	3.8	5.1	12.2	18.4	4.9	5.7		±1.9	±2.6	±5.5	±8.2	±2.2	±2.6

---

5 车辆限界和设备限界偏移量总和，可按下列规定计算：
　1）车体横向加宽和过超高（或欠超高）偏移方向相同时，可按下列公式计算：

曲线外侧：　$\Delta Y_a = T_a + \Delta Y_{Qa} + \Delta Y_{ca}$　　　(D. 0. 2-5)

$$\Delta Z_a = -\Delta Z_{Qa}$$　　　(D. 0. 2-6)

曲线内侧：　$\Delta Y_i = T_i + \Delta Y_{Qi} + \Delta Y_{ci}$　　　(D. 0. 2-7)

$$\Delta Z_i = -\Delta Z_{Qi}$$　　　(D. 0. 2-8)

　2）车体横向加宽和过超高（或欠超高）偏移方向相反时，可按下列公式计算：

曲线外侧：　$\Delta Y_a = T_a - \Delta Y_{Qa} + \Delta Y_{ca}$　　　(D. 0. 2-9)

$$\Delta Z_a = \Delta Z_{Qa}$$　　　(D. 0. 2-10)

曲线内侧：　$\Delta Y_i = T_i - \Delta Y_{Qi} + \Delta Y_{ci}$　　　(D. 0. 2-11)

$$\Delta Z_i = \Delta Z_{Qi}$$　　　(D. 0. 2-12)

D. 0. 3　曲线地段车辆限界或设备限界各点坐标值应由相应的直线地段车辆限界或设备限界各点坐标值加上 ΔY_a（ΔY_i）和 ΔZ_a（ΔZ_i）值后得到。

附录 E　缓和曲线地段矩形隧道建筑限界加宽计算

E. 0. 1　缓和曲线引起的几何加宽量，可按下列规定计算：

1　缓和曲线内侧加宽量可按下列公式计算：

A 型车　　　$e_{p内} = 31592 \dfrac{x}{C}$　　　(E. 0. 1-1)

B 型车　　　$e_{p内} = 20450 \dfrac{x}{C}$　　　(E. 0. 1-2)

2　缓和曲线外侧加宽量可按下列公式计算：

A 型车　　　$e_{p外} = \dfrac{1}{C}(30240x + 222768)$　　　(E. 0. 1-3)

B 型车　　　$e_{p外} = \dfrac{1}{C}(25280x + 160107)$　　　(E. 0. 1-4)

式中：$e_{p内}$，$e_{p外}$——缓和曲线引起的曲线内、外侧限界加宽量（mm）。

E. 0. 2　轨道超高引起的加宽量可按下列公式计算：

$$h_缓 = h \times \dfrac{x}{L}$$　　　(E. 0. 2-1)

$$e_{h内} = Y_1 \cos \alpha + Z_1 \sin \alpha - Y_1$$　　　(E. 0. 2-2)

$$e_{h外} = Y_2 \cos \alpha - Z_2 \sin \alpha - Y_2$$　　　(E. 0. 2-3)

$$\sin \alpha = \dfrac{h_缓}{1500}$$　　　(E. 0. 2-4)

$$C = L \times R$$　　　(E. 0. 2-5)

式中：　$e_{h内}$，$e_{h外}$——轨道超高引起的曲线内、外侧限界加宽量（mm）；

　　　　x——为计算点距离缓和曲线起点的距离（m）；

L——缓和曲线长度（m）；

R——圆曲线半径（m）；

h——圆曲线段轨道超高值（mm）；

$h_缓$——缓和曲线上计算点处的超高值（mm）。

(Y_1, Z_1) 及 (Y_2, Z_2)——计算曲线内、外侧限界加宽的设备限界控制点坐标（mm）。

E.0.3 引起加宽量的其他因素可包括欠超高或过超高引起的加宽量和曲线轨道参数及车辆参数变化引起的建筑限界加宽量。其他因素引起的加宽量值，车站地段应取 10mm，区间地段应取 30mm。

E.0.4 缓和曲线上限界加宽总量可按下列公式计算：

    1 曲线内侧：$E_内 = e_{p内} + e_{h内} + e_{其他}$ （E.0.4-1）

    2 曲线外侧：$E_外 = e_{p外} + e_{h外} + e_{其他}$ （E.0.4-2）

式中：$e_{其他}$——其他因素引起的加宽量值（mm），应按本规范第 E.0.3 取值。

E.0.5 缓和曲线段建筑限界加宽（见图 E.0.5）应分为内侧加宽和外侧加宽。

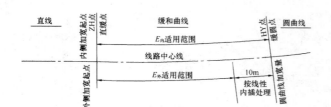

图 E.0.5 缓和曲线段建筑限界加宽适用范围示意

中华人民共和国国家标准

地 铁 设 计 规 范

GB 50157－2013

条 文 说 明

1 总 则

1.0.2 常规式电力牵引的车辆，系指系统采用电力牵引、车辆采用通常的旋转电机进行驱动，此处用常规式电力牵引是为区别采用直线电机，以磁浮或磁而不浮的方式驱动车辆的地铁。

1.0.3 地铁是城市轨道交通中运量最大（单向每小时可运送 3 万～7 万人次）、工程造价较高的轨道交通制式，为充分发挥地铁的作用，通常建在客流量较大的城区及主要的客运通道上。

1.0.5 地铁工程的实施，本质上是城市总体规划战略意图的具体体现，地铁设计所确定的线路功能定位、服务水平、系统运能、线路走向和起讫点、车辆基地选址、资源共享等主要设计内容，是线网规划统筹考虑的最终体现。由于实施阶段的不同，前述内容会逐步深化和细化，因此发生变化和调整是正常的，因变化和调整会有重大影响的需经专门研究论证，并报经相关主管部门批准。

1.0.6 地铁工程设计应根据远景线网规划，处理与其他线路的关系，预留缓建工程连接条件，是基于我国城市轨道交通建设五十多年经验，需特别强调的方面。近年来，随着国内许多城市轨道交通线网规模的逐渐加大，网络化运营情况下凸显出许多直接影响运输功能和运营服务水平的问题，如线路间的关系、换乘站之间的关系等，这些涉及换乘和出行效率的关键条件往往与前期线路预留条件有关，只有在规划和前期线路设计中考虑和处理好，才能从根本上解决。

1.0.8 本规范规定设计年限分期是基于投资的经济性、系统设备产品的寿命与更新周期、土建结构的使用年限特点和改造的难度等因素，分为初期、近期、远期三期。

本规范规定"初期可按……"较后两个设计年限执行严格程度放宽，是为了便于新建地铁城市根据自身客流情况参考选用；对于地铁成网城市的新线建设，其配车选用年份，应慎重选取，预测客流量应充分论证。

1.0.9 由于城市的形态有盘形、带形及组团形等形态，而且规模又有大有小，客流分布状况也常有不同，因此地铁线路难于规定统一的极限长度，一条地铁线路合理的长度应根据城市形态、规模、客流分布状况以及一些其他条件等综合分析确定。国内外现有地铁一条线路长度一般在 20km～40km 左右。

一条正常地铁线路首期建设长度，宜根据当时交通需求和预计建成后使用效果，以及具体的工程建设条件确定，一般不宜短于 15km，否则技术经济不尽合理。

1.0.11 地铁工程的建设规模与设备容量应按远期设计年限或客流控制期的预测客流量和列车通过能力，以及资源共享原则确定。由于地铁系统属大型建设工程，投资大、建设周期长，为节省初、近期投资和避免一些后期才使用的设备长期闲置，对于可以分期建设的工程及可分期配备的设备，应分期扩建、增设，诸如有的地面车辆基地及其他土建工程、地面和高架车站结构，以及车辆、供电、行车自动化系统等设备的配备。但对于后期扩建难度很大或施工对运营或周围环境会带来极不利影响的工程，以及行车需要一次建成的工程，应一次建成，如地下车站及各种地下大型工程、区间隧道及桥梁等土建工程。

1.0.12 地铁是承运大量乘客及建设成本高的大型城市交通工程，一旦主体结构工程发生毁坏事故，会造成人员群死群伤、巨大物质损失，以及长时间停运严重影响城市交通，为保证安全和实现工程生命周期内价值最大化，故作此条规定。设计使用年限是指在一般维护条件下，能保证结构工程安全正常使用的最低时段。

除主体结构外，如车站内部的钢筋混凝土楼板、站台板等，以及地铁运营控制中心等一些地面的重要建筑物，当损坏或大修会危及安全或严重影响正常运营时，其设计使用年限也应采用

100年，具体保证措施应符合本规范有关规定。表1为地铁各类混凝土结构供参考的设计使用年限，其他结构工程的设计使用年限要求，应按现行相关国家和行业标准的规定执行。

表1 各类混凝土结构参考设计使用年限

结构类型	构件	最低设计使用年限（年）
地下结构	主体结构的梁、板、柱、墙、基础桩；矿山法隧道二次衬砌；盾构法隧道管片	100
	车站内部构件，包括站台板、楼扶梯、电梯井、轨道区下楼板和设备夹层等构件	100
	地下区间应急疏散平台结构的混凝土构件	50
高架及桥梁结构	主梁、墩柱、框架结构、基础	100
	车站桥面结构构件，包括站台板、楼扶梯、设备层等构件	100
	高架区间乘客疏散平台结构的混凝土构件	50
道床结构	各类混凝土无砟道床	100
	有砟道床的混凝土轨枕	50
路基支挡结构和过水结构	挡土墙、涵洞	50
附属地面建筑结构	控制中心的梁、板、柱、墙、基础	100
	普通房屋建筑的梁、板、柱、墙、基础	50
	车辆基地等地下构筑物，包括检查坑、暖气沟、电缆隧道等构件	50

1.0.13 地铁运量大，行车速度和密度都很高。为保证高通过能力及安全行车，线路应采用上下分行的双线。此外，我国城市交通均规定右侧行车，地铁类属城市公共交通，因此，采用右侧行车制式。

地铁采用与我国地面铁路一致的1435mm标准轨距，主要为便于车辆、器材过轨运输和采用地面铁路系统已有的标准化产品，以简化设计及产品制造。

1.0.14 地铁是大运量、高密度、快速运行的城市公共交通系统，只有采用全封闭型线路，才能确保列车正常和安全运行。

为提高地铁系统的服务水平，并充分发挥地铁工程的投资效益，本条要求系统设计远期最大能力应能满足行车对数不小于30对的要求。在设计配备各期列车运行方案时，可根据实际客流情况确定。

1.0.15 对于车厢内除座位及其前缘250mm以外有效空余地板面积上站立乘客的标准，上一版规范规定为6人/m²，本次修编结合国内各城市实际情况，对此标准的要求有所放宽。设计可采用5人/m²至6人/m²的标准，具体采用标准应结合城市经济水平、线路客运规模、客流风险及舒适度要求等因素综合权衡后确定。

1.0.17 地铁建设和运营产生的噪声、振动，将或多或少会对人们正常工作、生活及生态环境造成影响，可能使生态环境受到破坏，特别是浅埋、高架和地面线路。因此，应采取降低噪声和减少振动等有害影响的措施，使之符合本规范第29章的相关规定。

1.0.19 地铁是乘客众多且密集的大运量城市交通工具，地下线路处于空间狭窄且基本封闭的隧道中，救灾和逃生均很困难，高架线路列车运行在高架桥上，两面凌空，故一旦发生本条所列灾害时，极可能造成群死群伤、巨大物质损失或长时间中断运营等重大事故，因此，设计对本条所列的各类灾害应有有效防范措施。

1.0.20 地铁是大运量的城市轨道交通，客流量大，人员密集，特别是地下线路，环境相对封闭，一旦发生突发事件，人员疏散难度很大，极易造成重大人员伤亡和物质损失，社会影响也大，因此，为确保地铁运营安全，提高地铁应对突发事件能力，地铁需要加强安防设施。

为此，设计除应遵守本规范相关章节对安全出口、应急疏散通道、导向标志、消防、送风和排烟，以及通信及报警等有关安防规定外，设计尚应合理设置安全检查设备的接口、监控系统、危险品处置设施，以及安防办公用房等。

1.0.22 下穿河流或湖泊等水域的地铁隧道工程具有不同的危险性，为防止水下工程一旦出现事故，水流灌入水域两端其他区段造成更大灾害事故，故需在隧道穿过水域的两端适当位置设置防淹门或采用其他防水淹措施。对于下穿河流或湖泊等水域的地铁隧道工程的两端是否设置防淹门，应根据水域宽度、深度、水量、流速，以及隧道埋深和地质条件等进行风险评估确定，但对通航的水域，以及一旦出现水淹灾情，短时无法截堵确保两端其他区段安全的浅埋地铁隧道工程均应设置防淹门。

2 术　语

本章收编的术语为地铁各领域的主要术语。地铁术语采用的具体词汇和解释，遴选了国际和国内常用的中、英文词汇和释义，对不同国家和地方已采用的不同英文词汇，本规范经研究提出推荐词汇，同时对已有的其他英文词汇置入括号内表示，以供参考；各技术专业的术语选编中注意了与相关专业相似术语表达的一致性。

3 运营组织

3.1 一般规定

3.1.1 概念设计为具体的设计工作确定目标，是最终合理地完成工程设计和建设的重要前提。对于复杂的地铁系统，在各个分系统功能和规模确定之前，应根据各种前提条件对整个系统进行一种整体性的、在一个总体目标基础上以需求为基点的、具有良好匹配性的、系统性的设计和研究。其内容应该以运营管理需求为基点，包含设计标准、管理模式、功能匹配、工程方案等。

3.1.2 地铁客流预测是进行运营组织设计的必备条件，是确定运营规模、工程规模和管理方式的基本依据。因此其内容应包括：

（1）城市居民总体出行特征：出行总量、出行率、出行时间、交通方式结构、出行距离等；

（2）线网客流特征：线网客流总量、客流强度、换乘系数、平均乘距等；

（3）全线客流：全日客流量和高峰小时的客流量及比例，平均乘距及各级乘距的乘客量；

（4）车站客流：全日、高峰小时的上下车客流；

（5）分段客流：全日、高峰小时站间 OD 矩阵表、站间分方向断面流量；

（6）换乘客流：线路全日、高峰小时换入、换出总量，各换乘站全日、高峰小时分方向换乘客流量；

（7）敏感性分析：全日客流量及高峰小时最大单向断面流量的波动范围。

根据设计阶段的深入，客流预测工作还应在以上数据的基础上增加全日及高峰小时各车站出入口分方向客流量、车站上、下车超高峰系数和换乘车站分换乘方向的超高峰系数等数据。

对于途经商业中心、文化体育活动场所、火车站、机场等大型客流集散点的线路，应在背景客流量的基础上，预测分析高峰时段突发性客流对线路高峰小时最大断面流量和所涉及车站高峰小时乘降量的影响。

发生如下情形，应重新进行客流预测或修正：

（1）城市现状常住人口规模超过预测年限常住人口规模；

（2）沿线土地利用规划进行了较大调整；

（3）与其他地铁线路换乘关系发生了变化；

（4）车站的数量或位置发生了增减或变化；

3.1.3 运营规模是工程建设规模和运营管理规模的基础，包含运输能力、系统能力、列车编组、运行速度等。合理地确定运营规模，不仅能够满足线路运输功能的需要，还能降低工程建设投资和将来长期的运营管理成本。因此，运营规模的确定，一定要考虑充分利用线路能力，提高线路的使用效率。

3.1.5 地铁运营不仅要考虑正常的运营状态，还要考虑系统故障状态时的非正常运营状态以及遇到突发事件时的紧急运营状态。

非正常运行状态是指超出正常范围，但又不至于直接危及乘客生命安全，对车辆和设备不会造成大范围的严重破坏，整个系统能够维持降低标准运行的系统运行状态，主要包括列车晚点、区间短时间堵塞、车站乘客过度拥挤、线路设备故障、列车故障、沿线系统设备故障等。

紧急运行状态是指发生了直接危及乘客生命安全、严重自然灾害或系统内部重大事故，造成系统不能维持运行的情况，主要包括火灾、地震、列车运行事故、设备重大事故等。

3.2 运营规模

3.2.1 地铁的设计运输能力，是指列车在定员情况下地铁的高峰小时单向输送能力，单位为"人/h"。设计运输能力在不同的

设计年限应能够满足不同的高峰小时单向最大断面客流量的需要，远期所能够达到的最大设计运输能力应满足远期高峰小时单向最大运输能力的需要。

3.2.2 系统设计能力是指线路的各项设备设施整体所具备的支持列车运行密度的能力，其单位为"对/h"。为充分发挥工程的运输效率，提高服务水平，并在一定程度上具备适应客流变化风险的能力，同时考虑到现阶段信号系统及配线设置方式所能够提供的条件，确定远期系统设计最大运输能力不应小于 30 对/h。

3.2.3 地铁的配属车辆数量由运用车、检修车和备用车合计而成。地铁设计年限分为初期、近期和远期三个年限，初期为地铁建成通车后第 3 年。以初期运输能力的要求配置列车，是为了满足通车后地铁运营和节省初期工程投资的需要，同时也考虑到在通车后的最初几年客流量增长比较快的需要。在初期以后至远期的时段内，可以根据客流量的变化情况考虑车辆的增配。但现实中网络形成后，再建线路往往没有客流培育期，呈现出完全不同的规律，甚至诱增既有线路客流暴涨，因此有必要强调不能孤立地看待问题，必须将关联因素一并考虑进去。故规定要考虑与相交线路运营组织方案的适度匹配，可以以此与近期客流量下的近期运营组织方案校核，以确定采用方案及运用车辆数。

一般情况下，检修和备用车数量在设计中通常按运用车数的 15%～25% 考虑，初期采用 25% 体现增加配车；近期取 10% 控制投资；远期取 20% 为发展留余地。

3.2.4 列车编组数关系到列车载客能力和系统的运输能力，同时关系到工程的土建规模，考虑到初、近期年限在地铁系统运行的间隔时间不长，差异化车辆编组对节省运营成本没有太大作用，反而会增加改变费用及干扰正常运营。但如果远期的运营规模与初近期差别较大，则可以考虑远期车辆编组与初近期不同。为确保车辆在远期改造的可实施性，初、近期车辆应预留相应的技术条件。

3.2.5 设计最高运行速度 80km/h 的含义，是指在正常运行状态下，车辆技术条件可以满足列车在区间连续使用 80km/h 的速度运行，并在实际运行过程中可以使用 80km/h 作为正常运行速度的系统。

根据国内几个城市地铁设计和运营的经验，主要服务于城市区域的地铁线路一般平均站间距均在 1km～1.3km 左右，市中心区车站密度较高，市区外围车站密度相对减小。最小曲线半径一般大于或等于 300m，最大纵断面坡度一般不大于 30‰，地铁列车的最高运行速度为 80km/h，参考国内北京、上海和广州地铁的运营经验和国外地铁运营经验，并考虑到地铁运营管理系统和设备技术水平的不断发展，以及由于实际操作工程中各种因素的影响，确定地铁系统的设计旅行速度一般不低于 35km/h。对在郊区运行，站间距大，列车运行速度高于 80km/h 的快速地铁系统，列车运行的旅行速度应该有所提高。

3.3 运营模式

3.3.1 本条文规定了一般情况下地铁系统确定线路上、下行方向的办法。

3.3.2 地铁是城市骨干交通系统，具有运量大，速度快，运行密度高的特点。为保证列车运行安全，一般情况下地铁列车的运行必须由安全防护系统进行自动监视和控制，保证列车追踪和列车进路的安全。如果缺乏自动化的安全防护系统，会危及行车安全，同时会造成管理人员劳动强度增加，列车运行效率降低，不利于提高系统的运输效率。

3.3.3 地铁列车的运行通常是在司机监控下的运行。一般情况下，列车应至少配置一名司机驾驶或监视列车运行。如果采用 ATO 自动列车驾驶技术，列车司机的主要职责是监视列车运行状态、关闭车门、监视列车进出车站、区间运行、站台乘客安全状态以及处理故障和紧急情况等。

3.3.4 地铁每条线路沿线的客流量分布通常是不均匀的，一般

市区客流量较大，郊区较小。为了提高运营效益和减少列车空驶距离，应根据客流在线路上的分布情况，在适当的位置设置折返站，组织分区段采用不同密度的列车运行交路。对于土建等改扩建困难的工程，应考虑一次建成，折返能力的要求应根据远期列车交路确定。

3.3.5 线路曲线直接影响列车的运行效率和服务水平，主要表现在运行速度、乘客舒适度、运行安全、钢轨磨耗以及噪声、振动等方面。为提高曲线通过速度，并满足乘客舒适度的要求，在设定轨道超高的基础上，允许未被平衡横向加速度 $0.4m/s^2$ 是乘客舒适度的基本临界点，相当于欠超高为 61mm。如果特殊地段需要超过此限，应在保证安全的前提下进行综合评估，适当提高曲线通过速度。

3.3.6 列车牵引计算，是在一定的线路条件下，对列车运行过程的一种模拟。考虑到车辆状态有所不同，在实际运营过程中也不适宜总是使用最大加减速度，因此在计算中适当保留一定的富余量，正常情况下一般以不大于最大加减速度的 90% 为宜。同时，考虑到乘客舒适程度的要求，不论车辆性能如何，计算时加减速度的量值都不应大于 $0.9m/s^2$。此数值为一般乘客所承受的进出站列车加速或减速时舒适度的临界点。

进行正常运行状态下列车牵引计算时，列车运行的最高速度宜保留一定的余量，以满足列车在实际运行过程中，如小范围的晚点，或进行列车运行间隔均匀性的调整时，有一定的调整余地。根据计算经验及不同的线路条件，可以将此余量控制在 5%～10% 范围内。

3.3.7 车站无站台门时，列车越站实际运行达到的行驶速度应进行限制，以保证站台上的乘客在无思想准备的情况下，能够及时判断列车的运行状态，避免发生危险。对于列车在车站停车，或车站站台设有站台门时，由于列车运行规律符合乘客的判断，或乘客已经受到站台门的保护，可以不受此条款的限制。如果站台设置了站台门，列车不停车过站的速度则应该根据站台门结构强度、车站形式、车辆及设备限界要求等因素综合确定。一般情况下考虑限界、经济方面的因素，对于市区地铁线路，列车在不停站通过设有站台门的车站时，运行速度不宜超过 60km/h。如果超过此速度，则应对站台门结构强度、限界等因素进行综合计算确定。

3.3.8 根据北京、上海、广州的地铁公司运营部门经验，为尽快将故障列车送至故障车待避线，既要适当提高速度，为后方列车恢复跟踪运行创造条件，又要保证故障及推行列车的运行安全，同时考虑到一般线路的旅行速度为 35km/h 左右，提出推送速度不宜大于 30km/h 的共识。

3.3.10 列车进行站后折返作业时，有可能处在无人驾驶状态，如果此时有乘客滞留在车厢内，有可能发生工作人员无法控制的事件。即便是有司机操作的列车站后折返，列车司机也无法有效控制乘客在车厢内的行为，容易产生意外事件。为保护乘客安全和系统正常作业，列车在离开站台进入站后折返线以前，应确保车厢内无滞留乘客。当列车无法继续运行时，则应在控制中心或应急指挥中心统一指挥下，采取其他救援措施或就地疏散乘客。

3.3.12 地铁系统的运量、运行速度、服务水平都具备一定的规模和要求，设备系统复杂，管理上要求很高，因此要求设置统一的运营控制中心便于中心能够对运营进行系统化和高效的管理。中心除对列车运行、供电系统进行集中监控外，还可根据需要对环境与设备、防灾与报警、自动售检票系统等实行集中监控。

控制中心可根据线网分布情况、线网规模、系统制式、资源共享、维修管理等多方面综合考虑，采取分散式、区域式、集中式等设置方式。

3.3.13 为满足地铁系统无人驾驶的运营管理要求，此类系统首先应具备列车在发车、收车、正线运行、折返运行过程中无人驾驶自动运行的功能要求。在载客运行的过程中，由于列车上没有司乘人员，因此要保证乘客与控制中心或车站值班人员在发生紧急情况时随时随地可以进行信息交流，保证值守人员能够在第一

时间内了解情况。此外，由于在车站设置有站台门的情况下，因无人驾驶没有司机在列车启动前确认车门或站台门是否关好，是否有人或物品被站台门或车门夹住，因此要求车站控制室能通过电视监视各站台站台门区域。

3.4 运营配线

3.4.1 线路的终点站或区段折返站的配线在正常运营时主要用于折返列车，其折返配线根据车站位置和折返能力的不同有着不同的形式。一般情况下终点站所采用的折返形式比较灵活，以站前或站后两种形式的折返配线为主。中间折返站位于线路中间，配线的设置既要考虑折返能力的要求，还要考虑折返列车与正线列车的合理运行顺序和间隔。折返配线的形式多种多样，在具体工程中应根据运营需求和工程实施的可行性综合考虑，既要满足基本运营需求，又要保持一定的灵活性。

3.4.2 停车线主要用于故障列车暂时停放，使故障车能够及时下线，退出运营，也可兼做临时折返线。由于此类配线设置的密度、运用方便性和灵活性与工程规模及造价密切相关，因此需要在运营方便与工程造价之间寻找到合理的平衡点。根据运营经验，结合车辆性能和线路技术标准，设定故障列车推行按 25km/h～30km/h 的运行速度计，走行时间不大于 20min 为控制目标，故限制设有故障车待避线的车站间距约 8km～10km，预计一列故障车处理下线退出运行的总时间平均可控制在 30min 以内。加设的渡线可作为停车布置间距较大时的补充，不仅可以为故障列车随时折返回车辆段创造条件，而且也会为平时的运营管理创造灵活性。

3.4.3 地铁系统是全封闭运行系统，列车运行的密度较高，同时要求按照设定好的间隔和顺序进行自动化管理，一般不允许站外停车，尤其是在隧道内，以免乘客心理不安及恐慌情绪。因此为保证运行安全有序，在接轨站设置平行进路，保证两线列车进站时各行其道，互不干扰是十分必要的。一般情况下采用一岛一侧站台的三线式布置，或双岛四线为基本图形。如果在特殊情况下不具备采用站内平行进路的条件，则必须保证列车在进入正线前有一度停车的条件，并在运营管理上采取相应的安全保障措施。

3.4.4 两条线路之间的联络线用于非营运时段内车辆转线或材料货物运输。从功能上要求能够连通线路的上下行正线。一般情况下为减小工程规模，应与全线配线统筹考虑，尽量与有配线的车站结合设置。

3.4.5 为保证正线列车运行准点和安全，避免对正线运行的列车产生干扰，岔线或车辆段出入线与正线的接轨点宜设在站端，并具备站外一度停车的条件。停车区段的长度不仅应满足一列车停放的要求，同时也应满足信号安全距离的要求，保证列车不会因故障而进入正线进路的保护范围。如果在接入正线前不能保证信号安全距离的要求，或线路处于大下坡地段，对停车安全条件不利，则应设置安全线。

3.4.6 为了保证列车从车辆段出入线方便地到达两条正线，或从正线方便地进入车辆段或停车场，出入线应该能连通上下行两条正线。由于平面交叉会对正常运行的列车进路产生影响，使区间或车站的通过能力降低，因此当出入线与正线产生交叉时，车辆段或停车场出入线最好采取与正线立交的方式，并在设计中对其收发车能力进行计算核定。

同时，为保证车辆出入方便和相互备用，尽端式车辆段一般均采用双线出入线，贯通式车辆段由于两端均有出入线，因此可以采用两端各设置一条单线的形式。但根据贯通式车辆段或停车场在线路上的位置和接轨条件，一般在主要方向上仍建议采用双线出入线。对于停车规模较小的停车场，如果其停车规模小于运输能力需求量的 30%，一旦发生出入线故障导致不能发车，正线运输能力仍然可以依靠超员和车站限流管理来暂时维持，则可以考虑设置一条出入线。

3.5 运营管理

3.5.2 轨道交通网络或线路的运营管理机构设置的合理性对运营管理具有很重要的影响力。良好的运营管理能够为系统提供反应迅速、服务良好、成本合理、职责明确、资源共享、可持续发展的高水平的管理。运营机构随着轨道交通网络的不断发展，会经历由单线、多线、网络的不同阶段，从单运营主体到多运营主体的阶段，从单系统到多系统的阶段。因此运营管理机构的设置，应充分考虑到现阶段运营管理和未来运营管理的特点。

3.5.3 地铁系统随着建设规模的不断扩大，设备设施的种类和数量急剧增大，为更好地对设备设施进行有效的管理、维护，并提供高效合理的物资保障，地铁系统应首先通过对设备设施的分类编码，由相关资产管理部门组织，建立系统化的设备设施标识系统，提供给运营管理部门和政府相关管理部门使用，实现设备设施管理的科学化和规范化。

3.5.4 根据北京、上海、广州等城市运营管理经验，一般地铁系统一条独立线路的合理的运营管理人员为 50 人/km～80 人/km 之间。考虑到第一条线需要为后续线路培养骨干人员，因此提出首条线路运营管理人员宜控制在 80 人/km 以下。

3.5.6 计程票价是体现公平付费的合理方式，同时能够适当地降低运营费用。自动售检票系统的采用，为计程票价提供了技术手段上的支持，可对票务收入和客流数据进行统计，同时也为运营管理提供了非常及时的运营数据，对运营管理合理安排运营计划，合理判定运营风险和运营保障性工作都是十分必要的。

4 车 辆

4.1 一般规定

4.1.1 现行国家标准《地铁车辆通用技术条件》GB/T 7928，对地铁车辆作了规定，根据地铁工程设计工作的要求，在本标准中增加了一些新的内容，同时为了方便起见，有部分内容有所重复。

4.1.2 本条规定"车辆应确保在寿命周期内正常运行时的行车安全和人身安全"，"正常运行"的条件主要是指：

　1　载荷从空车到超员的范围内；
　2　车辆速度不超过运行曲线规定的速度；
　3　车轮的摩耗在规定的范围内；
　4　除灾害性天气以外的气候条件；
　5　车辆、轨道、信号等维修工作均按规定要求进行等。

本条还规定了"同时应具备故障、事故和灾难情况下对人员和车辆救助的条件"，这些条件是指车上应装有的灭火器、事故广播装置、应急疏散门、救援设施等。

4.1.3 为了防止火灾发生与蔓延，以及在火灾发生时产生有毒气体危害人体健康，车辆及内部设施原则上应采用不燃材料，不得已的情况下（如电线、电缆、减振橡胶件等）方可使用无卤、低烟的阻燃材料。

4.1.4 车辆采取减振防噪措施的目的一是改善乘客的乘坐舒适度，二是减少对环境的有害影响。

4.1.5 表 4.1.5 中规定的超员人数，是由座席数人数和最大立席人数相加得出的，最大立席人数如按现行国家标准《地铁车辆通用技术条件》GB/T 7928 规定计算的话，单位有效站立面积最大站立人数应为 8 人/m²。但根据有关资深设计人员的经验，

除要考虑车辆外，也考虑到对工程结构的荷载影响，故本版规范仍保留了以前一直采用的设计数据，即单位有效站立面积最大站立人数 9 人/m²。

表 4.1.5 中规定了"受电弓工作高度"为 3980mm～5800mm，主要是考虑到不同场所的需要，并且是车辆所能达到的数值，但在设计接触网高度时，尚应符合本规范 15.3.21 规定。

4.1.14 车辆的构造速度又称结构速度，是考虑到车体和转向架运行的安全如结构强度、牵引传动系统转速限制、基础制动装置的热容量以及制动距离等而限定的速度。最高运行速度是指除满足车辆构造速度所要满足的条件以外，还要满足运行性能良好的条件所决定的最高速度。根据以往成熟的经验规定了构造速度为最高运行速度的 1.1 倍。

4.1.15 所谓冲击率是指速度的变化率。研究表明，影响人体舒适度的主要是冲击率，在列车加速与减速过程中，如果冲击率过大，会发生乘客摔倒等安全事故，因此必须限制其数值，在现行国家标准《城市轨道交通车辆组装后的检查与试验规则》GB/T 14894中，这个限值为 1.0m/s³，为进一步改善乘客的舒适度，在本规范中规定为 0.75m/s³，如用户要求更高，可通过与承包商的双方协商，写入合同中。

4.1.19 本条规定了列车在最不利的条件下发生三种可能发生的故障时运行的能力。目的是为了使列车发生故障时不致造成系统混乱。

4.2 车辆型式与列车编组

4.2.3 列车的动拖比影响技术经济指标和节能减排，如动拖比高，购车成本会提高，但闸瓦（或闸片）消耗量小，发热量小，对环保有利，维修工人的维修条件也能相对改善，维修成本也能降低。在设计时应在多方案比较的基础上选优。

4.2.5 选择基础制动装置的类型时和配置的首要的条件是：至少满足进行一次初速为最高运行速度的紧急制动时基础制动装置的温度不超限。

4.3 车 体

4.3.4 车体结构是指车体钢结构或车体铝合金结构，是车辆最重要的部件之一，应有足够长的寿命，但要求寿命过长会造成重量过重，体积过大，所以需要规定一个经济合理的寿命，本条规定车辆结构的设计寿命不低于 30 年，是根据以往成熟的经验确定的。本条的规定不包括其他部件，因为其他部件如橡胶件、电气部件等使用寿命达不到 30 年，需在适当的修程中更换。

4.3.6 在指定位置进行架车作业主要是为了防止损坏车辆。

4.4 转 向 架

4.4.2 本条中所述的"悬挂系统"是指一系悬挂和二系悬挂，均应有安全措施，当悬挂或减振器损坏时，也能确保车辆运行到终点。这些安全措施举例如下：空气弹簧应带有减振橡胶堆，在失气后承担减振作用；每个转向架上应带有空气弹簧的差压阀，当两个空气弹簧压力差达到一定值时用于均衡两边的压力，防止车辆过度倾斜。

4.4.5 转向架构架是车辆最重要的部件之一，应有足够长的寿命，但要求寿命过长会造成重量过重，体积过大，所以需要规定一个经济合理的寿命，本条规定转向架构架的设计寿命不低于30 年，是根据以往成熟的经验确定的。本条的规定不包括其他部件，因为其他部件如橡胶件、电气部件、轴承等使用寿命达不到 30 年，需在适当的修程中更换。

4.5 电 气 系 统

4.5.2 本条规定了电（气）传动应具有的牵引和再生制动的基本功能。在实际执行中，特别是在编制技术条件和设计时应尽量扩展其功能，例如为提高列车启动平均加速度，应优化牵引特

性、扩大恒转矩范围和恒功范围；为改善环保条件，减少维修工作量，应优化电制动特性，扩大电制动使用范围等。

4.5.9 本条中提到的蓄电池"浮充电电压应精确控制"，主要指应有精度较高的蓄电池充电器，充电电压应根据蓄电池生产商的要求进行调节，防止在长期使用过程中由于过充电或欠充电带来的危害。

4.6 制 动 系 统

4.6.1 风源系统是指压缩空气发生系统。常用制动系统是指列车运行中正常情况下为调节或控制列车速度包括进站停车所施行的制动的制动系统。一般采用电空混合、电气制动（再生制动或电阻制动）优先的制动作用方式。它的特点是作用比较缓和而且制动力可以调节。紧急制动系统是指紧急情况下为使列车尽快停止所施行的制动，称为"紧急制动"（也称为"非常制动"），它的特点是作用比较迅猛而且要把列车的空气制动能力全部用上。停放制动系统是车辆停放在线路上或车场内防止车辆溜放的制动系统。停放制动装置执行机构一般采用弹簧储能方式，当压缩空气压力正常时压缩弹簧，进行储能，当压缩空气压力降低到规定值以下时，弹簧释放能量，通过制动缸产生制动作用。停放制动装置一般还附有双稳态电磁阀用于切断压缩空气，人为使停放制动装置产生停放制动作用。为了在没有压缩空气的情况下移动车辆还设有人工缓解阀，用来人工缓解停放制动装置。

4.6.4 安装在变电站内的再生制动能量吸收装置有两种，一种主要是由多相斩波器和制动电阻组成，其作用是把再生制动电能经车流吸收后的多余的部分消耗到电阻器上，转换成热量释放到隧道以外的大气中；另一种是由逆变器和隔离变压器等组成，其作用是把车流吸收后的再生制动多余的电能通过逆变器反馈到交流电网上。使用再生制动能量吸收装置的重大意义在于通过这种装置特别是后一种装置，把列车制动产生的原来消耗在隧道内的巨大多余能量，或转换成热量释放到隧道以外的大气中，或反馈到电网上加以利用，不但能有效地降低隧道内热量蓄积，改善通风效果，而且对节能减排、提高列车制动性能也有非常重要的意义

4.6.7 基础制动是指是车辆制动系统的执行部分，他是利用杠杆作用将制动原动力扩大到适当的倍数，然后传递给每个轮子旁的闸瓦或闸片。

4.6.8 当列车具有两套以上的电动空气压缩机组时，应注意运行管理工作，防止因暂载率太低而使润滑油出现乳化。

4.6.9 保持制动功能是列车速度为零时制动系统自动产生常用制动作用，其制动力约为最大常用制动的70%左右，当列车接到启动指令后缓解。其作用是防止车辆停车后发生溜放。

4.7 安全与应急设施

4.7.2 由于列车客室内不设乘务员，乘客有紧急情况（如急病、火灾等）时，可通过报警装置报警，并通过其具有双向通信功能的通信系统及时与列车驾驶员沟通，使驾驶员针对情况采取相应措施。

4.7.3 ATP是列车自动保护系统 Automatic Train Protection 的简称，是确保行车安全的最基本的系统。ATP车载设备接收地面限速信息，经信息处理后与实际速度比较，当列车实际速度超过限速后，由制动装置控制列车制动系统进行制动，以达到列车在停车点前停车或在限速点前实际速度小于限速值的目的，先行列车若因故停车，后续列车的ATP系统就会接收到减速甚至在安全区间内停车的信号，所以ATP也是防止列车相撞的重要系统。

4.7.4 设置本条文的目的是防止列车在运行中开启客室车门或客室车门未全关就启动列车，消除因此带来对乘客的危险因素。

客室车门系统应设置安全连锁，是指车门控制系统与列车测速装置之间的连锁，为避免列车启动后因误开车门使乘客从门口跌落车下，当车速大于5km/h时应封锁车门的控制电路，不能

开启车门，确保乘客安全。另一方面，车门未全关闭时列车的启动控制电路不能构成，列车不能启动，也是防止乘客从车门口跌落。

4.7.5 本条规定了列车紧急制动距离内的最低照度，是为了使司机能在安全距离内发现线路上的障碍物并及时采取紧急制动措施，确保列车安全。列车尾端外壁设红色防护灯主要是起警示作用。

4.7.6 本条规定了司机室和客室应配置灭火机并规定其安放位置应有明显标志是为了方便乘客发现火情时及时使用灭火机灭火。

4.7.7 电气设备绝缘损坏时，接触其金属外壳或箱体会造成人员伤亡，所以本条规定电气设备金属外壳或箱体必须采取保护性接地措施。

5 限 界

5.1 一 般 规 定

5.1.2 各种车辆限界，按地域分类，为隧道内和隧道外，它们的区别在于有无风荷载。隧道外包括U型槽地段、地面线和高架桥。按运行条件分类，通常区间车辆限界的计算速度较高；站台计算长度内车辆限界有限速要求。以进站端速度为准，它与列车编组长度有关。广州地铁一、二号线的站台长度140m，实测进站端的速度57.6km/h；车辆基地车辆限界是以25km/h（不含出入线）、空车、有砟道床进行设计的。

5.1.3 列车在运行中因机械故障产生车体额外倾斜或高度变化，此类故障主要指一系悬挂或二系悬挂意外损坏，以计算最大值为设备限界包络线。

5.1.4 本条对建筑限界按工法不同进行了分类，地面建筑限界含U型槽地段。

建筑限界不含测量、施工等各种误差及结构位移、沉降和变形等因素，所以，在结构设计中应按施工条件和地质条件外放一定余量。

5.1.6 本条只对双线矩形隧道、双线马蹄形隧道、双线圆形隧道、双线高架桥的线间距提出最低要求，不涉及单洞单线隧道和单线桥之间的线间距。

5.1.7 本条对规范适用的车型作了限制。如A型车只列入受电弓车辆，对目前已采用的A型受流器车辆暂不纳入。非标准车辆指鼓形车体和不符合表5.2.1的车辆。

5.2 基 本 参 数

5.2.1 本条规定的车辆参数，仅供限界设计使用。它与第4章

中车辆参数不完全一致，但并不矛盾，如第4章中带司机室的头车，长度较长，但车头形状有削减量，车头外形的任意点都包容在计算车体长度范围内。

受流器工作点至转向架中心线水平距离1418mm，是采用接触轨上部授流的人工脱靴受流器结构；受流器工作点至转向架中心线水平距离1401mm，是采用接触轨下部授流的人工脱靴受流器结构；受流器工作点至转向架中心线水平距离1470mm，是采用接触轨下部授流的气动自动脱靴受流器结构。这三种受流器使用范围，不完全因电压高低而异。

5.2.2　第3款　风荷载400N/m²是按《城市轨道交通工程项目建设标准》建标104—2008中的规定："遇暴风8级时，列车应缓行；遇暴风9级及以上或大雾、大雪、沙尘暴等恶劣气象条件下应及时停运"。

8级风的风速范围为　　$v = 17.2 \sim 20.7\text{m/s}$

风压　　$P = \frac{1}{2}\rho v^2 = \frac{1}{2} \times 1.225 \times 20.7^2 = 262\text{N/m}^2$

9级风的风速范围为　　$v = 20.8 \sim 24.4\text{m/s}$

风压　　$P = \frac{1}{2}\rho v^2 = \frac{1}{2} \times 1.225 \times (20.8 \sim 24.4)^2 = 265 \sim 365\text{N/m}^2$

列车背风面产生一定负压，使列车承受的风压另增20%，按9级风的中间值乘以1.2系数后圆整

$(265 + 365)/2 \times 1.2 = 378\text{N/m}^2 \approx 400\text{N/m}^2$ 计算风荷载是比较安全的。

第6款　疏散平台宽度

A型车在Φ5200mm圆形隧道建筑限界中的最小平台宽度大于等于550mm。隧道壁上应设扶手。

地铁区间隧道壁上宜设扶手。

隧道外线之间的平台宽度，直线段一般按不小于1000mm设置，为便于工程的实施，考虑到线路的平顺性，线间距直、曲线宜一致，曲线段通过调整平台宽度来满足限界要求，此时曲线段最小平台宽度不小于800mm，基本可保证平台的疏散功能，此时疏散平台上不宜设扶手。

当两线之间直线地段平台宽度为1250mm，曲线地段大于等于1050mm时，平台中部可设扶手；当架空接触网支柱设在疏散平台中部时，支柱处平台单边宽度不应小于450mm。疏散平台距轨顶面高度：A型车宜为900mm，B型车宜为850mm，但均不宜低于800mm。

5.3　建筑限界

5.3.1　建筑限界坐标系采用三维坐标系，与国际接轨。它与《地铁限界标准》CJJ 96中的基准坐标系是两种不同的坐标系。

5.3.2　直线地段矩形隧道建筑限界以直线地段设备限界为计算依据；曲线地段建筑限界是在曲线地段设备限界基础上再考虑轨道超高进行计算；缓和曲线地段的建筑限界，站台、站台门等限界要求高点的地段一般按附录E进行计算（精确计算），区间一般地段可按现行行业标准《铁路隧道设计规范》TB 10003规定的方法并用地铁车辆的参数加以修正后计算（粗略计算）。

5.3.3　用盾构机进行机械化施工的圆形隧道，全线是统一孔径的。所以，必须按规定运行速度用最小曲线半径和最大轨道超高计算的车辆设备限界设计圆形隧道建筑限界。

5.3.4　正线地段单线马蹄形隧道，由于直线地段建筑限界和曲线地段建筑限界的断面尺寸差别不大，为了简化设计，采用一种模板台车进行施工。全线宜按规定运行速度、用最小曲线半径和最大超高值计算的曲线设备限界以及设备安装尺寸、误差等因素来设计马蹄形隧道建筑限界；也可分别设计直线地段和曲线地段两种不同断面的马蹄形隧道建筑限界。

5.3.5　轨道超高造成设备限界和建筑限界之间的空隙不均匀。为此，隧道中心线要作横向和竖向位移。横向位移公式见公式（5.3.5-1）、公式（5.3.5-3）；竖向位移公式见公式（5.3.5-2）、公式（5.3.5-4），由于竖向位移量只在毫米级变化，为了简化施工，竖向位移可忽略不计。

5.3.6　隧道外的区间建筑限界，包括高架区间、地面区间和U形槽过渡段，均按照隧道外车辆设备限界设计。通常，隧道外区间多为双线地段（只在岛式站台进站端和出站端有单线桥），双线地段线间距与两线之间是否设置疏散平台有关。有疏散平台时，线间距按车辆设备限界（直线地段采用直线设备限界、曲线地段采用曲线设备限界）加平台宽度以及它们之间的安全间隙20mm~50mm计算确定。安全间隙规定20mm~50mm有利于调节线间距（当平台宽度为定值时）或平台宽度取整（当曲、直线线间距相同时）；无疏散平台时，线间距按本规范5.1.6条执行。建筑限界宽度参照矩形隧道建筑限界制定方法确定。

接触网支柱和声屏障的设置，本条只作原则规定，应由接触网专业和声屏障专业具体设计。

建筑限界高度：对于采用受电弓受流的A型车和B₂型车，受电弓工作高度不大于4600mm（自轨顶面），另加接触网系统结构高度。

对于采用受流器受流的B₁型车，应按车辆设备限界高度另加不小于200mm的安全间隙。

5.3.7　道岔区建筑限界加宽量，是指列车在道岔侧股上运行时产生的内外侧加宽量，它由曲线几何加宽量、列车以过岔速度运行时产生的欠超高、道岔区轨距加宽量、钢轨磨耗量以及一、二系悬挂在过岔时的横向位移量等数值相加而成。电缆过道岔，通常都由隧道顶部通过。A型车和B₂型车，电缆桥架或支架与接触网带电体之间应保持150mm净距，一般不必加高建筑限界高度；B₁型车，若车辆设备限界顶部至电缆桥架或支架的净空不足200mm时，应采取局部加高建筑限界高度。

5.3.8　车站直线地段建筑限界

第1款　站台面高度（距轨顶面）根据新车、空车状态下的车厢地板面高度作为计算基准，车厢地板面在任何情况下（轮轨磨耗、车体下垂、弹簧变形等）不得低于站台高度。在新车、空车状态下的车厢地板面高度：A型车为1130mm，B₁、B₂型车为1100mm。

第2款　车门结构型式对站台计算长度内的站台边缘至轨道中心线的距离有一定影响。内藏门、外挂门应按列车越行过站时的车辆限界计算确定；塞拉门则应按列车停站开门后的车辆限界计算确定。这两种车辆限界可查阅附录A、B、C。

第3款　站台门至车辆轮廓线（未开门）之间的净距130mm（塞拉门）或100mm（内藏门或外挂门）的规定，满足了站台门与车辆限界之间的安全间隙不小于25mm的要求，见表2和表3；曲线车站站台门与车门之间的最大间隙量见表4。

表2　A型车曲线车站站台门和车辆限界之间安全间隙量值

曲线半径（m）		站台门至线路中心线水平距离（mm）		站台门至车辆限界之间最小间隙量（mm）			
				停站（开门）		过站	
		高站台门	低站台门	高站台门	低站台门	高站台门	低站台门
直线		1630		33	43	84	92
R3000	凸站台	1641		33	43	84	92
	凹站台	1645		33	43	84	92
R2000	凸站台	1646		33	43	84	92
	凹站台	1651		33	43	84	92
R1500	凸站台	1671	1679	33	43	84	92
	凹站台	1637	1629	33	43	84	92

考虑站台门制造公差、安装公差及测量误差的综合因素，对此净距作了一个比较宽松的公差范围。

既有地铁中由于站台门与车厢之间的净距大于本规范的规定距离，为了防止乘客困在站台门与车门之间，在站台门滑动门下方装有防夹阻挡装置，但该装置不得侵入车辆限界。

表3 B型车曲线车站站台门和车辆限界之间安全间隙量值

曲线半径（m）		站台门至线路中心线水平距离（mm）		站台门至车辆限界之间最小间隙量（mm）			
				停站（开门）		过站	
		高站台门	低站台门	高站台门	低站台门	高站台门	低站台门
直线		1530		27	31	75	76
R3000	凸站台	1537		27	31	75	76
	凹站台	1545		27	31	75	76
R2000	凸站台	1540		27	31	75	76
	凹站台	1551		27	31	75	76
R1500	凸站台	1566	1574	27	31	75	76
	凹站台	1536	1528	27	31	75	76
R1200	凸站台	1567	1575	27	31	75	76
	凹站台	1542	1534	27	31	75	76
R1000	凸站台	1570	1578	27	31	75	76
	凹站台	1548	1540	27	31	75	76

表4 曲线车站站台门与车门最大间隙量值

曲线半径（m）	车型	站台形状	站台门至线路中心线水平距离（mm）		站台门与车门最大间隙	
			高站台门	低站台门	高站台门	低站台门
R3000	A	凸形	1641			149
		凹形	1645			153
	B	凸形	1537			144
		凹形	1545			147
R2000	A	凸形	1646			158
		凹形	1651			163
	B	凸形	1540			150
		凹形	1551			154

续表4

曲线半径（m）	车型	站台形状	站台门至线路中心线水平距离（mm）		站台门与车门最大间隙	
			高站台门	低站台门	高站台门	低站台门
R1500	A	凸形	1671	1679		165
		凹形	1637	1629		173
	B	凸形	1566	1574		153
		凹形	1536	1528		162
R1200	B	凸形	1567	1575		160
		凹形	1542	1534		169
R1000	B	凸形	1570	1578		166
		凹形	1548	1540		176

第4款 站台计算长度端部为限界计算的分界点，站台计算长度内按车辆限界制定站台建筑限界；站台计算长度外按区间设备限界制定建筑限界。

第5款 道岔岔心至盾构工作井端墙或隔断门门框最小净空距离的规定是基于：

1) 道岔转辙机布置在盾构工作井内，并保证其安装、检修空间要求；

2) 道岔区在盾构隧道内有内、外侧加宽要求（9号道岔外侧100mm～140mm，内侧60mm～80mm）。因为圆形隧道建筑限界Φ5200mm，通过合理布置建筑限界内管线设备，是能满足最小曲线半径和最大轨道超高值的；同样也能满足道岔所需的内外侧加宽要求。

3) 隔断门门框宽度应满足道岔所需的内外侧加宽要求。

4) 采用此数据之前，应与信号专业确认道岔转辙机顶部标高与轨顶面标高的关系，并与人防专业确认人防隔断门门扇底部标高务必高于转辙机顶部标高。

鉴于盾构隧道起点一般隧道施工误差较大（如下沉等），如

后期施工误差过大，由于道岔区一般无法调坡调线，因此工况下限界空间已紧张，将导致风险较大，同时在土建设计阶段，信号道岔转辙机设备一般未招标，以上数据原则适用于困难情况下采用，一般情况下建议不宜小于18m。

5.3.9 曲线站台边缘至车门门槛之间的间隙，见表5。

表5 曲线站台边缘至车门门槛最大间隙值

线路曲线半径（m）	站台形状	曲线站台边缘至车门门槛最大间隙值（mm）	
		A型车	B型车
800	凹形	179	159
	凸形	162	138
1000	凹形	163	148
	凸形	151	130
1200	凹形	154	141
	凸形	142	126
1500	凹形	144	134
	凸形	134	121
2000	凹形	131	122
	凸形	125	115
3000	凹形	125	119
	凸形	118	111

表5为直线站台边缘至车门门槛净距100mm基础上进行加宽的计算值，若直线站台边缘至车门门槛净距采用70mm时，表中各值均应减去30mm。无论车站内曲线上是否设置超高，曲线站台边缘至车门门槛的间隙是相同的。

5.3.10 防淹门和人防隔断门建筑限界内除架空接触导线外的一切管线都不准在门框内通过。

5.3.11 车辆基地限界

第1款 车辆基地库外车场线都采用有砟道床，列车在空车工况下以25km/h速度低速运行，所以，采用正线区间车辆设备限界进行车辆基地建筑限界设计是安全的。

第2款 车辆基地库内高架双层检修平台的高平台及安全栅栏的建筑限界应按列车在空车工况下以5km/h速度在无砟道床轨道上低速运行进行设计，此时车辆转向架一、二系弹簧不变形，只产生轮轨间隙的随机变化，车体和转向架之间横动量的随机变化。故车体轮廓线和高平台（安全栅栏）之间按80mm间隙进行建筑限界设计是安全的，这个间隙也能有效防止工人高空作业时出现安全事故。

第3款 车库大门宽度已在车辆基地条文中规定，B_1型车的车库大门高度与矩形隧道建筑限界高度相同；A型车和B_2型车的车库大门高度应根据接触网进库与否分别规定。

5.4 轨道区设备和管线布置原则

5.4.1 本条确保列车在带故障运行时不会与轨道区的管线、设备擦碰，并确保限界检测车顺利检测。

5.4.2 强电主要指10kV或35kV环网电缆，弱电主要指通信、信号电缆。按照车站往区间的电缆走向，强电电缆宜布置在轨道区行车方向的左侧，弱电电缆宜布置在轨道区行车方向的右侧。动力照明电缆宜布置在轨道区行车方向左侧，轨道区左侧设置疏散平台，则区间内维修插座箱及其电缆宜布置在强电电缆侧，也可布置在弱电侧。区间的各种管线应排列有序，保持顺直。

5.4.3 道岔转辙机布置在两线之间，其优点是土建结构不必额外加宽，也不会与管线干扰，缺点是可能存在道岔转辙机的电缆过轨。

若单渡线与有效站台端部距离较小，按上述原则布置的道岔转辙机可能进入非有效站台板下，并与站台板下环网电缆发生干扰，在这种情况下，道岔转辙机可布置在车站外墙侧。

交叉渡线间距较大，可满足两侧道岔转辙机安装空间要求时，则两组道岔转辙机宜全部布置在两线之间；否则，宜一组布

置在两线之间，另一组布置在线路外侧。

5.4.4　第3款　射流风机在隧道内的安装方式有三种：第一种是安装在隧道顶部，根据限界要求，隧道应加高，其优点是不增加隧道开挖工程量，当车站端的折返线内安装射流风机时，其结构顶板高度已满足限界要求，不须另行加高；第二种是安装在隧道侧面，须加宽隧道断面，并使同侧安装的管线绕行避让；第三种是在第一种隧道断面的基础上，将射流风机安装在侧墙顶部，较好的综合了以上两种方案的优点。

第5款　冷冻水管外包绝热保温材料之后的管径较粗，在圆形隧道和马蹄形隧道中，宜安装在隧道腰部处，建筑限界不必加大；在矩形隧道中，建筑限界需要加宽，加宽值根据冷冻水管安装尺寸及与设备限界之间的安全间隙计算确定。

第6款　接触网（轨）隔离开关一般设在车站，有的设在变电所内，有的设在轨道区；长大区间也有可能安装隔离开关。轨道区安装隔离开关时，应根据隔离开关安装尺寸，检查是否满足限界要求，必要时隧道建筑限界应予局部加宽。

5.4.5　一般情况下强电电缆布置在两线外侧，弱电电缆布置在疏散平台下方。电缆架设可采用支架或电缆槽。

6　线　　路

6.1　一　般　规　定

6.1.1　地铁各类线路释义：

1　正线为载客运营并贯通车站的线路，当线路分叉时，可细分为干线和支线。一般情况下，在正线上分岔以侧向运行的线路为支线，直向运行线路为干线。支线通过配线连接干线，可混合运行，也可独立运行。由于主线与支线有主次地位之分，所以干线、支线应单独正名，但其技术标准没有区分。

2　车场线：设在车辆基地（或停车场）内，提供列车停、检、修的线路，或各种维修车辆停放的线路。

3　配线：原称"辅助线"，现改称"配线"。凡在正线上分岔的，为配合列车转换线路或运行方向等某些运营功能服务的，并增加运行方式灵活性的线路，统称为配线。根据功能需求，可作以下分类：

1）车辆基地出入线：简称为"出入线"，从正线上分岔引出至车辆基地的线路。

2）联络线：设置在两条不同正线之间，为各种车辆过渡运行的线路。

3）折返线：为列车折返运行的线路。

4）停车线：为故障列车待避、临时折返、临时停放或夜间停放列车的线路。

5）渡线：设置在正线线路左右线之间，为车辆过渡运行的线路。或在平行换乘站内，为相邻正线线路之间联络的渡线。

6）安全线：对某些配线的尽端线，或在正线上的接轨点前，根据列车运行条件，设置在设计停车点以外，具

有必要的安全距离的线路，以避免停车不准确发生冒进的安全问题。

6.1.2　地铁选线应符合下列规定：

第1款　阐述地铁选线的原则：

1）依据城市轨道交通线网规划。因为轨道交通是一个整体的线网体系，每一条线路都应该服从整体线网的规划布局，即使在设计中仍有优化必要，但是必须要注意线网规划内线路间距和客流的平衡，换乘关系的合理性。

2）依据线网中的地位和客流特征，明确线路性质。每一条线路在线网中具有一定的位置、地位和长度，也有主次之分，必须从客流特征分析，确定线路的功能、性质和地位。也是确定本线路运营组织的基本出发点。

3）运量等级和速度目标：在明确线路客流特征和性质的基础上，明确运量等级，是为选择车型、列车编组、运能设计提供基础数据。尤其是超长线路，应根据线路长度选择合理的站间距和速度目标。

第2款　1）阐述地铁线路安全运行的原则："快速、安全、独立运行"。有利实现和发挥每条线路最大运能和效率，提升公交运营品质的基本保证。

2）关于两线共线运行，包括两条正线之间共线运行和干线和支线共线运行。干线与支线共线运行是Y型线。根据支线运行功能，按独立运行，或贯通混合运行，进行不同车站配线。两正线之间的共线运行段，实际上是双Y型，两条正线的中间地段设置共线段，控制了两线的最大运行能力，非特殊需要，不宜采用。

3）当两条正线之间组织共线运行，一定要注意共线段的长度、设计运能和运行组织方式，与客流需求的适应性；接轨点出站方向的区间客流断面，站台形式和配线方案等。对共线段以外的线路，应验证运能的适应性和经济性。

4）关于干线与支线之间混合运行。必须注意：一是支线不宜过长。二是对接轨点车站应选择合理的站台形式和配线方案。三是应对线路汇合点的车站出站方向区间客流断面和行车组织方案的适应性、经济性进行论证。

第3款　阐述支线在干线上接轨点和配线原则。

1）接轨点应设在车站，因支线是载客运行线，必须配置有独立进站线路和停车站台。

2）进站方向设置与干线的平行进路，是为保证支线安全进站，避免发生站外停车而引起乘客的恐惧不安心理，并有利紧急疏散。对于从正线出站去支线的接轨点，不存在上述情况，不一定在站内增加配线。

3）支线接轨点，不应选择在客流大断面的站点，避免支线客流对干线客流突破性冲击，具体方法是应验证支线客流叠加于干线的客流断面，分析对干线各区间客流断面的影响程度，不宜过大冲击原干线的最大断面和不突破原干线的设计运能。

第4款　由于地铁线路属于独立、全封闭运行系统，左右线分开，按上下行方向单向运行，列车运行速度快、密度高，所以地铁线路不能与其他线路平面交叉，不能与城市道路平面交叉，必须采用立交，以避免发生敌对运行，保障行车安全。

第5款　地铁是为大众服务的公共交通，属于公益性民生工程。在工程和运营上是一项高造价、高运量，高质量、高补贴的公共交通项目。因此，为了地铁建设和运营的可持续发展的观点，地铁建设必须符合运营效益的原则。为提高客流效益，一、必须重视全日客运量，保证客运效益，即采用日客运负荷强度指标（万人次/km）评价。二、要能够分担城市最大的客流——通勤客流的运输，并达到一定客流规模，即按高峰小时客流断面（万人次/h）评价。三、要同时在一条线上有多处大型客流点的支撑，有利形成本线路内较大的站间OD客流。拉动其他站点客流，提高整体客流总量和运营效益。即以少数的重要大集散点的车站客流量占全线比例评价。

第6款　阐述地铁选线应重视工程实施的安全原则。应规避

不良水文地质、工程地质地段，减少房屋和管线拆迁，保护文物和重要建筑物，保护地下资源。主要目的是降低工程风险，实际上是既是保证合理工期，又是最大节约工程造价。

第7款 地铁线路与相近建筑物应保持一定距离，这是定性的规定。具体距离应根据建筑物的性质和体量，经环评要求确认。地上线包括地面线和高架线，应注意对于轨道和桥梁需要采取的减振、降噪措施；注意建筑结构的造型和体量与城市景观协调；与相邻地面建筑物距离应满足消防要求；注意车站位置对附近居住家庭的可见度及涉及的隐私问题、还要注意对相邻房屋遮挡，影响日照等问题。

6.1.3 第1款 对于线路起终点选择，目的在于使运营起点有较大的客流支撑，即能吸引大量客流。起点客流一是依靠源点客流，要与城市用地规划相结合，造就客流；二是吸引外围客流，需要在地铁车站建立多种城市交通的换乘接驳点，形成交通枢纽，提供换乘方便的一体化综合交通。是对城市发展和轨道交通客流支撑的双赢的举措。

第2款 线路两端起、讫点不宜选在城市中心区，靠近客流大断面的车站，说明大量乘客还要继续前进。如果定为起终点，必然发生两种情况，这是选线中的大忌。

1）若在起点站，上车客流过大，车厢满载过高，限制了后面车站的上客量，不利组织运行；

2）若在终点站，下客量过大，必将延长清客停站时间，影响发车密度，降低运营能力。

3）起、讫点也不宜设在高峰断面流量小于全线高峰小时单向最大断面流量1/4的位置；主要考虑列车运行交路组织和运营效益问题。

第3款 阐述穿越城市中心的超长线路设计的合理性。

1）对于超长线路的客流基本特征，往往是全线客流的不均衡性，和上下行方向的客流不均衡性。因此必须分析全线不同地段客流断面和分区OD的特征，可采用列车在各区间的满载率和拥挤度评价，以指导和研究行车组织方案。一般来说，对超长线路应作分段设计的方案比较，是否可能分期建设，选择适当的建设时机，合理选定建设范围及其起终点，或选择合理的分段点，即可组织大小交路运行，也可分段换乘运行的方案，进行综合比较而定。

2）对于超长线路应注意分析其线路特点以及基本设计要素：

①速度：超长线路一定要有速度优势，充分体现中长运距的快速功能。首先考虑是提高车辆速度，但根据隧道内空气动力学分析，当前我国5.2m圆形隧道，与运行车辆的阻塞比约为0.5。适宜运营列车最高速度为100km/h以内，否则对乘客和司机均有不同程度的不良反应。若需大于100km/h速度，需要加大隧道断面，增加工程造价。

②站距：除提高车辆最高速度因素外，重要的是如何实现车站间的大站距，减少停站时间，提高旅行速度。但是在市中心区线网的换乘点，可能制约了站间距，在车站点和站间距两者之间的合理选择，是提高旅行速度的关键。

③时间：单向运程时间按1小时为基本目标是城市公共交通快速系统的时间距离概念，是体现为城市空间通达性的公众性的服务理念。也是为避免列车司机驾驶疲劳的劳动卫生保障措施之一。

④长度：超长线路的基本特点就是线路特长，也是提供了距离产生时间效益的基本条件。根据地铁全封闭线路特点，旅行速度为35km/h时，按1小时运行时间为目标，则应控制线路长度不大于35km为宜。

⑤效益：分析全线不同地段客流断面不均匀性，分析建设时序，把握好列车在各区间合理的满载率和拥挤度标准的前提下，综合评价运营效率和经济性。

第4款 1）关于"运行1h为目标"的指标，主要是为了避免司机疲劳驾驶。其次为了避免运行误差积累过大，提高列车运行的正点率。对于地铁速度应追求旅行速度为主。对于全封闭的

线路，一般要求旅行速度为35km/h。因此线路运营线长度一般在35km内。

2）关于"线路最少长度不宜小于15km"。为适应地铁是中长运距客流为主的定位和特征，一般市区线路平均运距大约是全线运营线路长度的1/3～1/4，乘坐地铁的乘客一般不少于3站～4站（约4km～5km），因此乘坐地铁的经济性运距的起步距离应在4km～5km。线路长、吸引力强，效益好。实际运营经验也证实了这一点，为此初建线路长度必须有15km，否则平均运距过短，同时也不符合快速轨道交通为中长距离乘客服务的性质，吸引客流差。据统计一般城市地铁线路长度在30km内线路，不同乘距的乘距比例大致是：5km内乘距占10%，5km～10km乘距占40%，10km～15km乘距占20%，15km以上占30%。由此可见5km～10km乘距比例最大，因此线路初建长度不宜短于15km比较适当。

第5款 1）"支线与正线贯通共线运行时，其长度不宜过长"。若支线长度较长，必然产生进入正线会合的断面流量较大，对正线设计运能有较大的冲击。因此规定当支线长度大于15km时，宜按独立运行线路设计，这与正线最短长度的概念是一致的。

2）一般情况下，支线大于15km的线路，实际上不应该为"支线"，因此必须树立"独立运行"概念。在正线的接轨（交会）站，必须具备构成换乘、折返或延伸条件。

3）由于考虑初期支线客流不大，可具备贯通运行条件。预留这种运行灵活性条件及其他的运行功能是有益的。

6.1.4 第1款 车站分布：地铁是大运量客运系统，所以车站分布原则上是应根据大客流点吸引有效范围而定。具体做法是"选择城市交通枢纽点为基本站点，结合城市道路布局和客流集散点分布而选定"。同时考虑地铁网络化运行特点，在线网规划中的线路交叉点，是各条线路运行中乘客的换乘点，也是线网客流换乘的平衡调节点，应予设置车站。

第2款 车站间距：车站分布原则上是应根据大客流点吸引有效范围而定，又要考虑旅行速度，此与站间距密切相关。同时要避免对单个车站客流过于集中，适当分散为宜。但总体上看，原则上应以方便乘车、提高客流效益为目的。城市中心区和居民稠密地区宜为1km左右，在城市外围区宜为2km左右。对超长线路应根据城市布局和旅行速度目标的要求，提高旅行速度，则站间距宜适当加大。

第3款 站位选择：实际工程经验告诉我们，地面出入口与风亭位置的选定是车站站位选择的关键，没有出入口就没有车站。因为出入口、风亭多数设在人行道的内侧，建筑红线以内，与地面建筑关系，与地下管线关系，与公共交通接驳关系，与城市环境关系，均是密切的。尤其是施工方案的可实施性成为第一关键。

6.1.5 第1款 应按各线独立运营为原则，换乘车站宜采用一点两线换乘形式，包括垂直和平行相交，是一种"分散换乘模式"的规划理念。目的是为了车站换乘客流不要过于集中，便于客流组织疏导，减轻换乘通道和车站的客流压力。一点两线的换乘站，从换乘客流流向分析，已存在4个方位，8个方向，虽然客流是多方向的，但换乘通道和楼扶梯是有限的，因此换乘路径比较集中于1条～2条，尤其在站厅层（或换乘层）客流紊乱，相互干扰严重。如果三线、四线的换乘站，进出站和换乘客流量大、往往导向设施布设难以达到一目了然效果，客流组织的方向性难以控制，通道和楼、扶梯设置往往受到一定制约，尤其在出现灾害情况下，客流疏导问题较多，造成设计、工程建设、运营、安全管理复杂化。为此尽量避免多线一点换乘，提倡多线多点分散换乘。

一般来说，一点换乘的车站，不宜多于3条线，并应控制埋深，宜采用三线两层（站台层）相交。即：尽量减少换乘距离和换乘节点车站的层数。

第2款 "换乘车站的线路设计，宜与其换乘线路的换乘站

前后相邻一站一区间同步设计，并应结合换乘方式，拟定线位、线间距、线路坡度和轨面高程"的规定，是为使换乘站线路和站位的稳定，也是多年来的经验总结。因为换乘站必定成为第二线设计和施工的控制性因素。为了尽量避免换乘站对第二线设计时创造有利条件，而不是废弃工程，应做好三站两区间的设计。当然，三站两区间的设计是以"线网规划"为根据的。

第3款 "两条平行线路采用同站台换乘方式时，车站线路设计应以主要换乘客流方向实现同站台换乘为原则确定线路相对位置。"本条核心问题是在"以主要换乘客流方向实现同站台换乘为原则"。一般来说，两车站间换乘有 4 个方位、8 个方向。在一个"同站台换乘车站"仅仅是解决 2 个方位 4 个方向的同站台换边的便捷换乘。也就是解决"同站台—同方向"换乘或"同站台—反方向"换乘的其中一个。因此在单座"同站台换乘车站"，一定要选择好"同站台—同方向"或"同站台—反方向"的换乘形式，线路设计和配线应予注意其功能要求。

6.1.6 第1款 线路敷设方式：地铁敷设方式，主要是讲采用地下与高架线，此两种方式占用地面空间较小。但地面线却存在"占用地面较宽，阻断道路交通"的缺陷。受地面环境条件制约较多，因此应因地制宜地选定。

第2款 地下线：在城市中心区，发育成熟，为商贸繁华、交通量大、建筑密集的地区。同时往往是现有道路宽度有限，地下管线繁多，拆迁难度极大，对工程实施制约因素甚多。为避免施工对城市交通、环境和居民生活太大影响，一般均采用地下线为主，并对地下隧道的覆土厚度（或埋设深度）提出原则性要求。

第3款 高架线：在城市中心外围，当道路红线较宽（达 50m 以上）的城市主干道上，宜采用高架线。因为两侧建筑物必须后退道路红线 5m～10m，实际建筑物的最小间距可能达到 60m～70m。这种情况下，当高架线设在路中时，列车以 60km/h 通过时，到达两侧楼房的计算等效声级符合环境噪声限值标准要求。若道路沿线第一排建筑物为商场或办公楼，注意楼宇高度与前后错落，不在一条直线上，可避免噪声反射与迴绕效应；同时居民住宅、学校、医院等如退至在比较靠后，影响会更小。因此高架线的位置，与城市规划和环境关系密切。

采用高架线，不是刻意要求对现有道路红线拓宽，而是尊重规划道路条件，尊重现有环境。若先有地铁线，则两侧环境应注意适应地铁的存在，做好城市设计。

对高架线的景观，必须注重结构造型，控制规模体量，注意高度、跨度、宽度的和谐比例，必须注重与周边环境的协调。对高架桥占用了道路断面和空间，需处理好与城市道路红线及其道路断面的关系，保证城市道路交通要求。同时设计提出其结构外缘距建筑物的距离，控制对附近居民的环境影响。

第4款 地面线：地铁线路是全封闭系统，设地面线会占用地面道路资源，形成独立的交通走廊，必然会对城市道路切割阻断，影响城市道路交通功能。因此地面线选择应作全面分析，需要慎重选用。故强调"在有条件地段可采用地面线"。

6.2 线 路 平 面

6.2.1 第1款 1）正线曲线半径，首先是根据地形条件和对地面建筑物的影响而确定。另方面，主要考虑车辆通过曲线的运行条件，如运行速度、对轮轨的磨耗，以及产生轮轨噪声等因素。因此对曲线半径大小有所选择，但并非越大越好。

2）正线圆曲线最小半径规定，是根据车轮在曲线钢轨上的运行轨迹，由于内外轨的长度差异，造成轮对在曲线上滚动运行中产生滑动摩擦，随曲线半径越小，滑动摩擦越大，对钢轨的磨耗越严重，以及多年来各城市轨道交通经验总结，提出圆曲线最小曲线半径规定。由于 A、B 车转向架的轮对固定轴距（分别为 2.5m 和 2.3m）不同，车轮在曲线上轨道通过的相同的几何状态验算，兼顾曲线通过速度不宜过低，确定圆曲线的最小半径，A 型车（$R=350$m）应比 B 型车（$R=300$m）大，符合实际

情况。

3）出入线或联络线一般属于正线上侧向通过道岔的分岔线路，运行速度受道岔导曲线半径限制，按 9 号道岔的侧向通过限速为 35km/h。因此列车通过速度较低，同时为了减少出入线或联络线的长度和工程量，根据不同车型的转向架轮对的固定轴距，采用不同的较小曲线半径。

第2款 1）a 是列车通过曲线运动时产生的未被平衡的横向加速度，是乘客舒适度评价的指标之一；0.4m/s² 是允许的未被平衡横向加速度。

2）在国内外铁路上经过无数次试验，评价结论不一，有一定差异，但有一定范围，表 6 所作的相关分析及建议。

表 6 未被平衡离心加速分析建议

国内曲线测试分析结论：	a=0.4m/s²——乘客稍有感觉，列车平稳通过 a=0.8m/s² 及以上，明显不舒适感
英国与美国测试结果：	a=0.4～1.0m/s² 为允许值
日本测试结果：	限值 a=0.08g=0.78m/s²
匈牙利地铁规定：	a=0.33～0.65m/s²
实测大于理论计算：	系数=1.2～1.25～1.3
推算：	按实际 0.8m/s² 控制，理论值应为 0.67～0.64～0.61m/s²。故限制可取 0.65m/s²
建议：	（1）正线—以站立人舒适度为主，取正常 a=0.4m/s²，瞬间 a=0.5m/s²。 （2）道岔—正常为 0.5m/s²，瞬间为 0.65m/s²

3）对于横向加速度的舒适度指标，基本上在 0.50m/s²～0.65m/s² 为"有些不舒适感觉，但可以忍受"的感觉范围。0.4m/s² 属于无感觉或有些感觉的临界线。考地铁列车是属于城市公共交通，车内站立乘客多，站立密度较高，但平均乘距较短，故选定为 0.4m/s² 比较适宜，经北京、上海、广州地铁多年运行，未见不良反映。

4）曲线通过速度 $V_{0.4}$ 为在正常情况下，允许列车通过曲线的最高速度。$V_{0.5}$ 为列车在 ATP 制动延时响应时，可能发生瞬间超速，允许速度可达 $V_{0.4}=3.91R^{1/2}$，但不大于 $V_{0.5}=4.08R^{1/2}$。即瞬间最高速度的限制，其速度差为 $0.17R^{1/2}$，从表 7 曲线速度限制值表看出，在车辆运行最高速度 100km/h 条件下，曲线地段的瞬间超速的差值均在 4km/h 以内。

表 7 曲线速度限制值（km/h）

部位	曲线超高	a	欠超高	限速计算	曲线半径 R（m）与速度（km/h）						
					300	350	400	500	600	700	800
	mm	m/s²	mm	km/h							
区间	120	0	0	$V=3.19R^{1/2}$	55.2	59.6	63.8	71.3	78.1	84.4	90.2
	120	0.4	61	$V=3.91R^{1/2}$	67.7	73.1	78.2	87.4	95.8	103.4	110.6
	120	0.5	76	$V=4.07R^{1/2}$	70.5	76.1	81.4	91.0	99.7	107.7	115.1
车站	0	0.3	46	$V=1.97R^{1/2}$	—	—	—	48.2	52.1	55.7
	15	0.3	46	$V=2.27R^{1/2}$	—	—	—	55.6	60.0	64.2

5）瞬间超速概念是保证在 ATP 防护下，当车辆最高运行速度规定为 $V_{max}=100$km/h，构造速度为 110km/h，瞬间允许超速 105km/h。

在区间曲线运行地段，仅有 600m 及以下曲线存在瞬间超速的限制，且瞬间超速均控制在 4km/h 以内，而且未超过 100km/h。

同理，当车辆最高运行速度规定为 $V_{max}=80$km/h（构造速度为 90km/h，瞬间允许超速为 85km/h）时，区间运行仅有 400m 及以下曲线存在瞬间超速的限制，且瞬间超速均控制在 3.4km/h 以内，而且未超过 82km/h。

6）车站曲线为适应较高速度通过，需要设置超高，但需要限制超高不大于 15mm（倾斜度为 1‰）。目的在于：①车辆在站台停靠时，曲线轨道不能有太倾斜的感觉，需要限制超高。②车辆在岛式站台的曲线地段，因轨道超高使车辆倾斜时，应控制车辆在曲线内侧倾斜的地板面不低于站台面；或曲线外侧的车辆地板面略高于站台面，但不大于 10mm。

7）车辆进入站台允许未被平衡横向加速度 $a=0.3\text{m/s}^2$，在 15mm 超高时，对车辆在曲线半径大于 600m 的车站上通过的限速，与车站允许通过速度（55km/h～60km/h）是相适应的。但车站曲线半径不仅受制于速度，还有车辆与站台的安全间隙，与站台门间隙的制约。

第 3 款 1）车站曲线半径大小的控制因素是站台边缘与车辆（车门处）的间隙大小有关，也与车体与站台门之间间隙有关。

2）按车辆与站台间隙控制计算，根据 A、B 型车辆参数，按曲线站台间最大间隙 180mm 控制，直线地段按 70mm 控制，则确定车站最小曲线半径，按 A、B 型车辆分别计算，确定为 800m 和 600m。

3）按车辆与站台门间隙控制计算，直线地段按 130mm，曲线地段按 180mm 分别计算。按 A、B 型车辆分别计算，确定为 1500m 和 1000m。

4）车站曲线站台中数据看出，无论是车与站台间隙，或车体与站台门的间隙，凸形比较凹形的情况好些，为此推荐的曲线半径均受凹形站台控制。相对为凸形站台时，上述间隙均可有减小和改善。

第 4 款 1）折返线、停车线允许设在曲线上，曲线半径类同正线。由于折返线、停车线一般为尽端线，列车速度基本上受道岔侧向通过速度限制，并按进入减速停车的运行，因此属于低速运行地段，所以在折返线、停车线的曲线上，允许不设缓和曲线，也不设超高。

2）折返线、停车线的尽端应设置安全线和车挡。为了车挡与车辆的撞击点一致，并在一条直线上，为此至少使最前端车辆保持一节车厢在直线上，约 20m。在实际设计工作中，遇到设置 20m 确有困难，也可以采取有效特殊措施解决。

第 5 款 1）圆曲线最小长度规定为不小于一节车辆长度，目的是避免一节车辆同时跨越在三种线型上，造成车辆运动轨迹过渡不顺畅，而可能出现脱轨事故。从运行安全性考虑，故规定 A、B 型车运行的曲线长度分别不小于 25m 和 20m。

2）对于困难地段，允许减少到一节车辆的全轴距，即：车辆两转向架中心轴＋车辆转向架固定轴距。一般可用在非正线、低速运行地段。尽量不要出现在正线上。

3）车场线圆曲线不应小于 3m；因为车场内列车为低速运行区，车场内曲线往往是道岔后的附带曲线，曲线半径较小。车场线路为了场地布置紧凑，可以按满足一个转向架固定轴距为基本数据，基本可以满足低速运行的线路条件。

第 6 款 复曲线是两种不同半径的同向曲线直接连接，存在曲率的突变点，对列车运行平滑性不利。若要采用，必须设置中间缓和曲线，达到曲率半径的缓和过渡。

缓和曲线是一种曲率渐变性的两次抛物线形的过渡性曲线，长度 20m 是基于满足一节车辆的全轴距（两个转向架中心距离＋一个转向架固定轴距）长度的要求而定，大致按一节车辆长度为 20m。选定 20m 是一个整数，能包容 A 型车、B 型车的全轴距长度，也接近一节车辆长度，简化为一个模数，便于记忆。因为这是同向曲线半径的曲率过渡段。反向曲线之间是不存在复曲线的。

由于不同曲线半径设置不同超高，因此，中间缓和曲线内应完成两个曲线超高差的过渡任务，一般为 2‰的顺坡率，符合轨道超高的顺坡率要求。也是制约缓和曲线的最短长度的一方要素。

6.2.2 第 3 款 1）缓和曲线线形：采用三次方程的抛物线形，使曲率半径由 ∞—R 过渡变化的合理线形，是轮轨系统长年来设计和运营经验的肯定。

2）缓和曲线任务：是根据曲线半径 R、列车通过速度 V 以及曲线超高 h 三种要素确定的。在缓和曲线长度内应完成直线至圆曲线的曲率变化，轨距加宽和曲线超高的递变（顺坡）率。

3）缓和曲线长度的控制性要素：主要有以下四项：

①限制超高 h 递减坡度（0.3%），是保证转向架下的车轮，在三点支承情况下，悬起的车轮高度，受轮缘控制，不致爬轨、脱轨，这是对安全全度的保障。但最小长度 $L\geq1000h/3\geq20\text{m}$，满足一节车辆长度。

②限制车轮升高速度的超高时变 f 值（取 40mm/s）。是满足乘客舒适度的一项指标。即 $L\geq h\cdot V/3.6f=0.007V\cdot h$（与速度和超高有关）$=0.083V^3/R$

③限制未被平衡横向加速度 a 的时变率 β 值（取 0.3mm/s^3），也是舒适度的指标 $L\geq aV/3.6\beta=0.37V$

④限制车辆进入缓和曲线，对外轨冲击的动能损失 $W=0.37\text{km/h}$，也是舒适度指标。$L\geq0.05V^3/R$

最终选择具有上述因素包容性较好，统一计算的长度：$L\geq0.007V\cdot h$ 为基本计算公式。

第 4 款 在圆曲线上，若计算超高值较小时，则曲线超高（含轨距加宽）可在圆曲线外的直线段内完成递变，按困难条件处置。例如：计算超高计数值小于 30mm 时，按 3‰超高顺坡计算长度小于 10m，可不受 20m 限制。如出现在两曲线间夹直线中，应注意夹直线中无超高地段长度保持 20m 的要求。

6.2.3 第 1 款 曲线间夹直线是平直线，其长度的确定，一是舒适度，二是安全性。

1）舒适度标准——乘客的感觉评价

①车辆在曲线振动附加力，主要在缓和曲线与直线衔接点（缓直点）的水平冲角和竖向冲角引起的（横向力、垂直力、轮对旋转时打击外轨的力）振动及附加力。

②夹直线是为车辆在前一个曲线产生的振动衰减后再进入第二个曲线，不致两个曲线的振动叠加。夹直线就是需要的振动衰减的时间距离。

③推算：$L=V\times mT/3.6=0.5V$（取最小值）

式中：V——速度（km/h）

m——振动衰减的振动数（日本地铁 m=1.5～2.5）

T——振动周期。（日本地铁 T=1.2～1.6s）

取：消衰时间 mT=1.8（计算为 1.8～4.0）

2）安全性标准——轮轨的几何关系

①正线上，按一辆车不跨越两种线型，原则不小于一辆车长度，A 车为 25m，B 车为 20m。

②车场内属于低速运行地段，需节省占地面积，宜取一个转向架长度 3m。

第 2 款 关于道岔缩短渡线的曲线间夹直线长度为 10m。

1）道岔缩短渡线一般为道岔后附带曲线，不设置曲线超高和缓和曲线。

2）道岔缩短渡线的曲线间夹直线，一般为道岔后附带曲线之间的夹直线，应满足列车折返的功能要求，并按道岔侧向通过的限速（30km/h～35km/h）运行。为减少道岔渡线区段长度，采用半列车长度的基本模数 10m 是适宜的。

3）对于线间距较大的站端单渡线地段，为减少道岔区大跨度隧道的土建工程量，从工程上分析采用缩短渡线是经济的，从运行上分析也是可行的。

6.2.4 第 1 款 地铁正线道岔选择 60kg/m—9 号为定型道岔。原则是满足运营速度要求。在正线上应保证满足直向允许通过速度（100km/h）与正线保持一致，同时要求道岔角度大，长度较短，减小道岔区隧道工程长度。侧向通过速度往往是通向车站配线，如折返线、停车线、联络线和渡线等，均有一定限速要求，同时受道岔构造因素影响，如尖轨冲角和导曲线半径限速，当 R=200m，允许未被平衡横向加速度为 0.5m/s²，允许侧向通过道岔速度为 36km/h。

关于单渡线与交叉渡线是单开道岔与菱形交叉道岔的组合，为了各个道岔的独立和定型化的组合，有利组装和维修更换，故提出单渡线和交叉渡线的线间距，分别为 4.2m 和 5.0m。其中交叉渡线 4.6m 线间距，为改造工程或困难条件下使用。

第 2 款 当道岔位置设在区间线路的高速通过地段，同时侧向通过速度要求较高，不能满足运行图设计速度时，宜选择大号码道岔，即道岔结构强度提高，侧向通过速度提高。但一般情况下，尽量避免区间设置道岔，需要设置应进行比较论证，慎重处置。

第3款 1）60kg/m 钢轨—9 号单开道岔的长度是：前长—2.65＋11.189＝13.839m，（当前最大值）后长—12.955＋2.775＝15.730m

2）站台端部至道岔前端长度，主要是为出站列车控制距离，可由以下分配距离构成：

①站台端—出站信号机距离：为司机对信号的瞭望距离，一般为 3.5m～5.0m。可取值为 4.7m

②出站信号机—计轴器磁头距离：为车辆转向架的后轮至车辆端部距离，A 型车为 1.9m，B 型车为 2.2m。统一取值为 2.2m

③计轴器磁头—道岔基本轨缝中心距离：为 1.2m（计轴器磁头免受轨缝接头的振动影响）

④列车停车误差，已经在站台有效长度内包含，不再另加

⑤以上合计为 4.7m＋2.2m＋1.2m＝8.1m

结论：道岔中心至站台端距离：8.1m＋13.839m＝21.939m取值为 22.0m

第4款 1）道岔应设在直线地段。有利道岔保持良好状态，有利道岔铺设和维修的方便，有利列车安全运行。

2）道岔两端距离平、竖曲线端部、保持一定的直线距离。道岔结构的全长不仅是钢轨部分，还应包括道岔辙叉轨缝后铺设长岔枕的地段，（大约 3m～5m），道岔号码越大，长岔枕的地段越长，道岔端部需要越过轨节缝的鱼尾板一定距离。为了道岔混凝土无砟道床施工的整体性，使道岔外保留一定平直线段是适宜的。表中数据分别适用于 9 号和 7 号道岔，若选用其他道岔，则另行确定。

第5款 道岔附带曲线是紧连道岔的曲线，道岔导曲线和附带曲线是处在一列车范围内，甚至在一辆车跨越范围内，受同一速度的限速运行，故附带曲线应与导曲线条件一致，可不设缓和曲线和超高，其曲线半径不应小于道岔导曲线半径，以保持一致的速度要求。

第6款 两组道岔之间应设置直线段钢轨连接，有利道岔单独定型化和维修更换。插入钢轨长度是对 25m 或 12.5m 标准钢轨，合理裁切利用的经济模数，又要满足有些道岔组合时，有关信号布置或其他的各种因素要求而定。

6.3 线路纵断面

6.3.1 第1款 最大坡度：

1）线路最大坡度主要根据地形条件和车辆性能取舍。根据近年来的车辆性能和运行情况，原定线路设计正线最大坡度 30‰，困难条件下 35‰，联络线、出入线 40‰的规定，基本可用。

2）在山地城市的特殊地形地区，经技术经济比较，有充分依据时，最大坡度可采用 40‰，是根据当前西部地区出现的实际情况，根据当前车辆生产水平提出的。

3）在实际工程中，对于每一条线路的最大坡度是有一定区别，应综合工程实际需要，结合采用的车辆性能的可靠性和造价的合理性，结合工程和运行的经济性进行综合论证。如果在工程上是合理的，运行上是安全的，应该允许有所突破。

第2款 最小坡度：

1）隧道的线路最小坡度设定，主要为排水畅通，避免积水。由于隧道内水沟属于现场施工的道床水沟，比较粗糙，故规定最小坡度宜采用 3‰，困难条件下可采用 2‰；

2）地面和高架桥区间正线处在凸形断面时，在理论上，在平坡地段的水沟不会积水，但实际施工证明，平坡是难以做到，故需要横向汇集，分段排出的辅助措施。

6.3.2 第1款 车站布置在纵断面的凸形部位上，有利出站下坡加速，进站上坡减速，符合节能坡理念。但进出站的坡度、坡长和变坡点应予合理设置，应从牵引计算反馈验证。

第2款 车站站台范围内的线路应设在一个坡道上，是保证线路轨面与站台的高差是一条直线关系；坡度宜采用 2‰，是使

站台纵向坡度没有明显感觉，接近水平状态。同时具有排水坡度。

当与相邻建筑物合建时，可采用平坡；是照顾车站的柱网等高，有利与相邻建筑物的衔接。车站平坡是局部长度，仍要做好排水处理。

第3款 地铁车辆经试验，在 2‰坡道上，可以停止不溜车。在 3‰坡道上，不制动即溜车。故选择停放车辆功能的配线为 2‰，也能满足排水要求。地面和高架桥上，考虑风力影响，故坡度适当减小，不应大于 1.5‰。

第4款 道岔在坡度上的最大问题是担心尖轨爬坡，影响使用安全。这主要决定于尖轨根端的接头，是活动接头，还是固定接头。当前正线道岔均采用曲线尖轨，固定接头，无砟道床，基本消除上述缺陷，故坡度可以放大至 10‰的坡道上。

第5款 车场内的库（棚）线宜设在平坡道上，有利车辆停车和检修处于平直状态。库外停放车的线路不做检修作业，但不能溜车，故坡度不应大于 1.5‰。咽喉区道岔坡度允许加大至 3.0‰，有利场内排水和竖向设计。

6.3.3 第1款 线路坡段长度受两种因素制约：一是不宜小于远期或客流控制期列车长度，二是满足两个竖曲线之间的夹直线长度。都是为了一列车运行线路不会出现两种以上坡段、坡度及竖曲线，改善运行列车条件。其中 50m 夹直线就是相当于振动衰减的时间距离。

第2款 1）列车通过变坡点时，会产生突变性的冲击加速度，对舒适度有一定影响。在变坡点处设置圆曲线型竖曲线是为改善变坡点（突变点）的竖向舒适度。

2）竖向加速度 a 属于舒适度的标准，与竖曲线半径 R（m）与行车速度 V（km/h）有关。

$$a = V^2/R = 0.077V^2/R(m/s^2). \quad R = 0.077V^2/a$$

3）a 的取值：根据国外资料，a 值适应范围较宽，为 0.08m/s²～0.3m/s²。但未见对舒适度的实测数据和感觉的评价。

当 $a = 0.08m/s^2$ 时，即：$R = V^2$

当 $a = 0.16m/s^2$ 时，即：$R = 0.5V^2$

当 $a = 0.3m/s^2$ 时，即：$R = 0.25V^2$

4）参照上述数据分析，竖曲线 R 的计算值如表 8：下列数据随速度的平方函数变异，计算结果相差较大。在实际应用中，应当注意竖曲线半径对坡段长度影响较大，对纵断面设计灵活性影响较大。若相邻坡度代数差为 60‰时，当 $R = 5000m$ 时，竖曲线长度为 300m，若 $R = 10000m$，则竖曲线长达 600m，在实际工程设计中，地铁站台均在 1.0m～1.5m，坡段划分长度较短，因此使用过大竖曲线半径对纵断面设计的灵活性具有较大影响，对规避不良地质地层的灵活性较差。需要合理把握。

表 8 竖向加速度 a、竖曲线半径 R（m）与行车速度 V 关系

a	V	40	50	55	60	70	80	90	100	110	120
0.08	$R = V^2$	1600	2500	3025	3600	4900	6400	8100	10000	12100	14400
0.16	$R = 0.5V^2$	800	1250	1512	1800	2450	3200	4050	5000	6050	7200
0.3	$R = 0.25V^2$	400	625	756	900	1225	1600	2025	2500	3025	3600

5）对于最小竖曲线半径，在架轨灌注混凝土道床时，发现凹形竖曲线，半径为 2000m 时，施工曾经遇到轨道依靠自重凹确有困难，故规定最小为 2000m。同时考虑地铁坡段短的实际情况，R 不宜太大。

6）线路适应速度范围：按舒适度要求，缓和变坡点的突变点，简化工程适应条件，取 $R = (0.5～1)V^2$ 基数为宜。当正线最高运行速度为 80km/h，实际运行最高速度在 70km/h 左右，因此区间线路竖曲线半径，宜采用 5000m～2500m。当 100km/h 的实际运行速度在 90km/h 左右。区间线路竖曲线半径，宜采用 8000m～4000m。但未见速度与竖曲线半径对舒适度的实际测试和直观评价。为此，根据国内工程和运营实际情况，可以沿用原规范规定：正线区间竖曲线半径为 5000m，困难时为 2500m。车

站端部列车进站速度为55km/h，宜采用3000m，困难地段为2000m（受工程条件限制）。

联络线、出入线和车场线的竖曲线半径规定采用值为2000m。

第3款 1）车站站台有效长度内需要车辆地板面和站台面保持一个等高度，以保证乘客上下车的安全。道岔范围内，尖轨部分是移动轨，需要保持平直线状态，无法实施竖曲线。在道岔辙叉部分刚度较大，且"鼻尖"部分是存在"有害空间"，是运行安全的敏感区，在辙叉后的长岔枕铺设范围的4条钢轨，同在一排枕上也不宜设置竖曲线。以上因素，均需要道岔保持平直线状态。

2）为保证上述范围均不得设置竖曲线，因此将竖曲线保持一定距离——5m，作为铺轨等工程实施误差。

6.3.4 本条说明如下：

1）长大坡度对运行不利，需要对不同运行状态分析。主要是对车辆故障时，在大坡道上车辆的编组和动力（牵引和制动）性能以及列车的制动停车和再启动能力，及其互救能力等。其次要评价：在正常情况下，上坡运行时对于速度发挥效率和旅行速度；下坡运行时对速度的限制和有效制动的安全性能。

2）根据车辆的规定：车辆的编组和动力（牵引和制动）性能，在定员（AW2）工况下，应满足在长大陡坡线路上正常安全运行，并应符合下列故障情况时运行的原则要求：

①当列车丧失1/4或1/3动力时，列车仍能维持运行至线路终点。

②当列车丧失1/2动力时，列车仍能在正线最大坡道上启动，并行驶至就近车站，列车清客后返回车辆段（场）。

③当列车丧失全部动力时，在粘着允许的范围内，应能由另一列相同空载列车（AW0）在正线最大坡道上牵引（或推送）至临近车站，列车清客后被牵引（或推送）至就近车站配线——停车线临时停放，或返回车辆段（场）。

上述②和③是对长大坡度和坡长检算的基本条件。

3）$F = f + ma = m(av^2 + bv + c) + ma$. 式中：F为列车总牵引力；f为列车运行基本阻力，是速度平方的函数；ma是列车加速力。上述公式原理说明，列车在长大坡道上运行，随速度不断提高，基本阻力逐渐加大，直到与牵引力平衡，加速度为0时，可以计算出运行的距离和末速度，这时候的坡度和坡长，基本属于正常运行状态。其中，对于长大坡度长度，可按列车损失1/2动力的故障运行状态时，上坡运行加速度为0时，计算速度不小于30km/h（接近故障车推行速度）为宜，不使过分影响后续列车正常运行。由于各条线路条件和车辆动力配置均有差异，暂无统一规定，可在车辆订购时提出要求。

经粗框计算，24‰坡道上坡方向，基本适应上述条件。故采取坡段高差16m的门槛，作为长大陡坡的概念，但不是限制坡度的规定，是从改善运行条件考虑。尽量避免设计长大陡坡和曲线重叠。

6.3.5 区间纵断面设计的最低点位置，应兼顾与区间排水泵房和区间联络通道位置结合，有利两条隧道的排水汇集一处，设置一个排水站，其排水泵房和区间联络通道位置结合，有利横通道与排水井工程同步实施。

在线路区间纵断面设计的最低点选择时，应重视区间排水井的水如何排出至地面，并接入市政排水系统。如果排水管采用竖井引出方式时，一定要注意在地面具有实施竖井的条件。否则只能排入车站排水站。

6.3.6 本条说明如下：

1）曲线超高应在缓和曲线内完成，故缓和曲线也是超高的顺坡段，因此缓和曲线的起终点即是超高的顺坡坡度段的起终点，也是该坡段的变坡点。实际上在这变坡点必定有竖曲线顺接。只有顺坡坡度其小，其竖曲线其短，竖曲线改正值其小，才能可以忽略。如顺坡坡度为2‰，按线路纵断面设计规定，两坡度代数差大于等于2‰时，必须设置圆曲线竖曲线。纵断面变坡

点的竖曲线，有凹有凸，若与超高点的凹凸形态不符，则难以实施。这种超高顺坡点的竖曲线与正线竖曲线的叠加，对轨道铺设具有难度，是难以把握。从上述观点，在宏观概念上判断，缓和曲线的起终点应与纵断面的竖曲线不应重叠。但从微观分析，当缓和曲线的起终点的超高顺坡率小于2‰时，则可规避。

2）对于轨道曲线超高的顺坡率规定，一般不大于2‰，困难地段为3‰；对超高实施方法，规定在有砟道床地段按曲线外轨单侧抬高超高，在隧道内混凝土道床地段，按1/2超高半抬半降方法实施。

3）在有砟道床地段按曲线外轨单侧抬高超高，必定存在外轨超高顺坡点的竖曲线，应与线路纵断面变坡点的竖曲线规避，使两种竖曲线不得重叠。若采用一侧超高，按3‰递变率，按3000m半径设竖曲线，切线4.5mm，其竖向改正值为3mm。其凹凸形态也不能忽略。

4）在隧道内混凝土道床地段，按1/2超高半抬半降方法实施，即使按3‰实施，但由于曲线段的两根钢轨是分别按1.5‰的顺坡率实施，其竖曲线长度和改正值均甚小，即1.5‰，按3000m半径设竖曲线，切线2.25m，竖向改正值仅0.8mm。可以忽略不计，故允许与线路纵断面变坡点的竖曲线重叠。

5）城市内选线，往往是地下线路曲折和站间距不大的情况，为设计节能坡，与平面曲线重叠虽应尽量避免，但也是难以避免的，采用按1/2超高半抬半降方法，是给予一种灵活的选择。

6.4 配线设置

6.4.1 **第1款** 阐述联络线位置选择：是依据线网规划阶段，确定车辆基地分布位置和承担任务范围时，结合线路建设时序和工程实施条件，同时确定的。每条线路设计时，对全线设置联络线位置必须服从线网规划的位置。若有工程实施困难，或需要调整，必须从线网规划中全面考虑。

第2款 阐述联络线任务：承担车辆临时调度，运送厂、架修车辆，以及根据工程维修计划，对大型工程维修车辆、磨轨车等。

第3款 联络线的配置：仅为非载客车辆运行，并在客运低峰或停运后时间使用的线路应设置单线；若在相邻两段线路之间，初期临时贯通、并正式载客运行的联络线应设置双线，运行方式是当作一条线的贯通独立运行，而不是两线间混合运行，以后不予废弃，仍应保留其余联络线功能。

第4款 联络线接轨点规定：与正线的接轨点宜靠近车站，这是基本要求。在实际设计中，往往是联络线一端靠近车站接轨，另一端若与车站接轨，联络线线路过长，不尽合理，只能在区间接轨，这是根据上述联络线运行条件确定的。

第5款 在两线同站台平行换乘站，仅需相邻线路之间宜设置单渡线，即可实现联络线功能。工程简单，管理方便，是对线网资源利用的经济性原则。

6.4.2 **第1款** 出入线的接轨点应在车站端部，不可在区间接轨，这是运行安全管理原则。但考虑到出入线进站与正线无平行进路，为保证安全，对出入线在接轨道岔区之前，应具备一度停车再启动条件。

对于一度停车条件，不是每列车必须停车，而是可能停车条件。即距离正线道岔警冲标之前，留有列车临时停车和再启动的地段，不小于一列车长度＋安全距离。在隧道内，若进站为下坡，线路坡度不宜大于24‰，并检验按30km/h～35km/h制动停车的安全保障；对于进站为上坡，原则上应检验具备列车启动条件则可，但一般不宜大于24‰，困难不大于30‰。上述作为暂行规定，仅作参考，仍有待不断深入研究和修正。

第2款 出入线应按双线双向运行设计，并避免与正线平面交叉，这是设置出入线在功能上保持灵活性和安全性的基本原则。因此出入线尽量设置于两条正线之间为宜，出入线在运行时，既保持较大灵活性，并对正线干扰最小。

出入线设置为八字形，条件首先是车辆段位于两车站之间，

有利在两座相邻车站分别接轨，距离适当。二是属于功能要求：1）车辆调头换边运行需要；2）车辆段位置居于线路接近中段，为提高早发车效率需要。

出入线为单线、双向设计，是对小型停车场（10股道以下），功能受到极大限制。在工程条件受到限制时，经过论证，但能满足该停车场功能要求时，可以设置单线出入线。

第3款 出入线兼顾列车折返功能是可行的，是经常遇到的事实，配线形式会有多种形式。关键是折返能力和出入线进出能力需求，需要进行合理的运行组织，能力分配。同时根据合理配线形式，则需要多方案的配线设计，选择工程量不大，配线简单，满足功能，运行安全的配线方案。

6.4.3 第1款 阐述折返线位置选择，应满足行车组织——交路设计的功能要求。

第2款 阐述折返线形式应满足列车折返能力要求，也是折返线配线原则。不仅是折返线位置与折返方向需要一致，还应注意受列车停站时间控制。

第3款 停车线设置密度：正线应每隔5～6座车站（或8km～10km）设置停车线，其间每相隔2～3座车站（约3km～5km）应加设渡线；其理由：

1）停车线的基本功能是为故障车临时待避，也应兼作临时折返和停放线的功能。一般在车站一端单独设置，使故障车及时下线，退出运营，维持正线正常运行。因此待避线布置的密度与运行方便性和灵活性关系密切相关，当然也涉及工程规模和造价，为此需在运营方便与工程造价之间寻找到中间的平衡点。根据当前的车辆和运营经验，结合车站施工方法，车站分布的站距大小不一的情况，拟定"每隔5座～6座车站或8km～10km设置故障列车待避线，其间每相隔2座～3座车站（约3km～5km）加设渡线"的要求。其中设渡线的车站相间于两座设待避线的车站之间，可以为未失去动力的故障列车随时折返回车辆段，作为避车线布置间距较大时的弥补作用。上述布局目的是为列车在正常运行中出现故障时，能及时引导故障列车离开正线，进入待避线，保障正线其他列车正常畅通运行，尽最大可能减少对正常运行的干扰。为了设置待避线，必将造成车站土建工程规模加大，增加投资，因此应适度控制其分布密度和数量。

2）根据多年运营实践，列车发生的故障中，车门故障率最高（约占30％以上），其次是车载信号故障，其余是车辆其他部分或线路故障。上述故障虽然不影响列车动力，但不同程度上会影响上、下客和停站时分，影响运行速度和高峰时段的客运能力。另一方面，故障率是随车辆和设备的质量提高而减少，因此故障列车待避线的使用频率不会很高，但不能没有。为此，从总体上看，采用待避线和渡线相间布设，适当加大待避线布设距离，其中加设渡线，使每隔2站～3站的设有配线，密度比较适当，使运行的灵活性和工程规模的经济性得到平衡和兼顾。同时预计在新建线路中会出现长大站间距的特殊性，为避免故障列车走行距离过长，限定适当的站间距必须设置配线作为补充性控制。

3）待避线的间隔距离宜按故障列车按25km/h～30km/h的运行速度计，走行时间不大于20min为控制目标，故限制设有故障车待避线的车站间距约8km/h～10km/h。预计一列故障车处理下线退出运行的总时间可控制在30min以内。在这一段时间内，对其他列车的运行状态需作动态调整，速度减缓，尽量减少停运时间，使对正常运营秩序的影响降到最低程度。

第4款 停车线设置与功能：

1）应具备故障列车待避和临时折返功能。

2）在正常营运时段，停车线与折返线不宜同时兼用，因此在折返站宜设两条配线：一条为折返线，一条为停车线。

3）作为停车线，尽量选择为折返功能一致的方位上，为适应故障车能及时被推进停车线，故在配线尽端需设置单渡线与正线连接，有利作业。

第7款 折返线、故障列车停车线铺设长度，根据功能要求分别确定：

1）尽端式折返线、停车线铺设长度＝列车长度＋安全距离。是前道岔基本轨接缝中心至车挡。因为安全距离可以包括停车误差和信号瞭望距离在内。

2）贯通式折返线、停车线铺设长度＝（列车长度＋停车误差和信号瞭望距离）＋安全距离。其中（列车长度＋停车误差和信号瞭望距离）是两端基本轨接缝中心之间距离。

表9 折返线、故障列车待停线长度

配线 名称	有效长度＋安全距离（不含车挡长度）
尽端式折返线、停车线	远期列车长度＋50m
贯通式折返线、停车线	远期列车长度＋10m＋50m

6.4.4 一般中间站的单渡线道岔，宜按顺岔方向布置。所谓顺向布置是指道岔的辙叉向尖轨尖端处的方向，车辆通过尖轨是顺向运行，即使发生尖轨与基本轨不密贴，可能发生挤压尖轨时，但不易车轮出轨，偏于安全。若车辆通过尖轨是逆向运行，如果尖轨与基本轨不密贴，可能发生撞击尖轨，容易发生车轮出轨，存在不安全因素较大。

在列车右侧行车规则下，顺岔布置时，当故障列车需要利用单渡线折返的作业，可由本车站调度、监视或控制，偏于安全。

单渡线往往是与其他线路配线组合，对于采用站后折返的尽端站，增设站前单渡线，按逆向布置，有利初、近期发车对数不多时，可采用站前折返；仅利用单边站到发和折返列车，节约列车能耗，另一条线可作为临时停车。

6.4.5 安全距离是指在车站范围，两线交汇点之前的安全缓冲距离。一种是支线，接轨点在过渡台之后，一种是车辆出入线，接轨点在进站之前，由于均有一度停车要求，在车站调度和信号ATP系统保护下，可按停车的安全保护距离考虑。一般不会增加工程量。如果不满足上述条件，则需要设置安全线。

安全线是一条专线，并设有车挡。当列车行进方向是尽端线，则需要延伸一段距离，并加设车挡保护。上述延长的线路为安全线。

当车辆出入线在正线区间接轨，在运营时间内有车辆进入正线的功能，需要设置一条岔线，即安全线，并设置车挡。若为由正线车辆进入出入线的单一功能，则出入线可不设置安全线。

关于安全线长度50m，是按9号道岔，导曲线半径为200m，侧向通过速度为35km/h，根据信号专业计算确定的。

7 轨 道

7.1 一般规定

7.1.1 轨道是地铁的主要设备，除引导列车运行方向外，还直接承受列车的竖向、横向及纵向力，因此轨道结构应具有足够的强度，保证列车快速安全运行。地铁是专运乘客的城市轨道交通，轨道结构要有适量的弹性，使乘客舒适。钢轨是地铁列车牵引用电回流电路，轨道结构应满足绝缘要求，以减少泄漏电流对结构、设备的腐蚀。

7.1.3 轨道结构直接承受列车荷载，是保证列车运行安全的重要保障，必须要保证轨道结构的耐久性。

7.1.4 隧道及U形结构地段、高架线、地面线的轨道结构均采用同一型式，采用通用定型的零部件，既能减少设计和施工麻烦、减少订货和维修备用料种类，又能使轨道结构外观整齐。

7.1.5 随着人民生活水平的提高，对环境保护的要求也越来越高，只有地铁相关专业共同采取减振降噪措施，才能达到地铁沿线的环保要求。根据沿线的减振要求，在轨道结构上采取分级减振措施，既能达到沿线不同地段的环境保护标准，又能节省轨道工程投资。

7.1.6 列车直接运行在轨道上，轨道结构必须采用先进和成熟及经过试验合格的部件，使轨道结构技术先进、适用，还要充分考虑采用机械化检测和养护维修，以适应地铁高密度运营的要求。

7.2 基本技术要求

7.2.2 在小半径曲线地段，为使列车顺利通过，并减少轮轨间的横向水平力，减少轮轨磨耗和轨道变形，小半径曲线地段必须有适量的轨距加宽量。

地铁的曲线轨距加宽值按车辆自由内接条件计算。正线曲线半径一般大于250m，无须轨距加宽。辅助线、车场线小半径曲线需进行轨距加宽和轨距加宽递减。

7.2.3 根据列车通过曲线时平衡离心力，并考虑两股钢轨垂直受力均匀等条件计算曲线超高。根据最高行车速度、车辆性能、轨道结构稳定性和乘客舒适度确定最大超高为120mm。按满足舒适度要求，未被平衡横向加速度取 0.4m/s^2，欠超高为61mm。

7.2.4 隧道内无砟道床轨道曲线超高外轨抬高一半、内轨降低一半，可不增加隧道净空，节省结构的投资，同时能使轨道中心线与线路中心线一致，还能减小超高顺坡段的坡度。高架桥无砟道床外轨采用全超高，可减小桥梁恒载。地面线有砟道床采用全超高，便于保持轨道几何状态。困难地段超高顺坡率不大于2.5‰可有效控制曲线减载率。

7.2.5 各种轨道结构高度是一般的规定，也可根据隧道结构、轨道结构和路基的实际情况，在保证道床厚度的条件下确定。有砟道床厚度是指直线、曲线地段内股钢轨部位的轨枕底面与路基基面之间的最小道砟层和底砟层的总厚度。

7.2.6 为使同一曲线轨道弹性一致，有利于行车，保持轨道的稳定性，减少维修工作量，故规定同一曲线地段宜采用同一种道床型式。

为节省投资，地面线宜采用有砟道床。也可根据地质条件、地段长度等分析证实采用无砟道床确具有技术优势后，可采用地面无砟道床。

停车列检线同一股道的各停车列位宜采用相同的道床结构型式。各停车列位采用全有检查坑或全无检查坑道床结构型式，能有效减少调车作业数量。

7.3 轨道部件

7.3.1 地铁选定钢轨类型的主要因素是年通过总质量、行车速度、轴重、延长大修周期、减少维修工作量和减振降噪。

第1款 国家铁路线路设计规范规定，年通过总质量等于或接近25Mt的轨道结构，应铺设60kg/m的钢轨。根据地铁线路近、远期客流量推算出近、远期年通过的总质量。随着地铁车年通过总质量的增长及列车速度的提高，铺设60kg/m钢轨技术经济合理。

小半径曲线地段钢轨的磨耗是影响钢轨使用寿命的主要因素。根据我国地铁多年运营中的钢轨磨耗状况，半径在200m～300m的曲线地段钢轨磨耗严重，一般约四个月需换轨，经采取钢轨涂油、换耐磨钢轨等措施，可延长钢轨使用寿命。

车场线运行空载列车，速度又低，采用50kg/m钢轨。

第2款 正线、辅助线钢轨接头采用对接，可减少列车对钢轨的冲击次数，改善运营条件。在曲线地段，内股钢轨的接头较外股钢轨的接头提前，曲线内股钢轨应采用厂制缩短轨与曲线外股标准长度钢轨配合使用，以保证内、外股钢轨的接头相错量符合规定。

根据施工和维修的实践，半径等于及小于200m的曲线地段钢轨接头采用对接，曲线易产生支嘴，所以本条规定应采用错接，错开距离不应小于3m，或大于地铁车辆的固定轴距。曲线钢轨接头错开3m在很多场合不满足信号的要求，则宜考虑困难条件下可对接，同时采取钢轨补强措施。

7.3.2 扣件是轨道结构的重要部件，力求构造简单、造价低，不仅具有足够的强度和扣压力，还应具有良好的弹性和适量的轨距、水平调整及绝缘性能，特别是刚性无砟道床更为重要。

1 扣件的绝缘电阻大于 $10^8 \Omega$，宜设两道杂散电流防线，即采用增加绝缘轨距垫，以增强轨道的绝缘性能。

2 应对扣件金属零部件进行防腐处理，以延长扣件的使用年限。

3 根据国内扣件使用情况，参考国外资料，规定了不同道床型式宜采用的扣件。隧道内、地面线的正线扣件尽量采用无螺栓弹条，可减少零部件、减少施工和维修的工作量。

7.3.4 道岔是轨道结构的薄弱环节，其钢轨强度不应低于一般轨道的标准。为减少车轮对道岔的冲击，应避免正线道岔两端设置异型钢轨接头，故规定正线道岔的钢轨类型应与正线的钢轨类型一致。

正线道岔是控制行车速度的关键设备，道岔型号应满足远期运营的需要，道岔直向允许通过速度不应小于区间设计速度，侧向容许通过速度应满足列车通过能力的需要，即在对道岔通过能力要求高的地段，可采用大于9号的道岔。

道岔扣件采用弹性分开式能增强道岔的稳定性和弹性，增加轨距、水平调整量，尤其是无砟道床上的道岔更应采用弹性分开式扣件。

道岔设计应与信号的道岔转换设备相配套。

7.3.5 钢轨伸缩调节器的设置位置应按桥上无缝线路计算确定。一般情况下高架桥道岔两侧设置单向钢轨伸缩调节器可消除梁轨相互作用力对道岔的影响，从而提高长期运营条件下道岔的可靠性；温度跨度大于100m的钢梁及温度跨度大于120m的混凝土梁等地段，应考虑铺设钢轨伸缩调节器的必要性。

7.4 道床结构

7.4.1 道床结构的强度和耐久性若不满足要求，直接危及行车安全，严重影响正常运营，故而此规定。隧道内和高架桥上一般都采用无砟道床，为使轨道弹性一致和增强道岔区轨道的强度，规定上述道岔区宜采用短枕式无砟道床。

第1款 无砟道床承受轮轨循环往复的动荷载，是永久性的土建结构，应该与隧道或高架桥等主体结构的设计使用年限一致；

第2款 弹性短轨枕道床结构应该加强配筋以加强道床结构整体稳定性，特别是过曲线段时应加大水沟边缘道床混凝土保护层厚度并考虑适当配筋，以加大对轨枕的横向阻力，保证轨道结构的整体稳定性；

第3款 道岔尽量避开隧道结构沉降缝，道岔转辙器、辙叉部位不应有沉降缝和梁缝。若短岔枕位于沉降缝和梁缝时，应调整避开；

第5款 为便于养护维修、增强轨道的绝缘性能，无砟道床地段轨底至道床面的距离不宜小于70mm；

第6款 铺设基标，一般直线6m，曲线5m设置一个。曲线要素点、道岔控制点宜设置铺轨基标。考虑轨道大修时使用，故宜每隔15m～24m保留一个永久铺轨基标。

7.4.2 地面正线一般地段宜采用混凝土枕有砟道床，道岔木枕有砟道床前、后地段应采用木枕有砟道床。在具备条件的地面线车站地段采用无砟道床，能增强轨道的稳定性，车站整洁美观。

地面出入线、试车线和库外线尽量采用混凝土枕有砟道床，能增强轨道的稳定性。混凝土枕使用年限长，同时能节省木材，特殊地段可采用木枕有砟道床。

根据地铁特点和运营实践，正线和辅助线采用特级或一级道砟，能增强道床的稳定性，有效防止道砟粉化、道床板结，减少维修工作量，延长轨道大修周期。车场线列车空载低速运行，采用二级道砟，能满足使用需要，并可省投资。

7.4.3 正线、联络线、出入线和试车线的无砟道床刚度大，有砟道床的弹性较好，为改善行车条件、保持有砟道床的稳定、减少维修工作量，衔接处应设置轨道弹性过渡段。目前国内地铁多采用有砟道床厚度渐增的办法弹性过渡，有砟道床最小厚度不宜小于250mm，基础宜采用C20混凝土，过渡段长度一般8m～12m。

因无砟道床采用弹性分开式扣件，扣件静刚度较小、弹性好，所以，也可采取适当加大无砟道床轨枕间距、加密有砟道床轨枕间距的方法实施弹性过渡，过渡段长度宜12m～15m。列车驶入车场库内线时速度低，又是空载，库内无砟道床多采用弹性分开式扣件，弹性好，与库外线有砟道床衔接可采取适当加大无砟道床轨枕间距、加密有砟道床轨枕间距的方法。

7.5 无缝线路

7.5.1 无缝线路设计与各城市的气温条件及历史最大轨温差有关，应根据各城市温度条件，进行无缝线路设计计算，尤其是寒冷地区。本节的规定限定为轨温差小于等于90℃的城市。

根据各地轨温差的不同，在轨温差较大的城市，高架线上未采用无缝道岔时，道岔两端也应设置单向钢轨伸缩调节器，其基本轨应与长钢轨焊接，尖轨应与道岔基本轨冻结。

7.5.2 铺设无缝线路能增强轨道结构的稳定性，减少养护维修工作量，改善行车条件，减少振动和噪声，所以在条件允许时尽量铺设无缝线路。

7.5.3 地面线有砟道床地段，宜在正式运营前铺设无缝线路，可减少运营后再铺设的诸多麻烦。

7.5.4 高架桥上采用无缝线路，应做特殊设计，尽量减小梁轨间的作用力，采用小阻力扣件和在适当位置铺设钢轨伸缩调节器，既能保证轨道的稳定性，又能保证最低轨温下断轨的断缝不超过允许值。

7.6 减振轨道结构

7.6.1 环境影响评价报告是地铁工程的设计依据，应在轨道专业设计技术上落实环保部门的批复意见。

钢轨接头振动是非接头的三倍，无缝线路能大大减少接头；地铁弹性分开式扣件静刚度较小、弹性好，根据地铁运营实践，采用无缝线路、弹性分开式扣件和无砟道床或有砟道床，能满足一般减振地段的需要，达到环境保护标准。

7.6.2 轨道直接承受列车荷载，其强度、稳定性是列车安全运营的前提，因此在任何情况下，都应保证轨道的强度、稳定性。采取轨道减振措施往往从改善轮轨平顺性和加大轨道弹性入手，但是要根据各工程车辆、运营速度、线路条件等进行轨道强度和稳定性检算后，确定轨道结构的弹性，尤其是扣件的弹性。

7.6.3 减振等级的划分与减振产品的减振能力密不可分。由于目前我国尚缺少对减振产品的权威认证机构和方法，无法量化规定，需要通过对城市轨道交通运营线减振产品使用情况的不断总结加以定型。

减振产品分级使用，目的在于物尽其用，节约投资。但是为保持轨道结构的弹性连续、减少维修备件种类等，每一条线路宜尽量减少减振产品的种类。

7.6.4 定性判断减振地段和减振等级可参照下列方法：在线路中心距离医院、住宅区、学校、音乐厅、精密仪器厂、文物保护和高级宾馆等建筑物小于20m及穿越地段，宜采用高级及以上减振措施；线路中心距离宾馆、机关等建筑物小于20m及穿越地段，宜采用中级及以上减振措施。

7.7 轨道安全设备及附属设备

7.7.1 国外地铁高架桥上大多数不设置护轨，铁路线路规范规定在特大桥及大中桥上、跨越铁路、重要公路和城市交通要道的立交桥上等部位，应在基本轨内侧设置护轨，以防列车脱轨翻到桥下。

防脱护轨是新型护轨设备，轮缘槽较小，能消除列车车轮因减载、悬浮而脱轨的隐患，当一侧车轮轮缘将要爬上轨顶面时，同一轮对的另一侧车轮的轮背与护轨接触，促使要爬轨的车轮回复到正常位置，防止列车脱轨。防脱护轨设在基本轨内侧，用支架固定在基本轨轨底，安装拆卸方便。可根据实际需要增加安装防脱护轨的地段。

境外尚有护轮矮墙做法，它具有同样的防列车倾覆作用，同时安装的灵活性更大，可根据工程具体情况设置在钢轨内侧或外侧。

7.7.2 缓冲滑动式车挡也称为挡车器，具有结构简单、安全可靠的优点。在被列车撞击后，车挡能滑动一段距离，有效地消耗列车的动能，迫使列车停住，一般能保障人身和地铁车辆的安全。经现场地铁列车撞击试验证明，效果很好。固定式车挡结构简单，造价低，可满足车场线的安全要求。

7.7.3 视线路实际情况，可增减标志类型。如距进站100m处设"站名标"等。为司机瞭望清晰，与行车有关的标志如百米标、坡度标、限速标、停车位置标、警冲标等，应采用反光材料制作，并安装在司机易见的位置上。所有标志应不侵入设备限界，安装位置应便于瞭望，不得相互遮挡。

8 路 基

8.1 一 般 规 定

8.1.7 电缆沟槽及其他设施杆架的施工经常在路基本体工程施工验收之后进行，在路肩或边坡上开挖通信电缆、动力电缆沟槽或埋设照明灯杆架及声屏障基础等项工程时，会对已完工的路基造成不同程度的损坏。为保证路基的完整、稳定，施工中对上述沟槽和基坑必须及时回填并夯压密实，以免产生路基下沉及边坡溜塌等病害，影响运营安全。

8.2 路基面及基床

8.2.1 路基是承担线路轨道的基础，必须具有足够的强度、稳定性和耐久性。地下水位高或常年有地面积水的地区，路堤过低容易引起基床翻浆冒泥等病害，因此本条规定路肩高程应高出最高地下水位或最高地面积水水位一定高度。

产生有害冻胀的冻结深度为有害冻胀深度。一般地区有害冻胀深度为最大冻结深度的 60%，东北地区有害冻胀深度为最大冻结深度的 95%。

确定毛细水强烈上升高度的方法有直接观测法、曝晒法和公式计算法等。

盐渍土地区的水分蒸发后，盐分积聚下来，容易使路堤土体次生盐渍化，进而产生盐胀等病害，因此，盐渍土路基的路肩高程尚应考虑蒸发强烈影响高度。

当路基采取降低水位、设置毛细水隔断层等措施时，路肩高程可不受上述限制。

8.2.2 路基面设路拱能够使聚积在路基面上的水较快地排出，有利于保持基床的强度和稳定性。

本次修订将原三角形路拱按中心高度（单线 0.15m、双线 0.2m）控制修订为设 4% 的坡度，两者基本上是相同的，4% 的横坡更直观。

8.2.3 区间路基面宽度根据正线数目、线间距、轨道结构尺寸、路基面形状、路肩宽度、是否有接触网立柱等计算确定。

以双线路基面宽度为例（图 1），其计算公式如下：

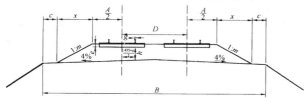

图 1 双线铁路直线地段标准路基面宽度示意

从图 1 可知路基面宽度为：

$$B = 2\left(c + x + \frac{A}{2}\right) + D \qquad (1)$$

其中：

$$x = \frac{h + \left(\frac{A}{2} + \frac{1.435 + g}{2}\right) \times 0.04 + e}{\frac{1}{m} - 0.04}$$

式中：B——路基面宽度（m）；

D——双线的线间距（m）；

A——单线地段道床顶面宽度（m）；

m——道床边坡坡率；

h——靠近路基面中心侧的钢轨中心处轨枕底以下的道床厚度（m）；

e——轨枕埋入道砟深度（m）；

g——轨头宽度（m）；

c——路肩宽度（m）；

x——砟肩至砟脚的水平距离。

8.2.4 区间曲线地段的路基面宽度，应在曲线外侧加宽。其加宽值由最高行车速度计算轨面超高值引起的路基面加宽确定。

从图 2 中得出曲线地段路基面外侧的加宽值为

$$\Delta = (y_2 + x_2 + c) - \frac{B}{2} \qquad (2)$$

$$d = (f + D + I) \tan \theta \qquad (3)$$

道砟顶面上轨枕中垂线至铁路中心线的距离为：

$$\Delta d = \frac{d(f + D + I - e)}{f + D + I}$$

$$a_2 = \frac{e}{\tan(\beta + \theta)}$$

$$w_2 = \sqrt{a_2^2 + e^2} \times \cos\beta$$

$$y_2 = \left(\frac{1}{2} \times A + \Delta A + \Delta d\right)\cos\theta$$

由式 $h + s(\tan\theta - \tan\alpha) = (x_2 - w_2)(\tan\beta - \tan\alpha) - \left(d + \frac{1}{2} \times A + \Delta A + a_2\right)\cos\theta(\tan\theta + \tan\alpha)$ 得：

$$x_2 = \frac{h + s(\tan\theta - \tan\alpha) + \left(d + \frac{1}{2} \times A + \Delta A + a_2\right)\cos\theta(\tan\theta + \tan\alpha)}{\tan\beta - \tan\alpha} + w_2$$

式中：g——钢轨头部宽度（m）；

s——轨面上外轨轨头中心至轨枕中垂线与铁路中心线相交处的距离（m），$s = 0.5 \times (1.435 + g)$；

Δs——曲线内侧轨距加宽值（m）；

h——曲线内侧距铁路中心线的水平距离为 s 处的轨枕底以下的道床厚度（m）；

Δh——计算轨面超高值（m）；

A——直线段的道床顶面宽度（m）；

ΔA——道床顶面加宽值：无缝线路 $R < 800$m 时，$\Delta A = 0.1$m，否则 $\Delta A = 0$m；

B——直线段路基面宽度（m）；

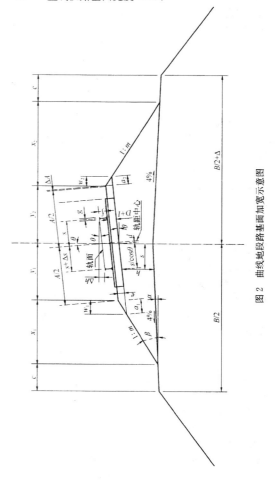

图 2 曲线地段路基面加宽示意图

c——路肩宽度（m）；

Δ——曲线外侧加宽值（m）；

α——路拱与水平面的夹角，$\alpha = \text{arc tan} (4/100)$；

β——道砟边坡与水平面的夹角，$\beta = \text{arc tan} (1/m)$；

θ——轨面与水平面的夹角，$\theta = \arcsin\left(\dfrac{\Delta h}{2s + \Delta s}\right)$；

f——钢轨的高度（m）；

D——钢轨底部的垫板厚度，$D = 0.01\text{m}$；

I——钢轨下部的轨枕高度（m）；

e——轨枕埋入道砟中的深度（m）；

x_2——曲线外侧砟肩至砟脚的水平距离（m）；

y_2——曲线外侧铁路中心线至砟肩的水平距离（m）；

d——轨枕底面上铁路中心线与轨枕底面的交点至轨枕中心的距离（m）。

8.2.5 路基基床是指路基上部受轨道、列车动力作用，并受水文气候变化影响较大，需作处理的土层。

路基基床厚度根据动应力在路基面以下的衰减形态，并参考国铁目前采用的基床厚度综合分析确定。

8.2.6 基床土的性质是产生基床病害的内因。为预防基床变形的产生，基床表层采用渗水性强的粗粒土较好，细粒土遇水抗剪强度降低，承载力减小，稳定性差，所以基床表层填料应优先选用A、B组填料，基床底层选用A、B、C组填料。

既有铁路调查资料表明，塑性指数大于12，液限大于32%的细粒土易产生病害，所以规定在年平均降水量大于500mm的地区，基床填料采用细粒土时，应限制其塑性指数不大于12，液限不大于32%。

8.2.7 路堑基床表层如为易风化的软石、黏粉土、黏土或人工填土，在多雨地区易形成基床病害，故应采取换填或土质改良等措施。特别是浅路堑，地表土较松散，达不到基床密实度要求，应采取压实措施。

8.3 路　堤

8.3.3 路堤宜用同一种填料填筑，以免产生不均匀沉降。如不得不采用不同的填料填筑时，应防止接触面形成滑动面或在路堤内形成水囊。特别是渗水土填筑在非渗水土上时，非渗水土层顶面应向两侧设4%的人字横坡，以利于排水。

8.3.4 路堤基底处理对路基的稳定、减小路堤下沉具有十分重要的作用，必须给予足够的重视。为防止路堤沿基底面滑动，地面坡率为1：5～1：2.5时，原地面应挖台阶，台阶宽度不应小于1m。当基岩面上的覆盖层较薄时，宜先清除覆盖层再挖台阶。地面横坡陡于1：2.5地段的陡坡路堤，必须验算路堤整体沿基底及基底下软弱层滑动的稳定性，抗滑稳定安全系数不得小于1.25。当符合要求时，应在原地面设计台阶，否则应采取改善基底条件或设置支挡结构等防滑措施。

当路堤基底有地下水影响路堤稳定时，应将地下水拦截或引排至基底以外，并在路堤底部换填渗水土或不易风化的碎石、片石等。陡坡路堤靠山侧应设排水设施，并采取防渗加固措施。

8.3.5 路基工后的累计沉降与时间有关，路基工后沉降是指铺轨完成后直至最终的路基剩余沉降。为使列车安全、舒适运行，并尽可能减少运营期间的维修工作量，必须采取有效措施，使路基工后沉降量控制在允许范围内。桥台与台尾路堤的沉降不同，将造成轨道不平顺，导致轮轨动力作用加剧，影响轨道结构的稳定，影响列车安全、舒适运行，因此对台尾过渡段工后沉降量控制较一般地段更为严格。沉降速率过快，即在短时间内沉降过大，会造成维修困难而危及行车安全，同时，维修量加大会影响线路的通过能力，故也应予以控制。

在保证列车安全、舒适运行的前提下，路基允许工后沉降量的确定主要是经济问题，即为满足工后沉降量所进行地基的处理费用与运行期间线路养护维修费用大致平衡。有砟轨道路基工后沉降量参照现行行业标准《铁路路基设计规范》TB 10001的有关标准制定；无砟轨道路基在轨道铺设完成后，运营期间路基沉降的调整只能由扣件提供，工后沉降量应小于扣件调整范围，另外对路基和桥台、隧道过渡段沉降造成的折角也作出限定，以保证运行的安全、舒适。

8.4 路　堑

8.4.3 由于我国幅员辽阔，气候、地质及其他自然因素变化较大，因此现行行业标准《铁路路基设计规范》TB 10001的有关规定中边坡坡率只列出上、下限界值。具体设计时还应根据现场调查分析的结果，结合边坡高度，在表中的上、下限界范围内选用。低边坡、设置防护边坡或岩体结构有利于稳定的边坡可选用较陡的数值，否则选用较缓的数值。

8.5 路基支挡结构

8.5.4 列车荷载通过轨枕端部在道床内向下扩散至路基面。测试表明，当道床厚度为0.5m时，动荷载分布在路基面上的宽度约为3.5m，从而推算出列车荷载在道床内的扩散角约为45°。

作用在挡土墙上的荷载力系包括主力、附加力和特殊力。

1 主力包括：

（1）墙背承受的岩土主动土压力；

（2）墙身的自重和位于墙顶部的有效荷载；

（3）轨道和列车荷载产生的土压力、离心力、摇摆力；

（4）基底法向反力及摩擦力；

（5）常水位时的静水压力和浮力。

2 附加力包括：

（1）设计水位的静水压力和浮力（浸水挡土墙应从设计洪水位以下选择最不利水位作为计算水位）；

（2）水位退落时的动水压力；

（3）波浪压力；

（4）冻胀压力和冰压力。

3 特殊力包括：

（1）地震力；

（2）施工及临时荷载；

（3）其他特殊力（如挡土墙顶部设置声屏障等设施时，应考虑风力对挡土墙的作用）。

9 车站建筑

9.1 一般规定

9.1.3 超高峰设计客流量是指该站高峰小时客流量乘以 1.1～1.4 的系数，主要考虑高峰小时内进出站客流量存在不均匀性。本规定是假定高峰 20min 内通过 37%～47% 的高峰小时客流量，故取超高峰系数为 1.1～1.4。

各国情况不同，超高峰系数采用也不同，如匈牙利规定在高峰 15min 内要加上高峰小时预测客流量 20% 的增加值，即 1.2 系数，而法国规定最大系数为 1.6。

本条中的"或客流控制时期的高峰小时客流量"，是指建设中的地铁线近期的预测高峰小时客流量会出现大于全线网建成后的远期预测高峰小时客流量的情况，在设计中应考虑这一因素。

9.1.5 车站周边地上、地下空间综合利用，是近年来地铁建设出现的新趋势，结合地铁站点建设统一考虑周边交通接驳及地上、地下商业和其他设施配套建设，应成为车站设计者考虑的重要因素。如地铁车站的出入口可考虑与周边商业建筑结合设置、车站与地下商业的互联互通等方式都是可能存在的，本条对此仅作一般性规定，实际操作中应根据地铁车站所在城市和地域条件综合加以考虑。

9.1.6 车站考虑无障碍设施，是关怀残障人的具体体现。

9.2 车站总体布置

9.2.5 机动车一般是指本身具有动力装置，可以单独在公路及城市道路行驶，并完成运载任务的车辆。本规范中"机动车"主要是指私人机动车、出租汽车、公交车等日常使用的机动车辆。

9.2.6 车站设公共厕所，目前各城市做法不一，设于付费区或非付费区皆有。但管理人员与公众厕所不能合用，建议同处设置，分开使用，因合用一处污水泵房，所以厕所无论设于非付费区还是付费区内，均应设于主要管理人员用房一侧。

9.3 车站平面

9.3.1 停车误差的确定与人工驾驶或采用自动停车有关。一般采用停车不准距离为 1m～2m，当采用站台门（含缓装）时停车误差必须控制在 ±0.3m 之内。

9.3.2 站台宽度计算公式（9.3.2-3）、公式（9.3.2-4）两者取大者的含义是：

公式（9.3.2-3）是指列车未到站时，上车等候乘客只能站立在安全带之内，此时侧站台计算宽度是上车乘客站立候车所需要的宽度加上安全带宽度。

公式（9.3.2-4）是指列车进站停靠后，上、下客进行交换中安全带宽度已被利用。

当站台采用站台门时公式（9.3.2-3）的 b 值用站台边缘至站台门立柱内侧距离 M 替代，当不采用站台门时公式（9.3.2-4）的 M 值为零。

最终侧站台计算宽度应按上者二种不同工况下取其大者。采用上述两种不同工况下算式对于客流潮汐现象比较大的车站，其结果差距明显。

在计算岛式站台宽度时的 b 值，应分别按上、下行线的上、下客计算，其值 b 一般不会相等，为了建筑布置适宜，宜按大值对称布置。

公式中的 $Q_上$ 和 $Q_{上、下}$ 为远期或客流控制期每列车高峰小时单侧上车设计客流量和远期或客流控制期每列车高峰小时单侧上、下设计客流量。在计算中均应换算成远期或客流控制期高峰时段发车间隔内的设计客流量。

关于式中的站台上人流宽度 ρ 为 0.33m²/人～0.75m²/人，

在《地铁设计规范》GB 50157 2003 年版中推荐取 $\rho = 0.5m^2/$人，由于各城市情况有所差异，即使同一城市每条地铁线的情况也有所不同，故本次规范中不作推荐值，但各城市的 ρ 取值中，对于同一条线 ρ 的取值应一致。

9.3.3 此条把国家标准《地铁设计规范》GB 50157-2003 年版中，"设于站台层设备管理用房可伸入站台计算长度为不超过半节车厢长"，改为"连续长度不超过一节车厢长"，对车站规模的控制可起到一定作用。

9.3.10 限界是对车辆安全运行所需最小尺寸的要求，是地铁安全运营最基本的条件，必须强制执行。

9.3.11 本条规定 1m 范围内装饰面下作绝缘层处理。是为了防止可能出现车辆电位高于车站地电位，而危及乘客人身安全。绝缘层要求耐压不小于 500Ω。如在此范围内设地漏时，应采用非金属材料，设置站台门时也应绝缘处理。

9.3.15 表 9.3.15-1 中"与上、下行均设自动扶梯并列设置的楼梯宽度可取 1.2m"，是指在设计中所设的上、下自动扶梯数量的通过能力均分别能满足上行客流和下行客流的前提下，所考虑的最小允许楼梯宽度。

9.4 车站环境设计

9.4.4 为了方便乘客乘坐地铁，保证车站正常运营秩序，车站内应设置导向和服务乘客的标志；事故疏散标志是在灾害情况下保证乘客安全疏散的必要设施。

9.5 车站出入口

9.5.1 每个出入口宽度应按远期分向设计客流量乘以 1.1～1.25 不均匀系数来设计，此系数与出入口数量有关，出入口多者应取上限值，出入口少宜取下限值。

9.5.4 地下车站出入口的地坪标高一般应高出该处室外地坪 300mm～450mm，建议取三级踏步 450mm 为宜。当此高程未满足当地防淹高度时，应加设防淹闸槽，槽高可根据当地最高积水位而定。出地面的电梯等部位也应作同样考虑。

9.6 风井与冷却塔

9.6.2 **第 1 款**，规定风亭风口间距的主要目的是：在正常运行时，防止进、排风气流短路，影响进风品质；在火灾情况下，防止火灾排烟与进风短路，形成烟气倒灌。组合风亭、分散设置的高风亭以及与地面建筑结合设置的风亭通常在侧面开设风口。侧面开设风口是上述类型风亭区别于顶面开设风口的敞口低风亭的主要特征。侧面开设风口与顶面开设风口的风亭在外部气流流场分布特征方面有明显的区别，因此风口间距应分别进行规定。

9.6.2、9.6.3 两条规定适用于在非火灾情况下使用的风亭，9.6.4 条则对排烟风亭进行规定。

风亭口部方向无法错指风亭口部朝向同一方向或对向布置。当风亭口部方向无法错开且高度相同时，与顶面开设风口的风亭情形类似，因此需执行相同的规定。

第 2 款 为避免其他建筑物或构筑物对风亭风口遮挡，影响通风效果，规定风亭口部 5m 范围内不应有阻挡通风气流的障碍物，如冷却塔、电梯、其他建筑物等。

9.6.3 **第 1 款** 顶面开设风口的风亭通常为敞口低风亭。这类风亭的不同性质风口朝向相同，与侧面开设风口的风亭相比较，更容易产生气流短路的现象。因此，规定加大了进风亭口部与其他风亭口部的距离。

第 3 款 顶面开设风口的风亭无上盖，风亭内部容易受到外部污染物的影响，既影响空气品质，又增加了运营维护难度。因此，不建议大量采用顶面开设风口的风亭。当地面条件受限而采用顶面开设风口的风亭时，应使其处于绿地中，并满足风口距地面最低的高度要求。

9.6.4 排烟风亭口部与进风亭口部距离的规定。参考《建筑设计防火规范》GB 50016 的有关规定，考虑地铁火灾机械排烟量大的特点，口部之间的高差距离由 3m 增加到 5m。本条款中的进风亭指火灾时需投入使用的进风亭，若火灾时不需投入使用，则可不执行本条款规定。

火灾发生时，出入口既是人员疏散的路径，也是机械排烟的补风路径。如果与排烟风亭口部距离过近，会影响人员疏散或发生烟气倒灌进入车站的情况。因此，出入口口部与排烟风亭口部的距离应执行与进风亭口部相同的标准。

9.7 楼梯、自动扶梯、电梯和站台门

9.7.2 基于我国的经济发展和人们物质文化水平的提高，并根据我国地铁多年运营实践经验，对 2003 年版自动扶梯设置标准作了修订。规定车站出入口、站台至站厅应设上、下行自动扶梯，当场地条件设置上、下行自动扶梯有困难处，且整体提升高度不大于 10m 时，允许有少数出入口、站台至站厅仅设上行自动扶梯。同时，因现今我国已步入老龄化国家行列，为便于老年人和上下不便人群乘坐地铁方便，故规定每座车站至少应有一个出入口和站台至站厅至少有一处必须设上、下行自动扶梯。

9.7.12 需要特别说明的是，当站台门的应急门设于楼扶梯区段和设备管理用房伸入站台计算长度段等站台上有障碍物的部位时，应核实当应急门开启时侧站台宽度是否满足计算要求。

9.9 换乘车站

9.9.4 换乘线如同属《建设规划》内计划建设的线路时，一般都进行同步实施，但如不是《建设规划》内计划建设的换乘线，则宜预留换乘节点，其前提条件是该换乘线路前后各一站和相邻区间（即三站二区间）的线位站位必须稳定，否则可按预留换乘条件考虑。对预留节点两侧留出放大量，是为了换乘线实施时对线路、站位可有微调的余地。

9.10 建筑节能

9.10.3 本规定适用于不设置发热量较大设备的地上车站设备与管理用房。

10 高架结构

10.1 一般规定

10.1.1 地铁工程中的"高架结构"包括车站之间的区间桥梁及高架车站。桥梁承受列车荷载；高架车站从功能而言是房屋建筑，但从受力而言，当行驶列车的轨道梁与车站其他建筑构件有联系时，车站结构的构件分成两大类，一类是受列车荷载影响较大的构件如轨道梁及其支承结构，包括支承轨道梁的横梁、支承横梁的柱以及柱下基础等；另一类是受列车荷载影响小以致不受影响的一般建筑结构构件如站台梁、一般纵梁等。由于列车荷载与建筑荷载有较大的不同，鉴于目前我国规范的分类及研究水平实际状况，把高架车站结构中的第一类构件和区间桥梁归在一起，按本章的规定进行结构设计；高架车站中的第二类构件按现行建筑规范进行结构设计。因此，本章"高架结构"适用于地铁区间桥梁及高架车站结构中的第一类构件的结构设计。

地铁的列车荷载就其荷载集度而言，小于铁路列车活载，但就其作用方式而言，如上桥即满载（指一列车长），特别是动力作用和水平力作用方式等与铁路列车活载接近。因此，在目前我国关于地铁高架结构基于可靠度理论的极限状态法设计研究成果（如荷载的分项系数、应力强度取值等）尚没有的情况下，沿用目前我国铁路桥涵设计采用的容许应力法是合适的。随着我国高架地铁及其他制式的城市轨道交通的不断建设及研究成果的不断积累，容许应力法理论必将向以可靠度理论为基础、具有城市轨道交通自身特色的完整的极限状态设计方法过渡。

10.1.3 桥梁为地铁列车在其上行驶的工程结构，为保障安全可靠，应满足设计使用年限内的耐久性要求。

10.1.4 地铁高架结构，作为城市建筑物，其景观效果和噪声、振动防治是必须考虑的问题。已建的工程表明，列车通过时钢结构桥梁振动噪声远大于混凝土结构桥梁，因此，除大跨需要或离建筑物较远的地区外，不宜采用钢结构桥梁，包括钢混结合梁。

10.1.10 控制工后徐变上拱度是为确保线路的平顺性，但这对小跨度的简支梁有意义。已建的地铁高架桥表明，一方面，对于中等以上跨度的连续梁，10mm 的工后徐变控制量难以满足，另一方面，满足结构设计要求后的工后徐变量，不会影响线路的平顺性。其他大跨度桥梁更是如此。

10.1.11 地铁区间简支桥梁的跨度一般不会超过 40m，否则，梁高太大，影响景观。相邻桥墩工后沉降量之差不应超过 10mm 的主要是针对小跨简支梁，这对确保线路的平顺性和行车安全很重要。边跨超过 40m 的连续梁，主要由结构设计需要进行控制。这一控制，也能确保线路的平顺性。

对于有砟桥面，由于可以通过道砟作小量调整，相邻桥墩工后沉降量之差可放宽一些。

基于上述解释，总沉降值的控制没有实际意义。事实上，为满足相邻桥墩工后沉降量之差不超过 10mm 这一很严格的要求，设计是一定会控制总沉降值的。

10.2 结构刚度限值

10.2.1 关于梁竖向挠度的限值，即挠跨比的要求。

1 本条在原规范规定的基础上，对跨度 30m 以上的桥梁进行了挠度限值的细分，以满足地铁高架结构建设的需要。60m 是城市高架桥跨越主干道或快速路常用的跨度，因此，专分一档。

2 大跨、特大跨度桥梁的挠跨比难于达到中小跨度桥梁的挠跨比要求；另一方面，大跨、特大跨度桥梁的竖向挠度对列车走行的影响也与中小跨度桥梁竖向挠度对列车走行的影响不尽一样，因此本条明确，进行了车桥耦合振动分析，走行性指标满足要求的大跨、特大跨度桥梁，其竖向挠度限值可适当降低。近年

来，走行轨道交通的上海长江大桥、上海闵浦二桥（跨黄浦江）、广州白沙河大桥（跨珠江）、重庆两江桥（跨长江、嘉陵江）等大桥的设计研究结论表明了这一点。

列车走行性指标参照我国现行铁路客运专线桥梁设计规范采用的标准确定。

10.2.2 竖向挠度限值即挠跨比确定后，梁端转角也已确定。60m 跨及以下的桥，其挠度限值的规定严于本条对梁端转角不应大于 3‰的规定；80m 跨及以上的桥，梁端转角不应大于 3‰的规定则严于挠度限值的规定。制定本条，主要是控制大桥或特大桥边孔的竖向刚度，一般情况，设辅助墩后，边孔很少大于 80m，因此，用梁端转角控制是有意义的。车桥耦合振动的计算表明，梁端转角将增加轮对的水平力，从而影响走行性。因此，应该限制。3‰是根据一些桥的车桥耦合振动计算结果确定的。

另外，从一些大跨度桥梁的无砟轨道结构的计算实例表明，转角大，梁缝必大，大梁缝的情况下，不采取有关措施，梁端轨道扣件的上拔力将超过容许值，因此，要计算轨道扣件的上拔力。

10.2.3 关于梁的横向刚度。本条是根据现行《铁路桥涵设计基本规范》TB 10002.1 的规定修改的。

10.2.4 本条是新增加的。随着我国地铁及其他制式的城市轨道交通建设的迅速发展，大跨度轨道交通桥梁的兴建也日益增多。一些在铁路客运专线上从没有采用过的桥型正相继出现，如弯斜拉桥、单片拱肋拱桥、单索面斜拉桥、特大跨度斜拉桥及悬索桥等。这是由于城市轨道交通桥梁作为城市桥梁的一种，景观要求较高；而较之铁路客运专线，城市轨道交通列车速度低，荷载也小，有条件在桥式上向城市桥梁、公路桥梁靠近。

另一方面，大跨度城市轨道交通桥梁的结构抗扭刚度相对较小，尤其是弯斜拉桥、单片拱肋拱桥、单索面斜拉桥、特大跨度斜拉桥及悬索桥等桥型。过大的扭转变形，将增加轮轨间的横向力，从而有发生脱轨的危险。

铁路客运专线设计规范（铁建设 [2005] 285 号、铁建设 [2005] 140 号、铁建设 [2007] 47 号）参照德国规范，仅对桥梁局部扭曲变形限值作了规定。事实上，规定中的局部扭曲变形只是总扭转变形情况下 3m 梁段的相对扭转变形值。对列车走行发生影响的不只是结构的局部扭曲变形，结构总扭转变形产生的轨面动态不平顺性的影响甚至更为明显。对扭转总变形较大的大跨度桥梁更是如此。因此，根据轨道交通车辆特点，研究并提出桥梁扭转变形的限值标准。

本条的限值是根据重庆鹅公岩长江大桥等桥的风车桥耦合振动分析结果，并结合我国有关轨道不平顺动态管理值的规定提出的。详可见《大跨度轨道交通桥梁扭转变形及其限值》（《都市快轨交通》1009.4 第 22 卷）。

10.2.5 规定桥墩纵向线刚度是为了确保钢轨的强度。本次修改明确：应根据工程条件，经钢轨动弯应力、温度应力、制动应力和制动附加应力的计算及确定扣件阻力后得到。规范中的限值（包括跨度大于 40m 的桥梁的制动墩和连续刚构桥）只供不经计算参考采用。

10.3 荷 载

10.3.3 影响线加载的规定和修改增加了"对影响线异符号区段，轴重按空车重计，还应考虑本线初、近、远期中最不利的编组长度。"的规定，使不漏最不利的情况。

10.3.9 大跨度钢箱梁、钢桁梁，弯桥等应考虑伸缩力、扰曲力、断轨力对梁的影响。

10.3.18 区间桥梁的抗震计算，应执行《铁路工程抗震设计规范》GB 50111，跨度大于 150m 的钢梁和跨度大于 120m 的预应力混凝土梁的抗震计算应专题研究。

10.5 构 造 要 求

10.5.9 混凝土保护层是结构耐久性的一个很重要因素，本次加

以单列，要求除满足铁路桥涵设计规范规定外，还要满足《混凝土结构耐久性设计规范》GB/T 50476 的要求。

10.6 车站高架结构

10.6.3～10.6.6 鉴于设于路中、独柱结构的高架车站越来越多，增加了四条规定。由于悬臂构件是工程实践中容易发生事故的构件，因此，应对其挠度从严控制。此悬臂端挠度限值是参照《混凝土结构设计规范》GB 50010 的规定和一些工程的实践确定的。竖向自振频率的限值是确保振动不使人产生不舒适感觉确定的。

10.6.8 与区间高架相同的理由，即为了减少振动噪声，高架车站轨道梁及其支承结构不宜采用钢结构。

10.6.9、10.6.10 增加了高架车站结构抗震设防类别划为"重点设防类"的规定。这个划分是根据《建筑工程抗震设防分类标准》GB 50223 - 2008 确定的。

另外，还增加了"抗震计算时应考虑一条线有车、站台计入50％人群荷载。"的规定，虽然抗震计算采用现行《建筑抗震设计规范》GB 50011，但活载的加载情况要考虑车站的实际情况。

11 地 下 结 构

11.1 一 般 规 定

11.1.1 第 2 款 本条所指盾构法施工的暗挖结构也包括采用带护盾的 TBM 法施工的区间隧道结构。

矿山法施工的暗挖结构还包括采用敞开的 TBM 法施工的隧道结构。

11.1.2 在通过钻孔取样进行土工试验时，应尽可能模拟结构在施工或使用阶段地层的实际应力状态及具体条件。结构设计人员在选用土工试验结果进行结构稳定性分析或强度计算时，也应注意这一点。

当采用多种方法试验岩土物理力学参数时，勘察部门应经过分析后提出在不同适用条件下的推荐取用参数。

鉴于工程地质现象的复杂性以及按一定间距布设的勘探点所揭示的地层信息与实际的地层剖面总是存在差异，地质勘察工作应贯穿工程建设的始终。施工中通过对开挖后地层状态（实际地层分布情况、开挖面稳定性、净空位移量、节理裂隙等）的直接观察或监测反馈，对所提出的地质资料进行验证和必要的修正，必要时应根据实际情况修改设计方案和施工方案。

工程勘察应对勘探地层存在的与施工有关的不良地质进行描述。

11.1.4 地铁地下工程的修建，不可避免地对周围环境产生不利影响。当地铁线路通过城市中心地区时，还会遇到与既有的建、构筑物处于接近或超接近的状态，个别情况还需要下穿建、构筑物或既有轨道交通结构物等。地铁工程设计，在经济合理的条件下，应力求把地铁施工中及建成后对城市居民生活、邻近建、构筑物、地下管线、地下水和总体环境的影响减至最小。

1 环境影响的主要方面。

（1）由于地铁施工造成的影响：如对居民正常生活环境的影响，主要表现在施工中环境质量的恶化和对交通的影响；对邻近建、构筑物和地下管线的影响；地下水状态的变化；

（2）隧道建成后对周围环境可能造成的影响：如由于隧道渗漏造成细颗粒含水地层（如含水粉细砂地层）水土流失引起周围地层的下沉；列车振动及噪声对城市居民生活的影响；

（3）地铁建成投入运营后由于列车振动引起地层的进一步固结或变形对临近建、构筑物的影响等。

2 必须从工程的设计阶段就对修建地铁可能造成的环境影响进行调查、预测，选择合适的施工方法和辅助施工措施，采用合理的结构形式和支护方案，并提出保护环境的具体方法；

3 在地铁线网规划确定后，规划部门应沿线控制用地范围内及可能影响区域的规划建设加以控制，尽量减少今后地铁建设的困难；

当规划建筑物先于地铁实施且位于施工相互影响范围以内时，应充分考虑远期地铁施工可能对其造成的不利影响而在建筑物的设计中采取必要的措施。例如，将建筑物的基础置于地铁隧道开挖形成的破裂面之下；位于沉降槽范围之内的桩基应考虑负摩擦力对其承载力的影响；当建筑物桩基距远期盾构隧道很近时，要考虑盾构推力和隧道开挖后土体侧向卸载对桩受力的影响等。当远期地铁可能下穿建筑物时，应在建筑物的桩基中预留走廊供其通过，避免以后采取基础托换等方法而增加地铁的工程投资；

4 在设计地铁结构时，要根据城市规划条件，尽可能考虑规划建筑物实施时的影响；

5 地铁的结构设计，应根据城市轨道交通线网规划，考虑发展的可能性，必要时在近期工程中做出适当的预留。预留方式和预留工程的规模视工程建设期的远近、远期工程规划方案的稳定性、所处的工程地质及水文地质条件和工程实施的影响大小而定，应以尽量减小远期工程实施对地铁安全运营的影响为原则。

11.1.5 施工方法和结构形式的选择，不仅受沿线工程地质和水文地质条件、环境条件、隧道埋置深度和城市规划等因素的制约，而且对地下车站的建筑布局和使用功能、地下空间的开发利用、线路的平面和纵断面、工程的实施难度、工期、造价及施工期间的城市居民生活、经济活动和周围环境等都会产生直接影响。地铁沿线情况千差万别，结构功能要求也各不相同。因此，对地下结构施工方法和结构形式的选择，必须贯彻因地制宜的原则，通过综合比较，选择经济效益、社会效益和环境效益较好的方案。由于地下结构的形式与施工方法有一定的依从关系，所以施工方法的选择尤为重要。

区间隧道除埋深较浅且地面有条件的地段宜采用明挖法施工外，一般情况下宜采用暗挖法施工（应进行矿山法和盾构法的比选）。布置于车站端部的折返线或渡线隧道应进行明挖法和矿山法的比选。

地下车站应优先采用常规的明挖法施工；当不允许长期占用既有道路施工时，可采用盖挖顺作法或盖挖逆作法，盖挖逆作法尤其适用于环境要求较高、必须严格控制开挖引起的地面沉降等影响的情况；仅当不具备明挖条件或当车站埋置过深，采用明挖法施工很不经济时，方可考虑采用暗挖法施工。

位于岩石地层中的区间隧道一般采用矿山法或 TBM 法施工，地下车站一般采用矿山法施工。

11.1.6 地铁地下结构的主体结构主要指直接和间接承担地层荷载和运营车辆荷载，保证地铁结构体稳定的结构构件；使用期间不可更换的结构构件是指直接承受地铁设备和人群荷载，在使用期间无法更换或更换会影响运营的结构构件。上述结构应严格按照 100 年的设计使用年限设计，以保证在设计使用年限内的地铁使用安全。

使用期间可以更换的次要构件主要指在地下结构内部的、位于次要部位且更换不影响使用功能和正常运营的结构构件。这些构件原则上可以按照 50 年的设计使用年限进行设计。

不作为使用期间主要受力结构的围护结构，主要指基坑围护结构中的围护桩、围护墙和其他挡土结构，可不考虑耐久性要求，仅满足施工期间的使用即可。但对于可能在设计中部分考虑其承载作用的围护结构（如灌注桩和连续墙等）来讲，应满足本规范耐久性规定中对材料和构造的要求。

矿山法隧道的喷射混凝土初期支护（包含单纯锚杆喷射混凝土和带有钢拱架的喷射混凝土支护）由于截面厚度小，抗渗性能差以及施工质量和稳定性不易控制等，可按照临时支护考虑。

地铁地下结构的耐久性，主要与使用环境、材料、构造、混凝土的裂缝、施工质量和使用阶段的维护等方面有关。耐久性设计的内容包括：

1 确定结构和构件的设计使用年限，环境作用类别和作用等级；

2 进行有利于减轻环境作用的概念设计，包括结构选型、布置和构造；

3 选用混凝土材料和钢筋，提出材料的耐久性质量要求；

4 根据耐久性要求确定混凝土保护层厚度；

5 设置防水、排水等构造措施；

6 提出混凝土裂缝控制要求；

7 必要时提出针对严重环境作用的多重防护措施与防腐蚀附加措施；

8 提出针对耐久性要求的施工工艺与质量验收要求；

9 提出使用阶段的维护与检测要求。

混凝土结构的环境作用等级可参照国家标准《混凝土结构耐久性设计规范》GB/T 50476 的规定执行。对处于一般环境条件下且厚度不小于 300mm 的钢筋混凝土内衬可不按薄壁构件考虑，在一面临水另一面干燥的环境条件下，可不考虑干湿交替作用，其主要理由是：

1 内衬在防水层的保护之下；

2 即使防水层局部漏水，但隧道整体上还有防水层的包裹，能够涵养部分地下水，不至于使结构环境形成完全的干湿交替效果；

3 盾构隧道管片的混凝土标号和抗渗等级高，渗透深度一般不易达到隧道内表面（空气侧）。

素混凝土构件在一般环境中可按 I-A 考虑。

地下结构混凝土材料应严格控制对耐久性不利的成分含量，一般环境下的混凝土中水溶性氯离子含量应不大于 0.08%，三氧化硫含量应不大于胶凝材料重量的 4%，碱含量应不大于 3kg。

11.1.8 地铁建筑物由一系列荷载特性和工作状态完全不同的结构组成，尤其是部分地下结构的荷载作用尚有较大的不确定性，目前尚不具备全部按以概率理论为基础的极限状态法进行设计的条件。因此，本规范规定，地下结构的设计可视其使用条件和荷载特性等，选用与其特点相近的国家、行业或地方颁发的土木工程结构设计规范进行设计。受力明确并具备条件的，宜按极限状态法设计；荷载不甚明确或尚不具备条件的，可按破损阶段或按容许应力方法设计；当使用条件、荷载、结构形式、结构尺度、埋深和地质等条件相近，且有成熟的工程案例可以参照时，也可采用工程类比法进行设计。设计所选用的设计规范应在设计文件中予以说明。

11.1.9 施工监测（含第三方监测）是确保地下工程施工安全和环境安全的重要手段，也是进行信息化设计和优化调整的重要依据。地下工程的信息化设计应包括下面两个目标：

1 通过施工监测信息的反馈，及时了解工程施工安全和环境安全状态；

2 通过对量测数据的综合分析，必要时修改设计、施工参数或提出改进建议。

11.1.10 地下结构的净空尺寸，在满足地铁建筑限界或其他使用及施工工艺要求的前提下，应考虑施工误差、结构变形和后期沉降等影响而留出必要的余量。

1 施工误差一般包括：

（1）由于施工测量、放线、铺轨、隧道开挖、结构沉放或顶进等引起的结构或线路在平面位置和高程上的偏离；

（2）由于施工立模、浇筑混凝土时模板变形、地下连续墙成槽时的墙面倾斜和局部突出等造成结构净空尺寸和位置的变化；

（3）矿山法隧道施工时的超挖和欠挖；

（4）装配式构件的制作误差、拼装误差和盾构隧道的圆度偏差等。

2 盾构推进过程中隧道中心位置的偏离，即所谓上下左右的"蛇行"，在盾构隧道的施工误差中占有相当的比例。产生"蛇行"的主要原因有：

（1）推进控制偏差导致盾构机偏离轴线；

（2）周围地层不均匀导致盾构偏离轴线；

（3）纠偏过程中产生的偏差；

（4）并行隧道施工的影响。

盾构隧道施工的轴线偏差大小除与上述因素有关外，还与地质条件、盾构隧道直径的大小、线路曲线半径的大小以及管片环宽的大小有关。根据国内外工程的经验，直径 6m 左右的地铁区间盾构隧道施工的轴线偏差一般可控制在 50mm～100mm 之间。

3 地下连续墙的墙面倾斜和平整度，与地质条件、挖槽机的类型和挖槽方法、混凝土浇注的速度和质量有关。据目前的施工设备和技术水平，墙面的平均倾斜一般能控制在基坑开挖深度的 1/300 以内。

4 隧道后期沉降量与地层条件和施工方法等因素有关。在软黏土地层中要注意地面超载、地下水位变动、土体卸载之后再加载以及在反复荷载（包括列车荷载和地震荷载）作用下引起的地层位移。

5 在确定隧道净空尺寸时，必须根据工程的具体情况，综合考虑地质条件、隧道埋深、荷载状况、施工方法、结构类型及跨度等各种因素，参照类似工程的实践设定。鉴于目前对影响净空余量的各种因素尚难以分项确定，设计中一般的做法是，考虑诸多影响因素后按综合偏差预留。此外，视施工方法的不同，有的净空余量可在开挖轮廓中预留，如矿山法隧道的围岩变形量、明挖结构围护墙的倾斜、不平度和位移等。

11.1.11 为确保行车安全，同时也为满足其他使用及施工工艺的要求，特作此条规定。

11.1.12 关于盾构法隧道的覆土厚度

盾构法隧道埋深应根据隧道功能、地面环境、地下设施、工程地质和水文地质条件、盾构特性、施工方法、开挖断面的大小等确定。

日本规范中提出隧道顶部必要的覆土厚度一般为 1.0D～1.5D（D 为隧道外轮廓直径），本规范提出盾构法施工的区间隧道覆土厚度一般不小于 1.0D。规定盾构隧道的覆土厚度主要考虑到盾构隧道施工对周围环境的影响以及隧道施工和建成使用期间的安全问题。

盾构隧道施工对周围环境的影响主要有两个方面：

1） 盾构隧道施工引起的地面隆沉对临近地面建筑和地下构筑物的影响。根据国内盾构隧道施工的经验，一般情况下在满足隧道覆土厚度 1.0D 以上时，土压平衡盾构施工引起的地面隆沉能够控制在＋10mm～－20mm 以内，对环境的影响较小，泥水盾构对隆沉的控制则更好。

2） 盾构推力对临近地下管线的影响。根据国内城市管线实际敷设的深度，通常情况下采用 6m 左右的覆土可以基本满足要求。

虽然在工程实践中，突破最小覆土厚度限制取得成功的实例也有不少，但不建议在没有采取任何措施的情况下长距离采用小于最小覆土规定的盾构隧道。

在埋深较小且穿越江河条件下施工的盾构隧道，为确保施工安全，也可采用临时覆盖等措施。

双圆盾构的最小覆盖层厚度可按不小于其高度控制。

1 关于并行隧道的间距

这里所指的并行隧道，是指在一定区段内，两座或两座以上的隧道在平面或立面上平行且近距离设置的隧道。近距离并行设置的盾构隧道，施工期间将产生相互影响，这些影响主要有：

1） 先行施工的隧道受后期施工隧道推进影响，受力环境改变、产生位移和变形；

2） 隧道注浆对相邻隧道的挤压作用；

3） 地表沉降量过大；

4） 后施工隧道的施工安全性差。

日本规范指出："平行设置的隧道无论是在水平方向还是垂直方向，只要其相隔距离小于隧道外径（1.0D），就有必要对其进行充分的论证，尤其是净距小于 0.5D 时，就有必要进行详细的论证。"后筑隧道在先行隧道下部施工时，影响更大。前苏联地下铁道设计规范规定，在软土地层中，当平行隧道净距大于 1.0D、岩石地层和硬黏土层里不小于 0.5D 时，无须考虑相互影响，可各自按单线隧道设计。

本条款规定平行隧道净距一般不小于隧道外轮廓直径。当不能满足上述要求时，应根据土层条件、隧道间的相互关系、隧道孔径、施工方法等具体条件及各座隧道施工的先后次序，分析并行隧道的相互影响，必要时应采取相应措施。

2 关于矿山法隧道的覆土厚度

本条矿山法隧道的最小覆土厚度主要是指采用矿山法（或称浅埋暗挖法）施工的位于第四纪地层的中小断面隧道（开挖宽度小于 10m）。这类隧道在近 20 余年有大量的工程实践，成功的经验很多，并且不乏浅覆土（覆土厚度小于 1.0 倍的开挖宽度）的成功案例。本条之所以规定最小覆土厚度要求，主要考虑到：

1） 满足此要求的覆土厚度时，施工通常不需要采取特殊的措施。而当隧道采用超浅埋设置时，应有针对性的采取特殊措施；

2） 这类隧道一般用于区间隧道，受车站埋深的影响，通常覆土厚度均大于 1.0 倍的开挖宽度。

3 关于矿山法车站隧道的覆土厚度

本条主要指采用矿山法（或称浅埋暗挖法）施工的位于第四纪地层中的车站隧道。根据经验，这类隧道的覆土厚度一般情况下宜不小于 6m。

4 关于沉管隧道的覆土厚度

沉管隧道的覆土厚度对工程造价有重大影响，必须综合考虑本条所列各种因素后合理确定。在保证隧道安全运营的基础上，宜浅不宜深。国际隧道协会（ITA）建议的最小覆土厚度为 0～0.5m。

11.2 荷　载

11.2.1 作用在地铁地下结构上的荷载，如地层压力、水压力、地面各种荷载及施工荷载等，有许多不确定因素，所以必须考虑每个施工阶段的变化及使用过程中荷载的变动，选择使结构整体或构件的工作状态为最不利的荷载组合及加载状态来进行设计。

下面是关于表 11.2.1 中荷载的说明：

1 隧道上部和破坏棱体范围的设施及建筑物压力应考虑现状及以后的变化，凡规划明确的，应依其荷载设计；凡不明确的，应在设计要求中规定；

2 截面厚度大的结构、超长结构或叠合结构应考虑混凝土收缩的影响；

3 地面车辆荷载及其冲力：一般可简化为与结构埋深有关的均布荷载，但覆土较浅时应按实际情况计算。在道路下方的浅埋暗挖隧道，地面车辆荷载可按 10kPa 的均布荷载取值，并不计动力作用的影响；

4 温度影响：通常认为，外露的超静定结构及覆土小于1m或位于严寒地区受外界气温影响较大的洞口段的隧道结构应考虑温度影响，但通过近年来对营运期间的一些明挖施工地铁车站的观测发现，即使具备2～3m的覆土，由于季节温度变化引起的伸缩缝或诱导缝宽度的变化也是明显的。因此，当明挖地铁结构在较长的距离内不设变形缝时，应充分研究温度变化对其纵向应力造成的影响。地铁结构构件因温度变化而引起的内力，应根据当地温度情况及施工条件所确定的温度变化值通过计算确定。为了考虑徐变的影响，当按弹性体计算构件的温度应力时，可将混凝土的弹性模量乘以0.7的系数；

必须重视温度变化对沉管隧道的影响。沉管隧道建成后，管节外侧墙面的温度基本上与周围土体一致，而水下土体的温度变化很小，可视为恒温。管节内部的温度由于隧道通风等原因则有较大变化，从而使沉管内外壁面温度不同而产生较大的温度梯度。设计时应注重考察结构内外温差在横断面产生的应力，它可能是控制结构配筋的主要因素；另外，温度变化产生的纵向应力和变形，还是选择沉管隧道接头形式的重要依据之一；

5 沉管隧道应考虑沉船、抛锚或河床疏浚以及危险品在隧道内爆炸时产生的冲击力等灾害性荷载的作用。这些荷载的大小与船型、吨位、装载情况、沉没方式和覆土厚度等因素有关。广州黄沙至芳村珠江水下隧道处于珠江主航道上，远期规划通航5000t货轮，沉船及抛锚荷载取50kN/m²；日本东京港沉管隧道按东京港通航7×104t吨位的船只考虑，沉船荷载取130kN/m²，抛锚荷载取340kN集中力；

当沉管隧道不禁止运送危险品的汽车通过时，要考虑运输危险品的大型罐车在隧道内发生爆炸的可能性。珠江水下隧道和东京港沉管隧道均按单孔内发生爆炸考虑，爆炸荷载取100kN/m²；

6 其他未加说明的部分，可按本节条文或参照国家有关规范，依实际情况取值。

11.2.2 地层压力是地下结构承受的主要荷载。由于影响地层压力分布、大小和性质的因素很多，应根据隧道的具体条件，结合已有的试验、测试和研究资料慎重确定。一般情况下，岩质隧道可根据围岩分级依工程类比确定围岩作用和支护参数，土质隧道可按下述通用方法计算土压力：

1 竖向压力：填土隧道及浅埋暗挖隧道一般按计算截面以上全部土柱重量考虑；深埋暗挖隧道按泰沙基公式、普罗托季雅柯诺夫公式或其他经验公式计算；

2 水平压力：根据结构受力过程中墙体位移与地层间的相互关系，分别按主动土压力、静止土压力或被动土压力理论计算；在黏性土中应考虑粘聚力影响。

计算土层的侧压力时，一般有两种方法，一种是将土压力与水压力分开计算（水土分算），另一种是将水压力作为土压力的一部分进行计算（水土合算）。两种方法的适用条件详见11.2.3条说明。

11.2.3 水压力的确定应注意以下问题：

1 作用在地下结构上的水压力，原则上应采用孔隙水压力，但孔隙水压力的确定比较困难，从实用和偏于安全考虑，设计水压力一般都按静水压力计算；

2 在评价地下水位对地下结构的作用时，最重要的三个条件是水头、地层特性和时间因素。具体计算方法如下：

1）使用阶段：

①无论砂性土或黏性土，都应根据设计地下水位按全水头和水土分算的原则确定；②应考虑地下水位在使用期的变化可能的不利组合。

2）施工阶段可根据围岩情况区别对待：①置于渗透系数较小的黏性土地层中的隧道，在进行抗浮稳定性分析时，可结合当地工程经验，对浮力作适当折减或把地下结构底板以下的黏性土层作为压重考虑；并可按水土合算的原则确定作用在地下结构上的侧向水压力；置于砂性土地层中的隧道，应按全水头确定作

用在地下结构上的浮力，按水土分算的原则确定作用在地下结构上的侧向水土压力。

3 确定设计地下水位时应注意的问题：

1）由于季节和人为的工程活动（如邻近场地工程降水影响）等都可能使地下水位发生变动，所以在确定设计地下水位时，不能仅凭地质勘察取得的当前结果，必须估计到将来可能发生的变化。尤其近年来对水资源保护的力度加大，需要考虑结构在长期使用过程中城市地下水回灌的可能性；

2）地形影响：在盆地和山麓等处，有时会出现不透水层下面的水压力变高的情况，使地下水压力从上到下按线性增大的常规形态发生变化；

3）符合结构受力的最不利荷载组合原则：由于超静定结构某些构件中的某些截面是按侧压力或底板水反力最小的情况控制设计的，所以在确定设计地下水位时，应分别考虑最高水位和最低水位两种情况。

11.2.4 地铁列车的动力作用参数，可参照《铁路桥涵设计基本规范》TB 10002.1关于动力参数的计算公式来取值，并乘以0.8的折减系数。

当轨道铺设在结构底板上时，一般来说，车辆荷载对结构应力影响不大，并且有利作用，地铁车辆荷载及其动力作用的影响可略去不计。

11.2.5 综合国内外各种规范有关人群荷载的取值，本规范采用了中间值。

11.2.6 对于设备区一般情况下荷载标准值的取值，本次修订由原版规范的4.0kPa调整为8.0kPa，主要考虑了以下因素：

1 根据对现状多数车站楼板设计参数的分析，采用8.0kPa的荷载标准值，一般不会对结构设计参数带来较大影响；

2 采用较大的荷载标准值有利于提高设备区灵活布置的结构适用性；

3 实际采用8.0kPa荷载标准值的情况比较普遍；

4 对于大型设备，楼板设计时应考虑其运输过程的影响。

11.3 工程材料

11.3.1 地下结构采用钢筋混凝土结构有利于提高耐久性，地铁结构的主要受力构件，尤其是直接与地层接触的结构应采用钢筋混凝土。位于隧道内部的构件（包括主要受力构件和次要受力构件）根据需要也可采用其他结构材料和型式，包括钢与混凝土共同组合形成的结构（如钢管混凝土结构、钢骨混凝土结构和组合构件等）、单纯的金属结构以及其他材料等，所选用的材料应满足耐久性要求。

11.3.2 表11.3.2中混凝土的最低强度等级大多是从满足工程的耐久性要求考虑的。

根据《混凝土结构耐久性设计规范》GB/T 50476，一般环境条件结构处于干湿交替环境时，混凝土最低强度等级要求为C40。但考虑到地铁地下结构在防水措施等方面的有利，以及地铁地下结构的厚度较大（本规范将小于300mm的钢筋混凝土结构视为薄壁构件），因此放宽了对混凝土最低强度等级的要求。

混凝土强度等级的提高会导致超长结构混凝土的收缩应力和温度应力增大，因此，设计时不宜盲目提高混凝土的强度等级，且宜适当采取措施控制混凝土的涨缩影响。

本次修订要求喷射混凝土应采用湿喷工艺，因此将其最低强度等级由原C20调整为C25。

11.3.4 2002版国家标准《混凝土结构设计规范》GB 50010对普通钢筋推荐采用HRB400级和HRB335级钢筋，而在该版规范的使用期内，地铁工程除个别的围护结构采用了HRB400级钢筋外，实际采用HRB400级钢筋的极少，其主要原因是地铁地下结构承受荷载大，钢筋用量多，配筋大多由裂缝要求控制。依《混凝土结构设计规范》GB 50010裂缝宽度的计算公式，HRB400级钢筋在弹性模量、粘结特性、配筋率等关键参数方面

与 HRB335 级钢筋并无差异，因此在裂缝宽度控制方面没有优势，采用设计强度较高的 HRB400 级钢筋并不能达到减少钢筋用量或减薄断面厚度的目的。

《混凝土结构设计规范》GB 50010 及国内其他规范对混凝土裂缝宽度控制的要求，主要基于混凝土的耐久性考虑。根据有关国内外的研究成果，到目前为止，对混凝土裂缝宽度及对钢筋侵蚀影响的认识还有争议，目前还没有明确的试验证据能认定存在侵蚀危险的裂缝宽度界限。

国外有试验指出混凝土的质量、充分的受压和足够的混凝土保护层可能比控制混凝土表面裂缝宽度对防止侵蚀更为重要。国外对混凝土裂缝宽度的控制要求也较国内更加宽松，如美国混凝土结构规范（ACI318-05）对结构钢筋分布（直径和间距）等方面的要求是建立在最大估计裂缝宽度为 0.4mm 的经验公式基础上，并且其表面裂缝宽度在实践中得到了广泛的认可。

根据国内大量的实验研究和文献，实测的钢筋混凝土结构裂缝宽度与《混凝土结构设计规范》GB 50010 推荐公式和参数计算所得的裂缝宽度之间存在较大差异，实验裂缝宽度仅相当于理论计算值的 50%～85%。国内专家学者已经注意到了这些问题以及对 HRB400 及钢筋应用的影响。

HRB400 级及以上高强钢筋在国外的应用已经相当普遍，高强钢筋较传统钢筋有诸多优势，以 HRB400 级钢筋与 HRB335 级钢筋比较为例，HRB400 级钢筋的优势体现在：

1 强度高，经济性好

HRB335 级钢筋的抗拉强度设计值为 300MPa，而 HRB400 级钢筋强度提高到 360MPa，等代使用可约节省 15% 左右的钢筋。

2 机械性能好

HRB400 级钢筋显著改善了 HRB335 级钢筋在力学性能方面的不足，避免了尺寸效应大以及应变延伸率小的弊病，HRB400 级钢筋的冷弯性能也明显优于 HRB335 级钢筋，克服了弯折钢筋部位出现的微细裂纹，易于消除结构质量隐患。

3 焊接性能好

HRB400 级钢筋的碳当量低，钢筋金相组织好，非金属夹杂物含量低。焊接方便，易于操作。

4 有利于混凝土结构的抗震

由于 HRB400 级钢筋的强屈比＞1.60，有利于提高建筑结构的抗震性和安全性。

5 规格齐全

产品直径为 6mm～50mm，推荐直径为 6、8、12、16、20、25、32、40、50，克服了 HRB335 级钢缺少 Φ＞25mm 粗直径直条筋的难题，便于施工下料与配筋绑扎，使钢筋布置更趋合理，易于混凝土的浇捣，适用于柱、梁、墙、板等结构构件。

新版的《混凝土结构设计规范》GB 50010 较前一版规范在钢筋的应用方面作了大幅度的修改，重点推荐使用高强钢筋，限制使用传统钢筋。

为了有利于高强钢筋的应用，也为了解决旧版规范计算裂缝宽度与实际情况存在差异这一问题，《混凝土结构设计规范》GB 50010 对裂缝宽度计算有关的参数（如构件受力特征系数）和取用荷载（将标准组合改为准永久组合）进行了调整，解决了高强钢筋应用的经济性问题。另外，钢筋产业产品在今后一段时间肯定会有相应的调整，传统钢筋的生产和供应会受到一些限制，因此本规范建议在地铁工程中应重点采用高强钢筋。

在地铁结构中，有部分构件当耐久性要求不高时是可以放宽裂缝控制要求的，如基坑的围护结构、矿山法隧道的初期支护结构和其他临时性的支护结构等，应用 HRB400 级钢筋的优势更加明显。

根据住房和城乡建设部、工业和信息化部《关于加快应用高强钢筋的指导意见》建标〔2012〕1 号的精神，明确淘汰 335MPa 级螺纹钢筋，因此本规范不再规定可以采用 HRB335 钢筋。

11.3.5 管片间的连接形式多种多样，目前最常见的是采用弯螺栓连接方式，其他还有斜螺栓连接、销棒连接、卡扣连接等多种

形式，其中斜螺栓和销棒连接方式国内也已经有了应用。连接件的材料除金属材料外，也有采用尼龙等材料。

地铁盾构隧道钢筋混凝土管片钢制连接螺栓的机械性能等级一般采用 4.6～6.8 级钢，特殊情况也有采用 8.8 级的。为了保证隧道的使用寿命，螺纹紧固件表面必须进行防腐蚀处理，防腐处理建议采用锌铬涂层或热镀锌等方法，应禁止使用冷镀锌方法为连接件进行防腐处理。

11.3.6 本条是为提高喷射混凝土的耐久性和改善作业环境而提出的要求。城市地铁矿山法隧道大多数修建于第四系地层中，由初期支护和二次衬砌共同承受使用阶段的荷载。因此，对由以喷射混凝土为主要材料构成的初期支护，也应具备一定的耐久性。地铁工程中应采用湿喷混凝土工艺，本规范在强调采用湿喷混凝土工艺的情况下，将喷射混凝土的最低强度等级提高到了 C25。

随着喷射混凝土工艺及混凝土添加剂材料的进步，喷射混凝土的性能能够较以往传统工艺有大幅度的提高，尤其在抗渗性能方面，国内已经有研究证明采用湿喷工艺和混凝土新型添加剂的喷射混凝土能够达到 P12 以上抗渗指标。

掺入钢纤维的喷射混凝土可以大大改善喷射混凝土的性能，具备和易性好、坍落度损失少、回弹量低、后期强度高、抗渗性和耐久性好以及使用中腐蚀性风险低等优点，故宜在地铁工程中推广，掺入钢纤维的喷射混凝土的强度等级可适当提高。

11.5 结构形式及衬砌

11.5.2 从保证隧道长期稳定、确保地铁无砟道床正常工作的角度考虑，原则上衬砌结构宜采用闭合式。当隧道位于无地下水的Ⅰ、Ⅱ级围岩中时，可不设受力底板，但仍应用厚度不小于 200mm 的混凝土铺底。

11.5.3 明挖施工的结构衬砌

1 装配式衬砌具有工业化程度高、施工速度快等优点，在前苏联地铁的车站及区间隧道中已被广泛采用，我国铁路工程中也已经有研究和应用。装配式结构的构件在现场应连接成整体，以利于防水、抗震，并提高隧道抵抗纵向不均匀沉降的能力。装配式衬砌因其施工不受低温天气的影响，在我国东北的寒冷地区应对冬季施工有一定的意义；

2 把地下连续墙和灌注桩等基坑支护作为主体结构的一部分加以利用，既可以节约工程投资，又减少了资源的消耗，符合可持续发展的要求。我国大多数明挖地铁车站都是按照这一原则设计的。此时，主体结构的侧墙可有单一墙、叠合墙和复合墙等三种形式。

1）单一墙：围护结构直接作为主体结构的侧墙，不另作参与结构受力的内衬墙，多采用现浇地下连续墙，槽段之间的接头需作特殊处理。一般顺筑法施工时可采用柔性防水接头；逆作法施工时采用能传递竖向剪力的刚性防水接头或整体接头。由于灌注桩各柱列之间无构造上的联系，整体性差，防水性能也不可靠，故不宜单独作为主体结构的侧墙使用；

2）叠合墙：围护结构作为主体结构侧墙的一部分，与内衬墙组合成叠合式结构，通过结构和施工措施，保证叠合面的剪力传递，叠合后可把二者视为整体墙。此种形式的围护结构也多采用地下连续墙；

3）复合墙：围护结构作为主体结构侧墙的一部分，与内衬墙组成复合式结构，墙面之间不能传递剪力和弯矩，只能传递法向压力。围护结构可采用地下连续墙、钻孔灌注桩或人工挖孔桩等。在围护墙和内衬墙之间可敷设隔离层或封闭的防水层。用分离式灌注桩作为基坑支护时，虽然其与内衬墙之间有时也通过设置拉接钢筋传递一定的拉力，但由于连接较弱，也应视为复合墙。在含水地层中，灌注桩的外侧一般须设止水帷幕，因此施工阶段的水土压力由围护墙承受。长期使用阶段需考虑止水帷幕失效和地下水绕流等因素，水压力作用在内衬墙上。

侧墙形式对工程投资、结构受力、施工和使用等有较大影响，应结合使用要求、围护结构的形式、工程地质与水文地质条

件及场地条件等通过技术经济比较确定。当无可靠依据和措施解决泥浆中浇注的混凝土的耐久性问题时，不应采用单一墙。采用叠合墙或复合墙形式时，也应考虑在使用期内围护结构的材料劣化影响，一般情况下围护结构可按刚度折减到60%～70%后与内衬墙共同承载。

11.5.4 盾构法施工的隧道衬砌

1 盾构法隧道衬砌的选型，应根据工程地质和水文地质条件、功能要求、隧道大小、使用条件等因素确定。从国内和国际地铁隧道工程衬砌的应用情况看，单层衬砌在耐久性、受力、变形和防水等方面均能够较好的满足需求，因此建议一般情况下宜优先采用单层衬砌结构。考虑到地铁工程的耐久性要求高，抗变形能力不如现浇钢筋混凝土结构好，尤其是处于对混凝土耐久性不利地层环境（如海水侵蚀环境等）时，管片结构易腐蚀且修复比较困难，可以考虑在管片内部浇筑钢筋混凝土内衬。

2 盾构隧道衬砌使用的材料有钢筋混凝土、钢、铸铁或这几种材料的组合；衬砌形式有板式、箱式等多种；形状有矩形、六角形和翼形等。目前地铁工程中大量使用的为钢筋混凝土矩形板式衬砌。该类型衬砌具有制作方便、耐久性好、制造精度高、防水效果好和有较高的经济效益等优点。其他类型的衬砌只在受力复杂或开口部位等特殊情况下有所应用。

在区间联络通道等需要开口的部位，以往多采用钢或铸铁管片，并按开口位置预留开口条件，而当前工程中越来越多的应用了钢-钢筋混凝土组合或单纯钢筋混凝土管片切割开口等形式，在工程应用中可根据实际情况选用。鉴于切割钢筋混凝土管片的开口方式在防水等方面易出现问题，一般情况下不宜采用。

3 为了适应侧式车站之间区间隧道施工的需要，近年来出现了一种双圆盾构，相应的衬砌形式是一种带中柱的双圆结构。双圆衬砌结构也以采用钢筋混凝土板式衬砌居多。

4 盾构隧道衬砌目前基本有"标准环＋左转＋右转"和全部采用一种楔形衬砌组合的"通用环"两种，在使用上两者没有本质的区别。盾构隧道的环宽目前基本在0.8m～1.5m之间，常见的有1.0m、1.2m和1.5m三种。

11.5.5 矿山法施工的结构衬砌

1 由于曲边墙马蹄形隧道断面具有受力合理，同等荷载条件下结构厚度小、造价经济等优点，采用矿山法施工的隧道应优先选择。在地质条件较差的Ⅳ～Ⅵ级围岩中尤为必要。

直墙拱断面一般用于围岩条件较好，侧向荷载作用小的隧道。但在实际工程中，也有在较差的围岩中采用直墙拱断面的情况，但其经济性较曲边墙马蹄形断面差，原则上应控制少用。

在Ⅰ～Ⅲ级围岩中的车站，为了充分利用地下空间，也采用直墙拱结构。

考虑到平顶直墙结构的受力特点和经济性，原则上只在埋深较浅的地段采用。

2 整体式衬砌是矿山法施工的隧道广泛采用的一种衬砌形式，有长期的实践经验。复合式衬砌在矿山法施工的地铁隧道中应用前景广阔，具有能抑制围岩变形、充分发挥围岩自承能力、能适应隧道建成后衬砌受力状态变化等突出优点，尤其适合在地质条件较差的地段或浅埋条件下使用，一般可用于Ⅱ～Ⅳ级围岩中。

3 仰拱的矢跨比大小与仰拱的作用关系密切，有研究表明，矢跨比在1/10以上仰拱才有效。

4 鉴于目前喷射混凝土的施工工艺和水平参差不齐，施工质量较难控制，且耐久性和防水性能难以保证，因此锚喷衬砌目前不宜在通行列车和人员，以及设备集中的区间隧道和地下车站中采用。

11.6 结 构 设 计

11.6.1 第3款 普通钢筋混凝土结构的最大计算裂缝宽度允许值。

1 新版《混凝土结构设计规范》GB 50010放宽了裂缝计算的要求，对三级裂缝控制要求的钢筋混凝土构件（即允许出现裂缝的构件），采用荷载的准永久组合替代了上一版规范的标准组合来计算裂缝宽度，并调整了受弯、偏心受压构件受力特征系数的取值（由2.1调整为1.9）。

2 表11.6.1是根据耐久性要求提出的，考虑到地铁地下结构基本均设置有利于保护混凝土结构的防水层，且结构的厚度也比较大，因此本规范对于干湿交替条件下的裂缝宽度进行了有条件放宽，即：厚度不小于300mm的结构可不考虑干湿交替作用，最小裂缝宽度可按照洞内干燥环境或洞内潮湿环境条件下裂缝宽度0.3mm控制。

当有外观要求时，最大计算裂缝宽度允许值不应大于0.2mm。

3 当混凝土保护层厚度较大时，虽然裂缝宽度的计算值也较大，但从总体上看，较大的混凝土保护层厚度对防止钢筋锈蚀是有利的，故本规范规定，当设计采用的最大裂缝宽度计算式中保护层的实际厚度超过30mm时，可将保护层厚度的计算值取为30mm。

第5款 结构的计算简图。

1 为了反映双层衬砌的实际受力情况，结构分析时，应选用与其传力特征相符的计算模型和截面计算参数；

2 按结构实际受载过程分析的必要性。

除了放坡施工的明挖结构或用全断面法开挖的矿山法隧道以及单圆盾构隧道外，现代地铁结构的受力大多有以下特点：

1）结构的主要受力构件常兼有临时结构与永久结构的双重功能，其结构形式、构件组成、刚度、支承条件和荷载情况在结构形成过程中不断变化；

2）结构受力与施工方法、开挖步骤和工程措施关系密切。尤其是用矿山法施工的大型地下车站，开挖、初衬、二衬、临时隔墙的解体交替进行，结构体系应力转换频繁而复杂；

3）新施作的构件是在既有结构体系已产生变形和应力的情况下设置的，荷载效应有连续性。

上述特点决定了结构体系中某些关键部位受力的最不利情况，往往不是在结构完成后的使用阶段。所以传统的不考虑施工过程影响、结构完成后一次加载的计算模式，或虽考虑施工阶段和荷载变化的影响，却忽略结构受力连续性的分析方法，都不能反映结构的实际受力情况，按此进行的设计也不一定是安全的。所以本规范提倡按结构实际受载过程进行结构的内力和变形分析。这含有两层意思，一是在施工阶段按施工过程进行分析；二是使用阶段分析时要考虑施工阶段在结构体系已产生的内力和变形，即所谓受力的连续性；三是分阶段计算时考虑结构受力连续性的方法。

在分阶段计算结构的内力时，需要考虑各阶段之间受力的连续性，基本方法有"总和法"和"增量法"（也称"叠加法"）。两者都可用于整个受力过程中结构体系的刚度或构件组成不发生改变的情况，否则只应采用增量法。总和法的典型实例是明挖基坑在开挖和加撑阶段对围护墙的受力分析。此时，已知外荷载是各施工阶段实际作用在结构上的有效土压力或其他荷载，在支撑处应计入设置支撑前该点墙体已产生的水平位移，由此可直接求得当前施工阶段完成后结构的实际位移及内力。采用增量法计算时，外荷载和所求得的结构位移及内力都是相对于前一个施工阶段完成后的增量。对盖挖逆作结构和初衬、二衬交互施作的矿山法车站结构，都需采用增量法计算。

关于侧向地层抗力和地基反力：

侧向地层抗力和地基反力，可统称为地层抗力。通常地层抗力的考虑有两种方法，一种方法是假定地层抗力与地层位移无关，是与承受的荷载相平衡的反力，并事先对其分布形式进行假定；另一种方法则认为地层抗力从属于地层的变形，一般都假定地层抗力的大小与地层变形成线性关系，并称之为弹性抗力。前者适用于地层相对于结构刚度较软弱的情况，把结构视为刚体，多用于计算地基反力；后者适用于柔性结构，多用于计算侧向抗力。

地层抗力有利于地下结构承载力的提高，但其大小及分布规律与地下结构的型式及其在荷载作用下的变形、结构与地层的刚度、施工方法、回填与压浆情况、土层的变形性质有关，在设计中应慎重确定。在确定地层抗力时，反映抗力与地层位移之间比例关系的基床系数是一个重要的计算参数，它与地层条件、受力方向、承载面积、构件形状和位移量等因素有关，一般可通过实验、查表并结合地区经验选用，但要注意室内小尺寸试件试验得出的结果往往偏高。用于基坑围护结构的受力分析时，基床系数可取为与深度无关的常数（常数法）或与深度成比例（m 法）。当假定为与深度无关的常数时，开挖面坑底以下一定深度范围内宜取为三角形分布，以反映基坑开挖过程中坑底土体受到扰动而使其强度降低的实际情况。在软土地层中，这一深度取 3m～5m；在其他地层中，可取围护结构截面厚度的 3 倍。

第 8 款 车站结构纵向强度和变形的分析。

当明挖结构沿纵向间隔一定距离设置伸缩缝时，其纵向应力一般不会成为控制结构设计的因素。但遇本款所列情况时，必须分析结构的纵向应力。除温度变化和混凝土收缩影响外，一般可采用弹性地基梁模型进行分析，求出其变形和内力后检算其强度。当地下连续墙采用普通圆形接头时，接头部位的强度检算不应考虑其参与工作。

软土地层中，为了确保行车安全，一般沿车站纵向不设贯通结构横断面的伸缩缝。这种情况下，即使没有本款提到的前三种因素，也必须考虑温度变化、混凝土收缩和地基纵向不均匀沉降对车站结构的纵向变形和内力的影响。

11.6.2 关于基坑工程的设计

第 1 款 关于基坑工程的安全等级

因我国地域广大，各地工程地质和水文地质条件千差万别，因此，各地地铁基坑工程的安全等级分级标准并不一致，在进行工程设计时，应根据建设场地的工程地质和水文地质条件，以及基坑周围环境条件和环境保护要求，因地制宜的确定基坑工程的安全等级。

我国各城市地铁采用的基坑工程安全等级的标准见表 10～12。表中 H 为基坑开挖深度。

表 10　上海地铁基坑工程的安全等级

基坑等级	地面最大沉降量及围护墙水平位移控制要求	环境保护要求
一级	1. 地面最大沉降量≤0.1%H；2. 围护墙最大水平位移≤0.14%H	基坑周边以外 0.7H 范围内有地铁、共同沟、煤气管、大型压力总水管等重要建筑或设施
二级	1. 地面最大沉降量≤0.2%H；2. 围护墙最大水平位移≤0.3%H	离基坑周边 0.7H 无重要管线和建（构）筑物，而离基坑周边 0.7H～2H 范围内有重要管线或大型的在用管线、建（构）筑物
三级	1. 地面最大沉降量≤0.5%H；2. 围护墙最大水平位移≤0.7%H	离基坑周边 2H 范围内没有重要或较重要的管线、建（构）筑物

表 11　广州地铁二号线、南京地铁一号线基坑工程的安全等级

保护等级	地面最大沉降量及围护墙水平位移控制要求	周边环境保护要求
特级	1. 离基坑 0.75H 周围有地铁、煤气管、大型压力总水管等重要建筑市政设施；2. 围护墙最大水平位移≤0.1%H，或≤30mm，两者取最小值	1. 离基坑 0.75H 周围有地铁、煤气管、大型压力总水管等重要建筑市政设施；2. 开挖深度≥18m，且在 1.5H 范围内有重要建筑、重要管线等市政设施或 0.75H 范围内有非嵌岩桩基础埋深≤H 的建筑物

续表 11

保护等级	地面最大沉降量及围护墙水平位移控制要求	周边环境保护要求
一级	1. 地面最大沉降量≤0.15%H；2. 围护墙最大水平位移≤0.2%H，且≤30mm	1. 离基坑周围 H 范围内埋设有重要干线、在用的大型构筑物、建筑物或市政设施；2. 开挖深度≥14m，且在 3H 范围内有重要建筑、管线等市政设施或在 1.2H 范围内有非嵌岩桩基础埋深≤H 的建筑物
二级	1. 地面最大沉降量≤0.3%H；2. 围护墙最大水平位移≤0.4%H，且≤50mm	仅基坑附近 H 范围外有必须保护的重要工程设施
三级	1. 地面最大沉降量≤0.6%H；2. 围护墙最大水平位移≤0.8%H，且≤100mm	环境安全无特殊要求

表 12　深圳地铁一期工程基坑工程的安全等级

内容＼安全等级	一级	二级	三级
基坑深度（m）	>14	9～14	<9
地下水埋深（m）	<2	2～5	>5
软土层厚（m）	>5	2～5	<2
基坑边线与邻近建筑物基础或重要管线边缘净距（m）	<0.5H	0.5H～1.0H	>1.0H

续表 12

内容＼安全等级	一级	二级	三级
地面最大沉降量（mm）	≤15%H	≤0.2%H	≤0.3%H
最大水平位移允许值（mm）	排桩、墙、土钉墙　0.25%H	排桩、墙、土钉墙　0.5%	排桩、墙、土钉墙　1.0%
	钢板桩、搅拌桩　0.25%H	钢板桩、搅拌桩　1.0%	钢板桩、搅拌桩　2.0%

第 3 款 关于基坑工程稳定性检算内容

本条款给出了不同支护形式一般情况下基坑工程稳定性检算的主要项目建议。

各类稳定安全系数的取值应注意以下两点：

（1）现有基坑稳定检算的各种公式，大多建立在浅基础的基底稳定或土坡稳定概念的基础上，这与深大基坑或用围护结构护壁的情况不完全相同。加之由于试验手段的局限，检算中一些直接影响基坑稳定性的土体指标尚不能准确反映在基坑开挖过程中土体真实的应力状态，尤其难以反映不同部位土体卸载或降水等情况对土性的影响。此外，各城市地质条件不同，对基坑稳定考虑的侧重点不同，所采用的公式也不同，即使公式的形式相同，一些系数的取值和所选用土层的抗剪强度指标也不尽相同。因此，各类基坑稳定安全系数的取值必须参照地区经验确定；

（2）基坑开挖过程中出现的坑底土体的隆起等现象将引起坑外土体的变形和地表沉降。所以在基坑稳定性检算中，有些检算项目的安全系数与基坑的保护等级是有关联的。例如，《上海地铁基坑工程施工规程》SZ-08 规定，对于一、二、三级基坑（划分标准见表 11.6.2-1）的坑底土抗隆起稳定的安全系数分别采用 2.5、2.0 和 1.7（计算时土体的抗剪强度指标取峰值的 0.7 倍）。在上海市标准《基坑工程设计规程》DBJ 08-61 中，对坑底土抗隆起和围护结构抗倾覆稳定的安全系数也是按照基坑安全等级区分的。

第4款 桩、墙式围护结构的计算方法。

本规范推荐采用侧向地基反力法，其特点是将围护墙视为竖向弹性地基上的结构，用压缩刚度等效的土弹簧模拟地层对墙体变形的约束作用，可以跟踪施工过程，逐阶段地进行计算。由于能较好地反映基坑开挖和回筑过程中各种基本因素如加、拆撑、预加轴力等对围护结构受力的影响，并在分步计算中考虑结构体系受力的连续性，因而被我国工程界公认为是一种较好的深基坑围护结构的计算方法。当把围护结构作为主体结构的一部分时，还可以较好地模拟围护墙刚度和结构组成随施工过程变化等各种复杂情况，特别适用于地铁结构的受力分析。在竖向弹性地基梁模型的基础上，按照内部结构的施作顺序，过渡到弹性地基上的框架模型，就可以求出地铁结构从施工开始到长期使用的全过程中各个时段的内力和变形。

第5款 桩、墙式围护结构的土压力取值。

基坑开挖阶段作用在围护结构墙背上的土压力视墙体水平位移的大小在主动土压力和静止土压力之间变化。当墙体水平位移很小时，墙背土压力接近静止土压力，并随墙体水平位移增大而减小，最终达到土压力的最小值，即主动土压力。设计时应根据对围护结构的变形控制要求以及实际的变形情况，结合地区经验，合理确定墙背土压力的计算值。

通常认为，采用盖挖逆作法施工时，由于用刚度很大的顶、楼板等水平构件代替临时支撑，基坑开挖过程中墙体水平位移一般较小，墙背土压力可近似地按静止土压力考虑。顺作法施工的情况则较为复杂。上海《地基基础设计规范》DGJ08－11 规定，视变形控制要求，墙背土压力可取 0.5～1.0 倍的静止土压力，并不得小于主动土压力。另外，在《岩土工程勘察规范》GB 50021 中规定的墙背土压力系数的取值也与支护结构墙体允许产生的变形程度有关。

在采用竖向弹性地基梁模型计算时，假定基坑一侧坑底以下土压力由两部分组成，即静止土压力加土抗力，所以作用在墙背上的有效土压力为墙背土压力和基坑侧坑底以下静止土压力的代数和。由于目前对开挖过程中坑底以下被动区的土体应力状态尚难以准确把握，工程设计中对墙背坑底以下有效土压力有各种简化，如假定为与基坑面土压力数值相等的矩形分布或在坑底一定深度范围内为三角形分布等。

实际作用在墙上的土压力是随开挖过程变化的，但为简化计算，当作用在墙背的土压力比较明确时，一般都假定在整个施工阶段墙背土压力为定值。对于受力不对称的内撑式结构（包括偏载或两侧围护结构刚度或基坑开挖深度明显不同时）以及矩形竖井结构，由于作用在墙背上的土压力与墙体和地层的刚度、墙体的变形、结构的平面和空间尺度以及偏载大小有密切关系，其在数值上及空间分布上均不甚明确，宜采用墙背土压力随开挖过程变化的分析方法，把围护墙和支撑体系视为一个整体，或按空间结构进行分析。

第6款 软土地层中的水平基床系数取值。

由于软黏土的流变特性，水平基床系数与基坑开挖选用的时空参数和地质条件等关系密切。当围护结构按竖向弹性地基梁模型计算时，考虑上述因素影响的水平基床系数的取值方法见上海市标准《地基基础设计规范》DGJ 08－11。

11.6.3 关于明挖法施工结构的计算。

1 作用在明挖结构底板上的地基反力的大小及分布规律，依结构与墙底地层相对刚度的不同而变化。当地层刚度相对较软时，多接近于均匀分布；在坚硬地层中，多集中分布在侧墙及柱的附近；介于二者之间时，地基反力则呈马鞍形分布。

为了反映底板反力这一分布特点，可采用底板支承在弹性地基上的框架模型来计算。目前，国际隧道协会（ITA）大多数成员都采用这一模型。

计算中应注意两点：

1） 底板的计算弹簧反力不应大于地基的承载力。所以对于

软弱地层，需通过多次计算才能取得较为接近实际的反力分布；

2） 在水反力的作用下，底板弹簧不能受拉。

综上所述，本规范规定，明挖结构宜按底板支承在弹性地基上的结构进行计算。对于设置在软弱地基上的小跨度结构，也可近似假定底板反力为均匀分布进行计算。

当围护墙作为主体结构使用时，可在底板以下的围护墙上设置分布水平弹簧，并在墙底假定设置集中竖向弹簧，以分别模拟地层对墙体水平位移及竖向位移的约束作用，此时计算所得的墙址竖向反力不应大于围护墙的垂直承载力。

2 结构受力分析的两种基本方法及其比较。明挖结构使用阶段的受力分析，目前有两种方法，即考虑施工过程影响的分析方法和不考虑施工过程影响的分析方法。前者视结构使用阶段的受力为施工阶段受力的继续，因此，这种分析方法可以考虑结构从施工开始到长期使用的整个受力过程中应力和变形的发展过程；后者则是把结构施工阶段的受力与使用阶段的受力截然分开，分别进行计算，两者间的应力和变形不存在任何联系。计算经验表明：

1） 是否考虑施工过程对框架结构使用阶段受力的影响，对计算结果有较大影响。虽然影响程度随着内衬墙与围护结构的结合方式、施工方法（顺作或逆作）、结构覆土厚度和水反力大小的不同而存在较大差异，但基本规律一般是不会变的，例如按不考虑施工过程影响计算时，地下墙迎土侧底板节点处的弯矩明显偏大、框架结构底板外侧和顶板跨中弯矩偏小等；

2） 考虑施工过程影响的分析方法虽然计算较繁杂，但能较好地反映使用阶段的结构受力对施工阶段受力的继承关系，以及结构实际的受力过程，且配筋一般较为经济，故对量大面广的地铁工程，在施工图设计阶段宜采用这种分析方法。按考虑施工过程影响的分析方法求得的结果进行地下墙的配筋时，如果在结构分析时没有单独考虑包括支撑温度变化等对墙体施加的预顶力影响，其迎土侧的配筋量应在计算的基础上适当提高。为了减少计算工作量，应开发计算机专用程序；

3） 不考虑施工过程影响的分析方法可作为初步设计阶段选择结构断面的参考。

关于明挖隧道的整体性验算要求。

1 抗浮。

1） 处于高地下水位中的明挖结构遇下列情况时应验算其抗浮稳定性：

（1）覆土浅、结构大而深；

（2）从隧道向地面过渡的敞口段。

2） 在验算结构抗浮稳定性时，对浮力、抗浮力的计算及抗浮安全系数的取值均需慎重。

抗浮力一般有隧道自重、隧道内部静荷载及隧道上部的有效静荷载，也可考虑侧壁与地层之间的摩擦力。应注意抗浮力是随施工过程及使用阶段不断变化的。施工期间，由于静荷载尚未全部作用在结构上，抗浮稳定性往往会成为问题。

3） 抗浮安全系数。目前尚无统一规定，宜参照类似工程，根据各地的工程实践经验确定。我国各城市地铁采用的抗浮安全系数见表13。

表 13 抗浮安全系数

城　　市	不计侧壁摩阻力时	计入侧壁摩阻力时	说　　明
上海地铁	1.05	1.10	摩阻力采用值根据实践经验决定，考虑软黏土的流变特性，一般取极限摩阻力的一半
广州、南京、深圳、北京地铁	1.05	1.15	摩阻力采用标准值（极限值）

4） 抗浮措施。若抗浮安全系数不能满足要求，则应采取抗浮措施。措施可区分为消除浮力和抵抗浮力两大类。

（1）施工阶段的临时抗浮措施。

① 通过降低地下水位减小浮力，降水减压时，应避免引起

周围地层下沉；

② 在底层结构内临时充水、填砂或增加其他压重；

③ 在底板中设临时泄水孔，消除浮力。

（2）使用阶段的永久抗浮措施。

① 增加结构自重。此方法简单易行，但由于结构体积增大的同时，浮力也随之增加，所以一味地通过增加自重达到抗浮的目的往往是不经济的。一般多用于增加少许的自重即可满足抗浮稳定要求的情况；

② 在结构内部局部用混凝土充填，增加压重；

③ 在底板下设置土锚或拉桩。在软黏土地层中采用土锚或拉桩时，对桩土间的摩擦力的设计取值应作限制，不宜超过极限摩阻力的一半，否则在浮力的长期作用下，由于土层的流变效应会导致变形过大。另外，抗浮安全系数不宜小于2～2.5；

④ 在底板下设置倒滤层泄水引流。这一措施可以完全消除水浮力对结构的作用，不仅解决了地下结构的抗浮稳定性问题，还可减少结构底板和其他构件中的弯曲应力；

⑤ 利用围护结构作为主体结构的一部分共同抗浮。围护墙兼有挡土、止水和抗拔等多项功能，因而在实际工程中得到了广泛应用。但须注意，此种形式的结构，在满足整体抗浮稳定性要求的同时，在向上的水反力的作用下，地下结构将产生以两侧围护墙为支点的整体挠曲变形。地下结构的宽度越大，整体上挠的倾向越明显，由此在地下结构顶底板中产生的附加弯曲应力也越大。所以当地下结构的宽度较大时，该方法不一定是最经济的抗浮措施。

此种抗浮措施用于内衬墙与围护墙为复合式结构时，需在隧道的顶部设置与围护墙整体连接的压梁，通过压梁把作用在地下结构上的浮力传递到围护墙上。

2 整体滑移。在斜坡上修建的明挖隧道，当作用在隧道左右两侧的水平荷载有很大的差异时，或直接支承在隧道上的结构物地震中承受很大水平力时，超过了由侧向被动土压力及隧道底部结构与土壤之间的摩阻力形成的水平抵抗力时，隧道就有可能出现整体滑移的危险。一般可采取地基加固或在底板下设置永久性土锚等措施防治。

3 地基的垂直承载力。一般的明挖隧道都比和它同体积的土的重量轻，地基垂直方向的承载能力大多数能满足设计要求。但当地基非常软弱，基础土因施工被扰动，或桥台、高层建筑物等重型结构物直接支承在明挖隧道上时，应仔细研究地基承载能力是否在允许范围内，超过时，可采用地基加固或桩基等措施。验算地基承载力时，可扣除底板水浮力的影响。

11.6.4 关于盖挖逆作法施工的结构设计。

1 盖挖法的适用条件。盖挖法是在交通流量大的市区修建浅埋地铁车站的一种有效方法。视基坑开挖和施作结构顺序的不同，又可分为盖挖顺作法和盖挖逆作法两大类。盖挖顺作法对地面交通影响的时间短、造价较低、工程难度不大、作业环境较好、结构防水可靠，适用于地层较稳定、一般挖深的双层地铁车站。盖挖逆作法通常以结构顶板代替临时路面，在其上覆土后即可恢复地面交通，在顶板的下面自上而下分层开挖基坑和施作结构，适用于地层软弱、挖深大、需要严格控制施工引起的地面沉降的情况。除此之外，还有一种所谓的半逆作施工法，其特点是在施作永久结构的顶板以后，用顺作法施工顶板以下部分。

2 施工期间地面交通的处置。盖挖逆作地铁车站的结构形式、支护方案、施工方法、机具和技术措施的选择与施工期间对地面交通的处置要求关系密切，必须在总体设计阶段把地面交通的处置要求作为设计的一个重要边界条件予以明确。

为了充分发挥逆作法的效益，必须把减少施工对地面交通的干扰作为盖挖逆作地铁车站总体设计的重要内容，尽可能压缩破路、改移地下管线、施作侧壁支护、中间竖向临时支撑系统和顶板、回填及恢复路面等项作业占用道路的时间和空间。

施工期间地面交通的处置一般有以下三种选择：

1）临时断道或封闭部分宽度的路面；

2）分条倒边施工结构顶板；

3）夜间施工、白天恢复地面交通。

在以上的选择中，随着施工对地面交通干扰的减少，工程难度和投资也随之增大，并对工期等产生重大影响。就是说，在逆作法中，要求施工对城市正常秩序造成的负面影响越小，工程投入就越大。必须兼顾城市和工程两方面的承受能力，根据车站的具体条件，通过慎重比较，确定一个大体能为各方接受的交通处置方案或封路时间。应尽可能采用方式1）或方式2），采用方式3）时，宜尽量减少车站埋深，采用机动性较强的钻孔灌注桩作为基坑的支护，并用预制构件代替现浇顶板。

3 中间竖向临时支撑系统。

1）系统组成及一般形式。 中间竖向临时支撑系统由临时立柱及其基础组成。系统的设置有三种方式：

（1）在永久柱的两侧单独设置临时柱；

（2）临时柱与永久柱合一；

（3）临时柱与永久柱合一，同时增设临时柱。

由于方式（2）可以简化施工、加快暗挖作业进度和降低造价，目前已经成为一种主流方式，此时车站立柱的纵向间距是一个重要的设计参数，除考虑建筑要求外，还要结合地层条件和工期等要求经综合比较后确定。一般宜控制在6m～7m。当临时柱的荷载很大时可采用方式（3），例如上海地铁衡熟路站，为一个双跨双层结构，柱的设计轴力高达8000kN，为此，施工期间在两个永久柱之间增设一根临时柱。

2）结构选型。 中间竖向临时支撑系统是结构封底前承受和传递竖向荷载的主要受力构件，其承载能力、刚度和稳定性关系工程的成败。为了顺利地将荷载传给地基，并把地基沉降控制在结构变形的允许范围内，必须合理选定竖向支撑及其下部结构的形式和施工方法。

施工阶段的临时柱通常采用钢管混凝土柱或H型钢柱。柱下基础可采用桩基或条基。桩基可采用钻孔灌注桩、人工挖孔桩、钢管打入桩或异形桩等。条基一般造价较高，仅在特殊需要时采用。

3）中间临时立柱的定位方法及精度要求。 在软土地层中，中间立柱一般安装于直径900mm～1000mm的深孔内。它的准确就位，是逆作法施工中的一项关键技术。为了保证中间立柱的承载能力和连接节点传力可靠，必须严格控制中间立柱的定位精度，并在柱的设计中根据施工允许偏差计入偏心的影响。对于双层车站，一般要求立柱的定位偏差不大于20mm的同时，其垂直度也不大于1/500；三层及三层以上的地下车站，垂直度的控制应更为严格。

立柱的定位有两次法和一次法之分。两次定位法的特点是在柱顶（地面）和柱底均设有定位装置，柱顶一般是通过双经纬仪跟踪校正后予以固定，柱底则通过下人操作保证其对中及固定，避免后续作业造成柱身晃动和位移。采用两次定位时，柱下桩基采用灌注桩时混凝土需分两次浇筑，第一次浇至柱底附近，用人工凿除顶部劣质混凝土、待立柱就位后再进行二次浇筑。不仅作业程序复杂、工作条件差、费工费时，而且在一般含水、松软的土层中对孔壁需有专门的防护措施。一次定位法则是在地表定位，通过特制的装置控制桩身的垂直度并将其固定，可一次完成水下混凝土的浇筑。虽然作业技术难度大，但可以提高工效、争取工期，是当今软土地层中逆作技术发展的方向。

4 节点构造。逆作法施工的车站结构，其交汇于同一节点的各构件，并非同步完成，构件之间的相互连接能否真正反映预期的工作状态，主要取决于节点的构造形式、施工精度和施工质量。对节点构造的基本要求是：连接简单、传力可靠、在逆作的特定环境下可以操作，并为后续作业提供施工条件。

逆作车站的关键节点有以下几处：

1）地下墙与顶、楼、底板等水平构件的连接；

2）后浇梁与中间立柱的连接；

3）中间立柱与其基础，如 H 型钢柱与钢管桩、钢管混凝土柱与灌注桩的连接等。

采用钢管混凝土柱和 H 型钢柱时，梁端剪力通过柱上专门设置的钢牛腿传给立柱。而钢管混凝土柱一般是在其两侧设置双梁承受节点弯矩；H 型钢柱由于可在其翼缘上穿孔，供梁的部分负弯矩钢筋通过，故而梁的总宽度较窄。

5 沉降控制。 逆作法施工时，必须严格把边、中桩的升沉控制在结构变形和节点连接精度的允许范围内。通常要求相对沉降不大于 0.003L（L 为边墙和立柱之间的跨度或立柱之间的跨度）。一般措施包括：

1）选择较好的土层作柱、墙的持力层或采用条基；

2）选择摩阻力大、抗沉降能力强的桩型，如扩底桩、多分支承力盘桩和竹节桩等；

3）增强边墙的整体刚度。灌注桩作护壁时，应设置具有足够刚度的内衬墙，并在桩顶设置刚度较大的冠梁；连续墙作护壁且不设内衬时，其槽段之间应采用能有效传递剪力的接头，如钢板接头等；

4）选择合理的施工工艺、加强施工质量控制，把沉渣减至最少。措施包括：配置高质量的泥浆并加强泥浆质量监控；采用反循环技术；加强工序衔接，减少成孔（槽）后的搁置时间；提高清底质量等；

5）通过注浆提高桩、墙底部混凝土的密实度及围岩强度。

6 施工缝处理。 采用逆作法施工时，主体结构的内衬墙和立柱是在上部混凝土达到设计强度后再接着浇筑，由于浇筑过程中在混凝土表面形成的气泡、混凝土硬化过程中产生的收缩和自身下沉等影响，施工缝处不可避免地会出现缝隙，对结构的强度、防水性和耐久性造成不利影响。为此需对施工缝进行特殊处理。

一般多在侧墙上设置 L 形接头，中柱设 V 形接头，接头倾角以 20°～30°为宜。

施工缝处理有直接法、注入法和充填法之分。直接法为传统施工方法，注入法是通过预先设置的注入孔向缝隙内注入水泥浆或环氧树脂，充填法是在下部混凝土浇筑到适当高度（一般与施工缝之间留 10mm～15cm 空隙）、清除浮浆后再用无收缩混凝土或砂浆充填。

从实际效果和室内试验的结果看，即使采用无收缩混凝土，直接法也难以完全消除新、旧混凝土之间的缝隙，由于其上下两部分混凝土不能有效地形成整体，使构件的传力性能和防水性能大为降低。因此，这种方法常与注入法联合使用。

室内试验表明：用注入法或充填法施工时，施工缝处钢筋分担的荷载比整体浇筑时增大约 10%～30%；施工缝处在 20m 水头上开始渗水，25m 水头时出现漏水现象。这说明，虽然注入法和充填法的接头性能较好，但仍难以达到整体混凝土的状态。

综合以上情况，并考虑到地下逆作在恶劣的施工环境下对施工质量难以全面控制，在盖挖逆作车站的结构设计中，应充分考虑施工缝可能存在的缺欠，具体做法如下：

1）中间立柱尽可能采用钢管混凝土柱，使之一步到位，避免在永久柱中出现逆作接头；

2）如果采用直接法施工，立柱的全部荷载应由劲性钢筋承担；用注入法或充填法施工的钢筋混凝土柱和边墙，其配筋量宜在理论计算的基础上适当提高；

3）内衬和围护墙间宜设置夹层防水层。

第 6 款 现浇钢筋混凝土地下连续墙的设计。

1 单元槽段的长度和深度。 槽段长度和深度的确定，一般与以下因素有关：

1）设计要求：即与结构物的用途、形状、尺寸、地下连续墙的预留孔洞等有关；

2）槽段稳定性要求：即与场地的工程地质条件、水文地质条件、周围的环境条件（如临近建筑物或地下管线的影响）和泥浆质量、比重等有关；

3）施工条件：即与挖槽机性能、贮浆池容量、钢筋笼的加工和起吊能力、混凝土供应和浇灌能力、现场施工场地大小和施工操作的有效工作时间等有关。

一般可参考已安全施工的类似工程实例确定。以上海地区的淤泥质黏土地层为例，地下水位在地表面以下 0.5m～1.0m 处，槽段长度采用 6m 左右，挖槽和浇注混凝土都较顺利，并已有最大挖深达 50m 的成功实践，当槽段过长过深、贴近现有建筑物、地层特殊或地下水位变动频繁时，需进行槽壁稳定性计算或现场成槽试验。

2 地下连续墙的接头形式应满足结构使用和受力要求。当荷载沿地铁纵向均匀分布并设有内衬时，可采用普通圆形接头；无内衬时应采用防水接头；当需要把单元槽段连成整体时，采用刚性接头。

3 从传力可靠和简化施工考虑，地下连续墙与主体结构水平构件宜采用钢筋连接器连接。钢筋连接器的抗疲劳性能及割线模量必须符合《钢筋机械连接技术规程》JGJ 107 的要求。当二者采用钢筋连接时，墙体内预埋连接钢筋应选用 HPB235 级钢筋，考虑泥浆下浇筑混凝土对钢筋握裹力的影响，对受剪钢筋的锚固长度，一般取为 30d。

4 为保证使用要求，墙体表面的局部突出大于 100mm 时应予以凿除，墙面侵入隧道净空的部分也应凿除。

11.6.5 关于盾构法施工的隧道结构设计

第 1 款 为了取得较好的经济效益，在工程地质条件好、周围土层能提供一定抗力的前提下，衬砌结构可设计得柔一些，但圆衬砌环变形的大小对结构受力、接缝张角、接缝防水、地表变形等均有重大影响，故必须对衬砌结构的变形进行验算，作必要的控制。一般情况下衬砌结构径向计算变形在 3‰～4‰D（D 为隧道外径）；接缝变形应符合环缝张开不大于 2mm（变形缝处不大于 3mm～4mm）；纵缝张开不大于 3mm 的要求。接缝的张开量也不应超过防水密封垫对接缝张开量的要求。

第 2 款 衬砌结构的计算简图应根据地层情况、衬砌的构造特点及施工工艺等确定。装配式圆形衬砌，视地层情况可分别按以下方法进行计算：

1 自由圆环法。 埋设于松软、饱和土层（N<2～4，N 为标准贯入试验锤击数）中的衬砌，当结构变形时，土层一般无法（较少）提供被动抗力，为简单起见，略去接头刚度对衬砌圆环内力的影响，按自由变形的匀质圆环来计算，可求得偏安全的内力。而接缝处刚度不足时往往采用衬砌环的错缝拼装予以弥补，这对分块较少（尤其对分成四块、接缝处于垂直、水平轴成 45°位置）的衬砌环结构尤为合适。

2 衬砌环间采用错缝拼装时，可按修正惯用法考虑由于纵向接头存在引起的匀质圆环刚度降低及环间接头通过剪力传递所引起的断面与接头内力的重分配；或以二环为一个计算单元、块与块间设接头的回转弹簧、两环之间设径向剪切弹簧及切向弹簧的计算模式进行计算。

3 梁弹簧模型计算法。 在实际工程中，地下装配式圆形衬砌结构螺栓接头能够承担一定的弯矩、轴力和剪力，且接头的变形和内力间呈线性关系，因此可将这样的接头当作理想的弹性铰。对埋设于 N>2～4 土层中的隧道衬砌结构，可以考虑衬砌与地层共同作用，在结构防水确有保证的情况下，用此法计算可大大减小断面弯矩，给工程带来较大的经济效益。此时，必须对圆环的变形作一定限制，并对施工提出必要的技术措施。

若有条件采用有限元法进行结构分析，就可将较多的构造因素考虑进去，如接头螺栓及螺栓所施加的预应力、块与块间的传力弹性衬垫的作用等，有利于优化设计。

第 4 款 装配式衬砌的构造要求。

1 装配式衬砌按结构形式区分为砌块和管片两大类。管片环与环、管片与管片间均用螺栓连接，虽有施工操作麻烦、用钢量大的缺点，但可增加隧道抵抗变形的能力，有利于保证施工精度、施工安全及衬砌接缝防水，故在松软、含水、无自立性的土层中多选用管片。

管片按其螺栓手孔的大小，通常有箱形和平板之分。当衬砌较厚时，为减轻自重，常选用腹腔开有较大、较深手孔的箱形管片；管片较薄时，为了能承受施工中盾构千斤顶的顶力，则以选用较少开孔的平板形管片为宜。

2 选用较大的环宽，可减少隧道纵向接缝和漏水环节、节约螺栓用量、降低管片制作费和施工费、加快施工进度，但受运输和盾构及机械设备能力的制约，故应综合考虑。

11.6.6 关于矿山法施工的结构设计

第1款 初期支护的稳定性判别。

开挖宽度小于10m的单、双线区间隧道初期支护稳定性的判别可采用《铁路隧道设计规范》TB 10003附录F的方法。大跨度渡线隧道及车站结构初期支护稳定性的判别应通过专门研究确定。

第2款 锚喷衬砌和复合式衬砌初期支护的设计参数。

对单、双线区间隧道，一般可参考有关规范及工程实例，按工程类比法决定其设计参数。某些特殊地形、地质条件下（如浅埋、偏压、膨胀性围岩、原始地应力过大的围岩等）及大跨度渡线隧道或车站结构的初期支护，应通过理论计算，按主要承载结构确定其设计参数。

土质隧道的初期支护应采用包括超前支护、格栅钢架或钢拱架、钢筋网片和喷射混凝土等组合的支护方式，其设计应满足以下要求：

初期支护厚度不应小于200mm，并不宜超过350mm；

初期支护中的钢拱架宜优先选用钢筋格栅，根据需要钢拱架间距可采用500mm～1000mm，钢筋格栅的主筋直径不宜小于18mm；

初期支护厚度不大于300mm时，宜在其内侧设置单层钢筋网片；初期支护厚度大于300mm时，可考虑在其内外侧设置双层钢筋网片；

初期支护各分节间应采用可靠的连接。

第3款 二次衬砌的设计。

1 第四纪土层中的浅埋结构、流变性或膨胀性围岩中的结构、提前施作二次衬砌的结构，以及施作二次衬砌后外部荷载增大的结构，除满足本条第2款的要求外，尚应考虑由初期支护和二次衬砌共同承受外部荷载。可采用荷载-结构模型，根据已有结构复合衬砌的现场实测资料整理归纳的压力值作为二次衬砌的计算荷载。

2 对于初期支护和二次衬砌交替施作的大跨度车站结构或连拱结构，可采用地层-结构模型或荷载-结构模型，根据初期支护和二次衬砌之间的构造特点和应力传递特点，按施工过程分析确定二次衬砌的受力情况。

3 由于喷射混凝土难以完全满足地铁工程的耐久性要求，应通过加强二次衬砌的方法来保证矿山法结构的耐久性要求。所以，长期使用阶段复合衬砌的受力分析，应考虑初期支护刚度下降以后外部荷载向二次衬砌的转移。

4 考虑到浅埋条件下及Ⅴ级～Ⅵ级围岩中外部荷载数值及分布的不确定性，以及城市地下水位变动的可能性，从安全角度考虑，二次衬砌宜采用钢筋混凝土结构。

11.6.7 沉管法施工的隧道结构设计

第5款 管节接头形式的选择应综合考虑隧道的横断面尺寸、外部荷载和温差等在沉管隧道中产生的纵向应力和变形量、抗震设防要求、接头处理的施工工艺的难易程度和经济性等因素。地震设防区、隧道横断面较大或沉管段较长的隧道应优先选用柔性接头。

11.7 构 造 要 求

11.7.1 考虑到我国地域广阔，各地的地质条件差异较大，气候条件也各不相同，本次修订对地下结构设置变形缝的要求较上一版规范有所调整，给各地根据实际情况灵活制定变形缝设置标准保留了空间。

1 对于在软弱地层中不同地下结构之间产生较大差异沉降的情况，建议在采取结构措施防止和减小差异沉降的同时，更应重视采用适当的地基处理措施防止差异沉降，确保控制在允许范围内。

在可能产生较大差异沉降的部位可采取以下做法：

1）通过地基处理或结构措施将沉降调整到轨道结构和主体结构变形的允许范围内。结构措施包括：

（1）设计中严格控制结构的绝对沉降量；

（2）地下连续墙槽段之间采用抗剪接头；

（3）围护墙的顶部设置刚度较大的整体现浇钢筋混凝土冠梁；

（4）适当增加结构底板的厚度；

2）通过设置后浇带将施工阶段结构差异沉降产生的次应力先期释放，结构设计中主要考虑后期沉降产生的次应力；此外，在施工安排上应先重后轻，最大限度地降低差异沉降对结构的影响。

3）当为释放地基不均匀沉降等产生的纵向应力或因抗震需要在主体结构中必须设置沉降缝时，应采取可靠措施，确保沉降缝两边的结构不出现影响行车安全的差异沉降，例如设置可挠接头等。

4）在主体结构与附属建筑（如出入口通道、通风道等）的结合部，设置的变形缝一般具有沉降缝和伸缩缝的双重作用，但不允许两部分结构之间出现影响使用的差异沉降（如底板错台影响人流通行或管线错位等）。所以在软土地层中须在缝两侧的结构中设置"剪力棒"等，上海地铁则采用双变形缝的做法，同时还在底板（或顶板）内设置了榫槽。

2 明挖结构伸缩缝的设置方法。一般有两种做法：

1）沿纵向每隔一定距离设置贯通整个结构横断面的断缝。此种做法适用于结构底部有较为稳定的地层，在北京地铁中得到广泛应用。其优点是可以较好地释放混凝土收缩和温度变化在结构中产生的纵向应力，纵向钢筋的配置数量较少。但对施工的要求较高，否则在接缝处容易出现渗漏等问题；此外，一般需在断缝两侧做成双柱或调整柱距，影响车站的建筑布置。

2）沿纵向每隔一定距离设置诱导缝。这种做法多在上海等地地铁的软弱地层中采用，目的是避免人为设置贯通整个结构横断面的通缝导致结构纵向刚度急剧下降，以至丧失抵抗纵向变形的能力。而由于地基后期沉降引发的纵向变形，在软土地层中是不可避免的。如果设置通缝，极易引起缝两端的轨道结构产生过大差异沉降而危及行车安全。诱导缝是一种利用人工控制技术，通过在结构的预想位置产生的"无害裂缝"来释放结构纵向应力的方法。所谓"无害"，大体应满足以下几方面的要求：

（1）裂缝出现的部位不会影响结构基本的受力特性；

（2）裂缝的宽度有限，应控制在外贴防水层的材料和楼板建筑装饰层允许拉伸的范围之内，并且裂缝不贯穿整个截面，保证"裂而不漏"；

（3）裂缝的出现不影响结构基本的使用功能，仍使结构具备足够的纵向抗弯刚度和抵抗剪切变形的能力。

缝的位置和间距的严格控制是实现"无害裂缝"的关键。具体做法是：

（1）预设的诱导缝沿车站长度方向按一定间距分布。基坑分段开挖，结构分段浇筑，纵向长度与诱导缝对应。特殊情况下，诱导缝间距必须放大时，应增设施工缝以减小结构分段浇筑的长度；

（2）诱导缝一般设在柱体中心处，当为圆柱或采用逆作法施工时，可设在跨度1/3处，且缝尽可能与地下墙的接缝对齐；

（3）诱导缝部位纵向钢筋的处理：顶、楼板和边墙的纵向钢筋或断开（诱导缝设在柱体中心时），或通过1/3（诱导缝设在跨度1/3处时），并在诱导缝两侧的顶板及边墙内设置可以滑移的剪力棒；底板分布筋全部贯通。

需要说明的是，上海地铁车站大多采用地下连续墙与内衬墙叠合的构造，顶、楼、底板等水平构件的钢筋锚入地下墙内，形成刚接节点。由于先期施工的地下墙对后浇内衬和水平构件混凝土收缩变形的约束作用较大，在与地下墙交接处的顶板易产生斜裂缝，因此宜在顶板与内衬墙相交的节点附近增设纵向构造钢筋，此外，内衬墙的裂缝控制仍是一个没有完全解决的问题。

3 减少收缩裂缝的其他措施。除了要根据结构形式及其内部约束条件和所处的地层情况合理选择缝的形式和间距外，混凝土的材料选用和施工因素也很重要。为此施工中应注意以下问题：

1）设置后浇带或控制分段浇筑的长度；

2）采用掺有外加剂的混凝土；

3）合理选择水泥品种及标号；

4）控制混凝土入模温度、加强养护和洞口遮挡；

5）及时回填。

4 地铁一般属超长结构，目前工程界虽然已经认识到控制此类结构纵向应力的必要性，但如何控制分歧较大，做法也不统一。但以下几点应予注意：

1）某些施工措施，例如设置后浇带或限制分段浇筑长度等对减小混凝土的收缩应力肯定是有利的，但不能用它们代替伸缩缝。这不仅是由于受到浇筑间隔时间的限制，不可能完全消除混凝土干缩的影响，而且也无助于克服由于温度变化和软土地层中由于地基不均匀沉降产生的纵向应力；

2）由于围岩条件、结构形式与构造、构件施作顺序等的不同，地下结构内外部约束条件有时差异都很大，因此对减小或释放纵向应力的各种措施的评价不能仅仅局限于短期内的少量未发现问题的工程实例，更要在较长期的运营中检验。另外，在某种特定约束条件下的成功经验对其他约束条件未必有效，不能简单地套用。

11.7.2 地下结构设置横向施工缝的主要目的是为了通过分段浇筑控制超长结构或大体积浇筑时在混凝土中产生的收缩应力，同时也是施工作业的需要。由于受到作业条件的限制，通常矿山法结构的施工缝间距较短，一般为 6m～12m，沉管隧道分段浇筑的长度一般为 15m～20m，明挖结构的情况则较复杂。施工缝的间距与结构内外部的约束条件以及伸缩缝的形式和间距等关系密切。深圳地铁采用 8m～12m；上海地铁诱导缝之间的距离为 24m 左右时，中间不再设置横向施工缝；北京地铁一般也是在两条伸缩缝之间不再设置横向施工缝。京沪两地的实践证明，对于内外部约束条件较弱的放坡开挖或采用复合式侧墙的结构，情况良好，结构表面的干缩裂缝基本能够控制；而当采用叠合式侧墙时，裂缝则较多。

施工缝的间距还与混凝土浇筑时的外部气象条件有关。热天混凝土温度变化较大时取小值。

11.7.4 表 11.7.4 中的钢筋保护层厚度是指所有钢筋（包括分布钢筋）的净保护层厚度，表中保护层厚度根据《混凝土结构耐久性设计规范》GB/T 50476，并结合各类地下结构的实际工作条件，综合考虑了混凝土的设计强度、环境条件、施工精度和耐久性要求等，并借鉴了国内外同类工程的实践经验，总体上钢筋的保护层要求较上一版本规定有所提高。

为充分发挥混凝土截面高度的作用，设计时应注意灵活处理主筋和分布筋的布置方式。

11.8 地下结构抗震设计

1 地下结构的震害。地下结构由于受到地层的约束，地震时与地层共同运动，地层的变形大小直接决定了地下结构的变形。根据日本有关资料，地下结构地震时的加速度反应谱的量值仅相当于地面结构的1/4以下，埋深较大的隧道影响更小。地铁地下结构多采用抗震性能较好的整体现浇钢筋混凝土结构及能够适应地层变形的装配式圆形结构，震害明显低于地上结构。实际发生地震后地下结构的破坏情况也证明了这一点。但对埋置于软弱地层或上软下硬地层中的城市地铁隧道的抗震问题必须高度重视。尤其对以下情况，应充分研究地震的影响：

1）断面复杂的地下结构；

2）结构局部外露时；

3）隧道直接作为地面建筑或城市桥梁的基础时；

4）隧道处于性质显著不同的地层中时；

5）隧道下方的基岩沿深度变化很大时；

6）隧道处于可能液化或软黏土地层以及处于易产生位移的地形条件时；

7）隧道断面急剧变化的部位，如区间隧道与车站主体的连接部、通风竖井与水平通道的连接部、正线的分岔处及换乘节点等。

2 地铁结构的抗震设计，必须根据地铁工程的特点和地震发生后对地铁的使用要求，针对不同的地形、地质条件和结构类型，采用不同的设计方法和构造措施。

3 确定地铁地下结构的抗震设防目标水平的考虑。

本次规范修订明确了地铁地下结构的设防目标水平，考虑到地铁工程的重要性和地铁地下结构破坏后的不易修复等因素，适当提高了不同阶段地下结构的抗震性能要求。尤其对于承受高于设防烈度一度的地震时，要求主要支撑体系不发生严重损坏，并便于修复，修复后可恢复正常运营。

4 抗震计算方法。

当前我国地铁隧道横断面的抗震分析多按地震系数法进行。这一方法的基本出发点是，认为地震对地下结构的作用主要包括两部分，一是结构及其覆盖层重量产生的与地表地震加速度成比例的惯性力，二是地震引起的主动侧压力增量。

一般认为，地震系数法用于下面两种情况较为适宜，一是地下结构与地面建、构筑物合建，即作为上部结构的基础时；二是当与围岩的重量相比，结构自身的重量较大时（例如防护等级特别高的抗爆结构）。但是对于单建的以民用为主要目的的地铁隧道，由于其包括净空在内的单位体积的重量一般都比围岩重量轻，地震时几乎与围岩一同变形。这时，作为地震对结构的作用，随围岩一同产生的变形的影响是主要的，惯性力的影响则可忽略不计。以这一概念建立起来的抗震分析方法称为"反应位移法"或"地震变形法"，其特点是以地下结构所在位置的地层位移作为地震对结构作用的输入。因此，不加区别地把地震系数法作为地下结构抗震分析的唯一选择难以反映大多数地下结构地震时的真实工作状况。

无论是地震系数法还是反应位移法，都是将随时间变化的地震作用用等代的静力荷载或静位移代替，然后再用静力计算模型求解结构的反应。对于大型地下结构或沉管隧道等，用动力分析方法与静力法的计算结果进行对照也是必要的。

此外，对于地铁区间隧道等小断面长条形结构，地震时沿隧道纵向产生的拉压应力和挠曲应力可能会成为结构受力的控制因素。因此，还需对隧道纵向的抗震进行分析，尤其是用盾构法施工的装配式管片结构，其纵向连接螺栓应能承受地震产生的全部拉力。

5 地下结构抗震等级和构造措施。

1）关于地下结构抗震等级

对于同等规模的同类结构而言，地下结构的抗震性能和地震时受到的破坏总体上优于地面建筑结构，但考虑到地铁工程的重要性和修复的困难性，以及与《建筑抗震设计规范》GB 50011的规定保持一致等因素，本规范推荐了各不同抗震设防烈度下较为安全的结构抗震等级标准。

2）构造措施

应区别不同的围岩条件和施工方法，根据地下结构地震条件下的受力和破坏特点，有针对性地采取抗震措施。

地下整体现浇钢筋混凝土框架结构的变形和破坏有以下特点：

（1）梁板构件具有良好的延性，能承受较大的超载，尤其是瞬时作用的动力荷载；

（2）立柱基本是一种脆性破坏，是框架结构中受力最薄弱的部位和首先遭受破坏的构件；

（3）结构的最终毁坏是由于立柱丧失承载能力而导致顶板被压塌。

因此，提高地下框架结构抗震能力的最有效方法应是改善立柱的受力条件和受力特征，尽可能用中墙代替立柱；当建筑要求必须设置立柱时，尽量采用塑性性能良好的钢管混凝土柱；当采用钢筋混凝土柱时，可以借鉴《建筑抗震设计规范》GB 50011的思路，如限定其轴压比并对箍筋的配置提出相应的要求等。

对梁板构件的配筋构造要求则应把重点放在确保其不出现剪切破坏和充分发挥构件的变形能力上，例如对受拉区和受压区钢筋合理配筋率的控制等。由于结构纵向侧墙的整体刚度较大，抗震能力较强，故原则上中间纵向框架的节点构造可不按抗震要求设计。

与地面建、构筑物合建的明挖地下结构的抗震等级与上部结构相同。

采用装配式结构时，应加强接缝的连接措施，以增强其整体性和连续性。

在不同结构的连接部位，宜采用柔性接头。

在装配式衬砌的环向和纵向接头处设弹性密封垫，以适应地震中地层施加的一定变形。

除上述要求外，地铁地下结构的抗震构造措施可参照《建筑抗震设计规范》GB 50011的有关规定执行。

6 可液化地层及软黏土震陷地层的判别与处理。

1）砂土液化。 判别土层液化的方法很多，如我国的《建筑抗震设计规范》GB 50011和日本的港口设计规范基于标准贯入试验和颗粒粒径累加的方法、我国《岩土工程勘察规范》GB 50021推荐的用静力触探判别的方法，以及国外依据土层的剪切波速或剪应力比较的判别方法等。目前国内地铁的勘察部门对液化土层的判别多采用单一方法，这是不妥当的。地铁一旦破坏则后果严重，加之工程规模特别巨大，液化处理费用高昂，所以对其周边土层的液化判别必须谨慎从事，应采用多种方法相互印证，并结合室内动三轴试验和地区工程经验进行专门的分析。而对于所采用措施的可靠性，也宜通过室内试验加以确认。

设计时应根据不同情况分析液化土层对结构受力和稳定可能产生的影响，并采取相应对策。作为一条基本原则，不应将未经处理的可液化土层作为地铁车站天然地基的持力层。

具体对策应根据地震烈度和地基土的液化程度，结合液化土层与车站结构的相对位置关系和结构的施工方法等，通过技术经济比较后确定，一般可分为两大类：

（1）防止支承隧道的地基土液化的措施：

① 基底土换填。应挖除全部的液化土层；

② 采用注浆、旋喷或深层搅拌等方法对基底土进行加固。处理深度应达到可液化土层的下界。

对基底土换填或加固宽度的控制范围，应根据地基土的处理深度来确定。例如，我国《构筑物抗震设计规范》GB 50191规定，从基础外缘伸出的地基处理宽度，不应小于基础底面以下处理深度的1/3，且不小于2m。

（2）在地层液化后仍使隧道保持稳定的措施：

① 在隧道底部设置摩擦桩。桩插入非液化土层的深度通过计算确定；

② 将围护结构嵌入非液化土层。

2）软黏土的震陷。 软土地基在地震或其他反复荷载作用下可能会因其强度降低和基底土的侧向流动产生显著的沉降，即所谓"震陷"。鉴于工程的重要性和使用要求的特殊性，在软土地层中修建地铁时，必须结合具体的场地条件对震陷问题进行专门分析。

11.9 地下结构设计的安全风险控制

11.9.1～11.9.6 地下结构工程是地铁工程风险管控的重点，

在工程规划设计到施工的各阶段均应重视风险防范和风险管控工作，并应根据各阶段工作重点的不同，分别采取措施防范风险。

1 规划阶段

应从工程沿线周边情况和远期城市规划的角度，合理确定地下工程的位置及与周边环境的相互关系，初步安排地下工程的埋设深度范围，规避已知的和预测将要出现的工程风险，并从城市总体规划的角度，统筹安排地下工程与城市规划各项其他内容的关系，充分估计工程实施先后顺序及可能带来的影响。

在规划阶段应明确地铁地下工程沿线的规划控制和保护要求，防止因规划控制不力导致工程的实施风险增加。

规划阶段应对地下工程的实施工法有所考虑。

2 可行性研究阶段

应从工程实施的角度出发，结合线路选线，研究确定与地质和环境条件相适应的地下结构主要施工工法和结构型式，确定合理埋深，合理安排地下结构与临近建、构筑物和设施的关系，估计相互影响程度，识别和评价工程实施的风险。

应力求通过选线规避沿线存在的可能严重影响工程实施的重要风险源和风险要素。在确定地下结构方案时，应充分注意工程的自身风险和环境风险两个方面。

应合理安排新建地下结构与近、远期实施地下结构的关系，对于地质条件差，后期施工影响大的工程，宜在本期工程建设阶段有所考虑，并在必要时预留后期施工的条件，以避免风险。

当新建结构需穿越（含上穿和下穿）重要的既有地下结构设施时，应比选地下结构和工法方案，分析可能的风险。推荐方案应包括控制和降低工程风险的措施建议。

在可行性研究阶段应结合地下工程的规模和所采用的工法，安排合理的建设时间，防止因工程建设周期紧等原因加大工程建设期间的安全风险。

3 初步设计阶段

细化可行性研究阶段初步选定的地下结构方案，全面识别、分析工程存在的风险（包括自身风险和环境风险），评估风险的影响，本着降低风险的原则确定施工工法，提出具体的工程实施方案和风险控制措施，具体方案应做到合理可行和造价经济。

在评估和评价工程安全风险时，应重点考虑的因素有：

1）地质状况以及水文状况，尤其应注意各种不良地质及地质灾害的影响；

2）施工方法的适宜性，包括施工工法的成熟度、施工方法与地质条件的匹配性、工法本身的安全性、施工设备的适用性、不同工法衔接的可行性和风险；

3）各种临时和永久支护系统的可靠性；

4）地层沉降和变形对临近环境的影响，如沉降对地面道路、建筑物和地下管线的影响等；

5）各种地下管线的存在对施工安全的影响；

6）地面超载对地下工程安全的影响；

7）地质及地下水改良措施的有效性及其对周围环境的影响；

8）各种人为因素的影响。

4 施工设计阶段安全风险工作的主要任务包括：

1）进行施工附加影响分析。分析和预测工程实施可能对周围环境和设施带来的相关影响，提出初步的施工控制指标。施工附加影响分析通常采用数值模拟、反分析、工程类比等方法，预测分析地下结构施工对工程环境所造成的附加荷载和附加变形影响，评价环境风险设施的安全性，判断施工工法、加固措施等能否满足工程环境所允许的剩余承载能力和剩余变形能力，为环境风险工程施工图设计、环境监控量测控制指标制定、环境安全保护设计和施工建议提供充分依据。施工附加影响分析原则上只针对高等级环境风险工程开展；

2）落实工程与安全风险控制有关的措施，并预估这些措施的效果；

3）细化工程具体措施，使其达到可施工的深度。

12 工程防水

12.1 一般规定

12.1.3 地铁地下工程属大型构筑物，长期处于地下，时刻受地下水的渗透作用，防水问题能否有效的解决不仅影响工程本身的坚固性和耐久性，而且直接影响到地铁的正常使用。原规范确定的防水设计原则在使用过程中并无不妥之处，本次修编维持原规范的提法。防排结合的提法仅限隧道处于贫水稳定的地层，围岩渗透系数小，可允许限排，结构排水不会导致对周围环境造成不良影响；当围岩渗透系数大，使用机械排除工程内部渗漏水需要耗费大量能源和费用，且大量的排水还可能引起地面和地面建筑物不均匀沉降和破坏，这种情况则不允许采取排水措施。"刚柔结合"是从材料角度要求在地铁工程中刚性防水材料和柔性防水材料结合使用。"多道设防"是针对地铁工程的特点与要求，通过防水材料和构造措施，在各道设防中发挥各自的作用，达到优势互补、综合设防的要求，以确保地铁工程防水和防腐的可靠性，从而提高结构的使用寿命。实际上，目前地铁工程结构主体不仅采用了防水混凝土，同时也使用了柔性防水材料。

"因地制宜、综合治理"是指勘察、设计、施工、管理和维护保养每个环节都要考虑防水要求，应根据工程及水文地质条件、隧道衬砌的形式、施工技术水平、工程防水等级、材料来源和价格等因素，因地制宜选择相适应的防水措施。

12.1.5 原规范规定地铁车站及机电设备集中地段的防水等级定为一级，从近10年地铁隧道建设和使用情况看，基本上是符合实际的，因此保留不变。

对原文的二级防水等级标准的规定局部作了修改，主要是根据现行国家标准《地下工程防水技术规范》GB 50108中地下工程的防水等级标准确定的。原因如下：

第1款 关于隧道渗漏水量的比较和检测，国内外的专家早已建立的共识是规定单位面积的量（或再包括单位时间）如：L/m²·d；湿渍面积×湿渍数/100m²；这样就撇开了工程断面和长度，可比性鲜明、客观。

第2款 提出隧道工程总湿渍面积不应大于总防水面积的2/1000，与任意100m²内防水面积的湿渍不超过3处，单个湿渍最大面积不大于0.2m²的说法，基本是合理的。"整体"与"任意"的关系，与其他地下工程一样分别为2倍～4倍，考虑到隧道的总内表面积通常较大，故定为3倍。

第3款 关于隧道渗漏水量，国内外的共识是规定单位面积的量（或再包括单位时间），如：L/m²·d，湿渍面积×湿渍数/100m²，这样就撇开了隧道断面和长度，可比性鲜明、客观。考虑到国外有关隧道等级标准（包括二级）都与渗漏量（L/m²·d）挂钩，因此提出了L/m²·d的指标。

12.2 混凝土结构自防水

12.2.2 地铁工程主体结构的耐久性要求高于一般地下工程，而防水混凝土的耐久性与混凝土的抗渗等级和氯离子扩散系数密切相关，因此除了提出了混凝土的抗渗等级要求外，参考了现行《混凝土结构耐久性设计规范》GB/T 50476的相关条款，增加了对防水混凝土处于氯化物环境（环境作用等级为E级）中的氯离子扩散系数指标，包括现浇混凝土和装配式混凝土对氯离子扩散系数的要求。

12.2.3 地下工程所处的环境较为复杂、恶劣，结构主体长期浸泡在水中或受到各种侵蚀介质的侵蚀以及冻融、干湿交替的作用，易使混凝土结构随着时间的推移，逐渐产生劣化，各种侵蚀介质对混凝土的破坏与混凝土自身的透水性和吸水性密切相关。一旦结构抗渗性能下降，易发生结构渗漏水现象，导致电气和通信信号设备故障、轨道等金属构件锈蚀，同时地下水中的侵蚀性介质使结构劣化，使混凝土结构开裂、剥落，导致结构的耐久性下降，影响地铁的安全运营。故防水混凝土的配制首先应以满足抗渗等级要求作为主要设计依据，同时也应根据工程所处环境条件和工作条件需要，相应满足抗压、抗裂、抗冻和抗侵蚀性等耐久性要求。

12.3 防水层

12.3.2 本条明确规定卷材防水层应根据施工环境条件等因素选择材料品种和设置方式，同时强调卷材防水层必须具有足够的厚度，以保证防水的可靠性和耐久性。本条在原文的基础上，增加了膨润土防水毯、沥青基聚酯胎预铺防水卷材、合成高分子预铺防水卷材以及聚乙烯丙纶复合防水卷材等防水材料。这几类防水材料已经列入了新修订的《地下工程防水技术规范》GB 50108中，同时几类防水卷材均在国内地铁工程中得到大量采用，其防水效果综合评价较好。

12.4 高架结构防水

12.4.1 桥面所处的环境通常受大气降水、北方地区冬季降雪的影响，化冰盐水、氧气、二氧化碳等均是危害桥面结构耐久性的因素，如果能将上述物质与桥面结构隔开，则桥面结构的耐久性就会提高。而在桥面设置连续、整体密封、耐久的附加防水层便提供了这种可能性。用于附加防水层的材料品种较多，较为适合桥面防水材料有高聚物改性沥青防水涂料、聚氨酯防水涂料、水泥基渗透结晶型防水材料、水乳型阳离子氯丁橡胶沥青防水涂料等。

12.5 明挖法施工的地下结构防水

12.5.5 叠合墙结构由于内衬墙与围护结构采用钢筋接驳器连接，造成防水层无法实施全包。因此，只能因"位"制宜，不同部位采用不同的防水措施。在设计中，车站顶板通常采用附加柔性防水层，围护结构的钢筋接驳器、地下墙接缝等薄弱处采用水泥基渗透结晶防水材料或其他刚性封堵材料进行防水加强后再浇筑内衬墙组成叠合侧墙，底板靠密实混凝土自防水。从施工实践来看，侧壁支护墙与内衬结构共同组成叠合墙结构，也可以体现出加强了内衬侧壁的防水。底板由于结构比较厚，且其浇筑及养护条件好，受外界因素影响较小，因此底板的混凝土自防水性能优于顶板。顶板增设附加柔性防水层，叠合墙、底板靠结构自防水，从整体防水上看仍然是相匹配的。

12.5.6 复合墙的内衬墙与围护结构之间设置了防水层，因此内衬墙与围护结构之间是完全分开的。顶板、侧墙和底板防水层应封闭，形成外包防水体系，并根据防水层种类和设置部位的不同，选择合理的防水层临时或永久保护措施。而车站和出入口通道、通风道以及区间隧道的接口部位的防水层甩槎容易在后续浇筑内衬混凝土和破除围护结构时出现破损，造成主体和附属结构之间防水层接槎困难，因此应对该处防水层甩槎采取合理的保护措施及防水加强措施。而车站和附属结构与区间隧道由于工法的不同，采用的防水层材料种类有可能不同，不同防水层材料应采取合理措施做到密封过渡，使防水层形成连续封闭的防水体系。

12.6 矿山法施工的隧道防水

12.6.2 矿山法施工的隧道的防水措施，通常采用复合衬砌全包防水构造。复合式衬砌除采用防水混凝土外，还需做夹层柔性防水层。

目前矿山法隧道柔性防水材料通常采用塑料类，如乙烯-醋酸乙烯共聚物（EVA）、乙烯-醋酸乙烯共聚物沥青（ECB）、聚氯乙烯（PVC）等。工程实践证明，在铺设塑料防水板、绑扎钢筋和浇筑振捣混凝土时，容易出现破损。而塑料防水板与二衬混凝土之间通常不密贴，地下水从防水层破损部位进入防水层与结构迎水面之间，并到处流动，导致"窜水"现象，这就给后期堵漏维修带来困难。而设置注浆系统是解决塑料防水板窜水问题的关键。

注浆系统由焊接在防水板表面的注浆底座和穿过二衬的注浆导管组成，注浆底座是为了确保浇筑二衬混凝土时水泥等细颗粒不会进入注浆底座而流出，注浆导管与底座相连，主要起到成孔并引倒浆液进入的作用。二衬结构施工完毕后，利用注浆导管进行回填注浆处理，注浆材料一般采用1：2～3的水泥浆液，并添加8%～10%的膨胀剂或其他添加剂。注浆的目的是为了使浆液凝固后填充防水板与二衬迎水面之间的窜水通道，同时也利用浆液将结构迎水面的裂缝、孔洞封堵严密，达到提高结构自防水能力的作用。

分区系统主要包括与防水板同材质的外贴式止水带，将外贴式止水带用专用焊接设备焊接在防水板表面，止水带的凸起齿条与二衬混凝土密实咬合，人为将隧道划分成各自独立的防水区域。但从工程实践证明，隧道顶板（顶拱）部位的混凝土浇筑不易密实，同时阴阳角部位止水带齿条容易倒伏，止水带接头部位不易焊接严密等，导致分区效果不好。因此提出宜在变形缝部位进行分区，不提出分区面积的具体要求。

12.7 细部构造防水

12.7.1～12.7.4 工程实践证明，地铁工程中，容易出现渗漏水和渗漏水严重的部位主要包括变形缝（包括诱导缝）、施工缝（包括后浇带）和桩头（抗拔桩、临时立柱）等部位，解决好这些部位的防水问题是地铁防水工程中的关键，应对这些部位的防水做重点加强，因此本次修编时将特殊部位防水单列一节。采用的防水措施及其规定与现行《地下工程防水技术规范》GB 50108 的规定相一致。

12.8 盾构法施工的隧道防水

12.8.1 原规范中对钢筋混凝土管片的渗透系数做了规定，但在工程中，基本不做管片的渗透系数试验，仅做管片混凝土的抗渗等级试验，原提法已经失去了实际指导意义。因此本次修订时增加了管片混凝土的抗渗等级不小于 P10 的规定，取消了渗透系数指标要求。

工程实践中，一般采用外加电场加速离子迁移的标准试验方法（D_{RCM}）测试混凝土的氯离子扩散系数，而实际测试结果普遍高于原规范规定的 $8 \times 10^{-9} cm^2/s$。本次修订根据工程实际测试数据，并参考现行《混凝土结构耐久性设计规范》GB/T 50476 的相关条款，修改为不宜低于 $3 \times 10^{-12} m^2/s$，当隧道处于侵蚀性介质中时，可在管片迎水面涂刷水泥基渗透结晶型防水材料、高渗透改性环氧、环氧聚氨酯等防水防腐涂层。

13 通风、空调与供暖

13.1 一般规定

13.1.1～13.1.3 地铁地下线路是一座狭长的地下建筑，除各站出入口和通风道口与大气沟通以外，可以认为地铁基本上是与大气隔绝的。由于列车运行、设备运转和乘客等会散发出大量的热量，若不及时排除，地铁内部的空气温度就会升高，同时，由于地铁周围土壤通过地铁围护结构的渗湿量也较大，若不加以排除，地铁地下线路内部的空气湿度会增大，这些都会使得乘客无法忍受。因此，必须设置通风或空调系统，对地铁地下线路内部的空气温度、空气湿度、气流速度和空气质量等空气环境因素进行控制。而且，由于地铁的行车速度日益加大，其最大行车速度在有些城市和线路上已达到或超过 100km/h，这将引起地铁隧道内空气压力发生较大变化，从而对地铁内部的人员造成生理上的影响，这个因素不容忽视，必须与建筑和结构等各个方面共同研究，采取综合措施予以控制。

地铁的地面车站和高架车站虽然与大气连通渠道较多，但由于车站设备及管理用房内的人员和设备运转都对周围的空气环境存在相应的要求，需要采用通风、空调或供暖系统来予以满足。而且，车站的站厅受建筑和结构型式的影响，其空气环境也需要根据人员和设备的要求，按照适当的标准与建筑和结构协调，尽量采用自然通风等系统型式，达到既满足其对空气环境的需要，又造型美观，同时有利于节能的目的，当采用自然通风等系统方式受当地气候等自然条件限制，或者对建筑和结构影响巨大，实施起来困难很大时，则应认真分析、研究，采取适当、合理的通风、空调与供暖系统。

因此，地铁通风、空调与供暖系统担负着为乘客和工作人员创造一个生理和心理上都能满意的适宜环境，并满足地铁设备正常运转的需要的重要职能，是地铁中不可或缺的重要组成部分。

13.1.4 本条根据地铁的特点，明确指出了地铁通风和空调系统应具备三方面的功能：

1 地铁为一种现代化的交通系统，速度快、运量大，运行时消耗大量的电能，这些电能将转变为热能，若不及时排除，地铁内部的空气温度就会升高。此外，乘客也散发热量和湿量，同时地铁周围土壤通过地铁围护结构的渗湿量也较大，若不加以排除，地铁内部的空气温度和湿度会增大，这些都会使得乘客无法忍受。同时，巨大的客流集中在地铁内部，还必须补充足够的新鲜空气，以保证地铁的内部空气环境在规定标准范围内；

2 地铁列车非火灾事故阻塞在区间隧道内时，因为没有活塞效应的作用，停留在车厢内的乘客及向安全地点疏散的乘客，会因为没有足够的新鲜空气而难以忍受。此外，当地铁列车设置空调时，也要维持车厢空调正常运转，因此，需要对列车阻塞处进行有效的通风；

3 地铁内火灾时有发生。据资料记载，仅从 1971 年 12 月到 1987 年 11 月间，欧洲和北美地铁中就发生重大火灾 40 多起，并导致人员伤亡。据报道，所有伤亡中绝大部分系烟熏所致，如 1979 年旧金山有一列经过海湾隧道的地铁列车着火，1 人死亡，56 人受烟熏致伤。由这些事故得到了经验教训，现在地铁把防排烟系统设计放在了重要地位。

13.1.5 地铁列车在隧道内高速运行时会产生活塞效应，或者当区间隧道设置有适当数量和截面积足够大通道与地面连通时，以及列车在地面或高架线运行时，自然通风可以有效排除地铁内部产生的大量热量，这些系统方式的实施可以节省大量的电力消耗，应优先加以应用。据资料分析，当系统布置合理时，每列车产生的活塞风风量约为 $1500m^3 \sim 1700m^3$，这种不费能源的通风方式应首先考虑使用。但活塞效应所产生的换气量是有限的，而且在地铁的实际建设中，经常受到周边环境的影响，导致活塞风道无法修建，或由于风亭出口位置的关系，致使活塞风道长度过大，以至活塞效应失效，故本条规定在单靠活塞效应不足以排除隧道内的余热，以及有效的自然通风条件不具备时，应设置机械通风系统。

地铁设置空调系统需要庞大的设备和机房，运行时又需耗费大量的电能，因此从降低地铁造价、节省能源的前提出发，只有在通风系统（含活塞通风）达不到地铁内部空气环境规定的标准时方可采用。根据资料记载，当列车编组在6节～8节、运行间隔为2min，且最热月的平均温度超过25℃时，车站必须采用空调系统。前苏联地铁规范规定，当计算的空气温度大于空气极限温度28℃或30℃，以及高峰小时的行车对数和列车车辆数的乘积大于120时，进风必须进行冷却处理。由此可见，采用空调是由当地最热月的平均温度及高峰小时的行车对数和列车车辆数的乘积两个因素决定的。结合我国的情况，目前已在运行及正在设计的北京、广州、上海、深圳、南京等城市的地铁，其远期高峰小时的行车对数和列车车辆数的乘积多为180，而这些城市夏季高温的气候是需要空调的。因此本条将采用空调的一个因素，高峰小时的行车对数和列车车辆数的乘积定为180是适宜的。采用空调的另一个因素是最热月的平均温度，本条参考一些资料的规定，采用25℃。

同时，目前我国地铁正在快速发展，除特大城市外，许多大、中城市也在建设或规划，且地铁运营的各种方式也将根据实际情况不断得以应用，如不同的运行间隔和编组方式将不断得以尝试，小编组、高密度等将得以实际应用。此种状况下，虽然有时高峰小时的行车对数和列车车辆数的乘积达不到180，但如果地铁所在地区和城市夏季气温或全年气温均较高，由于现代生活水平的提高，地铁的运行也应在充分考虑降低造价和节省能源的前提下，保证相应的舒适水平，故本条规定在全年平均气温超过15℃时，即使高峰小时的行车对数和列车车辆数的乘积达不到180只达到120时，也可以采用空调系统。选择全年气温超过15℃的标准，是基于对全国各主要城市气候条件全面综合分析研究的基础上提出的，国内全年平均温度15℃以下的城市，其冬季通风温度一般均低于0℃，有利于利用地铁围护结构及周围土壤的热羁效应对温度进行调节，通过冬季的有效通风消除夏季地铁内部积累的余热和余湿。因此，只有当全年气温超过15℃，依靠通风消除较大的热量有困难时，可作为采用空调的一个因素。同时，在地铁建设和将来的运行中，地铁列车采用3节编组、高峰小时40对行车对数，或4节编组、高峰小时30对行车对数等运营方式都是可能出现的，为给地铁建设提出一个可参照执行的依据，本条采用高峰小时的行车对数和列车车辆数的乘积达到120作为标准。若其乘积小于120时，说明该地铁的运力不大，发热量相对较小，采用合理的通风方式可以达到地铁规定的标准。

13.1.7 地铁通风与空调系统的风量、冷量的大小主要取决于地铁的客流量和列车通过能力，但客流量和列车通过能力远期大于近期，通风与空调设备的能力应与之相匹配。若近期就按远期能力实施，就要增加地铁建设的初期投资，若设计时不按预测的远期客流量和最大通过能力设计，留足远期设备安装的机房，就会造成远期土建扩建。众所周知，地铁土建扩建是非常困难的，有时甚至是不可能的，因此通风与空调系统应按地铁预测的远期量和最大通过能力设计，但设备安装应按不同时期的实际需要配置，并分期实施。

13.1.9 车辆基地、控制中心和主变电所等均设置在地面，其内部设备的工艺需要满足地铁运营的需求，但外界气候条件对其产生的影响与对地下线路产生的影响不同，与地面建筑则完全一致，因此应在满足地铁设备工艺要求的前提下，按照国家现行的有关地面建筑设计规范对通风、空调与供暖系统进行设置。

13.1.10 通风、空调与供暖系统应保证系统设备的配置、管道及配件布置等在运行中能够相互有机协调，从而确保系统运行处于整体高效运行状态，而不应仅仅局限考虑个别单体设备的效率

最高和管道安装的便宜性。

13.1.13 目前在工程中应用的管材及保温、消声材料种类繁多，性能上差异很大，为保证在地铁正常运营和事故状况下所采用的材料不会散发出有害气体，从而保持地铁内部在各种情况下都具有一个良好的空气环境，必须遵守本条所提出的选材要求，保证选用A级不燃材料。只有当少数局部部位，如水管阀门的部位，形状极不规则，采用A级不燃保温材料在施工工艺等方面确实存在很大困难时，允许采用难燃材料，但此时至少应采用B1级材料。

13.2 地下线段的通风、空调与供暖

Ⅰ 区间隧道通风系统

13.2.2 由于地铁与外界之间的相对隔绝性，为保证内部具有较好的空气质量，应使隧道内部与外界直接进行空气交换，保证隧道内部污浊空气顺利有效的排除和外界新鲜空气的输入。

13.2.3、13.2.4 地铁列车在区间隧道运行过程中，需要保证乘客生理健康所需要的空气环境条件，因此，规定区间隧道内空气的 CO_2 的日平均浓度应小于1.5‰。同时，车上乘客对外界新风的要求也需要予以满足，在此对人员需求、工程实施的可行性、系统能力实现的可能性及运行节能等方面综合研究，规定对区间隧道内所供应的新鲜空气量应根据区间隧道内的乘客客流量，按照每个乘客每小时不少于 $12.6m^3$ 的标准执行。

13.2.5 本条对区间隧道夏季的最高温度按车厢设置空调和不设空调两种工况，以及车站设置全封闭站台门和不设置全封闭站台门两种情况作了规定。

当车厢不设空调时，车厢内是依靠列车运行时的自然通风或列车停车时的机械通风来降温的，因此隧道内的空气温度直接影响车厢内的温度。经测算，每节车厢所得的自然通风量约为 $18000m^3/h$，要排除车厢内人体的散热量，则送排风温差约为2℃；若隧道的最高温度规定为33℃，则车厢的进风温度就为33℃，排风温度为35℃，车厢内平均温度为34℃。可见，不管车站是否设置全封闭站台门，隧道的最高温度都不宜高于33℃，否则车厢内乘客就难于忍受。

当列车车厢设置空调、车站不设置全封闭站台门时，在地铁正常运行过程中，由于活塞效应对车站和隧道的综合影响，列车进入车站会将部分隧道热量携带进入车站，此时，隧道内的空气温度不宜过高，否则，由于活塞效应导致区间隧道内的热空气冲入车站，会对车站的空气温度场冲击较大，直接影响车站乘客的舒适性，列车离开车站又会将车站的部分冷量携带进入区间隧道，从而客观上起到冷却隧道内空气的作用，致使区间隧道的空气温度不会过高。据众多城市地铁通风模拟计算结果分析，此种状态下隧道内的空气温度一般不会高于35℃，此温度与车站温度相比较，经计算其相互影响，基本在可接受范围内，因此参照《工业企业设计卫生标准》GBZ 1-2010的规定，本条规定，区间隧道夏季的最高温度，在此种状态下不得高于35℃。

当列车车厢设置空调、车站设置全封闭站台门时，车厢内是依靠空调来降温的。列车在隧道中运行时，要保证列车空调的正常运转，从而保持列车车厢内的温度条件，就要求隧道内的温度满足列车空调冷凝器正常运行的需要。从目前世界上运行的地铁列车来看，基本上空调冷凝器的失效温度最高为46℃，通过分析隧道中的温度分布梯度，本条规定此种状态下隧道内的最高温度不得高于40℃。

应当指出，这里所指的最高温度不是指瞬时最高温度，而是指区间的最热月日最高平均温度。

13.2.6 规定冬季平均温度不高于当地地层的自然温度是基于节能考虑。地铁周围土壤是一个很大的容热体，对温度有调节的作用。从宏观上看，夏季地层从隧道空气中吸热，从而降低了隧道空气的温度；冬季则反之，地层向隧道空气放热。为使冬季尽可能将夏季吸进土壤的热量放出来，以维持土壤在夏季有较大的吸

热能力，降低夏季通风或空调的能耗，就必须使冬季的隧道空气温度低于地层自然温度，形成整个冬季土壤都处于向隧道空气放热的状态。隧道空气温度较低当然对冬季冷却隧道有利，但太低对隧道内的设备不利，如给水管有冻裂的危险，故又规定最低温度不能低于5℃。这里所指的地层自然温度，是指地层的恒温温度，一般为地下10m深的土壤温度。

13.2.7 空气压力的变化是地铁内部固有的一种状况，其具有变化发生快、持续时间短的特点，当列车行车速度不高时，空气压力总的变化值和变化速率对地铁内部人员的生理影响并不大，可以不作为突出因素加以注意，但当地铁行车速度较高时，这个因素的影响就突显出来了，不仅对地铁内人员的舒适性造成影响，而且对人员的生理影响也不容忽视。目前，我国地铁建设规模大和速度很快，已经出现了行车速度日益增大的情况，其最大行车速度在有些城市和线路上已达到或超过100km/h，这将引起地铁隧道内空气压力发生较大变化，从而对地铁内部的人员造成生理上的影响，这个因素不容忽视，必须加以控制。但需要给予高度注意的是，地铁隧道内部空气压力的控制仅靠通风与空调系统自身是无法实现的，从空气压力控制手段和办法上，可以有增大隧道断面、将隧道与外界以及与车站的接口部位做成喇叭口形状、在隧道的进口和出口加建通气孔、在两条隧道间增加连通通道或者在隧道内的适当的位置修建与外界连通的通风井等多种形式和方法，在具体的实际工程上，究竟采用哪种或哪些措施，必须与建筑和结构等各个方面共同研究，采取综合措施才能实现。本条参考美国《地铁环控设计手册》，规定"当隧道内空气总的压力变化值超过700Pa时，其压力变化率不得大于415Pa/s"。

13.2.8 本条规定，隧道通风的室外计算温度，夏季采用近20年最热月月平均温度的平均值，而不采用地面建筑的夏季通风室外计算温度（历年最热月14时的月平均温度的平均值），是考虑到地铁系统与地面建筑的不同。地铁系统围护结构与周围土壤的热容大、热惰性大，因此，以最热月月平均温度的平均值作隧道通风的室外计算温度更能反映实际情况。据北京地铁资料记载，当室外空气温度高达30℃时，经过通风道进至区间隧道内的温度约为26℃，与北京最热月月平均温度的平均值相符。

13.2.9 本条规定，在计算余热量时应扣除传入地铁围护结构周围土壤的传热量，不应当作安全因素考虑，因为地铁围护结构周围土壤能吸进大量的热量并能储蓄起来，达到夏储冬放、调节地铁空气温度的作用。根据一些资料记载及对北京地铁的计算，传进地铁周围土壤的热量占地铁产热量的25%～40%，这对节约能量、减少机房面积及降低设备的一次投资都起到了重要作用。

13.2.10 是否设置区间通风道，应根据每条线路的具体情况决定。需设区间风道时，应设在区间隧道的中部，因为这样有利于风量的平衡。但设区间风道会受到现场情况的诸多限制，有时不可能在区间隧道的中部找到设置风道、风亭的位置。为方便设计，将条件放宽到不少于该区间隧道长度的1/3处，但又规定了不宜少于400m。因为偏离区间隧道中部越远，风井至两端区间隧道气流分布就越不平衡，同时，太靠近站端就可以由站端风道代替，再设置区间通风道实质上已无意义。

Ⅱ 地下车站公共区通风与空调系统

13.2.11 地铁地下车站的公共区是乘客集中候车并实现人员在地面与列车之间进行过渡的地下空间，上下车与换乘客流相对较为聚集，应保证乘客的通风换气和对周围空气环境的温度、湿度等的需求。同时，地下车站的公共区也布置有电、扶梯及自动售检票机等很多设备，这些设备运转和乘客自身都会散发出较多的热量，若不及时加以排除，车站公共区的空气温度就会迅速升高，空气环境条件就会快速恶化，使得乘客无法忍受，甚至影响设备正常运转，因此，必须设置通风系统保证地下车站公共区的内部空气环境条件满足乘客的需求，以及设备正常运转所需要的温度和湿度条件。地下车站公共区通风系统的设置形式应结合乘客需要、设备需求、列车运行及外界自然气候条件等因素综合考

虑，并与车站的建筑结构形式等互相配合，在保证内部空气环境需求的前提下，尽最大可能利用自然通风和活塞通风。当受各种因素制约，自然通风和活塞通风无法满足需求时，应设置机械通风。当运营规模及外界气候条件等因素导致仅采用通风系统达不到地铁内部空气环境规定的标准，或者达到标准需要付出的代价过大时，可采用空调系统。采用空调系统的控制条件应符合本规范第13.1.5条第3和第4款规定。

13.2.12 地下车站公共区乘客相对较多，车站工作人员较为集中，需要保证人员对新鲜空气的适宜的需求，进风需要保证良好的空气质量，因此，进风应直接从外界大气采集。同时，排除的空气也必须直接排出到车站外的大气中，以免对车站设备及管理用房区和隧道的空气环境造成影响。

13.2.13 关于地铁地下车站通风的室外计算温度、夏季采用近20年最热月月平均温度的平均值的原因参见第13.2.8条。

地下车站夏季空调的室外计算干球温度采用近20年夏季地铁晚高峰负荷时平均每年不保证30h的干球温度，而不采用《民用建筑供暖通风与空气调节设计规范》GB 50736（以下简称"暖通规范"）规定的"采用历年平均不保证50h的平均温度"，因为该规范主要针对地面建筑工程，与地铁的情况不同。暖通规范的每年不保证50h的干球温度一般出现在12时～14时，此时正逢地铁客运较低峰。据我国北京、上海、广州的地铁资料统计，12时～14时的客运负荷仅为晚高峰负荷的50%～70%，如果按此计算空调冷负荷，很难满足地铁晚高峰负荷的要求，若同时采用夏季不保证50h干球温度与地铁晚高峰负荷来计算空调冷负荷，就形成两个峰值叠加，冷负荷偏大，因此采用地铁晚高峰负荷出现的时间相对应的室外温度是合理的。通过对北京、广州等地的气象资料统计：北京为32℃，广州为32.5℃，上海为32.2℃，南京为32.4℃，重庆为33.8℃，均比较合适。

13.2.14 本条对车站采用通风系统时站内夏季的空气计算温度不宜高于室外空气计算温度5℃的规定是参照《工业企业设计卫生标准》GBZ 1制定的。地铁车站散热量较大，乘客进出车站都在匆忙走动，与散热量大的车间、轻度作业的条件类似。

地铁车站内的温度不应超过30℃的规定，是根据地铁特点制定的。地铁车站内的温度比较稳定，不受室外空气温度瞬时波动的影响，当站内出现较高温度时，会延续较长的时间，同时站内的相对湿度也比较大，影响热感觉指标，因此站内的空气计算温度不宜太高。根据北京地铁车站长期的观测，车站温度超过30℃时，工作人员、乘客都感到很不舒适，闷热难受。

地铁车站的空调属舒适性空调。地铁环境是人员密集、短时间逗留的公共场所，乘客完成一个乘车过程，从进站、候车到上车，在车站上仅3min～5min，下车出站约需3min，其约3/4的时间在车厢内。因此，车站的空调有别于一般舒适性空调。既然乘客在站厅和站台厅的时间特别短，只是通过和短暂停留，为了节约能源，只考虑乘客由地面进入地铁车站有较凉快的感觉，满足于"暂时舒适"就可以了。人们对温度变化有明显感觉的温差为2℃以上，因此站厅的计算温度比室外计算温度低2℃，就能满足"暂时舒适"的要求。同时考虑到我国地域辽阔，各地气候条件差异较大，人们长期生活的环境条件不同，因而对温度的适应情况不同，对温度的感觉也有所差异，如南方地区的人与北方地区的人相比，更喜欢温度低一些，因此提出一个既满足不同地区人员习惯又较为灵活的温差标准。本条规定地下车站站厅的空气计算温度比空调室外计算干球温度低2℃～3℃，站台厅比站厅低1℃～2℃，从上海、广州地铁的实际运行情况分析，此标准是合理的、可行的。

13.2.15 地下车站站内最低温度的规定参照了地面建筑有关规范的规定：不宜低于12℃。

13.2.17 本条规定了采用活塞通风或机械通风时每位乘客需供给的新鲜空气量为30m³/h，这是最低标准。前苏联地铁设计规范（1981年版）规定每人新风量不少于50m³/h；我国《人民防空工程设计规范》GB 50225规定，按每人每小时30m³～40m³新鲜空

气量计算；美国《地铁环控设计手册》规定每人新鲜空气量为28m³/h；而我国现行《工业企业设计卫生标准》GBZ 1规定每两人所占容积小于20m³的车间应保证每人每小时不少于30m³的新鲜空气量。上述各资料规定的每人所需新鲜空气量都在28m³/h～50m³/h之间，并且除前苏联地铁设计规范定为每人50m³/h外，其他资料均为每人30m³/h左右。根据对我国现有的及正在设计的地铁车站统计，每位乘客所占有容积都在10m³左右，恰与我国《工业企业设计卫生标准》GBZ 1的规定一致，因此本条采用了每人需供给的新鲜空气量不少于30m³/h。采用闭式运行时，应尽量减少室外空气对地铁的影响，故采用最少新风量，考虑到设计的方便，取其值与空调系统推荐的新风量一致。

13.2.18 地铁车站的空调系统属舒适性空调，新风量的确定基于稀释人体所散发的CO_2浓度，并在满足卫生要求的前提下尽量节能的原则。地铁车站类似地面的商场、博物馆、体育馆等建筑物，都是人员密集而对每个人来说在其中逗留时间又较短的场所，根据暖通规范的规定，商场、博物馆、体育馆等建筑最少新风量为每人8m³/h，推荐新风量为12.6m³/h。因此地铁空调新风量的下限可定为每人8m³/h，但考虑到地铁车站受活塞风影响等不利因素，部分新鲜空气有时得不到充分利用，此值应比最少新风量稍放大些，故本条采用每人的新风量为12.6m³/h是适宜的。

13.2.22 由于地下车站与外界大气间的相对隔绝性，其内部满足人员生理和心理需求的空气环境完全由通风与空调系统保证，一旦通风与空调系统失效，地下车站内部的空气环境将迅速恶化，严重时不仅会影响人员的舒适感，甚至将危及人员的生命安全。因此，在通风与空调系统设置时应充分考虑到这一点，并采取有效措施，保证通风与空调系统某一局部失效时，其他部分的运转能够满足人员最基本的生理要求。考虑到空气温度这一环境空气因素对人员生理和心理影响的重要程度，以及人员对环境空气温度的接受程度，本条规定地下车站公共区通风与空调系统某一局部失效时，应保证站厅和站台的温度不高于35℃。

13.2.23 地铁车站的主要噪声源来自列车的运行，噪声级高达80dBA～90dBA，但对车站来说，这一噪声不是连续的，列车进站时，噪声很大，离站后，噪声很小，而通风设备产生的噪声则是连续的，对车站影响较大，因此本条规定了通风设备传至站台的噪声不得超过70dBA。这一标准的制定主要是从不影响人们普通谈话而又尽可能减少降噪量以降低消声设备的造价两方面考虑的。不影响人们普通谈话的噪声级上限为70dBA，通过对北京地铁一线及环线的测试，这一标准是可以实现的。当前已经运营的北京地铁、上海地铁及广州地铁一号线的实际运行状况都证明采用这一标准是合理和可行的。

13.2.24 许多国家在20世纪70年代后修建的地铁中广泛采用站台下的排风系统，用局部排风的方法达到高效率排热的目的。地铁列车由于高速运行而消耗大量电能，通过摩擦、刹车等运动又将大量的电能转变为热能，在列车停在车站时，被加热了的元件向周围传热，使车站温度升高。设置站台下排风系统是利用局部排风的方法将热空气立即排出，不让其扩散。据美国资料统计，其有效排热率达25%～30%。根据北京地铁的试验，风量少是不起作用的，由于没有准确的试验数据，本条未给出排风量计算值。目前设计可参考美国资料及新加坡地铁、香港地铁的设计图纸换算为单位站台长度的小时排风量的计算值，约为每侧行车道、每米站台长度750m³/h。在目前的地铁建设和运营中，随着生活水平的提高，根据各个城市的不同气候情况，设有空调装置的地铁列车越来越以广泛应用，由于列车空调冷凝器一般设置在列车车厢顶部，而且空调运行时会将车厢内部的热量转移出来，并通过列车顶部的空调冷凝器散发到列车顶部空气中，为高效排除此部分热量，国内地铁基本上采用在车站站台列车停靠部位设置列车顶部排风管，将空调散热直接排除到外界。因此，为适应地铁建设的发展，本条规定宜在列车的发热部位设置排风系统。

Ⅲ　地下车站设备与管理用房通风、空调系统

13.2.28 地下车站各类用房，不可能像地面建筑物那样，用打开窗门等办法进行通风换气，而必须用机械通风的方法才能实现通风换气。对于那些卫生标准要求较高或有生产条件要求的用房，用一般通风方式不能满足要求时，可设空调系统。

13.2.29 地下牵引变电所、降压变电所的发热量是相当大的。据北京地铁资料统计，若安装有两台干式变压器、整流器时，其发热量为75kW以上，排除这样大的热量约需送、排风量50000m³/h左右，有时难以实现，在经济性上也可能是不合理的。为给设计留有灵活性，本条规定允许设置冷风系统。

13.2.30 地下车站厕所的臭气采用通风的方法排除。为防止臭气向车站站台、厅扩散，用机械排风、自然进风系统为宜。从国内已经运营的地铁的实际情况分析，地下车站的臭气若不直接排除到外界，在车站会闻到臭味，故本条规定宜将废气直接排至地面。

13.2.31 设置气体灭火的房间在正常使用时需要通风换气，而当发生火灾事故时，会喷散灭火气体来扑灭火灾，因此，应设置机械通风系统来实现通风换气，并负责排除火灾扑灭后混杂有灭火气体和燃烧产生的各种有害气体的室内空气，所排除的气体必须直接排出地面。

13.2.33 地下车站设备及管理用房要保证工作人员对外界新鲜空气的适宜需求，根据暖通规范的规定，并考虑到地铁用房比较闭塞的实际情况，规定每小时需供应的人均新鲜空气量不应少于30m³；当采用空调系统时，空调系统所供应的新风量还需同时满足不少于系统总风量的10%的要求。

13.2.34 地下车站的工作人员在站内工作时间很长，不像乘客那样具有高度的流动性。为保证其生理和心理健康，将地铁车站用房与地面密闭性较高或无外窗的建筑等同视之，有关的室内、外的计算参数也与地面建筑规范的规定一致。

13.2.35 本条规定了地下尽端线、折返线内的设备用房需由隧道内吸风时，风口应设在列车进站一侧，此侧进风，空气相对较为新鲜。排风口应设在列车出站一侧，这样列车出站时就将排出的空气带至区间隧道，由区间通风道或下站的活塞泄风井排出，减少对车站空气环境的影响。

列车在隧道内运行时会产生大量的颗粒物，据北京地铁调查，每年产生的颗粒物达1700kg，再加上众多乘客进入车站带进大量灰尘，使隧道内空气可吸入颗粒物的浓度超过最高允许浓度标准。因此，由隧道吸风时应设过滤装置。

净化后的空气可吸入颗粒物的浓度标准根据现行国家标准《环境空气质量标准》GB 3095的规定确定。

13.2.40 本条规定的车站设备及管理用房内部空气参数和标准是在总结北京、上海和广州等城市地铁的运营经验，并充分了解和分析相关设备对环境空气要求的基础上制定的。

Ⅳ　空调冷源及水系统

13.2.41 当采用空调系统消除地铁内部产生的大量余热时，从节约能源的角度出发，在有条件的时候，空调冷源应优先使用自然冷源。

同时，采用空调系统的目的是为给地铁的地下空间创造一个良好的空气环境，在冷源的选择上，同样不应以影响环境为代价。因此，不能选用对比较封闭的地下环境造成影响的直接燃烧型吸收式方式作为冷源。

在实行峰谷电价差的地区，经技术经济综合比较合理时，可以考虑削峰填谷，采用蓄冷系统。

Ⅴ　通道、风亭、风道和风井

13.2.47 地下车站的出入口位置因受地面建筑环境的影响或因考虑吸引客流的需要，有时与车站主体相距较远，通过出入口通道进入车站需要较长的时间，或者出于换乘等的需要，在地下车站中设置较长的通道。由于地下通道的相对封闭性，若不采取相应的措施控制其内部空气环境，人员在此处时间较长会对生理和心理造成较大影响。当出入口通道长度大于60m时，按一般的人行速度，人员将在此通道中行走约2min，这与人员一般从站厅到站台厅再上车约4min的整个过程相比，约为其一半的时间，应该看出，此段时间对乘客的影响是较大的。为给此长度确定一个能够掌握和实施的标准，按照与排烟一致的原则，规定在出入口通道和长通道在连续长度大于60m时，应采取通风或其他降温措施。

出入口通道的长度应计算从通道与车站公共区连接的口部至出入口计算点的连续长度，其间如有坡道或楼、扶梯，则应计算其斜线长度。所谓出入口的计算点是指直达出入口的楼、扶梯与出入口通道的汇合点。换乘长通道的长度应计算通道两端与车站公共区连接的口部之间的长度，其间如有坡道或楼、扶梯，则应计算其斜线长度。

13.2.48 地下车站的出入口通道较长，乘客从室外通过出入口通道进入地下车站的站厅，行走时间较长，需要采取通风或其他降温措施时，其空气温度标准要考虑到外界气候条件和站厅空气温度标准，同时也要根据人体对周围热环境的感知情况综合加以确定。人体对周围空气温度变化有明显感知的温差为2℃，而且，从人员舒适性角度分析，乘客从外界到站厅这个过程，周围空气温度应该逐步降低，到站厅后以感受到明显的温差为宜，因此，本条规定，地下车站的出入口通道采取通风或其他降温措施时，其内部空气计算温度可高于站厅空气计算温度2℃。但需要明确的是，此规定并不是要求在任何情况下都一定要保证出入口通道至少高于站厅空气计算温度2℃，如外界气温较低，此温差可以减小，以满足人员从外界到站厅过程中的舒适性空气温度场规律为前提条件。

13.2.49 地下车站的长通道与站厅同为乘客通过场所，长通道内空气环境参数与站厅内空气环境参数保持一致既不会引起乘客感觉上的变化，也有利于统一通风与空调系统的参数标准，因此，本条规定与站厅衔接的长通道内的空气计算温、湿度与站厅空气计算温、湿度相同。而站台则为乘客候车停留的场所，只与站台衔接的长通道是乘客去往另一站台的中间连接地带，则长通道内的空气环境参数采取与站台一致的标准是适宜的。

13.2.50 本条规定是基于地铁系统的空气交换主要依靠通风系统（包括活塞通风和机械通风）进行的，进风的质量直接影响到地铁系统内环境条件的好坏，故应将进风风亭设置于洁净的地方。

鉴于目前城市规划没有明确规定风亭口部距其他建筑物的距离，以致有些城市的地铁通风亭建成以后，其周围又建设了许多临时的或永久的建筑物，有些还将厕所、电焊车间、小吃店等散发有害或有异味气体的建筑物建在其附近，污染周围空气，严重影响了地铁的环境卫生。因此，一些城市在建设地铁时制定了技术规定代替立法。如建设北京地铁时，在市规划局的主持下曾研究过相应措施；北京复兴门至八王坟线的总体设计技术要求中明确规定：其他建筑物距风亭不小于10m，并设置围栏；上海市地铁一号线工程设计技术要求规定：地铁风井口部距任何建筑物的口部直线距离不应小于5m。

Ⅵ　通风与空调系统控制

13.2.53、13.2.54 地铁隧道通风与空调系统宜设就地控制、车站控制、中央控制三级控制。就地控制是在各通风与空调设备电源控制柜操作；车站控制是在各车站设控制室，配置显示和操作台，以微型计算机为基础构成管理系统，对本车站及其管辖区间的所有通风与空调系统进行监控；中央控制是设在控制中心以微型计算机为基础的中央监控系统与车站控制室的计算机联网，对一条或数条地铁的通风与空调系统进行监控。

设三级控制的原因是：

1 地铁隧道通风与空调系统是以一条线路组成一个统一系统，各区间、各车站的通风与空调系统有各自的功能，又互有影响，因而全线的通风设备需要统一协调运行，尤其是防灾时的运行，它需要将灾害发现、判断、核实、决定救援方案、下达救援指令等各步骤有机结合才能完成，没有高度的集中指挥是不可想象的。同时，全线的通风与空调设备很多，为了达到节省人力和节能的目的，需要全线或数条地铁线路设一个控制中心，从而实现中央控制；

2 地铁建设周期长、投资额巨大，因此我国修建地铁都是采用建成一段、运行一段，充分发挥建设效益的建设方法。在控制中心建成之前，部分区段要运行，就只能依靠车站控制，同时考虑到各车站有很多特殊情况需车站单独、迅速地处理，为此车站控制是不可少的；

3 为方便检修和调试，必须设就地控制，了为安全，就地控制有优先权。

13.2.55 地下车站的设备与管理用房的通风与空调系统只是满足各自范围内的空气环境控制的需要，与车站和隧道或其他设备与管理用房之间的相互联系和影响较小，而且不需与其他车站的有关系统协调动作，因此不需要进行中央控制，故本条规定其宜设两级控制。

Ⅶ　地下车站供暖

13.2.56 地铁列车运行会产生大量的热量。据北京地铁和其他一些资料统计，当列车最大通过能力为30对/h和列车编组为6节时，1km地铁隧道内平均热量约为1200kW以上。同时，地铁的围护结构与其周围的土壤是一个极大的容热体，热季吸进大量的热量，冷季放出来加热隧道内的空气，因此只要适当地控制地铁冷季的进风量，就能维持地铁车站及区间隧道在5℃～12℃以上。北京地铁地下车站冬季不设供暖，温度都在12℃以上，即使是我国东北地区的城市修建地铁，也可以不设供暖系统。

13.2.58 本条是参考前苏联地铁设计规范制定的，目的是防止冷空气由于活塞效应大量进入车站，使车站温度下降至低于规定的标准。但该规范对设置热风幕的条件规定为最冷月室外平均气温低于0℃的城市，而我国最冷月室外平均低于0℃的城市包括黄河以北的广大地区，这些地区很多城市根本就不需设热风幕。如北京市的最冷月室外平均气温为−5℃，根据北京地铁20年的运行情况观测，在出入口未设热风幕的情况下，冬季车站的空气温度都在10℃以上，为节约能源，本条将需要设置热风幕的条件的规定调整为最冷月份室外平均气温低于−10℃的地区可以采取冷风阻挡措施，把需设置冷风阻挡措施的范围缩小到我国严寒地区的城市。

13.3　高架、地面线段的通风、空调与供暖

Ⅰ　通风与空调

13.3.1 地上车站的站厅、站台设置在地面以上，应在建筑形式上考虑与外界增加相通性，这样有利于利用自然通风消除余热和余湿，从而达到简化通风与空调系统、降低造价、节省能源的目的。

13.3.3 本条参照《工业企业设计卫生标准》GBZ 1的规定，并将寒冷地区、一般地区及炎热地区统一，但基本概括原文的规定。

13.3.4 当地上车站的站厅设置空调系统时，站厅内的温度应比室外空气温度低一些，从而使乘客由外部进入站厅时有较凉爽的暂时舒适感。但此温度不应过低，否则，由于站台无空调降温，将导致乘客在站厅逗留时间较长，或从外部进入车站站厅，来到一个温度较低的环境，而再由站厅进入站台时，又到达一个温度较高的环境之中，冷热交替，反而造成乘客在整个车站候车过程中产生不舒适感，故本条规定站厅内的夏季计算温度应为29℃～30℃。

13.3.8 地铁沿线建筑物状况非常复杂，存在穿越敏感地段或有特殊要求的地段的情况，相应地会对沿线的噪声和振动控制提出

较高要求，地铁高架和地面区间有时会设置全封闭声屏障，如其设置长度较大，则将导致声屏障内部与外界隔绝程度较高，地铁列车运行和沿线设备运转产生的热量不能顺畅的散发到外界大气中，列车上乘客所需要的新风量也无法得到保证，此时，就应细致分析地铁沿线的实际情况，对声屏障的结构、人员新风保证的条件及声屏障与外界的关系等方面认真加以研究，在满足沿线环境的具体要求前提下，采取合理可行的措施保证声屏障内部与外界大气之间实现有效的自然通风。

Ⅱ 采 暖

13.3.16 地铁高架线和地面线的车站一般独立于地面其他建筑，如需设置供暖，则应尽可能地利用城市热力网，以便于车站供暖系统简化，供暖效果可靠，运行维护和管理工作量少。若自设热源，则会带来一系列运行、管理和维护方面的问题，同时会增加地铁造价。

14 给水与排水

14.1 一般规定

14.1.1 地铁给水设计必须满足生产、生活和消防用水对水量、水压和水质的要求。我国现有水资源严重缺乏，人均水资源是世界平均水平的1/4，用水形势很严峻，地铁的各项用水必须厉行节约，对不符合排放标准的污水及废水必须处理，可利用的应尽量重复利用。

14.1.2 为降低工程造价、供水可靠、保证水质，各城市修建地铁时应优先选用城市自来水，但有的地铁延长到郊区时可能无城市自来水，故应和当地规划部门协商，可以打井自备水源，也可以新增设自来水或采取可靠的地面水源，但水质必须符合要求。

14.1.4 地铁工程给水排水设计应根据各地的气候条件及市政供水等实际情况采用利用市政水压直接供水、太阳能热水技术、分质供水、中水回用、雨水综合利用、采用节水型卫生器具及五金配件等节能减排的措施，以降低地铁工程的综合能耗。

14.1.8 管道在穿越地铁工程地下结构的外墙、屋面或钢筋混凝土水池（箱）的壁板和底板时，应设置防水套管，防水套管应根据各地及管道安装的实际情况按照国家建筑标准设计图集02S404的要求选用柔性或刚性防水套管。当管道穿越屋面已采取可靠的防水措施——如屋面雨水斗的安装采取了可靠的防水处理方案时，此类管道穿越屋面可不设置防水套管。

14.2 给 水

14.2.1 **第2款** 地铁工程地下车站空调水系统的补水量较大，约占整个车站生产、生活用水量的70%以上。根据国内地铁工程实际运营的经验，现地铁工程采用的冷却塔漂水量都较小，一般空调水系统的总补水量不到2%。为了节约用水，本次规范参照现行国家标准《建筑给水排水设计规范》GB 50015的标准将空调水系统的补水量调整为冷却水循环水量的1%～2%。

14.2.1 **第3款，14.2.5** **第10款** 随着运营保洁方式的改变，目前国内地铁在实际运营中，保洁人员基本上不对车站公共区及出入口通道进行大面积的冲洗，车站冲洗用水量减少，因此，车站冲洗用水量也相应调整为（1L～2L）/m²·次。车站公共卫生间或员工卫生间一般设在站台层、出入口通道或设备用房区域，当卫生间距离站厅或站台公共区的距离较远时，为方便保洁人员对车站进行维护管理，车站公共区两端的适当位置仍应设置冲洗栓；当卫生间靠近站厅或站台公共区侧布置，则靠近卫生间侧的公共区冲洗栓可取消，保洁人员可直接利用卫生间设施进行冲洗。

14.2.2 **第2款，14.2.4 第2款** 为缓解我国很多地区缺水的现状，国内部分城市设置了市政污水处理厂，并沿城市道路敷设了市政中水（杂用水）管网，主要作为冲厕、绿化、园林景观用水、道路喷洒等非人体接触用水使用，由于其处理成本较自来水低，每吨中水（杂用水）水价远远低于自来水水价，且市政中水（杂用水）由市政污水处理厂统一处理，其中水水质标准有保证，是一种可靠、价格低廉、节能环保的非饮用水水源。若地铁工程附近有可直接利用的市政中水（杂用水），且其水质标准满足地铁工程杂用水的使用要求时，地铁工程内部冲厕、绿化、冷却水补水、道路冲洗等非饮用水应尽量采用市政中水（杂用水）。地铁工程自来水与杂用水系统必须采用分质供水系统，并单独设置水表计量。

为了保证杂用水系统的使用安全，防止人员误饮误用，地铁工程杂用水系统严禁与生活饮用水管道连接。当杂用水系统从其管道上接出短管或水嘴时，应在用水点处挂牌配中文和英文标志，显示"非饮用水"等字样提示工作人员或乘客不得直接饮用，以保证用水的安全可靠。

14.2.4 **第1款** 由于地铁车站生产、生活用水量与消防用水量相比流量较小，若两者共用水表容易造成水表计量不准确。目前，国内部分城市如上海自来水公司已要求地铁工程的生产、生活给水系统与消防给水系统必须在给水引入总管后分开，并在室外分别设置水表计量；但部分城市，自来水公司允许地铁工程的生产、生活与消防给水系统在室外仅设置一个计量设施。因此，各地地铁生产、生活给水系统与消防给水系统是单独设置计量设施还是共用应与当地自来水公司协商确定。

第3款 当地铁车站内有大面积物业开发且有生产、生活用水量要求，或地铁工程引入了市政杂用水系统时，车站内各种不同使用性质的给水系统应分开设置，并根据市政部门的要求设置水表分别计量、计费。

第4款 为减少不必要的投资费用，换乘车站生产、生活给水系统应充分实现资源共享，但换乘车站各线生产、生活给水系统是否采用一套系统受换乘车站形式及运营管理模式等条件的限制。

目前，地铁车站换乘形式较多，有十字换乘，L型换乘，同站台换乘和通道换乘等。采用通道换乘的车站由于换乘距离较长，且两线建设时间不一致，此类车站各线的生产、生活给水系统宜独立设置，不宜共享。

当车站采用其他换乘形式且各线均由同一家运营单位进行管理时，生产、生活给水系统宜采用一套给水系统，先建线路生产、生活给水系统可在各线车站土建施工分界点处为后建线车站的生产、生活给水系统预留接口，以便于管理，后建线应在车站给水系统预留接口后设置水表单独计量；当换乘车站各线分别由几家不同的运营单位进行管理时，设计单位应与各家运营单位及建设单位就今后的运营维护管理和计费问题进行充分协商，以确定各线是否采用一套生产、生活给水系统。

14.2.5 **第1款** 车站生产、生活及消防给水系统一般从城市自来水管网上接出1至2根给水引入总管，生产、生活给水系统应单独从车站给水总引入管上单独接出1根给水管使用。

第4款 本条依据现行国家标准《建筑给水排水设计规范》GB 50015的要求确定。地铁车站室内生产、生活给水系统与消防给水系统分开设置，由于消防给水系统管网的水长期处于不流动、不使用的状态，当消防给水系统直接从城市自来水管网上吸水，或从城市自来水环状管网上接出两根给水引入管与消防给水管网直接连接时，车站内部消防给水管网的消防水容易因压力波动形成倒流对城市自来水管网造成二次污染。为避免地铁车站生产、生活及消防给水系统回流对城市自来水管网造成污染，故车站生产、生活及消防给水系统均应严格按照现行国家标准《建筑给水排水设计规范》GB 50015的规定在给水引入管上设置倒流防止器、真空破坏器及采用空气隔断等其他可靠的防倒流措施。

第5款 地铁工程电气设备绝缘子的外绝缘因环境的污染可能使得电气设备的绝缘水平大大降低，当电气设备的绝缘子表面积污，一旦管道漏水或冷凝水滴落在电气设备上，绝缘子表面污层中的电解质成分会充分溶解于水中使污层变为导电层，引起表面电阻大大下降，使电气设备的绝缘强度大大降低从而造成电气设备短路跳闸等现象，将会直接影响到地铁列车的安全运营。因此，给排水管道均不应穿越变电所等电气设备房间。

第7款 在严寒和寒冷地区地下车站出入口通道及风道、地下区间出入线洞口附近，以及无供暖措施的地面和高架车站敷设的给排水及消防管道、消火栓及消防水池，当环境温度经常低于4℃时，管道、消火栓及消防水池内充水有结冻的危险，因此，需要采取必要的防冻保护措施，室内消火栓系统也可按现行国家标准《建筑设计防火规范》GB 50016的要求采用干式系统，但应在进水管上设置干式报警阀，管道最高处应设自动排气阀。

第11款 为节约用水，地铁工程应按照现行中华人民共和国城建建设行业标准《节水型生活用水器具》GJ 164的要求选择节水型的卫生器具和五金配件。同时，为了减少公共厕所使用人员的交叉感染，公共厕所冲洗装置应采用红外线感应式或非接触式冲洗装置。

14.2.6 第1～3款 本条明确了明装和暗敷的生产、生活给水管管材选型的要求。因地铁地下车站位于地下，通风排烟条件较差，明装的生产、生活给水管选型在考虑耐腐蚀、连接安全可靠及满足生活饮用水卫生标准的同时，尚应考虑明装给水管道外涂塑或喷涂其他防腐材料在火灾时受热产生的毒性对人体的影响。

14.3 排 水

14.3.1 第4、5款 地面及高架车站，高架区间位于地面，近几年，我国大部分地区城市暴雨强度及暴雨量较大，车站及区间的屋面及桥面雨水系统能否安全地将雨水及时排放将直接影响到地铁的正常运营。因此，本规范补充了地面及高架车站屋面及高架区间雨水排水系统的设计标准。地面和高架车站的屋面雨水排水管道设计降雨历时，按照《建筑给水排水设计规范》GB 50015中规定的取值；因地铁车站属于重要的建筑物，车站暴雨强度按《建筑给水排水设计规范》GB 50015中重要建筑物取值。高架区间上方无遮挡，桥面容易积水，为了快速排除桥面雨水，高架区间与地下车站敞开段执行同样的标准。应注意，当地下车站出入口与敞开式下沉广场或市政街道通道连接时，为保证地铁车站的安全，下沉广场或市政过街通道雨水排水系统宜采用与地铁工程相同的设计标准，否则，地铁车站与其连接处应采取必要的防淹防洪排水措施。为尽可能保证在暴雨时地下车站和地下区间的正常运营，结合我国已建地铁工程的实际运营经验，沿用2003版《地铁设计规范》GB 50157的规定，地下车站和地下区间敞开段的暴雨强度按照50年一遇进行设计取值。

14.3.4 第1～3款 因地下车站和地下区间埋深较深，车站排水一般均需要设置排水泵房通过排水泵提升后排至市政排水管网，地下车站和地下区间设置的主排水泵房主要排除车站及区间的主要排除结构渗水、冲洗及消防废水。

地下车站主排水泵房应设在车站下坡方向一端的最低点，区

间隧道主废水泵站的设置应结合区间线路纵断面及区间的排水要求综合考虑。一般来说，区间隧道主废水泵站应根据线路实际坡度设置在线路的最低点。长大区间是否要增设辅助排水泵站应结合线路的纵断面情况及区间排水沟的排水能力确定。当区间线路纵断面设有两个以上的线路最低点时，应在每个最低点设置主排水泵站；当区间线路纵断面只有一个最低点，但区间结构渗漏水量较大，经过核算区间既有的排水沟断面排水能力不能满足区间结构渗漏水与消防排水量之和的要求时，应与线路专业协商在区间增设辅助排水泵站；当区间长度较短，区间排水量较小，且区间线路实际最低点位于车站范围时，区间与车站主排水泵站可共用，区间不设主排水泵站，车站主排水泵站的排水能力应兼顾区间和车站的排水要求，满足车站与区间同时排放的结构渗漏水总量与车站消防排水量之和的要求。

第4款 地下车站污水泵房主要排除厕所的粪便污水及车站的生活污水。车站厕所排水管道多而且敷设长度较长，为减少重力流排水管的坡降，车站污水泵房宜尽量与厕所相邻布置

第7款 区间排水泵站一般距离车站都较远，区间压力排水管的敷设有几种选择方案。为了减少区间压力排水管的水头损失，降低区间排水泵的扬程，减少区间压力排水管的敷设长度，区间压力排水管就近通过泵站附近的中间风井、施工竖井或直接从泵站顶部排出。若区间排水泵站正上方为山体、河流、建筑物或市政道路，不便于区间排水管施工时，区间排水管可沿区间敷设至车站接入城市排水系统，但区间排水管在区间断面的放置位置应满足限界的要求。

14.3.5 第1款 自从2003年上海轨道交通4号线（浦东南路至南浦大桥）区间隧道浦西联络通道在施工过程中得透水，造成黄浦江防汛墙断裂及地面塌陷等重大工程事故后。为了避免同类事故的发生，国内新建地铁工程过江段已尽量避免在水域下方设置联络通道（兼排水泵站），同时尽量减小泵站集水池的有效容积及深度以将联络通道的工程施工风险降至最低，因此，本规范取消位于水域下区间排水泵站增设一台排水泵的相关要求，但为保证区间隧道事故初期结构渗水带来的危害，位于水域下的区间排水泵站可采用两台排水泵，但应加大每台排水泵的排水能力，使得两台排水泵的总排水能力达到三台排水泵的排水要求，或在与该区间相邻的车站废水泵房内各增设一台排水泵来提高事故时的总排水能力。

第4款 由于地下车站通风条件较差，当污水泵房污水池的有效容积过大，污水池内污水停留时间过长而不能及时排除时，容易对车站环境造成较大影响。现地铁工程均设置了公共厕所，生活污水量较大，因污水池容积过大带来的清掏和环境问题更加突出，因此，有必要减小污水池的容积和生活污水在污水池的停留时间以改善车站环境质量。

当生活污水采用潜污泵或卧式泵方式提升时，污水池的容积不宜小于最大一台污水泵5min的出水量要求，同时应对污水池有效容积进行核算，使其有效容积满足水泵每小时启动次数不大于6次以及水泵安装、检修的要求。因车站污水池不再具备调节水池的调节功能，为此，污水泵应按生活排水设计秒流量确定。

第7、8款 当排水泵采用潜污泵、立式泵或卧式泵时，为了避免水泵启动过于频繁，影响电机的使用寿命，排水泵房集水池的有效容积应满足水泵每小时启动次数不超过6次的要求。

地下车站设置公共厕所后，由于污水量大、污物多，污水泵房内易出现水泵堵塞、污水池污水溢流等现象，对车站环境造成了较大影响。在考察既有工程的实际运营经验，通过详细的技术经济比较论证认为系统合理、使用可靠、节能环保的前提条件下，地铁工程可采用如密闭式污水提升装置和真空排水系统等新型污水提升装置。近几年，密闭式污水提升装置在北京地铁、南京地铁等工程中得到应用，真空排水系统在上海地铁部分车站改造工程中也得到应用。由于新型污水提升装置的水箱或真空罐容积较小，排水泵每小时的启停次数将增加，如密闭式污水提升装置排水泵每小时启停次数可达20次甚至更高。因此，当采用

新型污水提升装置排水泵电机每小时启动次数可超过6次时，则污水泵选型及集水池有效容积可不受本条文的限制。

第9款 为减少区间排水泵的维护工作量，部分城市区间排水泵站采用立式泵安装方式。由于区间排水泵站一般结合联络通道布置，当排水泵采用立式泵时，立式泵电机需要占用联络通道的疏散宽度，将对火灾状况下区间人员的安全疏散造成影响。为解决这个矛盾，需要通过加大联络通道宽度和面积，但却增加了工程造价及施工难度。目前，上海地铁、广州地铁、南京地铁等国内众多地铁工程区间排水泵站均采用潜污泵，并得到了成功应用。为减少潜水泵的维护工作量，区间排水泵可选择质量优良的国内外大品牌的水泵。

14.3.7 第3款 地铁工程车站站台一般设置了站台门，站台层除轨道区设置排水沟外，无其他排水设施，由于站台门将站台与轨道区进行了隔断，因此宜在站台上设置地漏以满足站台消防废水、冲洗废水和高架车站雨水的排放要求。现部分城市如南京地铁车站站台门下方与站台地面留有缝隙，站台积水可通过缝隙间隔排入轨道区排水沟，这种情况下，站台也可不设置地漏。

第4款 地下车站茶水间、清扫工具间内的排水均属于生活废水，应排入污水泵房集水池内。茶水间和清扫工具间应靠近卫生间或污水泵房布置，以减小排水管道的敷设长度和坡降。

第5款 为保证地下车站的环境卫生，污水池及厕所排水管的透气管应接至排风井。当透气管接至排风井有困难而直接通过车站紧急疏散口或出入口接至室外时，透气管的设置位置和高度不应对车站周围环境造成较大影响。因地铁车站透气管长度一般较长，为保证透气的效果，透气管管径应严格按照现行国家标准《建筑给水排水设计规范》GB 50015 的要求进行选型。

第8款 在我国北方部分地区，结构渗漏水量较小，冬季雨水量也较少。为了避免管道冻胀破裂，需要在冬季时将局部排水泵房排水管道内的水放空。为了方便运营人员放空管道内的积水，该类地区局部排水泵站宜增设冲洗管，该冲洗管同时兼管道放空功能。

第9款 本条是环保要求。污水池人孔、检修孔应采用密闭井盖以减少污水池散发的大量臭气对周围环境的影响。

14.4 车辆基地给水与排水

Ⅰ 给 水

14.4.1 第6款 本条依据现行国家标准《建筑给水排水设计规范》GB 50015 的要求确定，规定了不可预见水量和管网漏水量之和的计算要求。

14.4.2 车辆基地和停车场给水水源应尽量利用市政给水水源。当城市自来水提供两根给水引入管且市政供水压力满足最不利点室外消火栓的压力要求时，为减少车辆基地内给水管网的敷设数量，生产、生活给水系统与室外消防给水系统宜共用。但我国部分城市如上海自来水公司则要求室外生产、生活给水系统与室外消防给水系统必须分设，由于各地自来水公司的要求均不同，因此室外生产生活与消防给水方案仍应征询当地市政供水部门的意见。

14.4.3 因屋顶水箱和水塔容易造成生活给水系统二次污染，故不宜在车辆基地生产、生活给水系统中使用。生产、生活给水泵需要长期工作，为了降低水泵的能耗，给水加压设备宜采用变频调速或叠压供水等节能设备，但叠压供水设计方案应经当地市政供水行政主管部门或供水部门批准认可。

14.4.4、14.4.5 本条为节能环保要求。车辆基地及停车场周围的城市杂用水系统且水质满足使用要求时，直接利用城市杂用水应作为车辆基地内冲厕、绿化及地面冲洗水等非接触用水的首选方案。

太阳能作为一种新能源，是一种清洁无污染的可再生能源。我国辐员辽阔，大部分地区太阳能年日照时数大于1400h，水平面上年太阳辐照量大于4200MJ/m²·a，在这类地区，车辆基地

及停车场内集中热水供应系统宜选用太阳能热水系统，太阳能热水系统辅助加热系统的选型应在经过技术经济比较的基础上确定。

14.4.9 车辆基地及停车场内多处设有轨道，给排水及消防系统管道在穿越轨道时，应设置防护套管或综合管沟以满足管道及时检修或更换的要求。

Ⅱ 排 水

14.4.10 第4款 车辆段地面建筑暴雨强度重现期取值参照了现行国家标准《建筑给水排水设计规范》GB 50015 的有关规定。车辆基地及停车场内的运用库、检修库屋面面积较大，库内停放有地铁列车，担负着线路地铁列车的停放和检修功能，地位重要，因此，屋面雨水暴雨重现期按照重要建筑屋面进行取值，库内除高层建筑外的其他建筑屋面雨水暴雨重现期可按照一般性建筑物屋面取值。

14.4.15 车辆基地和停车场内运用库、检修库等部分库房面积较大，若采用重力流排水系统，排水管道较多且敷设较困难。采用压力流排水系统可减少管道敷设数量和坡降，该系统已在国内地铁车辆基地大型库房中得到了广泛应用。

14.4.17 根据原建设部2007年第659号公告《建设事业"十一五"推广应用和限制禁止使用技术（第一批）》中限制使用第18项"小于等于 DN500mm 排水管道限制使用混凝土管"的规定，车辆基地及停车场内生产、生活污水管推荐采用塑料管。

15 供 电

15.1 一般规定

15.1.3 城市轨道交通的远期建设将呈网络状，因而地铁外部电源方案的确立，不应局限在某一条线路，而应该结合轨道交通线网进行统筹考虑。外部电源方案还直接受到城市电网的现状条件及规划的影响，包括建设时序能否合理衔接等。外部电源方案尤其是采用集中式供电，其主变电所或电源开闭所的位置及线路走廊也应符合城市规划的要求。

15.1.4 这些条件是供用电双方必须明确并互提资料的内容，经双方确认后作为设计及运营的依据。

在没有与线网规划相配套的外部电源方案时，某条线路的外部供电方案应有城市电力咨询单位的咨询报告或得到城市电力部门的批复意见。

地铁供电的一次接线方案与城市电网相互联结，与双方安全运行有着密切关系，因此一次接线方案应征得城市电力部门同意。

15.1.5 电力负荷分级按照现行国家标准《供配电系统设计规范》GB 50052 的规定进行。由于地铁在城市公共交通中具有重要地位，且牵引供电中断将直接影响列车运行，并对公共交通秩序造成影响，因此牵引用电负荷规定为一级负荷。

15.1.6 一级负荷供电中断将影响地铁的正常运行和安全运营，因此一级负荷供电应考虑电源的可靠性也应考虑配电线路的可靠性，即电源和线路均应考虑冗余。同一降压变电所的两台非并列运行配电变压器的两段低压母线，可以作为动力照明一级负荷的双电源。

15.1.7 一级负荷中特别重要的负荷按照现行国家标准《供配电

系统设计规范》GB 50052 的规定进行。在一级负荷中，当中断供电将造成人员伤亡或重大设备损坏或发生中毒、爆炸和火灾等情况的负荷，以及特别重要场所的不允许中断供电的负荷，应视为一级负荷中的特别重要负荷。实际运行经验证明，从城网引接两路电源进线加备自投（BZT）的供电方式，不能满足一级负荷中特别重要负荷对供电可靠性及连续性的要求，从发生的全部停电事故来看，有的是由内部故障引起，有的是由城网故障引起，后者是因地区电网在主网电压上部是并网的，所以用户无论从电网取几回电源进线，也无法获得严格意义上的两个独立电源。因此，城网的各种故障，可能引起全部电源进线同时失电，造成停电事故。因而，对一级负荷中特别重要的负荷须由城网不并列的、独立的应急电源供电。

工程设计中，对于各专业提出的特别重要负荷，应仔细研究，凡能采取非电气保安措施者，应尽可能减少特别重要负荷的负荷量。

禁止应急电源与工作电源并列运行，以防止电源故障时影响应急电源。

15.1.8 对二级负荷的供电，因其停电影响还是比较大的，现行国家标准《供配电系统设计规范》GB 50052 规定宜用双回线路供电。地铁一、二级负荷较多，若都采用双回线路需要更多的馈线开关和电缆，考虑到二级负荷设备一般位于地铁车站内，供电线路距离不长，供电线路的故障机率相对较低，并兼顾经济性，因而采用双电源单回线路专线供电。车辆基地变电所对二级负荷供电线路距离较长时，可采用双回线路供电。

15.1.9 地铁供电系统各电压等级的进线线路、进线开关和变压器，当任一发生故障退出或检修，使系统中只有一个电源时，可切除三级负荷。三级负荷的切除可视具体的线路设计容量和变压器负荷率而定，并具有手动/自动两种切除方式。

15.1.10 实际运行经验表明，电气故障是无法限制在某个范围内部的。因此，应急电源应是与电网在电气上独立的各式电源，例如：蓄电池、柴油发电机等。供电网络中有效地独立于正常电源的专用的馈电线路，是指保证与正常电源回路不大可能同时中断供电的线路。

15.1.11、15.1.12 供电系统中的各类变电所均存在为一级负荷供电，故应有两个电源。

现行国家标准《供配电系统设计规范》GB 50052 对一级负荷供电提出了两个电源不应同时损坏的原则规定，现行国家标准《建筑设计防火规范》GB 50016 和《高层民用建筑设计防火规范》GB 50045 的条文说明给出了为一级负荷供电的具体要求，电源可引自城网 35kV 及以上级、不同的区域变电所，并为专线。因此，从这个角度讲，地铁的主变电所及电源开闭所也应该有两个专线电源。

考虑到地铁供电与一般工业企业、民用建筑的供电不同，地铁自身可通过对沿线各变电所的供电而形成一个完整的供电网络（地铁中压网络），即使一个主变电所或电源开闭所因进线电源全部退出，也可通过自身中压网络的倒闸操作，利用相邻主变电所或电源开闭所，以及中压网络线路的冗余容量进行应急支援，在满足动力照明一级负荷用电的前提下使地铁不停运。因此地铁的一级负荷，即使引入电源的要求略低于现行国家标准《建筑设计防火规范》GB 50016 等规范对一级负荷供电电源的要求，但考虑到地铁引入电源较多且自身系统较完整的特点，在有一个专线电源的情况下，其供电可靠性还是有保证的。

综上，当城网为主变电所、电源开闭所提供两路专线电源有困难时，可以提供一个专线电源，但这一点必须得到保证。

15.1.15 牵引动力照明独立网络，是指牵引供电网络与动力照明供电网络相对独立的中压网络形式，牵引供电网络与动力照明供电网络的电压等级可以相同，也可以不同。牵引动力照明混合网络，是指牵引供电网络与动力照明供电网络共用的中压网络形式。国外地铁有采用牵引动力照明独立网络的，但国内牵引动力照明独立网络只出现在上海地铁 1 号线，为 110/35/10kV 三级

电压制，目前各地新建地铁工程均采用牵引照明混合网络，因此本规范推荐采用牵引动力照明混合网络形式。

15.1.16 地铁中压网络一般采用电缆，为保证供电可靠性，中压电缆线路平时采用互为备用方案，以确保第一次线路故障后用电需要，为此中压电缆线路正常运行时属轻载状态，这样绝缘老化慢使用寿命长，而分阶段敷设既不经济也不方便。故障情况下的最大线路末端电压损失应以满足动力照明设备的运行电压要求为标准。

15.1.18 根据牵引网电压等级与形式的不同，牵引网可分为直流 750V 架空接触网、直流 750V 接触轨、直流 1500V 架空接触网和直流 1500V 接触轨四种制式。其中直流 750V 架空接触网因电压等级较低、载流量较小在地铁中应用很少。

15.1.19 因直流牵引供电系统受到上级电源电压正常波动，以及自身牵引负荷变化等因素的影响，使牵引网电压处于一个变化的过程，系统的标称电压不同，变化的范围不同。表中的数值是在各种规定的运行方式下，为保证车辆正常运行，直流牵引供电系统自身的最高、最低牵引网电压的极限值。

目前地铁车辆一般采用再生制动方式。在车辆制动过程中为将制动电能回馈至牵引网，车辆再生制动产生的电压需要高于牵引网电压，即在车辆再生制动的短时过程中，将出现高于牵引网系统自身的最高持续极限值。在国际电工委员会《Supply voltages of traction systems》IEC 60850-2007 中，提出了最高短时持续电压值，并要求持续时间不超过 5min。在上述 IEC 规范中，对应直流 750V、直流 1500V 两种标称电压，最高短时持续电压分别为直流 1000V、直流 1950V。

15.1.21 低压用电控制设备从节能角度考虑，使用了很多变频设备，如变频风机、变频扶梯等，这增加了低压配电系统中的谐波，为保证谐波满足要求，需要采取相应的滤波治理措施。

15.1.23 本规定的主要目的是火灾时减少有害烟气对人身的伤害，并保证重要负荷（如消防设备等）的供电。

15.1.25 综合接地系统是由接地装置和等电位连接网络组成。当建筑物设有防雷时，防雷装置与各种金属物体之间的安全距离不可能得到保证。为防止防雷装置与邻近金属物体之间出现高电位反击，减小其间的电位差，除将建筑物内的金属物体做好等电位连接外，应将供电系统及其设备的其他接地共用一组接地装置。但防雷接地在接地体上的接地点与其他接地的接地点之间的间距宜大于 10m。

15.2 变 电 所

15.2.1 在降压变电所的类型中，对于用负荷开关或"负荷开关＋熔断器"组合电器从地铁其他的变电所引入中压电源而独立设置的降压变电所，可称为跟随式降压变电所。

15.2.5 在每天上下班高峰期间，行车密度最大，牵引用电负荷最大，因而牵引负荷计算应以此高峰小时的运行情况为依据。由于目前客流预测存在不确定性，为应对可能出现的客流快速增长现象，因此建议牵引整流机组容量按照远期负荷确定。

15.2.6 运行条件包括：机组过负荷满足要求；谐波含量满足要求；不影响故障机组的检修。如果这些条件能满足，那么一套机组维持运行，将有利于提高牵引网电压水平、减少能耗、降低走行轨对地电位、减少杂散电流影响。

15.2.7 双边供电有利于提高牵引网电压水平，有利于减少牵引网能耗，有利于杂散电流腐蚀的防护。除车辆基地外，正线正常运行方式均应采用双边供电方式。

15.2.8 当正线末端牵引变电所退出运行，可通过线路末端的横联开关由次末端牵引变电所供电，或实施大单边供电。车辆基地牵引变电所退出运行，应由正线牵引网为车辆基地运营车辆实施供电。

15.2.9 根据国际电工委员会 IEC164 规定，地铁作为重型牵引负荷，其负荷等级为Ⅵ级，其负荷特性如表中所示。

15.2.10 该规定针对不同负荷的供电要求，既能满足地铁重要

设备的供电可靠性,确保地铁运转安全,又可降低一次性投资,并提高了平时配电变压器的负荷率,使运营更为经济。该规定是对配电变压器供电能力的基本要求。若不能满足本要求,将造成二级负荷甚至部分一级负荷停电,或者会引起配电变压器过载而导致全部用电负荷停电,地铁运营瘫痪。

15.2.11 牵引变电所的占用面积,在地铁设备用房中占有较大的比重。当车站内不具备设置条件时,可将牵引变电所设在车站附近的地面;当按照车站设置牵引变电所,牵引供电能力确实不能满足要求时,也可在区间设置牵引变电所。因巡视维护不便,远离车站的区间牵引变电所应能不设就不设。

为减少低压配电线路损耗,降低建设投资与运营费用,降压变电所应设在动力照明负荷集中、容量较大的车站一端。现行行业标准《民用建筑电气设计规范》JGJ 16-2008 电压选择和电能质量一节中规定:当用电设备总容量在 250kW 及以上或变压器容量在 160kVA 及以上时,宜以 10(6)kV 供电。鉴于地铁负荷特点,建议车站另一端变压器总容量在 630kVA 及以上时,经对技术经济合理性和工程可实施性分析比较,可设置跟随式降压变电所。

15.2.13 直流牵引配电装置包括直流开关柜和上网开关柜,直流开关柜馈线回路的直流快速断路器要求切断回路中可能出现的任何电流。在地铁牵引网中,根据实测的参数,短路电流大时其线路 L/R(电感与电阻之比)的值小,因而在灭弧条件不变的情况下,有利于直流电弧的熄灭;短路电流小时其线路 L/R 的值大,在灭弧条件不变的情况下,直流电弧的熄灭比较困难。因此本条针对两种情况都提出要求是必要的。

15.2.16 当变电所设置在地下时,变电所设备布置受土建条件影响较大,控制室各屏间及通道距离可按条文列表中的数值控制,确有困难时,有人值守情况下的距离要求可适当缩小。

15.2.18 电力行业标准《电力工程直流系统设计技术规程》DL/T 5044-2004 按照值班条件的不同,对直流操作电源的供电时间提出了不同的要求,结合地铁变电所多采用无人值守方式,直流操作电源供电时间为 2h。

15.2.20 当直流进线采用隔离开关时,应增设逆流保护作为整流机组内部短路保护。

15.2.22 为避免直流牵引供电设备绝缘能力降低而造成杂散电流腐蚀,牵引变电所内直流牵引供电设备(整流器、直流牵引配电装置、再生制动吸收装置)采用绝缘安装。为解决设备漏电对人身造成伤害以及避免杂散电流的泄露,要求设置框架保护。使用一套框架保护的直流牵引供电设备的外壳应电气连接并采用一点直接接地。

15.2.23 牵引网的非永久性故障和牵引负荷变化特性引起的短时过负荷情况,在保护起动中所占概率较大,采用自动重合闸装置能减少不必要的停电。自动重合闸设置的在线检测功能可防止误合到故障点上。

15.3 牵引网

15.3.1 由牵引变电所直流开关柜正极至接触线(轨)间的直流电缆,称为上网电缆。由回流轨至牵引变电所负极柜间的直流电缆,称为回流电缆。牵引网中,接触网为正极,回流网为负极,并通过上网电缆、回流电缆及上网开关柜、接线箱(回流箱)与牵引变电所连接。

15.3.3 本规定为安全性要求。由于接触网带电部分的电压为直流 750V 或 1500V,当不满足要求时,可能造成接触网带电部分对混凝土结构体或车体的放电,影响列车运行或造成人身伤害。

15.3.7 设检查坑的折返线需独立作业,因而要保证全天供电。夜间停运后,为确保检修人员安全,正线无论是接触轨还是架空接触网都应停电,因此对相应的折返线由牵引变电所直接供电是必要的。

15.3.8 为保证折返线供电可靠性,规定了主备两路电源。由于没有车辆检查作业,不涉及现场操作安全,可采用电动隔离开关

将折返线的接触网与正线进行连接。

15.3.11 本规定目的在于减小杂散电流腐蚀影响范围。绝缘结处单向导通装置是否需要设置应根据回流要求确定,并承受可能的短路电流。由于影响双边供电的实施,取消了原规范 14.3.14 规定的隧道出入口处设单向导通装置的规定。

15.3.12 大双边供电与大单边供电分别是地铁正线中间牵引变电所或末端牵引变电所退出情况后的一种特定运行方式,此时不降低运能,故作此规定。考虑到牵引供电的重要性,对电缆的数量和可靠性提出要求。

15.3.14 端部弯头的设置,能够保证行驶车辆的受流器平滑地导入导出接触轨的接触面,有利于车辆受流,减少受流器对接触轨的冲击。

工程实践中,北京地铁 13 号线在区间牵引变电所的接触轨断轨处进行过设置绝缘节的试验,但效果不理想,且绝缘节的使用有局限性,如在人防门、道岔区等断轨处也无法使用绝缘节。

15.3.16 隧道内接触网的最高计算温度宜为所取最高设计气温的 1.5 倍。

隧道内接触悬挂及附加导线悬挂不宜考虑垂直线路方向的风荷载和冰荷载。

15.3.17 现行行业标准《铁路电力牵引供电设计规范》TB 10009 要求,柔性架空接触网设计的强度安全系数应符合下列规定:

1 铜或铜合金接触线在最大允许磨耗面积 20% 的情况下,其强度安全系数不应小于 2.0。

2 承力索的强度安全系数,铜或铜合金绞线不应小于 2.0;钢绞线不应小于 3.0;钢芯铝绞线、铝包钢和铜包钢系列绞线不应小于 2.5。

3 软横跨横承力索的强度安全系数不应小于 4.0,定位索的强度安全系数不应小于 3.0。

4 供电线、加强线、正馈线、回流线等接触网附加导线的强度安全系数不应小于 2.5。

5 绝缘子的强度安全系数不应小于:

(1)瓷及钢化玻璃悬式绝缘子(受机电联合荷载时抗拉)2.0;

(2)瓷棒式绝缘子(抗弯)2.5;

(3)针式绝缘子(抗弯)2.5;

(4)合成材质绝缘元件(抗拉)5.0。

6 耐张的零件强度安全系数不应小于 3.0。

15.3.22 本规定是为了保证列车运行时,具有良好的弓网关系,以减少弓网的不均匀磨耗和烧蚀,避免接触导线断线。

15.3.23 原规范对直线段接触线的拉出值提出了具体要求。由于接触线拉出值的确定与车辆高度、接触线高度、轨道偏差、受电弓工作宽度、受电弓摆动幅度等问题相关,地上区段还应考虑风偏问题,而地铁采用的车辆、受电弓工作宽度等并不唯一,因此为达到受电弓磨耗均匀的目的,在考虑各种因素并实现安全运行的前提下,作此规定。对拉出值不再提出具体数值要求。

15.3.26 接触网作为轨旁设备的重要组成内容,必须满足限界要求,确保正常行车安全。车辆基地设置限界门是为了防止其他车辆在接触网下通行时,刮碰或损坏架空接触网。

15.3.27 根据实际运行经验,地上区段架空接触网避雷器间距由原规范的不应大于 500m,调整为不应大于 300m。

15.4 电 缆

15.4.1 为防止地下线路的电线、电缆燃烧危及系统正常工作,以及燃烧时产生的有害气体危害人身健康、危及安全,电线电缆,应采用无卤、低烟的阻燃材料。

地上线路由于所处环境特点,电线、电缆可采用低卤、低烟的阻燃材料。

15.4.2 考虑到地铁杂散电流的腐蚀问题以及人身触电保护，矿物绝缘耐火电缆应设有绝缘外护层。

15.4.4 电缆接头的故障概率较电缆本身大，将中间接头设在区间有利于检查，也更为安全。

15.4.5 电缆顺序排列原则应便于运行维护管理，有利于降低弱电缆回路的电气干扰强度，利于实行防火分隔措施。单纯从防火意义看，以高压电缆"由上而下"或"由下而上"顺序排列，并无本质差别。当为满足引入盘、柜的电缆符合允许弯曲半径要求时，可按"由下而上"的顺序排列。

15.4.7 单洞单线隧道内的电力电缆和控制电缆，一般沿行车方向的左侧敷设，而通信信号电缆则一般沿行车方向的右侧敷设（信号机设置在列车运行方向的右侧），其目的在于尽量减少干扰。

15.4.8 将地面线路的电力电缆与控制电缆，敷设在电缆沟槽内有利于防盗、防晒、美观。电缆在支架上敷设时建议考虑防盗措施。

15.4.9 在设计遮阳、防盗措施时，应注意对其电缆载流量是否产生影响。

15.4.11 采用埋管方式穿越轨道时，应避免管内积水。

15.4.15 由于电力电缆的金属层接地方式涉及人身安全及电缆安全运行，故作此规定。现行国家标准《电力工程电缆设计规范》GB 50217-2007 中 4.1.9、4.1.10 和 4.1.11 条对电缆金属层接地均有规定。

15.5 动力与照明

15.5.1 环境与设备监控系统具有了执行防灾的功能，其负荷等级由原规范的一级负荷调整为一级负荷中的特别重要负荷。民用通信、公安通信系统不执行防火灾或其他灾害的功能，因此将民用通信、公安通信系统设备不作为一级负荷中的特别重要负荷。增加安防设施、乘客信息系统等用电设备的负荷等级。车站出入口照明负荷等级与车站公共区照明相同。

15.5.2 **第1款** 本条规定专用的供电线路是指从变电所低压开关柜至消防（防灾）设备或消防（防灾）设备室的最末级配电箱的配电回路。在消防时，根据实战需要，消防人员到达火场进行灭火时，要切断非消防电源，防止火势沿配电线路蔓延扩大和避免触电事故。由于不少单位或建筑物的配电线路是混合敷设，消防人员常不得不全部切断电源，致使消防用电设备不能正常运行。因此应将消防用电设备的配电线路与其他动力照明配电线路分开敷设。同时，为避免误操作、便于灭火工作，消防配电设备应设置置方便在紧急情况下辨别的红色文字标识。

第2款 低压配电级数太多将给开关的选择性动作整定带来困难。低压配电级数三级，如配电变压器低压侧引至低压开关柜并配电至总配电箱，总配电箱接受电源并配电至分配电箱，分配电箱接受电源并配电给用电设备，则认为配电级数为三级。

第3款 在工程建设运营过程中，经常会增加低压配电回路，因此在设计中应适当预留备用回路，对于向一、二级负荷供电的低压开关设备的备用回路，可为总回路数的 25%左右。

第4款 目前对于地铁的通风与空调设备，有两种供电方式，一是由变电所直接为通风与空调设备供电，二是单独设置配电室为通风与空调设备集中供电。后者便于控制与管理。

15.5.6 照明的分组控制，为地下车站的站厅、站台照明控制提供了灵活性，运营过程中可根据需要只开部分照明，以节约电能。

15.5.8 单一的切断接地故障保护措施因保护电器产品的质量、电器参数的选择和其使用中的变化以及施工质量、维护管理水平等原因，其动作并非完全可靠。且保护电器尚不能防止由外部引入的故障电压的危害，因此 IEC 标准和一些技术先进的国家都规定在采取此种保护措施时，还应采取等电位连接措施。

现行国家标准《城市轨道交通技术规范》GB 50490 对等电

位连接也提出了强制性的要求。

15.6 电力监控

15.6.18 主要技术指标为基本要求，设计可在设备招标时根据产品发展情况具体确定。

15.7 杂散电流防护与接地

15.7.3、15.7.5 国际电工委员会 IEC 标准《Railway applications-Fixed installations-Part 2：Protective provisions against the effects of stray currents caused by d.c. traction systems》IEC 62128-2：2003 指出，任何与变电所负母线的连接，即使通过单向导通装置等措施，都将增大杂散电流值。因此，连接到负母线的任何连接设置时都应考虑对杂散电流的整体影响。因此除必要的杂散电流排流网外，其他设施均不应作为排流使用，且排流网不应常态导通。

15.7.4 有砟道床一般应用于地上线路，虽然有砟道床本身由于碎石之间的间隙较多，绝缘程度较好，但受雨、雪及运营维护影响较大，因此有砟道床也应采取杂散电流腐蚀防护措施。

没有实践表明，无砟道床内设置排流网的做法也适用于有砟道床。因此有砟道床杂散电流腐蚀防护采用加强回流轨绝缘、适当控制有砟道床段牵引供电距离、减小回流轨阻抗以降低走行轨对地电位，降低杂散电流的泄漏等防护措施。

15.7.6、15.7.7 为减少回流阻抗，牵引供电系统要求上、下行回流轨间应做必要的并联以均流，但这种并联若涉及信号系统的信息传输，均流线设置应得到信号系统的认可。

15.7.12 由于人身安全需要，车站结构主体钢筋应作为等电位连接内容，而在满足相关条件的情况下，利用车站主体钢筋等自然接地极作为接地装置能够减少工程投资并有利于保持接地电阻的稳定性。但鉴于土壤电阻率在土层纵向和横向可能都存在变化，设计很难准确计算出利用车站主体结构钢筋等自然接地极作为接地装置时的接地电阻值，而地铁地下工程与民建工程不同，预留人工接地网外引条件存在实施上的难度，故作此规定。

当确定采用结构主体钢筋等自然接地极能够满足接地装置的接地电阻要求时，也可不设置人工接地网。人工接地网应绝缘引入地铁内，目的为了实现自然接地极与人工接地网能够分别测量。

15.7.14 低压配电系统接地形式分为 TN、TT 和 IT，每种接地形式各有其不同特点。对于地铁工程可根据车站、车辆基地内建筑分布和用电设备的位置选用不同的接地形式。地铁车站内部位于同一个总等电位范围内部的用电设备，配电系统应采用 TN-S 接地形式；变电所对车辆基地内各单体建筑的配电可采用 TN-C-S；对于车站外广场、车辆基地厂区用电设备如路灯配电宜采用局部 TT 系统等，因此将原规范第 14.7.7 条规定的配电系统应采用 TN-S 系统接地形式取消。

15.7.15 为减少直流杂散电流泄漏，并防止结构主体钢筋因杂散电流腐蚀而产生安全隐患，作此规定。直流牵引供电系统采用不接地系统，变电所直流牵引供电设备采用绝缘安装，有利于结构主体钢筋腐蚀防护，同时保障地铁沿线其他市政金属管线的安全。

15.7.16 为了防止走行轨对地电压异常而使车站内乘客上下车时产生电击伤害；也为了避免车辆基地电化库内走行轨对地电位较高产生放电而对维护人员产生心理影响；并有利于减少牵引变电所的分布数量，故作此规定。

条文中提出的走行轨对地电压不大于 120V 或 60V 是基于 IEC 标准《Railway applications-Fixed installations-Part 1：Protective provisions relating to electrical safety and earthing》IEC 62128-1：2003 第 7.3 条的部分内容。

IEC 62128-1：2003

7.3 DC traction systems

7.3.1 Short time conditions

The touch voltages shall not exceed the values shown in table 4.

Table 4-Maximum permissible touch voltages
Ut in d. c. traction system systems as a function
of short time conditions t is the time duration of
current flow in s Ut is the touch voltage in V

t	Ut
0.02	940
0.05	770
0.1	660
0.2	535
0.3	480
0.4	435
0.5	395

7.3.2 Temporary conditions

7.3.2.1 The accessible voltages shall not exceed the values shown in the table 5.

Table 5-Maximum permissible accessible voltages
Us in d. c. traction system as a function of
temporary conditions

t	Us
0.6	310
0.7	270
0.8	240
0.9	200
1.0	170
≤300	150

t is the time duration of current flow in s
Us is the touch voltage in V

7.3.2.2 For workshops similar locations 7.3.3 shall apply

7.3.3 Permanent conditions

The accessible voltages shall not exceed 120V except in workshops and similar locations where the limit shall be 60V.

正常运行方式，因不明原因造成走行轨对地电压超标或非正常运行方式下，走行轨对地电位超标，可能对乘客上下车产生电击伤害时，应采用短时接地措施，以保证人身安全。但接地措施的实施将造成杂散电流的腐蚀影响。

16 通 信

16.1 一般规定

16.1.1 在地铁通信设计中，既要积极发展新技术，以满足地铁现代化及信息化的需求，又要做到经济合理，努力降低工程造价。

16.1.6 本条规定专用通信一套系统应兼顾两种功能。如果在常规通信系统之外再设置一套防灾救护通信系统，势必要增加很多投资，而且长期不使用的设备难以保持良好状态，很难保证在发生事故和灾害时迅速及时的通信联系、指挥抢险救灾。

16.1.9 专用通信系统、民用通信引入系统和公安通信系统有部分设备和材料的功能是相同的，例如传系统、视频监视系统、光缆，在建设、使用和运营等因素允许的情况下，可以合并建设，减少系统投资和运营成本。

16.1.10 地铁是一个结构十分庞大而复杂的系统工程，包括了强电、弱电、车辆等各种复杂的电气设施设备，其电磁环境十分复杂，因此，地铁的通信系统应能满足地铁环境的电磁兼容性要求，能具有抗电气干扰的性能，确保系统安全可靠地运行。

16.1.13 地铁隧道内为确保车辆行驶的安全和设备设施的安全，设置了严格的设备限界和车辆限界，本条明确了在隧道内的通信设备设施必须满足的限界要求。

16.1.14 对于地铁通信系统使用的设备应严格选择，满足国家及行业有关要求，确保通信系统的可靠性和可用性。通信系统的设备必须全面考虑各个环节的防雷措施，确保系统安全。

16.2 传输系统

16.2.1、16.2.2 从目前通信传输技术发展水平来看，光纤通信以其大容量、低成本、标准化及高可靠性等明显优势，成为通信传输的主要手段。因此，为满足地铁各种信息传输的要求，应建立以光纤通信为主的传输系统网络。传输设备制式呈多样化发展，基于SDH的多业务承载平台、IP光传输都有所应用。因此，应根据地铁各种信息传输的要求，结合通信技术的发展，设置相应的传输系统网络。

16.2.3 鉴于地铁的各种行车安全信息及控制信息将通过传输系统来传送，为从根本上提高光缆的可靠性，防止由于一条光缆因故中断而造成地铁信息传送大通道的完全中断，宜利用地铁自身建设的有利条件，利用不同路径分别敷设光缆，通过信息传送构成自愈保护环，以大幅度提高网络的安全性。

16.2.4～16.2.6 光缆作为通信网建设的物理层基础设施，具有一次建设、长期使用、不易扩容的特点。随着地铁各机电系统的技术发展和建设需要，对光纤的需求量增长速度很快。因此，地铁的光缆容量除了应满足现阶段的需求外，还应充分考虑容量的预留，以适应远期发展需要。

随着城市轨道交通的建设，轨道交通线网逐步形成，特别是建设城市轨道交通指挥中心、存在多个线路控制中心的情况下，在设计时就应考虑到线网层面的通信需求，线网内的通信势必依托在光缆网络的建设上，因此，要从光缆的容量、数量和径路等方面做好规划设计，避免资源浪费，满足通信需求。

16.2.7～16.2.10 光、电缆的敷设方式，是线路建设中的一项主要技术要求，直接关系到系统安全、工程量和投资。本条文是参照原邮电部的规定并结合地铁的特点制定的。

16.2.11 地铁隧道内的电缆光缆必须无卤、低烟、阻燃，是为了在火灾情况下，线缆能够尽量避免产生对人身有害的物质，并能有效地防止燃烧。地下隧道环境潮湿，电磁环境复杂，因此，线缆要求防腐蚀和具有抗电气化干扰的防护层。

16.2.14 光纤本身不受外界强电磁场的影响，且光缆金属护套均为厚度小于0.1mm的钢外套，对电磁波的屏蔽作用很小。为保证金属加强及金属护套上的纵向感应电势不积累，故要求光缆接头两侧的金属护套和金属加强件应相互绝缘。为保证感应电流不进入车站影响设备及人身安全，当用光缆引入时，应做绝缘接头。

16.3 无线通信系统

16.3.1 本条是对无线通信系统的基本功能和定位作了明确规定。

16.3.4 无线通信系统对于地面线路、高架线路、车辆基地和停车场，电波传播宜采用高架定向天线的空间波方式；而对于隧道，电波传播宜采用漏泄同轴电缆或隧道定向天线的辐射方式。

16.3.6 无线通信系统应具备调度所需的各项呼叫功能和存储、监测等功能，满足无线调度的需求。

16.3.8 由于无线通信系统车载台安装在车辆上，环境较为复杂，因此，本条对其提出明确的设备要求和安装要求。

16.4 公务电话系统

16.4.1、16.4.2 随着城市轨道交通的发展，多条线路使用同一个控制中心、车辆基地等情况非常多，地铁线网内的公务电话网络的建设应充分结合考虑线网的建设，合理设置公务电话设备，避免资源浪费。

16.5 专用电话系统

16.5.11 区间电话一般可以使用公务电话的号码，可以与公务电话网内用户进行通话。

16.6 视频监视系统

16.6.4 摄像机的安装位置、数量及安装方式应根据乘客流向、乘客聚集地等场所综合考虑。同时，在设置重要设施处也应安装摄像机，以利于监视。

16.6.6 具体的实时录像时间设置应结合运营的需求。远程电源控制方便停运后关闭摄像机，节能并延长设备寿命。

16.7 广播系统

16.7.7 各城市新建地铁可根据其确定的车站、隧道的结构形式、建筑装修材料等条件参照本条文进行广播网的方案设计。有条件时应进行现场声场试验。

现场扬声设备的选择应考虑建筑布局和装修条件。一般具有装修吊顶的处所宜设吸顶式扬声器；没有装修吊顶的处所，宜设壁挂或吊挂式音箱；室外露天处所宜设扬声式声柱或音箱。

16.7.9 广播系统的功放与负荷之间通过切换控制柜连接，负荷与功放不固定接续，根据实际工程情况，可按照每 N 台功放设置 1 台备用机（N 小于等于 4）、自动切换方式设计。功放 N 备 1 是指在一台标准的 19 英寸机架上，设置 N 台主用功放、1 台备用功放及自动检测切换装置。自动检测切换装置实时监测机架上功放设备的工作状态，发现故障自动倒换主、备功放。

16.9 办公自动化系统

16.9.1～16.9.5 本章节对办公自动化系统的基本功能和设置进行规定，在此基础上，各线路办公自动化的建设时应尽量与运营单位或部门沟通需求，综合考虑建设规模。

16.10 电源系统及接地

16.10.1 电源系统是通信设备运行的基础保证，本条明确了电源系统的基本功能和要求。

16.10.2 近几年来，由综合电源系统对通信、信号、综合监控、自动售检票等弱电系统的交流不间断电源进行统一整合已经成为趋势，电源整合后，包括通信系统在内的各系统不再单独配置交流不间断电源设备，但仍要配置配电设备和高频开关电源设备。因此，无论是否进行电源整合，为实现减少维护人员和无人值守

的目标，地铁通信电源设备必须具有集中监控管理功能。

16.10.3 由于通信系统担负着电力、信号、环控等重要信息的传输任务，并应确保正常运营和防灾救援时的通信功能，因此，通信电源是各个通信系统能正常运行的重要保障，因此，本条款明确指出通信设备的用电要求：按一级负荷供电，由变电所或总配电柜引接双电源双回线路的交流电源至通信机房，当使用中的一路出现故障时，应能自动切换至另一路。

16.10.4 通信设备的数字化使传输、交换及其他通信设备的用电基本要求趋于同一化。－48V 作为直流基础电压符合国际、国内标准以及数字通信的实际情况，故明确规定"直流基础电压为－48V"。

16.10.7 明确指出通信设备的接地设计和目的。

16.10.8、16.10.9 分设接地和合设接地两种接地方式可因地制宜采用。按分设接地方式设置的接地体之间应保持一定距离，防止产生地线之间的串扰所造成的不安全因素。

16.11 集中告警系统

16.11.1 由于通信子系统较多，并都配置了网络管理系统，运营人员面对多台网管终端，不太方便对告警和设备状态改变的统一监视，因此，在有条件的情况下，可以利用集中告警系统帮助运营人员进行集中监视，提高维护效率。

16.12 民用通信引入系统

16.12.1 地铁民用通信引入系统的建设方式应由地铁建设方与电信运营商协商后确定。一般来说，民用通信引入系统主要负责提供电信运营商网络在地下空间的无线覆盖、配套设施、电信运营商设备设施的引入条件及使用条件，无线基站等设备由电信运营商提供。

16.13 公安通信系统

16.13.1～16.13.6 由于公安通信系统建设的目的是满足公安部门在地铁中的通信要求，并与城市公安网络连接，因此，各城市公安部门的需求会有所不同，建设时应本着功能实用的原则，结合经济技术多方面因素统筹考虑。

16.14 通信用房要求

16.14.2 由于车站内安装的设备不易更换和搬迁，故通信机房的面积应满足通信业务发展的远期要求。

17 信 号

17.1 一 般 规 定

17.1.3 ATP 系统是行车安全的自动化保障,其系统/设备必须符合故障-安全的原则,系统的研发、生产过程应遵循安全检测、安全认证,并经批准后方可载客运用的原则。目前国内 ATP 系统有关设备的研发、运用过程虽也遵循这一原则,但多是通过国际有关安全认证机构实现。国内认证手段和权威的组织机构尚待完善。

故障导向安全,是信号安全技术孜孜追求的目标。信号系统/设备故障不能导向安全,属极小概率事件。或是说,信号系统/设备发生故障时,可能发生不安全事件。故障导向安全的原则贯穿于信号系统/设备的全生命周期之中,与产品的研究、设计、制造及运用的全过程相关。

17.1.4 本条体现了地铁信号系统作为行车指挥与列车运行控制系统的作用。地铁信号技术的发展是在不断改进行车指挥水平、参与运营管理、提高行车效率及保证行车安全的过程中而发展的。地铁信号系统所包括的 ATS、ATO、ATP 各子系统功能,充分体现了本条规定的内容。

17.1.5 信号系统是与行车效率直接相关的重要系统,通常最大客运输送能力处于远期,但随着线网的形成,最大客流量也可能处于其他时期,需引起注意。此外,客流量大、突发客流强度大是其客运特点,根据不同运营阶段客流增长的需求,根据线路客流分布不均的特点,信号系统必然要适应大运量客流、高密度行车、不同列车编组及行车交路变化的要求。

17.1.9 信号系统的车载设备遵循车辆限界,信号系统的车站及轨旁设备遵循设备限界,是保证列车运行安全的需求,是保证乘客人身安全、运行设备安全的需求。

17.2 系 统 要 求

17.2.1 地铁具有列车运行速度相对较高、站间距短、线路坡度与曲线变化大的特点,造成列车起停频繁,致使司机劳动强度高且极易疲劳,易出现行车安全问题;地铁客流量大、乘客拥挤度变化大,行车规律易于破坏,致使调度操作频繁,而易陷入单一事务之中,难于从事较高级的调度业务。同时,考虑到地铁列车的节能运转、规范运行秩序、实现运行调整、提高运行效率、减少司机和调度员的劳动强度等实际需求,地铁正线信号 ATC 系统包括 ATS、ATP 及 ATO 各子系统,解决了地铁列车运行中的实际需求,起到了提高行车效率、保证行车安全的作用。

此外,ATP 系统作为列车自动防护的概念应包括以列车运行的间隔控制安全防护功能及进路安全防护两大类,借助既有名词定义,列车运行的速度与间隔控制的安全防护,可称之为列车超速防护。进路安全防护功能主要由连锁功能/设备完成,或可解释为 ATP 系统主要由列车超速防护及连锁功能/设备组成。从列车超速防护及连锁功能/设备的整体性出发,在技术上将列车超速防护及连锁功能/设备归纳为列车自动防护系统合理。如为叙述方便,将连锁从列车自动防护系统中分解,独立成单一系统,对于 ATC 系统功能的完整性也属可行,但必须强调列车超速防护功能与连锁功能的紧密性与优化设计。本规范取 ATC 系统由 ATS、ATP、ATO 三个系统构成的原则分类。

17.2.2 第 2 款 地面设备主要包括车站设备和轨旁设备。车站设备可包括 ATS、ATP(含连锁功能/设备)、ATO 及计轴设备等系统设于车站机房的设备。轨旁设备可包括信号机、转辙机、应答器、计轴设备车轴检测点及发车计时器等设备。

17.2.3 地铁具有客流量大、行车密度高的特点,而准移动闭塞式和移动闭塞式 ATC 系统,可以实现较大的通过能力,对于客运量变化具有较强的适应性,可以提高线路利用率,具有高效运

行、节能等作用。并且,列车的控制模式与列车运行的非线性特性相近,能较好地适应不同列车的技术状态。其技术水平较高,具有较大的发展前景。虽然基于轨道电路的固定闭塞式 ATC 系统技术水平相对较低,由于可满足 2 分钟行车密度的要求,且价格相对低廉,也会有一定的运用前景。尤其是 CBTC 化的准移动闭塞及固定闭塞制式的 ATC 系统,由于其技术的复杂性低于基于 CBTC 的移动闭塞系统,应会有较广泛的发展前途。

17.2.4 地铁信号系统必须采用连续式列车控制方式,是地铁高密度行车与安全运行的需求。固定闭塞、准移动和移动闭塞等制式下的 ATC 系统,均为连续式制式。目前,国内大量采用的基于 CBTC 的移动闭塞制式信号系统,通常具有多个运营控制等级,主要包括连续通信级、点式通信级和连锁级。信号系统正常运用模式应为系统设计规定的最高配置水平等级,即连续通信级。

连续式列车控制方式,其可达行车间隔通常小于 110 秒,满足地铁的客运量需求。而非连续式系统,如点式系统,其可保证的行车间隔多大于 180 秒。点式信息的获取方式与连续式信息获取方式相比具有很大不同,系统所需原始信息的自修正能力差异性很大。因此,大运量、高密度运行的地铁线路,均选用连续式列车控制系统。

17.2.6 第 1 款 自动驾驶模式和无人驾驶模式可提高行车效率,实现列车运行自动调整,维持列车运行秩序,减少司乘人员劳动强度和人员配备的数量。然而,由于无人驾驶涉及站线配置、车辆、行车组织、车辆段配置等多种因素,我国又缺乏运用经验,故无人驾驶系统宜在探索经验后,根据用户需要逐渐采用。

17.2.7 信号系统降级运用系指系统由自动控制降级为人工控制,由中心控制变为车站控制,由实现全部功能至仅完成部分功能等级运用模式;在当前技术状态下,ATC 系统/设备故障可导致较大运营混乱,尤其是采用 CBTC 系统时,若系统无降级模式,将不利于系统故障时的安全行车和故障后运营的恢复。因此系统应考虑深层次的系统后退运行方式及完善的系统故障恢复功能。降级及其具体要求应根据用户需要,系统设备的可靠性、可用性和安全性等因素确定。由于现在采用的后备模式,均是结合系统中的某些环节构成,宜不提后备模式。

17.2.8 第 2 款 信号专业应配合行车组织或包括供电等专业分析、计算通过能力、折返能力和出入段能力,以确定信号系统及相关专业,包括站场配线可否满足运营的需求;信号系统除具有保证行车安全的重要作用外,也是与行车组织最相关、对行车效率影响最重要的专业之一,其设计需满足运营要求。为增强信号系统对于客流变化的适应性、增加列车运行的调整能力,信号系统应按要求的行车能力设计,并留一定余量。在各设计阶段,信号等相关专业可根据不同设计阶段对设计深度的不同要求及对于线路参数、列车性能等资料掌握的准确与详细程度,确定与行车能力等相关设计的深度。

17.2.10 第 1 款 信号系统的配置水平既要考虑建设成本,又要考虑系统故障后的影响范围和降级运营组织的实施。

17.3 列车自动监控系统

17.3.3 第 1 款 随着计算机技术及控制技术的发展,并考虑到不同地铁线路的同时建设或改、扩建,ATS 系统可以多运营线路共用,实现相关线路的统一指挥,并且也有利于实现资源共享。

第 5 款 ATS 系统的列车进路控制功能是 ATS 的主要功能之一。连锁表以进路为主体,表中列出与列车运行相关的全部进路及进路与进路、进路与道岔、信号机之间的关系。该表的生成应满足运营要求,也是联锁设备设计的重要依据。而运行时刻表和列车识别号是正确处理列车经路、实现正确列车进路控制的依据。

17.4 列车自动防护系统

17.4.9 第1款 ATP 作为信号系统的安全核心,属于安全产品,是地铁信号系统必须配置的设备。信号系统安全失效率指标,有 $10^{-11}h^{-1}$ 或 $10^{-8}h^{-1} \sim 10^{-9}h^{-1}$ 等多种界定,本规范按欧标定义取 $10^{-8}h^{-1} \sim 10^{-9}h^{-1}$。

第2款 闭塞分区的划分或列车运行的安全间隔,应通过列车运行仿真确定,并经列车实际运行校验。安全防护距离涉及信号系统控制方式及其技术指标及列车速度、车辆性能和线路状态等多种因素,是安全行车必要要素。其取值主要是在一定的速度条件下,设定的紧急制动距离和有保证的(最不利的条件下)紧急制动距离之差。在列车跟踪运行的情况下,采用基于轨道电路的安全防护距离应增加列车尾车后部车轴可能不被检出的附加距离;CBTC 系统应考虑前方列车位置的不确定性等因素。

17.4.11 第1款 ATP 系统的超速防护或 ATP 系统故障造成列车停车属安全行为。列车超速,地车连续通信中断、列车完整性电路断路、列车的非预期移动等故障是涉及行车安全的重要故障,通过安全性制动实现停车,属列车运行中的安全举措。

第2款 地铁 ATP 系统是以设备为安全防护主体的控制系统,车载设备的车内信号是 ATP 车载设备的重要组成部分。ATP 模式是司机操控下的运行安全防护模式,由于车内信号为司机提供正确、可靠,且符合故障导向安全的信息显示,是司机行车的凭证而被定义为主体信号。

第3款 ATP 执行的强迫停车控制,包括全常用制动或紧急制动控制等不同方式,但最终控制模式应为紧急制动控制。考虑到行车安全,要求停车过程不得中途缓解。并应在列车停车后,司机履行一定的操作手续后,列车方能缓解。

第5款 本款适用于列车于站间或站内停车的防护状态。

17.4.12 第4款 道床电阻和分路电阻参数是参照国外地铁和国内地铁线路有关数据制定,运用时可根据当地地铁的具体情况修订采用。

17.4.13 第2款的第4)项 信号系统的车地通信子系统所处外界环境较为复杂、恶劣,包括各种干扰源、甚至恶意入侵、攻击。本内容约定了信号系统确保车地传输信息安全的基本策略。

17.4.15 第1款 为依据连锁表办理进路的基本原则,也是保证进路安全的基本原则。可参见相关联锁技术规范。

第2款 引导信号属于利用信号显示,导引列车向信号显示方向移动的一种类似于手信号的行车信号,用于维系列车运行。

第7款 站台紧急关闭按钮主要用于防止站内轨道及其上方出现影响行车安全或危及人员安全状况时,需要操作的应急按钮,以尽可能地阻止列车进站,防止危险事件发生,属安全概念与行为。

第8款 自动站间闭塞是通过 ATP 地面设备自动检查站间空闲,人工办理站间闭塞手续。在规定的人工驾驶模式下列车根据信号指示离站后,若站间闭塞手续不取消,即可自动构成站间闭塞的行车方式为自动站间闭塞。其闭塞范围宜包括运行前方车站的站台区域。进路闭塞(route block)是在 CBTC 系统投入地铁运用后,设计的一种降级模式,是列车运行间隔为进路始端信号机至相邻下一架顺向信号机之间的闭塞方法。

17.4.16 第1款 地铁设 ATP 系统,自动闭塞通过信号机已失去主体信号的作用。所以,一般可不设通过信号机。当 ATP 车载设备故障时,为便于司机掌握列车运行位置,可结合系统特点设置必要的位置标志,根据需要也可设置通过信号机。在 ATC 系统正常运用时,因所设信号机点灯或灭灯各有优缺点,故而在本规范中未予明确规定。

第3款 地铁属城市交通客运系统,采用右侧行车制,按传统需求信号机也设于行车方向的右侧。如因设备限界、其他建筑物或线路条件等影响信号机的装设时也可设于线路的其他位置。

17.5 列车自动运行系统

17.5.6 第1款 IEC 62290-1 标准中,将城市轨道交通运营自动化等级的划分划分为司机监督下的 ATO、无人驾驶 DTO 和全无人驾驶 UTO 等。本标准中所列的无人驾驶涵盖了 DTO 和 UTO 等级。由于国内对 DTO 和 UTO 的研究尚不充分,故未将其设计要求纳入,而只对无人驾驶系统的基本要求列入本规范。

第3款 ATO 控制过程满足舒适度的要求主要是指牵引、惰行和制动控制及各种工况之间转换过程的加、减速度的变化率。快捷性主要是指控制过程的时间宜短,以减少对站间运行时分的影响和提高运行质量。

17.6 车辆基地信号系统

17.6.2 第2款 停车场属部分或全部纳入 ATC 控制范围,应根据停车场的规模和作业性质而定,停车场部分或全部纳入 ATC 控制范围,可以提高列车于正线的运行能力。根据需要停车场也可仅纳入 ATS 系统的监控范围。

17.7 其 他

17.7.3 第1款 信号系统是保证行车安全,提升运营效率,与行车指挥关系密切的系统。信号设备的供电应持续、稳定、可靠。

17.7.4 第2款 作为原则信号电线路应与电力线路分开敷设,但鉴于地铁的线路条件,信号电线路与电力线路无论是交叉敷设或是平行敷设,很难保证较大的间距,已为实践证实;由于信号系统技术水平、安全防护技术的不断提高和强化,抗干扰能力也有大幅提升,信号电线路与电力线路分开敷设的间距可参照通信章节的规定执行。

17.7.5 第1款 信号机房面积的设计要求尚无统一标准,信号机房面积与信号系统制式、与系统结构、设备配置等有关。信号机房面积应留有适当余量,以备设备增加、更新倒换。设备布置应尽量做到合理紧凑。

17.7.6 第1款 信号设备所设的工作地线、保护地线、屏蔽地线和防雷地线等,系指信号系统常用的地线种类。通常,工作地的电阻一般取值 1Ω 至 4Ω 外,其余可参照有关标准执行。

第2款 信号设备原则上属非高频类设备,通常采用一点接地方式,设综合接地箱可保证多条接地线一点接地、接地线连接的强度及施工、维护的便利。

18 自动售检票系统

18.1 一般规定

18.1.1 根据城市轨道交通的建设和城市经济发展状况，在地铁中设置自动售检票系统有利于减少车站工作人员，减轻工作人员的劳动强度。通过自动售检票系统可以实现客观的客流统计、票款收入统计及设备运行，维修状况的统计，有利于提高地铁的自动化管理水平，有利于提高地铁投资与更多效益体现，改变不计成本运营的状况。

18.1.3 轨道交通设备应能处理城市"一卡通"车票，实现乘客一张卡在手就可搭乘公共交通的目的。

18.1.4 超高峰客流量是指车站高峰小时客流量乘以 1.1～1.4 的超高峰系数，各站超高峰系数取值视车站位置的客流特征和客流量大小取值。

自动售检票终端设备的计算参数可按：

各城市可根据城市轨道交通建设、经济发展状况和服务水平来确定相应的设备计算参数和配置水平。

18.1.5 "可靠性"主要是指系统运行的可靠性、数据的可靠性、通信的可靠性及设备的可靠性等。

18.1.7 自动售检票系统应实现与相关系统的接口，主要是指与通信系统、火灾自动报警系统、综合监控系统、门禁系统、动力与照明专业及"一卡通"系统的接口等。

18.1.8 系统运营模式包括正常运营模式、降级模式和紧急模式。后两种属于非正常运行模式。正常运行模式包括：正常服务模式、关闭模式和暂停服务模式、设备故障模式、维修模式和离线维修模式等。系统降级模式包括：列车故障模式、车费免检模式、进出站次序免检模式、车票时间免检模式和车票日期免检模式等。紧急模式由火灾自动报警系统、清分系统、车站计算机（SC）或紧急按钮启动。

18.1.9 当车站处于紧急状态时，自动售检票系统可手动或者自动与火灾自动报警（FAS）系统实现联动，自动检票机阻挡装置应处于释放状态，如不严格执行此条文，不与火灾报警（FAS）系统联动，一旦车站发生火灾，将因自动检票机阻挡人群疏散、售票机继续售票等，造成客流积聚、拥堵，从而引发危及乘客生命财产安全的严重后果。

18.1.10 自动售检票系统车站级以下设备包括半自动售票机、自动售票机、自动充值机、自动检票机和自动验票机。

18.2 系统构成

18.2.5 根据各城市情况，自动售票机和自动充值机的功能可合并，便携式验票机可具备检票功能。

18.2.7 网络化运营后，自动售检票培训系统可集中设置，做到资源共享。

18.3 系统功能

18.3.1 为了系统可靠性，一般清分系统均设置异地灾备系统。系统级灾备系统指可全面接管清分系统的功能，数据级灾备系统指主要将数据进行备份，接管部分系统级功能。

18.3.2 城市在新建第一条地铁线路时，可不设置清分系统，由线路中央计算机系统实现与公交"一卡通"的数据交换，因此有部分功能如下发黑名单等由线路中央计算机系统实现。

18.5 设备选型、配置及布置原则

18.5.1 车站自动售检票终端设备的布置应与车站建筑、出入口和楼扶梯的设置、客流量和分向客流、列车行车密度和服务水平等相适应，合理组织和疏导客流，减少交叉，为客流控制与运营管理提供条件。

自动检票机宜根据分向客流相对集中布置，以减少群组数，自动检票机每组数量宜不少于 3 台，提高设备使用率，减少故障影响面。

18.5.2 在时段客流方向明显的车站，宜多设置标准通道双向自动检票机。主要指运营部门根据需要，可将双向检票机设置为进站或出站模式，尽快疏导客流。

18.5.3 普通自动检票机通道净距宜为 520mm～600mm，宽通道自动检票机通道净距宜为 900mm，在火车站、长途汽车站等地方及与交通枢纽结合或衔接紧密的车站宜适当多设宽通道双向检票机。

18.5.4 自动售票机的数量应按近期配置，并预留远期位置。根据分向客流，每组自动售票机设置的数量宜不少于 2 台。对后开门操作和维修的自动售票机宜采用离墙安装布置方式，背后预留 800mm～900mm 的净距通道，对前开门操作和维修的自动售票机宜采用靠墙安装布置方式。

18.6 供电与接地

18.6.1 清分中央计算机系统的不间断电源备用时间不宜少于 4h；线路中央计算机系统的不间断电源备用时间不宜少于 2h；车站计算机系统的不间断电源备用时间宜为 0.5h；自动售检票终端设备应确保停电后完成最后一笔交易，根据需要集中或分散设置不间断电源。

19 火灾自动报警系统

19.1 一般规定

19.1.1 设置火灾自动报警系统（FAS）是为了对火灾早期发现和通报，及时采取有效措施，控制和扑灭火灾，是地铁的一种自动消防设施。本条明确规定了地铁应设置火灾自动报警系统的地点；当长大区间需要设置环控机房等其他系统设备机房时，也应设置火灾自动报警系统。

19.1.2 地铁车站应视具体各部分建筑划分保护等级。参照《火灾自动报警系统设计规范》GB 50116 相关条款，本条款将地铁车站 FAS 的保护等级划分为两级。地铁地下车站和区间隧道属重要的地下建筑，划为一级保护对象。将地铁设有集中空调系统或每层封闭的建筑面积超过 2000m² 但不超过 3000m² 的地面车站、地上高架车站划为二级保护对象。控制中心、车辆基地为地面建筑，保护等级执行现行国家标准《火灾自动报警系统设计规范》GB 50116 的规定。

19.2 系统组成及功能

19.2.2 随着计算机和通信网络迅速发展和计算机软件技术在现代消防技术中的大量应用，FAS 的结构形式已呈多样化，火灾自动报警技术的发展趋向智能化。地铁工程特点是以行车线路为单元组建管理机制，每一条线路管理范围从几公里至几十公里，按这种线形工程管理的需要，全线宜设控制中心集中管理—车站分散控制的报警系统形式，即由中央管理级、车站与车辆基地现场级以及相关网络和通信接口等环节组成，使管辖内任意点的火灾信息和全线管理中心下达的所有指令均在全线范围内迅速无阻的传输，以保障火灾早期发现，及时救援。在设计中根据工程建

设要求，投资条件，管理体制，联动控制功能的繁简要求等，可设计成自己需要的系统形式。

19.2.3 本条中规定的设备配置应以满足控制中心中央级管理和监控功能的需要为准。地铁工程通风系统兼排烟系统，当区间和车站发生火灾时，排烟运行模式涉及有关车站的通风设备，由于有关车站不一定能接收本站管辖外的火灾信息，为此本条规定，系统有"发布火灾涉及有关车站消防设备的控制命令"的功能。

19.2.6 地铁自控系统较多，多数需求全线贯通的信息传输信道，为通信设施合理利用，维修管理方便，降低工程造价，地铁一般设有全线公共通信网络，宜将全线所有信息的传输均纳入通信网或相应的集成系统，本条规定了地铁全线火灾报警与联动控制的信息传输网络不宜独立配置，可利用地铁公共通信网络，但FAS现场级网络应独立配置。

19.3 消防联动控制

19.3.1 消防联动是地铁火灾情况下，有效地组织各个设备系统实施灭火、人员疏散的重要手段。本条规范明确地铁涉及灭火、排烟、疏散、应急照明的设施均应在火灾情况下实现消防联动控制。消火栓系统联动是指采用消防泵加压的消火栓。疏散动态指示标识应在设备明确、可靠的前提下可实现消防联动控制。

19.3.2 在发生火灾时车站消防控制室的值班人员，对所辖范围内的室内消火栓，什么地方需要使用，消防泵是否启动等需全面掌握，消防控制室的火灾自动报警控制设备上设消防泵的自动启、停控制功能，显示消防泵的工作和故障状态、消火栓按钮工作位置和手/自动开关位置。

地铁给水系统干管设有消防给水电动阀门，为满足消防用水，用以调节供水支路给水水量。为了解此类阀门的实际状态，FAS对每个阀门都应具备状态监视和随时控制功能。

19.3.3 如果气体自动灭火系统的电气监控系统由气体自动灭火设备配套提供，为管理方便，灭火设备可靠运行，本规范规定了车站FAS必须显示气体自动灭火系统保护区的报警、放气、风机和风阀状态、手/自动放气开关所处位置。

19.3.4 地铁由于排烟系统与正常通风系统合用，日常设备运行由车站设备监控系统监控管理，而火灾发生地点和灾情由火灾报警系统掌握和了解，为保障火灾运行模式准确、可靠的转换，必须由火灾报警系统选定、发布控制指令。由于现在有些地铁线路设置了综合监控系统，BAS系统集成于综合监控系统，并设有模式控制，因此本规范也规定可由综合监控系统接收FAS指令，由综合监控系统执行联动，并反馈指令执行信号。

19.3.6 本条规定了在火灾情况下消防控制设备按消防分区在配电室或变电所切除火灾区域的非消防电源，在保证利于消防救灾的前提下，尽量缩小断电范围。本处所指的非消防电源主要是建筑设施的电源，地铁系统电源由于设有 UPS，切除的位置应能保证设备完全断电，切除的时机可视需要确定。

19.3.7 站台门和自动检票闸门是控制和检查乘客进出车站的主要限制关口，火灾时乘客出站越快越好，当火灾确认后应立即开放所有限制通行的关口（门），提高人员疏散速度，缩短疏散时间，保障人身安全。本条规定车站消防控制室对站台门和自动检票闸门应具有开启控制功能，并显示工作状态。各地地铁的工程性质、建设原则、消防要求、管理体制、运营模式等不尽相同，具体设计应与当地各有关方共同确定，满足消防疏散功能要求。

19.4 火灾探测器与报警装置的设置

19.4.2 地铁特点是站厅和站台多以中心为分界点布置设备和配置系统，为方便自动联动控制程序的实现，在火灾初期及早地发现火灾发生的部位，尽快扑灭火灾，规定了报警区域应根据防火分区和设备配置划分。故本条规定除符合现行国家标准《火灾自动报警系统设计规范》GB 50116 的规定外，还应根据设备配置划分报警区域。

19.4.4 本条给出探测区域的划分依据，为迅速准确地探测出被保护区内发生火灾的部位，需将保护区划分成若干个探测区域。本条参照现行国家标准《火灾自动报警系统设计规范》GB 50116 的规定，结合地铁的具体情况，地铁站厅、站台等大空间部位的大部分防烟分区设有防火阀、防火排烟阀、防烟垂壁等需联动控制的设备，为此每个防烟分区必须划分为独立的火灾探测区域，以便实现联动控制。

19.4.5 本条规定火灾探测器的设置地点。此外由于地铁的区间行车隧道也作电缆敷设通道，现有国内地铁区间隧道敷设电缆的性能、敷设方式、电缆敷设数量各有不同，地区性的环境条件也不一样，因此，有关地铁区间隧道敷设的电缆是否需要设置火灾探测器，本规范未作规定。各地的具体工程应由工程建设单位、当地消防等有关部门结合工程实际情况共同研究确定。

19.4.6 地面及高架车站封闭式的站台是指车站除两端及轨道区外，其余的部分全部实体材料封闭（含可开启装置）。

19.4.7 该条款明确了控制中心、车辆基地设置火灾探测器的场所。目前南方有些城市的车辆停放车间采用开敞式，设置火灾探测器易受到外界因素的干扰，探测器的选择应考虑到这些因素影响。

19.4.9 本条对火灾自动报警系统中的手动触发装置作了规定。条文实际规定设计火灾自动报警系统时，自动和手动两套触发装置应同时设置。也就是说在火灾自动报警系统中设置火灾探测器的同时，还应设置一定数量的手动火灾报警按钮。目的是为了进一步提高火灾自动报警系统的可靠性和报警的准确性。

19.4.11 考虑到地铁的特点，本条规定在乘客活动的公共区域不建议设置警报音响装置，避免造成秩序混乱，产生次生灾害，便于火灾情况下站务人员有序疏导乘客。

19.5 消防控制室

19.5.1 地铁为大型综合性工程，各系统在运营中相互关联密切，尤其灾害事故的处理，必须综合监控、行车调度等多专业共同合作才可完成全面救灾工作。同时地铁一般设置中心、车站两级管理机构，因此应设置 FAS 中央级监控管理系统，以统筹监管全线的 FAS。

19.5.2 地铁车站综合控制室是车站运营、调度指挥的设施集中和人员值守场所，车站消防控制室与之合设，才能实现车站地铁各系统的协调运作，方便救援指挥，因此作出本条规定。

19.5.3 换乘车站的换乘方式有多种形式，对于采取同站台换乘等形式的换乘车站建议采用集中控制室。对于采取通道换乘等形式的换乘车站可按线路独立设置，但应保证二个消防控制室的信息能够互通。换乘站消防控制室也应结合换乘站综合控制室设置方式，并与之结合设置。

19.7 布 线

19.7.1 由于地铁的地下车站远离地面，火灾时的烟雾难以排出地面，容易使人员窒息死亡，为了人员生命安全规定了 FAS 的传输线路、供电线路、控制线路应根据不同使用场所选用低卤、低烟的阻燃或耐火线缆。

20　综合监控系统

20.1　一般规定

20.1.3　所谓对子系统集成是指将接入子系统的全部信息都由综合监控系统传输，子系统车站级和中央级功能由综合监控系统实现。子系统没有自己的单独的信息传输网络。

所谓对子系统互联则是被联子系统具有自己单独的信息传输网络，是独立系统。但综合监控系统与它在不同的网络级别接口，接入综合监控系统所需的信息，实现对这些子系统的监控功能。

20.1.4　目前，各地的综合监控系统集成范围主要包括：变电所自动化系统（PSCADA）、火灾报警系统（FAS）和机电设备监控系统（EMCS）等；而互联系统主要包括广播（PA）、闭路电视（CCTV）、自动售检票（AFC）、信号（SIG）等系统。

在具体实施时，可根据各地的运营管理需求，做调整。

20.2　系统设置原则

20.2.1　综合监控系统应充分考虑运营管理需求构建系统，既要满足对车站设备的监视和控制要求，同时也要满足基本的维修维护要求。

20.3　系统基本功能

20.3.8　地铁采用站台门主要是为了简化车站空调通风系统以达到节能目的的，且保证乘客候车安全。站台门的开关涉及乘客上下车及安全、涉及列车准时发车等问题，因此，有必要监视站台门的开关状态及重要故障信息。

20.3.10　**第2款**　地铁列车、隧道和车站都可能发生火灾。当区间隧道内发生火灾时，将根据发生火灾的位置及列车的位置，由综合监控系统中央级下发命令到相邻两车站的综合监控系统并发送到车站机电设备监控系统，启动车站两端隧道风机工作，确定排烟方向，引导乘客安全撤离，同时启动车站消防广播及乘客信息系统发布火灾信息，在运营控制中心大屏幕上可联动相关视频画面。当车站发生火灾时，火灾自动报警系统（FAS）同时把火灾报警信息传送到车站机电设备监控系统（BAS）和车站综合监控系统；车站机电设备监控系统将启动车站排烟风机工作，同时车站综合监控系统启动车站消防广播以及乘客信息系统发布火灾信息，在运营控制中心大屏幕上可联动相关视频画面。

20.4　硬件基本要求

20.4.3　当运营管理出现一个中心站管理3～4个车站等运营模式时，综合监控系统车站级可以根据这种管理模式，几个车站合设一套冗余实时服务器。

20.7　其　　他

20.7.1　考虑电缆运用安全，以及防止火灾情况下引燃电缆产生有害气体危及人身安全和健康，以及为保障系统正常工作。

21　环境与设备监控系统

21.1　一般规定

21.1.1　针对全封闭地铁的特点，为确保车站、区间、车辆段（场）、控制中心、主变电站等场所安全运行，应设置环境与设备监控系统（BAS），对车站、区间等机电设备进行实时监控。为阻塞工况、火灾紧急工况等提供模式控制；为保证机电设备正常、节能运行提供必要监控条件。

21.1.3　对于地铁环境与设备监控系统（BAS），应采用集散型监控系统，与过去传统的计算机控制方式相比较，它的控制功能尽可能分散，管理功能相对集中，提高了控制系统的可靠性，结构灵活、组态方便、布局合理，降低系统成本。

21.1.4　新建地铁工程车辆、车站及区间结构和装修材料均采用不燃材料；电缆绝缘材料采用无卤、低烟的不燃或难燃材料。发生火灾属小概率事件，从设备设施配备的经济性和合理性考虑，规定全线车站（包括换乘站）及区间按同一时间仅发生一次火灾设计救灾模式。

21.2　系统设置原则

21.2.2　从系统功能分析，BAS应具有中央和车站两级监控信息管理，中央、车站、现场（就地）三级控制功能；从系统结构分析，由中央、车站、现场控制级三层结构组成。从控制中心的角度看，整个系统是一个SCADA系统，一个中心主面对多个车站从站；从车站角度看，一个车站系统是具备本地规模的自动化系统，汇集本车站内各主控制器及现场设备的数据。通信网络包括中央级管理网（一般采用工业以太网），车站级至中央级通信传输网（利用通信传输系统提供的逻辑独立传输通道或独立组建工业以太网），车站级监控网（一般采用工业以太网），现场级控制网（一般采用工业总线），将分层分布式计算机监控系统有机组成完整的环境与机电设备监控系统。

21.2.4　火灾自动报警控制盘（FACP）与BAS的主控制器间设置RS485串行通信接口。当车站发生火灾时，车站级FAS探测火灾发生的具体位置，并发布相应火灾模式指令至BAS，BAS优先执行相应的控制程序，保证防排烟及其他相关设备及时进入排烟救灾状态，避免灾情扩大，尽量减小人身和财产损失。

21.2.5　地铁车站空调通风兼备火灾排烟功能的风机设备，模式控制应由BAS执行，以保证同一被控设备控制指令的唯一性，避免火灾紧急情况控制方式的转换；对于专用排烟风机设备由FAS直接控制。

21.2.6　**第1款**　通风、空调与供暖系统设备监控点基本配置宜按表14执行。

表14　通风、空调与供暖系统设备监控点基本配置

设备及项目	控制		监　测							
	DO	AO	DI			AI				
	注①	调节②	注①	故障	环控/遥控	就地/远方	开度	温度	湿度	压力	流量
隧道风机（正、反转）	2	—	2	1	1	1	—	—	—	—	—
推力风机	1	—	1	1	1	1	—	—	—	—	—
送风机	1	—	1	1	1	1	—	—	—	—	—
回/排风机	1	—	1	1	1	1	—	—	—	—	—
排烟风机	1	—	1	1	1	1	—	—	—	—	—
组合空调器	1	—	1	1	1	1	—	—	—	—	—
空调机	1	—	1	1	1	1	—	—	—	—	—
过滤器压差报警器	—	—	—	1	—	—	—	—	—	—	—
冷水机组	1	—	1	1	1	1	—	—	—	—	—
冷冻水泵	1	—	1	1	1	1	—	—	—	—	—

设备及项目	控制 DO 注①	AO 调节	监测 DI 注②	故障	环控/遥控	就地/远方	开度	温度	湿度	压力	AI 流量
冷却水泵	1	—	1	1	1	1	—	—	—	—	—
冷却塔风机	1	—	1	1	1	1	—	—	—	—	—
电动风量调节阀	2	—	2	1	1	1	—	—	—	—	—
电动阀	2	—	2	1	1	1	—	—	—	—	—
防火阀	—	—	—	1	—	—	—	—	—	—	—
二通流量调节阀	—	1	—	—	—	—	—	—	—	1	—
压差旁通阀	—	1	—	—	—	—	—	—	—	1	—
水流开关	—	—	—	—	—	—	—	—	—	1	—
集水器	—	—	—	—	—	—	—	—	—	1	—
分水器	—	—	—	—	—	—	—	—	—	1	—
冷冻水（回水管）	—	—	—	—	—	—	—	1	—	1	1
新风	—	—	—	—	—	—	—	1	—	—	—
送风（空调器出口）	—	—	—	—	—	—	—	1	—	—	—
混风（混合风室）	—	—	—	—	—	—	—	1	—	—	—
回/排风	—	—	—	—	—	—	—	1	—	—	—
车站控制室	—	—	—	—	—	—	—	1	1	—	—
通信、信号设备室	—	—	—	—	—	—	—	1	—	—	—
环控电控室	—	—	—	—	—	—	—	1	—	—	—
整流变电室	—	—	—	—	—	—	—	1	—	—	—
低压设备室	—	—	—	—	—	—	—	1	—	—	—
公共区	—	—	—	—	—	—	—	N	N	—	—
通风空调设备供电母线失压继电器	—	—	—	1	—	—	—	—	—	—	—

注：1 设备的控制点：启停、开关、正转、反转等各按一个DO点计算；
2 设备的状态点：启停状态、开关状态、正转状态、反转状态、阀门开状态、阀门关状态各按一个DI点计算；
3 表中组合空调器过程调节为冷冻水流量随冷负荷变化的流量过程调节控制；
4 如采用变频技术，应有相应设备的变流量过程调节；
5 特殊的环境条件要求时，可考虑站内CO_2浓度监测；
6 公共区温湿度点的设置数量应根据车站的建筑布局情况确定；
7 供暖系统监控点根据外热源类型设置，一般包括热媒流量、压力、温度等参数的监测，阀门状态的监控。

第2款 给水与排水系统监控点的基本配置宜按表15执行。

表15 给水与排水系统监控点基本配置

设备	控制 DO 开关	监测 DI 运行状态	低水位	高水位	故障	AI或DI 水量
一般水泵	—	1	1	1	1	—
重要水泵	1	1	1	1	1	—
车站进水表	—	—	—	—	—	1

注：1 污水泵、废水泵、一般的出入口集水泵等排水设备，各自设置水位自动控制装置，BAS只监视状态和故障，接受故障及水池报警信号；
2 重要水泵指区间集水泵等；
3 高水位可设两个DI（DA）报警点。

第3款 应急电源（EPS）及不间断电源（UPS）系统监控点的基本配置宜按表16执行。

表16 应急电源（EPS）及不间断电源（UPS）系统监控点基本配置

监测 AI 交流电压	直流电压	充电时间	放电时间	DI 进线	逆变	旁路	故障
1	1	1	1	1	1	1	1

第4款 照明系统监控点的基本配置宜按表17执行。

表17 照明系统监控点基本配置

设备	控制 DO 启停	监测 DI 状态	就地/远方
照明单元	1	1	1

注：1 BAS可不监视就地/远方状态；
2 如照明系统在车控室手动控制，BAS不控制照明单元。

第5款 乘客导向标识系统监控点基本配置宜按表18执行。

表18 乘客导向系统监控点的基本配置

设备	控制 DO 启停	监测 DI 状态	就地/远方
指示牌单元	1	1	1

注：1 BAS可不监视就地/远方状态；
2 如导向标识系统在车控室手动控制，BAS可不控制指示牌单元。

第6款 自动扶梯、电梯设备监控点基本配置宜按表19执行。

表19 自动扶梯、电梯设备监控点基本配置

设备	监测（DI，DA） 上行运行状态	下行运行状态	速度偏差报警	故障总信号
自动扶梯				

注：1 火灾工况，可由车站级BAS控制电梯至安全层（DO），当电梯开门动作完成后，门状态信息反馈至BAS（DI）；
2 电梯通常由BAS实施监控；
3 自动扶梯速度偏差报警也可分为欠速报警，左右扶手带速偏差报警。

第7款 站台门系统监控点基本配置宜按表20执行。

表20 站台门系统监控点的基本配置

设备	控制 DO 启停	监测 DI 开启状态	关闭状态	锁定状态	故障	就地/远方
门机单元	1	1	1	1	1	—
门控单元	—	—	—	1	1	1
电源	—	—	—	—	1	—

注：1 站台门应独立设置门控单元，完成站台门开门、关门操作和各种连锁保护，该控制器由站台门系统提供；
2 详细的监控点配置宜根据站台门系统与BAS的集成和接口要求进一步细化。

防淹门系统监控点基本配置宜按表21执行。

表21 防淹门系统监控点基本配置

监测（DI，DO） 开启状态	关闭状态	锁定状态	故障	报警水位
1	1	1	1	N

注：防淹门宜独立设置控制装置，完成防淹门开门、关门操作和各种连锁保护，该控制器或控制系统由防淹门系统提供。

21.3 系统基本功能

21.3.1 地铁工程环境与机电设备监控系统监控对象主要为通风、空调设备，其功能与一般楼宇自动化系统（BAS）不同，针对地铁工程的特点，除满足一般机电设备监控要求外，规定BAS应具备的重要基本功能。

1 BAS监控内容应包括下列基本功能：
（1）正常运营模式的判定及转换；
（2）消防排烟模式和列车区间阻塞模式的联动；
（3）设备顺序启停；
（4）风路和水路的连锁保护；
（5）大功率设备启停的延时配合；
（6）主、备设备运行时间平衡；
（7）车站公共区和重要设备房的温、湿度控制；
（8）通风空调、电扶梯、照明等设备的节能控制；
（9）机电设备运行时间、故障停机、启停、故障次数等统计；
（10）配置数据接口以获取冷水机组和空调水系统相关信息。

2 如果冷水机组具备联动控制功能，则空调水系统冷冻水泵、冷却塔、风机、电动蝶阀的程序控制应由冷水机组承担，BAS可仅控制冷水机组的投切、监测空调系统的参数和状态、冷量实时运算、记录及累计。

21.3.3 执行防灾和阻塞模式系 BAS 重要的基本监控功能：

第 1 款 当车站发生火灾时，FAS 根据火灾发生位置触发自动模式，由 BAS 执行模式控制；手动指令通过 IBP 盘实现，手动控制通常为后备控制模式。

第 2 款 当列车在区间发生火灾时，应优先驶往前方车站实施救灾模式。仅当列车失去动力而被迫滞留在地下区间时，根据司机利用无线通信方式向 OCC 报告列车发生火灾部位及 ATS 提供的列车在区间位置信息，由 BAS 中央级工作站发布火灾控制模式，由发生火灾区间相邻车站的 BAS 执行相应防排烟模式。通风排烟模式满足多数乘客撤离为迎风方向的要求，风速应大于危急气流速度，以避免烟气卷吸回流。

第 3 款 当列车在区间发生阻塞工况时，由 ATS 提供阻塞信息，由相邻车站 BAS 执行相应阻塞通风模式，隧道通风造成气流方向应与列车运行方向一致，以满足阻塞工况列车新风量的要求。

第 4 款 车站乘客导向标识系统的监控包括对平时与火灾工况导向标识常开、平时开启火灾工况关闭、平时关闭火灾工况开启、平时与火灾工况模式转换等标识系统转换的监控。对应急照明系统的监控主要对应急照明电源（EPS）交流电压、直流电压、充电时间、放电时间模拟信号监测；对进线、逆变、旁路、故障数字信号监视。

第 5 款 通过设置的水位传感器，对车站及区间排水泵的超高水位、超低水位、危险报警水位进行监测。

21.3.4 车站级 BAS 通过采用先进的算法（如自适应控制、智能控制）和成熟的控制策略，有效地对车站内空调系统进行调节，保证车站内良好的乘车环境，同时实现节能目的。空气调节执行过程连续控制任务，利用 PLC 完善的 PID 算法功能，由 BAS 系统自动化层实现。空调冷水系统调节与设备控制主要功能：

（1）冷冻水末端调节控制：通过对冷冻水末端二通调节阀开度的调节与控制，维持定风量控制送风温度或维持送风温度控制变风量；

（2）送回水压差调节：分散供冷水系统一般是保持冷水机组侧定流量、末端变流量冷水系统，通过调节供、回水旁通二通阀，使冷水系统供、回水压差恒定，维持冷水机组侧水流量恒定；

（3）空调风系统调节：变风量调节是通过对风机进行变频调速实现的，通过风量调节并配合冷量调节，以稳定特定站厅、站台区的环境温度。

21.3.5 车站级 BAS 应具备监视和记录车站典型区域（如站厅、站台等）的温度、湿度等环境参数，掌握环境变化规律，为调整环境控制策略提供基础资料。对监控设备的运行状态、运行时间、进行统计，使冗余配置的机电设备合理运行，为实现设备的状态修奠定基础。

21.3.6 用能计量应采用工业级智能仪表。通过分类、分项、分户用能计量，分析系统用能的合理性，优化用能控制。

21.3.7 通过对通风、空调、供暖设备能耗统计分析，优化环控系统过程控制策略；通过对照明系统能耗分析，控制正常、节电照明等照明回路控制模式。在保证环境温、湿度等参数及合理区域照度的条件下，实现系统节能优化控制。

21.3.8 在车辆基地设置 BAS 维修系统。监视各车站、控制中心、车辆段 BAS 的设备运行情况，对全线 BAS 设备进行集中管理，并对全线 BAS 软件进行维护、组态、运行参数的定义、系统数据库的形成及用户操作画面的修改、增加等，同时进行操作记录。通过对硬件设备故障进行判断，为维修人员处理故障提供依据，保证系统工程师在维修车间对系统实施远程监控及维护。

21.4　硬件设备配置

21.4.1 BAS 采用工业控制系统，系统配置的设备均应具备较强的抗电磁干扰、抗静电干扰、抑制变频器谐波能力，满足地铁特殊环境条件下正常使用；现场设备应考虑设备防尘、防腐蚀、防潮、防霉、防振等适合工业环境控制设备。监控设备选用技术先进、安全可靠、智能化、模块化结构，并具有远程编程功能的设备，输入、输出模块具有带电插拔功能和隔离措施。对事故通风与排烟系统的监控，采用冗余配置的 PLC 及冗余现场工业总线结构，以提高控制系统的可靠性。主要环节冗余配置亦提高系统的容错性。

21.4.3 车站级硬件设备的配置原则：

1 选择工业控制计算机作为车站级操作工作站具有较高可靠性，MTBF≥50000h，LCD 显示器 MTBF≥20000h，是一种采用总线结构、具有重要的计算机属性和特征，具有实时的操作系统、友好的人机界面，主机配置具有多个符合工业标准的 32 位 PCI 扩展插槽，具备良好可扩展性。

2 UPS 为在线式不间断电源，车站级火灾报警系统 UPS 后备时间为 1h，车站级 BAS 与 FAS 之间配置通信接口，后备时间应保持一致，协同执行防灾模式。

3 报表分为统计类报表和查询类报表。统计类报表具有时间属性，需要周期统计和计算产生，如耗电、故障次数故障率、设备运行时间、环境参数（温度、湿度、焓值）统计报表等；查询类报表是通过查询规则过滤后的数据输出报表，如报警事件、故障设备、维修设备、报检设备、运行参数一览表等。统计类报表基于历史数据库产生，并可由用户自定义生成；查询类报表针仅对查询结果输出，格式固定。报表操作包括报表编辑、报表生成、报表保存。报表打印有定时自动、自动触发、事件打印等方式。

4 在车站控制室设置综合后备盘（IBP），当中央级发生通信故障或在车站级人机接口发生故障时，使车站具有后备操作装置，进行紧急情况下的手动后备操作控制，以保证运行安全。IBP 具备如下主要功能：信号系统的紧急停车、扣车和放行控制；发生火灾或紧急情况下，车站通风空调系统和隧道通风系统的模式控制（隧道通风系统、车站大系统、车站小系统等火灾模式）；自动售检票系统的闸机解锁控制；自动扶梯的停机控制；消防水泵的启停控制；站台门开启控制；非消防电源切除；显示消火栓的运行、故障、手/自动状态，以提高对重要消防设备进行监控的可靠性。当车站级工作站发生故障时，直接手动 IBP 模式按钮操作，IBP 盘手动按钮控制具有优先级。

21.4.4　第 3 款 现代 PLC 具有逻辑判断、定时、计数、记忆和运算、数据处理、联网通信及 PID 回路调节等功能，开关量处理能力强，模拟量处理能力亦满足过程连续处理要求；更加适合工业现场的要求，具有高可靠性、强抗电磁干扰能力；编程方便，输入和输出端更接近现场设备。因此，宜优先选用 PLC 作为 BAS 的主要控制设备。

21.5　软件基本要求

21.5.1 BAS 所采用的软件应是成熟的、通用的、平台级商用产品。系统软件是一个分层、分布式 SCADA 系统，数据加工和处理应由事件驱动型数据库软件实施。系统软件体系结构基本原则：

（1）支持多种硬件构成形式，软件结构不依赖于硬件环境；

（2）采用的技术符合当前计算机软件技术、通信技术、自动化技术的技术趋势，并适应未来技术的发展；

（3）系统软件运用冗余、容错、自恢复等技术，充分保证系统的稳定运行；

（4）尽量选用成熟 COTS 软件作为构成 BAS 系统软件的基础，要求软件模块化、组件化，采用层次性模型，应用开发和设计应符合标准化、易于扩展的原则；

（5）系统组件和通信协议遵从国际标准，应采用标准、开放的中间件作为 BAS 系统软件体系的通信"软总线"，使各层接口便利、通用；

（6）系统软件平台必须在保证稳定、可靠、先进的基础上，具有良好的扩展能力，满足 BAS 不断发展的需要；

（7）系统软件应提供良好、通用的开放性接口，能有效支撑轨道交通应用功能的开发，其中数据库、接口驱动和人-机界面的开放性尤为重要。除操作系统软件外，应用软件主要包括下列软件：

中央级应用软件；

车站级应用软件；

PLC 或 DCS 应用软件；

通信接口软件；

数据库生成与管理软件；

人机接口软件；

系统组态软件；

系统维护及诊断软件；

通信管理和网管软件。

21.6 系统网络结构与功能

21.6.1　第 2 款　全线可利用具备良好网络通信保护机制的通信传输系统提供的逻辑独立通道组网，网络层功能与链路层功能分别由车站级以太网交换机及通信传输系统节点设备实现，数据二次封装，或利用车站级以太网交换机独立组建全线 BAS 网络，数据一次封装，两种组网方式均可满足数据传输实时性的要求。

BAS 系统实时性是指系统的各项处理与被控过程的适应能力。BAS 系统实时性指标主要包括：

控制响应时间：操作命令发出到设备动作时间；

信息响应时间：过程的状态变化到人机接口（MMI）的时间；

事件自动响应时间：事件产生到对应命令输出至系统端子排的时间；

实时数据库中的数据更新时间；

通信接口设备的数据更新时间；

人-机界面页面调出延迟时间、切换时间和页面中实时数据的更新时间；

网络或现场总线通信速率。

第 3 款　采用环形拓扑结构网络，单点故障具备自愈网络重组功能；冗余配置网络结构亦具备单点故障不影响网络正常通信功能。

第 4 款　以太网现有的功能，如高速率、低成本、应用的普及性、开放性、灵活性、可扩展性及可承载多种数据等特点，均有利于以太网作为地铁机电设备监控系统网络，但传统以太网存在实时性、传输冲突等不足。工业以太网具备实时性和确定性的特点，Ethernet/IP 是一种开放工业网络标准。

21.6.2　在数据链路层采用数据加密和解密方式，即信息离开通信设备时加密，进入通信设备时解密；在网络层，通过一定策略和算法，有效屏蔽不明信息；在传输层，通常采用端对端的加密措施，即进程之间的加密；应用层的安全主要是针对用户身份的认证与识别，从而建立安全的通信通道。通过采用各种技术和管理措施，使网络系统安全运行，确保网络数据的可用性、完整性和保密性，使经过网路传输和交换的数据不会发生增加、修改、丢失和泄漏等。

21.6.5　第 1 款　车站级局域网连接主控制器、操作员工作站等设备，是实现车站级设备实时监控的重要环节，亦是区间火灾排烟模式的控制信息转发通道，必须保证数据传输的实时性与可靠性。由于与车站级不同制造商的主控制器（PLC）相连，应用层网络协议应具有良好的开放性，可使不同主控制器无缝接入车站级 BAS，便于车站级 BAS 通信的畅通；应满足车站级监控点增加、与换乘节点信息互通要求，网络同时应具有良好的可扩展性。

第 2 款　车站级局域网采用冗余网络结构可有效提高网络通信的可靠性，保障单点故障不影响全站通信。

第 3 款　车站级设备的监控要求高实时性，监控网络通信速率指标不低于 100Mbps。

21.6.6　第 1 款　IEC61158 是规范工业通信网络的国际标准。IEC61158 现场总线（第四版）增加实时以太网公共可用规范（Publicly Available Specification，PAS）作为 IEC61158 现场总线（第四版）中的正式内容，其中 EPA（Ethernet for Plant Automation，用于工厂自动化的以太网）被列入第 14 类型（Type14）。其中，IEC 61158-314/414/514/614 分别为 EPA 数据链路层服务定义、数据链路层协议规范；应用层服务定义、应用层协议规范。遵循现场总线标准，通信协议公开，各不同厂家设备之间可进行互连并实现信息交换。现场总线标准应致力规范到应用层，而非物理层和链路层，如 MODBUS 即是应用层标准。

第 2 款　现场总线以单个分散的、数字化、智能化的监测量和控制设备作为网络节点，用数字通信总线连接，实现相互交换信息，共同完成自动监控功能。主控制器（PLC）利用现场总线（包括工业以太网）将地理分散的末端采集和输出设备（I/O 设备）延伸到现场，构成分布式监控系统，实现分散控制、系统可扩展和节省电缆的目的。

21.7 布线及接地

21.7.2　BAS 管线布置应方便维护、检修，具备防止外部机械损伤能力；布线灵活，以适应监控点增加、换乘站接入等系统扩展要求。

21.7.6　BAS 的电源线与信号线分别隔离设置，以避免电源线与信号线间相互间的干扰，即线间耦合干扰。避免信号产生误差或失效。

21.7.9　BAS 系统设备功能性接地（工作接地）分为逻辑接地、屏蔽接地、信号回路接地和本安仪表接地；保护性接地包括防雷接地、防静电接地、防电蚀接地。

21.7.10　根据行业标准《民用建筑电气设计规范》JGJ 16-2008 有关接地技术规定，BAS 系统接地电阻≤1Ω。

22　乘客信息系统

22.1 一般规定

22.1.1　乘客信息系统是面向乘客、面向管理者，用于地铁信息发布、安全警示及商业创收的重要手段，已成为地铁运营的一个重要辅助系统，因此，各地铁线路建议设置乘客信息系统（PIS）。系统的设置标准可结合线路条件、管理需求、经济情况综合考虑确定。

22.1.4　由于地铁内空间有限，本规范建议乘客信息系统终端显示设备优先考虑采用等离子、液晶等平板显示设备，对于乘客查询系统建议采用多媒体触摸屏等技术先进、运行可靠、安全性高和便于使用的设备。

22.1.5　乘客信息系统的终端显示设备的设置要考虑到乘客使用方便，同时也应经济合理。设置地点应为乘客聚集、经常使用的地方，便于乘客及时了解相关信息。本规范规定在车辆车厢内及站台乘客聚集地，在出入口、换乘通道、站厅乘客必经之路的地方设置乘客信息系统终端显示设备，基本覆盖了地铁系统乘客活动公共区域，完全能够满足乘客使用要求。

22.2 系统功能

22.2.1　乘客信息系统要采用符合人体工程学、易于为大多数乘客所接受的多媒体形式主动播报。为满足乘客对地铁及相关信息的不同需求，也应设置查询机，系统能被动地接受乘客的咨询和查询。

22.2.6　乘客信息系统部分终端显示设备需要同屏显示多重信息，应对显示设备划分固定的显示区域，这样可以保证地铁乘客的观察习惯性和延续性，并保证乘客能够快速选定所需要的信息。划分的区域应考虑独立控制和单独的播放列表，这样能够实现不同区域的独立更新。

22.3 系统构成及设备配置

22.3.1 完整的乘客信息系统可分为本条款所规定的五个子系统，但在实际建设中的广告管理子系统可自行设置，也可委托广告媒体公司设置，为便于一家或多家运营单位的统一管理，向乘客提供统一的信息服务，在线路成网条件下，宜根据路网规模合设线路 PIS 控制中心。

22.3.2 乘客信息系统中心级设备的配置要根据系统设置的方案、运营需求等综合考虑设置，中心级同类型的设备可整合设置，当城市有多条地铁线路时，建议设置一个乘客信息系统服务于多条线路，可节约工程投资，实现信息共享。

22.3.3 本条规定了乘客信息系统的车站子系统配备要求，同时对车站终端显示设备设置提出了建议。车站站台的终端显示设备每侧站台建议设置 6 台即三组（两台为一组），当乘客的视线受影响或有效站台的长度较长时应适当增加终端设备的数量。车站站厅、站台应设置多媒体查询机，数量不宜少于 2 台，应设置在不会对进出站客流产生干扰的地方，并便于使用。

22.3.5 为减少光缆数量，乘客信息系统的传输网络建议由通信系统统一构建，也可根据需要独立构建。构建时应根据实际运营的需求及广告管理子系统的播出方式，计算出 PIS 系统的带宽需求，以便合理确定乘客信息系统的组网方案。

22.4 系统接口

22.4.1 乘客信息系统主要显示时间、列车运行情况、地铁系统发布的信息公告以及公共信息、电视节目、广告等内容，各城市地铁公司可根据实际情况选择发布内容。因此，本条规定了与所需发布内容相关的系统应与乘客信息系统设置接口。乘客信息系统应至少与时钟、信号和综合监控系统设置接口，以保证地铁内部相关信息的发布。

22.5 供电与接地

22.5.1 根据各城市 PIS 功能定位，如 PIS 参与消防联动时，负荷等级应为一级负荷并配置 UPS 电源，后备时间为 1h。

22.5.2 根据各城市地铁建设的经验，目前普遍采用采用综合接地方式，因此，本条明确规定乘客信息系统应采用综合接地，其接地电阻以小于 1 欧姆为宜。

22.6 布 线

22.6.1 本条规定是为避免数据线与电源线相互间干扰，产生误差或失效。

22.6.3 考虑电磁干扰对 PIS 的影响，以及防止因火灾引燃电缆产生有害气体，故在车站及区间内 PIS 的数据线应采用无卤、低烟的阻燃屏蔽电缆。

23 门 禁

23.1 一般规定

23.1.1 地铁涉及安全的重要设施（控制中心、车站、车辆基地、主变电所等）人员出入使用频繁的通道门、系统和设备用房门及管理用房门或涉及安全的门，应实现自动化安全监控和管理，应设门禁系统，也可称为出入口控制系统（简称 ACS）。

23.1.2 门禁系统应具有出入口监控和管理功能，也可根据运营管理的需要设置其他（地铁车站出入口通道门控制、考勤、人员调度管理、巡更等）功能，并进行系统配套设计。

门禁系统应具有出入口管理功能是指安全监控管理、授权管理、黑名单管理、发卡管理等。

设置考勤功能时，应明确考勤点的位置、考勤管理部门、考勤管理模式及功能要求；考勤读卡器应具备日期和时间的显示功能，人员刷卡时能显示刷卡人的卡号和工号等信息。

设置巡更功能时，应明确巡更点的位置、巡更管理部门、巡更管理模式及功能要求。

23.1.4 在线网形成，换乘车站及线路之间共用和共享设施越来越多的情况下，线网内门禁系统应实现统一授权管理和安全监控管理，并应遵循统一的系统标准和接口标准。授权安全等级应符合下列规定：

一级为线网级，为最高权限，可以进入线网所有的设备和管理用房及通道门；

二级为线路级，可以进入某条线路内所有的设备和管理用房及通道门；

三级为车站级，可以进入车站所有的设备和管理用房及通道门；

四级为专业或部门级，可以进入全线或部门所有相同性质的设备或管理用房及通道门；

五级为个人级，只能进入车站或公司个人的办公管理用房及通道门。

23.1.6 门禁系统是线网级的系统，门禁系统的软件和硬件设计规模不应局限在单一线路内，应与线网规划的规模相适应，明确线路、车站和监控对象的数量，监控对象设计的安全等级，授权人数和发卡量，系统规模应留有余量。

23.1.7 地铁设置门禁是保证地铁设施日常工作环境安全以及运营安全的需要，因此门禁系统应具备一定的防冲撞的安全防护要求；为确保灾害时财产安全及消防疏散安全，规定门禁装置的电子锁均应具备断电自动释放功能。根据使用性质和管理要求的不同，通常地铁车站设备管理区的通道门可考虑采用磁力锁，确保紧急情况下断电时的可靠释放；设备及管理用房可考虑采用机电一体锁（电控插芯锁），并能在必要情况下可在门外使用钥匙、门内使用执手开启房门实现紧急逃生，以避免因不利于疏散而造成重大人身伤害。

23.1.8 门禁系统应与火灾自动报警系统实现联动，使火灾发生的时候能够及时的控制，避免和减少公共财产损失和对人身的伤害。在出现火灾的情况下可实现人工或自动按照既定的模式对通道门、设备及管理用房门进行开放，便于人员疏散和灭火工作的展开；火灾或紧急情况下门禁系统的开放应根据实际情况进行，原则上设备管理区公共通道门、有人长期职守的设备、管理用房应处于开放状态，存有现金、票证、重要的设备用房以及正在实施自动灭火的房间不宜进行开放。当操作终端出现故障时作为后备手段，在车站控制室综合后备控制盘（IBP）上应设门禁系统紧急开门控制按钮，为防止误动作和便于管理，IBP 盘上还应设置联动的手动、自动切换开关。紧急开门控制按钮应能可靠地切断门禁电子锁的电源，当电子锁设有备用电源（UPS）时，也应一并切除。

23.2 安全等级和监控对象

23.2.1 系统设计应明确监控管理的对象和安全等级，明确系统运用管理面向的对象（如安全监察、人事、保安和车站值班员及维修等部门或人员）。

23.2.2 门禁系统设计应明确监控对象的安全等级；可以根据需要提高安全等级和要求，当超出安全等级划分的要求时，应做特殊说明。

　　第1款 一级应设双向读卡器，进门侧还应设密码键盘或指纹识别及其他识别装置，并与闭路电视监控系统相互配合，实现安全联动监控；

　　第2款 二级应设双向读卡器，进门侧还应设密码键盘或指纹识别及其他识别装置，或二级设双向读卡器，与闭路电视监控系统相互配合，实现安全联动监控；

　　第3款 三级设双向读卡器，或三级设单向读卡器，进门侧（非保护侧）设密码键盘或指纹识别及其他识别装置；具有双向安全控制、人员进出清点、人员跟踪和考勤等要求的场所，宜采用双向读卡器；

　　第4款 四级应设单向读卡器；没有说明安全等级的均为四级监控对象。

23.2.3 本条说明如下：

　　1 控制中心或线网（应急）指挥中心的监控对象应包括：重要的系统和设备用房、管理用房及通道的门；

　　2 进入中央控制室的通道门应设一级门禁，总调度台（或称值班主任调度台）上应设门铃、开门控制按钮及对讲电话（可以与对讲机是一体化的，实现可视对讲，或设带可视对讲的门禁）；进入中央控制室的双层通道门宜设门禁联动控制，即外层门关闭后，才可以用卡刷内层门的读卡器开内层门，在两层门之间还应设闭路电视监控；

　　3 清分中心（设备用房、密钥室、数据存储库房等）、制票中心（制票室、票库、配票室等）、乘客信息系统编播中心、信息中心等重要系统和设备用房、管理用房及通道的门，宜设一级安全等级的门禁；

　　4 管理用房可根据重要性和需要确定。

23.2.4 **第1款** 设备用房应包括通信设备室、信号设备室、供电和低压配电设备室、综合监控设备室、自动售检票设备室、站台门设备室、应急照明设备室、自动灭火设备室、环控电控室和消防泵房（如果有）等；照明配电室、电缆井和管道井等机电设备用房门宜根据需要进行设置。

　　第2款 管理用房应包括车站控制室、站长室、站务室等；票务管理室应设不低于二级安全等级的门禁；票亭（或称车站乘客服务中心）、会议室和更衣室宜根据需要进行设置。

　　第3款 设备管理区直通公共区的通道门等应设置门禁（可根据需要设二、三、四级）；设备管理区直通地面的紧急疏散通道门应设置门禁，只在地铁车站的内侧设破玻按钮，或设单向推门开锁装置，门禁系统仅检测该门的开关情况，并可在中央和车站控制室实现远程控制，便于外部施救时打开门；设备管理区直通区间（隧道）的通道门应三级安全等级的门禁，设双向读卡器；车站出入口通道门等宜根据需要进行设置。当公共区付费区与非付费区的通道门作为补充的疏散通道时应设置门禁，并应实现与火灾自动报警系统的联动控制。

　　公共区疏散通道门、有人区使用频繁的通道门、票务管理室、设备管理区直通地面的紧急疏散通道门等宜按单门一控一进行设置，其他房间可以按双门或多门进行控制，但不宜跨区、跨楼层，门禁读卡器与本地控制器之间的距离不宜超过30m。

23.2.8 门套门或者一个房间有多个门时，可选择只在一处常用或便于（安装）使用的门设置门禁，其他不设门禁的门应采用物理方式锁定，并能从房间内侧开启。

23.3 系 统 构 成

23.3.1 门禁系统宜由线网中央级系统、线路中央级系统、车站级系统、现场级系统和终端设备、传输网络和电源及门禁卡等组成。线网中央级系统和线路中央级系统可以分级设置，也可以合并设置。门禁系统车站级以上系统可以统称为监控管理层系统；现场级系统和终端设备可以统称为控制层系统。

23.3.6 门禁系统监控管理层系统可自成系统，或与综合监控（或安防）系统在车站级实现集成或互联。可采用车站级互联或界面集成，中央级独立；也可以在中央级和车站级实现与综合监控系统（或安防系统）的集成。

23.4 系 统 功 能

23.4.1 **第1款** 应具有门禁授权管理、数据库管理、黑名单管理、设备监测与远程控制现场门禁释放的功能；系统数据的传输和下载速率，应结合功能的实现，提出具体的要求。

23.4.2 **第1款** 应具有门禁授权管理、数据库管理、黑名单管理、设备监测与远程控制现场门禁释放的功能；系统数据的传输和下载速率，应结合功能的实现，提出具体的要求。

23.4.4 **第2款** 车站控制器监控本地控制器、读卡器等的运行状态，向车站级系统上传有关卡识别、控制动作、设备运行及门开闭状态等信息，根据指令或权限向本地控制器发出动作信号，控制电子锁执行门的开启和锁闭操作。

　　第3款 车站控制器在线工况下能接收车站级系统的指令，将信息上传到车站级系统；在与车站级系统通信中断情况下，自动转为离线工况运行，离线工况下根据所保存的安全参数能独立运行；当发生灾害时，自动转为预定灾害工况运行。

　　第8款 本地控制器应具备在线工况下能接收车站控制器的指令，读取门禁卡内的授权信息，将信息上传到车站控制器的功能；应具备与车站控制器通信中断情况下，自动转为离线工况运行，离线工况下根据所保存的安全参数能独立运行的功能；当发生灾害时，自动转为灾害工况下不同预定运行模式的功能。

　　第9款 本地控制器应具有本地数据存储和保护功能，系统记录保存时间应不少于7天。

23.4.5 所有的门都应采用紧急破玻按钮（采用一体化锁时除外）；破玻按钮的信息应能实时反映到车站及以上的系统中。

23.5 设备安装要求

23.5.1 系统设备及管线安装和敷设在受保护、不宜破坏的安全区域，本地控制器宜设在门禁保护区内。本地控制器控制多个门时，应设在其中的高安全等级的区域。

23.5.2 门禁系统设备的设置位置应与运营管理模式（操作使用、维修管理及组织架构）相适应，车站级系统设备宜设自动售检票系统设备房（因自动售检票系统与门禁系统非常相似，自动售检票系统维修人员负责门禁系统维修，可节省人员），也可以设在车站控制室或单独设设备房，也可以与其他系统合用设备房，门禁车站级系统设备无论设在那里，房门均应设置门禁。

23.6 系 统 接 口

23.6.1 本条说明如下：

　　1 门禁系统应实现与通信、综合监控或安防、火灾自动报警、低压配电等系统及建筑专业的接口等功能。门禁系统采用员工卡作为授权卡，若有编码要求，应向自动售检票系统提出；

　　2 车站级门禁系统的紧急按钮由综合监控系统集成到车站控制室综合监控系统综合后备盘上。门禁系统在车站与车站级综合监控系统的IBP盘具有接口；车辆段和控制中心的控制室或消防控制室可以参照设计；

　　3 全线应尽量统一并减少门的种类，应将门禁电子锁的安装要求提交建筑专业，建筑专业应将门禁电子锁的安装要求，落实到门体生产厂。

24 运营控制中心

24.1 一般规定

24.1.1 随着地铁现代化和自动化技术的发展，随着运营管理水平的不断提高，地铁运营过程中被监控对象之间的关系越来越复杂，运营过程中的监视、控制、操作和管理渐趋集中，运营的安全性、可靠性越来越受到重视，为了确保地铁安全、可靠和高效的运行，方便操作人员对地铁运营过程实施全面的集中监控和管理，应建立一个具有适当环境、条件及规模的地铁运营调度、指挥和控制的运营控制中心（OCC），简称控制中心。

24.1.2 控制中心可监控管理单条或多条地铁线路，地铁各线路相互间关联较紧密时，宜合设控制中心，以便提高运营管理的效率，降低运营管理的成本。

24.1.3 控制中心的位置宜选择在交通方便、靠近地铁线路和车站、接近监控管理对象的中心地带，方便全线运营管理，方便与其他线路连接，降低工程和管线投资及运营管理成本，便于在紧急情况下组织事故抢修及事件的处理，也可设在车辆基地或地铁大厦等便于集中管理的场所。

24.1.6 控制中心应兼作全线路（或多线路）防灾和应急指挥中心，并应具备防灾和应急指挥的功能。多线路的防灾和应急指挥中心应实现信息的互联互通和信息共享，并应统筹规划线网运营协调、防灾和应急指挥中心的职能、系统功能和构成方案。

24.1.7 控制中心是地铁运营管理最为重要的建筑之一，应具有高度的安全性和可靠性。考虑到控制中心的整体安全，宜将其设置为独立专有建筑，不宜与其他功能的建筑合用，以保证其安全；当确实需要合建时，控制中心应独立的进出口通道（包括电梯和消防安全通道等），中央控制室和各系统设备房不宜与不明使用功能的建筑用房直接相邻，中间要有隔离缓冲房或隔离带，必须设置可靠的防火、防暴隔离设施。

其他部门及设施不得影响控制中心日常的运营管理工作；与控制中心运营、管理和安全无关的系统、设备不宜纳入控制中心。

控制中心使用寿命应与主体结构一致，按100年使用年限设计。建筑重要性类别宜按乙类建筑，防火等级为一级，建筑结构安全等级宜按一级；墙面防水为二级。

24.1.8 多线路控制中心应防范同时失效的风险，作好风险源（战争、自然灾害、重大流行疾病、系统设备故障等）的评估、防范和控制；当风险防范、控制和隔离困难时，宜采取异地灾备措施，灾备中心系统设备和用房及相关设施应按满足行车指挥的最小需求配置。

24.2 工艺设计

24.2.3 运营监控（操作）区即为负责运营监控、操作、调度和指挥的区域，是围绕着中央控制室设置的配套功能区；运营管理区是负责运营调度管理、技术管理、生产和作业管理的区域；设备区是指各系统中央级设备安置的区域；维修区是指负责各系统中央级设备维护和维修的工作人员区；辅助设备区是指为控制中心设置的各种保障设备区，包括：供电和低压配电及照明、通风和空调、给排水和消防及自动灭火等。

24.2.4 运营监控区和运营管理区应同楼层相邻设置，以方便运营管理；设备区应集中设置，在楼层布置上应靠近运营监控区，不应与运营管理区混合布置，便于运营安全管理，便于减少管线敷设的距离，方便结构集中设置防静电架空地板，方便自动灭火系统和通风空调系统按区域集中设置，减少管线交叉和长距离输送；维修区在楼层布置上宜靠近设备区，也可相邻设置。各功能区的划分应结合运作模式和管理模式设置。

24.2.5 运营监控区应具有地铁全线（或多线路）运营监视、操作、控制、协调、指挥、调度、管理及值班等功能；运营监控区应设中央控制室、紧急事件指挥室（或称应急会商室）等，并应作为独立的安全分隔区；进入中央控制室前应设缓冲区，并宜配置安防设施（设置可视对讲门禁，总调度台上设开门控制按钮，控制非授权人员进入）；在运营监控区内宜配置交接班室、打印室及必要的值班休息和管理用房等，以及生活和独立的卫生设施等辅助用房，以减少调度人员中间离岗时间。

24.2.6 **第1款** 室内设备布置和造型应整齐、紧凑、美观、大方，便于观察、操作和维修，有利于通风，为调度人员和运行设备创造一个良好的工作环境。并便于调度人员行动和疏散。调度台的设计应符合人机工程和人体工程，便于操作人员观察，降低操作人员的工作强度，提高反应速度，减少误操作，顶部不能遮挡住正常观察模拟屏的视线。

第2款 室内总体布置应以行车指挥为核心进行模拟屏和各调度台的布置，应便于行车调度、电力调度、环境与设备调度（兼防灾调度）、维修调度（兼信息调度和客运调度时也可称为值班主任助理，也可根据需要分别设置）和总调度（或称值班主任）之间的信息沟通。

第4款 各系统模拟屏宜统一设置，模拟屏的屏前和屏后应留有足够的操作空间及维修空间，并预留近期和远期发展位置。模拟屏后的通道宽度，当通道长度小于10m时，通道宽度宜大于1.5m；当通道长度大于10m小于20m时，通道宽度宜大于1.8m；当通道长度大于20m时，通道宽度宜大于2.0m；模拟屏两侧进入模拟屏后的通道宽度宜大于1.5m，确保人员和设备的进出方便；模拟屏后面也可以作为独立分区进行设置。通道宽度应满足人员进出、联络、维修设备进出的需要。

第7款 当中央控制室的规模是按多条线路设计，且各线路之间的相互关联及影响较大时，在功能区的划分上，宜按调度岗位（专业和系统）划分功能区，即每条线的行车调度台、电力调度台和环境与设备调度台按岗位（专业和系统）分别集中布置，以实现调度资源和信息资源的共享；也可按线路划分区域，将每条线的行车调度、电力调度和环境与设备调度台等按线路集中布置。

第8款 调度台的设计应符合人机工程学要求，满足调度岗位台面和台下设备摆放数量、安装尺寸、维修及散热的要求；为便于操作人员观察调度台台面显示设备和操作台面上设备，便于标准化设计和制造，调度台宜设计成弧线形，以满足操作人员观察和操作等人机工程要求，宜满足最多不超过8个监视器和设备布置的要求。调度台或监视器不能遮挡住正常观察模拟屏的视线。各相邻调度台布置宜形成整体连接。

24.2.7 紧急事件指挥室、交接班室和打印室应与中央控制室同层相邻设置；紧急事件指挥室不宜直通中央控制室，宜间接进入；打印室应直通中央控制室。紧急事件指挥室与中央控制室应用玻璃隔断，并注意玻璃反光的方向不要朝向模拟屏，玻璃宜向中央控制室方向略有倾斜，或用深色窗帘作吸光处理。

24.2.8 运营管理区应根据运营管理的需要，按照组织架构设置运营监控管理、技术管理、生产作业管理等必要的办公管理和生活设施。应具有地铁线路中央级运营技术管理和生产管理等功能，宜设置主任室、运营管理技术室、运行图编辑室、运营生产管理室等管理功能房间；宜设置会议室、男女更衣室、男女卫生间等辅助功能房间，应依据定员确定规模和面积；上述用房可根据实际需要进行设置或合并设置。

24.2.9 **第1款** 设备区应方便各系统中央级设备安装、运行及维修，并满足设备荷重要求，设备房的室内布置应力求整齐、紧凑、美观、大方，便于观察、操作和维修，有利于通风，为设备创造一个良好的运行环境。

第2款 设备布置应使设备之间的连线短，外部管线进出方便，室内不宜外露电线、电缆和管线，以确保安全；与设备区设备房无关的管线不宜穿过。

第3款 大功率的强电设备不应与弱电设备混合安装和布

置，以防止干扰弱电设备正常工作。除（水喷淋和细水雾等）自动灭火系统进入保护区的回路管道外，各电气系统设备用房不应有水管穿过，以防止漏水影响电气设备正常工作。风管穿过时应防止管道和风口凝露，送风口应避开设备上方。

第4款 设备区设备房有多种布置方式，按线路划分或按系统划分，封闭式布置或开放式布置（通透式布置），集中式布置或分散式布置，也可以是上述各种方式的混合式布置，具体方式需要根据各自的情况确定。

（1）当控制中心的规模是按一条线路设计，设备区各系统设备宜按集中方式布置，集中布置各系统的主机设备室、UPS电源室和网络管理室，辅助系统设备应根据实际情况进行布置；设备区也可按分散方式布置，各系统可分散布置主机设备室、UPS电源室和网络管理室。

（2）当控制中心的规模是按多条线路设计，各中央级系统按相互独立的方式设计，设备按分散方式布置时，同一线路的系统设备房宜布置在同一层内，以方便工程实施及运营维护和管理；

（3）当控制中心的规模是按多条线路设计，各中央级系统按综合监控系统设置时，设备区宜按集中方式布置，同一线路的不同系统设备宜集中布置在同一个设备室内（主机设备室、UPS电源室和网络管理室），以方便运营维护和管理；设备与通道之间宜采用玻璃幕墙相隔，便于观察和管理。

（4）按线路划分便于分期实施和节能运作，但不便于专业管理；按系统划分方便专业管理，但不便于分期实施和节能运作，且安全性较差，一旦出现问题，会同时影响多条线的运营，因此，不推荐采用；封闭式布置设备房间单元划分相对较小，防火隔离安全性高，但不便于管理；开放式布置设备房间单元划分相对较大，设备与通道之间用玻璃幕墙相隔，便于观察和管理，灾害处理较为迅速，但防火隔离安全性较差；集中布置设备房间单元划分相对较大，便于观察和管理，灾害处理较为迅速，但防火隔离安全性较差；分散布置设备房间单元划分相对较小，防火隔离安全性高，但不便于管理，且投资较高。

第5款 设备区各系统设备房的布置楼层和平面布置宜以方便运营管理、便于工程实施，互相关联的管线短为原则，即信号系统设备房（特别是ATS设备房、运行图编辑和打印室）的楼层布置应靠近中央控制室，其次为通信系统设备房、综合监控（或电力监控系统设备房、火灾自动报警系统及环境与设备监控系）系统设备用房，最后是通信电缆引入室和其他系统设备用房。

24.2.10 维修区应满足维护管理和值班等功能要求；维护管理应具有系统调试、维修测试、备品备件保管存放、工器具保管存放等功能，宜设置系统调试室、维修测试室、备品备件室及工器具室；系统调试室和维修测试室应满足更换式维修或小修以下修程的维修要求；各线路宜按专业系统合设，也可分设；备品备件室和工器具室可以各系统合用，也可以根据实际情况分设；各线路宜按专业系统合设值班室，也可分设，男女值班室宜分设。

24.2.11 参观演示室应与中央控制室相邻设置，宜设在中央控制室后上方夹层或楼层上方（当中央控制室的层高较高时），并用玻璃隔断，应注意玻璃反光的方向不要朝向模拟屏，玻璃宜向中央控制室方向略有倾斜，或用深色窗帘作吸光处理。参观演示室宜配置一些教学讲解设施。

24.2.12 第1款 辅助设备区应具有供电、通风、空调、消防、自动灭火、给排水等辅助设施及功能，宜设置管理、办公、操作、工器具、维修及值班用房等管理和办公用房，这些用房可以根据需要合并设置或分开设置，也可与维修区统一考虑设置。

24.3 建筑与装修

24.3.1 控制中心的设计应与监控管理的线路数量和规模、工程条件、运营管理体制、组织架构和岗位设置及功能需求相适应，总体布置应考虑安全、可靠、操作方便、维修方便、管理方便及运营成本低廉等。由于地铁线路工程所处的地理位置、气候条

件、具体线路规划、监控管理的范围、系统设备装备的数量及水平的不同，以及运营总体功能需求的不同，控制中心设置的内容差异较大；实际实施应从具体工程的实际情况出发，根据具体设备的数量，经济合理的确定控制中心的规模、水平、运作管理模式及装修标准。考虑到新技术、新设备、新工艺的推广而增加的系统设备，控制中心宜适当预留将来发展的余地。

24.3.2 考虑到火灾风险和防止雷电干扰等，中央控制室和设备房不宜设在高层建筑的最顶层，宜放在高层建筑的裙房内；为防止水淹也不宜设置在地下；考虑到工作人员紧急情况下的安全疏散，中央控制室不宜设在太高的楼层。

24.3.3 第1款 中央控制室应满足工艺设计要求，室内的总体布置应考虑操作、维修和管理方便，房间面积大小应根据具体线路规划的规模、监控管理的范围、系统设备装备的数量及装备水平的不同、从具体工程的实际出发，经济合理地确定建设规模和工艺要求。室内装修色调直接关系到操作人员的情绪、工作环境和采光效果，室内地坪、墙壁及吊顶的颜色应与室内设备的颜色相协调，室内整个色调应以柔和、明快、舒适为宜。

第3款 室内各调度台之间设有通道，中央控制室应设不少于两个出入口与外部相连。门的大小应考虑操作人员和室内设备及维修设备的进出搬运方便，一般至少有一个门的宽度为1.2m，高度为2.3m，门扇应向外开，不应设门槛，要严密防尘和防鼠，并符合现行消防规范、规定的要求。

第5款 室内地面应装设架空活动地板，活动地板固定要牢靠、便于拆卸，地面应严密、平整、洁净、不起灰、易于清扫和避免眩光，地板与楼板地面之间应留有不小于0.45m的空间，在这个空间内可以用来敷设电缆及风管，电缆应采用电缆桥架有序敷设，至少应满足两层电缆桥架敷设空间的要求，此空间四壁应选用不起灰的材料装修；并应考虑各调度台的系统管线接口、系统电源插座及非系统的电源插座；设备安装位置要在地面上做设备基础或预埋件，不应将设备直接安装在活动地板上，防止设备不稳定，引起事故和故障。

第6款 室内宜设吊顶，吊顶上面的夹层可以敷设通风管道和管线，并应方便照明设备的安装及维修人员的进入；吊顶宜采用轻质、防火、防潮、吸声、不起灰、不吸尘的材料；吊顶应严密，防止虫、鼠进入。吊顶的设计应统筹考虑通风口、照明灯具、火灾自动报警烟感探头、自动灭火系统喷头等的协调布置；模拟屏的上部可以封顶，与吊顶统一协调处理，保持室内整齐美观。

24.3.4 结构设计应满足设备运输、吊装和安装的荷载要求，设备区设备运输通道、设备吊点所在位置及吊点、设备安装区域属于重荷载区域，设备较重时，应根据设备的安装要求，设置设备的承重、固定和起吊装置。

24.4 布 线

24.4.2 综合布线和综合管线应做好空间的预留，以满足检修、扩容和扩展以及更新改造的要求；综合布线和综合管线为保证安全使用，应具有防火封堵和隔离、防水浸泡和防鼠封堵及（南方地区）防白蚁等安全措施。

24.4.3 建筑物常用的布线方式和敷线方式有明管布线、汇线槽布线、墙体和地坪埋线、电缆井布线、电缆走廊或电缆通道布线、架空布线、夹层布线、电缆沟布线、电缆隧道布线等敷线方式，实际采用何种敷线方式，应视具体情况确定。电缆的选择和管线的敷设过程应满足强电、弱电和消防等专业及国家现行有关消防规范的要求。管线敷设应尽量做到线路短、交叉少、敷设整齐美观，便于调试、查线和补线，方便维护管理；管线敷设应将不同用途种类的电缆和管线分别有序敷设在不同层次的电缆桥架或支架上，强电电缆和弱电电缆应分开敷设，防止强电对弱电的干扰。关系到今后发展的管线空间及孔洞应做好预留和临时封堵。

24.4.4 控制中心不同楼层之间使用竖向布线，竖向布线宜采用

电缆井敷线方式，强电和弱电电缆宜分别使用不同的电缆井分开敷设；各层电缆井均应该满足人员进入、工程实施、维修检查、防火隔离及火灾自动报警系统探头安装和维护工作的要求。

24.4.5 控制中心同层之间使用水平布线，水平布线宜采用电缆夹层敷线方式（电缆楼层夹层、吊顶夹层、活动地板夹层），应根据夹层的具体情况，分层分区设置电缆桥架或汇线槽，有序敷设电缆，以利维护和使用；楼宇管线应在吊顶上方空间敷设，系统管线应在活动地板下方空间敷设；应将强电动力电缆和弱电电缆分开敷设，并拉开一定的距离。当采用电缆（楼层）夹层布线时，宜将通风系统、自动灭火系统等辅助系统设备设置在电缆夹层内。控制中心与地铁线路之间的敷线宜采用电缆隧道，便于维修、维护和扩展。

24.4.6 室内不宜外露电线、电缆和管线，以便确保安全；与中央控制室无关的管线不得穿过。

24.5 供电、防雷与接地

24.5.1 控制中心宜单独设置降压变电所，以提供可靠的动力用电。降压所内应设置两台动力变压器（当多线路控制中心规模较大时，为了进一步提高电源的安全性和可靠性，控制中心的电源应至少来至两条以上线路），分别引入两路相对独立的电源供电，满足控制中心一、二、三级负荷的需要，当一台变压器退出运行时，另一台变压器至少可满足全部一、二级负荷的需要。控制中心内通信、信号、综合监控（或电力监控、火（防）灾自动报警、环境与设备监控）、自动售检票、自动灭火等系统设备用电，以及中央控制室和重要设备房照明、应急照明、防排烟设备用电应纳入一类负荷；空调水系统为二类负荷；其他为三类负荷。

24.5.3 控制中心应强、弱电系统统一的综合接地保护系统，总的接地电阻不应大于 1Ω，并应满足各（强、弱电）系统总的散流要求。弱电系统接地极以往是与强电系统接地极分开设置，根据最新的防雷保护理论和方法，强、弱电系统应设置等电位综合防雷接地保护系统。

24.6 通风、空调与供暖

24.6.1 （1）在条件允许的情况下，为了降低各系统设备的故障率，各系统设备房宜长年控制在 24℃ 左右；也可根据各自的情况，控制温、湿度，但总体应控制在温度 15℃～32℃ 和湿度 45％～85％ 范围之内；各系统设备房每小时内的温度变化不宜超过 3℃，并避免结露。当中央控制室室内温度控制在 16℃～27℃ 时，操作人员劳动效率高，差错率低，因此推荐使用。

（2）通风与空调系统应按远期运营条件进行设计，并按照上述不同的功能分区要求进行系统设计，满足不同的环境品质和工作时段的要求。

（3）系统设计时应综合考虑初、近期及各种不同工况，并宜采取相应的节能措施，节约能源，降低运营成本。考虑到多条线路分期投入使用及控制中心分期建设的情况，系统设计及设备布置应考虑近期和远期分期实施的可能性，并预留接口和安装场地。

（4）在条件允许的情况下，中央控制室宜设独立的通风系统，管理用房通风系统宜与设备用房分开设置。

24.7 照明与应急照明

24.7.1 控制中心应设置一般照明和应急照明，并宜采用集中控制方式进行控制；中央控制室、设备房及管理用房应多设电源插座，以解决检修、检修局部照明、卫生清洁等临时用电；照明灯具宜选择节能型、散射效果良好、使用寿命长及维修更换方便的灯具；灯具的布置宜与建筑装修和设备布置相协调。

24.7.2 第3款 当中央控制室采用投影式或其他图像显示式的模拟屏时，模拟屏前区宜尽量暗，操作台面距地面 0.8m 处的照度宜为 100lx～150lx，并考虑局部照明；但整个中央控制室的明暗反差不能太大。室内照明除应满足照度外，光线不应照射到模

拟屏，不应在模拟屏上产生眩光。

24.7.3、24.7.4 设备房、维修用房、办公管理用房及其他各部位的照明应满足各专业的要求和国家现行标准的规定。设备房设备内等个别需要增加照度的地方，可采用局部或临时照明。中央控制室应急照明为正常照明的 30％，可为中央控制室预留一定的调光范围。

24.8 消防与安全

24.8.1 控制中心为一级保护对象，应设置火灾自动报警、环境与设备监控、火灾事故广播、自动灭火、水消防、防排烟等消防系统；重要的电气设备房应设置自动灭火系统；与通风空调系统合用的防排烟系统，其联动控制应由环境与设备监控系统实现。当控制中心按多线路规模进行设计，其规模较大时，中央控制室应设置水喷淋、细水雾或其他适宜的自动灭火系统，具体设置方式应参照相关消防规范，并与当地消防部门协调确定。

24.8.2 控制中心应设置消防控制室，将火灾自动报警系统、环境与设备监控系统及火灾事故广播系统等的操作台或工作站设置在消防控制室，24 小时值班，对大楼消防安全进行监控管理。消防控制室宜设在控制中心首层主要出入口，并与中央控制室设专用的消防电话。

24.8.3 控制中心作为地铁的重要场所，应设置闭路电视监视系统和门禁系统及周界监视等安防系统；对各分区出入口、主要通道和重要房间进行监视和自动录像；宜设置不同形式的自动门，通过身份钥匙或密码开启；重要房间宜设置报警检测装置，以防非法闯入。

24.8.4 控制中心应设置保安值班室，将闭路电视监视和门禁及周界监视等安防系统的操作台或工作站设置在保安值班室，24h 值班对控制中心安全进行监控管理。保安值班室应与消防控制室合并设置，以便降低运营成本；应同时满足消防和安防的要求。

25 站内客运设备

25.1 自动扶梯和自动人行道

Ⅰ 一般规定

25.1.1 自动扶梯及自动人行道按其结构特点分为标准型和公共交通型，根据地铁客流量大、高峰客流时间长等特点，同时结合现行国家标准《自动扶梯和自动人行道的制造与安装安全规范》GB 16899 的规定，要求地铁应采用公共交通型自动扶梯和自动人行道。

25.1.2 从低碳、环保及节能等方面出发，自动扶梯及自动人行道应选用变频调速的设备，自动扶梯及自动人行道的变频控制主要有两种方式：旁路变频和全变频，在工程设计时，应针对具体工程的特点进行充分的比选，最后确定设备的选型。

25.1.6 为保障在灾害情况时，消防疏散自动扶梯的正常工作，供电必须采用一级负荷。

Ⅱ 主要技术要求及参数

25.1.8 重载荷公共交通型自动扶梯和自动人行道的定义是：自动扶梯和自动人行道每天连续运行不应少于 20h，每周运行不应少于 140h，每 3h 应能以 100％制动载荷连续运行 1h。

25.1.9 为了确保运营安全，推荐自动扶梯和自动人行道的控制，优先选择就地级控制。当采用车站级控制时，应在确保安全的情况下才能允许操作。

25.1.10 梯级、梳齿板、扶手带、传动链、梯级链、内外装饰板、传动机构等是自动扶梯和自动人行道的重要传输设备，为了防止烧燃，造成事故，同时结合现行国家标准《自动扶梯和自动人行道的制造与安装安全规范》GB 16899 的有关规定，要求其

传输设备应采用阻燃材料。

25.1.12～25.1.14 此三条只提出主要技术要求及参数，详细技术要求及参数应符合现行国家标准《自动扶梯和自动人行道的制造与安装安全规范》GB 16899 的有关规定。

25.1.15 为了确保乘客的乘梯安全，本条所规定的技术参数与现行国家标准《自动扶梯和自动人行道的制造与安装安全规范》GB 16899 中相关强制性条款 5.7.2.1 对应。

25.2 电 梯

Ⅰ 一 般 规 定

25.2.3 电梯能实现车站控制室、轿厢、控制柜或机房之间的三方通话功能可满足运营需求；是否按"五方通话"功能来进行设计可视具体工程的特点而定。

25.2.8 在发生火灾时，为保障消防梯疏散等作用，供电必须采用一级负荷。

Ⅱ 主要技术要求及参数

25.2.10 在实际工程建设中，部分电梯难以按额定载重大于 800kg 进行设计，为此本规范编制时对《地铁设计规范》GB 50157－2003 中 17.1.1 条进行了调整。

25.3 轮椅升降机

Ⅰ 一 般 规 定

25.3.4 从运营管理、人性化及工程技术等角度出发，应设置可视对讲装置。

Ⅱ 主要技术要求及参数

25.3.8 轮椅升降机运行时所占用宽度，指轮椅升降台打开后平台运行所占用的空间。

26 站 台 门

26.1 一 般 规 定

26.1.3 关于站台门的类型，有的工程配合通风空调系统的需要，将高站台门顶箱上部的固定面板设置为开闭式结构时，也可称作封闭/非封闭转换式站台门。

26.1.5 本条款规定站台门的安装应满足限界的要求，并在设计荷载作用的最不利条件下不得侵入车辆限界。

26.1.7 "站台门不得作为防火隔离装置"的原因是，传统站台门门体材质采用普通安全玻璃和钢材，门扇采用隐框结构，门框和玻璃之间采用密封胶粘接，并设置有橡胶和毛刷，因此不具备作为防火隔离设施的条件。

26.1.8 站台门系统中的绝缘地板、滑动门上的防夹胶条、站台门上下部的绝缘材料、门体上的密封胶条或密封胶、电缆及其他非金属材料应采用无卤、低烟且不含放射性的阻燃材料，以避免在火灾情况下产生有害气体，对乘客造成更大的伤害。

26.2 主要技术指标

26.2.2 "站台门噪声峰值不应超过 70dB（A）"测试条件和标准：离开站台门门体 1m，高度 1.5m（低站台门在距离地面 0.5m）处，高站台门门体顶箱/低站台门固定侧盒盖板面板关闭情况下，在运行中测试的噪音目标值应≤70dB（A）快速响应。

26.3 布置与结构

26.3.4 为保证地铁乘客候车及上下车的安全，高站台门开门高度必须大于车辆门的高度，通常列车车门有效高度 1800mm～1900mm，车内地板面比站台面高 30mm～50mm，考虑乘客上下

车过程中不碰头，取高站台门滑动门有效开门净高不小于 2m，应急门和端门与之保持一致；低站台门为下部支撑结构，其高度受限，综合考虑乘客安全及身高情况，其最低高度不得低于 1.2m。

26.3.5 应急门的设置数量可依据目前国内地铁线路站台门系统的设置情况考虑确定。从安全性和快速疏散角度考虑，应急门的设置数量宜对应每辆车各设置一道，以便乘客在需要通过应急门进出列车车厢的时候可以更加便捷，可以减少在车内行走的距离从而快速离开车厢。

26.4 运行与控制

26.4.4 站台门的重要状态及故障信息应通过站台门与综合监控（或环境与设备监控）系统的接口上传至本站车站控制室，由本站上传至控制中心的功能则由综合监控（或环境与设备监控）系统实现。

26.5 供电与接地

26.5.1 站台门为到站列车提供乘客进出站台的通道，其电源应为一级负荷，以提高站台门系统运行的可靠性。站台门驱动电源为门控单元和门机供电，控制电源为 PSC、IBP、接口继电器等供电，分开设置便于减小相互间的干扰和影响，比如驱动电源故障后，控制电源还可保证 PSC 等设备继续运行，进行监视系统数据查询等。采用"宜"是考虑从整个屏蔽门系统的运营属性来说，驱动电源故障后，屏蔽门停止运行，控制电源有无作用不大，因此根据工程考虑也可将驱动电源、控制电源合并设置。

26.5.2 为保证站台门的状态在失电情况下能够监控，保证控制系统后备电源的独立性，控制系统及驱动系统后备电源应分开设置。实际建设时结合工程和实际运营情况，也可考虑在确保后备电源容量足够且相互不干扰的情况下将控制系统及驱动系统后备电源合并设置。

26.5.7 第 2 款 站台门门体与车站间的绝缘电阻值要求为 0.5MΩ，因据统计，人体的绝缘电阻值在 800Ω～1000Ω 间，人体感知电流平均值为 1mA；人触电能自行摆脱的电流值是 10mA·s；致命电流值是 30mA·s；当站台门和车站结构间绝缘安装时，应保证通过乘客的电流小于 1mA。

27 车辆基地

27.1 一般规定

27.1.1 本条明确了"车辆基地"的统一名称，规定了车辆基地的设计范围。

车辆基地是保证地铁正常运营的后勤基地，车辆基地的设计范围包括车辆段、综合维修中心、物资总库和培训中心以及必要的办公、生活设施等，是地铁正常运营所必需的设备和设施。上述各种设备、设施性质相近，有着较紧密的联系，工程设计中通常布置在一起，形成综合体，可节约工程投资又方便管理。

关于"车辆基地"的名称，原《地下铁道设计规范》GB 50157曾采用"车辆段及其他基地"，《地铁设计规范》GB 50157改用"车辆段与综合基地"，本次《地铁设计规范》修编，根据多年来地铁工程建设实践，基于本"基地"是以车辆检修和日常维修为主体，集约车辆段（停车场）、综合维修中心、物资总库、培训中心及相关设施而形成的综合性生产单位，并考虑到国内现行相关标准和规范的现实，统一名称为《车辆基地》。《车辆基地》是包括上述多个单位在内的综合体总称，在工程设计中，通常可用相应的车辆段或停车场命名，必须明确设有车辆段的基地是车辆基地，仅设停车场的基地也是车辆基地，两者只是规模不同而已。

27.1.2 本条规定车辆基地的功能、布局和各项设施的配置，应根据城市轨道交通线网规划、既有地铁车辆基地的状况和设计的地铁工程具体情况分析确定，其根本的目的是避免功能过剩或不足，力求布局和设施的合理配置，避免重复建设以造成浪费。

城市轨道交通线网规划是地铁工程建设的主要依据之一。在城市轨道交通线网规划中，对各条地铁线的基本走向，包括主要车站和换乘站的规划，以及车辆基地的分布和功能的划分都有明确的建议和意见。城市轨道交通线网规划一经上级主管部门批准即具有相应的约束力，成为地铁工程设计的重要依据。特别是车辆基地，占地面积较大，在线网规划制定时其用地范围已得到规划部门的承认并控制。因此，车辆基地的设计应以城市轨道交通线网规划为依据。

既有地铁车辆基地状况是地铁新线车辆基地设计的另一个重要依据。既有地铁工程在设计时，往往已根据相关线路的规划情况，在功能、规模上进行了综合考虑，特别是车辆段高级修程的大修和架修设备和设施，或一次建成，或预留发展都有安排。同时，既有线路的车辆基地经过几年的运营，情况会有变化，设计时应深入现场了解情况，并作为设计依据。

条文强调车辆基地设计应根据工程的实际情况分析确定。不顾既有线路已形成的功能条件，一味追求本工程的功能齐全，或为减少投资，不加分析地将多条线路车辆检修设备都强加于既有线路上都是不合适的。

条文最后规定："一座城市首建的地铁工程的车辆基地应具有较为完善的功能"，其目的是保证地铁的正常运营，为地铁运营提供一套完整的服务体系。所谓"较为完善的功能"，指的是包括车辆段（或停车场）、综合维修中心（或维修工区）、物资总库（或材料库）、培训中心和必要的生活设施等各项设备、设施，其中车辆段应包括停车、列检、双周、三月检和车辆清洁洗刷等日常运用维修设施，以及大架修、定修和临修等各修程的定期检修设备，应该配套齐全。但应注意到，近几年来由于地铁建设发展很快，有些城市地铁规划首建工程与次建工程修建时间相隔很短，甚至只有2到3年，而且第一条地铁线路的车辆基地用地条件比第二条线路差，因此此条文补充规定"当次建工程与首建工程投产时间相隔不大于5年时，根据选址及用地条件，可将车辆段的厂架修功能留在次建工程中实施"。

27.1.3 车辆基地属大型建设工程，投资大，且大都是地面工程。因此条文强调在总规划的前提下可实行分期实施。一般站场股道、房屋建筑和机电设备等应按近期需要设计，用地范围应按远期规模确定。由于车辆基地近、远期工程联系密切，因此要求确定远期用地范围时应将其股道和主要房屋进行规划和布置，保证工程建设的可持续发展。此外，由于地铁工程的近期设计年限长达10年，因此对某些设施如车辆段的停车、列检库和相应设备，根据检修工艺的具体情况，当今后扩建或增建不影响正常生产和周围环境时，可在完成总体设计的基础上实行分期实施，以避免该部分设施搁置多年不用而造成浪费。

27.1.4 本条规定车辆基地选址的六项基本要求，主要是针对外部条件的要求提出的，对各项要求说明如下：

第1款 用地应与城市总体规划协调一致。

车辆基地用地符合城市总体规划是车辆基地选址的基本条件。车辆基地的选址应满足使用功能需求，并符合城市总体规划的要求，切实做好两者的协调。为保证地铁用地，规划部门在编制"城市轨道交通线网规划"时，应根据线网各条轨道交通线路运营的需要，对各线车辆基地的选址和用地作出初步安排，并纳入城市的总体规划。随着城市的发展，总体规划可能会有所变化或调整。地铁工程规划和建设应从前期的《可行性研究》阶段开始就对车辆基地的选址和用地进行选择和比较，取得规划部门的认可并对用地范围加以控制。

第2款 有良好的接轨条件。

车辆基地的良好接轨条件是保证正常运营、降低工程投资和运用费用的关键。车辆基地通常在终点站、折返站或其他车站接轨，其接轨点和接轨方式的选择应保证列车进出正线安全、可靠、方便、迅速及运行经济。地铁线路和车站可能在地下，也可能在高架桥上，而车辆基地通常设于地面，选址应保证与接轨站之间有适当的距离，不应太远，也不应太近，在满足线路坡度、平面曲线半径和信号要求的前提下，尽量缩短段（场）出入线的长度，减少列车的空跑距离，既要保证正常运营作业的需要，又要尽量减少工程投资。同时还应注意选址的地形、地貌和周围环境，避免出入线因穿越建筑物、构筑物或跨越河流、水域而增加工程量。

第3款 用地面积应满足功能和布置的要求，并具有远期发展余地。

车辆基地的用地面积应根据功能和工艺要求以及总平面布置确定，而且对用地地块的长度和宽度以及地块的几何形状都有一定要求。本款重点强调用地面积的有效性。

第4款 具有良好的自然排水条件。

车辆基地占地面积大，排水种类较多，有地面排水、生产、生活废水和污水的收集和排放，还有纵横布置的管沟排水。由于大量股道的布置和分散的房屋建筑物，造成基地内的排水系统相当复杂。据了解，国内既有地铁车辆基地，大都存在排水不良的问题。规范条文强调具有良好的自然排水条件，在场地高程的确定上应留有余地，为排水系统的设计和施工提供条件。在不能完全实现自然排水时必须采用切实可行的机械排水措施。

第5款 便于城市电力线路、给排水等市政管道的引入和道路的连接。

城市电力线路的引入条件主要是施工期间的用电，至于运营期间的供电，目前地铁工程较多的是建立地铁系统独立的专用供电系统，即集中式供电。采用集中式供电方式时，主要靠内部供电系统供电；但当采用分散式供电方式时，由于车辆基地是地铁系统的用电大户，对利用城市电网供电的供电品质和电力线路的引入条件就显得更为重要了；

给排水等市政管道引入，应考虑既有情况和其规划情况；

考虑道路的连接条件，主要是材料设备的运输和消防的需要。车辆基地一般不设消防车队，而利用城市的消防队伍。

第6款 宜避开工程地质和水文地质的不良地段。

车辆基地是地铁工程的重要后勤基地。基地内通常设有数十条股道和总建筑面积达数万平方米的各类厂房和建筑物，还有各种大型设备和室内外构筑物,这些股道、房屋、大型设备和构筑物都必须有稳定的基础,以保证生产的安全和各项设备、设施功能的正常发挥。车辆基地的选址应尽量选用地形、地貌、地质构造、地层岩性等工程地质条件和地表、地下水位、水量、岩土含水性、地下水腐蚀性、岩土渗透性等水文地质条件较好的地段,尽量避开地质不良地段,其目的是为工程的施工和今后的运营创造有利条件,降低工程造价和运营维修成本。处于工程地质和水文地质不良地段的工程必须采取适当的措施进行处理,以防患于未然。地质条件对工程投资影响甚大,例如某地铁车辆基地选址于河边的冲积地带,冲积淤泥和回填物厚达 15m 左右,且周围河沟纵横、地面高程又低于地区洪水水位高程 3m～4m,水文地质条件欠佳,其结果是:用于基础软土处理、回填、改沟、建桥等费用多达 1.1 亿元(尚未计及房屋建筑基础所增加的投资),占总工程直接费的 13.8%。

以上六项要求是车辆基地选址的基本要求,其中最主要的是选址应与城市总体规划协调一致、有良好的接轨条件和用地面积应满足功能和布置的要求,并具有远期发展余地。六项基本要求构成有机的整体,但它们在实际工程中往往又是互相矛盾的,十全十美的选址几乎是不存在的。因此,在工程项目建设中对选址应综合各项条件进行认真的技术经济比较,做出较优的方案。建设中还有赖于城市规划部门和市政、电力、交通、环保、消防及水利、水文等有关部门和单位的支持与理解。

27.1.5 节约用地、节约能源和资源是我国经济建设的基本方针,土地是不可再生的资源,车辆基地一般都建在地面上,占地面积大,是地铁工程建设的用地大户,在当前提倡建造集约型社会,保证城市轨道交通建设可持续发展的形势下,地铁工程设计,特别是车辆基地的设计应认真贯彻节约用地,少占农田、不占好地的方针,应严格控制车辆基地占地面积。

条文规定车辆基地占地面积应符合现行《城市轨道交通工程项目建设标准》(建标-104)的规定。

表 22 车辆基地占地面积指标表(m²/车)

车 型	A、B 型车	Lb 型车
大、架修段	1000	900
定修段	900	750
停车场	600	500

在实际应用中,有时由于规划部门给出的用地地形条件较差,或远期规模变化较大,可作适当调整,但应作出说明。

27.1.6 车辆基地的消防设施是安全生产的重要保证,包括总平面布置、房屋设计和材料、设备的选用等应符合国家和地方现行有关防火规范的规定,并有完善的消防设施。条文强调应符合国家和地方现行有关防火规范的规定。

27.1.7 根据车辆基地功能和生产性质的特点,规范对所产生的废气、废液、废渣和噪声等环境保护设施设计做了原则性规定。

本条文基本沿用原规范 22.1.8 条内容,考虑到执行规范的实际情况,取消了原文"车辆段与综合基地污水处理的工艺应经当地政府主管部门批准"的规定。

27.1.8 车辆基地受段址环境制约条件较多,设计中往往需对既有河道或水利设施,既有道路或规划道路,以及重要管线工程进行迁移或改建,为实现地铁功能和规模的落实,确保工程建设进度,吸取多年来地铁建设的经验和教训,条文强调对上述市政设施的改移应取得水利,水务及市政相关部门的认可,并把相关工程设施及投资纳入设计,与本工程同时施工。

27.1.9 运输道路是工厂、企业总体设计的一部分,应满足生产和消防的要求。车辆基地应考虑外来材料、设备及新车入车辆段的运输条件,有条件时,可设连接国家铁路的专用线;车辆基地内应有环形通道和必要的回车设施,保证运输畅通。

车辆基地内的道路宜为混凝土路面,主干道路面应为双车道,路宽不应小于 7.0m,通行汽车的一般道路路面宽度应为 4.0m。道路与铁路平面交叉处应按道路宽度设平过道,平面交叉道口应设警示牌。

为满足消防的要求,车辆基地应有不少于两个与外界道路相连通的出口以保证发生火灾时消防车能从不同方向进入现场。

27.1.10 条文对车辆基地需物业开发的设计做出具体规定如下:

1) 首先对车辆基地需物业开发,应明确开发内容、性质和规模,避免其盲目性,造成废弃工程;

2) 总平面布置应在保证车辆基地的规模和功能的基础上,对站场布置、房屋建筑、供电、通风与空调、给排水及消防和环境保护等设备、设施和物业开发的内容进行统一规划,避免相互干扰;

3) 综合考虑车辆基地与物业开发之间内、外道路的合理衔接,并明确车辆基地和物业开发工程接口划分;

4) 做好相关市政配套设施的规划;

5) 按设计阶段做好投资估算、概算及资金来源和筹措,并进行技术经济比较和经济、社会效益分析;

27.2 车辆段与停车场的功能、规模及总平面布置

27.2.1 本条文为地铁工程的车辆段、停车场统一名称。

目前国内对地铁车辆段、停车场的名称尚不完全统一,如有些文件对承担车辆检修任务的车辆段称"车厂或车辆工场";对承担车辆运用整备及日常维修任务的停车场称"运用段或车场",这给工程建设和管理,特别是地铁工程设计文件的统一和规范化带来了一定的麻烦和不便。本规范根据地铁的特点,将统一名称为车辆段和停车场。

我国地铁车辆检修制度属于覆盖性检修制度,即高修程检修包括低修程检修的全部内容。

车辆段应承当车辆定期检修和车辆运用整备及日常维修任务。根据承担车辆定期检修等级的不同,车辆段分为大架修车辆段和定修车辆段。

停车场只承担车辆的运用整备和日常维修保养工作,必要时还承当双周检和三月检任务,有时还配备临修设备和设施。

为减少机构重叠,停车场应按隶属于相关车辆段设计。

27.2.2 车辆的技术条件和参数是界定线路技术标准的基础,是确定地铁系统运营管理模式和维修方式的基本条件,也是地铁系统设备选型和确定设备规模的主要依据。车辆段与停车场的设计和主要设备的选型,都与车辆的技术条件和参数有关。在车辆选型未稳定,车辆主要技术条件和技术参数尚未落实之前匆忙开展设计(特别是施工图设计)和施工,必将造成工程设计大量返工,甚至造成浪费。因此,本条文强调车辆段与停车场的设计应以车辆的技术条件和参数为依据。

27.2.3 根据我国地铁车辆检修的实际情况和管理水平,推荐采用日常维修和定期检修相结合的检修制度。

车辆日常维修和定期检修周期的确定,主要取决于车辆的结构性能和质量、运行线路的技术条件、车辆的使用环境条件、检修人员的技术素质和经验。本条文表 27.2.3 的内容在总结我国现有地铁的运营经验,调查并征求国内主要地铁运营单位意见的基础上,对原《地铁设计规范》GB 50157 - 2003 中车辆日常维修和检修周期表的内容做了适当修改,使之更符合实际,主要修改内容如下:

1) 根据多年来的地铁工程设计的实际情况,取消原条文中"修程和检修周期应由车辆制造商提供,厂商未能提供时"的内容;

2) 延长定期检检修程检修周期,并考虑到工程设计的使用,将大修、架修和定修周期由 100 万 km～120 万 km、50 万 km～60 万 km 和 12.5 万 km～15 万 km,分别改为 120 万 km、60km 和 15 万 km;

3) 为加强日常维修,提高车辆使用率,将原来规范的月检修程分解为双周和三月检;

4) 原来规范对检修时间按近期和远期规定了不同指标,本次修编统一用同一指标。其中大修和架修适当放宽分别

取 35d～32d 和 20d～18d 的高值；定修考虑到作业日趋简单，取 8d～6d 的中间值。

车辆检修周期的各项指标仅用于工程设计时作为确定车辆段规模的依据。随着科学技术的发展和管理水平的不断提高，检修制度还会逐步完善，参数可能会有变化，运营单位在接受工程之后还可根据运营的实际情况作适当的调查，不断完善。

表中检修周期有两种指标，即走行公里数和时间间隔。在各设计阶段计算车辆段规模时应采用走行公里数指标；在预可行性研究阶段或可行性研究阶段，有时不可能得到详细的行车资料，可采用时间间隔指标作为计算依据。

27.2.4 车辆段的作业范围，主要包括管理、运用、日常维修和定期检修四部分。

27.2.5 停车场的作业范围，主要是日常维修，一般情况下只做停车、列检，必要时也可承当双周检、三月检和临修工作。与车辆段不同，停车场是不做定期检修的。

27.2.6 为避免设备投资过大并保证设备的大修质量，设备的大修应尽可能外委相关的专业工厂承担。至于车辆的大修则应进行具体分析。目前我国已有几家车辆工厂能够生产地铁车辆，并提供国内城市地铁车辆，有条件时，利用地铁车辆制造厂的设备能力完成地铁车辆的大修任务是最佳选择。此外，随着地铁建设的发展，有的城市已有地铁线路数百公里，拥有上千辆地铁车辆，城市轨道交通线路成网后车辆数量还会更多，根据所在城市的技术水平和力量，组建本市地铁车辆修理厂完成本市地铁车辆的大修任务也是发展方向之一。

不管是设备外委大修还是车辆外委大修都应因地制宜，并在总体设计阶段进行充分论证、落实。

27.2.7 本条文对车辆段和停车场出入线设计的规定，是在总结我国地铁建设经验的基础上形成的。车辆段和停车场出入线是确保列车进入正线正常运行的首要条件，它还担负着工程车辆夜间进出正线为沿线维修作业、运送机具材料和工作人员的任务。出入线的设计应保证安全、可靠、迅速，且运行合理、经济。对条文具体规定说明如下：

第1款 车辆段和停车场出入线应在车站接轨，并宜选在线路的终点站或折返站。车辆段、停车场出入线在车站接轨，不仅有利于正线列车的正常运行，确保行车安全，也有利于相关车站的管理和作业；接轨站选在线路的终点站或折返站，以方便运营、减少列车出入的空走时间、降低运营成本。但是，车辆段段址的选择受城市规划和工程地质等多种条件的限制，理想的接轨方案往往难以实现，在设计中应结合段址的选择、线路条件、车辆的技术条件和接轨站的条件进行经济技术比较，合理确定车辆段和停车场出入线接轨站和接轨方案。

是否采用八字形两站接轨，主要是根据运营需要，还应根据车辆基地的位置和接轨条件，通过技术、经济比较确定。

第2款 出入线应按双线、双向运行设计，并应避免切割正线；困难条件下，规模等于或小于 12 列位的停车场出入线可按单线设计。

由于车辆段、停车场列车出入频繁，为保证列车出入安全、可靠、迅速，车辆段出入线应按双线双向运行设计，以确保在事故状态下，其中一条线路发生故障时，另一条线路仍可保证列车出入段作业。

当停车场规模不大时，其作业量也不大，通常设一条出入线已可满足运营需，且停车场属相应车辆段管辖，一旦本场出入线出现故障尚可由车辆段协助，因此，规定规模等于或小于 12 列位的停车场出入线可按单线设计。

第3款 出入线与正线间的接轨形式，应满足正线设计运能要求是出入线设计的基本要求。出入线的设计将受段（场）址环境条件、线路条件和接轨站的功能要求及施工条件限制，接轨站往往又是折返站或是换乘站，配线较多，车站布置形式也不同，应以满足运能要求为前提，通过多方案进行经济技术比较，合理确定。

第4款 出入线的长度应考虑满足行车和信号作业的要求。列车在进站前一度停车转换信号或进行其他检测作业时需留有适当长度，该停车位不应影响其他列车的正常作业（包括出段和调车等）。

27.2.8 车辆段、停车场的规模，应满足工程线路的功能和能力的要求。因此，确定车辆段、停车场的规模首先应综合考虑城市轨道交通线网及本线的具体情况，通过全面的功能分析，确定本段（场）的功能定位，并在功能定位的基础上，根据设计基础资料进行各项工作量的计算从而确定规模。

设计的主要基础资料包括线路走向、行车交路、车辆技术参数、列车对数和编组辆数、管辖范围内配属车列数、车辆检修周期和检修时间等。

27.2.10 本条列出车辆段、停车场的线路（统称车场线）的名称，旨在统一名称。其中运用和检修库线包括停车线、列检线、周检修、月检线、定修线、架修线、大修线、车体检修线、油漆线、静调线和临修线等，条文中未列出。

回转线是指能提供地铁列车调头转向的线路，一般有回转线、三角线等不同形式。

国铁专用线是连接地铁线与国家铁路线之间的线路，通常设于车辆基地和附近铁路车站或货场之间，过去曾称为"国铁联络线"，该线的产权一般属铁路部门。考虑到本规范（线路）联络线是专指连接两条地铁线的线路，而在铁路设计中联络线是枢纽内部的连接线路，对于通往厂矿企业的线路称专用线，因此本规范采用"国铁专用线"。

车场线的配备和布置应根据功能需要，满足工艺要求，做到安全、方便、经济合理。

27.2.13 车辆基地是地铁工程的后勤基地，是车辆段（或停车场）、综合维修中心、物资总库和培训中心等多个单位集中设置的综合基地。各系统性质不同，功能各异，设计时应根据功能要求和工作性质按有利于生产、方便管理和方便生活的原则并结合地形条件，进行统一规划、合理布置。

车辆段担负车辆的定期检修和日常维修任务，每天进出车频繁，与正线关系密切，而且线路、设备和房屋建筑多，工艺要求严格。因此，车辆基地的总平面布置应以车辆段为主体。

综合维修中心、物资总库都与车辆段的生产有较密切的关系，和车辆段布置在一起，可利用车辆段的股道和公共设施（包括水、电设施和生活设施等），实现综合利用、有利生产、方便管理和节约投资；培训中心虽具有相对的独立性，但与车辆段布置在一起，邻近生产现场，对教学也有一定的好处，也可利用车辆段的公共设施。

27.2.14 运用及检修库是车辆段主要生产房屋，对工艺流程影响大，因此规定车辆段生产房屋布置应以运用及检修库为核心。同时，要求各辅助生产房屋应根据生产性质按系统布置；与运用和检修作业关系密切的辅助生产房屋宜分别布置在相关车库的侧跨内或邻近地点；性质相同或相近的房屋宜合并设置，以求方便作业、节约用地。

27.2.15 空气压缩机间、变配电所、给水所和锅炉房等动力房屋，宜靠近相关的负荷中心附近布置，目的是减少管道工程数量、节约能源和工程投资。

27.2.17 车辆段内出入线、试车线、洗车线和镟轮线及车场线群外侧应设通透的隔离栅栏的规定是为了确保人身安全。

27.2.18 关于车辆段生产机构的设置，应根据运营管理模式确定。运营管理模式通常应由业主提出，但往往在开展设计的时候，尤其是新建立地铁系统的城市，业主未能提供运营管理模式，因此，条文根据现有各地铁车辆段的管理经验，建议按设置运用车间、检修车间和设备车间三车间的管理体制考虑其生产机构，主要用于办公房屋和定员的设计，设计中可根据实际情况作必要的调整。

27.2.20 车辆基地的围蔽设施包括基地用地范围与外界的隔断和基地内重要设备、设施（如变电所、给水所、物资库等）的围蔽设施。本条主要强调设计中应因地制宜地选择围蔽的材料和结构型式。

27.3 车辆运用整备设施

27.3.1 车辆段运营管理通常设运用、检修和设备三车间。车辆运用整备设施包括停车/列检库（棚）、双周/三月检库和列车清洁洗刷设备及相应的线路，属运用车间管理。列车清洁洗刷设备主要指洗车机，不包括吹扫设备。

27.3.2 明确双周/三月检库与停车列检库（棚）合建时称运用库；双周/三月检库与定修库等检修厂房合建时称联合检修库。

27.3.4 车辆段、停车场的停车能力是衡量设计规模的重要指标，停车能力设计应能满足本线车辆段（场）所有列车的停放要求。考虑到双周/三月检列位具有停车功能，因此，条文规定停车列检库设计的总列位数应按本段（场）配属列车数扣除在修车列数和双周/三月检列位数计算确定；在修车列数仅包括大修、架修、定修各修程的在修车列数，临修作业是临时故障的修理，波动性较大，不计入在修车列数。一条线路可能有多个车辆段（场），设计中应通过分析比较，合理分配各段、场的停车列检列位的比例。

关于列检列位数占停车列检列位总数的比例，这次规定"列检列位数设计不应大于停车列检库总列位数的50%。"比原《地下铁道设计规范》GB 50157-92 规定的30%放宽，比《地铁设计规范》GB 50157-2003 规定的"列检列位数宜按运用库总列位数的50%设计"略紧。

27.3.5 关于停车、列检库（棚）设计，我国各地铁停车、列检线多数按库内设置。国外地铁车辆的停放大多为露天设置，香港机场快线小濠湾车辆段的停车线也按露天停放设置，只是在列车头部考虑司机上下车的局部设有雨棚。广州地铁二号线赤沙车辆段吸取国外和香港的经验，在内地首次将停车、列检库改设为棚，该停车列检棚总宽度为70m，采用大跨度网架结构，降低了工程造价并获得了良好的采光和通风条件，目前国内南方已有多处地铁采用停车列检棚。本次修编对停车、列检库或棚的原则规定维持原规定。

27.3.6 运用库各种库线（包括停车、列检和月检）的列位布置应根据车库型式确定。主要考虑尽端式车库的线路仅能一端出车，贯通式车库的线路可做到两端出车。为保证列车出库顺利、快捷，对不同库型每条库线上的列位布置作了不同规定。其中，月检线由于月检作业时间较长，作业要求较高，规定尽端式月检线应按一列位布置；贯通式月检线可按两列位布置。

27.3.8 为保证作业人员的人身安全，本条规定地面接触轨应分段设置并加装安全防护罩，停车、列检库和三周/双月检库线采用架空接触网时，每线列位之间和库前应设置隔离开关并应设有送电时的信号显示或音响设备。

27.3.9 列检检查坑的设计说明如下：

1 列检检查坑的深度，原规范规定为1.2m，考虑到检查坑设有一定的纵向坡度，同时各地区习惯也有差别，因此本次修订时，列检检查坑的深度定为1.3m～1.5m，有一定的灵活性。检查坑的排水主要是地面清洁冲洗水，应引出室外排入排水系统。

2 对于地势低洼地区，应注意防止洪、涝或地表排水的倒灌。

3 列检检查坑的长度计算公式中，附加长度4m，为停车误差1m和检查坑两端阶梯踏步各1.5m。这是按壁式检查坑考虑的，采用柱式检查坑时可根据需要增加斜坡长度。

27.3.10 我国早期地铁车辆段采用月修，其线路为地面线并设壁式检查坑。近十多年来在上海、广州率先在设计中采用柱式检查坑形式和高架作业平台。多年来的实践证明，双周/三月检库线路采用柱式检查坑和高架作业平台，效果很好，已在全国广泛推广，成为双周/三月检库设计不可缺少的重要设施，现纳入本规范，车顶作业平台和中间作业平台设计时应有安全防护设施。

由于双周/三月检有车顶作业，为确保作业人员的人身安全，列车进库就位后必须切断外部牵引供电电源。双周/三月检作业对车辆部分设备又必须进行调试，因此，条文规定，双周/三月检库宜有1～2列位设调试用外接电源设备。

27.3.11 **第 1 款** 停车库（棚）长度计算公式（27.3.11-1）中：停车列位之间通道宽度8m，综合考虑了信号和接触网分段器安装要求的间距；

停车库两端横向通道宽度9m，考虑停车列位距停车库（棚）两端端墙各4m（至端墙轴线按4.5m计）。

第 2 款 列检库（棚）长度计算公式（27.3.11-2）中：

列检列位之间通道宽度8m，综合考虑了信号和接触网分段器安装要求的间距；列检库两端横向通道宽度9m，考虑列检列位距列检库（棚）两端端墙各4m（至端墙轴线按4.5m计）。作业平台两侧设安全防护设施是为保障工作人员安全。

第 3 款 双周/三月检库长度计算公式（27.3.11-3）中：

月检列位之间通道宽度8m，综合考虑了信号和接触网分段器安装要求的间距；月检库设计附加长度25m，考虑车库前后横向通道净空各4m（至端墙轴线按4.5m计），加上列位两端斜坡道各长8m。

27.3.12 条文规定车辆段应设机械洗车设施，对停车场则需配属车超过12列才设，这是对停车场设机械洗车设施的限制条件，主要原因是机械洗车设施生产效率高，通常每班可洗刷列车8～12列，而且价格也较高，对于任务量不大的停车场很不经济。

洗车线有效长度的计算：

1）尽端式洗车线有效长度计算公式（27.3.12-1）中：

安全距离10m，是参照《铁路技术管理规程》的规定，"在尽头线上调车作业时，终端应有10m的安全距离"确定的。

2）贯通式洗车线有效长度计算公式（27.3.12-2）中：

信号设备设置附加长度12m，包括停车误差和信号机安装位置所需附加长度。其中停车误差为2m，信号机安装位置的要求两端各5m。根据《铁路信号设计规范》TB 10007 的要求，调车信号机处，钢轨绝缘可设在信号机前方或后方各1m的范围内，设在警冲标内方的钢轨绝缘，除渡线外，其安装位置距警冲标计算距离不宜少于3.5m，距警冲标实际位置应不大于4m。因此，本规范综合以上数据取信号机的安装附加距离为两端各5m，全部附加长度总长为12m。

27.3.13 牵出线有效长度计算公式（27.3.13）中：

安全距离10m，是参照《铁路技术管理规程》的规定确定的。在尽头线上调车作业时，终端应有10m的安全距离；

当牵出线仅供地铁列车转线使用，且可依靠列车自身动力行驶而不用调车机车牵引列车时，公式中调车机车长度 L_n 可取消。

27.3.14 车辆段（场）各车库有关部位最小尺寸（表27.3.14）在《地铁设计规范》GB 50157 2003 年版 表22.3.12 的基础上作了适当调整，表中尺寸是根据现有地铁车辆检修、整备作业所需的最小尺寸确定的，设计时不宜小于表中尺寸要求。如由于车辆构造或作业方式有较大变化时，可根据实际需要作适当调整。

27.3.18 车辆段内列车运转调度、检修调度和防灾调度三者工作性质相同，将三者合并设置一处车辆段调度中心（称OCC），统一协调、方便管理。这是香港地铁和广州地铁管理上的先进经验，有利于生产管理和节约投资。

27.3.20 乘务员公寓是为早、晚班司机提供夜间休息的场所。根据地铁运行的特点，早班司机早晨5点以前必须到位，晚班司机晚上则需24点以后才能下班，为保证司机有足够的休息时间，宜设有乘务员公寓，其规模可按每天早晨最初一小时和晚上最后一小时运行列车对数和每列车配备的司机人数确定。公寓应有必要的生活设施。

27.4 车辆检修设施

27.4.1 车辆检修包括车辆的定修、架修和大修等定期检修，及临时性故障的临修。

定修段只承担车辆的定修和临修任务，设了定修库、临修库和辅助生产房屋。根据国内地铁检修的经验，定修采用整列固定作业方式，作业日趋简单，在定修段可不单独设静调库，在定修库内增设调试外接电源设备，静调作业可在定修列位完成，还可减少转线调车作业。

架修和大修车辆段除设有大架修检修库库、临修库和辅助生产分间外，通常尚应设静调库。

27.4.2 车辆段的定修库、大架修库和临修库是车辆定期检修作业场所，人员较集中，车顶、车下都有作业，为保证检修人员的安全，条文规定定修库、大架修库和临修库均不应设接触网或接触轨供电。

车辆经定期检修后需进行静调作业，可在静调库完成，对于定修段的静调作业，通常利用静调列位完成，由于不单独设静调库，需在库内进行升弓调试作业时，应在库端设移动接触网。

27.4.3 第4款 定修库长度计算公式（27.4.3）中，定修库设计附加长度16m，包括检修列位前后距车库前后端墙的通道各5m（距车库端墙轴线的实际距离为5.5m）、列车首尾车钩检修作业长度各1m和检查坑两端阶梯踏步长度各1.5m的总和。

27.4.4 临修库长度计算公式（27.4.4）中，临修库设计附加长度20m，包括检修列位前后距车库前后端墙的通道各约5m（距车库端墙轴线的实际距离为5.5m）、临修作业考虑推出一个转向架进行换轮作业的长度6m和检查坑两端阶梯踏步长度各1.5m的总和，其中转向架换轮作业长度考虑分解后轮对与转向架构架之间各1m，轮对与车体之间间距各2m。

27.4.5 第1款 静调库长度、宽度和检查坑的设计原则与定修库相同；

第2款 静调库内应设外接电源设备，其电压与接触网网压相同；

第3款 接触网供电系统的静调线应设接触网供电，库前应设隔离开关；

第4款 静调库应设局部侧车顶作业平台及安全防护设施；

第5款 设车辆轮廓检测装置以便对检修后的车辆进行外形轮廓尺寸检查。线路为零轨，是车辆轮廓检测作业的要求，零轨线路主要技术要求如下：

1） 车辆轮廓检测装置前后的平直线路长度不应小于一个单元车的长度加一台调车机车的长度。有条件时，平直线路轨道内侧加装护轮轨；

2） 车辆轮廓检测装置前后各一辆车长度范围内的轨道精度要求：

① 轨距：14350-2；

② 轨道水平及高程：左右两钢轨水平及高程允许偏差均不超过1mm；

③ 轨道水平方向在18m范围内，无超过1mm的三角坑；

④ 轨道方向：直线段用10m弦量，允许偏差为1mm；

⑤ 轨顶高低差：用10m弦量不超过1mm。

27.4.6 地铁车辆的架修和大修是车辆检修的高修程检修，均需架车检修。车辆架修和大修的检修方式和工艺流程多种多样，随着科学技术的发展还会不断更新和发展，其厂房的组合和布置也存在着多种方案，因而很难对架、大修厂房的尺寸作出具体规定。这里仅强调一点，应满足工艺流程和检修作业的要求。

架（大）修车辆段一般都同时配置定修库、临修库，通常大都把各种车库组合成检修联合厂房。

27.4.7 对定修库、架修库、大修库和临修库设置起重设备，起重机的选型和技术参数应满足工艺和检修作业要求。

27.4.8 对临修库、架修库和大修库设置架车设备提出设计原则；定修作业通常不考虑架车作业。

27.4.9 库前平直线段的要求主要是考虑避免车辆通过弯道进入车库时，车辆中心线偏离车库大门中心线造成安全事故。条文提出车辆进出库时，车辆外侧各部分距车库大门内框净距不应小于

150mm的要求，以保证安全。同时库前直线段也可避免线路弯道进入库前平过道，便于施工和维修。

27.4.10 镟轮库设计，条文提出六点技术要求，其中第6点为简化镟轮设备制造，保证生产安全，镟轮库（线）不供电，镟轮线应配置公铁两用车或其他牵引设备。

27.4.11 调车机车和调机库设计为充分利用设备能力，调车机车平时用于车辆段内的调车作业，当列车在沿线发生故障时，有条件时可利用调车机进行救援，故调车机车的牵引能力应满足牵引一列空车在空载状态下通过全线最大坡度地段的要求。

27.4.12 试车线设计

第1款 试车线为车辆定修、架修、大修等定期检修和重大临修后的列车或新购列车验收时进行全面动态性能检测而设，试车线的长度主要与列车的性能，包括运行速度、制动性能和参数以及试车综合作业要求有关，各种参数应根据车辆技术条件为依据。

第2款 试车线设为平直线路对试车作业有利，但往往受地形条件限制不可能全长都做成直线，允许线路端部有部分曲线，曲线半径和长度应根据试车时该线段的速度要求。

试车线使用频率较低，且试车作业一般都是在空车状态下进行，试车线的技术标准除平面曲线和坡度外，其他技术标准宜与车场线标准一致，方便施工和维修。

第3款 试车线检查坑长度不小于列车长度的1/2加5m，主要考虑节省投资。列车进检查坑作业分两次进行，增加5m长度考虑了列车停车误差和检查坑两端阶梯踏步长度，方便作业。

试车线通常为露天设置，应有良好的排水设施。

27.4.13 列车吹扫设施设计

吹扫设施宜包括吹扫线、吹扫作业平台和吹扫设备，条文明确列车吹扫设施主要用于列车进行定期检修前，对车辆走行部分、车底架和车底悬挂设备的外部进行除尘吹扫，以改善库内检修作业的劳动条件。

27.4.14 油漆库的作业将产生漆雾和大量粉尘，对人体有一定的危害，容易引起火灾，为确保工作人员的健康安全、减少对厂区环境的污染、避免火灾，条文强调设置通风设备，采取消防和环保措施，并对电气设备提出防爆要求。

27.4.15 为方便作业、缩短转向架走行距离，转向架检修间应毗邻大、架修库设置；定修段不设转向架检修间，必要时可设备用轮对存放场地。

转向架车间内设10t电动桥式起重机，其起重量考虑目前地铁车辆转向架的实际重量已超过5t。

备用良好的轮对存放数量不应小于同时进行架修车辆所需轮对的2倍，主要考虑采用互换修，以提高生产效率。

27.4.20 车辆段的材料、备品仓库为段内储存车辆检修常用材料、零配件的小型仓库，材料、备品来源于本车辆基地物资总库或分库，通常设于检修车间内。

27.5 车辆段设备维修与动力设施

27.5.1 车辆段设备维修与动力设施的工作范围及内容的确定是根据目前国内地铁车辆段普遍采用的运营管理模式制定的，个别城市可能不同，而且根据生产的发展会有变化，在执行中可以根据业主提供的运营管理模式进行适当调整。

27.5.2 设备的大修，特别是大型设备的大修要求较高，需要较高的技术水平和高精度的设备。车辆段的能力有限，其本身设备的配备主要为修车服务。为充分利用地方的设备能力，保证设备大修质量，设备的大修宜外委或外协进行。

27.5.3 车辆段设备维修车间是全段机电设备和动力设施维护、检修主要生产基地，应配备相应金属切削与加工设备、电焊与气焊设备、电器检测设备、管道维修设备和起重运输设备等。其中金属切削与加工设备类型很多，设备利用率较低，为加强管理、提高设备利用率，在设计中全段通用加工设备宜合并设计。

27.5.4 空压机设备的选型应选择低噪声、节能型产品，以满足环境保护的要求。设备的容量应有足够的备用量，为保证设备检

修时仍能供风，设备的数量不应少于两台。

27.5.5 我国幅员广大，南北气候条件差别悬殊，车辆段供暖、通风和空调设施的设计，应根据工艺的要求和当地的具体情况合理设置。

考虑能源的合理利用，推荐供暖地区利用城市集中供热系统。强调独立设计锅炉房时，应符合相关规范的规定。

27.6 综合维修中心

27.6.1 综合维修中心是地铁的组成部分，是确保地铁系统正常运营的重要设施，本条明确综合维修中心的功能和任务，包括全线土建工程设施维修保养和机电设备的维修和检修。

27.6.2 地铁线路、桥涵、房屋（包括车站站房）和机电设备的大修工作专业性较强，需要工种配套齐全的专业队伍完成，而相对来说其工作量不大，综合基地配备齐全的专业队伍难度大。因此综合维修中心设计时，该部分任务应优先考虑外委，以节省投资。

27.6.3 综合维修中心是车辆基地组成部分，综合维修中心设置，应结合运营公司的组织架构及维修模式综合确定，其规模和工作范围分为维修中心、维修工区和维修组三个等级。车辆段或停车场不同的车辆基地都有综合维修单位，只是等级不同而已。

按条文规定，维修中心宜设于车辆段级的基地内，维修工区或维修组则根据需要可设在相关的停车场。维修中心是一级机构，维修工区和维修组应按隶属于维修中心管理设计。

27.6.7 强调轨道检测车、接触网检修车、磨轨车和轨道车等工程车辆的配备应考虑线网的资源共享，避免重复设置。

27.7 物资总库

27.7.3 设于大、架修车辆段内的物资总库宜设立体仓储设备物；在定修段或停车场内的物资分库或材料库可不设立体仓库。

27.7.8 物资总库规模小又在车辆段内，食堂、浴室等生活设施应利用车辆段设施，不单独配置。

27.8 培训中心

27.8.1 本条主要是强调集中管理，避免重复建设。一般一座城市的地铁系统只宜建立一处培训中心。考虑到地铁的发展，条文增加了根据地铁线网的，需要时经论证可对培训中心补强或增设第二培训中心的规定。

27.8.2 培训中心宜设于车辆基地内，主要原因有二：一是地铁培训中心通常规模不大，在车辆基地内，便于利用车辆段的生活设施，减少管理机构，节约投资；二是靠近现场可以利用现场的设备、设施，实现现场直观教育。

27.9 救援设施

27.9.1 设置救援办公室是为了便于全线集中管理，确保及时、准确地处理事故。

27.9.3 利用车辆段和综合维修中心的车辆包括车辆段的调车机车和维修中心的接触网检修车等作为救援用车的一部分，可以充分利用既有设备，节约投资。

27.10 站场设计

27.10.2 对于沿海或江河附近地区的车辆基地内线路路肩设计高程受潮水位控制时，除按重现期为100年一遇的高潮水计算水位外，还应考虑壅水高（包括河道卡口或建筑物造成的壅水、河湾水面超高）加波浪侵袭高或斜水流局部冲高，加河床淤积影响高度（文中统称为波浪爬高值），再加上安全高，条文中重现期100年一遇的标准是参照现行《铁路路基设计规范》TB 10001Ⅰ、Ⅱ级铁路的设计标准。安全高通常采用0.5m。

28 防 灾

28.1 一般规定

28.1.1 根据国内外有关资料统计，地铁可能发生的灾害事故有火灾、水淹、地震、冰雪、风灾、雷击、停电、停车事故及人为事故等灾害，但发生火灾事故最多，而且人员伤亡和经济损失最严重。所以地铁防灾把防止火灾事故放在主要地位，采用比较全面、先进和可靠的防火灾设施。

28.1.4 "预防为主，防消结合"是主动积极的消防工作方针，要求地铁设计、建设和消防监督部门的人员密切配合，在工程设计中积极采用先进的灭火技术，正确处理好运营与安全的关系，合理设计与建立科学的防火管理体制，做到防患于未然，从积极的方面预防火灾的发生及其蔓延扩大。这对减少火灾损失，保障人员生命的安全，保证地铁的安全运营，具有极其重要的作用。对于"一条线路、换乘车站及其相邻区间的防火设计按同一时间发生一次火灾考虑"，是指当只有一条线路来说考虑同一时间内发生一次火灾来考虑，是根据我国40多年来的地铁建设及运营经验，并考虑国外有关资料确定的。随着从单线建设进入网络化建设，提出了换乘车站及其相邻区间按同一时间内发生一次火灾的原则，如二线换乘车站即指二座车站及其相邻的4个区间均按同一时间发生火灾的概率来考虑。三线、四线换乘也类此同样考虑。

28.1.5 地铁车站站台、站厅和出入口通道是供乘客平时进出车站和事故状态下紧急疏散的重要通道，为保证事故状态下乘客疏散的顺利进行，特作本条规定，车站站台、站厅内不影响乘客疏散的区域不受此限制。

28.1.6 地下商业一般存放的可燃物较多，火灾危险性较大，且消防设施标准与本规范相比存在较大差异，必须保证两者在事故状态下的有效分隔，方可根据各组不同的火灾工况采取相应的消防措施。

28.2 建筑防火

28.2.1 第1款 地铁的地下工程是人流密集的封闭空间，出入口是安全疏散通道，通风亭是火灾时组织通风排烟的咽喉。本条规定是参照下列规范规定的：

《建筑设计防火规范》GB 50015规定：建筑物地下室，其耐火等级应为一级；

《人民防空工程设计防火规范》GB 50098的规定：人防工程的耐火等级应为一级。

第3款 控制中心是负责一条或若干条轨道交通线路平时运营和应对灾害的调度指挥中枢，属城市重要生命线工程，因此建筑耐火等级应为一级。

28.2.2 本规范2003年版规定"站厅和站台公共区划为一个防火分区"。随着各城市从单线建设到网络化建设，换乘车站越来越多，甚至到达5线换乘车站的出现，站厅与站台的公共区少则几千平方米，多则几万平方米，甚至更大，显然是不利于防火安全的，无论从阻止火灾蔓延、安全疏散上看均难以满足消防要求。

《城市轨道交通技术规范》GB 50490提出"多线换乘车站共用一个站厅公共区，且面积超过单线标准车站站厅公共面积的2.5倍时，应通过消防性能化安全设计分析，采取必要的消防措施"，本规范在此规定基础上，量化为共用站厅公共区面积不应超过5000m²。

地下车站防火分区面积按使用面积计，即外墙和围护结构的面积可扣除，地上车站仍按建筑面积计。

28.2.3 第1款、第2款 当一座车站设置分离式的2个或多个站厅时，每个站厅应分别设置2个直通地面的出口，是因为如果仅设 1 个出口，一旦出口在火灾中被烟火封住易造成严重的伤亡事故。

第 3 款 地下车站的设备与管理用房，设置 2 个安全出口，是因为如果仅设 1 个出口，一旦出口在火灾中被烟火封住易造成严重的伤亡事故；另外有人防火分区应设置一处直通地面的安全出口，可以兼顾救援；无人值守的防火分区，2 个安全出口通向另一个防火分区即可。

第 4 款 出入口当同方向设置时，若两个出入通道口部之间净距太近，将造成疏散人员拥堵现象，从而易造成严重的伤亡事故，故作了距离的规定。

第 5 款 竖井、爬梯、电梯、消防专用通道，在火灾状态下，供火灾时疏散使用时疏散能力过低，易发生阻塞和踩踏等安全事故，故不能作为安全疏散出口使用；消防专用通道火灾时需供消防人员进入车站进行火灾扑救，故也不能作为安全出口；设在两侧式站台之间的过轨地道，由于处于同一个防火分区内，故不能作为安全出口。

第 6 款 地下车站的换乘通道一般不设置直通室外的安全出口，且通过换乘通道疏散对通道另一侧的乘客疏散会造成较大冲击，故作此规定。

28.2.4 **第 2 款** 列车在两条单线区间隧道内发生火灾时，首先应使列车开进车站，进行疏散。两条单线区间隧道之间规定设置联络通道，且相邻联络通道之间的距离不应大于 600m，是考虑当列车失去动力无法驶向站台而被迫停留在区间隧道内时，乘客可就近通过联络通道进入非火灾区间隧道，再疏散至安全地区。

第 3 款 道床面是作为疏散很重要的通道，不论纵向疏散平台设置与否，利用道床面疏散是不可缺少的。

28.2.5 本条参照现行国家标准《建筑设计防火规范》GB 50016 第 5.1.1 条的规定编制，耐火等级为一级的建筑防火墙耐火极限为 3h，防火分区楼板耐火极限不低于 1.5h。

28.2.7 现行国家标准《建筑设计防火规范》GB 50016 等相关规范规定其他类型公共建筑公共区域房间门到最近安全出口距离不应大于 40m，考虑地铁车站站厅公共区内已经采取了限制装饰材料燃烧性能等级、设置明确的事故疏散导向标志、事故通风、应急照明和火灾自动报警系统等防灾安全措施的前提下，结合地铁车站出入口设置的实际情况，规定站台公共区内任一点到梯口或通道口和站厅公共区内任一点到通道出口距离不得大于 50m。

28.2.8 考虑到事故工况下，乘客从付费区内疏散到地面，依靠打开进、出站检票机门难于应付事故客流的疏散，在栅栏上设栅栏门以补充不足的疏散能力。栅栏门的总宽度数量按加上打开所有进、出站检票机共同承担从站台上疏散上来的乘客不滞留在付费区内确定。

28.2.9 本规定的目的是将地铁车站内部使用可燃或难燃材料的范围尽可能降低，最大限度地避免火灾发生和蔓延。

28.2.11 本条是关于疏散能力的强制规定，以避免灾害发生造成重大人员伤亡。一般情况下均按远期预测客流作为计算疏散设施的通过能力，但对某些建成运营线路，当路网未建成时，会出现近期客流不小于远期预测客流，此时，应选择近期客流作为计算依据，故形成条文中按近期或客流控制期的客流。

安全区，一般情况下指地下封闭车站配备了事故通风系统，能为站台或轨行区列车火灾工况下乘客疏散提供保护的场所，即为安全区。当站台上部为敞开空间或能形成自然排烟的空间亦为安全区（站台层根据需要可配置事故通风系统）。

疏散公式 6min 是指反应时间 1min，余下时间按最不利情况下，指站台轨道区列车上最后一名乘客能疏散到安全区的时间。目前地下三层车站能满足此要求，至于超过地下三层的，应根据情况详细分段计算而定，亦必须满足 6min 内疏散到安全区。

根据当火灾发生时，车站员工应按照驻留在车站各岗位上以指挥、协助、引导乘客疏散和进行初期灭火自救的原则，所以将上一版《地铁设计规范》中车站站台服务人员改成不计在内。

计算中最大客流应按超高峰小时一列进站列车所载客流（非一列车满载客流）来取值。

28.2.13 地下车站消防专用通道应设于主要设备管理区一侧的防火分区内，且能到达地下各层和轨道区。根据《城市轨道交通技术规范》，当地下车站超过三层（含三层）时，消防专用楼梯间应设置为防烟楼梯间。

28.3 消防给水与灭火

28.3.4 消防给水系统的选择。

第 1 款 消防水泵从市政管网直接吸水时，水泵扬程除应按市政给水压力的最低值计算外，还应按市政最高供水压力对水泵的工况和车站内消防给水管网的压力情况进行复核。

第 2 款 当城市自来水管网为枝状管网时，其消防供水可靠性较差，若在火灾时供水中断，将不利于消防队员及时施救，此时，在地下车站内设置消防水池储存足够的消防用水是必要的。

第 3 款 换乘车站按一次火灾进行设计，换乘车站消防给水系统宜采用一套给水系统，且应完善与火灾自动报警系统的设计接口，保证该方案的可实施性。通道换乘的车站由于换乘距离长，换乘车站之间机电系统的管理基本独立，此类换乘车站不宜采用一套消防给水系统。

第 4 款 地面或高架车站一般位于路中或路侧，其屋顶多采用轻钢结构形式，设置高位水箱较困难。当地面和高架车站消火栓系统设有稳压泵和气压罐时，可不设高位水箱。我国北京、上海、广州地铁地面和高架车站采用消防泵加压的消火栓给水系统设置了稳压泵及气压罐而未设置高位水箱，均取得了当地消防部门的认可。

28.3.5 与地下车站相连的地下区间（含联络线、出入段线）均应设置消火栓系统。两端为地面线或高架线的独立地下区间长度大于 500m 时，应设置消火栓系统，本条参照现行国家标准《建筑设计防火规范》——城市交通隧道的规定确定。

28.3.8 **第 1 款、第 2 款** 地下区间消火栓给水水源由相邻地下车站供给，地下车站和地下区间消火栓给水系统应形成环状供水管网。

每个地下车站宜从城市环状管网上引入两根给水管，其供水区段可为一个车站加相邻各半个区间，或是一个车站加一个区间长度，采取哪一种方案视消防水泵扬程和两个相邻车站的地面高差等因素确定。当城市自来水只能为地下车站提供一路进水管，若车站设置消防水池，则供水区段划分与两路进水车站相同；若采用邻近消防水源备用的方案，则两个车站供水区段的划分应相同。

区间是否设置消火栓管道连通管应根据供水的安全性、消防水泵扬程、区间管道长度、管道承受的压力及安全性，以及过轨管敷设方案等因素综合确定。

第 7 款 地铁工程消火栓口的静水压力和出水压力应与现行国家相关标准的要求保持一致。若地铁工程消火栓口静水压力或出水压力不能满足相关规范的要求，应采取相应的减压措施。

第 8 款 车辆基地内存放地铁运营的列车，且兼顾了地铁车辆大修和临修的功能，地位重要。为便于扑救初期火灾，车辆基地内所有消火栓箱内的配置均应与车站一致，配置自救式消防软管卷盘。

第 9 款 地铁工程经消防水泵加压的消火栓给水系统，在消火栓处设置启泵按钮旨在提高系统供水的可靠度，所以，无论消火栓给水系统是采用市政水压直接稳压还是稳压泵稳压的给水系统，都应设置水泵启泵按钮。

28.3.10 地下区间消防管道的设置位置受车辆受电形式的限制。为保证接触轨供电的安全，区间消防干管与接触轨同侧敷设时应根据接触轨电压等级的不同保持一定的距离。我国既有地铁开通线路如北京地铁为 DC750 接触轨，广州地铁为 DC1500V 接触轨，以上两种电压等级给排水及消防管道与接触轨的最小距离分别为 50mm 和 150mm，接触轨电压等级高，消防管道与接触轨距离应较大值，反之应取较小值。

28.3.13 本条明确了地铁工程自动灭火系统保护区的设置范围。当变电所的 33（35）kV 直流开关柜独立设置，且采用空气绝缘方式时，该房间可不设自动灭火系统进行保护。

28.3.15 国内地铁工程目前使用较多的两种消防给水管管材为球墨铸铁给水管和热镀锌钢管，球墨铸铁给水管防腐蚀性能好，在北京地铁 1 号线和 2 号线有成功应用的经验。热镀锌钢管重量轻，施工维护方便，在南方地区如广州有成功应用的经验。以上两种管材均可在地铁工程中使用。地铁工程采用的其他新型管材必须经国家固定灭火系统质量监督检验测试中心检测合格方可使用，若地下车站及区间明装消防管采用外涂覆其他防腐材料的管材，应保证防腐材料在受热过程中不产生对人体有害的有毒气体。

28.4 防烟、排烟与事故通风

28.4.1 根据国内外资料统计，地铁发生火灾时造成的人员伤亡，绝大多数是被烟气熏倒、中毒、窒息所致。因此有效的防烟、排烟已成为地铁发生火灾时救援的重要组成部分。

由于地铁对外连通的口部相对来说是比较少的，一旦发生火灾，浓烟很难自然排除，并会迅速蔓延充满隧道，给救援工作带来极大的困难，同时由于人员要在狭长的隧道中撤离，需经过较长的路程才能到达口部，浓烟充满隧道会使可见度较低，人员不易行走，未到达口部就会被烟气熏倒。较好的方法是使人、烟分向流动，用机械排烟设备使烟气在隧道内顺着一个方向流动并排出地面，人员从另一个方向撤离，这样才易于脱险。1969 年 11 月 11 日，北京地铁因电气故障造成电气机车发生火灾，浓烟聚集，由于排烟设备不完善，未能形成有组织的排烟，因此烟气四处扩散，并从口部逸出，给人员疏散及救援造成极大的困难，多人被烟气熏倒，200 多人中毒受伤，这是严重的教训。尽管地铁建设和运营中采取了各种预防措施，但由于实际运营过程中各类意外因素的影响，仍然不能完全排除火灾发生的危险，因此，必须强调地铁车站及区间隧道要具备防烟、排烟系统和事故通风系统。

防烟、排烟系统在风量、风压及设备的耐温标准等方面都有特殊要求，不可简单地用正常运行的通风系统代替。设计时若考虑共用一个系统，则应同时满足防烟、排烟和正常通风的要求。

28.4.2 **第 1 款** 地下车站的站厅和站台是人员集中区域，无论是站厅或站台发生火灾，还是着火列车进站疏散乘客，为保证此区域在规定时间内人员撤离所需要的环境条件，都必须设置可靠的防烟、排烟设施；

第 2 款 连续长度大于 300m 的区间隧道和全封闭车道较为闭塞，一旦发生火灾，烟气流通途径不畅，烟气将难于自然排出，人员如需要下车疏散时，疏散距离也较长，无法在可忍受的时间内安全撤离到开敞的安全区域，因此，必须设置可靠的防烟、排烟设施；

第 3 款 防烟楼梯间和前室在发生火灾事故时是车站工作人员撤离的必需的安全通道，也可以为消防救援人员所使用，必须保证其不受烟气的侵扰，可靠的防烟、排烟设施是必不可少的。

28.4.3 本条规定同一个防火分区内的地下车站设备与管理用房的总面积超过 200m² 时应设置机械排烟设施，是参照《高层民用建筑设计防火规范》GB 50045 制定的。

但是，同一个防火分区内的地下车站设备与管理用房的总面积的计算应根据房间的实际使用情况加以考虑，不能将防火分区内的所有设备与管理用房的面积简单地进行相加。根据本规范车站建筑防火的有关规定，地下车站设备与管理用房的内走道的排烟要求已有专门的规定，这里不必再予考虑，其面积不计入总面积。

地下车站内的消防泵房、污水泵房、蓄电池室、厕所、盥洗室、茶水室、清扫室等房间的面积不计入防火分区面积内，且这些房间因没有人员经常停留，也不易发生火灾，可以不设机械排烟。

气瓶室、储藏室和折返线维修用房由于平时无人停留，其面积不计入总面积。

通风、空调机房、冷冻机房一般靠近送排风道，当机房面积超过 200m² 时，排烟系统单独设置，其面积不计入总面积；若面积不超过 200m² 时，因其内部平时无人经常停留，其面积也不计入总面积。

用气体灭火的房间，其面积不计入总面积。

同时本条规定，将地铁设备与管理用房的内走道视为与地面建筑物的内走道性质相同，地面建筑物发生火灾时，人员是从房间通过内走道到达楼梯间，再通过楼梯间疏散到室外；地铁设备与管理用房发生火灾的人员疏散情况与此基本一致，首先通过内走道到达车站公共区，然后，再通过公共区，经由出入口疏散至地面，可以看出二者在原理上是相同的。因此，参照现行国家标准《高层民用建筑设计防火规范》GB 50045 的规定，当地铁的设备与管理用房的内走道最远点到车站公共区直线距离超过 20m 时，应设置机械排烟。

地下通道和出入口通道的设置情况多种多样，但基本上可概括为车站到车站、车站到地下商业区、车站到地面建筑以及车站到地面出入口等几种形式。由于出入口通道或地下通道两端与外界或车站公共区直接相通，可以认为有自然排烟条件，但当这些通道的长度超过 60m 时，参照现行国家标准《高层民用建筑设计防火规范》GB 50045 的规定，应设置机械排烟。

对于前三种形式的通道长度应计算从通道与车站公共区连接的口部至与另一车站、地下商业区或地面建筑公共区域相连接的口部之间的连续长度，其间如有坡道或楼、扶梯，则应计算其斜线长度。

对于出入口通道，则应计算从通道与车站公共区连接的口部至出入口计算点的连续长度，其间如有坡道或楼、扶梯，则应计算其斜线长度。所谓出入口的计算点是指直达出入口的楼、扶梯与出入口通道的汇合点。

28.4.6 地铁地下车站和区间隧道可提供给通风与空调系统利用的空间是很有限的，正常通风与空调系统的管道断面尺寸一般较大，本身布置难度就很大，而且通风机房面积很大，若另单独设置一套防烟、排烟和事故通风系统，需要再增加防烟、排烟与事故通风机房，面积就更大，有时难以实现。因此，实际工程中，往往将防烟、排烟系统与事故通风和正常的通风与空调系统合用。此种情况下，为安全起见，确保火灾发生时能及时有效地满足防烟、排烟和事故通风的要求，就需要通风与空调系统采取可靠的防火措施，且应符合防烟、排烟系统所要达到的各项要求，同时还必须设计一套可靠的控制系统，确保发生火警时能从正常通风与空调模式快速转换为防烟、排烟运行模式。

28.4.7 地铁可能发生火灾的三个主要地域分别为区间隧道、车站的站厅和站台、车站设备与管理用房。根据其情况不同，分别作了规定：

第 1 款 区间隧道发生火灾时，应组织背着乘客疏散方向排烟，迎着乘客疏散方向正压送风，形成推拉式的防烟排烟系统。

第 2 款 当地下车站的站厅或站台发生火灾时，应能组织机械排烟，并保证出入口为正压进新风，乘客向地面疏散。

第 3 款 地铁事故通风主要是指列车因非火灾的其他故障不能正常行驶而停在区间内，乘客困在车内等候修理或有组织地向安全地点疏散，均需要一定的时间才能完成，但在这段时间内，列车和乘客仍在散发大量的热，由于列车停止行驶而失去了活塞效应的通风，车辆的空调器也难以运行，从而使空气温度上升，乘客难以忍受。必须通过机械通风的方法对事故地点送风，以降低隧道内空气温度，保证车辆的空调器正常运行，因此本条确定了事故通风功能是向事故地点送风。

第 4 款 当地面或高架车站发生火灾时，其站厅或站台与外界联系较为密切，可以通过有效的排烟和自然补风保证烟气的排出和人员疏散通道处于无烟区。

第 5 款 设备与管理用房发生火灾时，应能组织机械排烟。

对用气体灭火的房间设排风及送风系统。

28.4.8 本条是参照日本防火法规和我国现行国家标准《高层民用建筑设计防火规范》GB 50045 以及我国现行《城市轨道交通技术规范》GB 50490 的规定制定的。但考虑到地下车站的建筑和结构型式复杂、多样，站厅和站台的面积和规模很大，而且，在目前的地铁建设中，各城市地下大型多线换乘车站不断出现，导致站厅和站台面积存在不断增大的趋势，为将烟气控制在一个合理的区域内，将有效的排烟功能、减少设备系统占用的土建面积与空间的要求、简化设备系统的构成，以及降低设备的体量等方面综合考虑，将站厅与站台的公共区每个防烟分区的建筑面积定为不宜超过 2000m²。

28.4.10 本条规定的排烟量是采用日本国际协力事业团为上海地铁一号线制定的车站内排烟标准的数据，即"防烟分区部分按地面面积每平方米要具有 1m³/min 以上的排烟能力"。我国现行《人民防空工程设计防火规范》GB 50098、《高层民用建筑设计防火规范》GB 50045 的规定内容与此相同。需要说明的是本条的后半条"当排烟设备需要同时排除两个或两个以上防烟分区的烟量时，其设备能力应按同时排除所负责的防烟分区中两个最大的防烟分区的烟量配置"与上述规范规定不同。上述规范规定"当排烟设备担负两个或两个以上防烟分区时，应按最大防烟分区面积每平方米不少于 2m³/min 计算"，本条是根据地铁具体情况制定的，地铁的站台、站厅，其面积都很大，而且站厅与站台的公共区在划分防烟分区时，各个防烟分区的大小并不是均匀的，由于地下车站建筑和结构型式的复杂性，经常出现防烟分区面积差异较大的情况，如果设备按排除最大防烟分区面积每平方米不少于 2m³/min 计算的烟量配置，设备能力将大大冗余，因此本条规定，选取排烟设备所负担的所有防烟分区中面积最大的前两个防烟分区面积之和，按每平方米不少于 1m³/min 计算的烟量配置设备，其设备能力完全能够满足火灾工况下的排烟量的需求。

28.4.12 本条参考美国《有轨交通系统标准》（NFPA 130，Standard for Fixed Guideway Transit and Passenger Rail Systems）制定，基于两方面考虑，其一是发生火灾时，烟气水平方向流动的速度为 0.3m/s～0.8m/s，因此送风的速度必须大于 0.8m/s，才能使烟气流按规定的方向流动；其二是地铁发生火灾时，规定了乘客迎着新鲜空气流入的方向迅速撤离，因此必须造成一种气流使乘客感受到有新鲜空气流动，指示其撤离的方向。同时当乘客感到有新鲜空气流动时，从心理上就产生了安全感，会鼓足勇气迅速地迎着新鲜空气流入的方向撤离到安全地带。使人们能感受到新鲜空气流动的最低速度为 2m/s，不言而喻，采用 2m/s 的排烟速度就能同时满足上述两方面的要求。此外，本条又规定了排烟流速不得大于 11m/s，因为当排烟速度大于 11m/s 时，新鲜空气的流动速度也大于 11m/s，在此速度下乘客不能行走，无法安全撤离。

28.4.13 本条参考美国《有轨交通系统标准》制定。该标准在 2003 年版中规定："用于事故通风的风机，其电动机和全部暴露在气流中的部件，须设计为能在 482°F（250℃）的外界气流中至少运转一小时，但应允许通过设计分析来降低温度，任何情况下，其值不能低于 300°F（149℃）运转一小时"。近年来我国排烟与事故风机等设备的技术进步和设备成本的降低，目前，在不明显加大建设和设备投资的前提下，实现本条所规定的标准已经完全不存在任何困难，因此，从提高系统的安全性和统一设备技术参数的角度出发，将区间隧道事故、排烟风机、地下车站公共区和车站设备与管理用房排烟风机统一规定为应保证在 250℃ 时能连续有效工作 1h。

28.4.14 地面及高架车站公共区和设备与管理用房位于地面以上，其排烟需求和规律与地面建筑相同，因此，参照我国现行国家标准《高层民用建筑设计防火规范》GB 50045，规定其排烟风机应能保证在 280℃ 时连续有效运转 0.5h。

28.4.16、28.4.17 参考我国现行国家标准《高层民用建筑设计

防火规范》GB 50045、德国《高层住宅设计规范》和日本地铁有关规范，结合北京、广州和上海等城市地铁建设经验，规定采用自然排烟时，排烟口的设置位置及有效面积。

28.4.22 本条明确通风与空调系统设置防火阀的要求，是因为排烟系统在穿越不同防火分区时，当烟气温度达到或超过 280℃ 时，烟气中已经带火，因而需要设置防火阀来加以控制，否则带火烟气将殃及所穿越的防火分区，造成更大的灾害。但在通风与空调系统穿越一些设置防火门的重要房间时，如若这些房间同在一个防火分区内，则不必设置防火阀，因这些房间对地铁而言均处于同等的地位。

28.5 防灾通信

28.5.1 地铁内一旦发生灾害，最关键的是采取及时的灾害救援，尽量确保人身财产的安全，这时候，顺畅的通信工具成为灾害报警，灾害救援的必要手段。公务电话系统由于本身具有与市话网的联通功能，灾害情况必须确保与报警电话 119 的快速顺畅联络，及时报告和处理灾害，而专用无线通信系统，公安和消防无线通信系统可以提供救灾人员流动情况下的通信联络，确保救灾现场人员之间以及救灾现场与后台指挥之间的通信。

28.5.5 根据火灾报警设计规范，消防应设置专用调度电话。另外，专用通信系统的专用电话系统中，设置了防灾调度电话，正常时作为环控调度使用，灾害时作为防灾调度使用，可为中心调度员和车站值班员之间以及车辆基地调度员之间提供防灾调度通信手段，确保中心、车站、车辆基地之间的防灾调度通畅。

28.6 防灾用电与疏散照明

28.6.1 鉴于地铁消防安全的重要性，消防设备应按照一级负荷供电，为避免配电干线故障对消防设备供电的影响，末级配电箱应设置自动切换装置。火灾时，为避免事故扩大，需要切断非消防设备电源；为保证扑救工作的正常进行，消防设备不能停电。

28.6.2 应急照明的供电时间依据现行国家标准《城市轨道交通照明》GB/T 16275 确定。

28.6.3 为了避免误操作，影响灾情扑救，防灾用电设备的配电设备应有紧急情况下方便操作的明显标志。

28.6.4 据多个城市调查，由于照明器设计、安装位置不当而引起过许多火灾事故。本条规定了照明器表面的高温部位靠近可燃物时，应采取防火保护措施。

28.6.5、28.6.6 为有利于人员安全、有序地疏散，应设置疏散通道照明、疏散指示标志。因上述位置直接影响人员疏散工作的进行，故作此规定。对于本规范未明确规定的场所或部位，设计人员应根据实际情况，从有利于人员安全疏散需要出发，考虑设置。

28.7 其他灾害预防与报警

28.7.1 防止水流入地下隧道造成安全事故。

28.7.6 地铁杂散电流腐蚀，是一种长期性的电化学腐蚀过程，防护不当，危害严重，其影响涉及供电、轨道、结构和各种金属管线，各相关专业和系统应重视杂散电流腐蚀的防护，并采取有效措施。

29 环境保护

29.1 一般规定

29.1.1～29.1.3 地铁建设期与运营期应贯彻《中华人民共和国环境保护法》、《建设项目环境保护管理条例》国务院（1998年）第253号令等相关国家法律法规，依照《中华人民共和国环境影响评价法》开展环境影响评价。根据环境影响报告书及其批复意见，按照相关环境标准的要求，明确环境保护目标，进行环境保护设计。根据地铁建设期和运营期的主要环境影响因素，按照地铁工程环境影响报告书的专题设置，遵照环境保护要求，本规范从线路规划、工程设计、环保措施等方面提出了环境保护的设计要求。

根据《环境影响评价技术导则城市轨道交通》HJ 453-2008（2009年4月1日实施）的规定，电磁环境评价内容包括110kV及以上电压等级的变电所的选址及其电磁环境影响。由于国内地铁尚无110kV及以上电压等级环境评价的相关标准，评价中一直参照现行《500kV超高压送变电工程电磁辐射环境影响评价技术规范》HJ/T 24执行。该规范已经完成修订，修订后改为《环境影响评价技术导则 输变电工程》HJ/T 24，适用范围覆盖了110kV及以上电压等级的交、直流输变电工程，但该规范修订版尚未批准发布。因此，对于110kV及以上电压等级的变电所目前仍按现行《500kV超高压送变电工程电磁辐射环境影响评价技术规范》HJ/T 24的相关规定执行。

29.1.5 第1款 地铁车辆基地、停车场产生的生产废水、生活污水以及沿线车站的生活污水排放，若有地方污染物排放标准的应当执行地方污染物排放标准。否则，执行现行国家标准《污水综合排放标准》GB 8978。

第3款 由于地铁采用电力牵引车辆，沿线无大气污染物产生。对于冬季供暖地区，车辆基地或车辆段供暖锅炉会有大气污染物产生。目前，燃油锅炉替代了燃气锅炉，使大气污染物大大降低，其废气排放应达到现行国家标准《锅炉大气污染物排放标准》GB 13271的规定。

29.2 规划环境保护

29.2.1、29.2.2 《中华人民共和国环境影响评价法》（2003年9月1日实施）规定，国务院有关部门、设区的市级以上地方人民政府及其有关部门组织编制的土地利用规划、综合规划以及专项规划应当进行环境影响评价。地铁线路规划应当符合城市轨道交通建设规划，并根据轨道交通建设规划环境影响报告书的结论及其审查意见，工程选线选址应当避开自然保护区、饮用水源保护区、生态功能保护区、风景名胜区、基本农田保护区，以及文物保护建筑等需要特殊保护的地区，并应避绕文教区、医院、敬老院等特别敏感的社会关注区，地下线路应尽量避免下穿环境敏感建筑。

29.2.3 目前国内在进行城市轨道交通建设规划过程中已形成基本共识，地铁线路规划应符合城市轨道交通建设规划，注重避绕自然保护区、饮用水源保护区、生态功能保护区、风景名胜区、基本农田保护区以及文物保护建筑等敏感目标。工程选线一般利用城市既有交通走廊，中心城区原则上采用地下敷设方式，中心城区以外，在道路条件及沿线条件允许的地段一般采用高架或地面方式。

29.2.4 根据工程项目确定的系统制式、轨道线路形式、车辆与设备选型及其噪声、振动源强，以及行车组织计划，按照当地环保部门确认的环境噪声、振动执行标准，地铁工程环境影响报告书根据计算对噪声、振动防护距离提出的要求，经国家环境保护部门批复确认后，工程中关于线站位、风亭、冷却塔以及110kV及以上电压等级的地面变电所的设计应按照该防护距离

执行。

29.2.5 地铁工程环境影响报告书提出的噪声、振动防护要求，既为工程沿线用地控制提供依据，同时也是沿线城市规划的依据。已建成的地铁线路两侧进行城市规划时，在防护距离范围内第一排不宜规划建设居住、文教、医疗、科研等环境敏感建筑。

29.3 工程环境保护

29.3.1～29.3.4 关于噪声、振动防护有多种方式，包括降噪、减振各类工程措施，以及控制距离要求等。

关于噪声、振动防护距离的确定说明如下：

（一）根据地铁A型车和B型车噪声、振动源强及噪声、振动传播衰减规律，按不同环境功能区噪声、振动限值，核算地上线（高架线、地面线）噪声、地下线振动的防护距离。

（二）防护距离的计算及条件：地铁噪声、振动防护距离取决于地铁噪声、振动的影响范围，其噪声、振动影响及传播范围与车辆噪声、振动源强及工程参数，包括轨道结构、桥梁类型、行车速度，以及敏感点与线路的相对位置关系等密切相关，按照夜间的噪声、振动标准要求计算提出。

（1）计算公式：

噪声：$L_{Aeq,p} = 10 \lg \left[\frac{1}{T} \left(\sum nt_{eq} 10^{0.1 L_{P,A}} \right) \right]$

$$L_{P,A} = \frac{1}{m} \sum_{i=1}^{m} L_{P0,i} \pm C$$

振动：$VL_z = \frac{1}{n} \sum_{i=1}^{n} VL_{z0,i} \pm C$

（2）计算条件

①A型车和B型车噪声源强，A型车比B型车噪声源强大2～3dBA；

②轨道结构为混凝土无砟道床，混凝土枕，60kg/m连续钢轨；

③高架桥为普通连续箱形梁，轨道两侧采用防护栏，桥面无遮挡；

④最高设计速度80km/h～100km/h，列车运行速度70km/h；

⑤运营远期行车组织（列车编组、行车密度）；

⑥地面有建筑物遮挡；

⑦列车噪声按有限长线声源进行衰减；

⑧地面风亭、冷却塔噪声防护距离是以风机常规消声设计为前提，冷却塔为低噪声冷却塔。当防护距离不能满足时，需强化风机消声措施，优先选用低噪声或超低噪声冷却塔。

（三）防护距离的应用条件：噪声、振动防护距离，应根据系统制式、车辆选型、最高设计运行速度、桥梁类型等工程实际条件进行计算。地铁防护距离的提出既为地铁工程沿线用地控制，同时又为地铁沿线城市拆迁改造和城市规划提供依据。

（四）地上线的噪声及地下线的振动防护距离要求，当采用A型车或B型车时，可考虑以下建议：

（1）噪声：0类区，康复疗养区等特别需要安静区域的敏感点，外轨中心线与敏感建筑物的水平间距≥60m；1类区，居住、医疗、文教、科研区的敏感点≮50m；2类区，居住、商业、工业混合区的敏感点≮40m；3类区，工业区的敏感点≮30m；4a类区，城市轨道交通两侧区域（地上线）的敏感点≮30m。

（2）振动：居民、文教区、机关的敏感点，Ⅰ、Ⅱ、Ⅲ类建筑，外轨中心线与敏感建筑物的水平间距≮30m；商业与居民混合区、商业集中区的敏感点，Ⅰ、Ⅱ、Ⅲ类建筑≮25m。

（3）当线路外轨中心线与敏感建筑物之间的距离不能满足噪声、振动防护距离且环境超标时，应采取降噪或减振措施；当线路下穿敏感建筑物时，应采取特殊轨道减振措施。

（4）噪声、振动防护距离指地铁列车噪声、振动单独作用，不含其他交通噪声和振动。

（5）噪声防护距离有降噪措施条件的，振动防护距离是无减振措施条件的。

（五）防护距离应用的具体建议：

1. 对于规划区，地铁先建敏感建筑后建，应按照本规范的要求，在噪声、振动防护距离范围内不宜规划建设居住、文教、医疗等敏感建筑。

2. 对于建成区，敏感建筑先建地铁后建，当不能满足噪声、振动防护距离要求时，如地下线临近甚至下穿敏感建筑，或风亭、冷却塔选址困难的情况，应对线路采取轨道减振措施，或对风亭、冷却塔采取消声降噪等综合措施，以使环境影响符合振动、噪声限值标准的规定。

3. 对于风亭和冷却塔合建时，以及进风亭、排风亭和隧道风亭合建时，应符合表29.3.4规定的防护距离。

29.3.5 《500kV超高压送变电工程电磁辐射环境影响评价技术规范》HJ/T 24中未涉及高压送变电设备防护距离的要求，修订后的《环境影响评价技术导则　输变电工程》HJ/T 24（尚未批准发布）规定了架空输电线路与电磁环境敏感目标的距离，但对于变电所的防护距离未作规定。因此，对于城市轨道交通工程地面设置的110kV及以上的变电所提出与敏感建筑物的间距要求，将为工程设计和环境影响评价提供依据。

29.4 环境保护措施

29.4.1 地铁环境保护措施指运营期的环保措施，针对地下线路、地面和高架线路的区间、车站、变电所、车辆基地、停车场，其中包括列车及设备以及附属设施所产生的噪声、振动、水污染、生态保护等工程治理措施，以减振、降噪、污水处理措施为主。在国内外地铁工程中应用比较普遍，对控制和减缓地铁列车噪声、振动具有明显效果的减振降噪措施主要有：金属弹簧浮置板减振道床、橡胶浮置板减振道床、轨道减振器、各种弹性扣件以及各种形式的声屏障等。

29.4.3 根据《建设项目环境保护管理条例》的规定，建设项目的初步设计，应当按照环境保护设计规范的要求，编制环境保护篇章。根据建设项目环境影响报告书结论及其环境保护主管部门的批复意见，明确环境保护目标，落实环境保护措施设计。《环境影响评价法》第二十四条规定：建设项目的环境影响评价文件经批准后，建设项目的性质、规模、地点、采用的生产工艺或者防治污染、防止生态破坏的措施发生重大变动的，建设单位应当重新报批建设项目的环境影响评价文件。因此，当地铁线路走向、敷设方式或沿线敏感目标等发生重大变动时，应按重新报批的建设项目环境影响评价文件开展设计。

29.4.4 地铁环境保护措施的设计目标值应根据环境影响报告书，以及当地环境保护主管部门确认的环境功能区标准或污染物排放标准来确定。按原国家计划委员会和原国务院环境保护委员会于1987年3月20日发布执行的《建设项目环境保护设计规定》及相关技术规范的要求进行设计。

29.4.5 地铁土建工程的设计年度一般按远期设计，机电工程按近期设计。地铁环境保护工程设计年度应与其主体工程设计年度相同，即按远期设计，可分期实施；或按近期实施为远期预留实施条件。

29.4.6 根据国务院（1998年）第253号令《建设项目环境保护管理条例》的规定，建设项目需要配套建设的环境保护设施，必须与主体工程同时设计、同时施工、同时投产使用。环境保护设施必须经原审批环境影响报告书的环境保护行政主管部门进行竣工验收，并且合格后，该建设项目方可投入使用。分期建设、分期投入使用的建设项目，其相应的环境保护设施应当分期验收。

Ⅰ 声环境保护措施

29.4.7 对于高架线沿线预测超标的既有声环境保护目标，应根据运营近期的噪声预测结果设计声屏障。

29.4.8 声屏障设计应符合下列要求：

第2款 现行《声屏障声学设计和测量规范》HJ/T 90对声屏障的声学设计等做出了规定。

第3款 声屏障的降噪效果应使其声环境敏感点达到现行国家标准《声环境质量标准》GB 3096规定的环境噪声限值。根据重新修订的《声环境质量标准》GB 3096-2008（2008年10月1日实施）的规定：以昼间、夜间环境噪声源正常工作时段的等效声级作为评价噪声敏感建筑物户外（或室内）环境噪声水平，是否符合所处声环境功能区的环境质量要求的依据。因此，对于学校教室、科研办公室等夜间无住宿的声环境敏感点，采用昼间等效声级预测值对应昼间标准即昼间超标量来评价；对于居民区等夜间有住宿的声环境敏感点，应采用夜间运营时段等效声级预测值对应夜间标准即夜间噪声超标量来评价，以确定声屏障的设计目标值。

第5款 声屏障形式的确定及方案的比选是根据线路特点、声环境保护目标特征，以及声屏障的设计目标值确定的。根据保护目标的延伸长度及高度，并根据其声屏障的设计目标值，选择不同长、高组合的声屏障，然后计算其实际插入损失是否满足其降噪目标值，从而实现声屏障设计方案的优化。

第6款 在声屏障设计中其长度的确定与声屏障的降噪效果有直接关系。参考《联邦德国环境保护手册》，声屏障的两端附加长度可按以下公式进行估算，但工程设计时还应根据工程及受声点的实际情况进一步核算附加长度（经过对北京、广州、上海、武汉等轨道交通声屏障实际应用及降噪效果进行综合考察与分析，声屏障设置位置与声环境保护目标的距离一般在20m～40m范围，最近距离8m，最远距离60m）。

声屏障的附加长度：$b=0.15d\Delta L$

式中：b——声屏障的附加长度，单位为m；

$\quad\quad d$——轨道至接收点的距离，单位为m；

$\quad\quad \Delta L$——声屏障插入损失。

第7款 现行国家标准《声学　建筑和建筑构件隔声测量》GB/T 19889对声屏障声学构件的隔声性能作出了规定。

第8款 现行国家标准《声学　混响室吸声测量》GB/T 20247对声屏障声学构件的吸声性能作出了规定。

第9款 声屏障构件之间、声屏障与桥梁底梁或挡土墙之间若存在明显的缝隙或孔洞，则会产生声能量的泄露即"漏声"，将导致声屏障降噪效果的降低。因此，声屏障应用中的防"漏声"设计也是声屏障降噪设计的关键。

Ⅱ 振动环境保护措施

29.4.10 轨道减振措施的效果应使其振动敏感点达到现行国家标准《城市区域环境振动标准》GB 10070规定的环境振动限值。

29.4.11 按照现行国家标准《城市区域环境振动测量方法》GB 10071的规定，环境振动影响评价未考虑交通流量的相关性。因此，地铁列车运行振动影响没有昼、夜间及运营初、近、远期的区别，其预测值均相同。根据现行《环境影响评价技术导则城市轨道交通》HJ 453的规定，轨道交通列车运行振动按列车通过时段的振动级VL_{z10}值进行预测和评价。因此，轨道减振措施也应根据列车通过时段的振动预测结果进行设计。

29.4.12 根据现行国家标准《城市区域环境振动标准》GB 10070的规定，对于学校教室、科研办公室等夜间无住宿的振动环境敏感点，采用列车通过时段的振动预测值对应昼间标准即昼间振动超标量来评价；对于居民区等夜间有住宿的振动环境敏感点，应采用列车通过时段的振动预测值对应夜间标准即夜间振动超标量来评价，以确定轨道减振措施的设计目标值。由于最大振动级VL_{zmax}比VL_{z10}大3dB，考虑到列车通过时最大振动级的对敏感点的实际影响，其轨道减振措施的设计目标值应参考列车通过时最大振动级来确定。

29.4.13 当地下线路正下方穿越敏感建筑物时，应优先设计轨道减振措施。经测试研究，对于敏感建筑物下方或隧道外轨中心线距两侧敏感建筑 5m 的地段，宜采取特殊轨道减振措施。

29.4.14 通过对北京地铁 13 号线、上海地铁明珠线高架轨道的噪声测试分析与研究，对于高架线路，列车通过时的等效声级高于路堤线路约 3dBA ～4dBA，桥梁结构振动引起的二次辐射噪声不容忽视。因此，业内专家建议在轨道交通高架桥梁及轨道设计中，对于噪声超标较大或环境要求较高的高架路段，在设计声屏障的基础上，应对桥梁或轨道结构也要采取相应的减振与阻尼措施，既降低桥梁及轨道结构的振动影响，又保证了声屏障的隔声降噪效果。

Ⅲ 水环境保护措施

29.4.17 车辆基地及停车场含油废水，必须达到地方和国家标准规定的污水排放标准方可排放，是为防止对环境造成污染。

中华人民共和国国家标准

石油化工企业设计防火规范

Fire prevention code of petrochemical enterprise design

GB 50160 - 2008

主编部门：中 国 石 油 化 工 集 团 公 司
批准部门：中华人民共和国住房和城乡建设部
施行日期：２ ０ ０ ９ 年 ７ 月 １ 日

中华人民共和国住房和城乡建设部公告

第 214 号

关于发布国家标准
《石油化工企业设计防火规范》的公告

现批准《石油化工企业设计防火规范》为国家标准，编号为
GB 50160—2008，自 2009 年 7 月 1 日起实施。其中，第4.1.6、
4.1.8、4.1.9、4.2.12、4.4.6、5.1.3、5.2.1、5.2.7、5.2.16、
5.2.18(2、3、5)、5.3.3(1、2)、5.3.4、5.5.1、5.5.2、5.5.12、
5.5.13、5.5.14、5.5.17、5.5.21(1、2)、5.6.1、6.2.6、6.2.8、
6.3.2(1、2、4、5)、6.3.3、6.4.1(2、3)、6.4.2(6)、6.4.3(1、2)、
6.4.4(1)、6.5.1(2)、6.6.3、6.6.5、7.1.4、7.2.2、7.2.16、
7.3.3、8.3.1、8.3.8、8.4.5(1)、8.7.2(1、2)、8.10.1、8.10.4
(1、2、3)、8.12.1、8.12.2(1)、9.1.4、9.2.3(1)、9.3.1 条(款)
为强制性条文，必须严格执行。原《石油化工企业设计防火规范》
GB 50160—92(1999 年版)同时废止。

本规范由我部标准定额研究所组织中国计划出版社出版发
行。

中华人民共和国住房和城乡建设部
二〇〇八年十二月三十日

前　言

本规范是根据原建设部《关于印发"二〇〇二年至二〇〇三年度工程建设国家标准制订、修订计划"的通知》(建标〔2003〕102号)的要求,由中国石化集团洛阳石油化工工程公司、中国石化工程建设公司会同有关单位在对《石油化工企业设计防火规范》GB 50160—92(1999年版)进行全面修订的基础上编制而成。

在编制过程中,规范编制组对国内部分石油化工厂进行了调研,总结了我国石油化工工程建设的防火设计经验,并在此基础上进行了国外调研,积极吸收国内外有关规范的成果,开展了必要的专题研究和技术研讨,广泛征求有关设计、生产、安全消防监督等部门和单位的意见,对主要问题进行反复修改,最后经审查定稿。

本规范共分9章和1个附录,其主要内容有:总则、术语、火灾危险性分类、区域规划与工厂总平面布置、工艺装置和系统单元、储运设施、管道布置、消防、电气等。

与原国家标准《石油化工企业设计防火规范》GB 50160—92(1999年版)相比,本规范主要有下列变化:

1.增加了"术语"一章,并对其他章节进行调整,取消了"含可燃液体的生产污水管道、污水处理场与循环水场"一章,将其主要内容分散至相关章节,将各章节中有关管道设计的内容集中,新增一章"管道布置"。

2.增加了石油化工企业与同类企业的防火间距,"火灾报警系统"增加了相关内容。

3.章节更合理,内容更全面,减少不必要的重复。

本规范以黑体字标志的条文为强制性条文,必须严格执行。

本规范由住房和城乡建设部负责管理和对强制性条文的解释,由中国石油化工集团公司负责日常管理,由中国石化集团洛阳石油化工工程公司负责具体技术内容的解释。

鉴于本规范是石油化工工程综合性的防火技术规范,政策性和技术性强,涉及面广,希望各单位在本规范执行过程中,结合工程实践,认真总结经验,注意积累资料,如发现需要修改和补充之处,请将意见和资料寄往中国石化集团洛阳石油化工工程公司(地址:河南省洛阳市中州西路27号,邮政编码:471003)。

本规范主编单位、参编单位和主要起草人:

主 编 单 位:中国石化集团洛阳石油化工工程公司
　　　　　　中国石化工程建设公司

参 编 单 位:中国成达工程公司
　　　　　　公安部天津消防研究所
　　　　　　公安部沈阳消防研究所
　　　　　　海湾安全技术有限公司

主要起草人:李苏秦　胡　晨　董继军　周家祥　吴绍平
　　　　　　张晓鹏　葛春玉　秦新才　范慰颉　王秀云
　　　　　　张晋峰　文科武　王延宗　张发有　陈永亮
　　　　　　何龙辉　王惠勤　张晋武　李　生　汤晓林
　　　　　　林　融　吴如璧　郭昊豫　朱晓明　何跃华
　　　　　　钱徐根　李　佳　邹喜权　秘义行　杜　霞
　　　　　　王宗存　王文清　曹　榆

目　　次

21

1 总　则

1.0.1 为了防止和减少石油化工企业火灾危害,保护人身和财产的安全,制定本规范。

1.0.2 本规范适用于石油化工企业新建、扩建或改建工程的防火设计。

1.0.3 石油化工企业的防火设计除应执行本规范外,尚应符合国家现行有关标准的规定。

2 术　语

2.0.1 石油化工企业　petrochemical enterprise

以石油、天然气及其产品为原料,生产、储运各种石油化工产品的炼油厂、石油化工厂、石油化纤厂或其联合组成的工厂。

2.0.2 厂区　plant area

工厂围墙或边界内由生产区、公用和辅助生产设施区及生产管理区组成的区域。

2.0.3 生产区　production area

由使用、产生可燃物质和可能散发可燃气体的工艺装置或设施组成的区域。

2.0.4 公用和辅助生产设施　utility & auxiliary facility

不直接参加石油化工生产过程,在石油化工生产过程中对生产起辅助作用的必要设施。

2.0.5 全厂性重要设施　overall major facility

发生火灾时,影响全厂生产或可能造成重大人身伤亡的设施。全厂性重要设施可分为以下两类:

第一类:发生火灾时可能造成重大人身伤亡的设施。

第二类:发生火灾时影响全厂生产的设施。

2.0.6 区域性重要设施　regional major facility

发生火灾时影响部分装置生产或可能造成局部区域人身伤亡的设施。

2.0.7 明火地点　fired site

室内外有外露火焰、赤热表面的固定地点。

2.0.8 明火设备　fired equipment

燃烧室与大气连通,非正常情况下有火焰外露的加热设备和废气焚烧设备。

2.0.9 散发火花地点　sparking site

有飞火的烟囱、室外的砂轮、电焊、气焊(割)、室外非防爆的电气开关等固定地点。

2.0.10 装置区　process plant area

由一个或一个以上的独立石油化工装置或联合装置组成的区域。

2.0.11 联合装置　multiple process plants

由两个或两个以上独立装置集中紧凑布置,且装置间直接进料,无供大修设置的中间原料储罐,其开工或停工检修等均同步进行,视为一套装置。

2.0.12 装置　process plant

一个或一个以上相互关联的工艺单元的组合。

2.0.13 装置内单元　process unit

按生产流程完成一个工艺操作过程的设备、管道及仪表等的组合体。

2.0.14 工艺设备　process equipment

为实现工艺过程所需的反应器、塔、换热器、容器、加热炉、机泵等。

2.0.15 封闭式厂房(仓库)　enclosed industrial building(warehouse)

设有屋顶,建筑外围护结构全部采用封闭式墙体(含门、窗)构造的生产性(储存性)建筑物。

2.0.16 半敞开式厂房　semi-enclosed industrial building

设有屋顶,建筑外围护结构局部采用封闭式墙体,所占面积不超过该建筑外围护体表面积的1/2(不含屋顶的面积)的生产性建筑物。

2.0.17 敞开式厂房　opened industrial building

设有屋顶,不设建筑外围护结构的生产性建筑物。

2.0.18 装置储罐(组)　storage tanks within process plant

在装置正常生产过程中,不直接参加工艺过程,但工艺要求,为了平衡生产、产品质量检测或一次投入等需要在装置内布置的储罐(组)。

2.0.19 液化烃　liquefied hydrocarbon

在15℃时,蒸气压大于0.1MPa的烃类液体及其他类似的液体,不包括液化天然气。

2.0.20 液化石油气　liquefied petroleum gas(LPG)

在常温常压下为气态,经压缩或冷却后为液态的C_3、C_4及其混合物。

2.0.21 沸溢性液体　boil-over liquid

当罐内储存介质温度升高时,由于热传递作用,使罐底水层急速汽化,而会发生沸溢现象的黏性烃类混合物。

2.0.22 防火堤　dike

可燃液态物料储罐发生泄漏事故时,防止液体外流和火灾蔓延的构筑物。

2.0.23 隔堤　intermediate dike

用于减少防火堤内储罐发生少量泄漏事故时的影响范围,而将一个储罐组分隔成多个分区的构筑物。

2.0.24 罐组　a group of storage tanks

布置在一个防火堤内的一个或多个储罐。

2.0.25 罐区　tank farm

一个或多个罐组构成的区域。

2.0.26 浮顶罐　floating roof tank(external floating roof tank)

在敞开的储罐内安装浮舱顶的储罐,又称为外浮顶罐。

2.0.27 常压储罐　atmospheric storage tank

设计压力小于或等于6.9kPa(罐顶表压)的储罐。

2.0.28 低压储罐　low-pressure storage tank

设计压力大于6.9kPa且小于0.1MPa(罐顶表压)的储罐。

2.0.29 压力储罐 pressurized storage tank

设计压力大于或等于 0.1MPa(罐顶表压)的储罐。

2.0.30 单防罐 single containment storage tank

带隔热层的单壁储罐或由内罐和外罐组成的储罐。其内罐能适应储存低温冷冻液体的要求,外罐主要是支撑和保护隔热层,并能承受气体吹扫的压力,但不能储存内罐泄漏出的低温冷冻液体。

2.0.31 双防罐 double containment storage tank

由内罐和外罐组成的储罐。其内罐和外罐都能适应储存低温冷冻液体,在正常操作条件下,内罐储存低温冷冻液体,外罐能够储存内罐泄漏出来的冷冻液体,但不能限制内罐泄漏的冷冻液体所产生的气体排放。

2.0.32 全防罐 full containment storage tank

由内罐和外罐组成的储罐。其内罐和外罐都能适应储存低温冷冻液体,内外罐之间的距离为 1～2m,罐顶由外罐支撑,在正常操作条件下内罐储存低温冷冻液体,外罐既能储存冷冻液体,又能限制内罐泄漏液体所产生的气体排放。

2.0.33 火炬系统 flare system

通过燃烧方式处理排放可燃气体的一种设施,分高架火炬、地面火炬等。由排放管道、分液设备、阻火设备、火炬燃烧器、点火系统、火炬筒及其他部件等组成。

2.0.34 稳高压消防水系统 stabilized high pressure fire water system

采用稳压泵维持管网的消防水压力大于或等于 0.7MPa 的消防水系统。

3 火灾危险性分类

3.0.1 可燃气体的火灾危险性应按表 3.0.1 分类。

表 3.0.1 可燃气体的火灾危险性分类

类别	可燃气体与空气混合物的爆炸下限
甲	<10%(体积)
乙	≥10%(体积)

3.0.2 液化烃、可燃液体的火灾危险性分类应按表 3.0.2 分类,并应符合下列规定:

1 操作温度超过其闪点的乙类液体应视为甲_B 类液体;

2 操作温度超过其闪点的丙_A 类液体应视为乙_A 类液体;

3 操作温度超过其闪点的丙_B 类液体应视为乙_B 类液体;操作温度超过其沸点的丙_B 类液体应视为乙_A 类液体。

表 3.0.2 液化烃、可燃液体的火灾危险性分类

名称	类别		特征
液化烃	甲	A	15℃时的蒸气压力>0.1MPa 的烃类液体及其他类似的液体
可燃液体		B	甲_A 类以外,闪点<28℃
	乙	A	28℃≤闪点≤45℃
		B	45℃<闪点≤60℃
	丙	A	60℃≤闪点≤120℃
		B	闪点>120℃

3.0.3 固体的火灾危险性分类应按现行国家标准《建筑设计防火规范》GB 50016 的有关规定执行。

3.0.4 设备的火灾危险类别应按其处理、储存或输送介质的火灾危险性类别确定。

3.0.5 房间的火灾危险性类别应按房间内设备的火灾危险性类别确定。当同一房间内布置有不同火灾危险性类别设备时,房间的火灾危险性类别应按其中火灾危险性类别最高的设备确定。但当火灾危险类别最高的设备所占面积比例小于 5%,且发生事故时,不足以蔓延到其他部位或采取防火措施能防止火灾蔓延时,可按火灾危险性类别较低的设备确定。

4 区域规划与工厂总平面布置

4.1 区 域 规 划

4.1.1 在进行区域规划时,应根据石油化工企业及其相邻工厂或设施的特点和火灾危险性,结合地形、风向等条件,合理布置。

4.1.2 石油化工企业的生产区宜位于邻近城镇或居民区全年最小频率风向的上风侧。

4.1.3 在山区或丘陵地区,石油化工企业的生产区应避免布置在窝风地带。

4.1.4 石油化工企业的生产区沿江河岸布置时,宜位于邻近江河的城镇、重要桥梁、大型锚地、船厂等重要建筑物或构筑物的下游。

4.1.5 石油化工企业应采取防止泄漏的可燃液体和受污染的消防水排出厂外的措施。

4.1.6 公路和地区架空电力线路严禁穿越生产区。

4.1.7 当区域排洪沟通过厂区时:

1 不宜通过生产区;

2 应采取防止泄漏的可燃液体和受污染的消防水流入区域排洪沟的措施。

4.1.8 地区输油(输气)管道不应穿越厂区。

4.1.9 石油化工企业与相邻工厂或设施的防火间距不应小于表 4.1.9 的规定。

高架火炬的防火间距应根据人或设备允许的辐射热强度计算确定,对可能携带可燃液体的高架火炬的防火间距不应小于表 4.1.9 的规定。

表4.1.9 石油化工企业与相邻工厂或设施的防火间距

相邻工厂或设施	防火间距(m)				
	液化烃罐组(罐外壁)	甲、乙类液体罐组(罐外壁)	可能携带可燃液体的高架火炬(火炬筒中心)	甲、乙类工艺装置或设施(最外侧设备外缘或建筑物的最外轴线)	全厂性或区域性重要设施(最外侧设备外缘或建筑物的最外轴线)
居民区、公共福利设施、村庄	150	100	120	100	25
相邻工厂(围墙或用地边界线)	120	70	120	50	70
厂外铁路 国家铁路线(中心线)	55	45	80	35	—
厂外铁路 厂外企业铁路线(中心线)	45	35	80	30	—
国家或工业区铁路编组站(铁路中心线或建筑物)	55	45	80	35	25
厂外公路 高速公路、一级公路(路边)	35	30	80	30	—
厂外公路 其他公路(路边)	25	20	60	20	—
变配电站(围墙)	80	50	120	40	25
架空电力线路(中心线)	1.5倍塔杆高度	1.5倍塔杆高度	80	1.5倍塔杆高度	—
Ⅰ、Ⅱ级国家架空通信线路(中心线)	50	40	80	40	—
通航江、河、海岸边	25	25	80	20	—
地区埋地输油管道 原油及成品油(管道中心)	30	30	60	30	30
地区埋地输油管道 液化烃(管道中心)	60	60	80	60	60
地区埋地输气管道(管道中心)	30	30	60	30	30
装卸油品码头(码头前沿)	70	60	120	60	60

注:1 本表中相邻工厂指除石油化工企业和油库以外的工厂;

2 括号内指防火间距起止点;

3 当相邻设施为港区陆域、重要物品仓库和堆场、军事设施、机场等,对石油化工企业的安全距离有特殊要求时,应按有关规定执行;

4 丙类可燃液体罐组的防火间距,可按甲、乙类可燃液体罐组的规定减少25%;

5 丙类工艺装置或设施的防火间距,可按甲、乙类工艺装置或设施的规定减少25%;

6 地面敷设的地区输油(输气)管道的防火间距,可按地区埋地输油(输气)管道的规定增加50%;

7 当相邻工厂围墙内为非火灾危险性设施时,其与全厂性或区域性重要设施防火间距最小可为25m;

8 表中"—"表示无防火间距要求或执行相关规范。

4.1.10 石油化工企业与同类企业及油库的防火间距不应小于表4.1.10的规定。

高架火炬的防火间距应根据人或设备允许的辐射热强度计算确定,对可能携带可燃液体的高架火炬的防火间距不应小于表4.1.10的规定。

表4.1.10 石油化工企业与同类企业及油库的防火间距

项 目	防火间距(m)				
	液化烃罐组(罐外壁)	可燃液体罐组(罐外壁)	可能携带可燃液体的高架火炬(火炬筒中心)	甲、乙类工艺装置或设施(最外侧设备外缘或建筑物的最外轴线)	全厂性或区域性重要设施(最外侧设备外缘或建筑物的最外轴线)
液化烃罐组(罐外壁)	60	60	90	70	90
可燃液体罐组(罐外壁)	60	1.5D(见注2)	90	50	90
可能携带可燃液体的高架火炬(火炬筒中心)	90	90	(见注4)	90	90
甲、乙类工艺装置或设施(最外侧设备外缘或建筑物的最外轴线)	70	50	90	40	40
全厂性或区域性重要设施(最外侧设备外缘或建筑物的最外轴线)	90	60	90	40	20
明火地点	70	40	60	40	20

注:1 括号内指防火间距起止点;

2 表中 D 为较大罐的直径。当1.5D 小于30m时,取30m;当1.5D 大于60m时,可取60m;当丙类可燃液体罐相邻布置时,防火间距可取30m;

3 与散发火花地点的防火间距,可按与明火地点的防火间距减少50%,但散发火花地点应布置在火灾爆炸危险区域之外;

4 辐射热不应影响相邻火炬的检修和运行;

5 丙类工艺装置或设施的防火间距,可按甲、乙类工艺装置或设施的规定减少10m(火炬除外),但不应小于30m;

6 石油化工工业园区内公用的输油(气)管道,可布置在石油化工企业围墙或用地边界线外。

4.2 工厂总平面布置

4.2.1 工厂总平面应根据工厂的生产流程及各组成部分的生产特点和火灾危险性,结合地形、风向等条件,按功能分区集中布置。

4.2.2 可能散发可燃气体的工艺装置、罐组、装卸区或全厂性污水处理场等设施宜布置在人员集中场所及明火或散发火花地点的全年最小频率风向的上风侧。

4.2.3 液化烃罐组或可燃液体罐组不应毗邻布置在高于工艺装置、全厂性重要设施或人员集中场所的阶梯上。但受条件限制或有工艺要求时,可燃液体原料储罐可毗邻布置在高于工艺装置的阶梯上,但应采取防止泄漏的可燃液体流入工艺装置、全厂性重要设施或人员集中场所的措施。

4.2.4 液化烃罐组或可燃液体罐组不宜紧靠排洪沟布置。

4.2.5 空分站应布置在空气清洁地段,并宜位于散发乙炔及其他可燃气体、粉尘等场所的全年最小频率风向的下风侧。

4.2.6 全厂性的高架火炬宜位于生产区全年最小频率风向的上风侧。

4.2.7 汽车装卸设施、液化烃灌装站及各类物品仓库等机动车辆频繁进出的设施应布置在厂区边缘或厂区外,并宜设围墙独立成区。

4.2.8 罐区泡沫站应布置在罐组防火堤外的非防爆区,与可燃液体罐的防火间距不宜小于20m。

4.2.9 采用架空电力线路进出厂区的总变电所应布置在厂区边缘。

4.2.10 消防站的位置应符合下列规定:

1 消防站的服务范围应按行车路程计,行车路程不宜大于2.5km,并且接火警后消防车到达火场的时间不宜超过5min;对丁、戊类的局部场所,消防站的服务范围可加大到4km;

2 应便于消防车迅速通往工艺装置区和罐区;

3 宜避开工厂主要人流道路;

4 宜远离噪声场所;

5 宜位于生产区全年最小频率风向的下风侧。

4.2.11 厂区的绿化应符合下列规定:

1 生产区不应种植含油脂较多的树木,宜选择含水分较多的树种;

2 工艺装置或可燃气体、液化烃、可燃液体的罐组与周围消防车道之间不宜种植绿篱或茂密的灌木丛;

3 在可燃液体罐组防火堤内可种植生长高度不超过15cm、含水分多的四季常青的草皮;

4 液化烃罐组防火堤内严禁绿化;

5 厂区的绿化不应妨碍消防操作。

4.2.12 石油化工企业总平面布置的防火间距除本规范另有规定外,不应小于表4.2.12的规定。工艺装置或设施(罐组除外)之间的防火间距应按相邻最近的设备、建筑物确定,其防火间距起止点应符合本规范附录A的规定。高架火炬的防火间距应根据人或设备允许的安全辐射热强度计算确定,对可能携带可燃液体的高架火炬的防火间距不应小于表4.2.12的规定。

表 4.2.12　石油化工厂总平面布置的防火间距(m)

项　目			工艺装置(单元)			全厂重要设施		明火地点	地上可燃液体储罐									沸点低于45℃的甲B类液体全压力储存	液化烃储罐				可燃气体储罐	液化烃及甲B、乙类液体			灌装站		甲类物品仓库(库棚)或堆场	罐区甲、乙类及全冷冻式液化烃储存的压缩机(包括添加剂设施及其专用变配电室、控制室)	污水处理场(隔油池、污油罐)	铁路走行线(中心线)、原料及产品运输道路(路面边)	备注
									甲B、乙类固定顶				浮顶、内浮顶或丙A类固定顶				全压力和半冷冻式储存		全冷冻式储存	>1000~50000m³	码头装卸区	汽车装卸站	铁路装卸设施、槽车洗罐站	液化烃	甲B、乙类液体及可燃与助燃气体				
			甲	乙	丙	一类	二类		>5000m³	>1000~5000m³	>500~1000m³	≤500m³或卧式	>20000m³	>5000~20000m³	>1000~5000m³	>500~1000m³	≤500m³或卧式		>1000m³	>100~1000m³	≤100m³	>10000m³	≤10000m³		>100~1000m³	≤100								
工艺装置(单元)		甲	30/25	25/20	20/15	40	35	30	50	40	30	25	40	35	25	25	20	40	60	50	40	70	60	25	35	25	30	25	30	20	25	15	注1、2
		乙	25/20	20/15	15/10	35	30	25	40	35	25	20	35	30	25	20	15	35	55	45	35	65	55	25	35	25	30	25	30	20	25	15	
		丙	20/15	15/10	10	30	25	20	35	30	25	20	35	30	25	20	15	30	50	40	30	60	50	15	25	15	20	20	15	15	15	10	
全厂重要设施		一类	40	35	30	—	—	—	60	50	45	40	50	45	40	35	30	50	70	60	45	80	70	30	40	30	35	35	30	25	25	—	注3
		二类	35	30	25	—	—	—	50	45	40	35	45	40	35	30	25	40	60	50	40	70	60	30	40	30	35	35	30	25	25	—	
明火地点			30	25	20	—	—	—	40	35	30	25	35	30	25	25	20	35	60	50	40	70	60	30	40	30	35	35	30	25	25	—	注4
地上可燃液体储罐	甲B、乙类固定顶	>5000m³	50	45	35	60	50	40	见表6.2.8									35	50	45	40	50	45	30	35	25	30	30	30	15	25	—	注5、2
		>1000~5000m³	40	35	30	60	40	35										35	40	35	30	40	35	25	40	25	30	30	30	15	25	—	
		>500~1000m³	30	25	20	45	35	30										30	35	30	25	40	35	20	30	15	25	25	20	15	20	—	
		≤500m³或卧式罐	25	20	15	40	30	25										25	35	25	20	35	25	15	30	15	10	25	12	15	15	—	
	浮顶、内浮顶或丙A类固定顶	>20000m³	40	35	30	60	40	35										35	45	40	40	40	40	20	30	20	15	30	20	15	20	—	
		>5000~20000m³	35	30	25	45	35	30										35	45	40	40	40	40	25	45	25	20	30	20	15	20	—	
		>1000~5000m³	30	25	20	40	30	25										30	40	35	30	40	35	20	35	15	10	25	15	15	15	—	
		>500~1000m³	25	20	15	35	25	20										25	35	25	20	40	35	20	35	15	12	25	12	15	12	—	
		≤500m³或卧式罐	20	15	10	30	20	15										15	30	25	20	40	35	15	30	10	12	17	12	15	10	—	
沸点低于45℃的甲B类液体全压力储罐			40	35	30	40	40	40	40	30	25	25	40	30	25	25	15	见表6.3.3				40	40	40	8	25	15	10	10	10	10	8	—	
液化烃储罐	全压力和半冷冻式储存	>1000m³	60	55	50	80	70	60	40	40	35	30	45	40	35	30	25					40	40	40		40	40	40	35	20	20	20	—	
		>100~1000m³	50	45	40	70	60	50	45	35	35	30	40	35	30	25	15					40	40	40		40	40	40	30	15	15	20	—	
		≤100m³	40	35	30	55	45	40	40	30	30	25	35	30	25	20	15					40	40	40		30	30	30	25	15	10	15	—	
	全冷冻式储存	>10000m³	70	65	60	90	80	70	40	40	40	40	40	40	40	40	40	40	40	40	40	见表6.3.3				50	65	55	60	55	50	70	45	40	15	—	
		≤10000m³	60	55	50	80	60	60	40	40	40	40	40	40	40	40	40	40	40	40	40					40	55	45	50	40	60	35	30	25	—	
可燃气体储罐		>1000~50000m³	25	20	15	40	30	40	30	30	30	30	15	15	15	15	8	25	40	30	25	50	40		见表6.3.3		25	15	20	20	20	20	10	—	注6、2
液化烃及甲B、乙类液体		码头装卸区	35	35	25	40	30	40	35	40	35	40	25	25	15	15	8	40	55	45	65	55	25		—	20	25	30	25	35	35	30	10	—	注7、2
		汽车装卸站	25	20	15	40	30	25	30	25	25	20	15	15	12	12	10	40	45	35	55	45	15		20		25	15	20	20	20	30	10	—	
		铁路装卸设施、槽车洗罐站	30	25	20	45	35	30	30	25	25	20	15	15	12	12	10	40	40	30	55	45	20		25	15	10	25	20	20	12	25	15(10)	注8、2
灌装站		液化烃	30	30	20	40	30	30	30	25	25	20	12	12	10	10	8	30	45	35	55	45	20		30	20	25		30	15	20	—		
		甲B、乙类液体及可燃与助燃气体	25	20	15	40	30	30	25	25	25	20	15	15	10	10	8	25	30	25	45	35	15		20	20	10			20	20	15	10	
甲类物品仓库(库棚)或堆场			30	30	20	35	35	30	30	30	20	20	30	30	15	15	10	10	40	40	40	60	60	20	35	25	30	20	20		20	20	—	注9、2
罐区甲、乙类及全冷冻式液化烃储存的压缩机(包括添加剂设施及其专用变配电室、控制室)			20	15	10	30	30	15	15	15	15	15	10	10	10	10	9	15	15	15	15	35	30	15	30	20	15	20	20		15	10	—	注10、2
污水处理场(隔油池、污油罐)			25	25	15	35	35	25	15	15	15	15	20	20	15	12	10	8	20	20	15	45	35	20	30	30	25	25	15	15		10	注11
铁路走行线(中心线)、原料及产品运输道路(路面边)			15	15	10	—	—	—	25	25	20	15	25	20	15	12	10	25	20	20	15	25	25	10	10	10	15(10)	10	10	10	10	10		
可能携带可燃液体的高架火炬			90	90	90	90	90	60	90	90	90	90	90	90	90	90	90	90	90	90	90	90	90	90	90	90	90	90	90	90	90	—	
厂区围墙(中心线)或用地边界线			25	25	20	—	—	—	40	40	40	40	40	40	40	40	40	40	30	30	30	40	40	30	—	30	30	30	30	60	60	50	—	

注：1　分子适用于石油化工装置，分母适用于炼油装置；

2　工艺装置或可能散发可燃气体的设施与工艺装置明火加热炉的防火间距应按明火地点的防火间距确定；

3　工厂消防站与甲类工艺装置的防火间距不应小于50m。区域性重要设施与相邻设施的防火间距，可减少25%(火炬除外)；

4　与散发火花地点的防火间距，可按与明火地点的防火间距减少50%(火炬除外)，但散发火花地点应布置在火灾爆炸危险区域之外；

5　罐组与其他设施的防火间距按相邻罐最大罐容积确定；埋地储罐与其他设施的防火间距可减少50%(火炬除外)。当固定顶可燃液体罐采用氮气密封时，其与相邻设施的防火间距可按浮顶、内浮顶罐处理；丙B类固定顶罐与其他设施的防火间距可按丙A类固定顶罐减少25%(火炬除外)；

6　单罐容积等于或小于1000m³，防火间距可减少25%(火炬除外)；大于50000m³，应增加25%(火炬除外)；

7　丙类液体，防火间距可减少25%(火炬除外)。当甲B、乙类液体铁路装卸采用全密闭装卸时，装卸设施的防火间距可减少25%，但不应小于10m(火炬除外)；

8　本项包括可燃气体、助燃气体的实瓶库。乙、丙类物品库(棚)和堆场防火间距可减少25%(火炬除外)；丙类可燃固体堆场可减少50%(火炬除外)；

9　丙类泵(房)，防火间距可减少25%(火炬除外)，但当地上可燃液体储罐单罐容积大于500m³时，不应小于10m；地上可燃液体储罐单罐容积小于或等于500m³时，不应小于8m；

10　污油泵的防火间距可按隔油池的防火间距减少25%(火炬除外)；其他设备或构筑物防火间距不限；

11　铁路走行线和原料产品运输道路布置在火灾爆炸危险区域之外。括号内的数字用于原料及产品运输道路；

12　表中"—"表示无防火间距要求或执行相关规范。

4.3 厂内道路

4.3.1 工厂主要出入口不应少于2个，并宜位于不同方位。

4.3.2 2条或2条以上的工厂主要出入口的道路应避免与同一条铁路线平交；确需平交时，其中至少有2条道路的间距不应小于所通过的最长列车的长度；若小于所通过的最长列车的长度，应另设消防车道。

4.3.3 厂内主干道宜避免与调车频繁的厂内铁路线平交。

4.3.4 装置或联合装置、液化烃罐组、总容积大于或等于120000m³的可燃液体罐组，总容积大于或等于120000m³的2个或2个以上可燃液体罐组应设环形消防车道。可燃液体的储罐区、可燃气体储罐区、装卸区及化学危险品仓库区应设环形消防车道，当受地形条件限制时，也可设有回车场的尽头式消防车道。消防车道的路面宽度不应小于6m，路面内缘转弯半径不宜小于12m，路面上净空高度不应低于5m。

4.3.5 液化烃、可燃液体、可燃气体的罐内，任何储罐的中心距至少2条消防车道的距离均不应大于120m；当不能满足此要求时，任何储罐中心与最近的消防车道之间的距离不应大于80m，且最近消防车道的路面宽度不应小于9m。

4.3.6 在液化烃、可燃液体的铁路装卸区应设与铁路线平行的消防车道，并符合下列规定：

　1　若一侧设消防车道，车道至最远的铁路线的距离不应大于80m；

　2　若两侧设消防车道，车道之间的距离不应大于200m，超过200m时，其间尚应增设消防车道。

4.3.7 当道路路面高出附近地面2.5m以上、且在距道路边缘15m范围内，有工艺装置或可燃气体、液化烃、可燃液体的储罐及管道时，应在该段道路的边缘设护墩、矮墙等防护设施。

4.3.8 管架支柱（边缘）、照明电杆、行道树或标志杆等距道路路面边缘不应小于0.5m。

4.4 厂内铁路

4.4.1 厂内铁路宜集中布置在厂区边缘。

4.4.2 工艺装置的固体产品铁路装卸线可布置在该装置的仓库或储存场（池）的边缘。建筑限界应按现行国家标准《工业企业标准轨距铁路设计规范》GBJ 12执行。

4.4.3 当液化烃装卸栈台与可燃液体装卸栈台布置在同一装卸区时，液化烃栈台应布置在装卸区的一侧。

4.4.4 在液化烃、可燃液体的铁路装卸区内，内燃机车至另一栈台鹤管的距离应符合下列规定：

　1　甲、乙类液体鹤管不应小于12m；甲B、乙类液体采用密闭装卸时，其防火间距可减少25%；

　2　丙类液体鹤管不应小于8m。

4.4.5 当液化烃、可燃液体或甲、乙类固体的铁路装卸线为尽头线时，其车档至最后车位的距离不应小于20m。

4.4.6 液化烃、可燃液体的铁路装卸线不得兼作走行线。

4.4.7 液化烃、可燃液体或甲、乙类固体的铁路装卸线停放车辆的线段应为平直段。当受地形条件限制时，可设在半径不小于500m的平坡曲线上。

4.4.8 在液化烃、可燃液体的铁路装卸区内，两相邻栈台鹤管之间的距离应符合下列规定：

　1　甲、乙类液体的栈台鹤管与相邻栈台鹤管之间的距离不应小于10m；甲B、乙类液体采用密闭装卸时，其防火间距可减少25%；

　2　丙类液体的两相邻栈台鹤管之间的距离不应小于7m。

5　工艺装置和系统单元

5.1　一般规定

5.1.1 工艺设备（以下简称设备）、管道和构件的材料应符合下列规定：

　1　设备本体（不含衬里）及其基础，管道（不含衬里）及其支、吊架和基础应采用不燃烧材料，但储罐底板垫层可采用沥青砂；

　2　设备和管道的保温层应采用不燃烧材料，当设备和管道的保冷层采用阻燃型泡沫塑料制品时，其氧指数不应小于30；

　3　建筑物的构件耐火极限应符合现行国家标准《建筑设计防火规范》GB 50016的有关规定。

5.1.2 设备和管道应根据其内部物料的火灾危险性和操作条件，设置相应的仪表、自动联锁保护系统或紧急停车措施。

5.1.3 在使用或产生甲类气体或甲、乙A类液体的工艺装置、系统单元和储运设施区内，应按区域控制和重点控制相结合的原则，设置可燃气体报警系统。

5.2　装置内布置

5.2.1 设备、建筑物平面布置的防火间距，除本规范另有规定外，不应小于表5.2.1的规定。

5.2.2 为防止结焦、堵塞，控制温降、压降，避免发生副反应等有工艺要求的相关设备，可靠近布置。

5.2.3 分馏塔顶冷凝器、塔底重沸器与分馏塔，压缩机的分液罐、缓冲罐、中间冷却器等与压缩机，以及其他与主体设备密切相关的设备，可直接连接或靠近布置。

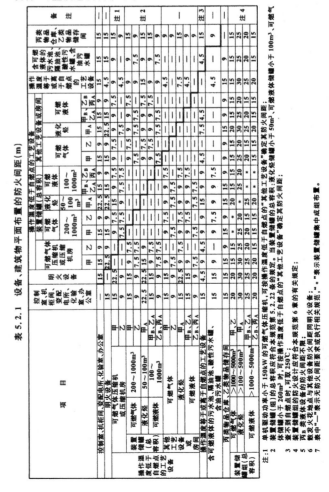

5.2.4 明火加热炉附属的燃料气分液罐、燃料气加热器等与炉体的防火间距不应小于6m。

5.2.5 以甲、乙$_A$类液体为溶剂的溶液法聚合液所用的总容积大于800m³的掺和储罐与相邻的设备、建筑物的防火间距不宜小于7.5m；总容积小于或等于800m³时，其防火间距不限。

5.2.6 可燃气体、液化烃和可燃液体的在线分析仪表间与工艺设备的防火间距不限。

5.2.7 布置在爆炸危险区的在线分析仪表间内设备为非防爆型时，在线分析仪表间应正压通风。

5.2.8 设备宜露天或半露天布置，并宜缩小爆炸危险区域的范围。爆炸危险区域的范围应按现行国家标准《爆炸和火灾危险环境电力装置设计规范》GB 50058的规定执行。受工艺特点或自然条件限制的设备可布置在建筑物内。

5.2.9 联合装置视同一个装置，其设备、建筑物的防火间距应按相邻设备、建筑物的防火间距确定，其防火间距应符合表5.2.1的规定。

5.2.10 装置内消防道路的设置应符合下列规定：

1 装置内应设贯通式道路，道路应有不少于2个出入口，且2个出入口宜位于不同方位。当装置外两侧消防道路间距不大于120m时，装置内可不设贯通式道路；

2 道路的路面宽度不应小于4m，路面上的净空高度不应小于4.5m；路面内缘转弯半径不宜小于6m。

5.2.11 在甲、乙类装置内部的设备、建筑物区的设置应符合下列规定：

1 应用道路将装置分割成为占地面积不大于10000m²的设备、建筑物区；

2 当大型石油化工装置的设备、建筑物区占地面积大于10000m²小于20000m²时，在设备、建筑物区四周应设环形道路，道路路面宽度不应小于6m，设备、建筑物区的宽度不应大于120m，相邻两设备、建筑物区的防火间距不应小于15m，并应加强安全措施。

5.2.12 设备、建筑物、构筑物宜布置在同一地平面上；当受地形限制时，应将控制室、机柜间、变配电所、化验室等布置在较高的地平面上；工艺设备、装置储罐等宜布置在较低的地平面上。

5.2.13 明火加热炉宜集中布置在装置的边缘，且宜位于可燃气体、液化烃和甲$_B$、乙$_A$类设备的全年最小频率风向的下风侧。

5.2.14 当在明火加热炉与露天布置的液化烃设备或甲类气体压缩机之间设置不燃烧材料实体墙时，其防火间距可小于表5.2.1的规定，但不得小于15m。实体墙的高度不宜小于3m，距加热炉不宜大于5m，实体墙的长度应满足由露天布置的液化烃设备或甲类气体压缩机经实体墙至加热炉的折线距离不小于22.5m。

当封闭式液化烃设备的厂房或甲类气体压缩机房面向明火加热炉一面为无门窗洞口的不燃烧材料实体墙时，加热炉与厂房的防火间距可小于表5.2.1的规定，但不得小于15m。

5.2.15 当同一建筑物内分隔为不同火灾危险性类别的房间时，中间隔墙应为防火墙。人员集中的房间应布置在火灾危险性较小的建筑物一端。

5.2.16 装置的控制室、机柜间、变配电所、化验室、办公室等不得与设有甲、乙$_A$类设备的房间布置在同一建筑物内。装置的控制室与其他建筑物合建时，应设置独立的防火分区。

5.2.17 装置的控制室、化验室、办公室等宜布置在装置外，并宜全厂性或区域性统一设置。当装置的控制室、机柜间、变配电所、化验室、办公室等布置在装置内时，应布置在装置的一侧，位于爆炸危险区范围以外，并宜位于可燃气体、液化烃和甲$_B$、乙$_A$类设备全年最小频率风向的下风侧。

5.2.18 布置在装置内的控制室、机柜间、变配电所、化验室、办公室等的布置应符合下列规定：

1 控制室宜设在建筑物的底层；

2 平面布置位于附加2区的办公室、化验室室内地面及控制室、机柜间、变配电所的设备层地面应高于室外地面，且高差不应小于0.6m；

3 控制室、机柜间面向有火灾危险性设备侧的外墙应为无门窗洞口、耐火极限不低于3h的不燃烧材料实体墙；

4 化验室、办公室等面向有火灾危险性设备侧的外墙宜为无门窗洞口不燃烧材料实体墙。当确需设置门窗时，应采用防火门窗；

5 控制室或化验室的室内不得安装可燃气体、液化烃和可燃液体的在线分析仪器。

5.2.19 高压和超高压的压力设备宜布置在装置的一端或一侧；有爆炸危险的超高压反应设备宜布置在防爆构筑物内。

5.2.20 装置的可燃气体、液化烃和可燃液体设备采用多层构架布置时，除工艺要求外，其构架不宜超过四层。

5.2.21 空气冷却器不宜布置在操作温度等于或高于自燃点的可燃液体设备上方；若布置在其上方，应用不燃烧材料的隔板隔离保护。

5.2.22 装置储罐（组）的布置应符合下列规定：

1 当装置储罐总容积：液化烃罐小于或等于100m³、可燃气体或可燃液体罐小于或等于1000m³时，可布置在装置内，装置储罐与设备、建筑物的防火间距不应小于表5.2.1的规定；

2 当装置储罐组总容积：液化烃罐大于100m³小于或等于500m³、可燃液体罐或可燃气体罐大于1000m³小于或等于5000m³时，应成组集中布置在装置边缘；但液化烃单罐容积不应大于300m³，可燃液体单罐容积不应大于3000m³。装置储罐组的防火设计应符合本规范第6章的有关规定，与储罐相关的机泵应布置在防火堤外。装置储罐组与装置内其他设备、建筑物的防火间距不应小于表5.2.1的规定。

5.2.23 甲、乙类物品仓库不应布置在装置内。若工艺需要，储量不大于5t的乙类物品储存间和丙类物品仓库可布置在装置内，并位于装置边缘。丙类物品仓库的总储量应符合本规范第6章的有关规定。

5.2.24 可燃气体和助燃气体的钢瓶（含实瓶和空瓶），应分别存放在位于装置边缘的敞棚内。可燃气体的钢瓶距明火或操作温度等于或高于自燃点的设备防火间距不应小于15m。分析专用的钢瓶储存间可靠近分析室布置，钢瓶储存间的建筑设计应满足泄压要求。

5.2.25 建筑物的安全疏散门应向外开启。甲、乙、丙类房间的安全疏散门，不应少于2个；面积小于等于100m²的房间可只设1个。

5.2.26 设备的构架或平台的安全疏散通道应符合下列规定：

1 可燃气体、液化烃和可燃液体的塔区平台或其他设备的构架平台应设置不少于2个通往地面的梯子，作为安全疏散通道，但长度不大于8m的甲类气体和甲、乙$_A$类液体设备的平台或长度不大于15m的乙$_B$、丙类液体设备的平台，可只设1个梯子；

2 相邻的构架、平台宜用走桥连通，与相邻平台连通的走桥可作为一个安全疏散通道；

3 相邻安全疏散通道之间的距离不应大于50m。

5.2.27 装置内地坪竖向和排污系统的设计应减少可能泄漏的可燃液体在工艺设备附近的滞留时间和扩散范围。火灾事故状态下，受污染的消防水应有效收集和排放。

5.2.28 凡在开停工、检修过程中，可能有可燃液体泄漏、漫流的设备区周围应设置不低于150mm的围堰和导液设施。

5.3 泵和压缩机

5.3.1 可燃气体压缩机的布置及其厂房的设计应符合下列规定：

1 可燃气体压缩机宜布置在敞开或半敞开式厂房内；

2 单机驱动功率等于或大于150kW的甲类气体压缩机厂房不宜与其他甲、乙和丙类房间共用一座建筑物；

3 压缩机的上方不得布置甲、乙和丙类工艺设备，但自用的高位润滑油箱不受此限；

4 比空气轻的可燃气体压缩机半敞开式或封闭式厂房的顶部应采取通风措施；

5 比空气轻的可燃气体压缩机厂房的楼板宜部分采用钢格板；

6 比空气重的可燃气体压缩机厂房的地面不宜设地坑或地沟；厂房内应有防止可燃气体积聚的措施。

5.3.2 液化烃泵、可燃液体泵宜露天或半露天布置。液化烃、操作温度等于或高于自燃点的可燃液体的泵上方，不宜布置甲、乙、丙类工艺设备；若在其上方布置甲、乙、丙类工艺设备，应用不燃烧材料的隔板隔离保护。

5.3.3 液化烃泵、可燃液体泵在泵房内布置时，应符合下列规定：

1 液化烃泵、操作温度等于或高于自燃点的可燃液体泵、操作温度低于自燃点的可燃液体泵应分别布置在不同房间内，各房间之间的隔墙应为防火墙；

2 操作温度等于或高于自燃点的可燃液体泵房的门窗与操作温度低于自燃点的甲、乙_A类液体泵房的门窗或液化烃泵房的门窗的距离不应小于4.5m；

3 甲、乙_A类液体泵房的地面不设地坑或地沟，泵房内应有防止可燃气体积聚的措施；

4 在液化烃、操作温度等于或高于自燃点的可燃液体泵房的上方，不宜布置甲、乙、丙类工艺设备；

5 液化烃泵不超过2台时，可与操作温度低于自燃点的可燃液体泵同房间布置。

5.3.4 气柜或全冷冻式液化烃储存设施内，泵和压缩机等旋转设备或其房间与储罐的防火间距不应小于15m。其他设备之间及非旋转设备与储罐的防火间距应按本规范表5.2.1执行。

5.3.5 罐组的专用泵区应布置在防火堤外，与储罐的防火间距应符合下列规定：

1 距甲_A类储罐不应小于15m；

2 距乙_B、乙类固定顶储罐不应小于12m，距小于或等于500m³的甲_B、乙类固定顶储罐不应小于10m；

3 距浮顶及内浮顶储罐、丙_A类固定顶储罐不应小于10m，距小于或等于500m³的内浮顶储罐、丙_A类固定顶储罐不应小于8m。

5.3.6 除甲_A类以外的可燃液体储罐的专用泵单独布置时，应布置在防火堤外，与可燃液体储罐的防火间距不限。

5.3.7 压缩机或泵等的专用控制室或不大于10kV的专用变配电所，可与该压缩机房或泵房等共用一座建筑物，但专用控制室或变配电所的门窗应位于爆炸危险区范围之外，且专用控制室或变配电所与压缩机房或泵房等的中间隔墙应为无门窗洞口的防火墙。

5.4 污水处理场和循环水场

5.4.1 隔油池的保护高度不应小于400mm。隔油池应设难燃烧材料的盖板。

5.4.2 隔油池的进出水管道应设水封。距隔油池池壁5m以内的水封井、检查井的井盖与盖座接缝处应密封，且井盖不得有孔洞。

5.4.3 污水处理场内的设备、建（构）筑物平面布置防火间距不应小于表5.4.3的规定。

表5.4.3 污水处理场内的设备、建（构）筑物平面布置的防火间距(m)

类 别	变配电所、化验室、办公室等	含可燃液体的隔油池、污水池等	集中布置的水泵房	污油罐、含油污水调节罐	焚烧炉	污油泵房
变配电所、化验室、办公室等	—	15	—	15	15	15
含可燃液体的隔油池、污水池等	15	—	15	15	—	—
集中布置的水泵房	—	15	—	15	—	—
污油罐、含油污水调节罐	15	15	15	—	15	—
焚烧炉	15	—	—	15	—	15
污油泵房	15	—	—	—	15	—

注：表中"—"表示无防火间距要求或执行相关规范。

5.4.4 循环水场冷却塔应采用阻燃型的填料、收水器和风筒，其氧指数不应小于30。

5.5 泄压排放和火炬系统

5.5.1 在非正常条件下，可能超压的下列设备应设安全阀：

1 顶部最高操作压力大于等于0.1MPa的压力容器；

2 顶部最高操作压力大于0.03MPa的蒸馏塔、蒸发塔和汽提塔（汽提塔顶蒸汽通入另一蒸馏塔者除外）；

3 往复式压缩机各段出口或电动往复泵、齿轮泵、螺杆泵等容积式泵的出口（设备本身已有安全阀者除外）；

4 凡与鼓风机、离心式压缩机、离心泵或蒸汽往复泵出口连接的设备不能承受其最高压力时，鼓风机、离心式压缩机、离心泵或蒸汽往复泵的出口；

5 可燃气体或液体受热膨胀，可能超过设计压力的设备；

6 顶部最高操作压力为0.03～0.1MPa的设备应根据工艺要求设置。

5.5.2 单个安全阀的开启压力（定压），不应大于设备的设计压力。当一台设备安装多个安全阀时，其中一个安全阀的开启压力（定压）不应大于设备的设计压力；其他安全阀的开启压力可以提高，但不应大于设备设计压力的1.05倍。

5.5.3 下列工艺设备不宜设安全阀：

1 加热炉炉管；

2 在同一压力系统中，压力来源处已有安全阀，则其余设备可不设安全阀；

3 对扫线蒸汽不宜作为压力来源。

5.5.4 可燃气体、可燃液体设备的安全阀出口连接应符合下列规定：

1 可燃液体设备的安全阀出口泄放管应接入储罐或其他容器，泵的安全阀出口泄放管宜接至泵的入口管道、塔或其他容器；

2 可燃气体设备的安全阀出口泄放管应接至火炬系统或其他安全泄放设施；

3 泄放后可能立即燃烧的可燃气体或可燃液体应经冷却后接至放空设施；

4 泄放可能携带液滴的可燃气体应经分液罐后接至火炬系统。

5.5.5 有可能被物料堵塞或腐蚀的安全阀，在安全阀前应设爆破片或其出入口管道上采取吹扫、加热或保温等防堵措施。

5.5.6 两端阀门关闭且因外界影响可能造成介质压力升高的液化烃、甲、乙_A类液体管道应采取泄压安全措施。

5.5.7 甲、乙、丙类的设备应有事故紧急排放设施，并应符合下列规定：

1 对液化烃或可燃液体设备，应将设备内的液化烃或可燃液体排放至安全地点，剩余的液化烃应排入火炬；

2 对可燃气体设备，应能将设备内的可燃气体排入火炬或安全放空系统。

5.5.8 常减压蒸馏装置的初馏塔顶、常压塔顶、减压塔顶的不凝气不应直接排入大气。

5.5.9 较高浓度环氧乙烷设备的安全阀前应设爆破片。爆破片入口管道应设氮封，且安全阀的出口管道应充氮。

5.5.10 氨的安全阀排放气应经处理后放空。

5.5.11 受工艺条件或介质特性所限，无法排入火炬或装置处理排放系统的可燃气体，当通过排气筒、放空管直接向大气排放时，排气筒、放空管的高度应符合下列规定：

　　1 连续排放的排气筒或放空管口应高出20m范围内的平台或建筑物顶3.5m以上，位于排放口水平20m以外斜上45°的范围内不宜布置平台或建筑物(图5.5.11)；

　　2 间歇排放的排气筒顶或放空管口应高出10m范围内的平台或建筑物顶3.5m以上，位于排放口水平10m以外斜上45°的范围内不宜布置平台或建筑物(图5.5.11)；

　　3 安全阀排放管口不得朝向邻近设备或有人通过的地方，排放管口应高出8m范围内的平台或建筑物顶3m以上。

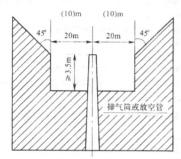

图5.5.11 可燃气体排气筒、放空管高度示意图
注:阴影部分为平台或建筑物的设置范围

5.5.12 有突然超压或发生瞬时分解爆炸危险物料的反应设备，如设安全阀不能满足要求时，应装爆破片或爆破片和导爆管，导爆管口必须朝向无火源的安全方向；必要时应采取防止二次爆炸、火灾的措施。

5.5.13 因物料爆聚、分解造成超温、超压，可能引起火灾、爆炸的反应设备应设报警信号和泄压排放设施，以及自动或手动遥控的紧急切断进料设施。

5.5.14 严禁将混合后可能发生化学反应并形成爆炸性混合气体的几种气体混合排放。

5.5.15 液体、低热值可燃气体、含氧气或卤元素及其化合物的可燃气体、毒性为极度和高度危害的可燃气体、惰性气体、酸性气体及其他腐蚀性气体不得排入全厂性火炬系统，应设独立的排放系统或处理排放系统。

5.5.16 可燃气体放空管道在接入火炬前，应设置分液和阻火等设备。

5.5.17 可燃气体放空管道内的凝结液应密闭回收，不得随地排放。

5.5.18 携带可燃液体的低温可燃气体排放系统应设置气化器，低温火炬管道选材应考虑事故排放时可能出现的最低温度。

5.5.19 装置的主要泄压排放设备宜采用适当的措施，以降低事故工况下可燃气体瞬间排放负荷。

5.5.20 火炬应设长明灯和可靠的点火系统。

5.5.21 装置内高架火炬的设置应符合下列规定：

　　1 严禁排入火炬的可燃气体携带可燃液体；

　　2 火炬的辐射热不应影响人身及设备的安全；

　　3 距火炬筒30m范围内，不应设置可燃气体放空。

5.5.22 封闭式地面火炬的设置除按明火设备考虑外，还应符合下列规定：

　　1 排入火炬的可燃气体不应携带可燃液体；

　　2 火炬的辐射热不应影响人身及设备的安全；

　　3 火炬应采取有效的消烟措施。

5.5.23 火炬设施的附属设备可靠近火炬布置。

5.6 钢结构耐火保护

5.6.1 下列承重钢结构，应采取耐火保护措施：

　　1 单个容积等于或大于5m³的甲、乙$_A$类液体设备的承重钢构架、支架、裙座；

　　2 在爆炸危险区范围内，且毒性为极度和高度危害的物料设备的承重钢构架、支架、裙座；

　　3 操作温度等于或高于自燃点的单个容积等于或大于5m³的乙$_B$、丙类液体设备承重钢构架、支架、裙座；

　　4 加热炉炉底钢支架；

　　5 在爆炸危险区范围内的主管廊的钢管架；

　　6 在爆炸危险区范围内的高径比等于或大于8，且总重量等于或大于25t的非可燃介质设备的承重钢构架、支架和裙座。

5.6.2 第5.6.1条所述的承重钢结构的下列部位应覆盖耐火层，覆盖耐火层的钢构件，其耐火极限不应低于1.5h：

　　1 支承设备钢构架：

　　　1)单层构架的梁、柱；

　　　2)多层构架的楼板为透空的钢格板时，地面以上10m范围的梁、柱；

　　　3)多层构架的楼板为封闭式楼板时，地面至该层楼板面及其以上10m范围的梁、柱；

　　2 支承设备钢支架；

　　3 钢裙座外侧未保温部分及直径大于1.2m的裙座内侧；

　　4 钢管架：

　　　1)底层支承管道的梁、柱；地面以上4.5m内的支承管道的梁、柱；

　　　2)上部设有空气冷却器的管架，其全部梁、柱及承重斜撑；

　　　3)下部设有液化烃或可燃液体泵的管架，地面以上10m范围的梁、柱；

　　5 加热炉从钢柱柱脚板到炉底板下表面50mm范围内的主要支承构件应覆盖耐火层，与炉底板连续接触的横梁不覆盖耐火层；

　　6 液化烃球罐支腿从地面到支腿与球体交叉处以下0.2m的部位。

5.7 其他要求

5.7.1 甲、乙、丙类设备或有爆炸危险性粉尘、可燃纤维的封闭式厂房和控制室等其他建筑物的耐火等级、内部装修及空调系统等设计均应按现行国家标准《建筑设计防火规范》GB 50016、《建筑内部装修设计防火规范》GB 50222和《采暖通风与空气调节设计规范》GB 50019的有关规定执行。

5.7.2 散发爆炸危险性粉尘或可燃纤维的场所，其火灾危险性类别和爆炸危险区范围的划分应按现行国家标准《建筑设计防火规范》GB 50016和《爆炸和火灾危险环境电力装置设计规范》GB 50058的规定执行。

5.7.3 散发爆炸危险性粉尘或可燃纤维的场所应采取防止粉尘、纤维扩散、飞扬和积聚的措施。

5.7.4 散发比空气重的甲类气体、有爆炸危险性粉尘或可燃纤维的封闭厂房应采用不发生火花的地面。

5.7.5 有可燃液体设备的多层建筑物或构筑物的楼板应采取防止可燃液体泄漏至下层的措施。

5.7.6 生产或储存不稳定的烯烃、二烯烃等物质时应采取防止生成过氧化物、自聚物的措施。

5.7.7 可燃气体压缩机、液化烃、可燃液体泵不得使用皮带传动；在爆炸危险区范围内的其他转动设备若必须使用皮带传动时，应采用防静电皮带。

5.7.8 烧燃料气的加热炉应设长明灯,并宜设置火焰监测器。

5.7.9 除加热炉以外的有隔热衬里设备,其外壁应涂刷超温显示剂或设置测温点。

5.7.10 可燃气体的电除尘、电除雾等电滤器系统,应有防止产生负压和控制含氧量超过规定指标的设施。

5.7.11 正压通风设施的取风口宜位于可燃气体、液化烃和甲、乙_A_类设备的全年最小频率风向的下风侧,且取风口高度应高出地面9m以上或爆炸危险区 1.5m 以上,两者中取较大值。取风质量应按现行国家标准《采暖通风与空气调节设计规范》GB 50019的有关规定执行。

6 储 运 设 施

6.1 一 般 规 定

6.1.1 可燃气体、助燃气体、液化烃和可燃液体的储罐基础、防火堤、隔堤及管架(墩)等,均应采用不燃烧材料。防火堤的耐火极限不得小于 3h。

6.1.2 液化烃、可燃液体储罐的保温层应采用不燃烧材料。当保冷层采用阻燃型泡沫塑料制品时,其氧指数不应小于30。

6.1.3 储运设施内储罐与其他设备及建构筑物之间的防火间距应按本规范第 5 章的有关规定执行。

6.2 可燃液体的地上储罐

6.2.1 储罐应采用钢罐。

6.2.2 储存甲_B_、乙_A_类的液体应选用金属浮舱式的浮顶或内浮顶罐。对于有特殊要求的物料,可选用其他型式的储罐。

6.2.3 储存沸点低于45℃的甲_B_类液体宜选用压力或低压储罐。

6.2.4 甲_B_类液体固定顶罐或低压储罐应采取减少日晒升温的措施。

6.2.5 储罐应成组布置,并应符合下列规定:

  1 在同一罐组内,宜布置火灾危险性类别相同或相近的储罐;当单罐容积小于或等于 1000m³ 时,火灾危险性类别不同的储罐也可同组布置;

  2 沸溢性液体的储罐不应与非沸溢性液体储罐同组布置;

  3 可燃液体的压力储罐可与液化烃的全压力储罐同组布置;

  4 可燃液体的低压储罐可与常压储罐同组布置。

6.2.6 罐组的总容积应符合下列规定:

  1 固定顶罐组的总容积不应大于 120000m³;

  2 浮顶、内浮顶罐组的总容积不应大于 600000m³;

  3 固定顶罐和浮顶、内浮顶罐的混合罐组的总容积不应大于 120000m³;其中浮顶、内浮顶罐的容积可折半计算。

6.2.7 罐组内单罐容积大于或等于 10000m³ 的储罐个数不应多于 12 个;单罐容积小于 10000m³ 的储罐个数不应多于 16 个;但单罐容积均小于 1000m³ 储罐以及丙_B_类液体储罐的个数不受此限。

6.2.8 罐组内相邻可燃液体地上储罐的防火间距不应小于表 6.2.8 的规定。

表 6.2.8 罐组内相邻可燃液体地上储罐的防火间距

液体类别	储罐型式			
	固定顶罐		浮顶、内浮顶罐	卧罐
	≤1000m³	>1000m³		
甲_B_、乙类	0.75D	0.6D	0.4D	0.8m
丙_A_类	0.4D			
丙_B_类	2m	5m		

注:1 表中 D 为相邻较大罐的直径,单罐容积大于 1000m³ 的储罐取直径或高度的较大值。

  2 储存不同类别液体的或不同型式的相邻储罐的防火间距采用本表规定的较大值。

  3 现有浅盘式内浮顶罐的防火间距同固定顶罐。

  4 可燃液体的低压储罐,其防火间距按固定顶罐考虑。

  5 储存丙_B_类可燃液体的浮顶、内浮顶罐,其防火间距大于 15m 时,可取 15m。

6.2.9 罐组内的储罐不应超过 2 排;但单罐容积小于或等于 1000m³ 的丙_B_类的储罐不应超过 4 排,其中润滑油罐的单罐容积和排数不限。

6.2.10 两排立式储罐的间距应符合表 6.2.8 的规定,且不应小于 5m;两排直径小于 5m 的立式储罐及卧式储罐的间距不应小于 3m。

6.2.11 罐组应设防火堤。

6.2.12 防火堤及隔堤内的有效容积应符合下列规定:

  1 防火堤内的有效容积不应小于罐组内 1 个最大储罐的容积,当浮顶、内浮顶罐组不能满足此要求时,应设置事故存液池储存剩余部分,但罐组防火堤内的有效容积不应小于罐组内 1 个最大储罐容积的一半;

  2 隔堤内有效容积不应小于隔堤内 1 个最大储罐容积的 10%。

6.2.13 立式储罐至防火堤内堤脚线的距离不应小于罐壁高度的一半,卧式储罐至防火堤内堤脚线的距离不应小于 3m。

6.2.14 相邻罐组防火堤的外堤脚线之间应留有宽度不小于 7m 的消防空地。

6.2.15 设有防火堤的罐组内应按下列要求设置隔堤:

  1 单罐容积小于或等于 5000m³ 时,隔堤所分隔的储罐容积之和不应大于 20000m³;

  2 单罐容积大于 5000～20000m³ 时,隔堤内的储罐不应超过 4 个;

  3 单罐容积大于 20000～50000m³ 时,隔堤内的储罐不应超过 2 个;

  4 单罐容积大于 50000m³ 时,应每 1 个罐一隔;

  5 隔堤所分隔的沸溢性液体储罐不应超过 2 个。

6.2.16 多品种的液体罐组内应按下列要求设置隔堤:

  1 甲_B_、乙_A_类液体与其他类可燃液体储罐之间;

  2 水溶性与非水溶性可燃液体储罐之间;

  3 相互接触能引起化学反应的可燃液体储罐之间;

  4 助燃剂、强氧化剂及具有腐蚀性液体储罐与可燃液体储罐之间。

6.2.17 防火堤及隔堤应符合下列规定:

  1 防火堤及隔堤应能承受所容纳液体的静压,且不应渗漏;

2 立式储罐防火堤的高度应为计算高度加 0.2m，但不应低于 1.0m（以堤内设计地坪标高为准），且不宜高于 2.2m（以堤外 3m 范围内设计地坪标高为准）；卧式储罐防火堤的高度不应低于 0.5m（以堤内设计地坪标高为准）；

3 立式储罐组内隔堤的高度不应低于 0.5m；卧式储罐组内隔堤的高度不应低于 0.3m；

4 管道穿堤处应采用不燃烧材料严密封闭；

5 在防火堤内雨水沟穿堤处采取防止可燃液体流出堤外的措施；

6 在防火堤的不同方位上应设置人行台阶或坡道，同一方位上两相邻人行台阶或坡道之间距离不宜大于 60m；隔堤应设置人行台阶。

6.2.18 事故存液池的设置应符合下列规定：

1 设有事故存液池的罐组应设导液管（沟），使溢漏液体能顺利地流出罐组并自流入存液池内；

2 事故存液池距防火堤的距离不应小于 7m；

3 事故存液池和导液沟距明火地点不应小于 30m；

4 事故存液池应有排水设施。

6.2.19 甲$_B$、乙类液体的固定顶罐应设阻火器和呼吸阀；对于采用氮气或其他气体气封的甲$_B$、乙类液体的储罐还应设置事故泄压设备。

6.2.20 常压固定顶罐顶板与包边角钢之间的连接应采用弱顶结构。

6.2.21 储存温度高于 100℃ 的丙$_B$ 类液体储罐应设专用扫线罐。

6.2.22 设有蒸汽加热器的储罐应采取防止液体超温的措施。

6.2.23 可燃液体的储罐应设液位计和高液位报警器，必要时可设自动联锁切断进料设施，并宜设自动脱水器。

6.2.24 储罐的进料管应从罐体下部接入；若必须从上部接入，宜延伸至距罐底 200mm 处。

6.2.25 储罐的进出口管道应采用柔性连接。

6.3 液化烃、可燃气体、助燃气体的地上储罐

6.3.1 液化烃储罐、可燃气体储罐和助燃气体储罐应分别成组布置。

6.3.2 液化烃储罐成组布置时应符合下列规定：

1 液化烃罐组内的储罐不应超过 2 排；

2 每组全压力式或半冷冻式储罐的个数不应多于 12 个；

3 全冷冻式储罐的个数不宜多于 2 个；

4 全冷冻式储罐应单独成组布置；

5 储罐材质不能适应该罐组内介质最低温度时，不应布置在同一罐组内。

6.3.3 液化烃、可燃气体、助燃气体的罐组内，储罐的防火间距不应小于表 6.3.3 的规定。

表 6.3.3 液化烃、可燃气体、助燃气体的罐组内储罐的防火间距

介质	储存方式或储罐型式		球罐	卧（立）罐	全冷冻式储罐		水槽式气柜	干式气柜
					≤100m³	>100m³		
液化烃	全压力式或半冷冻式储罐	有事故排放至火炬的措施	0.5D	1.0D	*	*	*	*
		无事故排放至火炬的措施	1.0D		*	*	*	*
	全冷冻式储罐	≤100m³	*	*	1.5m	0.5D	*	*
		>100m³	*	*	0.5D	0.5D	*	*
助燃气体	球罐		0.5D	0.65D	*	*	*	*
	卧（立）罐		0.65D	0.65D	*	*	*	*
可燃气体	水槽式气柜		*	*	*	*	0.5D	0.65D
	干式气柜		*	*	*	*	0.65D	0.65D
	球罐		0.5D	*	*	*	0.65D	0.65D

注：1 D 为相邻较大储罐的直径；

2 液氨储罐间的防火间距要求应与液化烃储罐相同；液氧储罐间的防火间距应按现行国家标准《建筑设计防火规范》GB 50016 的要求执行；

3 沸点低于 45℃ 的甲$_B$ 类液体压力储罐，按全压力式液化烃储罐的防火间距执行；

4 液化烃单罐容积 ≤200m³ 的卧（立）罐之间的防火间距超过 1.5m 时，可取 1.5m；

5 助燃气体卧（立）罐之间的防火间距超过 1.5m 时，可取 1.5m；

6 "*"表示不应同组布置。

6.3.4 两排卧罐的间距不应小于 3m。

6.3.5 防火堤及隔堤的设置应符合下列规定：

1 液化烃全压力式或半冷冻式储罐组宜设不高于 0.6m 的防火堤。防火堤内堤脚线距储罐不应小于 3m，堤内应采用现浇混凝土地面，并应坡向外侧，防火堤内的隔堤不宜高于 0.3m；

2 全压力式储罐组的总容积大于 8000m³ 时，罐组内应设隔堤，隔堤内各储罐容积之和不宜大于 8000m³，单罐容积等于或大于 5000m³ 时应每 1 个罐一隔；

3 全冷冻式储罐组的总容积不应大于 200000m³，单防罐应每 1 个罐一隔，隔堤应低于防火堤 0.2m；

4 沸点低于 45℃ 甲$_B$ 类液体压力储罐组的总容积不宜大于 60000m³，隔堤内各储罐容积之和不宜大于 8000m³，单罐容积等于或大于 5000m³ 时应每 1 个罐一隔。

5 沸点低于 45℃ 的甲$_B$ 类液体的压力储罐，防火堤内有效容积不应小于 1 个最大储罐的容积。当其与液化烃压力储罐同组布置时，防火堤及隔堤的高度尚应满足液化烃压力储罐组的要求，且二者之间应设隔堤；当其独立成组时，防火堤距储罐不应小于 3m，防火堤及隔堤的高度设置尚应符合第 6.2.17 条的要求；

6 全压力式、半冷冻式液氨储罐的防火堤和隔堤的设置同液化烃储罐的要求。

6.3.6 液化烃全冷冻式单防罐罐组应设防火堤，并应符合下列规定：

1 防火堤内的有效容积不应小于 1 个最大储罐的容积；

2 单防罐至防火堤内顶角线的距离 X 不应小于最高液位与防火堤堤顶的高度之差 Y 加上液面上气相当量压头的和（图 6.3.6）；当防火堤的高度等于或大于最高液位时，单防罐至防火堤内顶角线的距离不限；

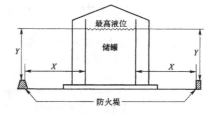

图 6.3.6 单防罐至防火堤内顶角线的距离

3 应在防火堤的不同方位上设置不少于 2 个人行台阶或梯子；

4 防火堤及隔堤应为不燃烧实体防护结构，能承受所容纳液体的静压及温度变化的影响，且不渗漏。

6.3.7 液化烃全冷冻式双防或全防罐罐组可不设防火堤。

6.3.8 全冷冻式液氨储罐应设防火堤，堤内有效容积应不小于 1 个最大储罐容积的 60%。

6.3.9 液化烃、液氨等储罐的储存系数不应大于 0.9。

6.3.10 液氨储罐应设液位计、压力表和安全阀；低温液氨储罐尚应设温度指示仪。

6.3.11 液化烃储罐应设液位计、温度计、压力表、安全阀，以及高液位报警和高高液位自动联锁切断进料措施。对于全冷冻式液化烃储罐还应设真空泄放设施和高、低温度检测，并应与自动控制系统相联。

6.3.12 气柜应设上、下限位报警装置，并宜设进出管道自动联锁切断装置。

6.3.13 液化烃储罐的安全阀出口管应接至火炬系统。确有困难时,可就地放空,但其排气管口应高出8m范围内储罐罐顶平台3m以上。

6.3.14 全压力式液化烃储罐宜采用有防冻措施的二次脱水系统,储罐根部宜设紧急切断阀。

6.3.15 液化烃蒸发器的气相部分应设压力表和安全阀。

6.3.16 液化烃储罐开口接管的阀门及管件的管道等级不应低于2.0MPa,其垫片应采用缠绕式垫片。阀门压盖的密封填料应采用难燃烧材料。全压力式储罐应采取防止液化烃泄漏的注水措施。

6.3.17 全冷冻卧式液化烃储罐不应多层布置。

6.4 可燃液体、液化烃的装卸设施

6.4.1 可燃液体的铁路装卸设施应符合下列规定:

1 装卸栈台两端和沿栈台每隔60m左右应设梯子;

2 甲_B、乙、丙_A类的液体严禁采用沟槽卸车系统;

3 顶部敞口装车的甲_B、乙、丙_A类的液体应采用液下装车鹤管;

4 在距装车栈台边缘10m以外的可燃液体(润滑油除外)输入管道上应设便于操作的紧急切断阀;

5 丙_B类液体装卸栈台宜单独设置;

6 零位罐至罐车装卸线不应小于6m;

7 甲_B、乙_A类液体装卸鹤管与集中布置的泵的距离不应小于8m;

8 同一铁路装卸线一侧的两个装卸栈台相邻鹤位之间的距离不应小于24m。

6.4.2 可燃液体的汽车装卸站应符合下列规定:

1 装卸站的进、出口宜分开设置;当进、出口合用时,站内应设回车场;

2 装卸车场应采用现浇混凝土地面;

3 装卸车鹤位与缓冲罐之间的距离不应小于5m,高架罐之间的距离不应小于0.6m;

4 甲_B、乙_A类液体装卸车鹤位与集中布置的泵的距离不应小于8m;

5 站内无缓冲罐时,在距装卸车鹤位10m以外的装卸管道上应设便于操作的紧急切断阀;

6 甲_B、乙、丙_A类液体的装卸车应采用液下装卸车鹤管;

7 甲_B、乙、丙_A类液体与其他类液体的两个装卸车栈台相邻鹤位之间的距离不应小于8m;

8 装卸车鹤位之间的距离不应小于4m;双侧装卸车栈台相邻鹤位之间或同一鹤位相邻鹤管之间的距离应满足鹤管正常操作和检修的要求。

6.4.3 液化烃铁路和汽车的装卸设施应符合下列规定:

1 液化烃严禁就地排放;

2 低温液化烃装卸鹤位应单独设置;

3 铁路装卸栈台宜单独设置,当不同时作业时,可与可燃液体铁路装卸同台设置;

4 同一铁路装卸线一侧的两个装卸栈台相邻鹤位之间的距离不应小于24m;

5 铁路装卸栈台两端和沿栈台每隔60m左右应设梯子;

6 汽车装卸车鹤位之间的距离不应小于4m;双侧装卸车栈台相邻鹤位之间或同一鹤位相邻鹤管之间的距离应满足鹤管正常操作和检修的要求,液化烃汽车装卸栈台与可燃液体汽车装卸栈台相邻鹤位之间的距离不应小于8m;

7 在距装卸车鹤位10m以外的装卸管道上应设便于操作的紧急切断阀;

8 汽车装卸车场应采用现浇混凝土地面;

9 装卸车鹤位与集中布置的泵的距离不应小于10m。

6.4.4 可燃液体码头、液化烃码头应符合下列规定:

1 除船舶在码头泊位内外档停靠外,码头相邻泊位船舶间的防火间距不应小于表6.4.4的规定;

表6.4.4 码头相邻泊位船舶间的防火间距(m)

船长(m)	279~236	235~183	182~151	150~110	<110
防火间距	55	50	40	35	25

2 液化烃泊位宜单独设置,当不同时作业时,可与其他可燃液体共用一个泊位;

3 可燃液体和液化烃的码头与其他码头或建筑物、构筑物的安全距离应按有关规定执行;

4 在距泊位20m以外或岸边处的装卸船管道上应设便于操作的紧急切断阀;

5 液化烃的装卸应采用装卸臂或金属软管,并应采取安全放空措施。

6.5 灌装站

6.5.1 液化石油气的灌装站应符合下列规定:

1 液化石油气的灌瓶间和储瓶库宜为敞开式或半敞开式建筑物,半敞开式建筑物下部应采取防止油气积聚的措施;

2 液化石油气的残液应密闭回收,严禁就地排放;

3 灌装站应设不燃烧材料隔离墙。如采用实体围墙,其下部应设通风口;

4 灌瓶间和储瓶库的室内应采用不发生火花的地面,室内地面应高于室外地坪,其高差不应小于0.6m;

5 液化石油气缓冲罐与灌瓶间的距离不应小于10m;

6 灌装站内应设有宽度不小于4m的环形消防车道,车道内缘转弯半径不宜小于6m。

6.5.2 氢气灌瓶间的顶部应采取通风措施。

6.5.3 液氨和液氯等的灌装间宜为敞开式建筑物。

6.5.4 实瓶(桶)库与灌装间可设在同一建筑物内,但宜用实体墙隔开,并各设出入口。

6.5.5 液化石油气、液氨或液氯等的实瓶不应露天堆放。

6.6 厂内仓库

6.6.1 石油化工企业应设置独立的化学品和危险品库区。甲、乙、丙类物品仓库,距其他设施的防火间距见表4.2.12,并应符合下列规定:

1 甲类物品仓库宜单独设置;当其储量小于5t时,可与乙、丙类物品仓库共用一座建筑物,但应设独立的防火分区;

2 乙、丙类产品的储量宜按装置2~15d的产量计算确定;

3 化学品应按其化学物理特性分类储存,当物料性质不允许相互接触时,应用实体墙隔开,并各设出入口;

4 仓库应通风良好;

5 可能产生爆炸性混合气体或在空气中能形成粉尘、纤维等爆炸性混合物的仓库,应采用不发生火花的地面,需要时应设防水层。

6.6.2 单层仓库跨度不应大于150m。每座合成纤维、合成橡胶、合成树脂及塑料单层仓库的占地面积不应大于24000m²,每个防火分区的建筑面积不应大于6000m²;当企业设有消防站和专职消防队且仓库设有工业电视监视系统时,每座合成树脂及塑料单层仓库的占地面积可扩大至48000m²。

6.6.3 合成纤维、合成树脂及塑料等产品的高架仓库应符合下列规定:

1 仓库的耐火等级不应低于二级;

2 货架应采用不燃烧材料。

6.6.4 占地面积大于1000m²的丙类仓库应设置排烟设施,占地面积大于6000m²的丙类仓库宜采用自然排烟,排烟口净面积宜为仓库建筑面积的5%。

6.6.5 袋装硝酸铵仓库的耐火等级不应低于二级。仓库内严禁存放其他物品。

6.6.6 盛装甲、乙类液体的容器存放在室外时应设防晒降温设施。

7 管道布置

7.1 厂内管线综合

7.1.1 全厂性工艺及热力管道宜地上敷设;沿地面或低支架敷设的管道不应环绕工艺装置或罐组布置,并不应妨碍消防车的通行。

7.1.2 管道及其桁架跨越厂内铁路线的净空高度不应小于5.5 m;跨越厂内道路的净空高度不应小于5m。在跨越铁路或道路的可燃气体、液化烃和可燃液体管道上不应设置阀门及易发生泄漏的管道附件。

7.1.3 可燃气体、液化烃、可燃液体的管道穿越铁路线或道路时应敷设在管涵或套管内。

7.1.4 永久性的地上、地下管道不得穿越或跨越与其无关的工艺装置、系统单元或储罐组;在跨越罐区泵房的可燃气体、液化烃和可燃液体的管道上不应设置阀门及易发生泄漏的管道附件。

7.1.5 距散发比空气重的可燃气体设备30m以内的管沟应采取防止可燃气体窜入和积聚的措施。

7.1.6 各种工艺管道及含可燃液体的污水管道不应沿道路敷设在路面下或路肩上下。

7.2 工艺及公用物料管道

7.2.1 可燃气体、液化烃和可燃液体的金属管道除需要采用法兰连接外,均应采用焊接连接。公称直径等于或小于25mm的可燃气体、液化烃和可燃液体的金属管道和阀门采用锥管螺纹连接时,除能产生缝隙腐蚀的介质管道外,应在螺纹处加密封焊。

7.2.2 可燃气体、液化烃和可燃液体的管道不得穿过与其无关的建筑物。

7.2.3 可燃气体、液化烃和可燃液体的采样管道不应引入化验室。

7.2.4 可燃气体、液化烃和可燃液体的管道应架空或沿地敷设。必须采用管沟敷设时,应采取防止可燃气体、液化烃和可燃液体在管沟内积聚的措施,并在进、出装置及厂房处密封隔断;管沟内的污水应经水封井排入生产污水管道。

7.2.5 工艺和公用工程管道共架多层敷设时宜将介质操作温度等于或高于250℃的管道布置在上层,液化烃及腐蚀性介质管道布置在下层;必须布置在下层的介质操作温度等于或高于250℃的管道可布置在外侧,但不应与液化烃管道相邻。

7.2.6 氧气管道与可燃气体、液化烃和可燃液体的管道共架敷设时应布置在一侧,且平行布置时净距不应小于500mm,交叉布置时净距不应小于250mm。氧气管道与可燃气体、液化烃和可燃液体管道之间宜用公用工程管道隔开。

7.2.7 公用工程管道与可燃气体、液化烃和可燃液体的管道或设备连接时应符合下列规定:

1 连续使用的公用工程管道上应设止回阀,并在其根部设切断阀;

2 间歇使用的公用工程管道上应设止回阀和一道切断阀或设两道切断阀,并在两切断阀间设检查阀;

3 仅在设备停用时使用的公用工程管道应设盲板或断开。

7.2.8 连续操作的可燃气体管道的低点应设两道排液阀,排出的液体应排放至密闭系统;仅在开停工时使用的排液阀,可设一道阀门,并加丝堵、管帽、盲板或法兰盖。

7.2.9 甲、乙$_A$类设备和管道应有惰性气体置换设施。

7.2.10 可燃气体压缩机的吸入管道应有防止产生负压的措施。

7.2.11 离心式可燃气体压缩机和可燃液体泵应在其出口管道上安装止回阀。

7.2.12 加热炉燃料气调节阀前的管道压力等于或小于0.4MPa(表),且无低压自动保护仪表时,应在每个燃料气调节阀与加热炉之间设置阻火器。

7.2.13 加热炉燃料气管道上的分液罐的凝液不应敞开排放。

7.2.14 当可燃液体容器内可能存在空气时,其入口管应从容器下部接入;若必须从上部接入,宜延伸至距容器底200mm处。

7.2.15 液化烃设备抽出管道应在靠近设备根部设置切断阀。容积超过50m³的液化烃设备与其抽出泵的间距小于15m时,该切断阀应为带手动功能的遥控阀,遥控阀就地操作按钮距抽出泵的间距不应小于15m。

7.2.16 进、出装置的可燃气体、液化烃和可燃液体的管道,在装置的边界处应设隔断阀和8字盲板,在隔断阀处应设平台,长度等于或大于8m的平台应在两个方向设梯子。

7.3 含可燃液体的生产污水管道

7.3.1 含可燃液体的污水及被严重污染的雨水应排入生产污水管道,但可燃气体的凝结液和下列水不得直接排入生产污水管道:

1 与排水点管道中的污水混合后,温度超过40℃的水;

2 混合时产生化学反应能引起火灾或爆炸的污水。

7.3.2 生产污水排放应采用暗管或覆土厚度不小于200mm的暗沟。设施内部若必须采用明沟排水时,应分段设置,每段长度不宜超过30m,相邻两段之间的距离不宜小于2m。

7.3.3 生产污水管道的下列部位应设水封,水封高度不得小于250mm:

1 工艺装置内的塔、加热炉、泵、冷换设备等区围堰的排水出口;

2 工艺装置、罐组或其他设备及建筑物、构筑物、管沟等的排水出口;

3 全厂性的支干管与干管交汇处的支干管上;

4 全厂性支干管、干管的管段长度超过300m时,应用水封并隔开。

7.3.4 重力流循环回水管道在工艺装置总出口处应设水封。

7.3.5 当建筑物用防火墙分隔成多个防火分区时，每个防火分区的生产污水管道应有独立的排出口并设水封。

7.3.6 罐组内的生产污水管道应有独立的排出口，且应在防火堤外设置水封；在防火堤与水封之间的管道上应设置易开关的隔断阀。

7.3.7 甲、乙类工艺装置内生产污水管道的支干管、干管的最高处检查井宜设排气管。排气管的设置应符合下列规定：

  1 管径不宜小于 100mm；

  2 排气管的出口应高出地面 2.5m 以上，并应高出距排气管 3m 范围内的操作平台、空气冷却器 2.5m 以上；

  3 距明火、散发火花地点 15m 半径范围内不应设排气管。

7.3.8 甲、乙类工艺装置内，生产污水管道的检查井井盖与盖座接缝处应密封，且井盖不得有孔洞。

7.3.9 工艺装置内生产污水系统的隔油池应符合本规范第 5.4.1、5.4.2 条的规定。

7.3.10 接纳消防废水的排水系统应按最大消防水量校核排水系统能力，并应设有防止受污染的消防水排出厂外的措施。

8 消 防

8.1 一般规定

8.1.1 石油化工企业应设置与生产、储存、运输的物料和操作条件相适应的消防设施，供专职消防人员和岗位操作人员使用。

8.1.2 当大型石油化工装置的设备、建筑物区占地面积大于 10000m² 小于 20000m² 时，应加强消防设施的设置。

8.2 消防站

8.2.1 大中型石油化工企业应设消防站。消防站的规模应根据石油化工企业的规模、火灾危险性、固定消防设施的设置情况，以及邻近单位消防协作条件等因素确定。

8.2.2 石油化工企业消防车辆的车型应根据被保护对象选择，以大型泡沫消防车为主，且应配备干粉或干粉-泡沫联用车；大型石油化工企业尚宜配备高喷车和通信指挥车。

8.2.3 消防站宜设置向消防车快速灌装泡沫液的设施，并宜设置泡沫液运输车，车上应配备向消防车输送泡沫液的设施。

8.2.4 消防站应由车库、通信室、办公室、值勤宿舍、药剂库、器材库、干燥室（寒冷或多雨地区）、培训学习室及训练场、训练塔以及其他必要的生活设施等组成。

8.2.5 消防车库的耐火等级不应低于二级；车库室内温度不宜低于 12℃，并宜设机械排风设施。

8.2.6 车库、值勤宿舍必须设置警铃，并应在车库前场地一侧安装车辆出动的警灯和警铃。通信室、车库、值勤宿舍以及公共通道等处应设事故照明。

8.2.7 车库大门应面向道路，距道路路边不应小于 15m。车库前场地应采用混凝土或沥青地面，并应有不小于 2% 的坡度坡向道路。

8.3 消防水源及泵房

8.3.1 当消防用水由工厂水源直接供给时，工厂给水管网的进水管不应少于 2 条。当其中 1 条发生事故时，另 1 条应能满足 100% 的消防用水和 70% 的生产、生活用水总量的要求。消防用水由消防水池（罐）供给时，工厂给水管网的进水管，应能满足消防水池（罐）的补充水和 100% 的生产、生活用水总量的要求。

8.3.2 当工厂水源直接供给不能满足消防用水量、水压和火灾延续时间内消防水总量要求时，应建消防水池（罐），并应符合下列规定：

  1 水池（罐）的容量，应满足火灾延续时间内消防用水总量的要求。当发生火灾能保证向水池（罐）连续补水时，其容量可减去火灾延续时间内的补充水量；

  2 水池（罐）的总容量大于 1000m³ 时，应分隔成 2 个，并设带切断阀的连通管；

  3 水池（罐）的补水时间，不宜超过 48h；

  4 当消防水池（罐）与生活或生产水池（罐）合建时，应有消防用水不作他用的措施；

  5 寒冷地区应设防冻措施；

  6 消防水池（罐）应设液位检测、高低液位报警及自动补水设施。

8.3.3 消防水泵房宜与生活或生产水泵房合建，其耐火等级不应低于二级。

8.3.4 消防水泵应采用自灌式引水系统。当消防水池处于低液位不能保证消防水泵再次自灌启动时，应设辅助引水系统。

8.3.5 消防水泵的吸水管、出水管应符合下列规定：

  1 每台消防水泵宜有独立的吸水管；2 台以上成组布置时，其吸水管不应少于 2 条，当其中 1 条检修时，其余吸水管应能确保吸取全部消防用水量；

  2 成组布置的水泵，至少应有 2 条出水管与环状消防水管道连接，两连接点间应设阀门。当 1 条出水管检修时，其余出水管应能输送全部消防用水量；

  3 泵的出水管道应设防止超压的安全设施；

  4 直径大于 300mm 的出水管道上阀门不应选用手动阀门，阀门的启闭应有明显标志。

8.3.6 消防水泵、稳压泵应分别设置备用泵；备用泵的能力不得小于最大一台泵的能力。

8.3.7 消防水泵应在接到报警后 2min 以内投入运行。稳高压消防给水系统的消防水泵应能依靠管网压降信号自动启动。

8.3.8 消防水泵应设双动力源；当采用柴油机作为动力源时，柴油机的油料储备量应能满足机组连续运转 6h 的要求。

8.4 消防用水量

8.4.1 厂区的消防用水量应按同一时间内的火灾处数和相应处的一次灭火用水量确定。

8.4.2 厂区同一时间内的火灾处数应按表 8.4.2 确定。

表 8.4.2 厂区同一时间内的火灾处数

厂区占地面积（m²）	同一时间内火灾处数
≤1000000	1 处：厂区消防用水量最大处
>1000000	2 处：一处为厂区消防用水量最大处，另一处为厂区辅助生产设施

8.4.3 工艺装置、辅助生产设施及建筑物的消防用水量计算应符合下列规定：

  1 工艺装置的消防用水量应根据其规模、火灾危险类别及消防设施的设置情况等综合考虑确定。当确定有困难时，可按表

8.4.3选定;火灾延续供水时间不应小于3h;

2 辅助生产设施的消防用水量可按50L/s计算;火灾延续供水时间不宜小于2h;

3 建筑物的消防用水量应根据相关国家标准规范的要求进行计算;

4 可燃液体、液化烃的装卸栈台应设置消防给水系统,消防用水量不应小于60L/s;空分站的消防用水量宜为90～120L/s,火灾延续供水时间不宜小于3h。

表8.4.3 工艺装置消防用水量表(L/s)

装置类型	装置规模	
	中型	大型
石油化工	150～300	300～600
炼油	150～230	230～450
合成氨及氨加工	90～120	120～200

8.4.4 可燃液体罐区的消防用水量计算应符合下列规定:

1 应按火灾时消防用水量最大的罐组计算,其水量应为配置泡沫混合液用水及着火罐和邻近罐的冷却用水量之和;

2 当着火罐为立式储罐时,距火罐罐壁1.5倍着火直径范围内的邻近罐应进行冷却;当着火罐为卧式储罐时,着火罐直径与长度之和的一半范围内的邻近地上罐应进行冷却;

3 当邻近立式储罐超过3个时,冷却水量可按3个罐的消防用水量计算;着火罐为浮顶、内浮顶罐(浮盘用易熔材料制作的储罐除外)时,其邻近罐可不考虑冷却。

8.4.5 可燃液体地上立式储罐应设固定或移动式消防冷却水系统,其供水范围、供水强度和设置方式应符合下列规定:

1 供水范围、供水强度不应小于表8.4.5的规定;

表8.4.5 消防冷却水的供水范围和供水强度

项目	储罐型式		供水范围	供水强度	附注
移动式水枪冷却	着火罐	固定顶罐	罐周全长	0.8L/s·m	—
		浮顶罐、内浮顶罐	罐周全长	0.6L/s·m	注1、2
	邻近罐		罐周半长	0.7L/s·m	—
固定式冷却	着火罐	固定顶罐	罐壁表面积	2.5L/min·m²	
		浮顶罐、内浮顶罐	罐壁表面积	2.0L/min·m²	注1、2
	邻近罐		罐壁表面积的1/2	2.5L/min·m²	注3

注:1 浮盘用易熔材料制作的内浮顶罐按固定顶罐计算;

2 浅盘式内浮顶罐按固定顶罐计算;

3 按实际冷却面积计算,但不得小于罐壁表面积的1/2。

2 罐壁高于17m储罐、容积等于或大于10000m³储罐、容积等于或大于2000m³低压储罐应设置固定式消防冷却水系统;

3 润滑油罐可采用移动式消防冷却水系统;

4 储罐固定式冷却水系统应有确保达到冷却水强度的调节设施;

5 控制阀应设在防火堤外,并距被保护罐壁不宜小于15m。控制阀后及储罐上设置的消防冷却水管道应采用镀锌钢管。

8.4.6 可燃液体地上卧式罐宜采用移动式水枪冷却。冷却面积应按罐表面积计算。供水强度:着火罐不应小于6L/min·m²;邻近罐不应小于3L/min·m²。

8.4.7 可燃液体储罐消防冷却用水的延续时间:直径大于20m的固定顶罐和直径大于20m浮盘用易熔材料制作的内浮顶罐应为6h;其他储罐可为4h。

8.5 消防给水管道及消火栓

8.5.1 大型石油化工企业的工艺装置区、罐区等,应设独立的稳高压消防给水系统,其压力宜为0.7～1.2MPa。其他场所采用低压消防给水系统时,其压力应确保灭火时最不利点消火栓的水压不低于0.15MPa(自地面算起)。消防给水系统不应与循环冷却水系统合并,且不应用于其他用途。

8.5.2 消防给水管道应环状布置,并应符合下列规定:

1 环状管道的进水管不应少于2条;

2 环状管道应用阀门分成若干独立管段,每段消火栓的数量不宜超过5个;

3 当某个环段发生事故时,独立的消防给水管道的其余环段应能满足100%的消防用水量的要求;与生产、生活合用的消防给水管道应能满足100%的消防用水和70%的生产、生活用水的总量要求;

4 生产、生活用水量应按70%最大小时用水量计算;消防用水量应按最大秒流量计算。

8.5.3 消防给水管道应保持充水状态。地下独立的消防给水管道应埋设在冰冻线以下,管顶距冰冻线不应小于150mm。

8.5.4 工艺装置区或罐区的消防给水干管的管径应经计算确定。独立的消防给水管道的流速不宜大于3.5m/s。

8.5.5 消火栓的设置应符合下列规定:

1 宜选用地上式消火栓;

2 消火栓宜沿道路敷设;

3 消火栓距路面边不宜大于5m;距建筑物外墙不宜小于5m;

4 地上式消火栓距城市型道路路边不宜小于1m;距公路型双车道路肩边不宜小于1m;

5 地上式消火栓的大口径出水口应面向道路。当其设置场所有可能受到车辆冲撞时,应在其周围设置防护设施;

6 地下式消火栓应有明显标志。

8.5.6 消火栓的数量及位置,应按其保护半径及被保护对象的消防用水量等综合计算确定,并应符合下列规定:

1 消火栓的保护半径不应超过120m;

2 高压消防给水管道上消火栓的出水量应根据管道内的水压及消火栓出口要求的水压计算确定,低压消防给水管道上公称直径为100mm、150mm消火栓的出水量可分别取15L/s、30L/s。

8.5.7 罐区及工艺装置区的消火栓应在其四周道路边设置,消火栓的间距不宜超过60m。当装置内设有消防道路时,应在道路边设置消火栓。距被保护对象15m以内的消火栓不应计算在该保护对象可使用的数量之内。

8.5.8 与生产或生活合用的消防给水管道上的消火栓应设切断阀。

8.6 消防水炮、水喷淋和水喷雾

8.6.1 甲、乙类可燃气体、可燃液体设备的高大构架和设备群应设置水炮保护。

8.6.2 固定式水炮的布置应根据水炮的设计流量和有效射程确定其保护范围。消防水炮距被保护对象不宜小于15m。消防水炮的出水量宜为30～50L/s,水炮应具有直流和水雾两种喷射方式。

8.6.3 工艺装置内固定水炮不能有效保护的特殊危险设备及场所宜设水喷淋或水喷雾系统,其设计应符合下列规定:

1 系统供水的持续时间、响应时间及控制方式等应根据被保护对象的性质、操作需要确定;

2 系统的控制阀可露天设置,距被保护对象不宜小于15m;

3 系统的报警信号及工作状态应在控制室控制盘上显示;

4 本规范未作规定者,应按现行国家标准《水喷雾灭火系统设计规范》GB 50219 的有关规定执行。

8.6.4 工艺装置内加热炉、甲类气体压缩机、介质温度超过自燃点的泵及换热设备、长度小于30m的油泵房附近等宜设消防软管卷盘,其保护半径宜为20m。

8.6.5 工艺装置内的甲、乙类设备的构架平台高出其所处地面

15m时,宜沿梯子敷设半固定式消防给水竖管,并应符合下列规定:

　　1　按各层需要设置带阀门的管牙接口;

　　2　平台面积小于或等于50m²时,管径不宜小于80mm;大于50m²时,管径不宜小于100mm;

　　3　构架平台长度大于25m时,宜在另一侧梯子处增设消防给水竖管,且消防给水竖管的间距不宜大于50m。

8.6.6　液化烃泵、操作温度等于或高于自燃点的可燃液体泵,当布置在管廊、可燃液体设备、空冷器等下方时,应设置水喷雾(水喷淋)系统或用消防水炮保护泵,喷淋强度不低于9L/m²·min。

8.6.7　在寒冷地区设置的消防软管卷盘、消防水炮、水喷淋或水喷雾等消防设施应采取防冻措施。

8.7　低倍数泡沫灭火系统

8.7.1　可能发生可燃液体火灾的场所宜采用低倍数泡沫灭火系统。

8.7.2　下列场所应采用固定泡沫灭火系统:

　　1　甲、乙类和闪点等于或小于90℃的丙类可燃液体的固定顶罐及浮盘为易熔材料的内浮顶罐:

　　　1)单罐容积等于或大于10000m³的非水溶性可燃液体储罐;

　　　2)单罐容积等于或大于500m³的水溶性可燃液体储罐;

　　2　甲、乙类和闪点等于或小于90℃的丙类可燃液体的浮顶罐及浮盘为非易熔材料的内浮顶罐:单罐容积等于或大于50000m³的非水溶性可燃液体储罐;

　　3　移动消防设施不能进行有效保护的可燃液体储罐。

8.7.3　下列场所可采用移动式泡沫灭火系统:

　　1　罐壁高度小于7m或容积等于或小于200m³的非水溶性可燃液体储罐;

　　2　润滑油储罐;

　　3　可燃液体地面流淌火灾、油池火灾。

8.7.4　除本规范第8.7.2条及第8.7.3条规定外的可燃液体罐宜采用半固定式泡沫灭火系统。

8.7.5　泡沫灭火系统控制方式应符合下列规定:

　　1　单罐容积等于或大于20000m³的固定顶罐及浮盘为易熔材料的内浮顶罐应采用远程手动启动的程序控制;

　　2　单罐容积等于或大于100000m³的浮顶罐及内浮顶罐应采用远程手动启动的程序控制;

　　3　单罐容积等于或大于50000m³并小于100000m³的浮顶罐及内浮顶罐宜采用远程手动启动的程序控制。

8.8　蒸汽灭火系统

8.8.1　工艺装置有蒸汽供给系统时,宜设固定式或半固定式蒸汽灭火系统,但在使用蒸汽可能造成事故的部位不得采用蒸汽灭火。

8.8.2　灭火蒸汽管应从主管上引出,蒸汽压力不宜大于1MPa。

8.8.3　半固定式灭火蒸汽快速接头(简称半固定式接头)的公称直径应为20mm;与其连接的耐热胶管长度宜为15~20m。

8.8.4　灭火蒸汽管道的布置应符合下列规定:

　　1　加热炉的炉膛及输送腐蚀性可燃介质或带堵头的回弯头箱内应设固定式蒸汽灭火筛孔管(简称固定式筛孔管),筛孔管的蒸汽管道应从蒸汽分配管引出,蒸汽分配管距加热炉不宜小于7.5m,并至少应预留2个半固定式接头;

　　2　室内空间小于500m³的封闭式甲、乙、丙类泵房或甲类气体压缩机房内应沿一侧墙高出地面150~200mm处固定式筛孔管,并沿另一侧墙壁适当设置半固定式接头,在其他甲、乙、丙类泵房或可燃气体压缩机房内应设半固定式接头;

　　3　在甲、乙、丙类设备区附近宜设半固定式接头,在操作温度

等于或高于自燃点的气体或液体设备附近宜设固定式蒸汽筛孔管,其阀门距设备不宜小于7.5m;

　　4　在甲、乙、丙类设备的多层构架或塔类联合平台的每层或隔一层宜设半固定式接头;

　　5　甲、乙、丙类设备附近设置软管站时,可不另设半固定式灭火蒸汽快速接头;

　　6　固定式筛孔管或半固定式接头的阀门应安装在明显、安全和开启方便的地点。

8.8.5　固定式筛孔管灭火系统的蒸汽供给强度应符合下列规定:

　　1　封闭式厂房或加热炉炉膛不宜小于0.003kg/s·m³;

　　2　加热炉管回弯头箱不宜小于0.0015kg/s·m³。

8.9　灭火器设置

8.9.1　生产区内宜设置干粉型或泡沫型灭火器,控制室、机柜间、计算机室、电信站、化验室等宜设置气体型灭火器。

8.9.2　生产区内设置的单个灭火器的规格宜按表8.9.2选用。

表8.9.2　灭火器的规格

灭火器类型		干粉型(碳酸氢钠)		泡沫型		二氧化碳	
		手提式	推车式	手提式	推车式	手提式	推车式
灭火剂充装量	容量(L)	—	—	9	60	—	—
	重量(kg)	6或8	20或50	—	—	5或7	30

8.9.3　工艺装置内手提式干粉型灭火器的选型及配置应符合下列规定:

　　1　扑救可燃气体、可燃液体火灾宜选用钠盐干粉灭火剂,扑救可燃固体表面火灾应采用磷酸铵盐干粉灭火剂,扑救烷基铝类火灾宜采用D类干粉灭火剂;

　　2　甲类装置灭火器的最大保护距离不宜超过9m,乙、丙类装置不宜超过12m;

　　3　每一配置点的灭火器数量不应少于2个,多层构架应分层配置;

　　4　危险的重要场所宜增设推车式灭火器。

8.9.4　可燃气体、液化烃和可燃液体的铁路装卸栈台应沿栈台每12m处上下各分别设置2个手提式干粉型灭火器。

8.9.5　可燃气体、液化烃和可燃液体的地上罐宜按防火堤内面积每400m²配置1个手提式灭火器,但每个储罐配置的数量不宜超过3个。

8.9.6　灭火器的配置,本规范未作规定者,应按现行国家标准《建筑灭火器配置设计规范》GB 50140的有关规定执行。

8.10　液化烃罐区消防

8.10.1　液化烃罐区应设置消防冷却水系统,并应配置移动式干粉等灭火设施。

8.10.2　全压力式及半冷冻式液化烃储罐采用的消防设施应符合下列规定:

　　1　当单罐容积等于或大于1000m³时,应采用固定式水喷雾(水喷淋)系统及移动消防冷却水系统;

　　2　当单罐容积大于100m³,且小于1000m³时,应采用固定式水喷雾(水喷淋)系统或固定式水炮及移动式消防冷却系统;当采用固定式水炮作为固定消防冷却设施时,其冷却水量不宜小于水量计算值的1.3倍,消防水炮保护范围应覆盖每个液化烃罐;

　　3　当单罐容积小于或等于100m³时,可采用移动消防冷却水系统,其罐区消防冷却用水量不得低于100L/s。

8.10.3　液化烃罐区的消防冷却总用水量应按储罐固定式消防冷却用水量与移动消防冷却用水量之和计算。

8.10.4　全压力式及半冷冻式液化烃储罐固定式消防冷却水系统的用水量计算应符合下列规定:

　　1　着火罐冷却水供给强度不应小于9L/min·m²;

　　2　距着火罐罐壁1.5倍着火罐直径范围内的邻近罐冷却水

供给强度不应小于9L/min·m²;

3 着火罐冷却面积应按其罐体表面积计算;邻近罐冷却面积应按其单个罐体表面积计算;

4 距着火罐罐壁1.5倍着火罐直径范围内的邻近罐超过3个时,冷却水量可按3个罐的用水量计算。

8.10.5 移动消防冷却用水量应按罐组内最大一个储罐用水量确定,并应符合下列规定:

1 储罐容积小于400m³时,不应小于30L/s;大于或等于400m³小于1000m³时,不应小于45L/s;大于或等于1000m³时,不应小于80L/s;

2 当罐组只有一个储罐时,计算用水量可减半。

8.10.6 全冷冻式液化烃储罐的固定消防冷却供水系统的设置应符合下列规定:

1 当单防罐外壁为钢制时,其消防用水量按着火罐和距着火罐1.5倍直径范围内邻近罐的固定消防冷却用水量及移动消防用水量之和计算。罐壁冷却水供给强度不小于2.5L/min·m²,邻近罐冷却面积按半个罐壁考虑,罐顶冷却水强度不小于4L/min·m²;

2 当双防罐、全防罐外壁为钢筋混凝土结构时,管道进出口等局部危险处应设置水喷雾系统,冷却水供给强度为20L/min·m²,罐顶和罐壁可不考虑冷却;

3 储罐四周应设固定水炮及消火栓。

8.10.7 液化烃罐区的消防用水延续时间按6h计算。

8.10.8 全压力式、半冷冻式液化烃储罐固定式消防冷却水系统可采用水喷雾或水喷淋系统等型式;但当储罐储存的物料燃烧,在罐壁可能生成碳沉积时,应设水喷雾系统。

8.10.9 当储罐采用固定式消防冷却水系统时,对储罐的阀门、液位计、安全阀等宜设水喷雾或水喷淋喷头保护。

8.10.10 全压力式、半冷冻式液化烃储罐固定式消防冷却水管道的设置应符合下列规定:

1 储罐容积大于400m³时,供水竖管应采用2条,并对称布置;采用固定水喷雾系统时,罐体管道设置宜分为上半球和下半球2个独立供水系统;

2 消防冷却水系统可采用手动或遥控控制阀,当储罐容积等于或大于1000m³时,应采用遥控控制阀;

3 控制阀应设在防火堤外,距被保护罐壁不宜小于15m;

4 控制阀前应设置带旁通阀的过滤器,控制阀后及储罐上设置的管道,应采用镀锌管。

8.10.11 移动式消防冷却水系统可采用水枪或移动消防水炮。

8.10.12 沸点低于45℃甲A类液体压力球罐的消防冷却应按液化烃全压力式储罐要求设置。

8.10.13 全压力式及半冷冻式液氨储罐宜采用固定式水喷雾系统和移动式消防冷却水系统,冷却水供给强度不宜小于6L/min·m²,其他消防要求与全压力式及半冷冻式液化烃储罐相同。

全冷冻式液氨储罐的消防冷却水系统按照全冷冻式液化烃储罐外壁为钢制单防罐的要求设置。

8.11 建筑物内消防

8.11.1 建筑物内消防系统的设置应根据其火灾危险性、操作条件、建筑物特点和外部消防设施等情况,综合考虑确定。

8.11.2 室内消火栓的设置应符合下列要求:

1 甲、乙、丙类厂房(仓库)、高层厂房及高架仓库应在各层设置室内消火栓,当单层厂房长度小于30m时可不设;

2 甲、乙类厂房(仓库)、高层厂房及高架仓库的室内消火栓间距不应超过30m,其他建筑物的室内消火栓间距不应超过50m;

3 多层甲、乙类厂房和高层厂房应在楼梯间设置半固定式消防竖管,各层设置消防水带接口;消防竖管的管径不小于100mm,其接口应设在室外便于操作的地点;

4 室内消火栓给水管网与自动喷水灭火系统的管网可引自同一消防给水系统,但应在报警阀前分开设置;

5 消火栓配置的水枪应为直流-水雾两用枪,当室内消火栓栓口处的出水压力大于0.50MPa时,应设置减压设施。

8.11.3 控制室、机柜间、变配电所的消防设施应符合下列规定:

1 建筑物的耐火等级、防火分区、内部装修及空调系统设计等应符合国家相关规范的有关规定;

2 应设置火灾自动报警系统,且报警信号盘应设在24h有人值班场所;

3 当电缆沟进口处有可能形成可燃气体积聚时,应设可燃气体报警器;

4 应按现行国家标准《建筑灭火器配置设计规范》GB 50140的要求设置手提式和推车式气体灭火器。

8.11.4 单层仓库的消防设计应符合下列规定:

1 占地面积超过3000m²的合成橡胶、合成树脂及塑料等产品的仓库及占地面积超过1000m²的合成纤维仓库,应设自动喷水灭火系统且应由厂区稳高压消防给水系统供水;

2 高架仓库的货架间运输通道宜设置遥控式高架水炮;

3 应设置火灾自动报警系统;

4 设有自动喷水灭火系统的仓库宜设置消防排水设施。

8.11.5 挤压造粒厂房的消防设计应满足下列要求:

1 各层应设置室内消火栓,并应配置消防软管卷盘或轻便消防水龙;

2 在楼梯间应设置室内消火栓系统,并在室外设置水泵结合器;

3 应设置火灾自动报警系统;

4 应按现行国家标准《建筑灭火器配置设计规范》GB 50140的要求设置手提式和推车式干粉灭火器。

8.11.6 烷基铝类催化剂配制区的消防设计应符合下列规定:

1 储罐应设置在有钢筋混凝土隔墙的独立半敞开式建筑物内,并宜设有烷基铝泄漏的收集设施;

2 应设置火灾自动报警系统;

3 配制区宜设置局部喷射式D类干粉灭火系统,其控制方式应采用手动遥控启动;

4 应配置干砂等灭火设施。

8.11.7 烷基铝类储存仓库应设置火灾自动报警系统,并配置干砂、蛭石、D类干粉灭火器等灭火设施。

8.11.8 建筑物内消防设计,本规范未作规定者,应按现行国家标准《建筑设计防火规范》GB 50016的有关规定执行。

8.12 火灾报警系统

8.12.1 石油化工企业的生产区、公用及辅助生产设施、全厂性重要设施和区域性重要设施的火灾危险场所应设置火灾自动报警系统和火灾电话报警。

8.12.2 火灾电话报警的设计应符合下列规定:

1 消防站应设置可受理不少于2处同时报警的火灾受警录音电话,且应设置无线通信设备;

2 在生产调度中心、消防水泵站、中央控制室、总变配电所等重要场所应设置与消防站直通的专用电话。

8.12.3 火灾自动报警系统的设计应符合下列规定:

1 生产区、公用及辅助生产设施、全厂性重要设施和区域性重要设施等火灾危险性场所应设置区域性火灾自动报警系统;

2 2套及2套以上的区域性火灾自动报警系统宜通过网络集成为全厂性火灾自动报警系统;

3 火灾自动报警系统应设置警报装置。当生产区有扩音对讲系统时,可兼作为警报装置;当生产区无扩音对讲系统时,应设置声光警报器;

4 区域性火灾报警控制器应设置在该区域的控制室内;当该

区域无控制室时,应设置在24h有人值班的场所,其全部信息应通过网络传输到中央控制室;

5 火灾自动报警系统可接收电视监视系统(CCTV)的报警信息,重要的火灾报警点应同时设置电视监视系统;

6 重要的火灾危险场所应设置消防应急广播。当使用扩音对讲系统作为消防应急广播时,应能切换至消防应急广播状态;

7 全厂性消防控制中心宜设置在中央控制室或生产调度中心,宜配置可显示全厂消防报警平面图的终端。

8.12.4 甲、乙类装置区周围和罐组四周道路边应设置手动火灾报警按钮,其间距不宜大于100m。

8.12.5 单罐容积大于或等于30000m³的浮顶罐密封圈处设置火灾自动报警系统;单罐容积大于或等于10000m³并小于30000m³的浮顶罐密封圈处宜设置火灾自动报警系统。

8.12.6 火灾自动报警系统的220V AC主电源应优先选择不间断电源(UPS)供电。直流备用电源应采用火灾报警控制器的专用蓄电池,应保证在主电源事故时持续供电时间不少于8h。

8.12.7 火灾报警系统的设计,本规范未作规定者,应按现行国家标准《火灾自动报警系统设计规范》GB 50116的有关规定执行。

9 电 气

9.1 消防电源、配电及一般要求

9.1.1 当仅采用电源作为消防水泵房设备动力源时,应满足现行国家标准《供配电系统设计规范》GB 50052所规定的一级负荷供电要求。

9.1.2 消防水泵房及其配电室应设消防应急照明,照明可采用蓄电池作备用电源,其连续供电时间不应少于30min。

9.1.3 重要消防低压用电设备的供电应在最末一级配电装置或配电箱处实现自动切换,其配电线路宜采用耐火电缆。

9.1.4 装置内的电缆沟应有防止可燃气体积聚或含有可燃液体的污水进入沟内的措施。电缆沟通入变配电所、控制室的墙洞处应填实、密封。

9.1.5 距散发比空气重的可燃气体设备30m以内的电缆沟、电缆隧道应采取防止可燃气体窜入和积聚的措施。

9.1.6 在可能散发比空气重的甲类气体装置内的电缆应采用阻燃型,并宜架空敷设。

9.2 防 雷

9.2.1 工艺装置内建筑物、构筑物的防雷分类及防雷措施应按现行国家标准《建筑物防雷设计规范》GB 50057的有关规定执行。

9.2.2 工艺装置内露天布置的塔、容器等,当顶板厚度等于或大于4mm时,可不设避雷针、线保护,但必须设防雷接地。

9.2.3 可燃气体、液化烃、可燃液体的钢罐必须设防雷接地,并应符合下列规定:

1 甲B、乙类可燃液体地上固定顶罐,当顶板厚度小于4mm

时,应装设避雷针、线,其保护围应包括整个储罐;

2 丙类液体储罐可不设避雷针、线,但应设防感应雷接地;

3 浮顶罐及内浮顶罐可不设避雷针、线,但应将浮顶与罐体用两根截面不小于25mm²的软铜线作电气连接;

4 压力储罐不设避雷针、线,但应做接地。

9.2.4 可燃液体储罐的温度、液位等测量装置应采用铠装电缆或钢管配线,电缆外皮或配线钢管与罐体应做电气连接。

9.2.5 防雷接地装置的电阻要求应按现行国家标准《石油库设计规范》GB 50074、《建筑物防雷设计规范》GB 50057的有关规定执行。

9.3 静电接地

9.3.1 对爆炸、火灾危险场所内可能产生静电危险的设备和管道,均应采取静电接地措施。

9.3.2 在聚烯烃树脂处理系统、输送系统和料仓区应设置静电接地系统,不得出现不接地的孤立导体。

9.3.3 可燃气体、液化烃、可燃液体、可燃固体的管道在下列部位应设静电接地设施:

1 进出装置或设施处;

2 爆炸危险场所的边界;

3 管道泵及泵入口永久过滤器、缓冲器等。

9.3.4 可燃液体、液化烃的装卸栈台和码头的管道、设备、建筑物、构筑物的金属构件和铁路钢轨等(作阴极保护者除外),均应做电气连接并接地。

9.3.5 汽车罐车、铁路罐车和装卸栈台应设静电专用接地线。

9.3.6 每组专设的静电接地体的接地电阻值宜小于100Ω。

9.3.7 除第一类防雷系统的独立避雷针装置的接地体外,其他用途的接地体,均可用于静电接地。

9.3.8 静电接地的设计,本规范未作规定者,尚应符合现行有关标准、规范的规定。

附录A 防火间距起止点

A.0.1 区域规划、工厂总平面布置以及工艺装置或设施内平面布置的防火间距起止点为:

设备——设备外缘;

建筑物(敞开或半敞开式厂房除外)——最外侧轴线;

敞开式厂房——设备外缘;

半敞开式厂房——根据物料特性和厂房结构型式确定;

铁路——中心线;

道路——路边;

码头——输油臂中心及泊位;

铁路装卸鹤管——铁路中心线;

汽车装卸鹤位——鹤管立管中心线;

储罐或罐组——罐外壁;

高架火炬——火炬筒中心;

架空通信、电力线——线路中心线;

工艺装置——最外侧的设备外缘或建筑物的最外侧轴线。

中华人民共和国国家标准

石油化工企业设计防火规范

GB 50160 - 2008

条文说明

1 总 则

1.0.1 本条体现了在石油化工企业防火设计过程中"以人为本"、"预防为主、防消结合"的理念,做到设计本质安全。要求设计、建设、生产管理和消防监督部门人员密切结合,防止和减少石油化工企业火灾危害,保护人身和财产安全。

1.0.2 本条规定了本规范的适用范围。规范内容主要是针对石油化工企业加工物料及产品易燃、易爆的特性和操作条件高温、高压的特点制订的。

新建石油化工工程的防火设计应严格遵守本规范。以煤为原料的煤化工工程,除煤的运输、储存、处理等以外,后续加工过程与石油化工相同,可参照执行本规范。就地扩建或改建的石油化工工程的防火设计应首先按本规范执行,当执行本规范某些条款确有困难时,在采取有效的防火措施后,可适当放宽要求,但应进行风险分析和评估,并得到有关主管部门的认可。

组成石油化工企业的工艺装置或装置内单元参见本规范第4.2.12条的条文说明。

1.0.3 本规范编制过程中,先后调查了多个石油化工企业,了解和收集了原规范执行情况,总结了石油化工企业防火设计的经验和教训,对有些技术问题进行了专题研究;同时,吸收了国外石油化工防火规范中先进的技术和理念,并与国内相关的标准规范相协调。

另外,石油化工企业防火设计涉及专业较多,对于一些专业性较强,本规范已有明确规定的均应按本规范执行,本规范未作规定者应执行国家现行的有关标准规范。

2 术 语

2.0.3 生产区的设施包括罐组、装卸设施、灌装站、泵或泵房、原料(成品)仓库、污水处理场、火炬等。

2.0.4 石油化工企业内的公用和辅助生产设施主要指锅炉房和自备电站、变电所、电信站、空压站、空分站、消防水泵房(站)、循环水场、环保监测站、中心化验室、备品备件库、机修厂房、汽车库等。

2.0.5 第一类全厂性重要设施主要指全厂性的办公楼、中央控制室、化验室、消防站、电信站等。

第二类全厂性重要设施主要指全厂性的锅炉房和自备电站、变电所、空压站、空分站、消防水泵房(站)、循环水场的冷却塔等。

2.0.6 区域性重要设施主要指区域性的办公楼、控制室、变配电所等。

2.0.8 明火设备主要指明火加热炉、废气焚烧炉、乙烯裂解炉等。

2.0.13 装置内单元,如催化裂化装置的反应单元、分馏单元;乙烯装置的裂解单元、压缩单元等。

2.0.21 沸溢性液体主要指原油、渣油、重油等。

2.0.33 地面火炬分为封闭式和敞开式。

3 火灾危险性分类

3.0.1 与现行国家标准《建筑设计防火规范》GB 50016 对可燃气体的分类(分级)相协调,本规范对可燃气体也采用以爆炸下限作为分类指标,将其分为甲、乙两类。可燃气体的火灾危险性分类举例见表1。

表1 可燃气体的火灾危险性分类举例

类别	名 称
甲	乙炔,环氧乙烷,氢气,合成气,硫化氢,乙烯,氰化氢,丙烯,丁烯,丁二烯,顺丁烯,反丁烯,甲烷,乙烷,丙烷,丁烷,丙二烯,环丙烷,甲胺,环丁烷,甲醛,甲醚(二甲醚),氯甲烷,氯乙烯,异丁烷,异丁烯
乙	一氧化碳,氨,溴甲烷

3.0.2 可燃液体的火灾危险性分类:

1 规定可燃液体的火灾危险性的最直接指标是蒸气压。蒸气压越高,危险性越大。但可燃液体的蒸气压较低,很难测量。所以,世界各国都是根据可燃液体的闪点(闭杯法)确定其火灾危险性。闪点越低,危险性越大。

在具体分类方面与现行国家标准《石油库设计规范》GB 50074、《建筑设计防火规范》GB 50016 是协调的。

考虑到应用于石油化工企业时,需要确定可能释放出形成爆炸性混合物的可燃气体所在的位置或点(释放源),以便据之确定火灾和爆炸危险场所的范围,故将乙类又细分为乙$_A$(闪点≥28℃至≤45℃)、乙$_B$(闪点>45℃至<60℃)两小类。

将丙类又细分为丙$_A$(闪点 60℃至 120℃)、丙$_B$(闪点>120℃)两小类。与现行国家标准《石油库设计规范》GB 50074 是协调一致的。

2 关于液化烃的火灾危险性分类问题。

液化烃在石油化工企业中是加工和储存的重要物料之一,因其蒸气压大于"闪点<28℃的可燃液体",故其火灾危险性大于"闪点<28℃"的其他可燃液体。

液化烃泄漏而引起的火灾、爆炸事故,在我国石油化工企业的火灾、爆炸事故中所占比例也较大。

法国、荷兰及英国等国家的有关标准在其可燃液体的火灾危险性分类中,都将液化烃列为第Ⅰ类,美国、德国、意大利等国都单独制定液化烃储存和运输规范。

结合我国国家标准《石油库设计规范》GB 50074、《建筑设计防火规范》GB 50016对油品生产的火灾危险性分类的具体情况,本规范将液化烃和其他可燃液体合并在一起统一进行分类,将甲类又细分为甲A(液化烃)、甲B(除甲A类以外,闪点<28℃)两小类。

3 操作温度对乙、丙类可燃液体火灾危险性的影响问题。

各国在其可燃液体的危险性分类、有关石油化工企业的安全防火规范及爆炸危险场所划分的规范中,都有关于操作温度对乙、丙类液体的火灾危险性影响的规定。我国的生产管理人员对此也有明确的意见和要求。因为乙、丙类液体的操作温度高于其闪点时,气体挥发量增加,危险性也随之而增加。故本规范在这方面也作了类似的、相应的规定。

丙A类液体的操作温度高于其闪点时,气体挥发量增加,危险性也随之而增加,将其危险性升至乙A类又太高,实际上由于泄漏扩散时周围环境温度的影响,其危险性又有所降低。故本次修改火灾危险性升至乙B类。但丙A类液体的操作温度高于其沸点时,一旦发生泄漏,危险性较大,此种情况下丙A类液体火灾危险性升至乙A。

4 关于"液化烃"、"可燃液体"的名称问题。

1)因为液化石油气专指以C₃、C₄或由其为主所组成的混合物。而本规范所涉及的不仅是液化石油气,还涉及乙烯、乙烷、丙烯等单组分液化烃类,故统称为"液化烃"。

2)在国内外的有关规范中,对烃类液体和醇、醚、醛、酮、酸、酯类及氨、硫、卤素化合物的称谓有两种:有的按闪点细分为"易燃液体和可燃液体",有的统称为"可燃液体"。本规范采用后者,统称为"可燃液体"。

5 液化烃、可燃液体的火灾危险性分类举例见表2。

表2 液化烃、可燃液体的火灾危险性分类举例

类别		名 称
甲	A	液化氯甲烷,液化顺式-2丁烯,液化乙烯,液化乙烷,液化反式-2丁烯,液化环丙烷,液化丙烷,液化环氧烷,液化新戊烷,液化丁烯,液化丁烷,液化氯乙烯,液化环氧乙烷,液化丁二烯,液化异丁烯,液化异丁烷,液化石油气,液化二甲胺,液化三甲胺,液化二甲基亚硫,液化甲醚(二甲醚)
	B	异戊二烯,异戊烷,汽油,戊烷,二硫化碳,己烷,己烷,石油醚,异庚烷,环戊烷,环己烷,辛烷,异辛烷,苯,庚烷,石脑油,原油,甲苯,乙苯,邻二甲苯,间、对二甲苯,异丁醇,乙醚,乙醛,环氧丙烷,甲酸乙酯,乙胺,二乙胺,噻吩,丙酮,丁酮,乙腈,丙烯腈,甲醇,异丙醇,乙酸,醋酸乙酯,丙烯,醋酸异丁酯,甲酸丁酯,吡啶,二氯乙烷,醋酸丁酯,醋酸异戊酯,甲酸戊酯,丙烯酸甲酯,甲基叔丁基醚,液态有机过氧化物
乙	A	丙苯,环氧氯丙烷,苯乙烯,喷气燃料,煤油,丁醇,氯苯,乙二胺,戊醇,环己酮,冰醋酸,异戊醇,异丙胺,液氨
	B	轻柴油,硅酸乙酯,氯乙醇,氯丙醇,二甲基甲酰胺,二乙基苯
丙	A	重油,苯胺,锭子油,酚,甲酚,糠醛,20号重油,苯甲醛,环己醇,甲基丙烯酸,甲酚,乙二醇丁醚,甲醛,糠醇,辛醇,单乙醇胺,丙二醇,乙二醇,二甲基乙酰胺
	B	蜡油,100号重油,渣油,变压器油,润滑油,二乙二醇醚,邻苯二甲酸二丁酯,甘油,联苯-联苯醚混合物,二氯甲烷,二乙醇胺,三乙醇胺,二乙二醇,三乙二醇,液体沥青,液硫

6 闪点小于60℃且大于或等于55℃的轻柴油,当储罐操作温度小于或等于40℃时,其火灾危险性可视为丙A类。其原因如下:随着轻柴油标准和国际标准接轨,柴油闪点由60℃降至45~55℃,柴油的火灾危险性分类就由原来的丙类变成乙类。有关研究表明:柴油闪点降低以后,其发生火灾的几率增加了,但其危害性后果没有增加,特别是当其操作温度小于或等于40℃时,其发生火灾的几率和火灾事故后果的严重性都没有增加。因此,对闪点小于60℃且大于或等于55℃的轻柴油,当储罐操作温度小于或等于40℃时,其火灾危险性可视为丙A类。由于石油化工企业生产过程中,轻柴油的操作温度一般大于40℃,此时,轻柴油仍应按乙B类。

3.0.3 甲、乙、丙类固体的火灾危险性分类举例见表3。

表3 甲、乙、丙类固体的火灾危险性分类举例

类别	名 称
甲	黄磷,硝化棉,硝化纤维胶片,喷漆棉,火胶棉,赛璐珞棉,锂、钠,钾、钙、锶、铷、铯,氢化锂,氢化钠,氢化钾,磷化钙,碳化钙,四氢化锂铝,钠汞齐,碳化铝,过氧化钾,过氧化钠,过氧化钡,过氧化锂,高氯酸钾,高氯酸钠,高氯酸钡,高氯酸镁,高锰酸钾,高锰酸钠,硝酸钾,硝酸钠,硝酸钡,硝酸钾,氯酸钠,氯酸铵,次亚氯酸钠,过氧化二乙酰,过氧化二苯甲酰,过氧化二异丙苯,过氧化氢苯甲酰,(邻、间、对)二硝基苯,2-二硝基酚钠,二硝基甲苯,二硝基奈,三硫化四磷,五硫化二磷,赤磷,氨基化钠
乙	硝酸钙,硝酸铵,亚硝酸钾,过硫酸钾,过硫酸钠,过硫酸铵,过硼酸钠,重铬酸钾,重铬酸钠,高锰酸钙,高氯酸银,高碘酸钠,溴酸钠,碘酸钠,亚氯酸钠,五氧化二碘,三氯化铬,五氧化二磷,萘,蒽,菲,樟脑,铁粉,铝粉,锰粉,钛粉,咔唑,三聚甲醛,松香,均四甲苯,聚合甲醛偶氮二异丁腈,赛璐珞片,联苯胺,噻吩,环氧树脂,酚醛树脂,聚丙烯腈,季戊四醇,己二酸,炭黑,聚氨酯,硫磺(颗粒小于2mm)
丙	石蜡,沥青,苯二甲酸,聚酯,有机玻璃,橡胶及其制品,玻璃钢,聚乙烯醇,ABS塑料,SAN塑料,乙烯树脂,聚碳酸酯,聚丙烯酰胺,己内酰胺,尼龙6,尼龙66,丙纶纤维,蒽醌,(邻、间、对)苯二酚,聚苯乙烯,聚乙烯,聚丙烯,聚氯乙烯,精对苯二甲酸,双酚A,硫磺(工业成型颗粒大于2mm),过氧乙烯,偏氯乙烯,三聚氰胺,聚醚,聚苯硫醚,硬脂酸钙,苯酐,顺酐

3.0.4 设备的火灾危险性类别是根据设备操作介质的火灾危险性类别确定的。例如汽油为甲B类,汽油泵的火灾危险性类别定为甲B。

3.0.5 厂房的火灾危险性类别是以布置在厂房内设备的火灾危险性类别确定的。例如布置甲B类汽油泵的厂房,其火灾危险性类别为甲类,确切地说为甲B类,但现行国家标准《建筑设计防火规范》GB 50016统定为甲类。

布置有不同火灾危险类别设备的同一房间,当火灾危险类别最高的设备所占面积比例小于5%时,即使发生火灾事故,其不足以蔓延到其他部位或采取防火措施能防止火灾蔓延,故可按火灾危险类别较低的设备确定。

4 区域规划与工厂总平面布置

4.1 区域规划

4.1.3 石油化工企业生产区应避免布置在通风不良的地段，以防止可燃气体积聚，增加火灾爆炸危险。

4.1.4 江河内通航的船只大小不一，尤其是民用船经常在船上使用明火，生产区泄漏的可燃液体一旦流入水域，很可能与上述明火接触而发生火灾爆炸事故，从而可能给下游的重要设施或建筑物、构筑物带来威胁。

4.1.5 石油化工企业泄漏的可燃液体一旦流出厂区，有可能与明火接触而引发火灾爆炸事故，造成人员伤亡和财产损失；泄漏的可燃液体和受污染的消防水未经处理直接排放，会对居住区、水域及土壤造成重大环境污染。例如：2005 年 11 月 13 日吉林石化公司双苯厂苯胺装置发生爆炸，爆炸事故中受污染的消防水排入松花江，形成了 80km 长的污染带，污染带沿江而下，不仅对下游居民的饮水安全、渔业生产等构成了威胁，而且殃及中俄边界的水体。但本条所要求采用的措施不含罐组应设的防火堤。为了防止泄漏的可燃液体和受污染的消防水流出厂区，需另外增设有效设施。如设置路堤道路、事故存液池、受污染的消防水池(罐)、雨水监控池、排水总出口设置切断阀等设施，确保泄漏的可燃液体和受污染的消防水不直接排至厂外。

4.1.6 公路系指国家、地区、城市以及除厂内道路以外的公用道路，这些公路均有公共车辆通行，甚至工厂专用的厂外道路，也会有厂外的汽车、拖拉机、行人等通行。如果公路穿行生产区，会给防火、安全管理、保卫工作带来很大隐患。

地区架空电力线电压等级一般为 35kV 以上，若穿越生产区，一旦发生倒杆、断线或导线打火等意外事故，便有可能影响生产并引发火灾造成人员伤亡和财产损失。反之，生产区内一旦发生火灾或爆炸事故，对架空电力线也有威胁。

4.1.7 建在山区的石油化工企业，由于受地形限制，区域性排洪沟往往可能通过厂区，甚至贯穿生产区，若发生事故，可燃气体和液体流入排洪沟内，一旦遇明火即可能被引燃，燃烧的水面顺流而下，会对下游邻近设施带来威胁。区域性排洪沟一般会汇入下游某一水体，泄漏的可燃液体和受污染的消防水一旦流入区域排洪沟，会对下游水体造成重大环境污染。例如，某厂排水沟(实际是排洪沟)因沟内积聚大量油气，检修时遇明火而燃烧，致使长达 200 多米的排洪沟起火，所以当区域排洪沟通过厂区时应采取防止泄漏的可燃液体和受污染的消防水流入区域排洪沟的措施。

4.1.8 地区输油(输气)管道系指与本企业生产无关的输油管道、输气管道。此类管道若穿越厂区，其生产管理与石油化工企业的生产管理相互影响，且一旦泄漏或发生火灾会对石油化工企业造成威胁。同样，石油化工企业生产区发生火灾爆炸事故也会对输油、输气管道造成影响。

4.1.9

1 高架火炬的防火间距应根据人或设备允许的辐射热强度计算确定。

1)根据美国石油协会标准 API RP521 Guide for Pressure-Relieving and Depressuring Systems(泄压和降压系统导则)和一些国外工程公司关于火炬设计布置原则，可以考虑在火炬辐射热强度大于 1.58kW/m² 的区域内布置一些设备和设施，但应按照表 4 的要求检查操作人员工作条件，以采取适当的防护措施确保操作人员的安全。

2)厂外居民区、公共福利设施、村庄等公众人员活动的区域，火炬辐射热强度应控制在不大于 1.58kW/m²。

表 4 火炬辐射热对人员影响(不包括太阳辐射)

辐射热强度 q(kW/m²)	裸露皮肤达到痛感的时间(s)	条　件
1.58	—	人员穿有适当衣服可长期停留的地点
1.74	60	—
2.33	40	—
2.90	30	—
4.73	16	无热辐射屏蔽设施，操作人员穿有适当防护衣时，可停留几分钟的地点
6.31	8 (20s 起泡)	无热辐射屏蔽设施，操作人员穿有适当防护衣时，最多可停留 1min 的地点
9.46	6	在火炬设计流量排放燃烧时，操作人员有可能进入的区域，如火炬塔架或火炬附近高耸设备的操作平台处，但暴露时间应限于几秒钟，并应有充分的逃离通道
11.67	4	

注：太阳的辐射热强度一般为 0.79~1.04kW/m²。

3)设备能够安全地承受比对人体高得多的热辐射强度。在热辐射强度 1.58~3.20kW/m² 的区域可布置设备，如果在此区域布置的设备为低熔点材料(如铝、塑料)设备、热敏性介质设备等时，需要考虑热辐射所造成的影响；在热辐射强度大于 3.20kW/m² 的区域布置设备时，需要对热辐射的影响做出安全评估。

4)不仅要考虑火炬辐射热对地面人员安全的影响，也要考虑对高塔和构架上操作人员安全的影响。在可能受到火炬热辐射强度达到 4.73kW/m² 区域的高塔和构架平台的梯子应设置在背离火炬的一侧，以便在火炬气突然排放时操作人员可迅速安全撤离。

5)当火炬排放的可燃气体中携带可燃液体时，可能因不完全燃烧而产生火雨。据调查，火炬火雨洒落范围为 60~90m。因此，为了确保安全，对可能携带可燃液体的高架火炬的防火间距作了特别规定。

2 居民区、公共福利设施及村庄都是人员集中的场所，为了确保人身安全和减少与石油化工企业相互间的影响，规定了较大的防火间距，其中液化烃罐组至居民区、公共福利设施及村庄的防火间距采用了现行国家标准《建筑设计防火规范》GB 50016 的规定。

3 至相邻工厂的防火间距。表中相邻工厂指除石油化工企业和油库以外的工厂。由于相邻工厂围墙内的规划与实施不可预见，故防火间距的计算从石油化工企业内距相邻工厂最近的设备、建筑物起至相邻工厂围墙止。当相邻工厂围墙内的设施已经建设或规划并批准，防火间距可算至相邻工厂围墙内已经建设或规划并批准的设施，但应与相邻工厂达成一致意见，并经安全主管部门批准。

4 与厂外铁路线、厂外公路、变配电站的防火间距，参照现行国家标准《建筑设计防火规范》GB 50016 的规定。为了确保国家铁路线、国家或工业区编组站、高等级公路的安全，对此适当增加防火间距。

5 甲、乙类可燃液体罐组的火灾规模、扑救难度均大于生产装置，且发生泄漏后造成的危害更大。因此，甲、乙类可燃液体罐组与相邻工厂或设施之间规定了较大的防火间距。

6 石油化工企业的重要设施一旦受火灾影响，会影响生产并可能造成人员伤亡。为了减少相邻工厂或设施发生火灾时对石油化工企业重要设施的影响，规定了重要设施与相邻工厂或设施的防火间距。但当相邻工厂的设施不生产或储存可燃物质时，防火间距可减少。

7 石油化工企业与地区输油(输气)管道的防火间距参照现行国家标准《输油管道工程设计规范》GB 50253、《输气管道工程设计规范》GB 50251 的规定。

8 装卸油品码头系指本企业专用的装卸油品码头。为了减少装卸油品码头和石油化工企业发生火灾时相互的影响，规定了"与装卸油品码头的防火间距"。

4.1.10 目前,全国各地出现不少石油化工工业区,在石油化工工业区内各企业生产性质类同,企业间不设围墙或共用围墙现象较多,这些企业生产性质、管理水平、人员素质、消防设施的配备等类似,执行的防火规范相同或相近,因此在满足安全、节约用地的前提下,规定了石油化工企业与同类企业及油库的防火间距。

4.2 工厂总平面布置

4.2.1 石油化工企业的生产特点:

1 工厂的原料、成品或半成品大多是可燃气体、液化烃和可燃液体。

2 生产大多是在高温、高压条件下进行,可燃物质可能泄漏的几率高,火灾危险性较大。

3 工艺装置和全厂储运设施占地面积较大,可燃气体散发较多,是全厂防火的重点;水、电、蒸汽、压缩空气等公用设施,需靠近工艺装置布置;工厂管理是全厂生产指挥中心,人员集中,要求安全、环保等。

根据上述石油化工企业的生产特点,为了安全生产,满足各类设施的不同要求,防止或减少火灾的发生及相互间的影响,在总平面布置时,应结合地形、风向等条件,将上述工艺装置、各类设施等划分为不同的功能区,既有利于安全防火,也便于操作和管理。

4.2.3 在山丘地建厂,由于地形起伏较大,为减少土石方工程量,厂区大多采用阶梯式竖向布置。若液化烃罐组或可燃液体罐组,布置在高于工艺装置、全厂性重要设施或人员集中场所的阶梯上,则可能泄漏的可燃气体或液体会扩散或漫流到下一个阶梯,易发生火灾爆炸事故。因此,储存液化烃或可燃液体的储罐应尽量布置在较低的阶梯上。如因受地形限制或有工艺要求时,可燃液体原料罐也可布置在比工艺装置高的阶梯上,但为了确保安全,应采取防止泄漏的可燃液体流入工艺装置、全厂性重要设施或人员集中场所的措施。如:阶梯上的可燃液体原料罐组可设钢筋混凝土防火堤或土堤;防火堤内有效容积不小于一台最大储罐的容量;罐区周围可采用路堤式道路等措施。

4.2.4 若将液化烃或可燃液体储罐紧靠排洪沟布置,储罐一旦泄漏,泄漏的可燃气体或液体易进入排洪沟;而排洪沟顺厂区延伸,难免会因明火或火花落入沟内,引起火灾。因此,规定对储存大量液化烃或可燃液体的储罐不宜紧靠排洪沟布置。

4.2.5 空分站要求吸入的空气应洁净,若空气中含有乙炔及其他可燃气体等,一旦被吸入空分装置,则有可能引起设备爆炸等事故。如1997年我国某石油化工企业空分站因吸入甲烷等可燃气体,引起主蒸发器发生粉碎性爆炸造成重大人员伤亡和财产损失。因此,要求将空分站布置在不受上述气体污染的地段,若确有困难,也将吸风口用管道延伸到空气较清洁的地段。

4.2.6 全厂性高架火炬在事故排放时可能产生"火雨",且在燃烧过程中,还会产生大量的热、烟雾、噪声和有害气体等。尤其在风的作用下,如吹向生产区,对生产区的安全有很大威胁。为了安全生产,故规定全厂性高架火炬宜位于生产区全年最小频率风向的上风侧。

4.2.7 汽车装卸设施、液化烃灌装站和全厂性仓库等,由于汽车来往频繁,汽车排气管可能喷出火花,若穿行生产区极不安全;而且,随车人员大多数是外单位的,情况比较复杂。为了厂区的安全与防火,上述设施应靠厂区边缘布置,设围墙与厂区隔开,并设独立出入口直接对外,或远离厂区独立设置。

4.2.8 泡沫站应布置在非防爆区,为避免罐区发生火灾产生的辐射热使泡沫站失去消防作用,并与现行国家标准《低倍数泡沫灭火系统设计规范》GB 50151 相协调,规定"与可燃液体罐的防火间距不宜小于20m。"

4.2.9 由厂外引入的架空电力线路的电压一般在35kV以上,若架空伸入厂区,一是需留有高压走廊,占地面积大,二是一旦发生

火灾损坏高压架空电力线,影响全厂生产。若采用埋地敷设,技术比较复杂也不经济。为了既有利于安全防火,又比较经济合理,故规定总变电所应布置在厂区边缘,但宜尽量靠近负荷中心。距负荷中心过远,由总变电所向各用电设施引线过多过长也不经济。

4.2.10 消防站服务半径以行车距离和行车时间表示,对现行国家标准《建筑设计防火规范》GB 50016 规定的丁、戊类火灾危险性较小的场所则放宽要求,以便区别对待。

行车车速按每小时30km考虑,5min 的行车距离即为2.5km。当前我国石油化工厂主要依靠移动消防设备扑救火灾,故要求消防车的行车时间比较严格,若主要依靠固定消防设施灭火,行车时间可适当放宽。故执行本条时,尚应考虑固定消防设施的设置情况。为使消防站能满足迅速、安全、及时扑救火灾的要求,故对消防站的位置做出具体规定。

4.2.11 绿化是工厂的重要组成部分,合理的绿化设计既可美化环境,改善小气候,又可防止火灾蔓延,减少空气污染。但绿化设计必须紧密结合各功能区的生产特点,在火灾危险性较大的生产区,应选择含水分较多的树种,以利防火。如某厂在道路一侧的油罐起火,道路另一侧的油罐未加水喷淋冷却保护,只因有行道树隔离,仅树被大火烤黄烤焦但未起火,油罐未受威胁。可见绿化的防火作用。假如行道树是含油脂较多的针叶树等,其效果就会完全相反,不仅不能起隔离保护作用,甚至会引燃树木而扩大火势。因此,选择有利防火的树种是非常重要的。但在人员集中的生产管理区,进行绿化设计则以美化环境、净化空气为主。

在绿化布置形式上还应注意,在可能散发可燃气体的工艺装置、罐组、装卸区等周围地段,不得种植绿篱或茂密的连续式的绿化带,以免可燃气体积聚,且不利于消防。

可燃液体罐组内植草皮是南方某些厂多年实践经验的结果,由于罐组内植草皮,有利于降低环境温度,减少可燃液体挥发损失,有利于防火。但生长高度不得超过 15cm,而且应能保持四季常绿,否则,冬季枯黄反而对防火不利。

为避免泄漏的气体就地积聚,液化烃罐组内严禁任何绿化。否则,不利于泄漏的可燃气体扩散,一旦遇明火引燃,危及储罐安全。

4.2.12

1 制定防火间距的原则和依据:

1)防止或减少火灾的发生及发生火灾时工艺装置或设施间的相互影响。参考国外有关火灾爆炸危险范围的规定,将可燃液体敞口设备的危险范围定为22.5m,密闭设备定为15m。

2)辐射热影响范围。根据天津消防研究所有关油罐灭火实验资料:5000m³ 油罐火灾,距罐壁 $D(22.86m)$、距地面 $H(13.63m)$ 的测点,辐射热强度最大值为 $4.92kW/m^2$,平均值为 $3.21kW/m^2$;100m³ 油罐火灾,距罐壁 $D(5.42m)$、距地面 $H(5.51m)$ 的测点,辐射热强度最大值为 $12.79kW/m^2$,平均值为 $8.28kW/m^2$。

3)火灾几率及其影响范围。根据 1954~1984 年炼油厂较大火灾事例的统计分析,各类设施的火灾比例:工艺装置为69%、储罐为10%、铁路装卸站台为5%、隔油池为3%、其他为13%。其中火灾比例较大的装置火灾影响范围约10m。1996~2002年石油化工企业较大火灾事例的统计分析,各类设施的火灾比例:工艺装置为66%、储罐为19%、铁路装卸站台为7%、隔油池为3%、其他为5%。国外调研装置火灾影响范围约50ft(15m)。

4)重要设施重点保护。对发生火灾可能造成全厂停产或重大人身伤亡的设施,均应重点保护,即使该设施火灾危险性较小,也需远离火灾危险性较大的场所,以确保其安全。在本次修订中,为了突出对人员的保护,贯彻"以人为本"的理念,将重要设施分为两类。发生火灾时可能造成重大人身伤亡的设施为第一类重要设施,制定了更大的防火间距。如:全厂性办公楼、中央控制室、化验室、消防站、电信站等;发生火灾时影响全厂生产的设施为第二类

重要设施,也制定了较大的防火间距。如:全厂性锅炉房和自备电站、变电所、空压站、空分站、消防水泵房、新鲜水加压泵房、循环水场冷却塔等。

5)减少对厂外公共环境的影响。国外石油化工企业非常重视在事故状态下对社会公共环境的影响,厂内危险设备距厂区围墙(边界)的间距一般较大,将火灾事故状态下一定强度的辐射热控制在厂区围墙内。在本次修订中,适当加大了厂内危险设备与厂区围墙的间距,可以使爆炸危险区范围控制在厂区围墙内,并将厂内的火灾影响范围有效控制在厂区围墙内;同时也可降低厂外明火及火花对厂内危险设备的威胁。

6)消防能力及水平。石油化工企业在长期生产实践过程中,总结了丰富的消防经验,扑救工艺装置火灾有得力措施,尤其是油罐消防技术比较成熟,消防设备也更加先进,在设计上也提高了企业的整体消防能力和水平。防火间距的制定结合目前的消防能力和水平,并为扑救火灾创造条件。

7)扑救火灾的难易程度。一般情况下,油罐的火灾、工艺装置重大火灾爆炸事故扑救较困难,其他设施的火灾比较容易扑救。

8)节约用地。在满足防火安全要求的前提下,尽可能减少工程占地。

9)与国际接轨。在结合我国国情、满足安全生产要求的基础上,参考国外有关标准,吸取先进技术和成功经验。

2 制定防火间距的基本方法。组成石油化工企业的设施种类繁多,各有其特点,因此,在制定防火间距时,首先对主要设施(如工艺装置、储罐、明火及重要设施)之间进行分析研究,确定其防火间距,然后以此为基础对其他设施进行对照,再综合分析比较,逐一制定防火间距。其中,对建筑物之间的防火间距,本规范未作规定的均按现行国家标准《建筑设计防火规范》GB 50016 执行。

3 执行本规范表4.2.12时,需注意以下问题:

1)工厂内工艺装置、设施之间防火间距按此表执行,工艺装置或设施内防火间距不按此表执行。

2)工艺装置、设施之间的防火间距,无论相互间有无围墙,均以装置或设施相邻最近的设备或建筑物作为起止点(装置储罐组以防火堤中心线作为起止点)。防火间距起止点的规定见本规范附录A。

3)工艺装置的防火间距:①工艺装置均以装置或装置内生产单元的火灾危险性确定与相邻装置或设施的防火间距。②炼油装置以装置的火灾危险性确定与相邻装置或设施的防火间距;但对于联合装置应以联合装置内各装置的火灾危险性确定与相邻装置或设施的防火间距,联合装置内重要的设施(如:控制室、变配电所、办公楼等)均比照甲类火灾危险性装置确定与相邻装置或设施的防火间距;当两套装置的控制室、变配电所、办公室相邻布置时,其防火间距可执行现行国家标准《建筑设计防火规范》GB 50016。焦化装置的焦炭池和硫黄回收装置的硫黄仓库可按丙类装置确定与相邻装置或设施的防火间距。③石油化工装置以装置内生产单元的火灾危险性确定与相邻装置或设施的防火间距;装置内重要的设施(如:控制室、变配电所、办公楼等)均比照甲类火灾危险性单元确定与相邻装置或设施的防火间距;当两套装置的控制室、变配电所、办公室相邻布置时,其防火间距可执行现行国家标准《建筑设计防火规范》GB 50016。

4)与可燃气体、液化烃或可燃液体罐组的防火间距,均以相邻最大容积的单罐确定。因罐组内火灾的影响范围取决于单罐容积的大小,大罐影响范围大,小罐影响范围小。国外标准也以单罐为准。含可燃液体的酸性水罐、废碱液等储罐,与相邻设施的防火间距按其所含可燃液体的最大量确定。

5)与码头装卸设施的防火间距,均以相邻最近的装卸油臂或油轮停靠的泊位确定。

6)与液化烃或可燃液体铁路装卸设施的防火间距,均以相邻最近的铁路装卸线(中心线)、泵房或零位罐等确定。

7)与液化烃或可燃液体汽车装卸台的防火间距无论相互间有无围墙,均以相邻最近的装卸鹤管、泵房或计量罐等确定。

8)与高架火炬的防火间距,即使火炬筒附近设有分液罐等,均以火炬筒中心确定。火炬之间的防火间距要保证辐射热不影响相邻火炬的检修和运行,同时考虑风向、火焰长度等因素,其他要求详见第4.1.9条条文说明。

9)与污水处理场的防火间距,指与污水处理场内隔油池、污油罐的防火间距,与污水处理场内其他设备或建(构)筑物的防火间距,见表4.2.12注2、注10。

10)当石油化工企业与同类企业相邻布置时,石油化工企业内的设施与厂区围墙(同类企业相邻侧)的间距,满足消防操作、检修、管线敷设等要求即可。

11)对于石油化工企业内已建装置或设施改扩建工程,已建装置或设施与厂区围墙的间距不能满足本规范要求时,可结合历史原因及周边现状考虑。

12)消防站作为消防的重要设施必须考虑自身人员和设备的安全。消防站内24h有人值班,与一些重大危险区域应保持一定的安全间距,故规定与甲类装置的防火间距不小于50m。

4 可燃液体储罐采用氮气密封,既能防止油气与空气接触,又能避免油气向外扩散,对安全防火有利,其效果类似浮顶罐。

可燃液体采用密闭装卸,设油气密闭回收系统,可防止或减少油气就地散发,极大地减少火灾爆炸事故发生的可能性。

5 当为本石油化工企业设置的输油首末站布置在石油化工企业厂区内时,执行石油化工企业总平面布置的防火间距。

6 工艺装置或装置内单元的火灾危险性分类举例见表5~表7。

表5 工艺装置或装置内单元的火灾危险性分类举例(炼油部分)

类别	装置(单元)名称
甲	加氢裂化,加氢精制,制氢,催化重整,催化裂化,气体分馏,烷基化,叠合,丙烷脱沥青,气体脱硫,液化石油气醇醚氧化,液化石油气化学精制,喷雾蜡脱油、延迟焦化,常减压蒸馏、溶剂油化学精制,酮苯脱蜡脱油,汽油硫醇氧化,减黏裂化,硫黄回收
乙	轻柴油化学精制,酚精制,煤油电化学精制,煤油硫醇氧化,空气分离,煤油尿素脱蜡,煤油分子筛脱蜡,轻柴油分子筛脱蜡
丙	糠醛精制,润滑油和蜡的白土精制,蜡成型,石蜡氧化,沥青氧化

表6 工艺装置或装置内单元的火灾危险性分类举例(石油化工部分)

类别	装置(单元)名称
	I 基本有机化工原料及产品
甲	管式炉(含卧式、立式、毫秒炉等各型炉)蒸汽裂解制乙烯、丙烯装置,裂解汽油加氢装置;芳烃抽提装置;对二甲苯装置;对二甲苯异构化装置;石脑油催化重整装置;制苯装置;环己烷装置;丙烯腈装置;苯乙烯装置;碳四抽提丁二烯装置;丁烯氧化脱氢制丁二烯装置;甲烷部分氧化制乙炔装置;乙烯直接法制乙醇装置;苯酚丙酮装置;乙烯氧化法制氯乙烯装置;乙烯直接水合法制乙醇装置(精对苯二甲酸装置)合成甲醇装置;乙醛氧化制乙酸(醋酸)装置的乙醛储罐及乙醇氧化单元;环氧氯丙烷装置的丙烯储罐组和丙烯压缩、氯化、精馏、次氯酸化单元;羰基合成醇丁醇装置的一氧化碳、氢气、丙烯储罐组和压缩、合成、蒸馏单元、丁醛加氢单元;羰基合成制异辛醇装置的一氧化碳、氢气、丙烯储罐组和压缩、合成丁醛、缩合脱水、2-乙基己醛加氢单元;烷基苯装置的煤油加氢、分子筛脱蜡(正戊烷、异戊烷,对二甲苯吸附);正构烷烃(C₁₀~C₁₃)催化脱氢、轻质油储运单元)双酚A装置的原料预制及回收、反应及脱水、反应物精制单元;MTBE装置;二甲醚装置;1-4 丁炔二醇装置
乙	乙醛氧化制乙酸(醋酸)装置的乙酸精馏单元和乙酸、氧气储罐组;乙烯裂解制醋酐装置;环氧丙烷装置的中和环化单元,环氧氯丙烯储罐组;羰基合成制丁醇装置的蒸馏精制单元和丁醇储罐组;烷基苯装置的原料煤油、脱蜡煤油、轻蜡、燃料油储运单元;合成洗衣粉装置的烷基苯与SO₃磺化单元;合成洗衣粉装置的硫黄储运单元;双酚A装置的造粒包装单元
丙	乙二醇装置的乙二醇蒸发脱水精制单元和乙二醇储罐组;羰基合成制异辛醇装置的异辛醇蒸馏精制单元和异辛醇储罐组;烷基苯装置的热油(联苯+苯醚)单元;含HF催化烷基化和处理单元;合成洗衣粉装置的烷基苯磺酸与苛性钠中和、烷基苯磺酸钠与添加剂(羧甲基纤维素、三聚磷酸钠等)合成单元

续表 6

类别	装置(单元)名称
	Ⅱ 合成橡胶
甲	丁苯橡胶和丁腈橡胶装置的单体、化学品储存、聚合、单体回收单元;乙丙橡胶、异戊橡胶和顺丁橡胶装置的单体、催化剂、化学品储存及配制、聚合、胶乳储存混合、凝聚、单体与溶剂回收单元;氯丁橡胶装置的乙炔催化合成乙烯基乙炔、催化加成或己二烯氯化和丁二烯、聚合凝聚、溶剂回收混合、凝聚单元;丁基橡胶装置的丙烯冷却、聚合凝聚、溶剂回收单元
丙	丁苯橡胶和丁腈橡胶装置的化学品配制、胶乳混合、后处理(凝聚、干燥、包装)、乙丙橡胶、顺丁橡胶装置的后处理(脱水、干燥、包装)单元;丁基橡胶装置的后处理单元
	Ⅲ 合成树脂及塑料
甲	高压聚乙烯装置的乙烯储罐、乙烯压缩、催化剂配制、聚合、分离、造粒单元;气相法聚乙烯装置的烷基铝储运、原料精制、催化剂配制、聚合、脱气、尾气回收单元;液相法(淤浆法)聚乙烯装置的原料精制、烷基铝储运、催化剂配制、聚合、分离、干燥、溶剂回收单元;高压聚乙烯装置的乙烯储罐、乙烯压缩、催化剂配制、聚合、H₂、丁基铝储运、净化、催化剂配制、聚合、溶剂回收单元;低密度聚乙烯装置的乙烯、化学品储运、配料、聚合、醇解、过滤、溶剂回收单元;聚乙烯装置的氯乙烯储运、聚合单元;聚乙烯醇装置的乙炔、甲醇储运、配料、合成醋酸乙烯的乙苯脱氢、脱氢、配料、聚合、脱气及高抗冲聚苯乙烯的胶液溶解配料,其余单元同通用型 ABS 塑料装置的丙烯腈、丁二烯、苯乙烯储运、预处理、配料、聚合、凝聚单元;SAN 塑料装置的丙烯腈储运、聚合、脱气、苯乙烯储运;聚甲醛装置的本体法连续聚合的丙烯储运、催化剂配制、聚合、闪蒸、干燥、单体精制与回收及溶剂法的丙烯储运、催化剂配制、聚合、醇解、洗涤、过滤、溶剂回收单元;聚甲醛装置;聚醚装置;聚苯硫醚装置;环氧树脂装置;酚醛树脂装置
乙	聚乙烯醇装置的醋酸储运单元
丙	高压聚乙烯装置的掺合、包装、储运单元 气相法聚乙烯装置的后处理(挤压造粒、料仓、包装)、储运单元 液相法(淤浆法)聚乙烯装置的后处理(挤压造粒、料仓、包装)、储运单元 聚乙烯醇装置的过滤、干燥、包装、储运单元 聚丙烯装置的挤压造粒、料仓、包装单元 本体法连续制聚苯乙烯装置的造粒、包装、储运单元 ABS 塑料和 SAN 塑料装置的干燥、掺和、包装、储运单元 聚苯乙烯装置的本体法连续聚合的造粒、包装、储运及溶剂法的干燥、掺和、包装、储运单元

续表 6

类别	装置(单元)名称
	Ⅳ 合成氨及氨加工产品
甲	合成氨装置的烃类蒸气转化或部分氧化法制合成气(N₂+H₂+CO)、脱硫、变换、脱 CO₂、铜洗、甲烷化、压缩、合成、原料烃类单元和煤气储罐组 硝酸铵装置的结晶或造粒、输送、包装、储运单元
乙	合成氨装置的氨冷冻、吸收单元和液氨储罐 合成尿素装置的氨储罐组和尿素合成、气提、分解、吸收、液氨、甲胺泵单元 硝酸装置 硝酸铵装置的中和、浓缩、氨储运单元
丙	合成尿素装置的蒸发、造粒、包装、储运单元

表 7 工艺装置或装置内单元的火灾危险性分类举例(石油化纤部分)

类别	装置(单元)名称
甲	涤纶装置(DMT 法)的催化剂、助剂的储存、配制、对苯二甲酸二甲酯与乙二醇的酯交换、甲醇回收单元;锦纶装置(尼龙 6)的环己烷氧化、环己醇与环己酮分馏、环己醇脱氢、己内酰胺用苯萃取精制、环己烷储运单元;尼龙装置(尼龙 66)的环己烷氧化、环己醇与环己酮混合、己二酸、己二腈加氢制己胺、腈纶装置的丙烯腈、丙烯酸甲酯、醋酸乙烯、二甲胺、异丙醚、异丙醇储运和聚合单元;硫氰酸钠(NaSCN)回收的萃取单元;二甲基乙酰胺(DMAC)的制造单元;维尼纶装置的原料中间产品储罐组及乙炔、己二酸乙二酯储运、甲醇解生产乙烯酯、甲醇氧化生产甲醛、缩合为聚乙烯醇缩甲醛单元;聚酯装置的催化剂、助剂的储存、配制、己二腈加氢制己二胺单元
乙	锦纶装置(尼龙 6)的环己烷肟化、贝克曼重排单元 尼龙装置(尼龙 66)的己二酸氧化、脱水制己二腈单元 煤油、次氯酸钠仓库
丙	涤纶装置(DMT 法)的对苯二甲酸二乙二酯缩聚、造粒、熔融、纺丝、长丝加工、料仓、中间库、成品库单元;涤纶装置(PTA 法)的酯化、聚合、锦纶装置(尼龙 6)的切片、聚合、熔融、纺丝、长丝加工、储运单元;尼龙装置(尼龙 66)的成盐(己二胺己二酸盐)、结晶、料仓、熔融、纺丝、长丝加工、包装、储运单元;腈纶装置的纺丝(NaSCN 为溶剂除外)、后干燥、长丝加工、毛条、打包、储运单元;维尼纶装置的聚乙烯醇熔融抽丝、长丝加工、包装、储运单元;维尼纶装置的丝束干燥及牵切拉伸、储运单元;聚酯装置的酯化、缩聚、造粒、纺丝、长丝加工、料仓、中间库、成品库单元

4.3 厂内道路

4.3.2 最长列车长度,是根据走行线在该区间的牵引定数和调车线或装卸线上允许的最大装卸车的数量确定的,应避免最长列车同时切断工厂主要出入口道路。

4.3.3 厂区主干道是通过人流、车流最多的道路,因此宜避免与厂内铁路线平交。如某厂渣油、柴油铁路装车线与工厂主干道在厂内平交,多次发生撞车事故。

4.3.4 环形道路便于消防车从不同方向迅速接近火场,并有利于消防车的调度。API RP 2001 Fire Protection in Refineries《炼油厂防火》中规定:足够的交通和运输道路的设置在防火中十分重要。应当保证炼油厂厂区的道路足够宽,满足应急车辆进出和停放。道路转弯半径应当允许机动设备有足够空间,不至于碰到管道支架和设备。

对于布置在山丘地区的小容积可燃液体的储罐区及装卸区、化学危险品仓库区,因受地形条件限制,全部设置环形道路需开挖大量土石方,很不经济。因此,在局部困难地段,也可设能满足消防车辆回车用的尽头式消防车道。

4.3.5 因为消火栓的保护半径不宜超过 120m,故规定从任何储罐中心距至少两条消防道路的距离不应超过 120m;目前某些大型油罐的布置无法满足该规定,但为了满足安全需要,特采取以下措施:

1 减少储罐中心至消防车道的距离,由最大 120m 变为最大 80m,因为只有一条道路可供消防,为了满足消防用水量的要求,需有较多消火栓。

2 最近消防车道的路面宽度不应小于 9m,有利于消防车的调度和错车。

4.4 厂内铁路

4.4.1 铁路机车或列车在启动、走行或刹车时,均可能从排气筒、钢轨与车轮摩擦或闸瓦处散发火花。若厂内铁路线穿行于散发可燃气体较多的地段,有可能被上述火花引燃。因此,铁路线应尽量靠厂区边缘集中布置。这样布置也利于减少与道路的平交,缩短铁路长度,减少占地。

4.4.2 工艺装置的固体产品铁路装卸线可以靠近该装置的边缘布置,其原因是:

1 生产过程要求装卸线必须靠近;

2 装卸的固体物料火灾危险性相对较小,多年来从未发生过由于机车靠近而引起的火灾事故。

4.4.3 液化烃和可燃液体的装卸栈台,都是火灾危险性较大的场所,但性质不尽相同,液化烃火灾危险性较大。但如均采用密闭车,亦较安全。因此,液化烃装卸栈台可与可燃液体装卸栈台同列布置。但由于液化烃一旦泄漏被引燃,比可燃液体对周围影响更大,故应将液化烃装卸栈台布置在装卸区的一侧。

4.4.5 对尽头式线路规定停车车位至车挡有 20m 是因为:

1 当车辆发生火灾时,便于将其他车辆与着火车辆分离,减少火灾影响及损失。

2 作为列车进行调车作业时的缓冲段,有利于安全。

4.4.6 液化烃和可燃液体在装卸过程中,经常散发可燃气体,在装卸作业完成后,可能仍有可燃气体积聚在装卸栈台附近或装卸鹤管内,若机车利用装卸线走行,机车一旦散发火花,是很危险的。

4.4.7 液化烃、可燃液体和甲、乙类固体的铁路装卸线停放车辆的线段为平直段时,其优点为:①有利于调车时司机的瞭望、引导列车进出站台和调对鹤位,有利于车辆的挂钩连接;②在平直段对罐车内油品的计量较准确,卸油较净;③平坡不致发生溜车事故。

某公司工业站,有一货车停在 2.5‰ 纵坡的站线上,由于风大和制动器失灵而发生溜车。

当在地形复杂地区建厂时,若满足上述要求,可能需开挖大量土石方,很不经济。在这种情况下亦可将装卸线放在半径不小于500m的平坡曲线上。但若设在半径过小的平坡曲线上,则列车自动挂钩、脱钩困难。

5 工艺装置和系统单元

5.1 一般规定

5.1.1 本条第2款所述设备、管道的保冷层材料,目前可供选用的不燃烧材料很少,故允许用阻燃型泡沫塑料制品,但其氧指数不应小于30。

5.1.2 本条是为保证设备和管道的工艺安全,根据实际情况而提出的几项原则要求。

5.1.3 本条是根据国外经验和国内石油化工企业的事故教训制定的。例如:某厂催化车间气分装置的丙烷抽出线焊口开裂,造成特大爆炸火灾事故;某厂液化石油气罐区管道泄漏出大量液化石油气,直到天亮才被发觉,因附近无明火,未酿成更大事故;某厂液化石油气球罐区因在脱水时违反操作规程,造成大量液化石油气进入污水池而酿成火灾爆炸和人身伤亡事故。这些事故若能及早发现并采取措施,就可能避免火灾和爆炸,减小事故的危害程度。因此,在可能泄漏可燃气体的设备区,设置可燃气体报警系统,可及时得到危险信号并采取措施,以防止火灾爆炸事故的发生。

可燃气体报警系统一般由探测器和报警器组成,也可以是专用的数据采集系统与探测器组成。可燃气体报警信号不仅要送到控制室,也应该在现场就地发出声/光报警信号,以警告现场人员和车辆及时采取必要的措施,防止事态扩大。

5.2 装置内布置

5.2.1 确定本规范表5.2.1的项目和防火间距的主要原则和依据如下:

1 与本规范第3章"火灾危险性分类"相协调。

2 与现行国家标准《爆炸和火灾危险环境电力装置设计规范》GB 50058的下列规定相协调:

1)释放源,即可能释放出形成爆炸性混合物的物质所在的位置或地点。

2)爆炸危险场所范围为15m。

3 吸取国外有关标准的适用部分。本规范表5.2.1的项目和防火间距,与大部分国外工程公司的有关防火和装置平面布置规定基本一致。

4 充分考虑装置内火灾的影响距离和可燃气体的扩散范围(可能形成爆炸性气体混合物的范围)。

1)装置内火灾的影响距离约10m。

2)可燃气体的扩散范围:

(1)正常操作时,甲、乙$_A$类工艺设备周围3m左右;

(2)液化烃泄漏后,可燃气体的扩散范围一般为10~30m;

(3)甲$_B$、乙$_A$类液体泄漏后,可燃气体的扩散范围为10~15m;

(4)操作温度等于或高于其闪点的乙$_B$、丙类液体泄漏后,可燃气体的扩散范围一般不超过10m;

(5)氢气的水平扩散距离一般不超过4.5m。

3)《英国石油工业防火规范的报告》:汽油风洞试验,油气向下风侧的扩散距离为12m。

5 确定项目的依据:

1)点火源。点火源主要有明火、赤热表面、电气火花、静电火花、冲击和摩擦、化学反应及发热自燃等。根据石油化工企业工艺装置的实际情况,在确定规范表5.2.1的项目时,主要考虑明火、赤热表面和电气火花,故在表中列入下列设备或建筑物:

(1)明火设备;

(2)控制室、机柜间、变配电所、化验室、办公室等建筑物是装置内重要设施,同时又是产生明火及火花的地点,有些还是人员集中场所,其防火要求相同,故合并为一项;

(3)操作温度等于或高于自燃点的设备。

2)释放源。

根据现行国家标准《爆炸和火灾危险环境电力装置设计规范》GB 50058中对于释放源的规定,结合石油化工企业工艺装置的实际情况,根据不同的防火要求,将释放源分成四项:

(1)可燃气体压缩机或压缩机房;

(2)装置储罐;

(3)其他工艺设备或房间;

(4)含可燃液体的隔油池、污水池(有盖)、酸性污水罐、含油污水罐。

6 表5.2.1的可燃物质类别和防火间距补充说明如下:

1)甲$_B$、乙$_A$类液体和甲类气体及操作温度等于或高于其闪点的乙、丙$_A$类液体设备是释放源,其与明火或与有电火花的地点的最小防火间距,与爆炸危险场所范围相协调,定为15m;

2)甲$_A$类液体,即液化烃,其蒸气压高于甲$_B$、乙$_A$类液体,事故分析也证明,其危险性也较甲$_B$、乙$_A$类液体大,其设备与明火设备的最小防火间距定为22.5m(15m的1.5倍);

3)乙$_B$、丙$_A$类液体和乙类气体设备不是释放源,但因易受外界影响而形成释放源,其与明火或有电火花的地点的最小防火间距为9m;

4)丙$_B$类液体,闪点高于120℃,既不是释放源,也不易受外界影响而超过其闪点,故未规定这类设备的防火间距。在设计上,可只考虑其他方面的间距要求;

5)操作温度等于或高于自燃点的工艺设备,一旦泄漏,立即燃烧,故不作为释放源,其与明火设备的间距只考虑消防的要求,本规范规定其与明火设备的最小间距为4.5m;

6)确定明火加热炉与其他设施防火间距时,自明火加热炉本体最外缘算起。

7 某些石油化工装置根据其生产特点需在装置内设置丙类仓库或乙类物品储存间,本次修订补充了丙类仓库或乙类物品储存间与其他设施的防火间距。

8 装置储罐组为工艺装置的一部分,故本次修改将99版规范表4.2.8与表4.2.1合并组成表5.2.1。

9 部分装置内设有含油污水预处理设施,故表5.2.1中增加含可燃液体的隔油池、污水池(有盖)一项;硫黄回收装置中的酸性污水罐,焦化装置除焦含油污水罐也具备隔油作用,因此与其同列在一项。

5.2.2 本条主要指与明火设备密切相关、联系紧密的设备。例如:

1 催化裂化装置的反应器与再生器及其辅助燃烧室可靠近布置。反应器是正压密闭的,再生器及其辅助燃烧室都属内部燃烧设备,没有外露火焰,同时辅助燃烧室只在开工初期点火,此时反应设备还没有进油,影响不大,所以防火间距可不限。

2 减压蒸馏塔与其加热炉的防火间距,应按转油线的工艺设计的最小长度确定;该管道生产要求散热少,压降小,管过长或过短都对蒸馏效果不利,故不受防火间距限制。

3 加氢裂化、加氢精制装置等的反应加热炉与反应器,因其加热炉的转油线生产要求温降和压降应尽量小,且该管道材质是不锈钢或合金钢,价格昂贵,所以反应加热炉与反应器的防火间距不限。反应器一般位于反应产物换热器和反应加热炉之间,反应产物换热器一般紧靠反应器布置,所以反应产物换热器与反应加热炉之间防火间距也不限。

4 硫黄回收装置的酸性气燃烧炉属内部燃烧设备,没有外露火焰。液体硫黄的凝点约为117℃,在生产过程中,硫黄不断转化,需要几次冷凝、捕集。为防止设备间的管道被硫黄堵塞,要求酸性气燃烧炉与其相关设备布置紧凑,对酸性气燃烧炉与其相关设备之间的防火间距,可不加限制。故对酸性气燃烧炉与其相关设备之间的防火间距,可加限制。

5.2.4 燃料气分液罐、燃料气加热器等为加热炉附属设备,但又存在火灾危险,故规定了6m的最小间距。

5.2.5 以甲、乙$_A$类液体为溶剂的溶液法聚合液,如以加氢汽油为溶剂的溶液法聚合工艺的顺丁橡胶的胶液,含胶浓度为20%,有80%左右是加氢汽油或抽余油,虽火灾危险性较大,但因黏度大,易堵塞管道,输送过程中压降大,因此,既要求有较小的间距,又要满足消防的需要。溶液法聚合胶液的掺和罐、储存罐与相邻设备应有一定间距。当掺和罐、储存罐总容积大于800m³时,防火间距不宜小于7.5m;小于或等于800m³时不作规定,可根据实际情况确定。

5.2.8 露天或半露天布置设备,不仅是为了节省投资,更重要的是为了安全。因为露天或半露天,可燃气体便于扩散。"受自然条件限制"系指建厂地区是属于风沙大、雨雪多的严寒地区。工艺装置的转动机械、设备,例如套管结晶机、真空过滤机、压缩机、泵等因受自然条件限制的设备,可布置在室内。

"工艺特点"系指生产过程的需要,例如化纤设备不能露天或半露天布置。"半露天布置"包括敞开或半敞开式厂房布置。

5.2.9 考虑到联合装置内各装置或单元同开同停,同时检修。因此,各装置或单元之间的距离以同一装置相邻设备间的防火间距而定,不按装置与装置之间的防火间距确定。这样,既保证安全又节约了占地。

5.2.10 在大型联合装置或装置发生火灾事故时,消防车在必要时需进入装置进行扑救,考虑消防车进入装置后不必倒车,比较安全,装置内消防道路要求两端贯通。道路应有不少于2个出入口与装置四周的环形消防道路相连,且2个出入口宜位于不同方位,便于消防作业。在小型装置中,消防车救火时一般不进入装置内,在装置外侧有消防道路且两道路间距不大于120m时,装置内可不设贯通式道路,并控制设备、建筑物区占地面积不大于10000m²。

规定路面内缘转弯半径是为了方便消防车通行。

对大型石油化工装置,道路路面宽度、净空高度及路面内缘转弯半径可根据需要适当增加。

5.2.11 各种石油化工工艺装置占地面积有很大不同,由数千平方米到数万平方米。例如某石油化工企业2000kt/a连续重整装置占地面积为32200m²,某石油化工企业900kt/a乙烯装置占地面积为98300m²。考虑到检修、消防要求,防止火灾蔓延,减少财产损失等因素,大型装置用道路将装置内设备、建筑物区进行分割是必要的。

《石油化工企业设计防火规范》GB 50160发布实施以来,"用道路将装置分割成为占地面积不大于10000m²的设备、建筑物区",满足了大多数装置的布置需要。伴随装置规模大型化,有的大型石油化工装置用道路将装置分割成为占地面积不大于10000m²的设备、建筑物区已经难以做到。将防火分区面积扩大到20000m²,其理由如下:

1 本条文中的大型石油化工装置指的是单系列原油加工能力大于或等于10000kt/a石油化工厂中的主要炼油工艺装置、800kt/a及其以上的乙烯装置、200kt/a及其以上的高压聚乙烯装置、450kt/a及其以上的对苯二甲酸装置等。

2 同一工艺单元的设备必须连为一体布置。如某石油化工企业1000kt/a乙烯装置的裂解炉及其炉前管廊,无法分隔,裂解炉区(含炉前管廊)的长度为180m,宽度为70m,面积为12600m²;某石油化工企业900kt/a乙烯装置的压缩区长度为164m,宽度为103m,面积为16892m²。

3 因工艺要求,在两个工艺单元之间不允许用道路分隔。如某石油化工企业高压聚乙烯装置中的反应区和压缩区,两工艺单元之间有超高压管道相连,超高压管道必须沿地敷设,从而使两单元之间无法设置消防道路,两工艺单元总占地面积为15500m²。

考虑现有的消防水平,在增加部分消防设施情况下,限制用道路分割的设备、建筑物区宽度不大于120m,且在设备、建筑物区四周设环形道路,同时对道路宽度加以规定时,可适当扩大设备、建筑物区块面积至20000m²。为减少事故情况下设备、建筑物区块间的相互影响,方便消防作业,对区块间防火间距规定不小于15m。当两相邻设备、建筑物区块占地面积总和不大于20000m²,两相邻设备、建筑物区块的防火间距可小于15m。

装置设备、建筑物区占地面积指装置内道路间或装置内道路与装置边界间占地面积。

在装置平面布置中,每一设备、建筑物区块面积首先按10000m²进行控制。

5.2.12 工艺装置(含联合装置)内的地坪在通常情况下标高差不大,但是在山区或丘陵地区建厂,当工程土石方量过大,经技术经济比较,必须阶梯式布置,即整个装置布置在两阶或两阶以上的平面时,应将控制室、变配电所、化验室、办公室等布置在较高一阶平面上,将工艺设备、装置储罐等布置在较低的地平面上,以减少可燃气体侵入或可燃液体漫流的可能性。

5.2.13 一般加热炉属于明火设备,在正常情况下火焰不外露,烟囱不冒火,加热炉的火焰不可能被风吹走。但是,可燃气体或可燃液体设备如大量泄漏,可燃气体有可能扩散至加热炉而引起火灾或爆炸。因此,明火加热炉宜布置在可燃气体、可燃液体设备的全年最小频率风向的下风侧。

明火加热炉在不正常情况下可能向炉外喷射火焰,也可能发生爆炸和火灾,如将其分散布置,必然增加发生事故的几率;另外,明火加热炉距可燃气体、液化烃和甲、乙$_A$类设备均要求有较大的防火间距,将其分散布置必然会增加装置占地,所以宜将加热炉集中布置在装置的边缘。

5.2.14 不燃烧材料实体墙可以有效地阻隔比空气重的可燃气体或火焰。因此当明火加热炉与露天液化烃设备或甲类气体压缩机之间若设置不燃烧材料的实体墙,其防火间距可小于表5.2.1的规定,但考虑到明火加热炉仍必须位于爆炸危险场所范围之外,故其防火间距仍不得小于15m,且对实体墙长度有明确要求便于实施,有利于安全。

同理,当液化烃设备的厂房、甲类气体压缩机房面向明火加热炉一侧为无门窗洞口的不燃烧材料实体墙时,其防火间距可小于表5.2.1的规定,但其防火间距仍不得小于15m。

5.2.15 在同一幢建筑物内当房间的火灾危险类别不同时,其着火或爆炸的危险性就有差异,为了减少损失,避免相互影响,其中间隔墙应为防火墙。人员集中的房间应重点保护,应布置在火灾危险性较小的建筑物一端。

5.2.16 装置的控制室、机柜间、变配电所、化验室、办公室等为装置内人员集中场所或重要设施,且又可能是点火源,因此其与发生火灾爆炸事故几率较高的甲、乙A类设备的房间不应布置在同一建筑物内,应独立设置。

5.2.17 装置的控制室、化验室、办公室是装置的重要设施,是人员集中场所,为保护人员安全,要求将其集中布置在装置外,从集中控制管理理念出发,提倡全厂或区域统一考虑设置。若生产要求上述设施必须布置在装置内时,也应布置在装置内相对安全的位置。

5.2.18 本条第2款规定的"高差不应小于0.6m"是爆炸危险场所附加2区的高度范围,附加2区的水平范围是距释放源15～30m的范围。

第3款是为了防止装置发生事故时能有效的保护室内设备及人员安全。"耐火极限不低于3h的不燃烧材料实体墙"是按照现行防火墙的定义要求制定的。

第4款的化验室、办公室是人员集中工作的场所,由于布置在装置区内,一旦周围设备发生火灾事故就有可能危及人员生命。为了保护室内人员安全,面向有火灾危险性设备侧的外墙应尽量采用无门窗洞口的不燃烧材料实体墙。

第5款的制定是因为,在人员集中的房间设置可燃介质的设备和管道存在安全隐患。

5.2.19 高压设备是指表压为10～100MPa的设备,超高压设备是指表压超过100MPa的设备。尽可能将高压和超高压设备布置在装置的一端或一侧,是为了减小可能发生事故对装置的波及范围,以减少损失。

有爆炸危险的超高压甲、乙类反应设备,尤其是放热反应设备和反应物料有可能分解、爆炸的反应设备,宜置在防爆构筑物内。

超高压聚乙烯装置的釜式或管式聚合反应器布置在防爆构筑物内,并与工艺流程中其前后处理过程的设备联合集中布置。

5.2.20 可燃气体、液化烃和可燃液体设备火灾危险性大,采用构架式布置时增加了火灾危险程度,对消防、检修等均带来一定困难,装置内设备优先考虑地面布置。

当装置占地受限制等其他制约因素存在时,装置内设备可采用构架式布置,但构架层数不宜超过四层(含地面层)。当工艺对设备布置有特殊要求(如重力流要求)时,构架层数可不受此限。

5.2.21 空气冷却器是比较脆弱的设备,等于或大于自燃点的可燃液体设备是潜在的火源。为了保护空冷器,故作此规定。

5.2.22 工艺装置是石油化工企业生产的核心,生产条件苛刻,危险性较大。装置储罐是为了平衡生产、产品质量检测或一次投入而需要在装置内设置的原料、产品或其他专用储罐。为尽可能地减少影响装置生产的不安全因素,减小灾害程度,故即使是为满足工艺要求,平衡生产而需要在装置内设置装置储罐,其储量也不应过大。

作为装置储罐,液化烃储罐的总容积小于或等于100m³;可燃气体或可燃液体储罐的总容积小于或等于1000m³时,可布置在装置内。当装置储罐超过上述总容积且液化烃罐大于100m³小于或等于500m³、可燃气体或可燃液体罐大于1000m³小于或等

于5000m³时,可在装置边缘集中布置,形成装置储罐组。但对液化烃和可燃液体单罐容积加以限制,主要是为确保安全,方便生产管理。装置储罐组属于装置的一部分。

伴随装置规模的大型化,在装置边缘集中布置的装置储罐组总容积液化烃储罐由300m³扩大为500m³、可燃液体罐由3000m³扩大为5000m³。

考虑到对装置储罐组总容积已有所限制,装置储罐组的专用泵仅要求布置在防火堤外,其与装置储罐的防火间距可不执行第5.3.5条的规定。

5.2.23 甲、乙类物品仓库火灾危险性大,其发生火灾事故后影响大,不应布置装置内。为保证连续稳定生产,工艺需要的少量乙类物品储存间、丙类物品仓库布置在装置内时,为减少影响装置生产的不安全因素,要求位于装置的边缘。

5.2.24 可燃气体的钢瓶是释放源,明火或操作温度等于或高于自燃点的设备是点火源,释放源与点火源之间应有防火间距。分析专用的钢瓶储存间可靠近分析室布置,但钢瓶储存间的建筑设计应满足泄压要求,以保证分析室内人员安全。

5.2.25 危险性较大且面积较大的房间只设1个门是不利于安全疏散的。

5.2.26 各装置设备、构筑物的平台一般都有2个以上的梯子通往地面,直梯、斜梯均可。有的平台虽只有1个梯子通往地面,但另一端与邻近平台用走桥连通,实际上仍有2个安全出口。一般来说,只有1个梯子是不安全的。例如某厂热裂化装置柴油汽提塔着火,起火时就封住下塔的直梯,造成3人伤亡。事后,增设了1m长的走桥使汽提塔与邻近的分馏塔连接起来。

5.2.27 为控制可燃液体泄漏引发火灾影响的范围,对装置内地坪竖向设计和含可燃液体的污水收集及排污系统设计提出原则要求。同时,对受污染的消防水收集和排放提出原则要求。

5.3 泵和压缩机

5.3.1 本条第1款:可燃气体压缩机是容易泄漏的旋转设备,为避免可燃气体积聚,故条件许可时,应首先布置在敞开或半敞开厂房内。

第2款:单机驱动功率等于或大于150kW的甲类气体压缩机是贵重设备,其压缩机房是危险性较大的厂房,单独布置便于重点保护并避免相互影响,减少损失。其他甲、乙和丙类房间指非压缩机类厂房。同一装置的多台甲、乙类气体压缩机可布置在同一厂房内。

第3款:本款针对所有压缩机而言。

第4款、第5款、第6款强调防止可燃气体积聚。

5.3.2 为避免可燃气体积聚,工艺设备尽量采用露天、半露天布置,半露天布置包括敞开式或半敞开式厂房布置。液化烃泵、操作温度等于或高于自燃点的可燃液体泵发生火灾事故的几率较高,应尽量避免在其上方布置甲、乙、丙类工艺设备。

5.3.3 本条第1款:操作温度等于或高于自燃点的可燃液体泵发生火灾事故的几率较高,液体泄漏后自燃是"潜在的点火源";液化烃泵泄漏的可能性及泄漏后挥发的可燃气体量都大于操作温度低于自燃点的可燃液体泵,故规定应分别布置在不同房间内。

5.3.4 API 2510 Design and Construction of Liquefied Petroleum Gas(LPG) Installations[液化石油气(LPG)设施的设计和建造]第5.1.2.5条规定旋转设备与储罐的防火间距为15m(50ft)。

5.3.5 一般情况下,罐组防火堤内布置有多台罐,如将罐组的专用泵区布置在防火堤内,一旦某一储罐发生罐体破裂,泄漏的可燃液体会影响罐组的专用泵的使用。罐组的专用泵区通常集中布置了多个品种可燃液体的输送泵,为了避免发生事故时,泵与储罐之间及不同品种可燃液体系统之间的相互影响,故规定了泵区与储罐之间的防火间距。泵区包括泵棚、泵房及露天布置的泵组。

5.3.6 当可燃液体储罐的专用泵单独布置时,其与该储罐是一个独立的系统,无论哪一部分出现问题,只影响自身系统本身。储罐的专用泵是指专罐专用的泵,单独布置是指与其他泵不在同一个爆炸危险区内。因此,当可燃液体储罐的专用泵单独布置时,其与该储罐的防火间距不做限制。甲A类可燃液体的危险性较大,无论其专用泵是否单独布置,均应与储罐之间保持一定的防火间距。

5.3.7 本条规定与现行国家标准《建筑设计防火规范》GB 50016基本一致。该规范规定"变、配电所不应设置在爆炸性气体、粉尘环境的危险区域内。供甲、乙类厂房专用的10kV及以下的变、配电所,当采用无门窗洞口的防火墙隔开时,可一面贴邻建造,并应符合现行国家标准《爆炸和火灾危险场所电力装置设计规范》GB 50058等规范的有关规定"。本条规定专用控制室、配电所的门窗应位于爆炸危险区之外,是为了保证控制室、配电所位于爆炸危险场所范围之外。

5.4 污水处理场和循环水场

5.4.1 本条规定主要考虑以下因素:

1 保护高度规定是为了防止隔油池超负荷运行时污油外溢,导致发生火灾或造成环境污染。例如,某石油化工厂由于下大雨致使隔油池负荷过大,油品自顶部溢出,遇蒸汽管道油气大量挥发,又遇电火花引起大火,蔓延1500m²,火灾持续2h。

2 隔油池设置难燃烧材料盖板可以防止可燃液体大量挥发,减少火灾危险。

5.4.2 要求距隔油池5m以内的水封井、检查井的井盖密封,是防止排水管道着火不致蔓延至隔油池,隔油池着火也不致蔓延到排水管道。

5.4.3 污水处理场内设备、建筑物、构筑物平面布置防火间距的确定依据是:

1 需要经常操作和维修的"集中布置的水泵房";有明火或火花的"焚烧炉、变配电所"及人员集中场所的"办公室、化验室"应位于爆炸危险区范围之外。

2 根据现行国家标准《爆炸和火灾危险场所电力装置设计规范》GB 50058的规定,爆炸危险场所范围为15m。故本规范规定上述设备和建筑物距隔油池、污油罐的最小距离为15m。

5.4.4 循环水场的冷却塔填料等近年来大量采用聚氯乙烯、玻璃钢等材料制造。发生过多起施工安装过程中在塔顶上动火,由于焊渣掉入塔内,引起火灾的情况。由于这些部件都很薄,表面积大,遇赤热焊渣很易引起燃烧,故制定本条规定。此外,石油化工企业也要加强安全动火措施的管理,避免同类事故发生。

5.5 泄压排放和火炬系统

5.5.1 需要设置安全阀的设备如下:

1 根据国家现行法规规定,操作压力大于等于0.1MPa(表)的设备属于压力容器,因此应设置安全阀。

2 气液传质的塔绝大部分是有安全阀的,因为停电、停水、停回流、气提量过大、原料带水(或轻组分)过多等原因,都可能促使气相负荷突增,引起设备超压,所以当塔顶操作压力大于0.03MPa(表)时,都应设安全阀。

3 压缩机和泵的出口都设有安全阀,有的安全阀附设在机体上,有的则安装在管道上,是因为机泵出口管道可能因故堵塞,造成系统超压,出口阀可能因误操作而关闭。

5.5.2 本条规定与《压力容器安全技术监察规程》第146条"固定式压力容器上只安装一个安全阀时,安全阀的开启压力不应大于压力容器的设计压力。"和"固定式压力容器上安装多个安全阀时,其中一个安全阀的开启压力不应大于压力容器的设计压力,其余安全阀的开启压力可适当提高,但不得超过设计压力的1.05倍。"相协调。

5.5.3 一般不需要设置安全阀的设备如下:

1 加热炉出口管道如设置安全阀容易结焦堵塞,而且热油一旦泄放出来也不好处理。入口管道如设置安全阀则泄放时可能造成炉管进料中断,引起其他事故。关于预防加热炉超压事故一般采用加强管理来解决。

2 同一压力系统中,如分馏塔塔顶油气冷却系统,分馏塔的顶部已设安全阀,则分馏塔顶油气换热器、油气冷却器、油气分离器等设备可不再设安全阀。

3 工艺装置中,常用蒸汽作为设备和管道的吹扫介质,虽然有时蒸汽压力高于被吹扫的设备和管道的设计压力,但在吹扫过程中由于蒸汽降温、冷凝、压力降低,且扫线的后部系统是开放式的,不会产生超压现象,因此扫线蒸汽不作为压力来源。

5.5.4 本条为安全阀出口连接的规定。

1 安全阀出口流体的放空:

1)应密闭泄放。安全阀起跳后,若就地排放,易引起火灾事故。例如:某厂常减压装置初馏塔顶安全阀起跳后,轻汽油随油气冲出并喷洒落下,在塔周围引起火灾。

2)应安全放空。安全放空应满足本规范第5.5.11条的规定。

2 安全阀出口接入管道或容器的理由如下:

1)可燃气体如就地排放,既不安全,又污染周围环境。

2)延迟焦化装置的焦炭塔、减黏裂化装置的反应塔等的高温可燃介质泄放后可能立即燃烧,因此,泄放时需排至专门设备并紧急冷却。

3)氢气在室内泄放可能发生爆炸事故,大量氢气泄放应排至火炬,少量氢气泄放应接至压缩机厂房外的上空,以便于气体扩散。

4)安全阀出口的放空管可不设阻火器。

5)当可燃气体安全阀泄放有可能携带少量可燃液体时,可不增加气液分离设施(如旋风分离器)。

6)大量可燃液体的泄放管,一般先接入储罐回收或者排入带加热设施的储罐、气化器或分液罐,这些设备宜远离工艺设备密集区,经气化或分液后再去火炬系统,以尽量减少液体的排放量。

5.5.5 有压力的聚合反应器或类似压力设备内的液体物料中,有的含有固体淤浆液或悬浮液,有的是高黏度和易凝固的可燃液体,有的物料易自聚,在正常情况下会堵塞安全阀,导致在超压事故时安全阀超过定压而不能开启。根据调查,有些装置的设备,在安全阀前安装爆破片,或者用惰性气体或蒸汽吹扫。对于易凝物料设备上的安全阀应采取保温措施或带有保温套的安全阀。

5.5.6 对轻质油品而言,一般封闭管段的液体接近或达到其闪点时,每上升1℃,则压力增加0.07~0.08MPa以上。所以,对不排空的液化烃、汽油、煤油等管道均需考虑停用后的安全措施,如设置管道排空阀或管道安全阀。

5.5.7 当发生事故时,为防止事故的进一步扩大,应将事故区域内甲、乙、丙类设备的可燃气体、可燃液体紧急泄放。

1 大量液化烃、可燃液体的泄放管,一般先排至远离事故区域的储罐回收或经分液罐分液后气体排放至火炬。低温液体(如液化乙烯、液化丙烯等)经气化器气化后再入火炬系统,以尽量减少液体的排放量。

2 将可燃气体设备内的可燃气体排入火炬或安全放空系统。当采用安全放空系统时应满足本规范第5.5.11条的规定。

5.5.8 塔顶不凝气直接排向大气很不安全,目前多排入不凝气回收系统回收。

5.5.9 在紧急排放环氧乙烷的地方,为防止环氧乙烷聚合,安全阀前应设爆破片。爆破片入口管道设氮封,以防止其自聚堵塞管道;安全阀出口管道上设氮气,以稀释所排出环氧乙烷的浓度,使其低于爆炸极限。

5.5.10 氨气就地排放达到一定浓度易发生燃烧爆炸,并使人员中毒,故应经处理后再排放。常见氨排放气处理措施有:用水或稀酸吸收以降低排放气浓度。

5.5.11 原则上可燃气体不允许就地放空,应排入火炬系统或装置的处理排放系统。条文中连续排放的可燃气体、间歇排放的可燃气体是指受工艺条件或介质特性所限,无法排入火炬或装置的处理排放系统的可燃气体,可直接向大气排放。如低热值可燃气体、由惰性气体置换出的可燃气体、停工时轻污油罐排放的可燃气体等。含氧气、卤元素及其化合物或极度危害、高度危害的介质(如丙烯腈)的可燃气体不允许排入火炬系统,其排放气应接入本装置的处理排放系统。只有在工艺条件不允许接入火炬系统或装置的处理排放系统时,可燃气体才能直接向大气排放。

5.5.12 可能突然超压的反应设备主要有:设备内的可燃液体因温度升高而压力急剧升高;放热反应的反应设备,因在事故时不能全部撤出反应热,突然超压;反应物料有分解爆炸危险的反应设备,在高温、高压下因催化剂存在会发生分解放热,压力突然升高不可控制。上述这些设备设有安全阀是不可能安全泄压排放的,应装设爆破片并装导爆筒来解决突然超压或分解爆炸超压事故时的安全泄压排放。

5.5.15 低热值可燃气体排入火炬系统会破坏火炬稳定燃烧状态或导致火炬熄灭;含氧气的可燃气体排入火炬系统会使火炬系统和火炬设施内形成爆炸性气体,易导致回火引起爆炸,损坏管道或设备;酸性气体及其他腐蚀性气体会造成大气污染、管道和设备的腐蚀,宜设独立的酸性气火炬。毒性为极度和高度危害或含有腐蚀性介质的气体独立设置处理和排放系统,有助于安全生产。毒性分级应根据现行国家标准《职业性接触毒物危害程度分级》GB 5044和《高毒物品目录》(卫法监发〔2003〕142号)确定。但是,石油化工企业中排放的苯、一氧化碳经过火炬系统充分燃烧后失去毒性,因此上述介质或含此类介质的可燃气体仍允许排至公用火炬系统。

5.5.18 液化烃全冷冻或半冷冻式储存时,储存温度较低。液化乙烯储存温度为−104℃,事故排放时,液化乙烯由液体转变为气体时大量吸热。因此,设置能力足够的气化器使液体完全气化,防止进入火炬的气体带液。

5.5.19 据国内外经验,限制火炬气体瞬间排放负荷的主要措施有:

1 在主要泄压设备上设置紧急切断热源联锁,减少安全阀的排放或采用分级排放,如:在主要塔器等设备上设置高安全级别的联锁,在安全阀启跳前快速切断重沸器热源,防止设备继续超压,减缓安全阀的排放。

2 与减少火炬气事故排放负荷措施相关的系统应具有较高的安全可靠性。

3 设置必要的其他联锁,减少发生紧急泄放的可能性或降低火炬气紧急泄放量的可能性。

5.5.21 据调查,引进的石油化工装置内火炬的设置情况是:兰化石油化工厂砂子裂解炉制乙烯装置的裂解反应系统,装置内火炬高出框架上部砂子储斗10m以上;上海石化总厂乙醛装置的装置内火炬高出最高设备5m以上;辽阳石油化纤公司悬浮法聚乙烯装置的装置内火炬设在厂房上部,高出厂房10m以上。这些装置内火炬燃烧可燃气体量较小,有足够高度,辐射热对人身及设备影响较小。装置内火炬系统应有气液分离设备、"长明灯"或可靠的电点火措施。在装置内距火炬30m范围内,不应有可燃气体放空。

据调查,曾有一个装置内火炬因"下火雨"而引起火灾事故。因此,装置内火炬必须有非常可靠的分液设施。

火炬的辐射热影响见本规范第4.1.9条文说明。

5.5.22 封闭式地面火炬(或称地面燃烧器)在国内已开始应用,与高架火炬所不同的是排放的可燃气体在地面燃烧,设备平面布置时应按明火设施考虑;并要充分考虑燃烧时排放的高温烟气的辐射热对人体及设备的影响,还要考虑重组分易沉积的影响。

5.5.23 火炬设施的附属设备如分液罐、水封罐等是火炬系统的

必备设备,靠近火炬布置有利于火炬系统的安全操作,其位置应根据人或设备允许的辐射热强度确定,以保证人和设备的安全。在事故放空时,操作人员可及时撤离,且在短时间内可承受较高的辐射热强度。火炬设施的附属设备可承受比人更高的辐射热强度。

5.6 钢结构耐火保护

5.6.1 无耐火保护层的钢柱,其构件的耐火极限只有0.25h左右,在火灾中很容易丧失强度而坍塌。因此,为避免产生二次灾害,使承重钢结构能在一般火灾事故中,在一定时间内,仍保持必需的强度,故规定应采取耐火保护措施。

此条中"承重"的概念为直接承受设备或管道重量,"非承重"的概念为仅承受人员操作平台或承受和传递水平荷载,不直接承受设备或管道重量。

爆炸危险区范围内的高径比等于或大于8的设备承重钢构架,一旦倒塌会造成较大范围的次生危害。

在爆炸危险区范围内,毒性为极度或高度危害的物料设备的承重钢构架、支架、裙座,一旦倒塌会造成环境污染、人员中毒。

5.6.2 耐火层包括:水泥砂浆、保温砖、耐火涂料等。标准火灾(即建筑火灾)与烃类火灾的主要区别是升温曲线不同,标准火灾的升温曲线,在30min时的火焰温度约700~800℃;而烃类火灾的升温曲线,在10min时的火焰温度便达到1000℃。石油化工企业的火灾绝大多数为烃类火灾。因此,耐火层选用应适用于烃类火灾,且其耐火极限不应低于1.5h。建筑物的钢构件耐火极限执行相关规范。耐火层的覆盖范围是根据我国的生产实践,结合API Publ 2218《Fireproofing Practices in Petroleum and Petrochemical Processing Plants》(炼油和石油化工厂防火)确定的。钢结构需覆盖耐火层的范围举例如下:

1 支承设备钢构架:
1)单层构架见图1;

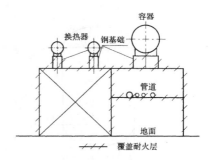

图1 单层构架

2)多层构架的楼板为透空的钢格板时,见图2;

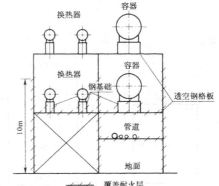

图2 多层构架(楼板为透空的钢格板)

3)多层构架的楼板为封闭式楼板时,见图3;

2 支承设备钢支架见图4;

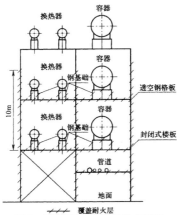

图 3 多层构架(楼板为封闭式楼板)

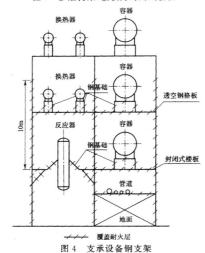

图 4 支承设备钢支架

3 钢裙座外侧未保温部分及直径大于 1.2m 的裙座见图 5;

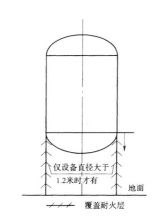

图 5 钢裙座

4 钢管架见图 6、图 7、图 8。

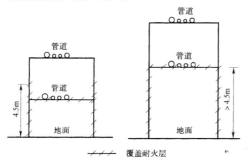

图 6 钢管架 I

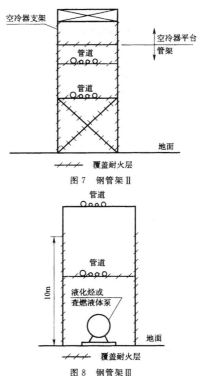

图 7 钢管架 II

图 8 钢管架 III

上述举例中除另有要求外,承重钢构架、支架及管架的下列部位,可不覆盖耐火层:

1)不直接承受或传递设备、管道垂直荷载的次梁、联系梁;

2)用于支承楼板、钢格板的梁;

3)仅用于抵抗风和地震荷载的支撑;

4)卧式设备和换热器的鞍座。

5 加热炉及乙烯裂解炉见图 9。

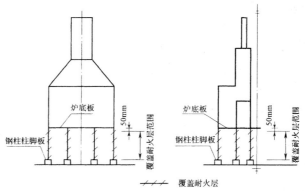

图 9 加热炉及乙烯裂解炉

加热炉的钢结构不宜做整体耐火保护,是由于加热炉炉膛内的温度较高,且钢结构有一部分热量需要散出。如果将加热炉的钢结构包严进行耐火保护处理,热量散发不出去,会造成钢结构温度升高,在钢结构上将产生附加的温度应力,不利于安全。参照美国 API Publ 2218《炼油和石油化工厂的防火》的规定,以及国外加热炉专业公司防火的通用做法,故对本条进行修改。

5.7 其他要求

5.7.6 二烯烃,如丁二烯、异戊二烯、氯丁二烯等在有空气、氧气或其他催化剂的存在下能产生有分解爆炸危险的聚合过氧化物。苯乙烯、丙烯、氰氢酸等也是不稳定的化合物,在有空气或氧气的存在下,储存时间过长,易自聚放出热量,造成超压而爆破设备。在丁二烯生产中,为防止生成过氧化物而采取的措施有:

1 生产丁二烯的精馏、储存过程中加入抗氧剂,如叔丁基邻苯二酚(TBC)、对苯二酚等。

2 回收丁二烯宜有除氧过程。为防止精馏塔底部积聚和聚合过氧化物,宜加芳烃油稀释。

3 用大于或等于20%的苛性钠溶液与丁二烯单体混合,在高于49℃温度下能破坏过氧化物及聚合过氧化物。

4 丁二烯储存温度要低于27℃,储存时间不宜过长。现国内丁二烯储罐一般采用硫酸亚铁蒸煮后再清洗,大约每周清洗1次。

5 生产、储存过程中严禁与空气、氧化氮和含氧的氮气长时间接触。一般控制丁二烯气相中含氧量小于0.3%。例如,某厂丁苯橡胶生产、储存过程中,发生过几次丁二烯氧化物的分解爆炸事故。

总之,对于烯烃和二烯烃等生产和储存,应控制含氧量和加相应的抗氧化剂、阻聚剂,防止因生成过氧化物或自聚物而发生爆炸、火灾事故。

5.7.7 平皮带传动易积聚静电,可能会产生火花。据北京劳动保护研究所在某厂测定,三角皮带传动积聚的静电压可达2500～7000V,这是很危险的,所以本条规定可燃气体压缩机、液化烃、可燃液体泵不得使用皮带。如果其他传动设备确实需要采用时,应采用防静电皮带。空气冷却器安装在高处,有强制通风,可采用防静电的三角皮带传动。

5.7.10 可燃气体的电除尘、电除雾等的电滤器是释放源,与点火源处于同一设备中,危险性比较大,一旦空气渗入达到可燃气体爆炸极限就有爆炸的危险。有几个化肥厂都发生过电除尘设施爆炸。设计时应根据各生产工艺的要求来确定允许含氧量,设置防止负压和含氧量超过指标都能自动切断电源、并能放空的安全措施。

5.7.11 本条规定的取风口高度系参照美国凯络格公司标准的规定:"正压通风建筑物的空气吸入管口的高度取以下两者中较大值:

1 高出地面9m以上;

2 在爆炸危险区范围垂直向上的高度1.5m以上。"

6 储运设施

6.1 一般规定

6.1.1 增加防火堤的耐火极限的要求,是为了防止油罐区一旦发生池火时,防火堤能够承受一定的高温烘烤,不易发生扭曲、崩裂,以便减少火灾事故的蔓延。

6.1.2 调研中了解到,可燃液体储罐和管道的外隔热层,由于采用了可燃的或不合格的阻燃型材料,如聚氨酯泡沫材料,而引起火灾事故。如某厂在厂房内电焊作业中引燃管道及设备的隔热层,造成了一场火灾和人身伤亡。所以规定外隔热层应采用不燃烧材料。

6.2 可燃液体的地上储罐

6.2.1 根据我国石油化工企业实践经验,采用地上钢罐是合理的。地上钢罐造价低,施工快,检修方便,寿命长。

6.2.2 浮顶罐或内浮顶罐储存甲B、乙A类液体可减少储罐火灾几率,降低火灾危害程度。罐内基本没有气体空间,一旦起火,也只在浮顶与罐壁间的密封处燃烧,火势不大,易于扑救,且可大大降低油气损耗和对大气的污染。

鉴于目前浅盘式浮盘已淘汰,明确规定选用金属浮舱式的浮盘,避免使用浅盘式浮盘。金属浮舱式浮盘包括钢浮盘、铝浮盘和不锈钢浮盘等。

对于有特殊要求的甲B、乙A液体物料,如苯乙烯、酯类、加氢原料等易聚合或易氧化的液体物料,选用固定顶储罐加氮封储存也是可行的;对于拔头油、轻石脑油等饱和蒸汽压较高的物料,可通过降温采用固定顶罐储存或采用低压固定顶罐储存。

6.2.3 储存沸点低于45℃的甲B类液体,除了采用压力储罐储存外,还可采用冷冻式储罐储存或采用低压固定顶罐储存,故将原条文中的"应"改为"宜"。

6.2.4 采用固定顶罐或低压储罐储存甲B类液体时,为了防止油气大量挥发和改善储罐的安全状况,应采取减少日晒升温的措施。其措施主要包括固定式冷却水喷淋(雾)系统、气体放空或气体冷凝回流、加氮封或涂刷合格的隔热涂料等。对设有保温层或保冷层的储罐,日晒对储罐影响较小,没有必要再采取防日晒措施。

6.2.5 本条为可燃液体的地上储罐成组布置的规定。

第1款:火灾危险性类别相同或相近的储罐布置在一个罐组内,有利于油罐之间相互调配和统一考虑消防设施,既节约占地,又便于管理。考虑到石油化工企业进行改扩建的过程中,有些储罐可能改作储存其他物料,从而造成同一罐组内物料的火灾危险性类别不同,但从其危险性来看,由于其容量比较小,不会造成大的危害,因此,规定"单罐容积小于或等于1000m³时,火灾危险性类别不同的储罐也可同组布置在一起。"

第2款:沸溢性液体在发生火灾等事故时可能从储罐中溢出,导致火灾蔓延,影响非沸溢性液体储罐安全,故沸溢性液体储罐不应与非沸溢性液体储罐布置在同一罐组内。

第3款:可燃液体的压力储罐的储存形式、发生火灾时的表现形态、采取的消防措施等与液化烃全压力储罐相似,因此,可以与液化烃全压力储罐同组布置。

第4款:可燃液体的低压储罐的储存形式、采取的消防冷却措施等与可燃液体的常压储罐相似;可燃液体采用低压储罐储存时,减少了油气挥发损耗,比常压储罐储存更安全。因此,可与可燃液体的常压储罐同组布置。

6.2.6 罐组的总容积是根据我国目前石油化工企业多年的实际情况确定的,随着企业规模的扩大及原油进口量的增加,由50000m³、100000m³、150000m³的浮顶油罐组成的罐组已建成使用,且罐组自动控制水平及消防水平亦有很大提高,同时考虑罐组平面的合理布置,减少占地,故规定不应大于600000m³。

混合罐组在设计中经常出现,由于浮顶、内浮顶油罐发生整个罐内表面火灾事故的几率极小,据国外有关机构统计:浮顶、内浮顶油罐发生整个罐内表面火灾事故的频率为1.2×10^{-1}/罐·年,目前还没有着火的浮顶、内浮顶油罐引燃邻近储罐的案例。所以浮顶、内浮顶油罐比固定顶油罐安全性高,故规定浮顶、内浮顶油罐的容积可折半计算。

6.2.7 储罐组内的储罐个数愈多,发生火灾的几率愈大。为了控制火灾范围和减少火灾造成的损失,本条对储罐组内的储罐个数作了限制。但容积小于1000m³的储罐在发生火灾时较易扑救,丙B类液体储罐不易发生火灾。所以,对这两种情况的储罐个数不加限制。

6.2.8 储罐区占地大,管道长,故在保证安全的前提下罐间距宜尽可能小,以节约占地和投资。储罐的间距主要根据下列因素确定:

1 储罐着火几率。根据过去油罐火灾的统计资料,建国后至1976年8月,储罐年火灾几率仅为0.47‰。1982年2月调查统计的油罐年火灾几率为0.448‰。多数火灾事故是在操作中不遵守安全规定或违反操作规程造成的。因此,只要提高管理水平,严格遵守各项安全制度和操作规程,就可以减少事故的发生。

2 储罐起火后,能否引燃相邻储罐爆炸起火,是由该罐的破裂状况和液体溢出或喷出情况而定的。如果火灾中储罐顶盖掀开但罐体完好,且可燃液体未流出罐外,则一般不会引燃邻罐。如:东北某厂一个轻柴油罐着火历时5h才扑灭,相距约2m的邻罐并未引燃;上海某厂一个油罐起火后烧了20min,与其相距2.3m的油罐也未被引燃。实践证明,只要采取有效的冷却保护措施,因辐射热而烤爆或引燃邻罐的可能性不大。

3 消防操作要求。考虑对着火罐的扑救和对着火罐或邻罐的冷却保护等消防操作场地要求,不能将相邻罐靠得很近。消防人员用水枪冷却油罐时,水枪喷射仰角一般为50°~60°,冷却保护范围为8~10m。泡沫发生器破坏时,消防人员需往着火罐上挂泡沫钩管。因此,只要不小于0.4D的防火间距就能满足消防操作要求。对于小于等于1000m³的固定顶罐,如果操作人员站的位置避开两个储罐之间最小间距的地方,0.4~0.6D的间距也能满足上述操作要求。

4 0.4~0.6D的罐间距在国内石油化工企业中已执行多年,证明是安全经济的。

5 储罐类型。浮顶罐罐内几乎不存在油气空间,散发出的可燃气体很少,火灾几率小,国内的生产实践和消防实验均证明,浮顶罐引燃后火焰不大,一般只在浮顶周围密封圈处燃烧,热辐射强度不高,无需冷却相邻储罐,对扑救人员在罐平台上的操作基本无威胁。例如:某厂曾有一个5000m³和一个10000m³浮顶罐着火,都是工人用手提泡沫灭火器扑灭的。所以,浮顶罐的防火间距可比固定顶罐适当缩小。

6 近年来,某些石油化工企业在改、扩建工程中,为了减少占地,储罐采用了细高的罐型,占地虽然有所减少,但不利于消防,为此提出用罐高与直径的较大值确定其防火间距。日本防火法规中也有类似的规定。

7 丙类液体也有采用浮顶罐、内浮顶罐储存方式,所以增加丙类浮顶罐、内浮顶罐的防火间距。

6.2.9 可燃液体储罐的布置不允许超过2排,主要是考虑在储罐起火时便于扑救。如超过2排,当中间1个罐起火时,由于四周都有储罐,会给灭火操作和对相邻储罐的冷却保护带来困难。但考虑到石油化工企业丙$_B$类液体储罐区储存的品种多,单罐容积小,总容积不大的特点,可不超过四排布置。丙$_B$类液体储罐不易起火,且扑救容易,尤其是润滑油储罐从未发生过火灾,因此润滑油罐可集中布置成多排。

6.2.10 增加2排立式储罐的最小间距要求,主要是为了满足发生火灾事故时消防、操作便利和安全,是对本规范表6.2.8的储罐之间的防火间距作出最小要求的补充。

6.2.11 地上可燃液体储罐一旦发生破裂事故,可燃液体便会流到储罐外,若无防火堤,流出的液体即会蔓流。为避免此类事故,故规定罐组应设防火堤。

6.2.12 本条为防火堤及隔堤内有效容积的规定:

防火堤内有效容积:日本规范规定为防火堤内最大储罐容积的110%,美国规范NFPA 30 Flammable & Commbustible Liquids Code《易燃和可燃液体规范》规定为防火堤内最大储罐容积的100%。99版规范规定固定顶罐为防火堤内最大储罐容积的100%,浮顶、内浮顶罐为防火堤内最大储罐容积的50%。与国外规范相比,99版规范对浮顶、内浮顶罐组防火堤内有效容积的要求偏小。虽然国内外爆炸火灾事故事例中,尚未出现过浮顶罐罐底炸裂的事故,但一旦发生此类重大事故,产生的大量泄漏可燃液体不仅会对周围设施产生火灾事故威胁,对周围环境也将产生重大污染及影响。因此,本次修订将浮顶、内浮顶罐防火堤内有效容积改为防火堤内最大储罐容积的100%,以将可能泄漏的大量可燃液体控制在防火堤内。当不能满足此要求时,可以设事故存液池,但仍规定浮顶、内浮顶罐组防火堤有效容积不小于罐组内一个最大储罐容积的一半。

油罐破裂,存油全部流出的情况虽然罕见,但一旦发生破裂,其产生的后果是非常严重的。例如:20世纪50年代,英国一台20000m³油罐在上水试压时发生脆性破裂,水在瞬间流出油罐,冲毁防火堤并冲入泵房,造成灾害;1974年,日本三菱石油水岛炼厂一台50000m³油罐,由于不均匀沉降,在罐体底部角焊缝处发生破裂,沿罐壁撕开,罐中油品瞬时冲出将防火堤冲毁,油品四处蔓流;1997年,某石化厂4#原油罐由于罐底搭接焊缝开裂24.5m,造成大量原油泄漏,1500t原油流入污油池,5500t原油流入水库;

1998年,该石化厂1#原油罐由于罐基础局部下沉,罐底搭接焊缝开裂,造成大量原油泄漏,1000t原油流入隔堤池,400t原油流入污油池,3000t原油流入水库。以上示例表明,油罐罐底发生破裂的可能性是存在的。因此规定:防火堤内的有效容积不应小于罐组内1个最大储罐的容积;这包括了浮顶罐、内浮顶罐组。但考虑到现有的浮顶罐、内浮顶罐组的布置现状及个别项目用地的情况,允许设置事故液池。

在罐组外设事故存液池,其作用与设防火堤是一样的,是把流出的液体引至罐组外的事故存液池暂存。罐附近残存可燃液体愈少,着火罐及相邻罐受威胁愈小,有利于灭火和保护相邻储罐。

事故存液池正常情况下是空的,而石油化工企业的事故仅考虑一处,所以全厂的浮顶罐、内浮顶罐组可共用一个事故存液池。

隔堤内有效容积:设置隔堤的目的是减少可燃液体少量泄漏时的污染范围,并不是储存大量油品,美国规范NFPA 30《易燃可燃液体规范》规定隔堤内有效容积为最大储罐容量的10%,这样规定是合适的。

6.2.13 立式储罐至防火堤内堤脚线的距离采用罐壁高度的一半的理由是:

1 当油罐罐壁某处破裂或穿孔时,其最大喷散水平距离等于罐壁高度的一半,所以留出罐壁高度一半的空地,即使储罐破损,罐内液体也不会喷散到防火堤外。

2 留出罐壁高度一半的空地也可满足灭火操作要求。

3 日本对小罐要求放宽,规定罐壁高度的1/3,所以取罐壁高度的一半还是较安全的。

6.2.14 相邻罐组防火堤的外堤脚线之间应留有宽度不小于7m的消防空地的要求,主要是为了满足油罐区发生火灾时,方便消防人员及消防设备操作,实施消防救援。该空地也可与消防道路合并考虑。

6.2.15 虽然油罐破裂极为罕见,但冒罐、管道破裂泄漏难免发生,为了将溢漏油品控制在较小范围内,以减小事故影响,增设隔堤是必要的。容积每20000m³一隔是根据我国石油化工企业油罐过去多以中小型罐为主,1000~5000m³的罐较多,而现在汽、柴油罐大多在5000~20000m³之间,故每4个罐用隔堤隔开是较合适的。

单罐容积20000~50000m³的罐主要是浮顶罐,破裂和溢漏机会比固定顶罐少得多,虽总容积大,但每2个罐一隔,还是合理的。

单罐容积大于50000m³的罐基本上是浮顶罐,虽然破裂和溢漏机会比固定顶罐少得多,但一旦发生泄漏,影响范围较大,因此,每1个罐一隔是合理的。

沸溢性可燃液体储罐,在着火时可能向罐外沸溢出泡沫状油品,为了限制其影响范围,不管储罐容量大小,规定每一隔堤内不超过2个罐。

6.2.16 本条是根据石油化工企业内各装置的原料、中间产品和成品储罐布置情况而制订的。石油化工企业中间罐区和成品罐区内原料、产品品种较多而容积较小,故单罐容积小于或等于1000m³的火灾危险性类别不同的可燃液体储罐可布置在同一罐组内,这样可节约占地并易于管理。为了防止泄漏的水溶性液体、相互接触能起化学反应的液体或腐蚀性液体流入其他储罐附近而发生意外事故,故对设置隔堤作出规定。

6.2.17 本条为可燃液体罐组防火堤及隔堤设置规定。

第2款:防火堤过高对操作、检修以及消防十分不利,若因地形限制,防火堤局部高于2.2m时,可做台阶便于消防及操作。考虑到防火堤内可燃液体着火时用泡沫枪灭火易冲击造成喷溅,故防火堤最好不低于1m;为了消防方便,又不宜高于2.2m。最低高度限制主要是为了防范泡沫喷溅,故从防火堤内侧设计地坪算起,最高高度限制主要是为了方便消防操作,故从防火堤外侧设计地坪算起。注明起算点,便于设计执行。

第3款：根据美国规范 NFPA 30《易燃可燃液体规范》规定，可燃液体立式储罐组堤的高度不应低于 0.45m，据此将隔堤的高度规定为不应低于 0.5m，既能将少量泄漏的可燃液体限制在隔堤内，又方便操作人员通行。

第4款：管道穿越防火堤的开洞处用不燃烧材料严密封闭，以防止事故状态下可燃液体到处散流。

第5款：防火堤内雨水可以排出堤外，但事故溢出的可燃液体不应排走，故必须要采取排水阻油措施，可以采用安装有切断阀的排水井，也可采用排水阻油器等。

第6款：防火堤内人行踏步是供操作人员进出防火堤之用，考虑平时工作方便和事故时能及时逃生，故不应少于 2 处，两相邻人行台阶或坡道之间距离不宜大于 60m，且应处于不同方位上。

6.2.18 本条是事故存液池的设置规定。

第2款：事故存液池与防火堤的作用相同，故其要求与防火堤相一致，即规定其与防火堤间留有 7m 的消防空地。

6.2.19 对于采用氮气或其他气体气封的甲B、乙类液体的固定顶罐，设置事故泄压设备，如卸压人孔、呼吸人孔等以确保罐的安全。

6.2.20 常压固定顶罐不论何种原因发生爆炸起火或突沸，应使罐顶先被炸开，以确保罐体不被破坏。所以规定凡使用固定顶罐，均应采用弱顶结构。

6.2.21 本条规定是为了防止将水(水蒸汽凝结液)扫入热油罐内而造成突沸事故。

6.2.22 设有加热器的储罐，若加热温度超过罐内液体的闪点或 100℃时，便会产生火灾危险或冒罐事故。如：某厂渣油罐长期加温，使油温达 115℃造成冒罐事故；有两个厂的蜡油罐加热后，不检查油温，致使油温达到 113～130℃而发生突沸，造成油罐撕裂跑油事故。故规定应设置防止油温超过规定储存温度的措施。

6.2.23 自动脱水器是近年来经生产实践证明比较成熟的新产品，能防止和减少油罐脱水时的油品损失和油气散发，有利于安全防火、节能、环保，减少操作人员的劳动强度。

6.2.24 储罐进料管要求从储罐下部接入，主要是为了安全和减少损耗。可燃液体从上部进入储罐，如不采取有效措施，会使可燃液体喷溅，这除增加物料损耗外，同时增加了液流和空气摩擦，产生大量静电，达到一定电位，便会放电而发生爆炸起火。例如，某厂一个罐从上部进油而发生爆炸起火；某厂的一个 500m³ 的柴油罐，因为油品从扫线管进入油罐，落差 5m，产生静电引起爆炸；某厂添加剂车间 400m³ 的煤油罐，也是因进油管从上部接入，油品落差 6.1m，进油时产生静电引起爆炸，并引燃周围油罐，造成较大损失。所以要求进油管从油罐下部接入。当工艺要求需从上部接入时，应将其延伸到储罐下部。对于个别储罐，如催化油浆罐，进料管距罐底太近容易被催化剂堵塞，可适当抬高。因为其产生静电的危害性较小，故将原条文中"应"改为"宜"。

6.2.25 此规定是为了防止储罐与管道之间产生的不均匀沉降引起破坏。

6.3 液化烃、可燃气体、助燃气体的地上储罐

6.3.2 本条为液化烃储罐成组布置的规定：

1 液化烃罐组包括全压力式罐组、全冷冻式罐组和半冷冻式罐组，液化烃储罐的布置不允许超过两排，主要是考虑在储罐起火时便于扑救。如超过 2 排，中间一个罐起火，由于四周都有储罐，会给灭火操作和对相邻储罐的冷却保护带来一些困难。全压力式罐组、全冷冻式罐组和半冷冻式罐组的命名与现行国家标准《城镇燃气设计规范》GB 50028 一致。

2 对液化烃罐组内储罐个数限制的根据：

1)罐组内液化烃泄漏的几率，主要取决于储罐数量，数量越多，泄漏的几率越高，与单罐容积大小无关，故液化烃罐组内储罐个数需加以限制。

2)全压力式或半冷冻式储罐：目前，国内引进的大型石油化工企业内液化烃罐组的储罐个数均在 10 个以上，如某石油化工企业液化烃罐组内 1000m³ 罐有 12 个、乙烯装置中间储罐组内有 13 个储罐。某石油化工厂新建液化烃罐组内设有 9 个 2000m³ 储罐。为了减少和限制液化烃储罐泄漏后影响范围，规定每组全压力式或半冷冻式储罐的个数不应多于 12 个是合适的。

3 API Std 2510 Design and Construction of LPG Installations《液化石油气(LPG)设施的设计和建造》对全冷冻式储罐的规定："两个具有相同基本结构的储罐可置于同一围堤内。在两个储罐间设隔堤，隔堤的高度应比周围的围堤低 1ft。围堤内的容积应考虑该围堤内扣除其他容器或储罐占有的容积后，至少为最大储罐容积的 100%"。本规范按此要求规定全冷冻式储罐的个数不宜多于 2 个。

4 不同储存介质的储罐选材不同。当储存某一介质的储罐发生泄漏后，常压下的介质温度很低，如果储存其他介质储罐的罐体材质不能适应该温度，就会对这些储罐的罐体产生不利影响，从而影响这些储罐的安全。

5 液化烃的储存方式包括全压力式、半冷冻式和全冷冻式；全压力式储存方式是指在常温和较高压力下储存液化烃或其他类似可燃液体的方式，半冷冻式储存方式是指在较低温度和较低压力下储存液化烃或其他类似可燃液体的方式，全冷冻式储存方式是指在低温和常压下储存液化烃或其他类似可燃液体的方式。NFPA 58 Liquefied Petroleum Gas Code《液化石油气规范》规定"冷藏液化石油气容器，不能放置在易燃液体储罐的防火堤内，也不应放置在非冷藏加压的液化石油气容器的防火堤或拦蓄墙内"。API Std 2510《液化石油气(LPG)设施的设计和建造》规定："低温液化石油气储罐不应布置在建筑物内，不应在 NFPA 30《易燃可燃液体规范》规定的其他易燃或可燃液体储罐流出物的防护区域内，且不应在压力储罐流出物的防护区域内。"

6.3.3 储罐的防火间距主要根据下列因素确定：

1 液化烃压力储罐比常压甲B类液体储罐安全。例如，某厂液化乙烯卧罐的接管处泄漏，漏出的液化乙烯气化后，扩散至加热炉而燃烧并回火在泄漏部位燃烧。经打开放空火炬阀后，虽然燃烧一直持续到罐内乙烯全部烧光为止，但相邻 1.5m 处的储罐在水喷淋保护下却安全无事。又如，某厂动火检修液化石油气罐安全阀，由于切断不严，漏出液化石油气被引燃，火焰 2m 多高，只在泄漏处燃烧，没有引起储罐爆炸。可见：①液化石油气罐因漏气而着火的火焰并不大；②罐内为正压，空气不能进入，火焰不会窜入罐内而引起爆炸；③对邻罐只要有冷却水保护就不会使事故扩大。

2 全冷冻式储罐防火间距参照 NFPA 58《液化石油气规范》规定："若容积大于或等于 265m³，其储罐间的间距至少为大罐直径的一半"；API Std 2510《液化石油气(LPG)设施的设计和建造》规定："低温储罐间距取较大罐直径的一半"。

3 可燃气体干式气柜的防火间距，与现行国家标准《建筑设计防火规范》GB 50016 一致。

4 大型卧式储罐在国外已有应用，国内引进项目中也开始使用。防火间距按 1.0D 要求，可以满足生产和检修的要求。对于小容积的卧罐，仍按原规范的要求是合适的。

6.3.4 两排卧罐的最小间距要求，主要是为了满足发生火灾事故时消防、操作便利和安全。

6.3.5 本条为防火堤及隔堤的设置规定：

第1款：液化烃罐组设置防火堤的目的是：①作为限界防止无关人员进入罐组；②防火堤较低，对少量泄漏的液化烃气体便于扩散；③一旦泄漏量较多，堤内必有部分液化烃积聚，可由堤内设置的可燃气体浓度报警器报警，有利于及时发现，及时处理；④其竖向布置坡向外侧是为了防止泄漏的液化烃在储罐附近滞留。

第5款：沸点低于 45℃的甲B类液体的压力储罐，此类储罐的液体泄漏后，短期会有一定量挥发，但大部分仍以液态形式存在于堤内，因此防火堤应考虑其储存容积。

第6款:执行此款时,应注意液氨储罐与液化烃储罐的储存方式相对应。即全压力式液氨储罐的防火堤和隔堤要求与全压力式液化烃的防火堤和隔堤要求一致,全冷冻式液氨储罐的防火堤和隔堤要求与全冷冻式液化烃的防火堤和隔堤要求一致。

6.3.6 此条规定是按 NFPA 59A Standard for the Production, Sroeage, and Handling of Liquefied Natural Gas(LNG)《液化天然气(LNG)的生产、储存和运输》的规定确定的,用图示能够明确表达对单防罐的要求。

API Std 2510《液化石油气(LPG)设施的设计和建造》规定:"低温常压储罐应设置围堤,围堤内的容积应至少为储罐容积的100%";"围堤最低高度为 1.5ft,且应从堤内测量;当围堤高 6ft 时,应设置平时和紧急出入围堤的设施;当围堤必须高于 12ft 或利用围堤限制通风时,应设不需要进入围堤即可对阀门进行一般操作和接近罐顶的设施。所有堤顶的宽度至少为 2ft"。

6.3.7 全冷冻双防式或全防式液化烃储罐,一旦储存液化烃内罐发生泄漏,泄漏出的液化烃能 100%被外罐所容纳,不会发生液化烃蔓延而造成事态扩大,外罐已具备防火堤作用,不需另设防火堤。

6.3.8 参考美国凯洛格公司标准的规定。石油化工企业引进合成氨厂低温液氨储罐的防火堤内容积取最大储罐容积的 60%,经多年的实践,已证明此规定是安全经济的。

6.3.9 "储存系数不应大于 0.9"是为了避免在储存过程中,因环境温度上升、膨胀、升压而危及储罐安全所采取的必要措施。

6.3.11 NFPA 58《液化石油气规范》中规定:"冷藏液化石油气容器上应设置高液位报警器。""冷藏液化石油气容器上应装备高液位流量切断设施,该装置应与所有仪表无关。"即使常温储罐,这样规定也更加安全。高液位自动联锁切断进料装置是避免油罐冒罐的最后有效手段,目前比较普遍使用,是合理的设置。API Std 2510《液化石油气(LPG)设施的设计和建造》规定:"全冷冻式液化烃储罐需设置真空泄放装置。"对于全冷冻式液化烃储罐增设高、低温度检测,并应与自动开停机系统相联的要求是为了确保全冷冻式液化烃储罐的安全。

6.3.13 若液化烃罐组离厂区较远,无共用的火炬系统可利用,一般不单独设置火炬。在正常情况下,偶然超压致使安全阀放空,其排放量极少,因远离厂区,其他火灾对此影响较小,故对此类罐组规定可不排放至火炬而就地排放。

6.3.14 液化烃储罐脱水跑气(和可燃液体脱水跑油一样)时有发生。储罐根部设紧急切断阀可以减少管道系统发生事故时损失。目前有些石油化工企业对液化烃储罐区进行了类似的改造。根据目前国内情况,规定采用二次脱水系统,即另设一个脱水容器,将储罐内底部的水先放至脱水容器内,再把罐上脱水阀关闭,待气水分离后,再打开脱水容器的排水阀把水放掉。但脱水容器的设计压力应与液化烃储罐的设计压力一致,若液化烃中不含水时,可不设二次脱水系统。

6.3.16 本条是对液化烃储罐阀门、管件、垫片等的规定。

1 由储灌站及石油化工企业液化烃储罐区引出液化烃时,因阀门、法兰、垫片选用不当而引发的事故有发生。例如,某液化烃储灌站的管道上因为垫片选用不当,引起较大火灾事故。

2 生产实践证明:当全压力式储罐发生泄漏时,向储罐注水使液化烃液面升高,将破损点置于水面以下,可减少液化烃泄漏。

6.3.17 全冷冻卧式液化烃储罐多层布置时,一旦某一层的储罐发生泄漏,直接影响布置在其他层的液态烃储罐的操作及安全,易造成更大的事故。为了方便操作及安全,参照 NFPA 58 的有关规定,本规范规定"全冷冻卧式液化烃储罐不应多层布置"。

6.4 可燃液体、液化烃的装卸设施

6.4.1 本条为可燃液体铁路装卸设施的规定。

第2款:采用明沟卸可燃液体易引起火灾事故。例如,某厂采用明沟卸原油,由于电火花而引起着火,沿明沟烧至 2000m³ 的混

凝土零位罐,造成油罐爆炸起火,并烧毁距罐壁 10m 远的泵房和油罐车 5 辆;又如,某厂采用有盖板明沟卸原油,一次动火检修栈台,焊渣落入沟内发生爆炸起火。以上两例说明,明沟卸原油极不安全。丙B 类油品不易着火,较安全。如电厂等企业所用燃料油多采用明沟卸车,实践多年,未发生过重大事故。

第3款:我国目前装车鹤管有三种:喷溅式、液下式(浸没式)和密闭式。对于轻质油品或原油,应采用液下式(浸没式)装车鹤管。这是为了降低液面静电位,减少油气损耗,以达到避免静电引燃油气事故和节约能源,减少大气污染。

第4款:为了防止和控制罐车火灾的蔓延与扩大,当罐车起火时,立即切断进料非常重要。如,某厂装车时着火,由于未能及时关闭操作台上切断阀,致使大量汽油溢出车外,加大了火势;直到关闭紧急切断阀、切断油源,才控制了火势。紧急切断阀设在地面较好,如放在阀井中,井内易积存油水,不利于紧急操作。

第8款:在石油化工企业的改造过程中,充分利用现有铁路装卸线资源,同一铁路装卸线一侧布置两个装卸栈台的情况时有出现,国外工厂也有类似情况。为了减少一个栈台发生事故时对另一栈台的影响,在两个栈台之间至少要保持一个事故隔离车的位置,因此,规定同一铁路装卸线一侧两个装卸栈台相邻鹤位之间的距离不应小于 24m。

6.4.2 本条为可燃液体汽车装卸站的规定。

第4款:泵区的泵较多,一旦发生事故,对装车作业的影响较大,故对其间距作出规定。当泵区只有一台泵时,因其影响较小,可不受此限。

第7款:这里的其他类可燃液体是指甲A、丙B 类可燃液体,甲A 类可燃液体的危险性较高,丙B 类可燃液体,有些操作温度较高,有些黏度较大,易造成污染,为减少其影响,故规定了甲、乙、丙A 类可燃液体装车鹤位与其他类液体装车鹤位的间距要求。

6.4.3 液化烃装卸作业已有成熟操作管理经验,当与可燃液体装卸共用布置而不同时作业时,对安全防火无影响。

第1款:液化烃罐车装车过程中,其排气管应采用气相平衡式或接至低压燃料气或火炬放空系统,若就地排放极不安全。例如,某厂液化石油气装车台在装一辆 25t 罐车时,将排空阀打开直排大气,排出的大量液化石油气沉滞于罐车附近并向四周扩散,在离装车点 15m 处的更衣室内,一工人违规点火吸烟,将火柴扔到地上时,引起室外空间爆炸,罐车排空阀立即着火,同时引燃在栈台堆放的航空润滑油桶及附近房屋和沥青堆场。又如,某厂在充装汽车罐车时,因就地排放的液化烃气被另一辆罐车启动时打火引燃,将两台罐车烧坏。所以规定液化烃装卸应采用密闭系统,不得向大气直接排放。

第2款:低温液化烃装卸设施的材质要求严格,独立成系统会更加安全,不会对其他系统构成威胁。

6.4.4 本条是对可燃液体码头、液化烃码头的规定。

第2款:液化烃泊位火灾危险性较大,若与其他可燃液体泊位合用,会因相互影响而增加火灾危险性,故有条件时宜单独设置。近年来沿海、沿河建了不少液化石油气基地和石油化工企业的液化石油气装卸泊位,有先进成熟的工艺及设备,管理水平及自动控制水平也较高。为节约水域资源和充分利用泊位的吞吐能力,共用一个泊位在国内已有实践,但严格要求不能同时作业。日本水岛气体加工厂也是多种危险品共用一个泊位,但严格控制不能同时作业。因此,规定当不同时作业时,液化烃泊位可与其他可燃液体共用一个泊位。

第3款:本款按国家现行标准《装卸油品码头防火设计规范》JTJ 237 的规定执行。

6.5 灌 装 站

6.5.1 本条为液化石油气的灌装站规定。

第1款:为了安全操作,有利于油气扩散,推荐在敞开式或半

敞开式建筑物内进行灌装作业。但半敞开式建筑四周下部有墙，容易产生油气积聚，故要求下部应设通风设施，即自然通风或机械排风。

第2款：液化石油气钢瓶内残液随便就地倾倒所造成的灾害时有发生。如，某厂灌瓶站曾发生两次火灾事故，都是对残液处理不当引起的。一次是残液窜入下水井，油气散至托儿所内，遇明火引燃；一次是残液顺下水管排至河内，因小孩玩火引燃。又如，某厂装瓶站投用时，残液回收设备暂未投用，而把几百瓶残液倒入厂内一个坑里，造成液化石油气四处扩散至20m左右的工棚内；由于有人吸烟引燃草棚，火焰很快烧回坑内，大火冲天，结果把其中29个钢瓶烧毁，烧毁高压线并烧伤11人。因此，规定灌装站残液应密闭回收。

第6款：该条款参考了现行国家标准《液化石油气钢瓶充装站安全技术条件》GB 17267的规定，并结合石油化工企业的特点制定。

6.6 厂内仓库

6.6.1 化学品和危险品存在潜在火灾爆炸危险，不宜在石油化工企业内分散储存。因此，石油化工企业应设置独立的化学品和危险品库区。

第1款：目前，随着石油化工装置规模的大型化，工艺生产过程需要的催化剂、添加剂等用量和产品储存量也大大增加。为了满足生产需要，又要保证安全生产，本次修订取消了甲类物品仓库储存量的限制，其主要理由如下：

1 由于各工艺装置所需的甲类催化剂和添加剂等化学物品的类别和数量不同，且供货来源不同（有国外和国内），故无法对储存周期作出统一规定。

2 现行国家标准《建筑设计防火规范》GB 50016对甲类物品仓库的耐火等级、层数、每座仓库的最大允许占地面积、防火分区的最大允许建筑面积及防火间距有明确规定，但对甲类物品储量未明确规定。

3 本规范对甲类物品仓库设计未作规定，其防火设计应执行现行国家标准《建筑设计防火规范》GB 50016的相关规定。

第5款：根据储存物品的物理化学性质及当地水文地质情况，确定是否设防水层。

6.6.2 石油化工装置规模的大型化，使合成纤维、合成橡胶、合成树脂及塑料类的产品仓库面积大幅增加。由于产品储量增加，需要使用机械化运输和机械化堆垛，小型仓库已无法满足装置规模大型化的需要，因此，当丙类的合成纤维、合成橡胶、合成树脂及塑料固体产品仓库面积超过现行国家标准《建筑设计防火规范》GB 50016要求时，应满足本条款的规定和对仓库占地面积及防火分区面积的限值。考虑到合成纤维、合成橡胶固体产品燃烧性质复杂，故将其与合成树脂及塑料仓库分别对待。

6.6.3 为了节省占地面积，石油化工企业合成纤维、合成树脂及塑料可采用高架仓库。根据国内目前正在使用的几个高架仓库情况，考虑到我国石化工业的发展需要，本次修订明确规定了高架仓库消防设施的要求，详见本规范第8.11.4条。

6.6.4 大型仓库应优先采用自然排烟方式，并按照现行国家标准《建筑设计防火规范》GB 50016要求，规定大型仓库自然排烟口净面积宜为建筑面积的5%。易熔采光带可作为自然排烟措施之一。

6.6.5 铁道部及有关单位曾对硝铵性能进行了试验，试验项目有高空坠落、车辆轧压、碰撞、明火点燃及雷管引爆等。试验结果证明：纯硝铵并不易燃易爆。各大型化肥厂多年来的生产实践也证明，硝铵仓库储量可不限，但在硝铵中若掺入其他物质，则极易引起火灾爆炸事故。因此，需要确保库内无其他物品混放。

7 管道布置

7.1 厂内管线综合

7.1.1 工艺管沟是火灾隐患，易渗水、积油，不好清扫，不便检修，一旦沟内充有油气，遇明火则爆炸起火，沿沟蔓延，且不好扑救。例如，某厂管沟曾发生过多次重大火灾爆炸事故。有一次一个小油罐着火，着火油垢飞溅引燃14m外积有柴油的管沟，火焰高达60m，使消防队无法冷却罐，致使邻罐被烤爆起火，造成重大火灾事故。又如，某厂装油栈台附近管沟内管道腐蚀漏油，沟内积存大量油气，检修动火时被引燃，使130m长管沟着火，形成火龙，对周围威胁极大。该厂有许多埋地工艺管道，腐蚀渗漏不易查找，形成火灾隐患。因此，工艺管道及热力管道应尽量避免管沟或埋地敷设，若非采用管沟不可，则在管沟进入泵房、罐组处应妥善封闭，防止油或油气窜入，一旦管沟起火也可起到隔火作用。

沿地面或低支架敷设的管带，对消防作业有较大影响，因此规定此类管带不应环绕工艺装置或罐组四周布置。尤其在老厂改扩建时，应给予足够重视。

7.1.2、7.1.4 易发生泄漏的管道附件是指金属波纹管或套筒补偿器、法兰和螺纹连接等。

7.1.4 外部管道通过工艺装置或罐组，操作、检修相互影响，管理不便。因此，凡与工艺装置或罐组无关的管道均不得穿越装置或罐组。

7.1.5 比空气重的可燃气体一般扩散的范围在30m以内，这类气体少量泄漏扩散被稀释后无大危险，一旦在管沟内积聚与空气混合易达到爆炸极限浓度，遇明火即可引起燃烧或爆炸。所以，应有防止可燃气体窜入管沟内积聚的措施，一般采用填砂。

7.1.6 各种工艺管道或含可燃液体的污水管道内输送的大多是可燃物料，检修更换较多，为此而开挖道路必然影响车辆正常通行，尤其发生火灾时，影响消防车通行，危害更大。公路型道路路肩也是可行车部分，因此，也不允许敷设上述管道。

7.2 工艺及公用物料管道

7.2.1 本条规定应采用法兰连接的地方为：

1 与设备管嘴法兰的连接、与法兰阀门的连接等；

2 高黏度、易黏结的聚合淤浆液和悬浮液等易堵塞的管道；

3 凝固点高的液体石蜡、沥青、硫黄等管道；

4 停工检修需拆卸的管道等。

管道采用焊接连接，不论从强度上、密封性能上都是好的。但是，等于或小于 DN25 的管道，其焊接强度不佳且易将焊渣落入管内引起管道堵塞，因此多采用承插焊管件连接，也可采用锥管螺纹连接。当采用锥管螺纹连接时，有强腐蚀性介质，尤其像含 HF 等易产生缝隙腐蚀性的介质，不得在螺纹连接处以密封焊，否则一旦泄漏，后果严重。

7.2.3 化验室内有非防爆电气设备，还有电烘箱、电炉等明火设备，所以不应将可燃气体、液化烃和可燃液体的取样管引入化验室内，以防止因泄漏而发生火灾事故。某厂将合成氨反应后的气体管道引入化验室内，因泄漏发生了爆炸。

7.2.4 新建的工艺装置，采用管沟和埋地敷设管道已越来越少。因为架空敷设的管道的施工、日常检查、检修各方面都比较方便，而管沟和埋地敷设恰好相反，破损不易被及时发现。例如某厂循环氢压缩机入口埋地管道破裂，没有检查出来，引起一场大爆炸。管沟敷设管道，在沟内容易积存污油和可燃气体，成为火灾和爆炸事故的隐患。例如某厂蜡油管沟曾四次自燃着火。现在管沟和埋地敷设的工艺管道主要是泵的入口管道，必须按本条规定采取安全措施。

管沟在进出厂房及装置处应妥善隔断,是为了阻止火灾蔓延和可燃气体或可燃液体流窜。

7.2.5 大多数塔底泵的介质操作温度等于或高于250℃,当塔底泵布置在管廊(桥)下时,为尽可能降低塔的液面高度,并能满足泵的有效气蚀余量的要求,本条规定其管道可布置在管廊下层外侧。

7.2.6 氧气管道与可燃介质管道共架敷设时,两管道平行布置的净距本次修订改为不应小于500mm,与现行国家标准《工业金属管道设计规范》GB 50316的规定一致。但当管道采用焊接连接结构并无阀门时,其平行布置的净距可取上述净距的50%,即250mm。

7.2.7 止回阀是重要的安全设施,但只能防止大量气体、液体倒流,不能阻止小量泄漏。本条主要是使用经验的综合。

公用工程管道在工艺装置中是经常与可燃气体、液化烃、可燃液体的设备和管道相连接的。当公用工程管道压力因故降低时,大量可燃液体可能倒流入公用工程管道内,容易引发事故。如大量可燃液体倒流入蒸汽管道内,当用蒸汽灭火时起了"火上浇油的作用"。防止的方法有以下三种:

　　1 连续使用时,应在公用工程管道上设止回阀,并在其根部设切断阀,两阀次序不得颠倒,否则一旦止回阀坏了无法更换或检修;

　　2 间歇使用(例如停工吹扫)时,一般在公用工程管道上设止回阀和一道切断阀或设两道切断阀,并在两道切断阀中间设常开的检查阀;

　　3 为减少对公用工程系统的污染,对供冲洗、吹扫、催化剂再生和烧焦等仅在设备停工时使用的蒸汽、空气、水、惰性气体等公用工程管道有安全断开的措施。

7.2.8 连续操作的可燃气体管道的低点设两道排液阀,第一道(靠近管道侧)阀门为常开阀,第二道阀门为经常操作阀。当发现第二道阀门泄漏时,关闭第一道阀门,更换第二道阀门。

7.2.9 甲、乙$_A$类设备和管道停工时应用惰性气体置换,以防检修动火时发生火灾爆炸事故。

7.2.10 可燃气体压缩机,要特别注意防止产生负压,以免渗进空气形成爆炸性混合气体。多级压缩的可燃气体压缩机各段间应设冷却和气液分离设备,防止气体带液体进入气缸内而发生超压爆炸事故。当由高压段的气液分离器减压排液至低压段的分离器内或排油水到低压油水槽时,应有防止串压、超压爆破的安全措施。

据调查,有些厂因安全技术措施不当或误操作而发生爆炸事故。例如:某厂石油气车间,由于裂解气浮顶气柜的滑轨卡住了,浮顶落不下来,抽成负压进入空气,裂解气四段出口发生爆鸣。某厂冷冻车间,氨压缩机段间冷却分离不好,大量液氨带进气缸,撞裂气缸爆破。某厂氯丁橡胶车间,乙烯基乙炔合成工段,用水环式压缩机压缩乙炔气,吸入管阻力大,造成负压渗入空气形成爆炸性混合物,因过氧化物分解或静电火花引起出口管爆炸。

7.2.11 因停电、停汽或操作不正常,离心式可燃气体压缩机和可燃液体泵出口管道介质倒流,由于未装止回阀或止回阀失灵,曾发生过一些火灾、爆炸事故。例如:某厂加氢裂化原料油泵氢气倒流引起大爆炸;某厂催化裂化的高温待生催化剂流入主风机,烧坏了主风机及邻近设备。

7.2.12 加热炉低压(等于或小于0.4MPa)燃料气管道如不设低压自动保护仪表(压力降低到0.05MPa,发出声光警报;降低到0.03MPa,调节阀自动关闭),则应设阻火器。

某石油化工企业常减压装置加热炉点火,因燃料气体管道空气未排净,发生回火爆炸。

阻火器中的金属网能够降低回火温度,起冷却作用;同时金属网的窄小通道能够减少燃烧反应自由基的产生,使火焰迅速熄灭。阻火器的结构并不复杂,是通用的安全措施。

燃料气管道压力大于0.4MPa(表),而且比较稳定,不波动,没有回火危险,可不设阻火器。

7.2.13 燃料气中往往携带少量可燃液滴及冷凝水,当操作不正常时,还可能从某些回流油罐带来较多的可燃液体,使加热炉火嘴熄灭。例如,某石油化工企业加氢裂化装置燃料气管道窜油,从火嘴喷洒到圆筒炉底部,引起一场火灾。因此加热炉的燃料气管道应有加热设施或分液罐。分液罐的冷凝液,不得任意敞开排放,以防火灾发生。例如,某石油化工企业催化裂化装置加热炉分液罐的冷凝液排至附近下水道,因油气回窜至加热炉,引起一场大火。

7.2.14 从容器上部向下喷射输入容器内时,液体可能形成很高的静电压,据北京劳动保护研究所测定,汽油和航空煤油喷射输入形成的静电压高达数千伏,甚至在万伏以上,这是很危险的。因为带电荷的液体被喷射输入其他容器时,液体内同符号的电荷将互相排斥而趋向液体的表面,这种电荷称为"表面电荷"。表面电荷与器壁接触,并与吸引在器壁上的异符号电荷再结合,电荷即逐渐消失,所需时间称为"中和时间"。中和时间主要决定于液体的电阻,可能是几分之一秒至几分钟。当液体表面与金属器壁的电压差达到相当高并足以使空气电离时,就可能产生电击穿,并有火花跳向器壁,这就是点火源。容器的任何接地都不能迅速消除这种液体内部的电荷。若必须从上部接入,应将入口管延伸至容器底部200mm处。

7.2.15 本条规定是为了当与罐直接相连的下游设备发生火灾时,能及时切断物料。如某厂产品精制装置液化烃罐下游泵发生事故着火,人员无法接近泵、关闭切断阀,且在泵和罐靠近罐根部管道上无切断阀,使罐中液化烃烧光后火才熄灭,造成重大损失。

API Std 2510《液化石油气(LPG)设施的设计和建造》规定:液化烃管道上的切断阀应尽可能靠近罐布置,最好位于罐壁嘴子上。为便于操作和维修,切断阀安装位置应易于迅速接近。当液化烃罐容积超过10000gal(≈38m³)时,在火灾发生15min内,所有位于罐最高液面下管道上的切断阀能自动关闭或遥控操作。切断阀控制系统应耐火保护,切断阀应能手动操作。

7.2.16 长度等于或大于8m的平台应从两个方向设梯子,以利迅速关闭阀门。

根据安全需要,除工艺管道在装置的边界处应设隔断阀和8字盲板外,公用工程管道也应在装置边界处设隔断阀,但因不属于本规范范围,故本条未列入。

7.3　含可燃液体的生产污水管道

7.3.1 从防止环境污染考虑,对排放含有可燃液体的雨水比防火的要求严格得多,故此条只对被严重污染的雨水作了规定。严重污染的雨水指工艺装置内的塔、泵、冷换设备围堰内及可燃液体装卸台区等的初期雨水。

可燃气体凝结液,例如加热炉区设置的燃料气分液罐脱出的凝结液及液化烃罐的脱出水都含C_4、C_5烃类,排出后极易挥发,遇明火会造成火灾。某石化公司炼油厂由于液化烃脱出水带大量液化烃类,排入下水道挥发为可燃气体向外蔓延,结果造成大爆炸。本条规定"不得直接排入生产污水管道",要求排出的凝结液再进行二次脱水,从而可使脱出水在最大限度地减少液化烃类后,再排入生产污水管道,以减少发生火灾的危险。

第1款:高温污水和蒸汽排入下水道,造成污水温度升高油气蒸发,增加了火灾危险。例如,某公司合成橡胶厂的厂外排水管道爆炸,11个下水井盖飞起,分析原因是排水中带有可燃液体,遇食堂排出的热水,油气加速挥发遇明火(可能是烟头)引起爆炸。某石化公司也曾多次发生过因井盖小孔排出油气遇明火而爆炸。例如,在下水道井盖上开汽车,发动机尾气把下水道引爆;小孩在井盖小孔上放爆竹,引爆了下水道。事故多发生于冬季,分析其原因是由于蒸汽及冷凝水排入,污水温度升高促使产生大量油气,故从防火角度对排水温度提出了限制的要求。

第2款:石油化工厂中有时会遇到由于排放的多种污水含有

两种或多种能够产生化学反应而引起爆炸及着火的物质。例如某化工厂、某电化厂曾多次发生过乙炔气和次氯酸钠在下水道中起化学反应引起爆炸事故。所以本条要求含有上述物质的污水，在未消除引起爆炸、火灾的危险性之前，不得直接混合排到同一生产污水系统中。

7.3.2　明沟或只有盖板而无覆土的沟槽（盖板经常被搬开而易被破坏），受外来因素的影响容易与火源接触，起火的机会多，且着火时火势大，蔓延快，火灾的破坏性大，扑救困难，且常因火灾爆炸而使盖板崩开，造成二次破坏。

　　某炼油厂蒸馏车间检修，在距排水沟 3m 处切割槽钢，火星落入排水沟引燃油气，使 960m 排水沟相继起火，600m 地沟盖不同程度破坏，着火历时 4h。

　　某炼油厂检修时，火星落入明沟，沟内油气被点燃，串到污油池燃烧了 2h。

　　某石化公司炼油厂重整原料罐放水，所带油气放入排水沟，被下游施工人员点火引燃。200m 排水沟相继起火。

　　上述事例都说明了用明沟或带盖板而无覆土的沟槽排放生产污水有较高的火灾危险性。

　　暗沟指有覆土的沟槽，密封性能好，可防止可燃气体窜出，又能保证盖板不会被搬动或破坏，从而减少外来因素的影响。

　　设施内部往往还需要在局部采用明沟，当物料泄漏发生火灾时，可能导致沿沟蔓延。为了控制着火蔓延范围，要求限制每段的长度不超过 30m，各段分别排入生产污水管道。

7.3.3　本条对生产污水管道设水封作出规定。

　　1　水封高度，我国过去采用 250mm，美、法、德等国都采用 150mm。考虑施工误差，且不增加较多工程量，却增加了安全度，故本条仍规定不得小于 250mm。

　　2　生产污水管道的火灾事故各厂都曾多次发生，有的沿下水道蔓延几百米甚至上千米，数个井盖崩起，且难于扑救。所以对设置水封要求较严。过去对不太重要的地方，如管沟或一般的建筑物等往往忽视，由于下水道出口不设水封，曾发生过几次事故。例如，某炼厂在工艺阀井中进行管道补焊，阀井的排水管无水封，火星自阀井的排水管串入下水管，400 多米管道相继起火，多个井盖被崩开。又如有多个石油化工厂发生过由于厕所的排水排至生产污水管道，在其出口处没有设置水封，可燃气体自外部下水道串入厕所内，遇有人吸烟，而引起爆炸。

　　3　排水管道在各区之间用水封隔开，确保某区的排水管道发生火灾爆炸事故后，不致串入另一区。

7.3.4　对重力流循环热水排水管道，由于热水中含微量可燃液体，长时间积聚遇火源也曾发生过爆炸事故。国外有关标准也有类似规定，故提出在装置排出口设置水封，将装置与系统管道隔开。

7.3.7　为了防止火灾蔓延，排水管道中多处设置了水封，若不设排气管，污水中挥发出的可燃气体无法排出，只能通过井盖处外溢，遇火源可能引起爆炸着火。可燃气体无组织排放是引起排水管道着火的重要因素之一，支干管、干管均设排气管，可使水封井隔开的每一管段中的可燃气体都能得到有组织排放，从而避免或减少可燃气体与明火接触，减少火灾事故。

　　本条是参考国外标准制定的。近年来引进的石油化工装置中，生产污水管道中设了排气管。实践表明，这种措施的防火效果非常有效。

　　参考国外的有关标准，对排气管的设计作出了具体规定。

7.3.8　本条是参考国外标准制定的，与第 7.3.7 条配合使用。第 7.3.7 条解决排水管道中挥发出的可燃气体的出路，本条是限制可燃气体从下水井盖处溢出，可以有效地减少排水管道的火灾爆炸事故。经在某化纤厂实施，效果较好。

7.3.10　本条是吸取国内发生的火灾爆炸事故引发的重大环境污染的事故教训而修订的。应急措施和手段可根据现场具体情况采

用事故池、排水监控池、利用现有的与外界隔开的池塘、河渠等进行排水监控、在排水管总出口处安装切断阀等方法来确保泄漏的物料或被污染的排水不会直接排出厂外。

8　消　防

8.1　一般规定

8.1.1　"设置与生产、储存、运输的物料和操作条件相适应的消防设施"，是指石油化工企业中，生产和储存、运输具有不同特点和性质的物料（如物理、化学性质的不同，气态、液态、固态的不同，储存方式不同，露天或室内的场合不同等），必须采用不同的灭火手段和不同的灭火药剂。

　　设置消防设施时，既要设置大型消防设备，又要配备扑灭初期火灾用的小型灭火器材。岗位操作人员使用的小型灭火器及灭火蒸汽快速接头，在扑救初起火灾上起着十分重要的作用，具有便于操作人员掌握、灵活机动、及时扑救的特点。

8.1.2　当装置的设备、建筑物区占地面积在 10000m² ～ 20000m² 时，为了防止可能发生的火灾造成的大面积重大损失，应加强消防设施的设置，主要措施有：增设消防水炮、设置高架水炮、水喷雾（水喷淋）系统、配备高喷车、加强火灾自动报警和可燃气体探测报警系统设置等。

8.2　消　防　站

8.2.1　设计中确定消防站的规模时，应考虑的几个主要因素：

　　1　企业的大小和火灾危险性；

　　2　企业内固定消防设施的设置情况，当固定消防设施比较完善时，消防站的规模可减小；

　　3　邻近有关单位有无消防协作条件，主要的协作条件指：

　　1）协作单位能提供适用于扑救石油化工火灾的消防车；

　　2）赶到火场的行车时间不超过 10～20min（其中，装置火灾按

10min、罐区火灾按 20min)。装置火灾应尽快扑救，以防蔓延。罐区灭火一般先进行控制冷却，然后组织扑救。据介绍，钢结构、钢储罐的一般抗烧能力在 8～15min，因此只要控制冷却及时，在 10～20min 内协作单位消防车到达是可以的。

4 工业园区内的石油化工企业或小型石油化工企业距所在地区的公用消防站的车程不超过 8min 时，且公用消防站配备的车辆、灭火剂储量及特性符合企业的消防要求，可不单独设置消防站。

8.2.2 大型泡沫车是指泡沫混合液的供给能力大于或等于 60L/s，压力大于或等于 1MPa 的消防车辆。

8.2.3 消防站内储存泡沫液多时，不宜用桶装。因桶装泡沫液向消防车灌装时间长且劳动量大，往往不能满足火场灭火要求。宜将泡沫液储存于高位罐中，依靠重力直接装入消防车，或从低位罐中用泡沫液泵将泡沫液提升到消防车内，保证消防车连续灭火。在泡沫液运输车的协助下，消防车无需回站装泡沫液，可在火场更有效地发挥作用。

8.2.4 消防站的组成，应视消防站的车辆多少、规模大小以及当地的具体情况考虑确定。各部分的具体要求，可参照《城市消防站建设标准》(建标〔2006〕42 号文) 的有关规定进行设计。

8.2.5 车库室内温度不低于 12℃，有利于消防车迅速发动。车库在冬季时门窗关闭，为使消防车每天试车时排出的大量烟气迅速排出室外，故提出消防站宜设机械排风设施。

8.2.7 车库大门面向道路便于消防车出动。距道路边 15m 的要求高于城镇消防站，是因为石油化工企业多设置大型消防车，车身长。车库前的场地要求铺砌并有坡度，是为便于消防车迅速出车。

8.3 消防水源及泵房

8.3.1 当消防用水由工厂水源直接供给，工厂给水管网的进水管的其中 1 条发生事故时，另 1 条应能在火灾延续时间内满足 100% 的消防水量的要求，并且同时在火灾延续时间内能满足生活、生产用水 70% 的水量要求。

8.3.2 为保证消防水池(罐)储存满足需求的水量，同时也便于人员操作，对消防水池(罐)要求增设液位检测、高低液位报警及自动补水设施。

8.3.3 消防水泵房与生产或生活水泵房合建主要是能减少操作人员，并能保证消防水泵经常处于完好状态，火灾时能及时投入运转。据调查，一些厂的独立消防水泵房虽有专人值班，但由于水泵不经常使用，操作不熟练，致使使用时出现问题。

8.3.4 为了保证启动快，要求水泵采用自灌式引水。在灭火过程中有时停泵后还需再启动，在此情况下为了满足再启动，消防泵应有可靠的引水设备。若采用自灌式引水有困难时，应有可靠迅速的充水设备，如同步排吸式消防水泵等。

8.3.5 为避免消防水泵启动后水压过高，在泵出口管道应设置回流管或其他防止超压的安全设施。

泵出口管道直径大于 300mm 的阀门人工操作比较费力、费时，可采用电动阀门、液动阀门、气动阀门或多功能水泵控制阀。

8.3.8 消防水泵应设双动力源，是指消防水泵的供电方式应满足现行国家标准《供配电系统设计规范》GB 50052 所规定的一级负荷供电要求。当不能满足一级负荷供电要求时，应设置柴油机作为第二动力源。消防泵不宜全部采用柴油机作为消防动力源。

8.4 消防用水量

8.4.2 对厂区占地面积小于或等于 1000000m² 的规定与现行国家标准《建筑设计防火规范》GB 50016 相同。关于大于 1000000m² 的规定，通过对 7 个大型厂调查，只有某石油化工企业曾发生过由于雷击同时引燃非金属的 15000m³ 地下罐及相邻 5000m³ 半地下罐，且二者发生于同一地点，可以认为是一处火灾，

两处同时发生大火尚无实例。所以本条规定按两处计算时，一处考虑发生于消防用水量最大的地点，另一处按火灾发生于辅助生产设施考虑。

8.4.3 本条对工艺装置、辅助生产设施及建筑物的消防用水量作出规定。

1 根据与美国消防协会 NFPA 及美国石油学会 API 及一些国外工程公司等单位交流，不能简单地按照装置规模去确定消防水量。

由于各公司的经验和要求不同，同样的生产装置消防水量相差很大，有的差别高达数倍。国外的一般做法是：首先对工艺装置进行火灾危险分析，识别可能发生的主要火灾危险事故；然后确定可能发生的火灾规模和影响范围，针对每种火灾事故分别确定需要同时使用的消防设施和所需水量，并将可能发生的最不利火灾事故所需的消防水量作为该装置的消防设计水量。

同时使用的消防设施包括：固定式消防设施、消防水炮和消火栓等设施。当所考虑的火灾区域被固定式水喷雾、自动喷水或泡沫系统全部或部分保护时，消防水量应为需要操作的固定消防水系统所需水量之和，再加上同时操作水炮和水枪的用水量。当火灾区域内有多个固定式消防水系统时，消防水量计算应考虑相邻系统是否需要同时操作。

2 API RP 2001《炼油厂防火》关于装置消防用水量确定方法如下：

1)消防水供给应能满足装置内任一处火灾区域所需的最大计算流量的要求，具体流量取决于工厂的设计、布置及工艺危险性、实际设计等，可根据火灾事故预案、应急响应时间、装置构筑物及设备布置等，对火灾区域提供 4.1～20.4L/min·m² 的水量；

2)参考类似装置的历史经验估算；

3)当消防水系统仅采用水炮和水枪等移动设施进行手动消防时，消防水量范围可参考表 8。

表 8 消防水量参考表

	场 所	消防水流量范围 (L/s)	根据保护面积计算的单位面积消防水量 (L/min·m²)
1	辐射热保护区		4.1
2	易燃液体、高压易燃气体工艺装置区	250～633	冷却 8.2～12.3
			灭火 12.3～20.4
3	气体、可燃液体工艺装置区	183～316	8.2～12.3

3 因为装置消防水量不是简单地根据装置规模确定，国外也没有工艺装置的消防用水量表。考虑近年来装置大型化、合理化集中布置，且设置了比较完善的固定消防设施，并参考国外工程公司经验及 API RP 2001《炼油厂防火》给出的消防水流量范围，本次修订将大型石油化工装置的水量由 450L/s 调整为 600L/s，大型炼油装置的水量由 300L/s 调整为 450L/s，大型合成氨及氨装置的水量调整为 200L/s。

由于国家对大中型装置的划分无明确规定，只能参考国内生产装置规模的现状，根据消防水量确定原则确定消防水量，而不应简单地套用表 8.4.3 中的数值。

8.4.4 着火储罐的罐壁直接受到火焰威胁，对于地上的钢储罐火灾，一般情况下 5min 内可以使罐壁温度达到 500℃，使钢板强度降低一半，8～10min 以后钢板会失去支持能力。为控制火灾蔓延、降低火焰辐射热、保证邻近罐的安全，应对着火罐及邻近罐进行冷却。

浮顶罐着火，火势较小，如某石油化工企业发生的两起浮顶罐火灾，其中 10000m³ 轻柴油浮顶罐着火，15min 后扑灭，而密封圈只着了 3 处，最大处仅为 7m 长，因此不需要考虑对邻近罐冷却。浮盘用可熔材料(铝、玻璃钢等)制作的内浮顶消防冷却按固定顶罐考虑。

8.4.5 本条对可燃液体地上立式储罐设固定或移动式消防冷却水系统作出规定。

1 移动式水枪冷却按手持消防水枪考虑,每支水枪按操作要求能保护罐壁周长 8～10m,其冷却水强度是根据操作需要确定的,采用不同口径的水枪冷却水强度也不同。采用 φ19mm 水枪进口压力为 0.35MPa 时,一个体力好的人操作水枪已感吃力,此时可满足罐壁高 17m 的冷却要求,若再增高水枪进口压力,加大水枪射高操作有困难。大容量采用移动式冷却需要人员多。条文中固定式冷却水强度是根据天津消防科研所 5000m³ 罐,壁高 13m 的固定顶罐灭火实验反算推出的。冷却水强度以周长计算为 0.5L/s·m,此时单位罐壁表面积的冷却水强度为:$0.5 \times 60 \div 13 = 2.3$L/min·m²,条文中取 2.5L/min·m²。对邻罐计算出的冷却水强度为:$0.2 \times 60 \div 13 = 0.92$L/min·m²,但用此值冷却系统无法操作,故按实际固定式冷却系统进行校核后,规定为 2L/min·m²。

2 润滑油罐火灾我国尚未发生过,故规定采用移动式消防冷却。

3 冷却水强度的调节设施在设计中应予考虑。比较简易的方法是在罐的供水总管的防火堤外控制阀后装设压力表,系统调试标定时辅以超声波流量计,调节阀门开启度,分别标出着火罐及邻罐冷却时压力表的刻度,作出永久标记,以确保火灾时调节阀门达到冷却水的供水强度。

4 经调查,地上立式罐消防冷却水系统的喷头,常发生被管道内部锈蚀物堵塞现象,故要求控制阀后及储罐上设置的消防冷却水管道采用镀锌管或防腐性能不低于镀锌管的钢管。

8.4.7 储罐火灾冷却水供给时间为自开始对储罐冷却至储罐不会复燃止的时间。据 17 例地上钢储罐火灾统计,燃烧时间最长的 3 次分别为 4.5h、1.5h、1h,其余均小于 40min。燃烧 4.5h 的是储罐爆炸将泡沫液管道拉断,又有防护墙易扑救及冷却较困难,以致最后烧光,此为特例。据统计,一般燃烧时间均不大于 1h。

本条规定直径大于 20m 的固定顶罐冷却水供给时间,按 6h 计;对直径小于 20m 的罐,沿用过去的规定,按 4h 计。浮盘用铝等易熔材料制造的内浮顶罐,着火时浮盘易被破坏,故应按固定顶储罐考虑。其他型式浮顶罐着火时,火势易于扑救,国内扑救实践表明一般不超过 1h,故冷却水供给时间也规定为 4h。

8.5 消防给水管道及消火栓

8.5.1 低压消防给水系统的压力,本条规定不低于 0.15MPa,主要考虑石油化工企业的消防供水管道压力均较高,压力是有保证的,从而使消火栓的出水量可相应加大,满足供水量的要求,减少消火栓的设置数量。

近年来大型石油化工企业相继建成投产,工艺装置、储罐也向大型化发展,要求消防用水量加大。若低压消防给水系统采用消防车加压供水,需车辆及消防人员较多。另外,大型现代化工艺装置也相应增加了固定式的消防设备,如消防水炮、水喷淋等,也要求设置稳高压消防给水系统。

消防给水管道若与循环水管道合并,消防时大量用水,将引起循环水水压下降而导致二次灾害。

稳高压消防给水系统,平时采用稳压设施维持管网的消防水压力,但不能满足消防时的用水量要求。当发生火灾启动消防水设施时,管网系统压力下降,靠管网压力联锁自动启动消防水泵。设置稳高压消防给水系统,比临时高压系统供水速度快,能及时向火场供水,尽快地将火灾在初期阶段扑灭或有效控制。

稳压泵的设计水量要考虑消防水管网系统泄漏量和一支水枪出水量(5L/s)。

8.5.2 对与生产、生活合用的消防水管网的要求是为了在局部管网发生事故时,供水总量除能满足 100% 的消防水量外,还要满足 70% 的生产、生活用水量,即要求发生火灾时,全厂仍能维持生产运行,避免由于全厂紧急停产而再次发生火灾事故造成更大损失。

8.5.4 考虑消防水系统管网的安全及消防设备操作,同时参考国外有关标准,将消防水流速由 5m/s 调小至 3.5m/s。

8.5.5 对地上式消火栓的布置,增加了距路边的最小距离要求,主要防止消火栓被车辆撞坏,地上式消火栓被车辆撞毁时有发生,尤其在施工和检修中,常常将消火栓撞坏,为保护消火栓,可在消火栓周围设置三根短桩,形成三角形的保护围栏。

消火栓选用时宜选用具有调压、防撞功能型式的消火栓,调压功能是考虑稳高压消防水系统的压力较高,为了在各种情况下方便安全的使用消火栓,防撞功能是考虑即使消火栓被撞,也只是影响被撞消火栓,不至于影响消防系统的使用。

8.5.6 消火栓的保护半径,本条定为不应超过 120m。根据石油化工企业生产特点,火灾事故多且蔓延快,要求扑救及时,出水带以不多于 7 根为好。若以 7 根为计算依据,则:$(20m \times 7 - 10m) \times 0.9 = 117m$,规定保护长度为 120m。上式的计算中,10m 为消防队员使用水带的自由长度;0.9 为敷设水带长度系数。

8.5.7 随着装置的大型化、联合化,一套装置的占地面积大大增加,装置内有时布置多条消防道路,装置发生火灾时,消防车需进入装置扑救,故要求在装置的消防道路边也设置消火栓。

8.6 消防水炮、水喷淋和水喷雾

8.6.1 固定消防水炮亦属岗位应急消防设施,一人可操作,能够及时向火场提供较大量的消防水,达到对初期火灾控火、灭火的目的。

8.6.2 消防水炮有效射程的确定应考虑灭火条件下可能受到的风向、风力及辐射热等因素影响。

要求水炮可按两种工况使用:喷雾状水,覆盖面积大、射程短,用于保护地面上的危险设备群;喷直流水,射程远,可用于保护高的危险设备。

8.6.3 本条对工艺装置内设水喷淋或水喷雾系统的设计作出规定。

1 消防炮不能有效覆盖,人员又难以靠近的特殊危险设备及场所指着火后若不及时给予水冷却保护会造成重大的事故或损失,例如,无隔热层的可燃气体设备,若自身无安全泄压设施,受到火灾烘烤时,可能因内压升高、设备金属强度降低而造成设备爆炸,导致灾害扩大。

2 对于不属于上述的特殊危险设备(如高塔、高脱气仓等),可不设水喷雾(水喷淋)系统的原因如下:

1)高塔顶部泄漏而导致火灾的可能性较小,因其位置较高而受其他着火设备影响较小;

2)高塔顶部一般设有安全阀,当高塔发生火灾时,可对塔进行泄压保护,切断物料使火熄灭,同时对塔底部和周围设备进行冷却保护;

3)塔器的支撑裙座进行了耐火保护,并在高塔周围设置消防水炮和消火栓,可在发生火灾事故时保护塔体不会坍塌。

3 水喷雾(水喷淋)系统的控制阀可采用符合消防要求的雨淋阀、电动或气动控制阀,并能满足远程手动控制和现场手动控制要求。

8.6.4 消防软管卷盘可由一人操作用于控制局部小火,辅以工艺操作进行应急处理,能够扑灭小泄漏的初期火灾或达到控火目的,国外装置中设置比较多。设置于泄漏、火灾多发的危险场所,能提高应急防护能力。

消防软管卷盘性能指标如下:

1)软管内径为 25mm 或 32mm,长度不小于 25m;

2)喷嘴为直流喷雾混合型;

3)压力等级不低于 1.6MPa。

8.6.5 扑救火灾常用 φ19mm 手持水枪,水枪进口压力一般控制在 0.35MPa,可由一人操作,若水压再高则操作困难。在 0.35MPa 水压下水枪充实水柱射高约为 17m,故要求火灾危险性大的构架(设备布置在构架上的构架平台)高于 15m 时,需设置半固定式消防竖管。竖管一般供专职消防人员使用，由消防车供水或供泡沫混合液，设置简单、便于使用，可加快控火、灭火速度。

竖管接水带枪可对水炮作用不到的地方进行保护。

消防竖管的管径，应根据所需供给的水量计算，每支φ19mm的水枪控制面积可按50m²考虑。

8.6.6 液化烃、操作温度等于或高于自燃点的可燃液体泵为火灾多发设备，尽量不要将这些泵布置在管架、可燃液体设备、空冷器等下方，如确实需要这样布置时，应采取保护措施。

8.7 低倍数泡沫灭火系统

8.7.2 增加闪点等于或小于90℃的丙类可燃液体采用固定式泡沫灭火系统是考虑到此前发生的几起丙类火灾的情况，并参考NFPA 30《易燃可燃液体规范》关于可燃液体的分类确定的。

机动消防设施不能进行有效保护系指消防站距罐区远或消防车配备不足等，需注意后者是针对装储保护对象所用灭火剂的车辆，例如，有水溶性可燃液体储罐时，应注意核算装储抗溶性泡沫灭火剂的车辆灭火能力。当储罐组建于山区，地形复杂，消防道路环行设置有困难，移动消防不能有效保护时，故需考虑设置固定泡沫灭火系统。

8.7.3 国外及国内有关标准均有相似的规定。润滑油罐火灾危险性小，国内尚未发生过润滑油罐火灾。而可燃液体储罐的容量小于200m³、壁高小于7m时，燃烧面积不大，7m壁高可以将泡沫钩管与消防拉梯二者配合使用进行扑救，操作亦比较简单，故其泡沫灭火系统可以采用移动式灭火系统。

8.7.5 对容量大的储罐，若火灾蔓延则损失巨大，故要求可在控制室启动远程手动控制的泡沫灭火系统，以便尽快在火灾初期将火扑灭。

8.8 蒸汽灭火系统

工艺装置设置固定式蒸汽灭火系统简单易行，对于初期火灾灭火效果好。例如，某炼厂裂化车间泵房着火，利用固定式灭火蒸汽，迅速将火扑灭；又如某炼油厂液化石油气泵房着火也用蒸汽灭掉。

使用蒸汽系统时，当蒸汽流速过高时会产生静电，应在设计和使用时引起注意，防止静电产生火花。

固定式蒸汽灭火管道的筛孔管，长期不用，可能生锈堵塞，故亦可按照范围大小，设置若干半固定式蒸汽灭火接头。

固定式蒸汽筛孔管排汽孔径可取3～5mm，孔心间距30～80mm，孔径宜从进汽端开始由小逐渐增大。开孔方向应能使蒸汽水平方向喷射。

蒸汽幕排汽管孔径可取3～5mm，孔心间距100～150mm。蒸汽灭火和蒸汽幕配汽管截面积应大于或等于所有开孔面积之和。

8.9 灭火器设置

8.9.2 结合石油化工企业火灾危险性大的特点，根据现行灭火器产品规格及人员操作方便，经归类分析，对石油化工企业配置的灭火器类型、灭火能力提出了推荐性要求，以方便选用、维护和检修。

8.9.3 干粉灭火剂对扑救石油化工厂的初期火灾，尤其是用于气体火灾是一种灭火效果好、速度快的有效灭火剂，但扑救后易于复燃，故宜与氟蛋白泡沫灭火系统联用。大型干粉灭火设备普遍设置为移动式干粉车，用于扑救工艺装置的初期火灾及液化烃罐区火灾效果较好。固定式系统一般用于某些物质的储存、装卸等的封闭场所及室外需重点保护的场所。干粉灭火系统的设计按现行国家标准《干粉灭火系统设计规范》GB 50347的有关规定执行。

8.9.4 铁路装卸栈台易起火部位是装卸口，尤其是在装车时产生静电，槽车罐口起火曾多次发生。灭火方法可用干粉或盖上罐口。槽车长度一般为12m，故提出每隔12m栈台上下各设灭火器。在停工检修管道时有可能发生小火，一般只在检修地点临时配置灭火器。

8.9.5 储罐区很少发生小火，现各厂大多不配置灭火器或配置数量较少。在停工检修管道时有可能发生小火，一般只在检修地点临时配置灭火器。考虑罐区泄漏点多发生在阀组附近，故提出灭火器的配置总量还应按储罐个数进行核算，每个储罐配置灭火器的数量不宜超过3个。

8.9.6 据统计，14个石油化工企业12年期间共发生装置火灾事故167起，从扑救手段分析，使用蒸汽灭火占31%，切断油源自灭16%，消防车出动灭火13%，小型灭火器灭火40%，又据某石化公司2年期间统计69起火灾事故中，使用小型灭火器成功扑救的16起，约占23%，说明小型灭火器的重要作用。

8.10 液化烃罐区消防

8.10.1 液化烃罐包括全压力式、半冷冻式、全冷冻式储罐。

8.10.2 大多数石油化工企业设有消防站，配置一定数量的消防车，可以满足容量小于或等于100m³液化烃储罐的消防冷却要求。

8.10.3～8.10.5

1 消防冷却水的作用：

液化烃储罐火灾的根本灭火措施是切断气源。在气源无法切断时，要维持其稳定燃烧，同时对储罐进行水冷却，确保罐壁温度不致过高，从而使罐壁强度不降低，罐内压力也不升高，可使事故不扩大。

2 火焰烘烤下，储罐的罐壁受热状态：

对湿罐壁（即储罐内液面以下罐壁部分）的影响：湿壁受热后，热量可通过罐壁传到罐内液体，使液体蒸发带走传入的热量，液体温度将维持在与其压力相对应的饱和温度。湿壁本身只有较小的温升，一般不会导致金属强度的降低而造成储罐被破坏。

对干罐壁（罐内液面以上罐壁部分）的影响：干壁受热后罐内为气体，不能及时将热量传出，将导致罐壁温度升高、金属强度降低而使储罐遭到破坏。火焰烘烤下，干壁被破坏的危险性比湿壁更大。

3 国内对液化烃储罐火灾受热喷水保护试验的结论：

1）储罐火灾喷水冷却，对应喷水强度5.5～10L/min·m²湿壁热通量比不喷水降低约70%～85%；

2）储罐被火焰包围，喷水冷却干壁强度在6L/min·m²时，可以控制壁温不超过100℃；

3）喷水强度取10L/min·m²较为稳妥可靠。

4 国外有关标准的规定：

国外液化烃储罐固定消防冷却水的设置情况一般为：冷却水供给强度除法国标准规定较低外，其余均在6～10L/min·m²。美国某工程公司规定，有辅助水枪供水，其强度可降低到4.07L/min·m²。

关于连续供水时间。美国规定要持续几小时，日本规定至少20min，其他无明确规定。日本之所以规定20min，是考虑20min后消防队已到火场，有消防供水可用。

对着火邻罐的冷却及冷却范围除法国有所规定外，其他国家多未述及。

8.10.6 单防罐罐顶部的安全阀及进出罐管道易泄漏发生火灾，同时考虑罐顶受到的辐射热较大，参考API Std 2510A Fire Protection Considerations for the Design and Operation of Liquefied Petroleum Gas（LPG）Storage Facilities《液化石油气储存设施设计和操作的防火条件》标准，冷却水强度取4L/min·m²。罐壁冷却主要是为了保护罐外壁在着火时不被破坏，保护隔热材料，使罐内的介质稳定气化，不至于引起更大的破坏。按照单防罐着火的情形,罐壁的消防冷却水供给强度按一般立式罐考虑。

对于双防罐、全防罐由于外部为混凝土结构,一般不需设置固定消防喷水冷却水系统,只是在易发生火灾的安全阀及沿进出罐管道处设置水喷雾系统进行冷却保护。在罐组周围设置消火栓和消防炮,既可用于加强保护管架及罐顶部的阀组,又可根据需要对罐壁进行冷却。

美国《石油化工厂防火手册》曾介绍一例储罐火灾:A罐装丙烷8000m³,B罐装丁烷8900m³,C罐装丁烷4400 m³,A罐超压,顶壁结合处开裂180°,大量蒸气外溢,5s后遇火点燃。A罐烧了35.5h后损坏;B、C罐顶部阀件烧坏,造成气体泄漏燃烧,B罐切断阀无法关闭烧6d,C罐充N₂并抽料,3d后关闭切断阀火灭。B、C罐罐壁损坏较小,隔热层损坏大。该案例中仅由消防车供水冷却即控制了火灾,推算供水量小于200L/s。

8.10.8 丁二烯或比丁烷分子量高的碳氢化合物燃烧时,会在钢的表面形成抗湿的碳沉积,应采用具有冲击作用的水喷雾系统。

8.10.10 本条对全压力式、半冷冻式液化烃储罐固定式消防冷却水管道设置作出规定。

第1款:供水竖管采用两条对称布置,以保证水压均衡,罐表面积的冷却水强度相同。

第3款:阀门设于防火堤外距罐壁15m以外的地点,火灾时不影响开阀供冷却水。罐区面积大或罐多时,手动操作阀门需时间长,此种情况下可采用遥控。当储罐容积大于等于1000m³时,考虑到罐容积大,若不及时冷却,后果严重,要求控制阀为遥控操作。

第4款:控制阀后的管道长期不充水,易受腐蚀。若用普通钢管,多年后管内部锈蚀成片脱落堵塞管道,故要求用镀锌管。

8.10.13 本条规定的冷却水供给强度不宜小于6L/min·m²,是根据现行国家标准《水喷雾灭火系统设计规范》GB 50219的规定,全压力式及半冷冻式液氨储罐属于该规范中表3.1.2规定的甲乙丙类液体储罐。

8.11 建筑物内消防

8.11.1 本条是参照现行国家标准《建筑设计防火规范》GB 50016有关条款并结合石油化工企业的厂房、仓库、控制室、办公楼等的特点,提出了建筑物消防设施的设置原则。

8.11.2 室内消火栓是主要的室内消防设备,其设置合理与否直接影响灭火效果,为此本条提出了室内消火栓的设置要求。

第1款:可燃液体、气体一旦发生泄漏火灾,火势猛烈,对小厂房,着火后人员无法进入室内使用消火栓扑救,故当厂房长度小于30m时可不设。

第3款:为了便于消防人员火灾时使用,要求多层厂房和高层厂房楼梯间应设半固定式消防竖管。

第4款:要求室内消火栓给水系统与自动喷水系统应在报警阀前分开设置,是为了防止消火栓用水影响自动喷水灭火设备用水或防止消火栓漏水引起自动喷水灭火系统误报警、误动作。

第5款:由于石油化工厂一般均采用稳高压消防给水系统,为了便于室内人员安全操作水枪,要求消火栓口处压力大于0.50MPa时应设置减压设施。为防止热设备受到直流水柱冲击后急冷受损,扩大泄漏事故,故要求水枪具有喷射雾化水流功能。为了便于人员安全操作宜选用带消防软管卷盘型式的室内消火栓。

8.11.3 石油化工企业控制室、机柜间、变配电所与一般计算机房相比具有其特殊性,不要求设置固定自动气体灭火装置理由如下:

1 石油化工厂控制室24h有人值班,出现火情,值班人员能及时发现,尽快扑救。

2 各建筑物均按照国家有关规范要求设有火灾自动报警系统,如变配电所、机柜间和电缆夹层等空间发生火情,火灾探测系统能及时向24h有人值班的场所报警,使相关人员及时采取措施。

3 固定的气体灭火设施一旦启动,需要控制室内值班人员立

即撤离,可能导致装置控制系统因无人监护而瘫痪,引发二次火灾或造成更大事故。

4 本规范对控制室、机柜室、变配电所的建筑防火、平面布置、设备选用等均提出了明确的防火要求,加强了建筑物的自身安全性。

8.11.4 石油化工企业大型化致使合成纤维、合成橡胶、合成树脂及塑料仓库面积大幅增加,该类产品的火灾危险性属丙类可燃固体。为了及时扑灭可能发生的初期火灾,宜采用早期抑制快速响应喷头的自动喷水灭火系统,并应采取防冻措施,确保冬季系统的可靠运行。

要求自动喷水灭火系统应由厂区稳高压消防给水系统供水,是因为石化企业设置的独立稳高压消防给水系统具有可靠的水量水压保证。

为了节省占地,某些企业采用高架仓库,这相对增加了火灾危险性。考虑石油化工行业发展的需要,保证安全生产,参照国内外相关规范及实际的做法,提出了本条要求。

8.11.5 聚乙烯、聚丙烯等大型聚烯烃装置的挤压造粒厂房一般为封闭式高层厂房。通常上层为固体添加剂加料器,往下依次经计量、螺杆加料、与树脂掺混后进入到布置在一层的挤压造粒机,经熔融挤压切粒后变为塑料颗粒产品。添加剂的加料口设有防止粉尘逸散的设施。整个生产过程都是密闭操作,并设有氮封系统。挤压造粒机模头通常用高压蒸汽加热。根据需要,有时采用丙B类重油作为热油加热介质。

挤压造粒厂房的生产物料主要是属于火灾危险性丙类的聚烯烃类塑料产品,由于整个生产过程都是在设备内密闭操作,不会接触到点火源,多年来该类厂房也从未发生过火灾事故。此类厂房不属于劳动密集型或生产人员集中场所,厂房内空间体积大,易于发现火情和疏散与扑救。因此,要求厂房内设置火灾自动报警系统,并设置室内消火栓、消防软管卷盘或轻便消防水龙和灭火器等消防设施可满足消防要求。

8.11.6 烷基铝(烷基锂)是聚丙烯、低压聚乙烯、全密度聚乙烯、橡胶等装置的助催化剂,具有遇空气自燃、遇水激烈燃烧或爆炸特性。以前,在配制间曾不止一次发生因阀门操作不当引发火灾的事故。经试验,该物质应采用D类干粉扑救。国内引进的多套装置目前均设有局部喷射式D类干粉灭火装置,故本条作此规定。

在启动局部喷射式D类干粉灭火装置前,应首先关闭烷基铝设备的紧急切断阀。

8.11.7 烷基铝储存仓库只是作为储存场所,不需要进行开关阀门等生产操作,发生烷基铝泄漏引发火灾的几率很小。因此,可采用干砂、蛭石、D类干粉灭火器等灭火设施。

8.12 火灾报警系统

8.12.1 在石油化工企业的火灾危险场所设置火灾报警系统可及时发现和通报初期火灾,防止火灾蔓延和重大火灾事故的发生。火灾自动报警系统和火灾电话报警,以及可燃和有毒气体检测报警系统、电视监视系统(CCTV)等均属于石油化工企业安全防范和消防监测的手段和设施,在系统设置、功能配置、联动控制等方面应有机结合,综合考虑,以增强安全防范和消防监测的效果。

8.12.2 本条规定了火灾电话报警的设计原则:

1 设置无线通信设备,是因为随着无线通信技术的发展,其所具有的可移动的优点,已经成为石油化工企业内对于火灾受警、确认和扑救指挥有效的通信工具。

2 "直通的专用电话"是指在两个工作岗位之间成对设置的电话机,摘机即通,专门用于两个或多个工作岗位之间的电话通信联系,一般通过程控交换机的热线功能实现。因为当石化企业发生火灾时,尤其是工艺装置火灾,需要从生产工艺角度采取切断物

料及卸料等紧急措施,需要生产操作人员与消防人员及时电话通信联系,密切配合,以防止火灾的蔓延与次生灾害的发生。

8.12.3 本条规定了火灾自动报警系统的设计原则:

第1款和第2款:对于石油化工企业内火灾自动报警系统的设计应全盘考虑,各个石油化工装置、辅助生产设施、全厂性重要设施和区域性重要设施所设置的区域性火灾自动报警系统宜通过光纤通信网络连接到全厂性消防控制中心,使其构成一套全厂性的火灾自动报警系统。

强调火灾自动报警系统的网络集成功能是因为现代化石油化工企业的特点是高度集成的流程工业,局部的火灾危险往往会造成大面积的灾害,而集成化的火灾自动报警系统能很好地指挥和调动消防的力量和及时有效地扑救。

第5款:"重要的火灾报警点"主要是指大型的液化烃及可燃液体罐区、加热炉、可燃气体压缩机及火炬头等场所。

第6款:"重要的火灾危险场所"是指当发生火灾时,有可能造成重大人身伤亡和需要进行人员紧急疏散和统一指挥的场所。在工艺生产装置区内,火灾自动报警系统的警报设施可采用生产扩音对讲系统来替代,因此要求生产扩音对讲系统具有在确认火灾后能够切换到消防应急广播状态的功能。

8.12.4 装置及储运设施多已采用 DCS 控制,且伴随着石油化工装置的大型化,中央控制室距离所控制的装置及储运设施越来越远,现场值班的人员很少,为发现火灾时能及时报警,要求在甲乙类装置区四周道路边、罐区四周道路边等场所设置手动火灾报警按钮。

8.12.5 在罐区浮顶罐的密封圈处推荐设置无电型的线型光纤光栅感温火灾探测器或其他类型的线型感温火灾探测器,既可以监视密封圈处的温度值又可设定超温火灾报警,该类型的线型感温火灾探测器目前在石油化工企业已取得了较好的应用业绩。

储罐上的光纤型感温探测器应设置在储罐浮顶的二次密封圈处。当采用光纤光栅型感温探测器时,光栅探测器的间距不应大于3m。储罐的光纤感温探测器应根据消防灭火系统的要求进行报警分区,每台储罐至少应设置一个报警分区。

9 电 气

9.1 消防电源、配电及一般要求

9.1.4 某石油化工企业石油气车间压缩厂房内的电缆沟未填砂,裂解气通过电缆沟窜进配电室遇电火花而引起配电室爆炸。事故后在电缆沟内填满了砂,并且将电缆沟通向配电室的孔洞密封住,这类事故没有再发生过。某氮肥厂合成车间发生爆炸事故时,与厂房相邻的地区总变电所墙被炸倒,因通向变电所的电缆沟未填砂,爆炸发生时,气浪由地沟窜进变压器室,将地沟盖板炸翻,站在盖板上的3人受伤。某化工厂氮氢压缩机厂房外有盖的电缆沟,沟最低点排水管接到污水下水井内,因压缩机段间分油罐的油水也排入污水井内,氢气窜进电缆沟内由电火花引起电缆沟爆炸。所以要求有防止可燃气体沉积和污水流渗沟内的措施。一般做法是:电缆沟填满砂,沟盖用水泥抹死,管沟设有高出地坪的防水台以及加水封设施,防止污水井可燃气体窜进电缆沟内等。在电缆沟进入变配电所前设沉砂井,井内黄砂下沉后再补充新砂,效果较好。

9.3 静 电 接 地

9.3.2 过去聚烯烃树脂处理、输送、掺混储存系统由于静电接地系统不完善,发生过料仓静电燃爆事故。因此在物料处理系统和料仓内严禁出现不接地的孤立导体,如排风过滤器的紧固件、管道或软连接管的紧固件、振动筛的软连接、临时接料的手推车或器具等。料仓内若有金属突出物,必须做防静电处理。

中华人民共和国国家标准

烟花爆竹工程设计安全规范

Safety code for design of engineering
of fireworks and firecracker

GB 50161 - 2009

主编部门：国 家 安 全 生 产 监 督 管 理 总 局
批准部门：中华人民共和国住房和城乡建设部
施行日期：2 0 1 0 年 7 月 1 日

中华人民共和国住房和城乡建设部公告

第 433 号

关于发布国家标准《烟花爆竹工程
设计安全规范》的公告

现批准《烟花爆竹工程设计安全规范》为国家标准，编号为
GB 50161—2009，自 2010 年 7 月 1 日起实施。其中，第 3.1.2、
3.1.3、3.2.1、3.2.2、4.2.2、4.2.3、4.3.2、4.3.3、4.4.1、4.4.2、
5.1.1(3)、5.1.3(1)、5.2.2、5.2.3、5.2.4、5.2.5、5.2.6、5.2.7、
5.2.8、5.2.9、5.2.10、5.3.2、5.3.3、5.3.4、5.3.5、5.3.6、5.4.2
(1)、5.4.4、5.4.6(1)、6.0.4、6.0.5、6.0.7、6.0.8、6.0.9、
6.0.10、7.1.2(1)、8.1.1、8.2.1(1)、8.2.2(1)、8.2.3、8.2.6(5)、
8.3.5(1、3、4)、8.4.1(1)、8.5.3、11.2.2(3)、12.2.1(2、3、6)、
12.2.5、12.2.6、12.3.1(2、7)、12.6.2、12.6.3 条(款)为强制性条
文，必须严格执行。原《烟花爆竹工厂设计安全规范》GB 50161—92
同时废止。

本规范由我部标准定额研究所组织中国计划出版社出版发行。

中华人民共和国住房和城乡建设部
二〇〇九年十一月十一日

前　言

本规范是根据原建设部《关于印发〈2007 年工程建设标准规范制订、修订计划（第二批）〉的通知》（建标〔2007〕126 号）的要求，由兵器工业安全技术研究所和国家安全生产宜春烟花爆竹检测检验中心会同有关单位，对原国家标准《烟花爆竹工厂设计安全规范》GB 50161—92 进行修订而成。

本规范在修订过程中，遵照《中华人民共和国安全生产法》和国家基本建设的有关政策，贯彻"安全第一，预防为主，综合治理"的方针，对湖南、江西、广西等烟花爆竹主产区 30 多个烟花爆竹生产、经营企业进行了调查研究。总结了我国烟花爆竹生产的实践经验，参考了有关国内标准和国外标准。在全国范围内广泛征求了有关行业协会、科研检测单位、大专院校、企业单位及行业主管部门的意见，最后经审查定稿。

本规范共分 12 章和 1 个附录。主要内容包括工艺、总图、建筑、结构、消防、废水处理、采暖通风、电气等专业的安全必要规定。

本次修订的主要技术内容有：增加了术语一章，调整了建筑物的危险等级，增加了工艺安全要求，调整了危险性建筑物的内外部最小允许距离，增加了结构防护要求，修订了电气危险场所的类别划分，补充了电气安全要求。

本规范中以黑体字标志的条文为强制性条文，必须严格执行。

本规范由住房和城乡建设部负责管理和对强制性条文的解释，国家安全生产监督管理总局安全监督管理三司负责日常管理，兵器工业安全技术研究所负责具体技术内容的解释。

本规范在执行过程中，如发现需要修改或补充之处，请将意见和有关资料寄送兵器工业安全技术研究所（地址：北京市 55 号信箱，邮政编码：100053，传真：010－83111943），以供今后修订时参考。

本规范主编单位、参编单位、主要起草人和主要审查人员：

主 编 单 位：兵器工业安全技术研究所
　　　　　　　国家安全生产宜春烟花爆竹检测检验中心
参 编 单 位：湖南烟花爆竹产品安全质量监督检测中心
　　　　　　　江西省李渡烟花集团有限公司
　　　　　　　熊猫烟花集团股份有限公司
主要起草人：魏新熙　范军政　郑志良　李后生　王爱凤
　　　　　　　陶少萍　陈　洁　侯国平　尹君平　张幼平
　　　　　　　白春光　管怀安　董文学　王建国　阎　翀
　　　　　　　万　军　郭玲香　罗建社　黄茶香
主要审查人员：赵家玉　黄明章　刘幼贞　张兴林　韩国庆
　　　　　　　杜元金　潘功配　李金明　李增义　黄玉国
　　　　　　　刘春文　肖湘杰　余建国　袁学群

目　次

22

1 总　则

1.0.1 为贯彻《中华人民共和国安全生产法》，坚持"安全第一、预防为主、综合治理"的方针，规范烟花爆竹工程的设计，预防和减少生产安全事故，保障人民群众生命和财产安全，促进烟花爆竹行业安全、持续、健康发展，制定本规范。

1.0.2 本规范适用于烟花爆竹生产项目和经营批发仓库的新建、改建和扩建工程设计；本规范不适用于经营零售烟花爆竹的储存，以及军用烟火的制造、运输和储存。

1.0.3 本规范有关外部安全距离的规定也适用于在烟花爆竹生产企业和经营批发企业仓库周边进行居民点、企业、城镇、重要设施的规划建设。

1.0.4 本规范规定了烟花爆竹生产项目和经营批发仓库工程设计的基本技术要求。当本规范与国家法律、行政法规的规定相抵触时，应按国家法律、行政法规的规定执行。

1.0.5 烟花爆竹生产项目和经营批发仓库的工程设计除应执行本规范的规定外，尚应符合国家现行有关标准的规定。

2 术　语

2.0.1 烟花爆竹生产项目　fireworks and firecracker project
指生产烟花、爆竹及生产用于烟花、爆竹产品的黑火药、烟火药、引火线、电点火头等的厂房、场所及配套的仓库。

2.0.2 危险品　hazardous goods
指本规范范围内的烟火药、黑火药、引火线、氧化剂等，以及用以上物品制成的烟花、爆竹在制品、半成品、成品。

2.0.3 在制品　work in-process
指正在各生产阶段加工的产品。

2.0.4 半成品　semi-finished product
指在某些生产阶段上已完工，尚需进一步加工的产品。

2.0.5 危险品生产厂房　production building of hazardous goods
生产、制造、加工危险品的建筑物。

2.0.6 中转库　transit store
在生产过程中，在厂区内用于暂存药物、半成品、成品、引火线及有药部件的建（构）筑物。

2.0.7 危险品总仓库区　hazardous goods general store area
指储存成品、化工原材料、药物（黑火药、烟火药、亮珠、药柱、药块）、效果内筒、引火线的危险品仓库集中的区域。

2.0.8 临时存药洞　temporary explosive storage cave
指在危险性建筑物附近自然山体内镶嵌的临时存放药物的洞室。

2.0.9 危险性建筑物　hazardous goods building
指生产或储存危险品的建（构）筑物，包括危险品生产厂房、储存库房（仓库）、晒场、临时存药洞等。

2.0.10 计算药量　explosive quantity
能形成同时爆炸或燃烧的危险品最大药量。

2.0.11 摩擦类药剂　friction ignited powder
含氯酸钾、硫化锑、雷酸银等药剂，经摩擦能产生引燃（爆）作用的药剂。

2.0.12 笛音剂　whistling powder
含高氯酸钾、苯甲酸氢钾、苯二甲酸氢钾等药剂，能产生哨音效果的药剂。

2.0.13 爆炸音剂　powder with detonation sound
含高氯酸盐、硝酸盐、硫磺、硫化锑、铝粉等药剂，能产生爆炸音响效果的药剂。

2.0.14 外部最小允许距离　external separation distance
指危险性建筑物与外部各类目标之间，在规定的破坏标准下所允许的最小距离。它是按建筑物的危险等级和计算药量确定的。

2.0.15 内部最小允许距离　internal separation distance
指危险品厂房、库房与相邻建筑物之间，在规定的破坏标准下所允许的最小距离。它是按建筑物的危险等级和计算药量确定的。

2.0.16 防护屏障　protecting barrier
有天然屏障和人工屏障，其形式、强度均能按规定方式限制爆炸冲击波、碎片、火焰对附近建筑物及设施的影响。

2.0.17 人均使用面积　useable floor area per capita
厂房内有效使用面积按作业人员平均，每个作业人员所占的面积。

2.0.18 轻型泄压屋盖　light relief roof
泄压部分（不包括檩条、梁、屋架）由轻质材料构成，当建筑物内部发生事故时，具有泄压效能，使建筑物主体结构尽可能不受到破坏的屋盖。
轻型泄压部分的单位面积重量不应大于 0.8kN/m²。

2.0.19 轻质易碎屋盖　light fragile roof
由轻质易碎材料构成，当建筑物内部发生事故时，不仅具有泄压效能，且破碎成小块，减轻对外部影响的屋盖。
轻质易碎部分的单位面积重量不大于 1.5kN/m²。

2.0.20 抗爆间室　blast resistant chamber
具有承受本室内因发生爆炸而产生破坏作用的间室，对间室外的人员、设备以及危险品起到保护作用。可根据间室内生产或储存的危险品性质、恢复生产的要求，可承受一次或多次爆炸破坏作用的间室。

2.0.21 抗爆屏院　blast resistant shield yard
当抗爆间室内发生爆炸事故时，为阻止爆炸破片和减弱爆炸冲击波向泄爆方向扩散而在抗爆间室轻型窗外设置的屏院。

2.0.22 装甲防护装置　armor protective device
装于特定场所或设于单个特定设备或操作岗位的装置，以防止装置外的人员、物资或设备受到可能发生的局部火灾或爆炸侵害的金属防护体。

2.0.23 安全出口　emergency exit
建筑物内的作业人员能直接疏散到室外安全地带的门或出口。

2.0.24 生活辅助用室　auxiliary room
指更衣室、盥洗室、浴室、洗衣房、休息室、厕所等。

2.0.25 电气危险场所　electrical installation in hazardous locations
爆炸或燃烧性物质出现或预期可能出现的数量达到足以要求对电气设备的结构、安装和使用采取预防措施的场所。

2.0.26 可燃性粉尘环境　combustible dust atmosphere
在大气环境条件下，粉尘或纤维状的可燃性物质与空气的混合物点燃后，燃烧传至全部未燃混合物的环境。

2.0.27 爆炸性气体环境　explosive gas atmosphere
在大气环境条件下，气体或蒸气可燃性物质与空气的混合物点燃后，燃烧传至全部未燃混合物的环境。

2.0.28 直接接地　direct-earthing

将金属设备或金属构件与接地系统直接用导体进行可靠连接。

2.0.29 间接接地　indirect-earthing

将人体、金属设备等通过防静电材料或防静电制品与接地系统进行可靠连接。

2.0.30 防静电材料　anti-electrostatic material

通过在聚合物内添加导电性物质(炭黑、金属粉等)、抗静电剂等，以降低电阻率，增加电荷泄漏能力的材料称为防静电材料。

2.0.31 防静电制品　anti-electrostatic ware

由防静电材料制成，具有固体形状，电阻值在 $5×10^4\Omega～1×10^8\Omega$ 范围内的物品。

2.0.32 静电非导体　static non-conductor

体电阻率值大于或等于 $1.0×10^{10}\Omega\cdot m$ 的物体或表面电阻率大于或等于 $1.0×10^{11}\Omega$ 的物体。

2.0.33 允许最高表面温度　maximum permissible surface temperature

为了避免粉尘点燃，允许电气设备在运行中达到的最高表面温度。

2.0.34 独立变电所　independent electrical substation

变电所为独立的建筑物。

2.0.35 防静电地面　anti-electrostatic floor

能有效地泄漏或消散静电荷，防止静电荷积累的地面。

2.0.36 静电泄漏电阻　electrostatically leakage resistance

物体的被测点与大地之间的总电阻。

2.0.37 防火墙　fire wall

指能够截断火焰及火星传播且在一定时间内能起到隔绝温度传播的不燃烧体材料制成的实心砌体，耐火极限不小于3h。防火墙上不应开设门、窗和洞口。

3 建筑物危险等级和计算药量

3.1 建筑物危险等级

3.1.1 危险性建筑物的危险等级，应按下列规定划分为 1.1、1.3 级：

1 1.1级建筑物为建筑物内的危险品在制造、储存、运输中具有整体爆炸危险或有迸射危险，其破坏效应将波及周围。根据破坏能力划分为 1.1^{-1}、1.1^{-2} 级。

1.1^{-1} 级建筑物为建筑物内的危险品发生爆炸事故时，其破坏能力相当于TNT的厂房和仓库；

1.1^{-2} 级建筑物为建筑物内的危险品发生爆炸事故时，其破坏能力相当于黑火药的厂房和仓库；

2 1.3级建筑物为建筑物内的危险品在制造、储存、运输中具有燃烧危险，偶尔有较小爆炸或较小迸射危险，或两者兼有，但无整体爆炸危险，其破坏效应应局限于本建筑物内，对周围建筑物影响较小。

3.1.2 厂房的危险等级应由其中最危险的生产工序确定。仓库的危险等级应由其中所储存最危险的物品确定。

3.1.3 危险品生产工序的危险等级分类应符合表 3.1.3-1 的规定。危险品仓库的危险等级分类应符合表 3.1.3-2 的规定。

表 3.1.3-1　危险品生产工序的危险等级分类

序号	危险品名称	危险等级	生产工序
1	黑火药	1.1^{-2}	药物混合(硝酸钾与碳、硫球磨)、潮药装模(或潮药包片)、压药、拆模(撕片)、碎片、造粒、抛光、浆药、干燥、散热、筛选、计量包装
		1.3	单料粉碎、筛选、干燥、称出、硫、碳二成分混合

续表 3.1.3-1

序号	危险品名称	危险等级	生产工序
2	烟火药	1.1^{-1}	药物混合、造粒、筛选、制开球药、压药、浆药、干燥、散热、计量包装
		1.1^{-2}	褙药柱(药块)、湿药调制、烟雾剂干燥、散热、计量包装
		1.3	氧化剂、可燃物的粉碎与筛选、称料(单料)
3	引火线	1.1^{-2}	制引、浆引、漆引、干燥、散热、绕引、定型裁割、捆扎、切引、包装
4	爆竹类	1.1^{-1}	装药
		1.1^{-2}	黑火药装药
		1.3	插引(含机械插引、手工插引和空筒插引)、挤引、封口、点药、结鞭、包装
5	组合烟花类、内筒型小礼花类	1.1^{-1}	装药、筑(压)药、内筒封口(压纸片、装封口剂)
		1.1^{-2}	装发射药、黑火药装(压)药、已装药部件钻孔、装单个裸药件(单筒药量≥25g非裸药件组装、外筒封口(压纸片)
		1.3	蘸药、安引、组盆串引(空筒)、单筒药量<25g非裸药件组装、包装
6	礼花弹类	1.1^{-1}	装药
		1.1^{-2}	包药、组装(含安引、装发射药包、串球)、剖引(引线钻孔)、球干燥、散热、包装
		1.3	空壳安引、糊球
7	吐珠类	1.1^{-2}	装(筑)药
		1.3	安引(空筒)、组装、包装
8	升空类(含双响炮)	1.1^{-1}	装药、筑(压)药
		1.1^{-2}	黑火药装(筑、压)药、包药、装裸药效果件(含效果药包)、单个药量≥30g非裸药件组装
		1.3	安引、单个药量<30g非裸药效果件组装(含安稳定杆)、包装
9	旋转类(旋转升空类)	1.1^{-1}	装药、筑(压)药
		1.1^{-2}	黑火药装、筑(压)药、已装药部件钻孔
		1.3	安引、组装(含引线、配件、旋转轴、架)、包装

续表 3.1.3-1

序号	危险品名称	危险等级	生产工序
10	喷花类和架子烟花	1.1^{-2}	装药、筑(压)药、已装药部件的钻孔
		1.3	安引、组装、包装
11	线香类	1.1^{-2}	装药
		1.3	粘药、干燥、散热、包装
12	摩擦类	1.1^{-1}	雷酸银药物配制、拌药砂、令纸干燥
		1.1^{-2}	机械蘸药
		1.3	包药砂、手工蘸药、分装
13	烟雾类	1.1^{-2}	装药、筑(压)药
		1.3	糊球、安引、球干燥、散热、组装、包装
14	造型玩具类	1.1^{-1}	装药、筑(压)药
		1.1^{-2}	已装药部件钻孔
		1.3	安引、组装、包装
15	电点火头	1.3	蘸药、干燥(晾干)、检测、包装

注：表中未列品种、加工工序，其危险等级可依照本规范第 3.1.1 条并对照本表确定。

表 3.1.3-2　危险品仓库的危险等级分类

贮存的危险品名称	危险等级
烟火药(包括裸药效果件)、开球药	1.1^{-1}
黑火药，引火线，未封口含药半成品，单个装药量在40g及以上已封口的烟花半成品及含爆音剂、笛音剂的半成品，已封口的B级爆竹半成品，A、B级成品(喷花类除外)，单筒药量25g及以上的C级组合烟花类成品	1.1^{-2}
电点火头，单个装药量在40g以下已封口的烟花半成品(不含爆炸音剂、笛音剂)，已封口的C级爆竹半成品，C、D级成品(其中，组合烟花类成品单筒药量在25g以下)，喷花类成品	1.3

注：表中 A、B、C、D 级为现行国家标准《烟花爆竹　安全与质量》GB 10631规定的产品级别。

3.1.4 氧化剂、可燃物及其他化工原材料的火灾危险性分类应符合现行国家标准《建筑设计防火规范》GB 50016的有关规定。

3.2 计算药量

3.2.1 危险性建筑物的计算药量应为该建筑物内(含生产设备、运输设备和器具里)所存放的黑火药、烟火药、在制品、半成品、成品等能形成同时爆炸或燃烧的危险品最大药量。

3.2.2 防护屏障内的危险品药量应计入该屏障内的危险性建筑物的计算药量。

3.2.3 危险性建筑物中抗爆间室的危险品药量可不计入危险性建筑物的计算药量。

3.2.4 危险性建筑物内采取了分隔防护措施,危险品相互间不会引起同时爆炸或燃烧的药量可分别计算,取其最大值为危险性建筑物的计算药量。

4 工程规划和外部最小允许距离

4.1 工程规划

4.1.1 烟花爆竹生产项目和经营批发仓库的选址应符合城乡规划的要求,并避开居民点、学校、工业区、旅游区、铁路和公路运输线、高压输电线等。

4.1.2 烟花爆竹生产项目应根据所生产的产品种类、工艺特性、生产能力、危险程度进行分区规划,分别设置非危险品生产区、危险品生产区、危险品总仓库区、燃放试验场和销毁场、行政区。

4.1.3 烟花爆竹生产项目规划应符合下列要求:
   1 根据生产、生活、运输、管理和气象等因素确定各区相互位置。危险品生产区、危险品总仓库区宜设在有自然屏障或有利于安全的地带,燃放试验场和销毁场宜单独设在偏僻地带。
   2 非危险品生产区可靠近住宅区布置。
   3 无关人流和货流不应通过危险品生产区和危险品总仓库区。危险品货物运输不宜通过住宅区。

4.1.4 当烟花爆竹生产项目建在山区时,应合理利用地形,将危险品生产区、危险品总仓库区、燃放试验场或销毁场区布置在有自然屏障的偏僻地带。不应将危险区布置在山坡陡峭的狭窄沟谷中。

4.1.5 烟花爆竹经营批发企业设置危险品仓库时,应符合本规范第4.3节危险品总仓库区外部最小允许距离和第5.3节危险品总仓库区内部最小允许距离的规定。

4.2 危险品生产区外部最小允许距离

4.2.1 危险品生产区内的危险性建筑物与其周围零散住户、村庄、公路、铁路、城镇和本企业总仓区等外部最小允许距离,应分别按建筑物的危险等级和计算药量计算后取其最大值。外部最小允许距离应自危险性建筑物的外墙算起,晒场自晒场边缘算起。

4.2.2 危险品生产区1.1级建筑物、构筑物的外部最小允许距离不应小于表4.2.2的规定。

表4.2.2 危险品生产区1.1级建筑物、构筑物的外部最小允许距离(m)

项目	计算药量(kg)									
	≤10	>10 ≤20	>20 ≤30	>30 ≤50	>50 ≤100	>100 ≤200	>200 ≤300	>300 ≤500	>500 ≤800	>800 ≤1000
10户或50人以下的零散住户,50人以下的企业围墙,本企业独立的总仓库区建筑物边缘,无摘挂作业铁路中间站站界及建筑物边缘,110kV架空输电线路	50	60	65	70	80	110	120	140	170	190
村庄边缘,学校,职工人数在50人及以上的企业围墙,有摘挂作业的铁路车站站界及建筑物边缘,220kV以下的区域变电站围墙,220kV架空输电线路	60	70	80	100	120	160	180	210	250	270
城镇规划边缘,220kV及以上的区域变电站围墙,220kV以上的架空输电线路	110	130	150	180	220	290	330	370	450	490
铁路线、二级及以上公路路边、通航的河流航道边缘	35	40	50	60	70	95	110	120	150	160
三级公路路边、35kV架空输电线路	35	35	40	50	60	80	90	110	130	140

4.2.3 危险品生产区1.3级建筑物、构筑物的外部最小允许距离不应小于表4.2.3的规定。

表4.2.3 危险品生产区1.3级建筑物、构筑物的外部最小允许距离(m)

项目	计算药量(kg)					
	≤100	>100 ≤200	>200 ≤400	>400 ≤600	>600 ≤800	>800 ≤1000
10户或50人以下的零散住户,50人以下的企业围墙,本企业独立的总仓库区建筑物边缘,无摘挂作业铁路中间站站界及建筑物边缘,110kV架空输电线路	35	35	35	35	35	35
村庄边缘,学校,职工人数在50人及以上的企业围墙,有摘挂作业的铁路车站站界及建筑物边缘,220kV以下的区域变电站围墙,220kV架空输电线路	40	42	44	46	48	50
城镇规划边缘,220kV及以上的区域变电站围墙,220kV以上的架空输电线路	60	65	70	75	80	90
铁路线、二级及以上公路路边、通航的河流航道边缘	35	35	40	40	40	40
三级公路路边、35kV架空输电线路	35	35	35	35	35	35

4.3 危险品总仓库区外部最小允许距离

4.3.1 危险品总仓库区内的危险性建筑物与其周围零散住户、村庄、公路、铁路、城镇和本企业生产区等外部最小允许距离,应分别按建筑物的危险等级和计算药量计算后取其最大值。外部最小允许距离应自危险性建筑物的外墙算起。

4.3.2 危险品总仓库区 1.1 级仓库的外部最小允许距离不应小于表 4.3.2 的规定。

表 4.3.2 危险品总仓库区 1.1 级仓库的外部最小允许距离(m)

项 目	计算药量(kg)										
	≤500	>500~1000	>1000~2000	>2000~3000	>3000~4000	>4000~5000	>5000~6000	>6000~7000	>7000~8000	>8000~9000	>9000~10000
10 户或 50 人以下的零散住户,50 人以下的企业围墙,本企业生产区建筑物边缘,无摘挂作业铁路中间站站界及建筑物边缘,110kV 架空输电线路	115	145	185	210	230	250	260	275	290	300	310
村庄边缘,学校,职工人数在 50 人及以上的企业围墙,有摘挂作业的铁路车站站界及建筑物边缘,220kV 以下的区域变电站围墙,220kV 架空输电线路	175	220	280	320	350	380	400	420	440	460	480
城镇规划边缘,220kV 及以上的区域变电站围墙,220kV 以上的架空输电线路	315	400	510	580	630	690	720	760	800	830	860
铁路线、二级及以上公路路边、通航的河流航道边缘	100	125	155	180	195	210	220	235	245	255	270
三级公路路边、35kV 架空输电线路	80	90	110	120	130	140	150	160	170	180	190

4.3.3 危险品总仓库区 1.3 级仓库的外部最小允许距离不应小于表 4.3.3 的规定。

表 4.3.3 危险品总仓库区 1.3 级仓库的外部最小允许距离(m)

项 目	计算药量(kg)										
	≤500	>500~2000	>2000~3000	>3000~4000	>4000~5000	>5000~6000	>6000~7000	>7000~8000	>8000~9000	>9000~10000	>10000~20000
10 户或 50 人以下的零散住户,50 人以下的企业围墙,本企业生产区建筑物边缘,无摘挂作业铁路中间站站界及建筑物边缘,110kV 架空输电线路	35	40	45	48	50	55	57	60	65	78	85
村庄边缘,学校,职工人数在 50 人及以上的企业围墙,有摘挂作业的铁路车站站界及建筑物边缘,220kV 以下的区域变电站围墙,220kV 架空输电线路	40	65	75	80	85	90	95	100	105	110	140
城镇规划边缘,220kV 及以上的区域变电站围墙,220kV 以上的架空输电线路	70	110	120	130	140	150	160	170	180	190	250
铁路线、二级及以上公路路边、通航的河流航道边缘	40	50	50	50	50	50	50	50	53	55	70
三级公路路边、35kV 架空输电线路	35	35	38	40	43	45	48	50	53	55	70

4.3.4 若将总仓库区和生产区相邻或相连时,两者之间距离应按照各自外部最小允许距离要求计算,取大值。

4.4 燃放试验场和销毁场外部最小允许距离

4.4.1 燃放试验场的外部最小允许距离不应小于表 4.4.1 的规定。

表 4.4.1 燃放试验场的外部最小允许距离(m)

项 目	燃放试验场类别				
	地面烟花	升空烟花	≤4 号礼花弹	≥5 号礼花弹<10 号礼花弹	≥10 号礼花弹
危险品生产区及危险品仓库易燃易爆液体库	50	200	300	600	800
居民住宅	30	100	150	300	400

注:外部最小允许距离自燃放试验场边缘算起。

4.4.2 烟花爆竹企业的危险品销毁场边缘距场外建筑物的外部最小允许距离不应小于 65m,一次烧毁药量不应超过 20kg。

5 总平面布置和内部最小允许距离

5.1 总平面布置

5.1.1 危险品生产区的总平面布置应符合下列规定:

1 同时生产烟花爆竹多个产品类别的企业,应根据生产工艺特性、产品种类分别建立生产线,并应做到分小区布置。

2 生产线的厂(库)房的总平面布置应符合工艺流程及生产能力的要求,宜避免危险品的往返和交叉运输。

3 危险性建筑物之间、危险性建筑物与其他建筑物之间的距离应符合内部最小允许距离的要求。

4 同一危险等级的厂房和库房宜集中布置;计算药量大或危险性大的厂房和库房,宜布置在危险品生产区的边缘或其他有利于安全的地形处;粉尘污染比较大的厂房应布置在厂区的边缘。

5 危险品生产厂房宜小型、分散。

6 危险品生产厂房靠山布置时,距山脚不宜太近。当危险品生产厂房布置在山凹中时,应考虑人员的安全疏散和有害气体的扩散。

5.1.2 危险品总仓库区的总平面布置应符合下列规定:

1 应根据仓库的危险等级和计算药量结合地形布置。

2 比较危险或计算药量较大的危险品仓库,不宜布置在库区出入口的附近。

3 危险品运输道路不应在其他防护屏障内穿行通过。

4 不同类别仓库应考虑分区布置,同一危险等级的仓库宜集中布置,计算药量大或危险性大的仓库宜布置在总仓库区的边缘或其他有利于安全的地形处。

5.1.3 危险品生产区和危险品总仓库区的围墙设置应符合下列

规定：

　　1 危险品生产区和危险品总仓库区应设置高度不低于 **2m** 的围墙。

　　2 围墙与危险性建筑物、构筑物之间的距离宜为 **12m**，且不得小于 **5m**。

　　3 围墙应为密砌墙，特殊地形设置密砌围墙有困难时，局部地段可设置刺丝网围墙。

5.1.4 危险品生产区和危险品总仓库区的绿化，宜种植阔叶树。

5.1.5 距离危险性建筑物、构筑物外墙四周 5m 内宜设置防火隔离带。

5.2 危险品生产区内部最小允许距离

5.2.1 危险品生产区内各建筑物之间的内部最小允许距离，应分别按照各危险性建筑物的危险等级及其计算药量所确定的距离和本节各条所规定的距离，取其最大值。内部最小允许距离应自建筑物的外墙算起，晒场自晒场边缘算起。

5.2.2 危险品生产区内 1.1⁻¹ 级建筑物与邻近建筑物的内部最小允许距离，应符合表 5.2.2 的规定。

表 5.2.2 危险品生产区内 1.1⁻¹ 级建筑物与邻近建筑物的内部最小允许距离（m）

计算药量(kg)	双有屏障	单有屏障	因屏障开口形成双方无屏障
≤5	12(7)	12(7)	14
10	12(7)	12(8)	16
20	12(7)	12(10)	20
30	12(7)	12	24
40	12(8)	14	28
60	12(9)	15	30
80	12(10)	16	32

续表 5.2.2

计算药量(kg)	双有屏障	单有屏障	因屏障开口形成双方无屏障
100	12	18	36
200	14	22	44
300	16	25	50
400	18	28	55
500	20	30	60
800	23	35	70
1000	25	38	76

注：当两座相邻厂房相对的外墙均为防火墙时，可采用括号内数字。

5.2.3 危险品生产区内 1.1⁻² 级建筑物与邻近建筑物的内部最小允许距离，应符合表 5.2.2 中的数字乘以 0.8，但不得小于表中相应列的最小值。

5.2.4 1.1 级建筑物有敞开面时，该敞开面方向的内部最小允许距离应按本规范表 5.2.2 的要求计算后再增加 20%。

5.2.5 在一条山沟中，当 1.1 级建筑物镶嵌在山坡陡峻的山体中时，与其正前方建筑物的内部最小允许距离应按本规范第 5.2.2 条或第 5.2.3 条的要求计算后再增加 50%。

5.2.6 危险品生产区内布置有进射危险产品的生产线时，该生产线有进射危险品的建筑物与其他生产线建筑物的内部最小允许距离，应分别按各自的危险等级和计算药量计算后再增加 50%。

5.2.7 危险品生产区内 1.1 级建筑物与公用建筑物、构筑物的内部最小允许距离应符合下列规定：

　　1 与锅炉房、独立变电所、水塔、高位水池（包括地上或半地下）及消防蓄水池、有明火或散发火星的建筑物的内部最小允许距离，应按本规范表 5.2.2 的要求计算后再增加 50%，并不应小于 50m。

　　2 与厂区内办公室、食堂、汽车库的内部最小允许距离，应按本规范表 5.2.2 的要求计算后再增加 50%，并不应小于 65m。

5.2.8 危险品生产区内 1.3 级建筑物与邻近建筑物的内部最小允许距离应符合表 5.2.8 的规定。

表 5.2.8 危险品生产区内 1.3 级建筑物与邻近建筑物的内部最小允许距离（m）

计算药量(kg)	内部最小允许距离
≤50	12
100	14
200	16
400	18
600	20
800	22
1000	25

注：当两座相邻厂房相对的外墙均为防火墙时，表中距离可乘以 0.8，但不得小于 12m。

5.2.9 危险品生产区内 1.3 级建筑物与公用建筑物、构筑物的内部最小允许距离应符合下列规定：

　　1 与锅炉房、有明火或散发火星的建筑物的内部最小允许距离不应小于 50m。

　　2 与独立变电所、水塔、高位水池（包括地上、地下或半地下）及消防蓄水池的内部最小允许距离不应小于 35m。

　　3 与厂区内办公室、食堂、汽车库的内部最小允许距离不应小于 50m。

5.2.10 在山区建厂利用山体设置临时存药洞时，临时存药洞洞口相对位置不应布置建筑物，临时存药洞外壁与相邻建筑物之间的内部最小允许距离应符合表 5.2.10 的规定。

表 5.2.10 临时存药洞外壁与邻近建筑物之间的内部最小允许距离（m）

计算药量(kg)	内部最小允许距离
≤5	4
10	5

5.3 危险品总仓库区内部最小允许距离

5.3.1 危险品总仓库区内各建筑物之间的内部最小允许距离，应按各仓库的危险等级和计算药量分别计算后取其最大值。内部最小允许距离应自建筑物的外墙算起。

5.3.2 危险品总仓库区内 1.1⁻¹ 级仓库与邻近危险品仓库的内部最小允许距离应符合表 5.3.2 的规定。

表 5.3.2 危险品总仓库区内 1.1⁻¹ 级仓库与邻近危险品仓库的内部最小允许距离（m）

计算药量(kg)	单有屏障	双有屏障
≤100	20	12
>100 ≤500	25	15
>500 ≤1000	30	20
>1000 ≤3000	40	25
>3000 ≤5000	50	30
>5000 ≤7000	56	33
>7000 ≤9000	62	37
>9000 ≤10000	65	40

5.3.3 危险品总仓库区内 1.1⁻² 级仓库与邻近危险品仓库的内部最小允许距离应符合表 5.3.2 中规定的距离乘以 0.8，但不得小于表中相应列的最小值。

5.3.4 危险品总仓库区内 1.3 级仓库与邻近危险品仓库的内部最小允许距离应符合表 5.3.4 的规定。

表 5.3.4 危险品总仓库区内 1.3 级仓库与
邻近危险品仓库的内部最小允许距离（m）

计算药量（kg）	内部最小允许距离
≤500	15
>500 ≤1000	20
>1000 ≤5000	25
>5000 ≤10000	30
>10000 ≤15000	35
>15000 ≤20000	40

5.3.5 危险品总仓库区 10kV 及以下变电所与危险品仓库的内部最小允许距离应符合下列规定：

1 与 1.1⁻¹ 级、1.1⁻² 级仓库的内部最小允许距离应分别符合本规范第 5.3.2 条和第 5.3.3 条的规定，并不应小于 50m。

2 与 1.3 级仓库的内部最小允许距离应符合表 5.3.4 的规定，并不应小于 25m。

5.3.6 危险品总仓库区值班室宜结合地形布置在有自然屏障处，与危险品仓库的内部最小允许距离应符合下列规定：

1 与 1.1⁻¹ 级仓库的内部最小允许距离应符合表 5.3.6-1 的规定。

2 与 1.1⁻² 级仓库的内部最小允许距离按表 5.3.6-1 的要求乘以 0.8，但不得小于表中相应列的最小值。

3 与 1.3 级仓库的内部最小允许距离应符合表 5.3.6-2 的规定。

4 当值班室采取抗爆结构时，其与各级仓库的内部最小允许距离按设计确定。

表 5.3.6-1 1.1⁻¹ 级仓库与库区值班室的内部最小允许距离（m）

计算药量（kg）	值班室无防护屏障	值班室有防护屏障
≤500	50	35
>500 ≤1000	65	50
>1000 ≤5000	110	80
>5000 ≤10000	140	100

表 5.3.6-2 1.3 级仓库与库区值班室的内部最小允许距离（m）

计算药量（kg）	内部最小允许距离
≤500	25
>500 ≤1000	30
>1000 ≤5000	35
>5000 ≤10000	40
>10000 ≤20000	50

5.3.7 当危险品总仓库区设置无固定值班人员岗哨时，岗哨与危险品仓库的距离可不受本规范第 5.3.6 条的限制。

5.3.8 当采用洞库或覆土库储存危险品时，洞库或覆土库应符合现行国家标准《地下及覆土火药炸药仓库设计安全规范》GB 50154 中的有关规定。

5.4 防护屏障

5.4.1 防护屏障的形式应根据总平面布置、运输方式、地形条件、建筑物内计算药量等因素确定。防护屏障可采用防护土堤、钢筋混凝土防护屏障或夯土防护墙等形式。防护屏障的设置，应能对本建筑物及邻近建筑物起到防护作用。防护屏障的防护范围应按本规范附录 A 确定。

5.4.2 危险品生产区和危险品总仓库区防护屏障的设置应符合下列规定：

1 1.1 级建筑物应设置防护屏障。

2 1.1 级建筑物内计算药量小于 100kg 时，可采用夯土防护墙。

3 1.3 级建筑物可不设置防护屏障。

5.4.3 防护屏障内坡脚与建筑物外墙之间的水平距离应符合下列规定：

1 有运输或特殊要求的地段，其距离应按最小使用要求确定，但不应大于 9m，并适当增加防护屏障高度。

2 无运输或特殊要求时，其距离不应大于 3m，且不宜小于 1.5m。

5.4.4 防护屏障的高度不应低于防护屏障内危险性建筑物侧墙顶部与被保护建筑物屋檐或道路中心线上 3.7m 处之间连线的高度，并应符合本规范附录 A 的规定。

5.4.5 防护屏障的设置应满足生产运输及安全疏散的要求，并应符合下列规定：

1 当防护屏障采用防护土堤时，应设置运输通道或运输隧道，并应符合下列规定：

1）运输通道和运输隧道应满足运输要求，并应使其防护土堤的无防护作用区为最小。汽车运输通道净宽度不宜大于 5m。汽车运输隧道净宽宜为 3.5m，净高度不宜小于 3.0m，其结构应符合本规范第 8.7.2 条的规定。

2）运输通道的防护土堤端部需设挡土墙时，其结构宜为钢筋混凝土结构。

2 当在危险品生产厂房的防护土堤内设置安全疏散隧道时，应符合下列规定：

1）安全疏散隧道应设置在危险品生产厂房安全出口附近。

2）安全疏散隧道的平面形式宜将内端的一半与土堤垂直，外端的一半成 35°角，宜按本规范附录 A 确定。

3）安全疏散隧道的净高度不宜小于 2.2m，净宽度宜为 1.5m，其结构应符合本规范第 8.7.2 条的规定。

4）安全疏散隧道不得兼作运输用。

3 当防护屏障采用其他形式时，生产运输及安全疏散的要求由抗爆设计确定。

5.4.6 防护土堤的构造应符合下列规定：

1 防护土堤的顶宽不应小于 1.0m，底宽应根据不同土质材料确定，但不应小于防护土堤高度的 1.5 倍。防护土堤的边坡应稳定。

2 在取土困难地区可在防护土堤内坡脚处砌筑高度不大于 1.0m 的挡土墙，外坡脚处砌筑高度不大于 2.0m 的挡土墙；在特殊困难情况下，允许在防护土堤底部距建筑物地面标高 1.0m 范围内填筑块状材料。

5.4.7 夯土防护墙的顶宽不应小于 0.7m，墙高不应大于 4.5m，边坡度宜为 1∶0.2～1∶0.25，应采用灰土为填料，地面至地面以上 0.5m 范围内墙体应采用砌体或石块砌护墙。

5.4.8 钢筋混凝土防护屏障应根据防护屏障内危险性建筑物的计算药量由抗爆设计确定，并应满足抗爆炸空气冲击波及爆炸碎片的作用。当建筑物外墙为钢筋混凝土墙，且满足抗爆设计要求时，该外墙可作为防护屏障。

6 工艺与布置

6.0.1 烟花爆竹的生产工艺宜采用机械化、自动化、自动监控等可靠的先进技术。对有燃烧、爆炸危险的作业宜采取隔离操作,并应坚持减少厂房内存药量和作业人员的原则,做到小型、分散。

6.0.2 烟花爆竹生产应按产品类型设置生产线,生产工序的设置应符合产品生产工艺流程要求,各危险性建筑物或各生产工序的生产能力应相互匹配。

6.0.3 有燃烧、爆炸危险的作业场所使用的设备、仪器、工器具应满足使用环境的安全要求。

6.0.4 有易燃易爆粉尘散落的工作场所应设置清洗设施,并应有充足的清洗用水。

6.0.5 在危险品生产区内,危险品生产厂房允许最大存药量应符合现行国家标准《烟花爆竹劳动安全技术规程》GB 11652 的有关规定;危险品中转库最大存药量不应超过两天生产需要量,且单库不应超过本规范第 7.1.2 条的规定;临时存药间或临时存药洞的最大存药量不应超过单人半天的生产需要量,且不应超过 10kg。

6.0.6 1.1级、1.3级厂房和库房(仓库)宜为单层建筑,其平面宜为矩形。

6.0.7 1.1级厂房应单机单栋或单人单栋独立设置,当采取抗爆间室、隔离操作时可以联建。引火线制造厂房应单间单机布置,每栋厂房联建间数不超过 4 间。

6.0.8 1.3级厂房设置应符合下列规定:

1 工作间联建时应采用密实砌体墙隔开,且联建间数不应超过 6 间,当厂房建筑耐火等级为三级时,联建间数不应超过 4 间。

2 机械插引厂房工作间联建间数不应超过 4 间,且每个工作间应为单人、单机布置。

3 原料称量、氧化剂的粉碎和筛选、可燃物的粉碎和筛选,应独立设置厂房。

6.0.9 不同危险等级的中转库应独立设置,且不得和生产厂房联建。

6.0.10 有固定作业人员的非危险生产厂房不得和危险品生产厂房联建。

6.0.11 1.1级厂房内不应设置除更衣室外的辅助用室,1.3级厂房内可设置生产辅助用室(如工器具室等)。

6.0.12 危险品生产厂房内设置临时存药间或在厂房附近设置临时存药洞时,临时存药间与操作间应采用钢筋混凝土墙或不小于 370mm 的密实砌体墙隔开,临时存药洞的设置应符合本规范第 5.2.10 条和第 8.1.6 条的规定。

6.0.13 危险品生产厂房内的工艺布置应便于作业人员操作、维修以及发生事故时迅速疏散。

6.0.14 对危险品进行直接加工的岗位宜设置防护装甲、防护板或采取人机隔离、远距离操作。对于作业人员与药物直接接触的混药、造粒、装药等工序应设置防护隔离罩、隔离板或其他个体防护装置。对有升空迸射危险的生产岗位宜设置防迸射措施。

6.0.15 1.1级厂房的人均使用面积不宜少于 9.0m²,1.3级厂房的人均使用面积不宜少于 4.5m²。

6.0.16 有升空迸射危险的生产厂房与相邻厂房的门、窗不宜正对设置。若正对设置时,在门、窗前不大于 3.0m 处应设置拦截装置,拦截装置的宽度应大于门窗宽 0.5m(每侧),高度应超出门窗高 1.5m,高出的 1.5m 应斜向本建筑物,倾斜角度 30°～45°。

6.0.17 烟花爆竹成品、有药半成品和药剂的干燥,宜采用热水、低压蒸汽或利用日光干燥,严禁采用明火烘干。干燥场所应符合下列规定:

1 干燥厂房内应设置排湿装置、感温报警装置及通风凉药设施。

2 热水、低压蒸汽干燥厂房内的温度应符合现行国家标准《烟花爆竹劳动安全技术规程》GB 11652 的有关规定。

3 热风干燥厂房可对没有裸露药剂的成品、半成品及无药半成品进行干燥;当对药剂和带裸露药剂的半成品采用热风干燥时,应有防止药物产生扬尘的措施。烘干温度应符合现行国家标准《烟花爆竹劳动安全技术规程》GB 11652 的有关规定。

4 日光干燥应在专门的晒场进行,晒场场地要求平整。危险品晒场周围应设置防护堤,防护堤顶面应高出产品面 1m。

6.0.18 晒场宜设置凉药间或凉药厂房。当有可靠的防雨和防溅措施时,可不设凉药厂房。

6.0.19 运输危险品的廊道应采用敞开式或半敞开式,不宜与危险品生产厂房直接相连。

6.0.20 产品陈列室应陈列产品模型,不应陈列危险品。陈列实物时应单独建设陈列场所,并应满足本规范中的有关条款规定。

7 危险品储存和运输

7.1 危险品储存

7.1.1 危险品的储存应符合现行国家标准《烟花爆竹劳动安全技术规程》GB 11652 中有关储存的规定。

7.1.2 库房(仓库)危险品的存药量和建设规模应符合下列规定:

1 危险品生产区内,1.1级中转库单库存药量不应超过 500kg,1.3级中转库单库存药量不应超过 1000kg。

2 危险品总仓库区内,1.1级成品仓库单库存药量不宜超过 10000kg,1.3级成品仓库单库存药量不宜超过 20000kg,烟火药、黑火药、引火线仓库单库存药量不宜超过 5000kg。

3 危险品总仓库区内,1.1级成品仓库单栋建筑面积不宜超过 500m²,1.3级成品仓库单栋建筑面积不宜超过 1000m²,每个防火分区面积不超过 500m²,烟火药、黑火药、引火线仓库单栋建筑面积不宜超过 100m²。

7.1.3 库房(仓库)内危险品的堆放应符合下列规定:

1 危险品堆垛间应留有检查、清点、运送的通道。堆垛之间的距离不宜小于 0.7m,堆垛距内墙壁距离不宜小于 0.45m;搬运通道的宽度不宜小于 1.5m。

2 烟火药、黑火药堆垛的高度不应超过 1.0m,半成品与未装箱成品堆垛的高度不应超过 1.5m,成箱成品堆垛的高度不应超过 2.5m。

7.2 危险品运输

7.2.1 危险品的运输宜采用符合安全要求并带有防火罩的汽车运输;厂内运输可采用符合安全要求的手推车运输,厂房之间的运输也可采用人工提送的方式。不宜采用三轮车运输,严禁用畜力车、翻斗车和各种挂车运输。

7.2.2 危险品生产区运输危险品的主干道中心线与各级危险性建筑物的距离应符合下列规定:

1 距1.1级建筑物不宜小于20m,有防护屏障时可不小于12m。

2 距1.3级建筑物不宜小于12m,距实墙面可不小于6m。

3 运输裸露危险品的道路中心线距有明火或散发火星的建筑物不应小于35m。

7.2.3 危险品总仓库区运输危险品的主干道中心线与各级危险性建筑物的距离不应小于10m。

7.2.4 危险品生产区和危险品总仓库区内汽车运输危险品的主干道纵坡不宜大于6%,手推车运输危险品的道路纵坡不宜大于2%。

7.2.5 机动车不应直接进入1.1级和1.3级建筑物内,装卸作业宜在各级危险性建筑物门前不小于2.5m以外处进行。

7.2.6 人工提送危险品时,宜设专用人行道,道路纵坡不宜大于8%,路面应平整,且不应设有台阶。

8 建筑结构

8.1 一般规定

8.1.1 各级危险性建筑物的耐火等级和化学原料仓库的耐火等级除本规范第8.1.2条规定者外,均不应低于现行国家标准《建筑设计防火规范》GB 50016 中二级耐火等级的规定。

8.1.2 建筑面积小于20m² 的1.1级建筑物或建筑面积不超过300m² 的1.3级建筑物的耐火等级可为三级。

8.1.3 危险性建筑物应有适当的净空,室内梁或板中的最低净空高度不宜小于2.8m,并应满足正常的采光和通风要求。

8.1.4 危险品生产区内宜设有供1.1级、1.3级建筑物内操作人员使用的洗涤、淋浴、更衣、卫生间等生活辅助用室和办公用室。危险品总仓库区内应设置门卫值班室,不宜设置其他辅助用室。

8.1.5 危险品生产区的办公用室和生活辅助用室宜独立设置或布置在非危险性建筑物内。当危险品生产厂房附设办公用室和生活辅助用室时,应符合下列规定:

1 1.1级厂房可附设更衣室。

2 1.3级厂房除可附设更衣室外,还可附设其他生活辅助用室和车间办公用室,但应布置在厂房较安全的一端,并应采用防火墙与生产工作间隔开。

车间办公用室和生活辅助用室应为单层建筑,其门窗不宜面向相邻厂房危险性工作间的泄爆面。

8.1.6 在危险品生产区内,当在两个危险性建筑物之间设置临时存药洞时,应符合下列规定:

1 临时存药洞应镶嵌在天然山体内。存药洞门应离山体前坡脚不小于800mm。

2 临时存药洞的净空尺寸宽不大于800mm,高不大于1000mm,存药洞净深不大于600mm,存药洞底宜高出存药洞外人行地面600mm。

3 临时存药洞前面宜设置平开木门。

4 临时存药洞墙体可采用不小于240mm的密实砌体或钢筋混凝土墙体。

5 临时存药洞上部覆土厚度不应小于500mm,两侧墙顶覆土宽度不应小于1500mm。

6 临时存药洞内应用水泥砂浆抹面,四周有土处应采取防水及隔潮措施。存药洞上部应有良好的排水措施。

8.1.7 距离本厂围墙小于12m的危险性建筑物,危险性建筑物面向围墙方向的外墙宜为实体墙;如设有门、窗或洞口,应采取防火措施。

8.2 危险品生产区危险性建筑物的结构选型和构造

8.2.1 1.1级建筑物的结构形式应符合下列规定:

1 除本规范第8.2.1条第2款规定以外的1.1级建筑物,均应采用现浇钢筋混凝土框架结构。

2 当符合下列条件之一者,可采用钢筋混凝土柱、梁承重结构或砌体承重结构:

1)建筑面积小于20m²,且操作人员不超过2人的厂房。

2)远距离控制而室内无人操作的厂房。

8.2.2 1.3级建筑物的结构形式应符合下列规定:

1 除本规范第8.2.2条第2款规定以外的1.3级建筑物,均应采用现浇钢筋混凝土框架结构。

2 当符合下列条件之一者,可采用钢筋混凝土柱、梁承重结构或砌体承重结构:

1)同时满足跨度不大于7.5m、长度不大于30m、室内净高不大于4m,且横隔墙间距不大于15m的厂房。

2)横隔墙较密且间距不大于6m的厂房。

8.2.3 采用砌体承重结构的1.1级、1.3级建筑物不得采用独立砖柱承重。危险性建筑物的砌体厚度不应小于240mm,并不得采用空斗墙和毛石墙。

8.2.4 1.1级、1.3级厂房屋盖宜采用现浇钢筋混凝土屋盖,并与框架连成整体;也可采用轻质泄压屋盖。当采用钢筋混凝土柱、梁或砌体承重结构时,宜采用轻质泄压屋盖,当采用轻质泄压屋盖(如彩色复合压型钢板等)时,宜采取防止成片或整块屋盖飞出伤人的措施。1.1~²级黑火药生产厂房宜采用轻质易碎屋盖或轻质泄压屋盖。当1.3级厂房屋盖采用现浇钢筋混凝土屋盖时,宜设置能较好泄压的门窗等。

8.2.5 有易燃、易爆粉尘的厂房,应采用外形平整、不易积尘的结构构件和构造。

8.2.6 1.1级、1.3级厂房结构构造应符合下列规定:

1 在梁底标高处,沿外墙和内横墙应设置现浇钢筋混凝土闭合圈梁。

2 梁与墙或柱应锚固可靠,梁与圈梁应连成整体。

3 围护砌体和钢筋混凝土柱之间应加强联结,纵横砌体之间也应加强联结。

4 门窗洞口应采用钢筋混凝土过梁,过梁的支承长度不应小于250mm。当门洞口大于2700mm时宜设置钢筋混凝土门框架或门楣。

5 砌体承重结构的外墙四角及单元内外墙交接处应设构造柱。

8.3 抗爆间室和抗爆屏院

8.3.1 抗爆间室墙厚及屋盖应根据设计药量计算后确定,并应符合下列规定:

1 当设计药量大于1kg时,抗爆间室的墙及屋盖应采用现浇钢筋混凝土结构,墙厚不宜小于300mm。

2 当设计药量不大于1kg时,抗爆间室的墙及屋盖宜采用现浇钢筋混凝土结构,墙厚不应小于200mm。

3 当设计药量不大于1kg时,抗爆间室的墙及屋盖可采用钢板或组合钢板结构。

8.3.2 抗爆间室的墙(不包括轻型窗所在墙)和屋盖计算应符合下列规定:

1 在设计药量爆炸空气冲击波和破片的局部作用下,不应产生震塌、飞散和穿透。

2 在设计药量爆炸空气冲击波的整体作用下,允许产生一定的残余变形。按使用要求,抗爆间室的墙和屋盖按弹性或弹塑性理论设计。

8.3.3 抗爆间室朝室外的一面应设置轻型窗。窗台的高度不应高于室内地面0.4m。

8.3.4 在抗爆间室轻型窗的外面应设置现浇钢筋混凝土抗爆屏院,并应符合下列规定:

1 抗爆屏院的平面形式和最小进深应符合表8.3.4的规定。

表8.3.4 抗爆屏院的平面形式和最小进深(m)

设计药量(kg)	小于3	大于等于3并小于15	大于等于15并小于30	大于等于30并小于50
平面形式				
最小进深(m)	3	4	5	6

2 抗爆屏院的高度不应低于抗爆间室的檐口高度。当抗爆屏院的进深超过4m时,抗爆屏院中墙高度应增高,增加的高度不应小于进深超过量的1/2,抗爆屏院边墙由抗爆间室的檐口高度逐渐增加至屏院中墙高度。

3 当采用平面形式为"▢"的抗爆屏院时,在轻型窗处宜设置进出抗爆屏院的出入口。

8.3.5 危险品生产厂房中,采用抗爆间室时应符合下列规定:

1 **抗爆间室之间或抗爆间室与相邻工作间之间不应设地沟相通。**

2 输送有燃烧爆炸危险物料的管道,在未设隔火隔爆措施的条件下,不应通过或进出抗爆间室。

3 当输送没有燃烧爆炸危险物料的管道必须通过或进出抗爆间室时,应在穿墙处采取密封措施。

4 抗爆间室的门、操作口、观察孔和传递窗的结构应能满足抗爆及不传爆的要求。

5 抗爆间室门的开启应与室内设备动力系统的启停进行联锁。

6 抗爆间室的墙高出厂房相邻屋面应不少于0.5m。

8.3.6 当危险品仓库均采用抗爆间室时,可不设置抗爆屏院,结构可按不殉爆设计。

8.4 危险品生产区危险性建筑物的安全疏散

8.4.1 危险品生产厂房安全出口的设置应符合下列规定:

1 **1.1级、1.3级厂房每一危险性工作间的建筑面积大于18m²时,安全出口的数目不应少于2个。**

2 1.1级、1.3级厂房每一危险性工作间的建筑面积小于18m²,且同一时间内的作业人员不超过3人时,可设1个安全出口,但必须设置安全窗。当建筑面积为9m²时,同一时间内的作业人员不超过2人时,可设1个安全出口。

3 安全出口应布置在建筑物室外有安全通道的一侧。

4 须穿过另一危险性工作间才能到达室外的出口,不应作为本工作间的安全出口。

5 防护屏障内的危险性厂房的安全出口,应布置在防护屏障的开口方向或安全疏散隧道的附近。

8.4.2 1.1级、1.3级厂房外墙上宜设置安全窗。安全窗可作为安全出口,但不计入安全出口的数目。

8.4.3 1.1级、1.3级厂房每一危险工作间内由最远工作点至外部出口的距离,应符合下列规定:

1 1.1级厂房不应超过5m。

2 1.3级厂房不应超过8m。

8.4.4 厂房内的主通道宽度不应小于1.2m,每排操作岗位之间的通道宽度和工作间内的通道宽度不应小于1.0m。

8.4.5 疏散门的设置应符合下列规定:

1 应为向外开启的平开门,室内不得装插销。

2 当设置门斗时,应采用外门斗,门的开启方向应与疏散方向一致。

3 危险性工作间的外门口不应设置台阶,应做成防滑坡道。

8.5 危险品生产区危险性建筑物的建筑构造

8.5.1 1.1级、1.3级厂房的门应采用向外开启的平开门,外门宽度不应小于1.2m。危险性工作间的门不应与其他房间的门直对设置,内门宽度不应小于1.0m。内、外门均不得设置门槛。外门口不应设置影响疏散的明沟和管线等。

8.5.2 危险品生产区内建筑物的门窗玻璃宜采用防止碎玻璃伤人的措施。

8.5.3 黑火药和烟火药生产厂房应采用木门窗。门窗的小五金应采用在相互碰撞或摩擦时不产生火花的材料。

8.5.4 安全窗应符合下列规定:

1 窗洞口的宽度不应小于1.0m。

2 窗扇的高度不应小于1.5m。

3 窗台的高度不应高于室内地面0.5m。

4 窗扇应向外平开,不得设置中梃。

5 窗扇不宜插销,应利于快速开启。

6 双层安全窗的窗扇,应能同时向外开启。

8.5.5 危险性工作间的地面应符合现行国家标准《建筑地面设计规范》GB 50037的有关要求,并应符合下列规定:

1 对火花能引起危险品燃烧、爆炸的工作间,应采用不发生火花的地面。

2 当工作间内的危险品对撞击、摩擦特别敏感时,应采用不发生火花的柔性地面。

3 当工作间内的危险品对静电作用特别敏感时,应采用不发生火花的防静电地面。

8.5.6 有易燃易爆粉尘的工作间不宜设置吊顶,当设置吊顶时,应符合下列规定:

1 吊顶上不应有孔洞。

2 墙体应砌至屋面板或梁的底部。

8.5.7 危险性工作间的内墙应抹灰。有易燃易爆粉尘的工作间,其地面、内墙面、顶棚面应平整、光滑,不得有裂缝,所有凹角宜抹成圆弧。易燃易爆粉尘较少的工作间内墙面应刷1.5m～2.0m高油漆墙裙;经常冲洗的工作间,其顶棚及内墙面应刷油漆,油漆颜色与危险品颜色应有所区别。收集冲洗废水的排水沟,其内壁宜平整、光滑,所有凹角宜抹成圆弧,不得有裂缝,排水沟的坡度不宜小于1%。

8.6 危险品总仓库区危险品仓库的建筑结构

8.6.1 危险品仓库应根据当地气候和存放物品的要求,采取防潮、隔热、通风、防小动物等措施。

8.6.2 危险品仓库宜采用现浇钢筋混凝土框架结构,也可采用钢筋混凝土柱、梁承重结构或砌体承重结构。屋盖宜采用现浇钢筋混凝土屋盖,也可采用轻质泄压或轻质易碎屋盖。1.3级仓库屋盖当采用现浇钢筋混凝土屋盖时,宜多设置门和高窗或采用轻型围护结构等。

8.6.3 危险品仓库安全出口的设置应符合下列规定：

1 当仓库(或储存隔间)的建筑面积大于100m²(或长度大于18m)时，安全出口不应少于2个。

2 当仓库(或储存隔间)的建筑面积小于100m²，且长度小于18m时，可设1个安全出口。

3 仓库内任一点至安全出口的距离不应大于15m。

8.6.4 危险品仓库门的设计应符合下列规定：

1 仓库的门应向外平开，门洞的宽度不宜小于1.5m，不得设门槛。

2 当仓库设计门斗时，应采用外门斗，且内、外两层门均应向外开启。

3 总仓库的门宜为双层，内层门为通风用门，通风用门应有防小动物进入的措施。外层门为防火门，两层门均应向外开启。

8.6.5 危险品总仓库的窗宜设可开启的高窗，并应配置铁栅和金属网。在勒脚处宜设置可开关的活动百叶窗或带活动防护板的固定百叶窗。窗应有防小动物进入的措施。

8.6.6 危险品仓库的地面应符合本规范第8.5.5条的规定。当危险品已装箱并不在库内开箱时，可采用一般地面。

8.7 通廊和隧道

8.7.1 危险品运输通廊设计应符合下列规定：

1 通廊的承重及围护结构宜采用不燃烧体。

2 通廊宜采用钢筋混凝土柱或符合防火要求的钢柱承重。

3 运输中有可能撒落药粉的通廊，其地面面层应与连接的危险性建筑物地面面层相一致。

8.7.2 防护屏障的隧道应采用钢筋混凝土结构。运输中有可能撒落药粉的隧道地面，应采用不发生火花地面，且不应设置台阶。

9 消 防

9.0.1 烟花爆竹生产项目和经营批发仓库必须设置消防给水设施。消防给水可采用消火栓、手抬机动消防泵等不同形式的给水系统。

9.0.2 消防给水的水源必须充足可靠。当利用天然水源时，在枯水期应有可靠的取水设施；当水源来自市政给水管网而厂区内无消防蓄水设施时，消防给水管网应设计成环状，并有两条输水干管接自市政给水管网；当采用自备水源井时，应设消防蓄水设施。

9.0.3 当厂区内设置蓄水池或有天然河、湖、池塘可利用时，应设有固定式消防泵或手抬机动消防泵。消防泵宜设有备用泵。

9.0.4 危险品生产厂房和中转库的室外消防用水量，应按现行国家标准《建筑设计防火规范》GB 50016中甲类建筑物的规定执行。当单个建筑物的体积均不超过300m³时，室外消防用水量可按10L/s计算，消防延续时间可按2h计算。

9.0.5 1.3级厂房宜设室内消火栓系统，室内消火栓系统的设置应符合现行国家标准《建筑设计防火规范》GB 50016中对甲类建筑物的规定。

9.0.6 易发生燃烧事故的工作间宜设置雨淋灭火系统，并应符合下列规定：

1 存药量大于1kg且为单人作业的工作间内，宜在工作台上方设置手动控制的雨淋灭火系统或翻斗水箱等相应灭火设施。翻斗水箱容积应根据工作台面积，按16L/m²计算确定。

2 作业人员少于6人，建筑面积大于9m²且小于60m²的工作间内，宜设置手动控制的雨淋灭火系统，消防延续时间按30min计算。

3 雨淋灭火系统的喷水强度不宜低于16L/(min·m²)，最不利点的喷头压力不宜低于0.05MPa。

9.0.7 对产品或原料与水接触能引起燃烧、爆炸或助长火势蔓延的厂房，不应设置以水为灭火剂的消防设施，应根据产品和原料的特性选择灭火剂和消防设施。

9.0.8 危险品总仓库区根据当地消防供水条件，可设消防蓄水池、高位水池、室外消火栓或利用天然河、塘。室外消防用水量应按现行国家标准《建筑设计防火规范》GB 50016中甲类仓库的规定执行，消防延续时间按3h计算。供消防车或手抬机动消防泵取水的消防蓄水池的保护半径不应大于150m。

9.0.9 消防储备水应有平时不被动用的措施。使用后的补给恢复时间不宜超过48h。

9.0.10 烟花爆竹生产项目和经营批发仓库宜按现行国家标准《建筑灭火器配置设计规范》GB 50140的有关规定配置灭火器。

10 废 水 处 理

10.0.1 烟花爆竹生产项目的废水排放设计，应遵循清污分流、少排或不排出废水的原则。有害废水应采取必要的治理措施，并应达到国家现行有关排放标准的规定后排放。

10.0.2 有易燃易爆粉尘散落的工作间宜用水冲洗，并应设排水沟。排水沟的设计应符合国家现行有关标准的规定。

10.0.3 含药废水宜用管道集中收集。集中收集的含药废水宜先经污水池沉淀或过滤，再集中处理排放，沉淀及过滤的沉渣应定期挖出销毁。污水沉淀或过滤池的设计应符合国家现行有关标准的规定。

11 采暖通风与空气调节

11.1 采 暖

11.1.1 当危险性建筑物需采暖时,宜采用散热器采暖,严禁使用火炉或其他明火采暖,并应符合下列规定:

1 黑火药生产的 1.1⁻²级厂房、烟火药生产的 1.1⁻¹级厂房及其他危险品生产中危险品呈干燥松散和裸露状态的厂房,采暖热媒应采用不高于 90℃的热水。

2 黑火药制品和烟火药制品加工的生产厂房,采暖热媒宜采用不高于 110℃的热水或压力不大于 0.05MPa 的低压蒸汽。

11.1.2 危险性建筑物散热器采暖系统的设计应符合下列规定:

1 散发燃烧爆炸危险性粉尘的厂房,散热器应采用光面管或其他易于擦洗的散热器,不应采用带肋片或柱形散热器。散热器和采暖管道外表面油漆颜色与燃烧爆炸危险性粉尘的颜色应有所区别。

2 散热器外表面距墙内表面不应小于 60mm,距地面不宜小于 100mm,散热器不应设在壁龛内。

3 抗爆间室的散热器不应设在轻型面。采暖干管不应穿过抗爆间室的墙,抗爆间室内散热器支管上的阀门应设在操作走廊内。

4 采暖管道不应设在地沟内。当必须设在过门地沟内时,应对地沟采取密闭措施。

5 蒸汽或高温水管道的入口装置和换热装置不应设在危险工作间内。

11.1.3 当危险性建筑物采用热风采暖时,送风温度宜大于 35℃并小于 70℃。热风采暖系统的设置应符合本规范第 11.2 节中的有关规定。

11.2 通风和空气调节

11.2.1 在危险品生产厂房内,对散发燃烧爆炸危险性粉尘或气体的设备和操作岗位宜设局部排风,并宜分别设置。

11.2.2 危险品生产厂房的通风和空气调节系统设计应符合下列规定:

1 散发燃烧爆炸危险性粉尘或气体厂房的通风和空气调节系统应采用直流式,其送风机的出口应装止回阀。

2 散发燃烧爆炸危险性粉尘或气体的厂房内,通风和空气调节系统风管上的调节阀应采用防爆型。

3 黑火药生产厂房内不得设计机械通风。

11.2.3 空气中含有燃烧爆炸危险性粉尘或气体的厂房中,机械排风系统的设计应符合下列要求:

1 排除燃烧爆炸危险性粉尘或气体的风机及电机应采用防爆型,且电机和风机应直联。

2 含有燃烧爆炸危险性粉尘的空气应经过除尘处理后再排入大气,除尘处理宜采用湿法方式。当粉尘与水接触能引起爆炸或燃烧时,不应采用湿法除尘。除尘装置应置于排风系统的负压段上,且排风机应采用防爆型。

3 水平风管内的风速应按燃烧爆炸危险性粉尘不在风管内沉积的原则确定。水平风管应有不小于 1% 的坡度。

4 排风管道不宜穿过与本排风系统无关的房间。

11.2.4 危险品生产厂房的通风和空气调节机室应单独设置,不应与危险性工作间相通,且应设置单独的外门。

11.2.5 各抗爆间室之间、抗爆间室与其他工作间及操作走廊之间不应有风管、风口相连通。

11.2.6 散发燃烧爆炸危险性粉尘厂房内的通风、空气调节系统的风管不宜暗设。

11.2.7 危险性建筑物中,送、排风管道宜采用圆形截面风管,风管上应设置检查孔,并架空敷设;风管应采用不燃烧材料制作,且风管和设备的保温材料也应采用不燃烧材料。风管涂漆颜色与燃烧爆炸危险性粉尘的颜色应易于分辨。

12 危险场所的电气

12.1 危险场所类别的划分

12.1.1 危险场所划分为 F0、F1、F2 三类,并应符合下列规定:

1 F0 类:经常或长期存在能形成爆炸危险的黑火药、烟火药及其粉尘的危险场所。

2 F1 类:在正常运行时可能形成爆炸危险的黑火药、烟火药及其粉尘的危险场所。

3 F2 类:在正常运行时能形成火灾危险,而爆炸危险性极小的危险品及粉尘的危险场所。

4 各类危险场所均以工作间(或建筑物)为单位。

5 生产、加工、研制危险品的工作间(或建筑物)危险场所分类和防雷类别应符合表 12.1.1-1 的规定。储存危险品的场所、中转库和仓库危险场所分类和防雷类别应符合表 12.1.1-2 的规定。

表 12.1.1-1 生产、加工、研制危险品的工作间(或建筑物)危险场所分类和防雷类别

序号	危险品名称	工作间(或建筑物)名称	危险场所分类	防雷类别
1	黑火药	药物混合(硝酸钾与碳、硫双球磨)、潮药装模(或潮药包片)、压药、拆模(撕片)、碎片、造粒、抛光、浆药、干燥、散热、计量包装	F0	一
		单料粉碎、筛选、干燥、称料,硫、碳二成分混合	F2	二
2	烟火药	药物混合、造粒、筛选、制开球药、压药、浆药、干燥、散热、称量包装、药柱(药块)、湿药调制、烟雾剂干燥、散热、包装	F0	一
		氧化剂、可燃物的粉碎与筛选、称料(单料)	F2	二

续表 12.1.1-1

序号	危险品名称	工作间（或建筑物）名称	危险场所分类	防雷类别
3	引火线	制引、浆引、漆引、干燥、散引、绕引、定型裁割、捆引、切引、包装	F1	一
4	爆竹类	装药	F0	一
		插引（含机械插引、手工插引和空筒插引）、挤引、封口、点药、结鞭	F1	二
		包装	F2	二
5	组合烟花类、内筒型小礼花类	装药、筑（压）药、内筒封口（压纸片、装封口剂）	F0	一
		已装药部件钻孔、装单个裸药件、单发药量≥25g非裸药件组装、外筒封口（压纸片）	F1	二
		蘸药、安引、组盆串引（空筒）、单筒药量＜25g非裸药件组装、包装	F2	二
6	礼花弹类	装球、包药	F0	一
		组装（含安引、装发射药包、串球）、剖引（引线钻孔）、球干燥、散热、包装	F1	二
		空壳安引、糊球	F2	二
7	吐珠类	装（筑）药	F0	一
		安引（空筒）、组装、包装	F2	二
8	升空类（含双响炮）	装药、筑（压）药	F0	一
		包药、装裸药效果件（含效果药包）、单个药量≥30g非裸药件组装	F1	二
		安引、单个药量＜30g非裸药效果件组装（含安稳定杆）、包装	F2	二
9	旋转类（旋转升空类）	装药、筑（压）药	F0	一
		已装药部件钻孔	F1	二
		安引、组装（含引线、配件、旋转轴、架）、包装	F2	二
10	喷花类和架子烟花	装药、筑（压）药	F0	一
		已装药部件的钻孔	F1	二
		安引、组装、包装	F2	二

续表 12.1.1-1

序号	危险品名称	工作间（或建筑物）名称	危险场所分类	防雷类别
11	线香类	装药	F0	一
		干燥、散热	F1	二
		粘药、包装	F2	二
12	摩擦类	雷酸银药物配制、拌药砂、发令纸干燥	F0	一
		机械蘸药	F1	二
		包药砂、手工蘸药、分装、包装	F2	二
13	烟雾类	装药、筑（压）药	F0	一
		球干燥、散热	F1	二
		糊球、安引、组装、包装	F2	二
14	造型玩具类	装药、筑（压）药	F0	一
		已装药部件钻孔	F1	二
		安引、组装、包装	F2	二
15	电点火头	蘸药、干燥（晾干）、检测、包装	F2	二

注：1 表中装药、筑（压）药包括烟火药、黑火药的装药、筑（压）药；
  2 当本规范表 3.1.3-1 生产工序危险等级分类为 1.1 级建筑物同时满足总存药量小于 10kg、单人操作、建筑面积小于 12m² 时，其防雷类别可划为二类；
  3 表中未列品种、加工工序，其危险场所分类和防雷类别划分可参照本表确定。

表 12.1.1-2 储存危险品的场所、中转库和仓库危险场所的分类与防雷类别

场所（或建筑物）名称	危险场所分类	防雷类别
烟火药（包括药种效果件）、开球药、黑火药、引火线、未封口含药半成品、单个装药量 25g 及以上的烟花半成品及含爆烧音剂、笛音剂的半成品、已封口的 B 级爆竹半成品、A、B 级成品（喷花类除外）、单筒药量 25g 及以上的 C 级组合烟花类成品	F0	一
电点火头、单个含药量在 40g 以上已封口的烟花半成品（不含爆烧音剂、笛音剂）、已封口的 C 级爆竹半成品、C、D 级成品（其中，组合烟花类成品单筒药量在 25g 以下）、喷花类产品	F1	二

12.1.2 当危险场所既存在黑火药、烟火药，又存在易燃液体时，危险场所类别的划分除应符合本规范的规定外，还应符合现行国家标准《爆炸和火灾危险环境电力装置设计规范》GB 50058 中有关爆炸性气体环境危险区域划分的规定。

12.1.3 危险场所与相毗邻场所采取不燃烧体密实墙隔开且隔墙上设有相通的门，当门经常处于关闭状态（除有人出入外）时，与危险场所相毗邻的场所类别可按表 12.1.3 确定；当门经常处于敞开状态时，与危险场所相毗邻的场所类别应与危险场所类别相同。

表 12.1.3 与危险场所相毗邻的场所类别

危险场所类别	用一道有门的密实墙隔开的工作间危险场所类别	用两道有门的密实墙通过走廊隔开的工作间危险场所类别
F0	F1	非危险场所
F1	F2	
F2	非危险场所	

注：1 本条不适用于配电室（电机室、控制室、仪表室等）；
  2 密实墙应为不燃烧体的实体墙，墙上除门外无其他孔洞。

12.1.4 排风室的危险场所类别应按下列规定分类：

  1 为 F0 类危险场所（黑火药除外）服务的排风室划为 F1 类危险场所。

  2 为 F1 类、F2 类危险场所服务的排风室与所服务的危险场所类别相同。

  3 为各类危险场所服务的排风室，当采用湿式净化装置时，可划为 F2 类危险场所（黑火药除外）。

12.1.5 为危险场所服务的送风室，当通往危险场所的送风管能阻止危险物质回到送风室时，该送风室危险场所类别可划为非危险场所。

12.1.6 运输危险品的敞开式或半敞开式通廊，其危险场所类别应划为 F2 类，防雷类别宜为二类。

12.1.7 雷雨天存放危险品的晒场宜设置防直击雷装置，避雷装置保护范围的滚球半径可取 60m。

12.2 电气设备

12.2.1 危险场所的电气设备应符合下列规定：

  1 正常运行和操作时，可能产生电火花或高温的电气设备应安装在无危险或危险性较小的场所。

  2 危险场所采用的防爆电气设备必须是按照现行国家标准生产的合格产品。

  3 危险场所电气设备允许最高表面温度为 T4(135℃)。

  4 危险场所采用的接线盒、挠性连接等选型，应与该场所电气设备防爆等级相一致。

  5 危险场所电动机的电气设计应符合现行国家标准《通用用电设备配电设计规范》GB 50055 中第二章电动机的规定。

  6 生产时严禁工作人员入内的工作间，其用电设备的控制按钮应安装在工作间外，并应将用电设备的启停与门连锁，门关闭后用电设备才能启动。

  7 危险场所不宜设置接插装置。当确需设置时，应选择相应防爆型、插座与插销带连锁保护装置，并满足断电后插销才能插入或拔出的要求。

  8 危险场所不应使用无线遥控设备等。

12.2.2 危险场所采用非防爆电气设备隔墙传动时，应符合下列规定：

  1 安装电气设备的工作间应采用不燃烧体密实墙与危险场所隔开，隔墙上不应设门、窗、洞口。

  2 传动轴通过隔墙处的孔洞必须采用填料函封堵或有同等效果的密封措施。

  3 安装电气设备工作间的门应设在外墙上或通向非危险场所，且门应向室外或非危险场所开启。

12.2.3 F0 类危险场所不应安装电气设备。当确有必要时，可设

置检测仪表(黑火药除外),检测仪表选型应符合本规范第12.2.5条的规定。

12.2.4 F0类危险场所电气照明应采用可燃性粉尘环境21区用电气设备DIP21,外壳防护等级为IP65级的灯具,安装在固定窗外照明或采用能够满足有关规范安全要求的壁龛灯。

门灯及安装在外墙外侧的开关、控制按钮、控制箱等,选型应选用与灯具防爆级别相同的产品。

12.2.5 F1类危险场所电气设备的选型应符合下列规定:

1 电气设备应采用可燃性粉尘环境用电气设备21区DIP21、IP65、爆炸性气体环境用电气设备Ⅱ类B级隔爆型、本质安全型(IP54),灯具及控制按钮可采用增安型。

2 门灯及安装在外墙外侧的开关应采用可燃性粉尘环境用电气设备不低于22区DIP22、IP54。

12.2.6 F2类危险场所电气设备、门灯及安装在外墙外侧的开关应采用可燃性粉尘环境用电气设备22区DIP22、IP54。

12.3 室内电气线路

12.3.1 危险场所电气线路应符合下列规定:

1 危险性建筑物低压配电线路的保护应符合现行国家标准《低压配电设计规范》GB 50054的有关规定。

2 电气线路严禁采用绝缘电线明敷或穿塑料管敷设。

3 电气线路应采用铜芯阻燃绝缘电线或铜芯阻燃电缆。

4 电气线路的电线和电缆的额定电压不得低于450V/750V。保护线的额定电压应与相线相同,并应在同一钢管或护套内敷设。电话线路电线的额定电压不应低于300V/500V。

5 插座回路应设置额定动作电流不大于30mA、瞬时切断电路的剩余电流保护器。

6 检测仪表线路可采用线芯截面不小于1.0mm²的铜芯聚氯乙烯护套内钢带铠装控制电缆;也可采用线芯截面不小于1.5mm²的铜芯阻燃绝缘电线穿镀锌焊接钢管敷设。

7 危险场所电气线路绝缘电线或电缆线芯的材质和最小截面应符合表12.3.1的规定。

表12.3.1 危险场所电气线路绝缘电线或电缆线芯的材质和最小截面

危险场所类别	绝缘电线或电缆线芯最小截面(mm²)		
	电力	照明	控制按钮
F0	—	—	铜芯1.5
F1	铜芯2.5	铜芯2.5	铜芯1.5
F2	铜芯1.5	铜芯1.5	铜芯1.5

8 保护线(PE线)截面的确定应符合现行国家标准的有关规定。

12.3.2 危险场所电气线路穿钢管敷设应符合下列规定:

1 穿电线的钢管应采用公称口径不小于15mm的镀锌焊接钢管,钢管间应采用螺纹连接,且连接螺纹不应少于6扣。在有剧烈振动的场所应设防松装置。

2 电气线路与防爆电气设备连接处必须作隔离密封。

3 电气线路宜采用明敷。

12.3.3 危险场所电气线路采用电缆敷设应符合下列规定:

1 电缆明敷时,应采用金属铠装电缆。

2 电缆沿桥架敷设时,宜采用绝缘护套电缆;桥架应采用金属槽式结构。

3 电缆不宜敷设在电缆沟内。当必须敷设在电缆沟内时,应设置防止水及危险物质进入沟内的措施,电缆沟在过墙处应设隔板,并对孔洞严密封堵。

4 电力电缆不应有分支或中间接头。照明线路的分支接头应设在接线盒内。

5 在有机械损伤可能的部位应穿钢管保护。

12.3.4 F0类危险场所电气线路应符合下列规定:

1 危险场所不应敷设电力和照明线路,可敷设本工作间的控制按钮及检测仪表线路。灯具安装在固定窗外的电气线路应采用线芯截面不小于2.5mm²的铜芯绝缘电线穿镀锌焊接钢管敷设,亦可采用线芯截面不小于2.5mm²的铜芯金属铠装电缆敷设。

2 当采用穿钢管敷设时,接线盒的选型应与防爆电气设备的等级相一致。当采用铠装电缆时,与设备连接处应采用铠装电缆密封接头。

3 控制按钮线路线芯截面选择应符合本规范表12.3.1的规定。

12.3.5 F1类危险场所电气线路应符合下列规定:

1 电线或电缆线芯截面选择应符合本规范表12.3.1的规定。

2 引至1kV以下的单台鼠笼型感应电动机供电回路,电线或电缆线芯截面长期允许载流量不应小于电动机额定电流的1.25倍。

3 移动电缆应采用线芯截面不小于2.5mm²的重型橡套电缆。

12.3.6 F2类危险场所的电气线路应符合下列规定:

1 电气线路采用的绝缘电线或电缆的线芯截面选择应符合本规范表12.3.1的规定。

2 引至1kV以下的单台鼠笼型感应电动机供电回路,绝缘电线或电缆线芯截面长期允许载流量不应小于电动机的额定电流。当电动机经常接近满载运行时,线芯的载流量应留有适当裕量。

3 移动电缆应采用线芯截面不小于1.5mm²的中型橡套电缆。

12.4 照 明

12.4.1 烟花爆竹生产厂房主要工作间的照度标准宜为200 lx,且主要生产的工作间出入口应设置应急照明,其照度值应不低于该场所正常照明照度值的10%,应急时间宜为30min。

12.4.2 烟花爆竹生产的辅助厂房、库房的照度标准宜分别为100 lx、50 lx。

12.5 10kV及以下变(配)电所和厂房配电室

12.5.1 烟花爆竹企业的供电设计应符合现行国家标准《供配电系统设计规范》GB 50052中有关三级负荷的规定。

12.5.2 烟花爆竹生产过程中因突然中断供电有可能导致燃爆事故发生的用电设备,以及企业设置的视频监控系统、安全防范系统均应设置应急电源。消防系统宜设置应急电源。

12.5.3 危险品生产区10kV及以下变电所应为独立变电所。危险品总仓库区10kV及以下变电所宜为独立变电所。

12.5.4 变电所设计除执行本规范外,尚应符合现行国家标准《10kV及以下变电所设计规范》GB 50053的有关规定。

12.5.5 变压器低压侧中心点接地电阻不应大于4Ω。

12.5.6 厂房配电室、电机间、控制室可附建于各类危险性建筑物内,但应符合下列规定:

1 与危险场所相毗邻的隔墙应为不燃烧体密实墙,且不应设门、窗与危险场所相通。

2 门、窗应设在建筑物的外墙上,且门应向外开启。

3 与配电室、电机间、控制室无关的管线不应通过配电室、电机间、控制室。

4 设在黑火药生产厂房内的配电室、电机间、控制室除应满足上述要求外,配电室、电机间、控制室的门、窗与黑火药生产工作间的门、窗之间的距离不宜小于3m。

12.6 室外电气线路

12.6.1 引入危险性建筑物的1kV以下低压线路的敷设应符合

下列规定：

  1 从配电端到受电端宜全长采用金属铠装电缆埋地敷设，在入户端应将电缆的金属外皮、钢管接到防雷电感应的接地装置上。

  2 当全线采用电缆埋地有困难时，可采用钢筋混凝土杆和铁横担的架空线，并应使用一段金属铠装电缆或护套电缆穿钢管直接埋地引入，其埋地长度应符合下式的要求，但不应小于15m。

$$L \geqslant 2\sqrt{\rho} \qquad (12.6.1)$$

式中：L——金属铠装电缆或护套电缆穿钢管埋于地中的长度（m）；

   ρ——埋电缆处的土壤电阻率（$\Omega \cdot$m）。

  3 在电缆与架空线换接处尚应装设避雷器。避雷器、电缆金属外皮、钢管和绝缘子的铁脚、金属器具等应连在一起接地，其冲击接地电阻不应大于10Ω。

12.6.2 引入黑火药生产工房的1kV以下低压线路，从配电端到受电端应全长采用铜芯金属铠装电缆埋地敷设。

12.6.3 与烟花爆竹企业无关的电气线路和通信线路严禁穿越、跨越危险品生产区和危险品总仓库区。当在危险品生产区或危险品总仓库区围墙外敷设时，10kV及以下电力架空线路和通信架空线路与危险性建筑物外墙的水平距离不应小于35m。

12.6.4 危险品生产区和危险品总仓库区10kV及以下的高压线路宜采用埋地敷设。当采用架空敷设时，其轴线与危险性建筑物的距离应符合下列规定：

  1 距1.1级厂房外墙不应小于35m，距1.1级仓库外墙不应小于50m。

  2 距1.3级建筑物外墙不应小于电杆高度的1.5倍。

12.6.5 当危险品生产区和危险品总仓库区架空敷设1kV以下的电气线路和通信线路时，其轴线与1.1级、1.3级建筑物外墙的距离不应小于电杆高度的1.5倍，与生产烟火药和干法生产黑火药建筑物外墙的距离不应小于35m。

12.6.6 危险品生产区和危险品总仓库区不应设置无线通信塔。当无线通信塔设置在危险品生产区和危险品总仓库区围墙外时，无线通信塔与围墙的距离不应小于100m。

12.7 防雷与接地

12.7.1 危险性建筑物应采取防雷措施。防雷设计应符合现行国家标准《建筑物防雷设计规范》GB 50057的有关规定。危险性建筑物防雷类别应符合本规范表12.1.1-1和12.1.1-2的规定。

12.7.2 变电所引至危险性建筑物的低压供电系统宜采用TN-C-S接地形式，从建筑物内总配电箱开始引出的配电线路和分支线路必须采用TN-S系统。

12.7.3 危险性建筑物内电气设备的工作接地、保护接地、防雷电感应等接地、防静电接地、信息系统接地等应共用接地装置，接地电阻值应取其中最小值。

12.7.4 危险性建筑物内穿电线的钢管、电缆的金属外皮、除输送危险物质外的金属管道、建筑物钢筋等设施均应等电位联结。

12.7.5 危险性建筑物总配电箱内应设置电涌保护器。

12.7.6 当危险场所设有多台需要接地的设备且位置分散时，工作间内应设置构成闭合回路的接地干线。接地体宜沿建筑物墙外埋地敷设，并应构成闭合回路，且每隔18m～24m室内与室外连接一次，每个建筑物的连接不应少于两处。

12.7.7 架空敷设的金属管道应在进出建筑物处与防雷电感应的接地装置相连接。距离建筑物100m内的金属管道应每隔25m左右接地一次，其冲击接地电阻不应大于20Ω。埋地或地沟内敷设的金属管道在进出建筑物处亦应与防雷电感应的接地装置相连。

12.7.8 平行敷设的金属管道，当其净距小于100mm时，应每隔25m左右用金属线跨接一次；当交叉净距小于100mm时，其交叉处亦应跨接。

12.8 防　静　电

12.8.1 危险场所中可导电的金属设备、金属管道、金属支架及金属导体均应进行直接静电接地。

12.8.2 静电接地系统应与电气设备的保护接地共用同一接地装置。

12.8.3 危险场所中不能或不宜直接接地的金属设备、装置等，应通过防静电材料间接接地。

12.8.4 当危险场所采用防静电地面及工作台面时，其静电泄漏电阻值应控制在0.05MΩ～1.0MΩ。

12.8.5 危险场所需要采用空气增湿方法泄漏静电时，其室内空气相对湿度宜为60%。黑火药生产的危险场所空气相对湿度应为65%。当工艺有特殊要求时可按工艺要求确定。

12.8.6 危险场所不应使用静电非导体材料制作的工器具。当必须使用静电非导体材料制作的工器具时，应对其进行导静电处理，使其静电泄漏电阻值符合要求。

12.8.7 黑火药、烟火药生产危险场所入口处的外墙外侧应设置人体综合电阻监测仪和人体静电指示及释放仪，在其附近宜设置备用接地端子。

12.9 通　　讯

12.9.1 危险品生产区和危险品总仓库区应设置畅通的固定电话。

12.9.2 危险场所电话设备选型及线路的技术要求应符合本规范的有关规定。

12.10 视频监控系统

12.10.1 危险品生产场所和危险品总仓库区宜设置视频监控系统，系统的构成应符合相关规范的规定。

12.10.2 危险场所视频监控设计，电气设备选型、线路技术要求及敷设方式等均应符合本规范的规定。

12.11 火灾报警系统

12.11.1 危险品生产区和危险品总仓库区可设置火灾自动报警系统。

12.11.2 危险场所火灾自动报警设计，电气设备选型、线路技术要求及敷设方式、防雷接地均应符合本规范的规定。

12.11.3 当危险品生产区和危险品总仓库区不设置火灾自动报警系统时，可采用畅通的电话系统兼作火灾报警装置。

12.12 安全防范工程

12.12.1 烟花爆竹总仓库区及库房的安全防范措施应采用"人防、物防、技防"相结合的方式。

12.12.2 烟花爆竹的危险品仓库及库区宜设置安全防范系统。

12.13 控　制　室

12.13.1 烟花爆竹生产项目和经营批发仓库的消防控制室、安全防范系统监控中心及自动控制室宜设置在单独建筑物内，亦可附建在非危险性建筑物内。

12.13.2 1.1级建筑物内不应附建有人值班的控制室。1.3级建筑物内可附建控制室，但应符合本规范第12.5.6条的规定。

12.13.3 当1.1级建筑物需要设置有人值班的控制室时，应将控制室嵌入防护土堤外侧或布置在防护土堤外符合安全要求的位置。

附录 A 防护屏障的防护范围

A.0.1 防护屏障的防护范围见图 A.0.1。

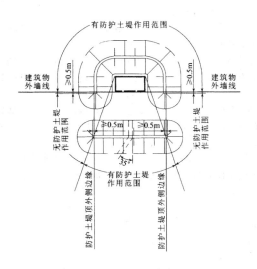

图 A.0.1 防护屏障的防护范围

A.0.2 "一字防护土挡墙"防护屏障的防护要求见图 A.0.2。

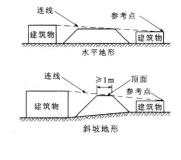

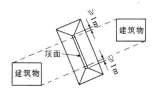

图 A.0.2 "一字防护土挡墙"防护屏障的防护要求

中华人民共和国国家标准

烟花爆竹工程设计安全规范

GB 50161-2009

条 文 说 明

1 总 则

1.0.1 本条强调了烟花爆竹工程设计必须贯彻的安全方针,以及制定本规范的目的,使所建工程从本质上符合安全要求,以利投入使用后对国家和人民生命财产安全有一定保障。

1.0.2 本条规定了本规范的适用范围和不适用范围。对新建、扩建工程,应按规范要求建成一个本质安全型的企业。对现有企业,由于历史原因,存在着不少安全隐患,在改建时为了消除这些不安全因素,防止事故发生以及限制事故波及范围,所以也应遵守本规范,使改建部分达到规范要求。

本次修订明确了烟花爆竹批发经营企业的仓库建设工程适用本规范。

对零售烟花爆竹的储存,以及军用烟火的制造、运输和储存,因其条件不同,不适用本规范。

1.0.3 本条是从保障人民群众生命和财产安全出发强调了外部安全距离规定的外延要求。

1.0.5 本规范主要规定了烟花爆竹建设工程在安全上的特殊要求,不能包括工程设计中的所有问题,因此,本规范未规定的其他问题应执行现行国家工程建设相关标准、规范的规定,如《建筑设计防火规范》GB 50016、《工业企业设计卫生标准》GBZ 1 以及土建、供排水、电气设计等一系列有关专业的标准、规范。

3 建筑物危险等级和计算药量

3.1 建筑物危险等级

3.1.1 对烟花爆竹生产项目的建筑物划分危险等级,主要是为了便于确定危险性建筑物与相邻的建筑物、构筑物、设施及场所的安全距离,其次是为了确定危险性建筑物的结构形式和应采取的安全措施。

建筑物的危险等级是根据建筑物内所含的生产工序和制造、加工或储存危险品的危险性决定的。危险品的危险性是根据危险品的感度、一旦发生爆炸事故时所产生的对外界的破坏力为主要依据。本规范中的危险品指烟花、爆竹成品、已装药的半成品及其药剂,事故指涉及烟花、爆竹成品、已装药的半成品及其药剂的燃烧、爆炸事故。

实践证明,烟花爆竹企业的事故主要有两种形式,即爆炸和燃烧,这两种情况下,对外界破坏遵循的规律不一样,须分别处理。本规范中将危险等级分为两级:1.1级为具有整体爆炸危险的建筑物,1.3级为具有燃烧危险的建筑物。

1.1级建筑物主要特点是其中的危险品具有整体爆炸危险或有迸射危险性。该建筑物一旦发生事故,主要以爆炸冲击波和爆炸破片的形式对外界产生破坏,且这种破坏不局限于本建筑物中,周围的建筑物及附近的人员也会受到严重破坏和伤害,尤其是冲击波和破片的速度非常快,来不及疏散或采取相应的补救措施,一般多采用安全距离来防范对周围的危害。

通过我们对典型烟花爆竹药剂的TNT当量试验和全国范围的调研发现,烟花爆竹药剂爆炸时,其破坏威力变化很大,有的与TNT相当,有的与黑火药相当。对每种威力的药都定一个档次,既不可能,也不必要。经过反复的考虑和比较,借鉴现行国家标准《民用爆破器材工程设计安全规范》GB 50089和国内、外同类标准的制定经验,考虑到工程处置、管理上方便,本次修订把1.1级再细分为:破坏威力与TNT相当的作为1.1^{-1}级,破坏威力与黑火药相当的作为1.1^{-2}级。这两级主要区别在破坏威力不同,因此在工程处置、管理上的差别主要在于安全距离不同。

1.3级建筑物主要特点是其中的危险品具有燃烧危险和较小爆炸或较小迸射危险,或两者兼有,但无整体爆炸危险性。该建筑物一旦发生事故,主要是燃烧事故,事故对外界的破坏主要是靠火焰以及辐射出的热量烧伤人员和引燃其他财产,但考虑到其中的危险品多数是有爆炸可能的含烟火药、黑火药的危险品,不同于普通的危化品,因此,不能笼统地按防火规范处理,需在本规范中单独列为一个等级以考虑它的特殊性。如烟花产品的包装厂房,所包装的对象中含有烟火药、黑火药这样一些爆炸品,但加工方式(加工时不直接接触药剂)和这些爆炸品存在的状态(分散在各个产品中)使之不易发生整体爆炸事故,只发生燃烧事故或较小爆炸事故,故将其定为1.3级建筑物。

1.3级建筑物还包括一种情况,即建筑物内的危险品偶尔有轻微爆炸,但这种爆炸轻微到破坏效应只局限于本建筑物内。同样以包装厂房为例,在包装厂房中发生火灾事故时,其中的爆竹会发生爆炸,但其威力不会波及厂房以外,因此,包装厂房在包装某些产品时,也是属于偶尔有轻微爆炸,但其破坏效应只局限于本建筑物内的厂房。

危险品成品仓库要求在仓库内只有成箱产品的搬动,没有其他操作。

本条中的制造、储存、运输均指危险建筑物内,正常生产运行时所发生的制造、储存、运输。

3.1.3 本条是根据建筑物危险等级的划分原则,对烟花爆竹企业危险品生产、加工厂房和危险品储存库房的具体规定。

通过81个典型配方的5000多次的冲击与摩擦感度试验和9个代表性配方的49次TNT当量试验,结果表明:含氯酸盐、高氯酸盐的药剂的TNT当量均大于黑火药,有些含有惰性剂的烟火药剂的TNT当量与黑火药相当,甚至还小。

因此,分级的原则主要是把烟花爆竹生产使用的烟火药剂定为1.1^{-1}级;把黑火药和含有惰性剂(如碳酸锶)的烟火药,以及其他TNT当量值相当于黑火药的烟火药定为1.1^{-2}级。对1.1^{-1}级药剂进行加工的工序,定为1.1^{-1}级工序,烟火药的TNT当量值有高有低,但在生产中同一厂房不同当量的烟火药没有区分开,因此按高的划分;对1.1^{-2}级药剂进行加工的工序,定为1.1^{-2}级工序。对药量比较少且分散或不直接加工危险药剂的工序定为1.3级工序。

本规范表3.1.3-1和表3.1.3-2就是依据上述原则,并考虑危险品的感度、生产工艺的危险程度、事故频率及产品包装情况等因素,对生产工序和库房划分危险等级。厂房的危险等级由其中生产工序的危险等级确定,库房的危险等级由其中储存的危险品的危险等级确定。

表3.1.3-1中所列工序,是修编组根据现场调研,综合全国大部分地区的实际情况,参照现行国家标准《烟花爆竹 安全与质量》GB 10631中的产品分类定出的,基本上能概括烟花爆竹生产的危险工序。由于各地各厂的工艺流程不同、生产习惯不同,因此难以把全国各地所有的烟花爆竹生产企业的工序一一列出,对于那些没列出的工序,可参照本规范表3.1.3-1确定危险等级。

将烟花爆竹生产中所有药物(黑火药、烟火药、效果件、开球药等)生产工序(包括烟花爆竹产品制作装药前的药物计量)的危险等级统一归入表3.1.3-1中的黑火药、烟火药栏目。

单料称量工序,定义为:只有称量这一操作,称量的物质没有爆炸或自燃性质,并且称量后分开存放在容器内。这样的厂房称为原料厂房,作1.3级处理。称量的物质有爆炸或自燃性质或有混合这一操作的作为混合厂房。

氧化剂、可燃物的粉碎和筛选厂房还没形成爆炸品,较少发生能波及建筑物以外的爆炸事故,因此作1.3级厂房,但其粉尘很大,事故几率相对大一些。同时,其对周围环境污染也很大,这样一是影响周围厂房的工人健康,二是易将火灾传播出去,故要求原料称量,氧化剂、可燃物的粉碎和筛选厂房单独建设,不与其他厂房联建,这在本规范第6.0.8条中有规定。

无论黑火药引线还是烟火药引线,基本上采用机械制引,生产过程中一人管理多台设备,每台设备的药量与引火线的规格有关,随着氯酸盐药物的禁止使用,制引工序发生事故的频率大大降低,发生事故后的危害程度主要与引火线的规格有关系,修订时把引火线的制作等工序归入1.1^{-2}级,不再细分黑火药引线和烟火药引线。该条目中的"切引"工序还包括烟花爆竹产品制作过程中的切引。

烟花爆竹已装药的钻孔工序,药都分散在纸筒、引线中,因没有集中在一起的裸露药,不易发生波及建筑物以外的爆炸事故,但该工序事故频率较高,因此,该工序在爆竹和烟花制造中定为1.1^{-2}级,以强调它的危险性,并采用相应的措施(如单独建设)。从全国调研情况看,各厂对这一厂房一般都是单独建设的,这样要求大家也能接受。

对于组合烟花类、礼花弹类、小礼花类、升空类、旋转类、旋转升空类、造型玩具类产品中,对烟火药或同时有烟火药、黑火药的装药、压药工序定为1.1^{-1}级,对只有黑火药的装药、压药工序列入其中的1.1^{-2}级;吐珠类、喷花类、架子烟花、烟雾类产品的装药,药物主要成分是黑火药、含惰性剂的烟火药,或者药物为湿态,这些产品的装药工序定为1.1^{-2}级。

烟花爆竹制造中的插引(含机械插引,手工插引和空筒插引)工序药物分散在纸筒、引线中,不易发生波及建筑物以外的爆炸事故,在禁止使用氯酸盐药物的情况下,发生事故的频率大大降低,因此，修订中把插引工序列入1.3级，考虑到机械插引这一工序的切引具有危险性，曾引发过燃爆事故，本规范第6.0.8条对机械插引工序的工艺布置进行了特别规定。组装、包装和礼花弹制造中的糊球工序，由于不对裸露药剂进行直接加工，厂房不易发生事故，即使发生了事故，只要不严重违反技术安全规程，不大量存放成品或待加工品，是不会酿成波及本建筑物以外的爆炸事故的，故也将这几道工序定为1.3级。

电子点火头蘸药在湿态下进行，由于电子点火头药量分散，不易发生波及工房外的爆炸事故，故将检测、干燥（晾干）、包装等工序也列入1.3级。

摩擦类产品雷酸银药物配制没有包括在黑火药和烟火药范围内，故单独列出雷酸银药物配制与拌药砂工序，列入1.1^{-1}级；发令纸中含有赤磷、高氯酸盐等物质，干燥（晾干）时可能发生燃爆事故，故发令纸干燥工序列入1.1^{-1}级；机械蘸药工序虽然药物为湿态，但药量较多，且机械设备残留物干燥后也易于发生事故，故将机械蘸药工序列入1.1^{-2}级；其他工序药量很少或药物为湿态不易发生事故，故列入1.3级；线香类产品装药工序列入1.1^{-1}级，其他制作工序药物为湿态或分散，不易发生事故，故列入1.3级。

表3.1.3-2包括中转库和成品总仓库，中转库是指准备进入下一道工序的待加工品（半成品）或成品进总库区前在厂区内集中暂存的库房。

半成品的面很广，有封口的也有未封口的，很危险的也有危险性小的，这与产品的品种、加工工艺及外贸需求有关。已封口的含爆炸音剂、笛音剂半成品感度较高，考虑药剂有纸壳约束，使爆炸威力有所削弱，因此把已封口的含爆炸音剂、笛音剂的半成品定为1.1^{-2}级。对于已封口的单个装药量在40g及以上的烟花半成品、单个装药量在30g及以上的升空类半成品、B级及以上爆竹半成品，单个威力不小，在库房中又是集中堆放，一旦发生事故，殉爆的可能性很大，即会酿成爆炸事故，一旦发生事故，可能殉爆周围产品，考虑药剂有纸壳约束，使爆炸威力有所削弱，故将其定为1.1^{-2}级。未封口的半成品、半成品的引火线和烟火药常暴露在外，事故几率相对增加，产生同时爆炸的可能性也大，加之半成品库中存药量大，因此，发生爆炸事故后不易仅局限在本库房内，如1988年1月4日，山西某爆竹厂在中转库领爆竹并编爆竹，整房爆竹半成品（已制好，待编鞭）爆炸，炸死几人，并抛到几十米外；同年四川某县也有一次类似事故。因此有裸药的半成品中转库应为1.1级，考虑半成品的药剂有纸壳约束，使爆炸威力有所削弱，故将其归入1.1^{-2}级。

A、B级成品（喷花类除外）每个装药量都很大，单个威力不小，在库房中又是集中堆放，一旦发生事故，殉爆的可能性很大，即会酿成爆炸事故，如2008年2月，广东某仓储公司仓库发生爆炸，库区20栋库房不同程度损毁（3栋库房整体炸毁、15栋库房过火烧毁、2栋库房顶板脱落），其中储存有礼花弹等大药量A、B级产品的3栋库房发生了整体爆炸。故A、B级成品仓库应为1.1级，考虑产品中的药剂有纸壳约束，使爆炸威力有所削弱，故将其归入1.1^{-2}级。

根据现行国家标准《烟花爆竹 安全与质量》GB 10631，C级组合烟花类产品药量可能达到1500g，如果单筒药量过大（特别是含爆炸药剂较多时），一旦产品中的某一个筒子发生意外爆炸，可能导致整个产品发生爆炸，进而可能引起恶性爆炸事故，在进行的试验中，曾发生过一个筒子爆炸殉爆整个产品的情况，特别是当筒子壁厚较薄时发生殉爆的可能更大，标技委及相关专家反复讨论，将单筒药量≥25g列入1.1^{-2}级。

在中转库、总仓库中将C、D级产品（含A、B级喷花类产品）、电子点火头定为1.3级的依据，是参考了美国、德国烟花爆竹规范，并结合我国的分级原则和事故经验确定的。如对C级爆竹成品库定为1.3级，就借鉴了一例事故的经验：1983年广西合浦某爆竹厂因装卸时擦着引线，燃爆满屋的爆竹，事后爆竹的碎纸近半

米厚，可是爆炸仅局限在这一厂房内，甚至该厂房都没受到损坏，也没产生火灾。

表3.1.3-1和表3.1.3-2中，"单个"产品是指没有组合的个体产品，"单筒"是特指组合烟花类产品中，相对独立的个体筒子。

3.1.4 烟花爆竹企业涉及的氧化剂、可燃物及其他化工原材料的火灾危险性类别在防火规范中均有规定，在烟花爆竹企业储存时其性质没有发生变化，故本规范不对其仓库的危险等级重新进行规定。而对危险性可能发生变化的使用工序（比如粉碎、混合等）的危险等级进行了规定。

3.2 计 算 药 量

3.2.1 危险性建筑物的计算药量是确定建筑物安全距离的重要根据，它考虑建筑物中发生事故时对外界可能造成的最严重破坏，这就要计算建筑物正常运转中可能有的能同时爆炸或燃烧的最大药量。许多实验和事故证明，一次爆炸（燃烧）的药量若分几次爆炸（燃烧），其威力就小得多。因此，确定计算药量的原则是：能形成同时爆炸（燃烧）或殉爆（燃）的药量，就要合起来计算；不会引起殉爆（燃）或不同时爆炸（燃烧）的药量可分别计算，取最大者。因各企业情况千差万别，很难再定的很细，作为规范也没必要很细，故这一节只定原则要求。

存药量是建筑物中所有的药量之和，而计算药量是指存药量中那些能形成同时爆炸（燃烧）的药量之和，两者是不同的。但在实践中由于难以确定存药量中哪些能同时爆（燃），哪些不能同时爆（燃），故常把存药量作为计算药量。

3.2.2 防护屏障内的危险品药量及运输工具内的药量，与危险性建筑物同处在一个防护屏障内，同时殉爆（燃）的可能性很大，所以应该计入危险性建筑物的计算药量内。

3.2.3 危险性建筑物抗爆间室内的药量，因考虑结构采取了抗爆防护，该部分药量不应殉爆厂房内的存药，厂房内的存药一旦发生事故，也不会引起抗爆间室内的药量爆炸（燃烧），为此，该部分药量可不计入危险性建筑物的计算药量。

3.2.4 当厂房内几处存药，采取防护措施（如防爆箱）隔离，不会相互引起爆炸或燃烧，则可以分别计算，取其中最大值作为危险性建筑物的计算药量。

4 工程规划和外部最小允许距离

4.1 工程规划

4.1.1 烟花爆竹生产属于危险性行业,有发生燃烧、爆炸事故的危险,一旦发生燃烧、爆炸事故,将有可能波及周围,并有一定的破坏性。所以在选择厂址时,应重点考虑避免对外界重要设施的影响,故作此特别规定。对于企业选址还应符合现行国家标准《工业企业总平面设计规范》GB 50187 的规定。

4.1.2 总结易燃、易爆危险品生产、储存的实践经验和过去的事故教训(比如:1985 年 4 月太原某烟花厂特大燃烧爆炸事故、1993 年 12 月广西某爆竹厂特大燃烧爆炸事故、2000 年 3 月江西某花炮厂燃爆事故),工程规划时,应从整体布局上考虑,根据组成企业的各区功能、性质,做到分区、分开布置,这不仅有利于安全,而且便于企业管理。

4.1.3 本条具体规定了在进行分区规划时应遵循的基本原则和应考虑的主要问题。

1 本款强调在分区规划、确定各区位置时,应该全面考虑条文中所说的各种因素,同时提出危险品生产区宜设在适当位置。一个企业最主要也是最重要的部分是生产区,其他部分是对它的配套、辅助,是为它服务的。因而布局是否合理、安全决定于危险品生产区的布置。历来的经验表明,在总体布局上合理布置,确定危险品生产区的位置是企业安全的保证,同时有助于各区的联系,合理组织生产、方便职工生活。

危险品总仓库区是集中存放危险品的地方,存药量比较大,从安全角度上考虑,宜设在有自然屏障或有利于安全的地带。燃放试验场和销毁场都是散发火星的地方,而且也容易出事,为不影响危险品生产区,故宜单独布置,且设在有利于安全的偏僻地带。

2 非危险品生产区系指不涉及烟火药或爆竹药等危险品的生产区,对内外不存在危险,所以在满足生产的原则上,可将非危险品生产区靠近住宅区方向布置,以方便职工。

3 为了确保安全,减少不安全因素,本款强调不应使无关人员和货流通过危险品生产区和危险品总仓库区,同时考虑到住宅区人员密集,从人对危险品运输的影响和危险品运输一旦出事对人员的影响两方面考虑,强调提出危险品货物运输不宜通过住宅区。这里住宅区是指本厂的住宅区。

4.1.4 在山区建厂,充分利用有利地形,布置危险性建筑物,既有利于安全,又可减少占地。但本条规定不应将危险品生产区布置在山坡陡峭的狭窄沟谷中。对于狭窄沟谷,首先人员疏散困难;第二,一旦发生爆炸,产生的有害气体不易扩散;第三,山体对爆炸冲击波还有反射作用,将加剧破坏,鉴于这三点制定本规定。

4.1.5 本条为新增条文,针对烟花爆竹批发经营企业建设危险品仓库的情况,对其应执行的外部最小允许距离和内部最小允许距离作出了明确规定。

4.2 危险品生产区外部最小允许距离

4.2.1 危险品生产区内的危险性建筑物与其周围村庄、企业、公路、铁路、城镇和本企业生活区等之间的距离,均属外部最小允许距离。由于危险品生产区内各危险性建筑物的危险等级及其计算药量不尽相同,因而所需外部最小允许距离也不一样。所以在确定外部距离时,应根据危险品生产区内 1.1 级、1.3 级建筑物的各自要求分别计算,取最大值。

外部最小允许距离自危险性建筑物的外墙算起,与原规范相一致。对于晒场,则自晒场边缘算起。

4.2.2 本规范中,1.1 级建筑物是具有集中爆炸危险品的建筑物。试验表明,不同性质的爆炸物品爆炸后所形成的空气冲击波

峰值超压,在较远处差别不太明显,为此,根据试验资料、事故调查和国内外有关文献,经分析整理后,提出用本规范表 4.2.2 来确定 1.1 级建筑物的外部最小允许距离,不再区分 1.1⁻¹级和 1.1⁻²级建筑物。

1 对零散住户和本企业总仓库区,考虑到人员较少,按轻度破坏标准考虑,即:玻璃大部分粉碎,木窗扇大量破坏、木窗框和木门扇破坏,板条内墙抹灰大量掉落,砖外墙出现较小裂缝,钢筋混凝土结构无损坏。

2 对村庄、中小型企业,考虑人员较多且相对集中;对 220kV 以下区域变电站、220kV 架空输电线路,考虑其地区性,一旦出事影响面较广。所以以上各项均按次轻度破坏标准考虑,即:玻璃少部分到大部分破碎,木窗扇少量破坏,板条内墙抹灰少量掉落,钢筋混凝土结构和砖混结构均无损坏。

3 对于城镇规划边缘,考虑人员较多且集中,各种设施也多;对 220kV 以上区域变电站、220kV 以上架空输电线路,考虑其跨区域性,一旦出事影响面非常广。所以以上各项均按次轻度破坏标准下确定外部最小允许距离。

4 对铁路、二级及以上公路、通航河道和 35kV 架空输电线等,考虑是活动目标和线形目标,参照零散住户外部距离再适当降低确定。

5 在计算药量栏增加 800kg 和 1000kg 两档主要是考虑生产区内烘干厂房的计算药量可能超过 500kg,增加相应外部最小允许距离要求。

本次修订从爆炸产生冲击波的峰值超压,爆炸飞散物密度,防火等因素考虑,规定当单个建筑物计算药量小于等于 10kg 时的外部最小允许距离:距零散住户、本企业独立总仓库区边缘不小于 50m,距村庄边缘不小于 60m,距铁路、二级及以上公路路边不小于 35m,距三级公路路边不小于 35m。

由于无法将外部目标一一罗列,可根据人数规模和重要性选用相应项目栏来确定外部最小允许距离(如本企业住宅区可根据人数规模选择第一项或第二项的外部最小允许距离要求)。若外部目标要求的安全距离大于本规范规定,则执行外部目标的规定。本规范中所指住户指具备法定居住条件的有固定人员的居住场所。

4.2.3 1.3 级建筑物外部最小允许距离在参照了国内外同类标准后,主要考虑的是防火,既防止外来的火引燃危险品,又防止一旦发生事故,明火传到外界,波及外部;再考虑综合安全系数。本次修订规定当单个建筑物计算药量小于 100kg 时的外部最小允许距离:距零散住户、本企业独立总仓库区边缘不小于 35m,距村庄边缘不小于 40m,距铁路、二级及以上公路路边不小于 35m,距三级公路路边不小于 35m。

4.3 危险品总仓库区外部最小允许距离

4.3.1 烟花爆竹危险品总仓库区与其周围村庄、企业、铁路、公路、城镇和本企业生产、住宅等之间的距离,均属外部最小允许距离,由于总仓库区内各危险品仓库的危险等级和计算药量不尽相同,所以要求的外部最小允许距离也不一样。故在确定总仓库区的外部最小允许距离时,应分别按总仓库区内各个仓库的危险等级和计算药量计算,取大值。

4.3.2 本条规定原则与本规范第 4.2.2 条基本相同,鉴于危险品总仓库区发生爆炸事故的几率很少,本着节约土地,节省投资等原则,有集中爆炸危险品的 1.1 级仓库,按轻度破坏标准下限来确定与零散住户和本厂危险品生产区边缘的外部最小允许距离;与其他目标项目的外部距离,根据其重要性确定。

4.3.3 1.3 级仓库的外部最小允许距离,主要考虑防火要求,为此规定最小防火距离为 35m;同时参照了国外同一类别烟火安全距离的标准,制定了本规范表 4.3.3。

本次修订根据国内现有烟花爆竹危险品总仓库的实际储存情

况,库房的最小计算药量从原规范2000kg降至500kg,相应的外部最小允许距离降至:距零散住户、本企业危险品生产区边缘不小于35m,距村庄边缘不小于40m,距铁路、二级及以上公路路边不小于40m,距三级公路路边不小于35m。

4.3.4 本条为新增条文。明确总仓库区和生产区之间执行外部最小允许距离,且取各自要求的最大值。

4.4 燃放试验场和销毁场外部最小允许距离

4.4.1 本条规定了燃放试验场的外部最小允许距离,根据专家评审意见并参照《焰火晚会烟花爆竹燃放安全规程》GA 183附录B中礼花弹基本安全参数进行了适当调整。表4.4.1中的地面烟花燃放试验主要指鞭炮、玩具类烟花、喷花类产品(A级产品除外)的燃放试验。

4.4.2 本条规定了烟花爆竹生产企业日常销毁危险品的销毁场外部最小允许距离。危险品的销毁可以采用多种方式,常用的是烧毁法。本条规定了当采用烧毁法时,考虑有可能发生爆炸的危险,限定一次烧毁药量不应超过20kg,以控制一旦爆炸对外界的影响,同时规定外部最小允许距离不应小于65m,是按次轻度破坏标准确定的。

5 总平面布置和内部最小允许距离

5.1 总平面布置

5.1.1 总结多年来的生产、建设实践经验,为使厂区布置更加科学、合理,确保安全,本条提出了对危险品生产区总平面布置的一般原则和基本要求。

 1 根据多年的生产、建设经验,企业根据生产工艺特性、产品种类分别建立生产线,做到分小区布置,不仅方便管理,也有利于安全。

 2 本款提出生产线的厂房布置应符合生产匹配,且应符合工艺流程,宜避免危险品往返和交叉运输,是从生产能力配套、安全生产,减少危险品的运输环节和相互影响等方面考虑而制定的。

 建筑物之间的距离要满足内部最小允许距离的要求,是为了控制一旦发生事故,对周围建筑物的影响不得超过允许的破坏标准。

 4 本款提出同一危险等级的厂房和库房宜集中布置,是指同一生产线上的同类厂房和库房,目的是为了减少较危险的厂房和库房对危险性小的厂房的影响,使整个厂区危险性降低,这样不仅可以减少厂区的占地面积,还有利于安全。

 5 本款强调了危险品生产区厂房布置的总原则,小型、分散,留有防护距离。这对于机械化程度不高,大量手工操作的烟花爆竹行业的生产是非常必要的,是多年来烟花爆竹生产经验和事故教训的总结。

 6 当危险品生产厂房靠山布置时,要考虑山体的稳定、防洪以及山体对空气冲击波阻挡而产生的反射波。靠山布置太近时,山体对空气冲击波的反射作用会使邻近厂房和相对面产生的

灾害加强,所以不宜太近,具体距离多少要综合考虑。

对于危险品生产厂房布置在山凹中,从利用地形因素上讲是合适的,但不利于人员的安全疏散和有害气体的扩散,所以提出应考虑人员安全疏散的问题。

5.1.2 本条提出了对危险品总仓库区的总平面布置的一般原则。

 1 一般危险品的总仓库存药量较大,发生爆炸事故时破坏性较强,所以结合地形,布置不同等级的危险品仓库,不仅可以减少占地,而且有利于安全。

 2 比较危险或计算药量大的危险品仓库一般容易发生爆炸事故,或者一旦出事破坏性较大,考虑到库区的值班室一般都设在库区出入口附近,而且车辆、人员都必须经过出入口,故本款提出不宜布置在库区出入口附近。

 3 本款规定运输道路设计时,运输危险品的车辆不应在其他防护屏障内通过是为了安全起见。因为车辆通过其他防护屏障内,增加了车和人与危险品仓库的接触,增加了不安全因素,提高了发生事故的几率。

 4 本款为新增条款。本款提出同一等级的仓库宜集中布置,计算药量大和危险性大的仓库宜布置在总仓库区的边缘地带,目的是为了减少较危险的仓库对危险性较小的仓库的影响,使整个总仓库区危险性降低,这样不仅可以减少库区的占地面积,还有利于安全。

5.1.3 为确保危险品生产区和危险品总仓库区的安全,方便管理,也为了能真正起到防护作用,本条强调应分别设置密砌围墙。特殊地形设置密砌围墙有困难时,也应设置围墙,但设置方法可以结合具体地形条件因地制宜处理。

对于围墙与危险性建筑物的距离,由原规范规定不宜小于5m现改为宜为12m,不得小于5m的规定是为了提高防火能力,防止从围墙外扬进火星把危险性建筑物引燃。在新建时宜加大围墙与危险性建筑物、构筑物的距离。

5.1.4 危险品生产区和危险品总仓库区的绿化不仅可以美化环境,调节气温,改善工人工作条件,而且还有助于削弱爆炸产生的冲击波,同时还能阻挡爆炸产生的飞片,从而达到减少对周围建筑物的破坏。本条提出宜种植阔叶树,是因为它不易引燃,在此强调选择树种时,不应选用易引燃的针叶树或竹子。

5.1.5 本条为新增条文,是为了提高防山火的能力。

5.2 危险品生产区内部最小允许距离

5.2.1 危险品生产区内各建筑物之间距离属于内部最小允许距离,由于危险品生产区内有着不同等级的危险性厂房,还有为危险品生产区服务的车间办公室、公用建筑物、构筑物,如锅炉房、变电所、水塔等,而且各危险性厂房的计算药量又不尽相同,对这些不同危险等级、不同计算药量和不同用途、不同重要性的各公用建筑物、构筑物,都有自己各自不同的内部最小允许距离要求,在确定各建筑物之间的内部最小允许距离时,要全面考虑彼此各方的要求,综合结果,取大值。同时根据危险性建筑物的耐火等级,还应符合现行国家标准《建筑设计防火规范》GB 50016的有关规定。

内部最小允许距离自危险性建筑物的外墙算起,与原规范相一致。对于晒场,则自晒场边缘算起。

5.2.2 本条规定了危险品生产区内1.1¹级建筑物内部最小允许距离。这是根据国内多年爆炸危险品生产的实践,试验资料的总结,事故材料的统计结果,并参考了现行国家标准《民用爆破器材工程设计安全规范》GB 50089而确定的。

表5.2.2规定的1.1¹级建筑物内部最小允许距离,是按一旦危险性建筑物发生爆炸,周围邻近砖混建筑物按次严重破坏的标准考虑确定的,即:玻璃粉碎、木门窗扇摧毁、窗框掉落、砖外墙出现严重裂缝并有严重倾斜,砖内墙也出现较大裂缝。在制定表5.2.2时,主要考虑冲击波破坏,不考虑偶尔飞片的破坏和杀伤。

 1.1级建筑物应设防护屏障。表5.2.2中所列的双方无屏障

是指由于防护屏障有开口,形成了无防护作用范围,造成无防护作用范围内的建筑物与该建筑物之间形成双方无防护的情况。

根据现状调研,原规范规定的内部距离表中计算药量小于等于1kg的建筑物存在意义不大,故在表5.2.2中删除。原规范在确定建筑物内部最小允许距离时要求有防火墙,但实际上并未设置,导致小药量的内部最小允许距离要求偏小,故本次修订增加对防火墙的要求,否则加大内部最小允许距离。

5.2.3 本条为新增条文。涵盖了原规范中对A₃级建筑物的内部距离要求。

5.2.4 本条为新增条文。原规范规定的建筑物内部距离要求建筑物均应有外墙,但企业现状存在大部分建筑物为无墙体的敞开面,故对这种情形作出增加20%内部最小允许距离的规定。

5.2.5 本条为新增条文。对于镶嵌在山坡陡峻的山体中的危险性建筑物,考虑到山体对爆炸冲击波有反射作用,漏泄出的冲击波压力将加强。同时参考现行国家标准《地下及覆土火药炸药仓库设计安全规范》GB 50154中危险性建筑物面对面布置时内部距离增大系数的规定,而制定本条。

5.2.6 本条为新增条文。根据国内多年事故资料的统计结果,有迸射危险产品的生产线在发生事故时,对周围建筑物影响加大,故对生产这类产品的建筑物内部最小允许距离作出增加50%的规定。

5.2.7 本条规定了1.1级建筑物与公用建筑物、构筑物之间的内部最小允许距离。鉴于公用建筑物服务面广,牵涉范围大,所以根据不同的公用建筑物、构筑物的重要性和对安全的影响程度,采用不同的允许破坏标准来确定内部最小允许距离。

1 锅炉房考虑到它们是全厂供热的中心,一旦遭破坏将直接影响整个企业,独立变电所、水塔和高位水池及消防蓄水池考虑到它们是全厂供电、供水的中心,一旦遭破坏将直接影响整个企业,故内部最小允许距离按砖混结构轻度破坏标准计算,破坏特征:玻璃大部分破碎,木窗扇大量破坏,木窗框和木门扇破坏,板条内墙抹灰大量掉落,砖外墙出现较小裂缝,钢筋混凝土结构无损坏。

2 厂部办公室、辅助部分建筑物考虑到人员密集,故内部最小允许距离按砖混结构轻度破坏标准下限计算。

5.2.8 本条规定了危险品生产区内1.3级建筑物与邻近建筑物的内部最小允许距离。1.3级建筑物主要是集中燃烧的危险,着重从防火的角度确定与邻近建筑物的最小允许距离,同时考虑了偶尔有轻微爆炸的危险。表5.2.8所规定的内部最小允许距离是总结了国内外军工、烟花爆竹标准中集中燃烧级的内部最小允许距离规定而制定的。

本次修订根据国内现有烟花爆竹危险品生产区内的实际生产、储存情况,对表5.2.8中的计算药量进行适当调小,增加了计算药量≤50kg和100kg两档;针对原规范实际要求建筑物的外墙为防火墙,但部分企业并未设置,导致内部距离要求偏小,故增加对防火墙的设置要求。

5.2.9 本条规定了1.3级建筑物与公用建筑物、构筑物之间的内部最小允许距离,主要还是考虑防止火灾。

5.2.10 本条为新增条文。为减少厂房内作业人员身边的存药量,部分企业使用了此种存储方式。表5.2.10规定的内部最小允许距离,一是按照临时存药洞事故时不致引起邻近建筑物内药量发生殉爆的距离,二是为避免临时存药洞事故时对邻近建筑物产生抛掷现象,按相邻建筑物设置在临时存药洞爆炸漏斗半径以外的距离。该距离允许相邻建筑倒塌。

5.3 危险品总仓库区内部最小允许距离

5.3.1 危险品总仓库区内各建筑物之间的距离属于危险品总仓库区的内部最小允许距离。由于危险品总仓库区内各仓库的危险等级不一,计算药量不相同,所以要求也不一样。在确定危险性仓库之间的内部最小允许距离时,应根据各仓库危险等级、计算药量分别计算,取大值。

5.3.2 本条规定了危险品总仓库区内1.1⁻¹级仓库的内部最小允许距离。表5.3.2中列出的单有、双有屏障的内部最小允许距离是参考了国内外有关资料,一旦某仓库爆炸,相邻仓库按允许次严重破坏标准上限而定的,即:门窗框掉落、门窗扇摧毁,木屋架杆件偶然折裂,木檩条折断,支座错位,钢筋混凝土屋盖出现明显裂缝,砖外墙出现严重裂缝并有严重倾斜,砖内墙出现较大裂缝,但不至于倒塌。

本次修订根据国内现有烟花爆竹危险品库区内的实际储存情况,对表5.3.2中的计算药量进行适当调小,增加了药量≤100kg的档;删除了药量＞10000kg且≤15000kg和＞15000kg且≤20000kg的档。

5.3.3 本条为新增条文。涵盖了原规范对A₃级仓库的内部距离要求。

5.3.4 本条规定了危险品总仓库区内1.3级仓库的内部最小允许距离。表5.3.4中列出的内部最小允许距离是根据燃烧试验和美国有关烟火库的标准而制定的。

5.3.5 本条规定了在危险品总仓库区内设置10kV及以下变电所时,变电所与各级仓库的内部最小允许距离。

5.3.6 库区值班室是昼夜有固定人员的地方,为保证安全,本条强调宜结合地形布置在有自然屏障的地方,既方便管理,又确保安全。

值班室与1.1级仓库的内部最小允许距离,按一旦仓库爆炸,值班室受到中等破坏标准而制定。

值班室与1.3级仓库的内部最小允许距离,按防火要求确定。本次修订增加了表5.3.6-2。

5.3.7 为管理方便,在危险品总仓库区内可以设置无固定值班人员的岗哨位。考虑岗哨位无固定人员,岗哨位与各级仓库的距离不限。

5.3.8 本条为新增条文。明确洞库和覆土库应执行的规范。

5.4 防护屏障

5.4.1 本条指出防护屏障有多种形式,可以根据需要采用不同的形式。规范中规定的为人工防护屏障,同时强调设置的防护屏障要能真正起到对被保护建筑物的防护作用。

5.4.2 本条规定了在危险品生产区和危险品总仓库区内各级危险性建筑物设置防护屏障的要求。

1 强调了对于有集中爆炸危险的1.1级建筑物应设置防护屏障,以阻挡爆炸产生的飞散物,削弱爆炸产生的冲击波,达到减少对周围影响的目的。

2 本款是针对夯土防护墙的结构强度作出的修订。对于计算药量小的建筑物,采用简易的夯土防护墙就可起到防护作用。

3 对1.3级建筑物,主要考虑燃烧危险,即使轻微爆炸对外影响也很小,故可以不设防护屏障。

5.4.3 防护屏障从阻挡爆炸空气冲击波和阻拦爆炸飞散物防护作用来讲,与建筑物的距离越小防护作用越好,但考虑到施工、使用、采光、排水等因素,两者之间还应有一定距离。

1 规定了当建筑物前面与防护屏障之间需考虑汽车回转半径、联系通道时,防护屏障的内坡脚与建筑物外墙的水平距离不应大于9m,同时应增加防护屏障的高度,宜增高1m。

2 规定了当只考虑建筑物采光、排水等因素时,防护屏障的内坡脚与建筑物外墙的水平距离不应大于3m,且不应小于1.5m。

5.4.4 防护屏障的高度直接影响防护屏障的作用效果,为有效阻挡爆炸空气冲击波,阻拦大部分飞散物,起到防护作用,故作本条规定。

5.4.5 在设置防护屏障时,应同时考虑生产运输、人员疏散。本次修订补充了对运输通道、运输隧道和安全疏散隧道的具体要求。

5.4.6 本条规定了防护土堤的具体做法要求。该要求是试验、事故、实践的总结,只有这样的防护土堤,才能有真正的防护作用。

防护土堤应分层夯实,确保其整体强度、边坡稳定。防护土堤坡度应根据不同土质材料确定;当采用土堤底宽为高度的 1.5 倍时,由于坡度很陡,应采取构造措施。

5.4.7 本条规定了夯土防护墙的具体做法要求。

5.4.8 当采用钢筋混凝土防护挡墙时,应根据建筑物的计算药量、与建筑物的距离,通过计算爆炸作用荷载来确定钢筋混凝土防护挡墙的厚度和配筋。

6 工艺与布置

6.0.1 烟花爆竹行业属高危行业,从安全上考虑,鼓励烟花爆竹生产采用机械化、自动化,采用隔离操作工艺技术,以减少事故对人员的伤害,有利于安全。

在工程建设和管理中,应尽可能减少危险性建筑物的存药量和作业人员,做到小型分散,这是根据我国的国情和烟花爆竹行业长期实践中总结出来的控制事故规模、减少事故损失的经验,应推广。

6.0.2 本条为新增条文,强调工艺设计的配套、协调、顺畅、不交叉、不倒流,满足产品生产流程,各工序与生产能力应匹配,不出现生产瓶颈,从工程设施上保证达到均衡、安全生产的条件。

6.0.3 各种机械和监控设施在危险场所的应用必须满足环境的安全要求,即电气设备应防尘、防爆或采取隔墙传动等技术防护措施,接触危险品物料的设备、仪器、工器具的材质应与接触的危险品物料具有相容性,且应符合安全使用要求。

6.0.4 本条要求在有易燃易爆粉尘的工作场所应设置清洗设施,是为了及时清洗易燃易爆粉尘,避免粉尘集聚引发事故。

6.0.5 危险品生产厂房的允许最大存药量在满足生产的前提下,应尽量减少。

现行国家标准《烟花爆竹劳动安全技术规程》GB 11652 对各危险品生产厂房的允许最大存药量均进行了规定,本规范不再作具体规定。从全国烟花爆竹主产区现场调研情况看,有些地方烘干房药量比较大,对生产区的安全是一个很大威胁,应严格执行《烟花爆竹劳动安全技术规程》GB 11652 的有关要求。

危险品中转库的允许最大存药量,考虑到有利于生产周转,故

限定不超过两天生产需要量。因不同企业、不同规模、不同产品相差较大,有些企业某些产品两天的生产量过大,而生产区不允许大量集中存放,故对中转库单库最大存药量进行了限制。

临时存药间和临时存药洞是从减少作业人员身边的存药量和便于组织生产,减少从中转库取药次数而设置的。临时存药间与操作间一般仅一墙之隔,存药量不宜过大;临时存药洞一般布置在两个厂房中间的防护土堤内,药量过大与生产厂房的安全距离难以保证,故其最大存药量以不超过 10kg 为限。

6.0.6 单层厂房比两层厂房的事故危害要小,加之发生事故时,楼上的人员不好疏散,因此,从安全上要求危险厂房和仓库都应为单层。矩形的厂房和库房(仓库)当某一点发生偶然事故时,对本厂房和库房(仓库)中其余部分的影响要比其他形式的建筑物小,所以危险厂房和库房(仓库)的平面都宜采用矩形。

6.0.7 1.1 级厂房危险性相对较大,事故率高,历年来烟花爆竹工厂的事故多集中在这一类厂房。规定这类厂房单机单栋或单人单栋、独立建设,可限制事故规模,避免引起连锁反应,造成重大事故。但若采取有效的抗爆防护措施,如抗爆间室或经计算确定的其他防护间,在一个工作间内的燃烧爆炸事故不会影响相邻工作间时,则可以联建,可减少占地面积。从调研情况看,引火线制造均采用机械制引,一人可以看管几台设备,每台制引机的药量较少,发生事故基本上是爆燃事故,工作间之间采用符合防护要求的实体墙隔离后,可以联建,但不超过 4 间,这样可以减轻作业人员的劳动条件、减少占地面积,厂房危险品数量也不至于过大。

6.0.8 1.3 级厂房联建时,应采用密实砌体墙隔开。机械插引的引线数量相对较多,为避免事故时的相互影响及操作人员的及时疏散,每个工作间只能布置插引机 1 台,应采用密实墙隔离,可以联建但不应超过 4 间。1.3 级厂房中的原料称量,氧化剂、可燃剂的粉碎和筛选厂房,粉尘很多,这些粉尘又都是可燃剂和氧化剂,容易发生燃烧甚至粉尘爆炸,和其他 1.3 级厂房比事故率高;结合我国烟花爆竹工厂的实际情况,以上几个厂房应独立建设。

6.0.9 中转库存药量大,生产厂房事故率高,两者联建容易产生恶性事故。

6.0.10 危险性建筑物与非危险性建筑物分开布置是易燃易爆危险品生产、储存工程建设的基本准则,本条规定有固定操作人员的非危险品生产厂房不得与危险品厂房联建,主要是考虑危险品厂房有可能发生燃爆事故的风险,如与非危险品厂房联建,将波及该厂房,扩大事故的灾害。另外,非危险品生产的作业人员可避免受危险品生产的威胁,所以不允许联建。

6.0.11 设置必需的生产辅助用室(如工器具室等),可以减少工器具的搬动和作业人员的交叉,利于安全管理。但 1.1 级厂房固有的危险性决定了它不要附建除更衣室外的其他辅助用室。

6.0.12 本条是新增条文,是对设置临时存药间和临时存药洞的基本要求。从对全国主产区调研情况看,设置临时存药间和临时存药洞可以最大限度达到"存药岗位不操作、操作岗位少存药",对减少事故发生概率和降低事故伤害程度是有利的。

6.0.13 本条是对危险品生产厂房工艺路线、工艺设备布置的原则要求。设备挡住操作者的疏散道路、工作面太小等在发生事故时不利于人员迅速疏散。

6.0.14 危险品生产宜采用人机隔离、远距离操作。对危险品进行直接加工的工序当无法远距离操作时,应设置有效的个体防护隔离措施。从发生的事故案例和试验分析,作业人员与危险品面对面操作时,一旦发生燃爆事故就可能对作业人员的脸部和胸部烧伤,根本来不及跑开,对这些工序设置个体防护设施是保护作业人员的最有效可行的措施。

6.0.15 规定人均最少使用面积,以利于减少作业场地小,互相干扰而引起的事故。还可控制人员密度,减少事故的伤亡。1.1 级厂房人均面积不宜少于 9.0m² 是通过核算单机单栋(或单人单栋)设备或作业台的面积而定的,1.3 级厂房的人均使用面积不宜

少于 4.5m² 是通过核算作业台面积、人员疏散要求等设定的。通过对全国主产区的调研情况看,在原规范的基础上适当增大人均面积是必要的,也符合大多数企业的现状。

6.0.16 本条为新增条文,是根据升空进射类产品的危险特性及事故案例而规定的。例如,2006 年湖南浏阳某烟花厂升空进射类产品生产工房发生事故,进射出的产品引起邻近中转库发生燃烧爆炸,导致多人死亡,整个工厂基本被毁。

6.0.17 采用日光干燥方式,可以节约能源、减少投资。但近年来因日光干燥出现安全生产事故比较多,故本次修订对采用日光干燥提出了安全要求。

采用暖气干燥方式,要求热媒采用热水或低压饱和蒸汽,热水温度不高于 90℃,低压饱和蒸汽压力不大于 0.05MPa,经军用烟火生产企业实践证明,这样可保证药粉在散热器上不至于马上引燃。

从调研情况看,部分企业采用热风干燥方式。对药剂和带裸药的半成品采用热风干燥方式,干燥厂房容易形成药剂扬尘,增加事故风险。在满足烘干温度要求的情况下,对无裸露药剂的成品、半成品和无药的半成品可采用热风干燥的方式,若药剂和带裸药半成品的烘干采用热风干燥,应采取防止药物发生扬尘的有效措施,以降低事故风险。

由于明火,温度不好控制,易直接引燃药物。故严禁采用明火烘烤,包括火炕、在锅上烘烤等间接的形式。

6.0.18 本条为新增条文,对干燥的产品为防止在产品未完全凉透之前进行装箱,造成热量积聚,引发事故,需要配套凉药厂房。从调研情况看,有些地区晒场(特别是亮珠晒场)产品进入晒场后一直到产品晾晒达到要求后才收集,没有设置凉药工房,对于这种情况要求晒场设置可靠的防雨设施,同时要求晒架不能太低,能可靠防止雨水反溅影响产品。

6.0.19 当危险品运输采用廊道时,应采用敞开式和半敞开式廊道,防止传爆,不允许采用封闭式廊道。

6.0.20 本条为新增条文,曾有产品陈列室发生过事故,故作此规定。

7 危险品储存和运输

7.1 危险品储存

7.1.1 危险品应分类分级分库存放,防止相互影响,扩大事故。

7.1.2 对危险品库房(仓库)的单库存药量和面积进行限定,是为了减少库房一旦发生燃烧、爆炸时对外界造成的影响。危险品生产区内作业人员较多,严格控制生产区内中转库房的存药量,以防止一旦发生事故造成重大人员伤亡。本规范主要根据单栋仓库中存药量发生事故对周围建筑物的影响考虑,故对单栋仓库中最大存药量进行限制。为防止仓库越建越大、提供超储的可能,本次规范修订在本条第 3 款对危险品总仓库的最大面积作了限制,仓库建筑面积宜根据单库存药量的多少及其他要求进行确定,建议"1.3 级成品仓库单栋建筑面积不宜超过 1000m²,每个防火分区的最大允许建筑面积不应超过 500m²;1.1 级成品仓库单栋建筑面积不宜超过 500m²。"

7.1.3 对危险品的堆放通道,定出垛间距及堆垛与内墙壁的距离,是为了便于通风和人员检查,按一般人体肩宽 0.4m~0.5m 而定的。搬运通道宽 1.5m,主要考虑手推车运输和搬运作业的需要。

对危险品的堆放高度,成箱成品的堆垛高度限定,主要从不压坏最底层包装箱和便于装卸防止倒垛考虑而定。散件成品、半成品的堆垛高度是为了方便搬运而定的。

7.2 危险品运输

7.2.1 危险品运输从安全上有特殊的要求,本条规定应采用带有防火罩装置的汽车运输。三轮车不易控制,不宜用于危险品运输;畜力车、翻斗车和挂斗车,更由于有失控和不灵活等不安全因素,故而严禁使用。对于危险品运输车的具体规定以及运输危险品从业人员的管理规定还需执行相关的法律法规。

7.2.2 本条第 1、2 款的规定,一方面是考虑在生产过程中,危险品药粉有可能散落在 1.1 级和 1.3 级建筑物的附近,保持一定距离可以避免行驶车辆碾压危险品药粉而发生事故;另一方面是从运输、生产过程中发生事故时减少相互影响考虑。第 3 款的规定是防止火星飞到运输的危险品车上造成事故。本次修订补充了有相应防护条件情况下可减少主干道中心线与各类建筑物的距离。

主干道为连接危险品生产区(或库区)主要出入口用于运输危险品的公用道路。

7.2.3 本条为新增条文,原规范只对危险品生产区有规定,而危险品总仓库区没有相应规定,本次修订考虑危险品总仓库区运输的危险品主要是包装好的、无散落的危险品粉尘,故危险品总仓库区运输危险品的主干道中心线与各类建筑物的距离较危险品生产区的规定有所减小。

7.2.4 根据现行国家标准《厂矿道路设计规范》GBJ 22 的规定,厂内各类道路的最大纵坡,在平原微丘区主干道为 6%,在山岭重丘区主干道为 8%。考虑到危险品生产区和危险品总仓库区运输危险品的特殊要求,故对主干道纵坡规定不宜大于 6%,用手推车运输的道路纵坡不宜大于 2%,以防止重车上、下坡停不住而发生意外。

7.2.5 本条规定机动车应在危险性建筑物门前 2.5m 以外进行作业,是考虑一旦建筑物内发生偶然事故时,机动车不会堵住门口,有利于人员疏散。

7.2.6 对人工提送危险品的人行道,规定不应设有台阶,是防止踩空、绊脚,造成危险品掉落,发生意外事故。

8 建筑结构

8.1 一般规定

8.1.1 现行国家标准《建筑设计防火规范》GB 50016 规定，甲类生产厂房或库房均要求不低于二级耐火等级。而烟花爆竹生产均含有甲类第五项物质，理应遵守该规定。本次修订明确了化学原料仓库建筑物耐火等级的规定。

8.1.2 鉴于烟花爆竹生产的作业做到少量、分散，有的建筑物很小，为此按生产特点和现行国家标准《建筑设计防火规范》GB 50016 的规定，对建筑面积小于 20m² 的 1.1 级建筑物和建筑面积不超过 300m² 的 1.3 级建筑物适当放宽，可不低于三级耐火等级。

8.1.3 本条增加危险性建筑物应有适当的净空，以满足正常的采光和通风要求。一般工房的净空不小于 3.2m，面积较大、人员较多的 1.3 级工房，房内净空高度一般均在 4m 以上。根据行业的现状和特点，本条仅提出设计时同时满足梁或板中的最低净空要求不宜小于 2.8m，避免出现室内净空太低的情况。其他建筑规范有具体的采光和通风要求，本规范不作具体规定。

8.1.4 在危险品生产区内设置办公用室和生活辅助用室，一是直接指挥生产和紧急处理事故；二是工人卫生保健，不带粉尘离开危险品生产区，宜在危险品生产区内更换洁净后方可离开。明确了危险品仓库区内除设置警卫值班室外，不宜设置其他辅助用室。

8.1.5 生活辅助用室系指洗涤、更衣室、浴室、厕所等，考虑到 1.1 级厂房具有爆炸危险不应设置，防止扩大危害；而 1.3 级厂房则主要为燃烧危险，可以设置，但应布置在较安全一端，并用防火墙分隔，万一出事，可以及时疏散。同时，规定门窗不宜对相邻厂房的泄爆面，主要避免波及生活辅助用室。

车间办公室是与生产调度、现场管理直接相关的，为方便管理，可以附设在 1.3 级厂房，它的设置与生活辅助用室的要求相同。

办公室一般为生产指挥首脑机构，不应在发生事故时一起摧毁而失去紧急指挥，所以宜单独设置。

8.1.6 本条为新增加条文。明确是在"生产区内"，为了减少生产作业厂房的药量，在两个危险性建筑物之间的天然山体等内镶嵌临时存放药物的洞室，对临时存放药物洞室的尺寸及做法等提出具体要求。把药物临时存放在洞室内，不对药物进行直接操作且临时存药洞四周覆土，极大减少了发生事故的概率，万一发生事故，则因覆土减弱了冲击波和破片的次生灾害。

8.1.7 对建筑物外墙与本厂围墙的距离小于 12m 的危险性建筑物，为了防止围墙外有火星等传入建筑物内，此墙不宜开设门洞和窗户。如开设时，面向围墙方向的外墙尽量少开设门洞和窗户，且对开设的门洞和窗户宜采取防止火焰传播的措施，如采用防火门、窗户外设置挡板或密格铁丝网等措施、加高围墙至不低于屋脊高度并留有不小于 12m 的防火隔离带等防火措施。

8.2 危险品生产区危险性建筑物的结构选型和构造

8.2.1 1.1 级建筑物有爆炸危险，为防止墙倒屋塌，所以对墙体有一定要求。砖墙承受爆炸冲击波的能力较低，容易倒塌，所以 1.1 级建筑物的结构形式除符合本条第 2 款条件者外，应采用现浇钢筋混凝土框架结构。现浇钢筋混凝土框架结构整体性及抗震性能较好，采用现浇钢筋混凝土框架承重结构，墙即使倒塌，柱仍能支持屋盖，不会出现墙倒屋塌的灾难性次生灾害事故。而符合本条第 2 款条件者，可采用钢筋混凝土柱、梁承重结构或砌体承重结构，主要是考虑鉴于有些厂房不大、人员也少，或室内无人的厂房，在满足规定的条件下，允许采用钢筋混凝土柱、梁承重结构或

砖墙承重结构。

8.2.2 1.3 级建筑物主要是燃烧危险，但一般厂房较大、人员也较多，为防止墙倒屋塌对室内人员的重大伤害，所以对结构形式有一定要求。砖墙承受爆炸冲击波的能力较低，容易倒塌，所以 1.3 级建筑物的结构形式除符合本条第 2 款条件者外，也应采用现浇钢筋混凝土框架结构。当厂房不大、人员较少，或横隔墙比较密的情况下，也可采用钢筋混凝土柱、梁承重结构或砖墙承重结构。当采用砖墙承重结构时，第 1 款对跨度、长度、净高、横隔墙间距同时提出要求，第 2 款对药量较小的理化、分析室等，只对横隔墙提出了要求，是为了避免 1.3 级厂房中人员较密集且厂房采用砖墙承重结构，由于横隔墙间距太大带来的安全隐患。

8.2.3 独立砖柱、180mm 墙、空斗墙、毛石墙，强度不高，较容易为气浪毁坏，所以独立砖柱、180mm 墙不应使用。虽然空斗墙、毛石墙在南方普遍使用，但现行国家标准《建筑抗震设计规范》GB 50011 和《砌体结构设计规范》GB 50003 中也不允许采用 180mm 墙、空斗墙等墙体承重，所以规定危险性建筑物不得采用。

8.2.4 屋面采用钢筋混凝土屋盖，容易做到平整光滑，易于满足规范中表面平整光滑的要求。但一旦发生事故，发生事故的建筑物本身也会造成重大损失。原规范建议危险性厂房屋盖宜采用轻质易碎屋盖，主要考虑屋盖泄压的作用。根据烟花爆竹的事故分析，当采用现浇钢筋混凝土屋盖，可以在发生爆炸事故的相邻建筑物产生隔燃、隔爆的作用，可以避免"火烧连营"的事故，基本不会发生某一建筑物发生事故时，造成整个工厂或库区全部毁灭性破坏的局面。故本次修订规范首先建议使用现浇钢筋混凝土屋盖。对易燃易爆建筑物可采用轻质易碎或轻质泄压屋盖。现在南方普遍采用小青瓦屋盖，该屋盖总重量可能符合要求，但不属于易碎，在爆炸事故时，每一片瓦都成为破片，对周围破坏比较大，且易于积尘藏灰。本次提出危险性建筑物采用的轻质泄压屋盖（如彩色复合压型钢板等）时，应采取防止成片或整块屋盖飞出伤人的措施的要求，如采取屋檐板上加钢梁加强锚固而屋脊处减弱连接的方法等。

当 1.3 级厂房屋盖采用现浇钢筋混凝土屋盖时，须满足门窗泄压面积 $F \geq 3P$（其中，P 为存药量，单位为 t；F 为泄压面积，单位为 m²）的要求。一般情况，工房开设的门窗面积均比要求的泄压面积多。当门窗面积不能满足泄压的要求时，可在现浇钢筋混凝土屋盖上开设泄压孔洞，以满足泄压面积的要求。1.1 级厂房因整体爆炸，不考虑泄压面积的问题。

8.2.5 危险性建筑物要求外形平整，主要防止积尘，有利于清洗，以免留下隐患，扩大事故危害。

8.2.6 对危险性建筑物采取构造措施，加强建筑物整体刚度，防止局部墙体倒塌而造成整体屋盖垮塌，在试验和事故中证明是有效的。本次规范主要增加钢筋混凝土构造柱、圈梁的设置要求和采用钢筋混凝土过梁的要求等。

8.3 抗爆间室和抗爆屏院

8.3.1 本条是对抗爆间室的结构形式作出的规定。

抗爆间室一般情况下应采用钢筋混凝土结构。目前国内广泛采用矩形钢筋混凝土抗爆间室，使用效果较好。钢筋混凝土系弹塑性材料，具有一定的延性，可经受爆炸荷载的多次反复作用，又具有抵抗破片穿透及爆炸震塌的局部破坏的性能。

抗爆间室的屋盖做成现浇钢筋混凝土的较好，其整体性强，可使间室的空气冲击波和破片对相邻部分不产生破坏作用，与轻质易碎屋盖相比，在爆炸事故后具有不须修理即可继续使用的优点。所以在一般情况下，抗爆间室宜做成现浇钢筋混凝土屋盖。本次修订增加了药量较小时可采用钢板或组合钢板结构，一是工程需要，二是有了具体设计及施工方法。

8.3.2 本条是对抗爆间室提出的设防标准和要求。明确抗爆间室在设计药量爆炸空气冲击波和破片的局部作用下，不能震塌、飞

散和穿透;在设计药量爆炸空气冲击波的整体作用下,允许变形、破坏的程度。

8.3.3 抗爆间室朝向室外的一面应设置轻型窗,这是为了保证抗爆间室至少有一个泄爆面,以减少爆炸冲击波反射产生的荷载。增加窗台高度的规定,是为了防止室外雨水的侵入,又要尽可能扩大泄爆面。

8.3.4 抗爆间室轻型面的外面设置抗爆屏院,主要是从安全要求提出来的。抗爆屏院是为了承受抗爆间室内爆炸后泄出的空气冲击波和爆炸飞散物所产生的两类破坏作用,一是爆炸空气冲击波对屏院墙面的整体破坏作用,二是爆炸飞散物对屏院墙面造成的震塌和穿透的局部破坏作用。因此,必须确保在空气冲击波作用下,屏院不致倒塌或成碎块飞出。当抗爆间室是多室时,屏院还应阻挡经相邻室轻型窗泄出的空气冲击波传至相邻的另一间室而导致发生殉爆的可能。为了更好地保证抗爆屏院的作用,本次修订提出了抗爆屏院的平面形式和最小进深、高度以及构造的要求。

8.3.5 抗爆间室内发生爆炸事故可能性相对较大,为了避免一个抗爆间室发生爆炸时波及另一个抗爆间室或相邻工作间引起连锁爆炸,本条作了相关规定。

8.3.6 本条为新增条文。

8.4 危险品生产区危险性建筑物的安全疏散

8.4.1 安全出口是保障人员快速疏散到室外的有效措施,一般情况下不少于2个,防止有一个被堵住,尚有另一出口可通向室外。

当生产间很小且人员很少时,要设2个出口一无可能,二无必要,因此,对厂房分别规定不同的限额,可设1个,不等于一定设1个。在南方有条件多设更好,在北方由于气候关系而允许设1个,同时另有安全窗可作为逃脱口。

穿过危险工作间到达外部的出口,有可能被阻而失去疏散作用,故而不应作为本工作间的安全出口。

1.1级、1.3级厂房每一危险性工作间的面积大于18m^{2}时,安全出口不应少于2个。因本规范第6.0.15条规定,1.1级厂房的人均使用面积不宜少于9.0m^2,则面积大于18m^{2}时基本为2人及2人以上,故规定安全出口不应少于2个。

防护土堤内厂房的安全出口应布置在防护土堤的开口方向,以利于人员安全疏散,避免被堵在土堤内。

8.4.2 为便于岗位操作工人用最短的时间就近疏散,一般在岗位附近外墙上设安全窗,以便于疏散,但它不是专门用作厂房内所有工人的疏散,因此不计入安全出口的数目。

8.4.3 本条规定是为了既能迅速疏散人员到室外,又能满足生产上的要求。该最远疏散距离是根据现有厂房估算的,与国外同类标准的要求基本一致。

8.4.4 本条规定是保证通道通畅,避免操作岗位上的工人相互影响,以利于安全;通道上是不允许堆放杂物的,以保证厂房内比较整洁,方便生产过程的联系。

8.4.5 对疏散门的设置提出具体规定,门向外开启适合人向外疏散,不许设室内插销,为防止万一发生事故人员疏散受阻。寒冷风沙地区可设门斗,应采用外门斗;门开启方向与疏散门一致,易于人员疏散;外门口不应设台阶,为防止疏散时人员摔倒。

8.5 危险品生产区危险性建筑物的建筑构造

8.5.1 1.1级、1.3级厂房门的设置要求:一是向外开,便于人流由室内顺利向室外疏散;二是门的宽度需与厂房内的疏散通道宽度匹配且不应小于1.2m,不致在出口时造成拥塞。

8.5.2 为了减少破碎玻璃伤人的次生灾害问题,增加了本条的要求,可采用塑性透光材料(如阳光板)或普通玻璃贴防爆膜及玻璃内外加密格钢丝网等方法。

8.5.3 生产厂房要求采用木门窗是考虑安全要求,钢门窗易碰撞冒火星,对黑火药、烟火药都是危险的。故而作此规定。

8.5.4 本条规定是为便于一定身高的人员能快速顺利地从安全窗疏散出去。

8.5.5 本条对地面作原则规定,材料可以自选。总的目标是不允许产生火花。常用的有不发火水磨石地面、不发火沥青地面、不发火导静电沥青地面以及导静电地面等。目前烟花爆竹行业大多采用大方砖地面,缺点是表面不光滑、拼缝较多,易积粉尘,不易清扫,更有甚者是土地面,时间长了,药尘和土混合在一起,存在隐患,这是不适宜的。

8.5.6 对易燃易爆粉尘的工作间一般不允许设吊顶,目的是为了防止粉尘飞扬积存在吊顶内。而现在大多数为冷摊小青瓦屋顶,粉尘容易积存到小青瓦上,存在安全隐患。所以有的企业就设置了吊顶。为此规定当设置吊顶时不允许设人孔,即要求密闭;且隔墙砌到板底,起隔火墙的作用。

8.5.7 规定危险性工作间的内墙要粉刷,有利于清扫墙面上积存的粉尘。对粉尘较多的工作间要求油漆,便于用水冲洗;对粉尘较少的工作间,采用油漆墙裙,可用湿布擦洗。总之,不能让药粉长期积存在墙面上而留下隐患。本次增加了对排水沟的要求。

8.6 危险品总仓库区危险品仓库的建筑结构

8.6.1 本条为危险品仓库总的原则规定,考虑当地气候条件以及防小动物的措施。

8.6.2 本条规定危险品仓库宜采用现浇钢筋混凝土框架结构。也可采用砌体承重,即仓库允许墙倒屋塌,因为室内无人,但里面的所有产品可能爆炸、烧毁或无法继续使用。屋盖宜采用钢筋混凝土结构,在某种程度上它比轻质易碎、轻质泄压屋盖有利。采用轻质易碎、轻质泄压结构,虽然不致造成更严重的后果且易于清理;但有可能产生次生灾害较大。

当1.3级仓库屋盖采用现浇钢筋混凝土屋盖时,也须满足门窗泄压面积(m^2)$F \geqslant 3P$(P为存药量,单位为t)的要求。一般情况下,仓库开设的门窗面积均比要求的泄压面积多。当门窗面积不能满足泄压的要求时,可在现浇钢筋混凝土屋盖上开设泄压孔洞,以满足泄压面积的要求。

8.6.3 危险品仓库(或储存隔间)安全出口数目不应少于2个,以便于快速疏散和互为备用。当仓库小时,设2个出口将使仓库堆放面积减少,为此,规定在仓库面积小于100 m^{2}且长度小于18m时,可设1个。原规范"当仓库面积小于150m^2,且长度小于18m时,可设1个"中面积小于150m^{2}改为面积小于100m^2。主要为了与现行国家标准《建筑设计防火规范》GB 50016中的要求(面积小于100m^{2}时,可设置1个)相协调。考虑到3个柱距内至少设1个门,故从库内最远点到安全出口的距离不应大于15m,该距离大了,不安全;小了,仓库设计将增加不少门,仓库的利用面积太小。

8.6.4 危险品仓库的内、外门向外开且不设门槛,易于疏散,门宽不小于1.5m既方便运输也利于疏散。

长期储存危险品的仓库为双层门,要定期开门通风,内层门为通风门,可不打开,有利于防盗、防小动物。

8.6.5 危险品仓库的窗既要采光,又要通风,且能防盗、防小动物。故而宜配置铁栅、金属网,在勒脚处设能符合防护要求的进风小窗。

8.6.6 危险品仓库的地面应和相应生产间的要求一样,主要考虑有撒药的可能性。如果都以成品包装箱存放并不在库内开箱作业时,没有撒药的可能,则可采用一般地面。

8.7 通廊和隧道

8.7.1 本条为新增条文。室外通廊与厂房相比,属于次要建筑物,但通廊与生产厂房又直接连接,为了防止火灾通过通廊蔓延,故对通廊建筑物结构的材料提出要求,考虑到施工、安装的方便快速以及工厂现状,规定通廊的承重及围护结构的防火性能不应低于非燃烧体。

8.7.2 本条为新增条文,是对穿过防护土堤的疏散隧道、运输隧道结构的具体规定。

性,同时考虑到一般 1.3 级厂房面积较大,作业人员较多,室内消火栓可起到控制初期火灾的作用。

9.0.6 本条根据易发生燃烧事故厂房的不同情况,提出了设置雨淋灭火系统的要求,雨淋系统启动后,立即大面积下水,能有效遏制和扑救火灾,防止事故扩大,因此推荐设置。雨淋灭火系统的喷淋强度和最不利点喷头的压力是参照现行国家标准《自动喷水灭火系统设计规范》GB 50084 中严重危险级给出的。

9.0.7 有些产品和原材料遇水易引起燃烧爆炸危险,故不能采用水型灭火剂,本条提出应根据产品和原料的特性选择灭火剂和消防设施。如铝粉可采用干砂或石粉灭火。

9.0.8 本条是对危险品仓库区消防的规定。随着国家对燃放烟花政策的逐步放开,烟花仓库越建越大,危险性也随库房存药量的增加而增大,为确保有足够的消防储备水量,能及时扑灭火灾,避免事故扩大,因此本条要求烟花仓库的室外消防用水量按现行国家标准《建筑设计防火规范》GB 50016 中甲类仓库的规定执行。

9.0.9 规定消防储备水平时不能被动用,是为了保证火灾时有足够的消防水用以灭火。使用后,储水量的恢复时间也作了明确规定。

9.0.10 本条为新增条文,是对灭火器配置所作的规定。

9 消　防

9.0.1 烟花爆竹的生产、储存具有燃烧爆炸危险性,消防是防止事故扩大的重要措施之一,因此必须设有消防给水设施。考虑到烟花爆竹生产区和危险品仓库区距城镇消防站较远,一般情况都应设消火栓给水系统,尤其应设室外消火栓,当火灾发生时,接上消防水龙带即可灭火。考虑厂房、库房(仓库)分散,如有天然河湖或池塘可利用或建消防蓄水池,也可采用固定消防泵或手抬机动消防泵取水加压灭火。

9.0.2 本条从确保消防供水安全的角度考虑,烟花爆竹工程必须有充足的消防水源,否则无法扑救火灾。水源来自市政管网时,要求厂区设计成环状管网,并有两条输水干管接自市政给水管网,主要是提高消防供水的可靠性,考虑其中一段给水管发生故障、断水、检修时,其他管段仍可保证消防供水。对自备水源井,要求设置消防蓄水设施,如水池、水塘等,主要考虑一旦水源井或取水泵损坏,厂区仍有足够的消防储备水可满足灭火需要,以防事故扩大。

9.0.3 一般烟花爆竹工程远离市镇,无法接引市镇给水管网,只能依靠天然或自备水源(如天然河、湖、池塘,水源井、水池、水塔等),利用消防泵或手抬机动消防泵加压灭火。要求设有备用消防泵,主要考虑火灾时的供水安全。

9.0.4 本条规定危险品生产厂房和中转库的室外消防用水量,应按现行国家标准《建筑设计防火规范》GB 50016 中甲类建筑的规定执行。考虑到烟花爆竹工厂建筑物分散,又有防护距离要求的特点,对建筑物体积小于 300m³ 的工厂,适当放宽室外消防用水量的计算要求。

9.0.5 本条为新增条文。根据 1.3 级危险品生产厂房的危险特

10 废水处理

10.0.1 本条是对废水排放的原则规定。要求对废水进行治理,排出厂外的废水应达到国家现行有关排放标准的规定。

10.0.2、10.0.3 对易燃易爆粉尘散落的工作间,采用水冲洗可有效避免扬尘和摩擦危险,减少发生燃爆事故的可能性。用水冲洗时,废水较多,工作间内可设排水沟,然后用管道收集后集中处理。由于悬浮物易附着在地面、沟壁,留下安全隐患,故室外不宜采用明沟收集。

要求集中收集的含药废水先经污水池沉淀或过滤,再集中处理排放,目的是降低废水中的悬浮固体浓度,减少废水处理设施的处理负荷,提高处理效率。沉淀及过滤的沉渣仍具有一定的危险性,因此规定应定期挖出销毁。

排水沟和沉淀池的一般要求见本规范建筑结构部分规定,具体做法由设计人员依据国家有关规范进行设计。

11 采暖通风与空气调节

11.1 采 暖

11.1.1 本条是对采暖热媒的规定。

黑火药和烟火药对火焰的敏感度都比较高,与明火接触便会剧烈燃烧或爆炸,因此规定危险性建筑物内禁止用火炉和其他明火采暖。

黑火药和烟火药对温度的敏感度也较高,与高温物体接触也能引起燃烧、爆炸事故。其危险性的大小与接触物体表面温度的高低成正比。散状药物的危险性比制品和成品的危险性大,所以分别作出不同的规定。

11.1.2 本条是对采暖系统设计的安全规定。

1 规定散热器的选型要求,是为了便于清扫和擦洗,及时清除沉积于散热器表面的危险性粉尘,避免引起事故。规定散热器和管道外表面油漆的颜色应与危险性粉尘的颜色相区别,是为了易于发现和识别散热器及采暖管道表面积存的危险性粉尘,以便及时擦洗。

2 该规定是为了留出必要的操作空间,以便将散热器和采暖管道上积存的危险性粉尘擦洗干净。

3 抗爆间室轻型面的作用是泄压,为了防止发生爆炸事故时,散热器被气浪掀出,导致事故扩大,故规定不应将散热器安装在轻型面的一面。采暖干管不应穿过抗爆间室的墙,也是避免抗爆间室发生爆炸事故时,采暖干管受到破坏而可能引起的传爆。把散热器支管上的阀门装在操作走廊内,是考虑当抗爆间室内发生爆炸,散热器及其管道受到破坏时,能及时将阀门关闭。

4 本款是为了防止危险性粉尘进入地沟,日积月累,造成隐患而规定的。

5 蒸汽管道、高温水管道的入口装置和换热装置所使用的热媒的压力和温度都可能超过本规范第11.1.1条规定,为避免发生事故,所以规定了不应设在危险工作间内。

11.1.3 本条为新增条文。热风采暖的送风温度是参照现行国家标准《采暖通风与空气调节设计规范》GB 50019 制定的。从安全角度考虑,强调热风采暖系统的设置应符合本规范第11.2节的有关规定。

11.2 通风和空气调节

11.2.1 厂房中散发的危险性粉尘,如不及时处理,不仅危害工人的身体健康,而且有可能引发事故,危及工人安全。为此,规定在这些设备和岗位上宜设局部排风。为了避免事故沿风管蔓延扩大,规定局部排风系统应按操作岗位分别设置。

11.2.2 本条是对危险品生产厂房的通风、空气调节系统的设计规定。

1 散发易燃易爆危险性粉尘的厂房,若将空气循环使用,会使危险性粉尘浓度逐渐增高,当遇到火花时就会发生燃烧、爆炸,因此规定通风、空调系统应采用直流式,不允许回风。出口装止回阀是为了防止当风机停止运转时,含有危险性粉尘的空气倒流入通风机或空气调节机内。

2 采用防爆型是因为防爆阀门在调节风量、转动阀板时不会产生火花。

3 黑火药生产厂房内,由于黑火药的摩擦感度和火焰感度都比较高,含有黑火药粉尘的空气在风管内流动时,会产生电压很高的静电,在一定条件下会放电产生火花,引起事故。为安全起见,规定了黑火药生产厂房内不应设计机械通风。

11.2.3 本条是对有燃烧爆炸危险性粉尘的厂房中机械排风系统的设计规定。

1 排除含有燃烧爆炸危险性粉尘的排风系统,由于系统内外的空气中均含有危险性粉尘,遇火花即可能引起燃烧或爆炸,为此,规定了其排风机及电机均为防爆型。规定通风机和电机应直联,是因为采用三角胶带或联轴器传动会由于摩擦产生静电而发生爆炸事故。

2 含有燃烧爆炸危险性粉尘的空气不经净化处理直接排放,不仅会污染环境,还会留下隐患,因此规定必须经过净化处理后方允许排入大气。从安全考虑,净化装置宜采用湿法除尘。对于与水接触易引起爆炸或燃烧的危险性粉尘,则不能采用湿法净化。将净化装置放在排风机的负压段上,目的是使粉尘经过净化后再进入排风机,减少事故发生的可能。经过净化处理后的空气中仍会含有少量的危险性粉尘,所以置于湿式除尘器后的排风机仍应采用防爆型。

3 风速过低,危险性粉尘易沉积在管底,留下隐患。水平风管要求设有一定坡度,是为了便于清理。

4 本款规定为了避免发生事故时,火焰和冲击波通过风管波及到无关房间。

11.2.4 目的是为了当危险工作间发生事故时,通风机室内的人员和设备可免受伤害和损坏。

11.2.5 为了避免抗爆间室发生燃烧、爆炸时,会通过风管波及到其他抗爆间室或操作走廊而引起连锁燃烧、爆炸事故,因此规定了抗爆间室之间或抗爆间室与操作走廊之间不允许有风管、风口相连通。

11.2.6 为了便于清扫沉积于风管表面的危险性粉尘,规定风管不宜设在吊顶内。

11.2.7 风管采用圆形风管主要是为了减少危险性粉尘在其外表面的聚集,且便于清洗。设置检查孔,是便于检查、清洗风管内的粉尘。规定风管架空敷设的目的,是为了防止一旦风管爆炸时减少对建筑物的危害程度,并便于检修。为了避免火灾通过通风、空调系统的风管进一步扩大,规定了风管及风管和设备的保温材料应采用非燃烧材料制作。风管涂漆颜色应与危险性粉尘易于识别,是为了易于发现风管外表面所积存的危险性粉尘,便于及时擦洗。

12 危险场所的电气

12.1 危险场所类别的划分

12.1.1 由于烟花爆竹生产过程中,主要原料为烟火药和黑火药等危险物质,这些物质遇电火花及高温能引起燃烧爆炸。为了防止危险场所由于电气设备和线路在运行中产生电火花和高温等危险因素,将危险场所划分为三类,工程设计时根据不同的危险场所采取相应的电气安全措施。

危险场所类别划分的依据:

1 危险品存药量。

危险场所(或建筑物)中,危险品存药量的多少决定了事故风险的大小。存药量大时,一旦发生事故后的破坏程度就大,波及面广,所以危险品仓库危险类别划分的高。

2 危险品电火花感度及热感度。

危险场所(或建筑物)中,危险品种类不同,对电火花的感度及热感度是不一样的,分类应根据危险品电火花和热感度性能确定,如黑火药虽然引燃温度比较高,但点燃能量比较小,电火花感度高,因此,危险场所类别划分得比较高。

3 危险品粉尘浓度及积聚。

危险场所(或建筑物)中,危险品的粉尘扩散到空气中,当粉尘浓度未达到爆炸下限值时,一般不易发生爆炸。但当危险场所粉尘浓度达到下限值时,遇到热源、火源会引起燃烧、爆炸,粉尘浓度大,发生事故的可能性高;另外,空气中的粉尘会降落在电气设备外壳上,粉尘浓度越高积聚的厚度可能加厚,发生事故的几率就高,因此,生产过程粉尘浓度较大的场所,危险场所类别划分得比较高。

本条所列各种危险场所分类划分,不可能包括的很齐全,在表12.1.1-1 和表 12.1.1-2 中将常用危险品工作间及总仓库举例列出。但划分危险场所的因素很多,如生产过程中危险物质存药量的控制、散露程度、空气中散发的粉尘浓度、粉尘积聚程度、危险品干湿程度、空气流通状况等都与生产管理有着密切关系,在设计时应根据生产情况,合理确定危险场所类别,采取合理的电气安全防范措施。

危险场所的类别与建筑物危险等级不同,前者是以工作间(或建筑物)为单位,后者是以整个建筑物为单位。防雷类别也是以整个建筑物为单位。

12.1.2 本条为新增条文。危险场所中存在烟火药、黑火药,又存在易燃液体(如酒精等)时,除应符合本规要求外,还应符合相关的现行国家标准,如果二者不一致时,则以其中要求安全措施较高者为准。

12.1.3 本条规定主要是防止危险物质(含粉尘)进入非危险环境的工作间。因为配电室、电机室等工作间安装的电气设备及元器件均为非防爆产品,操作时易产生火花或电弧,所以配电室不应采用本条的规定。

12.1.4 本条是对排风室危险场所的分类:

1 为 F0 类危险场所服务的排风室(生产黑火药的工作间不得安装机械排风),危险程度有所降低,故可划为 F1 类危险场所。

2 该内容是借鉴了乌克兰相关规范的规定而制定的。

3 采用湿式净化装置时,由于排出的危险物质已用水过滤,排风室内粉尘很少,故可划为 F2 类危险场所。

12.1.5 送风机系统在正常运行情况时为保持正压,且送风管道能阻止危险物质进入送风室,故可划为非危险场所。

12.1.7 设在室外的危险品晒场需要在雷雨天存放危险品时应执行本条规定。

12.2 电气设备

12.2.1 本条为危险场所电气设备的一般规定。

2 该款内容原规范不是强制性规定,本次修订改为强制性条款。目前防爆电气设备生产厂家很多,以假乱真的现象时有发生,一旦安装了不合格的防爆电气设备,有可能产生电火花和电弧等危险因素。

3 原规范危险场所电气设备最高表面温度为 140℃～160℃,由于该数值不符合现行国家防爆电气设备最高表面温度的生产标准(T1～T6)的规定,因此修订后改为 T4(135℃),安全要求比原规范严格了。

7 接插装置是为移动设备提供电源的,移动设备是不固定的,容易造成危险事故,本条规定不推荐使用移动设备。

12.2.2 由于目前我国生产的防爆电动机外壳防护等级不能满足危险场所的安全要求,所以采用电动机穿墙传动。

12.2.3、12.2.4 在 F0 类危险场所中,生产或储存时可能出现比较多的粉尘或存药量大的工作间,发生事故的几率比较高,且发生事故后后果严重;同时黑火药、烟火药危险场所适用的防爆电气设备没有解决,必须采取最安全的措施,所以该场所不得安装电气设备。照明采用可燃性粉尘环境用灯具安装在固定窗外,这些措施是防止由于电气设备或线路而引发的危险。

由于生产工艺确有必要安装检测仪表(黑火药除外)时,仪表的外壳应具有一定防护能力防止粉尘进入壳内,且满足最高允许表面温度值要求。该内容是借鉴了瑞典国家电气检验局的有关规定而制定的。

由于我国黑火药生产工艺一般采用干法生产,生产时危险场所粉尘很多,同时黑火药粉尘的最小点火能量较小,因此,黑火药生产的危险场所不得安装电气设备和检测仪表。

12.2.5 根据烟花爆竹生产过程及产品的特点,F1 类危险场所中,生产过程粉尘较多的工作间,电气设备采用能够阻止粉尘进入壳内的产品比较合适。目前我国现行标准《可燃性粉尘环境用电气设备 第 1 部分:用外壳和限制表面温度保护的电气设备 第 2 节:电气设备的选择、安装和维护》GB 12476.2—2006 等同于国际电工委员会标准 IEC 61241-1-2(1999 年)。烟花爆竹生产的危险场所采用尘密外壳(DIP IP65 级)电气设备,比较适用于 F1 类危险场所选用。同时爆炸性气体环境用电气设备 dⅡB 级隔爆型产品,在类似危险场所已采用多年,也可以选用。

12.2.6 F2 类危险场所选用可燃性粉尘环境用电气设备防尘外壳(IP54 级)比较合适。

12.3 室内电气线路

12.3.1 电气线路严禁使用绝缘电线明敷或穿塑料管敷设,是因为其机械强度低、易受损伤、绝缘易受腐蚀破坏、容易着火等。对电线或电缆线芯的材质与最小截面进行规定是为了从物理性能和机械强度方面提高可靠性,防止因线路事故中断供电而引起燃爆事故。

12.3.2 第 3 款规定电气线路采用明敷目的是为了方便与防爆电气连接。

12.3.3 第 3 款规定危险场所尽量不采用电缆敷设在电缆沟内,主要考虑电缆沟内容易积聚危险物质,又不易清除,容易形成安全隐患;另外,危险场所需经常用水冲洗地面,电缆沟有可能进水,形成安全隐患。

12.3.4 F0 类危险场所不安装电气设备,当然也不敷设电气线路。控制按钮及检测仪表线路技术要求及敷设方式应满足相关条文的安全要求。

12.3.5

2 鼠笼型感应电动机有一定的过载能力,因此,引至电动机配电线路的电线或电缆线芯截面长期允许载流量应大于电动机额定电流。

3 移动电缆为了满足机械强度的要求,故需选用不小于2.5mm² 的铜芯重型橡套电缆。

12.4 照　明

12.4.1 现行国家标准《建筑照明设计标准》GB 50034 中没有明确规定烟花爆竹生产危险场所的照度值,本条提供了设计参考值。

考虑因突然停电时,操作人员能及时安全撤离现场,因此,危险场所宜设置应急照明。

12.4.2 对非危险的生产辅助厂房、库房(仓库)的照度没有特殊要求,执行现行国家相关标准的规定。

12.5 10kV 及以下变(配)电所和厂房配电室

12.5.2 烟花爆竹生产时,一般不会因突然停电而引起燃烧爆炸事故,三级供电负荷基本能满足生产要求。但对供电有特殊要求的工序、系统等应设置应急电源。随着科学技术的发展,烟花爆竹生产工艺技术也有所改进,有可能实现连续化生产和自动控制,有条件时,提高供电负荷的等级是必要的。

12.5.3 独立变电所的安全性和可靠性都比较好。

12.5.6 附建于各类危险性建筑物内的配电室,考虑其安装的均为非防爆电气设备(含电气设备、仪表、电子元器件等),为防止危险物质及粉尘进入配电室引起事故,故应采取必要的安全防护措施。

12.6 室外电气线路

12.6.1 为了防止雷击电气线路时,高电位侵入危险性建筑物内引起燃烧爆炸事故,低压供电线路宜采用从配电端到受电端埋地敷设,不得将架空线路直接引入建筑物内。全线埋地有困难时,允许架空线路换接一段金属铠装电缆或护套电缆穿钢管埋地引入。应特别强调在架空线与电缆换接处和进建筑物时,必须采取规范中规定的安全措施,这样电缆进户端的高电位就可以降低很多,起到保护作用。

12.6.2 我国目前黑火药生产一般采用干法生产,生产过程危险场所粉尘很多,且黑火药的电火花感度高,为了防止电气线路引入高电位引发燃爆事故,所以要求低压供电线路从变电所至厂房应全长采用金属铠装电缆埋地敷设。

12.6.3 一是考虑烟花爆竹企业发生偶然爆炸事故时避免对外单位供电系统和通信系统的破坏,特别是高压供电线路一般为区域性供电线路,一旦遭到破坏影响大、波及面广;二是考虑外系统的供电、通信线路发生故障时,不致危及烟花爆竹企业的安全,故制定本条规定。

12.6.6 主要考虑防止电磁辐射引发安全生产事故,同时为防止烟花爆竹生产、储存发生偶然爆炸时,破坏无线电通信设施。

12.7 防雷与接地

12.7.1 根据送审稿专家审查意见和现行国家标准《建筑物防雷设计规范》GB 50057 中防雷类别的划分原则,分析了烟花爆竹行业生产现状和发生雷电事故的人员伤亡和经济损失情况,在本规范表 12.1.1-1 中适当调整了危险性建筑物的防雷类别并补充了注 2 要求。原规范是遵循 1983 年版本的《建筑防雷设计规范》制定的,现行防雷规范采用滚球法确定接闪器的保护范围,保护范围比旧版小。

12.7.2 危险性建筑物的低压供电系统采用 TN-S 接地形式比较安全。因为该系统中 PE 线不通过电流,但是造价比较高。等电位联结能使电气装置内的电位差减少或消除,在爆炸和火灾危险场所电气装置中可有效地避免电火花发生。总等电位联结可消除TN-C-S 系统电源线路中 PEN 线电压降在危险环境内引起的电位差,因此,各类危险性建筑物内实施等电位联结后,电源引入线

可采用 TN-C-S 形式。但 PE 线和 N 线必须在总配电箱开始分开后严禁再混接。

12.7.3、12.7.4 是对等电位接地的要求。一类防雷建筑物防直击雷接地必须单独设置接地装置。

12.7.5 安装电涌保护器是为了钳制过电压,使其过电压限制在设备所能耐受的数值内,使设备受到保护,避免雷电损坏设备。

12.8 防静电

本节为新增内容。

12.8.2 危险场所的防静电接地应与防雷电感应、防止高电位引入、电气装置内不带电金属部分等接地共用同一接地装置。

12.8.4 危险场所中防静电地面、工作台面等泄漏电阻只给出范围,具体阻值应按照该场所中危险品的类别确定,因为危险品的种类不同,防静电地面、台面泄漏电阻要求不同。

12.8.5 危险场所中湿度对静电影响很大。美国兵工安全规范中规定危险场所内相对湿度大于 65%,在澳大利亚标准《The control of undesirable static electricity》AS 1020—1984 中规定,起爆药静电感度高的危险场所相对湿度不低于 70%,对静电不敏感场所相对湿度要求在 50% 及以上。本规范参考了上述标准,并作适当的调整后确定为危险场所相对湿度宜控制在 60%。黑火药静电感度高,相对湿度要求高些,应为 65%。

12.8.7 黑火药、烟火药生产过程粉尘很多,同时两种危险品粉尘电火花和静电感度比较高,最小引燃能量比较小,因此,黑火药、烟火药生产危险场所除进行等电位联结外,还需要设置下列的防静电措施:如工作间地面、工作台面、工作器具、操作人员的工作服(含工作鞋、腕带)等应采用导电性材料制作,同时在危险场所入口处设置泄漏静电和检测静电装置,如果危险场所采取了以上的导静电措施后,就可以防止和减少由于静电引起的燃爆事故。静电安全与企业安全生产管理关系非常密切,所以企业必须加强管理,确保安全生产。

12.9 通　讯

12.9.1 烟花爆竹生产区应设置电话设施,为生产调度与物流提供信息系统,必要时可兼作火灾报警系统。危险品总仓库区的值班室应设置畅通电话系统设施,作为对外联络的通信系统,必要时可兼作火灾报警系统。

12.10 视频监控系统

烟花爆竹企业的原料、半成品及成品基本属于易燃易爆危险品,烟花爆竹的生产属于劳动密集型的高危行业。为防止生产、储存过程中的超药量、超人员和超范围,防止违章指挥、违章作业、违反劳动纪律等现象的发生,提高企业安全管理手段和水平,实现全天候监视危险场所的工作状况,本规范提出烟花爆竹生产区危险品生产场所和危险品总仓库区宜设置监控系统。

12.11 火灾报警系统

烟花爆竹属于易燃易爆物品,一旦发生燃烧或由此引发爆炸事故造成的后果是很严重的。为了及时检测和发现火情,以便迅速采取措施避免重大事故的发生,防止酿成重大损失,要求在危险场所设置火灾报警信号,有条件时最好设置火灾自动报警系统。安装在危险场所的火灾检测设备及线路的技术要求应符合本规范的规定,对于系统的构成及控制可按现行国家标准《火灾自动报警系统设计规范》GB 50116 的有关规定进行设计。

12.12 安全防范工程

由于烟花爆竹属于易燃易爆物品,特别是仓库储存大量的烟花爆竹等危险品,一旦遭受破坏或流入社会而引发燃烧或爆炸事

故,会造成严重的后果。为了维护社会公共安全,保障人身安全和国家、集体、个人财产安全,所以烟花爆竹生产库房和危险品总仓库区宜设置安全防范系统。

12.13 控　制　室

12.13.1　烟花爆竹生产项目和经营批发仓库的消防控制室、安全防范系统监控中心及自动控制室可分项设在单独建筑物内,也可三项合建在一个建筑物内,也可附建在非危险性建筑物内。

中华人民共和国国家标准

火灾自动报警系统施工及验收规范

Code for installation and acceptance of fire alarm system

GB 50166-2007

主编部门：中华人民共和国公安部
批准部门：中华人民共和国建设部
施行日期：2 0 0 8 年 3 月 1 日

中华人民共和国建设部公告

第 733 号

建设部关于发布国家标准
《火灾自动报警系统施工及验收规范》的公告

现批准《火灾自动报警系统施工及验收规范》为国家标准，编号为 GB 50166—2007，自 2008 年 3 月 1 日起实施。其中，第 1.0.3、2.1.5、2.1.8、2.2.1、2.2.2、3.2.4、5.1.1、5.1.3、5.1.4、5.1.5、5.1.7 条为强制性条文，必须严格执行。原《火灾自动报警系统施工及验收规范》GB 50166—92 同时废止。

本规范由建设部标准定额研究所组织中国计划出版社出版发行。

中华人民共和国建设部
二〇〇七年十月二十三日

前　言

本规范是根据建设部建标〔1999〕15号文的要求,由公安部沈阳消防研究所会同有关单位对原国家标准《火灾自动报警系统施工及验收规范》GB 50166—92进行全面修订的基础上编制而成。

在规范修订过程中,编制组遵循国家有关法律、法规和技术标准,进行了广泛深入的调查研究,认真总结了我国火灾自动报警系统工程施工验收的实践经验,征求了设计、监理、施工、产品制造、消防监督等各有关单位的意见,参考了国内外相关标准规范,最后经专家审查由有关部门定稿。

本次规范修订主要是结合实际应用反映的问题,补充完善了系统设备部件的安装、调试、验收等有关技术内容,增加了通过管路采样的吸气式感烟火灾探测器的施工及验收要求,修订了与《火灾自动报警系统设计规范》GB 50116—98不一致、不协调的技术内容,将《火灾自动报警系统施工及验收规范》GB 50166—92中系统运行一节改写为系统使用和维护,以强化系统的维护使用,并对规范从格式到内容的编写进行了全面修改,进一步明确了建设、施工、监理单位在施工及验收中的工作职责、工作程序,补充修改了施工及验收工作中需要填写的各类表格。

本规范以黑体字标志的条文为强制性条文,必须严格执行。

本规范由建设部负责管理和对强制性条文的解释,由公安部消防局负责日常管理工作,由公安部沈阳消防研究所负责具体技术内容的解释。在本规范执行过程中,希望各单位结合工程实践认真总结经验,注意积累资料,随时将有关意见和建议反馈给公安部沈阳消防研究所(地址:辽宁省沈阳市皇姑区文大路218—20号甲,邮政编码:110034),以供今后修订时参考。

本规范主编单位、参编单位和主要起草人:

主编单位: 公安部沈阳消防研究所

参编单位: 辽宁省消防局
北京市消防局
上海市消防局
北京市建筑设计研究院
西安盛赛尔电子有限公司
上海市松江电子仪器厂
深圳赋安安全设备有限公司
北京狮岛消防电子有限公司
北京利达华信电子有限公司
中国中安消防安全工程有限公司
北京利华消防工程公司

主要起草人: 丁宏军　徐宝林　刘阿芳　张颖琮　沈希文
沈纹　郭树林　王世斌　朱鸣　宇平
赵冀生　李宁　李少军　涂燕平　孙宇
罗崇嵩

目　次

1 总则

1.0.1 为了保障火灾自动报警系统的施工质量和使用功能,预防和减少火灾危害,保护人身和财产安全,制定本规范。

1.0.2 本规范适用于工业与民用建筑中设置的火灾自动报警系统的施工及验收。不适用于火药、炸药、弹药、火工品等生产和贮存场所设置的火灾自动报警系统的施工及验收。

1.0.3 火灾自动报警系统在交付使用前必须经过验收。

1.0.4 火灾自动报警系统的施工及验收除执行本规范外,尚应符合国家现行的有关标准的规定。

2 基本规定

2.1 质量管理

2.1.1 火灾自动报警系统的分部、子分部、分项工程应按本规范附录 A 划分。

2.1.2 火灾自动报警系统的施工必须由具有相应资质等级的施工单位承担。

2.1.3 火灾自动报警系统的施工应按设计要求编写施工方案。施工现场应具有必要的施工技术标准、健全的施工质量管理体系和工程质量检验制度,并应按本规范附录 B 的要求填写有关记录。

2.1.4 火灾自动报警系统施工前应具备下列条件:

1 设计单位应向施工、建设、监理单位明确相应技术要求。

2 系统设备、材料及配件齐全并能保证正常施工。

3 施工现场及施工中使用的水、电、气应满足正常施工要求。

2.1.5 火灾自动报警系统的施工,应按照批准的工程设计文件和施工技术标准进行。不得随意变更。确需变更设计时,应由原设计单位负责更改。

2.1.6 火灾自动报警系统的施工过程质量控制应符合下列规定:

1 各工序应按施工技术标准进行质量控制,每道工序完成后,应进行检查,检查合格后方可进入下道工序。

2 相关各专业工种之间交接时,应进行检验,并经监理工程师签证后方可进入下道工序。

3 系统安装完成后,施工单位应按相关专业调试规定进行调试。

4 系统调试完成后,施工单位应向建设单位提交质量控制资料和各类施工过程质量检查记录。

5 施工过程质量检查应由监理工程师组织施工单位人员完成。

6 施工过程质量检查记录应按本规范附录 C 的要求填写。

2.1.7 火灾自动报警系统质量控制资料应按本规范附录 D 的要求填写。

2.1.8 火灾自动报警系统施工前,应对设备、材料及配件进行现场检查,检查不合格者不得使用。

2.1.9 分部工程质量验收应由建设单位项目负责人组织施工单位项目负责人、监理工程师和设计单位项目负责人等进行,并按本规范附录 E 的要求填写火灾自动报警系统工程验收记录。

2.2 设备、材料进场检验

2.2.1 设备、材料及配件进入施工现场应有清单、使用说明书、质量合格证明文件、国家法定质检机构的检验报告等文件。火灾自动报警系统中的强制认证(认可)产品还应有认证(认可)证书和认证(认可)标识。

检查数量:全数检查。

检验方法:查验相关材料。

2.2.2 火灾自动报警系统的主要设备应是通过国家认证(认可)的产品。产品名称、型号、规格应与检验报告一致。

检查数量:全数检查。

检验方法:核对认证(认可)证书、检验报告与产品。

2.2.3 火灾自动报警系统中非国家强制认证(认可)的产品名称、型号、规格应与检验报告一致。

检查数量:全数检查。

检验方法:核对检验报告与产品。

2.2.4 火灾自动报警系统设备及配件表面应无明显划痕、毛刺等机械损伤,紧固部位应无松动。

检查数量:全数检查。

检验方法:观察检查。

2.2.5 火灾自动报警系统设备及配件的规格、型号应符合设计要求。

检查数量:全数检查。

检验方法:核对相关资料。

3 系统施工

3.1 一般规定

3.1.1 火灾自动报警系统施工前,应具备系统图、设备布置平面图、接线图、安装图以及消防设备联动逻辑说明等必要的技术文件。

3.1.2 火灾自动报警系统施工过程中,施工单位应做好施工(包括隐蔽工程验收)、检验(包括绝缘电阻、接地电阻)、调试、设计变更等相关记录。

3.1.3 火灾自动报警系统施工过程结束后,施工方应对系统的安装质量进行全数检查。

3.1.4 火灾自动报警系统竣工时,施工单位应完成竣工图及竣工报告。

3.2 布 线

3.2.1 火灾自动报警系统的布线,应符合现行国家标准《建筑电气工程施工质量验收规范》GB 50303 的规定。

检查数量:全数检查。

检验方法:观察检查。

3.2.2 火灾自动报警系统布线时,应根据现行国家标准《火灾自动报警系统设计规范》GB 50116 的规定,对导线的种类、电压等级进行检查。

检查数量:全数检查。

检验方法:观察检查、核对相关资料。

3.2.3 在管内或线槽内的布线,应在建筑抹灰及地面工程结束后进行,管内或线槽内不应有积水及杂物。

检查数量:全数检查。

检验方法:观察检查。

3.2.4 火灾自动报警系统应单独布线,系统内不同电压等级、不同电流类别的线路,不应布在同一管内或线槽的同一槽孔内。

检查数量:全数检查。

检验方法:观察检查。

3.2.5 导线在管内或线槽内,不应有接头或扭结。导线的接头,应在接线盒内焊接或用端子连接。

检查数量:全数检查。

检验方法:观察检查。

3.2.6 从接线盒、线槽等处引到探测器底座、控制设备、扬声器的线路,当采用金属软管保护时,其长度不应大于 2m。

检查数量:全数检查。

检验方法:尺量、观察检查。

3.2.7 敷设在多尘或潮湿场所管路的管口和管子连接处,均应做密封处理。

检查数量:全数检查。

检验方法:观察检查。

3.2.8 管路超过下列长度时,应在便于接线处装设接线盒:

1 管子长度每超过 30m,无弯曲时;

2 管子长度每超过 20m,有 1 个弯曲时;

3 管子长度每超过 10m,有 2 个弯曲时;

4 管子长度每超过 8m,有 3 个弯曲时。

检查数量:全数检查。

检验方法:尺量、观察检查。

3.2.9 金属管子入盒,盒外侧应套锁母,内侧应装护口;在吊顶内敷设时,盒的内、外侧均应套锁母。塑料管入盒应采取相应固定措施。

检查数量:全数检查。

检验方法:观察检查。

3.2.10 明敷设各类管路和线槽时,应采用单独的卡具吊装或支撑物固定。吊装线槽或管路的吊杆直径不应小于 6mm。

检查数量:全数检查。

检验方法:尺量、观察检查。

3.2.11 线槽敷设时,应在下列部位设置吊点或支点:

1 线槽始端、终端及接头处;

2 距接线盒 0.2m 处;

3 线槽转角或分支处;

4 直线段不大于 3m 处。

检查数量:全数检查。

检验方法:尺量、观察检查。

3.2.12 线槽接口应平直、严密,槽盖应齐全、平整、无翘角。并列安装时,槽盖应便于开启。

检查数量:全数检查。

检验方法:观察检查。

3.2.13 管线经过建筑物的变形缝(包括沉降缝、伸缩缝、抗震缝等)处,应采取补偿措施,导线跨越变形缝的两侧应固定,并留有适当余量。

检查数量:全数检查。

检验方法:观察检查。

3.2.14 火灾自动报警系统导线敷设后,应用 500V 兆欧表测量每个回路导线对地的绝缘电阻,且绝缘电阻值不应小于 20MΩ。

检查数量:全数检查。

检验方法:兆欧表测量。

3.2.15 同一工程中的导线,应根据不同用途选择不同颜色加以区分,相同用途的导线颜色应一致。电源线正极应为红色,负极应为蓝色或黑色。

检查数量:全数检查。

检验方法:观察检查。

3.3 控制器类设备安装

3.3.1 火灾报警控制器、可燃气体报警控制器、区域显示器、消防联动控制器等控制器类设备(以下简称控制器)在墙上安装时,其底边距地(楼)面高度宜为 1.3～1.5m,其靠近门轴的侧面距墙不应小于 0.5m,正面操作距离不应小于 1.2m;落地安装时,其底边宜高出地(楼)面 0.1～0.2m。

检查数量:全数检查。

检验方法:尺量、观察检查。

3.3.2 控制器应安装牢固,不应倾斜;安装在轻质墙上时,应采取加固措施。

检查数量:全数检查。

检验方法:观察检查。

3.3.3 引入控制器的电缆或导线,应符合下列要求:

1 配线应整齐,不宜交叉,并应固定牢靠。

2 电缆芯线和所配导线的端部,均应标明编号,并与图纸一致,字迹应清晰且不易退色。

3 端子板的每个接线端,接线不得超过 2 根。

4 电缆芯和导线,应留有不小于 200mm 的余量。

5 导线应绑扎成束。

6 导线穿管、线槽后,应将管口、槽口封堵。

检查数量:全数检查。

检验方法:尺量、观察检查。

3.3.4 控制器的主电源应有明显的永久性标志,并应直接与消防电源连接,严禁使用电源插头。控制器与其外接备用电源之间应直接连接。

检查数量:全数检查。

检验方法:观察检查。

3.3.5 控制器的接地应牢固,并有明显的永久性标志。

检查数量:全数检查。

检验方法:观察检查。

3.4 火灾探测器安装

3.4.1 点型感烟、感温火灾探测器的安装,应符合下列要求:

1 探测器至墙壁、梁边的水平距离,不应小于0.5m。

2 探测器周围水平距离0.5m内,不应有遮挡物。

3 探测器至空调送风口最近边的水平距离,不应小于1.5m;至多孔送风顶棚孔口的水平距离,不应小于0.5m。

4 在宽度小于3m的内走道顶棚上安装探测器时,宜居中安装。点型感温火灾探测器的安装间距,不应超过10m;点型感烟火灾探测器的安装间距,不应超过15m。探测器至端墙的距离,不应大于安装间距的一半。

5 探测器宜水平安装,当确需倾斜安装时,倾斜角不应大于45°。

检查数量:全数检查。

检验方法:尺量、观察检查。

3.4.2 线型红外光束感烟火灾探测器的安装,应符合下列要求:

1 当探测区域的高度不大于20m时,光束轴线至顶棚的垂直距离宜为0.3~1.0m;当探测区域的高度大于20m时,光束轴线距探测区域的地(楼)面高度不宜超过20m。

2 发射器和接收器之间的探测区域长度不宜超过100m。

3 相邻两组探测器光束轴线的水平距离不应大于14m。探测器光束轴线至侧墙水平距离不应大于7m,且不应小于0.5m。

4 发射器和接收器之间的光路上应无遮挡物或干扰源。

5 发射器和接收器应安装牢固,并不应产生位移。

检查数量:全数检查。

检验方法:尺量、观察检查。

3.4.3 缆式线型感温火灾探测器在电缆桥架、变压器等设备上安装时,宜采用接触式布置;在各种皮带输送装置上敷设时,宜敷设在装置的过热点附近。

检查数量:全数检查。

检验方法:观察检查。

3.4.4 敷设在顶棚下方的线型差温火灾探测器,至顶棚距离宜为0.1m,相邻探测器之间水平距离不宜大于5m;探测器至墙壁距离宜为1~1.5m。

检查数量:全数检查。

检验方法:尺量、观察检查。

3.4.5 可燃气体探测器的安装应符合下列要求:

1 安装位置应根据探测气体密度确定。若其密度小于空气密度,探测器应位于可能出现泄漏点的上方或探测气体的最高可能聚集点上方;若密度大于或等于空气密度,探测器应位于可能出现泄漏点的下方。

2 在探测器周围应适当留出更换和标定的空间。

3 在有防爆要求的场所,应按防爆要求施工。

4 线型可燃气体探测器在安装时,应使发射器和接收器的窗口避免日光直射,且在发射器与接收器之间不应有遮挡物,两组探测器之间的距离不应大于14m。

检查数量:全数检查。

检验方法:尺量、观察检查。

3.4.6 通过管路采样的吸气式感烟火灾探测器的安装应符合下列要求:

1 采样管应固定牢固。

2 采样管(含支管)的长度和采样孔应符合产品说明书的要求。

3 非高灵敏度的吸气式感烟火灾探测器不宜安装在天棚高度大于16m的场所。

4 高灵敏度吸气式感烟火灾探测器在设为高灵敏度时可安装在天棚高度大于16m的场所,并保证至少有2个采样孔低于

16m。

5 安装在大空间时,每个采样孔的保护面积应符合点型感烟火灾探测器的保护面积要求。

检查数量:全数检查。

检验方法:尺量、观察检查。

3.4.7 点型火焰探测器和图像型火灾探测器的安装应符合下列要求:

1 安装位置应保证其视场角覆盖探测区域。

2 与保护目标之间不应有遮挡物。

3 安装在室外时应有防尘、防雨措施。

检查数量:全数检查。

检验方法:尺量、观察检查。

3.4.8 探测器的底座应安装牢固,与导线连接必须可靠压接或焊接。当采用焊接时,不应使用带腐蚀性的助焊剂。

检查数量:全数检查。

检验方法:观察检查。

3.4.9 探测器底座的连接导线应留有不小于150mm的余量,且在其端部应有明显标志。

检查数量:全数检查。

检验方法:尺量、观察检查。

3.4.10 探测器底座的穿线孔宜封堵,安装完毕的探测器底座应采取保护措施。

检查数量:全数检查。

检验方法:观察检查。

3.4.11 探测器报警确认灯应朝向便于人员观察的主要入口方向。

检查数量:全数检查。

检验方法:观察检查。

3.4.12 探测器在即将调试时方可安装,在调试前应妥善保管并应采取防尘、防潮、防腐蚀措施。

检查数量:全数检查。

检验方法:观察检查。

3.5 手动火灾报警按钮安装

3.5.1 手动火灾报警按钮应安装在明显和便于操作的部位。当安装在墙上时,其底边距地(楼)面高度宜为1.3~1.5m。

检查数量:全数检查。

检验方法:尺量、观察检查。

3.5.2 手动火灾报警按钮应安装牢固,不应倾斜。

检查数量:全数检查。

检验方法:观察检查。

3.5.3 手动火灾报警按钮的连接导线应留有不小于150mm的余量,且在其端部应有明显标志。

检查数量:全数检查。

检验方法:尺量、观察检查。

3.6 消防电气控制装置安装

3.6.1 消防电气控制装置在安装前,应进行功能检查,检查结果不合格的装置严禁安装。

检查数量:全数检查。

检验方法:观察检查。

3.6.2 消防电气控制装置外接导线的端部应有明显的永久性标志。

检查数量:全数检查。

检验方法:观察检查。

3.6.3 消防电气控制装置箱体内不同电压等级、不同电流类别的端子应分开布置,并应有明显的永久性标志。

检查数量:全数检查。

检验方法:观察检查。

3.6.4 消防电气控制装置应安装牢固,不应倾斜;安装在轻质墙上时,应采取加固措施。消防电气控制装置在消防控制室内安装时,还应符合本规范第3.3.1条要求。

　　检查数量:全数检查。

　　检验方法:观察检查。

3.7 模 块 安 装

3.7.1 同一报警区域内的模块宜集中安装在金属箱内。

　　检查数量:全数检查。

　　检验方法:观察检查。

3.7.2 模块(或金属箱)应独立支撑或固定,安装牢固,并应采取防潮、防腐蚀等措施。

　　检查数量:全数检查。

　　检验方法:观察检查。

3.7.3 模块的连接导线应留有不小于150mm的余量,其端部应有明显标志。

　　检查数量:全数检查。

　　检验方法:尺量、观察检查。

3.7.4 隐蔽安装时,在安装处应有明显的部位显示和检修孔。

　　检查数量:全数检查。

　　检验方法:观察检查。

3.8 火灾应急广播扬声器和火灾警报装置安装

3.8.1 火灾应急广播扬声器和火灾警报装置安装应牢固可靠,表面不应有破损。

　　检查数量:全数检查。

　　检验方法:观察检查。

3.8.2 火灾光警报装置应安装在安全出口附近明显处,距地面1.8m以上。光警报器与消防应急疏散指示标志不宜在同一面墙上,安装在同一面墙上时,距离应大于1m。

　　检查数量:全数检查。

　　检验方法:尺量、观察检查。

3.8.3 扬声器和火灾声警报装置宜在报警区域内均匀安装。

3.9 消防电话安装

3.9.1 消防电话、电话插孔、带电话插孔的手动报警按钮宜安装在明显、便于操作的位置;当在墙面上安装时,其底边距地(楼)面高度宜为1.3~1.5m。

　　检查数量:全数检查。

　　检验方法:尺量、观察检查。

3.9.2 消防电话和电话插孔应有明显的永久性标志。

　　检查数量:全数检查。

　　检验方法:观察检查。

3.10 消防设备应急电源安装

3.10.1 消防设备应急电源的电池应安装在通风良好地方,当安装在密封环境中时应有通风措施。

　　检查数量:全数检查。

　　检验方法:观察检查。

3.10.2 酸性电池不得安装在带有碱性介质的场所,碱性电池不得安装在带酸性介质的场所。

　　检查数量:全数检查。

　　检验方法:观察检查。

3.10.3 消防设备应急电源不应安装在靠近带有可燃气体的管道、仓库、操作间等场所。

　　检查数量:全数检查。

　　检验方法:观察检查。

3.10.4 单相供电额定功率大于30kW、三相供电额定功率大于120kW的消防设备应安装独立的消防应急电源。

　　检查数量:全数检查。

　　检验方法:观察检查。

3.11 系 统 接 地

3.11.1 交流供电和36V以上直流供电的消防用电设备的金属外壳应有接地保护,其接地线应与电气保护接地干线(PE)相连接。

　　检查数量:全数检查。

　　检验方法:观察检查。

3.11.2 接地装置施工完毕后,应按规定测量接地电阻,并做记录。

　　检查数量:全数检查。

　　检验方法:仪表测量。

4 系 统 调 试

4.1 一 般 规 定

4.1.1 火灾自动报警系统的调试,应在系统施工结束后进行。

4.1.2 火灾自动报警系统调试前应具备本规范第3.1.1~3.1.4条所列文件及调试必需的其他文件。

4.1.3 调试单位在调试前应编制调试程序,并应按照调试程序工作。

4.1.4 调试负责人必须由专业技术人员担任。

4.2 调 试 准 备

4.2.1 设备的规格、型号、数量、备品备件等应按设计要求查验。

4.2.2 系统的施工质量应按本规范第3章的要求检查,对属于施工中出现的问题,应会同有关单位协商解决,并应有文字记录。

4.2.3 系统线路应按本规范第3章的要求检查,对于错线、开路、虚焊、短路、绝缘电阻小于20MΩ等问题,应采取相应的处理措施。

4.2.4 对系统中的火灾报警控制器、可燃气体报警控制器、消防联动控制器、气体灭火控制器、消防电气控制装置、消防设备应急电源、消防应急广播设备、消防电话、传输设备、消防控制中心图形显示装置、消防电动装置、防火卷帘控制器、区域显示器(火灾显示盘)、消防应急灯具控制装置、火灾警报装置等设备应分别进行单机通电检查。

4.3 火灾报警控制器调试

4.3.1 调试前应切断火灾报警控制器的所有外部控制连线,并将任一个总线回路的火灾探测器以及该总线回路上的手动火灾报警按钮等部件连接后,方可接通电源。

　　检查数量:全数检查。

　　检验方法:观察检查。

4.3.2　按现行国家标准《火灾报警控制器》GB 4717 的有关要求对控制器进行下列功能检查并记录:

　　1　检查自检功能和操作级别。

　　2　使控制器与探测器之间的连线断路和短路,控制器应在100s 内发出故障信号(短路时发出火灾报警信号除外);在故障状态下,使任一非故障部位的探测器发出火灾报警信号,控制器应在1min 内发出火灾报警信号,并应记录火灾报警时间;再使其他探测器发出火灾报警信号,检查控制器的再次报警功能。

　　3　检查消音和复位功能。

　　4　使控制器与备用电源之间的连线断路和短路,控制器应在100s 内发出故障信号。

　　5　检查屏蔽功能。

　　6　使总线隔离器保护范围内的任一点短路,检查总线隔离器的隔离保护功能。

　　7　使任一总线回路上不少于 10 只的火灾探测器同时处于火灾报警状态,检查控制器的负载功能。

　　8　检查主、备电源的自动转换功能,并在备电工作状态下重复本条第 7 款检查。

　　9　检查控制器特有的其他功能。

　　检查数量:全数检查。

　　检验方法:观察检查、仪表测量。

4.3.3　依次将其他回路与火灾报警控制器相连接,重复本规范第4.3.2 条中第 2、6、7 款检查。

　　检查数量:全数检查。

　　检验方法:观察检查、仪表测量。

4.4　点型感烟、感温火灾探测器调试

4.4.1　采用专用的检测仪器或模拟火灾的方法,逐个检查每只火灾探测器的报警功能,探测器应能发出火灾报警信号。

　　检查数量:全数检查。

　　检验方法:观察检查。

4.4.2　对于不可恢复的火灾探测器应采取模拟报警方法逐个检查其报警功能,探测器应能发出火灾报警信号。当有备品时,可抽样检查其报警功能。

　　检查数量:全数检查。

　　检验方法:观察检查。

4.5　线型感温火灾探测器调试

4.5.1　在不可恢复的探测器上模拟火警和故障,探测器应能分别发出火灾报警和故障信号。

　　检查数量:全数检查。

　　检验方法:观察检查。

4.5.2　可恢复的探测器可采用专用检测仪器或模拟火灾的办法使其发出火灾报警信号,并在终端盒上模拟故障,探测器应能分别发出火灾报警和故障信号。

　　检查数量:全数检查。

　　检验方法:观察检查。

4.6　红外光束感烟火灾探测器调试

4.6.1　调整探测器的光路调节装置,使探测器处于正常监视状态。

　　检查数量:全数检查。

　　检验方法:观察检查。

4.6.2　用减光率为 0.9dB 的减光片遮挡光路,探测器不应发出

火灾报警信号。

　　检查数量:全数检查。

　　检验方法:观察检查。

4.6.3　用产品生产企业设定减光率(1.0～10.0dB)的减光片遮挡光路,探测器应发出火灾报警信号。

　　检查数量:全数检查。

　　检验方法:观察检查。

4.6.4　用减光率为 11.5dB 的减光片遮挡光路,探测器应发出故障信号或火灾报警信号。

　　检查数量:全数检查。

　　检验方法:观察检查。

4.7　通过管路采样的吸气式火灾探测器调试

4.7.1　在采样管最末端(最不利处)采样孔加入试验烟,探测器或其控制装置应在 120s 内发出火灾报警信号。

　　检查数量:全数检查。

　　检验方法:秒表测量,观察检查。

4.7.2　根据产品说明书,改变探测器的采样管路气流,使探测器处于故障状态,探测器或其控制装置应在 100s 内发出故障信号。

　　检查数量:全数检查。

　　检验方法:秒表测量,观察检查。

4.8　点型火焰探测器和图像型火灾探测器调试

4.8.1　采用专用检测仪器或模拟火灾的方法在探测器监视区域内最不利处检查探测器的报警功能,探测器应能正确响应。

　　检查数量:全数检查。

　　检验方法:观察检查。

4.9　手动火灾报警按钮调试

4.9.1　对可恢复的手动火灾报警按钮,施加适当的推力使报警按钮动作,报警按钮应发出火灾报警信号。

　　检查数量:全数检查。

　　检验方法:观察检查。

4.9.2　对不可恢复的手动火灾报警按钮应采用模拟动作的方法使报警按钮发出火灾报警信号(当有备用启动零件时,可抽样进行动作试验),报警按钮应发出火灾报警信号。

　　检查数量:全数检查。

　　检验方法:观察检查。

4.10　消防联动控制器调试

4.10.1　将消防联动控制器与火灾报警控制器、任一回路的输入/输出模块及该回路模块控制的受控设备相连接,切断所有受控现场设备的控制连线,接通电源。

4.10.2　按现行国家标准《消防联动控制系统》GB 16806 的有关规定检查消防联动控制系统内各类用电设备的各项控制、接收反馈信号(可模拟现场设备启动信号)和显示功能。

　　检查数量:全数检查。

　　检验方法:观察检查。

4.10.3　使消防联动控制器分别处于自动工作和手动工作状态,检查其状态显示,并按现行国家标准《消防联动控制系统》GB 16806 的有关规定进行下列功能检查并记录,控制器应满足相应要求:

　　1　自检功能和操作级别。

　　2　消防联动控制器与各模块之间的连线断路和短路时,消防联动控制器应能在100s 秒内发出故障信号。

　　3　消防联动控制器与备用电源之间的连线断路和短路时,消

防联动控制器应能在100s内发出故障信号。

4 检查消音、复位功能。

5 检查屏蔽功能。

6 使总线隔离器保护范围内的任一点短路,检查总线隔离器的隔离保护功能。

7 使至少50个输入/输出模块同时处于动作状态(模块总数少于50个时,使所有模块动作),检查消防联动控制器的最大负载功能。

8 检查主、备电源的自动转换功能,并在备电工作状态下重复本条第7款检查。

检查数量:全数检查。

检验方法:观察检查。

4.10.4 接通所有启动后可以恢复的受控现场设备。

检查数量:全数检查。

检验方法:观察检查。

4.10.5 使消防联动控制器的工作状态处于自动状态,按现行国家标准《消防联动控制系统》GB 16806 的有关规定和设计的联动逻辑关系进行下列功能检查并记录:

1 按设计的联动逻辑关系,使相应的火灾探测器发出火灾报警信号,检查消防联动控制器接收火灾报警信号情况、发出联动信号情况、模块动作情况、受控设备的动作情况、受控现场设备动作情况、接收反馈信号(对于启动后不能恢复的受控现场设备,可模拟现场设备启动反馈信号)及各种显示情况。

2 检查手动插入优先功能。

检查数量:全数检查。

检验方法:观察检查。

4.10.6 使消防联动控制器的工作状态处于手动状态,按现行国家标准《消防联动控制系统》GB 16806 的有关规定和设计的联动逻辑关系依次手动启动相应的受控设备,检查消防联动控制器发出联动信号情况、模块动作情况、受控设备的动作情况、受控现场设备动作情况、接收反馈信号(对于启动后不能恢复的受控现场设备,可模拟现场设备启动反馈信号)及各种显示情况。

检查数量:全数检查。

检验方法:观察检查。

4.10.7 对于直接用火灾探测器作为触发器件的自动灭火控制系统除符合本节有关规定外,尚应按现行国家标准《火灾自动报警系统设计规范》GB 50116 的规定进行功能检查。

检查数量:全数检查。

检验方法:观察检查。

4.10.8 依次将其他回路的输入/输出模块及该回路模块控制的受控设备相连接,切断所有受控现场设备的控制连线,接通电源,重复第4.10.3~4.10.7条的各项检查。

检查数量:全数检查。

检验方法:观察检查、仪表测量。

4.11 区域显示器(火灾显示盘)调试

4.11.1 将区域显示器(火灾显示盘)与火灾报警控制器相连接,按现行国家标准《火灾显示盘通用技术条件》GB 17429 的有关要求检查其下列功能并记录,区域显示器应满足相应要求:

1 区域显示器(火灾显示盘)应在3s内正确接收和显示火灾报警控制器发出的火灾报警信号。

2 消音、复位功能。

3 操作级别。

4 对于非火灾报警控制器供电的区域显示器(火灾显示盘),应检查主、备电源的自动转换功能和故障报警功能。

检查数量:全数检查。

检验方法:观察检查。

4.12 可燃气体报警控制器调试

4.12.1 切断可燃气体报警控制器的所有外部控制连线,将任一回路与控制器相连接后,接通电源。

4.12.2 控制器应按现行国家标准《可燃气体报警控制器技术要求和试验方法》GB 16808 的有关要求进行下列功能试验,并应满足相应要求:

1 自检功能和操作级别。

2 控制器与探测器之间的连线断路和短路时,控制器应在100s内发出故障信号。

3 在故障状态下,使任一非故障探测器发出报警信号,控制器应在1min内发出报警信号,并应记录报警时间;再使其他探测器发出报警信号,检查控制器的再次报警功能。

4 消音和复位功能。

5 控制器与备用电源之间的连线断路和短路时,控制器应在100s内发出故障信号。

6 高限报警或低、高两段报警功能。

7 报警设定值的显示功能。

8 控制器最大负载功能,使至少4只可燃气体探测器同时处于报警状态(探测器总数少于4只时,使所有探测器均处于报警状态)。

9 主、备电源的自动转换功能,并在备电工作状态下重复本条第8款的检查。

检查数量:全数检查

检验方法:观察检查、仪表测量。

4.12.3 依次将其他回路与可燃气体报警控制器相连接,重复本规范第4.12.2条的检查。

检查数量:全数检查。

检验方法:观察检查、仪表测量。

4.13 可燃气体探测器调试

4.13.1 依次逐个将可燃气体探测器按产品生产企业提供的调试方法使其正常动作,探测器应发出报警信号。

检查数量:全数检查。

检验方法:观察检查。

4.13.2 对探测器施加达到响应浓度值的可燃气体标准样气,探测器应在30s内响应。撤去可燃气体,探测器应在60s内恢复到正常监视状态。

检查数量:全数检查。

检验方法:观察检查、仪表测量。

4.13.3 对于线型可燃气体探测器除符合本节规定外,尚应将发射器发出的光全部遮挡,探测器相应的控制装置应在100s内发出故障信号。

检查数量:全数检查。

检验方法:观察检查、仪表测量。

4.14 消防电话调试

4.14.1 在消防控制室与所有消防电话、电话插孔之间互相呼叫与通话,总机应能显示每部分机或电话插孔的位置,呼叫铃声和通话语音应清晰。

检查数量:全数检查。

检验方法:观察检查。

4.14.2 消防控制室的外线电话与另外一部外线电话模拟报警电话通话,语音应清晰。

检查数量:全数检查。

检验方法:观察检查。

4.14.3 检查群呼、录音等功能,各项功能均应符合要求。

检查数量:全数检查。

检验方法:观察检查。

4.15 消防应急广播设备调试

4.15.1 以手动方式在消防控制室对所有广播分区进行选区广播,对所有共用扬声器进行强行切换;应急广播应以最大功率输出。

检查数量:全数检查。

检验方法:观察检查。

4.15.2 对扩音机和备用扩音机进行全负荷试验,应急广播的语音应清晰。

检查数量:全数检查。

检验方法:观察检查。

4.15.3 对接入联动系统的消防应急广播设备系统,使其处于自动工作状态,然后按设计的逻辑关系,检查应急广播的工作情况,系统应按设计的逻辑广播。

检查数量:全数检查。

检验方法:观察检查。

4.15.4 使任意一个扬声器断路,其他扬声器的工作状态不应受影响。

检查数量:每一回路抽查一个。

检验方法:观察检查。

4.16 系统备用电源调试

4.16.1 检查系统中各种控制装置使用的备用电源容量,电源容量应与设计容量相符。

检查数量:全数检查。

检验方法:观察检查。

4.16.2 使各备用电源放电终止,再充电48h后断开设备主电源,备用电源至少应保证设备工作8h,且应满足相应的标准及设计要求。

检查数量:全数检查。

检验方法:观察检查。

4.17 消防设备应急电源调试

4.17.1 切断应急电源应急输出时直接启动设备的连线,接通应急电源的主电源。

4.17.2 按下列要求检查应急电源的控制功能和转换功能,并观察其输入电压、输出电压、输出电流、主电工作状态、应急工作状态、电池组及各单节电池电压的显示情况,做好记录,显示情况应与产品使用说明书规定相符,并满足要求。

1 手动启动应急电源输出,应急电源的主电和备用电源应不能同时输出,且应在5s内完成应急转换。

2 手动停止应急电源的输出,应急电源应恢复到启动前的工作状态。

3 断开应急电源的主电源,应急电源应能发出声提示信号,声信号应能手动消除;接通主电源,应急电源应恢复到主电工作状态。

4 给具有联动自动控制功能的应急电源输入联动启动信号,应急电源应在5s内转入到应急工作状态,且主电源和备用电源应不能同时输出;输入联动停止信号,应急电源应恢复到主电工作状态。

5 具有手动和自动控制功能的应急电源处于自动控制状态,然后手动插入操作,应急电源应有手动插入优先功能,且应有自动控制状态和手动控制状态指示。

检查数量:全数检查。

检验方法:观察检查。

4.17.3 断开应急电源的负载,按下列要求检查应急电源的保护功能,并做好记录:

1 使任一输出回路保护动作,其他回路输出电压应正常。

2 使配接三相交流负载输出的应急电源的三相负载回路中的任一相停止输出,应急电源应能自动停止该回路的其他两相输

出,并应发出声、光故障信号。

3 使配接单相交流负载的交流三相输出应急电源输出的任一相停止输出,其他两相应能正常工作,并应发出声、光故障信号。

检查数量:全数检查。

检验方法:观察检查。

4.17.4 将应急电源接上等效于满负载的模拟负载,使其处于应急工作状态,应急工作时间应大于设计应急工作时间的1.5倍,且不小于产品标称的应急工作时间。

检查数量:全数检查。

检验方法:观察检查、仪表测量。

4.17.5 使应急电源充电回路与电池之间、电池与电池之间连线断线,应急电源应在100s内发出声、光故障信号,声故障信号应能手动消除。

检查数量:全数检查。

检验方法:观察检查。

4.18 消防控制中心图形显示装置调试

4.18.1 将消防控制中心图形显示装置与火灾报警控制器和消防联动控制器相连,接通电源。

4.18.2 操作显示装置使其显示完整系统区域覆盖模拟图和各层平面图,图中应明确指示出报警区域、主要部位及各消防设备的名称和物理位置,显示界面应为中文界面。

检查数量:全数检查。

检验方法:观察检查。

4.18.3 使火灾报警控制器和消防联动控制器分别发出火灾报警信号和联动控制信号,显示装置应在3s内接收,准确显示相应信号的物理位置,并能优先显示火灾报警信号相对应的界面。

检查数量:全数检查。

检验方法:观察检查。

4.18.4 使具有多个报警平面图的显示装置处于多报警平面显示状态,各报警平面应能自动和手动查询,并应有总数显示,且应能手动插入使其立即显示首次火警相应的报警平面图。

检查数量:全数检查。

检验方法:观察检查。

4.18.5 使显示装置显示故障或联动平面,输入火灾报警信号,显示装置应能立即转入火灾报警平面的显示。

检查数量:全数检查。

检验方法:观察检查。

4.19 气体灭火控制器调试

4.19.1 切断气体灭火控制器的所有外部控制连线,接通电源。

4.19.2 给气体灭火控制器输入设定的启动控制信号,控制器应有启动输出,并发出声、光启动信号。

检查数量:全数检查。

检验方法:观察检查。

4.19.3 输入启动设备启动的模拟反馈信号,控制器应在10s内接收并显示。

检查数量:全数检查。

检验方法:观察检查。

4.19.4 检查控制器的延时功能,延时时间应在0~30s内可调。

检查数量:全数检查。

检验方法:观察检查。

4.19.5 使控制器处于自动控制状态,再手动插入操作,手动插入操作应优先。

检查数量:全数检查。

检验方法:观察检查。

4.19.6 按设计控制逻辑操作控制器,检查是否满足设计的逻辑功能。

检查数量:全数检查。

检验方法:观察检查。

4.19.7 检查控制器向消防联动控制器发送的反馈信号正误。

检查数量:全数检查。

检验方法:观察检查。

4.20 防火卷帘控制器调试

4.20.1 防火卷帘控制器应与消防联动控制器、火灾探测器、卷门机连接并通电,防火卷帘控制器应处于正常监视状态。

4.20.2 手动操作防火卷帘控制器的按钮,防火卷帘控制器应能向消防联动控制器发出防火卷帘启、闭和停止的反馈信号。

检查数量:全数检查。

检验方法:观察检查。

4.20.3 用于疏散通道的防火卷帘控制器应具有两步关闭的功能,并应向消防联动控制器发出反馈信号。防火卷帘控制器接收到首次火灾报警信号后,应能控制防火卷帘自动关闭到中位处停止;接收到二次报警信号后,应能控制防火卷帘继续关闭至全闭状态。

检查数量:全数检查。

检验方法:观察检查、仪表测量。

4.20.4 用于分隔防火分区的防火卷帘控制器在接收到防火分区内任一火灾报警信号后,应能控制防火卷帘到全关闭状态,并应向消防联动控制器发出反馈信号。

检查数量:全数检查。

检验方法:观察检查。

4.21 其他受控部件调试

4.21.1 对系统内其他受控部件的调试应按相应的产品标准进行,在无相应国家标准或行业标准时,宜按产品生产企业提供的调试方法分别进行。

检查数量:全数检查。

检验方法:观察检查。

4.22 火灾自动报警系统性能调试

4.22.1 将所有经调试合格的各项设备、系统按设计连接组成完整的火灾自动报警系统,按现行国家标准《火灾自动报警系统设计规范》GB 50116 的有关规定和设计的联动逻辑关系检查系统的各项功能。

检查数量:全数检查。

检验方法:观察检查。

4.22.2 火灾自动报警系统在连续运行 120h 无故障后,按本规范附录 C 的规定填写调试记录表。

5 系统验收

5.1 一般规定

5.1.1 火灾自动报警系统竣工后,建设单位应负责组织施工、设计、监理等单位进行验收。验收不合格不得投入使用。

5.1.2 火灾自动报警系统工程验收时应按本规范附录 E 的要求填写相应的记录。

5.1.3 对系统中下列装置的安装位置、施工质量和功能等应进行验收。

1 火灾报警系统装置(包括各种火灾探测器、手动火灾报警按钮、火灾报警控制器和区域显示器等);

2 消防联动控制系统(含消防联动控制器、气体灭火控制器、消防电气控制装置、消防设备应急电源、消防应急广播设备、消防电话、传输设备、消防控制中心图形显示装置、模块、消防电动装置、消火栓按钮等设备);

3 自动灭火系统控制装置(包括自动喷水、气体、干粉、泡沫等固定灭火系统的控制装置);

4 消火栓系统的控制装置;

5 通风空调、防烟排烟及电动防火阀等控制装置;

6 电动防火门控制装置、防火卷帘控制器;

7 消防电梯和非消防电梯的回降控制装置;

8 火灾警报装置;

9 火灾应急照明和疏散指示控制装置;

10 切断非消防电源的控制装置;

11 电动阀控制装置;

12 消防联网通信;

13 系统内的其他消防控制装置。

5.1.4 按现行国家标准《火灾自动报警系统设计规范》GB 50116 设计的各项系统功能进行验收。

5.1.5 系统中各装置的安装位置、施工质量和功能等的验收数量应满足下列要求。

1 各类消防用电设备主、备电源的自动转换装置,应进行 3 次转换试验,每次试验均应正常。

2 火灾报警控制器(含可燃气体报警控制器)和消防联动控制器应按实际安装数量全部进行功能检验。消防联动控制系统中其他各种用电设备、区域显示器应按下列要求进行功能检验:

1)实际安装数量在 5 台以下者,全部检验;

2)实际安装数量在 6~10 台者,抽验 5 台;

3)实际安装数量超过 10 台者,按实际安装数量30%~50% 的比例抽验,但抽验总数不应少于 5 台;

4)各装置的安装位置、型号、数量、类别及安装质量应符合设计要求。

3 火灾探测器(含可燃气体探测器)和手动火灾报警按钮,应按下列要求进行模拟火灾响应(可燃气体报警)和故障信号检验:

1)实际安装数量在 100 只以下者,抽验 20 只(每个回路都应抽验);

2)实际安装数量超过 100 只,每个回路按实际安装数量10%~20% 的比例抽验,但抽验总数不应少于 20 只;

3)被检查的火灾探测器的类别、型号、适用场所、安装高度、保护半径、保护面积和探测器的间距等均应符合设计要求。

4 室内消火栓的功能验收应在出水压力符合现行国家有关建筑设计防火规范的条件下,抽验下列控制功能:

1)在消防控制室内操作启、停泵 1~3 次;

2）消火栓处操作启泵按钮,按实际安装数量5%～10%的比例抽验。

5　自动喷水灭火系统,应在符合现行国家标准《自动喷水灭火系统设计规范》GB 50084的条件下,抽验下列控制功能:

1）在消防控制室内操作启、停泵1～3次;

2）水流指示器、信号阀等按实际安装数量的30%～50%的比例抽验;

3）压力开关、电动阀、电磁阀等按实际安装数量全部进行检验。

6　气体、泡沫、干粉等灭火系统,应在符合国家现行有关系统设计规范的条件下按实际安装数量的20%～30%的比例抽验下列控制功能:

1）自动、手动启动和紧急切断试验1～3次;

2）与固定灭火设备联动控制的其他设备动作（包括关闭防火门窗、停止空调风机、关闭防火阀等）试验1～3次。

7　电动防火门、防火卷帘,5樘以下的应全部检验,超过5樘的应按实际安装数量20%的比例抽验,但抽验总数不应小于5樘,并抽验联动控制功能。

8　防烟排烟风机应全部检验,通风空调和防排烟设备的阀门,应按实际安装数量10%～20%的比例抽验,并抽验联动功能,且应符合下列要求:

1）报警联动启动、消防控制室直接启停、现场手动启动联动防烟排烟风机1～3次;

2）报警联动停、消防控制室远程停通风空调送风1～3次;

3）报警联动开启、消防控制室开启、现场手动开启排烟阀门1～3次。

9　消防电梯应进行1～2次手动控制和联动控制功能检验,非消防电梯应进行1～2次联动返回首层功能检验,其控制功能、信号均应正常。

10　火灾应急广播设备,应按实际安装数量的10%～20%的比例进行下列功能检验。

1）对所有广播分区进行选区广播,对共用扬声器进行强行切换;

2）对扩音机和备用扩音机进行全负荷试验;

3）检查应急广播的逻辑工作和联动功能。

11　消防专用电话的检验,应符合下列要求:

1）消防控制室与所设的对讲电话分机进行1～3次通话试验;

2）电话插孔按实际安装数量10%～20%的比例进行通话试验;

3）消防控制室的外线电话与另一部外线电话模拟报警电话进行1～3次通话试验。

12　消防应急照明和疏散指示系统控制装置应进行1～3次使系统转入应急状态检验,系统中各消防应急照明灯具均应能转入应急状态。

5.1.6　本节各项检验项目中,当有不合格时,应修复或更换,并进行复验。复验时,对有抽验比例要求的,应加倍检验。

5.1.7　系统工程质量验收判定标准应符合下列要求:

1　系统内的设备及配件规格型号与设计不符、无国家相关证书和检验报告的,系统内的任一控制器和火灾探测器无法发出报警信号,无法实现要求的联动功能的,定为A类不合格。

2　验收前提供资料不符合本规范第5.2.1条要求的定为B类不合格。

3　除1、2款规定的A、B类不合格外,其余不合格项均为C类不合格。

4　系统验收合格判定应为:A＝0,且B≤2,且B＋C≤检查项的5%为合格,否则为不合格。

5.2　验收准备

5.2.1　系统验收时,施工单位应提供下列资料:

1　竣工验收申请报告、设计变更通知书、竣工图;

2　工程质量事故处理报告;

3　施工现场质量管理检查记录;

4　火灾自动报警系统施工过程质量管理检查记录;

5　火灾自动报警系统的检验报告、合格证及相关材料。

5.2.2　火灾自动报警系统验收前,建设和使用单位应进行施工质量检查,同时确定安装设备的位置、型号、数量,抽样时应选择有代表性、作用不同、位置不同的设备。

5.3　验　收

5.3.1　按现行国家标准《建筑电气工程施工质量验收规范》GB 50303的规定和本规范第3.2节的要求对系统的布线进行检验。

检查数量:全数检查。

检验方法:尺量、观察检查。

5.3.2　按本规范第5.2.1条的要求验收技术资料。

检查数量:全数检查。

检验方法:观察检查。

5.3.3　火灾报警控制器的验收应符合下列要求:

1　火灾报警控制器的安装应满足本规范第3.3节的要求。

检验方法:尺量、观察检查。

2　火灾报警控制器的规格、型号、容量、数量应符合设计要求。

检验方法:对照图纸观察检查。

3　火灾报警控制器的功能验收应按本规范第4.3节要求进行检查,检查结果应符合现行国家标准《火灾报警控制器》GB 4717和产品使用说明书的有关要求。

5.3.4　点型火灾探测器的验收应符合下列要求:

1　点型火灾探测器的安装应满足本规范第3.4节的要求。

检验方法:尺量、观察检查。

2　点型火灾探测器的规格、型号、数量应符合设计要求。

检验方法:对照图纸观察检查。

3　点型火灾探测器的功能验收应按本规范第4.4节的要求进行检查,检查结果应符合要求。

5.3.5　线型感温火灾探测器的验收应符合下列要求:

1　线型感温火灾探测器的安装应满足本规范第3.4节的要求。

检验方法:尺量、观察检查。

2　线型感温火灾探测器的规格、型号、数量应符合设计要求。

检验方法:对照图纸观察检查。

3　线型感温火灾探测器的功能验收应按本规范第4.5节的要求进行检查,检查结果应符合要求。

5.3.6　红外光束感烟火灾探测器的验收应符合下列要求:

1　红外光束感烟火灾探测器的安装应满足本规范第3.4节的要求。

检验方法:尺量、观察检查。

2　红外光束感烟火灾探测器的规格、型号、数量应符合设计要求。

检验方法:对照图纸观察检查。

3　红外光束感烟火灾探测器的功能验收应按本规范第4.6节的要求进行检查,结果应符合要求。

5.3.7　通过管路采样的吸气式火灾探测器的验收应符合下列要求:

1　通过管路采样的吸气式火灾探测器的安装应满足本规范第3.4节的要求。

检验方法:尺量、观察检查。

2 通过管路采样的吸气式火灾探测器的规格、型号、数量应符合设计要求。

检验方法:对照图纸观察检查。

3 采样孔加入试验烟,空气吸气式火灾探测器在120s内应发出火灾报警信号。

检验方法:秒表测量,观察检查。

4 依据说明书使采样管气路处于故障时,通过管路采样的吸气式火灾探测器在100s内应发出故障信号。

检验方法:秒表测量,观察检查。

5.3.8 点型火焰探测器和图像型火灾探测器的验收符合下列要求:

1 点型火焰探测器和图像型火灾探测器的安装应满足本规范第3.4节的要求。

检验方法:尺量、观察检查。

2 点型火焰探测器和图像型火灾探测器的规格、型号、数量应符合设计要求。

检验方法:对照图纸观察检查。

3 在探测区域最不利处模拟火灾,探测器应能正确响应。

检验方法:观察检查。

5.3.9 手动火灾报警按钮的验收应符合下列要求:

1 手动火灾报警按钮的安装应满足本规范第3.5节的要求。

检验方法:尺量、观察检查。

2 手动火灾报警按钮的规格、型号、数量应符合设计要求。

检验方法:对照图纸观察检查。

3 施加适当推力或模拟动作时,手动火灾报警按钮应能发出火灾报警信号。

检验方法:观察检查。

5.3.10 消防联动控制器的验收应符合下列要求:

1 消防联动控制器的安装应满足本规范第3.3节和第3.6节的要求。

检验方法:尺量、观察检查。

2 消防联动控制器的规格、型号、数量应符合设计要求。

检验方法:对照图纸观察检查。

3 消防联动控制器的功能验收应按本规范第4.10.1~4.10.6条逐项检查,检查结果应符合要求。

4 消防联动控制器处于自动状态时,其功能应满足现行国家标准《火灾自动报警系统设计规范》GB 50116和设计的联动逻辑关系要求。

检验方法:按设计的联动逻辑关系,使相应的火灾探测器发出火灾报警信号,检查消防联动控制器接收火灾报警信号情况、发出联动信号情况、模块动作情况、消防电气控制装置的动作情况、现场设备动作情况、接收反馈信号(对于启动后不能恢复的受控现场设备,可模拟现场设备启动反馈信号)及各种显示情况;检查手动插入优先功能。

5 消防联动控制器处于手动状态时,其功能应满足现行国家标准《火灾自动报警系统设计规范》GB 50116和设计的联动逻辑关系要求。

检验方法:使消防联动控制器的工作状态处于手动状态,按现行国家标准《消防联动控制系统》GB 16806和设计的联动逻辑关系依次启动相应的受控设备,检查消防联动控制器发出联动信号情况、模块动作情况、消防电气控制装置的动作情况、现场设备动作情况、接收反馈信号(对于启动后不能恢复的受控现场设备,可模拟现场设备启动反馈信号)及各种显示情况。

5.3.11 消防电气控制装置的验收应符合下列要求:

1 消防电气控制装置的安装应满足本规范第3.3节和第3.6节的要求。

检验方法:尺量、观察检查。

2 消防电气控制装置的规格、型号、数量应符合设计要求。

检验方法:对照图纸观察检查。

3 消防电气控制装置的控制、显示功能应满足现行国家标准《消防联动控制系统》GB 16806的有关要求。

检验方法:依据现行国家标准《消防联动控制系统》GB 16806的有关要求进行检查。

5.3.12 区域显示器(火灾显示盘)的验收应符合下列要求:

1 区域显示器(火灾显示盘)的安装应满足本规范第3.3节的要求。

检验方法:尺量、观察检查。

2 区域显示器(火灾显示盘)的规格、型号、数量应符合设计要求。

检验方法:对照图纸观察检查。

3 区域显示器(火灾显示盘)的功能验收应按本规范第4.11节的要求进行检查,检查结果应符合要求。

5.3.13 可燃气体报警控制器的验收应符合下列要求:

1 可燃气体报警控制器的安装应满足本规范第3.3节的要求。

检验方法:尺量、观察检查。

2 可燃气体报警控制器的规格、型号、容量、数量应符合设计要求。

检验方法:对照图纸观察检查。

3 可燃气体报警控制器的功能验收应按本规范第4.12节的要求进行检查,检查结果应符合要求。

5.3.14 可燃气体探测器的验收应符合下列要求:

1 可燃气体探测器的安装应满足本规范第3.4节的要求。

检验方法:尺量、观察检查。

2 可燃气体探测器的规格、型号、数量应符合设计要求。

检验方法:对照图纸观察检查。

3 可燃气体探测器的功能验收应按本规范第4.13节的要求进行检查,检查结果应符合要求。

5.3.15 消防电话的验收应符合下列要求:

1 消防电话的安装应满足本规范第3.9节的要求。

检验方法:尺量、观察检查。

2 消防电话的规格、型号、数量应符合设计要求。

检验方法:对照图纸观察检查。

3 消防电话的功能验收应按本规范第4.14节的要求进行检查,检查结果应符合要求。

5.3.16 消防应急广播设备的验收应符合下列要求:

1 消防应急广播设备的安装应满足本规范第3.3节和第3.8节的要求。

检验方法:尺量、观察检查。

2 消防应急广播设备的规格、型号、数量应符合设计要求。

检验方法:对照图纸观察检查。

3 消防应急广播设备的功能验收应按本规范第4.15节的要求进行检查,检查结果应符合要求。

5.3.17 系统备用电源的验收应符合下列要求:

1 系统备用电源的容量应满足相关标准和设计要求。

检验方法:尺量、观察检查。

2 系统备用电源的工作时间应满足相关标准和设计要求。

检验方法:充电48h后,断开设备主电源,测量持续工作时间。

5.3.18 消防设备应急电源的验收应满足下列要求:

1 消防设备应急电源的安装应满足本规范第3.10节的要求。

检验方法:尺量、观察检查。

2 消防设备应急电源的功能验收应按本规范第4.17节的要求进行检查,检查结果应符合要求。

5.3.19 消防控制中心图形显示装置的验收应符合下列要求:

1 消防控制中心图形显示装置的规格、型号、数量应符合设计要求。

检验方法:对照图纸观察检查。

2 消防控制中心图形显示装置的功能验收应按本规范第4.18节的要求进行检查,检查结果应符合要求。

5.3.20 气体灭火控制器的验收应符合下列要求:

1 气体灭火控制器的安装应满足本规范第3.3节的要求。

检验方法:尺量、观察检查。

2 气体灭火控制器的规格、型号、数量应符合设计要求。

检验方法:对照图纸观察检查。

3 气体灭火控制器的功能验收按本规范第4.19节的要求进行检查,检查结果应符合要求。

5.3.21 防火卷帘控制器的验收应符合下列要求:

1 防火卷帘控制器的安装应满足本规范第3.3节的要求。

检验方法:尺量、观察检查。

2 防火卷帘控制器的规格、型号、数量应符合设计要求。

检验方法:对照图纸观察检查。

3 防火卷帘控制器的功能验收按本规范第4.20节的要求进行检查,检查结果应符合要求。

5.3.22 系统性能的要求应符合现行国家标准《火灾自动报警系统设计规范》GB 50116和设计的联动逻辑关系要求。

检验方法:依据现行国家标准《火灾自动报警系统设计规范》GB 50116和设计的联动逻辑关系进行检查。

5.3.23 消火栓的控制功能验收应符合现行国家标准《火灾自动报警系统设计规范》GB 50116和设计的有关要求。

检查方法:在消防控制室内操作启、停泵1～3次。

5.3.24 自动喷水灭火系统的控制功能验收应符合现行国家标准《火灾自动报警系统设计规范》GB 50116和设计的有关要求。

检验方法:在消防控制室内操作启、停泵1～3次。

5.3.25 泡沫、干粉等灭火系统的控制功能验收应符合现行国家标准《火灾自动报警系统设计规范》GB 50116和设计的有关要求。

检查方法:自动、手动启动和紧急切断试验1～3次;与固定灭火设备联动控制的其他设备动作(包括关闭防火门窗、停止空调风机、关闭防火阀等)试验1～3次。

5.3.26 电动防火门、防火卷帘、挡烟垂壁的功能验收应符合现行国家标准《火灾自动报警系统设计规范》GB 50116和设计的有关要求。

检验方法:依据现行国家标准《火灾自动报警系统设计规范》GB 50116和设计的有关要求进行检查。

5.3.27 防烟排烟风机、防火阀和防排烟系统阀门的功能验收应符合现行国家标准《火灾自动报警系统设计规范》GB 50116和设计的有关要求。

检验方法:报警联动启动、消防控制室直接启停、现场手动启动防烟排烟风机1～3次;报警联动停、消防控制室直接停通风空调送风1～3次;报警联动开启、消防控制室开启、现场手动开启防排烟阀门1～3次。

5.3.28 消防电梯的功能验收应符合现行国家标准《火灾自动报警系统设计规范》GB 50116和设计的有关要求。

检查方法:消防电梯进行1～2次手动控制和联动控制功能检验,非消防电梯应进行1～2次联动返回首层功能检验。

6 系统使用和维护

6.1 使用前准备

6.1.1 火灾自动报警系统的使用单位应由经过专门培训的人员负责系统的管理操作和维护。

6.1.2 火灾自动报警系统正式启用时,应具有下列文件资料:

1 系统竣工图及设备的技术资料;

2 公安消防机构出具的有关法律文书;

3 系统的操作规程及维护保养管理制度;

4 系统操作员名册及相应的工作职责;

5 值班记录和使用图表。

6.1.3 火灾自动报警系统的使用单位应建立包括本规范第6.1.2条规定的技术档案,并应有电子备份档案。

6.2 使用和维护

6.2.1 火灾自动报警系统应保持连续正常运行,不得随意中断。

6.2.2 每日应检查火灾报警控制器的功能,并按本规范附录F的要求填写相应的记录。

6.2.3 每季度应检查和试验火灾自动报警系统的下列功能,并按本规范附录F的要求填写相应的记录。

1 采用专用检测仪器分期分批试验探测器的动作及确认灯显示。

2 试验火灾警报装置的声光显示。

3 试验水流指示器、压力开关等报警功能、信号显示。

4 对主电源和备用电源进行1～3次自动切换试验。

5 用自动或手动检查下列消防控制设备的控制显示功能:

1)室内消火栓、自动喷水、泡沫、气体、干粉等灭火系统的控制设备;

2)抽验电动防火门、防火卷帘门,数量不小于总数的25%;

3)选层试验消防应急广播设备,并试验公共广播强制转入火灾应急广播的功能,抽检数量不小于总数的25%;

4)火灾应急照明与疏散指示标志的控制装置;

5)送风机、排烟机和自动挡烟垂壁的控制设备。

6 检查消防电梯迫降功能。

7 应抽取不少于总数25%的消防电话和电话插孔在消防控制室进行对讲通话试验。

6.2.4 每年应检查和试验火灾自动报警系统下列功能,并按本规范附录F的要求填写相应的记录。

1 应用专用检测仪器对所安装的全部探测器和手动报警装置试验至少1次。

2 自动和手动打开排烟阀,关闭电动防火阀和空调系统。

3 对全部电动防火门、防火卷帘的试验至少1次。

4 强制切断非消防电源功能试验。

5 对其他有关的消防控制装置进行功能试验。

6.2.5 点型感烟火灾探测器投入运行2年后,应每隔3年至少全部清洗一遍;通过采样管采样的吸气式感烟火灾探测器根据使用环境的不同,需要对采样管道进行定期吹洗,最长的时间间隔不应超过1年;探测器的清洗应由有相关资质的机构根据产品生产企业的要求进行。探测器清洗后应做响应阈值及其他必要的功能试验,合格者方可继续使用。不合格探测器严禁重新安装使用,并应将该不合格品返回产品生产企业集中处理,严禁将离子感烟火灾探测器随意丢弃。可燃气体探测器的气敏元件超过生产企业规定的寿命年限后应及时更换,气敏元件的更换应由有相关资质的机构根据产品生产企业的要求进行。

6.2.6 不同类型的探测器应有10%但不少于50只的备品。

附录A 火灾自动报警系统分部、子分部、分项工程划分

表A 火灾自动报警系统分部、子分部、分项工程划分表

分部工程	序号	子分部工程	分项工程	
火灾自动报警系统	1	设备、材料进场检验	材料类	电缆电线、管材
			探测器类设备	点型火灾探测器、线型感温火灾探测器、红外光束感烟火灾探测器、空气采样式火灾探测器、点型火焰探测器、图像型火灾探测器、可燃气体探测器等
			控制器类设备	火灾报警控制器、消防联动控制器、区域显示器、气体灭火控制器、可燃气体报警控制器等
			其他设备	手动报警按钮、消防电话、消防应急广播、消防设备应急电源、系统备用电源、消防控制中心图形显示装置等
	2	安装与施工	材料类	电缆电线、管材
			探测器类设备	点型火灾探测器、线型感温火灾探测器、红外光束感烟火灾探测器、空气采样式火灾探测器、点型火焰探测器、图像型火灾探测器、可燃气体探测器等
			控制器类设备	火灾报警控制器、消防联动控制器、区域显示器、气体灭火控制器、可燃气体报警控制器等
			其他设备	手动报警按钮、消防电气控制装置、火灾应急广播扬声器和火灾警报装置、模块、消防专用电话、消防设备应急电源、系统接地等

续表A

分部工程	序号	子分部工程	分项工程	
火灾自动报警系统	3	系统调试	探测器类设备	点型火灾探测器、线型感温火灾探测器、红外光束感烟火灾探测器、空气采样式火灾探测器、点型火焰探测器、图像型火灾探测器、可燃气体探测器等
			控制器类设备	火灾报警控制器、消防联动控制器、区域显示器、气体灭火控制器、可燃气体报警控制器等
			其他设备	手动报警按钮、消防电话、消防应急广播、消防设备应急电源、系统备用电源、消防控制中心图形显示装置等
			整体系统	系统性能
	4	系统验收	探测器类设备	点型火灾探测器、线型感温火灾探测器、红外光束感烟火灾探测器、空气采样式火灾探测器、点型火焰探测器、图像型火灾探测器、可燃气体探测器等
			控制器类设备	火灾报警控制器、消防联动控制器、区域显示器、气体灭火控制器、可燃气体报警控制器等
			其他设备	手动报警按钮、消防电话、消防应急广播、消防设备应急电源、系统备用电源、消防控制中心图形显示装置等
			整体系统	系统性能

附录B 施工现场质量管理检查记录

表B 施工现场质量管理检查记录

工程名称			
建设单位		监理单位	
设计单位		项目负责人	
施工单位		施工许可证	
序号	项 目		内 容
1	现场质量管理制度		
2	质量责任制		
3	主要专业工种人员操作上岗证书		
4	施工图审查情况		
5	施工组织设计、施工方案及审批		
6	施工技术标准		
7	工程质量检验制度		
8	现场材料、设备管理		
9	其他项目		
结论	施工单位项目负责人：（签章）　　　　年 月 日	监理工程师：（签章）　　　　年 月 日	建设单位项目负责人：（签章）　　　　年 月 日

附录C 火灾自动报警系统施工过程检查记录

C.0.1 火灾自动报警系统施工过程质量检查记录应由施工单位质量检查员填写，监理工程师进行检查，并作出检查结论。

C.0.2 设备、材料进场按照表C.0.2填写。

表C.0.2 火灾自动报警系统施工过程检查记录

工程名称		施工单位	
施工执行规范名称及编号		监理单位	
子分部工程名称	设备、材料进场		
项 目	《规范》章节条款	施工单位检查评定记录	监理单位检查（验收）记录
检查文件及标识	2.2.1		
核对产品与检验报告	2.2.2、2.2.3		
检查产品外观	2.2.4		
检查产品规格、型号	2.2.5		
结论	施工单位项目经理：（签章）　　　　年 月 日	监理工程师（建设单位项目负责人）：（签章）　　　　年 月 日	

注：施工过程若用到其他表格，则应作为附件一并归档。

C.0.3 安装按照表 C.0.3 填写。

表 C.0.3 火灾自动报警系统施工过程检查记录

工程名称		施工单位	
施工执行规范名称及编号		监理单位	
子分部工程名称		安　装	
项　目	《规范》章节条款	施工单位检查评定记录	监理单位检查(验收)记录
电缆电线	3.2.1		
	3.2.2		
	3.2.3		
	3.2.4		
	3.2.5		
	3.2.6		
	3.2.7		
	3.2.8		
	3.2.9		
	3.2.10		
	3.2.11		
	3.2.12		
	3.2.13		
	3.2.14		
	3.2.15		
控制器类设备	3.3.1		
	3.3.2		
	3.3.3		
	3.3.4		
	3.3.5		
火灾探测器	3.4.1		
	3.4.2		
	3.4.3		
	3.4.4		
	3.4.5		
	3.4.6		
	3.4.7		
	3.4.8		
	3.4.9		
	3.4.10		

续表 C.0.3

工程名称		施工单位	
施工执行规范名称及编号		监理单位	
子分部工程名称		安　装	
项　目	《规范》章节条款	施工单位检查评定记录	监理单位检查(验收)记录
火灾探测器	3.4.11		
	3.4.12		
手动火灾报警按钮	3.5.1		
	3.5.2		
	3.5.3		
消防电气控制装置	3.6.1		
	3.6.2		
	3.6.3		
	3.6.4		
模　块	3.7.1		
	3.7.2		
	3.7.3		
	3.7.4		
火灾应急广播扬声器和火灾警报装置	3.8.1		
	3.8.2		
	3.8.3		
消防电话	3.9.1		
	3.9.2		
消防设备应急电源	3.10.1		
	3.10.2		
	3.10.3		
	3.10.4		
系统接地	3.11.1		
	3.11.2		
结论	施工单位项目经理：(签章) 　　　　年 月 日	监理工程师(建设单位项目负责人)：(签章) 　　　　年 月 日	

注：施工过程若用到其他表格，则应作为附件一并归档。

C.0.4 调试按照表 C.0.4 填写。

表 C.0.4 火灾自动报警系统施工过程检查记录

工程名称		施工单位	
施工执行规范名称及编号		监理单位	
子分部工程名称		调　试	
项　目	调试内容	施工单位检查评定记录	监理单位检查(验收)记录
调试前检查	查验设备规格、型号、数量、备品		
	检查系统施工质量		
	检查系统线路		
火灾报警控制器	自检功能及操作级别		
	与探测器连线断路、短路，控制器故障信号发出时间		
	故障状态下的再次报警功能		
	火灾报警时间的记录		
	控制器的二次报警功能		
	消音和复位功能		
	与备用电源连线断路、短路，控制器故障信号发出时间		
	屏蔽和隔离功能		
	负载功能		
	主备电源的自动转换功能		
	控制器特有的其他功能		
	连接其他回路时的功能		
点型感烟、感温火灾探测器	检查数量		
	报警数量		
线型感温火灾探测器	检查数量		
	报警数量		
	故障功能		

续表 C.0.4

工程名称		施工单位	
施工执行规范名称及编号		监理单位	
子分部工程名称		调　试	
项　目	调试内容	施工单位检查评定记录	监理单位检查(验收)记录
红外光束感烟火灾探测器	减光率 0.9dB 的光路遮挡条件，检查数量和未响应数量		
	1.0～10.0dB 的光路遮挡条件，检查数量和响应数量		
	11.5dB 的光路遮挡条件，检查数量和响应数量		
吸气式火灾探测器	报警时间		
	故障发出时间		
点型火焰探测器和图像型火灾探测器	报警功能		
	故障功能		
手动火灾报警按钮	检查数量		
	报警数量		
消防联动控制器	自检功能及操作级别		
	与模块连线断路、短路故障信号发出时间		
	与备用电源连线断路、短路故障信号发出时间		
	消音和复位功能		
	屏蔽和隔离功能		
	负载功能		
	主备电源的自动转换功能		
	自动联动、联动逻辑及手动插入优先功能		
	手动启动功能		
	自动灭火控制系统功能		

续表 C.0.4

工程名称			施工单位	
施工执行规范名称及编号			监理单位	
子分部工程名称		调试		
项目	调试内容		施工单位检查评定记录	监理单位检查(验收)记录
区域显示器(火灾显示盘)	接收火灾报警信号的时间			
	消音和复位功能			
	操作级别			
	火灾报警时间的记录			
	控制器的二次报警功能			
	主备电源的自动转换功能和故障报警功能			
可燃气体报警控制器	自检功能及操作级别			
	与探测器连线断路、短路故障信号发出时间			
	故障状态下的再次报警时间及功能			
	消音和复位功能			
	与备用电源连线断路、短路故障信号发出时间			
	高、低限报警功能			
	设定值显示功能			
	负载功能			
	主备电源的自动转换功能			
	连接其他回路时的功能			
可燃气体探测器	探测器响应时间			
	探测器恢复时间			
	发射器光路全部遮挡时,线性可燃气体探测器的故障信号发出时间			
消防电话	检查数量			
	功能正常、语音清晰的数量			

续表 C.0.4

工程名称			施工单位	
施工执行规范名称及编号			监理单位	
子分部工程名称		调试		
项目	调试内容		施工单位检查评定记录	监理单位检查(验收)记录
消防应急广播设备	手动强行切换功能			
	全负荷试验,广播语音清晰的数量			
	联动功能			
	任一扬声器断路条件下其他扬声器工作状态			
系统备用电源	电源容量			
	断开主电源,备用电源工作时间			
消防设备应急电源	控制功能和转换功能			
	显示状态			
	保护功能			
	应急工作时间			
	故障功能			
消防控制中心图形显示装置	显示功能			
	查询功能			
	手动插入及自动切换			
气体灭火控制器	启动及反馈功能			
	延时功能			
	自动及手动控制功能			
	信号发送功能			
防火卷帘控制器	手动控制功能			
	两步关闭功能			
	分隔防火分区功能			
其他受控部件	检查数量			
	合格数量			
系统性能	系统功能			
结论	施工单位项目经理:(签章) 年 月 日		监理工程师(建设单位项目负责人):(签章) 年 月 日	

注:施工过程若用到其他表格,则应作为附件一并归档。

附录 D 火灾自动报警系统工程质量控制资料核查记录

表 D 火灾自动报警系统工程质量控制资料核查记录

工程名称		分部工程名称		
施工单位		项目经理		
监理单位		总监理工程师		
序号	资料名称	数量	核查人	核查结果
1	系统竣工图			
2	施工过程检查记录			
3	调试记录			
4	产品检验报告、合格证及相关材料			
结论	施工单位项目负责人:(签章) 年 月 日	监理工程师:(签章) 年 月 日	建设单位项目负责人:(签章) 年 月 日	

附录 E 火灾自动报警系统工程验收记录

表 E 火灾自动报警系统工程验收记录

工程名称		分部工程名称		
施工单位		项目经理		
监理单位		总监理工程师		
序号	验收项目名称	条款	验收内容记录	验收评定结果
1	布线	5.3.1		
2	技术文件	5.3.2		
3	火灾报警控制器	5.3.3		
4	点型火灾探测器	5.3.4		
5	线型感温火灾探测器	5.3.5		
6	红外光束感烟火灾探测器	5.3.6		
7	空气吸气式火灾探测器	5.3.7		
8	点型火焰探测器和图像型火灾探测器	5.3.8		
9	手动火灾报警按钮	5.3.9		
10	消防联动控制器	5.3.10		
11	消防电气控制装置	5.3.11		
12	区域显示器(火灾显示盘)	5.3.12		
13	可燃气体报警控制器	5.3.13		
14	可燃气体探测器	5.3.14		
15	消防电话	5.3.15		
16	消防应急广播设备	5.3.16		
17	系统备用电源	5.3.17		
18	消防设备应急电源	5.3.18		

续表 E

19	消防控制中心图形显示装置	5.3.19			
20	气体灭火控制器	5.3.20			
21	防火卷帘控制器	5.3.21			
22	系统性能	5.3.22			
23	室内消火栓系统的控制功能	5.3.23			
24	自动喷水灭火系统的控制功能	5.3.24			
25	泡沫、干粉等灭火系统的控制功能	5.3.25			
26	电动防火门、防火卷帘门、挡烟垂壁的联动控制功能	5.3.26			
27	防烟排烟系统的联动控制功能	5.3.27			
28	消防电梯的联动控制功能	5.3.28			
29	消防应急照明和疏散指示系统	5.1.5 第12款			
分部工程验收结论					

验收单位	施工单位:(单位印章)	项目经理:(签章) 年 月 日	
	监理单位:(单位印章)	总监理工程师:(签章) 年 月 日	
	设计单位:(单位印章)	项目负责人:(签章) 年 月 日	
	建设单位:(单位印章)	建设单位项目负责人:(签章) 年 月 日	

注:分部工程质量验收由建设单位项目负责人组织施工单位项目经理、总监理工程师和设计单位项目负责人等进行。

附录 F 火灾自动报警系统日常维护检查记录

表 F 火灾自动报警系统日常维护检查记录表

使用单位				
维护检查执行的规范名称及编号				
检查类别(日检、季检、年检)				
检查日期	检查项目	检查结论	处理结果	检查人员签字

中华人民共和国国家标准

火灾自动报警系统施工及验收规范

GB 50166-2007

条 文 说 明

1 总 则

1.0.1 本条说明制定本规范的目的:即为了提高火灾自动报警系统的施工质量,确保系统正常运行,防止和减少火灾危害,保护人身和财产安全。

火灾自动报警系统是人们为了及早发现和通报火灾,并及时采取有效措施控制和扑灭火灾而设置在建筑物内或其他场所的一种自动消防系统,它是一种应用相当广泛的现代消防设施,是人们同火灾作斗争的一种有力工具。随着我国社会主义现代化建设事业的深入发展和消防保卫工作的不断加强,特别是近年来,随着现行国家标准《高层民用建筑设计防火规范》GB 50045、《建筑设计防火规范》GB 50016、《火灾自动报警系统设计规范》GB 50116 等一系列消防技术法规的贯彻实施,我国火灾自动报警系统的推广应用有了很大发展,火灾自动报警系统在安全防火工作中已经并将继续发挥出日益显著的作用。

本规范的制定,不仅为有关安装、使用等部门和单位提供了一个全国统一的较为科学合理的技术标准,也为验收机构提供了一个监督管理的技术依据。这对于更好地发挥火灾自动报警系统在安全防火工作中的重要作用,防止和减少火灾危害,保护人身和财产安全,保卫社会主义现代化建设,将具有十分重要的意义。

1.0.2 本条规定了本规范的适用范围和不适用范围。本规范是现行国家标准《火灾自动报警系统设计规范》GB 50116 的配套规范,适用范围和不适用范围与该规范是一致的。

1.0.3 火灾自动报警系统的安装、调试,是专业性很强的技术工作,需要具有一定专业技术水平的人员完成。此外,火灾自动报警系统在交付使用前必须经过建设部门组织的验收,以确保系统完好、无误，正常可靠。

1.0.4 本条规定了本规范与其他有关规范的关系。本规范是一本专业技术规范，其内容涉及范围较广。在执行中，除执行本规范外，还应符合国家现行的有关标准、规范的规定，以保证标准、规范的协调一致性。

不合格的产品不得安装使用。

2.1.9 本条强调分部工程质量验收的责任人及填写记录表的格式要求。

2.2 设备、材料进场检验

2.2.1 本条规定了设备、材料及配件进入施工现场前文件检查的内容。其中检验报告及认证（认可）证书是国家法定机构颁发的，在火灾自动报警系统中，有许多产品是国家强制认证（认可）和型式检验的，进场前必须具备与产品对应的检验报告和证书；另外国家相关法规规定认证（认可）产品应贴有相应国家机构颁发的认证（认可）标识。因此检验报告、证书和标识是证明产品满足国家相关标准和法规要求的法定证据。

2.2.2 本条强调应重点检查产品名称、型号、规格是否与认证（认可）证书的内容一致。从近年来火灾自动报警系统的使用情况来看，个别企业存在送检产品与实际工程应用产品质量不一致或因考虑经济原因更改已通过检验的产品等现象，造成产品质量存在先天缺陷，使系统容易产生无法开通、误报率高、误动作等问题，严重影响系统的稳定性和可靠性。因此，在设备、材料及配件进场前，施工单位与建设单位应组织人员认真检查、核对。

2.2.3 本条强调应重点检查产品名称、型号、规格是否与检验报告的内容一致。对于非国家强制认证的产品，应通过核对检验报告来确保该产品是通过国家相关检验机构检验的产品。

2.2.4 通过目测检验主要设备、材料和配件的外观及结构完好性。

2.2.5 本条强调设备、材料及配件的规格、型号应与设计方案一致，符合设计要求，且应检查其产品合格证及安装使用说明书。

2 基 本 规 定

2.1 质 量 管 理

2.1.1 本条按照火灾自动报警系统的特点对分部、分项工程进行划分。

2.1.2 本条对施工企业的资质要求作出了规定。施工队伍的素质是确保工程施工质量的关键。本条强调施工企业的资质等级应与工程的等级相对应，资质等级低的施工企业因其管理水平不高、施工专业技术人员素质等问题，无法完成等级高的施工项目。

2.1.3 施工方案对指导工程施工和提高施工质量，明确质量验收标准很有效，同时有利于监理或建设单位审查并互相遵守。

2.1.4 本条规定了系统施工前应具备的技术、物质条件。这些规定是施工前应具备的基本条件。

2.1.5 为保证工程质量，强调施工单位无权任意修改设计图纸，应按批准的工程设计文件和施工技术标准施工。有必要进行修改时，需经原设计单位负责修改。

2.1.6 本条具体规定了系统施工过程质量控制的主要方面。一是按施工技术标准控制每道工序的质量，二是施工单位每道工序完成后除了自检、专职质量检查员检查外，还强调了工序交接检查，上道工序还应满足下道工序的施工条件和要求；同样相关专业工序之间也应进行中间交接检验，使各工序和各相关专业之间形成一个有机的整体。三是工程完工后应进行调试，调试应按火灾自动报警系统的调试规定进行。

2.1.7 本条要求火灾自动报警系统质量控制资料填写格式应满足本规范附录D的要求。

2.1.8 本条强调在施工前应对设备、材料及配件进行检查，检查

3 系 统 施 工

3.1 一 般 规 定

3.1.1 本规定考虑到在设计单位尚未最后选定设备、完成设计图纸的情况下，为了不影响施工单位与土建配合，故制定这条最低要求。

3.1.2 主要目的是强调在施工过程中做好相关记录，为竣工验收及资料归档做准备。

3.1.3 目的是强调施工方应全数检查系统的安装质量。

3.1.4 施工完毕后，可能有的图纸已经修改，有的产品已经变更。如果进行系统调试时缺乏必需的资料和文件，调试困难将很大。规定此条将便于调试能够顺利进行。

3.2 布 线

3.2.1 火灾自动报警系统的布线要求与现行国家标准《建筑电气工程施工质量验收规范》GB 50303 的规定是一致的，所以必须遵守此条规定。

3.2.2 参见现行国家标准《火灾自动报警系统设计规范》GB 50116—98 中第 10.1.1 条要求。火灾自动报警系统的传输线路和 50V 以下的供电线路，应采用电压等级不低于交流 250V 的铜芯绝缘导线或铜芯电缆。采用交流 220/380V 的供电和控制线路应采用电压等级不低于交流 500V 的铜芯导线或铜芯电缆。

3.2.3 在穿线前必须将管槽中积水及杂物清除干净，因为有些暗敷线路若不清除杂物势必影响穿线。内有积水影响线路的绝缘。有些施工单位对此条很不注意，有些工程在穿线时发生堵管现象，造成返工。有些备用管在急用时也有此类情况发生。此条规定，

目的在于确保穿线顺利进行,提高系统运行的可靠性。

3.2.4 此条规定是为了确保系统的正常运行。

3.2.5 实践证明,因管内或槽内有接头将影响线路的机械强度,另外有接头也是故障的隐患点,不容易进行检查,所以必须在接线盒内进行连接,以便于检查。

3.2.6 此条主要是为了提高系统正常运行的可靠性。

3.2.7 在多尘和潮湿的场所,为防止灰尘和水汽进入管内引起导电,影响工程质量,所以规定管子的连接处、出线口均应做密封处理。

3.2.8 因管子太长和弯头太多,会使穿线时发生困难,故作本条规定。

3.2.9 为了保证管子与盒子不脱落,导线不致于穿在管子与盒子外面,确保工程质量,故作本条规定。

3.2.10 为了确保穿线顺利。若不做固定,在施工过程中将发生跑管现象。最好用单独的卡具,防止受其他设备检修的影响。

3.2.11 为了增加机械强度,防止弧垂很大,确保工程质量,设置吊点和支点。设置吊点和支点时,线槽重量大的间距1.0m,重量轻的间距1.5m。

3.2.12 本条规定目的是确保系统的可靠运行及便于维护。

3.2.13 本条规定是使线路不致断裂,从而提高系统运行的可靠性。

3.2.14 根据现行国家标准《建筑电气工程施工质量验收规范》GB 50303的要求相应提出。

3.2.15 有些施工使用导线的颜色五花八门,有时接错,有时找不到线,影响调试与运行,为了避免上述问题,最低要求是把正极与负极区分开来,其他线路不作统一规定,但同一工程中相同用途的绝缘导线颜色应一致。

3.3 控制器类设备安装

3.3.1 按现行国家标准《火灾自动报警系统设计规范》GB 50116—98的规定编写。落地安装时,为了防潮,规定距地面应有一定距离。

3.3.2 控制器要求安装牢固,不得倾斜,其目的是为了美观,并避免运行时因墙不坚固而脱落,影响使用。

3.3.3 从一些竣工工程的情况看,有不少工程控制器外接线很乱,无章法,随意接线。端子上的线并接太多,又无端子号,很不规范。故制定此条,以便于维修。

3.3.4 按消防设备通常要求,控制器的主电源应与消防电源连接,严禁用插头连接,这有利于消防设备安全运行。也为了防止用户经常拔掉插头做其他用。

3.3.5 控制器的接地是系统正常与安全可靠运行的保证,由于接地不牢固往往造成系统误报或其他不正常现象发生。所以控制器的接地必须牢固。

3.4 火灾探测器安装

3.4.1 按现行国家标准《火灾自动报警系统设计规范》GB 50116—98的规定编写。

3.4.2 本条目的是规范线型红外光束感烟探测器的安装,确保系统的可靠运行。

3.4.3 本条目的是规范缆式线型感温探测器在某些场所的安装,确保其能可靠探测初期火灾。

3.4.4 本条目的是规范线型差温火灾探测器的安装,确保其能可靠运行。

3.4.5 可燃气体探测器的安装位置很重要,为确保其能有效探测,作此条规定。

3.4.6 本条目的是规范通过管路采样的吸气式火灾探测器的安装,确保其性能可靠。

3.4.7 本条目的是规范点型火焰探测器和图像型火灾探测器的安装,确保其性能可靠。

3.4.8 探测器底座安装应牢靠固定,以免工程完工后出现脱落现象,影响使用。焊接必须用无腐蚀的助焊剂,否则接头处腐蚀脱开或增加线路电阻,影响正常报警。

3.4.9 此条规定是为了便于维修。

3.4.10 封堵的目的是为了防止潮气、灰尘进管,影响绝缘。底座安装完毕后采取保护措施的目的是避免因施工时各工种交叉进行而损坏底座。为满足这条要求,有些制造厂的产品中自备保护部件,在无自备保护部件时,尤其要强调满足此条要求。

3.4.11 探测器报警确认灯面向便于人员观察的主要入口,是为了让值班人员能迅速看到哪只探测器报警,便于及时处理事故。

3.4.12 探测器在调试时方可安装的理由是:因为提前安装上,易在别的工种施工时被破坏;另一方面,施工现场未完工,灰尘及潮湿易使探测器误报或损坏,故一定要调试时再安装。探测器在安装前应妥善保管。从一些工程中发现,由于保管不善,造成探测器的不合格现象发生已有多起,故制定本条。

3.5 手动火灾报警按钮安装

3.5.1 按现行国家标准《火灾自动报警系统设计规范》GB 50116—98的规定编写。

3.5.2 从一些施工完毕的工程中发现手动火灾报警按钮安装不牢固,有脱落现象,有的工程手动火灾报警按钮倾斜很多,既不美观,也不便操作,故规定此条。

3.5.3 此条规定为了便于调试、维修,确保正常工作。

3.6 消防电气控制装置安装

3.6.1 本条为一般原则要求,功能不合格的产品不能安装使用。

3.6.2 加端子号的目的是便于检查及校核接线是否正确。

3.6.3 消防控制设备盘(柜)内不同电压等级、不同电流类别的端子应严格分开并有标志,否则工程中由于安装疏忽,很容易造成设备烧毁,这样的现象在以往的调试中发现很多。为确保设备的正常运行与维修要求,必须严格执行此条。

3.6.4 为保证系统运行的可靠作此规定。

3.7 模块安装

3.7.1 模块安装在金属模块箱内,主要是考虑其运行的可靠性和检修的方便。

3.7.2 本条是用于保障模块安装的牢固并防潮、防腐蚀。

3.7.3 本条主要是为了便于调试和维修。

3.7.4 本条主要是为了便于调试和维修。

3.8 火灾应急广播扬声器和火灾警报装置安装

3.8.1 本条为一般原则要求。

3.8.2 本条主要是考虑发生火灾时,便于人员疏散。

3.8.3 本条主要是保障扬声器和火灾声警报装置能更好地发挥作用。

3.9 消防电话安装

3.9.1 本条主要是考虑使用方便。

3.9.2 消防电话和电话插孔安装处应有明显标志,主要是为了在火灾时能及时找到。

3.10 消防设备应急电源安装

3.10.1 本条主要考虑电池工作的安全性。

3.10.2 本条主要考虑电池的特性。

3.10.3 本条为安全性要求。

3.10.4 主要考虑到应急电源运行的可靠性和供电系统安全的冗余性,因为应急电源的容量加大,应急启动和运行的可靠性会下降;且容量过大时一旦应急电源发生故障,会导致所有负载均无法应急工作,因此有必要提高应急供电系统安全的冗余性。

3.11 系统接地

3.11.1 本条规定主要是为了保证使用人员及设备的安全。

3.11.2 按隐蔽工程要求,应及时测量,并做好记录。目的是为了确保隐蔽工程的质量,保证系统的正常运行。

4 系统调试

4.1 一般规定

4.1.1 本条规定的依据是世界各先进国家的安装规范都有类似的规定。同时我国多年来火灾报警系统的调试工作也表明,只有当系统全部安装结束后再进行系统调试工作,才能做到系统调试程序化、合理化。那种边进行安装,边进行调试的做法,会给日后的系统运行造成很多隐患。

4.1.2 典型调查表明,近年来由于文件资料不全给火灾自动报警系统的安装、调试和正常运行都带来很大困难。因此本条明确规定了火灾自动报警系统调试开通前必须具备的文件,这些文件包括:

  1 火灾自动报警系统图。

  2 设置火灾自动报警系统的建筑平面图。

  3 消防设备联动逻辑说明或设计要求。

  4 设备安装技术文件:

  1)安装尺寸(包括控制设备、联动设备的安装图,探测器预埋件,端子箱安装尺寸等);

  2)设备的外部接线图(包括设备尾线编号、端子板出线等)。

  5 变更设计部分的实际施工图。

  6 变更设计的证明文件(包括消防设备联动逻辑设计要求变更);

  7 安装验收单:

  1)安装技术记录(包括隐蔽工程检验记录);

  2)安装检验记录(包括绝缘电阻、接地电阻的测试记录)。

  8 设备的使用说明书(包括电路图以及备用电源的充放电说明)。

4.1.3 调试单位在火灾自动报警系统调试前,应针对不同的工程项目制定调试程序,尤其对重大工程调试前一定要编写调试方案(建议实行工程项目责任工程师制),如根据消防设备联动逻辑说明,在调试前作出"联动逻辑关系表"等。这样不仅可以保证调试工作顺利进行,还可以使调试工作最大限度地满足规范的各项要求,故本条对调试前编制调试程序作明确规定。

4.1.4 火灾自动报警系统调试工作是一项专业技术非常强的工作,国内外不同生产厂家的火灾自动报警产品不仅型号不同,外观各异,而且从报警概念、传输技术和系统组成上都有区别,特别是近年来国内外产品广泛采用了计算机、多路传输和智能化等多种高新技术,因此,对火灾自动报警系统的调试需要熟悉此专业技术的专门人员才能完成。所以本条明确规定了调试负责人必须由有资格的专业技术人员担任。一般应由生产厂的工程师(或相当于工程师水平的人员)或生产厂委托的经过训练的人员担任。

4.2 调试准备

4.2.1 本条规定了调试前应对火灾自动报警设备的规格、型号、数量和备品备件等进行查验。

从实际应用情况看,有的企业管理素质差,发货差错时有发生,特别是备品备件和技术资料不齐全,给调试和正常运行都带来了困难,甚至影响到火灾自动报警系统的可靠性。所以,按本条规定,备品备件和技术资料应齐备。

4.2.2 本条规定进行调试的人员,按本规范第3章的要求检查火灾自动报警系统的安装工作。这是一个交接程序。

从目前国内情况看,很多工程由于交接不清互相扯皮,耽误工期,从质量管理和质量控制的角度讲这是下道工序对上道工序的互检工作,对火灾自动报警系统的可靠运行会起到很好的保证作用。

4.2.3 本条规定了火灾自动报警系统外部线路的检查工作,它的必要性在于几乎没有一个工程不出现接线错误,这种错误往往会造成严重后果。另外,有很多工程由于施工中对外部线路接头未按规定进行操作,或导线划伤等原因造成绝缘电阻小于20MΩ,本条也规定了应对其进行处理。应该注意的是,在查线过程中一定要按厂家的说明,使用合适的工具,合理的方法检查线路,避免底座或探测器等设备元器件的损坏。

4.2.4 现行国家标准《火灾自动报警系统设计规范》GB 50116—98第5.2.1条对火灾自动报警系统形式的选择作了具体规定。不论选用哪一种系统都应按照消防设备产品说明书要求,单机通电后才能接入系统。这样做可以避免单机工作不正常时,影响系统中其他设备的运行。

4.3 火灾报警控制器调试

本节按现行国家标准《火灾报警控制器》GB 4717的要求列出了基本功能。这些功能是必备的,在调试开通过程中必须逐项检查,应全部满足要求并记录。对产品说明书的其他功能,如产品说明书中有规定,在调试时就应逐一检查。

4.4 点型感烟、感温火灾探测器调试

本节规定系统正常后,应使用专用的检测仪器或模拟火灾的方法对每只探测器进行试验。特别要注意的是:当采用模拟火灾的方法对探测器进行试验时,不应使探测器受污染或使塑料外壳变色而影响使用效果。对不可恢复的火灾探测器应采用联动模拟报警方法检查其报警功能。

4.5 线型感温火灾探测器调试

本节规定系统正常后,对不可恢复的线型感温火灾探测器及可恢复的线型感温火灾探测器应分别进行模拟火警或模拟火灾的

办法使其发出报警信号,并均应在其各自的终端盒上模拟故障。

4.6 红外光束感烟火灾探测器调试

本节规定系统正常后,应首先对红外光束感烟火灾探测器的光路调节装置进行调整,使探测器处于正常监视状态,然后再用产品生产企业设定的各种减光率的减光片遮挡光路对探测器进行各项功能试验。

4.7 通过管路采样的吸气式火灾探测器调试

本节规定强调两点,第一,对空气采样式火灾探测器进行调试时应在采样管的末端(最不利处)采样孔加入试验烟对其进行试验;第二,依据产品说明书,使探测器的采样管气路发生变化,探测器或其控制器应在100s内发出故障信号。

4.8 点型火焰探测器和图像型火灾探测器调试

本节强调在探测器监视区域最不利处采用专用检测仪器或模拟火灾的方法检查探测器的报警功能。

4.9 手动火灾报警按钮调试

本节规定在系统正常后,对每只可恢复或不可恢复的手动火灾报警按钮均应进行火灾报警试验。

4.10 消防联动控制器调试

本节按现行国家标准《消防联动控制系统》GB 16806 的要求列出了基本功能,这些功能是必备的,在调试时必须逐项检查,全部满足要求。在调试开通过程中,应先将消防联动控制器与火灾报警控制器一个回路的输入/输出模块及该回路模块控制的消防电器控制设备相连接。此时应注意:一定要将所有现场受控设备的控制连线断开(如消防泵电机连线等),方可接通电源进行本节第4.10.2~4.10.6条的各项检查,这样做的目的是避免在做上述各项检查时使现场受控设备误启动或造成不必要的其他损失,当第4.10.2~4.10.6条所规定的在一个回路上的各项检查全部满足后,最后进行本节第4.10.8条规定的各项检查。

消防联动控制器和消防电气控制设备的调试是一项复杂而细致的工作,调试单位应严格按照第4.10.1~4.10.7条的步骤进行调试,这样既可以满足规范要求,又可以减少不必要的损失。

4.11 区域显示器(火灾显示盘)调试

本节按现行国家标准《火灾显示盘通用技术条件》GB 17429—1998的要求列出了基本功能,这些功能是必备的,在调试开通过程中必须逐项检查,应全部满足要求并对各功能检查进行记录。

如果区域显示器的显示方式是数码管或数字液晶显示时,调试单位应将区域显示的回路号地址号与实际显示的部位编制成对照表提供给用户。

4.12 可燃气体报警控制器调试

本节按现行国家标准《可燃气体报警控制器技术要求和试验方法》GB 16808—1997列出了基本功能,在调试开通过程中必须逐项检查,全部满足要求并做记录。

4.13 可燃气体探测器调试

目前,可燃气体探测器一般是按生产企业提供的调试方法进行检查。调试时应逐项检查,并全部满足要求。如采用加入标准气样法进行调试,可参照现行国家标准《可燃气体探测器》GB 15322的规定进行。

4.14 消防电话调试

本节规定了消防电话的调试内容。消防电话线路的可靠性关系到火灾时消防通信指挥系统是否灵活畅通,所以调试过程中应检查其线路是否为独立布线,且应使消防电话分机和电话插孔的功能正常,语音清晰。同时应对消防控制室的外线电话与另一部外线电话模拟"119"台通话进行检查。

4.15 消防应急广播设备调试

本节规定了火灾应急广播的调试内容及要求,火灾应急广播属于火灾警报装置类,对人员疏散起着至关重要的作用,因此建筑中火灾应急广播是非常重要的,所以本节中规定的调试内容应逐一检查并全部满足要求。

4.16 系统备用电源调试

本节规定强调了对系统备用电源的调试。国内近年来不少消防工程的火灾自动报警系统的备用电源存在容量不够或充电装置不符合要求的情况,当主电源断电后备用电源不能及时切换,或者虽能切换但因备用电源容量不够或电压过低使整个系统不能正常工作,故本节规定了检查系统中各种控制装置使用的备用电源容量,并进行放电、充电试验,且均应满足要求。

4.17 消防设备应急电源调试

本节规定强调了对消防设备用的应急电源的调试。国内近年来不少消防工程中使用的消防设备应急电源,当主电源断电后应急电源能及时切换保障消防设备的正常工作状态。消防设备应急电源的调试是一项复杂而细致的工作,调试单位应严格按照本节第4.17.1~4.17.5条的步骤进行调试,这样就可以满足规范要求。特别是对应急工作时间的调试,要在应急电源接上满负载后进行,才能保障应急电源的容量。

4.18 消防控制中心图形显示装置调试

调试单位应严格按照本节第4.18.1~4.18.5条的步骤进行调试,以满足规范要求。

4.19 气体灭火控制器调试

调试单位应严格按照本节第4.19.1~4.19.7条的步骤进行调试,以满足规范要求。

4.20 防火卷帘控制器调试

调试单位应严格按照本节第4.20.1~4.20.4条的步骤进行调试,以满足规范要求。

4.21 其他受控部件调试

本节规定是指火灾自动报警系统内的其他受控部件,也应按产品生产企业提供的调试方法分别对其进行调试。

4.22 火灾自动报警系统性能调试

本节规定指的是对火灾自动报警系统的联调,也就是说在系统联调之前各项设备、系统均经过调试并已合格后,将这些设备及系统连接组成完整的火灾自动报警系统对其进行联调,进行联调的目的是检查整个系统的关系功能是否符合现行国家标准《火灾自动报警系统设计规范》GB 50116 和设计的联动逻辑关系要求,全面调试系统的各项功能。

整个火灾自动报警系统调试正常后,应连续运行120h无故障,按本规范附录C的规定填写调试报告后,才能进行验收工作。

这是根据我国的实际情况,考虑到元器件的早期失效和各安装调试单位调试程序和方法所作的规定,时间过长,往往影响验收和建筑物的使用;时间太短,系统存在的问题未充分暴露,也会影响系统的可靠性。120h是基于二者的折中。

5 系统验收

5.1 一般规定

5.1.1 系统竣工验收是对系统设计和施工质量的全面检查。消防验收,主要是针对消防设计内容进行检查和必要的系统性能测试。对于设有自动消防设施工程验收机构的,要求建设和施工单位必须委托相关机构进行技术检测,取得技术测试报告,由建设单位组织验收。

5.1.2 本条规定了验收记录的格式。

5.1.3 本条规定了进行验收的设备。设备验收和系统功能的验收是根据现行国家标准《建筑设计防火规范》GB 50016、《高层民用建筑设计防火规范》GB 50045、《人民防空工程设计防火规范》GB 50098、《汽车库设计防火规范》GBJ 67 和《火灾自动报警系统设计规范》GB 50116、《自动喷水灭火系统设计规范》GB 50084 等规范中的有关规定综合制定的。将火灾自动报警设备有关的自动灭火设备及其他联动控制设备列入验收内容,这对保证整个消防设备施工安装的质量是十分必要的。

5.1.4 本条强调应验收系统功能是否满足设计要求。

5.1.5 本条具体规定了验收内容和抽验数量。这些抽验的比例是参照一些发达国家的技术规范并结合我国的经验而定。这次修订时对个别条款作了完善和补充。如本条第 3 款规定:火灾探测器应按实际安装数量分不同情况抽验。实际安装数量在 100 只以下者,抽验 20 只;实际安装数量超过 100 只,按每个回路的 10%~20%的比例进行抽验,但抽验总数应不少于 20 只;被抽验的探测器的功能均应正常。又如本条第 2 款,对火灾报警控制器抽验的数量,条文中规定应按实际安装数量全部进行功能检验。

检验时,每个功能应重复 1~2 次,被检验的控制器、联动控制设备和区域显示器的基本功能均应符合相应的现行国家标准的要求。本条第 5 款对自动喷水灭火系统,要求在符合国家现行标准《自动喷水灭火系统设计规范》GB 50084 的条件下,在消防控制室操作启、停泵 1~3 次;水流指示器、信号阀等按实际安装数量的 30%~50%的比例进行抽验;压力开关、电动阀、电磁阀等按实际安装数量全部进行检验。本条第 6 款对气体泡沫、干粉等灭火系统,要求在符合国家现行设计规范的条件下,按实际安装数量的 20%~30%的比例抽验下列功能:自动、手动启动和紧急切断试验 1~3 次,与固定灭火设备联动控制的其他设备动作(包括关闭防火门窗、停止空调风机、关闭防火阀等)试验 1~3 次;上述试验控制功能、信号均应正常。此外,对电动防火门、防火卷帘、防排烟设备、火灾应急广播、消防电梯、消防电话等设备抽验比例也作了相应的规定。为了提高竣工验收的质量,验收机构要注意抽样试验的普遍性和代表性,尤其是系统的整体功能方面的要求,防止验收工作出现不符合实际的问题。

5.1.6 验收过程中若发现不合格,应立即进行整改,整改结束后应重新进行验收。重新验收时,抽验比例应加倍。

5.1.7 在系统验收中,被抽验的装置应该是全部合格的,但是,由于多方面的原因,可能出现一些差错。为了既保证工程质量,又能及时投入使用,本条提出了一个验收判定条件。如果抽验中的结果不满足判定条件,则判为不合格。如第一次验收不合格,验收机构应在限期修复后,进行第二次验收。第二次验收时,对有抽验比例要求的,应按条文规定的比例加倍抽验,且不得有差错;第二次验收不合格,不能通过验收。

5.2 验收准备

5.2.1 本条规定了系统验收前,建设单位应准备的技术文件。施工过程记录应由施工单位提交,其内容应包括如本规范第 3.1.2 条规定的隐蔽工程验收记录、系统回路绝缘电阻测试记录、接地电阻记录等;调试记录及施工图纸资料均应由施工单位和参与调试的产品厂家提供,调试报告内容除按本规范附录规定填写记录表外,还应包括调试、检验记录和消防联动逻辑关系表等;为了使当地验收机构通过验收了解掌握工程中使用产品的类别、数量、生产厂家等情况,建设和使用单位应提供产品检验报告、合格证及其他相关材料。

为了加强消防设备的维修和管理,在验收时,建设和使用单位就应确定管理和维修人员,同时,施工单位应向建设单位和验收机构提交验收文件资料。

5.2.2 本条规定了系统验收前,建设和使用单位应进行施工质量的复查。主要是进行系统功能性检查,及时发现和解决质量问题,抓紧整改,以便提高一次验收的合格率。在过去的验收中发现,有的建设和使用单位急于开业或投入使用,往往是在施工未完或是调试未完的情况下就要求验收,验收机构进行验收时,因施工质量不好,验收进行不下去或验收不合格。这样既浪费了时间,又不能保证验收工作的质量,所以必须要求,没有经过复查或复查时消防机构指出的质量问题没有整改的工程,不得进行验收。

5.3 验 收

5.3.1 布线和施工质量对整个系统工作的可靠性和稳定性都极为重要,因此其验收是非常必要的。火灾自动报警系统的施工与其他电气系统的施工都是相同的,在施工和验收时均应执行现行国家标准《建筑电气工程施工质量验收规范》GB 50303 的有关规定。

5.3.2 本条要求的技术文件对验收部门在验收前全面掌握该消防系统的情况及用户对该系统的使用和维护都是必要的,验收部门在验收时对这些文件要进行验收,且应抽查这些文件与现场具体情况的对应性。

5.3.3～5.3.28 这26条对整个火灾自动报警系统和消防联动控制、灭火设备的功能进行功能抽验的内容和方法作了规定。由于这些设备功能在现行国家标准《火灾自动报警系统设计规范》GB 50116—98中已有明确规定,本节不再赘述。

6 系统使用和维护

6.1 使用前准备

6.1.1 使用单位应由经过专门培训,并经考试合格的专人负责系统的管理、操作和维护。管理主要是落实人员加强日常管理,系统投入运行后,操作维护至关重要。尽管设备先进,设计安装合理,如管理不善,操作维护不当,同样不能充分发挥设备的作用。管理、操作、维护人员上岗必须进行专门培训,掌握有关业务知识和操作规程,以免由于知识缺乏操作不当或误操作造成设备损坏。培训和考核的方式可以根据各地具体的情况而定。

6.1.2 系统正式启用时,使用单位必备的文件资料,其格式不作统一规定。各地可根据实际需要自行确定。使用单位应建立系统的技术档案,将所有的有关文件资料整理存档,由于火灾自动报警系统使用时间较长,资料的保存有利于系统的使用、维护、修理。一般存档的资料有:

 1 有关消防设备的施工图纸和技术资料;

 2 变更设计部分的实际施工图;

 3 变更设计的证明文件;

 4 安装技术记录(包括隐蔽工程检验记录);

 5 检验记录(包括绝缘电阻、接地电阻的测试记录);

 6 系统竣工情况表;

 7 安装竣工报告;

 8 调试开通报告;

 9 竣工验收情况表;

 10 管理操作人员登记表;

 11 操作使用规程;

 12 值班记录和使用图表;

 13 值班员职责;

 14 设备维修记录等。

6.1.3 应建立技术档案,便于使用后的维护和保养。

6.2 使用和维护

6.2.1 系统正式启用后不得因误报等原因随意切断电源,使系统中断运行。

6.2.2 本条规定了每日应做的主要工作。火灾报警控制器及相关设备,如区域显示器、火灾显示盘是系统中的核心组成部分,一旦出现问题,会影响整个系统的工作。因此,必须做到及时发现问题,随时处理,以保证系统正常运行。检查的方法可以根据报警控制器的功能特点进行。

6.2.3 本条对每季度应做的检查和试验作了具体规定。

6.2.4 此条是对每年应做的检查作了具体规定。其中对影响建筑内其他系统使用的项目在具体操作时,应做好妥善安排,防止造成意外损失。

6.2.5 此条专门对探测器的清洗作了规定。

探测器投入运行后容易受污染,积聚灰尘,使可靠性降低,引起误报或漏报,因此必须进行清洗。我国地域辽阔,南、北方差别很大,南方多雨潮湿,水汽大,容易凝结水珠,北方干燥多风,容易积聚灰尘,这些都是影响探测器功能的不利因素。同时,同一建筑内,因安装场所不同,受污染的程度也不尽相同。总之,使用环境不同,受污染的程度不同,需要清洗的时间长短也不尽一致。因此,在应用此条文时应灵活掌握。如工厂、仓库、饭店(如厨房)容易受到污染,清洗周期宜短。办公楼环境较好,污染少,清洗时间可适当长些。但不管什么场合,投入运行2年后都应每隔3年进行一次清洗。在清洗中可分期分批进行,也可进行一次性清洗。通过管路采样的吸气式感烟火灾探测器的关键组成部分——采样管路如果不能被定期进行吹洗,将导致严重后果,探测器的灵敏度将严重降低,并可能产生不报警的情况。

探测器的清洗要由该探测器的生产企业或专门的清洗单位进行,使用单位(有清洗能力并获得消防监督机构批准的除外)不要自行清洗,以免损伤探测器部件和降低灵敏度。

清洗后要逐个做响应阈值试验,只有响应阈值合格的探测器才可重新安装使用。因为只有响应阈值合格才能表明探测器的火灾探测灵敏度符合标准要求,能够正常探测火灾的发生。若不合格则表明探测器无法正常探测火灾的发生,故无法使用,必须将该探测器统一交由探测器的生产企业集中进行处理。特别是离子感烟火灾探测器,由于其有放射性探测源,处理不当容易造成一定的环境污染,因此,必须由生产企业集中处理。

6.2.6 本条规定使用单位应有一定数量的备品探测器,以保障系统的完整性和可靠性。